Découvrez l'histoire par les archives de presse

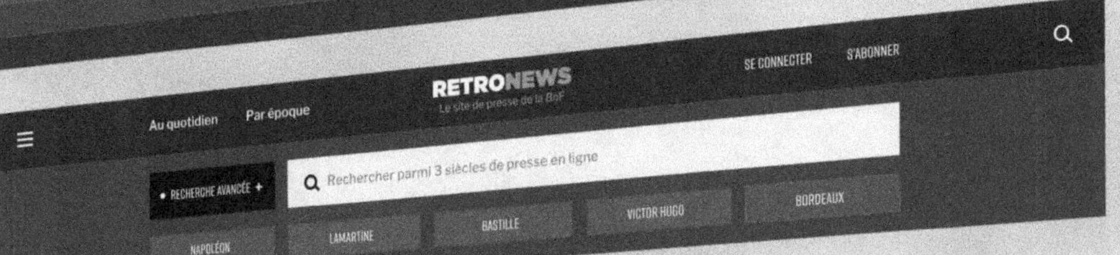

RETRONEWS

Le site de presse de la BnF

www.retronews.fr

17e Année. — N° 1.　　LE NUMÉRO : 10 CENTIMES　　Dimanche 5 Janvier 1896.

DÉPOT LÉGAL
Seine
1896

GAZETTE AGRICOLE

JOURNAL HEBDOMADAIRE, PARAISSANT LE DIMANCHE

Fondateur : M. CH. GOSSIN, Professeur d'Agriculture à l'Institut agricole de Beauvais

PRIX DE L'ABONNEMENT

UN AN, 5 fr. — SIX MOIS, 3 fr. — TROIS MOIS, 2 fr. 25

Pour l'Étranger les abonnements ne sont reçus que pour un an, au prix de 6 francs, et ne partent que du 1er JANVIER ou du 1er JUILLET de chaque année.

Le Numéro : 10 centimes.

Adresser toute la correspondance : mandats, lettres, annonces, etc., à M. CRÉPEAUX, Directeur de la *Gazette agricole*, 10 bis, rue Piccini, Paris.

Toute demande de changement d'adresse doit être accompagnée de 50 centimes et de la dernière bande du journal.

BUREAUX

97, rue de Rennes, Paris, et à Beauvais, rue Saint-Etienne.

Les abonnements partent du 1er de chaque mois et sont payables d'avance. Toute demande d'abonnement doit donc être accompagnée du prix de l'abonnement. (Le mode de payement le plus simple est l'envoi d'un mandat-poste.)

Donner *très lisiblement*, en s'abonnant, son nom et son adresse exacte, *avec l'indication du bureau de poste* ; et, s'il s'agit d'une continuation d'abonnement, joindre au renouvellement la dernière bande d'adresse du journal.

Les Annonces sont reçues à la Direction du Journal, et chez MM. DUSSERIS et MATHELLON, 97, rue de Rennes Paris.
Il est interdit de reproduire les articles contenus dans la *Gazette Agricole*.

AVIS IMPORTANT

Nous prions instamment nos amis de profiter des lettres qu'ils nous adressent pour nous donner les noms des personnes de leur connaissance qui devraient s'abonner à la *Gazette*.

Il importe que les agriculteurs s'ingénient à répandre autour d'eux les journaux qui défendent leurs intérêts et ce, afin de lutter efficacement contre ceux qui soutiennent leurs adversaires et qui, hélas ! ont à leur service des concours très actifs.

Nous ne demandons aucun sacrifice d'argent à nos amis, en échange des services que nous leur rendons, nous ne sollicitons d'eux que des adresses. C'est là, d'ailleurs, le meilleur mode de propagande.

◆

BULLETIN COMMERCIAL

Paris le 1er janvier 1896.

La température continue à être douce et humide.

Marque de Corbeil : 45 fr. le sac de 150 kil. toile à rendre.

Halle aux blés — *Blés indigènes.* — On cote : roux, 18 à 18,50, blancs, 18,25, à 18,75 les 100 kil. nets, gare d'arrivée Paris.

Blés étrangers. — Les affaires restent faibles, on cote nominalement de 20 à 22 fr. les 100 kil. tous droits acquittés.

Escourgeons. — On cote : Beauce 15 à 15,25 acheteurs, 15,50 à 15.75 vendeurs.

Menus grains. — On cote : Jarras 14 à 15 fr. ; chènevis de Russie, 23 ; de Bretagne, 25 fr. ; vesces de Kœnigsberg 15 à 18 ; de Bretagne 20 à 25 ; sarrasin, 18.

Graines fourragères. — On cote : trèfles violets : Midi, 75 ; Poitou, 70 à 75 ; Sarthe, 75 à 80 ; Anjou, Vendée, 70 à 75 ; Bretagne, 85 à 95, Meuse, Champagne, 70 à 75 ; Nord, 75 à 85. — Luzernes, Poiton, 75 à 80 ; Vendée, Languedoc, 80 à 90 ; Provence, 110 à 130 ; minettes, 32 à 35 ; trèfles blancs 185 à 200 ; hybrides, 180 à 200 ; sainfoin simple, 30, double, 33 ; ray-grass anglais 30 à 35, d'Italie, 30 à 35.

Sucres. — Les marchés étrangers sont calmes.
Raffinés 101 à 102 ; Roux 88, 28 à 28,50.

Marché aux chevaux, 31 déc.

Gros trait	de 225 à 1.000	Boucherie	de 77 à 180
Selle et tr.		Anes.....	de 50 à 150
léger	de 200 à 1.000	Chèvres..	de .. à »
H. d'âge	de 155 à 250		

AMENÉS

Chevaux, 309 — Anes, 7 — Chèvres, ..
Voitures 82, de 25 à 550.

ENCHÈRES

Chevaux amenés, 11.
Vendus, 11 de 95 à 380.

LINS. — Les 100 kilogr. — *Marché de Lille.*

	Communs	Ordin.	Supér.
Alost.	148 à 153	154 à 157	161 à 166
Bergues.	150 à 158	161 à 168	173 à 182

CHANVRES

Les 50 kil.	1re qualité.	3e qualité.
Le Mans....	33,00 à 35,50	30,00 à 29,00
Saumur (b.)..	40,00 à 42,00	37,00 à 38,00

HOUBLONS. — Les 50 kilogr.

Alost primé..........	25,00 à	30,00
Bourgogne	50,00 à	60,00
Poperinghe..........	25,00 à	30,00
Wurtemberg.........	40,00 à	42
Altmark............	75,00 à	100,00
Alsace.............	50,00 à	65,00

POMMES DE TERRE

Hollande (100 kil.).......	8 » à	17 »
Roses-Early..........	3 80 à	4 »
Magnum-Bonum.........	7 » à	7 50
Rondes.............	5 » à	5 20

LÉGUMES SECS. — (Les 100 kilogr.)

	Haricots	Pois	Vesce	Lentille
Paris........	32.00 50.00	20 18.00	19 à 20	30.00 50
Bordeaux....	24.00 35.00	35 45.00	18 19	49.00 60
Marseille....	22.00 30.00	18 25	20 20	24.00 52

Prix des Produits Forestiers à Paris.

BOIS DE FEU (*Octroi non compris*)	Falourde de pin...	100 à 110	le cent.
	Bois de flot......	100 à 100	le déca.
	Bois gris neuf....	125 à 110	—
	Bois blanc.......	80 à 125	—
BOIS D'ŒUVRE (*Octroi compris*)	Chêne gros bois...	85 à 110	le m. cube
	— moyen bois.	70 à 60	—
	— petit bois...	30 à 48	—
	Charme, plateaux..	55 à 55	—
	Sciage ⎰Entrevoux..	175 à 208	les 208 m.
	de ⎱Échantillons	230 à 240	—
	chêne.⎰Frise	27 à 28	les 104 m.

Tourteaux. — Cours de la maison P. Marchand frères, à Dunkerque (Nord) :

	Dispon.	A livrer.
Coton pour nourriture......	9 50	9 50
Sésame blanc pour engrais...	11 00	11 00
Arachide décortiquée nourriture	14 75	14 75
Colza indigène...........	10 50	11 »»
OEillotte du pays..........	»» »»	»» »»
OEillette du Levant........	10 00	10 00
OEillette blanche de Turquie...	10 00	10 00
Lin 1re qual. de Bombay g. form.	15 00	15 00
Lin 1re qual. de Bombay p. form.	»» »»	»» »»
Arachide décortiquée engrais..	13 50	»» »»
Cameline engrais.........	9 75	»» »»
Colza des Indes en poudre....	»» »»	»» »»
Colza ravison...........	7 25	7 25
Colza jaune Gutzerat.......	9 75	9 75
Kurrachée............	»» »»	»» »»
Niger..............	8 50	»» »»
Pavot..............	9 00	9 25
Sésame, blanc gris.........	9 50	9 50
Sésame noir..........	»» »»	»» »»
Coton en farine..........	8 50	»» »»

Nos prix s'entendent pour tourteaux en planches, rendus en gare de Dunkerque.

Paiement à 30 jours ou à terme plus éloigné suivant convention expresse.

Le concassage se paie 0 fr. 25 et la mise en poudre 0 fr. 40 aux 100 kilos. Dans ce cas, les sacs sont facturés à 0 fr. 35 pièce, et repris au prix de facture, quand ils sont rendus en bon état et franco, dans les 30 jours de l'expédition.

ENGRAIS

PARIS

Nitrate de soude.......	21 50 à	21 75
Superphosph. minéral 14/16.	5 25 à	5 75
Superphosphate d'os 16/18..	12 50 à	13 »
Scories 16/18.........	4 25 à	4 50
Phosphate minéral 14/16...	3 80 à	4 »
Chlorure de potassium 48/52.	18 75 à	20 »

NANTES

Nitrate de soude.......	22 30 à	22 50
Superphosph. minéral 14/16.	6 » à	7 »
Scories 16/18.........	4 50 à	4 75
Phosphate minéral 14/16...	4 » à	4 50
Chlorure de potassium 48/52.	19 » à	19 75

LYON

Nitrate de soude.......	22 » à	23 »
Superphosph. minéral 14/16.	5 75 à	6 »
Scories 14/16.........	4 50 à	5 »
Phosphate minéral 14/16...	4 » à	4 25
Chlorure de potassium 48/55.	20 » à	21 »

MARSEILLE

Nitrate de soude.......	20 50 à	21 »
Superph. minéral 14/16...	6 » à	7 »
Sulfate de fer.........	5 » à	5 50
Sulfate d'ammoniaque 20/21.	20 » à	22 »

Prix moyen aux 100 kilog. des CÉRÉALES dans les Départements.

Région		BLÉ	SEIGLE	ORGE	AVOINE
Rég. du Nord-Ouest	Caen	17 75	10 00	14 00	15 50
	Lannion	17 50	10 00	12 00	14 75
	Morlaix	17 50	10 00	12 50	13 00
	Rennes	17 25	10 00	12 25	13 50
	Avranches	16 50	11 50	12 50	14 00
	Laval	16 75	11 50	13 00	14 75
	Lorient	16 50	10 25	12 50	14 00
	Alençon	17 00	10 00	15 00	16 00
	Le Mans	16 50	10 25	12 50	15 50
Région du Nord	Soissons	17 50	10 25	»	»
	Evreux	17 75	10 25	15 00	15 25
	Chartres	17 50	10 25	18 50	14 00
	Lille	17 75	10 25	13 00	15 00
	Compiègne	17 75	10 00	13 00	15 00
	Beauvais	17 75	10 25	13 00	16 00
	Arras	17 75	10 75	15 25	16 50
	Paris	17 75	10 00	13 50	16 00
	Versailles	17 50	10 00	13 00	14 75
	Rouen	17 75	10 50	14 50	15 50
	Amiens	17 00	10 00	12 50	17 50
Rég. du N.-E.	Mézières	17 50	10 00	14 00	16 00
	Nogent-s-Seine	17 50	10 00	14 50	15 50
	Châlons-sur-Marne	17 50	10 50	14 00	16 00
	Langres	18 00	10 25	13 00	16 00
	Nancy	18 00	10 25	15 00	16 00
	Bar-le-Duc	17 75	10 50	15 00	15 50
	Neufchâteau	17 50	10 00	14 00	15 50
Région de l'Ouest	Ruffec	17 00	10 25	13 50	14 50
	Marans	16 50	10 00	13 00	14 50
	Niort	16 50	10 00	13 75	16 00
	Tours	16 75	10 50	14 00	15 50
	Nantes	18 00	10 00	13 25	14 50
	Angers	16 50	10 00	13 50	14 75
	Luçon	16 75	10 00	14 25	15 00
	Poitiers	16 50	10 25	13 00	»
	Limoges	16 50	»	»	15 25
Région du Centre	Moulins	16 75	10 00	13 50	15 00
	Bourges	17 00	10 25	13 75	14 25
	Aubusson	17 25	10 00	13 00	14 50
	Châteauroux	17 50	10 25	13 00	16 00
	Orléans	17 00	9 75	13 00	15 00
	Blois	17 00	10 00	14 50	16 25
	Nevers	17 25	10 00	14 50	15 50
	Clermont Ferr.	17 25	10 25	14 00	16 00
	Sens	17 50	10 00	14 00	15 00
Région de l'Est	Bourg	17 50	10 25	13 00	15 75
	Dijon	17 50	10 25	15 60	15 00
	Besançon	17 50	10 00	13 00	15 00
	Grenoble	17 50	10 00	13 50	15 00
	Dôle	17 50	10 50	13 50	14 75
	Saint-Etienne	18 00	10 25	14 25	15 75
	Lyon	18 00	10 50	13 00	15 25
	Mâcon	18 00	10 25	»	15 00
	Vesoul	17 75	10 75	»	15 25
	Chambéry	17 50	10 00	»	15 25
	Annecy	17 50	»	»	15 50
Rég. du Sud-Ouest	Pamiers	17 50	11 50	»	15 75
	Périgueux	17 50	»	»	»
	Toulouse	17 50	11 25	12 50	15 00
	Auch	17 75	10 00	13 50	16 00
	Bordeaux	18 00	11 00	13 75	15 00
	Dax	17 75	12 50	13 25	16 25
	Agen	17 75	11 50	14 00	16 00
	Bayonne	17 75	11 00	14 00	16 00
	Tarbes	17 50	10 50	»	1 675
Région du Sud	Carcassonne	18 00	12 25	13 00	16 00
	Rodez	18 00	13 00	14 00	16 00
	Mauriac	17 50	12 25	»	16 00
	Tulle	17 50	18 00	»	16 00
	Montpellier	17 50	12 00	»	14 00
	Figeac	17 75	12 25	»	15 25
	Mende	17 50	11 25	13 25	14 25
	Perpignan	17 50	11 50	13 75	15 25
	Albi	17 25	11 50	13 50	15 50
	Montauban	17 25	11 00	14 00	17 25
Région du Sud-Est	Gap	17 50	11 00	13 00	16 00
	Manosque	17 50	11 00	18 00	16 00
	Nice	17 00	10 30	13 25	15 75
	Privas	17 00	10 50	13 00	16 25
	Arles	17 25	10 50	13 00	»
	Montélimar	17 50	»	13 00	17 00
	Nîmes	17 50	11 25	14 00	17 00
	Le Puy	17 50	»	»	»
	Draguignan	17 50	13 00	»	»
	Avignon	20 00	»	12 75	16 25

FOURRAGES ET PAILLE

Paris La Chapelle.   *Prix extrêmes*

Foin 100 bot. dans Paris n...	36 à 47
Luzern nouv.	36 à 47
Paille de blé a.	19 à 25
Paille de seigle	25 à 35
Paille d'avoine	18 à 24

BEURRES. — (le kilog.).

BEURRES EN MOTTES			BEURRES EN LIVRE		
Isigny extra.	6.00	7.10	Bourgogne	2.40	2.70
— demi-fin	5.20	5.80	Gâtinais	2.50	3.00
M. d'Isigny	3.60	4.20	Vendôme	2.40	2.90
du Gâtinais	2.10	3.10	Beaugency	2.40	2.90
de Bretagne	2.00	2.70	Ferme	2.70	3.40
Laitiers Jura.	2.80	3.20	Tours	2.60	3.00
de Charente.	2.90	3.40	Le Mans	2.40	2.70
des Alpes	2.80	3.60	Touraine fausse	2.60	2.80

ŒUFS. — (le mille).

Normandie ext.	125 à 140	Bourgogne	96 à 106
Picardie —	125 à 150	Champagne	98 à 104
Brie —	110 à 125	Nivernais	92 à 96
Touraine —	115 à 130	Bourbonnais	90 à 94
Beauce	115 à 128	Bretagne	92 à 100
Orne	100 à 110	Vendée	92 à 98
Picardie	98 à 116	Auvergne	90 à 94
Châtellerault	91 à 98	Midi	105 à 110

FROMAGES.

Brie hautes marq.	55	70	Roquefort	150	250
Brie gr. m. (10)	35	52	Gruyère (100 k.)	100	175
— m. m.	25	40	Coulommiers (100)	45	55
Petits Nanteuils	20	30	Gournay (100)	24	28
Brie laitiers	15	25	Livarot (le 100)	100	125
Gérardmer (100 k.)	90	100	Bourgogne (100)	70	80
Hollande	170	180	Camembert (10.)	60	70
Bondons (100)	14	17	Munster (100)	110	120
Cantal	125	135	Port-Salut	160	180

VOLAILLES

Poulet Brest dit moelleux	3.50	4.50	Pigeons Macon.	1.50	
Poulets Nant.	2.50	5.00	Ca...s Nantais	4.00	1.35
Poulets Tour	2.25	5.25	Dindos Tourr.	7.00	11.00
Poulets Houdan	4.00	7.00	Oies	7.00	9.00
Pigeons d'Italie	80	1.25	Lapins dom.	2.75	4.00
			Lapins garenne.	1.50	2.00

VINS — BERCY

Rouges			Blancs		
B. Bourg. vieux.	130 à 155		Bordeaux	125 à 160	
Touraine	105 à 115		B. Bourg	150 à 190	
Bord. vieux	130 à 160		Sancerre	130 à 135	
Algérie	28 à 32		Chablis	200 à 350	
Cher	110 à 135		Anjou	110 à 130	
Chinon	125 à 160		Pouilly	350 à 800	
Narbonne	32 à 36		Vouvray	155 à 195	

Marché de la Villette du 30 décembre 1895.

PRIX DE LA VIANDE NETTE

	1re qualité	2e qualité	3e qualité
Bœufs	1.62	1.52	1.40
Vaches	1.60	1.50	1.40
Taureaux	1.34	1.24	1.16
Veaux	2.42	2.22	1.92
Moutons	2.00	1.40	1.24
Porcs	1.34	1.28	1.24

ESPÈCES	AMENÉS	VENDUS	PRIX EXTRÊME viande net		poids vif	
Bœufs	1.936	1.780	1.40 à 1.62		66 à 1.02	
Vaches	559	526	1.40	1.60	65 » 97	
Taureaux	160	245	1.16	1.34	58 » 85	
Veaux	1.053	974	1.92	2.42	86	1.44
Moutons	13.664	10.669	1.24	2.00	78	1.24
Porcs	2.527	2.498	1.24	1.34	80 » 36	

Affaires plus faciles.

Marché de la Villette du 2 janvier 1895.

PRIX DE LA VIANDE NETTE AU KILOGR.

	1re qualité	2e qualité	3e qualité	Prix extrêmes	
Bœufs	1.60	1.50	1.42	1.38 à 1.70	
Vaches	1.56	1.46	1.36	1 34	1.64
Taureaux	1.40	1.30	1.24	1 20	1.46
Veaux	2.50	2.30	2.20	2.10	2.60
Moutons	2.10	1.95	1.80	1.75	2.15
Porcs	1.28	1.22	»	1 20	1.30

ESPÈCES	AMENÉS	RENVOI	OBSERVATIONS
Bœufs	1.297	»	Vente meilleure sur le gros bétail, les moutons et les porcs, bonne sur les veaux, meilleur espoir pour lundi.
Vaches	290	40	
Taureaux	131	»	
Veaux	1.002	»	
Moutons	9.512	»	
Porcs	4.262	»	

Vente du bétail au marché de La Villette.

Adresser les animaux à MM. Henri Roblin et Surugue, en gare Paris-Bestiaux. Les aviser par lettre auparavant, 190, rue d'Allemagne, Paris.

Le Vin de Quinium Labarraque, unique préparation de ce genre qui ait été approuvée par l'Académie de médecine de Paris, est un médicament énergique et doux qui convient à toutes les personnes affaiblies par l'âge, la maladie, les excès, ou surmenées par le travail.

« *Nous n'hésitons pas à affirmer que le vin de Quinium Labarraque est le plus efficace et le plus énergique des toniques connus.* »

(ANNUAIRE DE MÉDECINE PRATIQUE.)

Dans toutes les pharmacies et 19, rue Jacob, Paris.

L'Almanach de la France rurale pour 1896.

Notre Almanach paraît pour la 21e fois. Cette année il comporte diverses modifications qui seront certainement bien accueillies :

1° Le format est agrandi;
2° Le papier est bien meilleur;
3° Enfin il contient beaucoup plus de renseignements.

Nous appelons surtout l'attention des agriculteurs sur deux innovations qui distinguent cet Almanach de tous les autres :

1° La nomenclature de tous les jugements rendus en matière de droit rural pendant l'année;
2° Un petit guide de médecine vétérinaire très pratique.

Comme les années précédentes, cet Almanach passe en revue toutes les branches de l'agriculture et signale dans chacune d'elles les expériences, les résultats, en les accompagnant de judicieuses remarques. — *Prix : 0 fr. 60 franco.*

FROMENTINE

Marque déposée n. S.G.G.D.

Produit pour l'alimentation économique, saine et rationnelle du bétail, provenant en grande partie des issues de la mouture de blé.

DIVERSES MARQUES

Demander celle en raison du but poursuivi

Marque A pour l'engraissement égal à celui du tourteau de lin, le remplacement de l'avoine, production d'un lait de qualité supérieure.
Marque B pour le bon entretien du bétail.
Marque J développement rapide des jeunes bêtes.
Marque L surproduction du lait.
Marque E engraissement rapide.

Écrire à M. Armand MILLOT
Moulins-Saint-Martin
Saint-Quentin (Aisne).

ASPERGE GÉANTE
ROYALE DE FRANCE
(RACE D'ARGENTEUIL PERFECTIONNÉE)

Demander la *Méthode de Culture* et prix courant (gratis et franco), à M. WILLIAM FOURCINE, directeur des pépinières royales de Dreux (Eure-et-Loir). Médailles et diplômes de première classe.

CHRONIQUE POLITIQUE

La nouvelle année.

L'année 1895 a vécu. Dès son premier jour nous la souhaitions bonne et heureuse à nos vaillants lecteurs, mais en leur déclarant qu'il ne fallait pas y compter. Tout nous disait alors que la crise agricole et la crise sociale n'offraient que des chances d'aggravation.

L'année a tristement réalisé nos craintes. L'année qui commence s'annonce-t-elle sous de meilleurs auspices?

Elle ne nous offre au contraire que des perspectives de plus en plus attristantes.

La politique de gaspillage, d'immoralité, de corruption, qui nous ruine et nous déshonore depuis quinze ans, est plus omnipotente que jamais. Les révélations scandaleuses qui nous en montrent les hideux dessous, ne suscitent pas la moindre émotion dans le public rural.

Dans la plupart des élections, les candidats de la défense de l'agriculture sont battus par les valets du régime qui la ruinent, et jusqu'à ce jour, aucun signe du réveil que nous attendons n'apparaît à l'horizon.

Dès lors, il n'y a dans le présent que les perspectives de ruines et de misères croissantes et la seule chance qui nous reste ne paraît devoir provenir que de l'excès intolérable du mal.

Il faut avoir l'esprit singulièrement aveuglé pour ne pas comprendre que l'agriculture est vouée irrévocablement à la ruine par un régime politique qui pressure à outrance toutes ses ressources à l'intérieur, et la livre sans défense à la concurrence étrangère; par un régime qui empoisonne toutes les sources de la morale religieuse et sociale, qui écrase le pays d'impôts pour enseigner à tous nos enfants le mépris des lois divines et des vertus humaines et ne développer que le culte des appétits de la bête humaine, aboutissant à toutes les banqueroutes morales et matérielles dont le spectre hideux s'étale aujourd'hui à tous les esprits clairvoyants.

La crise agricole est donc condamnée à battre son plein en 1896, l'âme de l'agriculteur est attaquée solidairement avec sa bourse.

L'année agricole 1895 était pourtant rassurante en elle-même. Toutes les récoltes y ont été d'une moyenne abondance. Les plantes fourragères ont même produit des rendements exceptionnels. Dans des temps ordinaires, une telle année eut été une année de bien-être général pour nos campagnes. Aujourd'hui, elle ne les arrête pas sur la pente de la ruine. Comment cela se fait-il?

Évidemment ce n'est pas la faute du Père Céleste qui a fait fructifier les travaux de nos cultivateurs. C'est la faute des maîtres ineptes et indignes qu'ils se sont donnés sur la terre.

Notre réponse à cette poignante question est connue de tous nos lecteurs depuis notre premier jour. Nous avons toujours montré que l'agriculture ne pouvait être prospère sous une mauvaise politique ayant pour effets de mauvaises finances, une dépravation systématique des âmes et l'avilissement des caractères. Notre chronique politique et notre chronique agricole ont sans relâche prêché aux agriculteurs leur double tâche comme agriculteurs et comme citoyens, en leur démontrant que leurs défaillances électorales rendraient inutiles leurs progrès dans la culture.

En présence de la situation effrayante du jour, il nous semble plus que superflu de demander à nos fidèles lecteurs si l'expérience ne nous donne pas cruellement raison.

N'est-ce pas dire que cette situation nous impose le devoir de rester plus fidèles que jamais à notre passé? N'est-ce pas dire que, comme par le passé, notre politique sera absolument respectueuse envers toutes les opinions sincères, et se renfermera dans le domaine des questions qui intéressent l'avenir social, moral et économique de nos populations rurales. Jamais une telle tâche fut-elle plus urgente qu'au moment où, de toutes parts, les politiciens les saturent de protestations emphatiques, qui ne se traduisent en fait que par des aggravations de leurs misères et de leurs impôts et qui laissent en souffrance pendant des années les revendications les plus urgentes?

Que nos fidèles abonnés répondent donc à notre appel, qu'ils nous amènent de nombreuses recrues. C'est par la diffusion des journaux amis de la vérité que les campagnes se relèveront de leurs misères, et assureront le relèvement moral et matériel de la patrie!

La loi du cadenas.

Les retards intolérables de cette loi ont des résultats semblables à ceux que produisit, il y a trois ans, le retard du relèvement projeté du droit sur les blés. — Les importations de blés en entrepôt ont monté en novembre de 320.000 quintaux à 650.000.

C'est toujours la même bricole. On annonce une réforme, et on donne aux intérêts qu'elle vise le temps de la rendre stérile! Pauvres ruraux! comme on se moque de vous!

Les bouilleurs de cru.

Pendant que les distillateurs du Nord et du Midi assiègent les ministres pour obtenir la suppression de l'immunité des eaux-de-vie de cru, les bouilleurs de cru organisent dans l'Ouest une campagne de pétitions réclamant le maintien de cette immunité.

Nous verrons nos législateurs dans la situation de l'âne de Buridan dans cette question des alcools. Nous sommes partisans de l'immunité des bouilleurs de cru, mais d'une police qui les mette hors d'état de frauder le fisc.

Le budget de 1896.

Ouf! samedi dernier, à la quatrième journée, le Sénat a achevé le vote du budget de 1896, dans les mêmes conditions que la majorité des députés, c'est-à-dire sachant qu'il signait une œuvre mensongère, un budget équilibré en apparence, et en réalité en déficit de 300 millions.

Il y a pis encore. Le rapporteur, M. Morel, n'a pas dissimulé dans son rapport que la comptabilité des ministères, qui nous coûtent trois milliards, est une odieuse bouteille à l'encre, dans laquelle les dilapidations sont si bien dissimulées que la Cour des Comptes cherche en vain à y voir clair, et il a inséré dans ce document un passage du rapport du président, M. Boulanger, qui énumère les plus intolérables infractions aux règles élémentaires de la comptabilité, et qui ont ce résultat que *des centaines de millions se dépensent sans que le contrôle puisse s'y exercer!*

Voilà l'appréciation de la Cour des Comptes sur la gestion financière de nos maîtres! Le Sénat n'en a pas moins passé outre avec sa docilité habituelle, MM. Blavier, Buffet, Paul Lebreton, ont seuls jugé de leur dignité de protester contre une œuvre que réprouve leur conscience sénatoriale.

Ce nouveau scandale ajouté à tant d'autres ne sert qu'à accentuer la situation intolérable où nous a réduit le parti qui exploite la France. Mais il nous a paru utile de signaler le passage du rapport de M. Morel, relatif à une comptabilité qui a le talent de dérober des centaines de millions au contrôle de la Cour des Comptes.

C'est là un trait nouveau à montrer

dans les budgets de banqueroute déguisés en budget en équilibre.

Pour l'édification des contribuables.

Voici comment la Cour des Comptes, d'après son président, M. Boulanger, apprécie les procédés financiers de nos ministres :

« Les crédits d'un exercice sont appliqués à un autre, ceux d'un budget à un budget différent, ceux d'un ministère aux dépenses d'un autre ministère, ceux d'un chapitre à un autre chapitre

« *Le personnel des administrations* centrales est payé ou reçoit des indemnités ou des allocations sur divers chapitres *de dépenses d'un ordre tout différent. On prend sur les chapitres de matériel pour augmenter les chapitres de personnel.* Des amendes encourues par des fournisseurs sont remises à titres gracieux; on leur rembourse même des sommes primitivement *prélevées sur leur cautionnement* et entrées dans *les caisses du Trésor.*

« *De simples arrêtés ministériels augmentent des traitements fixés par décret;*

« Des dépenses de matériel sont prélevées sur des *chapitres relatifs à la dépense d'occupation des colonies;*

« Des dépenses incombant à l'administration centrale sont portées au budget local et inversement. » Etc., etc.

C'est une vraie gabegie.

En ce qui touche les conventions avec les compagnies de chemins de fer, tous les mouvements de fonds sont soustraits au contrôle de la Cour. Le compte général publié par le gouvernement est dépourvu de toute sanction.

Le contrôle parlementaire étant aussi dérisoire que celui de la Cour des Comptes, les contribuables voient comment ils sont représentés dans tout le monde officiel.

Les phosphates algériens.

Ainsi que nous nous y attendions, le débat sur les phosphates d'Algérie, qui a pris trois séances à la Chambre, a mis à la lumière non seulement le brigandage qui a livré les concessions de ces phosphates aux Anglais, mais les monstrueux abus du régime intolérable de notre colonie algérienne.

Ce débat a fait ressortir la forfaiture des fonctionnaires qui ont favorisé ces escroqueries, moyennant leur part de butin. Ce qui est également scandaleux c'est que l'impunité leur est assurée pour le passé, la Chambre s'est bornée à déclarer qu'elle compte sur la fermeté du gouvernement pour en empêcher le renouvellement.

C'est la troisième invitation de ce genre que reçoit le gouvernement. C'est dire qu'il en fera le même cas que des deux précédentes. Pauvre Algérie ! est-ce assez navrant !

M. Cambon lui-même, le gouverneur général, a déclaré que « l'Algérie est en anarchie ! » comment, pourquoi? parce qu'elle est exploitée par un clan effronté de fonctionnaires véreux protégés par les députés et les sénateurs à qui tout est permis, qui se jouent de toutes les lois et de toute justice et exploitent l'Algérie comme une proie, en se jouant de tous les intérêts de la fortune et de la vie des malheureux colons : ces hommes sont le rebut de l'armée des budgétivores de la métropole. Leur coterie associée aux juifs, aux francs-maçons, fait tout ce qu'elle veut dès lors qu'elle assure les élections de ses meneurs, les Thompson, les Etienne, les Forcioli.

Mais le gouvernement, que fait-il en présence de cette puissance monstrueuse ?

M. Cambon a répondu : Il a tous les honneurs, toute la responsabilité — en apparence. — Mais son pouvoir est nul. Toutes les affaires lui sont déférées par des rapports mensongers dont il ne peut contrôler la valeur, c'est ce qui lui est arrivé dans l'affaire des phosphates de Tebessa. Les faux, les prévarications, les trafics d'influence, les pots-de-vin, sont la monnaie courante de ces fonctionnaires, clients naturels de la bande juive qui tient dans ses mains crochues toute la fortune de la colonie. Les révoltes des Arabes n'ont eu d'autres causes que l'abominable tyrannie dont ils sont les victimes de la part de cette bande et du pouvoir qui met tout à son service.

Cette situation de quatre millions d'indigènes, indignement exploités par une poignée de mercantis, est une plaie honteuse de la mère patrie, elle est de plus un danger; les indigènes se tourneront contre nous si la France ne les délivre pas de ses oppresseurs. L'histoire d'une de ces familles qui a été spoliée de tout son patrimoine pour livrer aux Anglais les gisements de phosphates qu'il contient, a coupé court aux arguties misérables des Thompson et des Forcioli. — Le gouvernement a suspendu Bertagna de ses fonctions de maire de Bone; mais il n'est plus permis de perdre de vue la situation intolérable de l'Algérie et la nécessité de la purger de la bande de juifs et de sacripants qui l'exploitent sous l'étiquette républicaine.

Mais, nous dira-t-on, comment attendre pour la colonie une réforme dont la métropole elle-même a un besoin urgent?

Comment le parti qui vit chez nous d'abus aussi criants les réformera-t-il en Algérie. Cruelle énigme, celle-là : nous l'avouons ! Pourtant il faudra un jour ou l'autre la résoudre. Il y va de l'avenir du pays tout entier, métropole et colonies.

CHRONIQUE GÉNÉRALE

Les ressorts compensateurs.

Nous recevons à ce sujet de très nombreuses lettres dans lesquelles on nous demande l'adresse de M. le Dr Desprez; le célèbre inventeur demeure, rue de la Sous-Préfecture, à Saint-Quentin (Aisne).

Ses appareils conviennent non seulement pour faciliter le tirage des chevaux attelés à de lourds fardeaux, mais encore à assurer la marche régulière de tous les instruments agricoles, surtout ceux qui ont un mécanisme plus ou moins compliqué, comme les manèges, les semoirs, les faucheuses et moissonneuses, etc. Par l'usage d'un ressort compensateur on supprime les à-coups qui souvent brisent les organes des instruments ou produisent des interruptions dans le travail.

Il y a dans cette invention, en apparence très simple, des mérites qu'on ne peut apprécier que dans la pratique. M. le Dr Desprez est l'homme le plus obligeant, il donne volontiers tous les renseignements qu'on lui demande et que nous ne possédons pas aussi bien que lui.

Encore le pain du cultivateur.

La question du pain est double. Question d'alimentation et question de prix.

Sur la question d'alimentation nous avons toujours soutenu que le meilleur pain pour le cultivateur est celui qu'il tire de ses farines *rondes* à moitié blutées et même mélangées de farine de seigle. Les champions du pain blanc de la boulangerie industrielle invoquent à l'appui de leur opinion des raisons victorieusement combattues par l'expérience des campagnes qui vivent du pain bis que nous préconisons.

Au point de vue de revient *le Bulletin du Syndicat du Loiret* a recours à un calcul aussi simple que décisif.

La dernière récolte de blé en France a aux cours actuels (17,60 le quintal, une valeur de 1.619 millions de francs. — Or, les consommateurs paient le pain 35 centimes le kilo. C'est exactement le double du prix du blé : 3 milliards 1.200 millions. La boulangerie double ainsi le prix du blé en le revendant à l'état de pain.

Qu'il plaise aux citadins de payer ce tribut à la boulangerie, c'est leur affaire; mais les campagnards soucieux de leurs intérêts devraient se rattacher plus résolument que jamais à leur vieille coutume de moudre ou de faire moudre leurs grains au moulin gratuitement actionné par le cours d'eau du voisinage.

Les frais de combustibles, il est vrai, sont à considérer, mais après la cuisson de leur pain, la chaleur de leur four est utilisable de bien des manières, à la dessiccation de nombreux produits alimentaires.

En outre, comme il est reconnu aujourd'hui que toutes les farines converties en pain fournissent aux animaux le plus profitable des aliments concentrés, ils ont un intérêt évident à panifier eux mêmes tous leurs *farineux*, même les

17ᵉ Année. — Nº 4.   LE NUMÉRO : 10 CENTIMES.   Dimanche 26 Janvier 1896.

GAZETTE AGRICOLE

JOURNAL HEBDOMADAIRE, PARAISSANT LE DIMANCHE

Fondateur : M. CH. GOSSIN, Professeur d'Agriculture à l'Institut agricole de Beauvais

PRIX DE L'ABONNEMENT

UN AN, **5** fr. — SIX MOIS, **3** fr. — TROIS MOIS, **2** fr. **25**

Pour l'Étranger les abonnements ne sont reçus que pour un an, au prix de 6 francs, et ne partent que du 1ᵉʳ JANVIER ou du 1ᵉʳ JUILLET de chaque année.

Le Numéro : **10** centimes.

Adresser toute la correspondance : mandats, lettres, annonces, etc., à **M. CRÉPEAUX**, Directeur de la *Gazette agricole*, 40 bis, rue Piccini, Paris.

Toute demande de changement d'adresse doit être accompagnée de 50 centimes et de la dernière bande du journal.

BUREAUX

97, rue de Rennes, Paris, et à **Beauvais**, **rue Saint-Etienne**.

Les abonnements partent du 1ᵉʳ de chaque mois et sont payables d'avance. Toute demande d'abonnement doit donc être accompagnée du prix de l'abonnement. (Le mode de payement le plus simple est l'envoi d'un mandat-poste.)

Donner *très lisiblement*, en s'abonnant, son nom et son adresse exacts, *avec l'indication du bureau de poste*; et, s'il s'agit d'une continuation d'abonnement, joindre au renouvellement la dernière bande d'adresse du journal.

Les Annonces sont reçues à la Direction du Journal, et chez MM. DUSSERIS et MATHELLON, 97, rue de Rennes Paris.

Il est interdit de reproduire les articles contenus dans la *Gazette Agricole*.

BULLETIN COMMERCIAL

BOURSE DU COMMERCE DU MERCREDI 22 JANVIER

	FARINES	BLÉS
Courant	40 50	18 60
Prochain	40 85	18 75
Mars-avril	41 25	19 20
4 de mars	41 85	19 40
4 de mai	42 62	19 60

Marque de Corbeil : 45 fr. le sac de 150 kil. nulle à rendre.

Halle aux blés — *Blés indigènes.* — La culture résiste toujours et ne fait que très très peu d'offres ; les quelques échantillons que l'on voit à la vente proviennent toujours de l'Eure-et-Loir ou du Loiret, mais on n'offre rien dans les autres directions. Malgré cette résistance, le ton est lourd car la meunerie ne veut toujours rien acheter par suite de la mévente de ses farines qu'elle est même obligée de céder en baisse ; aussi les affaires sont-elles à peu près nulles et les cours nominaux. A la fin du marché, nous avons vu faire une concession de 10 cent. pour quelques lots. On cote de 18 à 19,25 les 100 kil. nets, gare d'arrivée Paris.

Blés exotiques. — Il n'en est pas question, les prix demandés étant beaucoup trop élevés.

Sons. — Le temps doux arrête la demande, toutefois les prix se maintiennent bien de 9 à 1 fr. les 100 kil., à cause de la modicité des offres.

Seigles. — La demande est un peu meilleure et les prix un peu plus soutenus, quoique sans changement ; il y a acheteurs de 0,75 à 11 et vendeurs de 11 à 11,25 les 100 kil. gare Paris.

Orges. — Les offres et les demandes sont également restreintes, les prix nominaux, vu l'absence d'affaires ; on cote depuis 14 jusqu'à 16 fr., suivant provenances et qualités.

Escourgeons. — Les offres sont très limitées sur les marchés du Centre et de la Beauce ; d'autre part, la brasserie n'achète presque rien, on cote nominalement 15,25 à 15,75 les 100 kil.

Avoines. — La demande de la grainetorie est un peu meilleure, en même temps, les offres de la culture commencent à diminuer et l'importation est impossible. Il n'y a pas de hausse à signaler sur la semaine dernière, mais nous enregistrons des cours bien tenus ; on cote : indigènes noires 15 à 16,25 grises 15,25 à 15,50, rouges 15 à 15,25, blanches 14,50 à 14,75 suède 15 à 15,25, Libau noires 14 à 14,25, blanches 14,25.

Menus grains. — On cote : chènevis de Bretagne 25, Russie 27, millet blanc 19,50, roux 16 à 17, Alpiste 25, graine de lin 23 à 27; vesces d'hiver 18, de printemps 15 à 16.

Graines fourragères. — On cote : trèfles violets, 75 à 100 ; luzernes de Provence, 115 à 135 ; Poitou, 95 à 110; trèfle blanc 125 à 160 ; hybrides, 120 à 150; ray grass d'Italie 30 à 40; anglais 30 à 40 les 100 kil.

Sucres. — Le marché débute actif et en hausse de 0,37 avec de grosses affaires traitées principalement pour le livrable.

Par la suite, les prix fléchissent de 6 à 12 cent. en raison de quelques réalisations, mais à ces conditions la demande est bonne et le ton est ferme.

Marché de la Chapelle. — Marché fort.

On cote : paille de blé 1ʳᵉ qté 25 fr., 2ᵉ qté 24, 3ᵉ qté 21 fr.; paille de seigle 1ʳᵉ qté 32 fr., 2ᵉ qté 29, 3ᵉ qté 26; paille d'avoine 1ʳᵉ qté 23 fr., 2ᵉ qté 21, 3ᵉ qté 19 ; foin nouveau 1ʳᵉ qté 46 fr., 2ᵉ qté 43, 3ᵉ qté 40; luzerne, 1ʳᵉ qté, 46 fr., 2ᵉ qté 44, 3ᵉ qté 40 ; regain 1ʳᵉ qté 42 fr.; 2ᵉ qté 39 fr., 3ᵉ qté 37 fr. ; sainfoin, 1ʳᵉ qté 42 fr. 2ᵉ qté, 40, 3ᵉ qté 38.

Marché aux chevaux, 22 janvier.

Gros trait	de 200 à 1.000	Boucherie	de 65 à 230
Selle et tr.		Anes	de 50 à 180
léger	de 200 à 1.000	Chèvres	de .. à »
H. d'âge	de 150 à 250		

AMENÉS

Chevaux, 218 — Anes, 5 — Chèvres, ..
Voitures 89, de 25 à 500.

ENCHÈRES

Chevaux amenés, 15.
Vendus, 13 de 95 à 400.

Prix des Produits Forestiers à Paris.

BOIS DE FEU (*Octroi non compris*)	Falourde de pin	100 à 110	le cent.
	Bois de flot	100 à 105	le déca.
	Bois gris neuf	125 à 130	—
	Bois blanc	80 à 125	—
BOIS D'ŒUVRE (*Octroi compris*)	Chêne gros bois	85 à 110	le m. cube
	— moyen bois	70 à 60	—
	— petit bois	30 à 48	—
	Charme, plateaux	55 à 55	—
	Sciage de chêne, Entrevoux	175 à 200	les 208 m.
	Échantillons	230 à 220	—
	Frise	27 à 28	104 m.

LÉGUMES SECS. — (Les 100 kilogr.)

	Haricots	Pois	Vesce	Lentille
Paris	32.00 50.00	20 18.00	19 a 20	30.00 56
Bordeaux	34.00 35.00	35 45.00	18 19	49.00 60
Marseille	22.00 30.00	18 25	20 20	24.00 52

ENGRAIS

PARIS

Nitrate de soude	21 50 à 21 75
Superphosph. minéral 14/16	5 25 à 5 75
Superphosphate d'os 16/18	12 50 à 13 »
Scories 16/18	4 25 à 4 50
Phosphate minéral 14/16	3 80 à 4 »
Chlorure de potassium 48/52	18 75 à 20 »

NANTES

Nitrate de soude	22 30 à 22 50
Superphosph. minéral 14/16	6 » à 7 »
Scories 16/18	4 50 à 4 75
Phosphate minéral 14/16	4 » à 4 50
Chlorure de potassium 48/52	19 » à 19 75

LYON

Nitrate de soude	22 » à 23 »
Superphosph. minéral 14/16	5 75 à 6 »
Scories 14/16	4 50 à 5 »
Phosphate minéral 14/16	4 » à 4 25
Chlorure de potassium 48/55	20 » à 21 »

MARSEILLE

Nitrate de soude	20 50 à 21 »
Supherph. minéral 14/16	6 à 7 »
Sulfate de fer	5 » à 5 50
Sulfate d'ammoniaque 20/21	20 » à 22 »

HOUBLONS. — Les 50 kilogr.

Alost primé	25,00 à 30,00
Bourgogne	50,00 à 60,00
Poperinghe	25,00 à 30,00
Wurtemberg	40,00 à 42
Altmark	75,00 à 100,00
Alsace	50,00 à 65,00

POMMES DE TERRE

Hollande (100 kil.)	8 » à 17 »
Roses-Early	8 » à 10 »
Magnum-Banum	7 » à 7 50
Rondes	5 » à 5 20

FOURRAGES ET PAILLE

Paris La Chapelle.   *Prix extrêmes*

Foin 100 bot. dans Paris n.	37 à 48
Luzern nouv.	38 à 48
Paille de blé	21 à 26
Paille de seigle	28 à 35
Paille d'avoine	18 à 24

LINS. — Les 100 kilogr. — *Marché de Lille.*

	Communs	Ordin.	Supér.
Alost	148 à 153	154 à 157	161 à 166
Bergues	150 à 158	161 à 168	173 à 182

CHANVRES

Les 50 kil.	1ʳᵉ qualité.	3ᵉ qualité.
Le Mans	33,00 à 35,50	30,00 à 29,00
Saumur (b.)	40,00 à 42,00	37,00 à 38,00

Prix moyen aux 100 kilog. des CÉRÉALES dans les Départements.

Région	Ville	BLÉ	SEIGLE	ORGE	AVOINE
Rég. du Nord-Ouest	Caen	17 50	10 50	14 00	15 50
	Lannion	17 50	10 00	12 00	13 50
	Morlaix	17 00	11 00	12 00	13 00
	Rennes	16 50	10 00	12 50	13 50
	Avranches	16 50	11 50	13 00	14 00
	Laval	16 00	11 00	13 50	13 50
	Lorient	15 75	10 00	12 50	13 50
	Alençon	16 75	10 00	15 50	16 75
	Le Mans	16 50	10 00	13 00	17 00
Région du Nord	Soissons	17 50	10 25	»	14 50
	Evreux	17 50	10 00	15 50	14 00
	Chartres	17 50	10 00	13 25	14 00
	Lille	18 50	11 00	15 00	15 50
	Compiègne	17 50	11 00	15 00	15 50
	Beauvais	17 75	10 50	15 00	16 25
	Arras	17 75	10 25	15 00	14 50
	Paris	17 50	11 00	13 25	15 50
	Versailles	17 75	10 25	13 00	15 75
	Rouen	17 50	10 50	15 00	16 00
	Amiens	17 50	11 25	12 00	16 00
Rég. du N.-E.	Mézières	17 50	10 00	14 25	15 25
	Nogent-s-Seine	17 50	10 00	15 50	15 00
	Châlons-sur-Marne	17 50	11 00	15 00	16 00
	Langres	17 75	10 00	13 00	15 00
	Nancy	17 50	10 00	14 50	15 25
	Bar-le-Duc	17 50	10 50	14 50	15 50
	Neufchâteau	17 25	11 00	14 00	14 50
Région de l'Ouest	Ruffec	16 75	10 00	13 25	14 25
	Marans	16 25	10 00	13 00	14 25
	Niort	16 50	10 00	14 00	14 00
	Tours	15 75	10 25	13 75	15 00
	Nantes	17 50	10 00	13 00	14 25
	Angers	17 00	9 75	13 75	14 50
	Luçon	16 50	10 00	13 00	14 00
	Poitiers	16 50	10 25	13 50	14 00
	Limoges	15 50	9 50	»	15 50
Région du Centre	Moulins	17 50	10 50	14 00	15 00
	Bourges	17 00	10 00	14 00	14 00
	Aubusson	17 25	10 00	13 00	13 50
	Châteauroux	17 00	9 75	15 00	14 00
	Orléans	17 50	9 50	14 00	14 50
	Blois	17 25	10 25	15 00	15 50
	Nevers	17 50	10 00	14 00	15 00
	Clermont Ferr.	17 25	10 25	14 00	16 00
	Sens	17 50	10 00	15 00	15 00
Région de l'Est	Bourg	17 50	10 00	13 00	16 00
	Dijon	17 50	11 00	14 75	14 50
	Besançon	17 50	10 00	13 00	14 00
	Grenoble	17 50	10 00	13 50	15 00
	Dôle	17 25	10 50	13 00	14 25
	Saint-Etienne	18 00	10 50	14 00	15 50
	Lyon	18 50	11 25	13 00	15 25
	Mâcon	18 50	12 00	»	15 50
	Vesoul	17 75	10 75	»	15 25
	Chambéry	17 50	10 00	»	15 25
	Annecy	17 25	»	»	15 50
Rég. du Sud-Ouest	Pamiers	17 50	11 00	»	16 00
	Périgueux	17 50	12 00	14 00	15 00
	Toulouse	17 50	12 00	14 00	15 25
	Auch	18 00	»	»	16 50
	Bordeaux	17 75	11 00	13 00	15 00
	Dax	17 50	12 25	13 25	15 75
	Agen	18 00	»	14 00	16 00
	Bayonne	17 50	10 00	14 00	16 00
	Tarbes	17 50	10 50	»	16 50
Région du Sud	Carcassonne	18 00	»	14 50	16 75
	Rodez	17 75	12 50	14 00	15 00
	Mauriac	17 50	12 00	»	16 00
	Tulle	17 50	12 00	»	16 00
	Montpellier	17 50	12 00	»	14 50
	Figeac	17 50	11 00	»	15 00
	Mende	17 50	11 50	»	»
	Perpignan	17 50	11 50	14 00	15 00
	Albi	18 00	11 50	14 00	14 50
	Montauban	18 00	12 00	13 55	16 00
Région du Sud-Est	Gap	17 50	11 00	13 00	16 00
	Manosque	17 25	10 75	12 50	15 75
	Nice	17 00	10 50	13 25	15 50
	Privas	17 00	10 50	13 00	16 00
	Arles	20 75	10 25	13 00	16 00
	Montélimar	17 50	»	13 00	17 00
	Nimes	18 50	11 25	14 00	18 50
	Le Puy	18 00	»	13 75	17 50
	Draguignan	17 50	13 00	»	»
	Avignon	17 50	12 00	13 00	16 00

Tourteaux. — Cours de la maison P. Marchand frères, à Dunkerque (Nord) :

	Dispon.	A livrer.
Coton pour nourriture	9 50	9 50
Sésame blanc pour engrais	11 00	11 00
Arachide décortiquée nourriture	15 »	15 »
Colza indigène	10 50	10 50
OEillette du pays	» »	» »
OEillette du Levant	10 50	10 50
OEillette blanche de Turquie	10 50	10 50
Lin 1re qual. de Bombay g. form.	15 00	15 00
Lin 1re qual. de Bombay p. form.	» »	» »
Arachide décortiquée engrais	14 »	14 »
Camelino engrais	10 »	10 »
Colza des Indes en poudre	» »	» »
Colza ravison	7 25	7 25
Colza jaune Gutzorat	10 50	10 50
Kurrachée	» »	» »
Niger	8 50	» »
Pavot	9 25	9 50
Sésame blanc gris	10 25	10 25
Sésame noir	» »	» »
Coton en farine	» »	» »

Nos prix s'entendent pour tourteaux en planches, rendus en gare de Dunkerque.

Paiement à 30 jours ou à terme plus éloigné suivant convention expresse.

Le concassage se paie 0 fr. 25 et la mise en poudre 0 fr. 40 aux 100 kilos. Dans ce cas, les sacs sont facturés à 0 fr. 35 pièce, et repris au prix de facture, quand ils sont rendus en bon état et franco, dans les 30 jours de l'expédition.

BEURRES. — (le kilogr.).

BEURRES EN MOTTES			BEURRES EN LIVRES		
Isigny extra	5.50	7.08	Bourgogne	1.80	2.20
— demi-fin	4 50	4.80	Gâtinais	2.00	2.50
M. d'Isigny	3.50	4.40	Vendôme	1.80	2.50
du Gâtinais	1.90	2.50	Beaugency	1.80	2.50
de Bretagne	1.80	2.40	Ferme	2.00	3.70
Laitiers Jura	2.30	2.80	Tours	2.00	3.60
de Charente	2.30	3.00	Le Mans	1.80	2.20
des Alpes	2.20	3.50	Touraine fausse	2.00	2.20

ŒUFS. — (le mille).

Normandie ext.	115 à 132		Bourgogne	94 à 98	
Picardie —	116 à 140		Champagne	100 à 95	
Brie —	110 à 125		Nivernais	90 à 95	
Touraine	110 à 127		Bourbonnais	94 à 92	
Beauce	106 à 114		Bretagne	84 à 90	
Orne	96 à 102		Vendée	85 à 90	
Picardie	98 à 110		Auvergne	85 à 88	
Châtellerault	95 à 92		Midi	92 à 104	

FROMAGES.

Brie hautes marq.	45	60	Roquefort	150	250
Brie gr. m. (10)	35	40	Gruyère (100 k.)	100	175
— m. m.	20	25	Coulommiers (100)	30	35
Petits Nanteuils	15	12	Gournay (100)	16	20
Brie laitiers	10	12	Livarot (le 100)	90	120
Gérardmer (100 k.)	90	80	Bourgogne (100)	75	80
Hollande	170	180	Camembert (100)	40	65
Bondons (100)	12	14	Munster (100 .)	110	100
Cantal	130	135	Port-Salut	160	180

VOLAILLES

Poulet Brest dit moelleux	4.00	5.00	Pigeo.. Macon.	1.50	
Poulets Nant.	2.00	5.50	Ca.. sNantais	4.00	1.35
Poulets Tour	2.75	5.25	Dindes Tourr.	7.00	11.00
Poulets Houdan	4.00	7.50	Oies	7.00	9.00
Pigeons d'Italie	80	1.25	Lapins dom.	2.75	4.00
			Lapins garenne	1.50	2.00

VINS — BERCY

Rouges			Blancs		
B. Bourg. vieux	130 à 155		Bordeaux	125 à 160	
Touraine	105 à 115		B. Bourg	150 à 190	
Bord. vieux	130 à 160		Sancerre	130 à 135	
Algérie	28 à 32		Chablis	200 à 350	
Cher	110 à 135		Anjou	110 à 130	
Chinon	125 à 160		Pouilly	350 à 800	
Narbonne	32 à 36		Vouvray	155 à 195	

Marché de la Villette du 20 janvier 1895.

PRIX DE LA VIANDE NETTE	1re qualité	2e qualité	3e qualité
Boeufs	1.60	1.50	1.40
Vaches	1.58	1.48	1.38
Taureaux	1.30	1.20	1.12
Veaux	2.44	2.20	1.90
Moutons	2.00	1.91	1.74
Porcs	1.26	1.18	1.14

ESPÈCES	AMENÉS	VENDUS	PRIX EXTRÊME viande net		PRIX EXTRÊME poids vif	
Boeufs	2.481	2.097	1.40 à 1 60		65 à 1.00	
Vaches	631	585	1.38	1.58	64 » 96	
Taureaux	208	191	1.12	1.30	55 » 85	
Veaux	924	889	1.90	2.44	87	1.41
Moutons	13.269	11.744	1.74	2.00	81	1.27
Porcs	3.594	3.518	1.11	1.26	76 » 86	

La vente n'a pas été meilleure.

Marché de la Villette du 23 janvier 1896.

PRIX DE LA VIANDE NETTE AU KILOGR.	1re qualité	2e qualité	3e qualité	Prix extrêmes	
Boeufs	1.60	1.48	1.40	1.36 à 1.66	
Vaches	1.56	1.44	1.36	1 30	1.60
Taureaux	1.40	1.30	1.20	1 18	1.46
Veaux	2.40	2.10	1.90	1.70	2.50
Moutons	2.02	1.92	1.75	1.68	2.12
Porcs	1.28	1.20	»	1 18	1.32

ESPÈCES	AMENÉS	RENVOI	OBSERVATIONS
Boeufs	1.863	»	Vente difficile sur le gros bétail et les veaux, moyenne sur les moutons et les porcs.
Vaches	306	199	
Taureaux	190	»	
Veaux	1.446	189	
Moutons	12.166	»	
Porcs	4.777	»	

Vente du bétail au marché de La Villette.

Adresser les animaux à MM. Henri Robin et Surugue, en gare Paris-Bestiaux. Les aviser par lettre auparavant, 190, rue d'Allemagne, Paris.

Il est peu de maladies aussi pénibles que les gastralgies et les maladies de l'estomac en général. Il n'est donc pas sans intérêt de rappeler qu'après de nombreuses expériences, l'Académie de médecine a approuvé et recommandé l'emploi du *Charbon de Belloc* contre ces maladies, « qui, au dire même du rapport, font trop souvent le désespoir des malades et des médecins ». Le charbon de Belloc, qui est aussi le remède par excellence contre la constipation, se prend en poudre ou en pastilles au moment des repas. Le plus souvent, le bien-être se fait sentir dès les premières doses. Poudre, le flacon, 2 fr. — Past., la boîte, 1 fr. 50; toutes pharmacies. — Fab. : Maison L. FRÈRE, à Champigny et Cie, successeurs, 19, rue Jacob, Paris.

L'Almanach de la France rurale pour 1896.

Notre Almanach paraît pour la 21e fois. Cette année il comporte diverses modifications qui seront certainement bien accueillies :

1° Le format est agrandi;

2° Le papier est bien meilleur;

3° Enfin il contient beaucoup plus de renseignements.

Nous appelons surtout l'attention des agriculteurs sur deux innovations qui distinguent cet Almanach de tous les autres :

1° La nomenclature de tous les jugements rendus en matière de droit rural pendant l'année;

2° Un petit guide de médecine vétérinaire très pratique.

Comme les années précédentes, cet Almanach passe en revue toutes les branches de l'agriculture.

CHRONIQUE POLITIQUE

A la suite de leur rentrée qui a eu lieu le mardi 14 janvier, les deux Chambres ont employé le reste de la semaine à l'élection de leur bureau. Samedi seulement devaient commencer les débats législatifs, lorsque la Chambre des députés apprit le décès de M. Floquet, qui l'avait présidée il y a quelques années. Immédiatement la séance fut levée en signe de deuil.

La reprise des travaux parlementaires n'a donc commencé que le lundi 20 janvier.

Jusqu'à ce jour, l'opinion est très incertaine sur les dispositions de la majorité à l'égard de la politique du cabinet Bourgeois. Les élections du bureau ont démontré que la majorité est en proie à un désarroi absolu et à un véritable détraquement. En effet, M. Brisson a été élu président par 291 voix sur 519 votants, 223 abstentions. Les vice-présidents et les secrétaires ont été nommés à des chiffres dérisoires de 200, 180 et 179 voix, sur un nombre minime de votants. Si cela continue, il y aura plus d'abstentions que de votants dans les scrutins ; on nous parle de la nécessité d'imposer le vote obligatoire aux électeurs : il faudra, d'abord, l'imposer aux élus. Cela ne serait pas difficile, si leurs abstentions les rendaient passibles d'une retenue sur leur précieux traitement. Mais ce n'est pas des élus du jour qu'on peut attendre de telles réformes.

En somme, que signifient ces abstentions, ces élus de 190 voix par une assemblée de 580 membres ? Cela signifie clairement, selon nous, que cette chambre est acculée dans une impasse redoutable, et ne sait comment elle en sortira.

La plupart des élus appartiennent au centre opportuniste. Cela semble signifier que le cabinet Bourgeois n'aura la majorité qu'à la condition de revenir sérieusement sur les avances qu'il a faites aux radicaux et aux socialistes, et sur les dédains qu'il a professés contre le côté droit.

D'ailleurs, le cabinet n'est point au bout de ses embarras en face des scandales judiciaires qui couvent dans les couloirs du Palais de justice.

Malgré les mesures prises pour *canaliser* les responsabilités, en les concentrant sur les subalternes, et en faisant échapper les grands rôles, comme il y a trois ans — les chroniques des journaux continuent plus que jamais de suppléer à la discrétion des juges d'instruction. Les procès de Dupas, d'Arton et les escrocs qui ont dévalisé le malheureux Lebaudy de quelques millions, menacent de mettre en scène plusieurs gros bonnets qui ont pu jusqu'ici échapper aux investigations de la justice. Les drames du Palais de justice sont un véritable cauchemar pour le Palais-Bourbon. Cet état des esprits est signalé par les journaux indépendants de divers partis.

Quant aux actes que nous pouvons attendre de cette Chambre, nous avons dit bien des fois qu'ils n'ont rien de rassurant pour les intérêts ruraux de nos campagnes.

La loi sur les successions, qui est à l'ordre du jour, est jugée depuis le premier jour pour ce qu'elle est : une loi de ruine de la propriété rurale, une prime de joyeux avènement à la secte socialiste. La Société des agriculteurs de France vient d'adresser aux deux Chambres une protestation énergique contre cette loi, protestation précédée d'un mémoire solidement documenté qui signale les conséquences désastreuses du principe de la progression substitué à celui de la proportion.

Nous attendrons la suite des travaux de la Chambre pour parler des autres projets du cabinet Bourgeois. Mais dès aujourd'hui, nous savons que la situation financière du pays, œuvre néfaste de la politique qu'il a mission de continuer en l'aggravant, ne permet d'attendre rien de bon de ce cabinet et de sa majorité.

On continuera de nous leurrer avec des paroles, mais les actes seuls nous diront où nous en sommes.

———

Lundi, la Chambre a consacré presque toute sa séance à des débats tendant à fixer l'ordre dans lequel seraient discutés une vingtaine de projets de loi plus ou moins urgents outre une dizaine d'interpellations, qui probablement auront, comme de coutume, la priorité sur les projets de loi d'affaires.

Pour ce qui concerne les intérêts agricoles, leur part dans cette répartition a été maigre pour le choix des réformes projetées et pour leur rang dans les mises à l'ordre du jour. On a mis à cet ordre du jour, peu prochain, la loi sur les glucoses et amidines, la loi sur la police des halles et marchés (retour du Sénat) et la loi sur la répression des fraudes sur les beurres.

Quant aux réclamations unanimes du monde agricole qui demande le relèvement des droits de douane sur les céréales et leur établissement sur les textiles et les oléagineux, elles ont été mises définitivement au rancart.

Nos agriculteurs savent donc aujourd'hui de quelle façon leurs intérêts seront servis par le parlement et par le ministère.

Dimanche dernier, M. Viger a visité en grande pompe (toujours!), l'école d'agriculture de Wagnouville, puis l'école des industries agricoles de Douai. Le discours qu'il a prononcé à cette occasion passe en revue les difficultés de la situation agricole, difficultés connues de tout le monde. Quant au moyen d'y remédier, à part la réforme de la loi du cadenas qu'il a promis d'appuyer — en opposition avec son collègue Mesureur — il n'a indiqué aucun des moyens pratiques que sollicitent énergiquement toutes nos sociétés agricoles.

Les agriculteurs, donc, savent dès aujourd'hui le sort que leur prépare la session qui vient de s'ouvrir : aggravations de leurs impôts, avortements des réformes. Voilà ce qui les attend tous.

Quand songeront-ils, enfin, à se donner des mandataires décidés à leur donner les réformes qu'ils réclament ?

———

Le groupe agricole à la Chambre.

Le groupe agricole, présidé par M. Méline, s'est réuni samedi dernier pour s'entendre sur les réclamations dont il y a lieu de demander la prochaine mise à l'ordre en faveur de l'agriculture.

Après une longue discussion, le groupe a décidé qu'il demanderait la mise à l'ordre du jour immédiat des réformes suivantes :

Loi sur la police des halles en souffrance au Sénat depuis deux ans ! pourquoi ? On se le demande!

Le droit sur les amidons et glucoses, retour du Sénat.

Loi réprimant les fraudes sur les beurres.

M. Quintaa a ensuite demandé la loi sur les assurances agricoles. Puis M. Audiffred, une loi sur les sociétés de secours mutuels; puis M. Lascombes, une loi abaissant le taux de l'intérêt légal.

Bref, ni la loi sur les alcools, ni la réforme des droits de douane sur les blés, sur les oléagineux, n'ont obtenu du soi-disant groupe agricole, les honneurs d'une proposition. L'intérêt capital de l'agriculture a été sacrifié à des intérêts spéciaux au mépris des réclamations unanimes de toutes les sociétés et des syndicats agricoles.

Lorsque l'agriculture est ainsi sacrifiée

par un groupe qui a la prétention de la représenter, comment s'étonner du dédain des autres groupes pour ses intérêts?

Ce serait le cas de publier dans toute la France le foudroyant discours de M. Paul Le Breton, sur le budget et sur la situation de la crise agricole. Ce discours a été publié par l'éminent orateur à l'adresse de ses électeurs de la Mayenne. Mais les sociétés et les syndicats rendraient service à toute la France, s'ils le publiaient partout.

Deux élections législatives. — Dimanche 12 janvier, ont été élus députés :

A Lisieux, M. Laniel, républicain modéré, en remplacement de M. de Colbert Laplace.

A Perpignan, M. Bourrat, socialiste, en remplacement de M. Brousse, démissionnaire.

A Madagascar.

La conquête de Madagascar nous a coûté cinq mille victimes et cent millions. On a en vain demandé que les auteurs et complices de la mauvaise organisation, qui a fait ces victimes, fussent l'objet d'une enquête. M. Cavaignac leur a assuré l'impunité.

Aujourd'hui qu'il s'agit de peupler la colonie, on y envoie une armée de fonctionnaires, grassement rétribués, même avant d'y envoyer des colons qu'ils devront juger et administrer.

C'est un nouveau gouffre financier, ajouté à ceux qui épuisent nos finances partout, au Tonkin, au Gabon, au Dahomey, au Soudan, etc., etc...

CHRONIQUE GÉNÉRALE

Adjudications du Ministère de la Guerre.

29 janvier, Vincennes : 2.950 quintaux de foin.

29 janvier, Vincennes : 2.500 quintaux de paille.

29 janvier, Vincennes : 4.750 quintaux d'avoine.

30 janvier, Dôle : 2.000 quintaux de blé tendre.

1er février, Brest : 500 quintaux de blé dur.

1er février, Nantes : 100 quintaux de légumes secs.

1er février, Arras : 4.000 quintaux de blé tendre.

1er février, Nevers : 1.000 quintaux de blé tendre.

1er février, Valenciennes : 1.500 quintaux de blé tendre.

6 février, Vesoul : 1.600 quintaux de blé tendre.

Adjudications du Ministère de la Marine.

6 février, Rochefort : 140.000 kilos de blé en 2 lots.

6 février, Rochefort : 560.000 kilos de blé en 7 lots.

Tarifs de douanes.

Le Conseil général de la Dordogne demande qu'on établisse une taxe douanière sur les noix et cerneaux ainsi que sur les prunes d'origine étrangère.

Le Syndicat des huiles d'olive de Nice a émis le vœu que le gouvernement emploie tous les moyens pour réprimer les fraudes commises sur les huiles d'olive et pour qu'il frappe les graines oléagineuses d'un droit proportionnel à celui qui est supporté par les huiles d'olive.

Importation des chevaux.

Le Ministre de l'agriculture demande aux vétérinaires inspecteurs de le renseigner sur la catégorie à laquelle appartiennent les chevaux importés en France et sur le genre de service auquel ils sont destinés.

Désormais, les vétérinaires inspecteurs devront envoyer chaque mois ce relevé avec tous les détails utiles complémentaires.

Stations agronomiques.

Nous apprenons avec plaisir la nomination de M. Alla, chimiste au laboratoire de la Société des Agriculteurs de France, à la direction de la station agronomique de Châteauroux (Indre)

Exportation des pommes à cidre.

La Normandie et la Bretagne ont fourni cette année des quantités considérables de pommes à cidre à l'Allemagne. C'est à Francfort surtout que se fabrique le cidre fait avec nos produits, les brasseurs le livrent en moyenne à 30 centimes les 75 centilitres. De Francfort le cidre est expédié en fûts dans tout l'empire.

La loi du cadenas.

Le Conseil supérieur de l'agriculture a émis enfin ! (le 15 janvier) son opinion sur la loi du cadenas. Il a approuvé le projet de la commission des douanes de la Chambre des députés. C'est fort bien, mais, pourquoi avoir autant tardé à rendre son avis !

Si nous avions un ministre de l'agriculture vraiment digne de ce nom, au lieu de perdre un temps précieux en réunissant des commissions, il userait de toute son influence pour obliger le gouvernement à demander la discussion immédiate de lois aussi importantes que celles du cadenas.

Il peut être fort agréable à M. Viger de faire admirer son talent oratoire, ses connaissances économiques devant les membres de multiples commissions,

mais quand on veut totaliser les résultats pratiques obtenus, on est obligé de convenir qu'on a beaucoup parlé et surtout beaucoup applaudi.

Et pendant ce temps, l'étranger, mis en éveil, profite de toutes ces lenteurs, qui nous paraissent quelque peu voulues, pour envahir nos marchés, à tel point que plusieurs années après des votes comme celui de la loi du cadenas, la baisse persiste et que nos adversaires peuvent demander la suppression d'une mesure qui n'a produit aucun résultat.

Sous le ministère de M. Viger, chaque fois qu'il a été question de défendre les produits français contre la concurrence étrangère, on constate ces fâcheux atermoiements. Il est très beau de déclarer, comme le faisait le ministre devant le conseil supérieur, que le régime douanier doit fonctionner régulièrement, que toute fraude doit être réprimée, que la loi du cadenas a pour objet de mettre un frein à des spéculations qui, maintes fois, ont apporté des perturbations dans les affaires du pays. Le monde agricole est lassé de ces déclamations, il veut des actes et il ne les obtient pas, ou bien lorsqu'ils ne peuvent plus produire d'effets.

A cette réunion, M. Viger a déclaré, en outre, que le gouvernement n'a pas l'intention de proposer des surélévations des tarifs de douanes sur les denrées pour lesquelles il se propose d'appliquer aujourd'hui le cadenas. On ne peut affirmer plus clairement qu'on ne veut pas user de cette loi. C'est le cas de dire : Qui trompe-t-on ?

Dans cette même séance du conseil supérieur, il a été aussi question du régime des admissions temporaires qui a adopté des conclusions impraticables quoique justifiées en théorie. Pour que le système adopté fût bon, c'est-à-dire mît fin aux fraudes actuelles, il faudrait que les calculs auxquels donnera lieu son application fussent exacts, et sans être taxé de pessimisme, nous pouvons prédire qu'ils ne le seront pas.

La conclusion de tout ceci est que, s'il veut donner des avis compétents, le conseil supérieur de l'agriculture doit être en relations suivies avec toutes les sociétés réellement agricoles.

La crise de la distillerie.

Les principaux représentants de la distillerie agricole, MM. Gilbert, Petit de Champagne, Barbier, se sont rendus au ministère de l'agriculture, pour prier M. Viger d'appuyer la proposition de M. Dansette qui porte au double le droit de douane sur les mélasses étrangères. C'est une question de vie ou de mort pour la distillerie et pour les cultures qui l'alimentent.

M. Viger a répondu par son cliché invariable. Il consultera la commission du conseil supérieur.

En toute chose, on le voit, le métier du ministre est de n'avoir d'opi-

1 personnelle arrêtée sur quoi que
oit, et de se borner à appliquer les
ions d'une commission quelcon-

utes les réformes réclamées par
iculture sont ainsi enfouies civile-
t dans les cartons des commissions.
est commode, n'est-ce pas, d'être
istre de cette façon ?

Le meilleur pain.

nsi que nous le craignions, la spé-
tion cherche à tirer le plus grand pro-
s théories émises par M. Girard. A
ui de ses affirmations en contradic-
formelle avec l'opinion des méde-
, des hygiénistes et de tous ceux
ont étudié de près l'alimentation
aine, on voit tous les organes du
commerce conseiller aux boulan-
de ne se servir que de la farine pro-
nt de blés étrangers, et dire que
grains français doivent être réservés
étail.
and bien même la qualité des blés
gers serait supérieure, ce qui est
il nous semble qu'un bon Français
t compris qu'il devait laisser à
res le soin de révéler une vérité
aire aux intérêts nationaux. Mais,
! le patriotisme éclairé et pratique
pire pas toujours ceux qui parlent
om de la science !
us espérons que tous les amis de
culture française feront sentir à
rard la faute grave qu'il a commise
bligeront à faire machine en ar-

bœufs importés du Canada.

ministère de l'agriculture nous
it les indications suivantes sur ce
, qui provoque de justes inquié-
chez nos éleveurs et nos engrais-
dans l'Ouest surtout et dans le

près la note ministérielle, il y a
Saint-Malo, en 1895, quatre arri-
de bœufs canadiens, et à Cher-
g un seul arrivage (ce dernier,
sé à un fabricant de conserves
la troupe, probablement).
bœufs débarqués à Saint-Malo
nt plutôt maigres que gras, ils ont
mmenés immédiatement au Vivier,
a baie du mont Saint-Michel, puis
us, par lots de 15 à 20 têtes, à des
hands de la région ; une quaran-
ont été envoyés dans le départe-
nt de l'Oise. C'étaient des croise-
s durham, normand et breton. La
art des bœufs débarqués à Cher-
g ont été mis dans les herbages de
asse-Normandie. Quelques-uns ont
vrés à la boucherie.
débarquement à Saint-Malo s'est
ué rapidement au moyen de pas-
les, les bateaux ayant pu accoster
le bassin de marée.
visite sanitaire se fait dans des
itions défectueuses à Saint-Malo ;

une visite sanitaire rigoureuse s'impose
d'autant plus, qu'il s'agit d'animaux destinés à rester dans le pays et à se trouver
en contact avec les bestiaux indigènes,
auxquels ils pourraient transmettre des
germes de contagion. En Angleterre, les
animaux importés ne sont admis qu'à
condition d'un abatage immédiat ; à tout
prix, on tient à protéger le bétail indigène contre les dangers de contagion.
Le ministère de l'agriculture connaît
son devoir envers le bétail français. Le
remplira-t-il ?

Boucherie militaire de Toul.

Il a paru utile à M. Jules Favre, président du Syndicat agricole de Neuf-
château, de se rendre compte personnellement des avantages que les cultivateurs
pourraient retirer de la vente directe de
leurs produits au consommateur et surtout de leur participation directe aux
fournitures de l'armée.
D'ailleurs, tout le but des Syndicats
se résume dans cette simple formule :
« suppression de l'intermédiaire. »
Il a donc envoyé dernièrement un
taureau à la Boucherie militaire de Toul
et peut certifier qu'il a été très satisfait ;
les conditions d'abatage et de pesage
étant à l'avantage du vendeur, relativement surtout aux usages ordinaires.
D'ailleurs, M. le commandant Truffier
a bien voulu lui adresser la lettre suivante :

Toul, 21 décembre 1895.

« Monsieur,

« 1° *Conditions générales.* — Conformément à notre publicité, nous sommes
toujours preneurs de bœufs et vaches
de bonne deuxième qualité 1/2 gras ou
en chair que nous payons, suivant état,
de 68 à 72 cent. la livre, et de taureaux
jeunes et gras de première qualité que
nous payons de 66 à 70 centimes
actuellement ;
« 2° *Mode d'achat.* — Nous achetons
au poids mort, rendu à la boucherie,
c'est-à-dire que nous ne payons que la
viande rendue par les quatre quartiers
pesés sans la tête, les pattes coupées au
jarret, mais avec les rognons et les
graisses adhérentes ;
« (Les cuirs et issues nous appartiennent) ;
« 3° *Déchargement.* — Pour faciliter
les transactions, nous pouvons, sur
votre demande, en votre lieu et place,
faire débarquer les animaux à vos risques et périls. Nous les abritons et
nous les nourrissons sans dépenses
pour vous jusqu'au jour de l'abat ;
« 4° *Réception.* — La réception a lieu
ordinairement à cinq heures du soir. Il
est bien entendu que la Commission de
la boucherie se réserve le droit d'examiner le bétail à l'arrivée et de rejeter
les animaux impropres à l'alimentation ;
« 5° *Prix.* — Si le prix n'a pas été
fixé d'avance, elle l'établit d'après la
qualité. .

« Si le prix a été convenu, elle accepte
sans observation les animaux qui répondent aux conditions de qualité sti-
pulées, et quant aux animaux qui, sans
être impropres à l'alimentation, seraient
d'une qualité inférieure, elle se réserve
de vous les signaler et de débattre avec
vous une diminution de prix proportionnelle à leur défaut de qualité ;
« Les animaux inférieurs ne devront
pas dépasser le nombre de 2 par
wagon de 12 à 15 bêtes ;
« 6° *Abat et paiement.* — Quand les
animaux ont été acceptés, nous les
tuons dans les trois ou quatre jours
qui suivent leur arrivée ; vous avez la
faculté d'assister à la pesée ; en votre
absence, nous opérons sans vous, et
vous vous en remettez à nos résultats,
que nous vous adressons en fin d'abat
avec le montant de la livraison.
« Quand les animaux sont pesés
chauds, il est fait une réduction de
poids de 2 0/0 ; après 6 heures d'abat
1 0/0, après 12 heures d'abat il n'est
rien retenu.
« Nous opérons ainsi avec tous nos
fournisseurs que ces procédés satisfont.
« D'ailleurs, ce mode d'achat introduit dans le commerce de bestiaux une
exactitude qui sauvegarde tous les intérêts, et si appréciable que les fournisseurs qui en ont une fois usé le préfèrent à tous les autres modes.
« Faites-nous savoir combien d'animaux par semaine, de quelle qualité et
à quel prix à la livre morte, vous entendez nous offrir, et nous vous répondrons
sans retard,
« J'ajoute que la boucherie tient un
marché à Toul le vendredi de chaque
semaine à 8 heures du matin. Sur ce
marché, elle achète au poids mort ou
au poids vif, au gré des vendeurs ; le
paiement est immédiat et les formalités
nulles.

« Veuillez agréer, etc.

« TRUFFIER.
« *Directeur de la Boucherie militaire*
de Toul. »

Sociétés d'assurance
contre la mortalité du bétail.

La plupart des agriculteurs éclairés
sont d'accord avec nous sur ce point
en matière d'assurances, que le meilleur système, comme en matière de
crédit rural, consiste dans la multiplication des petites sociétés rurales, puis
dans la faculté pour elles de se syndiquer en groupes provinciaux de réassurances.
Le système des assurances du bétail
par l'Etat est absolument condamné par
tous les hommes compétents.
Cependant nous lisons dans le *Bulletin* d'informations du ministère de l'agriculture que le conseil d'arrondissement

de la Flèche a émis un vœu réclamant le système d'assurances par l'Etat.

Mais nous y lisons aussi que M. G. Cavaignac, dans son allocution au Comice agricole de Saint-Calais, s'est nettement prononcé contre ce régime, et a préconisé celui que nous nous efforçons de propager et il a engagé les sociétés d'assurances qui existent déjà dans une vingtaine de communes de la Sarthe à développer leurs opérations en formant des syndicats de réassurances. Nous applaudissons à ce conseil du ministre, et nous engageons les ruraux de partout, comme ceux de la Sarthe, à former eux-mêmes leurs sociétés d'assurances, à prier l'Etat de s'ingérer de moins en moins dans les affaires où l'initiative privée peut se passer de lui, et à mener plus rapidement à bien les réformes utiles à l'agriculture qui dépendent de son pouvoir.

Concours de la Société hippique en 1896.

La Société hippique vient de fixer ses concours de 1896 aux dates et dans les villes suivantes :

Nantes, du 8 au 13 mars;
Paris, du 28 mars au 7 avril;
Lille, du 10 au 17 mai;
Bordeaux, du 31 mai au 7 juin;
Vichy, du 19 au 28 juin;
Nancy, du 20 au 26 juillet.

Les primes à distribuer montent à 309.000 francs.

Les éleveurs qui désirent concourir, devront s'adresser au secrétariat de la Société, avenue Montaigne, 33, à Paris, et demander le programme.

Les syndicats vendéens.

En regard du soi-disant groupe agricole du Palais-Bourbon il est bon de signaler les revendications du groupe vraiment agricole, celui-là, des syndicats agricoles de Vendée.

La chambre syndicale de Vendée adresse les vœux suivants pour la prochaine réunion de la Société des agriculteurs de France :

1° Que le Sénat rejette la loi sur les boissons;

2° Que le Parlement expédie d'urgence les lois suivantes, d'où l'agriculture attend son salut : la loi du cadenas, loi élevant le droit sur les blés jusqu'à 12 francs, de façon que le prix ne puisse s'abaisser au-dessous de 22 francs le quintal;

Réforme du régime des admissions temporaires;

Réforme monétaire;

Droit sur les graines oléagineuses et sur les textiles;

Droits plus élevés sur les bestiaux étrangers et police plus active sur leur état sanitaire;

Fabrique de conserves en Vendée;

Représentation élective de l'agriculture;

Maintien de l'immunité des bouilleurs de cru;

Répression des fraudes sur les beurres;

Réforme de la police sur le vagabondage, organisation de l'assistance communale.

Ruraux, comparez ce programme à celui du groupe soi-disant agricole du Palais-Bourbon, et dites lequel des deux représente le mieux l'agriculture française !

Les fromageries de gruyère dans le Doubs.

La Société d'agriculture du Doubs vient de créer des bourses de 35 francs pour un mois, en faveur des ouvriers fromagers qui désirent suivre un cours spécial à l'école de fromagerie de Mamerolle. Le premier de ces cours ouvrira le 10 février prochain. On y enseignera les procédés essentiels de la fabrication du gruyère, acidité de la pressure, chauffage des cuves, écrémage, séparation du petit-lait, etc...

On ne peut que souhaiter le succès de cet enseignement. Nos fromages de gruyère ne peuvent donner de bénéfices qu'à la condition de défier, par leur bonne qualité, la redoutable concurrence des fromages étrangers.

Congrès des unions syndicales.

Nous avons signalé l'importance des congrès des unions syndicales, notamment de ceux de Lyon en 1894 et d'Angers en 1895.

Le congrès des unions de syndicats se tiendra cette année à Orléans du 5 au 9 mai. Nous espérons qu'il ne sera pas inférieur en importance aux deux précédents. Tous les syndicats de France peuvent s'y faire représenter. C'est dans ces unions syndicales que l'agriculture est représentée. C'est là que sa représentation vraie s'offre au pays, en parallèle avec les représentations artificielles, dénaturées par les intérêts détestables de la passion politique.

Ecrire au secrétariat du syndicat du Loiret, boulevard Rocheplatte, 17, à Orléans.

Le nouvel impôt sur les propriétés non bâties

M. le comte de Luçay, vice-président de la Société des Agriculteurs de France, a fait à la Société nationale d'agriculture, la communication suivante qui détermine d'une façon lumineuse les additions faites au principal de l'impôt foncier par le nouveau projet de loi présenté à la Chambre par le gouvernement :

« Vous connaissez la réforme actuellement en cours, relative à la contribution foncière des propriétés non bâties. La loi du 21 juillet 1894 (art. 4), a chargé l'administration des contributions directes de procéder aux évaluations nécessaires pour transformer ce contribution en un impôt sur le revenu net des dites propriétés. J'ai eu l'honneur, au moment du vote de la loi, signaler à la Société les dangers que réforme projetée comme la procédée adoptée seraient de nature à entraîner pour la propriété rurale, et vous avez bien voulu, sur ma proposition, appuyée de l'avis de la section d'économie statistique et législation rurales, décider qu'il serait procédé par la Société, près de ses correspondants, à une enquête sur le mode d'assiette qui assurerait le mieux la justice de l'impôt sur le revenu des terres.

« L'enquête a eu lieu et nous a valu d'intéressantes réponses. Si la section ne vous en a pas jusqu'à présent soumis les conclusions, c'est qu'elle a estimé que la discussion en viendrait en temps plus opportun lorsque seraient connus les résultats de l'évaluation administrative prescrite par la loi de 1894.

« Cette évaluation a déjà donné lieu à diverses opérations préliminaires, et budget de l'année qui finit avait ouvert au Ministre des finances, sous le chapitre 73, pour les dépenses y afférentes un crédit de 600.000 francs. Le chapitre 73 ne figure plus au projet du budget de 1896. Est-ce à dire que le nouveau ministère, dont le programme paraît comporter un remaniement complet de notre régime fiscal, aurait renoncé pour ce motif à poursuivre l'évaluation, réalisant ainsi du même coup une économie appréciable? On pourrait le croire de prime abord, mais la raison en est toute autre. Le Ministre des finances précédent avait déposé le 22 octobre dernier un projet de loi portant fixation des voies et moyens destinés à assurer l'exécution de l'article 4 de la loi 21 juillet 1894, et son successeur maintenu : c'est ce qui résulte du rapport général présenté le 18 décembre par M. Hippolyte Morel au Sénat sur loi de finances. « L'économie, y lit-on propos de l'ancien chapitre 73, qu'apparente. Un projet de loi spécial a été présenté. Il entraînera nécessairement des dépenses élevées, puisqu'il s'agit d'évaluer le revenu individuel 150 millions de parcelles réparties en 14 millions de cotes. » Le rapport omis d'ajouter, — ce qui a cependant son importance — que, par une application nouvelle du condamnable principe que toute réforme fiscale doit suffire à elle-même, les dépenses dont il parle, si élevées qu'elles puissent être seraient restées à la charge des contribuables déjà surtaxés cependant, l'aveu de tous et dans la mesure que l'on sait. Quel est donc le projet de loi du 21 octobre, et quels sont les voies et moyens auxquels il propose de recourir? C'est ce que je voudrais aujourd'hui indiquer brièvement.

« L'exposé des motifs débute en reconnaissant l'impossibilité d'appliquer procédé primitivement expérimenté et qui aurait consisté à déterminer en bloc, par natures de cultures, le revenu foncier de chacune des 13.927.528 propriétés ou exploitations, dont les cotes figurent au rôle de 1894. « Ce mode, dit-il, n'a donné que des résultats très imparfaits : il est dépourvu de tout moyen de contrôle, et les estimations dépendraient en définitive, soit des déclarations presque toujours incomplètes et inexactes des intéressés, soit des appréciations plus ou moins arbitraires des répartiteurs locaux. » J'avais moi-même, dans ma communication du 18 juillet 1894, établi cette impossibilité. Vous voudrez bien me permettre de le rappeler ici. Il est donc nécessaire, pour fixer le revenu foncier de chaque propriétaire, poursuit le document ministériel, de procéder à l'évaluation détaillée des immeubles qu'il possède. Mais pour cette évaluation ne serait-il pas possible d'utiliser, malgré les lacunes et les défectuosités qu'ils présentent, les documents cadastraux actuels? Des essais tentés dans une commune par département ont amené l'administration à le penser, et c'est en conséquence que, laissant complètement en dehors tout ce qui concerne les plans et leur revision, les opérations tant d'arpentage que d'abornement, elle a arrêté la méthode suivante de travail :

« La nouvelle évaluation a pour objet de déterminer le revenu net moyen actuel des propriétés non bâties, c'est-à-dire le prix du fermage annuel que le propriétaire tire aujourd'hui de ces propriétés, lorsqu'il les afferme, ou qu'il pourrait tirer au même titre, lorsqu'il les exploite lui-même. Cette détermination est confiée par le projet de loi au contrôleur des contributions directes ainsi qu'aux classifications nommées par le Conseil municipal au nombre de cinq, savoir : trois choisis parmi les propriétaires habitant la commune et deux parmi les propriétaires forains. Il leur appartiendra d'abord de diviser chaque nature de culture (jardins, terres labourables, prés, bois, vignes), en un certain nombre de classes suivant les divers degrés de fertilité du sol, et de fixer le revenu net moyen à l'hectare. Cette première opération est désignée, en matière cadastrale, sous le nom de *classification*.

« Le tarif général d'évaluation ainsi dressé n'a qu'un caractère provisoire : il sera soumis à l'examen d'une commission cantonale et définitivement arrêté par une commission départementale. Le projet de loi compose la commission cantonale de sept membres, savoir : le conseiller général et le conseiller d'arrondissement du canton, un des maires du canton désigné par le préfet, l'inspecteur et le contrôleur des contributions directes, le receveur de l'enregistrement du canton, le professeur départemental d'agriculture, — et la commission départementale de dix membres

qui seraient : le préfet, président, trois conseillers généraux désignés par l'assemblée départementale, deux propriétaires fonciers nommés par le préfet, le directeur et l'inspecteur des contributions directes, le directeur de l'enregistrement, le professeur départemental d'agriculture. Les deux commissions puiseraient dans le travail de ventilation des baux et autres actes de location, effectué concurremment par l'administration, des éléments certains de contrôle et d'appréciation.

(*A suivre.*) COMTE DE LUÇAY.

CHRONIQUE AGRICOLE

Situation. — La Saison.

Le temps doux qui est revenu la semaine dernière après deux jours de gelées persiste depuis huit jours avec une intensité très inquiétante pour la culture. La végétation endormie par deux jours de gelée, a repris un nouvel essor. C'est un juste sujet d'alarme pour la culture. Si les gelées qu'on désirait depuis un mois surviennent dans le cours de février, elles pourront être désastreuses pour les récoltes en terre. Jusqu'à ce jour, il est vrai, le mal n'est pas apparent, mais une période de neige et de gelée serait aujourd'hui accueillie avec une satisfaction générale dans toute la France; la persistance de ce beau temps prématuré, au contraire, est un sujet d'anxiété pour l'avenir. Autant les rigueurs du froid sont bienfaisantes en janvier, autant elles sont redoutables à la fin de l'hiver et au printemps. Quand on a eu l'automne en hiver et l'hiver au printemps, les récoltes sont rarement bonnes.

La paille dans l'alimentation.

La paille des céréales, notamment celle de blé, est d'un usage général dans le monde agricole comme faisant partie de la nourriture des bestiaux. C'est un aliment très peu nutritif, mais il est utilisé pour remplir la panse des herbivores qui exige des aliments volumineux et peu concentrés.

Pour tirer un bon parti de la paille, trois conditions sont requises, d'abord, la nettoyer. La plupart des pailles contiennent des quantités de poussière dont il importe de les purger sous peine d'insalubrité pour les animaux.

Il faut ensuite la hacher. Plus la paille est hachée menu, plus elle est apte à se bien mêler aux autres matières alimentaires.

Enfin, il faut mélanger la paille hachée à des matières alimentaires aqueuses et faire macérer et fermenter le mélange. Nous avons assez souvent signalé les avantages des aliments chauds, cuits, fermentés, édulcorés par le sucre et la mélasse, etc. La paille ajoutée à ces mélanges, y acquiert une

digestibilité, dont n'approchent point les pailles données sans préparation, suivant une coutume beaucoup trop générale encore dans nos campagnes. L'expérience pourtant leur apprend tous les jours que le régime dit du *sec*, en hiver, est cruellement débilitant pour leurs pauvres bêtes. En corrigeant ce système comme nous venons de le dire, ils rendraient la vie moins dure à leurs bestiaux, et leur intérêt y trouverait certainement son compte.

Le relèvement du prix du blé.

L'excellent *Syndicat des agriculteurs du Loiret* se fait le propagateur du seul moyen pratique d'arriver à un relèvement des cours du blé : le warrantage.

De même que nous nous faisons un devoir de signaler à quelques syndicats les reproches qu'on nous adresse sur leur compte, de même aussi nous signalons avec joie les efforts qu'ils tentent pour venir en aide à la culture. Or il est bien certain que rien ne peut être plus profitable que de chercher à procurer aux agriculteurs les moyens pratiques de résister à la spéculation cosmopolite.

Le Syndicat du Loiret qui, d'ailleurs, est à l'avant-garde des associations agricoles, estime avec raison que si les cultivateurs français s'entendaient pour ne pas vendre leurs blés en même temps ils pourraient obtenir des cours meilleurs; mais, toujours pratique, ce syndicat comprend que si le cultivateur veut vendre, c'est qu'il a besoin d'argent et qu'il faut lui en procurer en même temps qu'on prend ses grains en dépôt dans un magasin bien agencé. Telle est la théorie et la pratique du warrantage.

Nous faisons des vœux pour que les agriculteurs du Loiret comprennent qu'ils ont le devoir de soutenir cette intéressante initiative. C'est dans des cas de ce genre qu'il faut donner une preuve de solidarité. Que de créations utiles n'ont pu fonctionner par la faute même de ceux auxquels elles devaient profiter !

En ce qui nous concerne, nous les soutiendrons toujours, quelles que soient les colères jalouses que nous puissions susciter, car une seule chose nous préoccupe : l'intérêt de l'agriculture et de ses infatigables travailleurs.

Les graines de betteraves à sucre.

MM. F. et A. Lemaire et Eloir, producteurs français bien connus de graines de betteraves à sucre améliorées, sélectionnées sévèrement par les dernières méthodes scientifiques, protestent énergiquement contre les manœuvres déloyales de certains agents qui essaient de persuader les cultivateurs que les graines allemandes — objet de leur spéculation — sont supérieures aux meilleures graines françaises. Ces producteurs, dont la sympathie égale le savoir et l'habileté, offrent à tout cultivateur de donner les preuves les plus concluantes que leurs graines sont en mesure de défier toute rivalité. Cette dernière campagne 1893, a été constatée par les résultats des expériences officielles dans les champs d'expériences, et également en grande culture, la supériorité des graines à sucre françaises aux graines étrangères.

Les prairies en hiver.

Pendant l'hiver, le premier soin consiste à donner aux eaux un écoulement convenable. S'il peut être avantageux de couvrir les herbages d'eau, ce ne saurait être qu'avec une nappe peu profonde chargée d'éléments fertilisants. La trop grande humidité favorise trop le développement des herbes de mauvaise qualité et donne un foin grossier peu nutritif. Cette question de l'utilisation de l'eau est capitale pour le bon entretien des prairies. Aussi ne faut-il pas hésiter, si besoin est, à creuser des rigoles dirigées judicieusement et même à opérer des drainages. Mais, en tout cas, on doit conseiller de retirer l'eau dès que les fortes gelées sont à craindre et on peut reprendre l'arrosage après leur disparition, mais alors d'une façon intermittente.

C'est pendant l'hiver qu'il convient de fumer les herbages : les fumiers et terreaux conviennent aux terres fortes; dans les prairies humides où pullulent les joncs, rien ne vaut les cendres, engrais trop méconnu et qui cependant favorise considérablement la pousse des bonnes graminées, enfin les phosphates et les déjections humaines sont surtout nécessaires dans les terres acides.

On prétend et avec raison que les herbes venues sur sol riche en acide phosphorique exercent une heureuse influence sur les animaux dont elles hâtent le développement musculaire et osseux. C'est dire que l'éleveur doit veiller au maintien de cet élément si utile. Les phosphates et les scories de déphosphoration, suivant les cas, doivent être employés. On trouve également, pour les herbages, d'excellents engrais composés, tels que les tourteaux de Bondy et des mélanges offerts par de sérieux industriels.

Nous ne conseillons pas les engrais trop solubles, comme le nitrate de soude et les superphosphates, surtout le premier. Aux récoltes qui demeurent longtemps à la même place, nous croyons qu'il convient surtout de fournir des éléments lentement solubles qui constituent une réserve que les plantes mettent à contribution au fur et à mesure de leur végétation.

Cependant, exceptionnellement et dans certains cas déterminés, il peut être bon d'employer, mais en petite quantité, des substances qui donneront un coup de fouet salutaire à la végétation.

La vesce velue.

Depuis quatre ans que cette intéressante légumineuse est cultivée en France, elle a subi le choc de discussions ardentes ; les uns l'ont exaltée, d'autres l'ont décriée avec des exagérations, dont il est temps de faire justice.

La vérité est qu'elle peut rendre de sérieux services à condition de la cultiver avec un discernement qui a été le fruit des essais tentés par des praticiens judicieux et éclairés.

Parmi eux se signale M. Treny de Lauzun, qui publie ainsi, à l'adresse de ses confrères, le fruit qu'il a tiré de cette culture, pendant les trois dernières années.

« Dans la région du Sud-Ouest, la vesce velue est, dit-il, incapable de donner deux coupes; la moindre atteinte faite à la tige en pleine végétation est toujours mortelle. En second lieu, la précocité de la vesce velue n'est pas supérieure à celle de nos fourrages ordinaires, et il faut ajouter enfin que le bétail n'accepte pas toujours le fourrage à l'état vert s'il n'y est pas habitué. Ces inconvénients attirent à la vesce velue les antipathies d'un grand nombre de ces propriétaires qui ne voient jamais l'utilité qu'on peut tirer parfois d'une chose dont le mérite n'est pas très manifeste.

« La vesce velue est destinée cependant à jouer un rôle d'une grande importance dans l'évolution agricole. Sa résistance exceptionnelle au froid et à la sécheresse en fait déjà une plante digne d'attention, mais sa vigueur extraordinaire et ses propriétés améliorantes en font un fourrage hors pair, si l'on considère que la vesce velue constitue par le fanage un foin moelleux et balsamique que le bétail de toute sorte mange avec avidité. Donné concurremment avec celui de luzerne et les navets, il continuera à produire, en plein hiver, une viande excellente et à bon marché.

« Quand on sème la vesce velue dans le but de la convertir en foin, il convient de lui associer moitié avoine dans toutes les régions où cette céréale, semée dans le cours de l'été, résiste aux plus grands froids. Le seigle et l'orge, semés en cette saison, n'offrent que des tiges dures et d'une maturité avancée au moment où il est bon de faner la vesce velue.

« D'autre part, l'avoine talle beaucoup mieux sur chaume que les autres graminées, et constitue par la fenaison un produit d'une qualité au moins égale à celle de l'orge et de beaucoup supérieure à celle du seigle ou du froment. La vesce pointe avant l'avoine ; à ce moment, elle n'a pas besoin de support, mais tout à coup les tiges de l'avoine s'élèvent, et tout s'enlace mutuellement pour constituer des flots de verdure qu'il suffirait de voir pour être séduit. Je pourrais montrer des tiges de cette plante légumineuse qui attei-

gnent jusqu'à trois mètres de longueur, et je puis assurer qu'on peut la cultiver dans les sols les plus médiocres pourvu qu'ils ne soient pas marécageux, si l'on a soin de lui administrer du superphosphate à l'entrée de l'hiver; les engrais potassiques, dont l'utilité est incomparable, ne sont que bien rarement nécessaires.

« Il est une remarque particulière à notre région : dès la première année, les graines de vesce velue ont un volume moindre d'un tiers environ de celles récoltées dans le Nord. Cette particularité n'offre certainement rien de sérieux, si ce n'est qu'on a moins de semence à jeter à la terre.

« Quoique la vesce velue reste verte sur pied pendant fort longtemps, il est avantageux d'en pratiquer le fanage entre la première et la seconde coupe de luzerne, ce qui rend très pratique la culture en grand de ces deux plantes fourragères.

« Quant à la vesce que l'on destine à la consommation courante, il convient de lui associer avec l'avoine, du trèfle incarnat, ou bien encore du sainfoin géant quand on sème en juillet, du fenu-grec quand on sème plus tard. Ces mélanges excitent l'appétit des animaux et donnent surtout de forts rendements.

« Ce qui rend la vesce velue encore plus précieuse, c'est surtout sa grande compatibilité avec plusieurs autres plantes fourragères à grand rendement.

« Son port atterré au début et sa végétation extraordinaire ensuite permettent de pratiquer avec la sienne la culture des vesces hâtives automnales partout où jusqu'ici il a été d'usage d'en faire, mais c'est surtout la culture en grand des navets que les agriculteurs feraient bien de méditer à loisir. Grâce à ses propriétés améliorantes, la vesce velue peut dans bien des cas être suivie par une culture épuisante à grand rendement comme le maïs.

« Comme plante à fourrage, la vesce velue doit être semée du 15 juillet au 15 septembre dans les terres médiocres et du 15 juillet à la fin de septembre dans les bonnes terres. Comme plante à graines, la vesce velue donne davantage si elle est semée un peu tardivement et peut même très bien réussir dans tout le courant d'octobre si on évite de la mettre dans un sol trop léger que les gelées soulèvent avec les frêles plantes nouvellement sorties de terre; une bonne terre franche ou siliceuse est ce qui lui convient à cette époque de l'année. Et il faut ajouter enfin que la vesce jetée en terre dès le premier printemps donne autant de graines qu'une semaille d'automne. »

Le rôle de la potasse.

Les cendres de toutes les plantes cultivées contiennent de la potasse, de la silice, de la chaux et quelques autres éléments minéraux. Il est donc certain qu'il faut rendre au sol par des engrais appropriés, les substances enlevées par les végétaux.

On prétend que la potasse est absolument nécessaire à l'élaboration normale de la sève, c'est-à-dire aux fonctions mêmes des organes végétaux. On affirme que la potasse absorbée par les racines, à l'état de dissolution dans l'eau est entraînée dans l'économie végétale et parvient jusqu'aux feuilles dans lesquelles elle contribue à la constitution de la sève, en aidant à la formation de l'amidon, de la fécule, etc. Aussi toutes les plantes riches en sucre, en fécule, etc... demandent-elles un sol riche en potasse.

Mais il ne suffit pas de donner la potasse au sol, il faut la présenter dans l'état le plus favorable à son absorption par les racines et aussi à l'utilisation des produits de la plante. Ainsi, par exemple, dans les vignes, le chlorure de potassium donne au vin un goût spécial et, de plus, il rend la fermentation de celui-ci très capricieuse. Dans la betterave, certains sels potassiques nuisent à la saccharification.

D'une façon générale, toutes les terres contiennent de la potasse, mais sous une forme plus ou moins utilisable.

Dans le commerce, la potasse se trouve sous les états suivants :

La kaïnite qui est un mélange de sulfate de potasse, de sulfate de magnésie et de sel marin. Ce corps, comme tous les sulfates en général, ne convient pas aux terres acides ;

Le chlorure de potassium est le plus employé des engrais potassiques, il convient mieux aux sols acides dans lesquels il se décompose même très rapidement ;

Le sulfate de potasse, le carbonate de potasse, le sulfate double de potasse et de magnésie et le nitrate de potasse. Ces derniers sels sont relativement peu employés.

Notons enfin que c'est dans les cendres que la potasse se trouve sous la forme la plus assimilable et qu'on a grand tort de laisser perdre si généralement un engrais aussi riche en matières fertilisantes.

Engraissement des veaux
NOURRITURE

Peu de vaches sont assez bonnes laitières pour nourrir leurs veaux jusqu'à la fin de l'engraissement ; il leur faut plus de nourriture que s'ils devaient être élevés ; aussi, dans les lieux où on les engraisse au lait, leur donne-t-on à chacun plusieurs nourrices, et, pour cet effet, on a habitué toutes les vaches à se laisser téter par tous les veaux.

Ailleurs, le produit de la traite de toutes les vaches est recueilli dans des baquets, et distribué ensuite en plus ou moins grande quantité, selon le volume,

l'âge, l'appétit ; cette méthode est suivie en Picardie ; on y nourrit les veaux à l'engrais exclusivement de lait pendant huit à douze semaines.

Dans la vallée de l'Oise, dont les veaux de boucherie sont si justement renommés à Paris, ces jeunes animaux sont séparés de leur mère dès le moment de leur naissance, on leur présente d'abord dans des seaux le premier lait qui est sécrété après le vêlage (lait nommé *colostrum*), ensuite le lait ordinaire ; on leur apprend à téter en leur introduisant dans la bouche le doigt mouillé de lait ; leur plongeant ensuite le mufle dans ce fluide, ils savent bientôt boire seuls.

Dans les premiers jours, c'est le lait maternel qu'on leur donne ; quand il ne suffit pas, on ajoute celui d'une vache étrangère fraîchement vêlée ; s'ils se refusent à boire, on leur passe les doigts dans la bouche en inclinant le vaisseau ; on leur porte du lait, pendant le premier mois, le matin, à midi et le soir ; dans les deux mois suivants, le matin et le soir seulement.

En supplément de ce fluide, on donne dans la vallée de l'Oise et ailleurs, quatre à cinq œufs par jour, qu'on écrase dans la bouche ; on ajoute un peu de farine.

Nous conseillons la nourriture suivante comme propre à remplacer le lait pur dans l'engraissement des veaux : deux litres de lait, six litres d'une bouillie faite avec de la farine de lin (on pourra avantageusement faire cuire cette farine avec du thé de foin).

On se loue beaucoup en Champagne, d'une forte décoction de foin mêlée à du lait, d'abord à parties égales. Les veaux boivent en général, cette liqueur avec la plus grande avidité ; on diminue par degré la dose du lait, et on finit par la supprimer entièrement (vers le quinzième ou vingtième jour). La bonne méthode de préparer le thé de foin consiste à mettre la quantité de foin qu'on juge nécessaire dans un cuvier, de verser dessus une quantité suffisante d'eau bouillante, de couvrir le cuvier et de laisser à l'eau le temps de s'imprégner du suc du foin.

Ce procédé est usité dans quelques cantons de l'Aube, de la Marne, des Vosges et du Jura ; au lieu de foin, on peut employer des trèfles bien secs ; on peut encore ajouter de la farine, des racines bien cuites, de la mélasse et du petit-lait.

Lorsqu'on écrase dans la bouche des veaux quelques œufs frais, on n'a pas seulement pour but de les nourrir, on se propose encore de neutraliser au moyen de coquilles, substances calcaires, les accidents qui se développent fréquemment dans la caillette des jeunes animaux ; cette médication est également bien remplie par les boulettes de Champagne, où l'on fait entrer, dans la proportion d'un quart, de la craie pulvérisée ; on peut aussi, comme on le pratique ailleurs, se contenter de mettre de

la craie à la portée des jeunes animaux qui la lèchent. On mêle, si l'on veut, cette craie avec du sel ; on les laisse sécher ainsi une demi-heure avant chaque repas ; la soif et l'appétit sont augmentés, l'engraissement va plus vite, et il est poussé plus loin.

C'est une erreur de croire que les veaux allaités, même naturellement, puissent se passer de boissons aqueuses ; les bons engraisseurs ont soin de tenir constamment devant ces jeunes animaux de l'eau dégourdie.

Il faut être convaincu que le repos absolu, le silence et l'obscurité, sont des moyens d'engraissement pour les veaux, par la même raison qu'ils seraient des obstacles au développement de leurs forces s'ils devaient être élevés.

F. COURTIN.

Les races bovines du Midi.

On annonce que, dans l'Aude et dans les départements voisins, les conseils généraux et les sociétés d'agriculture se préoccupent des moyens d'améliorer leurs races bovines, c'est-à-dire de leur faire acquérir un développement plus précoce, une conformation plus régulière et enfin une musculature plus épaisse, avec plus d'aptitude à l'engraissement.

Ce projet est assurément louable à tous égards. Les races du Midi, notamment la race dite gasconne, sont sur ces points, notablement inférieures à celles du Nord et du Centre et spécialement aux races limousine et bazadaise, même à la race garonnaise, leur voisine ; les races pyrénéennes par contre, surtout les races de Lourdes, d'Urt et la charolaise, ont de l'avance sur la race gasconne dans cette bonne voie. La race gasconne jouit, il est vrai, de deux qualités spéciales qu'il s'agit de lui conserver en l'améliorant, elle est très rustique, et dure au travail. Mais elle est dure aussi à l'engraissement, lente à développer les masses musculaires, et ses rendements en viande nette atteignent rarement 50 0/0.

Nous n'avons pas la prétention d'enseigner aux agronomes méridionaux les procédés zootechniques qu'ils devront employer pour réussir dans leur projet. Triage sévère des reproducteurs, nourriture copieuse des jeunes destinés à la reproduction, alimentation appropriée, conforme aux formules des aliments complets, travail modéré, etc., telles sont les données essentielles du régime améliorant. Mais pour que les résultats répondent à ces efforts, une entente sérieuse est nécessaire entre les éleveurs qui se chargeront de coopérer à l'œuvre commune. La question des métissages et même des croisements sera peut-être posée par quelques-uns d'entre eux et donnera lieu peut-être à des dissentiments. Il est reconnu que l'amélioration d'une race par elle-même fermentation trop rapide causée par un excès de chaleur, d'humidité ou d'air, par une trop faible quantité de présure, par la présence de petit-lait. On y remédie, en chauffant le lait avant la mise de la présure, en salant davantage et en abaissant la température des caves.

Les progrès du black-rot.

Bien que ce redoutable fléau n'ait ravagé jusqu'à ce jour les vignes que dans la région du Midi et dans la Gironde, quelques viticulteurs de la région lyonnaise jettent, non sans raison, un cri d'alarme, appréhendent l'invasion du terrible cryptogame dans leur contrée. M. Viala a, il est vrai, cru pouvoir affirmer que le black-rot ne se multiplie que dans les régions méridionales sous l'influence de leurs chaudes températures. Mais les viticulteurs lyonnais remarquent non sans raison, que les chaleurs de l'été sont aussi ardentes dans leur région que dans le Bordelais, voire même dans le Midi. Par cette raison, ils engagent vivement leurs confrères à se mettre au garde contre ce nouvel ennemi de la vigne, plus redoutable encore que le mildiou et même que le phylloxera.

Comme le mildiou, le black-rot, nous l'avons dit, ne peut être combattu que préventivement avant l'apparition des premières spores. Dès que celles-ci paraissent, aucun moyen curatif n'a pu, jusqu'ici, arrêter leurs ravages qui détruisent les feuilles et surtout les fruits.

Ainsi que nous le disions, les sels de cuivre sont jusqu'ici les seuls spécifiques qui ont pu sauver les récoltes des vignes contre le black-rot, encore à deux conditions : 1° appliquer le premier traitement dès que les pousses ont une longueur de 5 centimètres, un second à la floraison, un troisième à la veraison, exactement comme pour le traitement du mildiou ; 2° appliquer le dosage à raison de 3 à 3 kilos par hectolitre d'eau.

Dans ces conditions, un seul traitement est appliqué aux deux parasites.

Le black-rot se manifeste ordinairement de la façon suivante : on voit apparaître sur les feuilles de petites taches bien limitées de 2 à 3 millimètres jusqu'à 1 centimètre, couleur feuille morte, sans aréoles, sur lesquelles apparaissent ensuite de petits grains noirs ressemblant à de la poudre ; les grains du raisin jaunissent, deviennent livides, se rident, et à leur surface, on voit de petits grains noirs comme sur les taches des feuilles.

Toutes les phases de la maladie peuvent se produire en 24 ou 48 heures et la récolte est absolument perdue, alors qu'on se croyait à la veille de vendanger. De là la terreur qu'inspire cette maladie aux viticulteurs.

M. Couderc suit depuis dix ans les ravages du black-rot ; cette année, il a visité les départements atteints par le terrible fléau : Gers, Aveyron, Tarn, Tarn-et-Garonne, etc. Ceux qui n'ont pas vu de près les effets de la maladie ne peuvent pas se figurer quelle est l'intensité du mal, et il faut éviter le plus possible la contagion, car on ne sait pas encore si on pourra se défendre ; M. Couderc a vu dans le Gers toutes les vignes absolument bleues de cuivre, et, malgré cela, toute la récolte a été perdue.

Dans certains cas cependant les préparations de cuivre ont pu sauver la moitié ou les deux tiers de la récolte.

On a remarqué que, dans les pays où on soufre beaucoup et de bonne heure, le black-rot produit des effets moins calamiteux : il serait donc prudent d'essayer l'emploi du soufre, même dans les pays où l'oïdium est peu à craindre.

Quelques cépages semblent mieux résister que les autres et en observant plusieurs années on arrivera à faire un choix, mais il ne faudra pas se hâter de conclure, parce que le black-rot n'atteint toute son intensité que lorsqu'il est dans un pays depuis quelques années.

Certains hybrides paraissent offrir une assez grande résistance ; malheureusement, beaucoup craignent le soufre, ce qui fera écarter l'emploi de ce corps qui est pourtant utile.

En résumé, les viticulteurs ne sauraient trop se mettre en garde, ils doivent notamment éviter absolument de faire venir des cépages des régions contaminées, quelles que soient les précautions qu'on puisse prendre, puisqu'on a vu le black-rot se développer même après un séjour prolongé dans une solution de sulfate de cuivre ou d'acide phénique.

Le reboisement des montagnes et les torrents.

Sous ce titre M. Demontzey, bien connu dans le monde forestier, vient de publier, sous les auspices du ministère de l'agriculture, un ouvrage d'une importance majeure, où il s'attache à démontrer de nouveau, mais avec un surcroît notable de clarté, que le reboisement des montagnes bien conduit, dans les centres montagneux de la France, aurait l'inappréciable résultat de régulariser les écoulements de leurs eaux dans les fleuves et les rivières, et de rendre désormais impossibles les dévastations produites par les déboisements et les inondations.

La théorie n'est pas nouvelle, on le sait, mais M. Demontzey a le mérite nouveau d'enseigner avec une compétence supérieure les procédés pratiques au moyen desquels on l'appliquerait avec le succès désirable. C'est à raison de ce mérite vraiment exceptionnel que l'Académie des Sciences a donné sa haute approbation au travail de M. Demontzey.

La difficulté est de trouver les fonds nécessaires aux travaux de reboisement et de terrassement.

Une autre question non moins intéressante, à ce sujet, c'est de savoir dans quelle mesure les propriétaires de terrains en montagne peuvent eux-mêmes opérer l'aménagement de ces terrains, avec la certitude de les rendre productifs de l'intérêt de leurs dépenses, en même temps de coopérer utilement au but visé par M. Demontzey : la dispersion des chutes d'eau et de neiges fondues descendant des sommets, de façon à prévenir les débordements des cours d'eau qui les reçoivent.

Il y a là, en effet, une œuvre colossale à entreprendre, et dont le succès ne peut être obtenu que d'une patriotique coopération entre les propriétaires du sol et les agents de l'Etat.

Nous reviendrons prochainement, à ce dernier point de vue, sur le travail justement recommandable de M. Demontzey.

La récente catastrophe de Bouzey, d'ailleurs, ne donne-t-elle pas un intéressant regain d'actualité à ce sujet.

Ne pouvons-nous pas aussi signaler, à ce point de vue, le conflit, aujourd'hui très aigu, entre les Marseillais et les ruraux riverains de la Durance pour la répartition de ses eaux entre la ville et les campagnes dont la fertilité périclite.

Les coquilles d'œufs.

Nous avons bien des fois blâmé la coutume trop générale de jeter les coquilles des œufs. Pour en tirer un parti très utile, il suffit de connaître les éléments qui les composent, éléments essentiels dans la nourriture des animaux et spécialement des volailles.

Les coquilles d'œufs, qui contiennent de la chaux à l'état de phosphate, étant ajoutées aux fourrages, forment une excellente nourriture pour les génisses.

A cet effet, ont les réduit en poudre et on les mélange aux fourrages servant aux bêtes. Les résultats obtenus de cette matière dans l'élevage des veaux, des poulains, etc., ont dépassé toute attente. Etant donné qu'on peut facilement se procurer des coquilles chez les pâtissiers, confiseurs et boulangers, nous ne saurions trop recommander ce moyen bon marché d'améliorer l'ordinaire des animaux.

RECETTES

La cire jaune et le sel rendront propre et poli comme du verre le plus rouillé des fers à repasser. Enveloppez un morceau de cire dans un chiffon et, quand le fer sera chaud, frottez-le d'abord avec cette espèce de tampon, puis avec un papier saupoudré de sel.

OFFRES ET DEMANDES

Huiles d'olive garanties pures et sans mélange venant directement de la propriété.

Au prix de 1,80, — 1,60, — 1,50 le kilog. suivant qualité.

Gare départ, paiement contre remboursement. S'adresser à M. Edouard Laurin, propriétaire à Saint-Chamas (Bouches-du-Rhône).

Pommes de terre sélectionnées pour semence : Paulson, Athènes, Idaho, Canada, Hollande, Marjolin, *Géante Franco-Russe*, la plus productive de toutes.

Livrable par quantité minima de 50 kilos S'adresser au bureau du journal.

Prix : Géante Franco-Russe, 14 francs les 100 kilos ; Paulsen, Athènes, Idaho, Canada, Hollande, 10 francs les 100 kilos ; Marjolin un peu germée, 2 fr. 50 les 5 kilos franco toute gare de France.

GRAND CRU MÉNARDIÈRE. Cidre normand pur jus, 15 fr. l'hecto non logé.

Eau-de-vie de cidre garantie pure : 3 fr. le litre.

Sassier, propriétaire. La Colombe (Manche).

Agriculteur, ancien régisseur de grandes propriétés, demande direction d'un domaine en France ou colonies. Excellentes références.

Virus Danysz pour la destruction des rongeurs de toute espèce qui dévastent les récoltes (préparé à l'Institut Pasteur).

Virus n° 1 pour souris, mulots, campagnols ; la boîte de deux tubes 5 fr. — de 5 tubes 8 fr. — de 10 tubes 12 fr. — de 100 tubes 75 fr.

Virus n° 2 pour rats, rats d'eau et surmulots ; 1 tube 3 fr.

Instructions jointes à l'envoi.

Adresser demandes et mandats à M. S. B. *Gazette*, 10 *bis*, rue Piccini, Paris.

La culture électrique, par M. C. Crépeaux . . . . 1 »

Purificateur d'air pour tonneaux, l'un 4 50 franco gare.

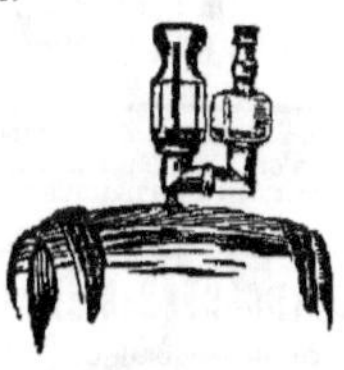

Moyennant un supplément de 0 fr. 40, nous joindrons à l'envoi une mèche à percer de calibre et moyennant 0 fr. 10 en plus, une mèche soufrée.

CORRESPONDANCE

M. P. M., à C. (Basses-Pyrénées). — La vente du champ ayant été faite à raison de 1.000 fr. l'arpent, le vendeur est obligé conformément à l'art. 1617 du code civil de délivrer à l'acquéreur la quantité indiquée.

Et si la chose n'est pas possible ou si l'acquéreur ne l'exige pas, le vendeur est tenu de souffrir une diminution proportionnelle du prix.

Le vendeur est obligé en conscience et en justice de restituer l'excédent du prix qu'il a reçu.

Bail à ferme. — Copie de bail. — Le notaire est dans son droit, si vous voulez avoir une copie du bail, il faut la payer. Nous ne pouvons pas vous dire quel est le prix d'un bail, par la raison que le tarif des notaires varie suivant les contrées. Vous auriez pu faire votre bail vous-même, c'est-à-dire par acte sous seing privé et il ne vous aurait pas coûté plus de 30 francs, y compris l'enregistrement.

M. le baron R. de F. (Pas-de-Calais). — Dans votre terre de bois défrichée il y a longtemps déjà, où prédomine la craie, nous vous conseillons d'y semer de l'orge de printemps, c'est la plante par excellence, pour semer et faire prendre les prairies artificielles.

La végétation de l'orge étant très rapide, elle redoute peu la sécheresse, on la cultive avantageusement dans toutes les parties de la France agricole.

Semer la seconde quinzaine d'avril.

Pour la création de votre prairie semer en même temps que l'orge et par un coup de herse différent, la luzerne qui est la plante la plus rustique, ajouter en mélange un tiers de graine de sainfoin qui, la première année, garnira de suite votre prairie ; peu à peu le sainfoin disparaissant, la luzerne prend de la force et se développe pour garnir à son tour tout le terrain.

Le meilleur tourteau pour engrais est le *sésame blanc*, appliquer 1.000 à 1.200 kilos à l'hectare. — Adressez-vous de notre part à M. P. Marchand, à Dunkerque.

M. E. B., à F. (Isère). — Pour le traitement de vos arbres fruitiers, et pour la destruction du puceron lanigère, le *Lysol* et l'*Insecticide Desgouttes* sont des insecticides de premier ordre, ils ont en outre l'avantage d'être peu coûteux et inoffensifs. Pour le mode d'emploi on choisit les premiers jours de printemps. On sait que les pucerons de l'année antérieure, restés dans la couronne de l'arbre, périssent facilement pendant la mauvaise saison, tandis que les jeunes larves sorties des œufs d'automne, échappent aux rigueurs de l'hiver. Or, ces larves séjournent dans les crevasses du tronc. Il faut, pour obtenir le résultat voulu, d'abord bien brosser les troncs d'arbres, comme d'habitude, ensuite laver soigneusement toutes les crevasses et blessures avec une solution de lysol à la dose de 1 p. 100 d'eau (10 grammes de lysol par litre d'eau). On fera bien de couper dehors les parois des creux plus profonds et de laver une seconde fois. — De cette manière on est sûr de détruire radicalement toute la colonie des larves qui a passé l'hiver. Des expériences multiples sur des pommiers gravement infestés ont pleinement réussi.

M. M. (Un Vosgien). — Vous trouverez le traité d'apiculture : *Élevage des abeilles* par Réaumur et Hubert, à la librairie Michelet, 25, quai des Grands-Augustins, Paris. Adressez-vous de notre part.

On nous écrit de B. (Somme) :

« Je suis très content des tourteaux de *Fromentine* pour nourriture, ils se conservent très bien et ne s'échauffent pas, les animaux la mangent bien l'emploi et le rationnement en est très facile étant d'un poids régulier. »

M. P. S., à M. (Aude). — Pour vous procurer un traité de comptabilité agricole, aussi clair que possible, adressez-vous de notre part à la librairie Michelet, 25, quai des Grands-Augustins, Paris.

M. B., à Saint-L. (Seine-et-Oise). — Le cours moyen du maïs est de 14,50 à 15 francs les 100 kilos gare départ. Paris.

PRIMES A NOS ABONNÉS

Huîtres fraîches d'Arcachon et de Marennes, colis postaux, 5 kilos contenant :

100 huîtres blanches		4 25
70 — plus grosses		4 80
100 — vertes		5 60
70 — plus grosses		5 60

Franco de port et d'emballage en gare ou à domicile. *Adresser les ordres* accompagnés de la bande du journal et d'un mandat à MM. J. Lapierre et J. Goubet à Andernos (Gironde).

MARRONS GLACÉS DE L'ARDÈCHE

Comme les années précédentes, nous sommes heureux d'offrir à nos abonnés des marrons glacés excellents, de provenance directe de l'Ardèche et aux conditions suivantes :

1° Le kilog. de marrons glacés, 4 fr. 75.

2° Le kilog. de marrons glacés au chocolat, 5 fr. 25.

3° Un colis comprenant :

1 kilog. de marrons glacés, 1 kilog. de marrons au chocolat, 1 flacon d'excellent alcool de menthe. Prix 10 fr. 75.

4° Un colis comprenant :

1 kilog. de marrons glacés, 1 kilog. de marrons au chocolat. Prix 9 fr. 50.

5° Un colis de 2 kilog. de marrons glacés, 9 fr.

6° Un colis de 2 kilog. de marrons au chocolat, 10 francs.

Le tout emballé dans d'élégants coffrets de métal franco en gare du destinataire. Pour envois à domicile 0 fr. 25 en plus.

Adresser les demandes accompagnées d'un mandat et d'une bande du journal à M. Crépeaux, 10 *bis*, rue Piccini, Paris.

Délicieux Vin Muscat Vieux tonique et réconfortant venant directement de la propriété, garanti authentique, offert en prime à nos abonnés à raison de 1 fr. 25 le litre logé en fûts de 25 à 35 litres. Fûts perdus.

Adresser les commandes au Bureau du Journal 10 *bis*, rue Piccini, Paris.

Si vous voulez boire du bon vin de Saint-Emilion, adressez-vous à M. **Duplessis-Fourcaud**, au château des Trois-Moulins, à SAINT-EMILION (Gironde).

(Voir le prix courant.)

N° 0, **Gilet de chasse**, qualité extra : *pure laine*, mérinos, article très riche, couleur lustre foncé. Prix 17 francs, franco de port (valeur en magasin au détail 24 francs). Pour la taille comme ci-dessous.

N° 1. **Gilet de chasse**, 1re qualité : Gilet *pure laine* croisé, côtes renforcées et nattées, trois poches, couleur loutre foncé (presque noir) marron, bleu marine, vert foncé, au choix. Prix 9 fr. 50, franco de port, à domicile ou gare la plus rapprochée. Pour la taille, indiquer la mesure du tour de poitrine, prise sous les bras.

N° 2. **Gilet de chasse**, 2e qualité : Qualité ordinaire, trois poches, couleur gris meunier. Prix 7 fr. 50, franco de port. Pour la taille comme ci-dessus.

N° 3. **Couverture de laine** n° 1 : Couverture blanche, riche, garantie pure laine, pour lit de maître, bordée rouge ou bleu, au choix. Dimensions 2 m. 35 sur 2 m. 10. Prix 21 francs, franco domicile ou gare la plus rapprochée. *Valeur en magasin : 30 francs.*

N° 4. **Couverture de laine** n° 2 : Couverture grise, pure laine, pour lit de domestique, courses en voiture, etc. Dimensions 2 m. 20 sur 1 m. 80. Prix 13 francs franco domicile ou gare la plus rapprochée.

N° 5. **Châle pour dames** : Châle tricot, pure laine mérinos, beau noir, fabrication soignée. Dimensions 1 m. 25 en carré, poids environ 500 grammes. Prix 7 francs franco domicile ou gare la plus rapprochée. *Valeur en magasin :* 10 *francs*. Pour deux châles 13 francs, même condition.

Envoyer les demandes accompagnées d'un mandat d'égale somme, aux Bureaux du Journal, 10 *bis*, rue Piccini, Paris.

Montre Remontoir, boîte métal nickelé, cuvette nickelée, 18 lignes ou 50 millimètres, cadran émail à secondes, aiguilles Louis XV, système à rochet, échappement-cylindre, 4 rubis. Prix 15 fr. 50 franco de port et d'emballage.

Le même article se fait en modèle réduit pour jeunes gens au même prix et pour dames avec augmentation de 2 francs.

Montre Remontoir, acier oxydé inaltérable cuvette acier oxy té 18 lignes, système perfectionné, calibre revolver, cylindre 8 rubis, cadran émail à secondes, prix 20 francs, franco de port et d'emballage.

Le même article se fait en modèle réduit, pour jeunes gens au même prix, et pour dames avec augmentation de 2 francs.

Baromètre nickel, fabrication française très soignée, système perfectionné. Prix 12 francs.

Baromètre « Bois sculpté Masson, » très décoratif, fabrication française, système perfectionné. Prix 22 fr. 50.

Envoyer les demandes accompagnées d'un mandat d'égale somme, au Bureau du Journal, 10 *bis*, rue Piccini, Paris.

Vélocipèdes. — Pour répondre aux désirs maintes fois exprimés par nos lecteurs, nous nous sommes livrés à de sérieuses recherches. Nous avons visité les principales usines et pris l'avis d'amateurs de cet instrument. Nous sommes aujourd'hui en mesure de procurer à nos lecteurs, à titre de prime exceptionnelle, des machines parfaites à tous égards provenant d'un des meilleurs fabricants.

La plus vaste Manufacture du Monde

Cadre gros Tubes INDÉFORMABLE

LA **NATIONALE**

12, Rue de Rome

Usine à vapeur, 27, rue Descrenaude

PARIS

Bicyclette modèle 1895

avec pneumatiques de tous systèmes, derniers perfectionnements, mieux faite et moins chère que tout ce qui s'est fait jusqu'à ce jour.

Envoi franco du Catalogue

Nos abonnés auront droit à une remise de 50 0/0 sur les prix du catalogue de cette maison.

Nous ne disposons que d'un très petit nombre d'instruments dans ces conditions.

Le Gérant : E. GAMBART.

IMP. NOIZETTE ET CIE, 8, RUE CAMPAGNE-1re, PARIS

BULLETIN FINANCIER

Le marché est franchement bon.

Tous les cours sont en hausse et une ère nouvelle d'affaires paraît vouloir se dessiner. Espérons qu'aucun trouble parlementaire ne viendra réduire à néant les espérances de tous ceux qui aspirent à la reprise des transactions.

Pour le moment le 3 0/0 est à 102 francs, l'Amortissable à 100,62 et le 3 1/2 0/0 à 106.95.

Les établissements de crédit se montrent, en général, bien disposés.

La Banque de Paris à 778 est en progrès notables.

Le Crédit foncier vaut 710 et le Crédit Lyonnais 781.

Les actions de la Banque française de l'Afrique du Sud ont continué à être très demandées à 111 francs.

Dans ces derniers temps, cette institution a complété son organisation en s'adjoignant les personnalités dont les noms suivent :

Comme ingénieur-conseil, M. de Launay, ingénieur des mines et professeur à l'Ecole des Mines de Paris. M. de Launay est de retour d'un voyage d'études au Transvaal, où il a passé trois mois à étudier sur les lieux l'industrie aurifère, et où il a visité plus de soixante mines d'or. Inutile d'ajouter que la compétence de M. de Launay est reconnue de tous, et que son concours sera des plus précieux ;

Comme directeur, M. Léon Lemoine, chevalier de la Légion d'honneur, ancien directeur de la succursale du Crédit Lyonnais, à Constantinople, où il s'est fait remarquer lors de la crise qui a sévi en Orient, crise au cours de laquelle il a donné les preuves de rares qualités ;

Comme secrétaire-général, M. Lutscher qui a accompli de difficiles missions pour le compte de plusieurs importantes maisons de Banque, et qui, en raison de ses nombreux voyages, a acquis une connaissance profonde de tous les marchés économiques du monde.

Quant à la succursale de Johannesburg, elle est l'objet de l'attention spéciale de la Banque de l'Afrique du Sud. Une délégation du Conseil de cette institution partira dans le courant de février pour installer cette agence dont l'importance n'échappe à personne. Le directeur de cette succursale sera M. de Catelin, ingénieur des mines, et qui a donné déjà de nombreux témoignages de sa compétence comme administrateur délégué de plusieurs Sociétés minières. M. de Catelin sera aidé dans sa mission par un personnel technique de banque et d'ingénieurs qui mettront la Banque française à même de remplir au mieux des intérêts français la mission qu'elle s'est proposée.

En attendant le fonctionnement de son agence de Johannesburg, la Banque française de l'Afrique du Sud n'est pas restée inactive. Elle a su, en effet, profiter des circonstances pour se composer un portefeuille et poser les bases d'affaires importantes qui lui assurent déjà une situation de premier ordre au Transvaal, avec la perspective de bénéfices rémunérateurs.

Parmi les fonds étrangers, l'Italien vaut 84.50, le Turc 21,20, l'Extérieure 60,70 et le Chinois 101,65.

Les Chemins sont fermes.

COUPON.

Le moment favorable au transport des vins étant revenu, nous rappelons à nos lecteurs que tous ceux d'entre eux qui, sur nos conseils, et depuis cinq ans, consomment les vins de M. Vincent Ardura, vigneron, domaine de la Chapelle-Frédignac, par Blaye-Bordeaux n'ont qu'à se louer de la qualité et de la conservation de ce Bordeaux absolument naturel, expédié sans intermédiaire.

Pour dégustation sérieuse, envoi gratuit est fait d'une bouteille de la récolte désignée.

L'encaissement est fait par le facteur, à 30 jours, escompte 2 0/0, ou 90 jours.

Vendanges : 1893, à 130 fr., 1892-91, à 150 fr.; 1890-89, à 175 fr., 1887, à 200 fr., 1885, à 220 fr., 1884, à 240 fr., 1882, à 250 fr., 1881, à 300 fr. — Graves blancs vieux : 130, 150, 200, 250, 300 fr., suivant âge, les 225 litres collés, soutirés, franco de port et de fût en gare d'arrivée.

Eugène de MASQUARD

PROPRIÉTAIRE-VITICULTEUR, Château de la Cascade

SAINT-CÉSAIRE-LES-NIMES (Gard)

Vins garantis naturels, rouges et blancs, depuis 60 fr. la pièce de 220 litres jusqu'à 100 francs, selon qualité, prise en gare de St-Césaire (Gard), fût perdu.

Ces vins ont été médaillés à toutes les expositions où ils ont figuré.

Récoltés sur des coteaux et des terrains secs, les vins de Saint-Césaire, l'un des meilleurs crus du Gard, se conservent parfaitement sans être plâtrés.

Envoi franco de prix courants et échantillons

Bon Vin de Champagne

DE LA MARNE

Garanti authentique venant de la Propriété
Très belle mousse.

livrable par panier de 12 à 25 bouteilles au prix de **2 fr. 50** la bouteille, emballage compris. Droits et transports à la charge de l'acquéreur.

S'adresser à M. Adolphe CARRÉ, *propriétaire à* Trépail, *par* Véry *(Marne)*.

CHEVAUX BOITEUX

Guérison par le spécifique BORNET

Contre Capelets, Mollettes, Vessigons, Eponges, Exostoses, Suros, Eparvins et les Formes à leur début. *(Il s'applique également à toutes les tares molles et osseuses.)*

PRÉPARÉ PAR **A. BORNET**

Pharmacien de 1re classe, ex-interne et lauréat des hôpitaux.

19, rue de Bourgogne, PARIS.

Le flacon, 5 fr., à la pharmacie ; en gare par colis postal, 6 fr. contre mandat.

M. RECOURAT, pharmacien à Beauvais.

Gale des moutons guérie radicalement par *une seule application* de l'ANTIPSORIQUE.

La bouteille, 3 fr. ; la 1/2 bouteille, 1 fr. 75.

Guérison du PIÉTIN par *un seul pansement* avec le CONTRE-PIÉTIN-RECOURAT.

Le pot d'essai, 1 fr. 50 ; le pot, 2 fr. 50.

Joindre 0 fr. 60 pour recevoir *franco* et indiquer gare.

Le Journal **Le Meunier**, de Bruxelles, offre une médaille d'or à l'inventeur du meilleur procédé débarrassant automatiquement le blé du charançon.

GRIFFE SARCLEUSE-BINEUSE

Outil économique

pour biner, sarcler promptement entre toutes les lignes de plantes ou légumes sans distinction, indispensable en toutes saisons dans les jardins, vignes, pépinières, les cultures de betteraves, de tabac, etc., même dans les allées

COMPAGNIE DES MOTEURS UNIVERSELS

SIÈGE SOCIAL	MAGASIN D'EXPOSITION ET DE VENTE
9, Rue Nouvelle, Paris	21, Avenue de l'Opéra, 21

MOTEURS A PÉTROLE

Système GROB et Cie,

BREVETÉS S. G. D. G.

MÉDAILLE D'OR au Concours International de Meaux 1894

Les seuls fonctionnant **au pétrole ordinaire d'éclairage sans carburateur**, applicables à toutes les industries, agriculture, électricité, élévation d'eau, etc.

Consommation maxima 1/2 litre par cheval, et par heure.

Sécurité absolue
SURVEILLANCE INUTILE
ENTRETIEN NUL

MOTEURS A GAZ

Envoi franco du Catalogue

DISTILLATION CONTINUE
ALAMBIC
Système A. ESTÈVE

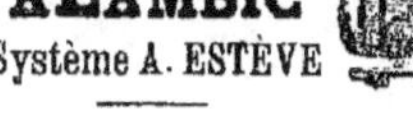

F. BESNARD
PÈRE, FILS ET GENDRES

28, rue Geoffroy-Lasnier

PARIS

Envoi franco du Catalogue sur demande.

LYSOL
Le plus puissant
anticryptogamique¶siticide
Complètement soluble dans l'eau
Le meilleur marché.
Assainissement et désinfection certaine
de tous locaux.

Employé avec plein succès contre le
mildew, l'oïdium, la pyrale, etc., et
tous les parasites des arbres fruitiers,
fleurs, légumes, etc.

SOCIÉTÉ FRANÇAISE DU LYSOL
22 & 24, place Vendôme, 24 & 22
PARIS

LE MONDE, journal quotidien du soir
17, rue Cassette, Paris.

Abonnement 25 fr. par an, 0 fr 05 le numéro.
Organe recommandé aux agriculteurs et aux
membres du clergé.

VELOUTINE FLAMANDE
La Veloutine est spécialement employée pour
lustrer les cuirs de fantaisie : guides, selles, harnais de luxe et de travail, capotes, tabliers, caparaçons, etc., et lorsqu'ils ont déjà été enduits de
vaseline, ce produit donne un joli brillant et évite
l'action graisseuse des cirages ou préparations à
base de cire. Sans causticité il ne dessèche pas et
imperméabilise.

Le bidon d'un litre pour harnais noirs. . . . 3 70
—   —   —   jaunes. . . 4 20
Franco gare contre mandat-poste.

S'adresser : *Manufacture de Vaselines industrielles de Ligny-en-Cambrésis (Nord)*

PRODUCTION
de GRAINES de BETTERAVES à SUCRE
EN GRANDE CULTURE

E. ELOIR* et Cie
à Mons-en-Pévèle, par Bersée (Nord)

GRAINES DE BETTERAVES BLANCHES RICHES, ET TRÈS RICHES
Supérieures aux Graines étrangères en 1895

Correspondance et Adresse Télégraphique :   ELOIR, La Madeleine (Nord).

PHOSPHATE FOSSILE DE QUIÉVY-NORD
le plus assimilable de tous les phosphate connus
GARANTI PUR DE MÉLANGE AVEC TOUT AUTRE PHOSPHATE
Ce qui, du reste, ne pourrait que diminuer son assimilabilité.

EXTRACTION DU GISEMENT ET USINE A QUIÉVY
Propriétaire-Extracteur : C. LECLERCQ
Bureaux à Viesly (Nord).

COMPOSITION MOYENNE		ASSIMILABILITÉ RELATIVE (méth. Joulie).
		Solubilité dans l'oxalate d'ammoniaque.
Acide phosphorique. . . . 12 » à 16 » 0/0		Phosphate de **Quiévy**. 82 29 0/0
Potasse . . . . 0 45 à 2 77 0/0		— de la Meuse 51 95 0/0
Chaux . . . . 19 05 à 31 » 0/0		— de Pernes 47 87 0/0
Magnésie. . . . . 0 58 à 3 80 0/0		— des Ardennes. 46 43 0/0
Matières organiques azotées . 1 80 à 3 45 0/0		— de la Somme (moy.). . 44 53 0/0
		— de Ciply. 34 57 0/0

Titre garanti en acide phosphorique : 13 à 15 0/0.

LIVRAISON: EN POUDRE IMPALPABLE EN SACS PLOMBÉS, MIS SUR WAGON GARE QUIÉVY-en-CAMBRÉSIS
Prix : 3 fr. 80 les 100 kilos, sacs perdus, 30 jours, 2 0/0 ou 90 jours net.

NOTA. — Les acheteurs qui désirent employer le **véritable Phosphate de Quiévy** pur et
garanti d'origine doivent exiger que les sacs portent la Marque (Au Poisson fossile) et la Firme
C. LECLERCQ, seul exploitant à Quiévy (Nord).

BAINS-BUANDERIES
Baignoires. — Chauffe-Bains. — Douches. — Appareils de lessivage,
système Gaston BOZÉRIAN.

CHAUDRONNERIE, TOLERIE, *etc.* — Envoi franco de catalogues.

DELAROCHE aîné, 22, rue Bertrand, Paris

P. MARCHAND Frères
à DUNKERQUE (Nord)

FABRIQUE SPÉCIALE DE TOURTEAUX
DE COTON DE GRAINES D'EGYPTE
pour Nourriture et Engraissement du Bétail

GRAND PRIX A L'EXPOSITION UNIVERSELLE 1889

Nous appelons l'attention des nourrisseurs et des éleveurs sur les tourteaux de **Coton** de graines d'Egypte.
C'est un produit excellent pour les vaches laitières, les bœufs à l'engrais et les moutons. — Nos tourteaux de **Coton**
sont complètement débarrassés de la bourre qui enveloppe la graine et contiennent la même quantité de matières
nutritives et grasses que les meilleurs tourteaux de lin. — Nos tourteaux de **Coton** forment l'aliment le meilleur et
le plus avantageux en raison de leur prix excessivement bas.

S'adresser pour Renseignements et Prix à MM. P. MARCHAND Frères, à Dunkerque (Nord), ou à leurs Représentants.

Avis à Messieurs les Cultivateurs et aux Fabricants de sucre.

La graine authentique *Fouquier d'Hérouël* est *toujours* facturée par la maison qui confirme à bref délai les commandes.

Les envois sont faits *directement* aux acheteurs en sacs plombés au nom « Fouquier d'Hérouël, à Vaux-sous Laon. »

Il n'existe aucun dépositaire.

VINS DE SAINT-ÉMILION

Vins classés, de 300 à 250 francs la barrique de 225 litres. — Moitié prix pour la barrique de 112 litres.

Vins grands ordinaires, de 140, 125, 105, 100 francs la barrique — 80, 75, 70, 65, 58, 55 francs, la demi-barrique. — Rendu *franco* en gare et régie, sauf octroi.

Adresser commandes à M. DUPLESSIS-FOURCAUD, à Saint-Émilion. — Envoi de prix courants et échantillons sur demande affranchie.

Médailles d'Or, Paris, 1867 et 1889 — Moscou 1891 — Besançon, Montluçon, Royan, etc.

MAISON
Ferdinand et Arnould LEMAIRE
ARNOULD LEMAIRE SUCCESSEUR

CULTURE DE MILLE HECTARES
Laboratoire de chimie pour l'analyse des porte-graines

SPÉCIALITÉ DE GRAINES DE BETTERAVES RICHES EN SUCRE
Ces graines sont garanties sur factures franches d'espèces, de pureté normale et de bonne germination.

S'adresser pour les Commandes à M. **A. LEMAIRE**, *producteur*
CHATEAU DES MARETZ près Reims (Marne)

GRANDE BAISSE DE PRIX
PHOSPHO-GUANO COMPANY, LIMITED
LEFEBVRE FRÈRES, Consignataires généraux
PARIS - 60, RUE DE BONDY - PARIS
PHOSPHO-GUANO
SEUL VÉRITABLE — IMPORTÉ DEPUIS 1863
Superphosphate Ornithos -- Superphosphate Chilton — Superphosphate 10 degrés
Osso-Guano, Engrais complet Rhizome, Engrais Surazoté L. F.

La qualité et les dosages de tous ces engrais sont invariables et garantis.
L'acide phosphorique qu'ils renferment étant complètement soluble dans l'eau a une valeur fertilisante très supérieure à celui des engrais et superphosphates dont l'acide phosphorique, soluble seulement dans le citrate d'ammoniaque, reste insoluble dans l'eau. Il n'y a de garanties sérieuses que celles des dosages exprimés séparément en acide phosphorique soluble dans l'eau et en acide phosphorique, insoluble dans l'eau.
Envoi franco *sur demande de brochures indiquant les dosages garantis et les prix.*
Dépôts dans tous les principaux centres agricoles.

Farine de Viande de la Compagnie Liebig
Reconnue la meilleure Nourriture pour fortifier et engraisser le BÉTAIL, les PORCS, la VOLAILLE, les CHIENS, etc.

Fabriquée dans les Etablissements de la Liebig's Extract of Meat Company Ld, London à FRAY-BENTOS et Succursales (Amérique du Sud).

Cette Farine de Viande contient environ 90 pour 100 de matières nutritives. Il convient de la donner aux animaux mélangée à leur nourriture habituelle.

Pour tous renseignements s'adresser à { MM. CHARLES HUE, 51, quai d'Orléans, LE HAVRE. GUÉTAN & M. CAILAR, 49, rue Barbès, PETIT-IVRY (Seine).

JULES DECONINCK & Cie, à ARRAS
Médailles d'Or : ARRAS, PARIS

Importation directe de **Nitrate de soude**. Engrais chimiques ; **Tourteaux** (dosage garanti). En vente en automne 40 variétés *Blés de semence, semences de printemps* : orges, avoines, graine de lin de Riga. Renseig. sur demande.

MALADIES DU BÉTAIL
ET DE LA VOLAILLE
Leur traitement préventif et curatif
PAR L'ACIDE SALICYLIQUE

L'acide salicylique, employé dans la nourriture à la dose de 1/2 à 1 gramme par jour et par tête de bétail, est le meilleur préservatif des maladies qui procèdent par contagion : Sang de rate, Cocotte, Maladie aphteuse, Erysipèle, Typhus, Morve, Variole et le Rouget des porcs, etc.

DES ATTESTATIONS NOMBREUSES DE GUÉRISONS obtenues pour la Cocotte et le Rouget des porcs ont été reproduites dans le journal *l'Agriculture*.

La désinfection des étables, des écuries, se fait instantanément au moyen d'un arrosage d'eau salicylée à 2 grammes par litre.

S'adresser à M. CERCKEL, administrateur de la *Compagnie de produits antiseptiques*, 26, rue Bergère, Paris.

Envoi sur demande de Prospectus et Brochures.

PRIX DU KIL., 25 fr. BOITE DE MÉNAGE, 2 fr.

FROMENTINE
Marque déposée B. S.G.D.G.

Produit pour l'alimentation économique, saine et rationnelle du bétail, provenant en grande partie des issues de la mouture de blé.

DIVERSES MARQUES
Demander celle en raison du but poursuivi

Marque A pour l'engraissement égal à celui du tourteau de lin, le remplacement de l'avoine, production d'un lait de qualité supérieure.

Marque B pour le bon entretien du bétail.

Marque J développement rapide des jeunes bêtes.

Marque L surproduction du lait.

Marque E engraissement rapide.

Ecrire à M. Armand MILLOT
Moulins Saint-Martin
Saint-Quentin (Aisne).

L'URBAINE
Compagnie anonyme d'Assurances à primes fixes contre l'INCENDIE
FONDÉE EN 1838
CINQUANTE-HUITIÈME ANNÉE

CAPITAL : 5 MILLIONS — GARANTIES : 70 MILLIONS
SINISTRES PAYÉS DEPUIS L'ORIGINE : 131.000.000 FRANCS

PARIS — 8 et 10, rue Le Peletier

ALIMENTATION DU BÉTAIL
Tourteaux de Coprah ou Coco
F. TASSY, E. ROCCA ET Cie
Fabricants d'huiles (producteurs directs de Tourteaux)
23, RUE HAXO, MARSEILLE

Deux médailles d'or, Anvers 1894

Envoi de Prix-Courants et Échantillons sur demande.

ENGRAIS CHIMIQUES
DES
MANUFACTURES DE SAINT-GOBAIN

EMBALLAGES MARQUÉS ET PLOMBÉS

USINES
À
PARIS-AUBERVILLIERS
CHAUNY (Aisne)
MONTLUÇON (Allier)
MARENNES (Charente-Inférieure)
LE PONTET (Vaucluse)
SAINT-FONS près Lyon (Rhône)
CETTE-BALARUC (Hérault)
MONTARGIS (Loiret)

DOSAGES GARANTIS

PRODUCTION ANNUELLE : 300.000.000 DE KILOS

Tout acheteur d'engrais qui n'exige pas, au sujet des dosages en éléments assimilables, une garantie formelle et qui ne la fait pas contrôler par l'analyse, ne nuit pas seulement à ses propres intérêts, il encourage la fraude, et, la laissant impunie, il compromet les intérêts généraux de l'agriculture.

SUPERPHOSPHATES DE CHAUX

ENGRAIS COMPLET DE SAINT-GOBAIN
Efficacité éprouvée dans tous les sols et toutes les cultures

SULFATE DE FER

SULFATE DE POTASSE

SULFATE D'AMMONIAQUE

ENGRAIS COMPOSÉS
Suivant les convenances des acheteurs

Adresser les ordres ou les demandes de renseignements à la Direction commerciale des

PRODUITS CHIMIQUES DE SAINT-GOBAIN
9, RUE SAINTE-CÉCILE, PARIS

ou aux Agents de la Compagnie de Saint-Gobain dans les villes principales du Centre et du Midi.

MACHINES AGRICOLES
A. BAJAC
à LIANCOURT (Oise)
CHARRUES-BRABANTS

MATÉRIELS pour toutes Cultures

CRÉSYL-JEYES
DÉSINFECTANT ANTISEPTIQUE
Efficacité scientifiquement démontrée.
Envoi de Rapports et Références sur demande.

Le CRÉSYL-JEYES n'est ni Toxique ni Caustique
Il est adopté par toutes les Administrations publiques de Paris et des départements.

VENTE EN GROS :
Société Française de Produits Sanitaires et Antiseptiques
35, Rue des Francs-Bourgeois, PARIS.
et chez tous Droguistes et Pharmaciens.

Pour éviter les Contrefaçons exiger les Marques et Cachets de la Société, ainsi quele nom CRÉSYL-JEYES.

17ᵉ Année. — Nᵒ 5.　　Le Numéro : 10 Centimes.　　Dimanche 2 Février 1896.

GAZETTE AGRICOLE

JOURNAL HEBDOMADAIRE, PARAISSANT LE DIMANCHE

Fondateur : M. CH. GOSSIN, Professeur d'Agriculture à l'Institut agricole de Beauvais

PRIX DE L'ABONNEMENT

UN AN, 5 fr. — SIX MOIS, 3 fr. — TROIS MOIS, 2 fr. 25

Pour l'Étranger les abonnements ne sont reçus que pour un an, au prix de 6 francs, et ne partent que du 1ᵉʳ JANVIER ou du 1ᵉʳ JUILLET de chaque année.

Le Numéro : **10** centimes.

Adresser toute la correspondance : mandats, lettres, annonces, etc., à **M. CRÉPEAUX**, Directeur de la *Gazette agricole*, 10 bis, rue Piccini, Paris.

Toute demande de changement d'adresse doit être accompagnée de 50 centimes et de la dernière bande du journal.

BUREAUX

97, rue de Rennes, Paris, et à Beauvais, rue Saint-Étienne.

Les abonnements partent du 1ᵉʳ de chaque mois et sont payables d'avance. Toute demande d'abonnement doit donc être accompagnée du prix de l'abonnement. (Le mode de payement le plus simple est l'envoi d'un mandat-poste.)

Donner *très lisiblement*, en s'abonnant, son nom et son adresse exacte, *avec l'indication du bureau de poste*; et, s'il s'agit d'une continuation d'abonnement, joindre au renouvellement la dernière bande d'adresse du journal.

Les Annonces sont reçues à la Direction du Journal, et chez MM. DUSSERIS et MATHELLON, 97, rue de Rennes Paris.

Il est interdit de reproduire les articles contenus dans la *Gazette Agricole*.

BULLETIN COMMERCIAL

Paris, le 29 janvier 1896.

Le baromètre reste élevé et la température est un peu plus fraîche, mais elle est encore relativement douce; l'absence de gelées est considérée partout comme défavorable pour les récoltes.

Les apports en grains n'ont toujours que peu d'importance sur presque tous nos marchés; la culture montre beaucoup de résistance à baisser ses prix qui restent sans changement avec des affaires toujours excessivement calmes.

On écrit de Bombay qu'à la suite de la modicité de la récolte de cette année, les détenteurs demandent des prix qui rendent les affaires avec l'Europe impossibles. La surface ensemencée en froment décroît en faveur des graines et du coton.

BOURSE DU COMMERCE DU MERCREDI 29 JANVIER

	FARINES	BLÉS
Courant................	40 50	18 55
Prochain..............	40 75	18 75
Mars-avril........	41 15	19 25
4 de mars..........	41 60	19 50
4 de mai...........	42 60	19 65

Marque de Corbeil : 45 fr. le sac de 150 kil. toile à rendre.

Halle aux blés — *Blés indigènes.* — Malgré les conseils que l'on donne à la culture de modérer ses offres, lui affirmant que c'est le seul moyen pour arriver à obtenir un raffermissement des cours du blé, elle n'en veut rien croire et aujourd'hui, au marché libre, nous voyons un peu plus d'échantillons que précédemment; comme d'un autre côté la meunerie ne se manifeste en ce moment que des besoins insignifiants, il s'ensuit que la tendance est très lourde et que dans quelques cas on a consenti à faire une concession de 10 à 15 cent. sur les prix pratiqués il y a huit jours. Les cours extrêmes ressortent de 18 à 19 les 100 kil. nets, gare d'arrivée Paris.

Blés étrangers. — Sans affaires. On cote Californie 21 fr., Australie 22 fr. Danube 20,50 les 100 kil. sur wagon dans nos ports.

Sons. — Les cours se maintiennent assez bien malgré la modération de la demande due à la douceur de la température.

Escourgeons. — La campagne est pour ainsi dire terminée et les rares lots offerts à la vente sont plutôt de mauvaise qualité, on cote 15,75 à 16 les 100 kil. Paris,

Menus grains. — On cote : chènevis de Bretagne 27, Russie 20,50, millet blanc 19,50 à 20, roux 16 à 17, Alpiste 25 à 26 vesces d'hiver 18, de printemps 15 à 16.

Seigles. — La demande est un peu meilleure et les prix un peu plus soutenus, quoique sans changement; il y a acheteurs de 10,75 à 11 et vendeurs de 11 à 11,25 les 100 kil.

Graines fourragères. — On cote : trèfle blanc 125 à 160, hybride 120 à 150, violets 70 à 100; luzernes de Provence, 115 à 135; Poitou, 90 à 110; minettes 30 à 35; sainfoin simple 24 à 30; doubles 35 à 40; ray grass anglais et d'Italie 30 à 40 les 100 kil. gare d'arrivée Paris.

Sucres. — Le marché est ferme en sympathie avec le dehors. Prix en hausse de 6 à 12 cent. sur hier. Affaires modérées.

Raffinés 102, roux 88° 29,50 à 30.

Marché de la Chapelle. — Marché ordinaire.

On cote : paille de blé 1ʳᵉ qté 25 fr., 2ᵉ qté 22, 3ᵉ qté 20 fr.; paille de seigle 1ʳᵉ qté 32 fr., 2ᵉ qté 29,3ᵉ qté 26; paille d'avoine 1ʳᵉ qté 23 fr., 2ᵉ qté 21, 3ᵉ qté 19; foin nouveau 1ʳᵉ qté 46 fr., 2ᵉ qté 44, 3ᵉ qté 40; luzerne, 1ʳᵉ qté, 46 fr., 2ᵉ qté 43, 3ᵉ qté 40; regain 1ʳᵉ qté 42 fr.; 2ᵉ qté 39 fr., 3ᵉ qté 36 fr.; sainfoin, 1ʳᵉ qté 42 fr. 2ᵉ qté, 40, 3ᵉ qté 38.

Marché aux chevaux, 29 janvier.

Gros trait de 200 à 1.000　　Boucherie　de 65 à 230
Selle et tr.　　　　　　　　　Anes..... de 50 à 180
léger . de 200 à 1.000　　　Chèvres. . de . . à　»
H. d'âge de 150 à 250

AMENÉS

Chevaux, 218 — Anes, 5 — Chèvres, ..
Voitures 89, de 25 à 500.

ENCHÈRES

Chevaux amenés, 15.
Vendus, 13 de 95 à 400.

Prix des Produits Forestiers à Paris.

BOIS DE FEU (Octroi non compris)	Falourde de pin...	100 à 110 le cent.
	Bois de flot...	100 à 105 le déca.
	Bois gris neuf...	125 à 130 —
	Bois blanc...	80 à 125 —
BOIS D'ŒUVRE (Octroi compris)	Chêne gros bois...	85 à 110 le m. cube
	— moyen bois	70 à 60 —
	— petit bois...	30 à 48 —
	Charme, plateaux...	55 à 55 —
	Sciage (Entrevoux.	175 à 200 les 208 m.
	de (Écantillons	230 à 220 —
	chêne.(Frise....	27 à 28	104 m.

LÉGUMES SECS. — (Les 100 kilog.)

	Haricots	Pois	Vesce	Lentille
Paris.......	32.00 50.00	20 18.00	19 à 20	30.00 56
Bordeaux....	34.00 35.00	35 45.00	18　19	49.00 60
Marseille ...	22.00 30.00	18　25	20　20	24.00 52

ENGRAIS

PARIS

Nitrate de soude.........	21 50	à 21 75
Superphosph. minéral 14/16.	5 25	à 5 75
Superphosphate d'os 16/18..	12 50	à 13　»
Scories 16/18..........	4 25	à 4 50
Phosphate minéral 14/16...	3 80	à 4　»
Chlorure de potassium 48/52.	18 75	à 20　»

NANTES

Nitrate de soude........	22 30	à 22 50
Superphosph. minéral 14/16.	6　»	à 7　»
Scories 16/18..........	4 50	à 4 75
Phosphate minéral 14/16.	4　»	à 4 50
Chlorure de potassium 48/52.	19　»	à 19 75

LYON

Nitrate de soude........	22　»	à 23　»
Superphosph. minéral 14/16.	5 75	à 6　»
Scories 14/16..........	4 50	à 5　»
Phosphate minéral 14/16...	4　»	à 4 25
Chlorure de potassium 48/55.	20　»	à 21　»

MARSEILLE

Nitrate de soude........	20 50	à 21　»
Supherph. minéral 14/16...	6	à 7　»
Sulfate de fer.........	5　»	à 5 50
Sulfate d'ammoniaque 20/21.	20　»	à 22　»

HOUBLONS. — Les 50 kilogr.

Alost primé............	25,00	à 30,00
Bourgogne............	50,00	à 60,00
Poperinghe...........	25,00	à 30,00
Wurtemberg	40,00	à 42
Altmark.............	75,00	à 100,00
Alsace..............	50,00	à 65,00

POMMES DE TERRE

Hollande (100 kil.)........	8　»	à 17　»
Roses-Early...........	8　»	à 10　»
Magnum-Banum.........	7　»	à 7 50
Rondes	5　»	à 5 20

FOURRAGES ET PAILLE

Paris La Chapelle.　　　　*Prix extrêmes*

Foin 100 bot. dans Paris n....	37 à 47
Luzern nouv.........	38 à 47
Paille de blé	19 à 26
Paille de seigle........	23 à 35
Paille d'avoine	18 à 24

LINS. — Les 100 kilogr. — *Marché de Lille.*

	Communs	Ordin.	Supér.
Alost. .	148 à 153	154 à 157	161 à 166
Bergues.	150 à 158	161 à 168	173 à 182

CHANVRES

Les 50 kil.	1ʳᵉ qualité.	3ᵉ qualité.
Le Mans.....	33,00 à 35,50	30,00 à 29,00
Saumur (b.)..	40,00 à 42,00	37,00 à 38,00

Prix moyen aux 100 kilog. des CÉRÉALES dans les Départements.

		BLÉ	SEIGLE	ORGE	AVOINE
Rég. du Nord-Ouest	Caen	17 25	10 25	14 00	15 75
	Lannion	17 25	10 00	11 75	13 75
	Morlaix	17 00	11 00	12 00	13 00
	Rennes	16 75	10 00	12 25	13 50
	Avranches	16 50	11 50	13 00	14 00
	Laval	16 00	11 00	13 50	13 50
	Lorient	15 75	10 00	12 25	14 25
	Alençon	16 75	10 25	14 25	16 50
	Le Mans	16 50	10 00	13 00	17 50
Région du Nord	Soissons	17 50	10 00	»	14 50
	Evreux	17 50	10 00	15 00	14 00
	Chartres	17 50	10 00	13 00	14 00
	Lille	18 25	11 00	13 00	15 50
	Compiègne	17 50	10 00	15 00	14 00
	Beauvais	17 75	10 50	15 00	16 25
	Arras	18 00	10 25	15 00	14 50
	Paris	17 50	10 75	13 50	14 50
	Versailles	17 75	10 25	13 00	16 00
	Rouen	17 50	10 50	15 00	16 00
	Amiens	17 50	11 25	11 75	16 00
Rég. du N.-E.	Mézières	17 50	10 00	14 00	15 00
	Nogent-s-Seine	17 50	10 00	15 00	15 50
	Châlons-sur-Marne	17 50	11 00	15 00	16 00
	Langres	17 50	10 00	13 00	15 25
	Nancy	17 50	10 00	14 50	15 25
	Bar-le-Duc	17 50	10 25	14 25	15 50
	Neufchâteau	17 50	11 00	14 25	14 75
Région de l'Ouest	Ruffec	16 75	10 00	13 00	14 00
	Marans	16 50	10 25	13 00	14 25
	Niort	16 50	10 00	14 00	14 00
	Tours	16 00	10 00	13 75	15 00
	Nantes	17 25	10 25	13 00	14 25
	Angers	17 00	9 50	13 75	14 25
	Luçon	16 50	10 00	13 00	14 00
	Poitiers	16 50	10 00	13 75	14 00
	Limoges	16 25	9 75	»	15 50
Région du Centre	Moulins	17 50	10 25	14 00	15 00
	Bourges	17 25	10 00	14 00	14 00
	Aubusson	17 00	10 00	13 00	13 50
	Châteauroux	17 00	9 75	15 00	14 00
	Orléans	17 50	9 50	14 00	14 50
	Blois	17 00	10 25	15 00	15 50
	Nevers	17 50	10 00	14 00	15 00
	Clermont Ferr.	17 25	10 00	14 00	16 00
	Sens	17 50	10 00	15 00	15 25
Région de l'Est	Bourg	17 50	10 00	13 00	16 00
	Dijon	17 50	11 00	14 75	14 50
	Besançon	17 50	10 00	13 00	14 25
	Grenoble	17 50	10 00	13 50	15 00
	Dôle	17 00	10 25	13 50	14 00
	Saint-Etienne	18 00	10 25	13 25	15 50
	Lyon	18 50	11 25	14 00	15 00
	Mâcon	18 50	12 00	13 00	15 50
	Vesoul	17 50	10 50	»	15 25
	Chambéry	17 50	10 00	»	15 25
	Annecy	17 25	»	»	15 75
Rég. du Sud-Ouest	Pamiers	17 50	11 00	»	16 00
	Périgueux	17 50	12 00	14 00	15 00
	Toulouse	17 50	12 00	14 00	15 00
	Auch	17 75	»	»	16 25
	Bordeaux	17 75	11 00	13 00	15 00
	Dax	17 50	12 00	13 00	15 50
	Agen	17 75	»	14 00	15 00
	Bayonne	17 50	11 00	14 00	16 00
	Tarbes	17 50	10 50	»	16 50
Région du Sud	Carcassonne	17 75	»	14 25	16 50
	Rodez	18 00	12 50	14 00	
	Mauriac	17 50	12 00	»	16 00
	Tulle	17 50	12 00	»	16 00
	Montpellier	17 50	11 75	»	14 75
	Figeac	17 50	11 50	»	»
	Mende	17 25	11 25	»	»
	Perpignan	17 50	11 50	14 00	15 50
	Albi	18 25	11 50	14 00	14 00
	Montauban	17 75	12 00	13 50	16 00
Région du Sud-Est	Gap	17 50	11 00	13 00	16 00
	Manosque	17 50	10 50	12 50	16 00
	Nice	16 75	10 50	13 00	15 50
	Privas	17 50	11 00	13 00	16 25
	Arles	20 50	10 25	13 00	16 00
	Montélimar	17 50	»	13 00	17 00
	Nîmes	18 25	11 00	14 00	18 25
	Le Puy	18 00	»	13 00	17 50
	Draguignan	17 50	13 00	»	»
	Avignon	17 25	12 00	13 00	16 00

Tourteaux.

Cours de la maison P. Marchand frères, à Dunkerque (Nord) :

	Dispon.	A livrer.
Coton pour nourriture	9 50	9 50
Sésame blanc pour engrais	11 00	11 00
Arachide décortiquée nourriture	15 »	15 »
Colza indigène	10 50	10 50
Œillette du pays	»»	»»
Œillette du Levant	10 50	10 50
Œillette blanche de Turquie	10 50	10 50
Lin 1re qual. de Bombay g. form.	15 00	15 00
Lin 1re qual. de Bombay p. form.	»» »»	»» »»
Arachide décortiquée engrais	14 »	14 »
Cameline engrais	10 »	10 »
Colza des Indes en poudre	»» »»	»» »»
Colza ravison	7 25	7 25
Colza jaune Gutzerat	10 50	10 50
Kurrachée	»» »»	»» »»
Niger	8 50	»» »»
Pavot	9 25	9 50
Sésame blanc gris	10 25	10 25
Sésame noir	»» »»	»» »»
Coton en farine	»» »»	»» »»

Nos prix s'entendent pour tourteaux en planches, rendus en gare de Dunkerque.

Paiement à 30 jours ou à terme plus éloigné suivant convention expresse.

Le concassage se paie 0 fr. 25 et la mise en poudre 0 fr. 40 aux 100 kilos. Dans ce cas, les sacs sont facturés à 0 fr. 35 pièce, et repris au prix de facture, quand ils sont rendus en bon état et franco, dans les 30 jours de l'expédition.

BEURRES. — (le kilogr.)

BEURRES EN MOTTES			BEURRES EN LIVRE		
Isigny extra	6.00	7.00	Bourgogne	1.80	2.20
— demi-fin	5.20	4.80	Gâtinais	2.00	2.50
M. d'Isigny	3.50	4.50	Vendôme	1.80	2.50
du Gâtinais	1.90	2.50	Beaugency	1.80	2.50
de Bretagne	1.80	2.40	Ferme	2.80	2.20
Laitiers Jura	2.50	3.00	Tours	2.10	2.60
de Charente	2.40	3.20	Le Mans	1.80	2.20
des Alpes	2.50	3.20	Touraine fausse	2.00	23.0

ŒUFS. — (le mille)

Normandie ext	115 à 135		Bourgogne	94 à 88	
Picardie —	110 à 135		Champagne	88 à 98	
Brie —	110 à 125		Nivernais	90 à 86	
Touraine	110 à 118		Bourbonnais	85 à 90	
Beauce	94 à 100		Bretagne	76 à 85	
Orne	90 à 98		Vendée	78 à 84	
Picardie	90 à 100		Auvergne	80 à 84	
Châtellerault	86 à 90		Midi	95 à 84	

FROMAGES.

Brie hautes marq	88	60	Roquefort	140	240
Brie gr. m. (10)	50	40	Gruyère (100 k.)	100	175
— m. m.	30	25	Coulommiers (100)	20	35
Petits Nanteuils	25	25	Gournay (100)	12	20
Brie laitiers	8	15	Livarot (le 100)	110	115
Gérardmer (100 k.)	90	100	Bourgogne (100)	45	80
Hollande	160	180	Camembert (100)	40	60
Bondons (100)	12	15	Munster (100)	120	100
Cantal	130	150	Port-Salut	160	180

VOLAILLES

Poulet Brest dit moelleux	4.00	5.00	Pige. Macon	1.50	2.00
Poulets Naut.	2.00	3.75	Ca... s Nantais	4.00	1.35
Poulets Tour	2.75	5.25	Dindes Tourr.	7.00	11.00
Poulets Houdan	4.00	7.50	Oies	7.00	9.00
Pigeons d'Italie	80	1.25	Lapins dom.	2.75	4.00
			Lapins garenne	1.50	2.00

VINS — BERCY

Rouges		Blancs	
B. Bourg. vieux	130 à 155	Bordeaux	125 à 160
Touraine	105 à 115	R. Bourg	150 à 190
Bord. vieux	130 à 160	Sancerre	130 à 135
Algérie	28 à 32	Chablis	200 à 350
Cher	110 à 135	Anjou	120 à 135
Chinon	125 à 160	Pouilly	350 à 300
Narbonne	32 à 36	Vouvray	155 à 195

Marché de la Villette du 27 janvier 1895.

PRIX DE LA VIANDE NETTE

	1re qualité	2e qualité	3e qualité
Bœufs	1.58	1.48	1.38
Vaches	1.56	1.46	1.36
Taureaux	1.30	1.20	1.12
Veaux	2.40	2.10	1.70
Moutons	2.00	1.90	1.74
Porcs	1.28	1.20	1.16

ESPÈCES	AMENÉS	VENDUS	PRIX EXTRÊME viande net	poids vif
Bœufs	2.638	2.559	1.38 à 1 58	64 à » 99
Vaches	717	663	1.36 1.56	68 » 95
Taureaux	163	151	1.12 1.30	54 » 84
Veaux	1.006	813	1.70 2.40	85 1.47
Moutons	13.608	13.223	1.74 2.00	80 1.26
Porcs	3.218	3.166	1.16 1.28	78 » 88

La vente n'a pas été meilleure.

Marché de la Villette du 30 janvier 1896.

PRIX DE LA VIANDE NETTE AU KILOGR.

	1re qualité	2e qualité	3e qualité	Prix extrêmes
Bœufs	1.60	1.50	1.40	1.30 à 1.68
Vaches	1.56	1.46	1.36	1 28 1.64
Taureaux	1.40	1.30	1.20	1 16 1.46
Veaux	2.50	2.10	1.70	1.50 2.60
Moutons	2.04	1.94	1.80	1.70 2.12
Porcs	1.28	1.20	»	1 16 1.30

ESPÈCES	AMENÉS	RENVOI	OBSERVATIONS
Bœufs	1.531	»	Vente lente sur le gros bétail, plus facile sur les veaux et les moutons, moyenne sur les porcs.
Vaches	359	53	
Taureaux	174	»	
Veaux	1.198	69	
Moutons	9.964	»	
Porcs	4.814	»	

Vente du bétail au marché de La Villette.

Adresser les animaux à MM. Henri Roblin et Surugue, en gare Paris-Bestiaux. Les aviser par lettre auparavant, 190, rue d'Allemagne, Paris.

AVIS IMPORTANT. — Le *Goudron Guyot* (*capsules et liqueur*), connu depuis si longtemps pour la guérison de toutes les affections des bronches, de la poitrine et de la vessie, est trop souvent imité ou contrefait. Toutes ces imitations et contrefaçons, mal préparées, ne guérissent pas et sont quelquefois dangereuses. Aussi tout acheteur, qui ne veut pas être trompé, doit-il *exiger et s'assurer par lui-même que le produit qu'on lui vend porte bien sur l'étiquette de chaque flacon l'adresse :* Maison L. FRÈRE Paris, 19, rue Jacob, seule maison dans laquelle se fabrique le *véritable Goudron Guyot* (capsules et liqueur).

MALADIES DU BÉTAIL
ET DE LA VOLAILLE
Leur traitement préventif et curatif
PAR L'ACIDE SALICYLIQUE

L'acide salicylique, employé dans la nourriture à la dose de 1/2 à 1 gramme par jour et par tête de bétail, est le meilleur préservatif des maladies qui procèdent par contagion : Sang de rate, Cocotte, Maladie aphteuse, Erysipèle, Typhus, Morve, Variole et le Rouget des porcs, etc.

Des attestations nombreuses de guérisons obtenues pour la Cocotte et le Rouget des porcs ont été reproduites dans le journal *l'Agriculture.*

La désinfection des étables, des écuries, se fait instantanément au moyen d'un arrosage d'eau salicylée à 2 grammes par litre.

S'adresser à M. CERCKEL, administrateur de la *Compagnie de produits antiseptiques*, 26, rue Bergère, Paris.

Envoi sur demande de Prospectus et Brochures.

Prix du kil., 25 fr. Boite de ménage, 2 fr.

CHRONIQUE POLITIQUE

Pendant que les représentants de l'agriculture et des industries annexes assiègent M. Viger pour réclamer les réformes destinées à atténuer les calamités de la crise générale, la Chambre des députés continue de nous imposer le spectacle écœurant de ses interpellations à jet continu, qui ne servent qu'à lever chaque jour un coin du voile qui nous dérobe les turpitudes et les tripotages du Panama, des Chemins du Sud, de Madagascar et du Tonkin. Toute la semaine a été absorbée par ces demi-révélations dont le ministère Bourgeois ne se tirera pas plus à son honneur que son devancier le cabinet Ribot.

Le lundi, 14, le débat s'est engagé sur l'emprunt tonkinois de 80 millions, destiné moitié à payer les dettes contractées par le gouverneur de Lanessan, moitié à payer les travaux de chemins de fer et de port d'embarquement. — Le rapport de M. Krantz avoue que, sur les 40 millions dus par l'Etat, plus de la moitié est le fruit de brigandages, de fraudes, de marchés illicites, de chantages odieux. Il s'agit non seulement de rechercher les auteurs de ces forfaits, mais aussi les fonctionnaires de tout rang, à commencer par l'ex-gouverneur qui les ont tolérés, et s'en sont faits les complices, au moins par leur incurie et leur silence. C'est pourquoi d'honorables députés — pas de la majorité, bien entendu — MM. de Montfort, Delafosse, Hubert, réclamaient, comme condition de leur vote, une enquête parlementaire destinée à découvrir les coupables et à leur faire rendre gorge dans la mesure du possible.

Mais nos maîtres n'entendent point de cette oreille-là. M. Guieysse, ministre des colonies, a répondu que l'enquête était confiée au comité du contentieux de son ministère. C'est dire que la lessive des coquineries tonkinoises se fera en famille. Le parlement et le public n'auront rien à y voir. La majorité dévouée pour cause à ce système, a voté, haut la main, les 80 millions.

C'est un nouveau trou au budget colonial ajouté aux 17 millions réclamés pour Madagascar, dans les mêmes conditions, c'est-à-dire après avoir décidé qu'aucun compte ne serait demandé aux fonctionnaires, dont l'incurie et les gaffes incroyables dans l'organisation de l'expédition, nous ont coûté la vie de cinq mille soldats et quelques douzaines de millions.

Après cet exploit parlementaire, est venue une nouvelle interpellation qui a achevé le travail de la semaine, et même qui s'est prolongée jusqu'à hier lundi, 24. M. Hubbard a demandé pourquoi on n'avait pas arrêté le divulgateur présumé de la liste fantaisiste des chéquards publiée par la *France*. Le feu une fois mis de nouveau aux poudres, le débat a pris des proportions inattendues. MM. Mirman, le vicomte d'Hugues, Marcel Habert, surtout, ont reproché tous les procédés louches pratiqués dans la procédure, évidemment en vue de sauver les principaux coupables et de n'atteindre que les subalternes, voire même des innocents. Déjà, le samedi précédent, M. de Lamarzelle, au Sénat, avait si bien pris à partie MM. Bourgeois et Loubet, que M. Bourgeois s'était vu réduit à déclarer qu'il ne répondrait pas et que la justice se chargerait de répondre à sa place. La justice opportuniste, on la connaît à ses fruits depuis les aventures de Wilson et du Panama.

Bref, pendant toute la semaine et jusqu'à aujourd'hui mardi, exclusivement, la semaine parlementaire a expédié un nouvel emprunt de 80 millions, et consacré le reste de son temps à des débats qui n'ont abouti qu'à couvrir d'un nouveau voile, les dessous scandaleux d'une politique dont la curiosité publique ne cessera point de réclamer la révélation, quelles qu'en soient les suites pour les maîtres du jour.

Avons-nous *tort de* dire que ce cauchemar des tripotages, qui hante nos maîtres depuis trois ans, paralyse toutes les affaires, et que, tôt ou tard, à tout prix, la liquidation, d'autres disent la vidange, aura son jour.

En attendant, nous demandons à nos bons ruraux qui assiègent le ministre de l'agriculture de leurs justes doléances, comment ils peuvent être assez naïfs pour espérer que M. Viger, organe d'un grand gouvernement, pourra leur offrir d'autres secours que ses boniments, paroles illusoires, et ses éternelles commissions et sous-commissions. Il serait bien bon de se gêner tant que les réclamants se contenteront de cette monnaie opportuniste.

Les conséquences de notre régime douanier.

Nous avons toujours soutenu que l'application du système, dit protectionniste, favoriserait d'une façon très sensible l'ensemble du marché français. Au moment où les spéculateurs, pour ne pas dire les écumeurs, essaient d'obliger le gouvernement à porter atteinte aux tarifs actuels bien insuffisants et souvent injustes, nous croyons nécessaire de mettre sous les yeux de nos lecteurs quelques chiffres très suggestifs.

En 1894, les importations ont atteint une valeur totale de.   3.850.445.000 fr.

En 1895, elles sont
de . . . .   3.698.742.000 »

Nous avons donc
acheté en 1895, . . .   151.703.000 »
de moins qu'en 1894; premier résultat satisfaisant.

Par contre, en 1895, les exportations ont atteint la valeur
totale de. . . . . .   3.387.851.000 fr.
alors   qu'en   1894,
elles ont été de . . .   3.087.145.000 »

En 1895, nous avons donc vendu à l'étranger, pour une
valeur de . . . . . .   300.706.000 fr.
de plus qu'en 1894, deuxième résultat satisfaisant.

Mais, ce que nous devons noter, c'est que ce sont les produits fabriqués qui ont surtout donné lieu à cette dernière plus-value dans laquelle ils figurent pour près de 300 millions de francs. Or, nous constatons que ce résultat est dû à ce que toutes les industries françaises sont protégées par des droits de douane bien supérieurs à ceux qui frappent les produits agricoles étrangers. Nous ne saurions trop insister sur ce point et rappeler sans cesse que si tous les produits ouvragés étrangers sont grevés de droits de douane, les produits agricoles bruts ne le sont pas ou ne sont taxés qu'insuffisamment.

Aussi, si cette balance commerciale indique un mouvement ascensionnel en faveur de l'industrie française, on remarque que l'agriculture subit le sort inverse et que, par conséquent, si celle-ci avait le même traitement douanier que sa jeune sœur, elle serait dans le même état.

Nous ne voyons pas d'un œil jaloux les affaires s'améliorer pour nos industriels, nous voudrions qu'ils aient la logique de ne pas exiger qu'on traite plus durement les cultivateurs dont ils ont besoin.

Mais ne nous contentons pas d'affirmer, appuyons nos dires sur quelques chiffres :

Les importations ont augmenté en 1895, sur :

Les vins, de . . . .   54 millions.
Le café, de   5   —
Les viandes fraîches et
salées, de   5   —
Les fromages, de   2   —
Les chevaux, de   19   —

La soie et la bourre, de   30 millions
Le lin, de.   23   —
Soit, pour 1895, ... 138 millions
d'augmentation des importations. Remarquons que, sauf pour le café, elle porte exclusivement sur les produits agricoles. Ces chiffres indiquent éloquemment que si les droits sur les vins, les viandes, les fromages et les chevaux étaient plus élevés, on mettrait un frein à l'importation étrangère et que les primes aux cultivateurs de lin et aux producteurs de soie, ne constituent pas une défense sérieuse et ne peuvent équivaloir à des droits de douane.

Sur les marchandises exportées, il y a augmentation en 1895 par rapport à 1894 :

pour les tissus de soie. .   36 millions.
  —   — de laine .   76   —
  —   peaux préparées 15   —
  —   vins . . . .   »   —
  — le sucre raffiné . .   1   —
  — les œufs   5   —
  — le beurre   3   —
  — les laines   38   —
  — les soies et bourre.   40   —

Soit, pour 1895, ... 214 millions d'augmentation de la valeur des exportations sur l'année 1894. Dans ce total les produits industriels entrent pour une somme de 168 millions : on remarquera que les produits similaires étrangers sont grevés de droits de douanes, tandis que les matières premières étrangères : produits agricoles, laine brute, peaux à l'état brut entrent en franchise.

Par contre, les exportations ont donné en moins, en 1895, par rapport à 1894 :
pour les grains . . . . . .   1 million.
  —   farineux autres.   7   —
  —   fruits de table. .   5   —
  —   vins   11   —
  — le sucre brut . . . 21   —
  — les bestiaux   1   —
  —   viandes fraîches.   1   —
  —   chevaux.   1   —

Soit un total de . . . . 48 millions de francs de diminution sur les exportations toutes au préjudice de notre agriculture.

Conclusion : les droits de douane, même élevés, les produits industriels le prouvent, ne sont donc pas un obstacle aux exportations, bien au contraire !

S. CRÉPEAUX.

CHRONIQUE GÉNÉRALE

Les chevaux d'armes.

Nous croyons que le Gouvernement, qui trouve bon de prélever sur le pari mutuel, c'est-à-dire à une source bien impure, de très fortes sommes, pourrait bien exercer une influence sur les épreuves des courses. On dit que ce plaisir est un puissant moyen d'encouragement pour les éleveurs de chevaux d'armes : il faut bien masquer la honteuse immoralité d'un tel état de choses ;

mais nous nions que les courses aient d'autres résultats que d'augmenter le nombre des chevaux inutiles et de favoriser dans la masse des travailleurs, la plus funeste des passions, source de toutes les autres.

Parce qu'un cheval préparé depuis longtemps, *entraîné*, comme disent les gens du métier, a parcouru avec la rapidité de l'éclair quelques kilomètres, soit en champ parfaitement uni, ou soit en franchissant quelques obstacles disposés avec art, croit-on que ce cheval ait les qualités nécessaires pour faire un bon serviteur en temps de guerre et par conséquent pour améliorer les races chevalines ? Nous ne le pensons pas ; sans doute ce sang anglais qu'on infuse partout, donne à nos troupiers, à nos officiers surtout, des montures élégantes, mais on se demande avec effroi ce qui adviendrait en temps de guerre. Nous savons qu'on prétend que, dans la prochaine campagne, le succès dépendra de la rapidité de la cavalerie : mais qui peut affirmer que nos escadrons n'auront pas à fournir de longues étapes et que leurs montures légères pourront les supporter ?

Mais en admettant même, ce qui ne nous paraît pas démontré, que le cheval de troupe soit ce qu'on espère, nous croyons que le Gouvernement pourrait se préoccuper un peu plus des intérêts agricoles et un peu moins de ceux des propriétaires d'écuries.

En effet, en imposant partout les étalons plus ou moins anglais, en préférant pour les achats de l'armée, les sujets dont la conformation révèle le sang anglais, on pousse le cultivateur à essayer l'élevage de ces chevaux, dits de demi-sang, à faire couvrir leurs grosses juments par des étalons légers. Or, la conséquence est doublement fâcheuse, l'élevage du demi-sang ne peut être fait qu'exceptionnellement et dans certains pays seulement par les cultivateurs, ces animaux sont fort délicats, demandent de nombreux soins, et, sur quatre, il faut s'estimer heureux si un réussit bien. Le croisement des juments de gros trait, avec les étalons de sang, produisent souvent des sujets peu harmonieux, de *deux morceaux*, dont la vente n'est pas rémunératrice et dont le service est mauvais.

C'est une erreur, à notre avis, que de ne songer qu'à l'armée ; nous comprenons qu'on se préoccupe de la production du cheval de guerre et qu'on l'encourage, mais nous ne saurions admettre qu'on ne veuille que cela.

Il faut à l'agriculture, au commerce et à l'industrie, des chevaux de qualités diverses et par conséquent on ne doit porter aucune entrave à l'élevage des animaux qui conviennent à ces branches de l'activité nationale.

Comment expliquer d'ailleurs que les étrangers viennent nous acheter les chevaux qui déplaisent à notre Gouvernement et offrent à celui-ci les ani-

maux qui n'ont pas été acceptés par les autres armées ? La raison, nous la connaissons, c'est que les administrateurs de l'Etat sont toujours tout disposés à favoriser les courtiers juifs qui savent toujours s'imposer.

Il n'y a aucune excuse à cela, car, ainsi que le fait remarquer avec toute son autorité, le colonel Thomas, dans le *Petit Colon Algérien*, nous avons en Algérie le type améliorateur par excellence. Voici ce qu'écrit le savant officier :

« Il faudrait donc chercher à avoir une race de chevaux aptes à la fois au trait et à la selle en supprimant le pur sang anglais comme *étalon*, pour le remplacer par le pur sang arabe ; non pas le cheval barbe de nos possessions d'Afrique, mais le *vrai cheval arabe*, l'étalon syrien. On obtiendrait ainsi du gros sans alourdir, du muscle, du rein, du coffre et des membres nerveux en rapport avec le corps, ayant des articulations assez fortes pour faire mouvoir tout l'organisme.

« *C'est avec le cheval arabe et non avec le cheval anglais qu'on arrivera à ce résultat.* Les Anglais le comprennent si bien eux-mêmes qu'ils régénèrent leur bonne race en se servant de l'étalon arabe.

« Les courses plates, comme elles sont comprises maintenant avec le cheval de pur sang, sont surtout un jeu où beaucoup se ruinent, mais prouvent bien peu en faveur de la qualité du cheval.

« Pour l'amélioration de la race et pour la garantie que peut donner le cheval, la course de fond et le passage des obstacles sont les meilleures épreuves à faire subir, et ce sont ces épreuves qui feront trouver le cheval de guerre.

« Je conclurai donc en disant qu'il faudrait que la mode, qui dirige souvent à faux, renonçât aux ficelles du pur sang pour adopter le beau cheval étoffé, bien membré, élégant, ayant de l'encolure et une jolie physionomie, aussi brillant à la selle que sous le harnais.

« Si l'on entrait dans cette voie, les éleveurs nous feraient de bons chevaux d'armes qui ne nous laisseraient que l'embarras du choix. »

Nous ajouterons qu'en Bretagne, nous avons suivi les croisements des chevaux de ce pays avec l'arabe et que nous avons été émerveillé par les résultats obtenus. Il serait à souhaiter que, dans cette contrée, les étalons d'Algérie fussent multipliés. Mais on ne le fera pas de sitôt, car on ne saurait demander au personnel administratif de se révolter contre la mode qui n'est autre chose que la routine la plus invétérée.

En tout cas, notre devoir est d'aider les gens éclairés et indépendants, à créer un mouvement d'opinion assez fort pour avoir raison de la mauvaise volonté officielle.

Les phosphates d'Algérie.

La semaine dernière, M. Bourgeois a déposé à la Chambre des députés le projet de loi réglementant les concessions de phosphates en Algérie.

Voici les points principaux :

Les recherches peuvent être autorisées pour une durée de un an par arrêté du gouverneur.

L'exploitation ne peut avoir lieu qu'en vertu d'amodiation consentie par l'Etat à la suite d'adjudication : elle ne sera définitive qu'après l'approbation du gouverneur général. L'adjudication a lieu par soumission cachetée ; elle détermine la redevance à payer.

Aucun amodiateur ne peut céder son droit qu'avec l'autorisation du gouverneur général, d'accord avec le conseil du gouvernement. Il reste responsable vis-à-vis de l'Etat et de tous les intéressés.

Si le paiement de la redevance est en retard de six mois, l'amodiation est résiliée.

Les cultivateurs auront le droit d'utiliser sur place des amendements phosphatés provenant de terres où ils auront le droit de fouille.

En dehors de la redevance prévue à l'article 4, il est dû, en vertu de l'article 2, un droit d'entretien de 2 francs par tonne de phosphate expédiée.

Sont affranchis de ce droit les phosphates consommés en Algérie et dans la métropole.

On parle également d'une concession de phosphates riches en Tunisie qui aurait été accordée, le 25 juin dernier, à une société française.

Le nouvel impôt sur les propriétés non bâties.

(Suite).

« Cette même ventilation serait destinée à guider également le contrôleur des contributions directes et les classificateurs dans la seconde des opérations confiées à leurs soins, le *classement*, c'est-à-dire, la distribution entre les classes du tarif de toutes les parcelles formant le territoire de la commune. C'est la plus laborieuse, car elle exigera le transport sur chacune des parcelles, et nécessitera par suite quinze jours au moins de travail par commune.

« Les documents présentant l'indication de la nature de la culture et de la classe attribuées à chaque parcelle devront être déposés pendant quinze jours au secrétariat de la mairie, afin que les intéressés en puissent prendre connaissance et remettre au maire leurs observations. Les classificateurs procéderaient ensuite, de concert avec le contrôleur, à l'examen des observations formulées, et leur assureraient la suite qu'elles leur paraîtraient comporter. En cas de dissentiment à ce sujet entre les classificateurs et le contrôleur, les contestations seraient soumises au préfet par le directeur. Si le préfet n'adoptait pas les propositions du directeur, il en serait référé au Ministre des finances qui statuerait définitivement.

« En regard de la procédure nouvelle, que je viens d'analyser, je crois devoir placer la procédure aujourd'hui en vigueur, afin de pouvoir apprécier le caractère et la portée des modifications dont elle serait l'objet.

« Ces modifications ne s'appliqueraient pas à la formation du tarif provisoire, — du moins rien heureusement ne paraît indiquer qu'il doive être dérogé aux règles sur la matière posées par le Recueil officiel de 1811, — mais seulement au mode de son contrôle et de son approbation.

« Aujourd'hui, le tarif provisoire, appuyé du travail des ventilations, est soumis au Conseil municipal qui en délibère, puis porté, pendant quinze jours, à la connaissance des intéressés. Le Conseil se réunit ensuite pour statuer, avec le concours de l'inspecteur des contributions directes, sur les réclamations qui ont pu se produire, et le dossier, appuyé d'un rapport d'ensemble du directeur, est soumis à la commission départementale, laquelle arrête définitivement le tarif, sauf le droit d'appel devant le Conseil général appartenant tant au Conseil municipal (1) qu'au préfet, et le droit, en outre, de pourvoi au Conseil d'Etat pour excès de pouvoir ou violation de la loi.

« C'est la loi du 10 août 1871 qui a transporté à la commission départementale les pouvoirs que la législation antérieure attribuait en cette matière au préfet, et que le projet du 22 octobre propose de lui restituer. Le moment où la décentralisation est plus que jamais à l'ordre du jour et rencontre au sein des pouvoirs publics une faveur légitime, est-il bien celui où il convient de porter une aussi sensible atteinte à la charte de nos libertés locales ? Il ne s'agit pas du reste ici pour l'administration fiscale d'une tentative isolée. Je vous en ai déjà signalé une autre à l'occasion de la substitution par la loi du 5 août 1891 du régime de la quotité à celui de la répartition (2). Les Conseils généraux se sont ainsi trouvés dépossédés d'une de leurs pérogatives primordiales en ce qui concerne l'impôt des propriétés bâties, et l'exposé des motifs de la loi du 21 juillet 1894 ne dissimule

pas, en ce qui concerne les propriétés non bâties, semblable rétention à plus ou moins longue échéance.

« Ne vous appartiendrait-il pas au premier chef de réagir contre cette regrettable tendance, et de réclamer, au nom des contribuables ruraux, le maintien du concours tutélaire de leurs mandataires élus ?

« N'appartiendrait-il pas également à la Société, pour ce qui concerne les commissions cantonales, dont la création s'impose, je le reconnais, en vue d'assurer l'uniformité de taxation entre les diverses communes, de signaler le caractère trop exclusivement administratif de leur composition, et de demander qu'à côté du professeur départemental d'agriculture, qui n'est qu'un fonctionnaire comme ses autres collègues, soient appelés à y siéger des représentants des associations agricoles libres, en attendant tout au moins l'organisation depuis si longtemps promise des Chambres d'agriculture ? Je me permettrai de rappeler le vœu, en ce sens, que j'avais formulé en 1894, et l'accueil favorable qu'avait bien voulu lui faire M. le Directeur de l'agriculture, notre éminent confrère.

« Il est une disposition de la législation actuelle, confirmée par le projet du 22 octobre ; le mode de recrutement des classificateurs, sur lequel je crois essentiel d'appeler particulièrement votre attention. C'est vers 1849 que le cadastre s'est trouvé achevé dans la France continentale. On peut donc dire que c'est sous le régime de l'électorat censitaire que les opérations se sont accomplies (1). Cependant, malgré les garanties que pouvaient donner à la propriété foncière les Conseils municipaux élus dans ces conditions, le législateur leur a prescrit de s'adjoindre pour tout ce qui concernait le cadastre, *les plus imposés* en nombre égal à celui de leurs membres. Aujourd'hui que d'une part les assemblées locales sont élues par le suffrage universel, que de l'autre la loi du 5 avril 1882 a supprimé l'adjonction des plus imposés, le mode de recrutement des classificateurs répond-il bien aux besoins de la situation, ne comporterait-il pas lui aussi une réforme, alors surtout que le projet tend à sensiblement modifier leur caractère et à en faire des salariés ? « Pour remplir leur mission, dit l'exposé, des motifs, les agents de l'administration ont besoin du concours permanent des classificateurs locaux, et il a été constaté presque unanimement, au cours des expériences qui ont été faites, que ce concours ne pourra être obtenu d'une manière continue, surtout à l'époque des grands travaux des champs, qu'en attribuant aux classifi-

---

1. Le Recours par la voie contentieuse appartient au contribuable seulement au point de vue du classement, et s'ouvre lors de la publication du premier rôle. Le propriétaire a six mois à partir de cette publication pour réclamer une réduction de revenu cadastral attribué à son immeuble. Le projet de loi du 22 octobre maintient ce droit de recours, ainsi qu'en témoigne le passage suivant de l'exposé des motifs : « Les décisions prises au sujet des observations des propriétaires dans les cas prévus par l'article 4, ne préjudicient en rien au droit qu'ils auront de réclamer, par la voie contentieuse, contre les évaluations attribuées à leurs immeubles, lorsque le travail aura été appliqué dans les rôles. »

2. *Bulletin* de 1891, séance du 7 janvier.

---

1. Cela n'est absolument exact qu'à partir de 1831. Dans la période antérieure, les membres des Conseils municipaux ont été à la nomination du pouvoir exécutif ; mais on peut dire qu'alors ils étaient encore plus, s'il est possible, choisis parmi les propriétaires fonciers.

cateurs une juste rétribution. » Ai-je à insister devant vous sur les inconvénients graves et multiples que présenterait la création de ces 180.000 petits fonctionnaires ruraux venant s'ajouter aux 700.000 employés qui émargent déjà au budget, à justifier un vœu tendant à conférer désormais la nomination des classificateurs au choix direct des intéressés, c'est-à-dire à tous les propriétaires inscrits au rôle de l'impôt foncier? Ce vœu a déjà été émis par plusieurs associations agricoles, et, notamment, par la Société des agriculteurs de France,

(A suivre.)   Comte de Luçay.

Les concours régionaux de 1896.

Le Ministre de l'Agriculture vient d'en fixer les dates, ainsi que les villes où ils auront lieu :

Montpellier, du 14 au 26 avril ;
Moulins, du 23 au 31 mai ;
Chartres, du 6 au 14 juin ;
Soissons, du 20 au 22 juin ;
Agen, à une date à fixer prochainement.

Les déclarations des exposants devront être adressées au ministère de l'agriculturere aux dates suivantes :

Montpellier, 25 février ;
Moulins, 10 avril ;
Chartres, 25 avril ;
Soissons, 10 mai.
Agen, date à fixer.

Les programmes des concours spéciaux et des primes, ainsi que les formules de déclarations, sont à la disposition des exposants et des concurrents au ministère et dans les préfectures et sous-préfectures.

Les trappistes à Madagascar.

Pour attirer des colons sérieux à Madagascar, M. Laroche, le nouveau gouverneur, a offert aux vénérables trappistes de Staoueli (Algérie) de leur concéder les terres qu'ils lui demanderont, à l'effet d'y établir une colonie agricole modèle.

M. Laroche rappelle qu'étant préfet d'Alger jadis, il apprécia, comme tous nos compatriotes, les services incalculables rendus à l'agriculture et à la colonisation par les religieux agriculteurs de Staoueli et, avec infiniment de raison, il estime qu'un nouveau Staoueli serait aussi bienfaisant pour la colonie de Madagascar.

Mais, M. Laroche s'est heurté aux haines et aux rancunes stupides des radicaux et des francs-maçons contre la religion de leur pays.

Après avoir acclamé au début, M. Laroche, à raison de sa qualité de protestant, ils lui jettent la pierre aujourd'hui en l'affublant de leur étiquette de clérical, étiquette stupide, mais mortelle pour tout fonctionnaire qui la subit.

Nier les services généreux rendus à l'agriculture par les trappistes, serait peut-être trop bête. Mais on ne recule pas pour cela devant leur exclusion. Tant pis pour l'agriculture. Plutôt sa ruine par les juifs, que son salut par des religieux. Voilà !

Le fanatisme antichrétien né de ce parti, descend tous les jours à des bassesses insondables.

Que penser de nos pauvres ruraux, qui encouragent ces partis par leurs votes !

LES CAISSES RURALES
Système Raiffeisen Durand.

> Les Français sont comme les moutons, ils aiment à être tondus, cela les rafraîchit.
>
> (Rothschild.)

I
LA SITUATION

L'association sous forme de « syndicats agricoles » autorisée par la loi du 21 mars 1884 a été un premier soulagement à la situation déplorable dans laquelle se débat l'agriculture française et ceux qui ont su tirer de cette loi tout le profit qu'elle comporte, en éprouvent chaque jour davantage les bienfaits.

Mais cela est-il suffisant pour traverser la crise et attendre des temps moins rigoureux ?

Si les syndicats agricoles fournissent à leurs adhérents la possibilité d'acheter, à bon compte et avec sécurité, engrais et machines, s'ils leur donnent la facilité de faire entendre leurs doléances et leurs *desiderata*, en haut lieu, s'ils leur permettent l'écoulement de leurs produits à des prix plus rémunérateurs ou moins dérisoires, ils ne peuvent leur fournir la plus nécessaire de toutes les matières premières : l'argent, ou pour parler plus justement : le crédit.

Depuis longtemps, en France, l'opinion publique se préoccupait de cette question, qui semblait tellement insoluble, qu'au bout de longues et dures années, seulement, les pouvoirs législatifs ont pu formuler une loi relative à la constitution des sociétés de crédit agricole.

Nous voulons parler de la loi du 5 novembre 1894.

Mais cette loi est compliquée d'une application délicate et peu pratique ; elle aboutira seulement, nous en avons la crainte, à enrichir quelques capitalistes au détriment des travailleurs de la terre. C'est pour cela qu'elle ne peut apporter un remède suffisamment efficace à la situation et que nous ne pouvons en conseiller l'utilisation.

C'est pourtant la terre qui produit l'argent ; mais cet argent ne reste pas à la campagne ; il s'en va dans les villes, dans les banques, dans des entreprises quelconques, devenant la proie de quel-

que juif, et presque toujours employé ailleurs que dans l'agriculture.

La situation n'est donc plus ni juste, ni régulière.

Un publiciste le disait il n'y a pas longtemps : « Pendant que la caisse de « dépôts regorge de fonds qui l'embar- « rassent, dans certains villages de « France qui comptent cinq à six cents « habitants, vous ne trouveriez pas « 1.000 francs en numéraire... Un cita- « din trouvera plus de crédit sur une « paire de gants correctement bou- « tonnés, qu'un paysan sur dix hectares « de terre bien cultivés. Il faut, disait « M. Aynard, député du Rhône, au con- « grès des syndicats agricoles à Lyon, le « 23 août 1894, il faut, réparant ce que « j'appellerai une injustice, que l'épar- « gne de la terre retourne à la terre, il « ne faut plus qu'elle jaille au Trésor, où « elle ne sert, tout le monde le sait, qu'à « faire monter la rente. »

Il faut donc trouver un moyen de ramener cet argent qui s'en va, un moyen de le faire circuler pour le plus grand bien de cette partie du corps social qu'on appelle la classe agricole.

P. de Hennezel d'Ormois.

(A suivre.)

Un syndicat beurrier normand.

Les principaux cultivateurs du Calvados, surtout du Bessin, pays des beurres d'élite dits d'Isigny, viennent de fonder à Caen, un Syndicat qui a pour objet d'organiser la vente en commun de leurs beurres, sous une marque commune qui offrira aux acheteurs en France et à l'étranger une garantie sérieuse de pureté et d'origine.

Ce Syndicat espère qu'il réussira aussi à déjouer les manœuvres malhonnêtes de certains spéculateurs étrangers, qui ont réussi à dépraver les meilleurs beurres de France, en les accusant faussement de mélange de margarine.

Nous félicitons les fondateurs du Syndicat beurrier, et nous lui souhaitons le succès que mérite sa louable entreprise.

C'est par des mesures de ce genre bien mieux que par des lois de police que l'agriculture doit sauvegarder ses intérêts et ses droits.

Comice agricole de Reims.

Cet important comice a traité des sujets intéressants dans sa dernière réunion.

Question des blés achetés pour l'armée.
— La discussion a abouti à un vœu tendant à ce que le poids au minimum de l'hectolitre de blé exigé par l'intendance pour la troupe, et qui est aujourd'hui de 76 kilos, soit réduit à 75 kilos.

En effet, les blés de ce poids sont souvent d'aussi bonne qualité et produisent autant de farine que les blés d'un poids supérieur, surtout dans les campagnes champenoises.

Procédé Danysz pour la destruction des mulots. — M. Danneaux a rendu compte des essais de ce procédé qui ont eu lieu sur 50 hectares dans la commune de Vitry-les-Reims.

Sans être complets, les résultats ont été très encourageants, plus encourageants en tout cas que ceux du blé arséniqué.

Le rapporteur déclare que si l'expérience avait été faite plus tôt, par un temps où l'humidité n'aurait pas rendu les manutentions aussi difficiles, si surtout on l'avait appliqué dès l'apparition du fléau, la destruction aurait pu être complète. *Bien appliqué*, le procédé est absolument efficace contre les attaques de ces néfastes rongeurs.

Sur la proposition du rapporteur, des remerciements sont adressés à M. Danysz, et en raison du service exceptionnel qu'il a rendu à l'agriculture, l'assemblée le nomme par acclamation membre honoraire du Comice.

Discussion du rapport de M. Mathieu sur le vignoble de M. Vimont. — L'un des derniers numéros du *Bulletin* contenait cet intéressant rapport.

L'assemblée, unanime à approuver le compte-rendu, remercie M. Mathieu et lui vote des remerciements pour cet important travail.

M. le Président fait ressortir l'importance des travaux de M. Vimont dans les circonstances actuelles où le phylloxéra est si menaçant pour les vignobles de la Champagne.

M. Maldan ajoute que les travaux, les recherches, et les créations de M. Vimont lui font grand honneur, et qu'il y aurait lieu, de la part du Comice de Reims, de consacrer par une récompense les résultats obtenus. Le Comice décide, sur sa proposition, qu'il organisera pour la saison prochaine une nouvelle visite au Mesnil à la suite de laquelle cette récompense pourra lui être décernée.

Les vœux des agriculteurs du Nord.

À la fête offerte à Douai à M. Viger, par la Société des agriculteurs du Nord, M. Davaine, président de cette Société qui représente la contrée la mieux cultivée de toute la France, a adressé au ministre une allocution qui se termine par les lignes suivantes :

« Malgré l'admirable essor donné à l'enseignement agricole à tous les degrés dans notre région, malgré les progrès, malgré le développement de la science agronomique, cette couveuse artificielle qui devait produire la renaissance de notre agriculture, malgré tous nos efforts, tout notre amour du travail, la *lutte est en ce moment plus dure que jamais*.

« Il importe donc de prendre de nouvelles mesures pour préserver de la ruine nos populations rurales. »

Ces mesures, selon M. Davaine, sont les suivantes :

Loi du cadenas. Question de la plus-value. (*sic.* Qu'est-ce que cela veut dire? Nous le demandons.) Répression des fraudes sur les beurres. Surveillance du bétail importé en France. Indemnités pour les bêtes abattues par suite de tuberculose. Réforme du système monétaire. Suppression de l'immunité des houilleurs de cru. Prime de 5 francs pour les alcools de fruits. Tubercules produits par le sol français. Comme moyens de sauver la distillerie, pour sauver la sucrerie, porter de 15 à 25 0/0 les déchets de fabrication. Rectification des tares des sucres coloniaux. Encouragements à la culture de la chicorée pour café.

Aux yeux de tout agriculteur éclairé, ces vœux font un pénible contraste, par leur esprit étroit et local, avec la gravité de la crise nationale de l'agriculture qui les précède. N'en déplaise à ces messieurs de la Société des agriculteurs du Nord, leur panacée est visiblement hors de proportion avec les misères de l'agriculture en France.

Les Sociétés des autres régions sont en droit de le lui reprocher, de lui opposer les remèdes dont la nécessité est démontrée avec l'éclat sans cesse croissant des misères d'une lutte de plus en plus impossible, ainsi que le reconnaît la Société du Nord.

Le Conseil général du Var.

Ce Conseil, à la suite d'une session extraordinaire, a envoyé, lui aussi, au ministère de l'agriculture ses vœux sur les moyens de remédier à la crise agricole. Ces vœux, comme ceux de la Société du Nord, se bornent à des questions d'intérêt étroitement local : on demande le dégrèvement des boissons hygiéniques, répression de la fraude sur les huiles d'olive, interdiction des vins de raisins secs et des vins artificiels.

Bref, pas un mot sur les conditions intolérables d'une lutte inégale contre la concurrence étrangère !

Pauvre agriculture, comme te voilà bien représentée dans ta détresse !

Les phosphates tunisiens.

La France agricole apprendra avec satisfaction que la Tunisie possède des gisements énormes de phosphates dans la partie de son territoire qui est un prolongement de la contrée de Tebessa, c'est à Gafsa que se trouve le centre de ces gisements dont l'exploitation est une source inappréciable de richesse pour notre agriculture.

Mais ce qui doit étonner le monde agricole c'est d'apprendre que la découverte de ces richesses date de 1885, elle est due à un vétérinaire, M. Thomas, du 10e hussards, qui en donna connaissance par des rapports concluants au gouvernement et à l'académie des sciences, dès l'année 1887.

Ainsi voilà neuf ans que notre monde officiel, spécialement nos soi-disant ministres de l'agriculture, ont été informés de cette découverte; et c'est au scandale des phosphates de Tebessa qu'il faut attribuer la tardive révélation des phosphates de Tunisie!]

Est-ce assez édifiant?

Au moins ces phosphates vont-ils enfin être mis à la portée de l'agriculture?

On annonce qu'une compagnie, qui aurait son siège à Gafsa, est en négociation avec notre gouvernement pour obtenir la concession de ces riches gisements. Espérons que, cette fois, les concessionnaires seront des honnêtes Français, et qu'ils arriveront à livrer à l'agriculture les phosphates aux prix les plus modérés.

Espérons enfin que la mise en exploitation ne sera pas entravée et retardée par les chinoiseries traditionnelles de notre indécrottable bureaucratie, ni par les flibusteries des pots-de-vin et qu'après avoir subi un intervalle de neuf ans entre la découverte des gisements et leur divulgation, l'agriculture n'aura pas à subir un intervalle aussi long entre la proposition de la compagnie et son acceptation.

CHRONIQUE AGRICOLE

Situation. — La Saison.

Nous continuons de subir une température d'une douceur exceptionnelle, qui cause à toutes nos populations agricoles de cruelles inquiétudes sur le sort de leurs récoltes. Ce printemps anormal sans hiver provoque une évolution hâtive et générale de la végétation autant dans les plantes herbacées que dans les arbres fruitiers.

Pour peu que l'hiver nous afflige d'un retour offensif en février, la gelée détruira impitoyablement tous ces germes de belles récoltes.

Malheureusement, la science agricole est absolument désarmée en face des périls de cette situation, elle n'a aucun moyen de comprimer l'essor anticipé de la végétation, à moins de déchausser les arbres fruitiers qui la portent. Lorsque le froid tardif viendra attaquer bourgeons et fleurs éclos trop tôt, il n'y aura d'autre préservatif que les arbres en paille; au surplus, il est encore temps de se mettre en garde pour ces circonstances difficiles.

Une autre crainte trop fondée des suites de cette douceur de la saison, ce sont les invasions de vermines de tout genre, insectes, limaces, rongeurs, etc.

Les badigeonnages des troncs d'arbres avec une solution de sulfate de fer sont toujours une opération utile dans ces circonstances. On détruit avec ces insectes les mousses qui les logent, et ces mousses, mêlées aux composts, y apportent un contingent utile de matières fertilisantes.

En somme, le beau temps qui semble nous doter d'un printemps sans hiver, nous menace au contraire d'un hiver au printemps. Daigne le ciel nous épargner une épreuve qui serait calamiteuse pour l'année 1896.

M. Bablot-Maître nous écrit, à propos de la douceur inquiétante de l'hiver :

« Cet hiver est trop peu rigoureux, pour détruire tous les parasites végétaux, ainsi que les insectes vermines du sol ; plus les mulots rongeurs de nos céréales et de nos prairies artificielles... Chaque gelée est arrosée le lendemain et suivie de plusieurs jours de pluie qui faussent une végétation anormale en cette saison.

« A propos du vent de la Toussaint, nos lecteurs ont pu suivre l'observation que j'avais faite dans la *Gazette* que le vent dominant a bien été celui de N.-N.-Est qui régnait ce jour-là??? »

« E. BABLOT-MAITRE. »

Les phosphates minéraux.

Les résultats pratiques et si différents obtenus à l'aide des phosphates riches et pauvres nous font penser que le mode actuellement usité pour la vente (le degré de solubilité) n'est peut-être pas une base suffisante pour déterminer le prix.

En effet, on constate à chaque instant que certains phosphates pauvres expérimentés parallèlement avec des phosphates riches et même des superphosphates donnent des résultats égaux et quelquefois supérieurs.

A quoi cela tient-il? Tel est le problème qu'il convient de résoudre. Nous n'avons pas la prétention de trancher cette question, nous serons satisfaits si nous inspirons à quelques savants novateurs, le désir de l'étudier avec soin.

Un fait nous a toujours frappé : voici deux phosphates de provenances diverses, ayant même aspect physique, même finesse de mouture, même dosage en phosphate total.

Pour être transformé en superphosphate, l'un exigera 30 0/0 d'acide sulfurique, tandis que l'autre en demandera 90 0/0.

A quoi tient cette différence, et croit-on que ces deux phosphates auront la même action dans un sol semblable sur des récoltes identiques?

Evidemment non : le premier, quel que soit le degré de solubilité de l'acide phosphorique, produira de meilleurs et de plus durables effets que le second.

Ceci ne ferait-il pas supposer que l'acide phosphorique se trouve dans les phosphates à l'état plus ou moins insoluble; et que, dans le sol, comme à l'usine, il faut, selon les cas, plus ou moins d'acide pour rendre assimilable une même quantité d'acide phosphorique total?

Si cela est, il pourra en être de même pour la solubilité dans l'eau.

Le phosphate qui est attaqué le plus facilement par l'acide sulfurique pourra, dans le laboratoire, laisser dissoudre dans l'eau une très faible quantité d'acide phosphorique, mais qui peut dire que, en restant longtemps au contact de l'eau, sa solubilité n'augmentera pas.

Nous nous demandons donc si les chimistes ne seraient pas bien inspirés en notant la solubilité de l'acide phosphorique dans une quantité déterminée d'eau et de citrate.

En tout cas, il nous paraît démontré que le mode actuel ne suffit pas complètement aux acheteurs puisqu'il est démontré qu'à dosage égal d'acide phosphorique soluble, les phosphates ne produisent pas les mêmes effets.

Nous enregistrerons bien volontiers, suivant notre habitude, les observations que suggéreront nos idées.

La fabrication des fromages

(Suite)

Les *crevasses* ont pour cause le manque d'humidité, elles se produisent, ou quand le fromage contient trop peu d'eau (ce qui arrive lorsqu'il est placé dans un courant d'air) ou encore quand la présure a été ajoutée à une température trop élevée. Les crevasses enlèvent de la valeur au fromage parce qu'elles sont envahies par les vers et qu'elles permettent au sel ou à la saumure de pénétrer dans le fromage.

Défaut d'affinage. — Quand les fromages contiennent trop d'eau ou qu'ils sont conservés dans un local humide à l'excès, leur extérieur devient blanc au lieu de prendre la couleur brune. Cet indice révèle que l'affinage se fera mal ou pas du tout. En chauffant un peu ou en aérant la cave, on peut remédier à cet inconvénient qui provient toujours d'un excès d'humidité.

Bleu. — Les fromages ont quelquefois des taches bleues à la surface et même dans l'intérieur. Cet accident est dû à la présence dans le fromage soit du ferment du lait bleu soit à la rouille (oxyde de fer) provenant d'un défaut de propreté des ustensiles en fer servant à la fabrication ou à la traite.

Moisissure noire. — Pendant la maturation la surface des fromages se couvre de taches noires qui se propagent rapidement. Cette maladie contagieuse a pour cause l'affinage dans un local trop froid. On peut la combattre en aérant, en chauffant la fromagerie. Quand cette affection est constatée, il faut apporter les plus grands soins de propreté; si après avoir touché un fromage atteint on en manipule de sains, la maladie se trouve transmise à ces derniers.

Empoisonnement par les fromages. — Quelques fromages vieux, surtout ceux à pâte molle, peuvent posséder des propriétés toxiques qui sont dues soit à des fourrages vénéneux soit aux médicaments absorbés par les vaches, soit aux produits servant à la fabrication ou encore aux emballages.

Les cas d'empoisonnement par le fromage sont heureusement fort rares, mais pour les éviter on ne saurait trop recommander d'éviter l'emploi des poisons pour la destruction des parasites, ou des ennemis qu'on veut éviter.

Parasites. — Enfin les fromages ont à redouter certaines larves, certaines mouches; le meilleur moyen de se débarrasser de ces ennemis est la grande propreté et aussi la garniture en toile métallique de toutes les ouvertures. Quand un fromage est attaqué, il convient de le retirer immédiatement afin d'éviter la multiplication des parasites.

Diverses espèces de fromages. — Nous allons maintenant rappeler les principes qui doivent présider à la bonne confection des fromages.

Il en est des fromages comme des vins, chaque espèce a ses exigences spéciales quant à la nature du lait, laquelle a pour causes la race des animaux et le mode d'alimentation. Or on sait que les races et les aliments sont régis par le climat et par le sol. C'est donc bien à tort qu'on s'imagine quelquefois qu'on peut entreprendre avec succès la fabrication d'un fromage étranger à la région habitée. Avant d'adopter une espèce il convient donc de procéder à un examen scrupuleux des conditions dans lesquelles ou se trouve.

La fabrication des fromages est une des rares spéculations qui, considérée dans son ensemble, n'ait pas encore à redouter la concurrence étrangère; on peut, on doit donc en retirer des bénéfices quand elle est dirigée avec intelligence. On classe les fromages en deux grandes catégories : pâte molle et pâte ferme.

Fromages à pâte molle. — Ce groupe comprend deux classes : fromages frais et fromages affinés.

Fromages frais. — La plupart de ces fromages sont consommés dans la ferme. Voici leur préparation :

Quand le lait s'est reposé vingt-quatre heures après la traite, à une température de 12° environ, on retire la crème qui couvre le lait caillé. Celui-ci est enlevé à l'aide d'une écumoire et placé dans des moules en bois, en terre, en fer-blanc ou en osier. Ces moules sont mis sur des claies qui permettent à la partie aqueuse de s'écouler facilement et dans un local d'une température de 18°. On peut activer l'écoulement de l'eau en chargeant le caillé d'un poids quelconque.

Ces fromages sont consommés sur place en les additionnant de sel, ou encore en les mélangeant à de la crème fraîche sucrée. On les appelle aussi fromages mous, à la pie, etc.

Les fromages blancs. — sont préparés par les laitiers en gros de Paris et des villes, pour utiliser le lait invendu Ce lait est écrémé à l'appareil centrifuge, puis on le porte à la température de 25° et on lui ajoute de la présure qui le fait cailler en une heure ou deux. Ce caillé enlevé à l'écumoire est mis dans des moules qu'on place sur un plan incliné garni de rayons. Le lendemain, ces fromages sont livrés à la consommation. Il faut environ 10 litres de lait écrémé pour produire un fromage de 2 kil. 500.

Fromages à la crème. — Ces fromages, très estimés des Parisiens et des habitants des villes pour lesquels ils constituent un aliment frais des plus agréables s'obtiennent de la façon suivante : On prend le caillé obtenu par l'une des méthodes précédentes, on le met dans une terrine dont le fond est constitué par un tamis de crin assez fin, on y ajoute de la crème fraîche. Puis, à l'aide d'un pilon en bois on remue le mélange qui s'échappe à travers le tamis et sort en une pâte onctueuse recueillie dans des moules en osier en forme de cœur. Après quelques heures d'égouttage le fromage peut être mis en vente.

(*A suivre.*)   S. CRÉPEAUX.

Essais des graines de semence.

L'importance de ces essais est vraiment incontestable lorsque l'on réfléchit sur ce fait, que la faculté germinative des graines d'une récolte quelconque peut varier, même à poids égal, de 25 0/0. Cette propriété capitale dépend des influences météorologiques qui ont agi en sens divers sur la plante depuis l'époque de la floraison jusqu'à celle de la maturation de la graine.

Sans doute, le poids est un indice favorable, nous venons de le voir en matière d'avoines de semence, mais il n'est pas le seul. Le plus certain c'est l'essai de germination. C'est le procédé que préconise avec raison le Syndicat du Centre, au moyen du germoir inventé par M. Nouet de Meilleray, appareil d'une merveilleuse simplicité, dans lequel on peut vérifier à la fois quatorze échantillons de graines diverses.

On ne connaît véritablement la quantité de semence féconde confiée au sol que lorsqu'on s'est assuré ainsi de sa faculté germinative ; c'est surtout lorsqu'on sème des graines achetées, qu'on a besoin de vérifier sur leur valeur à ce point de vue. Chacun sait combien est regrettable une mauvaise récolte avec des graines de qualité inférieure.

Les tourteaux de graines oléagineuses dans l'alimentation du bétail.

Les tourteaux de graines de coton épurés se recommandent à l'attention des cultivateurs par leur bon marché excessif et leurs qualités exceptionnelles : ils valent les meilleurs *tourteaux de lin*, bien que coûtant près de moitié moins. Ils donnent un lait abondant, de bonne qualité, une viande et un beurre excellents comme couleur, finesse et qualité.

Étant purs, sans mélange et d'un dosage connu, ils donnent à l'acheteur une garantie absolue.

Le tourteau de coton est le complément indispensable de l'alimentation des vaches par les pulpes humides de betteraves ; ils sont de beaucoup les plus avantageux, tant pour vaches laitières, dont ils augmentent considérablement le produit en lait et en beurre que pour l'engraissement des bœufs et des moutons.

Plus de quarante mille tonnes sont consommées chaque année dans les départements du nord de la France, à la grande satisfaction de tous les propriétaires et éleveurs.

La Société des agriculteurs du Nord, il y a quelques années à peine, avait porté à son ordre du jour cette importante question ; il est résulté de cette étude, que les tourteaux de lin, très en renom jadis dans la région, donnés concurremment avec de la pulpe de diffusion renfermant 90 0/0 d'eau, ne rendaient plus les mêmes services qu'autrefois. Dans l'engraissement du bétail, en effet, aussi bien que dans la production du lait et du beurre, les résultats pratiques sont moins satisfaisants. Il n'en est pas de même du *tourteau de coton, de graines d'Egypte*, dont la graine est absolument dépourvue de bourres de coton, ainsi qu'il est facile de le constater soi-même, en examinant attentivement un échantillon de ce produit.

Le tourteau de coton de graines d'Egypte est très estimé dans l'alimentation des vaches laitières. Il est d'autant plus avantageux qu'il est d'un prix peu élevé. A l'heure actuelle, il est coté, chez MM. *P. Marchand frères*, à Dunkerque, 9 fr. 50 les 100 kilos. Gare Dunkerque.

Nous pourrions citer plusieurs vacheries, dirigées dans le sens de la vente du lait en nature, où ce tourteau a donné des résultats très satisfaisants.

Sous l'influence du tourteau de coton, l'intestin se tonifie, la diarrhée s'arrête, les animaux mangent mieux et avec plus d'appétit, tout en profitant davantage des autres aliments mêlés à la ration.

Le tourteau de coton de graines d'Egypte est incomparablement supérieur à tous les tourteaux connus, comme prix modique, comme rendement et surtout comme qualité. Le lait plus abondant, plus sucré, plus riche en crème, donne un beurre parfait, de consistance moyenne, d'une bonne pâte, de belle couleur et d'un goût exquis.

En octobre dernier, un échantillon de tourteau de coton de graines d'Egypte, analysé à la station agronomique du Nord, a donné les résultats suivants, en face desquels nous donnons la composition du tourteau de lin :

Tourteau de coton de graines d'Egypte.

Eau	11,00 0/0
Matières nutritives azotées	27,20 »
Matières grasses	6,00 »
Phosphates	4,15 »
Cellulose brute	21,05 »
Hydrates de carbone	15,10 »
Azote	4,40 »

Tourteau de lin.

Matières azotées	28,3 0/0
— amylacées	31,5 »
— grasses	10,0 »
— minérales	7,3 »
Cellulose	11,0 »
Eau	11,9 »

On le voit, la composition du tourteau de coton se rapproche très sensiblement de celle du tourteau de lin ; l'avantage reste incontestablement au premier, si l'on considère que le tourteau de lin coûte beaucoup plus cher que celui du coton.

De plus, l'examen microscopique du tourteau de coton ne décèle la présence d'aucune moisissure, ni altération quelconque ; les fibrilles de coton s'y rencontrent en proportion extrêmement faible.

Ces tourteaux de coton sont très tendres et se laissent facilement pénétrer par l'eau, qualité précieuse au point de vue de l'alimentation, et qui se rencontre rarement dans les tourteaux du commerce de même origine. Enfin, quelques essais d'alimentation ont démontré que la plupart des animaux acceptent cette nourriture avec empressement, et notamment les vaches laitières. En résumé, ce tourteau de coton est un aliment puissant, dans toutes les substances utiles : matières albuminoïdes, matières grasses, phosphates, etc., sont bien équilibrées.

Alimentation des moutons. — Non seulement le tourteau de coton convient aux bovidés, mais nous pourrions encore citer plusieurs praticiens qui en donnent à leurs brebis.

Aux brebis qui élèvent, du poids de 55 kilogrammes environ, on donne 80 grammes de tourteau par jour ; ce tourteau est concassé et mis dans les crèches, râteliers, sur la pulpe mélangée de menues pailles.

Aux agneaux sevrés, 3 mois, on commence par 30 grammes, pour arriver, à 4 mois 1/2 ou 5 mois, à 70 grammes. Au-dessus d'un an, pour *moutons et brebis à l'engrais*, on arrive, toujours progressivement, à 130 grammes par jour.

Le tourteau est donné le matin, sur les pulpes ; l'avoine est donnée de même, le soir ; l'eau est donnée dans des baquets à discrétion, dans la bergerie, en même temps que du sel gemme.

Pour les agneaux, il ne faut pas une transition trop brusque dans l'alimentation, après le sevrage.

Engraissement. — Les matières azotées et amylacées qui dominent dans son analyse, 27,50 0/0 et 15,10 0/0, portent vers la production de la graisse et de la viande. Les travaux de nos éminents physiologistes et de nos zootechniciens ne laissent plus aucun doute à ce sujet.

Les résultats pratiques sont donc encore ici en complète concordance avec les données théoriques.

Depuis 1878 environ, que le tourteau d'Égypte a été livré à l'élevage, il a donné partout des résultats très satisfaisants dans l'engraissement. Dès 1880, M. Louis Clavan, de Trélon, appelait déjà l'attention des membres de la Société d'agriculture du Nord sur les heureux résultats obtenus dans l'engraissement du bétail à l'étable, tant chez lui que chez M. Hostelet. Ces deux habiles éleveurs obtinrent, en effet, comme moyenne, près de 1 kilogramme de viande par tête et par jour, en donnant dans la ration quotidienne, 6 kilogr. de tourteau de coton d'Égypte. Nous croyons inutile d'insister davantage sur cette question d'engraissment : ajoutons cependant, que la qualité de la viande des animaux engraissés au tourteau de coton est irréprochable.

Mode d'emploi et rations. — Ces tourteaux, associés aux autres aliments, conviennent surtout aux bêtes à cornes et aux moutons.

On peut donner les quantités suivantes :

Vaches laitières : dans la journée, en deux fois, 1 à 3 kilos. Commencer le premier jour par un kilo, et augmenter graduellement pendant deux ou trois jours.

Autres bêtes à cornes : dans la journée, en deux fois. 2 à 5 kilos, Pour l'engraissement, on peut augmenter jusqu'à 5 kilos.

Moutons : dans la journée, en une ou deux fois. 100 à 400 grammes. Pour l'engraissement, on peut augmenter jusqu'à 400 grammes par jour.

On obtient avec ces tourteaux un engraissement rapide, viande et laine de 1re qualité.

Il est très facile d'habituer le bétail à l'usage des tourteaux. Il suffit de les ajouter en petite quantité d'abord à l'aliment que le bétail préfère, humecté d'un peu d'eau, et d'augmenter progressivement la dose. Au bout de très peu de temps, les animaux deviendront friands de cette nourriture.

On donne ces tourteaux avec avantage, avec un mélange de betteraves ou autres racines, avec les pulpes de pommes de terre, les résidus de distillerie, les drêches, ou avec du foin ou de la paille.

Dans ce dernier cas, il est préférable de hacher la paille et le foin, de les mélanger avec des tourteaux et d'humecter ce mélange.

On obtient encore de bons résultats en employant ces tourteaux en même temps que le fourrage vert. L'attention des éleveurs est appelée particulièrement sur ce point, car ils trouveront par l'emploi de ces tourteaux, lorsque les animaux sont au pâturage, une augmentation de lait et de viande bien supérieure à la dépense des tourteaux.

Les tourteaux sont employés soit concassés, soit en poudre.

Une fois réduits en morceaux ou en poudre, ils sont mélangés avec la ration ; on humecte ensuite d'eau froide et on laisse généralement macérer pendant quelques heures avant de donner au bétail.

Il convient de les concasser en poudre assez fine, sans toutefois les réduire en poussière. Avoir soin de concasser le tourteau une bonne semaine à l'avance de façon qu'il puisse se ramollir en absorbant l'humidité atmosphérique, sans toutefois moisir.

On évite toutefois les moisissures, en plaçant le tourteau dans un grenier bien aéré.

Nota. — Les tourteaux de coton de la fabrication *P. Marchand frères*, à Dunkerque, sont très tendres et se cassent facilement à la main.

Le sulfate de fer contre la chlorose.

En constatant les succès des immersions de sulfate de fer comme préservatif de la chlorose, nous avons souvent posé la question de savoir si le succès est dû au fer ou au soufre qui sont les éléments de ce sel.

Beaucoup de praticiens inclinent à penser que c'est l'élément soufre, non l'élément fer, qui est l'agent vraiment curatif.

Un habile viticulteur bordelais, M. de Gaulone démontre par son expérience que tel est le rôle de l'acide sulfurique.

Il fait badigeonner en hivers ses ceps avec une solution au dixième d'acide sulfurique ; et grâce à ce simple traitement ses vignes chlorosées ont recouvré leur vigueur, et poussent des feuilles très vertes.

L'application du procédé, notons-le, exige des précautions à raison de la causticité de la solution sulfurique, on emploie un pinceau à fils de plomb, ou un pulvérisateur plombé à sa paroi intérieure.

La solution au dixième est appliquée aux souches de cinq ans au moins, on applique une solution moins concentrée aux jeunes plantes.

L'écorce attaquée par l'acide sulfurique prend une teinte rougeâtre, qui n'inquiète nullement pour sa vitalité ; au contraire, le liquide acide la délivre de tous les parasites, végétaux et animaux, qui s'y logeaient et qui l'épuisaient, et elle pousse ensuite vigoureusement.

Il est entendu au reste, que si la chlorose est victorieusement combattue par l'acide sulfurique, après le sulfate de fer, c'est à condition que la vigne trouve dans le sol les aliments qui concourent à sa végétation, azote, potasse, phosphate, magnésie, et, ajoutons avec M. l'abbé Vigneron, de la silice soluble. Aussi voilà un procédé pratique que la viticulture peut employer dès aujourd'hui, à la fin de janvier.

Les scories de déphosphoration.

Plusieurs de nos lecteurs nous demandent de faire une étude sur cet engrais. Trop heureux de leur être agréable, nous la commençons dès aujourd'hui, remerciant à l'avance ceux qui voudront bien nous communiquer les résultats qu'ils ont obtenus. Rappelons que c'est faire œuvre de bon citoyen, que de fournir au journal agricole qu'on lit des renseignements pratiques et l'on sait que nous accueillons avec joie et reconnaissance tout ce qui émane des praticiens.

On sait que la fonte soumise au procédé de déphosphoration renferme une certaine quantité de phosphore qui est concentré par le métallurgiste dans une masse fluide qui nage au-dessus du bain d'acier. Ce phosphore se trouve combiné à la chaux, à la magnésie, à la silice, aux oxydes de fer, de manganèse, etc. Cette sorte d'écume qui recouvre le bain d'acier est recueillie, puis moulue, tamisée, et prend le nom de scories de déphosphoration.

Voici l'analyse des scories de l'usine du Creusot :

Silice, 7,12 ; acide phosph. total, 11,97 ; chaux, 44,35 ; magnésie, 1,62 ; alumine, 9 ; oxyde de fer, 8,27.

Suivant leur provenance, les scories n'ont pas la même composition, il s'ensuit qu'elles possèdent des propriétés diverses et que, dans certains cas, on ne peut remplacer les unes par les autres.

D'une façon générale, ce produit donne de bons effets sur toutes les récoltes, quelle que soit la nature du sol. Bien souvent même, les agriculteurs sont étonnés des résultats que procure leur emploi. Cela tient, croyons-nous, à la présence de la silice et de la magnésie qui, associées à l'acide phophorique, fournissent un engrais qu'on ne peut guère se procurer autrement.

On sait aujourd'hui que très fréquemment, mais pas aussi généralement que l'a affirmé M. Grandeau, les phosphates produisent autant d'effet que les superphosphates ; on constate que certains phosphates dont l'acide phosphorique est insoluble dans l'eau, ne tardent pas à se dissoudre en présence des acides du sol, tandis que dans le superphosphate, il lui arrive de rétrograder, c'est-à-dire de repasser à l'état insoluble. Disons à ce propos, d'ailleurs, que nos expériences personnelles nous donnent la conviction qu'il peut arriver que la belle végétation obtenue ne soit pas due à l'acide phosphorique, mais doive être attribuée à l'excès d'acide sulfurique que renferme souvent le superphosphate. Cet acide sulfurique met en œuvre les éléments naturels du sol et donne aux végétaux un coup de fouet qui dure plus ou moins longtemps. D'où l'opinion très accréditée dans certains endroits que le superphosphate n'agit que pendant peu de temps.

Toutes ces raisons expliquent pourquoi l'acide phosphorique des scories peut, dans certains cas, être comparée avec avantage à celle des phosphates ou des superphosphates les plus riches.

Le tableau que nous donnons prouve une chose bien établie d'ailleurs : la solubilité d'un phosphate est proportionnelle à la finesse de sa mouture. Plus les molécules sont divisées et plus aussi elles sont attaquées par les acides du sol.

Examinons maintenant l'action des scories sur les principales plantes cultivées.

Céréales. — D'une façon générale, de nombreuses expériences ont prouvé que les scories ont sur les superphosphates l'avantage d'augmenter le rendement en paille, que la quantité du grain est au moins la même et qu'en tous cas le sol qui les a reçues est doté d'une forte réserve d'acide phosphorique dont profiteront les récoltes suivantes. Cette augmentation de la paille peut certainement être attribuée à la silice. Il est vrai que, dans les essais, on a mis par hectare, 1.800 à 2.000 kilos de scories représentant environ 200 kilos d'acide phosphorique et seulement 300 kilos de superphosphate contenant en moyenne 50 kilos d'acide phosphorique.

Sous l'influence des scories, la végétation se fait plus vite, la maturation a lieu hâtivement. Ces résultats sont sans doute dus à la présence de la chaux dont une partie se trouve à l'état caustique.

Dans les terres acides, l'emploi des scories nous semble tout indiqué, mais en se souvenant qu'il faut donner au sol trois fois plus d'acide phosphorique qu'on en fournirait en recourant aux superphosphates ou phosphates riches en acide phosphorique soluble. Dans ces sols, d'ailleurs, le superphosphate, à cause de son excès d'acide sulfurique, est quelquefois nuisible ou inutile.

Nous ne voulons pas cependant jeter le discrédit, bien loin de là, sur des engrais qui rendent de grands services, mais nous voulons attirer l'attention des praticiens sur les conditions dans lesquelles ils conviennent.

En outre de leurs effets chimiques, les scories peuvent exercer une action sur la constitution physique du sol. C'est ainsi qu'elles soulèvent les terres compactes et qu'elles accroissent, à cause de leurs qualités hygrométriques, l'humidité des terres légères et sableuses.

Prairies. — Les scories ont souvent contribué à l'heureuse transformation des prés humides reposant sur la tourbe. Il est incontestable que, d'une façon générale, elles contribuent à la disparition des mauvaises plantes et à la multiplication des meilleures. Toutefois, nous devons reconnaître qu'en certains endroits où elles paraissaient indiquées, elles n'ont produit aucun effet appréciable. Des essais récents faits à l'Institut agricole de Beauvais et que nous avons suivis sont au contraire nettement favorables aux scories et ont permis au distingué sous-directeur, le frère Antonis, dont l'opinion a une légitime autorité, de reconnaître que « pour les prairies humides, tourbeuses, les scories, à prix égal, doivent être préférées aux phosphates. »

Sur les herbages, la proportion à mettre par hectare est de 1.000 à 2.000 kilos.

On a remarqué aussi d'une façon générale que cet engrais convenait particulièrement aux diverses légumineuses, notamment au trèfle.

Récoltes diverses. — De très nombreux agriculteurs ont essayé les scories sur les cultures les plus diverses et presque tous ont été satisfaits.

Vigne. — Mais, évidemment, de toutes les plantes la vigne est sans doute celle qui doit le plus profiter des scories, et d'ailleurs les expériences très nombreuses qui ont été faites un peu partout en sont la preuve. Ici, la silice agit puissamment le fait n'est pas douteux. En effet, sur les vignes qui ont reçu des scories, on remarque toujours une feuillaison plus abondante et surtout d'un vert plus prononcé. Or, c'est dans les feuilles de ce végétal qu'on trouve le plus de silice. Si les organes foliacés sont en bon état, il est naturel que tout le végétal soit vigoureux et donne d'abondants fruits. C'est une loi physiologique invariable.

Mode d'emploi. — En premier lieu, n'user que des scories finement moulues et les répandre aussi uniformément que possible ; 2° les mettre à la portée des racines, c'est-à-dire les enterrer plus ou moins profondément suivant les récoltes auxquelles on les destine. Comme leur acide phosphorique est lentement soluble, il faut les employer à hautes doses si on veut un effet énergique immédiat. Les scories se répandent soit au moment des semailles, soit à la volée dans le cours de la végétation. On peut toujours les associer en mélange avec les divers engrais. Mises sur le fumier dans les étables, elles empêchent l'évaporation des urines.

Disons aussi que les scories sont sujettes à des fraudes et qu'il est toujours prudent de les acheter d'après leur dosage et de faire contrôler celui-ci.

Enfin, nous ne prétendons pas que les scories soient une panacée, nous avons voulu appeler l'attention sur leurs mérites. C'est, croyons-nous d'ailleurs, la première fois qu'on fait valoir leur teneur en silice. Quoi qu'en pensent les théoriciens officiels, le temps nous semble proche où l'on attribuera à la silice le rôle que le premier, un digne prêtre, un modeste, mais un tenace curé de campagne, M. l'abbé Vigneron, lui a assigné dans la végétation, en se basant d'ailleurs sur les travaux de savants que le monde officiel a toujours méconnus et qu'il revendiquera peut-être un jour : ce ne serait pas la première fois.

S. Crépeaux.

RECETTES

L'eau bouillante enlève la plupart des taches de fruits : versez l'eau bouillante sur la tache, comme au travers d'une passoire, afin de ne pas mouiller plus d'étoffe qu'il n'est nécessaire.

OFFRES ET DEMANDES

Avoine noire de Coulommiers, qualité extra pour semence, passée au trieur, garantie de provenance directe : 22 fr. les 100 kilos, logée, gare Coulommiers (Seine-et-Marne).

Pommes de terre pour semence. — Variétés très productives, garanties pures d'espèces et de parfaite conservation. — Hollande, 12 ; Saucisse rouge, 10 ; Early rose, 8 fr. ; Institut de Beauvais, 10 fr. ; Merveille d'Amérique, 9 fr. ; Ronde jaune, 9 fr. ; Richter Impérator, 10 fr. sur wagon Paris et Seine-et-Oise. Toiles à rendre ou facturer 1 fr. l'une.

Huiles d'olive garanties pures et sans mélange venant directement de la propriété. Au prix de 1,80, — 1,60, — 1,50 le kilog. suivant qualité. Gare départ, paiement contre remboursement. S'adresser à M. Edouard Laurin, propriétaire à Saint-Chamas (Bouches-du-Rhône).

Pommes de terre sélectionnées pour semence : Paulsen, Athènes, Idaho, Canada, Hollande, Marjolin, *Géante Franco-Russe*, la plus productive de toutes. Livrable par quantité minima de 50 kilos S'adresser au bureau du journal. Prix : Géante Franco-Russe, 14 francs les 100 kilos ; Paulsen, Athènes, Idaho, Canada, Hollande, 12 francs les 100 kilos ; Marjolin un peu germée, 2 fr. 50 les 5 kilos franco toute gare de France.

GRAND CRU MÉNARDIÈRE. Cidre normand pur jus, 15 fr. l'hecto non logé. Eau-de-vie de cidre garantie pure : 3 fr. le litre. Sassier, propriétaire. La Colombe (Manche)

Agriculteur, ancien régisseur de grandes propriétés, demande direction d'un domaine en France ou colonies. Excellentes références.

Virus Danysz pour la destruction des rongeurs de toute espèce qui dévastent les récoltes (préparé à l'Institut Pasteur). Virus n° 1 pour souris, mulots, campagnols ; la boîte de deux tubes 5 fr. — de 5 tubes 8 fr. — de 10 tubes 12 fr. — de 100 tubes 75 fr. Virus n° 2 pour rats, rats d'eau et surmulots ; 1 tube 3 fr. Instructions jointes à l'envoi.

Adresser demandes et mandats à M. S. B. *Gazette*, 10 bis, rue Piccini, Paris.

La culture électrique, par M. C. Crépeaux .... 1 »

Purificateur d'air pour tonneaux, l'un 4 50 franco gare.

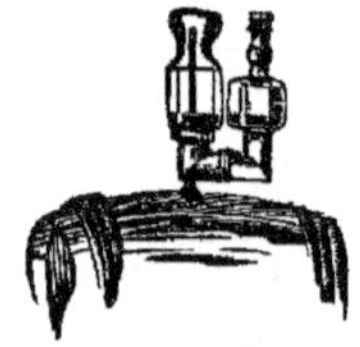

Moyennant un supplément de 0 fr. 40, nous joindrons à l'envoi une mèche à percer de calibre et moyennant 0 fr. 10 en plus, une mèche soufrée.

CORRESPONDANCE

M. (*Marne*). — Le titre de propriété de votre père, portant que le surplus du mur, après hauteur de clôture, est la propriété de votre père, vous avez le droit de le démolir jusqu'à la hauteur où il est mitoyen.

M. C. D. (*Marne*). — Vous pouvez faire une vente d'immeubles, soit terre, soit maison par acte sous seings privés et sans avoir recours à un notaire.

Il faudra faire enregistrer votre acte et le faire transcrire au bureau des hypothèques de la situation des immeubles vendus.

M. M. (*Marne*). — Aux termes de l'art. 559, lorsque les eaux, par une force subite, enlèvent une partie considérable et reconnaissable d'un champ riverain, et l'apportent vers un champ inférieur ou sur la rive opposée, le propriétaire de la partie enlevée peut la réclamer pendant un an.

Quant au curage, les rivières n'appartenant pas aux communes, le maire n'a pas le droit de prescrire un curage ni l'enlèvement d'un terrain d'alluvion. Ce terrain appartient au propriétaire riverain, et le curage ne peut être prescrit que par l'administration des ponts et chaussées et du préfet.

M. B. M. (*Oise*). — Nous avons dit que pour se procurer les ressorts compensateurs, il fallait s'adresser directement à M. le Dr Desprez à Saint-Quentin, rue de la Sous-Préfecture, (Aisne).

M. F., à L. (*Yonne*). — Au printemps, afin de réveiller la végétation, et en vue d'obtenir une bonne récolte, nous vous conseillons beaucoup l'emploi des engrais chimiques suivants :

Dans la première quinzaine de mars, appliquer *100 kilos de nitrate* en mélange avec *500 kilos de phosphate* par hectare, donner un coup de herse.

Le nitrate procurant l'azote agit comme un coup de fouet. Le phosphate par l'acide phosphorique donne le grain lourd et la paille forte.

Beaucoup de cultivateurs emploient ce mélange d'engrais au printemps, et, d'après les essais comparatifs faits, la récolte a atteint le double en paille et en grain.

M. E. C., à C. (*Saône-et-Loire*). — Pour ensemencer votre terre en luzerne, il est urgent de préparer la terre en donnant plusieurs labours et notamment par un premier labour donné avant l'hiver. Semer la luzerne sur une céréale de printemps, l'orge est préférable, semer la première quinzaine d'avril, enterrer l'orge par un léger labour, puis semer la luzerne à raison de 3 kilos de graine pour vos 33 ares, que l'on enterre à la herse; donner un coup de rouleau. Plus le champ est riche et pourvu d'engrais, plus la luzerne est productive et tout à la fois améliorante; il convient de lui appliquer de temps en temps du fumier consommé ou quelque engrais, soit liquide, soit pulvérulent.

La luzerne ne se trouve en plein rapport qu'à partir de la deuxième année après le semis.

En nous passant votre commande de graine nous vous ferons fournir par une maison de toute confiance qui vous livrera des graines de luzerne garanties sur facture, pures et sans cuscute.

M. C., à H. (*Aisne*). — Pour la fumure de vos terres riches en matières organiques, et surtout pour celles des terres arides (terres de défrichement, de landes, de bruyères, de vieilles prairies, terres tourbeuses et marécageuses), nous vous conseillons l'emploi des phosphates et des scories de déphosphoration. Les employer à hautes doses (1.000 à 1.200 et même 1.500 kilos à l'hectare) et exiger dans les achats, avec la garantie de teneur en acide phosphorique, une grande finesse de mouture.

M. R., à St-I. (*Côte d'Or*). — Notre syndicat général de vente des produits agricoles est parfaitement en mesure de vous livrer tous les engrais chimiques de printemps dont vous êtes susceptible d'avoir besoin, à des prix les plus réduits possibles, et avec toutes garanties de dosage sur facture.

PRIMES A NOS ABONNÉS

Huîtres fraîches d'Arcachon et de Marennes, colis postaux, 5 kilos contenant :

100 huîtres blanches.		4 25
70 — plus grosses.		4 80
100 — vertes.		5 60
70 — plus grosses.		5 60

Franco de port et d'emballage en gare ou à domicile. *Adresser les ordres* accompagnés de la bande du journal et d'un mandat à MM. J. Lapierre et J. Goubet à Andernos (Gironde).

Délicieux Vin Muscat Vieux tonique et réconfortant venant directement de la propriété, garanti authentique, offert en prime à nos abonnés à raison de 1 fr. 25 le litre logé en fûts de 25 à 35 litres. Fûts perdus.

Adresser les commandes au Bureau du Journal 10 *bis*, rue Piccini, Paris.

Si vous voulez boire du bon vin de Saint-Emilion, adressez-vous à M. Duplessis-Fourcaud, au château des Trois-Moulins, à SAINT-EMILION (Gironde).

(Voir le prix courant.)

N° 0, **Gilet de chasse**, qualité extra : *pure laine*, mérinos, article très riche, couleur loutre foncé. Prix 17 francs, franco de port (valeur en magasin au détail 24 francs). Pour la taille comme ci-dessous.

N° 1. **Gilet de chasse**, 1re qualité : Gilet *pure laine* croisé, côtes renforcées et nattées, trois poches, couleur loutre foncé (presque noir) marron, bleu marine, vert foncé, au choix. Prix 9 fr. 50, franco de port, à domicile ou gare la plus rapprochée. Pour la taille, indiquer la mesure du tour de poitrine, prise sous les bras.

N° 2. **Gilet de chasse**, 2e qualité : Qualité ordinaire, trois poches, couleur gris meunier. Prix 7 fr. 50, franco de port. Pour la taille comme ci-dessus.

N° 3. **Couverture de laine** n° 1 : Couverture blanche, riche, garantie pure laine, pour lit de maître, bordée rouge ou bleu, au choix. Dimensions 2 m. 35 sur 2 m. 10. Prix 21 francs, franco domicile ou gare la plus rapprochée. *Valeur en magasin : 30 francs.*

N° 4. **Couverture de laine** n° 2 : Couverture grise, pure laine, pour lit de domestique, courses en voiture, etc. Dimensions 2 m. 20 sur 1 m. 80. Prix 13 francs franco domicile ou gare la plus rapprochée.

N° 5. **Châle pour dames** : Châle tricot, pure laine mérinos, beau noir, fabrication soignée. Dimensions 1 m. 25 en carré, poids environ 500 grammes. Prix 7 francs franco domicile ou gare la plus rapprochée. *Valeur en magasin :* 10 *francs.* Pour deux châles 13 francs, même condition.

Envoyer les demandes accompagnées d'un mandat d'égale somme, aux Bureaux du Journal, 10 bis, rue Piccini, Paris.

Montre Remontoir, boîte métal nickelé, cuvette nickelée, 18 lignes ou 50 millimètres, cadran émail à secondes, aiguilles Louis XV, système 1 rochet, échappement-cylindre, 4 rubis. Prix 15 fr. 50 franco de port et d'emballage.

Le même article se fait en modèle réduit pour jeunes gens au même prix et pour dames avec augmentation de 2 francs.

Montre Remontoir, acier oxydé inaltérable cuvette acier oxyié 18 lignes, système perfectionné, calibre revolver, cylindre 8 rubis, cadran émail à secondes, prix 20 francs, franco de port et d'emballage.

Le même article se fait en modèle réduit, pour jeunes gens au même prix, et pour dames avec augmentation de 2 francs.

Baromètre nickel, fabrication française très soignée, système perfectionné. Prix 12 francs.

Baromètre « Bois sculpté Masson, » très décoratif, fabrication française, système perfectionné. Prix 22 fr. 50.

Envoyer les demandes accompagnées d'un mandat d'égale somme, au Bureau du Journal, 10 bis, rue Piccini, Paris.

Vélocipèdes. — Pour répondre aux désirs maintes fois exprimés par nos lecteurs, nous sommes livrés à de sérieuses recherches. Nous avons visité les principales usines et pris l'avis d'amateurs de cet instrument. Nous sommes aujourd'hui en mesure de procurer à nos lecteurs, à titre de prime exceptionnelle, des machines parfaites à tous égards provenant d'un des meilleurs fabricants.

La plus vaste Manufacture du Monde

Cadre gros Tubes INDÉFORMABLE

LA NATIONALE

12, Rue de Rome

Usine à vapeur, 27, rue Desrenaudes

PARIS

Bicyclette modèle 1895

avec pneumatiques de tous systèmes, derniers perfectionnements, mieux faite et moins chère que tout ce qui s'est fait jusqu'à ce jour.

Envoi franco du Catalogue

Nos abonnés auront droit à une remise de 50 0/0 sur les prix du catalogue de cette maison.

Nous ne disposons que d'un très petit nombre d'instruments dans ces conditions.

Le Gérant : E. Gambart.

IMP. NOIZETTE ET Cie, 8, RUE CAMPAGNE-1re, PARIS.

BULLETIN FINANCIER

Le marché continue à être favorablement impressionné. Les rentes et les valeurs s'inscrivent en plus-value notable. Nous voyons en dernier lieu le 3 0/0 à 102,22 et le 3 1/2 0/0 à 107,05. La *Banque Française de l'Afrique du Sud* s'établit à 111 francs avec des demandes continuelles, surtout au comptant. Cette institution a donné avis, ces jours derniers, qu'elle se mettait à la disposition des actionnaires français des Compagnies *New Heriot* et *City and Suburban*, pour les représenter aux Assemblées générales qui se tiendront, respectivement, les 13 et 14 février prochain. Mentionnons ici que, dans l'esprit de la *Banque Française*, ce genre de représentation n'aura pas le caractère banal que revêtent souvent les représentations aux Assemblées générales d'actionnaires. En effet, les représentants au Transvaal de la *Banque Française de l'Afrique du Sud* seront choisis parmi les personnalités ayant une compétence technique indiscutable qui les mettra par conséquent à même de prendre utilement la parole. Ils se feront les interprètes de tous les desiderata des actionnaires tendant à servir les intérêts représentés. Ils s'appliqueront à défendre toutes les propositions favorables au développement des diverses compagnies, et s'attacheront à les faire prévaloir. C'est là une tâche considérable à la réalisation de laquelle la *Banque Française* consacrera résolument tous ses efforts, et dont les effets se feront sentir peu à peu, au grand profit des intérêts français.

Il reste maintenant à nos nationaux, après ce témoignage d'initiative de la *Banque Française*, à se grouper autour de cette institution afin de la mettre à même, par leurs adhésions, d'obtenir l'approbation des revendications qu'ils peuvent formuler, et la reconnaissance des droits que leur confère la part qu'ils ont prise dans les entreprises transvaaliennes. Le Crédit foncier est 702 et le Crédit Lyonnais 781. l'Italien à 84.40, et l'Extérieure à 61,37 sont assez agités. Les Chemins sont fermes.

Coupon.

VIN DE BOURGOGNE

Ferme de l'Hospice de Beaune.

Domaine de MEURSAULT

VINS FINS GRANDS ORDINAIRES, ORDINAIRES Rouges et Blancs

Concours Général agricole de Paris 1895

MÉDAILLE d'or pour vins rouges
MÉDAILLE d'argent pour vins blancs
EAU-DE-VIE DE MARC

JOBART MUTHELET, Fermier depuis 1877

Le moment favorable au transport des vins
étant revenu, nous rappelons à nos lecteurs
que tous ceux d'entre eux qui, sur nos conseils, et depuis cinq ans, consomment les vins
de M. Vincent Ardura, vigneron, domaine de
la Chapelle-Frédignac, par Blaye-Bordeaux,
n'ont qu'à se louer de la qualité et de la conservation de ce Bordeaux absolument naturel,
expédié sans intermédiaire.

Pour dégustation sérieuse, envoi gratuit est
fait d'une bouteille de la récolte désignée.

L'encaissement est fait par le facteur, à
30 jours, escompte 2 0/0, ou 90 jours.

Vendanges : 1893, à 130 fr., 1892-91, à 150 fr.:
1890-89, à 175 fr., 1887, à 200 fr., 1885, à 220 fr.,
1884, à 240 fr., 1882, à 250 fr., 1881, à 300 fr. —
Graves blancs vieux : 130, 150, 200, 250, 300 fr.,
suivant âge, les 225 litres collés, soutirés,
franco de port et de fût en gare d'arrivée.

CHEVAUX BOITEUX

Guérison par le spécifique BORNET

Contre Capelets, Mollettes, Vessigons,
Eponges, Exostoses, Suros, Eparvins et
les Formes à leur début. (Il s'applique éga-
ement à toutes les tares molles et osseuses.)

PRÉPARÉ PAR **A. BORNET**

Pharmacien de 1re classe, ex-interne et lauréat des
hôpitaux.

19, rue de Bourgogne, PARIS.

Le flacon, 8 fr., à la pharmacie ; en gare
par colis postal, 6 fr. contre mandat.

VINS
DE SAINT-ÉMILION

Vins classés, de 300 à 250 francs la barrique
de 225 litres. — Moitié prix pour la barrique de
112 litres.

Vins grands ordinaires, de 140, 125, 105,
100 francs la barrique — 80, 75, 70, 65, 58,
55 francs, la demi-barrique. — Rendu *franco* en
gare et régie, sauf octroi.

Adresser commandes à M. DUPLESSIS-
FOURCAUD, à Saint-Émilion. — Envoi de
prix courants et échantillons sur demande affranchie.

*Médailles d'Or, Paris, 1867 et 1889 — Moscou
1891 — Besançon, Montluçon, Royan, etc.*

Eugène de MASQUARD

PROPRIÉTAIRE-VITICULTEUR, Château de la Cascade

SAINT-CÉSAIRE-LES-NIMES (Gard)

Vins garantis naturels, rouges et blancs, depuis
60 fr. la pièce de 220 litres jusqu'à 100 francs, selon
qualité, prise en gare de St-Césaire (Gard), fût perdu

*Ces vins ont été médaillés à toutes les expositions où
ils ont figuré.*

Récoltés sur des coteaux et des terrains secs, les vins
de Saint-Césaire, l'un des meilleurs crus du Gard, se
conservent parfaitement sans être plâtrés

Envoi franco de prix courants et échantillons

Bon Vin de Champagne

DE LA MARNE

*Garanti authentique venant de la Propriété
Très belle mousse.*

Livrable par panier de 12 à 25 bouteilles au prix
de 2 fr. 50 la bouteille, emballage compris.
Droits et transports à la charge de l'acquéreur.

*S'adresser à M. Adolphe CARRÉ, propriétaire
à Trépail, par Véry (Marne).*

LE MONDE, journal quotidien du soir
17, RUE CASSETTE, PARIS.

Abonnement 25 fr. par an, 0 fr 05 le numéro.
Organe recommandé aux agriculteurs et aux
membres du clergé.

A LOUER
DEUX FERMES

Commune des Essarts-le-Roi (Seine-et-Oise)

A PROXIMITÉ DE LA GARE

D'une contenance chacune de 110 à 115 hectares environ. Elles sont à louer séparément ou
ensemble, si on le préférait.

S'adresser à M. Letellier, notaire au Perray
(Seine-et-Oise) pour les renseignements, ou à
M. Berceon, notaire, 4, avenue de l'Opéra, Paris.

On peut visiter les fermes.

VELOUTINE FLAMANDE

La Veloutine est spécialement employée pour
lustrer les cuirs de fantaisie : guides, selles, harnais de luxe et de travail, capotes, tabliers, caparaçons, etc., et lorsqu'ils ont déjà été enduits de
vaseline, se produit donne un joli brillant et évite
l'action graisseuse des cirages ou préparations à
base de cire. Sans causticité il ne dessèche pas et
imperméabilise.

Le bidon d'un litre pour harnais noirs. . . . 3 70
jaunes. . . 4 20

Franco gare contre mandat-poste.

S'adresser : *Manufacture de Vaselines industrielles de Ligny-en-Cambrésis (Nord)*

**Avis à Messieurs les Cultivateurs
et aux Fabricants de sucre.**

La graine authentique *Fouquier
d'Hérouël* est *toujours* facturée par la
maison qui confirme à bref délai les
commandes.

Les envois sont faits *directement*
aux acheteurs en sacs plombés au nom
« Fouquier d'Hérouël, à Vaux-sous-
Laon. »

Il n'existe aucun dépositaire.

ALIMENTATION DU BÉTAIL

Tourteaux de Coprah ou Coco

F. TASSY, E. ROCCA et Cie

Fabricants d'huiles (producteurs directs
de Tourteaux)

23, RUE HAXO, MARSEILLE

Deux médailles d'or, Anvers 1894

Envoi de Prix-Courants et Échantillons sur demande.

CRÉSYL-JEYES

·· DÉSINFECTANT ANTISEPTIQUE ··

Efficacité scientifiquement démontrée.

Envoi de Rapports et Références sur demande.

Le CRÉSYL-JEYES n'est ni Toxique ni Caustique

Il est adopté par toutes les Administrations
publiques de Paris et des départements.

VENTE EN GROS :

Société Française de Produits Sanitaires et Antiseptiques
35, Rue des Francs-Bourgeois, PARIS.

et chez tous Droguistes et Pharmaciens.

Pour éviter les Contrefaçons exiger les Marques et Cachets
de la Société, ainsi quele nom CRÉSYL-JEYES.

GUÉRISON certaine des **MALADIES NERVEUSES**

Epilepsie, Hystérie, Danse de St-Guy, Affections de la
Moelle épinière, Convulsions, Crises, Vertiges, Eblouissements,
Fatigue cérébrale, Migraine, Insomnie, Spermatorrhée.

Par le SIROP de HENRY MURE

Succès consacré par 15 années d'expérimentation dans
les Hôpitaux de Paris. — *Envoi Notice gratis.*

Pâte et Sirop d'ESCARGOTS
DE MURE

Guérison certaine des RHUMES, Irritations de la Gorge
et de la Poitrine, Toux opiniâtre.

PATE : 1 FR. — SIROP : 2 FR.

Dép. Général de *L'ALCOOLATURE d'ARNICA*
de la TRAPPE DE NOTRE-DAME-DES-NEIGES

Remède souverain contre toutes blessures, coupures,
contusions, défaillances, accidents cholériformes.

THÉ DIURÉTIQUE DE MURE

Facilite l'Emission des Urines, calme les Douleurs
des Reins et de la Vessie, entraîne les Gravière et le Mucus,
et rend aux Urines leur limpidité normale.

Boîte franco, 2 fr. dans toutes Pharmacies.

Phie MURE, GAZAGNE Gendre et Sr, à Pont-St-Esprit (Gard).

Refuser les Contrefaçons — Exiger le nom de MURE

SCHNEIDER ET Cie

PHOSPHATES MÉTALLURGIQUES

(scories de déphosphoration), des Aciéries du Creusot

ENGRAIS PHOSPHATÉ

pour Céréales, Prairies, Vignes, Betteraves, Pommes de terre, etc.

L'emploi de ces phosphates a été particulièrement recommandé dans ces derniers
temps par les agronomes les plus distingués. Il permet, en raison du bas prix de
ce produit, de faire apport au sol de doses considérables d'acide phosphorique.

Les phosphates métallurgiques du Creusot sont livrés moulus finement et tamisés.

Pour renseignements, s'adresser à MM. SCHNEIDER et Cie, au Creusot (Saône-et-Loire).

FOURNEAUX DE CUISINE
de toutes espèces

Maisons particulières, Hôtels, Châteaux et Fermes,
Hospices, Hôpitaux, Collèges, Pensions, etc.

ENVOI FRANCO DE CATALOGUES

Maison DELAROCHE aîné
22, rue Bertrand, PARIS

Etablissement Glaser

AVENUE NIEL, 9, PARIS

LOCATION DE CHEVAUX
de Selle et d'Attelage

pour les Chasses, la Promenade, la Campagne

PENSION DE CHEVAUX
en Boxes et Stalles.

MÊME RAISON SOCIALE DEPUIS 1781
Exposit. Unic. Paris 1889 : 3 Gr. Prix et 3 Méd. d'Or

VILMORIN-ANDRIEUX, O.✻,✻ & Cᴵᴱ
4, Quai de la Mégisserie, PARIS
CULTURE SÉLECTIONNÉE & VENTE
de TOUTES GRAINES de SEMENCES
Gros & Détail). Export. – Catal. gratuits aux lecteurs de la Gazette

GRIFFE SARCLEUSE-BINEUSE
Outil économique

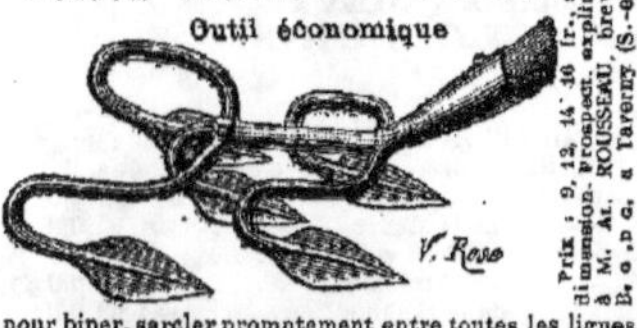

Prix : 9, 12, 14, 16 fr., selon dimension. Prospect. explicatif, brevelé.
à M. A. ROUSSEAU,
à Taverny (S.-&-O.)

pour biner, sarcler promptement entre toutes les lignes de plantes ou légumes sans distinction, indispensable en toutes saisons dans les jardins, vignes, pépinières, les cultures de betteraves, de tabac, etc., même dans les allées

MACHINES AGRICOLES
A. BAJAC
à LIANCOURT (Oise)

GRANDE BAISSE DE PRIX
PHOSPHO-GUANO COMPANY, LIMITED
LEFEBVRE FRÈRES, Consignataires généraux
PARIS - 60, RUE DE BONDY - PARIS

PHOSPHO-GUANO
SEUL VÉRITABLE — IMPORTÉ DEPUIS 1863

Superphosphate Ornithos — Superphosphate Chilton — Superphosphate 10 degrés
Osso-Guano, Engrais complet Rhizome, Engrais Surazoté L. F.

La qualité et les dosages de tous ces engrais sont invariables et garantis.
L'acide phosphorique qu'ils renferment étant complètement **soluble dans l'eau** a une valeur fertilisante très supérieure à celui des engrais et superphosphates dont l'acide phosphorique, soluble **seulement** dans le citrate d'ammoniaque, reste insoluble dans l'eau. Il n'y a de garanties sérieuses que celles des dosages exprimés séparément en acide phosphorique **soluble dans l'eau** et en acide phosphorique, **insoluble dans l'eau.**
Envoi franco sur demande de brochures indiquant les dosages garantis et les prix.
Dépôts dans tous les principaux centres agricoles.

ASPERGE GÉANTE
ROYALE DE FRANCE
(RACE D'ARGENTEUIL PERFECTIONNÉE)
Demander la *Méthode de Culture* et prix courant (gratis et franco), à M. **WILLIAM FOURCINE**, directeur des pépinières royales de Dreux (Eure-et-Loir). Médailles et diplômes de première classe.

VIN PUR COTES 1ʳᵉ QUALITÉ
Vieux, nouveau garanti sur facture
Récolté par FÉLIX LAU, propriétaire-viticulteur à Caussiniojouls (Hérault).
Nouveau, 25 fr. l'hect. logé sur gare Faugères

MAISON
Ferdinand⁺ et Arnould⁺ LEMAIRE
ARNOULD⁺ LEMAIRE SUCCESSEUR

CULTURE DE MILLE HECTARES
Laboratoire de chimie pour l'analyse des porte-graines

SPÉCIALITÉ DE GRAINES DE BETTERAVES RICHES EN SUCRE
Ces graines sont garanties sur factures
franches d'espèces, de pureté normale et de bonne germination.

S'adresser pour les Commandes à M. **A. LEMAIRE**, *producteur*
CHATEAU DES MARETZ près Reims (Marne)

P. MARCHAND Frères
à DUNKERQUE (Nord)

FABRIQUE SPÉCIALE DE TOURTEAUX
DE COTON DE GRAINES D'EGYPTE
pour Nourriture et Engraissement du Bétail

GRAND PRIX A L'EXPOSITION UNIVERSELLE 1889

Nous appelons l'attention des nourrisseurs et des éleveurs sur les tourteaux de **Coton** de graines d'Egypte. C'est un produit excellent pour les vaches laitières, les bœufs à l'engrais et les moutons. — Nos tourteaux de **Coton** sont complètement débarrassés de la bourre qui enveloppe la graine et contiennent la même quantité de matières nutritives et grasses que les meilleurs tourteaux de lin. — Nos tourteaux de **Coton** forment l'aliment le meilleur et le plus avantageux en raison de leur prix excessivement bas.

S'adresser pour Renseignements et Prix à MM. P. MARCHAND Frères, à Dunkerque (Nord),ou à leurs Représentants.

ANÉMIE CHLOROSE, FAIBLESSE Guéries par le VRAI FER QUEVENNE

ALAMBIC EGROT
A BASCULE. — EAU-DE-VIE, 1er JET
sans repasse.
FRANCO CATALOGUE ILLUSTRÉ
EGROT, 19-21-23, Rue Mathis, Paris

Maison de Vente & d'Expédition à Aubusson (Creuse) G. DELARBRE
A Paris & en province, chez tous les Droguistes & Pharmaciens

PRODUCTION
de GRAINES de BETTERAVES à SUCRE
EN GRANDE CULTURE

E. ELOIR* et Cie
à Mons-en-Pévèle, par Bersée (Nord)

GRAINES DE BETTERAVES BLANCHES RICHES, ET TRÈS RICHES
Supérieures aux Graines étrangères en 1895

Correspondance et Adresse Télégraphique : ELOIR, La Madeleine (Nord).

PHOSPHATE FOSSILE DE QUIÉVY-NORD
le plus assimilable de tous les phosphate connus
GARANTI PUR DE MÉLANGE AVEC TOUT AUTRE PHOSPHATE
Ce qui, du reste, ne pourrait que diminuer son assimilabilité.

EXTRACTION DU GISEMENT ET USINE A QUIÉVY
Propriétaire-Extracteur : C. LECLERCQ
Bureaux à Viesly (Nord).

COMPOSITION MOYENNE		ASSIMILABILITÉ RELATIVE (méth. Joulie).
		Solubilité dans l'oxalate d'ammoniaque.
Acide phosphorique. . . .	12 » à 16 » 0/0	Phosphate de Quiévy. 88 29 0/0
Potasse	0 45 à 2 77 0/0	— de la Meuse 51 95 0/0
Chaux.	19 05 à 31 » 0/0	— de Pernes. 47 87 0/0
Magnésie.	0 58 à 3 80 0/0	— des Ardennes. 46 43 0/0
Matières organiques azotées .	1 80 à 3 45 0/0	— de la Somme (moy.). . 44 53 0/0
		— de Ciply. 34 57 0/0

Titre garanti en acide phosphorique : **13 à 15 0/0.**

LIVRAISON : EN POUDRE IMPALPABLE EN SACS PLOMBÉS, MIS SUR WAGON GARE QUIÉVY-en-CAMBRÉSIS
Prix : 3 fr. 80 les 100 kilos, sacs perdus, 30 jours, 2 0/0 ou 90 jours net.

NOTA. — Les acheteurs qui désirent employer le **véritable Phosphate de Quiévy** pur et
garanti d'origine doivent exiger que les sacs portent la Marque (**Au Poisson fossile**) et la Firme
C. LECLERCQ, seul exploitant à Quiévy (Nord).

GRANDS RABAIS
POUR LIVRAISONS SUR LES MOIS D'HIVER

Engrais de l'Usine municipale de la Voirie de Bondy

TOURTEAUX ORGANIQUES
MOULUS

Dosage : 1.50 à 2 % d'azote et 4 à 5 % d'acide phosphorique.

S'ADRESSER AU
Comptoir Agricole et Commercial
9, RUE NOUVELLE, 9, A PARIS

JULES DECONINCK & Cie, à ARRAS
Médailles d'Or : ARRAS, PARIS

Importation directe de **Nitrate de soude**. Engrais chimiques ; **Tourteaux** (dosage garanti). En vente en automne 40 variétés *Blés de semence, semences de printemps* ; orges, avoines, graine de lin de Riga. Renseig. sur demande.

LA FRANÇAISE
CHEMINÉE ROULANTE
Feu visible et continu
FONCTIONNANT
24 HEURES AVEC 30 CENT.
La plus hygiénique chauffant par rayonnement et
CIRCULATION D'AIR
avec Bouches de chaleur
A. BEAUME, Ingr
53, *rue Châteaudun, Paris*

FROMENTINE
Marque déposée B. S.G.D.G.

Produit pour l'alimentation économique, saine et rationnelle du bétail, provenant en grande partie des issues de la mouture de blé.

DIVERSES MARQUES

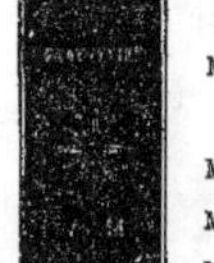

Demander celle en raison du but poursuivi

Marque A pour l'engraissement égal à celui du tourteau de lin, le remplacement de l'avoine, production d'un lait de qualité supérieure.
Marque B pour le bon entretien du bétail.
Marque J développement rapide des jeunes bêtes.
Marque L surproduction du lait.
Marque E engraissement rapide.

Ecrire à M. Armand MILLOT
Moulins Saint-Martin
Saint-Quentin (Aisne).

LYSOL
Le plus puissant
anticryptogamique & parasiticide
Complètement **soluble dans l'eau**
Le meilleur marché.
Assainissement et désinfection certaine de tous locaux.
Employé avec plein succès contre le **mildew, l'oïdium, la pyrale**, etc., et tous les parasites des arbres fruitiers, fleurs, légumes, etc.
SOCIÉTÉ FRANÇAISE DU LYSOL
22 & 24, place Vendôme, 24 & 22
PARIS

M. RECOURAT, pharmacien à Beauvais.
Gale des moutons guérie radicalement par *une seule application* de l'ANTIPSORIQUE. La bouteille, 3 fr. ; la 1/2 bouteille, 1 fr. 75. Guérison du PIÉTIN par *un seul pansement* avec le CONTRE-PIÉTIN-RECOURAT. Le pot d'essai, 1 fr. 50 ; le pot, 2 fr. 50. Joindre 0 fr. 60 pour recevoir *franco* et indiquer gare.

Machines Agricoles Françaises

MAISON ALBARET
O. ✳, O. M. A. ✦
Breveté
S. G. D. G.

Veuve ALBARET et G. LEFEBVRE✳, SUCCrs

ATELIERS DE CONSTRUCTION ET ADMINISTRATION
A RANTIGNY-LIANCOURT (Oise)

Bureau et Magasin :
9, rue du Louvre, PARIS

LOCOMOBILES, MACHINES DEMI-FIXES, MOTEURS A PÉTROLE
BATTEUSES PORTATIVES ET FIXES — MANÈGES

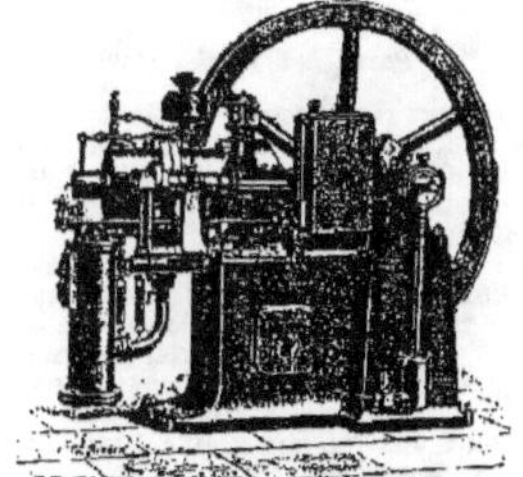

HACHE-MAIS — HACHE-PAILLE   PRESSES A FOURRAGES

FAUCHEUSES, MOISSONNEUSES & LIEUSES
RATEAUX, FANEUSES
Semoirs en Lignes — Semoirs à Engrais — Concasseurs — Aplatisseurs

INSTRUMENTS D'AGRICULTURE — INSTRUMENTS DE PESAGE
Grand Prix, **Lyon 1894**. — Grand Prix, **Anvers 1894**. — Grand Prix, **Bordeaux 1895**
Beauvais 1895, Diplôme d'Honneur
Tunis 1895, Premier Prix, Médaille d'Or
19 Diplômes d'Honneur et d'Excellence — 226 Médailles d'Or — 191 Médailles d'Argent

SUCCURSALES :
Saint-Quentin, Chartres, Abbeville, Cambrai, Dax, Lyon, Alger
Envoi franco sur demande des Catalogues illustrés.

17ᵉ Année. — Nᵒ 6.   LE NUMÉRO : 10 CENTIMES   Dimanche 9 Février 1896

GAZETTE AGRICOLE

JOURNAL HEBDOMADAIRE, PARAISSANT LE DIMANCHE

Fondateur : M. CH. GOSSIN, Professeur d'Agriculture à l'Institut agricole de Beauvais

PRIX DE L'ABONNEMENT

UN AN, **5** fr. — SIX MOIS, **3** fr. — TROIS MOIS, **2** fr. 25

Pour l'Étranger les abonnements ne sont reçus que pour un an, au prix de 6 francs, et ne partent que du 1ᵉʳ JANVIER ou du 1ᵉʳ JUILLET de chaque année.

Le Numéro : **10** centimes.

Adresser toute la correspondance : mandats, lettres, annonces, etc., à **M. CRÉPEAUX**, Directeur de la *Gazette agricole*, 10 bis, rue Piccini, Paris.

Toute demande de changement d'adresse doit être accompagnée de 50 centimes et de la dernière bande du journal.

BUREAUX

97, rue de Rennes, Paris, et à Beauvais, rue Saint-Étienne.

Les abonnements partent du 1ᵉʳ de chaque mois et sont payables d'avance. Toute demande d'abonnement doit donc être accompagnée du prix de l'abonnement. (Le mode de payement le plus simple est l'envoi d'un mandat-poste.)

Donner *très lisiblement*, en s'abonnant, son nom et son adresse exacte, *avec l'indication du bureau de poste* ; et, s'il s'agit d'une continuation d'abonnement, joindre au renouvellement la dernière bande d'adresse du journal.

Les Annonces sont reçues à la Direction du Journal, et chez MM. DUSSERIS et MATHELLON, 97, rue de Rennes Paris.

Il est interdit de reproduire les articles contenus dans la *Gazette Agricole*.

BULLETIN COMMERCIAL

Paris, le 5 février 1896.

Le temps reste froid, il gèle légèrement chaque nuit, ces gelées suffisent pour calmer les inquiétudes que l'on avait au sujet des ravages des insectes et du développement des mauvaises herbes.

Les apports sur nos grands marchés de production sont toujours aussi peu importants, et, la demande étant meilleure sur quelques points, il en résulte une certaine fermeté dans les prix du blé, sans que nous ayons encore de hausse appréciable à enregistrer.

Quant aux menus grains, ils ne dénotent pas de changement.

Sur le marché de Paris, il règne en ce moment une grande hésitation ; les offres de la meunerie sont abondantes par suite de la mévente de la farine en boulangerie.

BOURSE DU COMMERCE DU MERCREDI 5 FÉVRIER

	FARINES	BLÉS
Courant	40 60	18 80
Prochain	41 10	19 10
Mars-avril	41 30	19 20
4 de mars	41 75	19 50
4 de mai	42 60	19 80

Marque de Corbeil : 45 fr. le sac de 150 kil. toile à rendre.

Halle aux blés — *Blés indigènes.* — Les offres de la culture sont moins importantes qu'il y a huit jours et on demande pour les échantillons présentés à la vente le pleins prix d'il y a huit jours. La meunerie se tient toujours sur la même réserve, car elle vend toujours mal ses farines et elle ne prévoit pas un écoulement normal d'ici quelque temps. Cependant, s'il y a en effet un certain ralentissement dans la consommation dû à la douceur de la température pour cette époque de l'année, les approvisionnements sont réduits dans les moulins, et du jour où la meunerie se remettra aux achats, les cours remonteront facilement, car l'importation est impossible. En attendant, on cote nominalement de 18 à 19 les 100 kil. nets, gare d'arrivée Paris.

Sons. — Calmes. Peu d'affaires, de 9,50 à 11 fr.

Escourgeons. — Il n'y a plus que très peu d'offres sur les marchés du Centre et de la Beauce, mais la demande reste peu active pour la brasserie et les affaires sont très calmes. On cote de 15,75 à 16 les 100 kil. Paris.

Menus grains. — On cote : chènevis de Bretagne 25, Russie 20,50 à 21, millet blanc 19,50 à 20, jaunes 14 à 14,50, petit blé 11 à 15, sarrazin 11,50 à 11,75.

Graines fourragères. — On cote : trèfle blanc 125 à 160, hybride 120 à 150, violets 70 à 100 ; luzernes de Provence, 115 à 135 ; Poitou, 90 à 100 ; minettes 30 à 35 ; sainfoin simple 35 à 40 ; doubles 24 à 30 ; ray grass anglais et d'Italie 30 à 40 ; vesces pays 18 à 20 ; de Kœnigsberg 17 à 18 les 100 kil. gare d'arrivée Paris.

Sucres. — A Paris les affaires assez suivies au début de la réunion sont devenues fort calmes par la suite et les prix ont dénoté en clôture un recul de 6 à 12 cent sur la veille. New-York est sans changement mais il est ferme.

Raffinés 102,50 roux 88° 30,50 à 31.

Marché de la Chapelle. — Fort marché.

On cote : paille de blé 1ʳᵉ qté 24 fr., 2ᵉ qté 22, 3ᵉ qté 18 fr. ; paille de seigle 1ʳᵉ qté 30 fr., 2ᵉ qté 26, 3ᵉ qté 23 ; paille d'avoine 1ʳᵉ qté 22 fr., 2ᵉ qté 20, 3ᵉ qté 18 ; foin nouveau 1ʳᵉ qté 46 fr., 2ᵉ qté 42, 3ᵉ qté 38 ; luzerne, 1ʳᵉ qté, 46 fr., 2ᵉ qté 42, 3ᵉ qté 38 ; regain 1ʳᵉ qté 41 fr. ; 2ᵉ qté 39 fr., 3ᵉ qté 37 fr. ; sainfoin, 1ʳᵉ qté 42 fr., 2ᵉ qté, 40, 3ᵉ qté 38.

Marché aux chevaux, 5 février.

Gros trait de 200 à 1.000		Boucherie	de 65 à 230
Selle et tr.		Anes	de 50 à 180
léger . de 200 à 1.000		Chèvres . .	de .. à »
H. d'âge de 150 à 250			

AMENÉS

Chevaux, 218 — Anes, 5 — Chèvres, ..

Voitures 89, de 25 à 500.

ENCHÈRES

Chevaux amenés, 15.

Vendus, 13 de 95 à 400.

Prix des Produits Forestiers à Paris.

Bois de feu (Octroi non compris)	Falourde de pin	100 à 110 le cent.	
	Bois de flot	100 à 105 le déca.	—
	Bois gris neuf	125 à 130	—
	Bois blanc	80 à 125	—
	Chêne gros bois	85 à 110 le m. cube	
Bois d'œuvre (Octroi compris)	— moyen bois	70 à 80	—
	— petit bois	30 à 48	—
	Charme, plateaux	55 à 55	—
	Sciage Entrevoux	175 à 210 les 208 m.	
	de Echantillons	230 à 220	—
	chêne. Frise	27 à 28	104 m.

LÉGUMES SECS. — (Les 100 kilogr.)

	Haricots	Pois	Vesce	Lentille
Paris	32.00 50.00	20 18.00	19 à 20	30.00 56
Bordeaux	34.00 35.00	35 45.00	18 19	49.00 60
Marseille	22.00 30.00	18 25	20 20	24.00 52

ENGRAIS

PARIS

Nitrate de soude	21 50 à 21 75
Superphosph. minéral 14/16	5 25 à 5 75
Superphosphate d'os 16/18	12 50 à 13 »
Scories 16/18	4 25 à 4 50
Phosphate minéral 14/16	3 80 à 4 »
Chlorure de potassium 48/52	18 75 à 20 »

NANTES

Nitrate de soude	22 30 à 22 50
Superphosph. minéral 14/16	6 » à 7 »
Scories 16/18	4 50 à 4 75
Phosphate minéral 14/16	4 » à 4 50
Chlorure de potassium 48/52	19 » à 19 75

LYON

Nitrate de soude	22 » à 23 »
Superphosph. minéral 14/16	5 75 à 6 »
Scories 14/16	4 50 à 5 »
Phosphate minéral 14/16	4 » à 4 25
Chlorure de potassium 48/55	20 » à 21 »

MARSEILLE

Nitrate de soude	20 50 à 21 »
Superph. minéral 14/16	6 » à 7 »
Sulfate de fer	5 » à 5 50
Sulfate d'ammoniaque 20/21	20 » à 22 »

HOUBLONS. — Les 50 kilogr.

Alost primé	25,00 à 30,00
Bourgogne	50,00 à 60,00
Poperinghe	25,00 à 30,00
Wurtemberg	40,00 à 42
Altmark	75,00 à 100,00
Alsace	50,00 à 65,00

POMMES DE TERRE

Hollande (100 kil.)	8 » à 17 »
Roses-Early	8 » à 10 »
Magnum-Banum	7 » à 7 50
Rondes	5 » à 5 20

FOURRAGES ET PAILLE

Paris La Chapelle.	Prix extrêmes
Foin 100 bot dans Paris n.	37 à 47
Luzern nouv.	38 à 47
Paille de blé	19 à 26
Paille de seigle	23 à 35
Paille d'avoine	18 à 24

LINS. — Les 100 kilogr. — *Marché de Lille.*

	Communs	Ordin.	Supér.
Alost	148 à 153	154 à 157	161 à 166
Bergues	150 à 158	161 à 168	173 à 182

CHANVRES

Les 50 kil.	1ʳᵉ qualité	3ᵉ qualité
Le Mans	33,00 à 35,50	30,00 à 29,00
Saumur (b.)	40,00 à 42,00	37,00 à 38,00

Prix moyen aux 100 kilog. des CÉRÉALES dans les Départements.

Région	Ville	BLÉ	SEIGLE	ORGE	AVOINE
Rég. du Nord-Ouest	Caen	17 50	10 25	14 00	15 50
	Lannion	17 25	10 00	12 00	14 00
	Morlaix	17 00	11 00	12 00	13 00
	Rennes	16 50	11 75	12 75	14 00
	Avranches	16 50	11 25	13 00	14 00
	Laval	16 00	10 75	13 25	13 75
	Lorient	16 00	10 00	12 00	14 50
	Alençon	16 75	10 25	14 00	16 25
	Le Mans	16 50	10 00	13 00	17 50
Région du Nord	Soissons	17 50	10 00	»	14 50
	Evreux	17 50	10 00		"
	Chartres	17 50	10 00	13 00	14 00
	Lille	18 25	11 00	13 00	15 50
	Compiègne	17 50	11 00	15 00	16 00
	Beauvais	17 75	10 50	15 00	16 25
	Arras	18 00	10 25	15 00	14 50
	Paris	17 50	10 50	13 50	15 25
	Versailles	18 00	10 25	13 00	16 00
	Rouen	17 50	10 25	14 75	16 25
	Amiens	17 50	11 00	11 50	15 25
Rég. du N.-E.	Mézières	17 50	10 00	14 75	15 25
	Nogent-s-Seine	17 50	10 00	14 75	15 25
	Châlons-sur-Marne	17 50	11 00	15 00	15 00
	Langres	17 25	10 00	13 00	15 00
	Nancy	17 50	10 00	14 50	15 25
	Bar-le-Duc	17 50	10 00	14 00	15 50
	Neufchâteau	18 00	11 00	14 25	14 00
Région de l'Ouest	Ruffec	16 75	10 00	13 00	14 00
	Marans	16 75	10 00	13 25	14 50
	Niort	16 50	10 00	14 00	14 25
	Tours	16 00	10 00	13 75	15 00
	Nantes	17 25	10 25	12 75	14 50
	Anger	17 00	10 00	13 00	15 50
	Luçon	16 50	10 00	13 00	14 00
	Poitiers	16 75	10 25	14 00	14 25
	Limoges	16 50	9 75	»	15 50
Région du Centre	Moulins	17 50	10 50	14 00	15 00
	Bourges	17 25	10 00	14 00	14 00
	Aubusson	17 00	10 00	13 00	13 50
	Châteauroux	17 00	9 75	13 00	13 50
	Orléans	17 50	9 50	14 00	14 50
	Blois	17 00	10 25	15 00	15 50
	Nevers	17 50	10 00	14 00	15 25
	Clermont Ferr.	17 25	10 00	14 00	16 00
	Sens	17 50	10 00	14 75	15 25
Région de l'Est	Bourg	17 50	10 00	13 00	16 00
	Dijon	17 50	10 75	14 75	14 50
	Besançon	17 50	10 00	13 00	14 25
	Grenoble	17 50	10 00	13 50	15 00
	Dôle	17 25	10 00	13 50	14 00
	Saint-Etienne	17 75	10 25	13 25	15 00
	Lyon	17 50	11 00	13 75	15 00
	Mâcon	18 50	12 00	13 00	15 50
	Vesoul	17 50	10 00	»	15 25
	Chambéry	17 50	10 00	»	15 00
	Annecy	17 50		»	15 75
Rég. du Sud-Ouest	Pamiers	17 50	11 00	»	16 00
	Périgueux	17 30	11 75	13 75	15 25
	Toulouse	17 50	12 00	14 00	15 00
	Auch	18 00		»	16 00
	Bordeaux	17 50	11 00	13 00	15 25
	Dax	17 50	12 00	13 00	15 75
	Agen	18 00	12 50	13 50	16 00
	Bayonne	17 50	11 00	14 00	16 00
	Tarbes	17 75	10 50	»	16 50
Région du Sud	Carcassonne	17 75	»	14 25	16 25
	Rodez	18 00	12 25	11 00	15 00
	Mauriac	17 50	12 00	»	16 00
	Tulle	17 50	12 00	»	16 00
	Montpellier	17 50	12 00	»	15 00
	Figeac	17 50	11 50	»	»
	Mende	17 50	11 50	»	»
	Perpignan	17 50	11 00	14 00	14 50
	Albi	18 25	11 25	14 00	15 00
	Montauban	17 75	12 00	13 00	16 00
Région du Sud-Est	Gap	17 50	10 75	13 25	15 75
	Manosque	17 50	10 50	12 50	16 00
	Nice	17 50	10 50	14 00	16 00
	Privas	17 50	10 75	13 00	16 00
	Arles	20 50	10 50	13 25	15 75
	Montélimar	17 50	»	3 00	17 00
	Nîmes	18 25	11 00	14 00	18 00
	Le Puy	18 00		14 00	17 25
	Draguignan	17 50	3 00	»	»
	Avignon	17 50	12 00	13 00	16 50

Tourteaux. — Cours de la maison P. Marchand frères, à Dunkerque (Nord) :

TOURTEAUX A NOURRIR

	Dispon.	A livrer.
Coton de graines d'Egypte	9 50	9 50
Sésame blanc	11 50	11 50
Arachide décortiquée	15 »	15 »
Colza à nourrir	10 50	10 50
Colza du pays	11 25	11 25
Œillette du Levant	10 50	10 50
Œillette blanche de Turquie	10 50	10 50
Lin 1re qual. de Bombay g. form.	15 00	15 00
Lin 1re qual. de Bombay p. form.	»» »»	»» »»

TOURTEAUX-ENGRAIS

Arachide décortiquée	14 »	14 »
Cameline	10 »	10 »
Colza des Indes en poudre	»» »»	»» »»
Colza ravison	7 25	7 25
Colza jaune Gutzerat	10 50	10 50
Kurrachée	»» »»	»» »»
Niger	9 00	»» »»
Pavot	9 50	9 50
Sésame, blanc	10 50	10 50
Sésame noir	»» »»	»» »»
Coton en farine	»» »»	»» »»

Nos prix s'entendent pour tourteaux en planches, rendus en gare de Dunkerque.

Paiement à 30 jours ou à terme plus éloigné suivant convention expresse.

Le concassage se paie 0 fr. 25 et la mise en poudre 0 fr. 40 aux 100 kilos. Dans ce cas, les sacs sont facturés à 0 fr. 35 pièce, et repris au prix de facture, quand ils sont rendus en bon état et franco, dans les 30 jours de l'expédition.

BEURRES. (le kilogr.)

BEURRES EN MOTTES			BEURRES EN LIVRE		
Isigny extra	5 40	6.75	Bourgogne	1.80	2.20
— demi-fin	4 20	4.00	Gâtinais	2.00	2.50
M. d'Isigny	3.30	3.80	Vendôme	2.00	2.50
du Gâtinais	1.90	2.40	Beaugency	2.00	2.50
de Bretagne	1.80	2.80	Fermo	2.80	2.80
Laitiers Jura	2.40	2.90	Tours	2.10	2.60
de Charente	2 40	3.10	Le Mans	1.80	2.20
des Alpes	2.20	3 50	Touraine fausse	2.00	2.40

ŒUFS. — (le mille)

Normandie ext.	105 à 118		Bourgogne	94 à 86	
Picardie —	108 à 122		Champagne	90 à 94	
Brie —	90 à 95		Nivernais	84 à 88	
Touraine	100 à 108		Bourbonnais	84 à 88	
Beauce	92 à 100		Bretagne	75 à 85	
Orne	85 à 98		Vendée	76 à 85	
Picardie	85 à 104		Auvergne	80 à 84	
Châtellerault	85 à 89		Midi	90 à 82	

FROMAGES.

Brie hautes marq.	88	60	Roquefort	140	240
Brie gr. m. (10)	50	40	Gruyère (100 k.)	100	175
— m. m.	30	25	Coulommiers (100)	20	35
Petits Nanteuils	12	15	Gournay (100)	12	20
Brie laitiers	5	15	Livarot (le 100)	120	124
Gérardmer (100 k.)	90	100	Bourgogne (100)	70	80
Hollande	160	180	Camembert (100)	40	60
Bondons (100)	12	15	Munster (100)	120	100
Cantal	130	150	Port-Salut	160	180

VOLAILLES

Poulet Brest dit moelleux	4.00	5.00	Pige. Macon	1.50	2.00
Poulets Nant.	3.00	4.50	Ca. sNantais	4.00	1.35
Poulets Tour.	2.75	5.25	Dindes Tourr.	7.00	11.00
Poulets Houdan	4.00	7.50	Oies	7.00	9.00
Pigeons d'Italie	80	1.25	Lapins dom.	2.75	4.00
			Lapins garenne	1.50	2.00

VINS — BERCY

Rouges			Blancs		
B. Bourg. vieux	130 à 155		Bordeaux	125 à 160	
Touraine	105 à 115		B. Bourg	150 à 190	
Bord. vieux	130 à 160		Sancerre	130 à 135	
Algérie	28 à 32		Chablis	200 à 350	
Cher	110 à 135		Anjou	120 à 185	
Chinon	125 à 160		Pouilly	350 à 300	
Narbonne	32 à 36		Vouvray	155 à 195	

Marché de la Villette du 3 février 1895.

PRIX DE LA VIANDE NETTE

	1re qualité	2e qualité	3e qualité
Bœufs	1.58	1.48	1.38
Vaches	1.56	1.46	1.36
Taureaux	1 30	1.20	1.12
Veaux	2 52	2.26	1.94
Moutons	1 98	1.88	1.72
Porcs	1.34	1.20	1.20

ESPÈCES	AMENÉS	VENDUS	PRIX EXTRÊME viande net	poids vif
Bœufs	2.716	2.382	1.38 à 1 58	84 à » 99
Vaches	819	788	1.30 1.56	63 » 93
Taureaux	252	234	1.12 1.30	54 » 81
Veaux	890	827	1.94 2.52	88 1.50
Moutons	15.883	14.098	1.72 1.98	79 1.25
Porcs	2.700	2.679	1.20 1.34	80 » 01

Vente en baisse.

Marché de la Villette du 6 février 1896.

PRIX DE LA VIANDE NETTE AU KILOGR.

	1re qualité	2e qualité	3e qualité	Prix extrêmes
Bœufs	1.60	1.48	1.35	1.30 à 1.66
Vaches	1.56	1.43	1.30	1 24 1 60
Taureaux	1.38	1.28	1.20	1 16 1.41
Veaux	2.40	2.10	1.70	1.60 2 50
Moutons	2.00	1.90	1.75	1.65 2 10
Porcs	1.20	1.16	»	1 10 1.28

ESPÈCES	AMENÉS	RENVOI	OBSERVATIONS
Bœufs	1.919		Vente mauvaise sur le gros bétail, les veaux et les porcs, moyenne sur les moutons.
Vaches	415	903	
Taureaux	204		
Veaux	1.300	232	
Moutons	14.800		
Porcs	5.882		

Vente du bétail au marché de La Villette.

Adresser les animaux à MM. Henri Roblin et Surugue, en gare Paris-Bestiaux. Les aviser par lettre auparavant, 190, rue d'Allemagne, Paris.

Le Vin de Quinium Labarraque, unique préparation de ce genre qui ait été approuvée par l'Académie de médecine de Paris, est un médicament énergique et doux qui convient à toutes les personnes affaiblies par l'âge, la maladie, les excès, ou surmenées par le travail.

« Nous n'hésitons pas à affirmer que le vin de Quinium Labarraque est le plus efficace et le plus énergique des toniques connus. »

(ANNUAIRE DE MÉDECINE PRATIQUE.)

Dans toutes les pharmacies et 19, rue Jacob, Paris.

L'Almanach de la France rurale pour 1896.

Notre Almanach paraît pour la 21e fois. Cette année il comporte diverses modifications qui seront certainement bien accueillies :

1° Le format est agrandi;

2° Le papier est bien meilleur;

3° Enfin il contient beaucoup plus de renseignements.

Nous appelons surtout l'attention des agriculteurs sur deux innovations qui distinguent cet Almanach de tous les autres :

1° La nomenclature de tous les jugements rendus en matière de droit rural pendant l'année;

2° Un petit guide de médecine vétérinaire très pratique.

Comme les années précédentes, cet Almanach passe en revue toutes les branches de l'agriculture.

Prix : 0 fr. 60 franco.

CHRONIQUE POLITIQUE

Le spectacle écœurant des scandales, des ruines et des hontes qui se renouvellent sans cesse depuis trois ans, suggère au *Soleil* des réflexions cruellement justes sur le parti qui nous a acculés à cette impasse.

Le régime actuel est le régime de l'inertie dans l'instabilité, de l'agitation dans le vide, de la stérilité dans l'impuissance, du piétinement dans un marais gluant et nauséabond. Depuis dix-huit ans, la République est incontestée et les républicains sont les maîtres. En dix-huit ans de règne, on peut faire quelque chose, quand on dispose du crédit et des ressources d'un pays comme la France, et quand on a quatre milliards à dépenser par an. Que celui-là lève la main, qui pourra démontrer que dans ces dix-huit ans la République a fait une œuvre utile au pays, une œuvre d'intérêt national ! Les ministères et les Parlements républicains ont vécu au jour le jour, étayant sur des lois de circonstance un pouvoir précaire.

La loi scolaire surtout, sur laquelle le parti fonde toute sa puissance malfaisante, est une loi de ruine morale en même temps que de ruine financière au premier chef. La statistique officielle enregistre avec effroi les progrès de la démoralisation de la jeunesse sortie des écoles d'athéisme déguisé en neutralité. Le *Soleil* remarque que ces écoles coûtent 186 millions par an à 36 millions de contribuables catholiques. Ce compte est incomplet : aux 186 millions d'impôts payés par l'État, il faut ajouter 30 millions payés par les communes et qui sortent des mêmes poches. Enfin, il faut ajouter que les instituteurs imposés par ces maîtres sont, avant tout, leurs racoleurs électoraux.

Un inspecteur d'académie écrivait, il y a quelques jours, au *Temps*, pour dénoncer cette odieuse servilité, imposée aux instituteurs, comme une arme scélérate qui pousse à l'avilissement incurable du suffrage universel et à l'anémie morale des populations, constatée par le *Soleil* dans les lignes citées plus haut.

Depuis longtemps nous supplions les agriculteurs patriotes de ne pas se laisser endormir sous ce mancenillier de la pourriture, qui infecte aujourd'hui notre atmosphère politique, et de ne pas croire que la crise agricole puisse prendre fin sous un tel régime.

L'agriculture veut de bonnes finances, les bonnes finances veulent une politique honnête et respectueuse des lois divines et humaines.

On a beau décorer du nom de république, un régime de rapine, de corruption, d'arbitraire, de banqueroute financière, la mort sociale est au bout, et il est absurde de supposer que l'agriculture peut être sauvée quand tous les autres éléments sociaux sont voués à un effondrement prochain et inévitable. Les agriculteurs qui en sont là sont, à leur insu, les instruments de la ruine de leur pays.

Ainsi qu'on le verra plus loin, la semaine dernière la Chambre a voté entre deux interpellations, deux des lois réclamées par l'agriculture ; mais le sac des interpellations n'est pas près d'être épuisé, tous les jours de nouveaux scandales surgissent pour le ravitailler. C'est une édition revue et augmentée du premier Directoire.

En attendant la débâcle, le ministère Bourgeois est pris à partie par la ligue des députés radicaux et socialistes. Leur groupe présidé par M. Goblet a mis le marché à la main à M. Bourgeois, en lui déclarant qu'il n'aurait son concours qu'à deux conditions : 1° révoquer les fonctionnaires coupables ou soupçonnés de modération à l'égard du centre ; 2° donner leurs places aux frères et amis, qui attendent avec impatience leur tour. — Bon appétit surtout, radicaux n'en manquent point.

M. Bourgeois a répondu en normand ; il a promis de pratiquer une politique *nettement républicaine*. Le groupe Goblet a trouvé que le cliché manque de *netteté*. En tout cas, une politique nettement radicale forcerait les centres à rompre avec le cabinet Bourgeois. Cela nous montre que la politique équivoque dont a vécu ce pauvre cabinet depuis deux mois a un avenir très douteux.

Mais ce qui n'est pas douteux pour nous et pour tous les honnêtes gens, c'est que le pays ne peut vivre longtemps sous les maîtres qui l'exploitent depuis seize ans sous prétexte de le gouverner.

M. Michelin a déposé, samedi, une proposition de loi demandant que, pour équilibrer le budget ou pour doter une œuvre d'utilité publique, on institue, à partir de 1897, une taxe annuelle sur les décorations françaises ou étrangères.

Cette taxe serait établie de la manière suivante :

Légion d'honneur : Chevaliers, 50 fr. ; officiers, 100 fr. ; commandeurs, 200 fr. ; grands-officiers, 400 fr. ; grands-croix, 1.000 francs.

Mérite agricole : Chevaliers, 25 fr. ; officiers 50 fr.

Officiers d'académie, 25 fr. ; officiers de l'instruction publique, 50 francs.

Décorations étrangères : Chevaliers, 20 fr. ; officiers, 40 fr. ; commandeurs, 100 fr. ; grands-officiers, 200 fr. ; grands-croix, 400 francs.

Les militaires et les civils décorés pour faits de guerre seraient exempts.

M. Michelin dit avec quelque raison : « Vous voulez des honneurs, payez-les ! dans un monde où tout s'achète et se paye, où les honneurs sont l'objet de convoitises inouïes, c'est logique ! »

M. Wilson avait un autre moyen de donner satisfaction à ces convoitises et M. Michelin a trouvé mieux.

Un acte de courage du Sénat.

Dans sa séance du jeudi 30 janvier, le Sénat a repoussé, malgré le ministère, un article de loi tendant à rendre les patrons responsables, pécuniairement, des accidents dont leurs ouvriers peuvent être victimes.

Il n'y a pas un seul patron qui fût assuré contre la ruine, sous le règne d'une telle loi.

En la prenant pour son compte, le cabinet Bourgeois avait droit à l'appui des radicaux et des socialistes, ennemis nés du capital.

En votant une telle loi, le Sénat se serait enrôlé lâchement à leur remorque. Aujourd'hui, ils lui signifient qu'ils le vouent à la mort. — Nous verrons la suite de cette lutte entre le Sénat et le clan qui vise à confisquer le capital matériel en même temps que le capital moral de la France. Nous verrons aussi combien durera le ministère qui s'appuie sur ce parti.

Élection législative.

Dimanche dernier au scrutin de ballotage, M. Hennard a été élu par 8.039 voix. M. Klotz, radical et juif, candidat ministériel, en a eu 7.175.

De nombreux électeurs ont repoussé M. Klotz en raison de sa qualité de juif. — La propagande anti-juive a eu un succès encourageant. — Les électeurs ruraux qui comprennent que la juiverie est un fléau pour la France, devraient comprendre que ses alliés opportunistes méritent le sort qu'ils viennent d'infliger au candidat ministériel de Montdidier.

Notre collaboraeur, M. J. Severin, a joué un rôle actif et prépondérant dans cette campagne électorale.

Les électeurs picards ont compris, enfin, que c'est à des hommes de ce talent et de ce caractère qu'ils devraient confier la défense de leurs intérêts dans les Chambres, non plus aux politiciens qui les exploitent si audacieusement depuis dix-huit ans !

La guerre à l'alcoolisme.

Le ministre de l'instruction publique, M. Combes, vient d'adresser aux recteurs de l'Académie, une longue circulaire dans laquelle il les engage à se concerter avec les inspecteurs d'académie pour inspirer aux élèves de tous les établissements scolaires l'horreur de l'alcool.

C'est très beau, mais nous doutons que les exhortations officielles puissent produire un résultat heureux. L'exemple, disons-nous sans cesse, doit venir d'en haut : or, d'une part, on sait que la plupart de nos hommes d'Etat doivent leur fortune à leur fréquentation des cabarets et, d'autre part, il est de notoriété publique que les maîtres laïcs ne sont pas d'une sobriété exemplaire.

Nous ne retenons qu'une chose de la démarche de M. Combes, c'est que l'on constate même dans le monde officiel (faut-il que les abus soient flagrants) que la morale laïque est en pleine dégringolade.

Aussi tous nos ministres et nos plus distingués francs-maçons, tous législateurs sectaires, confient-ils leurs enfants aux maîtres congréganistes.

Les Chambres électives d'agriculture.

Les sociétés agricoles, on le sait, réclament depuis vingt ans, avec une entière unanimité la création de la représentation de l'agriculture par des Chambres élues par tous les membres de la profession agricole, propriétaires, fermiers, régisseurs, métayers, etc. Il s'agit tout simplement pour l'agriculture de se faire représenter elle-même, comme l'industrie, comme le commerce, par ses Chambres, composées de ses mandataires réels.

Toutes les sociétés agricoles n'ont qu'une voix sur ce sujet, un gouvernement républicain, dans le sens vrai du mot, devrait s'y prêter sans hésiter.

Eh bien ! nos maîtres n'entendent point de cette oreille. La Commission chargée de préparer la loi organique, présidée par M. Méline en a fait l'expérience dans ses dernières séances. Au nom du gouvernement, M. Viger a réclamé d'abord l'exclusion des propriétaires qui ne cultivent pas eux-mêmes, — ce qui est absurde. En revanche il demande l'adjontion des instituteurs, des fonctionnaires de l'enseignement agricole, de telle sorte que l'élément professionnel fût débordé par les agents de son ministère. — M. Viger a été plus loin dans la voie des aveux il craint que la pression des corps élus n'entrave sa liberté d'action, à lui, ministre, et celle du gouvernement, dans la direction des intérêts agricoles, et il n'a promis son appui au projet de représentation agricole qu'à la condition d'y introduire des amendements au profit de sa politique autoritaire, de sa main mise sur les affaires agricoles, en opposition aux vœux des représentants de l'agriculture.

Ainsi, l'Industrie et le Commerce continueront d'avoir leurs Chambres électives indépendantes, tandis que l'Agriculture continuera d'être soumise en réalité à la tutelle d'un pouvoir qui, depuis vingt ans l'amuse avec des médailles, des banquets, des rubans verts et rouges, et dispose avec un pouvoir absolu et sans aucune responsabilité de tous ses intérêts au profit de ses candidats dans les élections.

Les agriculteurs qui félicitent l'agriculture d'avoir un tel ministre à sa tête sont vraiment de singuliers républicains !

Notre situation financière.

Le *Dimanche* résume ainsi la situation financière de la France que nous avons déjà exposée plusieurs fois :

1° Les dépenses vont toujours en augmentant.

2° Le montant des dépenses effectuées au bout de l'année dépasse toujours le chiffre qui avait été fixé comme définitif par la loi de finances.

3° Les budgets ne contiennent pas toutes les dépenses effectuées par l'Etat. Il en est une certaine quantité fort importantes, dite « hors de budget ».

4° Les recettes sont notablement inférieures aux dépenses.

Reprenons les quatre points :

1° D'abord, la preuve matérielle de l'augmentation progressive des dépenses.

Elles ont été, en effet :

En 1892, de 3.380.355.474 francs.

En 1893, de 3.450.920.594 francs, augmentation 70 millions.

En 1894, de 3.474.092.154 francs, augmentation 24 millions.

C'est donc une augmentation de près de 100 millions, de 1892 à 1894.

2° Quant aux prévisions, aux « devis », leurs chiffres avaient été sensiblement inférieurs aux dépenses qu'on vient de voir. Les crédits ouverts s'étaient arrêtés, en effet, aux limites suivantes :

Pour 1892, à 3.251.527.074 francs.

Pour 1893, à 3.377.727.132 francs.

Pour 1894, à 3.439.020.623 francs.

Par conséquent, les devis budgétaires ont été régulièrement dépassés :

En 1892, de 129 millions;

En 1893, de 93 millions;

En 1894, de 35 millions.

Soit, pour les trois années, une bagatelle de 257 millions de francs, en attendant le nouveau supplément que l'année 1895 apportera et qui s'annonce comme devant égaler au moins le dépassement de 1892.

Est-ce tout, au moins ?

Oh ! que non !

Il faut ajouter les emprunts secrets ou détournés, dont voici un aperçu :

Bons du trésor en circulation............	201 millions
Obligations sexennaires qui devaient échoir en 1895............	205 —
Prêts de la Caisse des dépôts en 1894......	574 —
Prêts de la Caisse des dépôts en 1895......	193 —
Dette de Madagascar...	65 —
Autres emprunts.....	82 —

Total, en chiffres ronds, 1 milliard 300 millions, auquel nos maîtres viennent d'ajouter le nouvel emprunt de 80 millions pour le gouffre du Tonkin.

Les services du trésor se font actuellement avec les 429 millions prêtés par la Caisse d'épargne, l'Etat étant en déficit de 400 millions, d'autant plus que depuis 1890, dit un autre journal, les emprunts ne couvrent plus les déficits.

En somme, l'Etat a pour 1.200 millions au moins de *dettes criardes*, qui vont en augmentant chaque année. Chaque nouveau cabinet ne fait que creuser le gouffre ouvert par ses prédécesseurs.

La conclusion est que, un jour plus ou moins prochain nous apprendra que le moment est venu de faire un nouvel emprunt de cette somme de 1.200 millions au bas mot, et déjà les gros écumeurs de la finance juive et maçonnique s'apprêtent à ouvrir leurs guichets pour empocher leurs *bedites commissions*.

Quant à vous, bons ruraux, qui vous laissez allécher par les belles phrases des ministres et de leur collègue, M. Viger, nous n'avons plus rien à vous apprendre sur le rôle que vous allez jouer dans cette nouvelle aventure financière.

Seulement quand vous avez la naïveté d'adresser à ces gens un vœu pour le dégrèvement des impôts dont ils vous accablent, nous sommes bien obligés de vous demander comment vous pouvez nourrir de si folles illusions en présence de la politique qui aboutit à l'effroyable débâcle financière dont nous venons de mettre sous vos yeux une modeste esquisse !

Avouerez-vous enfin que votre longanimité passe toutes les bornes, et qu'il est temps de rompre avec les aigrefins qui vous exploitent et de rendre enfin justice aux amis qui, depuis vingt ans, vous avertissent de ce qui arrive aujourd'hui ?

Toujours la loi du cadenas.

Le Conseil supérieur de l'agriculture a tenu, le 15 janvier, une réunion pré-

sidée par M. Viger, où après mûre déli
bération, il a énergiquement appuyé
les conclusions de la commission des
douanes, et réclamé une immédiate
adoption de son projet de modification
du régime des admissions temporaires,
avec fixation à 1.168 le tarif des sons
extraits des farines exportées.

Le conseil repousse énergiquement
les prétentions des spéculateurs au
maintien d'un régime qui leur a permis
de conquérir de grandes fortunes au
détriment de l'agriculture et aussi au
détriment du fisc.

M. Viger ne manquera pas d'appuyer
ces conclusions devant les Chambres.
Il y a deux ans qu'eût été réalisée cette
réforme, si l'agriculture était sérieusement représentée en haut lieu. Sera-
t-elle plus heureuse cette fois? On voudrait l'espérer, mais il y a défiance.

Défiance d'autant plus fondée que les
Chambres de commerce des grands
ports d'importation font une campagne
ardente contre la réforme projetée

Entre l'intérêt d'une centaine de trafiquants et celui de la France agricole,
on se demande à qui la majorité donnera gain de cause.

◆

CHRONIQUE GÉNÉRALE

Le droit sur les amidines
et les glucoses.

La loi réclamée par les représentants
de la féculerie et de la pomme de terre
a été votée dans la séance du mardi
25 novembre. Aux termes de cette loi,
un droit de 4 francs par 100 kilos sur
les amidines sèches et un de 1 franc
sur 150 kilos d'amidines vertes seront
perçus à leur entrée dans les glucoseries — excepté celles qui proviendront de blé, d'orge, de seigle et de riz.
L'admission temporaire sera applicable
à celle des blés et des farines, aux maïs
et aux orges employés à la fabrication
des glucoses destinées à l'exportation.

Cette loi combattue à outrance par
M. Rouvier, au nom du *libre-échange*, a
été votée par 343 voix contre 166.

Loi sur les beurres et la margarine. —
Cette loi a été discutée dans la séance
du jeudi 30 janvier, après un débat
dans lequel les adversaires de la loi ont
essayé de la présenter comme devant
porter un coup mortel à la margarine.

L'objection n'était pas admissible, la
margarine extraite des graisses des animaux est un produit comestible qui a
droit à la même protection que tous les
autres, à condition de l'offrir au consommateur pour ce qu'il est. Ce qui est défectueux et frauduleux, c'est de l'offrir
comme étant du beurre.

La loi devait frapper cette fraude, on
l'a votée justement à cet effet. Reste à
savoir si les moyens de découvrir la
présence de la margarine dans le beurre

ont la certitude voulue pour atteindre
les fraudeurs,

En tout cas, le meilleur moyen de
déjouer les fraudes des beurres, moyen
plus efficace que les lois, c'est le parti
qu'ont pris les producteurs de beurres
du Calvados, de se syndiquer deux fois:
1° pour offrir à la consommation des
beurres d'une pureté garantie solidairement; 2° pour poursuivre à frais communs les fraudeurs de beurres de leur
contrée.

Les deux lois, soutenues avec raison
par M. Méline, au nom de la commission
des douanes, et par M. Viger, sont une
première et tardive satisfaction obtenue
par l'agriculture. Réussiront-elles à
atteindre leur but? Nous aimons à l'espérer au moins pour ce qui concerne la
culture des pommes de terre dont la
ruine était imminente.

Mais on ne doit pas perdre de vue
que ces deux réformes ne sont qu'un
modique acompte sur les réformes
plus importantes à tous égards que réclame le monde agricole, et que loin de
se laisser endormir par cet acompte,
l'agriculture doit redoubler d'activité et
d'énergie dans ses revendications qui
visent le régime douanier des céréales
et de ne souffrir à aucun prix qu'on ait
l'audace de lui dire : on vous a donné
deux réformes en une semaine et c'est
assez pour cette année.

Ce langage est déjà celui de certains
journaux plus ou moins inféodés au
parti de *feu* la *bonne* école.

Nous aimons à espérer que les agriculteurs ne se laisseront pas désarmer.

Ils sont d'autant plus obligés de redoubler d'énergie que le ministre de
l'agriculture à la tête de leurs adversaires. M. Viger, a déclaré qu'il combattrait toujours la réforme réclamée par
eux, du régime qui ruine la culture du
blé en France, en même temps qu'il accepte les lois ruineuses de la propriété
proposées par ses collègues, MM. Doumer et Cavaignac.

Donc, que le monde agricole n'ait
pas la faiblesse de s'endormir sur les
deux petites réformes qu'on vient de
lui accorder. La *crise* qui l'étreint ne
cessera que lorsqu'il aura obtenu les réformes qu'il déclare avec raison comme
les plus importantes.

◆

La mendicité dans les
campagnes.

Ce n'est un secret pour personne que
le fléau toujours croissant de la mendicité, sévit plus durement sur les campagnes que sur les villes. Tous les pauvres chassés des villes par la misère,
s'abattent en troupes sur les campagnes
qu'ils parcourent en prélevant sur les
habitants isolés, par la peur ou par les
menaces, des aumônes dont la somme
dépasse quelquefois, au bout de l'année,
celle de leurs impôts. En tout cas, ces
aumônes forcées les obligent à restreindre des secours qu'ils pourraient donner

à leurs compatriotes indigents. M. de
Monicaut, parlant de cette situation à
la Société nationale d'agriculture, a cité
le cas d'une commune du département
de l'Ain dont les habitants payent en
aumônes de ce genre à des mendiants
nomades, une valeur supérieure à
10 centimes additionnels.

On ne tolérerait pas un état de choses
semblable si les villes en étaient affli-
gées au même degré que les campagnes.

On nous promet une loi destinée à
organiser l'assistance dans les campagnes mais celles-ci sont trop accoutumées
à ce genre de promesses pour compter
sur celle-là.

En Belgique sur ce point, on est plus
avancé qu'en France.

En Belgique la loi classe les indigents
en trois catégories :

1° Les indigents par infirmité et par
vieillesse.

2° Les ouvriers réduits à l'indigence
faute de travail.

3° Les mendiants de profession.

La loi organise les bureaux de bienfaisance pour les indigents de la première
catégorie. Elle provoque des créations
de travail pour ceux de la seconde.
Enfin, elle livre à la justice ceux de
la troisième seulement. Tandis qu'en
France, c'est le lot légal de tous les
mendiants, qui n'y échappent qu'à raison de leur nombre, que les prisons ne
pourraient contenir.

C'est profondément humiliant pour
notre soi-disant démocratie.

Il y a quarante ans, un excellent
préfet, M. de Magnitot, organisa dans
la Nièvre, puis dans l'Orne, un système
excellent d'assistance des pauvres, qui
obtint un succès encourageant. Mais nos
maîtres actuels le repoussèrent parce
qu'il avait, à leurs yeux de sectaires, le
tort impardonnable d'associer la charité
à la philanthropie officielle. Cette association résoudrait le problème, mais nos
francs-maçons aiment mieux que le
problème reste insoluble, que de voir
la religion participer à sa solution.

◆

Nos pommes à cidre en Allemagne.

A la suite des achats énormes et inat-
tendus de pommes à cidre, opérés récemment dans l'Ouest par les Allemands,
de nombreux producteurs ont eu la curiosité bien naturelle de connaître la
cause et l'objet de ces achats et de savoir jusqu'à quel point il y avait lieu de
compter sur leur continuation.

M. du Halgouet, député d'Ille-et-Vilaine, chargé de prendre des informations sur ce sujet, s'est adressé au ministère du commerce et il a reçu les
renseignements que voici :

La plus grande partie des pommes de
la récolte de 1895, achetées en Bretagne,
aurait été dirigée sur les environs de
Francfort-sur-le-Mein et sur le Wurtemberg.

Ces pommes ont été employées à la

fabrication du cidre ordinaire *et surtout du cidre mousseux, dont il se fait une grande consommation à Francfort et dans les environs.* Elles sont employées aussi, en grande quantité, à la fabrication d'une sorte de boisson consommée surtout dans les campagnes et qui est composée de *pommes et de raisins broyés ensemble* (1).

Les achats considérables effectués en 1895 en France seraient dus à l'insuffisance de la dernière récolte en Allemagne et *à la rigueur de l'hiver qui a détruit beaucoup d'arbres.*

Les jeunes plants qui ont remplacé les pommiers gelés ne donneront probablement pas de production appréciable avant trois ans. Il est donc à présumer que, jusque-là, les achats faits en France pourront se renouveler, mais il n'est pas certain qu'ils continuent ensuite, à moins d'une perte des pommiers, par des gelées exceptionnelles, telles que celles de l'hiver précédent.

Le nouvel impôt
sur les propriétés non bâties.

(Fin).

« Il me reste à vous exposer brièvement le côté financier du projet du 22 octobre. Les opérations de la nouvelle évaluation peuvent, d'après les calculs de l'administration, être parachevées en cinq ans. Elles imposeront aux contrôleurs ainsi qu'aux percepteurs, appelés pour certaines d'entre elles, à les seconder, un travail supplémentaire de 900.000 journées. Les indemnités à allouer de ce chef, les frais de toute nature (expéditions, calculs, etc.) sont, y compris les salaires des classificateurs, estimés à 25 millions. C'est quatre ou cinq fois plus que ne comportaient les prévisions primitives. Au lieu d'inscrire, comme il conviendrait, cette dépense de 25 millions au budget général, l'Etat la rejette et entend la faire acquitter par les contribuables eux-mêmes au moyen de centimes généraux additionnels au principal de l'impôt foncier des propriétés non bâties. Il faudrait 5 centimes pour couvrir intégralement la dépense annuelle de 5 millions. A titre de ménagement, eu égard à la crise agricole, le projet limite le nombre des centimes à 2, mais il en étend en même temps la perception à douze années, afin d'assurer le remboursement des avances que la dette flottante sera autorisée à consentir au compte nouveau, ouvert à cet effet, à partir de 1897, parmi les services spéciaux du Trésor. Pas n'est besoin d'ajouter, qu'au cas malheureusement vraisemblable où le crédit de 25 millions serait reconnu ultérieurement insuffisant (2), les dé-

penses se trouvant engagées n'en seraient pas moins poursuivies, et la perception de 2 centimes, prorogée d'autant, menacerait de prendre un caractère permanent et définitif.

« Dans le rapport que j'ai déjà cité du 18 décembre, M. Hippolyte Morel, faisant le compte de tout ce que le contribuable français paye chaque année, tant pour les dépenses de l'Etat que pour les dépenses départementales et communales, en évalue le total à 4 milliards 600 millions, soit à 120 francs par tête, et ajoute : « Quand le budget d'un pays arrive à de pareils chiffres, on est obligé de reconnaître que les dépenses sont excessives et que la charge du contribuable est arrivée à un point où elle ne peut plus être augmentée. »

« Or, les 120 francs, il ne faut pas l'oublier, ne représentent qu'une moyenne ; la quote part de l'agriculteur est, de l'aveu de tous, de beaucoup supérieure à celle supportée par les autres contribuables. Le raisonnement de l'honorable rapporteur du Sénat devrait donc trouver ici son application, et l'équité voudrait que, comme cela a eu lieu, du reste, pour l'évaluation des propriétés bâties, les frais de l'évaluation nouvelle fussent mis à la charge du Trésor, au profit duquel elle s'opère d'ailleurs en dernière analyse.

« Pour me résumer, je conclurai en demandant :

« 1° Que les pouvoirs actuels du Conseil municipal, du Conseil général et de la Commission départementale, en matière de cadastre, soient maintenus ;

« 2° Que dans les Commissions cantonales d'évaluation, une place soit faite aux représentants élus de l'agriculture ;

« 3° Que la nomination des classificateurs soit désormais attribuée directement aux intéressés, c'est-à-dire aux propriétaires inscrits au rôle de l'impôt foncier des propriétés non bâties ;

« 4° Que les fonctions de ces mêmes classificateurs demeurent gratuites ;

« 5° Que les dépenses de la nouvelle évaluation soient acquittées sur les fonds généraux du budget ».

Comte DE LUÇAY,
Membre de la Société nationale d'agriculture.

LES CAISSES RURALES
Système Raiffeisen Durand.

(Suite).

Ce que ne peut une loi si bien intentionnée qu'elle soit, l'initiative privée, intelligente et honnête, peut le faire dans presque toutes les communes de France par la création de *caisses rurales,* établies sur le modèle de celles si ingénieusement inventées par M. Raiffeisen. C'est, à notre avis, actuellement, le seul moyen sérieux et pratique d'établir le crédit rural ; c'est aussi le complément naturel et nécessaire de tout syndicat agricole ; — l'une procurant économiquement les fonds pour payer *comptant* les matières, les instruments ou les

bestiaux que l'autre peut obtenir de qualité garantie et à bon marché. — Que me sert que le marchand d'engrais me fasse un crédit plus ou moins long en me faisant payer un intérêt de 6 0/0 seulement (!!!), si je puis, à la caisse rurale, emprunter de quoi le payer comptant au taux de 3,50 ou 4 0/0 au maximum? Et, pour ne parler que d'un engrais soumis à toutes les fluctuations de l'agio, je pourrai, si je paie comptant, m'approvisionner de nitrates dans des conditions excellentes et profiter des bas cours.

D'ailleurs, n'existe-t-il pas d'autres marchandises indispensables au cultivateur et pour lesquelles il est d'usage de payer comptant. Le syndicat aura beau me les procurer à bon marché, peu m'importe, si je ne puis payer en prenant livraison. Avec la caisse rurale, cela me sera possible. C'est ce qui me fait dire que le développement du syndicat agricole exige la facilité du crédit et qu'à présent tout syndicat qui hésite à appuyer ce mouvement nouveau de fondations de caisses Raiffeisen-Durand, se condamne au moins à piétiner et ne peut rendre à ses associés les services qu'ils sont en droit d'attendre. J'ajouterai qu'avec ou sans syndicat, il faut faire des caisses rurales, mais qu'alors, sans syndicat, l'association agricole sera, au point de vue du groupement social, moins complète, bien que les résultats, au point de vue économique, en soient cependant excellents et certains.

Or, les caisses Raiffeisen ont fait leurs preuves et les résultats sont, depuis cinquante ans, absolument concluants. C'est d'ailleurs, à présent, du domaine de l'histoire.

II
HISTORIQUE

En 1849, le Wurtembourgeois Raiffeisen, touché de la triste situation des paysans qui l'entouraient, fonda à Flammersfelds, où il était bourgmestre, la première caisse d'épargne et de prêts, d'après un système qu'il avait lui-même imaginé.

C'est surtout vers l'année 1868 que l'œuvre de Raiffeisen prit de grands développements, tant les résultats dépassaient ce qu'on avait prévu. A l'heure actuelle, il existe plus de trois mille caisses rurales en Allemagne. Elles ont traversé les périodes troublées de 1866 et de 1870, alors que les caisses de l'Etat étaient vides et que les banques privées avaient arrêté leurs paiements. *Aucune n'a sombré, aucune n'a fait supporter une perte de un centime, ni à ses créanciers, ni à ses sociétaires.*

Il en est de même en Autriche, en Russie, en Suisse, en Italie, etc.

On compte en Europe, à la fin de 1895, près de cinq mille de ces associations de crédit, toutes florissantes, et c'est par centaines de mille que l'on peut en dénombrer les membres. Elles ont, partout où elles existent, contribué

---

1. Dans quelques cantons de la Sarthe, ce breuvage est consommé sous le nom de *boubique.*

2. Des calculs produits devant la commission extra-parlementaire du cadastre, il résulterait que ces dépenses ne sauraient être arbitrées à moins de 42 millions et demi.

à faire modifier les lois de succession et diminuer les impôts; elles se sont entendues avec les compagnies d'assurances contre l'incendie, contre la grêle, etc; elles ont fondé de vastes sociétés coopératives pour l'achat des engrais, des aliments, des semences, des instruments agricoles, *à moitié* de leur prix ordinaire. Un membre de ces sociétés a-t-il un juste procès? Aussitôt, la société prend fait et cause pour son associé. Non seulement elles ont délivré les campagnes de l'usure et appris au cultivateur l'ordre et l'économie, mais elles ont encore abouti à grouper les honnêtes gens et les travailleurs, à leur apprendre la véritable fraternité chrétienne et sociale.

« Une caisse d'épargne et de prêts, « dit-il Raiffeisen, doit former en quel- « que sorte une famille où l'on recher- « che ceux qui ont besoin d'être aidés, « pour les assister amicalement, pour « les préserver de la ruine. »

Pourquoi ne pas établir en France ce qui réussit si bien à l'étranger? Pourquoi, nous, ruraux, ne pas nous organiser pour travailler à notre bien matériel en même temps qu'à notre bien moral? Si nous ne nous organisons pas rapidement nous-mêmes, l'agriculture, qui est le premier, deviendra le pire des métiers, incapable même de nourrir ceux qui l'exercent.

C'est ce que s'est dit un avocat distingué à la Cour d'appel de Lyon, M. Louis Durand, et il a entrepris de faire connaître le système des caisses rurales de Raiffeisen et de le propager en France.

Depuis deux ans on a vu se fonder dans diverses parties de la France, 360 caisses rurales — chiffre exact au 21 décembre 1893 — toutes affiliées à l'Union des caisses rurales. Le Sud-Est et le Sud-Ouest en comptent un grand nombre. Le mouvement se propage en Bretagne et en Vendée; les Vosges en comptent un certain nombre, et depuis un an on peut en citer plusieurs dans le Pas-de-Calais; il s'en établit actuellement dans le Nord.

Mais c'est dans l'Aisne, hélas! qu'a été constatée, tout d'abord à son plus haut point, la crise agricole; c'est donc le département de l'Aisne qui aurait dû, le premier, employer le remède; par malheur, on est très froid chez nous, on a peur des *nouveautés*, on ne s'emballe pas, on attend les résultats..... chez les autres. Eh! bien, les résultats existent, évidents. En avant, marche! l'initiative libre et privée. Arrière la routine, arrière la tutelle impuissante et néfaste de l'Etat, et, vive la liberté dans l'union pour la vie.

P. DE HENNEZEL D'ORMOIS.

(*A suivre.*)

L'enseignement agricole.

Si l'on jugeait d'après ses résultats financiers la valeur de l'enseignement agricole donné par l'Etat, on serait en droit de dire qu'on n'en a pas pour son argent.

En effet, pour ne citer qu'un exemple, l'école nationale d'agriculture de Grignon coûte fort cher et cependant aucun établissement agricole ne se trouve dans de meilleures conditions. Pendant l'année 1894, cet établissement a vendu pour 110.270 fr. de produits dont 87.788 francs ont été consommés à l'école; à cette somme il faut ajouter les pensions des élèves, soit 93.021 francs, soit un total de recettes de 203.291 francs. Les dépenses ont atteint le chiffre de 239.328 francs, l'école est donc en perte de plus de 36.000 francs.

Nous serions très curieux de posséder les comptes détaillés de chaque culture et notamment de celle du blé; nous doutons que le prix de revient de cette céréale soit en rapport avec les chiffres dont les théoriciens politico-agricoles émaillent leurs discours. Et cependant, il faut reconnaître que l'école de Grignon se trouve dans des conditions particulièrement avantageuses à tous égards, on sait, par exemple, à quels prix élevés elle vend ses animaux reproducteurs. Que M. Viger qui a grand besoin d'apprendre, puisque, c'est lui-même qui le dit : « il n'est ni agriculteur, ni industriel », examine de près les comptes de cet établissement chargé par l'Etat de faire des praticiens et nous doutons qu'il soit content.

Si en regard, de ces établissements officiels qui coûtent les yeux de la tête et qui fournissent plus de professeurs et surtout de déclassés que de cultivateurs, on place nos écoles libres qui ne reçoivent aucune subvention, qui sont dirigées par des congrégations surchargées, écrasées d'impôts, on est obligé, sans parti pris, de convenir que, dans ces dernières, les agriculteurs ont sous les yeux des résultats autrement satisfaisants.

Pères de familles, si vous voulez que vos enfants vivent aux crochets de l'Etat, gagnent de l'argent en ruinant les autres, envoyez-les dans les écoles de l'Etat, mais si vous voulez qu'ils vous succèdent avec honneur, qu'ils cultivent le mieux possible, confiez-les à ces religieux dévoués qui, malgré tant de circonstances défavorables, arrivent à équilibrer leur budget.

L'Etat apprend à exploiter l'agriculture et à servir les politiciens tandis que l'enseignement libre apprend à aimer et à servir l'agriculture; entre les deux systèmes, il faut savoir choisir.

Le ministre de l'agriculture vient de transformer l'école nationale de Grand-Jouan pour en faire une école pratique. Nous ne saurions trop regretter la disparition de l'école fondée par l'illustre Rieffel dont on avait conservé quelques-unes des traditions. Nous doutons très fort que les professeurs venus de Grignon ou de Paris puissent préparer des praticiens : on ne sait que ce qu'on a appris et on ne peut enseigner ce qu'on ignore. C'est donc, nous le répétons avec les plus vifs regrets que nous voyons porter atteinte à une école qui avait sa raison d'être dans cette partie de la Bretagne.

Heureusement que les vaillants frères de Ploërmel sont les propagateurs de l'enseignement agricole dans cette contrée.

École pratique de Grandjouan.

Par suite du transfèrement de l'école nationale de Grandjouan, à Rennes, un arrêté ministériel vient d'affecter le domaine de Grandjouan à une école pratique d'agriculture. — M. Montoux, professeur d'agriculture d'Ille-et-Vilaine, est nommé directeur de cette nouvelle école.

Concours provincial de Saint-Brieuc.

Nous apprenons avec plaisir que l'organisation de ce grand concours provincial se poursuit activement. On sait que l'initiative en revient à l'*Association bretonne* dont la puissance s'accroît de jour en jour et que la *Société des Agriculteurs de France*, toujours heureuse de venir en aide à l'initiative privée accorde à ce concours une subvention de 30.000 francs. Cette mesure exceptionnelle s'explique : il fallait permettre à l'*Association bretonne* de remporter un brillant succès et aussi d'inspirer à d'autres associations le désir de suivre son exemple. Nul doute que ce concours ne soit aussi remarqué que ceux organisés depuis longtemps par les sociétés de la Nièvre et de l'Allier. Aux agriculteurs de faire leur devoir en exposant au concours de Saint-Brieuc et en prouvant qu'ils tiennent autant et plus à être jugés par leurs pairs que par les jurés officiels.

Ventes de reproducteurs au Tattersall.

Nous croyons utile d'apprendre aux éleveurs de races perfectionnées, qui spéculent sur la vente des reproducteurs d'élite, nés chez eux, que l'établissement, dit le *Tattersall*, affecté à la vente des chevaux de luxe, a fondé à la Porte-Maillot, une succursale destinée à la vente des reproducteurs d'élite des races bovines, ovines et porcines, anglaises et françaises.

Une vente publique de ce genre aura lieu à cette succursale, le 20 avril. La plupart de nos éleveurs de marque y mettront des sujets en vente, et quelques-uns se rendront aussi acheteurs; car, une règle certaine en matière de zootechnie, c'est la nécessité de renouveler le sang, la dégénérescence étant inévitable dans les meilleures races, lorsqu'une famille ne se reproduit que par elle-même.

Donc, avis aux éleveurs de races améliorées. Le marché du Tattersall est une institution très digne de leur attention, comme marché international.

Les adjudications et les sociétés coopératives.

Il résulte d'une lettre récente du Ministre de la Marine, « que les sociétés coopératives de production qui ne sont pas soumises à patente, seront admises à concourir aux adjudications de fournitures pour la marine, si elles remplissent toutes les autres conditions exigées par les cahiers des charges. » A l'appui de leurs soumissions, ces sociétés devront joindre un exemplaire de leurs statuts.

Nouveaux gisements de phosphate.

Depuis quelque temps, des recherches de nouveaux gisements de phosphate étaient faites à Saint-Sauflieu (Somme) et dans les communes voisines.

Il paraîtrait qu'elles ont été particulièrement satisfaisantes à Grattepanche. Un vieux chiffonnier du pays, bien connu dans les villages voisins sous le nom « d'ech' Baron » aurait reçu, pour sa vieille masure et son jardinet, l'offre de toute une fortune.

Depuis ce temps le bon vieux se tâte fréquemment la tête pour voir si elle est bien en place, et de fait il paraît qu'elle tourne un peu.

CHRONIQUE AGRICOLE

Le nitrate de soude en couverture.

Nous avons constaté à la suite d'expériences trop nombreuses pour n'être pas concluantes, l'influence du nitrate de soude répandu au printemps sur les céréales, spécialement sur les blés. Aux exemples cités par nous, il faut ajouter l'essai fait dans la Charente, au moyen d'un concours entre une vingtaine de cultivateurs, et il a été démontré que sur les terres de l'école des Faurelles, 100 kilos de nitrate avaient donné à la récolte une plus-value de 37 francs par hectare — que 150 kilos avaient donné une plus-value de 80 francs — enfin, qu'un troisième lot traité par 200 kil. avait bénéficié de 146 francs.

Ces chiffres sont concluants sans doute, mais on risquerait de se tromper sur leur signification, si on en concluait que la plus-value s'accroît indéfiniment en raison de la quantité de nitrate employé. On estime au contraire que le nitrate ne produit ses excellents effets qu'à la condition d'un dosage proportionné à l'intensité des autres agents qui concourent à l'alimentation d'une récolte.

Il est à noter, en effet, que les parcelles de 50 ares qui avaient reçu le nitrate supplémentaire avaient reçu avant la semence une fumure d'automne, plus de 400 kilos de superphosphate, plus une certaine quantité de nitrate de soude.

La question qui se pose est donc celle-ci : à quelle dose finit le maximum d'effet du nitrate? A quelle dose son excès risque-t-il d'être nuisible ?

Nous serons heureux de recevoir des renseignements exacts sur cette question, c'est-à-dire des renseignements tirés d'expériences positives et concluantes.

Pommes de terre crues ou cuites.

Nous croyons utile de rappeler que, d'après des expériences nombreuses et concluantes, spécialement celles de M. Aimé Girard, les pommes de terre cuites sont beaucoup plus profitables que crues, aux animaux d'élève, et à ceux qu'on engraisse.

Par contre, nous croyons aussi devoir rappeler que, d'après les expériences également concluantes de M. Cornevin, une exception doit être appliquée à la nourriture des vaches laitières. M. Cornevin a constaté que celles qui étaient nourries avec des pommes de terre crues donnaient du lait plus abondant et plus riche en beurre, bien qu'un peu moins en caséine, mais il est bon que la pomme de terre crue soit donnée à l'état chaud ou tiède, comme presque tous les aliments, du reste, surtout pendant l'hiver, ainsi que nous l'avons toujours conseillé.

La valeur des phosphates.

Jusqu'à ce jour, on avait tenu pour une règle sûre que la valeur des phosphates était tirée de leur teneur en acide phosphorique et surtout que le degré de solubilité de cet acide était révélé par l'action du citrate d'ammoniaque.

Or, cette règle, paraît-il, est plus que contestable, M. Grandeau vient de publier dans le *Journal d'Agriculture pratique* le compte rendu de ses expériences qui le conduit à une négation de cette règle.

En même temps, il publie une déclaration conforme émise publiquement par le Congrès annuel des cinq directeurs des laboratoires agricoles de Belgique, présidé par M. Petermann, le directeur célèbre du laboratoire de Gembloux. Voici cette déclaration:

« Le dosage de l'acide phosphorique soluble par le citrate d'ammoniaque acide, sera exécuté d'après la méthode Wagner, chaque fois que l'expéditeur d'un échantillon le demandera. — Mais l'Assemblée est unanime à déclarer *prématuré* de baser dès maintenant la vente des scories phosphoreuses sur leur titre en acide phosphorique soluble dans le citrate acide.

« On fera, par conséquent, sur le *Bulletin* d'analyse même, *des réserves, quant à l'exactitude du dosage demandé et sur son utilité.* »

Voilà une révélation singulièrement inattendue et qui plongera dans un singulier embarras les acheteurs comme les vendeurs de phosphates. Espérons que les savants qui les y ont poussés, trouveront un jour le moyen de les en tirer.

Jusque-là nous n'avons aucun conseil à leur offrir si ce n'est de s'en tenir aux phosphates dont la valeur leur a été démontrée par l'expérience et de recourir à l'emploi des phosphates dissous dans les fumiers.

Les phosphates minéraux.

Un de nos abonnés qui, nous le regrettons, tient à garder l'anonymat, nous adresse la lettre suivante :

Le 3 février 1896.

« Monsieur le Directeur,

« C'est avec la plus vive satisfaction que j'ai lu l'article sur la solubilité de l'acide phosphorique. J'ai la conviction que vous êtes dans le vrai et que, pour apprécier la valeur réelle d'un phosphate, il faut autre chose que le dosage en acide phosphorique soluble. Il me semble que l'acide phosphorique peut être comparé à d'autres corps, au sucre par exemple; or, on sait que le sucre met, à se dissoudre dans l'eau, un temps plus ou moins long, selon qu'il est cassé à la main ou à la mécanique, selon qu'il est dans une quantité plus ou moins considérable de liquide et encore selon la température de celui-ci.

« D'ailleurs, depuis plus de vingt ans que j'emploie les phosphates et les superphosphates, j'ai constaté bien souvent que ces engrais à dosage égal, mais de provenances diverses, produisent des résultats bien différents.

« Comment expliquer ce fait, sinon en l'attribuant à l'insolubilité plus apparente que réelle, sous laquelle se présente souvent l'acide phosphorique? Actuellement, le chimiste se contente de dire immédiatement, au cours d'essais faits rapidement, qu'un phosphate ne contient par exemple que 14 ou 16 0/0 d'acide phosphorique soluble dans l'eau, mais il ne recherche pas si ce qui reste à l'état insoluble, soit 84 à 86 0/0, ne se dissoudra pas si on le soumet à l'action prolongée de l'eau pure, ou chargée d'acides faibles.

« En d'autres termes, j'émets avec vous le vœu que les chimistes étudient l'insolubilité des phosphates qu'ils analysent et qu'ils puissent dire aux cultivateurs dans quelles conditions elle se trouvera heureusement modifiée.

« En tout cas, il est très intéressant et très utile de connaître les raisons pour lesquelles deux phosphates de richesse égale, mais provenant de gisements différents, donnent des résultats pratiques si dissemblables.

« Croyez, etc.....

« UN DE VOS FIDÈLES LECTEURS. »

Ces réflexions, cela va sans dire, s'appliquent non seulement aux phosphates minéraux, mais encore à tous les engrais phosphatés. Nous sommes heureux de voir confirmer notre opinion par un praticien et nous recommandons aux agriculteurs de recourir toujours aux engrais phosphatés qui leur donnent les meilleurs résultats et de n'essayer les autres qu'à titre expérimental, c'est-à-dire sur une petite échelle.

Avant de recommander, comme le font certains confrères, les phosphates de Tébessa, par exemple, nous attendons d'être fixé sur leur valeur réelle, appuyée sur des faits indiscutables.

Les semences d'avoine.

M. Petit, professeur d'agriculture du Cantal, a fait sur les avoines de semence, une expérience intéressante, qui peut être mise à profit par les cultivateurs au moment où ils vont avoir à ensemencer leurs champs d'avoine.

Pour vérifier la valeur végétative des graines d'avoine, M. Petit les a soumises à une immersion dans un vase plein d'eau. Ensuite il a semé séparément les graines qui étaient restées à la surface, et celles que leur poids avait entraînées au fond.

Celles-ci seulement ont vigoureusement végété. La plupart des autres ont avorté; quelques-unes seulement ont donné des plants chétifs et souffreteux.

Cette expérience démontre clairement que les graines lourdes d'avoine seules sont fécondes, et que les graines qui surnagent sur l'eau doivent être exclues dans les ensemencements. Il en résulte aussi que, dans les achats et dans les choix d'avoines destinées à la semence, on doit attacher une importance essentielle au poids de ces graines, sans préjudice au reste de l'utilité d'en vérifier la valeur par une expérience d'immersion.

Dans la pratique, dit M. Petit, on admet qu'il faut semer 200 grains de bonne semence par mètre carré. Ces 200 grains pesant 7 grammes 8 (presque 8 grammes), 78 kilos devront être semés par hectare. En semant 100 kilos ou 2 hectolitres, on aura une bonne récolte, si la semence est lourde et le sol convenablement préparé.

Peu de cultivateurs se contentent de cette quantité de semences même triée au poids. Suivant M. Petit, ils sèment en pure perte des quantités énormes de graines légères et partant stériles.

Il est cultivé, en France, 3.689.628 hectares d'avoine; en économisant 66 litres à l'hectare, cela représenterait 2.402.154 hectolitres 48, la valeur moyenne de l'hectolitre étant de 8 fr. 64, nous aurions pour 20.754.514 francs d'avoine à vendre. La plus-value fournie par l'augmentation des récoltes étant de un quart, et la récolte annuelle étant estimée en argent à 739.114.990 francs on réaliserait, de ce chef, une nouvelle économie de 184.778.747 francs.

En ajoutant à ce chiffre 20.754.514 fr. indiqués ci-dessus, on voit, dit M. Petit, que l'adoption de notre méthode de sélection produirait annuellement, à l'agriculture française, un gain de *deux cent cinq millions* en chiffre rond.

Il y a peut-être un peu d'illusion dans ce calcul, mais il y a aussi certainement du vrai. En tout cas, il y en a assez pour engager tous les producteurs d'avoine à en faire leur profit.

La fabrication des fromages

(Suite)

Fromages de pure crème. — Ces fromages aussi appelés *crémés* sont très appréciés des gourmets, leur qualité dépend de celle de la crème employée.

Dix heures environ après la traite, on enlève la crème que l'on fait égoutter une dizaine d'heures sur de la mousseline. On la met ensuite dans de petits moules percés de trous.

Dans quelques pays, notamment à Fontainebleau, on bat la crème fraîche, comme les blancs d'œufs et on obtient ainsi un fromage délicieux.

Nous ne parlerons pas des fromages dits *Suisses* dont la fabrication n'est faite en grand que par deux industriels normands et qui demande une installation spéciale.

Fromages affinés. — *Fromages de Brie.* — Tel est est bien l'un des fromages les plus réputés autant en France qu'à l'étranger ; sa fabrication a son siège en Seine-et-Marne.

Il y a trois qualités de fromage de Brie :

1° Gras, 2° demi-gras, 3° maigre. Nous n'examinerons que la fabrication à la ferme.

La qualité de ce produit tient autant à celle du lait qu'aux soins apportés à sa confection. Aucun fromage n'est plus susceptible, en effet.

Tout d'abord l'aménagement des locaux a une grande importance. La fromagerie comprend deux pièces: la fromagerie proprement dite et le séchoir. C'est dans la première que s'opèrent les manipulations et dans la seconde que s'effectue l'affinage.

Comme la laiterie, la fromagerie doit être éloignée de tout foyer d'odeurs, elle sera donc distante des écuries, des fosses à fumier, etc. Toutes les ouvertures seront munies de toiles métalliques empêchant les mouches d'entrer tout en permettant d'aérer au moment opportun. Le sol sera cimenté si possible, afin d'être lavé facilement à grande eau. La fromagerie doit pouvoir être chauffée quand il est nécessaire.

Le mieux est d'installer l'appareil de chauffage en dehors de façon à préserver les fromages des poussières de charbon ou de la cendre.

Dans l'intérieur, sont dressées des tables sur lesquelles se placent les moules qui recevront le caillé ; elles seront légères et planes afin d'être lavées ou déplacées facilement.

Aussitôt après la traite, le lait est versé sur un tamis et mis dans des baquets de 25 litres environ. Il faut qu'il ait une température de 30° centigrades environ, on ajoute alors la présure en quantité suffisante pour obtenir la prise en trois ou quatre heures. Quelques essais préliminaires permettent de déterminer exactement la dose à employer pour obtenir ce résultat.

Quand le lait est coagulé, on le met dans les moules, qui reposent sur des claies. On y verse le caillé avec précaution afin de ne pas le briser. La première rangée de moules remplie on la recouvre d'une planche sur laquelle on dresse d'autres moules.

Deux heures après, on intervertit l'ordre des moules, c'est-à-dire, qu'on met au-dessous ceux du dessus, en ayant soin de les incliner pendant cette opération afin de faciliter l'écoulement du petit-lait.

De dix en dix heures on renouvelle ensuite ce changement deux fois, puis on sale le dessus et le pourtour avec du sel fin et sec, auquel on ajoute souvent de la cendre de bois.

La salaison doit se faire quand le fromage est humide à point, s'il l'est trop il se couvre de moisi, dans le cas contraire, il ne prend pas assez le sel, il rougira et coulera dans le séchoir.

Dix heures après le salage du dessus, on retourne les fromages pour saler le dessous à son tour et on les place sur une étagère où ils restent deux jours pendant lesquels ils sont retournés deux fois par jour sur des clayettes en paille très propres.

Après quoi on porte les fromages au séchoir.

Affinage. — Le séchoir doit être aussi près que possible de la fromagerie, mais disposé de telle sorte que celle-ci ne puisse lui communiquer d'humidité. Les fromages, on ne doit pas l'oublier, sont mis au séchoir pour perdre leur excès d'eau. En conséquence, ce local possède des ouvertures placés en tous sens de façon à ce qu'on puisse établir des courants d'air, sa température n'étant jamais inférieure à 12° il faut pouvoir le chauffer au moyen d'un système quelconque. Le séchoir renferme de nombreuses étagères sur lesquelles sont placés les fromages. Au bout de quelques jours, ceux-ci se couvrent d'une moisissure blanche qui se développe régulièrement quand la fabrication est bien faite. Quand ce champignon n'apparaît que par place, c'est que le fromage est mal égoutté, que la température est trop froide ou que la coagulation s'est faite trop rapidement. Au bout de très peu de temps le fromage coulera. Si la moisissure ne se forme pas, il manque du sel ou le froid est trop intense. Quand on ne sale pas assez les fromages prennent une coloration jaune, puis rouge, ils s'affinent très rapidement mais ne se conservent pas.

On doit donc le consommer aussitôt. Quand le sel a été mis irrégulièrement les moisissures ne prennent que sur les parties salées, les autres rougissent le fromage s'affine de la façon la plus fâcheuse et prend un goût désagréable.

Dans les circonstances favorables, la moisissure gagne régulièrement, prend rapidement une teinte bleue et les fromages conservent leur forme. Si la température est trop élevée, la couleur se produit. Dans ce cas, il faut établir des courants d'air. Le manque d'air fait noircir les fromages, leur donne le goût de moisi et enfin un excès d'aération les durcit.

En général, on laisse les fromages de quinze à vingt jours dans le séchoir en ayant soin de les visiter et de les retourner au moins tous les deux jours. On ne saurait trop recommander de nettoyer et de remplacer souvent les clayottes. Les bonnes ménagères, celles qui se créent des marques, prennent les plus grands soins de propreté.

Du séchoir, les fromages sont transportés à la cave, lorsqu'ils sont complètement couverts d'une moisissure de couleur bleue.

Le choix de la cave a une importance capitale, aussi nombre de fermiers de la Brie confient-ils leurs fromages aux propriétaires des meilleures caves. La température de la cave doit varier en toute saison, entre 10 et 12 degrés; pour que le fromage acquière toutes ses qualités, il lui faut maintenant de l'obscurité et un peu d'humidité. Afin de régler celle-ci, il est nécessaire que la cave pèssède des soupiraux qu'on ouvre ou ferme suivant les besoins.

La surface du fromage se couvre alors d'une substance gluante qui passe du jaune au rouge, tandis que la pâte s'amollit et se colore en jaune. Le fromage est bon à la vente, *passé*, quand la pâte est molle et jaune dans toutes ses parties. Pendant leur séjour à la cave, les fromages sont souvent retournés, ceux qui sont faits avec du lait non écrémé sont *passés* en quinze ou vingt jours; les demi-gras mettent plus de temps à s'affiner.

Les fromages de Brie ont des dimensions diverses: 33 à 40 cent. de diamètre, pesant 1 kgr. 500 à 3 kgr. — 25 à 35 cent. de 1 kgr. 600 à 1 kgr. 800 — 25 cent. de 1 kgr. 500.

On estime qu'il faut de 18 à 20 litres de bon lait pour donner un fromage de 2 kgr. 500 à 3 kgr.

Les fromages fabriqués dans les fermes sont beaucoup plus estimés et se vendent aussi beaucoup plus cher que ceux fabriqués industriellement.

Les fromages des meilleures fermes

atteignent 200 à 300 francs les 100 kgr. et ceux des marques moins estimées varient de 150 à 250 francs, — ce qui fait ressortir le prix du lait de 20 à 35 centimes.

S. CRÉPEAUX.

(*A suivre*).

Constructions agricoles et industrielles.

La texture moléculaire du fer, suivant le traitement auquel ce métal a été soumis, varie considérablement. Jusqu'au XIVᵉ siècle, on extrayait le fer par une seule opération, en brûlant, à l'aide d'un courant d'air factice, du charbon de bois mélangé avec le minerai à traiter; cette méthode est encore suivie dans les forges catalanes.

Actuellement, on transforme d'abord le minerai en fonte à l'aide des hauts-fourneaux et on extrait ensuite le fer par l'affinage. Cette dernière opération consiste à brûler dans des fours à puddler, sous l'influence d'un courant d'air oxydant, l'excès de carbone et de silicium.

Une fois le fer affiné, obtenu en masse spongieuse imprégnée de scories, on le transforme par une forte compression en massiau que l'on passe ensuite aux laminoirs pour en obtenir du fer ébauché. Ce fer est recuit à blanc, puis martelé et passé de nouveau aux laminoirs pour en obtenir les tôles et les barres que l'on trouve dans le commerce.

C'est alors que le constructeur doit s'ingénier pour transformer le métal en objets d'art et industriels.

Nous représentons dans les annonces de notre journal, un cliché sur les produits fabriqués par la *Société Métallurgique d'Amiens*, une des plus importantes maisons françaises du genre.

Cette usine s'occupe spécialement de la fabrication des constructions industrielles et agricoles et de celle des tôles ondulées galvanisées. Son installation, une des plus importantes qui existent, mue par des moteurs de 250 chevaux de force, lui permet de livrer, à bref délai, des travaux soignés à des prix défiant toute concurrence.

Il est, croyons-nous, inutile de s'étendre sur les avantages à retirer de la tôle ondulée galvanisée dans les constructions; cette dernière s'est généralisée, et toutes les Compagnies de Chemins de fer l'ont employée. Ce n'est donc pas un nouveau produit.

Ce système présente de notables avantages aux points de vue suivants:

1° *De la légèreté* qui permet de réduire la charpente dans d'énormes proportions, la tôle galvanisée ondulée pesant 7 kilog. au mètre carré, l'ardoise 38 kilog., la tuile 60 kilog.;

2° *De l'économie* résultant non seulement de la légèreté, mais de la suppression de tout lattis et plancher, les tôles

reposant simplement sur des ventrières espacées d'axe en axe de 1 m. 57 dans nos grandes tôles;

3° *De la simplicité et rapidité d'exécution*. En effet, les feuilles ondulées s'appliquent tout naturellement les unes à côté des autres avec recouvrement de 0 m. 080 sur les refendages transversaux;

4° *L'incombustibilité* supprimant les assurances et formant un rempart au feu qui tendrait à se communiquer par la toiture;

5° *De la dilatation* qui, contrairement au zinc, est presque nulle pour la tôle galvanisée;

6° *De la résistance* de ces tôles, permettant de circuler sans inconvénient sur les refendages. Une tôle peut supporter sans flexion un effort uniformément réparti de 140 kilog.;

7° *La chaleur* ne traverse pas ces couvertures; la couleur blanche des tôles n'absorbant pas les rayons solaires. En raison des recouvrements hermétiques, la chaleur intérieure se trouve localisée; ce qui fait dire de ces couvertures qu'elles sont essentiellement chaudes en hiver et fraîches en été. Les applications dans les différentes latitudes de la terre nous permettent de l'affirmer;

8° *Leur application sur bois et fer*, où elles produisent indifféremment les meilleurs résultats. Dans certains pays on les emploie également pour planchers et contre les murs pour préserver de l'humidité.

Nous conseillons à nos lecteurs, ayant l'intention de faire construire, de demander à la *Société Métallurgique d'Amiens* son album, qu'elle adresse gratuitement sur demande.

Conférence viticole.

Ainsi que le *Lyon Vinicole* l'avait annoncé, notre collaborateur, M. Dufour, d'Ecully (Rhône), propagateur de la nouvelle greffe lyonnaise et du greffage coadjuteur, a fait sur ces intéressants sujets une conférence à Chevinny le 22 décembre dernier.

M. Reynaud, le sympathique maire de cette commune, avait bien voulu présider cette réunion viticole à laquelle assistaient tous les propriétaires et vignerons de la localité renommée autrefois par la valeur de ses vins obtenus dans un sol très favorable à la vigne.

Bien que le phylloxera ait exercé ses ravages, il n'en subsiste pas moins encore certains beaux vignobles conservés par le sulfure de carbone ou renouvelés en plants de pays non greffés.

Au sujet de ces derniers, notre collaborateur s'est efforcé de convaincre les vignerons de l'avantage qu'ils retireraient en appliquant, sur ces vignes françaises encore jeunes, le greffage coadjuteur:

« Au moyen de bons porte-greffes racinés plaqués sur vos cépages, vous les conserverez en bon état de prospérité. Après cette opération facile, ils seront invulnérables au phylloxera, qui n'en fera qu'une bouchée si cette précaution n'est pas prise. Or, combien il serait regrettable et ruineux aussi de perdre le fruit des travaux pénibles et coûteux du défonçage et de la plantation.

« On ne peut se résoudre à cette dure extrémité lorsqu'on a à sa portée un moyen pratique pour l'éviter. Conservez donc précieusement vos cépages si productifs, car une fois disparus vous serez obligés d'avoir recours à des plants étrangers qui ne vous causeront que des déboires après vous avoir coûté des sommes fabuleuses !

« Et puisqu'il vous faut replanter, employez le procédé si simple et si pratique de la greffe lyonnaise, lequel ne nécessite aucun apprentissage. A peu de frais, vous reconstituerez les vignes que vos soins n'ont pas empêché de périr.

« Prenez exemple sur un de vos concitoyens, M. Lepin, de Bibost, qui a aujourd'hui des vignes superbes dont l'établissement lui a fort peu coûté pécuniairement.

« Enfin ne négligez aucun moyen, aucune méthode, faites vous-même des expériences, et lors même que les porte-greffes vous manqueraient, n'hésitez pas à faire quelques centaines de greffes *françaises sur Français*, cela vous donnera une certaine pratique qui vous servira utilement lorsque les circonstances se présenteront. »

Après la conférence, M. Dufour, qui s'était fait apporter des sarments de vignes, a exécuté les différents procédés de greffage (1) qu'il avait cités, et a remis et montré des échantillons aux vignerons qui ont été séduits par la facilité et l'économie de leur fabrication.

Les intéressés se sont retirés en emportant une bonne impression de cette conférence démonstrative, et tous ont été résolus à mettre en pratique dès le printemps prochain les conseils qui ont été indiqués.

AGRICOLA.

Greffage des arbres fruitiers.

Le *poirier* se greffe sur franc, venu de semis, sur cognassier, sur cormier et sur l'épine blanche. Pour les terrains secs, arides, calcaires.

Le *pommier* se greffe sur franc, pour les hautes tiges et les grandes formes. Sur douéni et paradis pour les cordons et les petites formes.

Le *cognassier* se greffe sur lui-même et sur aubépine.

Le *cerisier* sur merisier et sur Sainte-Lucie.

L'*amandier* sur lui-même et sur prunier.

Le *pêcher* sur lui-même, sur prunier, sur amandier et sur abricotier.

L'*abricotier* se greffe comme le pêcher.

Le *prunier* sur lui-même et sur rejetons ou drageons de Saint-Julien, de damas noir et sur Sainte-Catherine.

Le *noyer* ne se greffe que sur franc, c'est-à-dire sur un semis venu d'une noix mise en terre, mais la greffe est très difficile à réus-

1 Nouvelle édition du traité de la greffe lyonnaise et du greffage coadjuteur. En vente chez M. Dufour, à Écully (Rhône), 1 fr. 25, franco.

---

sir; du reste, un noyer de semis reproduit généralement l'espèce.

Le châtaignier, au contraire, demande toujours à être greffé sur franc.

La greffe en fente par rameau ou greffon, comme la greffe par œil en écusson, n'offre généralement pas de difficulté pour les espèces fruitières ; cependant il faut savoir saisir le moment. C'est plus qu'une *question de façon* et de savoir faire, c'est aussi, et par-dessus tout une *question de sève*. On trouvera toutes ces nuances, qu'il serait trop long d'expliquer, dans mon *Manuel d'arboriculture* (2 fr. *franco*, chez l'auteur).

E. OUVRAY,

curé de St-Ouen, près Vendôme (Loir-et-Cher), Conférencier agricole à l'Institut catholique de Paris

---

Conservation des pieux; échalas, tuteurs, etc.

Tous les bois que l'on enfonce en terre, tels que les poteaux, les pieux, les tuteurs, les échalas, se trouvent dans un milieu humide, à l'accès de l'air, parmi des matières organiques en décomposition, en un mot, dans des conditions favorables à leur propre altération.

On peut prolonger de beaucoup la durée des bois destinés à séjourner dans le sol en les soumettant d'abord à un commencement de carbonisation : il suffit de les mettre pendant quelques instants dans un feu clair, de façon à ce que la surface, sur une épaisseur de 4 à 5 millimètres, ait seulement commencé à se carboniser. On ne fait subir cette opération qu'à la partie qui doit pénétrer dans le sol et à quelques centimètres au-dessus. Quant à la partie qui doit rester à l'air, on la recouvre de deux ou trois couches de goudron de houille (de coaltar) que l'on se procure facilement soit dans les usines à gaz, soit chez les droguistes et que l'on applique à chaud sur le bois bien sec.

Si nous en croyons une notice, des expériences ont prouvé que, sans travail et sans argent, on obtiendrait un résultat analogue en prenant simplement la précaution d'enfoncer les bois en terre dans le sens opposé à celui dans lequel ils ont poussé, c'est-à-dire par leur petit bout : l'essai en est facile et sans danger.

Le greffage des pommiers. La ligature des greffons.

Au congrès pomologique de Saint-Brieuc, M. Limon, président du syndicat agricole des Côtes-du-Nord, a présenté une observation intéressante sur le greffage des pommiers, surtout en ce qui concerne les ligatures. — Elles ne sont pas un moyen pratique et facile pour resouder une branche éclatée, car la ligature blesse plus ou moins l'écorce, suivant qu'elle est plus ou moins serrée, et, lorsqu'elle ne l'est pas suffisamment, elle n'a aucune utilité, la so-

---

lution de continuité ne se répare pas. D'un autre côté, ayant souvent vu que des clous, enfoncés dans des arbres, disparaissent entièrement au bout de quelque temps sous l'écorce sans troubler la circulation de la sève, il eut l'idée de rapprocher les deux parties du pommier éclaté au moyen *d'un écrou*.

Le système ayant admirablement réussi, tous les arbres ainsi traités s'étant parfaitement réparés, il substitua à l'écrou, qui produit deux blessures, une simple vis à bois qui n'en fait qu'une.

M. Limon arriva alors à remplacer par ce procédé les bandages employés dans la greffe par approche, qui ont le tort de trop serrer l'écorce et souvent d'arrêter la circulation de la sève. Il n'eut qu'à se louer de cette nouvelle tentative et, depuis six ans qu'il a prié ses amis d'employer ce système, le succès n'a cessé de couronner ses expériences.

La greffe avec écrou est une innovation intéressante en arboriculture. Tous les spécialistes voudront l'expérimenter.

SILVICULTURE
Le gaz de bois.

On sait que le gaz d'éclairage et de chauffage est extrait uniquement de la houille.

D'autre part, la concurrence de la houille est considérée comme la cause de l'abaissement de prix des bois de feu.

On parle beaucoup aujourd'hui d'une invention nouvelle qui a quelque chance de changer un peu cet état de choses.

M. Riché, ingénieur, a fait breveter un procédé inventé par lui, au moyen duquel on extrait du gaz d'éclairage de tous les bois dits bois de feu et de tous les débris ligneux des bois et forêts, brindilles, sciures, copeaux, etc. et dans des conditions aussi économiques que la production du gaz de houille.

Si cette invention obtient le succès très probable que vise l'inventeur, les bois et les taillis deviendront les rivaux de la houille dans la production du gaz d'éclairage, de chauffage, etc.

Nous souhaitons vivement un succès qui serait un principe de relèvement pour nos cultures forestières.

RECETTES

Le sel fait tourner le lait ; par conséquent, en préparant des bouillies ou des sauces, il est bon de ne l'ajouter qu'à la fin de la préparation.

PRIMES A NOS ABONNÉS

PRIMES DE PRINTEMPS

Nous informons nos lecteurs que toutes les primes annoncées jusqu'à présent sont épuisées, à l'exception de celles que nous continuons à annoncer.

Nous serons obligés de retourner l'argent accompagnant les ordres de primes épuisés.

Prochainement, comme les années précédentes nous offrirons à nos aimables lectrices des primes de graines.

Huîtres fraîches d'Arcachon et de Marennes, colis postaux, 5 kilos contenant :

100 huîtres blanches.	4 25
70 — plus grosses.	4 80
100 — vertes.	5 60
70 — plus grosses.	5 60

Franco de port et d'emballage en gare ou à domicile. *Adresser les ordres* accompagnés de la bande du journal et d'un mandat à MM. J. Lapierre et J. Goubet à Andernos (Gironde).

Délicieux Vin Muscat Vieux tonique et réconfortant venant directement de la propriété, garanti authentique, offert en prime à nos abonnés à raison de 1 fr. 25 le litre logé en fûts de 25 à 35 litres. Fûts perdus.

Adresser les commandes au Bureau du Journal, 10 *bis*, rue Piccini, Paris.

Si vous voulez boire du bon vin de Saint-Emilion, adressez-vous à M. **Duplessis-Fourcaud**, au château des Trois-Moulins, à SAINT-EMILION (Gironde).

(Voir le prix courant.)

Montre Remontoir, boîte métal nickelé, cuvette nickelée, 18 lignes ou 50 millimètres, cadran émail à secondes, aiguilles Louis XV, système à rochet, échappement-cylindre, 4 rubis. Prix 15 fr. 50 franco de port et d'emballage.

Le même article se fait en modèle réduit pour jeunes gens au même prix et pour dames avec augmentation de 2 francs.

Montre Remontoir, acier oxydé inaltérable cuvette acier oxydé 18 lignes, système perfectionné, calibre revolver, cylindre 8 rubis, cadran émail à secondes, prix 20 francs, franco de port et d'emballage.

Le même article se fait en modèle réduit, pour jeunes gens au même prix, et pour dames avec augmentation de 2 francs.

Baromètre nickel, fabrication française très soignée, système perfectionné. Prix 12 francs.

Baromètre « Bois sculpté Masson, » très décoratif, fabrication française, système perfectionné. Prix 22 fr. 50.

Envoyer les demandes accompagnées d'un mandat d'égale somme, au Bureau du Journal, 10 bis, rue Piccini, Paris.

Vélocipèdes. — Pour répondre aux désirs maintes fois exprimés par nos lecteurs, nous nous sommes livrés à de sérieuses recherches. Nous avons visité les principales usines et pris l'avis d'amateurs de cet instrument. Nous sommes aujourd'hui en mesure de procurer à nos lecteurs, à titre de prime exceptionnelle, des machines parfaites à tous égards provenant d'un des meilleurs fabricants.

La plus vaste Manufacture du Monde

Cadre gros Tubes INDÉFORMABLE LA NATIONALE
52, Rue de Rome
Usine à vapeur, 27, rue Desrenaude
PARIS
Bicyclette modèle 1895
avec pneumatiques de tous systèmes, derniers perfectionnements, mieux faite et moins chère que tout ce qui s'est fait jusqu'à ce jour.
Envoi franco du Catalogue

Nos abonnés auront droit à une remise de 50 0/0 sur les prix du catalogue de cette maison.

Nous ne disposons que d'un très petit nombre d'instruments dans ces conditions.

CORRESPONDANCE

M. C. C. — Nous avons bien reçu votre mandat en décembre, vous avez eu raison de refuser la quittance qui vous a été présentée par erreur.

M. A. S., à H. (Côte-d'or). — Il y a toujours intérêt à labourer votre terrain avant l'hiver,

afin de le soumettre aux influences atmosphériques, dans les terres fortes faire un bon labour d'hiver et semer au printemps sur un coup de scarificateur; dans les terres de consistance moyenne, le labour peut être reporté à la fin de l'hiver, sans trop d'inconvénient, cependant la pratique des labours d'automne reste la plus avantageuse.

M. D., à C. (Haute-Marne). — Les fermages doivent être payés aux époques désignées dans le contrat; à défaut de stipulation expresse, ce sera aux époques fixées par l'usage. Le prix de ferme des biens ruraux est soumis à la prescription de cinq ans d'après l'art. 2277 du code civil, laquelle court terme par terme à partir de chaque échéance. Le fermier peut donc également se refuser de payer les fermages échus depuis plus de cinq années.

M. B., à G. (Pas-de-Calais). — Les cendres de bois vives, c'est-à-dire non lessivées, ont une composition très différente suivant les essences dont elles proviennent et les parties de l'arbre utilisées comme combustible. Mais on doit à l'état de pureté les considérer comme un engrais de haute valeur, riche à la fois en chaux, en acide phosphorique et surtout en potasse. Associées à du nitrate de soude, elles formeront un engrais complet à action très rapide et convenant à toutes cultures. Il faut dans leur emploi tenir compte de leur forte alcalinité qui pourrait nuire à des jeunes plantes; c'est un engrais à enfouir avant le semis, ou à répandre en couverture sur les prairies avant le départ de la végétation.

La suie de cheminée varie également de composition suivant son origine, bois ou houille. On doit surtout la considérer comme un engrais azoté; elle produit un excellent effet mise au pied des arbres fruitiers.

M. D. P., à C. (Aisne). — Vous voulez semer des graines d'asperges et demandez la marche à suivre pour assurer la réussite de l'aspergerie.

Dès que les plants seront levés, éclaircissez, de manière à les distancer de 0 m. 15 environ. Le plant de dix-huit mois est préférable. C'est au bout de ce temps que vous retirerez vos plants de la pépinière pour les mettre en place. Cette opération doit être faite avec soin, afin de ne pas couper les racines. Vous choisirez les griffes pourvues de racines grosses, longues, souples et peu nombreuses. En septembre, octobre, vous donnerez au terrain un bon labour, fumerez copieusement avec du fumier consommé, environ 600 kilos à l'are. Vous disposerez le terrain en planches larges de 0 m. 60 et hautes de 0 m. 08 à 0 m. 10; les ados auront même largeur et seront élevés de 0 m. 30 à 0 m. 35; ils serviront plus tard au buttage. On place les griffes au milieu des planches, sur une seule ligne, on les espace de 1 m. 20 entre les lignes; la distance entre elles, sur la ligne, est d'un mètre.

A la place de chaque griffe, vous ferez un trou de 0 m. 20 de diamètre et 0 m. 10 à 0 m. 12 de profondeur, au milieu une petite butte sur laquelle on étend la griffe; un peu de fumier décomposé sur chaque griffe et encore de la terre. Donner les binages nécessaires, mettre des tuteurs lorsque les tiges ont 0 m. 40 de hauteur. La seconde année, continuer les binages et appliquer une bonne fumure avant l'hiver. Ne commencer à couper les jeunes asperges qu'à la troisième année.

M. H., à St-R. (Calvados). — Votre idée est certainement séduisante, mais nous ne pouvons la réaliser, car elle augmenterait encore nos frais. D'ailleurs, n'est-ce pas une petite affaire que de feuilleter notre collection ? Pour répondre gratuitement à nos lecteurs, nous sommes, quant à nous, obligés parfois de faire des recherches autrement difficiles.

M. C., à M. (Loire). — Pour votre vigne qui semble dépérir, il faut lui appliquer de l'engrais, soit du fumier de ferme ou des phosphates, lui donner les façons culturales nécessaires.

Vous pouvez parfaitement défricher votre bois sans aucune permission.

M. C., à B. (Oise). — Le prix de l'almanach Hachette est de 1 fr. 50 pris en librairie, le port est de 60 centimes.

M. G. D. (Seine-et-Oise). — Nous réclamons votre purificateur. Vous serez très satisfait de la moissonneuse-lieuse Albaret qui, dans les concours, a obtenu les plus hautes récompenses.

OFFRES ET DEMANDES

On offre : **Trèfle violet bien récolté,** garanti pur et exempt de cuscute, au prix de 1 fr. 20 le kilo, pris à Vittel (Vosges) gare départ.

S'adresser à M. Emile Morel, propriétaire à Vittel (Vosges).

Avoine noire de Coulommiers, qualité extra pour semence, passée au trieur, garantie de provenance directe : 22 fr. les 100 kilos, logée, gare Coulommiers (Seine-et-Marne).

Pommes de terre pour semence. — Variétés très productives, garanties pures d'espèces et de parfaite conservation. — Hollande, 12; Saucisse rouge, 10; Early rose, 8 fr. : Institut de Beauvais, 10 fr. ; Merveille d'Amérique, 9 fr. ; Ronde jaune, 9 fr. ; Richter Impérator, 10 fr. sur wagon Paris et Seine-et-Oise.

Toiles à rendre ou facturer 1 fr. l'une.

Huiles d'olive garanties pures et sans mélange venant directement de la propriété.

Au prix de 1,80, — 1,60, — 1,50 le kilog. suivant qualité.

Gare départ, paiement contre remboursement. S'adresser à M. Edouard Laurin, propriétaire à Saint-Chamas (Bouches-du-Rhône).

Pommes de terre sélectionnées pour semence : Paulson, Athènes, Idaho, Canada, Hollande, Marjolin, *Géante Franco-Russe*, la plus productive de toutes.

Livrable par quantité minima de 50 kilos. S'adresser au bureau du journal.

Prix : Géante Franco-Russe, 14 francs les 100 kilos ; Paulson, Athènes, Idaho, Canada, Hollande, 12 francs les 100 kilos ; Marjolin un peu germée, 2 fr. 50 les 5 kilos franco toute gare de France.

GRAND CRU MÉNARDIÈRE. Cidre normand pur jus, 15 fr. l'hecto non logé.

Eau-de-vie de cidre garantie pure : 3 fr. le litre.

Sassier, propriétaire. La Colombe (Manche)

Agriculteur, ancien régisseur de grandes propriétés, demande direction d'un domaine en France ou colonies. Excellentes références.

Virus Danysz pour la destruction des rongeurs de toute espèce qui dévastent les récoltes (préparé à l'Institut Pasteur).

Virus n° 1 pour souris, mulots, campagnols ; la boîte de deux tubes 5 fr. — de 5 tubes 8 fr. — de 10 tubes 12 fr. — de 100 tubes 75 fr.

Virus n° 2 pour rats, rats d'eau et surmulots ; 1 tube 3 fr.

Instructions jointes à l'envoi.

Adresser demandes et mandats à M. S. B. *Gazette*, 10 *bis*, rue Piccini, Paris.

La culture électrique, par M. C. Crépeaux . . . . 1 »

Purificateur d'air pour tonneaux, l'un 4 50 franco gare.

Moyennant un supplément de 0 fr. 40, nous joindrons à l'envoi une mèche à percer de calibre et moyennant 0 fr. 10 en plus, une mèche soufrée.

Le Gérant : E. GAMBART.

IMP. NOIZETTE ET Cⁱ, 8, RUE CAMPAGNE 1ʳᵉ, PARIS.

BULLETIN FINANCIER

Le marché redevient excellent. Tous les cours sont en plus-value : les Mines d'or elles-mêmes reprennent un courant d'affaires des plus réguliers.

Le 3 0/0 est à 102.95 et le 3 1/2 0/0 à 106.60.

Les actions de la Banque française de l'Afrique du Sud sont à 113.75.

Nous croyons savoir que les divers avis donnés par cette institution, et relatifs à la représentation des actionnaires aux Assemblées générales des entreprises sud-africaines ont porté leurs fruits. Un grand nombre d'intéressés, en effet, auraient répondu avec empressement aux appels qui leur étaient adressés, et le nombre des pouvoirs remis à la Banque française serait déjà considérable à l'heure actuelle.

Il y a lieu de s'en féliciter. De l'aveu même des journaux anglais, nous possédons en France la plupart des titres de plusieurs grandes entreprises minières du Transvaal. Il y a donc là un vaste terrain d'action pour la Banque, et nul doute que son influence prépondérante ne parvienne à procurer à nos nationaux une part importante dans la direction et dans la gestion de ces affaires.

Tout en s'occupant de la protection des porteurs français d'actions de Mines d'or, la *Banque française de l'Afrique du Sud* s'applique aussi à mettre son concours et son influence à la disposition de notre commerce et de notre industrie. Disons ici que l'on s'est déjà parfaitement rendu compte de l'importance qu'elle est appelée à prendre sous ce rapport et que les demandes d'ouverture de comptes qui lui sont adressées témoignent de la faveur qu'elle rencontre auprès de notre grand public.

Le Crédit lyonnais a de bonnes demandes à 786 et la Société Générale à 510.

L'Italien est en hausse à 85 fr. Le Turc vaut 21.80. Les Chemins sont calmes.

COUPON.

Eugène de MASQUARD

PROPRIÉTAIRE-VITICULTEUR, Château de la Cascade
SAINT-CÉSAIRE-LES-NIMES (Gard)

Vins garantis naturels, rouges et blancs, depuis 60 fr. la pièce de 220 litres jusqu'à 100 francs, selon qualité, prise en gare de St-Césaire (Gard), fût perdu.

Ces vins ont été médaillés à toutes les expositions où ils ont figuré.

Récoltés sur des coteaux et des terrains secs, les vins de Saint-Césaire, l'un des meilleurs crus du Gard, se conservent parfaitement sans être plâtrés.

Envoi franco de prix courants et échantillons

SOCIÉTÉ GÉNÉRALE

Pour favoriser le développement du Commerce et de l'Industrie en France.

Société anonyme fondée suivant décret du 4 mai 1861.
CAPITAL : 120 MILLIONS DE FRANCS
Siège social, 54 et 56, rue de Provence, à Paris.

Dépôt de fonds produisant intérêts et remboursables à échéance fixe:

De 4 ans à 5 ans . . . . 3 1/2 %
De 2 ans à 47 mois . . . . . . 2 1/2 %
De 1 an à 23 mois . . . . 2 %
Comptes à sept jours de préavis. 1 %
Comptes de Chèques . . . . 1/2 %

Toutes opérations de Banque, notamment :
Escompte et Encaissement d'Effets de commerce ;
Ordres de Bourse en France et à l'Étranger ;
Coupons ; — Avances et Opérations sur Titres ;
Souscriptions ; — Garde de Titres ; — Assurances ;
Garantie contre le remboursement au pair et les risques de non-vérification des tirages ;
Dépôts de Fonds à intérêts ;
Location de coffres-forts ; — Lettres de crédit ;
Envois de Fonds ; — Renseignements, etc.
La Société a 198 agences et bureaux en France, 1 agence à Londres, et des correspondants sur toutes les places de France et de l'Étranger.

ALIMENTATION DU BÉTAIL

Tourteaux de Coprah ou Coco
F. TASSY, E. ROCCA ET Cⁱᵉ
Fabricants d'huiles **(producteurs directs de Tourteaux)**
23, rue Haxo, MARSEILLE

Deux médailles d'or, Anvers 1894
Envoi de Prix-Courants et Échantillons sur demande

ASPERGE GÉANTE

ROYALE DE FRANCE
(RACE D'ARGENTEUIL PERFECTIONNÉE)

Demander la *Méthode de Culture* et prix courant (gratis et franco), à M. WILLIAM FOURCINE, directeur des pépinières royales de Dreux (Eure-et-Loir). Médailles et diplômes de première classe.

L'ENGRAIS AMIÉNOIS

FUMURE ORGANICO-CHIMIQUE

pouvant être employée seule ou comme complément de fumier de ferme

RENDEMENTS SUPÉRIEURS, AMÉLIORATION du SOL

Mixte et très complet, cet engrais convient à tous les terrains ; il est approprié, sous divers numéros, à toutes les plantes.

TITRAGES GARANTIS SUR FACTURES ET FACILITÉS DE PAIEMENT

Envoi franco du prospectus sur demande affranchie
Adressée à **M. Elisée LEFEBVRE route de Rouen.121, AMIENS.**

MACHINES
AGRICOLES, VINICOLES et VITICOLES
TH. PILTER

24, Rue Alibert, PARIS

SUCCURSALES :
Bordeaux, Toulouse, Marseille, Montpellier, Tunis

Les lecteurs de la **Gazette** désireux de recevoir les Catalogues de la maison TH.PILTER dès leur publication, sont priés d'écrire 24, rue Alibert, Paris, afin de se faire inscrire.

BAINS-BUANDERIES

Baignoires. — Chauffe-Bains. — Douches. — Appareils de lessivage,
système GASTON BOZÉRIAN

CHAUDRONNERIE, TÔLERIE, etc. — ENVOI FRANCO DE CATALOGUES.

DELAROCHE aîné, 22, rue Bertrand, Paris

COMPAGNIE DES MOTEURS UNIVERSELS

SIÈGE SOCIAL | **MAGASIN D'EXPOSITION ET DE VENTE**
9, Rue Nouvelle, Paris | 21, Avenue de l'Opéra, 21

MOTEURS À PÉTROLE

Système GROB et Cie,
BREVETÉS S. G. D. G.
MÉDAILLE D'OR au Concours International de Meaux 1894

Les seuls fonctionnant au pétrole ordinaire d'éclairage sans carburateur, applicables à toutes les industries, agriculture, électricité, élévation d'eau, etc.
Consommation maxima 1/2 litre par cheval, et par heure.

Sécurité absolue
SURVEILLANCE INUTILE
ENTRETIEN NUL

MOTEURS À GAZ
Envoi franco du Catalogue

A LOUER
DEUX FERMES
Commune des Essarts-le-Roi (Seine-et-Oise)
A PROXIMITÉ DE LA GARE

D'une contenance chacune de 110 à 115 hectares environ. Elles sont à louer séparément ou ensemble, si on le préférait.

S'adresser à M. Letellier, notaire au Perray (Seine-et-Oise) pour les renseignements, ou à M. Berceon, notaire, 4, avenue de l'Opéra, Paris.

On peut visiter les fermes.

VELOUTINE FLAMANDE
La Veloutine est spécialement employée pour lustrer les cuirs de fantaisie : guides, selles, harnais de luxe et de travail, guêtres, tabliers, caparaçons, etc., et lorsqu'ils ont déjà été enduits de vaseline, ce produit donne un joli brillant et évite l'action graisseuse des cirages ou préparations à base de cire. Sans causticité il ne dessèche pas et imperméabilise

Le bidon d'un litre pour harnais noirs. . . . 3 70
—   —   —   jaunes. . . 4 20
Franco gare contre mandat-poste.

S'adresser : *Manufacture de Vaselines industrielles de Ligny-en-Cambrésis (Nord)*

Avis à Messieurs les Cultivateurs et aux Fabricants de sucre.

La graine authentique *Fouquier d'Hérouël* est *toujours* facturée par la maison qui confirme à bref délai les commandes.

Les envois sont faits *directement* aux acheteurs en sacs plombés au nom «Fouquier d'Hérouël, à Vaux-sous-Laon. »

Il n'existe aucun dépositaire.

Bon Vin de Champagne
DE LA MARNE
Garanti authentique venant de la Propriété
Très belle mousse.

livrable par panier de 12 à 25 bouteilles au prix de **2 fr. 50** la bouteille, emballage compris. Droits et transports à la charge de l'acquéreur.

S'adresser à M. **Adolphe CARRÉ**, *propriétaire* à **Trépail**, par **Véry** (Marne).

GRANDE BAISSE DE PRIX
PHOSPHO-GUANO COMPANY, LIMITED
LEFEBVRE FRÈRES, Consignataires généraux
PARIS - 60, RUE DE BONDY - PARIS

PHOSPHO-GUANO
SEUL VÉRITABLE — IMPORTÉ DEPUIS 1863

Superphosphate Ornithos — Superphosphate Chilton — Superphosphate 10 degrés

Osso-Guano, Engrais complet Rhizome. Engrais Surazoté L. F.

La qualité et les dosages de tous ces engrais sont invariables et garantis.

L'acide phosphorique qu'ils renferment étant complètement **soluble dans l'eau** a une valeur fertilisante très supérieure à celui des engrais et superphosphates dont l'acide phosphorique, soluble **seulement** dans le citrate d'ammoniaque, reste insoluble dans l'eau. Il n'y a de garanties sérieuses que celles des dosages exprimés séparément en acide phosphorique **soluble dans l'eau** et en acide phosphorique, **insoluble dans l'eau.**

Envoi franco sur demande de brochures indiquant les dosages garantis et les prix.

Dépôts dans tous les principaux centres agricoles.

VINS
DE SAINT-ÉMILION

Vins classés, de 800 à 250 francs la barrique de 225 litres. — Moitié prix pour la barrique de 112 litres.

Vins grands ordinaires, de 140, 125, 105, 100 francs la barrique — 80, 75, 70, 65, 58, 55 francs, la demi-barrique. — Rendu *franco* en gare et régie, sauf octroi.

Adresser commandes à M. DUPLESSIS-FOURCAUD, à **Saint-Émilion**. — Envoi de prix courants et échantillons sur demande affranchie.

Médailles d'Or, Paris, 1867 et 1889 — Moscou 1891 — Besançon, Montluçon, Royan, etc.

MAISON
Ferdinand et Arnould LEMAIRE
ARNOULD LEMAIRE SUCCESSEUR

CULTURE DE MILLE HECTARES
Laboratoire de chimie pour l'analyse des porte-graines

SPÉCIALITÉ DE GRAINES DE BETTERAVES RICHES EN SUCRE

Ces graines sont garanties sur factures franches d'espèces, de pureté normale et de bonne germination.

S'adresser pour les Commandes à M. **A. LEMAIRE**, *producteur*
CHATEAU DES MARETZ près Reims (Marne)

P. MARCHAND Frères
à DUNKERQUE (Nord)

FABRIQUE SPÉCIALE DE TOURTEAUX
DE COTON DE GRAINES D'ÉGYPTE
pour Nourriture et Engraissement du Bétail

GRAND PRIX A L'EXPOSITION UNIVERSELLE 1889

Nous appelons l'attention des nourrisseurs et des éleveurs sur les tourteaux de **Coton** de graines d'Égypte. C'est un produit excellent pour les vaches laitières, les bœufs à l'engrais et les moutons. — Nos tourteaux de **Coton** sont complètement débarrassés de la bourre qui enveloppe la graine et contiennent la même quantité de matières nutritives et grasses que les meilleurs tourteaux de lin. — Nos tourteaux de **Coton** forment l'aliment le meilleur et le plus avantageux en raison de leur prix excessivement bas.

S'adresser pour Renseignements et Prix à MM. P. MARCHAND Frères, à Dunkerque (Nord), ou à leurs Représentants.

L'URBAINE

Compagnie anonyme d'Assurances à primes fixes contre l'INCENDIE
FONDÉE EN 1838
CINQUANTE-HUITIÈME ANNÉE
CAPITAL : 5 MILLIONS — GARANTIES : 70 MILLIONS
SINISTRES PAYÉS DEPUIS L'ORIGINE : 131.000.000 FRANCS
PARIS — 8 et 10, rue Le Peletier

DISTILLATION CONTINUE

ALAMBIC
Système A. ESTÈVE

F. BESNARD
PÈRE, FILS ET GENDRES
28, rue Geoffroy-Lasnier
PARIS
Envoi franco du Catalogue sur demande.

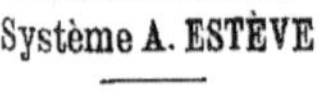

POUDRE DELARBRE
Plus de CHEVAUX POUSSIFS !
Guérison de la POUSSE,
Toux, Bronchite et Gourme.
La Boîte de 20 Doses : 3 francs
G. DELARBRE, AUBUSSON (Creuse)
Maison de Vente & d'Expédition à Aubusson (Creuse) G. DELARBRE
A Paris & en province, chez tous les Droguistes & Pharmaciens.

PHOSPHATE FOSSILE DE QUIÉVY-NORD

le plus assimilable de tous les phosphate connus

GARANTI PUR DE MÉLANGE AVEC TOUT AUTRE PHOSPHATE
Ce qui, du reste, ne pourrait que diminuer son assimilabilité.

EXTRACTION DU GISEMENT ET USINE A QUIÉVY
Propriétaire-Extracteur : C. LECLERCQ
Bureaux à Viesly (Nord).

COMPOSITION MOYENNE		ASSIMILABILITÉ RELATIVE (méth. Joulle).
		Solubilité dans l'oxalate d'ammoniaque.
Acide phosphorique. . . .	12 » à 16 » 0/0	Phosphate de Quiévy. 82 29 0/0
Potasse	0 45 à 2 77 0/0	— de la Meuse 51 95 0/0
Chaux.	19 05 à 31 » 0/0	— de Pernes. 47 87 0/0
Magnésie.	0 58 à 3 80 0/0	— des Ardennes. 46 43 0/0
Matières organiques azotées .	1 80 à 3 45 0/0	— de la Somme (moy.). . 44 53 0/0
		— de Ciply. 34 57 0/0

Titre garanti en acide phosphorique : 13 à 15 0/0.

LIVRAISON : EN POUDRE IMPALPABLE EN SACS PLOMBÉS, MIS SUR WAGON GARE QUIÉVY-en-CAMBRÉSIS
Prix : 3 fr. 80 les 100 kilos, sacs perdus, 30 jours, 2 0/0 ou 90 jours net.

NOTA. — Les acheteurs qui désirent employer le véritable Phosphate de Quiévy pur et garanti d'origine doivent exiger que les sacs portent la Marque (Au Poisson fossile) et la Firme C. LECLERCQ, seul exploitant à Quiévy (Nord).

PRODUCTION
de GRAINES de BETTERAVES à SUCRE
EN GRANDE CULTURE

E. ELOIR* et Cie
à Mons-en-Pévèle, par Bersée (Nord)

GRAINES DE BETTERAVES BLANCHES RICHES, ET TRÈS RICHES
Supérieures aux Graines étrangères en 1895

Correspondance et Adresse Télégraphique : **ELOIR**, La Madeleine (Nord).

LYSOL
Le plus puissant anticryptogamique & parasiticide
Complètement soluble dans l'eau
Le meilleur marché.
Assainissement & désinfection certaine de tous locaux.
Employé avec plein succès contre le mildew, l'oïdium, la pyrale, etc., et tous les parasites des arbres fruitiers, fleurs, légumes, etc.
SOCIÉTÉ FRANÇAISE DU LYSOL
22 & 24, place Vendôme, 24 & 22
PARIS

MACHINES AGRICOLES
A. BAJAC
à LIANCOURT (Oise)

Farine de Viande
Reconnue la meilleure Nourriture pour fortifier et engraisser le BÉTAIL, les PORCS, la VOLAILLE, les CHIENS, etc.
de la Compagnie Liebig

Fabriquée dans les Etablissements de la Liebig's Extract of Meat Company Ld, London
à FRAY-BENTOS et Succursales (Amérique du Sud).

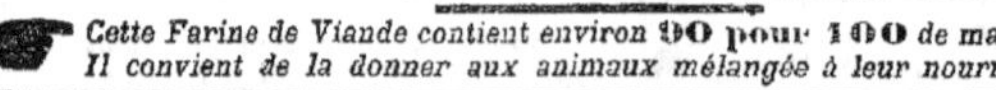
Cette Farine de Viande contient environ 90 pour 100 de matières nutritives.
Il convient de la donner aux animaux mélangée à leur nourriture habituelle.

Pour tous renseignements s'adresser à { MM. CHARLES HUE, 51, quai d'Orléans, LE HAVRE.
GUÉTAN & M. CAILAR, 49, rue Barbès, PETIT-IVRY (Seine).

Même raison sociale depuis 1781
Exposit. Unic. Paris 1880 : 3 Gr. Prix et 3 Méd. d'Or

VILMORIN-ANDRIEUX, O.✱, ✱ & Cⁱᵉ

4, Quai de la Mégisserie, PARIS

CULTURE SÉLECTIONNÉE & VENTE
de **TOUTES GRAINES de SEMENCES**

Gros & Détail. Export. — Catal. gratuits aux lecteurs de la Gazette

M. Recourat, pharmacien à Beauvais.

Gale des moutons guérie radicalement par *une seule application* de l'Antipsorique.
La bouteille, 3 fr. ; la 1/2 bouteille, 1 fr. 75.
Guérison du Piétin par *un seul pansement* avec le Contre-Piétin-Recourat.
Le pot d'essai, 1 fr. 50 ; le pot, 2 fr. 50.
Joindre 0 fr. 60 pour recevoir *franco* et indiquer gare.

MALADIES DU BÉTAIL
ET DE LA VOLAILLE
Leur traitement préventif et curatif

PAR L'ACIDE SALICYLIQUE

L'acide salicylique, employé dans la nourriture à la dose de 1/2 à 1 gramme par jour et par tête de bétail, est le meilleur préservatif des maladies qui procèdent par contagion : Sang de rate, Cocotte, Maladie aphteuse, Erysipèle, Typhus, Morve, Variole et le Rouget des porcs, etc.

Des attestations nombreuses de guérisons obtenues pour la Cocotte et le Rouget des porcs ont été reproduites dans le journal *l'Agriculture*.

La désinfection des étables, des écuries, se fait instantanément au moyen d'un arrosage d'eau salicylée à 2 grammes par litre.

S'adresser à M. CERCKEL, administrateur de la *Compagnie de produits antiseptiques*, 26, rue Bergère, Paris.

Envoi sur demande de Prospectus et Brochures.
Prix du kil., 25 fr. Boîte de ménage, 2 fr.

FROMENTINE
Marque déposée B. S.G.D.G.

Produit pour l'alimentation économique, saine et rationnelle du bétail, provenant en grande partie des issues de la mouture de blé.

DIVERSES MARQUES
Demander celle en raison du but poursuivi

Marque A pour l'engraissement égal à celui du tourteau de lin, le remplacement de l'avoine, production d'un lait de qualité supérieure.
Marque B pour le bon entretien du bétail.
Marque J développement rapide des jeunes bêtes.
Marque L surproduction du lait.
Marque E engraissement rapide.

Écrire à M. Armand MILLOT
Moulins Saint-Martin
Saint-Quentin (Aisne).

ENGRAIS CHIMIQUES
DES

MANUFACTURES DE SAINT-GOBAIN

EMBALLAGES
MARQUÉS ET PLOMBÉS

USINES
A
PARIS-AUBERVILLIERS
CHAUNY (Aisne)
MONTLUÇON (Allier)
MARENNES (Charente-Inférieure)
LE PONTET (Vaucluse)
SAINT-FONS près Lyon (Rhône)
CETTE-BALARUC (Hérault)
MONTARGIS (Loiret)

DOSAGES GARANTIS

PRODUCTION ANNUELLE : 300.000.000 DE KILOS

Tout acheteur d'engrais qui n'exige pas, au sujet des dosages en éléments assimilables, une garantie formelle et qui ne la fait pas contrôler par l'analyse, ne nuit pas seulement à ses propres intérêts, il encourage la fraude, et, la laissant impunie, il compromet les intérêts généraux de l'agriculture.

SUPERPHOSPHATES DE CHAUX

ENGRAIS COMPLET DE SAINT-GOBAIN
Efficacité éprouvée dans tous les sols et toutes les cultures

SULFATE DE FER

SULFATE DE POTASSE

SULFATE D'AMMONIAQUE

ENGRAIS COMPOSÉS
Suivant les convenances des acheteurs

Adresser les ordres ou les demandes de renseignements à la Direction commerciale des

PRODUITS CHIMIQUES DE SAINT-GOBAIN
9, Rue Sainte-Cécile, Paris

ou aux Agents de la Compagnie de Saint-Gobain
dans les villes principales du Centre et du Midi.

Le moment favorable au transport des vins étant revenu, nous rappelons à nos lecteurs que tous ceux d'entre eux qui, sur nos conseils, et depuis cinq ans, consomment les vins de M. Vincent Ardura, vigneron, domaine de la Chapelle-Frédignac, par Blaye-Bordeaux n'ont qu'à se louer de la qualité et de la conservation de ce Bordeaux absolument naturel, expédié sans intermédiaire.

Pour dégustation sérieuse, envoi gratuit est fait d'une bouteille de la récolte désignée.

L'encaissement est fait par le facteur, à 30 jours, escompte 2 0/0, ou 90 jours.

Vendanges : 1893, à 130 fr., 1892-91, à 150 fr.; 1890-89, à 175 fr., 1887, à 200 fr., 1885, à 220 fr.; 1884, à 240 fr., 1882, à 250 fr., 1881, à 300 fr. — Graves blancs vieux : 130, 150, 200, 250, 300 fr., suivant âge, les 225 litres collés, soutirés, franco de port et de fût en gare d'arrivée.

CHEVAUX BOITEUX
Guérison par le spécifique BORNET

Contre Capelets, Mollettes, Vessigons, Eponges, Exostoses, Suros, Eparvins et les Formes à leur début. *(Il s'applique également à toutes les tares molles et osseuses.)*

PRÉPARÉ PAR **A. BORNET**
Pharmacien de 1ʳᵉ classe, ex-interne et lauréat des hôpitaux.

19, rue de Bourgogne, PARIS.

Le flacon, 3 fr., à la pharmacie ; en gare par colis postal, 6 fr. contre mandat.

17ᵉ Année. — Nᵒ 7.   LE NUMÉRO : 10 CENTIMES.   Dimanche 16 Février 1896.

GAZETTE AGRICOLE

JOURNAL HEBDOMADAIRE, PARAISSANT LE DIMANCHE

Fondateur : M. CH. GOSSIN, Professeur d'Agriculture à l'Institut agricole de Beauvais

PRIX DE L'ABONNEMENT

UN AN, 5 fr. — SIX MOIS, 3 fr. — TROIS MOIS, 2 fr. 25

Pour l'Étranger les abonnements ne sont reçus que pour un an, au prix de 6 francs, et ne partent que du 1ᵉʳ JANVIER ou du 1ᵉʳ JUILLET de chaque année.

Le Numéro : **10** centimes.

Adresser toute la correspondance : mandats, lettres, annonces, etc., à M. CRÉPEAUX, Directeur de la *Gazette agricole*, 10 bis, rue Piccini, Paris.

Toute demande de changement d'adresse doit être accompagnée de 50 centimes et de la dernière bande du journal.

BUREAUX

97, rue de Rennes, Paris, et à Beauvais, rue Saint-Étienne.

Les abonnements partent du 1ᵉʳ de chaque mois et sont payables d'avance. Toute demande d'abonnement doit donc être accompagnée du prix de l'abonnement. (Le mode de payement le plus simple est l'envoi d'un mandat-poste.)

Donner *très lisiblement*, en s'abonnant, son nom et son adresse exacte, *avec l'indication du bureau de poste*; et, s'il s'agit d'une continuation d'abonnement, joindre au renouvellement la dernière bande d'adresse du journal.

Les Annonces sont reçues à la Direction du Journal, et chez MM. DUSSERIS et MATHELLON, 97, rue de Rennes Paris.

Il est interdit de reproduire les articles contenus dans la *Gazette Agricole*.

BULLETIN COMMERCIAL

Paris, le 12 février 1896.

Le temps est beau, avec température supérieure à la normale; le baromètre tend à baisser.

Les récoltes en terre sont partout magnifiques et très en avance pour la saison. Les céréales donnent grande satisfaction, à part quelques petites plaintes au sujet des dégâts causés par les insectes et les rongeurs et de l'envahissement de certains bas-fonds par les mauvaises herbes. Les prairies et les pâturages sont dans une excellente situation. On paraît moins satisfait de la vigne, atteinte dans bien des endroits par les maladies cryptogamiques, que développe la douceur de la température; on redoute aussi, en raison de l'état avancé de la végétation, les gelées tardives. Les pommiers et les poiriers sont dans une bonne condition. Toutes les autres cultures sont en bon état.

Les offres n'ont toujours que peu d'importance sur les marchés de l'intérieur, ce qui contribue à la fermeté que nous constatons sur beaucoup de points dans les prix du blé. La culture se montre peu désireuse de céder sa marchandise aux cours actuels et paraît compter sur des prix plus rémunérateurs.

BOURSE DU COMMERCE DU MERCREDI 12 FÉVRIER

	FARINES	BLÉS
Courant	41 60	19 »
Prochain	41 80	19 20
Mars-avril	42 »	19 40
4 de mars	42 25	19 55
4 de mai	42 95	19 95

Marque de Corbeil : 45 fr. le sac de 150 kil. toile à rendre.

Halle aux blés — *Blés indigènes.* — La culture conserve les mêmes dispositions et elle relève encore aujourd'hui ses prétentions de 25 cent. Quelques échantillons ont été vendus aux pleins prix d'il y a huit jours, mais dans la majorité des cas on a obtenu une avance 10 à 15 c. A la vérité les affaires sont fort calmes, car la meunerie rencontre toujours d'énormes difficultés pour écouler sa production.

Quoi qu'il en soit, la tendance est plus ferme, et malgré les bonnes apparences de la récolte, les détenteurs de blé sont convaincus que leur résistance sera couronnée de succès.

Les cours extrêmes ressortent de 18,25 à 19,25 les 100 kil. nets, gare d'arrivée Paris.

Blés étrangers. — Sans affaires.

Sons. — Très lourds, il n'y a guère que la Normandie qui fasse encore quelques demandes; la douceur de la température fait diminuer les besoins de la consommation.

Escourgeons. — Ce grain devient de plus en plus rare, on cote nominalement 16 à 16,25.

Menus grains. — On cote : chènevis de Bretagne 27, Russie 20,50 à 21, millet blanc 20, roux 17 à 18, arras 14 à 15, petit blé 11 à 14, sarrazin 11,50 à 11,75.

Graines fourragères — On cote : trèfle blanc 120 à 155, hybride 110 à 190, violets 60 à 90; luzernes de Provence, 110 à 130; Poitou, 90 à 110; minettes 24 à 28; sainfoin simple 35 à 40; doubles 24 à 30; ray-grass anglais et d'Italie 35 à 40; vesces pays 18 à 20; de Kœnigsberg 17 à 18 les 100 kil. gare d'arrivée Paris.

Sucres. — Le marché est très ferme, en sympathie avec l'étranger. Les premiers cours s'inscrivent en hausse de 25 à 37 sur hier.

Raffinés 103, roux 88º 32 à 32,50.

Marché de la Chapelle. — Marché ordinaire.

On cote : paille de blé 1ʳᵉ qté 25 fr., 2ᵉ qté 23, 3ᵉ qté 19 fr.; paille de seigle 1ʳᵉ qté 32 fr., 2ᵉ qté 28, 3ᵉ qté 26; paille d'avoine 1ʳᵉ qté 23 fr., 2ᵉ qté 21, 3ᵉ qté 19; foin nouveau 1ʳᵉ qté 46 fr., 2ᵉ qté 42, 3ᵉ qté 38; luzerne, 1ʳᵉ qté, 45 fr., 2ᵉ qté 42, 3ᵉ qté 38; regain 1ʳᵉ qté 41 fr.; 2ᵉ qté 39 fr., 3ᵉ qté 37 fr.; sainfoin, 1ʳᵉ qté 42 fr. 2ᵉ qté, 40, 3ᵉ qté 38.

Marché aux chevaux, 5 février.

Gros trait de 200 à 1.000	Boucherie de 65 à 230
Selle et tr.	Anes ..... de 50 à 180
léger . de 200 à 1.000	Chèvres . . de .. à »
H. d'âge de 150 à 250	

AMENÉS

Chevaux, 218 — Anes, 5 — Chèvres, ..

Voitures 89, de 25 à 500;

ENCHÈRES

Chevaux amenés, 15.

Vendus, 13 de 95 à 400.

Prix des Produits Forestiers à Paris.

BOIS DE FEU (*Octroi non compris*)	Falourde de pin	100 à 110	le cent.
	Bois de flot	100 à 105	le déca.
	Bois gris neuf	125 à 130	—
	Bois blanc	80 à 125	—
BOIS D'ŒUVRE (*Octroi compris*)	Chêne gros bois	85 à 110	le m. cu
	— moyen bois	70 à 60	—
	— petit bois	30 à 48	—
	Charme, plateaux	55 à 55	—
	Sciage de chêne. Entrevoux	175 à 210	les 208 m.
	Echantillons	230 à 220	—
	Frise	27 à 28	104 m.

LÉGUMES SECS. — (Les 100 kilogr.)

	Haricots	Pois	Vesce	Lentil.
Paris	32.00 50.00	20 18.00	19 à 20	30.00
Bordeaux	34.00 35.06	35 45.00	18 19	49.00
Marseille	22.00 30.00	18 25	20 20	24.00

ENGRAIS

PARIS

Nitrate de soude	21 50 à 21 75
Superphosph. minéral 14/16	5 25 à 5 75
Superphosphate d'os 16/18	12 50 à 13 »
Scories 16/18	4 25 à 4 50
Phosphate minéral 14/16	3 80 à 4 »
Chlorure de potassium 48/52	18 75 à 20 »

NANTES

Nitrate de soude	22 30 à 22 50
Superphosph. minéral 14/16	6 » à 7 »
Scories 16/18	4 50 à 4 75
Phosphate minéral 11/16	4 » à 4 50
Chlorure de potassium 48/52	19 » à 19 75

LYON

Nitrate de soude	22 » à 23 »
Superphosph. minéral 14/16	5 75 à 6 »
Scories 14/16	4 50 à 5 »
Phosphate minéral 14/16	4 » à 4 25
Chlorure de potassium 48/55	20 » à 21 »

MARSEILLE

Nitrate de soude	20 50 à 21 »
Supherph. minéral 14/16	6 à 7 »
Sulfate de fer	5 » à 5 50
Sulfate d'ammoniaque 20/21	20 » à 22 »

HOUBLONS. — Les 50 kilogr.

Alost primé	28,00 à 30,00
Bourgogne	55,00 à 60,00
Poperinghe	25,00 à 30,00
Wurtemberg	40,00 à 42,00
Altmark	75,00 à 100,00
Alsace	50,00 à 65,00

POMMES DE TERRE

Hollande (100 kil.)	8 » à 17 »
Roses-Early	8 » à 10 »
Magnum-Bonum	7 » à 7 50
Rondes	5 » à 5 20

FOURRAGES ET PAILLE

Paris La Chapelle.	Prix extrêmes
Foin 100 bot. dans Paris n.	35 à 47
Luzern nouv.	35 à 47
Paille de blé	18 à 25
Paille de seigle	24 à 33
Paille d'avoine	18 à 24

LINS. — Les 100 kilogr. — *Marché de Lille.*

	Communs	Ordin.	Supér.
Alost	148 à 153	154 à 157	161 à 166
Bergues	150 à 158	161 à 168	173 à 182

CHANVRES

Les 50 kil.	1ʳᵉ qualité	3ᵉ qualité
Le Mans	33,00 à 85,50	30,00 à 29,00
Saumur (bis)	40,00 à 42,00	37,00 à 38,00

Prix moyen aux 100 kilog. des CÉRÉALES dans les Départements.

Région	Ville	BLÉ	SEIGLE	ORGE	AVOINE
Rég. du Nord-Ouest	Caen	17 50	10 00	14 00	15 50
	Lannion	17 25	10 00	12 00	14 00
	Morlaix	17 00	11 00	12 00	13 00
	Rennes	16 50	11 50	13 00	11 00
	Avranches	16 50	11 25	12 75	14 25
	Laval	15 75	10 50	13 50	13 50
	Lorient	15 75	10 00	12 50	14 25
	Alençon	16 50	10 00	14 00	16 00
	Le Mans	16 50	10 00	13 00	17 50
Région du Nord	Soissons	17 50	10 00	»	14 50
	Evreux	17 25	10 00	»	»
	Chartres	17 00	10 00	13 50	14 50
	Lille	18 25	11 25	13 00	15 50
	Compiègne	17 50	11 25	14 00	15 50
	Beauvais	17 50	10 75	14 00	16 50
	Arras	18 00	10 25	14 00	15 00
	Paris	17 50	10 00	13 00	15 00
	Versailles	18 00	10 25	13 00	16 00
	Rouen	17 50	10 25	14 50	16 25
	Amiens	17 50	11 00	11 00	15 00
Rég. du N.-E.	Mézières	17 50	10 00	13 50	15 00
	Nogent-s-Seine	17 50	10 00	14 50	15 25
	Châlons-sur-Marne	17 25	11 00	14 75	15 00
	Langres	17 25	10 00	13 00	15 00
	Nancy	17 50	10 00	14 50	15 50
	Bar-le-Duc	17 50	10 25	13 75	15 50
	Neufchâteau	17 75	11 00	14 00	14 00
Région de l'Ouest	Ruffec	16 75	10 00	13 00	14 50
	Marans	16 50	10 00	13 00	14 50
	Niort	16 50	10 00	14 00	14 25
	Tours	16 00	10 25	13 75	15 00
	Nantes	17 25	10 00	12 75	14 50
	Anger	17 00	10 25	13 25	14 25
	Luçon	16 50	10 00	13 50	14 00
	Poitiers	16 75	10 25	14 00	14 25
	Limoges	16 75	10 00	»	15 50
Région du Centre	Moulins	17 50	10 75	14 50	15 00
	Bourges	17 25	10 00	14 00	14 50
	Aubusson	17 00	10 00	13 00	13 50
	Châteauroux	17 00	9 75	13 50	13 50
	Orléans	17 25	9 50	14 00	14 50
	Blois	17 00	10 25	15 00	15 75
	Nevers	17 50	10 00	14 00	15 00
	Clermont Ferr.	17 25	9 75	14 00	16 00
	Sens	17 50	10 00	14 00	15 25
Région de l'Est	Bourg	17 50	10 00	13 00	16 00
	Dijon	17 50	11 00	15 00	14 00
	Besançon	17 50	10 00	18 00	14 25
	Grenoble	17 50	10 00	13 50	15 00
	Dôle	17 25	10 25	13 25	14 25
	Saint-Etienne	17 75	10 25	13 75	15 25
	Lyon	18 25	11 00	13 00	15 00
	Mâcon	18 50	12 00	13 00	15 50
	Vesoul	17 50	10 00	»	15 25
	Chambéry	17 50	10 00	»	15 00
	Annecy	17 00	»	»	15 50
Rég. du Sud-Ouest	Pamiers	17 50	11 00	»	16 00
	Périgueux	17 50	11 50	14 00	15 25
	Toulouse	17 25	11 75	13 75	15 25
	Auch	18 00	»	»	16 75
	Bordeaux	17 50	11 00	13 00	15 00
	Dax	17 25	12 00	13 00	16 00
	Agen	18 25	12 25	13 00	15 50
	Bayonne	17 50	11 00	14 00	16 00
	Tarbes	17 75	10 50	»	16 00
Région du Sud	Carcassonne	17 50	»	14 00	16 00
	Rodez	18 00	12 25	14 00	15 00
	Mauriac	17 50	11 75	»	15 75
	Tulle	17 50	12 00	»	16 00
	Montpellier	17 50	12 00	»	15 00
	Figeac	17 50	11 25	»	»
	Mende	17 50	11 50	»	»
	Perpignan	17 50	11 00	14 00	14 50
	Albi	18 00	11 50	14 00	15 00
	Montauban	17 50	12 75	13 00	16 00
Région du Sud-Est	Gap	17 50	10 50	13 50	15 75
	Manosque	17 50	10 50	12 50	16 50
	Nice	17 00	10 25	13 25	16 00
	Privas	17 50	10 75	13 00	15 75
	Arles	20 50	10 50	13 00	15 00
	Montélimar	17 25	»	12 50	16 50
	Nîmes	18 25	10 75	14 00	18 00
	Le Puy	18 00	»	14 00	17 25
	Draguignan	17 50	13 00	»	»
	Avignon	17 50	12 00	13 00	16 50

Tourteaux.

Cours de la maison P. Marchand frères, à Dunkerque (Nord) :

TOURTEAUX A NOURRIR

	Dispon.	A livror.
Coton de graines d'Egypte ...	9 50	9 50
Sésame blanc ...	11 50	11 50
Arachide décortiquée ...	15 »»	15 »»
Colza à nourrir ...	10 50	10 50
Colza du pays ...	11 25	11 25
Œillette du Levant ...	10 50	10 50
Œillette blanche de Turquie ...	10 50	10 50
Lin 1re qual. de Bombay g. form.	15 00	15 00
Lin 1re qual. de Bombay p. form.	»» »»	»» »»

TOURTEAUX-ENGRAIS

	Dispon.	A livror.
Arachide décortiquée ...	14 »»	14 »»
Cameline ...	10 »»	10 »»
Colza des Indes en poudre ...	»» »»	»» »»
Colza ravison ...	7 25	7 25
Colza jaune Gutzerat ...	10 50	10 50
Kurrachée ...	»» »»	»» »»
Niger ...	9 00	9 00
Pavot ...	9 50	9 50
Sésame, blanc ...	10 50	10 50
Sésame noir ...	»» »»	»» »»
Coton en farine ...	»» »»	»» »»

Nos prix s'entendent pour tourteaux en planches, rendus en gare de Dunkerque. Paiement à 90 jours ou à terme plus éloigné suivant convention expresse.

Le concassage se paie 0 fr. 25 et la mise en poudre 0 fr. 40 aux 100 kilos. Dans ce cas, les sacs sont facturés à 0 fr. 35 pièce, et repris au prix de facture, quand ils sont rendus en bon état et franco, dans les 30 jours de l'expédition.

BEURRES. -- (le kilogr.).

BEURRES EN MOTTES			BEURRES EN LIVRE		
Isigny extra.	6.00	7.20	Bourgogne....	2.00	2.30
— demi-fin	4.50	5.00	Gâtinais.......	2.10	2.50
M. d'Isigny..	3.40	4.00	Vendôme......	2.00	2.50
du Gâtinais...	2.20	2.50	Beaugency....	2.00	2.50
de Bretagne..	2.20	2.40	Ferme.........	2.30	2.20
Laitière Jura.	2.60	3.00	Tours.........	2.20	2.60
de Charente..	2 50	3.10	Le Mans......	2.00	2.30
des Alpes....	2.30	3.00	Touraine fausse	2.10	2.40

ŒUFS. — (le mille).

Normandie ext.	100 à 110	Bourgogne.....	90 à 96
Picardie —	105 à 120	Champagne.....	90 à 95
Brie —	90 à 95	Nivernais......	86 à 90
Touraine.......	85 à 104	Bourbonnais....	84 à 88
Beauce.........	90 à 102	Bretagne.......	78 à 84
Orne...........	85 à 92	Vendée.........	78 à 85
Picardie.......	86 à 96	Auvergne.......	82 à 84
Châtellerault...	88 à 91	Midi...........	90 à 84

FROMAGES.

Brie hautes marq.	55	70	Roquefort.......	140	240
Brie gr. m. (10)...	45	50	Gruyère (100 k.)..	100	175
— m. m.......	20	42	Coulommiers (100).	20	35
Petits Nanteuils..	12	15	Gournay (100)....	12	20
Brie laitiers.	5	10	Livarot (le 100)...	120	124
Gérardmer (100 k.)	90	100	Bourgogne (100).	70	80
Hollande........	160	180	Camembert (100).	40	60
Bondons (100)....	10	15	Munster (100)..	120	100
Cantal..........	125	150	Port-Salut.	150	180

VOLAILLES

Poulet Brest dit moelleux......	4.00	5.00	Pigeon Macon.	1.50	2.00
Poulets Nant..	3.00	4.50	Ca... sNantais	4.00	1.35
Poulets Tour...	2.75	5.25	Dindes Tourr..	7.00	11.00
Poulets Houdan	4.00	7.50	Oies.	7.00	9.00
Pigeons d'Italie	80	1.25	Lapins dom.	2.75	4.00
			Lapins garenne.	1.50	2.00

VINS — BERCY

Rouges		Blancs	
R. Bourg. vieux.	130 à 155	Bordeaux......	125 à 160
Touraine.......	105 à 115	R. Bourg......	150 à 190
Bord. vieux....	130 à 160	Sancerre.......	130 à 135
Algérie........	28 à 32	Chablis........	200 à 350
Cher...........	110 à 135	Anjou.........	120 à 135
Chinon.........	125 à 160	Pouilly........	350 à 900
Narbonne......	32 à 36	Vouvray.......	155 à 195

Marché de la Villette du 10 février 1895.

PRIX DE LA VIANDE NETTE

	1re qualité	2e qualité	3e qualité
Bœufs ...	1.54	1.44	1.34
Vaches...	1.52	1.42	1.32
Taureaux.	1 26	1.16	1.08
Veaux....	2.32	2.06	1.76
Moutons..	1 94	1.84	1.68
Porcs	1.20	1.12	1.06

ESPÈCES	AMENÉS	VENDUS	PRIX EXTRÊME viande net	PRIX EXTRÊME poids vif
Bœufs....	3.101	2.201	1.34 à 1 54	63 à 97
Vaches...	894	702	1.32 1.52	52 95
Taureaux.	281	189	1.08 1.26	53 82
Veaux....	1.125	864	1.76 2.32	85 1.44
Moutons..	16.703	13.813	1.08 1.94	77 1.22
Porcs....	8.073	8.041	1.66 1.20	78 88

Demande peu active.

Marché de la Villette du 13 février 1896.

PRIX DE LA VIANDE NETTE AU KILOGR.

	1re qualité	2e qualité	3e qualité	Prix extrêmes
Bœufs....	1.54	1.44	1.36	1.30 à 1.62
Vaches...	1.52	1.40	1.30	1 24 1.56
Taureaux.	1.32	1.26	1.20	1.16 1.40
Veaux....	2.30	2.10	1.70	1.60 2.40
Moutons..	1.96	1.85	1.70	1.60 2.03
Porcs....	1.26	1.20	»	1.16 1.30

ESPÈCES	AMENÉS	RENVOI	OBSERVATIONS
Bœufs....	1.729	»	Vente mauvaise sur toutes les espèces.
Vaches...	508	301	
Taureaux.	281		
Veaux....	1.246	206	
Moutons..	12.587	»	
Porcs....	4.484		

Vente du bétail au marché de La Villette.

Adresser les animaux à MM. Henri Roblin et Surugue, en gare Paris-Bestiaux. Les aviser par lettre auparavant, 190, rue d'Allemagne, Paris.

Les *Pilules de Vallet* ont été approuvées et recommandées par l'Académie de médecine de Paris pour la guérison de la *chlorose*, des *pâles couleurs*, de l'*anémie*, des *pertes de sang*, et *pertes blanches* et de tous les états d'épuisement ou de faiblesse générale. *Nota.* — Les pilules de Vallet (*vraies*) sont blanches et sur chacune est écrit le nom Vallet. Toutes pharmacies : le flacon 3 fr. Fabron L. Frère, 19, rue Jacob, Paris, A. Champigny et Cie, successeurs.

L'Almanach de la France rurale pour 1896.

Notre Almanach paraît pour la 21e fois. Cette année il comporte diverses modifications qui seront certainement bien accueillies :

1° Le format est agrandi ;

2° Le papier est bien meilleur ;

3° Enfin il contient beaucoup plus de renseignements.

Nous appelons surtout l'attention des agriculteurs sur deux innovations qui distinguent cet Almanach de tous les autres :

1° La nomenclature de tous les jugements rendus en matière de droit rural pendant l'année ;

2° Un petit guide de médecine vétérinaire très pratique.

Comme les années précédentes, cet Almanach passe en revue toutes les branches de l'agriculture.

Prix : 0 fr. 60 franco.

Au moment de mettre sous presse, nous recevons une nouvelle cruellement douloureuse pour nous et pour tous les amis de l'Agriculture et de la France rurale.

M. le marquis de Dampierre vient de mourir à la suite d'une courte maladie, en son domicile à Paris, à l'âge de quatre-vingt-deux ans.

Le vénéré Président de la Société des Agriculteurs de France laisse à la société un testament digne de lui.

Le discours qu'il devait nous adresser à l'ouverture de la prochaine session de la Société était sous presse lorsque la mort est venu nous l'enlever.

Nous résumerons la semaine prochaine, les titres éminents de M. de Dampierre aux regrets et à la gratitude de la France rurale.

Sommaire :

CHRONIQUE POLITIQUE

La Chambre a consacré quatre séances à discuter la question posthume des conventions de 1883, par lesquelles l'Etat se vit obligé de renoncer à une partie des chemins de fer dont M. de Freycinet l'avait étourdiment chargé et de les remettre aux Compagnies existantes. Celles-ci, naturellement, demandaient des garanties pour les engagements exigés par un tel surcroît de leurs charges. Les Conventions consenties par l'Etat, représenté par M. Raynal, ministre des Travaux publics, furent ratifiées par les Chambres. Aujourd'hui, les radicaux prétendaient que M. Raynal avait trahi les intérêts de l'Etat dans ces conventions et devait être mis en accusation. Cette proposition a été rejetée après un débat de quatre jours où la passion politique a joué un rôle plus bruyant que l'intérêt de l'Etat.

Mais le débat a donné lieu à un nouveau scandale qui ne doit pas rester inaperçu. La Commission a publié une liste de plus de trente journaux et de quarante journalistes, tous républicains et radicaux, auxquels les Compagnies ont payé plus d'un million pour défendre les conventions. Les députés panamistes se sont donné le plaisir de dénoncer la vénalité de ces journalistes, et de nous apprendre que le Veau d'Or est le dieu du jour dans la presse républicaine comme au Parlement.

Ce scandale nouveau, ajouté à tant d'autres suggère une réflexion qui a droit à l'attention des honnêtes gens : c'est que dans cette liste de quarante plumes républicaines on ne trouve pas un seul des journaux conservateurs, dits réactionnaires, cléricaux, etc. On a signalé un seul journaliste se disant faussement rédacteur à la *Gazette de France*, qui ne l'a jamais connu.

Voilà un fait singulièrement suggestif pour tout esprit impartial, désireux de distinguer les journaux honnêtes, consciencieux de ceux qui trafiquent de leur publicité et de leur conscience.

Pauvre public français, quel trait de lumière, et dire, qu'il ne servira à rien ! — au moins pour le moment.

Pour l'avenir, néanmoins les maîtres du jour ne sont pas très rassurés. Les procès d'Arton, de Dupas, les enquêtes sur les tripotages de la Compagnie du Sud, etc., suscitent tous les jours des incidents imprévus qui remplissent les colonnes des journaux et qui semblent aussi menaçants pour les coquins qu'on veut sauver que pour leurs victimes qu'on traque et qu'on poursuit. La majorité qui a sur sa tête ces épées de Damoclès s'agite sourdement pour les éviter. M. Bourgeois et ses collègues espèrent la dompter et lui faire voter tout ce qu'ils voudront par cette toute-puissante intimidation. Nous verrons prochainement, à l'occasion du budget de 1897 et de l'impôt sur le revenu, les fruits de cette pression sans exemple dans nos annales parlementaires.

Mais tout cela, nous dira-t-on, est-il bien à sa place dans un journal agricole ?

Depuis vingt ans qu'on nous adresse cette objection, nous répondons par une série de mécomptes, de ruines qui démontrent de plus en plus que le sort de l'agriculture est inséparable de celui des autres grands intérêts du pays, et que les agriculteurs qui adressent leurs doléances aux auteurs et aux fauteurs de tant de hontes et de ruines, jouent un rôle de dupes qui, s'ils y persistaient plus longtemps, deviendrait aussi ridicule que le rôle du troupeau de gogos exploité par la juiverie financière à la Bourse.

Ruraux, mes amis, ouvrez enfin les yeux, l'heure des révélations décisives approche pour tous, pour le monde agricole spécialement. Après les avoir prédites pendant tant d'années, nous n'aurons que la peine de les enregistrer. Les faits parlent d'eux-mêmes.

Les nouveaux impôts.

L'opinion commence à se préoccuper vivement des impôts proposés par le gouvernement, spécialement de *l'impôt sur le revenu*, proposé l'an dernier par M. Cavaignac, et qui figure dans le projet de budget de 1897 comme étant indispensable pour mettre ce budget en équilibre.

Pour obtenir le vote des radicaux, le projet exempte de tout impôt les familles dont le revenu n'excède pas 2.500 francs. Or ces familles sont au nombre de huit millions en France sur dix millions. Les propriétaires possédant un revenu supérieur, qui sont à peine au nombre de 600 000, devraient à eux seuls combler le déficit. C'est tout simplement insensé, surtout en songeant que l'impôt sur le revenu remplacerait l'impôt des portes et fenêtres et la contribution mobilière.

On remarque aussi que les revenus des contribuables seraient appréciés avec une autorité souveraine par les agents du fisc. On voit d'ici comment seraient traités les gens qui votent contre les candidats officiels.

Nous pourrions multiplier les objections que soulève le projet qui n'est qu'un ballon d'essai en faveur de l'avènement du socialisme. Nous ignorons si l'esprit public est arrivé à un degré d'abêtissement suffisant pour en subir l'essai. Mais tout le monde est d'accord avec M. Leroy-Beaulieu lorsqu'il dit que jamais on n'a joué aussi étourdiment sur un coup de dé, l'avenir financier d'un grand pays !

La vérité est que tout autre pays que la France aurait payé de sa ruine totale, les folies que nous inflige, en finances comme en politique, la coterie que nos malheureuses cruches électorales maintiennent au pouvoir depuis bientôt vingt ans.

Quelques-uns espèrent que cette saturnale touche à sa fin et que le jour de la débâcle approche.

Nous voudrions le croire ; malheureusement, aucun signe, jusqu'à ce jour, ne justifie cet espoir.

Élection d'un député.

Dimanche dernier, à Châtellerault (Vienne), M. Jules Duveau a été élu député par 8.727 voix contre 4.502 voix attribuées au candidat radical, et 1.536 à un candidat socialiste. 15.292 votants sur 20.100 inscrits. Abstention d'un quart des inscrits.

PRIMES DE PRINTEMPS

Nous sommes heureux d'offrir à nos aimables lectrices une prime de graines de fleurs et de légumes.

Moyennant l'envoi de 5 fr. 50, elles recevront franco les graines énoncées ci-après. Nous leur ferons observer que cette double collection vaut au moins 8 francs chez tous les grainetiers.

Les commandes devront être adressées directement à M. Birot Henri, *cultivateur-grainier*, 19, rue de Viarmes Bourse du Commerce), Paris.

Légumes de choix à semer en février.

30 gr., carotte courte de Hollande;

30 gr., chicorée sauvage améliorée;

10 gr., chou pommé, roi des précoces;

Un demi-litre fève perfection;

10 gr., laitue gotte à graine blanche;

15 gr., navets demi long, blanc, à châssis;

30 gr., oignon jaune paille des vertus;

15 gr., poireau monstrueux de Carentan;

Un demi-litre, pois incomparable *extra-hâtif* (nouveauté);

Un demi-litre pois nain, amélioré *extra-hâtif*.

Fleurs.

Un paquet Reine-Marguerite comète en mélange;

Un paquet Réséda pyramidal à grandes fleurs de Paris;

Un paquet Zinnia élégant, double en mélange.

Adresser les commandes accompagnées de leur montant en un mandat de 5 fr. 50 et de la bande du journal, à M. Birot Henri, 19, rue de Viarmes (Bourse du commerce), Paris.

CHRONIQUE GÉNÉRALE

La loi sur la police des beurres.

En enregistrant le vote de cette loi, nous avons exprimé des doutes sur le succès de la répression de la fraude qu'elle a pour objet et nous avons dit que les syndicats beurriers comme celui du Calvados, feraient bien de compter plus sur eux-mêmes que sur la loi.

Le *Journal de l'Agriculture* reproche avec raison, selon nous, à la Commission d'avoir adopté l'article 1er du projet du gouvernement qui admet l'immixtion du lait dans la fabrication de la margarine. Il en résultera des difficultés inextricables dans la vérification des beurres.

Concours de chevaux mulassiers à Niort.

Ce concours départemental organisé par la Société d'Agriculture, se tiendra à Niort, le 26 février prochain.

Les chevaux admis devront être inscrits sur le Stud-Book généalogique, exempts de toute tare, et âgés de trois ans au moins. Les primes ne seront remises qu'à la suite de 40 saillies authentiques.

LES CAISSES RURALES
Système Raiffeisen Durand.

(Suite).

III

LA CAISSE RURALE

La caisse rurale est une association mutuelle des cultivateurs et des artisans d'une commune, pour se procurer du crédit.

Son but est de prêter à un taux raisonnable de l'argent au cultivateur ou artisan qui en a besoin pour élever, engraisser du bétail, semer ses terres, acheter des outils, etc. La caisse rurale veut aider le travailleur, encourager et protéger l'agriculteur.

Nous n'avons pas à insister sur l'utilité d'une semblable institution, car si le marchand consent un retard dans le paiement, il établit en conséquence le prix de sa marchandise et demande souvent en outre un intérêt de 6 0/0. Le prêteur, qu'il soit homme d'affaire, particulier ou banquier, exigera des garanties coûteuses, des hypothèques, etc.; chez le banquier qui est censé prêter au taux de 6 0/0, on arrivera facilement, grâce aux frais de commission, d'inscription, de renouvellement, etc., à payer jusqu'à 12 0/0.

La caisse rurale peut prêter, ainsi que le prouve l'expérience acquise, à 4 0/0 au maximum. Sa constitution est des plus simples.

Quelques cultivateurs honnêtes de la même commune se connaissant entre eux, s'unissent et forment une petite société de crédit mutuel.

C'est parfaitement légal et cela s'appelle une société en commandite à capital variable. Ce genre de société est régi par le titre III de la loi du 24 juillet 1867.

Il suffit d'être trois pour fonder une caisse rurale, puisque la loi exige autant de copies timbrées de l'acte de société qu'il y a de fondateurs sociétaires. Ces trois personnes signent l'acte constitutif de la société sur ces trois copies. Puis on fait les dépôts et déclarations légales et la société est constituée. Les autres sociétaires adhèrent ensuite à la société; ils sont inscrits sur le registre des entrées et sorties et cela ne coûte rien; il n'y a pas de cotisation.

Il ne nous est pas possible de donner ici le modèle des statuts, ni d'entrer dans les détails de la constitution, du fonctionnement et de l'administration; mais on trouvera tout cela très au complet dans un manuel d'une clarté et d'une précision merveilleuses, publié par M. L. Durand. Cette brochure est

indispensable pour les fondateurs ou administrateurs (1).

En droit, tous les associés sont solidaires et responsables des prêts qui sont faits. Mais qu'on ne s'effraye pas, la responsabilité est, en fait, sans inconvénients et aucun sociétaire n'a jamais rien perdu.

En effet, les sociétaires se connaissent. Ils appartiennent tous à la même commune. Ils sont choisis et ne se recrutent que parmi les honnêtes gens. Ils ne prêtent que prudemment aux associés seuls et dans un but déterminé. C'est un devoir pour les administrateurs de guider le sociétaire dans l'emploi des fonds qu'il emprunte de façon à ce qu'il en tire le plus de profit possible. Jamais on ne fait de prêts de simple consommation. On fait des prêts qui aident à la production par des achats d'instruments, d'engrais, de bétails, de semences, etc.

La caisse a d'ailleurs bientôt une réserve et si quelque perte survenait, elle serait bientôt couverte.

La caisse n'a pas ou n'a que peu de capitaux d'avance. Quand elle juge un prêt opportun, elle emprunte elle-même pour prêter. Elle trouve facilement des fonds à un taux modéré, 3 ou 3 1/2 0/0 parce qu'elle offre toute garantie par la solidarité de ses membres. Elle prête à 4 ou 4 1/2. C'est avantageux pour l'emprunteur, la caisse y trouve un petit profit qui constituera sa réserve et le prêteur sera enchanté de placer son argent remboursable à un terme fixé d'une façon sûre et qui lui rapportera sans frais plus que de la rente, surtout, si comme tout le fait prévoir, la conversion du 3 0/0 en 2 1/2, est opéré prochainement par l'Etat de plus en plus besoigneux.

La réserve pourvoira aux pertes qui pourraient survenir. Elle peut aussi être employée, dans une certaine mesure, en institutions de bienfaisance, ou servir à rétribuer un comptable, si les affaires de la caisse deviennent importantes; les fonctions des administrateurs sont gratuites.

En cas d'excédent, on peut le déposer à la caisse d'épargne postale.

---

1. *Manuel pratique à l'usage des fondateurs et des administrateurs des caisses rurales par Louis Durand.* Chez l'auteur, avenue de Noailles, 56, à Lyon. Prix : franco, 1 fr. 10. On trouvera à la même adresse les trois actes de société imprimés sur timbres, tous les livres nécessaires pour l'administration, ce qui rend la chose, nous ne saurions trop le répéter, d'une facilité inouïe. La fondation d'une caisse coûte, y compris les enregistrements et les publications exigés par la loi et l'achat des livres d'administration, environ une trentaine de francs. Cette somme avancée à 0/0 d'intérêts par un des fondateurs, lui sera bientôt remboursée par la réserve de la caisse. Ce sera la première opération.

Enfin, nous engageons chaque caisse à s'affilier à l'union des caisses rurales et ouvrières, ce qui lui donnera une foule de privilèges, consultations, conseils, renseignements, tout en lui laissant son indépendance. On reçoit en outre un bulletin mensuel rempli d'indications utiles. Le coût de l'abonnement est de 2 francs par an, 56, avenue de Noailles, à Lyon, Bureaux de l'Union des caisses rurales.

L'emprunteur doit toujours présenter une caution solvable.

Les époques de remboursement sont fixées de manière à laisser à l'emprunteur le temps nécessaire pour retirer de ses fonds le bénéfice qu'il en attend. On accepte généralement les remboursements anticipés, ce qui décharge d'autant l'emprunteur.

L'administration d'une caisse rurale est très facile. Pour la faire fonctionner, il n'est pas nécessaire d'être au courant des affaires de banque : quelques hommes connaissant bien leur commune, appartenant à la classe agricole et sachant faire les quatres règles d'arithmétique, peuvent administrer à la perfection une caisse rurale, pourvu qu'ils veuillent bien y consacrer chaque semaine quelques moments.

Les statuts expliquent les fonctions, d'ailleurs très faciles, du conseil d'administration, du conseil de surveillance, du directeur et du comptable. Le manuel de M. Durand, dont nous avons parlé plus haut, est très clair, très pratique, et on ne saurait mieux faire que d'en suivre scrupuleusement les conseils, on sera sûr alors de ne pas commettre de faute lourde.

La caisse rurale s'occupe des souffrances des agriculteurs et les soulage; elle est donc une œuvre morale et charitable.

Les campagnes se dépeuplent. Les cultivateurs abandonnent les lieux où ils sont nés; ils se rendent dans les villes. S'ils abandonnent ainsi la campagne, c'est qu'ils y souffrent, c'est qu'ils n'y gagnent plus leur vie. Les retenir à la campagne par des œuvres appropriées à leurs besoins, n'est-ce pas l'œuvre des œuvres pour la conservation de la foi, des mœurs simples et des santés robustes, pour l'avenir de la race et de la patrie?

De plus, la caisse rurale favorise l'honnêteté des mœurs et la régularité de la conduite. Dans les communes rurales, on sait qu'on n'accepte dans les caisses de crédit que des honnêtes gens. C'est un titre d'honneur d'en faire partie; c'est une tache d'en être tenu à l'écart. Elles sont une école d'honneur, de probité et de bonne conduite. Là où elles fonctionnent, elles ont opéré de nombreuses conversions.

Un exemple fera bien comprendre le mécanisme de la caisse rurale.

A Ecchineux, dans le Pas-de-Calais, le 15 juillet, la caisse prêtait à une pauvre femme, chargée de subvenir, seule, à l'entretien d'un mari infirme et de deux enfants, la somme de 96 francs pour l'achat de trois porcs.

Le 2 novembre, les deux plus petits porcs étaient vendus 112 francs.

A cette époque, cette femme devait :

1° En capital	96	»
2° Intérêts pendant 4 mois	1	15
En tout, . . .	97	15

Nous avons dit que les deux petits porcs étaient vendus . . 112 »

Elle a donc gagné après remboursement. 14 85

plus le plus gros des trois porcs qu'elle a mis au saloir pour passer l'hiver et avoir autre chose que des pommes de terre et du pain sec pour la nourriture de la famille.

P. DE MENNEZEL D'ORMOIS.

Science et pratique en agriculture.

Monsieur le rédacteur,

Le frère Antonis a dit de fort bonnes choses dans la *Gazette* au sujet de la *théorie* et de la *pratique* et il a parfaitement démontré l'utilité des études scientifiques pour celui qui veut faire de la culture lucrative, surtout dans les circonstances difficiles où nous nous trouvons. Permettez-moi néanmoins d'ajouter quelques mots sur cette importante question.

D'abord, que faut-il entendre par *théorie*? car la première des nécessités pour se comprendre mutuellement et étudier une question avec profit, c'est de préciser avec soin le sens des mots.

On peut entendre par théorie l'explication scientifique des faits observés. Ces théories sont très souvent exactes, quelquefois aussi elles sont plus ou moins hasardées; de là je conclus que l'on ne doit en tirer des conséquences pratiques qu'avec une très grande réserve toutes les fois que leur exactitude n'est pas absolument démontrée. Des savants d'un grand mérite ont fait beaucoup de tort à l'application de la science agricole en voulant déduire des conséquences pratiques de découvertes scientifiques incomplètes.

On peut aussi entendre par théorie les règles de l'art agricole déduites de l'expérience et de l'observation. Ici encore il faut une grande prudence de la part de ceux qui enseignent par la plume ou par la parole, afin de ne pas ériger en règle générale ce qui n'est qu'un cas particulier et ils ne doivent pas manquer d'avertir que les règes ont des exceptions et même des exceptions nombreuses, surtout en agriculture.

Enfin on entend très souvent par théorie toutes les études agricoles faites dans les livres. Il est certain que l'on rencontre des erreurs dans les livres, mais il ne faut pas conclure de là que les livres ne sont bons qu'à mettre au feu.

Parlons maintenant un peu de la pratique. Il faut distinguer la pratique manuelle et la pratique intellectuelle. La pratique manuelle consiste à conduire la charrue, la herse et la charrette, à manier la bêche et la faux, à soigner le bétail, etc.; la pratique intellectuelle consiste à diriger les opérations de la culture.

Il est bon qu'un chef d'exploitation sache faire usage des principaux instruments d'agriculture; cela est surtout utile quand il faut introduire l'emploi des instruments nouveaux pour le pays; néanmoins un homme peut être un très bon agriculteur et ne pas savoir tenir une charrue.

Tous les cultivateurs qui dirigent une exploitation, si petite qu'elle soit, font de la pratique intellectuelle, très simple à la vérité, car elle se borne à l'observation de trois règles : travailler beaucoup, dépenser peu et cultiver suivant la coutume. Cela ne nécessite pas de grands efforts d'intelligence ni de fortes études scientifiques; mais si tous les cultivateurs ne possédaient pour toute instruction que ce qui s'enseigne à l'école primaire, s'il n'y avait pas d'agriculteurs versés dans l'étude des sciences, nous en serions encore au point où nous en étions il y a un siècle.

On objectera que les découvertes sont faites par les savants qui les portent à la connaissance du public par le moyen des journaux; tout cultivateur peut en profiter pourvu qu'il sache lire et même celui qui ne sait pas lire en entendra parler par son voisin.

La réponse à cette objection n'est pas bien difficile. Les découvertes faites par les savants dans leurs laboratoires sont rarement susceptibles d'une application immédiate; il faut pour cela des recherches spéciales faites sur le terrain et en grand. Qui fera ces recherches? Les principes scientifiques connus sont susceptibles de nombreuses applications à l'agriculture; on ne les devine pas du premier coup, on les aperçoit peu à peu en observant les faits de la pratique. Qui fera ces observations? La diversité des terres, des climats, des circonstances locales, obligent à modifier les détails d'application pratique. Qui se chargera de faire les études nécessaires? Et les questions si importantes des résultats financiers; qui se chargera de les élucider? Ce ne sont pas des cultivateurs sans instruction qui peuvent mener à bonne fin tous ces travaux.

Autrefois la marche des choses agricoles était très lente; on n'avait qu'à ne pas cultiver plus mal que son voisin; de simples praticiens pouvaient suffire et néanmoins l'intervention des hommes instruits ne fut point inutile. Aujourd'hui il faut progresser sans cesse et rapidement sous peine d'être submergé par la concurrence et par les difficultés de toutes sortes. Il ne faut pas comparer des époques aussi complètement dissemblables; ce qui était vrai autrefois ne l'est plus aujourd'hui.

Il y a tant à faire que l'on se trouve dans la nécessité de diviser le travail. Entre le savant et le cultivateur il faut un intermédiaire qui, connaissant la science, connaissant aussi la pratique, puisse faire l'application rationnelle des principes scientifiques avec les modifications que réclament les circonstances locales : cet intermédiaire, c'est l'agriculteur instruit.

A quoi servent à l'agriculteur les études scientifiques ? Elles lui servent tout d'abord à acquérir l'esprit d'observation et d'expérimentation. Ce n'est pas chose si facile que d'observer et d'expérimenter : celui qui n'a pas étudié sérieusement les sciences physiques et naturelles appliquées y réussira très rarement et très difficilement, quelle que soit d'ailleurs son intelligence.

Pour un homme dont la profession consiste précisément à multiplier les végétaux et les animaux, on ne peut pas sérieusement prétendre que la connaissance de l'organisation et de la vie de ces deux classes d'êtres soit sans utilité.

A l'étude des sciences mathématiques, physiques et naturelles il faut joindre celle de la science agricole proprement dite ; or, cette science n'est pas autre chose que le résumé de l'expérience de tous les agriculteurs du monde civilisé. Soutiendra-t-on que cette expérience n'est pas supérieure à celle des cultivateurs d'une commune ou même d'un canton ?

Au sortir de l'école le jeune homme qui a fait des études sérieuses n'est pas encore un agriculteur, mais il possède les éléments nécessaires pour le devenir ; pour compléter son instruction il lui faut acquérir l'expérience pratique, et il lui sera facile de l'acquérir promptement.

On objecte encore que les propriétaires qui veulent faire de la culture y perdent presque tous de l'argent au lieu d'en gagner. Cela ne prouve absolument rien contre la science agricole, car parmi ces propriétaires il y en a bien peu qui aient fait des études complètes d'agriculture. Quand même on citerait des exemples d'insuccès de la part de quelques élèves sortis des écoles spéciales, cela ne prouverait encore rien : la science est un puissant élément de succès, mais ce n'est pas le seul ; il faut y joindre l'aptitude spéciale pour la profession d'agriculteur. Parmi les cultivateurs de profession on en voit beaucoup qui se ruinent et un bien plus grand nombre encore qui parviennent tout juste à gagner péniblement leur vie : c'est précisément pour cela que l'agriculture est abandonnée de plus en plus et que les campagnes se dépeuplent.

Tous les cultivateurs ne peuvent pas être des savants, cela est certain, mais il serait à souhaiter que les agriculteurs instruits fussent assez nombreux pour donner partout l'exemple d'une culture plus habile et plus lucrative.

Agréez, etc.

A. DE VILLIERS DE L'ISLE-ADAM.

Société des Agriculteurs de France.

La mort de M. le marquis de Dampierre a pour première conséquence un remaniement important dans le Conseil de la Société des Agriculteurs de France

Nous ne saurions prier trop instamment nos collègues de ne pas s'abstenir et d'envoyer leurs votes dès qu'ils auront reçu les feuilles. Il est inadmissible que, dans une société libre, réellement agricole, dont les membres se recrutent dans la classe dirigeante, il n'y ait qu'un sixième du corps électoral à voter. Nous faisons des vœux pour que les Agriculteurs de France donnent un éclatant témoignage de l'esprit de corps qui les anime.

On nous informe qu'un groupe important se propose de remplacer le trésorier actuel, M. de Rothschild, par un vrai Français. Nous ne pouvons qu'approuver cette tentative et serions très heureux que le nouveau trésorier soit M. de Vilmorin dont le nom a été prononcé.

Session de 1896. — Comme les années précédentes, la session de 1896 sera précédée et préparée par une réunion des délégués des comices et des sociétés qui se tiendra le lundi 2 mars à deux heures.

La session s'ouvrira le mercredi 4 mars à une heure et finira le jeudi 12 mars.

Les Compagnies de chemins de fer et de transports maritimes accordent aux membres de la Société la gratuité du retour dans leur pays, moyennant l'exhibition de leur lettre de convocation.

NÉCROLOGIE.

On apprend la mort de M. Jules Reisec de l'Académie des sciences et de la Société nationale d'agriculture, décédé dans son domaine d'Écorchebœuf (Seine-Inférieure). M. Reisec a été un des principaux promoteurs du progrès agricole dans la Haute-Normandie, par ses exemples, et du progrès en général par ses écrits.

CHRONIQUE AGRICOLE

Situation. — La Saison.

Les légères gelées que nous étions heureux d'enregistrer la semaine dernière, n'ont pas eu malheureusement la continuité désirée par toute la culture. La température actuelle est une température printanière. La végétation est en reprise partout. Ce serait une excellente situation si elle n'avait à craindre une agression tardive des gelées, en fin février et en mars. Cette appréhension n'est que trop justifiée, on le sait, par les expériences des dernières années, ou plutôt par l'expérience de toutes les époques. Dans presque toute la France, en effet, les saisons printanières sont sujettes à des écarts de température, qui soumettent les plantes en terre à de dures épreuves.

État général des récoltes en terre. — Le ministère de l'agriculture vient de publier un relevé officiel approximatif de l'état des plantes en terre à la fin de janvier.

Personne ne peut être surpris d'apprendre que presque partout les céréales et les plantes fourragères semées en automne, sont en bon état et ont pris un développement peu ordinaire, à la suite de deux mois d'hiver qui n'ont été qu'un prolongement continu de l'automne, sinon un printemps prématuré. Les colonnes de chiffres alignées par le *bulletin* à ce sujet montrent que l'art de manier les chiffres dans le vide est fort en honneur dans notre bureaucratie. Mais les ruraux en apprennent davantage en visitant leurs cultures.

D'ailleurs, à quoi bon cet étalage de statistique officielle, puérile et honnête. Les cultivateurs savent que l'époque qui influera d'une façon décisive sur le sort de la prochaine campagne n'est pas venue encore et que ce seront les évolutions atmosphériques de cette saison depuis le 15 mars jusqu'au 15 juin qui fixeront leur sort.

Sans doute la science agricole n'est pas absolument désarmée contre les intempéries au printemps, surtout contre les excès de sécheresse et d'humidité, mais là, cette lutte souvent pénible n'atténue pas toujours les effets calamiteux des gelées printanières. L'agriculteur sait qu'il n'est assuré d'aucune récolte tant qu'elle n'est pas enlevée et emmagasinée et que la sagesse lui prescrit de compter avec la puissance et la bonté du divin Créateur.

Les travaux de saison. — La température exceptionnellement douce de cette saison est mise à profit, avec raison, par les cultivateurs, pour hâter les façons préparatoires aux semis printaniers. Toutes les plantes semées au printemps ont une chance de succès dans le fait d'être semées de bonne heure, c'est-à-dire en février, lorsque l'état des terres qui les reçoivent est satisfaisant, c'est-à-dire ni trop sec, ni trop humide, et surtout pas trop froid. Or, c'est l'état actuel de la plupart des terres destinées à recevoir les avoines, les orges, les pommes de terre, etc. — On ne peut donc que conseiller les semailles immédiates de ces plantes. Malheureusement, si un retour offensif de gelée venait surprendre les nouveaux semis, le mal serait sérieux. Il s'agit donc de choisir entre deux *aléas*, contre lesquelles la science n'est point en mesure, malgré tous ses progrès, de prémunir la culture. La prédiction du temps est restée jusqu'ici un secret impénétrable à la science humaine. En tout cas, nous croyons que les semailles précoces, par le temps actuel, sont à conseiller aux bons praticiens.

Les assolements traditionnels.

Malgré les progrès justement recommandés du système des assolements dits alternes, la tradition des assolements de trois ans, est toujours en vigueur dans la plupart des régions de la France. Cela est d'autant plus fâcheux que, de toute évidence, ces assolements ne donnent que de faibles récoltes, et notamment la troisième sole qui reste souvent à l'état de jachère morte et même à l'état de jachère vive, est d'un rapport presque nul. Notre confrère et ami La Morvonnais écrit à l'*Echo agricole* que, dans cette bonne Bretagne, qu'il aime tant, malgré ses écrits et ceux de ses amis, la routine y règne encore à peu près partout. Nous nous en étonnons vivement quant à nous, car nous avons l'honneur d'avoir des correspondants en Bretagne qui, depuis de longues années, pratiquent le système des cultures alternes, des propriétaires qui obligent leurs métayers à suivre cette méthode.

L'ancienne méthode sans doute avait sa raison d'être dans ce double fait, d'abord que le fumier était le seul engrais donné à la terre, et qu'on ignorait la valeur de son élément le plus important, le purin ; ensuite, on n'avait aucune idée des engrais artificiels, autres que les engrais de mer dans les cantons riverains de la Manche !

On ignorait l'existence des engrais industriels et commerciaux. Enfin, on ignorait l'art de créer par la sidération, c'est-à-dire par la culture des plantes enfouies, des engrais naturels. Evidemment, dans cet état imparfait de la science agricole, l'année de jachère était une nécessité incontestable de la culture, et la prohibition de vendre les pailles et foins était une condition légitime imposée aux fumiers dans les contrats de fermage.

Aujourd'hui, il est de toute évidence que ces conditions jadis vitales, sont devenues des conditions de ruine. Avec les ressources tirées des engrais chimiques et des cultures enfouies, le cultivateur sait avec certitude quels sont les éléments qu'il doit introduire dans une terre quelconque, pour en entretenir l'incessante fécondité. Il n'a à se préoccuper que d'une question, celle des débouchés et des prix de vente de ses produits.

Les rotations raisonnées d'après cette règle, varient entre quatre et six soles, dans lesquelles les céréales, le blé surtout considéré comme plante épuisante, succède régulièrement à une ou deux soles fourragères. Nous avons constaté tant de fois les avantages de cette méthode, qui est celle de tous les maîtres agriculteurs de notre temps, que nous nous croirions dispensés d'y revenir, si nous n'apprenions pas encore avec peine que la majorité de nos pauvres cultivateurs est encore acoquinée au régime dont s'afflige justement notre confrère La Morvonnais. Nous reviendrons donc de nouveau sur ce sujet, puisqu'il est toujours nouveau pour tant de gens bien qu'ancien pour nos plus distingués lecteurs.

Engrais composés.

Doit-on toujours rejeter les engrais composés et acheter au contraire isolément les substances qui entrent dans leur formation ?

Telle est une très grave question qui n'est pas aussi facile à résoudre qu'on pourrait le croire.

De nombreux théoriciens ont essayé de jeter le discrédit sur les engrais composés de tous genres. Sans doute ils fournissent à l'appui de leur opinion des arguments qui, à première vue, paraissent très fondés. Examinons-les rapidement.

Il ne faut plus, disent-ils, acheter d'engrais composés ou d'engrais spéciaux pour les motifs suivants : *1° On paie trop cher les manipulations opérées par l'industriel ; 2° le contrôle de leur richesse est onéreux puisqu'il exige des analyses multiples ; 3° l'élément azoté qu'ils renferment est souvent trop soluble pour qu'on puisse le mettre sur le sol en même temps que l'acide phosphorique et la potasse ; 4° enfin il y a des terrains qui n'ont pas besoin d'un engrais complet.*

Examinons chacun de ces points : Si on achète le mélange d'après sa teneur en principes utiles, il est facile de savoir si le fabricant demande un prix exagéré pour la confection du mélange. En s'adressant aux maisons sérieuses on ne paie pas trop cher ces engrais et même, tout compte fait, on réalise une économie en les employant. Si, par exemple, on ne veut donner au sol qu'une petite quantité d'azote organique, d'acide phosphorique et de potasse, nous nous demandons comment un cultivateur s'y prendra pour répandre uniformément ces engrais séparément, à moins qu'il ne les additionne de terre qu'il mélangera intimement à chacun d'eux. On ne pourra jamais nous persuader qu'il est facile de répartir uniformément 200 kgr. d'un engrais sur un hectare, soit 20 grammes par mètre carré. Pour le faire, le cultivateur devra donc s'imposer une manipulation délicate et coûteuse. Et on sait que la régularité dans l'épandage est de rigueur absolue ; c'est précisément à cause de cela que, dans bien des cas, nous préférons les engrais peu riches aux engrais concentrés. Avant de condamner les engrais composés pour cette première raison, il faut donc se rendre bien compte du résultat final qu'on se propose.

Disons encore qu'en répandant séparément chacun des éléments constitutifs, on augmente les frais d'épandage et que, pour rendre celui-ci plus facile, on est tenté de forcer beaucoup trop les doses, ce qui produit souvent de déplorables effets pour le cultivateur, au grand profit des industriels et de leurs représentants.

L'analyse des engrais composés ne coûte pas plus cher que celle des engrais simples, puisqu'on paie toujours le même prix par élément dosé. Au total donc, si on recherche l'acide phosphorique, l'azote et la potasse on ne paiera jamais que ces trois dosages, comme on l'aurait fait en analysant le superphosphate, le sang ou les sels de potasse. Ce motif est donc sans valeur.

Au sujet de la plus ou moins grande solubilité des corps constituant le mélange, nous dirons qu'il est toujours facile de résoudre le problème. Sans doute, il peut être utile de ne pas répandre ensemble les sels azotés, l'acide phosphorique et la potasse, mais au lieu de recourir au nitrate de soude ou au sulfate d'ammoniaque l'azote peut être fourni par des corps lentement décomposables comme la corne, le sang, les poils, la laine, et autres matières organiques ; dans ce cas il n'y a aucun inconvénient, au contraire, à mettre l'engrais composé dès l'automne.

Il est également évident que tous les sols n'ont pas besoin d'engrais complet, mais ce n'est pas une raison pour rejeter radicalement les engrais composés dont le nombre est infini, et par conséquent, pour ne pas choisir celui qui convient le mieux.

L'engrais composé ne présente qu'un seul danger qui est grave mais facile à éviter. Sous ce nom on vend quelquefois très cher des mélanges d'une très faible valeur. Aussi, conseillons-nous de ne les acheter que sur dosage garanti explicitement, c'est-à-dire, contrôlable par l'analyse chimique. Les fournisseurs consciencieux ne sont pas aussi rares qu'on veut le supposer, il suffit de les chercher et de les conserver quand on les a trouvés.

Il ne faut pas croire, d'ailleurs, que tous les cultivateurs, sans exception, puissent employer avantageusement les engrais chimiques simples : d'abord beaucoup ne sauraient effectuer eux-mêmes leurs mélanges et la plupart ignorent quelles sont les substances à employer de préférence à d'autres. Sans doute, nous dira-t-on, les conseillers ne leur manquent pas, mais offrent-ils toujours des garanties suffisantes de pratique ou de désintéressement ? Il n'y a pas de semaine où nous ne trouvions dans des publications des conseils fort discutables. Notre devoir est donc de recommander à nos amis, sur ce sujet, comme sur beaucoup d'autres, de ne rien condamner, de ne rien accepter, sans contrôle fait auprès des meilleurs praticiens, qui seront toujours les conseillers les plus certains.

S. CRÉPEAUX.

Les blés de printemps.

Le relevé officiel de l'état des récoltes en terre constate que les étendues cultivées en blé, en France, ont diminué depuis quelques années de 350.000 hectares. Il était trop facile de prévoir cette diminution à partir du jour où le cours du blé est descendu à 20 francs et au-dessous ; il est facile de prévoir qu'elle continuera, si on n'obtient pas une sérieuse protection douanière contre la concurrence des blés étrangers.

Bien plus, si la diminution n'est pas plus considérable, cela vient de ce que les cultivateurs n'ont le choix pour remplacer leurs blés qu'entre des cultures peu ou point rémunératrices.

Cent fois, les pauvres cultivateurs nous faisaient cette réponse au conseil de restreindre leurs cultures de blé : Nous ne gagnons rien avec le blé, mais nous ne tirons pas un meilleur parti des autres cultures. Alors, que faire?

La conséquence est claire, c'est le blé étranger qui remplacera de plus en plus le blé français dans notre pain, si nous continuons de subir le régime douanier que M. Viger refuse d'améliorer. Voilà du patriotisme!

En attendant, il est évident que c'est sur les blés de printemps que portent principalement les réductions des emblavures. En effet, les blés de printemps rendent toujours moins de grain et de paille que les blés d'automne et d'hiver. Il est donc sage de les remplacer par d'autres céréales ou par des plantes fourragères dans la plupart des cas. Mais par quelque culture qu'on les remplace, il n'y a de gain possible que dans des rendements élevés. Aucune plante n'est rémunératrice aujourd'hui avec les petits rendements dont on se contentait encore partout, il y a peu d'années. On devra donc donner à la plante quelle qu'elle soit, qui remplacera le blé de mars, tous les engrais et tous les soins de culture signalés par nous, pour obtenir des rendements rémunérateurs. Nous reviendrons encore sur ces questions qui se représentent tous les ans dans le cours de l'année.

<hr>

L'Orge.

SON EMPLOI DANS L'INDUSTRIE

La production de l'orge en France est encore inférieure à celle du seigle, elle ne s'élève guère qu'au cinquième de la récolte en blé, soit environ vingt-cinq millions d'hectolitres.

Au point de vue industriel, l'orge a une importance économique très grande par son emploi en distillerie et surtout en brasserie. Cette dernière ne peut en effet livrer à la consommation des produits stables et bienfaisants que si elle n'emploie exclusivement que le grain d'orge. Par sa composition chimique, par la nature des principes qu'elle contient, l'orge qui a subi les traitements convenables donne une boisson hygiénique dont l'usage se généralise de plus

en plus. Ce qui pendant longtemps a mis obstacle à la propagation de cette boisson était la difficulté de fabrication et de conservation dans les pays jouissant d'un climat chaud. Les progrès de la science ont amené la découverte de moyens propres à assurer à la bière, sous tous les climats, les qualités nécessaires.

Aussi la consommation de la bière augmente de plus en plus et il est à prévoir que la culture de l'orge se développera davantage. Nos orges françaises de bonne qualité trouveront toujours un débouché facile. La brasserie veut des produits de choix et par là assure aux cultivateurs français la vente de leur grain : l'orge n'a pas à craindre le marasme dans lequel est tombée la vente des autres céréales, en particulier du froment.

L'orge suivant les uns est originaire de la Sicile, suivant d'autres de la Mésopotamie ou de la Russie. Ce qu'il y a de certain, c'est que sa culture remonte à la plus haute antiquité. On en trouve à côté des momies dans les tombeaux égyptiens et des auteurs chinois en font mention. Son emploi pour fabriquer la cervoise ou vin d'orge est également connu depuis très longtemps chez les peuples du Nord.

Elle fut cultivée en grand par les Egyptiens et les Hébreux. Elle servait principalement de nourriture aux chevaux et aux classes pauvres. Les Romains donnaient en punition à leurs soldats une ration d'orge pour faire leur pain au lieu d'une ration de froment.

L'orge (*hordeum*) est de la famille des Graminées, tribu des hordeacées. L'épi qui sert à caractériser les différentes orges est formé d'un axe ondulé muni de dents. A chaque dent sont trois épillets, mais comme les points d'attache des épillets pour deux dents consécutives sont opposés, l'axe se trouve entouré de six épillets.

Dans les orges hexastiques ou à six rangs tous ces épillets sont également développés.

Dans les orges carrées, dites vulgairement et improprement à quatre rangs, les trois épillets de chaque groupe sont sur le même plan vertical.

Dans les orges distiques ou à deux rangs un seul épillet est fécondé, les autres avortent.

Parmi les orges à six rangs, citons :

L'orge commune. — Grains distribués sur six rangs, restent couverts de leurs balles, épi long et aigu. Talle beaucoup mais exige une forte fumure. Se sème au printemps.

L'orge escourgeon ou à six rangs. — Très répandue en France comme orge d'hiver, épi court, carré, s'égrène facilement.

Parmi les orges à deux rangs on distingue :

L'orge commune de printemps ou à deux rangs. — Mûrit très vite. Se sème au printemps. Epi long, comprimé, à côtes parallèles. Elle demande des terres fer-

tiles et fournit un grain de bonne qualité.

L'orge céleste. — Fournit de gros grains.

L'orge éventail, l'*orge pamelle*, l'*orge d'Espagne*, etc. On peut former une autre classification, en distinguant les orges fourragères des orges industrielles. A ces dernières appartiennent les *orges Chevalier* obtenues par sélecteur et qui jouissent d'un légitime succès dans l'industrie de la brasserie. Elles se sèment au printemps le plus tôt possible.

Les principales sous-variétés des orges Chevalier se nomment : prima-dona, golden grain, golden drop, golden melon. de Hongrie, de Moravie, etc.

Les *Escourgeons* ou orges d'automne se sèment avant l'hiver. Elles mûrissent en juillet.

L'*orge de Russie* est ordinairement un produit inférieur.

L'*Imperiale d'Allemagne* est très estimée dans quelques régions.

(*A suivre*).

M. MONCHAUSSÉ,

<hr>

L'orge de Hanna.

Cette variété d'orge, importée de Hongrie il y a quelques années, par les soins de M. Tisserand, directeur de l'agriculture, a été soumise à de nombreux essais de culture en Champagne, dans les terres crayeuses, en Beauce dans les terres silico-argilo-crayeuses, dont M. Schribaux vient de publier le compte rendu dans le bulletin officiel du ministère.

Il résulte de ce compte-rendu que l'orge Hanna est une variété supérieure à nos meilleures variétés françaises sous tous les rapports : précocité d'abord ; rendement plus fort en grain ; grain volumineux, farineux, de belle couleur et de qualité supérieure pour la brasserie.

Cependant, dans la plupart des essais relatés par M. Schribaux les bonnes variétés indigènes, celles de Beauce, notamment, et la variété Chevalier ont donné des rendements à peu près égaux à ceux de la Hanna. C'est sur l'ensemble des essais que M. Schribaux constate la supériorité de l'orge Hanna, et conclut à l'utilité de sa propagation en France.

Quant aux conditions à remplir dans sa culture pour obtenir des rendements de 20 à 22 quintaux à l'hectare, ce sont celles qu'observent généralement nos agriculteurs de marque.

Labour profond comme préparation, engrais bien décomposé (pas de fumier frais, qui provoque la verse).

Semailles hâtives autant que le permet la saison, espacement de 10 à 15 centimètres entre les lignes. Enfin un léger apport de nitrate de soude, 100 kilos en couverture au printemps.

Enfin en donnant à la moisson et à l'égrenage les soins de nature à soustraire le grain au contact de l'eau.

Nous croyons utile d'ajouter à ces avis, un conseil essentiel : ne pas hésiter à opérer un binage lorsque les hâles d'avril ou de mai étreignent le collet de la plante et la privent de l'air vital nécessaire. Le binage avec le nitrate de soude sont, dans ce cas, les facteurs essentiels de la bonne végétation, pour l'orge comme pour toutes les plantes en général.

L'orge de Moravie.

Après l'orge de Hanna, l'orge de Moravie.

Cette variété cultivée à la ferme-école de Nolhac (Haute-Loire) donne un rendement d'un tiers plus élevé comme grain et comme paille que les orges ordinaires. Elle redoute moins l'humidité ou la sécheresse et résiste mieux à la verse.

Les épis à deux rangs sont longs et bien garnis d'un grain fin et lourd recherché par les brasseurs qui le payent de 30 à 75 centimes de plus par 100 kilos. La bière provenant de cette variété accuse un demi-degré de plus au saccharimètre.

Le rendement varie de 37 à 45 hectolitres de grain à l'hectare; le rendement en paille est de 5 à 6.000 kilogrammes.

L'orge de Moravie réussit dans des terrains où l'orge commune ne donne que des produits insignifiants.

Champs d'expériences
dans la Côte-d'Or.

La *Bourgogne* publie le compte rendu de deux expériences : une de culture du blé, l'autre de culture de pommes de terre faites dans le canton de Baisieux.

Nous nous bornons, pour ce qui concerne la culture du blé, à noter que le résultat a été le même que partout ailleurs. La parcelle qui avait reçu l'engrais complet précédé, selon que nous le conseillons toujours d'un labour profond et d'une bonne fumure phosphatée, a produit les plus abondantes récoltes et le grain de meilleure qualité. Inutile de revenir sur une vérité aussi bien établie partout.

La culture expérimentale de la pomme de terre pratiquée suivant les conseils bien connus de M. Aimé Girard, a été précédée d'un apport de fumier (20.000 kilos), superphosphate (500 kilos), nitrate de soude (250), sulfate de potasse (300). Le nitrate a été semé deux fois en couverture, la première fois avec le binage, la seconde, avant le buttage, en même temps qu'une solution cuprique contre le mildiou. Plantation à 15 centimètre. Rendements à l'hectare : Institut Beauvais, 31.000 kilos ; à 16 0/0 de fécule ; Canada, 31.400 kilos (17 0/0 fécule); Richters, 29.000 kilos (15,8 fécule ; Rouge farineuse 27.500 kilos (18,2 fécule).

Après cet exemple ajouté à cent autres bien connus, tout cultivateur, intelligent est en mesure de s'éclairer sur les moyens d'obtenir d'abondantes récoltes d'une culture qui en donne encore de si pauvres dans l'ensemble de la France.

LA PASTEURISATION DU SOL

L'Occidine

Nous n'avons pas eu d'hiver cette année, ou, si peu, qu'il ne saurait compter.

Et pourtant la gelée est nécessaire ; le froid rigoureux enferme sans merci, au sein de la terre durcie, les myriades de vers, larves, etc., qui sommeillent tranquillement tapis en attendant le printemps.

Jamais, à ce qu'il paraît, l'invasion annuelle de ces vilaines bêtes ne s'est annoncée dans des proportions aussi inquiétantes que cette année. C'est par millions dans le Nord et l'Est, ainsi que dans les départements limitrophes de la Seine, nous écrit-on de toutes parts, que les cultivateurs mettent à jour les larves de hannetons, qu'on remue littéralement à la pelle.

En s'y prenant d'avance, on peut enrayer le mal dans sa racine, et empêcher d'éclore ces larves dévastatrices.

Il suffit, pour cela, de mélanger à la terre dans la proportion de trois à quatre cents kilogrammes à l'hectare, la précieuse « Occidine » qui, mieux que le gel, mieux que n'importe quoi, tue infailliblement toutes les vermines petites ou grosses, ailées ou rampantes, généralement quelconques, ou tout au moins leur rend la vie intenable.

C'est le moment d'agir, et de « pasteuriser » le sol. Dans quelques semaines, s'il n'était trop tard, la besogne serait devenue singulièrement plus difficile.

Le mode d'emploi de l'Occidine est des plus faciles, il n'exige pas de préparations, nous allons donner pour chaque cas la meilleure façon d'opérer.

1° Sur les fumiers. — Les fumiers, comme tous les détritus sont un foyer permanent d'infection parasitaire, puisqu'ils reçoivent les déjections animales et les résidus de toute espèce en putréfaction. — Il faut pour assurer la récolte, avant d'introduire ces fumiers dans la terre, les débarrasser de tous ces germes, de ces milliers de micro-organismes infectieux qui prospèrent et se multiplient en accomplissant leur œuvre de destruction.

L'Occidine détruit tous ces germes, et le fumier occidiné, au lieu d'être un véhicule d'éléments nuisibles devient un fertilisant véritable, parce qu'il est *assaini, nettoyé, purifié.* Une poignée d'Occidine saupoudrée par mètre carré pour une épaisseur de 10 à 15 centimètres est suffisante.

Le fumier ainsi pasteurisé, pasteurise le sol auquel on l'incorpore. Le sol devenu sain peut recevoir la graine.

2° Couches. — Lors de la confection des couches, sur chaque lit de fumier de 15 centimètres, il faut répandre l'Occidine. Une poignée suffit par mètre carré.

3° Grande culture. — Pour les blés, avoines, betteraves, 200 à 300 kilogr. d'Occidine par hectare suffisent.

On peut répandre lors des semailles, l'Occidine avec le semoir, en faisant alterner une ligne de semence et une ligne d'Occidine. On économise ainsi le produit, et on obtient une protection absolue.

4° Jardins potagers. — *Serres.* — *Jardins d'agrément.* — Mettre l'Occidine au pied des arbres, arbustes, légumes, par poignées ou pincées suivant la grosseur des sujets ; les arbres arbustes sont ainsi à l'abri des ravages des chenilles, fourmis, limaces, termites. — (Les évaporations qui, par suite de la chaleur solaire émanent de l'Occidine, protègent les feuilles, les infiltrations dans le sol, conséquence des pluies garantissant les racines.)

5° Tabacs. — Déposer autour de chaque pied à un centimètre de la tige 5 à 6 grammes d'Occidine, pour éviter les atteintes des larves et chenilles.

6° Dans la viticulture pour éviter les vers gris l'*Altise*, mettre l'Occidine à raison de 10 ou 20 grammes à chaque souche ; — les œufs sont rendus inféconds, les larves sont détruites et les insectes nuisibles ne pouvant supporter la présence de l'Occidine, fuient ou meurent suivant les cas. — On peut aussi, par surcroît de précaution, faire tremper l'Occidine dans l'eau et badigeonner le cep à la main (aucun danger pour l'opérateur.)

En somme, l'Occidine est un antiseptique, un insecticide, et un insectifuge puissant.

Aut fugit, aut perit, telle est la devise.

Dépôt de l'Occidine :

Paris, 36, rue de Trévise, Paris.

Les 50 kilos . . . . 11 francs.
— 100 kilos . . . . 22 francs.

Conditions spéciales pour wagons complets.

Destruction des mulots.
LE PROCÉDÉ DANYSZ A WITRY-LES-REIMS

Voici le texte du rapport de M. Danneau sur cette expérience :

« La Commission offre tout d'abord ses plus vifs remercîments à l'honorable Président du Comice pour le choix de la commune de Witry-les-Reims comme lieu d'expériences, et pour l'ardeur qu'il a mise à l'organisation de l'expérience et à la délimitation du champ de démonstration.

« Il aurait été difficile de nous prononcer plus tôt sur les résultats que nous devions obtenir ; ceux-ci n'ont pas répondu de suite aux espérances qu'on avait conçues ; aussi y eut-il un commencement de découragement parmi les habitants de Witry-les-Reims. On disait : « Cette nouvelle invention ne produit pas d'effet ; lorsqu'on « employait l'arsenic, on voyait des souris « mortes le lendemain. »

« Cela est vrai, car le virus du docteur Danysz agit plus lentement et pas de la même manière.

« La Commission, en présence de ces plaintes et de ces hésitations, a voulu se rendre un compte exact de la situation huit jours après la première expérience. Ayant fouillé à différents endroits, nous avons trouvé quelques souris mortes et d'autres à demi dévorées dans les mêmes trous : nous ne pouvions plus avoir de doute sur les propriétés et l'efficacité du virus. Notre infatigable Président est venu quinze jours après, et nous a prescrit de boucher tous les trous, ce qui fut fait avec attention. Une faible quantité seulement fut débouchée, il était donc certain que le nombre des campagnols allait en diminuant.

« Cette première expérience n'ayant pas réussi entièrement, nous avons, sur le conseil de notre Président, fait une nouvelle distribution de virus avec plus de soins que la première ; l'addition d'eau en trop grande quantité avait dû être cause du résultat incomplet. Quatre jours après ce deuxième traitement, nous avons pu constater que les trous qui restaient habités auparavant étaient entièrement déserts ; au point qu'il faut chercher assez longtemps dans notre champ d'expériences pour y rencontrer quelques souris tandis que dans des territoires non traités, ces animaux pullulent avec une rapidité effrayante et causent des ravages considérables.

« En présence de ces résultats, nous ne saurions trop recommander aux cultivateurs qui voient, comme nous, leurs champs ravagés par les campagnols, l'emploi du virus du Dʳ Danysz, mais nous leur conseillons d'agir avec ensemble et de bien suivre le mode d'emploi indiqué par l'inventeur.

« Tous les membres de la Commission félicitent et remercient M. le Dʳ Danysz. Grâce à sa découverte, les cultivateurs de Witry espèrent être, sinon débarrassés complètement des campagnols, au moins protégés contre leurs ravages ; ils comptent qu'ils n'auront plus à déplorer les pertes qu'ils ont subies en 1871 et 1881, tristes années, où sur une étendue de 2.000 hectares il aurait été difficile de trouver l'herbe nécessaire à l'alimentation d'une paire de moutons.

« Il est véritablement regrettable que nous n'ayons pas été mis à même d'essayer plus tôt ce virus ; l'hiver avec ses intempéries nous empêche de poursuivre nos opérations qui n'ont été que partielles, mais nous espérons qu'avec du courage et de la persévérance, nous arriverons à faire disparaître ces redoutables ennemis de nos récoltes.

« Votre Commission vous prie en terminant, Messieurs les Membres du Comice, de vous joindre à elle pour remercier la Municipalité de Witry-les-Reims, de l'empressement dont elle a fait preuve en participant pour une bonne part aux frais occasionnés par notre expérience.

« Le Rapporteur, »
« Danneaux. »

POIS INCOMPARABLE
extra-hâtif (nouveauté).

Ce pois peut être considéré comme le plus précoce de toutes les variétés existantes à l'heure actuelle, et est sans contredit la plus belle obtention française mise au commerce depuis longtemps.

Cette variété a été obtenue par M. Birot Henri, cultivateur-grainier, à Paris, dans ses cultures d'*Aunay-sous-Auneau* (*Eure-et-Loir*) dont la réputation n'est plus à faire, pour les nombreuses variétés de légumes et fleurs qu'il a obtenues et mises au commerce depuis 1890.

La plante atteint 0 m. 70 à 0 m. 80 de hauteur, les cosses longues et droites renferment de 6 à 8 grains de première qualité, le grain à l'état sec est rond et blanc.

Il peut être semé en février-mars pour cueillir en mai-juin.

Le kilo, franco 2 fr. 60 ; le demi-kilo, 1 fr. 85.

M. Birot, 19, rue de Viarmes, Paris.

Les violettes.

Il n'est jusqu'à l'humble violette, la fleur préférée de la fermière, qui ne soit attaquée par des maladies. La violette de Parme qu'on cultive en grand dans le Midi pour la parfumerie donnait autrefois des rendements rémunérateurs qui sont aujourd'hui bien réduits. Cette plante est en proie à trois affections redoutables causées par des champignons. Le premier se développe pendant les étés chauds et secs, ses dégâts sont peu importants. Le second apparaît à l'été ou au printemps, quand la température est humide et chaude. Le plus dangereux est le troisième qui réduit souvent les récoltes de 60 0/0. La maladie qu'il engendre est très contagieuse, elle sévit sur les racines. On la combat efficacement en fumant copieu-

sement le sol avec les engrais chimiques à l'exclusion des substances organiques, et en recourant au sulfure de carbone à la dose de 30 gr. par mètre carré.

BIBLIOGRAPHIE

Nouvelle éducation de la femme dans les classes cultivées, par Mᵐᵉ la vicomtesse d'Adhemar, chez Perrin, quai des Grands-Augustins, 35 (Paris). — 1 vol. 3 fr. 50.

L'ouvrage que nous annonçons au public et qui vient à peine de paraître, est un pur chef-d'œuvre de style et de pensée. Il opérera, d'un bout à l'autre de la France, dans les esprits méditatifs, une révolution salutaire. Sa destinée est d'éclairer les intelligences vraiment chrétiennes et françaises sur un *fait* immense et sur un *principe* plus vaste et plus indéniable encore.

Le *fait*, que ce livre met en relief, c'est le développement que prend, en France, la culture intellectuelle de la femme et l'infériorité des institutrices qui, généralement, dans les classes élevées, sont chargées de l'instruction et de l'éducation des jeunes filles.

Le *principe*, que l'auteur s'applique à faire rayonner, c'est la nécessité, pour la société chrétienne, de réagir vigoureusement, si elle ne veut pas que la foi, déjà si ébranlée dans son sein, ne succombe tout à coup. Les lycées de filles, en effet, ne sont plus un rêve de Victor Duruy. Ils sont devenus une réalité menaçante, non pas par suite de l'instruction que les jeunes filles y reçoivent (cette instruction était nécessaire, il fallait relever le niveau), mais par suite de la séparation funeste que l'on travaille à établir, entre l'éducation religieuse et l'instruction même.

Mᵐᵉ la vicomtesse d'Adhémar, dans des pages d'une rare profondeur, montre la direction qu'il faut imprimer aux facultés naissantes de la jeune fille, les révélations délicates mais indispensables qu'il faut savoir lui faire sur son grand et futur rôle d'épouse et de mère, les bases rationnelles sur lesquelles il faut asseoir l'édifice de ses convictions chrétiennes.

Rien de plus vrai, de plus exact, de plus utile que les chapitres que Mᵐᵉ la vicomtesse d'Adhémar, dans son livre, a intitulés : *la triple vocation de la femme ; les grandes lectures ; innocence et ignorance ; une dogmatique de l'amour.*

Que ces pages étincelantes s'en aillent, de château en château, de pensionnat en pensionnat, comme un feu sacré ; partout elles illumineront et réchaufferont les âmes. Les plus beaux suffrages ont déjà honoré ce livre si remarquable. Mgr d'Hulst nous disait naguère à nous-même qu' « il en appréciait hautement et le fond et la forme et que loin de s'offusquer des prétendues hardiesses qu'il renferme, il fallait au contraire y applaudir. » Que de préjugés, en effet, que de naïfs aveuglements chez les meilleures des mères, relativement à leurs filles ! Ce livre leur ouvrira délicatement les yeux et elles y apprendront, avec l'art incomparable de former de nouvelles et plus vaillantes générations de femmes, le secret de relever la France et d'enrichir moralement et chrétiennement l'Eglise.

L'ABBÉ G. FRÉMONT,
Chanoine de Poitiers, d'Alger et de Carthage.

Le dernier Preux.

C'est une œuvre éminemment française que **Le dernier Preux**, le roman de cape et d'épée qu'Albert Monniot vient de faire paraître chez DENTU.

A travers une action au mouvement endiablé, semée de grands coups d'épée, d'embuscades et de rencontres, se dessinent des caractères attachants et se nouent des intrigues auxquelles se trouve mêlée la Majesté royale.

L'œuvre d'Albert Monniot évoque irrésistiblement celle d'Alexandre Dumas père, elle met en scène des types qui sont les proches parents des immortels Mousquetaires.

Le récit s'ouvre au déclin du règne de Louis XV, pour s'achever dans les grondements populaires, prodromes de l'imminente Révolution. Il est impossible d'esquisser en ces quelques lignes une action si tourmentée ; nous ne pouvons qu'engager nos lecteurs à lire le roman d'Albert Monniot : il les reposera de l'indigeste littérature dite psychologique.

RECETTES

Brûlures et engelures.

Nous avons signalé, il y a quelques mois, que le meilleur et le moins connu des remèdes contre les brûlures, consiste à imbiber les places si douloureuses avec une solution d'acide picrique. Au moyen de ce procédé si simple et si peu coûteux (25 cent. le litre), les douleurs les plus aiguës cessent en quelques minutes, les ampoules se dessèchent et la cicatrisation s'opère en quelques jours.

On nous apprend, en outre, que la même solution picrique a la même efficacité sur les engelures si fréquentes en cette saison dans les campagnes.

Nous ne saurions trop engager les familles à se procurer un litre de *solution à froid* d'acide picrique qui se trouve dans toutes les pharmacies.

Tous les jours, par le temps d'hiver, les enfants et même les gens de tout âge sont exposés à un accident de brûlure. Les maréchaux ferrants surtout sont dans ce cas. La solution picrique est dans ces cas un remède parfait.

On est stupéfait lorsqu'on constate, comme nous venons de le faire, que ce remède qui fut découvert en 1875 par un savant médecin, soit encore inconnu en 1896.

Recettes diverses.

Le jus des tomates mûres enlève l'encre et les taches de rouille du linge et des mains.

Une cuillerée à soupe d'essence de térébenthine ajoutée à la lessive, aide puissamment à blanchir le linge.

L'amidon bouilli est beaucoup amélioré par l'addition d'un peu de gomme arabique ou de blanc de baleine.

Les institutrices.

Il est aussi difficile aux institutrices de trouver une bonne place qu'aux familles chrétiennes de se procurer des personnes capables à tous égards de partager l'autorité paternelle et maternelle. Aussi apprendra-t-on avec plaisir qu'il vient de se fonder une œuvre destinée à remplir cette double mission. Sa directrice est Mlle Chiron, 101, avenue du Roule à Neuilly-sur-Seine (Seine).

Avant de recommander cette œuvre placée sous le patronage de Saint-Antoine de Padoue, nous avons pris nos renseignements et c'est en toute confiance que nous la recommandons aux intéressés. Il est inutile de s'y adresser si on ne peut accompagner les demandes de sérieuses et excellentes références.

PRIMES A NOS ABONNÉS

PRIMES DE PRINTEMPS

Nous informons nos lecteurs que toutes les primes annoncées jusqu'à présent sont épuisées, à l'exception de celles que nous continuons à annoncer.

Nous serons obligés de retourner l'argent accompagnant les ordres de primes épuisées.

Prochainement, comme les années précédentes nous offrirons à nos aimables lectrices des primes de graines.

Huîtres fraîches d'Arcachon et de Marennes, colis postaux, 5 kilos contenant :

100 huîtres blanches.		4 25
70 — plus grosses.		4 80
100 — vertes.		5 60
70 — plus grosses.		5 60

Franco de port et d'emballage en gare ou à domicile. *Adresser les ordres* accompagnés de la bande du journal et d'un mandat à MM. J. LAPIERRE et J. GOUBET à Andernos (Gironde).

Délicieux Vin Muscat Vieux tonique et réconfortant venant directement de la propriété, garanti authentique, offert en prime à nos abonnés à raison de 1 fr. 25 le litre logé en fûts de 25 à 35 litres. Fûts perdus.

Adresser les commandes au Bureau du Journal 10 *bis*, rue Piccini, Paris.

Si vous voulez boire du bon vin de Saint-Emilion, adressez-vous à M. **Duplessis-Fourcaud**, au château des Trois-Moulins, à SAINT-EMILION (Gironde).

(Voir le prix courant.)

Montre Remontoir, boîte métal nickelé, cuvette nickelée, 18 lignes ou 50 millimètres, cadran émail à secondes, aiguilles Louis XV, système à rochet, échappement-cylindre, 4 rubis. Prix 15 fr. 50 franco de port et d'emballage.

Le même article se fait en modèle réduit pour jeunes gens au même prix et pour dames avec augmentation de 2 francs.

Montre Remontoir, acier oxydé inaltérable cuvette acier oxydé 18 lignes, système perfectionné, calibre revolver, cylindre 8 rubis, cadran émail à secondes, prix 20 francs, franco de port et d'emballage.

Le même article se fait en modèle réduit, pour jeunes gens au même prix, et pour dames avec augmentation de 2 francs.

Baromètre nickel, fabrication française très soignée, système perfectionné. Prix 12 francs.

Baromètre « Bois sculpté Masson, » très décoratif, fabrication française, système perfectionné. Prix 22 fr. 50.

Envoyer les demandes accompagnées d'un mandat d'égale somme, au Bureau du Journal, 10 bis, rue Piccini, Paris.

Vélocipèdes. — Pour répondre aux désirs maintes fois exprimés par nos lecteurs, nous nous sommes livrés à de sérieuses recherches. Nous avons visité les principales usines et pris l'avis d'amateurs de cet instrument. Nous sommes aujourd'hui en mesure de procurer à nos lecteurs, à titre de prime exceptionnelle, des machines parfaites à tous égards provenant d'un des meilleurs fabricants.

Nos abonnés auront droit à une remise de 50 0/0 sur les prix du catalogue de cette maison.

Nous ne disposons que d'un très petit nombre d'instruments dans ces conditions.

CORRESPONDANCE

M. S. H. (Loir-et-Cher). — Les pommes de terre cuites constituent une excellente nourriture pour les brebis qui élèvent, il en est de même pour les agneaux ; en réglant les rations qui sont généralement de 1 kilo et demi pour les mères et de un demi-kilo pour les agneaux sevrés, il n'y a pas à craindre que cela les pousse trop à la graisse. Donner aux jeunes agneaux que l'on commence à sevrer du son mélangé avec de l'orge ou de l'avoine, le grain aide à la formation de la charpente osseuse : c'est le secret pour faire des bêtes bien membrées et en même temps rustiques.

L'avoine noire de Brie ou de Coulommiers est la plus hâtive, la meilleure, et celle qui donne les meilleurs résultats, nous vous conseillons cette excellente variété.

M. E. D., à V. (Loiret). — Ce que vous dites au sujet de votre fourrage ne nous surprend nullement ; les fourrages artificiels, luzernes, sainfoin, trèfles, doivent être rentrés très secs, une excellente méthode consiste à les laisser plusieurs jours en meulons par les champs, ne jamais les faire botteler aussitôt la récolte, les rentrer sous des hangars, les saler, et ne faire le bottelage qu'au moment de les faire consommer. Pour guérir votre fourrage moisi, le seul moyen à employer pour le faire accepter par vos bestiaux est de le faire passer dans une machine à battre les grains, afin de le débarrasser des moisissures, ensuite, au fur et à mesure des besoins, asperger le fourrage avec de l'eau salée.

M. C. V., à P. D. (Yonne). — Oui, les phosphates produisent d'excellents effets sur les betteraves à sucre, ils augmentent le rendement en poids et en sucre. Vous pouvez employer sans crainte 600 kilos de phosphate de Quiévy par hectare. Pour les blés souffreteux, appliquer au printemps 500 kilos phosphate et 100 kilos nitrate de soude en mélange par hectare ; donner ensuite un coup de herse et vous m'en direz des nouvelles : votre récolte aura triplé.

M. C., à A. (Tarn). — Il n'y a de société d'assurances sur les bestiaux à recommander que les mutuelles organisées par les cultivateurs eux-mêmes. Dans les autres, les tarifs sont inabordables. Nous ne savons pas s'il existe une compagnie d'assurances contre la mortalité des bestiaux, opérant dans le Tarn.

M. B., à S. (Loiret). — *Conservation des échalas.* — On les trempe dans une dissolution de : eau, 100 litres ; sulfate de fer, 50 kilos. On les y laisse vingt-quatre heures. On peut remplacer ce sel par du sulfate de cuivre.

M. L. (Ardennes). — *Engrais.* — Sur vos prairies mettez 100 kilos de sulfate de fer, sur vos seigles et avoines, 120 kilos de nitrate de soude en mélange avec 500 kilos de phosphate à l'hectare.

Pour vos pommes de terre, 200 kilos de chlorure de potassium.

M. J. M., à Meaux (Seine et-Marne). — Le phosphate des os est quelquefois vendu sous le nom de poudre d'os, ce sont donc deux produits analogues dont la valeur se détermine d'après leur teneur en acide phosphorique. Les phosphates d'os ont sur les phosphates minéraux, l'avantage de renfermer des matières organiques et par conséquent de l'azote. Mais il faut se défier de toutes les substances vendues sous le titre de poudre ; en général on les paie beaucoup trop cher. Un engrais, quel qu'il soit, doit se payer d'après son dosage en azote et en acide phosphorique.

M. G. R. (Aisne). — Vous trouverez le produit pour faire retenir les vaches chez M. Voxeur, à Bréval (Seine-et-Oise). Beaucoup de cultivateurs en sont contents.

M. L., à M. (Côtes-du-Nord). — Les scories de déphosphoration produisent beaucoup plus d'effet sur les terres humides et donnent cependant des résultats sur les sols secs qui manquent de calcaire.

M. H., à R. (Aube). — Pour détruire l'herbe qui pousse sur un chemin ou dans les allées de jardin, vous n'avez qu'à répandre du sel de cuisine en assez forte quantité. Le résultat est certain.

M. L. G. (Gironde). — Pour empêcher le retour de l'oïdium, il faut recourir soit aux traitements par le soufre, soit à la bouillie bordelaise et opérer avant et pendant la floraison ainsi qu'au moment de la maturité. Les engrais ont peu ou pas d'influence sur cette maladie.

Vous trouverez à Nantes des scories.

M. l'abbé Vigneron est curé à Roville, par Bayon (Meurthe-et-Moselle). Nous avons offert son ouvrage en prime pendant plus de deux ans.

OFFRES ET DEMANDES

On offre : Trèfle violet bien récolté, garanti pur et exempt de cuscute, au prix de 1 fr. 20 le kilo, pris à Vittel (Vosges) gare départ.

S'adresser à M. Emile Morel, propriétaire à Vittel (Vosges).

Avoine noire de Coulommiers, qualité extra pour semence, passée au trieur, garantie de provenance directe : 22 fr. les 100 kilos, logée, gare Coulommiers (Seine-et-Marne).

Pommes de terre pour semence. — Variétés très productives, garanties pures d'espèces et de parfaite conservation. — Hollande, 12 ; Saucisse rouge, 10 ; Early rose, 8 fr. ; Institut de Beauvais, 10 fr. ; Merveille d'Amérique, 9 fr. ; Ronde jaune, 9 fr. ; Richter Impérator, 10 fr. sur wagon Paris et Seine-et-Oise.

Toiles à rendre ou facturer 1 fr. l'une.

Huiles d'olive garanties pures et sans mélange venant directement de la propriété.

Au prix de 1,80, — 1,60, — 1,50 le kilog. suivant qualité.

Gare départ, paiement contre remboursement. S'adresser à M. Edouard Laurin, propriétaire à Saint-Chamas (Bouches-du-Rhône).

Pommes de terre sélectionnées pour semence : Paulson, Athènes, Idaho, Canada, Hollande, Marjolin, *Géante Franco-Russe*, la plus productive de toutes.

Livrable par quantité minima de 50 kilos S'adresser au bureau du journal.

Prix : Géante Franco-Russe, 14 francs les 100 kilos ; Paulsen, Athènes, Idaho, Canada, Hollande, 12 francs les 100 kilos ; Marjolin un peu germée, 2 fr. 50 les 5 kilos franco toute gare de France.

GRAND CRU MÉNARDIÈRE. Cidre normand pur jus, 15 fr. l'hecto non logé.

Eau-de-vie de cidre garantie pure : 3 fr. le litre.

Sassier, propriétaire. La Colombe (Manche)

Agriculteur, ancien régisseur de grandes propriétés, demande direction d'un domaine en France ou colonies. Excellentes références.

Virus Danysz pour la destruction des rongeurs de toute espèce qui dévastent les récoltes (préparé à l'Institut Pasteur).

Virus n° 1 pour souris, mulots, campagnols ; la boîte de deux tubes 5 fr. — de 5 tubes 8 fr. — de 10 tubes 12 fr. — de 100 tubes 75 fr.

Virus n° 2 pour rats, rats d'eau et surmulots ; 1 tube 3 fr.

Instructions jointes à l'envoi.

Adresser demandes et mandats à M. S. B. *Gazette*, 10 bis, rue Piccini, Paris.

La culture électrique, par M. C. Crépeaux . . . . 1 »

Purificateur d'air pour tonneaux, l'un 4 50 franco gare.

Moyennant un supplément de 0 fr. 40, nous joindrons à l'envoi une mèche à percer de calibre et moyennant 0 fr. 10 en plus, une mèche soufrée.

Le Gérant : E. Gambart.

IMP. MOZETTE ET Cⁱᵉ, 8, RUE CAMPAGNE-1ʳᵉ, PARIS

BULLETIN FINANCIER

Le marché persiste dans les bonnes dispositions où nous le laissions il y a huit jours. La fermeté s'est étendue à la généralité de la cote et les mines d'or ont recouvré leur activité d'antan. Espérons qu'elles n'exagéreront pas le mouvement et que la leçon d'octobre 1895 leur profitera, tant dans leur intérêt que dans celui des marchés européens.

Pour le moment le 3 0/0 est à 103,12 à terme et à 102,80 au comptant. L'Amortissable vaut 101.15 et 100,65 et le 3 1/2 0/0 106,65 et 106,50 respectivement à terme et au comptant. L'Italien vaut 84 francs et l'Extérieure 64 13/16.

Les valeurs de crédit se sont comportées honorablement mais rien de plus. Il n'y a que la Banque de l'Afrique du Sud sur laquelle un mouvement de hausse accentuée vient de se produire qui s'inscrive en plus-value notable.

Elle vaut en dernier lieu 140 francs. Le public, en effet achète de préférence cette valeur qui le fait s'intéresser au mouvement ascensionnel qui se prépare sur les mines d'or sans l'obliger, pour faire son choix en actions minières du Transvaal, à avoir recours à des conseillers plus ou moins compétents.

La Banque Française a su prendre, au moment de la grande dépréciation, des intérêts dans quelques Compagnies de premier ordre, à des conditions très avantageuses. Nous croyons savoir, en outre, qu'elle est sur le point de s'intéresser à une entreprise commerciale franco-transvaalienne qui, non seulement profitera à notre commerce, mais doit encore procurer à la Banque de beaux bénéfices. Ajoutons aussi que notre public reconnaît de plus en plus l'utilité de cette institution pour le représenter aux assemblées générale des actionnaires qui se tiennent à Johannesburg. Aussi est-ce en grandes quantités que les pouvoirs affluent à la Banque Française. C'est au reste, le meilleur moyen pour le porteur français d'affirmer ses intérêts dans les Compagnies dont il est actionnaire, et d'avoir la garantie que ces mêmes intérêts seront sauvegardés.

Il ne nous semble donc pas téméraire d'entrevoir, sur les actions de la Banque française de l'Afrique du Sud, des cours plus élevés que ceux pratiqués actuellement.   Coupox.

Le moment favorable au transport des vins étant revenu, nous rappelons à nos lecteurs que tous ceux d'entre eux qui, sur nos conseils, et depuis cinq ans, consomment les vins de M. Vincent Ardura, vigneron, domaine de la Chapelle-Frédignac, par Blaye-Bordeaux n'ont qu'à se louer de la qualité et de la conservation de ce Bordeaux absolument naturel, expédié sans intermédiaire.

Pour dégustation sérieuse, envoi gratuit est fait d'une bouteille de la récolte désignée.

L'encaissement est fait par le facteur, à 30 jours, escompte 2 0/0, ou 90 jours.

Vendanges : 1893, à 130 fr., 1892-91, à 150 fr.; 1890-89, à 175 fr., 1887, à 200 fr., 1885, à 220 fr., 1884, à 240 fr., 1882, à 250 fr., 1881, à 300 fr. — Graves blancs vieux : 130, 150, 200, 250, 300 fr., suivant âge, les 225 litres collés, soutirés, franco de port et de fût en gare d'arrivée.

Eugène de MASQUARD

PROPRIÉTAIRE-VITICULTEUR, Château de la Cascade

SAINT-CÉSAIRE-LES-NIMES (Gard)

Vins garantis naturels, rouges et blancs, depuis 60 fr. la pièce de 220 litres jusqu'à 100 francs, selon qualité, prise en gare de St-Césaire (Gard), fût perdu.

Ces vins ont été médaillés à toutes les expositions où ils ont figuré.

Récoltés sur des coteaux et des terrains secs, les vins de Saint-Césaire, l'un des meilleurs crus du Gard, se conservent parfaitement sans être plâtrés

Envoi franco de prix courants et échantillons

M. Recourat, pharmacien à Beauvais.

Gale des moutons guérie radicalement par *une seule application* de l'Antipsorique.

La bouteille, 3 fr. ; la 1/2 bouteille, 1 fr. 75.

Guérison du Piétin par *un seul pansement* avec le Contre-Piétin-Recourat.

Le pot d'essai, 1 fr. 50 ; le pot, 2 fr. 50.

Joindre 0 fr. 60 pour recevoir *franco* et indiquer gare.

MÊME RAISON SOCIALE DEPUIS 1781
Expos. Universelle 1889 : 3 Grands Prix, 3 Méd. d'Or

VILMORIN-ANDRIEUX, O.✳,✳ & Cⁱᵉ

4, Quai de la Mégisserie, PARIS

CULTURE SÉLECTIONNÉE & VENTE
de TOUTES GRAINES de SEMENCES

Gros & Détail. — Catalogues gratuits aux lecteurs de la Gazette.

CHEVAUX BOITEUX

Guérison par le spécifique BORNET

Contre **Capelets, Mollettes, Vessigons, Eponges, Exostoses, Suros, Eparvins** et les **Formes** à leur début. *(Il s'applique également à toutes les tares molles et osseuses.)*

PRÉPARÉ PAR **A. BORNET**
Pharmacien de 1ʳᵉ classe, ex-interne et lauréat des hôpitaux.

19, rue de Bourgogne, PARIS.

Le flacon, 5 fr., à la pharmacie ; en gare par colis postal, 6 fr. contre mandat.

VIN DE BOURGOGNE

Ferme de l'Hospice de Beaune.
Domaine de MEURSAULT

VINS FINS GRANDS ORDINAIRES, ORDINAIRES
Rouges et Blancs

Concours Général agricole de Paris 1895

MÉDAILLE d'or pour vins rouges
MÉDAILLE d'argent pour vins blancs
EAU-DE-VIE DE MARC

JOBART MUTHELET, Fermier depuis 1877

Maison **MURE**, à Pont-St-Esprit (Gard)
A. GAZAGNE, Gendre et Suor, Phen de 1re Classe

MALADIES NERVEUSES

Epilepsie, Hystérie, Danse de Saint-Guy, Affections de la Moëlle épinière, Convulsions, Crises, Vertigos, Eblouissements, Fatigue cérébrale, Migraine, Insomnie, Spermatorrhée

Guérison fréquente, Soulagement toujours certain

par le **SIROP** de **HENRY MURE**

consacré par 20 années d'expérimentation dans les Hôpitaux de Paris.
FLACON : 5 FR. — NOTICE GRATIS.

PATE et SIROP d'ESCARGOTS de MURE

« Depuis 50 ans que j'exerce la méde-
« cine, je n'ai pas trouvé de remède
« plus efficace que les escargots contre
« les irritations de poitrine. »
« Dr CHRESTIEN, de Montpellier. »

Goût exquis, efficacité puissante
contre **Rhumes, Catarrhes**
aigus ou *chroniques, Toux spasmodique,
Irritations* de la *gorge* et de la *poitrine.*
Pâte 1f; Sirop 2f. — Exiger la PATE MURE. Refuser les imitations.

Thé Diurétique de France

sollicite efficacement la sécrétion urinaire, apaise les
douleurs des **Reins** et de la **Vessie**, entraîne le
sable, le mucus et les concrétions, et rend aux urines
leur limpidité normale. — *Néphrites, Gravelle,
Catarrhe vésical, Affections* de la *Prostate*
et de l'*Urèthre.* — PRIX DE LA BOITE : **3** FRANCS.

Dépôt général de l'**ALCOOLATURE D'ARNICA**
de la **TRAPPE DE NOTRE-DAME DES NEIGES**
Remède souverain contre toutes *blessures, coupures, contusions,
défaillances, accidents cholériformes.*
DANS TOUTES PHARMACIES. — 2 FR. LE FLACON.

CRÉSYL-JEYES

DÉSINFECTANT ANTISEPTIQUE
Efficacité scientifiquement démontrée.
Envoi de Rapports et Références sur demande.

Le **CRÉSYL-JEYES** n'est ni Toxique ni Caustique
Il est adopté par toutes les Administrations
publiques de Paris et des départements.
VENTE EN GROS :
Société Française de Produits Sanitaires et Antiseptiques
35, Rue des Francs-Bourgeois, PARIS.
et chez tous Droguistes et Pharmaciens.
Pour éviter les Contrefaçons exiger les Marques et Cachets
de la Société, ainsi que le nom CRÉSYL-JEYES.

LYSOL

Le plus puissant
anticryptogamique & parasiticide
Complètement soluble dans l'eau
Le meilleur marché.
Assainissement & désinfection certaine
de tous locaux.

Employé avec plein succès contre le
mildew, l'oïdium, la pyrale, etc., et
tous les parasites des arbres fruitiers,
fleurs, légumes, etc.

SOCIÉTÉ FRANÇAISE DU LYSOL
22 & 24, place Vendôme, 24 & 22
PARIS

EXCELLENT DESINFECTANT
POUR LES FUTS A VIN, CIDRE, BIÈRE, ETC.

Prix de faveur pour nos lecteurs

Sur notre demande, M. Motty, père, l'inventeur, a consenti à en mettre de petites quantités pour essais à la disposition de nos lecteurs.

10 litres franco gare. **10 fr.**

Adresser les demandes à M. Crépeaux, rue
Piccini, 10 *bis*, Paris.

PHOSPHATE FOSSILE DE QUIÉVY-NORD

le plus assimilable de tous les phosphate connus
GARANTI PUR DE MÉLANGE AVEC TOUT AUTRE PHOSPHATE
Ce qui, du reste, ne pourrait que diminuer son assimilabilité.

EXTRACTION DU GISEMENT ET USINE A QUIÉVY
Propriétaire-Extracteur : C. LECLERCQ
Bureaux à Viesly (Nord).

COMPOSITION MOYENNE					ASSIMILABILITÉ RELATIVE (méth. Joulie). *Solubilité dans l'oxalate d'ammoniaque.*		
Acide phosphorique....	12	» à 16	» 0/0	Phosphate	de **Quiévy**........	82 29	0/0
Potasse...............	0 45	à 2 77	0/0	—	de la Meuse.......	51 95	0/0
Chaux.................	19 05	à 31	» 0/0	—	de Pernes.........	47 87	0/0
Magnésie..............	0 58	à 3 80	0/0	—	des Ardennes......	46 43	0/0
Matières organiques azotées .	1 80	à 3 45	0/0	—	de la Somme (moy.)..	44 53	0/0
				—	de Ciply..........	34 57	0/0

Titre garanti en acide phosphorique : **13 à 15 0/0.**

LIVRAISON : EN POUDRE IMPALPABLE EN SACS PLOMBÉS, MIS SUR WAGON GARE **QUIÉVY-en-CAMBRÉSIS**
Prix : **3 fr. 80** les 100 kilos, sacs perdus, 30 jours, 2 0/0 ou 90 jours net.

NOTA. — Les acheteurs qui désirent employer le **véritable Phosphate de Quiévy** pur et
garanti d'origine doivent exiger que les sacs portent la Marque (**Au Poisson fossile**) et la Firme
C. LECLERCQ, seul exploitant à Quiévy (Nord).

MACHINES
AGRICOLES, VINICOLES et VITICOLES
TH. PILTER
24, Rue Alibert, PARIS

SUCCURSALES :
Bordeaux, Toulouse, Marseille, Montpellier, Tunis

Les lecteurs de la Gazette désireux de recevoir les Catalogues de la maison TH. PILTER dès
leur publication, sont priés d'écrire 24, rue Alibert, Paris, afin de se faire inscrire.

L'ENGRAIS AMIÉNOIS
FUMURE ORGANICO-CHIMIQUE
*pouvant être employée seule
ou comme complément de fumier de ferme*

RENDEMENTS SUPÉRIEURS, AMÉLIORATION du SOL

Mixte et très complet, cet engrais
convient à tous les terrains ; il est approprié,
sous divers numéros, à toutes les plantes.

**TITRAGES GARANTIS SUR FACTURES
ET FACILITÉS DE PAIEMENT**
Envoi franco du prospectus sur demande affranchie
Adressée à **M Elisée LEFEBVRE**
route de Rouen, 121, AMIENS.

SELS POUR L'AGRICULTURE

Nourriture du bétail et Engrais des terres

Sel neuf dénaturé, au tourteau de colza, 45 f. 1.000 k.
Sel neuf dénaturé, au peroxyde de fer, 40 f. 1.000 k.
Sel de morue pur............ 35 f. 1.000 k.

Expéditions de Fécamp, Bordeaux et St-Malo.

S'adresser à MM A. LE BORGNE et ses Fils,
négociants-armateurs, à Fécamp.

GRANDE BAISSE DE PRIX

PHOSPHO-GUANO COMPANY, LIMITED

LEFEBVRE FRÈRES, Consignataires généraux

PARIS - 60, RUE DE BONDY - PARIS

PHOSPHO-GUANO

SEUL VÉRITABLE — IMPORTÉ DEPUIS 1863

Superphosphate Ornithos — Superphosphate Chilton — Superphosphate 10 degrés

Osso-Guano, Engrais complet Rhizome, Engrais Surazoté L. F.

La qualité et les dosages de tous ces engrais sont invariables et garantis.

L'acide phosphorique qu'ils renferment étant complètement **soluble dans l'eau** a une valeur fertilisante très supérieure à celui des engrais et superphosphates dont l'acide phosphorique, soluble **seulement** dans le citrate d'ammoniaque, reste insoluble dans l'eau. Il n'y a de garanties sérieuses que celles des dosages exprimés séparément en acide phosphorique **soluble dans l'eau** et en acide phosphorique, **insoluble dans l'eau.**

Envoi franco sur demande de brochures indiquant les dosages garantis et les prix.

Dépôts dans tous les principaux centres agricoles.

VINS
DE SAINT-ÉMILION

Vins classés, de 300 à 250 francs la barrique de 225 litres. — Moitié prix pour la barrique de 112 litres.
Vins grands ordinaires, de 140, 125, 105,

100 francs la barrique — 80, 75, 70, 65, 58, 55 francs, la demi-barrique. — Rendu *franco* en gare et régie, sauf octroi.
Adresser commandes à M. DUPLESSIS-FOURCAUD, à Saint-Émilion. — Envoi de prix courants et échantillons sur demande affranchie.
Médailles d'Or, Paris, 1867 et 1889 — Moscou 1891 — Besançon, Montluçon, Royan, etc,

MAISON
Ferdinand et Arnould LEMAIRE
ARNOULD LEMAIRE SUCCESSEUR

CULTURE DE MILLE HECTARES
Laboratoire de chimie pour l'analyse des porte-graines

SPÉCIALITÉ DE GRAINES DE BETTERAVES RICHES EN SUCRE

Ces graines sont garanties sur factures
franches d'espèces, de pureté normale et de bonne germination.

S'adresser pour les Commandes à M. **A. LEMAIRE**, *producteur*
CHATEAU DES MARETZ près Reims (Marne)

A LOUER
DEUX FERMES
Commune des Essarts-le-Roi (Seine-et-Oise)
A PROXIMITÉ DE LA GARE

D'une contenance chacune de 110 à 115 hectares environ. Elles sont à louer séparément ou ensemble, si on le préférait.
S'adresser à M. Letellier, notaire au Perray (Seine-et-Oise) pour les renseignements, ou à M. Berecon, notaire, 1, avenue de l'Opéra, Paris.
On peut visiter les fermes.

VELOUTINE FLAMANDE

La **Veloutine** est spécialement employée pour lustrer les cuirs de fantaisie : guides, selles, harnais de luxe et de travail, capotes, tabliers, caparaçons, etc., et lorsqu'ils ont déjà été enduits de vaseline, ce produit donne un joli brillant et évite l'action graisseuse des cirages ou préparations à base de cire. Sans causticité il ne dessèche pas et imperméabilise.

Le bidon d'un litre pour harnais noirs. . . . 3 70
—   —   —   jaunes. . . 4 20
Franco gare contre mandat-poste.

S'adresser : *Manufacture de Vaselines industrielles de Ligny-en-Cambrésis (Nord)*

Bon Vin de Champagne
DE LA MARNE

Garanti authentique venant de la Propriété
Très belle mousse.

livrable par panier de 12 à 25 bouteilles au prix de **2 fr. 50** la bouteille, emballage compris. Droits et transports à la charge de l'acquéreur.

S'adresser à **M. Adolphe CARRÉ**, *propriétaire à* **Trépail**, *par* **Véry** *(Marne).*

MACHINES AGRICOLES
A. BAJAC
à LIANCOURT (Oise)

P. MARCHAND Frères
à DUNKERQUE (Nord)

FABRIQUE SPÉCIALE DE TOURTEAUX
DE COTON DE GRAINES D'EGYPTE
pour Nourriture et Engraissement du Bétail

GRAND PRIX A L'EXPOSITION UNIVERSELLE 1889

Nous appelons l'attention des nourrisseurs et des éleveurs sur les tourteaux de **Coton** de graines d'Egypte. C'est un produit excellent pour les vaches laitières, les bœufs à l'engrais et les moutons. — Nos tourteaux de **Coton** sont complètement débarrassés de la bourre qui enveloppe la graine et contiennent la même quantité de matières nutritives et grasses que les meilleurs tourteaux de lin. — Nos tourteaux de **Coton** forment l'aliment le meilleur et le plus avantageux en raison de leur prix excessivement bas.

S'adresser pour Renseignements et Prix à MM. P. MARCHAND Frères, à Dunkerque (Nord), ou à leurs Représentants.

ANÉMIE CHLOROSE, FAIBLESSE Guéries par le VRAI **FER QUEVENNE**
Seul approuvé p[r] l'Académie de Médecine, Paris, 14, r. Beaux-Arts, not de 1re

JANIAUD J.[ne]

AMEUBLEMENTS COMPLETS

VENTE — RUE DE MAUBEUGE, 15, 15 bis & 17 — ACHAT

LOCATION DE MOBILIERS

GRAND GARDE MEUBLES
Rue Rochechouart 61 & 63
PARIS
TÉLÉPHONE
ASCENSEUR A TOUS LES ÉTAGES

ENVOI — FRANCO
DU CATALOGUE ILLUSTRÉ

MANUFACTURE CENTRALE D'INSTRUMENTS
AGRICOLES & VITICOLES EN TOUS GENRES
EMILE-PUZENAT
CONSTRUCTEUR A **BOURBON-LANCY** (SAÔNE & LOIRE)
CATALOGUE FRANCO SUR DEMANDE

CONSTRUCTIONS ECONOMIQUES
AGRICULTURE — INDUSTRIE
ENVOI F[c] DU CATALOGUE
SOCIÉTÉ METALLURGIQUE
d'Amiens (Somme)
USINE à VAPEUR, FORCE MOTRICE 250 CHEVAUX
Adresser les lettres à M[r] le Directeur
TÔLES ONDULÉES GALVANISÉES, Pour Couverture
Prix défiant toute Concurrence

ALAMBIC EGROT
A BASCULE. — EAU-DE-VIE, 1er JET
sans repasse.
FRANCO CATALOGUE ILLUSTRÉ
EGROT, 19-21-23, Rue Mathis, Paris

POUDRE DELARBRE
Plus de CHEVAUX POUSSIFS!
Guérison de la POUSSE,
Toux, Bronchite et Gourme.
La Boîte de 20 Doses : 3 francs
G. DELARBRE, AUBUSSON (Creuse)
Maison de Vente & d'Expédition à Aubusson (Creuse) G. DELARBRE
A Paris & en province, chez tous les Droguistes & Pharmaciens.

SCHNEIDER ET Cie
PHOSPHATES METALLURGIQUES
(scories de déphosphoration), des Aciéries du Creusot
ENGRAIS PHOSPHATÉ
pour Céréales, Prairies, Vignes, Betteraves, Pommes de terre, etc.

L'emploi de ces phosphates a été particulièrement recommandé dans ces derniers temps par les agronomes les plus distingués. Il permet, en raison du bas prix de ce produit, de faire apport au sol de doses considérables d'acide phosphorique.
Les phosphates métallurgiques du Creusot sont livrés moulus finement et tamisés.
Pour renseignements, s'adresser à MM. SCHNEIDER et Cie, au Creuzot (Saône-et-Loire).

GRANDS RABAIS
POUR LIVRAISONS SUR LES MOIS D'HIVER

Engrais de l'Usine municipale de la Voirie de Bondy

TOURTEAUX ORGANIQUES
MOULUS

Dosage : 1.50 à 2 °/₀ d'azote et 4 à 5 °/₀ d'acide phosphorique.

S'ADRESSER AU
Comptoir Agricole et Commercial
9, RUE NOUVELLE, 9, A PARIS

FOURNEAUX DE CUISINE
de toutes espèces
Maisons particulières, Hôtels, Châteaux et Fermes,
Hospices, Hôpitaux, Collèges, Pensions, etc.
ENVOI FRANCO DE CATALOGUES
Maison DELAROCHE aîné
22, rue Bertrand, PARIS

PRODUCTION
de GRAINES de BETTERAVES à SUCRE
EN GRANDE CULTURE

E. ELOIR* et Cie
à Mons-en-Pévèle, par Bersée (Nord)

GRAINES DE BETTERAVES BLANCHES RICHES, ET TRÈS RICHES
Supérieures aux Graines étrangères en 1895

Correspondance et Adresse Télégraphique : ELOIR, La Madeleine (Nord).

ALIMENTATION DU BÉTAIL

Tourteaux de Coprah ou Coco

F. TASSY, E. ROCCA et Cie

Fabricants d'huiles (producteurs directs de Tourteaux)

23, rue Haxo, MARSEILLE

Deux médailles d'or, Anvers 1894

Envoi de Prix-Courants et Échantillons sur demande.

MALADIES DU BÉTAIL
ET DE LA VOLAILLE
Leur traitement préventif et curatif
PAR L'ACIDE SALICYLIQUE

L'acide salicylique, employé dans la nourriture à la dose de 1/2 à 1 gramme par jour et par tête de bétail, est le meilleur préservatif des maladies qui procèdent par contagion: Sang de rate, Cocotte, Maladie aphteuse, Erysipèle, Typhus, Morve, Variole et le Rouget des porcs, etc.

DES ATTESTATIONS NOMBREUSES DE GUÉRISONS obtenues pour la Cocotte et le Rouget des porcs ont été reproduites dans le journal *l'Agriculture*.

La désinfection des étables, des écuries, se fait instantanément au moyen d'un arrosage d'eau salicylée à 2 grammes par litre.

S'adresser à M. CERCKEL, administrateur de la *Compagnie de produits antiseptiques*, 26, rue Bergère, Paris.

Envoi sur demande de Prospectus et Brochures.

PRIX DU KIL., 25 fr. BOÎTE DE MÉNAGE, 2 fr.

FROMENTINE

Marque déposée B. S.G.D.G.

Produit pour l'alimentation économique, saine et rationnelle du bétail, provenant en grande partie des issues de la mouture de blé.

DIVERSES MARQUES

Demander celle en raison du but poursuivi

Marque A pour l'engraissement égal à celui du tourteau de lin, le remplacement de l'avoine, production d'un lait de qualité supérieure.
Marque B pour le bon entretien du bétail.
Marque J développement rapide des jeunes bêtes.
Marque L surproduction du lait.
Marque E engraissement rapide.

Écrire à M. Armand MILLOT
Moulins Saint-Martin
Saint-Quentin (Aisne).

Avis à Messieurs les Cultivateurs et aux Fabricants de sucre.

La graine authentique *Fouquier d'Hérouël* est *toujours* facturée par la maison qui confirme à bref délai les commandes.

Les envois sont faits *directement* aux acheteurs en sacs plombés au nom « Fouquier d'Hérouël, à Vaux-sous-Laon. »

Il n'existe aucun dépositaire.

Machines Agricoles Françaises

MAISON ALBARET
O. ✳, O. M. A.
Breveté
S. G. D. G.

Veuve ALBARET et G. LEFEBVRE✳, SUCCrs

ATELIERS DE CONSTRUCTION ET ADMINISTRATION
A RANTIGNY-LIANCOURT (Oise)

Bureau et Magasin :
9, rue du Louvre, PARIS

LOCOMOBILES, MACHINES DEMI-FIXES, MOTEURS A PÉTROLE
BATTEUSES PORTATIVES ET FIXES — MANÈGES

HACHE-MAÏS — HACHE-PAILLE   **PRESSES A FOURRAGES**

FAUCHEUSES, MOISSONNEUSES & LIEUSES
RATEAUX, FANEUSES
Semoirs en Lignes — Semoirs à Engrais — Concasseurs — Aplatisseurs

---

INSTRUMENTS D'AGRICULTURE — INSTRUMENTS DE PESAGE
Grand Prix, Lyon 1894. — Grand Prix, Anvers 1894. — Grand Prix, Bordeaux 1895
Beauvais 1895, Diplôme d'Honneur
Tunis 1895, Premier Prix, Médaille d'Or
19 Diplômes d'Honneur et d'Excellence — 226 Médailles d'Or — 191 Médailles d'Argent

SUCCURSALES :
Saint-Quentin, Chartres, Abbeville, Cambrai, Dax, Lyon, Alger
Envoi franco sur demande des Catalogues illustrés.

17e Année. — No 8.   LE NUMÉRO : 10 CENTIMES.   Dimanche 23 Février 1896

GAZETTE AGRICOLE

JOURNAL HEBDOMADAIRE, PARAISSANT LE DIMANCHE

Fondateur : M. CH. GOSSIN, Professeur d'Agriculture à l'Institut agricole de Beauvais

PRIX DE L'ABONNEMENT

UN AN, **5 fr.** — SIX MOIS, **3 fr.** — TROIS MOIS, **2 fr. 25**

Pour l'Étranger les abonnements ne sont reçus que pour un an, au prix de 6 francs, et ne partent que du 1er JANVIER ou du 1er JUILLET de chaque année.

Le Numéro : **10** centimes.

Adresser toute la correspondance : mandats, lettres, annonces, etc., à M. CRÉPEAUX, Directeur de la *Gazette agricole*, 10 bis, rue Piccini, Paris.

Toute demande de changement d'adresse doit être accompagnée de 50 centimes et de la dernière bande du journal.

BUREAUX

97, rue de Rennes, Paris et à Beauvais, rue Saint-Étienne.

Les abonnements partent du 1er de chaque mois et sont payables d'avance. Toute demande d'abonnement doit donc être accompagnée du prix de l'abonnement. (Le mode de payement le plus simple est l'envoi d'un mandat-poste.)

Donner *très lisiblement*, en s'abonnant, son nom et son adresse exacte, *avec l'indication du bureau de poste*; et, s'il s'agit d'une continuation d'abonnement, joindre au renouvellement la dernière bande d'adresse du journal.

Les Annonces sont reçues à la Direction du Journal, et chez MM. DUSSERIS et MATHELLON, 97, rue de Rennes Paris.

Il est interdit de reproduire les articles contenus dans la *Gazette Agricole*.

BULLETIN COMMERCIAL

Paris, le 19 février 1896.

Le temps reste doux; le baromètre baisse et de nouvelles pluies sont probables.

On nous écrit d'Alger :

« La sécheresse est complète dans le Chéliff et dans la Mitidja; seules, les fortes rosées des nuits entretiennent un peu d'humidité.

« La pluie est attendue avec la plus vive impatience, pour sauver le département d'Alger de la ruine. »

On signale de New-York un froid intense qui a fait descendre le thermomètre plus bas qu'il n'avait jamais été; on dit que les États où se cultive le blé d'hiver ont grand besoin de neige.

Les avis par câble d'Odessa annoncent que les journées chaudes suivies de nuits froides ont été préjudiciables aux récoltes.

BOURSE DU COMMERCE DU MERCREDI 19 FÉVRIER

	FARINES	BLÉS
Courant	41 15	19 »
Prochain	41 50	19 20
Mars-avril	41 55	19 35
4 de mars	42 »	19 50
4 de mai	42 90	19 85

Marque de Corbeil : 46 fr. le sac de 150 kil. toile à rendre.

Halle aux blés — *Blés indigènes.* — La meunerie, vendant toujours mal ses farines, ne veut pas faire de nouvelles affaires.

Quant à la culture, elle conserve la même attitude; non seulement elle ne veut pas faire de concessions, mais elle demande carrément 25 cent. de plus qu'il y a huit jours.

Les blés de choix sont payés occasionnellement en hausse de 25 cent.

On cote de 18,75 à 19,25 les 100 kil. nets, gare d'arrivée Paris.

Blés étrangers. — Il n'en est pas question.

Sons. — Plus faibles et en légère baisse par suite de la douceur de la température.

Escourgeons. — Très peu d'offres, aussi les prix sont-ils bien tenus, on cote 15,25 à 15,50 Paris.

Avoines. — La demande de la graineterie est toujours aussi calme, les offres de leur côté ne sont pas très abondantes, aussi les prix restent-ils toujours sans changement depuis huit jours.

On cote avoines noires du Centre 15,50 à 15,75, beauce ordinaires 15 à 15,25, grises d'Étampes 14,75, petites picardes 15 à 15,25.

Les avoines étrangères sont sans affaires, les suède sont tenues 12 fr. caf. Rouen, soit 15,50.

Menus grains. — On cote : petit blé 11 à 14, sarrasin 11,50 à 11,75, autres grains inchangés.

Graines fourragères. — On cote : trèfle blanc 120 à 155, hybride 150 à 190, violets 60 à 90; luzernes de Provence, 110 à 130; Poitou, 90 à 110; minettes 24 à 28; sainfoin simple 24 à 30; doubles 35 à 40; ray-grass anglais et d'Italie 30 à 40; vesces pays 18 à 20; de Kœnigsberg 17 à 18 les 100 kil. gare d'arrivée Paris.

Sucres. — À Londres, le marché des sucres de betteraves est raide avec demande active, les prix sont revenus aux plus hauts cours récemment payés. Les ventes ont été de 185.000 sacs environ.

Les places allemandes sont fermes; toutefois, Magdebourg clôture un peu plus faible.

New-York est ferme mais sans variation.

Raffinés 103 à 104, roux 88° 33 à 33,50.

Marché de la Chapelle. — Marché ordinaire.

On cote : paille de blé 1re qté 23 fr., 2e qté 22, 3e qté 19 fr.; paille de seigle 1re qté 32 fr., 2e qté 28,3e qté 26; paille d'avoine 1re qté 23 fr., 2e qté 21, 3e qté 19; foin nouveau 1re qté 45 fr., 2e qté 42, 3e qté 39; luzerne, 1re qté, 45 fr., 2e qté 42, 3e qté 39; regain 1re qté 41 fr.; 2e qté 39 fr., 3e qté 37 fr.; sainfoin, 1re qté 42 fr. 2e qté, 40, 3e qté 38.

Marché aux chevaux, 19 février.

Gros trait de 225 à 1.100   Boucherie de 80 à 215
Selle et tr.   Anes..... de 50 à 150
léger . de 200 à 950   Chèvres . . de .. à »
H. d'âge de 275 à 300

AMENÉS

Chevaux, 328 — Anes, 7 — Chèvres, ..
Voitures 106, de 25 à 600.

ENCHÈRES

Chevaux amenés, 13.
Vendus, 12 de 80 à 250.

Prix des Produits Forestiers à Paris.

BOIS DE FEU (Octroi non compris)	Falourde de pin...	100 à 110 le cent.
	Bois de flot.....	100 à 105 le déca.
	Bois gris neuf...	125 à 130
	Bois blanc.....	80 à 125
	Chêne gros bois...	85 à 110 le m. cube
BOIS D'ŒUVRE (Octroi compris)	— moyen bois .	70 à 60
	— petit bois..	30 à 48
	Charme, plateaux..	55 à 55
	Sciage, Entrevoux.	175 à 210 les 208 m.
	de Échantillons 230 à 220
	chêne, Frise....	27 à 28 104 m.

LÉGUMES SECS. — (Les 100 kilogr.)

	Haricots	Pois	Vesce	Lentille
Paris	32.00 50.00	20 18.00	19 à 20	20.00 56
Bordeaux	34.00 35.00	35 45.00	18 19	49.00 60
Marseille	22.00 30.00	18 25	20 20	24.00 52

ENGRAIS

PARIS

Nitrate de soude	21 50 à 21 75
Superphosph. minéral 14/16	5 25 à 5 75
Superphosphate d'os 16/18	12 50 à 13 »
Scories 16/18	4 25 à 4 50
Phosphate minéral 14/16	3 80 à 4 »
Chlorure de potassium 48/52	18 75 à 20 »

NANTES

Nitrate de soude	22 30 à 22 50
Superphosph. minéral 14/16	6 » à 7 »
Scories 16/18	4 50 à 4 75
Phosphate minéral 14/16	4 » à 4 50
Chlorure de potassium 48/52	19 » à 19 75

LYON

Nitrate de soude	22 » à 23 »
Superphosph. minéral 14/16	5 75 à 6 »
Scories 14/16	4 50 à 5 »
Phosphate minéral 14/16	4 » à 4 25
Chlorure de potassium 48/55	20 » à 21 »

MARSEILLE

Nitrate de soude	20 50 à 21 »
Supherph. minéral 14/16	6 » à 7 »
Sulfate de fer	5 » à 5 50
Sulfate d'ammoniaque 20/21	20 » à 22 »

HOUBLONS. — Les 50 kilogr.

Alost primé	28,00 à 30,00
Bourgogne	55,00 à 60,00
Poperinghe	25,00 à 30,00
Wurtemberg	40,00 à 42,00
Altmark	75,00 à 100,00
Alsace	50,00 à 65,00

POMMES DE TERRE

Hollande (100 kil.)	8 » à 17 »
Roses-Early	8 » à 10 »
Magnum-Banum	7 » à 7 50
Rondes	5 » à 5 20

FOURRAGES ET PAILLE

Paris La Chapelle.	Prix extrêmes
Foin 100 bot. dans Paris n.	35 à 47
Luzern nouv.	35 à 47
Paille de blé	18 à 25
Paille de seigle	24 à 33
Paille d'avoine	18 à 24

LINS. — Les 100 kilogr. — *Marché de Lille.*

	Communs	Ordin.	Supér.
Alost	148 à 153	154 à 157	161 à 166
Bergues	150 à 158	161 à 168	173 à 182

CHANVRES

Les 50 kil.	1re qualité.	3e qualité
Le Mans	33,00 à 35,50	30,00 à 29,00
Se nur (b.)	40,00 à 42,00	37,00 à 38,00

Prix moyen aux 100 kilog. des CÉRÉALES dans les Départements.

Région		BLÉ	SEIGLE	ORGE	AVOINE
Rég. du Nord-Ouest	Caen.........	17 50	10 00	14 00	15 50
	Lannion......	17 50	10 25	12 25	14 25
	Morlaix......	17 00	11 00	12 00	13 00
	Rennes.......	16 75	11 25	13 25	14 00
	Avranches....	16 50	11 50	13 00	14 50
	Laval........	16 00	10 25	13 50	15 50
	Lorient......	16 00	10 00	12 00	14 00
	Alençon......	16 75	10 00	14 00	16 00
	Le Mans......	16 50	10 00	13 00	17 50
Région du Nord	Soissons.....	17 75	10 25	»	14 50
	Evreux.......	17 50	10 25	»	»
	Chartres.....	17 25	10 00	13 50	14 75
	Lille........	18 25	11 00	13 25	15 75
	Compiègne....	16 75	11 00	14 00	15 50
	Beauvais.....	17 75	10 50	14 00	16 50
	Arras........	18 00	10 00	14 00	15 00
	Paris........	17 50	10 25	13 00	15 00
	Versailles...	18 00	10 25	13 00	16 00
	Rouen........	17 50	10 50	15 00	16 50
	Amiens.......	17 50	11 00	14 50	17 00
Rég. du N.-E.	Mézières.....	17 50	10 00	13 50	15 25
	Nogent-s-Seine.	17 50	10 25	14 00	15 25
	Châlons-sur-Marne..	17 50	11 00	14 50	15 00
	Langres......	17 50	10 00	14 25	15 50
	Nancy........	17 25	10 00	14 50	15 50
	Bar-le-Duc....	17 50	10 25	14 00	15 50
	Neufchâteau..	18 00	11 00	14 00	15 25
Région de l'Ouest	Ruffec.......	17 00	10 25	13 00	14 50
	Marans.......	16 75	10 00	13 00	14 50
	Niort........	16 75	10 00	14 00	14 50
	Tours........	16 25	10 00	14 00	15 00
	Nantes.......	17 25	10 00	12 50	14 50
	Angers.......	17 00	10 25	13 50	14 50
	Luçon........	16 75	10 25	13 50	14 25
	Poitiers.....	16 75	10 00	14 00	14 50
	Limoges......	17 00	10 00	»	15 50
Région du Centre	Moulins......	17 75	10 50	14 25	15 00
	Bourges......	17 50	10 25	14 00	14 50
	Aubusson.....	17 25	10 00	13 00	14 00
	Châteauroux..	17 00	9 75	13 25	13 50
	Orléans......	17 25	9 75	14 00	14 50
	Blois........	17 50	10 00	14 75	16 00
	Nevers.......	17 50	10 00	14 00	15 00
	Clermont Ferr.	17 50	10 00	14 00	16 00
	Sens.........	17 50	10 00	14 00	15 25
Région de l'Est	Bourg........	17 75	10 25	13 00	16 00
	Dijon........	17 50	11 00	15 00	14 00
	Besançon.....	17 75	10 00	13 00	14 25
	Grenoble.....	17 50	10 00	13 50	15 00
	Dôle.........	17 50	10 25	13 25	14 50
	Saint-Etienne..	18 00	10 25	14 00	15 50
	Lyon.........	18 50	11 25	13 50	15 25
	Mâcon........	18 50	12 00	13 00	15 50
	Vesoul.......	17 50	10 00	»	15 25
	Chambéry.....	17 50	10 00	»	15 00
	Annecy.......	17 25	»	»	15 50
Rég. du Sud-Ouest	Pamiers......	17 50	11 00	»	16 00
	Périgueux....	17 50	11 25	13 75	15 00
	Toulouse.....	17 50	11 75	13 75	15 25
	Auch.........	18 25	»	»	16 50
	Bordeaux.....	17 75	11 00	13 00	15 00
	Dax..........	17 50	12 00	13 00	16 00
	Agen.........	18 50	12 25	13 25	15 75
	Bayonne......	17 50	11 00	14 00	16 00
	Tarbes.......	17 75	10 50	»	16 50
Région du Sud	Carcassonne....	17 75	»	14 00	16 00
	Rodez........	18 00	12 25	14 00	15 00
	Mauriac......	17 50	11 50	»	16 00
	Tulle........	17 50	12 00	»	15 00
	Montpellier..	17 50	12 00	»	15 00
	Figeac.......	17 75	11 00	»	»
	Mende........	17 50	11 50	»	»
	Perpignan....	17 75	11 00	13 75	14 50
	Albi.........	18 00	11 25	14 00	15 25
	Montauban....	17 50	12 50	13 00	16 00
Région du Sud-Est	Gap..........	17 50	10 25	13 75	16 00
	Manosque.....	17 50	10 50	12 50	16 50
	Nice.........	17 25	10 00	13 00	16 75
	Privas.......	17 75	11 00	13 00	16 00
	Arles........	20 50	10 50	13 00	16 00
	Montélimar...	17 50	»	12 50	16 25
	Nîmes........	18 00	10 75	14 00	17 75
	Le Puy.......	18 00	»	14 00	17 00
	Draguignan...	17 75	13 00	»	»
	Avignon......	17 50	12 00	13 00	16 50

Tourteaux. — Cours de la maison P. Marchand frères, à Dunkerque (Nord) :

TOURTEAUX A NOURRIR

	Dispon.	A livrer.
Coton de graines d'Egypte ...	9 50	9 50
Sésame blanc	12 »»	11 »»
Arachide décortiquée	15 »»	15 »»»
Colza à nourrir	10 50	10 50
Colza du pays	11 »»	11 »»
OEillette du Levant	10 50	10 50
OEillette blanche de Turquie ...	10 50	10 50
Lin 1re qual. de Bombay g. form.	14 50	14 50
Lin 1re qual. de Bombay p. form.	»» »»	»» »»

TOURTEAUX-ENGRAIS

Arachide décortiquée	14 »»	14 »»
Cameline	10 »»	10 »»
Colza des Indes en poudre ...	»» »»	»» »»
Colza ravison	7 25	7 25
Colza jaune Gutzerat	10 75	10 75
Kurrachée	»» »»	»» »»
Niger	»»» »»»	»» »»
Pavot	9 75	9 75
Sésame, blanc	»»» »»»	»» »»
Sésame noir	»» »»»	»» »»
Coton en farine	7 50	7 50

Nos prix s'entendent pour tourteaux en planches, rendus en gare de Dunkerque.

Paiement à 30 jours ou à terme plus éloigné suivant convention expresse.

Le concassage se paie 0 fr. 25 et la mise en poudre 0 fr. 40 aux 100 kilos. Dans ce cas, les sacs sont facturés à 0 fr. 35 pièce, et repris au prix de facture, quand ils sont rendus en bon état et franco, dans les 30 jours de l'expédition.

BEURRES. — (le kilogr.).

BEURRES EN MOTTES			BEURRES EN LIVRE		
Isigny extra.	5 80	6.80	Bourgogne....	2.20	2.50
— demi-fin	3.60	4.00	Gâtinais.....	2.20	2.70
M. d'Isigny..	4.20	4.00	Vendôme......	2.20	2.60
du Gâtinais...	2.00	2.50	Beaugency....	2.20	2.60
de Bretagne..	2.20	2.30	Ferme........	2.40	3.00
Laitiers Jura.	2.20	2.70	Tours........	2.40	2.80
de Charente..	2.40	3.80	Le Mans......	2.20	2.60
des Alpes....	2.20	3.50	Touraine fausse	2.30	2.50

ŒUFS. — (le mille).

Normandie ext.	95 à 108	Bourgogne.....	84 à 89
Picardie —	100 à 116	Champagne.....	90 à 85
Brie —	94 à 96	Nivernais.....	80 à 84
Touraine........	98 à 99	Bourbonnais...	80 à 82
Beauce.........	94 à 88	Bretagne......	72 à 86
Orne...........	82 à 90	Vendée........	76 à 81
Picardie.......	82 à 92	Auvergne......	88 à 80
Châtellerault...	90 à 84	Midi..........	98 à 84

FROMAGES.

Brie hautes marq.	45	60	Roquefort.......	150	270
Brie gr. m. (10)...	35	80	Gruyère (100 k.)..	100	175
— m. m........	12	16	Coulommiers(100).	20	38
Petits Nanteuils..	6	8	Gournay (100)....	10	17
Brie laitiers.....	5	15	Livarot (le 100)...	120	110
Gérardmer (100 k.)	90	85	Bourgogne (100).	65	70
Hollande.........	160	180	Camembert (10.).	45	68
Bondons(100)....	10	19	Munster(100)..	115	100
Cantal	125	135	Port-Salut.	160	180

VOLAILLES

Poulet Brest dit			Pigeon Macon.	1.50	2.00
moelleux......	4 00	5.00	Ca..... s Nantais	4.00	1.35
Poulets Nant..	2 50	5.50	Dindes Tourr.,	7.00	11.00
Poulets Tour...	2.75	5.25	Oies.	7.00	9.00
Poulets Houdan	6.00	8.00	Lapins dom. .	2.75	4.00
Pigeons d'Italie	80	1.25	Lapins garenne.	1.50	2.00

VINS — BERCY

Rouges			Blancs		
B. Bourg, vieux.	140 à 160		Bordeaux......	125 à 160	
Touraine........	105 à 115		B. Bourg......	150 à 190	
Bord. vieux....	130 à 160		Sancerre......	130 à 135	
Algérie........	26 à 32		Chablis	200 à 350	
Cher...........	110 à 135		Anjou.........	120 à 135	
Chinon	125 à 160		Pouilly.......	250 à 300	
Narbonne	32 à 36		Vouvray.......	155 à 195	

Marché de la Villette du 17 février 1895.

PRIX DE LA VIANDE NETTE	1re qualité	2e qualité	3e qualité
Bœufs..	1.56	1.46	1.36
Vaches..	1.54	1.44	1.34
Taureaux.	1.28	1.18	1.13
Veaux...	2.40	2.16	1.90
Moutons..	1.96	1.86	1.76
Porcs....	1.22	1.14	1.06

ESPÈCES	AMENÉS	VENDUS	PRIX EXTRÊME viande net		PRIX EXTRÊME poids vif	
Bœufs....	2.048	1.959	1.36 à 1.56		64 à » 98	
Vaches...	685	643	1.34	1.54	63 »	95
Taureaux.	116	112	1.13	1.28	54 «	8.
Veaux....	1.054	927	1.90	2.41	85	1.41
Moutons..	11.746	11.161	1.70	1.98	78	1.23
Porcs....	8.485	3.437	1.06	1.27	76 »	86

Vente plus facile.

Marché de la Villette du 20 février 1896.

PRIX DE LA VIANDE NETTE AU KILOGR.	1re qualité	2e qualité	3e qualité	Prix extrêmes	
Bœufs....	1.56	1.46	1.36	1.30 à 1.64	
Vaches...	1.52	1.42	1.30	1 20	1.60
Taureaux.	1.36	1.28	1.20	1.16	1.44
Veaux....	2.30	2.00	1.80	1.50	2.40
Moutons..	2.00	1.90	1.72	1.65	2.06
Porcs....	1.20	1.18	»	1.10	1.30

ESPÈCES	AMENÉS	RENVOI	OBSERVATIONS
Bœufs....	1.565	»	Vente lente sur le gros bétail et les moutons, mauvaise sur les veaux et les porcs.
Vaches...	454	161	
Taureaux.	161	»	
Veaux....	1.315	321	
Moutons..	10.691	»	
Porcs....	5.046	400	

Vente du bétail au marché de La Villette.

Adresser les animaux à MM. Henri Roblin et Surugue, en gare Paris-Bestiaux. Les aviser par lettre auparavant, 190, rue d'Allemagne, Paris.

Avis aux lecteurs. — La *Poudre de Rogé*, approuvée par l'Académie de médecine, est le plus agréable des purgatifs, celui qui convient le mieux aux dames, aux enfants et aux tempéraments délicats.

« *La poudre de Rogé peut, dans presque tous les cas, remplacer les autres purgatifs.* » (Répertoire de Pharmacie.) — Eviter les produits similaires dont le nom peut prêter à confusion. Fab. : 19, rue Jacob, Paris. Dépôt : 9, rue du Quatre-Septembre, et toutes les pharmacies.

Prix du flacon : 2 fr.

L'Almanach de la France rurale pour 1896.

Notre Almanach paraît pour la 24e fois. Cette année il comporte diverses modifications qui seront certainement bien accueillies :

1° Le format est agrandi ;

2° Le papier est bien meilleur ;

3° Enfin il contient beaucoup plus de renseignements.

Nous appelons surtout l'attention des agriculteurs sur deux innovations qui distinguent cet Almanach de tous les autres :

1° La nomenclature de tous les jugements rendus en matière de droit rural pendant l'année ;

2° Un petit guide de médecine vétérinaire très pratique.

Comme les années précédentes, cet Almanach passe en revue toutes les branches de l'agriculture.

Prix : 0 fr. 60 franco.

CHRONIQUE POLITIQUE

La dernière semaine parlementaire a légué à la semaine actuelle une crise politique d'une gravité inattendue qui alarme justement l'opinion publique.

Dans la séance du mardi 11 février, le Sénat blâmait le garde des sceaux d'avoir retiré illégalement à un juge d'instruction, M. Remper, le dossier relatif aux syndicats de la compagnie du Sud.

Le jeudi 13, la majorité des députés donnait raison à M. Ricard.

Mais le 15, le Sénat maintenait son vote en constatant par la voix de M. Monis, que M. Ricard avait sciemment nié l'existence de la protestation de M. Remper. Donc, selon le Sénat, les députés avaient sanctionné de leur vote un mensonge flagrant du ministre Ricard.

Le conflit entre les deux Chambres, ouvert par deux votes antérieurs du Sénat, est donc aujourd'hui à l'état aigu. M. Bourgeois et ses collègues ont déclaré qu'ils se passeraient de l'adhésion du Sénat.

L'adhésion des radicaux et des socialistes leur suffit. Quant à celle des centres, nous avons dit comment ils s'en croient assurés en tenant sous leur dépendance le sort des députés compromis dans le Panama et dans les chemins du Sud.

Nous verrons jeudi prochain la suite de ce conflit. Mais, dès aujourd'hui, il est trop clair que l'abominable comédie dont la France est victime, touche à un moment critique. En s'appuyant sur les factions radicales maçonniques révolutionnaires, le cabinet Bourgeois pousse le pays aux aventures les plus périlleuses. Nous demandons à quel point le pays se laissera compromettre par cette politique de basse-cour.

Le procès Arton, le procès Dupas et autres, qui s'instruisent au Palais, sont attendus avec une impatience fébrile par le public d'abord, et aussi, à un point de vue fort différent, par les personnages qui comptent sur la protection du ministère Bourgeois.

Le Sénat a justement flétri les procédés par lesquels les ministres depuis trois ans essaient d'asservir la justice à leur politique. Cet asservissement de la magistrature à la politique est depuis trois ans le pire des scandales imputables au régime actuel. Le Sénat, après avoir couvert ce scandale de ses complaisances parait résolu à le condamner et à le flétrir. Ce courage est tardif, mais mieux vaut tard que jamais. Quant aux suites de ce conflit, nul n'ose les prédire. Les radicaux ont une solution toute prête, leur solution habituelle. Jeter le Sénat à la porte, rien que cela! Tel est le mot d'ordre dans tous leurs journaux. Le cabinet Bourgeois leur doit bien cela ! Ils continueront de l'appuyer à cette condition !

La parole est pour demain jeudi aux centres qui ont fait chorus avec eux, le jeudi, 13 février.

On le voit, nous sommes en plein carnaval gouvernemental et gare le mercredi des Cendres!

Pendant ce temps, les Parisiens se paient trois processions de bœufs, escortés de quelques centaines de masques qui attirent sur les boulevards d'innombrables foules de curieux.

Depuis quinze ans, la fête du Bœuf gras à Paris avait cédé la place aux expositions d'animaux gras, que nous connaissons, et l'agriculture trouvait son compte à ces expositions. La promenade du bœuf gras qu'on vient de ressusciter n'a aucune raison d'être, sinon d'offrir aux badauds de Paris l'occasion d'un spectacle quelconque.

Mais, aujourd'hui, ce spectacle offre un symbole assez suggestif par le voisinage du carnaval politique et du carnaval de la rue. Dans les deux exhibitions, les *animaux gras* triomphent bruyamment peu avant d'aller à l'abattoir. Cela remet en mémoire le vieux cliché, sur le voisinage du Capitole et de la roche tarpéienne.

En tout cas, pour nous, ruraux, le Bœuf gras ne nous permet pas d'oublier que le temps des vaches maigres, qui dure depuis dix ans, n'est point en voie de passer et que les tristes maîtres du jour le feront durer tant qu'ils ne seront pas passés eux-mêmes !

La vérité est qu'aujourd'hui la France est comme Diogène : elle n'a devant elle que des masques, et elle cherche un homme !

Élection sénatoriale.

Dimanche dernier, dans les Côtes-du-Nord, M. Le Provost de Launay, ancien député, a été élu sénateur par 892 voix, contre 357 données à son rival, M. de Langle Beaumanoir, candidat ministériel.

Comme M. de Lamarzelle, M. Le Provost de Launay est une précieuse recrue pour le Sénat. On n'a pas oublié le courage et le talent qu'il déploya, étant député, dans la défense des libertés publiques, et dans la dénonciation des abus et des tripotages qu'une majorité complice couvrit de ses votes honteusement intéressés. M. Le Provost de Launay ajoute à ces titres un dévouement éprouvé à l'agriculture.

Tous nos compliments aux électeurs des Côtes-du-Nord !

La loi sur les amidines au Sénat.

Les producteurs de fécule et de pommes de terre féculières en Lorraine sont fort mécontents de l'article de la loi sur les amidines qui exempte du droit d'accise les amidines de riz.

Une pétition énergique contre cet article, provoquée par les sociétés agricoles de Lorraine, se couvre partout de signatures, pour conjurer le Sénat de réformer une exemption, qui, de l'avis général, annule les avantages que cette loi promettait à l'industrie féculière et à la culture des pommes de terre qui l'alimente.

Une remarque que nous avons faite cent fois, et qui se vérifie de plus en plus chez nous, c'est la manie incurable de nos législateurs de fabriquer des lois dont l'article premier promet tout en gros et dont les articles suivants annulent les promesses de l'article premier. C'est le cas de plus de cent lois votées depuis quinze ans par nos maîtres actuels et on s'étonne que, plus on lui donne de telles lois, plus l'agriculture est en détresse !

La politique fléau de l'agriculture.

La Bourgogne annonce que l'excellent comice de Seurre met en vente plusieurs taureaux reproducteurs appartenant à la race fribourgeoise importés directement de Suisse. Elle ajoute que ce vaillant Comice, fondé en 1851, a été privé depuis quelques années de sa part légitime des subventions de l'Etat et du département « sans qu'aucune raison « ait jamais pu être donnée à l'appui « du retrait de ces deux subventions, « si ce n'est celle-ci : La raison du plus « fort est toujours la meilleure ! »

Les ruraux sont payés pour la connaître cette raison-là ! Quand auront-ils le courage de la remettre à sa place?

M. le marquis de Dampierre.

L'homme éminent et justement aimé dont la Société des agriculteurs pleure la perte, le marquis Elie de Dampierre, était né en 1813, au château de Plassac (Charente Inférieure). Son père, le marquis de Dampierre, pair de France en 1829, l'avait fait admettre comme page à la cour du roi Charles X.

M. de Dampierre entra dans la vie publique en 1849 à l'Assemblée constituante où il siégea à droite, et combattit les manœuvres qui devaient amener la révolution napoléonienne. Il protesta contre le Deux décembre et se retira dans ses domaines pour ne reparaître sur la scène politique qu'en 1871 où il fut élu membre de l'Assemblée nationale.

Dans cet intervalle, il se livra avec une ardeur et une habileté hors ligne à la direction de ses propriétés, il devint un des agriculteurs et des viticulteurs les plus distingués de la France. En 1865, il remporta la prime d'honneur du concours régional des Landes pour son domaine de *Mineur*, cultivé sous sa direction par dix métayers. L'année suivante, au concours de la Charente-Inférieure, la même prime lui fut décernée sans conteste pour son beau domaine patrimonial de Plassac; mais le ministre de l'agriculture lui refusa cette prime sous prétexte que le même candidat ne peut la remporter deux fois. On comprendrait cette exclusion dans le même département. Mais l'œuvre accompli par M. de Dampierre dans les Landes était fort différente de celle qu'il avait accompli dans la Charente-Inférieure. Il avait mérité la seconde prime d'honneur aussi bien que la première et ses exemples avaient également profité aux agriculteurs des deux régions.

En 1871, M. de Dampierre fut à l'Assemblée de Versailles le modèle du député patriote et soucieux des intérêts du sol. Il prit une part active aux travaux de cette pléiade de députés agronomes qui se réunirent pendant quatre ans, pour élaborer tous les projets de réforme et d'améliorations intéressant l'agriculture, réunion présidée par M. de Bouillé, son ami, et qui comptait des agriculteurs d'une compétence et d'un dévouement éprouvé : MM. de Saint-Victor, de Vogüé, Ventavon, de Tillancourt, Ponsard, de Montlaur, secrétaire, Tallon, Baudot, H. Besnard, Deusy, etc., dont les travaux ont été utilisés par les législateurs qui leur ont succédé, mais ne les ont point remplacés; malheureusement, le monde agricole va s'en apercevoir aujourd'hui. La création de l'Institut agronomique faisait partie des institutions proposées par ces hommes éminents. M. de Dampierre en fit le sujet d'un rapport qui montrait sa haute compétence et qui décida de cette importante création.

Après le 16 mai, M. de Dampierre disparut de la scène parlementaire, et reprit dans la vie privée le cours de ses travaux en qualité de grand propriétaire agriculteur, viticulteur et éleveur émérites. La Société nationale d'agriculture l'élut en 1865. La Société des agriculteurs de France eut, en lui, un de ses membres fondateurs les plus actifs et les plus influents dans sa direction générale comme dans les questions de science et de pratique. Il était le premier vice-président en juin 1878, le lendemain de la mort de M. Drouin de Lhuys.

A ce moment, s'ouvrait l'Exposition universelle, en même temps que le Congrès international agricole, convoqué par la Société des agriculteurs. La tâche de présider ce Congrès où figuraient les plus grandes capacités agronomiques des deux mondes, exigeait des qualités et des aptitudes exceptionnelles.

M. de Dampierre se montra de tous points à la hauteur de cette tâche délicate et tous les membres étrangers, le prince de Galles, en tête, lui rendirent les plus justes hommages qui rejaillissaient naturellement sur la Société elle-même. La Société comprit qu'elle avait un digne successeur de M. Drouin de Lhuys. Aussi l'élut-elle par acclamation et elle n'a pas cessé de l'élire tous les ans jusqu'au dernier jour. Elle l'eût encore élu la semaine prochaine, si la divine Providence ne l'avait appelé à un autre poste dans l'autre vie.

Pour ce poste-là, elle l'a trouvé prêt, comme pour tous ceux qu'il avait remplis si honorablement sur la terre. M. de Dampierre était un type accompli du grand propriétaire chrétien. Inflexible sur les principes, aimable et tolérant pour les personnes, libéral dans le sens vrai et honnête du mot, il emporte les regrets de tous ceux qui l'ont connu et sa vie entière offre un modèle accompli aux hommes qui ont à cœur de bien servir leur Patrie en servant leur Dieu et qui comprennent que ces deux services sont solidaires.

Puissent les ruraux comprendre une vérité dont l'ignorance est la cause première des misères et des humiliations de l'heure présente !

Louis Hervé.

CHRONIQUE GÉNÉRALE

Les élections à la Société des Agriculteurs de France.

La mort inattendue de M. le marquis de Dampierre est un grand malheur et en tout cas une épreuve redoutable pour la Société des agriculteurs de France. Nous craignons fort qu'elle en donne la preuve dans les prochaines élections de son bureau, en présence des menées qui s'agitent pour substituer les élus de la faveur aux capacités les mieux éprouvées.

On sait quelle profonde sympathie nous inspire la Société des Agriculteurs de France, la *Gazette* n'a jamais marchandé son dévouement même en des circonstances où il y avait quelque courage à le faire, sans avoir été payée du moindre retour. C'est précisément parce que nous sommes des amis de la première heure dont le dévouement ne s'est jamais ralenti, que nous croyons utile de donner à nos amis de la Société un conseil au sujet des élections. Où, sinon dans une association libre, doit-on professer le plus profond respect pour les services rendus, où doit-on veiller à ce que les postes les plus élevés soient décernés aux plus méritants en dehors de tout esprit de parti? La Société a été fondée en 1868; depuis ce temps, les jeunes qui ont participé à son développement ont eux-mêmes grandi : on peut aisément aujourd'hui discerner les plus compétents et les plus dévoués. Or, précisément à la suite d'une sorte de complot qui se trame depuis bientôt trois ans, le Conseil semble oublier les services éclatants et de toute nature rendus à la Société par l'un des siens.

Si les services rendus à la Société doivent dicter ses choix, M. Blanchemain est tout désigné pour le poste de secrétaire général.

M. Blanchemain a servi la Société avec un éclat exceptionnel. Élu secrétaire en 1873, il a toujours et chaque année, été renommé par une imposante majorité, souvent même il eut plus de voix que le Président. Cette sympathie très vive qu'il inspira à ses collègues et spécialement à nos éminents présidents MM. Drouin de Lhuys et de Dampierre, il la dut à ses talents et à son caractère. Homme de cœur aux idées larges et généreuses, à ce point que ceux-là même qui s'opposent à son avancement sont obligés de recourir à des procédés peu corrects, que nous révélerons peut-être un jour à regret si on nous y obligeait.

M. Blanchemain, on le sait, possède un grand talent de parole qui, uni à sa science agricole, lui permet de défendre avec succès et compétence les idées chères à la Société des agriculteurs. Aussi dans les réunions départementales où elle l'a délégué, a-t-il obtenu des succès éclatants. Il suffit de feuilleter la collection des comptes rendus des sessions depuis sa fondation pour apprécier à sa valeur, ses travaux. Aucun de nos collègues n'a, à son actif, un aussi grand total d'efforts.

Non content de participer toute l'année et de la plus large façon aux travaux de la Société, il s'efforce de la faire connaître et apprécier dans les milieux les plus divers. C'est ainsi qu'il a créé il y a plus de vingt ans l'Association parisienne de Saint-Fiacre, transformée depuis en Syndicat et qui est aujourd'hui le type le plus accompli à tous égards de l'organisation syndicale. Syndiquer les jardiniers du département de la Seine et surtout amener à s'unir les patrons et les ouvriers de cette région n'était pas œuvre facile, lui seul pouvait réussir : ses qualités de cœur, sa compétence en horticulture lui ont autant servi que ses connaissances administratives. On sait aussi avec quelle ardeur il s'est prêté à la constitution du syndicat des agriculteurs de l'Indre, son département. En un mot, M. Blanchemain n'a jamais cessé de travailler à populariser la Société des agriculteurs. Aussi est-il l'un de ceux qui lui a procuré le plus de membres.

Il est donc tout désigné pour monter en grade et notamment pour remplir les fonctions de Secrétaire général. Nous n'avons aucune animosité contre le rival que lui oppose la minorité du Conseil; mais, en parcourant les annuaires, nous n'avons pu trouver un seul travail de lui, son nom ne figure même pas dans les tables des matières; il s'est contenté d'assister plus ou moins régulièrement aux séances.

Donc, au nom du bon sens et de la justice due aux services rendus, au nom des intérêts de la Société, nous engageons nos amis à voter pour M. Blanchemain, comme secrétaire général. M. Blanchemain, en effet, réunit toutes les qualités nécessaires pour bien remplir ce poste si important. On ne doit pas oublier, en effet, que le secrétaire général est très souvent chargé de représenter la Société auprès des pouvoirs publics et qu'il est de la plus haute importance que ce négociateur soit, en même temps qu'un agriculteur émérite, un homme possédant la sympathie qui s'impose à tous. Nous n'hésitons pas à le dire, M. Blanchemain eût été le candidat des illustres présidents Drouin de Lhuys et de Dampierre.

Louis Hervé.

Nous apprenons, au dernier moment, que les membres de la Société des agriculteurs de France qu'a groupés la *Libre Parole* viennent d'adresser à tous leurs collègues un bulletin de vote accompagné d'une circulaire patronnant la candidature de M. Henry de Vilmorin à la Trésorerie et de M. Blanchemain au secrétariat général. Nous engageons vivement tous nos amis à propager ce double document.

LES CAISSES RURALES
Système Raiffeisen Durand.

(Suite).

IV

LES OBJECTIONS (1)

1re Objection. — Il y a dans ce qui vient d'être dit, un mot qui épouvantera beaucoup de cultivateurs : *La solidarité.*

— Oui, c'est vrai, à première vue; mais regardons de près et la frayeur passera.

Le sociétaire d'une caisse rurale est responsable, pour sa part, des pertes que pourra subir l'association; mais, avec de bons administrateurs, prudents et dévoués, la société ne risque pas de perdre comme un créancier ordinaire.

Elle risque d'autant moins, qu'elle est assez fortement constituée pour revendiquer ses droits en justice, puis la caution est là, comme garantie dernière, et enfin le fonds de réserve lui-même peut devenir une ressource suprême. C'est un fait d'expérience : *jamais une caisse rurale n'a fait perdre un centime.*

D'ailleurs, ici, les sociétaires savent jusqu'où va leur responsabilité, puis, qu'ils fixent eux-mêmes le maximum des prêts que fera la caisse dans le courant de l'année et on ne peut les rendre responsables au delà du chiffre fixé par eux.

2e Objection. — Les gens aisés et solvables ne viendront pas à la caisse, ils peuvent s'en passer? Les gens insolvables y viendront, mais on ne voudra pas leur prêter.

— Les gens aisés et solvables viendront à la caisse, s'ils sont intelligents.

Ils y viendront pour y mettre de l'argent, car le placement est solide.

Ils y viendront, car ils ont intérêt à ce que l'agriculture prospère.

Ils y viendront aussi quelquefois demander de l'argent... Tout riche soit-on, l'on n'a pas toujours sous la main l'argent nécessaire pour telle ou telle entreprise et l'on a souvent besoin d'un plus petit que soi.

« Ils en trouveront ailleurs facilement, » dites-vous. Est-ce bien sûr? Ils sont solvables, mais encore faut-il qu'on le sache, on se trompe si facilement aujourd'hui sur ce point.

Est-ce bien sûr que ceux qui ont de l'argent consentiront à le prêter à courte échéance et à se laisser rembourser par 100 francs, par 50 francs

Les gens solvables trouveront de l'argent, mais pas toujours, mais jamais aussi facilement qu'à la Caisse rurale.

Quant aux insolvables on ne leur prêtera pas, dites-vous?

Cela dépend; s'ils sont criblés de dettes ou bien ivrognes, paresseux, sans ordre, sans conduite; non, on ne leur prêtera pas, car ce serait favoriser le vice.

Mais si ces gens sont dans la gêne sans qu'il y ait de leur faute, si, tout en ayant quelques dettes ou peu de bien, ils sont travailleurs, pleins de bonne volonté, honnêtes, pourquoi ne leur viendrait-on pas en aide?

La solvabilité matérielle est presque nulle, c'est vrai, mais ils ont une solvabilité morale qui inspire confiance.

Ils ont l'honnêteté, du travail dans les bras, le désir de bien faire... ça vaut souvent mieux que des richesses; souvent ces gens-là remboursent mieux que d'autres plus à leur aise.

On leur prêtera *moins à la fois*, on exigera *une caution plus solide*, mais on leur prêtera sans crainte.

3e Objection. — Ah! parlez-en de votre caution. Personne ne voudra de ce poste dangereux.

— Non, il n'est pas toujours prudent de répondre pour son voisin dans les cas ordinaires. Car, si alors on demande une caution, c'est que l'individu n'inspire pas confiance.

S'il inspirait confiance, on n'exigerait pas d'autre garantie. Mais, ici, on demande une caution pour des gens choisis et reconnus dignes d'intérêt, capables de rembourser et parfois même riches.

La caution est donc un surcroît de garantie. Si on l'exige, c'est pour donner entière tranquillité aux sociétaires, pour enlever l'ombre même d'un danger et pour écarter, à l'égard des administrateurs, tout soupçon d'arbitraire.

D'ailleurs, l'expérience est faite; dans la pratique, on trouve facilement des cautions.

Le cultivateur accepte fort bien de cautionner son voisin, sachant bien qu'un jour ou l'autre il pourra avoir besoin du même service.

Dans les cas plus difficiles, un propriétaire peut cautionner son fermier ou son locataire, un maître peut cautionner l'ouvrier qu'il emploie.

4e Objection. — Le cultivateur n'aime pas qu'on sache qu'il emprunte; voilà ce qui l'empêchera de s'adresser à la caisse.

— Oui, dans le principe; mais quand le mouvement sera donné, quand des gens bien posés seront allés chercher de l'argent à la caisse, les autres se diront : « Pourquoi nous aussi n'en profiterions-nous pas? »

Il n'y a aucune honte à emprunter pour faire marcher son exploitation; je vais chercher de l'argent à la caisse? ça prouve que j'en fais partie, que, par conséquent, je suis honnête, solvable, et que j'ai l'estime des gens de bien.

Ce mendiant n'y va pas, cela prouve-t-il beaucoup en sa faveur?

Un rentier rougit-il de s'adresser à son banquier, à son notaire?

Or, la caisse rurale est ma banque à moi cultivateur.

J'y porte de l'argent quand j'en ai, j'y vais puiser quand j'en manque; elle est faite pour cela, c'est la plus commode et la plus productive des caisses de dépôts.

J'y vais d'autant plus volontiers, que, là, je suis chez moi; je n'ai d'obligation à personne, je ne me mets sous la dépendance de personne; souvent un créancier abuse de sa situation, non seulement pour se faire rembourser quand cela me gêne le plus, mais pour me faire agir selon ses caprices. Ici, il n'en est plus de même, je conserve ma liberté, mon indépendance.

5e Objection. — S'il n'y avait pas d'explications à donner, passe; mais songez donc, il faut subir une véritable enquête, il faut dire à quoi l'on emploiera l'argent?

<hr>

1. Extrait de la *Conférence au village, les caisses rurales.*

— Ah ! voilà ce qui vous chiffonne ? C'est pourtant le point important.

Si la caisse prêtait de l'argent sans s'inquiéter à quoi il sera employé, mais ce serait une invention mauvaise ; elle favoriserait le crédit, encouragerait les dettes du cultivateur. On irait demander de l'argent à tout propos, pour n'importe quoi ; et bientôt on aurait ruiné et la caisse et les emprunteurs.

Les notaires et les banquiers ne sont pas si exigeants, c'est vrai ; il leur suffit, à eux, de savoir s'ils seront remboursés, et en avant l'hypothèque.

Quant à nous, nous ne gagnons rien à prêter, nous avons surtout en vue l'intérêt de l'emprunteur. On peut lui être plus utile en lui refusant qu'en lui accordant de l'argent. Si donc nous prévoyons qu'il en fera mauvais usage, nous lui disons : « Allez-en chercher ailleurs ».

P. DE HENNEZEL D'ORMOIS.

(*A suivre.*)

Les huiles et les suifs étrangers.

Le Comité de Défense des intérêts agricoles en France nous adresse la communication suivante :

« Les débats de la séance de la Chambre des députés du 1ᵉʳ février 1896, sur la proposition de loi relative à la répression de la fraude sur les beurres, ont provoqué de la part de M. le Ministre de l'Agriculture, la déclaration officielle que, *lorsqu'on a fait le tarif des douanes, on n'a pas mis de droits sur les suifs étrangers, de sorte qu'ils entrent actuellement en France dans des proportions colossales.*

« En effet, plusieurs centaines de millions de kilogrammes de suif et d'huiles concrètes venant d'Australie, de la Nouvelle-Zélande, de la Chine, du Japon, de la côte occidentale d'Afrique, de l'Amérique du Nord et du Sud, arrivent chaque année en France sans payer aucun droit d'entrée, pour le plus grand profit des Anglais, des Chinois, des Japonais, des Américains du Nord et du Sud, sans aucune compensation pour la France et au détriment de nos malheureux éleveurs cultivateurs, ruinés ici par la coalition de quelques puissants industriels qui achètent les suifs étrangers à des prix très élevés et délaissent complètement la production française réduite à vendre, pour un prix infime, le suif indigène dont l'emploi immédiat est indispensable sous peine de perdre toute sa valeur vénale !

« C'est ainsi que le suif frais fondu de la boucherie de Paris, de qualité supérieure en raison de la grande valeur des bestiaux du marché de Paris, est tombé peu à peu de 159 francs les 100 kilos en 1855 à 51 francs les 100 kilos en 1896, sans autre cause que l'entente de quelques riches manufacturiers consommateurs de suif et d'huiles concrètes pour provoquer la baisse à outrance et diminuer le prix de revient des matières fabriquées tout en augmentant leurs énormes bénéfices.

« Une proposition de loi va, dit-on, être déposée d'urgence à la Chambre des députés pour frapper d'un droit important d'entrée en France, les suifs et autres matières grasses concrètes venant de l'étranger.

« Cet impôt équitable, qui ne nuira à personne en France, aura le double avantage de faire entrer chaque année une somme de 5 à 10 millions de francs dans les caisses de l'état et de permettre enfin aux éleveurs cultivateurs d'obtenir un prix plus élevé pour leurs produits.

« L'élevage français, dont l'importance est considérable, et le commerce de la boucherie, si étendu dans notre pays, ne méritent-ils pas la protection de l'Etat au même titre que l'agriculture qui a obtenu qu'un droit d'entrée frappant les blés étrangers lui permet de soutenir la lutte contre une concurrence désastreuse ?

« Nous espérons, Monsieur le Rédacteur, que vous voudrez bien favoriser de votre appui la cause légitime que nous défendons et nous prenons la liberté de solliciter de la bienveillance de M. le Directeur du journal et de la vôtre la publication de cette lettre dans la partie commerciale de votre journal. »

Les réductions de parcelles en Lorraine.

Nous applaudissons depuis vingt ans, nos lecteurs le savent, aux travaux par lesquels les sociétés d'agricultures lorraines réussissent à obtenir des petits propriétaires, les réunions par voie d'échanges des parcelles de terre dont la multiplication excessive est un véritable fléau pour la propriété, pour la culture et pour la paix entre voisins.

Dans sa dernière réunion, la Société de Meurthe-et-Moselle a constaté qu'à l'heure présente 29 communes de sa circonscription ont mis à profit les bienfaits de cette inappréciable réforme. Un membre, M. Gorce, ajoute que les réductions de parcelles seraient beaucoup plus nombreuses si la loi permettait aux syndicats formés à cet effet de triompher des oppositions des minorités récalcitrantes comme en matière de chemins ruraux.

M. Guyot, professeur à l'école forestière, a soutenu que le pouvoir appartient aux syndicats en vertu de la loi du 22 décembre 1888 (art. 3), lorsque ces syndicats ont l'autorisation du préfet. Seulement, il voudrait que les recours au Conseil d'Etat fussent remplacés par le recours à la Commission départementale. En tout cas, M. Guyot est d'avis que la loi de 1888, donne aux syndicats formés pour les échanges et abonnements généraux de parcelles un pouvoir suffisant pour vaincre les minorités réfractaires.

L'avis est excellent, nous souhaitons qu'on en profite partout.

Les blés étrangers français.

Dans la séance du 8 février, M. Caze, député des Hautes-Pyrénées, a interpellé avec raison le ministre relativement à la faveur dont jouissent les blés étrangers, au détriment des nôtres, en matière de tarifs de transport par chemins de fer. Ainsi, M. Caze a demandé pourquoi les blés américains transportés du Havre à Paris ne payent que 0 fr. 0331 par kilomètre, tandis que nos blés du centre payent 0 fr. 44.

Le ministre Guyot-Dessaigne a répondu par le cliché invariable de nos ministres : « Vous avez raison. Il y a quelque chose à faire, mais il y a des difficultés, on essayera de les surmonter. » Tout cela est très beau, comme discours ; mais il en sera de cette réclamation juste comme de vingt autres, émanant de notre agriculture en détresse. A l'exemple de M. Viger, M. Guyot-Dessaigne nommera probablement une commission chargée de faire sa propre besogne, et de prouver aux agriculteurs une fois de plus que leur jobarderie est une mine inépuisable de succès pour les politiciens qui se gobergent, à leurs dépens, dans des prébendes de 60.000 francs, en leur promettant tout sans tenir rien.

Elevage du cheval percheron.

Sous ce titre, nous lisons dans le *Bulletin* du ministère de l'agriculture.

« L'élevage du cheval percheron se modifie dans les départements d'Eure-et-Loir et de Loir-et-Cher depuis que les Américains ont réussi à utiliser les chevaux de grande taille, lourds et massifs, qu'ils achetaient autrefois à des prix proportionnés au poids et au volume des chevaux, sans tenir compte de l'énergie et surtout des allures.

« Les éleveurs de ces contrées trouvant difficilement des débouchés ont une tendance marquée à revenir à l'ancien type percheron, un peu léger, ou à s'en rapprocher sensiblement en faisant produire un animal de taille moyenne, d'une conformation régulière et puissante, apte à tous les services, avec des allures brillantes et légères.

« L'administration des remontes militaires trouvera donc dans la région, à l'avenir, un assez grand nombre de chevaux aptes au service de l'artillerie. »

Le crédit agricole en Bourgogne.

La caisse rurale de Gentis (Côte-d'Or), annonce que la Banque de France ayant réduit son taux d'escompte à 2 1/2 0/0, elle réduit le sien à 3 0/0 en faveur de ses clients agriculteurs. Les prêts ont porté sur une somme de 34.000 francs dans l'année.

Voilà un exemple suggestif du véritable crédit agricole : pratiquer l'escompte à 1/2 0/0 au-dessus de celui de la banque. La culture, sans doute, ne pourrait emprunter même à ce taux pour toutes ses opérations; mais elle peut encore le faire avec profit pour un certain nombre d'opérations qui se liquident en moins d'un an. Trois emprunts sur cinquante-six n'ont pas été remboursés à l'échéance. La caisse a son recours contre les cautions.

La meilleure réfutation des détracteurs de crédit agricole consiste à le démontrer comme le philosophe d'Athènes démontrait le mouvement en marchant.

Concours
de race charollaise pure.

Un concours départemental de la race bovine charollaise *pure* aura lieu à Charolles (Saône-et-Loire) les 20 février et 1er mars prochains.

Le pays charollais tient avec raison comme une chose importante, à maintenir en l'améliorant par elle-même, seule, la race indigène, malgré les succès éclatants de la race dite charollaise-nivernaise, qui a dû sa supériorité, selon quelques-uns, à une introduction de sang de Durham.

Les éleveurs de Charollais pur ont la prétention, très louable d'élever leur race pure, avec le temps, à une perfection qui n'aura rien à envier au célèbre charollais-nivernais.

On ne peut qu'applaudir à cette tentative et aux expositions qui en mettent les effets tous les ans, sous les yeux du public agricole. Le Herd Book de la race est l'instrument essentiel de cette œuvre. On n'admet au concours que les animaux qui y sont inscrits. Les primes décernées aux lauréats ne seront payées à leurs éleveurs qu'à la suite de vingt saillies dûment certifiées.

Le marché viticole à Nolay.

Le Syndicat de la Côte-d'Or a obtenu la création, à Nolay, d'un marché spécial pour la vente des vins et des plants de vigne américains. Le premier marché, qui a eu lieu le 7 janvier, a été assez encourageant, mais on pense que le second, qui aura lieu le 24 février, sera plus considérable, surtout pour les ventes de plants et de greffes.

PRIMES DE PRINTEMPS

Nous sommes heureux d'offrir à nos aimables lectrices une prime de graines de fleurs et de légumes.

Moyennant l'envoi de 5 fr. 50, elles recevront franco les graines énoncées ci-après. Nous leur ferons observer que cette double collection vaut au moins 8 francs chez tous les grainetiers.

Les commandes devront être adressées directement à M. Birot Henri, *cultivateur-grainier*, 19, rue de Viarmes Bourse du Commerce), Paris.

Légumes de choix à semer en février.

30 gr., carotte courte de Hollande;
30 gr., chicorée sauvage améliorée;
10 gr., chou pommé, roi des précoces;
Un demi-litre fève perfection;
10 gr., laitue gotte à graine blanche;
15 gr., navets demi long, blanc, à châssis;
30 gr., oignon jaune paille des vertus;
15 gr., poireau monstrueux de Carentan;
Un demi-litre, pois incomparable *extra-hâtif* (nouveauté);
Un demi-litre pois nain, amélioré *extra-hâtif*.

Fleurs.

Un paquet Reine-Marguerite comète en mélange;
Un paquet Réséda pyramidal à grandes fleurs de Paris;
Un paquet Zinnia élégant, double en mélange.

Adresser les commandes accompagnées de leur montant en un mandat de 5 fr. 50 et de la bande du journal, à M. Birot Henri, 19, rue de Viarmes (Bourse du commerce), Paris.

CHRONIQUE AGRICOLE

Situation. — La Saison.

Cette semaine encore n'a été qu'une semaine de fin d'hiver et quasi printanière. Nous voici arrivés à la fin de février sans avoir subi deux jours consécutifs de gelée, et la neige n'a paru que dans les régions montagneuses de la France. Toutes les plantes en terre, à la suite d'une telle saison, ont une avance remarquable, qui donnerait les plus belles espérances, n'était la crainte trop fondée de quelque brutal retour offensif des gelées et des neiges au printemps.

En attendant, il faut, malgré tout, prendre le temps tel que nous le dispense la providence divine qui seule en dispose absolument.

Le temps qui a favorisé la végétation des plantes cultivées, a malheureusement favorisé aussi largement les mauvaises herbes, les plantes parasites qui leur disputent la nourriture et l'espace en terre.

Cette végétation parasite étant un fléau pour les plantes utiles, un travail tout à fait indiqué par le temps actuel, consiste à extirper les plantes nuisibles par les *binages*.

Le *binage* est, après le labourage, la plus utile des opérations de la culture. Le binage non seulement a pour effet la destruction des plantes nuisibles, mais aussi l'aération de la surface du sol. L'*aération* pour effet de stimuler la nitrification des sels azotés qui nourrissent les plantes.

Le binage est en sorte une excellente opération mais il importe de la pratiquer avec discernement dans une terre humide, on ne le fait pas comme dans une terre sèche. La profondeur du binage se règle aussi suivant la profondeur des racines qu'il ne faut pas mettre trop à nu. Les bons jardiniers comprennent à merveille ces distinctions qui échappent souvent aux cultivateurs.

En grande et en moyenne culture on emploie des bineuses à cinq lames, qu'on règle suivant l'espacement des vignes. En petite culture on emploie la bineuse à main. Mais une bineuse à main à trois lames que nous ne saurions trop recommander est celle de M. Rousseau annoncée souvent dans la *Gazette*. Avec cet outil inappréciable on bine avec toute la perfection désirable, et presque aussi rapidement qu'au moyen de la bineuse à cheval.

Le moment propice au binage est à l'ordre du jour dans la plupart des plantes en terre. Qu'on se pénètre bien partout des effets précieux de ces opérations.

Le binage, sans doute, est une opération de salut au printemps pour les plantes desséchées par le hâle. Mais il n'est pas moins utile à l'heure présente pour les plantes infestées de mauvaises herbes.

Les semis ravagés par les corbeaux. — On se plaint, dans quelques contrées, des ravages que font les corbeaux et les pies dans les nouveaux semis de céréales.

Le *Bulletin du Syndicat* du Calvados publie à ce sujet la correspondance d'un agriculteur distingué, M. Lafosse, qui lui signale la recette suivante au moyen de laquelle il a réussi à mettre en fuite des essaims de corbeaux que s'abattaient sur ses ensemencements.

Faire fondre au bain-marie le mélange suivant : goudron de bois (non de houille) 60 0/0, pétrole 30 0/0, acide phénique 10 0/0 (le tout au poids non à la mesure). Remuer avec un bâton jusqu'à parfait mélange qu'on obtient en quelques minutes, puis imbiber la semence de ce liquide à raison de un litre seulement par quintal en y mêlant de la poudre de chaux en quantité suffisante pour que le grain *coule* entre les mains de même qu'entre les cuillers du semoir, si on sème avec cet instrument. M. Lafosse a très bien réussi par ce moyen.

La recette est probablement à conseiller pour tous les semis printaniers, aux champs et dans les jardins qui sont exposés aux déprédations des oiseaux et peut-être aussi des mollusques, en tout cas il peut être bon d'en essayer, la dépense étant peu élevée.

Le plâtre.

Il y en a de deux sortes : le plâtre *cru* qui n'est à proprement parler que le gypse, tel qu'il sort de la carrière, et le plâtre *cuit* qui est le même gypse, mais débarrassé de son eau par une calcination modérée dans des fours spéciaux.

On a beaucoup parlé du plâtre associé aux fumiers; suivant une certaine école, c'était le moyen d'en décupler la valeur; on fixait les principes ammoniacaux volatils du fumier; on conseillait l'emploi de 10 kilog. de plâtre par 1.000 kilog. de fumier.

Puis sont venues les expériences de M. Joulie; leur résultat tend à prouver que, bien au contraire, l'addition du plâtre au fumier augmente la déperdition de l'azote ammoniacal et diminue sa fixation sur les matières organiques.

M. Muntz, d'un autre côté, a démontré que l'épandage du plâtre dans les bergeries n'avait qu'une efficacité très problématique.

Faut-il donc conclure de ces diverses expériences que le plâtre n'est qu'un agent de fertilité surfait et inutilisable?

Nous sommes loin de le croire : pour nous le plâtre est au contraire un agent fertilisateur trop peu employé et dont les effets ne sont pas appréciés à leur juste valeur. Est-ce à dire que le plâtre soit pour nous une de ces panacées qui remédient à tout? Non, nous ne sommes ni de ceux qui déclarent qu'il est propre à tout, ni de ceux qui proclament qu'il n'est propre à rien ; nous nous contentons de dire que, dans certains cas, c'est un agent fertilisateur d'une réelle valeur qui peut rendre de grands services et que l'on a tort de ne pas utiliser.

Je n'apprendrai certes rien à nos cultivateurs en leur disant que le plâtre répandu au printemps sur les trèfles et les luzernes produit un effet excellent.

Tout le monde connaît la ruse intelligente dont usa Franklin pour populariser en Amérique l'emploi du plâtre.

Il n'est pas discutable que l'emploi du plâtre ne soit absolument efficace sur les légumineuses : la science explique son bon effet parce que son emploi favorise la dissolution de la potasse contenue dans le sol et son assimilation par les plantes. Les expériences de M. Deherain confirment cette explication et la pratique est ici, ce qui n'arrive pas toujours, absolument d'accord avec la science : en effet, le plâtre ne semble agir avec profit que sur les plantes avides de potasse, comme la vigne, les légumineuses, etc.

D'un autre côté, le plâtre (ceci ne paraît pas douteux) n'agit pas seulement sur la potasse ; de nombreuses expériences prouvent qu'il possède une propriété précieuse : celle de transformer l'azote ammoniacal et l'azote organique en azote nitrique, seule forme sous laquelle l'azote soit assimilable par les plantes.

C'est ce qui a souvent fait croire que le plâtre était un engrais, tandis qu'il ne faisait que rendre utilisables les principes fertilisants entassés dans le sol.

On voit par ce court et incomplet exposé comment l'usage du plâtre peut être utile en agriculture ; nous croyons donc donner à nos cultivateurs un bon conseil en leur conseillant d'employer le plâtre dans leurs terres et surtout sur leurs luzernes et leurs trèfles.

Il est encore une forme sous laquelle le plâtre rend des services bien plus grands encore : c'est quand il est associé au phosphate, qu'il rend absolument soluble.

L'emploi du plâtre phosphaté est très répandu en Allemagne et en Belgique; en France il est, bien à tort, peu usité. Nous l'avons employé à plusieurs reprises et nous avons été absolument satisfait de son usage. Aussi engageons-nous sans crainte les cultivateurs à en faire l'essai sur leurs trèfles et leurs luzernes : nous leur présidons un succès.

J. Delimoges.

Nous sommes heureux de trouver dans les lignes ci-dessus, la confirmation de conseils semblables donnés par nous à nos lecteurs.

D'ailleurs, c'est sans doute par des raisons identiques que M. G. Ville complète toutes ses formules d'engrais chimiques par une addition de 25 à 30 0/0 de plâtre.

Culture du tabac. — L'engrais.

Tous les cultivateurs autorisés à cultiver du tabac, connaissent les soins nombreux qu'exige cette culture tant dans la préparation du sol qu'en cours de végétation.

Pour ce qui concerne l'engrais, on sait que le tabac est avide d'azote et de potasse ; mais l'azote en excès retarde la floraison et produit des feuilles trop peu combustibles, dont la régie se soucie peu. Les recherches d'un spécialiste attaché à la régie, M. Blot, l'ont conduit à indiquer aux producteurs de tabac la formule d'engrais qui réunit le mérite d'une production abondante à celui d'une bonne qualité des feuilles. Cette formule se résume dans les proportions suivantes :

Azote organique et ammoniacal (tourteaux), 9 0/0; acide phosphorique, 5 ; sulfate de potasse, 12 0/0; de 7 à 800 kilos par hectare. — Le sulfate de potasse, non le *chlorure*, — qui a le défaut de rendre les feuilles moins combustibles.

Cet engrais est coûteux ; mais M. Delimoges, qui le conseille, dit avec raison que, dans les cultures industrielles, les dépenses d'engrais ne doivent pas être épargnées en vue d'un surcroît certain de récolte.

La vesce velue (Lathyrus silvestris).

Cette plante fourragère rivale de la vesce ordinaire, on se le rappelle, a été importée d'Allemagne en France il y a quatre ans. Sa réputation de rusticité, de longévité et de fécondité a été mise à diverses épreuves à la suite desquelles il s'est établi une opinion qui estime que si ses mérites ont été exagérés par quelques-uns, certains détracteurs ont également exagéré ses défauts. Aujourd'hui, l'expérience de ces quatre années

permet d'en donner une appréciation exacte et de dire que c'est une plante fourragère d'un bon rapport lorsqu'on la cultive convenablement.

Cette culture convenable repose sur les règles suivantes :

D'abord un terrain profond et à sous-sol perméable, pour que les racines s'y installent largement. Ces racines sont les agents essentiels de la végétation plantureuse de cette plante, elles sont aussi l'agent essentiel de sa résistance aux grandes gelées, qui est une de ses qualités les plus remarquables, comme on l'a vu à la suite du grand hiver de l'an dernier. On sème de bonne heure fin février, à lignes espacées de 30 à 50 centimètres suivant la fertilité du terrain, 40 centimètres en moyenne à raison de 1 kilo par 10 ares. Quelques-uns sèment en pépinière en juin et repiquent en septembre. On bine le plant si la sécheresse ou les mauvaises herbes l'épuisent et l'étouffent.

Sur tous les autres points la culture de la vesce velue est la même que la culture de la vesce ordinaire.

D'après les mérites de la vesce velue qui sont sa durée de douze à quinze ans, sa rusticité, sa production abondante, il est donc utile de lui donner une place dans les cultures fourragères d'une exploitation bien dirigée.

Quelques-uns lui ont reproché d'être refusée comme aliment par les animaux. Lorsque le cas se présente, on la mélange d'abord en faibles proportions avec les aliments ordinaires; peu à peu les plus réfractaires en prennent leur part, et s'y accoutument sans difficulté.

L'élevage des veaux.

En général, on calcule avec raison que le lait donné au veau est plus avantageux que tout autre emploi lorsque, sous toute autre forme, il ne donne pas un produit excédant 10 centimes par litre.

Pour élever avantageusement le veau, le meilleur système consiste à le nourrir d'abord avec le lait de la mère pendant le premier mois. Mais le système le plus rationnel consiste à rationner sa consommation, au lieu de la faire dépendre de la fécondité laitière de la mère qui peut être ou excessive ou suffisante. On a donc raison de préconiser l'usage de l'allaitement artificiel au moyen du biberon de M. Massonneau dont l'orifice en caoutchouc a la forme et la consistance d'un trayon. Le veau suce à volonté. La mère s'en trouve mieux, comme lui.

De 10 à 20 jours après la période du colostrum, le veau consommera de 4 à 6 litres par jour progressivement. Ensuite on mélange dans son lait écrémé des matières farineuses : farine de lin, farine de blé ou autre de 125 à 150 grammes. On mêle avantageusement à ce lait du thé de *foin*, qui est un actif stimulant pour la digestion.

La fabrication des fromages
(Suite)

Fromage de Coulommiers. — Ce fromage est une variété de fromage de Brie, dont il ne diffère que par ses plus faibles dimensions.

Fromage de Camembert. — L'un de nos fromages les meilleurs et les plus réputés, il porte le nom de la commune de Camembert (Orne), d'où il est originaire. Ce fromage est surtout fabriqué dans le Calvados. Sa qualité incomparable est due aux pâturages, cause de celle du lait. Aussi le Camemberg fabriqué dans des régions moins favorisées se reconnaît-il facilement.

En général, ce fromage se fait avec du lait qui est écrémé une fois sur deux, c'est ainsi, par exemple, qu'on met au frais la traite du soir pour l'écrémer le lendemain et ajouter la traite du matin.

Le lait est chauffé à 25° degrés en été et 30° en hiver, puis on y ajoute le colorant et la présure. La coagulation doit s'effectuer en deux heures.

Le caillé est mis ensuite dans des moules en fer, percés de trous et placés sur des clayons en jonc. Ces moules sont disposés sur des tables en forme d'étagères; la planchette inférieure supporte les moules, la supérieure est celle qui sert à la salaison. Ces planchettes sont inclinées de façon à permettre l'écoulement du petit lait qui, par des tuyaux, est conduit dans un réservoir spécial. Sous les tables se trouve un calorifère à eau chaude et à vapeur.

Les moules vides sont placés sur la planchette inférieure, on les remplit de caillé. Le soir même on retourne les fromages à la main. Le lendemain on procède à la salaison, qui se fait sur tous les côtés du fromage.

Les fromages restent deux ou trois jours sur l'étagère, puis ils sont portés au *saloir*, pièce dans laquelle se trouvent des râteliers ou baleuses sur lesquels on les dépose. L'air doit circuler librement dans le saloir au moyen de nombreuses ouvertures garnies de toile métallique. Pendant les 6 ou 8 premiers jours, les fromages sont retournés une fois en 24 heures et ensuite tous les 2 jours.

Quand on sent que les fromages sont moux dans toutes leurs parties, on les porte dans la cave d'affinage où ils séjournent 15 à 20 jours et sont retournés soit tous les deux jours, soit moins souvent, suivant les cas.

Quand les fromages sont faits, on les emballe avec le plus de goût possible. Il faut environ 220 litres de lait pour fabriquer 100 fromages se vendant en moyenne de 40 à 80 francs le cent, suivant la marque.

En raison du haut prix qu'il obtient, ce fromage se fabrique un peu partout, mais un connaisseur reconnaît facilement celui qu'on fabrique avec le lait des vaches normandes qui se nourrissent sur les gras pâturages du Calvados. Il est l'objet d'une exportation assez considérable.

Notons que la qualité de ce produit est en raison directe des soins de propreté apportés à sa fabrication.

Fromage de Neufchâtel (bondons). — Il y a deux espèces bien différentes de bondons, ceux faits avec du lait complet et ceux obtenus avec du lait écrémé. Le centre de la fabrication est la Seine-Inférieure.

La présure est mise dans le lait chauffé à 30°; la coagulation doit se faire en 20 ou 24 heures, c'est-à-dire très lentement. Le caillé s'égoutte sur des toiles garnissant des bannettes en osier placées sur des égouttoirs. Au bout de 12 heures, on enlève la toile contenant le caillé en la repliant et on la soumet à une pression pendant 12 heures. Puis on pétrit le caillé soit à la main, soit au broyeur. On procède ensuite à la mise du caillé dans des moules cylindriques ouverts aux deux extrémités : la pâte y est fortement tassée. Le salage se fait immédiatement en saupoudrant du sel fin, 24 heures après, les fromages sont mis dans le séchoir et retournés tous les jours. Ils sont faits, quand ils sont tout à fait bleus, on les porte à la cave, où ils sont posés sur des claies garnies de paille et où on les retourne tous les deux jours.

Fromage de Mont-d'Or. — Ce fromage se fabrique dans la région lyonnaise, il se fait avec du lait de chèvre ou de vache, maigre, moitié écrémé ou pur. L'addition de présure se fait à 30° degrés en hiver et à 36° en été. La coagulation s'obtient en moins de deux heures. On procède ensuite comme pour le Camembert, mais on retourne beaucoup plus souvent, en frottant chaque fois les fromages d'un chiffon mouillé d'une solution de sel. En 10 ou 15 jours ils sont faits, on les met en boîtes comme le Camemberg.

Fromage de Pont-l'Evêque. — C'est un des fromages les plus anciennement connus, il a la forme carrée mesurant 11 centimètres sur 11 centimètres avec une épaisseur de 3 centimètres. La présure est mise dans le lait chauffé à 35° ou 40°, elle doit produire son action en un quart d'heure. La fromagerie est maintenue à la température de 18°. Le caillé est coupé en tous sens avec un couteau de bois, puis il est déposé sur des claies appelées glottes. Celles-ci sont disposées sur des tables comme pour le Camembert. Après une demi-heure d'égouttage, on entasse le caillé encore chaud dans des moules en bois. On retourne 4 à 5 fois par heure, puis on sale. Le séchage et la mise en cave se font comme précédemment. La maturation dure 15 à 20 jours.

S. CRÉPEAUX.

(A suivre.)

Les tourteaux sulfurés.

On désigne sous ce nom, les tourteaux dont l'huile restant après la première pression est retiré au moyen d'un traitement au sulfure de carbone.

C'est donc bien à tort qu'on voudrait attribuer à ces tourteaux des propriétés insecticides. Ils ne contiennent pas de sulfure de carbone en quantité appréciable, si on conseille de ne pas les donner au bétail, c'est par prudence, pour le cas où, accidentellement, ils en renfermeraient un peu.

La Pomme de terre « Géant-bleu »

La reproductivité de cette pomme de terre dépasse, de beaucoup, celle de toutes les variétés connues jusqu'à ce jour, et son rendement est assuré en année sèche comme en année mouillée.

Les tubercules sont violets et peuvent devenir très gros; la chair est blanche et les yeux superficiels. Les fanes sont très résistantes, saines, sans jamais montrer aucune tache noire.

Cette variété, fourragère et industrielle, est bonne aussi pour la table, il serait préférable, pour ce dernier usage, de lui choisir un terrain sableux. Cuite, elle est jaune, belle et fine de grain.

Les expériences faites en 1892, à Verrières (Seine-et-Oise), ont fait mettre au premier rang la pomme de terre GÉANT-BLEU; elle a produit 56.000 kilos à l'hectare, alors que celle qui la suivait n'arrivait qu'à 38.000 kilos.

Elle l'emporte aussi sur ses concurrentes comme rendement de fécule à l'hectare. Certains féculiers des environs de Lille viennent d'imposer à leurs planteurs l'obligation de l'employer; c'est assez dire qu'ils lui trouvent une haute valeur industrielle.

Mais il en est des pommes de terre comme de bien d'autres choses, chaque espèce a ses qualités et ses défauts; celui du GÉANT-BLEU est d'être trop tardif. Il est facile de remédier, dans une mesure appréciable, à cette maturité tardive. Il faut, pour cela, traiter cette variété comme les espèces de primeur, en activant la germination avant la plantation. La récolte se fera plus tôt en agissant ainsi, et elle donnera une teneur en fécule d'autant plus élevée que les pommes de terre venant de tubercules germés en contiennent plus que celles provenant de ceux qui ne le sont pas.

Les rendements considérables se produisent dans les terrains ameublis et défoncés, car ces rendements sont dus à l'abondance des radicelles et à la profondeur à laquelle elles peuvent descendre. L'espacement des poquets devra être de 0 m. 50 sur des lignes distantes de 0 m. 80, pour donner aux sillons un écartement suffisant afin de pouvoir, en temps utile, butter convenablement les tubercules, l'expérience ayant fait voir que, sans cette précaution, il s'en trouverait un certain nombre, à chaque pied, qui se montreraient à la surface du sol, tellement est grande la force de reproduction du GÉANT-BLEU.

Une des conditions de succès est de rompre avec l'habitude de mettre les engrais chimiques ou d'étable au pied même de la pomme de terre. Il faut mélanger les engrais avant le dernier labour, pour qu'ils se trouvent intimement unis au sol par la dernière façon. D'ailleurs, quand la végétation devient active, le buttage rassemble la terre et l'engrais autour de la plante.

Absolument réfractaire aux maladies cryptogamiques, elle n'a pas été atteinte du *phytophtora infestans*, et, à l'inverse de la *Richters Imperator*, l'on peut, sans l'exposer à la gangrène du pied, sectionner le Géant-Bleu pour la plantation, avec l'assurance que son tubercule ne pourrira pas. De ce qui précède résultent, en faveur du Géant-Bleu, deux grandes économies. La première consiste dans la quantité de semence, qui est beaucoup moindre lorsque l'on peut couper les morceaux (il est mieux cependant de planter entiers les tubercules d'environ 100 grammes); la seconde se trouve en ce qu'il n'y a pas à se préoccuper pour le Géant-Bleu de l'achat de bouillie cuivrique pour combattre le *peroposnora*.

Cette pomme de terre très rustique convient pour l'exportation. Sa parfaite conservation en caves comme provision d'hiver, son énorme production sans rivale, en font une variété absolument de premier ordre réussissant dans tous les terrains(Voir aux offres).

Destruction des mulots dans la Marne. — Encore le procédé Danysz.

Dans sa dernière réunion le comice agricole de Châlons-sur-Marne a constaté, comme précédemment, les succès insuffisants du procédé Danysz. A cette occasion M. Danysz a adressé au président du comice M. A. Lequeux, une lettre où nous relevons les remarques suivantes :

« Il faut atteindre quinze jours révolus pour se rendre compte des effets.

« Il n'y a rien d'étonnant à ce qu'il y ait encore des campagnols vivants dans les champs traités.

« J'ai bien dit et répété aux membres de la délégation que l'épidémie ne commence à apparaître que le 5e jour après l'opération et qu'elle n'atteint son plein développement que quinze jours après le traitement.

« Il faut donc attendre 15 jours révolus pour se rendre compre de l'efficacité du traitement.

« J'ai bien expliqué tout cela aux membres de la délégation; j'ai même ajouté que s'ils font des constatations huit jours après l'opération ils trouveront beaucoup de mulots vivants mais qu'ils en trouveront aussi de morts et que ces morts leur prouveront l'action du virus.

« Il faut donc attendre pour connaître le résultat définitif. Mais je ne conseille pas d'attendre à ceux qui ont leurs champs ravagés. Je garantis l'efficacité du traitement. »

Après lecture de cette lettre, M. Lerebours, maire de Coolus, affirme qu'il a obtenu un succès complet sur 100 hectares, mais à la suite de deux traitements; le premier avait échoué.

M. Guibert fait observer qu'en présence de résultats si divers, on est fondé à attribuer les échecs, non au procédé lui-même, dont les preuves sont faites, mais aux causes suivantes : préparation défectueuse du virus et du pain, emploi d'une eau qui le neutralise, etc., ensuite, l'influence nuisible de certains états de l'atmosphère ou autres causes analogues, et il estime qu'il y a lieu de rechercher ces causes, et de ne pas se laisser décourager par les tentatives qui ont échoué. M. Guibert cherche à découvrir les conditions atmosphériques qui lui paraissent les plus favorables à la propagation du virus.

M. le Président fait remarquer que la préparation du virus, au laboratoire départemental, a été faite avec tous les soins prescrits par M. Danysz.

M. Guibert ne le conteste pas, mais il reste à savoir si la proportion de matière virulente était suffisante, si la saison n'était pas défavorable à son expansion.

M. Benoît, membre, signale l'effet nuisible d'une eau trop chaude.

M. Ponsard dit qu'il a réussi parfaitement sur les souris et aussi sur les rats.

Le Comice décide qu'il reviendra sur le sujet à la prochaine réunion. D'ici là probablement de nouveaux essais seront tentés avec les soins spéciaux recommandés par M. Guibert et ses collègues.

Tout bien pesé, nous croyons que c'est le meilleur parti à suivre, d'autant plus qu'aucun procédé de destruction des souris n'a eu jusqu'ici le demi-succès du procédé Danysz.

Nous lisons dans les journaux de Nancy, que M. Michel, agriculteur, a rendu compte à la Société centrale d'agriculture des expériences qu'il a faites,sur ses terres, du procédé Danysz, au moyen du virus provenant de l'Institut Pasteur.

M. Michel a introduit le virus dans 20.000 trous de souris; les deux tiers des souris ont péri, et les ravages ont été sensiblement réduits dans les terres ainsi traitées pendant qu'ils continuaient dans les terres voisines.

BIBLIOGRAPHIE

LIBRAIRIE SCIENTIFIQUE ET INDUSTRIELLE DES ARTS ET MANUFACTURES

E. Bernard et Cie, Paris, 53 *ter* quai des Grands-Augustins. — **L'agriculture et les machines agricoles aux États-Unis**, par MM. Grille et Lelarge, ingénieurs.

1 volume de 177 pages de texte et un atlas de 64 planches, prix broché : 25 francs. Relié, avec planches montées sur onglets: 30 francs.

Depuis de longues années, les machines agricoles de construction américaine ont occupé une place considérable dans le monde entier. Mais bien que les États-Unis soient le berceau de la plupart des machines agricoles modernes ce fait seul ne suffit pas à expliquer l'extension vraiment immense prise par cette industrie. Il faut plutôt en chercher la cause dans les procédés de fabrication et dans les conditions locales que l'on rencontre aux États-Unis. Sous le rapport des matières premières employées, les États-Unis, il faut le reconnaître, sont privilégiés : leurs métaux sont excellents. Les fontes sont exceptionnelles; les fontes malléables sont aussi d'une qualité très remarquable : il en est de même du bois qui est, en outre, très abondant et à bas prix. Quant à la fabrication proprement dite, elle est absolument mécanique. Toutes les pièces fabriquées en série, sortent complètement finies des machines-outils. Le montage final ne consiste plus qu'à mettre en place dans un ordre déterminé les diverses pièces. En Amérique, avec les immenses espaces cultivés, où la main-d'œuvre est si rare et d'un prix tellement exorbitant pour un rendement moyen plutôt faible, qu'on ne songe pas à faire quoi que ce soit avec le travail direct de l'homme, la condition d'une exploitation fructueuse est de la faire à bon marché, dut-on en abaisser le rendement. Aussi, agriculteur souvent médiocre, le fermier américain connaît-il peu la culture proprement dite; mais il sait admirablement se servir de la machine agricole pour en tirer le meilleur parti possible, et obtenir un rendement unitaire souvent ordinaire, mais remarquable par l'étendue cultivée rapidement et à un prix de revient peu élevé. On peut donc dire que l'emploi de la machine agricole aux États-Unis est presque une nécessité. D'où le développement énorme qu'a pris cette industrie comme quantité de machines fabriquées et aussi dans ces derniers temps comme perfection apportée à leur construction. Car ces conditions locales, en fournissant aux constructeurs un débouché pour ainsi dire illimité, leur ont permis d'organiser des usines ne construisant que la même machine, et en quantité considérable, il s'est formé des spécialistes.

Quand une usine fabrique tous les ans 60 ou 80.000 machines du même modèle, il n'est point étonnant que, tous ses efforts étant dirigés vers le même but, il en résulte des progrès impossibles à l'usine qui est obligée de les disséminer sur un grand nombre de points. Placés au centre même des exploitations dont ils sont les fournisseurs, les constructeurs américains voient ainsi chaque jour fonctionner leurs machines, les suivent, en étudient le fonctionnement dans ses moindres détails, notent les points faibles dont ils réalisent immédiatement l'amélioration.

Les résultats auxquels sont arrivés les Américains et dont nous avons pu voir notamment l'imposante manifestation à l'Exposition Colombienne nous ont donc paru du plus grand intérêt. Maintenant que de jour en jour la lutte économique devient plus difficile, il importe de profiter des moindres avantages que nous découvrons à l'étranger. C'est pourquoi l'auteur a cru utile de présenter cette étude du Matériel Agricole Américain, faite d'après les documents recueillis au cours d'un récent voyage au centre des usines et des exploitations agricoles des États-Unis.

Art de l'ingénieur. — **Projet d'élévation d'eau par moteur hydraulique et machine à vapeur de secours.**

Voici le problème que l'auteur se propose de résoudre :

L'eau d'une source, fournissant en tout temps un débit suffisant, doit être élevée, pour l'alimentation d'une ville dont la consommation, en tenant compte d'un accroissement probable, est fixée à 7,500 mètres cubes par jour. L'altitude de la source est à la cote de 50 mètres au-dessus du niveau de la mer. On dispose, comme force motrice, d'un cours d'eau dont le débit varie de 2.250 à 4.500 litres par seconde. Sur ce cours d'eau, existe une chute dont le niveau d'amont constant, par suite de la puissance des ouvrages régulateurs, est à la cote de 48 mètres et dont le niveau d'aval varie de la côte 45 m. 60 (correspondant aux basses eaux) à la côte de 45 m. 90 (correspondant au maximum du débit).

La source est à une distance de 400 mètres de l'emplacement où peuvent être établies les machines élévatoires et une distance de 1.200 mètres sépare cet emplacement de celui où doit être construit le réservoir de distribution d'eau de la ville, dans lequel le niveau de l'eau doit atteindre la cote de 100 mètres au-dessus du niveau de la mer. Du bassin de captation de la source, l'eau sera amenée à l'usine élévatoire par un tuyau en fonte qui débouchera dans un puisard construit à proximité des pompes. La conduite de refoulement allant au réservoir de la ville ne doit faire aucun service de route. En raison de ce que la puissance hydraulique est variable, l'usine devra comporter une machine à vapeur de secours, susceptible de fournir le complément de puissance nécessaire pour assurer à la ville le volume d'eau indiqué. Il convient, d'ailleurs, de prendre les dispositions nécessaires pour qu'il n'y ait lieu, dans aucun cas, à l'arrêt complet des machines utilisant la chute d'eau. Dans l'étude de ces dispositions, il faudra surtout avoir égard au meilleur emploi de la puissance motrice et à la certitude d'un fonctionnement permanent plutôt qu'à l'économie dans les frais d'installation. On admet que les machines ne devront fonctionner que vingt-deux heures par jour pour élever le volume d'eau prévu. L'usine comportera un logement pour le mécanicien principal, un atelier pour les petites réparations et un magasin pour les pièces de rechange. Le bâtiment principal renfermera toutes les machines de la chaudière. Les machines utilisant la puissance de la chute d'eau seront étudiées en détail. Quant à la machine à vapeur et à sa chaudière, on se bornera à en calculer les dimensions principales et à en indiquer l'installation générale, de façon à pouvoir fixer la consommation de combustible par cheval-heure en eau élevée.

Un volume de texte de près de 100 pages et 9 planches grand format. Prix 12 francs. Librairie BERNARD et Cie, 53 ter, quai des Grands-Augustins, Paris.

CORRESPONDANCE

M. J. V. D., à M. (Meurthe-et-Moselle). — Pour faire disparaître le noir ou charbon de l'avoine le meilleur moyen est de chauler la semence, avec du vitriol ou sulfate de cuivre, même procédé que pour les semences de blé.

M. L. de C., à S. (Orne). — Pour remplacer le fumier de ferme et faire du blé de printemps sur place de trèfle, le meilleur engrais à employer est le *guano de poisson* qui contient 9 à 11 p. 100 d'azote et 6 à 8 p. 100 acide phosphorique ; la quantité à employer serait de 1000 kilos pour votre pièce de terre. Nous pouvons vous faire fournir cet engrais supérieur par une maison de toute confiance.

M. R. V., à C. (Seine-et-Marne). — Adressez-vous à MM. Marchand frères, à Dunkerque (Nord) qui vous fourniront les tourteaux pour l'engraissement et la nourriture du bétail.

Pour préserver les tourteaux de toute altération, on les empile dans un local sain, à l'abri de l'humidité, en ménageant la libre circulation de l'air entre les rangs.

Évitez de les mettre en contact direct avec le sol, et, pour cela, placez-les sur des planches ; ne les empilez pas contre les murs. On donne aux vaches laitières les tourteaux moulus ou concassés. Pour une vache du poids de 500 kilos, les proportions de tourteaux à faire entrer dans la ration sont les suivantes, en tenant compte de la nature de chacun des autres éléments constituant la ration : tourteau de lin 1 à 2 kilos, tourteau de colza et de coton 1 à 3 kilos.

M. B., à Saint-V. (Maine-et-Loire). — 1° S'il s'agit de combattre le chlorose de vos arbres fruitiers, vous répandrez au printemps au pied des arbres une solution de sulfate de fer préparée à raison de 10 à 12 p. 100 de ce sel jusqu'à concurrence de 140 à 150 grammes de sulfate par arbre.

2° Sur votre culture de fraisiers employez le mélange d'engrais suivant : 500 grammes nitrate de soude, 500 grammes sulfate d'ammoniaque, 3 kilogrammes superphosphate de chaux, 1 kilogramme chlorure de potassium, 2 kilos sulfate de chaux. On conseille de répandre 300 grammes de ce mélange par mètre carré. Quant au sulfate de fer, 30 grammes par mètre carré suffisent. Ces doses minima peuvent être augmentées suivant la richesse plus ou moins grande du sol, à l'exclusion de la potasse cependant, que l'on doit employer avec plus de circonspection

M. du P... (Loire Inférieure). — La commune ne peut vous obliger à ouvrir à travers votre propriété une tranchée pour y recevoir l'égout du chemin.

Si cependant l'eau ne peut s'écouler par ailleurs le maire, au nom de la commune, pourrait faire sur votre propriété les travaux nécessaires pour l'écoulement, mais seulement après vous avoir payé une indemnité qu'il aurait fixée d'accord avec vous.

M. D. L. (Loiret). — Le terrain destiné à la vigne doit être défoncé assez profondément plus ou moins selon sa nature. Ensuite le laisser s'aérer en labourant légèrement, en scarifiant. Dans votre région on peut planter au printemps. La distance entre les pieds varie avec l'espèce ; le palissage sur fil de fer est le plus économique. La culture de la vigne doit être superficielle, il faut éviter avec soin d'écorcher les racines, le mieux est de la faire à la charrue, la pioche est un très mauvais instrument. Pour le choix des espèces, examinez celles qui réussissent le mieux autour de vous, le syndicat d'Orléans vous donnera les meilleurs renseignements et vous procurera les plants. Le fumier de ferme est un excellent engrais pour la vigne, mais il est quelquefois d'un transport difficile, il en faut environ 40.000 kilos par hectare et par an. On peut le remplacer par des phosphates, des scories, auxquels on ajoute un engrais azoté lentement décomposable. Il y a des engrais composés excellents notamment ceux de M. Élysée Lefebvre à Amiens.

PRIMES A NOS ABONNÉS

PRIMES DE PRINTEMPS

Nous informons nos lecteurs que toutes les primes annoncées jusqu'à présent sont épuisées, à l'exception de celles que nous continuons à annoncer.

Nous serons obligés de retourner l'argent accompagnant les ordres de primes épuisées.

Prochainement, comme les années précédentes nous offrirons à nos aimables lectrices des primes de graines.

Huîtres fraîches d'Arcachon et de Marennes, colis postaux, 5 kilos contenant :

100 huîtres blanches.		4 25
70 — plus grosses.		4 80
100 — vertes.		5 60
70 — plus grosses.		5 60

Franco de port et d'emballage en gare ou à domicile. *Adresser les ordres* accompagnés de la bande du journal et d'un mandat à MM. J. Lapierre et J. Goubet à Andernos (Gironde).

Délicieux **Vin Muscat Vieux** tonique et réconfortant venant directement de la propriété, garanti authentique, offert en prime à nos abonnés à raison de 1 fr. 25 le litre logé en fûts de 25 à 35 litres. Fûts perdus.

Adresser les commandes au Bureau du Journal 10 bis, rue Piccini, Paris.

Si vous voulez boire du bon vin de Saint-Émilion, adressez-vous à M. **Duplessis-Fourcaud**, au château des Trois-Moulins, à SAINT-ÉMILION (Gironde).

(Voir le prix courant.)

Montre Remontoir, boîte métal nickelé, cuvette nickelée, 18 lignes ou 50 millimètres, cadran émail à secondes, aiguilles Louis XV, système 1 rochet, échappement-cylindre, 4 rubis. Prix 15 fr. 50 franco de port et d'emballage.

Le même article se fait en modèle réduit pour jeunes gens au même prix et pour dames avec augmentation de 2 francs.

Montre Remontoir, acier oxydé inaltérable cuvette acier oxydé 18 lignes, système perfectionné, calibre revolver, cylindre 8 rubis, cadran émail à secondes, prix 20 francs, franco de port et d'emballage.

Le même article se fait en modèle réduit, pour jeunes gens au même prix, et pour dames avec augmentation de 2 francs.

Baromètre nickel, fabrication française très soignée, système perfectionné. Prix 12 francs.

Baromètre « Bois sculpté Masson, » très décoratif, fabrication française, système perfectionné. Prix 22 fr. 50.

Envoyer les demandes accompagnées d'un mandat d'égale somme, au Bureau du Journal, 10 bis, rue Piccini, Paris.

Vélocipèdes. — Pour répondre aux désirs maintes fois exprimés par nos lecteurs, nous nous sommes livrés à de sérieuses recherches. Nous avons visité les principales usines et pris l'avis d'amateurs de cet instrument. Nous sommes aujourd'hui en mesure de procurer à nos lecteurs, à titre de prime exceptionnelle, des machines parfaites à tous égards provenant d'un des meilleurs fabricants.

Nos abonnés auront droit à une remise de 50 0/0 sur les prix du catalogue de cette maison.

Nous ne disposons que d'un très petit nombre d'instruments dans ces conditions.

Etablissement Agricole et Industriel

FERME EXPÉRIMENTALE FONDÉE EN 1860

A. DEROME
M. A.

V^{VE} A. DEROME, Successeur
à Bavay (Nord)

LES PLUS HAUTES RÉCOMPENSES
« pour Services éminents rendus à l'Agriculture »

SEMOIRS DEROME Brevetés S. G. D. G.

1° **EN LIGNES**, distribuant simultanément les graines de toutes natures et l'engrais;
2° **A LA VOLÉE**, distribuant à volonté les graines ou l'engrais.

Léger, Simple, Solide -- Travail facile et parfait

RENDEMENTS SUPÉRIEURS par l'application rationnelle et économique de l'engrais dans la culture des Betteraves, des Céréales et des Légumineuses.

Vue du **Semoir en lignes DEROME**, *monté pour semis de Céréales en bandes.*

Le semis en bandes DEROME donne sur les autres modes de plantation des avantages considérables et évidents.

Le Semoir en lignes système DEROME a une telle utilité que toute ferme doit le posséder.

ENGRAIS SPÉCIAUX, - OS DISSOUS, - MATIÈRES PREMIÈRES
Dosages rigoureusement garantis --- Bas prix sur demande.

Voir mon Exposition au Concours Agricole de Paris (2 au 11 mars 1896).

OFFRES ET DEMANDES

Avoine grise de Beauce pour semence extra 1er choix, 21 francs les 100 kilos.
Au-dessus de 10 0 kilos 20 francs les 100 kilos, logés gare Nangis (Seine-et-Marne.)
S'adresser à M. E. Leclert, agriculteur à Bois-Garnier, par Jouy-le-Châtel (Seine-et-Marne).

Pommes de terre de semence : *Géante bleu, Asparie, Annibal, de Paulsen ; Impérator de Richter,* espèces très résistantes et très productives.
Pureté d'origine garantie.
70 francs les 1000 kilos.
S'adresser : M. de La Vigerie, à Montbron (Charente).

On demande à acheter pour la place de Paris plusieurs lots de blés pour la meunerie, avoine de consommation, seigle et sarrasin, pailles et fourrages. Adresser échantillons et prix à M. Périnaud-Gérard, 6, rue de Marseille (Paris).

Ancien Industriel ayant possédé usine importante, fait valoir plusieurs Fermes et Bois de haute futaie. Désire se placer comme intendant-régisseur. Nous recommandons spécialement cette personne qui a de grandes connaissances techniques à possesseur de grand domaine. Écrire au bureau du journal.

On offre : Trèfle violet bien récolté, garanti pur et exempt de cuscute, au prix de 1 fr. 20 le kilo, pris à Vittel (Vosges) gare départ.
S'adresser à M. Emile Morel, propriétaire à Vittel (Vosges).

Huiles d'olive garanties pures et sans mélange venant directement de la propriété.
Au prix de 1,80, — 1,60, — 1,50 le kilog. suivant qualité.
Gare départ, paiement contre remboursement. S'adresser à M. Edouard Laurin, propriétaire à Saint-Chamas (Bouches-du-Rhône).

Pommes de terre sélectionnées pour semence : Paulson, Athènes, Idaho, Canada, Hollande, Marjolin, *Géante Franco-Russe,* la plus productive de toutes.
Livrable par quantité minima de 50 kilos
S'adresser au bureau du journal.
Prix : Géante Franco-Russe, 14 francs les 100 kilos ; Paulsen, Athènes, Idaho, Canada, Hollande, 12 francs les 100 kilos ; Marjolin un peu germée, 2 fr. 50 les 5 kilos franco toute gare de France.

GRAND CRU MÉNARDIÈRE. Cidre normand pur jus, 15 fr. l'hecto non logé.
Eau-de-vie de cidre garantie pure : 3 fr. le litre.
SASSIER, propriétaire. La Colombe (Manche)

Agriculteur, ancien régisseur de grandes propriétés, demande direction d'un domaine en France ou colonies. Excellentes références.

La culture électrique, par M. C. Crépeaux . . . . 1 »

Purificateur d'air pour tonneaux, l'un 4 50 franco gare.

Moyennant un supplément de 0 fr. 40, nous joindrons à l'envoi une mèche à percer de calibre et moyennant 0 fr. 10 en plus, une mèche soufrée.

Le Gérant : E. GAMBART.

IMP. NOIZETTE ET Cie, 8, RUE CAMPAGNE-1re, PARIS.

LE MONDE, journal quotidien du soir
17, RUE CASSETTE, PARIS.
Abonnement 25 fr. par an, 0 fr 05 le numéro
Organe recommandé aux agriculteurs et au. membres du clergé.

pour binor, sarcler promptement entre toutes les lignes de plantes ou légumes sans distinction, indispensable en toutes saisons dans les jardins, vignes, pépinières, les cultures de betteraves, de tabac, etc., même dans les allées

VIN PUR COTES 1re QUALITÉ

Vieux, nouveau garanti sur facture
Récolté par FÉLIX LAU, propriétaire-viticulteur
à Caussiniojouls (Hérault).
Nouveau, 25 fr. l'hect. logé sur gare Faugères

Eugène de MASQUARD

PROPRIÉTAIRE-VITICULTEUR, Château de la Cascade
SAINT-CÉSAIRE-LES-NIMES (Gard)
Vins garantis naturels, rouges et blancs, depuis 60 fr. la pièce de 220 litres jusqu'à 100 francs, selon qualité, prise en gare de St-Césaire (Gard), fût perdu.
Ces vins ont été médaillés à toutes les expositions où ils ont figuré.
Récoltés sur des coteaux et des terrains secs, les vins de Saint-Césaire, l'un des meilleurs crus du Gard, se conservent parfaitement sans être plâtrés
Envoi franco de prix courants et échantillons

Avis à Messieurs les Cultivateurs et aux Fabricants de sucre.

La graine authentique *Fouquier d'Hérouël* est *toujours* facturée par la maison qui confirme à bref délai les commandes.

Les envois sont faits *directement* aux acheteurs en sacs plombés au nom « Fouquier d'Hérouël, à Vaux-sous-Laon. »

Il n'existe aucun dépositaire.

CHEVAUX BOITEUX

Guérison par le spécifique BORNET
Contre **Capelets, Mollettes, Vessigons, Eponges, Exostoses, Suros, Eparvins** et les **Formes** à leur début. (*Il s'applique également à toutes les tares molles et osseuses.*)

PRÉPARÉ PAR A. BORNET
Pharmacien de 1re classe, ex-interne et lauréat des hôpitaux.

19, rue de Bourgogne, PARIS.

Le flacon, 5 fr., à la pharmacie ; en gare par colis postal, 6 fr. contre mandat.

Le moment favorable au transport des vins étant revenu, nous rappelons à nos lecteurs que tous ceux d'entre eux qui, sur nos conseils, et depuis cinq ans, consomment les vins de M. VINCENT ARDURA, vigneron, domaine de la Chapelle-Frédignac, par Blaye-Bordeaux n'ont qu'à se louer de la qualité et de la conservation de ce Bordeaux absolument naturel, expédié sans intermédiaire.
Pour dégustation sérieuse, envoi gratuit est fait d'une bouteille de la récolte désignée.
L'encaissement est fait par le facteur, à 30 jours, escompte 2 0/0, ou 90 jours.
Vendanges : 1893, à 130 fr., 1892-91, à 150 fr.; 1890-89, à 175 fr., 1887, à 200 fr., 1885, à 220 fr., 1884, à 240 fr., 1882, à 250 fr., 1881, à 300 fr. — Graves blancs vieux : 130, 150, 200, 250, 300 fr., suivant âge, les 225 litres collés, soutirés, franco de port et de fût en gare d'arrivée.

MÊME RAISON SOCIALE DEPUIS 1781
Expos. Universelle 1889 : 3 Grands Prix, 3 Méd. d'Or
VILMORIN-ANDRIEUX, O.✳, ✳ & Cie
4, Quai de la Mégisserie, PARIS
CULTURE SÉLECTIONNÉE & VENTE
de TOUTES GRAINES de SEMENCES
Gros & Détail. — Catalogues gratuits aux lecteurs de la Gazette.

ALIMENTATION DU BÉTAIL
Tourteaux de Coprah ou Coco
F. TASSY, E. ROCCA et Cie
Fabricants d'huiles (**producteurs directs de Tourteaux**)
23, RUE HAXO, MARSEILLE
Deux médailles d'or, Anvers 1894
Envoi de Prix-Courants et Échantillons sur demande.

MALADIES DU BÉTAIL
ET DE LA VOLAILLE
Leur traitement préventif et curatif
PAR L'ACIDE SALICYLIQUE

L'acide salicylique, employé dans la nourriture à la dose de 1/2 à 1 gramme par jour et par tête de bétail, est le meilleur préservatif des maladies qui procèdent par contagion : Sang de rate, Cocotte, Maladie aphteuse, Erysipèle, Typhus, Morve, Variole et le Rouget des porcs, etc.

Des attestations nombreuses de guérisons obtenues pour la Cocotte et le Rouget des porcs ont été reproduites dans le journal *l'Agriculture.*

La désinfection des étables, des écuries, se fait instantanément au moyen d'un arrosage d'eau salicylée à 2 grammes par litre.

S'adresser à M. CERCKEL, administrateur de la *Compagnie de produits antiseptiques,* 26, rue Bergère, Paris.

Envoi sur demande de Prospectus et Brochures.

PRIX DU KIL., 25 fr. BOITE DE MÉNAGE, 2 fr.

ASPERGE GÉANTE
ROYALE DE FRANCE
(*RACE D'ARGENTEUIL PERFECTIONNÉE*)
Demander la *Méthode de Culture* et prix courant (gratis et franco), à M. WILLIAM FOURCINE, directeur des pépinières royales de Dreux (Eure-et-Loir). Médailles et diplômes de première classe.

SOCIÉTÉ GÉNÉRALE
Pour favoriser le développement du Commerce et de l'Industrie en France.

Société anonyme fondée suivant décret du 4 mai 1864.
CAPITAL : 120 MILLIONS DE FRANCS
Siège social, 54 et 56, rue de Provence, à Paris.

Dépôt de fonds produisant intérêts et remboursables à échéance fixe :

De 4 ans à 5 ans	3 1/2 %
De 2 ans à 47 mois	2 1/2 %
De 1 an à 23 mois	2 %
Comptes à sept jours de préavis,	1 %
Comptes de Chèques	1/2 %

Toutes opérations de Banque, notamment :
Escompte et Encaissement d'Effets de commerce ;
Ordres de Bourse en France et à l'Étranger ;
Coupons ; — Avances et Opérations sur Titres ;
Souscriptions ; — Garde de Titres ; — Assurances ;
Garantie contre le remboursement au pair et les risques de non-vérification des tirages ;
Dépôts de Fonds à intérêts ;
Location de coffres-forts ; — Lettres de crédit ;
Envois de Fonds ; — Renseignements, etc.
La Société a 198 agences et bureaux en France, 1 agence à Londres, et des correspondants sur toutes les places de France et de l'Étranger.

GRANDE BAISSE DE PRIX
PHOSPHO-GUANO COMPANY, LIMITED

LEFEBVRE FRÈRES, Consignataires généraux
PARIS - 60, RUE DE BONDY - PARIS

PHOSPHO-GUANO
SEUL VÉRITABLE — IMPORTÉ DEPUIS 1863

Superphosphate Ornithos -- Superphosphate Chilton — Superphosphate 10 degrés

Osso-Guano, Engrais complet Rhizome. Engrais Surazoté L. F.

La qualité et les dosages de tous ces engrais sont invariables et garantis.

L'acide phosphorique qu'ils renferment étant complètement **soluble dans l'eau** a une valeur fertilisante très supérieure à celui des engrais et superphosphates dont l'acide phosphorique, soluble **seulement** dans le citrate d'ammoniaque, reste insoluble dans l'eau. Il n'y a de garanties sérieuses que celles des dosages exprimés séparément en acide phosphorique **soluble dans l'eau** et en acide phosphorique, **insoluble dans l'eau.**

Envoi franco sur demande de brochures indiquant les dosages garantis et les prix.
Dépôts dans tous les principaux centres agricoles.

VINS
DE SAINT-ÉMILION

Vins classés, de 800 à 250 francs la barrique de 225 litres. — Moitié prix pour la barrique de 112 litres.
Vins grands ordinaires, de 140, 125, 105,

100 francs la barrique — 80, 75, 70, 65, 58, 55 francs, la demi-barrique. — Rendu *franco* en gare et régie, sauf octroi.
Adresser commandes à M. DUPLESSIS-FOURCAUD, à **Saint-Émilion**. — Envoi de prix courants et échantillons sur demande affranchie.
Médailles d'Or, Paris, 1867 et 1889 — Moscou 1891 — Besançon, Montluçon, Royan, etc.

MAISON
Ferdinand et Arnould LEMAIRE
ARNOULD LEMAIRE SUCCESSEUR

CULTURE DE MILLE HECTARES
Laboratoire de chimie pour l'analyse des porte-graines

SPÉCIALITÉ DE GRAINES DE BETTERAVES RICHES EN SUCRE

Ces graines sont garanties sur factures franches d'espèces, de pureté normale et de bonne germination.

S'adresser pour les Commandes à M. **A. LEMAIRE**, *producteur*
CHATEAU DES MARETZ près Reims (Marne)

A LOUER
DEUX FERMES
Commune des Essarts-le-Roi (Seine-et-Oise)
À PROXIMITÉ DE LA GARE

D'une contenance chacune de 110 à 115 hectares environ. Elles sont à louer séparément ou ensemble, si on le préférait.
S'adresser à M. Letellier, notaire au Perray (Seine-et-Oise) pour les renseignements, ou à M. Berceon, notaire, 4, avenue de l'Opéra, Paris.
On peut visiter les fermes.

VELOUTINE FLAMANDE
La **Veloutine** est spécialement employée pour lustrer les cuirs de fantaisie : guides, selles, harnais de luxe et de travail, capotes, tabliers, caparaçons, etc., et lorsqu'ils sont déjà été enduits de vaseline, ce produit donne un joli brillant et évite l'action graisseuse des cirages ou préparations à base de cire. Sans causticité il ne dessèche pas et imperméabilise

Le bidon d'un litre pour harnais noirs. . . . 3 70
—   —   jaunes. . . 4 20
Franco gare contre mandat-poste.

S'adresser : *Manufacture de Vaselines industrielles de Ligny-en-Cambrésis (Nord)*

Bon Vin de Champagne
DE LA MARNE
Garanti authentique venant de la Propriété Très belle mousse.

livrable par panier de 12 à 25 bouteilles au prix de 2 fr. 50 la bouteille, emballage compris. Droits et transports à la charge de l'acquéreur.
S'adresser à **M. Adolphe CARRÉ**, *propriétaire à* **Trépail**, *par Véry (Marne).*

MACHINES AGRICOLES
A. BAJAC
à LIANCOURT (Oise)

P. MARCHAND Frères
à DUNKERQUE (Nord)

FABRIQUE SPÉCIALE DE TOURTEAUX
DE COTON DE GRAINES D'EGYPTE
pour Nourriture et Engraissement du Bétail

GRAND PRIX A L'EXPOSITION UNIVERSELLE 1889

Nous appelons l'attention des nourrisseurs et des éleveurs sur les tourteaux de **Coton** de graines d'Egypte. C'est un produit excellent pour les vaches laitières, les bœufs à l'engrais et les moutons. — Nos tourteaux de **Coton** sont complètement débarrassés de la bourre qui enveloppe la graine et contiennent la même quantité de matières nutritives et grasses que les meilleurs tourteaux de lin. — Nos tourteaux de **Coton** forment l'aliment le meilleur et le plus avantageux en raison de leur prix excessivement bas.

S'adresser pour Renseignements et Prix à MM. P. MARCHAND Frères, à Dunkerque (Nord), ou à leurs Représentants.

ANEMIE CHLOROSE, FAIBLESSE **FER QUEVENNE**
Guéries par le **VRAI**
Seul approuvé p' Académie de Médecine, Paris, 14, r. Beaux-Arts, not.co.

JANIAUD J.ne
AMEUBLEMENTS COMPLETS
VENTE — RUE DE MAUBEUGE, 15, 15 bis & 17 — ACHAT

LOCATION DE MOBILIERS

GRAND GARDE MEUBLES
Rue Rochechouart 61 & 63
PARIS
TÉLÉPHONE
ASCENSEUR A TOUS LES ÉTAGES
ENVOI FRANCO
DU CATALOGUE ILLUSTRÉ

L'URBAINE
Compagnie anonyme d'Assurances à primes
fixes contre l'INCENDIE
FONDÉE EN 1838
CINQUANTE-HUITIEME ANNÉE
CAPITAL : 5 MILLIONS — GARANTIES : 70 MILLIONS
SINISTRES PAYÉS DEPUIS L'ORIGINE : 131.000.000 FRANCS
PARIS — 8 et 10, rue Le Peletier

DISTILLATION CONTINUE
ALAMBIC
Système A. ESTÈVE

F. BESNARD
PÈRE, FILS ET GENDRES
28, rue Geoffroy-Lasnier
PARIS
Envoi franco du Catalogue sur demande.

POUDRE DELARBRE
Plus de CHEVAUX POUSSIFS !
Guérison de la POUSSE,
Toux, Bronchite et Gourme.
La boîte de 30 Doses : 3 francs
G. DELARBRE, AUBUSSON (Creuse)
Maison de Vente & d'Expédition à Aubusson (Creuse) G. DELARBRE
A Paris & en province, chez tous les Droguistes & Pharmaciens.

PHOSPHATE FOSSILE DE QUIÉVY-NORD
le plus assimilable de tous les phosphat(es) connus
GARANTI PUR DE MÉLANGE AVEC TOUT AUTRE PHOSPHATE
Ce qui, du reste, ne pourrait que diminuer son assimilabilité.

EXTRACTION DU GISEMENT ET USINE A QUIÉVY
Propriétaire-Extracteur : C. LECLERCQ
Bureaux à Viesly (Nord).

COMPOSITION MOYENNE		ASSIMILABILITÉ RELATIVE (méth. Joulie). Solubilité dans l'oxalate d'ammoniaque.	
Acide phosphorique. . . .	12 » à 16 » 0/0	Phosphate de Quiévy.	82 29 0/0
Potasse	0 45 à 2 77 0/0	— de la Meuse	51 95 0/0
Chaux.	19 05 à 31 » 0/0	— de Pernes.	47 87 0/0
Magnésie.	0 58 à 3 80 0/0	— des Ardennes.	40 43 0/0
Matières organiques azotées .	1 80 à 3 45 0/0	— de la Somme (moy.). .	44 53 0/0
		— de Ciply.	34 57 0/0

Titre garanti en acide phosphorique : **13 à 15 0/0.**
LIVRAISON : EN POUDRE IMPALPABLE EN SACS PLOMBÉS, MIS SUR WAGON GARE **QUIÉVY**-en-**CAMBRÉSIS**
Prix : **3 fr. 80** les 100 kilos, sacs perdus, 30 jours, 2 0/0 ou 90 jours net.

NOTA. — Les acheteurs qui désirent employer le véritable Phosphate de Quiévy pur et
garanti d'origine doivent exiger que les sacs portent la Marque (Au Poisson fossile) et la Firme
C. LECLERCQ, seul exploitant à Quiévy (Nord).

MACHINES
AGRICOLES, VINICOLES et VITICOLES
TH. PILTER
24, Rue Alibert, PARIS
SUCCURSALES :
Bordeaux, Toulouse, Marseille, Montpellier, Tunis

Les lecteurs de la **Gazette** désireux de recevoir les Catalogues de la maison TH. PILTER dès
leur publication, sont priés d'écrire 24, rue Alibert, Paris, afin de se faire inscrire.

COMPAGNIE DES MOTEURS UNIVERSELS
SIÈGE SOCIAL	MAGASIN D'EXPOSITION ET DE VENTE
9, Rue Nouvelle, Paris	21, Avenue de l'Opéra, 21

MOTEURS A PÉTROLE
Système GROB et Cie,
BREVETÉS S. G. D. G.
MÉDAILLE D'OR au Concours International de Meaux 1894

Les seuls fonctionnant au pétrole
ordinaire d'éclairage sans carburateur, applicables à toutes les industries, agriculture, électricité, élévation
d'eau, etc.
*Consommation maxima 1/2 litre par
cheval, et par heure.*

Sécurité absolue
SURVEILLANCE INUTILE
ENTRETIEN NUL

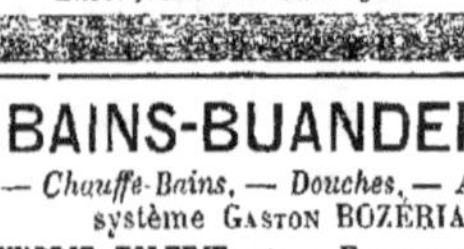

MOTEURS A GAZ
Envoi franco du Catalogue

BAINS-BUANDERIES
Baignoires. — Chauffe-Bains. — Douches. — Appareils de lessivage,
système GASTON BOZÉRIAN.
CHAUDRONNERIE, TOLERIE, etc. — ENVOI FRANCO DE CATALOGUES.

DÉLAROCHE aîné, 22, rue Bertrand, Paris

L'ENGRAIS AMIÉNOIS
FUMURE ORGANICO-CHIMIQUE
*pouvant être employée seule
ou comme complément de fumier de ferme*

RENDEMENTS SUPÉRIEURS, AMÉLIORATION du SOL

Mixte et très complet, cet engrais convient à tous les terrains; il est approprié, sous divers numéros, à toutes les plantes.

**TITRAGES GARANTIS SUR FACTURES
ET FACILITÉS DE PAIEMENT**
Envoi franco du prospectus sur demande affranchie
Adressée à **M. Elisée LEFEBVRE**
route de Rouen, 121, AMIENS.

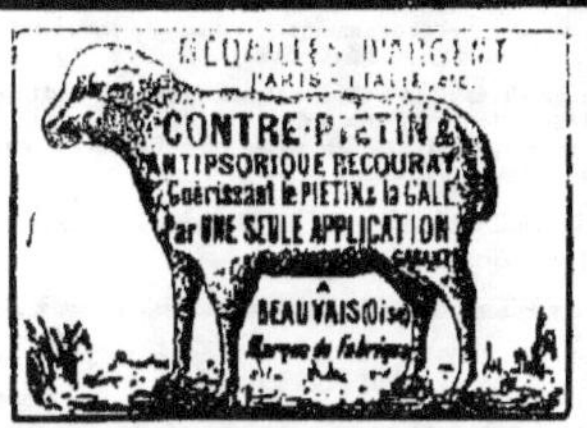

M. RECOURAT, pharmacien à Beauvais.

Gale des moutons guérie radicalement par *une seule application* de l'ANTIPSORIQUE.
La bouteille, 3 fr.; la 1/2 bouteille, 1 fr. 75.
Guérison du PIÉTIN par *un seul pansement* avec le CONTRE-PIÉTIN-RECOURAT.
Le pot d'essai, 1 fr. 50; le pot, 2 fr. 50.
Joindre 0 fr. 60 pour recevoir *franco* et indiquer gare.

LYSOL
Le plus puissant
anticryptogamique & parasiticide

Complètement soluble dans l'eau
Le meilleur marché.

Assainissement et désinfection certaine de tous locaux.

Employé avec plein succès contre le mildew, l'oïdium, la pyrale, etc., et tous les parasites des arbres fruitiers, fleurs, légumes, etc.

**SOCIÉTÉ FRANÇAISE DU LYSOL
22 & 24, place Vendôme, 24 & 22
PARIS**

FROMENTINE
Marque déposée B. S. G. D. G.

Produit pour l'alimentation économique, saine et rationnelle du bétail, provenant en grande partie des issues de la mouture de blé.

DIVERSES MARQUES
Demander celle en raison du but poursuivi

Marque A pour l'engraissement égal à celui du tourteau de lin, le remplacement de l'avoine, production d'un lait de qualité supérieure.
Marque B pour le bon entretien du bétail.
Marque J développement rapide des jeunes bêtes.
Marque L surproduction du lait.
Marque E engraissement rapide.

Écrire à M. Armand MILLOT
Moulins Saint-Martin
Saint-Quentin (Aisne).

ENGRAIS CHIMIQUES
DES
MANUFACTURES DE SaINT-GOBAIN

EMBALLAGES
MARQUÉS ET PLOMBÉS

USINES
A
PARIS-AUBERVILLIERS
CHAUNY (Aisne)
MONTLUÇON (Allier)
MARENNES (Charente-Inférieure)
LE PONTET (Vaucluse)
SAINT-FONS près Lyon (Rhône)
CETTE-BALARUC (Hérault)
MONTARGIS (Loiret)

DOSAGES GARANTIS

PRODUCTION ANNUELLE : 300.000.000 DE KILOS

Tout acheteur d'engrais qui n'exige pas, au sujet des dosages en éléments assimilables, une garantie formelle et qui ne la fait pas contrôler par l'analyse, ne nuit pas seulement à ses propres intérêts, il encourage la fraude, et, la laissant impunie, il compromet les intérêts généraux de l'agriculture.

SUPERPHOSPHATES DE CHAUX

ENGRAIS COMPLET DE SAINT-GOBAIN
Efficacité éprouvée dans tous les sols et toutes les cultures

SULFATE DE FER

SULFATE DE POTASSE

SULFATE D'AMMONIAQUE

ENGRAIS COMPOSÉS
Suivant les convenances des acheteurs

Adresser les ordres ou les demandes de renseignements à la Direction commerciale des
PRODUITS CHIMIQUES DE SAINT-GOBAIN
9, RUE SAINTE-CÉCILE, PARIS

**ou aux Agents de la Compagnie de Saint-Gobain
dans les villes principales du Centre et du Midi.**

Farine de Viande
Reconnue la meilleure Nourriture pour fortifier et engraisser le BÉTAIL, les PORCS, la VOLAILLE, les CHIENS, etc.

de la Compagnie Liebig

Fabriquée dans les Établissements de la **Liebig's Extract of Meat Company Ld, London**
à **FRAY-BENTOS** et Succursales (Amérique du Sud).

Cette Farine de Viande contient environ **90 pour 100** *de matières nutritives.*
Il convient de la donner aux animaux mélangée à leur nourriture habituelle.

Pour tous renseignements s'adresser à { MM. **CHARLES HUE**, 51, quai d'Orléans, LE HAVRE.
GUÉTAN & M. CAILAR, 49, rue Barbès, PETIT-IVRY (Seine).

17ᵉ Année. — Nᵒ 9.　　LE NUMÉRO : 10 CENTIMES　　Dimanche 1ᵉʳ Mars 1896.

GAZETTE AGRICOLE

JOURNAL HEBDOMADAIRE, PARAISSANT LE DIMANCHE

Fondateur : M. CH. GOSSIN, Professeur d'Agriculture à l'Institut agricole de Beauvais

PRIX DE L'ABONNEMENT

UN AN, **5 fr.** — SIX MOIS, **3 fr.** — TROIS MOIS, **2 fr. 25**

Pour l'Étranger les abonnements ne sont reçus que pour un an, au prix de 6 francs, et ne partent que du 1ᵉʳ JANVIER ou du 1ᵉʳ JUILLET de chaque année.

Le Numéro : **10** centimes.

Adresser toute la correspondance : mandats, lettres, annonces, etc., à **M. CRÉPEAUX**, Directeur de la *Gazette agricole*, 10 bis, rue Piccini, Paris.

Toute demande de changement d'adresse doit être accompagnée de 50 centimes et de la dernière bande du journal.

BUREAUX

97, rue de Rennes, Paris, et à Beauvais, rue Saint-Etienne.

Les abonnements partent du 1ᵉʳ de chaque mois et sont payables d'avance. Toute demande d'abonnement doit donc être accompagnée du prix de l'abonnement. (Le mode de payement le plus simple est l'envoi d'un mandat-poste.)

Donner *très lisiblement*, en s'abonnant, son nom et son adresse exacte, *avec l'indication du bureau de poste*; et, s'il s'agit d'une continuation d'abonnement, joindre au renouvellement la dernière bande d'adresse du journal.

Les Annonces sont reçues à la **Direction du Journal**, et chez MM. **DUSSERIS** et **MATHELLON**, 97, rue de Rennes Paris.

Il est interdit de reproduire les articles contenus dans la *Gazette Agricole*.

BULLETIN COMMERCIAL

Paris, le 26 février 1896.

Le temps reste froid, le thermomètre est descendu ce matin en plaine, dans les environs de Paris à 10° au-dessous de 0; la végétation est pour le moment suspendue, ce qui est un bien. Sur les marchés de l'intérieur, le calme continue à régner ; mais, à l'exception de Sens, où le blé a fléchi de 25 cent., les prix se maintiennent assez bien sur tous les grains.

On annonce d'Odessa que le temps est toujours froid dans la Russie méridionale et que la navigation à Nicolaïeff ne pourra probablement être rétablie que d'ici une quinzaine de jours.

BOURSE DU COMMERCE DU MERCREDI 26 FÉVRIER

	FARINES	BLÉS
Courant	40 85	18 80
Prochain	41 20	19 »
Mars-avril	41 30	19 15
4 de mars	41 65	19 25
4 de mai	42 45	19 60

Marque de Corbeil : 46 fr. le sac de 150 kil. toile à rendre.

Halle aux blés — *Blés indigènes.* — La tendance du marché est indécise, par suite du froid, on dit qu'il a fait de 9 à 11° au-dessous de zéro, la nuit dernière, la culture est très ferme et demande au minimum les pleins prix de la semaine dernière. Mais, d'un autre côté, la lourdeur du marché de Paris et la mévente de la farine provoquent une grande réserve chez la meunerie ; aussi les affaires sont-elles très calmes, les prix nominaux sont sans changement. Les cours extrêmes ressortent de 18,25 à 19,25 les 100 kil. nets, gare d'arrivée Paris.

Blés étrangers. — Les cours restent trop élevés, les affaires sont impossibles.

Sons. — Plus fermes par suite du temps froid, mais transactions limitées, on cote 9,50 à 11,50 suivant qualité.

Escourgeons. — La campagne est terminée, mais on continue à demander des prix élevés pour les quelques lots présentés à la vente sur les halles du centre et de la Beauce ; on cote 16 à 16,50 rendu Paris. A Dunkerque, on demande 14 à 15 pour les sortes de Bretagne, 14,50 à 15 fr. pour celles de l'Algérie et 14,25 pour la Russie.

Avoines. — La consommation paraît bien approvisionnée et la demande de la graineterie reste très calme, d'un autre côté les offres sont peu abondantes ; dans ces conditions, les affaires sont dénuées d'activité, les prix nominaux et sans changement.

On cote de 14 à 16,50 les 100 kil. suivant couleur et qualité.

Graines fourragères. — On cote : trèfle blanc 125 à 145, hybride 115 à 140, violets 70 à 95 ; luzernes de Provence, 115 à 130 ; Poitou, 90 à 110 ; minettes 30 à 35 ; sainfoin simple 24 à 30 ; doubles 35 à 40 ; ray-grass anglais et d'Italie 30 à 40 ; vesces pays 18 ; de Kœnigsberg 17 à 18 les 100 kil. gare d'arrivée Paris.

Sucres. — Hier à Londres, le marché des sucres de betteraves a débuté lourd avec une baisse de 3/4 den. pour finir un peu plus soutenu. Les ventes ont été de 186.500 sacs.

A Paris la tendance a été plus ferme et les prix se sont relevés de 12 à 25 centimes.

Raffinés 104 à 104,50, roux 88° 32,25 à 33,50.

Marché de la Chapelle. — Marché ordinaire.

On cote : paille de blé 1ʳᵉ qté 25 fr., 2ᵉ qté 22, 3ᵉ qté 20 fr.; paille de seigle 1ʳᵉ qté 29 fr., 2ᵉ qté 27, 3ᵉ qté 24 ; paille d'avoine 1ʳᵉ qté 23 fr., 2ᵉ qté 21, 3ᵉ qté 19 ; foin nouveau 1ʳᵉ qté 44 fr., 2ᵉ qté 40, 3ᵉ qté 37 ; luzerne, 1ʳᵉ qté, 44 fr., 2ᵉ qté 40, 3ᵉ qté 37 ; regain 1ʳᵉ qté 41 fr.; 2ᵉ qté 39 fr., 3ᵉ qtᵃ 36 fr. ; sainfoin, 1ʳᵉ qté 42 fr. 2ᵉ qté, 40, 3ᵉ qté 38.

Marché aux chevaux, 26 février.

Gros trait de 300 à 1.100		Boucherie	de 80 à 200
Selle et tr.		Anes	de 50 à 150
léger	de 200 à 1.000	Chèvres	de .. à »
H. d'âge de 200 à 300			

AMENÉS

Chevaux, 320 — Anes, 13 — Chèvres, ..
Voitures 96, de 25 à 550.

ENCHÈRES

Chevaux amenés, 12.
Vendus, 11 de 80 à 375.

Prix des Produits Forestiers à Paris

BOIS DE FEU (Octroi non compris)	Falourde de pin	100 à 110 le cent.	
	Bois de flot	100 à 105 le déca.	
	Bois gris neuf	125 à 130	—
	Bois blanc	80 à 125	—
	Chêne gros bois	85 à 110 le m. cube	
Bois D'ŒUVRE (Octroi compris)	moyen bois	70 à 60	—
	petit bois	30 à 48	—
	Charme, plateaux	55 à 55	—
	Sciage, Entrevous	175 à 210 les 208 m.	
	de Echantillons	230 à 220	—
	chêne Frise	27 à 28	104 m.

LÉGUMES SECS. — (Les 100 kilogr.)

	Haricots	Pois	Vesce	Lentille
Paris	32 00 50,00	20 18,00	19 à 20	30,00 56
Bordeaux	34,00 35,00	35 45,00	18 19	49,00 60
Marseille	22,00 30,00	18 25	20	24,00 52

ENGRAIS

PARIS

Nitrate de soude	21 50 à 21 75
Superphosph. minéral 14/16	5 25 à 5 75
Superphosphate d'os 16/18	12 50 à 13 »
Scories 16/18	4 25 à 4 50
Phosphate minéral 14/16	3 80 à 4 »
Chlorure de potassium 48/52	18 75 à 20 »

NANTES

Nitrate de soude	22 30 à 22 50
Superphosph. minéral 14/16	6 » à 7 »
Scories 16/18	4 50 à 4 75
Phosphate minéral 11/16	4 » à 4 50
Chlorure de potassium 48/52	19 » à 19 75

LYON

Nitrate de soude	22 » à 23 »
Superphosph. minéral 14/16	5 75 à 6 »
Scories 14/16	4 50 à 5 »
Phosphate minéral 14/16	4 » à 4 25
Chlorure de potassium 48/55	20 » à 21 »

MARSEILLE

Nitrate de soude	20 50 à 21 »
Supherph. minéral 14/16	6 » à 7 »
Sulfate de fer	5 » à 5 50
Sulfate d'ammoniaque 20/21	20 » à 22 »

HOUBLONS. — Les 50 kilogr.

Alost primé	28,00 à 30,00
Bourgogne	55,00 à 60,00
Poperinghe	25,00 à 30,00
Wurtemberg	40,00 à 42,00
Altmark	75,00 à 100,00
Alsace	50,00 à 65,00

POMMES DE TERRE

Hollande (100 kil.)	8 » à 17 »
Roses-Early	8 » à 10 »
Magnum-Banum	7 » à 7 50
Rondes	5 » à 5 20

FOURRAGES ET PAILLE

Paris La Chapelle.	*Prix extrêmes*
Foin 100 bot. dans Paris n.	35 à 45
Luzern nouv.	35 à 45
Paille de blé	19 à 26
Paille de seigle	22 à 38
Paille d'avoine	18 à 24

LINS. — Les 100 kilogr. — *Marché de Lille.*

	Communs	Ordin.	Supér.
Alost	148 à 153	154 à 157	161 à 166
Bergues	150 à 158	161 à 168	173 à 182

CHANVRES

Les 50 kil.	1ʳᵉ qualité.	3ᵉ qualité
Le Mans	33,00 à 35,50	30,00 à 29,00
Smuaur (b.)	40,00 à 42,00	37,00 à 38,00

Prix moyen aux 100 kilog. des CÉRÉALES dans les Départements.

		BLÉ	SEIGLE	ORGE	AVOINE
Rég. du Nord-Ouest	Caen	17 50	10 00	14 00	15 50
	Lannion	17 75	10 25	12 25	14 25
	Morlaix	17 00	11 00	12 00	13 00
	Rennes	17 00	11 00	13 50	14 50
	Avranches	16 50	11 75	13 00	14 75
	Laval	16 25	10 00	13 00	15 50
	Lorient	16 25	10 00	12 00	14 00
	Alençon	16 75	10 00	14 00	16 00
	Le Mans	16 50	10 00	13 00	17 50
Région du Nord	Soissons	17 75	10 50	»	14 50
	Evreux	17 50	10 25	»	»
	Chartres	17 50	10 00	13 00	14 50
	Lille	18 25	11 00	15 00	15 75
	Compiègne	17 75	11 00	15 00	16 00
	Beauvais	18 00	10 00	14 00	15 25
	Arras	18 00	10 25	14 00	15 25
	Paris	17 50	10 25	13 00	15 00
	Versailles	18 00	10 00	13 00	16 00
	Rouen	17 50	10 50	15 00	16 50
	Amiens	17 50	10 75	15 00	16 50
Rég. du N.-E.	Mézières	17 50	10 25	13 50	15 25
	Nogent-s-Seine	17 50	10 00	14 00	15 00
	Châlons-sur-Marne	17 75	11 00	15 00	15 25
	Langres	17 75	10 25	14 00	15 25
	Nancy	17 25	10 00	14 50	15 50
	Bar-le-Duc	17 50	10 50	14 25	15 25
	Neufchâteau	18 00	11 00	14 00	15 00
Région de l'Ouest	Ruffec	17 00	10 00	13 00	14 75
	Marans	16 75	10 00	13 00	14 50
	Niort	16 75	10 00	13 75	14 25
	Tours	16 75	10 00	14 00	15 00
	Nantes	17 00	10 00	12 50	14 50
	Angers	17 00	10 00	13 50	14 50
	Luçon	16 75	10 25	13 50	14 25
	Poitiers	16 75	10 00	14 00	14 50
	Limoges	17 25	10 00	»	15 00
Région du Centre	Moulins	18 00	10 50	14 25	15 00
	Bourges	17 50	10 00	14 00	14 50
	Aubusson	17 25	10 00	13 00	14 00
	Châteauroux	17 00	10 00	13 50	13 00
	Orléans	17 25	9 75	14 00	14 50
	Blois	17 75	10 00	14 50	16 00
	Nevers	17 50	10 00	14 00	15 00
	Clermont Ferr.	17 50	10 00	14 00	16 00
	Sens	17 50	10 00	13 50	15 00
Région de l'Est	Bourg	18 00	10 50	13 25	15 75
	Dijon	17 50	11 00	14 50	14 00
	Besançon	18 00	10 00	13 00	14 50
	Grenoble	17 50	10 00	13 50	15 00
	Dôle	17 50	10 00	13 00	14 50
	Saint-Etienne	18 00	10 00	14 00	15 50
	Lyon	18 50	11 25	13 50	15 25
	Mâcon	18 50	12 00	13 00	15 50
	Vesoul	17 50	10 00	»	15 25
	Chambéry	17 50	10 00	»	15 00
	Annecy	17 50	»	»	15 75
Reg. du Sud-Ouest	Pamiers	17 75	10 75	»	15 75
	Périgueux	17 50	11 00	13 75	15 00
	Toulouse	17 75	11 75	13 50	15 50
	Auch	18 25	»	»	16 25
	Bordeaux	17 75	11 00	13 00	15 00
	Dax	17 50	12 00	13 00	16 00
	Agen	18 25	12 50	13 00	16 00
	Bayonne	17 50	11 00	14 00	16 00
	Tarbes	18 00	10 50	»	16 50
Régions du Sud	Carcassonne	18 00	»	14 00	16 00
	Rodez	18 00	12 00	14 00	15 00
	Mauriac	17 75	11 25	»	16 25
	Tulle	17 75	12 00	»	15 00
	Montpellier	17 75	12 00	»	15 00
	Figeac	17 75	11 00	»	»
	Mende	17 50	11 25	»	»
	Perpignan	17 75	11 00	13 75	14 50
	Albi	17 75	11 00	14 00	15 25
	Montauban	17 75	12 25	12 75	16 00
Région du Sud-Est	Gap	18 00	10 50	14 00	16 75
	Manosque	17 50	10 50	12 50	16 50
	Nice	17 00	10 00	13 00	16 50
	Privas	17 75	11 00	13 00	16 00
	Arles	20 00	10 75	13 00	16 00
	Montélimar	17 50	»	12 00	»
	Nîmes	18 00	10 50	14 00	17 50
	Le Puy	18 00	»	14 00	17 00
	Draguignan	17 75	13 00	»	»
	Avignon	17 50	12 25	13 00	16 00

Tourteaux. — Cours de la maison P. Marchand frères, à Dunkerque (Nord) :

TOURTEAUX A NOURRIR

	Dispon.	A livrer.
Coton de graines d'Egypte	9 50	9 50
Sésame blanc	12 »»	12 »»
Arachide décortiquée	15 25	15 25
Colza à nourrir	10 50	10 50
Colza du pays	11 »»	11 »»
Œillette du Levant	10 50	10 50
Œillette blanche de Turquie	10 50	10 50
Lin 1re qual. de Bombay g. form.	14 50	14 50
Lin 1re qual. de Bombay p. form.	»» »»	»» »»

TOURTEAUX-ENGRAIS

Arachide décortiquée	14 »»	14 »»
Cameline	10 25	10 25
Colza des Indes en poudre	»» »»	»» »»
Colza ravison	7 50	7 50
Colza jaune Gutzerat	11 »»	11 »»
Kurrachée	»» »»	»» »»
Niger	»»» »»»	»» »»
Pavot	10 »»	10 »»
Sésame, blanc	»»» »»»	»» »»
Sésame noir	»» »»	»» »»
Coton en farine	7 50	7 50

Nos prix s'entendent pour tourteaux en planches, rendus en gare de Dunkerque.

Paiement à 30 jours ou à terme plus éloigné suivant convention expresse.

Le concassage se paie 0 fr. 25 et la mise en poudre 0 fr. 40 aux 100 kilos. Dans ce cas, les sacs sont facturés à 0 fr. 35 pièce, et repris au prix de facture, quand ils sont rendus en bon état et franco, dans les 30 jours de l'expédition.

BEURRES. — (le kilogr.).

BEURRES EN MOTTES			BEURRES EN LIVRE		
Isigny extra.	5 80	6 85	Bourgogne	2.20	2.10
— demi-fin	4.50	4.50	Gâtinais	2.20	2.60
M. d'Isigny.	3.80	4.00	Vendôme	2.20	2.60
du Gâtinais.	2.00	2.50	Beaugency	2.20	2.60
de Bretagne..	2.20	2.30	Ferme	2.50	2.90
Laitiers Jura.	2.60	2.80	Tours	2.30	2.70
de Charente.	2 60	3.20	Le Mans	1.80	2.20
des Alpes...	2.30	3.50	Touraine fausse	2.20	2.40

ŒUFS. — (le mille).

Normandie ext.	101 à 108	Bourgogne	84 à 88
Picardie —	104 à 118	Champagne	88 à 85
Brie —	92 à 96	Nivernais	98 à 82
Touraine	98 à 99	Bourbonnais	78 à 82
Beauce	95 à 88	Bretagne	72 à 82
Orne	78 à 90	Vendée	72 à 76
Picardie	82 à 92	Auvergne	78 à 75
Châtellerault	82 à 84	Midi	75 à 82

FROMAGES

Brie hautes marq.	45	60	Roquefort	140	270
Brie gr. m. (10)	35	30	Gruyère (100 k.)	100	175
— m. m.	12	16	Coulommiers (100)	20	33
Petits Nanteuils	8	8	Gournay (100)	10	17
Brie laitiers	5	15	Livarot (le 100)	120	80
Gérardmer (100 k.)	90	85	Bourgogne (100)	65	70
Hollande	160	180	Camembert (10..)	45	68
Bondons (100)	10	18	Munster (100)	115	100
Cantal	125	135	Port-Salut	160	180

VOLAILLES

Poulet Brest dit moelleux	4 00	5.00	Pige... Macon	1.50	2.00
Poulets Nant.	2 50	3.50	Ca... sNantais	4.00	1.35
Poulets Tour.	2.75	5.25	Dindes Tourr.	7.00	11.00
Poulets Houdan	6.00	8.00	Oies	7.00	9.00
Pigeons d'Italie	80	1.25	Lapins dom.	2.75	4.00
			Lapins garenne	1.50	2.00

VINS — BERCY

Rouges			Blancs		
B. Bourg. vieux	140 à 180	Bordeaux	125 à 160
Touraine	105 à 115	B. Bourg	150 à 190
Bord. vieux	130 à 160	Sancerre	130 à 135
Algérie	28 à 32	Chablis	200 à 350
Cher	110 à 135	Anjou	120 à 135
Chinon	125 à 180	Pouilly	350 à 300
Narbonne	32 à 40	Vouvray	155 à 195

Marché de la Villette du 24 février 1896.

PRIX DE LA VIANDE NETTE

	1re qualité	2e qualité	3e qualité
Bœufs	1.56	1.46	1.36
Vaches	1.54	1.44	1.34
Taureaux	1.23	1.18	1.10
Veaux	2.28	2.00	1.60
Moutons	1 90	1.80	1.60
Porcs	1.20	1.16	1.00

ESPÈCES	AMENÉS	VENDUS	PRIX EXTRÊME viande net	poids vif
Bœufs	2.426	2.161	1.36 à 1 56	64 à 9.
Vaches	798	698	1.34 1.54	57 » 9.
Taureaux	223	184	1.10 1.28	51 » 8.
Veaux	910	782	1.70 2.78	74 1.40
Moutons	15.608	13.780	1.60 1.90	76 1.8.
Porcs	3.386	3.363	1.00 1.27	74 » .6

Vente en baisse.

Marché de la Villette du 27 février 1896.

PRIX DE LA VIANDE NETTE AU KILOGR.

	1re qualité	2e qualité	3e qualité	Prix extrême
Bœufs	1.52	1.42	1.34	1.28 à 1.60
Vaches	1.50	1.40	1 30	1 20 1.3.
Taureaux	1.30	1.24	1.16	1 12 1.4.
Veaux	2.30	2.00	1.70	1.60 2.0.
Moutons	1.98	1.88	1.74	1.64 2 01
Porcs	1.20	1.18	»	1.04 1.2.

ESPÈCES	AMENÉS	RENVOI	OBSERVATIONS
Bœufs	2.072	»	Vente mauvaise sur le gros bétail et les porcs, moyenne sur les veaux et les moutons.
Vaches	470	294	
Taureaux	242	»	
Veaux	1.313	227	
Moutons	10.446	»	
Porcs	5.214	400	

Vente du bétail au marché de La Villette.

Adresser les animaux à MM. Henri Roblin et Surugue, en gare Paris-Bestiaux. Les aviser par lettre auparavant, 190, rue d'Allemagne, Paris.

Il est peu de maladies aussi pénibles que les gastralgies et les maladies de l'estomac en général. Il n'est donc pas sans intérêt de rappeler qu'après de nombreuses expériences, l'Académie de médecine a approuvé et recommandé l'emploi du *Charbon de Belloc* contre ces maladies, « qui, au dire même du rapport, font trop souvent le désespoir des malades et des médecins ». Le charbon de Belloc, qui est aussi le remède par excellence contre la constipation, se prend en poudre ou en pastilles au moment des repas. Le plus souvent, le bien-être se fait sentir dès les premières doses. Poudre, le flacon, 2 fr. — Past., la boîte, 1 fr. 50 ; toutes pharmacies. — Fab. : Maison L. FRÈRE, à Champigny et Cie, successeurs, 19, rue Jacob, Paris.

L'Almanach de la France rurale pour 1896.

Notre Almanach paraît pour la 21e fois. Cette année il comporte diverses modifications qui seront certainement bien accueillies :

1° Le format est agrandi ;
2° Le papier est bien meilleur ;
3° Enfin il contient beaucoup plus de renseignements.

Nous appelons surtout l'attention des agriculteurs sur deux innovations qui distinguent cet Almanach de tous les autres :

1° La nomenclature de tous les jugements rendus en matière de droit rural pendant l'année ;
2° Un petit guide de médecine vétérinaire très pratique.

Comme les années précédentes, cet Almanach passe en revue toutes les branches de l'agriculture.

Prix : 0 fr. 60 franco.

CHRONIQUE POLITIQUE

Les journaux s'escriment depuis samedi sur le vote du Sénat, émis dans la séance du vendredi, qui a mis fin — au moins provisoirement — au conflit soulevé par le ministère Bourgeois entre le Sénat et la singulière majorité qu'il a conquise au Palais-Bourbon.

Le Sénat, sous la menace d'un coup d'État appuyé par les menaces de l'émeute, a renoncé à poursuivre jusqu'au bout l'interpellation dirigée contre M. Ricard ; mais il a voté à une grande majorité la déclaration par laquelle il réserve son droit constitutionnel en matière de législation.

Est-ce une abdication, comme beaucoup de gens le proclament ? — Non, selon nous. — Le Sénat n'a pas cru devoir risquer une nouvelle révolution sur un tel incident. Il s'est borné à réserver son droit d'opposition pour un cas plus grave. Or, beaucoup de cas de la plus haute gravité sont en incubation aujourd'hui pour le Sénat, et, chose bien pire, pour les intérêts supérieurs du pays. Le cabinet Bourgeois, patron des panamistes du centre, prisonnier des factions socialiste et jacobine, est lancé sur une piste de politique de *casse-cou* (on a imprimé par erreur de *basse-cour* dans notre dernier numéro) où il trouvera un jour ou l'autre — espérons-le — des pierres d'achoppement qui permettront au Sénat de lui donner le coup de pied final, que le bon sens public eût donné la semaine dernière.

En attendant, un enseignement sévère à l'adresse du bon sens public, c'est que l'action jacobine et socialiste qui protège le cabinet Bourgeois, comme la corde soutient le pendu, compte sur l'émeute et sur l'insurrection des syndicats révolutionnaires comme argument suprême à l'appui de sa revendication. Cette faction n'a rien appris, rien oublié depuis un siècle. Voilà ce qu'elle appelle la république : et elle compte sur M. Bourgeois pour la conquérir.

Ruraux, nos amis, vous qu'on proclame souverains pour vous livrer en proie aux aventuriers, dont les révolutions font la fortune, c'est à vous qu'il appartient de réfléchir sur les suites terribles dont nous menace cette lutte entre opportunistes repus et jacobins à jeun, — et de vous demander s'il ne serait pas temps enfin de leur retirer vos votes et de les donner à ces milliers de ruraux honorables, propriétaires et agriculteurs, qui depuis vingt ans ont été écartés des affaires par votre crédulité à l'égard des maîtres du jour.

Vous savez ce que vous coûtent aujourd'hui ces bévues. Vous n'êtes pas, hélas ! au bout de votre expiation, espérons que le jour où le cabinet Bourgeois dira son dernier mot, sonnera le réveil du bon sens et du patriotisme rural.

Mais, en attendant, une expérience cruellement désespérante nous enseigne que chez nous les audaces des révolutionnaires ont toujours le don d'écraser la lâcheté des honnêtes gens ! Ceux-ci sont-ils donc à tout jamais incurables ?

Élections sénatoriales.

Dimanche dernier ont été élus sénateurs :

Dans Maine-et-Loire, M. le comte de Maillé, député, en remplacement de M. Barthélemy Saint-Hilaire.

Dans le Var, M. Bayol, socialiste, en remplacement de M. Magnier.

Dans la Creuse, M. Rousseau, radical, en remplacement de M. Leclerc, radical décédé.

Ardèche (au 3ᵉ tour), M. Fougeirol, député, en remplacement de M. Chalamet, décédé.

Élections législatives.

A Neuilly (Seine), pas de résultat, 6 concurrents.

A Clichy (Seine), pas de résultat, 10 concurrents.

A Château-Thierry (Aisne), M. Morlot, radical, élu en remplacement de M. Deville, radical, qui s'est suicidé.

Les élections de la Société des Agriculteurs de France.

Nous engageons tous nos collègues à prendre part en masse aux élections de cette société libre, la seule représentation véritable des agriculteurs. On doit comprendre que plus ses représentants auront recueilli de voix, plus ils exerceront d'autorité sur les membres du Gouvernement.

Les abstentionnistes ne devront pas être surpris d'être sérieusement blâmés par leurs confrères.

On peut voter par correspondance jusqu'au *dernier moment*; c'est par erreur qu'on a donné le 25 février comme limite.

Le votant a toute faculté de se servir ou non des enveloppes de la Société : son bulletin doit être enfermé dans une enveloppe ordinaire sans indications, et qu'on colle avec soin. Celle-ci est placée dans une autre sur laquelle on inscrit : M. *le Secrétaire général de la Société des Agriculteurs de France, 8, rue d'Athènes, Paris; cette enveloppe contient le vote de M.....* (Écrire ici lisiblement le nom et le prénom du votant). Enfin affranchir à 0 fr. 15 et mettre à la poste.

La liste envoyée par le groupe indépendant contient toutes les propositions du Conseil, sauf les exceptions suivantes : M. *Blanchemain* est porté *secrétaire général* au lieu de M. Aylies qui reste secrétaire; M. Henri *de Vilmorin* remplace M. de Rothschild à la *Trésorerie*, et M. M. de Vilmorin est désigné pour remplacer son frère comme conseiller.

Nous constatons avec plaisir que toute la Presse indépendante de Paris et de la province recommande chaleureusement nos amis MM. Blanchemain et de Vilmorin : il n'en pouvait être autrement.

Nous devons faire encore observer que nous n'avons aucune animosité personnelle contre M. Aylies : nous faisons abstraction complète des individualités, nous sommes obligé de constater cependant qu'il n'a encore acquis aucun titre à l'attention des agriculteurs, tandis que le nom de M. Blanchemain est justement connu et apprécié. A lui seul, il est tout un programme.

Enfin, on nous affirme que M. Aylies, dont nous connaissions et déplorions le faible organe, est affligé d'un commencement de surdité. On ne pourrait donc le charger de prononcer des discours dans des réunions nombreuses : il n'entendrait que mal les orateurs, et sa voix ne parviendrait pas à ses auditeurs.

La petite minorité du Conseil de la Société est furieuse qu'on cherche à faire échouer son complot. Aussi a-t-elle envoyé un communiqué à l'agence Havas, pour bien dire qu'elle n'a pas désigné M. P. Blanchemain pour le secrétariat général. MM. Le Trésor de la Rocque, le comte de Luçay, de Monicault, Sénart, etc., ont le droit d'être mécontents qu'il se trouve des indépendants pour signaler leurs manœuvres. Evidemment, ils ont peut-être leurs raisons pour vouloir la nomination de M. Aylies qui n'a pas de passé agricole, qui jamais n'a fait preuve de la moindre compétence en agriculture, qui, dans aucune circonstance, n'a eu l'occasion de manifester son dévouement à la Société des agriculteurs de France; mais ils auraient bien dû les faire connaître aux électeurs.

Si on n'avait en vue que l'intérêt de la Société des agriculteurs on n'agirait pas de cette façon.

Nous protestons avec la plus vigoureuse énergie et nous conjurons nos amis d'acclamer M. Blanchemain, secrétaire général; ses titres indiscutables, connus de tous, valent mieux que toutes nos recommandations. Nous le savons, mais nous savons aussi que les électeurs ruraux ont besoin d'être stimulés.

—

Obéissant à un sentiment de haute convenance, les membres de la Société des agriculteurs de France ont décidé qu'il n'y aurait pas de banquet pendant la prochaine session.

◆

CHRONIQUE GÉNÉRALE

Importation de chevaux américains par le Havre.

2.600 chevaux ont été débarqués au Havre en 1895. Les navires qui font le service direct entre l'Amérique et le Havre ne sont pas organisés pour le transport des chevaux: les animaux sont dirigés d'abord sur l'Angleterre, puis ramenés en France.

A l'exception de quelques juments de race pure destinées à la reproduction (16 poulinières) et de plusieurs chevaux de service appartenant à différents propriétaires de passage en France, presque tous les sujets américains ont été importés pour le compte de marchands de chevaux de Paris. La moitié environ des animaux importés par le Havre, soit 1.233 ont été achetés par le même marchand de Paris; un second marchand aurait également importé plus de 1.200 chevaux américains par différents ports, le Havre, Anvers. Sur les expéditions faites par le Havre, 172 chevaux ont été livrés à un marchand du Calvados et une cinquantaine à un marchand de Roubaix qui importe également par Anvers.

Voici les prix du transport par tête, depuis le port d'embarquement en Amérique: traversée, 100 fr.; transport du Havre aux Batignolles, 16 fr. 30; droit de douane, 30 fr.; surtaxe moyenne, 18 fr.; taxe sanitaire, 1 fr.

Les chemins de fer américains ont consenti à accorder aux acheteurs un tarif réduit, ce qui leur permet d'avancer plus loin dans les terres et d'acheter des animaux à bas prix : 200 francs environ.

Ces chevaux arrivent donc sur le marché à un prix bien inférieur au prix moyen des chevaux légers français.

Les chevaux américains importés, qui ressemblent au cheval léger anglais ou irlandais, sont en général de petite taille, et un cinquième seulement pourrait être accepté en moyenne pour le service de l'armée.

Après les avoir remis en état, les marchands les vendent au prix moyen de 800 fr. à l'Urbaine et à la compagnie des Petites Voitures, qui les emploient au service de la grande remise ou des voitures de place.

◆

L'agiotage sur les blés.

Dans la question du cadenas, les adversaires de la réforme ont la prétention de défendre la cause du *commerce*.

Cela est insoutenable. Ils ne défendent que la cause du jeu et de l'agiotage, dont les excès sont un fléau pour l'agriculture et la principale cause de la crise qu'elle traverse en même temps que pour les intérêts du trésor.

Le vrai commerce, celui qui a pour fonction de procurer au pays les ressources qui lui manquent, et d'exporter les produits excédant ses besoins, ce commerce-là, qui est le vrai, se tromperait grossièrement en liant sa cause à celle de l'agiotage, qui est le tyran actuel du monde économique, et dont la tyrannie s'exerce sur toutes les valeurs de bourse, comme sur les produits provenant de la terre, les cotons, les laines, les soies, les cafés, les alcools, les peaux aussi bien que sur les blés et les farines.

M. Dupré-Collot, notre savant confrère, vient de publier dans le *Journal de l'agriculture*, une étude approfondie et documentée où il met en pleine lumière cette thèse qui est pour nous depuis le premier jour, la pure vérité, en expliquant comment les marchés fictifs écrasent les marchés vrais. C'est un scandale absolument monstrueux.

L'espace nous manque aujourd'hui pour développer les faits et les chiffres qui la démontrent; nous espérons qu'elle trouvera des interprètes éloquents au congrès de la Société des agriculteurs. D'ailleurs, avant même toute démonstration méthodique, ne suffit-il pas de rappeler un simple fait de sens commun, à savoir les fortunes gigantesques conquises par les gros écumeurs de la finance et du commerce par l'agiotage sur tous les produits du sol, comme pendant la détresse effroyable qui étreint partout les producteurs? Si un tel contraste ne nous enseigne rien, il est inutile d'essayer de nous éclairer.

Nous engageons tous ceux qui désirent s'éclairer, à lire l'étude de M. Dupré-Collot; ils verront de quelle qualité sont les arguments des adversaires de la loi sur le cadenas, et, ce qui est plus important encore, ils comprendront que la réforme consistant à établir un droit gradué sur les blés serait une réforme aussi utile au vrai commerce qu'à l'agriculture, et qu'elle n'a pour ennemis que la féodalité des écumeurs de la finance qui font servir leurs millions à doubler leurs fortunes scandaleuses sur les ruines des producteurs des deux mondes.

Le monométallisme. — Le régime de la monnaie exclusive de l'or est soutenu par les mêmes hommes et dans le même intérêt ; il est bon, il est urgent pour les défenseurs de l'agriculture de mettre en lumière la connexité de ces deux mauvaises causes, et de pousser à une campagne vigoureuse auprès des pouvoirs publics pour mettre un terme le plus prochainement possible à une tyrannie écrasante qu'exerce la finance sur le travail producteur, sur l'agriculture principalement.

◆

LES CAISSES RURALES
Système Raiffeisen Durand.

(Suite).

6e *Objection.* — Vous dites que votre association est un moyen de faire cesser les divisions. Il me semble au contraire que ce sera un brandon de discorde, un sujet de mécontentement... Si vous n'y admettez pas tout le monde, si vous prêtez à celui-ci, pas à celui-là... Si un tel refuse d'être caution, etc...?

Je vous réponds :

1° Nous serons plusieurs pour admettre les sociétaires, comme pour accorder les prêts. Si donc un demandeur s'adresse à un membre en particulier, celui-ci peut toujours répondre qu'il n'est pas maître tout seul.

Il faut toujours être au moins trois, souvent huit pour consentir une admission ou un prêt. Et même ces trois, ces huit conseillers doivent agir selon leur conscience, car il s'agit d'argent qui appartient à la société et non à eux.

2° Si l'on n'ose refuser, on dit à l'emprunteur : « Trouve une caution » ; s'il n'en trouve pas, on est quitte; s'il en trouve, on est garanti.

3° C'est assez souvent que les prêteurs sont obligés de refuser de l'argent; pourtant, ils ne sont pas les plus mal vus de la société. L'essentiel c'est d'être juste et de bien observer les statuts, alors personne n'aura rien à dire.

4° Il y aura des mécontents? Ce sont les gens qui ne sont ni solvables, ni considérés; il y en aura beaucoup plus qui seront contents, ce sont les sociétaires.

5° Enfin, peu à peu, tout le monde s'efforcera d'être digne d'emprunter à la caisse; ceux qui ne pourront plus le faire, deviendront vite la minorité. On dira tout ce qu'on voudra, il faudrait que quelqu'un eût bien peu d'honorabilité, bien peu de solvabilité, pour qu'on ne puisse pas lui prêter, moyennant bonne caution, au moins une petite somme pour l'encourager.

Il me reste à vous répondre sur un point : « Il y aura mécontentement si un tel refuse d'être caution »?

1° Des refus de ce genre ont lieu, même sans l'existence d'une caisse rurale; ces individus qui ne peuvent trouver de caution pour avoir de l'argent à la caisse, n'en trouveraient pas davantage pour emprunter ailleurs. Donc, nous n'aggravons pas la situation.

2° Comme on ne prête qu'aux sociétaires, il s'agit de trouver une caution pour un individu qui est jugé avoir du crédit, puisqu'il appartient à l'association. Par conséquent, si un tel n'est pas disposé à le cautionner, un autre le sera. La question de la caution ne trouve pas de difficulté dans la pratique.

3° Supposons qu'un individu ne trouve de caution nulle part; c'est preuve qu'il ne mérite pas confiance; mais il est seul coupable de sa situation, car un homme qui a tant soit peu d'énergie n'en vient pas là.

4° D'ailleurs on ne fait pas d'omelette sans casser des œufs; on ne fait pas de conquêtes sans sacrifier quelques soldats; on ne peut former un groupement de cultivateurs honnêtes, économes, travailleurs, sans mécontenter les gens indignes d'intérêt.

Que nous importe quelques inimitiés en face des immenses résultats à obtenir? en face de la belle école de charité que nous voulons organiser? en présence des services que nous pouvons rendre? Faut-il abandonner ce noble but pour quelques ennuis inévitables et passagers?

5° Mais ce refus de caution, s'il est justifié, est lui-même un acte de charité! Pourquoi cautionner les gens qui en abuseraient? Ce refus leur fera ouvrir l'œil. Peut-être changeront-ils de conduite afin de mériter plus de confiance; on a déjà vu cela, et alors on leur aura rendu un service moral important.

7° *Objection.* — Trouverez-vous facilement de l'argent?

— Certainement. La caisse rurale est tout ce qu'il y a de plus solide; par conséquent, si elle demande de l'argent à emprunter, elle en trouvera facilement (1).

Sans doute, il y a encore des gens qui placent leur argent au 4 0/0 ou au 5 0/0; ceux-là ne consentiront pas à en céder au 3 0/0. Mais la caisse rurale s'adressera de préférence à ceux qui placent à la caisse d'épargne, en rentes sur l'État, etc., et dira : « Nous donnons aussi cher que la caisse d'épargne, plus cher que certaines compagnies de chemin de fer. Chez nous, l'intérêt ne chôme pas; si l'argent dort, c'est à notre charge ; donnez-nous la préférence, votre argent est sûr, et, au moins, vous le verrez employé dans l'agriculture. »

Mais l'argent ne manque pas; l'expérience le prouve; il y a tant de gens qui ne savent où placer solidement leurs économies. Le danger est surtout d'en avoir trop; l'argent en caisse ne rapporte rien et on est obligé de le déposer à la caisse centrale ou ailleurs, pour qu'il rapporte au moins un petit intérêt. Il vaut donc mieux n'en avoir que ce qu'il faut à peu près, pour faire face aux demandes de prêts. C'est affaire aux administrateurs.

En pratique, il est désirable que la caisse rurale soit alimentée par les gens du pays où elle fonctionne; qu'elle reçoive les économies du cultivateur, du journalier, du domestique, etc. De cette manière, elle sera la caisse d'épargne du village, bien à la portée de tout le monde.

Beaucoup de gens sont tentés de garder leurs épargnes dans un tiroir ou de les dépenser; ils les mettront là, pour les retirer seulement au moment du besoin.

8° *Objection.* — Moi, je place mon argent au 4 0/0, même au 5 0/0; je me garderai bien de le mettre à votre caisse, qui ne m'en donne que 3 0/0.

— Vous vous trompez dans vos calculs; il est démontré qu'un prêteur d'argent, malgré toutes ses précautions, *perd souvent de fortes sommes*, de sorte qu'il ferait beaucoup mieux de se contenter d'un petit intérêt pour faire un placement qui *ne fait jamais perdre*. Il aurait encore l'avantage, en avertissant quelques jours à l'avance, de retirer de l'argent quand il en aurait besoin; et enfin, ses intérêts lui seraient toujours payés très exactement.

La caisse rurale est mieux remboursée que le particulier, non seulement parce qu'elle est mieux renseignée, mais aussi parce qu'en ne payant pas, le débiteur aurait pour ennemis tous les sociétaires qui seraient frustrés.

Souvent un prêteur ne craint pas de faire perdre son créancier, parfois même, il y vise, soit par rancune, soit par jalousie; après tout, il ne se fait qu'un ennemi; il ne peut raisonner de même vis-à-vis de la caisse rurale, car il risquerait de se mettre à dos, la majorité de la commune.

9° *Objection.* — J'aime mon indépendance, je ne m'occupe pas des autres et je tiens à ce qu'on ne s'occupe pas de mes affaires; je peux me suffire, que les autres s'en tirent.

— C'est l'égoïsme qui vient de parler par votre bouche; je pourrais donc ne pas vous répondre, car l'œuvre même qui nous occupe aura aussi pour résultat de détruire cette lèpre du xix° siècle.

« Je n'ai pas besoin de mon voisin, je puis me suffire, dites-vous? » Admettons que cela soit vrai pour le moment. Mais pourriez-vous assurer qu'il en sera toujours ainsi? Combien n'en a-t-on pas vu qui étaient plus solides que vous, et qui sont tombés? Rappelez-vous ces paroles du fabuliste :

On a souvent besoin d'un plus petit que soi.

L'expérience les confirme tous les jours.

« Chacun son affaire, dites-vous? » Mais si l'on appliquait ce principe à la défense de la patrie, à l'exploitation d'une usine, à quoi aboutirait-on?

Quoi que vous disiez, il y a des choses que vous ne pouvez faire tout seul. Étant seul, vous n'aurez pas la confiance que peut avoir une caisse rurale; vous ne pourrez faire le bien qu'elle fera.

Seul, vous ne pourrez pas obtenir des lois protectrices pour l'agriculture; vous n'aurez pas de sociétés de prévoyance, de secours mutuels, d'assistance medicale, d'assurances contre la grêle, l'incendie, la mortalité du bétail, etc...

Vous voulez conserver votre indépendance? Mais vous la conservez! puisque c'est librement que vous entrez dans l'association; cette association est la vôtre; vous en nommez les administrateurs, vous en fixez les opérations.

Il vous répugne d'engager votre responsabilité, de donner votre concours? Mais en échange de ce concours, vous avez, vous, le concours de tous les autres sociétaires. Votre participation est donc largement compensée, surtout si nous arrivons jamais à former par l'union de toutes les associations et caisses rurales, une fédération de plusieurs cent mille sociétaires!

Prenons garde; l'homme est fait pour vivre en société, c'est une loi de la nature, une loi divine promulguée dans ce beau, cet admirable précepte : « Aimez-vous les uns les autres. »

V

CONCLUSION

La caisse rurale, nous en avons la conviction, peut aider à surmonter la crise qui étrangle l'agriculture.

Les propriétaires, les gros cultivateurs y placeront un peu de leur argent pour aider ceux qu'un sort moins heureux ou une réussite moins marquée n'a pas favorisés. Les petits cultivateurs, ainsi moins isolés, reprendront confiance, et se sentiront unis par une effective solidarité dans la profession. Ils comprendront qu'ils ont les mêmes intérêts et, au lieu de lutter pour la vie, ils s'uniront pour la vie. De là, un grand apaisement dans la vie sociale de toute la nation.

Gardons-nous de rejeter sans l'examiner de très près, ce remède nouveau, encore si peu connu et si peu répandu dans notre pays. Sachons profiter de l'expérience si concluante acquise par d'autres. Mettons de côté toute défiance; et bientôt on verra naître dans nos villages ces caisses de crédit qui, à l'étranger, ont sauvé, dans des provinces entières, les cultivateurs aux abois.

Que, dans chaque commune où il existe un syndicat agricole où se trouve un groupe de syndiqués, l'initiative des syndiqués fonde sans retard une caisse rurale. Nous le répétons, c'est le développement naturel et fécond du syndicat.

Là où il n'existe pas encore de syndicat agricole, qu'on n'hésite pas à faire une caisse rurale. Le syndicat viendra forcément et l'association agricole existera bientôt complète.

Quand une commune aura réussi à faire une caisse rurale, les communes voisines, témoins du résultat, se hâteront de l'imiter et peu à peu, le pays se couvrira de ces utiles associations pour

---

1. Parmi les caisses rurales, les unes ont trop de demandes de dépôts, les autres pas assez; dans ce cas, on peut attirer les dépôts là où il en manque.. puisque pour déposer à une caisse, il n'est pas nécessaire d'être sociétaire. C'est aux directeurs de caisse à s'entendre à ce sujet entre eux.

le plus grand profit de tous. Mon Dieu ! comme nous sommes en retard dans notre pauvre pays !

Allons, mes amis, à l'œuvre, c'est le premier pas qui coûte. Pour Dieu, pour la patrie, pour vous-mêmes !

Aide-toi, le ciel t'aidera.

P. de Hennezel d'Ormois.

Les chambres d'agriculture.

La création des Chambres d'agriculture est réclamée en vain par toutes les sociétés agricoles depuis de nombreuses années et — fait étrange ! c'est au nom d'un gouvernement, soi-disant républicain, que les vœux unanimes du monde agricole sont systématiquement étouffés par la Commission chargée de préparer la loi sur les Chambres d'agriculture.

Que demandent les agriculteurs, une chose aussi simple que juste : que les Chambres d'agriculture soient composées exclusivement d'agriculteurs et de propriétaires ruraux. De même que les chambres de commerce et d'industrie sont composées de commerçants et d'industriels élus par leurs pairs de profession.

Or, nos maîtres qui trouvent ce système bon pour le monde industriel et commercial, prétendent le refuser à la représentation agricole en imposant aux Chambres d'avoir un mélange de membres appartenant au monde officiel : directeurs, inspecteurs, professeurs, instituteurs, vétérinaires, etc., nommés par le ministre.

Vainement on objecte à M. le Ministre que les Chambres de commerce et d'industrie sont exemptes d'un pareil alliage, que jamais aucun gouvernement n'eût songé à le leur imposer. C'est très vrai ; mais aux yeux de nos maîtres, les commerçants et les industriels sont des citoyens majeurs et en possession de leurs droits naturels, tandis que les agriculteurs sont des mineurs, un troupeau d'humbles administrés, incapables de faire leurs affaires eux-mêmes en dehors de la tutelle de ministres, soi-disant de l'agriculture, dont les ignorances, en ce qui touche leur ministère, n'ont d'égales que leurs arrogantes prétentions à tenir le monde agricole sous leur joug politique.

Il faut vivre dans le temps d'avilissement politique que nous traversons, pour voir le monde agricole assister avec une béate impassibilité à des comédies où on se joue avec une telle audace de ses intérêts et de sa dignité civique et professionnelle.

Si cette loi honteuse est votée, les agriculteurs qui ont soin de leur dignité refuseront toute participation à son application. Le dernier refuge de leur dignité et de leur indépendance sera dans les syndicats et dans les sociétés libres jusqu'à l'avènement d'un régime qui traitera les Chambres d'agriculture sur le même pied que les Chambres de commerce et d'industrie.

Les militaires chez les cultivateurs.

Jusqu'à ce jour, il était d'usage dans le monde agricole de demander à l'armée des auxiliaires à deux époques seulement : à l'époque des moissons et à celle des vendanges.

Or, comme il y a, dans le cours de l'année, d'autres périodes où les travaux de la terre demandent un surcroît du personnel ordinaire, on a pensé qu'il serait utile de demander au ministère de la guerre, des soldats propres à fournir le contingent momentané de personnel que réclament ces travaux.

Sur les demandes adressées à ce sujet au ministre de la guerre par son collègue de l'agriculture, le ministre de la guerre a décidé qu'il accordera, volontiers, des soldats pour aider les vignerons dans les travaux de greffage, de sulfatage, épandages d'engrais, fenaisons, démarage de betteraves, comme pour les moissons et les vendanges. Les congés délivrés à cet effet sur la demande des cultivateurs et des vignerons ne pourront dépasser 12 0/0 des compagnies d'infanterie et du génie, et 6 0/0 des corps de cavalerie et d'artillerie et du train.

Les demandes devront être adressées aux chefs de corps avant le 1ᵉʳ avril.

Le Stud-Book des chevaux de pur sang.

Sur la proposition du directeur des Haras, un arrêté ministériel décide que le tome XII de ce Stud-Book paraîtra en 1898. Les éleveurs et acquéreurs d'étalons et de poulinières de cette race en sont prévenus ; on les avertit, en outre, qu'il y aura ensuite un intervalle de quatre ans entre les autres volumes.

Le 2ᵉ supplément du tome XI contient 1.895 naissances.

Les producteurs aux halles de Paris.

Depuis trois ans, une loi a été élaborée et votée en vue de protéger les producteurs qui expédient leurs denrées au marché de Paris, contre les manœuvres ruineuses des intermédiaires. Cette loi, votée il y a deux ans par les députés, est l'objet devant le Sénat de vives attaques de la part de certains intermédiaires, et aussi de la part de quelques membres du Conseil municipal de Paris, qui lui reprochent d'avoir pour conséquences d'importantes réductions des droits que perçoit la Ville sur les halles et marchés.

Rappelons que cette loi fut élaborée avec soin par des députés appartenant aux opinions les plus diverses, MM. Cluseret, de Villebois, etc., que le rapport rédigé par M. de Ladoucette reçu une approbation unanime des députés représentant les régions agricoles, et celle de la Société des agriculteurs de France.

Il est triste de constater qu'après trois ans d'attente, la loi est non seulement encore condamnée à de nouveaux retards, mais qu'elle est menacée d'un échec définitif par des adversaires, qui sont inconsciemment ou non les auxiliaires des écumeurs de la production rurale.

Ces gens-là, évidemment, comptent sur la mollesse trop connue et trop éprouvée des défenseurs des intérêts agricoles, et ils espèrent que les obstacles incessants opposés par eux à la loi finiront par la faire abandonner et maintenir indéfiniment le régime dont les producteurs sont les victimes et dont ils sont les bénéficiaires.

Le journal *La Justice* publiait il y a quelques jours la correspondance d'un horticulteur du Var, qui avait expédié sur le marché de Paris, un envoi de 150 kilos de salades. Ces salades furent vendues à la halle, 46 francs. Sur cette somme, le producteur ne reçut que 9 fr. 50. Le surplus fut ainsi réparti, 28 francs à la compagnie P.-L.-M. pour transports et camionnage des 150 kilos, 2 fr. 50 de droits à la ville pour placement, abri, etc. et 2 fr. 50 au commissionnaire, y compris ses frais de correspondance et d'envoi d'argent.

Il est triste assurément pour un producteur de ne percevoir que le cinquième du prix que ses produits ont obtenu sur le marché ; mais on voit que dans le cas ci dessus, il s'agit d'une production de primeur, importée de 800 kilomètres, et forcément majorée de prix par cette distance. Le cas n'est donc pas applicable à l'ensemble de la question.

Les abus à réformer s'appliquent surtout aux denrées de consommation générale, produits d'un rayon peu étendu et partant grevées de droits minimes de transport et de commissions peu onéreuses de vente et de paiement.

Il s'agit surtout de garantir aux expéditeurs l'exécution loyale de leur mandat par leurs intermédiaires. On sait trop combien le régime actuel laisse à désirer sous ce rapport. La loi projetée y réussirait elle ? Il est permis de le croire et que c'est la cause de l'hostilité que lui opposent ses adversaires.

Quant à l'intérêt prétendu de la ville de Paris, il est étrange que les défenseurs de cet intérêt se portent en même temps comme les défenseurs des intérêts de leurs électeurs consommateurs. Il est évident en effet, que c'est de leurs poches comme de celles des producteurs que sortent les droits perçus sur les denrées par la Ville lumière.

Nous espérons que, en dépit de ces obstacles et de ce mauvais vouloir, les partisans de la loi obtiendront son vote définitif ; mais ils savent que ce sera à la condition de soutenir vigoureusement la lutte, et de ne pas se laisser leurrer par les expédients dilatoires, auxquels sont sujettes toutes les réformes qu'on ne peut récuser en principe, et dont on ne se débarrasse que par des ajournements systématiques. Il y a chez nous une vingtaine de réformes qu'on enterre par cette méthode.

La crise des pruneaux.

La production des pruneaux dits prunes d'Agen, jadis si florissante dans les départements de Lot-et-Garonne, du Lot, de la Dordogne, subit, à l'heure présente une crise redoutable, dont elle était menacée par la concurrence croissante des pruneaux d'Amérique qui sont d'autant plus recherchés qu'ils sont offerts à des prix très modiques et qu'ils sont préparés par un système d'évaporation bien supérieur aux procédés traditionnel du pays agenais.

Ce n'est pas notre faute si nos producteurs français ont persisté, jusqu'à ce jour, dans une pratique qui devait infailliblement aboutir à cette crise. Nous leur avons signalé les mérites des évaporateurs américains fabriqués à leur intention, notamment, l'évaporateur modèle qui fonctionne pour leur gouverne dans l'école d'horticulture de Versailles.

Il n'y a que deux moyens pour nos producteurs de pruneaux d'éviter la ruine imminente :

Le premier, c'est de préparer leurs prunes au moyen des évaporateurs perfectionnés dont il s'agit ;

Le second c'est, d'obtenir un droit de douane non pas prohibitif, comme disent certains sectaires, mais tout simplement compensateur, sur les pruneaux étrangers.

Un article signé L.-M. dans l'*Echo agricole*, prétend que le droit de douane ne les sauverait pas, et que le perfectionnement demandé suffirait.

Cette thèse est insoutenable à nos yeux. A mérite égal comme préparation, les pruneaux américains ont un avantage sur les nôtres, l'avantage d'un minime prix de revient, qui ne peut être compensé autrement que par un droit de douane.

Donc, avis aux producteurs de pruneaux !

NÉCROLOGIE

On nous signale de Ayen (Corrèze), la mort du Président du Comice de ce canton. M. Jules Auvard, membre distingué de la Société des agriculteurs de France. Il assistait régulièrement à tous ses congrès. Grand propriétaire dans la Corrèze et dans la Dordogne, il s'efforçait d'y propager les saines et nouvelles méthodes agricoles. — En outre de nombreuses récompenses obtenues, M. Jules Auvard avait mérité une grande médaille d'or, qui lui fut décernée dans un des concours régionaux de la Corrèze. Il avait puisé dans sa religion qu'il pratiquait, ces grandes vertus dont les ouvriers et les pauvres ont pu goûter les fruits.

Graminées et Légumineuses.

POUR PRAIRIES PERMANENTES ET TEMPORAIRES

Nous ne saurions trop recommander à nos amis soucieux de créer des prairies permanentes de s'adresser à une maison sérieuse pouvant leur fournir des graines pures ou des mélanges spéciaux appropriés à la nature du sol.

Ils peuvent s'adresser à M. Birot qui a étudié spécialement la création des prairies permanentes et temporaires pendant son séjour à la maison « Sulton », en Angleterre dont la réputation est universelle pour cet article, et dont il a conservé les traditions de loyauté.

	Les 100 kil.	Le kil.
Agrostis vulgaire	130 fr.	1 50
— traçante	130 »	1 50
Avoine élevée, Fromental	150 »	1 70
— jaunâtre pure	»	2 »
Brôme des près	50 »	» 60
Crételle des prés	250 »	2 70
Dactyle pelotonné	140 »	1 60
Fétuque des prés	140 »	1 60
— ovine ou des brebis	100 »	1 20
Fléole des près (Timothy)	80 »	1 »
Flouve odorante vraie (vivace)	330 »	3 50
Houque laineuse extra	80 »	1 »
Pâturin des prés	140 »	1 60
— commun	230 »	2 50
— des bois	230 »	2 50
Ray-Grass anglais extra	60 »	» 70
— d'Italie extra	50 »	» 60
Vulpin des prés	230 »	2 50
Lotier velu	240 »	2 50
— corniculé	200 »	2 20

Mélange spécial pour prairies permanentes composé selon la nature du sol, 65 kilos à l'hectare, prix : 90 francs.

Lawn-Grass ou Gazon rustique pour pelouses, bordures, talus et gazonnement, les 100 kilos, 140 fr, le kilo 1 fr. 50.

CHRONIQUE AGRICOLE

Situation. — La Saison.

C'est avec une vive satisfaction que les cultivateurs de toutes les régions ont salué l'arrivée de la gelée. Il est à souhaiter que ce froid bienfaisant soit de quelque durée. En effet, à cette époque il ne peut avoir d'inconvénients, bien au contraire, surtout si comme on le prévoit, il était accompagné d'une chute de neige.

La température actuelle convient particulièrement aux céréales dont elle arrête la végétation ; nous espérons qu'elle se maintiendra assez longtemps pour détruire les nombreux parasites dont on redoutait l'invasion.

Les prairies, les vignes et tous les arbres n'ont aucun risque à courir de ce refroidissement. En définitive donc, la saison s'annonce mieux qu'on ne le pouvait prévoir jusqu'à présent. Puissent nos prévisions actuelles être confirmées !

Le mode de répartition des engrais chimiques.

Cette question a une grande importance et il est utile, pour nos lecteurs, d'ajouter quelques renseignements à ceux que leur donnait à ce sujet notre numéro du 2 décembre dernier.

Schlœsing, Grandeau, Prunet, Derome, et bien d'autres savants ou agronomes distingués en France, Peterman en Belgique, ont remarqué et signalé à la culture les avantages qu'elle aurait à retirer de la répartition des engrais à proximité de la plante.

Nous empruntons à une des nombreuses brochures qu'un agriculteur du Nord, cité plus haut, M. A. Derome, de Bavay, a publiées à ses frais il y a longtemps déjà, quelques considérations qui militent en faveur de l'application de l'engrais dans la partie de la terre où rayonnent les racines.

Les expériences répétées pendant une longue série d'années par M. A. Derome, et les résultats obtenus depuis longtemps en culture à l'aide de ses semoirs sont tout au bénéfice de ce système.

Les grands avantages que ce procédé donne dans la culture de la betterave s'expliqueraient, parce que cette plante ne restant que cinq mois en terre, ne peut absorber que la partie d'engrais la plus à proximité de ses racines, et en proportion plus ou moins forte suivant que la température aura été plus ou moins favorable à l'assimilation des éléments fertilisants.

En effet, en général, les engrais phosphatés surtout, répandus à la volée, marquent beaucoup mieux leur effet dans certaines cultures et plus particulièrement dans celles des plantes à racines traçantes et rapprochées, telles que les céréales, les fourrages, le lin, etc. que dans celles des plantes pivotantes, notamment de la betterave que l'on cultive à grand écartement.

Dans cette dernière, les engrais semés à la volée sont en majeure partie trop éloignés de la plante, et il faut pour cette raison, répandre sur le sol une dose d'azote, de potasse, et surtout d'acide phosphorique sensiblement plus forte que celle nécessaire à la récolte. Ce calcul conduit à des dépenses plus fortes et sans certitude du succès, qui dépend, nous le savons tous, des influences atmosphériques, de la nature du sol, etc.

Depuis longtemps, M. Derome recommande pour la culture de la betterave, l'enfouissement des engrais artificiels à la charrue. Cette méthode, qui présente des avantages considérables sur celle généralement employée, qui consiste à répandre les engrais *à la surface e à les enfouir* à la herse ou à l'extirpateur, ne répond encore que d'une façon très incomplète au but que l'on se propose d'atteindre par l'emploi des engrais phosphatés ou des engrais composés *employés complémentairement*.

En effet, comme le cultivateur désire

retirer, à la récolte, la plus forte somme d'effets utiles de ses achats d'engrais complémentaires, il doit chercher à placer ces aliments de façon à assurer leur assimilation dans la plus large mesure possible.

Dans cet ordre d'idées, M. Derome a pensé que de deux choses l'une, ou il faut cultiver la betterave plus près, ce qui n'est guère possible, à cause de sa conformation, ou il faut mettre mieux à sa disposition les éléments qui concourrent à leur donner du poids et de la qualité.

Les engrais judicieusement combinés, répandus uniformément dans le rayon de 6 à 8 centimètres sous la graine, se trouvent dans les conditions voulues pour atteindre ce but.

Répartis sur la ligne entre les betteraves, les éléments utiles agissent plus directement et plus efficacement à la faveur de l'eau de pluie qui arrive immédiatement sur eux par les feuilles formant entonnoirs.

Ainsi appliqués, tous les éléments : matière ulmique soluble, azote, acide phosphorique, potasse, que l'engrais contient, peuvent être absorbés par la plante.

Ce système met à l'abri des plantes adventices et de tous autres agents de déperdition les sommes énormes que la culture dépense aux achats des engrais complémentaires qui lui sont nécessaires.

Si, en appliquant ce procédé de culture qui est en harmonie avec les données de la science, on choisit les éléments fertilisants dans les combinaisons les plus favorables à leur assimilation, et qu'on emploie des engrais composés de façon à ce que leur absorption soit graduelle et proportionnelle aux besoins de la plante, on arrive aux beaux rendements avec beaucoup moins de frais.

Nous devons dire que c'est à M. Derome que revient le mérite d'avoir, le premier, permis à la culture de profiter de ces avantages énormes en construisant un semoir à graines et engrais dont M. Ernest Menault, rédacteur agricole du *Journal Officiel*, inspecteur d'agriculture, disait en 1881, dans son excellent manuel « *Les engrais.* »

« *Il a été démontré par des expériences* « *répétées que, pour éviter toute déper-* « *dition et retirer de l'emploi des en-* « *grais artificiels tout le profit qu'on est* « *en droit d'en attendre, il faut l'enfouir* « *dans la couche du sol où rayonnent* « *les racines de la plante à cultiver;* « *mais l'application de cette méthode,* « *comme son plein succès, n'est possi-* « *ble qu'à l'aide d'un distributeur spé-* « *cial dont le mécanisme ne puisse s'en-* « *crasser au cours du travail et qui per-* « *mette de répandre avec facilité et la* « *plus parfaite régularité, sans change-* « *ment de vitesse, sur toute la surface* « *du champ, l'engrais humide comme* « *l'engrais sec les graines seules ou*

« mélangées à l'engrais. C'est ce distri- « buteur, qu'un agriculteur intelligent « de Bavay (Nord), M. Derome qui a fait « de nombreuses expériences sur l'em- « ploi des engrais, a cherché à réaliser. « Nous avons vu ce distributeur à l'Ex- « position universelle de Paris de 1878, « et il nous a paru, mieux que tous « ceux construits jusqu'à ce jour, ré- « pondre aux exigences d'une bonne « distribution. '

« Ce distributeur entre en marche « avec rapidité ; l'ouverture se règle « sans changement de vitesse pour « toutes espèces d'engrais et de grains. « La quantité réglée, il n'y a plus à tou- « cher au levier du régulateur, si ce « n'est pour le fermer quand le semis « est terminé.

« Un levier permet de descendre les « socs et de les relever à volonté.

« Un mouvement d'embrayage dis- « posé comme dans les moissonneuses « arrête ou active instantanément la « marche du distributeur. »

La perméabilité de la terre.

On sait que la végétation des plantes cultivées a pour une de ses principales conditions l'accès de l'air dans la terre qui porte ses racines, accès qui exige un certain degré de perméabilité. Dans un sol trop perméable l'air dessèche les racines. Dans un sol trop compact, l'air ne les atteint pas. Dans ces deux cas, la végétation languit.

Une des règles essentielles de la culture consiste donc à donner aux terres le degré de perméabilité exigé par les plantes qu'on y cultive. Toutes les plantes sont loin d'avoir les mêmes exigences sur ce point. Les unes aiment les terres fortes ; d'autres, les terres légères. Dans leurs préférences on tient compte de la composition chimique du sol, mais on doit aussi tenir compte de son degré de perméabilité naturelle.

Les binages sont le moyen de remédier à la compacité excessive de la croûte des terres à la suite des périodes de sécheresse. Les amendements calcaires sont utiles pour remédier à la compacité naturelle des sols argileux.

Ces observations nous sont suggérées par la communication qu'a présentée M. Dehérain, la semaine dernière, à l'Académie des Sciences, à la suite des études faites par lui et par M. Demoussy sur la perméabilité des sols par l'air et par l'eau.

Les auteurs partent de cette idée qu'une terre est formée de petites molécules de sable cimentées par l'argile, coagulées par les sels de chaux dissous. Quand la terre est bien travaillée, réduite en poudre, les molécules sont séparées par de nombreux vides dans lesquels circulent l'air et l'eau.

Tant que les petits agrégats résistent à l'action de pluies prolongées, la circulation en terre de l'air et de l'eau est assurée. Mais il n'en est plus ainsi quand,

les pluies enlevant les sels de chaux solubles, l'argile se délaye ; la terre alors s'effondre, diminue de volume ; les pores se bouchent, la réserve d'eau diminue, la circulation de l'air devient impossible, la terre est imperméable. La végétation s'arrête.

Pour empêcher cet accident et pour maintenir l'argile coagulée, il faut introduire du calcaire dans le sol. L'épandage de la marne ou de la chaux est nécessaire quand, après les pluies prolongées, on voit l'eau séjourner dans les sillons ou dans les parties basses.

D'après cette théorie, les pluies abondantes auraient pour effet d'appauvrir le sol de sels calcaires et il serait nécessaire d'y remédier par des chaulages et marnages.

Mais nous croyons utile de remarquer que tel n'est pas toujours l'effet le plus nuisible des flaques d'eau que laissent les pluies sur les sols compacts, et que l'on peut remédier en donnant un écoulement aux eaux stagnantes et en évitant les surfaces croûteuses par un binage plus ou moins énergique suivant l'épaisseur de la croûte et la profondeur des racines dans le sol.

Les graines de betteraves allemandes.

On ne saurait trop engager les agriculteurs, les syndicats et surtout leurs fournisseurs de graines de semences à se tenir en garde contre les offres de plus en plus nombreuses de graines qui leur sont faites au nom de producteurs allemands.

En matière de graines, comme en toute autre sorte d'offres émanant des Allemands, on devrait plus que jamais avoir pour devise, un refus absolu. Les cultivateurs devraient laisser aux Parisiens le monopole d'une insouciance coupable, grâce à laquelle plus de 50.000 Allemands vivent largement dans la ville lumière au détriment de leurs concurrents français.

Certes, en matière de graines de semences, les cultivateurs sont payés pour savoir ce que coûtent les graines prétendues à bon marché, tirées d'Italie et d'Allemagne. Mais, aujourd'hui plus que jamais, ils sont exposés à se voir offrir des graines sans valeur par des agents qui, même sans le savoir quelquefois, sont au service de nos ennemis.

Les graines de betteraves sucrières sont exploitées, paraît-il, avec une audace et sur une échelle peu communes dans nos régions sucrières. On a prouvé en vain que nos meilleures maisons du Nord produisaient des graines améliorées de toute première qualité, et égales, sinon supérieures, aux meilleures graines allemandes. Quelques gogos agricoles donnent encore dans les pièges tendus à leur innocence. L'appât du prétendu bon marché a raison de tout ce qui leur reste de bon sens. Un correspondant du *Journal d'agriculture pratique* leur signale un marchand de graines de betteraves allemandes, qui offre au prix de 0 fr. 25 des graines prétendues améliorées, alors que ces graines reviennent, au bas mot, aux producteurs français, à 0 fr. 75 et 0 fr. 80 le kilo.

Cultivateurs, vous êtes avertis, à vous de vous tenir sur vos gardes.

Culture des fèves.

La fève et la féverole sont des espèces de légumineuses, dont la culture est trop peu répandue en France.

La fève est un des aliments les plus profitables pour le bétail et pour les personnes. Elle contient de la matière protéique, plus de la matière grasse et phosphatée au même degré que la viande des animaux. La gousse elle-même et jusqu'aux fanes sont de bonnes matières alimentaires. Mais la farine de la graine est un aliment concentré dont le mélange complète avantageusement ce qui manque aux aliments pauvres.

Enfin, la fève possède, comme les autres légumineuses, la précieuse faculté d'emmagasiner les sels de nitrate autour de ses racines et de laisser une précieuse provision d'azote au sol, pour la récolte de l'année suivante.

L'époque actuelle est la plus convenable pour semer les fèves et les féveroles. Ces légumineuses aiment les terres riches, même un peu marécageuses, mais à la condition de les assainir !

Nous engageons vivement les éleveurs possédant des terres de cette nature, à y donner une place aux fèves et aux féveroles.

Cet avis nous est un peu suggéré par les lignes suivantes publiées dans l'*Echo agricole* :

« Il y a soixante ans, dans le pays, on plantait en fèves, chaque année, le cinquième des terres labourables ; depuis, cet usage a beaucoup varié : la pomme de terre, les pois verts, les haricots et la betterave surtout, l'ont en partie remplacée.

« Aujourd'hui, la betterave ne rendant pas le bénéfice attendu, on recommence à planter la fève, qui avait presque disparu il y a une dizaine d'années.

« Depuis quatre ans elle a rapporté 500 à 600 francs à l'hectare, sans emploi d'engrais dans une culture ordinaire, tandis que la betterave demande 200 francs d'engrais par hectare avec de grands frais de travail et de transport.

« Le blé semé après les fèves, comme celui semé après les betteraves, demande un supplément d'engrais pour avoir une bonne récolte.

« Pour elle, tous les assolements sont convenables, excepté celui des pois verts qui demandent un intervalle de quatre ans d'un produit à l'autre.

« La fève est une des bonnes productions de la terre de notre pays ; elle nourrit les moutons, le cheval, la vache, les porcs, la volaille, elle sert à l'engraissement des bestiaux et donne une chair remarquable et d'un bon goût.

« La fève l'emporte sur l'avoine comme mérite : 35 hectolitres de fèves valent plus de 70 hectolitres d'avoine ; celle-ci détruit la terre et l'amaigrit, tandis que l'autre l'enrichit par les feuilles qui tombent de sa tige et donnent à la terre un agent de fertilité. La paille de fève fait un excellent fumier.

« Elle se plante à la charrue ; une boîte tournante attachée à la charrue, laisse tomber la fève dans le sillon à quatre centimètres environ, selon le désir du cultivateur.

« Les fariniers s'en servent pour faire des farines de force, corrigeant la faiblesse de certaines farines de blé. Pour ce travail, les fèves d'Egypte sont souvent préférées à celles du pays.

« La fève triée choisie se plante fin février et courant mars, aux premiers jours, lorsque la terre en permet le travail.

« T. Dervaux. »

Rappelons à ce sujet que, jadis, M. L. Bignon, l'éminent agriculteur de l'Allier, nous signalait les avantages dus par lui et par ses métayers de Théneville, à la culture des fèves. Une particularité de sa culture que nous signalons, c'est que de rogner les tiges des fèves au mois d'août, à la hauteur de 0 m. 33.

Le bout des tiges donne un aliment excellent aux animaux et la partie inférieure des tiges se couvre de nombreuses branches abondantes en gousses pleines de graines.

On voit par ces faits que la culture des fèves mérite une place plus importante que celle qu'on lui donne dans nos cultures.

HORTICULTURE

Travaux du mois de février.

PLEINE TERRE. — Il n'est plus permis de remettre à plus tard, comme on pouvait le faire au mois précédent, les travaux à exécuter dans les diverses parties du jardin, car c'est le mois pendant lequel tout doit être préparé en vue des semis et plantations à faire en mars, au réveil de la végétation. On fera donc tous les labours des planches, des plates-bandes, corbeilles, et carrés du potager et du fleuriste aussi bien que du jardin fruitier, du moins autant que l'état de la terre le permettra, et en y enfouissant les engrais, fumiers ou autres que peuvent réclamer les cultures.

POTAGER. — Si on dispose d'un mur au midi, on utilisera cette bonne exposition en y semant sur costières ou même à niveau du sol : *Carottes rouge très courte à châssis* et *courte hâtive de Hollande*, *Cerfeuil*, *Laitues Gottes* et *Romaine verte*, *Epinards*, *Chicorée sauvage*, *Oseille*. On y repiquera des *Laitues* et des *Romaines* semées au mois précédent sous châssis.

Si la terre est douce, on plantera en planches : *Ail* et *Echalotes* ; on sèmera *Pois Prince Albert* et *Michaux de Hollande* ou *Caractacus*, *Pois nain hâtif*, *Fève de Marais* et de *Séville*, *Oignons blanc* et *jaune* (plutôt seconde quinzaine), et en pépinière, *Choux Cabus* et *Milans* précoces, *Poireau de Rouen*. Fin février on plantera au pied d'un mur au midi *Pommes de terre Victor* ou *Marjolin* germées de préférence, ce qui avance beaucoup la production ; on les recouvrira d'un peu de paille ou paillassons attachés aux murs d'espaliers. Par les temps humides, on découvrira les *Artichauts* que l'on recouvrira si la gelée reprend.

CULTURE FORCÉE. — Les couches recevront les semis de *Radis*, *Poireau de Rouen* ou de *Carentan*, *Melons*, *Concombres* et *Cornichons*, *Laitues Gottes* et *Romaine grise* ou *verte maraîchère*, *Choufleur hâtif d'Erfurt* ou *Alleaume*, *Chicorée frisée fine d'été*, *Tomate naine hâtive* et *Chemin*, *Tétragone cornue*. Les mêmes couches pourront recevoir les repiquages de *Laitues* et *Romaines* semées précédemment.

On remplacera les griffes usées des *asperges à forcer* par d'autres griffes vieilles qu'on sacrifiera pour cette culture.

Si la terre en plein air était gelée et ne pouvait recevoir de *pommes de terre*, on planterait sur couche et sous châssis de la *Victor* ou de la *Marjolin*, en tubercules germés.

Il ne doit y avoir aucune couche ou cloche, aucun châssis qui ne soit utilisé aux semis et repiquages de saison.

JARDIN D'ORNEMENT. — On doit faire en ce mois la toilette des arbustes en supprimant les brindilles inutiles ou mortes qui les déparent. Eviter toutefois de tailler les arbustes qui fleurissent sur le vieux bois, comme les *Rosiers capucines* et autres *non remontants*, les *Lilas*, *Ribes aureum et sanguineum*, *Spirées*, *Weigelia*, *Seringa*, etc. Après la taille des arbustes autres que ceux dont il vient d'être question, donner une bonne façon au sol des massifs, au moyen de la houe ou du croc dit de Montreuil, puis niveler et épierrer au râteau. Si la terre le permet, on peut, vers la fin du mois, commencer à rafraîchir les bordures de *Gazon turc*, d'*Œillet Mignardise*, de *Pyrèthre gazonnant*, d'*Aubriétia*, de *Campanula Carpathica*, etc. ; repiquer les plants de plantes vivaces semées au printemps dernier, et diviser les souches ou touffes de celles devenues trop fortes. Quant aux semis de fleurs de pleine terre, la meilleure époque pour la plupart des espèces est le mois de mars ; cependant si le temps est propice, on se trouvera bien de confier à la terre, mais à bonne exposition au midi et en place, des graines de *Bleuet* ou *Barbeau varié*, *Adonide goutte de sang*, *Coquelicot double*,

Coréopsis élégant et nain, *Gilias divers*, *Pavot double*, *Pied d'alouette*, *Pois de Senteur*, *Souci*, *Thlaspi*, qui fleuriront ainsi de bonne heure.

Planter en petits pots ou godets, pour les avancer, des bulbes de *Montbretia* et les enterrer au pied d'un mur au midi ou sous châssis froid; mettre sous châssis et en pots *Amaryllis formosissima* ou *Lis Saint-Jacques*, *Amorphophallus Rivieri*, *Glaïeuls Gandavensis*, *Jacinthes du Cap*, *Lilium Harrisii*, *Tubéreuses doubles*, *Muguet de Mai*, *Nœgelias*.

Préparer le terrain en vue des ensemencements de gazon à faire au mois de mars. Un très léger labour (un demifer de bêche suffit pour ce travail) sera donné aux gazons à retourner : on sait que les labours profonds pour les gazons sont plutôt nuisibles qu'utiles, parce qu'ils ramènent à la surface les semences et racines de mauvaises herbes qui envahissent le terrain après le semis.

Serres et Orangeries. — L'aération des serres doit être une des préoccupations du jardinier pendant tout ce mois : le soleil prenant plus de force et le temps devenant parfois plus doux, il est indispensable de laisser pénétrer l'air le plus possible pour éviter la pourriture des plantes d'une végétation peu active. Ces dernières seront pour la même raison fort peu arrosées; par contre, on donnera de fréquents arrosages quoique modérés à celles qui seront en fleurs.

Jardin fruitier. — Planter tous les arbres fruitiers qu'on n'a pu mettre en place à l'automne, et s'occuper de leur taille. Labourer et fumer en n'employant, surtout au pied des arbres, que des engrais faits ou consommés. On recommande beaucoup l'emploi des engrais calcaires, les plâtres ou plâtras réduits en poudre mélangés aux détritus de gazons décomposés, que l'on enterre au pied des arbres dans les premiers jours de février, principalement pour les arbres à fruits à noyaux et dans les terrains siliceux ou légers.

Commencer la taille de la *Vigne* vers la fin de février.

(*Syndicat de Saint-Fiacre.*)

Emploi des paillis en horticulture.

M. Petit, chef du Laboratoire des recherches à l'Ecole d'horticulture de Versailles, a publié dans le *Journal d'agriculture pratique*, les conseils suivants sur l'emploi des paillis.

On sait que l'influence du paillis est multiple.

Au point de vue de la température, il intercepte les rayons solaires et retarde l'échauffement du sol avec d'autant plus d'intensité qu'il est plus épais.

Il influe sur l'humidité du sol. La vapeur d'eau qui se forme à la surface de la terre s'y maintient grâce au paillis. Puis le paillis aide à l'ameublissement du sol qui assure le succès des cultures. Il empêche la terre de se durcir et de s'agglomérer sous l'influence des arrosages répétés, ce qui est très important pour la culture maraîchère.

Mais il résulte de ces réflexions que l'emploi du paillis est désavantageux au printemps puisqu'il empêche la terre de se réchauffer. Une culture de Romaine grise maraîchère a donné, à l'are, sans paillis, 637 kil. 40, et, avec paillis, 536 kil. 70.

Le jardinier ne doit donc pas recourir trop tôt au paillis et l'emploi doit en être d'autant plus différé que la température générale se maintient plus froide.

La récolte augmentera, au contraire, par l'application des paillis lorsqu'on avancera en saison et que le sol tendra à s'échauffer. Ils économiseront, en effet, la réserve d'eau du sol au profit de la végétation.

Seulement, à la longue, la sécheresse pénétrant plus profondément, le sol se dessèche sous le paillis et l'évaporation qui vient de la couche humide profonde ne se fait plus. Il faut donc que des arrosages viennent restituer l'humidité aux couches supérieures du sol et le paillis reprendra tous ses bons effets.

La conclusion est donc que le paillis ne fournit une augmentation notable de récolte pendant l'été que si l'on arrose ou si la sécheresse n'est pas persistante et l'avantage de son emploi doit être attribué, non seulement à l'affaiblissement de l'évaporation, mais encore au maintien de l'ameublissement du sol.

VITICULTURE

Lutte contre le phylloxera.

La peur du blackrot sévit à l'état si aigu, qu'elle relègue au second plan la peur du phylloxera qui, pourtant, a toujours droit à l'attention des viticulteurs, car ces deux fléaux sont suspendus à la fois sur leurs têtes.

Pour le moment actuel, les vignes menacées du phylloxera n'ont pas de meilleur spécifique à recevoir que les applications du procédé de M. de Mety, consistant à entourer le collet de chaque cep d'un collier de tourbe imbibé un mois d'avance de pétrole brut.

Nous n'avons eu connaissance jusqu'à ce jour d'aucun procédé qui ait donné de meilleurs résultats.

Le blackrot dans la Gironde.

On sait qu'à la suite des terribles ravages de ce parasite, les viticulteurs de la Gironde et du Sud-Ouest ont fait étudier par des commissions composées de savants et de praticiens, les moyens de combattre le fléau. Nous avons tenu de notre mieux nos lecteurs au courant des essais tentés dans ce but.

A l'heure actuelle, nous nous faisons un devoir de leur signaler l'instruction donnée à cet effet aux viticulteurs bordelais par M. Richier au nom de la commission chargée de cette mission.

La commission, dit M. Richer, s'inspirant des communications qui lui ont été faites, en dégage le programme de recherches suivant :

Choisir pour les essais quatre localités viticoles différant de sols, de cépages, et y appliquer à degrés divers les bouillies cupriques, bordelaises, bourguignonnes, hydrocarbonate de cuivre gélatineux, verdet, le tout à des époques et dans des proportions diverses.

Alterner les applications de liquides avec celles des poudres, soufre sublimé, chaux, sulfotéatite sulfate de cuivre, même poussière ordinaire.

Les résultats de tous ces essais ont été signalés à la Société d'agriculture de la Gironde ; elle met à la disposition des essayeurs une allocation de 250 francs.

La somme, on le pense bien, serait facilement doublée et triplée par des souscriptions personnelles si les essais qui commencent aujourd'hui, promettaient un succès qui, malheureusement, n'a point encore été assez complet pour renoncer à en chercher d'autre.

En attendant, nos lecteurs viticulteurs, qui se croient menacés du blackrot, n'ont rien de mieux à faire, croyons-nous, que de donner dès aujourd'hui une première application au pied des ceps d'un des liquides indiqués par la commission bordelaise. Ne pas oublier qu'un point essentiel est d'agir de bonne heure.

Si quelqu'un parmi eux trouve mieux, nous le prions de nous en faire part ; en pareil cas la fraternité entre tous est un devoir sacré pour tout honnête homme.

Emploi de la bouillie bordelaise pour les verveines et les rosiers.

Le chef-jardinier de la ferme-école de Puilboreau (Charente-Inférieure) recommande les badigeonnages de bouillie bordelaise à la dose de 2 p. 100 de sulfate de cuivre sur les verveines atteintes d'une maladie qui ressemble au mildiou; de même sur les rosiers, au printemps, lorsque les feuilles sont couvertes d'une sorte de moisissure blanchâtre.

La bouillie bordelaise en aspersions détruit les larves du criocère qui attaque les asperges, à la condition de ne pas opérer à la rosée, et aussi la plupart des pucerons, à l'exception du puceron lanigère.

Le Journal **Le Meunier**, de Bruxelles, offre une médaille d'or à l'inventeur du meilleur procédé débarrassant automatiquement le blé du charançon.

La Science Française

Rédacteur en chef : Emile Gautier.

Nous signalons à nos lecteurs le journal *La Science Française* dirigée par M. Emile Gautier, le savant chroniqueur du *Figaro* et du *Petit Journal.*

La *Science Française*, écrite avec la plus grande indépendance, tient ses lecteurs au courant de tous les progrès scientifiques et industriels.

Ce journal scientifique hebdomadaire de 16 pages contient de nombreuses gravures

Abonnement : un an, **8** francs ; six mois, 4 francs.

Envoi d'un numéro spécimen sur demande.

Administration : 90, boulevard Montparnasse, Paris.

OFFRES ET DEMANDES

JEUNE HOMME ayant diplôme d'École pratique d'agriculture demande emploi dans grande exploitation pour se fortifier dans la pratique. Pas exigeant comme gages.

S'adresser au bureau en journal.

Avoine dite Garton, de provenance anglaise, sorte nouvelle favorite en France, à grands rendements culturaux, 24 fr. les 100 kilos sur wagon Dunkerque sacs perdus, droits d'entrée en plus.

Avoine noire Tartare supérieure, provenance anglaise, très productive, très beau grain 24 fr. 50 les 100 kilos sur wagon Dunkerque sacs perdus, droits d'entrée en plus. Les droits d'entrée sont de 3 fr. aux 100 kilos. S'adresser à MM. Nocq et Masse, importateurs à Noyon (Oise).

Avoine grise de Beauce pour semence extra 1er choix, 21 francs les 100 kilos.

Au-dessus de 10 0 kilos 20 francs les 100 kilos. logés gare Nangis (Seine-et-Marne.)

S'adresser à M. E. Leclert, agriculteur à Bois-Garnier, par Jouy-le-Châtel (Seine-et-Marne).

Pommes de terre de semence : *Géante bleu, Asparie, Annibal, de Paulsen; Impérator de Richter*, espèces très résistantes et très productives.

Pureté d'origine garantie.

70 francs les 1000 kilos.

S'adresser : M. de La Vigerie, à Montbron (Charente).

On demande à acheter pour la place de Paris plusieurs lots de blés pour la meunerie, avoine de consommation, seigle et sarrasin, pailles et fourrages. Adresser échantillons et prix à M. Périnaud-Gérard, 6, rue de Marseille (Paris).

Ancien Industriel ayant possédé usine importante, fait valoir plusieurs Fermes et Bois de haute futaie. Désire se placer comme intendant-régisseur. Nous recommandons spécialement cette personne qui a de grandes connaissances techniques à possesseur de grand domaine. Écrire au bureau du journal.

On offre : **Trèfle violet bien récolté**, garanti pur et exempt de cuscute, au prix de 1 fr. 20 le kilo, pris à Vittel (Vosges) gare départ.

S'adresser à M. Émile Morel, propriétaire à Vittel (Vosges).

Huiles d'olive garanties pures et sans mélange venant directement de la propriété.

Au prix de 1,80, — 1,60, — 1,50 le kilog. suivant qualité.

Gare départ, paiement contre remboursement. S'adresser à M. Édouard Laurin, propriétaire à Saint-Chamas (Bouches-du-Rhône).

Pommes de terre sélectionnées pour semence : Paulson, Athènes, Idaho, Canada, Hollande, Marjolin, *Géante Franco-Russe*, la plus productive de toutes.

Livrable par quantité minima de 50 kilos S'adresser au bureau du journal.

Prix : Géante Franco-Russe, 14 francs les 100 kilos ; Paulsen, Athènes, Idaho, Canada, Hollande, 12 francs les 100 kilos ; Marjolin un peu germée, 2 fr. 50 les 5 kilos franco toute gare de France.

Agriculteur, ancien régisseur de grandes propriétés, demande direction d'un domaine en France ou colonies. Excellentes références.

GRAND CRU MÉNARDIÈRE. Cidre normand pur jus, 15 fr. l'hecto non logé.

Eau-de-vie de cidre garantie pure : 3 fr. le litre.

SASSIER, propriétaire. La Colombe (Manche)

La culture électrique, par M. C. Créapeaux . . . . 1 »

Purificateur d'air pour tonneaux, l'un 4 50 franco gare.

Moyennant un supplément de 0 fr. 40, nous joindrons à l'envoi une mèche à percer de calibre et moyennant 0 fr. 10 en plus, une mèche soufrée.

CORRESPONDANCE

M. J. T. à R., *(Aube)*. — La meilleure compagnie d'assurance sur les accidents pour les ouvriers agricoles, domestiques de culture, etc. est la compagnie l'*Urbaine*, 8, rue Le Peletier, Paris. Veuillez vous y adresser de notre part.

M. G. M., château du V. (Aude). — Les listes électorales sont closes pour le moment, il faut six mois de résidence, ce sera pour l'année prochaine. Veiller à les faire inscrire au moment opportun.

M. C. H. à Saint-M. de B. M. (Savoie). — Pour vous procurer les adresses dont vous avez besoin à Chambéry et à Grenoble, vous les trouverez sur le *Bottin*.

M. le Comte de B. de L., château de L. (Yonne). — Pour vos prés humides, où les herbes marécageuses se sont développées par la négligence de votre fermier, le meilleur engrais à employer sont les *scories de déphosphoration à haute dose : deux mille kilos à l'hectare*, à employer de suite ; par la chaux et l'acide phosphorique qu'elles contiennent et vu leur bas prix, les bonnes herbes reviendront dans votre prairie. Ajouter à cet amendement quatre cents kilos de chlorure de potassium à l'hectare.

Faire couper à la faux tous les joncs et carexs avant de répandre l'engrais.

Nous pouvons vous faire fournir les scories garanties pures et sans mélange, à un prix exceptionnel de bon marché.

Un amateur. — Nous ne connaissons pas d'ouvrage traitant de la reliure des livres ; nous avons fait des recherches chez les principaux libraires de Paris, elles ont été infructueuses.

M. G. de P. château d'E. (Pas-de-Calais)), Nous n'avons pas retrouvé la variété de pommes de terre dont vous parlez.

Après la Hollande et la saucisse de Bourgogne, une bonne pomme de terre que nous vous conseillons est la variété *Institut de Beauvais*.

M. E. D., à R. (Seine-et-Marne). — Sur fumure de 30.000 kilos de fumier à l'hectare, en ajoutant 500 kilos de *phosphate de Quiévy* et 200 kilos de nitrate de soude, en vue de la culture de la betterave à sucre, vous êtes certain d'obtenir un bon résultat. Le phosphate de Quiévy a 83 0/0 d'assimilabilité de suite. Le semer aussitôt le dernier labour à la herse ou au scarificateur. Mettre le nitrate en deux fois : 100 kilos au semis, 100 kilos au démariage.

PRIMES A NOS ABONNÉS

PRIMES DE PRINTEMPS

Nous informons nos lecteurs que toutes les primes annoncées jusqu'à présent sont épuisées, à l'exception de celles que nous continuons à annoncer.

Nous serons obligés de retourner l'argent accompagnant les ordres de primes épuisées.

Prochainement, comme les années précédentes nous offrirons à nos aimables lectrices des primes de graines.

Huîtres fraîches d'Arcachon et de Marennes, colis postaux, 5 kilos contenant :

100 huîtres blanches		4 25
70 — plus grosses		4 80
100 — vertes		5 60
70 — plus grosses		5 60

Franco de port et d'emballage en gare ou à domicile. *Adresser les ordres* accompagnés de la bande du journal et d'un mandat à MM. J. LAPIERRE et J. GOUBET à Andernos (Gironde).

Délicieux **Vin Muscat Vieux** tonique et réconfortant venant directement de la propriété, garanti authentique, offert en prime à nos abonnés à raison de 1 fr. 25 le litre logé en fûts de 25 à 35 litres. Fûts perdus.

Adresser les commandes au Bureau du Journal 10 *bis*, rue Piccini, Paris.

Si vous voulez boire du bon vin de Saint-Émilion, adressez-vous à M. **Duplessis-Fourcaud**, au château des Trois-Moulins, à SAINT-EMILION (Gironde).

(Voir le prix courant.)

Montre Remontoir, boîte métal nickelé, cuvette nickelée, 18 lignes ou 50 millimètres, cadran émail à secondes, aiguilles Louis XV, système à rochet, échappement-cylindre, 4 rubis. Prix 15 fr. 50 franco de port et d'emballage.

Le même article se fait en modèle réduit pour jeunes gens au même prix et pour dames avec augmentation de 2 francs.

Montre Remontoir, acier oxydé inaltérable cuvette acier oxyé 18 lignes, système perfectionné, calibre revolver, cylindre 8 rubis, cadran émail à secondes, prix 20 francs, franco de port et d'emballage.

Le même article se fait en modèle réduit, pour jeunes gens au même prix, et pour dames avec augmentation de 2 francs.

Baromètre nickel, fabrication française très soignée, système perfectionné. Prix 12 francs.

Baromètre « Bois sculpté Masson, » très décoratif, fabrication française, système perfectionné. Prix 22 fr. 50.

Envoyer les demandes accompagnées d'un mandat d'égale somme, au Bureau du Journal, 10 bis, rue Piccini, Paris.

Vélocipèdes. — Pour répondre aux désirs maintes fois exprimés par nos lecteurs, nous nous sommes livrés à de sérieuses recherches. Nous avons visité les principales usines et pris l'avis d'amateurs de cet instrument. Nous sommes aujourd'hui en mesure de procurer à nos lecteurs, à titre de prime exceptionnelle, des machines parfaites à tous égards provenant d'un des meilleurs fabricants.

Nos abonnés auront droit à une remise de 50 0/0 sur les prix du catalogue de cette maison.

Nous ne disposons que d'un très petit nombre d'instruments dans ces conditions.

Le Gérant: E. GAMBART.

IMP. NOIZETTE ET Cie, 3, RUE CAMPAGNE-1re, PARIS.

PARIS

GRANDS MAGASINS DU

Printemps

NOUVEAUTES

Nous prions les Dames qui n'auraient pas encore reçu notre Catalogue général illustré « **Saison d'Été** », d'en faire la demande à

MM. JULES JALUZOT & Cⁱᵉ, PARIS

L'envoi leur en sera fait aussitôt **gratis et franco.**

Bon Vin de Champagne

DE LA MARNE

Garanti authentique venant de la Propriété
Très belle mousse.

livrable par panier de 12 à 25 bouteilles au prix de **2 fr. 50** la bouteille, emballage compris. Droits et transports à la charge de l'acquéreur.

S'adresser à **M. Adolphe CARRÉ**, *propriétaire à* **Trépail**, *par* **Véry** *(Marne).*

FROMENTINE

Marque déposée B. S.G.D.G.

Produit pour l'alimentation économique, saine et rationnelle du bétail, provenant en grande partie des issues de la mouture de blé.

DIVERSES MARQUES

Demander celle en raison du but poursuivi

Marque A pour l'engraissement égal à celui du tourteau de lin, le remplacement de l'avoine, production d'un lait de qualité supérieure.

Marque B pour le bon entretien du bétail.

Marque J développement rapide des jeunes bêtes.

Marque L surproduction du lait.

Marque E engraissement rapide.

Ecrire à M. Armand MILLOT

Moulins Saint-Martin

Saint-Quentin (Aisne).

Le moment favorable au transport des vins étant revenu, nous rappelons à nos lecteurs que tous ceux d'entre eux qui, sur nos conseils, et depuis cinq ans, consomment les vins de M. Vincent Ardura, vigneron, domaine de la Chapelle-Frédignac, par Blaye-Bordeaux n'ont qu'à se louer de la qualité et de la conservation de ce Bordeaux absolument naturel, expédié sans intermédiaire.

Pour dégustation sérieuse, envoi gratuit est fait d'une bouteille de la récolte désignée.

L'encaissement est fait par le facteur, à 30 jours, escompte 2 0/0, ou 90 jours.

Vendanges : 1893, à 130 fr., 1892-91, à 150 fr.; 1890-89, à 175 fr., 1887, à 200 fr., 1885, à 220 fr., 1884 ,à 240 fr., 1882, à 250 fr., 1881, à 300 fr. — Graves blancs vieux : 130, 150, 200, 250, 300 fr., suivant âge, les 225 litres collés, soutirés, franco de port et de fût en gare d'arrivée.

MALADIES DU BÉTAIL

ET DE LA VOLAILLE

Leur traitement préventif et curatif

PAR L'ACIDE SALICYLIQUE

L'acide salicylique, employé dans la nourriture à la dose de 1/2 à 1 gramme par jour et par tête de bétail, est le meilleur préservatif des maladies qui procèdent par contagion : Sang de rate, Cocotte, Maladie aphteuse, Erysipèle, Typhus, Morve, Variole et le Rouget des porcs, etc.

Des attestations nombreuses de guérisons obtenues pour la Cocotte et le Rouget des porcs ont été reproduites dans le journal *l'Agriculture.*

La désinfection des étables, des écuries, se fait instantanément au moyen d'un arrosage d'eau salicylée à 2 grammes par litre.

S'adresser à M. CERCKEL, administrateur de la *Compagnie de produits antiseptiques*, 26, rue Bergère, Paris.

Envoi sur demande de Prospectus et Brochures.

PRIX DU KIL., 25 fr. BOITE DE MÉNAGE, 2 fr.

Etablissement Glaser

AVENUE NIEL, 9, PARIS

LOCATION DE CHEVAUX

de Selle et d'Attelage

pour les Chasses, la Promenade, la Campagne

PENSION DE CHEVAUX

en Boxes et Stalles.

VIN DE BOURGOGNE

Ferme de l'Hospice de Beaune.
Domaine de MEURSAULT

VINS FINS   GRANDS ORDINAIRES, ORDINAIRES
Rouges et Blancs

Concours Général agricole de Paris 1895

MÉDAILLE d'or pour vins rouges
MÉDAILLE d'argent pour vins blancs

EAU-DE-VIE DE MARC

JOBART MUTHELET, Fermier depuis 1877

SELS POUR L'AGRICULTURE

Nourriture du bétail et Engrais des terres

Sel neuf dénaturé, au tourteau de colza. 45 f. 1.000 k.
Sel neuf dénaturé, au peroxyde de fer, 40 f. 1.000 k.
Sel de morue pur. . . . . 35 f. 1.000 k.

Expéditions de Fécamp, Bordeaux et St-Malo.

S'adresser à MM. A LE BORGNE et ses Fils, négociants-armateurs, à Fécamp.

VINS

DE SAINT-ÉMILION

Vins classés, de 800 à 250 francs la barrique de 225 litres. — Moitié prix pour la barrique de 112 litres.

Vins grands ordinaires, de 140, 125, 105, 100 francs la barrique — 80, 75, 70, 65, 58, 55 francs, la demi-barrique. — Rendu *franco* en gare et régie, sauf octroi.

Adresser commandes à M. DUPLESSIS-FOURCAUD, à Saint-Émilion. — Envoi de prix courants et échantillons sur demande affranchie.

Médailles d'Or, Paris, 1867 et 1889 — Moscou 1891 — Besançon, Montluçon, Royan, etc.

GRANDS RABAIS

POUR LIVRAISONS SUR LES MOIS D'HIVER

Engrais de l'Usine municipale de la Voirie de Bondy

TOURTEAUX ORGANIQUES
MOULUS

Dosage : 1.50 à 2.º/₀ d'azote et 4 à 5 º/₀ d'acide phosphorique.

S'ADRESSER AU

Comptoir Agricole et Commercial

9, RUE NOUVELLE, 9, A PARIS

BARATTES, MALAXEURS, LISSEUSES SIMON

pr Laiteries, Beurreries, etc. Matériel complet pr fabrⁱᵒⁿ et exportⁿ des Beurres et Fromages

SIMON et ses FILS, Constructeurs-Mécaniciens-Fondeurs à **Cherbourg**

MÉDAILLE D'OR, PARIS 1889

GUIDE PRATIQUE de la Production et de la Fabrication des Cidres et Poirés envoyé gratis et fco

BROYEURS et PRESSOIRS SIMON Pour Pommes, Poires, Raisins etc. Matériel complet pour cidreries et vinification.

MANÈGES de toutes forces   *Envoi franco du Catalogue*

Avis à Messieurs les Cultivateurs et aux Fabricants de sucre.

La graine authentique *Fouquier d'Hérouël* est *toujours* facturée par la maison qui confirme à bref délai les commandes.

Les envois sont faits *directement* aux acheteurs en sacs plombés au nom « Fouquier d'Hérouël, à Vaux-sous-Laon. »

Il n'existe aucun dépositaire.

M. RECOURAT, pharmacien à Beauvais.

Gale des moutons guérie radicalement par *une seule application* de l'ANTIPSORIQUE.

La bouteille, 3 fr. ; la 1/2 bouteille, 1 fr. 75.

Guérison du PIÉTIN par *un seul pansement* avec le CONTRE-PIÉTIN-RECOURAT.

Le pot d'essai, 1 fr. 50 ; le pot, 2 fr. 50.

Joindre 0 fr. 60 pour recevoir *franco* et indiquer gare.

CHEVAUX BOITEUX

Guérison par le spécifique BORNET

Contre Capelets, Mollettes, Vessigons, Éponges, Exostoses, Suros, Éparvins et les Formes à leur début. *(Il s'applique également à toutes les tares molles et osseuses.)*

PRÉPARÉ PAR **A. BORNET**
Pharmacien de 1re classe, ex-interne et lauréat des hôpitaux.

19, rue de Bourgogne, PARIS.

Le flacon, 5 fr., à la pharmacie ; en gare par colis postal, 6 fr. contre mandat.

PHOSPHATE FOSSILE DE QUIÉVY-NORD

le plus assimilable de tous les phosphate connus

GARANTI PUR DE MÉLANGE AVEC TOUT AUTRE PHOSPHATE
Ce qui, du reste, ne pourrait que diminuer son assimilabilité.

EXTRACTION DU GISEMENT ET USINE A QUIÉVY

Propriétaire-Extracteur : C. LECLERCQ
Bureaux à Viesly (Nord).

COMPOSITION MOYENNE		ASSIMILABILITÉ RELATIVE (méth. Joulle).
		Solubilité dans l'oxalate d'ammoniaque.
Acide phosphorique....	12 » à 16 » 0/0	Phosphate de Quiévy....... 82 29 0/0
Potasse	0 45 à 2 77 0/0	— de la Meuse...... 51 95 0/0
Chaux............	19 05 à 31 » 0/0	— de Pernes........ 47 87 0/0
Magnésie.........	0 58 à 3 80 0/0	— des Ardennes...... 46 43 0/0
Matières organiques azotées .	1 80 à 3 45 0/0	— de la Somme (moy.).. 44 53 0/0
		— de Cíply........ 34 57 0/0

Titre garanti en acide phosphorique : **13 à 15 0/0.**

LIVRAISON : EN POUDRE IMPALPABLE EN SACS PLOMBÉS, MIS SUR WAGON GARE **QUIÉVY-en-CAMBRÉSIS**
Prix : **3 fr. 80** les 100 kilos, sacs perdus, 30 jours, 2 0/0 ou 90 jours net.

NOTA. — Les acheteurs qui désirent employer le **véritable Phosphate de Quiévy** pur et garanti d'origine doivent exiger que les sacs portent la Marque (Au Poisson fossile) et la Firme **C. LECLERCQ,** seul exploitant à Quiévy (Nord).

MACHINES
AGRICOLES, VINICOLES et VITICOLES
TH. PILTER

24, Rue Alibert, PARIS

SUCCURSALES :
Bordeaux, Toulouse, Marseille, Montpellier, Tunis

Les lecteurs de la **Gazette** désireux de recevoir les Catalogues de la maison TH. PILTER dès leur publication, sont priés d'écrire 24, rue Alibert, Paris, afin de se faire inscrire.

FOURNEAUX DE CUISINE
de toutes espèces
Maisons particulières, Hôtels, Châteaux et Fermes, Hospices, Hôpitaux, Collèges, Pensions, etc.
ENVOI FRANCO DE CATALOGUES
Maison DELAROCHE aîné
22, rue Bertrand, PARIS

MAISON
Ferdinand et Arnould LEMAIRE
ARNOULD LEMAIRE SUCCESSEUR

CULTURE DE MILLE HECTARES
Laboratoire de chimie pour l'analyse des porte-graines

SPÉCIALITÉ DE GRAINES DE BETTERAVES RICHES EN SUCRE

Ces graines sont garanties sur factures franches d'espèces, de pureté normale et de bonne germination.

S'adresser pour les Commandes à M. **A. LEMAIRE,** *producteur*
CHATEAU DES MARETZ près Reims (Marne)

Eugène de MASQUARD

PROPRIÉTAIRE-VITICULTEUR, Château de la Cascade
SAINT-CÉSAIRE-LES-NIMES (Gard)

Vins garantis naturels, rouges et blancs, depuis 60 fr. la pièce de 220 litres jusqu'à 100 francs, selon qualité, prise en gare de St-Césaire (Gard), fût perdu

Ces vins ont été médaillés à toutes les expositions où ils ont figuré.

Récoltés sur des coteaux et des terrains secs, les vins de Saint-Césaire, l'un des meilleurs crus du Gard, se conservent parfaitement sans être plâtrés

Envoi franco de prix courants et échantillons

MÊME RAISON SOCIALE DEPUIS 1781
Expos. Universelle 1889 : 3 Grands Prix, 3 Méd. d'Or

VILMORIN-ANDRIEUX, O.✳.✳ & Cⁱᵉ

4, Quai de la Mégisserie, PARIS

CULTURE SÉLECTIONNÉE & VENTE
de TOUTES GRAINES de SEMENCES

Gros & Détail. — Catalogues gratuits aux lecteurs de la Gazette.

L'ENGRAIS AMIÉNOIS

FUMURE ORGANICO-CHIMIQUE

*pouvant être employée seule
ou comme complément de fumier de ferme*

RENDEMENTS SUPÉRIEURS, AMÉLIORATION du SOL

Mixte et très complet, cet engrais convient à tous les terrains; il est approprié, sous divers numéros, à toutes les plantes.

**TITRAGES GARANTIS SUR FACTURES
ET FACILITÉS DE PAIEMENT**

Envoi franco du prospectus sur demande affranchie
Adressée à **M Elisée LEFEBVRE**
route de Rouen. 121, AMIENS.

LYSOL

**Le plus puissant
anticryptogamique & parasiticide**

Complètement soluble dans l'eau
Le meilleur marché.

Assainissement & désinfection certaine de tous locaux.

Employé avec plein succès contre le mildew, l'oïdium, la pyrale, etc., et tous les parasites des arbres fruitiers, fleurs, légumes, etc.

SOCIÉTÉ FRANÇAISE DU LYSOL
22 & 24, place Vendôme, 24 & 22
PARIS

Porte-Pantalon Hygiénique breveté S. G. D. G. de P.-B. NOËL

Le **PORTE-PANTALON** est établi d'après les **règles de la mécanique.** Il maintient le pantalon en le prenant à son *axe de gravité latéral* et pivote à son point d'attache avec lui. Au lieu de contrecarrer les mouvements du corps, comme le fait la bretelle, il les accompagne sans les gêner d'aucune façon, A LA CONDITION ESSENTIELLE QUE LE PANTALON SOIT TRÈS LIBRE A LA CEINTURE,

Comme l'indique la figure ci-contre, il est formé de deux emmanchures qui contournent les épaules ; l'écartement en est maintenu par derrière seulement au moyen d'une traverse formant empiècement, sous le bras, par une seule branche porte-mousqueton d'où partent trois pattes dont celle du milieu se fixe sur le bouton placé sur la couture du pantalon centre de gravité ; les deux autres pattes sont montées en glissières et forment le demi-cercle, permettant tous les mouvements du corps, qui peut se porter en tous sens, sans qu'aucune gêne puisse en surgir. Les boutons de ces deux pattes glissières doivent être fixés en avant et en arrière, de manière à obtenir un tirage nécessaire pour maintenir le devant et le derrière du pantalon dans la position normale.

Pour les personnes d'une obésité plus ou moins prononcée, éloigner proportionnellement le bouton de devant de celui du centre de gravité latéral et rapprocher d'autant celui de derrière.

Le **PORTE-PANTALON** est indispensable à l'homme de bureau, au cavalier, aux jeunes gens dans les lycées, aux jeunes filles dans les pensions, au vélocipédiste, au militaire auquel il permet tout exercice, le pas de course, même la gymnastique sans être gêné dans ses mouvements, à l'ouvrier de l'usine, au faucheur, au terrassier, etc. Il est rendu inusable pour deux causes : la première parce qu'il ne fatigue pas en son emploi, la deuxième par la qualité du tissu *sans élastique*, des organes et de sa bonne fabrication. La disposition d'attache protège le pantalon qui est rendu libre et ne peut pas même pas prendre la forme du genou.

Le **PORTE-JUPON** remplace très avantageusement le corset en ce qui concerne le soutien auquel la femme est habituée ; mais de plus, les jupons n'étant pas serrés à la taille, la personne éprouve le bien-être du corset, tout en se sentant libre comme dans une robe de chambre. Elle vaque à son travail avec pleine liberté du corps. — **LES MESURES** doivent être prises comme pour homme.

Pour les jeunes gens et fillettes, bien surveiller la croissance ; avec ce système on la conduit à son gré, comme le pépiniériste ses arbres, et sans gêne aucune pour la personne ; au contraire elle éprouvera un bien-être continu.

PRIX DE FAVEUR POUR NOS LECTEURS. — **Pour hommes, jeunes gens et enfants de 10 ans, prix franco 4 fr.; pour femmes et fillettes, 4 fr. 50. Nous exécutons sur commande sans augmentation de prix.**

Pour les articles de luxe, également sur commande à partir de 8 fr.

Toute commande doit être strictement accompagnée d'un mandat-poste représentant la valeur de l'expédition

POUR LES COMMANDES PAR CORRESPONDANCE, on doit donner les mesures suivantes (voir la figure) :

AA. Largeur des épaules, prises d'un point à l'autre. — BB. Contour de l'épaule en passant sur la pointe et contournant le bras.
CC. Distance du dessous de bras au bouton placé sur la couture du pantalon, centre de gravité.

P. MARCHAND Frères

à DUNKERQUE (Nord)

FABRIQUE SPÉCIALE DE TOURTEAUX

DE COTON DE GRAINES D'EGYPTE

pour Nourriture et Engraissement du Bétail

GRAND PRIX A L'EXPOSITION UNIVERSELLE 1889

Nous appelons l'attention des nourrisseurs et des éleveurs sur les tourteaux de **Coton** de graines d'Egypte. C'est un produit excellent pour les vaches laitières, les bœufs à l'engrais et les moutons. — Nos tourteaux de **Coton** sont complètement débarrassés de la bourre qui enveloppe la graine et contiennent la même quantité de matières nutritives et grasses que les meilleurs tourteaux de lin. — Nos tourteaux de **Coton** forment l'aliment le meilleur et le plus avantageux en raison de leur prix excessivement bas.

S'adresser pour Renseignements et Prix à MM. P. MARCHAND Frères, à Dunkerque (Nord), ou à leurs Représentants.

ANEMIE CHLOROSE, FAIBLESSE Guéries par le VRAI FER QUEVENNE
Seul approuvé p^r l'Académie de Médecine, Paris,14,r.Beaux-Arts,not.os.

ENGRAIS CHIMIQUES
DES
MANUFACTURES DE SAINT-GOBAIN

USINES
A
PARIS-AUBERVILLIERS
CHAUNY (Aisne)
MONTLUÇON (Allier)
MARENNeS (Charente-Inférieure)
LE PONTET (Vaucluse)
SAINT-FONS près Lyon (Rhône)
CETTE-BALARUC (Hérault)
MONTARGIS (Loiret)

EMBALLAGES MARQUÉS ET PLOMBÉS — DOSAGES GARANTIS

PRODUCTION ANNUELLE : 300.000.000 DE KILOS

Tout acheteur d'engrais qui n'exige pas, au sujet des dosages en éléments assimilables, une garantie formelle et qui ne la fait pas contrôler par l'analyse, ne nuit pas seulement à ses propres intérêts, il encourage la fraude, et, la laissant impunie, il compromet les intérêts généraux de l'agriculture.

SUPERPHOSPHATES DE CHAUX

ENGRAIS COMPLET DE SAINT-GOBAIN
Efficacité éprouvée dans tous les sols et toutes les cultures

SULFATE DE FER

SULFATE DE POTASSE

SULFATE D'AMMONIAQUE

ENGRAIS COMPOSÉS
Suivant les convenances des acheteurs

Adresser les ordres ou les demandes de renseignements à la Direction commerciale des
PRODUITS CHIMIQUES DE SAINT-GOBAIN
9, RUE SAINTE-CÉCILE, PARIS
ou aux Agents de la Compagnie de Saint-Gobain
dans les villes principales du Centre et du Midi.

SCHNEIDER ET Cie
PHOSPHATES METALLURGIQUES
(scories de déphosphoration), des Aciéries du Creusot
ENGRAIS PHOSPHATÉ
pour Céréales, Prairies, Vignes, Betteraves, Pommes de terre, etc.

L'emploi de ces phosphates a été particulièrement recommandé dans ces derniers temps par les agronomes les plus distingués. Il permet, en raison du bas prix de ce produit, de faire apport au sol de doses considérables d'acide phosphorique.
Les phosphates métallurgiques du Creusot sont livrés moulus finement et tamisés.
Pour renseignements, s'adresser à MM. SCHNEIDER et Cie, au Creusot (Saône-et-Loire).

GRAINES FOURRAGÈRES
POUR PRAIRIES PERMANENTES & TEMPORAIRES

Luzerne de Provence extra...	135 fr.
— de Provence 1er choix.	125 —
— de pays extra.....	120 —
— de pays 1er choix ...	110 —
Minette de Beauce........	40 —
Sainfoin à deux coupes, ...	40 —
Trèfle violet	100 —
Vesce de printemps, de pays.	22 —
Maïs Caragua, dent de cheval.	21 —

Le tout aux 100 kilos, logés, Paris

MÉLANGE SPÉCIAL POUR PRAIRIES PERMANENTES
composé selon la nature du sol, 65 kilos à l'hectare
Prix : 90 fr.

Adresser les commandes à **BIROT Henri**, cultivateur grainier,
19, r. de Viarmes (Bourse de Commerce), Paris.

ALIMENTATION DU BÉTAIL
Tourteaux de Coprah ou Coco
F. TASSY, E. ROCCA et Cie
Fabricants d'huiles (producteurs directs
de Tourteaux)
23, RUE HAXO, MARSEILLE
Deux médailles d'or, Anvers 1894
Envoi de Prix-Courants et Échantillons sur demande.

Maison MURE, à Pont-St-Esprit (Gard)
A. GAZAGNE, Gendre et Suor, Phien de 1re Classe

MALADIES NERVEUSES
Epilepsie, Hystérie, Danse de Saint-Guy.
Affections de la Moëlle épinière, Convulsions,
Crises, Vertiges, Éblouissements, Fatigue
cérébrale, Migraine, Insomnie, Spermatorrhée
Guérison fréquente, Soulagement toujours certain
par le SIROP de HENRY MURE
succès consacré par 20 années d'expérimentation dans les Hôpitaux de Paris.
FLACON : 5 FR. — NOTICE GRATIS.

PATE et SIROP d'ESCARGOTS de MURE
« Depuis 50 ans que j'exerce la médecine, je n'ai pas trouvé de remède
plus efficace que les escargots contre
les irritations de poitrine. »
« Dr CHRESTIEN, de Montpellier. »
Goût exquis, efficacité puissante
contre **Rhumes, Catarrhes**
aigus ou chroniques, **Toux spasmodique,**
Irritations de la gorge et de la poitrine.
Pâte 1fr; Sirop 2fr.- Exiger la PATE MURE. Refuser les imitations.

Thé Diurétique de France
sollicite efficacement la sécrétion urinaire, apaise les
douleurs des **Reins** et de la **Vessie**, entraîne le
sable, le mucus et les concrétions, et rend aux urines
leur limpidité normale. — **Néphrites, Gravelle,**
Catarrhe vésical, Affections de la Prostate
et de l'Urèthre. — PRIX DE LA BOITE : 3 FRANCS.

Dépôt général de l'ALCOOLATURE D'ARNICA
de la TRAPPE DE NOTRE-DAME DES NEIGES
Remède souverain contre toutes blessures, coupures, contusions,
défaillances, accidents cholériformes.
DANS TOUTES PHARMACIES. — 2 FR. LE FLACON.

CRÉSYL-JEYES
DÉSINFECTANT ANTISEPTIQUE
Efficacité scientifiquement démontrée.
Envoi de Rapports et Références sur demande.

Le CRÉSYL-JEYES n'est ni Toxique ni Caustique
Il est adopté par toutes les Administrations
publiques de Paris et des départements.
VENTE EN GROS :
Société Française de Produits Sanitaires et Antiseptiques
35, Rue des Francs-Bourgeois, PARIS.
et chez tous Droguistes et Pharmaciens.
Pour éviter les Contrefaçons exiger les Marques et Cachets
de la Société, ainsi que le nom CRÉSYL-JEYES.

Machines Agricoles Françaises

MAISON ALBARET

O. ✳, O. M. A.
Breveté
S. G. D. G.

Veuve ALBARET et G. LEFEBVRE✳, SUCCrs

ATELIERS DE CONSTRUCTION ET ADMINISTRATION
A RANTIGNY-LIANCOURT (Oise)

Bureau et Magasin :
9, rue du Louvre, PARIS

LOCOMOBILES, MACHINES DEMI-FIXES, MOTEURS A PÉTROLE
BATTEUSES PORTATIVES ET FIXES — MANÈGES

HACHE-MAIS — HACHE-PAILLE   PRESSES A FOURRAGES

FAUCHEUSES, MOISSONNEUSES & LIEUSES
RATEAUX, FANEUSES

Semoirs en Lignes — Semoirs à Engrais — Concasseurs — Aplatisseurs

---

INSTRUMENTS D'AGRICULTURE — INSTRUMENTS DE PESAGE
Grand Prix, **Lyon 1894**. — Grand Prix, **Anvers 1894**. — Grand Prix, Bordeaux 1895
Beauvais 1895, Diplôme d'Honneur
Tunis 1895, Premier Prix, Médaille d'Or
19 Diplômes d'Honneur et d'Excellence — 226 Médailles d'Or — 191 Médailles d'Argent

---

SUCCURSALES :
Saint-Quentin, Chartres, Abbeville, Cambrai, Dax, Lyon, Alger
Envoi franco sur demande des Catalogues illustrés.

17e Année. — N° 10.   LE NUMÉRO : 10 CENTIMES.   Dimanche 8 Mars 1896.

GAZETTE AGRICOLE

JOURNAL HEBDOMADAIRE, PARAISSANT LE DIMANCHE

Fondateur : M. CH. GOSSIN, Professeur d'Agriculture à l'Institut agricole de Beauvais

PRIX DE L'ABONNEMENT

UN AN, **5 fr.** — SIX MOIS, **3 fr.** — TROIS MOIS, **2 fr. 25**

Pour l'Étranger les abonnements ne sont reçus que pour un an, au prix de 6 francs, et ne partent que du 1er JANVIER ou du 1er JUILLET de chaque année.

Le Numéro : **10** centimes.

Adresser toute la correspondance : mandats, lettres, annonces, etc., à M. CRÉPEAUX, Directeur de la *Gazette agricole*, 10 bis, rue Piccini, Paris.

Toute demande de changement d'adresse doit être accompagnée de 50 centimes et de la dernière bande du journal.

BUREAUX

97, rue de Rennes, Paris, et à Beauvais, rue Saint-Etienne.

Les abonnements partent du 1er de chaque mois et sont payables d'avance. Toute demande d'abonnement doit donc être accompagnée du prix de l'abonnement. (Le mode de payement le plus simple est l'envoi d'un mandat-poste.)

Donner *très lisiblement*, en s'abonnant, son nom et son adresse exacte, *avec l'indication du bureau de poste* ; et, s'il s'agit d'une continuation d'abonnement, joindre au renouvellement la dernière bande d'adresse du journal.

Les Annonces sont reçues à la Direction du Journal, et chez MM. DUSSERIS et MATHELLON, 97, rue de Rennes Paris.

Il est interdit de reproduire les articles contenus dans la *Gazette Agricole*.

BULLETIN COMMERCIAL

Paris, le 4 mars 1896.

La température, quoique en baisse, est encore relativement douce ; le dégel étant général, la culture poursuit ses ensemencements d'orges et d'avoines dans l'Ouest, dans le centre et dans le rayon de Paris et se prépare à les ensemencer dans la partie Nord.

Les grains d'hiver donnent toujours partout beaucoup de satisfaction.

Les marchés de l'intérieur continuent d'accuser du calme avec des apports ordinaires et très peu de changement dans les prix.

Dans nos ports, les affaires en blés étrangers sont nulles.

BOURSE DU COMMERCE DU MERCREDI 4 MARS

	FARINES	BLÉS
Courant	41 »	18 50
Prochain	41 10	18 75
Mai-juin	41 55	19 15
4 de mai	41 90	19 35
4 dernier	42 50	19 35

Marque de Corbeil : 46 fr. le sac de 150 kil. toile à rendre.

Les farines douze-marques sont plus offertes qu'hier, les prix sont faibles et en baisse de 5 cent.

Les blés restent lourds avec peu d'affaires.

Cours nominaux pour les seigles et les avoines.

Halle aux blés — *Blés indigènes.* — La physionomie du marché ne se modifie pas; les offres sont peu abondantes, mais elles sont toujours suffisantes, étant donnée la réserve de la meunerie, qui ne veut pas faire de nouveaux approvisionnements par suite de la mévente de la farine. Les affaires sont donc très calmes et les prix sont sans changement notable sur les cours pratiqués il y a huit jours. On cote de 18,25 à 19 les 100 kil. nets, gare d'arrivée Paris.

Blés étrangers. — Il n'en est pas question. Les prix demandés étant beaucoup trop élevés.

Sons. — Par suite du temps doux, la demande est à peu près nulle, les prix restent sans changement, plutôt lourds.

Seigles. — Les affaires sont toujours bien calmes et, malgré qu'on ait fait ces jours derniers quelques lots pour l'Allemagne, les prix se maintiennent difficilement et le bon seigle ne vaut guère plus de 10,50 les 100 kil Paris.

Orges. — Dans nos ports, les prix restent bien tenus avec une demande assez régulière; au Havre, les orges de Bretagne restent cotées 14 fr. les 100 kil. sur wagon, et les provenances d'Algérie 13,50.

A Marseille, on demande 14,75 à quai pour les orges supérieures de Russie et 13 à 13,25 pour celles d'Algérie et de Tunisie.

Sur place, les offres sont très restreintes, mais la demande reste peu active et les prix fermement tenus. Les sortes de l'Ouest tenues de 14,25 à 15,50, celles de Beauce de 15,25 à 15,50, et celles de Champagne de 15,50 à 16 fr. les 100 kil.

Escourgeons. — Les offres sont presque nulles et les prix restent bien tenus de 16,50 à 16,75 Paris. A Dunkerque, on tient les sortes de Bretagne, 14 à 15, d'Algérie 14,50 à 14,75, celles de Russie 14,25 à 14.50.

Avoines. — Les cours se maintiennent difficilement et les offres sont largement suffisantes pour satisfaire toutes les demandes. Les avoines grises de Beauce ordinaires valent 14,75 les bonnes sortes 14,75 à 15. les rouges d'Etampes 14,50 à 14,75, les belles noires 15,75 à 16, les communes 15,25 à 15,75.

Les avoines de semence sont abondantes, elles se placent avec plus de difficulté.

Graines fourragères. — Les affaires sont presque nulles, les cours restent sans variation.

Sucres. — Les affaires sont modérées, la tendance est calme et les prix sont sans changement appréciable.

Raffinés 103,50 à 104, roux 88° 31,75 à 32.

Marché aux chevaux, 4 mars

Gros trait de 300 à 1.100	Boucherie	de 80 à 200
Selle et tr.	Anes	de 50 à 150
léger . de 200 à 1.000	Chèvres	de .. à »
H. d'âge de 200 à 300		

AMENÉS

Chevaux, 320 — Anes, 13 — Chèvres, ..

Voitures 96, de 25 à 550.

ENCHÈRES

Chevaux amenés, 12.

Vendus, 11 de 80 à 375.

Prix des Produits Forestiers à Paris.

BOIS DE FEU (*Octroi non compris*)	Falourde de pin	100 à 110	le cent.
	Bois de flot	100 à 105	le déca.
	Bois gris neuf	125 à 130	—
	Bois blanc	80 à 125	—
BOIS D'ŒUVRE (*Octroi compris*)	Chêne gros bois	85 à 110	le m. cube
	— moyen bois	70 à 60	—
	— petit bois	30 à 48	—
	Charme, plateaux	55 à 55	—
	Sciage Entrevoux	175 à 210	les 208 m.
	de Echantillons	230 à 220	—
	chêne. Frise	27 à 28	104 m.

LÉGUMES SECS. — (Les 100 kilogr.)

	Haricots	Pois	Vesce	Lontille
Paris	32.00 50.00	20 18.00	19 à 20	30.00 56
Bordeaux	34.00 35.06	35 45.00	18 19	49.00 60
Marseille	22.00 30.00	18 25	20 20	24.00 52

ENGRAIS

PARIS

Nitrate de soude	21 50 à 21 75
Superphosph. minéral 14/16.	5 25 à 5 75
Superphosphate d'os 16/18	12 50 à 13 »
Scories 16/18	4 25 à 4 50
Phosphate minéral 14/16	3 80 à 4 »
Chlorure de potassium 48/52.	18 75 à 20 »

NANTES

Nitrate de soude	22 30 à 22 50
Superphosph. minéral 14/16.	6 » à 7 »
Scories 16/18	4 50 à 4 75
Phosphate minéral 14/16	4 » à 4 50
Chlorure de potassium 48/52.	19 » à 19 75

LYON

Nitrate de soude	22 » à 23 »
Superphosph. minéral 14/16.	5 75 à 6 »
Scories 14/16	4 50 à 5 »
Phosphate minéral 14/16	4 » à 4 25
Chlorure de potassium 48/55.	20 » à 21 »

MARSEILLE

Nitrate de soude	20 50 à 21 »
Supherph. minéral 14/16	6 à 7 »
Sulfate de fer	5 » à 5 50
Sulfate d'ammoniaque 20/21.	20 » à 22 »

HOUBLONS. — Les 50 kilogr.

Alost primé	28,00 à 30,00
Bourgogne	55,00 à 60,00
Poperinghe	25,00 à 30,00
Wurtemberg	40,00 à 42,00
Altmark	75,00 à 100,00
Alsace	50,00 à 65,00

POMMES DE TERRE

Hollande (100 kil.)	8 » à 17 »
Roses-Early	8 » à 10 »
Magnum-Banum	7 » à 7 50
Rondes	5 » à 5 20

FOURRAGES ET PAILLE

Paris La Chapelle.	Prix extrêmes
Foin 100 bot. dans Paris n.	35 à 46
Luzern nouv.	35 à 46
Paille de blé	19 à 26
Paille de seigle	23 à 38
Paille d'avoine	18 à 24

LINS. — Les 100 kilogr. — *Marché de Lille.*

	Communs	Ordin.	Supér.
Alost	148 à 153	154 à 157	161 à 166
Bergues	150 à 158	161 à 168	173 à 182

CHANVRES

Les 50 kil.	1re qualité.	3e qualité
Le Mans	33,00 à 35,50	30,00 à 29,00
Smuaur (b.)	40,00 à 42,00	37,00 à 38,00

Prix moyen aux 100 kilog. des CÉRÉALES dans les Départements.

Région		BLÉ	SEIGLE	ORGE	AVOINE
Rég. du Nord-Ouest	Caen	17 25	10 00	14 00	15 50
	Lannion	17 50	10 50	12 50	14 00
	Morlaix	17 00	11 00	12 00	13 00
	Rennes	17 00	11 00	13 50	14 50
	Avranches	16 50	11 50	13 00	14 50
	Laval	16 00	10 00	13 00	15 00
	Lorient	16 50	10 00	12 00	14 00
	Alençon	16 50	10 00	14 00	16 00
	Le Mans	16 50	10 00	13 00	17 50
Région du Nord	Soissons	17 75	10 50	»	14 50
	Evreux	17 50	10 25	»	»
	Chartres	17 50	10 50	14 00	14 50
	Lille	18 00	11 00	15 00	15 75
	Compiègne	17 75	10 75	14 25	15 50
	Beauvais	18 00	10 25	14 50	15 75
	Arras	18 00	10 50	14 00	15 00
	Paris	17 50	10 25	13 00	15 00
	Versailles	18 00	10 00	13 00	16 00
	Rouen	17 50	10 50	15 00	16 25
	Amiens	17 50	10 50	15 00	16 00
Rég. du N.-E.	Mézières	17 50	10 25	13 50	15 25
	Nogent-s-Seine	17 50	10 00	14 50	15 00
	Châlons-sur-Marne	17 50	11 00	15 00	15 25
	Langres	17 50	10 00	14 00	15 00
	Nancy	18 00	10 00	15 00	15 00
	Bar-le-Duc	17 50	10 50	14 25	15 25
	Neufchâteau	17 75	11 00	14 00	15 00
Région de l'Ouest	Ruffec	17 25	10 00	13 00	14 75
	Marans	16 50	10 00	13 00	14 00
	Niort	16 75	10 00	13 75	14 25
	Tours	16 50	10 00	13 00	15 00
	Nantes	17 00	10 00	12 50	14 50
	Anger	17 00	10 00	14 00	14 50
	Luçon	16 75	10 50	14 00	«
	Poitiers	16 75	10 00	14 00	14 50
	Limoges	17 00	10 00	»	15 00
Région du Centre	Moulins	18 00	10 50	14 25	15 00
	Bourges	17 50	10 00	13 75	15 00
	Aubusson	17 00	10 00	14 00	16 25
	Châteauroux	17 00	10 00	13 50	13 00
	Orléans	17 25	9 75	14 00	14 50
	Blois	18 00	10 00	14 50	15 50
	Nevers	17 50	10 00	14 00	15 00
	Clermont Ferr.	17 50	10 00	14 00	16 00
	Sens	17 50	10 00	13 50	15 00
Région de l'Est	Bourg	17 75	10 50	13 00	15 50
	Dijon	17 50	10 50	14 50	14 50
	Besançon	18 00	10 00	13 00	14 50
	Grenoble	17 50	10 00	13 50	15 00
	Dôle	17 50	10 00	13 00	14 50
	Saint-Etienne	18 00	10 00	13 00	15 50
	Lyon	18 25	11 25	13 50	15 25
	Mâcon	18 25	12 00	13 00	15 50
	Vesoul	17 50	10 00	»	15 00
	Chambéry	17 50	10 00	»	15 00
	Annecy	17 50	»	»	15 50
Rég. du Sud-Ouest	Pamiers	17 50	10 75	»	15 75
	Périgueux	17 50	11 00	14 00	15 00
	Toulouse	17 75	11 50	13 50	15 50
	Auch	18 00	»	»	16 25
	Bordeaux	17 75	11 00	13 00	15 00
	Dax	17 50	12 00	13 00	16 00
	Agen	18 25	12 50	13 00	16 00
	Bayonne	17 50	11 00	14 00	16 00
	Tarbes	17 75	10 50	»	16 50
Région du Sud	Carcassonne	17 75	»	14 00	16 00
	Rodez	18 00	12 00	14 00	15 00
	Mauriac	17 50	11 00	»	16 00
	Tulle	17 75	12 00	»	15 00
	Montpellier	17 50	12 00	»	15 00
	Figeac	17 75	11 00	»	»
	Mende	17 50	11 25	»	»
	Perpignan	17 75	11 00	14 00	14 50
	Albi	17 75	11 00	14 00	15 25
	Montauban	18 00	12 00	13 00	16 00
Région du Sud-Est	Gap	18 00	10 50	14 00	16 00
	Manosque	17 50	10 50	12 50	16 50
	Nice	17 00	10 00	13 00	16 25
	Privas	17 50	10 75	13 00	16 00
	Arles	19 75	10 50	13 00	16 00
	Montélimar	17 25	11 50	12 00	16 00
	Nîmes	18 00	10 50	14 00	17 00
	Le Puy	17 75	»	14 00	17 00
	Draguignan	17 75	13 00	»	»
	Avignon	17 50	11 75	13 25	16 25

Tourteaux. — Cours de la maison P. Marchand frères, à Dunkerque (Nord) :

TOURTEAUX A NOURRIR

	Dispon.	A livrer
Coton de graines d'Egypte	9 50	9 50
Sésame blanc	12 »»	12 »»
Arachide décortiquée	15 25	15 50
Colza à nourrir	10 50	10 25
Colza du pays	11 »»	11 »»
Œillette du Levant	10 50	10 50
Œillette blanche de Turquie	10 50	10 50
Lin 1re qual. de Bombay g. form.	14 50	14 50
Lin 1re qual. de Bombay p. form.	»» »»	»» »»

TOURTEAUX-ENGRAIS

Arachide décortiquée	14 »»	14 »»
Cameline	10 25	10 25
Colza des Indes en poudre	»» »»	»» »»
Colza ravison	7 50	7 50
Colza jaune Gutzerat	11 »»	11 »»
Kurrachée	»» »»	»» »»
Niger	»» »»	»» »»
Pavot	10 »»	10 »»
Sésame, blanc	»» »»	»» »»
Sésame noir	»» »»	»» »»
Coton en farine	7 50	7 50

Nos prix s'entendent pour tourteaux en planches, rendus en gare de Dunkerque.

Paiement à 30 jours ou à terme plus éloigné suivant convention expresse.

Le concassage se paie 0 fr. 25 et la mise en poudre 0 fr. 40 aux 100 kilos. Dans ce cas, les sacs sont facturés à 0 fr. 35 pièce, et repris au prix de facture, quand ils sont rendus en bon état et franco, dans les 30 jours de l'expédition.

BEURRES. — (le kilogr.)

BEURRES EN MOTTES			BEURRES EN LIVRE		
Isigny extra	5 80	6.62	Bourgogne	1.00	2.20
— demi-fin	4.40	4.80	Gâtinais	2.00	2.50
M. d'Isigny	2.60	4.00	Vendôme	2.00	2.50
du Gâtinais	1.80	2.30	Beaugency	2.00	2.50
de Bretagne	2.20	2.30	Ferme	2.20	3.00
Laitiers Jura	2.00	2.80	Tours	2.20	2.60
de Charente	2.50	3.10	Le Mans	1.00	2.20
des Alpes	2.30	3.50	Touraine fausse	2.10	2.40

ŒUFS. — (le mille)

Normandie ext.		85 à 100	Bourgogne		78 à 85
Picardie —		90 à 114	Champagne		88 à 90
Brie —		85 à 90	Nivernais		75 à 85
Touraine		80 à 95	Bourbonnais		75 à 85
Beauce		85 à 80	Bretagne		72 à 82
Orne		78 à 86	Vendée		72 à 78
Picardie		75 à 90	Auvergne		70 à 78
Châtellerault		72 à 78	Midi		65 à 80

FROMAGES.

Brie hautes marq.	45	70	Roquefort	140	275
Brie gr. m. (10)	45	40	Gruyère (100 k.)	100	175
— m. m.	18	20	Coulommiers (100)	20	35
Petits Nanteuils	6	15	Gournay (100)	20	8
Brie laitiers	10	15	Livarot (le 100)	115	90
Gérardmer (100 k.)	90	85	Bourgogne (100)	60	65
Hollande	160	170	Camembert (10.)	45	40
Bondons (100)	10	15	Munster (100.)	120	100
Cantal	120	130	Port-Salut	150	170

VOLAILLES

Poulet Brest dit moelleux	4 00	5.50	Pigeo. Macon	1.50	2.00
Poulets Nant.	3 00	5.50	Ca. dsNantais	4.00	1.35
Poulets Tour.	2.75	5.25	Dindes Tourr.	7.00	11.00
Poulets Houdan	6.00	8.00	Oies	7.00	8.50
Pigeons d'Italie	80	1.25	Lapins dom.	3.75	4.00
			Lapins garenne	1.50	2.00

VINS — BERCY

Rouges			Blancs		
B. Bourg. vieux		140 à 163	Bordeaux		125 à 160
Touraine		105 à 115	B. Bourg		150 à 190
Bord. vieux		130 à 160	Saucerre		130 à 135
Algérie		28 à 32	Chablis		200 à 350
Cher		110 à 135	Anjou		120 à 135
Chinon		125 à 180	Pouilly		350 à 300
Narbonne		32 à 40	Vouvray		155 à 195

Marché de la Villette du 2 mars 1896.

PRIX DE LA VIANDE NETTE

	1re qualité	2e qualité	3e qualité
Bœufs	1.52	1.42	1.32
Vaches	1.50	1.40	1.30
Taureaux	1.24	1.14	1.06
Veaux	2 20	2.94	1.60
Moutons	1 92	1.82	1.69
Porcs	1.20	1.10	1.00

ESPÈCES	AMENÉS	VENDUS	PRIX EXTRÊM	
			viande net	poids
Bœufs	2.618	2.075	1.32 à 1 52	60 à . 96
Vaches	738	666	1.30 1.50	57 . 95
Taureaux	212	181	1.06 1.24	50 . 83
Veaux	989	727	1.70 2.2?	73 1.38
Moutons	15.969	12.713	1.68 1.92	76 1.21
Porcs	3.615	2.570	1.00 1.20	76 . 96

Vente mauvaise.

Marché de la Villette du 5 Mars 1896.

PRIX DE LA VIANDE NETTE AU KILOG.

	1re qualité	2e qualité	3e qualité	Prix extrêmes	
Bœufs	1.50	1.40	1.30	1.26 à 1 60	
Vaches	1.46	1.36	1.26	1 20	1 78
Taureaux	1.30	1.20	1.16	1 10	1 40
Veaux	2.20	2.90	1.60	1.50	2 30
Moutons	1.90	1.80	1.70	1.60	2 10
Porcs	1.16	1.04	»	96	1 20

ESPÈCES	AMENÉS	RENVOI	OBSERVATIONS
Bœufs	1.630	»	Vente difficile sur le gros bétail, très mauvaise sur les veaux, les moutons et les porcs.
Vaches	434	218	
Taureaux	153	»	
Veaux	1.311	278	
Moutons	14.489	»	
Porcs	5.498	300	

Vente du bétail au marché de La Villette.

Adresser les animaux à MM. Henri Roblin et Eurugue, en gare Paris-Bestiaux. Les aviser par lettre auparavant, 190, rue d'Allemagne, Paris.

AVIS IMPORTANT. — Le *Goudron Guyot* (capsules et liqueur), connu depuis si longtemps pour la guérison de toutes les affections des bronches, de la poitrine et de la vessie, est trop souvent imité ou contrefait. Toutes ces imitations et contrefaçons, mal préparées, ne guérissent pas et sont quelquefois dangereuses. Aussi tout acheteur, qui ne veut pas être trompé, doit-il *exiger* et s'assurer par lui-même que le produit qu'on lui vend porte bien sur l'étiquette de chaque flacon l'adresse : Maison L. FRÈRE Paris, 19, rue Jacob, seule maison dans laquelle se fabrique le *véritable Goudron Guyot* (capsules et liqueur).

L'Almanach de la France rurale pour 1896.

Notre Almanach paraît pour la 21e fois. Cette année il comporte diverses modifications qui seront certainement bien accueillies :

1° Le format est agrandi ;

2° Le papier est bien meilleur ;

3° Enfin il contient beaucoup plus de renseignements.

Nous appelons surtout l'attention des agriculteurs sur deux innovations qui distinguent cet Almanach de tous les autres :

1° La nomenclature de tous les jugements rendus en matière de droit rural pendant l'année ;

2° Un petit guide de médecine vétérinaire très pratique.

Comme les années précédentes, cet Almanach passe en revue toutes les branches de l'agriculture.

[Prix : 0 fr. 60 franco.

CHRONIQUE POLITIQUE

La dernière semaine s'est terminée à la Chambre par l'élection de la Commission du budget de 1897. Cette élection est un gros point noir dans le ciel du cabinet Bourgeois. Sur 32 membres, 28 sont résolument hostiles à son projet d'impôt progressif sur les revenus.

Pour détourner l'orage qui menace le cabinet, M. Doumer a proposé de séparer la question de l'impôt sur le revenu de l'ensemble de la loi de finances. Cet expédient est absolument illusoire, en présence d'un budget dont le quart repose sur les impôts mis en question par le projet Doumer.

En outre, M. Bourgeois, on le sait, avait tâté la Chambre pour qu'elle s'octroyât un congé de huit jours pendant qu'il accompagnerait M. F. Faure dans son grand voyage à Nice et à la Turbie. M. Bourgeois a prévu sagement un échec sur ce point. Comme le renard devant les raisins, il s'est dérobé et adjugé le congé à lui-même pour cause de voyage électoral en chargeant M. Doumer de le remplacer.

Le voyage de M. Bourgeois en compagnie du président Faure s'accomplit comme les voyages présidentiels antérieurs, avec une série continue de parades et de bouquets, de revues, de spectacles de gala dont les contribuables payent les frais et dont les bénéfices — si bénéfices, il y a — sont, jusqu'à nouvel ordre, pour les maîtres du jour et leur clientèle de fonctionnaires, de politiciens nantis ou à nantir. Jamais, nous le répétons, les courtisans des monarchies n'approcheront, en platitude et en flagornerie, des courtisans du régime qui s'intitule républicain. Encore si les quatre milliards que nous coûte leur règne étaient compensés par les moindres ser-

vices, — on comprendrait les emphatiques congratulations qu'ils s'adressent dans leurs banquets. Mais comment le bon sens public peut-il se laisser abuser au point de ne pas sentir cruellement les hontes, les misères, les ruines de tout genre, dont ce régime néfaste jonche sa route, d'année en année depuis quinze ans : la dette accrue de 7 milliards : les budgets en déficit continu; la vénalité des consciences politiques au parlement et dans la presse; l'agriculture en détresse ainsi que les industries annexes ; la désertion des campagnes; les progrès effrayants des crimes contre la vie, contre la morale, contre la propriété; une éducation sans Dieu, qui livre la jeunesse à la tyrannie des passions sans frein, qui fait des jeunes filles de fausses savantes, étrangères aux devoirs de la femme honnête; en un mot tous les éléments de ruine et d'effondrement déchaînés à la fois, par l'impulsion directe des pouvoirs dont la mission est de les réfréner.

Voilà de quoi se réjouissent nos maîtres dans leurs hommages bruyants à M. Félix Faure.

Il n'y manque pas même la pire de toutes les armes mises à la main des anarchistes: la loi sur l'impôt du revenu.

Cette loi absurde, qu'on le sache bien, n'est qu'un abominable appât électoral pour briser, dans nos campagnes, les dernières résistances qu'oppose le bon sens rural à cette absurde utopie de l'impôt progressif. On espère que l'appât menteur de l'exemption des 6 millions de propriétaires ayant moins de 2.500 fr. de revenu ralliera les majorités rurales dans les élections, au parti socialiste. On leur fera croire que la ruine des 500.000 propriétaires atteints par l'impôt progressif fera le bonheur des petits.

On se gardera bien de remarquer, d'abord, que malgré ces explosions gigantesques, le budget laissera un déficit de plus de 300 millions, ensuite que les revenus supprimés auront pour conséquence immédiate la suppression des travaux agricoles et industriels dans les campagnes, la ruine de tout le sol national.

Voilà le plan de la campagne que poursuit M. Bourgeois avec la complicité des francs-maçons, des socialistes, et des anarchistes.

M. F. Faure a-t-il conscience du concours que donnent ses voyages à ce programme aussi anti-social et révolutionnaire. Nous voulons bien, par respect pour lui, ne pas poser cette question. Mais il ne peut, en vérité, se dissimuler que plus ou moins prochainement il sera forcé de se la poser à lui-même, et alors il faudra qu'il se décide entre les devoirs suprêmes de sa charge et les entraînements des sectes qui exploitent aujourd'hui les exhibitions de sa personne dans des fêtes où pas un mot ne sort de la bouche des orateurs qui ne soit une fiction et un mensonge, un défi plus ou moins audacieux à l'évidence

des faits et du cri intérieur de la conscience publique.

Lundi la Chambre a discuté la loi tendant à protéger les beurres contre la margarine. A la suite de longs débats, on a voté les trois premiers articles. Le premier prohibe les mélanges. Le second prohibe la coloration de la margarine. Le troisième interdit aux marchands la vente simultanée du beurre et de la margarine. Cet article est une violation flagrante de la liberté commerciale. Il reste une vingtaine d'articles à voter. En voilà pour une semaine au moins sans compter que l'article 3 risque fort de faire échouer la loi devant le Sénat.

Le Sénat, de son côté, a voté, trente-cinq articles de la loi sur les Sociétés coopératives.

Nous aurons un mot à dire sur cette nouvelle loi si, comme tant d'autres, elle n'échoue dans son trajet d'une Chambre à l'autre.

On le voit, le gribouillisme parlementaire bat plus que jamais son plein dans les deux Chambres. C'est peu rassurant pour les intérêts agricoles qui ont recours à elles dans leur détresse.

Pendant ce temps, M. Bourgeois, embusqué derrière M. Faure et appuyé par les francs-maçons et les socialistes, poursuit dans le Midi sa campagne destinée à amener la ruine de la *religion*, du capital et de la propriété.

Peuple français, quand ouvriras-tu les yeux ?

Le Ministère Bourgeois a de singuliers auxiliaires dans les journaux radicaux pour sa campagne en faveur de sa loi sur l'impôt progressif sur les revenus.

Ces aimables journaux, le *Rappel*, la *Lanterne*, la *Petite République*, n'y vont pas par quatre chemins. Avec un ensemble des plus touchants, ils disent aux paysans : Si on vous résiste, prenez *vos fourches*, et allez-y résolument.

Voilà un mot d'ordre qui dispense de tout raisonnement. C'est la Jacquerie à l'état sauvage.

M. Bourgeois doit être fier d'en être sinon l'instrument, au moins le précurseur !

CHRONIQUE GÉNÉRALE

Société
des agriculteurs de France.

Quand paraîtra ce numéro, les élections de la Société seront terminées.

Plus de polémiques ! Les membres de la Société vont se livrer avec une égale ardeur, que rien ne viendra troubler, aux nombreux travaux qui les attendent. La *Gazette* ne sera pas la dernière à cesser toute discussion et à prendre sa part des labeurs de la Société.

Quelques amis nous reprochent d'avoir montré pendant cette période électorale une vivacité excessive : nous les remercions de cette sympathique franchise. Mais connaît-on bien toutes les péripéties de la lutte ? Peut-être y trouverait-on plus d'une raison pour expliquer l'attitude prise. Quand, en effet, on a la conviction de combattre le bon combat, de rester fidèle à son drapeau, à ses principes ; quand on se croit le devoir de soutenir le droit, il n'est pas étonnant qu'on puisse se trouver entraîné à dépasser les limites de la polémique. Mais on revient bien vite ensuite sur le terrain où les gens de bonne volonté trouvent toujours le meilleur moyen de s'entendre et de marcher vers le même but.

Chimistes experts pour les engrais.

Un arrêté ministériel nomme les chimistes dont les noms suivent, experts officiels pour les analyses des engrais chargés de dénoncer les fraudes.

MM. Alla, du laboratoire de l'Indre, à Châteauroux.

Audouard, du laboratoire de Nantes.

Aubin, du laboratoire de la Société des agriculteurs à Paris.

Chateignier, directeur du laboratoire à Tours.

Chanzit, directeur à Nimes.

Colomi-Bradel, directeur à Nancy.

Coudon, directeur à l'Institut agronomique de Paris.

Dehérain, directeur à Grignon.

Dubernard, directeur du laboratoire de Lille.

Dugast, directeur à Alger.

Fabre, directeur à Toulouse.

Fallot, directeur à Blois.

Gaillot, directeur à Laon.

Garola, directeur à Chartres.

Gayon, directeur à Brodeaux.

A. Girard, à l'Institut agronomique de Paris.

Ch. Girard, directeur de l'Institut agronomique, à Paris.

Grandeau, au Conservatoire à Paris.

Houzeau, directeur à Rouen.

Lagata, professeur à l'école de Montpellier.

Lasne, chimiste à Paris, passage Saulnier.

Lechartier, directeur à Rennes.

Lindet, Institut agronomique, Paris.

Louise, professeur de chimie, à Caen.

Marchal, directeur à l'école de Petré, de la station de Vendée.

Maret, chimiste à Paris.

Morin, professeur à Vannes.

Muntz, à l'Institut agronomique.

Nantier, directeur à Auxerre.

Pagnouls, directeur à Arras.

Parmentier, directeur à Clermont-Ferrand.

Quantin, directeur à Orléans.

Raulin, directeur à Lyon.

Roger, directeur à Amiens.

Saillard, à l'Ecole de Douai.

Violette, doyen de la Faculté à Lille.

Vivien, professeur à l'Ecole de Douai.

Vuaflart, du laboratoire de Boulogne-sur-Mer.

A ces experts pourront s'adjoindre les professeurs départementaux, seulement pour leur adresser les échantillons à analyser.

Voilà qui est parfait. Si les fraudeurs d'engrais ne succombent pas dans leur trafic malhonnête, ce ne sera pas faute d'experts chargés de les traquer.

Les primes pour les soieries.

Bon ! voici une nouvelle tuile qui menace de tomber sur nos finances en matière de soierie.

MM. Fougeirol et Graux réclament au nom des industriels de soies une prime d'exportation de leurs produits, comme compensation aux droits d'entrée dont les frappent les pays importateurs.

Le Ministre des finances répond que ces primes, si on les vote, coûteront au moins 2 millions aux contribuables.

Alors que pensent de ce système les libre-échangistes, ennemis irréductibles de tout système *protectionniste* ?

Certes, nous sommes loin de contester les droits de la grande industrie des soies à une protection qui la sauve de la ruine, dont elle est menacée de deux façons : 1° par la concurrence étrangère ; 2° par les droits de douane dont ses produits sont frappés à l'étranger. Mais on nous permettra de soutenir que les primes de sortie n'auraient leur raison d'être que si elles étaient compensées, comme nous le demandons, par des droits de douane sur les soies et cocons de l'étranger.

Mais, tout au contraire, on veut que nous, contribuables, nous soyons obligés de payer des primes de compensation à nos producteurs de soie et cocons indigènes, plus des droits de sortie aux fabricants pour leurs tissus. Le contribuable doit être rançonné de deux façons pour la soie et ses produits ! Est-ce tolérable ? Un système de faveur aussi exorbitant est-il soutenable en faveur d'une branche secondaire d'industrie, alors que les produits essentiels du sol, céréales, textiles, graines oléagineuses, sont systématiquement privés de toute protection ?

C'est tout simplement absurde et incohérent. Plus on s'occupe de ces questions douanières plus on est forcé de voir qu'il est urgent d'en revenir à la règle générale que nous soulevons depuis le premier jour : droits compensateurs sur toutes productions du sol importées de l'étranger, sans exception ; drawbacks sur les exportations de produits dans les pays qui les frappent de droits prohibitifs, mais usant de réciprocité contre ces mêmes pays.

A tout le moins, ce qui importe avant tout en matière de drawbacks c'est que les matières premières étrangères en laissent les frais : frapper les contribuables de primes pour les matières premières intérieures puis de primes d'exportation de leurs produits manufacturés, c'est faire de la protection à rebours en partie double. Il faut avoir une rude cataracte économique sur les yeux pour nous imposer un tel système, à un pays tel que le nôtre en proie à une crise qui met nos finances en péril de banqueroute et notre agriculture en péril de ruine.

Tuberculose et tuberculine

Le Commission du Conseil supérieur de l'agriculture, présidée par M. Viger, a pris une délibération à la suite de laquelle elle a décidé de proposer une loi, établissant un service de surveillance sur les animaux pouvant être suspects de tuberculose, et allouant des indemnités aux éleveurs pour les animaux abattus pour ce motif. — Le Conseil demande que l'Académie de médecine se prononce sur un cas où évidemment elle n'est point en mesure de le faire, c'est-à-dire déclarer jusqu'à quel point la tuberculine inoculée à un animal dénote son état tuberculeux.

Encore un joli coup d'épée dans l'eau, sous couleur de zèle, pour l'hygiène générale de nos bestiaux.

Nous ignorons quand le vote du Conseil supérieur se traduira en loi. Mais loi ou non, ce sera bonnet blanc et blanc bonnet.

Que les éleveurs se le tiennent pour dit. D'ailleurs, étant les plus intéressés à la santé de leurs bestiaux, c'est à eux, avant tout, de prendre leurs sûretés sur ce point. La loi ne peut rien faire de sérieux pour eux en cette affaire, tant que la tuberculose ne pourra être empêchée ou guérie par une spécifique certain comme le sang de rate.

Le sucre à bon marché.

Un moyen à la portée de tous de payer le sucre 8 centimes moins cher, c'est d'acheter le sucre en grains au lieu du sucre en pains découpés en petits carrés. — Le sucre blanc cristallisé est est tout aussi pur que le sucre en pains. L'esprit de routine seul maintient dans la plupart des ménages le préjugé absolument erroné, qui suppose la supériorité de sucre en pain. Il n'y a de différence que dans le taux de l'impôt, qui est inférieur de 8 francs pour le sucre en grains.

Production du cheval percheron.

L'élevage du cheval percheron se modifie dans les départements d'Eure-et-Loir, de la Sarthe, de l'Orne et de Loir-et-Cher depuis que les Américains ont renoncé à acheter les chevaux de grande taille, lourds et massifs, qu'ils avaient autrefois à des prix proportionnés au poids et au volume sans tenir compte de l'énergie et des allures.

Les éleveurs de ces gros chevaux trouvant difficilement des débouchés ont une tendance marquée à revenir à l'ancien type percheron, un peu léger, ou à s'en rapprocher sensiblement en faisant produire un animal de taille moyenne, d'une conformation régulière et puissante, apte à tous les services, avec des allures brillantes et légères.

L'administration des remontes militaires trouvera donc dans la région, à l'avenir, un assez grand nombre de chevaux aptes au service de l'artillerie.

Nos importations de produits agricoles.

Une connaissance très utile, sinon nécessaire pour nos agriculteurs, c'est celle des quantités de produits que nous tirons de l'étranger, pour suppléer à l'insuffisance de nos récoltes.

Une autre connaissance également utile, c'est celle de nos produits qui excèdent nos besoins et que nous demandent les étrangers, les vins, par exemple.

Ces deux connaissances sont nécessaires pour orienter l'agriculture nationale dans le choix des cultures insuffisantes, et réduire celles qui excèdent nos besoins. Ajoutons que le devoir des gouvernants en matière de douanes serait de régler les tarifs en vue de favoriser cette orientation.

C'est ce qui n'a jamais été fait sincèrement jusqu'à ce jour, malgré nos réclamations. Il est malheureusement probable, sinon certain, que cela ne se fera point encore. C'est le moindre des soucis de nos maîtres, et l'agriculture leur montre une docilité trop moutonnière pour qu'ils soient tentés de lui donner une telle satisfaction.

Laissons donc ce sujet de côté pour le moment. Contentons-nous de signaler l'état actuel des produits agricoles que nous tirons de l'étranger au lieu de les tirer de notre sol national.

L'Echo agricole nous fournit à ce sujet les chiffres suivants, qui méritent selon nous, l'attention des bons économistes ruraux : pendant les six mois d'août 1895 à janvier 1896, 2.511.000 hectolitres de blé, avoines, 197.700 quintaux, seigle, importations presque nulles ; maïs, 343.092 quintaux ; sarrasin, importations nulles, exportations 123.789 quintaux ; farines, importations, 25.000 quintaux.

Sur les autres produits, l'Echo se borne à mentionner les écarts entre les chiffres de l'année dernière et ceux de cette année.

Riz, importations inférieures de 460 quintaux à celles de l'an dernier. A l'exportation, 3.680 de plus ; sèves, importations augmentées de 8.273 quintaux ; pois, diminution de 613 quintaux ; légumes secs, diminution d'importations de 5.040 quintaux.

Pommes de terre, augmentation de l'importation de 6.125 quintaux sur 1895.

Beurres, œufs, fromages, mouvement stationnaire, un peu plus d'exportation sur les fromages.

Graines et fruits, progrès des importations d'oranges et mandarines ; mais ces fruits provenant de l'Algérie sont à tort considérés comme étrangers.

Raisins secs, augmentation de 25.500 quintaux sur l'an dernier.

Sons, augmentation considérable malgré les blés consommés par les animaux.

Fourrages, importations moindres qu'explique l'abondance des foins de l'année 1895.

Vins, les importations de vins ordinaires dépassent de 350.000 hectolitres celles de l'an dernier ; exportations moindres de 12.000 hectolitres. Vins de liqueur, augmentation à l'importation de 16.000 hectolitres.

Alcools, exportations dépassant de 600 hectolitres celles de 1894.

Sucres, à l'exportation 11.000 tonnes de moins que l'an dernier.

Animaux : chevaux, importation 1.201 de plus qu'en 1894. Bœufs, importations stationnaires, Idem sur les veaux. 90.000 de plus pour les porcs. Diminution de 18.000 sur les moutons. L'exportation des porcs a augmenté de 10.000 têtes.

Cet aperçu est bien imparfait sans doute, mais il n'en est pas moins utile à noter pour l'orientation dans le choix des cultures.

Reboisement des terres incultes.

La sécheresse excessive de la fin de l'été a causé des dégâts dans les plantations faites en Bourgogne par les particuliers et les communes dans les terrains incultes sur sol calcaire. La plupart des jeunes reboisements en pins (noir d'Autriche ou sylvestre) devront être regarnis ou refaits.

Le pin noir doit être réservé aux terrains où la roche affleure ; partout ailleurs, le pin sylvestre est préférable, parce qu'il pousse plus vite et donne des produits de qualité supérieure. Il faut planter les noirs à 1 mètre de distance, soit 10.000 à l'hectare, pour empêcher le développement en boule : on peut, au contraire, espacer les sylvestres, qui demandent beaucoup de lumière, à 1 m. 50, soit 4.500 environ à l'hectare.

Il faut exiger des pépiniéristes des plants bien chevelus et refuser ceux à longs pivots, indice d'une végétation en sols profonds, qu'ils ne retrouveront pas. Les plants de trois ans repiqués sont préférés ; mais, en sol superficiel (10 centimètres de terre végétale et au-dessous), il paraît avantageux d'utiliser des plants de deux ans ; la reprise est mieux assurée.

Les trous carrés, dits « potets », sont coûteux et parfois inutiles. Lorsque le terrain n'est pas argileux, la plantation la plus économique est la suivante : le planteur ouvre la terre d'un coup de pioche, glisse le plant dans l'ouverture en étalant convenablement les racines et rabat la motte d'un coup de pied ; ce mode d'opérer évite le déchaussement des plants par la gelée, assez fréquent dans les plantations par « potets ». La dépense est ainsi réduite à 13 fr. le mille au lieu de 30 fr. — (Note de M. Perdrizet.

Falsifications à surveiller.

Les falsifications des matières fertilisantes se multiplient aujourd'hui à vue d'œil parallèlement aux progrès des engrais industriels dans le monde agricole.

On signale par exemple la falsification des scories phosphoreuses, consistant à y introduire des scories de fer, qui ne contiennent pas d'acide phosphorique, cet agent étant éliminé par les aciéries seulement.

On falsifie aussi les sulfates de cuivre destinés au traitement des vignes contre le mildiou, en y mélangeant du sulfate de fer.

Un journal scientifique enseigne le moyen suivant de découvrir cette falsification :

Faire fondre dans un verre d'eau une pincée de sulfate de cuivre, puis y verser quelques gouttes d'ammoniaque.

Si le sulfate de cuivre est pur, le liquide se colore en bleu pur, s'il est falsifié, le liquide prend une couleur bleu gris, puis une couleur bleue et puis il devient floconneux et se précipite au fond du verre, avec une couleur d'un bleu noirâtre.

La tuberculose et la malléine.

On sait qu'une campagne active a été menée par de nombreux vétérinaires pour rendre obligatoire l'inoculation de la malléine de M. Nocard, comme moyen de connaître les animaux atteints ou exempts de tuberculose.

Nous avons toujours refusé notre concours à cette campagne, parce que l'efficacité du procédé était loin de nous paraître suffisamment prouvée.

La Bourgogne agricole est de cet avis. Dans son dernier numéro elle dit :

« Nous connaissons dans notre département des expériences faites avec le plus grand soin sous la direction de deux vétérinaires distingués et qui n'ont certes pas eu le don de nous convaincre de l'infaillibilité de la découverte du savant professeur.

« J. D. »

Un syndicat d'accaparement des nitrates.

Le journal l'Engrais annonçait la semaine dernière que le monde agricole est menacé de la création d'un syndicat de financiers ayant pour but d'accaparer les nitrates de soude, de façon à en faire hausser le cours de 25 à 50 0/0, au détriment des cultivateurs.

Une telle entreprise n'a aucun lieu de nous étonner, elle choisit bien son jour au moment où les nitrates de soude sont en vogue. Le fléau du monde économique aujourd'hui consiste dans ces coalitions de flibustiers de la haute finance, qui font servir leurs énormes capitaux réunis à se rendre maîtres de tous les grands marchés. C'est l'histoire des crises que subissent les producteurs depuis vingt ans : un jour c'est sur les sucres, un autre jour sur les alcools ou sur les cafés, sur les laines, sur les cotons. Il y a trois ans, ce furent les cuivres, dont l'accaparement amena la débâcle du Comptoir d'escompte. Il y a quelques mois, les cuirs eurent leur tour.

Il est donc très possible que le tour des nitrates soit sur le point d'arriver. Les lois sont restées impuissantes jusqu'ici contre le banditisme des écumeurs de la haute finance. Rien ne nous prouve que les nitrates échappent à une rapace razzia de ces grands malfaiteurs publics dont les fortunes gigantesques sont faites des ruines des populations laborieuses.

Rien de plus simple que leur mode de procéder en pareil cas. Grâce à leurs millions, ils achètent ou vendent à volonté, cent fois plus de marchandises qu'il n'en existe en réalité. On n'a rien à leur livrer ou à leur acheter, on sait que c'est l'affaire d'un règlement de différences entre les cours d'aujourd'hui et ceux de demain. Mais le brigandage des marchés fictifs n'en est pas moins une ruine pour le producteur qui ne comptait que sur le marché réel. Telle est en deux mots l'histoire des razzias scandaleuses qui ont causé tant de ruines pour les producteurs et édifie des fortunes gigantesques aux écumeurs de la finance en France et à l'étranger.

Ce sont ces financiers qui remuent ciel et terre pour empêcher la réforme de la loi du cadenas. Leur truc est toujours le même, aussi dans les deux derniers mois, les importations de blé étranger destiné aux entrepôts dépassaient de 2 millions de quintaux, les blés importés à destination d'une vente directe.

L'abus des marchés fictifs, voilà *l'ennemi* de l'agriculture et de l'industrie. Il serait temps de mettre un frein à ce régime. Mais des tenants ont à leur service des arguments analogues à ceux des flibustiers du Panama et des chemins de fer du Sud. Jacques Bonhomme n'a pour lui que de pauvres hères dont nous faisons partie depuis quarante ans. Il a en outre contre lui les flagorneurs du socialisme, aussi dangereux peut-être que les flibustiers de la finance. C'est trop de moitié pour nos pauvres ruraux d'être pris ainsi entre deux feux. Il faut pourtant lutter jusqu'au bout dans ces misérables conditions. — Nous irons jusqu'au bout quand même.

Exploitation des coupes.

Parmi les coupes vendues en 1894, plusieurs n'avaient pu être exploitées en temps voulu, à cause de la rigueur exceptionnelle de la température du premier trimestre de 1895 : l'étendue normale des taillis à exploiter cet hiver se trouve donc notablement accrue.

Depuis deux ans, on ne voit plus arriver dans la Côte-d'Or les équipes de bûcherons qui avaient l'habitude de venir de l'Yonne et de la Nièvre.

L'abaissement de la natalité et l'émigration dans les villes réduisent sensiblement la population de la région. La main-d'œuvre devient rare; il n'y a plus guère de bûcherons que parmi les hommes d'un certain âge.

En raison du petit nombre d'ouvriers embauchés, l'exploitation des coupes ne sera terminée en temps utile que si la température permet de continuer les travaux jusqu'à la fin de l'hiver. — (Note de l'inspecteur des forêts, à Semur-en-Auxois.)

L'inspecteur des forêts de Châtillon se plaint également de la rareté et de l'insuffisance de la main-d'œuvre. Les prix de façon, qui varient de 1 fr. 25 à 2 francs le stère, ont augmenté de 30 0/0.

Les cours résultant des ventes des coupes de l'exercice 1895 accusent sur les cours antérieurs une hausse de 1 franc à 1 fr. 25 sur les bois à charbon et de 1 fr. 50 à 2 francs sur les bois de feu.

Congrès viticole de Poligny.

Le Congrès de viticulture réuni à Poligny, la semaine dernière, est vraiment à citer, comme toutes les initiatives du Syndicat de cette ville, parmi les réunions les plus dignes d'être proposées pour modèles.

A l'appel de M. Louis Milcent et de ses collègues avaient répondu des viticulteurs émérites de la région, M. Émile Dupert, M. Roy Chevrier, M. Couderc d'Aubenas, l'obtenteur des meilleurs cépages hybrides du jour, M. le docteur Grandelement, etc.

Les conférences données par ces éminents praticiens à trois cents vignerons ont mis à leur portée les enseignements pratiques au moyen desquels le Jura a réussi à lutter, avec succès, contre le phylloxera et contre les autres ennemis de la vigne. Nous espérons recueillir prochainement les échos de ces conférences éminemment pratiques, dont les auteurs ont reçu les sincères remerciements dans un banquet qui a clos cet excellent congrès.

L'école viticole de Poligny est à la hauteur de son école de crédit agricole. Honneur à M. Milcent et à ses collègues.

Un professeur du lycée de Lons-le-Saunier a présenté au Congrès un nouvel appareil inventé par lui pour connaître la proportion de calcaire contenu dans une terre quelconque. Cet appareil, est dit-on, plus pratique et moins coûteux que celui de M. Bernard bien connu en France. Nous attendons les démonstrations promises par l'inventeur du nouveau *calcarimètre*.

Concours de filtres à vin.

Un concours spécial de filtres à vin aura lieu à Villefranche (Rhône), les 22 et 23 mars prochain.

Ce concours est organisé par les Chambres syndicales du Mâconnais et du Beaujolais.

Adresser les déclarations avant le 5 mars au président du Comice agricole à Villefranche (Rhône).

L'importance d'un bon filtre est aujourd'hui bien appréciée en matière de vinification, surtout dans le Beaujolais. C'est pourquoi les producteurs de cette région tiennent à connaître les filtres qui donnent le meilleur résultat.

CHRONIQUE AGRICOLE

Situation. — La Saison.

Les gelées survenues la semaine dernière, qui alarmaient la culture, ont heureusement duré trois jours seulement. Depuis huit jours, la température est douce et même relativement élevée et le temps pluvieux règne dans plusieurs régions. — La culture est généralement rassurée sur la situation des plantes en terre et les travaux de la saison continuent sans interruption partout où les eaux de pluie ne rendent pas l'accès des terres impossible.

Les travaux de saison sont généralement plus avancés que dans les années ordinaires par suite d'une saison d'hiver qui n'a été qu'un automne prolongé. Les cultivateurs intelligents mettent cette situation à profit pour faire des travaux d'amélioration que réclament leurs terres : les amendements surtout sont à signaler dans les terres auxquelles manquent un des trois éléments essentiels d'un sol fertile : argile, silice, calcaire.

Les nitrates en couverture. — Le moment approche où les céréales pourront recevoir les compléments de nitrate dont on parle tant depuis quelques années.

M. Grandeau vient de publier, dans le *Journal d'agriculture pratique*, les résultats obtenus dans une vingtaine de champs d'expérience, dirigés par des professeurs départementaux. Dans leur ensemble, ces essais ont pour résultat une augmentation de 6 à 7 hectolitres par hectare, due à 150 kilos de nitrate. — mais il est entendu que l'effet du nitrate était subordonné aux conditions signalées par nous : bonne fumure antérieure avec une provision convenable de phosphate.

En outre, dans quelques essais, on a constaté qu'un binage donné à propos, avait produit un surcroît de 3 hectolitres par hectare.

Les faits énoncés par M. Grandeau, on le voit, confirment de tout point les conseils donnés par nous et par nos correspondants, pour les cultures de céréales.

Toutefois une question se présente à ce sujet : à quelle époque doit-on répandre le nitrate?

L'an dernier, les gelées avaient rudement compromis les blés. On donna le nitrate à la reprise de la végétation. Cette année, les blés non seulement n'ont pas souffert, mais ils sont en avance comme végétation. Leur besoin de nitrate est loin d'être aussi grand. Il faudra en user avec prudence. Ne pas oublier surtout que le nitrate pousse à la végétation herbacée exclusivement et nuit à la formation de la graine s'il n'est pas associé à l'élément phosphorique. Un mélange de superphosphate riche en nitrate, vers le milieu de mars, sera certainement employé par de bons praticiens. Nous aurons, au reste, occasion de revenir sur ce sujet dans le cours du mois.

Les ferments de la terre.

Nos lecteurs ont été mis au courant depuis dix années, des admirables découvertes de M. Pasteur, qui dans leur ensemble, ont été d'éclatantes démonstrations de sa théorie de génie, d'après laquelle les fermentations dans les matières animales et végétales ont pour cause, non des réactions chimiques, comme l'ont prétendu divers savants, mais des agents de nature organique, dits ferments dans le monde végétal, et virus, microbes, bactéries, etc., dans le monde animal.

Toutes les découvertes de M. Pasteur et de ses disciples procèdent de cette loi; la science des ferments en voie de formation aujourd'hui, a déjà fait une révolution dans la médecine humaine comme dans la médecine vétérinaire. Elle en a fait une autre dans la fabrication des produits du lait, dans la vinification, enfin une autre plus récente encore dans les lois de la fertilisation du sol, du moins dans l'action des ferments qu'il contient sur les engrais et sur leur absorption par les plantes.

Sur ce sujet si intéressant, les ferments de la terre, M. l'abbé Ouvray, notre distingué collaborateur, a fait la semaine dernière, à l'Institut catholique de Paris, une conférence où il a montré que chez lui, l'arboriculteur émérite bien connu est en même temps un adepte très distingué de la science pasteurienne, au moins dans ce qui touche l'action des ferments du sol sur les matières fertilisantes dans le sol.

Il a exposé en termes précis et clairs la théorie d'après laquelle la formation et la nitrification de l'azote ont pour agents les ferments qui naissent dans les nodosités qu'on remarque dans les graines des plantes légumineuses.

Il a noté aussi comment ces nitrifications sont secondées par la présence du calcaire et des autres agents, potasse et phosphate, et comment les sels formés par ces combinaisons, grâce à la chaleur et à l'humidité du sol, sont absorbés par les petits suçoirs que portent les radicelles des plantes.

M. l'abbé Ouvray a exposé cette théorie avec les développements nécessaires en s'appuyant sur les intéressantes expériences de M. Dehérain, dont nous avons entretenu nos lecteurs et sans préjudice de celles dont M. Dehérain s'occupe incessamment. La science en effet, engagée sur cette merveilleuse piste pastorienne, ne s'arrêtera pas de sitôt, probablement jamais.

Une lacune pourtant nous a paru digne d'être signalée dans la conférence d'ailleurs excellente de M. Ouvray : il n'a rien dit des ferments *dénitrifiants* qui existent parfois dans la terre, et qui produisent le contraire des gaz nitrifiants, c'est-à-dire empêchent la nitrification des sels azotiques. L'existence de ces ferments est malheureusement démontrée, c'est à leur action que dans certains cas, rares heureusement, l'on a attribué l'inefficacité des meilleurs fumiers et d'autres engrais donnés à la terre.

La question des ferments dénitrifiants, corrélative à la découverte des ferments nitrifiants, est à l'étude aujourd'hui dans les laboratoires de l'Institut agronomique et des autres établissements scientifiques, espérons que les recherches qui visent à la résoudre ne seront pas longtemps infructueuses.

En attendant, M. l'abbé Ouvray a terminé sa substantielle conférence par une conclusion absolument conforme à celles que nous professons depuis le premier jour.

La terre, dit-il, n'est pas, comme on l'a cru et enseigné trop longtemps, un entrepôt de matières chimiques; elle est aussi un dépôt de corps vivants qui transforment les matières minérales et organiques pour en nourrir les plantes, elle est le laboratoire de ces transformations, une cuisine qui prépare les aliments des plantes qu'elle porte. Pour que cette cuisine produise ces effets, il faut que la terre soit pourvue des matières alimentaires essentielles, azote, chaux, potasse, acide phosphorique, magnésie, soufre, il faut en outre, du concours de l'air par les labours et les binages de la chaleur, de l'humidité, par les arrosages.

Nos pères, dit-il avec raison, ignoraient l'action et la nature de certains engrais aujourd'hui bien connus. Le fumier et les déjections animales étaient leurs seuls engrais. En revanche, ils avaient une notion exacte de l'action nécessaire de l'air, de la chaleur, de l'humidité sur la vie des plantes, et une maxime populaire de tout temps disait qu'un binage remplace un arrosage et une fumure.

Remplacement insuffisant sans doute, mais incontestable même dans le sol le mieux pourvu des aliments nécessaires aux plantes qu'il porte.

Après avoir constaté que les ferments nitrifiants naissent par les racines des légumineuses, M. Ouvray termine ainsi sa conférence :

A cette découverte, la science en a ajouté deux autres : *l'ensemencement du sol en bactéries fixatrices d'azote et l'inoculation du sang*, ou pour être plus exact, du germe de ces mêmes bactéries à d'autres plantes. C'est ce qui a fait dire à M. Dehérain : *Le règne des engrais azotés finit. Celui des bactéries commence.*

La terre est donc bien quelque chose de vivant. Elle est bien nommée la mère nourricière du genre humain.

Dieu y a semé à pleines mains des richesses de toute nature, et l'a peuplée de myriades d'infiniment petits, qui dans un travail infatigable et mystérieux préparent aux plantes leur pain de chaque jour.

Et c'est à Pasteur que nous devons toutes ces découvertes!!!

Un auditeur ajoute :

Les applaudissements prolongés, qui ont accueilli les dernières paroles du conférencier, lui ont prouvé qu'il avait réussi.

Les blés de semence dits anglais.

D'une communication de M. Trôude, professeur à l'école de Douai, il résulte que les deux tiers des blés pour semences vendus à des prix surélevés, sous couleur de provenance anglaise, sont d'origine française. Les négociants des frontières achètent ces blés sur les marchés intérieurs et les expédient sous couvert de provenance anglaise.

En réalité, ce truc, pour être frauduleux, peut être moins nuisible que le truc des graines allemandes. Un blé anglais, sélectionné depuis quelques années en France (chez M. Desprez, par exemple), est certainement aussi fécond que son congénère importé d'Angleterre. Le vendeur n'en est pas moins coupable de tromperie sur l'origine de sa marchandise.

Encore un truc qui mérite d'attirer l'attention des cultivateurs.

Les campagnols
et le blé empoisonné.

Sous ce titre, le *Courrier du Pas-de-Calais* publie les lignes suivantes que nous devons signaler aux cultivateurs qui seraient tentés de remplacer le procédé Danysz par des blés empoisonnés:

« Délaissant le procédé de M. Danysz qui n'a produit que de maigres résultats, nombre de cultivateurs emploient maintenant pour la destruction des mulots le blé empoisonné. Ce moyen, qui peut être bon. a aussi ses inconvénients. Il arrive, en effet, que ce ne sont pas seulement les campagnols qui succombent, mais encore les oiseaux, voire même les corbeaux et les perdrix. Nos paysans, avides de gibier à bon compte, ramassent ces corbeaux et ces perdrix, en font des gibelottes et s'en délectent.

« Or, il nous revient que bien des personnes se sont trouvées gravement indisposées par l'ingestion de ces viandes, empoisonnées, de même que par de la salade cueillie dans les champs de blé où des grains empoisonnés avaient été employés.

« Nous croyons donc devoir attirer l'attention sur les fâcheuses conséquences qui pourraient résulter de cette nourriture malsaine.

« Les campagnols émigrent maintenant de certains terroirs pour en envahir d'autres. C'est ainsi qu'ils ont quitté Berneville et Warlus pour infester les champs de la commune de Wailly.

« Au Vélodrome d'Arras, ils seraient légion. »

On pourrait peut-être insister en faveur des grains de blé empoisonnés en y mettant pour condition de ne les déposer que dans les trous, avec défense de les déposer sur le sol au dehors ; il est probable, en effet, que ce sont les grains ainsi disséminés qui ont des effets si fâcheux.

Cette probibition doit être imposée par la police à ceux qui emploient un moyen si dangereux.

◆

Les graines de semences fourragères.

Le Syndicat du Loiret a conseillé sur ce sujet à ses adhérents de se tenir en garde contre les vendeurs de mauvaises graines, puis il ajoute :

— Mais pour bien distinguer les fraudes que des marchands peu scrupuleux font subir aux graines, il importe préalablement de connaître les principales qualités d'une bonne semence marchande. Ces qualités sont les suivantes : 1° *La pureté*; 2° *La faculté germinative;* 3° *Le poids individuel des semences.*

Pureté des graines. — Parmi les impuretés ou les substances étrangères que renferment les semences, il en est d'inertes, comme les pierres, la terre, les débris de feuilles, etc., d'autres sont vivantes et nuisibles, comme les spores de la carie, du charbon, les graines de cuscute, de plantain, de chardon, de nielle, de renoncule, etc. On peut séparer en partie ces matières étrangères à l'aide de trieurs.

Pour les graminées, le triage est toujours très imparfait, à cause de la maturité très irrégulière des graines. D'ailleurs, le marchand cherchera à pousser ce triage le moins loin possible, afin de ne faire que peu de déchets.

Pour déterminer la pureté d'une semence, on prend un échantillon moyen de quelques grammes.

A l'aide d'une pointe, on met d'un côté les bonnes graines et de l'autre les mauvaises.

Le poids des bonnes graines divisé par le poids de l'échantillon et multiplié par cent donnera le coefficient de pureté. Si ce coefficient est de 70, par exemple, cela veut dire que, sur 100 kilos de graines, il n'y en a que 70 kilos de bonnes.

Faculté germinative. — Une semence, même pure, n'est bonne que si elle est susceptible de germer. Elle sera mauvaise si elle est mal conformée, si elle a perdu ses facultés germinatives. La pluie au moment de la récolte, l'humidité du grenier et les mutilations provenant des machines à battre sont souvent des causes d'altération pour les graines. Pour déterminer la faculté germinative, nous ne pouvons rien faire de mieux que de conseiller l'emploi du Germinateur orléanais de M. Nouel, dont nous avons, à plusieurs reprises, entretenu nos lecteurs. Au moyen de cet instrument, on observe chaque jour la marche que suivent les graines en se gonflant, en poussant leurs germes au dehors, en se couvrant de moisissures, ce qui arrive au bout de peu de jours pour celles qui ont perdu leur faculté germinative. On juge très bien s'il y a de la graine vieille mélangée avec la nouvelle, celle-ci germant plus promptement. De cette façon, on peut juger si la semence germe à moitié ou aux trois quarts, et augmenter dans la même proportion la quantité à semer. Certaines semences, comme celles de luzerne, de trèfle, de laitue, etc., montrent leur germe dès le troisième jour, si elles sont nouvelles. D'autres mettent quelques jours de plus ; mais tant qu'on ne voit pas de moisissures sur l'enveloppe des semences, on ne doit pas désespérer de leur germination.

Si sur 100 graines essayées, 75 germent, on dira que la faculté germinative est de 75 0/0.

On appelle *valeur culturale* ou *valeur utile* le produit du coefficient de pureté divisé par 100 et multiplié par la faculté germinative. Si le coefficient de pureté est 70 0/0 et la faculté germinative de 75 0/0, la valeur culturale sera de 70/100 × 75 = 52,5.

La valeur culturale serait de 100 0/0 si les graines ne contenaient aucune impureté et étaient toutes susceptibles de germer.

Poids individuel des semences. — Plus les graines sont grosses, plus les semences sont bonnes ; on a remarqué que les grosses graines donnaient toujours d'abondantes récoltes. Il faut donc exiger que les graines aient passé au trieur.

Le cultivateur juge souvent de la valeur d'une semence à son aspect extérieur. Cet examen est utile, mais insuffisant. Il est de toute nécessité de déterminer le coefficient de pureté et la faculté germinative.

Moyens d'échapper aux fraudes. — Pour éviter les fraudes que nous venons d'indiquer, il faut exiger du grain la garantie d'un taux de pureté et de valeur germinative évalué en tant pour cent et analyser les graines achetées.

Les petits cultivateurs, maraîchers et jardiniers, ne peuvent analyser leurs semences, mais ils peuvent éviter les fraudes en s'adressant au Syndicat agricole, qui ne fait ses commandes qu'aux maisons placées sous le contrôle de la station d'essais et qui exige la pureté et la faculté germinative voulues. Ces graines reviendront peut-être, *apparemment*, à un prix plus élevé que celles qui auraient été achetées ailleurs, mais au moins elles ne seront pas *mortes* et n'*infesteront* pas les champs de mauvaises herbes.

◆

Deux bonnes variétés de pommes de terre à cultiver

Nous voici bientôt arrivé à l'époque favorable pour la plantation des pommes de terre, et quelques conseils au sujet des meilleures variétés à employer seront certainement utiles aux cultivateurs qui n'en ont pas expérimenté un grand nombre.

Dans un des derniers numéros de la *Gazette*, nous avons parlé de la *Géante bleue* ; nous nous permettrons, aujourd'hui, d'attirer l'attention sur deux autres variétés très méritantes.

La *Géante Franco-Russe* ressemble un peu à la précédente, mais ces tubercules sont quelquefois plus gros, en forme arrondie et légèrement allongée; sur la peau on remarque souvent de petites taches jaunes, sa chair est blanche et peut bien servir pour la consommation comme comestible.

En un mot, cette pomme de terre se distingue par les qualités suivantes: bonne teneur en fécule, bon goût et beauté. Nous n'hésitons pas à en conseiller la culture, car elle nous a donné un rendement supérieur à toutes les autres variétés.

L'*Idaho*, qui ressemble beaucoup à la pomme de terre *Institut de Beauvais*, est aussi très productive; elle est recherchée pour la consommation courante. Quoique cette variété soit connue et cultivée depuis longtemps, nous avons trouvé qu'elle n'a presque pas dégénéré ; elle donne toujours d'aussi abondants produits que les premières années de son introduction dans nos cultures.

◆

L'engrais pour pommes de terre.

Nous n'avions certes pas attendu la crise que subit la pomme de terre pour renseigner les cultivateurs sur les règles à observer pour tirer de cette culture les plus hauts rendements. Nous avons publié les procédés des maîtres de cette culture, notamment les expériences de MM. Paul Genay, Cordier de Saint-Remy, de l'Institut de Beauvais, de M. Garenne, de M. Desprez, Aimé Girard, etc., etc.

De tous ces témoignages également concluants quels conseils avons-nous tirés à l'adresse des cultivateurs? On peut les résumer en quelques lignes :

1° Défoncement du sol, fumure préalable de fumier phosphaté, 20.000 kilos au moins à l'hectare.

2° Choix d'une variété améliorée ; tubercules de grosseur moyenne bien conservées et ayant verdi à l'air pendant quelque temps.

3° Plantation à 60 centimètres de distance en tous sens.

Après une application d'engrais complet, phosphate, potasse, azote, 250 kilos par hectare.

4° Au moment du premier buttage, addition légère de nitrate de soude, 100 kilos en moyenne.

5° Application de bouillie cuprique sur les feuilles naissantes, lorsque la maladie est à craindre dans la contrée.

6° Enfin buttages et binages suivant les exigences de la saison.

Aujourd'hui ces notions sont reconnues comme étant essentielles à la culture intensive de la pomme de terre. Mais on étudie une d'elles, avec un soin particulier, la question de l'emploi du nitrate de soude en cours de végétation.

C'est le pendant de l'application du nitrate, également en couverture dans les blés. Le nitrate, en effet, a la vertu précieuse de stimuler l'assimilation des autres engrais, mais il ne peut les remplacer. Les nombreuses expériences du nitrate mis en couverture sur les blés au printemps en une ou deux fois, en deux surtout, ont produit des effets tout à fait concluants qui ont suggéré l'idée d'en faire l'application aux cultures de pommes de terre. De nombreux champs d'expérience sont en ce moment disposés en vue de ces essais.

Mais dès aujourd'hui nous pouvons prédire que les résultats seront aussi bons que sur les blés. C'est à la première apparition de la feuille que devront se faire ces épandages de nitrate. Les effets immédiats consisteront à donner une vigoureuse impulsion à la végétation des fanes. Comme dans les blés elles poussent à ce développement des tiges et des feuilles. Mais, qu'on ne s'y trompe pas. L'effet serait maigre et minime sur les tubercules, comme sur le grain dans les blés, si les engrais n'étaient pas accompagnés des autres éléments de la plante, surtout des tubercules, phosphate, chaux, magnésie, potasse, etc.

On voit par ces observations, dans quelles conditions il faut soumettre les cultures expérimentales de pommes de terre à l'épreuve des additions de nitrate de soude en cours de végétation, pour en tirer des enseignements pratiques décisifs.

Du reste, nous aurons occasion de revenir sur ce sujet, mais nous croyons avoir dit tout ce qui est nécessaire à l'heure actuelle pour la préparation des terres et des plantations qui sont à l'ordre du jour dans toute la France.

Le thé de foin pour les jeunes veaux.

Nous avons signalé plusieurs fois, une pratique ancienne, mais peu répandue dans l'élevage des jeunes veaux qui consiste à leur faire boire, en guise de lait ou en mélange avec le lait une infusion de foin, désignée dans quelques pays sous le nom de *thé de foin*.

Or, le *thé de foin* quand il est préparé convenablement avec du foin de bonne qualité possède, d'après l'analyse chimique, les éléments vivifiants du lait, azote, phosphate, matière grasse, etc. Ainsi s'explique la propriété de remplacer le lait pour les jeunes veaux à partir de la seconde quinzaine de leur existence. On sait, en effet, que le lait de la mère est leur aliment nécessaire et exclusif pendant la première quinzaine.

Nous disons du foin de bonne qualité, composé de graminées d'élite, sans mélange aucun de plantes insalubres, et exempt de moisissure et de poussière. On comprend sans peine que ce foin seul possède les qualités requises comme aliment hygiénique.

Pour obtenir un *bon thé* de ce foin, voici comment on doit le préparer d'après les indications de M. Isidore Pierre, le savant et regretté professeur de Caen :

Prendre 2 kilos de bon foin bien sain et haché, l'introduire dans un récipient en bois et y ajouter 2 litres d'eau bouillante et laisser infuser pendant dix heures au moins, boucher le récipient si on le peut. On peut aussi opérer en laissant macérer le foin dans l'eau froide pendant douze heures. L'eau froide s'empare alors, dit Isidore Pierre, de la matière azotée du foin en plus grande proportion que l'eau chaude.

Le foin ainsi traité est encore très propre à la nourriture des bestiaux adultes qui le consomment avec empressement.

Un éleveur bien connu, il y a cinquante ans, M. Perrault de Jotemps, décrit ainsi le régime au moyen duquel il a tiré un excellent parti du thé de foin dans l'élevage de ses jeunes veaux pendant trois mois jusqu'à leur sevrage:

Pendant les cinq premiers jours, il leur donnait 10 litres de lait par jour, les 6° et 7° jours, 7 litres de lait et 3 litres de thé de foin; du 8° au 11° jour, 6 litres de lait et 4 litres de thé de foin; du 12° au 15° jour, 5 litres de lait et 5 thé de foin, en réduisant graduellement la ration de lait et en augmentant celle du thé de foin jusqu'à quarante-deux jours (six semaines). — A cette date le lait était tout à fait sup-

primé, il donnait par jour 6 à 7 litres de thé de foin et renforcé d'une ration de farine, croissante de 1 à 2 kilos, jusqu'à deux mois et demi. A cette date, où les veaux ont des dents, il leur donnait des fourrages secs, mais il ne leur donnait jamais de fourrages grossiers avant l'âge de trois mois et demi. L'usage prématuré de ces fourrages étant une cause de maladies, qui se manifestent par une peau sèche et un poil dur et hérissé.

Le régime de lait mitigé par le thé de foin a donné à ceux qui l'emploient avec soin des résultats excellents et des profits supérieurs à ceux que procure le régime du lait seul.

Les ennemis de la vigne.

La section de viticulture de la Société des agriculteurs de France a tenu, le 30 décembre une séance, — la dernière à laquelle assistait M. le marquis de Dampierre — où la question si complexe des moyens de combattre les cryptogames de la vigne a été traitée avec une sérieuse compétence par des viticulteurs émérites comme MM. de Dampierre, Vimont, Michon, Couderc d'Aubenas, de Lapparent, Croquevielle, Bethmont, etc. M. Croquevielle avait pensé tout d'abord que le sulfate de fer répandu dans le sol serait un moyen préventif efficace et invoquait à l'appui de cette thèse, un fait personnel. — Mais tous ses collègues avaient des preuves de son inefficacité.

Un autre membre a dit que peut-être le mélange des sels de fer et de cuivre, appliqués en poudre et à l'état liquide seraient plus efficaces. On a invoqué des faits qui disent oui et aussi, hélas ! des faits qui disent non. — M. Vimont a raconté que son essai du procédé Reséguier, dans son vignoble de Mesnil-sur-Oger, avait réussi à brûler ses bourgeons !

Il conclut que, dans l'état actuel des choses, la plus grande réserve est encore commandée à tous les possesseurs de vignes, que d'ailleurs, les effets divers de tel ou tel traitement dépendent des sols, des climats, de l'état de l'atmosphère, etc. — ce qui signifie que l'ère des tâtonnements est loin d'être close.

M. de Lapparent approuve l'idée de M. Couderc, qui conseille l'emploi simultané du sulfate de cuivre à l'état de poudre et à l'état liquide. Les poudres sont inefficaces lorsque la pluie ne vient pas les dissoudre. Il explique ainsi les échecs subis cette année par les vignerons du Languedoc, dans leur lutte contre le blackrot.

M. Couderc a réussi par cette double application de la poudre Chefdebien ayant 20 0/0 de soufre.

M. de Lapparent remarque qu'au moment de la floraison les bourgeons sont recouverts d'une matière *gommeuse* qui empêche l'adhérence de la bouillie liquide, mais qui retient et absorbe la poudre toxique.

D'où l'utilité des deux modes de traitements.

M. Tessonnière dit que les pluies qui n'ont cessé de tomber dans le Midi pendant vingt-deux jours ont produit beaucoup de coulures et rendu le traitement impossible. Il ajoute, qu'en tout cas, on doit compter que les effets utiles d'un traitement quelconque ne durent pas plus que vingt jours, et qu'il faut le renouveler ensuite.

La section a clos ce débat en décidant qu'elle le reprendrait pendant la session générale où elle réunira un plus grand nombre de viticulteurs. Mais dès aujourd'hui il est trop certain que la lutte contre les cryptogames de la vigne est loin d'être terminée et que de longs efforts et de sérieuses recherches sont encore nécessaires pour assurer le salut des vignes et aussi le salut de leurs vendanges.

En tout cas, on ne peut refuser à la section de viticulture de la Société des agriculteurs de France, le tribut de gratitude qui lui est dû pour le zèle et l'intelligence qu'elle déploie dans cette lutte épique contre des ennemis qui semblent acharnés à la ruine des vignerons de la France qu'on peut bien appeler le *struggle for life* viticole.

Culture du pommier à cidre.

Au moment des plantations, les cultivateurs liront avec fruit l'article suivant de M. Caquet, bien connu comme arboriculteur.

La culture du pommier à cidre constitue la principale richesse de quarante-cinq départements.

Ce précieux végétal est cultivé dans la Normandie, la Bretagne, l'Anjou et en général dans tout l'ouest de la France depuis fort longtemps.

Toutefois, la routine est le guide le plus ordinaire des cultivateurs du pommier à cidre. Il importe d'améliorer la production du cidre et d'en développer la consommation; pour cela de rechercher et de propager les meilleures espèces de fruits et les mieux appropriées à chaque nature de sol; d'étudier et de vulgariser les meilleurs procédés de culture du pommier, de fabrication et de conservation du cidre, etc.

Le pommier est-il cultivé comme il devrait l'être? On le sème, et au bout de trois ans on le plante en pépinière; là, on lui donne quelques soins, puis on le replante, on le greffe, et c'est tout.

Les semis de pommiers se font ordinairement avec les pépins de pommes qui ont servi à faire le cidre. Ces pépins se sèment en mars, dans une terre ameublie, en rayons distants de 15 à 20 centimètres et profond d'un pied environ. On recouvre les pépins d'un peu de litière pour conserver la fraîcheur.

Les soins à donner au semis consistent à sarcler, biner, éclaircir, si le jeune plant est trop épais. Quand l'année est favorable et que le plant est fort, on le met en pépinière à la fin de l'automne dans les terres sablonneuses, et en février ou mars dans les sols humides et argileux.

Dans les deux cas, il convient de retrancher le pivot, afin de forcer le jeune plant à produire des racines latérales. Si les semis ont médiocrement prospéré, on retarde la transplantation jusqu'à l'année suivante; on bine fréquemment et l'on a soin de ne laisser à chaque plant qu'une seule pousse.

Le pommier à cidre se greffe le plus ordinairement en fente à 2 mètres de hauteur. Cette greffe a un double avantage : la tête de l'arbre est formée plus promptement et le sujet est plus vite productif.

Nous recommanderons tout particulièrement de choisir les scions sur des arbres bien sains et dont on ait pu apprécier les produits. Sans cette précaution, on s'expose à communiquer au nouvel arbre les défauts adhérents à l'individu qui les possède.

Cette opération est, d'ailleurs, du ressort du pépiniériste, et nous ne nous étendons pas davantage à son sujet.

Parmi les pommiers à cidre, on en distingue de trois saisons : les variétés les meilleures sont pour les pommiers précoces :

Le pommier amer-doux blanc; le pommier blanc-mollet, le pommier Saint-Gilles, le Relet, le Haze, le Guillot-Roger, le Renouvelet, le Girard, le pommier greffe de Monsieur, le pommier faussevarin, le pommier orpotin aune, le pommier lenteau gros, le pommier doux veret.

Parmi les pommiers de deuxième saison, il faut citer les pommiers mousette, Turbet, Souci, Ozanne, Héronnet, doux ballon, épices, doux évêque, préaux, rouget, petitcourt, Saint-Philibert, gros doux, fréquin, Gallot, Becquet, amer doux, cul noué, cimetière, blanchette, d'Amelot, de côte, de rivière, d'Avoine et long-pommier.

Les meilleures pommiers de troisième saison sont les pommiers Bos, sapin, pétas, prépetit, Durel, Jean, Huré, grosdoux, de massue, béboi, à coup venant, de cendres, de chénevière, bouteille, Bédan, Barbarie, Camière, Marin-Onfroi, Germaine, Hautebonté, Fosetta, doux-belle-heure, doux Martin, tard-fleuri, muscadet, peau-de-vache, petit-ente, etc.

Lorsque l'on veut faire une plantation de pommiers à cidre, il faut avoir soin de mélanger les espèces à pommes: douces, amères et acides, parce que ces trois sortes de fruits entrent dans la composition des bons cidres; mais les proportions en sont d'ailleurs fort variables et ne peuvent faire l'objet d'aucune indication de notre part.

On a vainement essayé de bouturer le pommier; les essais n'ont encore pu aboutir.

Quelles précautions doit-on prendre lorsqu'on veut faire une plantation de pommiers à cidre?

On creuse des fosses profondes deux mois auparavant la plantation. L'arbre qu'on doit déposer en terre a peu de racines. On l'a acheté au marché, et le pépiniériste a trop coupé les racines.

Le pommier planté, ces racines vont se ramifier et les radicelles auront besoin, pour se développer, de trouver un aliment abondant et facile. Or, ceci n'aura lieu qu'autant que la terre aura été remuée, aérée convenablement et suffisamment améliorée. La profondeur à laquelle on enterre le pommier a son importance, il faut que le collet soit au niveau du sol.

Il est aussi bien important, surtout dans les sols argileux, de drainer la fosse. Ce drainage se fait de plusieurs manières. Les uns placent au-dessous des racines quelques touffes d'ajoncs. D'autres font une rigole circulaire autour de la fosse.

Une autre observation dont on ne tient pas assez compte : on plante un sauvageon, un aigrin ou un franc — le plus souvent un franc néanmoins — puis on le greffe sans se préoccuper du terrain. C'est un tort. Il y a des espèces de pommes qui s'accommodent très bien de certains sols et moins bien du sol voisin.

Il ne faut pas planter dans un terrain pierreux et peu profond un pommier qui prendra un grand développement — (le griset, le marin-onfroy ou le gros bois); — car le développement de la partie aérienne s'effectue parallèlement à celui des racines. Ce qui convient aux sols pierreux, ce sont ces sujets robustes qui se développent peu en hauteur, mais dont le bois est plus serré, et qui rapportent si bien.

Dans les terrains forts, dans les terrains argileux, les autres conviennent particulièrement. Si l'arbre n'a pas la nourriture qui lui convient, en eût-il une surabondante, il pourra prendre un développement démesuré, mais de fruit, il n'en donnera guère; en tout cas, il sera de médiocre qualité.

Doit-on employer les engrais industriels dans la culture des pommiers à cidre?

Nous le croyons, et de nombreuses expériences concluantes ont été faites à cet égard.

Quant à l'élagage du pommier, nous le croyons indispensable les premières années de la transplantation. Il est nécessaire de rabattre tous les deux ans les pousses des variétés à bois très grêle, afin de faire grossir les branches. Pour un arbre formé, on doit se contenter d'enlever les branches mortes ou malades.

Si l'on coupait des branches de plus de 3 à 5 centimètres de diamètre, la plaie se cicatriserait difficilement.

Le principal ennemi du pommier est le chancre, qui vient de préférence sur los arbres mutilés. Il prend néanmoins très souvent naissance sur des arbre très vigoureux, et les sols froids et argileux sont favorables au développement de la maladie. Le chancre est dû à une stagnation de la sève, et pour s'en débarrasser, il convient de pratiquer des incisions dans le voisinage des amputations, afin d'ouvrir des issues à la sève stagnante et de la conduire vers quelque branche vigoureuse.

FRANÇOIS CAQUET.

Les pressoirs à pression continue

Ces pressoirs mis à l'essai depuis deux ans dans les contrées à grande production vinicole ont été l'objet d'appréciations diverses à la suite des résultats de leurs premiers essais.

Dans la dernière séance de la Société nationale d'agriculture, M. G. Dufaure a rendu compte des essais qui ont eu lieu aux dernières vendanges dans la région des eaux-de-vie de la Charente-Inférieure.

Son rapport constate que les pressoirs continus expédient le pressurage beaucoup plus rapidement que les pressoirs ordinaires, et qu'ils peuvent aussi extraire une plus grande quantité de jus. Ils peuvent même au besoin extraire la totalité, 100 pour 100. Mais on a constaté que ce ne serait pas une pratique à conseiller. Le jus extrait dans ces conditions est épais, presque à l'état de bouillie, donne un vin trouble, et celui-ci produit une eau-de-vie défectueuse ayant un goût terreux et empyreumatique.

La meilleure eau-de-vie est donnée par un jus extrait dans la proportion de 80 0/0 que donne sans difficulté le pressoir continu. Les lies, au reste, que laisse cette pression sont devenues elles aussi une eau-de-vie de bonne qualité.

En somme, les pressoirs continus sont appelés à rendre de grands services dans les pays à grande production vinicole, et comme pressoirs ambulants ils pourraient être de redoutables rivaux pour les pressoirs ordinaires, n'était la nécessité de leur adjoindre un pressoir ambulant, machine à vapeur ou à pétrole, etc.

Dans les pays à cidre, les pressoirs continus ont aussi un avenir qui doit être l'objet des études du syndicat pomologique de l'Ouest. Nous aurons sans doute occasion d'en entendre parler au concours provincial de Saint-Brieuc.

Le dattier français. Jusqu'à ce jour les dattes n'ont été produites que par les pays du nord de l'Afrique, l'Algérie et la Tunisie. Un arboriculteur niçois, M. Léon Duc, a signalé une variété de dattier nommée Phœnix, cultivé aux environs de Nice, qui donne en abondance des fruits excellents, et il pense que la culture de cette variété sur la côte d'azur française serait une source importante de profits pour cette belle région.

Nous pensons que grâce à son terroir, à son climat, à sa précieuse exposition abritée par les Alpes contre les vents du Nord, la contrée nommée côte d'azur, qui s'étend de Marseille au delà de Nice pourrait devenir le jardin des primeurs de la France, et même des riches pays du Nord-Ouest, Belgique, Angleterre, Hollande, etc.

Les produits actuels de ce charmant pays donnent des preuves décisives des richesses indéfinies qu'une culture active et habile peut en tirer, dans l'avenir.

HORTICULTURE

Le bouturage des porte-graines de choux.

Tandis qu'en province on en est encore à sacrifier les pommes de choux pour leur faire produire l'année suivante, en les fendant, les tiges florales, les maraîchers des environs de Paris emploient un procédé beaucoup plus économique qui mérite d'être plus connu, le bouturage. Après avoir choisi les plus beaux choux, l'époque où la pomme est à son plein développement, ils la coupent pour la vente en ayant soin seulement de laisser trois ou quatre feuilles au-dessous de la partie coupée. Bientôt, ces feuilles appelant la sève, il se développe de jeunes pousses qui vers la fin du mois d'août atteignent une longueur d'environ 15 centimètres. A ce moment, les maraîchers détachent ces jeunes pousses avec un morceau de la tige du chou et les plantent dans une terre riche et fraîche où elles prennent rapidement racines. Au printemps suivant, la bouture enracinée est mise en place avec un tuteur et fournit les graines au mois de juillet.

Inconvénient des bois sulfatés dans la construction des coffres de châssis de couche.

M. Petit, chef de recherches du laboratoire d'horticulture à Versailles, ayant vu dépérir des plantes sous châssis, a reconnu, sur la peinture à la céruse appliquée à l'intérieur des coffres, des traces de sulfure de plomb qui décelaient un dégagement d'hydrogène sulfuré. Recherchant la cause de ce dégagement, il l'a trouvée dans ce fait que le bois qui avait servi à construire ces coffres avait été injecté d'une dissolution de sulfate de cuivre. L'effet nuisible a d'autant plus de chances de se produire que la masse du fumier est plus importante.

En tout cas, il importe d'éviter avec soin toute introduction de sulfates dans les couches. Il convient d'abord de renoncer au sulfate de cuivre pour prolonger la durée des bois servant à la construction des coffres; en outre, de ne pas mélanger de plâtras à la terre employée dans ce mode de culture et

de rejeter les eaux chargées de sulfates pour l'arrosage.

RECETTES

Contre les fourmis. — Pour faire partir dans les vingt-quatre heures tous les habitants d'une fourmilière, il suffit de placer à l'entrée de celle-ci une poignée de cerfeuil.

Le Gérant: E. GAMBART.

IMP. NOIZETTE ET Cⁱᵉ, 8, RUE CAMPAGNE-1ʳᵉ, PARIS.

PRIMES A NOS ABONNÉS

PRIMES DE PRINTEMPS

Nous informons nos lecteurs que toutes les primes annoncées jusqu'à présent sont épuisées, à l'exception de celles que nous continuons à annoncer.

Nous serons obligés de retourner l'argent accompagnant les ordres de primes épuisées.

Prochainement, comme les années précédentes, nous offrirons à nos aimables lectrices des primes de graines.

Huîtres fraîches d'Arcachon et de Marennes, colis postaux, 5 kilos contenant :

100 huîtres blanches.		4 25
70 — plus grosses		4 80
100 — vertes.		5 60
70 — plus grosses		5 60

Franco de port et d'emballage en gare ou à domicile. *Adresser les ordres* accompagnés de la bande du journal et d'un mandat à MM. J. LAPIERRE et J. GOURET à Andernos (Gironde).

Délicieux Vin Muscat Vieux tonique et réconfortant venant directement de la propriété, garanti authentique, offert en prime à nos abonnés à raison de 1 fr. 25 le litre logé en fûts de 25 à 35 litres. Fûts perdus.

Adresser les commandes au Bureau du Journal 10 *bis*, rue Piccini, Paris.

Si vous voulez boire du bon vin de Saint-Emilion, adressez-vous à M. Duplessis-Fourcaud, au château des Trois-Moulins, à SAINT-EMILION (Gironde).

(Voir le prix courant.)

Montre Remontoir, boîte métal nickelé, cuvette nickelée, 18 lignes ou 50 millimètres, cadran émail à secondes, aiguilles Louis XV, système 1 rochet, échappement-cylindre, 4 rubis. Prix 15 fr. 50 franco de port et d'emballage.

Le même article se fait en modèle réduit pour jeunes gens au même prix et pour dames avec augmentation de 2 francs.

Montre Remontoir, acier oxydé inaltérable cuvette acier oxydé 18 lignes, système perfectionné, calibre revolver, cylindre 8 rubis, cadran émail à secondes, prix 20 francs, franco de port et d'emballage.

Le même article se fait en modèle réduit, pour jeunes gens au même prix, et pour dames avec augmentation de 2 francs.

Baromètre nickel, fabrication française très soignée, système perfectionné. Prix 12 francs.

Baromètre « Bois sculpté Masson, » très décoratif, fabrication française, système perfectionné. Prix 22 fr. 50.

Envoyer les demandes accompagnées d'un mandat d'égale somme, au Bureau du Journal, 10 bis, rue Piccini, Paris.

Vélocipèdes. — Pour répondre aux désirs maintes fois exprimés par nos lecteurs, nous nous sommes livrés à de sérieuses recherches. Nous avons visité les principales usines et pris l'avis d'amateurs de cet instrument. Nous sommes aujourd'hui en mesure de procurer à nos lecteurs, à titre de prime exceptionnelle, machines parfaites à tous égards provenant d'un des meilleurs fabricants.

La plus vaste Manufacture du Monde

Cadre gros Tubes INDÉFORMABLE

LA **NATIONALE**

72, Rue de Rome

Usine à vapeur. 27, rue Desrenaude

PARIS

Bicyclette modèle 1895

avec pneumatiques de tous systèmes, derniers perfectionnements, mieux faite et moins chère que tout ce qui s'est fait jusqu'à ce jour.

Envoi franco du Catalogue

Nos abonnés auront droit à une remise de 50 0/0 sur les prix du catalogue de cette maison.

Nous ne disposons que d'un très petit nombre d'instruments dans ces conditions.

CORRESPONDANCE

M. G. — Nous ne répondons jamais aux lettres anonymes et nous n'avons pas le temps de résoudre des problèmes, quelque faciles qu'ils soient.

M. R., de C. (Marne). — Les blés de printemps doivent partout être mis en terre le plus tôt possible, au plus tard la première quinzaine de mars. Comme ils tallent peu, nous ne conseillons pas de 'le semer en lignes.

Nous vous recommandons le blé *dit de mars* qui donne de 18 à 20 hectolitres l'hectare, la paille est fine et est très aimée des bestiaux.

Le blé de Bordeaux peut parfaitement se semer au printemps de bonne heure, semé actuellement, sur terre saine et bien fumée, son rendement arrive encore de 30 à 35 hectolitres l'hectare, avec une paille forte et très résistante à la verse.

M. S., à V. (Haute-Marne). — Les marcs de pommes sont utilisés comme *engrais*, soit directement (fumure des arbres fruitiers principalement), soit en mélange avec le fumier, soit en mélange avec de la chaux ou de la marne et d'autres débris végétaux pour la confection des composts.

M. C., à A. (Yonne). — Si le goût de soufre qu'à contracté votre vin blanc est faible, vous le ferez disparaître en aérant fortement au moyen d'un soutirage. S'il est prononcé, faites passer votre vin blanc sur une couche de charbon de bois finement concassé, ou bien traitez à l'huile d'olive. (Un litre de bonne huile sans goût par barrique de 228 litres.) On mélange, ou fouette énergiquement et vingt-quatre après on soutire.

M. T., à P. (Haute-Marne). — Afin de réussir vos plantations de poiriers et de pommiers dans votre terrain calcaire, vous ferez bien de défoncer assez profondément, de mélanger, au moment de la mise en place, de la bonne terre franche, avec un peu de terreau, ne pas planter trop profondément, c'est toujours par là où l'on pèche; couvrir d'un paillis, arroser le pied des jeunes arbres au moment des grandes chaleurs. Les variétés à planter sont très nombreuses; s'il s'agit de fruits de table vous pouvez prendre : *Poiriers* : Beurré d'Amaceler, Louise-Bonne, Caré, Villiam. — *Pommiers* : Reinette-grise, Canada, Reine-des-Reinettes, Reinette de Caux. Pour le cidre, il est préférable de choisir les variétés locales chaque fois qu'elles sont rustiques et vigoureuses; cependant nous vous recommandons les suivantes : Poiriers : Oignonnes, Croix-marc. — Pommiers : Amer doux, Gros fréquin, Locart, Avrolles, Nez plat, Nez de chat, Amer-de-Berthécourt, Binet blanc, pomme Bramtot (etc.).

OFFRES ET DEMANDES

JEUNE HOMME ayant diplôme d'Ecole pratique d'agriculture demande emploi dans grande exploitation pour se fortifier dans la pratique. Pas exigeant comme gages.

S'adresser au bureau en journal.

Avoine dite Garton, de provenance anglaise, sorte nouvelle favorite en France, à grands rendements culturaux, 24 fr. les 100 kilos sur wagon Dunkerque sacs perdus, droits d'entrée en plus.

Avoine noire Tartare supérieure, provenance anglaise, très productive, très beau grain 24 fr. 50 les 100 kilos sur wagon Dunkerque sacs perdus, droits d'entrée en plus. Les droits d'entrée sont de 3 fr. aux 100 kilos. S'adresser à MM. Nocq et Masse, importateurs à Noyon (Oise).

Avoine grise de Beauce pour semence extra 1er choix, 21 francs les 100 kilos.

Au-dessus de 10.0 kilos 20 francs les 100 kilos. logés gare Nangis (Seine-et-Marne.)

S'adresser à M. E. Leclert, agriculteur à Bois-Garnier, par Jouy-le-Châtel (Seine-et-Marne).

Pommes de terre de semence : *Géante bleu, Aspurie, Annibal, de Paulsen; Imperator de Richter*, espèces très résistantes et très productives.

Pureté d'origine garantie.

70 francs les 1000 kilos,

S'adresser : M. de Lavigerie, à Montbron (Charente).

On demande à acheter pour la place de Paris plusieurs lots de blés pour la meunerie, avoine de consommation, seigle et sarrasin, pailles et fourrages. Adresser échantillons et prix à M. Périnaud-Gérard, 6, rue de Marseille (Paris).

Ancien Industriel ayant possédé usine importante, fait valoir plusieurs Fermes et Bois de haute futaie. Désire se placer comme intendant-régisseur. Nous recommandons spécialement cette personne qui a de grandes connaissances techniques à possesseur de grand domaine. Ecrire au bureau du journal.

On offre : **Trèfle violet bien récolté**, garanti pur et exempt de cuscute, au prix de 1 fr. 20 le kilo, pris à Vittel (Vosges) gare départ.

S'adresser à M. Emile Morel, propriétaire à Vittel (Vosges).

Huiles d'olive garanties pures et sans mélange venant directement de la propriété.

Au prix de 1,80, — 1,60, — 1,50 le kilog. suivant qualité.

Gare départ, paiement contre remboursement. S'adresser à M. Edouard Laurin, propriétaire à Saint-Chamas (Bouches-du-Rhône).

Pommes de terre sélectionnées pour semence : *Géante Franco-Russe*, 20 francs les 100 kilos; Paulsen-Athènes; Hollande; Idaho; Canada; 12 francs les 100 kilos.

Livrables, par quantité minima de 50 kilos.
Gare départ, sacs facturés en sus.

Marjolin un peu germée, 2 fr. 50 les 5 kilos franco toutes gares de France.

S'adresser au bureau du journal.

Agriculteur, ancien régisseur de grandes propriétés, demande direction d'un domaine en France ou colonies. Excellentes références.

GRAND CRU MENARDIERE. Cidre normand pur jus, 15 fr. l'hecto non logé.

Eau-de-vie de cidre garantie pure : 3 fr. le litre.

SASSIER, propriétaire. La Colombe (Manche)

La culture électrique, par M. C. Crépeaux . . . . 1 »

Purificateur d'air pour tonneaux, l'un 4 50 franco gare.

Moyennant un supplément de 0 fr. 40, nous joindrons à l'envoi une mèche à percer de calibre et moyennant 0 fr. 10 en plus, une mèche soufrée.

FROMENTINE

Marque déposée s. S.G.D.G.

Produit pour l'alimentation économique, saine et rationnelle du bétail, provenant en grande partie des issues de la mouture de blé.

DIVERSES MARQUES

Demander celle en raison du but poursuivi

Marque A pour l'engraissement égal à celui du tourteau de lin, le remplacement de l'avoine, production d'un lait de qualité supérieure.

Marque B pour le bon entretien du bétail.

Marque J développement rapide des jeunes bêtes.

Marque L surproduction du lait.

Marque E engraissement rapide.

Ecrire à M. Armand MILLOT

Moulins Saint-Martin

Saint-Quentin (Aisne).

Le moment favorable au transport des vins étant revenu, nous rappelons à nos lecteurs que tous ceux d'entre eux qui, sur nos conseils, et depuis cinq ans, consomment les vins de M. VINCENT ARDURA, vigneron, domaine de la Chapelle-Frédignac, par Blaye-Bordeaux n'ont qu'à se louer de la qualité et de la conservation de ce Bordeaux absolument naturel, expédié sans intermédiaire.

Pour dégustation sérieuse, envoi gratuit est fait d'une bouteille de la récolte désignée.

L'encaissement est fait par le facteur, à 30 jours, escompte 2 0/0, ou 90 jours.

Vendanges : 1893, à 130 fr., 1892-91, à 150 fr.; 1890-89, à 175 fr., 1887, à 200 fr., 1885, à 220 fr., 1884, à 240 fr., 1882, à 250 fr., 1881, à 300 fr. — Graves blancs vieux : 130, 150, 200, 250, 300 fr., suivant âge, les 225 litres collés, soutirés, franco de port et de fût en gare d'arrivée.

Avis à Messieurs les Cultivateurs

et aux Fabricants de sucre.

La graine authentique *Fouquier d'Hérouël* est *toujours* facturée par la maison qui confirme à bref délai les commandes.

Les envois sont faits *directement* aux acheteurs en sacs plombés au nom « Fouquier d'Hérouël, à Vaux-sous-Laon. »

Il n'existe aucun dépositaire.

MÊME MAISON SOCIALE DEPUIS 1781
Expos. Universelle 1889 : 3 Grands Prix, 3 Méd. d'Or

VILMORIN-ANDRIEUX, O.✳.✳ & Cie

4, Quai de la Mégisserie, PARIS

CULTURE SÉLECTIONNÉE & VENTE de **TOUTES GRAINES de SEMENCES**

Gros & Détail. — Catalogues gratuits aux lecteurs de la Gazette.

VINS
DE SAINT-ÉMILION

Vins classés, de **800 à 250** francs la barrique de 225 litres. — Moitié prix pour la barrique de 112 litres.

Vins grands ordinaires, de **140, 125, 105, 100** francs la barrique — **80, 75, 70, 65, 58, 55** francs, la demi-barrique. — Rendu *franco* en gare et régie, sauf octroi.

Adresser commandes à M. DUPLESSIS-FOURCAUD, à **Saint-Émilion**. — Envoi de prix courants et échantillons sur demande affranchie.

Médailles d'Or, Paris, 1867 et 1889 — Moscou, 1891 — Besançon, Montluçon, Royan, etc.

VELOUTINE FLAMANDE

La Veloutine est spécialement employée pour lustrer les cuirs de fantaisie : guides, selles, harnais de luxe et de travail, capotes, tabliers, caparaçons, etc., et lorsqu'ils ont déjà été enduits de vaseline, ce produit donne un joli brillant et évite l'action graisseuse des cirages ou préparations à base de cire. Sans causticité il ne dessèche pas et imperméabilise.

Le bidon d'un litre pour harnais noirs. . . . 3 70
                       — jaunes. . . 4 20
Franco gare contre mandat-poste.

S'adresser : Manufacture de Vaselines industrielles de Ligny-en-Cambrésis (Nord)

ASPERGE GÉANTE
ROYALE DE FRANCE
(RACE D'ARGENTEUIL PERFECTIONNÉE)
Demander la Méthode de Culture et prix courant gratis et franco), à M. WILLIAM FOURCINE, directeur des pépinières royales de Dreux (Eure-et-Loir). Médailles et diplômes de première classe.

L'ENGRAIS AMIÉNOIS
FUMURE ORGANICO-CHIMIQUE
pouvant être employée seule ou comme complément de fumier de ferme

Mixte et très complet, cet engrais convient à tous les terrains; il est approprié, sous divers numéros, à toutes les plantes.

SUPERPHOSPHATE AZOTÉ (produit nouveau)
12 0/0 acide phosphorique
3 à 4 0/0 azote (organique) soluble

Envoi franco du prospectus sur demande affranchie
Adressée à M. Elisée LEFEBVRE
route de Rouen, 121, AMIENS.

GRIFFE SARCLEUSE-BINEUSE
Outil économique

pour biner, sarcler promptement entre toutes les lignes de plantes ou légumes sans distinction, indispensable en toutes saisons dans les jardins, vignes, pépinières, les cultures de betteraves, de tabac, etc., même dans les allées

MALADIES DU BÉTAIL
ET DE LA VOLAILLE
Leur traitement préventif et curatif
PAR L'ACIDE SALICYLIQUE

L'acide salicylique, employé dans la nourriture à la dose de 1/2 à 1 gramme par jour et par tête de bétail, est le meilleur préservatif des maladies qui procèdent par contagion : Sang de rate, Cocotte, Maladie aphteuse, Erysipèle, Typhus, Morve, Variole et le Rouget des porcs, etc.

Des attestations nombreuses de guérisons obtenues pour la Cocotte et le Rouget des porcs ont été reproduites dans le journal l'Agriculture.

La désinfection des étables, des écuries, se fait instantanément au moyen d'un arrosage d'eau salicylée à 2 grammes par litre.

S'adresser à M. CERCKEL, administrateur de la Compagnie de produits antiseptiques, 26, rue Bergère, Paris.

Envoi sur demande de Prospectus et Brochures.
PRIX DU KIL., 25 fr. BOITE DE MÉNAGE, 2 fr.

Insecticide-Préservateur
FERTILISANT
DESGOUTTES

La Boîte de 10 kilog., pour essais, 10 fr. franco toutes gares (port et emballage compris).

Adresser les demandes, accompagnées d'un mandat, 10 bis, rue Piccini, Paris.

Eugène de MASQUARD
PROPRIÉTAIRE-VITICULTEUR, Château de la Cascade
SAINT-CÉSAIRE-LES-NIMES (Gard)

Vins garantis naturels, rouges et blancs, depuis 60 fr. la pièce de 220 litres jusqu'à 100 francs, selon qualité, prise en gare de St-Césaire (Gard), fût perdu.

Ces vins ont été médaillés à toutes les expositions où ils ont figuré.

Récoltés sur des coteaux et des terrains secs, les vins de Saint-Césaire, l'un des meilleurs crus du Gard, se conservent parfaitement sans être plâtrés.

Envoi franco de prix courants et échantillons

MAISON
Ferdinand et Arnould LEMAIRE
ARNOULD LEMAIRE SUCCESSEUR

CULTURE DE MILLE HECTARES
Laboratoire de chimie pour l'analyse des porte-graines

SPÉCIALITÉ DE GRAINES DE BETTERAVES RICHES EN SUCRE
Ces graines sont garanties sur factures
franches d'espèces, de pureté normale et de bonne germination.
S'adresser pour les Commandes à M. **A. LEMAIRE**, *producteur*
CHATEAU DES MARETZ près Reims (Marne)

PHOSPHATE FOSSILE DE QUIÉVY-NORD
le plus assimilable de tous les phosphate connus
GARANTI PUR DE MÉLANGE AVEC TOUT AUTRE PHOSPHATE
Ce qui, du reste, ne pourrait que diminuer son assimilabilité.

EXTRACTION DU GISEMENT ET USINE A QUIÉVY
Propriétaire-Extracteur : C. LECLERCQ
Bureaux à Viesly (Nord).

COMPOSITION MOYENNE		ASSIMILABILITÉ RELATIVE (méth. Joulie).
		Solubilité dans l'oxalate d'ammoniaque.
Acide phosphorique. . . .	12 » à 16 » 0/0	Phosphate de **Quiévy**. **82 29** 0/0
Potasse	0 45 à 2 77 0/0	— de la Meuse 51 95 0/0
Chaux.	19 05 à 31 » 0/0	— de Pernes. 47 87 0/0
Magnésie.	0 58 à 3 80 0/0	— des Ardennes. 46 43 0/0
Matières organiques azotées .	1 80 à 3 45 0/0	— de la Somme (moy.). . 44 53 0/0
		— de Ciply. 34 57 0/0

Titre garanti en acide phosphorique : **13 à 15 0/0.**

LIVRAISON : EN POUDRE IMPALPABLE EN SACS PLOMBÉS, MIS SUR WAGON GARE **QUIÉVY**-en-**CAMBRÉSIS**
Prix : **3 fr. 80** les 100 kilos, sacs perdus, 30 jours, 2 0/0 ou 90 jours net.

NOTA. — Les acheteurs qui désirent employer le **véritable Phosphate de Quiévy** pur et garanti d'origine doivent exiger que les sacs portent la Marque (**Au Poisson fossile**) et la Firme C. LECLERCQ, seul exploitant à Quiévy (Nord).

COMPAGNIE DES MOTEURS UNIVERSELS
SIÈGE SOCIAL	MAGASIN D'EXPOSITION ET DE VENTE
9, Rue Nouvelle, Paris	21, Avenue de l'Opéra, 21

MOTEURS A PÉTROLE
Système GROB et Cie,
BREVETÉS S. G. D. G.
MÉDAILLE D'OR au Concours International de Meaux 1894

Les seuls fonctionnant au pétrole ordinaire d'éclairage sans carburateur, applicables à toutes les industries, agriculture, électricité, élévation d'eau, etc.
Consommation maxima 1/2 litre par cheval, et par heure.

Sécurité absolue
SURVEILLANCE INUTILE
ENTRETIEN NUL

MOTEURS A GAZ
Envoi franco du Catalogue

Farine de Viande

Reconnue la meilleure Nourriture pour fortifier et engraisser le BÉTAIL, les PORCS, la VOLAILLE, les CHIENS, etc.

de la Compagnie Liebig

Fabriquée dans les Établissements de la **Liebig's Extract of Meat Company Ld, London** & **FRAY-BENTOS** et Succursales (Amérique du Sud).

*Cette Farine de Viande contient environ **90 pour 100** de matières nutritives. Il convient de la donner aux animaux mélangée à leur nourriture habituelle.*

Pour tous renseignements s'adresser à { MM. **CHARLES HUE**, 51, quai d'Orléans, LE HAVRE. **GUÉTAN & M. CAILAR**, 48, rue Barbès, PETIT-IVRY (Seine).

Printemps

NOUVEAUTÉS

Nous prions les Dames qui n'auraient pas encore reçu notre Catalogue général illustré « **Saison d'Été** », d'en faire la demande à

MM. JULES JALUZOT & Cⁱᵉ, PARIS

L'envoi leur en sera fait aussitôt **gratis et franco.**

des Usines de **MM. P. MARCHAND Frères, à DUNKERQUE (Nord)**

Fabriqués sous le contrôle permanent de la Station Agronomique du Nord Dirigée par M. DUBERNARD

Nous appelons l'attention des éleveurs et des nourrisseurs sur les Tourteaux de COTON de graines d'Egypte : c'est un produit excellent pour les vaches laitières, les bœufs à l'engrais et les moutons.

Nos Tourteaux de COTON sont complètement débarrassés de la bourre qui enveloppe la graine et contiennent la même quantité de matières nutritives et grasses que les meilleurs Tourteaux de Lin.

Nos Tourteaux de COTON forment l'aliment le meilleur et le plus avantageux en raison de leur prix excessivement bas.

PRIX : 9 Fr. 50 les 100 kil., gare Dunkerque

S'adresser à MM. **P. MARCHAND** Frères, à DUNKERQUE (Nord)

MACHINES AGRICOLES
A. BAJAC
à LIANCOURT (Oise)

Porte-Pantalon Hygiénique breveté S. G. D. G. de P.-B. NOËL

Le **PORTE-PANTALON** est établi d'après les règles de la mécanique. Il maintient le pantalon en le prenant à son *are de gravité latéral* et pivote à son point d'attache avec lui. Au lieu de contrecarrer les mouvements du corps, comme le fait la bretelle, il les accompagne sans les gêner d'aucune façon. A LA CONDITION ESSENTIELLE QUE LE PANTALON SOIT TRÈS LIBRE A LA CEINTURE.

Comme l'indique la figure ci-contre, il est formé de deux emmanchures qui contournent les épaules ; l'écartement en est maintenu par derrière seulement au moyen d'une traverse formant empiècement, sous le bras, par une seule branche porte-mousqueton d'où partent trois pattes dont celle du milieu se fixe sur le bouton placé sur la couture du pantalon centre de gravité ; les deux autres pattes sont montées en glissières et forment le demi-cercle, permettant tous les mouvements du corps, qui peut se porter en tous sens, sans qu'aucune gêne puisse en surgir. Les boutons de ces deux pattes glissières doivent être fixés en avant et en arrière, de manière à obtenir un tirage nécessaire pour maintenir le devant et le derrière du pantalon dans la position normale.

Pour les personnes d'une obésité plus ou moins prononcée, éloigner proportionnellement le bouton de devant de celui du centre de gravité latéral et rapprocher d'autant celui de derrière.

Le **PORTE-PANTALON** est indispensable à l'homme de bureau, au cavalier, aux jeunes gens dans les lycées, aux jeunes filles dans les pensions, au vélocipédiste, au militaire auquel il permet tout exercice, le pas de course, même la gymnastique sans être gêné dans ses mouvements, à l'ouvrier de l'usine, au faucheur, au terrassier, etc. Il est rendu inusable pour deux causes : la première parce qu'il ne fatigue pas en son emploi, la deuxième par la qualité du tissu *sans élastique*, des organes et de sa bonne fabrication. La disposition d'attache protège le pantalon qui est rendu libre et ne peut pas même pas prendre la forme du genou.

Le **PORTE-JUPON** remplace très avantageusement le corset en ce qui concerne le soutien auquel la femme est habituée ; mais de plus, les jupons n'étant pas serrés à la taille, la personne éprouve le bien-être du corset, tout en se sentant libre comme dans une robe de chambre. Elle vaque à son travail avec pleine liberté du corps.— **LES MESURES** doivent être prises comme pour homme.

Pour les jeunes gens et fillettes, bien surveiller la croissance ; avec ce système on la conduit à son gré, comme le pépiniériste ses arbres, et sans gêne aucune pour la personne ; au contraire elle éprouvera un bien-être continu.

PRIX DE FAVEUR POUR NOS LECTEURS. — **Pour hommes, jeunes gens et enfants de 10 ans, prix franco 4 fr.; pour femmes et fillettes, 4 fr. 50. Nous exécutons sur commande sans augmentation de prix.**

Pour les articles de luxe, également sur commande à partir de 8 fr.

Toute commande doit être strictement accompagnée d'un mandat-poste représentant la valeur de l'expédition

POUR LES COMMANDES PAR CORRESPONDANCE, on doit donner les mesures suivantes (voir la figure) :

AA. Largeur des épaules, prises d'un point à l'autre.   — BB. Contour de l'épaule en passant sur la pointe et contournant le bras.

CC. Distance du dessous de bras au bouton placé sur la couture du pantalon, centre de gravité.

L'URBAINE
Compagnie anonyme d'Assurances à primes
fixes contre l'INCENDIE
FONDÉE EN 1838
CINQUANTE-HUITIÈME ANNÉE
CAPITAL : 5 MILLIONS — GARANTIES : 70 MILLIONS
SINISTRES PAYÉS DEPUIS L'ORIGINE : 131.000.000 FRANCS
PARIS — 8 et 10, rue Le Peletier

DISTILLATION CONTINUE
ALAMBIC
Système A. ESTÈVE

F. BESNARD
PÈRE, FILS ET GENDRES
25, rue Geoffroy-Lasnier
PARIS
Envoi franco du Catalogue sur demande.

POUDRE DELARBRE
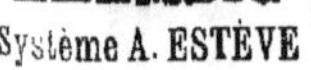

Plus de CHEVAUX POUSSIFS !
Guérison de la POUSSE,
Toux, Bronchite et Gourme.
La Boîte de 20 Doses : 3 francs
G. DELARBRE, AUBUSSON (Creuse)
Maison de Vente & d'Expédition à Aubusson (Creuse) G. DELARBRE
A Paris & en province, chez tous les Droguistes & Pharmaciens.

GRANDE BAISSE DE PRIX
PHOSPHO-GUANO COMPANY, LIMITED
LEFEBVRE FRÈRES, Consignataires généraux
PARIS - 60, RUE DE BONDY - PARIS
PHOSPHO-GUANO
SEUL VÉRITABLE — IMPORTÉ DEPUIS 1863
Superphosphate Ornithos — Superphosphate Chilton — Superphosphate 10 degrés
Osso-Guano, Engrais complet Rhizome. Engrais Surazoté L. F.
La qualité et les dosages de tous ces engrais sont invariables et garantis.
L'acide phosphorique qu'ils renferment étant complètement soluble
dans l'eau a une valeur fertilisante très supérieure à celui de l'engrais et super-
phosphates dont l'acide phosphorique, soluble seulement dans le citrate d'am-
moniaque, reste insoluble dans l'eau. Il n'y a de garanties sérieuses que celles des
dosages exprimés séparément en acide phosphorique soluble dans l'eau et en
acide phosphorique, insoluble dans l'eau.
Envoi franco sur demande de brochures indiquant les dosages garantis et les prix.
Dépôts dans tous les principaux centres agricoles.

MACHINES
AGRICOLES, VINICOLES et VITICOLES
TH. PILTER
24, Rue Alibert, PARIS
SUCCURSALES :
Bordeaux, Toulouse, Marseille, Montpellier, Tunis
Les lecteurs de la Gazette désireux de recevoir les Catalogues de la maison TH. PILTER dès
leur publication, sont priés d'écrire 24, rue Alibert, Paris, afin de se faire inscrire.

UNION AGRICOLE DE FRANCE
Société Anonyme au Capital de 1.100.000 Francs. - Siège Social : 18, Boulevard des Capucines, Paris.
SIÈGE COMMERCIAL PRINCIPAL : 72-74, Rue Saint-Denis, PARIS
Vente à la Commission
et en toute loyauté
DE
DENRÉES AGRICOLES
de toutes sortes
et de toutes provenances
Fourniture Directe
et livraison à domicile
AUX
ÉPICIERS, FRUITIERS
Restaurants, Hôtels, Pensionnats et
Établissements privés importants.
Renseignements détaillés sur demande au Siège Social

BAINS-BUANDERIES
Baignoires. — Chauffe-Bains. — Douches. — Appareils de lessivage,
système GASTON BOZÉRIAN.
CHAUDRONNERIE, TOLERIE, etc. — ENVOI FRANCO DE CATALOGUES.
DELAROCHE aîné, 22, rue Bertrand, Paris

GRAINES FOURRAGÈRES
POUR PRAIRIES PERMANENTES & TEMPORAIRES

Luzerne de Provence extra . . 135 fr.
—   de Provence 1er choix. 125 —
—   de pays extra. . . . 120 —
—   de pays 1er choix. . . 110 —
Minette de Beauce. . . . . . . 40 —
Sainfoin à deux coupes . . . . . 40 —
Trèfle violet . . . . 100 —
Vesce de printemps, de pays. . 22 —
Maïs Caragua, dent de cheval. 21 —

Le tout aux 100 kilos, logés, Paris

MÉLANGE SPÉCIAL POUR PRAIRIES PERMANENTES
composé selon la nature du sol, 65 kilos à l'hectare
Prix : 90 fr.

Adresser les commandes à **BIROT Henri**, cultivateur grainier,
19, r. de Viarmes (Bourse de Commerce), Paris.

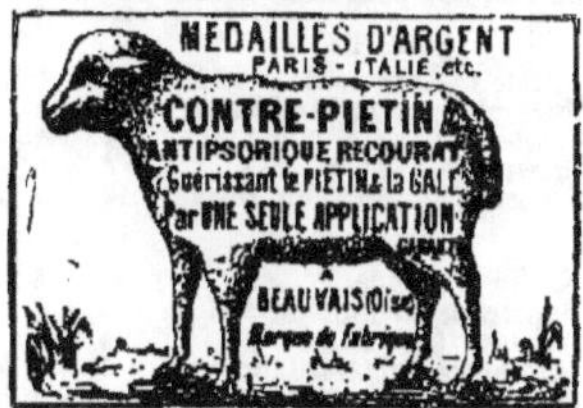

Le plus puissant
anticryptogamique & parasiticide

Complètement soluble dans l'eau
Le meilleur marché.

Assainissement et désinfection certaine
de tous locaux.

Employé avec plein succès contre le
mildew, l'oïdium, la pyrale, etc., et
tous les parasites des arbres fruitiers,
fleurs, légumes, etc.

SOCIÉTÉ FRANÇAISE DU LYSOL
22 & 24, place Vendôme, 24 & 22
PARIS

M. RECOURAT, pharmacien à Beauvais.

Gale des moutons guérie radicalement
par *une seule application* de l'ANTIPSORIQUE.
La bouteille, 3 fr. ; la 1/2 bouteille, 1 fr. 75.
Guérison du PIÉTIN par *un seul pansement*
avec le CONTRE-PIÉTIN-RECOURAT.
Le pot d'essai, 1 fr. 50 ; le pot, 2 fr. 50.
Joindre 0 fr. 60 pour recevoir *franco* et
indiquer gare.

ALIMENTATION DU BÉTAIL
Tourteaux de Coprah ou Coco
F. TASSY, E. ROCCA ET Cie

Fabricants d'huiles (producteurs directs
de Tourteaux)
23, RUE HAXO, MARSEILLE
Deux médailles d'or, Anvers 1894
Envoi de Prix-Courants et Échantillons sur demande

CHEVAUX BOITEUX
Guérison par le spécifique BORNET

Contre **Capelets, Mollettes, Vessigons
Éponges, Exostoses, Suros, Eparvins** et
les **Formes** à leur début. *(Il s'applique également à toutes les tares molles et osseuses.)*

PRÉPARÉ PAR **A. BORNET**
Pharmacien de 1re classe, ex-interne et lauréat des
hôpitaux.

19, rue de Bourgogne, PARIS.

Le flacon, 3 fr., à la pharmacie ; en gare
par colis postal, 6 fr., contre mandat.

Machines Agricoles Françaises

MAISON ALBARET

O. ☼ . O. M. A.
Breveté
S. G. D. G

Veuve ALBARET et G. LEFEBVRE*, SUCCr

ATELIERS DE CONSTRUCTION ET ADMINISTRATION
A RANTIGNY-LIANCOURT (Oise)

Bureaux et Magasins :
9, Rue du Louvre, PARIS

LOCOMOBILES, MACHINES DEMI-FIXES, MOTEURS A PÉTROLE
BATTEUSES PORTATIVES ET FIXES — MANÈGES

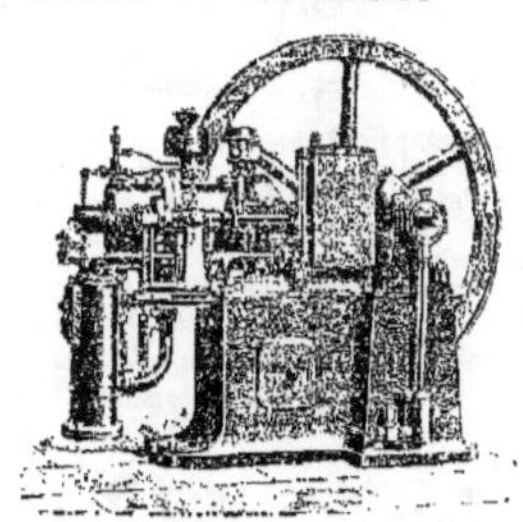

HACHE-MAIS — HACHE-PAILLE   PRESSES A FOURRAGES

FAUCHEUSES, MOISSONNEUSES & LIEUSES
RATEAUX, FANEUSES

Semoirs en Lignes — Semoirs à Engrais — Concasseurs — Aplatisseurs

INSTRUMENTS D'AGRICULTURE — INSTRUMENTS DE PESAGE

Grand Prix, **Lyon 1894**. — Grand Prix, **Anvers 1894**. — Grand Prix, **Bordeaux 1895**
Beauvais 1895, Diplôme d'Honneur
Tunis 1895, Premier Prix, Médaille d'Or
19 Diplômes d'Honneur et d'Excellence — 226 Médailles d'Or — 191 Médailles d'Argent

---

SUCCURSALES :
Saint-Quentin, Chartres, Abbeville, Cambrai, Dax, Lyon, Alger
Envoi franco sur demande des Catalogues illustrés.

17ᵉ Année. — Nᵒ 11.　　LE NUMÉRO: 10 CENTIMES　　Dimanche 15 Mars 1896.

GAZETTE AGRICOLE

JOURNAL HEBDOMADAIRE, PARAISSANT LE DIMANCHE

Fondateur : M. CH. GOSSIN, Professeur d'Agriculture à l'Institut agricole de Beauvais

PRIX DE L'ABONNEMENT

UN AN, **5 fr.** — SIX MOIS, **3 fr.** — TROIS MOIS, **2 fr. 25**

Pour l'Étranger les abonnements ne sont reçus que pour un an, au prix de 6 francs, et ne partent que du 1ᵉʳ JANVIER ou du 1ᵉʳ JUILLET de chaque année.

Le Numéro : **10** centimes.

Adresser toute la correspondance : mandats, lettres, annonces, etc., à **M. CRÉPEAUX**, *Directeur de la Gazette agricole*, 10 bis, rue Piccini, Paris.

Toute demande de changement d'adresse doit être accompagnée de 50 centimes et de la dernière bande du journal.

BUREAUX

97, rue de Rennes, Paris, et à Beauvais, rue Saint-Étienne.

Les abonnements partent du 1ᵉʳ de chaque mois et sont payables d'avance. Toute demande d'abonnement doit donc être accompagnée du prix de l'abonnement. (Le mode de payement le plus simple est l'envoi d'un mandat-poste.)

Donner *très lisiblement*, en s'abonnant, son nom et son adresse exacte, *avec l'indication du bureau de poste*; et, s'il s'agit d'une continuation d'abonnement, joindre au renouvellement la dernière bande d'adresse du journal.

Les Annonces sont reçues à la Direction du Journal, et chez MM. DUSSERIS et MATHELLON, 97, rue de Rennes, Paris.
Il est interdit de reproduire les articles contenus dans la *Gazette Agricole*.

BULLETIN COMMERCIAL

Paris, le 11 mars 1896.

Le temps est plus frais et sec.

Les affaires restent calmes sur les marchés de l'intérieur ; les prix sont faiblement tenus pour le blé et le seigle et sans changement sur l'orge et l'avoine.

D'après Bradstreet, le stock visible des blés aux États-Unis est de 92.853.000 bushels.

BOURSE DU COMMERCE DU MERCREDI 11 MARS

	FARINES	BLÉS
Courant	41 25	18 50
Prochain	41 25	18 70
Mai-juin	41 60	19 15
4 de mai	41 75	19 35
4 dernier	42 30	19 35

Marque de Corbeil: 46 fr. le sac de 150 kil. toile à rendre.

Halle aux blés — *Blés indigènes.* — Par suite de la continuation du temps favorable et des belles perspectives des blés en terre, les offres de la culture sont plus abondantes, elle cherche à obtenir les cours d'il y a huit jours, mais en présence de la grande réserve de la meunerie, elle accepte une baisse de 10 cent. et dans quelques cas de 25 cent. Les cours extrêmes ressortent de 18 à 19 les 100 kil. nets, gare d'arrivée Paris.

Blés étrangers. — Il n'en est pas question, les prix demandés étant beaucoup trop élevés.

Sons. — Calmes, cours inchangés.

Seigles. — La tendance est de plus en plus faible et à moins de nouvelles défavorables à la récolte on ne peut compter sur une amélioration pour cet article.

On offre les Champagnes départ à 10,25 avec acheteurs à 10 fr. ; les Bourgognes à 10,75 avec acheteurs de 10,25 gare.

Avoines. — Le temps pluvieux est favorable et les ensemencements se font dans de bonnes conditions. Sur le marché de Paris, les prix sont en nouvelle et forte baisse ; au marché libre les affaires sont calmes, les vendeurs résistent et les prix ne subissent aucun changement. On cote avoines blanches 14 à 14,25, rouges 14,50, grises 14,75, noires 15,50 à 16 les 100 kil.

Escourgeons. — Les offres sont tellement réduites que les cours sont difficilement appréciables.

La demande du Nord est très calme et les quelques transactions qui aboutissent sont des couvertures de marchés de 16 à 16,50, Paris.

A Dunkerque, baisse de 25 cent. pour les provenances d'Afrique, offertes à 14 fr. délivrées.

Menus grains. — On cote : Sarrasin 11,50 à 1175, millet blanc 20,50 à 21, roux, 17 à 18, chènevis, 26, jarras, 13 à 14, vesces d'hiver 17 à 18.

Graines fourragères. — On cote : trèfle blanc 125 à 146, hybride 115 à 140, violets 70 à 95; luzernes de Provence, 115 à 130 ; Poitou, à 110; minettes 30 à 35 ; sainfoin simple 24 à 30 ; doubles 35 à 40; ray-grass 30 à 40 les 100 kil. gare d'arrivée Paris.

Sucres. — Le marché est plutôt indécis, les prix ne dénotent pas de changement, mais seraient plutôt en faveur des acheteurs.

Raffinés 103 à 103,50, roux 88ᵒ 31,50 à 31,75.

Marché de la Chapelle. — Marché ordinaire.

On cote : paille de blé 1ʳᵉ qté 26 fr., 2ᵉ qté 23, 3ᵉ qté 21 fr. ; paille de seigle 1ʳᵉ qté 33 fr., 2ᵉ qté 29,3ᵉqté 27 ; paille d'avoine 1ʳᵉ qté 23 fr., 2ᵉ qté 21, 3ᵉ qté 19 ; foin nouveau 1ʳᵉ qté 46 fr., 2ᵉ qté 43, 3ᵉ qté 39 ; luzerne, 1ʳᵉ qté, 46 fr., 2ᵉ qté 43, 3ᵉ qté 38 ; regain 1ʳᵉ qté 42 fr., 2ᵉ qté 39 fr., 3ᵉ qté 38 fr. ; sainfoin, 1ʳᵉ qté 42 à 2ᵉ qté, 40, 3ᵉ qté 38.

Marché aux chevaux, 11 mars.

Gros trait	de 300 à 1.100	Boucherie	de 80 à 200
Selle et tr.		Anes	de 50 à 150
léger	de 200 à 1.000	Chèvres	de .. à »
H. d'âge	de 200 à 300		

AMENÉS

Chevaux, 320 — Anes, 13 — Chèvres, ..
Voitures 96, de 25 à 550.

ENCHÈRES

Chevaux amenés, 12.
Vendus, 11 de 80 à 375.

Prix des Produits Forestiers à Paris.

BOIS DE FEU (*Octroi non compris*)	Falourde de pin	100 à 110	le cent.
	Bois de flot	100 à 105	le déca.
	Bois gris neuf	125 à 120	—
	Bois blanc	80 à 125	—
BOIS D'ŒUVRE (*Octroi compris*)	Chêne gros bois	85 à 110	le m. cube
	— moyen bois	70 à 60	—
	— petit bois	30 à 48	—
	Charme, plateaux	55 à 55	—
	Sciage de chêne, Entrevoux	175 à 210	les 208 m.
	Échantillons	230 à 220	—
	Frise	27 à 28	104 m.

LÉGUMES SECS. — (Les 100 kilogr.)

	Haricots		Pois		Vesce	Lentille	
Paris	32.00	50.00	20	18.00	19 à 20	30.00	50
Bordeaux	34.00	35.00	35	45.00	18 19	49.00	60
Marseille	22.00	30.00	18	25	20 20	24.00	52

ENGRAIS

PARIS

Nitrate de soude	21 50 à 21 75	
Superphosph. minéral 14/16	5 25 à 5 75	
Superphosphate d'os 16/18	12 50 à 13 »	
Scories 16/18	4 25 à 4 50	
Phosphate minéral 14/16	3 80 à 4 »	
Chlorure de potassium 48/52	18 75 à 20 »	

NANTES

Nitrate de soude	22 30 à 22 50
Superphosph. minéral 14/16	6 » à 7 »
Scories 16/18	4 50 à 4 75
Phosphate minéral 14/16	4 » à 4 50
Chlorure de potassium 48/52	19 » à 19 75

LYON

Nitrate de soude	22 » à 23 »
Superphosph. minéral 14/16	5 75 à 6 »
Scories 14/16	4 50 à 5 »
Phosphate minéral 14/16	4 » à 4 25
Chlorure de potassium 48/55	20 » à 21 »

MARSEILLE

Nitrate de soude	20 50 à 21 »
Supherph. minéral 14/16	6 à 7 »
Sulfate de fer	5 » à 5 50
Sulfate d'ammoniaque 20/21	20 » à 22 »

HOUBLONS. — Les 50 kilogr.

Alost primé	28,00 à 30,00
Bourgogne	55,00 à 60,00
Poperinghe	25,00 à 30,00
Wurtemberg	40,00 à 42,00
Altmark	75,00 à 100,00
Alsace	50,00 à 65,00

POMMES DE TERRE

Hollande (100 kil.)	8 » à 17 »
Roses-Early	8 » à 10 »
Magnum-Banum	7 » à 7 50
Rondes	5 » à 5 20

FOURRAGES ET PAILLE

Paris La Chapelle.	Prix extrêmes
Foin 100 bot. dans Paris n.	35 à 46
Luzern neuv.	35 à 46
Paille de blé	19 à 26
Paille de seigle	23 à 38
Paille d'avoine	18 à 24

LINS. — Les 100 kilogr. — Marché de Lille.

	Communs	Ordin.	Supér.
Alost	148 à 153	154 à 157	181 à 166
Bergues	150 à 158	161 à 168	173 à 182

CHANVRES

Les 50 kil.	1ʳᵉ qualité.	3ᵉ qualité
Le Mans	33,00 à 35,50	30,00 à 29,00
Saumur (b.)	40,00 à 42,00	37,00 à 38,00

Prix moyen aux 100 kilog. des CÉRÉALES dans les Départements.

Région		BLÉ	SEIGLE	ORGE	AVOINE
Rég. du Nord-Ouest	Caen	17 00	10 25	14 25	16 00
	Lannion	17 50	10 00	12 50	13 50
	Morlaix	17 00	11 50	12 25	13 25
	Rennes	16 75	10 75	13 25	14 50
	Avranches	16 50	11 75	13 25	14 50
	Laval	16 25	10 00	13 00	15 00
	Lorient	16 50	10 00	14 00	16 00
	Alençon	16 75	10 00	13 00	17 25
	Le Mans	16 75	9 75	13 50	17 50
Région du Nord	Soissons	17 50	10 25	»	14 50
	Evreux	17 50	10 00	13 00	14 50
	Chartres	17 75	10 00	14 00	14 50
	Lille	18 00	11 00	15 00	15 75
	Compiègne	17 50	10 25	14 25	13 50
	Beauvais	18 25	10 50	14 50	16 00
	Arras	17 75	11 00	14 00	15 50
	Paris	17 50	10 00	13 00	15 00
	Versailles	18 00	10 00	13 00	16 00
	Rouen	17 50	10 50	15 00	16 25
	Amiens	17 50	10 50	15 00	16 00
Rég. du N.-E.	Mézières	17 75	10 00	13 25	15 50
	Nogent-s-Seine	17 50	10 00	14 50	15 00
	Châlons-sur-Marne	17 50	11 00	14 50	15 25
	Langres	17 75	10 25	13 75	15 00
	Nancy	18 00	10 00	15 00	15 00
	Bar-le-Duc	17 50	10 50	14 25	15 25
	Neufchâteau	17 75	11 00	14 00	15 00
Région de l'Ouest	Ruffec	17 50	10 00	13 00	15 00
	Marans	16 25	10 00	13 00	14 00
	Niort	16 75	10 00	14 00	15 50
	Tours	16 75	10 00	14 00	15 00
	Nantes	17 00	10 00	12 50	14 50
	Anger	17 00	10 00	14 00	14 50
	Luçon	16 75	10 00	13 50	»
	Poitiers	17 00	10 00	13 75	14 25
	Limoges	17 00	10 00	»	15 00
Région du Centre	Moulins	18 00	10 25	14 00	15 00
	Bourges	17 75	10 00	13 00	15 25
	Aubusson	17 00	10 00	14 00	16 00
	Châteauroux	16 75	9 75	18 75	13 25
	Orléans	17 50	10 00	13 75	14 50
	Blois	17 75	10 00	15 00	16 25
	Nevers	17 50	10 00	14 00	15 00
	Clermont Ferr.	17 50	10 00	14 00	15 00
	Sens	17 50	10 00	13 50	15 00
Région de l'Est	Bourg	17 75	10 50	13 00	15 50
	Dijon	17 00	11 00	14 50	15 00
	Besançon	18 25	10 00	13 00	14 50
	Grenoble	17 50	10 00	13 50	15 00
	Dôle	17 50	10 50	13 00	14 50
	Saint-Etienne	18 25	10 25	13 00	15 75
	Lyon	18 50	11 00	13 50	15 50
	Mâcon	18 25	12 00	13 00	15 50
	Vesoul	17 00	10 00	»	15 00
	Chambéry	17 50	10 00	»	15 50
	Annecy	17 50	»	»	15 50
Rég. du Sud-Ouest	Pamiers	17 75	10 50	»	15 75
	Périgueux	17 50	11 00	14 00	15 00
	Toulouse	17 75	10 75	14 00	15 50
	Auch	18 00	»	»	16 25
	Bordeaux	17 75	11 00	13 00	15 00
	Dax	17 00	12 00	13 00	16 00
	Agen	18 25	12 50	13 00	16 00
	Bayonne	17 50	11 00	14 00	16 00
	Tarbes	17 75	10 75	»	16 25
Région du Sud	Carcassonne	17 75	»	14 00	16 00
	Rodez	18 00	12 00	14 00	15 00
	Mauriac	17 75	11 00	»	16 00
	Tulle	17 75	12 00	»	15 00
	Montpellier	17 75	12 00	»	15 00
	Figeac	17 50	11 00	»	»
	Mende	17 50	11 00	»	
	Perpignan	17 75	11 00	14 00	14 50
	Albi	17 75	11 00	14 00	15 25
	Montauban	18 25	12 00	13 00	16 00
Région du Sud-Est	Gap	18 00	10 75	14 00	16 00
	Manosque	17 50	10 50	13 00	16 00
	Nice	17 25	10 25	13 00	16 00
	Privas	17 50	11 00	13 00	16 00
	Arles	19 75	10 50	13 00	16 00
	Montélimar	17 50	11 00	12 50	15 75
	Nîmes	18 00	10 50	14 00	17 50
	Le Puy	17 00	»	14 00	17 00
	Draguignan	17 75	13 00	»	»
	Avignon	17 50	11 50	13 00	16 00

Tourteaux. — Cours de la maison P. Marchand frères, à Dunkerque (Nord) :

TOURTEAUX A NOURRIR

	Dispon.	A livrer.
Coton de graines d'Egypte	9 50	9 50
Sésame blanc	12 »»	12 »»
Arachide décortiquée	15 25	15 50
Colza à nourrir	10 50	10 25
Colza du pays	11 »»	11 »»
Œillette du Levant	10 50	10 50
Œillette blanche de Turquie	10 50	10 50
Lin 1re qual. de Bombay g. form.	14 50	14 50
Lin 1re qual. de Bombay p. form.	»» »»	»» »»

TOURTEAUX-ENGRAIS

Arachide décortiquée	14 »»	14 »»
Cameline	10 25	10 25
Colza des Indes en poudre	»» »»	»» »»
Colza ravison	7 50	7 50
Colza jaune Gutzerat	11 »»	11 »»
Kurrachée	»» »»	»» »»
Niger	»» »»	»» »»
Pavot	10 »»	10 »»
Sésame, blanc	»» »»	»» »»
Sésame noir	»» »»	»» »»
Coton en farine	7 50	7 50

Nos prix s'entendent pour tourteaux en planches, rendus en gare de Dunkerque. Paiement à 30 jours ou à terme plus éloigné suivant convention expresse.

Le concassage se paie 0 fr. 25 et la mise en poudre 0 fr. 40 aux 100 kilos. Dans ce cas, les sacs sont facturés à 0 fr. 35 pièce, et repris au prix de facture, quand ils sont rendus en bon état et franco, dans les 30 jours de l'expédition.

BEURRES. - (le kilogr.).

BEURRES EN MOTTES			BEURRES EN LIVRE		
Isigny extra.	6 00	7 26	Bourgogne	2.40	2.20
— demi-fin	4.40	4.80	Gâtinais	2.10	2.60
M. d'Isigny	3.80	4.00	Vendôme	2.00	2.60
du Gâtinais	2.30	2.50	Beaugency	2.00	2.60
de Bretagne	2.40	2.60	Ferme	2.20	3.10
Laitiers Jura	2.40	3.30	Tours	2.30	2.70
de Charente	2.60	3.80	Le Mans	2.00	2.40
des Alpes	2.40	3.70	Touraine fausse	2.20	2.50

ŒUFS. — (le mille).

Normandie ext.	80 à 90		Bourgogne	60 à 65	
Picardie —	75 à 100		Champagne	60 à 70	
Brie —	75 à 70		Nivernais	58 à 65	
Touraine	80 à 58		Bourbonnais	58 à 65	
Beauce	65 à 75		Bretagne	52 à 62	
Orne	70 à 60		Vendée	55 à 65	
Picardie	70 à 60		Auvergne	56 à 62	
Châtellerault	60 à 66		Midi	55 à 60	

FROMAGES.

Brie hautes marq.	45	86	Roquefort	140	270
Brie gr. m. (10)	35	40	Gruyère (100 k.)	100	175
— m. m.	25	20	Coulommiers (100)	18	34
Petits Nanteuils	10	15	Gournay (100)	8	21
Brie laitiers	5	10	Livarot (le 100)	115	120
Gérardmer (100 k.)	90	80	Bourgogne (100)	60	65
Hollande	160	180	Camembert (10)	60	40
Bondons (100)	12	17	Munster (100)	120	100
Cantal	130	140	Port-Salut	150	170

VOLAILLES

Poulet Brest dit moelleux	4 50	5.50	Pigeo. Macon.	1.50	2.00
Poulets Nant.	3 00	5.50	Ca. sNantais	4.00	1.35
Poulets Tour.	2.75	5.25	Dindes Tourr.	7.00	11.00
Poulets Houdan	6.00	8.00	Oies	7.00	8.50
Pigeons d'Italie	80	1.25	Lapins dom.	2.75	4.00
			Lapins garenne	1.50	2.00

VINS — BERCY

Rouges			Blancs		
B. Bourg. vieux	140 à 16?		Bordeaux	125 à 160	
Touraine	105 à 115		B. Bourg	150 à 190	
Bord. vieux	130 à 160		Sancerre	130 à 135	
Algérie	28 à 32		Chablis	200 à 350	
Cher	110 à 135		Anjou	120 à 135	
Chinon	125 à 180		Pouilly	350 à 300	
Narbonne	32 à 40		Vouvray	155 à 195	

Marché de la Villette du 9 mars 1896.

PRIX DE LA VIANDE NETTE

	1re qualité	2e qualité	3e qualité
Bœufs	1.52	1.42	1.32
Vaches	1.50	1.40	1.30
Taureaux	1.24	1.14	1.06
Veaux	2 12	1.86	1.56
Moutons	1 90	1.80	1.66
Porcs	1.18	1.08	0.93

ESPÈCES	AMENÉS	VENDUS	PRIX EXTRÊME viande net	poids vif
Bœufs	2.123	1.863	1.32 à 1 52	64 à . 96
Vaches	660	628	1.30 1.50	57 . 93
Taureaux	185	183	1.06 1.24	49 . 81
Veaux	942	884	1.56 2.12	70 1.30
Moutons	15.180	12.835	1.66 1.9?	75 1.20
Porcs	2.809	2.787	1.98 1.18	74 . 81

Vente plus facile.

Marché de la Villette du 12 Mars 1896.

PRIX DE LA VIANDE NETTE AU KILOGR.

	1re qualité	2e qualité	3e qualité	Prix extrême
Bœufs	1.52	1.42	1.32	1.28 à 1.64
Vaches	1.50	1.40	1.30	1 26 1 60
Taureaux	1.30	1.24	1.14	1 10 1.40
Veaux	2.20	1.90	1.60	1.50 2 30
Moutons	1.96	1.84	1.72	1.68 2.02
Porcs	1.16	1.02	»	96 1.20

ESPÈCES	AMENÉS	RENVOI	OBSERVATIONS
Bœufs	1.250	»	Vente plus facile sur le gros bétail, les veaux et les moutons, mauv. ... sur les porcs.
Vaches	408	41	
Taureaux	172	»	
Veaux	1.259	112	
Moutons	8.718	»	
Porcs	4.604	300	

Vente du bétail au marché de La Villette.

Adresser les animaux à MM. Henri Roblin et Surugue, en gare Paris-Bestiaux. Les aviser par lettre auparavant, 190, rue d'Allemagne, Paris.

Le Vin de Quinium Labarraque, unique préparation de ce genre qui ait été approuvée par l'Académie de médecine de Paris, est un médicament énergique et doux qui convient à toutes les personnes affaiblies par l'âge, la maladie, les excès, ou surmenées par le travail.

« Nous n'hésitons pas à affirmer que le vin de Quinium Labarraque est le plus efficace et le plus énergique des toniques connus. »

(ANNUAIRE DE MÉDECINE PRATIQUE.)

Dans toutes les pharmacies et 19, rue Jacob, Paris.

L'Almanach de la France rurale pour 1896.

Notre Almanach paraît pour la 21e fois. Cette année il comporte diverses modifications qui seront certainement bien accueillies :

1° Le format est agrandi;

2° Le papier est bien meilleur;

3° Enfin il contient beaucoup plus de renseignements.

Nous appelons surtout l'attention des agriculteurs sur deux innovations qui distinguent cet Almanach de tous les autres :

1° La nomenclature de tous les jugements rendus en matière de droit rural pendant l'année;

2° Un petit guide de médecine vétérinaire très pratique.

Comme les années précédentes, cet Almanach passe en revue toutes les branches de l'agriculture.

Prix : 0 fr. 60 franco.

CHRONIQUE POLITIQUE

L'opinion publique n'a suivi qu'avec une attention très modérée et frisant l'indifférence, la tournée bruyamment triomphale de MM. Faure et Bourgeois à travers les grandes villes du Midi. Ces messieurs, on l'a vu, ont traversé les campagnes sans paraître s'apercevoir qu'il y a une France rurale. En revanche, leurs exhibitions à grand spectacle à Lyon, à Marseille, à Nice, ont eu lieu conformément au programme tracé par M. Bourgeois et ses collègues. Les cris : vive Bourgeois ! à bas le Sénat ! ont été consciencieusement poussés aux bons endroits, notamment à Marseille, à la Ciotat, où les syndicats socialistes fournissaient un personnel bien dressé pour ces manifestations.

M. Faure a reçu à Nice comme à Lyon, les délégués des loges maçonniques et leur a promis de rester fidèle à leurs *principes*, c'est-à-dire à leur domination, qui, aujourd'hui, n'est plus comme jadis, l'objet d'un secret professionnel, mais qu'ils affichent hautement avec l'impudence du parvenu assuré de son lendemain. La franc-maçonnerie est donc aujourd'hui la maîtresse du peuple français, de l'aveu même de M. Faure et de ses ministres sous l'étiquette dérisoire de la république, et le socialisme lui donne la main, moyennant sa part dans le partage, dans la curée des places, des pouvoirs et des quatre milliards que nous coûte leur entretien à l'heure actuelle.

Pendant cette édifiante exhibition de MM. Faure et Bourgeois dans les villes du midi, leur politique ne faisait pas florès au Palais-Bourbon. Vendredi, la commission du budget repoussait le projet de loi sur l'impôt progressif, et décidait, par 29 voix contre 4, qu'elle n'accueillerait un autre projet qu'à ...

condition de renoncer au système tyrannique d'inquisition à l'égard des contribuables, si cher aux socialistes.

D'autre part, le comité supérieur de la guerre, composé des principaux chefs de l'armée, se prononçait contre divers projets de M. Cavaignac, notamment contre le projet de couper en deux le neuvième corps de l'armée. Les projets de M. Lockroy sur la marine sont l'objet de critiques non moins graves, émanant de l'état-major de la marine. Si on consultait la magistrature sur la gestion de M. Ricard, elle serait certainement jugée avec la même sévérité. Enfin, il en serait de même de la politique de M. Faure, si elle devait être jugée par la majorité qui l'a élu président de la république ! Comment peut-on compter sur le lendemain d'un tel gâchis !

Samedi dernier, l'élection de Wilson a été le sujet d'une comédie bien en rapport avec une telle situation. Wilson élu, on sait comment, en 1893, fut invalidé et renvoyé devant son bourg pourri de Loches qui le réélut haut la main !

Après dix-huit mois, l'élection est encore suspendue entre la validation et l'invalidation. On n'ose la valider à raison de son immoralité flagrante, on n'ose l'invalider parce qu'elle est légale au sens matériel de la loi. La commission propose une nouvelle enquête, expédient puéril et inutile : l'enquête ne révélerait que ce que tout le monde sait. M. Baudry d'Asson, seul, a tiré la leçon morale de l'affaire. « Vous devez valider Wilson, a-t-il dit, il est des vôtres à tous les points de vue. Il y en a plus de cent parmi vous dont l'élection est le produit des fraudes et des manœuvres scandaleuses. En outre, quand vous invalidiez par centaines des députés conservateurs loyalement élus, vous donniez à la France un spectacle après lequel Wilson a le droit de vous dire que vous ne valez pas mieux que lui, peut-être moins si c'est possible. » Ces messieurs ont néanmoins persisté à faire les dégoûtés.

Les voix ont manqué pour statuer sur l'élection Wilson. On n'est pas fier d'être Français, avouez-le, d'avoir de tels maîtres !

Au Sénat, lundi dernier, on s'est plaint de ce que les cris : *A bas le Sénat !* proférés en même temps que les cris : *Vive Bourgeois!* sur le passage de M. Faure, aient été *implicitement* approuvés par les autorités. M. Mesureur a répondu que ces cris n'avaient été poussés que par quelques individus isolés, et que c'était faire injure au gouvernement de supposer son approbation. Le Sénat a cru qu'il lui a plu de l'explication de M. Mesureur; mais il s'est contenté du désaveu plus ou moins sincère donné au nom du cabinet Bourgeois.

Nous relevons toutes ces misères parlementaires pour montrer que notre

situation politique ne peut aboutir qu'à des ruines et à des déceptions. La guerre sourde qui couve entre les centres et les gauches rend impossibles toutes les tentatives d'amélioration dans nos affaires financières comme dans tous les grands intérêts mis en péril par ce régime d'intrigue, de vénalité et de corruption, que nous subissons depuis quinze années.

Ainsi que nous n'avons cessé de le dire et que les faits n'ont cessé de le démontrer, il fallait que nos pauvres ruraux fussent en proie à une cruelle aliénation du sens moral et politique pour se laisser persuader que le sort de l'agriculture et des campagnes pût être meilleur qu'il ne l'est devenu sous un pareil régime, et nous persistons à leur dire que la crise qui nous étreint deviendra plus cruelle encore s'ils commettent la lâcheté d'encourager ce nouveau régime par leurs votes aux prochaines élections.

La logique est une reine absolue dans ce monde, les mêmes fautes se paient toujours par les mêmes déboires. Les ruraux se relèveront quand ils écouteront les amis qui leur disent la vérité et cesseront d'écouter les exploiteurs politiques qui les flattent pour les dévaliser depuis vingt ans.

La défense des intérêts ruraux.

Pendant que s'offraient au pays ces écœurantes comédies du Palais-Bourbon et du voyage de MM. Faure et Bourgeois, la Société des agriculteurs de France ouvrait sa 27ᵉ session annuelle, en lisant un admirable discours écrit pour elle la veille de sa mort par son illustre Président, M. de Dampierre.

Ruraux, nos amis, lisez ce discours, et la main sur la conscience, ayez le courage de reconnaître la voix de vos vrais amis.

Au début, le marquis décrit la lamentable situation de l'agriculture, la perte des vignobles, le bouleversement qu'ont amené, dans les habitudes culturales, la concurrence des produits d'outre-mer et le bon marché des transports, les conditions si différentes d'un pays accablé d'impôts et de contrées à peu près indemnes de charges publiques, le trouble apporté dans toutes les transactions par la crise monétaire, demandant au gouvernement, mais en vain, un secours sollicité sans relâche. Il serait injuste de ne pas reconnaître les efforts du ministre actuel de l'agriculture, mais les actes n'ont pas suivi. Les projets de loi les plus utiles restent en suspens tandis que d'autres nous menacent dans notre existence même.

La transformation des impôts de répartition en impôts de quotité, l'introduction dans notre législation de l'impôt progressif sont le renversement des principes fondamentaux établis par l'assemblée constituante de 1789 elle-même et jamais atteinte aussi grave n'a été portée à l'agriculture que celle de la loi sur les successions, qui détourne fatalement les capitaux de la terre. Quoi de plus injuste, de plus funeste aux intérêts respectables de toute une catégorie de producteurs, de plus néfaste pour la santé des classes ouvrières que la suppression du droit des bouilleurs de cru, qui ferait revivre, chez le propriétaire, sous le nom d'exercice, la surveillance odieuse dont on décharge le marchand de vins, et ne laisserait subsister dans le commerce que des eaux-de-vie adultérées?

Le bas prix du blé frappe en ce moment les cultivateurs de la manière la plus douloureuse, sans le droit protecteur de 7 francs, ce serait la ruine. Bien plus que la surproduction, la crise monétaire et la spéculation sont causes de cet avilissement. Pour y remédier, non seulement il y aurait lieu de régler le fonctionnement des admissions temporaires, mais encore d'examiner si les marchés fictifs, ou marchés sans livraison, ne devraient pas être interdits.

On doit du reste se préoccuper, au point de vue social, de l'effet que produit dans les campagnes la tendance de la propriété à remplacer par des bois et des prairies, la culture des céréales, celle qui exige le plus de main-d'œuvre. De 1872 à 1891, plus de 4 millions d'habitants ont abandonné nos campagnes, sur lesquels 3 millions au moins se sont fixés dans les villes; or, la mortalité moyenne étant de 20 0/0 à peine à la campagne et atteignant presque 30 0/0 dans les villes, l'émigration rurale fait perdre à la France, en vingt ans, plus de 50.000 habitants. De plus, le contingent annuel perd, par le seul fait du déplacement de la population, 10.000 hommes, de sorte que l'armée, durant la même période, s'est trouvée affaiblie de 200 000 soldats.

Que faire en présence d'une telle situation et des menaces de l'avenir? Il faut se grouper, former des associations locales, départementales, régionales, chercher dans l'union la force qui manque à l'effort isolé. Syndicats agricoles, sociétés coopératives, banques de crédit populaire, voilà les instruments à l'aide desquels on peut tout à la fois ramener la prospérité disparue et, par la solidarité entre le pauvre et le riche, travailler à ce qui est le bien suprême, la paix sociale.

Gardons-nous, continue M. le marquis de Dampierre, de perdre le sens de ce mot de liberté qui a remué le monde et que l'on ose à peine prononcer aujourd'hui : la liberté religieuse, la liberté d'association, la liberté de domicile n'ont plus que de rares défenseurs; c'est l'intervention de l'Etat matérialiste que l'on demande partout et en toutes choses, idéal détestable vers lequel se laissent glisser les jeunes générations auxquelles on ne parle que des jouissances de cette vie.

Ce n'est pas ainsi qu'un pays peut se relever de ses épreuves et les tenants de la terre savent, grâce à Dieu, chercher de meilleures inspirations; ils sentent la vérité de cette parole, récemment prononcée et maintenue dans les plus hautes sphères de l'intelligence : « La raison seule est insuffisante pour conduire l'humanité. »

Voilà le digne testament de cet illustre et vaillant agronome que nous venons de perdre.

Ruraux, mes amis, lisez cela, et ayez le courage, nous le répétons, de conclure.

Votre conclusion ne sera pas douteuse: c'est qu'il est grand temps pour nous tous de changer de maîtres.

La Comédie électorale.

Le journal *l'Intransigeant* a publié un document qui montre avec une évidence écrasante, ce que nous soutenons depuis vingt ans, à savoir : que la grande majorité des électeurs ruraux est réduite au rôle de troupeau servile des députés ministériels, et que ceux-ci disposent avec un cynisme absolu de toutes les places, de toutes les ressources financières du pays, en deux mots que sous l'étiquette menteuse de république le peuple français subit le joug avilissant d'une coterie qui dispose sans scrupule de ses droits, de ses libertés, de sa fortune et de son honneur.

Le document qui le prouve entre mille autres qu'on pourrait citer, c'est une lettre écrite par le député Lasserre au maire de Castelsarrasin. Il y rappelle qu'entre eux deux il y avait eu un marché électoral en vertu duquel le député Lasserre pour prix de son élection s'engageait à « mettre son influence au « service de ses amis pour obtenir de « nombreux emplois et des faveurs » dont dispose malheureusement le gouvernement.

Or, dit M. Lasserre, j'ai rempli mes engagements (suit une liste des gens placés, des faveurs accordées aux protégés du maire, et des révocations de gens qui lui déplaisaient). Puis la lettre ajoute :

« En toutes circonstances enfin, j'ai accueilli favorablement vos recommandations.

« Et si une dernière faveur que vous m'avez demandée n'a pas encore été obtenue, vous savez que je n'ai marchandé ni mon temps ni ma peine pour essayer d'aboutir.

« Il vous plaît aujourd'hui de tout oublier et de blâmer mes votes malgré mes réserves expresses, faites et acceptées de part et d'autre.

« Soit. N'en parlons plus. *Je sais depuis longtemps ce qu'est la politique pour songer à récriminer et encore moins à m'étonner.*

« Nous reprenons l'un et l'autre notre liberté. Voilà tout.

« Veuillez agréer, etc.

« MAURICE LASSERRE. »

Nous aussi nous connaissons trop bien les ignobles dessous de la politique qui nous exploite pour nous étonner, car elle pratique à peu près partout ce qui se passe à Castelsarrasin et nous n'avons pu encore faire comprendre aux électeurs ruraux qu'en se laissant remorquer aux élections par le Lasserre ils votent leur propre ruine et celle de leur pays.

La débâcle de l'Italie.

Le gouvernement révolutionnaire d'Italie vient de subir un échec qui annonce que la fin dont il est digne n'est pas très éloignée.

Son armée a perdu 15.000 hommes en Abyssinie. Ses finances sont aux abois. Les recrues refusent de se rendre à l'armée pour aller se faire tuer inutilement. Le ministre Crispi, l'homme de la franc-maçonnerie, a été obligé de se démettre. Les campagnes sont dépeuplées par la misère. Voilà le fait de cette révolution qui en vingt-cinq ans a réduit à la misère noire la population italienne autrefois heureuse et prospère.

Cet exemple est une sévère leçon pour nous, Français, et pour la politique néfaste qui nous a associés à la politique italienne, car c'est cette politique qui nous a valu Sedan, la perte de l'Alsace Lorraine, les cinq milliards payés à l'Allemagne. Cette funeste politique est l'œuvre de la franc-maçonnerie italo-française. C'est dire à quel point il est insensé de lui laisser le pouvoir qu'elle nous impose aujourd'hui. La preuve en sera faite prochainement.

CHRONIQUE GÉNÉRALE

Qui doit faire de l'agriculture?

Les bienveillants lecteurs qui ont bien voulu prêter quelque attention à ma causerie sur la *Théorie et la pratique en agriculture* ont compris aisément que mon but principal était d'engager la jeunesse studieuse à s'instruire sérieusement des choses agricoles avant d'entrer dans cette carrière. Aujourd'hui, pour ces mêmes lecteurs, j'essayerai de résoudre cette grave question : *Qui doit faire de l'agriculture?*

Tout homme intelligent, de bonne foi, celui qui veut ouvrir les yeux à la lumière est obligé de convenir que le Créateur de toutes choses en est aussi l'ordonnateur, le gouverneur, le maître absolu et souverain.

L'homme, comme chaque créature, a sa place, son rôle marqué dans le drame universel de cette vie pour arriver à une fin déterminée; c'est ce que l'on appelle la *Vocation*.

La carrière agricole est une vocation tout aussi bien que celle du médecin, du militaire, du magistrat, etc., et non le *pis aller* des ignorants, des incapables; et on ne s'improvise pas plus pour

une que pour les autres; il faut y être
appelé et s'y préparer très sérieusement.

C'est parce que beaucoup d'hommes
guidés par l'ambition, la vanité, l'amour
des aises, l'appât d'un gain très aléatoire, ont choisi une situation plus brillante en apparence, au lieu de suivre
la voie providentielle, qu'il y a partout
tant de déclassés et par suite tant de
mécontents et de malheureux. Ils sont
comme le poisson hors de l'eau...

Faut-il rappeler ici que l'éducation
donnée dans nos écoles ne porte guère
la jeunesse vers la carrière agricole.
Dans beaucoup de collèges, de pensions,
de lycées des deux sexes, on parle de
tout aux élèves, sauf de l'agriculture.
Heureux encore quand, je ne sais par
quel esprit, on ne leur en inspire pas
horreur en ne faisant voir que les
côtés désagréables, en jetant le dédain
sur les gens de la campagne que l'on
traite avec mépris de *paysans*...

Ne devrait-on pas, au contraire, écrire
et dire partout que le courageux travailleur du sol, que l'agriculteur est, après
Dieu, le premier bienfaiteur de l'humanité? N'est-ce pas lui qui nourrit toutes
les classes de la société, qui fait vivre
l'industrie et le commerce? N'est-ce pas
lui qui donne à la patrie ses plus vigoureux défenseurs?...

Mais cette utile digression semble
nous éloigner de la réponse à la question: *Qui doit faire de l'agriculture?* Eh
bien, il me semble tout d'abord que
ceux à qui la Providence a donné une
portion plus ou moins grande d'un territoire, que les propriétaires fonciers
ont surtout le devoir de s'occuper de
faire valoir ce bien-fonds. Ils n'ont, au
moins, pas le droit de s'en désintéresser.

D'ailleurs, une terre ne représente-
t-elle pas une valeur, un capital, et ne
semble-t-il pas tout naturel que là où
est le trésor, là aussi doit être le cœur.

En étudiant les statistiques les plus
récentes, je constate avec plaisir qu'en
France, sur 10.000 domaines ruraux,
7.976 sont exploités par le propriétaire;
et sur tout le territoire français on ne
trouve pas moins de 2.635.000 exploitations de 1 à 10 hectares. C'est donc la
grande culture qui est surtout livrée
au fermage. Malheureusement, un trop
grand nombre de propriétaires fonciers
se sont éloignés de leurs domaines et
en ont confié l'exploitation à des mains
plus ou moins habiles; assez souvent à
des cultivateurs dont les ressources
intellectuelles et matérielles étaient
insuffisantes, mais qui, en travaillant
énergiquement, et favorisés par des
prix de vente élevés, ont réalisé des
bénéfices considérables tout en payant
régulièrement leurs fermages.

Cette prospérité, hélas trop passagère,
a amené dans plusieurs fermes un certain luxe, une vie large; l'argent abon-
dait, on le dépensait aisément. L'ouvrier
agricole a voulu aussi en profiter, d'autant mieux qu'il voyait son collègue de
l'industrie, avec des salaires élevés se
créer des fantaisies des nécessités dispendieuses. Aussi en moins de trente ans
la main-d'œuvre a doublé dans la plupart de nos campagnes. Si les produits
du sol et leur prix de vente avaient
augmenté dans le même rapport, il y
aurait eu compensation; mais c'est le
contraire qui a eu lieu. Les denrées similaires étrangères ayant envahi à peu
près librement nos marchés à des prix
inférieurs à ceux de notre production,
de là trouble dans l'économie de la
ferme; les bénéfices se sont changés en
pertes; par suite la crise agricole qui
pèse si lourdement sur notre pauvre
agriculture et qui a déjà fait tant de
ruines.

De là quantité de fermiers qui, ne pouvant plus payer, ou simplement parce
que c'est le courant du jour... demandent des diminutions considérables, ou
à résilier, et qui finalement quittent
l'agriculture. De là, grand nombre de
propriétaires embarrassés de leurs domaines...

N'est-ce pas la punition méritée par
beaucoup d'entre eux?... Combien
n'aimant pas la campagne ont regardé
leurs biens ruraux comme des lieux de
placement et n'ont songé qu'à en retirer
des revenus dépensés à la ville, au lieu
de s'occuper d'améliorations foncières,
d'encourager, d'aider au moins les fermiers de bonne volonté..,

L'*absentéisme* a été une des grandes
causes de la dépréciation actuelle du sol
et de beaucoup de ceux qui le possèdent. Les trop rares apparitions des
propriétaires sur leurs domaines ne
leur ont pas permis de prendre ou de
garder l'influence morale, politique et
religieuse, à laquelle ils pouvaient prétendre. D'autres tiennent leur place et
usent trop souvent, hélas! d'une influence désastreuse...

Heureusement que l'on peut signaler
de très nombreuses et très honorables
exceptions dans toutes les régions de la
France. L'agriculture peut s'enorgueillir
d'avoir plus que jamais des propriétaires agronomes qui donnent l'exemple
de la fidélité au sol, du labeur intelligent et progressif dans le domaine des
améliorations foncières. Pourquoi ne
citerai-je pas l'illustre marquis de Dampierre, dont la tombe est à peine fermée; les marquis d'Argent, de Barbentane, de Vassar, de Vibray, de Beau-
court, de Montlaur, de Froissart, de
Poncins, etc., les comtes de la Bour-
donnaye, de Chezelles, de Saint-Pol,
des Cars, de Saint-Didier, d'Aboville,
de Blois, de Diesbach, de Beaurepaire,
de la Bouillerie, de Lorgeril, de Roc-
quiny, de Laborde, Armand de Champagny, de Meaux, de Monicault, de Tre-
taigne, de Lorgeril, prince d'Aremberg,
MM. Bignon, Tiessonnier, Nouette de
l'Orme, Teissereinc de Bort, Blanchemain, baron de Corberon, de Ladoucette, de Saint-Paul, Le Breton Josseau,
Boucher de la Gry, Boucherie, Gibert,
Petit, Ceran-Maillard, Triboulet, Vimont, U. Roussel, etc., etc., etc.

Je me plais à reconnaître qu'aujour-
d'hui beaucoup d'autres propriétaires
cherchent à suivre les beaux exemples
donnés par ceux que nous venons de
citer. C'est l'avenir de notre agriculture nationale et l'annonce pas trop
lointaine, espérons-le, de notre relèvement.

(A suivre.)

Frère ANTONIS,
*Sous-directeur de l'Institut Agricole
de Beauvais.*

Concours général de Paris.

Le concours de Paris n'a jamais eu
autant d'importance que cette année,
surtout en ce qui concerne les animaux
et les instruments. Mais on doit noter
que cette magnifique exposition n'exerce
pas sur les badauds parisiens qui la
visitent, l'influence qu'on pourrait croire.

En effet, on entend à chaque instant
de beaux messieurs s'étonner que l'agriculteur qui expose des produits si merveilleux, qui a à son service tant d'ingénieux appareils, puisse trouver le
moyen de se plaindre. Ils ne pensent
pas un instant, ces heureux bourgeois
à toute la somme d'intelligence, de travail et de capitaux qu'il faut pour arriver à obtenir de beaux produits dont la
vente procure beaucoup plus de bénéfices aux intermédiaires qu'aux producteurs; il ne leur vient pas même l'idée
de s'enquérir des prix de revient et de
les comparer à ceux de la vente.

Pour tous ceux qui vont au fond des
choses, il est clair que nos agriculteurs
déploient une énergie peu commune et
rivalisent d'intelligente initiative pour
faire face aux exigences actuelles. S'ils
votaient aussi bien qu'ils cultivent,
c'est-à-dire s'ils voulaient se défendre
contre leurs exploiteurs, ils arriveraient
vite à sortir de leur état lamentable.
Mais..... nous craignons qu'ils n'attendent longtemps encore.

Le concours de Paris se divise en
deux grandes catégories qui, malheureusement se confondent presque : animaux gras, animaux reproducteurs.
Les uns et les autres sont dans un état
de graisse excessif; triste nécessité du
manque de connaissances spéciales des
jurés, qui sont pour la plupart incapables de distinguer les caractères des
races.

ANIMAUX GRAS

Espèce bovine. — JEUNES BŒUFS DE
TOUTES RACES. Principaux lauréats :
MM. Grand, Petit (Allier), Valtan (Cha-
rente), Colas (Nièvre). — *Races charolaise
et nivernaise* : MM. Grand (Allier), Bel-
lard (Cher). *Race normande* : MM. Petit
(Orne), Olive (Calvados). *Race limousine* :
MM. Faure (Haute-Vienne), Reillac
(Dordogne). *Race garonnaise* : MM. Val-
tan (Charente). *Race bazadaise* : M. De-
planche (Charente). *Race de Salers* :
M. Meunier (Charente). *Races parthe-*

naise, choletaise, nantaise, etc. : M. Thomas (Creuse). *Races flamande, mancelle, montbéliarde*, etc. : M. Advenier (Allier). *Races béarnaise, basquaise*, etc. : M. Déplanche (Charente). *Races étrangères* : M. Valtau (Charente), durham. *Croisements divers* : M. Guyon (Nièvre), durham-charolais. *Races algériennes* : MM. Guillerand (Nièvre), de Léobardy (Haute-Vienne). — BANDES DE BŒUFS : MM. Bellard (Cher), nivernais; Fouchier (Charente), limousins; Chaumereuil (Nièvre), nivernais. — PRIX D'HONNEUR. *Bœufs* : M. Grand, pour un charolais-nivernais blanc. *Vaches* : M. Guillerand (Nièvre), pour une charolaise.

Espèce ovine. — JEUNES MOUTONS DE TOUTES RACES : MM. Grand (Allier), Colas (Nièvre). — *Races mérinos* : M. Conseil-Triboulet (Aisne). *Dishley-mérinos* : M. Longuet (Oise). *Race charmoise* : M. Guyot de Villeneuve (Cher). *Race berrichonne* : MM. Nacquin (Seine-et-Marne), Edme (Cher). *Race solognote* : MM. Migion (Loir-et-Cher). *Races françaises diverses* : M. Gimel (Lot). *Race dishley* : M. Deplanche (Charente). *Race southdown* : M. Colas (Nièvre). *Croisements* : M. Deplanche (Charente). *Races d'Algérie* : M. Couvreux (Eure-et-Loir). — BANDES. *Races françaises* : M. Ferté (Aisne). *Races étrangères* : M. Colas. *Croisements* : M. Ducluzeau (Haute-Vienne). — PRIX D'HONNEUR : MM. Guyot de Villeneuve, Colas.

Espèce porcine. — *Races craonnaise et normande* : MM. Rouland (Mayenne), Harivel (Calvados). *Races limousine et périgourdine* : MM. Bonhomme, Guilhaumaud d'Arfeuille (Haute-Vienne). *Races françaises diverses* : MM. Declomesnil (Calvados), Bramard (Nièvre). *Races étrangères* : MM. Lotteau (Sarthe), Guillaumin (Allier). — BANDES : MM. Petit (Allier), Rouland (Mayenne). — PRIX D'HONNEUR : MM. Harivel (Calvados), Guillaumin (Allier).

ANIMAUX REPRODUCTEURS

Espèce bovine. — *Race normande* : MM. Noël, Maillard, Gillain (Manche), Nepveu (Seine-Inférieure), Guillot (Calvados). *Race flamande* : MM. Ghestem, Menne-Cauler (Nord), Limousin (Pas-de-Calais). *Race charolaise* : MM. Guillerand, Joyou, Grizard (Nièvre). *Race limousine* : MM. Couturier, Pallier, Caillaud, Robert (Haute-Vienne). *Race de Salers* : MM. Couderc, Labro, Bergeron (Cantal). *Race bazadaise* : MM. Médeville, Balade (Gironde). *Race garonnaise* : MM. Régimon, Médeville, Tujas (Gironde), Olivier (Lot-et-Garonne). *Race gasconne* : MM. Tachoires (Haute-Garonne), Raspaud (Ariège). *Races parthenaise, choletaise*, etc. : MM. Caillaud, Martin. Chanteraille (Deux-Sèvres). *Races d'Aubrac et d'Angles* : MM. Cabrolier, Gaubert, de Séguret (Aveyron). *Race tarentaise* : MM. Matille (Vaucluse), Duisit (Savoie), Pivot (Hérault). *Race fémeline* : MM. Monnot, Ballot, Vernier

(Haute-Saône). *Race de Montbéliard* : MM. de Moustier, Ramey (Doubs), Marc (Côte d'Or). *Race bretonne* : MM. Feunteun (Finistère), Terrien de la Haye, Lamoureux, Lanco (Morbihan). *Races françaises diverses* : MM. Jordan, Molliet (Haute-Saône), Declercq (Nord). *Petites races du Midi* : MM. Lascassies (Basses-Pyrénées), Raspaud, Galinier (Ariège). *Race durham* : MM. Grollier, Mac-Allister (Maine-et-Loire), Signoret (Nièvre), Auclerc (Cher), Petiot (Saône-et-Loire). *Race hollandaise* : MM. Ghestem, Cousin (Nord), Mathieu (Yonne). *Race schwitz* : MM. Cossenet (Marne). *Races étrangères diverses* : MM. Marc (Côte-d'Or), Thiébault (Jura). *Race jersiaise* : MM. Ayraud (Charente-Inférieure), d'Imbleval (Seine-Inférieure). — GRANDS PRIX : MM. Labro (Cantal), taureau Salers; Mennecauler (Nord), vache flamande; Caillaud (Haute-Vienne), taureau limousin; Robert (Haute-Vienne), vache limousine; Auclerc (Cher), taureau durham; Cousin (Nord), vache durham; Lamoureux (Morbihan), taureau breton; Lanco (Morbihan), vache bretonne. — BANDES DE VACHES LAITIÈRES : MM. Gesthem (Nord), baron Gérard (Calvados), Terrien de la Haye (Morbihan), Coste, Griffol, à Paris.

Espèce ovine. — *Races mérinos* : MM. Lemoine, Chevalier, Parent, Duchesne (Aisne), Gilbert (Seine-et-Oise), Sevillot Corbière (Eure-et-Loir), Raspaud, Galinier (Ariège). *Race dishley-mérinos* : MM. Longuet (Oise), Pelletier, Thirouin-Manoury (Eure-et-Loir). *Race lauroguaise* : MM. Galinier (Ariège), Tachoires (Haute-Garonne). *Race charmoise* : MM. Guyot de Villeneuve (Cher), Ferté (Aisne). *Races laitières des Causses* : MM. Farmont (Puy-de-Dôme), Brel et Duffour (Lot). *Races françaises diverses* : MM. Vandal (Pas-de-Calais), Ouvry (Seine-Inférieure), Crottat, Edme (Cher). *Race dishley* : MM. Massé (Cher), Signoret (Nièvre). *Race southdown* : MM. Mathieu et Le Sueur (Nièvre), Roland (Oise). — GRANDS PRIX : MM. Chevalier (Marne), bélier mérinos; Edme (Cher), bélier berichon; Manoury (Eure-et-Loir), brebis dishley; Ferté (Aisne), brebis charmoises; Massé (Cher), bélier et brebis dishley.

Espèce porcine. — *Race normande* : MM. Souchard (Sarthe), Hervouin (Ille-et-Vilaine). *Race limousine* : MM. Bonhomme, Bovicomte (Haute-Vienne). *Races françaises diverses* : MM. Gillet (Seine), Lavoinne (Seine-Inférieure). *Races étrangères* : MM. Boulet (Meuse), Duthu (Meurthe-et-Moselle). *Croisements* : Frère Bertrandus (Seine-et-Oise), Bonnaud (Finistère). — GRANDS PRIX : MM. Parisot, Massé.

Volailles vivantes. — *Coqs et poules* : M. Voisin, Mme Durand, MM. Souchard, Farey-Picouleau, Voitellier, Gogue, Ramé, Albertin, Giet, Debeauvais, Moreau, Aubert-Bruneau, Delmas, Rousset, comte de Maupassant, Marmé, comte de Lainsecq, de Marcillac,

Mme Manthès, MM. Gogue, Lemaitre, Janssens, Cailleret, Thouvenel, de Bretagne.

Société

des agriculteurs de France.

27e SESSION ANNUELLE

En raison très probablement de la vigueur de la campagne électorale, les membres de la Société ont tenu à assister en plus grand nombre que de coutume, à la session de cette année. Cette activité est de très bonne augure, nous souhaitons qu'elle persiste dans l'intérêt même de cette grande association et des principes qu'elle défend.

Première séance.

M. le marquis de Voguë d'une voix émue et en termes très élevés fait l'éloge du regretté marquis de Dampierre, il retrace éloquemment les services rendus par ce gentilhomme accompli et il donne lecture du discours qu'avait préparé le Président de la Société. Dans ces pages, appelées à juste titre son testament, M. le marquis de Dampierre, passe en revue toutes les plus graves questions à l'ordre du jour, il les étudie avec cette clarté si remarquable et il signale les résolutions à prendre avec sa fermeté habituelle. A notre grand regret nous devons nous contenter de citer le dernier passage qui, d'ailleurs, est l'expression exacte des sentiments de M. le marquis de Dampierre :

« Gardons-nous de perdre le sens de ce mot de liberté qui a remué le monde et que l'on ose à peine prononcer aujourd'hui : la liberté religieuse, la liberté d'association, la liberté de domicile n'ont plus que de rares défenseurs; c'est l'intervention de l'Etat matérialiste que l'on demande partout et dans toutes choses; idéal détestable vers lequel se laissent glisser les jeunes générations auxquelles on ne parle que des jouissances de cette vie. Ce n'est pas ainsi qu'un pays peut se relever de ses épreuves et les tenants de la terre savent grâce à Dieu, chercher de meilleures inspirations; ils sentent la vérité de cette parole, récemment prononcée et maintenue dans les plus hautes sphères de l'intelligence: « la raison seule est insuffisante pour conduire l'humanité. »

M. Teissonnière, secrétaire général, donne lecture de son rapport sur les travaux de la Société pendant l'année 1895. Nous recommandons la lecture de ce document (qu'on trouve à Paris, 8, rue d'Athènes) à ceux qui veulent se rendre compte de la façon dont nos collègues emploient leur temps, ils verront qu'il n'est pas une question importante qui ne soit sérieusement étudiée.

M. le Trésor de la Rocque au nom de la Commission des finances donne l'exposé de la situation financière.

M. Josseau rend compte de la façon

dont la Commission de contrôle des syndicats s'acquitte de sa mission.

Deuxième séance.

M. le comte de Luçay demande à l'Assemblée de protester contre l'impôt général sur le revenu. Il développe les excellents arguments que nous avons reproduits, il y a quelques semaines. MM. Lacombe, Cochin, de Monicault et Sénart appuient vigoureusement cette protestation dont le texte est voté à l'unanimité.

M. le baron de la Bouillerie donne les résultats du concours des instituteurs, organisé dans le département des Landes (Prix Godard).

Troisième séance.

M. André Courtin donne lecture de son rapport sur le concours relatif à la production économique du blé. M. d'Artois donne le compte rendu du concours organisé par la section des relations internationales. Le prix est décerné à M. Schotsmans, pour son Mémoire sur l'influence du cours de l'argent sur le prix du blé.

M. Sénart soutient et fait adopter un vœu réglant la représentation officielle de l'agriculture, ainsi qu'une protestation contre le projet du gouvernement sur la réforme des droits de succession.

M. Muret présente un vœu tendant à ce que l'agriculture obtienne, dans le Comité consultatif des Chemins de fer, une représentation proportionnelle à l'importance des transports qu'elle procure aux Compagnies ; ce vœu est favorablement accueilli.

Quatrième séance.

Toute cette séance a été occupée par la discussion du projet de loi sur la tuberculose. Après la lecture du texte officiel, M. Salle est d'avis qu'il faut absolument aider le gouvernement à prendre les mesures légales nécessaires pour combattre efficacement cette terrible maladie.

M. Cochin partage cette opinion et pense qu'un vœu émis dans ce sens par la Société aurait pour résultat d'engager la Chambre des députés à hâter l'étude et la promulgation de cette loi.

M. Morel d'Arleux trouve beaucoup trop sévères les peines édictées contre ceux qui chercheraient à éluder la loi. M. Sénart partage cette manière de voir.

M. Nocart pense qu'à part de légères modifications de détail, cette loi serait bonne.

M. de Lestapis trouve ces dispositions vexatoires et beaucoup trop sévères ; il fait remarquer avec raison que l'emploi de la tuberculine donne les résultats les plus contradictoires.

M. Salle insiste pour qu'on maintienne les pénalités appliquées contre les délinquants. M. Sénart fait observer qu'il est impossible de comparer la tu-

berculose aux autres maladies contagieuses et il demande qu'on procède à une nouvelle étude devant les Commissions compétentes.

M. le baron de Ladoucette trouve aussi la loi trop rigoureuse et il appuie le renvoi. Après une intervention de M. Guerrapain, la proposition de M. Sénart est adoptée, c'est-à-dire que le principe du projet de loi est admis, mais que les sections compétentes devront s'entendre pour le rédiger, de façon à donner satisfaction aux observations présentées.

Société française des rosiéristes.

En 1887, à l'occasion du Congrès horticole de Paris, sur la proposition de M. Léon Simon, président de la Société d'horticulture de Paris et de M. Scipion Cochet, directeur du *Journal des Roses*, quelques amis des roses se réunirent et décidèrent de former en France une Société de rosiéristes. Depuis cette époque, il a été de temps à autre question de cette association, mais la formation définitive ne se faisait jamais.

A plusieurs reprises nous avons demandé pourquoi cette association ne pouvait pas arriver à se constituer. Des rosiéristes parisiens nous ont dit : « C'est M. X… qui est une cause d'empêchement, et les rosiéristes lyonnais nous paraissent y être opposés. »

Nous nous sommes aussi adressé à quelques rosiéristes lyonnais qui, à l'époque, nous ont répondu : « Cette Société ne réussira jamais et il ne vaut pas la peine de prêter son concours pour chercher à l'organiser. » Il nous ont aussi donné d'autres renseignements que nous ne jugeons pas opportun de commenter pour le moment.

Voilà que tout d'un coup, quand on ne pensait presque plus à cette Société de rosiéristes, il y en a deux qui apparaissent. La première qui paraît vouloir renaître et dont on s'est occupé à Paris au Congrès horticole de 1887, et une seconde à Lyon, sous le titre de *Société nationale des Rosiéristes.*

Quelles sont les causes qui ont pu amener un revirement d'idées dans les opinions des quelques rosiéristes lyonnais, qui étaient jadis opposés à cette Société?

Pour la première réunion où on a décidé de la fondation de la *Société nationale des Rosiéristes*, qui s'est tenue à Lyon dans la seconde quinzaine de décembre 1895, le Comité lyonnais ne nous paraît pas avoir ouvert largement ses portes à tous les amis des Roses. Il y a eu quelques omissions de convocations et quelques-unes sont parvenues un peu tard à leur destinataire. Ont-elles été involontaires? Nous voulons penser que oui.

A Paris, nous trouvons que les mêmes personnes qui se sont occupées en 1887, de cette Société des Rosiéristes, paraissent vouloir donner cette fois une bonne

impulsion à sa complète organisation.

Le 13 février dernier, le comité parisien a constitué son bureau pour 1896, il est ainsi composé :

Président : M. Léon Simon ;
Vice-présidents : MM. L. Lévêque et Scipion Cochet ;
Secrétaire : M. Pierre Cochet ;
Secrétaire-adjoint : M. Rothberg.

Le bureau est, paraît-il, disposé, cette fois, à mener les choses rondement et à aboutir définitivement. Pendant le courant de l'année 1896, on étudiera les améliorations générales à apporter aux statuts, et après les élections générales on est dans les intentions de faire les choses plus grandement.

Il serait question, mais nous n'affirmons rien, qu'une exposition spéciale de Roses eût lieu cette année à Paris, en juin-juillet.

La *Société nationale des Rosiéristes français*, celle-ci c'est celle de Lyon, vient, nous a-t-on dit, de constituer son bureau provisoire pour 1896.

Nous allons avoir deux Sociétés nationales de rosiéristes, l'une et l'autre poursuivant et cherchant à atteindre le même but. Avant d'aller plus loin, les comités parisiens et lyonnais ne pourraient-ils pas se mettre d'accord, et faire cette union, d'où naît toujours cette grande force qui fait le succès de toutes les œuvres utiles!

J. Nicolas,
Horticulteur à Curis (Rhône).

Nous sommes heureux d'annoncer que notre collaborateur M. J. Nicolas a reçu, le 29 février, à Lyon, de M. le Président de la République, de passage à Lyon, les insignes de chevalier du Mérite agricole.

Toutes nos félicitations pour cette nouvelle distinction.

Les orphelinats agricoles.

Nous lisons dans la *Croix* :

Beaucoup de prêtres et de personnes charitables cherchent où s'adresser pour placer un orphelin ou quelque pauvre enfant abandonné.

La Société des Orphelinats agricoles, dont le siège est rue Casimir-Périer, 2, à Paris, répond aux besoins de ces pauvres enfants.

Cette œuvre a été fondée en 1868. Elle existe donc depuis environ trente ans. Elle a placé près de 1.500 orphelins alsaciens-lorrains ; ils sont tous devenus des soldats français, et surtout d'excellents agriculteurs.

Mais l'œuvre s'est occupée surtout de recueillir cette énorme quantité d'enfants qui se trouve à demi abandonnés dans les grandes villes, ou dont les parents sont en proie à la plus profonde misère.

C'est peut-être là un des moyens les plus efficaces indiqués par la Providence pour lutter avec succès contre l'effroyable abandon des campagnes. On sait, en effet, qu'une multitude d'agriculteurs quittent le pays pour venir dans les villes qui exercent sur eux une véritable fascination.

A Paris seulement, la population a augmenté de près de 800.000 habitants depuis une vingtaine d'années. Il se fait chaque année un apport normal d'environ 50.000 arrivants. Où cela s'arrêtera-t-il? La France et plusieurs autres pays de l'Europe ressemblent à des corps malingres dont la tête est devenue monstrueuse.

Maint vigneron, qui a mis en fût cinq ou six pièces de vin, entend parler des *fortunes colossales* que tel ou tel de ses *pays* a réalisées dans la grande ville. Il accourt à Paris avec son vin, ouvre un nouveau débit de boissons (*nous en manquons*), vend son vin naturel, et après cela vend ses meubles! En moins de deux ans, il est ruiné et *sur le pavé* avec toute sa famille.

Une multitude de journaliers viennent à Paris pour travailler et *gagner gros*. Vous leur demandez :

« Que savez-vous faire? » Ils vous répondent : « Je désire faire *n'importe quoi* pourvu que je gagne ma vie. »

Ce *n'importe quoi* veut dire qu'on n'a fait aucun apprentissage, qu'on n'a aucun état. Il en résulte qu'un petit nombre seulement. de ces braves gens qu'une vraie folie a poussés vers Paris, y peuvent trouver un emploi. Les autres végètent, vivent des *bons* du Bureau de bienfaisance. La femme meurt phtisique, les enfants deviennent mal portants et s'étiolent par les privations; et puis n'étant pas nés dans cette atmosphère, ils ne peuvent guère s'y acclimater. Autant de recrues pour les hôpitaux, et surtout pour le vagabondage!

Quant aux hommes, ils deviennent en masse ce que nous appelons des *miséreux*. Il y en a dans Paris plus de 100.000, qui vivent de mendicité, couchent aux asiles de nuit, sous les ponts, dans les maisons en construction, etc. Quelles immenses ressources pour les campagnes où les terres sont en friche, si tant de malheureux y étaient demeurés, au lieu de devenir à Paris la proie de la misère et de tous les vices!

***

Recueillir les enfants de ces pauvres familles, les envoyer dans des Orphelinats agricoles, les rendre à la vie des champs, au travail de la terre, leur faire aimer l'agriculture, voilà l'œuvre merveilleuse tentée heureusement par la Société des Orphelinats agricoles. Déjà 3.500 enfants de Paris ou des environs ont été placés dans les différents orphelinats. En ce moment, le secrétariat de la rue Casimir-Perier place une moyenne de dix enfants par semaine; hélas! on est contraint de refuser les trois quarts de ces pauvres créatures, abandonnées dans Paris, faute de res-

sources, car l'œuvre ne *peut pas* comme l'Assistance publique laïque, *placer pour rien*. Les orphelinats doivent vivre et c'est à peine si, avec 15 francs par mois, soit 10 sous par jour, on peut nouer les deux bouts.

L'enfant, dans les orphelinats agricoles chrétiens, revient à 0 fr. 85 par jour en moyenne, vêtements, chaussures, livres scolaires, entretien, personnel, etc.. compris. N'était que tous ces établissements sont dotés de quantité d'hectares de terrain, où l'élevage, l'horticulture, la grande culture sont possibles, on n'arriverait pas.

On ne peut donc, rue Casimir-Perier, accepter les petits garçons qu'à raison de 15 francs par mois, soit 180 francs par an. Si l'on tenait à ce que l'enfant fût près de Paris, on devrait payer 16 fr. 65 par mois, soit 200 francs par an. Quant aux petites filles, l'œuvre les accepte dès l'âge de 6 ou 7 ans, à partir de 10 francs par mois. Il y a même plusieurs orphelinats où l'on prend *pour rien* des jeunes filles âgées de plus de 12 ans et ayant déjà une bonne instruction primaire.

Combien de familles fortunées, bénies dans leurs enfants, ont besoin, selon le joli mot que me disait dernièrement un bon chrétien « d'expier leur bonheur ». Et combien seraient heureuses de prendre le parrainage d'un petit mendiant et de le faire élever dans un orphelinat agricole, l'arrachant ainsi au vice, à la misère, et le rendant à la vraie vie! Cet enfant que l'on aurait recueilli soi-même, que l'on placerait, dont on suivrait les progrès, ne serait-ce pas un gage de bonheur et comme un paratonnerre sur la tête des heureux enfants d'une famille?

***

La Société est actuellement en rapport avec 82 orphelinats. Elle en possède 12 et patronne les 70 autres. En ce moment de généreux bienfaiteurs lui proposent de nouvelles fondations dans la Dordogne, la Mayenne, la Creuse, le Jura, la Gironde, le Cantal, le Calvados, la Haute-Saône, et en Seine-et-Oise. L'inspecteur général de l'œuvre est chargé de préparer des rapports.

Ce qui retarde le plus ces nombreuses fondations, c'est, paraît-il, la nécessité de former un personnel dirigeant spécial. Il y a déjà des Congrégations de Sœurs agricoles, à Seillon, près Bourg, dans l'Ain, à Thodure (Isère), et à Méplier (Saône-et-Loire).

On travaille aussi à grouper dans une action commune des *Frères agricoles*. Ce ne sera pas du nouveau dans l'Eglise. Il y a longtemps que saint Benoît en a trouvé la formule et la règle. Du reste on connaît déjà les frères agriculteurs de Saint-François-Régis, au Puy; et les frères de Saint-François-d'Assise, à Saint-Antoine (Charente).

A l'aide de tous ces éléments, on vou-

drait créer dans les campagnes de nombreux centres, d'immenses établissements d'agriculture, où le trop plein de la jeunesse de nos villes irait apprendre l'agriculture et repeupler les campagnes. Du même coup on arracherait des myriades d'enfants à la corruption et à l'impiété.

***

Ah! si l'Assistance publique qui dispose de 42 millions, comprenait son devoir, sa mission! Hélas! on n'en connaît que trop l'esprit! Elle préfère confier les enfants abandonnés à des fermiers, On sait que l'internat laïque a échoué; chaque enfant y revenait à 685 francs par tête. L'Assistance livre donc les pauvres créatures à des mercenaires; elle les distribue dans les préfectures environnant Paris et Dieu seul sait les souffrances qu'ils endurent et l'éducation qu'ils reçoivent.

***

Toute demande de renseignements pour le placement d'enfants doit être adressée à M. l'abbé Santol, inspecteur de la Société des orphelinats agricoles, 2, rue Casimir-Perier.

Le Parisien.

Concours Hippique.

Le concours central de Paris de la Société hippique française aura lieu, cette année, du 28 mars au 17 avril, au Palais de l'Industrie.

Le concours spécial international de chevaux de trait attelés à toutes espèces de voitures propres à ce genre de service, se tiendra le dimanche 12 avril, à une heure et demie. Les inscriptions gratuites seront reçues au Bureau du Concours (Palais de l'Industrie), du 29 mars au 11 avril, jusqu'à trois heures du soir.

A l'occasion du concours, il y aura une série de prix internationaux destinés aux équipages et chevaux de maîtres.

Concours d'animaux gras à Rouen.

Cet important concours organisé par la Société d'agriculture de la Seine-Inférieure se tiendra à Rouen du 29 au 31 mars courant, les éleveurs de toute la région peuvent y prendre part comme ceux du département.

Concours de Nevers.

Le concours de Nevers a, comme tous les précédents, montré que les éleveurs de la Nièvre et de l'Allier ne s'endorment pas sur leurs succès exceptionnels que nous enregistrons depuis trente ans. Au dernier concours la race charolaise-nivernaise, la race Durham, les races ovines dishley et southdown, les races porcines anglaise et craonnaise étaient représentées par des sujets de premier ordre, et quelques sujets ont même atteint des mérites invraisemblables, notamment le bœuf nivernais de 3 ans et demi pesant le poids inconnu de 1275 kilos, qui a valu la prime d'honneur à M. Grand de l'Allier, pour sa belle conformation en même temps que pour son poids. Les lauréats sont ceux que nous signalons de longue date, pour le Nivernais : MM. Chaumereuil, Bellard, Bourdeans ; pour le Durham MM. de Saint-Thalle, Signoret et Tiersonnier fils ; pour les races ovines dishley les mêmes ; pour le southdown MM. Colas et Bouille ; pour les races porcines : MM. de la Roche, de Saint-Menoux, etc.

Du reste les sujets primés à Nevers ont à Paris des succès plus éclatants encore, à raison de la lutte des ruraux des autres régions.

Quant au concours des reproducteurs son succès principal a été dans les nombreux acheteurs étrangers.

L'élevage de l'Allier et de la Nièvre est toujours, pour eux, une attraction de premier ordre en France et à l'Etranger.

Société d'Agriculture de la Haute-Garonne.

La Société d'Agriculture du département de la Haute-Garonne et le Syndicat professionnel agricole de la Haute-Garonne organisent pour le lundi 25 mai un concours de pulvérisateurs et d'appareils à répandre les poudres et, pour le 22 juin 1896, une exposition de porte-greffes américains et de plantes fourragères.

CHRONIQUE AGRICOLE

Situation. — La Saison.

La température printanière, après une courte interruption dans la dernière quinzaine, suit son cours par des journées, qui quelquefois donnent de courtes averses de pluie suivies bientôt de la réapparition du soleil. En somme, le temps est à souhait à peu près partout en France, et les récoltes en terre sont généralement en très bonne voie : leur seul ennemi à combattre consiste dans les mauvaises herbes pour lesquelles la saison est aussi propice que pour les bonnes.

Affaire de hersage ou binage, suivant les cas et l'état du sol, les cultivateurs avisés doivent connaître d'après la pratique du jardinage, les règles à suivre pour ces délicates opérations. La végétation des plantes obéit aux mêmes lois au champ et au jardin. Il s'agit d'opérer au champ avec l'instrument à cheval, comme au jardin avec l'instrument manuel ; ajoutons qu'au champ, la binette Rousseau à cinq pattes est un outil précieux, grâce auquel on fait une besogne

triple de celle que fait la binette à lame unique.

Les travaux de saison. — Ces travaux sont aujourd'hui à peu près partout en activité. Nous croyons avoir donné dans les numéros précédents, toutes les indications pratiques nécessaires pour les rendre fructueux.

Spécialement pour qui concerne la culture des pommes de terre dont la plantation est partout à l'ordre du jour.

Toutefois un détail sur lequel il peut être utile de revenir, c'est la question des tubercules à planter.

Un point qui a divisé les praticiens, c'était de savoir lequel valait le mieux, de planter les tubercules entiers, ou seulement une moitié pourvue d'un œil.

M. Aimé Girard a toujours enseigné, d'après ses expériences, que le tubercule entier rend plus que le fragment. Ses dernières expériences sont plus concluantes que jamais dans ce sens.

On estime aussi que les tubercules de grosseur moyenne sont plus féconds que les petits. Deux tubercules moyens donc rendront plus que deux fragments d'un tubercule de grosseur excessive.

Nous rappelons pour mémoire, que, avant d'être mis en terre, les tubercules doivent être exposés au grand air pendant un ou deux jours. Cette prise d'air, sorte d'oxygénation des tubercules, a une influence sérieuse sur la végétation en terre.

La valeur nutritive des marrons d'Inde.

Voici les résultats des expériences entreprises à mon laboratoire de Grignon sur la valeur nutritive des marrons d'Inde, expériences poursuivies par mon assistant, M. Paul Gay. Je dirai d'abord une fois pour toutes, que les marrons ont toujours été distribués aux divers genres d'animaux, après avoir passé par le concasseur, ce qui en rendait la consommation plus facile.

On a pris en premier lieu deux lots de brebis antenaises dishley-mérinos aussi semblables que possible et composés chacun de cinq têtes. Le lot n° 1 pesait 292 kilogrammes, et le lot n° 2 281 kilogrammes. Le premier a reçu durant dix jours, par tête et par jour, 0 kil. 500 de luzerne, 0 kil. 500 de pois-fourrages et 1 kil. 500 de betteraves fourragères coupées en tranches ; pour le second, on a remplacé les 1.500 gr. de betteraves par 500 grammes de marrons, d'après l'équivalence en matière sèche des deux aliments. Le lot n° 2, dans la ration duquel entraient ces marrons, n'a fait aucune difficulté pour les consommer.

Après les dix jours des régimes ainsi réglés, les deux lots ont été pesés. Le n° 1, consommant des betteraves, avait gagné 12 kilogrammes, son poids étant alors de 304 kilogrammes ; le n° 2, consommant des marrons, en avait gagné

16, son poids ayant passé de 281 à 297 kilogrammes.

Ainsi que je l'ai déjà plusieurs fois fait remarquer en pareille occasion, l'expérience arrêtée là n'aurait eu aucune signification certaine. La différence constatée en faveur des marrons pouvait être due, en effet, à des capacités digestives individuelles différentes entre les deux lots de brebis. Afin d'éliminer la cause d'erreur possible, le lot n° 1 a reçu à son tour les marrons et le n° 2 les betteraves, de même durant une nouvelle période de dix jours. A l'expiration de cette période, on les a pesés de nouveau. Le n° 1 avait gagné 2 kilogrammes avec les marrons ; le n° 2, avec les betteraves, avait diminué de 1 kilogramme, il ne pesait plus que 296 kilogrammes, soit donc, en faveur du premier, une différence de 3 kilogrammes.

En somme, si nous réunissons les résultats des deux périodes d'alimentation, nous voyons que les rations avec betteraves ont fait gagner en vingt jours 11 kilogrammes de poids aux brebis d'expérience, tandis que les rations avec marrons leur ont fait gagner dans le même temps 18 kilogrammes ou 7 kilogrammes de plus. Il est légitime d'en conclure que 500 grammes de marrons d'Inde équivalent, en puissance nutritive, à plus de 1.500 gr. de betteraves fourragères, et peuvent, au point de vue économique, avantageusement les remplacer dans l'alimentation des moutons, les deux aliments étant de même ordre.

L'interprétation scientifique du fait ainsi constaté expérimentalement n'est pas difficile. D'abord la quantité de matière sèche est un peu plus forte dans les 500 grammes de marrons que dans les 1 500 grammes de betteraves ; mais en outre on peut voir par les analyses que dans la matière sèche des marrons la teneur en protéine est environ le double de ce qu'elle est dans celle des betteraves. Cette plus grande richesse en azote accroît nécessairement la digestibilité.

En même temps que se poursuivait cette expérience comparative sur les brebis, on en exécutait une autre sur une vache, mais non plus dans la même intention. Il s'agissait là de savoir : 1° Si la vache consommerait les marrons sans difficulté ; 2° Quelle serait, le cas échéant, leur influence sur la qualité de son lait. A ce dernier point de vue, on avait, les trois jours qui ont précédé le commencement de l'expérience, analysé ce lait. Il contenait alors en moyenne 15,76 0/0 de matière sèche et 5,63 de beurre. C'était donc un lait très riche. La bête pesait 575 kilogr. et sa ration journalière comprenait 25 kilogrammes de betteraves.

On commença par introduire dans sa ration 500 grammes de marrons en remplacement de 1.500 grammes de betteraves, et chaque jour suivant la substitution fut continuée ainsi par

500 grammes jusqu'à ce que la dose de marrons eût atteint 5 kilogrammes, et celle de betteraves fût réduite de 15 kilogrammes et ramenée par conséquent à 10 kilogrammes seulement.

Tous les jours, aussi bien à la fin qu'au commencement, la ration fut complètement mangée et les déjections restèrent normales. L'expérience dura quinze jours, au bout desquels le poids de la vache a été de 585 kilogrammes. Elle avait ainsi gagné 10 kilogrammes.

Son lait, dégusté comparativement avec celui d'une autre vache par plusieurs personnes qui en ignoraient la provenance, ne leur a donné la sensation d'aucune saveur insolite. L'analyse y a fait trouver 15,35 0/0 de matière sèche et 5,44 de beurre, c'est-à-dire sensiblement la même composition qu'auparavant.

Mais au moment où l'expérience a commencé, la vache donnait 12 kilogrammes de lait par jour. A partir de l'instant où la ration de marrons approchait de 5 kilogrammes, elle n'en a plus donné que 8 kilogrammes. L'expérience terminée, dès que les 25 kilogrammes de betteraves lui furent restitués, elle reprit de nouveau son rendement initial.

Faudrait-il attribuer cette réduction de l'activité mammaire à une action spéciale des marrons? Je ne le pense pas. Pour s'en rendre compte, il suffit de considérer que les 15 kilogrammes de betteraves remplacés par 5 kilogrammes de marrons introduisent dans le sang environ 12 kilogrammes d'eau, tandis que les 5 kilogrammes de marrons en introduisaient à peine 2 kilogrammes. Or, je ne m'attarderai pas à démontrer l'influence de l'alimentation aqueuse sur l'activité des mamelles. Si donc on voulait substituer les marrons d'Inde aux betteraves dans la nourriture des vaches laitières, il faudrait tenir compte de ce fait en augmentant proportionnellement l'humidité de la ration.

(A suivre.)

H. Sanson,
professeur à Grignon.

Le trèfle comme engrais vert.

Nous savons que, sous le nom de sidération, M. G. Ville préconisée un système consistant à fertiliser les terres incultes au moyen de plantes enfouies en vert, et que le trèfle est la plante du plus propre à cet emploi a raison de sa propriété d'enrichir le sol en azote.

Le moment est proche où on conviendra de semer le trèfle dans les céréales d'hiver.

Le *Bulletin du Syndicat de l'Anjou*, public sur ce sujet un dialogue instructif entre deux fermiers angevins :

Le père François. — Mais qu'est-ce que c'est donc, la sidération.

Maître Mathurin. — Cela consiste tout simplement à semer une plante verte, pour l'enterrer au lieu de la récolter. Dans la Vallée on enterre ainsi du vesceau quand on le peut.

Cette année il s'agit du trèfle, et l'opération ne peut manquer d'être lucrative, même si elle ne réussit qu'à moitié. Vous savez qu'un trèfle bien réussi pousse vigoureusement après l'enlèvement du blé ou de l'avoine, qui lui ont servi de couvert, et qu'il peut atteindre 40, 50, et même 60 centimètres de hauteur; une partie fleurit. Il n'est pas rare d'obtenir ainsi une pousse représentant au moins 10.000 kilos de plante verte. A 6 kilos d'azote par 1.000 kilos, cela fait 60 kilos, qui équivalent à 400 kilos de nitrate de soude, coûtant 90 francs.

Le père François. — En effet, sans s'occuper trop du nitrate de soude il est clair que l'enfouissement d'une bonne récolte de trèfle peut remplacer beaucoup de fumier, mais on n'en chôme pas cette année de fumier.

— Sans doute, mais il n'est pas toujours à la place où il faudrait qu'il fût. Il y a des récoltes qui en ont besoin et sur lesquelles on n'a pas le temps de le charrier, il y en a d'autres sur lesquelles le fumier n'a qu'une action très médiocre, au lieu qu'un engrais vert agit toujours à temps.

Maître Jacques. — En effet, nous faisons souvent du blé après une avoine, qui a succédé au blé. Ce n'est pas le meilleur assurément, mais enfin cela se fait, et il est certain que l'on n'a pas toujours le temps de fumer la terre en saison convenable. S'il fait trop sec, on ne peut pas donner les façons nécessaires et s'il tombe trop de pluie, le fumier est mal enterré même dans une terre labourée trois fois.

Maître Mathurin. — L'enfouissement d'un trèfle peut rendre ici de grands services, l'action de cet engrais **vert** étant plus rapide que celle du fumier.

Sur les avoines d'hiver, c'est la même chose, mais sur les avoines de printemps et les orges, c'est un fait que le fumier n'a presque point d'action, au lieu que les engrais verts en ont beaucoup.

— Conclusion, il convient de semer du trèfle dans tous les froments qui doivent être suivis d'une avoine. En le faisant vous obtiendrez encore un autre résultat. Il faut 15 kilos de graines de trèfle pour ensemencer un hectare, ces 15 kilos coûtent cette année 10 francs, c'est-à-dire 6 sous 1/2 la livre. Supposez que nous ayons encore l'an prochain une bonne récolte de grains de trèfle.

Maître Jacques. — On ne sait plus alors où s'arrêterait la baisse de ce produit, il descendrait peut-être à 5 sous la livre.

Maître Mathurin. — Ce serait un désastre.

— Il est certain, pourtant, que les trèfles n'ont pas dû se vendre, cette année, en Allemagne, beaucoup plus cher, puisque des maisons allemandes ont pu vendre la graine, à Londres, 70 francs les 100 kilos c'est-à-dire 7 sous la livre, après avoir supporté les frais de transport, d'emballage, et probablement aussi prélevé un bénéfice raisonnable.

Maître Mathurin. — Cela veut dire qu'il faut en user le plus possible, afin qu'il en reste le moins possible, ce sera la meilleure manière de ne pas nous faire concurrence à nous-mêmes.

◆

Le superphosphate azoté.

Pour apprécier la valeur agricole d'un phosphate ou d'un superphosphate nous écrivait dernièrement un de nos fidèles abonnés, il faut autre chose que le dosage de l'acide phosphorique soluble, car il arrive souvent, qu'à *dosage égal*, ces engrais produisent des résultats bien différents.

Il est certain que le phosphate, selon sa provenance, se trouve dans un état moléculaire particulier qui le rend plus ou moins impressionnable aux acides industriels aussi bien qu'à ceux du sol, et que, de sa composition même, résulte ainsi une assimilabilité plus ou moins grande ; mais il est également indiscutable que les phosphates les plus assimilables sont ceux qu'accompagne un plus fort contingent de matières organiques solubles. C'est à cette dernière particularité que le superphosphate d'os doit assurément la supériorité qui lui est généralement reconnue sur les superphosphates ordinaires.

La raison scientifique en a été donnée par M. Joulie, l'éminent chimiste agricole que l'on peut sans flatterie appeler un prince de la science, dans la magistrale conférence donnée le 29 mai 1891 au congrès agricole de Versailles.

Après avoir indiqué le sesquioxyde de fer, existant en grand excès dans presque toutes les terres, comme un fixateur d'une énergie particulière pour l'acide phosphorique devenu alors insoluble dans l'eau, même celle chargée d'acide carbonique, l'illustre conférencier constate « qu'au contact des *ma-* « *tières organiques*, et sous leur in- « fluence réductrice le phosphate ferri- « que cède peu à peu son acide phospho- « rique à la chaux, à la magnésie, à la « potasse et reconstitue des phosphates « éminemment assimilables, parce qu'ils « sont solubles dans l'acide carbonique « qui les transporte au sein du végétal. »

D'autre part, en même temps que cette décomposition de la matière organique, transformée en humus, dégage cet acide carbonique qui rend l'acide phosphorique assimilable, elle fournit aussi l'élément plastique par excellence, l'azote si essentiel à la nutrition de la plante. Dès lors rien d'étonnant que des résultats supérieurs se produisent sous l'influence de cette double action.

Frappé de cette démonstration des avantages de l'union de la molécule phosphorique à la molécule organique, M. Lefebvre, le fabricant bien connu de l'engrais amiénois, résolut de faire désormais entrer dans ses compositions l'acide phosphorique intimement un à la matière organique solubilisée et de le livrer à la culture comme engrais incomplet ayant l'aspect, la siccité et la finesse du café pulvérisé, ce qui en rend l'épandage très facile et la dissémination parfaite.

C'est là une application industrielle aussi perfectionnée que possible de l'emploi préconisé depuis longtemps déjà des phosphates sur fermiers en fermentation.

Ce procédé inspire d'autant plus de confiance qu'il reçoit une confirmation complète par le succès de l'emploi des phosphates alimentaires utilisés sur si grande échelle pour l'élevage des animaux. Il y a plus : quelle est la mère qui ne connaisse aujourd'hui la précieuse phosphatine Fallière qui offre l'acide phosphorique combiné avec des matières nutritives de choix pour fournir l'aliment complet grâce auquel l'enfance traverse victorieusement les phases les plus difficiles de la croissance.

Tant il est vrai qu'il existe entre les divers règnes des analogies dont un observateur sérieux sait tenir compte et qu'un praticien ne doit pas laisser sans application. Argument qui vient bien à l'appui des observations que nous exposions tout dernièrement au sujet de l'emploi des engrais composés dont les éléments groupés dans de bonnes proportions réagissent avantageusement pour la plante les uns sur les autres, et, par leur action connexe, procurent des résultats que ne peuvent donner les éléments isolés.

C'est donc ici le cas de répéter l'adage bien connu : *L'union fait la force*, et de réserver à la partie organique des engrais une large part dans la fumure du sol si l'on veut que l'acide phosphorique y agisse avec son maximum d'efficacité.

Les vendeurs de bouillies pour les vignes.

Le journal *la Bourgogne* annonce que les campagnes de l'Yonne sont visitées par des vendeurs suspects de bouillies plus ou moins merveilleuses destinées à combattre les cryptogames de la vigne.

Ils s'adressent de préférence aux débitants et aux épiciers qui connaissent peu la matière. Ils s'étendent naturellement sur les propriétés merveilleuses de leur poudre ; ils garantissent à leurs dupes la vente exclusive du produit dans le canton et se retirent après avoir fait signer un marché bien en règle.

La bouillie en question est vendue le prix respectable de 160 à 190 fr. les 100 kilos ; au détail, le vigneron doit l'acheter plus de 2 fr. le kilo, et on lui recommande d'en employer seulement 1 kilo par hectolitre d'eau.

Nous allons voir quelle est la valeur réelle de toutes ces poudres.

Nos analyses ont constaté que ces poudres sont un mélange presque à parties égales, de sulfate de cuivre et de chaux, ou de carbonate de soude. La moins riche renfermait 41 0/0 de sulfate de cuivre, et la plus riche 54 0/0.

Leur valeur calculée d'après le prix des matières premières, en comptant la main d'œuvre, est de 25 à 30 francs les 100 kilos.

Le vigneron achète ces poudres au détail six ou sept fois leur valeur.

Mais là n'est pas tout le mal. S'il suit à la lettre les instructions des vendeurs, s'il n'emploie pour fabriquer sa bouillie que 1 kilo de ces produits, il *compromet sa récolte*, car il est certain de n'enrayer le mildiou que d'une façon bien imparfaite, pour ne pas dire nulle.

Et cela se comprend facilement, 1 kilo de ces poudres ne contenant en moyenne que 500 grammes de sulfate de cuivre, par hectolitre d'eau, alors qu'il en faut 2 à 3 kilos, avec une quantité égale de chaux ou de carbonate de soude.

Pour être efficaces, les poudres devraient être employées à la dose de 5 à 6 kilos par hectolitre d'eau, ce qui mettrait le prix de revient d'un hectolitre de bouillie à 12 francs.

Ce chiffre exagéré fait comprendre pourquoi il est recommandé aux vignerons de n'employer que 1 kilo par hectolitre.

A ceux qui trouvent cette quantité beaucoup trop faible, on soutient que le produit a une valeur anticryptogamique 5 à 6 fois supérieure à celle de la bouillie bordelaise ordinaire.

Pure fable qu'il n'est pas besoin de discuter.

Maintenant que les intéressés sont avertis, nous espérons qu'ils se laisseront moins duper.

Le Gérant : E. GAMBART.

IMP. NOIZETTE ET Cie, 8, RUE CAMPAGNE-1re, PARIS.

PRIMES A NOS ABONNÉS

PRIMES DE PRINTEMPS

Nous informons nos lecteurs que toutes les primes annoncées jusqu'à présent sont épuisées, à l'exception de celles que nous continuons à annoncer.

Nous serons obligés de retourner l'argent accompagnant les ordres de primes épuisées.

Prochainement, comme les années précédentes, nous offrirons à nos aimables lectrices des primes de graines.

Huitres fraiches d'Arcachon et de Marennes, colis postaux, 5 kilos contenant :

100 huitres	blanches	4 25
70 —	plus grosses	4 80
100 —	vertes	5 60
70 —	plus grosses	5 60

Franco de port et d'emballage en gare ou à domicile. *Adresser les ordres* accompagnés de la bande du journal et d'un mandat à MM. J. LAPIERRE et J. GOUBET à Andernos (Gironde).

Délicieux **Vin Muscat Vieux** tonique et réconfortant venant **directement** de la propriété, garanti authentique, offert en prime à nos abonnés à raison de 1 fr. 25 le litre logé en fûts de 25 à 35 litres. Fûts perdus.

Adresser les commandes au Bureau du Journal 10 *bis*, rue Piccini, Paris.

Si vous voulez boire du bon vin de Saint-Emilion, adressez-vous à M. **Duplessis-Fourcaud**, au château des Trois-Moulins, à SAINT-EMILION (Gironde).

(Voir le prix courant.)

Montre Remontoir, boîte métal nickelé, cuvette nickelée, 18 lignes ou 50 millimètres, cadran émail à secondes, aiguilles Louis XV, système 1 rochet, échappement-cylindre, 4 rubis. Prix 15 fr. 50 franco de port et d'emballage.

Le même article se fait en modèle réduit pour jeunes gens au même prix et pour dames avec augmentation de 2 francs.

Montre Remontoir, acier oxydé inaltérable cuvette acier oxydé 18 lignes, système perfectionné, calibre revolver, cylindre 8 rubis, cadran émail à secondes, prix 20 francs, franco de port et d'emballage.

Le même article se fait en modèle réduit, pour jeunes gens au même prix, et pour dames avec augmentation de 2 francs.

Baromètre nickel, fabrication française très soignée, système perfectionné. Prix 12 francs.

Baromètre « Bois sculpté Masson, » très décoratif, fabrication française, système perfectionné. Prix 22 fr. 50.

Envoyer les demandes accompagnées d'un mandat d'égale somme, au Bureau du Journal, 10 bis, rue Piccini, Paris.

Vélocipèdes. — Pour répondre aux désirs maintes fois exprimés par nos lecteurs, nous nous sommes livrés à de sérieuses recherches. Nous avons visité les principales usines et pris l'avis d'amateurs de cet instrument. Nous sommes aujourd'hui en mesure de procurer à nos lecteurs, à titre de prime exceptionnelle, machines parfaites à tous égards provenant d'un des meilleurs fabricants.

La plus vaste Manufacture du Monde

Cadre gros Tubes INDÉFORMABLE

LA **NATIONALE**

13, Rue de Rome

Usine à vapeur, 17, rue Desrenaudes

PARIS

Bicyclette modèle 1895

avec pneumatiques de tous systèmes, derniers perfectionnements, mieux faite et ns chère que tout ce qui s'est fait jusqu'à ce jour.

Envoi franco du Catalogue

Nos abonnés auront droit à une remise de 50 0/0 sur les prix du catalogue de cette maison.

Nous ne disposons que d'un très petit nombre d'instruments dans ces conditions.

CORRESPONDANCE

M. A. P., à C. (Haute-Loire). — Pour vous procurer d'excellents arbres fruitiers, jeunes sujets poiriers, adressez-vous de notre part à M. Baltet, pépiniériste à Troyes (Aube).

M. H. J. H. S. (Haute-Saône). — Il y a un moyen pratique de faire pour une table une boisson économique et hygiénique, c'est la bière de ménage. Pour la bien fabriquer, procurez-vous l'ouvrage spécial qui se trouve chez Michelet, quai des Grands-Augustins, Paris.

M. le vicomte de Durat nous écrit :

« Je tiens à vous dire combien j'ai été touché de l'empressement qu'ont mis MM. Henry Roblin et Surugue, 190, rue d'Allemagne, les vendeurs bien connus de la *Gazette*, à me renseigner pour un bœuf saisi à la Villette pour tuberculose et en faire tirer le meilleur parti possible, et pour leur complet désintéressement je tiens à les remercier publiquement par votre intermédiaire, afin de signaler aux abonnés de la *Gazette* ces utiles auxiliaires.

M. P., à S. par D. (Jura). — Nous regrettons beaucoup de ne pas pouvoir vous procurer le numéro de la *Gazette* du 29 avril 1894 épuisé. Nous vous remercions de la liste d'adresses auxquelles nous allons envoyer les numéros de la *Gazette*.

La valeur des actions de la *Société générale des Assurances agricoles* est bonne (émission du 5 février 1395).

Pour les actions, écrire à la compagnie qui vous donnera les renseignements nécessaires

M. L. à D., (Vosges). — Les cendres de bois répandues régulièrement sous le bétail ou sur la couche de fumier, l'enrichissent beaucoup en lui apportant la potasse ; l'assimilabilité se fera de suite sentir sur les plantes.

Le *Phosphate de Quiévy* (Nord) peut être employé de la même manière, il a la propriété de fixer l'azote des fumiers, d'empêcher sa déperdition et en outre d'apporter l'acide phosphorique, cet élément indispensable aux plantes. Les agriculteurs de marque qui emploient les phosphates de cette manière ont obtenu des résultats merveilleux.

M. L. M., à W. (Ardennes). — Pour vous procurer un ouvrage traitant la manière d'empailler les oiseaux et les animaux, adressez-vous de notre part à la librairie Michelet, quai des Grands-Augustins.

M. E. S. B., à V. (Aisne). — Nous avons bien reçu votre mandat pour plusieurs années d'abonnement.

Pour avoir des œufs d'oies de Toulouse, ou des jeunes oisons, adressez-vous de notre part à M. Voitellier, éleveur à Mantes (Seine-et-Oise).

M. R. P. (Aube). — Pour la vente des bois au stère, nous trouvons votre formule bonne, c'est le procédé usuel des forêts.

M. A. P. à A. (Deux-Sèvres). — Les noix valent de 30 à 60 francs les 100 kilos, les échalotes de 40 à 60 francs les 100 kilos, ces deux denrées ne paient pas de droits d'entrée. Les huîtres paient 6 francs de droits pour les Portugaises, les huîtres plates paient 18 francs.

M. G., à C. (Seine-et-Oise). — Votre sarrasin enfoui en vert a apporté à votre terre une certaine quantité d'azote qui a profité pour votre récolte de blé, les 400 kilos de phosphates minéraux ont apporté de l'acide phosphorique qui a été également absorbé par la récolte pour votre ensemencement de mars il serait utile d'y mettre à nouveau soit 1.000 kilos de phosphates de Quiévy à l'hectare ou 600 kilos de superphosphates. Par ce moyen votre récolte d'avoine sera doublée.

Au même. — Il y a d'excellents biberons pour faire boire le lait aux jeunes veaux, cela vous empêche d'avoir des indigestions. Adressez-vous de notre part à M. André Massonnat, inventeur des biberons pour animaux à Nérondes (Cher).

M. V. de la M. (Vienne). — La Vaseline remplace avantageusement les huiles dites de pied de bœuf, elle assouplit et entretient parfaitement les cuirs, notamment les harnais de luxe et de travail, capotes, tabliers, caparaçons etc. La vaseline produit un joli brillant et évite l'encrassement fait par les huiles et les cirages. Adressez-vous de notre part, à M. Marcel Pernais, directeur de la manufacture de vaseline à Ligny-en-Cambrésis (Nord).

M. G. H., à C. (Côte-d'Or). — Pour vous procurer une chienne Saint-Bernard, adressez-vous de notre part au journal *Le Chasseur français*, à Saint-Etienne (Loire).

M. M. A. (Meuse). — La distance de 6 mètres paraît suffisante pour établir une fouille mais le propriétaire du puits est obligé de le garantir par une clôture suffisante pour éviter tout accident. Il y a un règlement sur cette question vous le trouverez à la préfecture de votre département.

M. H. (Eure). — Nous n'avons d'autres renseignements sur ce plant que ceux que nous avons publiés. Adressez-vous au Syndicat agricole d'Alençon,

OFFRES ET DEMANDES

JEUNE HOMME ayant diplôme d'École pratique d'agriculture demande emploi dans grande exploitation pour se fortifier dans la pratique. Pas exigeant comme gages.
S'adresser au bureau du journal.

Avoine dite Garton, de provenance anglaise, sorte nouvelle favorite en France, à grands rendements culturaux, 24 fr. les 100 kilos sur wagon Dunkerque sacs perdus, droits d'entrée en plus.

Avoine noire Tartare supérieure, provenance anglaise, très productive, très beau grain 24 fr. 50 les 100 kilos sur wagon Dunkerque sacs perdus, droits d'entrée en plus. Les droits d'entrée sont de 3 fr. aux 100 kilos. S'adresser à MM. Nocq et Masse, importateurs à Noyon (Oise).

Avoine grise de Beauce pour semence extra 1er choix, 21 francs les 100 kilos.
Au-dessus de 1000 kilos 20 francs les 100 kilos, logés gare Nangis (Seine-et-Marne.)
S'adresser à M. E. Leclert, agriculteur à Bois-Garnier, par Jouy-le-Châtel (Seine-et-Marne).

Pommes de terre de semence : *Géante bleu, Asparie, Annibal, de Paulsen ; Impérator de Richter*, espèces très résistantes et très productives.
Pureté d'origine garantie.
70 francs les 1000 kilos.
S'adresser : M. de Lavigerie, à Montbron (Charente).

On demande à acheter pour la place de Paris plusieurs lots de blés pour la meunerie, avoine de consommation, seigle et sarrasin, pailles et fourrages. Adresser échantillons et prix à M. Périnaud-Gérard, 6, rue de Marseille (Paris).

Ancien Industriel ayant possédé usine importante, fait valoir plusieurs Fermes et Bois de haute futaie. Désire se placer comme intendant-régisseur. Nous recommandons spécialement cette personne qui a de grandes connaissances techniques à possesseur de grand domaine. Écrire au bureau du journal.

On offre : **Trèfle violet bien récolté**, garanti pur et exempt de cuscute, au prix de 1 fr. 20 le kilo, pris à Vittel (Vosges) gare départ.
S'adresser à M. Emile Morel, propriétaire à Vittel (Vosges).

Huiles d'olive garanties pures et sans mélange venant directement de la propriété.
Au prix de 1,80, — 1,60, — 1,50 le kilog, suivant qualité.
Gare départ, paiement contre remboursement. S'adresser à M. Edouard Laurin, propriétaire à Saint-Chamas (Bouches-du-Rhône).

Pommes de terre sélectionnées pour semence : *Géante Franco-Russe*, 20 francs les 100 kilos ; Paulsen-Athènes ; Hollande ; Idaho ; Canada ; 12 francs les 100 kilos.
Livrables, par quantité minima de 50 kilos. Gare départ, sacs facturés en sus.
Marjolin un peu germée, 2 fr. 50 les 5 kilos franco toutes gares de France.
S'adresser au bureau du journal.

Agriculteur, ancien régisseur de grandes propriétés, demande direction d'un domaine en France ou colonies. Excellentes références.
GRAND CRU MENARDIERE. Cidre normand pur jus, 15 fr. l'hecto non logé.
Eau-de-vie de cidre garantie pure : 3 fr. le litre.
Sassier, propriétaire. La Colombe (Manche)
La culture électrique, par M. C. Crépeaux . . . . 1 »
Purificateur d'air pour tonneaux, l'un 4 50 franco gare.

Moyennant un supplément de 0 fr. 40, nous joindrons à l'envoi une mèche à percer de calibre et moyennant 0 fr. 10 en plus, une mèche soufrée.

Le moment favorable au transport des vins étant revenu, nous rappelons à nos lecteurs que tous ceux d'entre eux qui, sur nos conseils, et depuis cinq ans, consomment les vins de M. VINCENT ARDURA, vigneron, domaine de la Chapelle-Frédignac, par Blaye-Bordeaux n'ont qu'à se louer de la qualité et de la conservation de ce Bordeaux absolument naturel, expédié sans intermédiaire.

Pour dégustation sérieuse, envoi gratuit est fait d'une bouteille de la récolte désignée.

L'encaissement est fait par le facteur, à 30 jours, escompte 2 0/0, ou 90 jours.

Vendanges : 1893, à 130 fr., 1892-91, à 150 fr.; 1890-89, à 175 fr., 1887, à 200 fr., 1885, à 220 fr., 1884, à 240 fr., 1882, à 250 fr., 1881, à 300 fr. — Graves blancs vieux : 130, 150, 200, 250, 300 fr., suivant âge, les 225 litres collés, soutirés, franco de port et de fût en gare d'arrivée.

M. RECOURAT, pharmacien à Beauvais.
Gale des moutons guérie radicalement par *une seule application* de l'ANTIPSORIQUE.
La bouteille, 3 fr. ; la 1/2 bouteille, 1 fr. 75.
Guérison du PIÉTIN par *un seul pansement* avec le CONTRE-PIÉTIN-RECOURAT.
Le pot d'essai, 1 fr. 50 ; le pot, 2 fr. 50.
Joindre 0 fr. 60 pour recevoir *franco* et indiquer gare.

VIN DE BOURGOGNE
Ferme de l'Hospice de Beaune.
Domaine de MEURSAULT

VINS FINS GRANDS ORDINAIRES, ORDINAIRES Rouges et Blancs

Concours Général agricole de Paris 1895

MÉDAILLE d'or pour vins rouges
MÉDAILLE d'argent pour vins blancs
EAU-DE-VIE DE MARC

JOBART MUTHELET, Fermier depuis 1877

Ouvrages de MM. CRÉPEAUX

En vente aux bureaux de la *Gazette*

La Culture électrique 1 50
Manuel vétérinaire pratique du cultivateur . . . . 1 »
Almanach de la France rurale pour 1896 . . . . » 60
L'Année agricole et agronomique pour 1895 . . . . 3 50

La Culture du Blé, par M. FLEURY-BERGER . . . . 1 »
S'adresser à l'auteur : à Communay, par Saint-Symphorien-d'Ozon (Isère).

Eugène de MASQUARD
PROPRIÉTAIRE-VITICULTEUR, Château de la Cascade
SAINT-CÉSAIRE-LES-NIMES (Gard)

Vins garantis naturels, rouges et blancs, depuis 60 fr. la pièce de 220 litres jusqu'à 100 francs, selon qualité, prise en gare de St-Césaire (Gard), fût perdu.
Ces vins ont été médaillés à toutes les expositions où ils ont figuré.
Récoltés sur des coteaux et des terrains secs, les vins de Saint-Césaire, l'un des meilleurs crus du Gard, se conservent parfaitement sans être plâtrés.
Envoi franco de prix courants et échantillons

MÊME RAISON SOCIALE DEPUIS 1781
Expos. Universelle 1889 : 3 Grands Prix, 3 Méd. d'Or
VILMORIN-ANDRIEUX, O.✳,✳ & Cie
4, Quai de la Mégisserie, PARIS
CULTURE SÉLECTIONNÉE & VENTE
de TOUTES GRAINES de SEMENCES
Gros & Détail. — Catalogues gratuits aux lecteurs de la Gazette.

GRIFFE SARCLEUSE-BINEUSE
Outil économique

pour biner, sarcler promptement entre toutes les lignes de plantes ou légumes sans distinction, indispensable en toutes saisons dans les jardins, vignes, pépinières, les cultures de betteraves, de tabac, etc., même dans les allées.

VELOUTINE FLAMANDE
La Veloutine est spécialement employée pour lustrer les cuirs de fantaisie : guides, selles, harnais de luxe et de travail, capotes, tabliers, caparaçons, etc., et lorsqu'ils ont déjà été enduits de vaseline, ce produit donne un joli brillant et évite l'action graisseuse des cirages ou préparations à base de cire. Sans causticité il ne dessèche pas et imperméabilise.
Le bidon d'un litre pour harnais noirs. . . . 3 70
— — — jaunes. . . 4 20
Franco gare contre mandat-poste.
S'adresser : *Manufacture de Vaselines industrielles de Ligny-en-Cambrésis (Nord)*

Avis à Messieurs les Cultivateurs et aux Fabricants de sucre.

La graine authentique *Fouquier d'Hérouël* est *toujours* facturée par la maison qui confirme à bref délai les commandes.

Les envois sont faits *directement* aux acheteurs en sacs plombés au nom « Fouquier d'Hérouël, à Vaux-sous-Laon. »

Il n'existe aucun dépositaire.

MALADIES DU BÉTAIL
ET DE LA VOLAILLE
Leur traitement préventif et curatif
PAR L'ACIDE SALICYLIQUE

L'acide salicylique, employé dans la nourriture à la dose de 1/2 à 1 gramme par jour et par tête de bétail, est le meilleur préservatif des maladies qui procèdent par contagion : Sang de rate, Cocotte, Maladie aphteuse, Erysipèle, Typhus, Morve, Variole et le Rouget des porcs, etc.

Des attestations nombreuses de guérisons obtenues pour la Cocotte et le Rouget des porcs ont été reproduites dans le journal *l'Agriculture*.

La désinfection des étables, des écuries, se fait instantanément au moyen d'un arrosage d'eau salicylée à 2 grammes par litre.

S'adresser à M. CERCKEL, administrateur de la *Compagnie de produits antiseptiques*, 26, rue Bergère, Paris.

Envoi sur demande de Prospectus et Brochures.
Prix du kil., 25 fr. Boite de ménage, 2 fr.

LYSOL
Le plus puissant
anticryptogamique et parasiticide
Complétement soluble dans l'eau
Le meilleur marché.
Assainissement et désinfection certaine de tous locaux.
Employé avec plein succès contre le mildew, l'oïdium, la pyrale, etc., et tous les parasites des arbres fruitiers, fleurs, légumes, etc.
SOCIÉTÉ FRANÇAISE DU LYSOL
22 & 24, place Vendôme, 24 & 22
PARIS

GRAINES FOURRAGÈRES
POUR PRAIRIES PERMANENTES & TEMPORAIRES

Luzerne de Provence extra . .	135 fr.
— de Provence 1er choix.	125 —
— de pays extra. . . .	120 —
— de pays 1er choix. .	110 —
Minette de Beauce.	40 —
Sainfoin à deux coupes . . .	40 —
Trèfle violet	100 —
Vesce de printemps, de pays. .	22 —
Maïs Caragua, dent de cheval.	21 —

Le tout aux 100 kilos, logés, Paris
MÉLANGE SPÉCIAL POUR PRAIRIES PERMANENTES
composé selon la nature du sol, 65 kilos à l'hectare
Prix : 90 fr.
Adresser les commandes à BIROT Henri, cultivateur grainier, 19, r. de Viarmes (Bourse du Commerce), Paris.

FOURNEAUX DE CUISINE
de toutes espèces
Maisons particulières, Hôtels, Châteaux et Fermes, Hospices, Hôpitaux, Collèges, Pensions, etc.
ENVOI FRANCO DE CATALOGUES
Maison DELAROCHE aîné
22, rue Bertrand, PARIS

PHOSPHATE FOSSILE DE QUIÉVY-NORD
le plus assimilable de tous les phosphate connus
GARANTI PUR DE MÉLANGE AVEC TOUT AUTRE PHOSPHATE
Ce qui, du reste, ne pourrait que diminuer son assimilabilité.

EXTRACTION DU GISEMENT ET USINE A QUIÉVY
Propriétaire-Extracteur : C. LECLERCQ
Bureaux à Viesly (Nord).

COMPOSITION MOYENNE		ASSIMILABILITÉ RELATIVE (méth. Joulie).
		Solubilité dans l'oxalate d'ammoniaque.
Acide phosphorique. . . . 12 » à 16 » 0/0		Phosphate de Quiévy. 82 29 0/0
Potasse . . . . 0 45 à 2 77 0/0		— de la Meuse 54 95 0/0
Chaux. . . . . 19 05 à 31 » 0/0		— de Pernes. 47 87 0/0
Magnésie. . . . . . . 0 58 à 3 80 0/0		— des Ardennes. 46 43 0/0
Matières organiques azotées . 1 80 à 3 45 0/0		— de la Somme (moy.). . 44 53 0/0
		— de Ciply. 34 57 0/0

Titre garanti en acide phosphorique : 13 à 15 0/0.
LIVRAISON : EN POUDRE IMPALPABLE EN SACS PLOMBÉS, MIS SUR WAGON GARE QUIÉVY-en-CAMBRÉSIS
Prix : 3 fr. 80 les 100 kilos, sacs perdus, 30 jours, 2 0/0 ou 90 jours net.
NOTA. — Les acheteurs qui désirent employer le véritable Phosphate de Quiévy pur et garanti d'origine doivent exiger que les sacs portent la Marque (Au Poisson fossile) et la Firme C. LECLERCQ, seul exploitant à Quiévy (Nord).

Maison MURE, à Pont-St-Esprit (Gard)
A. GAZAGNE, Gendre et Sucr, Phᵗⁿ de 1re Classe

MALADIES NERVEUSES
Epilepsie, Hystérie, Danse de Saint-Guy, Affections de la Moëlle épinière, Convulsions, Crises, Vertiges, Eblouissements, Fatigue cérébrale, Migraine, Insomnie, Spermatorrhée
Guérison fréquente, Soulagement toujours certain
par le SIROP de HENRY MURE
succès constaté par 20 années d'expérimentation dans les Hôpitaux de Paris.
FLACON : 5 FR. — NOTICE GRATIS.

PATE et SIROP d'ESCARGOTS de MURE
« Depuis 50 ans que j'exerce la médecine, je n'ai pas trouvé de remède plus efficace que les escargots contre les irritations de poitrine.
  Dr CHRESTIEN, de Montpellier. »
Goût exquis, efficacité puissante contre Rhumes, Catarrhes aigus ou chroniques, Toux spasmodique, Irritations de la gorge et de la poitrine.
Pâte 1f; Sirop 2f.—Exiger la Pate Mure. Refuser les imitations.

Thé Diurétique de France
sollicite efficacement la sécrétion urinaire, apaise les douleurs des Reins et de la Vessie, entraîne le sable, le mucus et les concrétions, et rend aux urines leur limpidité normale. — Néphrites, Gravelle, Catarrhe vésical, Affections de la Prostate et de l'Urèthre. — PRIX DE LA BOITE : 3 FRANCS.

Dépôt général de l'ALCOOLATURE D'ARNICA
de la TRAPPE DE NOTRE-DAME DES NEIGES
Remède souverain contre toutes blessures, coupures, contusions, défaillances, accidents cholériformes.
DANS TOUTES PHARMACIES. — 2 FR. LE FLACON.

GRANDS RABAIS
POUR LIVRAISONS SUR LES MOIS D'HIVER

Engrais de l'Usine municipale de la Voirie de Bondy

TOURTEAUX ORGANIQUES
MOULUS

Dosage : 1.50 à 2 % d'azote et 4 à 5 % d'acide phosphorique.

S'ADRESSER AU
Comptoir Agricole et Commercial
9, RUE NOUVELLE, 9, A PARIS

VIN PUR COIES 1re QUALITÉ
Vieux, nouveau garanti sur facture

Récolté par FÉLIX LAU, propriétaire-viticulteur
à Caussiniojouls (Hérault).

Nouveau, 25 fr. l'hect. logé sur gare Faugères

ASPERGE GÉANTE
ROYALE DE FRANCE
(RACE D'ARGENTEUIL PERFECTIONNÉE)

Demander la *Méthode de Culture* et prix courant
(gratis et franco), à M. WILLIAM FOURCINE,
directeur des pépinières royales de Dreux (Eure-et-
Loir). Médailles et diplômes de première classe.

MAISON
Ferdinand et Arnould LEMAIRE
ARNOULD LEMAIRE SUCCESSEUR

CULTURE DE MILLE HECTARES
Laboratoire de chimie pour l'analyse des porte-graines

SPÉCIALITÉ DE GRAINES DE BETTERAVES RICHES EN SUCRE

Ces graines sont garanties sur factures
franches d'espèces, de pureté normale et de bonne germination.

S'adresser pour les Commandes à M. **A. LEMAIRE**, *producteur*
CHATEAU DES MARETZ près Reims (Marne)

MACHINES
AGRICOLES, VINICOLES et VITICOLES
TH. PILTER
24, Rue Alibert, PARIS
SUCCURSALES :
Bordeaux, Toulouse, Marseille, Montpellier, Tunis

Les lecteurs de la **Gazette** désireux de recevoir les Catalogues de la maison TH. PILTER dès
leur publication, sont priés d'écrire 24, rue Alibert, Paris, afin de se faire inscrire.

ANEMIE CHLOROSE, FAIBLESSE Guéries par le VRAI FER QUEVENNE
Seul approuvé pr Académie de Médecine, Paris, 14, r. Beaux-Arts, n°...

MANUFACTURE CENTRALE D'INSTRUMENTS
AGRICOLES & VITICOLES EN TOUS GENRES
EMILE PUZENAT
CONSTRUCTEUR A BOURBON-LANCY (SAÔNE & LOIRE)
CATALOGUE FRANCO SUR DEMANDE

CONSTRUCTIONS ECONOMIQUES
AGRICULTURE   INDUSTRIE

SOCIÉTÉ MÉTALLURGIQUE
d'Amiens (Somme)
USINE à VAPEUR, FORCE MOTRICE 250 CHEVAUX
Adresser les lettres à M. le Directeur

ENVOI Fco DU CATALOGUE

TÔLES ONDULÉES GALVANISÉES Pour Couvertures
Prix défiant toute Concurrence

Maison de Vente & d'Expédition à Aubusson (Creuse) G. DELARBRE
A Paris & en province, chez tous les Droguistes & Pharmaciens.

PARIS

GRANDS MAGASINS DU

Printemps

NOUVEAUTÉS

Nous prions les Dames qui n'auraient pas encore reçu notre Catalogue général illustré « Saison d'Été », d'en faire la demande à

MM. JULES JALUZOT & C\u1d35\u1d31, PARIS

L'envoi leur en sera fait aussitôt **gratis et franco.**

L'ENGRAIS AMIÉNOIS

FUMURE ORGANICO-CHIMIQUE

pouvant être employée seule ou comme complément de fumier de ferme

Mixte et très complet, cet engrais convient à tous les terrains; il est approprié, sous divers numéros, à toutes les plantes.

SUPERPHOSPHATE AZOTÉ (produit nouveau) 12 0/0 acide phosphorique
3 à 4 0/0 azote (*organique*) soluble

Envoi franco du prospectus sur demande affranchie

Adressée à M. **Elisée LEFEBVRE** route de Rouen. **121, AMIENS.**

SCHNEIDER ET C\u1d35\u1d31

PHOSPHATES MÉTALLURGIQUES

(scories de déphosphoration), des Aciéries du Creusot

ENGRAIS PHOSPHATÉ

pour Céréales, Prairies, Vignes, Betteraves, Pommes de terre, etc.

L'emploi de ces phosphates a été particulièrement recommandé dans ces derniers temps par les agronomes les plus distingués. Il permet, en raison du bas prix de ce produit, de faire apport au sol de doses considérables d'acide phosphorique.

Les phosphates métallurgiques du Creusot sont livrés moulus finement et tamisés. Pour renseignements, s'adresser à MM. SCHNEIDER et C\u1d35\u1d49, au Creusot (Saône-et-Loire).

des Usines de **MM. P. MARCHAND Frères**, à **DUNKERQUE** (Nord)

Fabriqués sous le contrôle permanent de la Station Agronomique du Nord

Dirigée par M. DUBERNARD

Nous appelons l'attention des éleveurs et des nourrisseurs sur les Tourteaux de **COTON** de graines d'Egypte: c'est un produit excellent pour les vaches laitières, les bœufs à l'engrais et les moutons.

Nos Tourteaux de **COTON** sont complètement débarrassés de la bourre qui enveloppe la graine et contiennent la même quantité de matières nutritives et grasses que les meilleurs Tourteaux de Lin.

Nos Tourteaux de **COTON** forment l'aliment le meilleur et le plus avantageux en raison de leur prix excessivement bas.

PRIX : 9 Fr. 50 les 100 kil., gare Dunkerque

S'adresser à **MM. P. MARCHAND Frères**, à **DUNKERQUE** (Nord)

Porte-Pantalon Hygiénique breveté S. G. D. G. de P.-B. NOËL

Le **PORTE-PANTALON** est établi d'après les règles de la mécanique. Il maintient le pantalon en le prenant à son *axe de gravité latéral* et pivote à son point d'attache avec lui. Au lieu de contrecarrer les mouvements du corps, comme le fait la bretelle, il les accompagne sans les gêner d'aucune façon, A LA CONDITION ESSENTIELLE QUE LE PANTALON SOIT TRÈS LIBRE A LA CEINTURE,

Comme l'indique la figure ci-contre, il est formé de deux emmanchures qui contournent les épaules ; l'écartement en est maintenu par derrière seulement au moyen d'une traverse formant empiècement, sous le bras, par une seule branche porte-mousqueton d'où partent trois pattes dont celle du milieu se fixe sur le bouton placé sur la couture du pantalon centre de gravité ; les deux autres pattes sont montées en glissières et forment le demi-cercle, permettant tous les mouvements du corps, qui peut se porter en tous sens, sans qu'aucune gêne puisse en surgir. Les boutons de ces deux pattes glissières doivent être fixés en avant et en arrière, de manière à obtenir un tirage nécessaire pour maintenir le devant et le derrière du pantalon dans la position normale.

Pour les personnes d'une obésité plus ou moins prononcée, éloigner proportionnellement le bouton de devant de celui du centre de gravité latéral et rapprocher d'autant celui de derrière.

Le **PORTE-PANTALON** est indispensable à l'homme de bureau, au cavalier, aux jeunes gens dans les lycées, aux jeunes filles dans les pensions, au vélocipédiste, au militaire auquel il permet tout exercice, le pas de course, même la gymnastique sans être gêné dans ses mouvements, à l'ouvrier de l'usine, au faucheur, au terrassier, etc. Il est rendu inusable pour deux causes : la première parce qu'il ne fatigue pas en son emploi, la deuxième par la qualité du tissu *sans élastique*, des organes et de sa bonne fabrication. La disposition d'attache protège le pantalon qui est rendu libre et ne peut pas même pas prendre la forme du genou.

Le **PORTE-JUPON** remplace très avantageusement le corset en ce qui concerne le soutien auquel la femme est habituée ; mais de plus, les jupons n'étant pas serrés à la taille, la personne éprouve le bien-être du corset, tout en se sentant libre comme dans une robe de chambre. Elle vaque à son travail avec pleine liberté du corps. — **LES MESURES** doivent être prises comme pour homme.

Pour les jeunes gens et fillettes, bien surveiller la croissance ; avec ce système on la conduit à son gré, comme le pépiniériste ses arbres, et sans gêne aucune pour la personne ; au contraire elle éprouvera un bien-être continu.

PRIX DE FAVEUR POUR NOS LECTEURS. — **Pour hommes, jeunes gens et enfants de 10 ans, prix franco 4 fr.; pour femmes et fillettes, 4 fr. 50. Nous exécutons sur commande sans augmentation de prix.**

Pour les articles de luxe, également sur commande à partir de 8 fr.

Toute commande doit être strictement accompagnée d'un mandat-poste représentant la valeur de l'expédition

POUR LES COMMANDES PAR CORRESPONDANCE, on doit donner les mesures suivantes (voir la figure) :

AA. Largeur des épaules, prises d'un point à l'autre.   — BB. Contour de l'épaule en passant sur la pointe et contournant le bras.

CC. Distance du dessous de bras au bouton placé sur la couture du pantalon, centre de gravité.

FROMENTINE

Marque déposée B. S.G.D.G.

Produit pour l'alimentation économique, saine et rationnelle du bétail, provenant en grande partie des issues de la mouture de blé.

DIVERSES MARQUES

Demander celle en raison du but poursuivi

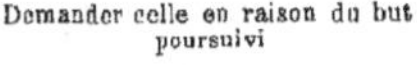

Marque A pour l'engraissement égal à celui du tourteau de lin, le remplacement de l'avoine, production d'un lait de qualité supérieure.
Marque B pour le bon entretien du bétail.
Marque J développement rapide des jeunes bêtes.
Marque L surproduction du lait.
Marque E engraissement rapide.

Écrire à M. Armand MILLOT

Moulins Saint-Martin

Saint-Quentin (Aisne).

MACHINES AGRICOLES

A. BAJAC

à LIANCOURT (Oise)

CHARRUES-BRABANTS

MATÉRIELS pour toutes Cultures

ALIMENTATION DU BÉTAIL

Tourteaux de Coprah ou Coco

F. TASSY, E. ROCCA ET Cⁱᵉ

Fabricants d'huiles **(producteurs directs de Tourteaux)**

23, RUE HAXO, MARSEILLE

Deux médailles d'or, Anvers 1894

Envoi de Prix-Courants et Échantillons sur demande.

CRÉSYL-JEYES

DÉSINFECTANT ANTISEPTIQUE

Efficacité scientifiquement démontrée.

Envoi de Rapports et Références sur demande.

Le **CRÉSYL-JEYES** n'est ni Toxique ni Caustique

Il est adopté par toutes les Administrations publiques de Paris et des départements.

VENTE EN GROS :

Société Française de Produits Sanitaires et Antiseptiques
35, Rue des Francs-Bourgeois, PARIS.
et chez tous Droguistes et Pharmaciens.

Pour éviter les Contrefaçons exiger les Marques et Cachets de la Société, ainsi que le nom CRÉSYL-JEYES.

CHARRUES MONOSOCS POLYSOCS BRABANTS
HOUES HERSES

FABRIQUE SPÉCIALE DE MACHINES AGRICOLES
Usines à BRESLES (Oise)
BUREAU à PARIS, 20-22, Rue Richer

AMIOT & BARIAT

INGÉNIEURS-CONSTRUCTEURS
Brevetés S. G. D. G.

207 MÉDAILLES — DIPLOMES — OBJETS D'ART

DÉFONSEUSES FOUILLEUSES
ROULEAUX TONNEAUX
SCARIFICATEURS DÉCHAUMEURS ARRACHEURS

Médaille d'Or. ✱ Exposition Universelle 1889. ✱ Médaille d'Argent.

ENGRAIS CHIMIQUES

DES

MANUFACTURES DE SAINT-GOBAIN

12 Usines :

CHAUNY (Aisne).	SAINT-FONS, près Lyon.
AUBERVILLIERS (Paris).	L'OSERAIE, près Avignon.
MONTARGIS (Loiret).	BALARUC, près Cette.
TOURS (Indre-et-Loire).	VALENCIA (Espagne).
MONTLUÇON (Allier).	HEMIXEM
MARENNES (Charente-Inférieure).	MESVIN-CIPLY } (Belgique).

PRODUCTION ANNUELLE : 400.000.000 DE KILOS

Dosages garantis — Emballages marqués et plombés

SUPERPHOSPHATES DE CHAUX

ENGRAIS COMPOSÉS

Suivant les convenances des acheteurs pour toutes cultures

ENGRAIS COMPLET DE SAINT-GOBAIN

Efficacité éprouvée dans tous les sols et dans toutes les cultures

ENGRAIS SPÉCIAUX POUR LA VIGNE :

Engrais pour Vigne à végétation faible.
Engrais pour Vigne à végétation normale.
Engrais pour Vigne à végétation luxuriante.

Adresser les ordres ou les demandes de renseignements à la DIRECTION COMMERCIALE DES PRODUITS CHIMIQUES de SAINT-GOBAIN, 9, rue Sainte-Cécile, Paris, — ou aux Agents de la Compagnie dans toutes les villes de France.

VINS DE SAINT-ÉMILION

Vins classés, de 800 à 250 francs la barrique de 225 litres. — Moitié prix pour la barrique de 112 litres.

Vins grands ordinaires, de 140, 125, 105, 100 francs la barrique — 80, 75, 70, 65, 58, 55 francs, la demi-barrique. — Rendu *franco* en gare et régie, sauf octroi.

Adresser commandes à M. DUPLESSIS-FOURCAUD, à Saint-Émilion. — Envoi de prix courants et échantillons sur demande affranchie.

Médailles d'Or, Paris, 1867 et 1889 — Moscou, 1891 — Besançon, Montluçon, Royan, etc.

CHEVAUX BOITEUX

Guérison par le spécifique BORNET

Contre Capelets, Mollettes, Vessigons Eponges, Exostoses, Suros, Eparvins les Formes à leur début. *(Il s'applique également à toutes les tares molles et osseuses.)*

PRÉPARÉ PAR A. BORNET

Pharmacien de 1ʳᵉ classe, ex-interne et lauréat des hôpitaux.

19, rue de Bourgogne, PARIS.

Le flacon, 3 fr., à la pharmacie ; en gare par colis postal, 6 fr. contre mandat.

17e Année. — N° 12. LE NUMÉRO : **10** CENTIMES. Dimanche 22 Mars 1896

GAZETTE AGRICOLE

JOURNAL HEBDOMADAIRE, PARAISSANT LE DIMANCHE

Fondateur : M. CH. GOSSIN, Professeur d'Agriculture à l'Institut agricole de Beauvais

PRIX DE L'ABONNEMENT

UN AN, **5** fr. — SIX MOIS, **3** fr. — TROIS MOIS, **2** fr. **25**

Pour l'Étranger les abonnements ne sont reçus que pour un an, au prix de 6 francs, et ne partent que du 1er JANVIER ou du 1er JUILLET de chaque année.

Le Numéro : **10** centimes.

Adresser toute la correspondance : mandats, lettres, annonces etc., à **M. CRÉPEAUX**, Directeur de la *Gazette agricole,* 10 bis, rue Piccini, Paris.

Toute demande de changement d'adresse doit être accompagnée de 50 centimes et de la dernière bande du journal.

BUREAUX

97, rue de Rennes, Paris, et à **Beauvais,** rue Saint-Etienne.

Les abonnements partent du 1er de chaque mois et sont payables d'avance. Toute demande d'abonnement doit donc être accompagnée du prix de l'abonnement. (Le mode de payement le plus simple est l'envoi d'un mandat-poste.)

Donner *très lisiblement*, en s'abonnant, son nom et son adresse exacte, *avec l'indication du bureau de poste;* et, s'il s'agit d'une continuation d'abonnement, joindre au renouvellement la dernière bande d'adresse du journal.

Les Annonces sont reçues à la Direction du Journal, et chez MM. **DUSSERIS** et **MATHELLON**, 97, rue de Rennes Paris.

Il est interdit de reproduire les articles contenus dans la *Gazette Agricole.*

BULLETIN COMMERCIAL

Paris, le 18 mars 1896,

Le temps est très couvert et pluvieux, les cours d'eau grossissent rapidement dans le bassin de la Marne et de la Seine; par contre, la crue diminue dans les régions traversées par la Saône et le Rhône.

Les semailles de printemps sont de nouveau retardées par les mauvais temps.

BOURSE DU COMMERCE DU MERCREDI 18 MARS

	FARINES	BLÉS
Courant	40 70	18 35
Prochain	40 75	18 45
Mai-juin	40 90	19 85
4 de mai	41 05	19 »
4 dernier	41 70	18 95

Marque de Corbeil : 45 fr. le sac de 150 kil. toile à rendre.

Halle aux blés — *Blés indigènes.* — Les affaires sont encore très difficiles, les détenteurs de blé sont en perte sérieuse aux cours qui sont maintenant offerts par les acheteurs, mais, malgré tout, les offres continuent et les vendeurs consentent dans bien des cas à traiter à des prix en baisse de 25 cent. sur mercredi dernier. Les cours extrêmes ressortent de 17,50 à 18,15 pour les blés roux et de 18,50 à 19 pour les blancs, les 100 kil. nets, gare d'arrivée Paris.

Blés exotiques. — Il n'y a pas de cours pour les blés étrangers, ils ne donnent lieu à aucune affaire.

Seigles. — Les affaires sont à peu près nulles et les cours sont sans variation notable. Il y a des acheteurs de 10,25 à 10,50 les 100 kil. net Paris.

Avoines. — Les prix sont en baisse de 25 cent. avec des offres modérées et des acheteurs très réservés.

On cote avoines blanches 14,25, rouges, 14,50, grises 14,50 à 14,75, noires 15 à 16 les 100 kil.

Escourgeons. — Les offres sont nulles et si ce n'était la couverture de quelques anciens contrats il n'y aurait aucune demande, la brasserie du Nord ne se souciant pas de payer l'escourgeon plus cher que les orges de choix ou d'Afrique. On cote nominalement 16 à 16,50.

Menus grains. — On cote : Sarrasin 12,50 à 13, chènevis de Russie, 23 à 25, Bretagne 28 à 32, vesces de Kœnigsberg, 16 à 18, jarras, 16 à 18.

Graines fourragères. — On cote : trèfle violets midi 65 à 70; Poitou, 65 à 75; Sarthe 60 à 75 ; Anjou, Vendée, 60 à 70 ; Bretagne 80 à 100; Meuse, Champagne 60 à 65 ; Nord 65 à 75 ; luzernes de Poitou 90 à 110; Vendée 80 à 95; Languedoc 90 à 110 ; Provence, 100 à 140; minettes 35 à 40; trèfles blancs 150 à 180 ; hybrides 150 à 180, sainfoin simple 26 à 28; doubles 38 à 42 ; ray-grass anglais 35 à 40; Italie 35 à 40 les 100 kil. gare d'arrivée Paris.

Sucres. — La statistique des douanes parue ce jour confirme le tableau de la régie en ce qui concerne l'exportation, qui a été sensiblement plus active pendant le mois de février.

Raffinés 103 à 103,50, roux 88° 32 » à » »

Marché de la Chapelle. — Marché ordinaire.

On cote : paille de blé 1re qté 24 fr., 2e qté 22, 3e qté 20 fr.; paille de seigle 1re qté 33 fr., 2e qté 29,3e qté 27 ; paille d'avoine 1re qté 22 fr., 2e qté 20, 3e qté 18 ; foin nouveau 1re qté 46 fr., 2e qté 43, 3e qté 38 ; luzerne, 1re qté, 46 fr., 2e qté 43, 3e qté 38 ; regain 1re qté 42 fr.; 2e qté 40 fr., 3e qté 38 fr. ; sainfoin, 1re qté 42 à 2e qté, 40, 3e qté 38.

Marché aux chevaux, 18 mars.

Gros trait de 300 à 1.100	Boucherie de 80 à 200
Selle et tr.	Anes de 50 à 150
léger de 200 à 1.000	Chèvres de .. à »
H. d'âge de 200 à 300	

AMENÉS

Chevaux, 320 — Anes, 13 — Chèvres, ..
Voitures 96, de 25 à 550.

ENCHÈRES

Chevaux amenés, 12.
Vendus, 11 de 80 à 375.

Prix des Produits Forestiers à Paris.

BOIS DE FEU (Octroi non compris)		Prix extrêmes
	Falourde de pin	100 à 110 le cent.
	Bois de flot	100 à 105 le déca.
	Bois gris neuf	125 à 130 —
	Bois blanc	80 à 125 —
BOIS D'ŒUVRE (Octroi compris)	Chêne gros bois	85 à 110 le m. cube
	— moyen bois	70 à 60 —
	— petit bois	30 à 48 —
	Charme, plateaux	55 à 55 —
	Sciage Entrevoux	175 à 210 les 208 m.
	de Échantillons	230 à 220 —
	chêne Frise	27 à 28	104 m.

FOURRAGES ET PAILLE

Paris La Chapelle. — Prix extrêmes

Foin 100 bot. dans Paris n.	35 à 46
Luzern nouv.	35 à 46
Paille de blé	19 à 26
Paille de seigle	23 à 38
Paille d'avoine	18 à 24

ENGRAIS

PARIS

Nitrate de soude	21 50 à 21 75
Superphosph. minéral 14/16	5 25 à 5 75
Superphosphate d'os 16/18	12 50 à 13 »
Scories 16/18	4 25 à 4 50
Phosphate minéral 14/16	3 80 à 4 »
Chlorure de potassium 48/52	18 75 à 20 »

NANTES

Nitrate de soude	22 30 à 22 50
Superphosph. minéral 14/16	6 » à 7 »
Scories 16/18	4 50 à 4 75
Phosphate minéral 14/16	4 » à 4 50
Chlorure de potassium 48/52	19 » à 19 75

LYON

Nitrate de soude	22 » à 23 »
Superphosph. minéral 14/16	5 75 à 6 »
Scories 14/16	4 50 à 5 »
Phosphate minéral 14/16	4 » à 4 25
Chlorure de potassium 48/55	20 » à 21 »

MARSEILLE

Nitrate de soude	20 50 à 21 »
Supherph. minéral 14/16	6 » à 7 »
Sulfate de fer	5 » à 5 50
Sulfate d'ammoniaque 20/21	20 » à 22 »

HOUBLONS. — Les 50 kilogr.

Alost primé	28,00 à 30,00
Bourgogne	55,00 à 60,00
Poperinghe	25,00 à 30,00
Wurtemberg	40,00 à 42,00
Altmark	75,00 à 100,00
Alsace	50,00 à 65,00

POMMES DE TERRE

Hollande (100 kil.)	8 » à 17 »
Roses-Early	8 » à 10 »
Magnum-Baoum	7 » à 7 50
Rondes	5 » à 5 20

LÉGUMES SECS. — (Les 100 kilogr.)

	Haricots		Pois		Vesce		Lentille	
Paris	32.00	50.00	20	18.00	19 à 20		30.00	56
Bordeaux	34.00	35.00	35	45.00	18	19	49.00	60
Marseille	22.00	30.00	18	25	20	20	24.00	52

LINS. — Les 100 kilogr. — *Marché de Lille.*

	Communs	Ordin.	Supér.
Alost	148 à 153	154 à 157	161 à 166
Bergues	150 à 158	161 à 168	173 à 182

VINS — BERCY

Rouges		Blancs	
B. Bourg. vieux	140 à 163	Bordeaux	125 à 180
Touraine	105 à 115	B. Bourg	150 à 190
Bord. vieux	130 à 180	Sancerre	130 à 135
Algérie	24 à 32	Chablis	200 à 350
Cher	110 à 135	Anjou	120 à 135
Chinon	125 à 180	Pouilly	350 à 300
Narbonne	32 à 40	Vouvray	155 à 195

Prix moyen aux 100 kilog. des CÉRÉALES dans les Départements.

Région		BLÉ	SEIGLE	ORGE	AVOINE
Rég. du Nord-Ouest	Caen	17 00	10 00	14 00	15 75
	Lannion	17 50	10 00	12 50	13 50
	Morlaix	16 75	11 50	12 00	13 25
	Rennes	16 50	10 50	13 00	14 50
	Avranches	16 00	10 00	13 00	14 00
	Laval	16 50	10 25	14 75	15 75
	Lorient	16 75	9 75	13 50	17 50
	Alençon	17 00	10 00	13 75	17 50
	Le Mans	17 00	10 00	13 75	17 50
Région du Nord	Soissons	17 50	10 25	»	14 50
	Evreux	17 50	10 00	13 00	14 00
	Chartres	17 50	10 00	14 00	14 00
	Lille	17 75	11 00	15 00	16 00
	Compiègne	17 50	10 50	14 25	15 50
	Beauvais	18 00	10 25	15 00	16 00
	Arras	17 50	11 25	14 00	15 00
	Paris	17 50	10 00	13 00	15 00
	Versailles	18 00	10 00	13 00	16 00
	Rouen	17 50	10 00	15 00	16 00
	Amiens	17 50	10 50	15 00	16 00
Rég. du N.-E.	Mézières	17 50	10 00	13 00	15 75
	Nogent-s-Seine	18 00	10 00	15 00	15 50
	Châlons-sur-Marne	17 50	11 00	14 50	15 25
	Langres	17 50	10 25	13 50	15 25
	Nancy	17 75	10 00	15 00	15 00
	Bar-le-Duc	17 50	10 50	14 00	15 00
	Neufchâteau	17 50	11 25	14 00	15 00
Rég. de l'Ouest	Ruffec	17 25	10 00	13 00	15 00
	Marans	17 25	10 00	13 00	14 00
	Niort	16 75	10 00	14 00	15 50
	Tours	16 75	10 25	14 00	15 00
	Nantes	17 00	10 00	12 75	14 75
	Anger	17 00	10 00	14 50	14 50
	Luçon	16 50	10 00	13 75	»
	Poitiers	17 00	10 00	13 50	14 00
	Limoges	17 00	10 0	»	15 00
Région du Centre	Moulins	17 75	10 00	14 00	15 00
	Bourges	17 50	10 00	13 50	14 75
	Aubusson	17 00	10 00	14 00	16 00
	Châteauroux	17 00	9 50	14 00	13 25
	Orléans	17 25	9 75	14 00	14 50
	Blois	17 50	10 00	14 50	16 00
	Nevers	17 50	10 00	14 00	15 00
	Clermont Ferr.	17 50	10 00	14 00	15 75
	Sens	17 50	10 00	13 25	15 25
Région de l'Est	Bourg	17 50	10 75	13 00	15 00
	Dijon	17 50	11 00	14 75	15 00
	Besançon	18 00	10 50	13 00	14 00
	Grenoble	17 50	10 00	13 50	15 25
	Dôle	17 50	10 50	13 00	14 50
	Saint-Etienne	18 00	10 50	13 00	16 00
	Lyon	18 75	11 00	13 00	15 50
	Mâcon	18 00	12 00	13 00	15 50
	Vesoul	17 50	10 00	»	15 00
	Chambéry	17 50	10 00	»	15 50
	Annecy	17 50	»	»	15 50
Rég. du Sud-Ouest	Pamiers	18 00	10 75	»	16 00
	Périgueux	17 50	10 00	14 00	15 00
	Toulouse	17 75	10 50	14 00	15 75
	Auch	18 00	»	»	16 50
	Bordeaux	18 00	11 25	13 00	15 25
	Dax	17 75	12 00	13 00	16 00
	Agen	18 00	12 25	13 00	16 00
	Bayonne	17 50	11 00	14 00	16 00
	Tarbes	17 50	10 75	»	16 25
Région du Sud	Carcassonne	17 75	»	13 75	15 75
	Rodez	17 50	12 00	11 00	15 00
	Mauriac	17 50	11 50	»	16 00
	Tulle	17 75	12 00	»	15 00
	Montpellier	17 75	12 00	»	15 00
	Figeac	17 50	11 00	»	»
	Mende	17 50	11 00	»	»
	Perpignan	17 75	10 75	14 00	14 75
	Albi	17 50	10 00	14 00	15 50
	Montauban	18 00	12 00	13 00	16 00
Région du Sud-Est	Gap	17 75	10 00	14 00	16 00
	Manosque	17 50	10 75	13 00	16 00
	Nice	17 25	10 25	13 00	16 00
	Privas	17 50	11 00	13 00	16 00
	Arles	19 50	10 50	13 25	16 00
	Montélimar	17 50	11 25	12 00	16 00
	Nîmes	17 75	10 50	14 00	17 00
	Le Puy	18 00	»	14 00	17 25
	Draguignan	17 75	13 00	»	»
	Avignon	18 00	12 00	13 25	16 00

Tourteaux.

Cours de la maison P. Marchand frères, à Dunkerque (Nord) :

TOURTEAUX A NOURRIR

	Dispon.	A livrer
Coton de graines d'Egypte	9 50	9 50
Sésame blanc	12 »	12 »
Arachide décortiquée	15 25	15 50
Colza à nourrir	10 50	10 25
Colza du pays	11 »	11 »
Œillette du Levant	10 50	10 50
Œillette blanche de Turquie	10 50	10 50
Lin 1re qual. de Bombay g. form.	14 50	14 50
Lin 1re qual. de Bombay p. form.	» »	» »

TOURTEAUX-ENGRAIS

Arachide décortiquée	14 »	14 »
Cameline	10 25	10 25
Colza des Indes en poudre	» »	» »
Colza ravison	7 50	7 50
Colza jaune Gutzerat	11 »	11 »
Kurrachée	» »	» »
Niger	» »	» »
Pavot	10 »	10 »
Sésame, blanc	» »	» »
Sésame noir	» »	» »
Coton en farine	7 50	7 50

Nos prix s'entendent pour tourteaux en planches, rendus en gare de Dunkerque.

Paiement à 30 jours ou à terme plus éloigné suivant convention expresse.

Le concassage se paie 0 fr. 25 et la mise en poudre 0 fr. 40 aux 100 kilos. Dans ce cas, les sacs sont facturés à 0 fr. 35 pièce, et repris au prix de facture, quand ils sont rendus en bon état et franco, dans les 30 jours de l'expédition.

FROMENTINE :

	100 kil.
Marque A	13 »
Marque D	13 »
Marque J	13 »
Marque L	15 »
Marque E	16 »

CHANVRES

Les 50 kil.	1re qualité.	3e qualité
Le Mans	33,00 à 35,50	30,00 à 29,00
Saumur (b.)	40,00 à 42,00	37,00 à 38,00

BEURRES. - (le kilogr.).

BEURRES EN MOTTES			BEURRES EN LIVRE		
Isigny extra.	5 50	6 00	Bourgogne	2.20	2.50
— demi-fin	3 60	4.00	Gâtinais	2.40	2.80
M. d'Isigny	3 60	4.00	Vendôme	2.30	2.80
du Gâtinais	2.30	2.80	Beaugency	2.30	2.80
de Bretagne	2.40	2.60	Ferme	2.50	3.50
Laitière Jura	2.30	3.00	Tours	2.60	2.00
de Charente	2.60	8.20	Le Mans	2.20	8.60
des Alpes	2.40	3.70	Touraine fausse	2.50	2.82

ŒUFS. — (le mille).

Normandie ext.	85 à 95		Bourgogne	70 à 65	
Picardie —	80 à 96		Champagne	68 à 74	
Brie —	68 à 76		Nivernais	60 à 65	
Touraine	65 à 76		Bourbonnais	60 à 65	
Beauce	65 à 72		Bretagne	50 à 80	
Orne	72 à 60		Vendée	54 à 58	
Picardie	75 à 65		Auvergne	55 à 58	
Châtellerault	60 à 64		Midi	53 à 66	

FROMAGES.

Brie hautes marq.	35	55	Roquefort	140	270
Brie gr. m. (10)	25	32	Gruyère (100 k.)	100	175
— m. m.	15	25	Coulommiers (100)	18	40
Petits Nanteuils	10	20	Gournay (100)	8	21
Brie laitiers	5	10	Livarot (le 100)	90	120
Gérardmer (100 k.)	90	80	Bourgogne (100)	60	65
Hollande	160	180	Camembert (10)	30	50
Bondons (100)	12	14	Munster (100)	120	100
Cantal	130	140	Port-Salut	150	170

VOLAILLES

Poulet Brest dit moelleux	4 50	5.50	Pigeon Macon	1.50	2.00
Poulets Nant.	3 00	5.50	Canards Nantais	4.00	1.35
Poulets Tour.	2.75	5.25	Dindes Tourr.	7.00	11.00
Poulets Houdan	6.00	8.00	Oies	7.00	8.50
Pigeons d'Italie	80	1.25	Lapins dom.	2.75	4.00
			Lapins garenne	1.50	2.00

Marché de la Villette du 16 mars 1896.

PRIX DE LA VIANDE NETTE

	1re qualité	2e qualité	3e qualité
Bœufs	1.56	1.44	1.34
Vaches	1.54	1.42	1.32
Taureaux	1.28	1.16	1.08
Veaux	2 16	1.86	1.56
Moutons	2 00	1.90	1.16
Porcs	1.18	1.08	0.00

ESPÈCES	AMENÉS	VENDUS	PRIX EXTRÊME viande net	poids vif
Bœufs	2.238	2.093	1.34 à 1 56	64 à . 98
Vaches	766	724	1.32 1.54	59 . 95
Taureaux	206	182	1.08 1.16	41 . 83
Veaux	1.395	1 099	1.56 2.16	74 1.38
Moutons	15.617	14.337	1.78 2.07	77 1.32
Porcs	3.452	3.404	1.00 1.18	72 . 84

Vente calme.

Marché de la Villette du 19 Mars 1896.

PRIX DE LA VIANDE NETTE AU KILOGR.

	1re qualité	2e qualité	3e qualité	Prix extrêmes
Bœufs	1.50	1.40	1.80	1.26 à 1.58
Vaches	1.46	1.34	1.26	1 20 1.52
Taureaux	1.22	1.20	1.14	1.10 1.38
Veaux	2.00	1.80	1.60	1.50 2 10
Moutons	1.96	1.86	1.70	1.64 2 00
Porcs	1.00	» 90	*	86 1.10

ESPÈCES	AMENÉS	RENVOI	OBSERVATIONS
Bœufs	2.031	*	Vente mauvaise sur le gros bétail, les veaux et les porcs, calme sur les moutons.
Vaches	521	485	
Taureaux	181	*	
Veaux	1.287	206	
Moutons	12.936	*	
Porcs	1.198	300	

Vente du bétail au marché de La Villette.

Adresser les animaux à MM. Henri Roblin et Surugue, en gare Paris-Bestiaux. Les aviser par lettre auparavant, 190, rue d'Allemagne, Paris.

Les *Pilules de Vallet* ont été approuvées et recommandées par l'Académie de médecine de Paris pour la guérison de la *chlorose*, des *pâles couleurs*, de l'*anémie*, des *pertes de sang*, et *pertes blanches* et de tous les états d'épuisement ou de faiblesse générale.

Nota. — Les pilules de Vallet (*vraies*) sont blanches et sur chacune est écrit le nom Vallet. Toutes pharmacies : le flacon 3 fr. Fabron L. Frère, 19, rue Jacob, Paris, A. Champigny et Cie, successeurs.

L'Almanach de la France rurale pour 1896.

Notre Almanach paraît pour la 21e fois. Cette année il comporte diverses modifications qui seront certainement bien accueillies :

1° Le format est agrandi;

2° Le papier est bien meilleur;

3° Enfin il contient beaucoup plus de renseignements.

Nous appelons surtout l'attention des agriculteurs sur deux innovations qui distinguent cet Almanach de tous les autres :

1° La nomenclature de tous les jugements rendus en matière de droit rural pendant l'année;

2° Un petit guide de médecine vétérinaire très pratique.

Comme les années précédentes, cet Almanach passe en revue toutes les branches de l'agriculture.

Prix : 0 fr. 60 franco.

Le Journal **Le Meunier**, de Bruxelles, offre une médaille d'or à l'inventeur du meilleur procédé débarrassant automatiquement le blé du charançon.

Sommaire :

CHRONIQUE POLITIQUE

La dernière semaine parlementaire a été mauvaise pour le pays tout entier, et surtout pour la France rurale. Deux questions où sont engagés leurs intérêts vitaux ont été tranchées à leur détriment.

D'abord, la commission du budget, après s'être prononcée énergiquement contre le projet Doumer d'impôt sur le revenu, s'est laissée aller à un inqualifiable marchandage. En vain, les Sociétés d'agriculture, les chambres de commerce, les chambres d'industrie, ont élevé les plus énergiques protestations contre ce néfaste projet, au lieu d'appuyer son opposition sur cet ensemble de témoignages densifs, la Commission a lâché prise avec une lâcheté inouïe, devant les promesses et les menaces du cabinet Bourgeois. Il a été convenu, dit-on, que le ministère se contenterait d'un vote platonique du principe, — rien de plus, — en réservant pour l'avenir l'étude des moyens d'application. Moyennant ce tour de gobelet (prononcez de Goblet, si vous voulez), le ministère restera maître du pays, et des forces occultes qui décident des succès électoraux, et la majorité, pour prix de sa docilité, aura part avec les radicaux, les francs-maçons et les socialistes, à la prochaine curée électorale.

Voilà l'état de la question de l'impôt sur le revenu.

Ensuite est venu le projet de l'Exposition universelle de 1900, projet détestable sous tous les rapports, et auquel le cabinet Bourgeois attache une importance capitale, et dont il a fait une question de cabinet.

Les députés qui représentent les intérêts vitaux du pays ont opposé à ce projet néfaste les plus éloquentes protestations. M. Cochin, député de Paris, a protesté contre le saccagement abominable de la promenade des Champs-Elysées, contre la destruction du palais de l'Industrie, contre une dépense de 100 millions, pour une parade devant durer six mois. M. Bouge, rapporteur, a signalé avec indignation des dépenses aussi monstrueuses pour une telle éphémère parade, alors qu'on ne trouve pas le premier sou pour des travaux d'irrigation réclamés depuis trente ans par les campagnes du Midi.

Parbleu ! le contraste était un argument saisissant. On n'a jamais un sou pour l'agriculture, parce qu'on n'a jamais assez de millions pour amuser les badauds de Paris et des grandes villes. M. Bouge mettait le doigt sur une des plaies les plus saignantes du régime qui ruine nos campagnes, contre lequel nous protestons depuis le premier jour.

MM. Chapuis et Méline ont vaillamment combattu le projet dans ce sens. Ils ont dit avec raison que, pour les populations rurales, ces spectacles ridicules et malsains de la grande kermesse seraient des tentations irrésistibles de dépenses ruineuses pour tous, et pour un grand nombre des occasions de déplacement et d'émigration, et ils ont prouvé que tels avaient été les effets ruineux des expositions passées.

Enfin, les industriels eux-mêmes reconnaissent que les expositions universelles leur coûtent plus qu'elles ne leur rapportent, et ne profitent qu'à leurs concurrents étrangers, en leur révélant nos meilleurs procédés. Ils ne tardent pas à se les approprier, et comme ils ont sur nous l'avantage de produire à très bas prix, ils nous supplantent finalement sur les marchés du monde entier.

La commission de l'exposition, émue de ces raisons, avait résolu de proposer une exposition restreinte aux industries d'élite. Mais, comme la commission du budget, elle s'est laissée désarmer par M. Bourgeois et sa coterie. M. Bourgeois a déclaré qu'il n'acceptait que le grand projet, sous peine de démissionner. Cet argument détestable a eu le dernier mot. Deux cents voix de majorité, en se déjugeant avec, lui ont donné raison.

Evidemment, cette majorité à propos de l'exposition, comme à propos de l'impôt sur le revenu, est le produit d'un marchandage inavouable, prélude d'une campagne électorale où le trafic des votes s'exercera avec un redoublement de cynisme sur les masses laborieuses en général, et sur les masses rurales et agricoles en particulier.

Ainsi se justifie le premier mot de cet article : *La semaine a été mauvaise pour la France rurale.* Enfin, la journée est mauvaise pour Paris. La destruction des Champs-Elysées est un acte de vandalisme irréparable pour la cité lumière !

Mais, revenons à la France rurale. Jamais le monde agricole ne fut aussi odieusement trahi dans ses intérêts, outragé dans sa dignité, et flagorné aussi cyniquement par des majorités qui lui escroquent ses votes dans les élections depuis quinze ans. Voilà la vérité.

— Cela est vrai, se disent tout bas bien des gens, qui n'osent nous le dire tout haut. Mais que pouvons-nous y faire ? Que proposez-vous vous-même, pour y remédier ?

Ce que nous proposons sans cesse depuis vingt ans aux ruraux : apprenez la vraie politique, et pratiquez-la, celle qui vous apprendra à faire vos affaires vous-mêmes; et à dicter vos volontés à vos mandataires au lieu de leur quémander des faveurs, et de consolider par vos lâchetés la tyrannie sans limites qu'ils exercent sous l'épithète dérisoire de République.

Au reste M. Bourgeois, et ses amis socialistes et franc-maçons, nous signifient hautement leur mot d'ordre : « Nous avons le pouvoir, disent-ils, nous le garderons à tout prix, et pour le garder, nous *ferons les élections.* »

Faire les élections! voilà un mot authentique, qui dit aux ruraux le rôle qu'ils y joueront. Mais en disant à ce pauvre troupeau qu'il est souverain, on fera de lui ce que l'on en a fait depuis quinze ans.

Le mot d'ordre comporte aussi le remplacement de M. Faure par M. Bourgeois à la présidence de la République. La Maçonnerie trouve, — parait-il, — M. Faure insuffisant.

Amis ruraux, apprêtez vos bulletins, et surtout vos poches.

◆

Société des Agriculteurs
de France.

LE CAS DE M. DE ROTHSCHILD

Quelques journaux protestent contre la non-réélection de M. de Rotschild en qualité de trésorier de la Société. Ils accusent ses adversaires de l'avoir écarté à raison de sa qualité d'*israélite.*

Le reproche porte à faux, si on impute l'exclusion du puissant baron à sa confession religieuse. La question religieuse n'a rien à voir ici. Ce qui est vrai, c'est que c'est sa qualité de chef de la haute finance juive, qui a motivé cette exclusion. A tort ou à raison — pas à tort selon nous — les agriculteurs considèrent comme un des fléaux de l'agriculture, ces tout-puissants et malfaisants syndicats de spéculation et d'accaparement fictifs qui, depuis vingt années, sur tous les marchés du monde, ont écrasé les cours des produits agricoles et ont édifié des fortunes colossales sur les ruines des producteurs. En France principalement, on voit partout les juifs à la tête de ces entreprises de haute filouterie financière. La campagne menée contre eux par la *Libre Parole* a mis ces faits dans un jour absolument décisif. On ne lui a répondu que par des lieux communs qui ne prouvent que l'impossibilité de la contredire.

Les agriculteurs intelligents comprennent aujourd'hui que l'agriculture a sur les bras trois ennemis mortels : en haut, la secte des faux libre-échangistes, puis les syndicats financiers qui écrasent les marchés des produits agricoles dans les deux mondes ; en bas, les exploiteurs de l'utopie socialiste qui travaillent à escalader le pouvoir en cultivant les ignorances et les convoitises des ouvriers des grandes villes et des grands centres industriels et qui appuyent de tout leur pouvoir le projet d'impôt sur le revenu, destiné à ruiner la propriété rurale et l'agriculture.

C'est avec raison qu'une grande société de défense agricole, telle que la Société des Agriculteurs de France, recrute ses fonctionnaires dirigeants en dehors de ces trois catégories d'ennemis, et parmi les professionnels de la propriété rurale et de l'agriculture.

Le cas de M. Blanchemain. — Nous avons soutenu aussi que, pour la fonction de secrétaire général, M. Blanchemain avait des états de services notablement supérieurs à ceux de M. Ch. Aylies. La majorité insignifiante obtenue par M. Aylies a prouvé que notre avis était partagé par de nombreux adhérents. Cette élection, au reste, n'entame pas l'esprit d'union qui anime les membres de la Société.

CHRONIQUE GÉNÉRALE

Le concours des bestiaux de Paris.

Nous avons rendu hommage comme toute la presse agricole à l'intelligente mise en scène des expositions qui composaient l'ensemble du concours agricole de Paris. M. Vassilière et ses collaborateurs ont bien rempli leur tâche pour les visiteurs. C'est entendu. Mais pour les exposants, le concours de Paris n'a pas été satisfaisant sous tous les rapports. Sans doute les animaux présentés étaient dans un état d'embonpoint excellent. La douceur persistante de l'hiver, l'époque tardive du concours avaient contribué à ce résultat. Mais le revers de la médaille s'est montré dans l'attitude des bouchers de Paris qui, après s'être concertés, ont refusé de payer à des prix exceptionnels, comme les années précédentes, les animaux primés. Ils ont allégué comme motif de ce refus, que nous sommes en plein carême, et que, malgré les relâchements de la foi religieuse, la clientèle achète moins de viande à cette époque qu'avant le carnaval, époque des concours précédents, ou qu'à la veille de Pâques, époque où se tenaient jadis les concours de Poissy.

Cette dépréciation inattendue a été une amère déception pour les exposants qui n'ont pas reçu de primes élevées en argent. La question de l'époque convenable pour les concours d'animaux gras se pose donc, pour les engraisseurs, sous un point de vue nouveau et inquiétant.

Le concours des animaux reproducteurs a montré, lui aussi, une collection admirable de types bien réussis de toutes les races améliorées ou en voie d'amélioration que nourrit actuellement le sol national. Mais, au point de vue des affaires, là aussi il y a eu des déceptions, surtout pour les éleveurs des races des régions éloignées de Paris et de ses environs, et qui n'ont leur raison d'être que dans leur région. C'est bien à tort que le ministère de l'agriculture attire les sujets des races pyrénéennes, par exemple, à deux cents lieues de distance, dans une région où pas un seul sujet n'est utilisable, pour en rapporter quoi ? Une médaille ou une prime, qui ne compensent pas le quart des dépenses imposées aux exposants. Les seules races qui ont pu bénéficier de cette exhibition sont celles qui ont des débouchés dans le rayon de Paris, soit comme races laitières (races flamande, hollandaise, jerseyaise, normande, bretonne, etc.) ou comme races de boucherie (races durham, nivernaise, limousine).

Tout cela est l'évidence même et cela prouve que l'institution d'un concours de bestiaux unique pour un pays tel que la France, est une institution onéreuse pour l'agriculture et qui sacrifie les intérêts des éleveurs aux fantaisies de l'administration centrale qui est très heureuse de se faire admirer par les badauds, en leur montrant des collections d'animaux améliorés partout, pour leur dire : « C'est à nous, bureaux de Paris, que l'agriculture doit ces merveilles ! »

Le bon sens et la pratique avaient institué au début, il y a quarante ans, cinq concours régionaux d'animaux gras, qui répondaient bien aux débouchés offerts à l'élevage des races locales dans les principales villes de France, parallèlement au grand concours de Paris. Ces concours se tenaient à Nancy, à Lyon, à Nîmes, à Toulouse, à Bordeaux, à Nantes et à Lille. Là les animaux d'élite trouvaient des récompenses et leurs débouchés naturels, sans gros frais de déplacement. Le bon sens conseillait le maintien de ces concours, et conseillait de leur adjoindre des concours de reproducteurs. C'est ce qu'a fait la Société d'agriculture de la Nièvre avec un succès décisif. C'est ce succès qui a provoqué l'adjonction, au concours de Paris, d'un concours d'animaux reproducteurs, seulement au lieu de le restreindre comme à Nevers aux races ayant leurs débouchés à Paris, l'incorrigible manie de centralisation, cet idéal de nos bureaucraties a supprimé les concours régionaux pour attirer à Paris, 1.200 sujets, dont les trois quarts perdent leurs frais de voyage au lieu de les faire exhiber dans leurs régions naturelles, où tout le public agricole aurait intérêt à les apprécier.

L'institution des Herd-Books aujourd'hui appliquée aux races bien définies qui composent le bétail français devrait ramener l'institution des concours de bestiaux gras et reproducteurs à des procédés rationnels que tout le monde agricole comprend à première vue. Déjà de nombreux concours locaux organisés par les sociétés agricoles montrent que c'est la vraie voie à suivre, le jour où la direction de l'agriculture passera de mains des politiciens dans celles des véritables représentants de l'agriculture.

Concours général de Paris.

(Suite)

Volailles vivantes. — *Canards :* Mme Garnotel, MM. Voitellier, de Marcillac, Frère Bertrandus, Pombla, Rousset. *Pigeons :* MM. Rousseau, Thouvenel Saulnier, Grenouilleau, Lemaître, Minard, Thomas, Tourey. *Lapins :* MM. Broutechoux, Leudet, Bellaud, Le Roy, Debeauvais. — Prix d'honneur : Mme Durand (Seine-et-Oise), race de Houdan M. Voitellier (Seine-et-Oise), race cochinchinoise) ; M. Pombla (Loiret) canards de Pékin.

Volailles mortes. — *Poulardes et chapons :* MM. Meunier, Perdrix, Colombet, Moine, Toutain, Choquet, Vasseur Mme Guérin, *Oies :* MM. Vicq, *Pintades* M. Gautheron-Coury, Mme Jouy. *Pigeons :* MM. Lasseron, le vicomte de Rancher. *Lapins :* M. Lasseron. — Prix d'honneur : M. Lasseron, lapins.

Produits de laiterie. — *Fromages à pâte molle :* MM. Dugué de la Fauconnerie (Seine-Inférieure), Martin, Desnot Colin (Seine-et-Marne), Leclerc (Meuse) comte d'Infreville (Calvados), comtesse de Rougé (Haute-Marne), Demiennay (Seine-Inférieure), Domnesque (Calvados), Blanchon (Orne), Marchal (Vosges) de Lagatinerie (Morbihan). *Fromages à pâte ferme :* Société des caves de Roquefort, MM. Bonal (Aveyron), Champon (Jura), Delisse (Ille-et-Vilaine), David (Indre). — Exposants marchands MM. Granger, Hertrich. — Prix d'honneur : M. Delisse. — *Beurres frais* MM. Néel, Cuel, Féré, Ecole de laiterie de Kerliver, Laiteries coopératives de Chaillé, d'Irleau, MM. Roy et Cie. *Beurres salés :* M. Baume. — Prix d'honneur : M. Néel, Société d'agriculture de Bayeux.

Produits agricoles. — *Céréales :* MM. le vicomte d'Avène, Chandora, Hamot, Perrin. *Racines fourragères :* MM. Hyacinthe Rigault, Vilmorin et Cie, Poulet, Garenne, Roget-Robillard. *Fruits oléagineux :* M. Guès. *Miels et cires :* MM. Duviquet, Mignot-Vérité,

oin-ignon. *Produits séricicoles* : M. Ja-
guier. *Produits divers* : M. Longuet.
Horticulture : MM. Croux et fils. Vilmorin et Cⁱᵉ, Mantin, Millet, Defresne, Cré-
nont. *Fruits frais et secs* : MM. Salomon,
ordonnier, Chevalier, Dupont, Vilmorin et Cⁱᵉ, Compoint, Buisson. — Prix
d'HONNEUR : M. Salomon. — EXPOSANTS
MARCHANDS : MM. Robert, Salomon, Le-
née, Tissot, Chorier, Sergent. — Prix
d'HONNEUR : MM. Vilmorin et Cⁱᵉ.

Société
des agriculteurs de France,

27ᵉ SESSION ANNUELLE

Cinquième séance.

Au nom de la section d'Enseignement,
M. le comte de Villoutreys donne lecture du rapport sur le concours des
instituteurs et proclame la liste des lauréats.

Le frère Abel et M. le comte de Salvandy demandent l'augmentation du
crédit affecté aux lauréats du concours
des instituteurs et expriment le désir
que la section ait dans les membres de
province des correspondants qui puissent compléter les renseignements sur
les candidats.

Il serait à désirer, en effet, qu'il y ait
dans chaque département un groupe de
membres de la société, dans le genre
de celui que préside M. le marquis de
Poncins dans la Loire.

M. Leroy-Beaulieu rend compte des
résultats du concours organisé par le
Comité de Défense et de Progrès social,
en vue d'une propagande contre les
doctrines socialistes. On se demande si
c'est bien à M. Leroy-Beaulieu qu'aurait
dû être confié le soin de combattre le
socialisme devant la Société des Agriculteurs. Les doctrines économiques et
politiques de M. Leroy-Beaulieu et de
ses amis n'ont-elles pas pour résultat
de favoriser la dépopulation des campagnes, de déprécier la carrière agricole, et partant, d'accroître le nombre
des mécontents, qui deviennent rapidement des révoltés ?

M. le comte de Luçay rappelle que,
cette année, aura lieu, à Saint-Brieuc,
un grand concours organisé sous le
patronage de la Société, et il invite à
prendre connaissance de son programme.

M. Courtin, l'un des membres les
plus actifs et les plus compétents de la
première section, défend énergiquement
les vœux suivants, qu'il fait adopter :

1° Que le Parlement vote sans retard
la loi dite du « Cadenas » sans l'application de laquelle toutes les lois douanières, qui devraient devenir profitables
à l'agriculture, tournent à son détriment, que les applications de la loi du
« Cadenas » soient limitées aux produits agricoles.

2° Que le régime de l'admission temporaire, source de fraudes à l'infini, soit
remplacé par un droit toujours payé à
l'entrée ; et, qu'aucune différence n'existant plus entre le blé étranger qui a
acquitté les droits et le blé français, le
droit soit remboursé à la sortie des
douanes, quelle que soit la provenance
ou la frontière.

Que l'Etat, dans la classification des
droits à rembourser à la sortie, décompose l'équivalent des droits afférents à
la portion de produits restant dans les
mains de l'importateur, pour enlever
tout bénéfice à la fraude.

3° Qu'il soit établi un droit sur toutes
les matières premières que l'Agriculture
produit et que l'industrie utilise, et sur
les matières similaires d'origine étrangère ou exotique qui font concurrence
à la production française.

M. Dupart, le vaillant président de
l'Union du Sud-Est, expose le vœu suivant, qu'il motive éloquemment et qui
est adopté :

Qu'il soit créé, pour le transport des
matières fertilisantes, des tarifs uniformes, remplaçant tous ceux qui existent actuellement et conçus de façon à
ce que tous les intéressés puissent facilement en *contrôler l'application*, —
que le minimum de tonnage exigible
pour l'application de ces tarifs soit réduit à 5.000 kilos, — qu'aucun minimum de parcours ne soit exigé pour
l'application du tarif, et que le tarif soit,
non pas à escalier, mais absolument
kilométrique, de manière à pouvoir
fonctionner pour les plus petits comme
pour les plus grands parcours, — que
les Compagnies soient tenues d'expédier
en wagons couverts ou bâchés, par
leurs soins et à leurs frais, toutes les
matières fertilisantes qui ne peuvent
voyager autrement sans risque d'avaries.

M. Le Breton, sénateur, demande à
la Société de renouveler le vœu en faveur du droit gradué sur les blés, fonctionnant automatiquement. Il complète
ce vœu en faisant observer que, dans
le cas où le bimétallisme international
ne serait pas prochainement établi, il
serait utile de majorer les droits de
douane d'une taxe différentielle, selon
l'écart du change entre la France et chacun des pays. A l'appui de sa thèse,
M. Le Breton entre dans des développements précis qui indiquent quelle
influence néfaste le change exerce sur
les cours de nos produits agricoles.

M. Teissonnière ne nie pas cette
influence, mais il fait remarquer qu'elle
se produit à chaque instant de la façon
la plus variable, la plus inattendue, et
qu'il craint que la spéculation puisse
échapper facilement aux entraves proposées par M. Le Breton. Au contraire,
M. Marc de Haut appuie la proposition,
tandis que M. Théry la combat énergiquement. M. Fougeirol est d'avis que
l'élévation des droits de douane ne donnerait aucun résultat, il n'y a qu'un
moyen de rétablir l'équilibre et la stabilité ; le retour au bimétallisme international.

M. Le Breton répond à toutes ces
objections et obtient l'adoption de son
vœu.

M. le Dʳ Depetis demande que la
fabrication industrielle et la circulation
des vins factices ou artificiels soit absolument interdite. Après quelques observations de MM. Monnier et Sourbé,
cette motion est adoptée.

M. l'abbé Santal donne lecture d'un
intéressant rapport sur les orphelinats
agricoles, et obtient que la subvention
accordée par la Société à ces œuvres
soit portée à 3.000 francs.

Sixième séance.

M. Jobez proclame la liste des récompenses accordées aux gardes forestiers
et les résultats du concours relatif à
l'utilisation des menus bois.

M. Guerrapain s'élève avec raison
contre les formalités multiples qui empêchent la prompte autorisation de
cultiver en France les cépages étrangers, et il fait adopter un vœu dans ce
sens.

M. Vivier demande que le fisc traite
sur le pied de la plus parfaite égalité
les producteurs de vins destinés à la
chaudière et ceux des vins réservés à la
consommation. Il estime équitable d'accorder aux uns et aux autres les mêmes
dégrèvements : n'ont-ils pas fait des
sacrifices identiques pour maintenir la
production ? En conséquence, il dépose
le vœu suivant :

Que les eaux-de-vie de vins soient
l'objet d'un dégrèvement spécial représentant pour elles les avantages con-
sentis aux vins de consommation.

M. Sourbé combat cette motion, et
M. Alglave vient défendre son projet de
monopole de l'alcool dont l'adoption
permettrait au propriétaire de vendre
avantageusement ses produits. M. Dufaure élève de solides objections contre
le monopole de l'alcool et défend le
vœu de M. Vivier.

M. Roland demande qu'on ne surtaxe
pas les alcools quelle que soit leur origine ; il ne voit pas pourquoi on traiterait plus favorablement l'alcool de vin
que celui tiré des autres produits agricoles. M. le Président fait observer que,
l'année dernière, on a donné pleine satisfaction à l'alcool d'industrie. M. Muret
appuie le vœu de la section des industries agricoles, au nom de l'égalité, devant l'impôt. M. Vivier dit qu'il ne s'agit
que d'établir l'égalité entre les vins de
consommation et les autres,

MM. Boucher d'Argis et Alglave défendent à nouveau le monopole de l'alcool.

L'Assemblée adopte le vœu de M. Vivier.

M. le baron de Ladoucette, dans un
magistral discours, rend compte des
progrès accomplis, depuis un an par
l'œuvre de la réforme monétaire. Il
parle notamment du Congrès des
Ligues bimétalliques européennes et
demande à l'Assemblée d'appuyer la

motion rédigée par les délégués au Congrès :

La Chambre des députés, considérant que le rétablissement du bimétallisme international serait un grand bienfait pour les intérêts agricoles, industriels et commerciaux du pays, invite le Gouvernement à prendre les mesures nécessaires pour établir et assurer par une entente internationale un rapport fixe entre l'or et l'argent.

La motion est adoptée à l'unanimité.

M. Cordier, au nom de la section de sylviculture présente le vœu suivant et demande qu'il soit transmis aux pouvoirs publics ; que l'article 116 de la loi du 3 frimaire an VII soit modifié comme suit : « Le revenu imposable de tout terrain qui sera planté, ou semé en bois ne sera évalué pendant les trente premières années, qu'au quart de celui des terres d'égale valeur non plantées. »

Le vœu est adopté.

M. Kergall, au nom de la section de législation présente un rapport sur les impôts agricoles et la Commission extra-parlementaire de l'impôt sur les revenus.

M. le marquis de la Jonquière demande que les maisons d'exploitations rurales ne soient imposées que pour le terrain occupé par elles. — M. Kergall, tenant compte de ce desideratum, donne lecture du vœu suivant :

La Société des Agriculteurs de France, sans se prononcer sur l'œuvre de la commission extra-parlementaire de l'impôt sur les revenus, prenant acte des conclusions de cette commission, relativement à la péréquation des charges locales et au dégrèvement de la terre, qui en serait la conséquence, et s'associant au vœu de cette commission, sur la participation de tous les contribuables à ces charges, proteste énergiquement contre l'établissement d'un nouvel impôt sur les bénéfices agricoles déjà imposés, au delà de leur dû, et au delà de leurs forces, et se prononce pour la proposition faite par M. Kergall, à la commission extra-parlementaire, relativement à l'incorporation et au dégrèvement des bâtiments, dépendant d'une exploitation rurale.

Le vœu est adopté.

M. le comte de Luçay, au nom de la Section de Législation, développe le vœu suivant, relatif à l'évaluation du revenu net des propriétés non bâties : que les pouvoirs actuels du Conseil municipal, de la commission départementale et du Conseil général, en matière d'évaluations cadastrales, soient maintenus ; — que dans les commissions cantonales d'évaluation, une place soit faite aux représentants de l'agriculture ; — que la nomination des classificateurs, soit désormais attribuée aux propriétaires inscrits au rôle, de l'impôt foncier des propriétés non bâties ; — Que les fonctions de ces mêmes classificateurs demeurent gratuites.

Le vœu est adopté.

M. Lecour-Grandmaison, sénateur, à l'occasion du vœu présenté, signale à l'Assemblée l'intention manifeste qu'a l'Administration d'arriver à transformer l'impôt foncier en impôt de quotité. Il croit qu'il y a là, pour la propriété foncière, un grand danger, et estime qu'il serait désirable que la Société des Agriculteurs de France prît l'initiative d'avertir les intéressés de la réforme qui les menace.

M. Josseau donne à ses collègues l'assurance que, dans cette circonstance comme en toute autre, le Conseil ne faillira pas à son devoir.

(A suivre.)

<hr>

Société départementale d'agriculture de la Nièvre.

Nous recevons de M. le vicomte de Saint-Sauveur, président de la Société d'Agriculture de la Nièvre, communication de la lettre qu'il adresse à M. le Ministre de l'Agriculture au sujet du projet de loi sur la tuberculose, dont la Chambre des députés est actuellement saisie.

A Monsieur le Ministre de l'Agriculture.

Monsieur le Ministre,

La Société d'agriculture de la Nièvre, pays d'élevage, s'est préoccupée depuis longtemps des découvertes nouvelles de la médecine vétérinaire, de leurs conséquences au point de vue législatif et notamment du projet de loi déposé sur le bureau de la Chambre par votre prédécesseur sur la maladie dite *Tuberculose*.

Sachant que vous accueillez toujours avec une bienveillance studieuse toutes les observations émanant des sociétés agricoles, elle a l'honneur de vous demander :

1° Que l'article 1er du projet de loi sur la tuberculose soit rédigé dans un sens moins impératif, et notamment qu'il vise l'article 8 de la loi du 21 juillet 1881 (qu'il serait même bon de reproduire textuellement), afin qu'il soit spécifié que la visite contradictoire sera de droit dans tous les cas visés par la loi : abatage immédiat, surveillance, abatage après surveillance ;

2° Que les termes du premier paragraphe de l'article 3 soient modifiés et rendus moins vagues en spécifiant que la cohabitation est limitée à la même étable ;

3° Qu'il soit dit aussi dans la loi que les frais d'inoculation et de surveillance prévus par ledit article 3 seront supportés par le département ;

4° Que les indemnités mentionnées à l'article 4 soient augmentées et portées à 50 0/0 au lieu de 25 0/0 dans le premier cas, et à 66 0/0 au lieu de 50 0/0 dans le second cas ;

5° Que pour encourager l'emploi de la tuberculine, le principe de l'indemnité soit appliqué à tous les animaux munis d'un certificat d'inoculation et saisis ensuite, quoique n'ayant pas été soumis à la surveillance, et ce pendant le délai de six mois après l'opération.

Veuillez agréer, Monsieur le Ministre, l'expression de mes sentiments les plus distingués.

Le Président de la Société départementale d'agriculture de la Nièvre,
Vicomte DE SAINT-SAUVEUR.

Nevers, le 29 février 1896.

<hr>

Qui doit faire de l'agriculture?

(Suite.)

Qui doit faire de l'agriculture? Ceux qui sont nés de parents agriculteurs, propriétaires, fermiers, régisseurs ou métayers et qui, ayant vécu dans ce milieu, doivent aimer cette carrière d'instinct. Ils en connaissent les méthodes et les règles comme de tradition. Ils n'ont plus qu'à les modifier selon les milieux, et appliquer leur intelligence à connaître et à se servir des découvertes des sciences naturelles et économiques nouvelles, qui ont fait leurs preuves, de façon à obtenir des résultats plus lucratifs qui les attachent plus fermement à une vocation qu'ont honorée les auteurs de leurs jours. — Aux fils de cultivateurs intelligents je dirai : « Ne vous laissez pas séduire par l'éclat ou les promesses vaines d'une situation administrative, industrielle ou commerciale ; restez attachés à l'agriculture après l'avoir bien étudiée ; là est pour vous l'avenir et le bonheur.

Qui doit faire de l'agriculture? Ouvriers ruraux, qui peut-être vous plaignez de votre pénible labeur, n'oubliez pas d'abord que tout homme doit travailler et gagner son pain à la sueur de son front ; que les paresseux sont les *parasites*, les *chancres* de la Société et les artisans de leur malheur. Puis, le travail au grand air est salutaire à votre santé, et votre salaire, si modeste soit-il, vous procurera plus d'aisance et de bien-être matériel et moral à la campagne qu'à la ville. N'enviez donc pas le sort de vos collègues de l'industrie qui s'étiolent au sein des usines et des villes populeuses, sans profit pour eux et pour leur famille.

Qui doit faire de l'agriculture? Au risque de froisser ou de contrecarrer certaines tendances ou opinions, je dis sans hésiter que tout le monde doit s'en occuper, s'y intéresser plus ou moins directement selon sa situation. Les industriels pour se rendre compte de la valeur des produits qu'ils travaillent, des procédés employés pour les obtenir ; leurs rapports avec les cultivateurs doivent être fréquents et empreints de la meilleure entente et confraternité.

Ceux qui sont appelés à suivre la brillante carrière des armes doivent être en état d'apprécier parfois la valeur et le prix des denrées alimentaires pour l'homme ou pour les animaux : dans plusieurs circonstances faire des expertises pour juger les dégâts faits par le passage ou le séjour de troupes.

Le magistrat ne peut ignorer les choses de l'agriculture et doit se mettre en mesure d'apprécier et de juger par lui-même les différends qui peuvent surgir entre cultivateurs.

Les médecins puiseront dans l'agriculture les secrets de l'hygiène rurale, la propriété des plantes dans lesquelles Dieu a mis le remède à beaucoup de maladies, etc., etc.

Le prêtre, surtout celui appelé à vivre au milieu des populations de nos campagnes, doit connaître l'agriculture.

C'est elle qui lui donnera une grande influence pour exercer son salutaire ministère. Un ou deux ans consacrés à cette étude lui rendront bien plus service que le même temps employé à étudier quelques cas de théologie qu'il n'aura peut-être jamais occasion d'appliquer.

Je le répète, les hommes intelligents, instruits, même ceux dont la carrière semble les éloigner de l'agriculture, devraient en avoir au moins des notions exactes. Son étude devrait être le complément, le couronnement de toutes les autres.

Des essais sérieux sont tentés dans ce sens : espérons que les bons résultats s'en feront bientôt sentir, et alors nous n'aurons plus tant à chercher en vain des hommes capables de défendre nos intérêts dans les assemblées délibérantes et de remplacer des gens qui n'en connaissent pas le premier mot. Alors nous pourrons avoir notre *Chambre d'agriculture*, comme la Chambre du commerce ; alors on comptera avec nous et notre voix sera enfin entendue.

Nous appelons ce moment de tous nos vœux.

Frère ANTONIS,
Sous-directeur de l'Institut Agricole de Beauvais.

Le comice agricole de la Sologne tiendra son concours pour 1893 à Salbris.

Nombreuses et importantes primes à distribuer, écrire à M. Gaugiran, secrétaire, à la Mothe-Beuvron, ou à M. Denizet, à Orléans, rue Jeanne-d'Arc, 11.

Les conférences agricoles.

Nous trouvons dans le *Luxembourgeois* un article intéressant sur les qualités que doivent présenter les conférences d'agriculture faites aux masses rurales. Les conférences savantes qui intéressent les hommes de science, les beaux discours chers aux lettrés sont tout à fait déplacés au village, où les belles périodes sont sans effet et où les mots techniques sont plus ou moins mal compris. Pour que l'enseignement agricole soit vraiment populaire et fructueux, il est indispensable que le con-

férencier formule ses opinions dans un langage clair, simple et à la portée de toutes les intelligences, même les moins cultivées ; il faut aussi que le professeur s'impose à son auditoire rural non seulement par sa science théorique mais aussi par une solide expérience pratique. C'est faute de posséder cette dernière qualité que plusieurs professeurs d'agriculture sortis de l'institut agronomique de Paris voient leurs cours à peine suivis, tandis que l'enseignement donné par d'anciens élèves d'écoles d'agriculture pratique ou même de fermes-écoles réunit un nombreux auditoire et donne d'excellents résultats.

CHRONIQUE AGRICOLE

Situation. — La Saison.

Depuis huit jours les pluies ont cessé à peu près partout, et partout la température est d'une douceur vraiment printanière ; toutes les plantes en terre poussent à vue d'œil, et les travaux de semis et de plantation sont partout poursuivis avec toute l'activité que permettent les attelages et l'outillage des cultivateurs. C'est dans ces cas que peut être apprécié l'utilité des engins de travail, charrues polysocs, rouleaux brise-mottes, émolleuses, semoirs, etc.

La végétation des plantes utiles malheureusement s'accompagne souvent de celle des plantes parasites. Cela se voit surtout dans les terres qui n'ont pas été déchaussées en automne, à la suite des dernières récoltes. Là les herbes parasites disputent fâcheusement l'air, la lumière et les vivres aux plantes cultivées. Les hersages, les binages, les sarclages sont, suivant les cas, les moyens pratiques, sinon de détruire exclusivement ces herbes parasites, au moins de les réduire sérieusement.

Ces travaux exigent des instruments précieux, herses couleuvres, bineuses à cheval, etc., dont on ne saurait trop propager l'usage dans les campagnes. Beaucoup de récoltes sont réduites notablement par l'absence de ces précieuses opérations, et celles-ci manquent faute des instruments fabriqués à leur intention.

Inondations dans l'Est. — La semaine dernière la Vallée du Doubs, dans les environs de Verdun (Saône-et-Loire), a été le théâtre d'une crue très élevée, qui a jeté l'alarme dans tous les villages qui l'occupent. On a craint pendant quelques jours, une catastrophe analogue à celle de Bouzey (Vosges). Les affouillements de la digue inspiraient ces alarmes. De nombreux habitants ont quitté leurs demeures. Aujourd'hui, Dieu merci, ces craintes ont cessé. Le niveau des cours d'eau est en décroissance complète. Mais la digue a des fissures qui exigeront des travaux urgents.

Une étude pratique sur le nitrate de soude.

Jusqu'ici on s'est occupé des effets du nitrate de soude employé en couverture sur les céréales et sur les graminées au printemps, et des essais nombreux ont conduit à des conclusions favorables que nous avons signalées.

Un agriculteur champenois, M. Giot, à Etoges (Marne), a fait sur d'autres cultures des essais dont le compte rendu lui a valu la première prime au concours ouvert sur ce sujet par le Syndicat *libre* de ce département. On lira avec intérêt ce Mémoire de M. Giot :

1° Quantité de nitrate employée annuellement. — Depuis une dizaine d'années, je fais usage du nitrate de soude ; au printemps seulement, soit en mélange avec d'autres engrais, soit en couverture sur les céréales d'hiver. Je n'en usai d'abord que médiocrement, puis, en présence des résultats obtenus, je ne tardai pas à en généraliser l'emploi et à augmenter chaque année l'importance de ma commande, pour arriver à en semer régulièrement sur presque tous mes blés d'automne et quelques céréales de printemps à raison de 100 kilogr. environ à l'hectare. Je dois ajouter que mon engouement pour cet engrais s'est un peu ralenti (j'en donnerai la raison au cours de cette étude), j'en ai restreint l'usage aux seuls blés après betteraves, pommes de terre, ou sur ceux dont la terre avait porté dans l'année une récolte fourragère, sur les blés, en un mot, qui avaient, au printemps, une végétation languissante.

Pour ma culture, qui consiste en 19 à 18 hectares de froment, 18 à 20 hectares d'avoine, 4 hectare d'orge et 2 hectares de betteraves, carottes, maïs ou autres plantes fourragères, ma commande de nitrate ne dépasse pas 12 quintaux. (Je n'ai pas compté 5 hectares de seigle environ pour lesquels je n'emploie jamais cet engrais.)

2° Plantes sur lesquelles le nitrate de soude est employé. — 1° Ainsi que je viens de le dire, l'usage du nitrate est presque exclusivement réservé à la culture du froment. J'en semais quelquefois sur les seigles, mais cette céréale, qui est très rustique, a généralement bon aspect à la sortie de l'hiver et je m'abstiens maintenant, afin d'éviter la verse et d'obtenir une paille plus fine, plus souple, plus propre en un mot à la confection des liens ;

2° Je sème quelquefois aussi du nitrate sur les céréales de printemps ; je regrette d'en avoir fait jusqu'alors un usage aussi restreint, cette année principalement, le temps ayant été très favorable pour que cet engrais produise le maximum de son effet ;

3° Sur les betteraves, carottes fourragères, maïs fourrage. Dans l'essai, sur la consoude rugueuse du Caucase, j'ai remarqué également que, de tous les engrais le nitrate est celui qui produit le meilleur effet ;

4° Sur les choux, salades et autres plantes de jardinage, j'obtiens aussi un très bon résultat de son usage, sur des vignes qui végètent et sur de jeunes plants dont je veux activer la pousse. Sur toutes plantes, en un mot dont je veux développer la partie foliacée ou racineuse, sans espérer un rendement en grains ou en fruits.

3° Effets observés pendant la végétation. — Le nitrate de soude est, avant tout, un engrais de printemps qui se sème généralement en couverture ; un simple hersage suffit pour l'incorporer au sol. Grâce à sa grande solubilité, il est de toutes les matières fertilisantes celle qui est la plus vite assimilée par les plantes et dont les effets se font le plus promptement sentir. Si l'épandage du nitrate, aussitôt la reprise de la végétation, a lieu par un temps humide, qui facilite sa dissémination dans la terre et la fasse descendre promptement à portée de la racine des végétaux, quinze jours au plus suffisent pour amener une recrudescence de la végétation ; la partie foliacée prend un développement supérieur, une teinte d'un vert foncé qui persiste jusqu'à l'épiage pour les céréales et jusqu'à la maturité pour les autres plantes et *racines fourragères*, dont la partie souterraine augmente dans des proportions qui vont du simple au double comparativement à celles qui, dans un sol fumé, sont dépourvues de cet engrais. Pour ces racines principalement il est recommandable de semer ce sel en plusieurs fois et d'entretenir jusqu'à la maturité cette verdure qui dénote une croissance progressive.

Il n'en est pas de même pour les *céréales*, bien qu'il soit préférable d'agir ainsi, il faut savoir s'arrêter à temps, car un emploi trop tardif, entretenant la végétation, retarde la maturité : la plante grille et le blé ne donne qu'un grain maigre. Cet accident se produit assez souvent sur les avoines qui, dans ce cas, ne fournissent qu'un grain léger et sans amande. Dans la crainte de ce fâcheux résultat, mieux vaudrait distribuer l'engrais de bonne heure et en une seule fois.

Mais cette façon de procéder a aussi des inconvénients. L'épandage du nitrate de soude doit se faire aussitôt que la période des pluies est supposée terminée. (Mais qui peut savoir la date exacte ?) Dans les terres de Brie, qui sont toujours battues et saturées d'humidité à la sortie de l'hiver, l'eau coule à la surface et enlève une notable partie de l'engrais. Cet accident n'est pas à redouter dans les sols perméables ; mais s'ils sont par trop légers, les pluies prolongées ou abondantes l'entraînent au-dessous des racines et il ne profite pas aux plantes, du moins dans la première période de leur croissance. Il vaut mieux ne donner l'engrais qu'au fur et à mesure des besoins de la végétation,

c'est le seul moyen d'éviter les pertes ; s'il survient après l'épandage des pluies abondantes qui l'emportent, il n'y en aura de perdu qu'une **partie** : la seconde opération réparera le mal. De même s'il survient une sécheresse persistante, on s'abstiendra.

Contrairement aux autres matières fertilisantes, celle-ci ne se conserve guère d'année sur autre ; et si elle n'a pas produit de résultat sur la plante à laquelle on l'a apportée, il ne faut plus y compter pour une autre récolte. J'en ai fait plusieurs fois l'essai sur des seigles et des avoines succédant à des blés, sur lesquels le nitrate à cause de la sécheresse n'avait produit aucun effet (1892 et 1893). Ni ce seigle, ni cette avoine n'ont donné de meilleur produit que dans la partie qui n'avait rien reçue.

Pour les céréales, lorsque le sol est suffisamment pourvu des autres éléments, le nitrate de soude est un agent précieux, le cultivateur ne devra jamais hésiter à en faire usage toutes les fois que la première période de la végétation sera languissante ; si l'empouille talle mal, que le blé ait souffert de l'hiver, qu'il présente une verdure pâle, ce sel apportera à la jeune plante les éléments de sa nutrition, provoquera la jetée de racines plus nombreuses et plus fortes, qui, à leur tour, viendront puiser dans les profondeurs du sol les autres matériaux nécessaires à son alimentation. Il contribuera à la pousse de nombreux rejetons, qui sans lui resteraient à l'état herbacé, ne donneraient pas d'épis ou des épis qui ne contiendraient que quelques mauvais grains. Il en est de même pour les céréales de printemps.

Il ne faudrait pas cependant employer ce sel pour ainsi dire les yeux fermés et sans raison, dans n'importe quel sol, plus ou moins fertile naturellement, ou qui aurait reçu une fumure plus ou moins copieuse ; car l'effet produit serait tout différent. Comme je l'ai remarqué, l'azote qu'il abandonne aussi spontanément, provoque un développement foliacé considérable ; si le sol était déjà pourvu suffisamment de cet élément, les tiges des céréales, du blé principalement sont très longtemps à prendre une consistance solide et la rigidité nécessaire pour résister au intempéries ; elles restent chargées de fanes très larges, depuis le pied jusqu'à l'épi ; et s'il survient une pluie abondante ou un temps d'orage, le moindre vent les couche à terre et elles ne peuvent plus se relever. On obtient dans ce cas une paille abondante, mais de mauvaise qualité et un grain maigre déprécié sur le marché. C'est pour cette raison, comme je le disais au début de cette étude, que j'ai restreint l'usage du nitrate de soude aux seules terres qui avaient produit l'année précédente des récoltes ayant épuisé l'élément azoté. Dans les autres terres, je préfère donner l'azote sous forme organique, qui ne provoque pas de poussée dans la végétation et est moins sus-

ceptible d'amener des désastres de la verse.

Résultats. — Les résultats de l'expérience dans les trois années sont absolument concluants, les blés des parcelles *nitratées* dépassent d'un tiers les autres comme poids et quantité de pailles.

A noter que chaque parcelle avait reçu l'année précédente 100 kilos de phosphates et 60 quintaux de fumier par hectare, pour une culture de pommes de terre, et pas d'autre fumure avant la semaille du blé.

M. Giot dit en terminant : Le moment n'est pas arrivé de donner le résultat exact de cette expérience ; mais si l'on doit s'en rapporter à l'aspect actuel de la végétation, la différence du rendement, étant donné la supériorité des parcelles nitratées, sera bien plus considérable que celle qui a été observée jusqu'alors pour les autres cultures dans le même champ.

J'ajouterai que l'emploi du nitrate pour les céréales de printemps demande moins de circonspection, car à moins d'une sécheresse exceptionnelle, on est toujours assuré d'avoir une supériorité de rendement très grande ; sans avoir, comme pour les céréales d'hiver, à craindre la verse.

Comme remarque je dirai néanmoins qu'on devra éviter de faire un épandage trop tardif, qui ne devra jamais aller au-delà de la deuxième quinzaine de mai.

(*La fin du Mémoire prochainement.*)

Les engrais pour prairies.

Nous sommes heureux de reproduire l'article que le frère Antonis a publié dans les *Annales de la station agronomique de l'Oise*, sur cette intéressante question.

« Ayant vécu plus de trente ans aux côtés du regretté Frère Eugène, ancien directeur de l'Institut agricole, j'ai admiré maintes fois la constance avec laquelle il poursuivait une question scientifique ou agricole. Quelques mois avant sa mort, et pour répondre à la demande réitérée d'un homme éminent qui avait grande confiance dans les lumières du Directeur de l'Institut, le Frère Eugène avait fait un rapport fort intéressant sur l'utilisation des prairies tourbeuses par l'élevage du cheval. (Voir *Bulletin des anciens élèves*, 1894.)

« Dans cet écrit, relatant les expériences de trente-cinq ans à l'école de Beauvais, l'auteur faisait ressortir le meilleur mode d'amélioration de ces prairies par le *pâturage constant* de l'espèce chevaline, surtout du poulain de 1 à 3 ans. A l'appui de son dire il citait les résultats étonnants obtenus sur les herbages de cette nature loués à la commune de Saint-Lucien. Les nombreux chevaux de demi-sang et de trait ayant vécu sur ces prairies et vendus aux remontes ou aux particuliers en sont des preuves irréfutables.

« Déjà en 1777 la Commission de la visite des fermes pour la prime d'honneur de la région du Nord, à l'occasion du Concours tenu à Compiègne, a été frappée de la qualité de ces prairies, jadis très marécageuses; et ce fait n'a pas peu contribué à l'obtention de cette haute récompense par l'Institut agricole. (Voir *Rapport de M. le comte de Diesbach.*)

« Nous avons pensé honorer la mémoire du regretté Frère Eugène en rappelant ce souvenir et en continuant à traiter un sujet qui faisait l'objet de ses prédilections.

« Nous parlerons aujourd'hui de *l'amélioration directe des prairies basses par les engrais et les amendements.*

« Dans le but d'avoir des renseignements précis et d'en faire profiter les lecteurs de ces *Annales*, nous avons fait cette année des essais avec des engrais minéraux sur les prairies dites *Marais de Saint-Lucien*, près Beauvais. Ces herbages créés par nous, il y a trente-trois ans, étaient autrefois occupés par des oseraies exploitées depuis plus de cinquante ans. La très faible pente de ce terrain, les sources nombreuses qui surgissent dans les fossés environnants ne permettaient guère l'écoulement des eaux, une partie était inondée pendant les hivers humides et au moment des grandes pluies.

« Profitant d'une année sèche, nous avons défriché ces oseraies; les parties les moins humides, travaillées à la charrue et à la herse, ont porté successivement des betteraves, des carottes, de l'avoine, de l'escourgeon, etc.

« Ces cultures devenant difficiles et coûteuses, nous avons laissé le terrain s'enherber naturellement, en y ajoutant toutefois les fonds des greniers à foin et du ray-grass. Des fossés et des rigoles d'assainissement ont un peu baissé le niveau de l'eau. Puis nous avons livré le tout au pâturage constant des juments, des poulains et quelquefois des chevaux pris en location. Aujourd'hui la prairie est bien assise et, sans être de première qualité, elle nourrit largement, toute l'année, une quinzaine de poulains et chevaux; les vaches laitières elles-mêmes viennent souvent y prendre leurs repas au moment des grandes chaleurs.

« Les plantes les plus communes sont : houlque laineuse, fétuque, pâturin, agrostis, plantain, fléole, dactyle, avoine élevée, renoncule âcre, equisetum ou prêle, de nombreux carex, la salicaire, l'euphraise, la chanvrine, la menthe aquatique et poivrée, le trèfle rouge et blanc, quelques lotiers, etc.

« Nous avons choisi le moins bon carré et celui qui offre le plus d'homogénéité au point de vue du terrain et des plantes des engrais.

« Nous avons pris des bandes rectangulaires de 10 mètres de large sur 70 mètres de long. Nous avons laissé un mètre entre chaque bande pour éviter l'influence réciproque.

« L'épandage a été fait à la main le même jour (13 mars), par un temps sec et froid; la bise du nord soufflait assez fort.

« La pluie n'est tombée qu'une quinzaine de jours après.

« Le premier rectangle n° 1 a reçu 100 kilog. de phosphate de chaux de Quiévy (Ardennes), dosant 12/15, du prix de 4 fr. 60.

« Sur le n° 2, nous avons semé 100 kilog. de scories de déphosphoration, dosant 15/17 et valant 5 fr. 70 les 100 kilog.

« Le n° 3 a reçu 100 kilog. de sel dénaturé à 3 fr. 75.

« Le n° 4 a été pris comme témoin.

« Sur le n° 5 nous avons mis 100 kil. de superphosphate minéral dosant 14/16 et du prix de 6 fr. 90.

« Sur le sixième rectangle nous avons appliqué 100 kilog. de sulfate de potasse, dosant 48/52 et du prix de 23 fr.

« Enfin le n° 7 a reçu 100 kilog. de plâtre ordinaire tamisé à 1 fr. 50.

« L'inspection a été faite environ tous les 15 jours. Le 18 mars, aucune trace visible ne se manifestait. La température restée froide, l'absence de pluie n'avaient guère favorisé la dissolution des engrais.

« Le 12 avril, les scories, les superphosphates marquaient très sensiblement. Le sulfate de potasse commençait à agir. Le nitrate avait agi considérablement avec le superphosphate et les scories.

« A la visite du 27 avril, les mêmes effets se manifestaient, mais avec plus d'intensité, sur les mêmes carrés.

« Le sel dénaturé avait brûlé les herbes par intervalles; le nitrate avait donné partout cette couleur vert foncé caractéristique.

« La végétation a marché lentement jusqu'en mai. Alors la chaleur étant survenue à la suite d'une pluie, les graminées se sont développées rapidement surtout dans la bande où nous avions appliqué le nitrate.

« La visite du 15 juin comme celle du 1er juillet permettait de constater les mêmes différences entre les carrés. Ceux des scories et des superphosphates se distinguaient surtout par un grand développement des légumineuses, mais surtout du trèfle rouge.

« Enfin la récolte a eu lieu les 15 et 16 juillet; les plantes étaient en pleine floraison, sauf l'avoine élevée qui avait donné sa graine.

« Chaque parcelle a été fauchée avec soin en conservant bien la délimitation. Après deux jours de fanage, le foin est mis en meules. Le pesage a eu lieu les 17 et 18 juillet.

« *Remarques.* — Nous ferons d'abord observer que ces engrais minéraux, sauf le nitrate, auraient dû être appliqués plus tôt pour que leurs éléments soient plus assimilables au moment du départ de la végétation; mais les intempéries du rigoureux hiver ne l'ont pas permis. Nous suivrons avec tout l'intérêt qu'elle mérite, l'expérience de ces mêmes engrais sur les regains.

« F. ANTONIS,
Sous-directeur de l'Institut agricole
de Beauvais. »

Le maïs de Szekely.

Ce maïs, importé de Hongrie en France l'an dernier, a été présenté par ses importateurs comme supérieur à toutes ses variétés cultivées en France, au double point de vue de sa précocité et de l'abondance des récoltes en grain. On a cité des rendements excédant 30 quintaux à l'hectare. Mais ces rendements n'étaient réalisés que par comparaison sur des parcelles de 1 à 2 ares, ce qui n'est point concluant. On sait, en effet, que les cultures en grand justifient rarement les brillants succès de cultures minuscules.

M. de Vilmorin consulté sur les mérites du maïs Szekely, à la suite d'un essai de sa culture, a déclaré qu'il n'avait pas mûri plus tôt que nos variétés indigènes précoces, mais que ce retard pouvait être dû à ce que la semaille avait été tardive. Il reconnaît que ces grappes sont bien fournies et que l'on peut attendre de bons rendements en grain. Mais la supériorité attribuée à ce maïs sur les meilleures de nos variétés *sélectionnées* n'est pas attestée avec une certitude absolue.

On peut donc conseiller aux cultivateurs un premier essai du maïs Szekely, mais un essai en petit pour commencer.

Quant aux choix des grandes semences du maïs, il en est de cette belle plante comme de toutes les autres, il faut semer des graines parfaitement mûres, cueillies sur le milieu des grappes, qui sont les plus fécondes. C'est la même règle à suivre en toute culture pour les choses de semences.

La valeur nutritive des marrons d'Inde (*Suite.*)

Les expériences ont encore porté sur un autre point de moindre importance. Il s'agissait de comparer la valeur nutritive des marrons cuits à celle des marrons crus. La cuisson a été opérée par coction dans l'eau, pour obtenir ce qu'on appelle vulgairement des marrons bouillis.

On a pris, comme dans le premier cas, deux lots de brebis antenaises dishley-mérinos de cinq sujets chacun. Le lot n° 1 pesait 282 kil. 500; le n° 2 pesait 272 kilogrammes. Ils recevaient l'un et l'autre, par tête et par jour, 0 kil. 500 de pois fourrage et 1 kilogramme de betteraves fourragères. Le n° 1 reçut en plus 1 kilogramme de marrons crus, et le n° 2 1 kilogramme de marrons cuits (ceux-ci pesés, bien entendu, avant la cuisson).

Après huit jours de ces régimes, les deux lots ont été pesés. Le poids du n° 1, qui avait consommé les marrons crus, était de 282 kilogrammes. Ce lot n'avait donc rien gagné. Le n° 2, qui pesait alors 278 kil. 500, avait gagné avec les marrons cuits 6 kil. 500.

Le lot n° 2, habitué aux marrons cuits, fit des difficultés pour consentir à manger les crus, lorsqu'on voulut le faire permuter. Il fallut cinq jours pour obtenir qu'il consommât entièrement sa ration. C'est donc seulement après ce délai que commença la nouvelle période de huit jours, à l'expiration de laquelle les animaux furent pesés de nouveau. Alors le lot n° 1 a pesé 292 kilogrammes, en augmentation de 9 kil. 500 sur son poids initial ; le n° 2 a pesé 281 kil. 500, en augmentation de 3 kilogrammes seulement avec les marrons crus, tandis que dans la période précédente, avec les marrons cuits, il avait augmenté de 6 kil. 500.

Au total, pour le même poids de matière alimentaire, les marrons cuits avaient donc déterminé chez les sujets d'expérience une augmentation de 16 kilogrammes, tandis que les crus n'en déterminaient qu'une de 3 kilogrammes, soit une différence de 13 kil. en faveur des marrons cuits. C'est conforme à ce que nous savions déjà sur l'influence de la cuisson à l'égard des aliments féculents dont elle accroît considérablement la digestibilité.

Ce n'est pas à dire qu'il y ait lieu de recommander, dans la pratique, la cuisson des marrons d'Inde. Etant donnée leur valeur marchande actuelle, les frais de cuisson ne seraient même point compensés par la plus-value nutritive acquise. Etant donnée, en outre, la quantité à mettre chaque jour en consommation dans les troupeaux importants, l'installation des appareils de cuisson exigerait une très forte dépense de premier établissement. Du moment que les moutons sont évidemment les meilleurs consommateurs des marrons d'Inde, ceux qui permettent d'en tirer le meilleur parti, et qu'ils consentent volontiers à les manger crus, la pratique économique est de les leur distribuer tels.

On a enfin fait des essais de distribution à deux cochons à l'engrais, en mélangeant avec leur ration habituelle de 250 à 500 grammes de marrons. Ils ont montré peu de goût pour l'aliment nouveau. Après huit jours de tentatives infructueuses pour les y habituer, on a dû renoncer à poursuivre l'expérience. Peut-être n'en eût-il pas été ainsi s'il s'était agi de cochons accoutumés à chercher dehors leur nourriture et surtout à vivre de glands.

En tout cas, il résulte clairement des expériences dont je viens de rendre compte que les marrons d'Inde sont pour les animaux ruminants, et en particulier pour les moutons, un bon aliment, dont la valeur nutritive est égale à au moins trois fois celle de la betterave fourragère, à laquelle ils peuvent ainsi être avantageusement substitués. C'est une ressource alimentaire peu coûteuse, qu'on n'a guère utilisée jusqu'à présent et qu'on aurait bien tort de négliger. C'est donc un réel service pratique d'avoir mis expérimentalement en évidence cette valeur nutritive.

H. SANSON,
professeur à Grignon.

La bouillie sucrée de M. Michel Perret.

Nous avons toujours signalé les bons effets de la bouillie au saccharate de cuivre, dont M. Michel Perret a indiqué la formule depuis trois ou quatre ans, composition qui agit énergiquement sur le mildiou sans brûler les feuilles. Depuis lors, M. Michel Perret n'a cessé de s'occuper d'en perfectionner la préparation. Il a réussi à composer un sucrate de cuivre soluble contenant plus de moitié du cuivre contenu dans une poudre de bouillie sucrée.

Cette réaction exigeant de grands soins et des tours de mains particuliers, M. Michel est obligé de préparer lui-même cette poudre, dont il décrit le mode d'emploi dans la note suivante :

— Les maladies cryptogamiques ne sont pas toujours efficacement combattues par les compositions cupriques.

Pour obtenir une action plus certaine et plus énergique, il faut mettre le cuivre en dissolution et agir dès le début de la végétation sur les feuilles tendres et sur les formes de grappes qui se montrent déjà à cette époque.

Mais ces pousses tendres peuvent être altérées par les dissolvants ordinaires du cuivre, acides ou alcalis, qui brûlent même parfois les feuilles parvenues à leur entier développement.

Dans le but d'obvier à cet inconvénient j'ai entrepris avec succès d'opérer la dissolution du cuivre par le sucre et de constituer ainsi un sucrate de cuivre soluble, complètement inoffensif.

Un autre avantage de ce produit, c'est son adhérence, qui résiste à la pluie et dispense de multiplier les sulfatages par les compositions similaires. Enfin, des expériences faites l'an dernier permettent de penser qu'il pourra être employé efficacement contre le « blackrot », si l'on a soin d'agir sur les premières pousses dès leur sortie du bourgeon : c'est là une condition essentielle que l'on ne saurait négliger sans voir disparaître les chances de succès.

La bouillie sucrée s'obtient en mélangeant du sucrate de chaux et du sulfate de cuivre. Il suffit de projeter cette poudre dans l'eau et d'agiter fortement pour la dissoudre complètement et provoquer une réaction qui, par un double échange de bases, donne une bouillie composée de sulfate de chaux, d'oxyde de cuivre précipité, et de sucrate de cuivre, la dissolution est d'une belle couleur verte.

Le sucrate de cuivre ainsi obtenu, dans lequel plus de la moitié du cuivre est dissoute, agit énergiquement sur les cryptogames sans aucun danger pour la vigne ; la bouillie peut donc être employée impunément dès le début de la végétation.

Le prix de la poudre toute préparée est de 50 centimes le kil. ; la dose ordinaire est de 3 kil. par hectolitre d'eau : 1 hectolitre de bouillie sucrée revient donc à 1 fr. 50, comme l'hectolitre de bouillie bordelaise à 3 0/0 de sulfate de cuivre.

Pour la première opération, il convient de doubler cette dose de poudre et de badigeonner les premières pousses à l'aide d'un petit balai, au lieu d'employer un pulvérisateur, comme pour la végétation plus avancée. La quantité de liquide employé ainsi étant très faible, la dépense n'a pas sensiblement augmenté, malgré l'élévation de la dose de poudre.

Le premier sulfatage doit être suivi d'un second, quinze ou vingt-cinq jours après, suivant l'activité de la végétation. Un troisième traitement enfin doit être pratiqué dans le courant de la saison.

La Fromentine.

Avant de parler de ce produit, de le signaler, nous voulions attendre le résultat d'expériences en cours. Les succès obtenus au Concours de Paris par M. Ferté nous permettent de sortir de notre réserve. M. Ferté, grand éleveur de l'Aisne, a exposé, en effet, de superbes moutons qui, depuis assez longtemps, ont consommé de la *Fromentine* et qui ont valu à leur propriétaire les plus hautes récompenses.

La *Fromentine* est une agglomération de son qui se présente sous une forme convenant parfaitement à la nourriture du bétail. Le son anisé préparé sous forme de pains, conserve toutes ses facultés nutritives et peut dans bien des cas être comparé avantageusement aux divers tourteaux oléagineux. Ces pains ont une saveur agréable, sont d'une mastication, et par conséquent d'une insalivation facile. En effet, leur surface seule est dure, leur intérieur se délaie sous le moindre effort. D'ailleurs, ils sont amollis rapidement dans toutes leurs parties au contact des liquides.

Voici d'ailleurs l'analyse chimique de ce produit comparée à celle du tourteau de lin et de l'avoine.

Matières azotées : dans la fromentine, 17 kil. 500; dans le tourteau de lin, 25 kil. 750; dans l'avoine, 14 kil. 440.

Matières hydrocarbonées : dans la fromentine, 55 kil. 10; dans le tourteau de lin, 32 kil. 800; dans l'avoine, 56 kil. 45.

Matières grasses : dans la fromentine,

2 kil. 400; dans le tourteau de lin, 6 kil. 750; dans l'avoine, 4 kil. 250.

Acide phosphorique : dans la fromentine, 2 kil. 560; dans le tourteau de lin, 2 kil. 130; dans l'avoine, 560 grammes.

D'après ces chiffres on peut facilement établir les avantages offerts par la *Fromentine* en tenant compte des prix d'achat qui varient.

On sait que la fabrication des farines par les cylindres a augmenté beaucoup les issues : or ce sont ces issues qui servent à la confection de la *Fromentine*. En définitive donc ce produit est du son comprimé, d'un transport facile, d'une conservation assurée.

Nous engageons les éleveurs à l'essayer et nous croyons qu'ils en seront aussi satisfaits que M. Ferté, le lauréat du dernier concours de Paris.

La Grenouille destructrice des poissons.

Comme suite à l'article de notre collaborateur C. Sarcé, paru sous le titre ci-dessus dans notre numéro du 15 novembre dernier, le *Journal* belge des fermes et des châteaux publie la correspondance suivante :

« J'ai lu dans le numéro du 15 novembre un article sur le tort que les grenouilles font dans les étangs peuplés de poissons. Je partage absolument l'avis de l'auteur de cet article, mais seulement en ce qui concerne les étangs d'alevinage. Dans les étangs d'engraissement, les carpes étant très avides du frai de grenouilles le dévorent et dévorent même les têtards. Telle est aussi l'opinion du grand pisciculteur Max Vandeborre.

« Lors des dernières grandes sécheresses, alors qu'un de mes étangs producteurs ne contenait plus que fort peu d'eau, j'ai disséqué devant témoins cinq des grenouilles qui peuplaient la petite mare. Toutes contenaient des alevins : l'une d'elles renfermait trois petits poissons. Depuis lors je suis convaincu que les grenouilles sont très nuisibles dans les étangs, mais, je le répète, dans ceux d'alevinage seulement. »

BIBLIOGRAPHIE

L'Anglais est-il juif ? — Telle est la question fort intéressante et fort opportune que se propose de résoudre M. Louis Martin. Nous conseillons la lecture de cet ouvrage à ceux qui cherchent à se rendre compte de la puissance juive et de l'intrusion anglaise. Ils y trouveront des documents du plus haut intérêt, des discussions absolument neuves. C'est, croyons-nous un livre appelé au plus grand retentissement, il est écrit par un Breton bretonnant, aimant autant son Dieu que sa Patrie, nous avouons que sa lecture nous a causé autant de plaisir que de surprise. Son auteur est d'un courage, qui va presque jusqu'à l'audace.

L'Anglais est-il juif ? est en vente à la librairie Savine, 12, rue des Pyramides, Paris, au prix de 3 fr. 50.

RECETTES

Dangers de l'emploi des gadoues comme engrais.

Les gadoues ou boues de ville sont constituées par les déchets de ménage, de cuisine, d'ateliers et les balayures des rues, des halles et des marchés; leur composition est évidemment variable d'une ville à l'autre, mais elles contiennent toujours une notable quantité de matières fertilisantes; d'après une analyse de M. Petermann, directeur de la Station agronomique de l'État belge à Gembloux, celle de la ville de Bruxelles, accumulées à Haeren, renferment des matières utiles qui leur donnent une valeur, comme engrais, de 6 à 10 francs la tonne. Malheureusement ces gadoues, répandues à la surface des prairies naturelles ou artificielles, peuvent occasionner des accidents plus ou moins graves chez les animaux qui y sont mis à la pâture.

D'après MM. Claes et Maens, les gadoues de ville contiennent généralement comme matières nuisibles :

1° Des tessons de verre, de porcelaine, des écailles de mollusques, des ustensiles métalliques (fourchettes, couteaux, clous, fils de fer, épingles, aiguilles, etc.), pouvant provoquer chez les animaux des affections de pied, notamment le clou de rue, et le furoncle interdigité et des traumatismes internes se présentant sous formes de stomatite, de péricardite, de cardite, de pneumonie, d'entérite, d'abcès, de kystes provoqués par l'ingestion de ces corps;

2° Des déchets de couleur, notamment de céruse, de minium, d'arséniate de soude de vert de Scheele, etc., et des papiers peints fabriqués avec des composés chimiques vénéneux; dans une pâture fumée avec les boues de la ville de Hasselt, six bêtes bovines ont péri en peu de temps à un empoisonnement par les sels de plomb provenant de déchets de couleur à l'huile;

3° Les matières organiques en décomposition (pain moisi, viande gâtée, etc.), dont l'ingestion peut provoquer des accidents graves, souvent mortels.

En résumé : l'usage des gadoues comme engrais doit être restreint aux terres labourées, et complètement prohibé de l'emploi en couverture sur les prairies à pâturer.

C. C.

PRIMES A NOS ABONNÉS

PRIMES DE PRINTEMPS

Nous informons nos lecteurs que toutes les primes annoncées jusqu'à présent sont épuisées, à l'exception de celles que nous continuons à annoncer.

Nous serons obligés de retourner l'argent accompagnant les ordres de primes épuisées.

Prochainement, comme les années précédentes, nous offrirons à nos aimables lectrices des primes de graines.

Huîtres fraîches d'Arcachon et de Marennes, colis postaux, 5 kilos contenant :

100 huîtres	blanches		4 25
70	— plus grosses		4 80
100	— vertes		5 60
70	— plus grosses		5 60

Franco de port et d'emballage en gare ou à domicile. *Adresser les ordres* accompagnés de la bande du journal et d'un mandat à MM. J. Lapierre et J. Goubet à Andernos (Gironde).

Délicieux **Vin Muscat Vieux** tonique et réconfortant venant directement de la propriété, garanti authentique, offert en prime à nos abonnés à raison de 1 fr. 25 le litre logé en fûts de 25 à 35 litres. Fûts perdus.

Adresser les commandes au Bureau du Journal 10 *bis*, rue Piccini, Paris.

Si vous voulez boire du bon vin de Saint-Emilion, adressez-vous à M. **Duplessis-Fourcaud**, au château des Trois-Moulins, à SAINT-EMILION (Gironde).

(Voir le prix courant.)

Montre Remontoir, boîte métal nickelé, cuvette nickelée, 18 lignes ou 50 millimètres, cadran émail à secondes, aiguilles Louis XV, système à rochet, échappement-cylindre, 4 rubis. Prix 15 fr. 50 franco de port et d'emballage.

Le même article se fait en modèle réduit pour jeunes gens au même prix et pour dames avec augmentation de 2 francs.

Montre Remontoir, acier oxydé inaltérable cuvette acier oxydé 18 lignes, système perfectionné, calibre revolver, cylindre 8 rubis, cadran émail à secondes, prix 20 francs, franco de port et d'emballage.

Le même article se fait en modèle réduit, pour jeunes gens au même prix, et pour dames avec augmentation de 2 francs.

Baromètre nickel, fabrication française très soignée, système perfectionné. Prix 12 francs.

Baromètre « Bois sculpté Masson, » très décoratif, fabrication française, système perfectionné. Prix 22 fr. 50.

Envoyer les demandes accompagnées d'un mandat d'égale somme, au Bureau du Journal, 10 bis, rue Piccini, Paris.

Vélocipèdes. — Pour répondre aux désirs maintes fois exprimés par nos lecteurs, nous nous sommes livrés à de sérieuses recherches. Nous avons visité les principales usines et pris l'avis d'amateurs de cet instrument. Nous sommes aujourd'hui en mesure de procurer à nos lecteurs, à titre de prime exceptionnelle, des machines parfaites à tous égards provenant d'un des meilleurs fabricants.

La plus vaste Manufacture du Monde

Cadre gros Tubes INDÉFORMABLE — LA NATIONALE — 73, Rue de Rome — Usine à vapeur, 27, rue Béranande — PARIS

Bicyclette modèle 1895 avec pneumatiques de tous systèmes, derniers perfectionnements, mieux faite et moins chère que tout ce qui s'est fait jusqu'à ce jour. Envoi franco du Catalogue

Nos abonnés auront droit à une remise de 50 0/0 sur les prix du catalogue de cette maison.

Nous ne disposons que d'un très petit nombre d'instruments dans ces conditions.

CORRESPONDANCE

M. B. C. (Aude). — La provende aux phosphates de chaux assimilables, donnée aux jeunes poulains, développe en eux la charpente osseuse, leur donne un accroissement rapide, prévient la diarrhée, et leur donne une grande force nerveuse. M. Savary, à Amiens, vend un très bon produit. Adressez-vous de notre part.

N'oubliez pas non plus qu'après avoir sevré

vos poulains, leur donner une ration journalière d'avoine aplatie, c'est le secret pour les faire bons, résistants, et les préparer à une grande endurance.

Pour vous procurer la brochure sur l'élevage et l'alimentation des jeunes chevaux, adressez-vous de notre part, à la librairie Michelet, 25, quai des Grands-Augustins, Paris.

M. C. E., à C. (Saône-et-Loire). — La grande cuve à vin dont vous nous parlez, peut très bien trouver son emploi dans un pays vignoble, vous en tirerez un meilleur parti que de la faire débiter à la scie, dont le bois ne pourrait servir qu'à faire du parquet, le bois de sapin est tellement bon marché, que vous n'avez aucun avantage.

M. H. M., à Saint-V. — Nous avons bien reçu votre mandat pour votre réabonnement à la *Gazette*. Nous ne connaissons pas de moyen pratique pour préserver la fleur des arbres frutiers du petit ver dont vous nous parlez.

Mme Vve R., à P. (Creuse). — Pour vous procurer une couveuse pratique, de petit modèle, avec tous les accessoires, adressez-vous, de notre part, à M. Voitellier, éleveur, à Mantes (Seine-et-Oise).

M. A. R., à C. (Yonne). — La température d'une bonne laiterie ne doit pas dépasser 12 à 15°. Cette température doit être maintenue égale dans toute saison. On y parvient aisément toutes les fois que la laiterie est établie dans une cave voûtée, où l'on peut établir à volonté un courant d'air facilement échauffé l'hiver, où l'on a à sa disposition de l'eau en abondance, et dont l'écoulement soit facile, et enfin dont le sol et les murs sont disposés de telle façon qu'on y puisse entretenir la plus grande propreté.

M. L., à B. (Oise). — Le lupin blanc peut se semer au mois d'avril ou mai, sur des terres de consistance moyenne, les graines mûrissent fin août.

M. A. B., à P. (Loire). — Lorsque l'on manque de paille pour faire la litière, ou qu'elle est chère, il y a un grand avantage à se servir des mousses de tourbes ; les grandes administrations s'en servent et y trouvent parfaitement leur compte, les prix ont beaucoup baissé. Adressez-vous, de notre part, à M. Aimé Blaise, à Corbéfaing, par le Clerjus (Vosges), qui vous livrera des tourbes françaises dans de bonnes conditions.

Le procédé Boucherie employé pour la conservation des arbres, est toujours resté le même. Vous trouverez l'ouvrage qui traite cette question, à la librairie Michelet, 25, quai des Grands-Augustins, Paris.

OFFRES ET DEMANDES

JEUNE HOMME ayant diplôme d'École pratique d'agriculture demande emploi dans grande exploitation pour se fortifier dans la pratique. Pas exigeant comme gages.

S'adresser au bureau en journal.

Avoine grise de Beauce pour semence extra 1er choix, 21 francs les 100 kilos. Au-dessus de 10. 0 kilos 20 francs les 100 kilos. logés gare Nangis (Seine-et-Marne.)

S'adresser à M. E. Leclert, agriculteur à Bois-Garnier, par Jouy-le-Châtel (Seine-et-Marne).

Pommes de terre de semence : *Géante bleu, Asparie, Annibal, de Paulsen ; Impérator de Richter,* espèces très résistantes et très productives.

Pureté d'origine garantie.

70 francs les 1000 kilos.

S'adresser : M. de Lavigerie, à Montbron (Charente).

On demande à acheter pour la place de Paris plusieurs lots de blés pour la meunerie, avoine de consommation, seigle et sarrasin, pailles et fourrages. Adresser échantillons et prix à M. Périnaud-Gérard, 6, rue de Marseille (Paris).

Ancien Industriel ayant possédé usine importante, fait valoir plusieurs Fermes et Bois de haute futaie. Désire se placer comme intendant-régisseur. Nous recommandons spécialement cette personne qui a de grandes connaissances techniques à possesseur de grand domaine. Écrire au bureau du journal.

Huiles d'olive garanties pures et sans mélange venant directement de la propriété.

Au prix de 1,80, — 1,60, — 1,50 le kilog. suivant qualité.

Gare départ, paiement contre remboursement. S'adresser à M. Edouard Laurin, propriétaire à Saint-Chamas (Bouches-du-Rhône).

Agriculteur, ancien régisseur de grandes propriétés, demande direction d'un domaine en France ou colonies. Excellentes références.

GRAND CRU MENARDIÈRE. Cidre normand pur jus, 15 fr. l'hecto non logé.

Eau-de-vie de cidre garantie pure : 3 fr. le litre.

SASSIER, propriétaire. La Colombe (Manche)

Volailles pondeuses en toute saison, Leghorn doré, spécialité en grands sujets, coqs et poules, pure race, 6 francs, œufs à couver. 20 francs le cent. — S'adresser à M. Emile Pourcelle, agriculteur à Cantigny, par Montdidier (Somme).

Red-Cap : Œufs à couver de reproducteurs hors-ligne, garantis race pure, fécondés, frais et bonne arrivée ; 5 francs la douzaine, franco, port et emballage. Dany Calixte, Althen-les-Paluds (Vaucluse.)

Purificateur d'air pour tonneaux, l'un 4 50 franco gare.

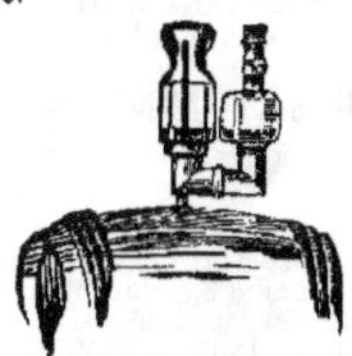

Moyennant un supplément de 0 fr. 40, nous joindrons à l'envoi une mèche à percer de calibre et moyennant 0 fr. 10 en plus, une mèche soufrée.

CHEMIN DE FER D'ORLÉANS

1896

FÊTES de PAQUES à MADRID

A l'occasion des Cérémonies de la Semaine Sainte et des Fêtes de Pâques, la Compagnie d'Orléans, d'accord avec les Compagnies du Midi de la France et du Nord de l'Espagne, délivrera, du 25 mars au 4 avril 1896, au départ des gares de *Paris, Orléans, Le Mans, Tours, Poitiers, Saincaize, Bourges, Châteauroux, Moulins* (Allier), *Gannat, Montluçon, Limoges* et *Clermont-Ferrand,* des billets aller et retour de 1re classe pour Madrid, au prix réduit et uniforme de 200 francs, avec faculté d'arrêt : en France, à *Bordeaux,* à *Bayonne* et à *Hendaye ;* et, en Espagne, à tous les points du parcours.

Ces billets seront valables pendant 20 jours et donneront aux voyageurs la faculté de prendre les trains de luxe Sud-Express, à la condition de payer, en outre du prix ci-dessus, le supplément complet, c'est-à-dire 50 0/0 du prix des billets à plein tarif.

Le Gérant : E. GAMBART.

IMP. NOIZETTE ET Cie, 8, RUE CAMPAGNE-1re, PARIS.

Le moment favorable au transport des vins étant revenu, nous rappelons à nos lecteurs que tous ceux d'entre eux qui, sur nos conseils, et depuis cinq ans, consomment les vins de M. VINCENT ARDURA, vigneron, domaine de la Chapelle-Frédignac, par Blaye-Bordeaux n'ont qu'à se louer de la qualité et de la conservation de ce Bordeaux absolument naturel, expédié sans intermédiaire.

Pour dégustation sérieuse, envoi gratuit est fait d'une bouteille de la récolte désignée.

L'encaissement est fait par le facteur, à 30 jours, escompte 2 0/0, ou 90 jours.

Vendanges : 1893, à 130 fr., 1892-91, à 150 fr.; 1890-89, à 175 fr., 1887, à 200 fr., 1885, à 220 fr. 1884, à 240 fr., 1882, à 250 fr., 1881, à 300 fr. — Graves blancs vieux : 130, 150, 200, 250, 300 fr., suivant âge, les 225 litres collés, soutirés, franco de port et de fût en gare d'arrivée.

Eugène de MASQUARD

PROPRIÉTAIRE-VITICULTEUR, Château de la Cascade

SAINT-CÉSAIRE-LES-NIMES (Gard)

Vins garantis naturels, rouges et blancs, depuis 60 fr. la pièce de 220 litres jusqu'à 100 francs, selon qualité, prise en gare de St-Césaire (Gard), fût perdu. *Ces vins ont été médaillés à toutes les expositions où ils ont figuré.*

Récoltés sur des coteaux et des terrains secs, les vins de Saint-Césaire, l'un des meilleurs crus du Gard, se conservent parfaitement sans être plâtrés.

Envoi franco de prix courants et échantillons

GRAINES FOURRAGÈRES

POUR PRAIRIES PERMANENTES & TEMPORAINES

Luzerne de Provence extra . .	135 fr.
— de Provence 1er choix.	125 —
— de pays extra.	120 —
— de pays 1er choix. . .	110 —
Minette de Beauce.	40 —
Sainfoin à deux coupes	40 —
Trèfle violet	100 —
Vesce de printemps, de pays. .	22 —
Maïs Caragua, dent de cheval.	21 —

Le tout aux 100 kilos, logés, Paris

MÉLANGE SPÉCIAL POUR PRAIRIES PERMANENTES composé selon la nature du sol, 65 kilos à l'hectare

Prix : 90 fr.

Adresser les commandes à **BIROT Henri**, cultivateur grainier, 19, r. de Viarmes (Bourse de Commerce), Paris.

GRIFFE SARCLEUSE-BINEUSE

Outil économique

pour biner, sarcler promptement entre toutes les lignes de plantes ou légumes sans distinction, indispensable en toutes saisons dans les jardins, vignes, pépinières, les cultures de betteraves, de tabac, etc., même dans les allées

---

A louer pour 18 ans à compter du 1er mars 1897, la ferme dite Ferme de Pézarches, à Pézarches (Seine-et-Marne). Bât. d'exploit, terres d'une cont. de 132 h.

S'adresser à l'Administration générale de l'Assistance publique, 3, av. Victoria. Paris

ASPERGE GÉANTE

ROYALE DE FRANCE

(RACE D'ARGENTEUIL PERFECTIONNÉE)

Demander la *Méthode de Culture* et prix courant (gratis et franco), à M. **WILLIAM FOURCINE,** directeur des pépinières royales de Dreux (Eure-et-Loir). Médailles et diplômes de première classe.

VIN PUR COTES 1re QUALITÉ

Vieux, nouveau garanti sur facture

Récolté par FÉLIX LAU, propriétaire-viticulteur à Caussiniojouls (Hérault).

Nouveau, **25 fr.** *l'hect. logé sur gare Faugères*

NOUVEAUTÉS

Nous prions les Dames qui n'auraient pas encore reçu notre Catalogue général illustré « Saison d'Été », d'en faire la demande à

MM. JULES JALUZOT & Cᴵᴱ, PARIS

L'envoi leur en sera fait aussitôt gratis et franco.

L'ENGRAIS AMIÉNOIS

FUMURE ORGANICO-CHIMIQUE

pouvant être employée seule ou comme complément de fumier de ferme

Mixte et très complet, cet engrais convient à tous les terrains; il est approprié, sous divers numéros, à toutes les plantes.

SUPERPHOSPHATE AZOTÉ (produit nouveau) 12 0/0 acide phosphorique 3 à 4 0/0 azote (*organique*) soluble

Envoi franco du prospectus sur demande affranchie

Adressée à **M. Elisée LEFEBVRE** route de Rouen, 121, AMIENS.

Farine de Viande de la Compagnie Liebig

Reconnue la meilleure Nourriture pour fortifier et engraisser le BÉTAIL, les PORCS, la VOLAILLE, les CHIENS, etc.

Fabriquée dans les Établissements de la Liebig's Extract of Meat Company Ld, London à **FRAY-BENTOS** et Succursales (Amérique du Sud).

Cette Farine de Viande contient environ **90 pour 100** de matières nutritives. Il convient de la donner aux animaux mélangée à leur nourriture habituelle.

Pour tous renseignements s'adresser à { MM. **CHARLES HUE**, 51, quai d'Orléans, LE HAVRE. **GUÉTAN & M. CAILAR**, 49, rue Barbès, PETIT-IVRY (Seine).

des Usines de **MM. P. MARCHAND Frères, à DUNKERQUE (Nord)**

Fabriqués sous le contrôle permanent de la Station Agronomique du Nord. Dirigée par M. DUBERNARD

Nous appelons l'attention des éleveurs et des nourrisseurs sur les Tourteaux de **COTON** de graines d'Egypte : c'est un produit excellent pour les vaches laitières, les bœufs à l'engrais et les moutons.

Nos Tourteaux de **COTON** sont complètement débarrassés de la bourre qui enveloppe la graine et contiennent la même quantité de matières nutritives et grasses que les meilleurs Tourteaux de Lin.

Nos Tourteaux de **COTON** forment l'aliment le meilleur et le plus avantageux en raison de leur prix excessivement bas.

PRIX : 9 Fr. 50 les 100 kil., gare Dunkerque

S'adresser à **MM. P. MARCHAND Frères, à DUNKERQUE (Nord)**

Porte-Pantalon Hygiénique breveté S. G. D. G. de P.-B. NOËL

Le **PORTE-PANTALON** est établi d'après les **règles de la mécanique**. Il maintient le pantalon en le prenant à son *axe de gravité latéral* et pivote à son point d'attache avec lui. Au lieu de contrenarrer les mouvements du corps, comme le fait la bretelle, il les accompagne sans les gêner d'aucune façon, A LA CONDITION ESSENTIELLE QUE LE PANTALON SOIT TRÈS LIBRE A LA CEINTURE,

Comme l'indique la figure ci-contre, il est formé de deux emmanchures qui contournent les épaules ; l'écartement en est maintenu par derrière seulement au moyen d'une traverse formant empiècement, sous le bras, par une seule branche porte-mousqueton d'où partent trois pattes dont celle du milieu se fixe sur le bouton placé sur la couture du pantalon centre de gravité ; les deux autres pattes sont montées en glissières et forment le demi-cercle, permettant tous les mouvements du corps, qui peut se porter en tous sens, sans qu'aucune gêne puisse en surgir. Les boutons de ces deux pattes glissières doivent être fixés en avant et en arrière, de manière à obtenir un tirage nécessaire pour maintenir le devant et le derrière du pantalon dans la position normale.

Pour les personnes d'une obésité plus ou moins prononcée, éloigner proportionnellement le bouton de devant de celui du centre de gravité latéral et rapprocher d'autant celui de derrière.

Le **PORTE-PANTALON** est indispensable à l'homme de bureau, au cavalier, aux jeunes gens dans les lycées, aux jeunes filles dans les pensions, au vélocipédiste, au militaire auquel il permet tout exercice, le pas de course, même la gymnastique sans être gêné dans ses mouvements ; à l'ouvrier de l'usine, au faucheur, au terrassier, etc. Il est rendu inusable pour deux causes : la première parce qu'il ne fatigue pas en son emploi, la deuxième par la qualité du tissu *sans élastique*, des organes et de sa bonne fabrication. La disposition d'attache protège le pantalon qui est rendu libre et ne peut pas même pas prendre la forme du genou.

Le **PORTE-JUPON** remplace très avantageusement le corset en ce qui concerne le soutien auquel la femme est habituée ; mais de plus, les jupons n'étant pas serrés à la taille, la personne éprouve le bien-être du corset, tout en se sentant libre comme dans une robe de chambre. Elle vaque à son travail avec pleine liberté du corps. — **LES MESURES** doivent être prises comme pour homme.

Pour les jeunes gens et fillettes, bien surveiller la croissance ; avec ce système on la conduit à son gré, comme le pépiniériste ses arbres, et sans gêne aucune pour la personne ; au contraire elle éprouvera un bien-être continu.

PRIX DE FAVEUR POUR NOS LECTEURS. — **Pour hommes, jeunes gens et enfants de 10 ans, prix franco 4 fr.; pour femmes et fillettes, 4 fr. 50. Nous exécutons sur commande sans augmentation de prix.**

Pour les articles de luxe, également sur commande à partir de 8 fr.

Toute commande doit être strictement accompagnée d'un mandat-poste représentant la valeur de l'expédition

POUR LES COMMANDES PAR CORRESPONDANCE, on doit donner les mesures suivantes (voir la figure) :

AA. Largeur des épaules, prises d'un point à l'autre.   — BB. Contour de l'épaule en passant sur la pointe et contournant le bras. CC. Distance du dessous de bras au bouton placé sur la couture du pantalon, centre de gravité.

LYSOL

Le plus puissant
anticryptogamique & parasiticide

Complètement soluble dans l'eau
Le meilleur marché.

Assainissement et désinfection certaine
de tous locaux.

Employé avec plein succès contre le
mildew, l'oïdium, la pyrale, etc., et
tous les parasites des arbres fruitiers,
fleurs, légumes, etc.

SOCIÉTÉ FRANÇAISE DU LYSOL
22 & 24, place Vendôme, 24 & 22
PARIS

**Avis à Messieurs les Cultivateurs
et aux Fabricants de sucre.**

La graine authentique *Fouquier
d'Hérouël* est *toujours* facturée par la
maison qui confirme à bref délai les
commandes.

Les envois sont faits *directement*
aux acheteurs en sacs plombés au nom
« Fouquier d'Hérouël, à Vaux-sous-
Laon. »

Il n'existe aucun dépositaire.

VELOUTINE FLAMANDE

La Veloutine est spécialement employée pour
lustrer les cuirs de fantaisie : guides, selles, harnais de luxe et de travail, capotes, tubliers, caparaçons, etc., et lorsqu'ils ont déjà été enduits de
vaseline, ce produit donne un joli brillant et évite
l'action graisseuse des cirages ou préparations à
base de cire. Sans causticité il ne dessèche pas et
imperméabilise

Le bidon d'un litre pour harnais noirs. . . . 3 70
                jaunes. . . 4 20
Franco gare contre mandat-poste.

S'adresser : *Manufacture de Vaselines industrielles de Ligny-en-Cambrésis (Nord)*

CHEVAUX BOIXTEU

Guérison par le spécifique BORNET

Contre **Capelets, Mollettes, Vessigons,
Eponges, Exostoses, Suros, Eparvins** o
les **Formes** à leur début. *(Il s'applique égue-
ment à toutes les tares molles et osseuses.)*

PRÉPARÉ PAR **A. BORNET**
Pharmacien de 1re classe, ex-interne et lauréat des
hôpitaux.

19, rue de Bourgogne, PARIS.

Le flacon, **5** fr., à la pharmacie ; en gare
par colis postal, **6** fr. contre mandat.

VINS
DE SAINT-ÉMILION

Vins classés, de **800** à **250** francs la barrique
de 225 litres. — Moitié prix pour la barrique de
112 litres.

Vins grands ordinaires, de 140, 125, 105,
100 francs la barrique — 80, 75, 70, 65, 58,
55 francs, la demi-barrique. — Rendu *franco* en
gare et régie, sauf octroi.

Adresser commandes à M. DUPLESSIS-
FOURCAUD, à Saint-Émilion. — Envoi de
prix courants et échantillons sur demande affranchie.

*Médailles d'Or, Paris, 1867 et 1889 — Moscou,
1891 — Besançon, Montluçon, Royan, etc.*

SELS POUR L'AGRICULTURE

Nourriture du bétail et Engrais des terres

Sel neuf dénaturé, au tourteau de colza. 45 f. 1.000 k.
Sel neuf dénaturé, au peroxyde de fer. 40 f. 1.000 k.
Sel de morue pur. . . . . 35 f. 1.000 k.

Expéditions de Fécamp, Bordeaux et St-Malo.

S'adresser à MM. A. LE BORGNE et ses Fils,
négociants-armateurs, à Fécamp.

MALADIES DU BÉTAIL
ET DE LA VOLAILLE
Leur traitement préventif et curatif
PAR L'ACIDE SALICYLIQUE

L'acide salicylique, employé dans la
nourriture à la dose de 1/2 à 1 gramme
par jour et par tête de bétail, est le meilleur préservatif des maladies qui procèdent par contagion : Sang de rate, Cocolte,
Maladie aphteuse, Erysipèle, Typhus,
Morve, Variole et le Rouget des porcs, etc.

DES ATTESTATIONS NOMBREUSES DE GUÉ-
RISONS obtenues pour la Cocolte et le
Rouget des porcs ont été reproduites
dans le journal *l'Agriculture*.

La désinfection des établos, des écuries, se fait instantanément au moyen
d'un arrosage d'eau salicylée à 2 grammes par litre.

S'adresser à M. CERCKEL, administrateur de la *Compagnie de produits antiseptiques*, 26, rue Bergère, Paris.

Envoi sur demande de Prospectus et
Brochures.

PRIX DU KIL., 25 fr. BOITE DE MÉNAGE, 2 fr.

Insecticide-Préservateur
FERTILISANT
DESGOUTTES

La Boîte de 10 kilog., pour essais, **10** fr.
franco toutes gares (port et emballage compris).

*Adresser les demandes, accompagnées d'un
mandat, 10 bis, rue Piccini, Paris.*

EXCELLENT DÉSINFECTANT
POUR LES FUTS A VIN, CIDRE, BIÈRE, ETC.

Prix de faveur pour nos lecteurs

Sur notre demande, M. Motty, père, l'inventeur, a consenti à en mettre de petites quantités pour essais à la disposition de nos lecteurs.

10 litres franco gare. 10 fr.

Adresser les demandes à M. Crépeaux, rue
Piccini, 10 bis, Paris.

Ouvrages de MM. CRÉPEAUX

En vente aux bureaux de la *Gazette*

La Culture électrique 1 50
Manuel vétérinaire pratique du
    cultivateur. . . . . 1 »
Almanach de la France rurale
    pour 1896 . . . . » 60
L'Année agricole et agronomique
    pour 1895 . . . . 3 50

La Culture du Blé, par M. FLEURY-
BERGER. . . . . 1 »

S'adresser à l'auteur : à Communay, par Saint-
Symphorien-d'Ozon (Isère).

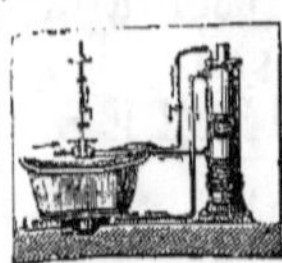

BAINS-BUANDERIES

Baignoires. — Chauffe-Bains. — Douches. — Appareils de lessivage,
système GASTON BOZÉRIAN.

CHAUDRONNERIE, TOLERIE, etc. — ENVOI FRANCO DE CATALOGUES.

DELAROCHE aîné, 22, rue Bertrand, Paris

MAISON
Ferdinand et Arnould LEMAIRE
ARNOULD LEMAIRE SUCCESSEUR

CULTURE DE MILLE HECTARES
Laboratoire de chimie pour l'analyse des porte-graines

SPÉCIALITÉ DE GRAINES DE BETTERAVES RICHES EN SUCRE

Ces graines sont garanties sur factures
franches d'espèces, de pureté normale et de bonne germination.

S'adresser pour les Commandes à M. A. LEMAIRE, producteur
CHATEAU DES MARETZ près Reims (Marne)

PHOSPHATE FOSSILE DE QUIÉVY-NORD
le plus assimilable de tous les phosphate connus
GARANTI PUR DE MÉLANGE AVEC TOUT AUTRE PHOSPHATE
Ce qui, du reste, ne pourrait que diminuer son assimilabilité.

EXTRACTION DU GISEMENT ET USINE A QUIÉVY
Propriétaire-Extracteur : C. LECLERCQ
Bureaux à Viesly (Nord).

COMPOSITION MOYENNE		ASSIMILABILITÉ RELATIVE (méth. Joulie). *Solubilité dans l'oxalate d'ammoniaque.*		
Acide phosphorique. . . .	12 » à 16 » 0/0	Phosphate	de Quiévy.	82 29 0/0
Potasse	0 45 à 2 77 0/0	—	de la Meuse	51 95 0/0
Chaux.	19 05 à 3! » 0/0	—	de Pernes.	47 87 0/0
Magnésie.	0 58 à 3 80 0/0	—	des Ardennes.	46 43 0/0
Matières organiques azotées .	1 80 à 3 45 0/0	—	de la Somme (moy.). .	44 53 0/0
		—	de Ciply.	34 57 0/0

Titre garanti en acide phosphorique : 13 à 15 0/0.

LIVRAISON: EN POUDRE IMPALPABLE EN SACS PLOMBÉS, MIS SUR WAGON GARE QUIÉVY-en-CAMBRÉSIS
Prix : **3 fr. 80** les 100 kilos, sacs perdus, 30 jours, 2 0/0 ou 90 jours net.

NOTA. — Les acheteurs qui désirent employer le véritable Phosphate de Quiévy pur et
garanti d'origine doivent exiger que les sacs portent la Marque (Au Poisson fossile) et la Firme
C. LECLERCQ, seul exploitant à Quiévy (Nord).

MACHINES
AGRICOLES, VINICOLES et VITICOLES
TH. PILTER

24, Rue Alibert, PARIS
SUCCURSALES :
Bordeaux, Toulouse, Marseille, Montpellier, Tunis

Les lecteurs de la **Gazette** désireux de recevoir les Catalogues de la maison TH. PILTER dès
leur publication, sont priés d'écrire 24, rue Alibert, Paris, afin de se faire inscrire.

ANÉMIE CHLOROSE, FAIBLESSE FER QUEVENNE
Guéries par le VRAI
Seul approuvé p/Académie de Médecine, Paris, 14, r. Beaux-Arts, 90 l·88

L'URBAINE
Compagnie anonyme d'Assurances à primes
fixes contre l'INCENDIE
FONDÉE EN 1838
CINQUANTE-HUITIEME ANNÉE
CAPITAL : 5 MILLIONS — GARANTIES : 70 MILLIONS
SINISTRES PAYÉS DEPUIS L'ORIGINE : 131.000.000 FRANCS
PARIS — 8 et 10, rue Le Peletier

DISTILLATION CONTINUE
ALAMBIC
Système A. ESTÈVE

F. BESNARD
PÈRE, FILS ET GENDRES
28, rue Geoffroy-Lasnier
PARIS
Envoi franco du Catalogue sur demande

ALIMENTATION DU BÉTAIL

Tourteaux de Coprah ou Coco

F. TASSY, E. ROCCA et Cie

Fabricants d'huiles (producteurs directs de Tourteaux)

23, rue Haxo, MARSEILLE

Deux médailles d'or, Anvers 1894

Envoi de Prix-Courants et Échantillons sur demande.

MÊME RAISON SOCIALE DEPUIS 1781

Expos. Universelle 1889 : 3 Grands Prix, 3 Méd. d'Or

VILMORIN-ANDRIEUX, O.✳.✳ & Cie

4, Quai de la Mégisserie, PARIS

CULTURE SÉLECTIONNÉE & VENTE

de TOUTES GRAINES de SEMENCES

Gros & Détail. — Catalogues gratuits aux lecteurs de la Gazette.

FROMENTINE

Marque déposée B. S.G.D.G.

Produit pour l'alimentation économique, saine et rationnelle du bétail, provenant en grande partie des issues de la mouture de blé.

DIVERSES MARQUES

Demander celle en raison du but poursuivi

Marque A pour l'engraissement égal à celui du tourteau de lin, le remplacement de l'avoine, production d'un lait de qualité supérieure.

Marque B pour le bon entretien du bétail.

Marque J développement rapide des jeunes bêtes.

Marque L surproduction du lait.

Marque E engraissement rapide.

Écrire à M. Armand MILLOT

Moulins Saint-Martin

Saint-Quentin (Aisne).

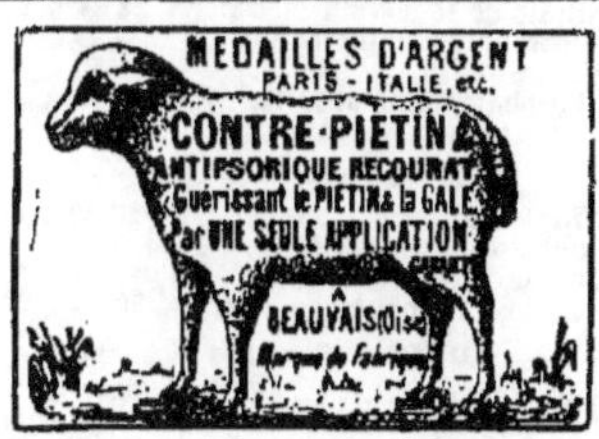

M. RECOURAT, pharmacien à Beauvais.

Gale des moutons guérie radicalement par *une seule application* de l'ANTIPSORIQUE.

La bouteille, 3 fr. ; la 1/2 bouteille, 1 fr.75.

Guérison du PIÉTIN par *un seul pansement* avec le CONTRE-PIÉTIN-RECOURAT.

Le pot d'essai, 1 fr. 50 ; le pot, 2 fr. 50.

Joindre 0 fr. 60 pour recevoir *franco* et indiquer gare.

CRÉSYL-JEYES

•• DÉSINFECTANT ANTISEPTIQUE

Efficacité scientifiquement démontrée.

Envoi de Rapports et Références sur demande.

Le CRÉSYL-JEYES n'est ni Toxique ni Caustique

Il est adopté par toutes les Administrations publiques de Paris et des départements.

VENTE EN GROS :

Société Française de Produits Sanitaires et Antiseptiques

35, Rue des Francs-Bourgeois, PARIS.

et chez tous Droguistes et Pharmaciens.

Pour éviter les Contrefaçons exiger les Marques et Cachets de la Société, ainsi quele nom CRÉSYL-JEYES.

Machines Agricoles Françaises

MAISON ALBARET

O.✳.O.M.A.

Breveté S. G. D. G

Veuve ALBARET et G. LEFEBVRE✳, SUCCr

ATELIERS DE CONSTRUCTION ET ADMINISTRATION
A RANTIGNY-LIANCOURT (Oise)

Bureaux et Magasins :

9, Rue du Louvre, PARIS

LOCOMOBILES, MACHINES DEMI-FIXES, MOTEURS A PÉTROLE
BATTEUSES PORTATIVES ET FIXES — MANÈGES

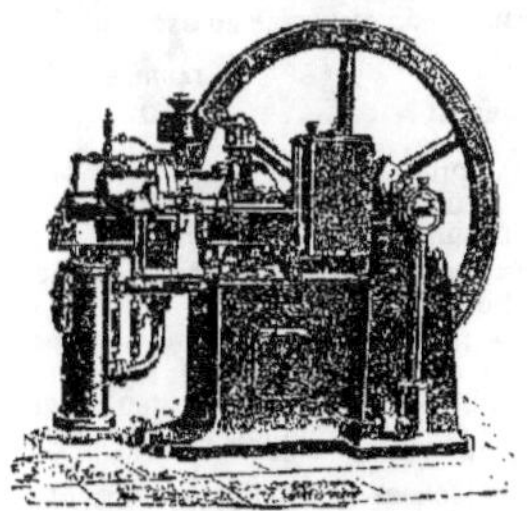

HACHE-MAÏS — HACHE-PAILLE   **PRESSES A FOURRAGES**

FAUCHEUSES, MOISSONNEUSES & LIEUSES
RATEAUX, FANEUSES

Semoirs en Lignes — Semoirs à Engrais — Concasseurs — Aplatisseurs

---

INSTRUMENTS D'AGRICULTURE — INSTRUMENTS DE PESAGE

Grand Prix, **Lyon 1894**. — Grand Prix, **Anvers 1894**. — Grand Prix, Bordeaux **1895**

Beauvais 1895, Diplôme d'Honneur

Tunis 1895, Premier Prix, Médaille d'Or

19 Diplômes d'Honneur et d'Excellence — 226 Médailles d'Or — 191 Médailles d'Argent

---

SUCCURSALES :

Saint-Quentin, Chartres, Abbeville, Cambrai, Dax, Lyon, Alger

Envoi franco sur demande des Catalogues illustrés.

17ᵉ Année. — Nᵒ 13.　　LE NUMÉRO : **10** [CENTIMES.　　Dimanche 29 Mars 1896

GAZETTE AGRICOLE

JOURNAL HEBDOMADAIRE, PARAISSANT LE DIMANCHE

Fondateur : M. CH. GOSSIN, Professeur d'Agriculture à l'Institut agricole de Beauvais

PRIX DE L'ABONNEMENT

UN AN, **5** fr. — SIX MOIS, **3** fr. — TROIS MOIS, **2** fr. **25**

Pour l'Étranger les abonnements ne sont reçus que pour un an, au prix de 6 francs, et ne partent que du 1ᵉʳ JANVIER ou du 1ᵉʳ JUILLET de chaque année.

Le Numéro : **10** centimes.

Adresser toute la correspondance : mandats, lettres, annonces etc., à **M. CRÉPEAUX**, Directeur de la *Gazette agricole* 10 bis, rue Picoini, Paris.

Toute demande de changement d'adresse doit être accompagnée de 50 centimes et de la dernière bande du journal.

BUREAUX

97, rue de Rennes, Paris, et à Beauvais, rue Saint-Etienne.

Les abonnements partent du 1ᵉʳ de chaque mois et sont payables d'avance. Toute demande d'abonnement doit donc être accompagnée du prix de l'abonnement. (Le mode de payement le plus simple est l'envoi d'un mandat-poste.)

Donner *très lisiblement*, en s'abonnant, son nom et son adresse exacte, *avec l'indication du bureau de poste*; et, s'il s'agit d'une continuation d'abonnement, joindre au renouvellement la dernière bande d'adresse du journal.

Les Annonces sont reçues à la Direction du Journal, et chez MM. DUSSERIS et MATHELLON, 97, rue de Rennes Paris.

Il est interdit de reproduire les articles contenus dans la *Gazette Agricole*.

BULLETIN COMMERCIAL

BOURSE DU COMMERCE DU MERCREDI 25 MARS

	FARINES	BLÉS
Courant	40 50	18 25
Prochain	40 70	18 30
Mai-juin	40 75	18 65
4 de mai	40 90	18 75
4 dernier	41 70	18 85

Marque de Corbeil : 45 fr. le sac de 150 kil. toile à rendre.

Les farines douze-marques ne dénotent pas grand changement. Affaires restreintes.

Les blés ne donnent pas lieu beaucoup d'affaires et s'inscrivent aux environs des derniers prix.

Les seigles et avoines ne varient toujours pas.

Halle aux blés — *Blés indigènes.* — Le marché de ce jour est aussi mauvais que ses devanciers; les offres ne sont pas plus actives qu'il y a huit jours car les représentants de la culture sont peu nombreux, tous les bras étant occupé aux travaux des champs, mais le commerce cherche à vendre et il sollicite même les prix de acheteurs. Dans ces conditions la tendance est très faible, les qualités ordinaires sont complètement délaissées tandis que les blés de choix perdent encore 25 cent. avec peu d'affaires par suite de la modicité de la demande. Les cours extrêmes ressortent de 17,50 à 18,50 les 100 kil. nets, gare d'arrivée Paris.

Blés étrangers. — Pas d'affaires.

Avoines. — Les acheteurs et les vendeurs sont réservés, la tendance est calme, les cours actuels constituent une perte sérieuse pour les producteurs.

On cote avoines blanches 14, rouges, 14,25 à 14,50, grises 14,50 à 14,75, noires 15 à 16 les 100 kil. nets gare Paris.

Orges. — La tendance reste faible et tout porte à croire que l'on verra de plus bas prix car on s'apercevra qu'il y a encore de gros stocks en culture, quand les semences seront terminées.

Aujourd'hui, il y a très peu d'acheteurs, et on n'offre pas plus de 15 fr. pour les belles orges, gare Paris.

On cote : orges ordinaires 13,50 à 14, moyennes 14,25 à 14,50, bonnes 14,75 à 15.

Escourgeons. — Les transactions sont à peu près nulles, il n'y a pas beaucoup d'offres, mais le Nord ne demande rien car il trouve à s'alimenter à bas prix à Dunkerque.

On cote sur place nominalement 16 à 16,50 gare, Paris.

On offre des provenances d'Algérie nouvelle récolte sur 4 derniers à 13,25 livrables, Dunkerque.

Menus grains. — On cote : Sarrasin 12,50 à 13, chènevis de Russie, 23 à 25, Bretagne 28 à 32, vesces de Kœnigsberg, 16 à 18, jarras, 16 à 18.

Sucres. — Les affaires sont très calmes et la tendance faible en sympathie avec l'étranger. Prix en hausse de 12 centimes.

Raffinés 103,50 à » » roux 88ᵒ 31,75 à 32 »

Marché de la Chapelle. — Marché fort.

On cote : paille de blé 1ʳᵉ qté 26 fr., 2ᵉ qté 24, 3ᵉ qté 31 fr.; paille de seigle 1ʳᵉ qté 33 fr., 2ᵉ qté 29, 3ᵉ qté 26 : paille d'avoine 1ʳᵉ qté 23 fr., 2ᵉ qté 20, 3ᵉ qté 19 ; foin nouveau 1ʳᵉ qté 46 fr., 2ᵉ qté 43, 3ᵉ qté 38; luzerne, 1ʳᵉ qté, 47 fr., 2ᵉ qté 43, 3ᵉ qté 39 ; regain 1ʳᵉ qté 42 fr.; 2ᵉ qté 40 fr., 3ᵉ qté 38 fr. ; sainfoin, 1ʳᵉ qté 42 à 2ᵉ qté, 40, 3ᵉ qté 38.

Marché aux chevaux, 25 mars.

Gros trait de 300 à 1.100　　Boucherie de 80 à 200
Selle et tr.　　Anes..... de 50 à 150
léger . de 200 à 1.000　　Chèvres. . de ..à »
H. d'âge de 200 à 300

AMENÉS

Chevaux, 320 — Anes, 13 — Chèvres, .. Voitures 96; de 25 à 550.

ENCHÈRES

Chevaux amenés, 12. Vendus, 11 de 80 à 375.

Prix des Produits Forestiers à Paris.

BOIS DE FEU (Octroi non compris)		
Falourde de pin	100 à 110	le cent.
Bois de flot	100 à 105	le déca.
Bois gris neuf	125 à 130	—
Bois blanc	80 à 125	—

BOIS D'ŒUVRE (Octroi compris)		
Chêne gros bois	85 à 110	le m. cube
— moyen bois	70 à 60	—
— petit bois	30 à 48	—
Charme, plateaux	55 à 55	—
Sciage (Entrevoux	175 à 210	les 208 m.
de {Echantillons	230 à 220	—
chêne.(Frise	27 à 28	104 m.

FOURRAGES ET PAILLE

Paris La Chapelle.　　*Prix extrêmes*

	Prix extrêmes
Foin 100 bot. dans Paris n.	35 à 46
Luzern nouv.	35 à 46
Paille de blé	19 à 26
Paille de seigle	23 à 38
Paille d'avoine	18 à 24

ENGRAIS

PARIS

Nitrate de soude	21 50 à 21 75
Superphosph. minéral 14/16	5 25 à 5 75
Superphosphate d'os 16/18	12 50 à 13 »
Scories 16/18	4 25 à 4 50
Phosphate minéral 14/16	3 80 à 4 »
Chlorure de potassium 48/52	18 75 à 20 »

NANTES

Nitrate de soude	22 30 à 22 50
Superphosph. minéral 14/16	6 » à 7 »
Scories 16/18	4 50 à 4 75
Phosphate minéral 14/16	4 » à 4 50
Chlorure de potassium 48/52	19 » à 19 75

LYON

Nitrate de soude	22 » à 23 »
Superphosph. minéral 14/16	5 75 à 6 »
Scories 14/16	4 50 à 5 »
Phosphate minéral 14/16	4 » à 4 25
Chlorure de potassium 48/55	20 » à 21 »

MARSEILLE

Nitrate de soude	20 50 à 21 »
Supherph. minéral 14/16	6 » à 7 »
Sulfate de fer	5 » à 5 50
Sulfate d'ammoniaque 20/21	20 » à 22 »

HOUBLONS. — Les 50 kilogr.

Alost primé	28,00 à 30,00
Bourgogne	55,00 à 60,00
Poperinghe	25,00 à 30,00
Wurtemberg	40,00 à 42,00
Altmark	75,00 à 100,00
Alsace	50,00 à 65,00

POMMES DE TERRE

Hollande (100 kil.)	8 » à 17 »
Roses-Early	8 » à 10 »
Magnum-Banum	7 » à 7 50
Rondes	5 » à 5 20

LÉGUMES SECS. — (Les 100 kilogr.)

	Haricots	Pois	Vesce	Lentille
Paris	32.00 50.00	20 18.00	19 a 20	30.00 56
Bordeaux	34.00 35.00	35 45.00	18 19	49.00 60
Marseille	22.00 30.00	18 25	20 20	24.00 52

LINS. — Les 100 kilogr. — *Marché de Lille.*

	Communs	Ordin.	Supér.
Alost.	148 à 153	154 à 157	161 à 166
Bergues.	150 à 158	161 à 168	173 à 182

VINS — BERCY

Rouges		Blancs	
B. Bourg. vieux	140 à 160	Bordeaux	125 à 160
Touraine	105 à 115	B. Bourg	150 à 190
Bord. vieux	130 à 160	Sancerre	130 à 135
Algérie	24 à 32	Chablis	200 à 350
Cher	110 à 135	Anjou	120 à 135
Chinon	125 à 180	Pouilly	350 à 300
Narbonne	32 à 40	Vouvray	155 à 195

Prix moyen aux 100 kilog. des CÉRÉALES dans les Départements.

Région	Ville	BLÉ	SEIGLE	ORGE	AVOINE
Rég. du Nord-Ouest	Caen	17 00	10 00	14 00	16 00
	Lannion	17 50	10 00	12 50	13 50
	Morlaix	17 00	10 25	12 00	13 50
	Rennes	16 75	10 50	13 25	14 25
	Avranches	16 50	10 50	13 25	14 25
	Laval	16 25	10 00	13 00	14 00
	Lorient	16 50	10 25	13 75	15 50
	Alençon	17 00	10 00	13 50	17 50
	Le Mans	17 00	10 00	13 50	17 50
Région du Nord	Soissons	17 50	10 25	»	14 50
	Evreux	17 75	10 25	12 75	14 50
	Chartres	17 50	10 00	14 00	14 50
	Lille	18 00	10 75	15 00	16 00
	Compiègne	17 25	10 00	14 00	15 00
	Beauvais	18 00	10 25	15 00	16 00
	Arras	18 00	11 50	14 00	15 25
	Paris	17 50	10 00	13 50	15 00
	Versailles	17 75	10 00	13 25	15 75
	Rouen	17 50	10 00	15 00	16 00
	Amiens	17 25	10 00	15 00	16 00
Rég. du N.-E.	Mézières	17 50	10 00	13 00	16 00
	Nogent-s-Seine	18 00	10 00	15 00	15 50
	Châlons-sur-Marne	17 50	11 00	14 50	15 25
	Langres	17 50	10 50	13 25	15 50
	Nancy	17 75	10 00	15 00	15 00
	Bar-le-Duc	17 50	10 25	14 00	15 00
	Neufchâteau	17 75	11 00	14 00	15 50
Région de l'Ouest	Ruffec	17 50	10 00	13 00	15 00
	Marans	17 25	10 25	13 00	14 00
	Niort	17 00	10 00	14 00	15 25
	Tours	17 00	10 00	14 00	15 00
	Nantes	17 00	10 00	13 00	14 50
	Angers	17 00	10 50	14 00	15 00
	Luçon	16 75	10 00	13 75	»
	Poitiers	17 00	10 00	13 50	14 00
	Limoges	17 00	10 00	»	15 00
Région du Centre	Moulins	17 50	9 75	13 75	15 00
	Bourges	17 50	10 00	13 50	14 50
	Aubusson	17 00	10 00	14 00	16 00
	Châteauroux	17 25	10 00	14 50	13 50
	Orléans	17 25	10 00	14 00	14 50
	Blois	18 00	10 00	14 25	16 24
	Nevers	17 75	10 00	14 00	15 00
	Clermont Ferr.	17 50	10 00	14 00	16 00
	Sens	17 75	10 00	13 50	15 50
Région de l'Est	Bourg	17 50	10 50	13 25	15 00
	Dijon	17 75	11 00	15 00	14 75
	Besançon	17 75	10 00	14 00	14 00
	Grenoble	17 50	10 00	13 50	15 25
	Dôle	17 50	10 50	13 00	14 00
	Saint-Etienne	18 00	10 50	13 00	16 00
	Lyon	18 75	11 00	13 00	15 50
	Mâcon	17 75	12 00	13 00	15 25
	Vesoul	17 50	10 00	»	15 00
	Chambéry	17 75	10 00	»	15 50
	Annecy	17 75	»	»	15 75
Rég. du Sud-Ouest	Pamiers	18 00	10 75	»	16 00
	Périgueux	17 50	11 00	14 00	15 00
	Toulouse	17 75	»	»	»
	Auch	18 25	»	»	16 25
	Bordeaux	18 00	11 00	13 00	15 25
	Dax	17 75	12 00	13 00	16 00
	Agen	18 00	12 00	13 00	16 00
	Bayonne	17 50	11 00	14 00	16 00
	Tarbes	17 50	10 75	»	16 00
Région du Sud	Carcassonne	17 50	»	13 50	16 00
	Rodez	17 50	12 00	14 00	15 00
	Mauriac	17 50	11 50	»	16 00
	Tulle	17 75	12 00	»	15 00
	Montpellier	17 75	12 00	»	15 00
	Figeac	17 50	11 25	»	»
	Mende	17 50	11 00	»	15 50
	Perpignan	17 50	10 50	14 00	15 00
	Albi	17 50	11 00	14 00	14 50
	Montauban	18 75	12 75	13 25	16 00
Région du Sud-Est	Gap	17 75	10 50	14 00	16 00
	Manosque	17 50	10 75	13 00	16 00
	Nice	17 50	10 50	13 00	16 00
	Privas	17 75	11 00	13 00	16 00
	Arles	19 50	11 00	13 00	16 25
	Montélimar	17 50	11 00	13 00	16 00
	Nîmes	17 75	10 75	14 00	17 00
	Le Puy	18 00	»	14 00	17 00
	Draguignan	18 00	12 75	»	»
	Avignon	18 00	11 75	13 50	16 00

Tourteaux. — Cours de la maison P. Marchand frères, à Dunkerque (Nord) :

TOURTEAUX A NOURRIR

	Dispon.	A livrer.
Coton de graines d'Egypte ...	9 50	9 50
Sésame blanc ...	12 »»	12 »»
Arachide décortiquée ...	15 25	15 50
Colza à nourrir ...	10 50	10 25
Colza du pays ...	11 »»	11 »»
Œillette du Levant ...	10 50	10 50
Œillette blanche de Turquie ...	10 50	10 50
Lin 1re qual. de Bombay g. form.	14 50	14 50
Lin 1re qual. de Bombay p. form.	»» »»	»» »»

TOURTEAUX-ENGRAIS

Arachide décortiquée ...	14 »»	14 »»
Cameline ...	10 25	10 25
Colza des Indes en poudre ...	»» »»	»» »»
Colza ravison ...	7 50	7 50
Colza jaune Gutzerat ...	11 »»	11 »»
Kurrachée ...	»» »»	»» »»
Niger ...	»» »»	»» »»
Pavot ...	10 »»	10 »»
Sésame, blanc ...	»» »»	»» »»
Sésame noir ...	»» »»	»» »»
Coton en farine ...	7 50	7 50

Nos prix s'entendent pour tourteaux en planches, rendus en gare de Dunkerque.

Paiement à 30 jours ou à terme plus éloigné suivant convention expresse.

Le concassage se paie 0 fr. 25 et la mise en poudre 0 fr. 40 aux 100 kilos. Dans ce cas, les sacs sont facturés à 0 fr. 35 pièce, et repris au prix de facture, quand ils sont rendus en bon état et franco, dans les 30 jours de l'expédition.

FROMENTINE :

	100 kil.
Marque A ...	13 »
Marque B ...	13 «
Marque J ...	13 »
Marque L ...	15 »
Marque E ...	16 »

CHANVRES

Les 50 kil.	1re qualité	3e qualité
Le Mans ...	33,00 à 35,50	30,00 à 29,00
Saumur (b.) ...	40,00 à 42,00	37,00 à 38,00

BEURRES. - (le kilogr.)

BEURRES EN MOTTES			BEURRES EN LIVRE		
Isigny extra.	5 80	6 62	Bourgogne	2.00	2.40
— demi-fin	4.40	4.80	Gâtinais	2.20	2.70
M. d'Isigny	3.00	4.00	Vendôme	2.00	2.60
du Gâtinais	2.20	2.50	Beaugency	2.00	2.60
de Bretagne	2.40	2.20	Ferme	2.40	3.10
Laitiers Jura	2.20	3.90	Tours	2.40	2.80
de Charente	2.60	3.30	Le Mans	2.00	3.40
des Alpes	2.50	3.60	Touraine fausse	2.50	2.30

ŒUFS. — (le mille).

Normandie ext.	78 à 94		Bourgogne	64 à 65	
Picardie —	75 à 98		Champagne	65 à 68	
Brie —	68 à 70		Nivernais	55 à 60	
Touraine	65 à 71		Bourbonnais	56 à 60	
Beauce	68 à 70		Bretagne	50 à 56	
Orne	60 à 70		Vendée	54 à 58	
Picardie	65 à 72		Auvergne	50 à 54	
Châtellerault	61 à 64		Midi	50 à 58	

FROMAGES.

Brie hautes marq.	55	61	Roquefort	140	270
Brie gr. m. (10)	25	30	Gruyère (100 k.)	100	175
— m. m.	15	18	Coulommiers (100)	15	30
Petits Nanteuils	12	15	Gournay (100)	8	19
Brie laitiers	5	10	Livarot (le 100)	90	115
Gérardmer (100 k.)	85	80	Bourgogne (100)	60	65
Hollande	160	180	Camembert (10.)	35	55
Bondons (100)	12	10	Munster (100)	110	100
Cantal	130	140	Port-Salut	150	170

VOLAILLES

Poulet Brest dit moelleux	4 00	6 00	Pigeo Macon	1.50	2.00
Poulets Nant.	3 00	5.00	Ca... s Nantais	4.00	1.35
Poulets Tour	2.75	5.25	Dindes Tourr.	7.00	11.00
Poulets Houdan	6.00	8.00	Oies	7.00	8.50
Pigeons d'Italie	80	1.25	Lapins dom.	2.75	4.00
			Lapins garerne	1.50	2.00

Marché de la Villette du 23 mars 1896.

PRIX DE LA VIANDE NETTE

	1re qualité	2e qualité	3e qualité
Bœufs	1.48	1.38	1.28
Vaches	1.46	1.36	1.26
Taureaux	1.20	1.10	1.06
Veaux	2.06	1.76	1.50
Moutons	2.92	1.82	1.70
Porcs	1.18	1.08	0.98

ESPÈCES	AMENÉS	VENDUS	PRIX EXTRÊME viande net	PRIX EXTRÊME poids vif
Bœufs	2.614	1.940	1.28 à 1 48	61 à » 95
Vaches	772	581	1.26 1.46	56 » 91
Taureaux	223	214	1.10 1.27	48 » 80
Veaux	945	715	1.50 2.06	70 1.29
Moutons	18.183	15.342	1.70 2.92	75 1.87
Porcs	3.054	3.026	1.98 1.18	70 » 82

Vente des bœufs.

Marché de la Villette du 26 Mars 1896.

PRIX DE LA VIANDE NETTE AU KILOGR.

	1re qualité	2e qualité	3e qualité	Prix extrême
Bœufs	1.48	1.38	1.30	1.28 à 1.50
Vaches	1.46	1.36	1.26	1 20 1 52
Taureaux	1.26	1.20	1.18	1.10 1.36
Veaux	2.20	1.90	1.60	1.40 2 30
Moutons	1.94	1.84	1.70	1.64 2 02
Porcs	1.16	1.10	»	1.00 1.20

ESPÈCES	AMENÉS	RENVOI	OBSERVATIONS
Bœufs	1.493	»	Vente difficile sur le gros bétail et les moutons, meilleure sur les veaux, mauvaise sur les porcs.
Vaches	421	243	
Taureaux	167	»	
Veaux	1.119	19	
Moutons	13.765	»	
Porcs	4.808	»	

Vente du bétail au marché de La Villette.

Adresser les animaux à MM. Henri Robin et Surugue, en gare Paris-Bestiaux. Les aviser par lettre auparavant, 190, rue d'Allemagne, Paris.

Avis aux lecteurs. — La *Poudre de Rogé*, approuvée par l'Académie de médecine, est le plus agréable des purgatifs, celui qui convient le mieux aux dames, aux enfants et aux tempéraments délicats.

« *La poudre de Rogé peut, dans presque tous les cas, remplacer les autres purgatifs.* » (Répertoire de Pharmacie.) — Éviter les produits similaires dont le nom peut prêter à confusion, Fab. : 19, rue Jacob, Paris. Dépôt : 9, rue du Quatre-Septembre, et toutes les pharmacies.

Prix du flacon : 2 fr.

L'Almanach de la France rurale pour 1896.

Notre Almanach paraît pour la 21e fois. Cette année il comporte diverses modifications qui seront certainement bien accueillies :

1° Le format est agrandi ;

2° Le papier est bien meilleur ;

3° Enfin il contient beaucoup plus de renseignements.

Nous appelons surtout l'attention des agriculteurs sur deux innovations qui distinguent cet Almanach de tous les autres :

1° La nomenclature de tous les jugements rendus en matière de droit rural pendant l'année ;

2° Un petit guide de médecine vétérinaire très pratique.

Comme les années précédentes, cet Almanach passe en revue toutes les branches de l'agriculture.

Prix : 0 fr. 60 franco.

CHRONIQUE POLITIQUE

La question de l'impôt sur le revenu qui tient le pays en haleine n'est pas seulement un grave problème fiscal et économique, elle a le grave inconvénient d'être une question de parti, et le cabinet Bourgeois exploite cette dangereuse question de compte à demi avec la faction socialiste. C'est dire qu'il ne s'agit, comme on affecte de le dire, ni de justice ni d'équitable répartition des impôts entre les contribuables français, mais tout simplement de soutenir le cabinet Bourgeois et de consolider son alliance néfaste avec les trois sectes révolutionnaires qui composent l'extrême gauche.

A l'heure actuelle, on présume que le projet Doumer sera voté quand même. Les intrigues de couloirs auront raison, dit-on, des scrupules et des objections de la commission du budget. L'incident le plus scandaleux de ces intrigues a été la défection de M. Ribot lui-même, qui se fait aujourd'hui le sauveteur de M. Bourgeois, son adversaire de la veille. M. Bourgeois a réussi, comme nous le prédisions, à se rallier les panamistes en suspendant sur leurs têtes les menaces dont le procès Arton et Dupas offre en ce moment des spécimens qu'un Machiavel n'eût pu inventer.

Tel est l'état des choses et des hommes au Palais-Bourbon à l'heure actuelle. C'est dire que la question sera tranchée par des raisons où la justice et l'intérêt du pays ne jouent que le rôle des bagatelles de la porte sur les tréteaux des spectacles forains dans nos campagnes.

En attendant, il est juste de reconnaître que, dans la séance de lundi, M. Turrel a exécuté une charge écrasante contre le projet Doumer. Il en a signalé les suites immédiates dans les émigrations de capitaux qui sont en train de s'accomplir dans les grandes banques de Suisse, de Hollande, de Londres, etc.,

dont les émissaires sont en pleine activité en France.

Il a surtout démontré que c'est vous, amis ruraux et cultivateurs, qui serez les victimes de ce régime, comme vous l'êtes du régime actuel. Le rentier trouvera toujours moyen, dit-il, de dérober une partie de ses revenus mobiliers aux investigations du fisc, mais le cultivateur ne peut lui dérober la valeur de ses champs, de ses récoltes, de ses bestiaux, et quant au vigneron, son sort sera encore plus lamentable surtout dans les contrées où le phylloxera a dévoré ses vignes, et où il a dépensé vingt fois leur valeur pour les reconstituer. Osera-t-on lui faire payer l'impôt sur le revenu d'une seule récolte? Inutile de dire que l'argument est resté sans réponse.

On dit, avec raison, en théorie, que l'impôt proportionné au revenu est le plus juste des impôts. La difficulté est de trouver les moyens d'appliquer au mieux le principe. Or, il est évident que le projet Doumer n'y réussirait point. L'impôt sur les revenus établi en Allemagne et en Angleterre, y est attaqué de toutes parts. On en demande partout la suppression et son remplacement par le système d'impôt sur les choses non sur les personnes, c'est-à-dire le principe de l'impôt établi en France.

Ce principe est le bon car il vise les revenus dans leurs sources diverses ; mais il est faussé dans son application surtout au détriment de la terre et de sa culture. C'est sur ce terrain que nous réclamons sans cesse des réformes tendant à mettre fin à des inégalités révoltantes. C'est sur ce terrain que s'élèvent les justes réclamations toujours méconnues des sociétés agricoles, et notamment de la Société des agriculteurs de France.

Au lieu d'écouter leur voix qui est celle de la justice, en matière d'impôt, les maîtres du jour sont sur le point de vouer la fortune du pays à un essai de fiscalité vexatoire et inquisitorial, qui ne peut aboutir qu'à la ruine du pays, et, ce qui est particulièrement révoltant, osons le redire, c'est que la moitié au moins des hommes qui vont infliger cette aventure à leur pays, obéissent à la peur des responsabilités qu'ils eussent encourues si la justice avait traité les panamistes comme le méritaient leurs actes. D'ailleurs, le Grand-Orient a donné ses ordres, et il compte 200 séides dans la Chambre. Francs-maçons et panamistes, c'est tout un !

On frémit d'indignation en pensant à ces dessous abjects de la politique que nous subissons depuis quinze ans. On en détourne la tête trop facilement. La politique d'autruche, trop chère aux ruraux, est un des facteurs les plus dangereux des ruines et des hontes qui nous attendent. Malheur à nous, si on persiste longtemps dans ce sommeil mortel.

Deux sophismes de M. Jaurès.

Parmi les nombreux sophismes qui émaillent le plaidoyer socialiste de M. Jaurès, il en est deux qui devraient naturellement révolter le bon sens des ruraux.

M. Jaurès a prétendu que la Société des agriculteurs de France était l'alliée de la féodalité financière, dont les coups de bourse et les syndicats d'agiotage et d'accaparement ont indigné la conscience publique depuis quinze ans. Tous les actes de la Société sont une protestation accablante contre cette calomnie.

Tout en retirant à M. de Rothschild la fonction de trésorier, la Société des agriculteurs infligeait à M. Jaurès une réfutation péremptoire. Qui ignore d'ailleurs que tous les votes de la Société en matière fiscale et visant à défendre l'agriculture contre les ruines de sa détresse ont été combattus par les socialistes et par la juiverie financière. Les ruraux ont beau jeu pour répondre à M. Jaurès que sur ce terrain les socialistes ont été les alliés de la juiverie contre l'agriculture.

Un second sophisme non moins révoltant de M. Jaurès, c'est d'accuser les syndicats agricoles d'exploiter les petits agriculteurs au profit des grands propriétaires.

Il n'est pas possible de dénaturer plus impudemment la vérité. Les syndicats agricoles sont une institution démocratique dans le sens le plus pratique et le plus loyal du mot. S'ils ont été fondés par les principaux propriétaires de leur contrée, c'est que, tout naturellement, ils sont en mesure, par leur situation, leur savoir, leur influence d'éclairer leurs concitoyens de tout rang et de les attirer dans les syndicats, d'autant plus naturellement que ce sont les petits cultivateurs qui bénéficient le plus des opérations de chaque bureau syndical. M. Jaurès a raison de haïr les syndicats agricoles, parce que leurs opérations, leurs rapports locaux et désintéressés envers leurs adhérents, sont la critique la plus sanglante des meneurs des syndicats des ouvriers. Les syndicats agricoles travaillent à l'union entre tous les membres de la famille agricole. Les meneurs des syndicats ouvriers travaillent à la ruine des patrons, moyen certain de réduire les ouvriers à la misère, mais moyen aussi d'élever au pouvoir, par leur crédulité imbécile, les exploiteurs de leurs ignorances et de leurs convoitises. Les syndicats agricoles sont une institution démocratique dans le sens le plus bienfaisant du mot. Si cette démocratie-là était écrasée comme l'espère M. Jaurès, par celle qui lui prête ses épaules, c'en serait fait de l'agriculture et de la France.

Nos vaillantes sociétés de crédit rural, aujourd'hui au nombre de 380, fondées elles aussi par de prétendus grands propriétaires et par les syndicats agricoles, M. Jaurès aurait-il l'audace d'y voir une domination intéressée des gros propriétaires sur les petits ?

Il faut, en vérité, une audace peu commune pour présenter sous un jour aussi odieux les fondateurs de ces précieuses institutions, qui prennent sous leur responsabilité personnelle, la garantie des sommes avancées, au plus bas taux d'intérêt, à tous leurs petits confrères agricoles plus ou moins besogneux, mais offrant les garanties de leur vie honnête et laborieuse, et de leurs sentiments chrétiens.

S'il y a quelque part une réfutation logique de la théorie socialiste : destruction du capital, c'est assurément dans ces banques rurales où le capital et le travail se rendent un appui absolument fraternel.

Les banques rurales qui réalisent cet idéal de démocratie honnête, cherchez bien, honnêtes ruraux, dans quels rangs se trouvent leurs fondateurs d'une part et quels sont leurs détracteurs d'autre part.

Oui, cherchez bien dans quels rangs se trouvent les uns et les autres. Vous ne chercherez pas longtemps pour constater que les fondateurs, vos vrais amis sont ces braves propriétaires conservateurs que la presse radicale et ministérielle désigne à vos haines depuis quinze ans, et que leurs calomniateurs se composent des coteries et des factions qui travaillent depuis quinze ans à édifier une prétendue république sur la ruine de l'édifice social tout entier, ruine de la morale, ruine des finances, ruines de l'agriculture, et qui demain voteront la ruine de la propriété.

On est stupéfait de la lâcheté, de l'inertie avec lesquelles une grande nation telle que la France, prête la main à une domination aussi ruineuse que dégradante : la maçonnerie. Si on n'était Français, on aurait plus de mépris que de pitié pour un tel peuple, car on nous appliquerait le mot célèbre appliqué à nos ancêtres qui supportèrent les horreurs de la Terreur.

« Et, s'ils ont tout osé, vous avez tout permis. »

Les socialistes alliés au cabinet Bourgeois se flattent de persuader à nos petits cultivateurs qu'ils assureront leur prospérité en ruinant les grands et les moyens propriétaires.

Ils savent comme nous que la ruine des uns sera la ruine des autres, c'est-à-dire la ruine du pays. Mais pour mettre cette vérité dans tout son jour, notre devoir à nous est d'exposer les faits et les preuves à la portée des masses populaires.

Nous nous dévouerons sans hésiter, à cette tâche, mais les ruraux intelligents devraient comprendre que le journal qui remplit cette tâche leur en impose à eux une autre non moins importante, celle de le propager dans les campagnes.

C'est en vain que nous écrivons pour les gens éclairés et convaincus, s'ils nous laissent isolés, pendant que les socialistes et les officieux propagent par centaines de mille dans les villages les plus serviles échos de la faction maçonnique et socialiste.

Les défenseurs de la vérité ont aujourd'hui un arriéré regrettable à solder à cet égard. Malheur à nous et à leur pays s'ils s'obstinaient dans leur inexcusable inaction.

L'opinion de M. Félix Faure.

Le *Figaro* a publié il y a quelques jours, le programme politique de M. Faure, à la veille de son élection en 1893 au Havre.

M. Faure y condamne résolument sur tous les points la politique du cabinet Bourgeois, l'impôt progressif, l'impôt sur les revenus et les atteintes contre le capital, et se proclame le champion dévoué d'une politique d'économie, de modération et d'apaisement.

M. Faure fut élu président de la République en vertu de ce programme et son élection fut combattue par le parti qu'il a appelé au pouvoir un an après.

Une telle volteface ne défie-t-elle pas tout commentaire ?

La réforme bimétallique.

Alors que la Chambre nous afflige et nous indigne par ses votes qui mettent en péril les plus grands intérêts du pays, nous avons au moins à lui savoir gré d'avoir voté par 347 voix la résolution suivante proposée par M. Méline et quelques députés de son groupe :

« La Chambre des députés,

« Considérant que l'établissement du bimétallisme international serait un grand bienfait pour les intérêts agricoles, industriels et commerciaux du pays, invite le gouvernement à prendre les mesures nécessaires pour établir et assurer, par une *entente internationale,* un rapport fixe entre l'or et l'argent. »

L'urgence a été également voté. Au Parlement anglais une proposition semblable a été également adoptée, malgré l'opposition du chancelier de l'Echiquier (ministre des finances).

La réforme bimétallique est également réclamée en Allemagne et en Autriche et en Hollande. De tous côtés cette réforme est réclamée par tout ce qui représente la production industrielle et agricole, elle n'a d'adversaires que parmi les représentants de l'agiotage, des grands coups de bourse, de la haute piraterie financière des deux mondes.

Il faut que cette dernière puissance qui nous pousse à la ruine soit bien forte pour avoir réussi à prolonger jusqu'à ce jour un régime aussi calamiteux pour les populations laborieuses.

Cette domination néfaste va-t-elle triompher une fois de plus des réclamations générales du monde agricole et industriel ? Il est au moins à craindre qu'elle réussisse à lui infliger, sous mille prétextes plus ou moins habiles, des retards indéfiniment prolongés qui seront les équivalents d'un rejet définitif.

Il faut que toutes les sociétés agricoles et industrielles mènent une campagne énergique pour forcer les pouvoirs compétents à poursuivre de tous leurs efforts la réforme réclamée par la proposition de M. Méline et de ses 347 collègues.

CHRONIQUE GÉNÉRALE

Primes de printemps.

Nous sommes heureux d'offrir à nos aimables lectrices une prime de graines de fleurs et de légumes.

Moyennant l'envoi de 5 fr. 50, elles recevront franco les graines énoncées ci-après. Nous leur ferons observer que cette double collection vaut au moins 8 francs chez tous les grainetiers.

LÉGUMES DE CHOIX A SEMER EN MARS

30 gr. Carotte 1/2 longue nantaise.
30 gr. Chicorée Witloef.
1 pl. Chou de Milan hâtif d'Ubrie.
1 pl. Cornichon prolifique.
1 pl. Romaine blonde.
30 gr. Navet 1/2 l. des Vertus.
1 pl. Pissenlit amélioré à cœur plein.
15 gr. Salsifis blanc amélioré.
1/2 lit. Pois prolifique amélioré.
1/2 lit. Pois Téléphone.
1 pl. Giroflée quarantaine à grandes fleurs variées.
1 pl. Œillet de Chine, double variété.
1 pl. Phlox de Drummond var.
1 pl. Reine-Marguerite comète.
1 pl. Réséda pyramidal amélioré.
1 pl. Zinnia élégant, double varié.

Le tout livré franco en gare de l'acheteur pour 5 fr. 50. Adresser les commandes, à M. Birot Henri, cultivateur-grainier, 19, rue de Viarmes (Bourse du Commerce), Paris, en joignant un mandat-poste avec la commande.

Mesures contre la tuberculose.

Un décret présidentiel, en date du 15 mars, prescrit des mesures sévères de surveillance des bestiaux étrangers importés à leur débarquement ou à leur entrée en France. Les animaux suspects de tuberculose devront être inoculés par la tuberculine et retenus hors de la frontière jusqu'à preuve de leur immunité.

Un décret analogue prescrit également une surveillance sévère des chevaux mis en vente par des marchands ambulants. Leurs chevaux atteints de morve risquent de propager cette affection contagieuse dans les localités où ils séjournent pendant la nuit.

Les possesseurs de bestiaux et de

chevaux ne sauraient observer trop sévèrement les règles tracées par la prudence pour préserver leurs animaux et ceux de leur contrée de maladies contagieuses qui causent tant de ruines aux contrées où elles sévissent et où on a tant de peine à mettre fin à leurs ravages, lorsqu'elles ont infecté les fermes de leurs virus.

Nos chemins de fer en 1896.

Le relevé officiel de l'état actuel des voies ferrées en France, a évalué leur étendue à 36.595 kilomètres, dont 2.632 exploités par l'État, 1.034 par de petites Compagnies, 32.284 par les cinq grandes Compagnies.

En outre, les lignes de chemins de fer à voie étroite ont une étendue de 3.871 kilomètres. Des concessions sont accordées pour 4.606 nouveaux kilomètres.

L'Algérie possède, depuis l'an dernier, 3.472 kilomètres qui n'ont reçu aucune augmentation en 1895, sur lesquelles 2.933 kilomètres seulement sont exploités. En outre, la Compagnie Bone-Guelma possède en Tunisie 645 kilomètres de voie ferrée dont le tiers est actuellement en exploitation.

Le réseau des grandes voies ferrées à grande largeur est presque complet. Ce sont les lignes à voie étroite qui sont désormais l'objet de nombreuses entreprises. Beaucoup de chemins à large voie eussent dû être ramenés à cette catégorie. Les dépenses exagérées de ces chemins sont imputables à des manœuvres électorales. Il est à craindre que ce régime immoral, si funeste à nos campagnes, ne prenne pas fin encore aux prochaines élections. La crédulité béate des masses électorales offre une proie trop facile aux intrigants ambitieux, pour qu'ils se fassent scrupule de s'en servir.

Concours général agricole de Paris.

Le concours général agricole de Paris qui vient de se terminer au Palais de l'Industrie, aura été certainement, dans l'ensemble de ses parties, le plus important qui ait eu lieu jusqu'ici. C'est surtout pour les instruments agricoles qu'il a pris un développement qui était encore inconnu.

Nous faisons observer que la production industrielle ne recevra aucune récompense : la plupart de ces maisons étant, du reste constellées de médailles et diplômes de toutes sortes.

Nous ne nous chargerons pas naturellement de passer une revue complète des 10.000 instruments exposés dans ce vaste concours, nous signalerons les instruments nouveaux ou perfectionnés qui nous ont paru dignes d'attention.

Commençons par la *maison Albaret*, de Liancourt-Rantigny (Oise). La collection de machines agricoles et industrielles que cette maison expose cette année est une des plus belles et des plus complètes.

Nous remarquons que ses successeurs, Mme veuve Albaret et G. Lefebvre, ingénieur, fidèles aux exemples de son célèbre et regretté fondateur, sont toujours en quête de nouveaux perfectionnements pour leurs batteuses et leurs locomobiles et qu'ils tiennent absolument à conserver un des premiers rangs parmi nos grands constructeurs de machines agricoles.

Depuis l'année dernière, de notables perfectionnements ont été apportés à beaucoup de machines ; nous constatons même que la collection comprend quelques machines absolument nouvelles ; nous citerons entre autres, la batteuse fixe modèle 1895 ; cette élégante et précieuse machine que l'on voit montée sur un plancher provisoire a donné des résultats remarquables comme solidité et comme travail parfait ; sa solidité à toute épreuve et son extrême légèreté la font apprécier par nos agriculteurs ; nous sommes convaincus qu'elle est appelée à un très grand succès. Nous remarquons surtout en cette batteuse le tarare, avec séparateur de courtes pailles, ce tarare a des surfaces de grilles très grandes et le mouvement transversal de l'auget permet d'avoir un nettoyage parfait. L'élasticité de rendement de cette machine est très grande : avec deux chevaux attelés au manège, l'on arrive facilement à abattre 7 à 800 gerbes en dix heures, avec quatre chevaux de 15 à 1,600 gerbes.

Nous remarquons aussi une nouvelle machine à vapeur sur socles, que la maison Albaret livre sur roues.

Cette machine, construite avec de très grands soins se recommande par la régularité de sa marche, sa facilité d'entretien et sa construction solide ; elle a été très appréciée par les perfectionnements que la maison Albaret a apportés à cette nouvelle machine.

La batteuse portative à nettoyage intérieur que nous signalions l'année dernière, nous revient avec de nouveaux perfectionnements ; les prévisions que nous avions formulées se sont réalisées en tout point. La maison Albaret en a vendu un nombre considérable dans le courant de l'année, ce qui justifie des qualités réelles de cette machine.

Nous ne parlerons que pour mémoire des nouveaux arbres de secoueurs en en acier doux forgé à embases que la maison applique d'une façon générale à toutes ses batteuses et nous ne ferons que mentionner, pour ne pas être trop long, la série d'instruments de pesage, les locomobiles modèle 1895, les faucheuses, les moissonneuses, les semoirs, les hache-paille, les presses à fourrage, etc., etc.

La *maison A. Bajac*, ingénieur constructeur à Liancourt (Oise), exposait en face la maison Albaret, sa voisine, ses puissants instruments de culture, bien connus du monde entier, en outre de sa magnifique exposition de charrues, brabants, fouilleuses, déchaumeuses de tous modèles, construits en acier de première qualité, a exposé cette année de nouveaux moulins agricoles à bras, à manège, à vapeur, produisant une mouture parfaite, une farine parfaitement panifiable dont les sons et petits sons sont parfaitement blutés.

Ces précieux moulins essentiellement agricoles sont indispensables à la ferme soit pour faire du blé farine, soit pour le concassage des grains ; de plus, par un système de meules de rechange, ces moulins opèrent le décorticage des sarrasins, graines oléagineuses, nous recommandons d'une manière toute particulière ces moulins agricoles qui sont pleins d'avenir pour la grande et la petite culture.

La maison *Émile Puzenat et fils*, ingénieurs des arts et manufactures à Bourbon-Lancy (Saône-et-Loire), mérite une mention spéciale pour son distributeur d'engrais le Soleil.

Ce nouveau distributeur d'engrais est basé sur un principe complètement nouveau ; il possède à un haut degré de perfection toutes les conditions de bon fonctionnement, de régularité, de conduite facile et de légèreté, réclamées depuis longtemps par les agriculteurs, ses herses couleuvres, sa nouvelle houe l'*Européenne*, son rateau automatique le *Lion*. Son émotteuse, analogue à celle de M. Bajac, brise et pulvérise les mottes, émiette le terrain en produisant un travail tout à fait spécial et réellement remarquable.

Cette herse à faible traction s'emploie pour les semailles de printemps (betteraves, avoines, orges) avant et après avoir passé le semoir. Toujours du nouveau et du bon chez M. Puzenat.

Société des agriculteurs de France.

27e SESSION ANNUELLE (*Suite*).

Septième séance.

M. de Belleville donne lecture des résultats des élections du Bureau et du Conseil de la Société.

M. de Vogué, *président*, 4.705 voix.

Vice-présidents : MM. Josseau, 4.816 voix ; comte de Luçay, 4.800 ; de Monicault, 4.777 ; Le Trésor de la Rocque, 4.765 ; marquis de Barbentane, 4.686 ; Teissonnière, 4.411.

Secrétaire général : M. Aylies, 2.293 voix contre 2.267 voix données à M. Paul Blanchemain.

Secrétaires : MM. marquis de la Jonquière, 4.806 voix ; Paul Senart, 4,791 ; Joseph de Parieu, 4.086 ; Paul Blanchemain, 2.352.

Trésorier : M. H. de Vilmorin, 2.782 voix contre 1.949 voix données à M. le baron de Rothschild.

Bibliothécaire archiviste : M. le comte de Calonne, 4.918 voix.

Tous les membres sortants du Conseil ont été réélus et ceux présentés par celui-ci sont également nommés.

En termes émus, M. le marquis de Vogué remercie ses collègues de l'honneur qui lui est fait, le plus grand à ses yeux, qui puisse être décerné à un citoyen français. Nous reviendrons sur ce discours que nous nous ferons un devoir et un plaisir de reproduire.

On entend les rapports de MM. Allier, Michelin, de Fontgalland, de Vaussay sur divers concours.

M. T. Sourbé, au nom des sections de viticulture et de législation, présente les vœux suivants : Que l'administration mette à exécution la loi du 2 août 1772, sur les acquits de couleur. Que l'autorisation nécessaire pour obtenir un compulsoire sur les registres de l'administration des contributions indirectes soit demandée au président du Tribunal civil. Les vœux sont adoptés.

M. le comte de Salvandy, président de la section d'Enseignement, soutient un vœu ainsi conçu : Que les manuels d'Enseignement destinés aux écoles et en général la direction donnée à l'Enseignement sur les questions économiques et sociales soient en tous points conformes aux doctrines défendues par la société des Agriculteurs de France. Le vœu est adopté.

Le Fr. Abel, au nom de la même section, fait adopter le vœu suivant : Qu'il soit introduit dans l'enseignement des écoles rurales de filles, des réformes ayant pour but de développer le goût pour la vie agricole, et les aptitudes ou connaissances nécessaires aux mères de famille des campagnes. Que dans ces écoles, les exercices pratiques soient dirigés vers les travaux utiles et non vers les ouvrages de luxe.

M. Lecour Grandmaison, sénateur, au nom de la section des relations internationales, demande : Que l'article 3 de la loi de douane soit appliqué dans les colonies et possessions françaises avec les tempéraments nécessaires et qu'aucun dégrèvement ne puisse être accordé sans l'intervention du Parlement. Adopté.

M. le baron de Larnage présente la résolution suivante : L'assemblée appelle tout spécialement l'attention des agriculteurs sur l'utilité des efforts faits et à faire, avec l'aide de la coopération, en vue de faciliter la vente et l'exportation des produits français. Adopté.

M. Plichon, député, soutient les vœux suivants : Que les sucres d'origine extra européenne soient frappés de la surtaxe de sept francs, comme les sucres d'origine européenne. Que les sucres des colonies françaises ne soient pas astreints à venir dans la métropole pour bénéficier du déchet de fabrication. Que les tares légales pour emballages soient revisées. Adopté.

M. Loreau, rapporteur de la section du génie rural, met en lumière l'utilité qu'il y aurait à répandre l'usage des aplatisseurs d'avoine et des concasseurs de grains.

M. le comte de Flavière, au nom des sections de génie rural et de législation fait adopter un vœu tendant : à la prompte exécution des canaux dérivés du Rhône, à la réglementation des prisés d'eau de la Durance et à la mise à l'ordre du jour de la Chambre, de la partie du code rural concernant le régime des eaux.

M. Graux, député, présente le vœu suivant : Que les fruits forcés soient frappés d'un droit de douane de 2 fr. 50 au tarif minimum et de 5 francs au tarif général, par kilogramme. Adopté.

M. Boucherie, président de la section d'économie du bétail soutient les vœux suivants : Que les quantités de conserves fabriquées dans nos colonies et les pays sous notre protectorat soient proportionnées à l'élevage de ces pays. Que les animaux destinés à l'alimentation des troupes soient achetés par des commissions militaires qui se transporteront sur les marchés existants ou dans les centres d'élevage. Que les viandes étrangères soient, à leur entrée, l'objet d'une inspection sanitaire et que, conformément à ce qui existe pour le mouton, les quartiers de bœuf ou de vache reconstituant chaque animal, ne soient introduits qu'avec les viscères y adhérant. Adopté.

M. le marquis de Tracy, au nom de la section hippique développe le vœu suivant : Que les sociétés de courses réservent sur leurs augmentations futures, une prime à l'éleveur propriétaire de la mère du gagnant, et à l'éleveur propriétaire de la mère du cheval placé second, au moment de la naissance du produit. Le vœu est adopté.

M. de Haupt, au nom de la section d'Enseignement, demande que l'assemblée affirme l'importance qu'elle attache à la prospérité des deux instituts agricoles libres de Lille et de Genech et témoigne de sa bienveillance en aidant au recrutement des élèves par la divulgation des excellents résultats obtenus jusqu'à ce jour.

(A suivre.)

Société des éleveurs du durham français.

Cette Société, on le sait, a perdu l'an dernier deux de ses principaux membres fondateurs. MM. Teissonnier et L. Grollier, et cette année, M. Aug. Massé, de Germigny (Cher).

La semaine dernière elle a tenu une réunion de ses membres à l'effet de reconstituer son bureau. M. Declerq, qui la présidait, a rendu un juste hommage à ses trois collègues que la mort a enlevés à la Société. En effet, ils ont contribué puissamment par leurs exemples, par leurs voyages d'études en Angleterre, à propager l'élevage du durham en France, et à diriger les importateurs de cette race célèbre dans les choix des reproducteurs appartenant aux familles diverses qu'elle compte en Angleterre.

M. Declerq, naturellement, désigné par ses propres mérites d'éleveur, a été élu président de la Société. — Ont été élus vice-présidents : MM. Greay (Jura); Huot (Aube) ; Peliot (Saône-et-Loire); Auclerc (Cher). — Secrétaire : M. Lebourgeois (Nièvre). — Délégués aux achats : MM. Signoret, Morain, Galleréau. — La Société a accueilli avec empressement comme nouveau membre : M. Nouette Delorme, le roi du Soudthown français.

M. Auclerc a été félicité du succès exceptionnel de son taureau *Duc Lili*, lauréat de la prime d'honneur au dernier concours de Paris. Ce taureau rivalise avec les sujets les plus parfaits qu'ait obtenus l'élevage anglais.

Exposition du progrès national.

SIXIÈME ANNÉE

Le comité de propagation des *produits français* organise sa sixième exposition cette année, du 24 avril au 10 mai prochain, place de la République, à Paris.

Nous sommes heureux d'annoncer à nos lecteurs qu'une section toute spéciale est réservée aux produits de l'agriculture et que le prix d'admission qui est fixé à cent francs par adhérent pour la section commerciale est réduit à trente francs pour les agriculteurs sans autre frais et comprenant la réception des marchandises, leur installation et leur présentation devant le jury des récompenses.

Le diplôme et la médaille seront remis gratuitement aux lauréats.

Nous engageons donc vivement nos lecteurs à prendre part à ce concours organisé pour la propagation des produits français, car ceux de l'étranger ne sont pas admis.

De simples échantillons suffisent.

Pour plus amples renseignements, écrire à *M. Psalmon*, commissaire général, 8 *bis*, place de la République, à Paris.

Concours d'appareils pulvérisateurs pour épandage de bouillies cupriques dans les vignes à Toulouse.

Ce concours organisé par la Société d'agriculture de la Haute-Garonne se tiendra à Toulouse le lundi 25 mai prochain.

L'émigration en Algérie.

La direction des affaires départementales au ministère de l'intérieur est informée d'un mouvement grandissant de l'émigration en Algérie.

Les bureaux de renseignements créés spécialement dans les préfectures importantes vont recevoir de nouvelles instructions dont nous pouvons publier le résumé.

Les aspirants colons devront justifier de la possession d'un capital disponible de 5.000 francs, afin de pouvoir construire une maison, acheter un cheptel, des semences, et vivre en attendant les premières récoltes.

Les concessions de terres gratuites pourront désormais comprendre un lot à bâtir, situé dans l'enceinte du village, un lot de jardin à proximité et un ou plusieurs lots de culture, dont l'étendue totale variera de 25 à 40 hectares.

Les émigrants auront le passage gratuit sur les paquebots de la Compagnie transatlantique, et une réduction de moitié sur le tarif de transport du matériel agricole et du cheptel.

NÉCROLOGIE

Nous apprenons avec une peine profonde la mort de M. le comte de Lambilly, conseiller général du Morbihan, président du comice agricole de Ploërmel, décédé à l'âge de 62 ans.

M. le comte de Lambilly était un modèle de propriétaire breton sous tous les rapports. Au dernier concours régional du Morbihan, la prime d'honneur lui avait été décernée haut la main, malgré les menées hostiles des politiciens de ce département. Les métayers de M. de Lambilly étaient pour lui de véritables associés et ce n'est pas chez eux qu'on eut trouvé un moyen de démontrer la théorie antisociale de l'antagonisme du capital et du travail. Agriculteur et propriétaire chrétien, M. de Lambilly a été un exemple vivant, pendant toute sa carrière de la véritable fraternité chrétienne, la seule qui ne soit pas un mensonge, comme on en a de si cruelles preuves aujourd'hui.

CHRONIQUE AGRICOLE

Situation. — La Saison.

La période de beau temps qui dure depuis près d'un mois, poursuit son cours avec une persistance dont il y a peu d'exemple dans nos annales agricoles. La culture n'a pas manqué de mettre à profit ces faveurs si exceptionnelles du ciel. Partout les travaux de la saison, labours, fumures, semailles, plantations, ont été poursuivis avec une incessante continuité, presque sans exemple; et partout les avoines, les orges, les pommes de terre, les plantes racines sont confiées au sol quinze jours avant les époques de ces opérations dans les années ordinaires.

Ces opérations, en outre, ont été faites dans des conditions admirablement favorables. Température élevée, terres ni trop humides ni trop sèches, telles que le cultivateur les préparerait, s'il avait les éléments à sa disposition.

Tout est donc à souhait à l'heure actuelle dans l'état des terres et des plantes qu'elles portent. Mais toutes les causes de détérioration ne sont pas conjurées, on le sait. Le printemps peut nous réserver de redoutables retours offensifs de gelée, des périodes pluvieuses, des invasions d'animaux ravageurs, des plantes parasites à combattre. Il sera bon d'être sous les armes pour ces luttes éventuelles; en tout cas, ce sera toujours bon d'avoir réussi, par des semis précoces, à pouvoir disposer du temps que pourront nécessiter les soins ultérieurs à donner aux récoltes en terre. Nous ne cessons, en effet, de constater que les façons dites d'entretien — binages, hersages, aoûtage, exécutées à propos, sont, pour les habiles cultivateurs, des facteurs aussi essentiels des bonnes récoltes que les bons engrais et les bonnes semailles.

La saison de ces façons d'entretien et de défense, s'ouvre en ce moment pour les cultures diverses du sol. Nous en parlerons avec l'attention que mérite cet important sujet.

Engrais printaniers.

Les cultivateurs sont aujourd'hui renseignés suffisamment sur les choix des engrais complémentaires qu'ils peuvent ajouter à leurs fumiers, la veille ou au lendemain des semis et plantations de la saison actuelle.

Une remarque que tous ont pu faire c'est que le meilleur moment pour répandre les engrais industriels, c'est par un temps humide lorsque la terre est humide aussi, mais pas boueuse. A ces recommandations, nous ajoutons volontiers les conseils suivants, que nous lisons dans le *Bulletin du syndicat du Calvados*, après les avoir donnés nous-mêmes sans doute bien des fois.

Mélange des engrais.

Nous n'indiquons pas de formule d'engrais complet, estimant qu'il est toujours économique pour l'agriculteur d'opérer lui-même ses mélanges. Nous ne nous en tenons pas moins à la disposition de ceux de nos collègues qui désireraient recevoir les engrais complets.

Pour les mélanges, ils se font à la pelle, sur un sol solide, pavé ou aire bien durcie. On brasse ensemble les divers éléments, puis, on les passe à travers une claie; cette dernière opération a pour but d'amener une meilleure pulvérisation. Les coagulations, les nodosités qui se forment, restent en deçà, on les écrase et les mélange avec l'engrais. On recommence deux ou trois fois cette manipulation, suivant les circonstances. Le mieux est de ne préparer les engrais qu'au fur et à mesure des besoins; sinon, il peut arriver qu'il se durcissent et rendent difficile leur épandage.

Quand les engrais sont un peu humides, on se trouvera bien de les mélanger avec un dixième de plâtre. Ils deviennent plus pulvérulents. Si un dixième de plâtre ne suffisait pas, on en mettrait davantage.

Engrais qu'il ne faut pas mélanger entre eux.

Afin d'éviter la déperdition des principes utiles des engrais. On doit s'abstenir de mélanger longtemps à l'avance :

1° Le nitrate de soude avec les superphosphates. Le mélange de ces deux produits, surtout lorsque le superphosphate est de fabrication récente, occasionne une déperdition considérable d'azote;

2° Les scories de déphosphoration ou la chaux vive avec le sulfate d'ammoniaque, le guano, les vidanges, la poudre de sang et le sang frais. La chaux seule ou contenue dans les scories, agit sur l'ammoniaque contenu dans ces engrais, le décompose et dégage l'azote qu'il renferme.

On ne peut les mélanger qu'avec les nitrates de soude, les phosphates naturels et les engrais potassiques;

3° Les superphosphates avec les scories de déphosphoration ou la chaux.

En effet, dans la fabrication des superphosphates, on enlève au phosphate une partie de la chaux qu'il renferme pour le rendre plus soluble. Si on ajoute de la chaux, il se formera de nouveau du phosphate insoluble; il aura donc été inutile de payer la transformation du phosphate en superphosphate.

Afin d'éviter de faire l'épandage en deux fois, on pourra cependant mélanger ensemble ces engrais, mais le mélange ne devra être fait qu'au moment de l'emploi, ou tout au plus la veille. Le mélange des scories ou de la chaux, avec les engrais que nous avons cités, ne doit jamais se faire, même au moment de l'épandage.

Epandage des engrais.

Quand on n'emploie qu'une petite quantité d'engrais par hectare, ce qui arrive souvent, il faut avoir soin de ne pas l'épandre seul, on risquerait de le répartir inégalement. Comment voulez-vous, par exemple, semer d'une façon uniforme 100 ou 150 kilos de nitrate sur un hectare? Là, il y en aura trop, et à côté, pas assez. Cet inconvénient est visible au printemps. On suit dans les champs la trace du semeur à la teinte plus foncée de la récolte. Pour éviter cela, le mieux, quand on n'emploie ni superphosphate ni plâtre, est de mélanger tout simplement l'engrais avec cinq ou six fois son volume de sable ou de terre sèche; c'est du reste ce que font en petit les habitants du bord de la mer pour semer leur graine de carotte; ils la mélangent toujours avec du sable.

Les engrais pour les avoines.

Les avoines ne rendent en général, en France, que des récoltes moyennes de 25 à 30 hectolitres. On ne peut guère obtenir plus des avoines succédant au blé. Les Allemands cultivent l'avoine sur betteraves et obtiennent presque le double ; ils cultivent le blé l'année suivante.

Un fait bien constaté, c'est que l'avoine n'utilise les fumures qu'au bout d'un an ou deux et si on les remplace par des engrais chimiques minéraux ; on risque d'échouer si la saison ne donne pas à l'avoine les pluies nécessaires pour entretenir le sol en bon état d'humidité. En tout cas, les engrais même azotés réclamés par les avoines, sont les engrais à base organique, enfouis avant la semence. Le superphosphate minéral convient dans les terres légères et les scories phosphoreuses dans les terres argileuses et froides.

M. Marcel, député, agriculteur en Champagne, annonce qu'un apport complémentaire de 400 kilos de superphosphate et de 200 kilos de nitrate de soude — le tout ayant coûté 69 francs, — lui a valu un surcroît de récolte de 10 quintaux en grain et 16 de paille, soit une plus-value de 140 francs. — Nous ne prétendons pas contester le fait ; mais un exemple isolé est insuffisant pour en tirer une règle générale ! — En tout cas, une plus-value de 100 francs réalisée au bout de trois mois, d'une dépense de 70 francs, est toujours un exemple très encourageant en agriculture, d'autant plus encourageant que la récolte n'a pas absorbé la totalité du phosphate, et que ce dernier aura encore une certaine efficacité sur la sole suivante.

Le topinambour.

La *Bourgogne agricole* reproduit notre article sur le topinambour et le fait suivre de l'observation suivante que nous insérons volontiers comme complément de l'article :

« Nous nous permettrons de faire une observation sur ce que l'on vient de lire : il est préférable d'arracher à fond tous les tubercules et de replanter que de laisser en terre des tubercules destinés à produire la future récolte.

« Nous ajouterons encore que le cheval se montre gourmand de topinambours et que son usage, nous parlons bien entendu des chevaux de culture et non des trotteurs, leur est très profitable. On a été jusqu'à dire que le topinambour remplaçait l'avoine, c'est là tout simplement de l'enthousiasme non justifié par les faits. Le topinambour constitue une excellente nourriture pour les chevaux. Ceux qui en ont fait l'essai ne me démentiront pas, mais je ne pense pas que beaucoup soient disposés à aller jusqu'à cette affirmation que le topinambour vaut l'avoine. »

Un autre détail complémentaire que nous ajoutons volontiers, c'est la formule d'engrais la plus convenable pour obtenir de hauts rendements dans les terres fumées, formule donnée par M. Lechartier, l'éminent directeur de la station agronomique de Rennes. Cette formule se résume en un mélange pour moitié d'engrais potassique au superphosphate. Ainsi, une culture avec superphosphate seul a donné 13.500 kilos de tubercules et le mélange des deux éléments a donné 27.000 kilos. La potasse est donc aussi nécessaire que l'acide phosphorique au topinambour.

Les engrais pour prairies

(Suite.)

Nous avons aussi employé une forte dose afin de mieux constater l'effet, et puis nous n'avons rien à craindre, car la prairie n'avait pas reçu d'engrais depuis vingt ans.

« Quoi qu'il en soit, les résultats consignés dans le tableau précédent nous semblent instructifs.

« Les chiffres du n° 1 comparés à ceux du n° 4 (témoin) accusent que le phosphate semé tard, et peu assimilable, n'a pas eu le temps de produire son effet. Mais avec le nitrate qui, tout en agissant par lui-même, a dû aussi contribuer à l'assimilabilité de l'acide phosphorique, nous obtenons le rendement considérable de 5.000 kilog. au lieu de 3.000 kilog.

« Les scories appliquées sur la bande n° 2 ont opéré par leur acide phosphorique beaucoup plus assimilable que dans le phosphate et sans doute aussi par leur chaux qui est à un état spécial très favorable à l'assimilation. Cet engrais minéral convient très bien à cette nature de terrain. Nous connaissons des cas où son action a été merveilleuse.

« Le sel dénaturé appliqué à forte dose au n° 3 a brûlé l'herbe par place et retardé par suite la végétation ; il est probable que son bon effet se fera sentir pour le regain.

« Le carré témoin accuse un chiffre un peu plus élevé que deux autres qui ont reçu de l'engrais ; cela doit tenir à deux causes : la première est qu'il se trouvait à un endroit où le terrain n'est pas très homogène ; la seconde à ce que, malgré les précautions prises, les fines poussières des scories et des superphosphates emportées par le vent ont dû l'influencer.

« Quant à la bande qui a reçu le superphosphate, dès la première quinzaine après le semis, elle a marqué sensiblement sur toutes les autres et, au commencement de juillet, il y avait une telle abondance d'herbe qu'elle a versé. Les légumineuses s'y sont développées avec une vigueur extraordinaire. Nous voyons, en effet, qu'après un pesage consciencieux, ce carré a donné à l'hectare 7.159 kilog. c'est-à-dire *deux fois plus* que le témoin et même que le phosphate.

« La partie qui a reçu en plus du nitrate n'en a guère été influencée puisque le rendement est sensiblement le même. Cependant les graminées y avaient pris un plus grand développement. Nous avons trouvé là des fléoles, des fétuques, des avoines qui avaient plus d'un mètre.

« Le sulfate de potasse n'a pas eu le temps de produire tout son effet sur la bande n° 6 bien que le rendement soit un peu supérieur à celui du carré témoin. L'augmentation est dans le même rapport que pour la partie qui a reçu le nitrate.

« Enfin la bande qui a reçu le plâtre a été peu influencée par cette substance. D'ailleurs d'anciennes expériences souvent réitérées ont prouvé suffisamment que le plâtre produisait plutôt un effet nuisible sur les prairies humides composées surtout de graminées, de cypéracées, de joncées ; c'est ce que semble prouver plus évidemment encore le rendement du dernier carré qui n'est que de 2.900 kilog. au lieu de 4.450 kilog. le témoin.

CONCLUSION

« Des résultats fournis par ces expériences il ressort clairement que les engrais minéraux à base de chaux conviennent aux prairies basses à sol tourbeux et un peu humides. *Le plâtre seul fait exception* ; en s'hydratant il subit une nouvelle cristallisation qui le rend absolument inefficace et même nuisible.

« Les phosphates de chaux, de quelque nature qu'ils soient, opèrent par leurs deux éléments, peut-être encore plus par leur chaux que par leur acide phosphorique.

« On peut l'expliquer aisément : la chaux, alcali minéral, neutralise quelques acides provenant de l'humus, et en même temps aide puissamment à la nitrification des substances azotées du sol et ainsi réchauffe ces terrains froids par eux-mêmes.

« Il suit de là qu'un chaulage produirait d'excellents effets dans ces prairies basses. Un marnage sérieux opérerait peut-être moins promptement, mais il les transformerait aussi en quelques années.

« Cette dernière opération est d'autant plus facile que généralement, au moins dans l'Oise, nos vallées tourbeuses sont presque toutes bordées de terrains calcaires ; le transport serait peu coûteux. C'est le cas de dire que le remède est à côté du mal. On peut voir autour de Beauvais notamment de grandes étendues d'herbages jadis noyés et qui ont été amendés, transformés par l'apport de la marne.

« En combinant le pâturage constant par l'espèce chevaline et les amendements calcaires, on peut obtenir d'excellentes prairies là où, jusqu'à ce jour, n'ont poussé que les carex, les joncs, ou d'autres plantes n'ayant guère plus de valeur.

« Mais si au lieu de substance purement calcaires on ajoute un élément indispensable à la végétation des plantes et à la bonne alimentation du bétail, c'est-à-dire l'acide phosphorique, alors s'opère un double effet, physique et chimique.

« C'est pourquoi les phosphates de chaux, de quelque nature qu'ils soient, doivent être chaudement recommandés. Les scories de déphosphoration à prix égal doivent avoir la préférence sur tous les autres.

« Nous nous estimerons heureux si par ces indications nous avons pu être utile à quelques cultivateurs à la recherche des moyens d'améliorer leur situation par ces temps de crise agricole. Nous les prions de croire que nous faisons des vœux sincères pour leur prospérité.

F. Antonis
Sous-directeur de l'Institut agricole
de Beauvais.

Les étables dans le Midi.

M. Dufour, directeur de la ferme-école du Lot à Montat, vient de rendre compte des résultats de son exploitation pendant l'année 1894-95.

L'exploitation comprend 100 hectares ; le froment cultivé sur 10, a rapporté, année en moyenne, 16 quintaux de grains et 45 de paille par hectare. C'est un rendement exceptionnel, paraît-il, dans cette contrée, et M. Dufour l'attribue à son système de culture consistant en ceci : labours profonds, fumiers phosphatés sur la plante sarclée qui précède la sole du blé, 150 kilos de nitrate appliqués en avril en couverture sur blé. M. Dufour estime à 18,50 seulement, le bénéfice réalisé par ces récoltes, mais il annonce que chaque champ de blé ainsi cultivé avait une bande témoin privée du nitrate, moyen de constater le surcroît de produit dû à cet engrais complémentaire.

Pour chiffrer ainsi le bénéfice dû à un rendement de 16 quintaux, M. Dufour sans doute a dû tenir compte de la valeur de main-d'œuvre de ses élèves, s'ils étaient remplacés par des ouvriers de ferme ; il a dû tenir compte aussi des impôts et du loyer que paient les fermes des particuliers. Autrement l'expérience ne serait rien moins que concluante.

En tout cas, le bénéfice de 18 francs est peu rémunérateur pour une culture rationnelle et ne milite point, tant s'en faut, contre ceux qui réclament un relèvement des droits de douane sur les blés.

Notons de plus, une fois de plus, l'observation plusieurs fois exposée dans la *Gazette*, à savoir que dans le Midi la culture du blé la mieux dirigée ne peut assurer les rendements élevés qu'on en tire dans le Nord, à raison des sécheresses qui, aux mois de mai et de juin, atrophient souvent la végétation de la précieuse céréale, malgré les binages renouvelés autant qu'il est nécessaire.

Or, le Midi a le même droit que le nord à gagner son pain avec son blé, et c'est le devoir de l'Etat de protéger dans ce but sa culture du blé Un déni

de cette protection nécessaire est une trahison antinaturelle, et un ministre qui se prétend ministre de l'agriculture en s'y refusant, se moque audacieusement des paysans et de leur prétendue république.

Le trèfle de Pannonie.

Nous avions signalé l'an dernier un essai d'importation en France. Cette variété de trèfle, d'après M. Deneuffe, le grainier justement estimé, de Carignan, qui en avait vu un spécimen très remarquable dans les cultures de la station agronomique de Zurich.

Le Dr Stebler, directeur de cette station, donna à M. Deneuffe les renseignements suivants sur le *trèfle pannonien*.

« Ainsi que nous l'avons déjà dit, le trèfle pannonien un trèfle vivace, une fois établi sur un sol convenable, ne disparaît plus jamais.

« Le Dr Stebler a des cultures de six ans où il est encore aussi vigoureux qu'au commencement et au jardin botanique de Zurich, il y a des plantes de trèfle pannonien ayant environ vingt ans.

« Sur un bon sol, ce trèfle atteint la hauteur d'un mètre et donne deux coupes par an. La qualité du fourrage est à peu près celle du trèfle violet.

« Pour bien prospérer, le trèfle pannonien demande un bon sol frais, profond, bien fumé.

« Pendant la première année, les jeunes plantes se développent très lentement, comme cela a lieu pour toutes les papilionacées de longue durée. Ensemencé au printemps, il ne forme pas toujour de tiges complètes dans l'année. même sur le meilleur sol, mais seulement des touffes de feuilles. C'est pourquoi les mauvaises herbes doivent être enlevées soigneusement la première année, sans cela, le trèfle pourrait disparaître.

« Le trèfle de Pannonie étant vivace rembourse largement les frais de sa première année de végétation : mais les agriculteurs qui ne veulent pas faire ce sacrifice au début n'ont pas besoin d'essayer sa culture. le jeune trèfle sera fatalement étouffé par les mauvaises herbes.

« La seconde année, il fournit déjà deux coupes ; de même les années suivantes. Le première coupe doit se faire assez tôt, quand les premières fleurs s'épanouissent : dans ce cas, le fourrage est meilleur, et la deuxième coupe beaucoup plus forte. Dans nos cultures de *Carignan*, en première coupe et en vert, le rendement moyen a été de 18.200 kilos par hectare.

« Il est certain que ce rendement sera beaucoup plus élevé l'an prochain.

« Le trèfle de Pannonie est moins exigeant que les trèfles ordinaires. L'analyse minérale révèle surtout des doses moindres en acide phosphorique et en

chaux que pour les autres variétés ; les exigences en potasse sont également moins élevées.

« Ce trèfle joint une autre qualité à celle d'être peu épuisant en éléments minéraux, c'est une supériorité marquée au point de vue l'azote atmosphérique : alors que les autres trèfles ne contiennent guère en moyenne que 16 pour 1.000 de matières azotées, le trèfle de Pannonie dose 24 pour 1.000, soit un tiers en plus. Il est vrai qu'il est légèrement velu et que les poils sont considérés comme des organes d'absorption.

« Nous croyons que l'engrais le mieux approprié pour le trèfle de Pannonie est un mélange de scories de déphosphoration et de kaïnit, mélange qui fournit à la fois, dans des proportions convenables, la chaux, la potasse, l'acide phosphorique et la magnésie.

« Quoique n'aimant pas les formules toutes faites, nous indiquons, à titre de renseignement, une formule qui pourrait être employée dans beaucoup de cas, par l'hectare :

« 500 à 600 kilos de scories de déphosphoration (16 à 18 pour 100 de Ph O^5 et 40 à 45 de CaO) ; 660 à 800 kilos de kaïnit (10 à 12 pour 100 de KO^2 H) 300 kilos de plâtre.

« Cette formule semble tout à fait appropriée pour les terres siliceuses pauvres en chaux. Dans les terres argileuses riches en potasse et pauvres en chaux on pourrait réduire la dose de kaïnit à 300 ou 400 kilos, c'est-à-dire employer le mélange suivant : scories, 500 à 600 kilos ; kaïnit, 300 à 400 kilos ; plâtre, 300 kilos.

« Enfin, dans les terres calcaires, il faudrait remplacer les scories par le superphosphate et forcer un peu la dose de kaïnit. On pourrait, par exemple, adopter la formule :

« Superphosphate, 500 kilos ; kaïnit, 800 à 900 kilos par l'hectare.

« Les cendres de bois ou les charrées riches en acide phosphorique, potasse et chaux, donneraient aussi de bons résultats. On en usera chaque fois qu'il sera possible de se les procurer économiquement. Il est bien entendu que les données précédentes n'ont rien d'absolu et que l'analyse chimique du sol seule permettrait de se prononcer sur les doses exactes à employer pour les divers éléments.

« Nous avons jugé à propos de ne pas préconiser les engrais azotés. Cependant, si la première année du semis la croissance était chétive, il serait bon de répandre à la volée 200 kilos de nitrate de soude afin de donner un coup de fouet à la végétation et d'assurer le développement des bactéridies qui travaillent ensuite pour le compte de la plante.

« Comme valeur nutritive, le trèfle de Pannonie se rapproche sensiblement du trèfle rouge.

« Quand il s'agit de grandes parcelles, on sème le trèfle pannonien dans une céréale, ainsi que pour le trèfle violet, mais à la condition que le sol soit très propre. Malgré cela, après la récolte de la céréale, le trèfle n'est pas aussi beau que s'il avait été semé seul.

« Si l'on veut récolter la graine, il faut la prendre sur la première coupe, parce que celle de la deuxième coupe ne mûrit pas dans la plupart des climats. La récolte se fait comme pour le trèfle violet et donne un rendement d'environ 120 kilos de graine par hectare.

« Le trèfle pannonien supporte très bien les hivers rigoureux, même à l'altitude de 1.800 mètres à laquelle le Dr Stebler l'a expérimenté au champ d'essais.

« Mais nous insistons encore à ce sujet, que le trèfle pannonien demande un sol fertile et des soins pendant la première année. Celui qui ne dispose pas d'un bon terrain et manque de temps pour donner les soins nécessaires pendant la première année n'obtiendra pas les résultats désirés.

« Poids de l'hectolitre : 80 kilos. Quantité à semer à l'hectare : 30 kilos. »

(Extrait de la brochure *Les Plantes nouvelles* de M. Denaiffe, de Carignan.)

Nous notons à ce sujet que les formules d'engrais conseillés pour le trèfle pannonien sont recommandés pour les autres trèfles pour en obtenir de hauts rendements ».

Un ennemi du chou.

Voici le traitement qu'on recommande de l'autre côté de l'Atlantique, contre la larve de l'*Anthonomyia Brassicæ*, qui cause souvent de grands dégâts en Europe. On mélange 10 litres d'eau et 10 litres de pétrole avec un peu de savon noir, et cette émulsion diluée dans 180 litres d'eau pure sert à traiter le sol des champs infectés. La façon de procéder est très simple : au pied de chaque plant, on fait avec un bâton pointu un trou assez profond pour aller jusqu'au niveau des racines, et on le remplit de la solution. Au besoin, si le sol est très sec, on fait deux trous sur deux côtés opposés de la tige, et tout contre celle-ci. Le mélange ne fait aucun mal à la plante, et tue les larves.

Le plant Pouzin.

Les journaux du centre se livrent en ce moment une bataille fort intéressante au sujet du plant dit *Pouzin*. Les uns sont ses défenseurs convaincus et les autres le combattent avec la dernière énergie. On nous permettra d'intervenir dans ce débat.

Voilà longtemps déjà que nous avons visité les vignobles de M. Pouzin et qu'à la suite du compte rendu de notre voyage de nombreux lecteurs ont fait venir de ce plant. D'ailleurs, depuis, nous avons eu l'occasion de voir dans diverses régions des vignobles plantés en Pouzin, de même aussi que beaucoup d'amis nous tiennent au courant de leurs résultats.

On prétend que le *Pouzin* est un *Clinton* : peu importe, mais en tous cas on est obligé d'avouer qu'il ne ressemble au Clinton ni par son aspect général ni par ses qualités.

Nous recevons une lettre de M. Hubert Rousseau de Nevers (Nièvre) dans laquelle il nous apprend qu'il a planté comparativement du Pouzin et du Clinton et qu'il a constaté entre eux les différences suivantes.

Le Pouzin résiste au phylloxera quoiqu'il soit planté en terrain sur lequel le Clinton et tous les autres plants sont attaqués et détruits par le terrible insecte ; il est rebelle à toutes les autres maladies, même au black rot, sans qu'il soit besoin de recourir à des traitements quelconques. Le vin obtenu avec ce plant se vend plus cher que celui provenant du Clinton ou des autres variétés.

Dans l'*Indépendant du Blanc* (Indre), M. Bounarme, pharmacien-viticulteur, explique toute la satisfaction que lui procure à tous égards le plant *Pouzin*. Il ne regrette qu'une chose, c'est de ne pas l'avoir employé sur une plus large échelle pour reconstituer ses vignobles.

Nous ne voulons pas continuer les citations élogieuses sur ce *plant*, nous préférons tâcher d'expliquer la guerre qu'on lui fait dans quelques journaux.

Que le *Pouzin* soit ou non du Clinton, peu importe, en agriculture les résultats passent avant tout, et ils sont satisfaisants, la chose est certaine. Toutefois, disons que la variété cultivée sélectionnée par M. Pouzin nous paraît être d'origine américaine.

Des charlatans ont vendu sous le nom de Pouzin des vignes de toutes provenances ; certains pépiniéristes, sans preuves, n'ont pas hésité à jeter le discrédit sur cette variété, enfin quelques professeurs officiels ne sauraient reconnaître de mérites à une vigne propagée par un vaillant catholique.

Il serait ridicule aussi de prétendre que ce plant peut donner d'excellents résultats partout et qu'il est par conséquent la *panacée* rêvée. D'ailleurs, selon le climat, le sol, il produit des vins différents. Si M. Pouzin visitait l'orphelinat d'Arnis dans le Lot, il n'y reconnaîtrait pas le vin, qui cependant provient de raisins récoltés sur les plants qu'il a fournis. — Le sol des Causses donne un vin beaucoup plus délicat que celui de la Drôme.

Quoi qu'il en soit, il résulte de nos recherches, toutes faites auprès des praticiens, que le plant Pouzin est un producteur direct de premier ordre. Partout, sa végétation est tellement abondante qu'il faut le planter à trois mètres en tous sens, qu'il n'a besoin d'aucun traitement pour résister aux maladies ; en outre il demande à être taillé très long. Son produit est considérable, il atteint souvent plus de 200 kilo-grammes de raisins sur un seul pied, son vin est très coloré, riche en alcool, et susceptible dans certains vignobles d'acquérir assez de finesse.

Mais, nous ne saurions trop le redire, c'est à M. Emile Pouzin à Saint-Paul-les-Romans (Drôme) qu'il faut demander des plants ; dans le cas contraire, on risque d'être trompé.

S. CRÉPEAUX.

La race de poules Red-Cap.

D'origine irlandaise, puis venue en Angleterre et importée en France depuis peu, cette excellente race de poules mériterait bien de figurer dans toutes les basses-cours bien tenues, tellement elle est précieuse à tous les points de vues. Issue d'un croisement du grand combattant doré avec la poule de Hambourg, elle a hérité de la taille et de la délicatesse de chair, avec fumet du faisan de son père, en même temps qu'elle conservait la fécondité inouïe de sa race mère. En moyenne, le nombre d'œufs pondus annuellement par la poule irlandaise est de 260, d'autres ont dit 280, ces chiffres disent d'eux-mêmes que ces vaillantes bêtes ne couvent pas ; à ces qualités, il faut en adjoindre une autre qui n'est pas non plus à dédaigner, c'est celle d'être une volaille d'une rare beauté, c'est enfin l'utile doublé de l'agréable. Le coq avec sa crête double monstrueuse qui mesure chez les beaux spécimens de l'espèce, 10 centimètres de largeur et 12 de longueur est sans contredit le mieux coiffé de tous les coqs. Son plumage offre un mélange de deux couleurs acajou et noir, excepté le plastron et la queue qui sont tout noirs ; la poule possède aussi une crête très volumineuse quoique moins développée que celle du coq, les dessins du plumage sont chez elle (surtout après la première mue), beaucoup plus réguliers, chaque plume de riche couleur acajou porte à son extrémité un croissant noir à reflet métallique qui est du plus merveilleux effet ; chez les deux sexes, le plumage est d'un brillant velouté, en somme, ce sont de fort beaux oiseaux et comme conclusion, je ne crois pas être dans l'erreur en disant que cette race est la plus jolie des races utiles et la plus utile des races d'agrément, car bien rares sont les races qui, comme celle-là, remplissent les trois conditions désirées de l'éleveur, c'est-à-dire possédant à un si haut degré les qualités de pondeuses, de table et d'ornement. Je ne connais qu'un seul obstacle à sa propagation, c'est la trop haute prétention des éleveurs de cette race qui ne cèdent des œufs à couver, pas à moins de 8 à 12 francs la douzaine et des sujets adultes à moins de 20 francs le couple. Voir aux offres et demandes, l'occasion que je procure aux lecteurs de la *Gazette* avec toutes les garanties désirables.

DANY CALIXTE,
à Athen-les-Paluds (Vaucluse).

APICULTURE

Travaux de mars.

L'hiver actuel est des plus favorables pour les abeilles. De temps à autre, quelques douces journées ont permis une sortie et, l'abdomen libre, nos colonies passent allégrement les mois de repos.

Ne nous pressons pas d'ouvrir nos ruches, n'excitons pas la ponte de la reine; il est trop tôt, les froids peuvent encore venir et le couvain serait très exposé au refroidissement.

L'apiculteur soigneux fera cependant une visite sérieuse à son rucher. Quand tout est calme au dehors, le matin de bonne heure ou le soir à la nuit, il s'arrête devant chaque ruche et y frappe avec le doigt un coup sec.

Si la colonie répond par un bruissement franc, se prolongeant pendant sept ou huit secondes, soyez rassuré, la polation est en bonne santé, nombreuse, et a des vivres en suffisance.

Si elle répond par un léger mumure de trois ou quatre secondes et finissant brusquement, c'est signe de faiblesse ou d'un manque de provisions. Donnez-lui secours au plus tôt. Emportez-la sans tarder à la cave ou dans une chambre noire chauffée — ce qui est préférable — et administrez-lui quelques kil. de sirop de sucre ou de miel que vous lui servirez à plein nourrisseur.

On trouvera dans mon opuscule *La fortune du paysan par l'élevage des abeilles* de plus amples indications sur la nourriture d'approvisiennement. Nous y renvoyons les lecteurs(1).

Dès maintenant, en prévision de la récolte prochaine, préparons le terrain pour nos plantations ou nos semis. Il ne faut pas oublier que le sainfoin ou esparcette est la reine des fleurs mellifères et que pendant sa première floraison, c'est par tonneaux que cette fleur sécrète le miel.

Là où le sainfoin ne peut venir, plantons résolument la consoude rugueuse du Caucase, plante également très mellifère et très productive en fourrage vert. Il y en a plusieurs espèces, mais la consoude du Caucase à *fleurs violettes* est la seule qui donne les résultats que nous indiquons.

Si on ne la fait pas consommer en vert par les animaux, qui en sont très friands quand elle est venue dans des conditions normales elle donnera une floraison continue jusqu'à l'arrière saison.

Après ces deux plantes, je recommande, après expérience, la vesce velue qui fournit aussi abondante récolte de de fourrage et de miel.

Nous ne cesserons de répéter au paysan, propriétaire ou fermier, qu'il laisse perdre sans profit chaque année plusieurs billets de cent francs dans ses

____
(1. Chez l'auteur, à Sens-Beaujeu (Cher). — 1 fr. 65 par la poste.

terres, faute d'abeilles pour les apporter à la maison.

Mon premier élève en agriculture m'écrivait, il y a quelques jours, qu'en 1895, avec vingt-sept ruches à cadres mobiles, il avait fait 1.200 livres de miel. Or, il n'a pas un pouce de terrain dans la commune.

Pensons-y, et préparons nos ruches.

Abbé DAVID.
curé de Sens-Beaujeu (Cher).

RECETTES

La culture du soleil.

Le tournesol ou soleil, dont chacun connaît la grande fleur jaune perchée au sommet où sur les côtés d'une haute tige, est, beaucoup plus cultivée en Angleterre qu'en France. C'est un tort. Les graines de tournesol, très appréciées par les enfants, le sont aussi par les oiseaux de basse-cour ; elles sont fines de goût, et possèdent la saveur de la noisette. Traitées comme celles du lin, elles donnent une huile douce, très bonne pour la table, pour l'éclairage ou la fabrication du savon. Les fibres, très fines, de la tige, font de bon papier; la potasse est abondante dans les cendres résultant de la combustion de la tige. Les vaches apprécient fort les feuilles qui stimulent la production du lait. Remarquons que la culture du soleil est d'ailleurs facile : il vient pour ainsi dire tout seul. Nous le recommandons aux petits cultivateurs.

OFFRES ET DEMANDES

JEUNE HOMME ayant diplôme d'Ecole pratique d'agriculture demande emploi dans grande exploitation pour se fortifier dans la pratique. Pas exigeant comme gages.

S'adresser au bureau en journal.

Avoine grise de Beauce pour semence extra 1er choix, 21 francs les 100 kilos.

Au-dessus de 10 0 kilos 20 francs les 100 kilos. ogés gare Nangis (Seine-et-Marne.)

S'adresser à M. E. Leclert, agriculteur à Bois-Garnier, par Jouy-le-Châtel (Seine-et-Marne).

Pommes de terre de semence : *Géante bleu, Asparie, Annibal, de Paulsen; Impérator de Richter,* espèces très résistantes et très productives.

Pureté d'origine garantie.

70 francs les 1000 kilos.

S'adresser : M. de Lavigerie, à Monthron (Charente).

On demande à acheter pour la place de Paris plusieurs lots de blés pour la meunerie, avoine de consommation, seigle et sarrasin, pailles et fourrages. Adresser échantillons et prix à M. Périnaud-Gérard, 6, rue de Marseille (Paris).

Ancien Industriel ayant possédé usine importante, fait valoir plusieurs Fermes et Bois de haute futaie, désire se placer comme intendant-régisseur. Nous recommandons spécialement cette personne qui a de grandes connaissances techniques à possesseur de grand domaine. Ecrire au bureau du journal.

Huiles d'olive garanties pures et sans mélange venant directement de la propriété.

Au prix de 1,80, — 1,60, — 1,50 le kilog. suivant qualité.

Gare départ, paiement contre remboursement. S'adresser à M. Edouard Laurin, propriétaire à Saint-Chamas (Bouches-du-Rhône).

Agriculteur, ancien régisseur de grandes propriétés, demande direction d'un domaine en France ou colonies. Excellentes références.

GRAND CRU MENARDIERE. Cidre normand pur jus, 15 fr. l'hecto non logé.

Eau-de-vie de cidre garantie pure : 3 fr. le litro.

SASSIER, propriétaire. La Colombe (Manche)

Volailles pondeuses en toute saison, **Leghorn doré,** spécialité en grands sujets, coqs et poules, pure race, 6 francs, œufs à couver, 20 francs le cent. — S'adresser à M. Emile Pourcelle, agriculteur à Cantigny, par Montdidier (Somme).

Red-Cap : Œufs à couver de reproducteurs hors ligne, garantis race pure, fécondés, frais et bonne arrivée; 5 francs la douzaine, franco, port et emballage. Dany Calixte, Althen-les-Paluds (Vaucluse.)

Purificateur d'air pour tonneaux, l'un 4 50 franco gare.

Moyennant un supplément de 0 fr. 40, nous joindrons à l'envoi une mèche à percer de calibre et moyennant 0 fr. 10 en plus, une mèche soufrée.

CORRESPONDANCE

M. T,. à L. (Loiret). — Vous pouvez parfaitement utiliser sans inconvénient la graine de plantain pour l'engraissement des porcs. Il est préférable de la donner cuite ; 2 à 3 litres par jour suffisent en mélange avec d'autres aliments, pommes de terre cuites, petit-lait, etc.

M. M., à H. (Oise). — Plantez votre haie vive à 50 centimètres de l'héritage voisin.

M. C,. à B. (Haute-Marne). — Le moyen le le plus prompt pour faire disparaître le tartre provenant du dépôt de vin qui se forme sur les parois des bouteilles, c'est de faire usage de la potasse caustique dissoute à chaud dans une petite quantité d'eau. On rince ensuite à grande eau plusieurs fois, jusqu'à ce que toute odeur ait disparu. On peut employer aussi l'eau de Javel à l'état pur, un verre à bordeaux environ. Avoir toujours soin de rincer à l'eau ordinaire et de bien faire égoutter les bouteilles avant de s'en servir. Vous pouvez mettre votre vin en bouteilles maintenant, choisir un temps clair.

M. E. D., à V. (Côte-d'Or). — Oui, la culture du champignon peut se faire dans une cave aérée; les producteurs des environs de Paris cultivent surtout dans les carrières.

M. R., à S. (Eure). — Le puits étant commun, toutes les personnes qui y vont puiser de l'eau doivent contribuer à son entretien.

M. A. B., à E. (Aube). — Si le préfet a pris un arrêté comprenant les lapins parmi les animaux malfaisants ou nuisibles que le propriétaire possesseur ou fermier pourra en tout temps détruire sur ses terres, vous avez le droit, *en tout temps, sans permis et exclusivement sur votre propre fonds,* de tuer ces animaux. Si cet arrêté n'a pas été pris, vous ne pouvez exercer ce droit, ne vous trouvant pas dans les conditions de l'article 2 de la loi du 3 mai 1844 qui est ainsi conçu :

Le propriétaire ou possesseur peut chasser ou faire chasser en tout temps, sans permis de chasse, dans ses possessions *attenant à une habitation* et entourées d'une clôture continue faisant obstacle à toute communication avec les héritages voisins.

Mme H. de Sainte-A. (Aisne). — Le lait des vaches bretonnes est au moins aussi riche en beurre que celui des vaches d'Ayr. Vous n'avez aucun intérêt à payer les secondes plus cher que les premières. C'est une question de mode, et voilà tout. Cette année encore le prix d'honneur des vaches de petite taille (bretonne) jersiaise, ayrshire a été décerné à une vache bretonne de préférence aux vaches d'Ayr.

M. C. (Dordogne). — C'est une croyance très répandue dans certains endroits que la mise d'un bouc dans les vacheries empêche l'avortement et fait retenir les vaches. Les uns voient là une superstition, tandis que d'autres pensent que l'odeur de bouc peut avoir une salutaire action.

◆

PRIMES A NOS ABONNÉS

PRIMES DE PRINTEMPS

Nous informons nos lecteurs que toutes les primes annoncées jusqu'à présent sont épuisées, à l'exception de celles que nous continuons à annoncer.

Nous serons obligés de retourner l'argent accompagnant les ordres de primes épuisées.

Prochainement, comme les années précédentes, nous offrirons à nos aimables lectrices des primes de graines.

Huîtres fraîches d'Arcachon et de Marennes, colis postaux, 5 kilos contenant :

100 huîtres blanches		4 25
70 — plus grosses		4 80
100 — vertes		5 60
70 — plus grosses		5 60

Franco de port et d'emballage en gare ou à domicile. *Adresser les ordres accompagnés de la bande du journal et d'un mandat à MM. J. LAPIERRE et J. GOUBET à Andernos (Gironde).*

Délicieux **Vin Muscat Vieux** tonique et réconfortant venant directement de la propriété, garanti authentique, offert en prime à nos abonnés à raison de 1 fr. 25 le litre logé en fûts de 25 à 35 litres. Fûts perdus.

Adresser les commandes au Bureau du Journal 10 *bis*, rue Piccini, Paris.

Si vous voulez boire du bon vin de Saint-Emilion, adressez-vous à M. Duplessis-Fourcaud, au château des Trois-Moulins, à SAINT-EMILION (Gironde).

(Voir le prix courant.)

Montre Remontoir, boîte métal nickelé, cuvette nickelée, 18 lignes ou 50 millimètres, cadran émail à secondes, aiguilles Louis XV, système à rochet, échappement-cylindre, 4 rubis. Prix 15 fr. 50 franco de port et d'emballage.

Le même article se fait en modèle réduit pour jeunes gens au même prix et pour dames avec augmentation de 2 francs.

Vélocipèdes. — Pour répondre aux désirs maintes fois exprimés par nos lecteurs, nous nous sommes livrés à de sérieuses recherches. Nous avons visité les principales usines et pris l'avis d'amateurs de cet instrument. Nous sommes aujourd'hui en mesure de procurer à nos lecteurs, à titre de prime exceptionnelle, des machines parfaites à tous égards provenant d'un des meilleurs fabricants.

Nos abonnés auront droit à une remise de 50 0/0 sur les prix du catalogue de cette maison.

Nous ne disposons que d'un très petit nombre d'instruments dans ces conditions.

Montre Remontoir, acier oxydé inaltérable, cuvette acier oxydé 18 lignes, système perfectionné, calibre revolver, cylindre 8 rubis, cadran

émail à secondes, prix 20 francs, franco de port et d'emballage.

Le même article se fait en modèle réduit, pour jeunes gens au même prix, et pour dames avec augmentation de 2 francs.

Baromètre nickel, fabrication française très soignée, système perfectionné. Prix 12 francs.

Baromètre « Bois sculpté Masson, » très décoratif, fabrication française, système perfectionné. Prix 22 fr. 50.

Envoyer les demandes accompagnées d'un mandat d'égale somme, au Bureau du Journal, 10 bis, rue Piccini, Paris.

Le Gérant : E. GAMBART.

IMP. NOIZETTE ET Cᵉ, 8, RUE CAMPAGNE-1ʳᵉ, PARIS.

M. RECOURAT, pharmacien à Beauvais.

Gale des moutons guérie radicalement par *une seule application* de l'ANTIPSORIQUE.

La bouteille, 3 fr. ; la 1/2 bouteille, 1 fr. 75.

Guérison du PIÉTIN par *un seul pansement* avec le CONTRE-PIÉTIN-RECOURAT.

Le pot d'essai, 1 fr. 50 ; le pot, 2 fr. 50.

Joindre 0 fr. 60 pour recevoir *franco* et indiquer gare.

VIN DE BOURGOGNE

Ferme de l'Hospice de Beaune.

Domaine de MEURSAULT

VINS FINS GRANDS ORDINAIRES, ORDINAIRES Rouges et Blancs

Concours Général agricole de Paris 1895

MÉDAILLE d'or pour vins rouges

MÉDAILLE d'argent pour vins blancs

Concours Général agricole de 1896

HORS CONCOURS, MEMBRE DU JURY

JOBART MUTHELET, Meursault (Côte-d'Or)

MALADIES DU BÉTAIL

ET DE LA VOLAILLE

Leur traitement préventif et curatif

PAR L'ACIDE SALICYLIQUE

L'acide salicylique, employé dans la nourriture à la dose de 1/2 à 1 gramme par jour et par tête de bétail, est le meilleur préservatif des maladies qui procèdent par contagion : Sang de rate, Cocotte, Maladie aphteuse, Erysipèle, Typhus, Morve, Variole et le Rouget des porcs, etc.

DES ATTESTATIONS NOMBREUSES DE GUÉRISONS obtenues pour la Cocotte et le Rouget des porcs ont été reproduites dans le journal *l'Agriculture.*

La désinfection des étables, des écuries, se fait instantanément au moyen d'un arrosage d'eau salicylée à 2 grammes par litre.

S'adresser à M. CERCKEL, administrateur de la *Compagnie de produits antiseptiques*, 26, rue Bergère, Paris.

Envoi sur demande de Prospectus et Brochures.

PRIX DU KIL., 25 fr. BOITE DE MÉNAGE, 2 fr.

Le moment favorable au transport des vins étant revenu, nous rappelons à nos lecteurs que tous ceux d'entre eux qui, sur nos conseils, et depuis cinq ans, consomment les vins de M. VINCENT ARDURA, vigneron, domaine de la Chapelle-Frédignac, par Blaye-Bordeaux n'ont qu'à se louer de la qualité et de la conservation de ce Bordeaux absolument naturel expédié sans intermédiaire.

Pour dégustation sérieuse, envoi gratuit est fait d'une bouteille de la récolte désignée.

L'encaissement est fait par le facteur, à 30 jours, escompte 2 0/0, ou 90 jours.

Vendanges : 1893, à 130 fr., 1892-91, à 150 fr.; 1890-89, à 175 fr., 1887, à 200 fr., 1885, à 220 fr., 1884, à 240 fr., 1882, à 250 fr., 1881, à 300 fr.|— Graves blancs vieux : 130, 150, 200, 250, 300 fr., suivant âge, les 225 litres collés, soutirés, franco de port et de fût en gare d'arrivée.

Eugène de MASQUARD

PROPRIÉTAIRE-VITICULTEUR, Château de la Cascade

SAINT-CÉSAIRE-LES-NIMES (Gard)

Vins garantis naturels, rouges et blancs, depuis 60 fr. la pièce de 220 litres jusqu'à 100 francs, selon qualité, prise en gare de St-Césaire (Gard), fût perdu

Ces vins ont été médaillés à toutes les expositions où ils ont figuré.

Récoltés sur des coteaux et des terrains secs, les vins de Saint-Césaire, l'un des meilleurs crus du Gard, se conservent parfaitement sans être plâtrés.

Envoi franco de prix courants et échantillons

SELS POUR L'AGRICULTURE

Nourriture du bétail et Engrais des terres

Sel neuf dénaturé, au tourteau de colza.	45 f. 1.000 k.
Sel neuf dénaturé, au peroxyde de fer.	40 f. 1.000 k.
Sel de morue pur	35 f. 1.000 k.

Expéditions de Fécamp, Bordeaux et St-Malo.

S'adresser à MM. A. LE BORGNE et ses Fils, négociants-armateurs, à Fécamp.

Insecticide-Préservateur

FERTILISANT

DESGOUTTES

La Boîte de 10 kilog., pour essais, 10 fr. franco toutes gares (port et emballage compris).

Adresser les demandes, accompagnées d'un mandat, 10 bis, rue Piccini, Paris.

EXCELLENT DÉSINFECTANT

POUR LES FUTS A VIN, CIDRE, BIÈRE, ETC.

Prix de faveur pour nos lecteurs

Sur notre demande, M. Moïty, père, l'inventeur, a consenti à en mettre de petites quantités pour essais à la disposition de nos lecteurs.

10 litres franco gare. 10 fr.

Adresser les demandes à M. Crépeaux, rue Piccini, 10 bis, Paris.

Ouvrages de MM. CRÉPEAUX

En vente aux bureaux de la *Gazette*

La Culture électrique	4 50
Manuel vétérinaire pratique du cultivateur	1 »
Almanach de la France rurale pour 1896	» 60
L'Année agricole et agronomique pour 1895	3 50
La Culture du Blé, par M. FLEURY-BERGER	1 »

S'adresser à l'auteur : à Communay, par Saint-Symphorien-d'Ozon (Isère).

À LOUER, DANS LA BRIE DE CHAMPAGNE

Jouissance 1897

BONNE FERME

de 170 hectares

de TERRES & PRÉS d'un seul tenant

... du Corps de Ferme, petit BOIS et ETANG

A proximité d'une GARE

PRIX TRÈS MODÉRÉ

S'ADRESSER

M. le Baron de Chaubry, 122, r. de la Boétie, Paris

.. Me Linard, notaire à Montmirail (Marne).

GRAINES FOURRAGÈRES

POUR PRAIRIES PERMANENTES & TEMPORAINES

Luzerne de Provence extra . .	135 fr.
— de Provence 1er choix.	125 —
— de pays extra. . . .	120 —
— de pays 1er choix. . .	110 —
Minette de Beauce	40 —
Sainfoin à deux coupes . . .	40 —
Trèfle violet	100 —
Vesce de printemps, de pays. .	22 —
Maïs Caragua, dent de cheval.	21 —

Le tout aux 100 kilos, logés, Paris

MÉLANGE SPÉCIAL POUR PRAIRIES PERMANENTES
composé selon la nature du sol, 65 kilos à l'hectare
Prix : 90 fr.

Adresser les commandes à **BIROT Henri**, cultivateur grainier,
19, r. de Viarmes (Bourse de Commerce), Paris.

Établissement Glaser

AVENUE NIEL, 9, PARIS

LOCATION DE CHEVAUX
de Selle et d'Attelage

*pour les Chasses, la Promenade,
la Campagne*

PENSION DE CHEVAUX
en Boxes et Stalles.

VELOUTINE FLAMANDE

La Veloutine est spécialement employée pour lustrer les cuirs de fantaisie : guides, selles, harnais de luxe et de travail, capotes, tabliers, caparaçons, etc., et lorsqu'ils ont déjà été enduits de vaseline, ce produit donne un joli brillant et évite l'action graisseuse des cirages ou préparations à base de cire. Sans causticité il ne dessèche pas et imperméabilise.

Le bidon d'un litre pour harnais noirs. . . .	3 70
— jaunes. . . .	4 20

Franco gare contre mandat-poste.

S'adresser : *Manufacture de Vaselines industrielles de Ligny-en-Cambrésis (Nord)*

COUVEUSES
ÉLEVEUSES
VOLAILLES
ŒUFS

VOITELLIER

à MANTES
et à
PARIS
4, PLACE DU THÉATRE FRANÇAIS
PRIX COURANT FRANCO
GRAND CATALOGUE ILLUSTRÉ. 0.50c

**Avis à Messieurs les Cultivateurs
et aux Fabricants de sucre.**

La graine authentique *Fouquier d'Hérouël* est *toujours* facturée par la maison qui confirme à bref délai les commandes.

Les envois sont faits *directement* aux acheteurs en sacs plombés au nom « Fouquier d'Hérouël », à Vaux-sous-Laon. »

Il n'existe aucun dépositaire.

GRIFFE SARCLEUSE-BINEUSE
Outil économique

pour biner, sarcler promptement entre toutes les lignes de plantes ou légumes sans distinction, indispensable en toutes saisons dans les jardins, vignes, pépinières, les cultures de betteraves, de tabac, etc., même dans les allées

ASPERGE GÉANTE
ROYALE DE FRANCE
(RACE D'ARGENTEUIL PERFECTIONNÉE)

Demander la *Méthode de Culture* et prix courant (gratis et franco), à M. WILLIAM FOURCINE, directeur des pépinières royales de Dreux (Eure-et-Loir). Médailles et diplômes de première classe.

Maison MURE, à Pont-St-Esprit (Gard)
A. GAZAGNE, *Gendre et Sucr*, Phen de 1re Classe

MALADIES NERVEUSES

Epilepsie, Hystérie, Danse de Saint-Guy, Affections de la Moëlle épinière, Convulsions, Crises, Vertiges, Eblouissements, Fatigue cérébrale, Migraine, Insomnie, Spermatorrhée

Guérison fréquente, Soulagement toujours certain

par le SIROP de HENRY MURE

succès consacré par 20 années d'expérimentation dans les Hôpitaux de Paris.
FLACON : 5 FR. — NOTICE GRATIS.

PATE et SIROP d'ESCARGOTS de MURE

« Depuis 50 ans que j'exerce la médecine, je n'ai pas trouvé de remède plus efficace que les escargots contre les irritations de poitrine. »
« Dr CHRISTIEN, de Montpellier. »

Goût exquis, efficacité puissante contre **Rhumes, Catarrhes** *aigus ou chroniques, Toux spasmodique, Irritations* de la *gorge* et de la *poitrine.*

Pâte 1f; Sirop 2f. — Exiger la PATE MURE. Refuser les imitations.

Thé Diurétique de France

sollicite efficacement la sécrétion urinaire, apaise les **douleurs** des **Reins** et de la **Vessie**, entraîne le sable, le mucus et les concrétions, et rend aux urines leur limpidité normale. — *Néphrites, Gravelle, Catarrhe vésical, Affections* de la *Prostate* et de l'*Urèthre.* — PRIX DE LA BOITE : 2 FRANCS.

Dépôt général de l'ALCOOLATURE D'ARNICA
de la TRAPPE DE NOTRE-DAME DES NEIGES

Remède souverain contre toutes *blessures, coupures, contusions, défaillances, accidents cholériformes.*
DANS TOUTES PHARMACIES. — 2 FR. LE FLACON.

PHOSPHATE FOSSILE DE QUIÉVY-NORD

le plus assimilable de tous les phosphate connus

GARANTI PUR DE MÉLANGE AVEC TOUT AUTRE PHOSPHATE
Ce qui, du reste, ne pourrait que diminuer son assimilabilité.

EXTRACTION DU GISEMENT ET USINE A QUIÉVY
Propriétaire-Extracteur : C. LECLERCQ
Bureaux à Viesly (Nord).

COMPOSITION MOYENNE		ASSIMILABILITÉ RELATIVE (méth. Joulie).	
		Solubilité dans l'oxalate d'ammoniaque.	
Acide phosphorique. . . .	12 » à 16 » 0/0	Phosphate de Quiévy.	82 29 0/0
Potasse	0 45 à 2 77 0/0	— de la Meuse	51 95 0/0
Chaux.	19 05 à 31 » 0/0	— de Pernes.	47 87 0/0
Magnésie.	0 58 à 3 80 0/0	— des Ardennes.	46 43 0/0
Matières organiques azotées .	1 80 à 3 45 0/0	— de la Somme (moy.). .	44 53 0/0
		— de Ciply.	34 57 0/0

Titre garanti en acide phosphorique : 13 à 15 0/0.

LIVRAISON : EN POUDRE IMPALPABLE EN SACS PLOMBÉS, MIS SUR WAGON GARE QUIÉVY-en-CAMBRÉSIS
Prix : **3 fr. 80** les 100 kilos, sacs perdus, 30 jours, 2 0/0 ou 90 jours net.

NOTA. — Les acheteurs qui désirent employer le **véritable Phosphate de Quiévy** pur et garanti d'origine doivent exiger que les sacs portent la Marque (Au Poisson fossile) et la Firme C. LECLERCQ, seul exploitant à Quiévy (Nord).

MAISON
Ferdinand et Arnould LEMAIRE
ARNOULD LEMAIRE SUCCESSEUR

CULTURE DE MILLE HECTARES
Laboratoire de chimie pour l'analyse des porte-graines

SPÉCIALITÉ DE GRAINES DE BETTERAVES RICHES EN SUCRE

Ces graines sont garanties sur factures franches d'espèces, de pureté normale et de bonne germination.

S'adresser pour les Commandes à M. **A. LEMAIRE**, *producteur*

CHATEAU DES MARETZ près Reims (Marne)

LYSOL

**Le plus puissant
anticryptogamique & parasiticide**

Complètement soluble dans l'eau
Le meilleur marché.

Assainissement et désinfection certaine
de tous locaux.

Employé avec plein succès contre le
mildew, l'oïdium, la pyrale, etc., et
tous les parasites des arbres fruitiers,
fleurs, légumes, etc.

SOCIÉTÉ FRANÇAISE DU LYSOL
22 & 24, place Vendôme, 24 & 22
PARIS

Même raison sociale depuis 1781
Expos. Universelle 1889 : 3 Grands Prix, 3 Méd. d'Or
VILMORIN-ANDRIEUX, O.✳, ✳ & CIE
4, Quai de la Mégisserie, PARIS
CULTURE SÉLECTIONNÉE & VENTE
de TOUTES GRAINES de SEMENCES
Gros & Détail. — Catalogues gratuits aux lecteurs de la Gazette.

L'ENGRAIS AMIÉNOIS

FUMURE ORGANICO-CHIMIQUE

*pouvant être employée seule
ou comme complément de fumier de ferme*

Mixte et très complet, cet engrais
convient à tous les terrains ; il est approprié,
sous divers numéros, à toutes les plantes.

SUPERPHOSPHATE AZOTÉ (produit nouveau)
12 0/0 acide phosphorique
3 à 4 0/0 azote (*organique*) soluble

Envoi franco du prospectus sur demande affranchie
Adressée à M. Elisée LEFEBVRE
route de Rouen. 121, AMIENS.

SCHNEIDER ET CIE
PHOSPHATES METALLURGIQUES
(scories de déphosphoration), des Aciéries du Creusot
ENGRAIS PHOSPHATÉ
pour Céréales, Prairies, Vignes, Betteraves, Pommes de terre, etc.

L'emploi de ces phosphates a été particulièrement recommandé dans ces derniers temps par les agronomes les plus distingués. Il permet, en raison du bas prix de ce produit, de faire apport au sol de doses considérables d'acide phosphorique.

Les phosphates métallurgiques du Creusot sont livrés moulus finement et tamisés.
Pour renseignements, s'adresser à MM. SCHNEIDER et Cie, au Creuzot (Saône-et-Loire).

des Usines de **MM. P. MARCHAND Frères**, à DUNKERQUE (Nord)
Fabriqués sous le contrôle permanent de la Station Agronomique du Nord
Dirigée par M. DUBERNARD

Nous appelons l'attention des éleveurs et des nourrisseurs sur les Tourteaux de COTON de graines d'Egypte : c'est un produit excellent pour les vaches laitières, les bœufs à l'engrais et les moutons.

Nos Tourteaux de COTON sont complètement débarrassés de la bourre qui enveloppe la graine et contiennent la même quantité de matières nutritives et grasses que les meilleurs Tourteaux de Lin.

Nos Tourteaux de COTON forment l'aliment le meilleur et le plus avantageux en raison de leur prix excessivement bas.

PRIX : 9 Fr. 50 les 100 kil., gare Dunkerque
S'adresser à MM. P. MARCHAND Frères, à DUNKERQUE (Nord)

Porte-Pantalon Hygiénique breveté S. G. D. G. de P.-B. NOËL

Le **PORTE-PANTALON** est établi d'après les **règles de la mécanique**. Il maintient le pantalon en le prenant à son *axe de gravité latéral* et pivote à son point d'attache avec lui. Au lieu de contrecarrer les mouvements du corps, comme le fait la bretelle, il les accompagne sans les gêner d'aucune façon, A LA CONDITION ESSENTIELLE QUE LE PANTALON SOIT TRÈS LIBRE A LA CEINTURE.

Comme l'indique la figure ci-contre, il est formé de deux emmanchures qui contournent les épaules ; l'écartement en est maintenu par derrière seulement au moyen d'une traverse formant empiècement, sous le bras, par une seule branche porte-mousqueton d'où partent trois pattes dont celle du milieu se fixe sur le bouton placé sur la couture du pantalon centre de gravité ; les deux autres pattes sont montées en glissières et forment le demi-cercle, permettant tous les mouvements du corps, qui peut se porter en tous sens, sans qu'aucune gêne puisse en surgir. Les boutons de ces deux pattes glissières doivent être fixés en avant et en arrière, de manière à obtenir un tirage nécessaire pour maintenir le devant et le derrière du pantalon dans la position normale.

Pour les personnes d'une obésité plus ou moins prononcée, éloigner proportionnellement le bouton de devant de celui du centre de gravité latéral et rapprocher d'autant celui de derrière.

Le **PORTE-PANTALON** est indispensable à l'homme de bureau, au cavalier, aux jeunes gens dans les lycées, aux jeunes filles dans les pensions, au vélocipédiste, au militaire auquel il permet tout exercice, le pas de course, même la gymnastique sans être gêné dans ses mouvements, à l'ouvrier de l'usine, au faucheur, au terrassier, etc. Il est rendu inusable pour deux causes : la première parce qu'il ne fatigue pas en son emploi, la deuxième par la qualité du tissu *sans élastique*, des organes et de sa bonne fabrication. La disposition d'attache protège le pantalon qui est rendu libre et ne peut pas même pas prendre la forme du genou.

Le **PORTE-JUPON** remplace très avantageusement le corset en ce qui concerne le soutien auquel la femme est habituée ; mais de plus, les jupons n'étant pas serrés à la taille, la personne éprouve le bien-être du corset, tout en se sentant libre comme dans une robe de chambre. Elle vaque à son travail avec pleine liberté du corps. — **LES MESURES** doivent être prises comme pour homme.
Pour les jeunes gens et fillettes, bien surveiller la croissance ; avec ce système on la conduit à son gré, comme le pépiniériste ses arbres, et sans gêne aucune pour la personne ; au contraire elle éprouvera un bien-être continu.

PRIX DE FAVEUR POUR NOS LECTEURS. — Pour hommes, jeunes gens et enfants de 10 ans, prix franco 4 fr.; pour femmes et fillettes, 4 fr. 50. Nous exécutons sur commande sans augmentation de prix.
Pour les articles de luxe, également sur commande à partir de 8 fr.
Toute commande doit être strictement accompagnée d'un mandat-poste représentant la valeur de l'expédition

POUR LES COMMANDES PAR CORRESPONDANCE, on doit donner les mesures suivantes (voir la figure) :
AA. Largeur des épaules, prises d'un point à l'autre. — BB. Contour de l'épaule en passant sur la pointe et contournant le bras.
CC. Distance du dessous de bras au bouton placé sur la couture du pantalon, centre de gravité.

MANUFACTURE CENTRALE D'INSTRUMENTS
AGRICOLES & VITICOLES EN TOUS GENRES
ÉMILE-PUZENAT
CONSTRUCTEUR A BOURBON-LANCY (SAÔNE & LOIRE)
CATALOGUE FRANCO SUR DEMANDE

CONSTRUCTIONS ECONOMIQUES
AGRICULTURE — INDUSTRIE
SOCIÉTÉ MÉTALLURGIQUE
d'Amiens (Somme)
USINE à VAPEUR, FORCE MOTRICE 250 CHEVAUX
Adresser les lettres à M. le Directeur
ENVOI F DU CATALOGUE
TOLES ONDULEES GALVANISEES Pour Couvertures
Prix défiant toute Concurrence

ALAMBIC EGROT
A BASCULE. — EAU-DE-VIE, 1er JET sans repasse.
FRANCO CATALOGUE ILLUSTRÉ
EGROT, 19-21-23, Rue Mathis, Paris

POUDRE DELARBRE
Plus de CHEVAUX POUSSIFS!
Guérison de la POUSSE,
Toux, Bronchite et Gourme
La Boîte de 20 Doses : 3 francs
G. DELARBRE, AUBUSSON (Creuse)
Maison de Vente & d'Expédition à Aubusson (Creuse) G. DELARBRE
Paris & en province, chez tous les Droguistes & Pharmaciens.

MACHINES
AGRICOLES, VINICOLES et VITICOLES
TH. PILTER
24, Rue Alibert, PARIS
SUCCURSALES :
Bordeaux, Toulouse, Marseille, Montpellier, Tunis
Les lecteurs de la Gazette désireux de recevoir les Catalogues de la maison TH. PILTER dès leur publication, sont priés d'écrire 24, rue Alibert, Paris, afin de se faire inscrire.

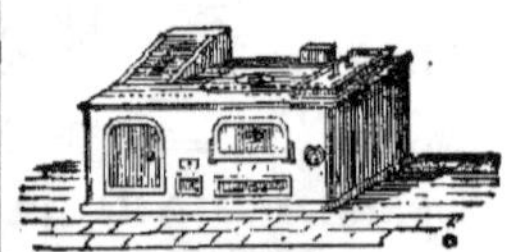
FOURNEAUX DE CUISINE
de toutes espèces
Maisons particulières, Hôtels, Châteaux et Fermes,
Hospices, Hôpitaux, Collèges, Pensions, etc.
ENVOI FRANCO DE CATALOGUES
Malson DELAROCHE aîné
22, rue Bertrand, PARIS

GRANDS RABAIS
POUR LIVRAISONS SUR LES MOIS D'HIVER
Engrais de l'Usine municipale de la Voirie de Bondy
TOURTEAUX ORGANIQUES
MOULUS
Dosage : 1.50 à 2 % d'azote et 4 à 5 % d'acide phosphorique.
S'ADRESSER AU
Comptoir Agricole et Commercial
9, RUE NOUVELLE, 9, A PARIS

VIN PUR COTES 1re QUALITÉ
Vieux, nouveau garanti sur facture
Récolte par F. LIX LAU, propriétaire-viticulteur
à Caussiniojouls (Hérault)
Nouveau, 35 fr. l'hect. logé sur gare Faugères

A louer pour 18 ans à compter du 1er mars 1897, la ferme dite Ferme de Pézarches, à Pézarches (Seine-et-Marne). Bât. d'exploit, terres d'une cont. de 152 h.
S'adresser à l'Administration générale de l'Assistance publique, 3, av. Victoria, Paris

FROMENTINE

Marque déposée B. S.G.D.G.

Produit pour l'alimentation économique, saine et rationnelle du bétail, provenant en grande partie des issues de la mouture de blé.

DIVERSES MARQUES

Demander celle en raison du but poursuivi

Marque A pour l'engraissement égal à celui du tourteau de lin, le remplacement de l'avoine, production d'un lait de qualité supérieure.

Marque B pour le bon entretien du bétail.

Marque J développement rapide des jeunes bêtes.

Marque L surproduction du lait.

Marque E engraissement rapide.

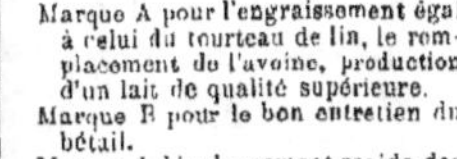

Écrire à M. Armand MILLOT

Moulins Saint-Martin

Saint-Quentin (Aisne).

MACHINES AGRICOLES

A. BAJAC

à LIANCOURT (Oise)

CHARRUES-BRABANTS

MATÉRIELS pour toutes Cultures

ALIMENTATION DU BÉTAIL

Tourteaux de Coprah ou Coco

F. TASSY, E. ROCCA et Cie

Fabricants d'huiles (**producteurs directs de Tourteaux**)

23, rue Haxo, MARSEILLE

Deux médailles d'or, Anvers 1894

Envoi de Prix-Courants et Échantillons sur demande.

CRÉSYL-JEYES

DÉSINFECTANT ANTISEPTIQUE

Efficacité scientifiquement démontrée.

Envoi de Rapports et Références sur demande.

Le CRÉSYL-JEYES n'est ni Toxique ni Caustique

Il est adopté par toutes les Administrations publiques de Paris et des départements.

VENTE EN GROS :

Société Française de Produits Sanitaires et Antiseptiques

35, Rue des Francs-Bourgeois, PARIS.

et chez tous Droguistes et Pharmaciens.

Pour éviter les Contrefaçons exiger les Marques et Cachets de la Société, ainsi que le nom CRÉSYL-JEYES.

ENGRAIS CHIMIQUES

DES

MANUFACTURES DE SAINT-GOBAIN

12 Usines :

CHAUNY (Aisne).	SAINT-FONS, près Lyon.
AUBERVILLIERS (Paris).	L'OSERAIE, près Avignon.
MONTARGIS (Loiret).	BALARUC, près Cette.
TOURS (Indre-et-Loire).	VALENCIA (Espagne).
MONTLUÇON (Allier).	HEMIXEM
MARENNES (Charente-Inférieure).	MESVIN-CIPLY } (Belgique).

PRODUCTION ANNUELLE : 400.000.000 DE KILOS

Dosages garantis — Emballages marqués et plombés

SUPERPHOSPHATES DE CHAUX

ENGRAIS COMPOSÉS

Suivant les convenances des acheteurs pour toutes cultures

ENGRAIS COMPLET DE SAINT-GOBAIN

Efficacité éprouvée dans tous les sols et dans toutes les cultures

ENGRAIS SPÉCIAUX POUR LA VIGNE :

Engrais pour Vigne à végétation faible.

Engrais pour Vigne à végétation normale.

Engrais pour Vigne à végétation luxuriante.

Adresser les ordres ou les demandes de renseignements à la DIRECTION COMMERCIALE DES PRODUITS CHIMIQUES de SAINT-GOBAIN, 9, rue Sainte-Cécile, Paris, — ou aux Agents de la Compagnie dans toutes les villes de France.

VINS DE SAINT-ÉMILION

Vins classés, de 800 à 250 francs la barrique de 225 litres. — Moitié prix pour la barrique de 112 litres.

Vins grands ordinaires, de 140, 125, 105, 100 francs la barrique — 80, 75, 70, 65, 58, 55 francs, la demi-barrique. — Rendu *franco* en gare et régie, sauf octroi.

Adresser commandes à M. DUPLESSIS-FOURCAUD, à Saint-Émilion. — Envoi de prix courants et échantillons sur demande affranchie.

Médailles d'Or, Paris, 1867 et 1889 — Moscou, 1891 — Besançon, Montluçon, Royan, etc.

CHEVAUX BOIXTEU

Guérison par le spécifique BORNET

Contre **Capelets, Mollettes, Vessigons, Eponges, Exostoses, Suros, Eparvins** et les **Formes** à leur début. *(Il s'applique également à toutes les tares molles et osseuses.)*

PRÉPARÉ PAR **A. BORNET**

Pharmacien de 1re classe, ex-interne et lauréat des hôpitaux.

19, rue de Bourgogne, PARIS.

Le flacon, 8 fr., à la pharmacie ; en gare par colis postal, 6 fr. contre mandat.

17e Année. — No 13 4

LE NUMÉRO: 10 CENTIMES.

Dimanche 5 Avril 1896.

GAZETTE AGRICOLE

JOURNAL HEBDOMADAIRE, PARAISSANT LE DIMANCHE

Fondateur : M. CH. GOSSIN, Professeur d'Agriculture à l'Institut agricole de Beauvais

PRIX DE L'ABONNEMENT

UN AN, 5 fr. — SIX MOIS, 3 fr. — TROIS MOIS, 2 fr. 25

Pour l'Étranger les abonnements ne sont reçus que pour un an, au prix de 6 francs, et ne partent que du 1er JANVIER ou du 1er JUILLET de chaque année.

Le Numéro : **10** centimes.

Adresser toute la correspondance : mandats, lettres, annonces etc., à **M. CRÉPEAUX**, Directeur de la *Gazette agricole* 10 bis, rue Piccini, Paris.

Toute demande de changement d'adresse doit être accompagnée de 50 centimes et de la dernière bande du journal.

BUREAUX

97, rue de Rennes, Paris, et à Beauvais, rue Saint-Etienne.

Les abonnements partent du 1er de chaque mois et sont payables d'avance. Toute demande d'abonnement doit être accompagnée du prix de l'abonnement. (Le mode de payement le plus simple est l'envoi d'un mandat-poste.)

Donner *très lisiblement*, en s'abonnant, son nom et son adresse exacte, *avec l'indication du bureau de poste*; et, s'il s'agit d'une continuation d'abonnement, joindre au renouvellement la dernière bande d'adresse du journal.

Les Annonces sont reçues à la Direction du Journal, et chez MM. DUSSERIS et MATHELLON, 97, rue de Rennes Paris.

Il est interdit de reproduire les articles contenus dans la *Gazette Agricole*.

BULLETIN COMMERCIAL

Paris, le 1er avril 1896.

Le refroidissement de la température est à peu près général en France.

Ainsi que nous le disions on ne peut s'en plaindre au point de vue des récoltes, dont la végétation, trop en avance, va éprouver un moment d'arrêt.

D'après les rapports officiels sur la récolte du froment aux Indes, on a des raisons de croire à une petite récolte dans les provinces du Nord-Ouest et le Bengale, et à un déficit dans les provinces occidentales et centrales. Les pluies tombées en février ont empêché le désastre qui semblait imminent dans le Pimjab.

Dans le sud de la Russie, on se plaint que les champs ne sont pas protégés par la neige et on a des craintes au sujet du froment, du froment azyme et du seigle.

BOURSE DU COMMERCE DU MERCREDI 1er AVRIL.

	FARINES	BLÉS
Courant	40 05	18 10
Prochain	40 10	18 35
Mai-juin	40 20	18 35
4 de mai	40 25	18 50
Juill.-août	40 40	18 55
4 dernier	41 »	18 55

Marque de Corbeil : 45 fr. le sac de 150 kil. toile à rendre.

Halle aux blés — *Blés indigènes.* — Les affaires sont à peu près nulles aujourd'hui; depuis huit jours la situation ne s'est pas modifiée, les vendeurs paraissent disposés à faire des concessions, mais la meunerie ne veut toujours rien acheter. On constate sur mercredi dernier une nouvelle baisse 15 à 25 cent. pour les qualités ordinaires; ces cours restent sans changement pour les bons blés.

On cote de 17,50 à 18,50 les 100 kil. nets, gare d'arrivée Paris.

Blés étrangers. — Sans affaires, prix nominaux.

Sons. — Fermes, la demande est assez bonne, mais il y a peu d'offres par suite de la diminution de la fabrication.

Escourgeons. — Les affaires sont nulles, les prix nominaux. On ne voit plus rien en Beauce ou à des cours fantaisistes; on paie jusqu'à 15 fr. les 100 kil. dans les lieux de production, soit 16,25 à 16,75 les 100 kil. nets à Paris. A Dunkerque, on est plus calme, on a des Afrique disponibles à 14 fr. les 100 kil.

Menus grains. — On cote : Petit blé 8 à 15, Sarrasin 11 à 11,50, jarras, 14 à 15, chènevis de Russie, 23 à 24, Bretagne 28 à 30, millet Vendée blanc 20 à 31, alpistes 25 fr., vesces de Kœnigsberg, 17 à 18, de Bretagne 18 à 50.

Graines fourragères. — On cote : trèfle incarnat 30 à 35 ; violets midi 65 à 75 ; Poitou, Sarthe, Anjou, Vendée, 60 à 75 ; Bretagne, Meuse, Champagne Nord 70 à 90 ; Luzernes Poitou, Vendée, Languedoc 90 à 110 ; Provence, 100 à 140 : minettes 35 à 38 ; ray-grass anglais 35 à 40; Italie 35 à 40 les 100 kil. gare d'arrivée Paris.

Sucres. — Les sucres sont calmes avec peu d'affaires aux prix précédents.

Raffinés 103 à 103,50, roux 88° 31,75 à 32 »

Marché de la Chapelle. — Marché fort.

On cote : paille de blé 1re qté 26 fr., 2e qté 23, 3e qté 21 fr.; paille de seigle 1re qté 33 fr., 2e qté 29,3e qté 26 : paille d'avoine 1re qté 23 fr., 2e qté 21, 3e qté 10 ; foin nouveau 1re qté 47 fr., 2e qté 43, 3e qté 39; luzerne, 1re qté, 47 fr., 2e qté 43, 3e qté 39 ; regain 1re qté 43 fr.; 2e qté 41 fr., 3e qté 39 fr. ; sainfoin, 1re qté 42 à 2e qté, 40, 3e qté 38.

Marché aux chevaux, 1er Avril.

Gros trait	de 300 à 1.100	Boucherie	de 80 à 200
Salle et tr.		Anes	de 50 à 150
léger	de 200 à 1.000	Chèvres	de .. à »
H. d'âge	de 200 à 300		

AMENÉS

Chevaux, 320 — Anes, 13 — Chèvres, ..
Voitures 96, de 25 à 550.

ENCHÈRES

Chevaux amenés, 12.
Vendus, 11 de 80 à 375.

Prix des Produits Forestiers à Paris.

BOIS DE FEU (*Octroi non compris*)	Falourde de pin	100 à 110	le cent.
	Bois de flot	100 à 105	le déca.
	Bois gris neuf	125 à 120	—
	Bois blanc	80 à 125	—
BOIS D'ŒUVRE (*Octroi compris*)	Chêne gros bois	85 à 110	le m. cube
	— moyen bois	70 à 60	—
	— petit bois	30 à 48	—
	Charme, plateaux	55 à 55	—
	Sciage de chêne (Entrevoux	175 à 210	les 208 m.
	Echantillons	230 à 220	—
	Frise	27 à 28	104 m.

FOURRAGES ET PAILLE

Paris La Chapelle.	Prix extrêmes
Foin 100 bot. dans Paris n.	35 à 46
Luzern nouv.	35 à 46
Paille de blé	19 à 26
Paille de seigle	23 à 38
Paille d'avoine	18 à 24

ENGRAIS

PARIS

Nitrate de soude	21 50 à 21 75
Superphosph. minéral 14/16	5 25 à 5 75
Superphosphate d'os 16/18	12 50 à 13 »
Scories 16/18	4 25 à 4 50
Phosphate minéral 14/16	3 80 à 4 »
Chlorure de potassium 48/52	18 75 à 20 »

NANTES

Nitrate de soude	22 30 à 22 50
Superphosph. minéral 14/16	6 » à 7 »
Scories 16/18	4 50 à 4 75
Phosphate minéral 14/16	4 » à 4 50
Chlorure de potassium 48/52	19 » à 19 75

LYON

Nitrate de soude	22 » à 23 »
Superphosph. minéral 14/16	5 75 à 6 »
Scories 14/16	4 50 à 5 »
Phosphate minéral 14/16	4 » à 4 25
Chlorure de potassium 48/55	20 » à 21 »

MARSEILLE

Nitrate de soude	20 50 à 21 »
Supherph. minéral 14/16	6 » à 7 »
Sulfate de fer	5 » à 5 50
Sulfate d'ammoniaque 20/21	20 » à 22 »

HOUBLONS. — Les 50 kilogr.

Alost primé	28,00 à 30,00
Bourgogne	55,00 à 60,00
Poperinghe	25,00 à 30,00
Wurtemberg	40,00 à 42,00
Altmark	75,00 à 100,00
Alsace	50,00 à 65,00

POMMES DE TERRE

Hollande (100 kil.)	8 » à 17 »
Roses-Early	8 » à 10 »
Magnum-Banum	7 » à 7 50
Rondes	5 » à 5 20

LÉGUMES SECS. — (Les 100 kilogr.)

	Haricots	Pois	Vesce	Lentille
Paris	32.00 50.00	20 18.00	19 à 20	30.00 60
Bordeaux	34.00 35.00	35 45.00	18 19	49.00 60
Marseille	22.00 30.00	18 25	20 20	24.00 60

LINS. — Les 100 kilogr. — *Marché de Lille.*

	Communs	Ordin.	Supér.
Alost	148 à 153	154 à 157	161 à 165
Bergues	150 à 158	161 à 168	173 à 182

VINS — BERCY

Rouges		Blancs	
B. Bourg. vieux	140 à 163	Bordeaux	125 à 160
Touraine	105 à 115	B. Bourg	150 à 190
Bord. vieux	130 à 160	Sancerre	130 à 135
Algérie	28 à 32	Chablis	200 à 350
Cher	110 à 135	Anjou	120 à 185
Chinon	125 à 180	Pouilly	350 à 300
Narbonne	32 à 40	Vouvray	155 à 195

Prix moyen aux 100 kilog. des CÉRÉALES dans les Départements.

Région		BLÉ	SEIGLE	ORGE	AVOINE
Rég. du Nord-Ouest	Caen	17 00	10 00	14 00	16 00
	Lannion	17 50	10 00	14 00	16 00
	Morlaix	17 00	10 50	12 25	13 50
	Rennes	16 50	10 50	13 25	14 00
	Avranches	16 50	10 50	13 25	14 50
	Laval	16 00	10 00	13 00	13 75
	Lorient	16 50	10 25	13 50	15 50
	Alençon	17 00	10 00	13 50	17 00
	Le Mans	16 75	10 00	13 25	17 25
Région du Nord	Soissons	17 50	10 25	»	14 25
	Evreux	17 75	10 25	12 75	14 50
	Chartres	17 50	10 50	13 75	14 25
	Lille	17 75	10 75	15 00	15 00
	Compiègne	17 00	10 00	13 75	15 00
	Beauvais	18 00	10 25	15 00	16 00
	Arras	18 00	11 50	14 00	15 00
	Paris	17 50	10 00	13 50	15 50
	Versailles	17 75	10 25	13 25	16 00
	Rouen	17 50	10 00	15 00	16 00
	Amiens	17 25	10 25	15 00	16 00
Rég. du N.-E.	Mézières	17 50	10 00	13 50	16 00
	Nogent-s-Seine	17 75	10 00	»	15 50
	Chalons-sur-Marne	17 50	11 00	14 50	15 25
	Langres	17 50	10 50	13 50	15 50
	Nancy	17 50	10 00	15 00	15 50
	Bar-le-Duc	16 75	10 25	15 00	15 00
	Neufchâteau	17 75	11 00	14 00	15 50
Région de l'Ouest	Ruffec	17 25	10 00	13 00	15 00
	Marans	17 25	10 25	13 00	14 00
	Niort	17 00	10 00	14 00	15 25
	Tours	17 00	10 00	14 00	15 00
	Nantes	17 00	10 50	14 00	14 50
	Angers	16 50	10 50	13 50	»
	Luçon	17 00	10 00	13 50	14 00
	Poitiers	17 00	10 00	»	15 00
	Limoges	17 00	10 00	»	15 00
Région du Centre	Moulins	17 50	9 75	13 75	15 00
	Bourges	17 50	10 00	13 50	14 50
	Aubusson	17 00	10 00	14 00	16 00
	Châteauroux	17 25	10 25	14 50	13 50
	Orléans	17 25	10 00	14 00	14 50
	Blois	18 00	10 00	14 00	16 50
	Nevers	18 00	10 00	14 00	16 00
	Clermont Ferr.	17 50	10 00	14 00	16 00
	Sens	17 50	9 75	13 25	15 50
Région de l'Est	Bourg	17 50	10 50	13 50	15 25
	Dijon	17 50	11 00	15 00	14 50
	Besançon	17 75	10 00	13 00	14 00
	Grenoble	17 50	10 00	13 50	15 00
	Dôle	17 50	10 50	13 00	14 00
	Saint-Etienne	17 75	10 25	13 00	16 00
	Lyon	18 50	11 00	15 00	16 00
	Mâcon	17 75	12 00	13 00	16 00
	Vesoul	17 50	10 00	»	15 00
	Chambéry	17 75	10 00	»	15 50
	Annecy	17 50	»	»	16 00
Rég. du Sud-Ouest	Pamiers	17 75	10 50	»	16 00
	Périgueux	17 50	11 00	14 00	15 00
	Toulouse	17 00	12 00	13 00	16 00
	Auch	18 00	»	»	16 25
	Bordeaux	17 75	11 00	13 00	15 50
	Dax	17 75	12 00	13 00	16 00
	Agen	18 00	12 00	13 00	16 00
	Bayonne	17 50	11 00	14 00	16 00
	Tarbes	17 50	10 75	»	16 00
Région du Sud	Carcassonne	17 25	»	13 75	15 75
	Rodez	17 50	12 00	13 50	15 00
	Mauriac	17 50	11 25	»	16 00
	Tulle	17 75	12 00	»	15 00
	Montpellier	17 75	12 00	»	15 00
	Figeac	17 50	11 25	»	15 50
	Mende	17 50	11 00	»	15 50
	Perpignan	17 50	11 00	14 00	15 00
	Albi	17 50	11 00	14 00	14 50
	Montauban	17 50	11 50	13 50	16 00
Région du Sud-Est	Gap	17 50	10 50	14 00	16 00
	Manosque	17 50	10 50	13 25	15 75
	Nice	17 50	10 50	13 00	16 00
	Privas	17 50	11 00	13 25	15 75
	Arles	19 50	11 00	13 00	16 00
	Montélimar	17 25	11 00	13 75	16 00
	Nîmes	17 75	10 75	14 00	17 00
	Le Puy	18 00	»	14 00	17 00
	Draguignan	18 00	12 50	»	»
	Avignon	17 75	11 75	13 50	16 00

Tourteaux. — Cours de la maison P. Marchand frères, à Dunkerque (Nord) :

TOURTEAUX A NOURRIR

	Dispon.	A livrer.
Coton de graines d'Egypte	9 50	9 50
Sésame blanc	12 »	12 »
Arachide décortiquée	15 25	»»
Colza à nourrir	10 »	10 »
Colza du pays	11 »	11 »
Œillette du Levant	10 »	10 »
Œillette blanche de Turquie	10 »	10 »
Lin 1re qual. de Bombay g. form.	14 »	14 »
Lin 1re qual. de Bombay p. form.	»»	»»

TOURTEAUX-ENGRAIS

Arachide décortiquée	14 »	14 »
Cameline	»»	»»
Colza des Indes en poudre	»»	»»
Colza ravison	7 25	7 25
Colza jaune Gutzerat	10 75	10 75
Kurrachée	»»	»»
Niger	»»	»»
Pavot	9 75	9 75
Sésame, blanc	10 50	»»
Sésame noir	»»	»»
Coton en farine	7 50	7 50

Nos prix s'entendent pour tourteaux en planches, rendus en gare de Dunkerque.

Paiement à 30 jours ou à terme plus éloigné suivant convention expresse.

Le concassage se paie 0 fr. 25 et la mise en poudre 0 fr. 40 aux 100 kilos. Dans ce cas, les sacs sont facturés à 0 fr. 35 pièce, et repris au prix de facture, quand ils sont rendus en bon état et franco, dans les 30 jours de l'expédition.

FROMENTINE :

	100 kil.
Marque A	13 »
Marque B	13 »
Marque J	13 »
Marque I	15 »
Marque E	16 »

CHANVRES

Les 50 kil.	1re qualité.	3e qualité
Le Mans	33,00 à 35,50	30,00 à 29,00
Saumur (b.)	40,00 à 42,00	37,00 à 38,00

BEURRES. - (le kilogr.).

BEURRES EN MOTTES			BEURRES EN LIVRE		
Isigny extra	5 00	5.82	Bourgogne	2.30	2.60
— demi-fin	4.20	3.80	Gâtinais	2.40	2.80
M. d'Isigny	3.60	3.80	Vendôme	2.30	2.70
du Gâtinais	2.30	2.70	Beaugency	2.30	2.70
de Bretagne	2.40	2.20	Ferme	2.50	3.20
Laitiers Jura	2.10	2.80	Tours	2.40	2.80
de Charente	2.50	3.20	Le Mans	2.30	3.60
des Alpes	2.40	3.50	Touraine fausse	2.40	2.70

ŒUFS. — (le mille).

Normandie ext.	75 à 95		Bourgogne	55 à 62	
Picardie —	74 à 92		Champagne	58 à 66	
Brie —	60 à 70		Nivernais	54 à 58	
Touraine	52 à 74		Bourbonnais	55 à 60	
Beauce	68 à 60		Bretagne	48 à 52	
Orne	60 à 72		Vendée	54 à 50	
Picardie	58 à 68		Auvergne	52 à 48	
Châtellerault	55 à 62		Midi	50 à 58	

FROMAGES.

Brie hautes marq.	20	38	Roquefort	140	250
Brie gr. m. (10)	15	20	Gruyère (100 k.)	100	175
— m. m.	6	8	Coulommiers (100)	15	18
Petits Nantouils	6	8	Gournay (100)	12	15
Brie laitiers	1	3	Livarot (le 100)	75	102
Gérardmer (100 k.)	75	70	Bourgogne (100)	60	50
Hollande	160	150	Camembert (10.)	40	45
Bondons (100)	12	10	Munster (100)	80	100
Cantal	100	120	Port-Salut	140	160

VOLAILLES

Poulet Brest dit moelleux	4.00	6.00	Pigeons Macon	1.50	2.00
Poulets Nant.	3.00	5.00	Can. sNantais	4.00	1.35
Poulets Tour.	2.75	5.25	Dindes Tourr.	7.00	11.00
Poulets Houdan	6.00	8.00	Oies	7.00	8.50
Pigeons d'Italie	80	1.25	Lapins dom.	2.75	4.00
			Lapins garenne	1.50	2.00

Marché de la Villette du 30 mars 1896.

PRIX DE LA VIANDE NETTE

	1re qualité	2e qualité	3e qualité
Bœufs	1.58	1.48	1.33
Vaches	1.56	1.46	1.36
Taureaux	1.30	1.20	1.10
Veaux	2.32	1.96	1.66
Moutons	1.90	1.88	1.76
Porcs	1.18	1.08	0.98

ESPÈCES	AMENÉS	VENDUS	PRIX EXTRÊME viande net		PRIX EXTRÊME poids vif	
Bœufs	2.160	2.117	1.38 à 1 58		63 à » 97	
Vaches	689	670	1.36	1.56	58	» 93
Taureaux	182	176	1.10	1.33	50	» 82
Veaux	1 395	1.258	1.66	2.32	75	1.38
Moutons	16.600	15.715	1.76	1.90	75	1.29
Porcs	3.140	3.108	» 98	1.18	66	» 82

Vente meilleure.

Marché de la Villette du 2 Avril 1896.

PRIX DE LA VIANDE NETTE AU KILOGR.

	1re qualité	2e qualité	3e qualité	Prix extrême	
Bœufs	1.50	1.40	1.30	1.26 à 1.60	
Vaches	1.46	1.36	1.26	1 20	1 56
Taureaux	1.30	1.20	1.12	1 10	1.40
Veaux	2.00	1.80	1.50	1.40	2 10
Moutons	1.98	1.88	1.78	1.70	2.00
Porcs	1.20	1.08	»	1.00	1.26

ESPÈCES	AMENÉS	RENVOI	OBSERVATIONS
Bœufs	1.475	»	Vente mauvaise sur le
Vaches	375	243	gros bétail, les veaux et
Taureaux	164	»	les porcs, moyenne sur
Veaux	1.390	590	les moutons.
Moutons	6.502	»	
Porcs	4.651	»	

Vente du bétail au marché de La Villette.

Adresser les animaux à MM. Henri Roblin et Surugue, en gare Paris-Bestiaux. Les aviser par lettre auparavant, 190, rue d'Allemagne, Paris.

Il est peu de maladies aussi pénibles que les gastralgies et les maladies de l'estomac en général. Il n'est donc pas sans intérêt de rappeler qu'après de nombreuses expériences, l'Académie de médecine a approuvé et recommandé l'emploi du *Charbon de Belloc* contre ces maladies, « qui, au dire même du rapport, font trop souvent le désespoir des malades et des médecins ». Le charbon de Belloc, qui est aussi le remède par excellence contre la constipation, se prend en poudre ou en pastilles au moment des repas. Le plus souvent, le bien-être se fait sentir dès les premières doses. Poudre, le flacon, 2 fr. — Past., la boîte, 1 fr. 50 ; toutes pharmacies. — Fab. : Maison L. FRÈRE, à Champigny et Cie, successeurs, 19, rue Jacob, Paris.

L'Almanach de la France rurale pour 1896

Notre Almanach paraît pour la 21e fois. Cette année il comporte diverses modifications qui seront certainement bien accueillies :

1° Le format est agrandi ;

2° Le papier est bien meilleur ;

3° Enfin il contient beaucoup plus de renseignements.

Nous appelons surtout l'attention des agriculteurs sur deux innovations qui distinguent cet Almanach de tous les autres :

1° La nomenclature de tous les jugements rendus en matière de droit rural pendant l'année ;

2° Un petit guide de médecine vétérinaire très pratique.

Comme les années précédentes, cet Almanach passe en revue toutes les branches de l'agriculture.

Prix : 0 fr. 60 franco.

CHRONIQUE POLITIQUE

La dernière semaine parlementaire a été, comme nous le craignions, aussi détestable que la précédente pour les intérêts du pays ainsi qu'on va le voir.

D'abord, après quatre jours de débats sur l'impôt du revenu, le cabinet Bourgeois a réussi à conquérir une majorité de seize voix, y compris celle de neuf ministres. Le mot d'ordre de la Maçonnerie signifié à la tribune par le député Dron, a mis en évidence le programme de la secte et le rôle que joue à son service le cabinet Bourgeois.

Hâtons toutefois d'ajouter que cette majorité de raccroc n'a obtenu qu'une demi-victoire, l'article voté ne porte que sur le principe, et réserve la question du mode d'application. Or cette question est capitale ; il s'agit de la *déclaration* et du mode de *taxation*. Le litige sur ce point reste entier entre la Commission du budget et le Ministre des Finances. « C'est à votre Commission, dit M. Doumer, de résoudre la difficulté. — Non, dit la commission, c'est à votre gouvernement. Le projet est votre œuvre, à vous de le mettre sur pied tout entier. »

Bref, le vin est tiré, il faut le boire. La Commission et le Ministre se renvoient mutuellement cette tâche ingrate. Aveu involontaire, mais concluant, de l'acte détestable qu'ils viennent de commettre. On ne voit pas, en effet, comment l'impôt dit *global* sur les prétendus revenus pourrait être perçu sans les deux moyens tyranniques de la taxation et de la déclaration, insérés dans le projet ministériel.

Mais ce premier accroc subi par la loi Doumer n'est pas la seule pierre d'achoppement sur le chemin du cabinet Bourgeois. Samedi dernier on apprenait que M. Berthelot avait été obligé de *donner*, c'est-à-dire de *recevoir* sa démission, et que M. Bourgeois le remplaçait aux affaires étrangères. M. Berthelot avait risqué de nous attirer une guerre désastreuse avec l'Angleterre, en adressant à lord Dufferin une note menaçante et d'une maladresse insigne, sur les affaires de l'Égypte. Pour parler sur ce ton à l'Angleterre, au moins eût-il fallu savoir jusqu'à quel point la Russie et les autres États intéressés dans l'affaire se joindraient à nous. Pauvre France isolée en Europe, et affligée de la domination d'un parti que les États haïssent et méprisent de plus en plus ! M. Bourgeois s'est improvisé ministre des affaires étrangères pour essayer de réparer l'irréparable bévue de son ex-collègue Berthelot et il a confié l'intérim de l'intérieur à l'illustre Doumer. Celui-ci, dit-on, serait heureux de troquer contre ce poste le portefeuille des finances, où il est acculé dans l'impasse exposée plus haut. Il s'agit en effet de trouver un moyen pratique autre que la *taxation* et la *déclaration*, pour mettre sur pied son fameux impôt, ce cheval de bataille du parti socialiste.

Donc, ni le problème fiscal, ni le problème politique ne sont résolus par les débats et les votes de la Chambre que nous venons de relater. Bien plus, la situation politique est plus gravement tendue, que la crise fiscale par la révolution intérieure du cabinet Bourgeois. Le débarquement du compère Berthelot est loin d'être une solution. Il est plutôt, espérons-le, un commencement.

En attendant, pour rentrer dans la question de l'impôt sur le revenu, notre devoir est de constater que la cause de l'agriculture et de la propriété rurale, celle des petits agriculteurs surtout, a été défendue avec courage et éloquence après M. Turrel, par MM. Méline et Poincaré, et par M. Delombre, rapporteur de la commission du budget. La cause gagnée par eux à la tribune a été battue à une imperceptible majorité. On l'a dû à d'ignobles défections, bien connues au palais Bourbon, et qui renouent la tradition honteuse des marchés panamistes.

Les défenseurs de la bonne cause en matière d'impôt ne doivent donc pas se laisser décourager par la victoire de raccroc du ministère franc-maçon et socialiste.

Toute la France *laborieuse* proteste contre leur loi et contre leurs manœuvres. Ils n'ont avec eux que cette tourbe de polichinelles politiciens, et de francs-maçons qui, à force de mensonges et de promesses alléchantes, se font hisser au pouvoir par les ouvriers des grandes villes.

Le jour où les ruraux seraient soutenus par leurs amis et guides naturels, agriculteurs, propriétaires, avec le courage qui est un devoir sacré pour ceux-ci, la France rurale, représentée par ses organes légitimes, mettrait fin à l'effroyable gâchis où nous enlise depuis quinze ans la détestable séquelle de politiciens tarés et véreux qui a commencé à Gambetta, et qui aboutit aux francs-maçons socialistes Bourgeois, Doumer et Cie.

Le procès Dupas, qui vient d'aboutir à l'acquittement de ce pauvre employé, n'a-t-il pas, à propos, jeté un trait décisif de lumière sur la valeur morale et politique de ces hommes néfastes, aujourd'hui encore à la tête du pouvoir. Comment une nation qui se pique d'honnêteté dans ses mœurs privées peut-elle supporter un régime dont les actes sont un perpétuel défi à la morale, à la justice, à l'honneur et aux intérêts du pays.

L'Europe entière se pose cette question à notre sujet. Quand aurons-nous le courage de lui répondre de façon à ne pas encourir son mépris ?

Nous pensions terminer cette chronique par les interpellations annoncées pour hier lundi sur l'équipée diplomatique de M. Berthelot.

L'impatience générale du public a eu une déception complète. La Chambre était bondée de spectateurs accourus pour assister à une grande tragi-comédie parlementaire et, contre toute attente, M. Bourgeois a réclamé l'ajournement à jeudi. Au Sénat, on annonçait une interpellation sur le même sujet pour mardi.

Nous n'avons point la prétention de prédire l'issue de ces interpellations. Mais, quelle que soit cette issue nous sommes obligés malheureusement de constater avec tous les gens de cœur intelligents que la politique du cabinet Bourgeois est un péril national ; péril pour nos finances, pour l'ordre social à l'intérieur, péril pour nos intérêts et nos relations extérieures. Voilà un fait qui n'est contesté par aucun esprit sérieux en France et en Europe. Les agriculteurs sont d'une pâte étrange, s'ils croient que les intérêts agricoles sont en dehors de ce péril national.

En attendant, M. Sarrien est nommé ministre de l'intérieur, c'est une doublure éprouvée de M. Bourgeois. M. Sarrien préside le groupe des radicaux, soi-disant de gouvernement à la Chambre. Il vaut à l'intérieur ce que valait M. Berthelot à l'extérieur. Le cabinet Bourgeois doit disparaître tout entier ou rester tout entier. Aveugle qui ne voit pas à quels abîmes il pousse la France !

L'interpellation au Sénat s'est bornée à un timide questionnaire lu par M. Bardoux. M. Bourgeois a répondu par des lieux communs plus ou moins habiles, après quoi, M. Loubet, président de la Haute Assemblée, a déclaré l'incident clos, ce qui lui a permis de ne demander aucune conclusion.

L'impôt sur le revenu devant la banque.

Un fait constant aujourd'hui c'est que les banques cosmopolites qui mènent les grosses affaires financières et commerciales en France et à l'étranger, possèdent plus de cinquante milliards, gagnés au détriment du travail c'est-à-dire des producteurs agricoles et industriels en France à et l'étranger.

Il est certain aussi que ces colossales puissances ont la plus grande facilité, de soustraire la moyenne partie de leurs gigantesques *revenus* à l'impôt que la loi Doumer a pour but de leur faire payer. — De ce fait le déficit monterait haut la main à 80 millions.

La juiverie financière est donc bien à son aise pour affronter l'épreuve d'un impôt qui, à l'exemple de leurs caprices, tondrait les travailleurs du sol avant tout.

Cette loi de gribouilles socialistes est donc bien symbolisée par la fable de la toile d'araignée où l'on ne prend que les moucherons, tandis que les grosses bêtes passent à travers !

Les économies à réclamer.

On sait que nos maîtres parlent d'économies à faire à la veille des élections. Le lendemain, il n'est plus question que d'augmenter les dépenses et le nombre des budgétivores. C'est ainsi que depuis quinze ans, ils ont augmenté les dépenses annuelles de l'Etat de 300 millions, et l'armée des fonctionnaires de 200.000 membres plus ou moins inutiles — disons nuisibles — car on est toujours nuisible quand on reçoit un salaire pour une besogne nulle ou inutile.

Aujourd'hui encore, cette politique de ruine bat son plein, sans nous laisser entrevoir le moindre espoir des économies qu'on feint de nous promettre à la veille des élections. Il serait plus urgent que jamais d'éclairer l'opinion publique sur cette attitude intolérable de nos maîtres et de montrer les économies qui devraient être réalisées, sans porter la moindre atteinte aux services publics.

La *Société de décentralisation* vient de remplir cette tâche en publiant un relevé raisonné des économies très possibles, qui montent à 121 millions.

Savoir, sur le ministère de l'intérieur, 26 millions; finances, 6 millions; instruction publique, 30 millions; affaires étrangères, 500.000 francs; agriculture, 1.600.000 francs; commerce et industrie, 2.610.000 francs; travaux publics, 23.200.000 francs, total : 130 millions dont il faudrait déduire 10 millions pour pensions des fonctionnaires mis en retraite.

Le Bulletin explique comment on pourrait procéder aux dégrèvements et à des unifications de services, aujourd'hui séparés et occupant des armées d'employés qu'on supprimerait sans difficulté.

La plupart des services locaux confiés à des employés de l'état pourraient être remplis par des agents locaux. Toutes les forces vives du pays, aujourd'hui asservies par la domination directe des agents de l'Etat, reprendraient leur influence légitime, les mœurs publiques aujourd'hui anémiées sous le joug des bureaucraties, se relèveraient peu à peu, et les libertés publiques se relèveraient du même coup que les finances du pays.

Voilà le rêve des hommes vraiment amis de la liberté et de la richesse du pays. Les traîtres du jour le repousseront de toutes leurs forces tant qu'ils seront au pouvoir.

Il s'agit de savoir combien de temps le pays pourra payer les frais de ce régime dérisoirement appelé par eux république.

L'impôt sur le travail agricole.

Parmi les centaines de protestations émanant des comices agricoles contre l'impôt global sur les revenus, nous notons la protestation du comice de Lunéville, qui a été motivée par la critique suivante de cet impôt exposée par M. Paul Genay, son président.

L'impôt sur le revenu provoque dans toutes les sphères une profonde agitation, mais l'agriculture est peut-être plus visée qu'aucune autre branche du commerce et de l'industrie. L'impôt sur le revenu devient pour la moyenne et la petite culture un véritable impôt sur *le travail*, parce que l'on compte comme produits nets les consommations faites par le cultivateur et sa famille ainsi que le logement qu'ils habitent. Dans ces conditions, il est bien facile de comprendre qu'une famille composée du cultivateur, de sa femme et de trois ou quatre enfants, dépense pour ses besoins et un logement, une somme équivalant aux 2.500 francs indemnes d'impôts.

L'exemption est donc illusoire dans ces cas qui sont communs à plusieurs millions de familles agricoles en France.

Dans la même séance, M. l'abbé Dedenon a présenté le bilan exact, raisonné de tout point, d'un ménage agricole exploitant un domaine de 10 hectares, ménage composé du père, de la mère, de deux enfants, dont l'aîné a 14 ans, plus un domestique.

L'analyse des dépenses évaluées aux plus bas chiffres, démontre qu'elles exigent un capital de roulement de 6.800 francs.

Que peut-il tirer en retour par la vente de ses produits? 80 sacs de blé vendus 1.480 francs, 120 hectolitres d'avoine, 730 francs; 2 bêtes à cornes, 600 francs; 6 moutons, 180 francs; 3 porcs gras, 180 francs; total: 3.390 fr. Les autres récoltes ne comptent guère pour la vente, étant nécessaires à la consommation des personnes et des animaux.

Les dépenses de culture montent à 1.230 francs et les dépenses d'entretien de la famille (4 personnes) à 740 francs, en tout 2.000 francs. Le bénéfice net est au plus de 1.200 francs. C'est là le revenu net.

Or, avec la loi Doumer, voilà un revenu net de 1.200 francs qui serait frappé d'un impôt assis, en théorie, sur un revenu supérieur à 3.000 francs.

M. Genay a donc dit avec raison, c'est le travail qui sera frappé, en réalité, sous prétexte de ne frapper que le revenu net.

Les élections de la Société des agriculteurs de France.

Dans la *Libre Parole* de mardi dernier notre sympathique confrère M. A. Monniot, après avoir reproduit notre article sur les élections de la Société des agriculteurs de France, écrit :

« Seule dans la Presse agricole de Paris, la *Gazette* a donné avec entrain contre le puissant baron juif.

« Je saisis cette occasion de remercier le directeur de la *Gazette*, M. Crépeaux, qui nous a apporté, dans la dernière bataille contre Rothschild, un concours dévoué et intelligent. »

A notre tour, nous remercions sincèrement M. Monniot, le si vaillant collaborateur de M. Drumont, de l'ardeur avec laquelle il nous a prêté son appui.

CHRONIQUE GÉNÉRALE

Primes de printemps.

Nous sommes heureux d'offrir à nos aimables lectrices une prime de graines de fleurs et de légumes.

Moyennant l'envoi de 5 fr. 50, elles recevront franco les graines énoncées ci-après. Nous leur ferons observer que cette double collection vaut au moins 8 francs chez tous les grainetiers.

LÉGUMES DE CHOIX A SEMER EN MARS

30 gr. Carotte 1/2 longue nantaise.
30 gr. Chicorée Witloef.
1 pt. Chou de Milan hâtif d'Ubrie.
1 pt. Cornichon prolifique.
1 pt. Romaine blonde.
30 gr. Navet 1/2 l. des Vertus.
1 pt. Pissenlit amélioré à cœur plein.
15 gr. Salsifis blanc amélioré.
1/2 lit. Pois prolifique amélioré.
1/2 lit. Pois Téléphone.
1 pt. Giroflée quarantaine à grandes fleurs variées.
1 pt. Œillet de Chine, double variété.
1 pt. Phlox de Drummond var.
1 pt. Reine-Marguerite comète.
1 pt. Réséda pyramidal amélioré.
1 pl. Zinnia élégant, double varié.

Le tout livré franco en gare de l'acheteur pour 5 fr. 50. Adresser les commandes, à M. Birot Henri, cultivateur-grainier, 19, rue de Viarmes (Bourse du Commerce), Paris, en joignant un mandat-poste avec la commande.

Les abus des admissions temporaires de blés.

On sait que depuis plus de deux mois, le gouvernement est éclairé exactement sur les abus des admissions temporaires, sur les fissures par lesquelles les importateurs réussissent à soustraire une partie de leurs blés au droit de douane dont ils sont frappés. Le Conseil supérieur de l'agriculture a fait la pleine lumière sur la question et sur les moyens à prendre pour mettre un terme à ces abus. Nos gouvernants savent tout cela. Ils savent de plus que les retards qu'ils mettent à remédier sont mis à profit par les importateurs et que déjà, les importations de blé à condition d'admission temporaire évaluées depuis trois mois excèdent de 100 mille quintaux les quantités importées dans les années précédentes.

Alors que penser de leur inaction? Quel cas font-ils donc des intérêts sacrifiés par ces retards inexcusables: l'intérêt du fisc, l'intérêt de la production agricole? Que penser des belles phrases qu'ils prodiguent sans cesse aux agriculteurs, alors que leurs actes les démentent de tout point. Quel est l'intérêt que l'on sacrifie à ceux du fisc et de l'agriculture? M. Viger ne peut l'ignorer. Alors qu'il agisse, ou qu'il cesse de se dire ministre de l'agriculture et se qualifie de ministre des tripotages commerciaux.

Les marchés fictifs de produits agricoles.

Nous avons signalé, on le sait, comme un fléau de l'agriculture, les syndicats de gros financiers qui, à coups de millions, dominent les grands marchés du monde et y font à leur gré, la hausse et la baisse en ruinant les producteurs et les commerçants indigènes. Nous avons signalé ensuite une série d'articles excellents publiés dans le *Journal de l'agriculture*, sur ce sujet, sous la signature Dupré Collot, qui mettent en pleine lumière les trucs odieux de ce genre de piraterie cosmopolite où les banques juives jouent un rôle énorme.

Le *Journal de l'agriculture* constate que la brochure de M. Dupré Collot a produit une juste sensation en Angleterre et qu'à la Chambre des communes on a réclamé, en s'appuyant sur elles, des mesures sévères contre ces syndicats cosmopolites, dont les colossales fortunes ont ruiné nombre de commerçants et d'agriculteurs en Angleterre comme en France. Enfin, M. Sagnier nous annonce que l'auteur de ces excellents articles signés Dupré Collot, n'est autre que M. Paisant, président du tribunal civil de Versailles. C'est à cet honorable magistrat que le monde agricole doit ses remerciements pour avoir démasqué, avec une évidence décisive, un trafic odieux dont l'agriculture française et étrangère doit réclamer la répression.

L'*Echo agricole* publiait vendredi dernier la lettre d'un négociant en blé, M. Gossart qui s'efforce de réfuter les arguments de M. Paisant, et de démontrer que la baisse continue des blés n'a pas atteint son terme et que la répression des marchés fictifs n'y peut rien, absolument rien. Selon M. Gossard, la seule planche de salut qui reste à notre agriculture, consiste en deux choses : 1° produire le blé à moindre prix de revient, au moyen de hauts rendements; 2° employer le blé dans l'alimentation des bestiaux. Il va de soi que M. Gossard est l'ennemi de tout relèvement du droit de douane sur les blés.

Nous avons prouvé cent fois pour une l'inanité du remède proposé par M. Gossart, dont l'erreur a son excuse dans son ignorance des conditions dans lesquelles se pratique l'agriculture dans les deux tiers de la France. Mais il est plus évident que jamais, pour peu qu'on y réfléchisse, que c'est le relèvement des tarifs douaniers, tel que le réclame la Société des agriculteurs de France et selon la formule de M. Paul Le Breton, serait le plus efficace des remèdes contre les abus des marchés fictifs, en même temps qu'il sauverait la culture du blé, en assurant le temps et les ressources nécessaires pour perfectionner graduellement leurs cultures et en tirer de hauts rendements.

L'absurdité du raisonnement de M. Gossart consiste en ceci : qu'une série de cultures à perte aboutirait à des cultures rémunératrices, alors que le bon sens et l'expérience nous démontrent que, en culture comme en tout autre métier, la richesse acquise est l'instrument nécessaire de la richesse à conquérir.

Plus on tourne ces questions en tous les sens, plus on aboutit à notre conclusion. Hors de droits de douane suffisamment *compensateurs*, sinon protecteurs, pas de salut pour notre agriculture.

La protection douanière devant être réglée sur les charges intérieures, le pays le plus imposé de l'univers, qui est la France, se doit à lui-même d'avoir les plus hauts tarifs douaniers pour qu'ils soient en équilibre avec les tarifs douaniers des autres états. Voilà l'évidence! Voilà la réalité vraie.

Or nous sommes sous un tel régime : Des états où les charges publiques sont trois fois inférieures aux nôtres, ont des tarifs douaniers plus élevés que les nôtres; est-il étonnant que nous soyons battus par eux et exploités, rançonnés par les syndicats de spéculateurs et d'agioteurs cosmopolites.

Les primes aux producteurs de lin.

Certains producteurs de lin se plaignent de ce que les primes officielles soient calculées non sur les étendues cultivées, mais sur les quantités récoltées. Ce sont évidemment ceux qui ont les moindres rendements qui se plaignent de cette répartition. M. Viger, saisi de ces réclamations, va sans doute nommer une commission pour prendre une décision. C'est la seule chose qu'il sache faire.

Pour nous, on le sait, il n'y a qu'une solution raisonnable et pratique : supprimer les indemnités payées par les contribuables et frapper les lins étrangers d'un droit de douane raisonnable. Les contribuables français ne sont plus assez riches pour payer à la place des producteurs étrangers.

Concours général agricole de Paris (*Suite*).

Signalons à tous les propriétaires viticulteurs l'exposition de MM. *Besnard, père, fils et gendres*, 28, rue Geoffroy-Lasnier, Paris, constructeurs de pulvérisateurs perfectionnés et d'alambics à distillation continue.

A signaler le pulvérisateur de cette maison à air comprimé, à lance droite, à obturateur instantané pour le traitement des arbres (pommiers, etc.), vignes, plantes horticoles, pommes de terre, destruction des mousses, chenilles, parasites de toutes sortes; il atteint les limites de la perfection et possède en outre l'avantage d'avoir ses organes de pompe à l'abri de tout contact avec le liquide. Ce pulvérisateur peut servir également pour la désinfection des lieux d'agglomération : casernes, hôpitaux, écoles, et dans toute ferme pour assainir les écuries, étables, poulaillers, etc.

La *Maison Simon et ses fils*, à Cherbourg (Manche), mérite une mention spéciale pour ses appareils de laiterie perfectionnés : les *barattes, malaxeurs, lisseuses Simon* que nous signalons bien volontiers à nos abonnés, propriétaires de grandes et de petites laiteries qui trouveront par leur emploi, un bénéfice considérable comme haute production de beurre.

La *Baratte Simon*, très pratique, indérangeable, d'un démontage très simple, que des enfants même peuvent faire fonctionner pour des quantités qui ne dépassent pas cent litres de crème, est munie de battes à hélices fouettant énergiquement cette crème dont le beurre est extrait d'une façon très rapide et sans exception.

Ajoutons que son démontage très simple permet de la nettoyer, avec la plus grande facilité. —

Signalons également de la même maison les *broyeurs* et *pressoirs « Simon »* pour pommes, poires, raisins, etc.

Matériel complet pour cidreries et vinification. — Très intéressante l'exposition de la *Maison Th. Pitter*, 24, rue Alibert, Paris, avec ses batteuses de grand travail; ses secoueurs de paille et cribleurs à deux ventilateurs, et bien recommandables ses locomobiles et batteuses très appréciées en France.

Plus loin, nous avons visité avec un légitime intérêt, les instruments de

M. Pol Fondeur, de Viry-Chauny (Aisne).

Le treuil à manège, système *Fondeur*, avec câble en acier de 200 mètres de longueur, guide-câble et plaque d'ancrage.

La charrue défonceuse, système *Fondeur*, disposée spécialement pour le défoncement des terres destinées à la plantation de la vigne, construite en acier et fer fin, versoir pointu *Fondeur* traction par animaux ou treuils de tous systèmes, défoncements à 75 centimètres.

La charrue à socs alternatifs dite *Universelle Fondeur* en acier et fer fin, régulateur horizontal, versoirs demi-pointus *Fondeur* en acier à épaisseur inégale, soit triangulaire en acier corroyé, rasettes en acier, force de 1 à 14 chevaux, pour labours de 18 centicentimètres de profondeur à 55 centimètres. M. Pol Fondeur a exposé également un nouvel araire : *Le Colon*, très léger et très solide, avec âge en bois, bâti en fer, versoir en acier système *Fondeur*, nouveau régulateur, simple et solide, force de 1 à 2 mulets. Cet araire qui convient au labour des vignes et des champs est de plus en plus recherché par les propriétaires en quête d'un bon instrument.

La *Maison Egrot, Alfred*, constructeur d'appareils de distillation, 23, rue Mathis, à Paris, a exposé cette année de nouveaux alambics perfectionnés, et appareils de distillation continue, système *Egrot*.

Les appareils « *Egrot* » sont connus avantageusement par nos abonnés.

Nous signalons également de cette maison, la chaudière basculante tôle étamée de 200 litres pour la cuisson des aliments des bestiaux, puis la chaudière basculante en cuivre pour le chauffage du lait.

Nous conseillons aux propriétaires qui, grâce à des alambics de moyenne grandeur, tireront de leurs propriétés des bénéfices sérieux qu'ils ne soupçonnent même pas, d'écrire à cette maison, qui leur adressera, avec le catalogue, un important *Traité pratique* de distillation de fruits, marcs, plantes, racines, fleurs, etc.

Moteurs à pétrole. — Ce genre de moteurs est à juste titre l'objet des préoccupations des agriculteurs et par conséquent celui de nos études. Il n'est pas douteux que le moteur à pétrole ne soit destiné à devenir celui de la culture, à la condition, cependant, qu'il soit d'un maniement facile, que ces organes puissent être remplacés ou réparés par les mécaniciens de nos villages.

Nous avons remarqué au dernier concours de Paris, un nouveau moteur dit *le Gnome*, construit par M. Louis Séguin, ingénieur, 14, quai du Petit-Gennevilliers (Seine). Cet appareil nous paraît offrir de nombreux avantages sur ceux qui existent, il est l'objet d'essais divers que nous suivrons avec tout l'intérêt qu'ils méritent. Nous espérons donner un enchaînement des détails complets en même temps qu'une étude comparative sur tous les moteurs agricoles au pétrole pouvant être employés dans les exploitations rurales.

Société
des Agriculteurs de France.

27ᵉ SESSION ANNUELLE (*Suite*).

8ᵉ Séance.

M. Johanet, administrateur donne lecture des résultats du scrutin dans les douze sections. Il n'y a aucun changement à relever.

On donne ensuite la liste des secrétaires adjoints du Conseil.

M. le Dʳ Mitivié, président de la section de sylviculture, présente le vœu suivant : La Société des Agriculteurs de France considérant que le bois de chauffage supporte une taxe d'octroi représentant en moyenne 45 0/0 de sa valeur d'origine, que le charbon de bois, à égalité de poids, est taxé quatre fois plus cher que le charbon de terre — estime qu'il y a lieu de demander que les tarifs d'octroi soient modifiés de manière à rétablir la proportionnalité entre la valeur des combustibles minéraux et végétaux. — Adopté.

M. Stanislas Tétard, au nom de la section des Industries agricoles développe la résolution suivante : Considérant que l'Allemagne s'apprête à augmenter les primes à l'exportation que déjà elle accorde à ses sucres ; que cette législation est ouvertement dirigée contre la production française ; — que si ces primes nouvelles sont votées en Allemagne, notre exportation de sucre se trouverait irrémédiablement compromise ; — que l'agriculture souffrirait première de la perte d'un débouché indispensable au maintien du prix de betterave ; — la Société des Agriculteurs de France émet le vœu que le gouvernement français réponde à la loi allemande en ajoutant à la législation, actuellement existante un régime équivalent à celui de l'Allemagne. — Adopté.

M. Teissonnière, au nom de la section de viticulture, donne lecture d'un vœu tendant à ce que, pour les introductions des produits agricoles provenant des pays de protectorat, qui engagent les finances du pays sous forme de dégrèvement de droits de douane, il y ait une enquête dans les départements intéressés et qu'un vote du Parlement et non qu'un simple décret intervienne. — Adopté.

M. le baron S. de la Bouillerie, au nom de la section de législation soutient le vœu suivant : La Société des Agriculteurs de France, considérant que le dépeuplement des campagnes est un mal dont souffre cruellement l'agriculture et que la création d'un régime protecteur spécial garantissant l'existence de la petite propriété serait de nature à constituer un utile remède, adopte le principe du bien de famille ; — émet le vœu que tout citoyen français marié ainsi que tout veuf ou toute veuve ayant un ou plusieurs enfants mineurs puisse mettre une part déterminée de son bien sous le régime de l'insaisissabilité.

M. Fauche combat le vœu comme devant enlever au chef de famille une partie de son crédit, comme n'étant pas de nature à empêcher la dépopulation des campagnes et comme réclamant une faculté qui, un jour peut-être, serait transformée en obligation.

M. le baron S. de la Bouillerie défend les conclusions de la section de Législation. Il croit que le crédit du chef de famille est surtout personnel et que l'insaisissabilité de son petit patrimoine ne saurait y porter atteinte. Il pense qu'elle n'aurait d'autre effet que de le protéger contre l'usure.

M. Urbain Guérin se prononce énergiquement en faveur du *homestead*. À ses yeux la stabilité de la famille est à ce prix.

M. Allier fait remarquer que, s'il s'agit de rendre le bien de famille insaisissable, il n'est pas question de le rendre inaliénable et que, par conséquent, il ne servirait plus, il est vrai, de gage à un prêt usuraire, mais pourrait toujours faire l'objet d'une vente à réméré, opération non moins désastreuse le plus souvent. Le vœu n'est pas adopté.

M. J. Le Conte, au nom de la section d'Économie du bétail propose le vœu suivant : Que les expéditions de volailles vivantes et animaux de basse-cour, pour lesquels les Compagnies déclinent d'ailleurs toute responsabilité soient soumises aux tarifs ordinaires ; — que les délais de livraison accordés aux Compagnies soient sensiblement raccourcis pour les animaux de basse-cour vivants. — Le vœu est adopté.

M. Boucher d'Argis, au nom des sections des Relations internationales et de l'Horticulture, présente le vœu suivant :

La Société des Agriculteurs de France émet le vœu que le Conseil de la Société examine la possibilité de convoquer à Paris, au mois de novembre prochain, et au siège de la Société des Agriculteurs de France, pour statuer sur les points qui ont soulevé des désaccords, un Congrès libre des délégués des Sociétés agricoles des divers pays qui s'intéressent le plus à la protection des oiseaux utiles à l'agriculture.

M. le Dʳ C. Ohlsen soutient le vœu qui est adopté.

M. Paul Senart présente le vœu suivant élaboré par la Commission des chemins de fer et appuyée par la section d'horticulture : Que le service des trains établis pour le transport des fruits et légumes frais sur la ligne P.-L.-M. soit amélioré dans le but de rendre possible l'exportation à Londres et en Belgique, que leur marche soit accélérée et qu'il soit créé un nouveau train au moins pendant la saison des primeurs, correspondant avec les paquebots partant le soir pour l'Angleterre.

M. le colonel de Vains, au nom de la section d'enseignement, demande la réduction à un an du service militaire, pour les jeunes gens qui ayant accompli toutes leurs études dans une école pratique d'agriculture (départementale ou autre) et ayant obtenu le diplôme de ces écoles, prendront l'engagement d'exercer une profession agricole jusqu'à l'âge de trente ans au moins. — Adopté.

M. Plichon, député, soutient le vœu suivant : Considérant que la France a pris possession de Madagascar et que les engagements antérieurs de la reine tombent en même temps que la puissance qui les avait fait naître; qu'il importe que le fonctionnement des services de l'île soit assuré au moyen du produit de taxes douanières; qu'il est nécessaire de réserver à l'agriculture et au commerce français, qui ont à supporter les charges de l'expédition et de l'occupation, un traitement privilégié, la Société des Agriculteurs de France émet le vœu qu'aucun traité de commerce ou convention commerciale ou maritime ne soit conclu ou conservé en ce qui concerne Madagascar, et que la France y reste absolument maîtresse de ses tarifs. — Adopté.

M. Prache, conseiller municipal de Paris, formule le vœu suivant : Que dans le règlement d'administration publique à établir en exécution de l'art. 4 de la loi sur les Halles, il soit décidé que les procès-verbaux rédigés pour la constatation des contraventions et délits commis sous le pavillon des Halles seront dressés en double; — que les expéditeurs auront le droit de se faire envoyer tous les volants relatifs aux ventes de leurs produits; — qu'il soit tenu compte en outre, des vœux précédemment émis par la Société.

M. le baron de Ladoucette n'accepte le vœu présenté que comme un minimum; mais il s'y rallie, espérant que la loi nouvelle recevra les compléments nécessaires.

Le vœu est adopté.

M. Désonnais, au nom de la Section des Relations internationales, présente le vœu suivant : Que les chambres de commerce soient autorisées à percevoir sur les pavillons étrangers certaines taxes pour faire face aux travaux, améliorations et entretien des ports, charges qui incombent déjà dans une large part aux dites chambres de commerce.

L'ordre du jour étant épuisé, M. le Président remercie les membres présents de leur assiduité, tant aux réunions des sections qu'aux séances de l'Assemblée générale et déclare la session close.

Le droit sur les blés.

La Société a entendu un discours magistral de M. Paul Le Breton sénateur, sur ce sujet capital, et a voté de nouveau un vœu demandant deux choses :

1° Droit de douanes gradué sur les blés, inversement à leurs cours comme nous l'avons tant de fois expliqué.

2° Droit de douanes additionnel sur les blés importés des pays à régime bimétallique, proportionné à la prime de la monnaie d'or sur la prime d'argent.

Rien de plus logique et de plus rationnel assurément que ces deux droits.

Une seule objection a été opposée à un relèvement du droit sur les blés par M. Fougeirol, député. Il a soutenu que le droit actuel ne peut être augmenté et qu'un droit plus élevé serait inefficace. Pourquoi ?

Pour toute raison, M. Fougeirol a cité le cas du marché de Londres où les blés étrangers, bien qu'admis en franchise, atteignent les prix de 15 francs le quintal, 3 francs seulement au-dessous des cours de nos blés en France. Si le droit de 7 francs ne produit qu'un si faible écart, un droit plus fort ne serait pas plus efficace.

Outre que cette conclusion est absolument gratuite pour ne pas dire insoutenable, il était facile de répondre à M. Fougeirol, qu'en Angleterre le marché aux blés est dans des conditions tout autres qu'en France. L'Angleterre tire de son sol à peine le quart des blés nécessaires à sa consommation. Les trois autres quarts lui sont apportés par le commerce. Le commerce est donc maître absolu du marché et il fait payer le blé aux prix qui lui conviennent; 15 francs lui donnent un bénéfice suffisant.

En France, les blés étrangers ne fournissent qu'un appoint annuel de 5 à 6 0/0, 10 au plus, aux blés indigènes. Les blés étrangers se contentent d'un bénéfice moindre qu'à Londres ; mais si modiques que soient leurs cours, ils n'en pèsent pas moins sur les prix de nos blés français et d'un poids ruineux pour les producteurs et pour la propriété rurale, et, quoi qu'en dise M. Fougeirol, le seul moyen de rétablir sur nos marchés un juste équilibre entre les blés étrangers et les blés indigènes, c'est le système de droits de douane restauré par M. Le Breton et par la Société des agriculteurs de France.

Pendant que la Société émettait ce vœu si nécessaire réclamé par M. Le Breton, le comice de Lunéville, sur la proposition de M. Collet, demandait que provisoirement et immédiatement les blés étrangers fussent frappés d'un droit de 10 francs, pour sauver la culture d'une ruine imminente en attendant le rétablissement du droit gradué.

Le Comité de Lunéville déclare l'agriculture, autant dire la patrie, en danger.

Concours général de pulvérisateurs à Bordeaux.

Nous rappelons que ce concours général comprendra deux sortes de pulvérisateurs.

1° Appareils fonctionnant à dos d'homme, — 2° fonctionnant à traction de cheval ou d'âne.

Il y aura trois séries d'épreuves.

Les premières éliminatrices sur papier noir, — les secondes en terrain accidenté, — les troisièmes en vignes accidentées également.

Adresser les déclarations au secrétaire de la Société d'agriculture, M. Maxwell, rue du 29 Juillet, avant le 1er mai.

Concours de distributeurs d'engrais.

Le Comice agricole de Reims tiendra le 11 avril prochain, au matin, un concours expérimental de *distributeurs d'engrais*, au lieu dit *la Hussette*, chemin de Betheny. Tous les fabricants et marchands de ces instruments sont invités à concourir. On remettra à chacun l'engrais qu'il devra semer sur une étendue déterminée. Des médailles et des diplômes seront décernés aux concurrents les plus méritants.

Écrire avant le 5 avril (jour de Pâques) au secrétariat du Comice, parvis Notre-Dame, 13, Reims.

Greffes de pommiers à cidre et de poiriers à poiré. — M. Houzeau, directeur du laboratoire, annonce qu'il distribue gratuitement des greffes des variétés les plus méritantes aux agriculteurs de la Seine-Inférieure et de l'Eure et moyennant 15 centimes par brin de dix yeux aux cultivateurs des autres départements.

M. Houzeau conseille aux arboriculteurs de placer leurs greffes en jauge dans le sable humide jusque vers le 11 avril, époque où la reprise de la végétation est le plus favorable au greffage.

Repeuplement des rivières.

Nous apprenons que la Société de pisciculture du Cher vient de lancer, dans le Cher, à Quincy, une dizaine de mille de petites carpes.

Le premier essai tenté, l'an dernier, avec des carpes seulement, quoique fait tardivement, dans des conditions défectueuses, et malgré l'extrême sécheresse et la perte de l'eau qui en a été la conséquence a donné de sérieux résultats. Il est acquis, dès à présent, que l'année prochaine ce produit sera de beaucoup supérieur à celui de cette année.

En attendant, les alevins, de très respectable grosseur, versés dans le Cher, y feront bonne figure, et feront plus tard la joie des pêcheurs qui, depuis de longues années, ne rencontraient plus une carpe dans cette rivière.

Voilà un exemple qu'on devrait bien imiter dans le Loiret.

CHRONIQUE AGRICOLE

Situation. — La Saison.

Nous n'avons pas, Dieu merci, un grave retour offensif de l'hiver, qu'on pouvait redouter pour la fin de mars; mais la température subit un refroidissement qui est vu avec satisfaction, parce que, s'il ne va pas jusqu'à la gelée, il suffit à modérer l'essor trop rapide de la végétation en général.

Dans le centre et dans le nord, cette température est accompagnée de fréquentes giboulées, de pluies et même de grêle; mais la grêle est encore peu redoutable à l'heure actuelle pour les plantes et pour les arbres fruitiers. Dans une quinzaine plus tard, elle serait plus redoutable.

Mais le regain d'hiver est plus accentué dans les régions montagneuses de l'Est. Depuis les départements de Meurthe-et-Moselle et des Vosges jusque dans les Cévennes, l'Auvergne et la Savoie, les montagnes ont reçu d'abondantes neiges, qui atteignent même les vallées. Ce retour hivernal n'a pas d'inconvénient sérieux, les plantes en terre sont en sécurité sous leur manteau de neige, et on en attend sans impatience la fonte, pour la reprise des travaux de culture.

En somme, on est généralement satisfait de l'état des récoltes en terre sur l'ensemble du territoire en France et dans toute l'Europe centrale.

En Algérie, malheureusement, la situation est fort différente. La sécheresse anormale de l'hiver et du printemps menace d'une destruction complète les céréales en terre, après avoir dévoré les herbes des pâtures et décimé les bestiaux et les troupeaux. La colonie est menacée d'une famine générale si la pluie ne vient pas promptement à son secours.

La viticulture. — Les viticulteurs diligents surveillent activement leurs vignes au moment du débourrage; tous savent que, pour combattre le mildiou, le black-rot et autres parasites redoutables, il faut faire une première imbibition des toxiques qu'on sait sur les bourgeons au moment de leur première apparition. A notre avis, c'est à la main et au moyen d'une brosse ou d'une éponge, que cette imbibition se fait le mieux sur chaque bourgeon et avec la moindre dépense. Les pulvérisateurs sont réservés pour l'épandage sur les feuilles.

Dans la majeure partie de la France, les travaux extérieurs suivent leur cours; les giboulées momentanées ne nécessitent que de rares interruptions. On a tout le temps nécessaire pour mener de front les travaux de plantation ou de semences et les travaux aussi utiles — ne cessons de le redire — dits *d'entretien*: sarclages, binages, hersages, roulages, dont le besoin dépend, suivant les cas

très divers, de l'état du sol, de l'atmosphère et de l'intelligence avec laquelle le cultivateur les apprécie.

Les habiles jardiniers sont sur ce point des modèles à proposer aux cultivateurs. On sait avec quelle vigilance ils suivent la marche de leurs cultures dans leurs rapports avec les révolutions favorables ou nuisibles de l'atmosphère. La meilleure culture agricole sous ce rapport est celle qui imite le mieux les exemples des bons jardiniers, autant du moins que les engins à cheval du cultivateur peuvent opérer comme l'outil manuel du jardinier.

M. David Thomas nous écrit de Villeneuve (Vaucluse) :

« Monsieur le Directeur,

« Permettez que je vous envoie de chez moi l'état actuel des cultures en terre.

« A l'heure où tout paraît aller pour le mieux en fait de récoltes en terre il m'a paru bon de vous signaler une exception: on est tout étonné d'apprendre que les pluies ont été presque générales en France. Or ici depuis fin décembre, il n'est pas tombé une averse. Jusqu'au mois de février les récoltes promettaient beaucoup, on se serait cru au printemps. Mais comme à cette époque, il n'y avait qu'un peu d'humidité pour la maintenir ainsi, on croyait qu'avec quelques autres pluies elles donneraient raison à nos espérances. Mais, hélas ! depuis lors, chose incroyable, il faisait de telles chaleurs en ces mois, février et mars, que la plante, manquant d'eau, paraissait comme atrophiée et depuis plusieurs mois, on attend, mais en vain, un peu de cette pluie si désirée. On voit en bien des endroits le blé, flétrir, jaunir, par cet excès de chaleur et de sécheresse. En d'autres parties, les feuilles paraissent comme grillées, la terre ressemble à un brasier, le terrain est tellement desséché que les mottes faites par la bêche ne peuvent se détruire.

« On a essayé cependant d'ensemencer des betteraves, mais on craint qu'elles ne puissent germer et d'ailleurs depuis un mois c'est à peine si quelques graines ont pu lever. J'ai renoncé à en faire, l'état du sol me paraissait mauvais, et j'attends la pluie. Jamais on n'avait vu un temps si sec. Alors que le Rhône allait presque déborder, (encore 80 centimètres à 1 mètre et la plaine était inondée), on ne pouvait en croire les journaux parlant d'inondations, de pluies générales, si on n'avait vu par deux fois le Rhône croître dans des proportions inquiétantes pour les riverains.

« Les bergers du voisinage ne savent plus où garder leurs troupeaux, les montagnes ne pouvant fournir l'herbe en abondance que d'habitude, on y rencontrait à cette époque. Toujours on croit que le temps va changer : quelques nuages apparaissent, d'épais brouillards se forment, puis survient une chaleur

presque torride. C'est le vent du Nord, le mistral qui va souffler et à l'heure où j'écris ces lignes il fait un vrai temps de mars, la température s'est bien refroidie ce qui est à préférer pour nos céréales souffreteuses, si en tout cas il ne survient pas de gelée, alors la plante pourra mieux se soutenir en attendant la pluie ; si elle n'arrive pas, tout est en partie perdu. Espérons que la Providence ne nous réserve pas cette autre calamité; par contre, les arbres promettent beaucoup de fruits : avec ce temps sec, la floraison et la fécondation se font à merveille, et si quelque gelée ne vient pas tout détruire on est certain d'une récolte bien bonne, à moins que le manque d'humidité ne donne que des fruits malingres.

« Enfin, pour terminer, je vous dirai que depuis nombre d'années, à part quelques exceptions, la sécheresse devient un fléau pour le Midi; même nos vignes s'en ressentent, elles ont débourré trop tôt et n'ont certes pas besoin de gelée blanche qui détruirait leurs bourgeons si avancés. Actuellement les eaux du Rhône seraient un grand bienfait pour les campagnes, condamnées à trop de stérilité et d'aléa faute de l'eau indispensable à nos cultures. C'est bien une honte pour notre époque de voir l'insouciance et l'imprévoyance des hommes qui président aux destinées du pays et de son agriculture ; à cet effet je suis très surpris que le projet d'un canal pour la navigation du Rhône à Marseille, soit aussitôt réclamé, aussitôt adopté, et pourtant c'est 80 millions dit-on que ça coûtera, alors que ceux pour l'agriculture depuis trente ans réclamés et promis ne s'exécutent jamais. De même je suis surpris (si je ne me trompe) que M. Méline fasse partie de la Commission du canal de Marseille (c'est assez drôle, c'est un non-sens!) car c'est cette même navigation ayant toutes les faveurs qui est l'une des causes majeures de la non-exécution des autres canaux, alors qu'on pourrait, ce me semble, concilier tous les intérêts, pour nous faire justice en sauvegardant l'agriculture du Midi.

« Agréez, mon cher monsieur, mes sincères salutations.

« DAVID THOMAS. »

Situation inquiétante de l'Algérie.

Nous recevons des nouvelles très alarmantes sur la situation agricole de l'Algérie.

La sécheresse persistante de l'hiver et du printemps a paralysé la végétation des céréales et des fourrages. La famine décime les bestiaux et les troupeaux, et les menace d'une entière destruction. En outre, les maigres récoltes qui ont un commencement tardif de végétation sont à la veille d'être envahies par les sauterelles. Les éleveurs, obligés de vendre leurs moutons, s'en dessaisissent à des prix dérisoires. L'Algérie est menacée d'une famine analogue à celle qui, en 1867, fit plus de 100.000 indigènes victimes de la faim et du typhus.

Le Conseil supérieur de la Colonie informé officiellement de cette cruelle situation se met en mesure, nous aimons à le croire, d'atténuer les calamités qui menacent nos compatriotes algériens. Les grands envois de céréales et de fourrages sont naturellement indiqués comme les moyens principaux de venir en aide aux colons.

Il n'y a pas de temps à perdre, espérons que les pouvoirs publics compétents seront à la hauteur du devoir que leur impose cette situation douloureuse. Nous reviendrons nous-mêmes sur ce poignant sujet, surtout au point de vue des secours que l'initiative privée peut ajouter à ceux que l'Algérie attend du gouvernement. Tous les efforts tentés des deux côtés ne seront malheureusement pas suffisants pour annuler entièrement les calamités qu'on redoute si les pluies tant attendues ne viennent prochainement ranimer la végétation dans la colonie.

En présence de cette cruelle situation, il va de soi que nous cessons de donner suite aux conseils qui ont été adressés aux Français désireux d'obtenir des concessions de terres en Algérie.

Le danger est grand à l'heure présente. Mais si une période pluvieuse venait au secours des récoltes, si tardive qu'elle fût, elle pourrait atténuer sérieusement les désastreux effets de la sécheresse actuelle. En tout cas, il est prudent de s'abstenir aujourd'hui jusqu'à nouvel ordre de toute demande de concession en Algérie.

Le virus Danysz.

Nous avons suivi avec attention et impartialité, nos lecteurs le savent, les essais nombreux du virus mortel pour les rats et les souris, découvert et prôné par M. Danysz.

Nous avons, comme c'était notre devoir, constaté les succès, et aussi, hélas! les échecs de ces essais en Champagne, dans le Pas-de-Calais, etc.

Aujourd'hui, M. Éloire, vétérinaire bien connu dans l'Aisne, publie un article dans le *Progrès agricole* d'Amiens, un article où il constate avec regret qu'il a appliqué consciencieusement le procédé Danysz et qu'il a complètement échoué.

Non content de signaler cet échec, M. Éloire déclare que d'autres virus, préventifs contre les maladies des animaux, et débités par l'Institut Pasteur, ont été également inefficaces, et ces déceptions lui suggèrent les réflexions suivantes, que les successeurs de M. Pasteur devront méditer sérieusement.

« Ce n'est, du reste, pas la première fois qu'on a à se plaindre des produits de la maison du regretté Pasteur. Le vaccin du choléra des poules n'a été que

le point de départ d'erreurs grossières; on en est revenu. — Le choléra des lapins a fait un *four* complet en Australie, entre les mains de M. Loir, un élève et un parent du Maître. Le vaccin charbonneux m'a donné, l'an dernier, des déboires assez sérieux, et la mortalité a continué après comme avant la vaccination du troupeau.

« Je reviendrai, du reste, un jour, sur cette question fort intéressante. La vaccination préventive de la rage laisse trop à désirer pour que nous insistions. Quant aux virus Danysz, ils continuent la série malheureuse des préparations *non contrôlées* vendues au poids de l'or et ne valant pas un clou.

« Je suis loin de nier les découvertes de l'illustre Maître de la science française, je suis moi-même un des bons clients de l'usine à vaccin, et c'est précisément à ce titre que je trouve que les produits de l'Institut Pasteur manquent trop souvent de la qualité qu'on doit exiger de produits sortant d'une telle maison; l'étiquette n'en fait point toujours la valeur.

« Aug. Éloire. »

L'accusation émane d'une trop bonne source pour ne pas trouver d'écho dans le monde agricole, et dans le monde médical et vétérinaire.

Le Dr Roux et M. Duclaux successeurs de l'illustre fondateur, ont un sérieux devoir à remplir. Nous espérons qu'ils n'y failliront pas.

Préparation des semences.

On a recherché souvent depuis quelques années, les matières les plus propres à achever la germination des graines de semence, en même temps qu'à les préserver des ravages des oiseaux et des animaux ravageurs que recèle le sol.

Le chaulage des semences à l'eau de chaux est toujours le mode le plus général, bien qu'imparfait, on y ajoute du sulfate de chaux, une addition de sulfate de cuivre, comme toxique destructeur des animaux nuisibles; mais ce toxique est accusé de produire son effet délétère sur le grain lui-même, si on l'emploie à dose supérieure d'un kilo par hectolitre d'eau. Pour les maïs, nous rappelons qu'une légère imbibation de pétrole est recommandée comme moyen d'éviter les ravages de certains oiseaux.

M. Hoc, professeur d'agriculture, annonce dans le *Journal de l'agriculture,* qu'à la suite de nombreuses expériences comparatives faites à l'école de Grandjouan, on a constaté que la composition suivante constitue le meilleur chaulage, c'est-à-dire celui qui provoque le mieux la germination des semences.

Nitrate de soude, 300 grammes; sulfate d'ammoniaque, 300 gr.; chlorure de potassium, 200 gr.; superphosphate

riche, 650 gr.; sulfate de cuivre, 50 gr. seulement; soit en tout 1.500 grammes seulement pour un hectolitre d'eau.

On commence par dissoudre ces matières dans 10 litres seulement. On achève ensuite le mélange. Le blé, étant ainsi préparé, est peu coulant, on le rend coulant en mélangeant de la cendre de bois.

On remarque sans peine que ce chaulage se compose exclusivement des matières fertilisantes propres au blé comme à toutes ces plantes. Il constitue un échantillon parfait d'engrais complet. A tout le moins il agit comme engrais en même temps que comme agent de germination,

Culture de la pomme de terre.
Les tubercules à planter,

Nous avons signalé l'opinion de M. Aimé Girard, d'après laquelle les tubercules entiers de moyen volume sont les meilleurs plants pour obtenir de bons rendements.

Aujourd'hui, le directeur de l'école d'agriculture d'Avignon soutient, en s'appuyant sur de nombreuses expériences, que le meilleur système consiste à semer dans chaque paquet plusieurs petits tubercules ou des fragments de gros tubercules.

Il décrit ainsi son procédé :

« On divise les tubercules, gros ou moyens, en « taillons » de 15 à 40 grammes, *portant chacun un ou deux bons yeux* (1) et l'on plante en lignes distantes de 60 centimètres, en espaçant chaque « taillon » à 40 centimètres sur la ligne.

« Ce système diffère de la méthode en usage dans quelques contrées pauvres, où l'on plante seulement les yeux avec un fragment adhérent, afin d'utiliser le reste du turbercule à l'alimentation, car chaque morceau ne doit pas peser moins de 15 à 20 grammes.

« D'après les essais comparatifs de l'école d'Avignon et les expériences faites en divers points, variés en tant que nature de terrain, des départements de Vaucluse, du Gard, des Hautes-Alpes, ce mode de plantation aurait donné un rendement supérieur de 45/00, avec la pomme de terre Canada, la Richter's Imperator et la Chancellor à celui fourni par la plantation des tubercules moyens entiers.

« Les petits tubercules entiers de Canada (poids: 20 à 40 grammes), plantés à 10 centimètres d'écartement dans des raies distantes de 60 centimètres, ont produit près de 32.000 kilos à l'hectare.

« Mais les excédents dus à la plantation en « taillons » ou en petits tubercules entiers rapprochés ne constituent pas un bénéfice net. Il faut en défalquer le surcroît de main-d'œuvre du sectionnement et la plantation plus drue. Après cette déduction, on trouve encore une

<hr>

1. Ceci est important (N. D. L. R.)

plus-value d'une centaine de francs en moyenne pour les pommes de terre sectionnées et un bénéfice de 300 fr. par hectare pour les petites pommes de terre Canada, comparativement à la plantation de tubercules moyens entiers à la distance de 50 centimètres. »

Entre ces systèmes opposés, que devons-nous conclure ?

Si on nous le demande?

Peut-être observera-t-on qu'il peut y avoir lieu de considérer la différence des climats. Celui de Vaucluse, en effet, est fort différent de celui de Joinville près Paris, où opère M. Aimé Girard.

En tout cas, en présence de résultats si différents produits par des expériences des deux systèmes, les praticiens feront sagement de poursuivre leurs essais comparatifs en donnant la principale place au système qui leur a donné les meilleurs succès jusqu'à ce jour. Une bande *témoin* du système opposé donnera toujours une indication utile pour l'avenir.

La race ovine berrichonne.

Les Sociétés agricoles du Berry (Cher et Indre) ont résolu de créer un herd-book de la race ovine berrichonne afin de seconder les éleveurs qui travaillent à son amélioration.

Nous approuvons hautement cette création. Dans le Berry, comme ailleurs, on a depuis cinquante ans tenté de remplacer la race ovine locale, jadis une des plus réputées de France pour sa laine et sa chair, par les races anglaises perfectionnées, le dishley, le southdown et le shropshire, le new-kent, etc. — Les succès de plusieurs éleveurs ont justifié ces tentatives, encouragées d'ailleurs par les primes dans les concours officiels. Mais la vogue des races anglaises n'a pas réussi, grâce à Dieu, à faire disparaître la race indigène du Berry; et si cette race n'égale point ses rivales anglo-françaises, elle n'a pas cessé de montrer des mérites sérieux qui sont des motifs décisifs d'en maintenir l'élevage traditionnel. Mais en même temps il importe de les perfectionner par des moyens qui ont abouti au perfectionnement des races anglaises : un sévère triage des meilleurs reproducteurs, une alimentation convenable des jeunes, soins hygiéniques appropriés, etc.

Au moyen de ces procédés, la race berrichonne déjà très méritante, au moins dans sa région, pourra devenir, dans une vingtaine d'années, l'émule des meilleures races anglaises.

La création du herd-book berrichon est la cheville ouvrière de cette louable entreprise. On y inscrira seulement les sujets les plus purs de deux variétés principales : le type *crevant* et le champagne, le premier de haute taille, le second de petite taille. On éliminera les autres variétés ainsi que le type solognot, qui est inférieur de tout point, et peut être avantageusement remplacé

en Sologne par les produits des variétés inscrites au herd-book.

Les comices et syndicats berrichons entreprennent une tâche digne des encouragements de l'État et du public des éleveurs. Nous espérons que leur courage et leur persévérance assureront le succès dont ces deux vertus sont la condition, car la transformation d'une race demande généralement une série de huit ou dix générations, soit trente ans au moins. Une vertu nécessaire en agriculture, c'est d'attendre les résultats d'une longue série d'efforts soutenus.

HORTICULTURE

Travaux du mois d'avril.

Le mois d'avril est le plus laborieux de l'année pour les semis et plantations dans les jardins. Il ne l'est pas moins pour les soins à donner aux arbres fruitiers.

Quand la température est douce, les nouveaux semis — presque tous les légumes en font partie, — lèvent bien à l'air libre ; mais lorsque les gelées nocturnes sont menaçantes, on doit les protéger par des abris, paillassons, feuilles sèches, pailles, châssis vitrés si on en a. C'est la tâche la plus laborieuse de cette période. Les fleurs des arbres fruitiers doivent être protégées au besoin par des abris contre les gelées blanches et contre les grêlons.

Le *Bulletin du Syndicat de Saint-Fiacre* signale les semis de légumes suivants comme ayant besoin d'un abri dans les circonstances:

Artichaut de semis, aubergine hâtive, courges, haricots, flageolets, melons, cardons, concombres, cornichons, patates, tomates, piments, etc...

Nous reviendrons au reste sur ce sujet.

Le *haricot quatre à quatre*, dit le *Bulletin*, est, en matière de haricots, une nouveauté d'un mérite exceptionnel. La maison Vilmorin, selon son habitude, le met dans le commerce après s'être édifiée par plusieurs années d'essais sur ses mérites qui sont : cosses très longues, très abondantes, charnues au point d'être aussi comestibles que les grains consommées en vert, grains épais, courts, d'un goût excellent.

Il ajoute la plupart des graines de plantes florales de pleine terre et il conseille de planter sous châssis les bulbes de plantes bulbeuses.

Pour les arbres fruitiers nous rappelons que le chaulage à l'eau de chaux est beaucoup plus efficace contre les ennemis ravageurs lorsqu'on y mêle une certaine quantité de sulfate de fer.

Le Soja.

Le *Soja* ou *pois abagineux*, importé du Japon vers 1887, est une plante annuelle de la famille des *légumineuses papilionacées*.

Dans son pays d'origine, cette plante est surtout cultivée pour l'extraction de l'huile. On mange les graines en bouillie; on en fait aussi un fromage artificiel aussi nourrissant que le fromage de lait. Les Japonais emploient son suc pour faire une espèce de sauce qui est fort usitée en Angleterre sous le nom de *soy*. On a encore recommandé sa graine récemment pour en faire un pain à l'usage des diabétiques, à raison de sa totale absence de sucre.

Cette plante, un peu trop tardive pour mûrir ses graines dans le Nord, peut y être utilisée comme plante fourragère à couper en vert. Son grand mérite est de résister à la sécheresse et à la chaleur et de n'être attaquée par aucune maladie ni par aucun insecte.

La variété la plus recommandable pour fourrage vert est le *S. à grain jaune*. Elle donne un fourrage abondant qu'on fait consommer quand le grain est à moitié formé. Plus tard on ensile la plante entière comme le maïs, soit seule, soit avec des pulpes de betteraves, etc.

Quelques variétés parviennent cependant, cultivées en plein champ, à mûrir leurs graines sous le climat de Paris; mais c'est surtout dans les régions méridionales que cette plante offre de l'intérêt.

Les graines donnent 17 à 19 p. 100 d'une huile jaune pâle et assez visqueuse; celles du *S. très hâtif* sont très riches en matière grasse et constituent une excellente nourriture pour le bétail; celles du *S. à grain noir* sont plus recommandables pour la nourriture des chevaux.

On sème le Soja en mai, en lignes espacées de 35 à 40 centimètres, à raison de 150 à 200 kilos par hectare.

Il parait que les graines de Soja torréfiées donnent un boisson aromatique et excitante, qui ressemble beaucoup au café.

E. BOUR.

Légumes nouveaux.

Le catalogue de la maison Vilmorin pour 1896 signale un certain nombre de nouveautés qui intéressent les amateurs de culture potagère. Dans le nombre nous remarquons le *Céleri plein doré à côte rose*, qui est d'excellente qualité et ce qui ne gâte rien, d'un bel aspect.

La *tomate Champion écarlate* qui a été obtenue en France est sortie de la variété *Champion*, venue d'Amérique il y a quelques années. Elle en a tous les caractères: elle est aussi précoce, de tenue aussi raide, et aussi productive, mais ses fruits, qui sont de même arrondis ou bien lisses, au lieu d'un rouge violacé, sont d'une jolie couleur écarlate, d'un transport facile, et conviennent particulièrement à la culture de la tomate en vue de l'expédition.

Plusieurs variétés nouvelles de *haricots* sont à signaler, notamment le *hari-*

cot *nain mangetout*, roi des beurres. De toutes les variétés à cosses jaunes obtenues jusqu'ici, aucune ne peut rivaliser avec cette nouvelle race, très distincte, et on ne peut plus digne d'intérêt. Elle est trapue, buissonnante, d'une production considérable et soutenue. Ses nombreuses cosses sont remarquablement tendres et si charnues que le grain trouve la place nécessaire pour s'y développer. Cette nouveauté ne peut manquer d'être adoptée pour les potagers d'amateurs, aussi bien que pour la grande culture, car, en dehors de son grand mérite pour la vente en filets, son grain bien blanc, ovale, à peau très fine, est excellent à consommer sec.

Le *pois gros noir*, le pois de Clamart *nain hâtif* figurent parmi les nouveautés de même que le pois nain mangetout *Debarbieux*. Ce nouveau pois, venu du Nord de la France a, sur les anciennes variétés de pois sans parchemin, le grand avantage de pouvoir se passer de rames et de donner un produit abondant et de bonne qualité ; ses cosses sont longues, un peu courbées, charnues, et bien remplies.

Parmi les fleurs nouvelles mises en vente par MM. Vilmorin-Andrieux, nous signalerons : les « Baliniers nains florifères », la « Capucine grande Nankin », les « Cinéraires hybrides à grande fleur striée », la Digitale à fleur campanulée variée », le « Muflier grand écarlate vif », la « Pensée à grande fleur pourpre », la « Verveine teucrioïde à fleur jaune », la « Scabieuse double grande Pompadour. »

Le Bombyx du pin (Lasiocampa pini) dans les pins de la Champagne.

L'invasion de cette chenille s'est d'abord manifestée pendant l'été de 1892, dans les pineraies entre Champfleury et Viapres-le-Grand.

Les pins sylvestres devenaient d'une couleur sombre, noirâtre ; les aiguilles disparaissaient. Les pins d'Autriche et les Laricio résistaient mieux et une partie des aiguilles restaient vertes le long de la tige. Au mois de mars 1893, les chenilles ont traversé les espaces découverts de la Champagne crayeuse et envahi les massifs voisins.

Le fléau s'est développé en raison d'une sécheresse excessive et persistante. Certains oiseaux, pies, geais, loriots, mésanges, et surtout les corbeaux, ennemis déclarés du bombyx du pin ont sauvé quelques pineraies envahies.

M. Fliche, professeur d'entomologie à l'école forestière de Nancy, qui avait reçu du ministre de l'agriculture la mission d'étudier la marche du bombyx, a indiqué les moyens suivants pour prévenir une nouvelle invasion :

1° En octobre et novembre, examiner les pieds des pins, soulever les feuilles mortes, les mousses, les lichens et gratter le sol pour découvrir les chenilles, qui ont à cette époque 2 ou 3 centimètres de long. On les détruit en les arrosant de pétrole à la dose de 15 litres pour 100 litres d'eau.

2° Au mois de mars, on entoure les troncs d'un enduit visqueux, tel que le goudron allemand (anneau de 18 à 20 centimètres de hauteur), en deux fois : avant et après la montée des chenilles.

3° Exploiter rapidement les arbres morts ou malades, leur bois s'altérant rapidement et devenant des foyers d'infection de « bostriches ».

Le ministre de l'agriculture, sur le rapport du professeur, avait accordé une subvention à la station d'expériences de Nancy, en vue d'expérimenter les matières visqueuses pour enduire le tronc des arbres et arrêter la montée du « Lasiocampa pini ».

Au mois de mars 1895, M. Jolyet, garde général, attaché au laboratoire de l'école forestière, est venu expérimenter dans les plantations résineuses de l'arrondissement de Troyes, divers enduits visqueux destinés à arrêter la montée de la chenille de bombyx. Voici le mode d'opérer le plus pratique :

On ébranche d'abord les pins sylvestres et d'Autriche jusqu'à la hauteur de 1 m. 50, en ayant soin que les branches latérales du sommet ne se touchent pas d'un arbre à l'autre ; puis, on entoure le tronc d'un anneau formé d'une couche de goudron épaisse de 4 millimètres. Les chenilles, qui cherchent à gagner les branches, montant le long du tronc, viennent s'entasser sur cet anneau goudronné, s'y mettent en grappes et retombent mortes sur le sol.

Tel est du reste le procédé qu'un des premiers M. le comte Armand a pratiqué, et avec succès, dans le département de l'Aube.

Si le cheval pouvait parler.

Si le cheval pouvait parler, voici ce qu'il dirait :

— Quand il fait un froid de Sibérie, ne m'attachez pas à un poteau ou autre objet de fer.

Ne me laissez pas attaché la nuit dans un endroit dont le sol est dangereux pour se coucher, je suis attaché et incapable de choisir l'endroit où je me couche.

Ne me forcez pas à manger plus de sel que j'en veux en en mettant dans mon avoine ; je sais mieux que tout autre combien il m'en faut.

Ne croyez pas que je m'empresse sous le fouet, que je ne me fatigue pas ; vous vous trémousseriez autant que moi si l'on vous y contraignait à coups de fouet.

Ne vous figurez pas que, parce que je suis un cheval, je suis capable de manger toutes les mauvaises herbes.

Ne me donnez pas des coups de fouet parce que j'ai eu peur de quelque chose, car la fois suivante je m'en souviendrai, et il pourrait vous arriver un malheur.

Ne me faites pas trotter en montant une côte, où je suis obligé de vous monter, vous et votre voiture, avec moi-même. Faites-en vous-même l'essai : essayez de monter une côte avec une lourde charge en courant.

Ne me laissez pas dans une écurie plongée dans les ténèbres, car, quand vous m'en faites sortir, la lumière me fait mal à la vue, surtout quand la terre est couverte de neige.

Ne dites pas *hô* (arrête) à propos de rien. Ne me dites d'arrêter que quand je dois arrêter, et apprenez-moi à le faire au premier mot ; si vos guides viennent à se casser, vous ne vous repentirez peut-être pas de m'avoir appris à m'arrêter à la parole.

Ne me faites pas boire de l'eau glacée ; ne me mettez pas dans la bouche un mors gelé, mais réchauffez-le en le tenant durant une minute collé sur mon corps.

Ne me demandez pas de reculer en me bouchant les yeux, car j'ai peur de le faire.

Ne me faites pas trotter en descendant une côte un peu raide, car, si quelque chose se cassait, je pourrais vous faire casser le cou.

Ne me mettez pas une bride dont les œillères me fassent mal à la tête ou m'empêchent de voir en avant.

Ne soyez pas assez négligent au sujet de mon harnais, pour ne le réparer que quand vous vous apercevrez qu'il m'a fait une douloureuse blessure.

Ne me prêtez pas à un écervelé qui ait moins d'esprit que moi-même.

N'oubliez pas qu'on lit dans un vieux livre, ami de tous les opprimés :

« L'homme juste a de la miséricorde même pour sa bête, mais le méchant est sans entrailles. »

(L'Agriculture du Nord.)

RECETTES

Traitement de la grippe canine.

La grippe ou influenza exerce en ce moment de nombreux ravages dans la gent canine. Pour la combattre, M. Mégnin conseille une désinfection à fond du chenil, au moyen d'un antiseptique, comme le crésyl par exemple, à 3. p. 0/0, employé pour lavages, et il donne aux chiens 4 ou 5 pilules par jour de la composition suivante (pour 300 pilules) :

Bicarbonate de soude. . . . . 30 gr.
Salol . . . . 20 —
Salicylate de bismuth . . . . . 10 —

En même temps, on opérera une dérivation sur les parois de la poitrine en les frictionnant avec de la pommade stibiée, formule du codex.

OFFRES ET DEMANDES

JEUNE HOMME ayant diplôme d'Ecole pratique d'agriculture demande emploi dans grande exploitation pour se fortifier dans la pratique. Pas exigeant comme gages.
S'adresser au bureau en journal.

Avoine grise de Beauce pour semence extra 1er choix, 21 francs les 100 kilos.

Au-dessus de 10,0 kilos 20 francs les 100 kilos, ogés gare Nangis (Seine-et-Marne.)

S'adresser à M. E. Leclert, agriculteur à Bois-Garnier, par Jouy-le-Châtel (Seine-et-Marne).

Pommes de terre de semence : *Géante bleu, Asparie, Annibal, de Paulsen ; Impérator de Richter*, espèces très résistantes et très productives.

Pureté d'origine garantie.

70 francs les 1000 kilos.

S'adresser : M. de Lavigerie, à Montbron (Charente).

On demande à acheter pour la place de Paris plusieurs lots de blés pour la meunerie, avoine de consommation, seigle et sarrasin, pailles et fourrages. Adresser échantillons et prix à M. Périnaud-Gérard, 6, rue de Marseille (Paris).

Ancien Industriel ayant possédé usine importante, fait valoir plusieurs Fermes et Bois de haute futaie, désire se placer comme intendant-régisseur. Nous recommandons spécialement cette personne qui a de grandes connaissances techniques à possesseur de grand domaine. Écrire au bureau du journal.

Huiles d'olive garanties pures et sans mélange venant directement de la propriété.

Au prix de 1,80, — 1,60, — 1,50 le kilog. suivant qualité.

Gare départ, paiement contre remboursement. S'adresser à M. Edouard Laurin, propriétaire à Saint-Chamas (Bouches-du-Rhône).

Agriculteur, ancien régisseur de grandes propriétés, demande direction d'un domaine en France ou colonies. Excellentes références.

GRAND CRU MENARDIERE. Cidre normand pur jus, 15 fr. l'hecto non logé.

Eau-de-vie de cidre garantie pure : 3 fr. le litre.

Sassier, propriétaire. La Colombe (Manche).

Volailles pondeuses en toute saison, **Leghorn doré**, spécialité en grands sujets, coqs et poules, pure race, 6 francs, œufs à couver, 20 francs le cent. — S'adresser à M. Emile Pourcelle, agriculteur à Cantigny, par Montdidier (Somme).

RED-CAP Œufs à couver de cette excellente race de poule, réputée la plus jolie et la plus forte pondeuse, garantis race pure frais et fécondés, 5 fr. la douzaine franco de port et d'emballage. S'adresser à **Calixte Dany**, Althen-les-Paluds (Vaucluse).

Purificateur d'air pour tonneaux, l'un 4 50 franco gare.

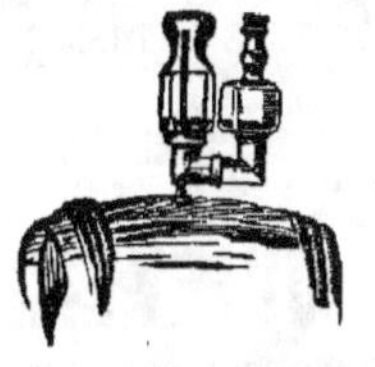

Moyennant un supplément de 0 fr. 40, nous joindrons à l'envoi une mèche à percer de calibre et moyennant 0 fr. 10 en plus, une mèche soufrée.

CORRESPONDANCE

AVIS IMPORTANT

Nous recommandons encore à nos lecteurs de ne pas nous adresser de mandats-cartes. Nous ne pouvons savoir à quoi attribuer les sommes qu'ils représentent et par conséquent nous déclinons la responsabilité des erreurs résultant de leur emploi.

M. Q. (Doubs), qui nous a adressé la semaine dernière un mandat-carte de 6 francs, est prié de nous en donner l'attribution en signant lisiblement sa lettre, et, s'il est abonné, de nous envoyer une bande.

M. G. à G. — Héritage de la République de Saint-Domingue. — Vous avez le droit de réclamer l'héritage, en justifiant de votre qualité d'héritier ; pour cela, il faut vous adresser à un avoué du pays où habite le détenteur actuel.

La prescription est de 30 ans ; elle a commencé à courir le jour où vous avez connu le décès de votre parent.

N'ayant pas de pièces entre les mains, nous ne pouvons vous en dire davantage.

G. G. (Vosges). — Tuberculose, maladies contagieuses. — L'État n'accorde aucune indemnité pour la tuberculose. Il y a en ce moment en discussion devant la Chambre des députés un projet de loi aux termes duquel tous les propriétaires et fermiers seraient tenus de faire tuberculiser leurs animaux et ceux qui seraient reconnus atteints de cette maladie contagieuse seraient abattus. Dans ce cas, l'État accorderait une indemnité aux propriétaires qui seraient tenus de faire abattre leurs animaux. Mais cela est à l'état de projet et rien n'est fait.

Si vous voulez vous renseigner et connaître vos droits, nous pouvons vous fournir dans un mois environ un ouvrage tout nouveau et spécial pour les agriculteurs ayant pour titre : *Des maladies contagieuses et de la Tuberculose*, par M. Félix Mercier, professeur de législation rurale à l'Institut agricole de l'Oise.

Dans cet ouvrage vous trouverez tout ce qui sera nécessaire pour connaître vos droits et les exercer utilement, ainsi que la jurisprudence jusqu'à ce jour.

M. d. M. (Sarthe). — Cote mobilière ; patente de loueur en garni. — Vous ne devez que la cote mobilière, parce que vous êtes imposé à cette cote au 1er janvier de chaque année.

Vous ne devez pas de patente de loueur en garni, parce que ce n'est qu'accidentellement que vous louez votre propriété meublée. Vous pouvez consulter dans ce sens un arrêt du conseil d'État du 25 avril 1879. Nous savons parfaitement que le conseil d'État a rendu un arrêt contraire le 23 janvier 1884, mais cette dernière décision est un arrêt d'espèce, qui ne détruit pas la première. En conséquence, nous sommes d'avis que vous devez être déchargé de la patente de loueur en garni.

M. A. A. (Vendée). — Le produit dont vous nous parlez peut parfaitement remplacer la bouillie bordelaise. Son action est efficace contre le *black-rot* ; dans un prochain numéro de la *Gazette*, nous parlerons de ce nouvel ennemi de la vigne et de son traitement.

M. G. E., aux R. (Maine-et-Loire). — La farine des petits pois ainsi que celle de maïs est excellente pour les chevaux et les vaches. Pour les breuvages, mettre une bonne poignée dans un seau d'eau, cela est excellent, l'eau est corrigée de sa fadeur et la santé des animaux se révèle par un poil plus luisant.

Ces farines s'emploient également en barbotages mélangés pour les chevaux avec de l'avoine, et pour les vaches, mélangés avec des betteraves, carottes et menues pailles, ce qui fait une nourriture très substantielle et nutritive.

Le *Phosphate de Quiévy*, mélangé avec du nitrate, ne nous surprend nullement pour les bons résultats que vous avez obtenus. Le Phosphate donne de la vigueur et de l'ossature à la plante et l'on a remarqué que dans les champs phosphatés, les limaces et les autres insectes dévoraient beaucoup moins les jeunes plantes. Ce cas nous a été signalé dans maintes circonstances.

M. R. (Doubs). — Veuillez nous dire quel emploi faire des 3 fr. 75 que vous nous avez adressés par mandat-carte. Comment voulez-vous que nous le devinions ?

M. J. M. (Loire). — Nous avons bien reçu votre mandat et vous envoyons les almanachs que nous vous avons déjà adressés une première fois.

Destruction de la cuscute. — M. Jobard Muthelot nous signale à ce sujet un procédé qu'il emploie avec succès depuis longtemps. Tout autour de la tache et sur celle-ci on pioche le sol à trois ou quatre centimètres de profondeur, puis on enlève avec soin la terre ainsi remuée pour la porter au loin. En opérant ainsi au printemps dès que la cuscute apparaît, on arrive à la détruire rapidement et complètement. C'est en tout cas un procédé fort simple qu'on peut essayer sans risques.

Nous remercions notre correspondant de nous l'avoir indiqué

PRIMES A NOS ABONNÉS

PRIMES DE PRINTEMPS

Nous informons nos lecteurs que toutes les primes annoncées jusqu'à présent sont épuisées, à l'exception de celles que nous continuons à annoncer.

Nous serons obligés de retourner l'argent accompagnant les ordres de primes épuisées.

Prochainement, comme les années précédentes, nous offrirons à nos aimables lectrices des primes de graines.

Bonde le cent, 25 fr., les cinquante 13 fr., les vingt-cinq 7 fr. Au-dessous de 25 bondes 0 fr. 30. Le tout franco de port.

Cette bonde offre les avantages suivants :

Préserve les fûts de tout accident en cours de route, même s'ils contiennent des liquides en fermentation. Évite toute perte de liquide pendant le transport.

Munie de sa plaque, cette bonde est inviolable.

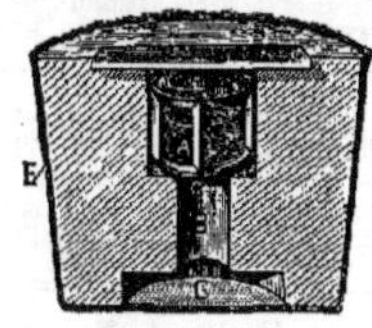

Elle empêche l'entrée de l'air dans les fûts tout en permettant la sortie des gaz en excès.

Adresser les demandes accompagnées d'un mandat à la *Gazette*, 10 bis, rue Piccini, Paris.

Porte-pantalon hygiénique, *breveté S. G. D. G.* de *P.-B. Noël*. Prix de faveur pour nos lecteurs. Pour hommes, jeunes gens et enfants de dix ans, franco 4 fr. ; pour femmes et fillettes, 4 fr. 50. Toute commande doit être strictement accompagné d'un mandat-poste représentant la valeur de l'expédition.

Huîtres fraîches d'Arcachon et de Marennes, colis postaux, 5 kilos contenant :

100 huîtres blanches	. . . .	4 25
70 — plus grosses	. . . .	4 80
100 — vertes	. . . .	5 60
70 — plus grosses	. . . .	5 60

Franco de port et d'emballage en gare ou à domicile. *Adresser les ordres* accompagnés de la bande du journal et d'un mandat à MM. J. Lapierre et J. Goubet à Andernos (Gironde).

Délicieux **Vin Muscat Vieux** tonique et réconfortant venant directement de la propriété, garanti authentique, offert en prime à nos abonnés à raison de 1 fr. 25 le litre logé en fûts de 25 à 35 litres. Fûts perdus.

Adresser les commandes au Bureau du Journal 10 bis, rue Piccini, Paris.

Si vous voulez boire du bon vin de Saint-Emilion, adressez-vous à M. Duplessis-Fourcaud, au château des Trois-Moulins, à SAINT-EMILION (Gironde).

(Voir le prix courant.)

Montre **Remontoir**, boîte métal nickelé, cuvette nickelée, 18 lignes ou 50 millimètres, cadran émail à secondes, aiguilles Louis XV, système à rochet, échappement-cylindre, 4 rubis. Prix 15 fr. 50 franco de port et d'emballage.

Le même article se fait en modèle réduit pour jeunes gens au même prix et pour dames avec augmentation de 2 francs.

Montre **Remontoir**, acier oxydé inaltérable cuvette acier oxydé 18 lignes, système perfectionné, calibre revolver, cylindre 8 rubis, cadran émail à secondes, prix 20 francs, franco de port et d'emballage.

Le même article se fait en modèle réduit, pour jeunes gens au même prix, et pour dames avec augmentation de 2 francs.

Baromètre nickel, fabrication française très soignée, système perfectionné. Prix 12 francs.

Baromètre « Bois sculpté Masson, » très décoratif, fabrication française, système perfectionné. Prix 22 fr. 50.

Envoyer les demandes accompagnées d'un mandat d'égale somme, au Bureau du Journal, 10 bis, rue Piccini, Paris.

Vélocipèdes. — Pour répondre aux désirs maintes fois exprimés par nos lecteurs, nous nous sommes livrés à de sérieuses recherches. Nous avons visité les principales usines et pris l'avis d'amateurs de cet instrument. Nous sommes aujourd'hui en mesure de procurer à nos lecteurs, à titre de primo exceptionnelle, des machines parfaites à tous égards provenant d'un des meilleurs fabricants.

La plus vaste Manufacture du Monde

Nos abonnés auront droit à une remise de 50 0/0 sur les prix du catalogue de cette maison.

Nous ne disposons que d'un très petit nombre d'instruments dans ces conditions.

Le Gérant : E. GAMBART.

IMP. NOIZETTE ET Cie, 8, RUE CAMPAGNE-1re, PARIS.

CHEMINS DE FER DE L'OUEST

Abonnements sur tout le réseau.

La Compagnie des Chemins de fer de l'Ouest fait délivrer, sur tout son réseau, des cartes d'abonnement nominatives et personnelles, en 1re, 2e et 3e classes, pour 3 mois, 6 mois ou 1 an.

Ces cartes donnent droit à l'abonné de s'arrêter à toutes les stations comprises dans le parcours indiqué sur sa carte et de prendre tous les trains comportant des voitures de la classe pour laquelle l'abonnement a été souscrit.

Les prix sont calculés d'après la distance kilométrique parcourue.

Il est facultatif de régler le prix de l'abonnement de six mois ou d'un an, soit immédiatement, soit par paiements échelonnés.

Les abonnements d'un mois sont délivrés à une date quelconque; ceux de 3 mois, 6 mois et un an partent du 1er et du 15 de chaque mois.

Avis à Messieurs les Cultivateurs et aux Fabricants de sucre.

La graine authentique *Fouquier d'Hérouël* est *toujours* facturée par la maison qui confirme à bref délai les commandes.

Les envois sont faits *directement* aux acheteurs en sacs plombés au nom « Fouquier d'Hérouël, à Vaux-sous-Laon. »

Il n'existe aucun dépositaire.

GRIFFE SARCLEUSE-BINEUSE

Outil économique

pour biner, sarcler promptement entre toutes les lignes de plantes ou légumes sans distinction, indispensable en toutes saisons dans les jardins, vignes, pépinières, les cultures de betteraves, de tabac, etc., même dans les allées

EXCELLENT DÉSINFECTANT
POUR LES FUTS À VIN, CIDRE, BIÈRE, ETC.

Prix de faveur pour nos lecteurs

Sur notre demande, M. Moity, père, l'inventeur, a consenti à en mettre de petites quantités pour essais à la disposition de nos lecteurs.

10 litres franco gare. 10 fr.

Adresser les demandes à M. Crépeaux, rue Piccini, 10 *bis*, Paris.

Ouvrages de MM. CRÉPEAUX

En vente aux bureaux de la *Gazette*

La Culture électrique 1 50
Manuel vétérinaire pratique du cultivateur ...... 1 »
Almanach de la France rurale pour 1896 ...... » 60
L'Année agricole et agronomique pour 1895 ...... 3 50

La Culture du Blé, par M. FLEURY-BERGER ...... 1 »

S'adresser à l'auteur : à Communay, par Saint-Symphorien-d'Ozon (Isère).

MACHINES AGRICOLES
A. BAJAC
à LIANCOURT (Oise)

CHARRUES-BRABANTS

MATÉRIELS pour toutes Cultures

GRAINES FOURRAGÈRES
POUR PRAIRIES PERMANENTES & TEMPORAIRES

Luzerne de Provence extra ..	135 fr.
— de Provence 1er choix.	125 —
— de pays extra.....	120 —
— de pays 1er choix...	110 —
Minette de Beauce........	40 —
Sainfoin à deux coupes.....	40 —
Trèfle violet...........	100 —
Vesce de printemps, de pays..	22 —
Maïs Caragua, dent de cheval.	21 —

Le tout aux 100 kilos, logés, Paris

MÉLANGE SPÉCIAL POUR PRAIRIES PERMANENTES composé selon la nature du sol, 65 kilos à l'hectare Prix : 90 fr.

Adresser les commandes à **BIROT Henri**, cultivateur grainier, 19, r. de Viarmes (Bourse de Commerce), Paris.

VELOUTINE FLAMANDE

La Veloutine est spécialement employée pour lustrer les cuirs de fantaisie : guides, selles, harnais de luxe et de travail, capotes, tabliers, caparaçons, etc., et lorsqu'ils ont déjà été enduits de vaseline, ce produit donne un joli brillant et évite l'action graisseuse des cirages ou préparations à base de cire. Sans causticité il ne dessèche pas et imperméabilise.

Le bidon d'un litre pour harnais noirs.... 3 70
— jaunes... 4 20

Franco gare contre mandat-poste.

S'adresser : *Manufacture de Vaselines industrielles de Ligny-en-Cambrésis (Nord)*

ASPERGE GÉANTE
ROYALE DE FRANCE
(RACE D'ARGENTEUIL PERFECTIONNÉE)

Demander la *Méthode de Culture* et prix courant (gratis et franco), à M. WILLIAM FOURCINE, directeur des pépinières royales de Dreux (Eure-et-Loir). Médailles et diplômes de première classe.

PHOSPHATE FOSSILE DE QUIÉVY-NORD
le plus assimilable de tous les phosphate connus
GARANTI PUR DE MÉLANGE AVEC TOUT AUTRE PHOSPHATE
Ce qui, du reste, ne pourrait que diminuer son assimilabilité.

EXTRACTION DU GISEMENT ET USINE À QUIÉVY.

Propriétaire-Extracteur : C. LECLERCQ
Bureaux à Viesly (Nord).

COMPOSITION MOYENNE		ASSIMILABILITÉ RELATIVE (méth. Joulie).	
		Solubilité dans l'oxalate d'ammoniaque.	
Acide phosphorique....	12 » à 16 » 0/0	Phosphate de Quiévy......	82 29 0/0
Potasse.............	0 45 à 2 77 0/0	— de la Meuse......	51 95 0/0
Chaux.............	19 05 à 31 » 0/0	— de Pernes........	47 87 0/0
Magnésie............	0 58 à 3 80 0/0	— des Ardennes......	46 43 0/0
Matières organiques azotées .	1 80 à 3 45 0/0	— de la Somme (moy.)..	44 53 0/0
		— de Ciply........	34 57 0/0

Titre garanti en acide phosphorique : 13 à 15 0/0.

LIVRAISON : EN POUDRE IMPALPABLE EN SACS PLOMBÉS, MIS SUR WAGON GARE QUIÉVY-en-CAMBRÉSIS
Prix : **3 fr. 80** les 100 kilos, sacs perdus, 30 jours, 2 0/0 ou 90 jours net.

NOTA. — Les acheteurs qui désirent employer le **véritable Phosphate de Quiévy** pur et garanti d'origine doivent exiger que les sacs portent la Marque (**Au Poisson fossile**) et la Firme **C. LECLERCQ**, seul exploitant à Quiévy (Nord).

Farine de Viande
Reconnue la meilleure Nourriture pour fortifier et engraisser le BÉTAIL, les PORCS, la VOLAILLE, les CHIENS, etc.

de la Compagnie Liebig

Fabriquée dans les Etablissements de la **Liebig's Extract of Meat Company Ld, London** à **FRAY-BENTOS** et **Succursales** (Amérique du Sud).

Cette Farine de Viande contient environ **90 pour 100** *de matières nutritives. Il convient de la donner aux animaux mélangée à leur nourriture habituelle.*

Pour tous renseignements s'adresser à { MM. **CHARLES HUE**, 51, quai d'Orléans, **LE HAVRE**. **GUÉTAN & M. CAILAR**, 49, rue Barbès, **PETIT-IVRY** (Seine).

GRAND PRIX à l'Exposition Universelle DE **1889**

DIPLOMES D'HONNEUR aux Exp. Universelles de Bruxelles 1880 & Amsterdam 1883

des Usines de **MM. P. MARCHAND Frères**, à **DUNKERQUE** (Nord)

Fabriqués sous le contrôle permanent de la Station Agronomique du Nord
Dirigée par M. DUBERNARD

Nous appelons l'attention des éleveurs et des nourrisseurs sur les Tourteaux de **COTON** de graines d'Egypte : c'est un produit excellent pour les vaches laitières, les bœufs à l'engrais et les moutons.

Nos Tourteaux de **COTON** sont complètement débarrassés de la bourre qui enveloppe la graine et contiennent la même quantité de matières nutritives et grasses que les meilleurs Tourteaux de Lin.

Nos Tourteaux de **COTON** forment l'aliment le meilleur et le plus avantageux en raison de leur prix excessivement bas.

PRIX : 9 Fr. 50 les 100 kil., gare Dunkerque

S'adresser à MM. **P. MARCHAND** Frères, à **DUNKERQUE** (Nord)

VIN PUR COTES 1ʳᵉ QUALITÉ
Vieux, nouveau garanti sur facture
Récolté par F_LIX LAU, propriétaire-viticulteur à **Caussiniojouls** (Hérault).
Nouveau, **35 fr.** *l'hect, logé sur gare Faugères*

A louer pour 18 ans à compter du 1ᵉʳ mars 1897, la ferme dite Ferme de Pézarches, à Pézarches (Seine-et-Marne). Bât. d'exploit, terres d'une cont, de 152 h.

S'adresser à l'Administration générale de l'Assistance publique, 3, av. Victoria, Paris

MACHINES
AGRICOLES, VINICOLES et VITICOLES
TH. PILTER
24, Rue Alibert, PARIS

SUCCURSALES :
Bordeaux, Toulouse, Marseille, Montpellier, Tunis

Les lecteurs de la **Gazette** désireux de recevoir les Catalogues de la maison TH. PILTER dès leur publication, sont priés d'écrire 24, rue Alibert, Paris, afin de se faire inscrire.

Eugène de MASQUARD
PROPRIÉTAIRE-VITICULTEUR, Château de la Cascade
SAINT-CÉSAIRE-LES-NIMES (Gard)

Vins garantis naturels, rouges et blancs, depuis 60 fr. la pièce de 220 litres jusqu'à 100 francs, selon qualité, pris en gare de St-Césaire (Gard), fût perdu
Ces vins ont été médaillés à toutes les expositions où ils ont figuré.

Récoltés sur des coteaux et des terrains secs, les vins de Saint-Césaire, l'un des meilleurs crus du Gard, se conservent parfaitement sans être plâtrés.

Envoi franco de prix courants et échantillons

LYSOL
Le plus puissant anticryptogamique & parasiticide

Complètement soluble dans l'eau
Le meilleur marché.

Assainissement et désinfection certaine de tous locaux.

Employé avec plein succès contre le mildew, l'oïdium, la pyrale, etc., et tous les parasites des arbres fruitiers, fleurs, légumes, etc.

SOCIÉTÉ FRANÇAISE DU LYSOL
22 & 24, place Vendôme, 24 & 22
PARIS

SELS POUR L'AGRICULTURE
Nourriture du bétail et Engrais des terres

Sel neuf dénaturé, au tourteau de colza. 45 f. 1.000 k.
Sel neuf dénaturé, au peroxyde de fer. 40 f. 1.000 k.
Sel de morue pur. . . . . 35 f. 1.000 k.

Expéditions de Fécamp, Bordeaux et St-Malo.

S'adresser à MM. **A. LE BORGNE** et ses Fils, négociants-armateurs, à Fécamp.

MÊME RAISON SOCIALE DEPUIS 1781
Expos. Universelle 1889 : 3 Grands Prix, 3 Méd. d'Or

VILMORIN-ANDRIEUX, O.✳, ✳ & Cⁱᵉ
4, Quai de la Mégisserie, PARIS

CULTURE SÉLECTIONNÉE & VENTE de **TOUTES GRAINES de SEMENCES**
Gros & Détail. — Catalogues gratuits aux lecteurs de la Gazette.

Insecticide-Préservateur
FERTILISANT
DESGOUTTES

La Boîte de 10 kilog., pour essais, **10 fr.** franco toutes gares (port et emballage compris).

Adresser les demandes, accompagnées d'un mandat, 10 bis, rue Piccini, Paris.

L'ENGRAIS AMIÉNOIS
FUMURE ORGANICO-CHIMIQUE
pouvant être employée seule ou comme complément de fumier de ferme

Mixte et très complet, cet engrais convient à tous les terrains ; il est approprié, sous divers numéros, à toutes les plantes.

SUPERPHOSPHATE AZOTÉ (produit nouveau)
12 0/0 acide phosphorique
3 à 4 0/0 azote (*organique*) soluble

Envoi franco du prospectus sur demande affranchie
Adressée à **M. Elisée LEFEBVRE** route de Rouen, **121, AMIENS**.

ANÉMIE CHLOROSE, FAIBLESSE FER QUEVENNE
Guéries par le VRAI
Adopté par l'Académie de Médecine, Paris, 14, r. Beaux-Arts, not. 08.

JANIAUD Jne

AMEUBLEMENTS COMPLETS
VENTE — RUE DE MAUBEUGE, 15, 15 bis & 17 — ACHAT

LOCATION DE MOBILIERS

GRAND GARDE MEUBLES
Rue Rochechouart 61 & 63
PARIS
TÉLÉPHONE
ASCENSEUR A TOUS LES ÉTAGES

ENVOI ⚬ FRANCO
DU CATALOGUE ILLUSTRÉ

L'URBAINE
Compagnie anonyme d'Assurances à primes
fixes contre l'INCENDIE
FONDÉE EN 1838
CINQUANTE-HUITIÈME ANNÉE
CAPITAL : 5 MILLIONS — GARANTIES : 70 MILLIONS
SINISTRES PAYÉS DEPUIS L'ORIGINE : 131.000.000 FRANCS
PARIS — 8 et 10, rue Le Peletier

DISTILLATION CONTINUE

ALAMBIC
Système A. ESTÈVE

F. BESNARD
PÈRE, FILS ET GENDRES
28, rue Geoffroy-Lasnier
PARIS
Envoi franco du Catalogue sur demande

POUDRE DELARBRE
Plus de CHEVAUX POUSSIFS !
Guérison de la POUSSE,
Toux, Bronchite et Gourme
La Boîte de 20 Doses : 3 francs
G. DELARBRE, AUBUSSON (Creuse)
Maison de Vente & d'Expédition à Aubusson (Creuse) G. DELARBRE
Paris & en province, chez tous les Droguistes & Pharmaciens.

MAISON
Ferdinand et Arnould LEMAIRE
ARNOULD LEMAIRE SUCCESSEUR

CULTURE DE MILLE HECTARES
Laboratoire de chimie pour l'analyse des porte-graines

SPÉCIALITÉ DE GRAINES DE BETTERAVES RICHES EN SUCRE
Ces graines sont garanties sur factures
franches d'espèces, de pureté normale et de bonne germination.
S'adresser pour les Commandes à M. **A. LEMAIRE**, producteur
CHATEAU DES MARETZ près Reims (Marne)

BAINS-BUANDERIES
Baignoires. — Chauffe-Bains. — Douches. — Appareils de lessivage,
système GASTON BOZÉRIAN.
CHAUDRONNERIE, TOLERIE, etc. — ENVOI FRANCO DE CATALOGUES.

DELAROCHE aîné, 22, rue Bertrand, Paris

ALIMENTATION DU BÉTAIL
Tourteaux de Coprah ou Coco

F. TASSY, E. ROCCA ET Cie
Fabricants d'huiles (producteurs directs
de Tourteaux)
23, RUE HAXO, MARSEILLE
Deux médailles d'or, Anvers 1894
Envoi de Prix-Courants et Échantillons sur demande.

M. RECOURAT, pharmacien à Beauvais.
Gale des moutons guérie radicalement
par une seule application de l'ANTIPSORIQUE.
La bouteille, 3 fr. ; la 1/2 bouteille, 1 fr. 75.
Guérison du PIÉTIN par un seul pansement
avec le CONTRE-PIÉTIN-RECOURAT.
Le pot d'essai, 1 fr. 50 ; le pot, 2 fr. 50.
Joindre 0 fr. 60 pour recevoir franco et
indiquer gare.

Le moment favorable au transport des vins
étant revenu, nous rappelons à nos lecteurs
que tous ceux d'entre eux qui, sur nos conseils, et depuis cinq ans, consomment les vins
de M. VINCENT ARDURA, vigneron, domaine de
la Chapelle-Frédignac, par Blaye-Bordeaux
n'ont qu'à se louer de la qualité et de la conservation de ce Bordeaux absolument naturel,
expédié sans intermédiaire.
Pour dégustation sérieuse, envoi gratuit est
fait d'une bouteille de la récolte désignée.
L'encaissement est fait par le facteur, à
30 jours, escompte 2 0/0, ou 90 jours.
Vendanges : 1893, à 130 fr., 1892-91, à 150 fr.:
1890-89, à 175 fr., 1887, à 200 fr., 1885, à 220 fr.,
1884, à 240 fr., 1882, à 250 fr., 1881, à 300 fr. —
Graves blancs vieux : 130, 150, 200, 250, 300 fr.,
suivant âge, les 225 litres collés, soutirés,
franco de port et de fût en gare d'arrivée.

VINS
DE SAINT-ÉMILION

Vins classés, de 800 à 250 francs la barrique
de 225 litres. — Moitié prix pour la barrique de
112 litres.
Vins grands ordinaires, de 140, 125, 105,
100 francs la barrique — 80, 75, 70, 65, 58,
55 francs, la demi-barrique. — Rendu franco en
gare et régie, sauf octroi.
Adresser commandes à M. DUPLESSIS-
FOURCAUD, à Saint-Émilion. — Envoi de
prix courants et échantillons sur demande affranchie.
Médailles d'Or, Paris, 1867 et 1889 — Moscou,
1891 — Besançon, Montluçon, Royan, etc.

UNION AGRICOLE DE FRANCE
Société Anonyme au Capital de 1.100.000 Francs. — Siège Social : 18, Boulevard des Capucines, Paris.
SIÈGE COMMERCIAL PRINCIPAL : 72-74, Rue Saint-Denis, PARIS

Vente à la Commission
et en toute loyauté
DE
DENRÉES AGRICOLES
de toutes sortes
et de toutes provenances

Fourniture Directe
et livraison à domicile
AUX
ÉPICIERS, FRUITIERS
Restaurants, Hôtels, Pensionnats et
Établissements privés importants.

Renseignements détaillés sur demande au Siège Social.

FROMENTINE
Marque déposée v. S.G.D.G.

Produit pour l'alimentation économique, saine et rationnelle du bétail, provenant en grande partie des issues de la mouture de blé.

DIVERSES MARQUES
Demander celle en raison du but poursuivi

Marque A pour l'engraissement égal à celui du tourteau de lin, le remplacement do l'avoine, production d'un lait de qualité supérieure.
Marque B pour le bon entretien du bétail.
Marque J développement rapide des jeunes bêtes.
Marque L surproduction du lait.
Marque E engraissement rapide.

Écrire à M. Armand MILLOT
Moulins Saint-Martin
Saint-Quentin (Aisne).

MALADIES DU BÉTAIL
ET DE LA VOLAILLE
Leur traitement préventif et curatif
PAR L'ACIDE SALICYLIQUE

L'acide salicylique, employé dans la nourriture à la dose de 1/2 à 1 gramme par jour et par tête de bétail, est le meilleur préservatif des maladies qui procèdent par contagion : Sang de rate, Cocotte, Maladie aphteuse, Erysipèle, Typhus, Morve, Variole et le Rouget des porcs, etc.

DES ATTESTATIONS NOMBREUSES DE GUÉRISONS obtenues pour la Cocotte et le Rouget des porcs ont été reproduites dans le journal *l'Agriculture.*

La désinfection des étables, des écuries, se fait instantanément au moyen d'un arrosage d'eau salicylée à 2 grammes par litre.

S'adresser à M. CERCKEL, administrateur de la *Compagnie de produits antiseptiques*, 26, rue Bergère, Paris.

Envoi sur demande de Prospectus et Brochures.

PRIX DU KIL., 25 fr. BOITE DE MÉNAGE, 2 fr.

CHEVAUX BOIXTEU
Guérison par le spécifique BORNET

Contre **Capelets, Mollettes, Vessigons, Eponges, Exostoses, Suros, Eparvins** e les **Formes** à leur début. (*Il s'applique également à toutes les tares molles et osseuses.*)

PRÉPARÉ PAR **A. BORNET**
Pharmacien de 1re classe, ex-interne et lauréat des hôpitaux.

19, rue de Bourgogne, PARIS.

Le flacon, 5 fr., à la pharmacie ; en gare par colis postal, 6 fr. contre mandat.

CRÉSYL-JEYES

DÉSINFECTANT ANTISEPTIQUE
Efficacité scientifiquement démontrée.
Envoi de Rapports et Références sur demande.

Le CRÉSYL-JEYES n'est ni Toxique ni Caustique
Il est adopté par toutes les Administrations publiques de Paris et des départements.
VENTE EN GROS :
Société Française de Produits Sanitaires et Antiseptiques
35, Rue des Francs-Bourgeois, PARIS,
et chez tous Droguistes et Pharmaciens.
Pour éviter les Contrefaçons exiger les Marques et Cachets de la Société, ainsi que le nom CRÉSYL-JEYES.

Machines Agricoles Françaises

MAISON ALBARET

O. ✳ O. M. ..
Breveté
S. G. D. G

Veuve ALBARET et G. LEFEBVRE, SUCCR

ATELIERS DE CONSTRUCTION ET ADMINISTRATION
A RANTIGNY-LIANCOURT (Oise)

Bureaux et Magasins :
9, Rue du Louvre, PARIS

LOCOMOBILES, MACHINES DEMI-FIXES, MOTEURS A PÉTROLE
BATTEUSES PORTATIVES ET FIXES — MANÈGES

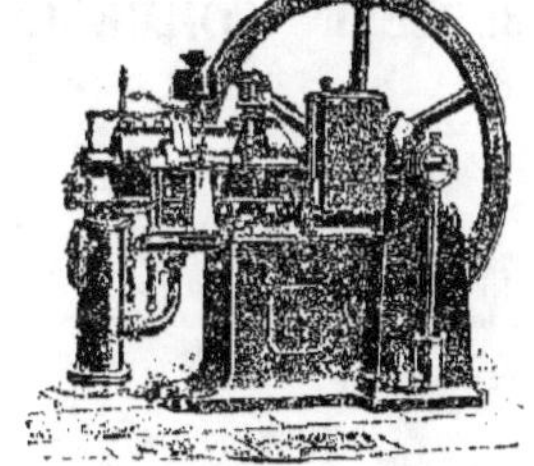

HACHE-MAIS — HACHE-PAILLE   **PRESSES A FOURRAGES**

FAUCHEUSES, MOISSONNEUSES & LIEUSES
RATEAUX, FANEUSES

Semoirs en Lignes — Semoirs à Engrais — Concasseurs — Aplatisseurs

INSTRUMENTS D'AGRICULTURE — INSTRUMENTS DE PESAGE
Grand Prix, **Lyon 1894**. — Grand Prix, **Anvers 1894**. — Grand Prix, Bordeaux 1895
Beauvais 1895, Diplôme d'Honneur
Tunis 1895, Premier Prix, Médaille d'Or
19 Diplômes d'Honneur et d'Excellence — 226 Médailles d'Or — 191 Médailles d'Argent

SUCCURSALES :
Saint-Quentin, Chartres, Abbeville, Cambrai, Dax, Lyon, Alger
Envoi franco sur demande s Catalogues illustrés.

17e Année. — N° 14.　　LE NUMÉRO: **10** CENTIMES.　　Dimanche 12 Avril 1896

GAZETTE AGRICOLE

JOURNAL HEBDOMADAIRE, PARAISSANT LE DIMANCHE

Fondateur : **M. CH. GOSSIN,** Professeur d'Agriculture à l'Institut agricole de Beauvais

PRIX DE L'ABONNEMENT

UN AN, **5** fr. — SIX MOIS, **3** fr. — TROIS MOIS, **2** fr. **25**

Pour l'Etranger les abonnements ne sont reçus que pour un an, au prix de 6 francs, et ne partent que du 1er JANVIER ou du 1er JUILLET de chaque année.

Le Numéro : **10** centimes.

Adresser toute la correspondance : mandats, lettres, annonces etc., à M. CRÉPEAUX, Directeur de la *Gazette agricole* 10 bis, rue Piccini, Paris.

Toute demande de changement d'adresse doit être accompagnée de 50 centimes et de la dernière bande du journal.

BUREAUX

97, rue de Rennes, Paris, et à Beauvais, rue Saint-Etienne.

Les abonnements partent du 1er de chaque mois et sont payables d'avance. Toute demande d'abonnement doit donc être accompagnée du prix de l'abonnement. (Le mode de payement le plus simple est l'envoi d'un mandat-poste.)

Donner *très lisiblement*, en s'abonnant, son nom et son adresse exacte, *avec l'indication du bureau de poste*; et, s'il s'agit d'une continuation d'abonnement, joindre au renouvellement la dernière bande d'adresse du journal.

Les Annonces sont reçues à la Direction du Journal, et chez MM. DUSSERIS et MATHELLON, 97, rue de Rennes, Paris.

Il est interdit de reproduire les articles contenus dans la *Gazette Agricole*.

BULLETIN COMMERCIAL

BOURSE DU COMMERCE DU MERCREDI 8 AVRIL.

	FARINES	BLÉS
Courant	40 15	18 25
Prochain	40 25	18 40
Mai-juin	40 25	18 50
4 de mai	40 45	18 65
Juill.-août	40 60	18 75
4 dernier	41 15	18 75

Marque de Corbeil : 45 fr. le sac de 150 kil. toile à rendre.

Halle aux blés — *Blés indigènes.* — Nous jouissons en France d'une température de plus en plus favorable. Les derniers froids ont fait plutôt du bien, aussi les avis sont-ils unanimement bons : jamais, à pareille époque, la plaine n'a eu pareil aspect.

Il y a peu de monde au marché libre tenu cet après-midi ; les affaires s'en ressentent ; la tendance est lourde, la meunerie restant très réservée, les prix se maintiennent difficilement, mais ils restent sans changement.

On cote de 17,50 à 18,25 les 100 kil. nets, gare d'arrivée Paris.

Blés étrangers. — Sans affaires.

Sons. — Fermes, il règne une bonne demande, mais pour le disponible seulement.

Seigles. — Les affaires en seigles disponibles sont très calmes ; les acheteurs offrent 10 à 10,25 gare Paris ; il y a de nombreux vendeurs à ces cours pris dans les gare de départ. On est calme en seigles nouveaux à livrer sur cinq mois d'août ; il y aurait vendeurs à 11 fr. Paris.

Avoines. — Les acheteurs ne veulent même plus payer les cours de la semaine dernière, c'est donc encore une grande faiblesse que nous devons enregistrer ; les affaires restent calmes. On cote : avoines blanches 14 à 14,25, rouges, 14,25 à 14,50, grises 14,35 à 14,60 noires 14,50 à 15,50. Il ne se fait aucune affaire en avoines étrangères.

Escourgeons. — Très peu d'offres, acheteurs rares par suite des prix demandés qui sont trop élevés pour le Nord.

On cote nominalement de 16 à 16,25 les 100 kil. On a déjà fait des affaires en orges d'Algérie qui ont été traitées sur les cinq mois d'août à 12,75 Dunkerque.

Menus grains. — On cote : Petit blé 11 à 14, jarras, 16 à 18, graine de lin 23 à 26, chènevis de Russie, 21 à 22, de Bretagne 27, millet Vendée blanc 20 à 21, vesces 17 à 20, de Bretagne 18 à 22, sarrasin 11,25 à 11,75.

Graines fourragères. — On cote : trèfle violets midi, Poitou, Sarthe, Anjou, Vendée, 60 à 90 ; Bretagne, Meuse, Champagne Nord 70 à 90 ; Luzernes Poitou, Vendée, Languedoc 90 à 110 ; Provence, 100 à 140 ; minettes 30 à 35 ; toëlles blancs hybrides 150 ; sainfoin simple 24 à 28, double 35 à 40 ; ray-grass anglais 30 à 40 ; Italie 30 à 35 les 100 kil. gare d'arrivée Paris.

Sucres. — Le marché est soutenu en sympathie avec l'étranger, les prix sont sans changement et les affaires calmes.

Raffinés 103 à 103,50, roux 88° 32,25 à 32,50

Marché de la Chapelle. — Marché ordinaire.

On cote : paille de blé 1re qté 26 fr., 2e qté 24, 3e qté 22 fr.; paille de seigle 1re qté 33 fr., 2e qté 29,3e qté 26 : paille d'avoine 1re qté 23 fr., 2e qté 21, 3e qté 19 ; foin nouveau 1re qté 46 fr., 2e qté 43, 3e qté 39 ; luzerne, 1re qté, 47 fr., 2e qté 42, 3e qté 38 ; regain 1re qté 43 fr.; 2e qté 41 fr., 3e qté 39 fr. ; sainfoin, 1re qté 42 à 2e qté, 40, 3e qté 38.

Marché aux chevaux, 8 Avril

Gros trait de 200 à 1.250	Boucherie de 60 à 200
Selle et tr.	Anes..... de 50 à 180
léger . de 200 à 1.250	Chèvres. . de .. à »
H. d'âge de 150 à 360	

AMENÉS

Chevaux, 354 — Anes, 8 — Chèvres, .. Voitures 98, de 25 à 550.

ENCHÈRES

Chevaux amenés, 18. Vendus, 15 de 95 à 400.

Prix des Produits Forestiers à Paris.

BOIS DE FEU (Octroi non compris)	Falourde de pin...	100 à 110 le cent.
	Bois de flot......	100 à 105 le déca.
	Bois gris neuf....	125 à 120
	Bois blanc.......	80 à 125
BOIS D'ŒUVRE (Octroi compris)	Chêne gros bois..	85 à 110 le m. cube
	— moyen bois .	70 à 60
	— petit bois ..	30 à 48
	Charme, plateaux..	55 à 55
	Sciage /Entrevoux..	175 à 210 les 208 m.
	de \Echantillons	330 à 220
	chêne \Frise	27 à 28	104 m.

FOURRAGES ET PAILLE

Paris La Chapelle		*Prix extrêmes*
Foin 100 bot dans Paris n. . . .		35 à 45
Luzern nouv.		35 à 45
Paille de blé		24 à 25
Paille de seigle		27 à 32
Paille d'avoine		18 à 22

ENGRAIS

PARIS

Nitrate de soude	21 50 à 21 75
Superphosph. minéral 14/16.	5 25 à 5 75
Superphosphate d'os 16/18. .	12 50 à 13 »
Scories 16/18	4 25 à 4 50
Phosphate minéral 14/16. . .	3 80 à 4 »
Chlorure de potassium 48/52.	18 75 à 20 »

NANTES

Nitrate de soude	22 30 à 22 50
Superphosph. minéral 14/16.	6 » à 7 »
Scories 16/18.	4 50 à 4 75
Phosphate minéral 14/16. . .	4 » à 4 50
Chlorure de potassium 48/52.	19 » à 19 75

LYON

Nitrate de soude	22 » à 23 »
Superphosph. minéral 14/16.	5 75 à 6 »
Scories 14/16.	4 50 à 5 »
Phosphate minéral 14/16. . .	4 » à 4 25
Chlorure de potassium 48/55.	20 » à 21 »

MARSEILLE

Nitrate de soude	20 50 à 21 »
Supherph. minéral 14/16. . .	6 » à 7 »
Sulfate de fer.	5 » à 5 50
Sulfate d'ammoniaque 20/21.	20 » à 22 »

HOUBLONS. — Les 50 kilogr.

Alost primé	28,00 à 30,00
Bourgogne	55,00 à 60,00
Poperinghe	25,00 à 30,00
Wurtemberg	40,00 à 42,00
Altmark	75,00 à 100,00
Alsace	50,00 à 65,00

POMMES DE TERRE

Hollande (100 kil.)	8 » à 17 »
Roses-Early	8 » à 10 »
Magnum-Banum	7 » à 7 50
Rondes	5 » à 5 20

LÉGUMES SECS. — (Les 100 kilogr.)

	Haricots	Pois	Vesce	Lentille
Paris	32.00 50.00	20 18.00	19 à 20	30.00 56
Bordeaux	34.00 35.00	35 45.00	18 19	49.00 60
Marseille	22.00 30.00	18 25	20 20	24.00 52

LINS. — Les 100 kilogr. — *Marché de Lille.*

	Communs	Ordin.	Supér.
Alost.	148 à 153	154 à 157	161 à 166
Bergues.	150 à 158	161 à 168	173 à 182

VINS — BERCY

Rouges		Blancs	
B. Bourg. vieux.	140 à 160	Bordeaux	125 à 160
Touraine	105 à 115	B. Bourg	150 à 190
Bord. vieux	130 à 156	Sancerre	130 à 135
Algérie	28 à 32	Chablis	200 à 350
Cher	110 à 135	Anjou	120 à 135
Chinon	125 à 180	Pouilly	350 à 300
Narbonne	32 à 40	Vouvray	155 à 195

Prix moyen aux 100 kilog. des CÉRÉALES dans les Départements.

Région		BLÉ	SEIGLE	ORGE	AVOINE
Rég. du Nord-Ouest	Caen	17 00	10 00	14 00	15 75
	Launion	17 25	10 25	14 25	16 00
	Morlaix	17 00	10 50	12 50	13 50
	Rennes	16 50	10 50	13 25	14 00
	Avranches	16 50	10 50	13 25	14 50
	Laval	16 00	10 00	13 00	14 00
	Lorient	16 50	10 25	13 50	15 50
	Alençon	17 00	10 00	13 50	17 00
	Le Mans	16 75	10 00	13 25	17 25
Région du Nord	Soissons	17 50	10 00	»	14 50
	Evreux	17 75	10 25	12 75	14 50
	Chartres	17 50	10 00	13 75	14 25
	Lille	17 50	10 75	14 75	16 00
	Compiègne	17 00	10 00	13 75	15 00
	Beauvais	18 00	10 25	15 00	16 00
	Arras	17 75	11 25	14 00	15 00
	Paris	17 50	10 50	13 50	15 50
	Versailles	17 75	10 50	13 50	16 00
	Rouen	17 50	10 00	15 00	16 00
	Amiens	17 25	10 00	15 00	16 00
Rég. du N.-E.	Mézières	17 50	10 00	13 00	16 00
	Nogent-s-Seine	17 50	10 00	14 00	15 25
	Châlons-sur-Marne	17 25	11 00	15 00	15 25
	Langres	17 50	10 50	13 50	15 50
	Nancy	17 50	10 00	15 00	15 50
	Bar-le-Duc	17 75	10 25	15 00	15 00
	Neufchâteau	17 50	11 00	14 00	15 50
Région de l'Ouest	Ruffec	17 00	10 00	13 00	15 00
	Marans	17 25	10 25	13 00	14 00
	Niort	17 00	10 00	14 00	15 25
	Tours	17 00	10 00	14 00	15 00
	Nantes	17 00	10 00	13 00	14 50
	Anger	17 00	10 00	14 00	14 50
	Luçon	17 00	10 00	13 50	»
	Poitiers	17 00	10 00	13 00	14 00
	Limoges	17 25	10 00	»	15 00
Région du Centre	Moulins	17 50	9 75	13 75	15 00
	Bourges	17 50	10 00	13 50	14 50
	Aubusson	17 00	10 00	14 00	16 00
	Châteauroux	17 25	10 25	14 50	13 50
	Orléans	17 25	10 00	14 00	14 50
	Blois	17 75	10 00	14 00	16 00
	Nevers	18 00	10 00	14 00	16 00
	Clermont Ferr.	17 50	10 00	14 00	16 00
	Sens	17 50	9 75	13 25	15 50
Région de l'Est	Bourg	17 50	10 50	13 50	15 50
	Dijon	17 50	11 00	15 00	14 50
	Besançon	17 50	10 00	13 00	14 00
	Grenoble	17 50	10 00	13 50	15 00
	Dôle	17 50	10 50	13 00	14 00
	Saint-Étienne	17 75	10 25	13 00	16 00
	Lyon	18 50	11 00	15 00	16 00
	Mâcon	17 75	12 00	13 00	15 00
	Vesoul	17 50	10 00	»	15 00
	Chambéry	17 75	10 00	»	15 50
	Annecy	17 50	»	»	16 00
Rég. du Sud-Ouest	Pamiers	17 50	10 25	»	16 00
	Périgueux	17 50	11 00	14 00	16 00
	Toulouse	18 00	12 00	13 00	16 00
	Auch	18 00	»	»	16 00
	Bordeaux	17 75	11 00	13 00	15 50
	Dax	17 75	12 00	13 00	16 00
	Agen	17 75	12 00	13 00	16 00
	Bayonne	17 50	11 00	14 00	16 00
	Tarbes	17 75	10 75	»	16 00
Région du Sud	Carcassonne	18 00	»	14 00	15 50
	Rodez	17 50	12 00	13 50	15 00
	Mauriac	17 50	11 25	»	16 00
	Tulle	17 50	12 00	»	15 00
	Montpellier	17 50	12 00	»	15 00
	Figeac	17 50	11 25	»	15 50
	Mende	17 50	11 00	»	15 50
	Perpignan	17 50	11 00	14 00	15 00
	Albi	17 50	11 00	14 00	14 50
	Montauban	17 75	11 50	13 50	16 00
Région du Sud-Est	Gap	17 50	10 25	14 25	16 00
	Manosque	17 50	10 50	13 25	15 75
	Nice	17 50	10 50	13 00	16 00
	Privas	17 50	11 00	13 00	15 75
	Arles	19 50	11 00	13 0	16 00
	Montélimar	17 50	11 50	13 00	15 75
	Nîmes	17 50	10 75	14 00	17 00
	Le Puy	18 00	»	14 00	17 00
	Draguignan	18 00	12 50	»	»
	Avignon	17 75	11 75	13 50	16 00

Tourteaux. — Cours de la maison P. Marchand frères, à Dunkerque (Nord):

TOURTEAUX A NOURRIR

	Dispon.	A livrer.
Coton de graines d'Egypte	9 50	9 50
Sésame blanc	12 »»	12 »»
Arachide décortiquée	15 25	»» »»
Colza à nourrir	10 »»	10 »»
Colza du pays	11 »»	11 »»
Œillette du Levant	10 »»	10 »»
Œillette blanche de Turquie	10 »»	10 »»
Lin 1re qual. de Bombay g. form.	14 »»	14 »»
Lin 1re qual. de Bombay p. form.	»» »»	»» »»

TOURTEAUX-ENGRAIS

Arachide décortiquée	14 »»	14 »»
Cameline	»» »»	»» »»
Colza des Indes en poudre	»» »»	»» »»
Colza ravison	7 25	7 25
Colza jaune Gutzerat	10 75	10 75
Kurrachée	»» »»	»» »»
Niger	»» »»	»» »»
Pavot	9 75	9 75
Sésame, blanc	10 50	»» »»
Sésame noir	»» »»	»» »»
Coton en farine	7 50	7 50

Nos prix s'entendent pour tourteaux en planches, rendus en gare de Dunkerque.

Paiement à 30 jours ou à terme plus éloigné suivant convention expresse.

Le concassage se paie 0 fr. 25 et la mise en poudre 0 fr. 40 aux 100 kilos. Dans ce cas, les sacs sont facturés à 0 fr. 35 pièce, et repris au prix de facture, quand ils sont rendus en bon état et franco, dans les 30 jours de l'expédition.

FROMENTINE :

	100 kil.
Marque A.	13 »
Marque B.	13 «
Marque J.	13 »
Marque L.	15 »
Marque E.	16 »

CHANVRES

Les 50 kil.	1re qualité.	3e qualité
Le Mans	33,00 à 35,50	30,00 à 29,00
Saumur (b.)	40,00 à 44,00	37,00 à 33,00

BEURRES. (le kilogr.)

BEURRES EN MOTTES			BEURRES EN LIVRE		
Isigny extra.	5.80	6 72	Bourgogne	2.50	2.80
— demi-fin	4 20	4.80	Gâtinais	3.00	2.70
M. d'Isigny	3.66	4.00	Vendôme	2.60	3.00
du Gâtinais	2.60	3.00	Beaugency	2.60	3.00
de Bretagne	2.50	2.80	Ferme	2.80	3.50
Laitiers Jura	2.60	3.20	Tours	2.60	3.10
de Charente	3 10	3.70	Le Mans	2.60	2.80
des Alpes	3.00	3.80	Touraine fausse	2.60	2.00

ŒUFS — (le mille).

Normandie ext.	74 à 100		Bourgogne	56 à 62	
Picardie —	74 à 92		Champagne	58 à 64	
Brie —	64 à 68		Nivernais	56 à 62	
Touraine	50 à 70		Bourbonnais	54 à 60	
Beauce	68 à 82		Bretagne	46 à 50	
Orne	60 à 70		Vendée	46 à 50	
Picardie	58 à 61		Auvergne	52 à 48	
Châtellerault	52 à 58		Midi	48 à 58	

FROMAGES.

Brie hautes marq.	53	38	Roquefort	140	250
Brie gr. m. (10)	35	30	Gruyère (100 k.)	100	175
— m. m.	20	25	Coulommiers (100)	35	20
Petits Nantouils	10	15	Gournay (100)	12	15
Brie laitiers	10	14	Livarot (le 100)	85	110
Gérardmer (100 k.)	75	70	Bourgogne (100)	65	55
Hollande	140	150	Camembert (10.)	30	45
Bondons (100)	12	10	Munster (100)	90	100
Cantal	100	120	Port-Salut	140	160

VOLAILLES

Poulet Brest dit moelleux	4 00	6 00	Pigeon Macon	1.50	2.00
Poulets Nant.	3 00	5.00	Ca... sNantais	4.00	1.35
Poulets Tour	2.75	5.25	Dindes Tourr.	7.00	11.00
Poulets Houdan	6.00	8.00	Oies	7.00	8.50
Pigeons d'Italie	80	1.25	Lapins dom.	2.75	4.00
			Lapins garenne	1.50	2.00

Marché de la Villette du 6 avril 1896.

PRIX DE LA VIANDE NETTE

	1re qualité	2e qualité	3e qualité
Bœufs	1.54	1.44	1.34
Vaches	1.52	1.42	1.32
Taureaux	1 30	1.20	1.10
Veaux	2.02	1.70	1.40
Moutons	2 00	1.90	1.78
Porcs	1.16	1.08	0.98

ESPÈCES	AMENÉS	VENDUS	PRIX EXTRÊME viande net	poids vif
Bœufs	2.033	1.851	1.34 à 1 54	62 à . 96
Vaches	694	630	1.32 1.52	57 . 92
Taureaux	119	113	1.10 1.37	49 . 82
Veaux	882	744	1.40 2.02	72 1.38
Moutons	11.936	11.252	1.78 2.00	78 1.20
Porcs	3.244	3.202	.96 1.16	66 .

Vente faible.

Marché de la Villette du 9 Avril 1896.

PRIX DE LA VIANDE NETTE AU KILOGR.

	1re qualité	2e qualité	3e qualité	Prix extrême
Bœufs	1.50	1.40	1.30	1.26 à 1 56
Vaches	1.46	1.36	1.20	1.16 1.51
Taureaux	1.28	1.20	1.14	1 10 1.38
Veaux	2.00	1.80	1.60	1.50 2 10
Moutons	1.98	1.88	1.70	1.66 2 02
Porcs	1.10	1.00	»	0.90 1.20

ESPÈCES	AMENÉS	RENVOI	OBSERVATIONS
Bœufs	1.576	•	Vente mauvaise sur le gros bétail, les veaux et les porcs, calme sur les moutons.
Vaches	498	243	
Taureaux	139	•	
Veaux	1.343	590	
Moutons	12 112	•	
Porcs	5.493	»	

Vente du bétail au marché de La Villette.

Adresser les animaux à MM. Henri Roblin et Surugue, en gare Paris-Bestiaux. Les aviser par lettre auparavant, 190, rue d'Allemagne, Paris.

AVIS IMPORTANT. — Le *Goudron Guyot* (*capsules et liqueur*), connu depuis si longtemps pour la guérison de toutes les affections des bronches, de la poitrine et de la vessie, est trop souvent imité ou contrefait. Toutes ces imitations et contrefaçons, mal préparées, ne guérissent pas et sont quelquefois dangereuses. Aussi tout acheteur, qui ne veut pas être trompé, doit-il *exiger et s'assurer par lui-même que le produit qu'on lui vend porte bien sur l'étiquette de chaque flacon l'adresse* : Maison L. FRÈRE Paris, 19, rue Jacob, seule maison dans laquelle se fabrique le *véritable Goudron Guyot* (capsules et liqueur).

Ouvrages de MM. CRÉPEAUX

En vente aux bureaux de la *Gazette*

La Culture électrique	1 50
Manuel vétérinaire pratique du cultivateur	1 »
Almanach de la France rurale pour 1896	» 60
L'Année agricole et agronomique pour 1895	3 50
La Culture du Blé, par M. FLEURY-BERGER	1 »

S'adresser à l'auteur : à Communay, par Saint-Symphorien-d'Ozon (Isère).

VIN DE BOURGOGNE

Ferme de l'Hospice de Beaune.
Domaine de MEURSAULT

VINS FINS GRANDS ORDINAIRES, ORDINAIRES Rouges et Blancs

Concours Général agricole de Paris 1895
MÉDAILLE d'or pour vins rouges
MÉDAILLE d'argent pour vins blancs
Concours Général agricole de 1896
HORS CONCOURS, MEMBRE DU JURY
JOBART MUTHELET, Meursault (Côte-d'Or)

Sommaire :

CHRONIQUE POLITIQUE

Les vacances de Pâques sont loin d'être une date de repos et de quiétude pour notre pauvre pays.

Les deux chambres à la veille de s'ajourner l'une au 18 avril, l'autre au 19 mai, ont émis deux votes gros de troubles et d'agitations dangereuses pour les grands intérêts du pays.

A la suite d'explications évasives sur l'affaire de l'Égypte, le cabinet Bourgeois a obtenu un vote de confiance à la Chambre des députés. Le Sénat, contre son attente, lui a infligé un vote de défiance, absolument mérité, au dire de tout esprit indépendant et impartial. Le cabinet Bourgeois a déclaré une fois de plus, qu'il se passerait de l'approbation du Sénat, autant dire qu'il se moque de la constitution, et que nous avons un gouvernement absolument révolutionnaire. La France peut-elle vivre longtemps sous un tel régime?

Sur quel appui le cabinet Bourgeois compte-t-il, pour se passer du Sénat et déchirer la constitution?

Sur les soixante députés socialistes et radicaux et à quelle condition ceux-ci le soutiennent-ils? Oyez ceci, amis ruraux : cela vous regarde au premier chef. Il s'agit de notre avenir à tous. Les socialistes soutiennent le cabinet Bourgeois à la condition qu'il fera leur jeu avec une docilité absolue et travaillera au triomphe. C'est dire que toutes les places seront pour eux et pour leurs amis, que les syndicats ouvriers seront les maîtres des capitaux, que l'impôt écrasera le travail agricole, sous couleur de revenu. En un mot le cabinet Bourgeois n'a de raison d'exister que pour préparer le pays au joug de la faction socialiste et maçonnique à l'intérieur.

Ce qu'il fera à l'extérieur est au moins aussi menaçant pour le pays. Dans cette affaire déplorable de l'Égypte, où nous avait fourvoyé étourdiment M. Berthelot, le cabinet Bourgeois est assuré d'avance d'être lâché avec entrain par toutes les puissances européennes intéressées comme nous à combattre l'ambition anglaise en Égypte. M. Bourgeois a *menti* en disant au Sénat que la Russie était plus que jamais d'accord avec lui. La vérité, qui nous vient des journaux russes, c'est que l'Europe entière et la Russie en tête, voient avec indignation la France se laisser gouverner par un parti visant au bouleversement social de la France et de l'Europe. L'Angleterre est donc bien à son aise pour traiter M. Bourgeois, comme elle traita M. de Freycinet de honteuse mémoire en 1883 et pour se moquer de ses timides réclamations. Nous avons de plus la cruelle certitude de voir la Russie abandonner tous ses projets d'alliance avec nous; projets qui avaient pour condition essentielle un gouvernement libéral honnête et conservateur.

Mais chose horrible à dire et pourtant très vraie, c'est que les catastrophes que le cabinet Bourgeois nous prépare ne sont pas seulement indifférentes à la secte dont il est l'instrument; elle s'en réjouit d'avance, ouvertement, parce qu'elle y voit des chances certaines de nous tenir sous son joug, comme il y a vingt et un ans, la Commune profita de l'invasion prussienne pour nous imposer son joug sanglant et incendiaire. Ses continuateurs se prévaudront de toutes nos misères et de nos abaissements pour nous infliger la revanche de la Commune. Un sénateur l'a dit à M. Bourgeois : Vos amis criaient vive la Commune en même temps que vive Bourgeois.

Telle est la situation du pays à la veille des élections municipales. M. Bourgeois garderait le pouvoir soutenu par eux, ne fût-ce que pour les aider à triompher dans ces élections. Avec des municipalités socialistes on ferait entrer des socialistes au Sénat, si le Sénat n'est pas anéanti auparavant, car aujourd'hui le cri de guerre de la secte est *à bas* le Sénat !

Le programme socialiste au reste, qui est publié depuis deux jours, montre clairement à la France rurale le sort qui l'attend si elle continue de se laisser traîner aux élections par les agents du cabinet Bourgeois.

<hr>

Un mensonge officiel.

Ce mensonge qui intéresse spécialement les habitants des campagnes, se lit dans le *Bulletin officiel* affiché, à leur intention, à la porte des mairies. Il consiste dans un compte rendu, absolument inexact et falsifié, des travaux et des résolutions de la Commission du budget.

Au nom de cette Commission, son président, M. Cochery a adressé une réclamation au Ministre de l'Intérieur contre la rédaction de son organe officiel !

Quand les ruraux comprendront-ils le cas qu'on fait de leurs droits et de leurs intérêts ?

<hr>

L'agriculture devant la Maçonnerie.

Le *Gaulois* raconte que dernièrement M. Viger, dans un accès d'équité, était sur le point de décorer du Mérite agricole, un agriculteur émérite du Sud-Ouest, sur la recommandation de ses collègues. Mais les loges du pays ont opposé le veto de leur

M. Viger s'est incliné. L'agriculteur se passera du ruban dont on a fait une livrée de servilité politico-agricole. Il est bon pour les agriculteurs de savoir que l'on ne peut y prétendre sans l'apostille des frères trois-points. Encore si leur despotisme ne s'exerçait que sur des intérêts de ce genre ! Mais qui donc est assez niais pour ignorer que tous les intérêts, toutes les forces vives de la nation, sont réduits à l'heure présente sous ce joug abject et imbécile de la maçonnerie !

Il y a aujourd'hui un cléricalisme qui est l'ennemi, c'est le cléricalisme maçonnique qui a pour bedeaux les neuf principaux membres du cabinet Bourgeois.

<hr>

Pauvres ruraux.

Sous ce titre, qui se trouve souvent sous notre plume, M. Armand Fresneau, sénateur, publie dans le *Soleil*, un article qui devrait être mis sous les yeux de tous les cultivateurs, disons mieux, de tous les instituteurs de France, car il démontre avec une clarté évidente pour tous, les causes de la détresse de l'agriculture et de la crise financière, la ruine imminente du pays qui en sera la conséquence, si on persiste dans ce système fiscal de nos maîtres.

Sous le régime douanier actuel, voté en 1892, nous avons acheté à l'étranger pour plus de *un milliard* de produits agricoles que notre sol produisait jadis, et ne produit plus depuis qu'on ne peut les produire qu'à perte — grâce au libre-échange — encore cette année a-t-elle été bonne. Si elle avait été mauvaise, comme l'année 1892 nous aurions payé à l'étranger 600 millions de plus. — Dans cette somme les bestiaux importés de l'étranger figurent pour 150 millions.

Voilà donc 1.500 millions qui sortent de nos poches pour alimenter l'agriculture des états étrangers au détriment de la nôtre.

Comment le dépeuplement des campagnes pourrait-il s'arrêter sous un système qui réduit la culture à travailler à perte, et qui pressure de plus en plus les contribuables pour accroître les travaux somptuaires des villes, et y attirer les malheureux que le travail agricole ne peut plus faire vivre.

Est-il donc si difficile de comprendre que le libre-échange sur les oléagineux, sur les textiles, et enfin les droits insuffisants sur les céréales, ont pour effet leurs cours avilis et ruineux pour le producteur français, et partant la ruine de 20 millions de personnes qui le composent. Et que dire de ceux qui s'étonnent du dépeuplement des campagnes et de la baisse effrayante de la valeur des propriétés?

Pauvres ruraux! s'écrie justement comme nous M. Fresneau, pauvres ruraux en effet, lorsqu'en présence du régime qui les ruine, ils ont l'inqualifiable étourderie de se laisser imposer pour maîtres les champions de ce régime.

L'an prochain ce sera bien plus beau encore. Après que les Viger leur auront signifié qu'à aucun prix les tarifs douaniers ne seront reformés en leur faveur, ils auront à subir le nouvel impôt voté en principe par la Chambre, sous l'étiquette d'impôt sur le revenu, mais en réalité impôt sur leur travail. Cette fois, enfin, ouvriront-ils les yeux?

M. Fresneau dit en terminant que les syndicats agricoles réussiront à leur dessiller les yeux, et les décideront à faire justice des utopies libre-échangiste, socialiste, collectiviste et maçonnique qui mènent le pays aux abîmes.

Nous aussi nous voudrions voir les syndicats agricoles entrer dans cette voie salutaire, malheureusement nous craignons que la politique d'impiété, de mensonge, de rapine et de corruption qui nous tyrannise depuis quinze ans, n'ait encore le temps d'aggraver ses attentats avant de disparaître! Espérons pourtant que la providence y mettra la main!

<hr>

CHRONIQUE GÉNÉRALE

Primes de printemps.

Nous sommes heureux d'offrir à nos aimables lectrices une prime de graines de fleurs et de légumes.

Moyennant l'envoi de 5 fr. 50, elles recevront franco les graines énoncées ci-après. Nous leur ferons observer que cette double collection vaut au moins 8 francs chez tous les grainetiers.

LÉGUMES DE CHOIX A SEMER EN MARS

30 gr. Carotte 1/2 longue nantaise.
30 gr. Chicorée Witloef.
1 pt. Chou de Milan hâtif d'Ubrie.
1 pt. Cornichon prolifique.
1 pt. Romaine blonde.
30 gr. Navet 1/2 l. des Vertus.
1 pt. Pissenlit amélioré à cœur plein.
15 gr. Salsifis blanc amélioré.
1/2 lit. Pois prolifique amélioré.
1/2 lit. Pois Téléphone.
1 pt. Giroflée quarantaine à grandes fleurs variées.
1 pt. Œillet de Chine, double variété.

1 pt. Phlox de Drummond var.
1 pl. Reine-Marguerite comète.
1 pl. Réséda pyramidal amélioré.
1 pl. Zinnia élégant, double varié.

Le tout livré franco en gare de l'acheteur pour 5 fr. 50. Adresser les commandes, à M. Birot Henri, cultivateur-grainier, 19, rue de Viarmes (Bourse du Commerce), Paris, en joignant un mandat-poste avec la commande.

<hr>

Projets de loi contre la tuberculose.

On prêche de divers côtés une croisade générale non seulement contre la tuberculose bovine, mais contre les éleveurs qui ne s'imposent pas les frais de l'inoculation de la tuberculine comme moyen unique reconnu de savoir si un sujet bovin est ou non atteint de cette redoutable maladie. A entendre certains vétérinaires — les messieurs Josse, en cette matière, — le cinquième du bétail français serait atteint de la tuberculose, et l'agriculture en péril de ruine de ce chef.

On concevrait la mesure draconienne qu'ils réclament si l'inoculation avait la vertu de guérir la maladie; mais elle n'a que la vertu — et encore, pas absolue — de la dénoter.

L'élevage français a raison de se préoccuper de la question de la tuberculose; mais aussi des mesures excessives qu'on propose pour la combattre.

La Société d'agriculture de la Nièvre s'est occupée avec raison d'une question qui intéresse sa poule aux œufs d'or, la race nivernaise, et elle a cru devoir adresser la lettre suivante au ministre de l'agriculture.

« Monsieur le Ministre,

« La Société d'agriculture de la Nièvre, *pays d'élevage*, s'est préoccupée depuis longtemps des découvertes nouvelles de la médecine vétérinaire, de leurs conséquences au point de vue législatif et notamment du projet de loi déposé sur le bureau de la Chambre par votre prédécesseur sur la maladie dite *Tuberculose.*

« Sachant que vous accueillez toujours avec une bienveillance *studieuse* toutes les observations émanant des sociétés agricoles, elle a l'honneur de vous demander :

« 1° Que l'article premier du projet de loi sur la tuberculose soit rédigé dans un sens moins impératif, et notamment qu'il vise l'article 8 de la loi du 21 juillet 1881 (qu'il serait même bon de reproduire textuellement), afin qu'il soit bien spécifié que la visite contradictoire sera de droit dans tous les cas visés par la loi : *abatage immédiat, surveillance, abatage après surveillance.*

« 2° Que les termes du premier paragraphe de l'article 3 soient modifiés et rendus moins vagues en spécifiant que

la cohabitation est limitée à la même étable ;

« 3° Qu'il soit dit aussi dans la loi que les frais d'inoculation et de surveillance prévus par ledit article 3 seront supportés par le département ;

« 4° Que les indemnités mentionnées à l'article 4 soient augmentées et portées à 50 p. 0/0 au lieu de 25 p. 0/0 dans le premier cas, et à 66 p. 0/0 au lieu de 50 p. 0/0 dans le second cas ;

« 5° Que pour encourager l'emploi de la tuberculine, le principe de l'indemnité soit appliqué à tous les animaux munis d'un certificat d'*inoculation* et saisis ensuite, quoique n'ayant pas été soumis à la surveillance, et ce pendant le délai de *six mois* après l'opération.

« Veuillez agréer, Monsieur le Ministre, etc.

« Le Président de la Société d'agriculture de la Nièvre,
« VICOMTE DE SAINT-SAUVEUR. »

<hr>

Les boissons consommées en France.

La direction des contributions indirectes vient de publier le tableau indiquant la consommation réelle des vins, cidres et alcools dans chaque département en 1895. Il résulte des chiffres contenus dans ce tableau qu'il a été consommé en France :

42.743566. hectol. de vin (34.152.823 soumis à l'impôt, 8.590.243 en franchise chez les récoltants), ce qui représente 112 litres par habitant ;

17.595.780 hectol. de cidre (6.725.304 soumis à l'impôt, 10.870.467 consommés en franchise chez les récoltants), ce qui représente 46 litres par habitant ;

1.646.962 hectolitres d'alcool (dont 97.917 consommés en franchise par les bouilleurs de cru), ce qui représente 4 litres 32 par habitant ;

C'est à Paris qu'on boit le plus de vin : 264 litres par tête ; viennent ensuite : Hérault, 260 litres ; Var, 236 ; Gironde et Seine-Inférieure, 204. On en boit le moins dans : Orne, 7 litres ; Manche et Côtes-du-Nord, 8 ; Mayenne, 11 ; Pas-de-Calais, 12 ; Finistère et Ille-et-Vilaine, 18.

On boit du cidre surtout dans les départements suivants : Manche, 419 litres ; Ille-et-Vilaine, 409 ; Calvados, 352 ; Côtes-du-Nord, 318 ; Eure, 273 ; Mayenne, 207. Dans 35 départements, la consommation du cidre est nulle.

Si on compare les chiffres de la consommation à ceux de la production, on en conclut naturellement que celle-ci a encore quelques progrès à faire pour répondre aux besoins de celle-là.

Le *tableau officiel* ne mentionne pas un autre breuvage qui joue un rôle important dans notre régime alimentaire, surtout dans la région du Nord : la *bière.*

C'est une lacune à combler dans le prochain tableau.

L'École des pêches maritimes.

Dimanche dernier a eu lieu, dans la grande salle de l'Hôtel de Ville des Sables, une conférence à l'occasion de l'ouverture de l'école municipale d'enseignement technique et professionnel des pêches maritimes des Sables-d'Olonne. Le premier cours pour les inscrits du quartier a commencé le lendemain, à 8 heures du soir.

M. le Ministre de la Marine, à qui le Conseil d'administration de l'école a fait part de cette ouverture et a délégué M. G. Roché, inspecteur général des pêches maritimes, docteur ès sciences, qui, dans sa conférence, a fait ressortir les avantages de l'enseignement donné sous forme de cours et de travaux pratiques aux pêcheurs.

L'école a été ouverte aux Sables, le lundi 23 mars.

L'Industrie laitière en Vendée.

La beurrerie de Nalliers qui, comme nos lecteurs le savent, est une des plus importantes de France, vient d'obtenir une médaille d'or au concours agricole du Palais de l'Industrie.

Toutes nos félicitations à MM. les membres de la Société coopérative pour ce magnifique succès.

La laiterie de Nalliers emploie 20.000 litres de lait par jour !

**

Le lundi 2 mars a eu lieu, à Mareuil-sur-le-Lay, l'inauguration d'une grande laiterie pour la fabrication mécanique du beurre.

M. le Dr Fortin, président, et les membres de la commission ont mené à bonne fin cette entreprise, grâce à laquelle les agriculteurs de la région auront un placement avantageux de leur lait.

La laiterie peut produire par jour 1.500 kilog. de beurre exquis, emballé avec élégance, et portant cette marque de fabrique : *Laiterie de Mareuil-sur-le-Lay.*

**

Une laiterie analogue serait prochainement, paraît-il, inaugurée à l'Hermenault.

(Publicateur.)

L'École de Grignon.

LES ÉLÈVES DIPLÔMÉS EN 1896.

À la suite des examens de fin d'études à l'École nationale d'agriculture de Grignon, 69 élèves de la promotion 1893 ont été proposés pour le diplôme par ordre de mérite :

MM. Ravon (Vosges), Lecomte (Rhône), Crapier (Aisne), Bretignières (Seine), Capus (Bouches-du-Rhône), Brohm (Alsace), Gagey (Angleterre), Lamblin (Meurthe-et-Moselle), Fouchet (Eure), Xantopoulo (Turquie d'Asie), Bouze-

reau (Côte-d'Or), Benoist (Eure-et-Loir), Hardier (Somme), Thirion (Seine-et-Oise), Martin (Ile Maurice), De Bridier (Indre), Girard (Seine), Richard (Meuse), Gaillard (Dordogne).

Parmentier (Oise), Roche (Seine), Groud (Ardennes), Wartelles (Nord), Voillemin (Haute-Marne), Delaire (Puy-de-Dôme), Parent (Ile de la Réunion), Jean Seuilliet (Allier), Côte (Puy-de-Dôme), Georges Petit (Allier).

Quarré d'Alligny (Allier), Marc Seuilliet (Allier), Grange (Seine), Staincq (Aisne), Blériot (Aisne), Dayon (Gard), Tréfousse (Haute-Marne), Brethereau (Loiret), Lafargue (Dordogne), Jallasson (Nièvre).

Venière (Aisne), Berteau (Gironde), Hincelin (Aisne), Lardeur (Pas-de-Calais), Peaucellier (Seine), Barau (Ile de la Réunion), Bourlet (Yonne), René Bénard (Ile de la Réunion), Marcel Bénard (Seine-et-Marne), Beuzeville (Seine-et-Oise).

Delacour (Oise), Dupire (Nord), Dupré (Mayenne), Bouchard (Cher), de Santic du Brouilh (Haute-Garonne), Bouvet (Mayenne), Fréty (Allier), Ronart (Seine-et-Marne), Droin (Yonne), Friant (Indre-et-Loire).

Feré (Seine), Schoch (Seine), de Heredia (Portugal), Lassailly (Cher), Émile Petit (Seine-et-Oise), Evrard (Nord), Berthelier (Allier), Collignon (Ardennes), Viéville (Seine), Renaud (Aube).

Les fraudeurs d'engrais.

M. Ricard, ministre de la Justice, vient d'adresser aux procureurs généraux une circulaire qui ordonne aux magistrats des parquets d'exercer sur les marchands d'engrais une active surveillance, faute de laquelle les cultivateurs sont exploités indignement par un certain nombre d'industriels véreux, se disant fabricants d'engrais.

Le Ministre ordonne de saisir les échantillons d'engrais suspects et de les faire analyser par un des trente-six chimistes experts officiels dont nous avons publié la liste dans un récent numéro.

Nous approuvons hautement ce procédé d'investigation, sans lequel la plupart de ces honorables chimistes manqueraient de besogne pendant toute l'année, les cultivateurs seront heureux que les agents de la justice et de la police se chargent d'une surveillance dont la négligence leur coûte tous les ans des pertes qui se chiffrent par millions, ainsi que nous l'avons prouvé bien des fois.

Vente des jus de tabac.

Les agriculteurs et les jardiniers désireux d'utiliser les jus de tabac contre les vermines ravageuses sont prévenus que, en vertu d'une décision ministérielle spéciale, l'administration des tabacs met à leur disposition, dans les débits et entrepôts, des bidons remplis

d'un liquide spécial très riche en *nicotine*, et exempt de matières fermentescibles, qui se conserve bien en vase clos. Ce liquide remplace avantageusement les jus, et le prix n'en est pas plus élevé — 18 fr. le bidon de 6 litres, 4 fr. le bidon d'un litre, 2 fr. 30 le demi-litre.

Concours régionaux de 1896.

Le concours d'Agen. — La date de ce concours, vient d'être fixée par le ministre de l'agriculture. Il se tiendra du 29 août au 6 septembre la veille des récoltes de pruneaux.

Concours d'Algérie. — Le concours d'Algérie et de Tunisie aura lieu à Constantine du 29 mai au 7 juin.

Rappelons à ce sujet que les autres concours régionaux se tiendront aux dates suivantes :

Montpellier, 18-26 août.
Moulins, 23-31 mai.
Chartres, 6-14 juin.
Soissons 20-28 juin.

Concours de la race bovine limousine. — Cet important concours se tiendra à Limoges le 28 août. Une vente publique aura lieu le lendemain.

NÉCROLOGIE

La société d'agriculture du Tarn vient de perdre un de ses membres les plus actifs et les plus méritants, M. Monclar, vice-président.

Agriculteur émérite, M. Monclar a publié de nombreuses études sur l'économie rurale et sur diverses pratiques culturales, notamment sur la conservation des fruits par la poudre de chaux. Il avait voulu travailler à perfectionner l'outillage de labour de sa contrée, qui laissait tant à désirer. Les agriculteurs du Tarn perdent en M. de Monclar un maître et un modèle digne de leurs regrets et de leurs hommages.

Nous apprenons avec tristesse la mort de M. J.-B. Dureau, fondateur du *Journal des fabricants de sucre* qu'il n'a cessé de diriger avec un talent et un succès remarquables jusqu'à son dernier jour. La sucrerie française et ses fournisseurs, producteurs de betteraves perdent dans la personne de M. Dureau, un défenseur dévoué et influent de leurs intérêts. Il serait à désirer que tous les grands intérêts du pays eussent à leur service des écrivains capables et dévoués à toute épreuve, tel qu'a été M. Dureau pendant sa carrière de journaliste spécial.

En Vendée.

Le progrès agricole marche en Vendée, grâce à l'esprit d'entente et de fraternité qui anime les propriétaires et leurs métayers.

On a débuté par les assurances mutuelles contre la mortalité du bétail. Dans une réunion qui a eu lieu à Dompierre, M. le comte de Rougé a constaté que l'assurance du canton des Essarts dont il est le président, a assuré cette année pour près d'un million les bestiaux de ses associés dans un simple canton.

De la question de l'assurance, la réunion a passé à celle des syndicats et à celle des caisses de crédit agricole. M. le curé de Dompierre a réussi, dans une allocution substantielle, à gagner tous les assistants à son projet de doter la contrée de ces deux institutions. Les ruraux vendéens marchent vers le progrès véritable en s'appuyant non seulement sur l'intérêt individuel, mais sur l'esprit de fraternité chrétienne dont leurs dignes curés leur suggèrent les plus fécondes applications. Cette union de la charrue et de la croix, objet d'horreur et de haine pour nos francs-maçons et nos socialistes est, pour les ruraux vendéens, le signe de ralliement dans la voie du vrai progrès social et agricole et tous les jours l'expérience leur donne raison en couvrant leurs ennemis de confusion !

Que les ruraux de partout méditent de tels enseignements.

L'alcool
pour chauffage et éclairage.

L'Association agricole et industrielle et la Société d'encouragement à l'agriculture ont pris la résolution de poursuivre les moyens de faciliter l'emploi de l'alcool au lieu du pétrole pour le chauffage et l'éclairage des ménages et des fermes. M. Hector Simon a fait une conférence où il a démontré que ce double emploi de l'alcool d'industrie serait plus économique que celui du pétrole, en même temps qu'il assurerait à la culture et à la distillerie des débouchés illimités. Mais il faudrait que les droits qui frappent l'alcool d'industrie fussent considérablement réduits.

M. Simon estime que le fisc n'y perdrait rien : il regagnerait ce qu'il sacrifierait par une extension énorme de la consommation.

Nous ignorons jusqu'à quel point est fondée l'opinion d'après laquelle l'alcool est supérieur à tout autre facteur de chaleur et de lumière.

Même en admettant le fait en théorie, il y aurait un certain chemin à faire avant d'obtenir des familles rurales un tel changement dans leurs pratiques ménagères en matière de chauffage et d'éclairage.

Tout au moins voudrions-nous que de sérieux essais dans les établissements publics missent dans un jour décisif les mérites de ce nouveau système.

Les phosphates d'Algérie.

Il doit sembler étonnant qu'après avoir fait tant de bruit sur ces phosphates, on n'en entende plus parler depuis plus de deux mois.

C'est dire, hélas ! que la question est dans les mains de l'ad-mi-nis-tra-tion,

et que l'ad-mi-nis-tra-tion est toujours fidèle à sa coutume d'enterrer toutes les questions, en les confiant à trente-six commissions, dont les rapports n'aboutissent qu'à des projets en l'air.

La question s'est présentée sous ce jour détestable la semaine dernière à la Société nationale d'agriculture. On a remué sans les faire avancer les questions suivantes : les gisements de phosphates seront ils de simples carrières et régis comme propriétés privées, ou seront-ils soumis au régime des mines ? quels droits exigera-t-on par tonne ? Quels moyens de débouchés, assurera-t-on aux extracteurs ? Les bénéfices, selon quelques-uns, sont moins élevés qu'on ne l'a prétendu. Il ne faut pas décourager les entreprises d'extraction. — Tout cela a été dit, pour conclure comme toujours — au renvoi à une commission. La commission aura à compter avec celle du ministère des travaux publics qui mène l'affaire du train que vous savez !

En attendant, les exploitations anglaises expédient des milliers de tonnes par mois en Italie et en Angleterre. Chez nos rivaux, on agit, on réalise ; chez nous on se borne à parler et à écrire ! — Doux pays !

Les lignes ci-dessus étaient livrées à l'impression, lorsque nous avons lu ce qui suit dans la *Feuille d'information* du ministère de l'agriculture.

Les phosphates de chaux sont transportés d'Algérie en Angleterre sur des navires charbonniers qui les prennent comme lest au retour, tandis que le transport entre l'Algérie et la France, réservé au pavillon national, revient à un prix plus élevé.

Les membres de la Société des agriculteurs de France résidant en Algérie ont émis le vœu que le droit d'extraction de 2 francs, dont seront dispensés les phosphates de Tébessa consommés en France ou en Algérie, soit relevé aux chiffres suivants : 6 francs par tonne pour les matières dosant 60 0/0 et au-dessus; 4 fr. 75 pour les matières dosant de 50 à 59 0/0; 3 fr. 50 pour les autres.

Cette augmentation des redevances perçues sur les phosphates consommés à l'étranger rétablirait l'équilibre et favoriserait l'industrie nationale des superphosphates.

Soit! dirons-nous; mais pour Dieu qu'on en finisse une bonne fois avec le système énervant des commissions, des rapports, de la paperasserie et de la bureaucratie, qui éternise les questions au lieu de les résoudre.

Les vins artificiels en Algérie.

Pendant que les viticulteurs du Midi jettent les hauts cris contre la rivalité des vins de raisins secs, les viticulteurs algériens exhalent des plaintes aussi vives contre les vins de figues.

Le *Petit Colon*, organe de ces plaintes, cite des faits qui dénotent une ex-ten-

sion énorme de la fabrication et du trafic de ces faux vins. Il raconte que dans une gare voisine d'Alger, on a expédié en une semaine plus de cent wagons de figues pour la plaine de Mitidja, et la même gare, par contre, n'avait pas expédié une seule barrique de vrai vin.

Les vins de figues n'étant pas un breuvage insalubre, on ne peut décemment les proscrire, en faveur des vrais vins. Ce qui est désirable, et même ce qui serait nécessaire, ce serait d'obliger ces vendeurs à les qualifier exactement d'après leur nature et de frapper de sévères condamnations ceux qui vendent ces produits pour des vins de raisin frais. C'est le seul mode pratique de réprimer le trafic frauduleux dont se plaignent les viticulteurs algériens.

La loi du cadenas.

Voici le vœu émis a ce sujet par la Société des Agriculteurs de France après le rapport de M. Courtin :

1° Vote et application immédiats de la réforme, tout retard étant funeste à la production et au trésor.

2° Application aux seuls produits agricoles.

3° Que les blés importés sans exception acquittent ce droit de douane et que les importations n'en soient remboursées qu'à leur sortie pour l'étranger avec décompte des droits afférents aux produits non exportés.

Le monde agricole ne peut hésiter à appuyer un tel vœu au nom de ses intérêts comme au nom de ceux de l'Etat et aussi au nom du principe de l'égalité devant l'impôt.

Droits sur les matières premières.

Un vœu aussi important émis par la Société est celui-ci :

Qu'il soit établi un droit de douane *sur toutes* les matières premières que produit l'agriculture et que l'industrie utilise, et sur les matières analogues d'origine étrangère qui font concurrence à la production française.

Voici enfin le vœu que nous émettons depuis le premier jour en matière douanière. Nous n'avons pas à revenir sur les motifs qui en justifient la justice et aussi la nécessité. La crise agricole qui nous étreint tous ne peut trouver de remède sérieux que dans une application sagement raisonnée de ce vœu capital.

Alors seulement plus de primes exceptionnelles pour tel ou tel produit textile, payées par le contribuable français. Alors des cours compensateurs permettant à la culture de produire sans perte. Va-t-on finir cette fois par où il eût fallu commencer ?

Hélas ! non.

Pourquoi ?

Parce que les ruraux n'ont ni l'intelligence ni le courage de voter pour les candidats qui réaliseraient leurs vœux et qu'ils votent pour les souteneurs du du régime qui les ruine!

Comice agricole
de l'arrondissement de Reims.

AVIS

Diverses circonstances imprévues obligent le Comice de Reims à ajourner le Concours spécial de *Distributeurs d'Engrais*, qui devait avoir lieu le 11 avril prochain.

En conséquence, le bureau informe les intéressés que la date de ce Concours est remise à une époque qui sera ultérieurement fixée.

Le Président du Comice,
Ch. Lhotelain.

La loi sur les amidines
et les glucoses.

Cette loi, tant attendue par les fabricants de fécule et les producteurs de pommes de terre, a été enfin votée par le Sénat. La promulgation devrait ne plus subir de retard.

Voici les droits votés au tarif général et au tarif minimum.

Fécules exotiques, 11 fr. et 9 fr. Amidines, 22 et 15 fr. — Dextrines et autres produits de fécule, 19 fr. et 16 fr. 50 par 100 kilos.

L'amidine *sèche*, entrant en glucoserie, paiera un droit de 4 fr. L'Amidine verte payera 4 fr. par 150 kilos.

L'admission temporaire est autorisée pour les orges et maïs destinés à la fabrication des glucoses destinées à l'exportation.

La loi exempte de la taxe les produits achetés antérieurement au 15 janvier dernier, date de la présentation de la loi.

Cette nouvelle loi aura-t-elle pour effet le relèvement désirable des cours de pommes de terre? Nous aimons à l'espérer.

CHRONIQUE AGRICOLE

Situation. — La Saison.

La température des premiers jours de la semaine demeure printanière pour la plupart des régions de la France et active partout la végétation. Mais nous avons le regret de constater que si les plantes en terre n'ont pas souffert des gelées de la quinzaine antérieure, ces gelées ont nui sensiblement aux arbres fruitiers alors en fleurs, notamment dans le Midi, ainsi que nous l'annonçait la semaine dernière M. Thomas de Villeneuve (Vaucluse). Dans le Nord, le mal a été moindre sinon nul, le fruit étant plus tardif. Mais sur l'ensemble du territoire, les plantes cultivées en terre sont partout en bonne voie. Il ne s'agit,

pour les y maintenir jusqu'à la récolte, que de leur donner les façons de culture que les rigueurs atmosphériques peuvent rendre nécessaires. En signalant l'utilité de ces opérations, notre souvenir se reporte sur l'exposition récente des instruments agricoles au concours de Paris, où nous avons examiné les instruments qui les opèrent le mieux et avec le plus de rapidité, notamment les grandes herses émotteuses de M. Bajac, les extirpateurs à pattes de diverses formes de M. Fondeur, les houes à cheval plus modestes, mais précieuses par leur bon marché de M. Garnier, enfin les herses couleuvres et la houe à services multiples de M. Émile Puzenat, etc., etc., sans négliger la modeste bineuse manuelle à trois et à cinq lames de M. Rousseau, si précieuse pour la petite culture. Nous regrettions à la vue de ces engins que leur emploi soit encore, à l'heure présente, inconnu dans la plupart de nos campagnes.

Quant à la protection des arbres fruitiers en fleur contre les gelées de fin de mars, l'industrie n'a offert jusqu'à ce jour aux arboriculteurs que les abris paillassons. Mais il faudrait pour les tendre devant les arbres des appareils faciles à placer et à déplacer. Jusqu'à ce jour, nous n'avons pas rencontré un spécimen répondant à ce besoin. Quelques arboriculteurs sauvent les fleurs en répandant un peu de chaux éteinte en poudre. Nous espérons que les habiles fabricants de matériel horticole trouveront un jour l'appareil désiré. Ils résolvent tous les jours des difficultés plus grandes que celle-là.

Hersages et binages.

Nous disions la semaine dernière, que l'un des grands avantages de la saison actuelle est l'état avancé des semis printaniers, d'où résulte pour les cultivateurs la précieuse facilité de donner à leurs emblavures les hersages et les binages si précieux pour en activer la végétation, opérations qu'ils n'ont pas l'occasion d'effectuer dans les années où le mauvais temps a retardé les ensemencements et les plantations.

Nous l'avons dit, ces précieuses opérations, qui sont la pratique courante des pays à grandes récoltes, comme le Nord et les environs de Paris, sont encore ignorées de la plupart des autres régions, et cela à leurs grands dommages, car les cultivateurs qui les pratiquent déclarent leur être redevables des récoltes élevées que leur envient leurs confrères des autres régions.

Notre honoré confrère, M. Delimoges, directeur de la *Bourgogne agricole*, parle ainsi à ce sujet, sous ce titre : Roulage et hersage des blés :

« Ces jours derniers nous traversions les plaines de la Brie: partout nous voyions les cultivateurs occupés à herser et rouler leurs blés.

« Cela nous faisait penser à notre Côte-d'Or où ces deux excellentes pratiques sont si peu en honneur, bien mal à propos.

« Nous conseillons vivement à nos cultivateurs de herser vigoureusement leurs blés, puis de donner un coup de rouleau; ils s'en trouveront bien. Qu'ils ne s'effraient pas de quelques brins mal enracinés que la herse pourra arracher. leur perte sera amplement compensée par la vigueur de ceux qui resteront. »

En effet, beaucoup de cultivateurs s'effraient du hersage pour cette raison. L'expérience de leurs confrères mieux avisés, leur démontre en vain que pour dix plants déracinés, il pousse des centaines de touffes vigoureuses, grâce à l'aération du sol.

L'avoine de printemps.

Il est un peu tard aujourd'hui pour semer l'avoine, nous ne conseillons pas de la semer dans les terres froides, même bien fumées. On sait que le fumier vieux seul est utilisé par l'avoine. Mais dans les terres légères, on peut encore semer avec succès l'avoine, en lui donnant pour engrais un peu de nitrate et de superphosphate enfouis à la herse.

Nous lisons à ce sujet dans le bulletin du *Syndicat d'Anjou* ;

L'avoine profite mal du fumier parce qu'elle végète trop rapidement; elle profite, au contraire, de 90 à 95 0/0 du nitrate de soude que l'on lui donne, ce qui veut dire que l'excédent de récolte obtenu par l'engrais contient 95 0/0 de l'azote de cet engrais.

Cela posé, je considère une terre capable de produire, sans fumier, 30 hectolitres 15 quintaux d'avoine à l'hectare et contenant du reste assez d'acide phosphorique disponible pour utiliser 100 kilos de nitrate de soude que je sème et enterre à la herse en même temps que l'avoine. L'avoine pour 100 kilos de grain produit 150 kilos de paille, et cet ensemble contient 2 kilos 400 grammes d'azote. Or, le nitrate pour 100 kilos en contient 15 kil. 500, dont l'avoine utilise 95/100 soit 14 kil. 750 gr. il en résulte que 100 kilos de nitrate de soude produiront 14.750:2.400×100= 750 kilos de grain et 1.050 kilos de paille.

Le nitrate coûte, cette année, 24 fr. 50 les 100 kilos, l'avoine vaut 13 fr. 50, la paille 3 fr. 50 les 100 kilos, l'excédent de récolte vaut donc 13 50×7=94 50 pour le grain; 32 50×1.050=38 fr. pour la paille, total 132 fr. 25 pour une dépense de 21 fr. 50; c'est-à-dire un produit égal à 6 fois la dépense. On ne se trompe jamais en employant le nitrate de soude pour l'avoine de printemps.

La pomme de terre Schwan.

M. Gathoie signale dans le *Journal d'agriculture pratique*, une variété de pommes de terre, dérivée de la *Paulsen* nommée *Schwan*, dont il a obtenu une récolte de 40.000 kilos à l'hectare dosant 21 0/0 de fécule.

Nous ignorons si cette nouvelle variété existe dans le commerce; en tout cas ses débuts sont encore trop récents pour en garantir la supériorité que signale M. Gathoie. L'expérience nous enseigne qu'en matière de variétés nouvelles, plusieurs années d'essais sont nécessaires pour leur assigner le rang qu'elles méritent.

M. Gathoie ajoute un détail qui mérite d'être relevé en matière d'engrais potassique pour les pommes de terre, il engage à se défier du *chlorure*, et à lui préférer le sulfate de potasse bien que plus coûteux. Nous avons indiqué la kaïnite.

Encore la culture de la pomme de terre.

En finirons-nous une bonne fois en matière de pratiques contradictoires qu'on nous enseigne sur ce sujet si intéressant.

M. Aimé Girard, nous l'avons vu, préconise comme plant les tubercules entiers.

Le directeur de l'école d'Avignon préconise, au contraire, les fragments — mais pourvus d'au moins un œil, et il ajoute que cet œil doit être placé en haut, dans la direction qu'il suivra en cours de végétation.

Cela paraît très rationnel, n'est-ce pas?

Eh bien, pas du tout, voici un troisième docteur en pomme de terre sur la plantation par fragments portant un œil, mais il conseille de placer l'œil en bas et la coupure en haut, afin dit-il, que les yeux adhèrent à la terre de dessous.

Nous estimons jusqu'à plus ample information, que les yeux pousseront mieux étant plantés dans leur direction naturelle que dans la direction contraire qu'il leur faudrait contourner avant de s'élever à la surface. Ce qui importe en tout cas est que l'œil soit enfoui à la profondeur nécessaire, — rien de plus — pour qu'il ne risque pas d'être desséché par l'air extérieur avant la reprise qui le pousse vers la surface du sol, puis au-dessus. Du reste, nous en appelons, sur cette question à l'autorité des savants praticiens qui ont par leurs multiples essais acquis une autorité indiscutable dans cette intéressante spécialité.

Nouvelle maladie des pommes de terre.

On signale en Suisse l'apparition d'une nouvelle maladie des pommes de terre. Cette affection qui s'attaque aux tubercules serait causée par un champignon qui fait noircir la peau, gagne la chair et entraîne la pourriture. Ce parasite du genre *Rhizoctocnia* se trouve fréquemment sur les racines de la luzerne.

On ne connaît pas encore le remède contre cette maladie. On se borne à conseiller de ne pas cultiver la pomme de terre en champs situés près de luzernières malades. Nous croyons que le sulfate de fer ou le plâtre pourraient contribuer à la destruction de ce champignon, mais ce n'est qu'une indication.

(Bourgogne agricole.)

Les champs d'expériences.

A propos des essais de culture de céréales et de pommes de terre dans des champs dits d'expériences ou de démonstrations, nous avons cru utile de citer de nombreux exemples des résultats obtenus de ces cultures, et nous avons constaté volontiers que par leur nombre et leur concordance, les résultats démontraient l'excellence des méthodes de fumure, de culture et du choix des semences d'élite, qui en étaient les principaux facteurs.

Toutefois une remarque qu'il ne faut pas perdre de vue en matière d'essais, c'est que les résultats obtenus sur des minimes étendues ne peuvent être tenus pour concluants. C'est seulement à la suite de succès analogues obtenus en grande ou en moyenne culture, pendant une certaine série d'années qu'on peut les donner comme règles certaines et défensives. C'est ainsi que procède avec raison M. Flo Desprez, lorsqu'il enregistre, à la suite des rendements de ses blés d'élite sur champs d'expériences, les rendements des mêmes variétés sur des étendues de plusieurs hectares pendant une série de cinq années.

Une observation non moins importante en matière de cultures d'essai, c'est que, outre les facteurs ci-dessus indiqués : fumures, cultures, choix de semences, etc, il existe d'autres facteurs aussi importants, qui ne dépendent point du cultivateur et qui décident des résultats. Ce sont la nature du sol, le climat, les évolutions très variables des agents atmosphériques, le vent, la pluie, le brouillard, les périodes de sécheresse ou de pluie, tantôt favorables, tantôt nuisibles à la végétation, à la floraison, à la formation de la graine, etc., autant de phénomènes atmosphériques dont l'influence considérable est connue de tous, et qui se fait sentir sur les cultures les plus parfaites, comme sur les cultures négligées, bien que cette expérience soit moins nuisible généralement aux premières qu'aux secondes. Mais de ces faits si complexes il faut conclure que pour être vraiment concluantes, les cultures d'essai, dites en champs d'expériences, doivent être renouvelées plusieurs fois et sur ses terres de diverse nature, et que les démonstrations ne doivent être tenues pour définitives qu'à la suite de quelques années consécutives, en observant les conditions atmosphériques qui ont accompagné leur végétation depuis le jour du semis jusqu'au jour de la récolte.

Contre les gelées de printemps.

Monthly Weather Review renferme une page intéressante sur les différentes manières qui s'offrent aux horticulteurs pour protéger les jeunes plantations contre l'action désastreuse des gelées tardives, des gelées de la lune rousse, et plus généralement des mois d'avril et surtout de mai. C'est un remède classique que celui qui consiste à créer des nuages artificiels, à brûler de grands amas d'herbes et de substances donnant beaucoup de fumée. Si l'air est calme, il peut donner de bons résultats en formant un écran qui diminue notablement le rayonnement, cause des gelées. Un autre procédé moins connu, mais qui semble donner aussi des résultats excellents, qui n'a rien à redouter des mouvements de l'atmosphère, est celui qui consiste à arroser fortement les plantations menacées de gelée. L'eau conserve sa chaleur beaucoup plus facilement que la terre, d'où le rôle de régulateur de température que jouent les nappes d'eau — et, arroser la terre et les plantes, c'est en somme les réchauffer, c'est aussi les mettre en état de produire plus facilement de la vapeur d'eau, et la vapeur d'eau, elle aussi, forme un écran contre le rayonnement. Si la vapeur d'eau disparaissait de l'atmosphère, chaque nuit serait glaciale, et la végétation ne durerait guère. Il est donc indiqué, quand, au printemps, il y a des menaces de gelée, de procéder à un arrosage très complet des plantes et plantations qu'on veut protéger. Le conseil a été déjà mis en pratique par différents cultivateurs, des deux côtés de l'Atlantique, et on connaît un nombre considérable de cas très probants, établissant de la façon plus certaine l'action bienfaisante de ces bains ou arrosages, les plantes arrosées échappant à l'action destructive de la gelée, et les plantes voisines, non arrosées, de même espèce et de même âge, y succombant.

La ramie.

Ce n'est qu'avec une sérieuse réserve que nous avons le courage de parler de cette plante textile, après les illusions suivies de déboires éprouvées depuis vingt-neuf ans et par les agriculteurs qui en ont introduit la culture, et par les industriels qui ont essayé d'en faciliter l'application, en inventant des machines séparant ces fibres des tiges.

Après avoir partagé, plus que nous ne l'aurions voulu, ces illusoires espérances, nous nous abstiendrions de parler de la ramie si le *Journal des viticulteurs et des agriculteurs du Midi*, ne publiait les lignes suivantes dont nous aissons la responsabilité à leur auteur, M. Émile Hébrard :

« On nous assure que la ramie va entrer triomphante à l'exposition de 1900 par ses produits et surtout par ses machines à décortiquer.

« C'était là, en effet, le côté faible du nouveau textile. On ne pouvait le cultiver parce qu'on ne pouvait pas le décortiquer immédiatement et que les machines construites dans le principe ne répondaient pas au but qu'on se proposait.

« La Ramie, China Grass des Anglais, est une plante vivace appartenant à la famille des orties, sans dard, du genre Bœhmeria.

« Depuis les temps les plus reculés, les Chinois et les Japonais tirent des fibres de cette plante, en enlevant l'écorce au moyen d'un couteau de bambou, une matière textile brillante et solide.

« Dès le XVIᵉ siècle, sous le règne d'Elisabeth d'Angleterre, les fibres de ramie avaient vivement intéressé l'industrie européenne et les Anglais ne tardèrent pas à la transporter dans les Indes : c'est avec la ramie que les tisseurs de Hollande firent leurs premières batistes.

« En 1889, on fit, à Paris, à l'occasion de l'exposition, des expériences comparatives entre les produits du chanvre, du lin, du coton, de la soie et de la ramie, et ces diverses épreuves tournèrent au profit de la ramie au point de vue de la résistance à la traction et à la torsion aussi bien qu'à celui de l'élasticité avant la rupture, de la longueur des fibres, de l'incorruptibilité et de la légèreté.

« Si on observe les produits manufacturés, on est dans l'admiration de ce lustre merveilleux, de cette charmante souplesse, de cette variété de tissu se prêtant à tous les emplois, même à la fabrication des billets de la Banque de France.

« On est tellement persuadé de la solidité des tissus de ramie que, dans les grandes administrations où l'on use vite et beaucoup comme dans la Compagnie Transatlantique, c'est par 100.000 francs qu'on fait les commandes de linge de ramie.

« On pourrait tout d'abord se demander quel intérêt cette culture peut avoir pour nous : c'est la question que nous nous posions, il y a sept ans, lorsque nous entretenions la Société de cette question de la ramie.

« A cette époque, nous nous trouvions en présence de deux inconnues : la ramie s'acclimaterait-elle dans notre Sud-Ouest?

« Pourrions-nous trouver l'écoulement de nos produits? La question des machines à décortiquer serait-elle résolue, ce qui constituait un nouveau problème?

« A l'heure actuelle, il n'y a plus aucun doute :

« Nous avons vu, aux confins du département de la Haute-Garonne et du

Tarn-et-Garonne, un champ de ramie qui a végété régulièrement pendant huit ans, a donné deux coupes en année sèche et trois coupes dans les années favorisées de quelques saisons de pluie : les tiges, soigneusement pesées, ont donné un produit représentant un revenu annuel de 800 francs à l'hectare.

« Ce chiffre aurait considérablement augmenté dans une terre pouvant être régulièrement irriguée. Si, comme on l'affirme, la bonne machine à décortiquer est trouvée, rien ne nous empêche d'espérer qu'avant peu de temps notre agriculture sera dotée d'une culture nouvelle qui viendra éclaircir un peu notre horizon si noir.

« Les trois hectares de ramie plantés à côté de Paris ont prouvé, par leur végétation prospère, que notre climat, même dans le nord de la France, n'est pas défavorable au nouveau textile que les tisseurs du Nord adopteront avec empressement.

« Pour nous consoler de nos tristesses, acceptons-en l'augure! »

CHARDON A FOULON

Sous ce titre, le même journal donne sur la culture du chardon à foulon les conseils suivants :

« Nous ne sortirons pas de la question du vêtement en parlant du Chardon à foulon.

« Sa culture a longtemps occupé, dans le Tarn, de grandes étendues, mais le perfectionnement des machines et la nécessité de produire à bon marché a fait de plus en plus restreindre l'emploi du chardon.

« Il n'est cependant pas sans intérêt de dire quelques mots de cette culture qui occupe encore certaines étendues dans les environs de Sémalens, Castres, Labruguière et Mazamet.

« La *Cardère* ou *chardon à foulon* (*dipsacus fullonum*) est une plante indigène bisannuelle de la famille des Dipsacées : elle est généralement cultivée dans le voisinage des fabriques de draps; c'est ainsi qu'on la voit dans les départements de Seine-et-Oise, de l'Eure, des Ardennes, des Bouches-du-Rhône, de l'Aude et du Tarn.

« Elle sert presque exclusivement, dans notre région, à peigner les draps fins pour enlever les poils excédants des draps et autres étoffes; on en garnit, à cet effet, des cylindres qu'on fait tourner sur l'étoffe.

« Ailleurs, on trie les têtes du chardon et chaque qualité va au drapier, au bonnetier ou au foulon.

« Le chardon à foulon est assez exigeant dans le choix des terrains qu'on lui consacre et il est assez épuisant; on prend de préférence les terres d'alluvion ou celles qui ont été cultivées longtemps en grande luzerne.

« D'une façon générale, on peut dire que les bonnes terres à blé lui conviennent parfaitement, mais les climats trop secs et trop chauds lui sont aussi

défavorables que ceux qui sont brumeux et humides.

« La préparation du sol se fait comme pour le maïs et on sème généralement fin février en planches et on repique le plant en avril ou au commencement de mai.

« La première année, on ne fait pas de récolte, la plante talle et s'établit vigoureusement en terre; l'année suivante, on cueille le chardon au fur et à mesure de sa maturité, qui survient dans le courant du mois d'octobre; on fait sécher dans un endroit abrité, on réunit ensuite en bottes qu'on vend à raison de 65 francs le quintal de 50 kil., en moyenne.

« La production étant habituelle de mille kilog., le produit est de 1.300 fr., ce qui met, par année et par hectare, le revenu brut à 650 francs.

« Ajoutons à ce revenu la valeur de la graine fort bien utilisée par la volaille et celle des tiges dont on se sert pour chauffer les fours seulement, car dans les cheminées le pétillement constant des tiges occasionnerait des risques d'incendie.

« Notons qu'un hectare de chardons produit environ 300.000 têtes.

« On peut calculer que les frais de culture représentent 55 0/0 du produit, ce qui, en chiffre rond, laisse le revenu net à 300 francs environ.

« C'est donc là encore une récolte rémunératrice et qui n'est limitée actuellement que par un écoulement restreint. »

Le crémage centrifuge.

Le crémage par les écrémeuses a le mérite incontesté de séparer complètement la crème du lait et de laisser le lait écrémé à l'état de lait doux. — Le beurre produit de cette façon est fin et doux, exempt d'acidité, surtout lorsqu'il est baratté peu de temps après le crémage.

En revanche, on reproche à ce beurre son manque de *sapidité*. Il lui manque surtout ce goût, dit de *noisette*, auquel les beurres d'Isigny doivent leur réputation.

Quelques fermiers ont renoncé pour cette raison à l'écrémage mécanique et sont revenus à l'écrémage automatique traditionnel.

Nous croyons que l'écrémage par la machine peut donner un beurre à la fois fin et sapide tel que celui de d'Isigny.

Pour cela il suffit de n'écrémer le lait que le lendemain de la traite, c'est-à-dire lorsque l'acide lactique commence à naître. Car il n'est pas douteux que c'est cet acide naissant qu'est dû ce goût si recherché, dit de noisette. Au reste dans le Bessin l'écrémage ne se fait que le surlendemain de la traite, en été, et au bout de plusieurs jours en hiver.

Sans doute l'acide lactique n'est pas le seul facteur de la saveur du beurre fin. Le climat, le terroir, la nature des aliments sont les éléments principaux de ce précieux produit. Mais en quelque pays, en quelque saison qu'on fasse le beurre, le moyen de l'élever à son maximum de sapidité consiste à ne faire le crémage qu'un certain temps après la traite, au moment où commence à naître l'acide lactique.

Plus tôt le beurre sera fade, plus tard il manquera de finesse et sera exposé à rancir. C'est à saisir le bon moment que la ménagère doit appliquer son attention et son habileté.

La spéculation sur le blé.

On commence à se préoccuper sérieusement des effets de la spéculation sur les cours des céréales. Le dernier Bulletin de la Société des Agriculteurs de France publie le procès-verbal de la séance du Conseil du 28 février dernier, dans laquelle M. Lavollée a fait une intéressante communication à ce sujet. M. Lavollée a appelé l'attention du Conseil sur l'étude remarquable publiée par M. du Pré-Collot dans le *Journal de l'Agriculture* sous le titre : « Ours et Taureaux », nom que les Anglais donnent aux vendeurs et aux acheteurs. M. du Pré-Collot a recherché les conséquences de l'abus des marchés à termes fictifs et non suivis de livraison. Il a montré qu'il y a là une cause très active de dépréciation des cours, sur lesquels le « blé papier » pèse d'une manière funeste.

De son côté l'*Agriculture moderne* du 22 mars étudie dans un article intitulé : « le blé et la spéculation », un travail publié par M. Paisant, président du tribunal civil de Versailles, dans le but de rechercher les moyens de refréner la spéculation sur les céréales.

Cette question de la spéculation sur le blé est certes une question d'actualité. Il se fait précisément en ce moment une campagne de baisse dont l'organisation peut passer pour un modèle de ce genre d'opérations, si fructueuses pour les intermédiaires qui s'y livrent, mais si désastreuses pour les producteurs et les consommateurs qui en sont les victimes.

Prenez au hasard un des journaux qui publient un « bulletin » ou « revue commerciale ». Dans tous, ou à peu près tous, car il y a des exceptions, vous verrez se poursuivre la même campagne. Ce sont les mêmes arguments reproduits sous des formes diverses, c'est la même affirmation de faits notoirement faux, que l'on cherche à accréditer dans le but d'égarer l'opinion et d'amener le résultat cherché, la baisse de la marchandise.

Voulez-vous des exemples? Prenez le journal : *la Réforme économique* du 15 mars. Vous y lirez, page 372, sous la rubrique : « Mouvement commercial et financier, la question du blé », les lignes suivantes : « Autrefois un rende-« ment de 110 millions était considéré

« comme une très bonne moyenne, « actuellement on doit considérer 125 à « 130 millions d'hectolitres comme un « rendement ordinaire. Autrefois nous « étions un pays importateur et nous « devions, bon an, mal an, aller cher-« cher au dehors 10 à 12 millions d'hec-« tolitres ; maintenant notre production « dépasse nos besoins. »

Or c'est là l'affirmation d'un fait manifestement contraire à la vérité. Il n'est personne tant soit peu au courant de ces questions qui ne sache que non seulement la production du blé en France ne dépasse pas nos besoins, mais qu'elle reste constamment au-dessous, même dans les meilleures années. Loin d'être en mesure d'exporter du blé, nous n'avons jamais cessé d'être dans la nécessité d'en importer.

Serait-ce donc que la *Réforme économique* ignorerait ce que savent tous les hommes du métier? Nullement. Dans son même numéro du 15 mars ce journal publie une statistique comparée de la production et de la consommation du blé en France pendant ces dix dernières années. Cette statistique établit que pendant les cinq premières années (1886 à 1890 inclus) de cette période décennale, la moyenne de la production annuelle du blé en France a été de 108 millions d'hectolitres et la moyenne de la consommation de 122 millions d'hectolitres. Pendant les cinq dernières années (1891 à 1895 inclus), la moyenne de la production a été de 103 millions d'hectolitres, et la moyenne de la consommation de 124 millions d'hectolitres.

Nous sommes loin, on le voit, des 125 à 130 millions d'hectolitres que la France produirait annuellement d'après le « Bulletin commercial », publié, je le répète, dans le même numéro du journal, et où l'on ne craint pas d'affirmer que notre production dépasse nos besoins.

Eh bien, je le demande, n'est-ce pas là précisément le délit prévu et puni par l'article 419 du code pénal : « Tous ceux qui, par des faits faux, etc...? » Pourquoi n'applique-t-on pas cette loi existante? Pourquoi feint-on de chercher des armes nouvelles quand on est suffisamment armé pour sévir?

Veut-on d'autres preuves de l'éhontée spéculation à la baisse qui se poursuit actuellement? Le journal l'*Agriculture moderne* du 22 mars qui publie en première page cet article intitulé « le Blé et la Spéculation », auquel j'ai fait allusion plus haut, contient un peu plus loin, sous la rubrique : « l'état du marché », les lignes suivantes : « Il « semble que pour sortir de l'impasse « actuelle il faille restreindre momen-« tanément la production. »

Ainsi voilà le remède qu'on propose à l'agriculture! Restreindre la production, alors qu'il est prouvé que cette production est déjà au-dessous des besoins de la consommation. Ce n'était pas la peine,

pour en venir là, de frapper d'un droit de 7 francs par 100 kilog. les blés étrangers entrant en France.

Il faut conclure. Ces manœuvres frauduleuses, véritables actes de piraterie, peuvent se résumer d'un mot, c'est l'*agiotage juif*. Quand on recherche leurs auteurs on se trouve toujours en présence des mêmes noms de financiers cosmopolites, d'agents interlopes, de tripoteurs véreux, naturalisés de fraîche date, souvent mêmes étrangers. Ce sont eux qui ont inventé le « blé papier » variété nouvelle tout à fait inconnue des agriculteurs, produit qu'on ne transformera jamais en farine, absolument inutilisable ailleurs que dans les cabinets... d'histoire naturelle.

Ces méfaits devraient être punis, ils pourraient l'être. Pourquoi ne le sont-ils pas? Parce que ceux qui ont charge et pouvoir de mettre en mouvement l'action publique ne font pas leur devoir.

Agriculteurs dépouillés par cette bande de corsaires de l'agriculture, nous avons pour nous le bon droit. Nous avons aussi la force, car nous sommes le nombre. Ne l'oublions pas et nous finirons bien par nous faire rendre justice.

J. DAVOST,
*Trésorier du Comice agricole
de Châteaubriant.*

L'insecticide Desgouttes.

Nous avons déjà signalé les perfectionnements que M. Desgouttes a fait subir à son produit. Nous avons sous les yeux des attestations émanant de divers praticiens qui l'ont expérimenté avec soin. Nous croyons de notre devoir de les résumer, heureux que nous sommes toujours de parler des nouveautés expérimentées par les agriculteurs et viticulteurs de marque.

Comme insecticide le produit de M. Desgouttes est d'une efficacité certaine, nous le recommandons spécialement pour la destruction rapide de tous les insectes et animalcules quels qu'ils soient : fourmis, chenilles, *vers blancs*, vers gris, *courtillières*, sylphe de la betterave, limaces, limaçons, altises, pucerons de toutes sortes, entre autres le *puceron lanigère* si difficile à détruire, charançons, kermès, punaises, cafards, cloportes, etc., etc.

Plusieurs de nos abonnés nous ont affirmé qu'il tue le *phylloxera* sous ses divers états.

C'est donc un produit indispensable à tous les agriculteurs, viticulteurs, horticulteurs, jardiniers, etc., et en général toutes les personnes qui ont à se défendre contre des insectes quelconques.

Toutes les expériences maintes fois répétées ont démontré que ce produit est, à tous égards, aussi simple qu'économique et efficace.

Il s'emploie à l'état liquide, au moyen

de badigeonnages, pulvérisations ou arrosages, suivant les besoins.

On l'utilise en tout temps, sur les arbres et dans les vignes, mais surtout à la fin de l'automne et au commencement du printemps. A cet effet, il faut d'abord gratter les écorces mortes qui cachent une quantité d'insectes et de larves de toutes sortes, brûler soigneusement ces déchets sur place, puis badigeonner ou pulvériser fortement le tronc, les branches, etc.

Si cette opération n'a pu se faire pendant l'automne, on la fera au printemps avant que tous les insectes ne soient sortis de leur refuge. C'est la méthode employée contre le *phylloxera*.

Il faut aussi, quand, les feuilles sont attaquées, ou mieux, quand, par l'observation des années précédentes, on prévoit qu'elles le seront, bien pulvériser les feuilles et les branches en tout sens, soit avec le pulvérisateur, soit avec un petit balai.

Les jardiniers et les horticulteurs l'emploient en tout temps; ils en arrosent par un temps sec, leurs jeunes plantes, leurs fleurs, et les terrains qu'ils veulent ensemencer, afin d'y détruire toutes les larves qui se trouveraient à sa surface ou dans la couche supérieure du sol.

M. *Brunat*, ingénieur-agronome (Puy-de-Dôme), nous écrit qu'il a employé avec un plein succès l'insecticide Desgouttes contre les insectes des navets, rutabagas, raves et choux d'Auvergne, d'autres attestations affirment qu'il détruit le *puceron lanigère du pommier* et quantité d'autres insectes qui pullulent sur les végétaux et qui compromettent tant de fois la récolte.

Pour les *vers blancs*, *vers gris*, *courtilières*, il est nécessaire, en plus de l'arrosage, d'en verser près des plantes à préserver, dans des petits trous, que l'on referme ensuite d'un peu de terre. En en versant aussi dans les galeries des courtillières, ceux des insectes qui ont atteints périssent, les autres s'éloignent; il est utile pour s'en débarrasser complètement, de renouveler l'opération plusieurs fois.

Ce produit a l'avantage de ne pas fatiguer la terre, sa base étant un principe fertilisant, les plantes en profitent : partout où la terre en est un peu saturée, elle devient fertile et réfractaire aux insectes.

On s'en sert encore, dans les habitations et les greniers pour détruire les insectes qui se réfugient dans les cuisines, fourmils, celliers, caves, etc. Pour désinfecter ces locaux, on badigeonne, ou injecte les trous, les jointures des planchers, le bas des murs, les fourneaux, le sol, avec cet *Insecticide*; d'après les expériences qui ont été faites, on s'en trouve aussi bien au point de vue de la propreté que de l'hygiène.

Pour utiliser ce produit, il suffit de mélanger le contenu d'une boîte de 2 kilos 500 dans 50 litres d'eau et d'agiter avec un bâton jusqu'à complète dissolution, puis agiter avant de s'en servir.

Afin de permettre à nos abonnés d'en faire l'essai, mais à la condition pour eux de nous communiquer leurs résultats, nous pouvons leur procurer ce produit aux conditions suivantes :

Prix franco toutes gares de France.

Boîte de 2 k. 5 p. 50 lit. d'eau   3 fr. 60
Boîte de 5 k. p. 100 lit. d'eau   6 fr. 80
Boîte de 10 k. p. 200 lit. d'eau   11 fr.

Par 50 kilos, 0,75 le kilo.

BIBLIOGRAPHIE

La taille de la vigne. Étude comparée des divers systèmes de taille par Joseph Perraud.

En vente à la librairie G. Masson, boulevard Saint-Germain, 120, Paris; **Franco : 5 francs.**

Cet ouvrage, qui est une étude détaillée et critique de tous les systèmes de taille usités pour la vigne, comble une lacune dans la littérature viticole. Aucun auteur, jusqu'à ce jour, ne s'est arrêté d'une façon suffisante sur cette question cependant si importante. On trouve bien dans quelques traités spéciaux la description de tel ou tel système de taille, mais aucun ne donne les documents permettant de comparer les diverses méthodes, de juger les avantages et les inconvénients de chacune, en un mot de choisir celle qu'il convient d'adopter suivant les circonstances. M. Perraud, en réunissant, sous une forme précise, les règles qui doivent guider dans la taille de la vigne, vient de réaliser ce désideratum.

Quatre parties constituent l'ouvrage.

Dans la première se trouve une description complète des méthodes de taille usitées dans chaque vignoble. Cette étude d'ensemble est accompagnée de critiques qui indiquent les modifications qu'il y a lieu d'apporter aux procédés locaux toutes les fois que ces derniers ne sont pas rationnels.

La seconde partie comprend l'étude des principaux systèmes particuliers de taille qui ont été préconisés dans le but de remplacer les méthodes ordinaires. C'est ici que trouvent leur place : la taille en chaintre, les systèmes Guyot, Cazenave, Marcon, Silvoz, Mesrouze, Duzeimeris, la taille de Royat, etc.

Ces noms indiquent assez l'importance de cette partie qui renferme en outre les indications concernant la conduite des vignes greffées et des producteurs directs.

La troisième partie est consacrée aux opérations que l'on peut être amené à faire subir aux vignes pendant la période de végétation, telles que : ébourgeonnement, pincement, effeuillage, incision annulaire, taille des vignes, gelées et des vignes grêlées.

Enfin, dans la quatrième partie se trouvent décrits les principaux systèmes d'échalassement et leur prix de revient. L'établissement des vignes sur fils de fer, de plus en plus suivi, donne à cette dernière partie un intérêt tout particulier.

PRIMES A NOS ABONNÉS

Bonde le cent, 25 fr., les cinquante 13 fr. les vingt-cinq 7 fr. Au-dessous de 25 bondes 0 fr. 30. Le tout franco de port.

Cette bonde offre les avantages suivants : Préserve les fûts de tout accident en cours de route, même s'ils contiennent des liquides en fermentation. Évite toute perte de liquide pendant le transport.

Munie de sa plaque, cette bonde est inviolable.

Elle empêche l'entrée de l'air dans les fûts tout en permettant la sortie des gaz en excès.

Adresser les demandes accompagnées d'un mandat à la *Gazette*, 10 bis, rue Piccini, Paris.

Porte-pantalon hygiénique, *breveté S. G. D. G.* de *P.-B. Noël.* Prix de faveur pour nos lecteurs. Pour hommes, jeunes gens et enfants de dix ans, franco 4 fr.; pour femmes et fillettes, 4 fr. 50.

Toute commande doit être strictement accompagné d'un mandat-poste représentant la valeur de l'expédition.

Huîtres fraîches d'Arcachon et de Marennes, colis postaux, 5 kilos contenant :

100 huîtres blanches.		4 25
70 — plus grosses.		4 80
100 — vertes.		5 60
70 — plus grosses.		5 60

Franco de port et d'emballage en gare ou à domicile. *Adresser les ordres* accompagnés de la bande du journal et d'un mandat à MM. J. Lapierre et J. Goubet à Andernos (Gironde).

Délicieux Vin Muscat Vieux tonique et réconfortant venant directement de la propriété, garanti authentique, offert en prime à nos abonnés à raison de 1 fr. 25 le litre logé en fûts de 25 à 35 litres. Fûts perdus.

Adresser les commandes au Bureau du Journal 10 *bis*, rue Piccini, Paris.

CORRESPONDANCE

M. F., à M. (Drôme). — Lorsque les blés ont atteint au printemps une végétation foliacée extraordinaire et notamment dans une terre fertile, la verse est à craindre. Pour l'éviter, nous vous conseillons de couper à la faux ou à la faucille l'extrémité des feuilles du blé, 8 à 10 centimètres, c'est le moyen le plus efficace et le plus radical.

Nous connaissons un de nos amis, grand agriculteur de la Marne qui, l'année dernière, avait 150 hectares de blé d'une végétation telle, qu'au mois de mai la verse était imminente. En bon praticien qu'il est, il fit couper, dès le mois d'avril, à l'aide de la faucheuse, tous ses blés. Cet agriculteur intelligent a sauvé toute sa récolte. Au moment de la moisson, nous avons visité ces mêmes pièces de blé où la récolte était abondante en paille et en grain, et pas un épi n'était versé.

Pour vous procurer les ouvrages d'agriculture les plus modernes adressez-vous de notre part chez Michelet, libraire, 25, quai des Grands-Augustins, Paris. — Ces ouvrages sont ceux de Dubreuil et Girardin.

M. J. C., à C. (Marne). — Pour renouveler votre basse-cour en une race de poules la plus forte pondeuse, possédant à qualité égale beauté et qualité, nous vous conseillons la race *Red-cap*; adressez-vous en toute confiance de notre part à M. *Calixte Dany*, à Athen-les-Paluds (Vaucluse).

La meilleure espèce de canards et la plus grosse sont les canards de *Rouen*.

Dans toute la Normandie, et notamment à partir de Vernon jusqu'à Caen, on rencontre les plus forts lapins de France, appartenant, comme ceux des Flandres, à la race commune grise.

Les lapins normands pèsent communément de 4 à 5 kilos entre l'âge de 6 à 8 mois.

La Picardie élève aussi beaucoup de lapins, mais ils sont un peu moins forts que ceux de la Normandie. Les Ardennes, la Lorraine et la Champagne sont ensuite les contrées où l'on rencontre le plus d'animaux de cette espèce. C'est la race commune et la meilleure à tous points de vue.

M. B., à L. — Le meilleur moyen de désinfecter les lieux d'aisances avant de les faire vidanger est d'employer *le sulfate de fer* dissous dans de l'eau à saturation à raison de 1 litre par mètre cube.

M. P. B., à M. (Jura). — Le goût de rance de l'huile de noix provient de ce qu'elle est vieille, nous ne nous connaissons aucun remède pour enlever ce mauvais goût.

M. N. P. — Pour vous procurer la bouillie sucrée, adressez-vous de notre part à M. Michel Perret, 14, place d'Iéna, Paris.

M. H. R. (Finistère). — Nous vous engageons à cultiver la pomme de terre *Franco-Russe* et la *Géante bleu*. Le rendement est de beaucoup supérieur à celui des autres variétés, et ces sortes résistent mieux que les autres à toutes les maladies.

Ces variétés sont parfaitement comestibles.

M. M. (Côte-d'Or). — Nous ne pouvons vous indiquer un mélange pour prairies sans connaître la nature de votre sol.

M. D. N. (Aisne). — Les phosphates de Quiévy sont reconnus excellents par ceux qui les emploient, qui se trouvent ainsi confirmer l'opinion de M. Grandeau. Dans les champs d'expériences ils ont été classés premiers, ils sont plus assimilables que ceux d'autre origine.

OFFRES ET DEMANDES

JEUNE HOMME ayant diplôme d'Ecole pratique d'agriculture demande emploi dans grande exploitation pour se fortifier dans la pratique. Pas exigeant comme gages.

S'adresser au bureau en journal.

Avoine grise de Beauce pour semence extra 1er choix, 21 francs les 100 kilos.

Au-dessus de 1000 kilos 20 francs les 100 kilos. ogés gare Nangis (Seine-et-Marne.)

S'adresser à M. E. Leclert, agriculteur à Bois-Garnier, par Jouy-le-Châtel (Seine-et-Marne).

Pommes de terre de semence : *Géante bleu, Asparie, Annibal, de Paulsen; Impérator de Richter*, espèces très résistantes et très productives.

Pureté d'origine garantie.

70 francs les 1000 kilos.

S'adresser : M. de Lavigerie, à Montbron (Charente).

On demande à acheter pour la place de Paris plusieurs lots de blés pour la meunerie, avoine de consommation, seigle et sarrasin, pailles et fourrages. Adresser échantillons et prix à M. Périnaud-Gérard, 6, rue de Marseille (Paris).

Ancien Industriel ayant possédé usine importante, fait valoir plusieurs Fermes et Bois de haute futaie, désire se placer comme intendant-régisseur. Nous recommandons spécialement cette personne qui a de grandes connaissances techniques à possesseur de grand domaine. Ecrire au bureau du journal.

Huiles d'olive garanties pures et sans mélange venant directement de la propriété.

Au prix de 1,80, — 1,60, — 1,50 le kilog. suivant qualité.

Gare départ, paiement contre remboursement. S'adresser à M. Edouard Laurin, propriétaire à Saint-Chamas (Bouches-du-Rhône).

Agriculteur, ancien régisseur de grandes propriétés, demande direction d'un domaine en France ou colonies. Excellentes références.

GRAND CRU MENARDIERE. Cidre normand pur jus, 15 fr. l'hecto non logé.

Eau-de-vie de cidre garantie pure : 3 fr. le litre.

Sassier, propriétaire. La Colombe (Manche)

Volailles pondeuses en toute saison, Leghorn doré, spécialité en grands sujets, coqs et poules, pure race, 6 francs, œufs à couver, 20 francs le cent. — S'adresser à M. Emile Pourcelle, agriculteur à Cantigny, par Montdidier (Somme).

RED-CAP Œufs à couver de cette excellente race de poule, réputée la plus jolie et la plus forte pondeuse, garantis race pure frais et fécondés, 5 fr. la douzaine franco de port et d'emballage. S'adresser à Calixte Dany, Athen-les-Paluds (Vaucluse).

Purificateur d'air pour tonneaux, l'un 4 50 franco gare.

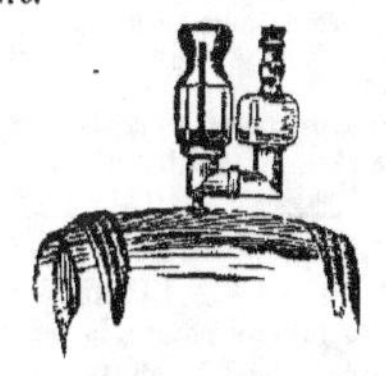

Moyennant un supplément de 0 fr. 40, nous joindrons à l'envoi une mèche à percer de calibre et moyennant 0 fr. 10 en plus, une mèche soufrée.

Si vous voulez boire du bon vin de Saint-Emilion, adressez-vous à M. Duplessis-Fourcaud, au château des Trois-Moulins, à SAINT-EMILION (Gironde).

(Voir le prix courant.)

Montre Remontoir, boîte métal nickelé, cuvette nickelée, 18 lignes ou 50 millimètres, cadran émail à secondes, aiguilles Louis XV, système 1 rochet, échappement-cylindre, 4 rubis. Prix 15 fr. 50 franco de port et d'emballage.

Le même article se fait en modèle réduit pour jeunes gens au même prix et pour dames avec augmentation de 2 francs.

Montre Remontoir, acier oxydé inaltérable cuvette acier oxydé 18 lignes, système perfectionné, calibre revolver, cylindre 8 rubis, cadran émail à secondes, prix 20 francs, franco de port et d'emballage.

Le même article se fait en modèle réduit, pour jeunes gens au même prix, et pour dames avec augmentation de 2 francs.

Baromètre nickel, fabrication française très soignée, système perfectionné. Prix 12 francs.

Baromètre « Bois sculpté Masson, » très décoratif, fabrication française, système perfectionné. Prix 22 fr. 50.

Envoyer les demandes accompagnées d'un mandat d'égale somme, au Bureau du Journal, 10 bis, rue Piccini, Paris.

Vélocipèdes. — Pour répondre aux désirs maintes fois exprimés par nos lecteurs, nous nous sommes livrés à de sérieuses recherches. Nous avons visité les principales usines et pris l'avis d'amateurs de cet instrument. Nous sommes aujourd'hui en mesure de procurer à nos lecteurs, à titre de prime exceptionnelle, des machines parfaites à tous égards provenant d'un des meilleurs fabricants.

La plus vaste Manufacture du Monde

Cadre gros Tubes INDÉFORMABLE

LA NATIONALE

12, Rue de Rome

Usine à vapeur, 27, rue Desrenaudes

PARIS

Bicyclette modèle 1898

avec pneumatiques de tous systèmes, derniers perfectionnements, mieux faite et ns chère que tout ce qui s'est fait jusqu'à ce jour.

Envoi franco du Catalogue

Nos abonnés auront droit à une remise de 50 0/0 sur les prix du catalogue de cette maison.

Nous ne disposons que d'un très petit nombre d'instruments dans ces conditions.

Le Gérant : E. GAMBART.

IMPRIMERIE ÉTIENNE, 8, RUE CAMPAGNE-1re, PARIS.

CHEMINS DE FER DE L'OUEST

Excursions à Jersey et à Guernesey.

La Compagnie des chemins de fer de l'Ouest fait délivrer, toute l'année, des billets d'aller et retour de Paris à Jersey (Saint-Hélier), valables pendant un mois et comprenant la traversée de France à Jersey, aux conditions suivantes :

Par Granville ou Saint-Malo.

I. Billets valables à l'aller et au retour par Granville : 1re classe : 70 fr. 10, 2e classe : 46 fr. 05. — 3e classe : 35 fr. 25.

II. Billets valables à l'aller par Granville, au retour par Saint-Malo (ou inversement), et permettant d'effectuer l'excursion du Mont-Saint-Michel (parcours en voiture compris dans le prix du billet) :

1re classe : 78 francs. — 2e classe : 55 fr. 40. — 3e classe : 40 fr. 15.

Le moment favorable au transport des vins étant revenu, nous rappelons à nos lecteurs que tous ceux d'entre eux qui, sur nos conseils, et depuis cinq ans, consomment les vins de M. Vincent Ardura, vigneron, domaine de la Chapelle-Frédignac, par Blaye-Bordeaux n'ont qu'à se louer de la qualité et de la conservation de ce Bordeaux absolument naturel, expédié sans intermédiaire.

Pour dégustation sérieuse, envoi gratuit est fait d'une bouteille de la récolte désignée.

L'encaissement est fait par le facteur, à 30 jours, escompte 2 0/0, ou 90 jours.

Vendanges : 1893, à 130 fr., 1892-91, à 150 fr., 1890-89, à 175 fr., 1887, à 200 fr., 1885, à 220 fr., 1884, à 240 fr., 1882, à 250 fr., 1881, à 300 fr. — Graves blancs vieux : 130, 150, 200, 250, 300 fr., suivant âge, les 225 litres collés, soutirés, franco de port et de fût en gare d'arrivée.

Etablissement Glaser

AVENUE NIEL, 9, PARIS

LOCATION DE CHEVAUX
de Selle et d'Attelage

pour les Chasses, la Promenade, la Campagne

PENSION DE CHEVAUX
en Boxes et Stalles.

CHEMIN DE FER D'ORLÉANS

EXCURSIONS

En **Touraine**, aux **châteaux des bords de la Loire** et aux **stations balnéaires** de la ligne de Saint-Nazaire au Croisic et à Guérande.

1er *Itinéraire* : 1re classe **86 francs**. — 2me classe **63 francs**. — Durée : **30 jours**.

Paris; Orléans; Blois; Amboise; Tours; Chenonceaux, et retour à Tours; Loches, et retour à Tours; Langeais; Saumur; Angers; Nantes; Saint-Nazaire, le Croisic; Guérande, et retour à Paris, viâ Blois ou Vendôme, ou par Angers, viâ Chartres, sans arrêt sur le réseau de l'Ouest.

Nota. — Le trajet entre Nantes et Saint-Nazaire peut être effectué, sans supplément de prix, soit à l'aller soit au retour, dans les bateaux de la Compagnie de la Basse-Loire.

La durée de validité de ces billets peut être prolongée une, deux ou trois fois de 10 jours, moyennant paiement, pour chaque période, d'un supplément de 10 0/0 du prix du billet.

2e *Itinéraire* : 1re classe **54 francs**. — 2e classe **41 francs**. — Durée : **15 jours**.

Paris; Orléans; Blois; Amboise; Tours; Chenonceaux, et retour à Tours; Loches, et retour à Tours; Langeais, et retour à Paris; viâ Blois ou Vendôme.

En outre, il est délivré à toutes les gares du réseau d'Orléans, des billets aller et retour comportant les réductions prévues au tarif spécial G. V. n° 2 pour des points situés sur l'itinéraire à parcourir, et *vice versâ*.

Ces billets sont délivrés *toute l'année* à Paris, à la gare d'Orléans (quai d'Austerlitz) et aux bureaux succursales de la Compagnie et à toutes les gares et stations du réseau d'Orléans, pourvu que la demande en soit faite au moins trois jours à l'avance.

MÊME MAISON SOCIALE DEPUIS 1781

Expos. Universelle 1889 : *3 Grands Prix, 3 Méd. d'Or*

VILMORIN-ANDRIEUX, O.✳✳ & Cie

4, Quai de la Mégisserie, PARIS

CULTURE SÉLECTIONNÉE & VENTE de **TOUTES GRAINES de SEMENCES**

Gros & Détail. — Catalogues gratuits aux lecteurs de la *Gazette*.

GRAINES FOURRAGÈRES

POUR PRAIRIES PERMANENTES & TEMPORAIRES

Luzerne de Provence extra	135 fr.
— de Provence 1er choix	125 —
— de pays extra	120 —
— de pays 1er choix	110 —
Minette de Beauce	40 —
Sainfoin à deux coupes	40 —
Trèfle violet	100 —
Vesce de printemps, de pays	22 —
Maïs Caragua, dent de cheval	21 —

Le tout aux 100 kilos, logés, Paris

MÉLANGE SPÉCIAL POUR PRAIRIES PERMANENTES

Composé selon la nature du sol, 65 kilos à l'hectare

Prix : 90 fr.

Adresser les commandes à **BIROT Henri**, cultivateur grainier, 19, r. de Viarmes (*Bourse de Commerce*), *Paris*.

Avis à Messieurs les Cultivateurs et aux Fabricants de sucre.

La graine authentique *Fouquier d'Hérouël* est *toujours* facturée par la maison qui confirme à bref délai les commandes.

Les envois sont faits *directement* aux acheteurs en sacs plombés au nom « Fouquier d'Hérouël, à Vaux-sous-Laon. »

Il n'existe aucun dépositaire.

GRIFFE SARCLEUSE-BINEUSE

Outil économique

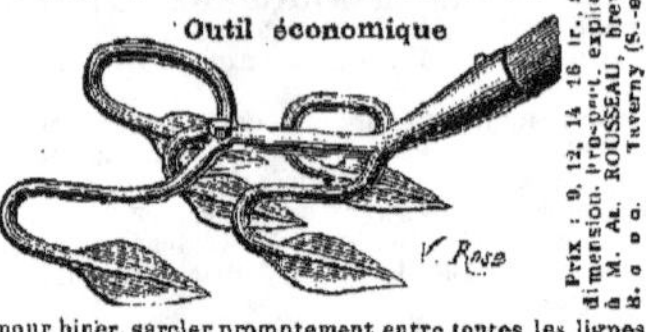

pour biner, sarcler promptement entre toutes les lignes de plantes ou légumes sans distinction, indispensable en toutes saisons dans les jardins, vignes, pépinières, les cultures de betteraves, de tabac, etc., même dans les allées

SELS POUR L'AGRICULTURE

Nourriture du bétail et Engrais des terres

Sel neuf dénaturé, au tourteau de colza	45 f. 1.000 k.
Sel neuf dénaturé, au peroxyde de fer	40 f. 1.000 k.
Sel de morue pur	35 f. 1.000 k.

Expéditions de Fécamp, Bordeaux et St-Malo.

S'adresser à MM A. LE BORGNE et ses Fils, négociants-armateurs, à Fécamp.

EXCELLENT DÉSINFECTANT

POUR LES FUTS A VIN, CIDRE, BIÈRE, ETC.

Prix de faveur pour nos lecteurs

Sur notre demande, M. Motty, père, l'inventeur, a consenti à en mettre de petites quantités pour essais à la disposition de nos lecteurs.

10 litres franco gare. 10 fr.

Adresser les demandes à M. Crépeaux, rue Picoiui, 10 *bis*, Paris.

FROMENTINE

Marque déposée B. S.G.D.G.

Produit pour l'alimentation économique, saine et rationnelle du bétail, provenant en grande partie des issues de la mouture de blé.

DIVERSES MARQUES

Demander celle en raison du but poursuivi

Marque A pour l'engraissement égal à celui du tourteau de lin, le remplacement de l'avoine, production d'un lait de qualité supérieure.

Marque B pour le bon entretien du bétail.

Marque J développement rapide des jeunes bêtes.

Marque L surproduction du lait.

Marque E engraissement rapide.

Écrire à M. Armand MILLOT

Moulins Saint-Martin

Saint-Quentin (Aisne).

VELOUTINE FLAMANDE

La **Veloutine** est spécialement employée pour lustrer les cuirs de fantaisie : guides, selles, harnais de luxe et de travail, capotes, tabliers, caparaçons, etc., et lorsqu'ils ont déjà été enduits de vaseline, ce produit donne un joli brillant et évite l'action graisseuse des cirages ou préparations à base de ciro. Sans causticité il ne dessèche pas et imperméabilise.

Le bidon d'un litre pour harnais noirs 3 70
—   —   —   jaunes . . . 4 20

Franco gare contre mandat-poste.

S'adresser : *Manufacture de Vaselines industrielles de Ligny-en-Cambrésis (Nord)*

Insecticide-Préservateur

FERTILISANT

DESGOUTTES

La Boîte de 10 kilog., pour essais, **10 fr.** franco toutes gares (port et emballage compris).

Adresser les demandes, accompagnées d'un mandat, 10 bis, rue Piccini, Paris.

FOURNEAUX DE CUISINE
de toutes espèces

Maisons particulières, Hôtels, Châteaux et Fermes, Hospices, Hôpitaux, Collèges, Pensions, etc.

ENVOI FRANCO DE CATALOGUES

Maison DELAROCHE aîné

22, *rue Bertrand*, PARIS

MAISON
Ferdinand et Arnould LEMAIRE
ARNOULD LEMAIRE SUCCESSEUR

CULTURE DE MILLE HECTARES

Laboratoire de chimie pour l'analyse des porte-graines

SPÉCIALITÉ DE GRAINES DE BETTERAVES RICHES EN SUCRE

Ces graines sont garanties sur factures franches d'espèces, de pureté normale et de bonne germination.

S'adresser pour les Commandes à M. **A. LEMAIRE**, *producteur*

CHATEAU DES MARETZ près **Reims** (**Marne**)

GRANDS RABAIS
POUR LIVRAISONS SUR LES MOIS D'HIVER

Engrais de l'Usine municipale de la Voirie de Bondy

TOURTEAUX ORGANIQUES
MOULUS

Dosage : 1.50 à 2 %, d'azote et 4 à 5 % d'acide phosphorique.

S'ADRESSER AU

Comptoir Agricole et Commercial
9, RUE NOUVELLE, 9, A PARIS

PHOSPHATE FOSSILE DE QUIÉVY-NORD
le plus assimilable de tous les phosphate connus

GARANTI PUR DE MÉLANGE AVEC TOUT AUTRE PHOSPHATE
Ce qui, du reste, ne pourrait que diminuer son assimilabilité.

EXTRACTION DU GISEMENT ET USINE A QUIÉVY
Propriétaire-Extracteur : C. LECLERCQ
Bureaux à Viesly (Nord).

COMPOSITION MOYENNE	ASSIMILABILITÉ RELATIVE (méth. Joulie).
	Solubilité dans l'oxalate d'ammoniaque.

COMPOSITION MOYENNE		ASSIMILABILITÉ RELATIVE	
Acide phosphorique....	12 » à 16 » 0/0	Phosphate de Quiévy.	82 29 0/0
Potasse............	0 45 à 2 77 0/0	— de la Meuse.	51 95 0/0
Chaux............	19 05 à 31 » 0/0	— de Pernes.	47 87 0/0
Magnésie..........	0 58 à 3 80 0/0	— des Ardennes.	46 43 0/0
Matières organiques azotées .	1 80 à 3 45 0/0	— de la Somme (moy.).	44 53 0/0
		— de Ciply.	34 57 0/0

Titre garanti en acide phosphorique : 13 à 15 0/0.

LIVRAISON : EN POUDRE IMPALPABLE EN SACS PLOMBÉS, MIS SUR WAGON GARE QUIÉVY-en-CAMBRÉSIS
Prix : 3 fr. 80 les 100 kilos, sacs perdus, 30 jours, 2 0/0 ou 90 jours net.

NOTA. — Les acheteurs qui désirent employer le véritable Phosphate de Quiévy pur et garanti d'origine doivent exiger que les sacs portent la Marque (Au Poisson fossile) et la Firme C. LECLERCQ, seul exploitant à Quiévy (Nord).

GRAND PRIX
à l'Exposition Universelle DE 1889

FABRICATION SPÉCIALE DE TOURTEAUX DE COTON

DIPLOMES D'HONNEUR
aux Exp. Universelles
de Bruxelles 1880
& Amsterdam 1883

POUR
Nourriture
des Vaches laitières
& Engraissement
du Bétail et des Moutons

DE
GRAINES
d'Alexandrie
(ÉGYPTE)

des Usines de MM. P. MARCHAND Frères, à DUNKERQUE (Nord)
Fabriqués sous le contrôle permanent de la Station Agronomique du Nord
Dirigée par M. DUBERNARD

Nous appelons l'attention des éleveurs et des nourrisseurs sur les Tourteaux de COTON de graines d'Egypte: c'est un produit excellent pour les vaches laitières, les bœufs à l'engrais et les moutons.

Nos Tourteaux de COTON sont complètement débarrassés de la bourre qui enveloppe la graine et contiennent la même quantité de matières nutritives et grasses que les meilleurs Tourteaux de Lin.

Nos Tourteaux de COTON forment l'aliment le meilleur et le plus avantageux en raison de leur prix excessivement bas.

PRIX : 9 Fr. 50 les 100 kil., gare Dunkerque
S'adresser à MM. P. MARCHAND Frères, à DUNKERQUE (Nord)

Eugène de MASQUARD
PROPRIÉTAIRE-VITICULTEUR, Château de la Cascade
SAINT-CÉSAIRE-LES-NIMES (Gard)

Vins garantis naturels, rouges et blancs, depuis 60 fr. la pièce de 220 litres jusqu'à 100 francs, selon qualité, prise en gare de St-Césaire (Gard), fût perdu.
Ces vins ont été médaillés à toutes les expositions où ils ont figuré.

Récoltés sur des coteaux et des terrains secs, les vins de Saint-Césaire, l'un des meilleurs crus du Gard, se conservent parfaitement sans être plâtrés.

Envoi franco de prix courants et échantillons

LYSOL
Le plus puissant
anticryptogamique & parasiticide
Complètement soluble dans l'eau
Le meilleur marché.

Assainissement & désinfection certaine de tous locaux

Employé avec plein succès contre le mildew, l'oïdium, la pyrale, etc.. et tous les parasites des arbres fruitiers, fleurs, légumes, etc.

SOCIÉTÉ FRANÇAISE DU LYSOL
22 & 24, place Vendôme, 24 & 22
PARIS

ALIMENTATION DU BÉTAIL
Tourteaux de Coprah ou Coco
F. TASSY, E. ROCCA ET Cie
Fabricants d'huiles (producteurs directs de Tourteaux)
28, RUE HAXO, MARSEILLE
Deux médailles d'or, Anvers 1894
Envoi de Prix-Courants et Échantillons sur demande.

M. RECOURAT, pharmacien à Beauvais.

Gale des moutons guérie radicalement par *une seule application* de l'ANTIPSORIQUE.
La bouteille, 3 fr. ; la 1/2 bouteille, 1 fr. 75.
Guérison du PIÉTIN par *un seul pansement* avec le CONTRE-PIÉTIN-RECOURAT.
Le pot d'essai, 1 fr. 50; le pot, 2 fr. 50.
Joindre 0 fr. 60 pour recevoir *franco* et indiquer gare.

L'ENGRAIS AMIÉNOIS
FUMURE ORGANICO-CHIMIQUE
pouvant être employée seule ou comme complément de fumier de ferme

Mixte et très complet, cet engrais convient à tous les terrains; il est approprié, sous divers numéros, à toutes les plantes.

SUPERPHOSPHATE AZOTÉ (produit nouveau)
12 0/0 acide phosphorique
3 à 4 0/0 azote (*organique*) soluble

Envoi franco du prospectus sur demande affranchie
Adressée à M. Elisée LEFEBVRE
route de Rouen, 131, AMIENS.

MANUFACTURE CENTRALE D'INSTRUMENTS
AGRICOLES & VITICOLES EN TOUS GENRES
EMILE PUZENAT
CONSTRUCTEUR A BOURBON-LANCY (SAÔNE & LOIRE)
CATALOGUE FRANCO SUR DEMANDE

CONSTRUCTIONS ECONOMIQUES
AGRICULTURE   INDUSTRIE
SOCIÉTÉ MÉTALLURGIQUE
d'Amiens (Somme)
USINE à VAPEUR, FORCE MOTRICE 250 CHEVAUX
Adresser les lettres à M. le Directeur
ENVOI F CO DU CATALOGUE
TÔLES ONDULÉES GALVANISÉES, Pour Couvertures
Prix défiant toute Concurrence

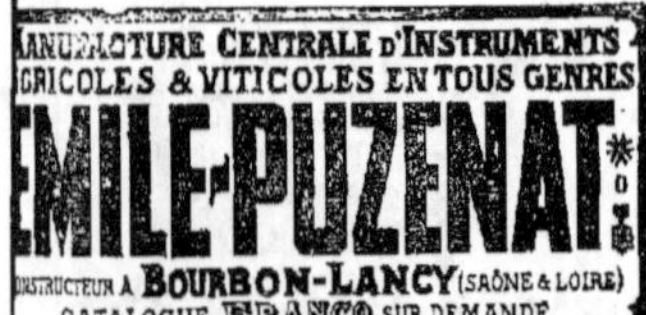

GRANDE BAISSE DE PRIX
PHOSPHO-GUANO COMPANY, LIMITED
LEFEBVRE FRÈRES, Consignataires généraux
PARIS - 60, RUE DE BONDY - PARIS

PHOSPHO-GUANO
SEUL VÉRITABLE — IMPORTÉ DEPUIS 1863
Superphosphate Ornithos — Superphosphate Chilton — Superphosphate 10 degrés
Osso-Guano, Engrais complet Rhizome, Engrais Surazoté L. F.

La qualité et les dosages de tous ces engrais sont invariables et garantis.
L'acide phosphorique qu'ils renferment étant complètement soluble
dans l'eau a une valeur fertilisante très supérieure à celui des engrais et superphosphates dont l'acide phosphorique, soluble seulement dans le citrate d'ammoniaque, reste insoluble dans l'eau. Il n'y a de garanties sérieuses que celles des
dosages exprimés séparément en acide phosphorique soluble dans l'eau et en
acide phosphorique, insoluble dans l'eau.
Envoi franco sur demande de brochures indiquant les dosages garantis et les prix.
Dépôts dans tous les principaux centres agricoles.

SCHNEIDER ET Cie
PHOSPHATES METALLURGIQUES
(scories de déphosphoration), des Aciéries du Creusot
ENGRAIS PHOSPHATÉ
pour Céréales, Prairies, Vignes, Betteraves, Pommes de terre, etc.
L'emploi de ces phosphates a été particulièrement recommandé dans ces derniers
temps par les agronomes les plus distingués. Il permet, en raison du bas prix de
ce produit, de faire apport au sol de doses considérables d'acide phosphorique.
Les phosphates métallurgiques du Creusot sont livrés moulus finement et tamisés.
Pour renseignements, s'adresser à MM. SCHNEIDER et Cie, au Creusot (Saône-et-Loire).

MACHINES
AGRICOLES, VINICOLES et VITICOLES
TH. PILTER
24, Rue Alibert, PARIS
SUCCURSALES :
Bordeaux, Toulouse, Marseille, Montpellier, Tunis
Les lecteurs de la Gazette désireux de recevoir les Catalogues de la maison TH. PILTER dès
leur publication, sont priés d'écrire 24, rue Alibert, Paris, afin de se faire inscrire.

BROYEURS & PRESSOIRS SIMON
Pour Pommes, Poires, Raisins, etc. Matériel complet pour cidreries et vinification.
SIMON et ses FILS, Constructeurs-Mécaniciens-Fondeurs à Cherbourg
MÉDAILLE D'OR, PARIS 1889
GUIDE PRATIQUE de la Production et de la
Fabrication des Cidres et Poirés envoyé gratis et fco
BARATTES, MALAXEURS, LISSEUSES SIMON et MATÉRIEL complet pour la Fabrication et
l'Exportation des beurres et fromages.
MANÈGES de toutes forces   Envoi franco du Catalogue

41

Maison MURE, à Pont-St-Esprit (Gard)
A. GAZAGNE, Gendre et Sucr, Fhen de 1re Classe

MALADIES NERVEUSES

Epilepsie, Hystérie, Danse de Saint-Guy,
Affections de la Moëlle épinière, Convulsions,
Crises, Vertiges, Eblouissements, Fatigue
cérébrale, Migraine, Insomnie, Spermatorrhée
Guérison fréquente, Soulagement toujours certain
par le SIROP de **HENRY MURE**
succès consacré par 20 années d'expérimentation dans les Hôpitaux de Paris.
FLACON : 5 FR. — NOTICE GRATIS.

PATE et SIROP d'ESCARGOTS de MURE

« Depuis 3 ans que j'exerce la médecine, je n'ai pas trouvé de remède
plus efficace que les escargots contre
les irritations de poitrine. »
« Dr CRESTIEN, de Montpellier. »
Goût exquis, efficacité puissante
contre Rhumes, Catarrhes
aigus ou chroniques, Toux spasmodique,
Irritations de la gorge et de la poitrine.
Pâte 1f; Sirop 2f. — Exiger la PATE MURE. Refuser les imitations.

Thé Diurétique de France

sollicite efficacement la sécrétion urinaire, apaise les
douleurs des Reins et de la Vessie, entraîne le
sable, le mucus et les concrétions, et rend aux urines
leur limpidité normale. — Néphrites, Gravelle,
Catarrhe vésical, Affections de la Prostate
et de l'Urèthre. — PRIX DE LA BOITE : 3 FRANCS.

Dépôt général de l'ALCOOLATURE D'ARNICA
de la TRAPPE DE NOTRE-DAME DES NEIGES
Remède souverain contre toutes blessures, coupures, contusions,
défaillances, accidents choblériformes.
DANS TOUTES PHARMACIES. — 2 FR. LE FLACON.

CRÉSYL-JEYES

DÉSINFECTANT ANTISEPTIQUE

Efficacité scientifiquement démontrée.
Envoi de Rapports et Références sur demande.

Le CRESYL-JEYES n'est ni Toxique ni Caustique
Il est adopté par toutes les Administrations
publiques de Paris et des départements.
VENTE EN GROS :
Société Française de Produits Sanitaires et Antiseptiques
35, Rue des Francs-Bourgeois, PARIS,
et chez tous Droguistes et Pharmaciens.
Pour éviter les Contrefaçons exiger les Marques et Cachets
de la Société, ainsi quele nom CRESYL-JEYES.

ENGRAIS CHIMIQUES
DES
MANUFACTURES DE SAINT-GOBAIN

12 Usines :

CHAUNY (Aisne).	SAINT-FONS, près Lyon.
AUBERVILLIERS (Paris).	L'OSERAIE, près Avignon.
MONTARGIS (Loiret).	BALARUC, près Cette.
TOURS (Indre-et-Loire).	VALENCIA (Espagne).
MONTLUÇON (Allier).	HEMIXEM
MARENNES (Charente-Inférieure).	MESVIN-CIPLY } (Belgique).

PRODUCTION ANNUELLE : 400.000.000 DE KILOS

Dosages garantis — Emballages marqués et plombés

SUPERPHOSPHATES DE CHAUX

ENGRAIS COMPOSÉS
Suivant les convenances des acheteurs pour toutes cultures

ENGRAIS COMPLET DE SAINT-GOBAIN
Efficacité éprouvée dans tous les sols et dans toutes les cultures

ENGRAIS SPÉCIAUX POUR LA VIGNE :
Engrais pour Vigne à végétation faible.
Engrais pour Vigne à végétation normale.
Engrais pour Vigne à végétation luxuriante.

Adresser les ordres ou les demandes de renseignements à la DIRECTION
COMMERCIALE DES PRODUITS CHIMIQUES de SAINT-GOBAIN, 9, rue
Sainte-Cécile, Paris, — *ou aux Agents de la Compagnie dans toutes les
villes de France.*

VINS
DE SAINT-ÉMILION

Vins classés, de 800 à 250 francs la barrique
de 225 litres. — Moitié prix pour la barrique de
112 litres.
Vins grands ordinaires, de 140, 125, 105,
100 francs la barrique — 80, 75, 70, 65, 58,
55 francs, la demi-barrique. — Rendu *franco* en
gare et régie, sauf octroi.

Adresser commandes à M. DUPLESSIS-
FOURCAUD, à Saint-Émilion. — Envoi de
prix courants et échantillons sur demande affranchie.

*Médailles d'Or, Paris, 1867 et 1889 — Moscou,
1891 — Besançon, Montluçon, Royan, etc.*

MACHINES AGRICOLES
A. BAJAC
à LIANCOURT (Oise)

17e Année. — No 515. — LE NUMÉRO : 10 CENTIMES. — Dimanche 19 Avril 1896.

GAZETTE AGRICOLE

JOURNAL HEBDOMADAIRE, PARAISSANT LE DIMANCHE

Fondateur : M. CH. GOSSIN, Professeur d'Agriculture à l'Institut agricole de Beauvais

PRIX DE L'ABONNEMENT

UN AN, **5 fr.** — SIX MOIS, **3 fr.** — TROIS MOIS, **2 fr. 25**

Pour l'Etranger les abonnements ne sont reçus que pour un an, au prix de 6 francs, et ne partent que du 1er JANVIER ou du 1er JUILLET de chaque année.

Le Numéro : **10** centimes.

Adresser toute la correspondance : mandats, lettres, annonces etc., à M. CRÉPEAUX, Directeur de la *Gazette agricole* 10 bis, rue Piccini, Paris.

Toute demande de changement d'adresse doit être accompagnée de 50 centimes et de la dernière bande du journal.

BUREAUX

97, rue de Rennes, Paris, et à Beauvais, rue Saint-Etienne.

Les abonnements partent du 1er de chaque mois et sont payables d'avance. Toute demande d'abonnement doit donc être accompagnée du prix de l'abonnement. (Le mode de payement le plus simple est l'envoi d'un mandat-poste.)

Donner *très lisiblement*, en s'abonnant, son nom et son adresse exacte, *avec l'indication du bureau de poste*; et, s'il s'agit d'une continuation d'abonnement, joindre au renouvellement la dernière bande d'adresse du journal.

Les Annonces sont reçues à la Direction du Journal, et chez MM. DUSSERIS et MATHELLON, 97, rue de Rennes Paris.

Il est interdit de reproduire les articles contenus dans la *Gazette Agricole*.

BULLETIN COMMERCIAL

BOURSE DU COMMERCE DU MERCREDI 15 AVRIL.

	FARINES	BLÉS
Courant	39 95	18 15
Prochain	39 85	18 50
Mai-juin	39 85	18 45
4 de mai	40 05	18 60
Juill.-août	40 30	18 65
4 dernier	40 75]	18 60

Marque de Corbeil : 44 fr. le sac de 150 kil. toile à rendre.

Les farines et les blés sont calmes avec très peu d'affaires et pour ainsi dire pas de changement dans les prix.

Les seigles restent calmes et les avoines bien tenues aux environs des cours précédents.

Halle aux blés — *Blés indigènes.* — La physionomie de notre grand marché hebdomadaire est absolument la même que celle de mercredi dernier.

Les offres de la culture ne sont pas abondantes, mais la demande de la meunerie est tellement calme que les affaires sont excessivement réduites.

L'incertitude du temps empêche les cours de baisser, mais on n'est pas moins très lourd aux prix de la semaine dernière.

Les bons blés se raisonnent de 18 à 18,25 les 100 kil. nets, gare d'arrivée Paris, les blés ordinaires valent de 17,50 à 18.

Blés étrangers. — Il n'en est toujours pas question.

Sons — Fermes, mais pour le disponible immédiat seulement; les offres de la meunerie sont très restreintes.

Avoines. — Les récentes pluies sont considérées comme favorables aux avoines.

Les cours se maintiennent, car les marchés de province sont peu approvisionnés et la culture cherche à résister ; mais, d'autre part, la graineterie a de l'avoine à livrer ; il se fait peu de demandes. Aussi les affaires sont-elles calmes.

On cote : avoines blanches 14,25, rouges, 14,50, grises 144,50 à 15, noires 15,50 à 16 les 100 kil.

Seigles. — Il n'y a pas de changement de prix aujourd'hui sur mercredi dernier, il y a acheteurs de 10,25 à 10,50 gare d'arrivée Paris.

Escourgeons. — Pas d'affaires ; on ne voit presque plus rien en culture, les prix sont nominaux ; le Nord n'achète pas; le peu qui se place est en couverture de vente à livrer ; on cote Beauce 16,25 à 16.50 net les 100 kil. Les avis d'Alger sont bons ; aussi vend-on déjà à

livrer ; les acheteurs n'offrent plus que 12,50 les 100 kilos nets délivrés Dunkerque.

Graines fourragères. — On cote : trèfle violets midi, Sarthe, Anjou, Vendée, Bretagne, Meuse, Champagne, Nord 65 à 85 ; Luzernes Poitou, Vendée, Languedoc, Italie, Provence 80 à 140; toëfles blancs et hybrides 150 ; sainfoin simple 25 à 28 ; double 38 à 42; ray-grass anglais 40 à 45 Italie 40 à 45 les 100 kil. gare d'arrivée Paris.

Sucres. — Le marché débute faible, mais se raffermit par la suite sur une assez bonne demande de la part de la commission étranger Prix en baisse de 6 à 12 centimes sur la veille

Raffinés 103 à 104, roux 88° 33.

Marché de la Chapelle. — Marché ordinaire.

On cote : paille de blé 1re qté 27 fr., 2e qté 25, 3e qté 23 fr.; paille de seigle 1re qté 32 fr., 2e qté 29, 3e qté 24 ; paille d'avoine 1re qté 22 fr., 2e qté 21, 3e qté 19 ; foin nouveau 1re qté 47 fr., 2e qté 43, 3e qté 38; luzerne, 1re qté, 47 fr., 2e qté 43, 3e qté 39 ; regain 1re qté 43 fr.; 2e qté 41 fr., 3e qté 39 fr. ; sainfoin, 1re qté 42 à 2e qté, 40, 3e qté 38.

Marché aux chevaux, 15 Avril

Gros trait de 250 à 1.250		Boucherie de 65 à 180	
Selle et tr.		Anes de 50 à 175	
léger de 250 à 1.100		Chèvres de .. à »	
H. d'âge de 225 à 350			

AMENÉS

Chevaux, 327 — Anes, 5 — Chèvres, ..

Voitures 98, de 25 à 550.

ENCHÈRES

Chevaux amenés, 11.

Vendus, 9 de 95 à 350.

Prix des Produits Forestiers à Paris.

			Prix
BOIS DE FEU (Octroi non compris)	Falourde de pin	100 à 110 le cent.	
	Bois de flot	100 à 105 le déca.	
	Bois gris neuf	125 à 130	—
	Bois blanc	80 à 125	—
	Chêne gros bois	85 à 110 le m. cube	—
Bois D'ŒUVRE (Octroi compris)	— moyen bois	70 à 60	—
	— petit bois	30 à 48	—
	Charme, plateaux	55 à 55	—
	Sciage Entrevoux	175 à 210 les 208 m.	
	de Echantillons	230 à 220	—
	chêne Frise	27 à 28	104 m.

FOURRAGES ET PAILLE

Paris La Chapelle. — *Prix extrêmes*

Foin 100 bot. dans Paris n.	35 à 45
Luzern nouv.	35 à 45
Paille de blé	22 à 26
Paille de seigle	23 à 31
Paille d'avoine	18 à 23

ENGRAIS

PARIS

Nitrate de soude	21 50	à 21 75
Superphosph. minéral 14/16	5 25	à 5 75
Superphosphate d'os 16/18	12 50	à 13 »
Scories 16/18	4 25	à 4 50
Phosphate minéral 14/16	3 80	à 4 »
Chlorure de potassium 48/52	18 75	à 20 »

NANTES

Nitrate de soude	22 30	à 22 50
Superphosph. minéral 14/16	6 »	à 7 »
Scories 16/18	4 50	à 4 75
Phosphate minéral 14/16	4 »	à 4 50
Chlorure de potassium 48/52	19 »	à 19 75

LYON

Nitrate de soude	22 »	à 23 »
Superphosph. minéral 14/16	5 75	à 6 »
Scories 14/16	4 50	à 5 »
Phosphate minéral 14/16	4 »	à 4 25
Chlorure de potassium 48/55	20 »	à 21 »

MARSEILLE

Nitrate de soude	20 50	à 21 »
Superph. minéral 14/16	6 »	à 7 »
Sulfate de fer	5 »	à 5 50
Sulfate d'ammoniaque 20/21	20 »	à 22 »

Sulfate de cuivre.

Les 100 kil. 98/99 . . . . . 42.50 à 44.00

HOUBLONS. — Les 50 kilogr.

Alost primé	28,00	à 30,00
Bourgogne	55,00	à 60,00
Poperinghe	25,00	à 30,00
Wurtemberg	40,00	à 42,00
Altmark	75,00	à 100,00
Alsace	50,00	à 65,00

POMMES DE TERRE

Hollande (100 kil.)	8 »	à 17 »
Roses-Early	8 »	à 10 »
Magnum-Banum	7 »	à 7 50
Rondes	5 »	à 5 20

LÉGUMES SECS. — (Les 100 kilogr.)

	Haricots		Pois		Vesce	Lentille
Paris	32 00	50.00	20	18.00	19 à 20	30.00 56
Bordeaux	34.00	35.06	35	45.00	18 19	49.00 60
Marseille	22.00	30.00	18	25	20 20	24.00 52

LINS. — Les 100 kilogr. — *Marché de Lille.*

	Communs	Ordin.	Supér.
Alost	148 à 153	154 à 157	161 à 166
Bergues	150 à 158	161 à 168	173 à 182

VINS — BERCY

Rouges		Blancs	
B. Bourg. vieux	140 à 161	Bordeaux	125 à 160
Touraine	105 à 115	B. Bourg	150 à 190
Bord. vieux	130 à 166	Sancerre	130 à 135
Algérie	28 à 32	Chablis	200 à 350
Cher	110 à 135	Anjou	120 à 135
Chinon	125 à 180	Pouilly	350 à 300
Narbonne	32 à 40	Vouvray	155 à 195

Prix moyen aux 100 kilog. des CÉRÉALES dans les Départements.

Région	Département	BLÉ	SEIGLE	ORGE	AVOINE
Rég. du Nord-Ouest	Caen	17 00	10 00	14 25	15 50
	Lannion	17 25	10 25	14 25	16 00
	Morlaix	17 25	10 25	12 25	13 75
	Rennes	17 00	10 25	13 50	13 50
	Avranches	16 50	10 50	13 25	14 00
	Laval	16 25	10 00	13 00	14 00
	Lorient	16 50	10 25	13 50	15 50
	Alençon	17 00	10 00	13 50	17 00
	Le Mans	16 50	10 00	13 50	17 00
Région du Nord	Soissons	17 50	10 00	»	14 75
	Evreux	17 75	10 25	12 75	14 75
	Chartres	17 50	10 25	13 50	14 00
	Lille	17 50	10 00	15 00	16 00
	Compiègne	17 00	10 00	13 50	15 00
	Beauvais	18 00	10 25	15 25	16 25
	Arras	17 75	11 25	14 00	15 25
	Paris	17 50	10 00	13 50	15 50
	Versailles	17 75	10 25	13 50	16 00
	Rouen	17 50	10 25	15 00	16 00
	Amiens	17 25	10 00	15 50	16 00
Rég. du N.-E.	Mézières	17 50	10 00	13 00	16 00
	Nogent-s-Seine	17 50	10 00	15 00	15 25
	Châlons-sur-Marne	17 50	10 25	15 50	15 00
	Langres	17 50	10 00	13 50	15 50
	Nancy	17 50	10 00	15 0.	15 50
	Bar-le-Duc	17 75	10 25	15 00	15 00
	Neufchâteau	17 75	10 75	14 00	15 75
Région de l'Ouest	Ruffec	17 25	10 00	13 00	15 00
	Marans	17 25	10 50	13 25	14 25
	Niort	17 00	10 00	14 00	15 00
	Tours	17 00	10 00	14 00	15 00
	Nantes	17 00	10 00	13 00	14 50
	Anger	17 00	10 00	14 00	14 50
	Luçon	17 00	10 00	13 50	»
	Poitiers	17 00	10 00	13 00	14 00
	Limoges	17 00	10 00	»	15 00
Région du Centre	Moulins	17 50	9 75	13 50	15 25
	Bourges	17 25	10 00	13 75	14 25
	Aubusson	17 25	10 00	14 00	16 00
	Châteauroux	17 25	10 25	14 25	13 50
	Orléans	17 25	10 00	14 00	14 50
	Blois	18 00	10 00	14 00	16 00
	Nevers	18 00	10 00	14 00	16 00
	Clermont Ferr.	17 50	10 00	14 00	16 00
	Sens	17 50	9 75	13 25	15 50
Région de l'Est	Bourg	17 25	10 25	13 75	15 75
	Dijon	17 50	11 00	15 00	14 50
	Besançon	17 75	10 00	13 00	14 25
	Grenoble	17 50	10 00	13 50	15 00
	Dôle	17 50	10 50	13 00	14 00
	Saint-Etienne	17 75	10 25	13 00	16 00
	Lyon	18 50	11 00	15 00	16 00
	Mâcon	17 50	12 00	13 00	15 00
	Vesoul	17 75	10 25	»	15 25
	Chambéry	17 75	10 00	»	15 50
	Annecy	17 50	»	»	16 00
Reg. du Sud-Ouest	Pamiers	17 50	10 00	»	16 00
	Périgueux	17 50	11 00	14 00	15 00
	Toulouse	18 00	11 75	13 25	15 75
	Auch	17 75	»	»	16 00
	Bordeaux	17 75	12 00	13 00	15 00
	Dax	17 75	12 00	13 00	16 00
	Agen	17 75	12 00	13 00	16 00
	Bayonne	17 50	11 00	14 00	16 00
	Tarbes	17 75	10 75	»	16 25
Région du Sud	Carcassonne	18 00	»	14 00	15 50
	Rodez	17 50	12 00	13 50	15 00
	Mauriac	17 75	11 00	»	16 00
	Tulle	17 50	11 75	»	15 25
	Montpellier	17 50	11 00	»	15 00
	Figeac	17 50	11 25	»	15 50
	Mende	17 75	11 25	»	15 00
	Perpignan	17 75	11 00	14 00	15 00
	Albi	17 50	11 00	14 00	14 50
	Montauban	17 75	11 50	13 50	17 75
Région du Sud-Est	Gap	17 75	10 50	14 25	16 00
	Manosque	17 50	10 50	13 25	15 75
	Nice	17 50	10 50	13 00	16 00
	Privas	17 50	11 00	13 00	16 00
	Arles	19 50	11 00	13 00	16 00
	Montélimar	17 50	10 75	14 00	17 00
	Nîmes	17 75	»	14 00	16 75
	Le Puy	18 00	»	14 00	17 00
	Draguignan	18 00	12 00	»	»
	Avignon	18 00	12 00	13 50	16 25

Tourteaux. — Cours de la maison P. Marchand frères, à Dunkerque (Nord) :

TOURTEAUX A NOURRIR

	Dispon.	A livrer.
Coton de graines d'Egypte	9 50	9 50
Sésame blanc	12 »»	12 »»
Arachide décortiquée	15 25	»»»
Colza à nourrir	10 »»	10 »»
Colza du pays	11 »»	11 »»
OEillette du Levant	10 »»	10 »»
OEillette blanche de Turquie	10 »»	10 »»
Lin 1re qual. de Bombay g. form.	14 »»	14 »»
Lin 1re qual. de Bombay p. form.	»»»»	»»»»

TOURTEAUX-ENGRAIS

Arachide décortiquée	14 »»	11 »»
Cameline	»»»»	»»»»
Colza des Indes en poudre	»»»»	»»»»
Colza ravison	7 25	7 25
Colza jaune Gutzerat	10 75	10 75
Karrachée	»»»»	»»»»
Niger	»»»»	»»»»
Pavot	9 75	9 75
Sésame, blanc	10 50	»»»»
Sésame noir	»»»»	»»»»
Coton en farine	7 50	7 50

Nos prix s'entendent pour tourteaux en planches, rendus en gare de Dunkerque.

Paiement à 30 jours ou à terme plus éloigné suivant convention expresse.

Le concassage se paie 0 fr. 25 et la mise en poudre 0 fr. 40 aux 100 kilos. Dans ce cas, les sacs sont facturés à 0 fr. 35 pièce, et repris au prix de facture, quand ils sont rendus en bon état et franco, dans les 30 jours de l'expédition.

FROMENTINE :

	100 kil.
Marque A	13 »
Marque B	13 «
Marque J	13 »
Marque L	15 »
Marque E	16 »

CHANVRES

Les 50 kil.	1re qualité	3e qualité
Le Mans	33,00 à 35,50	30,00 à 29,00
Saumur (b.)	40,00 à 42,00	37,00 à 38,00

BEURRES. - (le kilogr.).

BEURRES EN MOTTES			BEURRES EN LIVRE		
Isigny extra	5 50	6 50	Bourgogne	2.20	2.60
— demi-fin	4.00	4.40	Gâtinais	3.40	2.80
M. d'Isigny	3.20	3.40	Vendôme	2.30	2.80
Ju Gâtinais	2.30	2.60	Beaugency	2.30	2.80
de Bretagne	2.20	2.40	Ferme	2.60	3.30
Laitiers Jura	2.40	3.00	Tours	2.40	2.90
de Charente	2.70	3.20	Le Mans	2.20	2.60
des Alpes	2.60	3.00	Touraine fausse	2.40	2.70

ŒUFS. — (le mille).

Normandie ext.	72 à 90	Bourgogne	56 à 62
Picardie —	72 à 95	Champagne	58 à 64
Brie —	60 à 68	Nivernais	50 à 58
Touraine	48 à 70	Bourbonnais	50 à 58
Beauce	60 à 66	Bretagne	46 à 50
Orne	65 à 78	Vendée	48 à 52
Picardie	60 à 60	Auvergne	46 à 50
Châtellerault	50 à 58	Midi	45 à 58

FROMAGES.

Brie hautes marq.	51	54	Roquefort	140	250
Brie gr. m. (10)	30	35	Gruyère (100 k.)	100	175
— m. m.	18	23	Coulommiers (100)	20	40
Petits Nanteuils	8	10	Gournay (100)	18	22
Brie laitiers	8	10	Livarot (le 100)	100	110
Gérardmer (100 k.)	70	75	Bourgogne (100)	66	66
Hollande	140	150	Camembert (10.)	55	55
Bondons (100)	10	14	Munster (100)	100	100
Cantal	100	120	Port-Salut	140	160

VOLAILLES

Poulet Brest dit moelleux	4 00	6 00	Pigeo Macon	1.50	2.00
Poulets Nant.	3 00	5.00	Ca. sNantais	4.00	1.35
Poulets Tour.	2.75	5.25	Dindes Tourr.	7.00	11.00
Poulets Houdan	6.00	8.00	Oies	7.00	8.50
Pigeons d'Italie	80	1.25	Lapins dom.	2.75	4.00
			Lapins garerne	1.50	2.00

Marché de la Villette du 13 avril 1896.

PRIX DE LA VIANDE NETTE

	1re qualité	2e qualité	3e qualité
Bœufs	1.50	1.40	1.30
Vaches	1.48	1.38	1.28
Taureaux	1.24	1.12	1.01
Veaux	2.17	1.70	1.48
Moutons	2.98	1.88	1.76
Porcs	1.14	1.08	0.96

ESPÈCES	AMENÉS	VENDUS	PRIX EXTRÊME (viande net)	PRIX EXTRÊME (poids vif)
Bœufs	3.019	2.448	1.30 à 1.50	61 à 1.14
Vaches	683	600	1.28 1.48	56 .92
Taureaux	813	237	1.01 1.24	54 .78
Veaux	1.369	1.143	1.48 2.10	70 1.30
Moutons	13.139	16.899	1.76 1.98	77 1.22
Porcs	3.106	3.134	.96 1.14	68 .80

Vente plus difficile.

Marché de la Villette du 16 Avril 1896.

PRIX DE LA VIANDE NETTE AU KILOGR.

	1re qualité	2e qualité	3e qualité	Prix extrêmes
Bœufs	1.52	1.42	1.30	1.26 à 1.55
Vaches	1.50	1.36	1.26	1 20 1 52
Taureaux	1 30	1.20	1.10	1 06 1.36
Veaux	2.00	1.80	1.60	1.50 2.10
Moutons	1.98	1.88	1.76	1.70 2.05
Porcs	1.12	1.00	»	0.90 1.20

ESPÈCES	AMENÉS	RENVOI	OBSERVATIONS
Bœufs	1.400	»	Vente plus facile sur le gros bétail, même cours sur les moutons, difficile sur les veaux, mauvaise sur les porcs.
Vaches	377	100	
Taureaux	242	»	
Veaux	1.566	28	
Moutons	11 568	»	
Porcs	5.664	300	

Vente du bétail au marché de La Villette.

Adresser les animaux à MM. Henri Robin et Surugue, en gare Paris-Bestiaux. Les aviser par lettre auparavant, 190, rue d'Allemagne, Paris.

Le Vin de Quinium Labarraque, unique préparation de ce genre qui ait été approuvée par l'Académie de médecine de Paris, est un médicament énergique et doux qui convient à toutes les personnes affaiblies par l'âge, la maladie, les excès, ou surmenées par le travail.

« Nous n'hésitons pas à affirmer que le vin de Quinium Labarraque est le plus efficace et le plus énergique des toniques connus. »

(ANNUAIRE DE MÉDECINE PRATIQUE.)

Dans toutes les pharmacies et 19, rue Jacob, Paris.

L'Almanach de la France rurale pour 1896.

Notre Almanach paraît pour la 21e fois. Cette année il comporte diverses modifications qui seront certainement bien accueillies :

1° Le format est agrandi;

2° Le papier est bien meilleur;

3° Enfin il contient beaucoup plus de renseignements.

Nous appelons surtout l'attention des agriculteurs sur deux innovations qui distinguent cet Almanach de tous les autres :

1° La nomenclature de tous les jugements rendus en matière de droit rural pendant l'année;

2° Un petit guide de médecine vétérinaire très pratique.

Comme les années précédentes, cet Almanach passe en revue toutes les branches de l'agriculture.

Prix : 0 fr. 60 franco.

CHRONIQUE POLITIQUE

La situation intolérable créée par la politique révolutionnaire du cabinet Bourgeois s'accentue tous les jours. Le parti socialiste ne dissimule plus sa prétention de régner en souverain sur la France, et de nous imposer la dictature de M. Jaurès et de ses compères. Il signifie son insolent ultimatum non seulement au Sénat, mais au président de la République lui-même. Ses journaux ont l'audace d'insinuer que M. Faure est leur otage, et que M. Jaurès a en main des engagements irrésistibles pour l'obliger à garder quant même et à tout prix le cabinet Bourgeois.

La faction est plus audacieuse envers M. Faure que ne l'était Gambetta à l'égard du maréchal de Mac-Mahon lorsqu'elle lui signifiait qu'il eut à se soumettre ou à se démettre. Mac-Mahon n'avait rien à craindre en se démettant. A entendre MM. Jaurès et ses acolytes, M. Faure n'aurait pas même cette porte de sortie. Cela dépasse les scandales du Panama !

Une telle situation est absolument intolérable ; en la signalant à l'heure où se réunissent les conseils généraux, nous voudrions espérer que ceux d'entre eux chez lesquels les passions et les intérêts de parti n'ont pas atrophié la conscience du devoir et du patriotisme, n'hésiteront pas à déclarer ce que pense le pays de cette aventure, et de la politique de casse-cou de MM. Bourgeois, Jaurès et consorts.

Sans même entrer dans le domaine politique proprement dit, les Conseils généraux peuvent faciliter un dénouement pacifique à la crise gouvernementale, si impudemment exploitée par la ligue radico-socialiste. Il suffit d'un vote hostile au projet d'impôt progressif sur le revenu qui est, au dire de la faction, le pilier d'airain de la dictature qu'on prétend nous imposer sous l'étiquette dérisoire de république sociale.

La parole est aux Conseils généraux. Malheur à notre pauvre pays s'ils n'ont pas l'intelligence et le courage de corriger les votes de raccroc de cette majorité de huit voix qui, au Palais-Bourbon, a encouragé les audaces inouïes d'une faction qui pousse le pays à la ruine à l'intérieur, et nous aliénerait à l'extérieur toutes les puissances étrangères.

Espérons que la majorité des Conseils généraux réparera le crime de la petite majorité du Palais-Bourbon.

Une élection sénatoriale à Paris.

Dimanche dernier les électeurs sénatoriaux avaient à donner un successeur à M. Floquet. Comme de coutume les candidats se comptent par douzaines, et tous ayant à leur actif les titres les plus ridicules. La timbale a été décrochée par le grand citoyen Barodet, ancien instituteur rural en Saône-et-Loire, un type accompli d'un potinier de caboulot, dont l'ignorance présomptueuse se dissimulera plus ou moins habilement sous le clinquant des cloches sonores du répertoire radical et maçonnique.

Ce n'est pas d'hier qu'on a pu remarquer que la ville de Paris qui contient par centaines des hommes de mérite supérieur et notoire en France et en Europe, n'est représentée dans le parlement et dans son Conseil municipal, que par une majorité de nullités ridiculement tapageuses, dont les actes et les discours sont de perpétuels sujets de risée pour le monde civilisé.

Un ami nous disait dernièrement : Vous vous plaignez des sottises et des lâchetés de la majorité des électeurs ruraux. Mais regardez donc les élus des grandes villes et de la plus grande de toutes, et vous conclurez avec nous que les ruraux n'ont pas la palme de la bêtise politique. Beaucoup de ruraux peuvent dire comme Mirabeau: Quand je m'examine je me méprise, mais quand je me compare, je suis tenté de m'estimer.

Amis ruraux, croyez-nous, examinez-vous de nouveau, et sérieusement cette fois. Il est temps d'appliquer aux cruches électorales le dicton menaçant : « Tant va la cruche à l'eau qu'elle se brise. »

Les électeurs du citoyen Barodet ont crié en l'élisant : A bas le Sénat! Leur élu n'est pas aussi bête qu'eux. Il tiendra à garder ses neuf mille francs.

L'impôt sur le revenu.

Le projet d'impôt progressif sur tous les revenus est une double utopie qui ne supporte pas l'examen ni au point de vue de la *progression*, ni au point de vue de la taxation. C'est surtout en matière de revenu agricole que l'appréciation du revenu est une idée chimérique qui ne peut avoir germé que dans la tête de gens ignorant totalement les éléments essentiels de la culture du sol.

Mais comme cette absurdité a le don de jeter de la poudre aux yeux des masses ouvrières des villes, le parti socialiste en a fait son tremplin favori pour s'emparer du pouvoir, et tenir dans ses mains la fortune et l'avenir du pays.

Dès 1848, cette utopie de l'impôt progressif et personnel sur les revenus avait été exploitée par les ambitieux démagogues. Parmi leurs plus rudes adversaires, ils rencontrèrent l'homme dont l'appui leur semblait le plus certain P.-J. Proudhon. Voici ce qu'il leur répondit par cette appréciation de l'impôt sur le revenu :

« C'est une défense de produire qui aboutit à une confiscation du capital et à une mystification pour le peuple. Ce serait l'arbitraire sans limite et sans frein donné au pouvoir sur tout ce que le droit moderne a affranchi des atteintes du pouvoir — la liberté, le travail, l'industrie, l'invention, l'échange, la propriété, le crédit, l'épargne — si ce n'était la plus folle et la plus indigne des jongleries ».

Jamais une plus superbe paire de gifles ne fut administrée aux Jaurès et aux Bourgeois et aux Doumer de cette époque.

Il faut que l'abaissement des esprits nous ait singulièrement affectés aujourd'hui pour que l'utopie si justement conspuée par Proudhon ait trouvé des hommes soi-disant politiques disposés à la proposer et 350 disposés à la convertir en loi.

M. Émile Ollivier apprécie justement leur pensée intime :

« Il n'y a que des bourgeois d'ambition qui aient pu inventer cette mystification et cette folle et indigne jonglerie, qui constitue un véritable attentat contre la subsistance du pauvre. »

Et plus loin, il constate que c'est à la lâche teneur produite par la bande hurlante de l'extrême gauche, qu'est dû le succès de l'impôt de l'ignorance, de la haine, de l'envie et de la guerre sociale.

Les trahisons de cette nature constituent toute notre histoire depuis 1870. Non seulement elles ne seront ni conjurées ni punies, mais elles s'aggraveront encore tant que, remontant à leur véritable cause, nous n'aurons pas corrigé l'organisation anarchique du suffrage universel, grâce à laquelle la majorité réelle est exclue du Parlement.

Voici la conclusion de l'article :

« Le devoir présent est donc double :

« En premier lieu, lutter contre le péril prochain, ne pas se laisser plus longtemps pousser en moutons stupides sur la route qui conduit à l'abattoir, se contentant pour toute résistance de susurrer des épigrammes et de lever les yeux et les bras au ciel.

« En second lieu, travailler aux sécurités de l'avenir en *libérant le suffrage universel de la minorité* qui le violente et en assurant par une réforme fondamentale sa liberté et sa vérité.

« Nous sommes incontestablement les plus nombreux; il ne tient qu'à nous de devenir les plus forts. Si nous périssons, ce sera faute de courage. »

Nous ne prêchons pas autre chose depuis quinze ans. Le pays est bien malade s'il ne comprend pas qu'il est temps de libérer le suffrage universel du joug que la tyrannie officielle et socialiste lui impose depuis tant d'années.

L'agriculture
aux Conseils généraux.

Les Conseils généraux sont investis aujourd'hui d'une mission exceptionnellement grave par la crise politique du jour, mais ils ont en outre un grand devoir à remplir envers l'agriculture.

Toutes les réformes entamées depuis des années pour relever l'agriculture de sa détresse sont l'objet de projets et de propositions de lois, qu'on présente aux Chambres, mais auxquels on ne donne aucune suite, ni le gouvernement, ni les Commissions ne daignant s'en occuper.

C'est ainsi que dorment dans les cartons parlementaires pendant des années des projets de loi qui eussent été votés en un mois si le rôle de nos ministres et de nos députés n'était pas la plus dérisoire des hâbleries.

Tel est le cas de la loi dite du cadenas, de la loi sur la police des Halles, de la loi sur les chambres d'agriculture et de plusieurs autres lois, sans compter les réformes réclamées par les Sociétés agricoles et par les Conseils généraux eux-mêmes. On ne dit jamais rien à ceux qui les réclament mais on les enfouit dans les *in pace* ministériels et les ruraux sont mystifiés indéfiniment.

Si les Conseils généraux ont conscience de leur devoir, ils protesteront avec ensemble contre ce système intolérable. S'ils ne protestent pas, les ruraux qui les ont élus auront pour devoir de les remplacer aux prochaines élections. S'ils manquent à ce devoir, ils n'auront plus qu'à s'en prendre à eux-mêmes de la trahison de leurs mandataires.

CHRONIQUE GÉNÉRALE

Les fraudes en douane.

Il est certain que le service des douanes est loin de mettre un frein suffisant aux importations frauduleuses, et que de ce chef seul, le Trésor perd chaque année plus de 40 millions de francs.

On n'a pas oublié les fraudes colossales commises à la frontière belge sur les blés, les sucres, les farines, les alcools, qui ont amené des poursuites dont on n'a point connu les résultats.

A Marseille les fraudes en douane s'élèvent à des sommes colossales. M. Jules Séverin vient pour la seconde fois les dénoncer dans une lettre ouverte, adressée au Ministre des finances.

La preuve de ces fraudes s'élevant à plus de 40 millions par an est clairement établie par les registres de la douane elle-même. M. Séverin se borne à enregistrer d'après ces registres les quantités de marchandises importées et en regard les chiffres des droits qu'elles ont payés. Il en résulte que les blés ont payé 4 fr. 31 au lieu de 7 francs le quintal. Les bestiaux et les sucres 20 fr. 30 au lieu de 60 francs; les vins, 2.07 les 100 kilos au lieu de 10 fr. l'hectolitre, etc., etc.

Après ces constatations M. Séverin termine ainsi sa lettre au Ministre :

« Dans toutes les discussions parlementaires, la Commission du budget indiquait toujours 30 millions de plus que le ministre. J'ai écrit une lettre ouverte à M. Rouvier, il y a fait droit; et en 1892, la loi du 5 août 1890, avait produit 24 millions de plus ; il en est rentré 64, soit 40 millions de fraude réprimés. Au lieu de 140 millions de droits à l'époque, le sucre a toujours produit depuis 200 millions environ.

« Je viens vous demander, monsieur le Ministre, de faire la même chose pour tout. Que pourrait-on vous objecter? Les sorties? Mais j'ai pris mes chiffres au commerce spécial, ceux des produits livrés à la consommation française.

« Il y a cependant une objection qui peut vous être faite et que je tiens à prévenir. J'ai prouvé aux agriculteurs de France que Marseille ne sort pas de sa moyenne des années précédentes. On prétend pour cela que les produits sont algériens.

« L'Algérie, après édiction du tarif italien du 27 février 1888, a triplé instantanément ses vins, ses bœufs, ses moutons. Elle a même changé instantanément la race : ces petits bœufs de 240 francs, elle est montée immédiatement à 450 francs. Ce sont des miracles que l'éleveur ne pourrait faire et elle a remplacé l'Italie pour les quantités que nous envoyait celle-ci avant le tarif.

« Après 1892, elle a doublé encore ses vins et absorbé à peu près en entier l'importation des bœufs alors que ses exportations en Europe sont insignifiantes.

« Vous comprendrez, Monsieur le Ministre, que dans l'intérêt des finances dont l'équilibre est difficile à assurer par ce temps de fraude continuelle, et dans l'intérêt de l'agriculture qu'on devrait protéger et qui ne l'est pas, des fraudes de ce genre doivent être réprimées, et l'assimilation des colonies n'a pas été faite pour les favoriser de fausses déclarations.

« Même sur les sucres, à la page L, il est dit que 4.543.180 quintaux ont été livrés à la consommation, en 1894, et seulement 154 millions perçus sur sucres indigènes, 25 sur les sucres coloniaux français, et 16 sur le sucre étranger, total 195 millions. Or, 4.543.1 quintaux taxés à 60 francs donne 272 millions, soit 77 millions de plus à percevoir. Et aujourd'hui, où les bons ne sont plus que de 4 à 5 francs les 100 kilos sur la totalité des sucres français, et où les 2/3 des sucres français titrent 99 pour 100 de pureté, 77 millions ne sont pas admissibles. Or. Marseille a payé 20 fr. 30 au lieu de d'impôts de consommation. Il y a donc lieu de vérifier ce qui s'y passe également.

« Agréez, Monsieur le Ministre, l'assurance de ma considération distinguée.

« JULES SÉVERIN. »

Les phosphates d'Algérie.

Une vive et trop juste protestation s'élève de toutes parts en Algérie contre le projet de loi élaboré par le ministre Bourgeois, et fixant le régime des exploitations de ces gisements de phosphates dont l'agriculture française a peu profité jusqu'à ce jour. On sait pourquoi.

Le projet de loi assujettit à la direction administrative les carrières situées dans les propriétés privées, comme les gisements situés dans les terres domaniales. C'est une violation flagrante des droits essentiels de la propriété. Les protestations des Chambres de commerce et des sociétés agricoles contre ce projet en obtiendront-elles la réformation? On n'en saurait douter, si nous avions affaire à une Chambre imbue des principes essentiels de notre droit public. Mais en présence d'une majorité qui se fait un jeu de ces principes et des grands intérêts sociaux, on ne peut répondre de quoi que ce soit.

Ne buvez pas d'alcool.

M. James White, secrétaire de l'Alliance du Royaume-Uni contre l'alcoolisme, vient de publier un travail, résultat d'une expérience de près de trente ans, sur l'alcoolisme en Angleterre.

En voici le résumé :

Les chiffres fournis par diverses Compagnies d'assurances sur la vie semblent démontrer que l'usage de l'alcool en si faible quantité que ce soit, abrège la vie d'une façon notable.

Ainsi, en partageant les assurés en deux classes : ceux qui font usage de l'alcool, sans être cependant des ivrognes, et ceux qui pratiquent l'abstinence absolue, l'auteur a constaté ceci :

En 29 ans, alors que les tables de probabilités faisaient prévoir dans la première section 8.836 décès, on en a enregistré 8.617, tandis que dans la deuxième, sur 6.187 décès prévus, il ne s'en est produit que 4.368.

La différence est assez grosse pour nous faire réfléchir au moment de déguster un verre de « fine ».

D'autre part, sur 1.000 assurés non buveurs d'alcool, 590 ont atteint l'âge de 65 ans, tandis que pour ceux qui consomment des boissons fermentées, 453 seulement sur 1.000 sont parvenus à cet âge. Soit 137 vies p. 1.000 abrégées par l'usage de l'alcool.

M. White constate l'énorme mortalité des professions qui touchent au commerce des alcools.

Sur 1.000 habitants de toutes professions, tandis que le nombre des décès est seulement de 8 pour les ecclésiastiques, de 9 pour les cultivateurs, de 12 pour les charpentiers, de 13 pour les houilleurs, de 14 pour les maçons, la proportion monte à 21 pour les brasseurs, à 24 pour les cabaretiers et à 35 pour les garçons de café ou d'hôtel.

Enfin, conclusion assez imprévue, M. White est arrivé à déduire de ses tableaux que l'ivrognerie est encore plus meurtrière dans les classes élevées de la société que dans les classes ouvrières.

Dans sa statistique générale, il compte parmi les décès dus à l'intempérance habituelle : 10 p. 100 d'ouvriers, 13 p. 100 de commerçants, 17 p. 100 de commis voyageurs et 20 p. 100 de rentiers et d'hommes du monde. N'oublions pas qu'il s'agit de l'Angleterre; en France, nous n'en sommes pas là, heureusement.

La production des vins dans le monde en 1895.

Le tableau suivant, que vient de publier le *Moniteur vinicole*, évalue la production des deux mondes des vins pendant l'année 1895 :

France . . . . hectol.	26.687.600
Algérie	3.797.700
Tunisie	179.800
Italie	21.313.400
Espagne	17.250.000
Portugal	1.995.000
Açores, Canaries, Madère . .	210.000
Autriche	3.008.000
Hongrie	2.865.000
Allemagne	3.645.000
Russie	720.000
Turquie et Chypre	2.400.000
Bulgarie	1.200.000
Grèce	1.600.000
Roumanie	3.120.000
Suisse	1.250.000
Etats-Unis	850.000
République Argentine . . .	1.350.000
Chili	1.500.000
Australie	150.000

Bien que ces chiffres n'aient qu'une valeur relativement approximative, ils suffisent à nous montrer que, dans l'état actuel de la production vinicole, la somme des vins récoltés dans les deux mondes n'excède pas 120 millions d'hectolitres, et que la France et l'Algérie à elles seules en produisent encore le quart, malgré les ennemis qui ravagent leurs vignes.

Mais il faut noter aussi que la viticulture fait des progrès rapides dans des régions où elle était inconnue il y a quelques années, en Russie méridionale, dans plusieurs régions des deux Amériques, et en Australie.

L'extension continue et générale de la production vinicole est assurément un bien en soi, et on ne peut qu'en souhaiter l'extension de la consommation de ses produits. Mais, pour atteindre ce but, il faudrait obtenir des états civilisés, une réforme générale de leurs tarifs de douanes et de leurs tarifs d'accises et d'octrois, qui sont véritablement barbares et prohibitifs. Partout en effet le vin, ce breuvage par excellence, offert à l'homme par le Créateur, est frappé d'un véritable ostracisme. La France est le pays le plus maltraité par ce régime, étant le plus grand producteur et exportateur de vins du monde entier. C'est pourquoi la France a le droit de se défendre par des représailles sévères contre les pays importateurs où ses vins ne sont à la portée que des familles opulentes.

La foire aux jambons de Paris.

La foire dite aux *jambons* qui se tient depuis plusieurs siècles à Paris, pendant la semaine sainte, a été cette année plus considérable que dans les années précédentes. On y comptait 547 baraques (180 de plus que l'an dernier), On y a mis en vente 170 843 kilos de jambons, saucissons et viandes préparées, 2.574 kilos de saindoux. — A côté onze boucheries de viande de cheval et d'âne ont mis en vente 2.600 kilos de saucisson

Les départements qui ont envoyé le plus de ces marchandises sont d'abord les départements lorrains, spécialement Meuse, Meurthe-et-Moselle où la charcuterie agricole se pratique partout dans les campagnes. — Les saucissons ont été payés 4 fr. le kilo — ceux des autres provenances 1 fr. 30 à 2 38. Le jambon de Lorraine, 2 fr. 80, celui des autres pays, 1 fr. 80 à 2 50.

Le lard de 2 à 2 80. Andouilles de Lorraine de 2 à 3 francs.

La charcuterie rurale lorraine est toujours la principale vogue à Paris.

La police a saisi pendant les quatre jours de la foire de 1.500 kilos de viandes avariées et insalubres.

C'est une leçon à méditer pour les producteurs peu scrupuleux.

Nous avons plusieurs fois exprimé le regret de constater que les deux département lorrains soient les seuls en France qui au lieu de vendre leurs porcs vivants et sur pied, les livrent à la consommation sous forme de jambons, saucisses, andouilles, etc. La preuve que cette charcuterie domestique accroît notablement le bénéfice de leurs porcheries s'exprime par l'écart entre le prix de ces préparations avec le prix des porcs vendus sur pied.

Il serait à désirer qu'une telle pratique de la charcuterie se propageât dans les régions où l'élevage et l'engraissement du porc sont une des spéculations générale des ménages. Il serait bon aussi que les grandes villes offrissent à ces produits soit une foire annuelle comme celle de Paris, soit, ce qui vaudrait mieux, un marché mensuel pendant toute l'année. Les intermédiaires pourraient s'en trouver peu contents, mais les producteurs et les consommateurs y trouveraient satisfaction.

Une addition au Herd-book normand.

La direction de ce Herd-Book le plus considérable de tous par le nombre des sujets inscrits, vient de décider avec l'approbation du ministre de l'agriculture, qu'à l'inscription de chaque sujet inscrit on ajoutera les primes qui lui seront décernées dans les concours généraux et régionaux. Ces primes seront pour les acquéreurs des titres d'une valeur sérieuse, ajoutés à leur titre généalogique.

Cette addition sera sans doute adoptée pour les Herd-books des autres races bovines et pour ceux des autres races.

Le principal mérite d'un sujet reproducteur consiste dans l'authenticité de sa race et de sa généalogie. Mais ce titre ne suffit pas à lui seul, il n'est pas toujours une garantie, et il importe qu'il ajoute des mérites individuels, dont la constatation résulte de ses succès dans les concours.

A l'Institut Pasteur.

L'Institut Pasteur vient de dresser la statistique des vaccinations antirabiques pratiquées en 1895 dans cet établissement.

Constatons d'abord que sur 1.520 personnes traitées dans le cours de cette année, deux seulement ont succombé.

Si l'on considère qu'au début des inoculations antirabiques, en 1886, 25 personnes moururent sur 2.671 traitées, on doit reconnaître que des progrès ont été réalisés.

Au point de vue de la nationalité, les 1.520 personnes traitées en 1895 se répartissent ainsi :

France, 1.263; Angleterre, 173; Suisse, 35; Indes anglaises, 20; Espagne, 11; Belgique, 6; Hollande, 5; Egypte, 2; Grèce, 1; Turquie, 2.

NÉCROLOGIE

La Société d'agriculture de l'Hérault vient de perdre son ancien président, M. Louis Vialla, qui a rendu de grands services à la viticulture par ses travaux ses études consacrées à la lutte contre le phylloxera, et à la reconstitution des vignes par les cépages américains. La viticulture française perd en M. Viala un de ses représentants les plus distingués par leur zèle et par leur savoir.

CHRONIQUE AGRICOLE

Situation. — La Saison.

La seconde semaine d'avril a été marquée par des journées de basse température, le thermomètre est même descendu au-dessous de zéro dans quelques contrées, surtout dans l'Est, et les fleurs des arbres fruitiers ont subi de fâcheuses avaries. Le temps a été pluvieux dans l'Ouest ; le ciel neigeux dans les régions montagneuses de l'Est. Partout la marche de la végétation a été ralentie, sans inquiéter pour son avenir. Le seul sujet d'inquiétude causé par ces intempéries a été pour les arbres fruitiers en fleur. La température actuelle étant pluvieuse, on craint moins les gelées ; mais les pluies froides sont également défavorables, en déterminant la coulure des fleurs. Au reste ces craintes ne s'appliquent qu'aux arbres précoces à noyaux : pêchers, pruniers, cerisiers, amandiers, etc. Les arbres à pépins, poiriers et pommiers, sont encore hors d'atteinte. Mais le retour du beau temps est très désirable pour ces arbres comme pour les autres.

Quant aux plantes fourragères, l'avance qu'elles avaient à la fin de mars n'a pas été entièrement perdue par les froids de la dernière semaine ; une température plus normale pour la saison, leur donnera, espérons-le, cette précieuse avance. L'heure est proche même dans le Nord, du retour aux aliments verts. Elle bat déjà son plein dans le Midi.

Dans le monde viticole, la préoccupation dominante se porte sur la lutte qu'il faudra soutenir contre le blackrot. La nécessité de traiter préventivement les bourgeons dès leur sortie, est considérée comme une première condition de succès. Nous l'avons noté contre le blackrot, ainsi que contre le mildiou. Nous parlerons plus tard des applications suivantes.

Aujourd'hui, en outre, on doit s'occuper des moyens de protéger les vignes contre les gelées blanches. Le moyen le plus efficace consistant dans les enfumages, par des nuages artificiels, lesquels exigent une organisation collective entre viticulteurs d'un même finage ; il est temps dès aujourd'hui, de se concerter pour mettre sur pied le matériel de la défense commune. C'est un sujet de pratique où il faut absolument renoncer à la maxime *chacun pour soi*, et y substituer la maxime de solidarité *chacun pour tous*, attendu que les nuages artificiels ne sont efficaces qu'à la condition de couvrir une grande étendue à la fois.

Nos vignerons eux-mêmes sont imbus généralement de cet esprit. Ils s'en inspireront partout pour protéger leurs vignes.

Un observateur distingué de nos amis nous engage à les avertir qu'au mois de mars, il y a eu de forts brouillards le 5 et le 23, que, dès lors, d'après toute vraisemblance, ils doivent s'attendre à des gelées blanches les 5 et 23 mai. Comme cet accident peut se produire plus tôt encore, il est temps aujourd'hui d'organiser les moyens de défense.

Le *Bélier* de Nancy décrit ainsi la situation des récoltes en terre dans la région Est et Nord-Est à la date du 15 avril courant :

« Après une période de pluie et de froidure, la température semble vouloir revenir au beau fixe. Il n'est que temps, disent les cultivateurs, qui commençaient à se lasser du mauvais temps. En effet, les deux petites gelées qu'il a fait avaient nui considérablement aux jeunes pousses et arbustes. Aujourd'hui, la nature semble s'être ressaisie, et la poussée se produit dans toute sa vigueur.

« Les récoltes en terre ont recouvré un aspect qui réjouit l'œil. Les blés et les seigles commencent à se tasser et couvrent actuellement le sol. On est, en général, satisfait de la situation présente ; car le léger retard subi a permis de terminer les labours qui n'auraient pu être effectués si le beau temps avait continué.

« Les semailles sont actuellement terminées, et il ne reste plus à planter que quelques rares champs de pommes de terre, les betteraves et les orges.

« Les avoines précoces commencent à pointiller et l'on n'attend plus, pour rouler, que le beau fixe ramène avec lui la poussière du sol.

« Les prairies se présentent bien et quelques jours de chaleur aideront à la poussée qui a déjà verdi les prairies les plus tardives. Les prairies artificielles sont aussi belles et, sauf quelques éclaircies, il est permis d'espérer que la récolte des fourrages est assurée. Pluie d'avril vaut, en effet, neige de février ; et lorsqu'il pleut en avril, on est certain de remplir ses greniers.

« Les vignerons en ont terminé avec les gros travaux et s'occupent actuellement à bêcher les terres vides, planter et semer tous les coins et recoins.

« Les planteurs de houblon sont en pleine période de travail. Le taillage est terminé et la plantation des perches est poussée activement.

« L'échenillage se fait un peu partout pas encore assez sérieusement pour espérer que nous avons fini avec les larves.

« La santé des bestiaux est bonne, et rien ne fait présager une recrudescence de la fièvre aphteuse qui, pendant un moment, a fortement inquiété la culture. — Auguste Jacques.

Les plantes-racines.

La saison des semis des plantes-racines bat son plein en ce moment. C'est le cas pour les cultivateurs de choisir entre ces plantes, celles qui conviennent le mieux à la nature de leurs terres, et aussi aux besoins alimentaires de leurs animaux.

Dans la culture contemporaine la betterave fourragère est classée au premier rang des plantes-racines à raison des récoltes abondantes qu'on en tire. Cependant, nous avons constaté que d'autres plantes racines telles que les carottes, les rutabagas, les panais donnent également des rendements élevés, et avaient droit à occuper une certaine place à côté des betteraves, même au point de vue de l'abondance, lorsqu'on donne à leur culture les soins qu'elles réclament.

Un point important à considérer dans ces cultures, c'est que les animaux aiment comme nous-mêmes à varier leurs aliments et que les aliments variés ont l'avantage de les entretenir en bon état d'appétit et de leur être plus profitables que le meilleur aliment toujours le même.

Nous estimons dès lors que la carotte fourragère, qui est beaucoup plus sapide que la betterave, mérite d'occuper une certaine place dans la sole des plantes-racines. Notre distingué ami M. Berthelon a publié ici sur la culture de la carotte et sur ses avantages, des articles qui ont fait sensation et que nous serions heureux de mettre sous les yeux de nos nouveaux lecteurs. La carotte, par l'essence qu'elle contient, a une vertu excitante pour la production du lait chez les vaches et pour la production de la force chez les animaux de travail. En outre, ses feuilles sont plus alimentaires que celles de la betterave. Tous ces points doivent être mis en balance dans la part qu'il convient de lui donner à côté de la betterave.

Les rutabagas, les panais ont aussi un rôle intéressant dans l'alimentation des animaux. Leur emploi en hiver en mélange avec les foins et les pailles, est justement considéré comme la meilleure base de l'alimentation : alimentation d'entretien et alimentation de production.

Nous signalons donc avec confiance aux cultivateurs en matière de plantes-racines l'utilité des racines d'espèces différentes ajoutées à la betterave. La betterave elle-même est plus profitable aux animaux étant donnée en mélange, que donnée comme aliment unique pendant toute une saison, comme cela se pratique sur une échelle exagérée dans certaines contrées. D'ailleurs la betterave étant la plus aqueuse des racines, son excès d'eau est à déduire dans la comparaison de ses rendements avec ceux de la carotte et du rutabaga.

Les syndicats agricoles.

Le Président d'un important syndicat agricole de la région Sud nous écrit ce qui suit :

« Monsieur le Directeur,

« Permettez-moi d'avoir recours à votre obligeance, en même temps qu'à votre indépendance, pour vous demander de publier cette lettre et de la commenter, si vous le jugez à propos.

« Quelques grands syndicats, dont le *Syndicat Central* de Paris, nous invitent à leur passer tous nos ordres, à leur donner des marques d'une fidélité à toute épreuve. Oui ou non, y a-t-il, comme le disait tout récemment M. Welche, un intérêt supérieur à ce que son *Syndicat* par exemple ait le monopole des fournitures d'engrais de tous les syndicats agricoles? Serait-il exact que le *Syndicat Central* ait reçu cette mission de la Société des Agriculteurs de France?

« J'y verrais quant à moi de très graves inconvénients que je vais rapidement énumérer. Pour mieux me faire comprendre je n'envisage que les engrais.

« Supposons un instant que tous les syndicats agricoles de France adressent exclusivement leurs ordres au *Syndicat Central* : croit-on que celui-ci obtiendra des prix inconnus jusqu'à présent? Je ne le pense pas : les commerçants n'ayant à faire qu'à un seul acheteur pourront s'entendre plus facilement qu'aujourd'hui pour majorer les cours.

« D'ailleurs, j'ai sur la question des achats des idées qu'on trouvera peut-être naïves mais auxquelles je tiens cependant. Je ne demande pas à nos adhérents de ne s'adresser qu'à notre *Syndicat*. Quand j'apprends qu'à qualité égale, ils ont obtenu directement un produit à meilleur compte, j'en suis ravi; cela prouve que notre *Syndicat* porte ses fruits. Ce que je veux, c'est que nos cultivateurs ne soient pas exploités : je n'ai pas d'autre ambition. Les prix de notre syndicat ne leur serviraient-ils que de bases leur permettant de discuter les offres des négociants, que je m'estimerais très heureux. Que mon *Syndicat* touche plus ou moins de commissions peu importe, il n'a pas été créé pour cela et jamais je ne consentirai qu'on le considère comme un commerçant.

« Puis, il y a dans ma région de petits fabricants très honnêtes, qui cherchent toujours à doter l'agriculture d'engrais appropriés à ses besoins. Ils ne peuvent espérer fournir le *Syndicat Central*, tandis que leur fabrication suffit à nos besoins. Ce serait une faute que de les ruiner pour contribuer à l'enrichissement des gros faiseurs qui fournissent les syndicats de la capitale.

« A mon avis, le *Syndicat Central* et c'était, je le sais, la pensée de la *Société des Agriculteurs de France* — était créé pour faciliter le bon fonctionnement de nos syndicats de province en leur procurant sur le marché parisien la vente lucrative et surveillée de leurs produits. Au lieu de cela, le *Syndicat Central* vient nous faire concurrence chez nous, en nous enlevant les quelques grands cultivateurs, gros acheteurs d'engrais, de semences, etc A cela double tort : pour notre Syndicat d'abord qui perd le bénéfice de ces ventes, bénéfice qui serait fort utile à notre maigre caisse; en second lieu pour les petits cultivateurs membres de nos syndicats, car nos fournisseurs n'ayant plus en perspective que de petites fournitures très onéreuses, on le sait, se voient contraints de majorer le prix général des engrais ou des semences offerts à l'ensemble de nos syndiqués et nous ne faisons par suite que peu d'affaires. Pourquoi tant de syndicats de province végètent-ils impuissants alors qu'ils pourraient rendre de si précieux services à la cause de la défense sociale si compromise à l'heure actuelle? La cause en réside dans le *Syndicat Central* de Paris, qui, complètement dévié de sa raison d'être, combat en réalité les syndicats de province au lieu de les aider.

« Le *Syndicat Central* ne vérifie nullement les livraisons qu'il fait faire et pour cause. Son rôle se borne à centraliser les commandes, à prélever une commission et à transmettre l'ordre à un commerçant de Tours, Lyon, Bordeaux, Marseille, etc., où le *Syndicat Central* n'a ni dépôt ni représentant. Dès lors, l'acheteur n'a aucune garantie relativement à la sincérité des engrais fournis, tandis que nos syndicats de provinces bien organisés, ont des dépôts ou des agents qui vérifient soigneusement toutes les fournitures faites à leurs adhérents.

« Mais il y a autre chose de beaucoup plus grave : si j'adressais toutes les commandes de mon *Syndicat* au *Syndicat Central*, mes adhérents ne manqueraient pas de cesser de correspondre avec moi, sous le prétexte de gagner du temps et alors notre association n'existerait plus, ce qui serait très regrettable. En effet, les affaires ne sont pour moi qu'un prétexte à réunir souvent nos associés pour leur inspirer le sentiment de leur force, pour les encourager à la lutte, pour les engager à se prêter un mutuel secours en toute circonstance,

« J'estime qu'au lieu de pousser les agriculteurs à se fournir à Paris, il est très utile au contraire de les engager à alimenter le commerce local et ce afin que celui-ci ne soit pas autorisé à nous traiter en adversaires. C'est le meilleur moyen de résister efficacement à la tentative de monopole des puissantes compagnies que signale M. Welche.

« Nous n'avons rien de bon à attendre des parisiens dont quelques-uns, sans doute sont animés de bonnes intentions à notre égard, mais qui, souvent ne connaissent pas exactement nos besoins, lesquels varient d'ailleurs d'un endroit à l'autre.

« Je vous prie d'agréer, etc. »

Nous n'avons qu'à approuver les très justes idées qu'expose notre honorable correspondant et à le remercier de nous les adresser.

Nous avons toujours combattu les tendances de certaines institutions à vouloir tout monopoliser, même le dévouement à l'agriculture.

L'*Union des Syndicats des Agriculteurs* cherche à prendre une situation trop prépondérante, aux dépens des *Unions régionales* qui rendent autrement de services, il faut le reconnaître. Son Président s'est fait nommer membre du Conseil, vice-président, président de la commission des finances et enfin trésorier par intérim de la Société des Agriculteurs de France, c'est son attitude qui nous a obligé à intervenir dans les dernières élections de celle-ci, et c'est lui qui, très probablement, en sa qualité de vice-président pousse le *Syndicat Central* à imposer ses services aux syndicats de province, pour maintenir ceux-ci plus ou moins sous sa tutelle.

Or l'*Union* et le *Syndicat Central* n'ont été fondées par la *Société des Agriculteurs* que pour faciliter le développement, le fonctionnement des syndicats de province et non pas pour restreindre leur influence et leur action.

Disons enfin que la *Société des Agriculteurs* a institué une *Commission de surveillance* de ces deux institutions et que c'est à celle-ci, par conséquent, qu'il convient d'adresser des observations, le cas échéant.

Nous ne nions pas les services rendus par le *Syndicat Central* à ses débuts, mais nous devons nous préoccuper de l'avenir des syndicats de province qui, en dehors des avantages matériels, ont à organiser la défense de tous les intérêts professionnels et moraux de l'agriculture nationale.

Les plantations
de pommes de terre.

Nous avons consigné comme nous le devions le débat entre planteurs dans la question des tubercules entiers et des fragments de tubercules, comme moyen d'obtenir de bons rendements.

Nous avons suivi les expériences de M. Aimé Girard, qui concluent résolument en faveur des tubercules entiers, et celles du directeur de l'école d'Avignon qui tendent à une conclusion différente.

Dans un récent rapport sur les expériences poursuivies pendant plusieurs années, M. Aimé Girard tire la conclusion suivante de ses expériences et de celles de son contradicteur :

« Rapprochés des résultats obtenus en 1892, ceux que présente le tableau précédent apportent une démonstration frappante de l'erreur dans laquelle sont tombés les expérimentateurs qui ont cru pouvoir considérer les plantations par segments comme conduisant à des rendements supérieur à ceux que donne la plantation par tubercules entiers.

« Sans doute il est possible, avec des soins particuliers, dans une culture de jardin, de faire produire à un bourgeon isolé autant qu'à un tubercule entier ; mais dans les conditions de la culture ordinaire, lorsque le plant doit subir l'influence des conditions météorologiques diverses que la saison lui apporte, semblable production est impossible ou du moins ne peut être qu'accidentelle.

« AIMÉ GIRARD. »

Ustensiles et médicaments vétérinaires les plus utiles.

Chaque ferme importante isolée et chaque mairie de village pour l'usage des habitants devrait posséder les médicaments les plus usuels indiqués ci-dessous et les ustensiles suivants : Flammes pour saigner (apprendre à s'en servir en voyant pratiquer) ; grand trocart pour bêtes bovines météorisées ; petit trocart pour moutons ; grande seringue pour lavements ; petite seringue pour injecter les plaies, etc.

PRÉPARATION DES MÉDICAMENTS LES PLUS USUELS. — 1° *Médicaments pour l'usage extérieur.* — *Onguent égyptiac* : faites cuire ensemble miel, 1 kilog. ; vert de gris, 500 gr. ; vinaigre, 500 gr. (sur les vieilles plaies). — *Eau blanche* : extrait de Saturne (l'acheter tout préparé) 32 gr ; eau, 1 litre (sur les plaies). — *Liqueur de Villate* ; vinaigre, 1 kilog. ; extrait de Saturne, 125 gr. ; sulfate de cuivre, 64 gr. ; sulfate de zinc, 64 gr. (injection des plaies anciennes). — *Eau-de-vie camphrée* : camphre, 1 partie dissoute dans 32 parties d'eau-de-vie (sur les engorgements). — *Pommade au goudron* : 8 gr. de goudron de Norvège dissous à chaud dans 32 gr. de saindoux (sur les maladies cutanées). — *Liniment oléo-calcaire* : eau de chaux, 2 parties ; huile d'olive, 1 partie (sur les brûlures récentes) (l'eau de chaux se fait avec 25 gr. de chaux éteinte dans 1 litre eau). — *Mixture astringente* : dissoudre 32 gr. sulfate d'alumine, 32 gr. sulfate de fer, 4 gr. sulfate de zinc et 4 gr. sulfate de cuivre, dans 1 litre d'eau (crevasses, mal des yeux, du nez). — *Pommade antiseptique* : saindoux, 30 gr. ; acide salicylique, 4 gr. ; huile d'amande douce, 2 gr. (plaies). — *Onguent de pied* : faire fondre à chaud, saindoux, 6 parties, et cire, 1 partie, ajoutez 1 partie de goudron, puis 1 partie de miel (pour prévenir les maladies du sabot). — Divers spécifiques à acheter tout préparés : *Antipiétin Recourra* ; *Spécifique Bornet* (contre les tares) ; *Réparateur Tricard* (chevaux couronnés) ; *Poudre Delarbre* (chevaux poussifs), *Cresyl-Jeyès*, antiseptique (Cresyl, 1 litre ; eau, 35 litres) pour désinfecter les locaux (en aspersion, pulvérisations, lavages) afin d'empêcher la propagation des maladies contagieuses ;

Acide salicylique (voir les prospectus pour les doses). — *Farine de moutarde noire* (sinapisme) délayée dans l'eau tiède de façon à former une pâte liquide que l'on applique sur la peau en couche assez épaisse comme dérivatif des congestions internes, pendant : une heure et demie à deux heures chez les chevaux fins à poils courts ; deux heures et demie, chevaux fins à poils longs ; trois heures, chevaux communs à poils courts ; trois heures et demie à quatre heures, chevaux communs à poils longs ; en laissant plus longtemps, on risque de tarer les animaux. — *Graine de lin* : cataplasmes adoucissants ; fumigations.

2° *Médicaments pour l'usage intérieur.* — *Purgatifs* : cheval, âne, mulet : sulfate de soude (sel de Glauber), de 200 gr. à 1 kilog. par tête dissous dans l'eau du barbotage ; le mieux, souvent, est de donner 200 à 500 gr., suivant taille, un jour et autant le surlendemain ; — bêtes bovines : sulfate de soude, 250 à 500 gr. par tête ; mieux, sulfate de magnésie (sel d'Epsom), 250 à 500 gr. ; — moutons : sulfate de soude, 100 à 150 gr. ; mieux sulfate de magnésie, 50 à 100 gr. ; — porcs : mêmes doses ou huile de ricin, 30 à 90 gr. ; — chiens : sulfate de soude, 40 à 80 gr. ; sulfate de magnésie, 30 à 50 gr. ; huile de ricin, 30 à 60 gr. — *Vomitif* pour les chiens, très utile en cas d'empoisonnement : tabac à priser, 4 à 5 gr. en suspension dans de l'eau.

Administration des médicaments

1° *Liquides.* — Au moyen d'une bouteille en grès ou à goulot garni de linge, on verse le liquide sur la langue en arrière en maintenant la tête un peu levée ; la seringue peut aussi servir ; — 2° *Poudres.* Poudres sans mauvais goût : on les mélange à des barbotages de son ; — poudres à mauvais goût : on les mélange avec du miel que l'on applique sur la langue avec un morceau de bois.

C. CRÉPEAUX.

Soins des arbres au printemps.

Après la taille et les engrais, les principaux soins réclamés par les arbres à fruits sont de nettoyer les troncs des mousses et lichens qui les enveloppent, et sont des repaires de larves et d'insectes qui, plus tard, dévorent les fruits et même les feuilles.

Le meilleur procédé de nettoyage consiste à enlever d'abord les grosses écorces avec une raclette ou une lame de couteau, ensuite à badigeonner les secondes écorces avec une solution de chaux et de sulfate de fer.

Un second soin souvent nécessaire consiste à détruire les chenilles qui ravagent les fleurs et les feuilles naissantes. Le meilleur moyen de destruction consiste à répandre sur les feuilles en pluie très fine au moyen du pulvérisateur, la solution suivante : savon 2 kil., carbonate de soude 1 kil., pétrole 1 li-

tre pour 100 litres d'eau. Le carbonate doit être dissous dans l'eau chaude et le savon dans l'eau. On mêle ensuite le tout.

Enfin, la végétation des arbres souffreteux peut être ranimée au printemps, en enlevant la couche supérieure de terre à leur pied et en la remplaçant par un terreau mêlé de fumier, surtout de fumier phosphaté.

Transition du régime sec au régime vert.

Voici le moment arrivé de mettre les animaux au vert. La plupart, dès que les fourrages verts, seigle, trèfle rouge, etc., sont arrivés, font sortir leurs animaux de l'étable ou de l'écurie et les mettent brusquement au piquet sans les habituer petit à petit à ce changement subit de nourriture.

C'est une faute grave et qui a des conséquences désastreuses pour la santé de leurs animaux.

Le vert doit être toujours donné au début avec beaucoup de ménagements si l'on veut éviter des troubles digestifs qui sont parfois assez graves.

Le régime vert, succédant brusquement au régime sec, occasionne souvent des ballonnements, des troubles sur l'estomac et les intestins des animaux. Les effets ne sont pas toujours apparents, mais n'en arrivent pas moins, et certains animaux sont longtemps à se remettre de ce régime vert dont ils abusent les premiers jours. Il y a même des cas de mortalité.

Ces accidents sont dus à une cause unique : un changement trop brusque dans la nature de l'alimentation, ce qu'on appelle un *écart de régime.*

On évitera ce danger en opérant petit à petit la transition du régime sec au régime vert.

La chose est bien facile pour le seigle. Au lieu de sortir les animaux (les chevaux surtout) et de les mettre au piquet, on aura soin, pendant cinq à six jours de faire couper le seigle la veille, et de le mélanger le lendemain au fourrage sec. On mettra d'abord un quart de seigle, puis un tiers, puis moitié, et on diminuera la ration d'eau à mesure qu'on augmentera le vert.

Au bout de cinq à six jours, on pourra sortir les animaux, et alors on ne leur donnera qu'un demi-piquet, en ayant bien soin, dans les premiers jours, de ne pas leur donner autant de vert qu'ils en pourraient manger.

Il est facile de comprendre que des animaux privés depuis longtemps d'une nourriture qu'ils affectionnent, s'y jetteront avec avidité et gloutonnerie dès qu'on la leur donnera. En pareil cas, les indigestions sont inévitables : le simple bon sens indique que le rationnement est la meilleure mesure préventive à prendre dans ces circonstances. Il faut avoir bien soin que le fourrage vert coupé ne soit pas flétri, ce qui arive quand on en coupe trop à la fois, et qu'on le laisse s'échauffer en tas.

Le fourrage flétri présente l'inconvénient de se pelotonner aisément dans l'estomac du cheval, et de ne pas se digérer facilement.

On aura soin de mêler à la fourche le vert et le sec.

Si, on commence les animaux avec l'autre verdure, on emploiera le même procédé qu'avec le seigle.

Pour les animaux qu'on met à l'herbe en sortant de l'écurie ou de l'étable, comme on ne peut pas faire de mélange, il est prudent de les mettre pendant quelques jours dans un fonds où il y a peu d'herbe, et de leur donner un peu de fourrage sec dans cet endroit avant de les lâcher dans les herbages où l'herbe pousse abondamment.

Il y a peu de fermes qui n'aient un endroit où on laisse quelques bestiaux l'hiver et qui se trouve dépouillé ; c'est celui-là qu'on devra choisir de préférence.

Il est également prudent, la première fois qu'on lâche les animaux, de choisir un temps sec.

THOMINE DESMAZURES.

(Syndicat du Calvados).

Comment faire
de l'agriculture.

Les intelligents lecteurs de notre dernière causerie ont su, sans aucun doute, donner avec nous une large interprétation à cette loi primordiale du Créateur au premier homme coupable et à ses descendants ; « *Tu travailleras la terre ; tu mangeras ton pain à la sueur de ton front.* »

Il y a, en effet, différentes manières de travailler la terre, de gagner son pain à la sueur de son front... Tout le monde ne peut exploiter directement le sol Les uns accomplissent ce précepte par l'enseignement, la publication, la propagation des meilleures *méthodes* culturales. Les professeurs d'agriculture, à tous les degrés, les journalistes agricoles remplissent ce rôle important et rendent de très grands services. D'autres, en lui témoignant de l'intérêt, en l'encourageant, en lui accordant la liberté et la protection qu'elle mérite, servent aussi l'agriculture.

Devons-nous répéter ici que pour exercer une heureuse influence, ces diverses catégories d'hommes, avant de parler, d'écrire, ou de travailler d'une façon quelconque en faveur de l'agriculture, doivent la connaître, et, par suite, l'avoir bien étudiée.

Mais nous voulons considérer aujourd'hui ceux qui s'occupent plus directement d'agriculture.

Le sol peut être exploité tantôt par le propriétaire lui-même ; c'est le *faire-valoir direct* ; tantôt par un *métayer* ou un *régisseur* sous la direction du propriétaire ; tantôt par un *fermier*.

Le faire-valoir direct que nous préconisons et qui reprend un peu faveur de nos jours, offre de sérieux avantages. Possédant tous les capitaux appliqués au sol et n'étant pas limité par les clauses d'un bail, le *propriétaire exploitant*, tout en cherchant à retirer, avec la *valeur locative et l'intérêt du capital d'exploitation*, tous les profits que peut donner le sol par les spéculations les mieux appropriées, veillera aussi à l'*amélioration du domaine*, à sa *plus-value* ; c'est donc la condition la plus favorable au progrès.

Son instruction technique et pratique favorisera beaucoup le succès.

Si l'insuffisance de capacités ou d'autres occupations ne lui permettent pas de gérer ainsi directement un bien-fonds important, il pourra le confier à un *régisseur* ; c'est-à-dire à un homme honnête et capable, mais qui n'apporte que son *capital intellectuel*, que. sa valeur personnelle.

Le propriétaire reste maître de sa terre et de tous les capitaux qu'il y emploie. Le régisseur les administre sous sa direction et sa surveillance plus ou moins directes.

Modes de régie. — 1° Le propriétaire donne un traitement fixe en rapport avec l'étendue, la valeur du domaine, et le capital intellectuel du régisseur. Un inventaire sérieux est fait au commencement de l'entreprise pour connaître le capital mis entre ses mains. Cet inventaire est renouvelé au moins une fois dans le cours de l'année pour s'assurer de l'état de ce capital.

Le régisseur tient une comptabilité rigoureuse dont le double doit être entre les mains du propriétaire. Les achats, les ventes, la direction générale de l'exploitation doivent rester sous la dépendance plus ou moins directe du propriétaire.

Régie intéressée. — Il est très bon qu'un honnête homme, qu'un travailleur sérieux soit encouragé dans sa gérance ; alors un propriétaire habile donnera non seulement un traitement fixe, mais encore une part proportionnelle sur les bénéfices réalisés sur l'exploitation.

Un exemple fera mieux comprendre. Une ferme de 200 hectares pouvant être loués 50 francs est mise en régie. Le capital d'exploitation est de 100.000 fr., c'est-à-dire 500 fr. par hectare.

On dit au régisseur : Sur les capitaux que je vous confie, je dois recevoir :

1° La location de ma terre, soit	10.000 f.
2° Intérêts 4 0/0 du capital d'exploitation	4.000
3° Je dois encore retirer du sol votre traitement fixe . .	2.500
Soit au total . . .	16.500 f.

Si vous dépassez ce chiffre de rapport, nous partagerons la différence par moitié, par quart, etc...

Il peut se présenter deux cas : 1° Ou bien, en effet, après avoir fourni les 16.500 fr. à son propriétaire, il y a un excédent de recettes ou de plus-value de 4.000 fr. bien attestées par la comptabilité, alors il revient 2.000 fr. au régisseur.

2° Ou bien l'année a été malheureuse ; des accidents divers, ou la mauvaise gérance notoire n'ont pas permis d'ateindre le chiffre convenu. Il est bien clair que le propriétaire doit en subir les conséquences, sauf à traiter son régisseur comme il le mérite, s'il est la cause évidente de cette perte ou même s'il a trompé sa confiance.

Ce mode a pour avantages de stimuler le zèle du régisseur et de l'engager à réaliser des bénéfices qui doivent profiter aux deux.

Un troisième cas peut se présenter : Le propriétaire est aussi sûr qu'on peut l'être de l'honnêteté et de l'habileté pratique de l'homme qu'il a choisi ; dès lors il peut le traiter simplement comme un fermier auquel il prête les deux capitaux, le laisse libre de la gérance du domaine, n'exigeant de lui que le double intérêt du capital foncier et du capital d'exploitation.

Mais il est aisé de comprendre que, même dans ce cas, il convient de réserver le droit de surveillance, sur la comptabilité, l'inventaire, les assolements, les spéculations, les grosses ventes, etc

En résumé on le voit, ces divers modes de régie réclament une surveillance continuelle de la part du propriétaire et une certaine instruction agricole pour diriger ou au moins pour suivre les spéculations, les opérations importantes du domaine.

La régie, en général, ne peut convenir qu'autant que la propriété a une *étendue et une valeur suffisantes* pour payer les frais d'un régisseur ; à moins qu'el l'homme en question soit simplement un *premier ouvrier*, un *contremaître*, un *chef de culture*, chargé de commander ses collègues, d'organiser les travaux et de les faire exécuter convenablement. Dans ce cas il reçoit simplement un supplément de gages. On lui donne une certaine autorité sur le personnel de l'exploitation.

Nous ne parlons pas ici du régisseur qui s'occupe de plusieurs domaines ayant sous ses ordres des fermiers ou des métayers ; cela rentre un peu dans ce que l'on appelait jadis des fermiers généraux qui spéculaient, et sur le propriétaire et surtout sur leurs subordonnés.

Nous connaissons cependant, dans le Centre, de ces régisseurs de plusieurs domaines qui grâce à leur sage administration, ont réformé l'agriculture de leur contrée, enrichi leurs propriétaires et se sont faits à eux-mêmes de très honorables situations.

On reproche à la régie le manque de responsabilité et de garanties du régisseur. Voici, en résumé, ce que l'on peut conseiller :

1° Prendre les plus minutieuses indications sur l'honorabilité du régisseur et ses capacités agricoles.

2° Surveillance attentive du capital d'exploitation par un inventaire sérieux fait plusieurs fois l'année.

3° Suivre les gros achats, les grosses ventes.

4° Résumé de la comptabilité entre les mains du propriétaire.

5° Faire rentrer les fonds le plus souvent possible, ne lui laisser que le capital de roulement, largement suffisant.

6° *Si on le peut*, garantie réelle d'une somme déposée ou d'un gage quelconque pouvant, au besoin, indemniser le propriétaire.

Il est bien évident que ce mode d'exploitation est aussi favorable au progrès que le faire-valoir direct surtout si le propriétaire a la bonne fortune de rencontrer un régisseur capable, honnête, travailleur, prudent. Loin de l'arrêter dans son essor vers les utiles améliorations, les spéculations lucratives, il les encouragera lui-même et les sanctionnera du poids de sa propre compétence et des capitaux qui peuvent être nécessaires.

Il faut donc entre l'un et l'autre des relations aussi fréquentes que possible, un *franc parler* qui permette d'échanger mutuellement les idées, de les discuter et de conclure pour ce que l'on croit être le meilleur.

Aujourd'hui les hommes qui se proposent pour gérer des propriétés ne sont pas rares. *Il n'y a que l'embarras du choix.* L'un n'a pas réussi comme fermier, un autre est un jeune homme neuf, sortant d'une école, ayant fait plus ou moins sérieusement de la pratique. Lequel prendre entre les deux ? Le choix est très difficile. Pour le premier, le propriétaire dira : *Il n'a pas su faire ses propres affaires, comment saura-t-il faire les miennes ?...* Pour le second : *C'est un jeune théoricien, imbu des idées nouvelles puisées dans les écoles ; il me fera dépenser gros argent pour tout transformer ?*

Ces récriminations ont parfois du vrai. Mais il ne faut jamais être absolu. Evidemment, il est prudent de prendre les renseignements les plus précis sur la valeur intellectuelle et morale de l'individu, et ne donner ensuite sa confiance qu'à bon escient. Mais on peut trouver de bons régisseurs dans l'un et l'autre cas.

Pour mon compte personnel, et uniquement en vue du succès de l'avenir, je préférerais le jeune homme qui a fait de bonnes études *théoriques* et *pratiques*, et dont les qualités morales sont bien connues.

Avec la jeunesse instruite et sage, il y a de la ressource, parce qu'il y a de l'énergie, le désir d'arriver et de se faire un sérieux avenir.

Frère ANTONIS.
Sous-Directeur de l'Institut agricole de Beauvais.

P. S. — Dans une prochaine causerie, nous parlerons du rôle du propriétaire vis-à-vis du métayer et du fermier.

L'ânesse laitière.

On est d'accord dans le monde médical sur ce fait, que le lait d'ânesse est le meilleur lait pour les nourrissons après le lait de la femme, la composition des deux sortes de lait étant presque la même.

Les éleveurs qui exploitent le lait d'ânesse pour la nourriture des enfants du premier âge, ont la coutume de sevrer les ânons dès les premiers jours, et de réserver tout le lait de la mère pour leur clientèle humaine.

M. Dechambre vient de publier une brochure où il combat cette pratique, comme ayant pour effet d'appauvrir notablement la fécondité entière de l'ânesse. Il prétend qu'elle rend beaucoup plus de lait lorsqu'on laisse un ânon téter pendant quelques mois, mais en ayant soin de lui donner une nourriture abondante et propice à la production du lait.

L'ânon n'est sevré que graduellement par ce système, et la nourriture donne à la mère un surcroît de lait en remplacement de celui qu'a prélevé son ânon.

Nous donnons l'avis de M. Dechambre d'après une expérience qui, selon lui, démontre sérieusement la verité.

Breuvage des vaches au moment du vêlage.

Les éleveurs anglais en renom ont coutume de donner à leurs vaches, immédiatement après le vêlage, une boisson chaude consistant en une émulsion d'eau de son ou mieux un pot de cidre chaud et du pain rôti, additionné d'une pincée de gingembre. Le gingembre, d'après leur opinion, a la vertu de provoquer la mise bas du veau et aussi l'expulsion du délivre.

Nous ignorons la valeur de cette pratique en ce qui concerne le gingembre, mais on n'ignore pas, partout en France, qu'un breuvage chaud et tonique, administré au moment de la mise bas aux vaches et aux poulinières, est d'un excellent effet.

Le sulfate de fer.

Pour pouvoir détruire les parasites végétaux, il faut les atteindre dans toutes les parties de la plante où ils se trouvent. Aussi la meilleure époque est-elle celle où les végétaux sont dépourvus de feuilles, c'est-à-dire, pendant l'hiver.

Le sulfate de fer a une grande action sur tous les être inférieurs, mousses, lichens et champignons.

Quand on veut détruire les parasites qui vivaient sur les racines, on conseille de répandre au pied des arbustes (vignes ou autres), du sulfate de fer pulvérisé.

Pour les tiges et rameaux, on les badigeonne avec une dissolution concentrée de sulfate de fer.

Sur les prés, le sulfate de fer préserverait les graminées de l'ergot qui, souvent, est la seule cause de l'avortement des vaches.

Nouvelles expériences sur le meilleur traitement de la chlorose des vignes.

Voici la conclusion des expériences faites en 1895 sous les auspices de la Société centrale d'agriculture de l'Hérault dans cinq vignobles, sur les traitements contre la chlorose : 1° Le moyen le plus énergique et le plus efficace pour combattre la chlorose de la vigne, est le badigeonnage complet des souches au sulfate de fer ; les solutions doivent être faites à des doses variant entre 40 et 50 0/0 ; — 2° le badigeonnage au sulfate produit de meilleurs effets lorsqu'il a été appliqué à une date coïncidant avec la chute naturelle des feuilles ; au printemps les effets sont bien moins marqués ; 3° le sulfate appliqué uniquement sur les coupes donne des résultats presque aussi bons que sur toute la souche, ce qui implique l'obligation de badigeonner chaque section produite par la taille ; 4° dans les vignes assez fortement atteintes de chlorose, l'application du sulfate de fer n'est pas toujours efficace dès la première année ; il est donc utile de pratiquer pendant plusieurs années cette opération qui est d'ailleurs avantageuse à d'autres points de vue ; 5° le citrate ammoniacal provoque aussi le reverdissement des souches chlorosées, mais il n'est point à conseiller pour la double raison de son prix trop élevé et de son action inconnue sur d'autres maladies cryptogamiques.

C. C.

Résistance du Vialla en Beaujolais.

Tous ceux qui ont l'honneur d'écrire dans une revue agricole ou viticole ont, plus que d'autres, le devoir de ne prononcer de jugement absolu qu'après avoir étudié les questions qui leur sont soumises, avec tout le soin, toute la compétence et toute l'attention désirables. Sans cela, ils exposent les agriculteurs ou les viticulteurs qui ont placé en eux leur confiance, à de fausses manœuvres, à des résolutions regrettables et, finalement, à de cruelles déceptions. Dans tous les cas, ils déconcertent les travailleurs du sol mal à propos, par des théories hasardeuses et fondées sur une expérience incomplète ou maladroite.

« Affirmer ou nier avant d'avoir suffisamment consulté la nature et interrogé les faits, voilà, disait Bacon, la source de toutes les erreurs. »

En dépit de cette leçon que donnait à ses contemporains le créateur de la vraie méthode scientifique, nous assistons chaque jour au regrettable conflit des affirmations et des négations absolues. Voyez plutôt ce qui se passe en viticulture : Tel professeur affirme l'excellence d'un certain plant américain ; tel autre la nie absolument ; un troisième prétend que le plant en question est bon sous un rapport mais détestable sous un autre.

Que feront nos viticulteurs ? Pour sortir du doute, de la perplexité où les auront mis des doctrines si contradictoires, ils écouteront les conseils du dernier qui a parlé, c'est-à-dire manœuvreront à tout hasard, au risque de payer cher un jour leur trop aveugle confiance. C'est tout simplement navrant.

Il nous semble pourtant qu'il y aurait moyen d'éviter ces regrettables conséquences : il suffirait pour cela que les donneurs de conseils fussent plus soucieux de s'éclairer, et les viticulteurs moins prompts à s'alarmer d'une opinion qui n'a pas toute la portée qu'on lui prête.

C'est ce que nous répondions, ces jours derniers, à un certain nombre de propriétaires qui nous consultaient sur la question de savoir s'ils continueraient ou non à choisir le Vialla comme porte-greffe.

Mais reprenons la question d'un peu plus haut : Tout récemment, M. Perraud, professeur de viticulture à Villefranche (Rhône) publiait dans la *Revue de Viticulture*, un article sur la résistance du Vialla en Beaujolais. L'auteur, après avoir reconnu du reste de réelles qualités à ce porte-greffe : la grande vigueur qu'il communiquait aux greffons, sa parfaite affinité avec le Gamay du Beaujolais, et le nombre exceptionnel des reprises qu'il donnait à la bouture et à la greffe, jetait tout à coup ce cri d'alarme : « Si à toutes ces qualités le Vialla joignait une résistance phylloxérique élevée, il serait incontestablement un porte-greffe remarquable. Malheureusement il laisse à désirer sous ce dernier rapport, et, dès que les circonstances cessent de lui être tout à fait favorables, il faiblit ou succombe sous les attaques du phylloxera. »

Et voilà pourquoi de nombreux propriétaires du Beaujolais sont venus nous demander jusqu'à quel point il fallait ajouter foi aux affirmations de M. Perraud. Et voici ce que nous avons cru devoir leur répondre en notre âme et conscience :

Pour affirmer d'une manière si absolue que le Vialla est sujet à succomber sous les attaques du phylloxera, quelles preuves nous apporte M. Perraud ? Il a vu, dit-il, dans la commune de Fleurie, chez divers propriétaires et en divers points, de grandes et nombreuses taches phylloxériques dans des Viallas greffés et dans des pépinières de pieds mères, etc.

Mais voyons, si M. Perraud a vraiment vu tout cela, la chose est assez grave pour être signalée tout de suite, à haute voix, avec précision ; car enfin on sait avec quelle foudroyante rapidité les fléaux de la vigne s'étendent autour de leurs points d'attaque. Chez quels propriétaires, dans quelles pépinières, M. Perraud a-t-il aperçu les terribles nodosités, les redoutables tubérosités du monstre ?

Et d'abord, sommes-nous bien en présence de véritables Viallas ? Il serait bon d'acquérir la certitude à cet égard. Or, nous ne croyons pas qu'il soit si facile que cela de reconnaître le Vialla, à la seule inspection des racines : il faut faire et voir pousser ce plant pour le distinguer avec certitude. Nous avons connu un excellent homme se disant viticulteur, quoiqu'il ne fut qu'un viticulteur en chambre, et qui prenait bel et bien du Clinton pour du Vialla. M. Perraud est-il bien sûr de n'être pas tombé dans la même erreur ?

Nous savons qu'il y a quelques années, un certain nombre de propriétaires de la commune de Fleurie précisément, ont acheté des Clinton, des Elvira, des Franklin et des Concord qui se livraient alors pour des Viallas. Nous craignons bien que ce ne soient là les plants incriminés. L'erreur serait grave, comme on le voit.

Mais admettons, si vous voulez, que les plants précités soient de véritables Viallas? Une deuxième question se pose: sont-ce bien des tubérosités phylloxériques qu'a constatées M. Perraud? Enfin ce mal n'avait-il pas d'autres causes, accidentelles, locales, n'ayant rien de commun avec le Vialla ? Tout autant de questions à étudier avant de prédire les plus cruelles destinées à un plant dont la vigueur, l'adaptation, la fécondité remarquable et l'affinité parfaite avec notre Gamay, ont fait la fortune de nos régions beaujolaises. Car, il n'y a pas à dire le contraire, le Vialla est le porte-greffe qui a donné chez nous les meilleurs résultats. Innombrables sont les vignobles plantés en Viallas qui rapportent chaque année de magnifiques récoltes. A Emeringes, où nous avons passé une semaine, dans le courant de septembre, nous avons vu des millions de Gamays greffés sur Viallas et qui prospéraient admirablement en terrain siliceux.

Et quel plant M. Perraud conseille-t-il de mettre à la place du Vialla? Le Rupestris du Lot dans les parties sableuses, et dans les parties caillouteuses le Rupestris Martin.

Nous nous garderions bien de dire le moindre mal de ces deux variétés qui donnent effectivement d'excellent résultats partout où elles sont bien adaptées. Mais réussiront-elles en Beaujolais aussi bien que le Vialla? Est-il bien sûr que ces porte-greffes donnent à nos greffons la vigueur qui leur convient? qu'ils s'accommodent aussi bien que le Vialla de notre Gamay du Beaujolais? qu'ils donnent autant de reprises à la bouture et à la greffe et d'aussi bons résultats comme fructification? Nous nous permettons d'en douter. Dernièrement, le *Progrès agricole* publiait une enquête de M. Degrully sur la valeur des Rupestris. Nous y lisions ce qui suit : « Le Rupestris du Lot... est un plant d'une extrême vigueur... C'est justement cet excès de végétation que lui reprochent quelques viticulteurs et qui rendent les greffes sur Rupestris *moins fructifères* que les greffes sur Riparia. » Plus loin : « M. Aubenque n'obtient guère sur Rupestris du Lot que la moitié de ce que lui donnent ses greffes sur Riparia. » Plus loin encore : « M. Capdeville se plaignait devant nous de ses greffes de Gamay sur Rupestris du Lot. Ces greffes ont huit ans et ne lui ont encore jamais donné une grappe de raisins. »

Décidément, tout n'est pas parfait dans les Rupestris, et il nous paraîtrait, pour le quart d'heure au moins, singulièrement imprudent de le substituer, en terre beaujolaise, au Vialla qui y a fait ses preuves et donné de si durables résultats.

Et cela, pourquoi? Parce que M. Perraud aurait vu des nodosités dites phylloxériques sur quelques racines de Viallas qui ne sont probablement que des Clinton ou des Concord? Viticulteurs du Beaujolais, continuez à greffer vos Gamays sur de véritables Viallas, et attendez que le Rupestris ait obtenu son droit entier de cité, avant de l'admettre définitivement. Ne lâchez point la proie pour l'ombre, et n'oubliez jamais que le mieux est souvent l'ennemi du bien.

Pierre Grégoire,
Publiciste agricole.

BIBLIOGRAPHIE

La Coopération de production dans l'agriculture par M. le comte de Rocquigny. — Cet ouvrage est le compte rendu détaillé de tous les efforts tentés par les sociétés agricoles en faveur des achats et des ventes des cultivateurs. Il sera lu avec le plus vif intérêt par tous ceux qu'intéresse la solution des problèmes économiques actuels. M. de Rocquigny a en ces matières une grande compétence, qui lui permet d'exposer ses idées avec précision et clarté.

Cet ouvrage est un résumé de la Mission de l'office du travail, c'est dire qu'il contient des documents de statistique et autres qu'on chercherait ailleurs.

En vente à la librairie Masson et Cⁱᵉ, 120, boulevard Saint-Germain, Paris. Prix : 4 francs.

RECETTES

Le cidre qui se tue. — On dit que le cidre se tue lorsqu'on le voit noircir en un court laps de temps. Bien que le goût ne se détériore pas autant que la couleur, on a un intérêt réel à préserver le cidre de cette altération — M. de Surville annonce que le procédé suivant assure cette importante préservation. Il suffit d'introduire 40 à 50 grammes d'*acide citrique* dans un litre de cidre. Outre l'avantage de maintenir la couleur et la composition du liquide, l'acide citrique a celui de détruire les microbes qu'il peut contenir.

OFFRES ET DEMANDES

JEUNE HOMME ayant diplôme d'Ecole pratique d'agriculture demande emploi dans grande exploitation pour se fortifier dans la pratique. Pas exigeant comme gages.

S'adresser au bureau en journal.

Pommes de terre de semence : *Géante bleu, Asparie, Annibal, de Paulsen; Impérator de Richter*, espèces très résistantes et très productives.

Pureté d'origine garantie.

70 francs les 1000 kilos.

S'adresser : M. de Lavigerie, à Montbron (Charente).

Ancien Industriel ayant possédé usine importante, fait valoir plusieurs Fermes et Bois de haute futaie, désire se placer comme intendant-régisseur. Nous recommandons spécialement cette personne qui a de grandes connaissances techniques à possesseur de grand domaine. Ecrire au bureau du journal.

Huiles d'olive garanties pures et sans mélange venant directement de la propriété.

Au prix de 1,80, — 1,60, — 1,50 le kilog. suivant qualité.

Gare départ, paiement contre remboursement. S'adresser à M. Edouard Laurin, propriétaire à Saint-Chamas (Bouches-du-Rhône).

Agriculteur, ancien régisseur de grandes propriétés, demande direction d'un domaine en France ou colonies. Excellentes références.

GRAND CRU MENARDIERE. Cidre normand pur jus, 15 fr. l'hecto non logé.

Eau-de-vie de cidre garantie pure : 3 fr. le litre.

SASSIER, propriétaire. La Colombe (Manche)

Volailles pondeuses en toute saison, **Leghorn doré**, spécialité en grands sujets, coqs et poules, pure race, 6 francs, œufs à couver, 20 francs le cent. — S'adresser à M. Emile Pourcelle, agriculteur à Cantigny, par Montdidier (Somme).

RED-CAP Œufs à couver de cette excellente race de poule, réputée la plus jolie et la plus forte pondeuse, garantis race pure frais et fécondés, 5 fr. la douzaine franco de port et d'emballage. S'adresser à **Calixte Dany**, Althen-les-Paluds (Vaucluse).

Purificateur d'air pour tonneaux, l'un 4 50 franco gare.

Moyennant un supplément de 0 fr. 40, nous joindrons à l'envoi une mèche à percer de calibre et moyennant 0 fr. 10 en plus, une mèche soufrée.

CORRESPONDANCE

M. G. A., *à H. (Marne).* — Pour votre jeune cheval qui a la corne sèche, cassante, c'est-à-dire de mauvais sabots, nous vous conseillons l'emploi de l'onguent de *Hévid*, le meilleur des onguents de pied adopté par les Ecoles vétérinaires. L'onguent de *Hévid* est le meilleur préservatif des maladies de pied des espèces chevaline et bovine. Il pénètre admirablement le tube corné, le nourrit et remet en bon état, en quelques semaines, le sabot le plus sec et le plus cassant. Vous trouverez cet onguent chez les vétérinaires, pharmaciens.

M. L. C. N., *à M. (L.-et-C.).* — Pour vous procurer des œufs de canard de Rouen, adressez-vous de notre part à M. Volteiller, à Mantes (Seine-et-Oise). Maison de 1er ordre et très sérieuse.

Mme Vve D., *à B. (Côte-d'Or).* — L'Occidina n'est pas dangereuse pour les volailles qui grattent le fumier traité avec ce produit, vous pouvez l'employer sans danger comme désinfectant. L'Occidina répandue dans les champs et jardins, mélangée à la fumure ou aux engrais, fait fuir ou tue les vers blancs, courtilières, vers de toutes sortes, limaces, chenilles, etc.

M. B. P., *à R. (Aisne).* — Le sevrage des agneaux ne doit pas commencer avant l'apparition de la première dent, c'est-à-dire vers le troisième mois. Il doit être graduel et durer environ deux mois, de façon à être terminé à cinq mois. Le premier mois, on remplace une tétée par un repas d'aliments concentrés comme des recoupes mélangées de tourteaux très divisés, ou de farine d'orge dont la dose est mesurée d'après leur appétit. Vers la fin de la deuxième quinzaine, on ajoute de petites quantités d'herbes jeunes et tendres, et l'on ne les laisse plus téter qu'une fois par jour. Enfin, on ne le laisse plus téter qu'une fois tous les deux jours, puis tous les trois jours, puis plus du tout, et comme compensation on augmente la dose et la consistance des aliments concentrés, ainsi que la quantité de fourrage.

M. B., *à C. (Morbihan).* — Les engrais phosphatés les plus recommandables dans votre rayon pour vos terrains siliceux sont les scories de déphosphoration à 16 0/0 d'acide phosphorique et les phosphates fossiles de *Quiévy* au titre de 13/15 acide phosphorique réel.

M. G. T., *à C. (Aisne).* — Pour vous procurer des alevins de carpes et d'anguilles, adressez-vous de notre part, à M. le Directeur de la Société de Pisciculture du Cher, à Bourges.

M. L. (Landes). — M. Pouzin à Saint-Paul-les-Romans (Drôme) fournit de beaux plants, racines de sa variété sans demander d'argent. Il se contente de demander une partie de la récolte. On ne court donc aucun risque.

M. Pouzin a fait une petite brochure indiquant les soins à donner à cette vigne. Il l'expédie contre 0 fr. 25.

PRIMES A NOS ABONNÉS

Bonde le cent, 25 fr., les cinquante 13 fr. les vingt-cinq 7 fr. Au-dessous de 25 bondes 0 fr. 30. Le tout franco de port.

Cette bonde offre les avantages suivants :

Préserve les fûts de tout accident en cours de route, même s'ils contiennent des liquides en fermentation. Evite toute perte de liquide pendant le transport.

Munie de sa plaque, cette bonde est inviolable.

Elle empêche l'entrée de l'air dans les fûts tout en permettant la sortie des gaz en excès.

Adresser les demandes accompagnées d'un mandat à la *Gazette*, 10 bis, rue Piccini, Paris.

Porte-pantalon hygiénique, *breveté S. G. D. G.* de *P.-B. Noël.* Prix de faveur pour nos lecteurs. Pour hommes, jeunes gens et enfants de dix ans, franco 4 fr ; pour femmes et fillettes, 4 fr. 50.

Toute commande doit être strictement accompagné d'un mandat-poste représentant la valeur de l'expédition.

Huitres fraiches d'Arcachon et de Marennes, colis postaux, 5 kilos contenant :

100 huitres blanches	. . . .	4 25
70 — plus grosses	. . . .	4 80
100 — vertes	. . . .	5 60
70 — plus grosses	. . . .	5 60

Franco de port et d'emballage en gare ou à domicile. *Adresser les ordres* accompagnés de la bande du journal et d'un mandat à MM. J. LAPIERRE et J. GOUBET à Andernos (Gironde).

Délicieux **Vin Muscat Vieux** tonique et réconfortant venant directement de la propriété, ga tt authentique, offert en prime à nos abonnés à raison de 1 fr. 25 le litre logé en fûts de 25 à 35 litres. Fûts perdus.

Adresser les commandes au Bureau du Journal 10 *bis*, rue Piccini, Paris.

Si vous voulez boire du bon vin de Saint-Emilion, adressez-vous à M. **Duplessis-Fourcaud**, au château des Trois-Moulins, à SAINT-EMILION (Gironde).

(Voir le prix courant.)

Montre Remontoir, boîte métal nickelé, cuvette nickelée, 18 lignes ou 50 millimètres, cadran émail à secondes, aiguilles Louis XV, système à rochet, échappement-cylindre, 4 rubis. Prix 15 fr. 50 franco de port et d'emballage.

Le même article se fait en modèle réduit pour jeunes gens au même prix et pour dames avec augmentation de 2 francs.

Montre Remontoir, acier oxydé inaltérable cuvette acier oxy 18 lignes, système perfectionné, calibre revolver, cylindre 8 rubis, cadran émail à secondes, prix 20 francs, franco de port et d'emballage.

Le même article se fait en modèle réduit, pour jeunes gens au même prix, et pour dames avec augmentation de 2 francs.

Baromètre nickel, fabrication française très soignée, système perfectionné. Prix 12 francs.

Baromètre « Bois sculpté Masson, » très décoratif, fabrication française, système perfectionné. Prix 22 fr. 50.

Envoyer les demandes accompagnées d'un mandat d'égale somme, au Bureau du Journal, 10 bis, rue Piccini, Paris.

Vélocipèdes. — Pour répondre aux désirs maintes fois exprimés par nos lecteurs, nous nous sommes livrés à de sérieuses recherches. Nous avons visité les principales usines et pris l'avis d'amateurs de cet instrument. Nous sommes aujourd'hui en mesure de procurer à nos lecteurs, à titre de prime exceptionnelle des machines parfaites à tous égards provenant d'un des meilleurs fabricants.

Nos abonnés auront droit à une remise de 50 0/0 sur les prix du catalogue de cette maison.

Nous ne disposons que d'un très petit nombre d'instruments dans ces conditions.

Le Gérant : E. GAMBART.

IMP. NOIZETTE ET Cie, 8, RUE CAMPAGNE-1re, PARIS.

GRAINES FOURRAGÈRES

POUR PRAIRIES PERMANENTES & TÉMPORAIRES

Luzerne de Provence extra . .	135 fr.
— de Provence 1er choix.	125 —
— de pays extra.	120 —
— de pays 1er choix. .	110 —
Minette de Beauce	40 —
Sainfoin à deux coupes	40 —
Trèfle violet	100 —
Vesce de printemps, de pays. .	22 —
Maïs Caragua, dent de cheval .	21 —

Le tout aux 100 *kilos, logés, Paris*

MÉLANGE SPÉCIAL POUR PRAIRIES PERMANENTES
composé selon la nature du sol, 65 kilos à l'hectare
Prix : 90 fr.

Adresser les commandes à **BIROT Henri**, cultivateur grainier,
19, r. de Viarmes (Bourse de Commerce), Paris.

GRIFFE SARCLEUSE-BINEUSE

Outil économique

pour biner, sarcler promptement entre toutes les lignes
de plantes ou légumes sans distinction, indispensable en
toutes saisons dans les jardins, vignes, pépinières, les cultures de betteraves, de tabac, etc., même dans les allées

Avis à Messieurs les Cultivateurs et aux Fabricants de sucre,

La graine authentique *Fouquier
d'Hérouël* est *toujours* facturée par la
maison qui confirme à bref délai les
commandes.

Les envois sont faits *directement*
aux acheteurs en sacs plombés au nom
« Fouquier d'Hérouël, à Vaux-sous-
Laon. »

Il n'existe aucun dépositaire.

Insecticide-Préservateur
FERTILISANT
DESGOUTTES

La Boîte de 10 kilog., pour essais, 10 fr.
franco toutes gares (port et emballage compris).

*Adresser les demandes, accompagnées d'un
mandat,* 10 bis, rue Piccini, Paris.

Le mardi 5 mai, Ch. des Notaires de Paris,
adjudic. du bail pour 18 ans de la ferme
des Roues à *Vert-le-Grand*, cant. *d'Arpajon*
(S.-et-O.). — Contenance : 169 h. 91 a. 18 c.
mise à prix de fermage annuel **17.080 fr.**

S'adr. à l'Admin. de l'Assistance publique,
3, av. Victoria, ou en l'étude de M. MOREL
D'ARLEUX, notaire, 15, rue des Saints-Pères.

CHEMIN DE FER D'ORLÉANS

Excursion en Touraine, aux châteaux des bords de la Loire et aux stations balnéaires de la ligne de Saint-Nazaire aux Croisic et à Guérande.

1er *itinéraire* : 1re classe **86** francs. —
2e classe **63** francs. Durée : **30 jours**.

Paris — Orléans — Blois — Amboise — Tours
— Chenonceaux, et retour à Tours — Loches,
et retour à Tours — Langeais — Saumur —
Angers — Nantes — Saint-Nazaire — Le
Croisic — Guérande, et retour à Paris, *via*
Blois ou Vendôme, ou par Angers, *via*
Chartres, sans arrêt sur le réseau de l'Ouest.

Nota. — Le trajet entre *Nantes* et *Saint-Nazaire* peut être effectué, sans supplément de
prix, soit à l'aller, soit au retour, dans les bateaux de la Compagnie de la Basse-Loire.

La durée de validité de ces billets peut être
prolongée une, deux ou trois fois de **10** jours,
moyennant paiement, pour chaque période,
d'un supplément de **10** % du prix du billet.

2e *itinéraire* : 1re classe **54** francs. — 2e classe
41 francs. Durée : **15 jours**.

Paris — Orléans — Blois — Amboise — Tours
— Chenonceaux, et retour à Tours — Loches,
et retour à Tours — Langeais, et retour à
Paris, *via* Blois ou Vendôme.

En outre, il est délivré, à toutes les gares
d'Orléans, des billets aller et retour comportant les réductions prévues au tarif spécial G.
V. n° 2 pour des points situés sur l'itinéraire
à parcourir, et *vice versâ*.

CES BILLETS SONT DÉLIVRÉS TOUTE L'ANNÉE à
Paris, à la gare d'Orléans (quai d'Austerlitz) et
aux bureaux succursales de la Compagnie et à
toutes les gares et stations du réseau d'Orléans
pourvu que la demande en soit faite au moins
trois jours à l'avance.

CHEMINS DE FER DE PARIS A LYON ET A LA MÉDITERRANÉE

Enlèvement des bagages à domicile dans Paris.

Les voyageurs se rendant à une destination
quelconque sur le réseau P. L. M. peuvent
faire enlever, chez eux, leurs bagages pour
s'éviter les ennuis de la descente de leur ap-
partement, du transport à la gare et de l'attente aux guichets d'enregistrement.

Il leur suffit d'adresser leur demande, 24
heures à l'avance, aux bureaux de la Compagnie, 6, rue sainte-Anne, 88, rue saint-Lazare
ou à la gare, 20, boulevard Diderot.

Lorsque l'enlèvement des bagages a lieu
dans la matinée, les voyageurs peuvent prendre tous les trains de l'après-midi, à partir de
deux heures. Si les bagages sont enlevés dans
l'après-midi, les voyageurs peuvent prendre
les trains du soir à partir de 7 heures ou les
trains du lendemain matin.

Sur la présentation du reçu qui leur aura
été remis à leur domicile, les voyageurs recevront leur billet de place et leur bulletin de
bagages, à l'un des guichets de délivrance des
billets, contre le paiement de leur montant et
du prix de l'enlèvement des bagages compté
à raison de 0 fr. 30 par fraction indivisible de
10 kilos avec minimum de 2 fr. 50.

Le moment favorable au transport des vins
étant revenu, nous rappelons à nos lecteurs
que tous ceux d'entre eux qui, sur nos conseils, et depuis cinq ans, consomment les vins
de M. VINCENT ARDURA, vigneron, domaine de
la Chapelle-Frédignac, par Blaye-Bordeaux,
n'ont qu'à se louer de la qualité et de la conservation de ce Bordeaux absolument naturel,
expédié sans intermédiaire.

Pour dégustation sérieuse, envoi gratuit est
fait d'une bouteille de la récolte désignée.

L'encaissement est fait par le facteur, à
30 jours, escompte 2 0/0, ou 90 jours.

Vendanges : 1893, à 130 fr., 1892-91, à 150 fr.,
1890-89, à 175 fr., 1887, à 200 fr., 1885, à 220 fr.,
1884, à 240 fr., 1882, à 250 fr., 1881, à 300 fr. —
Graves blancs vieux : 130, 150, 200, 250, 300 fr.,
suivant âge, les 225 litres collés, soutirés,
franco de port et de fût en gare d'arrivée.

VOYAGE CIRCULAIRE EN BRETAGNE.

Billets d'Excursions délivrés toute l'année.

1re classe **65** francs — 2e classe **50** francs.

Les Compagnies de l'Ouest et d'Orléans délivrent toute l'année, aux prix très réduits de
65 francs en 1re classe et 50 francs en 2e
classe, des billets circulaires valables 30 jours
comprenant le tour de la presqu'île bretonne,
savoir : Rennes, Saint-Malo, Dinard, Saint-
Brieuc, Lannion, Morlaix, Roscoff, Brest,
Quimper, Douarnenez, Pont-l'Abbé, Concarneau, Lorient, Auray, Quiberon, Vannes, Savenay, Le Croisic, Guérande, Saint-Nazaire,
Pont-Château, Redon et Rennes.

Ces billets peuvent être prolongés trois fois
d'une période de 10 jours moyennant le paiement, pour chaque prolongation, d'un supplément de 10 % du prix primitif.

Le voyageur partant d'un point quelconque
des réseaux de l'Ouest et d'Orléans pour aller
rejoindre cet itinéraire, peut obtenir, sur demande faite à la gare de départ, 4 jours au
moins à l'avance, en même temps que son
billet d'excursion, un billet de parcours complémentaire comportant une réduction de
40 %, sous condition d'un parcours minimum
de 150 kilomètres ou payant comme pour 150
kilomètres.

La même réduction lui est accordée après
l'accomplissement du voyage circulaire, soit
pour revenir à son point de départ initial, soit
pour se rendre sur tel autre point des deux
réseaux qu'il a choisi.

SOCIÉTÉ GÉNÉRALE

Pour favoriser le développement du Commerce et de l'industrie en France.

Société anonyme fondée suivant décret du 4 mai 1861.

CAPITAL : 120 MILLIONS DE FRANCS

Siège social, 54 *et* 56, *rue de Provence, à Paris.*

Dépôt de fonds produisant intérêts et remboursables à échéance fixe :

De 4 ans à 5 ans	3 1/2 %
De 2 ans à 47 mois.	2 1/2 %
De 1 an à 23 mois.	2 %
Comptes à sept jours de préavis.	1 %
Comptes de Chèques.	1/2 %

Toutes opérations de Banque, notamment :
Escompte et Encaissement d'Effets de commerce ;
Ordres de Bourse en France et à l'Étranger ;
Coupons ; — Avances et Opérations sur Titres ;
Souscriptions ; — Garde de Titres ; — Assurances ;
Garantie contre le remboursement au pair
et les risques de non-vérification des tirages ;
Dépôts de Fonds à intérêts ;
Location de coffres-forts ; — Lettres de crédit ;
Envois de Fonds ; — Renseignements, etc.

La Société a 198 agences et bureaux en France,
1 agence à Londres, et des correspondants sur toutes les places de France et de l'Étranger.

MACHINES
AGRICOLES, VINICOLES et VITICOLES
TH. PILTER
24, Rue Alibert, PARIS
SUCCURSALES :
Bordeaux, Toulouse, Marseille, Montpellier, Tunis

Les lecteurs de la **Gazette** désireux de recevoir les Catalogues de la maison TH. PILTER dès leur publication, sont priés d'écrire 24, rue Alibert, Paris, afin de se faire inscrire.

PHOSPHATE FOSSILE DE QUIÉVY-NORD
le plus assimilable de tous les phosphate connus
GARANTI PUR DE MÉLANGE AVEC TOUT AUTRE PHOSPHATE
Ce qui, du reste, ne pourrait que diminuer son assimilabilité.

EXTRACTION DU GISEMENT ET USINE A QUIÉVY
Propriétaire-Extracteur : C. LECLERCQ
Bureaux à Viesly (Nord),

COMPOSITION MOYENNE		ASSIMILABILITÉ RELATIVE (méth. Joulie).	
		Solubilité dans l'oxalate d'ammoniaque.	
Acide phosphorique. . . .	12 » à 16 » 0/0	Phosphate de Quiévy.	82 29 0/0
Potasse	0 45 à 2 77 0/0	— de la Meuse	51 95 0/0
Chaux.	19 05 à 31 » 0/0	— de Pernes.	47 87 0/0
Magnésie.	0 58 à 3 80 0/0	— des Ardennes. . . .	46 43 0/0
Matières organiques azotées .	1 80 à 3 45 0/0	— de la Somme (moy.). .	44 53 0/0
		— de Ciply.	34 57 0/0

Titre garanti en acide phosphorique : 13 à 15 0/0.

LIVRAISON : EN POUDRE IMPALPABLE EN SACS PLOMBÉS, MIS SUR WAGON GARE QUIÉVY-en-CAMBRÉSIS
Prix : **3 fr. 80** les 100 kilos, sacs perdus, 30 jours, 2 0/0 ou 90 jours net.

NOTA. — Les acheteurs qui désirent employer le **véritable Phosphate de Quiévy** pur et garanti d'origine doivent exiger que les sacs portent la Marque (**Au Poisson fossile**) et la Firme C. LECLERCQ, seul exploitant à Quiévy (Nord).

GRAND PRIX à l'Exposition Universelle DE 1889

FABRICATION SPÉCIALE DE TOURTEAUX DE COTON

DIPLOMES D'HONNEUR aux Exp. Universelles de Bruxelles 1880 & Amsterdam 1883

DE GRAINES d'Alexandrie (EGYPTE)

POUR Nourriture des Vaches laitières & Engraissement du Bétail et des Moutons

des Usines de **MM. P. MARCHAND Frères**, à DUNKERQUE (Nord)

Fabriqués sous le contrôle permanent de la Station Agronomique du Nord
Dirigée par M. DUBERNARD

Nous appelons l'attention des éleveurs et des nourrisseurs sur les Tourteaux de **COTON** de graines d'Egypte : c'est un produit excellent pour les vaches laitières, les bœufs à l'engrais et les moutons.

Nos Tourteaux de **COTON** sont complètement débarrassés de la bourre qui enveloppe la graine et contiennent la même quantité de matières nutritives et grasses que les meilleurs Tourteaux de Lin.

Nos Tourteaux de **COTON** forment l'aliment le meilleur et le plus avantageux en raison de leur prix excessivement bas.

PRIX : 9 Fr. 50 les 100 kil., gare Dunkerque

S'adresser à MM. P. MARCHAND Frères, à DUNKERQUE (Nord)

Eugène de MASQUARD
PROPRIÉTAIRE-VITICULTEUR, Château de la Cascade
SAINT-CÉSAIRE-LES-NIMES (Gard)

Vins garantis naturels, rouges et blancs, depuis 60 fr. la pièce de 220 litres jusqu'à 100 francs, selon qualité, prise en gare de St-Césaire (Gard), fût perdu

Ces vins ont été médaillés à toutes les expositions où ils ont figuré.

Récoltés sur des coteaux et des terrains secs, les vins de Saint-Césaire, l'un des meilleurs crus du Gard, se conservent parfaitement sans être plâtrés.

Envoi franco de prix courants et échantillons

VELOUTINE FLAMANDE

La **Veloutine** est spécialement employée pour lustrer les cuirs de fantaisie : guides, selles, harnais de luxe et de travail, capotes, tabliers, caparaçons, etc., et lorsqu'ils ont déjà été enduits de vaseline, ce produit donne un joli brillant et évite l'action graisseuse des cirages ou préparations à base de cire. Sans causticité il ne dessèche pas et imperméabilise.

Le bidon d'un litre pour harnais noirs. . . . 3 70
           jaunes. . . . 4 20

Franco gare contre mandat-poste.

S'adresser : *Manufacture de Vaselines industrielles de Ligny-en-Cambrésis (Nord)*

EXCELLENT DÉSINFECTANT
POUR LES FUTS A VIN, CIDRE, BIÈRE, ETC.
Prix de faveur pour nos lecteurs

Sur notre demande, M. Moity, père, l'inventeur, a consenti à en mettre de petites quantités pour essais à la disposition de nos lecteurs.

10 litres franco gare. 10 fr.

Adresser les demandes à M. Crépeaux, rue Piccini, 10 *bis*, Paris.

LYSOL
Le plus puissant
anticryptogamique & parasiticide
Complètement soluble dans l'eau
Le meilleur marché.

Assainissement & désinfection certaine de tous locaux.

Employé avec plein succès contre le mildew, l'oïdium, la pyrale, etc., et tous les parasites des arbres fruitiers, fleurs, légumes, etc.

SOCIÉTÉ FRANÇAISE DU LYSOL
22 & 24, place Vendôme, 24 & 22
PARIS

ASPERGE GÉANTE
ROYALE DE FRANCE
(*RACE D'ARGENTEUIL PERFECTIONNÉE*)

Demander la *Méthode de Culture* et prix courant (gratis et franco), à M. WILLIAM FOURCINE, directeur des pépinières royales de Dreux (Eure-et-Loir). Médailles et diplômes de première classe.

L'ENGRAIS AMIÉNOIS
FUMURE ORGANICO-CHIMIQUE
pouvant être employée seule ou comme complément de fumier de ferme

Mixte et très complet, cet engrais convient à tous les terrains ; il est approprié, sous divers numéros, à toutes les plantes.

SUPERPHOSPHATE AZOTÉ (produit nouveau)
12 0/0 acide phosphorique
3 à 4 0/0 azote (*organique*) soluble

Envoi franco du prospectus sur demande affranchie

Adressée à M. **Elisée LEFEBVRE** route de Rouen, 121, AMIENS.

Farine de Viande
de la Compagnie Liebig

Reconnue la meilleure Nourriture pour fortifier et engraisser le BÉTAIL, les PORCS, la VOLAILLE, les CHIENS, etc.

Fabriquée dans les Etablissements de la **Liebig's Extract of Meat Company Ld, London** à FRAY-BENTOS et Succursales (Amérique du Sud).

Cette Farine de Viande contient environ 90 pour 100 de matières nutritives. Il convient de la donner aux animaux mélangée à leur nourriture habituelle.

Pour tous renseignements s'adresser à { MM. CHARLES HUE, 51, quai d'Orléans, LE HAVRE. GUÉTAN & M. CAILAR, 49, rue Barbès, PETIT-IVRY (Seine).

M. RECOURAT, pharmacien à Beauvais.

Gale des moutons guérie radicalement par *une seule application* de l'ANTIPSORIQUE.

La bouteille, 3 fr.; la 1/2 bouteille, 1 fr. 75. Guérison du PIÉTIN par *un seul pansement* avec le CONTRE-PIÉTIN-RECOURAT.

Le pot d'essai, 1 fr. 50; le pot, 2 fr. 50. Joindre 0 fr. 60 pour recevoir *franco* et indiquer gare.

VINS
DE SAINT-ÉMILION

Vins classés, de **800** à **250** francs la barrique de 225 litres. — Moitié prix pour la barrique de 112 litres.

Vins grands ordinaires, de **140, 125, 105, 100** francs la barrique — **80, 75, 70, 65, 58, 55** francs, la demi-barrique. — Rendu *franco* en gare et régie, sauf octroi.

Adresser commandes à M. DUPLESSIS-FOURCAUD, à Saint-Émilion. — Envoi de prix courants et échantillons sur demande affranchie.

Médailles d'Or, Paris, 1867 et 1889 — Moscou, 1891 — Besançon, Montluçon, Royan, etc.

MALADIES DU BÉTAIL
ET DE LA VOLAILLE
Leur traitement préventif et curatif
PAR L'ACIDE SALICYLIQUE

L'acide salicylique, employé dans la nourriture à la dose de 1/2 à 1 gramme par jour et par tête de bétail, est le meilleur préservatif des maladies qui procèdent par contagion : Sang de rate, Cocotte, Maladie aphteuse, Erysipèle, Typhus, Morve, Variole et le Rouget des porcs, etc.

DES ATTESTATIONS NOMBREUSES DE GUÉRISONS obtenues pour la Cocotte et le Rouget des porcs ont été reproduites dans le journal *l'Agriculture*.

La désinfection des étables, des écuries, se fait instantanément au moyen d'un arrosage d'eau salicylée à 2 grammes par litre.

S'adresser à M. CERCKEL, administrateur de la *Compagnie de produits antiseptiques*, 26, rue Bergère, Paris. Envoi sur demande de Prospectus et Brochures.

PRIX DU KIL., 25 fr. BOITE DE MÉNAGE, 2 fr.

ALIMENTATION DU BÉTAIL
Tourteaux de Coprah ou Coco
F. TASSY, E. ROCCA ET Cⁱᵉ

Fabricants d'huiles **(producteurs directs de Tourteaux)**

23, RUE HAXO, MARSEILLE

Deux médailles d'or, Anvers 1894

Envoi de Prix-Courants et Échantillons sur demande.

BAINS-BUANDERIES

Baignoires. — Chauffe-Bains. — Douches. — Appareils de lessivage, système GASTON BOZÉRIAN.

CHAUDRONNERIE, TOLERIE, *etc.* — ENVOI FRANCO DE CATALOGUES.

DELAROCHE aîné, 22, rue Bertrand, Paris

UNION AGRICOLE DE FRANCE

Société Anonyme au Capital de 1.100.000 Francs. — Siège Social : 18, Boulevard des Capucines, Paris.
SIÈGE COMMERCIAL PRINCIPAL : 72-74, Rue Saint-Denis, PARIS

Vente à la Commission
et en toute loyauté
DE
DENRÉES AGRICOLES
de toutes sortes
et de toutes provenances

Fourniture Directe
et livraison à domicile
AUX
ÉPICIERS, FRUITIERS
Restaurants, Hôtels, Pensionnats et Établissements privés importants. ●

Renseignements détaillés sur demande ou au Siège Social.

CHEVAUX BOITEUX
Guérison par le spécifique BORNET

Contre Capelets, Mollettes, Vessigons, Eponges, Exostoses, Suros, Eparvins et les Formes à leur début. *(Il s'applique également à toutes les tares molles et osseuses.)*

PRÉPARÉ PAR **A. BORNET**
Pharmacien de 1ʳᵉ classe, ex-interne et lauréat des hôpitaux.

19, rue de Bourgogne, PARIS.

Le flacon, 5 fr., à la pharmacie ; en gare par colis postal, 6 fr. contre mandat.

FROMENTINE
Marque déposée B. S.G.D.G.

Produit pour l'alimentation économique, saine et rationnelle du bétail, provenant en grande partie des issues de la mouture de blé.

DIVERSES MARQUES

Demander celle en raison du but poursuivi

Marque A pour l'engraissement égal à celui du tourteau de lin, le remplacement de l'avoine, production d'un lait de qualité supérieure.
Marque B pour le bon entretien du bétail.
Marque J développement rapide des jeunes bêtes.
Marque L surproduction du lait.
Marque E engraissement rapide.

Ecrire à M. Armand MILLOT
Moulins Saint-Martin
Saint-Quentin (Aisne).

L'URBAINE
Compagnie anonyme d'Assurances à primes fixes contre l'INCENDIE
FONDÉE EN 1838
CINQUANTE-HUITIÈME ANNÉE
CAPITAL : 5 MILLIONS — GARANTIES : 70 MILLIONS
SINISTRES PAYÉS DEPUIS L'ORIGINE : 131.000.000 FRANCS
PARIS — 8 et 10, rue Le Peletier

DISTILLATION CONTINUE
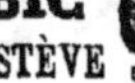
ALAMBIC
Système A. ESTÈVE

F. BESNARD
PÈRE, FILS ET GENDRES
28, rue Geoffroy-Lasnier
PARIS
Envoi franco du Catalogue sur demande

ANEMIE CHLOROSE, FAIBLESSE **FER QUEVENNE**
Guéries par le **VRAI**
Seul approuvé p'Académie de Médecine, Paris, 14, r. Beaux-Arts, not on

JANIAUD J.Ne

AMEUBLEMENTS COMPLETS

VENTE — RUE DE MAUBEUGE, 15, 15 BIS & 17 — ACHAT

GRAND GARDE MEUBLES
Rue Rochechouart 61 & 63
PARIS
TÉLÉPHONE
ASCENSEUR A TOUS LES ÉTAGES
ENVOI = FRANCO
DU CATALOGUE ILLUSTRÉ

CRÉSYL-JEYES

• DÉSINFECTANT ANTISEPTIQUE
Efficacité scientifiquement démontrée,
Envoi de Rapports et Références sur demande.

Le **CRÉSYL-JEYES** n'est ni Toxique ni Caustique
Il est adopté par toutes les **Administrations**
publiques de Paris et des départements.
VENTE EN GROS :
Société Française de Produits Sanitaires et Antiseptiques
35, Rue des Francs-Bourgeois, PARIS,
et chez tous Droguistes et Pharmaciens.
Pour éviter les Contrefaçons exiger les Marques et Cachets
de la Société, ainsi quele nom CRÉSYL-JEYES.

POUDRE DELARBRE
Plus de CHEVAUX POUSSIFS

Guérison de la POUSSE,
Toux, Bronchite et Gourme.
La Boîte de 20 Doses : 3 francs
G. DELARBRE, AUBUSSON (Creuse)
Maison de Vente & d'Expédition à Aubusson (Creuse) G. DELARBRE
A Paris & en province, chez tous les Droguistes & Pharmaciens.

SELS POUR L'AGRICULTURE

Nourriture du bétail et Engrais des terres

Sel neuf dénaturé, au tourteau de colza. 45 f. 1.000 k.
Sel neuf dénaturé, au peroxyde de fer. 40 f. 1.000 k.
Sel de morue pur . . . . 35 f. 1.000 k.
Expéditions de Fécamp, Bordeaux et St-Malo.
S'adresser à MM. A. LE BORGNE et ses Fils,
négociants-armateurs, à Fécamp.

Machines Agricoles Françaises

MAISON ALBARET

O. ✳ O.M. ⬦
Breveté
S. G. D. G

Veuve ALBARET et G. LEFEBVRE, SUCCR

ATELIERS DE CONSTRUCTION ET ADMINISTRATION
A RANTIGNY-LIANCOURT (Oise)

Bureaux et Magasins :
9, Rue du Louvre, PARIS

LOCOMOBILES, MACHINES DEMI-FIXES, MOTEURS A PÉTROLE
BATTEUSES PORTATIVES ET FIXES — MANÈGES

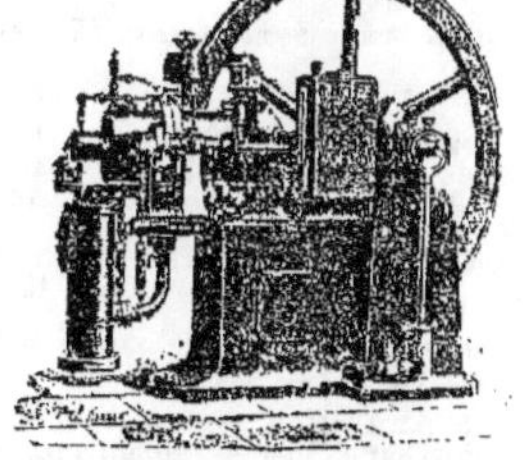

HACHE-MAIS — HACHE-PAILLE   **PRESSES A FOURRAGES**

FAUCHEUSES, MOISSONNEUSES & LIEUSES
RATEAUX, FANEUSES

Semoirs en Lignes — Semoirs à Engrais — Concasseurs — Aplatisseurs

INSTRUMENTS D'AGRICULTURE — INSTRUMENTS DE PESAGE
Grand Prix, **Lyon** 1894. — Grand Prix, **Anvers** 1894. — Grand Prix, **Bordeaux** 1895
Beauvais 1895, Diplôme d'Honneur
Tunis 1895, Premier Prix, Médaille d'Or
19 Diplômes d'Honneur et d'Excellence — 226 Médailles d'Or — 191 Médailles d'Argent

SUCCURSALES :
Saint-Quentin, Chartres, Abbeville, Cambrai, Dax, Lyon, Alger
Envoi franco sur demande des Catalogues illustrés.

17e Année. — N° 17. L'E NUMÉRO. **10 CENTIMES.** Dimanche 26 Avril 1896.

GAZETTE AGRICOLE

JOURNAL HEBDOMADAIRE, PARAISSANT LE DIMANCHE

Fondateur : M. CH. GOSSIN, Professeur d'Agriculture à l'Institut agricole de Beauvais

PRIX DE L'ABONNEMENT

UN AN, 5 fr. — SIX MOIS, 3 fr. — TROIS MOIS, 2 fr. 25

Pour l'Étranger les abonnements ne sont reçus que pour un an, au prix de 6 francs, et ne partent que du 1er JANVIER ou du 1er JUILLET de chaque année.

Le Numéro : **10** centimes.

Adresser toute la correspondance : mandats, lettres, annonces, etc., à M. CRÉPEAUX, Directeur de la *Gazette agricole*, 6 bis, rue Piccini, Paris.

Toute demande de changement d'adresse doit être accompagnée de 50 centimes et de la dernière bande du journal.

BUREAUX

97, rue de Rennes, Paris, et à Beauvais, rue Saint-Étienne.

Les abonnements partent du 1er de chaque mois et sont payables d'avance. Toute demande d'abonnement doit donc être accompagnée du prix de l'abonnement. (Le mode de payement le plus simple est l'envoi d'un mandat-poste.)

Donner *très lisiblement*, en s'abonnant, son nom et son adresse exacte, *avec l'indication du bureau de poste*; et, s'il s'agit d'une continuation d'abonnement, joindre au renouvellement la dernière bande d'adresse du journal.

Les Annonces sont reçues à la Direction du Journal, et chez MM. DUSSERIS et MATHELLON, 97, rue de Rennes, Paris.

Il est interdit de reproduire les articles contenus dans la *Gazette Agricole*.

BULLETIN COMMERCIAL

BOURSE DU COMMERCE DU MERCREDI 22 AVRIL.

	FARINES	BLÉS
Courant	39 95	18 30
Prochain	39 50	18 50
Mai-juin	39 50	18 50
4 de mai	39 65	18 50
Juill.-août	39 80	18 55
4 dernier	40 »	18 30

Marque de Corbeil : 44 fr. le sac de 150 kil. toile à rendre.

Halle aux blés — *Blés indigènes.* — Les offres sur les marchés de province étant peu abondantes, la culture étant occupée aux travaux des champs, les vendeurs de blé sont venus cet après-midi sur place avec l'espoir de placer leurs grains à des prix un peu supérieurs à ceux pratiqués il y a huit jours.

Leur espoir a été déçu; car en présence de la température exceptionnelle dont nous jouissons actuellement et en présence de la belle préparation de la récolte, la meunerie ne veut acheter qu'en baisse.

Le blé a donc encore été à peu près invendable et, à la fin du marché, on a fait quelques affaires en froment de qualité ordinaire à des cours inférieurs à ceux de mercredi dernier ; seuls les blés de tête ont conservé leur précédente valeur. On cote de 17,25 à 18,25 les 100 kil. nets, gare d'arrivée Paris.

Blés étrangers. — Sans affaires.

Sons. — Fermes, par continuation, mais pour le disponible seulement.

Avoines. — La tendance est un peu meilleure car on commence à se préoccuper de la sécheresse et les prix se sont légèrement relevés dans les départements. A la halle de ce jour, les vendeurs demandent 25 cent. de plus, mais les affaires sont très calmes.

On cote : avoines blanches 14,25, rouges, 14,50, grises 14,50 à 15, noires 15,50 à 16 les 100 kil.

Seigles. — Les affaires sont presque nulles, les offres sont peu abondantes, mais les acheteurs réservés, on cote 10 à 10,25 acheteurs, 10,25 à 10,50 vendeurs.

Orges. — Les cours sont les mêmes que mercredi dernier, les offres sont restreintes; on voit peu d'orge sur les marchés, on cote orges ordinaires 14 à 14,25, moyennes 14,50 à 14,75, bonnes 15 à 15,50 les 100 kil. La saison est maintenant terminée, la brasserie cessera de germer à la fin du mois, et d'ici la nouvelle campagne il n'y aura plus que la température qui pourra jouer un rôle; jusqu'ici les nouvelles de la récolte sont excellentes.

Escourgeons. — Les prix sont nominaux en l'absence d'affaires.

On a traité des Centre et des Vendées (prochaine récolte) à 15,25, caf. Dunkerque; sur place on cote les provenances de Beauce 16,25 à 16.75 les Algérie et Tunisie valent 12,50 à 12,75, ports du Nord.

Sucres. — Il y a très peu d'affaires en sucre, mais la tendance est plus soutenue et les prix de hausse partielle de 6 à 12 centimes sur les avis de Licht.

Raffinés 103 à 104, roux 88° 32,50 à 32,75

Marché de la Chapelle. — Marché ordinaire.

On cote : paille de blé 1re qté 27 fr., 2e qté 24, 3e qté 21 fr.; paille de seigle 1re qté 32 fr., 2e qté 29, 3e qté 26: paille d'avoine 1re qté 23 fr., 2e qté 21, 3e qté 19 : foin nouveau 1re qté 46 fr., 2e qté 41, 3e qté 38: luzerne, 1re qté, 46 fr., 2e qté 42, 3e qté 39; regain 1re qté 43 fr.; 2e qté 41 fr., 3e qté 39 fr.; sainfoin, 1re qté 42 à 2e qté, 40, 3e qté 38.

Marché aux chevaux, 22 Avril.

Gros trait de 300 à 1.300	Boucherie de 70 à 200
Selle et tr.	Anes de 45 à 175
léger de 200 à 1.100	Chèvres de .. à »
H. d'âge de 245 à 350	

AMENÉS

Chevaux, 409 — Anes, 8 — Chèvres, ..
Voitures 192, de 35 à 600.

ENCHÈRES

Chevaux amenés, 13.
Vendus, 13 de 250 à 200.

Prix des Produits Forestiers à Paris.

		Prix
BOIS DE FEU (Octroi non compris)	Falourde de pin	100 à 110 le cent.
	Bois de flot	100 à 105 le déca.
	Bois gris neuf	125 a 130
	Bois blanc	80 à 125
	Chêne gros bois	85 à 110 le m. cube
	— moyen bois	70 à 60
	— petit bois	30 à 48
BOIS D'ŒUVRE (Octroi compris)	Charme, plateaux	55 à 55
	Sciage Entrevoux	175 à 210 les 208 m.
	de Echantillons	230 à 220
	chêne Frise	27 à 28 — 104 m.

FOURRAGES ET PAILLE

Paris La Chapelle.	Prix extrêmes
Foin 100 bot dans Paris n.	35 à 45
Luzern nouv.	35 à 45
Paille de blé	22 à 26
Paille de seigle	23 à 31
Paille d'avoine	18 à 23

ENGRAIS

PARIS

Nitrate de soude	21 50 à 21 75
Superphosph. minéral 14/16	5 25 à 5 75
Superphosphate d'os 16/18	12 50 à 13 »
Scories 16/18	4 25 à 4 50
Phosphate minéral 14/16	3 80 à 4 »
Chlorure de potassium 48/52	18 75 à 20 »

NANTES

Nitrate de soude	22 30 à 22 50
Superphosph. minéral 14/16	6 » à 7 »
Scories 16/18	4 50 à 4 75
Phosphate minéral 14/16	4 » à 4 50
Chlorure de potassium 48/52	19 » à 19 75

LYON

Nitrate de soude	22 » à 23 »
Superphosph. minéral 14/16	5 75 à 6 »
Scories 14/16	4 50 à 5 »
Phosphate minéral 14/16	4 » à 4 25
Chlorure de potassium 48/55	20 » à 21 »

MARSEILLE

Nitrate de soude	20 50 à 21 »
Superph. minéral 14/16	6 à 7 »
Sulfate de fer	5 » à 5 50
Sulfate d'ammoniaque 20/21	20 » à 22 »

Sulfate de cuivre.

Les 100 kil. 98/99 . . . . . . 42.50 à 44.00

HOUBLONS. — Les 50 kilogr.

Alost primé	28,00 à 30,00
Bourgogne	55,00 à 60,00
Poperinghe	25,00 à 30,00
Wurtemberg	40,00 à 42,00
Altmark	75,00 à 100,00
Alsace	50,00 à 65,00

POMMES DE TERRE

Hollande (100 kil.)	8 » à 17 »
Roses-Early	8 » à 10 »
Magnum-Baoum	7 » à 7 50
Rondes	5 » à 5 20

LÉGUMES SECS. — (Les 100 kilogr.)

	Haricots	Pois	Vesce	Lentille
Paris	32 00 50.00	20 18.00	19 à 20	30 00 56
Bordeaux	34.00 35 00	35 45.00	18 19	49 00 60
Marseille	22.00 30.00	18 25	20 20	24.00 52

LINS. — Les 100 kilogr. — *Marché de Lille.*

	Communs	Ordin.	Super.
Alost	148 à 153	154 à 157	161 à 166
Bergues	150 à 158	161 à 168	173 à 182

VINS — BERCY

Rouges		Blancs	
B. Bourg. vieux	140 à 160	Bordeaux	125 à 160
Touraine	105 à 115	B. Bourg	150 à 190
Bord. vieux	130 à 166	Sancerre	130 à 135
Algérie	28 à 32	Chablis	200 à 350
Cher	110 à 135	Anjou	120 à 135
Chinon	125 à 180	Pouilly	350 à 30
Narbonne	32 à 40	Vouvray	155 à 195

Prix moyen aux 100 kilog. des CÉRÉALES dans les Départements.

Région	Ville	BLÉ	SEIGLE	ORGE	AVOINE
Rég. du Nord-Ouest	Caen	17 00	10 00	14 25	15 50
	Lannion	17 25	10 25	14 25	16 00
	Morlaix	17 25	10 00	12 50	13 00
	Rennes	17 25	10 25	13 50	13 75
	Avranches	16 50	10 25	13 00	14 00
	Laval	16 50	10 00	13 00	14 00
	Lorient	16 75	10 50	13 25	15 75
	Alençon	17 00	10 00	13 50	17 00
	Le Mans	16 50	10 00	13 50	17 00
Région du Nord	Soissons	17 50	10 25	»	15 00
	Evreux	17 75	10 25	12 75	14 75
	Chartres	17 25	10 25	13 50	14 00
	Lille	17 50	10 00	15 00	16 00
	Compiègne	17 00	10 00	13 50	15 00
	Beauvais	17 75	11 00	15 2	16 50
	Arras	18 00	11 50	14 50	15 50
	Paris	17 50	10 00	13 50	15 50
	Versailles	17 50	10 25	13 50	16 00
	Rouen	17 50	10 25	15 00	16 00
	Amiens	17 00	10 25	15 75	16 00
Rég. du N.-E.	Mézières	17 50	10 00	13 00	16 00
	Nogent-s-Seine	17 50	10 00	14 75	15 50
	Châlons-sur-Marne	17 50	10 25	15 25	15 25
	Langres	17 75	10 00	15 00	15 50
	Nancy	17 75	10 00	15 00	15 50
	Bar-le-Duc	17 50	10 50	15 00	15 25
	Neufchâteau	17 75	10 50	14 00	16 00
Région de l'Ouest	Ruffec	17 50	10 25	13 00	15 00
	Marans	17 25	10 25	13 50	14 50
	Niort	17 00	10 00	14 00	15 00
	Tours	17 00	10 00	14 00	15 00
	Nantes	17 00	10 00	13 00	14 50
	Angers	17 00	10 00	14 00	14 00
	Luçon	17 00	10 00	13 50	»
	Poitiers	17 00	10 00	13 00	15 00
	Limoges	17 00	10 00	»	15 00
Région du Centre	Moulins	17 50	9 75	13 75	15 00
	Bourges	17 50	10 00	13 00	14 50
	Aubusson	17 25	10 00	14 00	16 00
	Châteauroux	17 25	10 00	14 00	13 50
	Orléans	17 25	10 00	14 00	14 50
	Blois	18 25	10 00	14 25	16 00
	Nevers	17 75	10 00	14 00	16 00
	Clermont Ferr.	17 50	10 00	14 00	16 00
	Sens	17 50	10 00	13 50	15 25
Région de l'Est	Bourg	17 25	10 25	13 50	16 00
	Dijon	17 50	11 00	15 00	14 50
	Besançon	18 00	10 00	13 00	14 50
	Grenoble	17 50	10 00	13 25	15 00
	Dôle	17 50	10 50	13 00	14 00
	Saint-Etienne	17 75	10 25	13 00	15 75
	Lyon	18 50	11 00	15 00	16 00
	Mâcon	17 50	12 00	13 00	15 00
	Vesoul	17 75	10 50	»	15 50
	Chambéry	17 75	10 00	»	15 50
	Annecy	17 50	»	»	16 00
Rég. du Sud-Ouest	Pamiers	17 75	10 25	»	16 00
	Périgueux	17 50	11 00	14 00	15 00
	Toulouse	18 00	11 50	13 50	15 00
	Auch	17 75	»	»	16 00
	Bordeaux	17 75	12 00	13 00	16 00
	Dax	17 50	12 00	13 00	16 00
	Agen	17 75	12 00	13 00	16 00
	Bayonne	17 75	11 00	14 00	16 75
	Tarbes	17 75	10 50	»	16 00
Région du Sud	Carcassonne	17 75	»	14 00	15 50
	Rodez	17 50	12 00	13 75	15 00
	Mauriac	17 75	11 00	»	16 00
	Tulle	17 00	11 75	»	15 75
	Montpellier	17 50	11 00	»	15 50
	Figeac	17 75	11 00	»	15 50
	Mende	17 75	11 25	»	15 75
	Perpignan	17 75	11 00	14 00	15 00
	Albi	17 75	11 00	14 00	14 50
	Montauban	17 75	11 50	13 50	15 00
Région du Sud-Est	Gap	17 75	10 75	14 25	16 00
	Manosque	17 50	10 50	13 50	16 00
	Nice	17 50	10 50	13 50	16 00
	Privas	17 75	11 00	13 00	16 00
	Arles	19 50	11 00	13 00	16 00
	Montélimar	17 50	10 50	14 00	17 00
	Nîmes	17 00	»	14 00	16 50
	Le Puy	18 00	»	14 00	17 00
	Draguignan	18 00	12 00	»	»
	Avignon	18 25	12 00	13 50	16 50

Tourteaux. — Cours de la maison P. Marchand frères, à Dunkerque (Nord) :

TOURTEAUX A NOURRIR

	Dispon.	A livrer.
Coton de graines d'Egypte ...	9 50	9 50
Sésame blanc ...	12 »»	12 »»
Arachide décortiquée ...	15 25	»»
Colza à nourrir ...	10 »»	10 »»
Colza du pays ...	11 »»	11 »»
Œillette du Levant ...	10 »»	10 »»
Œillette blanche de Turquie ...	10 »»	10 »»
Lin 1re qual. de Bombay g. form.	14 »»	14 »»
Lin 1re qual. de Bombay p. form.	»» »»	»» »»

TOURTEAUX-ENGRAIS

Arachide décortiquée ...	14 »»	14 »»
Cameline ...	»» »»	»» »»
Colza des Indes en poudre ...	»» »»	»» »»
Colza ravison ...	7 25	7 25
Colza jaune Gutzerat ...	10 75	10 75
Kurrachée ...	»» »»	»» »»
Niger ...	»» »»	»» »»
Pavot ...	9 75	9 75
Sésame, blanc ...	10 50	»» »»
Sésame noir ...	»» »»	»» »»
Coton en farine ...	7 50	7 50

Nos prix s'entendent pour tourteaux en planches, rendus en gare de Dunkerque. Paiement à 30 jours ou à terme plus éloigné suivant convention expresse.

Le concassage se paie 0 fr. 25 et la mise en poudre 0 fr. 40 aux 100 kilos. Dans ce cas, les sacs sont facturés à 0 fr. 35 pièce, et repris au prix de facture, quand ils sont rendus en bon état et franco, dans les 30 jours de l'expédition.

FROMENTINE :

	100 kil.
Marque A.	13 »
Marque B.	13 «
Marque J.	13 »
Marque L.	15 »
Marque E.	16 »

CHANVRES

Les 50 kil.	1re qualité.	3e qualité
Le Mans	33,00 à 35,50	30,00 à 29,00
Saumur (b.)	40,00 à 42,00	37,00 à 38,00

BEURRES. — (le kilogr.).

BEURRES EN MOTTES			BEURRES EN LIVRE		
Isigny extra.	4,80	5 80	Bourgogne	2.20	2.10
— demi-fin	3.40	3.80	Gâtinais	2.10	2.70
M. d'Isigny	2.40	3.30	Vendôme	2.00	2.60
du Gâtinais	2.20	2.40	Beaugency	2.00	2.60
de Bretagne	1.80	2.00	Ferme	2.20	2.90
Laitiers Jura	1.70	2.70	Tours	2.20	2.60
de Charente	1.70	2.60	Le Mans	2.00	2.30
des Alpes	1.70	2.60	Touraine fausse	2.00	2.30

ŒUFS. — (le mille).

Normandie ext.	70 à 90		Bourgogne	56 à 62	
Picardie —	72 à 100		Champagne	58 à 64	
Brie —	60 à 68		Nivernais	50 à 58	
Touraine	50 à 73		Bourbonnais	50 à 58	
Beauce	60 à 66		Bretagne	46 à 50	
Orne	65 à 72		Vendée	48 à 52	
Picardie	58 à 65		Auvergne	46 à 50	
Châtellerault	50 à 58		Midi	45 à 56	

FROMAGES.

Brie hautes marq.	60	63	Roquefort	140	240
Brie gr. m. (10)	43	43	Gruyère (100 k.)	100	175
— m. m.	24	29	Coulommiers (100)	20	44
Petits Nanteuils	20	15	Gournay (100)	10	22
Brie laitiers	8	12	Livarot (le 100)	75	110
Gérardmer (100 k.)	70	75	Bourgogne (100)	60	65
Hollande	160	150	Camembert (100)	35	75
Bondons (100)	10	14	Munster (100)	90	100
Cantal	110	120	Port-Salut	140	160

VOLAILLES

Poulet Brest dit moelleux	3 00	5 00	Pigeo... Macon	1.50	2.00
Poulets Nant.	3 00	5.00	Ca... sNantais	4.00	1.35
Poulets Tour.	2.75	5.25	Dindes Tourr.	7.00	11.00
Poulets Houdan	6.00	8.00	Oies	7.00	8.50
Pigeons d'Italie	80	1.25	Lapins dom.	2.75	4.00
			Lapins garenne	1.50	2.00

Marché de la Villette du 20 avril 1896.

PRIX DE LA VIANDE NETTE

	1re qualité	2e qualité	3e qualité
Bœufs	1.52	1.42	1.32
Vaches	1.50	1.40	1.30
Taureaux	1.26	1.14	1.05
Veaux	2.06	1.74	1.44
Moutons	2.98	1.86	1.74
Porcs	1.14	1.06	0.98

ESPÈCES	AMENÉS	VENDUS	PRIX EXTRÊME viande net	PRIX EXTRÊME poids vif
Bœufs	2.258	1.906	1.32 à 1 52	62 à 95
Vaches	725	680	1.30 1.50	57 « 94
Taureaux	271	229	1.05 1.26	48 « 79
Veaux	1.069	980	1.44 2.06	70 1.38
Moutons	15.548	14.658	1.74 1.98	75 1.21
Porcs	2.995	2.957	« 98 1.14	68 « 82

Vente facile.

Marché de la Villette du 23 Avril 1896.

PRIX DE LA VIANDE NETTE AU KILOGR.

	1re qualité	2e qualité	3e qualité	Prix extrême
Bœufs	1.46	1.38	1.30	1.24 à 1.52
Vaches	1.44	1.36	1.26	1 20 1 50
Taureaux	1 26	1.18	1.10	1 04 1.32
Veaux	2.00	1.80	1.00	1.50 2 10
Moutons	1.96	1.81	1.66	1.10 2 60
Porcs	1.12	1.00	»	0.96 1.20

ESPÈCES	AMENÉS	RENVOI	OBSERVATIONS
Bœufs	1.526	»	Vente mauvaise sur toutes les espèces.
Vaches	383	138	
Taureaux	182	»	
Veaux	1.329	132	
Moutons	12 177	»	
Porcs	5.829	300	

Vente du bétail au marché de La Villette.

Adresser les animaux à MM. Henri Robin et Surugue, en gare Paris-Bestiaux. Les aviser par lettre auparavant, 190, rue d'Allemagne, Paris.

Les *Pilules de Vallet* ont été approuvées et recommandées par l'Académie de médecine de Paris pour la guérison de la *chlorose*, des *pâles couleurs*, de l'*anémie*, des *pertes de sang*, et *pertes blanches* et de tous les états d'épuisement ou de faiblesse générale.

Nota. — Les pilules de Vallet (*vraies*) sont blanches et sur chacune est écrit le nom Vallet. Toutes pharmacies : le flacon 3 fr. Fabron L, Frère, 19, rue Jacob, Paris, A. Champigny et Cie, successeurs.

L'Almanach de la France rurale pour 1896.

Notre Almanach paraît pour la 21e fois. Cette année il comporte diverses modifications qui seront certainement bien accueillies :

1° Le format est agrandi ;

2° Le papier est bien meilleur ;

3° Enfin il contient beaucoup plus de renseignements.

Nous appelons surtout l'attention des agriculteurs sur deux innovations qui distinguent cet Almanach de tous les autres :

1° La nomenclature de tous les jugements rendus en matière de droit rural pendant l'année ;

2° Un petit guide de médecine vétérinaire très pratique.

Comme les années précédentes, cet Almanach passe en revue toutes les branches de l'agriculture.

Prix : 0 fr. 60 franco.

Sommaire :

CHRONIQUE POLITIQUE

Cette fois, enfin, la France rurale a eu la rare satisfaction de trouver un écho fidèle de ses vœux et de ses intérêts dans les conseils généraux, dans la question de l'impôt sur le revenu.

Sur 84 conseils généraux, 57 ont repoussé absolument le dit impôt en principe à d'écrasantes majorités. Une douzaine d'autres ont adopté le principe et encore à de très faibles majorités, mais en repoussant comme modes d'application la taxation et la déclaration. Ce qui équivaut, en fait, au rejet du principe, car on chercherait vainement un autre procédé quelconque pour lever un tel impôt. Si on compte l'ensemble des votes, on constate que l'impôt est rejeté par les neuf dixièmes des conseils généraux; il n'a pour lui que les conseillers inféodés à la politique révolutionnaire et au cabinet Bourgeois, son organe dévoué.

Il est donc avéré que la majorité de raccroc qui a voté cet impôt est désavouée par toute la partie saine et honnête de la nation, par celle qui travaille, qui produit et qui paye l'impôt et qu'elle n'a eu pour alliés que la coterie de politiciens véreux qui, depuis quinze ans, s'engraisse à nos dépens, et par la coterie qui pousse le pays à la banqueroute financière, en s'appuyant sur une corruption électorale qui ronge jusqu'aux moelles les forces vives de notre malheureux et cher pays. — Voilà la morale à tirer de ces votes.

Il y a eu dans ces votes des incidents curieux et instructifs. Tel député qui avait voté avec Doumer au Palais-Bourbon, a voté contre au conseil général. Voilà un des types de polichinelles qui mènent notre cher pays et qui comptent exploiter jusqu'à la fin le troupeau de Panurge des électeurs ruraux.

Les conseils généraux viennent de donner une précieuse mais tardive leçon à cette majorité justement décriée du Palais-Bourbon et au cabinet qui la mène si scandaleusement en laisse depuis cinq mois.

Vous croyez peut-être, amis ruraux, que le cabinet Bourgeois et ses alliés communards et socialistes vont se tenir pour battus. Oh! que vous les connaîtriez mal. Tout au contraire, le pacte des francs-maçons, des socialistes, des communards, depuis Goblet jusqu'au collectiviste Guesde, est maintenu plus ferme que jamais. Il est convenu qu'on tiendra tête au Sénat comme aux conseils généraux, même, s'il le faut, à M. Faure lui-même, lequel d'ailleurs est comme les autres, l'humble sujet du Grand-Orient. Il s'agit de savoir si le peuple français sera en république, c'est-à-dire son maître, ou si, sous ce titre dérisoire, il sera le vil troupeau de la ligue qui s'est formée entre francs-maçons et socialistes pour nous exploiter à merci. Sans doute il en est des pactes de ce genre entre malfaiteurs publics, comme du pacte entre Bertrand et Raton. Les socialistes comptent sur le ministère Bourgeois pour tirer les marrons du feu à leur profit et la vérité est qu'ils ont des sujets d'espérer le succès, si un réveil tardif du bon sens et du patriotisme, ne provoque pas immédiatement un haut le cœur décisif du patriotisme dans tout le pays, spécialement dans le monde agricole.

Qu'on se le dise donc bien, l'acte de courage accompli par les conseils généraux ne sera qu'un stérile coup d'épée dans l'eau, s'il n'est pas le signal décisif d'un réveil général du bon sens et du courage patriotique, devant aboutir à remplacer les organes pourris et détraqués de la mécanique gouvernementale actuelle par des organes sains, honnêtes et appuyés dans leur tâche d'Hercule par le balai de la conscience nationale révoltée et résolue de les appuyer jusqu'au bout.

La réaction libératrice dans le sens juste et honnête du mot, à laquelle aspirent les bons Français, n'est donc qu'à sa première aube, à son premier mot. Si elle ne s'en tient qu'à ce mot, rien ne sera fait, nous succomberons sous le joug actuel qui nous ruine et nous déshonore. A tout prix, il faut aller de l'avant. Les audaces du parti Bourgeois ne se bornent pas à la seule question de l'impôt. Son programme est aussi dangereux en matière de morale, de politique, d'administration, de relations extérieures qu'en matière financière agricole. La lutte doit s'engager contre lui sur tous les intérêts et sur tous les principes. La léthargie morale des campagnes doit cesser à tout prix. Le signal donné par les conseils généraux sera stérile si elles se rendorment sur le mancenillier mortel de la tyrannie opportuno-radicale et maçonnique.

L'énergie du Sénat qui a refusé jusqu'à la retraite du ministère de voter les crédits pour Madagascar à la séance de mardi a décidé le ministère Bourgeois à donner sa démission ; toutefois elle ne sera définitive qu'après la séance de la Chambre de jeudi. M. Bourgeois espère qu'un vote du parti radical socialiste ou un mouvement populaire contre le Sénat lui forceront la main pour rester au pouvoir.

Pauvre France

Les intérêts agricoles aux conseils généraux.

Les conseils généraux ont été tellement absorbés par la question de l'impôt, qu'on n'a pas paru s'y occuper sérieusement des intérêts agricoles en souffrance et des réformes urgentes réclamées en vain depuis tant d'années, notamment de la loi sur les abus des admissions temporaires, dont le retard ne s'explique que par les influences hostiles à l'agriculture et au trésor.

Les ruraux sont-ils assez naïfs pour espérer que des ministres et des députés qui se moquent d'eux depuis quinze ans, se hâteront de leur obéir à l'heure actuelle, au milieu du gâchis effroyable qui met en question la constitution et le gouvernement du pays. Attendez sous l'orme, comme toujours, bons électeurs ruraux! il y aura encore de beaux jours pour les politiciens qui vous exploitent si bien dans les élections!

Encore le mensonge officiel.

Nous avons signalé le compte rendu mensonger de la délibération de la commission du budget par le *Bulletin des communes* et la lettre par laquelle M. Cochery, président de cette commission en réclamait la rectification, M. Sarrien, ministre de l'intérieur, dont le dit *Bulletin* est l'organe officiel, M. Sarrien, en digne collègue de M. Bourgeois, a refusé, même après avoir avoué l'inexactitude du compte rendu de son subordonné. Ainsi, d'après M. Sarrien, le mensonge doit avoir le dernier mot.

Les populations rurales auxquelles s'adresse spécialement ce Bulletin, peuvent juger par ce fait le cas qu'elles doivent faire de la rédaction et de la moralité du cabinet qui la commande. Jamais on ne s'est moqué du peuple rural avec autant d'effronterie. Cela promet pour les prochaines élections.

Élection sénatoriale en Seine-et-Marne.

Dimanche dernier, M. Bastide a été élu sénateur après deux tours de scrutin, en remplacement de M. Benoît, décédé.

Voulez-vous savoir le mot d'ordre du parti qui soutient le cabinet Bourgeois ?

Le voici clairement exposé par son principal organe, *La Petite République* :

« Ce que veut l'équité, ce que veut la logique sera bientôt. *L'argent, on le prendra là où il est par l'impôt, en attendant qu'on le saisisse toute entier par l'expropriation socialiste et révolutionnaire.* Et ce ne sont ni les protestations du Sénat, ni les déclarations des Chambres de commerce, ni les vœux des assemblées départementales qui prévaudront contre ce processus fatal. »

Est-ce assez clair ?

Menaces révolutionnaires.

Les journaux socialistes ne nous cachent pas que si le Sénat s'obstine à ne pas obéir à M. Bourgeois — c'est-à-dire à eux-mêmes — ils sauront bien l'y forcer en le faisant jeter, le Sénat, par les fenêtres, au moyen des émeutiers des faubourgs. Ils menacent même M. Bourgeois de le débarquer lui même au cas ou ils essayerait de transiger avec les *modérés du Centre*.

En deux mots, la Commune de 1871, qui incendia Paris sous les yeux des ennemis de la France, s'est reconstituée avec l'appui du cabinet Bourgeois et elle se déclare prête à le supprimer s'il ne continue de lui obéir.

Est-ce que la France rurale, elle aussi, sera d'humeur à subir le joug ?

C'est pourtant la vraie question du jour, pour elle comme pour tout le pays.

On tremble en songeant que si peu de gens en ont conscience.

L'armée communarde est prête, cela est certain et si elle envahit le Sénat, la police du cabinet Bourgeois aura soin de n'arriver qu'après le coup. C'est une tradition invariable chez nous

Propagande officielle d'impiété.

Par décret, M. de Fraix, maire de Raucoules (Haute-Loire), est révoqué de ses fonctions.

M. de Fraix avait refusé de placer dans la bibliothèque de l'école communale une série de livres donnés à la commune par le ministère de l'instruction publique, estimant que ces livres, infestés de libre pensée, étaient de nature à froisser la conscience de ses administrés. Mis en demeure de s'exécuter, il déclara qu'il aimait mieux les brûler en place publique.

Nos félicitations à M. de Fraix.

On ne saurait trop encourager les exemples d'un si noble et si rare courage.

Les militaires greffeurs.

Une décision du ministre de la guerre autorise les commandants des corps d'armée à accorder aux soldats pourvus du diplôme de *greffeurs* de vignes, un congé devant durer pendant la saison des greffages des vignes.

Les demandes des propriétaires des vignes sont soumises aux mêmes formalités que les demandes de soldats moissonneurs.

CHRONIQUE GÉNÉRALE

Electorat et éligibilité à la Chambre consultative d'agriculture.

Il est possible que d'ici peu de temps, la Chambre mette à son ordre du jour la discussion des conditions d'électorat et d'éligibilité de la Chambre consultative d'agriculture. C'est en prévision de ces débats qu'il nous semble opportun d'appeler l'attention du monde agricole sur le rang qui pourrait être assigné comme électeurs et éligibles aux propriétaires de terres exploitées par baux à cheptel.

La Commission admet que les métayers aient ces deux qualités et c'est de toute justice, mais ne semblera-t-il pas qu'on ne peut donner à ceux-ci un rang qui ne soit également dû à leurs propriétaires, à moins de méconnaître complétement l'esprit du contrat qui lie les deux parties. Le propriétaire dans le cas de métayage n'est pas un simple commanditaire qui, ayant engagé ses capitaux dans une exploitation, s'en remet à toute une hiérarchie d'employés, du soin de les faire fructifier, et reçoit d'un caissier les dividendes qu'ils ont produits. Son rôle est tout autre; car partageant avec le métayer la direction des travaux il a constamment à intervenir, et c'est du commun accord solidement établi entre les deux associés que résulte la direction donnée à la culture et à l'élevage.

Au moment où l'on se préoccupe de créer des caisses de crédit agricole, dont la formule est bien difficile à établir et n'est pas encore trouvée, ne pourrait-on pas s'apercevoir que ce problème est résolu tous les jours de la manière la plus simple dans les régions où le métayage est usité. Tandis que le cultivateur ou le fermier gênés sont obligés d'emprunter à un taux élevé, si une circonstance se présente où ils aient besoin d'avances, le métayer trouve chez son propriétaire-associé l'appui en argent dont il peut avoir besoin.

De tous les projets de crédit agricole qui ont été présentés, celui qui parait le plus sage, dans son principe, sauf à en résoudre les difficultés d'application, consiste à faire aux agriculteurs des avances en nature, bestiaux, engrais, instruments, etc., les autres projets devant plutôt aboutir à donner au fermier les moyens de manger son blé en herbe. Or, cette facilité d'avances en nature, le métayer la trouve chez son propriétaire; c'est celui-ci qui commande les engrais et fait le plus souvent tous les paiements qu'il est avantageux d'effectuer au comptant, sauf à régler à la fin de l'année avec son colon.

C'est surtout la fourniture des engrais chimiques que vise avec raison le projet de crédit agricole de M. le sénateur Calvet qui estime à 20 0/0 de chaque récolte la valeur en engrais devant être avancée par la culture.

La cultivateur s'adresse en cette occasion à des marchands au détail ou à des dépositaires de sa localité qui lui fournissent pour 20 ou 25 francs payables après la récolte, le sac d'engrais que le propriétaire fait venir pour son métayer à 12 ou 15 francs en le prenant au syndicat agricole ou dans quelque grande maison d'engrais par quantités plus importantes. C'est donc pour le petit cultivateur ou le fermier besogneux, une dépense non plus de 20 0/0, mais de 50 et 60 0/0 de la valeur de sa récolte qu'il lui faut consentir, alors que pour le métayer l'avance est nulle. Il remboursera au propriétaire sa part d'engrais après la récolte, il n'a rien déboursé d'avance et ne paiera que la valeur réelle de ses fournitures.

Le voilà le crédit agricole, le seul pratique et le plus philanthropique de tous, car aux relations toujours assez pénibles du débiteur et de l'emprunteur, il substitue un appui moral continu, il crée peu à peu entre le métayer et le propriétaire une véritable et affectueuse intimité.

Si l'on veut fonder des maisons de crédit pour donner à ceux qui ne sont pas métayers, cette aide qui leur manque, l'idée en soi est bonne et généreuse; mais elle devra pour devenir pratique se rapprocher autant que possible du type de cette association si féconde : le métayage.

C'est l'idée qui a paru inspirer les fondateurs de caisses rurales du genre Raffeissen-Durand; c'est aussi ce qu'a bien vu M. Calvet, dans son projet de crédit agricole où il limite à des avances en nature les prêts à faire aux agriculteurs. On arriverait ainsi à créer des caisses jouant auprès de ceux-ci le rôle des propriétaires de cheptels près de leurs métayers. La difficulté c'est que l'association de ces deux personnes repose non seulement sur une communauté d'intérêts mais encore sur un lien moral et que l'un et l'autre feront défaut à la banque agricole et à ses obligés. Aussi voudra-t-elle exiger d'eux des garanties qui sont tout acquises au propriétaire par la nature de son contrat. On sent combien ces garanties seront difficiles à établir sans les rendre onéreuses pour l'emprunteur et, l'assurance agricole n'y suffira pas. De plus, la banque ne saurait partager la mauvaise fortune des récoltes manquées comme font les propriétaires à moitié fruits.

Quoiqu'il en soit il ne faut pas décourager par avance les essais qui pourront être faits, mais il faut au moins reconnaître ce qui existe déjà en ne mettant pas hors de la représentation agricole toute une catégorie de propriétaires dont le rôle, comme on le voit, est si humanitaire et l'action si utile et efficace. Au contraire, on pensera sans doute qu'il serait juste d'encourager cette heureuse association du capital et du travail en reconnaissant au propriétaire de cheptels louant à moitié fruits, comme à son métayer, les mêmes droits à l'électorat et à l'éligibilité.

Enfin, il est une autre catégorie de personnes qui figurerait à juste titre dans les chambres consultatives d'agriculture, c'est celle des présidents des syndicats agricoles et des syndicats des marais et terres irrigables. Mais surtout que l'Etat ne nous impose pas d'office des fonctionnaires qui seraient seulement les représentants de cette envahissante tyrannie qu'on appelle le socialisme d'Etat. Ils n'ont aucune attache morale avec les régions où on les envoie successivement et un jour ou l'autre, on en viendrait à nous taxer pour leur attribuer des indemnités.

A.-L. des Ormeaux.

Les exportations d'Australie.

La progression des cultures et de l'élevage en Australie est véritablement prodigieuse à en juger par les progrès continus de ses exportations sur les marchés anglais et européens, d'après la note suivante adressée à l'*Echo agricole* :

« Nous avons appelé à différentes reprises l'attention des agriculteurs sur le développement de la production agricole en Australie. Toutefois il ne faut pas y comprendre le blé dont la culture ne semble pas s'étendre et dont le rendement est du reste, cette année, si déficitaire que l'Australie a dû acheter des blés de Californie pour sa consommation après que les années précédentes elle avait eu un surplus à exporter.

« Les colons australiens, sans abandonner ce qui a le plus contribué à leur richesse, l'élevage du mouton, ont compris qu'avec le perfectionnement des moyens frigorifiques de transport, ils pouvaient exporter maintenant des beurres et des fromages. Il y a là pour notre agriculture un danger, faible encore, mais qui peut devenir sérieux pour nos propres exportations.

« Pour ne parler que du beurre, nous avons expédié, l'an dernier, à l'étranger, 2.722.600 kilos de beurre frais ou fondu, d'une valeur de 7.351.020 francs et 27.433.100 kilos de beurre salé, dont 22.062.800 à destination de l'Angleterre, d'une valeur totale de 52.945.883 francs. On voit par ces chiffres de quelle importance sont nos expéditions de beurre sur l'Angleterre. Or l'Australie cherche précisément à exporter ses produits sur les marchés anglais, et à un moment donné il est à craindre que nous nous trouvions là en présence d'une forte concurrence.

« Déjà, en 1895, la seule colonie de Victoria a exporté 152.500 kil. de beurres, 455.800 kil. de fromages, 459.154 pièces de volailles et gibiers divers, 2.058 caisses de fruits frais, 23.396 douzaines d'œufs. L'augmentation en faveur de cet exercice est constatée sur tous les produits. Les beurres, fromages, viandes gelées, volailles, œufs, lapins, miels et fruits frais destinés à l'exportation sont soumis à l'inspection des agents du ministère de l'agriculture et reçus à Melbourne dans des magasins spéciaux munis d'appareils frigorifiques.

« Le gouvernement de Victoria n'accorde plus de primes à l'exportation, sauf pour les fromages et les fruits frais ; toutefois, il se charge de l'emmagasinage et de la manutention de tous les produits qui lui sont consignés pour l'exportation. Il fournit même les bourriches pour la volaille et le gibier et règle aussi les conditions de transport, qui ont une importance majeure. De récentes mesures, dues à l'initiative, sont appelées à activer le commerce d'exportation. En vertu de marchés conclus avec de nouvelles compagnies adjudicataires, le gouvernement a réduit le tarif du fret pour les marchandises expédiées de Melbourne à Londres.

« La viande de mouton gelée se transporte aussi bien sous voile que sous vapeur. Même après des traversées contrariées, les chargements n'ont pas subi d'avaries notables. Enfin, l'exportation d'animaux vivants, bœufs, moutons ou chevaux, a fait, en 1895, l'objet de plusieurs essais qui, pour la plupart, n'ont pas pleinement réussi. Pour réduire la mortalité, on s'est attaché à modifier l'aménagement des ponts et entreponts à multiplier les relâches pour le renouvellement du fourrage ; mais, malgré toutes ces précautions, la traversée s'est effectuée, en somme, dans des conditions onéreuses.

« On peut donc constater que, si les essais des Australiens n'ont pas tous réussi jusqu'à présent, ils cherchent à se créer des débouchés sur les marchés d'Europe et que la concurrence de cette colonie viendra s'ajouter à celle déjà si vive des autres pays. »

Ajoutons qu'en Nouvelle-Zélande à deux pas de l'Australie, nombre de colons anglais s'établissent comme agriculteurs. Il y a là dans un avenir rapproché un grand danger pour notre agriculture nationale ; comment lutter contre la concurrence de ce pays où actuellement la livre de viande de mouton gras vaut à peine deux sous et où l'on achète d'excellents chevaux à 50 francs?

Contre le bimétallisme.

Le Mans, 30 mars 1896.

Monsieur le Rédacteur en chef,

Permettez-moi de protester contre quelques lignes que vous avez insérées dans un des derniers numéros de la *Gazette* au sujet de la réforme bimétallique. Cette réforme, dit-on, *n'a d'adversaires que parmi les représentants de l'agiotage, des grands coups de Bourse, de la haute piraterie financière des deux mondes.* Je ne suis certainement pas un représentant de l'agiotage ni de la haute piraterie financière que je combats de toutes mes forces quand j'en rencontre l'occasion ; tous mes intérêts sont dans l'agriculture et depuis quarante ans j'étudie avec soin les questions agricoles ; malgré cela, ou pour mieux dire, à cause de cela, je suis convaincu que ce que l'on réclame sous le nom de réforme bimétallique, ne peut procurer aucun avantage à l'agriculture et peut en revanche lui causer beaucoup de tort. Je n'éprouve nullement le désir de me poser en contradicteur d'une majorité considérable, mais quand je vois mes amis s'engager dans une voie dangereuse, je ne puis m'empêcher de les en avertir.

Ce n'est pas en quelques lignes que l'on peut traiter à fond la question si complexe de la monnaie ; je me bornerai à dire quelques mots des points les plus importants.

Les bimétallistes affirment que le régime monétaire actuel ruine l'agriculture française ; il ne suffit pas de le dire, il faudrait le prouver. Il est bien vrai que la différence des changes avec divers pays est une gêne pour l'importation de nos produits dans ces pays et une prime pour l'importation des produits de ces pays chez nous, mais cette différence du change ne dépend pas seulement du système monétaire, elle est d'ailleurs très ancienne et son influence sur notre agriculture est très restreinte. Certains pays à monnaie d'or comme l'Australie nous font une concurrence beaucoup plus efficace que d'autres pays à monnaie d'argent comme l'Inde.

Suivant les bimétallistes, la dépréciation de l'argent provient de ce que l'on a cessé de frapper de la monnaie d'argent. C'est une erreur. La baisse du prix de l'argent était déjà commencée lorsque l'Allemagne a adopté le monométallisme or et quelques années plus tard l'Union latine a été contrainte par suite de la baisse croissante du prix de l'argent, à limiter d'abord et à cesser ensuite la frappe de ce métal. Or, il ne faut pas oublier que la plus grande partie de l'Asie et une grande partie de l'Amérique emploient exclusivement la monnaie d'argent et que la plupart des autres pays s'en servent concurremment avec la monnaie d'or. Le débouché pour l'argent n'a donc pas beaucoup diminué ; mais en revanche la production a beaucoup augmenté.

Les bimétallistes demandent qu'une entente internationale établisse et assure un rapport fixe entre l'or et l'argent : c'est tout simplement demander l'impossible. Outre qu'une entente internationale de ce genre n'est pas facile à réaliser, tous les traités, les conventions et toutes les lois imaginables ne peuvent pas rendre fixe ce qui est variable par la nature des choses; on ne peut pas empêcher l'or et l'argent d'être produits en quantités très variables selon l'abondance des mines, les difficultés d'extraction et le perfectionnement des traitements métallurgiques; en outre, la demande de ces deux métaux ne peut pas se produire dans des proportions constamment égales à celles de leur production.

Sur quelles bases se propose-t-on d'établir l'entente internationale? Personne n'en dit rien. Conserverait-on l'ancien rapport de 1 à 15 1/2 décrété par la loi de 1803? Personne ne consentirait à accepter au pair une monnaie d'argent dépréciée de plus de moitié; c'est bon pour 15 ou 20 francs, mais non pas pour des dizaines ou des centaines de mille francs. Fixerait-on un rapport basé sur la valeur relative actuelle de l'or et de l'argent? Dans ce cas il nous faudrait refondre toutes nos pièces de 5 francs avec une perte de plusieurs centaines de millions.

Certains bimétallistes réclament la frappe libre de la monnaie, c'est-à-dire le droit pour chacun de porter du métal à l'hôtel des monnaies et de l'y faire convertir en monnaie. Ce serait un beau jour pour les gros financiers qui s'empresseraient de faire fabriquer des pièces de cent sous qui ne leur coûteraient que 2 fr. 40 ou 2 fr. 50; je ne vois pas quel profit l'agriculture en pourrait retirer.

Nous avons en France une quantité de monnaie parfaitement suffisante pour les besoins de la circulation et la preuve c'est que tous les paiements gros et petits s'effectuent sans difficulté. Pourquoi augmenter la monnaie? En achetant de l'argent pour le monnayer on tendrait à relever le prix du métal, mais pour produire une hausse sérieuse il faudrait faire des achats considérables et les renouveler tous les ans. Avec quoi paierait-on ce métal? Avec de la monnaie? Ce serait échanger de la monnaie contre d'autre et le résultat ne serait pas atteint. Il faudrait payer avec des produits. Le métal étant converti en monnaie, on mettrait cette monnaie en circulation, ce qui aurait pour effet de déprécier toute la monnaie en raison de son abondance plus grande. On vendrait le blé plus cher, mais on paierait plus cher tous les frais de production: où serait le profit pour l'agriculture?

Pour relever le prix de l'argent sans déprécier la monnaie, il faudrait acheter de l'argent en quantité considérable, non pour le convertir en monnaie, mais pour l'enfermer dans le Trésor public. C'est une opération qui ne peut être efficace qu'à la condition de devenir ruineuse: l'exemple des États-Unis l'a suffisamment démontré.

Que résultera-t-il de cette agitation bimétalliste? Rien du tout très probablement parce que l'entente internationale ne pourra s'établir; et c'est ce qu'il peut arriver de plus heureux pour l'agriculture.

Veuillez agréer, Monsieur le rédacteur en chef, l'assurance de ma considération très distinguée,

A. DE VILLIERS DE L'ISLE-ADAM.

Notre honoré collaborateur et ami paraît ignorer que les arguments qu'il vient d'opposer au bimétallisme ont été victorieusement réfutés dans le *Bulletin de la Ligue internationale bimétallique*. Nous l'engageons à consulter ce *Bulletin*, mais nous lui accordons volontiers que notre parole a dépassé notre pensée dans la phrase où nous accusions nos adversaires de complicité avec la haute piraterie financière. Nous reconnaissons très volontiers qu'en dehors d'eux le monométallisme a des partisans honnêtes et désintéressés tels que notre honoré collaborateur. C'est très involontairement qu'ils travaillent à tirer les marrons du feu au profit de l'ennemi de l'agriculture. Au reste, la lutte continue sur toute la ligne en France et à l'étranger.

En tout cas il est un fait certain, c'est qu'il ne faut pas que l'agriculture, dans l'espoir des avantages — contestables au dire de notre éminent collaborateur, M. de Villiers de l'Isle Adam — que peut lui offrir le bimétallisme, abandonne ses revendications pour l'augmentation des droits de douane sur les produits étrangers, car l'expérience montre que ces droits de douane produisent un effet certain sur le relèvement des cours puisque le blé vaut en France 4 fr. de plus environ le quintal qu'en Belgique où il n'y a pas de droits de douane.

La fécule
dans les pommes de terre.

Plusieurs cultivateurs du Nord ont communiqué à la Société des agriculteurs de ce département les résultats des expériences qu'ils ont faites sur les moyens d'obtenir la plus forte proportion de fécule dans les pommes de terre.

Les expériences ont abouti à conclure que le principal facteur de la fécule dans la pomme de terre, n'est ni telle ou telle variété, ni telle ou telle nature du sol, mais la prédominance de l'engrais phosphaté et potassique sur l'engrais azoté.

Assurément, l'engrais azoté est nécessaire pour la végétation de la plante, mais son excès est nuisible à la formation de la fécule s'il n'est compensé par un dosage suffisant d'acide phosphorique et de potasse.

Loin d'être surpris de ce résultat, nous serions, au contraire, surpris si les expériences dont il s'agit avaient abouti à un résultat différent.

Avis à la culture pour féculerie.

Le marché de la Villette.

De nombreux éleveurs nous demandent de mener une vigoureuse campagne contre l'organisation actuelle du marché aux bestiaux de la Villette. Nous sommes tout disposés à leur donner satisfaction, à une condition, c'est qu'ils nous fassent part de leurs griefs et que, par conséquent, ils nous arment de toutes pièces. Il y a longtemps que nous connaissons les abus auxquels donne lieu l'organisation actuelle, nous comptions sur les Syndicats agricoles et notamment sur l'*Union des Syndicats des agriculteurs de France* pour les flétrir et surtout pour obtenir des pouvoirs publics des réformes reconnues nécessaires. En présence de cette abstention, notre devoir est tout tracé et nous le remplirons. Nous ne nous contenterons pas de signaler tous les vices du marché de la Villette, nous indiquerons les moyens à employer pour en supprimer les causes, pour en atténuer les effets.

Nous comptons sur le concours des intéressés pour nous acquitter de cette mission.

L'école nationale d'agriculture de Montpellier.

A la suite des examens de sortie de cette école, le diplôme de capacité a été accordé à 54 élèves sortants.

L'école d'agriculture de Montpellier a le mérite d'enseigner les branches de l'économie rurale propre à la région méridionale de la France : viticulture à grands rendements, sériciculture, culture de l'olivier, cultures de primeurs, etc., dont l'enseignement ne peut être donné pratiquement dans les autres régions du territoire.

Ecole d'élevage de basse-cour, à Gambais.

Le deuxième cours trimestriel de l'année s'ouvrira le 12 mai prochain. On peut s'adresser pour en connaître le programme au directeur M. Roullier-Arnouls, à Gambais (Seine-et-Oise).

Concours de la race ovine berrichonne.

Ce concours aura lieu à Bourges, les 2, 3, 4 mai. Il comprendra les métis Dishley berrichon. Une vente de reproducteurs suivra cet important concours qui intéressera vivement les éleveurs du Berry. L'élevage du mouton, on le sait, est plus que jamais la branche dominante de l'élevage dans le Cher et dans les trois départements voisins.

Société d'agriculture de l'Indre.

Cette Société tiendra au Blanc, le 25 mai, un concours de culture et d'élevage qui est un des plus importants de région du Centre, spécialement pour élevage des chevaux et des espèces de bétail. Les exposants devront justifier de la possession des animaux présentés depuis au moins six mois. Écrire au secrétaire de la Société à Châtellerault avant le 15 mai.

Concours pour un emploi de professeur d'agriculture.

Un concours aura lieu à Saint-Brieuc le lundi 6 juillet pour l'emploi de professeur départemental dans les Côtes-du-Nord. Les candidats devront être âgés de 25 ans au moins. Il doivent adresser leur demande, avec les pièces justificatives d'usage, au ministre de l'agriculture, sur papier timbré, par *l'intermédiaire de leur préfet.* Pourquoi l'apostille du préfet? dira-t-on. — Vous êtes trop curieux. Est-ce qu'on peut quoi que ce soit aujourd'hui en France sans l'autorisation de nos maîtres.

L'apiculture à Paris.

M. Sevalle, professeur bien connu d'apiculture, a ouvert son cours annuel public au rucher du Luxembourg, le 18 avril, à 9 heures du matin, pour le continuer les mardis et samedis suivants, avec la collaboration très appréciée, de M. Saint-Pée.

Des concours de reproducteurs des espèces bovine, ovine et porcine se tiendront dans le cours du mois de mai, par les soins de la Société d'agriculture de l'Aude dans les arrondissements de Limoux et de Castelnaudary. Les lauréats s'engageront à utiliser leurs sujets primés pendant six mois.

CHRONIQUE AGRICOLE

Situation. — La Saison.

La température de cette semaine comme la précédente, a été marquée par des journées à température variable avec de rares ondées entre des heures de soleil assez prolongées; mais les vents du Nord — au moins dans notre région des environs de Paris, — ont sur les sols emblavés une influence desséchante qui, si elle se prolonge nécessitera un hersage ou un binage de ces emblavures. Jusqu'à ce jour néanmoins, la situation générale des plantes en terre n'est point inquiétante. Les travaux de la saison se poursuivent partout avec toute l'activité que comportent les attelages et les outillages des cultivateurs.

Dans le Nord, les semis de betteraves sucrières sont très avancés. Dans les régions viticoles on s'adonne activement aux opérations ayant pour but de préserver les vignes des parasites les plus redoutables, black-rot, mildiou, pourridié, anthracnose, etc. Nous n'avons pas à revenir sur les procédés les plus re-

commandés sur ces divers sujets Ce que nous avons dit précédemment les résume dans toute leur exactitude.

La lune rousse. — Nous n'apprenons à personne que cette semaine est marquée par l'avènement de la lune dite *rousse.* Sans épouser les opinions empiriques en vogue depuis des siècles sur cette terrible lune, nous devons noter qu'elle débute par des journées de hâle froid et desséchant qui n'est rien moins que favorable aux vignes et aux arbres fruitiers. Nous rappelons plus loin les moyens propres à protéger les uns et les autres.

L'ortie dans les aliments du bétail.

Une vérité incontestable, mais peu connue et surtout très rarement mise à profit, c'est que l'ortie ordinaire, généralement dédaignée, à raison des piqûres cuisantes qui en rendent la cueillette redoutable, est une plante alimentaire très appréciable, non comme aliment principal, mais comme auxiliaire des plantes fourragères, à raison des propriétés excitantes de sa sève.

Un fermier belge dit à ce sujet dans le *Journal des fermes et des châteaux* :

« Si vous avez beaucoup d'orties dans vos haies, dans vos fossés, dans des terrains incultes, faites-les couper pour vos bestiaux. C'est une nourriture d'autant plus précieuse qu'on la voit apparaître la première. Elle augmente la masse et la qualité du lait chez les vaches et chez les chèvres qui s'en nourrissent, et on doit à ce lait une crème plus abondante et une saveur plus sucrée.

« Il suffit, au printemps, de couper les jeunes pousses de l'ortie et de les laisser un peu se faner à l'air. Pourvu qu'on les mêle ensuite dans la proportion d'un quart environ, au foin et à la paille, on n'a rien à craindre de ses aiguillons pour la bouche des animaux qui la mangent avec avidité. Les fermiers intelligents recherchent beaucoup le fumier qui résulte de ce mélange, parce qu'il favorise singulièrement la culture. »

Bien que nous ayons bien des fois donné un conseil semblable, il nous a paru utile de le renouveler d'accord avec les fermiers belges qui sont généralement de très habiles éleveurs, conseil d'autant plus opportun que la presque totalité des orties qu'on trouve dans nos campagnes sont abandonnées et sans emploi.

Cependant, chez mon père, dans la Sarthe, on employait des orties mêlées dans l'eau bouillante au nettoyage de la vaisselle de laiterie, beurrerie, fromagerie, etc... On obtenait ainsi un nettoyage parfait, il ne restait pas la moindre trace d'odeur d'acide butyrique ou lactique. Ce résultat était dû certainement à la potasse qui abonde dans l'ortie. En tout

cas, les orties ainsi employées avaient été cuillies avec les précautions nécessaires pour éviter la piqûre de leurs aiguillons.

La peur de ces piqûres est donc un motif peu sérieux de laisser perdre des plantes aussi utiles que l'ortie, que la nature se charge d'offrir gratuitement à tous, sans un sou de dépense de culture.

Nous allons plus loin, la culture de l'ortie dans un coin de terre fraîche et humide, fournirait, dans bien des cas, un excellent appoint aux plantes affectées à l'alimentation du bétail.

L. H.

Fertilisation du sol par les légumineuses.

Une vérité bien établie aujourd'hui en agriculture c'est que les plantes légumineuses, les trèfles surtout, ont la précieuse propriété d'enrichir le sol en matière azotée. Il s'ensuit que si le sol portant une légumineuse a reçu ou possède les autres agents de fertilité il est en bon état de production.

Quelques agronomes ont été induits à penser que les racines azotées des légumineuses sont elle-mêmes des agents actifs de fertilité en ce qu'elles activent la végétation des racines de la plante qui leur succède.

Un cultivateur alsacien, M. Schultz, a fait à ce sujet l'expérience suivante :

« Un champ est divisé en deux parcelles : sur l'une, il sème, en culture intercalaire, une légumineuse; sur l'autre, il ajoute la quantité d'engrais azoté que la légumineuse est présumée apporter. Au printemps, il plante des pommes de terre sur tout le champ et il constate que les racines des pommes de terre plantées sur la parcelle qui a porté la légumineuse sont plus développées, s'enfoncent plus profondément et, comme toutes choses égales, d'ailleurs, la quantité de matière produite par une plante est proportionnelle au développement radiculaire, le rendement de cette parcelle est beaucoup plus élevé.

« M. Grandeau annonce qu'il a organisé au champ d'expérience du Parc des Princes une expérience semblable, dont les résultats pourront être constatés cette année.

« Ainsi, un sol pauvre, sableux, peut être rendu fertile par les cultures intercalaires de légumineuses.

« Mais, dit M. Grandeau, pour que les légumineuses réussissent, il est indispensable que le sol renferme les engrais minéraux, acide phosphorique, potasse, chaux. Il sera même nécessaire quelquefois d'ensemencer le sol de bactéries.

« Il suffirait pour cela de répandre à la volée, par hectare, de 500 à 2,000 kilg. d'une terre sur laquelle a déjà végété une légumineuse et, si possible, la même légumineuse que celle que l'on veut semer. »

Ainsi, d'après M. Grandeau, on peut fertiliser un sol en y répandant de la terre provenant d'une tréflerie ou d'une luzernière.

En outre, l'expérience de M. Schultz démontre l'effet des racines de trèfle sur les racines de la plante qui lui succède.

C'est là une conclusion intéressante à tirer de sa communication.

Le silphe de la betterave.

On lit dans la feuille d'informations du ministère :

« Le silphe de la betterave (*Silpha opaca*) qui avait causé, en 1888, de si grands dégâts dans les départements du Nord et du Pas-de-Calais, a renouvelé, l'an dernier, ses ravages. Les cultivateurs betteraviers s'inquiètent de la probabilité d'une nouvelle invasion de cet insecte au début de la campagne.

« M. Grosjean, inspecteur général de l'enseignement agricole, rappelle à ce sujet les mesures qu'il avait indiquées dans un rapport publié par le *Journal officiel* le 13 juin 1888. Rapprochant la nature des ravages du silphe de celle du doryphora de la pomme de terre, M. Grosjean conseillait d'employer contre le silphe les traitements arsénicaux qui avaient réussi en Amérique contre le doryphora. Ces insecticides sont le vert de Paris ou vert de Scheele (arsénite de cuivre) et le pourpre de Londres (London purple) qui est un arsénite de chaux. Les résultats obtenus par l'emploi de ces insecticides aux États-Unis et en Angleterre font ressortir les avantages qu'en pourraient tirer les agriculteurs dans la lutte contre les insectes polyphages. Mais pour que ces traitements produisent leur plein effet il faut qu'ils soient appliqués dès l'apparition des premières larves et effectués d'une manière méthodique dans les conditions indiquées par M. Grosjean dans son rapport. »

L'*Officiel* du 13 juin 1888 étant assez rare en France, il ne serait pas inutile de rappeler le procédé décrit par M. Grosjean. Les cultivateurs du Nord qui l'ont employé avec succès nous obligeraient et obligeraient leurs confrères en nous en adressant une description exacte, que ceux-ci pourraient appliquer avec confiance.

À première vue, nous pensons que l'arsénite de cuivre devrait être préparé comme le sulfate de cuivre et appliqué aux feuilles de betterave de la même façon que ce dernier aux vignes et aux pommes de terre.

Sous réserve toutefois d'informations plus précises.

Les gelées blanches
et les arbres et arbustes

Nous avons déjà remarqué depuis quelques années que les nuages artificiels à la fin des nuits pouvaient protéger contre les gelées blanches, non seulement les vignes, mais aussi les arbres fruitiers en fleurs. Il suffit d'allumer un réchaud rempli de matières azotées pour l'enfumage des vignes de façon que le nuage couvre dans toute son étendue l'atmosphère qui environne les branches de l'arbre.

Le même procédé peut aussi être appliqué dans le même cas, aux jeunes arbres. Nous lisons dans un article anglais publié sur ce sujet les lignes suivantes :

« Si l'air est calme, le nuage agit à la façon des nuages naturels, en formant un écran qui diminue notablement le rayonnement, cause des gelées.

« Un autre procédé, moins connu, mais qui donne aussi des résultats, est celui qui consiste à arroser fortement les plantations menacées de gelée.

« L'eau conserve beaucoup plus sa chaleur que la terre, d'où le rôle de régulateur de température que jouent les nappes d'eau — arroser la terre et les plantes, c'est les réchauffer, c'est aussi les mettre en état de produire de la vapeur d'eau, et la vapeur, elle aussi, forme un écran contre le rayonnement.

« Mais si la vapeur d'eau disparaissait de l'atmosphère, chaque nuit serait glaciale, et la végétation ne durerait guère.

« Il est donc indiqué, quand au printemps il y a des menaces de gelée, de procéder à un arrosage complet des plantes et plantations qu'on veut protéger. Le conseil a été mis en pratique par différents cultivateurs, des deux côtés de l'Atlantique, et un nombre considérable de cas très probants établissent de façon certaine que les plantes arrosées échappent à l'action destructive de la gelée, et que les plantes voisines, non arrosées et de même âge, y succombent.

« *Moyen de préserver les rosiers des gelées.* — Il faut, avant tout, distinguer entre les rosiers nains ou francs de pied et les rosiers hautes tiges ou demi-tiges.

« Pour les rosiers nains ou francs de pied, il suffit de les couvrir de paille, de feuilles sèches ou de les butter avec de la terre apportée au pied. Mais, dans ce cas, il faut éviter de prendre cette terre au pied du rosier, car on pourrait découvrir les racines, qui seraient exposées à la gelée.

« Le remède serait alors aussi dangereux que le mal.

« Pour les rosiers à haute tige, un des moyens les plus employés consiste à recourber la tige et à enterrer la tête dans le sol comme les rosiers nains.

« M. Manson se sert avec succès d'un autre procédé. Il prend du petit foin et le lie avec une ficelle sur la tige à la base de la greffe. Il rassemble ensuite les rameaux qu'il rabat un peu s'ils sont trop longs, et les entoure de petit foin qu'il lie fortement au sommet en même temps que l'extrémité des branches, de façon à donner à la tête du rosier enveloppé une forme conique.

« Un homme peut entourer de cette façon une centaine de rosiers dans sa journée avec deux ou trois bottes d'herbes sèches au plus.

« Il est utile de mettre des tuteurs aux rosiers ainsi entourés, car le vent a plus de prise sur eux.

« Le *Jardin* recommande un procédé qui consiste à enfoncer la tête du rosier dans un de ces capuchons de paille servant au transport des bouteilles, et dont on lie fortement la base contre la tige du rosier. »

Les engrais pour la vigne.

Nous avons toujours professé cette idée en matière d'engrais pour la vigne, que la formule des engrais essentiels enseignée par M. Ville et par les autres professeurs officiels était incomplète, en se bornant aux quatre éléments, chaux, azote, potasse et acide phosphorique. Nous avons toujours soutenu, à la lumière de faits et d'expériences très concluants, que les magnésies, le fer, le soufre et surtout les silicates solubles, avaient un rôle important dans la végétation des vignes et dans leur défense préventive contre les maladies cryptogamiques. Enfin l'expérience démontre également que les engrais azotés de nature organique, fournis par le terreau ou le fumier sont nécessaires à la vigne pour leur action physique et chimique auxiliaire de l'action des engrais chimiques minéraux. — Un journal scientifique publie un article sur les engrais pour la vigne qui ne tient point compte de ces trois éléments : terreau, azote organique, magnésies, silicates solubles et très juste pour tout le reste. C'est pourquoi nous le reproduisons avec les réserves que nous venons d'exposer. Il s'agit de la formule adoptée par M. Chauzit, professeur départemental du Gard à la suite de ses expériences personnelles.

Voici cette formule adressée par lui, à la *Revue des Viticulteurs* :

« 1° L'azote est très utile à la vigne. À l'état nitrique surtout, ses effets sont immédiats et très accusés (1).

« 2° En principe, on doit toujours répandre des engrais complets; mais, dans quelques cas, les engrais incomplets sont plus avantageux.

« 3° Il ne faut pas donner une trop grande importance à la potasse et à l'acide phosphorique.

« 4° Le plâtre et le sulfate de fer produisent de très bons résultats.

« 5° Une bonne fumure pour vigne doit comprendre par hectare 60 kilogrammes d'azote assimilable, 60 kilogrammes d'acide phosphorique soluble et 100 kilogrammes de potasse.

« De ces conclusions découle la formule générale d'engrais suivant (par hectare) : 100 kilos de nitrate de soude à 95°; 400 kilos de superphosphate de chaux à 15 0/0 d'acide phosphorique;

1. Il l'est aussi à l'état organique, selon nous, comme agent dissolvant des autres engrais.

300 kilos de sulfate de potasse à 50 0/0 de potasse; 200 kilos de plâtre et 300 kilos de sulfate de fer. »

Très bien, disons-nous; mais sans préjudice des autres éléments signalés plus haut. Observer d'ailleurs que la composition du sol, l'âge des vignes, doivent être pris en considération et comportent des variantes au vigneron exercé.

Traitement du black-rot.

Nous ne saurions trop rappeler que le seul moyen d'éviter cette maladie est de la combattre avant son apparition.

Les traitements curatifs ne peuvent qu'atténuer son intensité et par conséquent limiter ses effets désastreux.

En conséquence, partout où on craint l'invasion du terrible cryptogame, il faut se hâter de procéder à un premier traitement dès que les feuilles commenceront à se développer. On emploie généralement la bouillie bordelaise ou le verdet.

La bouillie bordelaise se prépare ainsi : on dissout 3 kilogr. de sulfate de cuivre dans 10 litres d'eau chaude; on fait éteindre 2 kilogr. de chaux vive qu'on laisse refroidir; puis la chaux est versée dans la dissolution de sulfate de cuivre.

On obtient le verdet en mettant des plaques de cuivre en contact avec du marc de raisin. Sous l'influence de l'air, l'alcool du marc se transforme en acide acétique qui attaque le métal pour donner de l'acétate de cuivre qui se dépose en poudre verte à la surface des plaques. Cette poudre est ensuite recueillie; on la dissout dans l'eau pour l'utiliser à raison de 1 kil. 500 par hectolitre d'eau.

La bouillie bordelaise et le verdet se répandent à l'aide du pulvérisateur.

Moins les feuilles sont développées et moins aussi le traitement est coûteux.

On fera bien de ne pas épargner les aspersions pendant la première période de la végétation, c'est-à-dire depuis l'apparition des feuilles jusqu'à la complète floraison.

Il sera souvent prudent d'en faire après la disparition des fleurs, surtout en temps humide et chaud.

Mais les traitements les plus indispensables sont ceux qui ont pour but de préserver les feuilles et les fleurs. Il est impossible de préciser exactement leur époque qui varie avec les régions et les variétés, mais on ne saurait trop recommander de ne pas lésiner. On ne prévient les maladies des végétaux qu'à force de prudence et de persévérance.

Le chanvre contre le phylloxera.

On nous rappelle qu'il y a quelques années, on essaya de combattre le phylloxera en semant du chanvre entre les rangées de ceps.

Ce procédé est en ce moment mis à l'essai dans quelques vignes des environs de Blois. Le *Bulletin* des agriculteurs du Loiret dit à ce sujet :

« Sans garantir l'efficacité du traitement, nous rappelons à ceux de nos adhérents qui voudraient l'expérimenter que l'ensemencement doit se faire *dès maintenant*, au plus tard le 15 avril, et que nous sommes à leur disposition pour leur fournir les graines dont ils auraient besoin au prix de 0 fr. 85 le kilog. équivalant à 2 litres.

« Nous rappelons qu'il faut 4 décalitres par arpent dans les bonnes terres et 5 décalitres dans les terres médiocres.

« Des expériences se font actuellement dans les vignobles du Loir-et-Cher par un des membres les plus dévoués du Syndicat qui nous promet de nous rendre compte des résultats. Il veut bien, en outre, inviter les viticulteurs intéressés à venir visiter les expériences au moment des diverses opérations, notamment l'enfouissement par la charrue à chaîne.

« Nous pouvons fournir à nos adhérents la chaîne spéciale pouvant s'adapter à toute charrue vigneronne, au prix de 10 francs prise au Magasin, où un modèle sera exposé d'ici à quelques jours. »

Si le chanvre a la précieuse propriété de chasser le phylloxera, il est probable qu'il la doit à l'essence odorante de la sève; dans ce cas l'enfouissement des feuilles et des enveloppes des graines qui répandent une odeur intense, pourraient peut-être remplacer avec économie la dépense d'une culture complète. On ne nous dit pas si le chanvre doit être enfoui ou si on peut l'enlever de la vigne.

Dans le premier cas, le procédé serait coûteux, surtout si on était obligé de renouveler le semis tous les ans.

Quoiqu'il en soit, nous suivrons attentivement les essais annoncés par le *Bulletin* du Loiret.

La bouillie sucrée de M. Perret.

Nos lecteurs le savent, nous avons toujours estimé que la bouillie *sucrée*, c'est-à-dire mélangée de mélasse, de M. Michel Perret était le meilleur des remèdes préventifs contre le mildiou et les autres parasites de la vigne.

Non content de ce succès très satisfaisant, M. Michel Perret, a travaillé et avec succès à perfectionner sa bouillie. Ce perfectionnement qui eut une importance considérable consiste en ce que la préparation de la poudre nouvelle le sulfate de cuivre est dissous par son mélange avec le sucre. Son action sur les feuilles est immédiate et n'a pas, comme l'ancienne bouillie, l'inconvénient de brûler quelques parcelles des feuilles et des bourgeons. Son action est également efficace contre le black-rot, si on a soin de l'appliquer dès la première apparition des bourgeons et des feuilles.

M. Perret affirme comme étant absolument certains les bons effets de son nouveau sulfate de cuivre. Il ajoute qu'on le trouvera dans le commerce au même prix que la bouillie bordelaise. On l'emploie à la même dose, 3 kilos par hectolitre du prix de 1 fr. 50 le kilo.

La préparation est très simple. On délaie la poudre dans l'eau en agitant, en se dissolvant le sucrate mélangé donne une bouillie composée de sulfate de chaux et d'oxyde de cuivre précipitée et de sucrate de cuivre d'une belle couleur verte. Employé à son état de dissolution, le sucrate de cuivre produit son effet presque immédiatement et son adhérence résiste à la pluie qui peut survenir.

La nouvelle bouillie Perret est donc à signaler comme le plus actif des toniques anti-cryptogamiques à appliquer aux vignes menacées du black-rot et du mildiou.

Son succès ne peut être douteux sur les pommes de terre et les tomates.

Achat du cheval.

Une affaire qui se pratique chaque jour, mais qui se fait généralement mal, c'est l'*achat du cheval.*

En ma qualité de vétérinaire, je suis appelé assez souvent à faire des visites d'achat, et je puis affirmer que sur dix marchés il y en a huit qui ont été conclus dans de mauvaises conditions.

Voici les cas que l'on constate habituellement.

Les uns achètent, *emmènent le cheval* et, un instant après, ou le lendemain, viennent vous le faire visiter, en prétextant qu'ils se sont réservé la visite du vétérinaire. Mais en prenant possession de l'animal ne font-ils pas acte de propriété? et la visite du vétérinaire, en ce cas, n'est efficace que pour les vices rédhibitoires (au nombre de huit).

D'autres, en faisant leur marché, *ont remis au vendeur dix ou vingt francs d'arrhes.* Donner des arrhes, n'est-ce pas confirmer le marché, comme de prendre livraison de la chose? Et dans ce cas, comme dans le précédent, la visite du vétérinaire n'aura qu'un effet limité : elle se bornera à voir si l'animal est atteint de vices rédhibitoires; qu'il soit aveugle, méchant, rétif, etc., c'est tant pis pour l'acheteur.

D'autres, enfin, vous amènent visiter un cheval *qu'ils ont à l'essai depuis plusieurs jours.* Et cette garantie d'essai, l'avez-vous par écrit? Non, mais j'ai des témoins... Mais si vous n'avez pas d'écrit, le juge de paix n'est pas obligé d'avoir mieux confiance en vous qu'en votre vendeur. Quant aux témoins, il n'est pas tenu de les admettre lorsque le marché dépasse la somme de 150 francs. Quant on achète un cheval il faut se tenir en garde contre les ruses du vendeur, qui est intéressé à vous faire *lier le marché* lorsque l'animal a des défauts.

Et n'est-ce pas aussi désagréable pour le vétérinaire qui, après avoir recherché tous les défauts de l'animal, voit ses efforts ne pas aboutir.

En conséquence, lorsqu'on achète un cheval, il faut éviter, *avant la visite du vétérinaire*, de terminer le marché d'une façon certaine et définitive, en donnant des acomptes, des arrhes, voire même des étrennes, en prenant possession de l'animal; et si le vendeur vous fait des garanties, les exiger toujours par écrit.

L. Escot,
vétérinaire.

Les gelées blanches.

A la veille de la période de la lune dite rousse, justement redoutée des vignerons, il est temps pour eux de se préparer à lutter contre le fléau des gelées blanches, au moyen du procédé qui jusqu'à ce jour a donné les meilleurs résultats. Ce moyen, on le sait, consiste à accumuler dans l'air d'épais nuages de fumée depuis quatre heures jusques vers neuf heures du matin.

Une condition du succès de l'opération, c'est que les nuages occupent la plus grande étendue possible. Un nuage qui ne couvrirait qu'une étendue d'un ou deux arpents risquerait de ne donner qu'un résultat insuffisant. C'est pourquoi l'on conseille aux vignerons de se concerter d'avance pour pratiquer l'enfumage sur les vignes d'un même finage en se partageant équitablement la dépense et la main-d'œuvre, c'est-à-dire en imposant à chacun une part proportionnée à l'étendue de sa portion de vigne du même finage.

Les matières combustibles donnant la plus épaisse fumée, doivent être déposées d'avance dans des endroits situés à 8 ou 10 mètres les uns des autres. Le goudron de houille et les huiles lourdes sont les matières les plus ordinaires employées à cet usage. On remplit des vases en grosse poterie. On verse dessus quelques gouttes de pétrole, pour faciliter la combustion.

Les hommes chargés d'allumer ces foyers se mettent à l'œuvre au signal qui leur est donné par l'un d'eux ayant sous les yeux un thermomètre marquant zéro vers quatre heures du matin, par un ciel clair et serein. Si les appareils ont été bien munis des matières combustibles, la fumée qui obstrue l'air durera jusque vers neuf heures du matin, et à cette heure les gouttelettes de glace qui perlent sur les bourgeons et les brûlent, auront disparu.

Jusqu'à ce jour, disons-nous, un fumage collectif des vignes est le procédé qui a donné les meilleurs résultats comme préservatif des gelées blanches. On doit être prêt à renouveler l'enfumage à chaque gelée qui peut survenir depuis la lune rousse jusqu'au mois de juin. Mais ordinairement c'est du 25 avril au 25 mai que le fléau est le plus menaçant.

Un journal américain nous raconte que l'on applique aujourd'hui en Amérique un autre procédé de préservation des gelées blanches. Ce procédé consiste à arroser copieusement les vignes. On comprend qu'il est impraticable dans la plupart des vignobles. Aussi ne croyons-nous pas qu'il y ait lieu de s'en occuper. Mais on peut lui attribuer une certaine valeur lorsqu'on l'applique aux plantes de jardin comme moyen de les préserver des gelées blanches, lorsqu'on n'a pas de feuilles, de paillis ou d'autres moyens de les abriter. Le procédé repose sur ce fait que le sol mouillé résiste mieux que le sol sec au rayonnement, de là son succès. Nous attendrons pour apprécier ce procédé usité en Amérique, les appréciations émanant d'horticulteurs d'une capacité éprouvée.

La fumure des arbres fruitiers.

Une condition essentielle de la fumure des arbres fruitiers, ou non fruitiers, c'est que l'engrais soit en contact avec les radicelles, qui sont leurs organes de nutrition et d'assimilation.

Du résultat d'expériences très intéressantes, on sait que la terre, sous le nom de pouvoir absorbant, jouit de propriétés chimiques qui fixent les matières fertilisantes mises en contact avec elle: l'acide phosphorique, la potasse, l'ammoniaque subissent principalement cette fixation; seuls, les nitrates sont entraînés par les pluies dans le sous-sol. La terre superficielle devient donc riche en matières fertilisantes, quand le sous-sol reste pauvre.

Le temps nécessaire pour cette fixation des engrais dans la terre superficielle, c'est-à-dire leur passage de l'état soluble à l'état insoluble, est d'une vingtaine de jours au plus; si la terre est sèche, il faut un temps double.

Une fois fixés à la terre, les engrais ne sont plus solubles, ne peuvent pénétrer jusqu'aux racines profondes.

Généralement, pour fumer les arbres fruitiers, on ouvre, au collet, une cuvette destinée à recevoir les engrais; la pluie ou des arrosages viennent le dissoudre; mais, par ce moyen, on atteint difficilement les racines pivotantes ou profondes. Pour obvier à cet inconvénient, certains agriculteurs emploient un procédé qui leur réussit parfaitement; leurs arbres poussent à merveille, les fruits en sont plus abondants, plus savoureux, plus volumineux, d'une maturation plus hâtive.

Voici le procédé:

A une distance du pied de l'arbre ou arbuste, qui variera avec l'âge et la dimension de celui-ci, on pratique dans le sol un certain nombre de trous verticaux de 0 m. 05 à 0 m. 10 de diamètre, et en nombre variable suivant la taille du sujet, — deux ou quatre trous pour pommiers de trois ou quatre ans, pour ceps de vignes bien développés; — la profondeur de ces trous sera de 0 m. 20, 0 m. 50 et 0 m. 60; — ou encore des rigoles ayant une profondeur suffisante pour atteindre la couche dans laquelle il faut porter l'engrais. Il n'y a pas à craindre, par ce moyen, de blesser les racines, surtout les radicelles, comme avec la bêche ou la houe lorsqu'on remue le sol. Dans ces trous ou rigoles, on dépose les engrais que la pluie ou les arrosages viendront dissoudre. De cette façon, c'est dans le voisinage des racines que la fixation de principes nutritifs aura lieu, et non dans la couche superficielle où ils resteraient inactifs. (*Société vigneronne et horticole de l'Aube.*)

La valeur de la colombine.

Gardener's Chronicle a donné un résumé intéressant au sujet de la valeur de la colombine, engrais constitué par les déjections des oiseaux de basse-cour. A poids égal, la colombine est beaucoup plus riche en principes nutritifs que les autres engrais; excepté le guano. Cette richesse de la colombine tient à ce qu'elle comprend les déjections liquides aussi bien que les déjections solides, alors que, le plus souvent, l'engrais du bœuf ou du cheval ne comprend que les déjections solides, les parties liquides, — très riches en azote, — étant perdues. Une tonne d'excréments de cheval contient 17 livres d'azote, et 13 livres de potasse; une tonne d'urine renferme 42 livres d'azote et 33 de potasse. Une tonne d'excréments de mouton renferme 20 livres d'azote et 14 de potasse; une tonne d'urine, 38 livres d'azote et 44 de potasse. Chez les oiseaux, les déjections sont mélangées, et il n'y a pas de pertes d'éléments nutritifs. Il va de soi que la nature de l'alimentation des animaux a une grande importance, et que la richesse de l'engrais dépend du régime auquel sont soumis ceux-ci. Des poules nourries d'un mélange de son, de farine de lin, d'avoine ont donné de la colombine contenant 1,8 p. 100 d'azote, 2,2 d'acide phosphorique, 1,1 de potasse, alors que des poules nourries de maïs seulement ont donné de la colombine à 1,5 p. 100 d'azote, 1,9 p. 100 d'acide phosphorique et 1 p. 100 de potasse. L'engrais varie considérablement aussi selon l'espèce qui l'a fourni. Voici ce que contiennent les fumiers de différentes volailles (en livres par tonne, à l'état frais).

	Azote.	Potasse.	Acide phosphorique
Poule. . .	43	19	39
Pigeon. .	47	23	41
Canard. .	27	13	31
Oie. . . .	15	21	12

La colombine de palmipède a beaucoup moins de valeur que celle des gallinacés. On estime que la poule produit 12 livres d'engrais par an; le pigeon, 6 livres; l'oie et la dinde, 25 livres; le canard, 18 livres. Ces poids se rapportent aux matières à l'état sec.

C. C.

Badigeonnage et sulfatage des arbres.

Les bons arboriculteurs ne manquent jamais, au printemps, de badigeonner leurs arbres au moyen d'un lait de chaux. Cette opération est excellente, car elle a pour effet de détruire une foule d'insectes qui se logent dans les replis de l'écorce, de champignons et de mousses, qui se développent sur la tige; elle préserve aussi les jeunes sujets du dessèchement de l'écorce occasionné en avril, alors qu'il n'y a pas encore de feuilles, par le vent et la chaleur. On fait un lait de chaux très épais, 20 ou 25 0/0 de chaux, on ajoute un litre d'huile de lin par hectolitre, pour rendre la matière plus adhérente et cette bouillie est appliquée sur la tige au moyen d'un pinceau un peu dur, il serait bon de brosser préalablement l'écorce pour enlever les écailles sèches, détruire les mousses et autres parasites végétaux et mettre à découvert les refuges des insectes.

Sur les vieux arbres, cette opération produit des résultats encore plus heureux, car ces parasites de toutes sortes pullulent bien davantage. Ne voyons-nous pas tous les jours des vergers où les pommiers et poiriers sont couverts de mousses, de lichens, de gros champignons, de gui; la végétation est languissante, les produits sont presque nuls et l'immense majorité des propriétaires contemplent cet état de choses sans penser à y porter remède. Depuis quelques années surtout, des soins spéciaux aux arbres sont plus que jamais indispensables, car des fléaux autrefois inconnus s'abattent sur les récoltes du verger. L'anthonome et la chématobie, pour ne citer que ces deux, sont des insectes qui ravagent les fleurs et font leur nid au pied de l'arbre, sous les vieilles écorces ou dans la mousse qui recouvre la tige et les branches; on diminuera beaucoup leurs chances de propagation en détruisant en hiver les nids et repaires de ces insectes et en leur rendant l'arbre aussi peu habitable que possible.

Dans plusieurs départements, des arrêtés préfectoraux ont rendu obligatoire le nettoyage des arbres en vue de la destruction de l'anthonome; ce fait seul montre l'importance des dégâts que peut causer ce petit charançon qui jusqu'à présent a ravagé surtout la Bretagne et la Normandie. Nous l'observons depuis deux ans dans les vergers de l'est de la France; il n'est pas encore très abondant, mais il suffira, la négligence des cultivateurs aidant, d'une année qui lui soit favorable pour qu'il pullule comme ailleurs.

Beaucoup de propriétaires ont certainement observé à la fin de mai que, sur les pommiers, beaucoup de fleurs se sont desséchées en formant par la soudure de leurs folioles ou pétales une sorte de petit capuchon jaunâtre, portant une déchirure à la base. Ces fleurs sont ravagées par l'anthonome, qui en a mangé les étamines et le pistil, puis qui s'est sauvé aussitôt ce travail achevé. Si on ouvre la fleur de bonne heure, on trouve une larve; un peu plus tard, cette larve est transformée en insecte parfait, et c'est celui-ci qui perce le trou pour sortir de sa prison, où il n'y a plus rien à manger; il passe le reste de l'été sur les feuilles, les branches ou sur le sol, et en hiver, on en trouve un assez grand nombre sur les écorces, où il se trouve en compagnie d'œufs, de larves, de chenilles et d'insectes parfaits appartenant à quatre ou cinq autres espèces nuisibles.

Le nettoyage des arbres âgés est évidemment plus long et plus compliqué que celui des jeunes sujets. On doit commencer par débarrasser le tronc et les branches des mousses, lichens et vieilles écorces, à l'aide d'un racloir ou d'une brosse grossière; tous ces débris tombent sur une toile étendue au pied de l'arbre, puis sont mis en tas et brûlés. Ce premier travail étant achevé, on passe au badigeonnage de la tige et des rameaux; on emploie avec avantage le lait de chaux, dont nous avons parlé précédemment, mais depuis quelques années, on tend à lui substituer les solutions concentrées de sulfate de fer, qui détruisent plus radicalement la mousse, et pénètrent mieux dans les interstices de l'écorce. Il faut 20 kilog. de sulfate de fer par 100 litres d'eau; on y peut ajouter si l'on veut 3 ou 4 kil. de chaux, mais cela n'est pas indispensable. L'usage du pulvérisateur est commode, pour bien atteindre toutes les branches, tandis que le pinceau convient très bien pour le traitement du tronc. C'est à partir du mois de décembre jusqu'au commencement de mars que ces utiles opérations se font avec le plus de chance de succès.

BIBLIOGRAPHIE

Honneur au chant grégorien. — Sous ce titre, M. l'abbé Georges Ambler, vicaire aux Lilas (Seine), vient de faire paraître une brochure dans laquelle il entreprend de mettre en lumière les beautés du *plain chant*. Écrit dans un style élégant, cet opuscule est l'œuvre d'un véritable amateur de musique.

M. l'abbé Ambler explique pour quelles raisons le *plain chant*, surtout dans nos églises de campagne, ne produit pas tout son effet et, en homme pratique, il indique les règles à suivre pour l'exécuter convenablement et lui rendre tout son caractère. Nous recommandons la lecture de cette brochure à tous les prêtres et aussi à tous les amateurs de plain chant. Elle se vend au profit de la construction de la Chapelle des catéchismes, c'est dire que le prix en est laissé à l'appréciation des demandeurs; elle a trente pages. S'adresser à M. l'abbé Ambler, vicaire aux Lilas (Seine).

RECETTES

Pour défriper les rubans de velours. — On enlève les plis d'un ruban de velours qui a été noué plusieurs fois en y passant vivement à l'envers à deux ou trois reprises le dos d'un couteau à lame d'argent très chaud.

PRIMES A NOS ABONNÉS

Bonde le cent, 25 fr., les cinquante 13 fr. les vingt-cinq 7 fr. Au-dessous de 25 bondes 0 fr. 30. Le tout franco de port.

Cette bonde offre les avantages suivants :
Préserve les fûts de tout accident en cours de route, même s'ils contiennent des liquides en fermentation. Evite toute perte de liquide pendant le transport.

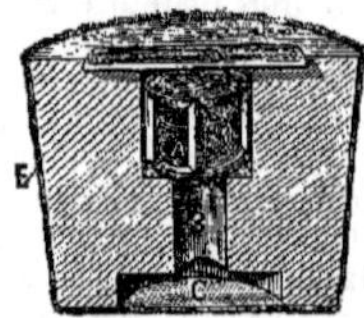

Munie de sa plaque, cette bonde est inviolable.

Elle empêche l'entrée de l'air dans les fûts tout en permettant la sortie des gaz en excès.

Adresser les demandes accompagnées d'un mandat à la *Gazette*, 10 bis, rue Piccini, Paris

Porte-pantalon hygiénique, *breveté S. G.D.G* de *P.-B. Noël.* Prix de faveur pour nos lecteurs Pour hommes, jeunes gens et enfants de dix ans-franco 4 fr.; pour femmes et fillettes, 4 fr. 50.

Toute commande doit être strictement accompagné d'un mandat-poste représentant la valeur de l'expédition.

Huîtres fraiches d'Arcachon et de Marennes, colis postaux, 5 kilos contenant :

100 huîtres blanches.	. . . .	4 25
70 —	plus grosses.	4 80
100 —	vertes.	5 60
70 —	plus grosses.	5 60

Franco de port et d'emballage en gare ou à domicile. *Adresser les ordres* accompagnés de la bande du journal et d'un mandat à MM. J. LAPIERRE et J. GOUBET à Andernos (Gironde).

Délicieux **Vin Muscat Vieux** tonique et réconfortant venant directement de la propriété, ça anti authentique, offert en prime à nos abonnés à raison de 1 fr. 25 le litre logé en fûts de 25 à 35 litres. Fûts perdus.

Adresser les commandes au Bureau du Journal 10 *bis*, rue Piccini, Paris.

Si vous voulez boire du bon vin de Saint-Emilion, adressez-vous à M. **Duplessis-Fourcaud.** au château des Trois-Moulins, à SAINT-EMILION (Gironde).

(Voir le prix courant.)

Montre Remontoir, boîte métal nickelé, cuvette nickelée, 18 lignes ou 50 millimètres, cadran émail à secondes, aiguilles Louis XV, système 1 rochet, échappement-cylindre, 4 rubis. Prix 15 fr. 50 franco de port et d'emballage.

Le même article se fait en modèle réduit pour jeunes gens au même prix et pour dames avec augmentation de 2 francs.

Montre Remontoir, acier oxydé inaltérable cuvette acier oxyfé 18 lignes, système perfectionné, calibre revolver, cylindre 8 rubis, cadran émail à secondes, prix 20 francs, franco de port et d'emballage.

Le même article se fait en modèle réduit, pour jeunes gens au même prix, et pour dames avec augmentation de 2 francs.

Baromètre nickel, fabrication française très soignée, système perfectionné. Prix 12 francs.

Baromètre « Bois sculpté Masson, » très décoratif, fabrication française, système perfectionné. Prix 22 fr. 50.

Envoyer les demandes accompagnées d'un mandat d'égale somme, au Bureau du Journal, 10 bis, rue Picciol, Paris.

Vélocipèdes. — Pour répondre aux désirs maintes fois exprimés par nos lecteurs, nous nous sommes livrés à de sérieuses recherches. Nous avons visité les principales usines et pris l'avis d'amateurs de cet instrument. Nous sommes aujourd'hui en mesure de procurer à nos lecteurs, à titre de prime exceptionnelle des machines parfaites à tous égards prove nant d'un des meilleurs fabricants.

Nos abonnés auront droit à une remise de 50 0/0 sur les prix du catalogue de cette maison.

Nous ne disposons que d'un très petit nombre d'instruments dans ces conditions.

CORRESPONDANCE

M. G. de P., à E. (Pas-de-Calais). — Un hectolitre de blé pesant 80 kilos doit rendre en revenant du moulin savoir :

56 k. farine : 4 k. rebulet ; 17 k. gros son, le déchet est de 3 k.

M. L. M., à R. (Seine-et-Oise.) — Une bonne poule pond de 120 à 160 œufs par an. Vous pouvez prendre le chiffre de 130 comme très modéré. Vous avez raison de vous attacher aux qualités individuelles, sans vous préoccuper des questions d'espèces.

M. H., à Saint-C. (Aisne). — La tourbe convient bien pour fournir aux sols calcaires la matière organique ; celle-ci se décompose lentement, il est vrai, mais elle entretient la prévision d'humus ; à défaut de fumier de ferme, vous pouvez appliquer 10.000 kilos par hectare.

M. A. C., à V. (Oise). — Pour ameublir votre terre très argileuse, et compacte, rien ne vaudra un fort chaulage, ne négligez pas les fumures au fumier.

M. B., à S. (Yonne). — En règle générale, quand on arrache une vieille vigne phylloxerée, on laisse forcément sur les racines restant dans le terrain des quantités plus ou moins grandes de phylloxeras. Or, quelle que soit la résistance des porte-greffes que l'on veuille y mettre, il est néanmoins plus prudent de ne pas les placer de suite sur ce même terrain, et par conséquent d'obliger les insectes à périr en ne replantant pas de la vigne immédiatement. Cultiver pendant deux ou trois ans, le sainfoin, trèfle, vesces, etc.

M. G. V., à B. (Aube). — Le plâtrage des vignes donne des résultats extraordinaires, surtout en terrain médiocrement calcaire, mais à la condition que l'azote abonde dans le sol par suite d'une succession de fortes fumures.

En pareil cas, un épandage de 6.000 kilos de plâtre n'est pas exagéré.

M. A., à P. (Nièvre). — Aux termes de l'article 2.277 du code civil, les *loyers* des maisons et le *prix de ferme* des biens ruraux se prescrivent par cinq ans. Vous pouvez donc, pendant cinq années, réclamer à vos locataires le prix des loyers.

M. D., à S. (Rhône). — La poule *Red-Cap* se reconnaît à son volume énorme, elle est réputée la plus jolie et la plus forte pondeuse.

M. R., à L. (Marne). — Le trèfle ensilé peut, sans inconvénient, être donné aux bœufs et aux vaches, à la condition de ne pas contenir de moisissures. La dose par tête et par jour, est de 10 à 12 kilos.

M. P., à (Haute-Loire). — Pour la dentition défectueuse de votre cheval, et attendu son âge, une alimentation par le pain mélangé au seigle cuit avec des barbotages farineux (farine d'orge) seraient très utiles.

Il reprendrait bien vite son état de santé primitif et son poil luisant.

Le pain de seigle non passé que vous faites pour les autres bestiaux peut parfaitement convenir.

Pour l'avoine, il faut nécessairement qu'elle soit aplatie à l'aide d'un aplatisseur spécial, et au fur et à mesure des besoins, car aplatie trop longtemps à l'avance elle perd de ses qualités nutritives et hygiéniques.

Mélanger aux barbotages du foin et de la paille hachée.

Pour la ration journalière : Pain, 3 kilos ; seigle cuit, 2 kilos ; avoine aplatie, 5 kilos.

OFFRES ET DEMANDES

JEUNE HOMME ayant diplôme d'École pratique d'agriculture demande emploi dans grande exploitation pour se fortifier dans la pratique. Pas exigeant comme gages.

S'adresser au bureau en journal.

Huiles d'olive garanties pures et sans mélange venant directement de la propriété.

Au prix de 1,80, — 1,60, — 1,50 le kilog. suivant qualité.

Gare départ, paiement contre remboursement. S'adresser à M. Edouard Laurin, propriétaire à Saint-Chamas (Bouches-du-Rhône).

GRAND CRU MENARDIERE. Cidre normand pur jus, 15 fr. l'hecto non logé.

Eau-de-vie de cidre garantie pure : 3 fr. le litre.

Sassier, propriétaire. La Colombe (Manche)

Volailles pondeuses en toute saison, **Leghorn** doré, spécialité en grands sujets, coqs et poules, pure race, 6 francs, œufs à couver, 20 francs le cent. — S'adresser à M. Emile Pourcelle, agriculteur à Cantigny, par Montdidier (Somme).

RED-CAP Œufs à couver de cette excellente race de poule, réputée la plus jolie et la plus forte pondeuse, garantis race pure frais et fécondés, 5 fr. la douzaine franco de port et d'emballage. S'adresser à **Calixte Dany**, Althen-les-Paluds (Vaucluse).

Important : J'invite les personnes qui veulent bien me confier leurs ordres de toujours y joindre un mandat, les remboursements n'étant bénéficiables qu'aux Compagnies.

Toujours donner le nom de la gare à laquelle il faut adresser les envois :

Purificateur d'air pour tonneaux, l'un 4 50 franco gare.

Moyennant un supplément de 0 fr. 40, nous joindrons à l'envoi une mèche à percer de calibre et moyennant 0 fr. 10 en plus, une mèche soufrée.

Agriculteur, ancien régisseur de grandes propriétés, demande direction d'un domaine en France ou colonies. Excellentes références

Ancien Industriel ayant possédé usine importante, fait valoir plusieurs Fermes et Bois de haute futaie, désire se placer comme intendant-régisseur. Nous recommandons spécialement cette personne qui a de grandes connaissances techniques à possesseur de grand domaine. Écrire au bureau du journal.

Le Gérant : E. GAMBART.

Imp. NOIZETTE et Cie, 8, RUE CAMPAGNE-1re, PARIS

CHEMIN DE FER DE L'OUEST

PARIS A LONDRES,

par la gare Saint-Lazare, vià Rouen Dieppe et Newhaven. — Grande économie.

Quatre traversés par jour (deux en chaque sens). Tous les jours et toute l'année (dimanche compris).

Trajet de jour en 9 heures (1re et 2e cl. seulement).

Départs de Paris Saint-Lazare : 10 h. matin et 9 h. soir.

Arrivées à Londres : London-Bridge, 7 h. soir et 7 h. 40 matin. — à Victoria, 7 h. soir et 7 h. 50 matin.

Départs de Londres : à London-Bridge, 10 h. matin et 9 h. soir. — à Victoria, 10 h. matin et 8 h. 50 soir.

Arrivées à Paris Saint-Lazare, 7 h. soir et 8 h. matin.

PRIX DES BILLETS :

Billets simples, valables pendant 7 jours 1re classe, 43 fr. 25 ; 2e classe, 32 francs ; 3e classe 23 fr. 25.

Billets d'aller et retour, valables pendant un mois : 1re classe, 72 fr. 75 ; 2e classe, 52 fr. 75 3e classe, 41 fr. 50.

Des voitures à couloir (W. C. toilette, etc... sont mises en service dans les trains de marée de jour entre Paris et Dieppe. Des cabines particulières sur les bateaux peuvent être réservées sur demande préalable

Transport en grande vitesse de Messageries Primeurs, Fruits, Légumes, Fleurs, etc... entre Paris et Londres. Trois départs par jour toute l'année.

Les expéditions remises à la gare Saint-Lazare pour les trains partant à 3 h. 40, 4 h. 40 et 9 h. du soir parviennent à Londres le lendemain à 8 h. 45, à 9 h. 15. du matin ou à midi 45.

CHEMINS DE FER DE PARIS A LYON ET A LA MÉDITERRANÉE.

Voyages circulaires à itinéraires facultatifs.

Il est délivré pendant toute l'année dans toutes les gares du réseau P. L. M. des billets individuels et des billets de famille à prix très réduits pour effectuer sur ce réseau, en 1re, 2e et 3e classe, des voyages circulaires à itinéraire établis d'avance par les voyageurs eux-mêmes (Faire la demande 5 jours avant le départ. Ces billets sont valables pendant 30, 45 ou 60 jours suivant l'importance du parcours, avec faculté de prolongation. — Arrêts facultatifs à toutes les gares de l'itinéraire. — Les billets collectifs sont délivrés aux familles d'au moins 4 personnes payant place entière et voyageant ensemble : le prix s'obtient en ajoutant au prix de trois billets circulaires à itinéraires facultatifs individuels la moitié du prix d'un de ces billets pour chaque membre de la famille et plus de trois, sans toutefois que le prix puisse descendre au dessous de 50 0/0 du tarif général appliqué à l'ensemble de la famille — Des formules de demandes contenant une carte du réseau sont remises gratuitement dans toutes les gares du réseau pour faciliter l'établissement de la demande de billets.

Colonne 1

A louer pour 18 ans à compter du 1er mars 1897, la ferme dite ferme de Pézarches, à Pézarches (Seine-et-Marne). Bât. d'exploit, terres d'une cont. de 132 h.

S'adresser à l'Administration générale de l'Assistance publique, 3, av. Victoria, Paris.

Le moment favorable au transport des vins étant revenu, nous rappelons à nos lecteurs que tous ceux d'entre eux qui, sur nos conseils, et depuis cinq ans, consomment les vins de M. VINCENT ARDURA, vigneron, domaine de la Chapelle-Frédignac, par Blaye-Bordeaux, n'ont qu'à se louer de la qualité et de la conservation de ce Bordeaux absolument naturel, expédié sans intermédiaire.

Pour dégustation sérieuse, envoi gratuit est fait d'une bouteille de la récolte désignée.

L'encaissement est fait par le facteur, à 30 jours, escompte 2 0/0, ou 90 jours.

Vendanges : 1893, à 130 fr., 1892-91, à 150 fr ; 1890-89, à 175 fr., 1887, à 200 fr., 1885, à 220 fr., 1884, à 240 fr., 1882, à 250 fr., 1881, à 300 fr. — Graves blancs vieux : 130, 150, 200, 250, 30 fr., suivant âge, les 225 litres collés, soutirés, franco de port et de fût en gare d'arrivée.

Insecticide-Préservateur
FERTILISANT
DESGOUTTES

La Boîte de 10 kilog., pour essais, 10 fr. franco toutes gares (port et emballage compris).

Adresser les demandes, accompagnées d'un mandat, 10 bis, rue Piccini, Paris.

VIN DE BOURGOGNE
Ferme de l'Hospice de Beaune.
Domaine de MEURSAULT

VINS FINS GRANDS ORDINAIRES, ORDINAIRES Rouges et Blancs

Concours Général agricole de Paris 1895
MÉDAILLE d'or pour vins rouges
MÉDAILLE d'argent pour vins blancs
Concours Général agricole de 1896
HORS CONCOURS, MEMBRE DU JURY
JOBART MUTHELET, Meursault (Côte-d'Or)

SELS POUR L'AGRICULTURE

Nourriture du bétail et Engrais des terres

Sel neuf dénaturé, au tourteau de colza. 45 f. 1.000 k.
Sel neuf dénaturé, au peroxyde de fer. 40 f. 1.000 k.
Sel de morue pur. 35 f. 1.000 k.

Expéditions de Fécamp, Bordeaux et St-Malo.

S'adresser à MM. A. LE BORGNE et ses Fils, négociants-armateurs, à Fécamp.

VINS
DE SAINT-ÉMILION

Vins classés, de 800 à 250 francs la barrique de 225 litres. — Moitié prix pour la barrique de 112 litres.

Vins grands ordinaires, de 140, 125, 105, 100 francs la barrique — 80, 75, 70, 65, 58, 55 francs, la demi-barrique. — Rendu *franco* en gare et régie, sauf octroi.

Adresser commandes à M. DUPLESSIS-FOURCAUD, à Saint-Émilion. — Envoi de prix courants et échantillons sur demande affranchie.

Médailles d'Or, Paris, 1867 et 1880 — Moscou, 1891 — Besançon, Montluçon, Royan, etc.

Colonne 2

CHEMIN DE FER D'ORLÉANS

Excursion en Touraine, aux châteaux des bords de la Loire et aux stations balnéaires de la ligne de Saint-Nazaire aux Croisic et à Guérande.

1er *itinéraire* : 1re classe 86 francs. — 2e classe 63 francs. Durée : 30 jours.

Paris — Orléans — Blois — Amboise — Tours — Chenonceaux, et retour à Tours — Loches, et retour à Tours — Langeais — Saumur — Angers — Nantes — Saint-Nazaire — Le Croisic — Guérande, et retour à Paris, *via* Blois ou Vendôme, ou par Angers, *via* Chartres, sans arrêt sur le réseau de l'Ouest.

Nota. — Le trajet entre *Nantes* et *Saint-Nazaire* peut être effectué, sans supplément de prix, soit à l'aller, soit au retour, dans les bateaux de la Compagnie de la Basse-Loire.

La durée de validité de ces billets peut être prolongée une, deux ou trois fois de 10 jours, moyennant paiement, pour chaque période, d'un supplément de 10 °/₀ du prix du billet.

2e *itinéraire* : 1re classe 54 francs. — 2e classe 41 francs. Durée : 15 jours.

Paris — Orléans — Blois — Amboise — Tours — Chenonceaux, et retour à Tours — Loches, et retour à Tours — Langeais, et retour à Paris, *via* Blois ou Vendôme.

En outre, il est délivré, à toutes les gares d'Orléans, des billets aller et retour comportant les réductions prévues au tarif spécial G. V. n° 2 pour des points situés sur l'itinéraire à parcourir, et *vice versâ*.

CES BILLETS SONT DÉLIVRÉS TOUTE L'ANNÉE à Paris, à la gare d'Orléans (quai d'Austerlitz) et aux bureaux succursales de la Compagnie et à toutes les gares et stations du réseau d'Orléans pourvu que la demande en soit faite au moins trois jours à l'avance.

CHEVAUX BOITEUX
Guérison par le spécifique BORNET

Contre Capelets, Mollettes, Vessigons, Eponges, Exostoses, Suros, Eparvins e les **Formes** à leur début. (*Il s'applique également à toutes les tares molles et osseuses.*)

PRÉPARÉ PAR **A. BORNET**
Pharmacien de 1re classe, ex-interne et lauréat des hôpitaux.

19, rue de Bourgogne, PARIS.

Le flacon, 5 fr., à la pharmacie ; en gare par colis postal, 6 fr. contre mandat.

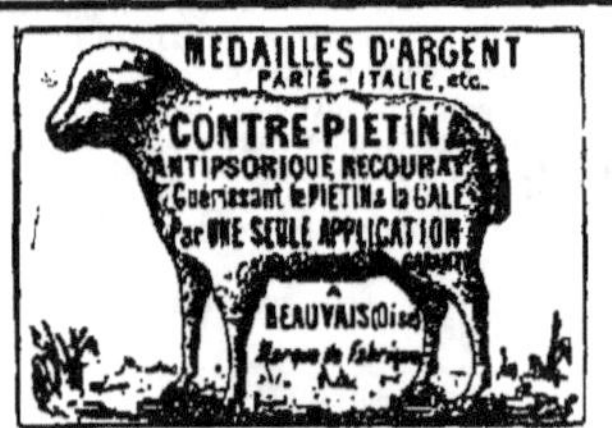

M. RECOURAT, pharmacien à Beauvais.

Gale des moutons guérie radicalement par *une seule application* de l'ANTIPSORIQUE.

La bouteille, 3 fr. ; la 1/2 bouteille, 1 fr. 75.

Guérison du PIÉTIN par *un seul pansement* avec le CONTRE-PIÉTIN-RECOURAT.

Le pot d'essai, 1 fr. 50 ; le pot, 2 fr. 50.

Joindre 0 fr. 60 pour recevoir *franco* et indiquer gare.

Le Journal **Le Meunier**, de Bruxelles, offre une médaille d'or à l'inventeur du meilleur procédé débarrassant automatiquement le blé du charançon.

Colonne 3

Maison MURE, à Pont-St-Esprit (Gard)
A. GAZAGNE, *Gendre et Sucr*, Phin de 1re Classe

MALADIES NERVEUSES

Epilepsie, Hystérie, Danse de Saint-Guy, Affections de la Moëlle épinière, Convulsions, Crises, Vertiges, Eblouissements, Fatigue cérébrale, Migraine, Insomnie, Spermatorrhée
Guérison fréquente, Soulagement toujours certain
par le **SIROP** de **HENRY MURE**
succès consacré par 20 années d'expérimentation dans les Hôpitaux de Paris.
FLACON : 5 FR. — NOTICE GRATIS.

PATE et SIROP d'ESCARGOTS de MURE

« Depuis 50 ans que j'exerce la médecine, je n'ai pas trouvé de remède plus efficace que les escargots contre les irritations de poitrine. »
« D' CHRESTIEN, de Montpellier. »
Goût exquis, efficacité puissante contre **Rhumes, Catarrhes** aigus ou chroniques, *Toux spasmodique, Irritations de la gorge et de la poitrine.*
Pâte 1f ; Sirop 2f. — *Exiger la* PATE MURE. *Refuser les imitations.*

Thé Diurétique de France

sollicite efficacement la sécrétion urinaire, apaise les **douleurs** des **Reins** et de la **Vessie**, entraîne le sable, le mucus et les concrétions, et rend aux urines leur limpidité normale. — *Néphrites, Gravelle. Catarrhe vésical, Affections de la Prostate et de l'Urèthre.* — PRIX DE LA BOITE : 2 FRANCS.

Dépôt général de l'ALCOOLATURE D'ARNICA
de la TRAPPE DE NOTRE-DAME DES NEIGES
Remède souverain contre toutes *blessures, coupures, contusions, défaillances, accidents cholériformes.*
DANS TOUTES PHARMACIES. — 2 FR. LE FLACON.

ALIMENTATION DU BÉTAIL
Tourteaux de Coprah ou Coco
F. TASSY, E. ROCCA ET Cie
Fabricants d'huiles (producteurs directs de Tourteaux)
23, RUE HAXO, MARSEILLE
Deux médailles d'or, Anvers 1894
Envoi de Prix-Courants et Échantillons sur demande

VOYAGE CIRCULAIRE EN BRETAGNE.

Billets d'Excursion délivrés toute l'année.

1re classe 65 francs — 2e classe 50 francs.

Les Compagnies de l'Ouest et d'Orléans délivrent toute l'année, aux prix très réduits de 65 francs en 1re classe et 50 francs en 2e classe, des billets circulaires valables 30 jours comprenant le tour de la presqu'île bretonne, savoir : Rennes, Saint-Malo, Dinard, Saint-Brieuc, Lannion, Morlaix, Roscoff, Brest, Quimper, Douarnenez, Pont-l'Abbé, Concarneau, Lorient, Auray, Quiberon, Vannes, Savenay, Le Croisic, Guérande, Saint-Nazaire, Pont-Château, Redon et Rennes.

Ces billets peuvent être prolongés trois fois d'une période de 10 jours moyennant le paiement, pour chaque prolongation, d'un supplément de 10 °/₀ du prix primitif.

Le voyageur partant d'un point quelconque des réseaux de l'Ouest et d'Orléans pour aller rejoindre cet itinéraire, peut obtenir, sur demande faite à la gare de départ, 4 jours au moins à l'avance, en même temps que son billet d'excursion, un billet de parcours complémentaire comportant une réduction de 40 °/₀, sous condition d'un parcours minimum de 150 kilomètres ou payant comme pour 150 kilomètres.

La même réduction lui est accordée après l'accomplissement du voyage circulaire, soit pour revenir à son point de départ initial, soit pour se rendre sur tel autre point des deux réseaux qu'il a choisi.

MACHINES
AGRICOLES, VINICOLES et VITICOLES
TH. PILTER
24, Rue Alibert, PARIS

SUCCURSALES :
Bordeaux, Toulouse, Marseille, Montpellier, Tunis

Les lecteurs de la **Gazette** désireux de recevoir les Catalogues de la maison TH. PILTER dès leur publication, sont priés d'écrire 24, rue Alibert, Paris, afin de se faire inscrire.

PHOSPHATE FOSSILE DE QUIÉVY-NORD
le plus assimilable de tous les phosphate connus
GARANTI PUR DE MÉLANGE AVEC TOUT AUTRE PHOSPHATE
Ce qui, du reste, ne pourrait que diminuer son assimilabilité.

EXTRACTION DU GISEMENT ET USINE A QUIÉVY
Propriétaire-Extracteur : C. LECLERCQ
Bureaux à Viesly (Nord).

COMPOSITION MOYENNE		ASSIMILABILITÉ RELATIVE (méth. Joulie).
		Solubilité dans l'oxalate d'ammoniaque.
Acide phosphorique. . . .	12 » à 16 » 0/0	Phosphate de Quiévy. 82 29 0/0
Potasse	0 45 à 2 77 0/0	— de la Meuse . . . 51 95 0/0
Chaux.	19 05 à 31 » 0/0	— de Pernes. 47 87 0/0
Magnésie.	0 58 à 3 80 0/0	— des Ardennes. 46 43 0/0
Matières organiques azotées .	1 80 à 3 45 0/0	— de la Somme (moy.). . 44 53 0/0
		— de Ciply. 34 57 0/0

Titre garanti en acide phosphorique : **13 à 15 0/0.**

LIVRAISON : EN POUDRE IMPALPABLE EN SACS PLOMBÉS, MIS SUR WAGON GARE QUIÉVY-en-CAMBRÉSIS
Prix : **3 fr. 80** les 100 kilos, sacs perdus, 30 jours, 2 0/0 ou 90 jours net.

NOTA. — Les acheteurs qui désirent employer le **véritable Phosphate de Quiévy** pur et garanti d'origine doivent exiger que les sacs portent la Marque (**Au Poisson fossile**) et la Firme **C. LECLERCQ**, seul exploitant à Quiévy (Nord).

GRAND PRIX
à l'Exposition Universelle DE 1889

DIPLOMES D'HONNEUR
aux Exp. Universelles de Bruxelles 1880 & Amsterdam 1883

FABRICATION SPÉCIALE DE TOURTEAUX DE COTON
DE **GRAINES** d'Alexandrie (EGYPTE)

POUR Nourriture des Vaches laitières & Engraissement du Bétail et des Moutons

des Usines de **MM. P. MARCHAND Frères**, à DUNKERQUE (Nord)
Fabriqués sous le contrôle permanent de la Station Agronomique du Nord
Dirigée par M. DUBERNARD

Nous appelons l'attention des éleveurs et des nourrisseurs sur les Tourteaux de **COTON** de graines d'Egypte : c'est un produit excellent pour les vaches laitières, les bœufs à l'engrais et les moutons.

Nos Tourteaux de **COTON** sont complètement débarrassés de la bourre qui enveloppe la graine et contiennent la même quantité de matières nutritives et grasses que les meilleurs Tourteaux de Lin.

Nos Tourteaux de **COTON** forment l'aliment le meilleur et le plus avantageux en raison de leur prix excessivement bas.

PRIX : 9 Fr. 50 les 100 kil., gare Dunkerque
S'adresser à MM. P. MARCHAND Frères, à DUNKERQUE (Nord)

Eugène de MASQUARD
PROPRIÉTAIRE-VITICULTEUR, Château de la Cascade
SAINT-CÉSAIRE-LES-NIMES (Gard)

Vins garantis naturels, rouges et blancs, à pas 60 fr. la pièce de 220 litres jusqu'à 100 francs, selon qualité, prise en gare de St-Césaire (Gard), fût du

Ces vins ont été médaillés à toutes les expositions où ils ont figuré.

Récoltés sur des coteaux et des terrains secs, les vins de Saint-Césaire, l'un des meilleurs crus du Gard, se conservent parfaitement sans être plâtrés

Envoi franco de prix courants et échantillons.

VELOUTINE FLAMANDE
La **Veloutine** est spécialement employée pour lustrer les cuirs de fantaisie : guides, selles, harnais de luxe et de travail, capotes, tabliers, caparaçons, etc., et lorsqu'ils ont déjà été enduits de vaseline, ce produit donne un joli brillant et ôte l'action graisseuse des cirages ou préparations à base de cire. Sans causticité il ne dessèche pas et imperméabilise.

Le bidon d'un litre pour harnais noirs. . . . 3 70
— — — jaunes. . . 4 20
Franco gare contre mandat-poste.

S'adresser : *Manufacture de Vaselines industrielles de Ligny-en-Cambrésis (Nord)*

EXCELLENT DÉSINFECTANT
POUR LES FUTS A VIN, CIDRE, BIÈRE, ETC.
Prix de faveur pour nos lecteurs

Sur notre demande, M. Moity, père, l'inventeur, a consenti à en mettre de petites quantités pour essais à la disposition de nos lecteurs.

10 litres franco gare. **10 fr.**

Adresser les demandes à M. Crépeaux, rue Piccini, 10 *bis*, Paris.

LYSOL
Le plus puissant anticryptogamique & parasiticide
Complètement soluble dans l'eau
Le meilleur marché.

Assainissement & désinfection certaine de tous locaux.

Employé avec plein succès contre le mildew, l'oïdium, la pyrale, etc., et tous les parasites des arbres fruitiers, fleurs, légumes, etc.

SOCIÉTÉ FRANÇAISE DU LYSOL
22 & 24, place Vendôme, 24 & 22
PARIS

ASPERGE GÉANTE
ROYALE DE FRANCE
(RACE D'ARGENTEUIL PERFECTIONNÉE)

Demander la *Méthode de Culture* et prix courant (gratis et franco), à M. WILLIAM FOURCINE, directeur des pépinières royales de Dreux (Eure-et-Loir). Médailles et diplômes de première classe.

L'ENGRAIS AMIÉNOIS
FUMURE ORGANICO-CHIMIQUE

pouvant être employée seule ou comme complément de fumier de ferme

Mixte et très complet, cet engrais convient à tous les terrains ; il est approprié, sous divers numéros, à toutes les plantes.

SUPERPHOSPHATE AZOTÉ (produit nouveau)
12 0/0 acide phosphorique
3 à 4 0/0 azote (*organique*) soluble

Envoi franco du prospectus sur demande affranchie

Adressée à **M. Elisée LEFEBVRE**
route de Rouen, 121, AMIENS.

Le mardi 5 mai, Ch. des Notaires de Paris, adjudic. du bail pour 18 ans de la **ferme** des Roues à *Vert-le-Grand, cant. d'Arpajon* (S.-et-O.). — Contenance : 189 h. 91 a. 18 c. mise à prix de fermage annuel **17.080 fr.**

S'adr. à l'Admin. de l'Assistance publique, 3, av. Victoria, ou en l'étude de M. MOREL D'ARLEUX, notaire, 15, rue des Saints-Pères.

FROMENTINE
Marque déposée B. S.G.D.G.

Produit pour l'alimentation économique, saine et rationnelle du bétail, provenant en grande partie des issues de la mouture de blé.

DIVERSES MARQUES

Demander celle en raison du but poursuivi

Marque A pour l'engraissement égal à celui du tourteau de lin, le remplacement de l'avoine, production d'un lait de qualité supérieure.

Marque B pour le bon entretien du bétail.

Marque J développement rapide des jeunes bêtes.

Marque L surproduction du lait.

Marque E engraissement rapide.

Écrire à M. Armand MILLOT
Moulins Saint-Martin
Saint-Quentin (Aisne).

MALADIES DU BÉTAIL
ET DE LA VOLAILLE
Leur traitement préventif et curatif
PAR L'ACIDE SALICYLIQUE

L'acide salicylique, employé dans la nourriture à la dose de 1/2 à 1 gramme par jour et par tête de bétail, est le meilleur préservatif des maladies qui procèdent par contagion : Sang de rate, Cocotte, Maladie aphteuse, Erysipèle, Typhus, Morve, Variole et le Rouget des porcs, etc.

DES ATTESTATIONS NOMBREUSES DE GUÉRISONS obtenues pour la Cocotte et le Rouget des porcs ont été reproduites dans le journal *l'Agriculture*.

La désinfection des étables, des écuries, se fait instantanément au moyen d'un arrosage d'eau salicylée à 2 grammes par litre.

S'adresser à M. CERCKEL, administrateur de la *Compagnie de produits antiseptiques*, 26, rue Bergère, Paris.

Envoi sur demande de Prospectus et Brochures.

PRIX DU KIL., 25 fr. BOITE DE MÉNAGE, 2 fr.

GRIFFE SARCLEUSE-BINEUSE
Outil économique

Prix : 8, 12, 14 18 fr. selon dimension. Prospect. explicatif. ROUSSEAU breveté s. M. Al. D. G. Taverny (S.-et-O.)

pour biner, sarcler promptement entre toutes les lignes de plantes ou légumes sans distinction, indispensable en toutes saisons dans les jardins, vignes, pépinières, les cultures de betteraves, de tabac, etc., même dans les allées

---

LE MONDE, journal quotidien du soir 17, rue Cassette, Paris.

Abonnement 25 fr. par an, 0 fr 05 le numéro

Organe recommandé aux agriculteurs et aux membres du clergé.

SCHNEIDER ET Cᴵᴱ
PHOSPHATES METALLURGIQUES
(scories de déphosphoration), des Aciéries du Creusot
ENGRAIS PHOSPHATÉ
pour Céréales, Prairies, Vignes, Betteraves, Pommes de terre, etc.

L'emploi de ces phosphates a été particulièrement recommandé dans ces derniers temps par les agronomes les plus distingués. Il permet, en raison du bas prix de ce produit, de faire apport au sol de doses considérables d'acide phosphorique.

Les phosphates métallurgiques du Creusot sont livrés moulus finement et tamisés. Pour renseignements, s'adresser à MM. SCHNEIDER et Cⁱᵉ, au Creuzot (Saône-et-Loire).

GRANDS RABAIS
POUR LIVRAISONS SUR LES MOIS D'HIVER

Engrais de l'Usine municipale de la Voirie de Bondy

TOURTEAUX ORGANIQUES MOULUS

Dosage : 1.50 à 2 °/₀ d'azote et 4 à 5 °/₀ d'acide phosphorique.

S'ADRESSER AU
Comptoir Agricole et Commercial
9, RUE NOUVELLE, 9, A PARIS

FOURNEAUX DE CUISINE
de toutes espèces
Maisons particulières, Hôtels, Châteaux et Fermes, Hospices, Hôpitaux, Collèges, Pensions, etc.
ENVOI FRANCO DE CATALOGUES
Maison DELAROCHE aîné
22, rue Bertrand, PARIS

Avis à Messieurs les Cultivateurs et aux Fabricants de sucre.

La graine authentique *Fouquier d'Hérouël* est *toujours* facturée par la maison qui confirme à bref délai les commandes.

Les envois sont faits *directement* aux acheteurs en sacs plombés au nom « Fouquier d'Hérouël », à Vaux-sous-Laon. »

Il n'existe aucun dépositaire.

VIN PUR COTES 1ʳᵉ QUALITÉ
Vieux, nouveau garanti sur facture

Récolté par FÉLIX LAU, propriétaire-viticulteur à Caussiniojouls (Hérault).

Nouveau, 35 fr. l'hect. logé sur gare Faugères

ALAMBIC EGROT
A BASCULE. — EAU-DE-VIE, 1ᵉʳ JET sans repasse.
FRANCO CATALOGUE ILLUSTRÉ
EGROT, 19-21-23, Rue Mathis, Paris

BARATTES, MALAXEURS, LISSEUSES SIMON
pr Laiteries, Beurreries, etc. Matériel complet pr fabrication et exportⁿ des Beurres et Fromages
SIMON et ses FILS, Constructeurs-Mécaniciens-Fondeurs à Cherbourg
MÉDAILLE D'OR, PARIS 1889
GUIDE PRATIQUE de la Production et de la Fabrication des Cidres et Poirés envoyé gratis et fᶜᵒ
BROYEURS et PRESSOIRS SIMON Pour Pommes, Poires, Raisins, etc. Matériel complet pour cidreries et vinification.
MANÈGES de toutes forces Envoi franco du Catalogue

ANÉMIE CHLOROSE, FAIBLESSE **FER QUEVENNE**
Guéries par le **VRAI**
Seul approuvé pr l'Académie de Médecine, Paris, 14, r. Beaux-Arts, not. cε.

POUDRE DELARBRE

Plus de CHEVAUX POUSSIFS !

Guérison de la POUSSE,

Toux, Bronchite et Gourme

La Boîte de 20 Doses : 3 francs

G. DELARBRE, AUBUSSON (Creuse)

Maison de Vente & d'Expédition à Aubusson (Creuse) G. DELARBRE

À Paris & en province, chez tous les Droguistes & Pharmaciens

COUVEUSES
ÉLEVEUSES
VOLAILLES
ŒUFS
à couver

VOITELLIER
à MANTES
et à
PARIS
4, PLACE DU THÉÂTRE FRANÇAIS
PRIX COURANT FRANCO
GRAND CATALOGUE ILLUSTRÉ. 0.50

CONSTRUCTIONS ÉCONOMIQUES
AGRICULTURE   INDUSTRIE

SOCIÉTÉ MÉTALLURGIQUE
d'Amiens (Somme)
USINE à VAPEUR, FORCE MOTRICE 250 CHEVAUX
Adresser les lettres à Mr le Directeur

ENVOI Fᵒ DU CATALOGUE

TÔLES ONDULÉES GALVANISÉES Pour Couvertures
Prix défiant toute Concurrence

CRÉSYL-JEYES

DÉSINFECTANT ANTISEPTIQUE

Efficacité scientifiquement démontrée.
Envoi de Rapports et Références sur demande.

Le **CRÉSYL-JEYES** n'est ni Toxique ni Caustique
Il est adopté par toutes les Administrations
publiques de Paris et des départements.
VENTE EN GROS :
Société Française de **Produits Sanitaires** et **Antiseptiques**
35, Rue des Francs-Bourgeois, PARIS.
et chez tous Droguistes et Pharmaciens.
Pour éviter les Contrefaçons exiger les Marques et Cachets
de la Société, ainsi que le nom CRÉSYL-JEYES.

MANUFACTURE CENTRALE D'INSTRUMENTS
AGRICOLES & VITICOLES EN TOUS GENRES

EMILE-PUZENAT

CONSTRUCTEUR A **BOURBON-LANCY** (SAÔNE & LOIRE)
CATALOGUE **FRANCO** SUR DEMANDE

CHARRUES MONOSOCS POLYSOCS BRABANTS
SOCS   HERSES

FABRIQUE SPÉCIALE DE MACHINES AGRICOLES
Usines à BRESLES (Oise)
BUREAU à PARIS, 20-22, Rue Richer

*** AMIOT & BARIAT ***
INGÉNIEURS-CONSTRUCTEURS
Brevetés S. G. D. G.
207 MÉDAILLES — DIPLÔMES — OBJETS D'ART

ROULEAUX   TONNEAUX
SCARIFICATEURS DÉCHAUMEURS ARRACHEURS
FOUILLEUSES

Médaille d'Or. * Exposition Universelle 1889. * Médaille d'Argent.

ENGRAIS CHIMIQUES
DES
MANUFACTURES DE SAINT-GOBAIN

12 Usines :

CHAUNY (Aisne).	SAINT-FONS, près Lyon.
AUBERVILLIERS (Paris).	L'OSERAIE, près Avignon.
MONTARGIS (Loiret).	BALARUC, près Cette.
TOURS (Indre-et-Loire).	VALENCIA (Espagne).
MONTLUÇON (Allier).	HEMIXEM } (Belgique).
MARENNES (Charente-Inférieure).	MESVIN-CIPLY }

PRODUCTION ANNUELLE : 400.000.000 DE KILOS

Dosages garantis — Emballages marqués et plombés

SUPERPHOSPHATES DE CHAUX

ENGRAIS COMPOSÉS
Suivant les convenances des acheteurs pour toutes cultures.

ENGRAIS COMPLET DE SAINT-GOBAIN
Efficacité éprouvée dans tous les sols et dans toutes les cultures

ENGRAIS SPÉCIAUX POUR LA VIGNE :
Engrais pour Vigne à végétation faible.
Engrais pour Vigne à végétation normale.
Engrais pour Vigne à végétation luxuriante.

Adresser les ordres ou les demandes de renseignements à la DIRECTION
COMMERCIALE DES PRODUITS CHIMIQUES de SAINT-GOBAIN, 9, rue
Sainte-Cécile, **Paris**, — ou aux Agents de la Compagnie dans toutes les
villes de France.

MACHINES AGRICOLES

A. BAJAC
à LIANCOURT (Oise)

CHARRUES-BRABANTS

GRAINES FOURRAGÈRES
POUR PRAIRIES PERMANENTES & TEMPORAIRES

Luzerne de Provence extra . .	135 fr.
— de Provence 1ᵉʳ choix.	125 —
— de pays extra.	120 —
— de pays 1ᵉʳ choix. . .	110 —
Minette de Beauce	40 —
Sainfoin à deux coupes	40 —
Trèfle violet	100 —
Vesce de printemps, de pays. .	22 —
Maïs Caragua, dent de cheval.	21 —

Le tout aux 100 kilos, logés, Paris

MÉLANGE SPÉCIAL POUR PRAIRIES PERMANENTES
composé selon la nature du sol, 65 kilos à l'hectare
Prix : 90 fr.

Adresser les commandes à **BIROT** Henri, cultivateur grainier,
19, r. de Viarmes (Bourse de Commerce), Paris.

17ᵉ Année. — Nº 18.   LE NUMÉRO. **10** CENTIMES.   Dimanche 3 Mai 1896.

GAZETTE AGRICOLE

JOURNAL HEBDOMADAIRE, PARAISSANT LE DIMANCHE

Fondateur : M. CH. GOSSIN, Professeur d'Agriculture à l'Institut agricole de Beauvais

PRIX DE L'ABONNEMENT

UN AN, 5 fr. — SIX MOIS, 3 fr. — TROIS MOIS, 2 fr. 25

Pour l'Étranger les abonnements ne sont reçus que pour un an, au prix de 6 francs, et ne partent que du 1ᵉʳ JANVIER ou du 1ᵉʳ JUILLET de chaque année.

Le Numéro : **10** centimes.

Adresser toute la correspondance : mandats, lettres, annonces, etc., à M. CRÉPEAUX, Directeur de la *Gazette agricole*, 10 bis, rue Piccini, Paris.

Toute demande de changement d'adresse doit être accompagnée de 50 centimes et de la dernière bande du journal

BUREAUX

97, rue de Rennes, Paris et à Beauvais, rue Saint-Étienne.

Les abonnements partent du 1ᵉʳ de chaque mois et sont payables d'avance Toute demande d'abonnement doit donc être accompagnée du prix de l'abonnement. (Le mode de payement le plus simple est l'envoi d'un mandat-poste.)

Donner *très lisiblement*, en s'abonnant, son nom et son adresse exacte, avec l'indication du bureau de poste; et, s'il s'agit d'une continuation d'abonnement, joindre au renouvellement la dernière bande d'adresse du journal.

Les Annonces sont reçues à la Direction du Journal, et chez MM. DUSSERIS et MATHELLON, 97, rue de Rennes Paris.

Il est interdit de reproduire les articles contenus dans la *Gazette Agricole*.

Sommaire :

BULLETIN COMMERCIAL

BOURSE DU COMMERCE DU MERCREDI 29 AVRIL.

	FARINES	BLÉS
Courant	40 35	18 50
Prochain	39 55	18 75
Mai-juin	39 70	18 75
4 de mai	39 85	18 75
Juill.-août	40 15	18 75
4 dernier	40 50	18 45

Marque de Corbeil : 44 fr. le sac de 150 kil. toile à rendre.

Halle aux blés — *Blés indigènes.* — La demande pour le disponible est bonne, les prix sont soutenus pour les belles qualités et dans quelques cas en légère avance, sans changement pour les sortes ordinaires. Les offres de la culture diminuent chaque jour d'importance. On cote de 17,75 à 18,75 les 100 kil. nets, gare d'arrivée Paris.

Blés exotiques. — Il n'en est pas question, les prix ne varient pas.

Avoines. — Les offres de la culture sont plus restreintes et les marchés de province accusent une hausse de 25 cent. La meunerie se montre réservée; quant aux avoines étrangères il ne peut en être question, elles sont trop chères pour venir chez nous.

On cote : avoines blanches 14,25 à 14,50, rouges, 14,75, grises 15 à 15.25 noires, 15,50 à 16, 0 les 100 kil. ce qui indique une certaine fermeté.

Seigles. — Les affaires restent très calmes, les acheteurs sont réservés par suite de la bonne apparence de la récolte. On cote 10,25 acheteurs, 10.50 à 10,75 vendeurs.

Orges. — La saison peut être considérée comme terminée, la brasserie allant cesser de germer.

Il n'y a plus beaucoup d'orges en culture; on consommera dans la ferme ce qui reste; on peut donc espérer commencer la prochaine campagne sans vieilles orges.

Cet après-midi, il n'y a pas eu d'affaires; peu d'offres, peu d'acheteurs. Les prix se soutiennent sans changement notable. On cote à Paris, ordinaires 14 à 14,50, moyennes 14,75 à 15, bonnes 15,25 à 16 les 100 kil.

Escourgeons. — La sécheresse avait fait roidir un peu les cours, mais la hausse arrête les acheteurs. Les prix restent relativement élevés pour l'escourgeon de Beauce dont on demande jusqu'à 17 fr. Paris.

Les Afrique valent maintenant 12,75 à 13 les 100 kil. Dunkerque. Sur 4 derniers on parle de 15,50 caf. Dunkerque pour les Vendée et de 9.50 caf pour les Russie.

Sucres. — Marché calme sans aucun fait saillant. Prix sans changement.

Raffinés 103 à 103.50, roux 88° 32,50 à 32,75.

Marché de la Chapelle. — Marché ordinaire.

On cote : paille de blé 1ʳᵉ qté 27 fr., 2ᵉ qté 24, 3ᵉ qté 21 fr.; paille de seigle 1ʳᵉ qté 32 fr., 2ᵉ qté 29, 3ᵉ qté 26. paille d'avoine 1ʳᵉ qté 22 fr., 2ᵉ qté 20, 3ᵉ qté 17; foin nouveau 1ʳᵉ qté 46 fr., 2ᵉ qté 44, 3ᵉ qté 40; luzerne, 1ʳᵉ qté, 47 fr., 2ᵉ qté 43, 3ᵉ qté 40; regain 1ʳᵉ qté 44 fr.; 2ᵉ qté 41 fr., 3ᵉ qté 39 fr.; sainfoin, 1ʳᵉ qté 42 à 2ᵉ qté, 40, 3ᵉ qté 38.

FOURRAGES ET PAILLE

Paris La Chapelle.	Prix extrêmes
Foin 100 bot dans Paris n.	38 à 46
Luzern nouv.	38 à 46
Paille de blé	20 à 21
Paille de seigle	23 à 31
Paille d'avoine	17 à 21

Marché aux chevaux, 29 Avril.

Gros trait de 250 à 1.300	Boucherie de 70 à 250
Selle et tr.	Anes de 50 à 175
léger de 200 à 1.100	Chèvres de .. à »
H. d'âge de 10 0 à 300	

AMENÉS

Chevaux, 405 — Anes. 9 — Chèvres, ..

Voitures 112. de 35 à 550

ENCHÈRES

Chevaux amenés. 11.

Vendus. 8 de 135 à 375.

Prix des Produits Forestiers à Paris.

Bois DE FEU (Octroi non compris)	Falourde de pin	100 à 110 le cent.
	Bois de flot	100 à 105 le déca.
	Bois gris neuf	125 à 130 —
	Bois blanc	80 à 125 —
Bois D'ŒUVRE (Octroi compris)	Chêne gros bois	85 à 110 le m. cube
	— moyen bois	70 à 60 —
	— petit bois	30 à 48 —
	Charme, plateaux	55 à 55 —
Sciage de chêne.	Entrevoux	175 à 210 les 208 m.
	Échantillons	230 à 220 —
	Frise	27 à 28 104 m.

ENGRAIS

PARIS

Nitrate de soude	21 50 à 21 75
Superphosph. minéral 14/16	5 25 à 5 75
Superphosphate d'os 16/18	12 50 à 13 »
Scories 16/18	4 25 à 4 50
Phosphate minéral 14/16	3 80 à 4 »
Chlorure de potassium 48/52	18 75 à 20 »

NANTES

Nitrate de soude	22 30 à 22 50
Superphosph. minéral 14/16	6 » à 7 »
Scories 16/18	4 50 à 4 75
Phosphate minéral 14/16	4 » à 4 50
Chlorure de potassium 48/52	19 » à 19 75

LYON

Nitrate de soude	22 » à 23 »
Superphosph. minéral 14/16	5 75 à 6 »
Scories 14/16	4 50 à 5 »
Phosphate minéral 14/16	4 » à 4 25
Chlorure de potassium 48/55	20 » à 21 »

MARSEILLE

Nitrate de soude	20 50 à 21 »
Superph. minéral 14/16	6 » à 7 »
Sulfate de fer	5 » à 5 50
Sulfate d'ammoniaque 20/21	20 » à 22 »

Sulfate de cuivre.

Les 100 kil. 98/99 42.50 à 44.00

LINS. — Les 100 kilogr. — *Marché de Lille.*

	Communs	Ordin.	Super.
Alost	148 à 153	154 à 157	161 à 166
Bergues	150 à 158	161 à 168	173 à 1..

Prix moyen aux 100 kilog. des CÉRÉALES dans les Départements.

Région	Ville	BLÉ	SEIGLE	ORGE	AVOINE
Rég. du Nord-Ouest	Caen	17 00	10 00	14 25	15 50
	Lannion	17 25	10 00	14 50	15 75
	Morlaix	17 x5	10 00	12 25	14 00
	Rennes	17 25	10 25	13 00	14 00
	Avranches	17 00	10 25	12 50	14 00
	Laval	16 50	10 00	13 00	14 00
	Lorient	16 75	10 25	13 00	15 50
	Alençon	17 00	10 50	13 50	17 75
	Le Mans	16 50	10 00	13 50	17 00
Région du Nord	Soissons	17 50	10 25	»	15 10
	Evreux	17 75	10 00	13 00	15 00
	Chartres	17 25	11 00	14 00	14 00
	Lille	17 75	10 2	14 75	16 00
	Compiègne	17 00	10 00	13 50	15 50
	Beauvais	17 50	10 75	15 2	16 50
	Arras	18 00	11 00	15 00	15 50
	Paris	17 5	10 50	15 00	15 50
	Versailles	17 50	10 25	13 75	16 00
	Rouen	17 50	10 25	15 00	16 00
	Amiens	17 25	10 50	15 50	16 00
Rég. du N.-E.	Mézières	17 50	10 00	13 00	16 00
	Nogent-s-Seine	17 50	10 00	14 75	15 50
	Châlons-sur-Marne	17 50	10 25	15 00	15 50
	Langres	17 75	10 00	15 00	15 75
	Nancy	18 00	10 00	15 00	15 50
	Bar-le-Duc	17 50	10 00	15 00	15 50
	Neufchâteau	17 75	10 50	14 75	16 50
Région de l'Ouest	Ruffec	17 50	10 25	13 00	15 10
	Marans	17 25	10 00	13 25	14 75
	Niort	17 00	10 00	14 00	15 00
	Tours	17 00	10 00	14 00	15 00
	Nantes	17 25	10 25	13 25	14 25
	Anger	16 75	10 00	14 00	14 00
	Luçon	17 00	10 00	13 00	»
	Poitiers	17 00	10 00	13 00	15 00
	Limoges	17 00	10 25	»	16 00
Région du Centre	Moulins	17 50	9 75	13 75	15 00
	Bourges	17 25	10 00	13 50	14 00
	Aubusson	17 50	10 00	14 25	15 00
	Châteauroux	17 50	10 00	13 75	13 50
	Orléans	17 25	10 00	14 00	14 50
	Blois	18 00	10 00	15 00	16 50
	Nevers	17 00	10 25	14 00	16 00
	Clermont Ferr.	17 00	10 00	13 50	15 75
	Sens	17 50	10 00	13 50	16 00
Région de l'Est	Bourg	17 25	10 25	13 50	16 00
	Dijon	17 75	10 50	15 00	14 75
	Besançon	17 75	10 25	13 00	15 00
	Grenoble	17 50	10 00	13 00	15 00
	Dôle	17 50	10 25	13 00	15 00
	Saint-Etienne	17 75	10 00	13 00	15 75
	Lyon	18 50	11 00	15 00	16 00
	Mâcon	17 50	12 00	13 00	15 00
	Vesoul	17 75	10 25	»	15 50
	Chambéry	17 75	10 00	»	15 00
	Annecy	17 50	»	»	16 00
Rég. du Sud-Ouest	Pamiers	17 50	10 25	»	16 25
	Périgueux	17 50	11 75	14 00	15 00
	Toulouse	18 25	11 25	13 75	15 25
	Auch	17 50	»	»	15 75
	Bordeaux	17 75	12 00	13 00	16 00
	Dax	17 50	12 00	13 00	16 00
	Agen	17 75	11 00	13 00	16 00
	Bayonne	17 75	11 00	14 00	15 75
	Tarbes	17 50	10 75	»	16 00
Région du Sud	Carcassonne	17 50	»	13 75	15 75
	Rodez	17 50	12 00	14 00	16 00
	Mauriac	17 75	11 00	»	16 00
	Tulle	17 75	11 25	»	16 00
	Montpellier	17 50	11 00	»	15 00
	Figeac	17 75	11 00	»	16 00
	Mende	17 75	11 25	»	15 75
	Perpignan	17 75	11 00	14 00	14 50
	Albi	18 00	11 00	14 00	15 00
	Montauban	17 75	11 25	13 50	16 00
Région du Sud-Est	Gap	17 75	10 50	14 50	16 25
	Manosque	17 50	10 75	16 75	15 75
	Nice	17 50	10 50	13 25	16 00
	Privas	17 50	11 00	13 00	16 00
	Arles	19 25	11 00	13 »	16 00
	Montélimar	17 50	10 75	4 00	16 25
	Nîmes	17 00	»	14 00	16 00
	Le Puy	18 00	»	14 00	16 75
	Draguignan	18 00	12 00	»	»
	Avignon	18 50	12 00	13 50	16 75

Tourteaux. — Cours de la maison P. Marchand frères, à Dunkerque (Nord) :

TOURTEAUX A NOURRIR

	Dispon.	A livrer.
Coton de graines d'Egypte	9 »»	9 »»
Sésame blanc	11 50	11 5-
Arachide décortiquée	14 50	14 50
Colza à nourrir	10 »»	10 »»
Colza du pays	11 »»	11 »»
Œillette du Levant	10 »»	10 »»
Œillette blanche de Turquie	10 »»	10 »»
Lin 1re qual. de Bombay g. form.	14 »»	14 »»
Lin 1re qual. de Bombay p. form.	14 50	14 50

TOURTEAUX-ENGRAIS

Arachide décortiquée	14 »»	14 »»
Cameline	»» »»	»» »»
Colza des Indes en poudre	»» »»	»» »»
Colza ravison	7 25	7 25
Colza jaune Gutzerat	10 50	10 75
Kurrachée	»» »»	»» »»
Niger	»» »»	»» »»
Pavot	9 75	9 75
Sésame, blanc	10 50	»» »»
Sésame noir	»» »»	»» »»
Coton en farine	7 50	7 50

Nos prix s'entendent pour tourteaux en planches, rendus en gare de Dunkerque.

Paiement à 30 jours ou à terme plus éloigné suivant convention expresse.

Le concassage se paie 0 fr. 25 et la mise en poudre 0 fr. 40 aux 100 kilos. Dans ce cas, les sacs sont facturés à 0 fr. 35 pièce, et repris au prix de facture, quand ils sont rendus en bon état et franco, dans les 30 jours de l'expédition.

FROMENTINE :

	100 kil.
Marque A	13 »
Marque B	13 «
Marque J	13 »
Marque L	15 »
Marque E	16 »

BEURRES. — (le kilogr.).

BEURRES EN MOTTES			BEURRES EN LIVRE		
Isigny extra.	5.00	5 50	Bourgogne	1.80	2.20
— demi-fin	3.50	4.00	Gâtinais	1.80	2.50
M. d'Isigny	3 00	3.50	Vendôme	1.70	2.40
du Gâtinais	1.90	2.00	Beaugency	1.70	2.40
de Bretagne	1.80	2.60	Ferme	2.10	2.90
Laitiers Jura	2.00	2.60	Tours	2.00	2.50
de Charente	2 00	2.80	Le Mans	1 70	2.00
des Alpes	1 90	2 90	Touraine fausse	1.80	2.20

ŒUFS. — (le mille).

Normandie ext.	74 à 90		Bourgogne	55 à 80	
Picardie —	72 à 102		Champagne	58 à 64	
Brie —	62 à 72		Nivernais	58 à 64	
Touraine	52 à 72		Bourbonnais	56 à 60	
Beauce	58 à 68		Bretagne	48 à 52	
Orne	54 à 65		Vendée	48 à 52	
Picardie	38 à 65		Auvergne	50 à 52	
Châtellerault	54 à 58		Midi	48 à 56	

FROMAGES.

Brie hautes marq.	55	63	Roquefort	140	250
Brie gr. m. (10)	40	48	Gruyère (100 k.)	100	175
— m. m.	30	29	Coulommiers (100)	20	50
Petits Nanteuils	20	25	Gournay (100)	15	20
Brie laitiers	15	20	Livarot (le 100)	90	120
Gérardmer (100 k.)	70	80	Bourgogne (100)	65	70
Hollande	150	160	Camembert (10)	40	64
Bondons (100)	10	18	Munster (100)	90	100
Cantal	110	120	Port-Salut	140	160

VOLAILLES

Poulet Brest dit moelleux	4 00	6 00	Pigeo Macon	1.50	2.00
Poulets Nant.	3 00	5.00	Ca. s Nantais	4 00	1.35
Poulets Tour.	2.75	5.25	Dindes Tourr.	7.00	11.00
Poulets Houdan	6.00	8.00	Oies	7.00	8.50
Pigeons d'Italie	80	1.25	Lapins dom.	2.75	4.00
			Lapins garenne	1.50	2.00

VINS — BERCY

Rouges			Blancs		
B. Bourg. vieux	140 à 160		Bordeaux	125 à 160	
Touraine	105 à 115		B. Bourg	150 à 190	
Bord. vieux	130 à 166		Sancerre	130 à 135	
Algérie	28 à 32		Chablis	200 à 350	
Cher	110 à 135		Anjou	120 à 135	
Chinon	125 à 180		Pouilly	350 à 30	
Narbonne	32 à 40		Vouvray	155 à 195	

HOUBLONS. — Les 50 kilogr.

Alost primé	28,00 à 30,00
Bourgogne	55,00 à 60,00
Poperinghe	25,00 à 30,00
Wurtemberg	4 ,00 à 42,00
Altmark	75,00 à 100,00
Alsace	50,00 à 65,00

POMMES DE TERRE

Hollande (100 kil.)	8 » à 17 »
Roses-Early	8 » à 10 »
Magnum-Banum	7 » à 7 50
Rondes	5 » à 5 20

LÉGUMES SECS. — (Les 100 kilogr.)

	Haricots	Pois	Vesce	Lentille
Paris	32 00 50,00	20 18.00	19 à 20	30 00 56
Bordeaux	34.00 35 00	35 45.00	18 19	49 00 60
Marseille	22.00 30.00	18 25	20 20	24.00 52

CHANVRES

Les 50 kil.	1re qualité.	3e qualité
Le Mans	33,00 à 35,50	30,00 à 20,00
Saumur (b.)	40,00 à 42,00	37,00 à 38,30

Marché de la Villette du 27 avril 1896.

PRIX DE LA VIANDE NETTE

	1re qualité	2e qualité	3e qualité
Bœufs	1.50	1.42	1.32
Vaches	1.48	1.40	1.30
Taureaux	1 26	1.14	1.04
Veaux	2 08	1.76	1.46
Moutons	1 96	1.86	1.72
Porcs	1.10	1.02	0.91

ESPÈCES	AMENÉS	VENDUS	PRIX EXTRÊME viande net	poids vif
Bœufs	2.259	1.851	1.32 à 1 50	68 à 95
Vaches	741	653	1.30 1.48	57 . 91
Taureaux	191	156	1.04 1.26	48 . 79
Veaux	1.281	1.056	1.46 1.08	71 1.22
Moutons	14.513	14.667	1.72 1.96	78 1.31
Porcs	3.9.6	3.781	» 94 1.02	64 » 74

Vente très difficile

Marché de la Villette du 30 Avril 1896.

PRIX DE LA VIANDE NETTE AU KILOG.

	1re qualité	2e qualité	3e qualité	Prix extrême
Bœufs	1.50	1.40	1.30	1.26 à 1.50
Vaches	1.46	1.36	1.26	1 20 1 52
Taureaux	1 26	1.18	1.10	1 06 1.36
Veaux	2.10	1.86	1.70	1.60 2 16
Moutons	1.96	1.84	1.70	1.54 2 08
Porcs	1.00	90	»	84 1.10

ESPÈCES	AMENÉS	RENVOI	OBSERVATIONS
Bœufs	1.501	»	Vente sur le gros détail, plus facile sur les veaux, moyenne sur les moutons, et mauvaise sur les porcs.
Vaches	463	88	
Taureaux	221	»	
Veaux	1.507	116	
Moutons	11 589	»	
Porcs	5.507	300	

Vente du bétail au marché de La Villette.

Adresser les animaux à MM. Henri Roblin et Surugue, en gare Paris-Bestiaux. Les aviser par lettre auparavant, 190, rue d'Allemagne, Paris.

Avis aux lecteurs. — La *Poudre de Rogé*, approuvée par l'Académie de médecine, est le plus agréable des purgatifs, celui qui convient le mieux aux dames, aux enfants et aux tempéraments délicats.

« *La poudre de Rogé peut, dans presque tous les cas, remplacer les autres purgatifs.* » (Répertoire de Pharmacie.) — Eviter les produits similaires dont le nom peut prêter à confusion. Fab. : 19, rue Jacob, Paris. Dépôt : 9, rue du Quatre-Septembre, et toutes les pharmacies.

Prix du flacon : 2 fr.

CHRONIQUE POLITIQUE

La dernière semaine a été marquée de graves péripéties parlementaires qui ont abouti à une crise, non seulement ministérielle, mais gouvernementale et révolutionnaire.

Le sénat, encouragé sans doute par l'attitude des Conseils généraux, a refusé au ministère Bourgeois le vote de confiance sur lequel il comptait. M. Bourgeois et ses collègues se sont résignés à démissionner, mais entre les mains de la majorité hybride qui les soutenait au Palais-Bourbon. C'est pour cela qu'ils avaient convoqué la Chambre. Cette majorité leur a donné un gage posthume visant à rendre impossible un ministère modéré et à provoquer une campagne révolutionnaire contre le Sénat d'abord, puis contre M. Faure lui-même, au cas où il chercherait un ministère en dehors du parti radical socialiste.

Cette tactique odieuse a eu un commencement de succès. Les radicaux et les socialistes jettent feu et flammes contre le Sénat, ils organisent des réunions, même des manifestations séditieuses sur la voie publique, ils somment M. Faure de se soumettre à leurs exigences ou de se démettre.

M. Faure a commencé par faire appel à M. Sarrien pour former le cabinet demi-radical destiné à remplacer le cabinet Bourgeois. M. Sarrien n'a pu réussir. Il s'est heurté dans le groupe des députés soi-disant *progressistes* à des exigences et à des passions personnelles qui l'ont cruellement édifié sur les dessous de cette coterie dont M. Bourgeois avait tiré sa triste majorité.

M. Faure s'est donc retourné vers le centre proprement dit et a chargé M. Méline de composer le nouveau cabinet.

M. Méline est à l'œuvre au moment où nous écrivons ces lignes. Nous lui souhaitons cordialement un succès digne de ses efforts en vue de la politique d'apaisement qui est la sienne; mais nous sommes loin de l'espérer en présence du déchaînement des passions révolutionnaires causé par le cabinet Bourgeois.

Évidemment si le cabinet Méline n'obtient pas un vote d'adhésion de la majorité de la Chambre, nous serons acculés à la dissolution, puis à la révision de la constitution, c'est-à-dire à des aventures périlleuses pour l'état et pour la société elle-même, car dans l'état actuel des esprits, la masse des honnêtes gens en France est en proie à un désarroi absolu, tout le monde comprend que la coterie qui nous pousse aux abîmes depuis quinze ans devrait être congédiée; mais le parti dit *avancé progressiste*, qui convoite sa succession, ne peut que hâter l'effondrement dont nous sommes menacés.

Que signifie l'appel au peuple souverain qui est le mot d'ordre menteur de ce parti? Ceci tout simplement : l'appel à quelques milliers de malheureux ouvriers qu'ils ont enfiévrés par leurs hâbleries et par leurs promesses pour se faire hisser au pouvoir à leurs dépens et aux dépens de tout le pays.

Le peuple sensé et honnête de nos campagnes sait bien qu'il ne peut gouverner, il ne demande qu'à être gouverné par des hommes capables et comprenant ses besoins. Sa souveraineté ne peut avoir un autre sens. Lorsque tout le monde est maître, dit Bossuet, personne n'est maître, et lorsque personne n'est maître, tout le monde est esclave. Voilà où en est aujourd'hui le peuple français.

Un tel état d'anarchie ne peut durer. Tout le monde demande avec anxiété par quelle issue nous en sortirons. Malheureusement rien ne nous rassure sur ce point dans le personnel qui devrait nous préparer cet avenir.

En attendant, les conseils généraux ont rendu au pays un grand service qui les appelle à en rendre d'autres dans la bagarre où nous poussent les passions aveugles déchaînées au Palais-Bourbon.

Espérons que là sera le point de ralliement du pays exploité contre les politiciens qui l'exploitent.

Le nouveau Ministère est définitivement constitué.

Voici sa composition :

Présidence du Conseil et Agriculture,	M. MÉLINE.
Justice,	M. DARLAN.
Affaires étrangères,	M. HANOTAUX.
Intérieur,	M. BARTHOU.
Finances,	M. GEORGES COCHERY.
Guerre,	M. le général BILLOT.
Marine,	M. l'amiral BESNARD.
Instruction publique,	M. ALFRED RAMBAUD.
Colonies,	M. ANDRÉ LEBON.
Commerce,	M. HENRY BOUCHER.
Travaux publics,	M. TURREL.

L'anniversaire de la « Libre Parole. »

Nous joignons de tout cœur nos sentiments sympathiques à ceux que nos confrères indépendants manifestent à la *Libre Parole* à l'occasion de son quatrième anniversaire. C'est avec la plus vive joie que nous constatons les progrès réalisés par l'organe qui a fait la trouée dans les rangs de la *juiverie* et des *enjuivés*. La campagne ardente et si documentée que mène la *Libre Parole* intéresse trop les agriculteurs qui sont les premières victimes du régime actuel pour que nous ne la soutenions pas de tous nos efforts. Il y a longtemps d'ailleurs, que nous voyons à l'œuvre M. Drumont: nos sympathies pour lui datent de l'époque, déjà éloignée, où il collaborait au *Monde* ; depuis, nous avons suivi son œuvre avec le plus amical intérêt.

Nous sommes heureux de constater que ce vaillant lutteur qui est un philosophe de premier ordre en même temps qu'un publiciste de grand talent arrive à se faire des amis de ses adversaires de la première heure : la preuve en est dans les sympathies qu'il rencontre jusque dans les organes de la presse qui lui étaient autrefois peu favorables.

Puisse cette solidarité des vrais Français s'affermir encore et accroître l'influence et les succès d'un organe qui rend au pays de si grands services en mettant toutes choses au point, en précisant les griefs des patriotes contre la bande judéo-maçonnique.

Que nos confrères de la *Libre Parole* acceptent donc et nos vœux ardents et ceux de nos chers lecteurs !

S. C.

La politique qui nous ruine.

Quelques journaux publient le chiffre sans cesse croissant des budgets de l'Etat depuis 1872 jusqu'en 1895.

Cette progression écrasante est surtout à noter — et nous l'avons fait plus d'une fois depuis le budget de 1876, s'élevant à 2.700 millions, qui était réglé de façon à assurer tous les services publics y compris un amortissement de 150 millions. Dès lors les augmentations des budgets suivants étaient absolument inexcusables. Or précisément, ils n'ont cessé d'augmenter d'année en année de 2.800 millions en 1877 jusqu'à 3.500 millions en 1895. Et dans quels intérêts ont eu lieu ces gaspillages? Dans un seul but. Celui d'asservir le peuple français à la coterie qui détient par ce temps dans ses mains avides toutes les ressources, toutes les forces vives du pays et qui assure aussi sa victoire dans toutes les élections de 300 arrondissements dont elle a fait autant de *bourgs pourris* pour cette majorité qui nous accule aujourd'hui à la banqueroute financière de l'Etat, et ce qui est pire, à une nouvelle révolution dont la faction socialiste escompte les profits et dont les ruraux seront les principales victimes.

Les charlatans socialistes, notez ceci, ne parlent nullement d'économies; ils parlent au contraire de nouveaux impôts — spécialement l'impôt sur ce qu'ils nomment les riches.

Quand ils auront détruit ce qui reste de richesse en France — résultat inévitable de leur impôt — où le peuple trouvera-t-il du travail? Sans travail, plus rien, la misère de quelques-uns sera la misère pour tous. Alors l'égalité, ce rêve des envieux et des niveleurs, deviendra demain une réalité. Cela s'appelle la république sociale.

Voilà où on nous mène si le bon sens rural ne se réveille pas de sa léthargie, où l'endorment les faux conservateurs pendant que les socialistes exploitent, avec une ardeur farouche, les appétits, les ignorances, les crédulités des ouvriers de Paris et des grands centres. Qui donc nous éclairera sur de tels dangers, et nous donnera l'énergie nécessaire pour les conjurer?

L'agriculture et l'impôt sur le revenu.

Au moment où les meneurs radicaux et socialistes s'efforcent d'égarer les petits propriétaires et les ouvriers ruraux, et de les persuader que l'impôt sur le revenu serait leur bonheur, nous relevons dans le *Figaro*, un article très bien conçu, de M. Jules Roche qui montre le piège dangereux tendu à leur crédulité :

« Les Conseils généraux ont examiné la grande pensée du règne radical-socialiste en se plaçant surtout au point de vue de ses conséquences envers les petits contribuables envers l'agriculture et envers les finances départementales et communales. Un peu partout, on a procédé à cet examen comme nous l'avons fait dans l'Ardèche.

« Nous avons dressé le bilan de la plupart des familles de ces cultivateurs, de ces modestes propriétaires qui constituent la moitié de la France. On peut tenir pour certain que toutes celles qui comptent quatre ou cinq personnes travaillant ensemble, depuis le père et la mère jusqu'au jeune enfant de treize à quatorze ans — un cas des plus fréquents — tomberaient sous l'application de la loi d'oppression et de vengeance. Il nous a suffi de regarder dans nos villages pour nous en convaincre et pour le faire comprendre aux paysans avec qui nous avons causé, stupéfaits de voir où on les conduisait sous prétexte d'assurer leur bonheur !

« Quant à l'agriculture française, à laquelle on prodigue à l'envi les protestations de sollicitude et de dévouement, les conseillers généraux ont clairement et promptement aperçu la ruine inévitable dont le système la menace.

« Non seulement, en effet, il éloignerait de tout emploi agricole les capitaux et le crédit, sans lesquels tous les efforts, tous les sacrifices, toutes les institutions de l'Etat, tous les instituts agronomiques, tous les professeurs d'agriculture, tous les ministres de l'agriculture, tous les droits de douane, toutes les primes, toutes les protections seront aussi inutiles « qu'un vésicatoire sur « une jambe de bois. » — Ainsi, dans les campagnes, c'est-à-dire dans la grande majorité des communes de France, le projet aboutit aux plus révoltantes injustices, à une véritable spoliation des cultivateurs. En supprimant les centimes des portes et fenêtres et de la contribution personnelle et mobilière, et en exonérant ainsi de tout impôt des contribuables qui ne payent que ceux-là et peuvent parfaitement les payer, et qui échapperaient aisément à l'impôt sur le revenu, on ne rencontrerait plus, pour remplacer les produits disparus, que le petit commerce local et l'agriculture.

« Or, le petit commerce local — nous en avons fait le calcul dans les budgets de toutes les communes rurales — ne représente que 1,85 0/0 (pas même 2 0/0!) dans le produit total des impôts directs. C'est dire qu'on ne pourrait rien, et presque rien, lui demander de plus. Par conséquent, tout le fardeau reviendrait uniquement à l'agriculture. Le paysan, seul, serait chargé d'alimenter le budget communal et départemental.

« Le dépouillement méthodique du budget du département de l'Ardèche et de ses 339 communes m'a permis d'établir que l'impôt foncier sur la propriété non bâtie serait ainsi augmenté, dans les communes rurales, de *plus de* 50 0/0 en moyenne, par rapport au principal, et que, dans un très grand nombre de cas, cette augmentation s'élèverait jusqu'à 60, 70 et même 80 0/0.

« De telles conséquences jugent le système qui les engendre et mettent fin à tout débat entre gens qui n'ont perdu ni la raison ni la bonne foi. C'est là ce qu'on a vu, pensé et décidé dans la plupart des Conseils généraux.

« Ces votes font honneur à la France. Ils montrent qu'elle n'est pas telle que sa prétendue représentation et son gouvernement la font paraître aux yeux du monde. Ils montrent en même temps combien est urgente la solution du problème qui consiste à donner à ce pays de bon sens, de travail, de bonne volonté, un gouvernement fidèle à son esprit, qui le soutienne et l'encourage, et non point qui s'ingénie à le troubler et s'acharne à le perdre. »

Voilà les faits et les raisons qui devraient être exposés et expliqués aux malheureux ruraux au moment où les charlatans politiques radicaux, francs-maçons, socialistes, redoublent de violence de concert avec des fonctionnaires serviles pour les entraîner à leur suite dans une politique qui est le plus court chemin vers la ruine du pays.

Un conseil général naïf.

Ce Conseil général est celui de la Haute-Garonne. Avec tous les amis de l'agriculture, il voudrait la voir exonérer de l'impôt foncier et il a émis à cet effet un vœu *invitant* le Parlement à *rechercher les moyens* de supprimer cet impôt ou au moins de le réduire.

Demander une telle besogne à un Parlement qui chaque année écrase la France de dettes sans cesse croissantes, c'est vraiment reculer les limites d'une candeur jusqu'à lui donner un autre nom. Comme le président Hébrard (du *Temps*) a dû rire dans sa barbe en proclamant cet ineffable vœu !

Les eaux de la Durance.

M. Viger, avec sa dextérité habituelle, a renvoyé dos à dos les Marseillais et les ruraux qui se disputent les eaux de la Durance. Il a confié le soin de régler leurs parts respectives à M. Pochet, inspecteur général de l'hydraulique agricole, en appliquant de son mieux le règlements relatifs à ce difficile partage dont l'habile ministre lui renvoie la responsabilité.

Comme c'est commode d'être ministre dans ces conditions! Qu'on ne s'étonne pas si le poste de M. Viger est convoité avec frénésie par une douzaine au moins de députés faméliques!

CHRONIQUE GÉNÉRALE

AVIS IMPORTANT

Nous prions instamment nos amis de nous adresser les listes des personnes de leur connaissance qui devraient s'abonner à la *Gazette*, nous leur enverrons des numéros spécimens en conservant la plus grande discrétion.

Plus que jamais, est-il besoin de le dire, les agriculteurs doivent propager les journaux qui défendent leurs intérêts si gravement compromis. Or, le moyen que nous indiquons est celui qui donne les meilleurs résultats.

Nous nous faisons toujours un plaisir d'étudier avec nos amis les moyens à employer pour faciliter cette propagande indispensable.

Nous profitons de cette circonstance pour remercier encore et très chaleureusement tous ceux qui s'associent à notre œuvre de conservation sociale et religieuse.

S. CRÉPEAUX,
Professeur à l'Institut agricole à Beauvais.

Une Révolution dans la sucrerie

Nous recevons la très intéressante lettre qui suit et que nous publions sous toutes réserves :

Paris, le 23 avril 1896.

« Monsieur le Rédacteur,

« J'ai l'honneur de porter à votre connaissance que je viens de constater à mon passage à Beaumont (Pas-de-Calais), un fait qui par son caractère constitue une véritable révolution dans l'industrie sucrière.

« Voici en peu de mots ce dont il s'agit :

« Un brevet ayant pour objet d'opérer le raffinage du sucre directement en fabrique, vient d'être pris par M. Ranson, de Palempin (Nord). Des expériences en grand ont été faites dans le courant du mois de février 1896, dans la sucrerie de M. Cavroy, à Beaumont (Pas-de-Calais). Ces expériences ont été tellement concluantes que M. Cavroy a aussitôt adopté pour son compte le procédé Ranson, qu'il est en train d'installer en ce moment et à ses frais en son usine de Beaumont.

« Je vous signale ce fait qui fera d'autant plus sensation que cette innovation
est appelée à supprimer les raffineries
existantes et par cela même touche une
catégorie de personnes qui ont fait et
ont encore des fortunes fabuleuses
dans cette partie.

« Recevez, etc.,

« G. RENARD. »

Nous faisons des vœux pour que cette
nouvelle soit confirmée. Nous serons
heureux, on n'en peut douter, de
prêter notre concours le plus devoué à
la vulgarisation d'un procédé pour
affranchir les agriculteurs, les industriels et les consommateurs du joug
scandaleux sous lequel ils sont maintenus par les raffineurs juifs.

Importation de bestiaux.

Un décret présidentiel fixe à 12 seulement les ports et les villes par lesquels
pourront être importés en France, les
bestiaux autres que ceux qui sont destinés immédiatement à la boucherie. Le
décret fixe les droits à payer par les
importateurs pour l'inspection sanitaire
dont ces animaux seront l'objet avant
d'entrer en France. Les bœufs payeront
fr. 50 et les bouvillons, 0 fr. 75.

Ce décret a pour but de préserver les
bestiaux de la tuberculose. Mais on sait
que cette affection existe souvent à l'état
d'incubation impossible à constater par
le vétérinaire le plus clairvoyant. Il est
donc à craindre que le décret ne suffise
pas pour rassurer les acquéreurs de ces
animaux ; ils auront intérêt à les surveiller pendant quelque temps au moins
chez eux sinon à les faire inoculer par
la tuberculine.

Concours régionaux de 1896.

I. — CONCOURS DE MONTPELLIER.

Merveilleusement organisé par M. de
Lapparent, ce concours a eu un plein
succès au point de vue viticole surtout.
Les viticulteurs de l'Hérault tiennent à
conserver leur réputation. Non contents
d'avoir été des premiers à vaincre le
phylloxera, ils veulent rester à la tête
de tous les progrès viticoles : on doit les
féliciter de cette persévérance.

A part la vigne, l'agriculture de toute
cette contrée est dans un état lamentable par suite d'une sécheresse excessive,
conséquence du manque de pluies depuis six mois. Toutes les récoltes font
peine à voir, les plantes fourragères en
fleurs n'ont que quelques centimètres
de hauteur, les céréales suivant une expression très juste « rentrent en terre » ;
on se demande avec anxiété ce que va
devenir le bétail. Car, quoi qu'il arrive
maintenant, toutes les récoltes sont
compromises, pleuvrait-il à torrent que
ce serait trop tard. Toute cette région
ne peut être utilement arrosée que par
la fonte des neiges. Or, pour la première

fois depuis longtemps, il n'est pas tombé
de neige cet hiver en quantité appréciable.

Ainsi que cela se passe dans tous les
concours de cette région, les animaux
de l'espèce bovine ne sont présentés que
par les nourrisseurs des villes qui, naturellement, les surmènent en vue de
l'obtention du lait et altèrent par conséquent leurs aptitudes à la reproduction.
On voit que nous ne sommes pas dans
une région d'élevage : dans toutes les
catégories, les animaux sont peu nombreux, et à part de très rares exceptions,
ils sont loin d'être remarquables.

Espèce bovine. — *Race tarentaise ou
tarine* : Cette race est surtout la propriété des nourrisseurs, c'est la variété
laitière qui résiste le mieux sous le climat méridional. Principaux lauréats :
MM. Matile (Vaucluse), Duisit, Millon,
Rey (Savoie), Pivot (Hérault), Bernard
(Isère). — *Race d'Aubrac* : Cette variété
fournit les animaux qui effectuent les
transports et les travaux divers, elle est
représentée par quelques bons sujets
appartenant à MM. Sinègre (Lozère),
Savy, Cabrolier, Granier, de Séguret
(Aveyron). *Race d'Angles.* Lauréats :
MM. Cornouls-Houlès, Auriol, Olombel
La Sagne (Tarn), Mme Zubléma (Hérault).
Race Villars-de-Lans : MM. Imbaud, Jal-
lier, Achard, Faure, Barnier, Chabert
(Isère). *Race de Mézenc* : MM. Pitot (Hé-
rault), Eyraud, Descours (Haute-Loire).
Races diverses : MM. Rouvière (Tarn),
Chanut (Hérault). — PRIX D'ENSEMBLE :
M. Chanut, par des schwitz ; M. de Sé-
guret, pour des animaux de race Au-
brac. — BANDES DE VACHES : MM. Pitot,
Fort (Hérault), Quey, Combettes.

Espèce ovine. — Peu d'animaux présentés. *Race mérinos* : MM. Jalaguier
(Gard), Despetis (Hérault). *Race des Alpes* : M. Caubet (Rhône). *Race du Larzac* :
MM. Gaubert (Aveyron). *Race barbarine* :
M. Despetis. *Races étrangères* : M. Jalaguier. — PRIX D'ENSEMBLE : M. Despetis,
pour des barbarins ; M. Jalaguier, pour
des southdown.

Espèce porcine. — *Races indigènes* :
MM. Patissier (Allier), Caubet (Rhône),
Parry (Haute-Vienne), Pesserre (Hautes-
Pyrénées). — *Races étrangères* : MM. Cau-
bet (Rhône), Mme Zubléma (Allier), Parry,
(Haute-Vienne). *Croisements* : MM. Pes-
serre, Caubet, Mme Zubléma. — PRIX
D'ENSEMBLE : M Caubet, pour ses porcs
yorkshire ; Mme Zubléma, pour une truie
yorkshire-augeronne.

Animaux de bassse-cour. — Très
intéressante exposition dont les principaux lauréats sont : MM. Caubet (Rhône),
Chabral (Gard), comte de Molinier (Pyrénées - Orientales), Mme Matile (Vaucluse). — PRIX D'ENSEMBLE : M. Jalaguier.

Produits agricoles. — *Huile d'oli-
ve* : Médailles d'argent grand module :
MM. Jalaguier, Stephan. — *Olives* :
MM. Montels et Michels. — *Beurres* :
M. Chalon. — *Vins. Vins de coteaux* :
M. Capman. *Vins de l'Hérault. Vins de

plaine.* Médailles d'or : Mme Arnal,
M. Blanc. *Vins de coteaux :* Médaille d'or :
MM. Bourelly. Saigné. *Vins de Vaucluse.
Vins blancs.* Médaille d'or : M. Tressier.
Vins fins. Médaille d'or : MM. Poujol,
Jullian. *Vins de liqueur.* Médaille d'or :
M. Montogne. *Vins blancs secs* : Médaille
d'or : M. Couderc. *Vins paillets* : M. Tres-
sier. *Vins doux* : M. Favier. *Muscats* :
M. Crès. *Vins blancs de liqueur* : M. Da-
lichon. — *Horticulture* : M. Aymard. —
Raisins : M. Bisset. — *Produits divers* :
M. Jalaguier. — EXPOSANTS MARCHANDS :
Médaille d'or : MM. Vilmorin-Andrieu.

**Machines et instruments agri-
coles.** — *Pulvérisateurs à pression indépendante du porteur pour traitement des
vignes. Appareils à dos d'homme :* 1er prix,
M. Rousset, à Nîmes (Gard) ; 2e M. Paul,
à Cette (Hérault) ; 3es MM. Lasmolles,
Fréchou, de la Faye, à Nérac (Lot-et-Garonne) ; 4e MM. Albrand, à Marseille ; 5e
M. Thomas, à Vergèze (Gard). *Appareils à dos d'animaux de bât :* 1er prix
M. Rousset ; 2e M. Thomas ; 3e M. Paul.
*Appareils à répartir les poudres anticry-
ptogamiques :* 1er prix, M. Vermorel, à Vil-
franche (Rhône) ; 2e M. Malric, à Gaillac
(Tarn) ; 3e M. Bernus, à Lyon. *Appareils
à travailler les sarments pour les utiliser
comme litière :* 2e prix, M. Robert, à Marseille. — *Instruments divers de caves :*
1er prix, M. Bernus, à Lyon ; 2e M. Paul ;
3e M. Martin, à Paris ; 4e M. Léotard, à
Béziers (Hérault) ; 5e M. Cabal, à Bédarieux (Hérault). — *Pompes à vin. Pompes
à bras à double effet :* 1er prix, M. Vidal, à
Mèze (Hérault) ; 2es MM. Mousset et Blanc,
à Lyon ; 3e M. Coquinet, à Montpellier ;
4e M. Cabal. *Pompes à bras diverses :*
1er prix, M. Fafeur, à Carcassonné (Aude) ;
2e M. Paul ; 3e M. Guillebaud, à Angoulême (Charente) ; 4e M. Vantelot-Béran-
ger, à Beaune (Côte-d'Or). *Pompes à
moteurs :* 1er prix, M. Armand, à Montpellier ; 2e M. Guillebaud ; 3e M. Fafeur.

Prix culturaux. — 1re *catégorie,*
M. Duran, Louis ; 4e *catégorie,* M. Gau-
joux. — PRIME D'HONNEUR : M. Duran.

Prix de spécialités. — Objets d'art :
MM. Guieyse, création de vignobles ; Ro-
queblave, création de vignobles ; Gal-
tayries, création de vignobles. Médailles
d'or grand module : MM. Coste-Floret,
culture de vignes ; Despetis, culture de
vignes ; Vitalis, métayage.

**Concours d'irrigation et d'aména-
gement des eaux.** — 1re *catégorie,*
1er prix, M. Causse ; 2e M. Martin ; 3e
M. Hugounenc ; 2e *catégorie,* 4e prix,
M. Pascal.

Petite culture. — PRIME D'HONNEUR :
M. Gély.

Arboriculture. — Objet d'art : M. Aymard.

Sériciculture. — 1re *catégorie.* Objet
d'art : M. Sabatier. Médaille d'or :
MM. Teulon-Valio, Roqueferrier ; 2e *catégorie.* Médaille d'or : Mme Hermet.

S. C.

(*A suivre.*)

Lutte des deux farines.

On sait qu'une lutte mortelle est engagée depuis quelques années dans la minoterie entre la mouture par la meule et la mouture par le cylindre.

En Seine-et-Marne le parti de la meule est soutenu par les minotiers, qui y sont nombreux, et aussi par les fabricants de meules qui, à la Ferté-sous-Jouarre et aux environs, exploitent des pierres meulières et en obtiennent des meules d'une qualité sans rivale dans les deux mondes.

Ces deux circonstances expliquent le vœu exprimé récemment par le Conseil municipal de Meaux, au nom des intérêts de la santé publique, et un peu aussi, ce que nous ne blâmons pas, dans l'intérêt de la meunerie et de l'industrie meulière de Seine-et-Marne.

Le Conseil demande la condamnation de la machine par le cylindre pour les deux causes suivantes :

Attendu que le cylindre n'écrase pas le grain comme la meule, mais qu'il le décortique et en enlève le germe contenant une huile indispensable pour la digestion du pain, et que la farine ainsi préparée produit un pain privé de gluten et ne contenant que de l'amidon.

Que ce pain est pour ceux qui s'en nourrissent, une cause de maladies très graves, le diabète, l'anémie, jadis inconnues chez nous, et qui font des progrès alarmants dans les classes laborieuses surtout dans les campagnes ;

Le Conseil termine en demandant qu'une enquête soit faite sur ce sujet par l'Académie de médecine.

Nous sommes heureux d'annoncer que la maison Carlier (Union agricole) d'Orchies a obtenu au Concours général agricole de Paris, une médaille d'or pour la richesse et la beauté de ses betteraves à sucre, une médaille d'or pour sa collection de céréales (30 variétés) et une médaille d'argent grand module pour ses plants de pommes de terre. Le Ministre et le Directeur de l'agriculture lui ont exprimé leurs vives félicitations

---

Société
des agriculteurs de France.

SES PRIX POUR L'ANNÉE 1897.

Voici la liste des prix que décernera la Société à sa session de 1897 :

Prix pour la plus forte récolte de blé en 1896, attribués aux départements suivants : Indre, Alpes-Maritimes, Alger, Bouches-du-Rhône, Seine-Inférieure, Seine-et-Oise, Var. Prime de 1.000 francs.

1° *Agriculture.* — Prix pour le meilleur travail sur la production économique du blé ;

2° *Bétail.* — Prix pour le meilleur mémoire sur l'engraissement des bêtes bovines ;

3° *Viticulture.* — Prix pour le meilleur mémoire sur la taille et la conduite des vignes ;

4° *Sylviculture.* — Prix pour le meilleur système de nettoiement des tailles et le meilleur emploi des matières.

5° *Horticulture, pomologie.* — Prix pour la meilleure méthode de culture sous terre, — autre pour les engrais chimiques en horticulture.

6° *Génie rural.* — Prix pour la Société agricole qui montrera à l'essai les meilleurs instruments nouveaux ou perfectionnés.

7° *Industries agricoles.* — Prix pour la meilleure méthode de dénaturation d'application de l'alcool destiné à l'éclairage.

8° *Sériciculture, apiculture.* — Prix pour le meilleur moyen d'accroître le rendement de cocons. — Prix pour le meilleur ferment de l'hydromel. — Prix pour la meilleure étude des abeilles, leur fécondation.

9° *Pisciculture.* — Prix pour l'établissement le mieux organisé et le plus productif.

10° *Économie, législation.* — Prix pour le meilleur mémoire sur les caisses de retraite des ouvriers agricoles.

11° *Instruction agricole.* — Prix aux instituteurs.

12° *Élevage du cheval.* — Prix pour le meilleur mémoire sur l'élevage, amélioration des diverses races de chevaux.

12° *Relations internationales et colonies.* — Prix pour les meilleures pratiques d'hygiène dans les colonies agricoles.

Les mémoires doivent être adressés à la Société, rue d'Athènes, 8, avant le 1er janvier 1897.

Vente de reproducteurs Durham
au Tattersal.

Cette vente qui a eu lieu lundi dernier, 12 avril, a été satisfaisante pour les éleveurs vendeurs. — Les jeunes sujets ont été enlevés à des prix avantageux.

Les acheteurs américains de la République Argentine surtout ont fait de fortes emplettes. Leurs produits feront bientôt aux nôtres une concurrence redoutable. *Rhingrave*, le taureau lauréat du dernier concours de Paris, a été vendu par M. Petiot pour Buenos-Ayres, 3.500 francs.

On a vendu aussi des béliers et des verrats de races améliorées, et à des prix encourageants.

Concours de races bovines.

Toutes les races bovines bien caractérisées sont destinées à avoir leurs concours.

On annonce pour les 9 et 10 mai, le premier concours de la race saint-gironnaise, à Saint-Girons.

D'autre part, la race parthenaise aura son premier concours l'automne prochain à Niort, à une date à fixer.

La race saint-gironnaise, moins connue que la parthenaise, est une petite race, à pelage noir et fauve, assez bien douée pour la production du lait, mais défectueuse comme race de boucherie. C'est en vue d'une amélioration dans ces deux sens qu'on créa les concours à l'instar de ceux qui ont lieu pour nos meilleures races françaises.

La race parthenaise, on le sait, a un rôle des plus importants en France où elle constitue l'élevage unique dans cinq départements de l'Ouest, excellente pour le travail, de moyenne qualité comme production du lait et de la viande, les concours visent à la perfectionner à ces deux points de vue. On sait par quels moyens on y réussit, en un temps plus ou moins long. Mais les concours sont un de ces moyens, en éliminant les reproducteurs défectueux pour opérer la reproduction par les mieux doués.

Le prix Rossi. — La crise agricole.

L'Académie des sciences morales et politiques vient d'attribuer le prix Rossi (de 4.000 francs), à l'auteur du meilleur mémoire sur la crise agricole, ses causes de toute nature et sur les moyens d'y remédier.

C'est parfait, mais notez que ce prix ne sera donné *qu'en 1898*.

L'Académie croit donc que l'agriculture peut encore attendre deux ans la découverte du remède à une crise qui l'épuise tous les jours et la pousse à sa ruine ?

L'agriculture est patiente, mais l'Académie l'est trop ; elle le serait moins si elle avait à subir une crise aussi grave pour elle que la crise qui ruine l'agriculture.

Nous engageons les ruraux à recourir à des médecins plus pressés que ceux que nous promet l'Académie.

Réglementation des barrages
et des prises d'eau.

Dans le département du Cher, des barrages et des prises d'eau sont établis sur presque tous les points où l'eau peut être utilisée soit comme force motrice, soit pour l'irrigation. La principale occupation du service hydraulique consiste à surveiller le mode d'établissement et de fonctionnement de ces ouvrages. Leurs dimensions sont toujours réglementées, et il est souvent nécessaire de fixer les périodes pendant lesquelles ils pourront fonctionner, afin d'éviter que tout le débit d'un cours d'eau ne soit absorbé par plusieurs riverains au détriment des autres intéressés. Cette réglementation se fait par voie de mesure individuelle dans chaque arrêté d'autorisation, ou sous forme de règlement général applicable à tout un cours d'eau lorsqu'il s'agit de la répartition des eaux entre plusieurs groupes d'arrosants et entre l'agriculture et l'industrie.

La traite des filles de campagne.

Nous lisons dans quelques journaux les lignes suivantes, dédiées *aux jeunes filles des campagnes:*

« Beaucoup de jeunes filles de la campagne rêvent de venir habiter la ville. Être bonne, aller à Paris, quel bonheur ! Là, au moins, on a de belles toilettes et le service est moins fatigant que le travail des champs.

« A celles qui rêvent de Paris, nous mettons sous les yeux le rapport sur le mouvement d'un ouvroir recueillant les femmes et les filles sans asile. Le total pendant le mois de février 1896 a été de 180. Sur ce nombre, 140 étaient venues des départements comme bonnes ou pour se placer, 12 seulement étaient mariées. Dans la totalité 67 étaient enceintes.

« Ce chiffre n'est-il pas atroce et ne montre-t-il pas les innombrables drames de toutes sortes qui se jouent autour de ces pauvres filles errantes sur le pavé de Paris, sans argent, sans asile et n'osant pas revenir au foyer familial ? »

C'est bien la peine pour arriver à de tels résultats, de prodiguer nos millions à la construction et à l'entretien d'écoles où l'on enseigne à nos jeunes filles le mépris de la religion et de la morale chrétienne, et le mépris des travaux du ménage agricole, le tout déguisé par de ridicules certificats d'études délivrés par des fonctionnaires asservis à la domination des loges et de leurs acolytes.

Institut agronomique.

Les candidats qui désirent être admis à l'Institut agronomique sont prévenus qu'ils auront à subir une épreuve écrite les 11, 12 et 13 juin prochain, dans une des villes suivantes, à leur choix: Alger, Amiens, Bordeaux, Clermont, Dijon, Lyon, Marseille, Nancy, Paris, Rennes, Toulouse, Tours.

Les épreuves orales seront subies à Paris, par les candidats reconnus admissibles d'après les épreuves écrites.

Les demandes d'admission doivent être adressées au ministère de l'agriculture avant le 23 mai, sur papier timbré. Les postulants doivent être âgés de dix-sept ans révolus avant le 1er janvier 1896.

Les syndicats agricoles et le fisc.

On nous informe que l'administration de l'enregistrement est chargée d'étudier les voies et moyens à prendre pour taxer les revenus des syndicats agricoles et rechercher si ces associations ne devraient pas être traitées sur le même pied que leurs congrégations religieuses. On voudrait que les agriculteurs syndiqués fussent assimilés aux religieux, c'est-à-dire qu'à la mort de chacun d'eux le fisc fût autorisé à prélever un droit sur la part qu'ils laissent à leurs héritiers sur l'actif ou réserve du syndicat dont ils faisaient partie.

Tout commentaire affaiblirait la portée de cette information. Il appartient aux intéressés de se défendre et nous les y aiderons.

NÉCROLOGIE

M. Léon Say vient de mourir dans sa soixante-neuvième année. L'école libre-échangiste perd en M. Léon Say un de ses chefs les plus éminents, et en même temps les plus résolument réfractaires aux dures leçons d'une expérience qui a coûté plus cher à la France agricole que les milliards emportés par les Allemands.

M. Léon Say était pourtant un esprit distingué à bien des égards. Il avait même la prétention d'être un ami dévoué de l'agriculture, et la Société nationale d'agriculture eut la candeur de le prendre au mot en l'élisant parmi ses membres.

La genèse de l'hérésie libre-échangiste se rattache à des causes de l'ordre religieux et philosophique que nous ne pouvons discuter ici, mais qui est un sujet très suggestif d'études pour les esprits d'élite de nos jours.

En tout cas, l'école de M. Léon Say consistait à attribuer à la liberté des échanges la vertu de produire le bon ordre économique. Et elle ne prévoyait pas l'écrasement du capital moral par le trafic de la spéculation et de l'agiotage qui est le danger du jour, et qui est le bouillon de culture du socialisme.

M. Léon Say était président de la ligue contre l'athéisme et de la ligue pour l'observation du dimanche. Il avait donc conscience des causes morales de nos misères et de notre décadence, mais il lui restait à trouver les remèdes efficaces. C'est à ceux qui les connaissent qu'il appartient de se rallier les chercheurs de bonne volonté, tels que M. L. Say, de si loin qu'ils aient à venir à eux.

Nous apprenons avec peine la mort de M. Alfred de Bains, le savant et zélé professeur de mécanique agricole à l'école de Grandjouan.

Il y a vingt ans, M. de Bains essaya de doter l'agriculture du labourage à la vapeur au moyen d'un seul moteur locomobile. Les essais de ce procédé, dont il donna le spectacle à nous et à de nombreux visiteurs sur son domaine de Clerfontaine près de Rambouillet, parurent très encourageants, au point de vue pratique et économique, et nous ignorons encore les raisons qui le firent échouer. M. de Bains avait aussi créé sur sa propriété une école agricole d'orphelins qui a eu malheureusement le même sort que son système de labour à vapeur. Les savants travaux qu'il a publiés sur la mécanique agricole à Grandjouan, portent la marque d'or de la science pratique et d'un dévouement à l'agriculture qui nous a toujours inspiré pour sa personne une estime et une sympathie d'autant plus profondes,

que ses travaux et ses sacrifices n'ont point été couronnés du succès cent fois mérité.

On annonce la mort de M. Hugues Champonnois, ingénieur civil, justement renommé pour les travaux qui ont contribué aux progrès de la culture betteravière et de la distillerie indigène. Cet honoré et distingué vieillard s'est éteint, comme naguère notre cher M. de Veyrinas dans sa quatre-vingt-quatorzième année. Les fabricants de sucre d'alcool et les cultivateurs qui les approvisionnent n'oublieront pas de vénérer la mémoire de M. Champonnois.

CHRONIQUE AGRICOLE

Situation. — La Saison.

Les nouvelles que nous recevons des diverses parties du territoire annoncent que l'ensemble des cultures est satisfaisant et permet d'espérer de bonnes récoltes notamment en blé et en céréales d'automne. Cependant les temps froids et les gelées blanches qui ont sévi dans plusieurs contrées, notamment, dans le centre et dans les régions montagneuses du Lyonnais ont endommagé les avoines et les luzernières. Mais le beau temps peut réparer ces dégâts. Dans le centre également les avoines ont souffert du froid et surtout de la sécheresse ; car à l'heure actuelle encore les terres souffrent de la pénurie d'eau. Les pluies printanières ont été nulles à la suite d'un hiver sans neige. Aujourd'hui le temps paraît tourner à la pluie dans les environs de Paris. La pluie serait d'autant mieux venue pour la plupart des récoltes, que la température adoucie qui règne en ce moment en favoriserait les bons effets sur toutes les plantes en terre.

Dans le Midi, on se plaint toujours de la sécheresse. Les gelées des premiers jours d'avril ont été meurtrières pour les cultures maraîchères, de plus en plus en vogue dans cette intéressante région. En effet, à la faveur de son climat, le Midi peut approvisionner de primeurs les marchés du Nord quinze jours plus tôt que ses émules des autres régions. On doit déplorer les retards interminables des canaux dérivés du Rhône promis à cette région depuis trente ans. Mais on devrait bien éclairer les populations civilisées sur les causes politiques qui menacent d'éterniser leurs mécomptes.

Le silphe de la betterave. — On constate avec inquiétude dans les cultures de betteraves du Pas-de-Calais, une invasion menaçante de *silphe* opaque.

Le moyen le plus apprécié de combattre cet insecte ravageur, consiste à arroser les feuilles au moyen d'un pulvérisateur avec une solution de vert de Scheele, ou arseniate de cuivre, ou d'un arsenite de chaux, comme dans la droguerie pourpre de Londres. Ce traitement doit s'appliquer aux larves du silphe. Il serait inefficace sur l'insecte parfait.

Au reste, les habiles agriculteurs de cette région ne laisseront pas ravager leurs betteraves sans se défendre.

Rendements du blé en Seine-et-Oise.

L'*Echo agricole* publie un document qui tend à démontrer que, de 1884 à 1894, la culture du blé en Seine-et-Oise a fait un progrès très appréciable; les rendements moyens de cette période décennale se sont élevés à 30 hectolitres par hectare, ils n'étaient que de 21, pendant la période précédente. Il s'ensuit que le département de Seine-et-Oise a passé du troisième rang au premier pour la culture du blé. Nous pensons que le département de Seine-et-Marne pourrait fournir matière à une constation semblable. On attribue ce progrès à l'extension des engrais chimiques, à un choix plus sévère des graines de semence, à l'assolement qui fait précéder le blé par la betterave, précédée elle-même d'un labour profond, avec ample provision de fumier, enfin à la semaille en lignes suivies de binages exigés par les sécheresses printanières. C'est une justification concluante des conseils que nous ne cessons de donner aux producteurs de blé dans toute la France.

Il est d'ailleurs certain que, dans la plupart des départements, on a constaté que, sous l'impulsion des comices et des journaux, les blés ont des rendements de plus en plus élevés, la progression est lente et faible partout, mais elle est réelle partout, continue. Il ne s'agit que d'encourager partout les cultivateurs qui donnent le bon exemple.

Il est évident que si partout on cultivait le blé comme en Seine-et-Oise, nos récoltes annuelles seraient plus que suffisantes pour nos besoins. Mais nous n'en sommes pas encore arrivés à ce point, puisque tous les ans en moyenne il nous manque de 10 à 12 millions d'hectolitres de blé pour nos besoins qui sont de 122 millions d'hectolitres. Une augmentation, année moyenne, de 10 millions d'hectolitres suffirait donc pour atteindre ce chiffre et nous exonérer du tribut que nous payons encore à la production étrangère.

En s'appliquant à suivre de plus ou moins près les exemples des départements de Seine-et-Oise, de Seine-et-Marne et de ce qu'on nomme le rayon de Paris, nos cultivateurs peuvent donc atteindre dans un prochain avenir ce but si désirable à tous les points de vue. Mais le devoir de nos gouvernants serait de les seconder en protégeant le blé français contre la concurrence étrangère, et contre un avilissement ruineux des cours. Le développement produit par les cours actuels est, quoiqu'on en dise, le contraire d'un stimulant pour le progrès de la culture du blé. La perspective d'un bénéfice prochain serait en tout cas plus efficace.

Encore la mise au vert.

Le régime du vert comporte plusieurs méthodes, entre lesquelles le choix se détermine par les situations diverses des éleveurs. Le pâturage en liberté a des inconvénients graves: la perte des herbes foulées aux pieds et souillées par les déjections des bêtes. Le pâturage au piquet corrige une partie de ces inconvénients, mais il exige une main-d'œuvre assidue.

Le régime de la stabulation a le mérite d'utiliser la totalité des fourrages, et celle du fumier provenant des déjections des animaux. Mais la stabulation permanente réclame beaucoup de main-d'œuvre et elle a l'inconvénient incontestable de réduire les animaux à un régime d'immobilité permanente, nuisible à leur santé et à leur vigueur. Le mouvement et la vie au grand air, au moins pendant une partie de l'année, sont une loi d'hygiène fondamentale pour les animaux.

Nous allons plus loin : la coutume d'élever les animaux attachés à un râtelier pendant toute leur vie, depuis les premiers jusqu'au dernier jour est très critiquable au point de vue humanitaire; elle l'est peut-être autant au point de vue zootechnique, en tant que l'éleveur vise à obtenir des animaux *bien conformés*.

Les éleveurs d'animaux visant à cet objectif, se gardent bien de soumettre leurs élèves à ce régime barbare, ils ménagent à tous leurs élèves, aux jeunes surtout, les moyens d'exercer leurs organes de locomotion et de jouir de la vie au grand air, qui sont des lois de leur naturel.

Le passage du sec au vert. La saignée printanière.

Nous avons signalé sur ce sujet les sages conseils donnés aux cultivateurs par le *Bulletin du Syndicat du Calvados*. Il nous restait à compléter ces indications en recommandant une pratique qui, grâce à Dieu, est de plus en plus répandue dans les campagnes, à mesure que se répandent les cultures des plantes racines. En effet, si ces racines ne sont pas tout à fait l'équivalent des nouvelles herbes vertes au point de vue surtout de la production beurrière et laitière, elles en sont l'équivalent par les éléments aqueux qu'elles introduisent dans l'alimentation par leur mélange avec les foins et les pailles hachées, surtout à l'état de fermentation. La transition avec l'eau de tourteau du sec au vert est donc plus facile par ce régime que par le régime du sec pur ou presque pur.

A propos de ce passage, notre vaillant confrère de la Morvonnais signale dans l'*Echo agricole* une coutume bretonne étrange et, en tout cas, injustifiable.

La transition du sec au vert exige des ménagements et un rationnement du vert, dont les animaux sont toujours très gourmands, de manière à leur éviter des troubles dont ils sont longtemps parfois à se remettre. Mais un usage qu'on ne saurait trop condamner, c'est la saignée au moment de la mise au vert qui est encore communément pratiquée dans l'Ouest, par des empiriques qui imposent aux cultivateurs une pratique dangereuse, mais rémunératrice pour eux.

Que de victimes ont faites, dans la race humaine et dans la race animale, notre compatriote Broussais et ses disciples !

Mais enfin qu'espèrent ces empiriques que nous avons trop souvent vus ouvrir les veines d'animaux bien portants?

Outre la perturbation générale qu'on opère dans l'organisme, on s'expose bénévolement à des accidents redoutables.

A chaque printemps, on voit des animaux, nouvellement saignés, affectés d'anémie profonde amenant des maladies qui ne seraient point survenues si ces animaux n'avaient pas été affaiblis par d'absurdes effusions sanguines.

Pour les chevaux, la saignée agit d'une manière débilitante et les prédispose à toutes les maladies résultant de l'épuisement. Puis le vert, qui est tendre et aqueux, ne les rassasie pas aussi vite que les fourrages secs dont ils mangent une plus grande quantité. Or, une quantité trop grande de trèfle au début de ce régime est extrêmement dangereuse.

On a encore l'habitude, à ce moment, de supprimer l'avoine et le son, seuls éléments qui peuvent contrebalancer l'action débilitante du vert. Ajoutez que le travail, pour les labours et les semailles de printemps, est pénible.

Toutes ces causes, la saignée, le vert tendre ou mouillé, la privation de grains, le travail pénible à cette époque, la pluie, etc., etc., influent d'une façon fâcheuse sur les chevaux, les font écorcher des épaules, du dos, au passage des sangles, partout enfin où portent les harnais, les font suer et maigrir et amènent inévitablement une foule de maladies : la gourme, l'angine, la pneumonie, etc.

Pour les vaches, la saignée est aussi pratiquée sur les animaux jeunes ou vieux, sur les femelles pleines ou ayant récemment vêlé, sur les maigres ou sur les grasses. On saigne même plus vite une vache maigre qu'une grasse; on s'imagine que la saignée fera décoller la peau qu'on trouve collée sur les côtes. On croit même qu'il leur en faut tirer davantage. Il faut, comme disent les empiriques, qu'elles fassent du sang neuf! Ils ne comprennent pas qu'ils tuent l'animal, et qu'au lieu de lui retirer du sang, il faudrait pouvoir lui en remettre.

La saignée, le vert aqueux, font maigrir ces pauvres bêtes, leur donnent des diarrhées et amènent une diminution notable du lait. Les vaches qui sont pleines de quatre à sept mois, avortent et ne se délivrent pas.

Au lieu de saigner, on devrait donc augmenter la nourriture, donner de l'avoine aux chevaux et des farineux aux vaches laitières.

A. DE LA MORVONNAIS.

Il appartient aux syndicats, aux professeurs, aux agriculteurs éclairés de combattre une coutume aussi déplorable qui, nous aimons à le croire, n'existe que dans un petit nombre de localités en France.

En tout cas, un usage également fâcheux, connexe à celui de la saignée, c'est de laisser les bêtes se nourrir exclusivement et à discrétion d'herbes vertes au début de leur apparition.

Encore les plantations de pommes de terre.

Dans le débat qui a lieu en M. Aimé Girard et M. Allier, de Vaucluse, sur la question de la plantation entre tubercules entiers et tubercules fragmentés, nous pensions recourir au témoignage de M. Paul Genay, l'éminent agriculteur de Lunéville, qui depuis quinze ans a acquis une autorité de premier ordre dans la culture de la pomme de terre.

M. Paul Genay, en effet, a communiqué à la Société nationale d'agriculture, son opinion sur la question, opinion dictée par ses expériences personnelles, bien connues de nos lecteurs.

M. P. Genay a constaté que les tubercules en fragments conviennent à certaines variétés et les tubercules entiers à certaines autres, mais ces derniers appartenant à des variétés peu volumineuses, mais qu'à poids égal de semences mises en terre, les rendements les plus élevés lui ont été donnés par les plants fragmentés. Mais les fragments pour être féconds ne doivent pas être excessifs et les tubercules entiers pour semence ne doivent pas être inférieurs en poids à 30 grammes. Parmi les variétés qui ne doivent pas être fragmentées il cite *early rose, red Skinneel*. Il estime enfin, que pour opérer un bon binage, opération importante, les plants doivent être distants d'au moins dix centimètres sur la même ligne.

La fraude sur les engrais.

Un fait trop certain, c'est que la loi qui punit les fraudes sur les engrais est presque à l'état de lettre morte dans toute la France, et que les fraudeurs continuent de rançonner les pauvres cultivateurs avec une impunité révoltante.

M. Ricard, qui a reconnu cette situation, a adressé une circulaire récente enjoignant aux procureurs de la République de soumettre le commerce à une active surveillance et de faire saisir et analyser d'office les engrais suspects sans attendre les plaintes des cultivateurs.

Cette mesure était indispensable parce que sous la loi actuelle les cultivateurs qui ont à se plaindre d'un vol à l'engrais sont obligés pour poursuivre les voleurs à des démarches et à des dépenses très coûteuses, sans même être assurés d'obtenir le concours des parquets. Ceux-ci les obligent à se constituer parties civiles pour se dispenser de poursuivre d'office. Les vendeurs qui sont riches se défendent avec énergie; les pauvres poursuivants n'ont en perspective que des dépenses énormes de procédure, et des chances incertaines de remboursement.

Ainsi s'explique la rareté des procès intentés aux fraudeurs d'engrais, et pourtant l'audace avec laquelle ils développent impunément un trafic ruineux pour l'agriculture.

Les parquets auront-ils l'énergie de suivre les prescriptions émanant d'un ministre avant sa chute? Nous voudrions l'espérer. Nous n'en douterions pas si leur zèle pour ces poursuites contribuait à leur avancement. Malheureusement on sait trop qu'ils ont des titres bien différents qui les poussent aux postes supérieurs de la politique. Quand serons-nous délivrés de son joug!

Les graines de trèfle.

M. Schribaux, directeur du laboratoire de l'Institut agronomique, vient de publier une nouvelle note comme suite de celle de l'an dernier, où il signale les dangers que courent les cultivateurs dans leurs achats de graines de trèfle, lorsqu'ils ne s'adressent pas à des maisons offrant des garanties de premier ordre sur la provenance de leurs graines. M. Schribaux, en outre, rappelle que les trèfles d'Amérique, même les meilleurs, ont toujours été inférieurs aux trèfles français, dans les récoltes, ils sont endommagés le plus souvent par les hivers rigoureux et se couvrent de champignons.

Enfin, M. Schribaux a entrepris des cultures sélectionnées en vue d'accroître la fécondité de nos meilleures graines fourragères, spécialement du trèfle. Tentative nouvelle et intéressante. Jusqu'à ce jour, en effet, on a travaillé à améliorer par des cultures sélectionnées, les graines de céréales, de betteraves sucrières, etc. Il n'est pas moins important de travailler à l'amélioration des plantes fourragères, spécialement du trèfle.

Les premiers résultats de ces essais ont conduit M. Schribaux à constater que, sur 100 graines de trèfle considérées comme de bon aloi dans le commerce, il n'en existe pas 30 qui soient de bonne qualité. On peut imaginer, d'après ces essais, combien est diminuée la proportion des bonnes graines dans celles provenant du même plant.

On voit par ces faits combien est ardue la tâche que s'est imposée M. Schribaux, de cultiver avec une suite non interrompue des semences de trèfle de toute première qualité en vue d'obtenir finalement une race de trèfle de premier ordre Quant à la production, M. Schribaux se propose de se livrer à des expériences semblables sur nos luzernes. Pour apprécier l'importance d'une telle série d'études, M. Schribaux fait remarquer avec raison qu'aujourd'hui les cultures du trèfle et de la luzerne en France, représentent une valeur de 550 millions. Ne serait-ce pas rendre un service immense à l'agriculture de la mettre en mesure d'accroître ces récoltes de moitié, ne fût-ce même que d'un quart.

Les cultures sélectionnées, on le sait, sont le moyen le plus assuré d'améliorer les plantes cultivées en général, tout cultivateur intelligent peut faire des expériences utiles en ce sens à l'exemple de celles de M. Schribaux.

Binages et arrosages.

Je lisais l'autre jour un article intéressant sur les arrosages. Je viens sur cette question des arrosages, mais des arbres seulement, apporter des faits; les voici :

« Je m'occupe beaucoup de sylviculture et d'arboriculture et par conséquent de plantations d'arbres de toutes sortes, l'expérience et la pratique m'ont appris beaucoup de choses.

« Dans les premiers temps, je faisais de fréquents arrosages dans les moments de sécheresse ; j'avais deux hommes et un cheval presque constamment employés à ce travail. Le travail n'était pas merveilleux, j'avais beaucoup de peine à sauver mes arbres et je n'y arrivais pas toujours. Je remarquai qu'un seau d'eau versé, d'un seul coup, dans la cuvette laissée au tour de l'arbre, massait la terre et provoquait la naissance et la végétation prodigieuse de l'herbe. Au bout de très peu de temps, il n'y paraissait plus.

« L'arbre, au moyen de l'arrosage avait une vigueur, très tendre presque factice, il s'était pour ainsi dire habitué à recevoir sa ration d'eau à jour fixe, lorsqu'elle n'arrivait pas on s'en apercevait de suite; ses feuilles se fanaient et prenaient une tête jaunâtre : la mort arrivait promptement.

« C'est alors que je me rappelai le vieil adage : Un binage vaut un arrosage.

« J'ai donc changé ma manière d'opérer.

« J'ai commencé par faire , faire de bons trous d'un mètre de diamètre sur 70 à 80 centimètres de profondeur pour arbres fruitiers et peupliers. J'ai fait faire de fréquents binages de manière à tenir constamment la terre en bon guéret, toujours sans herbe, jusqu'à ce que les arbres aient été complètement enracinés, c'est-à-dire pendant deux ans au moins. J'ai obtenu des résultats supérieurs à ceux de l'arrosage et à bien moins de frais.

« J'ai créé des avenues de deux kilomètres avec des boutures de peupliers suisses blancs dits *eucalyptus* dans des terrains brûlants. J'ai eu beaucoup moins de manquants qu'avec les arrosages.

« Voici ce que j'ai constaté :

« Les binages sont moins coûteux et donnent à l'arbre une végétation régulière par le moyen de la conservation de la fraîcheur.

« Cette conservation de la fraîcheur est facile à expliquer :

« La partie superficielle du sol perd son humidité par évaporation sous l'influence des rayons solaires. L'humidité du sous-sol, au moyen de la capillarité, est absorbée par les couches supérieures desséchées et par les herbes qui prennent leur part d'humidité. Peu à peu la dessiccation du sol arrive à de grandes profondeurs. L'évaporation peut être diminuée dans des proportions considérables par le binage.

« Le binage supprime les herbes qui enlèvent au sol une partie de son humidité et empêche l'humidité du sous-sol d'être absorbée par les couches supérieures desséchées et rend possible l'absorption de la vapeur d'eau qui se trouve dans l'air.

« Il est démontré que la terre possède la propriété d'absorber l'humidité répandue dans l'air ; mais pour que cette absorption puisse se faire il faut que l'air se trouve le plus possible en contact avec le sol, ce qui ne peut s'obtenir qu'en remuant la terre, c'est-à-dire en faisant des binages. Les arrosages, au contraire, font passer l'arbre par de brusques alternatives de fraîcheur et de sécheresse, qui sont très nuisibles à sa santé et amènent souvent la mort.

« D'où je conclus : que les binages souvent répétés valent mieux que les arrosages. »

C. SARCÉ.
Membre de la Société des
agriculteurs de France.

Contre la coulure.

DE LA TAILLE DITE « SAIGNÉE »

Ceci est un moyen de supprimer la coulure, qui me paraît devoir rendre les plus grands services à la viticulture. C'est une simple modification apportée à la taille, très facile à appliquer et fort peu coûteuse.

On marque d'abord, soit avec du raphia, soit avec une couleur quelconque, les ceps coulards, qu'ils tiennent ce défaut d'une grande vigueur ou d'un mauvais choix du greffon. Si la vigne est en entier coularde, il n'y a évidemment rien à marquer.

Lorsque les bourgeons de la vigne atteignent de 2 centimètres à 5 centimètres de longueur, on coupe, à l'aide du sécateur, une rondelle d'environ un centimètre de longueur à l'extrémité de la taille, dans les conditions suivantes : 1° forme gobelet, sur courson le plus vigoureux ; 2° taille Guyot, à l'extrémité de la branche à fruits ; 3° pour les treilles de diverses formes, tailler sur les coursons des extrémités de chaque treille, car c'est toujours sur ces points que l'influence de la sève se fait sentir. Ce rafraîchissement de coupe fait couler un peu de sève (l'excès) qui plus tard fait couler le fruit et avec cela rend les pampres plus sujets à casser pour les orages. Si l'on pratiquait cette opération plus tôt, ce serait trop tôt, et plus tard il me semble que cela pourrait être nuisible à la plante.

J'ai pratiqué cette opération l'an dernier, après l'avoir tirée d'une longue pratique et de longues études ; je m'en suis bien trouvé, les résultats ont dépassé mes espérances. Avec cela, il n'y a guère de mauvais cépages. Ainsi le Chardonnet, une des plus précieuses variétés que possède la Bourgogne et que l'on tend de plus en plus à délaisser à cause de sa faible production, avec cette opération donne un rendement double ; ce qui devient alors plus que suffisant. Cette opération a pour but de remplacer l'incision annulaire. Quel est le rôle de l'incision annulaire. De produire une saignée pour dissiper l'excès de sève.

Si on la pratique sur le vieux bois, le poids des fruits et les orages occasionnent la rupture de la branche à fruit. Si on la pratique sur le jeune bois non aoûté ou plutôt herbacé, l'opération devient très compliquée et de plus le fruit n'a plus les qualités ordinaires : à la dégustation, il est plus plat et il a moins de bouquet, etc. ; c'est comme un melon qui est incisé, le fruit est bien mûr quinze jours avant, mais tout le monde a pu juger de la différence de qualité avec les autres qui n'ont pas subi cette opération ; l'incision sur une plante herbacée ou non constituée altère les sucs.

Par contre, la *taille dite* « *saignée* » n'a pas cet inconvénient et elle ne dérange rien dans le mécanisme de la plante, étant faite aux extrémités : l'opération est des plus faciles et on peut aller aussi vite que l'on veut.

En prévision de cette opération, les vignes doivent être taillées environ trois centimètres au-dessus du dernier œil, et on fait la coupe en obliquant par derrière l'œil pour qu'en cas de gelée l'eau ou la sève ne tombe sur l'œil ; souvent, elle ne descend pas loin et elle n'atteint pas le deuxième œil qui est naturellement disposé à recevoir cette humidité.

ADOLPHE RENEVEY

Le système de taille de M. Reveney consiste, en somme, à faire pleurer la vigne au moment de la naissance des bourgeons ; et pour cela, il suffit de retailler à un centimètre au-dessous de la première section terminale. Il se peut que la perte de sève n'ait pas d'influence sur le développement des bourgeons. La sève, il est vrai, contient peu de matières nutritives : de nombreuses analyses l'ont montré. Mais elle contient d'autres corps, qui ont sans doute une influence autrement active sur la croissance que les classiques azote, acide phosphorique et potasse ; elle contient sûrement une diastase qui agit activement sur l'amidon. Et cela ne revient peut-être pas au même pour la vigne, qu'elle pleure ou qu'elle ne pleure pas. Sans nous prononcer encore sur le procédé de M. Renevey, nous estimons qu'il y a là une indication qui mérite d'attirer l'attention.

Les gelées de printemps.

On a remarqué que les vignes placées près des routes sont généralement peu éprouvées par les gelées de printemps ; on pense qu'elles sont préservées par la poussière qui recouvre leurs organes. Un viticulteur de l'Hérault a supposé que le plâtre pulvérisé produirait des effets identiques à ceux de la poussière des chemins : il y a quelques jours, il faisait saupoudrer de plâtre un certain nombre de pieds de vigne. Quelle n'a pas été sa surprise en constatant que, contrairement à ses prévisions, tous les ceps plâtrés avaient beaucoup plus souffert de la gelée que les autres. Aussitôt, il avise ses confrères et les professeurs de l'école d'agriculture de Montpellier, en demandant d'expliquer ce fait. On s'est livré à de grandes discussions, mais qui n'ont pas abouti. Le frère Paulin, le distingué directeur de l'Institut agricole de Beauvais, a seul osé émettre un avis qui nous paraît fondé.

On sait, fait-il observer, que les corps humides gèlent plus facilement que les autres, or le plâtre étant très hygrométrique a emprunté à la plante une certaine humidité. Qui dit aussi que ce plâtre n'était pas humide quand il a été répandu sur les vignes ?

Nous soumettons le cas à nos lecteurs et seront très heureux d'enregistrer leurs avis.

Le sucrate de chaux contre le black-rot et le mildiou.

On sait que M. Michel Perret attribue à sa nouvelle poudre dite sucrate de chaux, la précieuse vertu de former par son mélange avec le sulfate de cuivre, la bouillie la plus efficace contre le mildiou et le black-rot. Il lui attribue surtout le mérite de ne pouvoir brûler les jeunes feuilles, accident que n'évitent pas toujours les autres bouillies, même la bouillie sucrée précédente de l'inventeur.

On nous demande par quel procédé M. Perret prépare son sucrate de cuivre. M. Perret s'est réservé le secret de cette préparation en alléguant qu'elle exige des soins particuliers faute desquels on n'obtiendrait pas le succès désiré. Il faut donc s'adresser à M. Perret lui-même pour se procurer son sucrate à Saint-Marcellin (Isère). Le prix est de 50 centimes le kilo.

HORTICULTURE

Travaux du mois de mai.

JARDIN FRUITIER

On surveillera avec grand soin tous les arbres formés afin de supprimer ou de pincer les jeunes rameaux qui n'ont pas de destination, soit comme branches de charpente, soit comme branches fruitières; tout le travail fait aux arbres doit toujours l'être en vue des produits futurs.

On seringuera les pucerons avec de l'eau dans laquelle on aura délayé de l'insecticide horticole ou du jus de tabac.

On devra visiter souvent les pêchers, toutes les branches fruitières qui ne porteront pas de fruits devront être rabattues; cette deuxième taille sera faite près des branches mères formant la charpente de l'arbre, puisque pour le pêcher comme pour la vigne le but que l'on doit se proposer est de toujours rabattre le plus près possible du vieux bois. On devra aussi supprimer toutes les branches gourmandes, on conservera seulement celles qui pourraient remplir des vides occasionnés par la mort des branches charpentières. On supprimera aussi celles qui ne sont pas destinées à la production suivante; il est inutile de leur laisser absorber la sève de l'arbre au détriment de celles qui sont pour la production future. On enlèvera, jour par jour, les feuilles sur lesquelles la cloque se montrera.

JARDIN POTAGER

On mettra en place les cornichons, les tomates, les cardons, on les recouvrira le soir avec des pots qu'on retirera le matin si on craint quelques gelées.

On plantera les haricots de toutes sortes pour la récolte en sec; ou en plantera aussi de quinzaine en quinzaine, pour la récolte en vert; il en sera de même pour les pois et les fèves. On pincera l'extrémité des pois et des fèves quand ils seront en pleine fleur pour hâter la fructification.

On continuera les semis de pleine terre indiqués au mois précédent, ou sèmera la chicorée de Meaux sur couche à l'air libre; elle est rustique et supporte bien les alternatives du chaud et du froid; on la repiquera, cela vaut toujours mieux. On fera bien de semer des laitues tous les quinze ou vingt jours pour en avoir à manger toute la bonne saison.

On binera les pommes de terre. On mettra en place les plantes qui auront été élevées sous châssis, les melons sur couche sourde et sous cloche qu'on soulèvera le jour et qu'on baissera la nuit.

On achèvera d'œilletonner les artichauts; on plantera les choux-raves, les choux-navets qui sont très bons pour l'hiver.

On taillera les melons, les concombres et les tomates.

JARDIN D'AGRÉMENT

On divisera les vieux pieds de Chrysanthèmes qu'on mettra en pépinière pour les planter en massifs ou en pots à l'automne.

On peut encore semer, en pleine terre, toutes les graines de fleurs dont il a été parlé les mois précédents ainsi que les Lupins, les Haricots d'Espagne, les Volubilis, les Pois de senteur, Bidens, Soucis, Browallias, Sauge hormin, les Capucines, les Ricins, etc.

On sèmera aussi des graines des planter bisannuelles et des plantes vivaces dont nous allons donner un choix remarquable soit par les belles fleurs, soit par le feuillage ornemental : Ancolie des jardins, Aconit, Achillée à feuilles de filipendule, Acanthe, Anémones, Asters vivaces, annas ou Baslisiers, Primevères du Japon, Véronique, Potentilles, Phlox, OEillets, Digitale, Delphiniums vivaces de l'Inde et du Japon, Campanules, Calcéolaires, Benoîte écarlate, etc.

Vers la fin du mois, on plantera les Glaïeuls, les Dahlias et on mettra en pleine terre sous le climat de Paris (un peu plus tard dans l'Est), toutes les plantes d'orangerie, les Fuchsias, les Pentstemons, les Chrysanthèmes : *Comtesse de Chambord*, les Verveines, les Cuphéas, les Calcéolaires, les Pélargoniums zonales, Héliotropes, Bégonias, Lantanas. On devra choisir, pour les Héliotropes et les Lantanas, l'exposition la plus chaude ; les Fuchsias à mi-ombre sans leurs pots; même exposition pour les Bégonias.

LUCIEN CHAURÉ,
(*Moniteur d'horticulture.*)

Génie rural.

Nous rappelons à nos nombreux lecteurs, que nous sommes en mesure de les guider dans le choix des instruments agricoles de toute espèce : *Faucheuses, Moissonneuses, Râteaux à cheval*, etc., qui leur seraient nécessaires pour la prochaine récolte.

COURTIN.

PRIMES A NOS ABONNÉS

Délicieux **Vin Muscat Vieux** tonique et réconfortant venant directement de la propriété, ça rti authentique, offert en prime à nos abonnés à raison de 1 fr. 25 le litre logé en fûts de 25 à 35 litres. Fûts perdus.

Si vous voulez boire du bon vin de Saint-Emilion, adressez-vous à M. **Duplessis-Fourcaud**, au château des Trois-Moulins, à SAINT-EMILION (Gironde).

(Voir le prix courant.)

Adresser les commandes au Bureau du Journal 10 *bis*, rue Piccini, Paris.

Porte-pantalon hygiénique, *breveté S. G. D. G* de *P.-B. Noël*. Prix de faveur pour nos lecteurs Pour hommes, jeunes gens et enfants de dix ans franco 4 fr.; pour femmes et fillettes, 4 fr. 50.

Toute commande doit être strictement accompagné d'un mandat-poste représentant la valeur de l'expédition.

Huîtres fraiches d'Arcachon et de Marennes, colis postaux, 5 kilos contenant :

100 huîtres blanches		4 25
70 — plus grosses		4 80
100 — vertes		5 60
70 — plus grosses		5 60

Franco de port et d'emballage en gare ou à domicile. *Adresser les ordres* accompagnés de la bande du journal et d'un mandat à MM. J. LAPIERRE et J. GOUBET à Andernos (Gironde).

Bonde le cent, 25 fr., les cinquante 13 fr les vingt-cinq 7 fr. Au-dessous de 25 bondes 0 fr. 30. Le tout franco de port.

Indiquer le diamètre de chaque bonde.

Cette bonde offre les avantages suivants :
Préserve les fûts de tout accident en cours de route, même s'ils contiennent des liquides en fermentation. Evite toute perte de liquide pendant le transport.

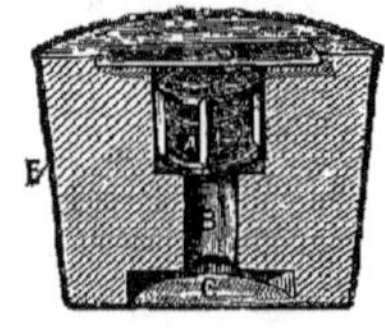

Munie de sa plaque, cette bonde est inviolable.

Elle empêche l'entrée de l'air dans les fûts tout en permettant la sortie des gaz en excès.

Adresser les demandes accompagnées d'un mandat à la *Gazette*, 10 bis, rue Piccini, Paris.

Vélocipèdes. — Pour répondre aux désirs maintes fois exprimés par nos lecteurs, nous nous sommes livrés à de sérieuses recherches. Nous avons visité les principales usines et pris l'avis d'amateurs de cet instrument. Nous sommes aujourd'hui en mesure de procurer à nos lecteurs, à titre de prime exceptionnelle des machines parfaites à tous égards prove uant d'un des meilleurs fabricants.

La plus vaste Manufacture du Monde

Cadre gros Tubes INDÉFORMABLE LA **NATIONALE**
33, Rue de Rome
Usine à vapeur, 27, rue Desrenaudes
PARIS
Bicyclette modèle 1895
avec pneumatiques de tous systèmes, derniers perfectionnements, mieux faite et ns chère que tout ce qui s'est fait jusqu'à ce jour.
Envoi franco du Catalogue

Nos abonnés auront droit à une remise de 50 0/0 sur les prix du catalogue de cette maison.

Nous ne disposons que d'un très petit nombre d'instruments dans ces conditions.

CORRESPONDANCE

M. G. (*Oise*). — Un excellent moyen de destruction des courtillières consiste à employer l'insecticide Desgouttes. C'est, croyons-nous, le procé « qui donne les meilleurs résultats.

M. C. (Aveyron). — Les acquéreurs ont les mêmes droits, mais pour vous répondre complètement il nous faudrait des renseignements plus explicites.

M. M. (Corse). — *Source, fontaine publique.* — Notre comité de consultation ne peut pas vous donner d'avis ; la difficulté est trop délicate, il faudrait étudier vos titres et voir les lieux, pour savoir si le maire n'a pas abusé de son droit.

Nous vous engageons à consulter un avocat dans votre pays, et à le prier d'aller sur les lieux.

M. G. (Vosges). — *Anticipation, action possessoire.* — Il faut appeler votre voisin devant le juge de paix, pour être maintenu dans la possession plus qu'annale que vous aviez du terrain. Par suite, il sera condamné à vous restituer la jouissance du terrain qu'il vous a pris ; vous demanderez au juge de paix de se transporter sur les lieux pour constater l'anticipation. Il faut faire assigner la personne qui a labouré ou fait labourer par son charretier, le terrain vous appartient. Il est inutile de rechercher le propriétaire.

M. E. L., à Saint-E. (Lorraine). — Nous avons transmis votre lettre à M. l'abbé Santol, directeur des Orphelinats, 2, rue Casimir-Périer, Paris ; de notre côté, nous vous avons recommandé chaudement. Nul doute qu'il ne parvienne à placer vos enfants. Pour vous-même on fera tout le nécessaire pour vous procurer un emploi honorable.

M. H., à R. (Aube). — Nous avons déjà indiqué à plusieurs reprises un moyen de destruction des taupes qui donne d'excellents résultats. Il consiste à prendre des vers de terre (lombrics), à les rouler dans de la noix vomique en poudre, puis à l'aide de petits bâtonnets on porte cet appât à l'orifice des galeries habitées par les taupes. Ce procédé paraît être le plus satisfaisant de ceux préconisés jusqu'ici.

M. de Saint-A., à L. (Yonne). — Il est vrai que les superphosphates ont en général dans les « vieilles » terres de culture une action plus rapide, plus immédiate que les phosphates naturels, et qu'en employant ceux-ci, l'agriculteur rentre plus vite dans ses débourses. Mais pour enrichir le sol d'une façon durable et constituer économiquement le stock d'acide phosphorique, c'est aux *phosphates naturels* qu'il convient d'avoir recours parce que, pour le même prix, on introduit dans la terre environ trois fois plus d'acide phosphorique. Cet acide phosphorique, il faut le demander aux phosphates fossiles les plus assimilables, tels que ceux de Quiévy (Nord) ; il faut le donner d'une façon continue, à dose d'autant plus élevée qu'on veut aller plus rapidement au but, en prenant l'habitude de le faire passer par le tas de fumier en saupoudrant chaque jour la litière des animaux.

Ce phosphate prend alors le caractère d'une véritable amélioration foncière.

OFFRES ET DEMANDES

M. POUZIN offre de jolis racinés de son plant de vigne à la seule condition pour les demandeurs de lui tenir compte d'une partie de la récolte d'une année. — Contre 0 fr.25 il expédie son *Guide* pour la culture de cette variété.

Écrire à M. Pouzin Emile, à Saint-Paul-les-Romans, Drôme.

JEUNE HOMME ayant diplôme d'École pratique d'agriculture demande emploi dans grande exploitation pour se fortifier dans la pratique. Pas exigeant comme gages.

S'adresser au bureau en journal.

Huiles d'olive garanties pures et sans mélange venant directement de la propriété.

Au prix de 1,80, — 1,60, — 1,50 le kilog. suivant qualité.

Gare départ, paiement contre remboursement. S'adresser à M. Edouard Laurin, propriétaire, à Saint-Chamas (Bouches-du-Rhône).

GRAND CRU MENARDIERE. Cidre normand pur jus, 15 fr. l'hecto non logé.

Eau-de-vie de cidre garantie pure : 3 fr. le litre.

Sassier, propriétaire. La Colombe (Manche)

Volailles pondeuses en toute saison, **Leghorn doré**, spécialité en grands sujets, coqs et poules, pure race, 6 francs, œufs à couver, 20 francs le cent. — S'adresser à M. Emile Pourcelle, agriculteur à Cantigny, par Montdidier (Somme).

RED-CAP Œufs à couver de cette excellente race de poule, réputée la plus jolie et la plus forte pondeuse, garantis race pure frais et fécondés, 5 fr. la douzaine franco de port et d'emballage. S'adresser à **Calixte Dany**, Althen-les-Paluds (Vaucluse).

Important : J'invite les personnes qui veulent bien me confier leurs ordres de toujours y joindre un mandat, les remboursements n'étant bénéficiables qu'aux Compagnies.

Toujours donner le nom de la gare à laquelle il faut adresser les envois :

Purificateur d'air pour tonneaux, l'un 4 50 franco gare.

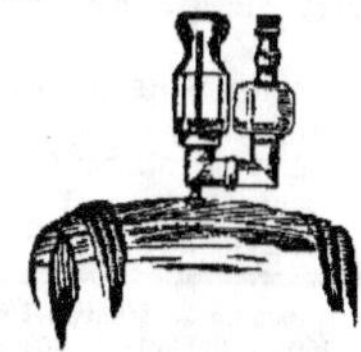

Moyennant un supplément de 0 fr. 40, nous joindrons à l'envoi une mèche à percer de calibre et moyennant 0 fr. 10 en plus, une mèche soufrée.

Agriculteur, ancien régisseur de grandes propriétés, demande direction d'un domaine en France ou colonies. Excellentes références.

Ancien Industriel ayant possédé usine importante, fait valoir plusieurs Fermes et Bois de haute futaie, désire se placer comme intendant-régisseur. Nous recommandons spécialement cette personne qui a de grandes connaissances techniques à possesseur de grand domaine. Écrire au bureau du journal.

Le Gérant : E. GAMBART.

IMP. GAZETTE AGRICOLE, 8 RUE CAMPAGNE-1re PARIS

SOCIÉTÉ GÉNÉRALE

POUR FAVORISER LE DÉVELOPPEMENT DU COMMERCE ET DE L'INDUSTRIE EN FRANCE

Assemblée générale du 28 mars 1896.

L'Assemblée générale des actionnaires de la Société Générale, appelée à statuer sur les comptes de l'exercice 1895, a eu lieu le samedi 28 mars au siège de la Société.

Le rapport présenté par le Conseil fait ressortir un grand développement dans tous les services. Le mouvement de la Caisse a augmenté de 4.063 913.202 fr., soit de 13.546.377 fr. par jour ; — celui du Portefeuille, qui a porté sur 19.000.210 effets a progressé de 4.377.049 effets, représentant 2.0.3.906.271 fr. ; — les Encaissements de coupons, de 14 643.318 fr. ; — les Ordres de Bourse exécutés au comptant, de 208 619.132 fr. ; — le Solde des Comptes de chèques, au 31 décembre 1895, est de 150 millions 366.582 fr. 89 c., et le nombre de ces comptes est en augmentation de 1.988 comptes ; le solde des mêmes comptes, au 29 février 1896, est de 155.113.265. fr. 99 c. ; — enfin, le solde des Dépôts à échéance fixe, au 31 décembre 1895, s'élève à 99.012.700 fr., en augmentation de 5.266.300.

Le rapport rappelle les efforts faits par le Conseil pour développer les affaires de banque et assurer, par les affaires courantes, l'intérêt à 5 0/0 du capital versé ; l'année 1895 a vu se réaliser le résultat poursuivi : l'augmentation est particulièrement sensible dans le mouvement du portefeuille.

Encouragée par les résultats des dernières créations d'agences, la Société a encore ouvert, pendant l'exercice, 16 agences ou bureaux dont les frais d'établissement ont été amortis presque immédiatement ou le seront rapidement.

Le développement des affaires de banque s'est poursuivi simultanément avec celui des placements et des émissions. Le rapport signale la Conversion de l'Emprunt suédois qui sera liquidée prochainement et laisse dès à présent un bénéfice ; l'émission de 500.000 obligations à lots 2.80 0/0 du Crédit Foncier et celle de l'Emprunt sino-russe 4 0/0 auxquelles la Société a pris une large part, ainsi que la participation de la Société à la constitution, à Londres, de la Robinson South African Banking Company Limited, au capital de Lg. 3.000.000 en actions de Lg. 4, qui ont été admises récemment à la cote officielle de la Bourse de Paris.

La première partie du Portefeuille de titres a laissé une plus-value, malgré les bas cours cotés le 31 décembre, et, en ce qui concerne la deuxième partie de ce portefeuille, l'évaluation faite permet de déclarer suffisante la provision dont elle est pourvue.

L'accroissement des opérations a imposé des modifications dans plusieurs services de la Société. Les guichets du siège ont été réorganisés ; des coffres-forts pour la location au public ont été installés.

Le rapport indique ensuite la situation des affaires anciennes dont la Société poursuit le règlement : l'affaire de Grotta-Calda a fait un nouveau pas en avant, la Cour de cassation de Rome ayant rendu un arrêt favorable à la Société Générale et renvoyé les parties devant la Cour de Messine qui jugera en dernier ressort. Le Tribunal arbitral suisse, appelé à statuer sur le grave litige visant les fonds déposés par le Gouvernement du Chili à la Banque d'Angleterre, a fixé au 31 août prochain la date extrême pour les répliques aux conclusions précédemment déposées. La Société Générale a été admise comme partie intervenante et le Conseil a pleine confiance dans l'issue du procès. L'entreprise du Callao, malgré les circonstances difficiles résultant du changement de gouvernement au Pérou, a pu gagner assez pour faire face à l'annuité d'amortissement, après avoir payé ses frais généraux, et laisse encore un léger solde.

Les bénéfices nets de la Société, y compris le reliquat du dernier exercice, ont atteint 3.090.326 fr. 93 sur lesquels 1.500.000 fr. ont été payés le 1er octobre 1895. Le Conseil a proposé de distribuer, le 1er avril 1896, 6 fr. 25 par action, soit après déduction de l'impôt sur le revenu, 5 fr. 75 nets. Cette répartition porte le rendement de l'exercice à 12 fr. 50 par action, soit 5 0/0 du capital versé.

Le rapport fait par des changements survenus dans la direction et dans le Conseil d'administration :

M. Buron, qui n'avait accepté le poste de Directeur qu'en formulant des réserves à raison de sa santé, s'est déclaré trop fatigué pour conserver ses fonctions, et le Conseil, quelque regret qu'il eût de cette décision, a dû accepter la démission de M. Buron, mais en lui offrant une place dans le Conseil, en remplacement de M. Gay. Il a, d'autre part, appelé également aux mêmes fonctions.

M. Dejardin-Verkinder, en remplacement de M. Lhuillier.

Le Conseil a remplacé M. Buron, par M. Dorizon, sous-directeur.

Le Rapport du Comité de censure rend compte des constatations et vérifications auxquelles les censeurs se sont livrés au cours de l'exercice, conformément aux prescriptions des statuts. Il constate l'augmentation notable des principales branches d'activité de la Société et déclare que le bilan au 31 décembre 1895 a été minutieusement dressé, que les propositions du Conseil sont absolument justifiées et qu'il y a lieu de les adopter.

L'assemblée générale a approuvé les comptes de l'exercice de 1895 et adopté la proposition du Conseil relativement à la fixation du dividende. Elle a réélu administrateurs : MM. Blount et de Lassus Saint-Geniès, administrateurs sortants ; et nommé administrateurs, MM. Dejardin-Verkinder, en remplacement de MM. Gay et Lhuillier, démissionnaires. Enfin, elle a réélu censeur M. Chaudruc de Crazannes, censeur sortant.

Toutes ces résolutions ont été votées à l'unanimité.

CHEMINS DE FER DE L'OUEST

Excursions à Jersey et à Guernesey.

La Compagnie des chemins de fer de l'Ouest fait délivrer, toute l'année, des billets d'aller et retour de Paris à Jersey (Saint-Hélier), valables pendant un mois et comprenant la traversée de France à Jersey, aux conditions suivantes :

Par Granville ou Saint-Malo.

I. Billets valables à l'aller et au retour par Granville : 1re classe : 70 fr. 10. 2e classe : 46 fr. 05. — 3e classe : 35 fr. 25.

II. Billets valables à l'aller par Granville, au retour par Saint-Malo (ou inversement), et permettant d'effectuer l'excursion du Mont-Saint-Michel (parcours en voiture compris dans le prix du billet) :

1re classe : 78 francs. — 2e classe : 55 fr. 40. — 3e classe : 40 fr. 15.

CHEMINS DE FER DE PARIS A LYON ET A LA MÉDITERRANÉE.

Voyages circulaires à itinéraires facultatifs.

Il est délivré pendant toute l'année dans toutes les gares du réseau P. L. M. des billets individuels et des billets de famille à prix très réduits pour effectuer sur ce réseau, en 1re, 2e et 3e classe, des voyages circulaires à itinéraires établis d'avance par les voyageurs eux-mêmes. (Faire la demande 5 jours avant le départ.) Ces billets sont valables pendant 30, 45 ou 60 jours, suivant l'importance du parcours, avec faculté de prolongation. — Arrêts facultatifs à toutes les gares de l'itinéraire. — Les billets collectifs sont délivrés aux familles d'au moins 4 personnes payant place entière et voyageant ensemble : le prix s'obtient en ajoutant au prix de trois billets circulaires à itinéraires facultatifs individuels la moitié du prix d'un de ces billets pour chaque membre de la famille en plus de trois, sans toutefois que le prix puisse descendre au dessous de 50 0/0 du tarif général appliqué à l'ensemble de la famille — Des formules de demandes contenant une carte du réseau sont remises gratuitement dans toutes les gares du réseau pour faciliter l'établissement de la demande de billets.

CHEMINS DE FER DE L'EST

VOYAGES CIRCULAIRES EN ITALIE

Pour faciliter les voyages en Italie, la Compagnie de l'Est, d'accord avec les Compagnies voisines, met à la disposition des Voyageurs de nombreuses combinaisons qui permettent d'effectuer des excursions variées à des prix très réduits au nord des Alpes (parcours en dehors de l'Italie) et au sud des Alpes (parcours italiens).

Des billets circulaires délivrés toute l'année et dont la durée de validité est de 60 jours, permettent soit au départ de Paris (viâ Troyes-Belfort), soit au départ des principales gares situées sur l'itinéraire, de faire des excursions en Italie dans des conditions très économiques.

Des voitures directes circulent entre Paris et Milan.

Tous les renseignements qui peuvent intéresser les voyageurs sont réunis dans le livret des Voyages circulaires et excursions que la Compagnie de l'Est envoie gratuitement sur demande affranchie.

Le moment favorable au transport des vins étant revenu, nous rappelons à nos lecteurs que tous ceux d'entre eux qui, sur nos conseils, et depuis cinq ans, consomment les vins de M. Vincent Ardura, vigneron, domaine de la Chapelle-Frédignac, par Blaye-Bordeaux' n'ont qu'à se louer de la qualité et de la conservation de ce Bordeaux absolument naturel, expédié sans intermédiaire.

Pour dégustation sérieuse, envoi gratuit est fait d'une bouteille de la récolte désignée.

L'encaissement est fait par le facteur, à 30 jours, escompte 2 0/0, ou 90 jours.

Vendanges : 1893, à 130 fr., 1892-91, à 150 fr.: 1890-89, à 175 fr., 1887, à 200 fr., 1885, à 220 fr., 1884, à 240 fr., 1882, à 250 fr., 1881, à 300 fr. — Graves blancs vieux : 130, 150, 200, 250, 300 fr., suivant âge, les 225 litres collés, soutirés, franco de port et de fût en gare d'arrivée.

ALIMENTATION DU BÉTAIL
Tourteaux de Coprah ou Coco
F. TASSY, E. ROCCA et Cie
Fabricants d'huiles (producteurs directs de Tourteaux)
23, rue Haxo, MARSEILLE
Deux médailles d'or, Anvers 1894
Envoi de Prix-Courants et Échantillons sur demande.

Ouvrages de MM. CRÉPEAUX

En vente aux bureaux de la *Gazette*

La Culture électrique 1 50

Manuel vétérinaire pratique du cultivateur . . . . 1 »

Almanach de la France rurale pour 1896 . . . . » 60

L'Année agricole et agronomique pour 1895 . . . . 3 50

La Culture du Blé, par M. Fleury-Berger . . . . 1 »

S'adresser à l'auteur : à Communay, par Saint-Symphorien-d'Ozon (Isère).

LE MONDE, journal quotidien du soir
17, rue Cassette, Paris.
Abonnement 25 fr. par an, 0 fr 05 le numéro
Organe recommandé aux agriculteurs et au membres du clergé.

Avis à Messieurs les Cultivateurs et aux Fabricants de sucre.

La graine authentique *Fouquier d'Hérouël* est *toujours* facturée par la maison qui confirme à bref délai les commandes.

Les envois sont faits *directement* aux acheteurs en sacs plombés au nom « Fouquier d'Hérouël, à Vaux-sous-Laon. »

Il n'existe aucun dépositaire.

GRAINES FOURRAGÈRES
POUR PRAIRIES PERMANENTES & TEMPORAIRES

Luzerne de Provence extra . .	135 fr.
— de Provence 1er choix.	125 —
— de pays extra.	120 —
— de pays 1er choix. . .	110 —
Minette de Beauce	40 —
Sainfoin à deux coupes	40 —
Trèfle violet	100 —
Vesce de printemps, de pays. .	22 —
Maïs Caragua, dent de cheval.	21 —

Le tout aux 100 kilos, logés, Paris

MÉLANGE SPÉCIAL POUR PRAIRIES PERMANENTES
composé selon la nature du sol, 65 kilos à l'hectare
Prix : 90 fr.

Adresser les commandes à BIROT Henri, cultivateur grainier, 19, r. de Viarmes (Bourse de Commerce), Paris.

SOCIÉTÉ GÉNÉRALE
Pour favoriser le développement du Commerce et de l'industrie en France.

Société anonyme fondée suivant décret du 4 mai 1861.
CAPITAL : 120 MILLIONS DE FRANCS
Siège social, 54 et 56, rue de Provence, à Paris.

Dépôt de fonds produisant intérêts et remboursables à échéance fixe :

De 4 ans à 5 ans	3 1/2 %
De 2 ans à 47 mois.	2 1/2 %
De 1 an à 23 mois.	2 %
Comptes à sept jours de préavis.	1 %
Comptes de Chèques	1/2 %

Toutes opérations de Banque, notamment :
Escompte et Encaissement d'Effets de commerce ;
Ordres de Bourse en France et à l'Étranger ;
Coupons ; — Avances et Opérations sur Titres ;
Souscriptions ; — Garde de Titres ; — Assurances ;
Garantie contre le remboursement au pair et les risques de non-vérification des tirages ;
Dépôts de Fonds à intérêts ;
Location de coffres-forts ; — Lettres de crédit ;
Envois de Fonds ; — Renseignements, etc.

La Société a 193 agences et bureaux en France, 1 agence à Londres, et des correspondants sur toutes les places de France et de l'Étranger.

MACHINES
AGRICOLES, VINICOLES et VITICOLES
TH. PILTER
24, Rue Alibert, PARIS

SUCCURSALES :

Bordeaux, Toulouse, Marseille, Montpellier, Tunis

Les lecteurs de la **Gazette** désireux de recevoir les Catalogues de la maison TH. PILTER dès leur publication, sont priés d'écrire 24, rue Alibert, Paris, afin de se faire inscrire.

PHOSPHATE FOSSILE DE QUIÉVY-NORD
le plus assimilable de tous les phosphate connus
GARANTI PUR DE MÉLANGE AVEC TOUT AUTRE PHOSPHATE
Ce qui, du reste, ne pourrait que diminuer son assimilabilité.

EXTRACTION DU GISEMENT ET USINE A QUIÉVY
Propriétaire-Extracteur : C. LECLERCQ
Bureaux à Viesly (Nord).

COMPOSITION MOYENNE

Acide phosphorique	12 » à 16 » 0/0
Potasse	0 45 à 2 77 0/0
Chaux	19 05 à 31 » 0/0
Magnésie	0 58 à 3 80 0/0
Matières organiques azotées	1 80 à 3 45 0/0

ASSIMILABILITÉ RELATIVE (méth. Joulie).
Solubilité dans l'oxalate d'ammoniaque.

Phosphate	de Quiévy	82 29 0/0
—	de la Meuse	51 95 0/0
—	de Pernes	47 87 0/0
—	des Ardennes	46 43 0/0
—	de la Somme (moy.)	44 53 0/0
—	de Ciply	34 57 0/0

Titre garanti en acide phosphorique : 13 à 15 0/0.

LIVRAISON : EN POUDRE IMPALPABLE EN SACS PLOMBÉS, MIS SUR WAGON GARE QUIÉVY-en-CAMBRÉSIS Prix : 3 fr. 80 les 100 kilos, sacs perdus, 30 jours, 2 0/0 ou 90 jours net.

NOTA. — Les acheteurs qui désirent employer le **véritable Phosphate de Quiévy** pur et garanti d'origine doivent exiger que les sacs portent la Marque (**Au Poisson fossile**) et la Firme **C. LECLERCQ, seul** exploitant à Quiévy (Nord).

GRAND PRIX
à l'Exposition Universelle DE 1889

DIPLOMES D'HONNEUR aux Exp. Universelles de Bruxelles 1880 & Amsterdam 1883

FABRICATION SPÉCIALE DE TOURTEAUX DE COTON
DE GRAINES d'Alexandrie (ÉGYPTE)

POUR Nourriture des Vaches laitières & Engraissement du Bétail et des Moutons

des Usines de **MM. P. MARCHAND Frères, à DUNKERQUE (Nord)**
Fabriqués sous le contrôle permanent de la Station Agronomique du Nord
Dirigée par M. DUBERNARD

Nous appelons l'attention des éleveurs et des nourrisseurs sur les Tourteaux de **COTON** de graines d'Égypte : c'est un produit excellent pour les vaches laitières, les bœufs à l'engrais et les moutons.

Nos Tourteaux de **COTON** sont complètement débarrassés de la bourre qui enveloppe la graine et contiennent la même quantité de matières nutritives et grasses que les meilleurs Tourteaux de Lin.

Nos Tourteaux de **COTON** forment l'aliment le meilleur et le plus avantageux en raison de leur prix excessivement bas.

PRIX : 9 Fr. les 100 kil., gare Dunkerque

S'adresser à MM. P. MARCHAND Frères, à DUNKERQUE (Nord)

LYSOL
Le plus puissant anticryptogamique¶siticide
Complètement soluble dans l'eau
Le meilleur marché.

Assainissement&désinfection certaine de tous locaux.

Employé avec plein succès contre le mildew, l'oïdium, la pyrale, etc., et tous les parasites des arbres fruitiers, fleurs, légumes, etc.

SOCIÉTÉ FRANÇAISE DU LYSOL
22 & 24, place Vendôme, 24 & 22
PARIS

Eugène de MASQUARD
PROPRIÉTAIRE-VITICULTEUR, Château de la Cascade
SAINT-CÉSAIRE-LES-NIMES (Gard)

Vins garantis naturels, rouges et blancs, depuis 60 fr. la pièce de 220 litres jusqu'à 100 francs, selon qualité, prise en gare de St-Césaire (Gard), fût perdu.
Ces vins ont été médaillés à toutes les expositions où ils ont figuré.

Récoltés sur des coteaux et des terrains secs, les vins de Saint-Césaire, l'un des meilleurs crus du Gard, se conservent parfaitement sans être plâtrés

Envoi franco des prix courants et échantillons

VELOUTINE FLAMANDE
La **Veloutine** est spécialement employée pour lustrer les cuirs de fantaisie : guides, selles, harnais de luxe et de travail, capotes, tabliers, caparaçons, etc., et lorsqu'ils ont déjà été enduits de vaseline, ce produit d'une un joli brillant et évite l'action graisseuse des cirages ou préparations à base de cire. Sans causticité il ne dessèche pas et imperméabilise

| Le bidon d'un litre pour harnais noirs | 3 70 |
| — — — jaunes | 4 20 |

Franco gare contre mandat-poste.

S'adresser : *Manufacture de Vaselines industrielles de Ligny-en-Cambrésis (Nord)*

EXCELLENT DÉSINFECTANT
POUR LES FUTS A VIN, CIDRE, BIÈRE, ETC.
Prix de faveur pour nos lecteurs

Sur notre demande, M. Moity, père, l'inventeur, a consenti à en mettre de petites quantités pour essais à la disposition de nos lecteurs.

10 litres franco gare. 10 fr.

Adresser les demandes à M. Crépeaux, rue Piccini, 10 *bis*, Paris.

L'ENGRAIS AMIÉNOIS
FUMURE ORGANICO-CHIMIQUE
pouvant être employée seule ou comme complément de fumier de ferme

Mixte et très complet, cet engrais convient à tous les terrains ; il est approprié, sous divers numéros, à toutes les plantes.

SUPERPHOSPHATE AZOTÉ (produit nouveau)
12 0/0 acide phosphorique
3 à 4 0/0 azote (*organique*) soluble

Envoi franco du prospectus sur demande affranchie
Adressée à **M Elisée LEFEBVRE**
route de Rouen, 121, AMIENS.

ASPERGE GÉANTE
ROYALE DE FRANCE
(RACE D'ARGENTEUIL PERFECTIONNÉE)
Demander la *Méthode de Culture* et 'prix courant (gratis et franco), à M. WILLIAM FOURCINE, directeur des pépinières royales de Dreux (Eure-et-Loir). Médailles et diplômes de première classe.

Le mardi 5 mai, Ch. des Notaires de Paris, adjuge du bail pour 18 ans de la ferme des Roues à Vert-le-Grand, cant. d'Arpajon (S.-et-O.). — Contenance : 169 h. 91 a. 18 c, mise à prix de fermage annuel 17.080 fr.

S'adr. à l'Admin. de l'Assistance publique, av. Victoria, ou en l'étude de M. Morel d'Arleux, notaire, 15, rue des Saints-Pères.

VINS
DE SAINT-ÉMILION

Vins classés, de 800 à 250 francs la barrique de 225 litres. — Moitié prix pour la barrique de 112 litres.

Vins grands ordinaires, de 140, 125, 105, 100 francs la barrique — 80, 75, 70, 65, 58, 55 francs, la demi-barrique. — Rendu franco en gare et régie, sauf octroi.

Adresser commandes à M. DUPLESSIS-FOURCAUD, à Saint-Émilion. — Envoi de prix courants et échantillons sur demande affranchie.

Médailles d'Or, Paris, 1867 et 1889 — Moscou, 1891 — Besançon, Montluçon, Royan, etc.

GRIFFE SARCLEUSE-BINEUSE
Outil économique

Prix : 9, 12, 14, 16 fr. selon dimension. Premier en plomb & M. AL. ROUSSEAU, breveté S. G. D. G. à Tavorny (S.-&-O.)

pour biner, sarcler promptement entre toutes les lignes de plantes ou légumes sans distinction, indispensable en toutes saisons dans les jardins, vignes, pépinières, les cultures de betteraves, de tabac, etc., même dans les allées

DISTILLATION CONTINUE
ALAMBIC
Système A. ESTÈVE

F. BESNARD
PÈRE, FILS ET GENDRES
28, rue Geoffroy-Lasnier
PARIS
Envoi franco du Catalogue sur demande

SELS POUR L'AGRICULTURE
Nourriture du bétail et Engrais des terres

Sel neuf dénaturé, au tourteau de colza. 45 f. 1.000 k.
Sel neuf dénaturé, au peroxyde de fer. 40 f. 1.000 k.
Sel de morue pur. . . . . 35 f. 1.000 k.

Expéditions de Fécamp, Bordeaux et St-Malo.

S'adresser à MM. A. LE BORGNE et ses Fils, négociants-armateurs, à Fécamp.

Insecticide-Préservateur
FERTILISANT
DESGOUTTES

La Boîte de 10 kilog., pour essais, 10 fr. franco toutes gares (port et emballage compris).

Adresser les demandes, accompagnées d'un mandat, 10 bis, rue Piccini, Paris.

Farine de Viande
de la Compagnie Liebig

Reconnue la meilleure Nourriture pour fortifier et engraisser le BÉTAIL, les PORCS, la VOLAILLE, les CHIENS, etc.

Fabriquée dans les Établissements de la **Liebig's Extract of Meat Company Ld, London** à **FRAY-BENTOS** et Succursales (Amérique du Sud).

Cette Farine de Viande contient environ 90 pour 100 de matières nutritives. Il convient de la donner aux animaux mélangée à leur nourriture habituelle.

Pour tous renseignements s'adresser à MM. **CHARLES HUE**, 51, quai d'Orléans, LE HAVRE. **GUÉTAN & M. CAILAR**, 49, rue Barbès, PETIT-IVRY (Seine).

UNION AGRICOLE DE FRANCE

Société Anonyme au Capital de 1.100.000 Francs. — Siège Social : 18, Boulevard des Capucines, Paris.
SIÈGE COMMERCIAL PRINCIPAL : 72-74, Rue Saint-Denis, PARIS

Vente à la Commission
et en toute loyauté
DE
DENRÉES AGRICOLES
de toutes sortes
et de toutes provenances

Fourniture Directe
et livraison à domicile
AUX
ÉPICIERS, FRUITIERS
Restaurants, Hôtels, Pensionnats et Établissements privés importants.

Renseignements détaillés sur demande au Siège Social.

BAINS-BUANDERIES
Baignoires. — Chauffe-Bains. — Douches. — Appareils de lessivage,
système GASTON BOZÉRIAN.
CHAUDRONNERIE, TOLERIE, etc. — ENVOI FRANCO DE CATALOGUES.

DELAROCHE aîné, 22, rue Bertrand, Paris

CHEVAUX BOITEUX
Guérison par le spécifique BORNET

Contre **Capelets, Mollettes, Vessigons, Eponges, Exostoses, Suros, Eparvins** e les **Formes** à leur début. *(Il s'applique également à toutes les tares molles et osseuses.)*

PRÉPARÉ PAR **A. BORNET**
Pharmacien de 1re classe, ex-interne et lauréat des hôpitaux.

19, rue de Bourgogne, PARIS.

Le flacon, 5 fr., à la pharmacie ; en gare par colis postal, 6 fr, contre mandat,

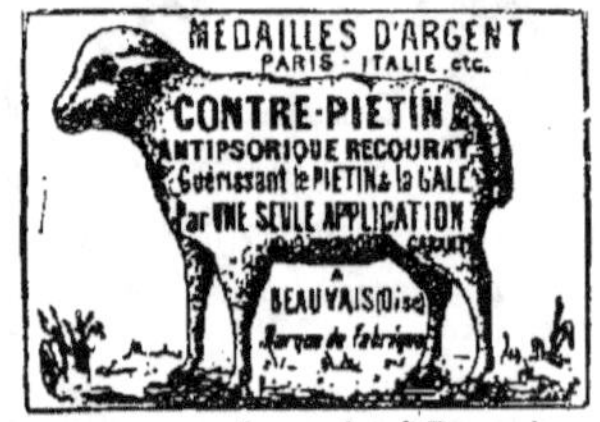

M. RECOURAT, pharmacien à Beauvais.
Gale des moutons guérie radicalement par *une seule application* de l'ANTIPSORIQUE.
La bouteille, 3 fr. ; la 1/2 bouteille, 1 fr. 75.
Guérison du PIÉTIN par *un seul pansement* avec le CONTRE-PIÉTIN-RECOURAT.
Le pot d'essai, 1 fr. 50 ; le pot, 2 fr. 50.
Joindre 0 fr. 60 pour recevoir *franco* et indiquer gare.

VIN PUR COTES 1re QUALITÉ
Vieux, nouveau garanti sur facture
Récolté par FELIX LAU, propriétaire-viticulteur à **Caussiniojouls** (Hérault).

Nouveau, 35 fr. l'hect. logé sur gare Faugères

MALADIES DU BÉTAIL
ET DE LA VOLAILLE
Leur traitement préventif et curatif
PAR L'ACIDE SALICYLIQUE

L'acide salicylique, employé dans la nourriture à la dose de 1/2 à 1 gramme par jour et par tête de bétail, est le meilleur préservatif des maladies qui procèdent par contagion : Sang de rate, Cocotte, Maladie aphteuse, Erysipèle, Typhus, Morve, Variole et le Rouget des porcs, etc.

DES ATTESTATIONS NOMBREUSES DE GUÉRISONS obtenues pour la Cocotte et le Rouget des porcs ont été reproduites dans le journal *l'Agriculture*.

La désinfection des étables, des écuries, se fait instantanément au moyen d'un arrosage d'eau salicylée à 2 grammes par litre.

S'adresser à M. CERCKEL, administrateur de la *Compagnie de produits antiseptiques*, 26, rue Bergère, Paris.

Envoi sur demande de Prospectus et Brochures.

PRIX DU KIL., 25 fr. BOITE DE MÉNAGE, 2 fr.

POUDRE DELARBRE

Plus de CHEVAUX POUSSIFS !

Guérison de la POUSSE,
Toux, Bronchite et Gourme

La Boîte de 20 Doses : 3 francs

G. DELARBRE, AUBUSSON (Creuse)

Maison de Vente & d'Expédition à Aubusson (Creuse) G. DELARBRE

A Paris & en province, chez tous les Droguistes & Pharmaciens.

COUVEUSES
ÉLEVEUSES
VOLAILLES
ŒUFS

à COUVER

VOITELLIER

à MANTES
et à
PARIS

4, PLACE DU THÉÂTRE FRANÇAIS
PRIX COURANT FRANCO
GRAND CATALOGUE ILLUSTRÉ. 0.50

CRESYL-JEYES

• DÉSINFECTANT ANTISEPTIQUE

Efficacité scientifiquement démontrée,
Envoi de Rapports et Références sur demande.

Le CRESYL-JEYES n'est ni Toxique ni Caustique

Il est adopté par toutes les Administrations
publiques de Paris et des départements.

VENTE EN GROS :

Société Française de Produits Sanitaires et Antiseptiques
35, Rue des Francs-Bourgeois, PARIS.
et chez tous les Droguistes et Pharmaciens.

Pour éviter les Contrefaçons exiger les Marques et Cachets
de la Société, ainsi que le nom CRESYL-JEYES.

L'URBAINE

Compagnie anonyme d'Assurances à primes
fixes contre l'INCENDIE

FONDÉE EN 1838

CINQUANTE-HUITIÈME ANNÉE

CAPITAL : 5 MILLIONS — GARANTIES : 70 MILLIONS
SINISTRES PAYÉS DEPUIS L'ORIGINE : 131.000.000 FRANCS

PARIS — 8 et 10, rue Le Peletier

FROMENTINE

Marque déposée B. S.G.D.G.

*Produit pour l'alimentation économique,
saine et rationnelle du bétail, provenant
en grande partie des issues de la mouture de blé.*

DIVERSES MARQUES

Demander celle en raison du but
poursuivi

Marque A pour l'engraissement égal
à celui du tourteau de lin, le remplacement de l'avoine, production
d'un lait de qualité supérieure.
Marque B pour le bon entretien du
bétail.
Marque J développement rapide des
jeunes bêtes.
Marque L surproduction du lait.
Marque E engraissement rapide.

Écrire à M. Armand MILLOT
Moulins Saint-Martin
Saint-Quentin (Aisne).

Machines Agricoles Françaises

MAISON ALBARET

O. ✻ . O. M. A. ⚜
Breveté
S. G. D. G

Veuve ALBARET et G. LEFEBVRE ✻, SUCC^R

ATELIERS DE CONSTRUCTION ET ADMINISTRATION
A RANTIGNY-LIANCOURT (Oise)

Bureaux et Magasins :
9, Rue du Louvre, PARIS

LOCOMOBILES, MACHINES DEMI-FIXES, MOTEURS A PÉTROLE
BATTEUSES PORTATIVES ET FIXES — MANÈGES

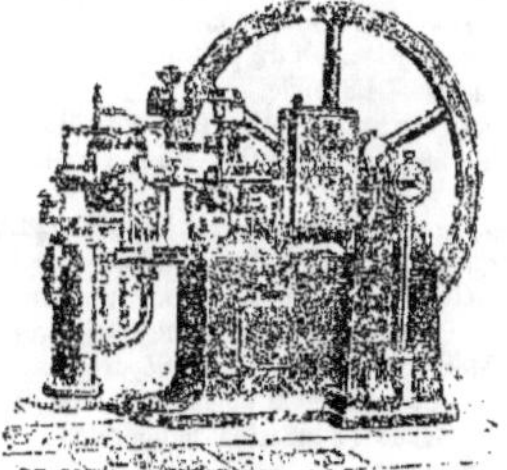

HACHE-MAIS — HACHE-PAILLE   PRESSES A FOURRAGES

FAUCHEUSES, MOISSONNEUSES & LIEUSES
RATEAUX, FANEUSES

Semoirs en Lignes — Semoirs à Engrais — Concasseurs — Aplatisseurs

---

INSTRUMENTS D'AGRICULTURE — INSTRUMENTS DE PESAGE

Grand Prix, **Lyon 1894**. — Grand Prix, **Anvers 1894**. — Grand Prix, **Bordeaux 1895**
Beauvais 1895, Diplôme d'Honneur
Tunis 1895, Premier Prix, Médaille d'Or

19 Diplômes d'Honneur et d'Excellence — 226 Médailles d'Or — 191 Médailles d'Argent

---

SUCCURSALES :

Saint-Quentin, Chartres, Abbeville, Cambrai, Dax, Lyon, Alger
Envoi franco sur demande des Catalogues illustrés.

17ᵉ Année. — Nº 19.　　LE NUMÉRO. **10** CENTIMES.　　Dimanche 10 Mai 1896.

GAZETTE AGRICOLE

JOURNAL HEBDOMADAIRE, PARAISSANT LE DIMANCHE

Fondateur : M. CH. GOSSIN, Professeur d'Agriculture à l'Institut agricole de Beauvais

PRIX DE L'ABONNEMENT

ON AN, **5** fr. — SIX MOIS, **3** fr. — TROIS MOIS, **2** fr. **25**

Pour l'Étranger les abonnements ne sont reçus que pour un an, au prix de 6 francs, et ne partent que du 1ᵉʳ JANVIER ou du 1ᵉʳ JUILLET de chaque année.

Le Numéro : **10** centimes.

Adresser toute la correspondance : mandats, lettres, annonces, etc., à M. CRÉPEAUX, Directeur de la *Gazette agricole*, 10 bis, rue Piccini, Paris.

Toute demande de changement d'adresse doit être accompagnée de 50 centimes et de la dernière bande du journal.

BUREAUX

97, rue de Rennes, Paris, et à Beauvais, rue Saint-Etienne.

Les abonnements partent du 1ᵉʳ de chaque mois et sont payables d'avance. Toute demande d'abonnement doit donc être accompagnée du prix de l'abonnement. (Le mode de payement le plus simple est l'envoi d'un mandat-poste.)

Donner *très lisiblement*, en s'abonnant, son nom et son adresse exacte, *avec l'indication du bureau de poste* ; et, s'il s'agit d'une continuation d'abonnement, joindre au renouvellement la dernière bande d'adresse du journal.

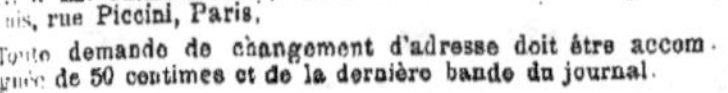

Les Annonces sont reçues à la Direction du Journal, et chez MM. DUSSERIS et MATHELLON, 97, rue de Rennes Paris.

Il est interdit de reproduire les articles contenus dans la *Gazette Agricole*.

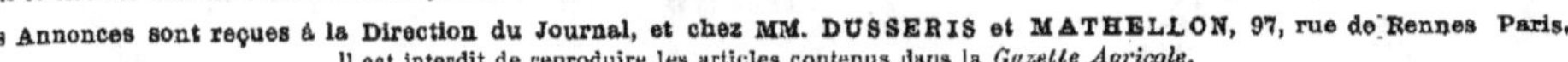

Sommaire :

BULLETIN COMMERCIAL

BOURSE DU COMMERCE DU MERCREDI 6 MAI

	FARINES	BLÉS
Courant	38 75	18 65
Prochain	39 10	18 50
Juill.-août	39 65	18 65
4 derniers	40 15	18 35
4 de nov.	40 40	18 50

Marque de Corbeil : 44 fr. le sac de 150 kil. toile à rendre.

Halle aux blés — *Blés indigènes.* —

La situation ne se modifie pas ; le temps reste très favorable aux blés en terre dont l'apparence est toujours extraordinairement belle pour cette époque de l'année, la mévente des farines est toujours la même, et les affaires restent languissantes.

La meunerie ne fait quelques demandes que pour les qualités de choix dont les prix se maintiennent facilement, car elles sont relativement rares ; les sortes inférieures sont invendables malgré les concessions que feraient volontiers les détenteurs.

Les cours extrêmes ressortent de 17,25 à 18,75 les 100 kil. nets, gare d'arrivée Paris.

Blés exotiques. — Il n'en est toujours pas question.

Sons. — Par suite de la sécheresse, qui retarde la végétation des prairies, la demande reste bonne pour le disponible et les prix sont bien tenus ; il n'y a pas de demandes sur le grand livrable.

Seigles. — L'équipage se fait dans d'excellentes conditions et la récolte promet beaucoup dans toutes les directions. La demande est calme, les vendeurs tiennent 10,50 à 10,75, avec acheteurs de 10,25 à 10,50, Paris.

Avoines. — La tendance est plus ferme par suite de la modicité des offres et de la persistance de la sécheresse qui est contraire à la bonne levée des avoines du printemps. D'un autre côté la graineterie est bien approvisionnée et fait peu de demandes, cependant on constate une avance de 25 cent. sur la semaine dernière.

On cote de 14,50 à 16 fr. suivant couleur et qualité.

Orges. — La saison peut être considérée comme terminée, les cours n'ont donc plus d'intérêt. Il n'y a que les malteurs à systèmes pneumatiques qui soient encore acheteurs. Les semailles sont maintenant terminées, on demande quelques pluies chaudes pour la levée. On cote de 14 à 16 les 100 kil. suivant qualité, Paris.

Escourgeons. — La récolte s'annonce brillamment en Beauce, dans le Centre et en Vendée ; la quantité est maintenant assurée, quant à la qualité, elle dépendra de la température au moment de la moisson. Sur place, on ne fait rien, les cours sont nominaux, il y a vendeurs de 16,50, à 17 fr.

Sucres. — Les sucres sont très faibles par suite du beau temps et des avis peu encourageants du dehors.

Raffinés 102.50 à 103, roux 88° 32,25 à 32,50.

Marché de la Chapelle. — Marché ordinaire.

On cote : paille de blé 1ʳᵉ qté 27 fr., 2ᵉ qté 24, 3ᵉ qté 21 fr. ; paille de seigle 1ʳᵉ qté 32 fr., 2ᵉ qté 29, 3ᵉ qté 25 ; paille d'avoine 1ʳᵉ qté 21 fr., 2ᵉ qté 19, 3ᵉ qté 17 ; foin nouveau 1ʳᵉ qté 48 fr., 2ᵉ qté 45, 3ᵉ qté 41 ; luzerne, 1ʳᵉ qté, 48 fr., 2ᵉ qté 44, 3ᵉ qté 41 ; regain 1ʳᵉ qté 45 fr. ; 2ᵉ qté 43 fr., 3ᵉ qté 41 fr. ; sainfoin, 1ʳᵉ qté 40 à 2ᵉ qté, 38, 3ᵉ qté 36.

FOURRAGES ET PAILLE

Paris La Chapelle.	Prix extrêmes
Foin 100 bot dans Paris n.	42 à 47
Luzern nouv.	42 à 46
Paille de blé	20 à 26
Paille de seigle	23 à 31
Paille d'avoine	16 à 20

Marché aux chevaux, 6 Mai.

Gros trait	de 300 à 1.250	Boucherie	de 90 à 200
Selle et tr.		Anes	de 45 à 1c0
léger	de 200 à 1.100	Chèvres	de .. à »
H. d'âge	de 200 à 350		

AMENÉS

Chevaux, 396 — Anes, 9 — Chèvres, ..

Voitures 107, de 35 à 600.

ENCHÈRES

Chevaux amenés, 16.

Vendus, 14 de 95 à 350.

Prix des Produits Forestiers à Paris.

BOIS DE FEU (Octroi non compris)	Falourde de pin...	100 à 110	le cent.
	Bois de flot...	100 à 105	le déca.
	Bois gris neuf...	125 à 130	
	Bois blanc...	80 à 125	
	Chêne gros bois...	85 à 110	le m. cube
	— moyen bois...	70 à 60	
	— petit bois...	30 à 48	
BOIS D'ŒUVRE (Octroi compris)	Charme, plateaux...	55 à 55	
	Sciage (Entrevoux...	175 à 210	les 208 m.
	de (Echantillons	230 à 220	
	chêne. (Frise...	27 à 28	104 m.

ENGRAIS

PARIS

Nitrate de soude	21 50	à 21 75
Superphosph. minéral 14/16	5 25	à 5 75
Superphosphate d'os 16/18	12 50	à 13 »
Scories 16/18	4 25	à 4 50
Phosphate minéral 14/16	3 80	à 4 »
Chlorure de potassium 48/52	18 75	à 20 »

NANTES

Nitrate de soude	22 30	à 22 50
Superphosph. minéral 14/16	6 »	à 7 »
Scories 16/18	4 50	à 4 75
Phosphate minéral 14/16	4 »	à 4 50
Chlorure de potassium 48/52	19 »	à 19 75

LYON

Nitrate de soude	22 »	à 23 »
Superphosph. minéral 14/16	5 75	à 6 »
Scories 14/16	4 50	à 5 »
Phosphate minéral 14/16	4 »	à 4 25
Chlorure de potassium 48/55	20 »	à 21 »

MARSEILLE

Nitrate de soude	20 50	à 21 »
Superph. minéral 14/16	6 »	à 7 »
Sulfate de fer	5 »	à 5 50
Sulfate d'ammoniaque 20/21	20 »	à 22 »

Sulfate de cuivre.

Les 100 kil. 98/99 . . . . . . 42.50 à 41.00

LINS. — Les 100 kilogr. — *Marché de Lille.*

	Communs	Ordin.	Super.
Alost	148 à 153	154 à 157	161 à 166
Bergues	150 à 158	161 à 168	173 à 182

Prix moyen aux 100 kilog. des CÉRÉALES dans les Départements.

Région		BLÉ	SEIGLE	ORGE	AVOINE
Rég. du Nord-Ouest	Caen	17 00	10 00	14 00	15 25
	Lannion	17 25	10 00	14 50	16 00
	Morlaix	17 50	10 25	12 50	13 75
	Rennes	17 00	10 00	12 75	13 75
	Avranches	16 75	10 50	12 75	14 50
	Laval	16 25	10 00	13 00	13 50
	Lorient	16 50	10 00	13 00	13 50
	Alençon	17 00	10 50	13 50	15 50
	Le Mans	16 50	10 00	13 50	16 75
Région du Nord	Soissons	17 50	10 00	»	14 75
	Evreux	17 75	10 00	13 00	15 00
	Chartres	17 50	11 50	14 00	14 00
	Lille	17 75	10 25	14 50	16 00
	Compiègne	16 75	10 00	13 00	15 00
	Beauvais	17 75	11 00	15 00	16 75
	Arras	18 25	11 00	15 00	16 00
	Paris	17 50	10 00	13 50	15 50
	Versailles	17 50	10 25	14 00	16 00
	Rouen	17 50	10 25	15 00	16 00
	Amiens	17 25	10 50	16 00	16 00
Rég. du N.-E.	Mézières	17 50	10 00	13 00	16 00
	Nogent-s-Seine	17 50	10 00	15 00	15 75
	Châlons-sur-Marne	17 50	10 25	15 00	15 50
	Langres	18 00	10 00	15 00	15 50
	Nancy	17 75	10 00	15 00	16 00
	Bar-le-Duc	17 50	10 00	15 00	15 50
	Neufchâteau	17 75	10 25	14 75	15 50
Région de l'Ouest	Ruffec	17 50	10 25	13 00	15 00
	Marans	17 25	10 00	13 00	15 00
	Niort	17 00	10 00	14 00	15 00
	Tours	17 25	10 00	14 00	15 00
	Nantes	17 25	10 25	13 00	14 25
	Anger	16 50	10 00	14 00	14 00
	Luçon	17 00	10 00	13 00	»
	Poitiers	17 00	10 00	13 00	14 75
	Limoges	17 00	10 25	»	15 00
Région du Centre	Moulins	17 75	10 00	14 00	15 25
	Bourges	17 00	10 00	14 00	14 00
	Aubusson	17 50	10 00	14 00	15 00
	Châteauroux	17 25	9 75	14 00	13 50
	Orléans	17 25	10 00	14 50	14 50
	Blois	18 25	10 00	15 00	16 00
	Nevers	18 00	10 25	14 00	16 00
	Clermont Ferr.	17 50	10 00	13 50	15 50
	Sens	17 50	10 00	13 50	15 50
Région de l'Est	Bourg	17 25	10 50	13 75	15 75
	Dijon	17 75	10 25	14 50	14 75
	Besançon	18 00	10 25	13 00	14 75
	Grenoble	17 25	10 00	13 50	15 25
	Dôle	17 50	10 25	13 00	14 00
	Saint-Etienne	17 75	10 00	14 00	16 00
	Lyon	18 50	11 00	15 00	16 00
	Mâcon	17 50	11 75	13 00	15 00
	Vesoul	17 75	10 00	»	15 50
	Chambéry	17 75	10 00	»	15 25
	Annecy	17 50	»	»	16 00
Rég. du Sud-Ouest	Pamiers	17 75	10 50	»	16 00
	Périgueux	17 50	10 50	14 00	15 00
	Toulouse	18 25	11 25	14 00	15 50
	Auch	17 50	»	»	15 50
	Bordeaux	17 75	12 00	13 00	16 00
	Dax	17 50	12 00	13 00	16 00
	Agen	17 75	12 00	13 00	16 00
	Bayonne	17 75	11 00	14 00	15 50
	Tarbes	17 75	10 50	»	16 00
Région du Sud	Carcassonne	17 50	»	13 75	16 00
	Rodez	17 75	12 00	14 00	15 00
	Mauriac	17 75	11 00	»	16 00
	Tulle	17 75	11 00	»	16 00
	Montpellier	17 50	11 00	»	15 50
	Figeac	17 50	11 25	»	15 75
	Monde	17 75	11 25	»	15 50
	Perpignan	17 75	11 00	14 00	14 75
	Albi	18 00	11 00	14 00	15 00
	Montauban	18 00	11 50	14 00	16 00
Région du Sud-Est	Gap	17 50	10 50	14 50	16 00
	Manosque	17 50	10 50	13 00	15 50
	Nice	17 50	10 75	13 25	16 00
	Privas	17 50	11 00	13 00	16 00
	Arles	19 25	11 00	13 00	16 00
	Montélimar	17 00	17 00	13 50	16 00
	Nîmes	18 00	»	14 00	16 00
	Le Puy	18 00	»	14 00	16 00
	Draguignan	18 00	12 00	»	»
	Avignon	19 00	13 00	14 00	17 00

Tourteaux. — Cours de la maison P. Marchand frères, à Dunkerque (Nord) :

TOURTEAUX A NOURRIR

	Dispon.	A livrer.
Coton de graines d'Egypte	9 »»	9 »»
Sésame blanc	11 50	11 5-
Arachide décortiquée	14 50	14 50
Colza à nourrir	10 »»	10 »»
Colza du pays	11 »»»	11 »»
Œillette du Levant	10 »»	10 »*
Œillette blanche de Turquie	10 »»	10 »»
Lin 1re qual. de Bombay g. form.	14 »»	14 »»
Lin 1re qual. de Bombay p. form.	14 50	14 50

TOURTEAUX-ENGRAIS

Arachide décortiquée	14 »»	14 »»
Cameline	»» »»	»» »»
Colza des Indes en poudre	»» »»	»» »»
Colza ravison	7 25	7 25
Colza jaune Gutzerat	10 50	10 75
Kurrachée	»» »»	»» »»
Niger	»» »»	»» »»
Pavot	9 75	9 75
Sésame, blanc	10 50	»» »»
Sésame noir	»» »»	»» »»
Coton en farine	7 50	7 50

Nos prix s'entendent pour tourteaux en planches, rendus en gare de Dunkerque.

Palement à 30 jours ou à terme plus éloigné suivant convention expresse.

Le concassage se paie 0 fr. 25 et la mise en poudre 0 fr. 40 aux 100 kilos. Dans ce cas, les sacs sont facturés à 0 fr. 35 pièce, et repris au prix de facture, quand ils sont rendus en bon état et franco, dans les 30 jours de l'expédition.

FROMENTINE :

	100 kil.
Marque A	13 »
Marque B	13 «
Marque J	13 »
Marque L	15 »
Marque E	16 »

BEURRES. - (le kilogr.).

BEURRES EN MOTTES			BEURRES EN LIVRE		
Isigny extra	4 50	5 50	Bourgogne	1.70	2.00
— demi-fin	3.20	3.40	Gâtinais	1.90	2.50
M. d'Isigny	2 70	3.00	Vendôme	1.80	2.00
du Gâtinais	1.90	2.10	Beaugency	1.80	2.50
de Bretagne	1.70	1.90	Ferme	2.20	3.10
Laitiers Jura	1.60	2.30	Tours	2.00	2.50
de Charente	1 80	2.50	Le Mans	1.70	2.00
des Alpes	1 80	2.60	Touraine fausse	1.80	2.30

ŒUFS. - (le mille).

Normandie ext.	72 à 92		Bourgogne	50 à 54	
Picardie —	72 à 95		Champagne	52 à 56	
Brie	60 à 68		Nivernais	48 à 52	
Touraine	44 à 70		Bourbonnais	48 à 54	
Beauce	56 à 62		Bretagne	48 à 44	
Orne	50 à 58		Vendée	44 à 50	
Picardie	58 à 54		Auvergne	45 à 48	
Châtellerault	54 à 58		Midi	48 à 40	

FROMAGES.

Brie hautes marq.	40	50	Roquefort	120	220
Brie gr. m. (10)	35	38	Gruyère (100 k.)	100	170
— m. m.	20	28	Coulommiers (100)	20	45
Petits Nanteuils	20	16	Gournay (100)	14	18
Brie laitiers	15	20	Livarot (le 100)	110	120
Gérardmer (100 k.)	70	80	Bourgogne (100)	60	70
Hollande	170	180	Camembert (10)	40	60
Bondons (100)	10	12	Munster (100)	110	120
Cantal	110	120	Port-Salut	110	120

VOLAILLES

Poulet Brest dit moelleux	4 00	8 00	Pigeo. Macon	1.50	2.00
Poulets Nant.	3 00	5.00	Ca. sNantais	4.00	1.35
Poulets Tour.	2.75	5.25	Dindes Tourr.	7.00	11.00
Poulets Houdan	6.00	8.00	Oies	7.00	8.50
Pigeons d'Italie	80	1.25	Lapins dom.	2.15	4.00
			Lapins gararenne	1.50	2.00

VINS — BERCY

Rouges			Blancs		
B. Bourg. vieux	140 à 160		Bordeaux	125 à 160	
Touraine	105 à 115		B. Bourg.	150 à 190	
Bord. vieux	130 à 166		Sancerre	130 à 135	
Algérie	24 à 32		Chablis	200 à 350	
Cher	110 à 135		Anjou	120 à 135	
Chinon	125 à 180		Pouilly	350 à 30	
Narbonne	32 à 40		Vouvray	155 à 195	

HOUBLONS. — Les 50 kilogr.

Alost primé	28,00 à 30,00
Bourgogne	55,00 à 60,00
Poperinghe	25,00 à 30,00
Wurtemberg	40,00 à 42,00
Altmark	75,00 à 100,00
Alsace	50,00 à 65,00

POMMES DE TERRE

Hollande (100 kil.)	8 »	à 17 »
Roses-Early	8 »	à 10 »
Magnum-Bauum	7 »	à 7 50
Rondes	5 »	à 5 20

LÉGUMES SECS. — (Les 100 kilogr.)

	Haricots	Pois	Vesce	Lentille
Paris	32 00 50,00	20 18,00	19 A 20	30,09 56
Bordeaux	34,00 35 00	35 45,00	18 19	40 00 80
Marseille	28,00 30,00	18 25	20 20	21,00 52

CHANVRES

Les 50 kil.	1re qualité.	3e qualité
Le Mans	33,00 à 35,50	30,00 à 2,00
Saumur (b.)	40,00 à 42,00	37,00 à 3,00

Marché de la Villette du 4 mai 1896.

PRIX DE LA VIANDE NETTE

	1re qualité	2e qualité	3e qualité
Bœufs	1.54	1.41	1.31
Vaches	1.52	1.42	1.32
Taureaux	1 26	1.14	1.04
Veaux	2 12	1.80	1.50
Moutons	2 00	1.88	1.70
Porcs	1.10	1.04	0.96

ESPÈCES	AMENÉS	VENDUS	PRIX EXTRÊME viande net	poids vif
Bœufs	2.177	2.078	1.34 à 1 54	63 à ...
Vaches	771	717	1.32 1.52	58 à 95
Taureaux	252	230	1.04 1.26	49 à 8.
Veaux	1.482	1.300	1.50 2.12	72 1..
Moutons	14.820	14.070	1.76 2.00	79 1.22
Porcs	3.104	3.104	» 96 1.10	64 à 7.

Vente plusfacile,

Marché de la Villette du 7 Mai 1896.

PRIX DE LA VIANDE NETTE AU KILOGR.

	1re qualité	2e qualité	3e qualité	Prix extrim
Bœufs	1.48	1.36	1.26	1.20 à 1.56
Vaches	1.46	1.34	1.20	1 12 1.52
Taureaux	1 26	1.20	1.14	1 10 1.30
Veaux	2.00	1.76	1.60	1.45 2.10
Moutons	1.96	1.86	1.74	1.66 2 00
Porcs	-.16	1.06	»	1.00 1.21

ESPÈCES	AMENÉS	RENVOI	OBSERVATIONS
Bœufs	1.688	»	Vente mauvaise sur le gros bétail et les veaux, moyenne sur les moutons, meilleure sur les porcs
Vaches	493	251	
Taureaux	174	»	
Veaux	1.779	428	
Moutons	12 841	»	
Porcs	4.824	»	

Vente du bétail au marché de La Villette.

Adresser les animaux à MM. Henri Roblin et Surugue, en gare Paris-Bestiaux. Les aviser par lettre auparavant, 190, rue d'Allemagne, Paris.

Il est peu de maladies aussi pénibles que les gastralgies et les maladies de l'estomac en général. Il n'est donc pas sans intérêt de rappeler qu'après de nombreuses expériences, l'Académie de médecine a approuvé et recommandé l'emploi du *Charbon de Belloc* contre ces maladies, « qui, au dire même du rapport, font trop souvent le désespoir des malades et des médecins ». Le charbon de Belloc, qui est aussi le remède par excellence contre la constipation, se prend en poudre ou en pastilles au moment des repas. Le plus souvent, le bien-être se fait sentir dès les premières doses. Poudre, le flacon, 2 fr. — Past., la boîte, 1 fr. 50 ; toutes pharmacies. — Fab. : Maison L. FRÈRE, à Champigny et Cie, successeurs, 19, rue Jacob, Paris.

CHRONIQUE POLITIQUE

L'événement de la semaine a été la séance de vendredi 1er mai au Palais-Bourbon. Le ministère Méline a été attaqué avec fureur par la coalition des radicaux et des socialistes, ayant pour organes M. Goblet et M. Bourgeois.

Ils ont accusé M. Méline et ses collègues de violer la constitution en essayant d'imposer à la Chambre un pouvoir qui ne représente que la minorité, et en donnant raison au Sénat contre la majorité de cette Chambre.

Le scrutin heureusement a démontré que la majorité de raccroc qu'avait M. Bourgeois était susceptible de se déplacer. Le groupe du centre, dit des républicains de gouvernement, a compris la terrible responsabilité qu'il encourait en appuyant la politique de casse-cou de M. Bourgeois et de ses co-alliés radicaux et socialistes. Grâce à ce groupe et aussi grâce au patriotisme des députés de droite, le cabinet Méline a obtenu une majorité de quarante-huit voix qui nous préserve, au moins provisoirement, de l'aventure révolutionnaire à laquelle nous pousse ouvertement la coalition socialiste et radicale. Il s'agit d'abolir le Sénat, de forcer M. Félix Faure à se soumettre ou plutôt à se démettre, et enfin de réviser la Constitution de façon à mettre le peuple français à la merci des factions qui se servent de MM. Bourgeois et Goblet pour nous infliger le despotisme d'une nouvelle commune.

Le vote du 1er mai a sauvé le pays d'un péril évident, à en juger par le déchaînement actuel des masses dont les chefs socialistes exploitent les préjugés et les avidités ignorantes. Mais la digue que leur oppose le vote est peu solide, il faut le reconnaître. La majorité qui soutient le cabinet Méline est formée, pour un tiers au moins, des députés de la droite dont la politique est fort différente de celle de ceux du centre. En votant avec le centre, ils ont donné une preuve incontestable de patriotisme, et ont prouvé combien étaient téméraires et maladroits les ministres opportunistes qui, depuis quatre ans, prétendent gouverner le pays sans demander une seule voix à la droite, et en s'adressant au besoin aux radicaux.

Or, sans le concours si désintéressé de la droite, où serait le cabinet Méline aujourd'hui? où serait la Constitution républicaine.

Grave leçon de choses à tirer de ces événements et surtout de la situation périlleuse qui en résulte; espérons que M. Méline et ses collègues la comprendront et la feront comprendre — si tard qu'il soit — à leurs amis politiques.

La coalition radico-socialiste bien entendu, loin de désarmer, a ouvert immédiatement une nouvelle campagne contre le Sénat, contre le ministère et contre sa majorité, en formant une ligue s'intitulant défense *du suffrage universel.*

M. Bourgeois, qui sait comment on manipule cet instrument, est le président de cette ligue. Il a pour coalisés les radicaux qui lui reprochaient la semaine dernière de les avoir trahis en donnant sa démission au lieu de s'imposer au pouvoir à leur appui. Ils voyaient en lui un Boulanger!

La *ligue* soi-disant du suffrage universel, si absurde que soit son thème, n'en est pas moins une machine de guerre redoutable pour le pays, d'abord parce qu'elle met en mouvement des masses affolées et enfiévrées par les sophistes qui les mènent; elle ne l'est pas moins, hélas! par l'état d'inertie, d'avachissement, des masses profondes du peuple français qui se sent menacé sans avoir conscience des causes de sa détresse, et des doctrines sauvages et immorales qui le livrent sans défense à l'armée des démolisseurs de toute nature. L'inertie des bons est le plus dangereux atout dans le jeu des meneurs.

Voilà le danger du jour. Les élections municipales qui ont eu lieu dimanche, en ont montré la gravité dans toute la France.

Mais maintenant en nous réservant de revenir sur ce sujet, disons un mot sur la partie du programme de M. Méline concernant les intérêts agricoles.

Certes, si ces intérêts seuls étaient mis en péril, si ce péril n'était pas solidaire avec les intérêts politiques, moraux et financiers nés de la politique néfaste que nous subissons depuis quinze ans, nous n'aurions que des éloges à adresser à M. Méline.

En prenant, comme chef du pouvoir le portefeuille de l'agriculture, il affirme avec raison l'influence capitale de l'agriculture et des intérêts qui s'y rattachent sur la fortune publique de la France. Avec raison aussi il affirme la résolution de réaliser d'urgence les nombreuses réformes fiscales réclamées par nos sociétés agricoles que ses prédécesseurs laissaient si bien dormir dans les cartons des commissions ministérielles et parlementaires avec la complicité des députés qui s'en font de pures réclames électorales.

Il promet d'en finir cette fois avec les paroles et les promesses dérisoires, assaisonnées de rubans verts et violets et prodiguées dans les banquets offerts par les naïfs agriculteurs à tant de ministres, soi-disant de l'agriculture. Nous prenons volontiers note de ces promesses : mais nous n'osons en prédire la réalisation, car nous connaissons trop bien la manœuvre que M. Méline trouvera dans son chemin.

En tout cas un fait certain, dès aujourd'hui, c'est que M. Méline trouvera, dans ces affaires, un appui dévoué dans la droite, et des adversaires dans la gauche de sa majorité d'hier.

Comme en politique, il sera mieux servi par ses ennemis que par ses amis aveugles.

Le passé nous montre clairement sur ce sujet ce qui nous attend demain.

Ceux qui ne voient pas cela aujourd'hui, le verront certainement plus tard. Fasse Dieu que ce ne soit pas trop tard.

Le ministère Bourgeois

Au point de vue des aptitudes personnelles la comparaison du personnel du cabinet Bourgeois à celui du cabinet Méline est vraiment d'un intérêt saisissant.

Aux affaires étrangères M. Bourgeois avait placé un chimiste, à la marine un vaudevilliste; à la guerre, un rhéteur; aux travaux publics, un avocat; au commerce, un dessinateur sur étoffes. M. Méline a confié les affaires étrangères à un diplomate renommé en Europe; la guerre à un général; la marine à un amiral; il s'est réservé l'agriculture parce qu'il étudie depuis quinze ans ses besoins, sa situation.

Ce n'est pas tout.

En donnant leur démission forcée, M. Bourgeois et ses collègues, au moment de se retirer, avec une prodigalité sans exemple ont attribué des places lucratives à toutes leurs créatures au mépris des droits des fonctionnaires de carrière. Jamais, disent ceux-ci, népotisme plus impudent ne s'était étalé dans les colonnes de l'*Officiel.*

La plupart de ces nominations étant illégales, il serait urgent de les contrôler.

Pour apprécier le service rendu à la France par la chute du cabinet Bourgeois, il suffit de noter que son maintien vouait la France a un isolement dangereux en Europe et nous aliénait les sympathies de la Russie, c'est un fait absolument établi aujourd'hui que ce cabinet était un danger intérieur et extérieur pour la France.

Le cabinet Méline est le *trente-sixième* que nous ayons depuis vingt-cinq ans de République. La durée moyenne des ministres est de huit mois et demi.

Les présidents de la République sont aussi peu stables, en vingt-cinq ans nous en avons eu cinq. Le sixième, aujourd'hui en fonction, M. Faure, est déjà menacé. Tous ses prédécesseurs ont démissionné avant le terme de leur mandat.

L'assassinat dont M. Carnot a été la victime n'est pas non plus à citer en faveur de la stabilité.

La question toujours inquiétante pour ce pauvre peuple, c'est de trouver le gouvernement conforme à ses vrais besoins et à ses vrais intérêts. Problème dont les trente-cinq séries de ministres empiriques qu'il a subis n'ont pas encore trouvé la solution, et quand la trouverons-nous?

Les élections municipales.

Les élections municipales ont eu lieu dimanche dernier dans toutes les communes de France. Partout les opérations ont eu lieu sans trouble. Mais c'est dans les esprits que le trouble est toujours à l'état aigu.

A l'heure actuelle les journaux de Paris n'ont enregistré que les résultats de ces élections dans les villes en classant les élus d'après leur parti politique. Sur ce point les élections semblent dénoter la continuation de l'état général des opinions qui divisent si fâcheusement notre pays. Chaque parti semble avoir couché sur ses positions.

Les élections des communes rurales sont plus difficiles à caractériser, bien que là aussi les jongleries politiques fassent beaucoup de dupes au profit exclusif des politiciens et au détriment des bons ruraux. Des renseignements ultérieurs nous permettront peut-être d'apprécier les conséquences bonnes ou mauvaises des élections d'hier.

De la revision de la constitution.

M. Bourgeois a prétendu dans son discours contre le cabinet Méline que si l'on réunissait les deux Chambres en congrès, elles prononceraient la revision.

Or, en nombrant les voix qui, au Sénat et à la Chambre, se sont prononcées pour le *statu quo*, il y en a eu 203 au Sénat et 278 à la Chambre. Donc au congrès la revision serait repoussée par 481 voix contre 284.

Si le cabinet Bourgeois a fait un mal incalculable à la France, il le doit autant à son ineptie qu'aux idées mères de sa politique.

Jamais une équipe ministérielle n'avait poussé aussi loin l'ineptie arrogante et l'incapacité dans la direction des services publics, finances, marine, guerre, travaux publics. instruction publique, et surtout dans les affaires étrangères, où la gaffe de M. Berthelot dans l'affaire d'Egypte, a nécessité son débarquement immédiat. Les Berthelot de l'intérieur étaient au niveau du Berthelot diplomate.

Cela n'était pas inutile à relever, pour montrer ce que vaut le vote par lequel 228 députés ont pris fait et cause pour ce cabinet.

CHRONIQUE GÉNÉRALE

AVIS IMPORTANT

Nous prions instamment nos amis de nous adresser les listes des personnes de leur connaissance qui devraient s'abonner à la *Gazette*, nous leur enverrons des numéros spécimens en conservant la plus grande discrétion.

Plus que jamais, est-il besoin de le dire, les agriculteurs doivent propager les journaux qui défendent leurs intérêts si gravement compromis. Or, le moyen que nous indiquons est celui qui donne les meilleurs résultats.

Nous nous faisons toujours un plaisir d'étudier avec nos amis les moyens à employer pour faciliter cette propagande indispensable.

Nous profitons de cette circonstance pour remercier encore et très chaleureusement tous ceux qui s'associent à notre œuvre de conservation sociale religieuse et de défense agricole.

S. CRÉPEAUX,
Professeur à l'Institut agricole à Beauvais.

La Solidarité Orléanaise.

ASSURANCES MUTUELLES CONTRE LES ACCIDENTS
DU TRAVAIL AGRICOLE

La solidarité orléanaise est une des institution les plus louables, dues à l'esprit d'initiative des syndicats agricoles, elle fait le plus grand honneur au syndicat du Loiret.

Alors que nos incurables politiciens dépensent leur temps à des projets d'assurances par l'Etat — toujours l'Etat — c'est-à-dire, par des mots! — le Syndicat du Centre, organisant sans bruit l'assurance contre les accidents du travail au moyen d'une minime cotisation annuelle de 50 centimes par hectare, assure des secours immédiats aux victimes des accidents du travail.

La Solidarité Orléanaise ne fonctionne encore que dans les départements du Loiret, d'Eure-et-Loir et de Loir-et-Cher ; mais ses succès ne peuvent manquer de susciter des créations semblables dans les autres régions où les syndicats agricoles sont en quête de sérieux progrès, et surtout se mettent en mesure de les réaliser eux-mêmes au lieu de les demander à l'Etat avec les politiciens — ou de les lui *imposer* avec les socialistes — les deux écoles de la ruine et de l'anarchie en France.

Le résumé suivant des deux premiers exercices de la *solidarité* orléanaise, constate, dans la dernière réunion de son conseil d'administration à quel point est justifié l'éloge dû à ses services :

« Créée avec 6.000 hectares à peine le 21 juillet 1891, elle en comptait 13.000 au 1er janvier 1892 et 20.000 au 1er janvier 1894 ; actuellement elle va compléter son 24e mille.

« Ses recettes ont atteint près de 9.000 fr. en 1893 ; elles dépasseront 12.000 en 1894.

« Sa réserve, qui était de 1.048 fr. 75 au 31 décembre 1891, s'élevait à 3.756 fr. 50 au 31 décembre 1892, et à 6.235 fr. 10 au 31 décembre 1893, ainsi que l'établit le compte ci-dessous.

RECETTES :

Boni des années antérieures au 31 décembre 1892.	3.756 fr.	50
Cotisations année 1893 . .	8.380	05
Polices	406	»
Intérêts de fonds placés. .	204	10
Total. . .	12.746 fr.	65

DÉPENSES :

Frais d'administration. .	2.986 fr.	80
Sinistres réglés	3.504	57
Total. . .	6.491 fr. 55	ci 6.491 fr. 55

Excédent de recettes au 31 décembre 1893. . . . . . 6.255 fr. 10

« Le conseil d'administration de la Solidarité Orléanaise a donc résolu une question économique du plus grand intérêt puisque avec la minime somme de 50 centimes par hectare, elle a pu payer ses frais de constitution, de modification à ses statuts, d'organisation et tous ses frais généraux, payer ses sinistres et faire en deux ans et demi une réserve de plus de 6.000 francs.

« Ces chiffres sont suffisamment éloquent pour nous dispenser de tout commentaire. »

Au contraire, ces chiffres provoquent un commentaire d'une importance capitale.

Comparez l'œuvre féconde de la Société orléanaise aux débats interminables et inutiles des lois proposées pour remplacer les sociétés d'assistance libres et indépendantes par une assistance qui ne peut qu'ajouter un anneau à la chaîne des servitudes administratives sous lesquelles étouffe l'esprit public en France.

Un trait révoltant surtout et qui frise l'imbécillité, c'est la prétention de donner l'estampille républicaine à des institutions qui font d'un peuple une armée d'ilotes tenant tout, jusqu'à leur pain, de l'Administration.

Ventes publiques de laines.

La création des ventes publiques de laines à Reims a provoqué une création de ventes analogues à Paris.

On annonce la première vente pour le 20 mai courant. Les ventes suivantes se feront le 3, puis le 17 juin. Adresser les envois à l'Agence nationale des magasins généraux à Pantin.

Vente de béliers à Grignon.

Cette vente publique qui, comme nous l'avons annoncé, a eu lieu le 27 avril, a eu pour résultat, l'achat de 32 béliers, 14 dishley, 18 dishley mérinos et southdown mérinos qui ont été payés 22.775 francs. Les dishley mérinos ont, comme les années précédentes, obtenu des plus hauts prix que les béliers de race pure. Les acquéreurs appartiennent aux départements dits du rayon de Paris (Seine-et-Oise, Seine-et-Marne, Somme, Aisne, Oise, Eure-et-Loir) — et au Berry — qui aujourd'hui encore possèdent les plus nombreux troupeaux, en dépit d'une protection douanière insuffisante.

Une exposition russe.

Une importante exposition agricole aura lieu à Kiew de juillet à octobre 1897 ; elle comprendra 17 sections dont voici les principales : Section agricole (1. agriculture ; 2. horticulture et viticulture ; 3. sylviculture ; 4. élevage ; 5. apiculture, sériciculture, pisciculture ; 6. engrais ; 7. machines agricoles). — Section industrielle (1. salines et mines ; 2. industries textiles ; 3. produits alimentaires ; 4. métallurgie ; 5. machines, instruments, appareils). — Ferme et ménage.

Les produits étrangers sont admis mais hors concours. Les demandes d'admission devront être adressées à l'Association d'agriculture de Kiew, avant le 1er janvier 1897.

Concours régionaux de 1896.

I. — CONCOURS DE MONTPELLIER.

(Suite)

Le grand intérêt de ce concours se trouvait dans la magnifique exposition de matériel agricole qui le complétait. Nous avons été notamment frappé par la multiplicité des engins propres à la viticulture. Jamais, croyons-nous, on avait vu semblable collection dans un concours régional. Il n'est pas douteux que, pour relever la viticulture, tout le monde y a mis du sien et que de nombreux hommes ont compris qu'il fallait mettre la mécanique à même de faciliter l'œuvre de reconstitution arrivée aujourd'hui à son apogée dans cette région.

Malheureusement, il nous est impossible de donner une nomenclature de tout ce que nous avons remarqué : un numéro de la *Gazette* n'y suffirait pas.

Et d'ailleurs on ne peut conseiller tel ou tel instrument qu'à condition de l'avoir vu fonctionner, car évidemment, ce ne sont pas les inventeurs qui atténuent le mérite de leurs découvertes. Aussi est-il regrettable que les essais d'instruments soient si étroitement limités, et aient lieu d'une façon qui ne permette pas aux praticiens d'en tirer des conclusions absolument certaines.

Quoi qu'il en soit, nous devons tout d'abord signaler quelques appareils nouveaux.

M. *Guy*, constructeur à Agde (Hérault), présente un pulvérisateur à grand travail d'une construction fort ingénieuse. Il se compose d'une grande roue qui sert de réservoir au liquide, elle a une capacité de 150 litres. Cette roue est maintenue en équilibre par des brancards entre lesquels le cheval se trouve fixé par un harnais spécial, puis par des mancherons tenus par l'ouvrier. Cette roue met en mouvement une pompe aspirante et foulante qui envoie le liquide dans des conduits en caoutchouc munis d'orifice en cuivre qu'on place à volonté dans tous les sens. Un levier facile à manier arrête ou met en marche la pompe. Cet appareil a l'avantage de pénétrer partout à cause de ses petites dimensions. Avant de se prononcer sur ses mérites, il faut attendre les essais qui vont être tentés.

Le même constructeur expose un instrument ayant pour but de broyer après la taille les sarments de la vigne afin de leur permettre de se décomposer plus rapidement et aussi d'être enfouis facilement dans le sol. Cet appareil est très curieux, car le constructeur avait de grandes difficultés à vaincre pour arriver au but qu'il cherchait ; ce n'est certes pas un engin indispensable, mais il peut trouver son application dans les très grandes exploitations.

Nous passons à l'exposition de M. *Roy*, constructeur à Saint-Ciers-Lalande (Gironde).

Le premier appareil qui fixe notre attention est un fouloir de vendanges : les raisins, après avoir été ouverts sont pris dans les spires d'une vis d'Archimède qui ne peut jamais s'engorger, grâce à un mécanisme ingénieux. A sa sortie de la vis le moût se trouve comprimé par lui-même de façon à ne pas écraser les pépins, il sort en boudins.

Nous remarquons aussi les pompes, les machines à greffer, les égrappoirs et surtout la bonde du même constructeur.

L'exposition de M. *Bajac*, de Liancourt (Oise), a été très visitée ; on a surtout remarqué ses moulins à bras, sa planteuse de pommes de terre, ses charrues et ses houes.

La maison *Mot*, de Paris, montre des moteurs à pétrole, des batteuses, des faneuses, faucheuses, etc., etc.

M. *Pilter* a, comme toujours, une très nombreuse collection.

M. *Besnard*, 28, rue Geoffroy-Lasnier, à Paris, a une belle et nombreuse collection de pulvérisateurs, d'alambics, de pasteurisateurs.

M. *Puzenat*, Emile, de Bourbon-Lancy (Saône-et-Loire), expose ses herses, ses rateaux, ses houes, tous instruments justement appréciés.

Signalons enfin les principaux exposants de province : MM. *Albrand et Cie*, à Marseille : pulvérisateurs ; — *Amouroux*, à Toulouse : faucheuses, moissonneuses, houes, batteuses, fouloirs de vendanges ; — *Arnaud*, à Montpellier : pompes à vin et pulvérisateurs ; — *Bernus*, à Lyon ; pulvérisateurs, pals, pompes, barattes ; — *Bompard et Grégoire* : houes, charrues, pulvérisateurs, wagonnets ; — *Cabal*, à Bédarieux (Hérault) : pompes à vin ; — *Caizergues*, à Béziers (Hérault) : bondes, distillateurs, filtres, chaudières ; — *Coquinet*, à Montpellier : pompes, pressoirs, monte-charge, fouloirs ; — *Estève*, à Pézenas (Hérault) : pompes, pressoirs, batteuses, locomobiles ; — *Guyot*, à Carcassonne (Aude) : treuils à défoncement ; — *Mabille*, à Amboise (Indre-et-Loire) : pressoirs, presses, égrappoirs ; — *Ray*, à Montpellier : pompes, fouloirs, moteurs à vent de tous systèmes ; — *Société des usines d'Abilly* (Indre-et-Loire) : charrues, houes, tarares, hache-paille ; *Vernette*, à Béziers : broyeurs de sarments, charrues, treuils.

On voit par ce court exposé l'intérêt très vif que présentait l'examen du matériel exposé ; il n'en a pas été de même pour les produits agricoles qui représentaient bien incomplètement les spéculations spéciales à cette région. La raison vient, dit-on, qu'on se réservait pour l'exposition organisée par la ville de Montpellier et qui s'est ouverte après le concours régional pour durer jusqu'en octobre. Cette mode des expositions est très préjudiciable aux concours, et nous doutons qu'elle procure des bénéfices aux villes qui la suive. Ainsi où, sinon à Montpellier, devrait-on chercher une plus nombreuse exhibition de vins ? Il paraît que celle de l'exposition de la ville sera hors de pair, tandis qu'au concours elle était tout à fait insuffisante, ne permettant pas de se rendre un compte exact des succès, cependant bien certains, de la reconstitution dans cette vaste région viticole.

S. C.

Nous ne pouvons terminer ce compte rendu sans signaler le succès croissant du *Syndicat agricole de Montpellier et de l'Hérault*. Cette association compte aujourd'hui plus de trois mille membres et ses opérations se sont chiffrées l'exercice dernier, par 3.200.000 francs. Ce qui est digne de remarque, c'est que les affaires sont surtout fournies par la petite culture : on n'en sera pas surpris en lisant l'extrait suivant du rapport du Conseil d'administration :

« Comme nous n'avons cessé de vous le répéter, le but de notre association n'est pas de faire des bénéfices, mais de servir ses participants le mieux et le meilleur marché possible, en procurant immédiatement à chacun un avantage proportionnel à l'importance de ses opérations.

« Cet avantage n'est pas toujours direct, ou du moins il ne l'est pas pour tous nos adhérents : si, par nos magasins et nos entrepôts, par la facilité que nous laissons à nos syndiqués de fractionner presque indéfiniment leurs commandes, sans aucune majoration des prix de vente, nous avons conscience d'offrir à la moyenne et à la petite propriété, même au plus modeste cultivateur, des facilités d'achat autrefois réservées aux grandes exploitations, par les prix courants affichés dans nos bureaux, par nos circulaires mensuelles devenues, bon gré mal gré, le principal régulateur des prix pour les denrées agricoles, nous avons vulgarisé, égalisé et abaissé les cours de ces denrées dans notre région, et nous permettons à la grosse propriété d'acheter, même en dehors de nous, à bon escient et à de bien meilleures conditions. C'est même là l'un des principaux services que nous lui rendons.

« Notre clientèle est surtout une clientèle de détail. Ce genre d'affaires ne va pas sans de nombreux magasins et entrepôts, sans de grosses accumulations de marchandises de toutes sortes, pouvant faire face à des demandes instantanées autant qu'imprévues, sans une comptabilité minutieuse et touffue, sans un personnel considérable. Nos frais généraux s'en ressentent et grandissent chaque année avec l'émiettement de nos affaires, sans grand profit pour nos gros adhérents, qui, eux, ne passent pas par nos magasins, mais qui bénéficient, dans une plus large mesure, des avantages indirects que nous .vous signalions plus haut. »

L'écart entre les achats et les ventes ne représente que 1 fr. 70 pour 1.000 fr. d'affaires, nous le signalons au président de l'*Union des syndicats des agriculteurs de France.* Ce qui prouve, ainsi que nous l'avons dit mille fois, que le véritable esprit syndical, le seul qui soit en rapport avec les besoins des agriculteurs, se trouve dans les associations qui conservent toute leur indépendance vis-à-vis des citadins de Paris.

Concours départemental de l'Aube.

Le comice départemental de l'Aube tiendra son concours les 24 et 25 mai à Bar-sur-Aube. Outre les primes ordinaires, il y aura un concours d'instruments, spécialement de semoirs pour la moyenne et la petite culture, quatre prix seront décernés pour cette spécialité d'instrument.

Ecrire avant le 10 mai au secrétaire du Comice, rue Notre-Dame, à Troyes.

Le traitement du black-rot obligatoire.

Le préfet du Rhône vient de prendre un arrêté qui impose aux viticulteurs l'obligation de traiter leurs vignes préventivement dans toutes les communes où se montre la moindre apparition du black-rot.

L'intention est louable, mais l'arrêté ne résout pas la principale difficulté qui est de découvrir le black-rot avant l'apparition des premières spores, c'est-à-dire au moment où le traitement préventif est indispensable , puisqu'on a constaté l'inefficacité des traitements ultérieurs lorsque ce premier traitement n'a pas été appliqué.

Les effets de l'admission temporaire des blés.

Pour apprécier les effets intolérables du régime actuel des admissions temporaires, il suffit de constater comparativement le chiffre des importations réelles, à celui des importations temporaires du 1er janvier au 31 mars dernier. Importations fermes 543.000 quintaux. — Importations à admission temporaire, 143.200 quintaux, c'est-à-dire que celles-ci dépassent de trois fois le chiffre de celles-là !

Voilà l'effet de l'abus des primes de réexportation, dont la manipulation fait la fortune des spéculateurs au détriment du fisc et des producteurs français. M. Méline mettra, nous l'espérons, autant de hâte pour mettre fin à ce régime, que ses prédécesseurs ont déployé de lenteurs et d'atermoiements.

NÉCROLOGIE

On annonce la mort de M. le Dr Jeannel, Inspecteur du service de santé. Le Dr Jeannel, était justement renommé en arboriculture. Il avait été le principal promoteur de la *Société des amis des arbres* dont chaque membre s'engage à planter un arbre au moins chaque année, et à la naissance de chacun de ses enfants.

CHRONIQUE AGRICOLE

Situation. — La Saison.

La lune dite rousse qui règne depuis vingt jours, n'est pas tendre pour nos campagnes en général. Partout elle leur inflige une température presque hivernale, avec des vents du nord qui dessèchent la superficie des terres ensemencées. Partout on voudrait des températures plus élevées et accompagnées ou précédées de quelques ondées ; les prairies surtout souffrent de la sécheresse dans les régions de l'Est et du Centre.

Dans le Midi la région souffre cruellement, la région Sud-Ouest est mieux partagée en général. Les récoltes en terre sont en bonne voie.

Une région durement éprouvée, c'est la région des Cévennes, où des tempêtes violentes, accompagnées de grêle et même de neige, ont cruellement traité les arbres à fruits, et couché les blés d'automne.

Dans le Nord on est satisfait de l'état des plantes en terre, mais on désire ardemment un peu de pluie et surtout une température plus clémente.

En Espagne, plusieurs provinces sont envahies par des sauterelles, apportées d'Algérie par le vent du sud si violent dans cette contrée. Ces redoutables insectes font d'effroyables ravages dans les blés et dans les vignes. Une disette est à craindre chez nos voisins.

Les Pyrénées, espérons-le, ne seront pas franchies par ces insectes dévastateurs.

Les vignes. — On ne nous signale jusqu'ici que les influences plus ou moins nuisibles de la lune rousse sur les vignes. Le refroidissement continu de la température a sans doute retardé sensiblement la sortie des bourgeons, d'où l'innocuité des basses températures. Mais la période des gelées blanches n'est qu'à son début. Les vignerons diligents feront sagement de préparer leur défense par les nuages artificiels.

La situation viticole dans la Côte-d'Or est ainsi décrite dans la Bourgogne agricole :

« De grands efforts continuent à être faits dans les arrondissements de Beaune et de Dijon pour la conservation des vieilles vignes et la reconstitution à l'aide des cépages bourguignons greffés sur américains. Les créations effectuées jusqu'à ce jour ont bien réussi et représentent, dans leur ensemble, une superficie de plus de 5.000 hectares. Dans la côte proprement dite et dans tout le reste des deux arrondissements précités les anciennes et les nouvelles plantations ne cessent d'être l'objet de soins assidus et bien compris; les traitements anti-cryptogamiques sont d'une application générale et suivie qui en assure l'efficacité.

« L'aoûtement du bois s'est accompli d'une manière parfaite et dans les meilleures conditions possibles. Enfin, les vendanges ont eu lieu par un temps superbe et très favorable à l'obtention de vins d'excellente qualité.

« Dans les arrondissements de Châtillon-sur-Seine et de Semur-en-Auxois, la vigne se ressent dans certaines communes des effets de la grêle et dans d'autres des maladies cryptogamiques, particulièrement du mildew; dans le Semurois, le bois laisse un peu à désirer sous le rapport de l'aoûtement.

« Néanmoins, dans ces deux arrondissements, où la vigne n'occupe qu'une faible surface et n'est qu'une culture accessoire dont les produits sont simplement destinés à la consommation locale l'état général du vignoble est satisfaisant. »

Encore les essais du nitrate de soude en couverture.

Nous avons annoncé l'an dernier que le Syndicat libre de la Marne avait établi entre cultivateurs, pour l'emploi du nitrate de soude en couverture sur les céréales, un concours dont le *permanent nitrate committee* fournissait le nitrate aux concurrents.

Le compte rendu de ce concours présenté au Syndicat par M. Doutté, professeur de la Marne, constate que, en général, le nitrate a provoqué des augmentations de rendement, mais que ces augmentations varient suivant diverses circonstances, suivant l'état de végétation du blé, suivant les évolutions atmosphériques de la saison, etc., l'état chimique et physique du sol, etc., toutes choses sur lesquelles les agriculteurs n'ont plus leur éducation à faire.

Cela dit, et sauf ces réserves essentielles, M. Doutté continue ainsi :

« Ce sont les céréales de printemps, et en particulier l'avoine, qui profitent le plus des effets produits par le nitrate de soude. M. Giot, dans son rapport très documenté, et rempli de faits intéressants, estime que, pour ces céréales, à moins d'une sécheresse exceptionnelle, on est toujours assuré d'avoir une très grande augmentation de rendement.

« L'avoine, plus encore que l'orge, profite des effets du nitrate ; plante rustique par excellence, elle vit en quelque sorte des miettes laissées par le blé, et si on met à sa portée un peu d'azote assimilable, elle sait trouver dans le sol l'acide phosphorique et la potasse qui lui sont nécessaires.

« Il faut en dire autant des plantes racines, les betteraves, par exemple, dont le rendement peut être augmenté de 50 et même de 100 0/0 sous l'influence du nitrate. D'une manière générale, on peut toujours espérer dans la culture des céréales, avec le concours des circonstances les plus favorables, une augmentation de rendement variant suivant les années de 3 à 6 quintaux.

« Je tiens à faire une réserve dans mes conclusions à l'égard de l'emploi des nitrates.

« Par les effets presque spontanés qu'il produit par son action sur les céréales, beaucoup de cultivateurs ont une tendance à forcer son emploi. On pourrait dire à l'égard du nitrate de soude ce que l'on a dit de l'emploi de la chaux dans les terres argileuses, le *nitrate de soude enrichit le père et ruine les enfants.* C'est, qu'en effet, la belle végétation que l'on admire après l'emploi du nitrate en couverture n'est pas seulement due à son action seule ; il fallait, pour constituer les tissus de la plante, d'autres matériaux que l'azote ; l'acide phosphorique et la potasse sont nécessaires. Si ces deux éléments n'ont pas été apportés en quantité suffisante à la fumure d'automne, le nitrate, par sa présence, force le sol à les donner en les empruntant à son capital foncier. La terre s'épuise ainsi en richesse sous l'action répétée des emplois du nitrate. Pour ne pas faire de culture épuisante, il est donc absolument indispensable d'ajouter à la fumure les engrais phosphatés et potassiques que la plante utilisera sous l'influence exercée par le nitrate de soude.

« On peut ranger en deux grandes catégories un grand nombre de terres du département : les terres calcaires analogues à celles de la Champagne de craie, et les terres argileuses de la Brie champenoise du Vallage.

« Je pense que, dans les premières,

où la nitrification se fait avec la plus grande facilité sous l'influence de la forte quantité de chaux qu'elles renferment, l'emploi de l'azote à l'état organique sous forme de sang desséché, de tourteaux divers est appelé à donner des résultats aussi avantageux que le nitrate de soude.

« Si l'azote organique dans les terres fortement calcaires n'est pas immédiatement assimilable par sa nature, il le devient au jour le jour, donnant ainsi à la plante une nourriture régulière au lieu d'un excès d'alimentation à un moment donné, que de fortes pluies, en quelques jours, peuvent faire disparaître.

« Au contraire, dans les terres argileuses froides, où la nitrification se fait lentement par suite d'un excès d'humidité et d'une insuffisance de calcaire, le nitrate de soude peut rendre, surtout pour les céréales de printemps, de véritables services.

« En résumé, le nitrate de soude fournit aux cultivateurs une arme des plus puissantes pour atténuer les mauvais effets des hivers rigoureux, pour donner un coup de fouet à la végétation au printemps, mais c'est une arme qu'il faut savoir manier intelligemment, sinon ses effets peuvent, dans certains cas, devenir nuisibles aux terres et à la récolte. »

On le voit, ce consciencieux rapport confirme et développe avec une lumineuse évidence les conseils que nous avons publiés sur les moyens d'utiliser avec discernement le nitrate de soude pour éviter les déceptions.

L'étude du sol.

La première notion que doit posséder quiconque entreprend une culture quelconque champ, vigne, bois, prairies, c'est une notion exacte de son sol, c'est-à-dire des éléments qui le composent, de leurs proportions entre eux et de son degré de sécheresse ou d'humidité, enfin de la profondeur et de la nature du sous-sol qui le porte.

Cette notion porte, on le sait, sur les proportions réciproques des quatre éléments : calcaire, argile, silice, humus, avec ou sans gravier. Voilà, en effet, la première des indications à consulter. Vient ensuite la question d'exposition. L'exposition au nord est généralement la moins propice à la pousse et à la maturation des plantes, spécialement de la vigne.

Mais outre les quatre éléments ci-dessus visés, il y a dans le sol d'autres éléments moins en vue, qui ont une action réelle sur les qualités des produits de ces sols privilégiés dont les produits, les vins surtout, tirent de ces éléments des qualités exceptionnelles qui donnent au cru qui les produit des plus-values énormes.

L'étude des sols à ce dernier point de vue est infiniment intéressante, mais

peu féconde en résultats pratiques. L'agrologue le plus savant n'a jamais réussi à convertir un cru ordinaire en un cru rival, par exemple du Château-Yquem ou du Romanée-Conti. La nature a encore des secrets en matière de sol, restés insolubles pour la science.

Mais l'étude du sol n'en est pas moins utile en ce qui concerne les quatre éléments essentiels que doit posséder toute terre cultivée. Après l'observation que nous venons de présenter sur les propriétés plus ou moins mystérieuses de certains cas, nous reproduisons volontiers celles que nous lisons dans le *Journal belge des fermes et des châteaux,* sur l'étude des sols :

« Le sol, en agriculture, est la matière première : il doit être examiné sous le rapport de ses parties constituantes, de l'épaisseur de ses couches, et de sa couleur. Les terres qui le composent sont de trois sortes : argileuses, siliceuses ou sableuses et calcaires. Il est encore quelques autres espèces de terre, mais d'une trop petite importance pour nous en occuper.

« Sans mélange avec les autres, chacune de ces trois terres serait infertile, et ce n'est que par un amalgame dans de plus ou moins grandes proportions qu'elles deviennent propres à produire.

« *Les terres argileuses* se composent d'alumine, de silice, et presque toujours d'un peu d'oxyde de fer. Analysées, elles ont donné deux tiers de silice, un tiers d'alumine et une très petite quantité d'oxyde de fer. L'argile ou la glaise est ordinairement douce et onctueuse au toucher ; mise en contact avec l'eau, elle en absorbe une très grande quantité et se fend en séchant, ce qui explique les nombreuses crevasses qui sillonnent les terrains argileux dans les sécheresses ; elle adhère à la longue et est ordinairement gris-blanchâtre, peut prendre toutes les formes que l'on veut lui donner et, soumise à l'action du feu, devient rougeâtre à raison du fer qu'elle contient. C'est à la présence de l'argile que l'on doit les terres fortes, grasses et humides.

« *Les terres siliceuses* composées de parties sans cohérence entre elles ont pour générateur toutes les roches à bases de silex. Les sables argileux ou calcaires n'ont qu'une durée limitée et deviennent bientôt des terres de leur composition. Le sable siliceux ou calcaire ne change point de nature et a pour propriété de laisser échapper l'eau avec une grande facilité, de l'échauffer promptement et serait complètement infertile, sans sa combinaison avec l'argile ; car, continuellement lavé par les pluies, il ne conserverait aucun des engrais que l'homme ou la nature pourraient lui donner. La facilité avec laquelle ces terrains perdent leur eau, nécessite un arrosage fréquent et l'irrigation est de première importance pour les sables. Les abris leur sont également très utiles, tant pour empêcher l'évaporation trop prompte que pour les défendre contre les vents. Les terres légères, mobiles et brûlantes sont dues à la silice en excès.

« *Les terres calcaires* sont celles où domine la chaux à l'état de carbonate ou de sulfate. Ces terres, presque toujours combinées avec l'argile, sont infertiles quand cette dernière y est peu abondante; dans ce cas, ils forment les craies, les tufs et les marnes. Mais mêlés à l'argile dans de bonnes proportions, les terrains calcaires, qui prennent alors la dénomination d'argilo-calcaires sont les plus avantageux et les plus utiles aux cultivateurs.

« *Du sous-sol.* — Le sous-sol joue un rôle très important en agriculture. On désigne sous ce nom la couche sur laquelle repose celle cultivée. Nous n'examinerons pas quelle peut être sa composition, parce que cela nous entraînerait à des digressions fort longues et sans intérêt pour le cultivateur. Nous dirons seulement que le sous-sol doit être perméable à l'eau et assez éloigné de la surface pour laisser, aux racines des plantes cultivées, la liberté de s'étendre et de nourrir. Si le contraire existe, il y a grand désavantage pour le cultivateur. Les sous-couches imperméables donnent les terrains marécageux et tourbeux; et celles rapprochées de la surface et d'une substance trop dure pour être brisée par les instruments aratoires, les terrains brûlants et peu profonds, qui ne conviennent qu'à un petit nombre de plantes à courtes racines et d'un produit très faible.

« Nous ne parlerons de la couleur du sol que pour dire que plus elle se rapproche du noir plus elle s'échauffe facilement et *vice-versa*. La couleur brune indique ordinairement un terrain fertile.

« *Du sol arable.* — Le sol arable est celui qui, aux divers principes que nous venons de signaler en joint un autre, que l'on appelle humus ou terreau. Celui-ci est le produit des végétaux et animaux décomposés que la nature ou l'homme ont confié à la terre. Un bon sol arable est celui qui, accessible aux racines, à l'eau, à la chaleur, renferme les matières utiles, par leur décomposition, à la nutrition des végétaux. »

Après ces justes notions, il nous reste à indiquer les moyens d'améliorer les terres auxquelles manque un des trois éléments nécessaires à sa faculté productive. Nous avons dû d'abord signaler l'humus, comme complément nécessaire à ajouter aux éléments naturels signalés ci-dessus. L'humus, en effet, n'existe pas toujours à leur surface, il n'y existe pas souvent en suffisante proportion, pour le rôle capital qui lui incombe dans la vie des plantes. Nous essayerons de donner des indications nécessaires pour mettre à profit les notions décrites par notre confrère belge.

La production agricole de l'Algérie.

Malgré les entraves de plusieurs natures qui ralentissent fâcheusement les progrès de nos colonies algériennes, la production agricole et vinicole de notre colonie atteint des proportions très considérables et les producteurs de la métropole s'inquiètent de plus en plus de la concurrence que leur imposent les vins, les grains, les moutons algériens importés en France. Evidemment, on ne peut frapper ces produits de droits de douane comme produits étrangers. L'Algérie est une terre française au même degré que nos départements. Un organe de nos colons algériens les engage à chercher des débouchés dans les autres régions de l'Europe.

A vrai dire, nous ne voyons que les vins qui auraient chance de se répandre non dans toute l'Europe, mais dans les pays du Nord, qui ne produisent pas de vin. Encore faudrait-il que ces pays missent fin à un régime fiscal qui, sous forme de douanes, ou sous forme d'accise (Belgique et Angleterre, par exemple) frappent les vins de taxes véritablement prohibitives pour les populations laborieuses et n'en permettent la consommation qu'aux familles opulentes. Ajoutons les huiles, les fruits de primeur, les produits des climats algériens, etc...

Le *Bulletin hebdomadaire algérien* qui donne ce conseil aux colons, y ajoute les renseignements suivants sur la production actuelle de l'Algérie, sous ce titre excellent : *Comptons d'abord sur nous.*

« Les exportations de l'Algérie s'élèvent au commerce spécial, à 242 millions en chiffres ronds. Sur ce total, 207 millions 1/2 de marchandises viennent en France (57 millions de vins; 71 millions de bestiaux; 33 millions de céréales; 11 millions de laines; 2 millions 1/2 de tabacs; 2 millions 1/2 de fruits) et 35 millions seulement sont exportées à l'étranger (1.500.000 francs d'animaux; 4 millions de céréales; 8 millions de fruits; 930.000 francs seulement de vins).

« Les importations en Algérie se chiffrent par 259 millions; 199 millions venant de France, 60 millions provenant de l'étranger.

« Il ressort de ces chiffres que les importations de l'Algérie dépassent de 17 millions ses exportations. Et cependant, la colonie envoie à la métropole 9 millions de marchandises de plus qu'elle ne lui en achète et c'est l'inverse qui a lieu pour l'étranger, qui vend à notre colonie 25 millions de marchandises de plus qu'il ne lui en achète — presque la moitié en plus.

« Eh bien, je pense que les Algériens devraient viser à renverser cette proportion. Et, pour ce faire, créer de nouveaux débouchés aux produits de leur agriculture dans les pays d'Europe ou d'Amérique, demander à l'industrie française les produits qu'ils vont aujourd'hui chercher à l'étranger.

« Mais cela est-il possible par la seule volonté des Algériens?

« Je réponds oui, sans hésiter, pour les débouchés à créer hors de France. Pourquoi, par exemple, les viticulteurs algériens n'imiteraient-ils pas ce que font les Italiens, qui organisent, pour l'année prochaine, une grande exposition vinicole dans la République-Argentine, avec l'espoir de trouver ainsi un débouché important à leurs vins; ce que font les Espagnols qui ont des représentants actifs et compétents en Norvège pour écouler leurs vins. Le droit d'entrée dans ce dernier pays ne dépasse pas 16 centimes par kilogramme et le frêt peut être obtenu à bon compte.

« Au Mexique, la production indigène est tout à fait insuffisante à la consommation de 11 millions d'habitants. Le droit d'entrée est de 55 centimes, le frêt coûte environ 50 francs. Comment les syndicats de viticulteurs ne pensent-ils pas à assurer à leurs membres les marchés de ces différents pays?

« La Belgique fournirait aussi un marché important pour les orges et pour les tabacs d'Algérie. L'Angleterre pourrait trouver dans la colonie, et à meilleur marché, les fruits qu'elle va demander à l'Australie.

« On le voit, l'Algérie peut très rapidement et sans grands frais doubler son commerce d'exportation avec l'étranger, et cela dépend uniquement de l'esprit d'initiative de ses colons.

« Je reconnais qu'il n'en est plus de même en ce qui concerne les achats à faire à l'industrie française, des marchandises nécessaires aux besoins personnels des colons ou à l'agriculture. A l'initiative des Algériens il faut adjoindre l'initiative des industriels de la métropole. C'est à ces derniers qu'il appartient de faire les efforts nécessaires pour supplanter sur le marché algérien leurs concurrents étrangers.

« Beaucoup m'ont fait remarquer que la lutte est rendue presque impossible par l'exagération des frais de transport. Cette objection a sa valeur. Je crois cependant que ces frais pourraient être sensiblement diminués si de part et d'autre on pensait à mieux utiliser les différents ports des côtes de l'Océan et de la Manche. Si les vins d'Algérie pour venir en Normandie et à Paris; les orges, pour aller dans l'est de la France; les fruits, pour arriver au marché de Paris utilisaient plus souvent les ports de Cherbourg, le Havre, Dunkerque, Rouen, des services réguliers de navigation pouvaient être créés et alors, les usines des machines agricoles du Nord, les fabricants de tissus de la région Rouennaise trouveraient dans des frêts moins chers les moyens de lutter contre la concurrence anglaise.

« Je me borne à indiquer aujourd'hui la question. Mais le moment me paraît être des plus favorables pour tenter une épreuve, puisque la nouvelle législation sur le droit de quai — en attendant qu'elle soit rapportée — a précisément pour résultat d'augmenter les frais dont sont grevés actuellement les produits similaires étrangers. Je crois que M. le Gouverneur général pourrait faire faire un grand pas au développement de l'Algérie s'il voulait réunir, pour étudier ces grandes questions, dans une commission consultative, à côté des fonctionnaires de son administration tout indiqués par leur compétence et la nature de leurs fonctions, des présidents des chambres de commerce de la métropole, les représentants des compagnies de navigation, des délégués des tissus, des machines agricoles et enfin les présidents des chambres de commerce et quelques représentants des comices agricoles de l'Algérie?

« Je suis convaincu que des délibérations de cette commission sortiraient des décisions aussi favorables à l'industrie de la métropole qu'à l'agriculture de la colonie, comme aussi aux intérêts de la marine marchande.

« L.-G. FAVETTE. »

Ces conseils judicieux seront utilement médités par nos colons algériens. Nos cultivateurs français aussi ont besoin de suivre le conseil de compter avant tout sur eux-mêmes et un peu moins sur les bienfaits plus ou moins illusoires de la tutelle gouvernementale.

Le cépage Berlandieri.

Ce cépage originaire des états américains à terroir crétacé, analogues à ceux de la Champagne et des environs de Cognac, a été, en France, l'objet d'essais qui ont été peu satisfaisants, à raison de la rareté des repousses après greffage. C'est pourquoi nous avons cru ne pas signaler ce cépage alors que les hybrides Couder donnaient des résultats satisfaisants. D'ailleurs, même en Amérique, les Berlandieri comptent des variétés très diverses. La variété qui se sentient le mieux dans les sols calcaires, et résiste le mieux au phylloxera, se distingue par les caractères suivants : feuilles épaisses, vigoureuses, peu dentées, d'un vert luisant, vernissé à la face supérieure, jaunâtre à la face inférieure. Les variétés à feuilles ternes sont sans valeur. Ainsi les formes : Millaret, Planchon, Ecole, Viala, sont sans valeur; par contre, les berlandieris n° 1, n° 2, Lafont n° 9 et Mazade, sont intéressants, surtout la forme n° 2, qui vaut encore 4 à 5 franc le mètre de bouture alors que les autres valent à peu près 10 centimes.

Pour la difficulté de reprise, voici comment on l'a tournée : on multiplie lorsque les bourgeons ont déjà évolué, mais ceci donne une légère sensibilité à la chlorose, le résultat n'était donc pas complètement atteint : on s'aperçut qu'on avait des reprises de 60 0/0 en couronnant les boutures de greffons.

Les poules couveuses.

Nous voici au moment des couvées, tous les amateurs de volailles se préparent à mettre couver les œufs récoltés à cet effet ou achetés, parfois à un prix très élevé et dont ils attendent merveille.

La poule sur laquelle on compte pour cette opération paraît bien disposée, elle reste plus longtemps sur le nid pour pondre ses derniers œufs, elle hérisse ses plumes lorsqu'on l'approche et elle commence à émettre ce cri particulier aux poules couveuses : *cloc-cloc.* Bientôt la poule garde le nid avec obstination; c'est le moment.

On disposera un nid de foin ou de paille divisée sur un tas de sable auquel on aura mêlé un peu de charbon de bois ou de chaux en poudre, dans un endroit sec et tranquille, où on établira une demi-obscurité.

Après avoir déposé dans ce nid quelques œufs d'essai on y portera la poule couveuse le soir, et on observera pendant quelques jours si elle tient parfaitement le nid. Quand on aura acquis la certitude que la poule se trouve dans ses bonnes dispositions, on retirera les œufs d'essai et on les remplacera par ceux qu'on lui destine.

Il est important d'observer que les œufs à couver doivent être aussi frais que possible, ils ne doivent pas être pondus depuis plus de quinze jours, si l'on veut une bonne éclosion. Cependant, si pour une raison quelconque, on avait des œufs plus âgés à faire couver, on pourrait les confier à la couveuse, et on peut encore parfois en obtenir une assez bonne moyenne d'éclosion quand les œufs ne sont pas par trop vieux. Nous avons obtenu des poulets d'œufs pondus depuis six mois.

Dès que la poule couve assidument, il ne faut l'enlever de son nid pour la faire manger, qu'une seule fois par jour, dans la matinée; ce repos ne devra pas durer plus d'une demi-heure. On remet ensuite la poule sur ses œufs.

Après cinq jours d'incubation les œufs doivent être mirés afin de s'assurer si l'embryon existe. On profite du moment où la poule prend ses repas pour cette opération.

Les personnes très expérimentées mirent leurs œufs en les présentant à la lumière en tenant l'œuf de la main gauche le gros bout en l'air, en faisant abatjour avec la main droite. On se sert également pour mirer les œufs d'un appareil spécial qu'on nomme lampe à mirer. Cet appareil se compose d'une lampe munie de disques à réflecteurs juxtaposés dans lesquels on place l'œuf.

Si l'œuf miré est fécondé, on aperçoit vers le milieu de l'embryon, comme un point noir oscillant et retenu par des filaments sanguins qui se dirigent dans les différentes parties de l'œuf et qui lui donnent l'apparence d'une araignée.

Si l'œuf n'est pas fécondé on n'y remarque aucune tache; il a l'apparence d'un œuf frais, mais l'espace vide qui se trouve sur le gros bout et qu'on nomme chambre à air, est plus grand que dans ce dernier.

Il ne faut pas confondre les œufs fécondés avec les œufs à faux germes : dans ceux-ci on remarque soit un point noir sans filament sanguin, soit un cercle de sang irrégulier sans aucun point au milieu. Ces embryons sont mortnés.

Pendant tout le temps de l'incubation qui dure ordinairement vingt et un jours on doit veiller à ce que rien ne manque à la couveuse, lui faire prendre son repas régulièrement, remettre en place la paille du nid dans le cas où elle serait dérangée et exposerait les œufs à casser; mais il faut avoir soin de ne jamais y toucher qu'en cas d'absolue nécessité.

Le jour de l'éclosion on fera prendre à la couveuse son repas à l'heure ordinaire; on la soulèvera de son nid, doucement en écartant au préalable les ailes. S'il se trouve des poussins éclos on les enlèvera et à mesure, on les placera momentanément dans un petit panier garni de flanelle et on les couvrira d'un morceau de lainage; on retirera toutes les coquilles. Quand la poule aura pris son repas on la remettra sur les œufs qui restent et on glissera sous elle, seulement à l'entrée, les poussins qu'on avait retirés et qui se replaceront d'eux-mêmes. On ne doit pas se préoccuper de la nourriture de ces poussins, ils n'en ont pas besoin pour le moment.

Il y a des poules qui couvent avec tant de passion qu'elles ne quittent pas le nid et qu'elles se laisseraient mourir sur leurs œufs si on ne les forçait à se lever pour prendre leur nourriture et pour fienter. Mais, par contre, il en est d'autres qui couvent sans ferveur, se dérangent à tout propos et qui quittent leur nid à la moindre alerte. Pour celles-ci il serait mieux de les mettre couver dans un panier muni d'un couvercle afin de les empêcher de sortir. On ne les retire que pour leur faire prendre la nourriture sous une mue et on les remplace dès qu'elles ont satisfait à leurs besoins.

E. BACLE.

Culture des asperges en Autriche.

Plusieurs de nos confrères signalent un procédé assez original de culture des asperges usité, paraît-il, en Autriche. Il consiste, aussitôt que le turion de l'asperge commence à sortir de terre, à le couvrir, comme d'un éteignoir, au moyen d'un étui en bois qui se fixe en terre avec des pattes. Ce tube est percé de trous vers la moitié de sa hauteur pour que l'air puisse y circuler librement. Dans cette enveloppe, le légume grossit, devient plus tendre, plus savoureux et mangeable sur une plus grande longueur.

Les cultivateurs autrichiens se mettent bien en frais pour étioler les as perges et nous sommes étonnés qu'on se donne la peine de signaler ce procédé qui n'est pas précisément pratique.

A Argenteuil, on se contente d'élever une petite butte de terre sur les asperges quand les turions commencent à pousser; c'est le procédé le plus simple, le meilleur et le moins coûteux. Les taupes, sans le vouloir, nous l'ont indiqué, car dans les champs où pousse le pissenlit, c'est dans les taupinières que nous trouvons ce légume étiolé.

Buttons donc nos asperges et laissons aux Autrichiens leurs cornets.

Les semis à la pépinière domaniale de Royat.

Les semis s'opèrent au moyen de plaques en tôle percées de trous disposés en lignes régulières, mais d'espacement et d'ouverture variables avec les semences. Dans chaque trou, on enfonce une cheville en bois ou en fer, de grosseur et de longueur également variables, selon les semences; puis on y met un nombre déterminé de graines (de 1 à 6). Les plaques ont 90 centimètres de longueur sur 60 de largeur et sont réunies à l'aide de crochets. Quatre femmes sont employées par assemblage de deux plaques, et elles acquièrent assez vite une habileté très grande, ce qui leur permet d'exécuter les semis avec rapidité. Aussitôt que le semis est terminé sur une bande, on le recouvre avec la terre prise dans la partie destinée à former le sentier qui séparera les plates-bandes. Par ce procédé approprié à la nature du sol, très meuble et profond, les graines sont placées dans des conditions rigoureusement uniformes d'espacement, de nombre et de profondeur. Les semis levant par touffes régulièrement disposées prennent un accroissement suffisant, sans être excessif, et résistent bien à la chaleur et à la gelée. Cette méthode de plus, facilite le sarclage et le repiquage des plants.

Pisciculture pratique.

La question de la reproduction artificielle du poisson, préoccupe tous ceux qui déplorent le dépeuplement toujours croissant de nos cours d'eau.

L'Etat a créé, à grands frais, des établissements piscicoles à la tête desquels il a mis des hommes de haute valeur, par exemple M. Jousset de Bellesme à la direction de l'aquarium du Trocadéro.

Mais tout le monde ne peut pas se donner le luxe d'établissements semblables à ceux de l'Etat.

Aussi bon nombre de personnes animées du feu sacré de la pisciculture se sont mises à la recherche de moyens pratiques et moins coûteux. Mon honorable collègue de la Société des agriculteurs de France, M. Donatien Levesque, de Paimpont (Ille-et-Vilaine) après avoir étudié dans les principaux établissements de France et d'Angleterre, les meilleurs moyens d'élevage, semble avoir résolu le problème.

Il y a quelques jours, j'ai eu la bonne fortune d'être l'hôte de cet éminent pisciculteur qui, avec une bonne grâce dont j'ai gardé le meilleur souvenir, m'a fait voir, dans ses moindres détails, son installation, simple, peu coûteuse, et qui donne des résultats que j'ai constaté *de visu*.

J'espère que mes lecteurs me sauront gré de leur donner le compte rendu de ma visite à Paimpont, car il y a beaucoup à apprendre avec M. Donatien Levesque.

Entrons d'abord dans le laboratoire :

Une pièce de 5 à 6 mètres carrés dans un vieux bâtiment de modeste apparence, ayant selon toute probabili é servi de remise au temps de la splendeur des fameuses forges à charbon de bois de Paimpont, aujourd'hui détrônées par les forges à charbon de terre.

Dans cette pièce, qui est adossée à la levée de l'étang, qui donnait la force hydraulique aux forges et qui est en contre bas du niveau de l'eau, on voit vingt boîtes en planches de pin maritime, de 2 m. 50 de longueur sur 0 m. 50 de largeur pour l'incubation. Ces boîtes sont brûlées à l'intérieur au fer rouge, afin d'empêcher toute végétation parasite; elles sont placées sur des tréteaux d'environ 0 m. 70 de hauteur, l'eau sort en haut par un large tuyau en fonte et tombe dans un canal toujours en planches de pin maritime, pour se déverser dans chaque boîte, mais par le fond, de manière à simuler une source, au moyen d'une clef en bois et d'un long tuyau en caoutchouc; le déversoir de chaque boîte est fait par un tuyau vertical dont la hauteur règle le niveau de l'eau. Une cloison en zinc perforé empêche les œufs et les alevins d'être entraînés par le courant dans le réservoir, les claies d'éclosion en verre sont déposées au fond de la boîte dans le sens de la longueur; chaque boîte peut contenir 20.000 œufs et par conséquent 20.000 alevins, jusqu'au moment du transport dans les bassins d'élevage.

Voilà l'installation très simple, très pratique et peu coûteuse de M. Levesque.

C. SARCÉ,
Membre de la Société des Agriculteurs de France.

La Truffe.

La production de ce précieux tubercule n'a pas été des plus abondante, cette année. C'est peut-être à cela que nous devons les nombreux articles qui ont été publiés sur cette cryptogame, soit dans les journaux politiques, soit dans les Revues spéciales d'Agriculture.

Nous laisserons de côté les appréciations sur la reproduction, le mode de végétation, etc., de la truffe, faites par les journaux politiques. Tout le monde sait ce que vaut au point de vue scientifique la valeur d'un article de journal politique, une fois lu on n'y pense plus. Tel n'est pas le cas de ceux qui sont publiés par les publications agricoles s'adressant à une classe d'intéressés. Les Revues sont conservées et placées sur un rayon de bibliothèque, elles sont à l'occasion consultées pour mettre en pratique les procédés de culture qui ont été recommandés.

Autant que possible, les journaux et Revues agricoles doivent s'attacher à propager la vérité scientifique. Hélas! il en est, et des mieux cotés, qui — nous sommes les premiers à le regretter — publient des articles qui sont loin d'être ce qu'il y a de plus vrai dans le monde de propagation et de multiplication de certains végétaux.

Dans un de vos confrères de la presse agricole sous la signature E. Rigaux, nous avons lu un article sur la truffe. Le rédacteur en chef n'a pas dû lire l'article avant de l'envoyer à la composition, il aurait pu remarquer qu'il contenait quelques erreurs qu'il n'aurait pas manqué de faire rectifier.

Dans l'article que nous signalons, M. E. Rigaux nous dit que toutes les variétés de chênes ou de noisetiers peuvent donner naissance à des truffes. C'est une erreur. On trouve des truffes où il n'y a jamais eu ni chêne, ni noisetier.

Il dit aussi que «la truffe est donc un parasite vivant aux dépens des racines des arbres.» Encore une fois erreur. La truffe n'est pas du tout un parasite des racines.

M. E. Rigaux recommande un engrais azoté pour la culture de la truffe, et il dit : « Non seulement par ce procédé la production serait augmentée mais elle serait avancée et prolongée d'un certain nombre d'années. »

Voyons, à quelle époque M. Rigaux, veut-il donc nous faire revenir avec ses appréciations sur la culture des truffes? Sommes-nous oui ou non à la fin du XIXe siècle? Les travaux des botanistes Tulasne, Chatin, etc., ne doivent-ils pas rentrer quelque peu en ligne de compte? M. E. Rigaux ne nous paraît pas les avoir consultés.

C'est plus vite fait de dire : « Plantez des chênes truffiers si vous voulez récolter des truffes. » On trouve un peu trop de propriétaires assez badauds pour croire à cette erreur et s'y laisser prendre. Après le chêne, voilà l'engrais truffigène. C'est heureux que M. E. Rigaux ne nous recommande pas un chien ou un cochon truffier pour les récolter, ainsi qu'une espèce de dinde ou de volaille plus particulièrement à d'autres sortes pour les garnir de truffes.

Le chêne truffier est une de ces fumisteries qu'il faut combattre. Pas plus cette essence que bien d'autres ne produisent des truffes.

Consultons les ouvrages scientifiques avec lesquels M. E. Rigaux nous paraît être bien peu familier et voyons ce qu'ils disent à propos de la truffe :

« La truffe est un champignon charnu, arrondi, souterrain, dont la chair est marbrée de veines dirigées en tous sens. C'est dans ces veines que se forment les semences ou spores.

« Des idées très bizarres ont eu longtemps cours — et elles existent encore — sur l'origine des truffes. Les uns les regardaient comme le produit des racines des arbres, du chêne en particulier, au pied duquel elles viennent; d'autres les considéraient comme des excroissances, des galles de racines, provoquées par la piqûre de quelque mouche. Ces opinions, dont la source est le charlatanisme autant que l'ignorance, ne méritent pas la moindre confiance et sont dans la contradiction la plus formelle avec les résultats d'une étude sévère.

« Les truffes sont des champignons ayant leur vie propre indépendante, comme tous les autres. Le caractère de ne croître que sous terre ne leur est pas particulier; beaucoup d'autres champignons l'ont également. Il est vrai que parfois une truffe englobe dans sa croissance une menue racine dont elle paraît alors être une dépendance; mais les champignons croissant à l'air libre en font autant, ils englobent, dans leur rapide accroissement, les corps voisins quels qu'ils soient, feuilles mortes, gazons secs ou vivants, rameaux, terre, grains de sable, etc.

« L'adhérence d'une truffe avec une racine ne prouve donc absolument rien. La science est unanime à ce sujet : les truffes sont des champignons provenant, ainsi que tous les autres, de la germination de spores dans un terrain favorable, ou du développement des fragments de mycélium, produit lui-même par des spores.

« Comment se développe la truffe ?

« Il lui faut une année entière pour se former et on doit distinguer dans cette plante trois principaux états, qui offrent autant d'aspects différents : 1° lorsqu'elle commence à se former; 2° lorsqu'elle est formée, sans être marbrée ou en maturité; 3° lorsqu'elle est en maturité et marbrée.

« Les truffes se trouvent dans les terrains arides, argileux rougeâtres, ferrugineux, légers, etc., disposés en coteaux, où la chaleur et la pluie pénètrent facilement. Elles viennent au voisinage d'un grand nombre d'arbres très différents, mais principalement de chênes, de châtaigniers et de noisetiers. »

Faut-il raconter une certaine anecdote de l'Exposition universelle de Paris en 1867, à propos de chênes truffiers.

En 1866, à l'automne, M. Rousseau, de Carpentras, plante dans le Parc réservé du Champ-de-Mars, des chênes dits… truffiers qui devaient, l'année d'après, produire des truffes. En septembre 1867, on fait des recherches dans le sol autour des chênes, on trouve des truffes ! Vous croyez peut-être que c'est là qu'elles s'étaient développées dans le courant de l'année. Non. Elles avaient tout simplement été plantées au plantoir quelques jours avant le passage du Jury. On ne peut pas plus être fumiste !

Recommander l'emploi d'un végétal quelconque pour la culture artificielle des truffes, c'est une plaisanterie que nous ne voulons pas qualifier autrement.

J. NICOLAS.

Curis (Rhône), janvier 1896.

L'azote, la chaux et le phosphate en agriculture.

Il est temps maintenant d'en arriver un peu aux détails de cette utilisation des engrais phosphatés pour faire voir l'économie considérable qui peut résulter pour les cultivateurs de leur emploi judicieux. Le superphosphate, 14/16, contenant en moyenne 15 kilos d'acide phosphorique par 100 kilos, est employé en Brie, à raison de 400 kilos à l'hectare pour la reproduction du blé. 400 kilos, représentent 60 kilos d'acide phosphorique, et comme il est difficile d'admettre que le sol et le fumier ne fournissent pas leur contingent, soit 10 kilos au moins d'acide phosphorique à la végétation de la plante, il suffit que l'engrais lui fournisse le reste, soit 30 kilos, c'est-à-dire la moitié de ce qu'il contient, pour que l'on puisse théoriquement obtenir une récolte de 30 hectolitres à l'hectare. Mais cette récolte a besoin de 70 kilos au moins d'azote, et l'on comprend que cette quantité ne peut être rendue disponible en un an que dans les terres très bien préparées, actives, où la végétation ne s'arrête que pendant les gelées; dans toutes les autres, notamment dans celles qui sont froides, inertes surtout l'hiver, où la végétation ne commence guère qu'à fin mars, on obtient difficilement de pareilles récoltes, même quand la végétation paraît rattraper le temps perdu; on n'y obtient, en général, que du blé un peu maigre, c'est-à-dire d'un faible poids. On conçoit que l'emploi du superphosphate, en venant troubler l'action de la chaux, en augmentant l'acidité du sol, peut, dans certains cas, accroître ce retard de la végétation si préjudiciable au blé. Dans une terre qui ne contiendrait pas de calcaire, comme il y en a tant en France, il s'établit autour de chaque grain de superphosphate, une atmosphère acide qui arrête la nitrification et nuit au développement de la plante qui trouve alors facilement dans le sol tout ce qu'il lui faut d'acide phosphorique, mais qui ne trouve plus la portion correspondante d'azote. Aussi a-t-on noté que les superphosphates ne doivent pas être employés sur le blé dans les terres qui ne contiennent pas au moins 30.000 kilos de calcaire à l'hectare; en Brie, on peut les employer trois ou quatre ans après le marnage; il est préférable ensuite d'employer les scories.

Avec ce produit, au contraire, l'activité des terres froides est considérablement exaltée; il s'établit autour de chaque grain de scorie une atmosphère assainie qui permet aux microbes de vivre, de se multiplier et de travailler en paix à la formation du nitrate, de sorte que, par l'emploi des scories, il s'établit dans le sol des centres riches à la fois d'azote et d'acide phosphorique, ce qui permet aux racines de la plante de se nourrir aisément sans avoir besoin de s'étendre outre mesure. La végétation commence plus vite au printemps, mais, surtout, elle est plus utile, puisqu'au lieu de perdre son temps à la production de racines démesurées, elle emploie toute la sève à la production de la tige et des organes de la fructification.

(*Bulletin du Syndicat agricole d'Anjou.*)

Le silphe de la betterave.

Le silphe de la betterave (*Silpha opaca*), qui avait causé, en 1888, de si grands dégâts dans les départements du Nord et du Pas-de-Calais, a renouvelé, l'an dernier, ses ravages. Les cultivateurs betteraviers s'inquiètent de la probabilité d'une nouvelle invasion de cet insecte au commencement de la campagne prochaine.

Rapprochant la nature des ravages du silphe de celle des dégâts du doryphora de la pomme de terre, M. Grosjean conseillait d'employer contre le silphe les traitements arsénicaux qui avaient si bien réussi en Amérique contre le doryphora. Ces insecticides sont le vert de Paris ou vert de Scheele (arsénite de cuivre) et le pourpre de Londres (London purple), qui est un arsénite de chaux. Les résultats obtenus par l'emploi de ces insecticides aux Etats-Unis et en Angleterre font ressortir les avantages qu'en pourraient tirer les agriculteurs dans la lutte contre les insectes polyphages. Mais pour que ces traitements produisent leur plein effet, il faut qu'ils soient appliqués dès l'apparition des premières larves et effectués d'une manière méthodique dans les conditions indiquées par M. Grosjean dans son rapport.

BIBLIOGRAPHIE

La revue éclectique d'apiculture.

Cette importante revue, complétée par l'adjonction de l'*Auxiliaire de l'apiculteur*, se présente au public amateur d'apiculture, avec des titres exceptionnels à sa faveur. Elle est publiée par une société de praticiens émérites connus de toute la France et de l'étranger, ayant à leur tête, M. l'abbé Métais, curé de Saint-Sauge (Vienne) et MM. les abbés David, Vovinot, Morteau, et dix autres ecclésiastiques, dont les succès en apiculture sont connus de toute la France et même de l'étranger. MM. Leriche, Drapprier, Combes, Lorrain, Weyland, Pinéat, Lemée, Albarel, Bruc-mer, etc.

RECETTES

Le vin de miel.

Parmi les produits les plus remarquables de l'agriculture exposés au palais de l'Industrie, le mois dernier, un produit très remarquable à signaler était le *vin de miel* de M. l'abbé Perin, curé d'Agenvillers (Somme). Ce vin est composé de 360 grammes de miel par litre d'eau. M. l'abbé Perin y a ajouté de la *levure* sélectionnée de M. Jacquemin, de la Claire. L'hydromel ainsi obtenu avait le goût du meilleur vin de Chablis.

L'idée de M. l'abbé Perrin a vivement frappé les agriculteurs qui ont dégusté son hydromel. Il a fourni une démonstration très intéressante d'un fait peu connu, c'est que les levures sélectionnées du raisin de cuve ont la propriété de donner à l'hydromel le goût du vin dont elles proviennent.

Ce fait peut donner une vogue nouvelle à la production et à la consommation de l'hydromel qui est un breuvage agréable, salubre entre tous et constitue un des plus utiles produits de l'agriculture.

OFFRES ET DEMANDES

RED-CAP

Œufs à couver de cette excellente race de poule, réputée la plus jolie et la plus forte pondeuse, garantis race pure frais et fécondés, 5 fr. la douzaine franco de port et d'emballage. S'adresser à Calixte Dany, Althen-les-Paluds (Vaucluse).

Important : J'invite les personnes qui veulent bien me confier leurs ordres à toujours y joindre un mandat, les remboursements n'étant bénéficiables qu'aux Compagnies.

Toujours donner le nom de la gare à laquelle il faut adresser les envois:

M. POUZIN offre de jolis **racinés** de son plant de vigne à la seule condition pour les demandeurs de lui tenir compte d'une partie de la récolte d'une année. — Contre 0 fr.25 il expédie son *Guide* pour la culture de cette variété.

Écrire à M. Pouzin Emile, à Saint-Paul-les-Romans, Drôme.

JEUNE HOMME ayant diplôme d'École pratique d'agriculture demande emploi dans grande exploitation pour se fortifier dans la pratique. Pas exigeant comme gages.

S'adresser au bureau du journal.

Huiles d'olive garanties pures et sans mélange venant directement de la propriété.

Au prix de 1,80, — 1,60, — 1,50 le kilog. suivant qualité.

Gare départ, paiement contre remboursement. S'adresser à M. Edouard Laurin, propriétaire à Saint-Chamas (Bouches-du-Rhône).

GRAND CRU MENARDIERE. Cidre normand pur jus, 15 fr. l'hecto non logé.

Eau-de-vie de cidre garantie pure : 3 fr. le litre.

Sassier, propriétaire. La Colombe (Manche)

Agriculteur, ancien régisseur de grandes propriétés, demande direction d'un domaine en France ou colonies. Excellentes références.

Ancien Industriel ayant possédé usine importante, fait valoir plusieurs Fermes et Bois de haute futaie, désire se placer comme intendant-régisseur. Nous recommandons spécialement cette personne qui a de grandes connaissances techniques à possesseur de grand domaine. Écrire au bureau du journal.

Purificateur d'air pour tonneaux, l'un 4 50 franco gare.

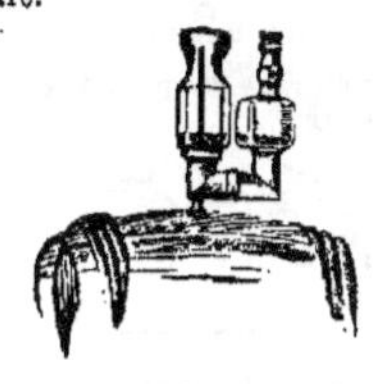

Moyennant un supplément de 0 fr. 40, nous joindrons à l'envoi une mèche à percer de calibre et moyennant 0 fr. 10 en plus, une mèche soufrée.

CORRESPONDANCE

La clôture faite par la Compagnie est suffisante, c'est celle prescrite par le cahier des charges. La Compagnie n'est pas tenue d'en faire d'autres.

Si vous voulez mettre des animaux au pâturage le long d'une ligne de chemin de fer vous êtes obligé de faire sur vous et à vos frais, une clôture suffisante pour empêcher vos animaux d'aller sur la voie.

M. M..., à R... (Seine-et-Marne). — Pour obliger votre voisin à échardonner, c'est au préfet qu'il faut vous adresser. Il suffit de lui adresser une plainte sur papier libre, sous la forme d'une lettre.

M., à L. Mauger (Calvados). — La loi du 4 août 1844 est toujours en vigueur. Le cultivateur qui veut transporter son cidre, d'une maison dans une autre sans payer de droits à la régie est obligé avant d'obtenir un passavant de déclarer combien il a récolté d'hectolitres. Cette loi est obligatoire pour tous les cultivateurs. Si on ne remplit pas cette formalité, on est obligé de prendre un congé, ce qui oblige à payer un droit de 0,80 l'hectolitre.

M. P. N., aux B. — Pour les vaches rétives et difficiles à traire, un excellent moyen consiste à leur tenir levé un pied de devant pendant la traite ; employer les bons traitements, prendre les bêtes par la douceur et ne jamais les brutaliser.

M. J. L., à M. (Lot). — A l'avenir, pour éviter la verse de vos blés, il faudra phosphater vos terres. Votre sol est pauvre en acide phosphorique. Le phosphate donne de la rigidité à la plante, de la force de résistance, et le grain lourd ; aux betteraves, la densité et la richesse à la vigne, le raisin riche en sucre et le bois sec et solide et, surtout pour faire en saison convenable tous ces produits si précieux.

Le phosphate n'est pas moins indispensable pour les prairies naturelles ou artificielles et pour toutes les plantes fourragères en général. Non seulement il en augmente énormément le rendement, mais on remarque bientôt que les chevaux et bestiaux nourris d'aliments phosphatés, acquièrent plus d'ampleur et de charpente, plus de poids et de vigueur.

Actuellement nous ne voyons qu'un seul moyen de paralyser la tendance à la verse de vos blés, c'est de couper soit à la faux ou à la faucille l'extrémité des feuilles, 0,10 à 0,15 centimètres. Le moyen est radical, mais il est bon, nous en avons maintes fois fait l'expérience.

M. R. de F., à B. (Orne). — Le pain est excellent pour les chevaux et peut leur être parfaitement donné avec une petite quantité d'avoine ; de nombreuses expériences ont prouvé que cet aliment peut avoir de grands avantages dans certains cas.

M. S., à V. (Pas-de-Calais) nous écrit : Merci de votre envoi : *Vin Musra vieux* ; il est véritablement hygiénique et réconfortant et d'un prix abordable à toutes les bourses ; je suis satisfait de toutes manières.

PRIMES A NOS ABONNÉS

Délicieux **Vin Muscat Vieux** tonique et réconfortant venant directement de la propriété, garanti authentique, offert en prime à nos abonnés à raison de 1 fr. 25 le litre logé en fûts de 25 à 35 litres. Fûts perdus.

Adresser les commandes au Bureau du Journal 10 *bis*, rue Piccini, Paris.

Si vous voulez boire du bon vin de Saint-Emilion, adressez-vous à M. **Duplessis-Fourcaud**, au château des Trois-Moulins, à SAINT-EMILION (Gironde).

(Voir le prix courant.)

Porte-pantalon hygiénique, *breveté S. G. D. G* de *P.-B. Noël*. Prix de faveur pour nos lecteurs. Pour hommes, jeunes gens et enfants de dix ans franco 4 fr. ; pour femmes et fillettes, 4 fr. 50.

Toute commande doit être strictement accompagné d'un mandat-poste représentant la valeur de l'expédition.

BONDE le cent, 25 fr., les cinquante 13 fr. les vingt-cinq 7 fr. Au-dessous de 25 bon les 0 fr. 30. Le tout franco de port.

Indiquer le diamètre de chaque bonde.

Cette bonde offre les avantages suivants :

Préserve les fûts de tout accident en cours de route, même s'ils contiennent des liquides en fermentation. Évite toute perte de liquide pendant le transport.

Munie de sa plaque, cette bonde est inviolable.

Elle empêche l'entrée de l'air dans les fûts tout en permettant la sortie des gaz en excès.

Adresser les demandes accompagnées d'un mandat à la *Gazette*, 10 bis, rue Piccini, Paris.

Vélocipèdes. — Pour répondre aux désirs maintes fois exprimés par nos lecteurs, nous nous sommes livrés à de sérieuses recherches. Nous avons visité les principales usines et pris l'avis d'amateurs de cet instrument. Nous sommes aujourd'hui en mesure de procurer à nos lecteurs, à titre de prime exceptionnelle des machines parfaites à tous égards provenant d'un des meilleurs fabricants.

Nos abonnés auront droit à une remise de 50 0/0 sur les prix du catalogue de cette maison.

Nous ne disposons que d'un très petit nombre d'instruments dans ces conditions.

Le Gérant : E. Gambart.

IMP. NOIZETTE ET Cie, 8, RUE CAMPAGNE-1re, PARIS.

Le moment favorable au transport des vins étant revenu, nous rappelons à nos lecteurs que, sous ceux d'entre eux qui, sur nos conseils et depuis cinq ans, consomment les vins de M. VINCENT ARDURA, vigneron, domaine de la Chapelle-Frédignac, par Blaye-Bordeaux, n'ont qu'à se louer de la qualité et de la conservation de ce Bordeaux absolument naturel, expédié sans intermédiaire.

Pour dégustation sérieuse, envoi gratuit est fait d'une bouteille de la récolte désignée. L'encaissement est fait par le facteur, à 30 jours, escompte 2 0/0, ou 90 jours.

Vendanges : 1893, à 130 fr., 1892-91, à 150 fr.; 1890-89, à 175 fr., 1887, à 200 fr., 1885, à 220 fr., 1883 à 240 fr., 1882, à 250 fr., 1881, à 300 fr. — Graves blancs vieux : 130, 150, 200, 250, 300 fr., suivant âge, les 225 litres collés, soutirés, franco de port et de fût en gare d'arrivée.

SELS POUR L'AGRICULTURE

Nourriture du bétail et Engrais des terres

Sel neuf dénaturé, au tourteau de colza. 45 f. 1.000 k.
Sel neuf dénaturé, au peroxyde de fer. 40 f. 1.000 k.
Sel de morue pur. . . . . 35 f. 1.000 k.

Expéditions de Fécamp, Bordeaux et St-Malo.

S'adresser à MM. A. LE BORGNE et ses Fils, négociants-armateurs, à Fécamp.

GRIFFE SARCLEUSE-BINEUSE

Outil économique

pour biner, sarcler promptement entre toutes les lignes de plantes ou légumes sans distinction, indispensable en toutes saisons dans les jardins, vignes, pépinières, les cultures de betteraves, de tabac, etc., même dans les allées

VIN DE BOURGOGNE

Ferme de l'Hospice de Beaune.
Domaine de MEURSAULT

VINS FINS GRANDS ORDINAIRES, ORDINAIRES
Rouges et Blancs

Concours Général agricole de Paris 1895
MÉDAILLE d'or pour vins rouges
MÉDAILLE d'argent pour vins blancs
Concours Général agricole de 1896
HORS CONCOURS, MEMBRE DU JURY
JOBART MUTHELET, Meursault (Côte-d'Or)

CHEMINS DE FER DE PARIS
A LYON ET A LA MÉDITERRANÉE

Voyages circulaires à itinéraires fixes

Il est délivré pendant toute l'année à la gare de Paris-Lyon ainsi que dans les principales gares situées sur les itinéraires, des billets de Voyages circulaires à itinéraires fixes, extrêmement variés, permettant de visiter en 1re ou en 2e classe, à des prix très réduits, les contrées les plus intéressantes de la France, ainsi que l'Algérie, la Tunisie, l'Italie, la Suisse, l'Autriche et la Bavière.

Avis important. — Les renseignements les plus complets sur les Voyages circulaires et d'excursion (prix, conditions, cartes et itinéraires) ainsi que sur les billets simples et d'aller et retour, cartes d'abonnement, relations internationales, horaires, etc... sont renfermés dans le Livret-Guide Officiel édité par la compagnie P. L. M. et mis en vente au prix de 0 fr. 50 dans les principales gares, bureaux de ville et dans les bibliothèques des gares de la Compagnie.

Ouvrages de MM. CRÉPEAUX

En vente aux bureaux de la *Gazette*

La Culture électrique 1 50
Manuel vétérinaire pratique du cultivateur . . . . 1 »
Almanach de la France rurale pour 1896 . . . . » 60
L'Année agricole et agronomique pour 1895. . . . . 3 50

La Culture du Blé, par M. FLEURY-BERGER. . . . . 1 »

S'adresser à l'auteur : à Communay, par Saint-Symphorien-d'Ozon (Isère).

Insecticide-Préservateur
FERTILISANT
DESGOUTTES

La Boîte de 10 kilog., pour essais, 10 fr. franco toutes gares (port et emballage compris).

Adresser les demandes, accompagnées d'un mandat, 10 bis, rue Piccini, Paris.

M. RECOURAT, pharmacien à Beauvais.
Gale des moutons guérie radicalement par *une seule application* de l'ANTIPSORIQUE.
La bouteille, 3 fr. ; la 1/2 bouteille, 1 fr. 75.
Guérison du PIÉTIN par *un seul pansement* avec le CONTRE-PIÉTIN-RECOURAT,
Le pot d'essai, 1 fr. 50 ; le pot, 2 fr. 50.
Joindre 0 fr. 60 pour recevoir *franco* et indiquer gare.

LE MONDE, journal quotidien du soir
17, RUE CASSETTE, PARIS.
Abonnement 25 fr. par an, 0 fr 05 le numéro
Organe recommandé aux agriculteurs et au membres du clergé.

Le Journal **Le Meunier**, de Bruxelles, offre une médaille d'or à l'inventeur du meilleur procédé débarrassant automatiquement le blé du charançon.

Maison MURE, à Pont-St-Esprit (Gard)
A. GAZAGNE, *Gendre et Sucr*, Phen de 1re Classe

MALADIES NERVEUSES
Epilepsie, Hystérie, Danse de Saint-Guy, Affections de la Moëlle épinière, Convulsions, Crises, Vertiges, Eblouissements, Fatigue cérébrale, Migraine, Insomnie, Spermatorrhée
Guérison fréquente. Soulagement toujours certain
par le SIROP de HENRY MURE
succès consacré par 20 années d'expérimentation dans les Hôpitaux de Paris.
FLACON : 5 FR. — NOTICE GRATIS.

PATE et SIROP d'ESCARGOTS de MURE
« Depuis 50 ans que j'exerce la médecine, je n'ai pas trouvé de remède plus efficace que les escargots contre les irritations de poitrine. »
» Dr CHRESTIEN, de Montpellier. »
Goût exquis, efficacité puissante contre **Rhumes, Catarrhes** aigus ou *chroniques, Toux spasmodique, Irritations* de la *gorge* et de la *poitrine*.
Pâte 1f; Sirop 2f. — *Exiger la* PATE MURE. *Refuser les imitations.*

Thé Diurétique de France
sollicite efficacement la sécrétion urinaire, apaise les **douleurs** des **Reins** et de la **Vessie**, entraîne le sable, le mucus et les concrétions, et rend aux urines leur limpidité normale. — *Néphrites, Gravelle, Catarrhe vésical, Affections* de la *Prostate* et de l'*Urèthre*. — PRIX DE LA BOITE : 2 FRANCS.

Dépôt général de l'ALCOOLATURE D'ARNICA
de la TRAPPE DE NOTRE-DAME DES NEIGES
Remède souverain contre toutes *blessures, coupures, contusions, défaillances, accidents cholériformes.*
DANS TOUTES PHARMACIES. — 2 FR. LE FLACON.

VINS
DE SAINT-ÉMILION

Vins classés, de 800 à 250 francs la barrique de 225 litres. — Moitié prix pour la barrique de 112 litres.
Vins grands ordinaires, de 140, 125, 105, 100 francs la barrique — 80, 75, 70, 65, 58, 55 francs, la demi-barrique. — Rendu *franco* en gare et régie, sauf octroi.
Adresser commandes à M. DUPLESSIS-FOURCAUD, à Saint-Émilion. — Envoi de prix courants et échantillons sur demande affranchie.

Médailles d'Or, Paris, 1867 et 1889 — Moscou, 1891 — Besançon, Montluçon, Royan, etc.

ALIMENTATION DU BÉTAIL
Tourteaux de Coprah ou Coco
F. TASSY, E. ROCCA ET Cie
Fabricants d'huiles (**producteurs directs de Tourteaux**)
23, RUE HAXO, MARSEILLE
Deux médailles d'or, Anvers 1894
Envoi de Prix-Courants et Échantillons sur demande.

SCHNEIDER ET Cie
PHOSPHATES MÉTALLURGIQUES
(scories de déphosphoration), des Aciéries du Creusot
ENGRAIS PHOSPHATÉ
pour Céréales, Prairies, Vignes, Betteraves, Pommes de terre, etc.

L'emploi de ces phosphates a été particulièrement recommandé dans ces derniers temps par les agronomes les plus distingués. Il permet, en raison du bas prix de ce produit, de faire apport au sol de doses considérables d'acide phosphorique.
Les phosphates métallurgiques du Creusot sont livrés moulus finement et tamisés.
Pour renseignements, s'adresser à MM. SCHNEIDER et Cie, au Creusot (Saône-et-Loire).

GRANDE BAISSE DE PRIX
PHOSPHO-GUANO COMPANY, LIMITED
LEFEBVRE FRÈRES, Consignataires généraux
PARIS - 60, RUE DE BONDY - PARIS

PHOSPHO-GUANO
SEUL VÉRITABLE — IMPORTÉ DEPUIS 1863
Superphosphate Ornithos — Superphosphate Chilton — Superphosphate 10 degrés
Osso-Guano, Engrais complet Rhizome, Engrais Surazoté L. F.

La qualité et les dosages de tous ces engrais sont invariables et garantis.
L'acide phosphorique qu'ils renferment étant complètement **soluble dans l'eau** a une valeur fertilisante très supérieure à celui des engrais et superphosphates dont l'acide phosphorique, soluble **seulement** dans le citrate d'ammoniaque, reste insoluble dans l'eau. Il n'y a de garanties sérieuses que celles des dosages exprimés séparément en acide phosphorique **soluble dans l'eau** et en acide phosphorique, **insoluble dans l'eau.**
Envoi franco sur demande de brochures indiquant les dosages garantis et les prix.
Dépôts dans tous les principaux centres agricoles.

FOURNEAUX DE CUISINE
de toutes espèces
Maisons particulières, Hôtels, Châteaux et Fermes, Hospices, Hôpitaux, Collèges, Pensions, etc.
ENVOI FRANCO DE CATALOGUES
Maison DELAROCHE aîné
22, rue Bertrand, PARIS

GRANDS RABAIS
POUR LIVRAISONS SUR LES MOIS D'HIVER

Engrais de l'Usine municipale de la Voirie de Bondy

TOURTEAUX ORGANIQUES
MOULUS

Dosage : 1.50 à 2 % d'azote et 4 à 5 % d'acide phosphorique.

S'ADRESSER AU
Comptoir Agricole et Commercial
9, RUE NOUVELLE, 9, A PARIS

ALAMBIC EGROT
A BASCULE. — EAU-DE-VIE, 1er JET sans repasse.
FRANCO CATALOGUE ILLUSTRÉ
EGROT, 19-21-23, Rue Mathis, Paris

VIN PUR COTES 1re QUALITÉ
Vieux, nouveau garanti sur facture
Récolté par FELIX LAU, propriétaire-viticulteur
à Caussiniojouls (Hérault).
Nouveau, 35 fr. l'hect. logé sur gare Faugères

BARATTES, MALAXEURS, LISSEUSES SIMON
pr Laiteries, Beurreries, etc. Matériel complet pr fabron et exporton des Beurres et Fromages
SIMON FRÈRES, Constructeurs-Mécaniciens-Fondeurs à Cherbourg
MÉDAILLE D'OR, PARIS 1889
GUIDE PRATIQUE
de la Production et de la Fabrication des Cidres et Poirés envoyé gratis et fco
BROYEURS et PRESSOIRS SIMON
Pour Pommes, Poires, Raisins, etc. Matériel complet pour cidreries et vinification.
MANÈGES de toutes forces   Envoi franco du Catalogue

FROMENTINE
Marque déposée B. S.G.D.G.
Produit pour l'alimentation économique, saine et rationnelle du bétail, provenant en grande partie des issues de la mouture de blé.

DIVERSES MARQUES
Demander celle en raison du but poursuivi

Marque A pour l'engraissement égal à celui du tourteau de lin, le remplacement de l'avoine, production d'un lait de qualité supérieure.
Marque B pour le bon entretien du bétail.
Marque J développement rapide des jeunes bêtes.
Marque L surproduction du lait.
Marque E engraissement rapide.

Écrire à M. Armand MILLOT
Moulins Saint-Martin
Saint-Quentin (Aisne).

Avis à Messieurs les Cultivateurs et aux Fabricants de sucre.

La graine authentique *Fouquier d'Hérouël* est *toujours* facturée par la maison qui confirme à bref délai les commandes.

Les envois sont faits *directement* aux acheteurs en sacs plombés au nom « Fouquier d'Hérouël, à Vaux-sous-Laon. »

Il n'existe aucun dépositaire.

MALADIES DU BÉTAIL
ET DE LA VOLAILLE
Leur traitement préventif et curatif
PAR L'ACIDE SALICYLIQUE

L'acide salicylique, employé dans la nourriture à la dose de 1/2 à 1 gramme par jour et par tête de bétail, est le meilleur préservatif des maladies qui procèdent par contagion : Sang de rate, Cocotte, Maladie aphteuse, Érysipèle, Typhus, Morve, Variole et le Rouget des porcs, etc.
Des attestations nombreuses de guérisons obtenues pour la Cocotte et le Rouget des porcs ont été reproduites dans le journal *l'Agriculture.*
La désinfection des étables, des écuries, se fait instantanément au moyen d'un arrosage d'eau salicylée à 2 grammes par litre.
S'adresser à M. CERCKEL, administrateur de la *Compagnie de produits antiseptiques*, 26, rue Bergère, Paris.
Envoi sur demande de Prospectus et Brochures.
PRIX DU KIL., 25 fr. BOITE DE MÉNAGE, 2 fr.

CHEVAUX BOITEUX
Guérison par le spécifique BORNET

Contre **Capelets, Mollettes, Vessigons, Éponges, Exostoses, Suros, Eparvins** et les **Formes** à leur début. (Il s'applique également à toutes les tares molles et osseuses.)
PRÉPARÉ PAR **A. BORNET**
Pharmacien de 1re classe, ex-interne et lauréat des hôpitaux.
19, rue de Bourgogne, PARIS.
Le flacon, 8 fr., à la pharmacie ; en gare par colis postal, 6 fr. contre mandat.

MACHINES
AGRICOLES, VINICOLES et VITICOLES
TH. PILTER
24, Rue Alibert, PARIS

SUCCURSALES :

Bordeaux, Toulouse, Marseille, Montpellier, Tunis

Les lecteurs de la Gazette désireux de recevoir les Catalogues de la maison TH. PILTER dès leur publication, sont priés d'écrire 24, rue Alibert, Paris, afin de se faire inscrire.

PHOSPHATE FOSSILE DE QUIÉVY-NORD
le plus assimilable de tous les phosphate connus
GARANTI PUR DE MÉLANGE AVEC TOUT AUTRE PHOSPHATE
Ce qui, du reste, ne pourrait que diminuer son assimilabilité.

EXTRACTION DU GISEMENT ET USINE A QUIÉVY
Propriétaire-Extracteur : C. LECLERCQ
Bureaux à Viesly (Nord).

COMPOSITION MOYENNE		ASSIMILABILITÉ RELATIVE (méth. Joulie).
		Solubilité dans l'oxalate d'ammoniaque.
Acide phosphorique....	12 » à 16 » 0/0	Phosphate de Quiévy...... 82 29 0/0
Potasse............	0 45 à 2 77 0/0	— de la Meuse....... 51 95 0/0
Chaux.............	19 05 à 31 » 0/0	— de Pernes......... 47 87 0/0
Magnésie...........	0 58 à 3 80 0/0	— des Ardennes....... 46 43 0/0
Matières organiques azotées .	1 80 à 3 45 0/0	— de la Somme (moy.).. 44 53 0/0
		— de Ciply......... 34 57 0/0

Titre garanti en acide phosphorique : **13 à 15 0/0.**

LIVRAISON : EN POUDRE IMPALPABLE EN SACS PLOMBÉS, MIS SUR WAGON GARE QUIÉVY-en-CAMBRÉSIS
Prix : 3 fr. 80 les 100 kilos, sacs perdus, 30 jours, 2 0/0 ou 90 jours net.

NOTA. — Les acheteurs qui désirent employer le **véritable Phosphate de Quiévy** pur et garanti d'origine doivent exiger que les sacs portent la Marque (Au Poisson fossile) et la Firme **C. LECLERCQ**, seul exploitant à Quiévy (Nord).

des Usines de **MM. P. MARCHAND Frères, à DUNKERQUE (Nord)**
Fabriqués sous le contrôle permanent de la Station Agronomique du Nord
Dirigée par M. DUBERNARD

Nous appelons l'attention des éleveurs et des nourrisseurs sur les Tourteaux de **COTON** de graines d'Egypte : c'est un produit excellent pour les vaches laitières, les bœufs à engrais et les moutons.

Nos Tourteaux de **COTON** sont complètement débarrassés de la bourre qui enveloppe la graine et contiennent la même quantité de matières nutritives et grasses que les meilleurs Tourteaux de Lin.

Nos Tourteaux de **COTON** forment l'aliment le meilleur et le plus avantageux en raison de leur prix excessivement bas.

PRIX : 9 Fr. les 100 kil., gare Dunkerque
S'adresser à **MM. P. MARCHAND Frères, à DUNKERQUE (Nord)**

LYSOL
Le plus puissant
anticryptogamique & parasiticide
Complètement soluble dans l'eau
Le meilleur marché.

Assainissement et désinfection certaine de tous locaux.

Employé avec plein succès contre le mildew, l'oïdium, la pyrale, etc., et tous les parasites des arbres fruitiers, fleurs, légumes, etc.

SOCIÉTÉ FRANÇAISE DU LYSOL
22 & 24, place Vendôme, 24 & 22
PARIS

Eugène de MASQUARD
PROPRIÉTAIRE-VITICULTEUR, Château de la Cascade
SAINT-CÉSAIRE-LES-NIMES (Gard

Vins garantis naturels, rouges et blancs, depuis 60 fr. la pièce de 220 litres jusqu'à 100 francs, selon qualité, prise en gare de St-Césaire (Gard), fût perdu.
Ces vins ont été médaillés à toutes les expositions où ils ont figuré.

Récoltés sur des coteaux et des terrains secs, les vins de Saint-Césaire, l'un des meilleurs crus du Gard, se conservent parfaitement sans être plâtrés.

Envoi franco de prix courants et échantillons

VELOUTINE FLAMANDE
La Veloutine est spécialement employée pour lustrer les cuirs de fantaisie : guides, selles, harnais de luxe et de travail, capotes, tabliers, caparaçons, etc., et lorsqu'ils ont déjà été enduits de vaseline, ce produit donne un joli brillant et évite l'action graisseuse des cirages ou préparations à base de cire. Sans causticité il ne dessèche pas et imperméabilise.

Le bidon d'un litre pour harnais noirs.... 3 70
— — — jaunes... 4 20
Franco gare contre mandat-poste.

S'adresser : *Manufacture de Vaselines industrielles de Ligny-en-Cambrésis (Nord)*

EXCELLENT DÉSINFECTANT
POUR LES FUTS A VIN, CIDRE, BIÈRE, ETC.
Prix de faveur pour nos lecteurs
Sur notre demande, M. Moity, père, l'inventeur, a consenti à en mettre de petites quantités pour essais à la disposition de nos lecteurs.

10 litres franco gare. **10 fr.**
Adresser les demandes à M. Crépeaux, rue Piccini, 10 *bis*, Paris.

L'ENGRAIS AMIÉNOIS
FUMURE ORGANICO-CHIMIQUE
pouvant être employée seule ou comme complément de fumier de ferme

Mixte et très complet, cet engrais convient à tous les terrains ; il est approprié, sous divers numéros, à toutes les plantes.

SUPERPHOSPHATE AZOTÉ (produit nouveau)
12 0/0 acide phosphorique
3 à 4 0/0 azote (*organique*) soluble

Envoi franco du prospectus sur demande affranchie
Adressée à **M Elisée LEFEBVRE route de Rouen, 121, AMIENS.**

ASPERGE GÉANTE
ROYALE DE FRANCE
(*RACE D'ARGENTEUIL PERFECTIONNÉE*)
Demander la *Méthode de Culture* et prix courant (gratis et franco), à M. WILLIAM FOURCINE, directeur des pépinières royales de Dreux (Eure-et-Loir). Médailles et diplômes de première classe.

CONSTRUCTIONS ÉCONOMIQUES
AGRICULTURE — INDUSTRIE
SOCIÉTÉ MÉTALLURGIQUE
d'Amiens (Somme)
USINE à VAPEUR, FORCE MOTRICE 250 CHEVAUX
Adresser les lettres à M. le Directeur
ENVOI F^co DU CATALOGUE
TÔLES ONDULÉES GALVANISÉES Pour Couvertures
Prix défiant toute Concurrence

CRÉSYL-JEYES
DÉSINFECTANT ANTISEPTIQUE
Efficacité scientifiquement démontrée.
Envoi de Rapports et Références sur demande.
Le CRÉSYL-JEYES n'est ni Toxique ni Caustique
Il est adopté par toutes les Administrations
publiques de Paris et des départements.
VENTE EN GROS :
Société Française de Produits Sanitaires et Antiseptiques
35, Rue des Francs-Bourgeois, PARIS,
et chez tous Droguistes et Pharmaciens.
Pour éviter les Contrefaçons exiger les Marques et Cachets
de la Société, ainsi quele nom CRÉSYL-JEYES.

ENGRAIS CHIMIQUES

DES

MANUFACTURES DE SAINT-GOBAIN

12 Usines :

CHAUNY (Aisne).	SAINT-FONS, près Lyon.
AUBERVILLIERS (Paris).	L'OSERAIE, près Avignon.
MONTARGIS (Loiret).	BALARUC, près Cette.
TOURS (Indre-et-Loire).	VALENCIA (Espagne).
MONTLUÇON (Allier).	HEMIXEM
MARENNES (Charente-Inférieure).	MESVIN-CIPLY } (Belgique).

PRODUCTION ANNUELLE : 400.000.000 DE KILOS

Dosages garantis — Emballages marqués et plombés

SUPERPHOSPHATES DE CHAUX

ENGRAIS COMPOSÉS

Suivant les convenances des acheteurs pour toutes cultures

ENGRAIS COMPLET DE SAINT-GOBAIN

Efficacité éprouvée dans tous les sols et dans toutes les cultures

ENGRAIS SPÉCIAUX POUR LA VIGNE :

Engrais pour Vigne à végétation faible.
Engrais pour Vigne à végétation normale.
Engrais pour Vigne à végétation luxuriante.

Adresser les ordres ou les demandes de renseignements à la DIRECTION COMMERCIALE DES PRODUITS CHIMIQUES de SAINT-GOBAIN, **9, rue Sainte-Cécile, Paris** — *ou aux Agents de la Compagnie dans toutes les villes de France.*

GRAINES FOURRAGÈRES
POUR PRAIRIES PERMANENTES & TEMPORAIRES

Luzerne de Provence extra	135 fr.
— de Provence 1er choix	125 —
— de pays extra	120 —
— de pays 1er choix	110 —
Minette de Beauce	40 —
Sainfoin à deux coupes	40 —
Trèfle violet	100 —
Vesce de printemps, de pays	22 —
Maïs Caragua, dent de cheval	21 —

Le tout aux 100 kilos, logés, Paris

MÉLANGE SPÉCIAL POUR PRAIRIES PERMANENTES
composé selon la nature du sol, 65 kilos à l'hectare
Prix : 90 fr.

Adresser les commandes à BIROT Henri, cultivateur grainier,
19, r. de Viarmes (Bourse de Commerce), Paris.

17ᵉ Année. — N° 20.   LE NUMÉRO. **10** CENTIMES.   Dimanche 17 Mai 1896

GAZETTE AGRICOLE

JOURNAL HEBDOMADAIRE, PARAISSANT LE DIMANCHE

Fondateur : M. CH. GOSSIN, Professeur d'Agriculture à l'Institut agricole de Beauvais

PRIX DE L'ABONNEMENT

UN AN, **5 fr.** — SIX MOIS, **3 fr.** — TROIS MOIS, **2 fr. 25**

Pour l'Etranger les abonnements ne sont reçus que pour un an, au prix de 6 francs, et ne partent que du 1er JANVIER ou le 1er JUILLET de chaque année.

Le Numéro : **10** centimes.

Adresser toute la correspondance : mandats, lettres, annonces' etc., à **M. CRÉPEAUX,** Directeur de la *Gazette agricole* 10 bis, rue Piccini, Paris.

Toute demande de changement d'adresse doit être accompagnée de 50 centimes et de la dernière bande du journal.

BUREAUX

97, rue de Rennes, Paris, et à **Beauvais,** rue Saint-Etienne.

Les abonnements partent du 1er de chaque mois et sont payables d'avance. Toute demande d'abonnement doit donc être accompagnée du prix de l'abonnement. (Le modo de payement le plus simple est l'envoi d'un mandat-poste.)

Donner *très lisiblement,* en s'abonnant, son nom et son adresse exacte, *avec l'indication du bureau de poste ;* et, s'il s'agit d'une continuation d'abonnement, joindre au renouvellement la dernière bande d'adresse du journal.

Les Annonces sont reçues à la Direction du Journal, et chez MM. DUSSERIS et MATHELLON, 97, rue de Rennes Paris.
Il est interdit de reproduire les articles contenus dans la *Gazette Agricole.*

La Gazette paraît avec un jour de retard par suite de la fête de l'Ascension.

Sommaire :

MM.

JULES DELAHAYE. — Le socialisme rural.
J. SARCÉ. — Chevaux canadiens.
. C. — Nouvelles recherches sur la digestibilité comparée des grains entiers, aplatis ou concassés.
F. RICHARTE. — Du pincement à donner à la vigne.
A. DE MARGILLAC. — Le certificat d'origine.
CHRONIQUE POLITIQUE. — Un cabinet de coalition.
CHRONIQUE GÉNÉRALE. — Le roi du nitrate. Concours de la race ovine berrichonne. Concours de la race mulassière. La vente des béliers southdown de M. Nouette-Delorme. Prix de la Société des agriculteurs de France. Les rayons électriques et les rayons Rœntgen en horticulture. Transports de produits agricoles par voies ferrées. Une exposition agricole à Genève. Concours de la race bovine montbéliarde. Concours du comité agricole de Sologne.
CHRONIQUE AGRICOLE. — Situation, la saison. Le labour. Encore les hersages et les binages des céréales. Expériences sur les avoines de l'Aveyron. La maladie des pommes de terre. Le silphe de la betterave. Les grains falsifiés. La situation en Algérie.
RECETTES.
PETITE CORRESPONDANCE.

BULLETIN COMMERCIAL

BOURSE DU COMMERCE DU MERCREDI 13 MAI

	FARINES	BLÉS
Courant...............	39 65	18 85
Prochain.............	39 90	19 05
Juill.-août.........	40 60	19 05
4 derniers.........	40 65	18 70
4 de nov...........	40 85	18 75

Marque de Corbeil : 44 fr. le sac de 150 kil. toile à rendre.

Halle aux blés — *Blés indigènes.* — La meunerie rencontre de la difficulté pour trouver de bons blés, et il en résulte une fermeté qui se traduit par quelques sous de hausse pour les rares affaires qui arrivent à conclusion. Pour les grains de qualité ordinaire ou défectueuse, la vente est absolument impossible, malgré les concessions que feraient volontiers les détenteurs.

Les cours extrêmes ressortent de 17,50 à 19 les 100 kil. nets, gare d'arrivée Paris.

Blés exotiques. — Il n'en est toujours pas question.

Sons. — Très fermes pour le disponible immédiat par suite de la sécheresse, livrable sans acheteurs.

Seigles. — Sur nos marchés de province, on constate une hausse de 25 centimes par suite de la diminution des offres sur place, peu d'affaires, les détenteurs demandent 10,75 à 11, il y a acheteurs de 10,50 à 10,75, Paris.

Avoines. — On commence à être sérieusement inquiet de la persistance de la sécheresse ; quelques gouttes d'eau peuvent sauver la situation, mais en attendant les cours montent. Cette hausse n'est pas moindre de 50 cent. à 1 fr. depuis huit jours. Il est difficile de trouver des bonnes avoines grises saines, disponibles à moins de 16 fr. ; les avoines blanches sont rares à 15 fr., les noires valent 1r,50 à 17,50 les 100 kil. A ces conditions, les affaires sont plus actives, car on se rend compte qu'un peu de pluie ferait immédiatement de la baisse.

Orges. — Il est encore trop tôt pour donner des appréciations sur les récoltes en France ; les orges viennent de lever, un peu de pluie chaude serait accueillie avec joie par la culture.

Les cours sont fermes, mais la demande est nulle.

On cote : orges de *mouture ordinaire* 14 à 14,50 ; moyennes dite* distillerie 14,75 à 15 ; bonnes pour brasserie 15,25 à 16,25 les 100 kil.

Escourgeons. — On ne voit plus rien, les cours sont nominaux, de 16,50 à 17. La récolte se présente bien en Beauce et en Vendée. Dans le Nord, la Vendée fait des offres à 15,50 ; caf l'Algérie à 13 fr., si la brasserie et la malterie ne se pressent point aux achats, la baisse est plus probable que la hausse.

Sucres. — Marché calme avec très peu d'affaires. Prix sans changement.
Raffinés 102,50, roux 88° 31,75 à 32.

Marché de la Chapelle. — Marché ordinaire.

On cote : paille de blé 1re qté 28 fr., 2e qté 25, 3e qté 21 fr. ; paille de seigle 1re qté 32 fr., 2e qté 29, 3e qté 26 ; paille d'avoine 1re qté 21 fr., 2e qté 19, 3e qté 17 ; foin nouveau 1re qté 54 fr., 2e qté 49, 3e qté 46 ; luzerne, 1re qté 52 fr., 2e qté 48, 3e qté 45 ; regain 1re qté 47 fr., 2e qté 45 fr., 3e qté 41 fr. ; sainfoin, 1re qté 40 à 2e qté, 38, 3e qté 36.

Marché aux chevaux, 13 Mai.

Gros trait de 300 à 1.300	Boucherie de 80 à 270
Selle et tr.	Anes..... de 45 à 150
léger . de 200 à 1.100	Chèvres. . de .. à »
H. d'âge de 200 à 350	

AMENÉS

Chevaux, 507 — Anes, 8 — Chèvres, 4
Voitures 109, de 45 à 550.

ENCHÈRES

Chevaux amenés, 12.
Vendus, 8 de 156 à 400.

Prix des Produits Forestiers à Paris.

BOIS DE FEU (Octroi non compris)	Falourde de pin...	100 à 110 le cent.
	Bois de flot....	100 à 105 le déca.
	Bois gris neuf....	125 à 120 —
	Bois blanc.....	80 à 125 —
BOIS D'ŒUVRE (Octroi compris)	Chêne gros bois...	85 à 110 le m. cu. e
	— moyen bois .	70 à 60 —
	— petit bois...	30 à 48 —
	Charme, plateaux.	55 à 55 —
	Sciage Entrevoux.	175 à 210 les 208 m.
	de Echantillons 230 à 220 —
chêne.	Frise	27 à 28	104 m.

ENGRAIS

PARIS

Nitrate de soude........	21 50 à 21 75
Superphosph. minéral 14/16.	5 25 à 5 75
Superphosphate d'os 16/18. .	12 50 à 13 »
Scories 16/18.	4 25 à 4 50
Phosphate minéral 14/16. ..	3 80 à 4 »
Chlorure de potassium 48/52.	18 75 à 20 »

NANTES

Nitrate de soude.	22 30 à 22 50
Superphosph. minéral 14/16.	6 » à 7 »
Scories 16/18.	4 50 à 4 75
Phosphate minéral 14/16. ..	4 » à 4 50
Chlorure de potassium 48/52.	19 » à 19 75

LYON

Nitrate de soude.	22 » à 23 »
Superphosph. minéral 14/16.	5 75 à 6 »
Scories 14/16.	4 50 à 5 »
Phosphate minéral 14/16. ..	4 » à 4 25
Chlorure de potassium 48/55.	20 » à 21 »

MARSEILLE

Nitrate de soude.	20 50 à 21 »
Superph. minéral 14/16.	6 » à 7 »
Sulfate de fer.	5 » à 5 50
Sulfate d'ammoniaque 20/21.	20 » à 22 »

Sulfate de cuivre.

Les 100 kil. 98/99. . . . . . 42.50 à 44.00

LINS. — Les 100 kilogr. — *Marché de Lille.*

	Communs	Ordin.	Super.
Alost. .	148 à 153	154 à 157	161 à 166
Bergues.	150 à 158	161 à 168	173 à 182

Prix moyen aux 100 kilog. des CÉRÉALES dans les Départements.

Région	Ville	BLÉ	SEIGLE	ORGE	AVOINE
Rég. du Nord-Ouest	Caen	17 00	10 00	14 25	15 50
	Lannion	17 00	10 00	14 50	16 75
	Morlaix	17 50	10 50	12 50	13 50
	Rennes	17 00	10 00	13 00	13 75
	Avranches	17 00	10 50	12 75	14 25
	Laval	16 25	10 00	13 00	13 50
	Lorient	16 50	10 25	13 00	13 50
	Alençon	16 75	10 50	13 50	15 50
	Le Mans	16 50	10 00	13 50	16 75
Région du Nord	Soissons	17 50	10 00	»	15 00
	Evreux	17 50	10 00	13 00	15 00
	Chartres	17 75	10 50	14 00	14 25
	Lille	17 75	10 50	14 00	16 00
	Compiègne	17 00	10 50	15 25	16 50
	Beauvais	17 75	11 00	15 00	16 00
	Arras	18 25	11 50	15 00	16 00
	Paris	17 50	10 25	13 50	15 75
	Versailles	17 75	10 25	14 00	16 00
	Rouen	17 50	10 00	15 00	16 00
	Amiens	17 25	10 50	16 00	16 00
Rég. du N.-E.	Mézières	17 50	10 00	13 00	16 00
	Nogent-s-Seine	17 50	10 00	15 00	15 50
	Châlons-sur-Marne	17 50	10 25	15 00	15 50
	Langres	18 00	10 00	15 00	15 75
	Nancy	17 75	10 00	15 00	16 00
	Bar-le-Duc	17 50	10 50	15 25	15 25
	Neufchâteau	17 75	10 00	14 50	15 50
Région de l'Ouest	Ruffec	17 50	10 25	13 00	15 00
	Marans	17 00	10 00	13 00	15 00
	Niort	17 00	10 00	14 00	15 00
	Tours	17 25	10 00	14 00	15 00
	Nantes	17 25	10 00	13 00	14 00
	Angers	16 75	10 25	14 00	14 00
	Luçon	17 00	10 00	13 00	»
	Poitiers	17 00	10 00	13 00	15 00
	Limoges	17 00	10 25	»	15 00
Région du Centre	Moulins	17 50	10 00	14 00	15 25
	Bourges	17 00	10 00	14 00	15 00
	Aubusson	17 50	10 00	14 00	15 00
	Châteauroux	17 25	10 00	14 00	13 50
	Orléans	17 25	10 00	14 00	14 50
	Blois	18 00	10 00	15 00	16 00
	Nevers	18 00	10 00	14 00	16 00
	Clermont Ferr.	17 50	10 00	13 00	15 50
	Sens	17 50	10 00	13 50	15 50
Région de l'Est	Bourg	17 25	10 25	14 00	15 50
	Dijon	18 00	10 00	15 00	14 50
	Besançon	18 00	10 25	13 00	14 50
	Grenoble	17 50	10 00	13 75	15 50
	Dôle	17 50	10 25	13 00	14 00
	Saint-Etienne	17 50	10 00	14 00	16 00
	Lyon	18 50	11 00	15 00	16 00
	Mâcon	17 50	11 75	13 00	15 00
	Vesoul	17 75	10 00	»	15 50
	Chambéry	17 75	10 00	»	15 25
	Annecy	17 50	»	»	16 00
Rég. du Sud-Ouest	Pamiers	17 50	10 25	»	15 75
	Périgueux	17 50	10 50	14 00	15 00
	Toulouse	18 25	11 00	14 00	15 50
	Auch	17 75	»	»	15 75
	Bordeaux	17 75	12 00	13 00	16 00
	Dax	17 50	12 00	13 00	16 00
	Agen	17 75	12 00	13 00	16 00
	Bayonne	17 75	11 00	14 00	15 50
	Tarbes	17 75	10 50	»	16 50
Région du Sud	Carcassonne	17 50	»	13 50	16 00
	Rodez	17 50	12 00	14 00	15 50
	Mauriac	17 75	11 00	»	16 00
	Tulle	17 75	11 00	»	16 00
	Montpellier	17 50	11 00	»	15 00
	Figeac	17 50	11 00	»	16 00
	Mende	17 75	11 25	»	15 75
	Perpignan	17 75	11 00	14 00	15 00
	Albi	18 25	11 00	14 00	15 00
	Montauban	18 00	11 50	14 00	16 00
Région du Sud-Est	Gap	17 50	10 50	14 50	16 00
	Manosque	17 75	10 50	13 00	15 75
	Nice	17 50	10 75	13 25	16 00
	Privas	18 00	10 75	13 00	15 75
	Arles	19 00	11 00	13 00	16 00
	Montélimar	17 00	11 00	14 00	16 00
	Nîmes	18 00	»	14 00	15 50
	Le Puy	18 00	»	14 00	16 00
	Draguignan	18 00	12 00	»	»
	Avignon	18 75	13 00	14 00	17 00

Tourteaux. — Cours de la maison P. Marchand frères, à Dunkerque (Nord) :

TOURTEAUX A NOURRIR

	Dispon.	A livrer.
Coton de graines d'Egypte	9 »»	9 »»
Sésame blanc	11 00	11 50
Arachide décortiquée	14 50	14 50
Colza à nourrir	10 »»	10 »»
Colza du pays	11 »»	11 »»
Œillette du Levant	10 »»	10 »»
Œillette blanche de Turquie	10 »»	10 »»
Lin 1re qual. de Bombay g. form.	14 »»	14 »»
Lin 1re qual. de Bombay p. form.	14 50	14 50

TOURTEAUX-ENGRAIS

	Dispon.	A livrer.
Arachide décortiquée	14 »»	14 »»
Cameline	»» »»	»» »»
Colza des Indes en poudre	»» »»	»» »»
Colza ravison	7 25	7 25
Colza jaune Gutzerat	10 25	»» »»
Kurrachée	»» »»	»» »»
Niger	»» »»	»» »»
Pavot	9 75	9 75
Sésame, blanc	10 50	»» »»
Sésame noir	»» »»	»» »»
Coton en farine	7 50	7 50

Nos prix s'entendent pour tourteaux en planches, rendus en gare de Dunkerque.

Paiement à 30 jours ou à terme plus éloigné suivant convention expresse.

Le concassage se paie 0 fr. 25 et la mise en poudre 0 fr. 40 aux 100 kilos. Dans ce cas, les sacs sont facturés à 0 fr. 35 pièce, et repris au prix de facture, quand ils sont rendus en bon état et franco, dans les 30 jours de l'expédition.

FROMENTINE :

	100 kil.
Marque A	13 »
Marque B	13 »
Marque J	13 »
Marque L	15 »
Marque E	16 »

BEURRES. - (le kilogr.).

BEURRES EN MOTTES			BEURRES EN LIVRE		
Isigny extra.	4 80	5 70	Bourgogne	1.80	2.10
— demi-fin	3.80	4.20	Gâtinais	1.80	2.60
M. d'Isigny	2.00	3.70	Vendôme	1.70	2.50
du Gâtinais	1.80	2.00	Beaugency	1.70	2.50
de Bretagne	1.80	2.30	Ferme	2.30	3.00
Laitiers Jura	1.80	2.40	Tours	2.00	2.50
de Charente	1.80	2.60	Le Mans	1.70	2.00
des Alpes	1.80	2.70	Touraine fausse	2.00	2.50

ŒUFS. — (le mille).

Normandie ext.	72 à 90		Bourgogne	50 à 54	
Picardie —	72 à 100		Champagne	52 à 56	
Brie —	60 à 68		Nivernais	42 à 52	
Touraine	56 à 68		Bourbonnais	48 à 54	
Beauce	52 à 58		Bretagne	44 à 48	
Orne	50 à 54		Vendée	44 à 50	
Picardie	52 à 56		Auvergne	45 à 48	
Châtellerault	50 à 54		Midi	40 à 48	

FROMAGES.

Brie hautes marq.	45	50	Roquefort	120	210
Brie gr. m. (10)	35	40	Gruyère (100 k.)	100	170
— m. m.	28	32	Coulommiers (100)	25	50
Petits Nanteuils	18	22	Gournay (100)	18	30
Brie laitiers	15	20	Livarot (le 100)	105	112
Gérardmer (100 k.)	75	85	Bourgogne (100)	65	70
Hollande	170	180	Camembert (10.)	40	60
Bondons (100)	10	13	Munster (100)	90	110
Cantal	120	130	Port-Salut	170	170

VOLAILLES

Poulet Brest dit moelleux	5.00	6 00	Pige. Mâcon	1.50	2.00
Poulets Nant.	3.00	5.00	Ca... sNantais	4.00	1.35
Poulets Tour	2.75	5.25	Dindes Tourr.	7.00	11.00
Poulets Houdan	6.00	8.00	Oios	7.00	8.50
Pigeons d'Italie	80	1.25	Lapins dom.	2.75	4.00
			Lapins garenne	1.50	2.00

VINS — BERCY

Rouges			Blancs		
B. Bourg. vieux	140 à 160		Bordeaux	125 à 160	
Touraine	105 à 115		B. Bourg	150 à 190	
Bord. vieux	130 à 166		Sancerre	130 à 135	
Algérie	28 à 32		Chablis	200 à 350	
Cher	110 à 135		Anjou	120 à 135	
Chinon	125 à 180		Pouilly	350 à 30	
Narbonne	32 à 40		Vouvray	155 à 195	

HOUBLONS. — Les 50 kilogr.

Alost primé	28,00 à 30,00
Bourgogne	55,00 à 60,00
Poperinghe	25,00 à 30,00
Wurtemberg	40,00 à 42,00
Altmark	75,00 à 100,00
Alsace	50,00 à 65,00

POMMES DE TERRE

Hollande (100 kil.)	8 »	à 17
Roses-Early	8 »	à 10
Magnum-Bonum	7 »	à 7 50
Rondes	5 »	à 5 20

LÉGUMES SECS. — (Les 100 kilogr.)

	Haricots	Pois	Vesce	Lentille
Paris	32 00 50.00	20 18.00	19 à 20	30 00 56
Bordeaux	34.00 35 00	35 45.00	18 19	40 00 60
Marseille	22.00 30.00	18 25	20 20	21.00 52

CHANVRES

Les 50 kil.	1re qualité	3e qualité
Le Mans	33,00 à 35,50	30,00 à 20,00
Saumur (b.)	40,00 à 42,00	37,00 à 38,00

FOURRAGES ET PAILLE

Paris La Chapelle.   *Prix extrêmes*

Foin 100 bot dans Paris n.	42 à 17
Luzern nouv.	42 à 46
Paille de blé	20 à 26
Paille de seigle	23 à 31
Paille d'avoine	16 à 20

Marché de la Villette du 11 mai 1896.

PRIX DE LA VIANDE NETTE

	1re qualité	2e qualité	3e qualité
Bœufs	1.48	1.38	1.38
Vaches	1.46	1.36	1.26
Taureaux	1.22	1.10	1.04
Veaux	1.98	1.76	1.36
Moutons	1.94	1.82	1.74
Porcs	1.10	1.04	0.96

ESPÈCES	AMENÉS	VENDUS	PRIX EXTRÊME viande net	poids vif
Bœufs	2.637	1.858	1.38 à 1 48	60 à ..
Vaches	760	670	1.26 1.46	55 à 92
Taureaux	241	202	1.04 1.22	40 à 77
Veaux	1.613	1.048	1.36 1.98	65 à 120
Moutons	19.569	16.709	1.74 1.94	75 à 124
Porcs	4.309	4.024	.96 1.10	68 à 76

Vente difficile.

Marché de la Villette du 13 Mai 1896.

PRIX DE LA VIANDE NETTE AU KILOGR.

	1re qualité	2e qualité	3e qualité	Prix extrêmes
Bœufs	1.46	1.36	1.26	1.20 à 1.52
Vaches	1.46	1.34	1.20	1.10 1.50
Taureaux	1.24	1.16	1.10	1.06 1.30
Veaux	2.00	1.70	1.40	1.26 2.05
Moutons	1.94	1.82	1.72	1.60 2.00
Porcs	1.04	0.96	»	0.90 1.10

ESPÈCES	AMENÉS	RENVOI	OBSERVATIONS
Bœufs	1.458	»	Vente mauvaise sur le gros bétail les veaux et les porcs, moyenne sur les moutons. Il y ava.. plus 144 bfs américains vendus hors du marché.
Vaches	442	119	
Taureaux	162	»	
Veaux	1.184	135	
Moutons	10.747	»	
Porcs	6.179	»	

Vente du bétail au marché de La Villette.

Adresser les animaux à MM. Henri Roblin et Surugue, en gare Paris-Bestiaux. Les aviser par lettre auparavant, 190, rue d'Allemagne, Paris.

AVIS IMPORTANT. — Le *Goudron Guyot* (*capsules et liqueur*), connu depuis si longtemps pour la guérison de toutes les affections des bronches, de la poitrine et de la vessie, est trop souvent imité ou contrefait. Toutes ces imitations et contrefaçons, mal préparées, ne guérissent pas et sont quelquefois dangereuses. Aussi tout acheteur, qui ne veut pas être trompé, doit-il *exiger et s'assurer par lui-même que le produit qu'on lui vend porte bien sur l'étiquette de chaque flacon l'adresse* : Maison L. FRÈRE Paris, 19, rue Jacob, seule maison dans laquelle se fabrique le *véritable Goudron Guyot* (capsules et liqueur).

CHRONIQUE POLITIQUE

Les élections municipales se sont terminées dimanche dernier par des scrutins de ballotage dont les résultats ont été semblables à ceux du dimanche précédent.

Les notes officielles communiquées à la presse par le ministère de l'intérieur, classent les élus comme de coutume, suivant les étiquettes politiques en usage pour les députés et les sénateurs. Ces classifications sont malheureusement exactes appliquées aux conseils municipaux des villes. Pour l'honneur des campagnes, nous aimons à croire qu'elles sont souvent imaginaires. Les conseils municipaux ruraux sont bien aveugles lorsqu'ils sacrifient les intérêts de leurs communes en sacrifiant un bon candidat rural au candidat ambitieux avide de popularité politique.

Un fait malheureux à constater, c'est l'énorme chiffre des abstentions. Il s'élève à près d'un tiers, dit-on, dans toute la France, surtout dans les communes dominées par les meneurs politiques. Le troupeau de leurs dupes seul vote en masse; la plupart des autres électeurs, au lieu de soutenir, comme les Belges, la lutte commandée par leur intérêt comme par leur devoir, abandonnent la place aux ambitieux et à leur clientèle. L'éducation civique du peuple français, on le voit, est tout entière à faire. C'est triste à dire après vingt-cinq ans d'un régime archi-républicain en apparence et anti-républicain en réalité.

Les socialistes, grâce à leur organisation et à l'ardeur fanatique qui les anime, ont la majorité dans plusieurs grandes villes, notamment à Marseille à Limoges, à Lille. A Dijon l'audace de leurs attaques redouble d'ardeur à chaque élection. Dans nos campagnes, grâce à Dieu, le peuple est encore animé d'un esprit opposé; mais les adversaires du socialisme s'endorment dans une inaction dangereuse, en raison même de l'ardeur des socialistes dans leurs propagandes. Nous conjurons nos amis d'ouvrir les yeux sur cette situation et d'entrer en campagne contre l'ennemi commun. Nous les conjurons de comprendre que la politique réparatrice du ministère Méline ne peut suffire pour assurer la défaite des factieux. Le salut du pays dépend du libre et énergique concours de tous les honnêtes et indépendants. Le monde officiel, d'ailleurs, ne les secondera que s'ils lui montrent qu'ils sont ses maîtres; il y a un mois, il travaillait pour la politique subversive du cabinet Bourgeois. Il est grand temps de voir la situation telle qu'elle est.

M. Méline, dit-on, a reçu de nombreuses adresses de félicitations émanant des sociétés agricoles, pour son avènement au ministère et pour les intentions qu'il annonce de donner à l'agriculture les satisfactions qu'elle a si vainement attendues de ses devanciers. Nous nous associons cordialement, cela va de soi, aux sentiments qui ont dicté aux signataires, ces adresses de félicitations. Mais à eux comme aux autres citoyens, nous sommes obligés de faire remarquer que les misères de l'agriculture n'ont pas leur source unique dans les lacunes du régime douanier et que d'autres sources cruellement malfaisantes proviennent des abus monstrueux sur lesquels l'opportunisme a édifié le pouvoir despotique qui écrase nos finances et avilit nos mœurs politiques. Le monde agricole se fourvoierait déplorablement s'il ne comprenait pas l'influence exécrable de cette politique sur les calamités de l'agriculture comme sur les forces sociales du pays.

Le cabinet Méline le comprend bien, lui. Il songe à mettre la hache dans la forêt touffue des sinécures qui surabondent dans nos administrations. Mais il aura affaire à tous les politiciens dont les sinécuristes sont la clientèle en même temps que les courtiers électoraux. Service pour service, voilà la question, et c'est Jacques Bonhomme qui paye les uns et les autres aux dépens de sa bourse et de son indépendance.

En même temps, dit-on, le ministère médite de simplifier le système de formalités exubérantes qui, sous prétexte de régularité, aboutit à l'avortement de toutes les affaires. Cette réforme est la condition essentielle de la précédente. En effet, si une affaire qui, aujourd'hui, exige douze signatures, peut être réglée avec deux, il y aura dix ronds de cuir de moins à payer. Voilà une réforme qui fera bénir M. Méline et ses collègues s'ils ont la force nécessaire pour la conduire à bien. Mais voilà la question?

Il y a aujourd'hui 570.000 fonctionnaires (200.000 de plus imposés par nos maîtres depuis quinze ans). Tous les ans, on crée de nouveaux emplois ruineux pour les contribuables. A ces 570.000 fonctionnaires dont le tiers est plus nuisible qu'utile, il faut ajouter une queue de plus de 500.000 postulants qui demandent à les remplacer. Autant de familles vouées au parasitisme de la servilité envers les potentats du jour. C'est la pieuvre qui pousse la France à la ruine de ses finances et par conséquent de son agriculture, en même temps que ses mœurs politiques à un avilissement qui annonce l'agonie des peuples. Le socialisme est le produit bâtard du fonctionnarisme.

M. Méline a bien raison de travailler à la réforme de cette vaste machine inventée par le génie despotique de Napoléon Ier. Mais, nous l'avons dit, par quels citoyens courageux sera-t-il soutenu dans les Chambres et dans le pays? Cherchez bien, amis ruraux, les hommes qui ont combattu ces abus, et aussi, hélas! ceux qui en ont vécu, qui en vivent encore, et demandez-vous sur lesquels d'entre eux il peut compter?

Nous avons déjà répondu à cette terrible question. Nous laissons à nos lecteurs intelligents le soin de trouver une réponse concluante.

Un cabinet de coalition.

Les amis du cabinet Bourgeois croient lancer un boulet mortel contre le cabinet Méline en disant qu'il est un ministère de coalition.

Allons donc! Votre ministère Bourgeois était composé d'éléments autres qu'une coalition entre trois partis ennemis les uns des autres? Nous défions bien qu'on nous cite un cabinet qui, depuis quinze ans, a vécu autrement que de transactions intéressées entre des groupes appartenant à des opinions différentes. Les ennemis de M. Méline sont de curieux raisonneurs.

Disons-le nettement, le ministère Méline a son appui le plus vrai dans les groupes de droite parce qu'ils ont toujours réclamé les réformes que M. Méline inscrit en tête de son programme. Les droites ont, de plus, le mérite d'une abnégation absolue qui n'existe que chez elles. Elles seules ne demandent aucune faveur pour prix de leurs votes. Cela est nouveau, n'est-ce pas, dans les annales des boutiques parlementaires?

Quand s'avisera-t-on de juger les hommes par la portée de leurs actes, et non par les déclamations perverses d'une presse dont la vénalité avérée est une honte pour le pays !

M. Méline a fait, dans sa déclaration, de bonnes promesses à l'agriculture. Nous ne doutons pas de ses intentions, mais nous ne sommes point assurés qu'il ait le moyen de les réaliser. Les pouvoirs publics aujourd'hui sont acculés devant des difficultés qui nous obligent à ne point compter sur eux et à tourner tous nos efforts sur nous-mêmes. Jamais la devise, *aide-toi!* c'est-à-dire, *ne compte que sur toi* ne s'imposa plus rigoureusement aux agriculteurs français. Le malheur est qu'un trop grand nombre d'entre eux sont dupes de l'erreur contraire.

Telle n'est pas, en tout cas, l'opinion de nos amis du syndicat agricole de la Haute-Garonne d'après ce que leur disait récemment leur vaillant secrétaire, M. Louis de Malafosse.

« Peut-être serez-vous étonnés que je ne vous aie pas encore entretenus de nos démarches auprès des pouvoirs publics de nos pétitions ou, si je puis me servir de cette expression, de notre campagne d'économie politique.

« Certes, nous ne sommes pas restés en arrière et il n'est pas une réforme utile que nous n'ayons réclamée de concert avec nos associés des autres Syndicats, il n'est pas un péril menaçant à l'agriculture que nous n'ayons signalé.

« Mais je vous le dis avec un profond

découragement, nous n'avons pas la moindre victoire à vous signaler.

« La période que nous venons de traverser et que nous traversons encore est profondément néfaste pour la vie du sol et pour la vie de ceux qui le cultivent.

« Ce que l'on est convenu d'appeler le scandale du jour, ce que l'on appellerait mieux l'agitation malsaine destinée à détourner l'attention publique des besoins et des aspirations de la France, absorbe tout.

« La dispute du pouvoir, les querelles intestines ont tellement envahi toutes nos sphères politiques que l'on ne peut s'occuper de nous.

« Peut-être trouve-t-on que nous ne crions pas assez fort ; mais il n'est pas dans notre essence d'être révolutionnaires.

« Les temps présents sont désastreux non seulement pour le sol, sa valeur, sa production et la progression de sa fécondité, mais aussi pour l'ordre social.

« Messieurs, on a appelé nos Syndicats, ces associations de travailleurs patients, laborieux, chercheurs de progrès et confraternels, la grande réserve de l'agriculture.

« Restons unis ; gardons notre foi dans la valeur de notre rôle de metteurs en œuvre du sol de la France, de défenseurs de la production de cette terre que l'on veut faire primer par l'invasion étrangère ou une spéculation aussi éhontée que ruineuse ; car avant peu, à voir la marche des choses et les catastrophes qui se préparent, on tournera les yeux vers nous et on nous appellera *la réserve de la patrie* ».

Bravo ! bravo ! voilà comment on sert l'agriculture aujourd'hui par la parole et par l'exemple ! Parions que M. de Malafosse n'a pas encore le ruban du *Mérite agricole*.

Le socialisme rural.

Sous ce titre : *Le père Laplanche,* M. Jules Delahaye publie dans la *Libre Parole,* un spirituel article où, par la bouche d'un brave fermier de la vieille roche, il flagelle justement les ineptes utopies des apôtres et fauteurs du socialisme.

Il y a cinquante ans que mon voisin, le père Laplanche, fermier aux Chireux, se lève à l'aube pour soigner ses bestiaux ; qu'il laboure, sème, moissonne au soleil, au vent, à la pluie ; qu'il besogne seize heures sur vingt-quatre pour payer exactement son terme à la Saint-Jean et à Noël.

Sauf les jours de régalade, où il tue le porc, et où il partage la grillade et le boudin avec ses parents et ses amis, il ne mange guère, depuis qu'il est sevré, que la soupe au lard et des pommes de terre, le lait et le fromage de ses vaches, le pain bis de son four, et les légumes de son jardin.

Il ne sait ni lire ni écrire ; et il n'est

allé qu'une seule fois « en chemin de fer. »

Bref, c'est un de ces « mâles » attachés à la terre qu'ils fouillent et qu'ils remuent avec une opiniâtreté invincible », dont La Bruyère avait peur, dont Jaurès a pitié.

Il y en a encore une vingtaine de millions, comme lui, en France, que le socialisme appelle à la lumière, à la liberté, au bonheur, et sur lesquels il compte, demain, pour renouveler la face de la terre.

C'est pourquoi je me permets de vous le présenter, non comme il est peint dans les livres, les journaux et les discours de nos réformateurs ; mais comme je le vois et comme il est, chaque jour, sur ses guérets, ou « dans ses tanières », ainsi que s'exprime encore le superficiel auteur des *Caractères*.

« *Sapré petit bon sens,* » comme dit le père Laplanche, je vous jure qu'il serait malaisé de lui persuader d'abord qu'il est malheureux.

Je viens de le rencontrer dans le chemin creux, qui sépare ses champs des miens, et, selon notre coutume, nous avons causé un brin de sa femme, de ses fils, de ses brus, de ses petits-enfants, avec lesquels il vit en communauté ; de la dernière foire, du prix des bêtes, des labours, et surtout de la vigne qu'il a plantée, et qui en est à troisième pousse.

— Alors vous êtes content, dis-je pour conclure.

— Oh ! pour ça, oui, monsieur. J'ai de bons enfants, de bons maîtres, de bons voisins... Il n'y a qu'une chose qui me fait de la peine.

— Qu'est-ce donc, père Laplanche ?

— C'est de vieillir...

Il faut vous dire que le père Laplanche a soixante-cinq ans, qu'il est droit comme un peuplier, qu'il n'a pas un cheveu blanc et pas une apparence de maladie.

— Mais vous avez l'air de rajeunir, au contraire, père Laplanche ?

— Ce n'est pas à la mine que j'ai mal, monsieur ; mais la vérité est que je ne peux plus travailler autant que jadis ; et ça me fait songer que, dans quelques années, il me faudra y renoncer.

— Vous avez bien mérité de vous reposer.

— C'est vrai, monsieur, mais ce que j'aime le mieux, voyez-vous, c'est encore de travailler.

— Vous avez si bien le moyen de ne plus rien faire, père Laplanche ?

— Je vais vous dire, monsieur ; ce n'est pas pour gagner. J'ai plus qu'il ne me faut pour ma réjouissance et les enfants ne seront pas malheureux. Mais ne plus panser mes bœufs, ne plus charger mes blés, ne plus faucher mes foins, ne plus labourer la terre des Chireux, je ne peux pas me faire à cette idée-là. Songez donc, monsieur, mes parents y sont morts sur les Chireux, et j'y suis né. A dix-huit ans, mon frère et moi, nous étions orphelins : nous n'avions que du courage

et de bons bras. Notre maître nous dit comme ça : « Je vous garde tout de même ; vous vous marierez, vous aurez beaucoup d'enfants et ça marchera. » Et ça a marché, comme il l'a dit, monsieur. Pendant longtemps nous avons payé une petite ferme et vendu cher nos blés et nos bêtes. Mes petites affaires ont réussi ; mes gars ont épousé de bonnes filles ; ils m'aiment bien ; je les aime bien ; nous travaillons ensemble de bon cœur. Vrai, monsieur, quand je pense à tout ça, je pense que c'est mage de vieillir et de quitter tout ça.

L'amour de la vie confondu finalement avec l'amour du travail ; le labeur devenu le plaisir préféré du laborieux ; nos réformateurs ne songent pas assez à cette racine profonde du bonheur individuel, de la vie de famille et de l'ordre social. D'aucuns n'ont pourtant qu'à descendre en eux-mêmes pour vérifier ce fait, pour y trouver cette mystérieuse récompense de leur propre peine.

L'habitude de l'effort et du sacrifice, source toujours renouvelée des vertus naturelles qui conservent un peuple, malgré ses malheurs, malgré les pires doctrines, voilà ce que le socialisme n'est heureusement pas près d'arracher du cœur du paysan.

Telles étaient mes réflexions, en écoutant le père Laplanche. Et je me demandais comment je pourrais bien m'y prendre, si j'étais socialiste, pour jeter le germe de mes idées dans un cerveau comme celui-là.

L'autorité du château ne vaut que ce que vaut le châtelain. L'autorité des connaissances : Chacun les siennes. Et le père Laplanche dont c'est le juron favori de crier : « *Sapré petit bon sens* », estime son savoir pour le moins aussi nécessaire que le mien.

— Vous savez lire, puis écrire, puis parler, monsieur, me répète-t-il quelquefois : moi, je sais faire pousser le blé, la vigne, la luzerne et le reste. Nous sommes peut-être aussi utiles l'un que l'autre.

Vous pensez bien que le peut-être est pour moi, non pour lui. Le père Laplanche est hardi, mais respectueux ; il a volontiers le chapeau à la main, mais il regarde droit et ferme. Il n'est pas besoin de lui rappeler qu'il est votre égal devant Dieu et devant les hommes. Son curé le lui a souvent dit, et il s'est gardé de l'oublier. Vous pouvez le juger à votre aise, il a vite fait de vous le rendre. Comme les mieux doués parmi ses semblables, il y a des chances pour qu'il vous soit notablement supérieur sur plus d'un point. M. Hanotaux lui-même prendrait près de lui d'excellentes leçons de diplomatie. Il sait parler comme un moulin, sans laisser échapper une parole de trop, écouter aussi longtemps qu'il le faut, attendre une heure, un mois, un an, pour poser opportunément une question, vous faire dire tout ce qu'il veut, sans jamais lâcher ce qu'il a résolu de garder.

J'imagine que les paysans du Moyen-Âge, qui firent des choses si grandes et si difficiles, ressemblaient au père Laplanche Même sagesse, même vérité, même finesse, même vivacité, même endurance, même culte de la propriété.

Je serais bien surpris qu'il sacrifiât même un mouton pour la République, l'Empire ou la Royauté. Mais je suis sûr que l'instinct de la race, débordant chez lui, lui ferait suivre joyeusement l'homme qui promettrait seulement de le délivrer de la concurrence étrangère et de l'oligarchie des spéculateurs, dont l'a ouï parler au marché du chef-lieu de canton, comme ses ancêtres marchèrent derrière les rois de France, qui leur octroyaient des chartes d'affranchissement et envoyaient des hommes d'armes contre les seigneurs pillards.

C'est la destinée du paysan français de se défendre éternellement contre la féodalité toujours écrasée et toujours renaissante.

D'en haut, je ne vois guère le père Laplanche accessible aux idées nouvelles; il le paraît encore moins d'en bas.

Je vous laisse à penser l'accueil que recevra de lui le hâbleur de cabaret qui lui prêchera les trois huit, le droit à la paresse et la suppression du revenu de la terre qu'il a si laborieusement acquise. Il est convaincu que, tôt ou tard, le travail et l'épargne finissent par forcer la chance; et, pour lui, il n'y a ni socialistes, ni conservateurs : il y a seulement des fainéants et des travailleurs, des hommes sobres ou des débauchés; dépensiers ou économes.

J'allais aborder les réformes rêvées par Jaurès, lorsque le père Laplanche, qui bouchait une haie, m'invita à l'accompagner aux Chireux. Je renonçai à mon projet, et, tout en devisant, je le suivis jusqu'à la ferme. Toute la famille revenue des champs, était réunie. La mère Laplanche avait posé sur la grande table la soupière fumante.

— Voilà ma bourgeoise, me dit mon voisin, en me présentant sa femme. Oh! elle a été gente, allez!

— Veux-tu te taire, vieux bavard, répartit la mère Laplanche, en rougissant comme une jeune fille.

— Et puis une solide travailleuse, monsieur! Avons-nous assez peiné ensemble, hein, la mère?

— Ça, c'est vrai, monsieur; et nos fils font tout de même.

Que de souvenirs et que d'orgueils intimes dans ce simple dialogue; quel enseignement pour les enfants et petits-enfants assemblés, quelle poésie sociale! Je n'ai jamais mieux compris qu'aujourd'hui pourquoi le socialisme proscrit la famille et professe le droit à la paresse.

Il n'y a pas de place pour lui à côté de l'amour du travail et de l'amour des enfants.

JULES DELAHAYE.
Chantocelle, par Cressanges (Allier).

CHRONIQUE GÉNÉRALE

AVIS IMPORTANT

Nous prions instamment nos amis de nous adresser les listes des personnes de leur connaissance qui devraient s'abonner au *Bulletin*, nous leur enverrons des numéros spécimens en conservant la plus grande discrétion.

Plus que jamais, est-il besoin de le dire, les agriculteurs doivent propager les journaux qui défendent leurs intérêts si gravement compromis. Or, le moyen que nous indiquons est celui qui donne les meilleurs résultats.

Nous nous faisons toujours un plaisir d'étudier avec nos amis les moyens à employer pour faciliter cette propagande indispensable.

Nous profitons de cette circonstance pour remercier encore et très chaleureusement tous ceux qui s'associent à notre œuvre de conservation sociale et de défense agricole.

S. CRÉPEAUX,
Professeur à l'Institut agricole à Beauvais.

Le roi du nitrate.

Une dépêche de Londres annonce la mort inattendue du colonel *North*, justement surnommé dans le monde agricole américain le *roi du nitrate*.

Un anévrisme l'a enlevé subitement dans ses bureaux à l'âge de 54 ans.

Comme la plupart des richissimes Américains, M. North commença par la plus modeste condition, simple ouvrier mécanicien au Pérou. Il eut la bonne fortune d'acheter, avec ses premières économies, un terrain qui contenait un gisement de nitrate de soude qu'il mit en exploitation. A ce terrain il en ajouta d'autres et trouva avec les capitaux nécessaires pour leur exploitation et pour construire une voie ferrée destinée à transporter les produits à ce port d'embarquement. Aujourd'hui les concessions minières expédient en Europe des millions de tonnes de nitrate de soude. M. North a ainsi acquis, en vingt ans, une fortune évaluée à plus de 290 millions et sans épuiser son activité dévorante qu'il a appliquée avec un égal succès à d'autres entreprises.

Le *roi du nitrate* laisse en mourant la Compagnie d'exploitation des nitrates du Chili et du Pérou dans un état de prospérité qui défie toute rivalité.

Mais, par contre, l'agriculture a peut-être sujet de craindre que cette Compagnie ne se syndique avec une ou deux autres pour monopoliser le commerce si important du nitrate de soude et imposer à l'agriculture des prix exorbitants et assurer ainsi des fortunes colossales aux successeurs de son *Roi* aux dépens des agriculteurs des deux hémisphères.

La mort du roi du nitrate est donc un événement d'une gravité exceptionnelle pour les intérêts agricoles. Nous suivrons avec attention l'usage qui sera fait de ce colossal héritage par la Compagnie dont le chef vient de disparaître dans la force de l'âge et d'une activité extraordinaire.

Toutefois il semble permis d'espérer que, dans peu d'années, l'Agriculture pourra se passer presque complètement de l'achat des engrais azotés, en utilisant les propriétés de certains champignons du sol sur lesquels des recherches très importantes que nous analyserons prochainement viennent d'être faites par un chimiste allemand, M. Starostes.

Concours de la race ovine berrichonne.

Cet intéressant concours qui a eu lieu à Bourges cette semaine, a été un plein succès. Sur les cent vingt lots exposés, la majeure partie montraient des sujets de haute qualité. Comme on pouvait le prévoir, les principales primes ont été pour les éleveurs bien connus pour leurs succès antérieurs, MM. Edme, Veritrand, Mativon, Aucouturier, Crotat. La variété solognote, MM. Bouquier et Barrière. Les ventes de béliers qui ont suivi le concours, ont été également très satisfaisantes. Les petits béliers ont été achetés en moyenne 90 francs, et les ventes ont atteint le chiffre de 16.200 fr.

Concours de la race mulassière.

Les éleveurs du mulet poitevin, très éprouvés par la crise qui déprécie leurs élèves, demandent qu'un concours de la race mulassière soit annexé au concours de la race bovine parthenaise fixé à la date du 24-27 septembre prochain.

Il est désirable que cette demande soit bien accueillie, appuyée par le comité du Stud-Book mulassier du Poitou.

La vente des béliers southdown de M. Nouette-Delorme.

Nous apprenons que M. Nouette-Delorme met en vente les jeunes béliers de son troupeau de la Manderie, le plus célèbre de la France pour cette race justement renommée. On se rend à la Manderie par la station de Nogent-sur-Vernisson (Loiret), ligne Paris-Lyon-Bourbonnais.

Prix de la Société des agriculteurs de France.

Aux prix annoncés pour la prochaine session, nous devons ajouter les prix suivants offerts aux instituteurs pour leur enseignement agricole dans les départements suivants où se tiendront les concours régionaux :

Ille-et-Vilaine, Haute-Saône, Corrèze, Cher, Nièvre, Drôme, Gironde.

Les prix Godard et Destrais pour la meilleure production du blé seront attribués aux départements suivants : Indre, Alpes-Maritimes, Alger, Bouches-du-Rhône, Seine-Intérieure, Var, Seine-et-Oise.

Les rayons électriques et les rayons Rœntgen en horticulture.

Il résulte d'un rapport publié par les professeurs attachés au département de l'horticulture de la Cornell University, que l'éclairage électrique a produit des effets très remarquables sur la végétation des plantes expérimentées. En soumettant des lis et des laitues à l'action de la lumière électrique pendant le jour, ils ont poussé avec une rapidité beaucoup plus grande ; toutefois — ce qui ne laisse pas d'être déconcertant — l'éclairage électrique s'est montré nettement contraire à la bonne venue des pois. Les recherches seront continuées par les expérimentateurs qui vont aussi étudier l'influence des fameux rayons Rœntgen sur la végétation des plantes ainsi que celle d'une atmosphère électrisée.

Transports de produits agricoles par voies ferrées.

Une réforme très urgente, réclamée depuis longtemps par nos principales sociétés agricoles, est celle qui mettrait fin aux diverses règles appliquées aux tarifs de transports ainsi qu'aux énormes différences entre les tarifs des diverses Compagnies. Le moindre inconvénient de ces variations c'est que lorsqu'un chargement transite d'un réseau sur un autre, l'expéditeur et le destinataire ne savent à quoi s'en tenir sur le prix de transport.

Les Sociétés du Nord se plaignent du prix excessif des transports des vins du Midi sur les réseaux autres que ceux d'Orléans et Paris-Méditerranée.

Pour les transports des fourrages, une Compagnie les taxe d'après le poids, une autre d'après le volume et d'après la capacité des wagons, etc., etc. Il est certain que si un système unique de tarification était adopté par toutes les Compagnies, leur intérêt n'en souffrirait pas, et le public s'en trouverait mieux : tarifs uniformes, réglés sur des bases uniformes, tarifs modérés surtout sur les produits du sol, telle est la réforme qui est réclamée par l'agriculture.

Les journaux annoncent que cette réforme est mise à l'étude par M. Turrel, ministre du commerce.

Comme viticulteur, M. Turrel sait ce qui est désirable pour favoriser la circulation des vins du Midi dans les régions qui ne produisent pas de vin. Il ne peut refuser son attention aux intérêts de toutes les autres branches de la production qui sont sérieusement engagés dans ce pays de réformes.

Une exposition agricole à Genève.

La Suisse vient d'ouvrir à Genève une exposition nationale industrielle, agricole et artistique, qui attire des visiteurs de tous les pays.

Un reporter du *Soleil* apprécie ainsi l'exposition agricole d'après le cicerone qui le lui a montrée :

« Mon cicerone m'entraîna dans la section agricole installée sous de rustiques hangars, constructions très originales et solides. Là se trouvent réunis tous les échantillons du matériel des exploitations champêtres, qui ont tant d'attrait pour les citadins. Ah ! la belle collection de cloches et de clochettes destinées au gros et petit bétail, à ces hôtes des monts les plus élevés et dont les cris sont renvoyés par tous les échos des profondes et vertes vallées. Il est de ces lourdes cloches tenues à un riche collier qui valent leur pesant d'or. Mais mon cicerone ne me laisse pas le loisir de m'arrêter. Il a soif, ce brave Suisse, c'est de me faire traverser l'exposition vinicole, si gaie, si riante, avec ses pampres aux treilles, ses fleurs artificielles aux barriques.

« — C'est le cas, me dit-il, de revenir au village suisse ; il ne lui manque plus rien, et nous avalerons un verre de vaud ou de neufchâtel. Profitez de votre présence ici.

« De nouveau, après avoir passé sous le curieux pont couvert de Lucerne, nous voici attablés et servis par une sommelière portant le costume des femmes du canton de Berne. Ses camarades ont également leur tenue, coquette livrée à laquelle on sait rester fidèle dans ces pays de pieuse tradition. Et alors, je songe à tous les jolis costumes que nous avions aussi dans nos provinces françaises, et qui, hélas ! même en Bretagne, disparaissent pour faire place à l'odieux uniforme de la camelote de Paris, façonné sur le même modèle, d'après le caprice d'un coupeur en goguette. Combien séduisants cependant, tous ces bonnets du Poitou, du Limousin, du Boulonais et de la Normandie !

« Si ces bons départements savaient ce qu'ils ont perdu à abandonner leurs vieilles coutumes, ils y reviendraient bien vite. Voilà une bonne manière de faire de la décentralisation et de bien affirmer que si l'esprit est français, le cœur est au foyer d'origine. La visite de l'Exposition de Genève est à ce point de vue, d'un haut enseignement. »

N'est-ce pas que ces observations de notre confrère sont parfaitement justes et sensées et montrent bien que les campagnards suisses nous donnent sur ce point une leçon excellente, mais hélas ! inutile leçon. Plus l'influence des modes parisiennes est absurde, plus elle est puissante dans nos campagnes.

Concours de la race bovine montbéliarde.

Ce concours si important pour l'élevage de la région de l'Est, aura lieu à Belfort les 15, 16 et 17 août.

Nous avons le droit de rappeler à ce sujet que le premier dans la presse agricole, nous avons affirmé l'existence de la race montbéliarde alors que dans les concours on la rangeait dans la catégorie indécise des *races* diverses, et nous soutenions son identité avec la race suisse qu'on qualifiait alors de simmental dans l'élevage alsacien.

Aujourd'hui la race montbéliarde a conquis son titre de race spéciale, en même temps que les meilleurs éleveurs s'acharnent à l'améliorer comme race de boucherie et comme race laitière. Le résultat déjà obtenu consiste en ce qu'on n'est plus obligé d'acheter des reproducteurs en Suisse, et, bien plus, que des éleveurs suisses achètent des reproducteurs en France.

Ces faits nous expliquent l'importance que doit avoir le prochain concours de Belfort.

Concours du Comité agricole de Sologne.

Ce Comité établit ainsi cinq prix pour 1896 :

1 prix d'honneur de 300 francs pour la meilleure culture.

2 prix de 300 francs pour culture forestière.

3 prix de 300 francs pour irrigation.

4 prix pour culture de la vigne à la charrue.

5 prix de 150 francs pour champs d'expérience.

Les candidats appartenant à la section de Salbris-Romorantin.

Adresser les mémoires sous pli cacheté avant le 1ᵉʳ août au secrétaire général du Comité à la Mothe-Beuvron.

CHRONIQUE AGRICOLE

Situation. — La Saison.

La température est devenue sérieusement printanière depuis le 7 mai dans le Centre et dans le Nord. Le soleil de mai répand partout la chaleur qu'on désirait tant en avril. Malheureusement, l'absence des pluies réclamées souvent pendant cette période vainement attendue jusqu'à ce jour, inflige aux terres cultivées une période de sécheresse très inquiétante pour les plantes en général, surtout pour les céréales et autres semis de printemps et principalement pour les prairies. Si la nouvelle lune de demain ne nous envoie pas d'abondantes ondées, les prairies nous donneront des récoltes minimes de foin ; on subira une disette fourragère qui rappellera celle de 1893 de calamiteuse mémoire. Les blés d'hiver, semés dans les terres bien défoncées et bien fumées, ont résisté jusqu'ici à cette disette d'eau. Le contraste de leur vigueur avec la végétation des blés couvrant des terres maigrement fumées et superficiellement labourées, est une leçon cruellement utile et instructive, qu'on devrait mettre sous les yeux des cultivateurs peu soigneux.

La sécheresse a des effets nuisibles jusque sur les arbres fruitiers, surtout sur les jeunes, dont les racines plongent peu avant dans le sol et ont un besoin exclusif des eaux pluviales. On leur vient en aide en remuant la terre à leur surface. On provoque ainsi l'ascension capillaire du sous-sol dans les racines. Les tout jeunes arbres doivent de plus recevoir un arrosage et un paillis.

L'écimage des blés. — On sait que quelques cultivateurs pratiquent en mai l'écimage des blés, opération consistant à les tondre à coups de faucille à la hauteur de 80 centimètres à 1 mètre. Outre la cueillette d'un bon fourrage vert, cet écimage a pour effet, d'après eux, d'activer la pousse des tiges, d'abord en leur procurant l'action de l'air entravée par un feuillage exubérant et en rendant à la tige elle-même les aliments absorbés par ces feuilles gourmandes.

Sans prétendre à faire autorité en ce sujet, nous croyons pouvoir dire que l'opération est avantageuse dans les blés épais et touffus, que des feuilles larges et épaisses encombrent à leur partie supérieure en raréfi ant l'air si nécessaire à leur partie inférieure; mais dans les blés clairs et peu vigoureux qui couvrent les terres légères; nous doutons que l'opération soit à conseiller, surtout en temps de sécheresse, car alors les feuilles ont l'avantage de défendre la plante contre ce fléau.

Un point important en ce cas à observer c'est que les feuilles doivent être tondues à une hauteur supérieure d'au moins 30 centimètres de l'épi naissant qui, à cette époque, se trouve généralement de 4 à 8 centimètres au-dessus du collet de la plante. Dans ces cas l'écimage, loin de nuire à l'épi, provoque sa végétation et sa montée. Quelques-uns estiment qu'il provoque la pousse de nouvelles tiges.

En donnant ces raisons, nous laissons aux praticiens émérites qui ont fait l'expérience de l'écimage le soin d'éclairer leurs confrères sur la question.

La crise du bétail. — La sécheresse persistante dont souffrent les plantes, spécialement les plantes fourragères de première saison (trèfles, vesces, luzernes) a déjà provoqué une crise fâcheuse du bétail dans plusieurs régions. La crainte d'une disette fourragère a amené sur les marchés des animaux maigres que les éleveurs se hâtent de vendre, crainte de ne pouvoir les nourrir. Cette

situation est fâcheuse sans doute; mais c'est le cas pour ceux qui en souffrent de recourir aux moyens exceptionnels que d'ingénieux éleveurs mirent en œuvre en 1893, et qu'on négligea entièrement en 1894 et en 1895, années de fourrages abondants.

Il sera utile, croyons-nous, si la sécheresse persiste, de revenir sur la question, qui fut si palpitante en 1893, des prairies en l'air. Prions Dieu en attendant, aujourd'hui en pleines rogations, de nous épargner cette dure épreuve.

Pendant cette période de belles journées, quelques orages d'une grande violence ont cruellement sévi dans plusieurs localités. La ville de Lyon et la région lyonnaise ont été cruellement éprouvées par un ouragan qui a versé des torrents de grêle dévastatrice dans la banlieue et dans les campagnes environnantes. Les blés et les vignes ont été cruellement ravagés.

L'agriculture, nous l'avons dit, n'a d'autre ressource sérieuse contre les calamités que dans les associations de secours mutuels, dont la Caisse de la Marne offre un exemple que nous recommandons depuis le premier jour, et que nous ne cesserons de recommander tant qu'on ne réussira pas à nous prouver la possibilité d'en trouver un autre qui le vaille.

<hr>

Chevaux Canadiens.

L'importation toujours croissante de chevaux canadiens fait courir les plus grands dangers à notre élevage. Depuis bien longtemps déjà j'ai signalé le péril. Voici en quelques mots l'histoire des chevaux canadiens:

Les Français qui, les premiers, ont commencé la colonisation du Canada, ont amené des chevaux avec eux. Les Anglais sont venus après et ont amené des chevaux de leur pays.

Le croisement de ces deux races et les différences de climats et de terrains ont formé, avec le temps, trois types de chevaux parfaitement distincts aujourd'hui : Le cheval canadien proprement dit; le Poney et le Branco.

Le cheval canadien proprement dit est le cheval de gros trait par excellence; il n'est pas très grand, mais fortement musclé, bien doublé, à croupe large et longue, bien d'aplomb sur ses jambes. On l'emploie aux rudes travaux de la ferme et pour le gros camionnage dans les grandes villes. Il exige assez de soins.

Le Poney est un cheval petit, mais nerveux, très fort pour sa taille, très rustique, très dur à la fatigue, très sobre, trottant vite. On l'emploie pour la selle et pour les voitures légères, quelquefois pour les travaux de la ferme; c'est un cheval qui rend énormément de services.

Le Branco est un croisé du cheval canadien avec le Poney, il tient par la taille le milieu entre les deux; c'est un

excellent cheval de selle et d'attelage (1) trottant parfaitement et vite, également très dur à la fatigue et demandant beaucoup moins de soins que le cheval canadien. On trouve toutes les robes comme en France, mais le gris très clair n'est pas prisé.

Les chevaux sont élevés en liberté dans d'immenses pâturages qui ne coûtent rien. (Je parle ici de l'élevage dans les environs de Whitewood, à 384 kilomètres du lac Winnipeg, à 2.000 kilomètres de Montréal.)

On met les étalons avec les juments vers la fin de mai jusqu'à la fin de juillet, afin que les poulains naissent au printemps, après les grands froids.

Les étalons, sauf ceux de pur sang, ne sont point reconnus par l'Etat, chaque propriétaire est libre. Beaucoup d'éleveurs n'ont point d'étalons chez eux et paient de 25 à 50 fr. par saillie, mais avec garantie. Les juments donnent généralement un poulain chaque année, elles mettent bas en liberté, on ne voit jamais d'accidents; en général, les maladies sont inconnues. On garde les juments tant qu'elles peuvent donner des poulains, puis après on les laisse dans les pâturages mourir de vieillesse. Les boucheries de cheval sont encore inconnues dans cet heureux pays, où on trouve du bœuf de première qualité pour trois sous la livre.

On castre les jeunes chevaux à l'âge de deux ans, l'opération coûte 5 fr.

Dans les contrées où il y a des cultures on est obligé pendant six mois, c'est-à-dire pendant que les récoltes sont sur la terre, de faire surveiller les troupeaux. Mais dans les endroits où il n'y a pas de cultures, la liberté est complète et illimitée toute l'année; cependant on fait exercer une certaine surveillance afin que les animaux ne s'éloignent pas trop.

On paie ordinairement 5 fr. par tête et par année pour frais de garde. C'est presque toujours un gamin à cheval qui remplit ces fonctions.

Il n'y a pas de grands carnassiers, mais seulement une espèce de petit loup, qui quelquefois attaque un mouton égaré.

Les chevaux sont ordinairement par bandes de 30 à 50; pour les prendre, on les rabat dans un endroit clos de trois côtés avec de hautes palissades en bois ou en fer barbelé, qui coûtent environ de 15 à 25 francs les 100 mètres; aussitôt qu'ils sont entrés, on ferme vivement puis on les prend au lasso.

Ils sont généralement très doux et faciles à dresser. En peu de jours on y arrive en les faisant labourer ou traîner de lourdes voitures.

1. J'ai un ami qui vient d'acheter chez un marchand de chevaux de Paris, pour 3.500 francs, une paire de chevaux Branco, dont il est très content, qui lui aurait coûté dans toute autre circonstance 5 500 à 6.000 fr. Au prix de 3.500, le marchand a dû réaliser un large bénéfice, les frais de toutes sortes à partir du port d'embarquement jusqu'à Paris s'élevant à environ 170 francs par tête.

Pendant l'été les chevaux trouvent à s'abreuver dans de petits étangs qui sont parsemés dans les pâturages et dans les rivières qui les traversent. Mais l'hiver, lorsque tout est gelé, ils se désaltèrent en avalant de la neige.

A partir de la première quinzaine de novembre jusqu'à la fin de mars, la terre est couverte d'une couche de neige de 15 à 30 centimètres d'épaisseur. Pendant tout ce temps, les chevaux grattent la neige avec le pied pour découvrir l'herbe sèche; au dégel à la fin de l'hiver, ils sont gras et en parfait état.

Les juments valent de 50 à 100 francs plus cher que les mâles.

On ne ferre que les chevaux de travail, et encore exceptionnellement et seulement pendant l'hiver. Une ferrure complète de quatre fers coûte la *modeste* somme de 10 francs.

Il n'existe dans ces contrées, ni foires ni marchés, il faut attendre le courtier ou bien conduire les chevaux dans les grandes villes du littoral. Il est vrai que les chemins de fer font de larges concessions pour le transport des animaux.

Voici le prix de revient pour l'éleveur canadien, d'un Poney de l'âge de 3 ans:

1° Amortissement de la valeur de la jument, estimée 100 fr., calculée au vingtième. . . . . Fr.	5
2° Saillie, 25 fr., ci	25
3° Castration, 5 fr., ci	5
4° Frais de garde, trois années à 5 fr. par an (quinze francs), ci	15
Total (cinquante francs), ci.	50

Voici le prix de revient d'un Branco :

1° Amortissement de la valeur de la jument, estimée 400 fr., calculée au vingtième, soit. . . . . . . Fr.	20
2° Saillie.	50
3° Castration.	5
4° Garde, trois années à 5 fr. par an.	15
Total. . .	90

Voici maintenant le compte du produit annuel ordinaire d'un troupeau de 30 juments Branco :

Vingt-huit poulains vendus 300 fr. 8.400
Sur cette somme il faut distraire :

1° Amortissement calculée, 20 fr. par jument.	600
2° Vingt-huit saillies à 50 fr.	1.400
3° Quatorze castrations en supposant qu'il y ait autant de mâles que de femelles	70
4° Frais de garde pendant trois années, 15 fr. par tête.	420
Enfin intérêt du capital engagé (une dizaine de mille francs), frais imprévus, au plus 1.000 fr. . . .	1.000
Total à distraire. . . 3.490	3.490

Il reste un bénéfice net annuel de 4.910. . . . . 4.910

En conséquence, l'éleveur canadien peut donc vendre avec bénéfice : un Poney de 3 ans pour 100 fr. (le prix ordinaire est de 100 à 300 fr.); un Branco du même âge pour 200 fr. (le prix ordinaire est de 200 à 600 fr.).

Quant au cheval canadien de gros trait le prix est ordinairement de 500 à 1.000 fr.

Voilà ce que je sais de source certaine sur les chevaux canadiens, contre lesquels nos éleveurs ne pourront jamais lutter tant que les chevaux canadiens ne paieront qu'un droit d'entrée de 30 fr. (1).

C. SARCÉ,
Membre de la Société des Agriculteurs de France.

Pontvallain (Sarthe), 2 mars 1896.

Le labour.

Le travail du labour est en apparence ce qu'il y a de plus simple en agriculture. C'est une grave erreur. La vérité est qu'il y a des labours de qualités très inégales et que l'art du bon laboureur consiste à donner à la terre les labours réclamés par sa composition, par l'état plus ou moins humide du sol, par la profondeur de la couche arable, par son état de fumure et par les exigences de la plante à cultiver.

M. le comte de Saint-Quentin, lauréat de la prime du Calvados, publie à ce sujet une étude excellente à tous les points de vue que nous venons résumer et qui sera lue avec intérêt par les laboureurs intelligents :

« En quoi consiste donc un bon labour ?

« Un bon labour, dit M. de Saint-Quentin, doit être d'abord égal: qu'il s'agisse d'un bon labour profond ou d'un labour superficiel, peu importe, il devra être uniforme, c'est-à-dire que la terre sera partout également travaillée. Pour aller plus vite et rattraper le temps qu'ils ont perdu par leur faute, les valets de ferme ont une tendance à labourer à *grandes raies*; le résultat est qu'ils laissent souvent entre les raies une bande de terre non remuée que l'on appelle *ourlet*. Ces ourlets ne sont pas apparents à l'œil, lorsque vous passez au bout du champ ; la terre remuée les a recouverts. Creusez le sol avec le bout du pied, vous les apercevrez. D'autres, toujours pour aller plus vite, ne maintiennent pas suffisamment les manchons de leur charrue : là, ils ne font qu'écorcher le sol; plus loin, ils le défoncent. Dieu merci, il existe dans notre plaine de bons et *fins* laboureurs. Il pas inutile toutefois d'appeler l'attention sur les inconvénients que présentent les autres. Donc, tout labour doit être égal.

---

1. Aux États-Unis, on est plus pratique; on exige un droit de douane de 300 fr. par tête avec une quarantaine de 90 jours.

« Quelle doit être la profondeur des labours ? A cela, il n'y a et il ne peut y avoir de règle générale. La profondeur du labour est subordonnée à deux choses : le but que l'on se propose et l'épaisseur de la couche arable sur laquelle on opère. Il est bien évident qu'un premier labour destiné à détruire les mauvaises herbes et à provoquer la germination des mauvaises graines ne peut avoir la même profondeur que celui qui a pour but d'enfouir du fumier ou bien que celui qui précède la plantation du colza. De même, on ne peut atteindre la même profondeur dans les terres légères, sablonneuses ou pierreuses, que dans les terres franches. Disons seulement, que, en général, on ne laboure pas assez profondément ; le cultivateur doit s'efforcer d'augmenter sans cesse l'épaisseur de la couche arable de son sol, les récoltes n'en seront que plus vigoureuses et plus résistantes à la verse et la sécheresse ; mais en cela, comme en beaucoup d'autres choses, il faut procéder sagement, lentement et progressivement.

« Une autre condition d'un bon labour, condition, hélas! qui ne dépend pas toujours du cultivateur, est d'être effectué en temps opportun, c'est-à-dire ni trop tôt ni trop tard, et par beau temps. Labourer lorsqu'il pleut, c'est aller le plus souvent à l'encontre du but cherché. Au lieu d'ameublir le sol, on le rend plus compact ; au lieu de détruire les mauvaises herbes, on ne fait que les changer de place, quand on ne les multiplie pas.

OUTILLAGE DES LABOURS

« Les labours proprement dits s'effectuent à la charrue; les hersages sont leur complément indispensable. La herse aplanit le sol, divise les mottes, secoue les mauvaises herbes, va chercher celles qui étaient restées enfouies, les ramène à la surface et les expose aux rayons destructeurs du soleil.

« Depuis quelques années, des outils perfectionnés ont été inventés qui facilitent grandement le travail du sol.

« Ce sont les *déchaumeuses*, d'une part, petites charrues à plusieurs socs, qui, pour les labours superficiels, vont deux fois plus vite que la charrue ordinaire, et donnent un meilleur travail, et d'autre part, les *extirpateurs*, appelés encore *scarificateurs* ou *tricycles*, qui ne sont autre chose que des herses triangulaires, munies de dents peu nombreuses, mais fortes, et montées sur roues et crémaillères de façon à régler la profondeur de leur travail. La terre une fois retournée par la charrue, les extirpateurs la remuent en tous sens, la divisent et l'ameublissent mieux que ne pourrait le faire aucun autre instrument.

« Dans beaucoup de cas, le cultivateur aura avantage à faire alterner le rouleau avec la herse et les extirpateurs. Si le temps est sec il obtiendra plus promptement et plus sûrement la struction des mauvaises herbes dont les mottes restent le dernier abri. »

Nouvelles recherches sur la digestibilité comparée des grains entiers, aplatis ou concassés.

On sait qu'il est très avantageux de donner aux chevaux l'avoine non entière, c'est-à-dire concassée ou aplatie, en vue d'éviter que les grains non travaillés par les dents passent inutiles dans l'estomac et se retrouvent intacts dans les crottins. M. Paul Gay, répétiteur de zootechnie à l'Ecole nationale de Grignon, vient de faire d'importantes expériences pour rechercher si la même opération est avantageuse pour l'alimentation du mouton ; ses essais ont porté sur de l'avoine donnée: 1° entière ; 2° aplatie ; 3° concassée. Voici les coefficients de digestibilité obtenus :

COEFFICIENTS DE DIGESTIBILITÉ

	Totale.	Protéine.	Extractifs non azotés.
Av. entière.	66.24	73 03	75.10
A. aplatie .	66.60	74.62	78.55
Av. concas.	67.03	73.59	76.99

L'avoine a donc fait acquérir à la ration dans laquelle elle entrait un coefficient de digestibilité de 66,24 p. 100 quand elle était entière ; 66,60 quand elle était aplatie et 67,03 quand elle était concassée. Ces différences sont tellement minimes qu'il en découle les conclusions pratiques que, à la différence des grains donnés aux chevaux, il est absolument inutile de faire subir aux grains destinés aux moutons une préparation mécanique quelconque ayant pour but d'en augmenter l'effet utile, l'excédent de digestibilité que l'on en obtient ne pouvant payer la dépense occasionnée par cette opération.

Bien entendu ces conclusions ne doivent pas être étendues à d'autres ruminants comme les animaux de l'espèce bovine chez lesquels les grains — assez mal utilisés du reste par cette sorte d'animaux — doivent toujours avoir été soumis à une intense réduction par des préparations mécaniques qui augmentent très sensiblement leur digestibilité.

C. C.

Encore les hersages et les binages des céréales.

La température froide et desséchante qui règne depuis un mois dans les deux tiers du territoire, donne une actualité importante à la pratique des hersages et des binages des céréales, tant d'hiver que de printemps.

Un fait certain et évident, c'est que dans les sols desséchés par ces temps de hâle où la pluie a manqué, les céréales souffrent gravement de la superficie croûteuse qui étreint le col des racines et les prive de l'action nécessaire de l'oxygène de l'air.

Or, en attendant la pluie qui retarde trop, les plantes sont bien soulagées par l'opération qui brise cette croûte et grâce à laquelle l'air pénètre dans le sol. On ne tarde pas, en effet, à voir la plante reprendre de la vigueur, même sans la pluie, l'humidité du sol y pourvoit alors en remontant par la capillarité à la surface.

D'ailleurs, la pluie elle-même, lorsqu'elle survient, est plus bienfaisante sur un sol défoncé et ameubli que sur une surface unie et croûteuse surtout dans les terres argileuses.

Pour ameublir ainsi la surface, on a recours soit à la herse, soit à la houe ou au binot. Dans quelques cas même on a recours au rouleau Crosskill, à raison de ses dents, jamais au rouleau uni. L'émotteuse à dents rotatives de M. Bajac est l'engin par excellence, qui convient à cette opération, malheureusement, il n'en existe pas de modèles appropriés à la petite culture. La herse couleuvre Puzenat est aussi à recommander pour ce travail, parce qu'on règle son entrave à volonté. Une entrave de 3 à 4 centimètres suffit pour déchirer la croûte, sans endommager les racines. D'ailleurs, les quelques plants endommagés sont promptement remplacés par les touffes qui partent des plants revivifiés par l'opération.

Ces opérations, disons-le, sont d'une importance majeure, par leur influence sur le rendement des récoltes. Mais nous avouons qu'elles réclament un discernement grand, pour les cas qui les réclament et pour la manière de les exécuter. C'est pourquoi, tout en les recommandant à l'heure actuelle dans les céréales qui souffrent de la sécheresse et attendent encore la pluie, nous insistons sur la nécessité de bien consulter l'état du sol pour les appliquer dans la mesure convenable.

En cela comme en toutes choses, l'observation et l'expérience sont les guides nécessaires du travail agricole.

Expériences sur les avoines dans l'Aveyron

Dans les champs d'expériences, dirigés par M. Marco, professeur d'agriculture de l'Aveyron, on a expérimenté comparativement la culture de quinze variétés d'avoine, avec l'avoine grise du pays.

L'avoine grise du Houdan a produit plus que celle du pays dans neuf champs sur quinze. Elle a aussi donné plus que les variétés suivantes : blanche ordinaire ; jaune géante de Hongrie ; noire de Coulommiers. L'avoine grise du pays est supérieure dans deux parcelles sur quinze.

La maladie des pommes de terre.

M. Aimé Girard a publié récemment les résultats des cultures expérimentales des pommes de terre exécutées sous sa direction par ses nombreux correspondants et constate que les rendements élevés ont pleinement justifié les règles professées par lui pour obtenir de cette culture des rendements rémunérateurs.

Pour aujourd'hui, nous nous bornerons à relever un avis très important, et surtout très actuel, à l'adresse des planteurs de pommes de terre. M. Girard constate que la plupart des échecs sont dus à ce que les planteurs s'abstiennent de traiter leurs plants *préventivement* contre la maladie, qui est, on le sait, le même mildew que celui de la vigne, et ne peut être combattu avec succès comme sur la vigne, qu'au moyen de l'application d'une des bouillies cupriques décrites tant de fois dans nos colonnes.

M. Girard insiste vivement sur le conseil de ne pas négliger ce remède préventif, faute duquel les meilleures plantations n'aboutissent qu'à de dures déceptions.

Le moment est venu dans beaucoup de plantations, de répandre ces pluies cupriques sur les premières feuilles. Nous nous faisons un devoir de transmettre à tous les planteurs, le conseil du savant et zélé professeur.

Le sylphe de la betterave

Nous avons annoncé que c'est la bouillie d'arsénic qui est le spécifique le plus indiqué pour détruire la larve du sylphe qui menace en ce moment les jeunes betteraves.

Dans la réunion des Syndicats des fabricants de sucre, M. Gayot, directeur du Laboratoire de Laon, a décrit ainsi la préparation de ce topique.

Faire fondre *séparément* dans l'eau bouillante : 1° 100 grammes d'acide arsénieux en poudre ; 2° 100 grammes de carbonate de soude ; 3° faire fondre 2 kilos de sulfate de cuivre ; mettre en lait 1 kilo de chaux vive ; verser successivement dans un récipient contenant 90 litres d'eau, les solutions d'arsenic, de cuivre, de chaux, puis 2 kilos de mélasse, en agitant toujours jusqu'à complet amalgame. On obtient ainsi un hectolitre de bouillie arseniquée, revenant à 80 centimes.

La quantité à répandre dépend de la dimension des feuilles, elle est de 3 à 5 hectolitres.

Les graines falsifiées.

Malgré les avis de la presse aux cultivateurs, le trafic des graines falsifiées continue de faire de nombreuses victimes dans le monde agricole. L'an dernier, on saisissait chez un négociant, à Moulins, des graines de trèfle falsifiées provenant du Piémont. Aujourd'hui on nous annonce qu'un négociant de Dantzig, nommé Keller, a expédié en France d'énormes quantités de graines falsifiées de colza.

Sur la plainte de quelques acheteurs français, la police prussienne a entamé des poursuites contre ces perturbateurs malhonnêtes, mais ses dupes n'ont pas la certitude d'être indemnisées de leurs pertes.

La conséquence à tirer de ces faits est toujours celle que nous conseillons depuis le premier jours.

1° N'achetez de grains de semence qu'à des maisons de premier ordre, qui ne mettent en vente que des graines d'une pureté éprouvée;

2° Eprouver soi-même au moyen de germoir la valeur de ces graines comme fécondité.

La production agricole de la Seine.

Le département de la Seine, le plus petit de tous, est celui où les cultures son les plus variées et les plus intensives. D'après un rapport de M. Viney, professeur départemental d'agriculture, sur un territoire de 48.376 hectares, la superficie cultivée comprend 27.298 hectares ainsi divisés: froment, seigle et avoine, 7.639 hectares; — bois, 21.32; — vignes, 527; — plantes fourragères, 3.133; — cultures industrielles, 398; — pommes de terre, 3.970; — choux, 742; — haricots et pois verts, 786; — asperges, 579; — fraisiers, 142; — cultures florales et ornementales, 260; — potagers-maraîchers, 930; — jardins, 3.282; — pommiers et poiriers, 284; — pêchers et abricotiers, 218; — pruniers et cerisiers, 181; — framboisiers et groseilliers, 163; — pépinières, 473; — lilas à forcer, 120. La moyenne du rendement de blé par hectare de surface ensemencée est de 27 hectolitres contre 17 hectolitres et demi pour la France.

Il existe 296 champignonnières dans les carrières souterraines du gypse, du calcaire grossier et de la craie blanche, la plupart sont situées au Sud de Paris dans l'arrondissement de Sceaux.

Le dénombrement des animaux domestiques indique pour le département de la Seine, Paris compris: équidés, 115.970; — bovins, 18.748; — ovins, 3.417; — porcins, 1.578. Paris seul compte 86.430 chevaux et 6.884 vaches laitières.

Le Tenthrède de la vigne.

En taillant la vigne, on a observé cette année, à l'intérieur des bois verts et secs de la vigne, une larve verte d'un centimètre de longueur environ; l'insecte y avait pénétré par un petit trou creusé à la base des bourgeons: on l'a trouvé surtout en abondance dans les vignobles submergés et certains viticulteurs se sont demandé avec inquiétude si c'était là un nouveau parasite dangereux de la vigne. M. Valéry Mayet vient de les rassurer. La larve verte en question est une mouche à quatre ailes nommée Tenthrède (*Emphytus tener*), polyphage, vivant de préférence sur les plantes adventices, les herbes, et n'attaquant qu'exceptionnellement la vigne; les dégâts causés aux sarments par l'hivernage de la larve sont négligeables et le ver préfère de beaucoup se nourrir de mauvaises herbes que des jeunes pousses de la vigne; en somme, cet insecte est inoffensif.

Le ver gris dans les vignes.

Nous signalions dernièrement le procédé employé dans les betteraves du Nord, pour détruire les larves du sylphe opaque.

On annonce que le même procédé est employé avec succès contre les vers gris qui envahissent les vignes dans quelques contrées du Midi, spécialement dans l'Hérault Rappelons que c'est le sel arsenical dit *bleu de scheele*, qui est l'agent toxique de ce procédé. On le répand au moyen d'un pulvérisateur, en bouillie formée de 100 grammes d'acide arsénieux, 1 kilo de sulfate de cuivre, 1 kilo de chaux, 2 kilos de mélasse pour un hectolitre d'eau, après avoir dissous l'acide arsénieux dans du carbonate de soude. Les gouttes de cette bouillie protègent les bourgeons contre l'insecte sans les endommager.

Il va de soi que, grâce au mélange de sulfate de cuivre, cette bouillie combat à la fois le mildiou et le ver gris.

Du pincement à donner à la vigne

On pince la vigne aussitôt qu'on aperçoit quelques feuilles, au-dessus des petites grappes. On doit faire ce pincement le plus tôt possible car c'est un moyen d'empêcher la coulure.

Le pincement à appliquer à la vigne est des plus simples: on pince le bourgeon qui possède 2 grappes, à 2 feuilles au-dessus de la dernière grappe; celui qui ne possède qu'une grappe est pincé à 3 ou 4 feuilles au-dessus; le bourgeon dépourvu de grappes se pince quand il a atteint la longueur de 50 à 60 centimètres.

Le pincement fait presque toujours développer des faux bourgeons; ceux-ci seront pincés à 1 feuille, car si on les supprimait complètement on pourrait voir se développer les yeux dont on aurait besoin à la taille suivante.

Quelquefois aussi 2 bourgeons naissent au même point; dans ce cas on enlève toujours le plus faible.

F. RICHARTE.

La chlorose. Procédé Rassiguier

On tient jusqu'à nouvel ordre que le procédé du Dr Rassiguier est le meilleur moyen de préserver les vignes de la chlorose. Mais, l'emploi de ce procédé exige certaines précautions, qu'il importe de connaître et d'observer.

L'agent préservatif est, on le sait, le sulfate de fer, qu'on emploie en badigeonnage sur les ceps, après la taille, et avant la sortie des bourgeons. Ou mieux encore, à la fin de l'automne, après la chute des feuilles, mais avant que la végétation soit tout à fait endormie, pour que le sulfate puisse pénétrer jusqu'à la sève encore en activité.

M. Rassiguier se borne à badigeonner les coupures provenant de la taille, mais on tient qu'il vaut mieux badigeonner en outre les écussons, avec un pinceau l'opération est prompte et facile.

Quant à la composition de la solution, quelques viticulteurs estiment que la proportion de 35 0/0 de sulfate dans un hectolitre d'eau suffit pour les vignes vieilles, et celle de 20 0/0, pour les jeunes vignes. Il serait imprudent de dépasser cette proportion dans ces dernières.

Le badigeonnage a pour effet de retarder la sortie des bourgeons; mais a dater de leur apparition ils poussent avec vigueur, et ne tardent pas à égaler ceux qui sont sortis les premiers.

Tel est l'état actuel des opinions en viticulture, sur le procédé Rassiguier. Il est temps de l'appliquer dans les vignes qu'on croit menacées de la chlorose.

PISCICULTURE
Le certificat d'origine.

Une campagne est actuellement entreprise par quelques Syndicats de Pêcheurs à la ligne, en vue d'obtenir la suppression du *Certificat d'origine*, qui permet aux propriétaires d'étangs de transporter et de vendre les produits de leurs eaux pendant la période fixée pour la fermeture de la pêche.

Cette question est du plus haut intérêt pour tous ceux qui s'adonnent à la pisciculture; aussi croyons-nous utile de la présenter ici, non pas telle qu'elle est exposée devant certaines Sociétés de pêcheurs, mais telle qu'elle doit être comprise par les éleveurs. Les pêcheurs eux-mêmes, s'ils veulent bien se soustraire au parti pris qu'on cherche à leur imposer, reconnaîtront qu'ils ont tout avantage à ce qu'aucune entrave ne vienne empêcher les pisciculteurs d'augmenter dans la plus large mesure la population des eaux de la France. Il nous paraît, — et ce sera certainement l'avis de beaucoup d'entre eux, — qu'en luttant contre leurs prétentions, nous nous montrons bien plus leurs amis que leurs adversaires.

**

Chacun sait que l'interdiction de la pêche pendant des époques déterminées a pour but d'assurer la reproduction du poisson et que, la période de ponte étant différente pour chaque espèce, les dates de cette interdiction varient suivant le poisson qui en est l'objet. Durant ces périodes, la loi interdit non seulement la pêche en eau vive, mais aussi le transport et la vente des poissons soumis à cette interdiction, ce qui entraîne pour les propriétaires d'étangs l'obligation de faire accompagner leurs envois d'un certificat signé par le maire de leur commune et attestant que les poissons proviennent d'étangs qui sont bien la propriété privée de l'expéditeur. Cette obligation est une mesure préventive contre les fraudes qui pourraient être tentées par des pêcheurs en contravention ; mais les protestataires commettent une erreur grave, lorsqu'ils prétendent que les propriétaires d'étangs jouissent, pendant les périodes d'interdiction, d'une faveur *exceptionnelle*. Ces propriétaires poursuivent purement et simplement l'exercice d'un droit dont on leur demande la justification pour éviter que le braconnage ne vienne se cacher sous le couvert de fausses déclarations. Jamais les auteurs de la loi sur la pêche n'ont songé à discuter ni à restreindre ce droit. Il serait, en effet, inadmissible qu'il en fût autrement. La prétention d'empêcher un propriétaire de faire ce que bon lui semble des produits de ses étangs ne soutient pas l'examen ; ce serait une atteinte directe au droit sacré de la propriété. Quelle raison d'ailleurs invoquer pour soumettre le propriétaire d'eaux fermées à des obligations et à des restrictions de ses droits que personne n'oserait articuler contre aucune autre forme de la propriété foncière? Le possesseur d'un étang a le droit imprescriptible de faire de ses eaux l'usage que bon lui semble, sous la seule réserve de ne porter aucun préjudice à autrui ; il peut y élever les animaux de son choix, et il lui est permis d'en disposer à son gré. Prétendre le contraire et interdire à un pisciculteur de vendre, à un moment déterminé, le poisson élevé par lui, à ses risques et périls, dans des eaux qui lui appartiennent, est une prétention absolument exorbitante et de tous points semblable à celle qui forcerait un cultivateur à vendre son blé à des époques déterminées.

On ne saurait, d'autre part, au point de vue des règlements sur la pêche, ni assimiler les rivières aux étangs, ni les pêcheurs aux propriétaires de ces étangs. Les rivières et cours d'eau sont une propriété nationale ; les poissons qui les peuplent en font partie intégrante, et le pêcheur jouit d'un *privilège* qui lui est abandonné au prix de certaines obligations définies par les lois, en vue de garantir la bonne exploitation de cette propriété ; telle est l'origine des lois et règlements sur les engins de pêche, prohibant ceux dont l'usage serait contraire à la conservation du poisson. Il en est de même pour les lois restreignant l'exercice de la pêche, lequel ne saurait être exempt des précautions propres à en assurer l'objet, c'est-à-dire le poisson. La loi interdisant la pêche à certaines époques de l'année est l'une des plus utiles et des plus logiques ; sans elle, les rivières et cours d'eau ne

tarderaient pas à être complètement dépeuplés, le renouvellement de leur population n'ayant lieu, le plus souvent, que par les moyens naturels.

A. DE MARCILLAC.

(*A suivre.*)

La situation agricole de l'Algérie

On n'a pas oublié les craintes de disette suscitées il y a deux mois en Algérie, par une sécheresse qui menaçait toutes les céréales en terre d'une stérilité complète. La disette eût été d'autant plus terrible que les précédentes récoltes avaient été l'objet d'exportations considérables, et ne laissaient point de réserve pour combler les déficits d'une mauvaise récolte.

Aujourd'hui, ces craintes sont en partie apaisées, les pluies de printemps ont rendu la vie aux céréales en terre ; mais toutefois l'agriculture algérienne doit comprendre la nécessité de modérer ses exportations, dans un pays où les récoltes sont peu abondantes année commune, et sont exposées à des fléaux destructeurs, notamment les sécheresses excessives et les invasions de criquets ou sauterelles.

En Algérie, les récoltes moyennes par hectare, sont : 8 1/2 quintaux de blé tendu, 6 de blé dur, 9 d'orge, 9,30 de maïs, chez nos colons français et européens. Les récoltes des indigènes sont d'un tiers environ. Mais, comme ils vivent de peu et font de la culture presque sans frais, ils se contentent du minime bénéfice que leur rapporte ce genre primitif de culture. Les progrès des cultures de nos colons, ne les tentent point de les suivre.

Ces récoltes moyennes de l'Algérie sont donc suffisantes pour ses besoins. Ce sont les exportations qui, excessives, créent le danger de famine.

Les récoltes moyennes pour toute l'Algérie sont évaluées ainsi : blé 8.500.000 quintaux, orge 10.500.000 quintaux, maïs 50 millions sur 3 millions d'hectares cultivés.

Les vignes couvrent 120.000 hectares produisant 3.700.000 hectolitres de vin.

Le commerce d'exportation et d'importation se monte à 500 millions de francs.

Sur 4.110.000 habitants, 271.000 seulement sont français — chiffre très regrettable, alors que tant d'intérêts nous sollicitent d'augmenter le nombre des colons — en effet, près de 3.500.000 sont Arabes ou Kabyles, 152.000 sont Espagnols, 40.000 Italiens. Les indigènes sont musulmans, et réfractaires à tout essai de fusion morale et nationale avec les chrétiens, 50.000 autres appartiennent à diverses nationalités, et 48.000 juifs sont aussi un élément dangereux, justement haïs de tous les autres, pour leurs rapines et pour leurs intrigues dont on a un exemple récent

dans l'affaire des phosphates de Tebessa et dans les radiations sur les listes électorales.

Nous espérons que l'Algérie échappera cette année à la disette qu'on craignait il y a quelques jours ; mais l'aperçu que nous venons de tracer de sa situation démontre que le devoir du gouvernement est de stimuler, par les plus notables encouragements, les concessions de terrain et la multiplication des familles de colons français.

RECETTES

Les vipères abondent et sont très venimeuses cette année.

La solution de permanganate de potasse que nous avons préconisée, d'après l'avis de médecins expérimentés, contre les piqûres d'insectes à venin, est également excellente contre le venin bien autrement dangereux de la vipère. En applications extérieures et seulement extérieures, s'entend. La proportion est de une partie de permanganate cristallisé contre 100 d'eau distillée. Le flacon doit être bouché à l'émeri.

Voici le traitement à appliquer en attendant le médecin : exprimer le sang de la plaie, en retirer les fragments de crocs venimeux qui pourraient y être restés ; la sucer énergiquement (ce qui est *sans danger aucun* pour celui qui opère, avalât-il quelques gouttes de sang) ; lier modérément le membre au-dessus du point mordu avec une ficelle, une bande, un mouchoir ; laver la plaie au permanganate, après l'avoir un peu agrandie avec une lancette ou un canif, de manière à faire pénétrer le liquide le plus profondément possible.

L'efficacité de ce topique a été éprouvée sur les animaux, concurremment avec *l'inefficacité* de l'ammoniaque ou alcali volatil.

Et faire intervenir le médecin sans retard.

BIBLIOGRAPHIE

Les vignes américaines. — Adaptation, greffage, culture, etc., par P. Viala et L. Ravaz. — Un volume petit in-8°. Librairie Firmin Didot.

Cet important ouvrage faisant partie de la collection « Bibliothèque agricole » publiée par la maison Firmin Didot, se recommande vivement à l'attention du monde viticole. MM. Viala et Ravaz y exposent avec une compétence exceptionnelle conquise par vingt années d'études et d'enseignement, les notions pratiques les plus autorisées sur la question si complexe encore des cépages américains, sur les choix à faire entre les quatre cents cépages de provenance américaine d'après les sols, les climats, les aptitudes au greffage et à l'hybridation surtout avec nos cépages indigènes, etc. Ces questions sur lesquelles on a publié plus de cent volumes depuis vingt ans, et sur lesquelles on discute encore partout, sont résumées dans le volume que nous avons sous les yeux, en un petit nombre de pages, et résolues de façon à guider les planteurs dans les quatre difficiles opérations de leur entreprise : Choix des cépages, leur adaptation, modes de greffage, modes de culture, etc. Bien des écoles coûteuses ont été faites dans ces opérations depuis vingt-cinq ans. Les viticulteurs désireux de les éviter ne sauraient mieux faire que de consulter le travail publié à leur intention par les deux savants et zélés professeurs de Montpellier.

OFFRES ET DEMANDES

RED-CAP

Œufs à couver de cette excellente race de poule, réputée la plus jolie et la plus forte pondeuse, garantis race pure frais et fécondés, 5 fr. la douzaine franco de port et d'emballage. S'adresser à **Calixte Dany**, Althen-les-Paluds (Vaucluse).

Important : J'invite les personnes qui veulent bien me confier leurs ordres de toujours y joindre un mandat, les remboursements n'étant bénéficiables qu'aux Compagnies.

Toujours donner le nom de la gare à laquelle il faut adresser les envois.

M. POUZIN offre de jolis **racinés** de son plant de vigne à la seule condition pour les demandeurs de lui tenir compte d'une partie de la récolte d'une année. — Contre 0 fr.25 il expédie son *Guide* pour la culture de cette variété.

Écrire à M. Pouzin Émile, à Saint-Paul-les-Romans, Drôme.

JEUNE HOMME ayant diplôme d'École pratique d'agriculture demande emploi dans grande exploitation pour se fortifier dans la pratique. Pas exigeant comme gages.

S'adresser au bureau du journal.

Huiles d'olive garanties pures et sans mélange venant directement de la propriété.

Au prix de 1,80, — 1,60, — 1,50 le kilog. suivant qualité.

Gare départ, paiement contre remboursement. S'adresser à M. Edouard Laurin, propriétaire à Saint-Chamas (Bouches-du-Rhône).

GRAND CRU MENARDIERE. Cidre normand pur jus, 15 fr. l'hecto non logé.

Eau-de-vie de cidre garantie pure : 3 fr. le litre.

Sassier, propriétaire. La Colombe (Manche)

Agriculteur, ancien régisseur de grandes propriétés, demande direction d'un domaine en France ou colonies. Excellentes références.

Ancien Industriel ayant possédé usine importante, fait valoir plusieurs Fermes et Bois de haute futaie, désire se placer comme intendant-régisseur. Nous recommandons spécialement cette personne qui a de grandes connaissances techniques à possesseur de grand domaine. Écrire au bureau du journal.

Purificateur d'air pour tonneaux, l'un 4 50 franco gare.

Moyennant un supplément de 0 fr. 40, nous joindrons à l'envoi une mèche à percer de calibre et moyennant 0 fr. 10 en plus, une mèche soufrée.

Un de nos amis, grand fermier de père en fils, agriculteur du Nord, possédant les moyens de mise en exploitation, demande à louer de suite dans le centre, une ferme de 100 à 120 hectares, gérerait même et fournirait toutes garanties désirables.

S'adresser aux bureaux de la *Gazette*, 10 bis, rue Piccini, Paris.

CORRESPONDANCE

M. L. D. (Saône-et-Loire). — Les superphosphates s'emploient à l'automne et au printemps ; on les répand soit au semoir ou à la volée, on emploie de 5 à 600 kilos à l'hectare.

Il faut toujours prendre les superphosphates à haut titre, les 14/16 sont bons.

Nous ne pouvons vous donner que le prix approximatif : le superphosphate 14/16 vous reviendra franco de 6 fr. 25 à 6, 50 les 100 kil. ; les syndicats agricoles généralement très jaloux, refusent à la *Presse agricole* le droit d'indiquer des prix précis qui pourraient être plus avantageux que les leurs.

M. R. S., à T. (Loiret). — La bouillie bordelaise s'obtient en dissolvant d'une part 3 kil. de sulfate de cuivre dans 100 litres d'eau. On fait éteindre d'autre part 1 kil. 500 de chaux grasse en pierre dans 5 litres d'eau, on rend ce lait de chaux aussi homogène que possible en le remuant, puis on le verse peu à peu dans la solution de sulfate de cuivre. Il faut avoir soin de remuer fortement le mélange pendant l'opération et quelque temps après.

M. N. P. (Jura). — La consoude du Caucase est très précieuse pour les années de sécheresse, elle est parfaitement comestible. De nombreux agriculteurs sont là pour l'affirmer. Ce fourrage est consommé par le bétail qu'après avoir eu le temps de se faner un peu ; en effet, quelques heures après la coupe, les poils rudes des feuilles s'amollissent et c'est leur raideur seule qui empêche les animaux de manger ce fourrage.

Ce que nous pouvons affirmer, c'est que dans maints endroits, dans le midi notamment, cette plante a permis de conserver en bon état de nombreux troupeaux pendant les années les plus sèches, et notamment la terrible année 1893.

M. C., à R. (Aube). — Vous trouverez toutes espèces de poules et d'œufs chez MM. *Foitellier*, à Mantes (Seine-et-Oise).

M. B., à O. (Loir-et-Cher). — La race de poules *Red-Cap* est bien jolie et réputée la plus forte pondeuse.

Vous pouvez vous adresser en toute confiance de notre part à M. *Calixte Dany*, à Althen-les-Paluds (Vaucluse)

M. du B., à V. (Eure). — Le meilleur engrais à employer en couverture pour vos pommes de terre et vos carottes semées sans fumier est le nitrate de soude, 300 kil. par hectare suffiront ; répandre le nitrate par un temps humide autant que possible au pied des touffes, puis ensuite donner un binage ou buttage.

PRIMES A NOS ABONNÉS

Délicieux **Vin Muscat Vieux** tonique et réconfortant venant directement de la propriété, garanti authentique, offert en prime à nos abonnés à raison de 1 fr. 25 le litre logé en fûts de 25 à 35 litres. Fûts perdus.

Adresser les commandes au Bureau du Journal 10 *bis*, rue Piccini, Paris.

Si vous voulez boire du bon vin de Saint-Emilion, adressez-vous à M. **Duplessis-Fourcaud**, au château des Trois-Moulins, à SAINT-EMILION (Gironde).

(Voir le prix courant.)

Porte-pantalon hygiénique, *breveté S. G.D.G* de *P.-B. Noël*. Prix de faveur pour nos lecteurs Pour hommes, jeunes gens et enfants de dix ans franco 4 fr. ; pour femmes et fillettes, 4 fr. 50.

Toute commande doit être strictement accompagné d'un mandat-poste représentant la valeur de l'expédition.

BONDE le cent, 25 fr., les cinquante 13 fr. les vingt-cinq 7 fr. Au-dessous de 25 bondes 0 fr. 30. Le tout franco de port.

Indiquer le diamètre de chaque bonde.

Cette bonde offre les avantages suivants :

Préserve les fûts de tout accident en cours de route, même s'ils contiennent des liquides en fermentation. Évite toute perte de liquide pendant le transport.

Munie de sa plaque, cette bonde est inviolable.

Elle empêche l'entrée de l'air dans les fûts tout en permettant la sortie des gaz en excès.

Adresser les demandes accompagnées d'un mandat à la *Gazette*, 10 bis, rue Piccini, Paris.

Vélocipèdes. — Pour répondre aux désirs maintes fois exprimés par nos lecteurs, nous nous sommes livrés à de sérieuses recherches. Nous avons visité les principales usines et pris l'avis d'amateurs de cet instrument. Nous sommes aujourd'hui en mesure de procurer à nos lecteurs, à titre de prime exceptionnelle des machines parfaites à tous égards provenant d'un des meilleurs fabricants.

Nos abonnés auront droit à une remise de 50 0/0 sur les prix du catalogue de cette maison.

Nous ne disposons que d'un très petit nombre d'instruments dans ces conditions.

Le Gérant : E. GAMBART.

GAZETTE KT Cie, 8, RUE CAMPAGNE-1re, PARIS.

COMPTOIR NATIONAL D'ESCOMPTE DE PARIS

L'assemblée générale annuelle des actionnaires s'est tenue au Siège social, le jeudi, 23 avril, sous la présidence de M. Denormandie, président du conseil d'administration.

Le rapport présenté à cette assemblée rappelle tout d'abord que le capital social a été porté à 100 millions de francs au cours de l'exercice, et les réserves parallèlement accrues, forment actuellement un total de plus de 7 millions 1/2. Il constate que les actionnaires anciens ont témoigné de leur confiance envers la Société en usant largement de leur droit de préférence, et que les versements effectués par anticipation ont dépassé 10 millions, de sorte que sur les 12 millions 1/2 à recouvrer au cours de 1896, il ne restait plus, au 31 décembre 1895, que 2 millions environ à encaisser sur les 50,000 actions nouvelles.

L'œuvre de reconstitution entreprise en 1889 est ainsi définitivement achevée, et le Comptoir National a repris dans le monde des affaires sa situation de premier plan.

Les bénéfices de l'exercice, qui s'élèvent à la somme nette de 5.201.129 fr. 20, permettent de répartir 25 fr. par action, soit 5 0/0 du capital, après défalcation de tous amortissements et réserves.

Toutes les branches de l'activité du Comptoir sont en développement continu; il est intéressant de constater, d'ailleurs, que le mouvement du bilan n'a jamais cessé d'augmenter depuis 1889, marquant ainsi, à la fin de chaque année, le chemin parcouru pendant l'exercice.

En 1895, le Comptoir National poursuivant son programme méthodique d'extension a ouvert 6 nouveaux bureaux de quartier dans Paris, et créé en province 14 agences ou sous-agences nouvelles. Au dehors, il a étendu et fortifié l'action de l'agence de Tunis par la création d'une sous-agence à Sousse, et il a fondé les agences de Liverpool et de Manchester, auxiliaires de l'agence de Londres, qui seconderont utilement les agences des Indes et de l'Amérique du Nord. Enfin, il a participé à la constitution de la banque Russo-Chinoise qui a absorbé l'agence de Shanghaï.

Les agences de Madagascar ont rendu les plus grands services aux intérêts français pendant et après l'expédition, qu'a suivie jusqu'au bout M. Delhorbe directeur de l'agence de Tananarive, admis à partager les fatigues et les travaux de l'état-major du général en chef. Tous les agents à Madagascar ont, d'ailleurs, fait preuve du plus patriotique dévouement.

Les 3 agences du Comptoir ont plus que jamais des droits acquis, et sont appelées à jouer désormais un rôle important dans la grande île africaine.

Le Comptoir, qui s'est tenu, de parti pris, absolument à l'écart de toutes opérations en valeurs minières, a participé largement à l'émission des obligations du Crédit Foncier de France et à l'emprunt Chinois 4 0/0 or garanti par la Russie, ainsi qu'aux conversions Suédoise et Hollandaise.

Après avoir donné des indications détaillées sur la marche et le développement des affaires sociales pendant l'exercice 1895, le rapport du Conseil montre, dans une saisissante conclusion, ce qu'était le Comptoir national à ses débuts dans les circonstances douloureusement défavorables que l'on sait, et ce qu'il est aujourd'hui; en 1889, il ne disposait que de 20 millions versés, de 25 millions de dépôts, d'un seul siège à Paris, de trois agences en province et d'un réseau d'agences lointaines démontées; aujourd'hui, après sept ans seulement d'existence, il dispose d'un capital de 100 millions versés, de plus de 7 millions et demi de réserves, d'un ensemble de dépôts qui dépassent 300 millions, de 18 sièges à Paris, de 52 agences en province et il a toutes ses forces vives en plein exercice.

Dans une spirituelle allocution, le président, M. Denormandie, avant de mettre les résolutions aux voix, a résumé, aux applaudissements de l'Assemblée, les impressions qui se dégagent de ces dernières communications du Conseil.

Les actionnaires ont fort apprécié le langage de leur Président et ont voté à l'unanimité, sans discussion, les résolutions présentées par le Conseil, tant en ce qui touche la répartition des bénéfices que la réélection de MM. Berger et Mercet, administrateurs sortants et de M. Camille Krantz, membre sortant de la commission de contrôle.

L'assemblée a également renouvelé pour 1896, le mandat de commissaires des comptes à MM. Audemard d'Alençon et Allain Launay.

AVIS

Les actionnaires de la Société générale des assurances agricoles et industrielles, Compagnie anonyme, sont convoqués à se réunir à Paris, cité Rougemont, n° 10, en la salle des ingénieurs civils, le samedi, 30 mai 1896 :

1° A dix heures du matin, en assemblée générale extraordinaire, à l'effet de vérifier la sincérité de la déclaration de souscription et de versement portant sur 5.000 actions de 100 francs en augmentation du capital social, consacrer cette augmentation qui portera le capital social à 2 millions de francs et modifier en conséquence l'article 7 des statuts;

2° A onze heures du matin, en assemblée générale ordinaire, en vertu de l'article 37 des statuts, avec cet ordre du jour :

Rapports du Conseil d'administration et du commissaire des comptes sur les opérations de la Société pendant l'exercice 1895;

Délibération sur le bilan et les comptes et approbation s'il y a lieu;

Nomination d'administrateurs et d'un ou plusieurs commissaires des comptes et fixation de l'allocation des commissaires.

LE CONSEIL D'ADMINISTRATION.

CHEMINS DE FER DE PARIS A LYON ET A LA MÉDITERRANÉE

Services directs entre Paris, l'Algérie, la Tunisie et Malte par *Marseille* (paquebots de la Compagnie Générale Transatlantique.)

BILLETS DIRECTS VALABLES 15 JOURS

Prix des billets (1) de PARIS aux ports ci-après ou vice-versâ :

Alger, Oran, Bône (par Philippeville) *Philippeville* : 1re classe, 197 fr.; 2e classe, 135 fr. 50.
Tunis : 1re classe, 222 francs; 2e classe, 160 fr. 50.
Malte (La Volette) : 1re 287 fr; 2e classe 200 fr. 50.

1. Les prix de ces billets comprennent la nourriture à bord des paquebots de la Compagnie Générale Transatlantique.

En ce qui concerne les jours et heures de départ de Marseille, consulter les agences de la Compagnie Générale Transatlantique : à Paris, 12, Boulevard des Capucines (Grand-Hôtel), et à Marseille, 12, rue de la République.

VOYAGE CIRCULAIRE EN BRETAGNE.

Billets d'Excursions délivrés toute l'année.

1re classe 65 francs — 2e classe 50 francs.

Les Compagnies de l'Ouest et d'Orléans délivrent toute l'année, aux prix très réduits de 65 francs en 1re classe et 50 francs en 2e classe, des billets circulaires valables 30 jours comprenant le tour de la presqu'île bretonne, savoir : Rennes, Saint-Malo, Dinard, Saint-Brieuc, Lannion, Morlaix, Roscoff, Brest, Quimper, Douarnenez, Pont-l'Abbé, Concarneau, Lorient, Auray, Quiberon, Vannes, Savenay, Le Croisic, Guérande, Saint-Nazaire, Pont-Château, Redon et Rennes.

Ces billets peuvent être prolongés trois fois d'une période de 10 jours moyennant le paiement, pour chaque prolongation, d'un supplément de 10 % du prix primitif.

Le voyageur partant d'un point quelconque des réseaux de l'Ouest et d'Orléans pour aller rejoindre cet itinéraire, peut obtenir, sur demande faite à la gare de départ, 4 jours au moins à l'avance, en même temps que son billet d'excursion, un billet de parcours complémentaire comportant une réduction de 40 %, sous condition d'un parcours minimum de 150 kilomètres ou payant comme pour 150 kilomètres.

La même réduction lui est accordée après l'accomplissement du voyage circulaire, soit pour revenir à son point de départ initial, soit pour se rendre sur tel autre point des deux réseaux qu'il a choisi.

SELS POUR L'AGRICULTURE

Nourriture du bétail et Engrais des terres

Sel neuf dénaturé, au tourteau de colza. 45 f. 1.000 k.
Sel neuf dénaturé, au peroxyde de fer. 40 f 1.000 k.
Sel de morue pur. . . . . 35 f. 1.000 k.

Expéditions de Fécamp, Bordeaux et St-Malo.
S'adresser à MM A. LE BORGNE et ses Fils, négociants-armateurs, à Fécamp.

Ouvrages de MM. CRÉPEAUX

En vente aux bureaux de la *Gazette*

La Culture électrique 1 50

Manuel vétérinaire pratique du cultivateur. . . . . 1 »

Almanach de la France rurale pour 1896 . . . . » 60

L'Année agricole et agronomique pour 1895.. . . . . 3 50

La Culture du Blé, par M. FLEURY-BERGER. . . . . 1 »

S'adresser à l'auteur : à Communay, par Saint-Symphorien-d'Ozon (Isère).

LE MONDE, journal quotidien du soir 17, RUE CASSETTE, PARIS.
Abonnement 25 fr. par an, 0 fr 05 le numéro
Organe recommandé aux agriculteurs et au membres du clergé.

Le moment favorable au transport des vins ayant revenu, nous rappelons à nos lecteurs que tous ceux d'entre eux qui, sur nos conseils, et depuis cinq ans, consomment les vins de M. VINCENT ANDURA, vigneron, domaine de la Chapelle-Frédignac, par Blaye-Bordeaux n'ont qu'à se louer de la qualité et de la conservation de ce Bordeaux absolument naturel, expédié sans intermédiaire.

Pour dégustation sérieuse, envoi gratuit est fait d'une bouteille de la récolte désignée.

L'encaissement est fait par le facteur, à 30 jours, escompte 2 0/0, ou 90 jours.

Vendanges : 1893, à 130 fr., 1892-91, à 150 fr.; 1890-89, à 175 fr., 1887, à 200 fr., 1885, à 220 fr., 1884, à 240 fr., 1882, à 250 fr., 1881, à 300 fr. — Graves blancs vieux : 130, 150, 200, 250, 300 fr., suivant âge, les 225 litres collés, soutirés, franco de port et de fût en gare d'arrivée.

SOCIÉTÉ GÉNÉRALE

Pour favoriser le développement du Commerce et de l'Industrie en France.

Société anonyme fondée suivant décret du 4 mai 1864.
CAPITAL : 120 MILLIONS DE FRANCS
Siège social, 54 et 56, rue de Provence, à Paris.

Dépôt de fonds produisant intérêts et remboursables à échéance fixe :
De 4 ans à 5 ans . . . . 3 1/2 %
De 2 ans à 47 mois . . . . 2 1/2 %
De 1 an à 23 mois. . . . . 2 %
Comptes à sept jours de préavis. 1 %
Comptes de Chèques . . . . 1/2 %

Toutes opérations de Banque, notamment :
Escompte et Encaissement d'Effets de commerce;
Ordres de Bourse en France et à l'Étranger;
Coupons; — Avances et Opérations sur Titres;
Souscriptions; — Garde de Titres; — Assurances;
Garantie contre le remboursement au pair et les risques de non-vérification des tirages;
Dépôts de Fonds à intérêts;
Location de coffres-forts; — Lettres de crédit;
Envois de Fonds; — Renseignements, etc.

La Société a 193 agences et bureaux en France, 1 agence à Londres, et des correspondants sur toutes les places de France et de l'Étranger.

MACHINES
AGRICOLES, VINICOLES et VITICOLES
TH. PILTER
24, Rue Alibert, PARIS
SUCCURSALES :
Bordeaux, Toulouse, Marseille, Montpellier, Tunis

Les lecteurs de la **Gazette** désireux de recevoir les Catalogues de la maison TH. PILTER dès leur publication, sont priés d'écrire 24, rue Alibert, Paris, afin de se faire inscrire.

PHOSPHATE FOSSILE DE QUIÉVY-NORD
le plus assimilable de tous les phosphate connus
GARANTI PUR DE MÉLANGE AVEC TOUT AUTRE PHOSPHATE
Ce qui, du reste, ne pourrait que diminuer son assimilabilité.

EXTRACTION DU GISEMENT ET USINE A QUIÉVY
Propriétaire-Extracteur : C. LECLERCQ
Bureaux à Viesly (Nord).

COMPOSITION MOYENNE		ASSIMILABILITÉ RELATIVE (méth. Joulie).	
		Solubilité dans l'oxalate d'ammoniaque.	
Acide phosphorique. . . .	12 » à 16 » 0/0	Phosphate de Quiévy.	82 29 0/0
Potasse	0 45 à 2 77 0/0	— de la Meuse	51 95 0/0
Chaux.	19 05 à 31 » 0/0	— de Pernes.	47 87 0/0
Magnésie.	0 58 à 3 80 0/0	— des Ardennes.	46 43 0/0
Matières organiques azotées .	1 80 à 3 45 0/0	— de la Somme (moy.). .	44 53 0/0
		— de Ciply.	34 57 0/0

Titre garanti en acide phosphorique : 13 à 15 0/0.

LIVRAISON : EN POUDRE IMPALPABLE EN SACS PLOMBÉS, MIS SUR WAGON GARE QUIÉVY-en-CAMBRÉSIS
Prix : **3 fr. 80** les 100 kilos, sacs perdus, 30 jours, 2 0/0 ou 90 jours net.

NOTA. — Les acheteurs qui désirent employer le **véritable Phosphate de Quiévy** pur et garanti d'origine doivent exiger que les sacs portent la Marque (**Au Poisson fossile**) et la Firme **C. LECLERCQ, seul** exploitant à Quiévy (Nord).

FABRICATION SPÉCIALE DE TOURTEAUX DE COTON

GRAND PRIX
à l'Exposition
Universelle
DE
1889

DIPLOMES D'HONNEUR
aux Exp. Universelles
de Bruxelles 1880
&
Amsterdam
1883

DE
GRAINES
d'Alexandrie
(EGYPTE)

des Usines de MM. **P. MARCHAND Frères**, à DUNKERQUE (Nord)
Fabriqués sous le contrôle permanent de la Station Agronomique du Nord
Dirigée par M. DUBERNARD

Nous appelons l'attention des éleveurs et des nourrisseurs sur les Tourteaux de **COTON** de graines d'Egypte : c'est un produit excellent pour les vaches laitières, les bœufs à l'engrais et les moutons.

Nos Tourteaux de **COTON** sont complètement débarrassés de la bourre qui enveloppe la graine et contiennent la même quantité de matières nutritives et grasses que les meilleurs Tourteaux de Lin.

Nos Tourteaux de **COTON** forment l'aliment le meilleur et le plus avantageux en raison de leur prix excessivement bas.

PRIX : 9 Fr. les 100 kil., gare Dunkerque
S'adresser à MM. **P. MARCHAND** Frères, à DUNKERQUE (Nord)

L'URBAINE
Compagnie anonyme d'Assurances à prime
fixes contre l'INCENDIE
FONDÉE EN 1838
CINQUANTE-HUITIEME ANNÉE
CAPITAL : 5 MILLIONS — GARANTIES : 70 MILLIONS
SINISTRES PAYÉS DEPUIS L'ORIGINE : 131.000.000 FRANCS
PARIS — 8 et 10, rue Le Peletier

DISTILLATION CONTINUE
ALAMBIC
Système A. ESTÈVE

F. BESNARD
PÈRE, FILS ET GENDRES
28, *rue Geoffroy-Lasnier*
PARIS
Envoi franco du Catalogue sur demande

ASPERGE GÉANTE
ROYALE DE FRANCE
(RACE D'ARGENTEUIL PERFECTIONNÉE)
Demander la *Méthode de Culture* et prix courant (gratis et franco). à M. WILLIAM FOURCINE, directeur des pépinières royales de Dreux (Eure-et-Loir). Médailles et diplômes de première classe

---

LYSOL
Le plus puissant
anticryptogamique & parasiticide
Complètement soluble dans l'eau
Le meilleur marché.

Assainissement & désinfection certaine de tous locaux.

Employé avec plein succès contre le mildew, l'oïdium, la pyrale, etc. et tous les parasites des arbres fruitiers, fleurs, légumes, etc.

SOCIÉTÉ FRANÇAISE DU LYSOL
22 & 24, place Vendôme, 24 & 22
PARIS

Eugène de MASQUARD
PROPRIÉTAIRE-VITICULTEUR, Château de la Cascade
SAINT-CÉSAIRE-LES-NIMES (Gard

Vins garantis naturels, rouges et blancs, depuis 60 fr. la pièce de 220 litres jusqu'à 100 francs, selon qualité, prise en gare de St-Césaire (Gard), fût perdu.
Ces vins ont été médaillés à toutes les expositions où ils ont figuré.

Récoltés sur des coteaux et des terrains secs, les vins de Saint-Césaire, l'un des meilleurs crus du Gard, se conservent parfaitement sans être plâtrés

Envoi franco de prix courants et échantillons

VELOUTINE FLAMANDE
La Veloutine est spécialement employée pour lustrer les cuirs de fantaisie : guides, selles, harnais de luxe et de travail, capotes, tabliers, caraçons, etc., et lorsqu'ils ont déjà été enduits de vaseline, ce produit donne un joli brillant et évite l'action graisseuse des cirages ou préparations à base de cire. Sans causticité il ne dessèche pas et imperméabilise

Le bidon d'un litre pour harnais noirs. . . . 3 70
— jaunes. . . 4 20
Franco gare contre mandat-poste.

S'adresser : *Manufacture de Vaselines industrielles de Ligny-en-Cambrésis (Nord)*

VINS
DE SAINT-ÉMILION

Vins classés, de 800 à 250 francs la barrique
de 225 litres. — Moitié prix pour la barrique de
112 litres.

Vins grands ordinaires, de 140, 125, 105,
100 francs la barrique — 80, 75, 70, 65, 58,
55 francs, la demi-barrique. — Rendu *franco* en
gare et régie, sauf octroi.

Adresser commandes à M. DUPLESSIS-
FOURCAUD, à **Saint-Émilion**. — Envoi de
prix courants et échantillons sur demande affranchie.

*Médailles d'Or, Paris, 1867 et 1889 — Moscou,
1891 — Besancon, Montluçon, Royan, etc.*

Insecticide-Préservateur
FERTILISANT
DESGOUTTES

La Boîte de 10 kilog., pour essais, **10 fr.**
franco toutes gares (port et emballage compris).

*Adresser les demandes, accompagnées d'un
mandat, 10 bis, rue Piccini, Paris.*

EXCELLENT DÉSINFECTANT
POUR LES FUTS A VIN, CIDRE, BIÈRE, ETC.
Prix de faveur pour nos lecteurs

Sur notre demande, M. Moïty, père, l'inventeur, a consenti à en mettre de petites quantités pour essais à la disposition de nos lecteurs.

10 litres franco gare. 10 fr.

Adresser les demandes à M. Crépeaux, rue
Piccini, 10 *bis*, Paris.

VIN PUR COTES 1ʳᵉ QUALITÉ
Vieux, nouveau garanti sur facture

Récolté par FELIX LAU, propriétaire-viticulteur
à Caussiniojouls (Hérault).

Nouveau, **35 fr.** l'hect. logé sur gare Faugères

Le Journal **Le Meunier**, de Bruxelles, offre
une médaille d'or à l'inventeur du meilleur
procédé débarrassant automatiquement le blé
du charançon.

Le DIMANCHE 14 JUIN 1896
En l'Étude de Mᵉ **NAQUET**, notaire
à St-Just-en-Chaussée (Oise), à midi :

ADJUDICATION
Du bail en 2 *lots de* terres
à Nourard-le-Franc, Catillon et Fumechon
canton de St-Just.

1ᴱᴿ LOT — 23 HECTARES
11 années à compter de 1900
Mise à prix de fermage annuel. **1550 fr.**

2ᴱ LOT — 20 HECTARES
12 années à compter de la récolte de 1899
Mise à prix . . . . . **1200 fr.**

S'adresser à Mᵉ **NAQUET** *ou à l'Administration de l'Assistance publique, 3, avenue
Victoria, Paris.*

LA PROBITÉ
SOCIÉTÉ
D'ASSURANCES MUTUELLES CONTRE LA GRÊLE ET
LA FOUDRE, FONDÉE A LYON EN 1890

La PROBITÉ assure dans toute la France
et ses colonies tous les risques, grêle, en céréales,
fruits, mûriers, noyers, oliviers, vignes, tabacs
et tous autres produits agricoles.

La PROBITÉ fait partie de la Société régionale
de viticulture de Lyon. Elle accorde des remises
et des conditions spéciales aux syndicats agricoles qui veulent bien la représenter.

Siège social : 30, rue Servient, Lyon-Préfecture

*Accepterait des Agents dans les localités où
elle n'est pas représentée.*

ALIMENTATION DU BÉTAIL
Tourteaux de Coprah ou Coco
F. TASSY, E. ROCCA ET Cⁱᵉ
**Fabricants d'huiles (producteurs directs
de Tourteaux)**
23, RUE HAXO, MARSEILLE
Deux médailles d'or, Anvers 1894
Envoi de Prix-Courants et Échantillons sur demande.

FROMENTINE
Marque déposée B. S.G.D.G.
*Produit pour l'alimentation économique,
saine et rationnelle du bétail, provenant
en grande partie des issues de la mouture de blé.*

DIVERSES MARQUES
Demander celle en raison du but
poursuivi

Marque A pour l'engraissement égal
à celui du tourteau de lin, le remplacement de l'avoine, production
d'un lait de qualité supérieure.
Marque B pour le bon entretien du
bétail.
Marque J développement rapide des
jeunes bêtes.
Marque L surproduction du lait.
Marque E engraissement rapide.

Écrire à M. Armand MILLOT
Moulins Saint-Martin
Saint-Quentin (Aisne)

CHEVAUX BOITEUX
Guérison par le spécifique BORNET

Contre **Capelets, Mollettes, Vessigons,
Eponges, Exostoses, Suros, Eparvins** e
le **Formes** à leur début. *(Il s'applique éga-
ment à toutes les tares molles et osseuses.)*

PRÉPARÉ PAR **A. BORNET**
Pharmacien de 1ʳᵉ classe, ex-interne et lauréat des
hôpitaux.

19, rue de Bourgogne, PARIS.

Le flacon, **5 fr.**, à la pharmacie ; en gare
par colis postal, **6 fr.** contre mandat.

GRIFFE SARCLEUSE-BINEUSE
Outil économique

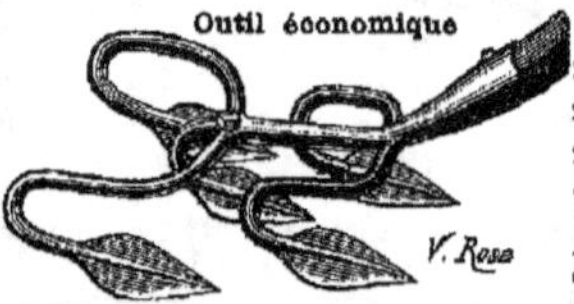

pour biner, sarcler promptement entre toutes les lignes
de plantes ou légumes sans distinction, indispensable en
toutes saisons dans les jardins, vignes, pépinières, les cultures de betteraves, de tabac, etc., même dans les allées

BAINS-BUANDERIES
Baignoires. — Chauffe-Bains. — Douches. — Appareils de lessivage,
système GASTON BOZÉRIAN.
CHAUDRONNERIE, TOLERIE, *etc.* — ENVOI FRANCO DE CATALOGUES.

DELAROCHE aîné, 22, rue Bertrand, Paris

UNION AGRICOLE DE FRANCE
Société Anonyme au Capital de 1.100.000 Francs. — Siège Social : 18, Boulevard des Capucines, Paris.
SIÈGE COMMERCIAL PRINCIPAL : 72-74, Rue Saint-Denis, PARIS

Vente à la Commission
et en toute loyauté
DE
DENRÉES AGRICOLES
de toutes sortes
et de toutes provenances
Renseignements détaillés sur demande au Siège Social.

Fourniture Directe
et livraison à domicile
AUX
ÉPICIERS, FRUITIERS
*Restaurants, Hôtels, Pensionnats et
Établissements privés importants.*

MALADIES DU BÉTAIL
ET DE LA VOLAILLE
Leur traitement préventif et curatif
PAR L'ACIDE SALICYLIQUE

L'acide salicylique, employé dans la
nourriture à la dose de 1/2 à 1 *gramme*
par jour et par tête de bétail, est le meilleur préservatif des maladies qui procé-
dent par contagion : Sang de rate, Cocotte,
Maladie aphteuse, Erysipèle, Typhus,
Morve, Variole et le Rouget des porcs, etc.

DES ATTESTATIONS NOMBREUSES DE GUÉ-
RISONS obtenues pour la Cocotte et le
Rouget des porcs ont été reproduites
dans le journal *l'Agriculture*.

La désinfection des étables, des écuries, se fait instantanément au moyen
d'un arrosage d'eau salicylée à 2 grammes par litre.

S'adresser à M. CERCKEL, administrateur de la *Compagnie de produits antiseptiques*, 26, rue Bergère, Paris.

Envoi sur demande de Prospectus et
Brochures.

PRIX DU KIL., 25 fr. BOITE DE MÉNAGE, 2 fr.

POUDRE DELARBRE
Plus de CHEVAUX POUSSIFS !
Guérison de la POUSSE,
Toux, Bronchite et Gourme
La Boîte de 20 Doses : 3 francs
G. DELARBRE, AUBUSSON (Creuse)
Maison de Vente & d'Expédition à Aubusson (Creuse) G. DELARBRE
A Paris & en province, chez tous les Droguistes & Pharmaciens.

M. RECOURAT, pharmacien à Beauvais.
Gale des moutons guérie radicalement
par *une seule application* de l'ANTIPSORIQUE.
La bouteille, 3 fr. ; la 1/2 bouteille, 1 fr. 75.
Guérison du PIÉTIN par *un seul pansement*
avec le CONTRE-PIÉTIN-RECOURAT.
Le pot d'essai, 1 fr. 50; le pot, 2 fr. 50.
Joindre 0 fr. 60 pour recevoir *franco* et
indiquer gare.

**Avis à Messieurs les Cultivateurs
et aux Fabricants de sucre.**

La graine authentique *Fouquier
d'Hérouël* est *toujours* facturée par la
maison qui confirme à bref délai les
commandes.

Les envois sont faits *directement*
aux acheteurs en sacs plombés au nom
« Fouquier d'Hérouël, à Vaux-sous-
Laon. »

Il n'existe aucun dépositaire.

MACHINES AGRICOLES

A. BAJAC
à LIANCOURT (Oise)

Machines Agricoles Françaises

MAISON ALBARET
O. ✸. O. M. A.
Breveté
S. G. D. G

Veuve ALBARET et G. LEFEBVRE & , SUCC^r

ATELIERS DE CONSTRUCTION ET ADMINISTRATION
A RANTIGNY-LIANCOURT (Oise

Bureaux et Magasins :
9, Rue du Louvre, PARIS

LOCOMOBILES, MACHINES DEMI-FIXES, MOTEURS A PÉTROL
BATTEUSES PORTATIVES ET FIXES — MANÈGES

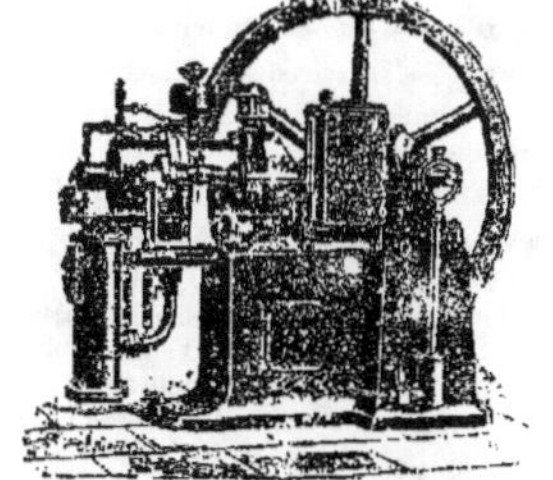

HACHE-MAIS — HACHE-PAILLE   **PRESSES A FOURRAGES**

FAUCHEUSES, MOISSONNEUSES & LIEUSES
RATEAUX, FANEUSES

Semoirs en Lignes — Semoirs à Engrais — Concasseurs — Aplatisseur

INSTRUMENTS D'AGRICULTURE — INSTRUMENTS DE PESAGE
Grand Prix, **Lyon 1894**. — Grand Prix, **Anvers 1894**. — Grand Prix, Bordeaux 189'
Beauvais 1895, Diplôme d'Honneur
Tunis 1895, Premier Prix, Médaille d'Or
19 Diplômes d'Honneur et d'Excellence — 226 Médailles d'Or — 191 Médailles d'Argen

SUCCURSALES :
Saint-Quentin, Chartres, Abbeville, Cambrai, Dax, Lyon, Alge
Envoi franco sur demande des Catalogues illustrés.

17ᵉ Année. — Nᵒ 21.　　　LE NUMÉRO. **10** CENTIMES.　　　Dimanche 24 Mai 1896.

GAZETTE AGRICOLE

JOURNAL HEBDOMADAIRE, PARAISSANT LE DIMANCHE

Fondateur : M. CH. GOSSIN, Professeur d'Agriculture à l'Institut agricole de Beauvais

PRIX DE L'ABONNEMENT

UN AN, 5 fr. — SIX MOIS, 3 fr. — TROIS MOIS, 2 fr. 25

Pour l'Étranger les abonnements ne sont reçus que pour un an, au prix de 6 francs, et ne partent que du 1ᵉʳ JANVIER ou 1ᵉʳ JUILLET de chaque année.

Le Numéro : **10** centimes.

Adresser toute la correspondance : mandats, lettres, annonces etc., à M. CRÉPEAUX, Directeur de la *Gazette agricole*, 9 bis, rue Piccini, Paris.

Toute demande de changement d'adresse doit être accompagnée de 50 centimes et de la dernière bande du journal.

BUREAUX

97, rue de Rennes, Paris, et à Beauvais, rue Saint-Étienne.

Les abonnements partent du 1ᵉʳ de chaque mois et sont payables d'avance. Toute demande d'abonnement doit donc être accompagnée du prix de l'abonnement. (Le mode de payement le plus simple est l'envoi d'un mandat-poste.)

Donner *très lisiblement*, en s'abonnant, son nom et son adresse exacte, *avec l'indication du bureau de poste* ; et, s'il s'agit d'une continuation d'abonnement, joindre au renouvellement la dernière bande d'adresse du journal.

Les Annonces sont reçues à la Direction du Journal, et chez MM. DUSSERIS et MATHELLON, 97, rue de Rennes, Paris.
Il est interdit de reproduire les articles contenus dans la *Gazette Agricole*.

Sommaire :

BULLETIN COMMERCIAL

Paris, 20 mai 1896.

Il pleut enfin dans quelques régions et le baromètre continue à baisser ; espérons que nous possédons la pluie sérieuse.

L'*Agricultural Gazette* dit que, par suite du temps sec et des nuits fraîches, la situation est devenue grave pour tous les produits du sol sauf pour les blés.

On câble de New-York que de fortes pluies sont tombées dans la vallée du Mississipi et des averses dans les Etats au centre de la côte Atlantique.

BOURSE DU COMMERCE DU MERCREDI 20 MAI

	FARINES	BLÉS
Courant	39 50	19 95
Prochain	39 90	19 25
Juill.-août	40 40	19 15
4 derniers	40 50	18 50
4 de nov.	40 60	18 60

Marque de Corbeil : 44 fr. le sac de 150 kil. toile à rendre.

Halle aux blés — *Blés indigènes.* — La tendance est restée ferme et les offres sont peu importantes ; les bonnes qualités se sont payées 25 et même dans quelques cas 50 cent. de plus qu'il y a huit jours. Quant aux grains ordinaires ou inférieurs, la vente est toujours aussi difficile.

Les cours extrêmes ressortent de 18 à 18,50 les roux de 13,50 à 19 les blancs les 100 kil. nets, gare d'arrivée Paris.

Blés étrangers. — Aucunes affaires.

Sons. — Très fermes à cause de la continuation de la sécheresse, on cote les beaux sons de 11 à 11,50.

Orges. — La saison étant terminée pour la germination, il n'y a pour ainsi dire plus d'affaires. Les offres sont d'ailleurs insignifiantes.

De bonnes pluies sont demandées, surtout dans l'Ouest, où la jeune plante souffre de la sécheresse.

On cote : orges de mouture ordinaire 13,50 à 14,25 ; moyennes dite distillerie 14,50 à 15 ; bonnes pour brasserie 15,25 à 16 ; supérieures 16,25 à 17 les 100 kil.

Escourgeons. — Il ne s'est rien traité aujourd'hui. On cotait nominalement les Beauce 16,50 les 100 kil. Paris. Les pluies ont été générales en Algérie et ces provenances sont un peu plus faciles ; on traite en caf Algérie et Tunisie sur 4 derniers 13 fr., avec acheteurs à 12,50.

Menus grains. — On cote jarras 17 à 18 chènevis de Russie 22 à 23, sarrasin en hausse 13 à 14.

Graines fourragères. — La récolte des trèfles s'annonce mal à cause de la sécheresse. On cote hâtif de 1895 30 à 35.

Sucres. — Le courant perd 50 centimes. Raffinés 102 à 102,25, roux 88° 34,50 à 31,75.

Marché de la Chapelle. — Marché ordinaire.

On cote : paille de blé 1ʳᵉ qté 28 fr., 2ᵉ qté 25, 3ᵉ qté 22 fr. ; paille de seigle 1ʳᵉ qté 32 fr., 2ᵉ qté 30, 3ᵉ qté 26 ; paille d'avoine 1ʳᵉ qté 21 fr., 2ᵉ qté 19, 3ᵉ qté 17 ; foin nouveau 1ʳᵉ qté 51 fr., 2ᵉ qté 49, 3ᵉ qté 44 ; luzerne, 1ʳᵉ qté 51 fr., 2ᵉ qté 48, 3ᵉ qté 46 ; regain 1ʳᵉ qté 50 fr. ; 2ᵉ qté 47 fr., 3ᵉ qté 45 fr. ; sainfoin, 1ʳᵉ qté 40 à 2ᵉ qté 38, 3ᵉ qté 36.

Sulfate de cuivre.

Les 100 kil. 98/99 . . . . . 42.50 à 44.00

CHANVRES

Les 50 kil.	1ʳᵉ qualité.	3ᵉ qualité
Le Mans	33,00 à 35,50	29,00 à 30,00
Saumur (b.)	40,00 à 42,25	37,00 à 38,00

LINS. — Les 100 kilogr. — *Marché de Lille.*

	Communs	Ordin.	Supér.
Alost.	148 à 153	154 à 157	161 à 166
Bergues.	150 à 158	161 à 168	173 à 182

Marché aux chevaux, 20 Mai.

Gros trait de 300 à 1.800　Boucherie de 65 à 250
Selle et tr.　　　　　　　Anes de 45 à 170
léger . de 250 à 1.100　　Chèvres . de 25 à 55
H. d'âge de 200 à 350

AMENÉS

Chevaux, 409 — Anes, 11 — Chèvres, 8
Voitures 132, de 45 à 600.

ENCHÈRES

Chevaux amenés, 10.
Vendus, 8 de 250 à 400.

Prix des Produits Forestiers à Paris.

BOIS DE FEU (Octroi non compris)		
Falourde de pin	100 à 110	le cent.
Bois de flot	100 à 105	le déca.
Bois gris neuf	125 à 130	—
Bois blanc	80 à 125	—

BOIS D'ŒUVRE (Octroi compris)		
Chêne gros bois	85 à 110	le m. cube
— moyen bois	70 à 60	—
— petit bois	30 à 48	—
Charme, plateaux	55 à 55	—
Sciage Entrevoux	175 à 210	les 208 m.
do Echantillons	230 à 220	—
chêne. Frise	27 à 28	104 m.

ENGRAIS

PARIS

Nitrate de soude	21 50 à 24 75
Superphosph. minéral 14/16.	5 25 à 5 75
Superphosphate d'os 16/18.	12 50 à 13 »
Scories 16/18.	4 25 à 4 50
Phosphate minéral 14/16.	3 80 à 4 »
Chlorure de potassium 48/52.	18 75 à 20 »

NANTES

Nitrate de soude	22 30 à 22 50
Superphosph. minéral 14/16.	6 » à 7 »
Scories 16/18.	4 50 à 4 75
Phosphate minéral 14/16.	4 » à 4 50
Chlorure de potassium 48/52.	19 » à 19 75

LYON

Nitrate de soude	22 » à 23 »
Superphosph. minéral 14/16.	5 75 à 6 »
Scories 14/16.	4 50 à 5 »
Phosphate minéral 14/16.	4 » à 4 25
Chlorure de potassium 48/55.	20 » à 21 »

MARSEILLE

Nitrate de soude	20 50 à 21 »
Superph. minéral 14/16	6 à 7 »
Sulfate de fer.	5 » à 5 50
Sulfate d'ammoniaque 20/21.	20 » à 22 »

Prix moyen aux 100 kilog. des CÉRÉALES dans les Départements.

Région		BLÉ	SEIGLE	ORGE	AVOINE
Rég. du Nord-Ouest	Caen	17 00	10 00	14 25	15 50
	Lannion	17 00	10 00	14 50	15 75
	Morlaix	17 50	10 25	12 75	13 50
	Rennes	17 00	10 00	13 00	14 00
	Avranches	16 75	10 50	13 00	14 50
	Laval	16 25	10 00	13 00	13 50
	Lorient	16 50	10 25	13 00	13 50
	Alençon	16 75	10 00	13 00	13 50
	Le Mans	16 50	10 00	13 50	16 00
Région du Nord	Soissons	17 50	10 00	»	15 00
	Evreux	17 50	10 00	13 00	15 00
	Chartres	17 75	11 00	14 00	15 00
	Lille	17 75	10 50	14 00	16 00
	Compiègne	17 00	10 50	15 00	16 00
	Beauvais	17 50	11 00	15 50	16 00
	Arras	18 25	12 00	15 00	16 00
	Paris	17 75	10 50	15 00	16 00
	Versailles	17 75	10 25	14 00	16 00
	Rouen	17 50	10 00	15 00	16 00
	Amiens	17 25	10 50	16 00	16 25
Rég. du N.-E.	Mézières	17 75	10 00	13 00	16 00
	Nogent-s-Seine	17 50	10 00	15 00	15 75
	Châlons-sur-Marne	17 50	10 25	14 75	15 50
	Langres	18 00	10 00	15 00	16 00
	Nancy	17 75	10 50	15 50	15 50
	Bar-le-Duc	17 50	10 50	15 50	15 50
	Neufchâteau	17 75	10 25	14 50	15 50
Région de l'Ouest	Ruffec	17 50	10 00	13 00	15 00
	Marans	17 00	10 00	13 00	15 00
	Niort	17 00	10 00	14 00	15 00
	Tours	17 25	10 00	14 00	15 00
	Nantes	17 25	10 00	13 00	14 00
	Angers	16 75	10 25	14 00	14 00
	Luçon	17 00	10 00	13 00	15 00
	Poitiers	17 00	10 00	13 00	»
	Limoges	16 75	10 25	»	15 00
Région du Centre	Moulins	17 50	10 00	14 00	15 00
	Bourges	17 00	10 00	14 00	14 00
	Aubusson	17 50	10 00	14 00	15 00
	Châteauroux	17 25	10 00	14 00	13 75
	Orléans	17 25	10 00	14 00	14 50
	Blois	18 00	10 25	15 00	16 00
	Nevers	18 00	10 00	14 00	16 00
	Clermont Ferr.	17 50	10 00	13 00	15 50
	Sens	17 50	10 00	13 50	15 50
Région de l'Est	Bourg	17 25	10 00	14 00	14 50
	Dijon	18 00	10 00	15 00	14 50
	Besançon	18 25	10 25	13 00	14 50
	Grenoble	17 50	10 00	14 00	15 50
	Dôle	17 50	10 25	13 00	14 00
	Saint-Étienne	17 50	10 00	14 00	16 00
	Lyon	18 50	11 25	18 50	15 25
	Mâcon	17 50	11 50	13 00	15 00
	Vesoul	17 75	10 00	»	15 25
	Chambéry	17 75	10 00	»	15 25
	Annecy	17 75	»	»	15 75
Rég. du Sud-Ouest	Pamiers	17 50	10 50	»	16 00
	Périgueux	17 50	10 50	14 00	15 00
	Toulouse	18 00	11 00	14 00	15 50
	Auch	17 75	12 00	13 00	16 00
	Bordeaux	17 75	12 00	13 00	16 00
	Dax	17 75	12 00	13 00	16 00
	Agen	17 75	12 00	13 00	16 00
	Bayonne	17 75	11 00	14 00	15 50
	Tarbes	17 75	10 50	»	16 00
Région du Sud	Carcassonne	17 50	»	13 25	15 75
	Rodez	17 50	12 00	14 00	15 75
	Mauriac	17 75	11 00	»	16 00
	Tulle	17 50	11 00	»	16 00
	Montpellier	17 50	11 00	»	15 00
	Figeac	17 75	11 00	»	16 00
	Mende	17 75	11 25	»	15 75
	Perpignan	17 75	11 00	14 00	15 00
	Albi	18 25	11 00	14 00	16 00
	Montauban	18 25	12 00	15 00	16 00
Région du Sud-Est	Gap	17 50	10 50	14 50	16 00
	Manosque	17 75	10 00	13 00	16 00
	Nice	17 50	10 50	13 25	16 00
	Privas	18 00	10 50	13 00	15 00
	Arles	19 00	11 00	13 00	16 00
	Montélimar	17 00	11 00	14 00	16 00
	Nîmes	18 00	»	14 00	16 50
	Le Puy	18 00	»	14 00	16 00
	Draguignan	18 00	12 00	»	»
	Avignon	19 00	13 00	14 50	17 00

Tourteaux. — Cours de la maison P. Marchand frères, à Dunkerque (Nord) :

TOURTEAUX A NOURRIR

	Dispon.	A livrer.
Coton de graines d'Egypte	9 00	9 »
Sésame blanc	11 00	11 50
Arachide décortiquée	14 50	14 50
Colza à nourrir	10 »	10 »
Colza du pays	11 »	11 »
OEillette du Levant	10 »	10 »
OEillette blanche de Turquie	10 »	10 »
Lin 1re qual. de Bombay g. form.	14 »	14 »
Lin 1re qual. de Bombay p. form.	14 50	14 50

TOURTEAUX-ENGRAIS

Arachide décortiquée	14 »	14 »
Cameline	» »	» »
Colza des Indes en poudre	» »	» »
Colza ravison	7 25	7 25
Colza jaune Gutzerat	10 25	» »
Kurrachée	» »	» »
Niger	» »	» »
Pavot	9 75	9 75
Sésame, blanc	10 50	» »
Sésame noir	» »	» »
Coton en farine	7 50	7 50

Nos prix s'entendent pour tourteaux en planches, rendus en gare de Dunkerque.

Paiement à 30 jours ou à terme plus éloigné suivant convention expresse.

Le concassage se paie 0 fr. 25 et la mise en poudre 0 fr. 40 aux 100 kilos. Dans ce cas, les sacs sont facturés à 0 fr. 35 pièce, et repris au prix de facture, quand ils sont rendus en bon état et franco, dans les 30 jours de l'expédition.

FROMENTINE :

	100 kil.
Marque A	13 »
Marque B	13 »
Marque J	13 »
Marque L	15 »
Marque E	16 »

BEURRES. - (le kilogr.).

BEURRES EN MOTTES			BEURRES EN LIVRE		
Isigny extra	4 80	5 64	Bourgogne	1.80	2.20
— demi-fin	3.20	3.60	Gâtinais	2.00	2.60
M. d'Isigny	2.60	3.00	Vendôme	1.80	2.50
du Gâtinais	1.80	2.00	Beaugency	1.80	2.50
de Bretagne	1.70	2.20	Ferme	2.30	3.00
Laitiers Jura	1.70	2.50	Tours	2.00	2.40
de Charente	2 10	2.80	Le Mans	2.80	2.20
des Alpes	2.00	2.80	Touraine fausse	2.80	2.20

ŒUFS. — (le mille).

Normandie ext.	70 à 92		Bourgogne	48 à 54	
Picardie —	72 à 100		Champagne	50 à 56	
Brie —	60 à 68		Nivernais	48 à 52	
Touraine	60 à 68		Bourbonnais	48 à 52	
Beauce	54 à 64		Bretagne	44 à 50	
Orne	50 à 60		Vendée	44 à 50	
Picardie	30 à 54		Auvergne	44 à 48	
Châtellerault	48 à 52		Midi	42 à 46	

FROMAGES.

Brie hautes marq.	35	38	Roquefort	140	230
Brie gr, m. (10)	25	28	Gruyère (100 k.)	100	170
— m. m.	15	20	Coulommiers (100)	25	30
Petits Nanteuils	6	10	Gournay (100)	18	15
Brie laitiers	5	10	Livarot (le 100)	105	115
Gérardmer (100 k.)	75	70	Bourgogne (100)	65	70
Hollande	140	160	Camembert (10.)	40	45
Bondons(100)	10	8	Munster (100)	90	100
Cantal	120	130	Port-Salut	140	160

VOLAILLES

Poulet Brest dit moelleux	5.00	5 75	Pig. Macon	1.50	2.90
Poulets Nant.	3.00	5.00	Ca. sNantais	4.00	1.35
Poulets Tour.	2.75	5.25	Dindes Tourr.	7.00	11.00
Poulets Houdan	6.00	8.00	Oies	7.00	8.50
Pigeons d'Italie	80	1.25	Lapins dom.	2.75	4.00
			Lapins garenne	1.50	2.00

VINS — BERCY

Rouges			Blancs		
B. Bourg. vieux	140 à 163		Bordeaux	125 à 160	
Touraine	105 à 115		B. Bourg	150 à 190	
Bord. vieux	130 à 166		Sancerre	130 à 135	
Algérie	28 à 32		Chablis	200 à 350	
Cher	110 à 135		Anjou	120 à 135	
Chinon	125 à 180		Pouilly	350 à 30	
Narbonne	32 à 40		Vouvray	155 à 195	

HOUBLONS. — Les 50 kilogr.

Alost primé	28,00 à 30,00	
Bourgogne	55,00 à 60,00	
Poperinghe	25,00 à 30,00	
Wurtemberg	40,00 à 42,00	
Altmark	75,00 à 100,00	
Alsace	50,00 à 65,00	

POMMES DE TERRE

Hollande (100 kil.)	8 » à 11 »
Roses-Early	8 » à 10 »
Magnum-Banum	7 » à 7 50
Rondes	5 » à 5 20

LÉGUMES SECS. — (Les 100 kilogr.)

	Haricots	Pois	Vesce	Lentille
Paris	32 00 50.00	20 18.00	19 à 20	30 00 50
Bordeaux	34.00 35.00	35 45.00	18 19	49 00 60
Marseille	22.00 30.00	18 25	20 20	21 00 50

FOURRAGES ET PAILLE

Paris La Chapelle. *Prix extrêmes*

Foin 100 bot. dans Paris n.	42 à 47
Luzern nouv.	42 à 46
Paille de blé	20 à 26
Paille de seigle	23 à 31
Paille d'avoine	16 à 20

Marché de la Villette du 18 mai 1896.

PRIX DE LA VIANDE NETTE

	1re qualité	2e qualité	3e qualité
Bœufs	1.52	1.42	1.32
Vaches	1.50	1.40	1.30
Taureaux	1.22	1.12	1.04
Veaux	2.08	1.86	1.46
Moutons	1 95	1.84	1.74
Porcs	1.10	1.04	0.96

ESPÈCES	AMENÉS	VENDUS	PRIX EXTRÊME viande net	poids vif
Bœufs	2.360	2.235	1.32 à 1 52	61 à 95
Vaches	724	686	1.30 1.50	56 95
Taureaux	242	228	1.04 1.22	49 75
Veaux	1.743	1.456	1.46 2.08	73 1.20
Moutons	15 280	14.630	1.74 1.95	78 1.25
Porcs	3.471	3.428	» 96 1.10	64 1.20

Prix continus.

Marché de la Villette du 21 Mai 1896.

PRIX DE LA VIANDE NETTE AU KILOGR.

	1re qualité	2e qualité	3e qualité	Prix extrême
Bœufs	1.48	1.38	1.28	1.24 à 1.54
Vaches	1.46	1.36	1.20	1.14 1.50
Taureaux	1 26	1.18	1.10	1 06 1.32
Veaux	1.90	1.60	1.30	1.20 2.00
Moutons	1.98	1.84	1.72	1.64 2.00
Porcs	1.04	0.96	»	0.92 1.10

ESPÈCES	AMENÉS	RENVOI	OBSERVATIONS
Bœufs	1.872	»	Vente lente sur le gros bétail, plus facile sur les moutons, mauvaise sur les veaux et les porcs.
Vaches	623	191	
Taureaux	160	»	
Veaux	2.027	537	
Moutons	12.960	»	
Porcs	6.045		

Vente du bétail au marché de La Villette.

Adresser les animaux à MM. Henri Robli et Surugue, en gare Paris-Bestiaux. Le aviser par lettre auparavant, 190, rue d'Allemagne, Paris.

Le Vin de Quinium Labarraque, unique préparation de ce genre qui ait été approuvée par l'Académie de médecine de Paris, est un médicament énergique et doux qui convient à toutes les personnes affaiblies par l'âge, la maladie, les excès, ou surmenées par le travail.

« *Nous n'hésitons pas à affirmer que le vin de Quinium Labarraque est le plus efficace et le plus énergique des toniques connus.* »

(ANNUAIRE DE MÉDECINE PRATIQUE.)

Dans toutes les pharmacies et 19, rue Jacob, Paris.

CHRONIQUE POLITIQUE

Pendant la vacance momentanée des Chambres, les journaux concentrent leur attention sur les résultats des élections municipales, et spécialement sur ceux des ballottages du dimanche 10 mai. Chaque journal s'évertue à enfler le compte des gains de son parti et à atténuer le compte de ses pertes, en classant tous ces élus dans les catégories banales de l'échiquier politique usité depuis vingt ans. Malheureusement les résultats les plus évidents sont ceux-ci : dans les grands centres ouvriers, les socialistes ont gagné beaucoup de sièges. Les ambitieux politiques, les dupes des utopies radicales ont enlevé des sièges aux opportunistes. Quelques sièges ont été enlevés à ceux-ci par des modérés et des conservateurs. En somme, les élections municipales dénotent dans l'esprit général du pays un mécontentement croissant de l'état de choses actuel, ou une disposition fâcheuse à livrer son sort à veulir aux rhéteurs faméliques qui aspirent à lui imposer leur orviétan radical ou socialiste.

Dans cet état maladif, l'esprit public a raison de se prendre de haine pour le règne de l'opportunisme, qui depuis quinze ans le pousse à toutes les décadences et à toutes les ruines ; mais il lui reste à se dire que si l'opportunisme nous pousse vers l'abîme en train à petite vitesse, le socialisme et le radicalisme nous y mèneraient en train rapide. C'est à une impression de ce genre qu'ont obéi le Sénat, d'abord, puis la majorité qui a accueilli le cabinet Méline comme une bouée de sauvetage.

M. Méline et ses collègues ont assumé une tâche singulièrement difficile et dès la rentrée des Chambres ils auront à subir des interpellations violentes en sens divers. On leur tendra des pièges dangereux au nom de leur passé et au nom de la mauvaise politique qu'ils ont eu le tort de suivre; il faut espérer que la majorité la leur pardonnera en faveur de la politique réparatrice qu'ils nous promettent pour demain.

Cette politique réparatrice, nous l'avons déjà dit, ne peut être autre que celle qui a instamment été réclamée en vain par les groupes du centre droit et de la droite. Quel est, en effet, depuis le premier jour, ce programme? Politique libérale respectueuse des droits de tous, spécialement de la liberté de conscience, administration intègre, impartiale, économies dans les dépenses, protection assurée à l'agriculture par un régime douanier qui la défende suffisamment contre la concurrence étrangère, etc. Sur tous ces points la politique opportuniste a suivi une marche contraire. Le dossier de ses méfaits, de ses attentats de tout genre et des ruines qui en sont la conséquence est complet et dépasse tout ce qu'on a vu sous le Directoire. Tout est à changer

dans le parti opportuniste, tout est à suivre dans le programme des droites. Dès lors, de quel côté peut donc se tourner un ministère vraiment réformateur? Poser cette question, n'est-ce pas la résoudre?

Nous ignorons, malheureusement, jusqu'à quel point le cabinet Méline aura l'énergie et l'esprit de suite nécessaires pour orienter ainsi sa politique de réparation, parce que nous ignorons quel sera le nombre des députés assez assagis pour les suivre.

Au moins, le ministère Méline a été plus modeste que le cabinet Bourgeois, à son début. Il s'est gardé de promettre de faire la pleine lumière sur les monstrueux tripotages du Panama, des Chemins du Sud, de l'opium, etc. Il savait d'avance qu'il n'y pourrait pas mieux réussir que MM. Bourgeois et Ricard, et qu'il est moins déshonorant de renoncer pour aujourd'hui à une telle tâche, que de la mener par les procédés hypocrites et louches qui ne servent qu'à déconsidérer la magistrature judiciaire condamnée à jouer de l'éteignoir en feignant de faire la lumière. M. Méline laisse à un temps meilleur le soin d'une liquidation au-dessus de ses forces. Trop heureux, comme nous-mêmes, s'il réussit à obtenir les réformes les plus urgentes, en vue desquelles nos sociétés et nos syndicats agricoles saluent son avènement de leurs félicitations et de leurs espérances.

Si les députés du Centre ont un vestige de patriotisme et de bon sens qui les décide à appuyer le ministre Méline, ils en trouveront certainement des motifs décisifs, dans l'état moral d'esprit des groupes de la gauche.

En effet, le tableau suivant qu'en trace M. Maret, dans le *Radical*, devrait donner à réfléchir à tout homme de bon sens :

« A la vérité, il n'y a plus que girouettes, et il ne saurait y avoir autre chose, puisque chacun attend le vent. Aussi est-il très aisé de mettre les hommes politiques en contradiction avec eux-mêmes. Ils y sont sans s'en apercevoir, et de bonne foi, toujours comme les girouettes, au caprice de l'air ambiant.

« Le char de l'Etat ne navigue plus sur un volcan, comme à l'époque du garde national Prud'homme; il navigue en pleine mer, au hasard des flots, qui peuvent ou le jeter sur un écueil, ou le faire aborder quelque part, sans que ni pilote ni marin y soient pour rien. On manœuvre parce qu'il faut bien s'occuper; mais on ne se soucie guère que d'avoir une bonne place dans le bateau.

« De là, cette agitation stérile. On s'agite, je ne dis pas le contraire, mais combien vainement! Des ligues diverses se disputent le monopole d'un progrès, qu'elles ne sauraient définir, et l'on ne compte plus le nombre des lanternes qui parcourent la société, et qu'on a oublié d'allumer. Ce que savent

le mieux les gens qui veulent quelque chose, c'est ce qu'ils ne veulent pas; quant à ce qu'ils veulent, ils l'ignorent profondément, et ne cherchent même pas à le savoir.

« Ce que je vois partout, aussi bien dans les élections que dans les votes des députés, ce sont des luttes de mots et des luttes de personnes. Frottez tout cela vous trouverez le néant. Çà et là flotte une théorie vague, bulle de savon, qui crève dès qu'elle heurte le mur de la pratique.

« Certes, il y aurait un beau rôle à jouer pour celui qui dirait ce qu'il faut faire, non dans un siècle, mais demain matin. Et encore je ne sais pas. Ce serait probablement lui qui serait traité d'utopiste; car, si ce qu'on fera dans cent ans est incertain, il nous reste une certitude, c'est que demain on ne fera rien du tout. »

Voilà des aveux complets et concluants.

Voilà l'état d'âme, avoué par l'un de ces lanterniers qui peuvent être nos maîtres demain?

Ruraux, mes amis, éveillez-vous !

———

Pendant que le parlement allemand essaye de protéger l'agriculture contre la féodalité dévorante de l'agiotage et des accaparements, nous devons un salut de bienvenue aux écrivains qui tentent de secouer la torpeur du public français sur ce sujet et de signaler les réformes nécessaires. Parmi eux nous avons cité l'auteur des articles signés du Pré Collot, dans le *Journal de l'agriculture*.

Par contre, nous devons signaler les auteurs de certains plaidoyers sophistiques qui prétendent que le jeu, l'agiotage sur les grains comme sur les produits agricoles, sont avantageux pour les agriculteurs. L'auteur est un courtier de Paris, vrai M. Josse de sa spécialité, dont la profession suffit pour montrer quel rapport existe entre lui et les prétendus agriculteurs engagés dans ses opérations.

Comme les Allemands riraient de nous en voyant le public se laisser prendre à de telles amorces!

———

Libéralités du cabinet Bourgeois

Il se confirme qu'avant de quitter leur poste, les membres du cabinet Bourgeois ont eu soin de caser tous leurs protégés dans toutes les places et sinécures dont ils pouvaient disposer, même dans quelques places non vacantes, et on ajoute qu'ils ont dépassé sept mois d'avance, les limites des crédits disponibles pour l'exercice courant.

Bref, on a vidé l'assiette au beurre avec une fringale gloutonne commune aux opportunistes et aux radicaux, mais dont les radicaux ont reculé les bornes à un degré sans précédent.

Ce nouveau scandale donnera lieu

sans doute à une interpellation édifiante à la rentrée de la Chambre.

L'impôt sur les revenus.

Le ministère Méline s'occupe activement, dit-on, d'un projet de réforme des contributions directes. Au lieu de l'impôt *global* sur le revenu proposé par M. Bourgeois, d'accord avec les socialistes, M. Cochery propose un projet d'impôt sur *les revenus*.

Il y a une grande différence entre les deux formes d'impôt. L'impôt global et unique de M. Doumer est absolument personnel et inévitablement inquisitorial et vexatoire. — L'impôt frappant séparément les diverses branches de revenu porte sur les choses, non sur les personnes ou du moins n'atteint les personnes que dans la mesure de revenus certains et déterminés par des signes certains. A ce titre seul, il mérite un examen sérieux, au moins pour ce qui concerne les moyens pratiques de le percevoir. C'est à cet examen que travaille la Commission du budget pour en saisir la Chambre dès sa rentrée.

Un impôt projeté qui va provoquer d'ardentes réclamations, c'est l'impôt qui va frapper les rentes sur l'Etat. Hélas! Cet impôt était trop facile à prévoir. Où voulez-vous que nos gouvernants cherchent l'argent sinon là où il se trouve? En vain on dit que l'Etat viole le contrat tacite parce qu'il s'interdisait un tel impôt en empruntant notre argent. Le projet de loi d'impôt sur *les revenus* nous répond que la rente est un de nos revenus les plus considérables, et que partant il doit payer sa part comme tous les autres revenus. C'est l'égalité d'impôts sur les revenus. Il y a longtemps que nous prédisons que les gaspillages financiers de nos maîtres nous acculeront à cet expédient. Parmi les contribuables qui s'en plaignent, ceux-là sont bien aveugles qui ont constamment donné leurs votes au parti qui, pendant vingt ans, a aggravé la dette publique de 8 milliards en promettant sans cesse des économies. Les contribuables ont tiré le vin, ils le boiront. Hélas! ils verront plus clair aux prochaines élections.

CHRONIQUE GÉNÉRALE

Le marché de La Villette.

Dans le courant de l'année dernière, je publiai dans le journal *Le Fermier* deux articles où je formulais, contre le marché de La Villette, diverses critiques, et concluais à la nécessité de le supprimer et de le remplacer par un certain nombre de grands marchés provinciaux, établis dans chaque centre important de production — ou de le transformer d'urgence.

Cette idée parut alors énorme et personne ne daigna même la discuter. — Les bénéficiaires du marché de La Villette, moins que tous autres et pour cause.

Le journal *Le Fermier*, auquel je fis parvenir, en décembre dernier un troisième article sur le même sujet, me le refusa, en prétextant qu'il était alors tout occupé de la suppression du *Sanatorium*, et qu'il croyait qu'il n'y avait pas lieu de poursuivre deux lièvres à la fois. Je crus comprendre qu'au *Fermier*, on ne voulait pas être désagréable, aux chevillards dont le concours lui est acquis — et d'ailleurs nécessaire — pour ses bulletins du marché. Je n'insistai pas, tout en déplorant profondément, qu'en affaires, comme en politique, les questions de boutique vinssent trop souvent se heurter aux questions concernant les intérêts les plus vitaux du pays.

Depuis lors, un herbager normand qui a eu le tort de garder l'anonyme, a protesté à son tour, contre le marché de La Villette, n diquant quelques-uns des abus dont sont victimes les producteurs, et concluant à des réformes immédiates.

D'autre part, *Le Fermier*, lui-même, bien placé pour connaître à fond la question et la juger sainement, s'il le veut, quoique avec quelques timidités, bien explicables, a changé de langage sur ce sujet. Il ne nie pas l'évidence et convient que, vraiment, le marché de La Villette présente bien des inconvénients, et que les chevillards en prennent un peu trop à leur aise.

Quand on connaît les attaches qui existent entre le Syndicat des chevillards et le journal *Le Fermier*, il faut savoir un gré infini à ce dernier de sa loyauté et le féliciter de son courage à convenir de la vérité, malgré toute la discrétion qu'il y met. Il faut en conclure aussi à la grandeur du mal dont nous souffrons, nous autres producteurs de viande, et à l'urgence d'unir nos efforts pour y apporter un remède.

Enfin, je reçois, depuis quelque temps, de divers côtés, des invitations réitérées à reprendre, contre le marché de La Villette, des critiques qu'il mérite chaque jour davantage.

L'opinion semble donc être modifiée, et le cri d'alarme que j'ai poussé, je premier, il y a plus de six mois, paraît avoir trouvé de l'écho, non seulement parmi les herbagers normands et les emboucheurs charollais, mais encore dans d'autres régions avec lesquelles je suis en relation de correspondance.

M. Crépeaux, le sympathique et très dévoué directeur de la *Gazette*, ayant bien voulu me demander mon concours dans la campagne qu'il poursuit, depuis plusieurs années, avec tant de vaillance, tant à l'Institut de Beauvais, que dans son excellent journal, pour la défense des intérêts agricoles de notre patrie, je me résouds à reprendre, sur le marché de La Villette, mes critiques interrompues. Je le ferai avec toute la sincérité dont je ne saurais me départir, attaquant les faits, les choses, les doctrines me paraissant mauvaises, — nous mettant les hommes en dehors, et me poursuivant d'autre but que la vérité, en toutes choses; le bien de notre pays, en général, et l'intérêt de l'industrie herbagère, en particulier.

Comme on ne saurait jamais être assez renseigné, je prie instamment tous les lecteurs de la *Gazette*, les herbagers normands et les emboucheurs charollais, surtout si intéressés dans la question, de vouloir bien me communiquer sur ce sujet, toutes leurs idées, quelles qu'elles soient. J'en tiendrai le plus grand compte. Tous, nous ne devons avoir qu'un seul but, bien légitime assurément, celui de retirer, aux moindres frais possibles, de nos bestiaux, le meilleur parti possible. C'est à ce point de vue, exclusivement, que je me placerai, et que j'apprécierai les idées qui me seront communiquées.

Ces communications, je les sollicite, non point seulement au point de vue de la suppression du marché de La Villette et de son remplacement par de grands marchés régionaux — ce qui serait l'idéal économique, ainsi que je le prouverai; idéal impossible à réaliser immédiatement, en l'état actuel des choses et peut-être aussi, des opinions à cet égard. Mais surtout au point de vue des réformes, améliorations ou transformations qui pourraient et devraient être apportées, le plus promptement possible, au fonctionnement du marché de La Villette. De quelque façon qu'elles soient formulées et d'où qu'elles viennent, partisans ou adversaires, — pourvu qu'elles soient sincères, — ces communi tions seront bien venues et j'en saurai gré à leurs auteurs.

CHARLES ROBIN,
emboucheur.

Moulins-Lacourt, par Charolles, 4 mai 1896.

L'admission temporaire.

Nous recevons de M. Lejosne la communication suivante :

« Après l'exposé que nous avons fait des abus de l'admission temporaire et des palliatifs proposés pour les atténuer, nous avons le devoir de donner des conclusions fermes. Nous sommes d'autant moins embarrassés pour le faire que la progression effrayante des admissions temporaires et la dépression corrélative du cours de nos blés indigènes justifient les mesures les plus énergiques.

« En effet, ces admissions ont été :

« En 1894 de 3.498.855 quint. mét.

« En 1895 de 5.331.692 quint. mét.

« (Différence en plus en une année de 1.832.827 quintaux. Soit 2.291.000 hectolitres.)

« Au 28 février 1895 : 740.828 quint.

« Au 29 février 1896 : 991.387 quint.

, (Différence en plus pour 2 mois : 2.550.559 quintaux. Soit à prévoir en plus pour toute l'année présente 2.756.149 quintaux qui, ajoutés au total de 1895, portent à plus de 8 millions de quintaux le chiffre des admissions temporaires à prévoir pour 1896.)

« Cette importation colossale avec primes ferait inévitablement tomber nos blés de la récolte pendante, apparemment réussie, à 16 francs et même à 15 francs le quintal. C'est-à-dire presque à parité du blé exotique sans droits. La prévision d'un pareil désastre appelle un remède immédiat et radical. Nous en proposerons deux, l'un provisoire, l'autre définitif.

« Lorsqu'en 1891 le gouvernement a craint un renchérissement excessif du blé, il a provoqué par l'initiative de M. Viger, cette détaxe de 2 fr. qui a été si bien exploitée contre nous par le commerce.

« Aujourd'hui, l'avilissement excessif du prix du blé indigène, comparativement au blé exotique (3 fr. d'écart) devenant à son tour *menaçant* pour la production nationale, le gouvernement n'a-t-il pas le devoir de proposer, ou d'adhérer à la proposition qui serait faite à la Chambre de *suspendre les admissions temporaires*, jusqu'à ce qu'une nouvelle réglementation soit intervenue?

« Cette mesure préparatoire suffirait pour relever immédiatement le cours de nos blés à parité du cours des blés étrangers, c'est-à-dire de 2 fr. 50 à 3 francs au quintal, sans influer sensiblement sur le cours des farines, réglé sur ce dernier. Elle s'impose dans l'intérêt de l'agriculture malgré les criailleries des contrebandiers de la frontière, qui ont trop longtemps exploité les défectuosités du régime actuel. Ce sera le pendant en sens inverse de la détaxe de 1891. L'intérêt de la production nationale n'équivaut-il pas à celui de l'alimentation publique?

« Pendant la suspension des admissions temporaires, les Chambres auront le loisir d'en discuter et d'en voter la réglementation définitive. Voyons ce qu'elle pourrait être. Le système actuel est universellement condamné par la doctrine non moins que par l'expérience.

« C'est celui du *bon à l'importation* qui paraît réunir les plus nombreuses adhésions.

« A notre connaissance, ce système n'est formulé d'une manière bien détaillée dans aucune publication française. Nous devons donc en rechercher le prototype dans la législation allemande à laquelle on veut l'emprunter.

« En Allemagne, l'exportateur de blé (et autres céréales) a le droit de demander (à partir d'une quantité *minima* de 500 kil.) un *certificat d'importation*, qui lui permet d'importer (dans les 6 mois) sans payer de droits, une quantité équivalente de marchandise de la même espèce. C'est l'*admission temporaire à blé contre blé*.

« Il paraît que cette législation est favorable à l'agriculture allemande puisque le cours du blé indigène est actuellement de 21 fr. 25 à Manheim et 18 fr. 25 à Paris. Le droit de douane (de 6 fr. 25) produit son entier effet en Allemagne, tandis qu'il ne joue chez nous que pour moitié, par le fait de nos admissions temporaires.

« De là à conclure que le bon à l'importation allemand est le remède souverain, il n'y a qu'un pas et des spécialistes autorisés l'ont franchi sans hésiter; M. Jules Domergue notamment, dans *la Réforme économique*, M. Lelong-Briquet dans les Sociétés et dans la presse agricoles du Nord.

« Nous nous permettrons de contester l'efficacité de ce remède et d'en proposer un plus radical.

« Tout d'abord, il faut remarquer que dans le système allemand, comme apparemment dans celui de ces messieurs, le bon à l'importation peut s'obtenir, non seulement par des exportations équivalentes de blé, mais par des exportations de farines à un taux de blutage jugé équivalent. On comprend dès lors que nos trafiquants *d'acquits* ne trouveraient d'autre changement apporté à leur commerce que l'obligation de faire sortir leurs farines *avant* (au lieu d'*après*) l'introduction de leurs blés.

« Cela se résoudrait en une simple avance à prendre. Aussitôt après ils continueraient leurs pratiques plus ou moins frauduleuses avec les mêmes chances de profit et d'impunité que devant.

« On aurait beau réviser les types, autoriser l'exportation des blés concurremment avec celle des farines; si, d'une part, l'on conserve dans notre législation le principe du *boni* ou de la prime à l'industrie exportatrice, et si, d'autre part, le personnel administratif des douanes ne se départ pas de son *esprit de tolérance* pour le commerce, la situation agricole ne se détendra pas.

« Pour arriver au résultat que nous poursuivons, c'est-à-dire *au relèvement du prix du blé indigène à parité du cours de l'exotique*, nous croyons que la législation allemande serait tout à fait insuffisante chez nous, où l'habitude de la fraude est passée dans les mœurs. Il nous faut une législation plus favorable à l'agriculture qui souffre, qu'à l'industrie minotière qui prospère, une législation qui assure le *plein jeu des droits de Douane.*

« Nous la trouvons en Autriche-Hongrie où elle vient d'être inaugurée à la grande satisfaction des populations rurales.

« Analysons-la brièvement.

« Elle exige d'abord la *consignation intégrale de l'argent* des droits à l'arrivée; mais sur ce point hâtons-nous de dire que nous nous contenterions de l'apurement par des bons à l'importa-tion. Elle n'accorde ensuite la restitution des droits que sur la base de 100 de farine contre 100 de blé, c'est-à-dire qu'au lieu de laisser un *boni*, une prime à l'importateur devenu exportateur, elle lui impose un sacrifice sur la réexportation du blé converti en farine.

« Par contre, il a la faculté d'apurer à 100 p. 100 avec du grain (blé ou seigle), ce qui l'oblige à donner la préférence aux grains indigènes sur les farines.

« Pour nous, voilà, sauf modification, sauf atténuation si l'on veut, le vrai, le seul remède pratique à la crise actuelle, si alarmante, du blé indigène.

« Plus de *boni* au farinier exportateur, mais une partie du droit restant à sa charge, si minime soit-elle (20 ou 10 0/0). L'Etat ne doit pas abandonner la totalité des droits établis sur le grain, au profit d'une industrie qui prospère sans concurrence, grâce à l'énormité des droits existants sur les farines.

« L'Agriculture en détresse mérite un traitement plus favorable, c'est-à-dire l'apurement du blé *poids pour poids*. Ce qui n'entraîne d'ailleurs aucune perte effective pour le Trésor.

« En somme, c'est presque le renversement du système de notre admission temporaire qui vient d'être édicté en Autriche.

« Nous proposons résolument à nos législateurs d'en adopter le principe en France.

« S'ils trouvent que la compensation à poids égal de farine est trop onéreuse pour la meunerie, qu'ils fixent un chiffre intermédiaire, mais toujours excédant le rendement réel suivant un type (unique autant que possible) à déterminer par la loi, c'est-à-dire : Que l'exportateur de farines perde une fraction du droit afférent au blé (soit 20, soit 10 0/0 tout au moins), de manière à assurer la préférence au blé indigène sur le blé étranger, les grains se faisant compensation exacte entre eux au point de vue de l'importation et de l'exportation.

« Ce que l'on vient de faire dans l'Autriche monarchique pour donner satisfaction à l'agriculture, pourquoi ne le ferait-on pas dans notre République française, où l'exploitation du sol est plus démocratisée que partout ailleurs? Pourquoi continuerait-on de sacrifier l'intérêt de nos populations rurales si patriotiques, au bénéfice du commerce cosmopolite qui ne l'est pas du tout?

« Au résumé, en présence d'une situation devenue calamiteuse, nous demandons : 1° Provisoirement, la suspension immédiate de l'admission temporaire telle qu'elle fonctionne aujourd'hui; 2° Pour l'avenir, la réglementation des importations compensables par des exportations d'après le principe de la loi autrichienne, c'est-à-dire sur le pied de 100 0/0 pour le grain, mais de 80 à 90 0/0 (avec une retenue de 20 à 10 0/0) pour la farine.

« Telle est notre conclusion définitive. Nous la soumettons au public agricole et à nos législateurs sans vanité d'auteur, puisqu'il s'agit non pas d'une idée personnelle, mais d'une idée consacrée par une législation voisine, et qui nous paraît appelée à faire son chemin en France.

« L. LEJOSNE,

Président du Syndicat de Bapaume. »

Nouvelles caisses rurales de crédit.

Le dernier *Bulletin mensuel* de l'*Union* des caisses rurales et ouvrières de M. Louis Durand annonce la nouvelle fondation de *vingt* caisses de crédit rural dans les départements du Gers, de l'Aisne, de la Haute-Marne, du Jura, du Doubs, etc.

En 1895, dit le *Bulletin*, les membres de ces caisses étaient au nombre de 5.500 et avaient opéré pour 741.000 fr. de recettes contre 720.000 francs de dépenses, d'où un mouvement de 1.600.000 francs. Ces chiffres ne sont-ils pas plus éloquents que tous les rapports et discours sur le crédit agricole?

Les caisses montrent qu'en matière de crédit agricole les petits ruisseaux font les grandes rivières.

Concours.

Exposition de basse-cour ou d'aviculture à Bourg (Ain). — Cette exposition organisée par l'excellent Syndicat de Bourg, aura lieu les 27 et 28 juin à Bourg.

Le succès éclatant de l'exposition précédente qui a eu lieu l'an dernier ne peut manquer d'assurer le succès de la seconde. L'élevage des volailles est en voie de succès continu en Bresse.

Concours de la race d'Aubrac. — Le concours de cette race bovine, dite d'Aubrac se tiendra à Laguiole (Aveyron) les 30 et 31 mai courant. On connaît les traits particuliers de cette race rustique à pelage blaireau, excellente, travailleuse, mais médiocre laitière, et qui laisse encore à désirer comme race à viande. Mais les améliorations déjà réalisées depuis vingt-cinq ans par quelques éleveurs, notamment MM. Baduel d'Oustrac, Rodat, de Bonald, etc., autorisent l'espoir d'améliorations ultérieures, comme il est arrivé à d'autres races françaises. Les concours spéciaux de reproducteurs d'élite sont un moyen précieux de faciliter cette tâche aux éleveurs qui ont le mérite de l'entreprendre.

Concours de la race Salers. — Cet intéressant concours se tiendra à Aurillac le 31 mai courant. Les progrès réalisés depuis vingt ans par la race Salers au point de vue de sa conformation sont un stimulant précieux pour rechercher les reproducteurs d'élite de la race.

Concours de soufreuses à Auch. — Le samedi 6 juin prochain, concours intéressant pour les vignerons; on y verra à l'épreuve les pompes soufreuses employées à répandre les poudres et les liquides destinés à combattre les maladies cryptogamiques qui envahissent les vignes.

Écrire à M. Lauzte, secrétaire de la Société d'encouragement, qui organise ce concours à Auch.

Concours dans la Somme. — La Société des agriculteurs de la Somme tiendra un concours pour l'arrondissement de Péronne à Roisel, le lundi de la Pentecôte, puis un second concours le 7 juin à Moreuil pour l'arrondissement de Montdidier. Les primes culturales seules sont réservées aux cultivateurs de ces deux cantons. Les instruments de partout y pourront concourir.

Les concours de cette Société ne doivent pas effacer le souvenir de son origine absolument odieuse, qui fut un coup d'État politique au mépris des droits et des titres des Comices agricoles qu'on dépouilla des subventions de l'État et du département pour imposer aux agriculteurs la domination de M. Denephine et de son clan politique. Les comices qui ont résisté seuls ont droit aux sympathies des amis sérieux de l'agriculture.

Concours agricole à Château-Thierry, organisé par le Comice, le 31 mai. Primes nombreuses, spécialement pour bâtiments d'exploitation, cultures fourragères, etc., régime hygiénique du bétail, etc.

Concours du Comice de Seine-et-Oise, un des plus importants de toute la France.— Ce concours pour l'arrondissement de Mantes se tiendra à Houdan, le 31 mai. Prix très nombreux pour toutes spécialités.

Concours du Comice de Rouen. — Se tiendra le 12 juillet à Grand'Couronne, pour l'arrondissement de Rouen. Les prix de culture sont réservés aux cantons de Grand'Couronne, Elbeuf, Boos et Sotteville.

Concours de faucheuses, faneuses et rateleuses à Grand'Couronne le 2 juillet.

Concours de la Société d'agriculture de l'Allier à Ebreuil, le 13 septembre. Prix importants pour métayage, élevage, amélioreurs, instruments, etc.

Exposition de raisins à Montpellier, en voie d'organisation. — Il s'agit de réunir des échantillons de toutes les espèces et variétés de raisins connus dans le monde entier. Exposition sans précédent et qui sera fort intéressante pour la viticulture et pour l'horticulture.

Concours de la race bovine Villard de Lans. — Ce concours se tiendra à Grenoble, le 31 mai courant.

Comice de Lunéville. — Cet important comice tiendra son concours le 30 août sous la présidence de M. Paul Genay.

Les primes de culture seront attribuées au canton de Baccarat. Adresser les mémoires avant le 25 juin au secrétaire du Comice, rue Cythère, 4.

Vente publique de laines à Reims.

Cette vente, la première de l'année, a été considérable, 40.000 toisons en suint et 13.500 kilos de laine d'agneau étaient offerts à l'industrie; 36.000 toisons et 12.000 kilos ont été vendus aux enchères, 25 0/0 plus cher qu'en 1895.

Prix moyens : 1re qualité, 1 fr. 55; moyenne, 1 fr. 20 à 1 fr. 49; agneaux, 1 fr. 40 à 1 fr. 65.

Samedi prochain, seconde vente.

Soldats soutiens de famille.

Les militaires appartenant aux sections d'infirmiers militaires, comptant un an ou deux de présence sous les drapeaux, pourront être envoyés en congé à titre de soutiens de famille.

Toute demande devra être accompagnée des justifications prescrites par la loi. Les commandants de corps d'armée transmettront au ministre les seules pétitions susceptibles d'être prises en considération.

Soldats moissonneurs.

Le ministre de la guerre vient de faire connaître à son collègue de l'agriculture que le nombre des militaires qui seront mis en 1896 à la disposition des cultivateurs à l'époque de la moisson, sera élevé dans des proportions sensibles.

Ce nombre pourra, si les nécessités du service et de l'instruction le permettent, être porté à 12 0/0 de l'effectif pour les corps de l'infanterie, du génie et des équipages, et à 6 0/0 pour les régiments de cavalerie et d'artillerie.

Les conscrits fils de parents infirmes.

Une instruction spéciale est envoyée aux préfets relativement aux conscrits qui invoquent le dispense à titre de soutien de famille en raison des infirmités de leurs parents et sur le sort desquels il ne sera statué qu'à la clôture des opérations, c'est-à-dire dans les premiers jours de juin.

L'Association de l'industrie et de l'agriculture.

Cette grande Association formée, il y a cinq ans, entre des représentants de l'agriculture et de l'industrie, a peu fait parler d'elle, malgré le but important de sa création qui est d'obtenir du parlement le régime douanier le plus propre à protéger également la production industrielle et la production agricole.

on sait trop, hélas ! combien ses efforts
ont été stériles jusqu'à ce jour. Pourquoi ? Ce n'est pas à nous de répondre à
cette question, on connaît notre réponse
depuis le premier jour.

Quoi qu'il en soit, l'Association avait
pour président de la section agricole
J. Méline. L'honorable président a
naturellement donné sa démission à son
avènement au ministère. L'Association
lui a donné pour successeur M. Sébline,
vice-président, et a nommé vice-président M. de Saint-Quentin, député du
Calvados, agriculteur émérite, bien
connu pour le talent et le zèle qu'il déploie dans la défense des intérêts agricoles. Voilà un homme qui serait un
bon ministre de l'agriculture, si l'agriculture n'était pas sacrifiée au maqui-
gnonnage des cupidités personnelles
dans les curées des portefeuilles ministériels.

L'Association a envoyé à M. Méline
une adresse de félicitations dans laquelle
elle lui promet son concours, en le
priant d'accepter le titre de son président d'honneur.

Dieu veuille que les efforts de l'Association aboutissent à des réalités que
l'agriculture et l'industrie ont vainement
attendues jusqu'à ce jour.

Les misères de la sécheresse.

La France n'est pas le seul pays dont
les campagnes souffrent de la sécheresse.
L'Espagne est plus cruellement éprouvée que nous. La sécheresse ne stérilise pas seulement ses prairies comme
chez nous. Les blés d'hiver eux-mêmes
sont grillés jusqu'aux racines. Le gouvernement prévoyant une famine générale va décréter une suspension temporaire des droits de douane sur les céréales. Avec raison il ne se croira pas
esclave d'un système de douane invariable dont la théorie a été soutenue
par des sophistes en France. Les douanes
sont pour lui ce qu'elles doivent être :
des barrières mobiles dont le niveau
doit être subordonné aux besoins de la
production et de la consommation nationale.

En Sardaigne, cette île jadis riche et
florissante, les populations meurent
littéralement de faim. Les paysans sont
réduits à se nourrir d'herbes sèches. Le
gouvernement italien n'a rien tenté
pour secourir ces malheureuses populations.

N'est-il pas monstrueux que, dans
l'état actuel de la production universelle, qui excède partout les besoins,
en présence des moyens de transport
rapides sans limites, entre tous les pays
du globe, on trouve encore des populations chrétiennes au cœur de l'Europe,
réduites par l'incurie de leurs gouvernants à mourir de faim ?

À quoi servent donc les progrès de
la production sous de pareils gouvernements ?

CHRONIQUE AGRICOLE

Situation. — La Saison.

Encore une huitaine désolante pour
nos campagnes, la plupart des régions
du territoire sont cruellement éprouvées
par un soleil implacable, qui dessèche
toutes les plantes en terre, et spécialement les herbes des prairies.

Il y a eu çà et là quelques rares pluies
d'orage, notamment aux environs de
Nice, aux environs de Toulouse; mais
sur l'ensemble du territoire, la sécheresse sévit sur toutes les plantes, même
sur les arbres fruitiers.

Si ce malheureux temps continue, si
les pluies vainement attendues depuis
deux mois se font encore attendre une
semaine de plus, nos campagnes sont à
la veille de subir une nouvelle crise
fourragère aussi cruelle que celle qui
les a éprouvées si cruellement en 1893.

Le ministère de l'agriculture s'est
préoccupé avec raison des calamités de
cette situation. Il a envoyé aux professeurs départementaux une circulaire par
laquelle il leur enjoint de propager partout avec tout le zèle possible les moyens
pratiques qui furent employés en 1893
par un petit nombre d'agriculteurs
d'élite, pour nourrir leurs bestiaux, en
remplacement des foins qui avaient fait
défaut presque partout.

Ces moyens, nos lecteurs le savent,
furent signalés par nous dans les plus
grands détails pendant toute la cruelle
saison d'été 1893. Malheureusement, ils
ne furent employés que par une
minorité d'éleveurs éclairés, instruits.
La plupart des autres, toujours en défiance contre ce qui est nouveau pour
eux, laissèrent leurs animaux périr de
faim, et ne surent pas utiliser les ressources alimentaires qu'ils eussent pu
tirer des pailles, des émondes, des haies,
des jeunes pousses des arbres, broyées
et fermentées, mélangées avec les sons,
les farines, les tourteaux, etc.

Nous avions alors sous les yeux un
spectacle navrant que nous signalâmes
à l'attention de M. Tisserand, le zélé et
savant directeur de l'agriculture, le spectacle d'ouvriers occupés à tailler les
haies d'aubépine, d'acacia, etc., bor-
dant les chemins de fer, et qu'ils réduisaient en cendres, comme de coutume,
pendant que dans le voisinage, les bestiaux que ces aliments eussent pu sauver périssaient de faim.

M. Tisserand nous répondit que notre
idée était parfaitement juste, notre
plainte parfaitement fondée, mais que
les Compagnies offraient en vain ces
émondes aux cultivateurs voisins en
détresse. C'était à raison de leurs refus
que les élagueurs les réduisaient en
cendres.

Aujourd'hui nous voici à la veille
d'une nouvelle épreuve de ce genre ;
nous nous demandons si la cruelle expérience de 1893 va enfin être comprise
par un plus grand nombre d'éleveurs,
et si on aura l'intelligence d'utiliser à
l'alimentation ces précieuses émondes
qu'on brûla faute d'emploi en 1893. Le
ministère de l'agriculture enjoint avec
raison à ses agents d'éclairer sur ce
point si capital, ces masses encore considérables d'éleveurs généralement rebelles à toutes les idées que leurs pères
ne leur ont pas transmises.

Certes les expériences d'alimentation
tentées avec succès par des éleveurs
d'élite en 1893, furent publiées par nous
et par les autres journaux agricoles avec
tous les détails nécessaires pour en démontrer l'excellence. Mais on est oublieux
en France : les récoltes abondantes de
1894 et 1895 eurent pour effet d'en négliger le souvenir et les enseignements,
Quelques éleveurs d'élite seuls en tirè-
rent parti, et ils comprirent en effet que
ces nourritures fermentées, composées
de matières peu utiles, rendues nutritives et digestives par la cuisson, la fermentation, la pulvérisation, etc., étaient
avantageuses en tout temps, même
dans les années d'abondance, et ils en
font un usage courant dans la pratique.

Nous reviendrons naturellement sur
ce sujet d'une actualité inévitable.

En attendant, laissons de côté les
moyens de lutter contre la disette alimentaire, et disons un mot des effets de
la disette d'eau dont les plantes en terre
souffrent cruellement aujourd'hui.

La sécheresse des plantes.

Les blés d'hiver, grâce à Dieu, souffrent peu, sauf dans les terres légères,
légèrement labourées et maigrement fumées. C'est dans ce cas de détresse qu'on
apprécie le mérite des labours profonds
et des riches fumures. Mais la sécheresse
sévit sur toutes les plantes semées depuis le mois de mars.

Les moyens de venir en aide, à défaut d'arrosage, sont les herbages, les
binages, les sarclages, même les roulages.

Les binages et les sarclages ont l'avantage de briser l'écorce supérieure du sol
et d'attirer à la surface une partie de
l'humidité que contient encore le sous-
sol, ou de la couche arable. On a dit
que quelquefois un binage valait un arrosage. C'est beaucoup dire, en général,
mais dans tous les cas, le binage soulage les plantes et atténue les effets de
la sécheresse. Le hersage des plantes
semées à la volée, le binage des plantes
semées en lignes sont des opérations à
recommander dans la phase de sécheresse pénible que subissent aujourd'hui
les plantes semées depuis deux mois.

Le roulage qui s'opère en sens contraire, a pour effet, en refoulant la surface, d'arrêter l'évaporation du sol par
les vents secs et par le soleil. Mais lorsque la pluie arrive, la surface aplatie
par le rouleau doit être hersée ou binée
pour rendre aux plantes l'air dont elles
ont besoin en même temps que l'humidité.

Il n'est pas besoin d'être un grand clerc en agriculture pour comprendre les effets utiles de ces opérations dans les champs, lorsqu'elles sont familières à tout le monde dans la culture des jardins.

Les maïs pour fourrages.

La culture du maïs pour fourrage, c'est-à-dire pour être consommé en vert, prend avec raison une extension toujours croissante en France depuis trente ans.

Le maïs cultivé pour sa graine reste toujours une culture spéciale à nos régions méridionales, et à quelques cantons du sud et du sud-ouest.

Le maïs en effet est une plante qui exige un climat sec et chaud, des terres légères, exemptes d'humidité pour en pousser les graines à maturité. On n'y réussit dans les contrées du centre, que dans les années où l'été est très chaud.

En revanche, on peut partout obtenir de bonnes récoltes des tiges et des feuilles du maïs, même couronnées de leurs spathes à l'état vert.

C'est vers la fin de mai qu'on sème le maïs. Comme les autres céréales, le maïs aime les terres bien labourées et bien fumées, mais les terres humides ne lui conviennent guère. Les engrais qui lui conviennent sont comme pour le blé, le mélange de phosphate, d'azote et de potasse. Il est bon de semer à la suite de chaudes journées, dans un sol échauffé par le soleil de la veille. On sème plus ou moins épais, suivant la richesse des sols. Un semis épais a l'avantage de produire des tiges nombreuses et grêles, qui sont un meilleur aliment que les grosses tiges produites par les semis 'clair

Les semis en lignes sont préférables de tout point aux semis à la volée, à raison même du volume des grains. On les sème dans des raies tracées au rayonneur, à une profondeur de 4 à 5 centimètres seulement. Le maïs risque de pourrir dans un sol froid et humide. Au reste l'écart entre les semences doit être proportionné à la hauteur que doivent atteindre les tiges. Aussi il va de soi que le maïs quarantain qui ne doit atteindre qu'une hauteur de 1 m. 20, doit être semé plus dru que le maïs géant qui atteint 3 mètres et plus. Pour éviter la déprédation de certains oiseaux, on chaule le maïs avec un lait de chaux additionné de teinture d'aloès ou une solution d'huile lourde dont l'amertume est un préservatif.

Pour le choix des variétés, on doit tenir compte de la fertilité du terrain. Les variétés à haute tige comme le « caragua » et la « dent de cheval » ne réussissent que dans les terres de haute fertilité, qui seules en effet suffisent à leur appétit. Dans les terres moins riches, les maïs moyens comme le maïs des Landes sont mieux à leur place.

Au reste les syndicats agricoles sont en mesure de procurer à leurs adhérents les variétés de maïs qui s'adaptent le mieux à leurs cultures.

Mais nous devons prévenir les agriculteurs qu'ils ont à se tenir en garde contre les marchands de grains de maïs étranger. La plupart des maïs à semer en effet viennent de l'étranger, et rares sont les maisons qui sont en mesure de garantir la bonne qualité de ces grains importés par elles. M. A. Schribaux a publié des rapports qui démontrent que les graines de maïs, comme celles de trèfle et de luzerne de vesces, etc., sont l'objet de trafics frauduleux contre lesquels la culture a besoin de se tenir en garde.

Le maïs exige souvent un binage lorsqu'il commence à atteindre une hauteur de 4 à 5 centimètres, surtout dans les temps de sécheresse.

La sélection pratique de l'avoine.

On lit dans la *Revue Scientifique* du 2 mai :

« La *Revue Scien.ifique* du 22 février dernier a publié, d'après la *Gazette des Campagnes*, dans ses « informations » une méthode de sélection pratique de l'avoine qui aurait donné d'excellents résultats à l'Ecole d'agriculture du Cantal. Avant de faire pratiquer le procédé en grand pour les avoines de mars, j'ai fait des essais de laboratoire, qui m'ont démontré que, par l'immersion dans l'eau, on élimine environ 22 p. 100 en poids de graines légères d'avoine ou autres graines plus ou moins nuisibles ; l'expérience sur plusieurs hectolitres m'a donné à peu près le même résultat. Il y a un assez grand nombre de gros grains qui surnagent, mais la plupart d'entre eux paraissent être, d'après leur coloration interne, le théâtre de maladies cryptogamiques.

« J'ai songé à compléter la méthode de façon à éliminer les grains autres que l'avoine, lesquels sont destinés à diminuer sensiblement la valeur de la récolte future.

« J'y suis parvenu en recherchant une solution assez faible pour maintenir flottants les grains d'avoine, les autres grains tombant au fond du récipient employé pour l'immersion.

« L'emploi du sulfate de cuivre était tout indiqué, puisque ce sel est employé avec succès pour détruire les spores qui pourraient se trouver à la surface des grains.

« Le succès a été complet avec une solution à 25 p. 100 d'une densité de 1,14, du moins avec le sulfate que j'ai utilisé, lequel contient une notable proportion de fer.

« La pratique m'a démontré qu'il est utile de procéder de la façon suivante :

« 1° Immersion dans la solution de sulfate de cuivre, éliminant les graines plus denses que l'avoine.

« 2° Immersion dans l'eau éliminant les grains moins denses que l'avoine et les mauvais grains d'avoine, débarrassant en même temps la semence d'un excès de sulfate de cuivre. »

P. BARTHE.

Comment faire de la bonne agriculture ?

Je n'hésite pas à dire que, quel que soit le mode d'exploitation d'un domaine, le succès de l'entreprise dépend beaucoup des aptitudes, du savoir théorique et pratique, en un mot, du capital intellectuel de celui qui fait valoir. On peut répéter sans crainte de se tromper : *Tant vaut l'homme, tant vaut la terre.* Je connais encore des cultivateurs qui réussissent bien, où d'autres se sont ruinés. Malheureusement ils ne sont pas très nombreux et on doit convenir que les temps sont durs pour les travailleurs du sol.

Ceux qui ne se sont pas encore lancés dans la carrière peuvent demander sérieusement *s'il est encore possible de gagner de l'argent en agriculture ? Si oui, comment peut-on faire ?*

Deux questions graves qu'a dû se poser aussi maintes fois celui qui a la lourde responsabilité d'enseigner les meilleures méthodes culturales à une ardente et bonne jeunesse, l'espoir de l'avenir.

Je ne puis résoudre ce difficile problème pour chaque cultivateur, mais je vais essayer d'en donner la solution générale, laissant le soin au lecteur intéressé d'appliquer les chiffres de la pratique pour les cas particuliers et de tirer lui-même la conclusion.

— Personne ne peut contester que l'objet de l'agriculture proprement dite est *d'obtenir du sol les produits végétaux les plus abondants, les plus riches et au meilleur marché possible — puis de les livrer à la consommation ou de les vendre le plus cher possible.* — C'est la différence entre le prix de production et le prix de vente qui donnera le bénéfice ou la perte dans toute exploitation agricole.

C'est bien la solution de ce gros problème qu'il s'agit de trouver. — Elle demanderait un volume ; le temps et l'espace manquent à la fois, résumons-la. — Ceux qui veulent bien nous lire y ajouteront les développements utiles.

Avant tout, il ne faut pas oublier que le sol est le milieu où vivent les plantes en y puisant, presque en totalité, les éléments nécessaires, depuis leur germination jusqu'à leur maturité.

Il est donc absolument nécessaire de bien connaître le sol que l'on veut exploiter ; étudier sa composition physique et chimique, ses aptitudes à donner telle ou telle plante dont on connaît les besoins.

De plus un végétal quelconque ne peut vivre et prospérer qu'avec le concours de l'air, de la lumière, de l'humidité, de la chaleur. Il faut donc mettre chaque plante dans le milieu atmosphérique où elle doit prospérer. Ainsi, il faut plus de chaleur et de lumière pour que la vigne mûrisse son fruit, que le blé, le seigle et l'avoine pour donner leur grain.

A cette étude préliminaire très sérieuse, il faut en ajouter une autre non moins importante, celle de la *restitution* au sol des éléments enlevés par les plantes afin d'entretenir, d'augmenter même sa fécondité. Pour cela il faut faire un plan cultural ou un *assolement* de façon que les plantes qui se succéderont se rendent mutuellement service, tant au point de vue de la propreté de la terre, qu'à celui de l'entretien de sa richesse.

Puis on se souviendra que ce n'est pas tout d'obtenir de bons produits végétaux d'un sol; l'essentiel est de savoir en tirer le plus grand profit.

Deux cas peuvent se présenter : 1° ou bien on vend directement les denrées récoltées; 2° ou bien on les fait consommer à l'intérieur. Il y a aussi le système mixte par lequel on fait les deux en même temps.

On ne doit vendre les denrées en nature, foins, grains, pailles, racines, etc., qu'autant que leur prix est rémunérateur, c'est-à-dire que cette vente donne une somme supérieure à celle qui a été dépensée pour les obtenir. Il faut tenir compte de l'appauvrissement graduel du sol par cette exportation et lui rendre au moins l'équivalent des substances fertilisantes enlevées.

Ce système ne peut évidemment convenir qu'autant que les débouchés ne sont pas éloignés, sans cela les prix de transport absorberaient les bénéfices.

Il est difficile de préciser la distance, cela dépend de la nature des produits et des moyens de transport.

Par voitures et sur bonnes routes, on ne doit pas transporter les grains, les pailles et les fourrages au-delà de 40 kilomètres. Les betteraves, les tubercules au-delà de 5 à 8 kilomètres.

Par chemin de fer, les prix de transport sont encore trop élevés.

Après le sol, ce sont les débouchés qui devront guider l'agriculteur dans le choix des plantes à cultiver. Il serait évidemment peu économique d'exploiter celles qui ne sont pas de vente courante dans le pays ou dont le transport serait trop coûteux et absorberait les bénéfices.

Le deuxième moyen de tirer parti des denrées produites dans un domaine, est de faire consommer sur place par le bétail, et par suite de produire le fumier. Dans ce cas, le point capital est de choisir l'espèce et la variété qui les paiera le plus cher, tant pour les animaux de *travail* que pour ceux de *rente*.

Pour la première, il ne sera pas du tout indifférent de prendre le cheval ou le bœuf, ou même les deux à la fois. Leur nombre dépendra évidemment des divers travaux qu'ils auront à exécuter et aussi de la difficulté de ces mêmes travaux.

Pour les animaux de rente l'exploitant devra se demander : Quelles espèces et races conviennent au climat, au genre de nourriture dont on dispose, à l'écoulement facile et lucratif des produits fournis, etc., etc.

Dans certains cas, ce sera la vache laitière, au point de vue du lait vendu en nature ou transformé en beurre et en fromages. Alors le choix de l'exploitant se portera sur les meilleures laitières et les nourritures qui poussent le plus à la lactation.

Dans un autre, ce sera l'élevage direct ou combiné avec une industrie agricole. Pour que cette spéculation soit lucrative, il faudra des aliments à bon marché, depuis la naissance de l'animal jusqu'à l'âge adulte ou jusqu'à la vente.

Là on fera de l'engraissement à l'herbage ou à l'étable; il faudra choisir des animaux aptes à prendre rapidement la graisse. Il y a des herbages, des nourritures qui ne favorisent pas du tout cette spéculation. Certains aliments conviennent mieux à une espèce animale qu'à une autre. Il faut en tenir compte.

Ici on combinera deux ou trois de ces spéculations ; elles pourront se rendre mutuellement service. Aujourd'hui, en agriculture, il n'est pas prudent des trop spécialiser. Il faut avoir, comme on dit, plusieurs cordes à son arc. On doit pouvoir changer la spéculation dès qu'elle ne rapporte plus.

Le *capital* dont on dispose influe aussi sur la spéculation que l'on veut faire. Il faut encore tenir compte de la cherté ou du bon marché de la main-d'œuvre; elle influe considérablement sur les résultats financiers de l'entreprise.

Le point le plus important pour le cultivateur, et celui qui est peut-être, hélas! le plus négligé, est de se rendre compte par une *comptabilité exacte* du résultat financier de ses entreprises culturales ou animales. Beaucoup d'entre eux n'auraient pas continué certaines spéculations s'ils avaient constaté sérieusement qu'elles les mettaient en perte et se seraient arrêtés sur le chemin de la ruine.

Nous venons de résumer bien imparfaitement, il est vrai, les règles qui nous semblent les meilleures pour tout cultivateur qui veut faire de *l'argent par l'agriculture* en résolvant ce grand problème : *Un domaine étant donné, quel capital d'exploitation est nécessaire pour le faire valoir, et comment employer ce dernier, comment le transformer, le faire mouvoir pour en retirer les plus gros bénéfices?...*

Le complément indispensable de tout cela, le moyen le plus efficace et sans lequel les autres n'aboutiraient pas à un résultat satisfaisant, c'est *l'ordre, l'économie*.

Il faut de l'ordre et de l'économie dans l'organisation de la culture, dans l'emploi des instruments et de la main-d'œuvre convenables, dans les ventes et les achats, dans les voyages nécessaires ou seulement utiles ; c'est le *rôle du chef d'exploitation* de veiller à tous ces détails.

L'ordre et l'économie dans le *ménage* et les nombreuses spéculations qui peuvent se faire à l'intérieur : basse-cour, laiterie, etc. C'est le *rôle de la femme*, ce trésor précieux qui doit garder tous les autres. En tout, il faut bannir le luxe, le superflu, et comme me le disait dernièrement un agriculteur praticien, rentier aujourd'hui : *il faut vendre beaucoup et acheter peu.*

Enfin et par-dessus tout, il faut mériter la bénédiction de Dieu, de Celui qui est le maître de tous les éléments, qui seul fait germer et mûrir nos moissons.

Frère Antonis,
Sous-directeur de l'Institut de Beauvais.

L'alimentation aux tourteaux.

Nous trouvons dans un journal belge sous la signature de M. Louis Drumel, ingénieur agricole, une intéressante comparaison sur deux rations différentes pour vaches laitières :

1° Chez un fermier, la ration primitive de onze vaches laitières (poids moyen 580 kil.) se composait par tête et par jour de : 4 kil. regain, 26 kil. betteraves, 7 kil. pulpes, 4 kil. balles de froment, 5 kil. paille d'avoine, 2 kil. farine de maïs, renfermant :

Matières organiques.	15	k.603
Albumine digestible.	0	823
Hydrates de carbone digestibles.	9	372
Graisse digestible	0	211
Rapport nutritif, 1 : 12.		

Les 22 kil. de farine de maïs coûtant 11 fr. les 100 kil. ont été remplacés par 16 kil. 5 de tourteaux d'arachide.

La ration contenait alors :

Matières organiques.	15	k.170
Albumine digestible.	1	311
Hydrates de carbone digestibles	8	488
Graisse digestible	0	231
Rapport nutritif, 1 : 69.		

Cette substitution, quoique ne donnant pas encore une ration parfaite, a produit une augmentation journalière de 19 litres 5 de lait à 15 centimes soit 2 fr. 71.

Ce joli bénéfice a été produit par 16 kil. 5 de tourteaux.

En admettant que le résultat ait été le même pour toute la livraison le bénéfice serait de 820 francs, c'est-à-dire plus de 100 pour 100 du prix d'achat.

2° Chez un autre cultivateur, la ration journalière des vaches laitières (600 kil.) était par tête : 42 kil. betteraves, 5 kil. foin de trèfle, 5 kil. paille d'avoine, 3 kil. farine de maïs (11 fr. les 100 kil.) et 2 kil. son de froment (10 fr. les 100 kil.).

Cette ration renfermait :

Matières organiques. 16 k.878
Albumine digestible.   1   304
Hydrates de carbone diges-
tibles.   10   282
Graisse.   0   690
Rapport nutritif, 1 : 11,2.

Ce fermier a été plus radical, et le résultat obtenu n'est pas moins bon.

Les 3 kil. de farine de maïs et les 2 kil. de son de froment ont été remplacés totalement par 1 kil. 5 de tourteaux d'arachide décortiquée.

La nouvelle ration contenait ainsi :

Matières organiques 13 k.975
Albumine digestible.   1   500
Hydrates de carbone diges-
tibles   8   264
Graisse digestible   0   222
Rapport nutritif, 1 : 7, 2.

Cette transformation a produit sur la ration journalière de 5 vaches une économie de 1 fr. 45. L'augmentation en beurre a été de 1,5 kil. par semaine, à 3 francs = 4 fr. 50. D'où un bénéfice total de 10,15 (1,45 × 8 + 4,50 = 14 fr.65 par semaine. Cette somme a été produite par 52 kil. 5 de tourteaux d'arachide.

Si l'on peut rapporter ce bénéfice hebdomadaire à toute la livraison, on arrive au chiffre 1.294 fr. 68, soit plus de 150 pour 100 du prix d'achat.

On voit combien les tourteaux peuvent offrir d'avantages aux éleveurs intelligents. Rappelons à ce propos les excellents résultats obtenus par M. Ferté avec les tourteaux de son ou fromentine de M. Millot.

Un signe de la tuberculose.

On sait que cette redoutable maladie existe longtemps à l'état latent, dans les bêtes bovines, sans qu'aucun signe ait été découvert jusqu'à ce jour pour la reconnaître à temps — c'est-à-dire assez tôt pour en empêcher la contagion.

Un vétérinaire correspondant du *Progrès agricole* assure que si le ventre des jeunes bovins gonfle à la suite de leur repas, il est probable qu'ils sont atteints de la terrible maladie et que de ce moment il faut les séquestrer et se hâter de les livrer à la boucherie.

Quoique cette probabilité soit loin d'être une certitude, nous engageons les éleveurs à suivre le conseil du vétérinaire, c'est-à-dire à séquestrer l'animal le premier jour, et à le sacrifier si le gonflement se renouvelle les jours suivants.

Traitement de l'asphyxie des animaux.

L'asphyxie est un arrêt ou suspension de la respiration causé par submersion, écrasement ou compression, strangulation, gaz délétères, froid, coup de chaleur, foudre.

En attendant le vétérinaire que l'on doit appeler au plus tôt, faire disparaître la cause de l'asphyxie, enlever les harnais, mettre l'animal au grand air, le frictionner vigoureusement avec un chiffon imbibé d'essence de térébenthine, asperger la tête avec de l'eau froide essuyée aussitôt. *Aussitôt que possible* et en même temps que l'on donne les soins indiqués ci-dessus, ouvrir la bouche de force à l'aide d'un morceau de bois faisant levier, la faire maintenir ouverte, saisir la langue après s'être entouré la main d'un linge pour mieux la tenir et la tirer fortement, brusquement et complètement en avant, la lâcher pour la laisser revenir en arrière, puis la tirer à nouveau en dehors, la laissant revenir en arrière et ainsi de suite, de manière à faire 4 à 6 tractions rythmées par minute; à moins que l'animal ne paraisse revenir, continuer pendant une dizaine de minutes. Ensuite insuffler de l'air par les narines à l'aide d'un soufflet manœuvré à petits coups intermittents comme dans la respiration naturelle, en même temps presser la poitrine et le ventre légèrement et lentement, pour imiter le mouvement des côtes.

C. Crépeaux.

La clavelée et sa sérothérapie.

On sait que la clavelée ou variole ovine cause de grands ravages dans certains troupeaux de moutons, surtout dans la région méditerranéenne. M. Duclert, professeur d'agriculture de Montpellier, étudiant l'efficacité de la vaccination préventive contre cette maladie, a observé que les jeunes bêtes issues de mères ayant eu des accidents claveleux avant la conception, présentent une immunité absolue ou tout au moins relative contre la contagion. M. Duclert a montré aussi que le sérum provenant d'animaux ayant résisté à une variole grave, exerce pendant une période de dix à onze mois après l'affection une action préventive mais seulement passagère et une action curative lorsque le traitement est utilisé assez hâtivement.

Les aliments hydro-carbonés.

Dans l'état actuel de la science en matière d'alimentation, tant humaine qu'animale, le rôle des matières protéiques est clairement indiqué, puisque ces matières constituent les substances des corps vivants, muscles, sang, os, etc. Le rôle des matières hydro-carbonées est moins nettement défini. On sait qu'elles ne sont pas assimilées, mais qu'elles servent à l'assimilation des matières protéiques et phosphatées.

M. Lemurié, de l'Institut agronomique, a publié sur ce sujet une étude intéressante.

Après avoir rappelé que la chaux, certaines matières minérales, le fer, la magnésie, la soude, en faibles quantités, il est vrai, s'ajoutent à la matière azotée organique nommée quaternaire, il aborde aussi le rôle des corps gras et hydro-carbonés :

Le groupe des corps gras comprend toutes les substances dans l'éther : graisses dites huiles, essences, elles ne sont pas digérées par l'animal, mais émulsionnées dans l'intestin, elles passent directement au sang, dans la proportion des autres éléments de la ration et principalement de celle des matières azotées, dont elles facilitent l'assimilation. Les corps gras sont ordinairement formés de 76.5 0/0 de carbone, 12 d'hydrogène et 11,5 d'oxygène.

On leur oppose les autres hydrates de carbone extractifs, non azotés, tels que l'amidon ou fécule, la dextrine, la cellulose, le glucose, le sucre. L'amidon se trouve en abondance dans les farineux, graines de céréales, tubercules, racines charnues. La cellulose existe en plus grande quantité dans tous les végétaux, puisqu'elle en constitue la charpente. A l'état jeune elle est tendre, très digestive, et se rapproche de la fécule : elle est avec elle un des meilleurs aliments pour la production de la graisse. Mais, avec l'âge, elle durcit et prend la consistance du bois : elle est alors à peu près indigeste. C'est ce qui a lieu pour les branches d'arbres, les tiges vieilles de certaines plantes comme le trèfle, le mélilot, la carotte et toutes les espèces qui, pâturées au printemps, sont dédaignées du bétail à la maturité. Les sucs sont presque toujours à l'état de dissolution dans la sève, les tiges de maïs en renferment d'assez fortes proportions.

Une expérience d'engraissement.

M. Cormoul-Houlès, agriculteur notable dans le Tarn, a fait une intéressante expérience sur les matières alimentaires destinées à l'engraissement des bêtes bovines. M. Aimé Girard en a rendu le compte suivant à la Société nationale d'agriculture.

M. Cormoul a soumis vingt génisses limousines de même poids et de même âge, à cinq systèmes alimentaires, savoir : 1° foin et blé cuit, — 2° foin et seigle cuit, — 3° foin et tourteau, — 4° foin et pommes de terre Merveille d'Amérique, — 5° foin et pomme de terre Richters Imperator. Chaque bête consomma par jour 8 kilos de foin avec les matières suivantes : 1er lot, 4 kilos de blé moulu, — 2e lot, 4 kilos de seigle moulu, — 3e lot, 4 kilos de tourteau, — 4e lot, 14 kilos de pommes de terre Merveille d'Amérique, — 5e lot, 14 kilos de Richters.

Ces aliments donnèrent les résultats suivants, les génisses gagnèrent par jour : 1er lot (foin et blé), 830 grammes, — 2e lot (foin et seigle), 790 grammes, — 3e lot (foin et tourteau), 1 k.030, — 4e lot (foin et pommes de terre Merveille), 790 grammes, — 5e lot (foin et Rich-

...800 grammes. Le mélange foin et tourteau était donc le plus profitable. En tablant sur les prix actuels de ces matières, M. Cormouls-Houlès conclut que dans ce régime d'engraissement, le blé rapporterait 18 fr. 32 le quintal, les pommes de terre 5 francs et 5 fr. 30 le quintal. La pomme de terre est donc plus rémunératrice que le blé.

La lumière et les maladies parasitaires des plantes.

M. L. Mangin a observé que les spores du black rot et d'autres champignons parasites de la vigne, comme le botrytis cinerea, sont tuées ou au moins très contrariées dans leur germination lorsqu'elles sont exposées à la lumière diffuse, quoique cette lumière soit, on le sait beaucoup moins active que la lumière solaire directe. La conclusion pratique de ces recherches c'est qu'il est très important que les liquides anti-cryptogamiques répandus par les pulvérisateurs, atteignent complètement — ce qui n'est point facilement obtenu — les feuilles ou grappes de la partie intérieure des vigne, parties qui, soustraite à la lumière et conservant plus longtemps l'humidité, est dans les conditions les plus favorables au développement des champignons parasites.

C. C.

RECETTES

La bouillie bordelaise Jullian frères. — MM. Jullian frères, à Bordeaux, offrent aux viticulteurs une bouillie bordelaise céleste préparée d'après le système de M. Pons. D'après eux, cette bouillie est supérieure à toutes celles qu'on connaît (même à la bouillie Perret?) pour son adhérence à la feuille, pour l'innocuité qu'elle assure aux feuilles.

MM. Jullian frères invoquent à l'appui de cette réclame des témoignages très sérieux, paraît-il. Mais nous, jusqu'à nouvel ordre, nous croyons de voir nous borner à mentionner la réclame, en laissant à qui de droit le soin d'en vérifier la valeur.

Des usages de la vaseline.

La *vaseline* est un corps complexe très gras que l'on extrait du pétrole ou de la paraffine. Ce corps a sur toutes les graisses les plus fines, dont il possède les qualités, le grand avantage de ne pas s'altérer au contact de l'air, c'est-à-dire de ne pas rancir. Aussi la vaseline est-elle très employée en pharmacie. La pâtisserie avait essayé de la substituer au beurre et à la graisse, mais la chose lui fut interdite.

Un industriel français, M. *Marcellin Pernois*, a eu récemment la pensée de rechercher les moyens de vulgariser les propriétés de la vaseline. Après de nombreuses études toutes couronnées de succès, M. *Pernois* a installé une vaste usine destinée à la production en grand de la vaseline. Cette fabrique est à Ligny-Cambrésis (Nord), elle a pour annexe un établissement spécial appelé les *Docks de la Campagne* qui est destiné à la préparation de la vaseline en vue des usages agricoles, tandis que la fabrique proprement dite est spéciale à la pharmacie.

On ne saurait croire quelle est la variété de produits intéressant l'agriculture ou l'industrie qui ont pour base la vaseline. Ce sont des huiles, des graisses pour l'entretien des harnais, des cuirs, des instruments, des bois vernis, des essieux, des engrenages, des onguents pour les pieds des chevaux. Puis on obtient des peintures vernies contre l'humidité qui donnent aux murs un aspect élégant et une inaltérabilité parfaite; c'est encore un produit spécial le *carboneum P. M. C.* qui conserve infiniment les bois, poutres, pieux, échalas, etc. M. *Marcellin Pernois* obtient également avec la vaseline, une nombreuse série de préparations vétérinaires dont l'emploi rend de grands services. Il n'a pas oublié les graisses pour machines très délicates (machines à coudre, voitures à pétrole, etc.) pour les fusils, etc., etc.

Nous devions signaler cette importante usine qui a, comme on le voit, un caractère tout spécial bien fait pour intéresser les agriculteurs, auxquels nous conseillons de demander la notice sur les emplois multiples de la vaseline. Ils n'ont qu'à écrire à cet effet à M. *Marcellin Pernois*, directeur des Docks de la Campagne, à Ligny-Cambrésis (Nord).

CORRESPONDANCE

AVIS TRÈS IMPORTANT

Nous venons de mettre à la poste l'échéance des quittances de mai, nous prions nos abonnés de ne pas nous adresser le montant de leur abonnement d'ici la fin de mai, afin d'éviter le croisement d'envois de fonds.

M. de T., à N. (Suisse). — Les magasins de la maison Mot et Cie, sont situées boulevard de la Villette, n° 168, à Paris.

Les meilleurs moulins agricoles à farine ayant bluterie, et marchant à manège sont ceux de M. A. Bajac, ingénieur-constructeur à Liancourt (Oise), maison de premier ordre. Adressez-vous de notre part.

Mme H. de S., à Tours. (Indre-et-Loire). — Dans une exploitation agricole, la quantité de poules qui demandent à couver n'est pas toujours suffisante, il faut avoir recours aux couveuses artificielles. Aujourd'hui, ces couveuses sont d'un prix modéré et rendent de grands services, à la condition d'être confiées à des personnes très soigneuses. Adressez-vous de notre part, en toute confiance à M. Voitellier, à Mantes (Seine-et-Oise).

Cette maison fabrique les couveuses et éleveuses de toutes grandeur.

M. H., à L. (Loir-et-Cher). — La maison d'engrais dont vous vous entretenez ne mérite pas votre confiance. Abstenez-vous de tous rapports avec elle.

M. D., à G. (Yonne.) — Pour détruire les courtillières, employez l'insecticide Desgouttes qui vous donnera toute satisfaction.

M. C., à R. (Aube). — Il nous est impossible de vous conseiller une race de vaches sans connaître les conditions dans lesquelles vous vous trouvez. Les vaches de races bretonnes et schwitz sont très rustiques. Si vos fourrages sont abondants, vous pouvez en essayer.

OFFRES ET DEMANDES

RED-CAP

Œufs à couver de cette excellente race de poule, réputée la plus jolie et la plus forte pondeuse, garantis race pure frais et fécondés, 5 fr. la douzaine franco de port et d'emballage. S'adresser à **Calixte Dany**, Althen-les-Paluds (Vaucluse).

Important : J'invite les personnes qui veulent bien me confier leurs ordres de toujours y joindre un mandat, les remboursements n'étant bénéficiables qu'aux Compagnies.

Toujours donner le nom de la gare à laquelle il faut adresser les envois.

IMPORTANT : On se souvient que, dans le numéro de la *Gazette* du 28 mars dernier donnant la descriptions de la race de poule **Red-Cap**, j'offrais et offre toujours des œufs à couver de cette race à un prix très avantageux et *avec toutes les garanties désirables*, en conséquence les personnes qui m'en ont demandé et qui pour une cause ou pour une autre, n'auraient pas eu succès dans leur couvée n'ont qu'à m'écrire, je ne suis pas homme à retirer ma parole. Toute personne qui n'aura pas eu au moins six poussins aura droit à un nouvel envoi de dix-huit œufs au prix de la douzaine. Je compte sur la sincérité.

M. POUZIN offre de jolis racinés de son plant de vigne à la seule condition pour les demandeurs de lui tenir compte d'une partie de la récolte d'une année. — Contre 0 fr. 25 il expédie son *Guide* pour la culture de cette variété.

Écrire à M. Pouzin Emile, à Saint-Paul-les-Romans, Drôme.

JEUNE HOMME ayant diplôme d'Ecole pratique d'agriculture demande emploi dans grande exploitation pour se fortifier dans la pratique. Pas exigeant comme gages.

S'adresser au bureau du journal.

Huiles d'olive garanties pures et sans mélange venant directement de la propriété.

Au prix de 1,80, — 1,60, — 1,50 le kilog. suivant qualité.

Gare départ, paiement contre remboursement. S'adresser à M. Edouard Laurin, propriétaire à Saint-Chamas (Bouches-du-Rhône).

GRAND CRU MENARDIÈRE. Cidre normand pur jus, 15 fr. l'hecto non logé.

Eau-de-vie de cidre garantie pure : 3 fr. le litre.

Sassier, propriétaire. La Colombe (Manche)

Agriculteur, ancien régisseur de grandes propriétés, demande direction d'un domaine en France ou colonies. Excellentes références.

Ancien Industriel ayant possédé usine importante, fait valoir plusieurs Fermes et Bois de haute futaie, désire se placer comme intendant-régisseur. Nous recommandons spécialement cette personne qui a de grandes connaissances techniques à possesseur de grand domaine. Ecrire au bureau du journal.

Purificateur d'air pour tonneaux, l'un 4 50 franco gare.

Moyennant un supplément de 0 fr. 40, nous joindrons à l'envoi une mèche à percer de calibre et moyennant 0 fr. 10 en plus, une mèche soufrée.

PRIMES-A NOS ABONNÉS

Délicieux **Vin Muscat Vieux** tonique et réconfortant venant directement de la propriété, garanti authentique, offert en prime à nos abonnés à raison de 1 fr. 25 le litre logé en fûts de 25 à 35 litres. Fûts perdus.

Adresser les commandes au Bureau du Journal 10 *bis*, rue Piccini, Paris.

Si vous voulez boire du bon vin de Saint-Emilion, adressez-vous à M. **Duplessis-Fourcaud**, au château des Trois-Moulins, à SAINT-EMILION (Gironde).

(Voir le prix courant.)

Porte-pantalon hygiénique, *breveté S.G.D.G* de *P.-B. Noël*. Prix de faveur pour nos lecteurs Pour hommes, jeunes gens et enfants de dix ans franco 4 fr.; pour femmes et fillettes, 4 fr. 50.

Toute commande doit être strictement accompagné d'un mandat-poste représentant la valeur de l'expédition.

BONDE le cent, 25 fr., les cinquante 13 fr. les vingt-cinq 7 fr. Au-dessous de 25 bondes fr. 30. Le tout franco de port.
Indiquer le diamètre de chaque bonde.

Cette bonde offre les avantages suivants :
Préserve les fûts de tout accident en cours de route, même s'ils contiennent des liquides en fermentation. Evite toute perte de liquide pendant le transport.

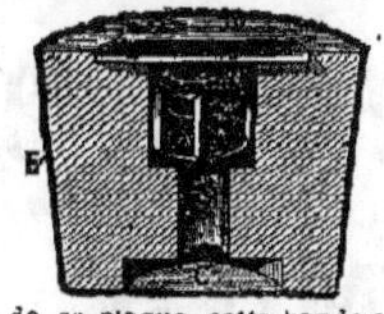

Munie de sa plaque, cette bonde est inviolable.
Elle empêche l'entrée de l'air dans les fûts tout en permettant la sortie des gaz en excès.
Adresser les demandes accompagnées d'un mandat à la *Gazette*, 10 bis, rue Piccini, Paris.

Vélocipèdes. — Pour répondre aux désirs maintes fois exprimés par nos lecteurs, nous nous sommes livrés à de sérieuses recherches. Nous avons visité les principales usines et pris l'avis d'amateurs de cet instrument. Nous sommes aujourd'hui en mesure de procurer à nos lecteurs, à titre de prime exceptionnelle des machines parfaites à tous égards provenant d'un des meilleurs fabricants.

La plus vaste Manufacture du Monde

Nos abonnés auront droit à une remise de 50 0/0 sur les prix du catalogue de cette maison.
Nous ne disposons que d'un très petit nombre d'instruments dans ces conditions.

Le Gérant: E. Gambart.

IMP. NOIZETTE ET Cie, 8, RUE CAMPAGNE-1re, PARIS.

Le moment favorable au transport des vins étant revenu, nous rappelons à nos lecteurs que tous ceux d'entre eux qui, sur nos conseils, et depuis cinq ans, consomment les vins de M. Vincent Ardura, vigneron, domaine de la Chapelle-Frédignac, par Blaye-Bordeaux n'ont qu'à se louer de la qualité et de la conservation de ce Bordeaux absolument naturel, expédié sans intermédiaire.

Pour dégustation sérieuse, envoi gratuit est fait d'une bouteille de la récolte désignée.

L'encaissement est fait par le facteur, à 30 jours, escompte 2 0/0, ou 90 jours.

Vendanges : 1893, à 130 fr., 1892-91, à 150 fr ; 1890-89, à 175 fr., 1887, à 200 fr., 1885, à 220 fr., 1884, à 240 fr., 1882, à 250 fr., 1881, à 300 fr. — Graves blancs vieux : 130, 150, 200, 250, 300 fr., suivant âge, les 225 litres collés, soutirés, franco de port et de fût en gare d'arrivée.

M. Recourat, pharmacien à Beauvais.
Gale des moutons guérie radicalement par *une seule application* de l'Antipsorique.
La bouteille, 3 fr. ; la 1/2 bouteille, 1 fr. 75.
Guérison du Piétin par *un seul pansement* avec le Contre-Piétin-Recourat.
Le pot d'essai, 1 fr. 50; le pot, 2 fr. 50.
Joindre 0 fr. 60 pour recevoir *franco* et indiquer gare.

MALADIES DU BÉTAIL
ET DE LA VOLAILLE
Leur traitement préventif et curatif
PAR L'ACIDE SALICYLIQUE

L'acide salicylique, employé dans la nourriture à la dose de 1/2 à 1 gramme par jour et par tête de bétail, est le meilleur préservatif des maladies qui procèdent par contagion ; Sang de rate, Cocotte, Maladie aphteuse, Erysipèle, Typhus, Morve, Variole et le Rouget des porcs, etc.

DES ATTESTATIONS NOMBREUSES DE GUÉRISONS obtenues pour la Cocotte et le Rouget des porcs ont été reproduites dans le journal *l'Agriculture*.

La désinfection des étables, des écuries, se fait instantanément au moyen d'un arrosage d'eau salicylée à 2 grammes par litre.

S'adresser à M. CERCKEL, administrateur de la *Compagnie de produits antiseptiques*, 26, rue Bergère, Paris.

Envoi sur demande de Prospectus et Brochures.

PRIX DU KIL., 25 fr. BOITE DE MÉNAGE, 2 fr.

VIN DE BOURGOGNE
Ferme de l'Hospice de Beaune.
Domaine de MEURSAULT

VINS FINS GRANDS ORDINAIRES, ORDINAIRES Rouges et Blancs

Concours Général agricole de Paris 1895
MÉDAILLE d'or pour vins rouges
MÉDAILLE d'argent pour vins blancs

Concours Général agricole de 1896
HORS CONCOURS, MEMBRE DU JURY
JOBART MUTHELET, Meursault (Côte-d'Or)

Maison MURE, à Pont-St-Esprit (Gard)
A. GAZAGNE, Gendre et Sucr, Phn de 1re Classe

MALADIES NERVEUSES
Epilepsie, Hystérie, Danse de Saint-Guy, Affections de la Moëlle épinière, Convulsions, Crises, Vertiges, Eblouissements, Fatigue cérébrale, Migraine, Insomnie, Spermatorrhée
Guérison fréquente, Soulagement toujours certain
par le **SIROP** de **HENRY MURE**
seul consacré par 20 années d'expérimentation dans les Hôpitaux de Paris.
FLACON : 6 FR. — NOTICE GRATIS.

PATE et SIROP d'ESCARGOTS de MURE
« Depuis 50 ans que j'exerce la médecine, je n'ai pas trouvé de remède plus efficace que les escargots contre les irritations de poitrine. »
« Dr CHRÉTIEN, de Montpellier. »
Goût exquis, efficacité puissante contre **Rhumes, Catarrhes** aigus ou chroniques, **Toux spasmodique, Irritations** de la *gorge* et de la *poitrine*.
Pâte 1f; Sirop 2f. — Exiger la Pate Mure. Refuser les imitations.

Thé Diurétique de France
sollicite efficacement la sécrétion urinaire, apaise les **douleurs des Reins** et de la **Vessie**, entraîne le sable, le mucus et les concrétions, et rend aux urines leur limpidité normale. — *Néphrites, Gravelle, Catarrhe vésical, Affections* de la *Prostate* et de l'*Urèthre*. — PRIX DE LA BOITE : 2 FRANCS.

Dépôt général de l'ALCOOLATURE D'ARNICA
de la TRAPPE DE NOTRE-DAME DES NEIGES
Remède souverain contre toutes blessures, coupures, contusions, défaillances, accidents cholériformes.
DANS TOUTES PHARMACIES. — 2 FR. LE FLACON.

Etablissement Glaser
AVENUE NIEL, 9, PARIS

LOCATION DE CHEVAUX
de Selle et d'Attelage

pour les Chasses, la Promenade, la Campagne

PENSION DE CHEVAUX
en Boxes et Stalles.

SELS POUR L'AGRICULTURE

Nourriture du bétail et Engrais des terres

Sel neuf dénaturé, au tourteau de colza. 45f. 1.000 k.
Sel neuf dénaturé, au peroxyde de fer. 40f. 1.000 k.
Sel de morue pur . . . . 35f. 1.000 k.

Expéditions de Fécamp, Bordeaux et St-Malo.
S'adresser à MM A. LE BORGNE et ses fils, négociants-armateurs, à Fécamp.

CHEVAUX BOITEUX
Guérison par le spécifique BORNET

Contre **Capelets, Mollettes, Vessigons, Eponges, Exostoses, Suros, Eparvins,** les **Formes** à leur début. (Il s'applique également à toutes les tares molles et osseuses.)

PRÉPARÉ PAR **A. BORNET**
Pharmacien de 1re classe, ex-interne et lauréat des hôpitaux.

19, rue de Bourgogne, PARIS.

Le flacon, 5 fr., à la pharmacie ; en gare par colis postal, 6 fr. contre mandat.

Hygiène

ET

Santé

®

SUCCÈS !!

Économie

ET

Progrès

®

SUCCÈS !!

300.000 lettres de félicitations en 3 années

Agriculteurs, Fermiers, Eleveurs, etc.

QUI DÉSIREZ RÉALISER DES ÉCONOMIES

Demandez la Circulaire intéressante :

ÉCONOMIE ET PROGRÈS

Vous y trouverez des Renseignements précieux.

Une simple Carte de Visite adressée à **M. MARCELIN PERNOIS**, Directeur
des **MANUFACTURES DE VASELINES DE LIGNY-EN-CAMBRESIS** (Nord)
suffit pour la recevoir GRATIS et FRANCO par retour.

MACHINES
AGRICOLES, VINICOLES et VITICOLES
TH. PILTER
24, Rue Alibert, PARIS
SUCCURSALES :
Bordeaux, Toulouse, Marseille, Montpellier, Tunis

Les lecteurs de la **Gazette** désireux de recevoir les Catalogues de la maison TH. PILTER dès leur publication, sont priés d'écrire 24, rue Alibert, Paris, afin de se faire inscrire.

PHOSPHATE FOSSILE DE QUIÉVY-NORD
le plus assimilable de tous les phosphate connus
GARANTI PUR DE MÉLANGE AVEC TOUT AUTRE PHOSPHATE
Ce qui, du reste, ne pourrait que diminuer son assimilabilité.

EXTRACTION DU GISEMENT ET USINE A QUIÉVY
Propriétaire-Extracteur : C. LECLERCQ
Bureaux à Viesly (Nord).

COMPOSITION MOYENNE		ASSIMILABILITÉ RELATIVE (méth. Joulie).
		Solubilité dans l'oxalate d'ammoniaque.
Acide phosphorique. . . .	12 » à 16 » 0/0	Phosphate de **Quiévy**. 82 29 0/0
Potasse	0 45 à 2 77 0/0	— de la Meuse 51 95 0/0
Chaux.	19 05 à 31 » 0/0	— de Pernes. 47 87 0/0
Magnésie.	0 58 à 3 80 0/0	— des Ardennes. 46 43 0/0
Matières organiques azotées .	1 80 à 3 45 0/0	— de la Somme (moy.). . 44 53 0/0
		— de Ciply. 34 57 0/0

Titre garanti en acide phosphorique : 13 à 15 0/0.

LIVRAISON : EN POUDRE IMPALPABLE EN SACS PLOMBÉS, MIS SUR WAGON GARE QUIÉVY-en-CAMBRÉSIS
Prix : **3 fr. 80** les 100 kilos, sacs perdus, 30 jours, 2 0/0 ou 90 jours net.

NOTA. — Les acheteurs qui désirent employer le **véritable Phosphate de Quiévy** pur et garanti d'origine doivent exiger que les sacs portent la Marque (**Au Poisson fossile**) et la Firme : C. LECLERCQ, seul exploitant à Quiévy (Nord).

des Usines de MM. **P. MARCHAND Frères**, à DUNKERQUE (Nord)
Fabriqués sous le contrôle permanent de la Station Agronomique du Nord
Dirigée par M. DUBERNARD

Nous appelons l'attention des éleveurs et des nourrisseurs sur les Tourteaux de **COTON** de graines d'Egypte : c'est un produit excellent pour les vaches laitières, les bœufs à l'engrais et les moutons.

Nos Tourteaux de **COTON** sont complètement débarrassés de la bourre qui enveloppe la graine et contiennent la même quantité de matières nutritives et grasses que les meilleurs Tourteaux de Lin.

Nos Tourteaux de **COTON** forment l'aliment le meilleur et le plus avantageux en raison de leur prix excessivement bas.

PRIX : 9 Fr. les **100 kil.**, gare **Dunkerque**

S'adresser à MM. P. MARCHAND Frères, à DUNKERQUE (Nord)

Le DIMANCHE 14 JUIN 1896
En l'Étude de M⁰ NAQUET, notaire à St-Just-en-Chaussée (Oise), à midi

ADJUDICATION
Du bail en 2 *lots de terres*
à Nourard-le-Franc, Catillon et Fumechon
canton de St Just.

1ᴱᴿ LOT — 23 HECTARES
11 années à compter de 1900
Mise à prix de fermage annuel. 1550 f.

2ᴱ LOT — 20 HECTARES
12 années à compter de la récolte de 1899
Mise à prix. . . . . 1200 fr.

S'adresser à M⁰ NAQUET ou à l'Administration de l'Assistance publique, 3, avenue Victoria, Paris.

Avis à Messieurs les Cultivateurs et aux Fabricants de sucre.

La graine authentique *Fouquier d'Hérouël* est *toujours* facturée par la maison qui confirme à bref délai les commandes.

Les envois sont faits *directement* aux acheteurs en sacs plombés au nom « Fouquier d'Hérouël, à Vaux-sous-Laon. »

Il n'existe aucun dépositaire.

LYSOL
Le plus puissant
anticryptogamique & parasiticide
Complètement soluble dans l'eau
Le meilleur marché.
Assainissement et désinfection certaine de tous locaux.
Employé avec plein succès contre le mildew, l'oïdium, la pyrale, etc., et tous les parasites des arbres fruitiers, fleurs, légumes, etc.
SOCIÉTÉ FRANÇAISE DU LYSOL
22 & 24, place Vendôme, 24 & 22
PARIS

Eugène de MASQUARD
PROPRIÉTAIRE-VITICULTEUR, Château de la Cascade
SAINT-CÉSAIRE-LES-NIMES (Gard)

Vins garantis naturels, rouges et blancs, depuis 60 fr. la pièce de 220 litres jusqu'à 100 francs, selon qualité, prise en gare de St-Césaire (Gard), fût perdu. *Ces vins ont été médaillés à toutes les expositions où ils ont figuré.*

Récoltés sur des coteaux et des terrains secs, les vins de Saint-Césaire, l'un des meilleurs crus du Gard, se conservent parfaitement sans être plâtrés.

Envoi franco de prix courants et échantillons

VELOUTINE FLAMANDE
La Veloutine est spécialement employée pour lustrer les cuirs de fantaisie : guides, selles, harnais de luxe et de travail, capotes, tabliers, caparaçons, etc., et lorsqu'ils ont déjà été enduits de vaseline, ce produit donne un joli brillant et évite l'action graisseuse des cirages ou préparations à base de cire. Sans causticité il ne dessèche pas et imperméabilise.

Le bidon d'un litre pour harnais noirs. . . . 3 70
— — jaunes. . . 4 20
Franco gare contre mandat-poste.

S'adresser : *Manufacture de Vaselines industrielles de Ligny-en-Cambrésis (Nord)*

FROMENTINE

Marque déposée (S. S.G.D.G.)

Produit pour l'alimentation économique, saine et rationnelle du bétail, provenant en grande partie des issues de la mouture de blé.

DIVERSES MARQUES

Demander celle en raison du but poursuivi

Marque A pour l'engraissement égal à celui du tourteau de lin, le remplacement de l'avoine, production d'un lait de qualité supérieure.
Marque B pour le bon entretien du bétail.
Marque J développement rapide des jeunes bêtes.
Marque L surproduction du lait.
Marque E engraissement rapide.

Écrire à M. Armand MILLOT
Moulins Saint-Martin
Saint-Quentin (Aisne).

ALIMENTATION DU BÉTAIL

Tourteaux de Coprah ou Coco

F. TASSY, E. ROCCA ET Cie

Fabricants d'huiles (**producteurs directs de Tourteaux**)

23, rue Haxo, MARSEILLE

Deux médailles d'or, Anvers 1894

Envoi de Prix-Courants et Échantillons sur demande.

Insecticide-Préservateur

FERTILISANT
DESGOUTTES

La Boîte de 10 kilog., pour essais, **10 fr.** franco toutes gares (port et emballage compris).

Adresser les demandes, accompagnées d'un mandat, 10 bis, rue Piccini, Paris.

EXCELLENT DÉSINFECTANT

POUR LES FUTS A VIN, CIDRE, BIÈRE, ETC.

Prix de faveur pour nos lecteurs

Sur notre demande, M. Moïty, père, l'inventeur, a consenti à en mettre de petites quantités pour essais à la disposition de nos lecteurs.

10 litres franco gare. 10 fr.

Adresser les demandes à M. Crépeaux, rue Piccini, 10 bis, Paris.

GRIFFE SARCLEUSE-BINEUSE

Outil économique

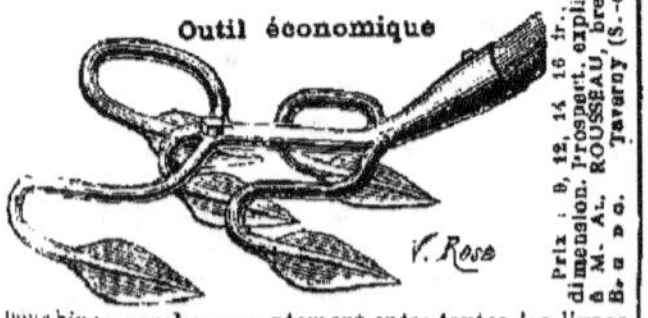

pour biner, sarcler promptement entre toutes les lignes de plantes ou légumes sans distinction, indispensable en toutes saisons dans les jardins, vignes, pépinières, les cultures de betteraves, de tabac, etc., même dans les allées

---

VIN PUR COTES 1re QUALITÉ

Vieux, nouveau garanti sur facture

Récolté par FELIX LAU, propriétaire-viticulteur à Caussiniojouls (Hérault).

Nouveau, **35 fr.** *l'hect. logé sur gare Faugères*

GRANDS RABAIS
POUR LIVRAISONS SUR LES MOIS D'HIVER

Engrais de l'Usine municipale de la Voirie de Bondy

TOURTEAUX ORGANIQUES
MOULUS

Dosage : 1.50 à 2 % d'azote et 4 à 5 % d'acide phosphorique.

S'ADRESSER AU

Comptoir Agricole et Commercial
9, RUE NOUVELLE, 9, A PARIS

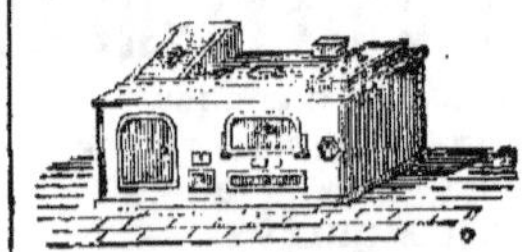

FOURNEAUX DE CUISINE
de toutes espèces

Maisons particulières, Hôtels, Châteaux et Fermes, Hospices, Hôpitaux, Collèges, Pensions, etc.

ENVOI FRANCO DE CATALOGUES

Maison DELAROCHE aîné
22, rue Bertrand, PARIS

SCHNEIDER ET Cie

PHOSPHATES MÉTALLURGIQUES

(scories de déphosphoration), des Aciéries du Creusot

ENGRAIS PHOSPHATÉ

pour *Céréales, Prairies, Vignes, Betteraves, Pommes de terre*, etc.

L'emploi de ces phosphates a été particulièrement recommandé dans ces derniers temps par les agronomes les plus distingués. Il permet, en raison du bas prix de ce produit, de faire apport au sol de doses considérables d'acide phosphorique.

Les phosphates métallurgiques du Creusot sont livrés moulus finement et tamisés.

Pour renseignements, s'adresser à MM. SCHNEIDER et Cie, au Creuzot (Saône-et-Loire).

VINS
DE SAINT-ÉMILION

Vins classés, de **800** à **250** francs la barrique de 225 litres. — Moitié prix pour la barrique de 112 litres.

Vins grands ordinaires, de **140, 125, 105, 100** francs la barrique — **80, 75, 70, 65, 58, 55** francs, la demi-barrique. — Rendu *franco* en gare et régie, sauf octroi.

Adresser commandes à M. DUPLESSIS-FOURCAUD, à **Saint-Émilion**. — Envoi de prix courants et échantillons sur demande affranchie.

Médailles d'Or, Paris, 1867 et 1889 — Moscou, 1891 — Besançon, Montluçon, Royan, etc.

ASPERGE GÉANTE
ROYALE DE FRANCE
(*RACE D'ARGENTEUIL PERFECTIONNÉE*)

Demander la *Méthode de Culture* et prix courant (gratis et franco), à M. **WILLIAM FOURCINE**, directeur des pépinières royales de Dreux (Eure-et-Loir). Médailles et diplômes de première classe.

41

COUVEUSES
ÉLEVEUSES
VOLAILLES
ŒUFS à couver
VOITELLIER
à MANTES et à PARIS
4, PLACE DU THÉÂTRE FRANÇAIS
PRIX COURANT FRANCO
GRAND CATALOGUE ILLUSTRÉ, 0.50

CONSTRUCTIONS ÉCONOMIQUES
AGRICULTURE — INDUSTRIE
ENVOI F' DU CATALOGUE
SOCIÉTÉ MÉTALLURGIQUE
d'Amiens (Somme)
USINE à VAPEUR, FORCE MOTRICE 250 CHEVAUX
Adresser les lettres à M. le Directeur
TÔLES ONDULÉES GALVANISÉES Pour Couvertures
Prix défiant toute Concurrence

CRÉSYL-JEYES
DÉSINFECTANT ANTISEPTIQUE
Efficacité scientifiquement démontrée.
Envoi de Rapports et Références sur demande.
Le CRÉSYL-JEYES n'est ni Toxique ni Caustique
Il est adopté par toutes les Administrations
publiques de Paris et des départements.
VENTE EN GROS :
Société Française de Produits Sanitaires et Antiseptiques
35, Rue des Francs-Bourgeois, PARIS,
et chez tous Droguistes et Pharmaciens.
Pour éviter les Contrefaçons exiger les Marques et Cachets
de la Société, ainsi que le nom CRÉSYL-JEYES.

ENGRAIS CHIMIQUES
DES
MANUFACTURES DE SAINT-GOBAIN

12 Usines :

CHAUNY (Aisne).	SAINT-FONS, près Lyon.
AUBERVILLIERS (Paris).	L'OSERAIE, près Avignon.
MONTARGIS (Loiret).	BALARUC, près Cette.
TOURS (Indre-et-Loire).	VALENCIA (Espagne).
MONTLUÇON (Allier).	HEMIXEM
MARENNES (Charente-Inférieure).	MESVIN-CIPLY } (Belgique).

PRODUCTION ANNUELLE : 400.000.000 DE KILOS

Dosages garantis — Emballages marqués et plombés

SUPERPHOSPHATES DE CHAUX

ENGRAIS COMPOSÉS
Suivant les convenances des acheteurs pour toutes cultures

ENGRAIS COMPLET DE SAINT-GOBAIN
Efficacité éprouvée dans tous les sols et dans toutes les cultures

ENGRAIS SPÉCIAUX POUR LA VIGNE :
Engrais pour Vigne à végétation faible.
Engrais pour Vigne à végétation normale.
Engrais pour Vigne à végétation luxuriante.

Adresser les ordres ou les demandes de renseignements à la DIRECTION COMMERCIALE DES PRODUITS CHIMIQUES de SAINT-GOBAIN, 9, rue Sainte-Cécile, Paris — ou aux Agents de la Compagnie dans toutes les villes de France.

LA PROBITÉ
SOCIÉTÉ
D'ASSURANCES MUTUELLES CONTRE LA GRÊLE ET
LA FOUDRE, FONDÉE A LYON EN 1890

La PROBITÉ assure dans toute la France
et ses colonies tous les risques, grêle, en céréales,
fruits, mûriers, noyers, oliviers, vignes, tabacs
et tous autres produits agricoles.
La PROBITÉ fait partie de la Société régionale
de viticulture de Lyon. Elle accorde des remises
et des conditions spéciales aux syndicats agricoles qui veulent bien la représenter.
Siège social : 30, rue Servient, Lyon-Préfecture

Accepterait des Agents dans les localités où elle n'est pas représentée.

MACHINES AGRICOLES
A. BAJAC
à LIANCOURT (Oise)

17ᵉ Année. — Nᵒ 22. LE NUMÉRO. 10 CENTIMES. Dimanche 31 Mai 1896.

GAZETTE AGRICOLE

JOURNAL HEBDOMADAIRE, PARAISSANT LE DIMANCHE

Fondateur : M. CH. GOSSIN, Professeur d'Agriculture à l'Institut agricole de Beauvais

PRIX DE L'ABONNEMENT

UN AN, **5** fr. — SIX MOIS, **3** fr. — TROIS MOIS, **2** fr. **25**

Pour l'Étranger les abonnements ne sont reçus que pour un an, au prix de 6 francs, et ne partent que du 1ᵉʳ JANVIER ou du 1ᵉʳ JUILLET de chaque année.

Le Numéro : **10** centimes.

Adresser toute la correspondance : mandats, lettres, annonces etc., à **M. CRÉPEAUX**, Directeur de la *Gazette agricole*, 10 bis, rue Piccini, Paris.

Toute demande de changement d'adresse doit être accompagnée de 50 centimes et de la dernière bande du journal.

BUREAUX

97, rue de Rennes, Paris, et à Beauvais, rue Saint-Etienne.

Les abonnements partent du 1ᵉʳ de chaque mois et sont payables d'avance. Toute demande d'abonnement doit donc être accompagnée du prix de l'abonnement. (Le mode de payement le plus simple est l'envoi d'un mandat-poste.)

Donner *très lisiblement*, en s'abonnant, son nom et son adresse exacte, *avec l'indication du bureau de poste* ; et, s'il s'agit d'une continuation d'abonnement, joindre au renouvellement la dernière bande d'adresse du journal.

Les Annonces sont reçues à la Direction du Journal, et chez MM. DUSSERIS et MATHELLON, 97, rue de Rennes Paris.

Il est interdit de reproduire les articles contenus dans la *Gazette Agricole*.

BULLETIN COMMERCIAL

BOURSE DU COMMERCE DU MERCREDI 27 MAI

	FARINES	BLÉS
Courant...............	39 60	18 90
Prochain...............	39 95	19 10
Juill.-août	40 46	19 05
4 derniers.............	40 50	18 50
4 de nov.	40 60	18 55

Marque de Corbeil : 44 fr. le sac de 150 kil. toile à rendre.

Halle aux blés — *Blés indigènes.* — Les apparences des blés en terre restent favorables, on demande un peu d'humidité pour les plans situés dans les terres légères et qui commencent à jaunir, mais il ne faudrait pas d'orages, car ceux situés dans les terres fortes sont tellement drus qu'on pourrait craindre la verse.

Les affaires sont excessivement calmes aujourd'hui, on est encore sous l'impression des jours de fête ; les cours sont bien tenus, mais ils ne varient pas, soit de 18 à 18,75 pour les roux et de 18,65 et 19.25 les blancs les 100 kil. nets, gare d'arrivée Paris.

Seigles. — Les vendeurs sont tonaces, mais les acheteurs ne veulent pas payer les cours de la semaine dernière. Il y a de la demande plutôt pour le Midi et pour le Nord que pour notre rayon. On cote : acheteurs de 10,50 à 10,75 et vendeurs à 11 fr.

Orges. — La saison est terminée, ce qui reste d'orge en culture est consommé à la ferme.

On demande de l'eau pour les orges en terre. On cote : orges de mouture ordinaire 14.25 à 14,75 ; moyennes dite distillerie 15 à 15,50 ; bonnes pour brasserie 16 à 17 les 100 kil. Paris.

Escourgeons. — La Vendée continue à faire des offres de 15 à 15,25 caf Dunkerque cours que ne veulent plus aborder les acheteurs.

Dans le Nord, la brasserie et la malterie ont déjà des orges de Russie à livrer à de bons prix puisqu'on parle de 9 à 9,25 caf Dunkerque, Les Algérie et les Tunisie sont offertes à 13 fr., mais sans acheteurs.

Graines fourragères. — La sécheresse est toujours défavorable pour le trèfle incarnat. Les cours des vieilles graines sont nominaux. La saison est terminée.

Menus grains. — On cote jarras 15 à 18 chènevis de Russie 22 à 24, de Bretagne 23 à 25, sarrasin en hausse 12 à 13.

Sucres. — Marché très calme, prix sans changement appréciable mais plutôt lourds en sympathie avec l'étranger.
Raffinés 101,50 à 102.50, roux 88° 30,75 à 31,25.

Marché de la Chapelle. — Marché ordinaire.

On cote : paille de blé 1ʳᵉ qté 27 fr., 2ᵉ qté 25, 3ᵉ qté 22 fr. ; paille de seigle 1ʳᵉ qté 32 fr., 2ᵉ qté 29, 3ᵉ qté 25 ; paille d'avoine 1ʳᵉ qté 21 fr., 2ᵉ qté 19, 3ᵉ qté 17 ; foin nouveau 1ʳᵉ qté 54 fr., 2ᵉ qté 50, 3ᵉ qté 47 ; luzerne, 1ʳᵉ qté, 51 fr., 2ᵉ qté 47, 3ᵉ qté 48 ; regain 1ʳᵉ qté 50 fr. ; 2ᵉ qté 49 fr., 3ᵉ qté 45 fr. ; sainfoin, 1ʳᵉ qté 40 à 2ᵉ qté, 38, 3ᵉ qté 36.

Sulfate de cuivre.

Les 100 kil. 98/99...... 42.50 à 44.00

CHANVRES

Les 50 kil.	1ʳᵉ qualité.	3ᵉ qualité
Le Mans.....	33,00 à 35,50	29,00 à 30,00
Saumur (b.) . .	40,00 à 42,25	37,00 à 38,00

LINS. — Les 100 kilogr. — *Marché de Lille.*

	Communs	Ordin.	Super.
Alost. .	148 à 153	154 à 157	151 à 166
Bergues.	150 à 158	161 à 168	173 à 182

Marché aux chevaux, 27 Mai.

Gros trait de 250 à 1.200		Boucherie de 60 à 200
Selle et tr.		Anes..... de 45 à 175
léger . de 200 à 1.050		Chèvres. . de 25 à 55
H. d'âge de 200 à 350		

AMENÉS

Chevaux, 431 — Anes, 8 — Chèvres, 0

Voitures 110, de 40 à 60.

ENCHÈRES

Chevaux amenés, 7.

Vendus, 5 de 75 à 350.

Prix des Produits Forestiers à Paris.

BOIS DE FEU (Octroi non compris)	Falourde de pin...	100 à 110 le cent.
	Bois de flot.....	100 à 105 le déca.
	Bois gris neuf...	125 à 130 —
	Bois blanc....	80 à 125 —
BOIS D'ŒUVRE (Octroi compris)	Chêne gros bois..	85 à 110 le m. cube
	— moyen bois .	70 à 60 —
	— petit bois..	30 à 48 —
	Charme, plateaux..	55 à 55 —
	Sciage, Entrevous.	175 à 210 les 208 m.
de	Echantillons	230 à 220
chêne	Frise	27 à 28 104 m.

ENGRAIS

PARIS

Nitrate de soude........	21 50 à 21 75
Superphosph. minéral 14/16.	5 25 à 5 75
Superphosphate d'os 16/18..	12 50 à 13 »
Scories 16/18........	4 25 à 4 50
Phosphate minéral 14/16..	3 80 à 4 »
Chlorure de potassium 48/52.	18 75 à 20 »

NANTES

Nitrate de soude....	22 30 à 22 50
Superphosph. minéral 14/16.	6 » à 7 »
Scories 16/18........	4 50 à 4 75
Phosphate minéral 14/16.	4 » à 4 50
Chlorure de potassium 48/52.	19 » à 19 75

LYON

Nitrate de soude........	22 » à 23 »
Superphosph. minéral 14/16.	5 75 à 6 »
Scories 14/16.........	4 50 à 5 »
Phosphate minéral 14/16..	4 » à 4 25
Chlorure de potassium 48/55.	20 » à 21 »

MARSEILLE

Nitrate de soude.......	20 50 à 21 »
Superph. minéral 14/16 ...	6 » à 7 »
Sulfate de fer........	5 » à 5 50
Sulfate d'ammoniaque 20/21.	20 » à 22 »

Prix moyen aux 100 kilog. des CÉRÉALES dans les Départements.

Région		BLÉ	SEIGLE	ORGE	AVOINE
Rég. du Nord-Ouest	Caen	17 25	10 00	14 50	15 75
	Lannion	17 00	10 00	14 25	15 75
	Morlaix	17 50	10 25	13 00	13 50
	Rennes	16 75	10 00	13 00	14 00
	Avranches	16 75	10 25	13 00	14 50
	Laval	16 25	10 00	13 00	14 50
	Lorient	16 50	10 25	13 00	13 50
	Alençon	16 75	10 00	13 00	15 50
	Le Mans	16 50	10 00	13 50	16 00
Région du Nord	Soissons	17 50	10 00	»	15 00
	Evreux	17 50	10 00	13 00	15 00
	Chartres	17 75	11 00	14 00	15 00
	Lille	17 00	10 25	14 00	16 00
	Compiègne	17 00	10 50	15 00	16 00
	Beauvais	17 50	11 00	15 50	16 00
	Arras	18 25	12 00	15 00	16 00
	Paris	17 75	10 50	13 50	16 00
	Versailles	17 75	10 25	14 00	16 00
	Rouen	17 50	10 00	16 00	16 00
	Amiens	17 25	10 50	16 00	16 25
Rég. du N.-E.	Mézières	17 75	10 00	13 00	16 00
	Nogent-s-Seine	17 50	10 00	15 00	16 00
	Châlons-sur-Marne	17 50	10 25	14 50	15 50
	Langres	18 00	10 00	15 00	16 00
	Nancy	17 75	10 25	15 50	15 50
	Bar-le-Duc	17 50	10 0	15 00	15 50
	Neufchâteau	17 75	10 00	14 00	15 70
Région de l'Ouest	Ruffec	17 25	10 00	13 00	15 00
	Marans	17 00	10 00	13 00	15 00
	Niort	17 00	10 00	14 00	15 00
	Tours	17 00	10 25	13 75	15 25
	Nantes	17 25	10 00	13 00	14 00
	Angers	16 75	10 25	14 00	14 00
	Luçon	17 00	10 00	13 00	15 00
	Poitiers	17 00	10 00	13 00	»
	Limoges	17 00	10 00	»	15 50
Région du Centre	Moulins	17 00	10 00	14 00	15 00
	Bourges	17 25	10 00	14 00	14 00
	Aubusson	17 50	10 00	14 00	13 50
	Châteauroux	17 50	10 00	14 00	14 00
	Orléans	17 25	10 00	14 00	14 50
	Blois	17 75	10 25	15 00	16 00
	Nevers	18 00	10 00	14 00	16 00
	Clermont Ferr.	17 50	10 00	13 00	15 75
	Sens	17 50	10 00	13 50	15 50
Région de l'Est	Bourg	17 25	10 00	14 00	15 00
	Dijon	18 00	10 00	14 75	14 50
	Besançon	17 25	10 25	13 00	14 50
	Grenoble	17 50	10 00	14 00	15 25
	Dôle	17 50	10 25	13 00	14 00
	Saint-Etienne	17 50	10 00	14 00	16 00
	Lyon	18 50	11 25	13 50	15 00
	Mâcon	17 50	11 50	13 00	15 00
	Vesoul	17 75	10 00	»	15 25
	Chambéry	17 75	10 00	»	15 50
	Annecy	17 75	»	»	15 50
Rég. du Sud-Ouest	Pamiers	17 75	10 50	»	16 00
	Périgueux	17 75	10 50	14 00	15 00
	Toulouse	18 00	11 00	14 00	15 50
	Auch	17 75	12 00	13 00	16 00
	Bordeaux	17 75	12 00	13 00	16 00
	Dax	17 75	12 00	13 00	16 00
	Agen	17 75	11 00	14 00	16 00
	Bayonne	17 75	11 00	»	16 00
	Tarbes	17 50	10 75	»	16 00
Région du Sud	Carcassonne	17 50	»	13 25	15 75
	Rodez	17 75	12 00	14 00	16 00
	Mauriac	17 75	11 00	»	16 00
	Tulle	17 50	11 00	»	16 00
	Montpellier	17 50	11 00	»	15 00
	Figeac	17 75	11 00	»	16 00
	Mende	17 75	11 25	»	15 50
	Perpignan	17 75	11 00	14 00	15 00
	Albi	18 00	12 00	14 00	16 00
	Montauban	18 25	12 00	15 00	16 00
Région du Sud-Est	Gap	17 50	10 50	14 50	16 00
	Manosque	17 50	10 00	13 00	16 00
	Nice	17 50	10 50	13 25	16 00
	Privas	18 00	10 50	13 00	16 00
	Arles	19 00	11 00	13 00	16 00
	Montélimar	17 00	11 00	14 00	16 00
	Nîmes	18 00	»	14 00	16 00
	Le Puy	18 00	»	14 00	16 00
	Draguignan	18 00	12 00	»	»
	Avignon	19 25	13 00	14 50	17 00

Tourteaux. — Cours de la maison P. Marchand frères, à Dunkerque (Nord) :

TOURTEAUX A NOURRIR

	Dispon.	A livrer.
Coton de graines d'Egypte	9 »»	9 »»
Sésame blanc	11 00	11 50
Arachide décortiquée	14 50	14 50
Colza à nourrir	10 »»	10 »»
Colza du pays	11 »»	11 »»
Œillette du Levant	10 »»	10 »»
Œillette blanche de Turquie	10 »»	10 »»
Lin 1re qual. de Bombay g. form.	14 »»	14 »»
Lin 1re qual. de Bombay p. form.	14 50	14 50

TOURTEAUX-ENGRAIS

Arachide décortiquée	14 »»	14 »»
Cameline	»» »»	»» »»
Colza des Indes en poudre	»» »»	»» »»
Colza ravison	7 25	7 25
Colza jaune Guizerat	10 25	»» »»
Kurrachée	»» »»	»» »»
Niger	»» »»	»» »»
Pavot	9 75	9 75
Sésame, blanc	10 50	»» »»
Sésame noir	»» »»	»» »»
Coton en farine	7 50	7 50

Nos prix s'entendent pour tourteaux en planches, rendus en gare de Dunkerque.

Paiement à 30 jours ou à terme plus éloigné suivant convention expresse.

Le concassage se paie 0 fr. 25 et la mise en poudre 0 fr. 40 aux 100 kilos. Dans ce cas, les sacs sont facturés à 0 fr. 35 pièce, et repris au prix de facture, quand ils sont rendus en bon état et franco, dans les 30 jours de l'expédition.

FROMENTINE :

	100 kil.
Marque A.	13 »
Marque B.	13 »
Marque J.	13 »
Marque L.	15 »
Marque E.	16 »

BEURRES. — (le kilogr.).

BEURRES EN MOTTES			BEURRES EN LIVRES		
Isigny extra.	4.10	6.20	Bourgogne	1.80	2.20
— demi-fin	3 20	4.40	Gâtinais	2.00	2.60
M. d'Isigny	2.70	3.00	Vendôme	1.90	2.50
du Gâtinais	1.80	2.00	Beaugency	1.90	2.50
de Bretagne	1.80	2.40	Ferme	2.30	2.90
Laitiers Jura	1.80	2.40	Tours	2.00	2.40
de Charente	2.00	2.50	Le Mans	1.80	2.20
des Alpes	1.80	2.60	Touraine fausse	1.90	2.30

ŒUFS. — (le mille).

Normandie ext.	70 à 100		Bourgogne	48 à 54	
Picardie —	72 à 104		Champagne	50 à 56	
Brie —	60 à 68		Nivernais	48 à 52	
Touraine	60 à 68		Bourbonnais	48 à 52	
Beauce	56 à 62		Bretagne	44 à 50	
Orne	58 à 66		Vendée	44 à 50	
Picardie	45 à 52		Auvergne	44 à 48	
Châtellerault	46 à 52		Midi	42 à 46	

FROMAGES.

Brie hautes marq.	32	38	Roquefort	140	220
Brie gr. m. (10)	25	20	Gruyère (100 k.)	100	176
— m. m.	15	20	Coulommiers (100)	25	20
Petits Nanteuils	6	10	Gournay (100)	18	15
Brie laitiers	5	10	Livarot (le 100)	90	100
Gérardmer (100 k.)	65	70	Bourgogne (100)	65	60
Hollande	140	150	Camembert (100)	40	45
Bondons (100)	10	13	Munster (100)	90	100
Cantal	120	130	Port-Salut	130	150

VOLAILLES

Poulet Brest dit moelleux	4.00	6.00	Pigeon Macon	1.50	2.00
Poulets Nant.	3.00	5.00	Ca. . s Nantais	4.00	1.35
Poulets Tour	2.75	5.25	Dindes Tourr.	7.00	11.00
Poulets Houdan	6.00	8.00	Oies	7.00	8.50
Pigeons d'Italie	80	1.25	Lapins dom.	2.75	4.00
			Lapins garenne	1.50	2.00

VINS — BERCY

Rouges			Blancs		
B. Bourg. vieux	140 à 160		Bordeaux	125 à 160	
Touraine	105 à 115		B. Bourg	150 à 190	
Bord. vieux	130 à 166		Sancerre	130 à 135	
Algérie	28 à 32		Chablis	200 à 350	
Cher	110 à 135		Anjou	120 à 135	
Chinon	125 à 180		Pouilly	350 à 300	
Narbonne	32 à 40		Vouvray	155 à 195	

HOUBLONS. — Les 50 kilogr.

Alost primé	28,00 à 30,00	
Bourgogne	55,00 à 60,00	
Poperinghe	25,00 à 30,00	
Wurtemberg	40,00 à 42,00	
Altmark	75,00 à 100,00	
Alsace	50,00 à 65,00	

POMMES DE TERRE

Hollande (100 kil.)	8 » à 11 »	
Roses-Early	8 » à 10 »	
Magnum-Banum	7 » à 7 50	
Rondes	5 » à 5 30	

LÉGUMES SECS. — (Les 100 kilogr.)

	Haricots	Pois	Vesce	Lentille
Paris	32.00 50.00	20 18.00	19 à 20	30 00 55
Bordeaux	34.00 35.00	35 45.00	18 19	40 00 60
Marseille	22.00 30.00	18 25	20 20	24.00 52

FOURRAGES ET PAILLE

Paris La Chapelle.   *Prix extrêmes*

Foin 100 bot dans Paris n.	42 à 47
Luzern nouv.	42 à 46
Paille de blé	20 à 26
Paille de seigle	23 à 31
Paille d'avoine	16 à 20

Marché de la Villette du 25 mai 1896.

PRIX DE LA VIANDE NETTE

	1re qualité	2e qualité	3e qualité
Bœufs	1.48	1.38	1.28
Vaches	1.43	1.35	1.26
Taureaux	1 22	1.10	1.00
Veaux	1 96	1.76	1.36
Moutons	1 98	1.86	1.76
Porcs	1.14	1.06	0.94

ESPÈCES	AMENÉS	VENDUS	PRIX EXTRÈME viande net	poids vif
Bœufs	2.047	1.958	1.32 à 1 52	61 à » 94
Vaches	813	703	1.30 1.50	56 » 92
Taureaux	237	199	1.01 1.22	49 » 78
Veaux	1.988	1.044	1.46 2.08	73 1.26
Moutons	15 254	14.404	1.74 1.95	78 1.26
Porcs	3.458	3.438	» 96 1.10	64 » 72

Demande calme.

Marché de la Villette du 28 Mai 1896.

PRIX DE LA VIANDE NETTE AU KILOGR.

	1re qualité	2e qualité	3e qualité	Prix extrêms
Bœufs	1.46	1.36	1.26	1.22 à 1,52
Vaches	1.44	1.36	1.18	1.12 1.48
Taureaux	1 24	1.16	1.08	1 04 1.30
Veaux	1.90	1.60	1.30	1.20 2.00
Moutons	1.94	1.82	1.72	1.64 2.12
Porcs	1.00	0.94	»	0.90 1.02

ESPÈCES	AMENÉS	RENVOI	OBSERVATIONS
Bœufs	1.804		Vente mauvaise partout.
Vaches	534	412	
Taureaux	176		
Veaux	1.600	308	
Moutons	13.205		
Porcs	6.639	300	

Vente du bétail au marché de La Villette.

Adresser les animaux à MM. Henri Roblin et Surugue, en gare Paris-Bestiaux. Les aviser par lettre auparavant, 190, rue d'Allemagne, Paris.

Les *Pilules de Vallet* ont été approuvées et recommandées par l'Académie de médecine de Paris pour la guérison de la *chlorose*, des *pâles couleurs*, de l'*anémie*, des *pertes de sang*, et *pertes blanches* et de tous les états d'épuisement ou de faiblesse générale.

Nota. — Les pilules de Vallet (*vraies*) sont blanches et sur chacune est écrit le nom Vallet. Toutes pharmacies : le flacon 3 fr. Fabron L. Frère, 19, rue Jacob, Paris, A. Champigny et Cie, successeurs.

Le Journal **Le Meunier**, de Bruxelles, offre une médaille d'or à l'inventeur du meilleur procédé débarrassant automatiquement le blé du charançon.

CHRONIQUE POLITIQUE

Lorsque cette chronique arrivera sous les yeux de nos lecteurs, ils auront probablement une impression suggestive des premières escarmouches que le ministère Méline va affronter à la rentrée des Chambres.

Ce qui est certain dès ce jour, c'est la guerre acharnée que lui prépare la coalition des groupes de l'extrême-gauche depuis les socialistes jusqu'à la fraction jacobine du centre qui se pare du titre de *progressiste*, titre décevant et puéril, s'il en fut, mais un de ces titres imbéciles chers aux badauds et qui de tout temps font la fortune des aventuriers que les révolutions enrichissent aux dépens des foules crédules.

Ces soi-disant progressistes ayant à leur tête les Isambert, les Bérard et autres francs-maçons, forment malheureusement l'appoint qui décide de la majorité pour ou contre le ministère. C'est toujours par des marchandages de mauvais aloi que se décident leurs votes. C'est ce qui explique les votes contradictoires qui, en quinze jours, ont soutenu, puis abandonné le cabinet Bourgeois.

Aujourd'hui M. Bourgeois et son clan remuent ciel et terre pour renverser le ministère Méline. Ils dressent en batterie tous les clichés qui ont servi aux victoires des révolutionnaires, de la Commune surtout. A les entendre, M. Méline va détruire la république et la livrer aux monarchistes. A leur point de vue, ils ont raison, du moment où la seule république digne de ce nom est celle des jacobins et des socialistes.

Cette république-là, chère aux aventuriers, est un juste objet d'horreur et de terreur pour la majorité du pays. Les Isambert et les Bérard y regarderont peut-être à deux fois avant de livrer leur pays à MM. Bourgeois, Jaurès, Goblet et consorts.

M. Méline est aujourd'hui dans la pénible situation de l'*Homme* de la fable *entre ses deux gouvernantes* : l'une qui veut arracher ses cheveux blancs, l'autre ses cheveux noirs. Le danger de sa situation vient des concessions excessives que lui demandera la gauche accoutumée à tout rapporter à ses intérêts personnels, comme le prouve la scandaleuse histoire de sa domination depuis quinze ans.

Les groupes de droite, au contraire, ont toujours pratiqué une politique de paix, d'abnégation, voire même de sacrifices, que leurs amis ont trouvés blâmables et excessifs : en effet, ils en ont toujours été récompensés par la plus odieuse des ingratitudes de la part des ministres qui se sont succédé au pouvoir, et même de ceux qui leur devaient ce pouvoir.

M. Méline sait aujourd'hui que l'appui des droites est son seul rempart contre les assauts furieux des factions révolutionnaires. Voilà pour le point de vue politique, et surtout pour le point de vue financier.

Il sait aussi que tous les projets de réformes en faveur de l'agriculture sont réclamés depuis des années par les droites, retardés et entravés par les sectes qui dominent dans les gauches.

Dans cette situation nous demandons aux amis de l'agriculture, s'il est possible à un ennemi des droites et à un partisan des sectes de gauche de proclamer partout son dévouement à l'agriculture et de continuer la comédie dont les ruraux sont les victimes depuis quinze ans et que nous seuls, dans la presse agricole, dénonçons depuis le premier jour.

La crise politique, on le voit, n'est plus inséparable de la crise agricole. Si M. Méline échoue devant une majorité révolutionnaire, il n'aura qu'un parti à prendre, demander la dissolution et en appeler au véritable pays, à cette France rurale, dont les conseils généraux et les sociétés agricoles lui ont si clairement signalé les volontés dans leurs adresses. Si la dissolution est prononcée, il restera à ces conseils généraux et à ces sociétés un devoir sacré : ce sera de dire ce que nous disons aux cultivateurs : Cessez de voter pour des ambitieux et des vampires qui, depuis quinze ans, vous ruinent et vous avilissent, et apprenez que tout cultivateur aujourd'hui est obligé d'être un électeur dévoué, patriote indépendant et qu'il ne réussira en agriculture que lorsqu'il saura son métier d'électeur.

◆

L'impôt sur le revenu.

L'ex-ministre Doumer vient d'attaquer avec violence son successeur, M. Cochery, à raison de son projet d'impôt sur les revenus. M. Doumer s'efforce de montrer que son impôt global était un précieux cadeau offert par les radicaux aux petits cultivateurs, et que l'impôt sur les revenus pèsera sur eux de tout son poids.

Comme le projet de M. Cochery est encore à l'état d'étude, tandis que le projet de M. Doumer a été jugé et condamné à dires d'experts, nous jugeons inutile d'entamer sur ce sujet un débat prématuré. Un seul point est clair dans cette affaire, c'est que M. Doumer est inconsolable de sa chute ministérielle, et qu'il fait campagne à sa façon avec son ami Bourgeois pour atteindre une seconde fois l'inappréciable timbale dont il a joui pendant cinq mois.

Nous espérons bien qu'après les rudes leçons qu'elles subissent depuis quinze ans, les majorités rurales seront d'un autre avis.

◆

Progressiste

Ce mot *progressiste* sert d'enseigne aujourd'hui à tous les ambitieux de pacotille dans les élections.

De tous les mots qui séduisent les badauds, c'est assurément un des plus ridicules.

Progressiste, dites-vous, cela ne signifie rien, ou cela veut dire que vous voulez le progrès de ce qui existe.

Or, qui est-ce qui est en progrès aujourd'hui? La liste en est belle et instructive. Ce qui est en progrès dans les campagnes, c'est la dépopulation, l'émigration, la misère, le nombre des cabarets, le nombre des enfants naturels.

Ce qui est en progrès partout, ce sont les crimes de tout genre contre la propriété, contre les mœurs, le progrès attesté par les statistiques officielles.

Ce qui est en progrès dans l'Etat, ce sont les déficits financiers, l'augmentation des dépenses, l'instabilité des ministères; nous sommes au 36ᵉ cabinet depuis 25 ans. Ce qui est en progrès, ce sont les tripotages et les rapines des hommes du pouvoir et de leurs principaux amis, le népotisme effronté à la place des services dans les emplois, une corruption électorale qui met à l'encan les subventions, les places, et fait de chaque circonscription d'arrondissement le fief d'un député ou d'un sénateur aussi vénal que la clientèle électorale.

Voilà les choses qui sont en progrès, est-ce tout cela que vous voulez faire progresser encore? Assurément non, direz-vous. Mais quoi que vous fassiez, c'est là que nous mène votre politique. La différence entre vous et les opportunistes, c'est que ces progrès vers la ruine iraient plus vite encore avec vous qu'avec eux. Voilà ce que nous avons à attendre des soi-disant progressistes. C'est là le progrès qui produirait la chute du ministère Méline.

◆

Un aveu instructif.

Au banquet offert aux ministres, MM. Boucher et Lebon à Rouen, M. Lebon, ministre des colonies, a exposé ainsi une des plus graves difficultés de sa tâche ministérielle :

« Mon excellent ami et homonyme Maurice Lebon eut grand tort de ne pas prendre pour lui le ministère des colonies. Par sa haute compétence et sa valeur morale, il y eût apporté l'ordre qui n'y règne pas encore autant qu'on le désire. Il eût éloigné du cabinet ministériel un trop grand nombre de personnes qui viennent nous dire : « Mon fils est malheureux, c'est le moment de le placer aux colonies. »

« Alors que nous devrions envoyer là-bas ce que nous avons de meilleur, par la valeur intellectuelle et le caractère, nous sommes encombrés de jeunes gens qui ont à réparer des accidents de la vie.

« Voilà la première réforme que je propose de réaliser. » (*On rit.*)

Ce n'est pas seulement au ministère des colonies que sévit la plaie hideuse du népotisme dit des *fils à papa*. C'est dans toute l'armée des 800.000 fonctionnaires.

Le parti qui nous a infligé cette lèpre est-il de taille à l'extirper lorsqu'il est au pouvoir? Allons donc! garder les papas pour se défaire des fils, l'homœopathie n'a jamais fait de tels tours de force!

Lundi dernier à Melun, dans un grand banquet organisé *ad hoc*, M. Bourgeois a tracé dans un discours qui a duré une heure le plan d'attaque du parti radical contre M. Méline et les modérés. M. Bourgeois et son clan réclament : 1° l'impôt global sur la rente; 2° une revision de la constitution, réduisant les attributions du Sénat; 3° une autre revision encore plus difficile, savoir une meilleure orientation de son parti. « Médecin, guéris-toi toi-même, a dit le divin maître. » M. Bourgeois est trop neuf pour espérer cette guérison-là. Le parti le débarquerait plutôt lui-même s'il s'avisait de s'y entêter.

De la crise agricole, pas un mot dans la contrée la plus agricole de la France. C'est dire que la comédie se jouait entre politiciens. Pas un agriculteur sérieux ne pouvait se résigner à y jouer le rôle de comparse. D'ailleurs, ils avaient répondu d'avance à M. Bourgeois et à ses compères en adressant leurs félicitations à M. Méline.

CHRONIQUE GÉNÉRALE

L'année agricole et agronomique pour 1896.

L'Année agricole et agronomique pour 1896 par S. Crépeaux, professeur à l'Institut agricole de Beauvais, et C. Crépeaux, publiciste scientifique, avec la collaboration de praticiens, de professeurs et d'agronomes vient de paraître (un volume in-18 de 360 pages, illustré).

Nous l'offrons en prime à nos abonnés au prix de 2 fr. 50 franco de port au lieu de 4 francs.

Ceux de nos abonnés qui désirent **l'Année agricole et agronomique de 1895** et celle de **1896** recevront les deux volumes franco dans la gare la plus voisine contre 4 fr. 50.

Adresser les demandes à M. Crépeaux, 10 *bis*, rue Piccini, Paris.

NOTA : Il ne reste qu'un petit nombre d'**Année agricole et agronomique pour 1895**.

Les suifs étrangers.

Nous avons toujours blâmé l'exemption de droit de douane accordée aux suifs étrangers. Nous avons aussi blâmé la décision votée par la Société des agriculteurs de France sur la proposition de la troisième section, proposition mal fondée selon nous, et nous maintenons qu'un droit de douane sur les suifs est indispensable pour protéger le bétail français contre la concurrence étrangère.

M Champion, secrétaire du Comité de défense des intérêts agricoles en France, soutient notre opinion dans les termes suivants dans une lettre adressée à *l'Echo agricole* :

« Nous prétendons que la proposition de loi de protection du cinquième quartier et du suif, dont nous avons été les promoteurs, mérite plein succès.

« Les obstacles qui surgissent en ce moment proviennent du groupe infime de spéculateurs richissimes dont le but, en pesant sur le cours du suif pour obtenir l'avilissement qui se produit, est d'influencer le Sénat, qui va être appelé à ratifier la loi sur la répression de la fraude des beurres naturels votée par la Chambre des députés.

« Le fait est : 1° Que la consommation annuelle du suif indigène est de trois cents millions de kilos.

« 2° Que la consommation de suif par la savonnerie est relativement nulle, puisque cette industrie n'emploie que des huiles fluides et lampantes ;

« 3° Que la stéarinerie s'approvisionne à l'étranger d'huile de palme, degraisses inférieures de toutes sortes et de suifs rances, entrant en France avec leur cortège de microbes infectieux, sans payer de droits d'entrée ;

« 4° Que la parfumerie fine, la savonnerie fine et la margarinerie emploient des suifs bruts frais, en rames et en branches ;

« 5° Que dans ces conditions la loi de protection profitera largement à l'élevage et à l'agriculture, sans nuire à personne, sauf une douzaine de spéculateurs bien connus à la Bourse.

« Pour ce qui est de l'intervention de la Société des agriculteurs de France, mieux vaut n'en pas parler que de révéler la vérité sur ce qui s'est passé dans la deuxième section lorsque cette question de protection a été agitée dans un cénacle composé *ad luminis extinctionem ! !*

« La boucherie de toute la France est favorable à la proposition de loi de protection des suifs. Pourquoi *Paris seul*, dans la personne du président du Syndicat fait-il de l'opposition ?

« *That is the question !*

« Nous vous prions d'agréer, etc. »

Ainsi d'après M. Champion :

1° La boucherie de Paris appuie de ses votes les agriculteurs qui réclament un droit de douane sur les suifs ;

2° La crise des suifs a la même source que les crises qui se succèdent sur les produits du sol, sur les blés, sur les cafés, sur les sucres, sur les alcools, sur les peaux, sur les cuivres, etc.

Partout dans l'état actuel des affaires internationales, la haute flibusterie financière opère des razzias de centaines de millions, en rançonnant les producteurs.

Ainsi s'expliquent ces fortunes scandaleuses, telles que celle de ce fameux baron juif Hirsch, qui est mort récemment, en laissant une fortune de 750 millions, amassée ainsi à coups de marchés fictifs sur des quantités colossales de denrées agricoles sans en avoir jamais eu un kilo en magasin.

C'est par dizaines de millions que se comptent aujourd'hui en France et en Europe les fortunes acquises par l'agiotage au détriment de la production.

Le droit proposé sur les suifs sera-t-il admis par M. Méline? Nous ne connaissons aucune raison sérieuse pour lui de s'y opposer, et les raisons de l'appuyer sont à notre avis, sans réplique. M. Champion vient de le prouver.

L'éclairage par l'alcool.

On s'occupe activement dans la distillerie industrielle et agricole de l'éclairage par l'alcool, substitué à l'éclairage par le pétrole et par les huiles lampantes.

M. Jules Benard, après d'autres distillateurs, a fait des essais comparatifs des trois modes d'éclairage qui ont été favorables à l'alcool dénaturé, comme économie de dépense et comme intensité lumineuse. Comme économie, disons-nous, si l'alcool destiné à l'éclairage était ou exempt de droit, ou n'était pas plus imposé que le pétrole, mais le droit de 37 francs qui le frappe a pour effet d'en rendre l'emploi à l'éclairage plus coûteux que celui du pétrole.

Les distillateurs demandent une réforme qui égalise les conditions de la lutte entre les deux liquides employés à l'éclairage.

Rien de plus juste assurément, mais les besoins du fisc sont inexorables. Voilà la pierre d'achoppement de tous nos projets de réformes fiscales.

La rivalité du pétrole et de l'alcool soulève une question très importante d'économie générale.

En 1894, dit M. Aimé Girard, 250 millions d'hectolitres de pétrole brut, et 476.000 hectolitres de pétrole raffiné, pendant que nos fabriques d'alcool descendaient de 2.400.000 à 2.200.000 hectolitres, dont les prix étaient tombés à des cours ruineux.

Si la concurrence des pétroles étrangers ne ruinait pas notre industrie alcoogène, les distilleries agricoles pourraient quadrupler une production, qui serait profitable à l'agriculture comme à elles-mêmes.

Dans la réforme du régime fiscal des boissons, il y aura lieu de réclamer pour les distilleries agricoles un régime plus équitable et permettant au fisc de tirer d'autres produits les récoltes énormes qu'il tire des alcools.

Ce sera une tâche très difficile. Au moins doit-on encourager ceux qui essayeront de la remplir.

Concours.

Concours de chiens de bergers à Chartres. — A l'occasion du concours regional de Chartres, le Comice agricole de la contrée organise un concours spécial de chiens de berger, qui offrira un sérieux intérêt.

Les chiens des exposants seront soumis à des épreuves qui mettront en évidence les mérites propres de leur fonction consistant à ramener les moutons qui viendraient de s'écarter du troupeau sans les mordre, à exécuter tous les ordres du berger. Chaque chien ou paire de chiens subira ces épreuves sur un parcours de 300 mètres, hérissé d'obstacles. Dans ces conditions les primes seront attribuées sur des données irréprochables. Les vrais lauréats seront les bergers, car c'est à l'habileté de leur éducateur que les chiens doivent les qualités qui font d'eux ses meilleurs auxiliaires.

Concours de Mayenne. — La Société d'agriculture de la Mayenne tiendra son concours à Mayenne du 28 au 31 août. Les primes de culture seront attribuées aux deux cantons de Mayenne, de Landroy et de Gorron.

Ne pas confondre ces concours avec ceux du Comice agricole de Laval dont l'indépendance a été la cause de la création de la Société dite de la Mayenne.

Société d'agriculture de la Loire. — Son concours se tiendra du 2 au 7 septembre à Saint-Etienne. Les concours de cette Société sont de plus en plus importants d'année en année. Les primes de culture seront réservées aux cantons de Saint-Etienne et de Saint-Héand.

Société d'agriculture du Pas-de-Calais. — Cette Société tiendra son prochain concours à Vitry, le 19 juillet. On y primera spécialement les moissonneuses-faucheuses à un cheval destinées à la petite culture.

Concours de volailles vivantes des races de Bresse et de tenue des basses-cours. — Le Syndicat agricole de Bourg est en voie d'organiser entre ses membres, les 27 et 28 juin, à Bourg, un concours de volailles vivantes des trois races locales, savoir : la *blanche*, de Bény-Marboz ; la *grise*, de Bourg, et la *noire*, de Louhans. Des récompenses importantes seront décernées aux meilleurs lots.

Le concours comprendra aussi les canards, les oies, les pigeons comestibles, les lapins et le matériel d'aviculture.

Enfin, il est ouvert un concours spécial de tenue des basses-cours.

Les travaux du jury seront dirigés par M. de Fontenay, délégué de la Société nationale d'aviculture.

Pour plus amples renseignements, demander le programme du concours, au secrétaire du Syndicat, 2, rue Ampère, à Bourg.

Les éleveurs et amateurs désirant exposer qui ne feraient pas encore partie du Syndicat devront au préalable s'y faire inscrire comme membres ordinaires en versant la cotisation de 2 francs. Le Syndicat ne recevant pas de subvention, une souscription fort bien accueillie est ouverte pour couvrir une partie des frais. Déjà il est offert des sommes d'argent, des livres, des volailles, etc.

Les chiens utiles

Une Société vient de se fonder à Paris sous ce titre : *Réunion des amateurs de chiens d'utilité français*, ayant son siège boulevard Poissonnière, 12. Suivant son titre, cette Société a pour objet l'élevage des races de chiens utilisés pour leurs services, à l'exclusion des races dites de luxe ou d'agrément qui aujourd'hui fournissent le plus grand nombre de sujets présentés dans les concours de races canines, exemple : l'exposition aujourd'hui établie dans le jardin des Tuileries. Les chiens utiles sont, si nous ne nous trompons : 1° les chiens de berger ; 2° les chiens de garde ; 3° les chiens employés à la chasse ; 4° enfin les chiens terriers qui, mieux que les chats, font la chasse aux rats. La Société nouvelle s'efforcera de propager ces races, dans les concours agricoles, elle offrira des primes spéciales pour les meilleurs chiens de berger, de cour et pour les ratiers. Le monde agricole accueillera sans doute avec intérêt cette propagation des chiens qui lui rendent les meilleurs services. M. Tisserand, directeur de l'agriculture, a accepté le titre de président honoraire de cette Société.

La crise du blé en Allemagne.

Les ruraux allemands ne se laissent pas endormir comme chez nous, sur les périls de ruine dont l'agriculture est menacée par la crise des blés. Bien que le blé se vende 2 francs plus cher chez eux (malgré un droit de douane de 4 fr. 75 seulement), les députés agriculteurs adjurent le gouvernement de prendre des mesures contre les abus de l'agiotage cosmopolite, auquel on attribue la cause principale de cette crise.

On a rejeté la proposition Kanitz qui demandait pour l'Etat le monopole des achats de blés étrangers. En revanche on a voté une loi qui interdit à la Bourse les marchés à terme sur les céréales.

Nous ne croyons pas que cette loi suffise à atteindre le but. Mais nous constatons avec empressement que les Allemands exigent impérieusement que les mesures nécessaires pour sauvegarder l'agriculture soient la préoccupation incessante du gouvernement et des Chambres. Si les mesures actuelles ne suffisent pas, on aura recours à d'autres. A tout prix on veut aboutir, et en cela nous avouons avec humiliation que les ruraux allemands savent mieux que nous se faire obéir par leurs députés.

Quand saurons-nous profiter de telles leçons ?

La catastrophe de Bouzey.

On n'a pas dû oublier cette catastrophe arrivée en avril 1895 : la rupture de la digue qui causa la destruction de vingt maisons, de récoltes en terre, bref, pour 4 millions de dégâts.

L'enquête a démontré que la digue construite par un ingénieur juif, nommé Cahen, manquait des conditions les plus élémentaires de solidité et que la responsabilité devait lui en être imputée, cela résulte d'un rapport de M. Langlois, inspecteur général.

La *Libre Parole* annonce que des manœuvres incroyables sont tentées pour mettre à l'abri de toute responsabilité l'ingénieur Cahen et qu'il a plutôt chance d'être décoré que condamné.

Ces choses sont si fréquentes qu'on ne s'en étonne plus.

Congrès du Crédit agricole des populations à Caen.

Cet intéressant Congrès réunissait de nombreux membres, parmi lesquels on remarquait M. Eug. Rostand, si compétent en ces matières, et M. Luzzati, créateur des Caisses rurales en Italie, etc.

M. Rostand a résumé dans une substantielle allocution les progrès réalisés par les sociétés de Crédit rural fondées et dirigées suivant les principes que nous essayons de propager.

M. Drouet fils a lu un mémoire de M. Drouet son père, sur un moyen, selon lui efficace, de remédier à la crise agricole. Ce moyen consisterait dans des associations entre petits propriétaires pour la culture en commun de leurs terres. Cette culture en commun, selon M. Drouet, serait rémunératrice pour tous et remplacerait les cultures isolées qui ne le sont pas.

Nous comprenons, comme les fermiers lorrains, la nécessité de réunir le plus possible, les parcelles qui divisent à l'excès les terres cultivées, mais on comprendra difficilement les avantages d'une culture collective sur la culture individuelle. Celle-ci a l'avantage de stimuler plus vivement l'activité laborieuse du cultivateur.

Le Congrès ne s'est pas prononcé sur la question de la culture coopérative en général, mais il invite à étudier ce mode d'exploitation des terres stériles et incultes dont les possesseurs n'ont pas les ressources nécessaires pour les rendre productives. En revanche, il préconise les sociétés coopératives de vente et d'achats, syndicats, banques, etc.

Sur la question du Crédit agricole, le Congrès s'est prononcé en faveur des

Caisses rurales libres, et contre l'idée de toute ingérence de l'Etat, dans leur organisation et leur fonctionnement.

Au sujet des Caisses d'épargne, le Congrès demande qu'elles aient une latitude plus grande pour venir en aide au travail et aux institutions de Crédit populaire, surtout aux Caisses de Crédit agricole.

Le Congrès a ensuite discuté la prétention émise par certains commerçants d'imposer l'impôt de la patente aux sociétés coopératives agricoles.

Naturellement, le Congrès a repoussé énergiquement cette prétention malgré les raisons spécieuses qui l'appellent, notamment celle-ci :

« Les coopératives nous font une concurrence désastreuse. La justice veut que les armes soient égales des deux côtés. Or, c'est le cas contraire qu'on nous inflige en exemptant nos rivales de l'impôt qu'on nous impose. »

A cela les coopératives répondent : « Vous faites des affaires avec tout le public, nous n'en faisons que pour nous et les nôtres. Nous ne faisons pas de commerce comme vous. Donc la patente ne peut nous être imposée. »

L'*Académie des Sciences* avait à élire un membre titulaire dans la section agronomique, en remplacement de M. Reiset, décédé. M. Muntz, professeur bien connu à l'Institut agronomique, a été élu, par 38 voix. Il avait pour concurrents MM. Risler, Laboulbene, Maquenne et Schloesing fils. Nos lecteurs ont trop souvent été entretenus des travaux de M. Muntz, pour qu'il soit besoin de justifier le choix de ce savant par l'Académie.

Union libérale
de Rambervilliers.

Il vient de se former dans le canton de Rambervilliers (Vosges) sous ce titre, *Union libérale*, une association patriotique que nous louons de tout notre cœur; d'abord parce qu'elle a un objectif de liberté, d'honnêteté, d'émancipation rurale et politique qui est le nôtre; ensuite, parce qu'elle est une protestation courageuse contre l'envahissement général de l'esprit public dans nos campagnes, contre le joug ruineux et corrupteur du parti qui l'exploite sans vergogne sous le couvert mensonger du suffrage universel.

Dans la première réunion, du 23 avril, composée de 200 membres, la Société a déclaré que son but est de combattre l'alliance maçonnique et juive qui gouverne la France comme un pays conquis.

« Il y a, dit ce rapport, un député franc-maçon pour 130 Français, alors qu'il n'y a qu'un député catholique pour 25.000 catholiques.

« Presque toutes les fonctions publiques sont données aux partisans et aux amis des Francs-Maçons et des juifs.

« Au lieu de 200.000 fonctionnaires que nous avions en 1869, le gouvernement opportuniste nous en a imposé 763.000. Le contribuable payait en moyenne 40 fr. d'impôts, actuellement il paie 150 francs !

« Dans chaque ministère, il y a 28 ou 30 juifs et la plupart des hautes fonctions sont occupées par les juifs et les protestants.

« Sous le régime opportuniste, nous avons été témoins des plus grands scandales: Panama, les chemins de fer du Sud, l'Algérie et ses phosphates, le Tonkin, Madagascar, l'Opium, etc.

« Pourquoi nous laisserions-nous gouverner et dépouiller par les juifs et les francs-maçons qui nous imposent le joug le plus avilissant qu'ait jamais supporté un peuple conquis?

« Les Juifs riches et influents sont alliés aux Francs-Maçons et ce qui fait leur force c'est leur union et leur discipline

« Nous n'avons pas à en vouloir aux Juifs et aux Francs-maçons de soutenir leurs intérêts, ils n'auront pas à nous en vouloir si nous les imitons. »

Le rapport termine en déclarant que l'*Union libérale* fera un appel pressant à tous les catholiques français, dans les campagnes surtout qui sont les principales victimes de ce régime odieux, pour qu'ils imitent son exemple et organisent des unions patriotiques fermement décidées à secouer le joug écrasant de l'alliance opportuno-judéo-maçonnique et ramènent l'esprit public aux mœurs politiques d'un peuple libre et maître du choix de ses mandataires dans le Parlement et dans les emplois publics.

L'*Union libérale* de Rambervilliers a le mérite et le courage de dire tout haut ce que tous les esprits éclairés pensent tout bas. Nous sommes de ceux, on le sait, qui parlent comme cette Société, c'est dire que nous souhaitons son succès. Il y a vingt-cinq ans, à l'Assemblée de Versailles, le communard juif, Gaston Crémieux s'écriait : « Majorité rurale, taisez-vous !

Hélas! les majorités rurales se sont tues et ont laissé parler pour elles le parti qui les a acculées à la crise actuelle. Aujourd'hui il faut que cela change,

« Majorités rurales, parlez ! »

NÉCROLOGIE

Pol Fondeur.

Une nouvelle aussi cruelle qu'inattendue vient de nous apprendre la mort de M. Pol Fondeur, le distingué fabricant de charrues brabant tourne-oreilles. Il a succombé à une courte maladie dans sa cinquantième année, emportant les regrets de tous ceux qui, comme nous, ont pu apprécier les exquises délicatesses de son cœur, son sincère dévouement au progrès agricole, qui fut le mobile des nombreux perfectionnements qu'il apporta sans cesse à ses intruments, et dont il fut récompensé par une réputation en France, en Algérie et à l'étranger.

Pol Fondeur, on le sait, avait succédé à son père qui fut le véritable inventeur de la charrue Brabant tourne-oreilles, et on peut rappeler que la croix d'honneur réclamée pour lui par les agriculteurs de l'Aisne lui fut refusée à raison de ses opinions politiques et religieuses.

Fabricant de premier ordre dans sa spécialité, Pol Fondeur était, en outre, un spécialiste d'élite dans la culture du pommier à cidre et dans la fabrication de ce breuvage. Ses plantations et ses cidres, ses collections raisonnées de pommes à cidre lui valurent les plus hautes récompenses dans les concours de l'association pomologique. Avec Constant de Benoist, son collègue, il a été un infatigable propagateur des variétés dont la culture a opéré une transformation dans les cidres de Picardie dont certains crus égalent aujourd'hui les crus les plus estimés de Normandie.

La population picarde serait bien ingrate si elle ne joignait pas ses regrets à ceux dont nous adressons l'expression émue à Mme veuve Pol Fondeur et à son jeune fils.

CHRONIQUE AGRICOLE

Situation. — La Saison.

Le mois de mai prolonge avec une lamentable ténacité cette période de sécheresse qui compromet de plus en plus les récoltes des plantes en terre et, de plus, cette situation s'est aggravée depuis dix jours par des abaissements de température qui, dans les contrées montagneuses, ont amené un véritable retour offensif de l'hiver. La neige couvre aujourd'hui la moitié des terres ensemencées dans ces contrées, et le thermomètre descend au-dessous de zéro. Les vignes, les arbres fruitiers sont menacés d'une stérilité complète. Quelques rares ondées ont favorisé d'heureuses contrées, entre autres, la Provence, le Languedoc, les départements maritimes de Bretagne et de Picardie. Partout ailleurs, la sécheresse reste impitoyable et aggrave ses rigueurs par son association avec le soleil et le vent desséchant du nord et du nord-est. Les nuages précurseurs de la pluie passent sur nos têtes et la pluie ne vient pas.

D'ailleurs, lors même qu'elle viendrait, il serait trop tard pour raviver la végétation des prairies naturelles, dont les tiges rabougries cessent de croître à partir du moment de la floraison. Dès lors, la récolte des foins est dès aujourd'hui réduite à un quart d'année dans les prairies non arrosées; les autres fourrages de première saison sont aussi durement éprouvés.

Les blés d'hiver couvrant des terres bien fumées et profondément labourées ont bien résisté à la sécheresse; mais les céréales de printemps sont très compromises à peu près partout.

Nous rappelons à ce sujet qu'un supplément de nitrate est un vivifiant précieux dans ces cas, mais à la condition d'être dissous par la pluie. Nous conseillons cet expédient à cette condition seulement, cela est bien entendu.

Quoi qu'il advienne, il est certain que l'année sera en grand déficit de fourrages. Sera-t-elle aussi calamiteuse sous ce rapport que l'année 1894, nous ne le pensons pas ; mais elle le sera assez pour engager tous les cultivateurs à conjurer les déficits fourragers par les moyens qui furent préconisés en 1893, et qui malheureusement ne furent employés que par un petit nombre d'agriculteurs.

M. Méline vient d'adresser aux professeurs d'agriculture une circulaire qui leur enjoint de déployer tout leur zèle pour les propager jusqu'au fond des villages les plus reculés. Nos lecteurs, à nous, qui les connaissent, se feront un devoir d'imiter cet exemple. Les syndicats y emploieront aussi tout leur zèle inspiré par l'esprit de bonne confraternité agricole.

D'ailleurs, nous ne manquerons pas, nous aussi, de revenir sur ces sujets d'actualité qui se résument en deux points :

1° Culture de plantes à rapide et grand rendement pour remplacer les foins de prairies.

2° Alimentation rationnelle et économique des animaux permettant d'utiliser fructueusement les matières alimentaires dont l'emploi est méconnu et oublié dans les années ordinaires.

Nous entrons dès aujourd'hui dans l'étude de ces deux moyens de conjurer les désastreux effets des déficits fourragers.

Sous ce titre, la *Sécheresse*, la *Bourgogne agricole* décrit ainsi la situation de la grande contrée à prairies du bassin de la Saône.

Nous voici ramenés aux cruelles appréhensions de la néfaste année 1893 : la sécheresse se poursuit avec les mêmes allures et dans bien des endroits la perte est déjà considérable.

Dans la vallée de la Saône, où on laisse couler niaisement sans s'en servir pour irriguer une rivière de premier ordre, les foins sont à peu près perdus : dans bien des endroits on ne fauchera pas, les frais excédant le produit.

Les trèfles ne comptent pas, les luzernes qui ont leurs racines bien plus profondes se sont mieux maintenues, mais sont faibles.

Les blés en terre médiocres se perdent de jour en jour, ceux en bonne terre se maintiennent encore : les avoines font peine à voir.

Les betteraves à sucre ont levé d'une façon très irrégulière, de même que les betteraves fourragères : la plante a mis trop de temps ensuite à se développer

et les insectes s'en sont emparés. Dans beaucoup d'endroits on a dû procéder à de nouveaux semis.

Mercredi dernier, la Société nationale d'agriculture s'est occupée de la sécheresse et de ses effets calamiteux.

D'après M. Heuzé, les blés ont peu tallé, les pailles seront courtes et partout peu abondantes, les récoltes en grain pourront être satisfaisantes. Les avoines, par contre, sont très durement éprouvées. Les trèfles et les luzernes fleurissent au ras du sol. Il ne faut pas hésiter à les faucher à ce moment, on aura chance d'une seconde coupe qui rachètera la première.

Pour les plantes à semer immédiatement, M. Heuzé conseille de faire nager les graines de semence pendant deux jours dans l'eau tiède, et de les enterrer légèrement. Ce procédé, enseigné par Royer, et que nous avons conseillé nous-mêmes plusieurs fois, a pour effet d'activer la germination. M. de Vilmorin appuie sur le conseil de faucher les trèfles et les luzernes, en vue d'obtenir une seconde coupe, plus rapide et plus abondante.

M. Lavalard dit que dans le Périgord et dans le Limousin les prairies étendues ne sont pas encore en fleurs, ce retard permet d'espérer une poussée ultérieure si la pluie vient à tomber.

M. Bablot-Maître nous adresse la note suivante sur l'état des récoltes dans la Marne entre Reims et Châlons :

« Ce printemps, sec et froid dont nous subissons les conséquences depuis plus d'un mois, est très nuisible aux prairies artificielles (ainsi qu'aux prairies naturelles qui ne sont pas irriguées). Les luzernes mêmes qui gèlent presque tous les jours, donneront un petit rendement. Quant aux foins de *deuxième année*, ils ne vaudront point le *fauchage*. Bien que les marsages soient bien levés, les orges souffrent du manque de *pluie*.

On a retourné un certain nombre de parcelles de *seigle* à fumier qui étaient entièrement dévorées par les souris. Le plus grand nombre de celles qui restent sont tellement tachées que la récolte en sera *très inférieure*. Même observation pour les froments, dont les applications de nitrate n'ont pu faire pousser des tiges là où il n'y en avait plus.

Relativement aux tubes Darry, les expériences d'automne ont prouvé qu'employés dans les mêmes conditions *normales*, le même jour, il y en avait de bons et de mauvais.

Un contrôle sérieux s'impose donc à la fabrication. Ces quelques journées de brouillards gelées en ont détruit beaucoup.

Beaucoup de fleurs aux cerisiers et aux pommiers, *peu aux poiriers*.

Quant aux pruniers on en a abattu un certain nombre qui étaient *tout noirs*. »

La sécheresse : disette fourragère.

A la suite de deux mois de sécheresse il est malheureusement démontré que les récoltes fourragères laisseront des déficits énormes, et que, pour sauver les bestiaux d'une famine mortelle, comme celle de 1893, il faudra recourir à deux moyens.

Le premier, nous l'avons dit, consistera à mélanger les fourrages verts avec les matières alimentaires sèches, à demander aux feuillages et aux pousses des arbres, bref aux prairies en l'air les aliments refusés par les prairies terrestres. Nous reviendrons sur ce sujet en rappelant les procédés qui furent employés avec succès en 1893, par un certain nombre d'éleveurs intelligents.

Le second moyen que nous signalons dès aujourd'hui, consiste à semer aussitôt que l'état des terres le permettra, des plantes à rapide et plantureuse végétation, pouvant donner à partir de la fin de juillet jusqu'à la fin de l'automne et au-delà, d'abondantes provisions alimentaires en remplacement des herbes des prairies.

Voici un aperçu des ensemencements à opérer, dans cette vue, dans la saison actuelle à partir du jour où les premières pluies les rendront possibles :

Dans les derniers jours de mai, on sèmera, ainsi que nous l'avons dit ailleurs, des maïs pour fourrage, en choisissant les variétés convenables à l'état du sol qui les portera. On sèmera aussi des vesces d'été, des pois gris, des jarosses, et autres légumineuses à végétation rapide. Si les pluies sont insuffisantes, on arrosera les plants dans la mesure des possibilités pour obtenir des récoltes promptes et abondantes.

Dans la première quinzaine de juin, second ensemencement du maïs, on recommande la variété dite des Motteraux, comme précocité et abondance, puis le madia, le moha de Hongrie, le sarrasin en mélange avec du maïs.

A partir du 15 juin, on pourra semer de nouveau des maïs, soit isolés, soit mélangés avec les plantes à rapide végétation, telles que la moutarde blanche, dite herbe au beurre, à raison de sa propriété d'exciter la sécrétion laitière chez les vaches ; mais aussi à condition de ne l'employer que pour un quart au maximum des rations, sous peine de produire des accidents inflammatoires.

A partir de la fin de juin dans le Midi, les terres dont on aura enlevé les céréales pourront recevoir les semences de plantes à récoltes dérobées dont nous parlerons plus tard. On y aura recours graduellement dans toute la France en remontant du Midi vers le centre, puis du centre au Nord au fur et à mesure de l'enlèvement des céréales.

Mais l'essentiel, à l'heure présente, c'est de mettre en pratique les indications relatives aux semences qui peuvent être confiées à la terre de la fin de mai à la fin de juin. Le succès de ces ensemencements atténuera sérieusement les misères causées par la disette fourragère.

La fauche hâtive des prairies.

Dans les années de sécheresse, beaucoup de cultivateurs espérant toujours que la pluie surviendra, tardent à faucher la première coupe de leurs prairies. C'est une pratique déplorable; lorsque la plante victime de la sécheresse est rabougrie, elle ne pousse qu'à peine si la pluie survient quand la fleur commence à se former. Il faut, au contraire, couper le plus tôt possible, même avant fleurs ouvertes, pour que, gagnant une quinzaine de jours ou plus sur l'époque normale de fauchaison, on puisse espérer récolter une abondante seconde coupe. Nous insistons sur ce point parce que, en général, les cultivateurs français coupent beaucoup trop tard leur première coupe de fourrages; en procédant autrement dans nombre de cas on pourrait récolter une seconde coupe fauchable.

C. CRÉPEAUX.

Les irrigations.

Il peut paraître peu opportun de parler des irrigations à un moment où nos campagnes sont plongées dans la plus vive inquiétude par une implacable sécheresse qui menace d'anéantir leurs récoltes fourragères et celles de leurs céréales printanières. Cependant nous croyons utile d'appeler l'attention des praticiens non sur les irrigations en général, non sur celles qui exigent des travaux d'installation difficiles et dispendieux, cela nous mènerait trop loin aujourd'hui, mais sur certaines irrigations qui pourraient être pratiquées par des moyens faciles, peu coûteux.

Ce système d'irrigation est parfaitement praticable dans les propriétés occupant des terrains un peu déclives, où les terres labourées occupent la partie supérieure, et les prairies la partie inférieure. Dans ces conditions, il suffit de recueillir dans les fossés inférieurs des champs les eaux découlant des sillons, et de pratiquer, dans ces fossés des ouvertures par lesquelles les eaux se déverseraient dans les prairies. C'est assurément un procédé d'irrigation très praticable, très avantageux, et qui n'est pas assez répandu dans nos campagnes. Le *Bulletin du Syndicat d'Anjou* publie à ce sujet une correspondance qui justifie pleinement l'observation que je viens d'exposer.

« Pour nos fermiers, dit-il, arroser leurs prairies consiste tout simplement à faire une saignée à la partie inférieure des champs ensemencés et à faire ainsi inonder leurs prairies situées au-dessous. Ce travail fait, ils laissent agir tous les éléments sans s'en préoccuper davantage.

« Qu'arrive-t-il ? Les pluies d'automne arrivent, les terres se saturent, puis elles déversent sur la prairie leur trop-plein. Cette première eau arrive chargée des sels que les plantes n'ont pu absorber, sels qu'une abondante fumure naturelle ou artificielle a déposés dans la terre, nouvellement ensemencée, et le fermier peut considérer avec joie pendant les quelques jours relativement tempérés de la Saint-Martin, ses prairies reverdir comme sous l'influence du printemps.

« Confiant dans les promesses que semble lui présager cette belle apparence, comme Fouquet, il s'endort sur la foi des zéphirs.

« Cependant les quelques beaux jours se sont envolés, et les gelées et les pluies incessantes leur ont succédé. A cette première eau, chargée d'éléments reconstituants, s'est substituée une énorme quantité d'eau pure, dépourvue de tout élément fertilisant, et tout l'hiver elle continuera à inonder cette prairie, entraînant avec elle les premiers sels qu'elle a déposés et dont la prairie aura pu à peine profiter.

« A partir de ce moment, la prairie souffre; les quelques mètres qui avoisinent la saignée conserveront une belle apparence jusqu'à la récolte, et cette belle apparence ne servira qu'à maintenir dans ses errements leur propriétaire.

« En effet, si j'examine avec soin les parties plus basses de la prairie, je m'aperçois que l'eau y a été presque toujours stagnante, que les légumineuses, sous cette influence, ont disparu et que les graminées seules y végètent misérablement. Quant à la partie extrême de la prairie, transformée en lac, les joncs et les plantes aquatiques s'en disputent la possession.

« Il s'ensuit qu'un travail qui devrait être *doublement* profitable, en préservant premièrement les cultures supérieures de toute submersion, et secondement pourrait être d'un avantage immense pour la prairie, ne remplit que le premier but et devient nuisible pour le second.

« Mais, me demanderez-vous, que faire pour éviter cet inconvénient et améliorer néanmoins ma prairie ? Cela est bien simple : commencez, à l'aide de nivellements ou, plus économiquement, à l'aide de rigoles, à bien arroser votre prairie avec les premières eaux, puis, dès que vous la verrez saturée et que vous jugerez que l'eau ne contient plus de substances nourrissantes pour votre prairie, au moyen de rigoles de collature, autrement dit de dessèchement, emmenez cette eau directement dans le ruisseau ou dans le fossé subjacent.

« Bien entendu, je ne parle ici que des prairies basses ayant une faible pente, car pour celles situées sur des pentes rapides et sur un sol très perméable, on peut sans inconvénient maintenir une immersion presque continuelle et, s'il est vrai que l'eau ordinaire contient, au minimum, 3/1.000 de phosphate, on n'aura qu'à s'en louer. Toutefois si, comme cela existe presque toujours, le bas de la prairie est plat et sur un sol imperméable, il sera indispensable de l'arrêter avant qu'elle n'y arrive, afin de l'entraîner immédiatement; cette partie aura envers et contre tout bien assez d'humidité. Sans cette précaution vous perdriez tout le bénéfice de l'irrigation supérieure par suite de la quantité et de la qualité de la partie inférieure. Vous le voyez, c'est bien simple : trente années d'expériences et d'observations raisonnées m'ont convaincu de ce que je vous avance. Fumez donc abondamment, arrosez modérément vos prairies suivant en cela le précepte d'un vieux sage de l'antiquité quand il vous dit : *Est modus in rebus*. En ce faisant vous verrez prospérer vos prairies, que vous fumiez peut-être avec soin, mais qui ne répondaient point à vos dépenses, ni par la qualité, ni par la quantité.

« UN CAMPAGNARD ET UN AMI ».

Evidemment la conclusion à tirer de ces faits, c'est d'abord que les issues ouvertes aux eaux des champs doivent être fermées lorsque les prés sont saturés ; ensuite que des rigoles doivent être creusées dans la partie inférieure des prés pour répartir également les eaux et éviter les flaques stagnantes.

Les gelées printanières des vignes.

M. Chambron, professeur d'agriculture de l'Allier, publie sur ce sujet les observations suivantes :

Les gelées de printemps se divisent en deux groupes : 1° les gelées noires; 2° les gelées blanches.

Les gelées noires, qui sont produites par un abaissement général de la température, sont certainement les plus dangereuses, car elles s'attaquent aux vignes dès le début de la végétation. Les bourgeons qui, à cette époque, sont très fragiles, se flétrissent, les jeunes rameaux déjà développés sèchent et périssent.

Il est bon, dans les vignobles où ces gelées sont à redouter, de tailler très tard, de façon à retarder le plus possible le débourrement des bourgeons; et nous conseillons même de tailler en deux fois, la deuxième taille devant se faire après l'époque des gelées.

En effet, si on laisse beaucoup de bois sur les branches conservées par la taille, les bourgeons des extrémités, se développant toujours les premiers, seront seuls gelés; il suffira de supprimer ensuite tous les bourgeons laissés en trop à la première taille, de façon à rendre cette dernière normale.

Ce débourrement tardif peut encore être obtenu au moyen de badigeonnage au sulfate de fer (50 kilog. dans 100 litres d'eau.) On passe un pinceau imprégné de la dissolution sur tous les bourgeons; on peut même opérer ce travail deux fois de suite, de façon à rendre plus épaisse la couche préservatrice qui couvre les bourgeons. Le débourrement est retardé de plusieurs jours, qui suffiront souvent pour sauver la récolte.

Les premiers jours du débourrement sont, en effet, les plus dangereux, car plus tard les bourgeons résistent un peu mieux.

Après la période des gelées noires arrive celle des gelées blanches en avril et mai. La température s'abaisse moins dans ce cas que dans le précédent, car cette diminution de chaleur est produite par le rayonnement du sol dans l'air, c'est-à-dire par la perte dans l'atmosphère de la chaleur de la terre et non par un abaissement général de la température. Quand les jeunes rameaux se trouvent trop près du sol, ils participent à cet abaissement de température et gèlent, si cette dernière descend jusqu'à 0 degré.

Les gelées de printemps (noires ou blanches) se produisant toujours de préférence sur les points bas et humides, il y a intérêt à ne pas faire descendre les vignes trop bas dans les vallées, surtout exposées à l'Est.

Aux dommages causés par la gelée s'ajoutent alors ceux qui sont provoqués par un dégel rapide, par l'élévation brusque de température que produisent les premiers rayons de soleil. — Une vigne moins exposée au soleil levant dégèlera toujours lentement et, le plus souvent, n'aura aucun mal.

La situation d'une vigne n'est donc pas sans importance au point de vue de sa facilité à être victime des gelées de printemps.

Nous avons dit précédemment que, lors des gelées blanches, les jeunes rameaux trop près du sol étaient seuls détruits; aussi nous pouvons poser une nouvelle conclusion qui amènera les viticulteurs à élever autant que possible les vignes au-dessus du sol dans toutes les situations où les gelées de printemps sont à redouter. Là le premier fil de fer sera à 40 centimètres, au lieu de 25 ou 30 centimètres.

Aux moyens de lutte employés contre les gelées noires, on peut ajouter contre les gelées blanches tous ceux qui auront pour but d'éviter la déperdition de la chaleur du sol, d'empêcher le rayonnement. De là l'usage des écrans des toiles de formes bien différentes suivant les divers pays.

On utilise dans le même but, sous le nom de « nuages artificiels », les fumées produites par l'inflammation de divers combustibles (résine, coaltar, fumier, herbes, paille) disposés tout autour de la vigne dans des marmites spéciales. — Quand cette dernière est recouverte de fumée, il n'y a rien à craindre; mais malheureusement ce procédé réclame une installation assez complète, une main-d'œuvre assez élevée et surtout une surveillance très active de la température durant tout le temps où ces gelées sont à craindre.

C'est un moyen peu pratique pour les vignobles morcelés.

Souvent les gelées produisent sur les jeunes rameaux ou sur les vieux bois, des excroissances plus ou moins volumineuses qui, en pourrissant, causent la disparition du cep ou des jeunes rameaux. Ce sont là les broussins.

On doit rabattre les jeunes rameaux au-dessous des broussins et, quand ces derniers se trouvent sur le vieux bois, enlever, au moyen d'un instrument tranchant, tout ce qui est déjà pourri, puis passer ensuite les plaies à la dissolution de sulfate de fer, indiquée précédemment.

Une vigne gelée, loin d'être négligée, doit être, ne l'oublions pas, plus entourée de soins qu'aucune autre, de façon à ce qu'elle puisse, l'année suivante, donner une récolte plus forte, qui compensera en partie la perte causée par les gelées.

(Journal des Viticulteurs.)

Les pommes de terre cuites.

Tous les jours nous pouvons constater que les pommes de terre cuites et écrasées sont un aliment très avantageux, surtout en l'employant en addition au autres aliments ordinaires des bêtes bovines, même des veaux, des chevaux, mulets, etc., pour les moutons à l'engrais, lapins, etc.

M. Egasse, agriculteur en Eure-et-Loir, annonce que les pommes de terre cuites et réduites en purée, données à ses veaux d'élève, dans la proportion d'un demi-kilo par jour au début, puis augmentée graduellement jusqu'à 2 kil., à trois mois, lui ont donné de très bons résultats en les employant au début dans le lait, puis, plus tard, avec les aliments fourragers et les racines, etc.

Mais on constate de plus en plus que c'est à l'état de cuisson que les pommes de terre produisent leur maximum de nutrition pour tous les animaux ; la réduction en purée mêlée au lait, est nécessaire pour les jeunes veaux et pour les poulets.

Cependant on a constaté par contre que pour les vaches laitières, la pomme de terre crue avait l'avantage de provoquer une plus abondante quantité de lait. Mais ce qui n'est pas douteux c'est que la pomme de terre cuite produit plus de chair que la pomme de terre crue.

De toutes ces expériences si nombreuses sur la pomme de terre, nous estimons qu'une conclusion à tirer, c'est que la pomme de terre est un aliment excellent, mais qu'il faut éviter d'en faire un aliment unique et exclusif pour tous les animaux, même pour les porcs, qui sont les principaux consommateurs. En alimentation, la variété et les mélanges sont toujours préférables au meilleur aliment unique. Les animaux digèrent mieux ce qu'ils absorbent avec plaisir que ce qu'ils n'absorbent qu'avec répugnance.

La pomme de terre pour féculerie et distillerie.

M. Comon, professeur d'agriculture dans le Nord, a fait des expériences en vue de déterminer dans la culture des pommes de terre, les proportions respectives des engrais azotés avec les phosphates et la potasse, et leur influence sur la production de la fécule. Comme nous pouvions nous y attendre, d'après des expériences d'autres praticiens, il a constaté que l'excès des engrais azotés nuit à la production de la fécule, et que c'est par une proportion convenable des engrais phosphatés et potassiques qu'on obtient le meilleur rendement en fécule. Ces expériences confirment la pratique qui consiste à planter les pommes de terre sur un sol garni d'avance d'une bonne demi-fumure de fumier phosphaté, auquel on ajoute du chlorure de potassium ou du kaïnite.

M. Comon a constaté que les plus hauts rendements en fécule avaient été produits par les variétés Géante bleue, Institut de Beauvais, Imperator, Czarine, etc.

Alimentation du bétail.

LE VERT SUR PLACE OU AU RATELIER

C'est une question très complexe que celle de savoir quel est le meilleur régime alimentaire au point de vue économique de la nourriture sur place au pâturage ou de la nourriture servie au râtelier.

M. Pansiot, ancien élève du Grand-Jouan, publie dans la *Bourgogne agricole* les observations suivantes qui nous paraissent dignes de l'attention des cultivateurs.

Au point de vue hygiénique, M. Pansiot constate la supériorité de la vie en plein air sur le régime de la stabulation au moins pendant neuf mois sur douze et pour les animaux d'élevage, puis il continue ainsi :

« Malgré les avantages hygiéniques que présente le vert donné en liberté aux chevaux dans beaucoup de pays, cette pratique n'est pas suivie et cela surtout pour des raisons économiques. Les avantages du vert donné en liberté ont beaucoup moins d'importance pour les animaux de l'espèce bovine.

Ces animaux demandent moins d'exercice que les chevaux ; ceux-ci n'en réclament qu'autant qu'ils sont peu fatigués : s'ils sont fatigués, le vert pris en liberté est au contraire pour eux un repos, car ils ne prennent que la somme d'exercice qu'ils veulent prendre.

« Tous les animaux habitués à loger dans les étables, peuvent souffrir des changements de température pendant le temps qu'ils sont au pâturage. Ainsi pendant les chaleurs ils peuvent avoir à souffrir des insectes et de la soif lorsque les abreuvoirs manquent. Il est des chevaux de forte taille qui, ayant été élevés à l'étable et, par suite, habitués à prendre leur nourriture en levant la tête au râtelier, souffrent beaucoup lorsqu'ils sont obligés de prendre leur nourriture en pâturant l'herbe. Ils sont quelquefois assez longtemps avant de prendre l'habitude.

« Lorsqu'on met un grand nombre d'animaux dans un même pâturage, s'ils ne sont pas habitués à vivre en troupeau, ils peuvent aussi au début se donner des coups et se faire des blessures qui peuvent être dangereuses.

« La transition graduée du sec au vert est impossible lorsqu'on met les animaux au pâturage, il est moins facile aussi de se rendre compte des effets du vert qu'à l'étable. Certains chevaux par l'usage du régime vert acquièrent très rapidement, trop rapidement allais-je dire, de l'embonpoint et de la vigueur, ce sont ceux d'une constitution forte et un peu pléthorique : dans ce cas il est quelquefois utile de faire subir à ces animaux une saignée. Malheureusement, cette pratique, dont on doit se garder quand elle n'est pas nettement indiquée, offre quelquefois des inconvénients à cause des trombus qui peuvent subvenir par l'attitude de l'animal qui pâture.

« Pour obvier à une grande partie des inconvénients qui existent pour les animaux prenant le vert en liberté, on pourrait construire dans les pâturages des hangars sous lesquels ils iraient se mettre à l'abri pendant les mauvais temps et sous lesquels aussi on pourrait leur donner des soins et un supplément de ration au besoin. Dans bien des cas il convient de remédier à ces inconvénients en donnant le vert à l'écurie. Par ce système les animaux sont toujours à l'abri des intempéries, on peut les surveiller efficacement, on peut opérer la transition du vert au sec d'une façon rationnelle et leur donner une petite ration de grains. Lorsque l'écurie est nettoyée tous les jours, bien aérée, qu'elle ne renferme pas trop d'animaux et que ces animaux sont souvent promenés ou mis en liberté ou bien encore soumis à un travail léger, on peut obtenir tous les bons résultats du vert donné en liberté, tout en évitant les inconvénients qu'il procure, sauf pour les jeunes chevaux.

« Les chevaux qui viennent de prendre le vert demandent quelques précautions. D'abord on a généralement l'habitude de saigner les chevaux qui viennent d'être nourris au vert, suivant qu'ils sont jeunes ou vieux. Cette saignée n'offre pas toujours des avantages. Pour les jeunes chevaux qui ont acquis de l'embonpoint et de la vigueur, pour ceux qui sont fortement constitués, la saignée peut être quelquefois utile, mais elle est toujours à coup sûr nuisible aux chevaux faibles et vieux. Que les chevaux qui viennent de quitter le régime du vert aient été saignés ou non, il faut agir avec précaution pour les ramener à leur ancien régime. Avant de les sevrer complètement du vert, il faut leur donner une partie de leur ration en aliments secs, il faut opérer avec graduation pour les ramener au sec absolument comme on a opéré pour les amener au vert. De même pour le travail, il ne serait pas prudent de leur faire accomplir de suite le travail qu'ils exécutaient avant leur mise au vert, il faut les ramener graduellement à ce summum de travail.

« Le repos et les aliments aqueux qu'ils ont reçus ont diminué leur force musculaire et leur résistance à de forts travaux, il leur faut quelques jours de régime sec pour leur faire recouvrer la force qu'ils avaient précédemment. Certains chevaux jeunes sont très vifs et très ardents, les premiers jours qu'on les fait travailler après le vert.

Cette vigueur qu'ils nous montrent à ce moment n'est très souvent qu'éphémère et elle disparaîtra d'autant plus vite, qu'ils seront moins bien soignés ; si on ne les ménage pas, ils s'épuiseront et le régime vert leur aura été par la faute de leurs propriétaires plus nuisible qu'utile. Lorsqu'on ne les ménage pas, ils peuvent s'échauffer, devenir fourbus et contracter toutes sortes de maladies graves qui peuvent les mener assez vite à la mort.

<hr>

Action des engrais sur la germination.

MM. Claudel et Crochetelle, professeurs à l'École d'agriculture de Grignon, effectuant des recherches relativement à l'influence des engrais employés sur la germination des semences confiées au sol, ont constaté que les acides et les sels acides, d'une façon générale, retardent l'évolution de l'embryon tandis que les sels basiques l'accélèrent.

Dosant les acides produits pendant la germination, ils ont obtenu des chiffres très différents suivant les espèces : 0,186 0/0 pour l'avoine ; 1,612 0/0 pour le trèfle. La conclusion pratique de ces recherches, c'est que les substances basiques telles que le purin, le sevrier de déphosphoration, les chaux, etc., exercent une action favorable en saturant au fur et à mesure de sa fermentation l'acide de la graine. On voit que la vieille habitude de nombre de cultivateurs de tremper les graines dans du purin étendu d'eau ou de les praliner avec de la chaux est parfaitement rationnelle.

MM. Crochetelle et Claudel ont trouvé que, parmi les espèces étudiées, la graine de trèfle, est à poids égal celle qui produit le plus d'acide ; il faut sans doute voir là l'explication du fait bien connu que le trèfle n'apparaît dans les terres acides, les sols tourbeux par exemple, qu'après un apport de chaux, de cendres ou de scories de déphosphoration qui neutralisent une grande partie de l'acide ulmique.   C. C.

<hr>

PISCICULTURE

Le certificat d'origine.

(Suite)

Tout autre est le principe des eaux fermées. Un propriétaire possède une terre située dans un bas-fond traversé par un cours d'eau et sur laquelle il s'efforce de produire les récoltes indiquées par la nature même et la situation de ce domaine essentiellement personnel et privé. Nul ne saurait songer à l'obliger, par un règlement quelconque, à cultiver chez lui, sur sa terre, telle plante de préférence à telle autre. Or, il convient à ce propriétaire de pratiquer dans ce bas-fond une retenue d'eau et de convertir une prairie en étang. Est-il admissible que, par ce seul fait, la libre disposition des fruits de sa propriété, incontestée jusque-là, cesse tout à coup d'exister ? L'État se trouverait avoir le droit d'interdire à un propriétaire le libre usage des récoltes obtenues dans son étang ! Énoncer une pareille prétention, c'est en démontrer l'absurdité même.

En ce qui concerne les individus, comment peut-on prétendre établir une comparaison entre les droits du pêcheur et ceux du producteur de poissons ? L'un, déployant d'ailleurs à cet exercice le plus d'habileté qu'il peut, s'empare d'un produit naturel qu'il diminue par le fait même et dont l'État a le devoir d'assurer la conservation par des lois protectrices ; l'autre crée, au contraire, par ses soins, par ses peines, par la mise en œuvre intelligente de ses capitaux, un produit de culture, véritable richesse qui n'existerait pas sans lui, pas plus que le blé dans les champs en friche ; aussi doit-il avoir le droit d'en disposer à son gré.

En résumé, la question de droit est tellement évidente qu'il est superflu de la discuter. Sans doute, un petit groupe de pêcheurs à la ligne n'a pas la prétention de nous ramener à l'époque où le propriétaire rural était bien plus l'esclave de sa terre qu'il n'en était le maître. Ce sont là des théories surannées qu'il serait bien difficile de rajeunir.

En dehors de la question de droit, il est bien permis de se demander quelle peut être la pensée de ceux qui prétendent obtenir la suppression du *Certificat d'origine* au nom des intérêts piscicoles.

Alors que dans les pays qui nous entourent, en Allemagne notamment, où la pisciculture a pris depuis quelques années un développement si remarquable, les lois favorisent autant que possible l'initiative privée, voudrait-on qu'en France ce fût le contraire qui advînt? Une industrie nouvelle essaie de s'implanter, vraiment intéressante pour tous, capable de fournir en abondance un aliment sain dont le prix baissera au fur et à mesure de la production, et c'est à qui s'ingéniera pour en décourager les initiateurs! En l'espèce, supprimer le *Certificat d'origine* équivaut à décréter une loi interdisant sur le territoire français tout établissement sérieux de pisciculture. Quel industriel serait, en effet, assez mal avisé pour risquer des capitaux dans une entreprise dont les produits seraient frappés d'interdiction au moment de la vente?

Nous partageons pleinement, avons-nous besoin de le dire? les idées si bien exprimées par M. de Marcillac, mais nous ne saurions trop engager tous les pisciculteurs à profiter des circonstances actuelles pour obtenir que l'administration fasse respecter la loi par les pêcheurs à la ligne qui, jusqu'à présent, la violent impunément. En effet, nous pourrions citer des quantités de rivières ou de fleuves traversant des villes dans lesquelles on voit toute l'année pêcher à la ligne et même autrement sans que les délinquants soient l'objet d'une poursuite quelconque. C'est grâce à cette indulgence abusive de l'autorité qu'on doit en partie le dépeuplement de nos cours d'eau; il n'est pas difficile de démontrer que si on pêche en tout temps on met un obstacle à la multiplication, de plus on favorise l'empoisonnement du poisson. C'est ainsi que, dans certaines contrées, on est arrivé à détruire complètement l'écrevisse. La France est merveilleusement partagée sous le rapport des cours d'eau; si on ne pêchait qu'avec des engins naturels, et aux époques déterminées par la loi, elle exporterait des quantités considérables de poissons, tandis que grâce à l'incurie de l'administration elle voit ses marchés envahis par les poissons étrangers. Comment veut-on que, dans ces conditions, les propriétaires soient encouragés à repeupler et surtout à bien cultiver leurs étangs? Ils savent que ce sont les braconniers qui sont, il est vrai, des électeurs qui tireront tous les profits de leurs sacrifices.

Nous le répétons donc, il faut qu'on obtienne le respect de la loi régissant la pêche en attendant, s'il est nécessaire, qu'on la modifie.

S. C.

L'ère du rosier.

La culture du rosier, à notre époque, montre bien que la rose est justement qualifiée de la reine des fleurs. La rivalité entre les *rosiéristes* amateurs et les *rosiéristes* de profession a atteint depuis un siècle des proportions incroyables. Il y a un siècle, on connaissait en France et en Europe environ vingt variétés de roses; aujourd'hui, à en croire les catalogues des sociétés horticoles, il y en a

neuf mille. La vie d'un amateur ne suffirait pas pour les connaître toutes.

La Société nationale d'horticulture a tenu la semaine dernière, sous la présidence de M. Vilmorin, un congrès à l'effet de dresser, s'il est possible, un catalogue de toutes les variétés de rosiers indiquant les caractères spécifiques qui justifient leur titre de variété.

Nous doutons que la meilleure volonté suffise pour mener un tel travail à son but.

Au surplus, peu nous importe. Pour nous comme pour les amis de la reine des fleurs, les plus belles variétés sont, Dieu merci, les plus communes, elles se trouvent dans nos jardins de villages et nous n'avons aucun motif d'envier les succès d'argent et les succès d'amateur que remportent les rosiéristes de profession dans les concours, tant que leurs variétés nouvelles continueront à n'éclipser nos variétés communes ni par leur coloris ni par leur parfum.

Coloration du fromage et du beurre.

Nous ne voyons pas quel grand intérêt l'on a à donner au fromage et au beurre des couleurs qu'ils n'ont point dans leur état naturel. On n'ajoute certainement rien à leurs qualités et très souvent on leur en ôte.

Est-il nécessaire de donner au fromage de Chester une couleur rose? S'il ne l'avait pas en vaudrait-il moins? Est-il convenable d'imiter le vieux fromage de Roquefort en mêlant à la pâte du pain moisi? Qui trompe-t-on en colorant le beurre avec du jus de fleur de souci ou avec du jus de carotte râpée et bouillie avec du lait? Est-ce que le beurre ainsi coloré de la façon la plus inintelligente parfois est préférable au beurre naturel? Évidemment non.

Déshabituons-nous donc de ces pratiques mauvaises et qui ne trompent plus personne. Contentons-nous de la couleur naturelle des produits.

On nous répond que si on colore le fromage et le beurre c'est la faute des consommateurs qui ne les achèteraient pas sans cela. Eh bien, éclairons les consommateurs.

C'est bientôt dit. Mais c'est plus tôt fait de les servir suivant leur mauvais goût.

RECETTES

Les poules et les œufs.

Bien peu de personnes se font une idée exacte des sommes colossales que la volaille représente en France et de celles que sa vente et la vente des œufs met en circulation.

La France possède, en effet, 45 millions de poules qui, estimées à 2 fr. 50 en moyenne, donnent un capital de 112.500.000 francs. Le cinquième de cette masse, tué chaque année, rapporte 22.500.000 francs. Le nombre des poules pondeuses est évalué à 35.000.000. Elles pondent en un an pour 183.000.000 de francs d'œufs. Les poules fournissent donc pour 210.500.000 francs de produits à la consommation nationale ou étrangère.

Les hydrofuges en hygiène.

CAUSERIE SCIENTIFIQUE INDUSTRIELLE

Tout le monde connaît l'influence d'une atmosphère saturée d'humidité et surtout celle de l'habitation constante et du séjour prolongé dans une salle basse et humide. L'humidité fraîche agissant sur un individu en sueur produit le refroidissement avec toutes ses conséquences. Il en résulte pour le sujet des affections qui dépendent du tempérament, de la prédominance des organes, de l'indiosyncrasie, une bronchite, une angine, une pleurésie, et chez les sujets débiles, la scrofulose et les germes de la tuberculose pulmonaire; l'hygiène des habitations est donc d'une importance primordiale.

Grâce au progrès de la microbiologie, de la chimie et des sciences bactériologiques, l'hygiène de l'habitation, à la ville comme à la campagne, a subi à la ferme, y compris les lieux habités par les animaux, étables, écuries, poulaillers, etc., des transformations salutaires. Il en est résulté des perfectionnements qui ont fait baisser la mortalité humaine et animale dans de grandes proportions.

L'antisepsie, qui est plus que jamais à l'ordre du jour a rayonné avec le plus vif éclat, non seulement dans le traitement des maladies humaines à l'hôpital et à la maison, mais encore jusque dans le monde agricole, à la ferme même, où elle est devenue le préservatif par excellence contre les miasmes provenant des moisissures du bois, des murs humides et contre les microbes et animaux nuisibles.

On sait que le miasme une fois produit chez un individu malade peut se transmettre et développer une maladie semblable chez un certain nombre d'autres, et souvent ce nombre est considérable.

Il faut donc se défier du miasme qui, une fois né, se reproduit et se propage facilement, ayant une certaine analogie avec l'acte de fermentation. La transmission du miasme peut être immédiate chez l'homme comme chez l'animal, chez l'individu qui habite la même chambre, la même maison, ou chez l'animal dans une agglomération à l'étable, à l'écurie, etc.

De même la transmission peut se faire à des distances assez considérables par les vents, les courants d'air qui charrient les miasmes. Ainsi se produit le typhus, maladie miasmatique qui se développe d'une façon épidémique en raison le plus souvent de l'encombrement, des mauvaises conditions hygiéniques, de l'humidité, et aussi de la chaleur.

Défions-nous des microbes de l'air. En hiver, par les temps humides, le nombre des semences aériennes passe par diverses phases dangereuses. En temps de sécheresse, l'atmosphère se charge de vieilles semences, car le vent soulève de terre les particules qui s'y trouvent répandues. En été, avec l'humidité, les spores cryptogamiques pullulent, les moisissures, les champignons producteurs de microbes deviennent un danger pour l'homme et l'animal.

Veillons alors à ce que le bois de nos meubles, de nos ustensiles n'en soient pas saturés. Tout bois qui entre en décomposition peut de ce fait devenir une source productive d'états pathologiques microbiens.

J'en dirai autant de l'humidité des murs de nos habitations. Les moisissures (les champignons mycètes) sont redoutables pour les hommes et les animaux, car les spores microbiennes sont facilement charriées par l'atmosphère, donnant naissance à un végétal nouveau lorsqu'elles se trouvent portées dans un milieu favorable à leur germination.

Le meilleur hydrofuge pour la conservation du bois, l'assèchement des murs humides de l'habitation, très utile au point de vue de l'hygiène humaine et animale, est le *Carboneum P. M. C.* des manufactures de vaselines de Ligny-en-Cambrésis. Il pénètre dans les pores du bois et son pouvoir antiseptique se fait sentir aussi bien à l'intérieur qu'à l'extérieur pour combattre les influences nuisibles, ce qu'il est impossible d'obtenir avec les couleurs à l'huile et au goudron. Cette substance que l'hygiène emploie de nos jours pour empêcher la dissémination des germes pathogènes dans l'atmosphère des habitations en détruisant l'effet des poussières nuisibles, mérite d'être signalée à nos lecteurs.

Les substances humides, quoique abandonnant difficilement leurs germes à l'air ambiant, sont un danger pour la santé générale, car elles deviennent plus tard productrices d'affections microbiennes, en abandonnant ces mêmes germes à l'atmosphère. Aussi est-il nécessaire d'avoir recours aux substances antiseptiques et microbicides qui empêchent la pullulation des micro-organismes dans le bois, les objets de literie, etc.

Gravons bien dans notre esprit qu'il est hors de doute aujourd'hui, depuis les belles découvertes pastoriennes, qu'un grand nombre de maladies qui sévissent sur les végétaux, les animaux et les hommes ont pour origine certains champignons qui se développent sous l'influence d'une atmosphère malsaine. Les hydrofuges antiseptiques rationnels sont une soupape de sûreté pour les habitations au point de vue hygiénique.

ARATOR.

OFFRES ET DEMANDES

RED-CAP

Œufs à couver de cette excellente race de poule, réputée la plus jolie et la plus forte pondeuse, garantis race pure frais et fécondés, 5 fr. la douzaine franco de port et d'emballage. S'adresser à **Calixte Dany**, Althen-les-Paluds (Vaucluse).

Important : J'invite les personnes qui veulent bien me confier leurs ordres de toujours y joindre un mandat, les remboursements n'étant bénéficiables qu'aux Compagnies.

Toujours donner le nom de la gare à laquelle il faut adresser les envois.

IMPORTANT : On se souvient que, dans le numéro de la *Gazette* du 28 mars dernier donnant la description de la race de poule **Red-Cap**, j'offrais et offre toujours des œufs à couver de cette race à un prix très avantageux et *avec toutes les garanties désirables*, en conséquence les personnes qui m'en ont demandé et qui, pour une cause ou pour une autre, n'auraient pas eu succès dans leur couvée n'ont qu'à m'écrire, je ne suis pas homme à retirer ma parole. Toute personne qui n'aura pas eu au moins six poussins aura droit à un nouvel envoi de dix-huit œufs au prix de la douzaine. Je compte sur la sincérité.

M. POUZIN offre de jolis racinés de son plant de vigne à la seule condition pour les demandeurs de lui tenir compte d'une partie de la récolte d'une année. — Contre 0 fr.25 il expédie son *Guide* pour la culture de cette variété.

Écrire à M. Pouzin Émile, à Saint-Paul-les-Romans, Drôme.

JEUNE HOMME de 19 ans, manquant un peu d'expérience, demande une place de charretier dans une exploitation agricole bien tenue. Demande peu ou point de gages au début.

S'adresser au bureau du journal.

Huiles d'olive garanties pures et sans mélange venant directement de la propriété.

Au prix de 1,80, — 1,60, — 1,50 le kilog. suivant qualité.

Gare départ, paiement contre remboursement. S'adresser à M. Édouard Laurin, propriétaire à Saint-Chamas (Bouches-du-Rhône).

GRAND CRU MENARDIERE. Cidre normand pur jus, 15 fr. l'hecto non logé.

Eau-de-vie de cidre garantie pure : 3 fr. le litre.

SASSIER, propriétaire. La Colombe (Manche)

Agriculteur, ancien régisseur de grandes propriétés, demande direction d'un domaine en France ou colonies. Excellentes références.

Ancien Industriel ayant possédé usine importante, fait valoir plusieurs Fermes et Bois de haute futaie, désire se placer comme intendant-régisseur. Nous recommandons spécialement cette personne qui a de grandes connaissances techniques à possesseur de grand domaine. Écrire au bureau du journal.

Purificateur d'air pour tonneaux, l'un 4 50 franco gare.

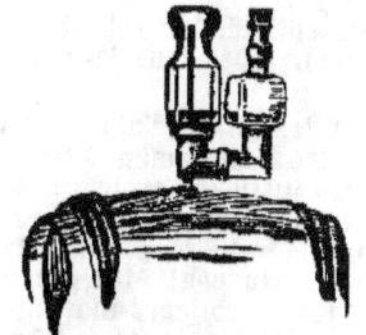

Moyennant un supplément de 0 fr. 40, nous joindrons à l'envoi une mèche à percer de calibre et moyennant 0 fr. 10 en plus, une mèche soufrée.

CORRESPONDANCE

M. J. P., à L. M. (Dordogne). — Nous écrit :

« Monsieur le directeur,

« Le 15 du courant, un monsieur bien mis s'est présenté dans nos environs et se disait représentant de la maison X, à Paris, pour vendre des engrais composés comme suit :

2 à 3 0/0 d'azote organique,

4 à 5 0/0 d'acide phosphorique minéral soluble, eau et citrate,

et 4 à 5 0/0 de potasse.

« Ces deux sortes d'engrais ont été vendus à raison de 24 francs les 100 kilos, emballage compris, rendu gare du destinataire, livrable en septembre et payable fin décembre prochain.

« Quelques propriétaires en ont pris, une, deux et même quatre balles, il me semble que cet engrais est trop cher, aussi je vous fait part de l'affaire, afin de vous prier d'être assez aimable de me dire à la « petite correspondance » de votre estimable journal quelle est la valeur réelle de ces divers engrais pris à Paris. »

Réponse. — Nous vous engageons à l'avenir ainsi que tous nos lecteurs à vous défier de tous ces marchands ambulants qui parcourent les campagnes. Nous l'avons déjà répété des centaines de fois, ces êtres parasites ne vivent qu'aux dépens de l'agriculture ; ce qu'ils vendent est toujours coté le double et le triple de la valeur intrinsèque.

Il en est de cet engrais comme de tous les autres, la seule manière est de les payer d'après les quantités d'éléments fertilisants qu'ils renferment à l'état normal, c'est-à-dire sous lequel il est vendu.

Ces éléments sont comme vous savez : l'*azote*, *l'acide phosphorique et la potasse.*

Le prix de ces éléments est aujourd'hui environ de 1 fr. 25 à 1 fr. 30 pour l'azote par unité.

De 0 fr. 40 à 0 fr. 42 pour la potasse et de 0 fr. 45 à 0 fr. 48 pour l'acide phosphorique.

En prenant le maximun de dosage, et le maximum du prix des éléments qui composent cet engrais, nous obtenons 8 fr. 40, le port et l'emballage peuvent être évalués à 2 fr. 50, total 10 fr. 90.

Merci pour votre liste d'adresses.

M. L. J., à L. (Meuse). — La fabrication de la *bouillie sucrée* de M. *Michel Perret*, se fait à Tullins (Isère). — Adressez-vous de notre part.

M. C., à V. (Côte d'Or). — Les militaires sous les drapeaux peuvent seuls demander des congés de moisson, et, pour obtenir plus facilement ces congés, peuvent faire certifier au bas de leur demande par des cultivateurs de leur pays qu'ils seront employés chez ces cultivateurs.

Mais les cultivateurs quoique ayant besoin d'ouvriers, ne peuvent jamais demander qu'il soit accordé des congés de moisson à des militaires. Leur attestation au bas de la demande de ces derniers doit être légalisée par le maire et le préfet.

M. R. (Gironde). — A notre grand regret, nous ne connaissons pas de brochure répondant à votre désir. Vous pourriez écrire de notre part à la *Démocratie chrétienne* à Lille (Nord).

M. de Saint-P., à R. (Meurthe-et-Moselle). — L'*insecticide Desgouttes* est d'une efficacité certaine ; non seulement il détruit fourmis, chenilles, vers blancs, courtillières, limaces, etc, mais encore il est d'une action foudroyante sur le sylphe de la betterave, les charançons et les punaises.

Les jardiniers et les horticulteurs l'emploient en tout temps ; ils en arrosent, par un temps sec, leurs jeunes plantes, les fleurs, et les terrains qu'ils veulent ensemencer, afin d'y détruire toutes les larves qui s'y trouveraient à la surface ou dans la couche supérieure du sol.

L'*insecticide Desgouttes* est souverain pour détruire toutes les chenilles qui dévorent les arbres fruitiers, poiriers, pommiers, pêchers, abricotiers et les légumes, choux, haricots, petits pois, etc.

M. J. L. B. — *Association, autorisation.* — Votre société mutuelle libre doit être autorisée par le Préfet qui doit en référer au Ministre.

Il faut adresser au Préfet : 3 exemplaires des statuts ; la liste complète des membres adhérents.

Le préfet, après avoir pris l'avis du maire, enverra le dossier au Ministre de l'Intérieur qui, après examen du dossier, prendra une décision.

Pour la patente, on ne pourra se prononcer que quand la société sera constituée.

PRIMES À NOS ABONNÉS

Délicieux **Vin Muscat Vieux** tonique et réconfortant venant directement de la propriété, cru authentique, offert en prime à nos abonnés à raison de 1 fr. 25 le litre logé en fûts de 25 à 35 litres. Fûts perdus.

Adresser les commandes au Bureau du Journal 10 bis, rue Piccini, Paris.

Si vous voulez boire du bon vin de Saint-Émilion, adressez-vous à M. Duplessis-Fourcaud, au château des Trois-Moulins, à SAINT-ÉMILION (Gironde).

(Voir le prix courant.)

Porte-pantalon hygiénique, breveté S.G.D.G de P.-B. Noël. Prix de faveur pour nos lecteurs pour hommes, jeunes gens et enfants de dix ans franco 4 fr.; pour femmes et fillettes, 4 fr. 50.

Toute commande doit être strictement accompagné d'un mandat-poste représentant la valeur de l'expédition.

BONDE le cent, 25 fr., les cinquante 13 fr. les vingt-cinq 7 fr. Au-dessous de 25 bondes fr. 30. Le tout franco de port.

Indiquer le diamètre de chaque bonde.

Cette bonde offre les avantages suivants :
Préserve les fûts de tout accident en cours de route, même s'ils contiennent des liquides en fermentation. Évite toute perte de liquide pendant le transport.

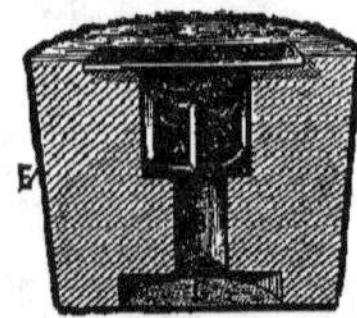

Munie de sa plaque, cette bonde est inviolable.
Elle empêche l'entrée de l'air dans les fûts tout en permettant la sortie des gaz en excès.

Adresser les demandes accompagnées d'un mandat à la *Gazette*, 10 bis, rue Piccini, Paris.

Vélocipèdes. — Pour répondre aux désirs maintes fois exprimés par nos lecteurs, nous nous sommes livrés à de sérieuses recherches. Nous avons visité les principales usines et pris l'avis d'amateurs de cet instrument. Nous sommes aujourd'hui en mesure de procurer à nos lecteurs, à titre de prime exceptionnelle des machines parfaites à tous égards provenant d'un des meilleurs fabricants.

La plus vaste Manufacture du Monde

Nos abonnés auront droit à une remise de 50 0/0 sur les prix du catalogue de cette maison.

Nous ne disposons que d'un très petit nombre d'instruments dans ces conditions.

Le Gérant: E. GAMBART.

IMP. NOIZETTE ET Cie, 8, RUE CAMPAGNE-1re, PARIS.

CHEMIN DE FER DE L'OUEST

PARIS À LONDRES,

par la gare Saint-Lazare, viâ Rouen Dieppe et Newhaven. — Grande économie.

Quatre traversées par jour (deux en chaque sens). Tous les jours et toute l'année (dimanche compris).

Trajet de jour en 9 heures (1re et 2e cl. seulement).

Départs de Paris Saint-Lazare : 10 h. matin et 9 h. soir.

Arrivées à Londres : London-Bridge, 7 h. soir et 7 h. 40 matin. — à Victoria, 7 h. soir et 7 h.50 matin.

Départs de Londres : à London-Bridge, 10 h. matin et 9 h. soir. — à Victoria, 10 h. matin et 8 h.50 soir.

Arrivées à Paris Saint-Lazare, 7 h. soir et 8 h. matin.

PRIX DES BILLETS :

Billets simples, valables pendant 7 jours : 1re classe, 43 fr. 25; 2e classe, 32 francs; 3e classe, 23 fr. 25.

Billets d'aller et retour, valables pendant un mois: 1re classe, 72 fr. 75; 2e classe, 52 fr.75; 3e classe, 41 fr.50.

Des voitures à couloir (W. C. toilette. etc...) sont mises en service dans les trains de marée de jour entre Paris et Dieppe. Des cabines particulières sur les bateaux peuvent être réservées sur demande préalable.

Transport en grande vitesse de Messageries, Primeurs, Fruits, Légumes, Fleurs, etc... entre Paris et Londres. Trois départs par jour toute l'année.

Les expéditions remises à la gare Saint-Lazare pour les trains partant à 3 h.40, 4 h.10 et 9 h. du soir parviennent à Londres le lendemain à 8 h.45, à 9 h. 15. du matin ou à midi 45.

CHEMINS DE FER DE PARIS À LYON ET LA MÉDITERRANÉE

BILLETS D'ALLER ET RETOUR DE **Paris À Turin, Milan, Venise ET Gênes**
par le Mont-Cenis. — DURÉE : 30 jours.

De Paris à Turin, 1re classe : 147 fr. 60; 2e classe : 106 fr. 10

De Paris à Milan, 1re classe : 166 fr. 35; 2e classe : 119 fr.

De Paris à Venise, 1re classe : 216 fr. 35; 2e classe : 154 fr.

De Paris à Gênes, 1re classe : 167 fr. 10; 2e classe : 119 fr. 15.

Ces billets sont délivrés toute l'année à la gare de Paris-Lyon et dans les bureaux succursales.

La validité des billets d'aller et retour Paris-Turin est portée gratuitement à 60 jours lorsque les voyageurs justifient avoir pris à Turin un billet de voyage circulaire intérieur italien. D'autre part, la validité des billets d'aller et retour Paris-Turin peut être prolongée d'une période unique de 15 jours moyennant le paiement d'un supplément de 14 fr. 75 en 1re classe et de 10 fr. 60 en 2e classe. Arrêts facultatifs à toutes les gares du parcours. Trajet rapide sans changements de voiture : de Paris à Turin en 16 heures, à Milan en 19 heures 1/2. Franchise de 30 kilos de bagages sur le parcours P. L. M.

ASPERGE GÉANTE
ROYALE DE FRANCE
(RACE D'ARGENTEUIL PERFECTIONNÉE)

Demander la *Méthode de Culture* et prix courant (gratis et franco), à M. WILLIAM FOURCINE, directeur des pépinières royales de Dreux (Eure-et-Loir). Médailles et diplômes de première classe.

LE MONDE, journal quotidien du soir, 17, RUE CASSETTE, PARIS.
Abonnement 25 fr. par an, 0 fr 05 le numéro.
Organe recommandé aux agriculteurs et aux membres du clergé.

Etablissement Glaser
AVENUE NIEL, 9, PARIS

LOCATION DE CHEVAUX
de Selle et d'Attelage

pour les Chasses, la Promenade, la Campagne

PENSION DE CHEVAUX
en Boxes et Stalles.

SOCIÉTÉ GÉNÉRALE
Pour favoriser le développement du Commerce et de l'industrie en France.

Société anonyme fondée suivant décret du 4 mai 1864.
CAPITAL : 120 MILLIONS DE FRANCS
Siège social, 54 et 56, rue de Provence, à Paris.

Dépôt de fonds produisant intérêts et remboursables à échéance fixe:

De 4 ans à 5 ans . . . . 3 1/2 %
De 2 ans à 47 mois . . . . 2 1/2 %
De 1 an à 23 mois . . . . 2 %
Comptes à sept jours de préavis. 1 %
Comptes de Chèques . . . . 1/2 %

Toutes opérations de Banque, notamment :
Escompte et Encaissement d'Effets de commerce;
Ordres de Bourse en France et à l'Étranger;
Coupons; — Avances et Opérations sur Titres;
Souscriptions; — Garde de Titres; — Assurances;
Garantie contre le remboursement au pair et les risques de non-vérification des tirages;
Dépôts de Fonds à intérêts;
Location de coffres-forts; — Lettres de crédit;
Envois de Fonds; — Renseignements, etc.

La Société a 193 agences et bureaux en France, 1 agence à Londres, et des correspondants sur toutes les places de France et de l'Étranger.

L'URBAINE
Compagnie anonyme d'Assurances à primes fixes contre l'INCENDIE
FONDÉE EN 1838
CINQUANTE-NEUVIÈME ANNÉE
CAPITAL : 5 MILLIONS — GARANTIES : 70 MILLIONS
SINISTRES PAYÉS DEPUIS L'ORIGINE : 132.000.000 FRANCS
PARIS — 8 et 10, rue Le Peletier

DISTILLATION CONTINUE
ALAMBIC
Système A. ESTÈVE

F. BESNARD
PÈRE, FILS ET GENDRES
28, rue Geoffroy-Lasnier
PARIS
Envoi franco du Catalogue sur demande

SELS POUR L'AGRICULTURE
Nourriture du bétail et Engrais des terres

Sel neuf dénaturé, au tourteau de colza. 45 f. 1.000 k.
Sel neuf dénaturé, au peroxyde de fer. 40 f. 1.000 k.
Sel de morue pur . . . . 35 f. 1.000 k.

Expéditions de Fécamp, Bordeaux et St-Malo.

S'adresser à MM. A. LE BORGNE et ses Fils, négociants-armateurs, à Fécamp.

MACHINES
AGRICOLES, VINICOLES et VITICOLES
TH. PILTER
24, Rue Alibert, PARIS

SUCCURSALES :
Bordeaux, Toulouse, Marseille, Montpellier, Tunis

Les lecteurs de la **Gazette** désireux de recevoir les Catalogues de la maison TH. PILTER dès leur publication, sont priés d'écrire 24, rue Alibert, Paris, afin de se faire inscrire.

PHOSPHATE FOSSILE DE QUIÉVY-NORD
le plus assimilable de tous les phosphate connus
GARANTI PUR DE MÉLANGE AVEC TOUT AUTRE PHOSPHATE
Ce qui, du reste, ne pourrait que diminuer son assimilabilité.

EXTRACTION DU GISEMENT ET USINE A QUIÉVY
Propriétaire-Extracteur : C. LECLERCQ
Bureaux à Viesly (Nord).

COMPOSITION MOYENNE		ASSIMILABILITÉ RELATIVE (méth. Joulie).
		Solubilité dans l'oxalate d'ammoniaque.
Acide phosphorique....	12 » à 16 » 0/0	Phosphate de Quiévy........ 82 29 0/0
Potasse.............	0 45 à 2 77 0/0	— de la Meuse...... 51 95 0/0
Chaux.............	19 05 à 31 » 0/0	— de Pernes........ 47 87 0/0
Magnésie...........	0 58 à 3 80 0/0	— des Ardennes...... 46 43 0/0
Matières organiques azotées .	1 80 à 3 45 0/0	— de la Somme (moy.). . 44 53 0/0
		— de Ciply......... 34 57 0/0

Titre garanti en acide phosphorique : 13 à 15 0/0.

LIVRAISON: EN POUDRE IMPALPABLE EN SACS PLOMBÉS, MIS SUR WAGON GARE QUIÉVY-en-CAMBRÉSIS
Prix : **3 fr. 80** les 100 kilos, sacs perdus, 30 jours, 2 0/0 ou 90 jours net.

NOTA. — Les acheteurs qui désirent employer le **véritable Phosphate de Quiévy** pur et garanti d'origine doivent exiger que les sacs portent la Marque (**Au Poisson fossile**) et la Firme : **LECLERCQ**, seul exploitant à Quiévy (Nord).

GRAND PRIX
à l'Exposition Universelle DE **1889**

DIPLOMES D'HONNEUR
aux Exp. Universelles de Bruxelles 1890 & Amsterdam 1883

FABRICATION SPÉCIALE DE TOURTEAUX DE COTON

DE **GRAINES** d'Alexandrie (EGYPTE)

POUR Nourriture des Vaches laitières & Engraissement du Bétail et des Moutons

des Usines de MM. P. MARCHAND Frères, à DUNKERQUE (Nord)
Fabriqués sous le contrôle permanent de la Station Agronomique du Nord
Dirigée par M. DUBERNARD

Nous appelons l'attention des éleveurs et des nourrisseurs sur les Tourteaux de **COTON** de graines d'Egypte : c'est un produit excellent pour les vaches laitières, les bœufs à l'engrais et les moutons.

Nos Tourteaux de **COTON** sont complètement débarrassés de la bourre qui enveloppe la graine et contiennent la même quantité de matières nutritives et grasses que les meilleurs Tourteaux de Lin.

Nos Tourteaux de **COTON** forment l'aliment le meilleur et le plus avantageux en raison de leur prix excessivement bas.

PRIX : 9 Fr.   les 100 kil., gare Dunkerque

S'adresser à MM. P. MARCHAND Frères, à DUNKERQUE (Nord)

Le DIMANCHE 14 JUIN 1896
En l'Étude de Mᵉ NAQUET, notaire à St-Just-en-Chaussée (Oise), à midi :
ADJUDICATION
Du bail en 2 *lots* de terres à Nourard-le-Franc, Catillon et Fumechon canton de St-Just.

1ER LOT — 23 HECTARES
11 années à compter de 1900
Mise à prix de fermage annuel. 1550 fr.

2E LOT — 20 HECTARES
12 années à compter de la récolte de 1899
Mise à prix..... 1200 fr.

S'adresser à Mᵉ NAQUET *ou à l'Administration de l'Assistance* publique, 3, avenue Victoria, Paris.

Avis à Messieurs les Cultivateurs et aux Fabricants de sucre.

La graine authentique *Fouquier d'Hérouël* est *toujours* facturée par la maison qui confirme à bref délai les commandes.

Les envois sont faits *directement* aux acheteurs en sacs plombés au nom « Fouquier d'Hérouël, à Vaux-sous-Laon. »

Il n'existe aucun dépositaire.

LYSOL
Le plus puissant anticryptogamique & parasiticide
Complètement soluble dans l'eau
Le meilleur marché.

Assainissement & désinfection certaine de tous locaux.

Employé avec plein succès contre le mildew, l'oïdium, la pyrale, etc., et tous les parasites des arbres fruitiers, fleurs, légumes, etc.

SOCIÉTÉ FRANÇAISE DU LYSOL
22 & 24, place Vendôme, 24 & 22
PARIS

Eugène de MASQUARD
PROPRIÉTAIRE-VITICULTEUR, Château de la Cascade
SAINT-CÉSAIRE-LES-NIMES (Gard)

Vins garantis naturels, rouges et blancs, depuis 60 fr. la pièce de 220 litres jusqu'à 100 francs, selon qualité, prise en gare de St-Césaire (Gard), fût perdu. *Ces vins ont été médaillés à toutes les expositions où ils ont figuré.*

Récoltés sur des coteaux et des terrains secs, les vins de Saint-Césaire, l'un des meilleurs crus du Gard, se conservent parfaitement sans être plâtrés.

Envoi franco de prix courants et échantillons

VELOUTINE FLAMANDE
La **Veloutine** est spécialement employée pour lustrer les cuirs de fantaisie : guides, selles, harnais de luxe et de travail, capotes, tabliers, caparaçons, etc., et lorsqu'ils ont déjà été enduits de vaseline, ce produit donne un joli brillant et évite l'action graisseuse des cirages ou préparations à base de cire. Sans causticité il ne dessèche pas et imperméabilise.

Le bidon d'un litre pour harnais noirs.... 3 70
—   jaunes.... 4 20
Franco gare contre mandat-poste.

S'adresser : *Manufacture de Vaselines industrielles de Ligny-en-Cambrésis (Nord)*

LA PROBITÉ

SOCIÉTÉ
D'ASSURANCES MUTUELLES CONTRE LA GRÊLE ET
LA FOUDRE, FONDÉE A LYON EN 1890

La **PROBITÉ** assure dans toute la France
et ses colonies tous les risques, grêle, en céréales,
arbres, mûriers, noyers, oliviers, vignes, tabacs
et tous autres produits agricoles.

La **PROBITÉ** fait partie de la Société régionale
de viticulture de Lyon. Elle accorde des remises
et des conditions spéciales aux syndicats agricoles qui veulent bien la représenter.

Siège social : 30, rue Servient, Lyon-Préfecture.

*Accepterait des Agents dans les localités où
elle n'est pas représentée.*

FROMENTINE

Marque déposée B. S.G.D.G.

*Produit pour l'alimentation économique,
saine et rationnelle du bétail, provenant
en grande partie des issues de la mouture de blé.*

DIVERSES MARQUES

Demander celle en raison du but
poursuivi

Marque A pour l'engraissement égal
à celui du tourteau de lin, le remplacement de l'avoine, production
d'un lait de qualité supérieure.
Marque B pour le bon entretien du
bétail.
Marque J développement rapide des
jeunes bêtes.
Marque L surproduction du lait.
Marque E engraissement rapide.

Ecrire à M. Armand MILLOT
Moulins Saint-Martin
Saint-Quentin (Aisne).

Insecticide-Préservateur

FERTILISANT
DESGOUTTES

La Boîte de 10 kilog., pour essais, **10 fr.**
franco toutes gares (port et emballage compris).

*Adresser les demandes, accompagnées d'un
mandat, 10 bis, rue Piccini, Paris.*

EXCELLENT DÉSINFECTANT
POUR LES FUTS A VIN, CIDRE, BIÈRE, ETC.

Prix de faveur pour nos lecteurs

Sur notre demande, M. Moity, père, l'inventeur, a consenti à en mettre de petites quantités pour essais à la disposition de nos lecteurs.

10 litres franco gare. 10 fr.

Adresser les demandes à M. Crépeaux, rue
Piccini, 10 bis, Paris.

GRIFFE SARCLEUSE-BINEUSE

Outil économique

Prix : 9, 11, 14, 18 fr. selon
dimension. Prospect. spécial.
alimentation. M. AL. ROUSSEAU, breveté.
Taverny (S.-&-O.)

Pour biner, sarcler promptement entre toutes les lignes
de plantes ou légumes sans distinction, indispensable en
toutes saisons dans les jardins, vignes, pépinières, les cultures de betteraves, de tabac, etc., même dans les allées

ALIMENTATION DU BÉTAIL
Tourteaux de Coprah ou Coco
F. TASSY, E. ROCCA ET Cie
Fabricants d'huiles (producteurs directs
de Tourteaux)
23, RUE HAXO, MARSEILLE
Deux médailles d'or, Anvers 1894
Envoi de Prix-Courants et Échantillons sur demande.

MALADIES DU BÉTAIL
ET DE LA VOLAILLE
Leur traitement préventif et curatif

PAR L'ACIDE SALICYLIQUE

L'acide salicylique, employé dans la
nourriture à la dose de 1/2 à 1 gramme
par jour et par tête de bétail, est le meilleur préservatif des maladies qui procèdent par contagion : Sang de rate, Cocotte,
Maladie aphteuse, Erysipèle, Typhus,
Morve, Variole et le Rouget des porcs, etc.
DES ATTESTATIONS NOMBREUSES DE GUÉ-
RISONS obtenues pour la Cocotte et le
Rouget des porcs ont été reproduites
dans le journal *l'Agriculture*.
La désinfection des étables, des écuries, se fait instantanément au moyen
d'un arrosage d'eau salicylée à 2 gram-
mes par litre.
S'adresser à M. CERCKEL, adminis-
trateur de la *Compagnie de produits anti-
septiques*, 26, rue Bergère, Paris.
Envoi sur demande de Prospectus et
Brochures.
PRIX DU KIL., 25 fr. BOITE DE MÉNAGE, 2 fr.

VINS
DE SAINT-ÉMILION

Vins classés, de 800 à 250 francs la barrique
de 225 litres. — Moitié prix pour la barrique de
112 litres.
Vins grands ordinaires, de 140, 125, 105,
100 francs la barrique — 80, 75, 70, 65, 58,
55 francs, la demi-barrique. — Rendu *franco* en
gare et régie, sauf octroi.
Adresser commandes à M. DUPLESSIS-
FOURCAUD, à **Saint-Émilion**. — Envoi de
prix courants et échantillons sur demande affranchie.
*Médailles d'Or, Paris, 1867 et 1889 — Moscou,
1891 — Besancon, Montluçon, Royan, etc.*

CHEVAUX BOITEUX
Guérison par le spécifique BORNET

Contre Capelets, Mollettes, Vessigons,
Eponges, Exostoses, Suros, Eparvins e
les Formes à leur début. *(Il s'applique éga-
ement à toutes les tares molles et osseuses.)*

PRÉPARÉ PAR A. BORNET
Pharmacien de 1re classe, ex-interne et lauréat des
hôpitaux.

19, rue de Bourgogne, PARIS.

Le flacon, 5 fr., à la pharmacie ; en gare
par colis postal, 6 fr., contre mandat.

M. RECOURAT, pharmacien à Beauvais.

Gale des moutons guérie radicalement
par *une seule application* de l'ANTIPSORIQUE.
La bouteille, 3 fr. ; la 1/2 bouteille, 1 fr. 75.
Guérison du PIÉTIN par *un seul pansement*
avec le CONTRE-PIÉTIN-RECOURAT.
Le pot d'essai, 1 fr. 50 ; le pot, 2 fr. 50.
Joindre 0 fr. 60 pour recevoir *franco* et
indiquer gare.

CRÉSYL-JEYES
DÉSINFECTANT ANTISEPTIQUE
Efficacité scientifiquement démontrée.
Envoi de Rapports et Références sur demande.

Le **CRÉSYL-JEYES** n'est ni Toxique ni Caustique
Il est adopté par toutes les Administrations
publiques de Paris et des départements.
VENTE EN GROS :
Société Française de Produits Sanitaires et Antiseptiques
35, Rue des Francs-Bourgeois, PARIS.
et chez tous Droguistes et Pharmaciens.
Pour éviter les Contrefaçons exiger les Marques et Cachets
de la Société, ainsi que le nom CRÉSYL-JEYES.

BAINS-BUANDERIES
*Baignoires. — Chauffe-Bains. — Douches. — Appareils de lessivage,
système GASTON BOZÉRIAN.*
CHAUDRONNERIE, TOLERIE, etc. — ENVOI FRANCO DE CATALOGUES.

DELAROCHE aîné, 22, rue Bertrand, Paris

UNION AGRICOLE DE FRANCE
Société Anonyme au Capital de 1.100.000 Francs. — Siège Social : 18, Boulevard des Capucines, Paris.
SIÈGE COMMERCIAL PRINCIPAL : 72-74, Rue Saint-Denis, PARIS

Vente à la Commission
et en toute loyauté
DE
DENRÉES AGRICOLES
*de toutes sortes
et de toutes provenances*

Fourniture Directe
et livraison à domicile
AUX
ÉPICIERS, FRUITIERS
*Restaurants, Hôtels, Pensionnats et
Établissements privés importants.*

Renseignements détaillés sur demande au Siège Social.

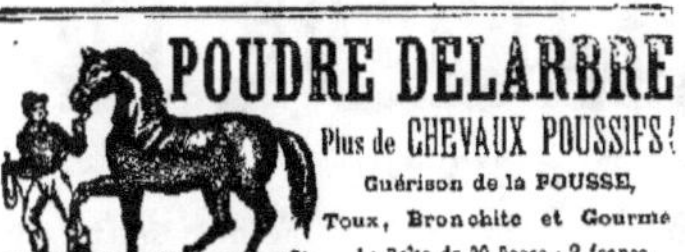

Maison de Vente & d'Expédition à Aubusson (Creuse) G. DELARBRE
A Paris & en province, chez tous les Droguistes & Pharmaciens.

COUVEUSES
ÉLEVEUSES
VOLAILLES
ŒUFS à couver
VOITELLIER'
à MANTES
et à **PARIS**
4, PLACE DU THÉATRE FRANÇAIS
PRIX COURANT FRANCO
GRAND CATALOGUE ILLUSTRÉ. 0.50

Envoi franco de la Brochure explicative.

MACHINES AGRICOLES
A. BAJAC
à LIANCOURT (Oise)
CHARRUES-BRABANTS

Le moment favorable au transport des vins
étant revenu, nous rappelons à nos lecteurs
que tous ceux d'entre eux qui, sur nos conseils, et depuis cinq ans, consomment les vins
de M. Vincent Ardura, vigneron, domaine de
la Chapelle-Frédignac, par Blaye-Bordeaux'
n'ont qu'à se louer de la qualité et de la conservation de ce Bordeaux absolument naturel,
expédié sans intermédiaire.
Pour dégustation sérieuse, envoi gratuit est
fait d'une bouteille de la récolte désignée.
L'encaissement est fait par le facteur, à
30 jours, escompte 2 0/0, ou 90 jours.
Vendanges : 1893, à 130 fr., 1892-91, à 150 fr.;
1890-89, à 175 fr., 1887, à 200 fr., 1885, à 220 fr.,
1884, à 240 fr., 1882, à 250 fr., 1881, à 300 fr. —
Graves blancs vieux : 130, 150, 200, 250, 300 fr.,
suivant âge, les 225 litres collés, soutirés,
ranco de port et de fût en gare d'arrivée.

VIN PUR COTES 1re QUALITÉ
Vieux, nouveau garanti sur facture
Récolté par FELIX LAU, propriétaire-viticulteur
à Caussiniojouls (Hérault).
Nouveau, 35 fr. l'hect. logé sur gare Faugères

Machines Agricoles Françaises

MAISON ALBARET

O. ✻. O. M. A. 5.
Breveté
S. G. D. G

Veuve ALBARET et G. LEFEBVRE, SUCCR

ATELIERS DE CONSTRUCTION ET ADMINISTRATION
A RANTIGNY-LIANCOURT (Oise)

Bureaux et Magasins :
9, Rue du Louvre, PARIS

LOCOMOBILES, MACHINES DEMI-FIXES, MOTEURS A PÉTROLE
BATTEUSES PORTATIVES ET FIXES — MANÈGES

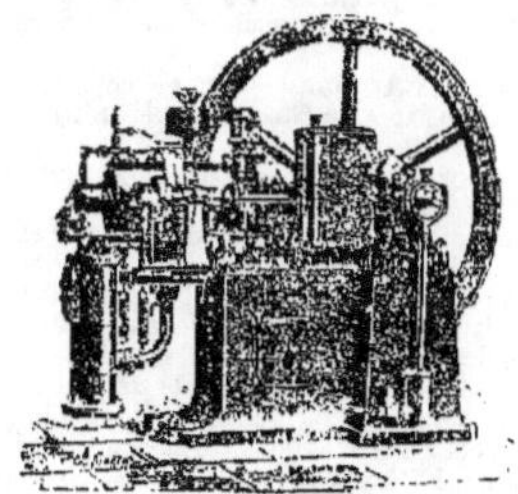

HACHE-MAIS — HACHE-PAILLE   **PRESSES A FOURRAGES**

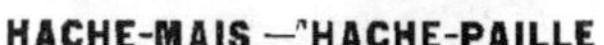

FAUCHEUSES, MOISSONNEUSES & LIEUSES
RATEAUX, FANEUSES

Semoirs en Lignes — Semoirs à Engrais — Concasseurs — Aplatisseurs

INSTRUMENTS D'AGRICULTURE — INSTRUMENTS DE PESAGE
Grand Prix, Lyon 1894. — Grand Prix, Anvers 1894. — Grand Prix, Bordeaux 1895
Beauvais 1895, Diplôme d'Honneur
Tunis 1895, Premier Prix, Médaille d'Or
19 Diplômes d'Honneur et d'Excellence — 226 Médailles d'Or — 191 Médailles d'Argent

SUCCURSALES :
Saint-Quentin, Chartres, Abbeville, Cambrai, Dax, Lyon, Alger
Envoi franco sur demande des Catalogues illustrés.

17ᵉ Année. — Nᵒ 23. LE NUMÉRO. 10 CENTIMES. Dimanche 7 Juin 1896.

GAZETTE AGRICOLE

JOURNAL HEBDOMADAIRE, PARAISSANT LE DIMANCHE

Fondateur : **M. CH. GOSSIN**, Professeur d'Agriculture à l'Institut agricole de Beauvais

PRIX DE L'ABONNEMENT

UN AN, **5 fr.** — SIX MOIS, **3 fr.** — TROIS MOIS, **2 fr. 25**

Pour l'Étranger les abonnements ne sont reçus que pour un an, au prix de 6 francs, et ne partent que du 1ᵉʳ JANVIER ou du 1ᵉʳ JUILLET de chaque année.

Le Numéro : **10** centimes.

Adresser toute la correspondance : mandats, lettres, annonces etc., à M. CRÉPEAUX, Directeur de la *Gazette agricole*, 10 bis, rue Piccini, Paris.

Toute demande de changement d'adresse doit être accompagnée de 50 centimes et de la dernière bande du journal.

BUREAUX

97, rue de Rennes, Paris, et à Beauvais, rue Saint-Etienne.

Les abonnements partent du 1ᵉʳ de chaque mois et sont payables d'avance. Toute demande d'abonnement doit donc être accompagnée du prix de l'abonnement. (Le mode de payement le plus simple est l'envoi d'un mandat-poste.)

Donner *très lisiblement*, en s'abonnant, son nom et son adresse exacte, *avec l'indication du bureau de poste*; et, s'il s'agit d'une continuation d'abonnement, joindre au renouvellement la dernière bande d'adresse du journal.

Les Annonces sont reçues à la Direction du Journal, et chez MM. DUSSERIS et MATHELLON, 97, rue de Rennes Paris.

Il est interdit de reproduire les articles contenus dans la *Gazette Agricole*.

BULLETIN COMMERCIAL

Paris 3 juin 1896.

Des pluies orageuses sont tombées dans presque toutes les directions et elles sont encore probables. Il était temps que la période de sécheresse prît fin : les blés épiaient difficilement, ils commençaient à jaunir, notamment dans les terres légères.

Bien que la récolte ne donne plus maintenant les espérances d'il y a un mois, la situation est encore bonne et elle peut de nouveau s'améliorer avec une température favorable.

C'est toujours de la fermeté ou de la hausse que l'on signale à l'intérieur sur le blé et les menus grains ; les apports de la culture restent généralement faibles et la vente est plus facile, malgré les prétentions de plus en plus élevées des détenteurs.

On télégraphie que des orages ont fait beaucoup de tort aux récoltes des pays danubiens.

BOURSE DU COMMERCE DU MERCREDI 3 JUIN

	FARINES	BLÉS
Courant..............	39 75	18 90
Prochain..............	40 05	19 05
Juill.-août..........	40 45	19 10
4 derniers..........	40 50	18 65
4 de nov...........	40 60	18 70

Marque de Corbeil : 44 fr. le sac de 150 kil. toile à rendre.

Halle aux blés — *Blés indigènes.* — La tendance est un peu plus calme, mais il y est toujours difficile de trouver des vendeurs en baisse sauf pour les qualités ordinaires ou moyennes.

Le marché est en somme hésitant, on veut voir comment va se comporter le temps.

Les affaires restent calmes, on cote roux 17,40 à 18,50, blancs 18,50 à 19,25 les 100 kil. gare d'arrivée Paris.

Blés exotiques. — Toujours sans affaires.

Sons. — La tendance est ferme par suite de la mauvaise récolte des fourrages, on cote de 11 à 11,50.

Escourgeons. — La campagne est terminée, on ne se préoccupe que de la nouvelle dont les avis sont excellents partout ; la pluie est accueillie avec satisfaction en Beauce et en Vendée.

En Algérie on va commencer à moissonner et la récolte sera bonne. Les prix demandés entravent les affaires ; ils sont beaucoup plus élevés qu'au début de la dernière campagne et rien ne les autorise.

Aussi le Nord se rejette-t-il sur l'orge de Russie offerte en délivré meilleur marché que l'Algérie-Tunisie, malgré le droit de 3 fr. Sur place peu d'affaires, la Beauce est cotée nominalement 16,25 à 16,50 les 100 kil.

Graines fourragères. — L'incarnat s'annonce toujours très mal à cause de la sécheresse.

Menus grains. — On cote jarras 18 à 20 chènevis de Russie et de Bretagne 23 à 24, millet Vendée blanc 21 à 22, sarrasin 13.

Sucres. La pluie, les avis de baisse du dehors rendent le marché très mauvais et les subissent une nouvelle dépréciation de 50 à 60.

Raffinés 100,50 à 101, roux 88° 29,75 à 30,25.

Marché de la Chapelle. — Marché ordinaire.

On cote : paille de blé 1ʳᵉ qté 27 fr., 2ᵉ qté 25, 3ᵉ qté 23 fr. ; paille de seigle 1ʳᵉ qté 32 fr., 2ᵉ qté 29,3ᵉqté 26 : paille d'avoine 1ʳᵉ qté 22 fr., 2ᵉ qté 20, 3ᵉ qté 18 ; foin nouveau 1ʳᵉ qté 58 fr., 2ᵉ qté 54, 3ᵉ qté 49 ; luzerne, 1ʳᵉ qté, 58 fr., 2ᵉ qté 54, 3ᵉ qté 49 ; regain 1ʳᵉ qté 55 fr. ; 2ᵉ qté 51 fr., 3ᵉ qté 49 fr. ; sainfoin, 1ʳᵉ qté à 40 2ᵉ qté, 38, 3ᵉ qté 36.

Sulfate de cuivre.

Les 100 kil. 98/99 . . . . . 42.50 à 44.00

CHANVRES

Les 50 kil.	1ʳᵉ qualité.	3ᵉ qualité
Le Mans	33,00 à 35,50	29,00 à 30,00
Saumur (b.) . .	40,00 à 42,25	37,00 à 38,00

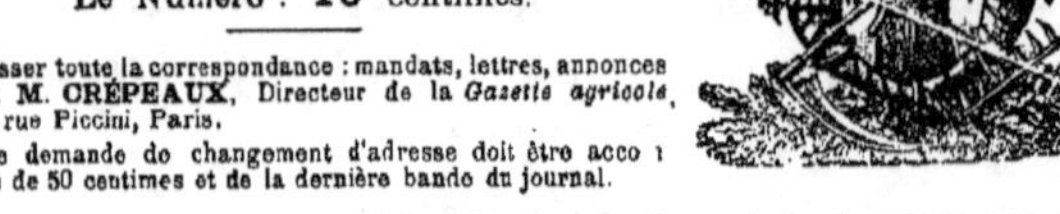

LINS. — Les 100 kilogr. — *Marché de Lille.*

	Communs	Ordin.	Supér.
Alost. .	148 à 153	154 à 157	161 à 166
Bergues.	150 à 158	161 à 168	173 à 182

Marché aux chevaux, 3 Juin.

Gros trait de 300 à 1.250   Boucherie de 60 à 180

Selle et tr.   Anes..... de 50 à 140

léger . de 200 à 1.100   Chèvres. . de 25 à 55

H. d'âge de 180 à 260

AMENÉS

Chevaux, 407 — Anes, 9 — Chèvres, 0

Voitures 104, de 45 à 600.

ENCHÈRES

Chevaux amenés, 14.

Vendus, 11 de 95 à 350.

Prix des Produits Forestiers à Paris.

BOIS DE FEU (*Octroi non compris*)	Falourde de pin. . .	100 à 110	le cent.
	Bois de flot.	100 à 105	le déca.
	Bois gris neuf. . . .	125 à 120	—
	Bois blanc.	80 à 125	—
BOIS D'ŒUVRE (*Octroi compris*)	Chêne gros bois. . .	85 à 110	le m. cube
	— moyen bois .	70 à 60	—
	— petit bois. . .	30 à 48	—
	Charme, plateaux. .	55 à 55	—
	Sciage (Entrevoux. .	175 à 210	les 208 m.
	de {Echantillons	230 à 220	—
	chêne.(Frise	27 à 28	104 m.

ENGRAIS

PARIS]

Nitrate de soude.	21 50 à 21 75	
Superphosph. minéral 14/16.	5 25 à 5 75	
Superphosphate d'os 16/18. .	12 50 à 13 »	
Scories 16/18.	4 25 à 4 50	
Phosphate minéral 14/16. . .	3 80 à 4 »	
Chlorure de potassium 48/52.	18 75 à 20 »	

NANTES

Nitrate de soude.	22 30 à 22 50
Superphosph. minéral 14/16.	6 » à 7 »
Scories 16/18.	4 50 à 4 75
Phosphate minéral 14/16. . .	4 » à 4 50
Chlorure de potassium 48/52.	19 » à 19 75

LYON

Nitrate de soude.	22 » à 23 »
Superphosph. minéral 14/16.	5 75 à 6 »
Scories 14/16.	4 50 à 5 »
Phosphate minéral 14/16. . .	4 » à 4 25
Chlorure de potassium 48/55.	20 » à 21 »

MARSEILLE

Nitrate de soude.	20 50 à 21 »
Superph. minéral 14/16 . . .	6 à 7 »
Sulfate de fer.	5 » à 5 50
Sulfate d'ammoniaque 20/21.	20 » à 22 »

Prix moyen aux 100 kilog. des CÉRÉALES dans les Départements.

Région		BLÉ	SEIGLE	ORGE	AVOINE
Rég. du Nord-Ouest	Caen	17 00	10 00	14 85	15 50
	Lannion	17 00	10 00	14 25	15 50
	Morlaix	17 50	10 50	13 25	13 00
	Rennes	18 75	10 00	13 00	14 00
	Avranches	16 50	11 00	13 00	14 75
	Laval	16 25	10 00	13 00	14 50
	Lorient	16 75	10 25	13 00	13 75
	Alençon	16 75	10 00	13 00	15 50
	Le Mans	16 50	10 00	13 50	16 00
Région du Nord	Soissons	17 50	10 00	»	15 00
	Evreux	17 50	10 00	13 00	15 00
	Chartres	17 75	11 00	14 00	15 00
	Lille	17 50	10 50	14 00	16 00
	Compiègne	17 25	10 25	14 00	16 00
	Beauvais	17 75	11 00	15 50	16 50
	Arras	18 50	12 50	15 00	16 00
	Paris	17 75	10 25	13 50	15 75
	Versailles	17 75	10 25	14 00	16 00
	Rouen	17 50	10 00	15 00	16 00
	Amiens	17 25	10 50	16 50	16 50
Rég. du N.-E.	Mézières	17 50	10 00	13 00	16 00
	Nogent-s-Seine	17 50	10 25	14 75	16 00
	Châlons-sur-Marne	17 50	10 25	14 50	15 50
	Langres	18 00	10 00	15 00	16 00
	Nancy	18 00	10 25	15 00	15 50
	Bar-le-Duc	17 50	10 00		15 50
	Neufchâteau	17 75	10 00	14 00	15 00
Région de l'Ouest	Ruffec	17 25	10 00	13 00	15 00
	Marans	17 00	10 00	13 00	15 00
	Niort	17 00	10 00	15 00	15 00
	Tours	17 00	10 25	13 75	15 25
	Nantes	17 25	10 00	13 00	14 00
	Angers	17 00	10 25	14 00	14 25
	Luçon	16 75	10 00	15 00	
	Poitiers	17 00	10 00	13 00	»
	Limoges	17 00	10 00	»	15 50
Région du Centre	Moulins	17 00	10 00	14 00	15 00
	Bourges	17 50	10 25	14 25	14 50
	Aubusson	17 50	10 00	14 00	13 75
	Châteauroux	17 50	10 00	14 25	14 00
	Orléans	17 25	10 00	14 00	14 50
	Blois	17 00	10 50	15 00	16 25
	Nevers	18 00	10 00	14 00	16 00
	Clermont Ferr.	17 50	10 25	13 50	15 00
	Sens	17 50	10 00	13 50	15 25
Région de l'Est	Bourg	17 50	10 00	14 00	15 00
	Dijon	18 00	10 00	14 50	14 50
	Besançon	8 50	10 50	13 50	15 00
	Grenoble	17 50	10 00	14 00	15 25
	Dôle	17 50	10 25	13 00	14 00
	Saint-Etienne	17 50	10 00	14 00	16 00
	Lyon	18 25	11 00	13 25	15 50
	Mâcon	17 50	11 50	13 00	15 00
	Vesoul	17 75	10 00	»	15 50
	Chambéry	17 75	10 00	»	15 50
	Annecy	18 00	»	»	16 00
Rég. du Sud-Ouest	Pamiers	17 75	10 25	»	15 75
	Périgueux	17 75	10 50	14 00	15 00
	Toulouse	17 75	11 00	14 00	15 75
	Auch	17 75	12 00	13 00	16 00
	Bordeaux	17 75	12 00	13 00	15 75
	Dax	18 00	12 00	13 00	16 00
	Agen	17 75	12 00	13 00	16 00
	Bayonne	17 75	11 00	14 00	15 50
	Tarbes	17 00	10 75	»	16 00
Région du Sud	Carcassonne	17 75	»	13 50	15 75
	Rodez	17 75	12 00	14 00	16 00
	Mauriac	17 75	11 00	»	16 00
	Tulle	17 50	11 00	»	16 00
	Montpellier	17 75	11 00	»	15 25
	Figeac	17 75	11 00	»	16 00
	Mende	17 75	11 00	14 00	15 50
	Perpignan	17 75	11 00	14 00	15 00
	Albi	18 00	12 00	15 00	16 00
	Montauban	18 00	12 00	15 00	16 25
Région du Sud-Est	Gap	17 75	10 50	14 50	16 00
	Manosque	17 50	10 00	13 00	16 00
	Nice	17 50	10 50	13 50	15 75
	Privas	18 00	10 25	13 00	16 00
	Arles	19 00	11 00	13 00	16 00
	Montélimar	17 25	11 00	14 25	16 00
	Nimes	18 00	»	14 00	16 00
	Le Puy	18 00	»	14 00	16 00
	Draguignan	18 00	12 00	»	16 00
	Avignon	19 50	13 00	14 50	17 00

Tourteaux. — Cours de la maison P. Marchand frères, à Dunkerque (Nord) :

TOURTEAUX A NOURRIR

	Dispon.	A livrer.
Coton de graines d'Egypte	9 »»	9 »»
Sésame blanc	11 00	11 50
Arachide décortiquée	14 50	14 75
Colza à nourrir	10 »»	10 »»
Colza du pays	10 50	10 75
Œillette du Levant	9 50	10 »»
Œillette blanche de Turquie	9 50	10 »»
Lin 1re qual. de Bombay g. form.	14 »»	14 25
Lin 1re qual. de Bombay p. form.	14 50	14 75

TOURTEAUX-ENGRAIS

	Dispon.	A livrer.
Arachide décortiquée	14 »»	14 »»
Cameline	»» »»	»» »»
Colza des Indes en poudre	»» »»	»» »»
Colza ravison	7 25	7 25
Colza jaune Gutzerat	10 25	»» »»
Kurrachée	»» »»	»» »»
Niger	»» »»	»» »»
Pavot	9 75	9 75
Sésame, blanc	10 50	»» »»
Sésame noir	»» »»	»» »»
Coton en farine	7 50	7 50

Nos prix s'entendent pour tourteaux en planches, rendus en gare de Dunkerque. Paiement à 30 jours ou à terme plus éloigné suivant convention expresse.

Le concassage se paie 0 fr. 25 et la mise en poudre 0 fr. 40 aux 100 kilos. Dans ce cas, les sacs sont facturés à 0 fr. 35 pièce, et repris au prix de facture, quand ils sont rendus en bon état et franco, dans les 30 jours de l'expédition.

FROMENTINE :

	100 kil.
Marque A	13 »
Marque B	13 »
Marque J	13 »
Marque L	15 »
Marque E	16 »

BEURRES. — (le kilogr.).

BEURRES EN MOTTES			BEURRES EN LIVRE		
Isigny extra.	5 00	6 50	Bourgogne	2.00	2.10
— demi-fin	3 30	3.60	Gâtinais	1.90	2.30
M. d'Isigny	2 60	3.20	Vendôme	1.80	2.20
du Gâtinais	1.80	2.00	Beaugency	1.80	2.70
de Bretagne	1.80	2.00	Ferme	2.00	2.90
Laitiers Jura	1.80	2.20	Tours	1.90	2.30
de Charente	2 00	2.80	Le Mans	1.80	2.20
des Alpes	1.70	2.40	Touraine fausse	1.80	2.10

ŒUFS. — (le mille).

Normandie ext.	70 à 94		Bourgogne	45 à 50	
Picardie —	76 à 100		Champagne	48 à 55	
Brie —	65 à 72		Nivernais	46 à 52	
Touraine	55 à 70		Bourbonnais	46 à 52	
Beauce	54 à 64		Bretagne	40 à 45	
Orne	50 à 60		Vendée	40 à 45	
Picardie	48 à 55		Auvergne	42 à 46	
Châtellerault	45 à 50		Midi	42 à 46	

FROMAGES.

Brie hautes marq.	32	38	Roquefort	140	220
Brie gr. m. (10)	25	20	Gruyère (100 k.)	100	170
— m. m.	15	20	Coulommiers (100)	25	20
Petits Nanteuils	6	10	Gournay (100)	18	15
Brie laitiers	5	10	Livarot (le 100)	70	100
Gérardmer (100 k.)	65	70	Bourgogne (100)	65	60
Hollande	140	150	Camembert (10.)	40	45
Bondons (100)	10	13	Munster (100)	90	100
Cantal	120	130	Port-Salut	130	150

VOLAILLES

Poulet Brest dit moelleux	4.50	5.50	Pigeons Macon	1.50	2.00
Poulets Nant.	3.00	5.00	Canards Nantais	4.00	1.35
Poulets Tour.	2.75	5.25	Dindes Tourr.	7.00	11.00
Poulets Houdan	6.00	8.00	Oies	7.00	8.50
Pigeons d'Italie	80	1.25	Lapins dom.	2.75	4.00
			Lapins garenne	1.50	2.00

VINS — BERCY

Rouges			Blancs		
B. Bourg. vieux	140 à 160		Bordeaux	125 à 160	
Touraine	105 à 115		B. Bourg	150 à 190	
Bord. vieux	130 à 166		Sancerre	130 à 135	
Algérie	28 à 32		Chablis	200 à 350	
Cher	110 à 135		Anjou	120 à 135	
Chinon	125 à 180		Pouilly	350 à 300	
Narbonne	32 à 40		Vouvray	155 à 195	

HOUBLONS. — Les 50 kilogr.

Alost primé	28,00 à 30,00	
Bourgogne	55,00 à 60,00	
Poperinghe	25,00 à 30,00	
Wurtemberg	40,00 à 42,00	
Altmark	75,00 à 100,00	
Alsace	50,00 à 65,00	

POMMES DE TERRE

Hollande (100 kil.)	8 » à 11 »
Roses-Early	8 » à 10 »
Magnum-Banum	7 » à 7 50
Rondes	5 » à 5 20

LÉGUMES SECS. — (Les 100 kilogr.)

	Haricots	Pois	Vesce	Lentille
Paris	32 00 50.00	20 18.00	19 à 20	30 00 58
Bordeaux	34.00 45 00	35 45.00	18 19	48 00 60
Marseille	22.00 30.00	18 25	20 20	24 0. 52

FOURRAGES ET PAILLE

Paris La Chapelle.   *Prix extrêmes*

Foin 100 bot. dans Paris n.	42 à 47
Luzern nouv.	42 à 46
Paille de blé	20 à 26
Paille de seigle	23 à 31
Paille d'avoine	16 à 20

Les cours des bestiaux sont à la fin de la GAZETTE avant la *Correspondance*.

◆

L'année agricole et agronomique pour 1896.

L'Année agricole et agronomique pour 1896 par S. Crépeaux, professeur à l'Institut agricole de Beauvais, et C. Crépeaux, publiciste scientifique, avec la collaboration de praticiens, de professeurs et d'agronomes vient de paraître (un volume in-18 de 360 pages, illustré).

Cet ouvrage, véritable annuaire théorique et pratique de l'agriculture progressive, donne un tableau complet du mouvement agricole et agronomique de l'année. Il relate toutes les expériences culturales, les recherches, scientifiques faites en France et à l'étranger, décrit et apprécie avec compétence les nouveautés (plantes, machines, engrais, nouvelles méthodes. etc.).

La partie documentaire de l'Année agricole et agronomique comprend pour l'année écoulée, les lois, décrets, décorations agricoles, lauréats des concours, les vœux économiques des conseils généraux, l'analyse exacte des travaux des sociétés et congrès agricoles, horticoles, vétérinaires, français et internationaux, les jugements de droit rural, l'analyse des brevets agricoles, les statistiques, etc.

Cet ouvrage qui paraît pour la seconde fois a valu l'année dernière à ses auteurs les félicitations de la Société nationale d'agriculture, de la société des Agriculteurs de France, et des principaux journaux agricoles et scientifiques qui ont rendu hommage à la somme considérable de travail que représente une telle publication et aux services incontestables qu'elle rend à la cause du progrès agricole.

Nous l'offrons en prime à nos abonnés au prix de 2 fr. 50 franco de port au lieu de 4 francs.

Ceux de nos abonnés qui désirent l'Année agricole et agronomique de 1895 et celle de 1896 recevront les deux volumes franco dans la gare la plus voisine contre 4 fr. 50.

Adresser les demandes à M. Crépeaux, 10 bis, rue Piccini, Paris.

◆

Avis aux lecteurs. — La *Poudre de Rogé*, approuvée par l'Académie de médecine, est le plus agréable des purgatifs, celui qui convient le mieux aux dames, aux enfants et aux tempéraments délicats.

« *La poudre de Rogé peut, dans presque tous les cas, remplacer les autres purgatifs.* » (Répertoire de Pharmacie.) — Eviter les produits similaires dont le nom peut prêter à confusion. Fab. : 19, rue Jacob, Paris. Dépôt : 9, rue du Quatre-Septembre, et toutes les pharmacies. Prix du flacon : 2 fr.

CHRONIQUE POLITIQUE

Depuis la rentrée, les deux Chambres n'ont abordé aucun des sujets sur lesquels doit se résoudre la question de savoir si le ministre Méline aura une majorité, et, si majorité il y a, quels seront les groupes qui en formeront la plus grosse part. Lorsque ce numéro sera dans les mains de nos lecteurs, la question sera probablement résolue. Reste à savoir, à quelles conditions.

Pour ce qui concerne l'agriculture, un journal a émis un vœu auquel nous nous associerons avec empressement : c'est que sans attendre le vote des Chambres sur la loi interminable du cadenas, le gouvernement rende un décret suspendant immédiatement les admissions temporaires des blés et farines. La spéculation jouit aujourd'hui de son reste avec un redoublement d'activité qui pèse plus lourdement que jamais sur les cours, et qui même après la loi votée, continuera ses effets désastreux pour l'agriculture et pour le fisc.

Si le groupement agricole de la Chambre a un atome de courage en faveur de la cause qu'il prétend servir, il le dépensera tout entier pour obtenir le décret.

Sans préjudice des autres revendications qu'il est de son devoir de poursuivre devant le Parlement et devant le Cabinet.

Nous avons vu, la semaine dernière, avec quelle énergie les députés allemands ont obtenu au Reichstag la prohibition des marchés à terme, cause de ruine pour l'agriculture. C'est une leçon pour nos députés. Auront-ils le courage d'en profiter ?

Deux élections législatives.

Dimanche dernier, ont eu lieu deux élections législatives. A Cholet, M. Baron, conservateur, a été élu sans concurrent en remplacement de M. le comte de Maillé, sénateur.

A Dieppe, M. de Folleville, libéral conservateur, contre M. Rouland, candidat du préfet.

Ce préfet a eu l'audace de faire afficher dans l'intérieur du Palais-Bourbon, une dépêche annonçant cette élection et qu'il termine par ces mots : « La majorité n'ayant été que de 36 voix, le Conseil de revision examinera de près les bulletins. »

Cet aveu cynique des procédés familiers de certains préfets a provoqué un cri général d'indignation au Palais-Bourbon. Barthou a fait déchirer l'affiche. Mais l'effet moral de cet exploit du préfet juif, Hendlé, a fait une impression peu accoutumée. C'est dire qu'il y aura lieu de surveiller le travail du Conseil de revision lui-même. On se décidera donc à finir, sur ce point, par où il eût fallu commencer il y a dix-huit ans ! C'est bien tard, mais vaut mieux tard que jamais !

Le sacre de Nicolas II à Moscou.

La cérémonie du sacre et du couronnement du tsar Nicolas II à Moscou n'est point un événement d'une portée ordinaire. C'est avec raison qu'elle a un retentissement immense dans tout le monde civilisé, après que les représentants de toutes les nations ont suivi le Tsar au pied des autels en compagnie de la nation russe tout entière.

Cette solennité, en effet, a donné le spectacle d'une nation de 125 millions d'âmes s'unissant de tout son cœur à son Souverain et implorant la bénédiction céleste pour lui et pour tous ses peuples composant le plus grand empire qui ait existé jusqu'ici sur la terre.

La Russie, en effet, occupe la moitié de l'Europe et la moitié de l'Asie, et, en outre, son patronage s'étend sur tous les États limitrophes slaves, roumains, turcs, en Europe; chinois, japonais, transcaucasiens en Asie, et l'empire allemand lui-même n'existe plus que par son indulgence. L'empire romain qui dura trois siècles n'approcha pas de l'empire russe comme étendue.

En aucun temps, en aucun pays une telle situation ne s'était produite et les fêtes de Moscou en ont été une démonstration sans précédents dans l'histoire. C'est de Nicolas II qu'on peut dire : il ne peut se tirer un coup de canon en Europe — ajoutons en Asie, sans sa permission. Hélas! on en disait autant de la France, en 1750!

Or, ce qui constitue la principale force de ce colosse, c'est l'amour profond des peuples qui le composent pour leur souverain, leur confiance absolue envers lui, c'est surtout leur foi religieuse qui le leur représente comme le ministre de la divine Providence et comme le père spirituel et temporel de sa nation.

Ou l'histoire n'est qu'un vain mot ou elle nous enseigne que ce qui fait si grande la puissance russe, fut aussi ce qui fit la France si grande dans le cours de quatorze siècles.

Il y a cent cinquante ans, la Russie naissante recherchait notre alliance. Aujourd'hui, à la suite de ses révolutions inces antes, la France est tombée du premier rang au cinquième en Europe, et descendue à un tel état de décadence qu'elle n'a de sécurité que dans son alliance avec la Russie. Est-il rien de plus navrant qu'un tel contraste pour notre patriotisme ! !

N'est-il pas temps de voir pour quelles cause s'est produite l'ascension colossale de l'empire russe, et la décadence lamentable de la France?

Oh! oui déca nce lamentable, aveugle qui ne la nie. Décadences morales d'abord, les pires et les plus mortelles de toutes, car elles sont les premières causes. Plus de foi en Dieu, comme en Russie, plus de mœurs privées et publiques. Une anarchie effroyable dans tous les cœurs et dans tous les esprits.

Le peuple sans foi se livrant avec un fanatisme stupide aux charlatans qui, avec les mots ronflants de progrès, émancipation, liberté, égalité, fraternité, etc., ont réussi à le dépraver en lui imposant le joug plus ruineux de leur domination ; ruineux pour ses mœurs publiques en faisant de son budget de 3 milliards un engin irrésistible de corruptions électorales, ruineux pour les finances qu'il a mises en dix ans à la veille de la banqueroute. Voilà une idée très incomplète de notre situation en regard de celle de la Russie.

La ruine de nos mœurs publiques a été avouée cette semaine par le directeur de l'enseignement primaire, M. Buisson, qui a déclaré que nos trente à quarante mille instituteurs sont réduits au rôle abject de courtiers électoraux au service des députés opportunistes. Que n'avoue-t-il aussi qu'ils sont les propagateurs de l'athéisme qui est un empoisonnement social du pays et que cet empoisonnement nous coûte 200 millions!

Nous ne pouvons qu'effleurer à peine les cruelles leçons que nous inflige ce contraste de la puissance grandissante de la Russie et de la décadence continue de la France. Nous en recommandons l'étude à tous les gens de bon sens et vraiment patriotes. Jamais la divine Providence ne nous aura dit plus éloquemment : Instruisez-vous, hommes qui gouvernez la terre! Pour nos chers ruraux surtout cette étude est à recommander. Ils y trouveront les causes principales de leurs ruines qu'on s'efforce de leur faire méconnaître. Ils y verront qu'ils ont été eux-mêmes les complices inconscients en écoutant pendant quinze ans la coterie qui nous a acculés à la banqueroute des finances en réalisant toutes les banqueroutes morales dont une voix officielle vient de nous faire le premier aveu !

« Ruraux, mes amis, éveillez-vous à la voix des ruines du dedans et des prospérités du dehors ! »

Si vous ne comprenez pas à cette voix comment les nations grandissent et comment elles finissent, il ne nous reste plus rien à dire.

Le détail le plus instructif du sacre du tsar Nicolas est celui qui a été passé sous silence par nos journaux officieux. C'est la prière suivante qu'il a adressée à Dieu, dont il se reconnaît le plus humble des sujets dans son empire:

« O Seigneur, roi des rois et Dieu de mes pères! il t'a plu de m'élire souverain et juge de l'orthodoxe empire russe. Je confesse être toujours sous ton œil vigilant, quoique invisible; aussi me voilà prosterné devant ta Suprême Majesté. Je t'implore, ô mon Seigneur et ô mon Maître! Daigne m'armer pour mon formidable ministère! Octroie-moi la sagesse qui émane de ton trône, afin que je conçoive toujours ce qui est agréable à tes yeux! Fais-moi suivre, ô Seigneur, la vérité dans tes commandements ! Prends mon cœur dans ta main, ô mon Dieu ! Et que je règne pour le bonheur de mes peuples en te bénissant toujours ! Que ton saint nom soit glorifié avec ton Fils miséricordieux et ton Esprit créateur en toute éternité. Amen ! »

Voilà, nous le répétons, comment les nations grandissent devant Dieu.

Chez nous on voit comment l'athéisme officiel les dépeuple et les dégrade.

L'impôt sur la rente.

C'est à bon droit que cet impôt alarme le pays sur ses intérêts vitaux. Il menace le crédit public d'une ruine qui serait celle du pays, le jour où il aurait une guerre à soutenir contre l'étranger. Il va ruiner une multitude énorme d'établissements de bienfaisance et d'enseignement qui tirent leurs principaux revenus de la rente. Ces établissements seront obligés de jeter sur le pavé une partie de leurs protégés. Enfin il est injuste, en tant que la rente est une créance que l'Etat s'est interdit de frapper d'impôt en la contractant.

Voici l'économie générale de ce redoutable impôt. Pour en atténuer la rigueur, le projet porte la suppression de l'impôt sur les portes et fenêtres et des cotes mobilières, il porte en outre que les terres non bâties qui supportent plus de 4 1/2 pour 100 seront dégrevées jusqu'à ce taux, ce qui est le cas de 41 départements.

L'impôt dont le taux est de 4,50 frappera les rentes françaises et étrangères. L'impôt sur les valeurs mobilières sera haussé de 2 pour 100.

Le projet, d'après les calculs du ministre relèvera le chiffre des recettes, aux mêmes résultats que le budget actuel, alors il y aura toujours des déficits. Nous voilà bien avancés.

Tout cela est vrai, disent nos maîtres, mais la rente est aussi une branche de revenu : or, du moment que l'on admet en principe que tout revenu est sujet à impôt, la rente qui est un de nos revenus les plus considérables, ne peut échapper au sort commun. D'ailleurs, l'implacable nécessité est là. Le Trésor est à sec, il faut qu'il prenne de l'argent où il en trouvera.

Si vous êtes ruinés, mes amis, c'est votre faute. Depuis quinze ans, la majorité nous fait gouverner par un parti de mange-tout qui ont mis nos finances au pillage et qui, par quatre élections successives, ont été stupidement encouragés dans cette voie au bout de laquelle le plus humble bon sens montrait la ruine de l'Etat et la vôtre.

Qu'y faire maintenant ?

Car il ne suffit pas de dire : Votre impôt est détestable ; il faut nous en indiquer un autre qui soit sinon bon, — il n'y en a point — mais moins mauvais.

Eh bien, soit, voici notre solution :

Si les agriculteurs avaient le courage d'élever la voix dans cette question si palpitante de l'impôt, ils devraient réclamer énergiquement deux réformes, deux choses que nous réclamons depuis quinze ans : 1° un relèvement général des droits de douane sur les produits agricoles insuffisamment taxés ; 2° un établissement de droits sur des produits indûment admis en franchise.

Les arguments abondent certes, pour justifier ces deux réformes. Le fisc y gagnerait plus qu'au moyen de l'impôt sur le revenu. L'agriculture y gagnerait à raison d'une hausse correspondante des cours de ses produits, laines, soies, lins, textiles, peaux, suifs, etc... L'Etat encaisserait une centaine de millions de plus et la hausse des produits agricoles allégerait sérieusement le poids des impôts qui écrasent aujourd'hui l'agriculture.

Un exemple bien simple va mettre cette vérité de bon sens en évidence. Supposez un champ de blé d'un hectare qui vous rapporte 20 quintaux de grain. Si, grâce à un relèvement du droit, vous vendez votre blé 23 francs au lieu de 20 francs, le droit vous vaudra 60 francs de boni, cela ne vaudra-t-il pas mieux pour vous qu'une exonération de 5 francs d'impôt foncier sur votre champ ?

Ce que nous disons du champ de blé s'applique naturellement à toutes nos cultures. Au lieu d'écraser le producteur indigène au profit de l'étranger et au détriment du fisc, n'est-il pas temps d'imposer à l'étranger les droits compensateurs sur tous les produits agricoles importés en France ?

Voilà notre opinion à nous, *ruraux*, sur le moyen de sortir de l'impasse où est acculée la fortune de la France, pour éviter le gouffre où elle est sur le point de s'engloutir.

Nous défions le plus malin économiste d'en proposer un meilleur !

Nous défions aussi M. Méline d'en trouver un autre qui réalise mieux ses intentions comme ministre terre-neuve de l'agriculture.

Les agriculteurs devraient la réclamer par une pétition immédiate, pétition nationale celle-là ! et qui devrait réunir cinq millions de signataires ; alors nos maîtres seraient bien forcés de la prendre en considération dans le sens impératif et pratique du mot, et non dans son sens ordinaire, qui est une des plus écœurantes fumisteries de la comédie parlementaire.

Plus que jamais, est-il besoin de le dire, les agriculteurs doivent propager les journaux qui défendent leurs intérêts si gravement compromis. Or, le moyen que nous indiquons est celui qui donne les meilleurs résultats.

Nous nous faisons toujours un plaisir d'étudier avec nos amis les moyens à employer pour faciliter cette propagande indispensable.

Nous profitons de cette circonstance pour remercier encore et très chaleureusement tous ceux qui s'associent à notre œuvre de conservation sociale et de défense agricole.

S. CRÉPEAUX,
Professeur à l'Institut agricole à Beauvais

Concours régionaux de 1896.

II. — CONCOURS DE MOULINS.

Ce concours est merveilleux à tous égards : il est impossible de trouver une plus belle collection d'animaux ; dans toutes les sections, en effet, aussi bien chez les bovidés que chez les ovidés on ne trouve pas de sujets réellement inférieurs.

Cette exhibition fait le plus grand honneur aux éleveurs du centre qui tiennent à conserver leur légitime réputation. Et cependant quels déboires n'éprouvent-ils pas depuis quelques années ? Les voici encore en présence d'une sécheresse excessive qui a déjà pour première conséquence une baisse considérable sur le bétail.

Nous avons rencontré un ami de M. Méline qui trouve très heureux cette sécheresse. « Elle va, nous dit-il, permettre aux agriculteurs de tirer parti de leurs réserves de fourrages à des prix rémunérateurs. » Il est inutile de répéter une telle assertion qui prouve à quel point la politique peut aveugler ses serviteurs. Nous verrons ce que tenter M. Méline, ce fameux sauveur de l'agriculture, pour remédier à la terrible situation des agriculteurs. Parions qu'elle ne l'empêchera pas de chercher à accroître leurs impôts. Tous ses efforts viendront d'ailleurs se heurter contre les ordres de la franc-maçonnerie dont il est l'un des exécuteurs.

Espèce bovine. — *Race charolaise nivernaise*. Nous ne saurions trop insister nous sommes en présence de la collection la plus parfaite de cette race. Il n'y a pas de sujets inférieurs.

Principaux lauréats : MM. Advenier, Duret, vicomte d'Arcourt, Grand (Allier), Bailhon de Guérinet (Puy-de-Dôme), Guillerand, Bramard (Nièvre), Beaufrand (Cher). PRIX D'ENSEMBLE M Guillerand. *Race limousine* : Cette section est la digne rivale de la précédente. Lauréats : MM. Guibert, de la borderie, Barny de Romanet, Couturier (Haute-Vienne). PRIX D'ENSEMBLE : M. Guibert. *Race de Salers* : MM. Pouderoux, Labro, Delpuech, Abel Antoine, Berge

---

CHRONIQUE GÉNÉRALE

AVIS IMPORTANT

Nous prions instamment nos amis de nous adresser les listes des personnes de leur connaissance qui devraient s'abonner à la *Gazette*, nous leur enverrons des numéros spécimens en conservant la plus grande discrétion.

ron (Cantal), Farmoud (Puy-de-Dôme). *Race marchoise* : MM. Thomas, Maurice, Nadaud (Creuse). *Race d'abondance* : MM. Molliet, Jordan, Monnet, Davet (Haute-Savoie). *Race Durham* : MM. Massé, Le Bourgeois (Cher), Signoret (Nièvre), Péliot (Saône-et-Loire). *Croisements Durham* : MM. Dalebard (Sarthe), Bonnet, Jardet (Allier). *Races diverses* : MM. Labarbe (Gironde), Legave-Joly (Indre-et-Loire), Girard (Allier), Farmond (Puy-de-Dôme), Bergaud (Cantal). Prix d'ensemble : M. Couderc, pour son lot de Salers.

Espèce ovine. — *Race mérinos* : MM. Bertrand (Côte-d'Or), Lesage (Seine-et-Marne). *Race berrichonne* : MM. Edme, Ancouturier (Cher). *Race charmoise* : M. Guyot de Villeneuve (Cher). *Race Dishley* : M. Massé (Cher). *Race Southdown* : MM. Colas (Nièvre), Le Bourgeois (Cher). *Races diverses* : MM. Jeannot (Haute-Savoie), Farmond (Puy-de-Dôme). Prix d'ensemble. *Races françaises* : M. Guyot de Villeneuve, pour ses charmois. *Races étrangères* : M. Massé, pour ses dishleys.

Espèce porcine. — *Races indigènes* : MM. Guillaumin, Patissier (Allier), Beaufranc (Cher). *Races étrangères* : M. le comte de Vichy, Guy de Valence (Saône-et-Loire), Glachet (Allier). *Croisements* : MM. de Valence, Charpin (Allier). Prix d'ensemble pour les craonnais, M. Guillaumin; pour les yorkshire, M. Guy de Valence.

Basse-cour. — *Coqs et poules* : MM. Aubert-Brunet (Loiret), Le Roy (Paris). *Dindons, pintades, pigeons, lapins* : M. Aubert-Brunet auquel est attribué le Prix d'ensemble. *Objet d'art* : M. Verville.

Machines et instruments agricoles. — *Brabants doubles* : Médaille d'or : M. Bajac, à Liancourt (Oise). Médaille d'argent : M. Candelier, à Bucquoy (Pas-de-Calais). *Charrues fouilleuses* : Médaille d'or : M. Candelier. Médaille d'argent : Mme Henry, à Dury-les-Amiens (Somme). *Extirpateurs-scarificateurs*. 1° *à dents flexibles* : Médaille d'or : M. Duncan, 16, boulevard de la Villette, Paris. Médaille d'argent : M. Bajac; 2° *à dents rigides* : Médaille d'argent grand module : M. Puzenat, Emile, à Bourbon-Lancy (Saône-et-Loire); médaille d'argent : M. Candelier.

Produits agricoles. — *Vins de l'Allier* : Médailles d'or : MM. Pinot, Raymond, Purseigle. *Fromages* : Médaille d'argent : M. Ferry. *Beurre* : Médaille d'argent : M. Pelletrat de Borde. *Pépinières* : Médaille d'or : M. Treyve, Marie. *Miels et cires* : Médaille d'or : Frère Isace. *Produits divers* : Médailles d'or : MM. Rochas, Dujon, Charpin. *Exposants marchands* : Médailles d'or : MM. Vilmorin-Andrieux, Denaiffe.

Prix culturaux. — Rappel de prime d'honneur : M. Bignon. Prime d'honneur : M. P(?), Félix. *Prix culturaux* : 1re catégorie, M. Bernachez; 2e catégorie, M. Laurent, Simon; 3e catégorie, M. Petit; 4e catégorie, M. Barthelaix. Objet d'art : MM. Marcel, Vacher, Arcil, Advenier. *Spécialités* : Médaille d'or grand module : MM. Grand-Rarat, Martenot. *Irrigation* : 1re catégorie : 1er prix, M. Girault de Mismorin; 2e M. Advenier; 3° M. Arcil. *Arboriculture*. Objet d'art : M. Treyve.

Les anciens élèves de l'Institut agricole de Beauvais, dont plusieurs figurent parmi les lauréats, ont tenu une intéressante réunion au pensionnat Saint-Gilles, sous la présidence de M. S. Crépeaux. Les jeunes agriculteurs ont échangé leurs vues sur la situation actuelle, et ont témoigné une fois de plus leurs sentiments de respectueuse confiance à leurs professeurs, les disciples du bienheureux de La Salle. M. Crépeaux a ouvert la séance en faisant adopter le texte d'un télégramme au Frère Paulin, directeur de l'Institut agricole, et à M. Blanchemain le si sympathique président de la Société des anciens élèves; il a ensuite remercié le Frère directeur de Saint-Gilles de l'hospitalité toute cordiale qu'il accorde aux élèves de Beauvais, puis enfin il a salué le Frère Antonis, le si distingué sous-directeur de l'Institut.

Nous faisons des vœux pour que des réunions analogues aient lieu dans tous les concours, car l'agriculture française ne peut être sauvée que par ceux qui ont appris à l'aimer et à la servir dans des écoles chrétiennes.

(*A suivre.*)

Les admissions temporaires de blés.

En attendant la réforme toujours attendue et jamais réalisée du régime des admissions temporaires de blés, la spéculation due à ces admissions s'exerce avec un redoublement d'activité. Dans les quatre premiers mois de l'année, les importations temporaires ont atteint le chiffre de 1.889.000 quintaux contre 1.300.000 l'an dernier. La spéculation y trouve donc son compte, au détriment de l'agriculture; il est impossible de contester l'influence des acquits-à-caution sur les cours des blés.

Quand donc la loi du cadenas sera-t-elle enfin mise à l'ordre du jour?

Quand l'agriculture cessera-t-elle d'être la dupe des politiciens qui lui promettent tout pour ne rien faire pour elle?

Fraudes sur les marques des vins.

L'attention du Ministre du Commerce a été appelée sur un système de fraudes en matières de marques vinicoles pratiqué sous le couvert du service des postes et télégraphes.

Dans le but de tromper les acheteurs sur la provenance des vins mis en vente, certains commerçants, généralement des étrangers, se font adresser les commandes dans des localités réputées par leurs crus, et où ils ne possèdent ni vignoble, ni établissement.

Pour mettre un terme à ces manœuvres, susceptibles de porter atteinte à la réputation de loyauté du commerce français, le ministre a décidé que les correspondances adressées, sans indication précise de domicile, à des personnes n'habitant pas une localité ou n'y ayant pas d'établissement connu, sont dorénavant versées en rebut ou réexpédiées aux envoyeurs selon le cas.

Trafic des acquits-à-caution sur les vins.

Il paraît que ce n'est pas seulement sur les blés et les farines que se pratique le trafic des acquits-à-caution.

Dans le Sud-Ouest, notamment sur les marchés aux vins, à Bordeaux, à Toulouse, à Béziers, etc., les viticulteurs et les commerçants se plaignent de ces trafics frauduleux surtout sur les vins artificiels. Une délégation de ces villes est allée dénoncer à M. Méline ces abus très préjuciables à la viticulture. M. Méline a promis d'y mettre ordre après examen.

Circulation des produits horticoles et agricoles.

Un arrêté ministériel vient de décider que désormais les envois de produits agricoles, fruits, plants, etc., cesseraient d'être soumis aux formalités gênantes, qui avaient été prescrites depuis douze années en vue de prévenir la propagation des plants et raisins phylloxérés.

L'arrêté constate avec raison que le phylloxera étant partout, et combattu partout, il n'y a plus de raison d'entraver la libre circulation dé produits du sol, par la crainte du phylloxéra.

Deuxième vente de laines à Reims.

Cette vente, qui a porté sur 43.000 balles, sur 44.000 envoyées, a été comme la première, satisfaisante. Les prix ont dépassé de 25 à 30 0/0 ceux de l'année 1893. Les laines venaient des départements du Nord, de l'Est et du rayon de Paris.

La réforme bimétallique.

La *Ligne nationale bimétallique* a eu, la semaine dernière, une réunion suivie d'un banquet à la fin duquel M. Méline a prononcé un discours où il a déclaré que la réforme bimétallique a reçu de toutes part des adhésions décisives qui l'autorisent à la considérer comme certaine dans un avenir prochain. En tout cas, il a promis d'employer tous ses efforts et tout son zèle, pour atteindre le but. MM. Méry et Lejeune, les apôtres bien connus de cette réforme, ont également signalé les adhésions croissantes qui font présager une entente décisive entre tous les Etats. Ils comptent sur l'élection de M. Shermann, comme président des Etats-Unis, qui aura lieu en novembre prochain. M. Sherman est un partisan déclaré du bimétallisme.

Disons à ce propos que, par suite de l'amélioration très sensible de sa situation financière, la République Argentine a vu son change baisser dans de très grandes proportions, l'or ne vaut plus que 195 de papier au lieu de 350 ; les chemins de fer se développent et ce pays à bonnes terres, à climat excellent va de plus en plus faire concurrence à l'agriculture du vieux continent. Réclamons donc sans cesse et avant tout l'augmentation des droits de douane dont les bons résultats sont certains.

Comice départemental de Seine-et-Marne.

Concours très important à Brie-Comte-Robert, dimanche prochain, 7 juin. Concours de batteuses, herses, semoirs d'engrais, etc.

Concours de prime de culture dans la Vienne.

Prime de 500 francs offerte par le Conseil général pour la culture la plus méritante supérieure à 15 hectares, dans l'arrondissement de Châtellerault.

Concours de bœufs de trait à Nevers.

Ce nouveau concours organisé par la Société d'agriculture de la Nièvre, a, pour but de faire apprécier la race bovine nivernaise comme race de travail. Jusqu'ici on l'a élevée au premier rang comme race de boucherie. Il s'agit de démontrer qu'elle a droit au même rang comme race de travail, et sa notable supériorité, sous ce rapport, sur la race Durham sa rivale.

Le concours de bœufs de traits nivernais se tiendra à Nevers les 7 et 8 août prochain. Les bœufs seront présentés par paires et accouplés sous le joug.

Les déclarations devront être reçues le 11 juillet à la Société. — Il y aura 2.000 francs de primes en argent et de nombreuses médailles.

Le concours des bergers à Chartres.

Ce concours que nous avons annoncé pour la semaine prochaine, n'est pas approuvé par tout le monde. De nombreux éleveurs prétendent que les épreuves projetées sur un parcours de 300 mètres sont tout à fait insuffisantes. Un concours sérieux doit se tenir sur une certaine étendue de chaumes au lendemain des moissons, c'est-à-dire au mois de septembre. Là seulement les chiens de berger peuvent montrer leur degré d'intelligence et d'habileté comme auxiliaires de leur maître. Il est bien tard pour contremander le concours annoncé auprès de Chartres. Mais ce concours ne doit pas empêcher l'autre si on le juge nécessaire comme moyen de décerner les primes aux plus méritants.

Lettres rurales.

Il y a longtemps que je désirais, moi aussi, dire mon mot sur les plaintes que notre chère agriculture laisse échapper de toutes parts ; je vais donc profiter de l'accueil bienveillant que voulez bien faire à ma modeste prose, pour dire ce mot, — quelque difficile qu'il soit à prononcer.

Aussi bien on a l'habitude, dans votre vaillant journal, de prendre le taureau par les cornes, et de dire tout haut, ce que les autres pensent tout bas ; je ne détonnerai donc point.

L'agriculture se plaint, et c'est certes à juste raison, car on la malmène de toutes les manières, quand on ne semble pas la considérer absolument comme une quantité négligeable, alors qu'elle est et devrait rester la première industrie nationale.

Mais, en bonne conscience, à qui doit-elle s'en prendre de cet état de choses, sinon à elle-même, qu'elle me permette de le lui dire ? *Amicus Plato, sed magis amica veritas.* Platon (l'agriculture) m'est cher, mais la vérité me l'est encore davantage.

Il est, en effet, un vieil axiome qui dit : « Aide-toi, le Ciel t'aidera. »

Or, quand a-t-on vu, l'agriculture chercher à défendre sérieusement ses droits méconnus ?

Quand a-t-on vu les 12 millions de cultivateurs qui arrosent de leurs sueurs les sillons, faire un acte quelconque d'énergique protestation ?

Quand a-t-on vu tous ceux, grands et petits, qui vivent de l'agriculture, s'unir dans la défense commune de leurs intérêts lésés ?

Je n'hésite pas à répondre : JAMAIS.

J'ai bien entendu, et j'entends encore, chaque jour, des plaintes amères, de nombreuses récriminations ; mais aucun acte, quel qu'il soit, ne les suit.

Je n'ignore point qu'on a signé et fait signer, — je l'ai fait moi-même, — bien des protestations aux pouvoirs publics ; mais quelle en était la sanction ?

Je sais bien qu'il existe de nombreuses sociétés agricoles, sous bien des dénominations ; mais quand j'additionne le total de leurs membres, sans même en soustraire ceux qui appartiennent à plusieurs sociétés, je trouve 12 à 15 mille adhérents, soit environ *un pour mille* !

Et, encore, quelle action exercent ces sociétés ?

Une action toute platonique !

Quelle influence ont-elles ?

Aucune, hélas !

Quand elles transmettent aux représentants de l'Etat les doléances de l'agriculture, on les reçoit poliment, on leur fait beaucoup de promesses, — eau bénite de cour, — et... c'est tout !

Pardon !... J'oubliais... Si, on a établi un certain ordre de chevalerie servant à récompenser les mouches du coche, qui trouvent que tout est pour le mieux dans le meilleur des gouvernements, ou à fermer la bouche de ceux qui gémissent trop fort.

La belle chose pour l'agriculture !

Le moindre grain de mil aurait mieux fait son affaire.

D'ailleurs, n'est-ce pas la constatation de cet état de choses, que vient de faire le nouveau Président du Conseil des ministres, lorsqu'il dit, dans sa déclaration aux Chambres : « Nous n'avons pas besoin de dire que nous consacrerons tout notre dévouement, toutes nos forces, aux intérêts de l'agriculture ; nous n'épargnerons rien pour lui venir en aide, et nous prendrons en main, *tous les projets qui l'intéressent*. Nous commencerons par lui assurer la représentation officielle à laquelle elle a droit et qu'elle attend depuis si longtemps. Nous ne saurions trop faire pour les vaillantes populations rurales que rien ne décourage, qui luttent avec un véritable héroïsme contre toutes les crises qui les assaillent et qui, par leur sagesse, par leur bon esprit, sont la force des gouvernements... »

Belles et habiles paroles. Non point que je méconnaisse les intentions de l'honorable M. Méline, que je crois sincère dans sa résolution de venir enfin en aide à l'agriculture : mais hélas ! il n'est pas seul, il faut qu'il compte avec bien des choses et bien des hommes, et puis... combien de temps restera-t-il au pouvoir ?...

Ce qu'il faut donc, avant toute autre chose, c'est que l'agriculture se défende elle-même et d'une manière permanente. « Aide-toi, le Ciel t'aidera ! »

C'est qu'elle passe des plaintes aux actes, de la résignation à l'action.

Voltaire l'a dit, il y a longtemps : « Les plaintes tombent dans le gouffre éternel de l'oubli. »

« Aide-toi, le Ciel t'aidera ! »

C'est, enfin, qu'elle se montre ce qu'elle est véritablement : une puissance, traitant de gré à gré avec une autre puissance.

« Aide-toi, le Ciel t'aidera ! »

Nous verrons dans une prochaine lettre, comment elle peut arriver à cela.

Maître PIERRE.

La Chesnaye-Saint-Aubin, mai 1896.

La dépopulation de la France.

Les résultats lamentables du dernier recensement ont montré que les campagnes se dépeuplent de plus en plus de leurs populations valides et laborieuses, et que les grandes villes, Paris surtout, s'accroissent de multitudes inutiles ;

viveurs et fainéants en haut, mendiants et ouvriers sans travail en bas. Voilà un beau progrès.

Le recensement nous révèle un résultat bien autrement dangereux pour l'avenir du pays; c'est que pendant que la population française reste stationnaire celle des États voisins s'accroît de telle façon que, dans vingt ans, l'empire allemand aura une population double de la nôtre, et que l'ennemi qui guette l'occasion de dépecer la France, aura deux soldats contre nous un.

Nos hommes d'État sont-ils capables de comprendre les dangers d'un tel état de choses? Quelques savants s'en sont préoccupés. A leur tête, le Dʳ Bertillon. Avec quelques amis il vient de créer une association dont le but est indiqué par son titre : Alliance *pour le repeuplement de la France*. Il s'agit, on le voit, d'indiquer et surtout de pratiquer les moyens d'enrayer les émigrations des campagnes d'abord, puisque c'est là que sévit le fléau de la dépopulation. Il s'agit ensuite de provoquer dans les familles une recrudescence du nombre des enfants. A cet effet l'alliance propose des réformes assez urgentes dans la répartition des impôts et dans le régime des successions. Les écrits de l'illustre Le Play ont montré depuis longtemps la nécessité de ces réformes, et Le Play a parlé dans le désert comme tant de prophètes.

Nous n'avons pas besoin de lire M. Bertillon pour savoir les causes de la dépopulation de la France rurale, les émigrants nous disent clairement qu'ils quittent la terre parce qu'ils n'en tirent plus de quoi vivre, et pourquoi n'en peuvent-ils plus vivre? Parce que ses produits se vendent à perte. Et pourquoi se vendent-ils à perte? Parce qu'ils ne peuvent soutenir la lutte contre les produits étrangers. Alors pourquoi ne les protège-t-on pas contre cette concurrence? Parce que les politiciens qui nous gouvernent sont d'un autre avis.

Alors pourquoi la majorité des ruraux les gardent-ils? Parce que les uns se laissent corrompre et que les autres se laissent abrutir par les politiciens.

Voilà la cause matérielle du dépeuplement des campagnes. Celle-là est visible comme le soleil en plein midi.

Mais les causes morales sont aussi réelles, et encore plus redoutables, parce qu'elles échappent non seulement aux masses peu éclairées et peu instruites, mais parce qu'elles sont niées par des savants, par de prétendus hommes d'État qui regardent comme un pilier d'airain de la République un régime scolaire qui a pour effets inévitables la dislocation morale de la France, et la dépopulation.

Ce sujet est trop grave pour ne pas exiger des réflexions que nous présenterons la semaine prochaine. En tout cas, l'Alliance de M. Bertillon provoque une étude qui mérite l'attention de tous les amis de leur pays. Qu'on se le dise!

Société nationale d'agriculture.

L'AMÉLIORATION DU MOUTON ALGÉRIEN

L'amélioration du mouton algérien et le reboisement de l'Algérie ne seront possibles, dit M. Decaux, que quand la transhumance sera supprimée. Ce sont les pasteurs qui, en menant leurs troupeaux sur les hauts plateaux, allument les incendies qui détruisent de si vastes étendues de bois.

L'amélioration du mouton algérien a été le sujet de nombreuses études. La première tentative est due à l'influence de Bernis, qui, sous le maréchal Randon, a déterminé la création d'une bergerie à Laghouat pour fournir des béliers améliorateurs aux troupeaux indigènes. Les souches de cette bergerie avaient été sagement empruntées à la Provence. Plus tard on introduisit des béliers de Rambouillet; l'entreprise ne réussit pas comme on l'avait espéré. La bergerie a été transportée à Beu-Chicao, elle a été peuplée de mérinos de petite taille accoutumés au climat méridional.

Il résulte de renseignements venus de Tunisie, que les croisements successifs avec les béliers mérinos de la Crau ont fait disparaître la grosse queue sur les produits de ces croisements dans plusieurs exploitations. M. Rouyer a tenté des essais de croisement avec un mérinos de Rambouillet, un bélier de la Crau et un mérinos sans cornes de la Côte-d'Or; les produits ont paru satisfaisants. D'autres éleveurs, et parmi eux M. Rimbert, sont des partisans très déterminés de l'amélioration de la race indigène par la sélection sans aucune espèce de croisement, et il voudrait qu'on apprît aux indigènes à choisir soigneusement leurs reproducteurs dans leurs troupeaux.

Aujourd'hui le croisement avec le mérinos de le Crau paraît généralement admis de préférence à la sélection. Mais comme le fait observer M. Decaux, cette amélioration du mouton élevé ainsi à l'européenne s'étend sur trois à quatre cent mille animaux; le troupeau indigène au nombre de plus de neuf millions, ne pourra être amélioré que le jour où il trouvera un fourrage lui permettant de vivre été et hiver sans transhumance. Comment obtenir ce fourrage? A la suite de nombreuses recherches, de voyages, d'excursions entreprises dans ce but, M. Decaux est convaincu qu'on peut obtenir ce fourrage en créant des forêts de tamarix, dont les brindilles serviraient à nourrir le mouton.

LE TAMARIX FOURRAGER

Cet arbre est cultivé aux Indes, en Egypte, en Perse, etc., etc. Au bout de quinze ans, il atteint 15 à 20 mètres de hauteur, 60 centimètres à 1 mètre de diamètre. Le tamarix serait planté en boutures espacées de 2 mètres les unes des autres. Au bout de la quatrième année, on traiterait en têtard tout au moins deux de ces arbres sur trois; ils seraient destinés à donner du fourrage; le troisième resterait arbre forestier et donnerait du bois d'œuvre dont on a besoin dans ces régions. Avec les brindilles de tamarix on peut nourrir au minimum deux moutons par hectare. Cet arbre vient dans les terrains salés qui occupent des millions d'hectares dans le sud de l'Algérie. Une fois plantées en tamarix, ces terres incultes acquerraient une valeur inouïe et pourraient nourrir une vingtaine de millions de moutons. Enfin la transhumance serait supprimée, et sur les hauts plateaux les reboisements pourraient facilement avoir lieu.

NOUVEAU PROCÉDÉ DE CONSERVATION
DE LA POMME DE TERRE

M. Tisserand, directeur de l'agriculture, a communiqué un travail de M. Vauchez relatif à un nouveau procédé de conservation de la pomme de terre. Cette plante laisse pour le froment qui lui succède une place excellente, un sol propre. D'autre part, l'emploi des tubercules dans l'alimentation du bétail, pour l'engraissement des porcs, des bœufs, des moutons, est important; mais la nécessité de cuire la pomme de terre avant de la donner au bétail fait qu'on utilise moins qu'on ne devrait pour l'alimentation. Il faut souvent un appareil spécial pour la cuisson. La grande difficulté dans l'emploi de la pomme de terre, c'est la conservation des tubercules.

M. Vauchez a eu l'idée ingénieuse de profiter de la chaleur dégagée par la fermentation du maïs ensilé pour obtenir la cuisson et la conservation de la pomme de terre.

Prochainement nous pourrons donner des détails précis sur la façon d'opérer cet ensilage du maïs et de la pomme de terre.

Pour le moment, l'auteur a donné les résultats de ses études sur la marche de la température dans l'ensilage.

La masse ensilée atteint une température bien suffisante pour cuire les grains de maïs et la pomme de terre. Quatre à cinq jours d'après l'ensilage, le 14 septembre, la masse ensilée présentait les températures suivantes :

A 20 cent. au-dessus de la base.	72°
A 70 — — —	71°
A 1 mètre — —	50°
A 1 m. 20 — —	45°
A 1 m. 30 — —	39°

On constatait le 16 septembre, à 20 cm. de la base, 62° et 63°; à 50 centimètres, 68°; à 1 m. 50, 66°; le 17 septembre, à 20 centimètres, 58° et 59°; dans tout le reste de la masse, 66° et 67°; le 18 septembre, 57° à la base; dans le reste de la masse, 66°; la température continue à décroître régulièrement; le 21 septembre, elle est de 48° à la base; plus haut, de 64°; le 23 septembre, de 45° à la base, de 56° dans le reste de la masse. Enfin le 3 octobre, on note 45° à la base, 48°

et 49° dans le reste de la masse. La température s'équilibre ensuite dans toute la masse ensilée. Ces observations montrent que la température la plus élevée a atteint 72°.

La fermentation fut parfaite, l'ensilage excellent. Fin mars, on ouvrit le silo : la pomme de terre avait un aspect assez spécial ; elle était déformée par suite de l'aplatissement des tubercules, mais avait conservé toute sa valeur ; ainsi la grande difficulté pour l'emploi de la pomme de terre, c'est-à-dire le moyen de la conserver était chose résolue. On présenta cet ensilage à des vaches laitières qui avaient devant elles des choux, aussitôt elles les ont laissés pour se porter sur la pomme de terre.

M. Vauchez a donc pu ainsi obtenir une conservation parfaite par la cuisson de la pomme de terre dans le maïs ensilé. De plus, par ce procédé, on peut avoir directement une ration d'engraissement parfaite en saupoudrant les matières avec du tourteau concassé lors de l'ensilage.

La composition de la pomme de terre ainsi cuite par l'ensilage avec le maïs était la suivante à la sortie du silo :

Eau. . . . . 56,32 p. 100
Matière sèche. . . 43,68 —

Cette matière sèche était elle-même ainsi composée :

Matières azotées. .   5,81 p. 100
Matières grasses. .   5,60 —
Matières solubles
   dans l'alcoool . .   0,85 —
Matières amylacées 64,63 —
Cellulose sacchari-
   fiable . . . . . .   6,59 —
Cellulose brute . .   2,94 —
Cendre. . . . . .   3,20 —

Au microscope, après cette fermentation, les cellules de la pomme de terre apparaissent déchirées ; la fécule libre, les matières azotées sont accumulées le long des parois.

M. Tisserand a fait ressortir l'importance du travail de M. Vauchez ; car nous devons chercher des débouchés nouveaux pour nos produits, non seulement à l'étranger, mais chez nous-mêmes, et nous appliquer à utiliser tous nos produits. Le Danemark exporte 120 millions de kilogrammes de beurre, et cela grâce à l'importation d'une quantité de plus en plus considérable de tourteaux, de grains pour l'alimentation du bétail, tourteaux et grains qui ont permis de mieux nourrir une quantité de plus en plus grande d'animaux. En France, il faut augmenter nos débouchés, trouver de nouveaux procédés d'utilisation des grains, des tubercules comme la pomme de terre. Déjà, l'influence de l'utilisation des grains pour l'alimentation du bétail se fait sentir. Dans le dernier rapport sur la consommation de Paris en 1895, on constate un rendement en viande de 25 kilogr., supérieur par bœuf à celui des époques précédentes. Les moutons ont donné 2 kilogr. en plus. Cette augmentation tient à un accroissement de l'emploi des grains pour l'engraissement des bœufs et des moutons.

M. Aimé Girard a insisté à son tour sur la portée des recherches de M. Vauchez. On a vu le prix de la pomme de terre tomber, ces dernières années, à 2 fr. 50 et 2 fr. 60 le quintal pour les féculeries. Cela tient à ce que, la récolte des tubercules ayant considérablement augmenté, les féculiers ont profité de l'offre de plus en plus grande qui leur était faite pour baisser les prix. Il faut donc chercher d'autres débouchés. Le vrai débouché est dans l'alimentation des 14 millions de têtes de bétail que nous avons en France. Il fallait toutefois trouver le moyen de conserver tout l'année les pommes de terre. L'expérience de M. Vauchez présente le plus grand intérêt. M. Aimé Girard se demande si, au sortir du silo, il ne serait pas facile de les faire sécher, puis de les conserver en cet état jusqu'au jour où l'on en aurait besoin. Il suffirait alors de leur rendre l'humidité suffisante pour l'alimentation. M. Aimé Girard se propose d'étudier cette question.

<hr>

La viticulture
à l'Académie des Sciences.

Sous le titre de *Brunissement des boutures de la vigne*, MM. P. Viala et L. Ravaz ont communiqué les résultats de leurs recherches sur une altération très particulière des tissus du bois de la vigne, altération due à une bactérie, qui éclaircit certains points contestés de la pathologie végétale.

Les sarments, à l'état de repos, sont envahis par une bactérie spécifique, du groupe de celle du tétanos, qui zone les tissus du bois de teintes d'un brun foncé, sans jamais pénétrer les cellules protoplasmiques de la couche génératrice ou des rayons médullaires. Cette bactérie, malgré des inoculations réitérées, n'a jamais pu être communiquée aux mêmes organes de la vigne en pleine végétation, au moment où la sève circule. Par le greffage, les mêmes échecs de transmissibilité ont été obtenus. Cela démontre que le milieu favorable au développement de ce microbe ne se retrouve que dans les sarments à l'état de repos de végétation et que le milieu interne a une influence incontestée sur son développement ; le fait est d'autant plus intéressant à noter que M. Charrin a pu rendre la même bactérie pathogène pour les animaux.

En 1895, on avait signalé des affections particulières des bois de la vigne, décrites sous le nom de *gommose bacillaire* ; les caractères des altérations déterminées dans le bois par le microbe du brunissement sont encore plus accusés que dans le cas de la *gommose bacillaire* ; et les nombreuses expériences de MM. Viala et Ravaz prouvent qu'il n'y a pas plus de maladie pathogénique dans le cas de la *gommose bacillaire* que dans celui du *brunissement*.

NÉCROLOGIE

Le frère Bertrandus.

Le frère Bertrandus, l'éminent directeur de l'école d'agriculture et d'horticulture d'Igny (Seine-et-Oise), vient de succomber à une courte maladie, à l'âge de soixante-deux ans.

Cette mort enlève à l'enseignement agricole libre un des hommes qui ont le plus contribué à ses progrès, par un savoir pratique consommé et un dévouement apostolique d'une rare fécondité.

L'orphelinat d'Igny en effet, fondé par le frère Photius, aujourd'hui octogénaire à Vaujours, est devenu sous le frère Bertrandus, une école modèle. Tous ses élèves sont généralement appréciés par leurs bons services. En outre, les nombreux succès du frère Bertrandus dans les concours généraux et régionaux, démontraient en lui un émule de nos principaux éleveurs français, et sous sa direction les élèves apprenaient la culture qui rapporte de l'argent, non la culture qui laisse des déficits et rapporte des croix et des rubans officiels.

Le frère Bertrandus, heureusement, a légué ses capacités à de dignes successeurs. L'école d'Igny vivra grâce à lui et à ses continuateurs.

<hr>

CHRONIQUE AGRICOLE

Situation. — La Saison.

Encore une semaine lamentable pour l'agriculture. A part quelques rares localités qui ont été visitées par des orages accompagnés d'abondantes, bien qu'insuffisantes ondées, la terrible sécheresse qui désole nos campagnes poursuit ses rigueurs impitoyables sur toutes les régions et à l'heure présente, rien n'annonce un changement de temps. Le seul changement à noter depuis trois jours, c'est que le vent desséchant du Nord a cessé de souffler et que la température est plus élevée.

Température excellente si les terres étaient abreuvées, mais température désastreuse dans leur état actuel après trois mois de sécheresse.

La disette d'eau sévit non seulement sur les plantes, mais aussi sur les animaux. Dans de nombreuses contrées, les réservoirs sont à sec, l'eau manque pour abreuver les bestiaux.

Grand saint Médard, ne nous oubliez pas le 9 juin courant ; jamais votre privilège si redouté dans les années ordinaires ne fut plus désirable pour nos campagnes !

Dans la dernière séance de la Société nationale d'agriculture, mercredi 27 mai, on a donné les informations suivantes sur la situation des récoltes dans les diverses régions du sol.

Aux environs de Paris, d'après M. Tétard, les blés sont très beaux ; les avoines sont encore intactes dans les bonnes terres, les betteraves commencent à souffrir sans être compromises.

Dans l'Est, dit M. Gréa, les blés sont irréguliers, les avoines en retard, les prairies ont beaucoup souffert.

En Vendée, le Marais a une pauvre récolte de foins. Les céréales résistent bien dans les sols profonds. Les vignes sont en très bonne voie en Vendée, dans la Loire-Inférieure et dans la Gironde.

M. André dit qu'en Champagne les vignes sont très belles, de même en Touraine, dans Saône-et-Loire. Dans ce département, le mildiou a été combattu avec la célérité recommandée. Les grappes promettent un bon produit.

Dans le Midi, M. Viala dit que les vignes ont beaucoup souffert, les grands vents ont desséché beaucoup de fleurs. Le black rot a fait son apparition. On a trop tardé encore une fois pour la première pulvérisation. On ne compte que sur des demi-récoltes dans tout le Sud-Ouest.

P.-S. — Enfin la période de courants aériens Nord et Nord-Est qui régnaient depuis deux mois avec pression barométrique élevée, repoussant de nos régions les cyclones de l'océan Atlantique, paraît terminée. Les vents sont passés, Sud ou Sud-Ouest, et tout fait espérer que la pluie chaude va s'étendre sur toute la France.

Nous recevons de Saint-Césaire (Gard) la note suivante :

Notre région qu'on a justement appelée « le pays de la soif » n'avait été, de mémoire d'homme, désolée par une sécheresse aussi intense que celle qui sévit cette année.

Nous n'avons pas eu une goutte de pluie de tout l'hiver et de tout le printemps ; mais un vent perpétuel soufflant jour et nuit avec une violence inouïe, et qui aurait bien vite séché la pluie si elle était tombée.

Les fourrages ont tout à fait manqué, les blés dans les terrains de 2ᵉ et même de 3ᵉ classe sèchent sur pied, et on les fauche comme fourrage pour ne pas les laisser entièrement perdre ; dans les terrains de 1ʳᵉ classe ils commencent à beaucoup souffrir.

La vigne commence bientôt à souffrir, quoique très belle jusqu'ici, et les greffes poussent très irrégulièrement. Les oliviers ne fleurissent pas.

La sériciculture, que les primes devaient sauver, et qui agonise plus que jamais sous la concurrence étrangère, verra sa provision de feuilles de mûrier réduite de plus de moitié, et une partie des élevages devra être sacrifiée, pour pouvoir nourrir le restant.

Il nous tarde de voir si, devant une pareille calamité, nos législateurs à leur rentrée, selon leur habitude, continueront à ne songer qu'au canal de Marseille au Rhône, au lieu de s'occuper de couvrir la France de canaux d'irrigation comme ils l'ont couvert de chemins de fer, mettant ainsi la charrue avant les bœufs.

Nos pères disaient : *labourage et pasturage sont les mamelles de l'État*. Nous disons aujourd'hui : *Agiotage et transportage sont les mamelles de l'État*.

C'est en vertu de cette maxime nouvelle et progressiste que tous nos grands travaux publics ont en vue l'intérêt de la spéculation et de l'industrie des transports.

EUG. DE MASQUARD.

P. S. J'oubliais comme tout le monde qu'il y a un projet de canaux à dériver du Rhône qui dort dans les cartons du Sénat.

La sécheresse calamiteuse continue avec le même abaissement thermométrique et vent impétueux. Les jeunes graines de foins pour l'année prochaine, sont également brûlées par les rayons d'un soleil ardent. Nouvelle pertes fourragères alors sur lesquelles il faut compter sans recours avant 1897. A notre printemps actuel on croirait qu'il y a deux lunes rousses ? Les marsages languissent encore faute d'eau.

Les tempêtes empêchent la fécondation du seigle et partant sa grenaison se stérilise.

BABLOT-MAITRE

CONSEILS PRATIQUES

Le trèfle incarnat, son roulage, son pâturage, sa consommation en vert et en sec. — Salaison des foins. — Moha vert de Californie.

Les animaux carnivores trouvent la matière de leurs os dans les herbivores, ceux-ci dans les végétaux et ceux-ci dans la terre. Une divine harmonie unit les trois règnes de la nature.

C'est en ces termes heureux qu'un écrivain agricole établissait naguère la suprématie sur toutes autres cultures de la culture fourragère. Le pain, la viande et tous les produits animaux, en effet, ne dérivent-ils pas de là, comme de leur source naturelle? C'est donc avec infiniment de raison que nos maîtres en agronomie regardent les fourrages comme la *pierre angulaire* d'une agriculture progressive.

Malheureusement, la sécheresse persistante que nous subissons en ce moment, va réduire de près de moitié, cette année, le rendement des prairies naturelles, voire de l'incarnat, cette providence des terrains siliceux.

La sécheresse de septembre 1895 en a grillé une notable partie, mais là seulement, hâtons-nous de le dire, où l'on a omis de passer — tutélaire précaution — sur le jeune semis le rouleau uni de pierre ou de fonte. Outre qu'il donne de la fraîcheur au sol, le roulage de l'incarnat facilite d'ailleurs énormément la régularité du fauchage.

Que ne le roule-t-on partout? C'est là une dépense intelligente s'il en fut, qui ne va pas à plus de 5 à 6 francs à l'hectare.

Pâturage de l'incarnat. — Partout où l'on ensemencera, dans la première quinzaine d'août, un huitième environ des terres arables en bourre d'incarnat, on aura chance de jouir, dès le 10 ou 15 avril suivant, d'un précieux pâturage que l'on calculera à raison de 12 à 15 têtes de bétail à l'hectare, suivant grosseur. Si ce bétail a quelque peu souffert, — cela ne se voit, hélas ! que trop souvent ! — d'un *jeûne* hivernal forcé, bientôt, selon l'expression de Jacques Bujault, on le verra *fleurir*, et comme l'incarnat pâturé de bonne heure, repousse sans cesse sous la dent du bétail, après trois à quatre semaines de pâturage, on laissera monter en graine une partie du champ et l'on fumera le reste pour l'ensemencer de pommes de terre, maïs, rutabagas ou moha de Californie.

Consommation en vert à l'étable. — Trois ou quatre semaines après la mise au pâturage, sur l'incarnat, des vaches laitières et du jeune bétail (soit vers le 5 mai) et pendant *trente-cinq* à quarante jours consécutifs, s'opérera le fauchage en vert pour l'étable. Donnez à gogo ; avec l'incarnat la météorisation est peu à craindre et si la litière ne manque pas (ce qu'à Dieu ne plaise !) on obtiendra en peu de temps des masses considérables d'excellent fumier.

Foin d'incarnat. — En année pluvieuse, il arrivera fréquemment d'en manquer la dessiccation ; mais comme le foin est d'ailleurs abondant, en ces années-là, il n'y a que demi-mal, et l'incarnat détérioré par les pluies fera encore de la très bonne litière.

Si, au contraire, l'année est sèche, moyennant la précaution de le couper avant la floraison complète de ses beaux épis, et de le rentrer *aux trois quarts sec*, puis de le saler couche par couche sur le feuil, à raison de 15 à 20 kilos par 1.000, on en obtiendra d'excellent foin.

Pour cela faire, lors du déchargement des voitures, sur chaque couche de 50 à 60 centimètres d'épaisseur, jetez à pleines poignées du sel dénaturé aux tourteaux (c'est le meilleur) que l'on trouve partout au prix de 5 à 6 francs les 100 kilos. Sous l'effet du tassement, il se dégage de la masse fourragère une chaleur humide qui dissout le sel et le sel a, comme on sait, la propriété de conserver le foin, d'en empêcher la moisissure, tout en augmentant la digestibilité.

Cette méthode de conservation de l'incarnat est autrement économique de main-d'œuvre — on peut m'en croire et honni soit qui mal y pense — que celle qui consiste à l'*ensiloter* vert et à le priver d'air à l'aide d'une charge qui varie de 4 à 500 kilos par mètre carré.

Salaison des foins en général. — Il est avantageux de saler les foins, même bien secs, partout où ils ne sont pas de première qualité, à raison de 1 kilo de sel pour 100 kilos de foin. Ailleurs, on se contentera de saler celui auquel il manque quelques heures de soleil et que, par crainte de mauvais temps et par économie de main-d'œuvre, on a cru devoir rentrer insuffi~amment sec. *Le temps c'est de l'argent* : vous avez sagement fait de rentrer sec aux trois quarts seulement un foin qui, sans cela, eût péri sur le pré sous l'effet de quatre à cinq jours de pluie.

Dieu est pour les avancés, a dit M. Decrombecque, et malheur à l'agriculteur indolent qui, en juin et juillet, ne mettra pas à la rentree de ses foins et de ses gerbes toute la célérité que lui permettra un personnel d'ailleurs suffisant : il marche à grands pas vers sa ruine.

La salaison des fourrages nous permet d'être un peu moins exigeants sur leur dessiccation; profitons donc, la saison venue, des avantageuses dispositions du décret du 8 novembre 1869, sur l'exemption d'impôt des sels dénaturés, affectant, d'ailleurs, une plus grande étendue de notre champ au précieux incarnat, et nous échapperons aux *disettes fourragères*, une cause de ruine ajoutée à tant d'autres qu'il ne me convient pas d'énumérer ici. C'est à M. le baron de Tavernost que nous devons l'introduction en Bresse, vers 1825, de cette précieuse légumineuse.

Moha vert de Californie. — Les cultivateurs, et ils sont nombreux cette année, que menace la disette de foin sec, feront sagement de semer le précieux millet denommé *Moha vert de Californie.* Les semis peuvent durer tout le mois de juin et sa panicule mûrira en perfection. On en assurera la réussite à l'aide des précautions suivantes : Fumez copieusement, car il effrite beaucoup le sol, hersez, roulez, puis semez et hersez. Il rend facilement, grâce à son abondant feuillage qui ne se brise jamais, 5 à 6.000 kilos de foin sec à l'hectare. Sa dessiccation s'opère facilement en trois jours et toute espèce de bétail le mange avec avidité. Quantité de semence : 20 à 25 kilos à l'hectare. Prix : 55 centimes le kilo, chez tous les marchands-grainiers.

PIERRE BERTHELON.

Chaneins (Ain), le 24 mai 1896.

Le black rot en 1896.

Nous apprenons avec peine que le terrible black rot, qui fit de si cruels ravages l'an dernier dans les vignes du sud-ouest et de l'Hérault, les envahit encore cette année. De plus il a fait son apparition dans les vignes du Beaujolais

et du Mâconnais. Encore un coup de vent et il envahira la Côte-d'Or, puis la Champagne.

M. Perraud, professeur de viticulture à Villefranche, écrit qu'il a reconnu le fléau aux taches des feuilles, le 26 mai. Quelques viticulteurs seulement ont traité préventivement leurs vignes. D'autres, malheureusement, ont trop tardé. Les premiers seulement sauveront leur récolte; mais l'incurie des autres n'est pas seulement calamiteuse pour eux seuls. Le fléau se développera dans le pays et envahira les vignes voisines l'an prochain.

Les traitements sur les feuilles tachées sont-ils totalement inutiles? Peut-on au moins alors sauver les raisins par une application préventive? Cela n'est pas probable.

Nous attendons sur ces points les renseignements que nous promettent les praticiens qui font autorité.

Traitement préventif de l'oïdium.

Un viticulteur de l'Anjou, M. Gellin, a fait sur quelques treilles une expérience qui, si elle est confirmée par des résultats identiques obtenus en grand, rendra les plus grands services à la viticulture; il s'agit d'un traitement à la fois curatif et préventif contre l'oïdium, ce champignon dont les dégâts sont fort importants et que l'on combat une fois développé avec plus ou moins de succès par les traitements à base de soufre. Le procédé employé par M. Gellin consiste à badigeonner après la taille, lorsque les bourgeons de la vigne sont déjà un peu gonflés, le bois neuf laissé par la taille ainsi que les bourgeons que ce bois porte, avec un mélange d'eau et d'acide sulfurique variant de 1 volume d'acide sulfurique pour 4 à 10 d'eau. On n'est pas encore bien fixé sur la dose la meilleure; M. Gellin, avec un mélange à 1 d'acide sulfurique en volume pour 2 d'eau, soit poids pour poids à peu près, a bien réussi sans que la causticité de ce mélange détruisît les bourgeons déjà gonflés, mais il y a de ce côté un danger possible. Le résultat immédiat fut que toutes les treilles badigeonnées perdirent leur teinte noirâtre pour revêtir la couleur jaune chamois de vigne bien portante; elles se développèrent normalement sans que les bourgeons ainsi badigeonnés — même avec le mélange d'acide sulfurique 1/2 — aient subi d'arrêt ou de retard et les vignes ainsi traitées restèrent parfaitement indemnes de l'oïdium alors que leurs voisines en étaient atteintes.

La reconstitution des vignobles dans les Landes.

Le département des Landes est depuis plusieurs années déjà très éprouvé par le phylloxéra, surtout dans la partie voisine du Gers. La reconstitution ne fait que commencer et les viticulteurs

ne savent à quel plant américain avoir recours. *M. Viala* dans une conférence récente à Mont-de-Marsan, recommande : 1° dans les terrains argilo-siliceux et silico-argileux assez fertiles ni trop compacts, ni trop humides et dans les sols meubles profonds et riches, le Riparia (R. Gloire de Montpellier et Grand Glabre) qui se comportera en porte-greffes parfait; — 2° dans les terrains maigres et compacts que les racines grêles et fragiles du Riparia ne pourraient pénétrer, le Rupestris du Lot très vigoureux à système radiculaire robuste qui s'allie et se soude parfaitement au Piquebouls; — 3° dans les terrains les plus fertiles, formés de graviers et de cailloux roulés siliceux, le Rupestris Martin, plus résistant à la sécheresse que le Rupestris du Lot; — 4° dans les sables très fins, analogues à ceux d'Aigues-Mortes, le Rupestris dans les couches maigres et sèches, le Solonis dans les couches humides et salées.

Les équivalents nutritifs.

En vue de la disette fourragère que vont subir les éleveurs de bestiaux, le ministère de l'agriculture a publié dans sa *feuille d'informations*, un tableau dit des équivalents nutritifs signalés comme tels, par les chimistes agricoles les plus autorisés en France et à l'étranger (Wolff en Allemagne, Petermann en Belgique, et aussi en Angleterre, etc.)

Ce tableau est un barème d'une utilité pratique incontestable, en ce qu'il indique quelle est la quantité de tout aliment autre que le foin, pouvant le remplacer en donnant la même quantité de matière protéique ou azotée.

Aussi voici les équivalents à cet égard de 100 kilos de bon foin : Paille d'été, 170 kilos; céréales d'hiver, 237; paille de trèfle, luzerne, sainfoin, etc., 149 (hachées et amollies par fermentation); paille de colza 150; balles d'avoine, 150; balles de blé, 180; feuilles fraiches d'arbres, 150; mêmes feuilles séchées après avoir été cueillies vertes, 80; feuilles de pins vertes, 275.

Pommes de terre, 145 kilos.

Betteraves, 300.

Graines. Avoine, 58; orge, 48; maïs, 43; seigle, 43; blé, 43; féveroles, 46; pois, 45; son de blé, 52.

Tourteaux. Coprah, 48; lin, 43; œillette, 48; palme, 44; colza, 51; sésame, 43; arachides, 43.

Il faut noter que ces chiffres n'ont point et ne peuvent avoir une valeur absolue. On les a relevés sur des matières en très bon état, mais les matières représentent des différences considérables de qualité, suivant les conditions dans lesquelles elles ont été produites et récoltées ou magasinées. On n'oubliera pas la nécessité de tenir compte de ces conditions.

Enfin il faut dire aussi que les propriétés nutritives ont à compter avec les propriétés digestives en matière d'alimentation, la digestion est ce qui décide de l'effet de la nutrition. Il faut consulter l'appétit des animaux, d'où l'utilité des excitants de fermentation sucrée et alcoolique, tous facteurs d'une bonne digestion.

La satiété est un inconvénient antidigestif, la variété est au contraire un stimulant à utiliser. La sagacité des bons éleveurs leur enseigne ces choses qu'on ne peut décrire dans un barème d'équivalents.

Enfin n'oublions pas qu'il y a des bêtes de races d'élite à la fois grosses mangeuses et fines mangeuses auxquelles il faut pour prospérer, suivant l'expression de Baudement, « le repos au sein de l'abondance ». A celles-là on se gardera bien de donner de mauvaises nourritures comme les feuilles.

La maladie
du blanc du topinambour.

Parmi toutes les plantes agricoles, le topinambour était cité comme la plus résistante aux maladies parasitaires; nombre d'excellents traités d'agriculture affirment même qu'il en est complètement indemne.

D'où provient cette excellente réputation — usurpée, hélas? Avait-on insuffisamment étudié le topinambour, ou bien a-t-il dégénéré sous l'influence de la culture, comme notre vieille vigne française, jadis si saine, si robuste, et maintenant en proie à tant et tant de maladies cryptogamiques? Quoi qu'il en soit, M. Marchal a pu observer récemment sur les topinambours cultivés dans le jardin de l'Institut agricole de l'Etat belge à Gembloux, une maladie produite par un champignon ascomycète, le *Sclerotina sclerotiorum* (Lib.).

Voici le signalement de cette maladie, qui classe dorénavant le topinambour parmi le commun des martyrs.

L'affection se déclare au milieu de l'été (juillet) alors que les topinambours sont arrivés à leur complet développement foliacé et que commence l'accumulation des réserves nutritives dans les tubercules. Des gazonnements blancs apparaissent vers le collet, puis s'étendent rapidement le long de la tige qu'ils peuvent recouvrir jusqu'à une hauteur de 50 à 60 centimètres. Dans ce mycelium prennent bientôt naissance des corps d'abord grisâtres, puis noirs, de formes variées, et atteignant au plus la grosseur d'une fève; ce sont les sclérotes, organes reproducteurs formés de filaments mycéliens pelotonnés.

Ainsi attaqué, le topinambour se flétrit rapidement et meurt dans sa partie aérienne; la production des tubercules devient presque nulle. Les tiges mortes sectionnées se montrent farcies d'un grand nombre de sclérotes développés dans la moelle; ceux-ci constituent les agents de conservation de l'espèce, car, détachés des tiges flétries, ils tombent sur le sol et s'y conservent jusqu'au printemps suivant, où ils fructifient sous forme de spore. Grâce à la qualité (?) de ce champignon d'être parasite facultatif, c'est-à-dire à la fois saprophyte (pouvant se nourrir des débris organiques) et parasite (vivant aux dépens des êtres vivants), la présence dans le sol d'une grande quantité d'humus augmente, par suite, on le comprend, la gravité de cette maladie, puisqu'elle permet au parasite de vivre en attendant le retour de la végétation des topinambours. M. Marchal a observé, du reste, que dans la parcelle affectée, les individus malades étaient localisés dans une étroite zone confinant à un ancien tas de fumier; partout ailleurs, les topinambours étaient absolument indemnes.

Pour faire disparaître la maladie du blanc, il convient donc : 1° d'arracher et de brûler tous les pieds atteints; 2° de s'abstenir de fumures organiques en n'employant pour enrichir le sol que des engrais minéraux; 3° dans les terres très riches en humus de diminuer cette richesse par une application modérée de chaux.

Ces soins s'imposent d'autant plus qu'il pourrait bien se faire que le *Sclerotina sclerotiorum* soit dangereux pour la pomme de terre, puisque M. Marchal a réussi à le cultiver sur des fragments de pommes de terre où il a crû abondamment en produisant de nombreux sclérotes reproducteurs.

C. CRÉPEAUX.

Plantes fourragères d'été.

Quelques cultivateurs, décidés à semer pour la première fois les plantes fourragères d'été, moha, alpiste, millet, maïs surtout, demandent quels sont les terrains convenables pour chacune de ces plantes.

La réponse est que ces plantes, comme toutes les graminées, s'accommodent de tous les terrains où poussent les céréales et les légumineuses et que les récoltes dépendent de la richesse de ces terrains et de leur état de fumure.

Pour les maïs qui sont aussi dans ce cas, leurs rendements dépendent de leur provision d'acide phosphorique et d'engrais azoté. Enfin il ne faut pas négliger les binages au moins un, lorsque le plant atteint une hauteur de 6 à 7 centimètres.

Le maïs surtout gagne à être semé en lignes à raison de ses binages. Les petites graines comme celles des millets, mohas, n'exigent que 20 kilos par hectare.

Le sarrasin. — Quoique le sarrasin soit de médiocre valeur comme fourrage, on le mélange dans la proportion d'un huitième aux autres plantes, afin que sa haute ramure leur serve d'ombrelle contre les ardeurs de l'été. C'est du moins la raison invoquée par les cultivateurs qui pratiquent ce procédé.

La tourbe et la craie.

Il y a en France de vastes étendues stérilisées, les unes par des tourbières, les autres par des bancs de craie.

Il est pourtant un moyen certain de mettre en bon état de culture un terrain tourbeux, c'est de l'amender avec de la chaux, et de même un moyen de fertiliser un sol sec et crayeux, c'est de l'amender par un apport de tourbe.

La tourbe, en effet, contient en abondance ce qui manque aux sols calcaires, les matières organiques; celles-ci deviennent des matières fertilisantes lorsque la chaux les a désagrégées. Donc, partout où les deux matières, la tourbe et la chaux ou le calcaire, peuvent être réunies sans frais énormes de transport on est assuré, en les mélangeant, de faire une bonne opération, c'est-à-dire de transformer un sol stérile en une terre de haute fertilité.

Culture des asperges.

Voulez-vous obtenir des asperges abondantes et surtout très précoces? D'après un cultivateur champenois vous y réussirez à coup sûr si vous placez au fond de vos planches une couche de *balayures et débris de coton*, matière d'un prix insignifiant qu'on trouve dans toutes les filatures de coton. Le succès de ce procédé est dû, probablement, à l'aération produite au fond des planches par ces matières cotonneuses et on en conclut qu'une couche de déchets de laine aurait chance de produire le même effet.

Nous reproduisons le procédé, bien entendu, mais nous en laissons la responsabilité à ses premiers révélateurs.

RECETTES

L'affûtage des faux et des outils tranchants. — On nous assure qu'un moyen de durcir le tranchant des faux et des outils tranchants, consiste à les imbiber d'une solution d'acide sulfurique à 10 0/0, et à imbiber de la même solution les pierres qui servent à les affûter.

On signale aussi un mélange de glycérine et d'alcool. Ce moyen a l'avantage d'éviter l'encrassement de la pierre, 3 gr. pour 1 d'alcool.

DROIT RURAL

QUESTION DE CHASSE. — Le consentement du propriétaire qui est nécessaire pour chasser sur le terrain d'autrui, peut être tacite et résulter seulement des faits et de l'usage. (Tribunal de Saint-Gaudens, 28 novembre 1895.)

OFFRES ET DEMANDES

Ferme de l'Institut Agricole de Beauvais. — A VENDRE :

1° Très bon bélier *charmois* en état de faire la lutte.

2° Œufs, poulettes et coqs des races : La Flèche, Dorkins, Leghorn, Campine et Padoue Doré, Langshan, Gournay, Coucou de Malines, Houdan, Cochinchinoise fauve, Brahmapoutra, canards de Rouen.

RED-CAP

Œufs à couver de cette excellente race de poule, réputée la plus jolie et la plus forte pondeuse, garantis race pure frais et fécondés, 5 fr. la douzaine franco de port et d'emballage. S'adresser à **Calixte Dany**, Althen-les-Paluds (Vaucluse).

Important : J'invite les personnes qui veulent bien me confier leurs ordres de toujours y joindre un mandat, les remboursements n'étant bénéficiables qu'aux Compagnies.

Toujours donner le nom de la gare à laquelle il faut adresser les envois.

M. POUZIN offre de *jolis racines* de son plant de vigne à la seule condition pour les demandeurs de lui tenir compte d'une partie de la récolte d'une année. — Contre 0 fr.25 il expédie son *Guide* pour la culture de cette variété.

Écrire à M. Pouzin Emile, à Saint-Paul-les-Romans, Drôme.

JEUNE HOMME de 19 ans, manquant un peu d'expérience, demande une place de charretier dans une exploitation agricole bien tenue. Demande peu ou point de gages au début.

S'adresser au bureau du journal.

Huiles d'olive garanties pures et sans mélange venant directement de la propriété.

Au prix de 1,80, — 1,60, — 1,50 le kilog. suivant qualité.

Gare départ, paiement contre remboursement. S'adresser à M. Edouard Laurin, propriétaire à Saint-Chamas (Bouches-du-Rhône).

GRAND CRU MENARDIERE. Cidre normand pur jus, 15 fr. l'hecto non logé.

Eau-de-vie de cidre garantie pure : 3 fr. le litre.

Sassier, propriétaire. La Colombe (Manche)

Agriculteur, ancien régisseur de grandes propriétés, demande direction d'un domaine en France ou colonies. Excellentes références.

Ancien Industriel ayant possédé usine importante, fait valo plusieurs Fermes et Bois de haute futaie, dé ire se placer comme intendant-régisseur. Nous recommandons spécialement cette personne qui a de grandes connaissances techniques à possesseur de grand domaine. Écrire au bureau du journal.

Purificateur d'air pour tonneaux, l'un 4 50 franco gare.

Moyennant un supplément de 0 fr. 40, nous joindrons à l'envoi une mèche à percer de calibre et moyennant 0 fr. 10 en plus, une mèche soufrée.

COURS DES BESTIAUX

Marché de la Villette du 1ᵉʳ juin 1896.

PRIX DE LA VIANDE NETTE

	1re qualité	2e qualité	3e qualité
Bœufs	1.44	1.34	1.24
Vaches	1.42	1.32	1.22
Taureaux	1.20	1.10	1.00
Veaux	1 86	1.65	1.26
Moutons	1 9?	1.80	1.70
Porcs	1.10	1.04	0.92

ESPÈCES	AMENÉS	VENDUS	PRIX EXTRÊME viande net	PRIX EXTRÊME poids vif
Bœufs	2.568	1.074	1.24 à 1 44	58 » 90
Vaches	716	701	1.22 1.42	53 » 80
Taureaux	234	839	1 00 1.20	46 » 72
Veaux	1.579	1.143	1.26 1.86	61 1.20
Moutons	18 625	15.875	1.74 1.92	75 1.20
Porcs	3.590	3.544	» 92 1.10	60 » 70

Vente très difficile.

Marché de la Villette du 4 Juin 1896.

PRIX DE LA VIANDE NETTE AU KILOGR.

	1re qualité	2e qualité	3e qualité	Prix extrême
Bœufs	1.48	1.40	1.30	1.25 à 1.50
Vaches	1.42	1.30	1.20	1 16 1 45
Taureaux	1 23	1.14	0.96	0 9? 1.26
Veaux	1.8?	1.66	1.56	1.35 1 90
Moutons	1.88	1.78	1.66	1.64 1.95
Porcs	1.00	0.90	0.82	0.80 1.04

ESPÈCES	AMENÉS	RENVOI	OBSERVATIONS
Bœufs	1.542	1.213	Vente mauvaise partout.
Vaches	408	365	
Taureaux	241	195	
Veaux	2.039	1 215	
Moutons	13.456	9 856	
Porcs	6.600	6.219	

PRIX DE LA LIVRE AU POIDS VIF

	1re qualité	2e qualité	3e qualité	Prix extrême
Bœufs	0.68	0.?8	0.48	0 45 à 0.72
Vaches	0.62	0.52	0 42	0.4? 0.66
Taureaux	0.52	0.41	0.40	0.37 0.58
Veaux	0.82	0.70	0.60	0.55 1.86
Moutons	0.88	0.75	0.6?	0.60 1.94
Porcs	0.35	0 30	0.26	0.24 0.38

Prix par races au kilog de viande nette.

	Bœufs	Vaches
Normands	1.40 à 1.48	140 à 1.45
Limousins	1.40 à 1.84	138 à 1.44
Choletais	1.40 à 1.46	130 à 1 38
Bourbonnais	1.38 à 1.45	— à —
Berrichons	1.40 à 1.47	— à —
Bretons	— à —	— à —
Étranger	1.36 à 1.42	— à —

Ces prix s'entendent pour la première qualité, la seconde vaut environ 8 0/0 de moins et la troisième environ 16 0/0 de moins que la première.

CORRESPONDANCE

AVIS TRÈS IMPORTANT

Quelques abonnés se plaignent de ne plus recevoir la *Gazette*. Or, il se trouve qu'après vérification faite sur nos registres, leur journal nous a été retourné plusieurs fois de suite par la poste, avec la mention *refusé*. Pour éviter pareilles erreurs et nous permettre de les réparer nous prions instamment nos lecteurs : 1° de nous signaler toutes les irrégularités, 2° de nous aviser par une carte postale quand ils désirent cesser leur abonnement, et, dans ce cas, ils rendront service à la cause que nous servons en nous donnant le motif de leur décision

M. G. de F., à A. (Orne). — Les terrains calcaires particulièrement, conviennent très bien au *Lathyrus sylvestris*. Il pousse parfaitement de racines et se repeuple dans un terrain bouleversé par les sangliers, c'est un excellent couvert pour abriter les perdreaux, et le gibier en général. Pour connaître le nom du Président ou du Secrétaire de l'exposition de raisins qui doit avoir lieu à Montpellier, adressez-vous au secrétariat de la Mairie. Cette exposition sans précédent promet d'être très intéressante pour la viticulture et l'horticulture.

M. L. P. Y., à L. (Morbihan). — Le meilleur procédé pour faire dissoudre la chaux avant de l'employer comme engrais, c'est de la déposer par petits tas sur la pièce de terre (à 7 à 8 mètres de distance les uns des autres) ; le contact de l'air atmosphérique a bientôt fait de déliter la chaux qui devient comme des cendres, alors on l'étend à la pelle.

En chaulant votre terre, il faut appliquer en même temps une bonne demi-fumure de fumier de ferme.

M. B., à St-F., par N. (Deux-Sèvres). — Votre engrais a été vendu et fourni par la même maison de Paris, c'est absolument le même dosage et la même valeur des éléments qui compose cet engrais. Comme le paiement a lieu (fin décembre) vous aurez à payer l'intérêt de l'argent plus, une commission au courtier vendeur, qui est de 2 à 3 francs par 100 kilos. Les chiffres que nous avons donnée dernièrement pour la valeur des éléments composant cet engrais sont parfaitement exacts.

M. D., à C. (Loire). — Les courtilières sont, en effet des insectes fort dangereux et nuisibles. Pour les détruire, nous vous conseillons le moyen suivant : Verser dans les trous un mélange d'eau et d'insecticide *Desgouttes*.

En en versant aussi dans les galeries des courtilières, ceux des insectes qui sont atteints périssent, les autres s'éloignent ; il est utile, pour s'en débarrasser complètement, de renouveler l'opération plusieurs fois.

Ferme de R. (Oise). — Dans une exploitation agricole pour retrouver l'intérêt de son argent, le capital terres, doit être compté comme le capital bestiaux et instruments oratoires.

Ajouter également les frais d'exploitation.

D'après ces règles et conditions, une propriété qui rapporte 2 à 2 1/2 0/0 est bien gérée. Pour louer votre ferme, afin que le fermier puisse faire ses affaires et bien vous payer, vous ne pouvez louer plus de 40 fr. de l'hectare.

M. Ch. M., à C. par C. (Nièvre). — Pour votre pré qui est envahi par *le ver blanc*, il n'y a qu'un seul moyen utile et pratique, c'est d'employer l'*Insecticide Desgouttes* en arrosages ; on emploie un kilo d'insecticide par 25 litres d'eau. Ce produit se livre par boîtes de 5 et 10 kilos. Vous pouvez en essayer et nous pensons que vous aurez toute satisfaction.

PRIMES A NOS ABONNÉS

Délicieux **Vin Muscat Vieux** tonique et réconfortant venant directement de la propriété, garanti authentique, offert en prime à nos abonnés à raison de 1 fr. 25 le litre logé en fûts de 25 à 35 litres. Fûts perdus.

Adresser les commandes au Bureau du Journal 10 *bis*, rue Piccini, Paris.

Si vous voulez boire du bon vin de Saint-Emilion, adressez-vous à M. **Duplessis-Fourcaud**, au château des Trois-Moulins, à SAINT-EMILION (Gironde).

(Voir le prix courant.)

Porte-pantalon hygiénique, *breveté S. G. D. G.* de *P.-B. Noël*. Prix de faveur pour nos lecteurs. Pour hommes, jeunes gens et enfants de dix ans franco 4 fr. ; pour femmes et fillettes, 4 fr. 50

Toute commande doit être strictement accompagné d'un mandat-poste représentant la valeur de l'expédition.

BONDE le cent, 25 fr., les cinquante 13 fr. les vingt-cinq 7 fr. Au-dessous de 25 bondes fr. 30. Le tout franco de port.

Indiquer le diamètre de chaque bonde.

Cette bonde offre les avantages suivants : Préserve les fûts de tout accident en cou de route, même s'ils contiennent des liquide en fermentation. Évite toute perte de liquid pendant le transport.

Munie de sa plaque, cette bonde est inviolable.

elle empêche l'entrée de l'air dans les fûts
tout en permettant la sortie des gaz en excès.
Adresser les demandes accompagnées d'un
mandat à la *Gazette*, 10 bis, rue Piccini, Paris.

Vélocipèdes. — Pour répondre aux désirs
maintes fois exprimés par nos lecteurs, nous
nous sommes livrés à de sérieuses recherches.
Nous avons visité les principales usines et pris
l'avis d'amateurs de cet instrument. Nous
sommes aujourd'hui en mesure de procurer à
nos lecteurs, à titre de prime exceptionnelle
les machines parfaites à tous égards provenant d'un des meilleurs fabricants.

La plus vaste Manufacture du Monde

Nos abonnés auront droit à une remise de
50 0/0 sur les prix du catalogue de cette
maison.

Nous ne disposons que d'un très petit nombre d'instruments dans ces conditions.

Le Gérant : E. Gambart.

IMP. NOIZETTE ET Cie, 8, RUE CAMPAGNE-1re, PARIS.

Le moment favorable au transport des vins
étant revenu, nous rappelons à nos lecteurs
que tous ceux d'entre eux qui, sur nos conseils, et depuis cinq ans, consomment les vins
de M. Vincent Ardura, vigneron, domaine de
la Chapelle-Frédignac, par Blaye-Bordeaux
n'ont qu'à se louer de la qualité et de la conservation de ce Bordeaux absolument naturel,
expédié sans intermédiaire.

Pour dégustation sérieuse, envoi gratuit est
fait d'une bouteille de la récolte désignée.

L'encaissement est fait par le facteur, à
30 jours, escompte 2 0/0, ou 90 jours.

Vendanges : 1893, à 130 fr., 1892-91, à 150 fr.;
1890-89, à 175 fr., 1887, à 200 fr., 1885, à 220 fr.,
1884 ,à 240 fr., 1882, à 250 fr., 1881, à 300 fr. —
Graves blancs vieux : 130, 150, 200, 250, 300 fr.,
suivant âge, les 225 litres collés, soutirés,
franco de port et de fût en gare d'arrivée.

FROMENTINE

Marque déposée B. S.G.D.G.

*Produit pour l'alimentation économique,
saine et rationnelle du bétail, provenant
en grande partie des issues de la mouture de blé.*

DIVERSES MARQUES

Demander celle en raison du but
poursuivi

Marque A pour l'engraissement égal
à celui du tourteau de lin, le remplacement de l'avoine, production
d'un lait de qualité supérieure.
Marque B pour le bon entretien du
bétail.
Marque J développement rapide des
jeunes bêtes.
Marque L surproduction du lait.
Marque E engraissement rapide.

Ecrire à M. Armand MILLOT
Moulins Saint-Martin
Saint-Quentin (Aisne).

ASPERGE GÉANTE

ROYALE DE FRANCE
(RACE D'ARGENTEUIL PERFECTIONNÉE)

Demander la *Méthode de Culture* et prix courant
(gratis et franco), à M. WILLIAM FOURCINE,
directeur des pépinières royales de Dreux (Eure-et-
Loir). Médailles et diplômes de première classe.

Etudes de Me Roger, avoué à Beauvais, et
de Me Delorme, notaire au même lieu.

Licitation CŒUILLET

A VENDRE

1ent Le Samedi 13 Juin 1896

A MIDI

*En l'audience des criées, au Palais de Justice
de Beauvais*

1° Une grande **MAISON** à Beauvais, rue Gambetta,
n° 32. Loyer : 2.500 fr. Mise
à prix : 30,000 fr.

2° Une **PROPRIÉTÉ** sise à Marissel près
de l'Eglise. Mise à
prix : 18,000 fr.

3° Une **FE ME** sise à Longavesne-Escames,
contenant environ 18 hectares,
Loyer : 1,070 fr. Mise à prix : 18,000 fr.

4° Une **MAISON** au même lieu. Mise à prix :
500 fr.

5° Un **PRÉ** à Escames, lieudit les Prairies
d'Escames. Mise à prix : 500 fr.

6° Le **BOIS DE LA HAIE HEUDIER**
sis à Ernemont-Boutavent, contenant environ
8 hectares 88 ares. Mise à prix : 18,000 fr.

7° Le **BOIS TIERSON** sis à Crillon, contenant environ 7 hec-
tares 73 ares 35 centiar. Mise à prix : 15,000 fr.

2ent Et le Dimanche 14 Juin 1896

A DEUX HEURES

En la Mairie de Therdonne

Par le ministère de Me DELORME

38 PIÈCES DE TERRE
Prés, Vignes et
Aunaies, sis terroirs de Therdonne, Warluis,
Marissel et Nivillers. Mises à prix réunies :
11,417 fr.

S'adresser pour les renseignements :

1° A Me ROGER, avoué poursuivant la vente;
2° A Me MALANDRIN, avoué colicitant;
3° A Me DELORME, notaire.

VIN DE BOURGOGNE

Ferme de l'Hospice de Beaune.
Domaine de MEURSAULT

VINS FINS GRANDS ORDINAIRES, ORDINAIRES
Rouges et Blancs

Concours Général agricole de Paris 1895
MÉDAILLE d'or pour vins rouges
MÉDAILLE d'argent pour vins blancs

Concours Général agricole de 1896
HORS CONCOURS, MEMBRE DU JURY
JOBART MUTHELET, Meursault (Côte-d'Or)

ALIMENTATION DU BÉTAIL

Tourteaux de Coprah ou Coco
F. TASSY, E. ROCCA et Cie
Fabricants d'huiles (**producteurs directs
de Tourteaux**)
23, rue Haxo, MARSEILLE
Deux médailles d'or, Anvers 1894
Envoi de Prix-Courants et Échantillons sur demande.

Maison MURE, à Pont-St-Esprit (Gard)
A. GAZAGNE, *Gendre et Sucr*, Phien de 1re Classe

MALADIES NERVEUSES

*Epilepsie, Hystérie, Danse de Saint-Guy,
Affections de la Moëlle épinière, Convulsions,
Crises, Vertiges, Eblouissements, Fatigue
cérébrale, Migraine, Insomnie, Spermatorrhée*

Guérison fréquente, Soulagement toujours certain
par le **SIROP de HENRY MURE**
succès consacré par 20 années d'expérimentation dans les Hôpitaux de Paris.
FLACON : 5 FR. — NOTICE GRATIS.

PATE et SIROP d'ESCARGOTS de MURE

« Depuis 50 ans que j'exerce la méde-
cine, je n'ai pas trouvé de remède
plus efficace que les escargots contre
les irritations de poitrine. »
« Dr Chrestien, de Montpellier. »
Goût exquis, efficacité puissante
contre **Rhumes, Catarrhes**
aigus ou *chroniques, Toux spasmodique,
Irritations* de la *gorge* et de la *poitrine.*
Pâte 1f.; Sirop 2f. — *Exiger la* PATE MURE. *Refuser les imitations.*

Thé Diurétique de France

sollicite efficacement la sécrétion urinaire, apaise les
douleurs des Reins et de la **Vessie**, entraîne le
sable, le mucus et les concrétions, et rend aux urines
leur limpidité normale. — *Néphrites, Gravelle,
Catarrhe vésical, Affections de la Prostate*
et de l'*Urèthre.* — PRIX DE LA BOITE : 3 FRANCS.

Dépôt général de l'ALCOOLATURE D'ARNICA
de la TRAPPE DE NOTRE-DAME DES NEIGES
Remède souverain contre toutes *blessures, coupures, contusions,
défaillances, accidents cholériformes.*
DANS TOUTES PHARMACIES. — 2 FR. LE FLACON.

M. Recourat, pharmacien à Beauvais.

Gale des moutons guérie radicalement
par *une seule application* de l'Antipsorique.
La bouteille, 3 fr.; la 1/2 bouteille, 1 fr. 75.
Guérison du Piétin par *un seul pansement*
avec le Contre-Piétin-Recourat.
Le pot d'essai, 1 fr. 50; le pot, 2 fr. 50.
Joindre 0 fr. 60 pour recevoir *franco* et
indiquer gare.

VINS DE SAINT-ÉMILION

Vins classés, de 800 à 250 francs la barrique
de 225 litres. — Moitié prix pour la barrique de
112 litres.

Vins grands ordinaires, de 140, 125, 105,
100 francs la barrique — 80, 75, 70, 65, 58,
55 francs, la demi-barrique. — Rendu *franco* en
gare et régie, sauf octroi.

Adresser commandes à M. DUPLESSIS-
FOURCAUD, à **Saint-Émilion.** — Envoi de
prix courants et échantillons sur demande affranchie.

*Médailles d'Or, Paris, 1867 et 1889 — Moscou,
1891 — Besançon, Montluçon, Royan, etc.*

LE MONDE, journal quotidien du soir
17, RUE CASSETTE, PARIS.
Abonnement 25 fr. par an, 0 fr 05 le numéro.
Organe recommandé aux agriculteurs et aux
membres du clergé.

MACHINES
AGRICOLES, VINICOLES et VITICOLES
TH. PILTER

24, Rue Alibert, PARIS

SUCCURSALES :
Bordeaux, Toulouse, Marseille, Montpellier, Tunis

Les lecteurs de la **Gazette** désireux de recevoir les Catalogues de la maison TH. PILTER dès leur publication, sont priés d'écrire 24, rue Alibert, Paris, afin de se faire inscrire.

PHOSPHATE FOSSILE DE QUIÉVY-NORD
le plus assimilable de tous les phosphate connus
GARANTI PUR DE MÉLANGE AVEC TOUT AUTRE PHOSPHATE
Ce qui, du reste, ne pourrait que diminuer son assimilabilité.

EXTRACTION DU GISEMENT ET USINE A QUIÉVY
Propriétaire-Extracteur : C. LECLERCQ
Bureaux à Viesly (Nord).

COMPOSITION MOYENNE		ASSIMILABILITÉ RELATIVE (méth. Joulie).
		Solubilité dans l'oxalate d'ammoniaque.
Acide phosphorique. . . .	12 » à 16 » 0/0	Phosphate de Quiévy. 82 29 0/0
Potasse	0 45 à 2 77 0/0	— de la Meuse 51 95 0/0
Chaux.	19 05 à 31 » 0/0	— de Pernes. 47 87 0/0
Magnésie.	0 58 à 3 80 0/0	— des Ardennes. 46 43 0/0
Matières organiques azotées .	1 80 à 3 45 0/0	— de la Somme (moy.). . 44 53 0/0
		— de Ciply. 34 57 0/0

Titre garanti en acide phosphorique : 13 à 15 0/0.

LIVRAISON : EN POUDRE IMPALPABLE EN SACS PLOMBÉS, MIS SUR WAGON GARE QUIÉVY-en-CAMBRÉSIS
Prix : **3 fr. 80** les 100 kilos, sacs perdus, 30 jours, 2 0/0 ou 90 jours net.

NOTA. — Les acheteurs qui désirent employer le **véritable Phosphate de Quiévy** pur et garanti d'origine doivent exiger que les sacs portent la Marque (**Au Poisson fossile**) et la Firme : **M. LECLERCQ**, seul exploitant à Quiévy (Nord).

GRAND PRIX à l'Exposition Universelle **DE 1889**

FABRICATION SPÉCIALE DE TOURTEAUX DE COTON

DIPLOMES D'HONNEUR aux Exp. Universelles de Bruxelles 1880 & Amsterdam 1883

DE GRAINES d'Alexandrie (EGYPTE)

POUR Nourriture des Vaches laitières & Engraissement du Bétail et des Moutons

des Usines de **MM. P. MARCHAND Frères**, à **DUNKERQUE (Nord)**
Fabriqués sous le contrôle permanent de la Station Agronomique du Nord
Dirigée par M. DUBERNARD

Nous appelons l'attention des éleveurs et des nourrisseurs sur les Tourteaux de **COTON** de graines d'Egypte : c'est un produit excellent pour les vaches laitières, les bœufs à l'engrais et les moutons.

Nos Tourteaux de **COTON** sont complètement débarrassés de la bourre qui enveloppe la graine et contiennent la même quantité de matières nutritives et grasses que les meilleurs Tourteaux de Lin.

Nos Tourteaux de **COTON** forment l'aliment le meilleur et le plus avantageux en raison de leur prix excessivement bas.

PRIX : 9 Fr. les 100 kil., gare Dunkerque

S'adresser à **MM. P. MARCHAND Frères**, à **DUNKERQUE (Nord)**

MACHINES AGRICOLES
A. BAJAC
à LIANCOURT (Oise)

LA PROBITÉ
SOCIÉTÉ D'ASSURANCES MUTUELLES CONTRE LA GRÊLE ET LA FOUDRE, FONDÉE A LYON EN 1890

La PROBITÉ assure dans toute la France et ses colonies tous les risques, grêle, en céréales, fruits, mûriers, noyers, oliviers, vignes, tabacs et tous autres produits agricoles.

La PROBITÉ fait partie de la Société régionale de viticulture de Lyon. Elle accorde des remises et des conditions spéciales aux syndicats agricoles qui veulent bien la représenter.

Siège social : 30, rue Servient, Lyon-Préfecture

Accepterait des Agents dans les localités où elle n'est pas représentée.

LYSOL
Le plus puissant de tous les antiseptiques désinfectants dérivés du goudron
Le seul complètement soluble dans l'eau
INSECTICIDE & ANTIPARASITAIRE INFAILLIBLE

POUDRE AU LYSOL

La poudre au Lysol préserve la vigne, les arbres fruitiers, fleurs, plantes, etc., des invasions cryptogamiques et parasitaires.

ENVOI FRANCO D'UNE BROCHURE EXPLICATIVE sur demande adressée à la
SOCIÉTÉ FRANÇAISE DU LYSOL
22 et 24, Place Vendôme, PARIS

Eugène de MASQUARD
PROPRIÉTAIRE-VITICULTEUR, Château de la Cascade
SAINT-CÉSAIRE-LES-NIMES (Gard)

Vins garantis naturels, rouges et blancs, depuis 75 fr. la pièce de 220 litres jusqu'à 100 francs, selon qualité, prise en gare de St-Césaire (Gard), fût perdu. *Ces vins ont été médaillés à toutes les expositions où ils ont figuré.*

Récoltés sur des coteaux et des terrains secs, les vins de Saint-Césaire, l'un des meilleurs crus du Gard, se conservent parfaitement sans être plâtrés

Envoi franco de prix courants et échantillons

VELOUTINE FLAMANDE

La **Veloutine** est spécialement employée pour lustrer les cuirs de fantaisie : guides, selles, harnais de luxe et de travail, capotes, tabliers, caparaçons, etc., et lorsqu'ils ont déjà été enduits de vaseline, ce produit donne un joli brillant et évite l'action graisseuse des cirages ou préparations à base de cire. Sans causticité il ne dessèche pas et imperméabilise.

Le bidon d'un litre pour harnais noirs. . . . 3 70
— jaunes. . . 4 20
Franco gare contre mandat-poste.

S'adresser : *Manufacture de Vaselines industrielles de Ligny-en-Cambrésis (Nord)*

MALADIES DU BÉTAIL
ET DE LA VOLAILLE
Leur traitement préventif et curatif
PAR L'ACIDE SALICYLIQUE

L'acide salicylique, employé dans la nourriture à la dose de 1/2 à 1 gramme par jour et par tête de bétail, est le meilleur préservatif des maladies qui procèdent par contagion : Sang de rate, Cocotte, Maladie aphteuse, Erysipèle, Typhus, Morve, Variole et le Rouget des porcs, etc.

Des attestations nombreuses de guérisons obtenues pour la Cocotte et le Rouget des porcs ont été reproduites dans le journal *l'Agriculture*.

La désinfection des étables, des écuries, se fait instantanément au moyen d'un arrosage d'eau salicylée à 2 grammes par litre.

S'adresser à M. CERCKEL, administrateur de la *Compagnie de produits antiseptiques*, 26, rue Bergère, Paris.

Envoi sur demande de Prospectus et Brochures. Prix du kil., 25 fr. Boîte de ménage, 2 fr.

GRIFFE SARCLEUSE-BINEUSE
Outil économique

pour biner, sarcler promptement entre toutes les lignes de plantes ou légumes sans distinction, indispensable en toutes saisons dans les jardins, vignes, pépinières, les cultures de betteraves, de tabac, etc., même dans les allées

---

EXCELLENT DÉSINFECTANT
POUR LES FUTS A VIN, CIDRE, BIÉRE, ETC.

Prix de faveur pour nos lecteurs

Sur notre demande, M. Molty, père, l'inventeur, a consenti à en mettre de petites quantités pour essais à la disposition de nos lecteurs.

10 litres franco gare. 10 fr.

Adresser les demandes à M. Crépeaux, rue Piccini, 10 bis, Paris.

Insecticide-Préservateur
FERTILISANT
DESGOUTTES

La Boîte de 10 kilog., pour essais, 10 fr. franco toutes gares (port et emballage compris).

Adresser les demandes, accompagnées d'un mandat, 10 bis, rue Piccini, Paris.

CHEVAUX BOITEUX
Guérison par le spécifique BORNET

Contre Capelets, Mollettes, Vessigons, Eponges, Exostoses, Suros, Eparvins e les Formes à leur début. *(Il s'applique également à toutes les tares molles et osseuses.)*

PRÉPARÉ PAR **A. BORNET**
Pharmacien de 1re classe, ex-interne et lauréat des hôpitaux.

19, rue de Bourgogne, PARIS.

Le flacon, 5 fr., à la pharmacie ; en gare par colis postal, 6 fr. contre mandat.

GRANDE BAISSE DE PRIX
PHOSPHO-GUANO COMPANY, LIMITED
LEFEBVRE FRÈRES, Consignataires généraux
PARIS - 60, RUE DE BONDY - PARIS

PHOSPHO-GUANO
SEUL VÉRITABLE — IMPORTÉ DEPUIS 1863

Superphosphate Ornithos — Superphosphate Chilton — Superphosphate 10 degrés
Osso-Guano, Engrais complet Rhizome. Engrais Surazoté L. F.

La qualité et les dosages de tous ces engrais sont invariables et garantis.
L'acide phosphorique qu'ils renferment étant complètement **soluble dans l'eau** a une valeur fertilisante très supérieure à celui des engrais et superphosphates dont l'acide phosphorique, soluble **seulement** dans le citrate d'ammoniaque, reste insoluble dans l'eau. Il n'y a de garanties sérieuses que celles des dosages exprimés séparément en acide phosphorique **soluble dans l'eau** et en acide phosphorique, **insoluble dans l'eau.**
Envoi franco sur demande de brochures indiquant les dosages garantis et les prix.
Dépôts dans tous les principaux centres agricoles.

GRANDS RABAIS
POUR LIVRAISONS SUR LES MOIS D'HIVER

Engrais de l'Usine municipale de la Voirie de Bondy

TOURTEAUX ORGANIQUES
MOULUS

Dosage : 1.50 à 2 % d'azote et 4 à 5 % d'acide phosphorique.

S'ADRESSER AU

Comptoir Agricole et Commercial
9, RUE NOUVELLE, 9, A PARIS

FOURNEAUX DE CUISINE
de toutes espèces

Maisons particulières, Hôtels, Châteaux et Fermes, Hospices, Hôpitaux, Collèges, Pensions, etc.
ENVOI FRANCO DE CATALOGUES

Maison DELAROCHE aîné
22, rue Bertrand, PARIS

VIN PUR COTES 1re QUALITÉ
Vieux, nouveau garanti sur facture
Récolté par FELIX LAU, propriétaire-viticulteur à Caussiniojouls (Hérault).
Nouveau, 35 fr. l'hect. logé sur gare Faugères

ALAMBIC EGROT
A BASCULE. — EAU-DE-VIE, 1er JET sans repasse.
FRANCO CATALOGUE ILLUSTRÉ
EGROT, 19-21-23, Rue Mathis, Paris

BARATTES, MALAXEURS, LISSEUSES SIMON
pr Laiteries, Beurreries, etc. Matériel complet pr fabrn et exportn des Beurres et Fromages
SIMON FRÈRES, Constructeurs-Mécaniciens-Fondeurs à Cherbourg
MÉDAILLE D'OR, PARIS 1889

GUIDE PRATIQUE de la Production et de la Fabrication des Cidres et Poires envoyé gratis et fco

BROYEURS et PRESSOIRS SIMON
Pour Pommes, Poires, Raisins etc. Matériel complet pour cidreries et vinification.
MANÉGES de toutes forces | Envoi franco du Catalogue

368 — LA GAZETTE AGRICOLE

CONSTRUCTIONS ECONOMIQUES
AGRICULTURE — INDUSTRIE
SOCIÉTÉ MÉTALLURGIQUE d'Amiens (Somme)
USINE à VAPEUR, FORCE MOTRICE 250 CHEVAUX
Adresser les lettres à M. le Directeur
ENVOI F. DU CATALOGUE
TOLES ONDULEES GALVANISEES, Pour Couvertures
Prix défiant toute Concurrence

CRÉSYL-JEYES

DÉSINFECTANT ANTISEPTIQUE
Efficacité scientifiquement démontrée.
Envoi de Rapports et Références sur demande.

Le CRÉSYL-JEYES n'est ni Toxique ni Caustique
Il est adopté par toutes les Administrations
publiques de Paris et des départements.
VENTE EN GROS :
Société Française de Produits Sanitaires et Antiseptiques
35, Rue des Francs-Bourgeois, PARIS.
et chez tous Droguistes et Pharmaciens.
Pour éviter les Contrefaçons exiger les Marques et Cachets
de la Société, ainsi que le nom CRESYL-JEYES.

ENGRAIS CHIMIQUES
DES
MANUFACTURES DE SAINT-GOBAIN

12 Usines :

CHAUNY (Aisne).	SAINT-FONS, près Lyon.
AUBERVILLIERS (Paris).	L'OSERAIE, près Avignon.
MONTARGIS (Loiret).	BALARUC, près Cette.
TOURS (Indre-et-Loire).	VALENCIA (Espagne).
MONTLUÇON (Allier).	HEMIXEM } (Belgique).
MARENNES (Charente-Inférieure).	MESVIN-CIPLY } (Belgique).

PRODUCTION ANNUELLE : 400.000.000 DE KILOS

Dosages garantis — Emballages marqués et plombés

SUPERPHOSPHATES DE CHAUX

ENGRAIS COMPOSÉS
Suivant les convenances des acheteurs pour toutes cultures

ENGRAIS COMPLET DE SAINT-GOBAIN
Efficacité éprouvée dans tous les sols et dans toutes les cultures

ENGRAIS SPÉCIAUX POUR LA VIGNE :
Engrais pour Vigne à végétation faible.
Engrais pour Vigne à végétation normale.
Engrais pour Vigne à végétation luxuriante.

Adresser les ordres ou les demandes de renseignements à la DIRECTION
COMMERCIALE DES PRODUITS CHIMIQUES de SAINT-GOBAIN, 9, rue
Sainte-Cécile, Paris — *ou aux Agents de la Compagnie dans toutes les
villes de France.*

SCHNEIDER ET Cie
PHOSPHATES MÉTALLURGIQUES
(scories de déphosphoration), des Aciéries du Creusot
ENGRAIS PHOSPHATÉ
pour Céréales, Prairies, Vignes, Betteraves, Pommes de terre, etc.

L'emploi de ces phosphates a été particulièrement recommandé dans ces derniers
temps par les agronomes les plus distingués. Il permet, en raison du bas prix de
ce produit, de faire apport au sol de doses considérables d'acide phosphorique.
Les phosphates métallurgiques du Creusot sont livrés moulus finement et tamisés.
Pour renseignements, s'adresser à MM. SCHNEIDER et Cie, au Creusot (Saône-et-Loire).

17ᵉ Année. — Nᵒ 24.　　LE NUMÉRO. **10** CENTIMES.　　Dimanche 14 Juin 1896.

GAZETTE AGRICOLE

JOURNAL HEBDOMADAIRE, PARAISSANT LE DIMANCHE

Fondateur : M. CH. GOSSIN, Professeur d'Agriculture à l'Institut agricole de Beauvais

PRIX DE L'ABONNEMENT

UN AN, **5 fr.** — SIX MOIS, **3 fr.** — TROIS MOIS, **2 fr. 25**

Pour l'Étranger les abonnements ne sont reçus que pour un an, au prix de 6 francs, et ne partent que du 1ᵉʳ JANVIER ou du 1ᵉʳ JUILLET de chaque année.

Le Numéro : **10** centimes.

Adresser toute la correspondance : mandats, lettres, annonces, etc., à **M. CRÉPEAUX**, Directeur de la *Gazette agricole*, 10 bis, rue Piccini, Paris.

Toute demande de changement d'adresse doit être accompagnée de 50 centimes et de la dernière bande du journal.

BUREAUX

97, rue de Rennes, Paris, et à Beauvais, rue Saint-Etienne.

Les abonnements partent du 1ᵉʳ de chaque mois et sont payables d'avance. Toute demande d'abonnement doit donc être accompagnée du prix de l'abonnement. (Le mode de payement le plus simple est l'envoi d'un mandat-poste.)

Donner *très lisiblement*, en s'abonnant, son nom et son adresse exacte, *avec l'indication du bureau de poste*; et, s'il s'agit d'une continuation d'abonnement, joindre au renouvellement la dernière bande d'adresse du journal.

Les Annonces sont reçues à la Direction du Journal, et chez MM. DUSSERIS et MATHELLON, 97, rue de Rennes Paris.

Sommaire :

BULLETIN COMMERCIAL

BOURSE DU COMMERCE DU MERCREDI 10 JUIN

	FARINES	BLÉS
Courant............	40 50	19 85
Prochain............	41 »	19 70
Juill.-août	41 30	19 65
4 derniers.	41 25	18 90
4 de nov.	41 30	18 90

Marque de Corbeil : 44 fr. le sac de 150 kil. toile à rendre.

Halle aux blés — *Blés indigènes.* — Les offres de la culture sont plus réduites que jamais et la tendance est très ferme. Cette restriction des offres est motivée par quelques appréhensions que l'on a à l'endroit de la future récolte et aussi à un certain vide qui commence à se manifester dans les principaux départements producteurs.

Il est de toute évidence que si les apparences de la récolte restaient favorables, les détenteurs de blé ne seraient pas long à chercher à vendre, mais si le résultat final ne leur paraît pas devoir être bon, ils exigeront des prix plus élevés.

En attendant, on est ferme avec peu d'affaires et une hausse de 25 cent. sur les cours d'il y a huit jours.

On cote de 18,25 à 20 fr. et même 20,10 les 100 kil. gare d'arrivée Paris.

Blés exotiques. — Sans affaires.

Sons. — Un peu plus calme par suite de la pluie qui est favorable à la seconde coupe.

Escourgeons. — La récolte est très belle en France et la moisson avance à grands pas. Elle est commencée en Afrique, les vendeurs de cette direction commencent à être pressants et diminuent leurs prétentions; ils ne pourraient obtenir plus de 12,75 caf de Dunkerque, car les provenances de Russie sont à 9 fr.

D'ailleurs, on ne germera pas les orges nouvelles avant septembre. Qu'a-t-on à gagner à acheter actuellement?

Graines fourragères. — Les vieux trèfles incarnats se tiennent autour de 50 à 55 fr., les nouveaux seront très rares.

Menus grains. — On cote jarras 18 à 20, petit blé 9 à 13, millet Vendée blanc 20 à 22, sarrasin 13.

Sucres. — Les affaires sont peu animées, la tendance est très lourde par suite de la faiblesse de Londres, de l'augmentation des stocks aux Etats-Unis et des avis favorables sur la récolte.

Raffinés 100 à 100,50, roux 88° 28,75 à 29.

Marché de la Chapelle. — Marché ordinaire.

On cote : paille de blé 1ʳᵉ qté 28 fr., 2ᵉ qté 26, 3ᵉ qté 24 fr.; paille de seigle 1ʳᵉ qté 32 fr., 2ᵉ qté 29, 3ᵉ qté 26; paille d'avoine 1ʳᵉ qté 23 fr., 2ᵉ qté 20, 3ᵉ qté 18; foin nouveau 1ʳᵉ qté 63 fr., 2ᵉ qté 58, 3ᵉ qté 54; luzerne, 1ʳᵉ qté, 60 fr., 2ᵉ qté 58, 3ᵉ qté 56; regain 1ʳᵉ qté 58 fr.; 2ᵉ qté 56 fr., 3ᵉ qté 52 fr.

POMMES DE TERRE

Hollande (100 kil.).........	8 »	à 11 »
Roses-Early............	8 »	à 10 »
Magnum-Bonum..........	7 »	à 7 50
Rondes	5 »	à 5 20

CHANVRES

Les 50 kil.	1ʳᵉ qualité.	3ᵉ qualité
Le Mans.....	33,00 à 35,50	29,00 à 30,00
Saumur (b.)..	40,00 à 42,25	37,00 à 38,00

Sulfate de cuivre.

Les 100 kil. 98/99. . . . . . 42.50 à 44.00

LINS. — Les 100 kilogr. — *Marché de Lille.*

	Communs	Ordin.	Supér.
Alost. .	148 à 153	154 à 157	161 à 166
Bergues.	150 à 158	161 à 168	173 à 182

Marché aux chevaux, 10 Juin.

Gros trait de 300 à 1.300	Boucherie de 65 à 180
Selle et tr.	Anes..... de 45 à 160
léger . de 250 à 1.100	Chèvres . de 25 à 55
H. d'âge de 180 à 300	

AMENÉS

Chevaux, 308 — Anes, 8 — Chèvres, 0

Voitures 104, de 35 à 550.

ENCHÈRES

Chevaux amenés, 8.

Vendus, 7 de 150 à 380.

Prix des Produits Forestiers à Paris.

BOIS DE FEU (Octroi non compris)			
	Falourde de pin...	100 à 110	le cent.
	Bois de flot.....	100 à 105	le déca.
	Bois gris neut....	125 à 130	—
	Bois blanc....	80 à 125	—

BOIS D'ŒUVRE (Octroi compris)			
	Chêne gros bois...	85 à 110	le m. cube
	— moyen bois .	70 à 60	—
	— petit bois...	30 à 48	—
	Charme, plateaux..	55 à 55	—
	Sciage Entrevoux..	175 à 210	les 208 m.
	do Echantillons	230 à 220	—
	chêne. Frise	27 à 28	104 m.

ENGRAIS

PARIS

Nitrate de soude.	21 50 à	21 75
Superphosph. minéral 14/16.	5 25 à	5 75
Superphosphate d'os 16/18. .	12 50 à	13 »
Scories 16/18.	4 25 à	4 50
Phosphate minéral 14/16. . .	3 80 à	4 »
Chlorure de potassium 48/52.	18 75 à	20 »

NANTES

Nitrate de soude.	22 30 à	22 50
Superphosph. minéral 14/16.	6 » à	7 »
Scories 16/18.	4 50 à	4 75
Phosphate minéral 14/16. . .	4 » à	4 50
Chlorure de potassium 48/52.	19 » à	19 75

LYON

Nitrate de soude.	22 » à	23 »
Superphosph. minéral 14/16.	5 75 à	6 »
Scories 14/16.	4 50 à	5 »
Phosphate minéral 14/16. . .	4 » à	4 25
Chlorure de potassium 48/55.	20 » à	21 »

MARSEILLE

Nitrate de soude.	20 50 à	21 »
Superph. minéral 14/16 . . .	6 à	7 »
Sulfate de fer.	5 » à	5 50
Sulfate d'ammoniaque 20/21.	20 » à	22 »

Prix moyen aux 100 kilog. des CÉRÉALES dans les Départements.

		BLÉ	SEIGLE	ORGE	AVOINE
Rég. du Nord-Ouest	Caen	16 75	10 00	14 50	15 75
	Lannion	17 00	10 00	14 00	13 50
	Morlaix	17 50	10 75	13 00	13 50
	Rennes	17 00	10 00	13 00	14 00
	Avranches	16 50	10 75	13 00	14 50
	Laval	16 50	10 00	13 00	15 00
	Lorient	16 75	10 25	13 00	13 75
	Alençon	16 75	10 00	13 00	15 00
	Le Mans	16 50	10 00	13 75	16 00
Région du Nord	Soissons	17 50	10 00		15 50
	Evreux	17 50	10 00	13 00	15 00
	Chartres	17 75	11 00	14 00	15 00
	Lille	17 75	10 50	14 00	16 00
	Compiègne	17 25	11 00	15 00	16 50
	Beauvais	18 50	12 75	15 00	16 00
	Arras	17 75	10 25	13 50	15 75
	Paris	17 75	10 50	14 50	16 00
	Versailles	17 50	10 50	15 00	16 00
	Rouen	17 50	10 00	16 50	17 00
	Amiens	17 50	10 00	16 50	17 00
Rég. du N.-E.	Mézières	17 50	10 00	13 00	16 00
	Nogent-s-Seine	17 50	10 50	15 00	16 00
	Châlons-sur-Marne	17 50	10 50	14 00	16 00
	Langres	18 00	10 00	15 00	16 50
	Nancy	18 00	10 00	15 00	15 00
	Bar-le-Duc	17 50	10 00	15 00	15 50
	Neufchâteau	17 75	10 00	14 00	15 00
Région de l'Ouest	Ruffec	17 50	10 00	13 00	15 50
	Marans	17 00	10 00	13 00	15 00
	Niort	17 25	10 25	14 00	15 00
	Tours	17 00	10 25	14 00	15 00
	Nantes	17 00	10 00	14 00	14 00
	Angers	17 00	10 25	14 00	14 25
	Luçon	16 50	10 00	13 00	15 00
	Poitiers	17 25	10 00	13 00	»
	Limoges	17 00	10 00		15 00
Région du Centre	Moulins	17 50	10 00	14 00	15 50
	Bourges	17 50	10 00	14 00	14 50
	Aubusson	17 50	10 00	14 00	14 00
	Châteauroux	17 50	10 25	13 75	13 50
	Orléans	17 50	10 00	14 00	16 00
	Blois	17 75	10 25	14 50	16 00
	Nevers	18 00	10 25	15 00	16 00
	Clermont Ferr.	17 50	10 25	13 50	16 00
	Sens	17 50	10 00	13 50	15 00
Région de l'Est	Bourg	17 50	10 00	14 00	15 00
	Dijon	18 00	10 00	14 00	14 50
	Besançon	18 50	10 50	13 50	15 00
	Grenoble	17 50	10 25	14 00	15 50
	Dôle	17 50	10 25	13 00	14 00
	Saint-Etienne	17 50	10 00	14 00	16 00
	Lyon	18 25	11 00	13 50	15 75
	Mâcon	17 50	11 25	13 50	15 25
	Vesoul	17 75	10 00	»	15 50
	Chambéry	17 50	10 25	»	15 50
	Annecy	17 75	»	»	15 75
Rég. du Sud-Ouest	Pamiers	18 00	10 25		15 75
	Périgueux	17 75	10 50	14 00	15 00
	Toulouse	17 75	11 00	14 00	16 00
	Auch	18 00	12 00	13 00	16 00
	Bordeaux	17 75	12 00	13 50	16 00
	Dax	18 00	12 00	13 00	16 00
	Agen	17 75	12 00	13 00	16 00
	Bayonne	17 75	11 00	14 00	15 75
	Tarbes	17 75	10 50	»	16 00
Région du Sud	Carcassonne	17 75	»	13 50	16 00
	Rodez	17 50	12 00	14 00	16 00
	Mauriac	17 75	11 00	»	15 75
	Tulle	17 65	11 00	»	15 75
	Montpellier	17 75	11 00	»	15 50
	Figeac	17 75	11 00	»	16 00
	Mende	17 00	»	»	16 00
	Perpignan	17 75	11 75	14 00	15 25
	Albi	18 00	12 00	15 00	16 00
	Montauban	18 00	11 75	15 00	16 00
Région du Sud-Est	Gap	18 00	10 75	14 75	16 00
	Manosque	17 50	10 25	13 00	16 00
	Nice	17 50	10 00	13 50	15 50
	Privas	18 00	10 50	13 00	16 00
	Arles	19 00	11 00	13 00	16 00
	Montélimar	17 50	11 00	»	16 00
	Nîmes	18 00	»	14 00	16 00
	Le Puy	18 00	»	14 00	16 00
	Draguignan	18 25	12 00	14 00	18 50
	Avignon	19 50	13 00	14 00	15 00

Tourteaux.

Cours de la maison P. Marchand frères, à Dunkerque (Nord) :

TOURTEAUX A NOURRIR

	Dispon.	A livrer.
Coton de graines d'Egypte	9 »»	9 »»
Sésame blanc	11 00	11 50
Arachide décortiquée	14 50	14 75
Colza à nourrir	10 »»	10 »»
Colza du pays	10 50	10 75
OEillette du Levant	9 50	10 »»
OEillette blanche de Turquie	9 50	10 »»
Lin 1re qual. de Bombay g. form.	14 »»	14 25
Lin 1re qual. de Bombay p. form.	14 50	14 75

TOURTEAUX-ENGRAIS

Arachide décortiquée	14 »»	14 »»
Cameline	»» »»	»» »»
Colza des Indes en poudre	»» »»	»» »»
Colza ravison	7 25	7 25
Colza jaune Gutzerat	10 25	»» »»
Kurrachée	»» »»	»» »»
Niger	»» »»	»» »»
Pavot	9 75	9 75
Sésame, blanc	10 50	»» »»
Sésame noir	»» »»	»» »»
Coton en farine	7 50	7 50

Nos prix s'entendent pour tourteaux en planches, rendus en gare de Dunkerque.

Paiement à 30 jours ou à terme plus éloigné suivant convention expresse.

Le concassage se paie 0 fr. 25 et la mise en poudre 0 fr. 40 aux 100 kilos. Dans ce cas, les sacs sont facturés à 0 fr. 35 pièce, et repris au prix de facture, quand ils sont rendus en bon état et franco, dans les 30 jours de l'expédition.

FROMENTINE :

	100 kil.
Marque A	13 »
Marque B	13 »
Marque J	13 »
Marque L	15 »
Marque E	16 »

BEURRES. -- (le kilogr.).

BEURRES EN MOTTES			BEURRES EN LIVRE		
Isigny extra.	4 80	5 90	Bourgogne	1.50	1.70
— demi-fin	3 80	3.60	Gâtinais	1.80	2.20
M. d'Isigny	2.80	3.20	Vendôme	1.60	2.20
du Gâtinais	1.80	2.00	Beaugency	1.80	2.20
de Bretagne	1.80	2.00	Ferme	1.80	2.70
Laitière Jura	1.60	2.30	Tours	1.70	2.20
de Charente	1.70	2.20	Le Mans	1 60	1.80
des Alpes	1.70	2.20	Touraine fausse	1.70	1.90

ŒUFS. — (le mille).

Normandie ext.	80 à 100		Bourgogne	50 à 54	
Picardie —	85 à 108		Champagne	54 à 58	
Brie —	70 à 85		Nivernais	48 à 52	
Touraine	65 à 70		Bourbonnais	47 à 52	
Beauce	62 à 62		Bretagne	40 à 45	
Orne	45 à 45		Vendée	44 à 45	
Picardie	55 à 55		Auvergne	44 à 48	
Châtellerault	48 à 48		Midi	44 à 45	

FROMAGES.

Brie hautes marq.	50	35	Roquefort	180	220
Brie gr. m. (10)	30	30	Gruyère (100 k.)	100	170
— m. m.	18	18	Coulommiers (100)	15	20
Petits Nanteuils	6	10	Gournay (100)	15	18
Brie laitiers	8	10	Livarot (le 100)	70	104
Gérardmer (100 k.)	70	80	Bourgogne (100)	55	60
Hollande	150	160	Camembert (10.)	35	40
Bondons (100)	8	10	Munster (100)	90	100
Cantal	120	130	Port-Salut	130	150

VOLAILLES

Poulet Brest dit moelleux	4.50	5 50	Pigeo Macon	1.50	2.00
Poulets Nant.	3.00	5.00	Ca. sNantais	4.00	1.35
Poulets Tour.	2.75	5.25	Dindes Tourr.	7.00	11.00
Poulets Houdan	6.00	8.00	Oies	7.00	8.50
Pigeons d'Italie	80	1.25	Lapins dom.	2.75	4.00
			Lapins garenne	1.50	2.00

VINS — BERCY

Rouges			Blancs		
B. Bourg. vieux	140 à 163		Bordeaux	125 à 160	
Touraine	105 à 115		B. Bourg	150 à 190	
Bord. vieux	130 à 188		Saucerre	130 à 135	
Algérie	28 à 32		Chablis	200 à 350	
Cher	110 à 135		Anjou	120 à 135	
Chinon	125 à 180		Pouilly	350 à 300	
Narbonne	32 à 40		Vouvray	155 à 195	

HOUBLONS. — Les 50 kilogr.

Alost primé	28,00 à	30,00
Bourgogne	55,00 à	60,00
Poperinghe	25,00 à	30,00
Wurtemberg	40,00 à	42,00
Altmark	75,00 à	100,00
Alsace	50,00 à	65,00

LÉGUMES SECS. — (Les 100 kilogr.)

	Haricots	Pois	Vesce	Lentille
Paris	32 00 50.00	20 18.00	19 à 20	30 00 56
Bordeaux	34.00 35 00	35 45.00	18 19	49 00 60
Marseille	22.00 30.00	18 25	20 20	24.00 52

FOURRAGES ET PAILLE

Paris La Chapelle. *Prix extrêmes*

Foin 100 bot dans Paris n.	42 à 47
Luzern nouv.	42 à 46
Paille de blé	20 à 26
Paille de seigle	23 à 31
Paille d'avoine	16 à 20

Les cours des bestiaux sont à la fin de la GAZETTE avant la *Correspondance*.

L'année agricole et agronomique pour 1896.

L'Année agricole et agronomique pour 1896 par S. Crépeaux, professeur à l'Institut agricole de Beauvais, et C. Crépeaux, publiciste scientifique, avec la collaboration de praticiens, de professeurs et d'agronomes vient de paraître (un volume in-18 de 360 pages, illustré).

Cet ouvrage, véritable annuaire théorique et pratique de l'agriculture progressive, donne un tableau complet du mouvement agricole et agronomique de l'année. Il relate toutes les expériences culturales, les recherches, scientifiques faites en France et à l'étranger, décrit et apprécie avec compétence les nouveautés (plantes, machines, engrais, nouvelles méthodes, etc.).

La partie documentaire de l'**Année agricole et agronomique** comprend pour l'année écoulée, les lois, décrets, décorations agricoles, lauréats des concours, les vœux économiques des conseils généraux, l'analyse exacte des travaux des sociétés et congrès agricoles, horticoles, vétérinaires, français et internationaux, les jugements de droit rural, l'analyse des brevets agricoles, les statistiques, etc.

Cet ouvrage qui paraît pour la seconde fois a valu l'année dernière à ses auteurs les félicitations de la Société nationale d'agriculture, de la société des Agriculteurs de France, et des principaux journaux agricoles et scientifiques qui ont rendu hommage à la somme considérable de travail que représente une telle publication et aux services incontestables qu'elle rend à la cause du progrès agricole.

Nous l'offrons en prime à nos abonnés au prix de 2 fr. 50 franco de port au lieu de 4 francs.

Ceux de nos abonnés qui désirent l'**Année agricole et agronomique** de **1895** et celle de **1896** recevront les deux volumes franco dans la gare la plus voisine contre 4 fr. 50.

Adresser les demandes à M. Crépeaux, 10 *bis*, rue Piccini, Paris.

Il est peu de maladies aussi pénibles que les gastralgies et les maladies de l'estomac en général. Il n'est donc pas sans intérêt de rappeler qu'après de nombreuses expériences, l'Académie de médecine a approuvé et recommandé l'emploi du *Charbon de Belloc* contre ces maladies, « qui, au dire même du rapport, font trop souvent le désespoir des malades et des médecins ». Le charbon de Belloc, qui est aussi le remède par excellence contre la constipation, se prend en poudre ou en pastilles au moment des repas. Le plus souvent, le bien-être se fait sentir dès les premières doses. Poudre, le flacon, 2 fr. — Past., la boîte, 1 fr. 50 ; toutes pharmacies. — Fab. : Maison L. FRÈRE, à Champigny et Cie, successeurs, 19, rue Jacob, Paris.

CHRONIQUE POLITIQUE

Les attaques projetées contre le ministère Méline n'ont commencé sérieusement que dans la séance de samedi. On a débuté, sur l'ordre des Loges, par une grande évocation du spectre clérical. Le franc-maçon Rivet a sommé le ministère de sévir contre l'évêque d'Angers, accusé d'avoir outragé la République dans une allocution adressée à un jeune fils du comte de Paris à l'occasion de sa première communion dans un collège d'Angers. Le spectre clérical n'a pas eu le succès d'autrefois. On voulait un vote contre le ministère; le débat a abouti suivant son désir à un ordre du jour pur et simple, qui lui a donné une majorité de près de 60 voix.

Dans ce débat où les radicaux reprochaient au cabinet Méline d'être le prisonnier de la droite, M. Denys-Cochin leur a répondu avec infiniment de bon sens : « Nous votons avec le ministère, lorsqu'il propose de bonnes lois, nous votons contre lui lorsqu'il en propose de mauvaises. Notre indépendance est incontestable, car nous ne lui demandons ni places, ni faveurs quelconques. » Il ne restait qu'à ajouter ce que tout le monde sait : c'est que les votes des autres groupes sont trop souvent au contraire des votes de marchandages inavouables où les égoïsmes personnels ont le pas sur les intérêts du pays. L'histoire des quinze dernières années avec ses trente-deux ministères, s'explique clairement par ce seul fait, lequel aussi, hélas ! nous explique l'histoire humiliante d'aujourd'hui et de demain !

Mais l'interpellation Rivet n'était qu'un lever de rideau. Lundi l'attaque à fond a été portée au nom de toutes les gauches, socialistes en tête, par le grand meneur socialiste Jaurès secondé par le vieux prêtrophobe Isambert, contre le *cléricalisme*. Ce dernier voulait bien, dit-il, seconder le ministère Méline dans sa lutte contre les socialistes, mais à condition qu'il combattrait en même temps le cléricalisme, et qu'il répudierait le concours de la droite. M. Méline a répondu qu'il acceptait le concours, d'où qu'il lui vienne, des adversaires du socialisme.

M. Jaurès et ses amis ont essayé de nouveau de séparer la droite du cabinet en lui reprochant de servir un ministère qui n'a pas ses idées politiques. M. le duc de Doudeauville lui a répondu : « Nous sommes avec le ministère pour vous combattre. Voilà tout ! »

Le débat s'est terminé par un ordre du jour de confiance qui a été voté par 318 voix contre 238.

Le ministère Méline a donc une majorité de 80 voix dans la lutte contre les socialistes et leurs alliés radicaux.

Il n'est pas quitte pour cela des attaques incessantes des gauchers.

Nos honnêtes ruraux se demandent avec stupeur quand les Jaurès, les Go-

blet et *tutti quanti* cesseront de gaspiller, dans l'intérêt de leurs passions, le temps réclamé en vain pour s'occuper des intérêts en souffrance du pays et spécialement de ceux de l'agriculture.

Bons ruraux, sachez-le, la comédie cessera quand vous aurez le courage de mettre les acteurs à la porte.

Élections législatives.

Dimanche dernier ont eu lieu six élections législatives, dont trois à Paris.

Ont été élus dans le 10e arrondissement, M. Groussier; dans le 20e, M. Dejante, tous deux socialistes.

Dans le 7e arrondissement, ballottage.

Dans l'Ardèche, à Privas, M. Perrin, candidat agricole, socialiste, élu par 6.014 voix sur 2.882 votants et 16.763 inscrits.

A Bayonne, M. Legrand, modéré, élu par 4.764 voix sur 9.143 votants et 13.298 inscrits.

A Pau, M. Cassoux, ancien député, élu en remplacement de M. Léon Say, par 9.427 voix sur 11.897 votants et 17.247 inscrits.

Ces chiffres montrent de plus en plus combien le suffrage est loin de justifier son titre d'universel.

Les nouveaux impôts.

Les contribuables, en général, ont accueilli avec une juste reprobation le projet d'impôt global sur le revenu du cabinet Bourgeois.

Ils accueillent avec une égale répugnance le projet d'impôt sur la rente proposé par MM. Méline et Cochery.

Ces deux impôts, en effet, sont également déplorables, à divers points de vue. L'impôt sur les rentes, notamment, a le triste et dangereux défaut de mettre en péril le crédit de l'État, et, par là même, la sécurité nationale au cas d'une guerre avec l'étranger.

Il n'est pas difficile de démontrer les vices de ces nouveaux impôts.

Par contre, ce qui est difficile, c'est de nous indiquer les moyens de nous en passer, ou au moins les impôts qui pourraient les remplacer sans dommage pour la fortune publique et pour les fortunes privées.

C'est la tâche que devraient s'imposer ceux qui combattent ces impôts. Mais du moment où ils se lassent sur ce point, leurs critiques sont condamnées à une irrémédiable stérilité, car ils ne peuvent oublier que notre situation financière est lamentable et que de nouvelles ressources sont nécessaires pour éviter la faillite.

Oui, la faillite! Voilà la situation à laquelle nous a acculés la politique de gaspillage, de persécution, de corruption que nous infligent depuis quinze ans les criminelles majorités des deux Chambres.

Chaque année, depuis quinze ans, les

gouvernants nous disent: Le budget de cette année est encore en déficit; mais soyez sans inquiétude, à partir de l'an prochain, il sera en équilibre et sans aggravation d'impôts.

Or, l'année suivante, nouveaux déficits, nouvelles dépenses, nouvelles aggravations. Pendant quinze années consécutives, on a répété cette ridicule comédie et les bons contribuables, en majorité, l'ont gobée avec une ingénuité qui frise l'imbécillité. C'est ainsi qu'en quinze ans la dette publique a été aggravée de 7 milliards en y comprenant les dettes des communes et des départements.

Le parti qui, pendant quinze ans, nous a poussés sur le chemin de la banqueroute est, sans doute, l'objet de toutes nos indignations. Mais, franchement, n'avons-nous pas les mêmes griefs contre les misérables électeurs qui en majorité ont usé de toute leur influence pour le faire triompher dans les quatre élections qui ont eu lieu dans cet intervalle!

Ne se sont-ils pas rendus les complices du gaspillage financier qui nous accule aux détestables expédients du ministère Méline? A la veille des impôts ruineux qui les menacent, n'ont-ils pas à se dire le mot de George Dandin?

En vain, nous n'avons cessé de crier pendant quinze ans : casse-cou! — Les reptiles de la presse officieuse nous jetaient à la tête les clichés favoris : réactionnaire, clérical. A les entendre, les richesses du pays étaient inépuisables, nos critiques étaient une insulte à la patrie, etc., etc. Les ennemis de la république! — Ah! les *bons* amis qu'a cette pauvre république!

En vain, des députés courageux, M. d'Aillières entre autres, démontraient-ils la nécessité et aussi la possibilité de réaliser déjà deux cents millions d'économies. — Oui, sans doute, mais il eût fallu pour cela pratiquer des coupes sombres dans l'épaisse forêt des abus, des prébendes inutiles prodiguées aux protégés des députés et des sénateurs. On mit au panier les projets de réforme, et la danse des milliards suivit son cours. Cela commença par les palais scolaires, vinrent ensuite les chemins de fer de l'État, puis vinrent les chemins de fer justement nommés électoraux dans lesquels les opportunistes se taillèrent des fiefs électoraux en aggravant la dette de 3 milliards; puis les tripotages du Tonkin, de Tunis, puis le Panama. Enfin l'augmentation continue du personnel des fonctionnaires, porté de 450.000 à 750.000 et aggravant le budget de 200 millions; puis les mises à la retraite anticipées, toute la lyre enfin des dilapidations, puis les gaspillages inouïs des fonds dans les ministères, gaspillages tels que la Cour des comptes a avoué l'impossibilité de ratifier les budgets présentés à son contrôle!

Enfin, brochant sur le tout, la main mise par les députés corrompus et corrupteurs sur tous les emplois des fonctionnaires, sur toutes les subventions de l'Etat aux communes et aux particuliers.

Jamais vit-on rien de plus odieux, de plus cynique que cet appel d'un maire disant aux ruraux : « Si vous votez pour *un tel*, vous aurez toutes les faveurs personnelles et matérielles de l'administration. Si vous votez pour son rival, vous serez en butte à toutes ses rigueurs dans vos biens et dans vos personnes. » Cet abominable drôle n'est pas moins canaille que ses compères, il avait en plus l'impudence de proclamer tout haut la tyrannie qu'ils exercent couramment sans l'avouer.

Aujourd'hui donc, comment s'étonner de nous voir acculés à une dette de 37 milliards, à un budget ordinaire qui se solde par 180 millions de déficit, à toutes les catégories d'impôts élevés à leur maximum !

Que voulez-vous que fasse un ministère quelconque pour nous tirer de cette impasse?

Des économies? Ah! sans doute, mais c'était par là qu'il fallait commencer. Mais vous avez voté pour le parti des mange-tout. Au lieu d'économiser, on a sans cesse dépensé sans compter.

Aujourd'hui, il est trop tard. Les économies ne sont possibles qu'avec le temps et ne peuvent donner que des résultats insignifiants au début. Le mal est tellement profond que les contribuables paieront cher les coupables indulgences qu'ils ont pratiquées pendant quinze ans envers le parti des mange-tout dont nous avons, en vain, dénoncé la néfaste domination. Les contribuables auront beau crier, ils seront dans la situation de leurs ancêtres en 1789 à qui on disait : « Il ne s'agit pas de savoir si vous serez mangés, mais à quelle sauce vous serez mangés !

Tu l'as voulu, peuple Dandin! Voilà la morale pour aujourd'hui. Mais pour demain, pour les élections prochaines, est-ce qu'il ne serait pas temps d'ouvrir les yeux et de se raviser ? Ce n'est pas aux abonnés de la *Gazette* que ces reproches s'adressent, mais aux agriculteurs nombreux qui se laissent endormir par les journaux officieux.

La marine allemande à Cherbourg

Le scandale du jour, c'est l'installation à Cherbourg d'une escale de la compagnie maritime de Hambourg à New-York. C'est dire qu'à Cherbourg même la marine allemande a l'audace de se substituer à la marine française pour les voyageurs et les marchandises. Les journaux indépendants s'indignent non sans raison contre l'incurie de nos gouvernants, ainsi que des députés et sénateurs de la Manche, qui ont laissé s'accomplir sans réclamation une entreprise aussi inquiétante pour notre honneur que dangereuse pour les intérêts de leur pays.

Que voulez-vous ! leurs électeurs en majorité les trouvent bons, tels qu'ils sont. Malheureusement ce sont tous les électeurs qui paient ces votes serviles et aveugles.

La comédie parlementaire.

Le journal *Le Temps* apprécie ainsi les causes du gâchis dans lequel patauge la politique de nos maîtres et de leur majorité :

Les socialistes, dit-il, veulent abolir la propriété individuelle. Les radicaux, par peur des socialistes, proposent l'impôt *sur le revenu*. — Les modérés, par peur des radicaux, proposent l'impôt sur les revenus.

Modérés et radicaux obéissent à la peur des socialistes, sous ce fallacieux prétexte qu'il faut bien faire quelque chose pour les apaiser alors qu'on ne réussit qu'à les mettre en appétit et à les rendre plus audacieux.

Donc l'ennemi, selon le *Temps*, c'est le socialisme et ses complices les plus dangereux sont parmi les modérés, dont le *Temps* est un des principaux organes. On ne peut être mieux trahi que par les siens.

Etonnez-vous après cela de ce que le gâchis devient de plus en plus inextricable.

Le Sénat et l'Institut viennent de perdre M. Jules Simon.

Le rôle considérable qu'a joué M. Jules Simon dans l'Etat et dans le monde philosophique et littéraire, provoque dans toute la presse des appréciations où l'homme est diversement jugé au point de vue politique. Mais la note dominante est un témoignage de sympathie pour l'aménité de son esprit.

M. Jules Simon était âgé de 82 ans. Il signait encore, il y a quinze jours, des articles que le public lettré lisait encore avec un intérêt passionné : il est mort pauvre.

Le Sénat a perdu samedi M. Xavier Blanc, sénateur de la Savoie.

CHRONIQUE GÉNÉRALE

AVIS IMPORTANT

Nous prions instamment nos amis de nous adresser les listes des personnes de leur connaissance qui devraient s'abonner au *Bulletin*, nous leur enverrons des numéros spécimens en conservant la plus grande discrétion.

Plus que jamais, est-il besoin de le dire, les agriculteurs doivent propager les journaux qui défendent leurs intérêts si gravement compromis. Or, le moyen que nous indiquons est celui qui donne les meilleurs résultats.

Nous nous faisons toujours un plaisir d'étudier avec nos amis les moyens à employer pour faciliter cette propagande indispensable.

Nous profitons de cette circonstance pour remercier encore et très chaleureusement tous ceux qui s'associent à notre œuvre de conservation sociale et de défense agricole.

S. Crépeaux,

Professeur à l'Institut agricole à Beauvais

La question du revenu en agriculture.

Au moment où on s'occupe d'asseoir un impôt sur les revenus de toute nature, une question capitale s'impose aux agriculteurs dans leurs rapports avec le fisc. C'est de savoir sur quelles bases on peut s'appuyer pour établir avec exactitude le revenu du cultivateur.

Existe-t-il une méthode pratique pour obtenir une telle évaluation?

Question insoluble, selon nous, et il nous sera facile de le démontrer.

Mais en présence du projet d'impôt sur les revenus, la Société des agriculteurs de France a cru nécessaire de la mettre quand même à l'étude. Une circulaire a été adressée par le bureau central à tous les Comices, Syndicats, etc., affiliés à la Société, les invitant à étudier la question d'urgence, et à envoyer dès le 10 juin, la solution considérée par eux comme possible d'un problème très inquiétant quoique insoluble, c'est-à-dire, selon nous, ne comportant aucune solution théorique possible. D'où il suit que les taxations des revenus de l'agriculture ne peuvent être que ce qu'il y a au monde de plus fantastiquement arbitraire sur toute la ligne.

Néanmoins, nous enregistrerons volontiers les travaux par lesquels, de nombreux agriculteurs s'efforceront de résoudre le problème.

Quoique aboutissant à des résultats négatifs, sur ce point, ces travaux aboutiront en compensation à un autre résultat infiniment utile, faisant savoir que l'agriculture actuelle en France travaille à perte sur les deux tiers de ses opérations, et qu'elle paie ses impôts sur son capital et sur les fruits de ses peines. D'où cette conséquence que nous soutenons depuis quinze ans que c'est à l'étranger, aux produits qu'il importe en France, qu'il faut demander le surplus des impôts sur ses revenus, sous forme de droits de douane.

Cela est l'évidence même. Si les étrangers nous envoient tant de produits, c'est à raison des revenus qu'ils en tirent. Voilà la solution à tirer de l'étude demandée par la Société des agriculteurs à tous ses adhérents.

D'ailleurs, une preuve existante de l'impossibilité de cette solution, c'est l'impossibilité avérée par tous les agronomes compétents, de créer une comptabilité infaillible de tout point dans une exploitation rurale quelconque. La meilleure comptabilité laisse toujours aux aléas et à l'imprévu une part qui rend illusoires les balances de comptes les plus consciencieuses en fin d'année.

L'impôt sur les revenus agricoles est une invention qui ne pouvait éclore que dans le cerveau de politiciens absolument étrangers à l'agriculture.

Loi sur les halles de Paris.

Dans sa séance du 1er juin, le Sénat a enfin voté définitivement la loi réclamée depuis trois soit par les producteurs qui envoient leurs beurres, fruits, grains, légumes aux halles de Paris.

Il s'agissait de mettre fin à des abus de plusieurs sortes dont ils étaient victimes de la part des agents intermédiaires officiels et non officiels, très nombreux, on le sait, sur ce gigantesque marché.

La loi nouvelle atteindra-t-elle ce but si désirable? Cela dépendra des fonctionnaires chargés d'en surveiller l'application. En voici les principales dispositions: Les expéditeurs choisiront eux-mêmes leurs mandataires pour la vente parmi les facteurs officiels. Défense à ceux-ci de faire la moindre opération pour leur compte personnel. Obligation pour eux de faire enlever immédiatement toute marchandise vendue. Contrôle quotidien de leurs opérations. Ces dispositions étaient réclamées depuis longtemps par les expéditeurs. Envoi immédiat des sommes produites par les ventes, etc.

Nous reviendrons sur cette loi lorsque nous en aurons le texte sous les yeux, mais, dès aujourd'hui, nous pensons qu'il en sera d'elle comme de toutes les lois. Elles valent ce que valent les hommes chargés de les appliquer et de ce que valent les fonctionnaires chargés d'en surveiller l'application.

Il y a chez nous des millions de lois qui sont réduites à l'état de lettre morte par le fait des hommes. Plus il y a de fonctionnaires, plus les services laissent à désirer.

Un syndicat modèle

Ce syndicat modèle, nous l'avons déjà dit, est celui de Bourg-Cain, et nous sommes heureux de trouver dans la *Bourgogne agricole*, une appréciation conforme à la nôtre, dans l'article où elle annonce le prochain concours de volailles de Bresse à Bourg.

Le Syndicat agricole de Bourg, présidé par notre sympathique collègue M. Grant de Vaux, admirablement secondé par M. D. Girod, son dévoué et infatigable secrétaire général, n'en est pas à son coup d'essai en fait d'œuvres utiles.

Il a, non sans efforts, fait pénétrer dans les campagnes de la Bresse les notions culturales nouvelles, en procédant avec une prudence voulue qui a été pour beaucoup dans son succès. Grâce à lui les cultivateurs savent la valeur des engrais chimiques et ne les

accueillent plus avec cette défiance qui est la caractéristique souvent malheureuse des gens de la campagne, en Bresse comme en Bourgogne.

Nos paysans n'aiment pas à faire ce qu'ils n'ont pas fait et ce que leurs pères ne leur ont pas appris; c'est le fond de leur caractère : de plus, trop souvent trompés par des coureurs de campagne, marchands d'engrais frelatés, ils sont en défiance un peu justifiée, il faut l'avouer, contre les nouveautés qu'on leur préconise.

C'est ce qui a rendu l'œuvre des Syndicats aussi méritoire que difficile : au lieu de heurter de front des croyances séculaires, les hommes qui étaient à leur tête ont su procéder avec patience, faire la propagande par le fait, la meilleure, et petit à petit ils en sont arrivés à entrer comme un coin dans la confiance de leurs syndiqués.

C'est ce qui s'est produit pour le Syndicat de Bourg, et nous sommes heureux de saisir l'occasion qui s'offre à nous de lui adresser nos plus sincères félicitations pour l'œuvre utile qu'il a pu accomplir malgré les mauvais vouloir de la première heure.

J. D.

Nous n'avons qu'un mot à ajouter : c'est de mentionner le concours actif donné à ce Syndicat par notre vaillant correspondant M. Berthelon, dont les communications sont si justement appréciées par tous nos lecteurs.

Les lins et les chanvres étrangers

Nous ne sommes pas les seuls adversaires du régime qui remplace les droits de douane sur les chanvres et les lins par des primes aux producteurs de lins et de chanvres indigènes. Nous ne sommes pas les seuls adversaires d'un régime doublement onéreux pour nos finances. Nous avons pour auxiliaires des producteurs français qui estiment que le cadeau qu'on leur fait est illusoire.

Dans la vallée de Saumur, les producteurs de lin et de chanvre signent en ce moment la pétition suivante à la Chambre, rédigée par M. de Bexière, président du Syndical de Champtocé:

« Les soussignés, cultivateurs de lin et de chanvre, prient M. le Ministre de l'agriculture et les Pouvoirs publics de vouloir bien, dès maintenant, s'occuper de la protection indispensable à la prospérité de leur industrie, sans attendre l'année 1897, où prend fin la prime accordée à leurs cultures par la loi du 13 janvier 1892. Ils présentent à ce sujet les considérations suivantes :

« La culture du lin et du chanvre donnera aux agriculteurs un profit comparable à celui de la vigne.

« Le lin notamment, semé par le fermier, est acheté sur pied par l'ouvrier des bourgs qui le broye, le peigne, le prépare pour la vente à l'industrie. C'est le gagne-pain d'hiver d'une nombreuse

population et, à ce point de vue, sa culture acquiert l'importance d'une question sociale dans les contrées où elle peut être pratiquée. Elle a à peu près disparu, comme le montre le tableau joint à cette pétition.

« Les bonnes terres de vallée sont seules susceptibles de produire le chanvre, leur étendue est limitée.

« La grande culture peut à volonté augmenter ou diminuer dans de grandes proportions les surfaces qu'elle consacre au lin d'hiver. Quand le lin gèle, il est remplacé au mois de février par de l'avoine ou une culture de printemps. Il n'y a que la semence de perdue. C'est ce qui s'est produit pendant l'hiver 1894-1895.

« Il y a lieu de tenir grand compte de ces considérations dans l'examen des résultats de la prime à ces deux cultures. Si la culture du lin reprenait son ancienne importance, ce qui est bien à désirer à tous les points de vue, elle rendrait le chiffre de la prime insignifiant.

« Au reste, toute la question est mise sous son vrai jour par le projet de loi de M. de Soland, par le rapport de M. Fairé, et par celui de M. Delahaye-Bougère, à la réunion du 29 juin 1895. Ce sont des documents qui devront toujours être consultés.

« Les soussignés n'ont pas la prétention de porter un jugement sur les effets de la loi du 13 janvier 1892. Ils croient qu'un droit protecteur atteindrait plus sûrement le but cherché, et qu'il y aurait pour le budget du pays un double avantage. Leur pétition a pour objet d'attirer l'attention des Pouvoirs publics sur une question si vitale, lorsque viendra le moment de choisir entre le renouvellement de la prime, le droit à la frontière ou l'abandon de toute protection. »

(Suivent 33 signatures.)

Institut agricole de Beauvais.

Samedi dernier a eu lieu le banquet que les élèves de l'Institut offrent chaque année à leurs professeurs et à leurs amis. Au dessert, le frère Paulin, le distingué et sympathique directeur, remercie tous les invités; il a un mot aimable pour chacun, surtout à l'adresse de M. le baron de Corberon, le doyen des amis de l'Institut, et de M. Blanchemain, le si digne président de la Société des anciens élèves. M. le baron de Corberon exprime toute la joie qu'il éprouve en constatant les progrès incessants réalisés par l'Institut, dont il est fier d'être l'ami. Un élève porte la santé des professeurs et un toast à M. Blanchemain. Notre directeur, M. S. Crépeaux, prend la parole au nom des maîtres laïcs qui trouvent à Beauvais un professorat bien agréable. « Quel honneur d'être le collaborateur des frères des écoles chrétiennes, quelle faveur que de voir ses enseignements confirmés par les résultats obtenus par l'élite des agriculteurs ! Comment s'étonner que les élèves aient confiance dans leurs maîtres? » M. Crépeaux félicite les élèves de leur ardeur à l'étude, de leur volonté bien arrêtée de faire honneur au corps enseignant de Beauvais.

Puis M. Blanchemain, dans un de ces discours dont il a le secret, tient ses auditeurs sous le charme; les pensées les plus élevées sont rendues par les phrases les plus éloquentes et les plus littéraires. Un homme comme celui-là suffit pour justifier la haute estime dont jouit l'Institut dans le monde agricole, la respectueuse affection que lui témoignent les camarades dont il est le vaillant porte-drapeau.

En définitive, cette fête prouve une fois de plus la supériorité de l'enseignement religieux, elle explique pourquoi l'Institut de Beauvais est tenu en aussi grande estime par les agriculteurs indépendants.

Le concours agricole de Méru.

Le concours agricole de Méru sous le patronage et avec la participation de la Société d'agriculture de Beauvais est définitivement et officiellement décidé. A la suite de la réunion qui s'est tenue à l'hôtel de ville, vendredi 29 mai, réunion à laquelle assistait M. Mercier, secrétaire de la Société d'agriculture de Beauvais, les dispositions suivantes ont été arrêtées :

Le concours agricole, horticole et industriel aura lieu le 26 juillet prochain. L'emplacement sera la cour de l'usine de M. Flisseau qui est reliée à la voie ferrée et permettra ainsi aux exposants de décharger à quai.

Des billets de tombola du prix de 1 fr. seront émis et donneront droit à une entrée. La sous-commission est ainsi composée : MM. Budin, Levasseur, Jaggi, Saudax. M. Guimier, secrétaire.

En font partie de droit : MM. Gey et Flisseau, conseillers général et d'arrondissement, Dangu, maire, et Brébant, adjoint.

Concours de Saint-Brieuc.

Nous rappelons que ce grand concours s'ouvrira le 21 juin courant.

Il s'agit d'une fête agricole d'une importance capitale puisque le monde agricole doit prouver, par un exemple décisif, qu'il n'a pas besoin de l'Etat pour tenir des concours où tous les genres de mérite agricole trouvent honneur et profit.

Le concours de Saint-Brieuc sera la fête essentiellement nationale et patriotique de l'agriculture libre et affranchie des lisières de l'agriculture officielle.

Il sera démontré qu'une notable partie du budget du Ministère de l'agriculture, qui nous coûte 42 millions, peut être supprimé en même temps que la parade des préfets, présidents d'honneur et que la cause de la liberté agricole se lie à la cause de toutes les libertés aujourd'hui garrottées et mises sous la tutelle ruineuse de l'Etat.

Société d'agriculture de la Nièvre.

CONCOURS DE BŒUFS DE TRAIT

Un concours de bœufs de trait sous robe blanche, de toutes provenances, organisé par la Société d'agriculture de la Nièvre, aura lieu à Nevers les 7 et 8 août prochain.

Les bœufs seront présentés par paire et sous le joug.

21 prix en argent, s'élevant ensemble à plus de 2.000 francs, 7 médailles de vermeil, 32 médailles d'argent seront décernés à ce nouveau concours, qui ne manquera pas d'attirer un grand nombre de visiteurs.

Les déclarations seront reçues jusqu'au 11 juillet. On peut se procurer le programme du concours et des formules de déclaration au secrétariat de la Société d'agriculture, à Nevers.

Congrès et exposition des industries chimiques et agricoles

Ce congrès et cette exposition s'ouvriront le 15 juin courant dans la galerie des machines, au Champ de Mars, et dureront jusqu'au 15 octobre.

Toutes les industries intéressant l'agriculture plus ou moins tributaires de la chimie y seront représentées. Cela suffit pour attirer sur cette exhibition l'attention des intéressés et des agriculteurs en général.

Comice de Seine-et-Oise.

Ce Comice, le plus important en même temps que le plus ancien de toute la France, a tenu dimanche dernier son concours annuel à Houdan pour l'arrondissement de Mantes. La réunion a été brillante, les primes nombreuses et considérables, surtout celles que le Comice attribue aux serviteurs et servantes de ferme dans ce riche département, où la culture serait impossible si la région de l'ouest ne subvenait aux besoins de la main-d'œuvre dont s'éloignent de plus en plus les indigènes, en dépit des leçons d'agriculture données par les instituteurs.

L'honorable président a fait un tableau très exact et très courageux des effets de la crise agricole, et n'a pas négligé un éloquent aveu de l'insuffisance des remèdes que lui promettent les tristes politiciens qui nous gouvernent, et il en a conclu que plus que jamais les agriculteurs doivent songer à se protéger eux-mêmes. Mais comment? Parbleu! il n'y a pas deux moyens. Le seul moyen est de combattre à outrance dans les élections, pour que le parti des mange-tout qui nous mène soit remplacé au Parlement par une majorité résolument dévouée à l'agriculture et aux intérêts moraux et matériels qui sont solidaires avec le sien.

Nous n'avons qu'à enregistrer un témoignage de premier ordre, à l'appui de l'idée que nous défendons depuis le premier jour.

Concours pour la chaire de génie rural à l'école d'agriculture de Rennes.

Ce concours aura lieu le 27 juillet à l'Institut agronomique de Paris. Il s'agit de donner un successeur à M. Debains, décédé. Les candidats doivent adresser leur demande, accompagnée des pièces d'usage au ministère de l'agriculture le 7 juillet au plus tard.

Société de viticulture et d'ampélographie.

Cette Société, dont le titre indique le but qui est d'étudier à fond tout ce qui concerne la culture de la vigne, et surtout sa défense contre ses ennemis de plus en plus menaçants, a été fondée en 1875.

Elle vient de tenir à Paris une réunion générale où elle a procédé à l'élection de son bureau.

Ont été élus :

Président : M. Verninac, sénateur.

Vice-présidents : MM. M. Cornu, directeur du Muséum ; Salomon, de Thomery; Gervais, viticulteur notable.

Secrétaire général : M. Couanon, inspecteur général de la viticulture.

Secrétaires-adjoints : MM. Delonde, Marsais, Rousseau, de l'Institut agronomique, Barbet, chef du laboratoire à Nimes.

Trésorier : M. de Martel, de Cognac.

La Société tiendra son prochain congrès à la fin de septembre, à Chalon-sur-Saône. Elle a décidé qu'elle s'organiserait en dix-neuf sections répondant aux conditions diverses de la production dans autant de centres viticoles français.

Congrès de la Meunerie.

Ce congrès se tiendra les 7, 8 et 9 juillet prochain, au Champ de Mars. On y discutera les questions les plus importantes pour l'industrie meunière, et dont l'avenir se rattache de trop près à celui de l'agriculture pour que celle-ci se désintéresse de ce qui se dira et se fera à ce congrès.

Comice agricole de Nevers.

Ce Comice tiendra son concours annuel à Saint-Vaugel. Nombreuses primes pour grandes, moyennes et petites exploitations de l'arrondissement de Nevers. Adresser les déclarations avant le 15 juin, au secrétaire du Comice, M. Valuère, à Nevers, ou à la mairie de Saint-Saulge.

Société départementale

d'Ille-et-Vilaine.

Cet important concours se tiendra à Montauban, près de Montfort, le 8 septembre. Prix départementaux et prix d'arrondissements distincts et nombreux.

◆

Comice agricole de Gien.

Cet important Comice tiendra son concours à Châtillon-sur-Loire, le 23 août. Les concours de ce Comice sont toujours très importants, grâce à la direction imprimée à ses travaux, par son président M. Loreau, et son vice-président M. Lagny.

◆

CHRONIQUE AGRICOLE

Situation. — La Saison.

Les pluies d'orage ont été plus nombreuses cette semaine que pendant la précédente dans les diverses régions du territoire. Mais ces tardives averses ont été encore insuffisantes, pour atténuer une sécheresse aussi intense. Nous avons par exemple, en Seine-et-Oise, des terres desséchées à une profondeur de 80 centimètres. Une huitaine pluvieuse suffirait à peine à leur rendre le degré d'humidité réclamé par les plantes qu'on leur confierait.

Les pluies de cette huitaine n'ont pas pour cela été inutiles, loin de là, aux plantes semées dans les mois de mars et d'avril; mais le besoin d'eau est toujours pressant dans la plupart des terres, et ce qui est fâcheux surtout, c'est que ce besoin d'eau coïncide avec les fauchaisons des prairies qui réclament le maintien du beau temps. La sécheresse, en effet, a avancé la fauchaison d'une quinzaine sur les années ordinaires.

La situation des récoltes était appréciée, suivant nous, avec exactitude dans les lignes suivantes de l'*Écho agricole*, samedi dernier :

« Le temps a été, cette semaine, plus favorable pour les récoltes; mais les dommages causés par la période de sécheresse que nous avons traversée, ne sont qu'en partie réparés.

« Des pluies d'orages sont tombées dans toutes nos régions, mais on les considère comme insuffisantes, et bien des contrées en ont été à peu près privées.

« Les blés se sont un peu améliorés dans les terres légères, où ils n'avaient pas brillante apparence, car le mois de mai a été défavorable au tallage et le plant, quoiqu'il arrive maintenant, sera peu fourni; la situation reste assez bonne dans les fortes terres, mais les blés y sont un peu clairsemés, et lors même qu'ils donneraient satisfaction à la grenaison, il ne faut plus compter sur l'abondante récolte que l'on espérait il y a un mois.

« Le seigle mûrit rapidement et donnera sans doute une récolte bonne ordinaire.

« Les orges ont profité des pluies et donnent assez d'espérances.

« Les escourgeons sont généralement beaux.

« Les avoines qui avaient beaucoup souffert de la sécheresse auraient encore besoin d'eau; mais il est un peu tard pour qu'on puisse compter sur une bien grande amélioration et il est certain que nous n'aurons pas une récolte aussi abondante que l'année dernière.

« On peut en dire autant pour les fourrages dont la première coupe a été en grande partie perdue, et il faudrait beaucoup de pluie pour assurer le succès de la deuxième coupe.

« La betterave a été assez favorisée pendant la huitaine et, en raison de l'augmentation constatée dans les emblavures, elle donnera sans doute de bons résultats, bien qu'il y ait encore beaucoup d'irrégularités dans les apparences.

« Voilà, en quelques mots, le bilan de la situation agricole. »

◆

Les empoisonnements par les pommes de terre.

Dans ces derniers temps, les journaux agricoles ont parlé comme d'une chose presque nouvelle de l'utilisation de la pomme de terre dans l'alimentation du bétail. Il y a longtemps qu'on l'emploie pour l'engraissement ou simplement pour la nourriture des porcs, des bœufs, des vaches, des moutons et aussi des chevaux. Même lorsque les pommes de terre ne sont pas avariées, les résultats obtenus dépendent beaucoup du tempérament des animaux. Il en est qui ne peuvent les digérer si elles sont crues, sur d'autres, il ne suffit pas qu'elles soient cuites, il faut qu'elles soient salées; en tout cas, il n'est jamais avantageux de les donner d'une façon presque exclusive. Nous avons connu des vaches laitières (ce n'étaient pas évidemment des animaux en bon état habituel) sur lesquelles on pouvait à volonté produire des indigestions en donnant tous les jours, pendant trois ou quatre jours, un repas de pommes de terre cuites non salées.

J'ai observé, en 1893, des troubles digestifs sur des animaux nourris avec des tiges ou avec des tubercules de pommes de terre. Probablement que, sous l'influence de la sécheresse exceptionnelle de l'année, la proportion de solanine était plus forte dans les tiges, cependant les symptômes présentés ne furent pas identiques à ceux de l'empoisonnement par cet alcaloïde.

En septembre 1893, j'ai été consulté pour trois vaches atteintes d'hématurie: sur la plus malade, l'affection datait de trois jours, l'état général était mauvais et la température rectale était de 40° 9. La nourriture était composée presque exclusivement de tiges de pommes de terre.

Traitement: suppression des pommes de terre et leur remplacement par du bon foin. Deux fois par jour un litre de vin avec gentiane, camphre, sous-carbonate de fer et bi-carbonate de soude. Deux fois par jour, un litre de mucilage de graine de lin contenant une cuillerée à bouche d'essence de térébenthine ; guérison.

En décembre 1894, mêmes symptômes sur deux autres vaches nourries de la même manière. Guérison de l'une, mort de l'autre qui était malade depuis plus longtemps.

En septembre, j'avais été consulté pour deux bœufs dont l'engraissement venait d'être commencé uniquement avec des pommes de terre cuites. Diarrhée noire infecte avec une température rectale de 40°, 6.

Traitement : Trois fois par jour, un litre de décoction de têtes de pavots avec phosphate de chaux, sel de Vichy et cachou. Breuvage de mucilage de graine de lin avec laudanum.

Friction sur les reins, les flancs et l'abdomen avec le liniment térébenthiné. Guérison en cinq jours.

J. MORAND,
Vétérinaire.

◆

Nouvelles recherches sur les micro-organismes fixateurs d'azote atmosphérique.

Les agriculteurs savent que de toutes les substances qu'ils sont obligés de rendre à la terre sous forme d'engrais, la plus coûteuse est certainement l'azote qui, soit dans les engrais minéraux (nitrate de soude ou de potasse, sulfate d'ammoniaque), soit dans les engrais organiques (sang, viande, vidange, tourteaux, etc.), coûte de 1 fr. 30 à 2 francs le kilogr. environ. La quantité d'azote qu'il convient d'appliquer par hectare pour obéir théoriquement à la loi de la restitution n'atteint pas moins de 40 à 60 kilogr. pour les céréales, 93 à 180 kilogr. pour les plantes racines, 70 à 80 pour les prés.

On voit combien il est important de faire connaître aux praticiens les expériences faites par les savants sur les divers procédés permettant de fixer dans le sol ou dans les plantes l'azote gratuit de l'atmosphère.

Les recherches à ce sujet se multiplient depuis quelques années, et les progrès vont si vite dans cet ordre d'études que ce qui était vrai hier, devient sinon faux, du moins fort douteux aujourd'hui.

Hellriegel, le chimiste allemand, dont la *Gazette* a annoncé récemment la mort, avait tiré d'expériences généralement très appréciées les conclusions suivantes :

1° Certaines plantes légumineuses possèdent la propriété d'absorber l'azote libre (azote de l'air);

2° La fixation de l'azote est liée à l'apparition d'une sorte de maladie caractérisée par la production, sur les racines, de tubercules spéciaux, ou nodosités blanchâtres, de la grosseur d'une tête d'épingle environ et très visibles quand on arrache un pied de luzerne ou de trèfle par exemple. Ces organismes bactéroïdes, microbes en forme d'Y ou de T (*Rhizobium leguminosarum* de M. Franck) produisent ces nodosités et les habitent, et ce sont ces petits êtres vivants qui absorbent l'azote et le fixent sous forme de matière protéique.

Or, un chimiste de Prague, M. Julius Stoklasa, vient de communiquer le résultat de longues et minutieuses recherches qui aboutissent à des conclusions sensiblement différentes.

Les expériences de M. Stoklasa ont porté sur des lupins semés en plein champ ou placés dans des pots de serre.

D'abord dans les expériences en plein champ, M. Stoklasa, en analysant, au moment de la floraison, un certain nombre de pieds de lupin de même poids, les uns pourvus, les autres naturellement dépourvus de tubercules, trouva comme teneur en azote 1 gr. 096 pour dix plantes munies de tubercules et 1 gr. 063 pour dix plantes sans tubercules. La différence est tellement faible (0,033) que l'on peut en conclure que les lupins munis de tubercules, ne renferment pas plus d'azote que les lupins sans tubercules.

Les expériences en pots ont porté sur quatre séries :

1° Dans du sable stérilisé, 10 pieds de lupin, pesant de matière sèche 27 gr. 86, ont assimilé 391 milligrammes d'azote provenant de l'air. Stoklasa estime par des expériences indirectes que l'air n'a pu fournir aux plantes, sous forme ammoniacale ou nitrique, que 161 milligrammes d'azote; reste donc, pour l'azote gazeux, une fixation de 191 milligrammes. Toutefois les plantes étaient chétives ;

2° Dans le sable stérilisé puis inoculé — pour y introduire le bacille des nodosités — avec 10 grammes d'une terre provenant d'un champ cultivé en lupin, 10 pieds de lupin pesant de matière sèche 64 gr. 85, pourvus de tubercules, ont assimilé 1 gr. 575 d'azote gazeux ;

3° Dans le sable non stérilisé, mais non inoculé, 10 pieds, pesant de matière sèche 66 gr. 4 et dépourvus de tubercules, ont assimilé 2 gr. 126 d'azote gazeux ;

4° Dans le sable non stérilisé mais inoculé, dix plantes pesant de matière sèche 63 gr. 84 et munies de tubercules ont assimilé 2 gr. 09 d'azote gazeux ;

Donc :

1° Contrairement à l'affirmation d'Hellriegel, les tubercules des racines ne sont pas indispensables à la fixation de l'azote gazeux, puisque (série n° 3), dans du sable non inoculé, des lupins dépourvus de tubercules ont assimilé 2 gr. 126 d'azote ;

2° Les algues et les bactéries du sol jouent un rôle actif, beaucoup plus actif même que les bactéries des tubercules, dans l'assimilation de l'azote gazeux par les lupins; en effet, dans la série n° 2, les lupins pourvus de tubercules mais plantés en sol préalablement privé d'algues par la stérilisation ont assimilé 1 gr. 575 seulement d'azote, au lieu de 2 gr. 126 pour la série n° 3 ;

3° Même en l'absence et de tubercules des racines et d'algues ou de bactéries dans le sol, les lupins assimilent de l'azote gazeux, en faible proportion, il est vrai (expériences de la 1re série).

Il est curieux d'avoir à constater que ces expériences viennent confirmer la vieille routine — si décriée par les agronomes en chambre — de la jachère morte, c'est-à-dire celle pendant laquelle la terre est abandonnée à un repos complet sans qu'aucun instrument vienne la travailler. On comprend qu'alors algues et bactéries peuvent se développer parfaitement et exercer leur action fécondante en fixant l'azote atmosphérique.

M. Stoklasa a exécuté sur le sarrasin une autre série d'expériences qui montrent, suivant ses propres expressions, que :

« L'hypothèse d'Hellriegel, d'après laquelle toutes les légumineuses seraient capables de fixer l'azote gazeux, grâce à un phénomène de symbiose, et de le transformer en matière organique de la plante est fausse. »

M. Stoklasa a trouvé en effet : 1° que des plantes non légumineuses, comme le sarrasin, ont le pouvoir de fixer l'azote gazeux grâce aux algues et bactéries du sol ; 2° que tous les phanérogames possèdent, ainsi que l'avait affirmé déjà Franck, la faculté d'assimiler l'azote gazeux; toutefois cette faculté se manifesterait avec une intensité variable.

De ceci il résulte que, dans un avenir prochain, il est probable que la consommation des engrais azotés sera très diminuée, puisqu'il est établi que l'atmosphère peut fournir son azote gratuit à la fois aux micro-organismes du sol et aux organes foliacés de plantes sans doute fort nombreuses, alors que l'on croyait jusqu'ici, d'après Hellriegel, que seules les légumineuses possédaient cette précieuse propriété, grâce aux nodosités de leurs racines.

Les agronomes vont certainement chercher les moyens de favoriser ces si utiles facultés naturelles, et, s'ils réussissent, ce ne sera pas une mince économie pour l'agriculture.

Conclusions pratiques. — 1° Les plantes appartenant à la famille des légumineuses (trèfles, luzerne, sainfoin, vesces, etc.), ne sont pas les seules méritant le titre d'améliorantes ; le sarrasin notamment jouit de la même propriété et est donc à conseiller au même titre que les légumineuses comme engrais vert ;

2° Dans les terres où, par suite de la mauvaise constitution physique du sol ou du sous-sol, l'emploi des engrais azotés n'est pas rémunérateur, et qui sont d'ailleurs pauvres en azote, la pratique de la jachère morte, c'est-à-dire le repos prolongé, sans aucune espèce de travail donné à la terre, est rationnelle, puisqu'alors les organismes du sol peuvent accomplir en toute liberté leur utile rôle de fixateur de l'azote gratuit de l'atmosphère.

C. Crépeaux.

La récolte des foins.

Ainsi que nous le disons plus haut la pluie, tant désirée pour les plantes en terre, est une fâcheuse visiteuse pour les prairies au moment des fenaisons, et principalement pour les foins destinés à la vente. Quant aux foins destinés à la consommation des animaux de la ferme, il importe de rappeler qu'il existe des moyens pratiques de les préserver de la pourriture, même par les temps pluvieux, et d'en tirer pour l'alimentation des bestiaux le meilleur parti.

Parmi ces moyens, notons d'abord le salage. On assure la conservation d'un tas de foin mouillé en y introduisant une solution concentrée de sel, ou même en le soupoudrant de sel en nature.

On conserve le foin mouillé au moyen de l'ensilage tant de fois décrit et recommandé les années précédentes. Il ne s'agit que de l'ensiler promptement, sans laisser à la pluie le temps de le dépouiller de sa sève.

Enfin, par un temps variable où les heures de pluie sont suivies de quelques éclaircies, on pratique avec succès la méthode allemande qui consiste à réunir les herbes aussitôt coupées, en petits tas chacun d'un mètre. On défait ces tas dès que la fermentation échauffe l'herbe au point de n'y pouvoir maintenir la main. L'herbe éparpillée perd ainsi son excès d'eau. On reforme le tas une seconde fois, puis on recommence l'opération non jusqu'à dessiccation complète, ce qui est une grosse faute, le foin trop sec est un maigre aliment, mais jusqu'à une demi-dessiccation. Le foin ainsi préparé est très sapide et nutritif. Sa couleur est plus brune que celle du foin sec; mais il est supérieur à ce dernier comme aliment. Aussi est-il le meilleur pour alimenter les animaux de la ferme.

Ainsi, constatons-le, même par les temps les plus pluvieux, la culture a des moyens assurés de récolter ses foins en bon état, et il faut en finir avec le préjugé traditionnel, encore général dans certaines campagnes d'après lequel le séchage serait le seul moyen d'obtenir un foin capable de conservation.

Le salage, l'ensilage, la fermentation en petits tas sont des moyens de conservation qui ont fait leurs preuves en France et à l'étranger. La préparation du foin dit brun entre autres, mérite d'être propagé dans la pratique générale.

Instruments de fauchage. — Nous n'avons rien de nouveau à apprendre en cette matière. Les faucheuses à cheval sont aujourd'hui connues pour leurs avantages et pour leurs inconvénients, de même que les râteaux à cheval et les faneuses. Ainsi que nous le disions, la faneuse à râteaux mus par des bras de levier a une certaine faveur.

Enfin, dans la petite culture, la fourche dite vosgienne, si excellente pour le ramassage des foins comme pour celui des javelles dans les moissons, est de plus en plus à recommander.

Époque des fenaisons. — Un préjugé encore régnant dans les campagnes, c'est de ne couper le foin qu'à la pleine maturité de toutes les graines des herbes. A ce moment déjà les tiges desséchées et à l'état de paille ont perdu la presque totalité de la sève qui est l'élément nutritif du foin.

La fauchaison doit être opérée lorsque les herbes commencent à fleurir, même plus tôt au besoin. L'époque est facile à déterminer lorsque les herbes qui composent le foin fleurissent à la même époque, ce qui n'a lieu que dans les prairies ensemencées par ces graines ainsi choisies. Dans les autres, on prend une moyenne entre les plantes à floraison hâtive et à floraison tardive. Mais, en fait, c'est un mauvais système de ne faucher qu'à la pleine maturité.

On objecte que la fauchaison hâtive rend moins en quantité. Oui, mais elle rend plus en qualité et de plus la pousse des secondes coupes est plus rapide et plus abondante.

Nous recommandons une opinion professée par tous nos agriculteurs les plus compétents.

<hr>

Fauchage
des prairies artificielles.

Les trèfles, sainfoins et luzernes doivent être fauchés à la première apparition de leurs fleurs. — Plus tard il y a dans les tiges et les feuilles une déperdition de sève qui en diminue la valeur alimentaire.

Pour sécher les herbes de ces prairies le système qui consiste à les dresser en petites moyettes est de plus en plus recommandé. Pour opérer rapidement, on accouple les ouvriers ou plutôt les ouvrières, l'une d'elles tient sous son bras les deux brassées ramassées par elles ; l'autre la lie avec des herbes longues que contient la double brassée. On dresse ensuite celle-ci en forme de moyette. Ce procédé a le mérite de conserver toutes les feuilles qui sont la partie la plus nutritive des trèfles, luzernes, sainfoins, vesces, etc., il coûte peu cher, 10 à 12 francs l'hectare au plus, et fournit sûrement un excellent fourrage.

<hr>

La sauve, les essanveuses.

La moutarde jaune dite *sauve* un peu partout, *sotte* en Seine-et-Oise, est un véritable fléau pour les céréales qu'elle envahit avec une vigueur et une abondance effrayante au printemps, alors que sous ses fleurs jaunes disparaissent les céréales dont elle absorbe l'air et la nourriture.

Pour détruire la sauve, on a essayé d'employer des machines dites *essanveuses*, de deux systèmes. Les unes consistent en un tambour, portant des baguettes de fil de fer dont la rotation rapide brise les extrémités de la plante. On espère alors qu'elle périra et ne fournira pas de graine. Le second système consiste en un peigne horizontal monté sur roues, qui, en parcourent le champ, déchire les extrémités des sauves.

Il paraît que ni l'une ni l'autre de ces machines n'a donné les résultats désirés.

Interrogé à ce sujet par ses collègues à la Société nationale d'agriculture, M. Tétard, qui avait essayé de ces machines, a répondu : « Quand l'essanveuse a coupé la tête de la plante, elle pousse de nouvelles tiges à sa base, — et d'ailleurs les récoltes souffrent beaucoup des frottements de la machine. »

« Le seul moyen, dit M. Tétard, de combattre la sauve, c'est de semer les céréales et même les plantes fourragères en ligne. On extirpe ensuite la sauve par les binages et les sarclages. »

<hr>

Les gerbées de féveroles.

Les féveroles fournissent par leurs grains un aliment très concentré, justement estimé. Mais on n'apprécie pas assez la valeur alimentaire de leurs tiges et de leurs gousses récoltées par *gerbées* en vert, c'est-à-dire avant la maturité.

En Belgique, l'emploi des féveroles ainsi récoltées est d'un usage général et donne des profits très appréciés dans l'alimentation de tous les animaux, spécialement des chevaux et des moutons.

M. Drumel, ingénieur belge, a fait un calcul qui justifie largement ce mode d'emploi des féveroles :

« En admettant à l'hectare, dit-il, une récolte moyenne de 1.600 kilogrammes de grains et de 3.000 kilogrammes de paille, et en prenant les compositions données dans les tables de Wolff, on obtient la teneur centésimale suivante pour les gerbées de féveroles :

Eau	15.440
Cendres	4.110
Protéine brute	15.380
Graisse brute	1.210
Principes extractifs non azotés	24.515
Cellulose brute	39.345
	100.000

« Si l'on répète le même calcul pour les éléments digestibles dont on doit tenir compte dans le calcul d'une ration, on arrive aux teneurs centésimales suivantes :

Albumine	10.950
Hydrates de carbone . . .	40.380
Graisse	0.815

« Si nous admettons les taux moyens des coefficients de digestibilité de Wolff, qui sont :

7,13 0/0 pour la protéine,
6,32 0/0 pour les hydrates de carbone,
6,74 0/0 pour la graisse,

nous obtenons :

Albumine digestible	11,74 0/0
Hydrates de carbone digestibles	40,07 0/0
Graisse digestible . .	0,68 0/0

« Ces chiffres se rapprochent de ceux trouvés par le calcul. Etant déduits de la composition de fourrages produits en Belgique, nous pouvons même les considérer comme plus exacts dans nos conditions et par conséquent les admettre dans les calculs des rations alimentaires des animaux domestiques. »

<hr>

Liens agricoles économiques.

Chaque année, à pareille époque, c'est-à-dire à la veille des *moissons*, nous nous efforçons de tenir nos abonnés au courant des inventions, procédés, innovations, etc., susceptibles de leur rendre service, au moment où les travaux sont si importants et le temps si précieux.

Nous les entretiendrons aujourd'hui du développement qu'a pris dans notre pays l'emploi des *liens économiques*, liens confectionnés en fibres végétales, que le cultivateur peut toujours se procurer à l'avance, pour une somme relativement minime, chez M. Jacob, 19, rue Turbigo, à Paris.

Chacun sait que la confection des liens pour les récoltes est une opération très importante, soit qu'on lie les blés à mesure qu'ils sont coupés, soit qu'on ne procède à cette opération qu'après le javelage.

C'est la paille de seigle qui servait communément à confectionner ces liens. Or, le laps de temps qui s'écoule entre la coupe du seigle et celle des autres céréales est très court, d'où il suit que les cultivateurs sont obligés soit de faucher trop tôt les seigles qui doivent servir pour les liens, soit de conserver sur pied, en attendant la confection de ces liens, toutes les autres céréales, ce qui est, surtout pour le blé, très préjudiciable à la récolte.

C'est là que nous rencontrons les services réels que rendent les *liens économiques* ; d'abord ils font gagner, outre l'argent, un temps très précieux sur la main-d'œuvre, leur souplesse et leur solidité remarquables facilitent le travail, en même temps qu'elles réalisent encore une autre économie notable, car ils peuvent durer nombre d'années, tout en étant utilisés plusieurs fois chaque saison pour les différentes récoltes, tandis que les liens de paille ne peuvent être employés qu'une seule fois.

Leur mode d'emploi est le même que celui des liens de paille ; il n'exige ni apprentissage, ni connaissances spéciales.

COURTIN.

Les avoines dans l'Allier.

On nous écrit que dans l'Allier, notamment aux environs de Moulins, les avoines sont ravagées par un insecte hyménoptère, de couleur noirâtre, nommé l'*hyphiociba curata*. Aucun moyen de destruction n'a réussi contre cet insecte. Les cultivateurs ont pris le parti de brûler leurs avoines pour sauver leurs récoltes à venir. On trouve cet insecte sur les orties, dit-on. Alors il faudrait brûler les orties aussi activement que les avoines.

Expériences sur le traitement Rassiguier contre la chlorose de la vigne.

MM. Houdaille et Guillon ont fait d'importantes expériences sur l'absorption par la vigne des liquides à base de sulfate de fer, procédé Rassiguier, contre la chlorose. Voici leurs conclusions : 1° Dans le vignoble méridional, la période qui paraît la plus favorable à l'application du traitement Rassiguier est celle du mois d'octobre ; la vitesse d'absorption des sarments sectionnés pour les liquides décroît progressivement en novembre et en décembre ; — 2° le décroissement de la vitesse d'absorption est déterminé à la fois par la réduction de l'évaporation qui s'opère sur la partie aérienne du cep et par l'augmentation progressive de la teneur en eau du sol ; — 3° pendant la première période (octobre) où la vitesse d'absorption est grande et la teneur en eau du sol encore faible, la chute d'une pluie même abondante ne compromet pas l'efficacité du traitement Rassiguier ; — 4° pendant la seconde période (novembre et décembre) la chute d'une pluie même faible, en achevant la saturation du sol et en réduisant la vitesse d'évaporation, peut annuler temporairement l'absorption du sarment sectionné. Il y a donc lieu, au moment d'une pluie, d'interrompre pendant au moins vingt-quatre heures, l'application du traitement.

Nitrate de soude.

A raison du rôle important que joue le nitrate de soude dans les engrais, une étude importante de cette matière fertilisante s'impose à la chimie agricole : celle des matières étrangères qui s'y trouvent mêlées et leur influence neutre, ou favorable ou nuisible, sur le nitrate même.

Or l'analyse chimique découvre dans les nitrates de soude les matières suivantes en plus ou moins grande proportion : des gaz solubles, des chlorures de potassium et de sodium, sulfates de potasse et de soude, acédate de soude des matières insolubles, le tout dans une proportion de cinq et dix pour cent. — La teneur du nitrate en azote doit être calculée en tenant compte de cette proportion de matières étrangères.

Quant à l'influence de ces matières sur les effets du nitrate, nous n'avons pas lieu de constater qu'elle soit nuisible, du moment qu'elles sont solubles.

Culture de la pomme de terre.

ENCORE LA QUESTION DES PLANTS

Le débat sur la question des plantations par tubercules entiers ou par tubercules fragmentés a mis aux prises, comme nous l'avons vu, M. Aimé Girard partisan des gros tubercules moyens entiers, et M. Alliet, d'Avignon, partisan des tubercules fragmentés, et des petits tubercules réunis. — Des deux côtes on a invoqué des expériences concluantes.

M. Paul Genay dont l'autorité est fondée sur plus de vingt années de cultures expérimentales, avait droit d'être écouté en un tel sujet. Il vient d'exposer son opinion qui se résume en une théorie en quelque sorte de conciliation. Il estime en effet que les rendements des pommes de terre sont en général proportionnés à la quantité ou au poids des tubercules plantés, sous une des trois formes quelconques entre lesquelles a eu lieu le débat.

Il résulte du verdict de M. P. Genay, si nous ne nous trompons, que le planteur a intérêt à planter les tubercules qu'il a sous la main, de façon à déposer en chaque poquet un poids convenable de pulpe munie de bourgeons.

Voilà, à notre sens, le dernier mot de la question jusqu'à ce jour, en attendant la prochaine récolte.

HORTICULTURE

Travaux du mois de juin.

JARDIN FRUITIER

On pincera la vigne, à deux feuilles au-dessus du raisin, mais on ne pincera qu'en juillet et août les rameaux destinés à la production de l'année prochaine, même s'ils portaient des raisins. On devra laisser ces rameaux se fortifier quand même leurs raisins devraient moins grossir.

On ébourgeonnera avec grand soin tous les rameaux inutiles, c'est-à-dire tous ceux qui ne portent pas de fruits et, n'ayant pas de destination future, ne peuvent qu'encombrer et absorber la sève et l'air au détriment des autres.

Nous sommes arrivés à l'époque du pincement et du palissage des arbres fruitiers ; ce travail devra être fait avec le plus grand soin. Les rameaux vigoureux devront être pincés et palissés les premiers, les faibles devront l'être quinze jours ou un mois plus tard pour leur donner le temps de prendre de la force, les trop faibles ne seront ni pincés ni palissés.

On fera la deuxième taille aux pêchers aussitôt que les fruits seront bien noués, c'est-à-dire que tous les rameaux à fleurs qui ont été taillés long, pour les laisser fructifier, seront rabattus sur l'œil le plus près de la branche mère, si la fructification n'a pas réussi ; si au contraire elle a réussi, on rabattra également, s'il y a lieu, sur le bourgeon le plus près du fruit. On fera bien aussi, si les pêches sont trop nombreuses, d'en restreindre la quantité ; en procédant de cette façon on récoltera de plus beaux fruits et meilleurs, puis l'arbre, n'étant pas fatigué, pourra produire l'année suivante.

JARDIN POTAGER

On commencera à récolter quelques graines qu'on laissera sécher à l'ombre et qu'on étiquetera attentivement. On sèmera, en plein air, les radis noirs, les choux-fleurs, carottes, cerfeuil, chicorées, scaroles, haricots nains et flageolets, laitues, romaine, laitue verte, laitue blonde, mâches, navets, pois de Clamart, radis roses, raiponce, etc.

JARDIN D'AGRÉMENT

On arrachera les oignons des tulipes, des jacinthes, des jonquilles, des scilles, etc., ainsi que les griffes des anémones, des renoncules, etc., aussitôt que les feuilles se flétriront On tondra les gazons avant qu'ils portent graine, afin d'éviter leur épuisement.

On ébourgeonnera les rosiers et on commencera l'écussonnage à œil poussant.

On supprimera avec soin les roses flétries qui fatiguent l'arbrisseau et le déparent, mais on ne laissera rien du rameau, après la rose supprimée, sous peine de voir manquer la deuxième floraison. Si les rosiers étaient attaqués par le blanc, on le ferait facilement disparaître en les seringuant deux jours de suite avec de l'eau salée à raison de 30 grammes de sel pour un arrosoir.

On pincera vigoureusement les rameaux gourmands qui énervent le rosier.

On supprimera aussi une partie des boutons, aux variétés trop florifères, si on préfère la beauté à la quantité des fleurs.

Si on veut obtenir de belles pensées, il faudra les semer au plus tard du 1er au 15 juillet dans des terrines contenant du bon terreau de feuilles bien consommé, on tassera légèrement la terre, puis on sèmera les graines qu'on recouvrira avec du terreau bien tamisé ; on le tassera aussi, mais faiblement, seulement afin d'appuyer la terre sur la graine.

On placera les terrines sous châssis près du verre, en ayant soin d'ombrer jusqu'à la germination des graines ;

lorsque celles-ci seront levées, on transportera les terrines en plein air dans un endroit bien ombragé, et quand les plantes auront quatre ou cinq feuilles, on les repiquera en terrine ou sur une plate-bande bien préparée, sur laquelle on étendra du terreau bien tamisé.

Au commencement de novembre, on les mettra en place et on aura vers la fin d'avril des plantes saines et vigoureuses dont la floraison durera sans discontinuer jusqu'en juin ou juillet.

J. CHAURÉ.

(*Moniteur d'Horticulture.*)

Les jus de tabac titrés.

Nous avons annoncé la mise en vente par la régie et sans les formalités, de jus de tabac ordinaires et surtout de jus de tabac concentrés qui seront employés utilement en mélange avec de l'eau.

L'instruction adressée aux acheteurs contient les dispositions suivantes que nous jugeons utile de signaler à leur attention.

La régie met en vente dans tous les entrepôt et débits un nouveau liquide fabriqué dans ses manufactures très efficaces, dosé à un taux régulier de *nicotine* et exempt de matières fermentescibles, ce qui permet de le conserver indéfiniment en vases clos.

A cet effet, le liquide sera logé dans des bidons en fer-blanc soudés, munis d'une étiquette portant l'indication sommaire du mode d'emploi, la marque de fabrique de la régie, la contenance et le prix des bidons.

Ces récipients seront de trois calibres différents, contenant 5 litres, 1 litre et un demi-litre.

Les bidons seront vendus à la pièce d'après le tarif suivant : le bidon de 5 litres, 16 francs aux débitants et 18 francs aux consommateurs ; le bidon de 1 litre, 3 fr. 50 aux débitants et 4 francs aux consommateurs ; le demi-litre, 2 francs aux premiers et 2 fr. 50 aux seconds.

Les consommateurs seront admis à s'approvisionner directement dans les entrepôts aux prix de vente des débits.

Les ventes directes des entreposeurs, ainsi que leurs livraisons aux débitants comporteront le paiement au comptant du prix du jus.

Cinq manufactures sont, pour l'instant, chargées de la préparation du jus riche en nicotine. Ce sont : Paris (Gros-Caillou), Lille, Châteauroux, Tonneins, Marseille.

Néanmoins, en attendant que l'usage du jus riche se soit vulgarisé, et pour ne pas troubler trop brusquement les habitudes des consommateurs de jus ordinaires, ces derniers continueront provisoirement à être livrés dans les conditions actuelles.

Le jus titré étant très pur et à peine coloré, il n'aura pas, comme les produits livrés jusqu'à ce jour, l'inconvénient d'encrasser les appareils de pulvérisation et de tacher les fleurs, ainsi que la toison des animaux.

Il conviendra enfin de faire observer :

1° Que le jus titré étant cinq ou six fois plus riche en nicotine que les jus ordinaires, il doit être étendu d'une quantité beaucoup plus grande d'eau ; la proportion de ce mélange est indiquée sur les étiquettes ;

2° Que la manipulation du nouveau produit exige, à raison de son degré de concentration, plus de soin et d'attention que le maniement des jus simples ; notamment, de ne pratiquer de fumigation dans les serres qu'à la fin de la journée et de se retirer sur le champ pour ne pas être incommodé par les vapeurs de nicotine.

La tannée comme engrais.

La tannée, ou poudre d'écorce, dite tan, est une matière excellente pour la litière des animaux d'abord ; ensuite, comme abri protecteur des plantes du jardin ou contre la sécheresse d'abord, surtout pour pailler les fraisiers, et pour les défendre contre les animaux ravageurs, les limaces surtout, qu'éloignent l'odeur et l'acidité du tan.

La tannée, imprégnée des urines des animaux, est un engrais d'une valeur très appréciable.

C'est une matière d'une grande utilité en horticulture.

Une plante qui fait rire.

Cette plante singulière pousse, dit-on, en Arabie. Pas besoin de dire qu'elle ne pousse point dans les jardins politiques de nos maîtres, où il ne pousse que de gros impôts, qui ont pour nos ruraux un effet contraire et ne sont gais que pour l'armée sans cesse grossissante des pensionnaires du budget.

Donc, cette plante rieuse de l'Arabie produit des baies contenant deux ou trois graines ayant la forme et le volume approximatif d'un haricot, qui produisent, lorsqu'on les mâche, cette étrange hilarité.

Mais, quand l'excitation cesse, le patient épuisé, tombe dans un profond sommeil qui dure parfois plusieurs heures. A son réveil, il ne se souvient plus des extravagances auxquelles il s'est livré.

Voilà une plante que bien des personnes, qui se piquent d'être amusantes en société, devraient faire consommer au préalable à leur auditoire. Mais ce n'est pas son meilleur titre à l'importation de sa culture.

La culture de cette plante pourrait peut-être produire des effets plus utiles. L'analyse chimique et la médecine trouveraient peut-être des propriétés thérapeutiques dans ces baies.

RECETTES

Économie du sucre dans la préparation des fruits. — Des recherches chimiques ont prouvé que dans la cuisson des fruits confits on peut réaliser une grande économie de sucre. Il suffit de faire bouillir tout d'abord les fruits seuls, puis ensuite, d'ajouter le sucre, puis on fait bouillir un peu le tout ensemble. Quand on fait bouillir les fruits avec le sucre, celui-ci se convertit en sucre de raisin, et en cet état fournit à peine moitié autant de sucre qu'à son état naturel.

DROIT RURAL

LA PROPRIÉTÉ DES ARBRES MORTS. — *Question* : Mon fermier prétend disposer de tous les arbres morts, pommiers, cerisiers, noyers, etc., même ceux cassés et arrachés par le vent. En a-t-il le droit? L'article du bail de l'ancien propriétaire que je représente aujourd'hui est ainsi conçu : « En principe, l'épluchage des pommiers et l'arrachage du gui seront exécutés par le preneur, l'arrachage des arbres morts, *désignés par le bailleur*, également. Toutefois, celui-ci pourra se charger de ces travaux, s'ils sont mal faits ; le bois appartiendra à celui des deux qui exécutera le travail. »

Réponse : En principe, le tronc des arbres morts appartient aux propriétaires et les branches au locataire. Mais, dans la circonstance, le bail déroge à cette règle en attribuant tout le bois à celui qui fait l'arrachage.

OFFRES ET DEMANDES

Ferme de l'Institut Agricole de Beauvais. — A VENDRE :

1° Très bon bélier *charmois* en état de faire la lutte.

2° Œufs, poulettes et coqs des races : La Flèche, Dorkins, Leghorn, Campine et Padoue Doré, Langshan, Gournay, Coucou de Malines, Houdan, Cochinchinoise fauve, Brahmapoutra, canards de Rouen.

RED-CAP

Œufs à couver de cette excellente race de poule, réputée la plus jolie et la plus forte pondeuse, garantis race pure frais et fécondés, 5 fr. la douzaine franco de port et d'emballage. S'adresser à **Calixte Dany**, Althen-les-Paluds (Vaucluse).

Important : J'invite les personnes qui veulent bien me confier leurs ordres de toujours y joindre un mandat, les remboursements n'étant bénéficiables qu'aux Compagnies.

Toujours donner le nom de la gare à laquelle il faut adresser les envois.

M. POUZIN offre de jolis **racinés** de son plant de vigne à la seule condition pour les demandeurs de lui tenir compte d'une partie de la recolte d'une année. — Contre 0 fr. 25 il expédie son *Guide* pour la culture de cette variété.

Ecrire à M. Pouzin Emile, à Saint-Paul-les-Romans, Drôme.

JEUNE HOMME de 19 ans, manquant un peu d'expérience, demande une place de charretier dans une exploitation agricole bien tenue. Demande peu ou point de gages au début.

S'adresser au bureau du journal.

Huiles d'olive garanties pures et sans mélange venant directement de la propriété.

Au prix de 1,80, — 1,60, — 1,50 le kilog. suivant qualité.

Gare départ, paiement contre remboursement. S'adresser à M. Edouard Laurin, propriétaire à Saint-Chamas (Bouches-du-Rhône).

GRAND CRU MENARDIERE. Cidre normand pur jus, 15 fr. l'hecto non logé.

Eau-de-vie de cidre garantie pure : 3 fr. le litre.

Sassier, propriétaire. La Colombe (Manche)

Agriculteur, ancien régisseur de grandes propriétés, demande direction d'un domaine en France ou colonies. Excellentes références.

Ancien Industriel ayant possédé usine importante, fait valo plusieurs Fermes et Bois de haute futaie, dé ire se placer comme intendant-régisseur. Nous recommandons spécialement cette personne qui a de grandes connaissances techniques à possesseur de grand domaine. Ecrire au bureau du journal.

Purificateur d'air pour tonneaux, l'un 4 50 franco gare.

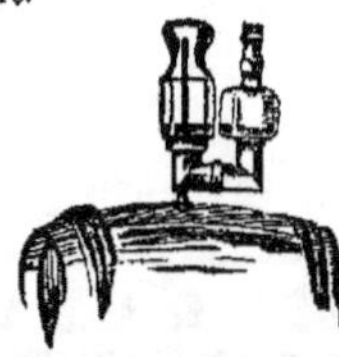

Moyennant un supplément de 0 fr. 40, nous joindrons à l'envoi une mèche à percer de calibre et moyennant 0 fr. 10 en plus, une mèche soufrée.

COURS DES BESTIAUX

Marché de la Villette du 11 juin 1896.

PRIX DE LA VIANDE NETTE

	1re qualité	2e qualité	3e qualité
Bœufs. ..	1.48	1.38	1.28
Vaches...	1.46	1.33	1.26
Taureaux.	1 24	1.14	1.04
Veaux....	1 86	1.66	1.26
Moutons..	1 92	1.80	1.70
Porcs....	1.06	1.04	0.90

ESPÈCES	AMENÉS	VENDUS	PRIX EXTRÊME	
			viande net	poids vif
Bœufs....	2.257	2.207	1.28 à 1 48	60 à » 92
Vaches...	646	683	1.26 1.46	55 » 91
Taureaux.	284	249	1 04 1.24	48 » 76
Veaux....	1.484	1.493	1.26 1.86	61 1.20
Moutons..	18 164	16,524	1.70 1.92	75 1.20
Porcs. ...	3.368	3.305	« 90 1.06	56 » 68

Vente meilleure.

Marché de la Villette du 4 Juin 1896.

PRIX DE LA VIANDE NETTE AU KILOGR.

	1re qualité	2e qualité	3e qualité	Prix extrême
Bœufs....	1.55	1.47	1.37	1.33 à 1.59
Vaches...	1.49	1.38	1.28	1 23 1 53
Taureaux	1 30	1.21	1.05	1 02 1.35
Veaux....	1.84	1.66	1.46	1.35 1.90
Moutons.	1.88	1.78	1.66	1.64 1.95
Porcs....	1.00	0.90	0.82	0.80 1.04

ESPÈCES	AMENÉS	RENVOI	OBSERVATIONS
Bœufs ...	1.839	1.745	Vente en hausse.
Vaches...	479	435	
Taureaux.	183	179	
Veaux....	1.750	1 389	
Moutons..	11.928	10 923	
Porcs.....	4 921	4.921	

PRIX DE LA LIVRE AU POIDS VIF

	1re qualité	2e qualité	3e qualité	Prix extrême
Bœufs....	0.72	0.63	0.53	0 50 à 0.78
Vaches...	0.68	0.58	0 48	0.46 0.73
Taureaux.	0.58	0.53	0.46	0.44 0.64
Veaux....	0.82	0.70	0.60	0.55 1.86
Moutons..	0.88	0.75	0.64	0.60 1.94
Porcs....	0.97	0 32	0.28	0.26 0.40

Prix par races au kilog de viande nette.

	Bœufs	Vaches
Normands.....	1.47 à 1.55	147 à 1.53
Limousins.....	1.47 à 1 55	145 à 1.50
Choletais.....	1.47 à 1.53	137 à 1.48
Bourbonnais ...	1.45 à 1.52	— à —
Berrichons	1.47 à 1.54	— à —
Bretons	— à —	— à —
Etranger......	1.42 à 1,48	— à —

Ces prix s'entendent pour la première qualité, la seconde vaut environ 8 0/0 de moins et la troisième environ 16 0/0 de moins que la première.

PRODUITS COLONIAUX

Renseignements fournis par MM. Maréchal et Cie, courtiers, 9, rue Chevreul, Paris.

Cafés. — Au Havre, le marché à terme a présenté beaucoup d'animation et les cours ont été en baisse sur ceux de la semaine précédente. L'augmentation des recettes au Brésil ont pesé sur les cours et les haussiers ont cherché à réaliser, d'où un désarroi complet.

En disponible, affaires très calmes par suite de la baisse du terme.

Le marché de Bordeaux a été également fort à la baisse par suite des agissements de la spéculation. Les transactions ont été nulles ou simplement réduites aux besoins de réassortiment les plus immédiats. — Voici quelques affaires traitées dans la semaine :

100 sacs Porto-Cabello non gragé à 90 francs.

200 sacs Porto-Cabello non gragé de 95 à 98 francs.

150 sacs Guayra non gragé à 92 francs.

200 sacs Porto-Cabello non gragé à 98 francs.

250 sacs Porto-Cabello extra à 101 francs.

100 sacs Guayra gragé à 115 francs.

100 sacs Caracas non gragé à 100 francs, le tout les 50 kil. entrepôt.

Le stock au 30 mai dans les entrepôts de la Chambre de Commerce comportait 2.573.755 kil. contre, en 1895, à la même époque, 2.844.552 kil.

Cacaos. — La situation de cet article reste généralement sans changement appréciable, les prix sont plutôt favorables aux acheteurs.

Vanilles. — A Paris, affaires assez restreintes ; les importateurs tiennent leurs prix ; les belles qualités extra-fines obtiennent encore un prix élevé.

La place de Bordeaux a eu des demandes actives et seules les prétentions exagérées des détenteurs ont empêché d'importantes affaires. — En première main on a vendu : 21 boîtes Réunion à prix non divulgué.

Le stock au 30 mai dans les entrepôts de Bordeaux était de 6.058 kil.

Gommes. — L'article est toujours bien tenu sur les principaux marchés. — A Bordeaux, des affaires ont été traitées en gomme Sénégal à des prix en hausse, signalons notamment 6.6 sacs Bas-du-fleuve à 140 francs les 100 kil.

Marseille offre les galam à 145 et les Bas-du-fleuve à 150.

CORRESPONDANCE

AVIS TRÈS IMPORTANT

Quelques abonnés se plaignent de ne plus recevoir la *Gazette*. Or, il se trouve qu'après vérification faite sur nos registres, leur journal nous a été retourné plusieurs fois de suite par la poste, avec la mention *refusé*. Pour éviter pareilles erreurs et nous permettre de les réparer nous prions instamment nos lecteurs : 1° de nous signaler toutes les irrégularités, 2° de nous aviser par une carte postale quand ils désirent cesser leur abonnement, et, dans ce cas, ils rendront service à la cause que nous servons en nous donnant le motif de leur décision.

M. A., à *Saint-M. (Marne)*. — La fabrication des superphosphates à la ferme est une mauvaise opération ; elle réclame un matériel spécial et vous savez combien le maniement de l'acide sulfurique offre de dangers. Vous avez tout avantage à vous adresser aux bonnes maisons spéciales pour vous procurer des superphosphates. Pourquoi n'essayez-vous pas les phosphates fossiles assimilables de *Quiévy* qui titrent le même dosage en *acide phosphorique* garanti et de plus 83 0/0 d'assimilabilité ? Ces phosphates supérieurs ne reviennent qu'à 0 fr. 23 le degré d'acide phosphorique soluble.

M. le comte de C. (Somme). — Le maïs est une des meilleures graminées pour l'obtention des fourrages d'automne. Il peut être semé jusqu'à la fin de juin, soit en lignes espacées de 0 m. 25, soit à la volée, il est bon d'activer la germination des graines en les laissant tremper vingt-quatre heures. Le maïs *quarantain* semé en mai peut être fauché au commencement d'août ; le maïs *Carayua* ou *Dent de cheval* est plus tardif mais plus productif ; les tiges atteignent quelquefois 2 mètres de hauteur ; on le coupe en septembre. Pour le semis à la volée on emploie 150 kil. de nitrate de soude par hectare, en lignes il suffit de 100 kil. On active la végétation du maïs et on rend sa production plus abondante, en donnant à la terre une fumure composée de 200 kil. de superphosphate et de 150 kil. de nitrate de soude par hectare. La variété *Dent de cheval* peut donner dans les terres très fertiles jusqu'à 100.000 kil. de verdure par hectare.

M. A., à O. (Haute-Marne). — La faucheuse Albaret dite la *Persévérante* est très recommandée, elle va partout, elle est construite pour chevaux et bœufs, elle est légère de traction, tous les engrenages sont préservés de la poussière à l'aide d'une enveloppe métallique ; sa résistance est très grande et à toute épreuve.

M. R., à S. (Yonne). — Le *Crésyl-Jeyes* est sans rival pour l'assainissement et la désinfection des habitations (appartements, chambres de malades, cabinets d'aisance), hôpitaux, casernes, navires, abattoirs, ateliers, usines, écuries, étables, chenils, poulaillers, porcheries, wagons à bestiaux, etc. ; c'est le plus sûr préservatif contre les *épidémies* et les *épizooties* (fièvre aphteuse, rouget, charbon, etc.). Plus efficace que l'acide phénique, il la remplace avec avantage et *sans danger* dans le pansement des plaies, ulcères, morsures, etc.

N'étant toxique à aucun degré, il peut être employé pour le pansage des *chevaux*, le *lavage des chiens*, moutons, bœufs et autres animaux qu'il débarrasse complètement de tous les *parasites* et qu'il met à l'abri des piqûres de mouches, taons, etc.

Frère aîné. Dispense militaire. — M, M... M..., à la Fonderie. — Si votre fils cadet a moins de trois ans d'âge que son frère aîné, il ne fera qu'un an ; si, au contraire, il est âgé de plus de trois ans, n'y aurait-il que trois ans et un jour entre les deux frères, que le cadet ferait trois ans.

Chemin de fer. Clôture. — M. du M.., au Mans. — Les Compagnies de chemin de fer ne sont tenues de faire des clôtures que pour la conservation de la voie ferrée ; mais rien ne les oblige à faire une clôture pouvant servir aux propriétaires riverains et permettant de mettre des animaux au pâturage. Les propriétaires sont obligés de faire des clôtures pour empêcher les animaux d'aller sur la voie.

Servitude de passage. — M. G... D..., à La Chaise-Dieu. — Nous vous engageons à ne pas vous laisser signifier le jugement par défaut rendu contre vous. Il faut y former opposition de suite et justifier que la propriété ne vous appartient pas ; votre adversaire sera condamné à tous les frais. Si vous ne faites pas opposition régulière et immédiate, vous serez obligé de supporter tous les frais.

Vigne. Dommages causés par les lapins. — M. E... D..., à Sambuin. — Le lapin peut parfaitement brouter la vigne et lui faire un tort important. Vous n'êtes pas responsable du dommage causé par les lièvres. Il sera difficile de déterminer le dommage causé par le lapin ou le lièvre. Il est certain que l'existence de la broussaille peut atténuer votre responsabilité parce qu'elle sert de refuge aux lapins et lièvres.

Dans une question aussi délicate, nous vous conseillons de prendre des experts qui se transporteront sur les lieux, examineront quel est l'animal qui cause le plus de dommage et fixeront la part de chacun.

PRIMES A NOS ABONNÉS

Délicieux **Vin Muscat Vieux** tonique et réconfortant venant directement de la propriété, garanti authentique, offert en prime à nos abonnés à raison de 1 fr. 25 le litre logé en fûts de 25 à 35 litres. Fûts perdus.

Adresser les commandes au Bureau du Journal 10 *bis*, rue Piccini, Paris.

Si vous voulez boire du bon vin de Saint-Emilion, adressez-vous à M. Duplessis-Fourcaud, au château des Trois-Moulins, à SAINT-EMILION (Gironde).

(Voir le prix courant.)

Porte-pantalon hygiénique, *breveté S. G. D. G.* de P.-B. Noël. Prix de faveur pour nos lecteurs. Pour hommes, jeunes gens et enfants de dix ans franco 4 fr.; pour femmes et fillettes, 4 fr. 50.

Toute commande doit être strictement accompagné d'un mandat-poste représentant la valeur de l'expédition.

BONDE le cent, 25 fr., les cinquante 13 fr. les vingt-cinq 7 fr. Au-dessous de 25 bondes 0 fr. 30. Le tout franco de port.

Indiquer le diamètre de chaque bonde.

Cette bonde offre les avantages suivants :

Préserve les fûts de tout accident en cours de route, même s'ils contiennent des liquides en fermentation. Evite toute perte de liquide pendant le transport.

Munie de sa plaque, cette bonde est inviolable.

Elle empêche l'entrée de l'air dans les fûts tout en permettant la sortie des gaz en excès.

Adresser les demandes accompagnées d'un mandat à la *Gazette*, 10 bis, rue Piccini, Paris.

Vélocipèdes. — Pour répondre aux désirs maintes fois exprimés par nos lecteurs, nous nous sommes livrés à de sérieuses recherches. Nous avons visité les principales usines et pris l'avis d'amateurs de cet instrument. Nous sommes aujourd'hui en mesure de procurer à nos lecteurs, à titre de prime exceptionnelle des machines parfaites à tous égards provenant d'un des meilleurs fabricants.

Nos abonnés auront droit à une remise de 50 0/0 sur les prix du catalogue de cette maison.

Nous ne disposons que d'un très petit nombre d'instruments dans ces conditions.

Le Gérant: E. GAMBART.

IMP. NOIZETTE ET Cie, 8, RUE CAMPAGNE-1re, PARIS.

CHEMIN DE FER DE L'OUEST

PARIS A LONDRES,

par la gare Saint-Lazare, viâ Rouen Dieppe et Newhaven. — Grande économie.

Quatre traversés par jour (deux en chaque sens). Tous les jours et toute l'année (dimanche compris).

Trajet de jour en 9 heures (1re et 2e cl. seulement).

Départs de Paris Saint-Lazare : 10 h. matin et 9 h. soir.

Arrivées à Londres : London-Bridge, 7 h. soir et 7 h. 40 matin. — à Victoria, 7 h. soir et 7 h. 50 matin.

Départs de Londres : à London-Bridge, 10 h. matin et 9 h. soir. — à Victoria, 10 h. matin et 8 h. 50 soir.

Arrivées à Paris Saint-Lazare, 7 h. soir et 8 h. matin.

PRIX DES BILLETS :

Billets simples, valables pendant 7 jours : 1re classe, 43 fr. 25; 2e classe, 32 francs; 3e classe, 23 fr. 25.

Billets d'aller et retour, valables pendant un mois : 1re classe, 72 fr. 75; 2e classe, 52 fr. 75; 3e classe, 41 fr. 50.

Des voitures à couloir (W. C. toilette, etc...) sont mises en service dans les trains de marée de jour entre Paris et Dieppe. Des cabines particulières sur les bateaux peuvent être réservées sur demande préalable.

Transport en grande vitesse de Messageries, Primeurs, Fruits, Légumes, Fleurs, etc... entre Paris et Londres. Trois départs par jour toute l'année.

Les expéditions remises à la gare Saint-Lazare pour les trains partant à 3 h. 40, 4 h. 10 et 9 h. du soir parviennent à Londres le lendemain à 8 h. 45, à 9 h. 15. du matin ou à midi 45.

CHEMINS DE FER DE PARIS A LYON ET A LA MÉDITERRANÉE, DE PARIS A ORLÉANS ET DU MIDI

Excursions aux Gorges du Tarn.

Organisées avec le concours de la Société des voyages économiques les 4 juin, 2 août et 13 septembre 1896.

Itinéraire : Paris, Arvant, Mende, Ispagnac Sainte-Enimie, Le Tarn, Saint-Chely, Pouguadoires, le Rozier, Dargilan, Montpellier-le-Vieux, Maubert, Millau, Béziers, Carcassonne, Toulouse, Paris.

Prix de l'excursion : 1re classe, 260 francs; — 2e classe, 230 francs.

Ces prix comprennent : le transport en chemin de fer; la nourriture, le logement, les omnibus, voitures et barques pendant toute la durée du voyage (sous la responsabilité de la Société des voyages économiques).

Les souscriptions seront reçues aux bureaux de la Société des voyages économiques, 17, rue du faubourg Montmartre, et 10, rue Auber.

On peut se procurer des renseignements et des prospectus détaillés à la gare de Paris P. L. M., ainsi que dans les bureaux-succursales de cette compagnie, à Paris.

Ouvrages de MM. CRÉPEAUX

En vente aux bureaux de la *Gazette*

La Culture électrique	1 50
Manuel vétérinaire pratique du cultivateur	1 »
Almanach de la France rurale pour 1896	» 60
L'Année agricole et agronomique pour 1895	3 50
La Culture du Blé, par M. FLEURY-BERGER	1 »

S'adresser à l'auteur : à Communay, par Saint-Symphorien-d'Ozon (Isère).

EXCELLENT DÉSINFECTANT

POUR LES FUTS A VIN, CIDRE, BIÈRE, ETC.

Prix de faveur pour nos lecteurs

Sur notre demande, M. Moity, père, l'inventeur, a consenti à en mettre de petites quantités pour essais à la disposition de nos lecteurs.

10 litres franco gare. 10 fr.

Adresser les demandes à M. Crépeaux, rue Piccini, 10 *bis*, Paris.

Insecticide-Préservateur

FERTILISANT

DESGOUTTES

La Boîte de 10 kilog., pour essais, **10 fr.** franco toutes gares (port et emballage compris).

Adresser les demandes, accompagnées d'un mandat, 10 bis, rue Piccini, Paris.

ASPERGE GÉANTE
ROYALE DE FRANCE
(*RACE D'ARGENTEUIL PERFECTIONNÉE*)

Demander la *Méthode de Culture* et prix courant (gratis et franco), à M. WILLIAM FOURCINE, directeur des pépinières royales de Dreux (Eure-et-Loir). Médailles et diplômes de première classe.

GRIFFE SARCLEUSE-BINEUSE
Outil économique

pour biner, sarcler promptement entre toutes les lignes de plantes ou légumes sans distinction, indispensable en toutes saisons dans les jardins, vignes, pépinières, les cultures de betteraves, de tabac, etc., même dans les allées

---

SELS POUR L'AGRICULTURE

Nourriture du bétail et Engrais des terres

Sel neuf dénaturé, au tourteau de colza. 45 f. 1.000 k.
Sel neuf dénaturé, au peroxyde de fer. 40 f. 1.000 k.
Sel de morue pur . . . . 35 f. 1.000 k.

Expéditions de Fécamp, Bordeaux et St-Malo.

S'adresser à MM. A. LE BORGNE et ses Fils, négociants-armateurs, à Fécamp.

Le moment favorable au transport des vins étant revenu, nous rappelons à nos lecteurs que tous ceux d'entre eux qui, sur nos conseils, et depuis cinq ans, consomment les vins de M. VINCENT ARDURA, vigneron, domaine de la Chapelle-Frédignac, par Blaye-Bordeaux n'ont qu'à se louer de la qualité et de la conservation de ce Bordeaux absolument naturel, expédié sans intermédiaire.

Pour dégustation sérieuse, envoi gratuit est fait d'une bouteille de la récolte désignée.

L'encaissement est fait par le facteur, à 30 jours, escompte 2 0/0, ou 90 jours.

Vendanges : 1893, à 130 fr., 1892-91, à 150 fr.; 1890-89, à 175 fr., 1887, à 200 fr., 1885, à 220 fr., 1884, à 240 fr., 1882, à 250 fr., 1881, à 300 fr. — Graves blancs vieux : 130, 150, 200, 250, 300 fr., suivant âge, les 225 litres collés, soutirés, franco de port et de fût en gare d'arrivée.

LE MONDE, Journal quotidien du soir, 17, RUE CASSETTE, PARIS.

Abonnement 25 fr. par an, 0 fr 05 le numéro.

Organe recommandé aux agriculteurs et aux membres du clergé.

des Usines de MM. P. MARCHAND Frères, à DUNKERQUE (Nord)

Fabriqués sous le contrôle permanent de la Station Agronomique du Nord
Dirigée par M. DUBERNARD

Nous appelons l'attention des éleveurs et des nourrisseurs sur les Tourteaux de COTON de graines d'Egypte: c'est un produit excellent pour les vaches laitières, les bœufs à l'engrais et les moutons.

Nos Tourteaux de COTON sont complètement débarrassés de la bourre qui enveloppe la graine et contiennent la même quantité de matières nutritives et grasses que les meilleurs Tourteaux de Lin.

Nos Tourteaux de COTON forment l'aliment le meilleur et le plus avantageux en raison de leur prix excessivement bas.

PRIX : 9 Fr.   **les 100 kil., gare Dunkerque**

S'adresser à MM. P. MARCHAND Frères, à DUNKERQUE (Nord)

PHOSPHATE FOSSILE DE QUIÉVY-NORD

le plus assimilable de tous les phosphate connus

GARANTI PUR DE MÉLANGE AVEC TOUT AUTRE PHOSPHATE
Ce qui, du reste, ne pourrait que diminuer son assimilabilité.

EXTRACTION DU GISEMENT ET USINE A QUIÉVY

Propriétaire-Extracteur : C. LECLERCQ
Bureaux à Viesly (Nord).

COMPOSITION MOYENNE

		ASSIMILABILITÉ RELATIVE (méth. Joulie).
		Solubilité dans l'oxalate d'ammoniaque.
Acide phosphorique. . . . 12 » à 16 » 0/0	Phosphate de Quiévy.	82 29 0/0
Potasse . . . . 0 45 à 2 77 0/0	— de la Meuse	51 95 0/0
Chaux. . . . . 19 05 à 31 » 0/0	— de Pernes.	47 87 0/0
Magnésie. . . . . 0 58 à 3 80 0/0	— des Ardennes.	46 43 0/0
Matières organiques azotées . 1 80 à 3 45 0/0	— de la Somme (moy.). .	44 53 0/0
	— de Ciply.	34 57 0/0

Titre garanti en acide phosphorique : 13 à 15 0/0.

LIVRAISON : EN POUDRE IMPALPABLE EN SACS PLOMBÉS, MIS SUR WAGON GARE QUIÉVY-en-CAMBRÉSIS Prix : **3 fr. 80** les 100 kilos, sacs perdus, 30 jours, 2 0/0 ou 90 jours net.

NOTA. — Les acheteurs qui désirent employer le **véritable Phosphate de Quiévy** pur et garanti d'origine doivent exiger que les sacs portent la Marque (**Au Poisson fossile**) et la Firme : **M. LECLERCQ, seul exploitant à Quiévy (Nord).**

MACHINES
AGRICOLES, VINICOLES et VITICOLES
TH. PILTER

24, Rue Alibert, PARIS

SUCCURSALES :
Bordeaux, Toulouse, Marseille, Montpellier, Tunis

Les lecteurs de la **Gazette** désireux de recevoir les Catalogues de la maison TH. PILTER dès leur publication, sont priés d'écrire 24, rue Alibert, Paris, afin de se faire inscrire.

LE MARDI 7 JUILLET
Chambre des Notaires de Paris

ADJUDICATION DU BAIL
Pour 18 Ans
DE LA

FERME DES NOUES
à Vert-le-Grand (canton d'Arpajon)
(Seine-et-Oise)

Contenance 189 hect. 91 ares 18 cent.

Mise à prix de fermage annuel 15.375 fr.

S'adresser : A l'Administration générale de l'Assistance publique, à Paris, 3, avenue Victoria. Ou à l'étude Morel-d'Arleux, notaire, 15, rue des Saints-Pères.

LIENS AGRICOLES
ÉCONOMIQUES
MEILLEUR MARCHÉ
que la Paille

SACS à RAISINS	19×13. 4.50	20×16. 5.50
	25×18. 7.00	28×20. 8.50
	LE CENT	

B. JACOB, 19, rue Turbigo, PARIS
On demande des Représentants.

LA PROBITÉ
SOCIÉTÉ
D'ASSURANCES MUTUELLES CONTRE LA GRÊLE ET LA FOUDRE, FONDÉE A LYON EN 1890

La PROBITÉ assure dans toute la France et ses colonies tous les risques, grêle, en céréales, fruits, mûriers, noyers, oliviers, vignes, tabacs et tous autres produits agricoles.

La PROBITÉ fait partie de la Société régionale de viticulture de Lyon. Elle accorde des remises et des conditions spéciales aux syndicats agricoles qui veulent bien la représenter.

Siège social : 30, rue Servient, Lyon-Préfecture

Accepterait des Agents dans les localités où elle n'est pas représentée.

LYSOL
Le plus puissant de tous les antiseptiques désinfectants dérivés du goudron
Le seul complètement soluble dans l'eau
INSECTICIDE & ANTIPARASITAIRE INFAILLIBLE

POUDRE AU LYSOL

La poudre au Lysol préserve la vigne, les arbres fruitiers, fleurs, plantes, etc., des invasions cryptogamiques et parasitaires.

ENVOI FRANCO D'UNE BROCHURE EXPLICATIVE sur demande adressée à la
SOCIÉTÉ FRANÇAISE DU LYSOL
22 et 24, Place Vendôme, PARIS

Eugène de MASQUARD
PROPRIÉTAIRE-VITICULTEUR, Château de la Cascade
SAINT-CÉSAIRE-LES-NIMES (Gard)

Vins garantis naturels, rouges et blancs, depuis 75 fr. la pièce de 220 litres jusqu'à 100 francs, selon qualité, prise en gare de St-Césaire (Gard), fût perdu. *Ces vins ont été médaillés à toutes les expositions où ils ont figuré.*

Récoltés sur des coteaux et des terrains secs, les vins de Saint-Césaire, l'un des meilleurs crus du Gard, se conservent parfaitement sans être plâtrés.

Envoi franco de prix courant et échantillons

MACHINES AGRICOLES

L'URBAINE

Compagnie anonyme d'Assurances à primes
fixes contre l'INCENDIE
FONDEE EN 1838
CINQUANTE-NEUVIEME ANNÉE
CAPITAL : 5 MILLIONS — GARANTIES : 70 MILLIONS
SINISTRES PAYÉS DEPUIS L'ORIGINE : 132.000.000 FRANCS
PARIS — 8 et 10, rue Le Peletier

DISTILLATION CONTINUE

ALAMBIC
Système A. ESTÈVE

F. BESNARD
PÈRE, FILS ET GENDRES

28, rue Geoffroy-Lasnier

PARIS

Envoi franco du Catalogue sur demande

VELOUTINE FLAMANDE

La **Veloutine** est spécialement employée pour
lustrer les cuirs de fantaisie : guides, selles, harnais de luxe et de travail, capotes, tabliers, caparaçons, etc., et lorsqu'ils ont déjà été enduits de
vaseline, ce produit donne un joli brillant et évite
l'action graisseuse des cirages ou préparations à
base de cire. Sans causticité il ne dessèche pas et
imperméabilise.

Le bidon d'un litre pour harnais noirs. . . . 3 70
                jaunes. . . 4 20
Franco gare contre mandat-poste.

S'adresser : *Manufacture de Vaselines industrielles de Ligny-en-Cambrésis (Nord)*

M. RECOURAT, pharmacien à Beauvais.

Gale des moutons guérie radicalement
par *une seule application* de l'ANTIPSORIQUE.
La bouteille, 3 fr. ; la 1/2 bouteille, 1 fr. 75.
Guérison du PIÉTIN par *un seul pansement*
avec le CONTRE-PIÉTIN-RECOURAT.

Le pot d'essai, 1 fr. 50 ; le pot, 2 fr. 50.
Joindre 0 fr. 60 pour recevoir *franco* et
indiquer gare.

MALADIES DU BÉTAIL
ET DE LA VOLAILLE
Leur traitement préventif et curatif

PAR L'ACIDE SALICYLIQUE

L'acide salicylique, employé dans la
nourriture à la dose de 1/2 à 1 gramme
par jour et par tête de bétail, est le meilleur préservatif des maladies qui procèdent par contagion : Sang de rate, Cocotte,
Maladie aphteuse, Erysipèle, Typhus,
Morve, Variole et le Rouget des porcs, etc.

DES ATTESTATIONS NOMBREUSES DE GUÉ-
RISONS obtenues pour la Cocotte et le
Rouget des porcs ont été reproduites
dans le journal *l'Agriculture*.

La désinfection des étables, des écuries, se fait instantanément au moyen
d'un arrosage d'eau salicylée à 2 grammes par litre.

S'adresser à M. CERCKEL, administrateur de la *Compagnie de produits antiseptiques*, 26, rue Bergère, Paris.

Envoi sur demande de Prospectus et
Brochures.

PRIX DU KIL., 25 fr. BOITE DE MÉNAGE, 2 fr.

VIN PUR COTES 1re QUALITÉ

Vieux, nouveau garanti sur facture
Récolté par FÉLIX LAU, propriétaire-viticulteur
à Caussiniojouls (Hérault).
Nouveau, **35** fr. l'hect. logé sur gare Faugères

VINS
DE SAINT-ÉMILION

Vins classés, de **800** à **250** francs la barrique
de 225 litres. — Moitié prix pour la barrique de
112 litres.

Vins grands ordinaires, de **140, 125, 105,**
100 francs la barrique — **80, 75, 70, 65, 58,**
55 francs, la demi-barrique. — Rendu *franco* en
gare et régie, sauf octroi.

Adresser commandes à M. DUPLESSIS-
FOURCAUD, à **Saint-Émilion.** — Envoi de
prix courants et échantillons sur demande affranchie.

*Médailles d'Or, Paris, 1867 et 1889 — Moscou,
1891 — Besançon, Montluçon, Royan, etc.*

BAINS-BUANDERIES
Baignoires. — Chauffe-Bains. — Douches. — Appareils de lessivage,
système GASTON BOZÉRIAN.

CHAUDRONNERIE, TOLERIE, etc. — ENVOI FRANCO DE CATALOGUES.

DELAROCHE aîné, 22, rue Bertrand, Paris

ALIMENTATION DU BÉTAIL
Tourteaux de Coprah ou Coco
F. TASSY, E. ROCCA ET Cie
Fabricants d'huiles **(producteurs directs
de Tourteaux)**
23, RUE HAXO, MARSEILLE
Deux médailles d'or, Anvers 1894
Envoi de Prix-Courants et Échantillons sur demande

Etablissement Glaser
AVENUE NIEL, 9, PARIS

LOCATION DE CHEVAUX
de Selle et d'Attelage

*pour les Chasses, la Promenade,
la Campagne*

PENSION DE CHEVAUX
en Boxes et Stalles.

SOCIÉTÉ GÉNÉRALE

Pour favoriser le développement
du Commerce et de l'Industrie en France.

Société anonyme fondée suivant décret du 4 mai 1861.

CAPITAL : 120 MILLIONS DE FRANCS
Siège social, 54 et 56, rue de Provence, à Paris.

Dépôt de fonds produisant intérêts
et remboursables à échéance fixe :
   De 4 ans à 5 ans . . . . 3 1/2 %
   De 2 ans à 47 mois. . . . . . . 2 1/2 %
   De 1 an à 23 mois. . . . . 2 %
Comptes à sept jours de préavis. 1 %
Comptes de Chèques. . . . . 1/2 %

Toutes opérations de Banque, notamment :
Escompte et Encaissement d'Effets de commerce;
Ordres de Bourse en France et à l'Étranger;
Coupons; — Avances et Opérations sur Titres;
Souscriptions; — Garde de Titres; — Assurances;
Garantie contre le remboursement au pair
et les risques de non-vérification des tirages;
Dépôts de Fonds à intérêts;
Location de coffres-forts; — Lettres de crédit;
Envois de Fonds; — Renseignements, etc.

La Société a 193 agences et bureaux en France,
1 agence à Londres, et des correspondants sur toutes les places de France et de l'Étranger.

UNION AGRICOLE DE FRANCE

Société Anonyme au Capital de 1.100.000 Francs. — Siège Social : 18, Boulevard des Capucines, Paris.
SIÈGE COMMERCIAL PRINCIPAL : 72-74, Rue Saint-Denis, PARIS

Vente à la Commission
et en toute loyauté
DE
DENRÉES AGRICOLES
de toutes sortes
et de toutes provenances

Fourniture Directe
et livraison à domicile
AUX
ÉPICIERS, FRUITIERS
Restaurants, Hôtels, Pensionnats et
Établissements privés importants.

Renseignements détaillés sur demande au Siège Social.

ANÉMIE CHLOROSE, FAIBLESSE FER QUEVENNE
Guéries par le VRAI
seul approuvé p¹ Académie de Médecine, Paris,14,r.Beaux-Arts.notice

PRÉSERVEZ VOS ANIMAUX DOMESTIQUES
de toutes les Epizooties et Maladies contagieuses par
la Désinfection des Ecuries, Etables, Porcheries
PAR LE

CRÉSYL-JEYES

Désinfectant — Antiseptique, le seul (non
toxique), qui soit d'une efficacité scientifiquement démontrée. Le CRÉSYL-JEYES a été récompensé par la Société des Agriculteurs de France
en 1891 d'une Médaille d'argent grand module.
Envoi franco sur demande du prospectus détaillé. —
CRÉSYL-JEYES, 35, Rue des Francs-Bourgeois, 35, Paris.
Se méfier des nombreuses contrefaçons.

COUVEUSES
ÉLEVEUSES
VOLAILLES
ŒUFS à couver
VOITELLIER
à MANTES
et à PARIS
4, PLACE DU THÉÂTRE FRANÇAIS
PRIX COURANT FRANCO
GRAND CATALOGUE ILLUSTRÉ. 0.50

POUDRE DELARBRE
Plus de CHEVAUX POUSSIFS !
Guérison de la POUSSE,
Toux, Bronchite et Gourme
La Boîte de 20 Doses : 3 francs
G. DELARBRE, AUBUSSON (Creuse)
Maison de Vente & d'Expédition à Aubusson (Creuse) G. DELARBRE
à Paris & en province, chez tous les Droguistes & Pharmaciens.

FROMENTINE
Marque déposée B. S.G.D.G.

*Produit pour l'alimentation économique,
saine et rationnelle du bétail, provenant
en grande partie des issues de la mouture de blé.*

DIVERSES MARQUES

Demander celle en raison du but
poursuivi

Marque A pour l'engraissement égal
à celui du tourteau de lin, le remplacement de l'avoine, production
d'un lait de qualité supérieure.
Marque B pour le bon entretien du
bétail.
Marque J développement rapide des
jeunes bêtes.
Marque L surproduction du lait.
Marque E engraissement rapide.

Ecrire à M. Armand MILLOT
Moulins Saint-Martin
Saint-Quentin (Aisne).

CHEVAUX BOITEUX
Guérison par le spécifique BORNET

Contre Capelets, Mollettes, Vessigons,
Eponges, Exostoses, Suros, Eparvins e
les Formes à leur début. *(Il s'applique éga-
ement à toutes les tares molles et osseuses.)*
PRÉPARÉ PAR A. BORNET
Pharmacien de 1ʳᵉ classe, ex-interne et lauréat des
hôpitaux.
19, rue de Bourgogne, PARIS.
Le flacon, 5 fr., à la pharmacie ; en gare
par colis postal, 6 fr. contre mandat.

Machines Agricoles Françaises

MAISON ALBARET
O. ✠. O.M.A. ⚜
Breveté
S. G. D. G

Veuve ALBARET et G. LEFEBVRE, SUCCᴿ

ATELIERS DE CONSTRUCTION ET ADMINISTRATION
A RANTIGNY-LIANCOURT (Oise)

Bureaux et Magasins :
9, Rue du Louvre, PARIS

LOCOMOBILES, MACHINES DEMI-FIXES, MOTEURS A PÉTROLE
BATTEUSES PORTATIVES ET FIXES — MANÈGES

HACHE-MAIS — HACHE-PAILLE

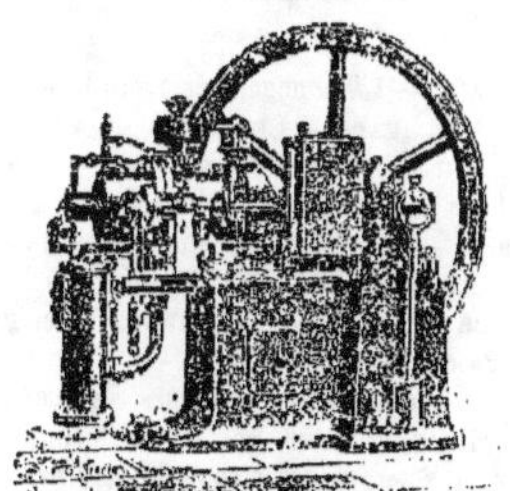

PRESSES A FOURRAGES

FAUCHEUSES, MOISSONNEUSES & LIEUSES
RATEAUX, FANEUSES

Semoirs en Lignes — Semoirs à Engrais — Concasseurs — Aplatisseurs

INSTRUMENTS D'AGRICULTURE — INSTRUMENTS DE PESAGE
Grand Prix, Lyon 1894. — Grand Prix, Anvers 1894. — Grand Prix, Bordeaux 1895
Beauvais 1895, Diplôme d'Honneur
Tunis 1895, Premier Prix, Médaille d'Or
19 Diplômes d'Honneur et d'Excellence — 226 Médailles d'Or — 191 Médailles d'Argent

SUCCURSALES :
Saint-Quentin, Chartres, Abbeville, Cambrai, Dax, Lyon, Alger
Envoi franco sur demande des Catalogues illustrés.

17e Année. — No 25.   LE NUMÉRO. 10 CENTIMES.   Dimanche 21 Juin 1896.

GAZETTE AGRICOLE

JOURNAL HEBDOMADAIRE, PARAISSANT LE DIMANCHE

Fondateur : M. CH. GOSSIN, Professeur d'Agriculture à l'Institut agricole de Beauvais

PRIX DE L'ABONNEMENT

EN AN, 5 fr. — SIX MOIS, 3 fr. — TROIS MOIS, 2 fr. 25

Pour l'Étranger les abonnements ne sont reçus que pour un an, au prix de 6 francs, et ne partent que du 1er JANVIER ou du 1er JUILLET de chaque année.

Le Numéro : **10** centimes.

Adresser toute la correspondance : mandats, lettres, annonces, etc., à **M. CRÉPEAUX**, Directeur de la *Gazette agricole*, 10 bis, rue Piccini, Paris.

Toute demande de changement d'adresse doit être accompagnée de 50 centimes et de la dernière bande du journal.

BUREAUX

97, rue de Rennes, Paris, et à Beauvais, rue Saint-Etienne.

Les abonnements partent du 1er de chaque mois et sont payables d'avance. Toute demande d'abonnement doit donc être accompagnée du prix de l'abonnement. (Le mode de payement le plus simple est l'envoi d'un mandat-poste.)

Donner *très lisiblement*, en s'abonnant, son nom et son adresse exacte, *avec l'indication du bureau de poste*; et, s'il s'agit d'une continuation d'abonnement, joindre au renouvellement la dernière bande d'adresse du journal.

Les Annonces sont reçues à la Direction du Journal, et chez MM. DUSSERIS et MATHELLON, 97, rue de Rennes Paris.

Sommaire :

BULLETIN COMMERCIAL

Paris, le 17 juin 1896.

Le temps est lourd et orageux, le vent retourna à l'Ouest, nous pourrions avoir de nouvelles averses. La journée d'hier n'a guère été favorable, car il a fait un soleil ardent par vent du Sud. Dans le Nord, la floraison se fait dans d'excellentes conditions.

Les marchés de l'intérieur sont toujours faiblement approvisionnés, le blé est ferme ou en hausse avec une vente assez facile, la meunerie commençant à avoir des besoins assez pressants.

L'avoine dénote de la fermeté, il n'est que peu question d'affaires en seigles et orges, dont les prix restent très tenus.

La farine est moins offerte, mais peu demandée, les issues restent fermes.

BOURSE DU COMMERCE DU MERCREDI 17 JUIN

	FARINES	BLÉS
Courant	40 45	20 65
Prochain	40 85	19 90
Juill.-août	41 »	19 70
4 derniers	41 »	18 85
4 de nov.	40 95	18 85

Marque de Corbeil : 45 fr. le sac de 150 kil. toile à rendre.

Halle aux blés — *Blés indigènes.* — La tendance reste ferme, les offres de la culture sont peu abondantes et la meunerie, qui commence à avoir des besoins, est obligée dans quelques cas de payer les prix demandés; cependant les affaires sont peu actives. Les prix dénotent une nouvelle avance de 10 à 25 cent. sur mercredi dernier, soit 18,50 à 19,50 pour les blés roux et 19,50 à 20,25 pour les blés blancs, les 100 kil. gare d'arrivée Paris.

Blés étrangers. — Sans affaires.

Sons. — Soutenus, mais sans changement.

Escourgeons. — On va sous peu commencer à les couper, la quantité est assurée, la qualité va dépendre du temps que nous allons avoir, la pluie serait contraire.

Graines fourragères. — Les trèfles hâtifs de 1895 se tiennent aux environs de 50 fr.; la nouvelle récolte sera très restreinte.

Menus grains. — On cote jarras 20 à 22, chènevis de Russie 22 à 24, de Bretagne 22 à 24, millet blanc de Vendée 19 à 21, vesces de pays 18 à 22, de Kœnigsberg et de Bretagne 19 à 22, petit blé 9 à 13, sarrasin 12 à 13.

Sucres. — Les affaires sont régulières, mais les prix sont plus faibles et en baisse de 12 cent. par suite de la lourdeur de Magdebourg et de Londres et de l'augmentation du stock des Etats-Unis:
Raffinés 99,50 à 100, roux 88° 28,25 à 28,50.

Marché de la Chapelle. — Marché ordinaire.

On cote : paille de blé 1re qté 29 fr., 2e qté 26, 3e qté 24 fr.; paille de seigle 1re qté 32 fr., 2e qté 30,3e qté 27 ; paille d'avoine 1re qté 24 fr., 2e qté 22, 3e qté 19 ; foin nouveau 1re qté 63 fr., 2e qté 58, 3e qté 54 ; luzerne, 1re qté, 63 fr., 2e qté 59, 3e qté 56 ; regain 1re qté 58 fr.; 2e qté 55 fr., 3e qté 52 fr.

POMMES DE TERRE

Hollande (100 kil.)	8	» 11 »
Roses-Early	8	» 10 »
Magnum-Bonum	7	» 7 50
Rondes	5	» 5 20

Sulfate de cuivre.

Les 100 kil. 98/99 . . . . . 42.50 à 44.00

LINS. — Les 100 kilogr. — *Marché de Lille.*

	Communs	Ordin.	Supér.
Alost.	148 à 153	154 à 157	161 à 166
Bergues.	150 à 158	161 à 168	173 à 182

Marché aux chevaux, 17 Juin.

Gros trait de 200 à 1.300	Boucherie de 55 à 190
Selle et tr.	Anes de 35 à 145
léger . de 200 à 1.100	Chèvres . de 25 à 55
H. d'âge de 180 à 350	

AMENÉS

Chevaux, 412 — Anes, 7 — Chèvres, 0
Voitures 77, de 85 à 550.

ENCHÈRES

Chevaux amenés, 16.
Vendus, 11 de 95 à 450.

Prix des Produits Forestiers à Paris.

BOIS DE FEU (Octroi non compris)	Falourde de pin	100 à 110	le cent.
	Bois de flot	100 à 105	le déca.
	Bois gris neuf	125 a 130	—
	Bois blanc	80 à 125	—
BOIS D'ŒUVRE (Octroi compris) de chêne.	Chêne gros bois	85 à 110	le m. cube
	— moyen bois	70 à 60	—
	— petit bois	30 a 48	—
	Charme, plateaux	55 à 55	—
	Sciage Entrevoux	175 à 210	les 208 m.
	Echantillons	230 a 220	—
	Frise	27 à 28	104 m.

ENGRAIS

PARIS

Nitrate de soude	21 50 à 21 75
Superphosph. minéral 14/16.	5 25 à 5 75
Superpho-phate d'os 16/18. .	12 50 à 13 »
Scories 16/18.	4 25 à 4 50
Phosphate minéral 14/16. . .	3 80 à 4 »
Chlorure de potassium 48/52.	18 75 à 20 »

NANTES

Nitrate de soude	22 30 à 22 50
Superphosph. minéral 14/16.	6 » à 7 »
Scories 16/18.	4 50 à 4 75
Phosphate minéral 14/16. . .	4 » à 4 50
Chlorure de potassium 48/52.	19 » à 19 75

LYON

Nitrate de soude.	22 » à 23 »
Superphosph. minéral 14/16.	5 75 à 6 »
Scories 14/16.	4 50 à 5 »
Phosphate minéral 14/16. . .	4 » à 4 25
Chlorure de potassium 48/55.	20 » à 21 »

MARSEILLE

Nitrate de soude.	20 50 à 21 »
Superph. minéral 14/16 . . .	6 » à 7 »
Sulfate de fer.	5 » à 5 50
Sulfate d'ammoniaque 20/21.	20 » à 22 »

Prix moyen aux 100 kilog. des CÉRÉALES dans les Départements.

Région		BLÉ	SEIGLE	ORGE	AVOINE
Rég. du Nord-Ouest	Caen	17 00	10 00	14 50	16 00
	Lannion	17 00	10 00	14 00	15 00
	Morlaix	17 50	11 00	13 00	14 00
	Rennes	17 25	10 00	13 25	11 50
	Avranches	16 25	10 00	13 00	14 00
	Laval	16 50	10 50	13 25	14 50
	Lorient	16 75	10 25	13 00	14 00
	Alençon	16 75	10 00	13 00	15 00
	Le Mans	16 75	10 00	14 00	15 75
Région du Nord	Soissons	17 75	10 00	.	15 50
	Evreux	17 50	10 00	13 00	15 00
	Chartres	17 75	11 00	14 00	15 00
	Lille	17 75	10 50	14 00	16 00
	Compiègne	17 00	10 00	15 00	15 00
	Beauvais	17 50	11 00	15 00	15 75
	Arras	18 50	12 50	15 00	16 25
	Paris	18 00	10 25	13 00	15 50
	Versailles	17 75	10 75	14 50	16 00
	Rouen	17 75	10 25	15 00	16 00
	Amiens	17 50	10 25	16 50	17 25
Rég. du N.-E.	Mézières	17 75	10 00	13 00	16 00
	Nogent-s-Seine	17 50	10 25	15 00	16 00
	Châlons-sur-Marne	17 75	10 75	14 00	16 00
	Langres	17 75	10 00	15 00	16 00
	Nancy	18 00	10 00	14 75	15 25
	Bar-le-Duc	17 50	10 0	15 00	15 50
	Neufchâteau	17 75	10 00	14 00	15 00
Région de l'Ouest	Ruffec	17 75	10 00	13 00	15 75
	Marans	17 25	10 00	13 00	15 00
	Niort	17 25	10 25	14 00	15 00
	Tours	17 00	10 00	14 00	14 00
	Nantes	17 00	10 00	13 00	14 00
	Anger	17 00	10 25	14 00	14 25
	Luçon	16 75	10 00	13 00	15 00
	Poitiers	17 25	10 00	13 00	*
	Limoges	17 00	10 00	»	15 00
Région du Centre	Moulins	17 10	10 00	14 00	15 50
	Bourges	17 5	10 25	14 50	15 00
	Aubusson	17 50	10 00	14 00	14 25
	Châteauroux	17 75	10 25	14 00	14 00
	Orléans	17 50	10 00	14 00	15 00
	Blois	18 00	10 25	14 50	16 00
	Nevers	18 00	10 25	15 00	16 00
	Clermont Ferr.	17 50	10 25	14 00	16 00
	Sens	17 50	10 00	13 00	15 50
Région de l'Est	Bourg	17 50	10 00	11 00	15 00
	Dijon	18 25	10 00	14 00	14 50
	Besançon	18 75	10 50	13 50	15 50
	Grenoble	17 75	10 25	14 00	15 50
	Dôle	17 50	10 25	13 00	14 00
	Saint-Etienne	17 50	10 00	14 00	16 00
	Lyon	18 25	11 00	13 50	16 00
	Mâcon	17 50	11 25	13 50	15 25
	Vesoul	17 75	10 25	»	15 50
	Chambéry	17 75	10 25	»	15 75
	Annecy	17 75	»	»	15 75
Reg. du Sud-Ouest	Pamiers	18 00	10 25	»	15 75
	Périgueux	18 00	10 50	14 00	15 00
	Toulouse	17 75	11 00	14 00	16 00
	Auch	18 00	12 00	13 00	16 00
	Bordeaux	18 00	12 00	13 50	16 00
	Dax	18 00	12 00	13 25	16 00
	Agen	17 75	11 75	13 00	16 00
	Bayonne	17 75	11 00	14 00	15 50
	Tarbes	18 00	10 50	»	16 00
Région du Sud	Carcassonne	17 75	»	13 50	16 00
	Rodez	18 00	12 00	14 00	16 00
	Mauriac	17 75	11 00	»	15 50
	Tulle	17 75	11 00	»	15 75
	Montpellier	17 75	11 00	»	15 50
	Figeac	17 75	11 00	»	16 00
	Mende	17 75	11 00	»	16 00
	Perpignan	17 75	11 50	14 00	15 50
	Albi	18 25	11 50	15 00	16 00
	Montauban	18 00	11 75	15 00	16 00
Région du Sud-Est	Gap	18 00	10 75	14 75	16 00
	Manosque	17 75	10 50	14 00	16 00
	Nice	17 75	10 00	13 00	15 50
	Privas	18 00	10 00	14 00	16 00
	Arles	19 00	11 00	13 0	16 00
	Montélimar	17 50	11 00	14 00	16 00
	Nîmes	18 00	»	14 00	16 00
	Le Puy	18 00	»	14 00	16 00
	Draguignan	18 25	13 00	14 00	18 50
	Avignon	19 75	13 00	14 00	15 00

Tourteaux. — Cours de la maison P. Marchand frères, à Dunkerque (Nord) :

TOURTEAUX A NOURRIR

	Dispon.	A livrer.
Coton de graines d'Egypte	9 »»	9 »»
Sésame blanc	11 00	11 50
Arachide décortiquée	14 50	14 75
Colza à nourrir	10 »»	10 »»
Colza du pays	10 50	10 75
OEillette du Levant	9 50	10 »»
OEillette blanche de Turquie	9 50	10 »»
Lin 1re qual. de Bombay g. form.	14 »»	14 25
Lin 1re qual. de Bombay p. form.	14 50	14 75

TOURTEAUX-ENGRAIS

Arachide décortiquée	14 »»	14 »»
Cameline	»» »»	»» »»
Colza des Indes en poudre	»» »»	»» »»
Colza ravison	7 25	7 25
Colza jaune Gutzerat	10 25	»» »»
Kurrachée	»» »»	»» »»
Niger	»» »»	»» »»
Pavot	9 75	9 75
Sésame, blanc	10 50	»»
Sésame noir	»» »»	»» »»
Coton en farine	7 50	7 50

Nos prix s'entendent pour tourteaux en planches, rendus en gare de Dunkerque.

Paiement à 30 jours ou à terme plus éloigné suivant convention expresse.

Le concassage se paie 0 fr. 25 et la mise en poudre 0 fr. 40 aux 100 kilos. Dans ce cas, les sacs sont facturés à 0 fr. 35 pièce, et repris au prix de facture, quand ils sont rendus en bon état et franco, dans les 30 jours de l'expédition.

FROMENTINE :

	100 kil.
Marque A	12 »
Marque B	12 »
Marque J	12 »
Marque L	14 »
Marque E	15 »

Les 100 kilogs sur wagon St-Quentin, sac à retourner ou à facturer.

BEURRES. (le kilogr.).

BEURRES EN MOTTES			BEURRES EN LIVRE		
Isigny extra.	5 00	6 00	Bourgogne	1.60	1.90
— demi-fin	3 60	4.10	Gâtinais	1.80	2.50
M. d'Isigny	2.80	3.00	Vendôme	1.80	2.40
du Gâtinais	1.80	2.00	Beaugency	1.80	2.40
de Bretagne	1.80	2.00	Ferme	2.00	2.70
Laitiers Jura	1.80	2.40	Tours	2.00	2.30
de Charente	2 10	2.60	Le Mans	1.60	1.90
des Alpes	2 00	2.70	Touraine fausse	1.80	2.10

ŒUFS. — (le mille).

Normandie ext.	72 à 98	Bourgogne	50 à 56
Picardie —	80 à 108	Champagne	60 à 65
Brie —	70 à 76	Nivernais	56 à 60
Touraine	68 à 78	Bourbonnais	48 à 54
Beauce	66 à 72	Bretagne	40 à 48
Orne	64 à 70	Vendée	40 à 48
Picardie	52 à 65	Auvergne	46 à 54
Châtellerault	50 à 56	Midi	48 à 52

FROMAGES.

Brie hautes marq.	50 33	Roquefort	130 220
Brie gr. m. (10)	10 28	Gruyère (100 k.)	100 176
— m. m.	8 20	Coulommiers(100)	15 20
Petits Nanteuils	6 12	Gournay (100)	15 18
Brie laitière	4 10	Livarot (le 100)	70 104
Gérardmer (100 k.)	70 80	Bourgogne (100)	55 60
Hollande	150 160	Camembert (10.)	35 40
Bondons(100)	8	Munster(100)	90 140
Cantal	120 130	Port-Salut	130 150

VOLAILLES

Poulet Brest dit			Pigeo. Macon.	1.50	2.00
moelleux	4.50	5 50	Ca.. sNantais	4.00	1.35
Poulets Nant.	3.00	5.00	Dindes Tourr.	7.00	11.00
Poulets Tour.	2.75	5.25	Oies	7.00	8.50
Poulets Houdan	6.00	8.00	Lapins dom.	2.75	4.00
Pigeons d'Italie	80	1.25	Lapins garenne	1.50	2.00

VINS — BERCY

Rouges		Blancs	
B. Bourg. vieux	140 à 160	Bordeaux	125 à 160
Touraine	105 à 115	B. Bourg	150 à 190
Bord. vieux	130 à 166	Sancerre	130 à 135
Algérie	28 à 32	Chablis	200 à 350
Cher	110 à 135	Anjou	120 à 135
Chinon	125 à 180	Pouilly	350 à 800
Narbonne	32 à 40	Vouvray	155 à 195

HOUBLONS. — Les 50 kilogr.

Alost primé	28,00 à 30,00
Bourgogne	55,00 à 60,00
Poperinghe	25,00 à 30,00
Wurtemberg	40,00 à 42,00
Altmark	75,00 à 100,00
Alsace	50,00 à 65,00

LÉGUMES SECS. — (Les 100 kilogr.)

	Haricots	Pois	Vesce	Lentille
Paris	32 00 50.00	20 18.00	19 à 20	30 00 56
Bordeaux	34.00 35 00	35 45.00	18 19	40 00 50
Marseille	22.00 30.00	18 25	20	20 24.00 52

FOURRAGES ET PAILLE

Paris La Chapelle.   *Prix extrêmes*

Foin 100 bot. dans Paris n.	42 à 47
Luzern nouv.	42 à 46
Paille de blé	20 à 26
Paille de seigle	23 à 31
Paille d'avoine	16 à 20

Les cours des bestiaux sont à la fin de la GAZETTE avant la *Correspondance*.

L'année agricole et agronomique pour 1896.

L'Année agricole et agronomique pour 1896 par S. Crépeaux, professeur à l'Institut agricole de Beauvais, et C. Crépeaux, publiciste scientifique, avec la collaboration de praticiens, de professeurs et d'agronomes vient de paraître (un volume in-18 de 360 pages, illustré).

Cet ouvrage, véritable annuaire théorique et pratique de l'agriculture progressive, donne un tableau complet du mouvement agricole et agronomique de l'année. Il relate toutes les expériences culturales, les recherches, scientifiques faites en France et à l'étranger, décrit et apprécie avec compétence les nouveautés (plantes, machines, engrais, nouvelles méthodes, etc.).

La partie documentaire de l'Année agricole et agronomique comprend pour l'année écoulée, les lois, décrets, décorations agricoles, lauréats des concours, les vœux économiques des conseils généraux, l'analyse exacte des travaux des sociétés et congrès agricoles, horticoles vétérinaires, français et internationaux, les jugements de droit rural, l'analyse des brevets agricoles, les statistiques, etc.

Cet ouvrage qui paraît pour la seconde fois a valu l'année dernière à ses auteurs les félicitations de la Société nationale d'agriculture, de la société des Agriculteurs de France, et des principaux journaux agricoles et scientifiques qui ont rendu hommage à la somme considérable de travail que représente une telle publication et aux services incontestables qu'elle rend à la cause du progrès agricole.

(Le Progrès agricole du 15 juin)

Nous l'offrons en prime à nos abonnés au prix de 2 fr. 50 franco de port au lieu de 4 francs.

Ceux de nos abonnés qui désirent l'Année agricole et agronomique de 1895 et celle de 1896 recevront les deux volumes franco dans la gare la plus voisine contre 4 fr. 50.

Adresser les demandes à M. Crépeaux, 10 *bis*, rue Piccini, Paris.

AVIS IMPORTANT. — Le *Goudron Guyot* (capsules et liqueur), connu depuis si longtemps pour la guérison de toutes les affections des bronches, de la poitrine et de la vessie, est trop souvent imité ou contrefait. Toutes ces imitations et contrefaçons, mal préparées, ne guérissent pas et sont quelquefois dangereuses. Aussi tout acheteur, qui ne veut pas être trompé, doit-il *exiger* et *s'assurer par lui-même* que le produit qu'on lui vend porte bien sur l'étiquette de chaque flacon l'adresse : Maison L. FRÈRE Paris, 19, rue Jacob, seule maison dans laquelle se fabrique le *véritable Goudron Guyot* (capsules et liqueur).

CHRONIQUE POLITIQUE

Après les batailles parlementaires de la semaine dernière, la Chambre des députés s'est alloué un répit de quelques jours, pour étudier à loisir les projets financiers qui préoccupent vivement le public, à raison des graves périls dont ils menacent la fortune politique.

Mais cette suspension d'armes n'est que momentanée. Pendant que la commission du budget étudie la redoutable question de l'impôt sur la rente, que la commission des douanes étudie les projets de loi sur le cadenas, sur les admissions temporaires et les abus des acquits-à-caution, les entrepreneurs de révolutions se réunissent et s'agitent fiévreusement pour livrer de nouveaux assauts au ministère Méline. Les socialistes redoublent de violence et d'audace dans leurs revendications. Ils ont offert un banquet au fameux agitateur allemand Liebknecht, qui propage partout l'idée d'abolir la patrie.

Les radicaux, M. Bourgeois en tête, n'ont pas honte de se liguer avec ces énergumènes, non pour propager leurs utopies absurdes et criminelles, mais pour remonter une seconde fois au pouvoir avec leur aide. Amis pour démolir, ennemis acharnés pour reconstruire, telle est l'histoire toujours ancienne et nouvelle des compétitions entre ambitieux dont les révolutions font la fortune sur la ruine des peuples. Plus cela change, plus c'est la même chose depuis cent ans. Quand donc verrons-nous clair dans le jeu de ces aventuriers!

Malheureusement, ils ont dans leur jeu odieux deux redoutables atouts. D'une part, l'ardeur infatigable qu'ils ont le don d'inspirer à tous les malheureux ouvriers, en leur persuadant qu'ils seront en mesure de mettre fin à leurs misères, le jour où ils seront au pouvoir. Ils répandent partout à cet effet les journaux et les brochures, les conférences, les réunions où les ouvriers n'entendent qu'eux, et se laissent séduire par les mensonges les plus grossiers, par cela seul que pas une voix courageuse ne leur répond.

Le second atout est précisément la déplorable inaction des gens d'ordre et de bon sens. Partout l'abstention et le silence. On s'imagine que le simple bon sens suffit pour avoir raison des folies et des violences des révolutionnaires. Illusion grossière et lamentable, démentie par l'expérience de tous les jours. En France la victoire est pour ceux qui font le plus de bruit. La sagesse qui se tait est assurée de succomber dans la lutte contre la folie, qui seule se fait entendre des masses populaires.

La propagande révolutionnaire nous poussera aux abîmes, sous le régime de la souveraineté du nombre, tant que la cause de la vérité et du bon sens sera muette. C'est le crime des conservateurs. Nous le leur disons depuis longtemps.

Il est triste de constater que ce vice chronique est le péril d'aujourd'hui.

En attendant la reprise des attaques parlementaires, la commission du budget étudie la question de l'impôt sur la rente, dont les périls n'échappent pas à sa perspicacité, et de nombreux amendements sont proposés en vue d'en atténuer les effets désastreux.

Nous jugeons inutile de discuter ces amendements, il suffit de constater la pensée qui les dicte. Quoi qu'il en résulte pour nous, l'impôt sur la rente est tout simplement l'aveu implicite de la faillite de l'Etat, que nous prédisons depuis quelques années.

L'Etat en faillite impose à ses créanciers un concordat que ceux-ci ne pourront plus éviter. Comment pourraient-ils l'éviter à l'égard d'un régime de dilapidation et de gaspillage qu'ils ont encouragé avec un aveuglement inouï pendant quinze ans?

Le gouffre des déficits est ouvert; et pour le combler il eût fallu des économies. On les déclare impossibles, ce qui est vrai. C'était un effet détestable mais facile à prévoir; il était facile de prévoir en effet que les promesses d'économies la veille des élections n'étaient que de grossiers appâts des candidats officiels.

Il y a bien un autre moyen, celui que nous réclamons depuis longtemps : un relèvement des droits de douane sur les produits agricoles, moyen deux fois justifié par la détresse de l'agriculture comme par la détresse du fisc et qui serait beaucoup plus productif que tous les autres. Mais nous nous heurtons de nouveau à des partis pris dictés par des intérêts inavouables qui s'affublent du masque d'un prétendu principe de la stabilité en matière douanière.

Or s'il est un principe absurde et contraire au sens commun, c'est assurément celui-là. En effet, il n'y a rien au monde d'aussi instable et sujet à de fréquentes fluctuations que le mouvement des relations commerciales entre les peuples. Dès lors la fonction essentielle des douanes de chaque Etat consiste à protéger la production nationale contre la concurrence étrangère actuelle, au moins à tenir la balance égale à son égard, en subordonnant les tarifs aux exigences mobiles de ces relations. L'instabilité donc est la loi douanière par excellence, et dans la situation présente de notre fisc et de notre agriculture, cette loi impose une revision radicale des tarifs douaniers.

Hâtons-nous de le dire, M. Graux, ce nouveau président de la commission des douanes, a osé dire son fait à ce prétendu dogme de la stabilité douanière, et il a insinué timidement, mais explicitement, qu'il y aurait lieu d'ouvrir quelques brèches dans cette citadelle ridicule, dernier rempart de la secte du dupe échange.

Le groupe dit agricole aura-t-il le courage de répondre à *l'invite* si opportune de M. Graux? Il serait cent fois inexcusable de ne pas le faire. C'est aux sociétés agricoles qu'il appartient de l'éperonner vigoureusement dans cette voie, la seule qui puisse relever un peu l'agriculture, et alléger le fardeau écrasant, des dettes de l'Etat.

Une mesure analogue a été conseillée à M. Méline, par le conseil supérieur de l'agriculture, mesure réclamée par nous précédemment. Il s'agit de décréter la suspension immédiate des admissions temporaires.

Il est temps d'en finir avec les discussions stériles et sans fin. Dans les ministères et dans les parlements le moment d'agir est venu. M. Méline gagnera la partie s'il fait ce que nous demandons. S'il ne le fait pas, la France rurale aura à dévorer une nouvelle déception de plus.

Lundi, à la Chambre des députés, la loi sur la réglementation du travail a mis aux prises M. Guesde, l'orateur du parti collectiviste, et M. de Mun, éminent orateur de ce qu'on appelle, à tort, le socialisme chrétien. L'extrême-gauche seule a applaudi le citoyen Guesde. Les centres ont, pour la première fois, applaudi M. de Mun dans sa défense des droits du capital, en montrant que ses devoirs sont solidaires de ses droits. C'est le fond de l'économie sociale chrétienne. Il a justement flétri les excès de *l'agiotage* et de ces fortunes scandaleuses dont l'impunité insolente est le fléau du travail agricole et industriel.

Nous reviendrons sur ce sujet dont beaucoup d'agriculteurs ne connaissent pas assez l'importance.

Dimanche dernier, à Chartres, M. Cochery, président la distribution des primes du concours régional, a prononcé un long discours dans lequel il a essayé de prouver que les réformes fiscales proposées par le ministère sont profitables à l'agriculture et à la propriété rurale. Nous voyons bien les sacrifices qui vont être imposés à la propriété mobilière, mais non les compensations qu'en tirera l'agriculture.

D'ailleurs le déficit est toujours le point noir pour tous.

Le grand prix des chevaux de course.

Dimanche dernier, le fameux grand prix annuel de 100.000 francs avait attiré à l'hippodrome de Longchamp, non seulement les adeptes du turf qui prétendent que le cheval de course est le facteur unique du progrès de l'industrie chevaline, mais une multitude innombrable de gens de toutes conditions, que la passion des paris pousse à toutes les folies, à tous les excès, même au vol. Tous les jours en effet la police correctionnelle envoie en prison des milliers d'employés qui ont volé leurs patrons pour parier aux courses où ils sont exploités par des escrocs de tous pays.

Que les journaux boulevardiers exploitent à outrance cette passion endémique du monde parisien, c'est leur métier, mais ce que nous n'admettons pas, c'est la prétention de justifier ces saturnales comme des moyens nécessaires d'améliorer la race chevaline. Nos vrais éleveurs ont d'autres idées à ce sujet; mais les amateurs boulevardiers vivant de cabotinage, y trouvent leur compte. Soit. Mais les éleveurs sérieux ne se laissent pas entamer par ces réclames tapageuses à la gloire des turfistes et de leur clientèle de bookmakers.

Les mêmes journaux qui consacrent des colonnes aux exploits des jockeys, gardent un silence absolu sur nos concours régionaux où les agriculteurs et les éleveurs exposent les plus beaux produits de l'élevage national, même des chevaux. Les hommes qui sont l'honneur de la patrie rurale sont inconnus de leurs reporters, occupés à glorifier tous les jours les bouffeurs, les amuseurs, les filles même, en vue dans leur ridicule Tout-Paris. Pauvre France, par quelle belle presse tu te laisses alors abrutir !

Jules Simon.

Les hommages rendus à la mémoire de M. Jules Simon, à ses obsèques, ont traduit des sentiments de nature très diverse dans le monde politique. Mais un de ses meilleurs titres aux hommages des honnêtes gens, c'est la bonne foi qui a dicté ses actes publics dans tout le cours de sa vie.

En religion il était parti comme tant d'autres, d'une religion chrétienne par le seul côté humain, à l'exclusion de la révélation et de l'action divine. L'expérience de la vie loyalement consultée, l'a amené, comme son ami Littré, à la lumière qui a illuminé les derniers jours de sa vie, à la foi de sa digne et sainte mère.

En politique, il avait rêvé une République juste et honnête. Lorsqu'il fut nommé chef du Ministère en 1877, il déclara que son idéal était de rendre la *République aimable*. Ses tristes amis ne tardèrent pas à lui apprendre que sa République était le raton de celle qu'ils nous infligent depuis vingt ans. Mais ses protestations éloquentes contre les iniquités de ce régime seront pour lui des titres impérissables à nos hommages respectueux, et tous les visiteurs de sa tombe les lui rendront de tout leur cœur en y lisant l'épitaphe suivante qu'il a réclamée lui-même :

JULES SIMON

1814-1896

Dieu—Patrie—Liberté.

Épitaphe instructive, s'il en fut pour un régime qui a l'audace de prétendre supprimer Dieu du culte de la Patrie et de la Liberté.

Nous reviendrons sur cette idée qui résume le testament patriotique de Jules Simon.

CHRONIQUE GÉNÉRALE

Concours régionaux de 1896.

II. — CONCOURS DE CHARTRES.

Le concours de Chartres qui s'était ouvert sous une pluie battante, s'est terminé par trois superbes journées. Le retour du beau temps fait la joie générale et on se plaît à constater que saint Médard a donné tort au dicton populaire. Ce concours est fort intéressant par le nombre et la qualité du bétail.

Espèce bovine. — *La race normande* vient en tête, tout le monde connaît et apprécie les mérites des sujets de cette catégorie. Les éleveurs normands sont arrivés, croyons-nous, à l'apogée, il leur suffit maintenant de conserver à cette race les qualités provenant d'une sélection judicieuse et de chercher à améliorer sans cesse la qualité et le rendement du lait. Principaux lauréats : MM. Gillain, Guérin, Noël, Canuet, Langlois, Maillard (Manche), Fournier (Mayenne). — *Race bretonne.* Ces animaux excitent toujours l'admiration des visiteurs; on peut dire que d'ailleurs, ils font grand honneur à leurs propriétaires. La vache bretonne est un peu traitée comme le cheval arabe par son maître; elle est l'objet de tous les soins dans les meilleures exploitations. Quel animal serait plus précieux dans une région où le sol généralement pauvre fournit un fourrage aussi rare que peu nutritif ? Les animaux bretons tirent le plus grand parti de tout et encore ne leur faut-il même pas la quantité. Principaux lauréats : MM. Lanco, Terrien de la Haye, Lamoureux, veuve Le Treste (Morbihan). — *Race parthenaise* représentée par un petit nombre d'animaux d'aspect fort différent suivant la provenance. Lauréats : MM. Chantecaille, Caillaud, Martin (Deux-Sèvres). — *Race durham.* On sait que la race durham fut autrefois très en honneur dans la région de l'ouest, elle est aujourd'hui beaucoup moins répandue. Lauréats : MM. Mac-Alister, comte de Blois, Mmes Grollier, Chevreul (Maine-et-Loire), Gandon, comte de Quatrebarbes (Mayenne) — *Croisements durham :* Nous trouvons dans cette catégorie le durham-manceau, qui est sans aucun doute le meilleur croisement anglo-français. Lauréats : MM. Rezé, Leboucher, veuve Chevreul (Sarthe). — *Race jersiaise.* Nous reparlerons de cette race en rendant compte du concours de Saint-Brieuc. Bornons-nous à citer les lauréats : MM. Chandora (Finistère), Ayraud (Charente-Inférieure), Mme de Lamartraye (Eure-et-Loir). — *Petites races diverses* Nous trouvons un mélange des races Hereford, de la race bazadaise, croisements divers, bretons, jersiais,

hollandais, etc., etc Lauréats : MM. Moncla (Gironde), Chandora (Finistère) Fournier (Mayenne). — *Grandes races diverses.* Même mélange composé de manceaux, de limousins, de schwitz, de nivernais, de garonnais, etc..etc. Lauréats : MM. Bourdeau (Nièvre), Salmon (Sarthe), Pallier (Haute-Vienne), Guesdon (Calvados), Frère Bertrandus (Seine-et-Oise). PRIX D'ENSEMBLE : MM. Gillain (race normande), comte de Blois (race durham). Terrien de la Haye (race bretonne), Chantecaille (race parthenaise). — BANDE DE VACHES : MM. Goussu (Eure-et-Loir), Noël (Manche), Salmon (Sarthe), Terrien de la Haye (Morbihan), Ayraud (Charente-Inférieure).

Espèce ovine. — Nous trouvons une magnifique collection des plus intéressantes et qui prouve de quels soins on entoure le mouton dans cette région où son élevage a acquis du reste une légitime réputation. *Race mérinos.* Lauréats : MM. Royneau-Gouache, Sédillot-Corbière (Eure-et-Loir), Desportes (Eure). *Dishley-mérinos :* MM. Royneau-Gouache, Brebion, Thirouin (Eure-et-Loir). *Races françaises :* MM. Nepveu, Lavoinne (Seine-Inférieure), Charpentier (Indre), Vasset (Somme). *Dishley :* MM. Le Breton (Côtes-du-Nord), marquis de Saint-Chamans (Seine-et-Marne), Royneau-Gouache. *Southdown :* MM. Nouette-Delorme (Loiret), Royneau-Heurteau (Eure-et-Loir). — PRIX D'ENSEMBLE : MM. Royneau-Gouache (dishley-mérinos), Nouette-Delorme (southdown).

Espèce porcine. — *Races françaises :* MM. Lemesle, Rousseau, de Quatrebarbes, Sinoir (Mayenne), Bêche (Sarthe). *Races étrangères :* Mme Grollier (Maine-et-Loir), Frère Bertrandus (Seine-et-Oise). *Croisements :* MM. Feunteun (Finistère), Madlène (Eure-et-Loir). — PRIX D'ENSEMBLE : MM. le comte de Quatrebarbes, Rezé.

Basse-cour. — *1re catégorie. Coqs et poules :* M. Leroy (Paris), Mme Léger. *Pigeons :* MM. Chauvin-Hugues (Eure-et-Loir). *Lapins :* M. Le Roy. — *2e catégorie :* Médailles d'argent : MM. le baron d'Amécourt, Mme Boucher d'Avoust, MM. Buffet, Couvreux, Thirouin. — *3e catégorie :* MM. frère Bertrandus, Anceaune, Mme Durand. — *Objets d'art :* M. Couvreux, Mme Durand.

Produits. — *Beurres frais :* MM. Leboucher, Lepetit (Calvados), Guérin (Manche), Fromagerie de Voves (Eure-et-Loir), MM. Terrien de la Haye (Morbihan), marquis de Saint-Chamans (Seine-et-Marne). *Beurres de conserve :* MM. Terrien de la Haye, de Saint-Chamans. *Fromages :* Mme Lepetit, M. Allaire. *Vins :* M. Valet. *Cidres :* MM. Guérin (Manche), Amblard (Eure-et-Loir), Bardet (Calvados), Terrien de la Haye (Morbihan), Saint-Père (Sarthe). *Eaux-de-vie de cidre :* MM. Verhille (Orne), Trubert (Eure-et-Loir). *Produits maraîchers :* M. Jacquart (Ille-et-Vilaine). — EXPOSITIONS COLLECTIVES. Syndicat agricole de Chartres, union viticole d'Indre-et-Loire. *Produits divers.* Médailles d'or : MM. Benoist, Valet, Buffet, Brossard, Lemesle-Caslat, Dorizon, Longuet. — EXPOSANTS MARCHANDS. Médailles d'or : MM. Vilmorin-Andrieux, Cesbron, Fillot, Boussard.

Prix culturaux. — Prime d'honneur : M. Benoist. — *2e catégorie* : M. Benoist. — *4e catégorie* : M. Constantin. — *Irrigations* : MM. Cadou, Gasse-Margat. — *Spécialités.* Objets d'art : MM. Baudin, Lejards, Perriot, Thirouin, Desforges. Médailles d'or grand module : MM. Evette, Pégé, Benoist. Médaille d'or : MM. Hérault vicomte de Saint-Pol Riçois, Berland, Boutron, Couvreux, Fourré. — *Petite culture.* Prime d'honneur : MM. Seigneuret, Bisch. *Horticulture* : Rappel de prime d'honneur : M. Macé. Prime d'honneur : M. Poussin. Médaille d'or : M. Cheroute-Trochard. — *Arboriculture* : Prime d'honneur : M. Vassort. — *Viticulture* : MM. Rémy, Pelletier.

Le concours de Saint-Brieuc.

Ce concours organisé par les Sociétés bretonnes sous le patronage de la Société des agriculteurs de France, ouvre le 20 juin. Il s'annonce comme devant être très brillant ; on sait déjà qu'il sera plus important que le dernier concours tenu dans cette ville. Qui donc a prétendu que les cultivateurs n'avaient de sympathies que pour ce qui a un caractère officiel ? C'est une erreur absolue ; mais faute de trouver des institutions privées, ayant toutes leurs préférences, les agriculteurs sont bien obligés, malgré eux, d'utiliser celles de l'Etat.

Nous saluons avec joie cette grande tentative qui aura des conséquences heureuses : elle va d'abord donner une leçon à nos hommes d'Etat, leur démontrer la possibilité de modifier les règlements surannés des concours officiels ; elle prouve la vitalité des sociétés agricoles bretonnes ; elle mettra en relief l'habileté de tous ces braves cultivateurs qui ont l'amour-propre de ne solliciter aucune récompense des despotes officiels ; elle va donner de la cohésion, de l'autorité au groupe d'hommes qui veulent pousser la Société des agriculteurs de France sur le terrain pratique, qui désirent que, sans cesser de protester, d'étudier, elle crée des œuvres utiles, elle soutienne effectivement celles qui existent. Cette orientation nouvelle de la Société ne peut donner que d'excellents fruits, ce contact des ruraux avec les citadins aura évidemment pour conséquence une entente plus complète qui profitera au monde agricole tout entier. Nous ne nous attarderons pas à examiner les difficultés qu'a dû vaincre M. le vicomte de Lorgeril, pour faire triompher l'idée que M. le marquis de Poncins avait eue l'un des premiers ; il nous suffit de constater que la Société des agriculteurs, comprenant qu'elle ne pouvait résister plus longtemps, a cédé devant le courant d'opinion venant de la Bretagne. Nous l'en félicitons et nous souhaitons que, chaque année, la Société des agriculteurs de France se prête aussi généreusement à l'organisation d'un grand concours libre.

S. CRÉPEAUX.

Concours.

Concours de la race bovine d'Aubrac. — Ce concours, ainsi que nous l'avions annoncé, s'est tenu dans la petite ville de Laguiole (Aveyron), les 30 et 31 mai. Il a été très satisfaisant pour le nombre des sujets exposés, parmi lesquels on a constaté des améliorations notables de conformation. Lauréats : MM. J. Vidal (prime d'honneur), aux Gazettes ; Pierre Comte, à la Boisonnade ; de Séguret, à Veyrac ; Sinegre, à Playnes.

Concours de la race ovine des causses du Lot. — Ce concours aura lieu à Gramat, le 28 juin courant.

Vente publique de laine à Paris. — Au marché aux laines de Paris, émule du marché de Reims, à la vente du 3 juin, les laines ont été vendues comme à Reims avec une hausse de 25 0/0 sur les cours de l'an dernier. — Vente prochaine le 8 juillet. — Les vendeurs doivent s'adresser à l'Agence d'agriculture, Paris.

Comice agricole de Lille. — Ce grand Comice tiendra son concours annuel à Cysoing en août (date à fixer). — Concours spéciaux de charrues à brabant à deux chevaux, à un cheval, à bœufs, vaches, etc.

Société des orphelinats agricoles.

L'assemblée générale annuelle de la *Société de patronage des orphelinats agricoles* a eu lieu le 27 mai sous la présidence de S. A. R. Mme la duchesse de Vendôme, présidente de l'Œuvre, assistée de M. le marquis de Gouvello, président.

M. Crépeaux, secrétaire du Conseil, lit le procès-verbal de l'assemblée de 1895 qui est adopté sans observations. M. Georges Ferradou, secrétaire de l'Œuvre, donne lecture du rapport, sur les comptes arrêtés au 31 décembre 1895.

Il en résulte que les recettes de 1895 ont été de . . . . 59.224 fr 35 et les dépenses de . . . . 53.707 fr. 50

Les recettes ont donc excédé les dépenses de 5.516 fr. 85 pendant l'exercice 1895.

Cette somme est comprise dans le solde créditeur en caisse au 1er janvier 1896.

M. le marquis de Gouvello prend ensuite la parole, au nom du Conseil d'administration, pour proposer des allocations de subventions aux orphelinats et des adoptions d'enfants.

Au premier rang le Conseil a placé deux orphelinats bien connus et qui ont déjà rendu de grands services à l'enfance abandonnée, mais qui étaient menacés de disparaître : l'un dans le diocèse de Chartres, Mignières, l'autre dans le diocèse de Périgueux, le Fleix.

L'orphelinat de Mignières qui comptait à peine 30 enfants, lorsque la Société s'est chargée, en octobre dernier, du fonctionnement de l'Œuvre, renferme, à ce jour, 60 pupilles. Les locaux, élevés par les soins de l'excellent créateur de l'Œuvre, M. l'abbé Cintrat, sont entourés de jardins, de champs et des annexes de la basse-cour.

Malgré les prodiges d'ordre et d'économie de Mme la Supérieure et la situation meilleure de la maison, le Conseil propose d'allouer cinq cents francs à Mignières.

L'orphelinat du Fleix, fondé il y a dix-huit ans par M. l'abbé Roussel, peut contenir cent orphelins dont la plupart trouveraient à s'occuper sur les 60 hectares du domaine.

Par suite d'une administration locale déplorable, l'orphelinat du Fleix allait fermer ses portes ; 25 enfants reçus gratuitement étaient à la veille de manquer de pain et, chose triste à dire, les fournisseurs impayés depuis quinze mois, menaçaient déjà de demander l'expropriation des immeubles. Pour comble de péril les protestants qui ont à Sainte-Foy et à Laforce le quartier-général de leurs œuvres de France, avaient l'œil au guet et voulaient acheter coûte que coûte l'établissement catholique aux enchères.

Informé de cette situation où l'honneur de notre Religion était engagé et sur les instances pressantes de Mgr l'évêque de Périgueux, M. l'abbé Santol, inspecteur général de l'Œuvre, est allé au Fleix pour étudier sur place et accomplir le sauvetage de l'orphelinat.

En ce moment, les Sœurs Agricoles sont installées, de nombreux pupilles payant pension sont arrivés, l'Œuvre va être affiliée prochainement à la Société Anonyme, tout ce travail aura été accompli dans le court espace d'un mois !

Afin de contribuer à la réorganisation de cet orphelinat, le Conseil propose de lui allouer 500 francs regrettant de ne pouvoir faire davantage pour cette si intéressante fondation.

Douvaine. — Dans les établissements du Père Joseph à Douvaine et à Saint-Joseph-du-Lac, plus de 200 enfants ont été recueillis par cet apôtre infatigable, sur la lisière de la Suisse calviniste. Le Conseil pour récompenser le courage et la persévérance de l'intrépide ancien aumônier militaire, fondateur de l'Œuvre des tombes, propose d'attribuer la somme de 400 francs à la maison de Douvaine.

Kerhars-Kerbot. — En juillet dernier, M. l'Inspecteur a séjourné à Sarzeau, où sont situés ces établissements et a fait subir des examens classiques aux 60 pupilles de l'asile rural de Kerhars que les Sœurs de Saint-Vincent-de-Paul élèvent comme des mères et instruisent avec succès. Il a aussi interrogé les 25 grands pupilles de Kerbot auxquels les Frères Agriculteurs de Saint-François de Régis enseignent la théorie et la pratique de l'agriculture comme des professeurs de ferme-école.

Le Conseil a cru devoir récompenser les maîtres et les élèves des deux établissements et propose d'allouer à chacun une somme de 400 francs.

Sédières. — M. le baron et Mᵐᵉ la baronne de Nyvenheim ont fondé, de leurs propres ressources, un des plus vastes orphelinats de France, sur leur domaine de Sédières, en Corrèze. Un bâtiment construit *ad hoc*, pouvant contenir 100 orphelins, 250 hectares de terres dont la moitié cultivable, un abondant cheptel renfermé dans de vastes écuries, voilà ce qu'ont fait, ce que donnent les châtelains de Sédières en faveur de l'enfance pauvre et délaissée. Voulant assurer la perpétuité à leur initiative généreuse, ils se proposent d'affilier l'établissement à la Société Anonyme des orphelinats agricoles.

Le Conseil voulant témoigner sa sympathie à ces bienfaiteurs de l'enfance pauvre, propose d'inscrire Sédières pour une subvention de 200 francs.

Saint-Martin-du-Bec. — Mˡˡᵉ de Croismare a consacré sa vie et son patrimoine au service des orphelins pour en faire des travailleurs des champs. Elle a fondé chez elle ce qu'on ne trouve pas ailleurs : la famille de l'orphelin.

Dès que ses enfants ont atteint la treizième année, elle les place, elle-même, dans les fermes voisines et depuis le soir du samedi jusqu'au dimanche soir, ces grands pupilles rentrent à l'orphelinat, pour y retremper leur esprit et devenir le bon exemple des nouveaux venus. Voilà pourquoi l'Œuvre de Mˡˡᵉ de Croismare est si populaire dans le canton de Montivilliers et au Havre.

Le Conseil, pour récompenser une si honorable entreprise, demande de voter la somme de 200 francs en faveur de Saint-Martin-du-Bec.

La Navarre est un établissement agricole dirigé par les Salésiens. Il fonctionne à merveille comme, d'ailleurs, tout ce que les fils de Dom Bosco dirigent. Mais le Conseil se réserve de donner des détails précis sur cet orphelinat l'an prochain, après la visite de M. l'Inspecteur. Il propose d'allouer la somme de 200 francs à la Navarre pour donner aux Salésiens un nouveau témoignage de sympathie.

Veuves. — Fondé par le curé de cette paroisse, et situé en Loir-et-Cher, l'orphelinat très vaste est l'ancien relai de poste, sur la route de Paris à Bordeaux. Quatre hectares bien cultivés entourent l'établissement ; 60 enfants, dirigés par les Sœurs du Protectorat de Saint-Joseph, y étudient et y travaillent dans d'excellentes conditions.

Le Conseil propose de voter pour Veuves la somme de 200 francs.

Annecy (Haute-Savoie). — Est encore une propriété de la Société Anonyme qui garantit la perpétuité de cet établissement. C'est à la fois un asile rural et un orphelinat horticole ou les Sœurs de l'Immaculée Conception, dites Petites Sœurs des orphelins, élèvent dans d'excellentes conditions quarante et quelques enfants.

Le Conseil propose de voter une subvention de 200 francs à cette maison où un certain nombre de pupilles ont été reçus comme demi-boursiers.

Le Meix-Tiercelin. — Orphelinat possédé par la Société Anonyme, a eu des commencements pénibles. La Providence qui, même ici-bas, compense souvent les choses, semble vouloir lui octroyer un avenir d'autant plus prospère qu'elle vient de choisir pour ses puissants protecteurs, deux chrétiens d'élite, nobles enfants de la Champagne : M. le comte Chandon de Briailles et M. de Felcourt ; ils peuvent et ils veulent imprimer à l'œuvre agricole du Meix-Tiercelin le prestige et l'action bienfaisante dont elle est digne.

A ce jour, 46 pupilles, confiés aux Sœurs des Providences Agricoles de Saint-Isidore, sont recueillis dans cet orphelinat comprenant 250 hectares de terrains. Les Sœurs administrent l'œuvre avec zèle, intelligence et économie, qualités auxquelles le pays entier rend hommage. Malgré ce mérite, étant donné le précieux patronage que Dieu vient d'accorder à cet établissement champenois, le Conseil est d'avis de lui allouer un encouragement de 100 francs, réservant ses plus amples faveurs aux orphelinats plus pauvres.

Monsac-Lacépède et *Crabitet* sont des établissements bien connus auxquels le Conseil propose d'accorder comme à l'ordinaire 100 francs.

Huisseau. — Comme orphelinats de filles, le Conseil a surtout porté son attention sur Huisseau qui, placé en Vendomois, est destiné à rendre les plus grands services à de pauvres filles délaissées.

Les Sœurs, qui ont la direction d'Annecy, ont aussi celle de Huisseau qui a tout ce qu'il faut pour bien fonctionner. Il ne reste qu'à augmenter la population des enfants. La société de patronage s'occupe d'envoyer des orphelines à cette maison pour laquelle le Conseil demande une allocation de 400 francs.

En résumé le Conseil d'administration propose d'accorder aux établissements de :

1° Mignières	500	fr.
2° Le Fleix	300	»
3° Douvaine	400	»
4° Kerhars	400	»
5° Kerbot	400	»
6° Sédières	200	»
7° Saint-Martin-du-Bec	200	»
8° La Navarre	200	»
9° Veuves	200	»
10° Annecy	200	»
11° Le Meix-Tiercelin	100	»
12° Monsac	100	»
13° Lacépède	100	»
14° Crabitet	100	»
15° Huisseau	400	»
16° Peyrégoux	200	»
Total	**4.200**	**fr.**

Quant aux enfants, quatre adoptions sont proposées. Mais une somme de 2.400 francs d'une part et une de 2.000 d'autre part ayant été données pour trois de ces enfants, le Conseil propose d'ajouter à ces versements la somme de 1.000 francs pour la Caisse des adoptions.

Ces enfants sont :

1° Polu (Charles) (né le 23 mars 1891) est adopté pour 5 ans de 1/2 pension, soit 500 francs.

2° Jean Le Roux (né le 26 février 1890) est adopté pour 5 ans de 1/2 pension, soit 307 francs.

3° François Le Roux, placé à Kérars ;

4° Maurice Grenet, placé à Annecy.

L'Assemblée vote les subventions et les adoptions proposées.

M. le marquis de Gouvello dit que le concert de cette année, bien qu'ayant été des mieux réussis depuis la fondation de l'Œuvre, n'a pas produit tout à fait autant que celui de l'an dernier. Il pense que le mois de mai n'est pas une bonne époque, parce que la saison est très avancée, les ventes de charité et les réceptions de toutes sortes abondent. Il lui semble que la fin de mars serait un moment plus favorable, parce que, à ce moment, il y a très peu de soirées et les ventes ne sont pas encore commencées. Après une discussion d'où il résulte que les avis sont partagés, l'assemblée nomme une commission composée de S. A. R. Mⁿᵉ la duchesse de Vendôme, M. de Gouvello, Mⁿᵉˢ la duchesse de Reggio, la marquise de Lubersac et de Carayon-Latour, pour étudier la question et pour prendre une décision.

Les trois conseillers sortants MM. Johanet, l'abbé de Bréon et Fontaine sont renommés.

L'Assemblée prononce aussi la nomination, comme membre du Conseil d'administration, de M. Jean Chandon de Briailles.

Sucrage des vins et des cidres.

Le *Bulletin de statistique officiel* nous apprend qu'en 1893, on a employé 25 millions de kilos de sucre aux vins nouveaux, dont 18 millions de kilos aux vins de seconde cuvée. En 1894 les quantités avaient été beaucoup moindres, ce qui s'explique par ce fait qu'en 1894 les raisins avaient atteint partout une pleine maturité.

Au sucrage des cidres, d'après la même statistique il n'a été employé que 160.000 kilos de sucre, pour 33.500 hectolitres de cidre. La quantité moyenne de sucre a été de 5 kilos par hectolitre donnant un teneur en alcool de 2 degrés. Le sucrage des cidres, ne réussit pas aussi facilement que celui des vins.

Production des alcools

Le même Bulletin annonce que la production des alcools en 1895 a été de 2.165.415 hectolitres d'alcool *pur*, quantité inférieure de 200.000 hectolitres à la production de 1894. Sur cette quantité les bouilleurs de cru ne comptent que pour 127.918 hectolitres. — Cette statistique des bouilleurs de cru ne compte sans doute que les produits livrés par ceux-ci à la consommation et au commerce, non ceux qu'ils ont réservés pour leur consommation.

La fabrication des alcools de mélasses a diminué de 127.000 kilos de 1894 à 1895 ; on attribue cette réduction à un droit de 10 centimes par degré de sucre imposé aux mélasses étrangères par la loi nouvelle. — La diminution des alcools de vin s'explique naturellement par les ravages du black-rot dans les vignes du Midi et spécialement de l'Armagnac.

Encore la question du pain.

La lutte entre le pain blanc et le pain dit *complet* n'est pas terminée comme le supposent beaucoup de gens.

M. Aimé Girard, défenseur du pain blanc, a adressé à l'Académie des sciences, une note où il annonce que le pain blanc analysé par lui, est aussi riche en gluten que son rival dit complet.

A la séance de lundi, il a déclaré que le pain blanc est également aussi riche que son rival en acide phosphorique, c'est-à-dire aussi riche dans la farine blutée que dans le son.

Ensuite, il rappelle que, d'après les physiologistes les plus exigeants, il faut à l'homme 3 gr. 19 par jour de cet acide. Il prouve ensuite que les repas les plus modestes, ceux des journaliers des pays pauvres, fournissent à l'homme au moins 6 grammes par jour de cet aliment reconstituant sans compter ce que le pain y ajoute. A plus forte raison, dans l'alimentation des personnes aisées, n'y a-t-il pas à s'inquiéter de voir l'acide phosphorique faire défaut ; elle leur en fournit peut-être trois fois plus qu'il ne leur en faut. En ce qui concerne plus particulièrement le pain, M. Aimé Girard prouve par le calcul que 3 livres de pain blanc contiennent 3 gr. 10 d'acide phosphorique, et que le pain bis n'en contient que 2 décigrammes de plus, différence insignifiante. Le pain blanc, est donc à tous les points de vue, préférable au pain bis. Celui-ci n'est à recommander que pour ses propriétés rafraîchissantes.

Ce dernier mérite, selon nous, est très en faveur du pain bis dans les ménages ruraux où on ne renouvelle le pain que une ou deux fois par semaine.

La représentation de l'agriculture.

Les agriculteurs demandent en vain depuis longtemps une représentation libre au moyen de Chambres électives analogues aux Chambres qui représentent l'Industrie et le Commerce.

De nombreux projets ont été proposés à cet effet sans avoir abouti.

Deux projets sont à l'étude en ce moment, l'un ayant pour auteur M. Méline, l'autre M. Calvet, sénateur.

Le projet de M. Méline a le tort de ne point répondre aux vœux des sociétés agricoles en comprenant parmi les électeurs des Chambres d'agriculture, les instituteurs, les professeurs officiels, etc., bref, en introduisant l'élément fonctionnaire dans un corps destiné à représenter les intérêts de la profession agricole. Les agriculteurs repoussent avec raison cette ingérence du monde officiel. L'agriculture compte des membres assez éclairés pour traiter elle-même en liberté ses affaires et défendre ses intérêts.

Le projet de M. Calvet est plus rationnel, il ne confère l'électorat qu'aux agriculteurs, propriétaires, fermiers et métayers. Il propose une Chambre départementale élue par les délégués cantonaux élus eux-mêmes à raison d'un par canton, puis un Conseil central élu par les Chambres départementales. Il repousse avec raison l'adjonction des domestiques et ouvriers ruraux au corps électoral. Pourquoi imposer ces électeurs aux Chambres d'agriculture seulement. Jamais a-t-on songé à imposer aux Chambres de Commerce et d'Industrie, les employés et les ouvriers et les gens de service des fabriques ?

L'électorat agricole ne doit appartenir qu'aux chefs de famille agriculteurs et propriétaires. Les intérêts de leurs subordonnés sont solidaires avec les leurs. Les intérêts généraux de l'agriculture seront convenablement représentés par le système de M. Calvet, lequel, d'ailleurs est appuyé par les vœux unanimes des sociétés agricoles.

Le moyen de vendre le seigle 15 francs les 100 kilos et plus.

Je dois ce projet à l'un de mes proches.

En attendant, les demandes multiples s'adressent au nouveau ministère par toute la presse conservatrice sans exception. Les unes relativement à la libre frappe de l'argent. Les autres à la suppression des admissions temporaires, la réglementation des entrepôts, la suppression des impôts fonciers et la réduction des droits de mutations pour les immeubles ruraux, sans oublier l'interdiction des ventes et achats à terme des blés et grains moulus (à l'instar des Allemands qui viennent de nous en donner un salutaire exemple).

Voici enfin le projet en question,

c'est en brûlant l'alcool sur une vaste échelle pour le chauffage des machines. Une loi est donc nécessaire pour ordonner et faciliter cette nouvelle combustivité, ainsi que pour la transformation du seigle sans droit par les propriétaires récoltants. La transformation des moteurs à gaz, ou plutôt à pétrole sera insignifiante.

On pourra bientôt dire, espérons-le, que toutes les industries qui en profiteront seront nombreuses.

De son côté, l'honorable M. Méline, aura de nouveau bien mérité de la Patrie en adoptant une sage pratique par l'accueil favorable à toutes les questions utiles ci-dessus énumérées, ainsi que pour le budget de la France...

E. BABLOT-MAITRE.

Police des marchés aux bestiaux.

M. Méline vient d'adresser aux préfets une instruction par laquelle il leur prescrit d'organiser une sévère surveillance, au point de vue sanitaire, des bestiaux amenés sur les marchés. Il remarque avec raison que les animaux atteints d'affections contagieuses les communiquent aux autres animaux. Les vétérinaires chargés de l'inspection sanitaire de ces animaux doivent l'exercer plus activement qu'ils ne l'ont fait jusqu'ici.

C'est bien dit assurément, mais de la parole qui ordonne à ceux qui l'exécutent on sait qu'il y a loin. Les vétérinaires, d'ailleurs, ont à ménager les éleveurs qui composent leur clientèle.

Situation des sucres.

La consommation, influencée dans une certaine mesure par l'importance des stocks et par une faiblesse persistante des cours spéculatifs, s'est montrée fort réservée dans ses achats.

Il existe cependant des éléments favorables au relèvement des cours. Nous constatons en effet, que la prochaine récolte des betteraves, sans donner de réelles inquiétudes, suscite quelque appréhension à cause de la sécheresse persistante de ces derniers temps.

Au point de vue de la hausse possible des sucres coloniaux, il y a lieu de se préoccuper aussi de la récolte future de Cuba, fortement compromise par les hostilités qui désolent ce pays de grande production et entravent sa prospérité agricole.

Les avis sont partagés sur ce point ; la récolte de l'an prochain sera-t-elle sensiblement amoindrie ?

Pour notre part, nous en sommes convaincus, car nos renseignements particuliers sont précis à cet égard. A la Havane, ce ne sont pas seulement les plantations qui ont à souffrir de l'insurrection ; les usines sucrières sont en grand nombre détruites et il est bien difficile de reconstituer des outillages perfectionnés comme par enchantement. Il n'est pas niable que cet état de choses soit de nature à réduire de beaucoup la production et à peser sur les cours des sucres exotiques en général. Nous voyons au surplus, d'après la statistique, que les stocks de Cuba présentent une différence de 600.000 tonnes en moins, sur les trois premiers mois de l'année. A la Réunion et à Maurice, on signale un épuisement manifeste du sol de culture et la nécessité de faire des assolements au moyen des cultures secondaires; ceci est un autre symptôme de production réduite.

Dans la semaine, le marché de Londres a donné lieu à peu d'affaires en sucres de cannes; toutefois on y prévoit des chances de hausse par suite d'achats importants considérés comme certains, à effectuer pour l'Amérique d'ici à novembre prochain.

A Bordeaux, les cours ont baissé par le fait de manœuvres spéculatives; il y a eu de nombreux arrivages de la Martinique. Au 30 mai, le stock de cette place comportait 6.157.651 kil. contre en 1895, à pareille époque, 3.302.202 kil.

Tendance très calme à Marseille. Le stock en sucres coloniaux est de 50.730 quintaux contre 50.930 la semaine dernière. De nombreux arrivages sont annoncés des Antilles, mais, pour la plupart, en application de marchés à livrer.

Peu d'affaires à Nantes; quelques arrivages de la Guadeloupe.

En résumé la situation générale est assez terne; la consommation garde une attitude expectante et une absolue réserve.

Le *Journal officiel* a publié, le tableau donnant le résultat de la législation des sucres pour l'année 1895. Les quantités effectives sorties des fabriques, se sont élevées à 633.330.647 kil. et les quantités exprimées en raffiné ont été de 597.124.609 kil. Sur ces 633.330.647 kil., 342.098.041 ont donné à l'analyse 99.371 degrés saccharimétriques. Les quantités expédiées des fabriques ou des entrepôts, après payement du droit plein de 60 francs sur les sucres livrés à la consommation intérieure et du droit de 24 francs sur ceux destinés au sucrage des vendanges, ont été de 168.079.067 kil. représentant 160.045.422 de raffiné.

Les quantités expédiées à la taxe réduite de 30 francs ont été de 154.830.754 kil. représentant 142.168.952 de raffiné.

Nous avons importé en 1895 de nos colonies 99.174.813 kil. dont 35.865.307 de la Réunion, 12.755.064 de la Martinique et 7.431.610 de la Guadeloupe. Les importations de sucres étrangers, l'année dernière, ont été, en poids effectif, de 46.448.493 kil. dont 37.940.270 de Java.

MARÉCHAL.

NÉCROLOGIE

L'excellent Syndicat agricole de l'Indre vient de subir une perte cruelle par la mort de son trésorier M. Dejobert, qui par son zèle intelligent a notablement contribué à la prospérité du Syndicat. Cette perte de M. Dejobert ravive la peine causée aux syndicataires par celle de M. de Verneuil, vice-président, qui lui aussi fut un des principaux collaborateurs de M. Marchain.

Voilà les hommes que réclament nos campagnes pour doter l'agriculture des organes sérieux de son relèvement et de son indépendance vis-à-vis de la tyrannie des politiciens.

———

Nous apprenons avec un vif regret la mort de M. le comte de Villebois-Mareuil, décédé dans son château de Boiscorbeau, à Montaigne (Vendée). Il laisse deux fils, notamment notre vaillant ami M. le vicomte de Villebois qui, étant député de la Mayenne a servi avec un zèle et un talent bien appréciés les intérêts agricoles, et M. Roger de Villebois, éleveur distingué de l'espèce chevaline de Vendée.

———

L'agriculture normande a perdu cette semaine un de ses représentants les plus éminents. M. le comte Rœderer est mort dans son beau domaine de Boisroussel, près de Mortagne (Orne). Pendant cinquante ans, M. le comte Rœderer a donné aux agriculteurs et aux éleveurs de l'Orne l'exemple de tous les progrès, Lauréat de la prime d'honneur en 1873, il n'a cessé jusqu'à la fin de remplir sa mission sociale et agricole avec un zèle et une intelligence hors de pair. Il y joignait aussi — chose plus précieuse et plus rare encore — les exemples des vertus du propriétaire chrétien. Les bienfaits que lui doit sa contrée feront bénir sa mémoire. L'élevage du cheval dans l'Orne lui doit une partie des progrès qui lui ont valu sa haute réputation dans le monde entier.

———◆———

CHRONIQUE AGRICOLE

Situation. — La Saison.

Pendant la semaine dernière encore, les orages ont versé dans la plupart des régions du territoire quelques ondées qui ont été accueillies avec satisfaction, mais qui ont trop vite cédé la place au beau temps. La sécheresse dont on se plaignait partout a un peu partout perdu de son intensité, mais dans bien des endroits encore à notre connaissance, la terre n'est pas pourvue de l'humidité nécessaire aux plantes qu'elle porte. Toutefois les pluies qu'elle a reçues ont été sensiblement profitables aux semis effectués partout dans cette saison, spécialement aux semis des plantes fourragères de seconde saison. Elles n'ont pas été moins bonnes pour les prairies nouvellement fauchées, en activant la pousse des secondes coupes, dont les bons agriculteurs attendent une compensation à la pénurie des premières.

Les avoines elles-mêmes ont été ravivées par ces pluies bien que tardives et peu abondantes.

D'ailleurs, les beaux temps qui règnent aujourd'hui sont souvent interrompus par de nouveaux orages. Les pluies sont souvent à prévoir un peu partout. Dieu veuille qu'elles viennent avant la période de maturation des céréales. A cette époque, en effet, le beau temps est l'auxiliaire indispensable d'une bonne maturation et d'une moisson satisfaisante.

Les vignes sont en bonne voie à peu près partout; mais la guerre contre les parasites est indispensable. Les traitements *préventifs*, ne l'oublions pas, sont seuls efficaces contre ces redoutables cryptogames nommés mildiou, blackrot, etc., etc.

Le *Bélier de Nancy* publie sur l'état des récoltes dans l'Est une note qui peut s'appliquer à la majeure partie du territoire :

« Une pluie bienfaisante a rendu la vie aux plantes et aux céréales assoiffées, et la joie aux travailleurs.

« Il était grand temps que la pluie arrivât; car les récoltes s'étiolaient à vue d'œil, et huit jours de sécheresse de plus auraient amené la perte entière des céréales.

« Les blés, pour qui il est un peu tard, vont en profiter néanmoins; et si, seul, l'épi aura à souffrir, le rendement en paille en bénéficiera.

« Quant aux avoines et aux orges, il faut espérer que, malgré le retard ainsi que malgré les dégâts qu'elles ont éprouvés, elles nous donneront encore une moyenne récolte.

« Les betteraves, que l'on avait crues complètement perdues, vont lever en hâte. Seulement il est à craindre que beaucoup ne soient à remplacer; le mieux serait d'y pourvoir, dès à présent. Il en est de même des pommes de terre, qui levaient difficilement. C'est donc un retard d'au moins quinze jours, pour toutes les plantes sarclées.

« Les prairies artificielles vont profiter, et il convient de faucher immédiatement; si l'on veut obtenir une bonne seconde coupe. Seuls, les trèfles ne peuvent encore profiter. Il en est de même pour les prés; pour la plupart il serait inutile d'attendre, car l'herbe est mûre; les prés bas ont seuls quelque chance de profit.

« En somme, la situation s'est bien améliorée; et la vie du bétail pour qui on avait, à juste titre, conçu de graves appréhensions, est sauvée à l'heure actuelle.

« La vigne continue à progresser; elle a, pendant ces temps derniers, rattrapé une partie du retard qu'elle avait éprouvé. La pluie qui est tombée, loin de lui être nuisible, lui a au contraire fait grand bien. Les raisins qui s'apprêtent à fleurir sont fermes, bien qu'en certains endroits les vers aient exercé de grands ravages.

« Les arrosages font de plus en plus dotés, et peu de vignerons restent sans se livrer à cette utile pratique. Aussi les feuilles conservent-elles leur vigueur et toute leur verde .

« Les arbres fruitiers sont assez beaux. Les premières cerises commencent à donner; on se plaint beaucoup de leur rareté, il en est de même pour certaines variétés de poiriers, où, malgré une superbe floraison, les fruits sont aujourd'hui presque illusoires.

« Les maraîchers exultent ; car les légumes font défaut dans quantité de jardins particuliers, et ils atteignent un prix élevé sur nos marchés. »

Les plantes à semer actuellement.

M. Henri de Vilmorin vient de publier une intéressante note sur les plantes les plus productives qu'il convient de cultiver en ce moment pour atténuer les effets de la pénurie des fourrages ordinaires. Parmi les plantes qu'il signale comme étant les plus productives et d'un succès assuré, sont les suivantes :

Maïs géant caragua ou dent de cheval, à semer en juin et juillet, — maïs jaune, à grosse tige, — puis les maïs plus hâtifs, tels que le M. d'Auxonne, M. Cinquantin. — maïs jaune à épi long, — enfin le maïs quarantain, qu'on peut semer jusqu'au 15 août. — Tous ces maïs donnent d'abondants produits, mais le caragua ne les donne qu'à condition de le cultiver dans une terre bien pourvue d'engrais.

Viennent ensuite les millets blancs, les panis d'Italie, les mohas de Hongrie, M. de Californie, l'alpiste, qui peuvent être cultivés pour fourrage et même pour grain si la saison leur est favorable. Mais cultivés pour fourrage, il faut les couper avant l'épiage. Leur foin est un peu grossier; mais la fermentation en silo le rend plus digestif. A semer jusqu'au 15 juillet.

Les sorghos, S. sucré, S à balais, semés en juin, en bonne terre, donnent aussi un fourrage abondant et nutritif.

Vesces et pois gris de printemps, surtout associés à des plantes à tige raide (féverole, millet, maïs).

Choux fourragers, choux frisés d'hiver, Ch. caulet de Flandre, chou moellier, semés en juin et juillet; récolte en fin d'automne.

Colza de printemps ou navette d'été, moutarde blanche, spergules ordinaire et S. géante, sarrasin gris et argenté, S. de Tartarie, à semer jusque dans les premiers jours de juillet.

Ces plantes peuvent être cultivées isolément ou en mélange. M. de Vilmorin conseille de choisir les mélanges enseignés par M. Dezeimeris, spécialement les suivants pour un hectare :

1. Sarrasin, 35 k.; maïs jaune, 25; pois gris, 7; alpiste, 7; moha de Hongrie ou millet, 7.

2. Sarrasin, 25; vesces, 15; maïs jaune, 10; moutarde blanche, 7; moha ou millet, 7;

3. Pois gris, 25; vesce, 25; moutarde blanche, 5; millet ou panis, 5.

4. Pois gris, 25; vesce, 25; moha, 10; alpiste, 5.

Nous croyons pouvoir ajouter que dans les plantes destinées aux vaches laitières, une addition de moutarde blanche sera toujours d'un bon effet. C'est à bon escient que cette plante a reçu la qualification d'*herbe au beurre*.

Viennent ensuite les racines fourragères. On peut regarnir les vides subis par les butteraves, carottes, navets, rutabagas semés ou plantes aux mois précédents. On peut obtenir des demi-récoltes en semant les disettes Mammoutt la globe jaune ou rouge, jaune ovoïde des barres, etc.

Les navets peuvent aussi être semés jusqu'à fin juin, notamment les Nigros long de Norfolk. N. rave du Limousin, long d'Alsace, N. plat hâtif, ceux-ci sur chaumes après moisson, carotte blanche à collet vert, C. des Vosges, blanche d'Orthe améliorée, raifort champêtre d'Ardèche, enfin les panais.

Enfin, les trèfles incarnats semés en août donneront un fourrage précoce et abondant au printemps. On sèmera les trois variétés, hâtif, tardif, très tardif.

Enfin, les variétés hâtives de pois, haricots, fèveroles, fèves, semés en juin dans des terres bien préparés.

Nous sommes heureux d'enregistrer une note émanant d'un maître justement estimé entre tous, qui confirme et développe amplement les conseils que nous avons donnés dès les jours qui ont précédé les premières pluies.

Le trempage des graines de semence.

Nous avons entretenu nos lecteurs de la question de savoir si, en immergeant les graines de semence dans l'eau, pendant quelques heures avant de les mettre en terre, on obtenait une plus prompte germination.

Cette pratique a des partisans et aussi des contradicteurs, les uns et les autres prétendent justifier leur opinion par des faits plus ou moins concluants.

Si, comme il est probable, il y a des faits favorables et d'autres contraires à cette pratique, cela prouve une chose à notre avis : c'est qu'il y a lieu de distinguer entre bien des points. D'abord, il semble que l'on doit tenir compte du degré de gazeté de l'enveloppe, du germe de la future plante et aussi de la composition du terrain et des éléments qui doivent concourir à la dissolution de cette enveloppe, à l'éclosion de la radicule et de la plumule, qui sont les premiers organes vitaux. Il y a aussi un facteur important et variable à consulter : c'est le degré de chaleur du sol

ainsi que son degré d'humidité. Dans un sol très sec, par exemple, on conçoit difficilement qu'une graine humectée n'ait pas chance de germer plus vite qu'une graine sèche. L'humidité de la graine, en tout cas, ne pourrait être une cause de retard que dans un sol froid par une basse température.

Une autre question sur ce sujet, c'est de savoir à quelle température l'eau produit le mieux son effet, qui est de prédisposer la graine au ramollissement qui prépare la germination. L'eau tiède à 30 degrés nous paraît — sauf vérification — très propre à cet effet. Un correspondant du *Journal d'agriculture pratique* a cité un cas de succès dû à l'eau bouillante. Cela ne nous paraît possible que dans une graine à enveloppe dure et épaisse. Dans une graine à enveloppe mince, le germe risquerait d'être tué par l'eau bouillante.

Nous venons d'exposer avec toutes les réserves convenables, l'état actuel de cette question. C'est dire que nous engageons les praticiens en agriculture et en horticulture, à l'étudier sérieusement au moyen d'essais comparatifs.

Mais on n'emploie pas seulement l'eau comme moyen d'activer la germination des plantes. On ajoute aussi à l'eau un élément fertilisateur, un peu de purin, par exemple, quelques grammes de nitrate de soude. Mais c'est plutôt aux plantes à repiquer qu'aux graines à semer, que ce procédé s'applique avec succès. En effet, la plumule et la radicule qui éclosent dans la graine ont pour aliment l'amande même de la graine avant de se nourrir des engrais du sol. La plante jeune, au contraire, est pourvue de racines qui se nourrissent des engrais avec lesquels elles sont mises en contact par la chaleur et l'humidité ambiantes. L'addition d'un engrais liquides à ces racines en les plantant est donc un moyen très probablement efficace d'obtenir une prompte reprise et une active génération.

Quoi qu'il en soit, ces deux questions en matière d'ensemencement et de replantation sont encore loin d'être l'objet de solutions admises par la généralité des praticiens. C'est pourquoi nous les leur soumettons à un moment convenable, puisqu'il s'agit aujourd'hui de produire des plantes fourragères à rapide végétation pour remédier à la pénurie des fourrages de prairies.

Les dégâts causés par les traitements contre l'antrachnose.

Nous recevons de différents côtés des nouvelles très graves pour les viticulteurs; les badigeonnages pratiqués cet hiver contre l'antrachnose sur les coursons de taille au fur et à mesure de la taille avec la solution de 1 litre d'acide sulfurique et 50 kilos de sulfate de fer par hectolitre d'eau, ont produit sur beaucoup de vignes des effets désastreux; le débourrement ne s'est pas fait, les têtes sont plus ou moins gravement atteintes, beaucoup sont tuées et nombre de souches devront être récépés radicalement. Dans une lettre adressée à un de nos confrères sur le même sujet. M. Tallavieque a observé à l'école d'Oudes (Haute-Garonne), que la partie la plus frappée est celle où avait été appliqué, dès les premiers jours de novembre, le procédé Rassiguier ; sur des petits Bouschets ainsi hâtivement traités, aucun courson n'a émis de bourgeons ; la souche n'est pas morte, des gourmands nombreux sortent du pied, mais les têtes de taille sont toutes mortes. Sur les autres cépages, les bourgeons se développent mais très chétifs et sans raisins. Les traitements semblent avoir causé d'autant moins de mal qu'ils se sont plus rapprochés de l'époque du débourrement.

Engrais complémentaire pour la betterave.

Il s'agit ici des engrais complémentaires à appliquer au mois de juin. Mais il importe de noter d'abord que, pour obtenir de hauts rendements de betteraves fourragères ou à sucre, la première condition est de les semer dans un sol profondément labouré et fumé. Rien de plus évident à en juger par la forme même de la betterave qui a pour organes nutritifs des suçoirs unis par le pourtour, et surtout par les radicelles intérieures de ses racines qui plongent jusqu'à 60, 80 et 90 centimètres dans le sol. Inutile par conséquent d'espérer de fortes récoltes de betteraves dans un sol légèrement labouré et aéré, et maigrement fumé. Au contraire, dans un sol bien pourvu de ces conditions, la betterave peut souffrir au mois de juin, des intempéries de la saison, surtout de la sécheresse. Alors les binages et un supplément de nitrate peuvent réveiller la végétation, si surtout la pluie vient à leur secours.

Cette question a été étudiée par le Comice agricole de Lunéville, et nous nous empressons d'y emprunter le compte rendu au *Bon Cultivateur* son organe officiel.

A propos des engrais complémentaires pour la betterave, M. le président croit devoir appeler l'attention des cultivateurs sur les quantités d'engrais que peuvent recevoir avec profit les betteraves.

« On a dit que si l'abondance des engrais azotés appliqués à la betterave produisait un grand poids brut à l'hectare, ce poids était constitué par une betterave pauvre en sucre et partant peu nutritive.

« Or, dans le rapport sur l'exercice 1893-94 de la ferme de l'institut agricole de l'Etat à Gembloux (Belgique), qui m'a été récemment adressé par M. Damseaux, le très renommé professeur d'agriculture de l'Institut, je trouve la relation d'une pratique entièrement contraire au principe cidessus rappelé.

« En effet, à Gembloux après avoir mis pour les betteraves avant l'hiver environ 40.000 kilogr. de fumier à l'hectare et avoir enfoui cette masse par un labour de défoncement de 0.35 à 0.40 de profondeur, on ajoute par hectare, superficiellement au printemps, 1.000 kilog., de farine de scories phosphoreuses et 400 kilogr. de nitrate de soude. Ces engrais étant bien mélangés avec la surface, on sème les betteraves, et avant le démariage on applique de nouveau 150 à 200 kilogr. de nitrate de soude. Par ce moyen on a obtenu en betteraves à sucre (variétés Dippe, Vilmorin, etc.) 47.268 kilogr. de poids de betteraves à l'hectare, d'une richesse moyenne de plus de 14 0/0 de sucre ayant été vendues à la sucrerie de 34 à 36 fr. 75 les 1.000 kilogr., avec une moyenne en argent de plus de 1.500 fr. l'hectare.

« Le bénéfice réalisé sur cette culture de betterave sucrière, qui occupe un peu plus de 16 hectares 40 ares sur les 50 de la ferme, a été de 520 fr. par hectare.

« Dans cette même ferme, on cultive 22 hectares 53 ares de blé, appartenant aux variétés dites à grand rendement ; il est curieux de rapprocher les rendements et les produits financiers de ces deux cultures. Le froment produit une récolte moyenne de 30 quintaux l'hectare ; le prix de revient, paille déduite, atteint à peine le prix courant du marché belge ; il est de 14 fr. 75 par 100 kil.

« Je n'insiste pas sur ces chiffres, je retiens seulement ce fait, à savoir que l'abondance des engrais azotés sur la betterave, ne produit pas des racines pauvres en sucre et partant peu nutritives. Ce qui est un point capital pour notre région où la betterave est exclusivement cultivée en vue de l'alimentation du bétail.

Coefficients dans l'alimentation.

D'après une théorie régnante aujourd'hui en matière d'alimentation du bétail, les matières azotées doivent être dans la proportion d'un cinquième par rapport aux matières sucrées féculentes, hydrocarbonées, etc., pour en tirer le meilleur parti dans l'élevage.

M. André Gouin a adressé à la Société nationale d'agriculture un compte rendu de ses expériences sur les animaux soumis par lui au régime d'engraissement. Ces expériences ont amené cette conclusion que si la proportion de 1/5 de matière azotée la plus convenable dans le régime d'entretien ou d'accroissement la proportion de 1 pour 6 et même pour 8 est plus avantageuse dans le régime d'engraissement. En effet, que la prédominance des matières féculentes est le principal facteur de la graisse, or, les matières azotées étant, en général, plus coûteuses que les autres, on a intérêt à les réduire à cette proportion dans la nourriture des animaux à l'engrais.

Les fraises en toute saison.

M. Durand, jardinier à Tantonville, préconise le procédé de culture suivant pour obtenir des fraises toute l'année :

« On prépare six planches bien labourées et bien fumées, puis, au commencement d'avril, on plante les fraisiers sur quatre rangs espacés de 40 centimètres, les pieds à même distance ; aussitôt repris on paille avec du fumier aux trois quarts décomposé, et on arrose copieusement ; on a soin d'enlever les coulants ou stolons au fur et à mesure qu'ils apparaissent.

« Au mois de mai, on laisse fleurir et produire normalement les planches numéros 1 et 2 et on enlève toutes les fleurs des quatres autres planches ; vers le mi-juin, on supprime les planches 5 et 6, qui refleuriront vers le mois d'août et produiront en septembre-octobre ; pendant ce temps les planches 3 et 4 donnent leur récolte.

« Le procédé consiste tout simplement à supprimer les fleurs pour retarder la fructification.

« La variété convenant le mieux est la *Belle d'Argenteuil*. »

(Le Jardin.)

Moyen pour faire grossir les têtes d'artichauts.

Un excellent moyen pour faire augmenter le volume des artichauts, c'est de fendre la tige en quatre à la base du réceptacle, et d'introduire dans la fente deux petites broches de bois, que l'on place en croix.

Cette opération si simple et si facile est pratiquée depuis longtemps dans le midi de la France. Plusieurs jardiniers des environs de Bruxelles en ont fait usage depuis quelques années, et ont obtenu des artichauts beaucoup plus gros qu'auparavant. On doit avoir soin de ne faire cette opération qu'après que la tige de l'artichaut a acquis la hauteur à laquelle elle doit s'élever.

BABLOT-MAITRE.

Le choix d'une faux.

On sait combien est variable la qualité essentielle des faulx, c'est-à-dire la dureté résistante de leur tranchant. L'aspect seul des faulx ne peut édifier l'acheteur sur ce point. C'est à l'user seulement qu'il est édifié sur la valeur de sa faulx. et on sait quelles pertes de temps exigent les faulx dont on est obligé de raviver le tranchant à coups de marteau, plusieurs fois en une seule journée.

Selon un correspondant de la *Bourgogne agricole*, l'excellent moyen d'apprécier la dureté du tranchant des faulx c'est de consulter le son qu'elles rendent en les frappant, plus le son est grave plus l'acier est tendre ; plus le son est aigu, plus le tranchant est dur et résistant. Donc, dans le choix entre plusieurs fauls, il faut choisir celles qui rendent le son le plus haut.

Nous rappelons aussi que, dans l'aiguisage des faulx avec la pierre, l'addition d'un vingtième d'acide sulfurique à l'eau d'aiguisage, accroît la dureté du tranchant.

La lutte contre le phylloxéra en Italie.

M. Sonnino, chargé par le gouvernement italien d'étudier dans des champs d'expériences les meilleurs cépages pour la replantation des territoires phylloxérés, formule ainsi ses conclusions, conclusions qui se rapprochent presque complètement de celles que les travaux des viticulteurs français ont dégagé des si nombreuses replantations que leur a imposées le fléau. Les vignes Riparia et Rupestris montrent une incontestable supériorité et résistent parfaitement dans un sol entièrement contaminé aux attaques du phylloxéra, même après la greffe; ces cépages affectionnent surtout les sols argileux. La vigne Rupestris doit être préférée au Riparia dans tous les terrains arides; elle possède en effet, d'étonnantes qualités de résistance à la sécheresse. Dans les régions méridionales où l'élévation de la température et le manque d'humidité permettent au phylloxéra de se développer rapidement, les cépages Monzoni, Taylor, Clinton, Cornucopia, Cunningham, sont d'une résistance insuffisante, de même le Jacquez, l'Herbemont, le Solonis, le York-Madeira qui, peu résistants au phylloxéra, naturellement perdent rapidement leur vigueur, surtout après greffage.

Le phylloxéra dans la République Argentine.

Il résulte d'une communication de M. Carlos Berg au gouvernement argentin que le phylloxéra existe dans les vignobles de Villa Elisa avec un caractère alarmant si l'on considère le développement rapide du parasite qui se présente même sous la forme ailée.

RECETTES

Protection des plantes contre les limaces. — Pour éloigner des carrés de plantes les limaces grises, les limaçons et autres mollusques, on emploie sans résultat le plus souvent la chaux, les digues de suie, de sciure de bois, etc.

Voici un procédé plus pratique que recommande le chef jardinier de la ferme-école de Castelnau-les-Nauzes. On tend fortement autour du carré de légumes que l'on veut protéger une ganse de 4 centimètres de large, préalablement trempée pendant vingt-quatre heures dans une dissolution de sulfate de cuivre à la dose de 5 kilogr. de sulfate pour 50 litres d'eau. Les limaces n'approchent pas du cordon protecteur, qui doit toucher le sol; l'odeur du sul-

fate suffit pour les éloigner. Après une averse, ou au bout de quelques jours, on trempe de nouveau et on replace la ganse.

DROIT RURAL

DESTRUCTION DE PIGEONS VOYAGEURS. — Dans les départements où il a été pris des arrêtés préfectoraux pour empêcher la destruction des pigeons voyageurs, celui qui tue un de ces animaux commet un délit de chasse et non une simple contravention. (Cour de Paris, 15 février 1896.)

BIBLIOGRAPHIE

Le premier numéro du bulletin de la *Ligue de Défense du Clergé des Hautes-Pyrénées* vient de paraître.

Il contient : 1° L'histoire de la fondation de cette Ligue; 2° son organisation; 3° ses statuts; 4° la liste de ses adhérents; 5° l'histoire du procès des 386 prêtres des Hautes-Pyrénées contre l'*Echo de Paris* et l'heureuse solution qui l'a terminé; 6° l'état de la caisse de la Ligue; 7° un projet d'Union des Ligues sacerdotales, et la liste à peu près exacte de ces Ligues.

Ce sommaire suffit pour indiquer l'intérêt de cette publication, qui a paru comme supplément de l'*Echo des Œuvres sociales de S. Antoine de Padoue*, revue publiée à Tarbes, sous la direction de M. l'abbé Fontan, missionnaire du travail. — On s'abonne à l'**Echo des Œuvres Sociales de S. Antoine de Padoue**, en envoyant 2 francs à la *Librairie catholique de Tarbes* (Hautes-Pyrénées).

OFFRES ET DEMANDES

RED-CAP

Œufs à couver de cette excellente race de poule, réputée la plus jolie et la plus forte pondeuse, garantis race pure frais et fécondés, 5 fr. la douzaine franco de port et d'emballage. S'adresser à **Calixte Dany**, Althen-les-Paluds (Vaucluse).

Important : J'invite les personnes qui veulent bien me confier leurs ordres de toujours y joindre un mandat, les remboursements n'étant bénéficiables qu'aux Compagnies.

Toujours donner le nom de la gare à laquelle il faut adresser les envois.

M. POUZIN offre de jolis racinés de son plant de vigne à la seule condition pour les demandeurs de lui tenir compte d'une partie de la récolte d'une année. — Contre 0 fr. 25 il expédie son *Guide* pour la culture de cette variété.

Ecrire à M. Pouzin Emile, à Saint-Paul-les-Romans, Drôme.

JEUNE HOMME de 19 ans, manquant un peu d'expérience, demande une place de charretier dans une exploitation agricole bien tenue. Demande peu ou point de gages au début.

S'adresser au bureau du journal.

Huiles d'olive garanties pures et sans mélange venant directement de la propriété.

Au prix de 1,80 — 1,60 — 1,50 le kilog. suivant qualité.

Gare départ, paiement contre remboursement. S'adresser à M. Edouard Laurin, propriétaire à Saint-Chamas (Bouches-du-Rhône).

Ferme de l'Institut Agricole de Beauvais — A VENDRE :

1° Très bon bélier *charmois* en état de faire la lutte.

2° Œufs, poulettes et coqs des races : La Flèche, Dorkins, Leghorn, Campine et Padoue Doré, Langshan, Gournay, Coucou de Malines, Houdan, Cochinchinoise fauve, Brahmapoutra, canards de Rouen.

GRAND CRU MENARDIERE. Cidre normand pur jus, 15 fr. l'hecto non logé.

Eau-de-vie de cidre garantie pure : 3 fr. le litre.

SASSIER, propriétaire. La Colombe (Manche)

Agriculteur, ancien régisseur de grandes propriétés, demande direction d'un domaine en France ou colonies. Excellentes références.

Ancien Industriel ayant possédé usine importante, fait valoir plusieurs Fermes et Bois de haute futaie, désire se placer comme intendant-régisseur. Nous recommandons spécialement cette personne qui a de grandes connaissances techniques à possesseur de grand domaine. Ecrire au bureau du journal.

Purificateur d'air pour tonneaux, l'un 4 50 franco gare.

Moyennant un supplément de 0 fr. 40, nous joindrons à l'envoi une mèche à percer de calibre et moyennant 0 fr. 10 en plus, une mèche soufrée.

COURS DES BESTIAUX

Marché de la Villette du 15 juin 1896.

PRIX DE LA VIANDE NETTE		
1re qualité	2e qualité	3e qualité
Bœufs. .. 1.52	1.42	1.32
Vaches... 1.50	1.40	1.30
Taureaux. 1 24	1.14	1.04
Veaux.... 1 76	1.56	1.16
Moutons., 1 92	1.82	1.72
Porcs 1.10	1.08	0.96

ESPÈCES	AMENÉS	VENDUS	PRIX EXTRÊME viande net	poids vif
Bœufs,...	2.314	2.207	1.32 à 1 52	62 à » 95
Vaches...	812	683	1.30 1.50	57 » 93
Taureaux.	219	249	1 04 1.24	50 » 77
Veaux....	1.758	1.140	1.16 1.76	55 1.17
Moutons..	16.983	15 688	1.72 1.92	77 1.22
Porcs.. ..	3.221	3.176	» 96 1.10	66 » 76

Vente meilleure.

Marché de la Villette du 18 Juin 1896.

PRIX DE LA VIANDE NETTE AU KILOGR.			
1re qualité	2e qualité	3e qualité	Prix extrême
Bœufs.... 1.55	1.47	1.37	1.33 à 1.59
Vaches... 1.49	1.38	1 24	1 23 1 53
Taureaux 1 30	1.21	1.05	1 02 1.35
Veaux.... 1.84	1.66	1.46	1.35 1 90
Moutons.. 1.88	1.78	1.66	1.64 1 95
Porcs 1.19	1.00	0.90	0.88 1.14

ESPÈCES	AMENÉS	VENDUS	OBSERVATIONS
Bœufs ...	1.839	1.745	Vente faible.
Vaches...	470	435	
Taureaux.	183	179	
Veaux....	1.750	1 380	
Moutons..	11.928	10.923	
Porcs.....	4.921	4.921	

PRIX DU KILOG AU POIDS VIF			
	1re qualité	2e qualité	3e qualité	Prix extrême
Bœufs....	0.73	0.63	0.53	0 70 à 0.78
Vaches...	0.68	0.58	0 48	0.46 0.73
Taureaux.	0.58	0.53	0.46	0.44 0.64
Veaux....	0.82	0.70	0.60	0.55 0.86
Moutons..	0.88	0.75	0.64	0.60 0.94
Porcs...	0.40	0 35	0.30	0.28 0 43

Prix par races au kilog de viande nette.

	Bœufs	Vaches
Normands	1.47 à 1.55	147 à 1.53
Limousins.	1.47 à 1 55	145 à 1.50
Choletais.	1.47 à 1.53	137 à 1 45
Bourbonnais . . .	1.45 à 1.52	— à —
Berrichons	1.47 à 1.54	— à —
Bretons	— à —	— à —
Étranger.	1.42 à 1,48	— à —

Ces prix s'entendent pour la première qualité, la seconde vaut environ 8 0/0 de moins et la troisième environ 16 0/0 de moins que la première.

PRODUITS COLONIAUX

Renseignements fournis par MM. Maréchal et Cie, courtiers, 9, rue Chevreul, Paris.

Sucres. — Les transactions ont été peu actives et les derniers cours restant à la baisse. Il convient toutefois de mentionner une vente faite à Bordeaux, de 12.000 balles Réunion à livrer sur prochaine campagne, à 0,75 de prime sur les cours du marché de Paris, plus 5.000 tonnes de même provenance, traitées au mêmes conditions, pour le compte de Marseille.

D'autres lots ont été livrés en application de marchés à livrer.

A Paris, les affaires à terme, pour sucres indigènes, ont établi une baisse de 1 franc sur les cours de la dernière semaine. En exotiques, on signale un mouvement très restreint. La consommation n'achète qu'au fur et à mesure de ses besoins, donnant volontiers la préférence aux Réunion, deuxième jet, bon goût, dont la chocolaterie obtient un bon résultat.

Marseille reste sans fluctuations appréciables. Ce port a fait des offres à la consommation parisienne, en cristallisés et roux, mais avec la question du transport qui grève considérablement les prix, aucune affaire n'a été traitée.

Sucrage des vendanges. — Au moment des vendanges, les détenteurs de seconde main vont retrouver une source d'écoulement. Il est utile, à ce propos, d'appeler l'attention des viticulteurs sur la nécessité qu'il y aurait pour eux d'employer, de préférence au sucre de betteraves, celui de la canne, qui, par sa composition chimique, est parfaitement assimilable au raisin et contribue à la bonification des vins traités. Il existe une sorte de sucre de canne très pur qui convient à merveille au sucrage des vendanges; les viticulteurs qui l'ont utilisé n'ont eu qu'à s'en louer. Nous sommes à même de fournir à cet égard, tous les renseignements désirables.

Cafés. — Le marché à terme du Havre a été relativement peu animé; cependant, les cours ont eu plus de régularité que précédemment. En disponible, la consommation a fait peu d'achats.

Bordeaux est resté au calme; pendant la semaine, il s'est traitée : 1.312 sacs Porto-Cabello, non gragé, en divers lots, de 86 à 94 fr. suivant mérite; 150 sacs Guayra non gragée à 98 fr. et 585 sacs gragé, de 112 à 117,50; 100 sacs Haïti à 100 fr.; 50 sacs San-Salvador à 117,50; 90 sacs Guatemala à 116 fr.; 200 sacs Mysore à 122 fr. Le tout les 50 kil. entrepôt.

Cacaos. — Situation sans changement. Les cours se maintiennent difficilement.

A Marseille, on cote : Bahia 59 à 60 fr.; Guayaquil 62 à 63 fr.; Carupano 78 à 80 fr.; Caraque 78 à 83 fr. Guadeloup 78 à 80 fr.; le tout aux 50 kil. entrepôt stock 2.170 quintaux

A Bordeaux, il s'est vendu 125 sacs Caraque à prix secret. Il a est importé 105 quarts et 14.500 kil. de la Martinique.

Vanilles. — L'article est tenu très ferme et la hausse est appelée à progresser; les secondes qualités ont été accaparées par la seconde main. Quant aux extrafines, elles ont des cours absolument nominaux.

Les importateurs parisiens demandent pour ces sortes 70 à 95 fr. selon longueurs; Bordeaux cote 60 à 75 fr.

Gommes. — Les événements du Soudan ne font que consolider la hausse et nul ne peut prévoir où s'arrêtera ce mouvement. Cours des Sénégal en sortes : 150 fr.

CORRESPONDANCE

AVIS TRÈS IMPORTANT

Quelques abonnés se plaignent de ne plus recevoir la *Gazette*. Or, il se trouve qu'après vérification faite sur nos registres, leur journal nous a été retourné plusieurs fois de suite par la poste, avec la mention *refusé*. Pour éviter pareilles erreurs et nous permettre de les réparer nous prions instamment nos lecteurs : 1º de nous signaler toutes les irrégularités, 2º de nous aviser par une carte postale quand ils désirent cesser leur abonnement, et, dans ce cas, ils rendront service à la cause que nous servons en nous donnant le motif de leur décision

M. E. (Dordogne). — Vous avez raison en droit de refuser de payer laquittance de ce syndicat. Celui-ci devait vous demander votre adhésion, et par conséquent, votre cotisation avant de transmettre votre commande. Les syndicats ne peuvent s'occuper d'affaires en faveur de leurs propres membres. Celui auquel vous vous êtes adressé a violé la loi, à moins que, sous ce mot de syndicat, se dissimulent, ce qui arrive à Paris, des commerçants ordinaires auxquels la loi sur les syndicats n'est pas applicable. Mais dans ce cas, on aurait dû vous prévenir avant d'exécuter votre ordre. En définitive donc, ne vous préoccupez pas. Vous nous obligeriez en nous donnant le nom de ce syndicat, vous rendriez aussi service à la cause agricole en soumettant et le cas et cette réponse au Procureur de la République.

On nous écrit de Colombes (Seine) : « Monsieur le Directeur. j'ai l'avantage de vous faire connaître que l'*Insecticide Préservateur Desgouttes*, que vous m'avez fait adresser m'a donné les résultats suivants que j'ai constatés dans diverses expériences personnelles. Utilisé à la dose que vous préconisez, il détruit le puceron lanigère du pommier et quantité d'insectes qui pullulent sur les végétaux. Je l'ai employé contre les insectes des navets, rutabagas, raves et choux d'Auvergne avec plein succès.

Il détruit et chasse aussi les fourmis du lieu qu'elles habitent : il suffit, pour cela, d'arroser la fourmilière avec votre produit en dissolution dans l'eau.

Ce produit largement étendu d'eau détruit tous les insectes visibles et invisibles qui dévorent les jeunes plantes du jardin potager.

M. R., à G. (Loire-Inférieure). — Les bénéfices qu'on retire de la vente du lait ou du beurre varient avec la localité. Il importe à chaque agriculteur de se rendre compte des avantages procurés par ces spéculations. Auprès des villes, il est préférable de vendre le lait en nature, c'est la plus belle vente.

Les écrémeuses de MM. Garin à Cambrai, Simon à Cherbourg, Pilter à Paris, sont d'excellents appareils pour retirer toute la crème du lait

M. le Vicomte de la M., à M. — Il y a plus d'avantage à remplacer l'huile de pied de bœuf qui, très souvent est falsifiée, par la *Vaseline* pour l'entretien des cuirs en général et surtout l'entretien des harnais.

La *Vaseline* est spécialement employée pour lustrer les cuirs des harnais de travail et de luxe, capotes de voitures, tabliers, caparaçons, etc., et lorsqu'ils ont déjà été enduits de vaseline, ce produit donne un œil brillant, et évite l'action graisseuse des cirages.

M. O., à R. (Haute-Marne). — Les moissonneuses lieuses de la maison Albaret de Liancourt (Oise) vous donneront toute satisfaction, elles sont construites avec solidité, et sont légères de traction. Demandez les renseignements de notre part.

PRIMES A NOS ABONNÉS

Délicieux Vin Muscat Vieux tonique et réconfortant venant directement de la propriété, garanti authentique, offert en prime à nos abonnés à raison de 1 fr. 25 le litre logé en fûts de 25 à 35 litres. Fûts perdus.

Adresser les commandes au Bureau du Journal 10 *bis*, rue Piccini, Paris.

Si vous voulez boire du bon vin de Saint-Emilion, adressez-vous à M. **Duplessis-Fourcaud**, au château des Trois-Moulins, à SAINT-EMILION (Gironde).

(Voir *le prix courant*.)

Porte-pantalon hygiénique, breveté S. G. D. G. de P.-B. Noël. Prix de faveur pour nos lecteurs Pour hommes, jeunes gens et enfants de dix ans franco 4 fr.; pour femmes et fillettes, 4 fr. 50

Toute commande doit être strictement accompagné d'un mandat-poste représentant la valeur de l'expédition.

BONDE le cent, 25 fr., les cinquante 13 fr, les vingt-cinq 7 fr. Au-dessous de 25 bondes 0 fr. 30. Le tout franco de port.

Indiquer le diamètre de chaque bonde.

Cette bonde offre les avantages suivants :

Préserve les fûts de tout accident en cours de route, même s'ils contiennent des liquides en fermentation. Évite toute perte de liquide pendant le transport.

Munie de sa plaque, cette bonde est inviolable.

Elle empêche l'entrée de l'air dans les fûts tout en permettant la sortie des gaz en excès.

Adresser les demandes accompagnées d'un mandat à la *Gazette*, 10 bis, rue Piccini, Paris.

Le Gérant : E. Gambart.

MM. SCHLEICHER ET Cie, 8, RUE CAMPAGNE-1re, PARIS

BULLETIN FINANCIER

Le marché est calme. — La spéculation ne peut s'habituer à l'idée que quinze membres de la Commission du budget sur seize se sont montrés favorables à l'impôt sur la rente, et manifeste sa mauvaise humeur en appuyant légèrement sur les cours.

Le 3 0/0 reste en dernier lieu à 100,95 à terme (ex-coupon de 0,75) et à 100,80 au Comptant.

L'amortissable vaut 100,65 et 100,40 et le 3 1/2 0/0 104,65 et 104,60 sur leurs deux marchés respectifs.

Parmi les valeurs de crédit nous voyons le Crédit Foncier à 675.

C'est sous le patronage de cet établissement de crédit qu'aura lieu le 29 juin courant l'émission des bons de l'Exposition.

Cette émission comprendra 3.250.000 bons à lots de 20 fr. qui, du 25 août 1896 au 25 octobre 1900, participeront à 29 tirages comprenant : 5 lots de 500.000 fr., 24 lots de 100.000 fr., 25 lots de 10.000 fr., 59 lots de 5.000 fr., 150 lots de 1.000 fr. et 4.050 lots de 100 fr. Soit en totalité 5.000.000 de francs de lots.

Le premier tirage du 25 août 1896 comprendra un lot de 500.000 francs.

Le prix d'émission sera payable en souscrivant. Voici les principaux avantages attachés à ces bons :

Chaque bon donnera droit, avant l'ouverture de l'Exposition, à la délivrance, gratuite de 20 tickets d'entrée à l'Exposition, d'une valeur de 1 franc chacun.

En outre, le porteur du bon pourra obtenir à son choix; — soit une diminution de 25 0/0 sur le prix d'entrée dans les établissements de spectacles à l'intérieur de l'Exposition; — soit des réductions dans les prix des transports par chemins de fer ou bateaux pendant la durée de l'Exposition, réductions dont nous indiquerons la quotité et les conditions dans un prochain article.

La souscription publique sera ouverte :

Au Crédit foncier de France, 19 rue des Capucines;

Au Crédit lyonnais, 19, boulevard des Italiens;

Au Comptoir national d'Escompte de Paris, 11, rue Bergère;

A la Société générale pour favoriser le développement du commerce et de l'industrie en France, 54, rue de Provence;

A la Société générale de Crédit industriel et commercial, 66, rue de la Victoire

Et dans les bureaux de quartiers de ces établissements.

ET DANS LES DÉPARTEMENTS

Chez MM. les trésoriers-payeurs généraux;

Chez MM. les receveurs particuliers des finances;

Chez MM. les percepteurs, désignés par MM. les receveurs des finances;

Dans les agences des sociétés ci-dessus indiquées.

Les fonds étrangers sont fermes en général.

L'Italien à 89,70 et l'Extérieure à 65 1/2 sont en progrès notables sur leurs cours de la semaine précédente.

Les cours des mines d'or ont peu varié.

A propos de ces mines, un *Annuaire français des Mines d'or* vient de paraître chez C. Lamy, éditeur, 124, boulevard de la Chappelle. C'est un volume de 830 pages d'un texte très serré, du prix de 5 fr. (5,50 par la poste). Il contient une notice historique sur chaque compagnie minière, un exposé très complet de l'exploitation et de situation financière des sociétés, les cours des actions à Paris et à Londres depuis l'origine; il décrit longuement le domaine des compagnies; il donne les noms des administrateurs, des représentants en France, l'adresse des bureaux à Paris et à Londres; il explique la provenance de la production, des bénéfices mensuels, des dividendes distribués, etc. Ce volume est indispensable à tout détenteur de titres miniers.

COUPON.

CHEMINS DE FER DE PARIS A LYON ET A LA MÉDITERRANÉE,
DE PARIS A ORLÉANS ET DU MIDI

Excursions aux Gorges du Tarn.

Organisées avec le concours de la Société des voyages économiques les 4 juin, 2 août et 13 septembre 1896.

Itinéraire : Paris, Arvant, Mende, Ispagnac Sainte-Enimie, Le Tarn, Saint-Chely, Pougnadoires, le Rozier, Dargilan, Montpellier-le-Vieux, Maubert, Millau, Béziers, Carcassonne, Toulouse, Paris.

Prix de l'excursion : 1re classe, 260 francs; — 2e classe, 230 francs.

Ces prix comprennent : le transport en chemin de fer; la nourriture, le logement, les omnibus, voitures et barques pendant toute la durée du voyage (sous la responsabilité de la Société des voyages économiques).

Les souscriptions seront reçues aux bureaux de la Société des voyages économiques, 17, rue du faubourg Montmartre, et 10, rue Auber.

On peut se procurer des renseignements et des prospectus détaillés à la gare de Paris P. L. M., ainsi que dans les bureaux-succursales de cette compagnie, à Paris.

Le moment favorable au transport des vins étant revenu, nous rappelons à nos lecteurs que tous ceux d'entre eux qui, sur nos conseils, et depuis cinq ans, consomment les vins de M. Vincent Ardura, vigneron, domaine de la Chapelle-Frédignac, par Blaye-Bordeaux n'ont qu'à se louer de la qualité et de la conservation de ce Bordeaux absolument naturel, expédié sans intermédiaire.

Pour dégustation sérieuse, envoi gratuit est fait d'une bouteille de la récolte désignée.

L'encaissement est fait par le facteur, à 30 jours, escompte 2 0/0, ou 90 jours.

Vendanges : 1893, à 130 fr., 1892-91, à 150 fr.; 1890-89, à 175 fr., 1887, à 200 fr., 1885, à 220 fr., 1884 à 240 fr., 1882, à 250 fr., 1881, à 300 fr. — Graves blancs vieux : 130, 150, 200, 250, 300 fr., suivant âge, les 225 litres collés, soutirés, franco de port et de fût en gare d'arrivée.

SOCIÉTÉ GÉNÉRALE

Pour favoriser le développement du Commerce et de l'Industrie en France.

Société anonyme fondée suivant décret du 4 mai 1864.

CAPITAL : 120 MILLIONS DE FRANCS

Siège social, 54 et 56, rue de Provence, à Paris.

Dépôt de fonds produisant intérêts et remboursables à échéance fixe:

De 4 ans à 5 ans . . . . 3 1/2 %
De 2 ans à 47 mois . . . . . . 2 1/2 %
De 1 an à 23 mois . . . . . . 2 %
Comptes à sept jours de préavis. 1 %
Comptes de Chèques . . . . . . 1/2 %

Toutes opérations de Banque, notamment :
Escompte et Encaissement d'Effets de commerce;
Ordres de Bourse en France et à l'Etranger;
Coupons; — Avances et Opérations sur Titres;
Souscriptions; — Garde de Titres; — Assurances;
Garantie contre le remboursement au pair et les risques de non-vérification des tirages;
Dépôts de Fonds à intérêts;
Location de coffres-forts; — Lettres de crédit;
Envois de Fonds; — Renseignements, etc.

La Société a 198 agences et bureaux en France, 1 agence à Londres, et des correspondants sur toutes les places de France et de l'Étranger

---

ALIMENTATION DU BÉTAIL

Tourteaux de Coprah ou Coco

F. TASSY, E. ROCCA ET Cie

Fabricants d'huiles (producteurs directs de Tourteaux)

23, RUE HAXO, MARSEILLE

Deux médailles d'or, Anvers 1894

Envoi de Prix-Courants et Échantillons sur demande.

VINS DE SAINT-ÉMILION

Vins classés, de 800 à 250 francs la barrique de 225 litres. — Moitié prix pour la barrique de 112 litres.

Vins grands ordinaires, de 140, 125, 105, 100 francs la barrique — 80, 75, 70, 65, 58, 55 francs, la demi-barrique. — Rendu *franco* en gare et régie, sauf octroi.

Adresser commandes à M. DUPLESSIS-FOURCAUD, à Saint-Émilion. — Envoi de prix courants et échantillons sur demande affranchie.

Médailles d'Or, Paris, 1867 et 1889 — Moscou, 1891 — Besancon, Montluçon, Royan, etc.

SOCIÉTÉ DU GAZ GÉNÉRAL DE PARIS

HUGON & Cie

Gaz portatif et Gaz courant

MM. les Actionnaires de la Société du Gaz général de Paris (Hugon et Cie) sont convoqués en assemblée générale ordinaire, au siège de l'administration, 5, rue d'Hauteville, le 25 juin 1896, à une heure de l'après-midi.

Pour être admis à l'assemblée générale, il faut être propriétaire de dix actions au moins. Ces actions doivent être déposées, au moins cinq jours à l'avance, au secrétariat de la Société, où il sera donné recépissé qui vaudra lettre d'admission.

SELS POUR L'AGRICULTURE

Nourriture du bétail et Engrais des terres

Sel neuf dénaturé, au tourteau de colza. 45 f. 1.000 k.
Sel neuf dénaturé, au peroxyde de fer. 40 f 1.000 k
Sel de morue pur . . . . 35 f. 1.000 k.

Expéditions de Fécamp, Bordeaux et St-Malo.

S'adresser à MM. A. LE BORGNE et ses Fils, négociants-armateurs, à Fécamp.

Maison MURE, à Pont-St-Esprit (Gard)
A. GAZAGNE, *Gendre et Sucr*, Phn de 1re Classe

MALADIES NERVEUSES

Epilepsie, Hystérie, Danse de Saint-Guy, Affections de la Moëlle épinière, Convulsions, Crises, Vertiges, Eblouissements, Fatigue cérébrale, Migraine, Insomnie, Spermatorrhée

Guérison fréquente, Soulagement toujours certain

par le **SIROP de HENRY MURE**

succès consacré par 20 années d'expérimentation dans les Hôpitaux de Paris.
FLACON : 5 FR. — NOTICE GRATIS.

PATE et SIROP d'ESCARGOTS de MURE

« Depuis 50 ans que j'exerce la medecine, je n'ai pas trouvé de remède plus efficace que les escargots contre les irritations de poitrine. »
« Dr CHRESTIEN, de Montpellier. »

Goût exquis, efficacité puissante contre *Rhumes, Catarrhes aigus ou chroniques, Toux spasmodique, Irritations de la gorge et de la poitrine.*

Pâte 1f; Sirop 2f. — *Exiger la* PATE MURE. *Refuser les Imitations.*

Thé Diurétique de France

sollicite efficacement la sécrétion urinaire, apaise les **douleurs des Reins et de la Vessie**, entraîne le sable, le mucus et les concrétions, et rend aux urines leur limpidité normale. — *Néphrites, Gravelle, Catarrhe vésical, Affections* de la *Prostate* et de l'*Urèthre.* — PRIX DE LA BOITE : 2 FRANCS.

Dépôt général de l'**ALCOOLATURE D'ARNICA** de la TRAPPE DE NOTRE-DAME DES NEIGES
Remède souverain contre toutes *blessures, coupures, contusions, défaillances, accidents cholériformes.*
DANS TOUTES PHARMACIES. — 2 FR. LE FLACON.

VELOUTINE FLAMANDE

La **Veloutine** est spécialement employée pour lustrer les cuirs de fantaisie : guides, selles, harnais de luxe et de travail, capotes, tabliers, caparaçons, etc., et lorsqu'ils ont déjà été enduits de vaseline, ce produit donne un joli brillant et évite l'action graisseuse des cirages ou préparations à base de cire. Sans causticité il ne dessèche pas et imperméabilise.

Le bidon d'un litre pour harnais noirs. . . . 3 70
— — — jaunes. . . 4 20
Franco gare contre mandat-poste.

S'adresser : *Manufacture de Vaselines industrielles de Ligny-en-Cambrésis (Nord)*

MALADIES DU BÉTAIL
ET DE LA VOLAILLE
Leur traitement préventif et curatif
PAR L'ACIDE SALICYLIQUE

L'acide salicylique, employé dans la nourriture à la dose de 1/2 à 1 gramme par jour et par tête de bétail, est le meilleur préservatif des maladies qui procèdent par contagion : Sang de rate, Cocotte, Maladie aphteuse, Erysipèle, Typhus, Morve, Variole et le Rouget des porcs, etc.

DES ATTESTATIONS NOMBREUSES DE GUÉRISONS obtenues pour la Cocotte et le Rouget des porcs ont été reproduites dans le journal *l'Agriculture.*

La désinfection des étables, des écuries, se fait instantanément au moyen d'un arrosage d'eau salicylée à 2 grammes par litre.

S'adresser à M. CERCKEL, administrateur de la *Compagnie de produits antiseptiques*, 26, rue Bergère, Paris.

Envoi sur demande de Prospectus et Brochures.

PRIX DU KIL., 25 fr. BOITE DE MÉNAGE, 2 fr.

des Usines de MM. P. MARCHAND Frères, à DUNKERQUE (Nord)
Fabriqués sous le contrôle permanent de la Station Agronomique du Nord
Dirigée par M. DUBERNARD

Nous appelons l'attention des éleveurs et des nourrisseurs sur les Tourteaux de COTON de graines d'Egypte : c'est un produit excellent pour les vaches laitières, les bœufs à l'engrais et les moutons.

Nos Tourteaux de COTON sont complètement débarrassés de la bourre qui enveloppe la graine et contiennent la même quantité de matières nutritives et grasses que les meilleurs Tourteaux de Lin.

Nos Tourteaux de COTON forment l'aliment le meilleur et le plus avantageux en raison de leur prix excessivement bas.

PRIX : 9 Fr. les 100 kil., gare Dunkerque

S'adresser à MM. P. MARCHAND Frères, à DUNKERQUE (Nord)

PHOSPHATE FOSSILE DE QUIÉVY-NORD
le plus assimilable de tous les phosphate connus
GARANTI PUR DE MÉLANGE AVEC TOUT AUTRE PHOSPHATE
Ce qui, du reste, ne pourrait que diminuer son assimilabilité.

EXTRACTION DU GISEMENT ET USINE A QUIÉVY
Propriétaire-Extracteur : C. LECLERCQ
Bureaux à Viesly (Nord).

COMPOSITION MOYENNE		ASSIMILABILITÉ RELATIVE (méth. Joulle).
		Solubilité dans l'oxalate d'ammoniaque.
Acide phosphorique....	12 » à 16 » 0/0	Phosphate de Quiévy...... 82 29 0/0
Potasse.............	0 45 à 2 77 0/0	— de la Meuse.... 51 95 0/0
Chaux..............	19 05 à 31 » 0/0	— de Pernes........ 47 87 0/0
Magnésie...........	0 58 à 3 80 0/0	— des Ardennes........ 46 43 0/0
Matières organiques azotées.	1 80 à 3 45 0/0	— de la Somme (moy.).. 44 53 0/0
		— de Ciply......... 34 57 0/0

Titre garanti en acide phosphorique : 13 à 15 0/0.

LIVRAISON : EN POUDRE IMPALPABLE EN SACS PLOMBÉS, MIS SUR WAGON GARE QUIÉVY-en-CAMBRÉSIS
Prix : 3 fr. 80 les 100 kilos, sacs perdus, 30 jours, 2 0/0 ou 90 jours net.

NOTA. — Les acheteurs qui désirent employer le **véritable Phosphate de Quiévy** pur et garant d'origine doivent exiger que les sacs portent la Marque (Au Poisson fossile) et la Firme : M. LECLERCQ, seul exploitant à Quiévy (Nord).

MACHINES
AGRICOLES, VINICOLES et VITICOLES
TH. PILTER
24, Rue Alibert, PARIS

SUCCURSALES :
BORDEAUX	TOULOUSE	MARSEILLE	TUNIS
28, av. Thiers (Bastide)	63, allé.s Lafayette	78, r. de la République	19, rue de Portugal

Les lecteurs de la Gazette désireux de recevoir les Catalogues de la maison TH. PILTER dès leur publication, sont priés d'écrire 24, rue Alibert, Paris, afin de se faire inscrire.

LE MARDI 7 JUILLET
Chambre des Notaires de Paris
ADJUDICATION DU BAIL
Pour 18 Ans
DE LA
FERME DES NOUES
à Vert-le-Grand (canton d'Arpajon
(Seine-et-Oise)

Contenance 189 hect. 94 ares 18 cent.

Mise à prix de fermage annuel 15.375 fr.

S'adresser : A l'*Administration générale de l'Assistance publique*, à Paris, 3, avenue Victoria. Ou à l'étude *Morel-d'Arleux*, notaire, 15, rue des Saints-Pères.

LIENS
AGRICOLES ÉCONOMIQUES
MEILLEUR MARCHÉ que la Paille

SACS à RAISINS	19×13. 4.50	20×16. 5.50
	25×18. 7.00	28×20. 8.50

LE CENT

B. JACOB, 19, rue Turbigo, PARIS
On demande des Représentants.

LA PROBITÉ
SOCIÉTÉ
D'ASSURANCES MUTUELLES CONTRE LA GRÊLE ET LA FOUDRE, FONDÉE A LYON EN 1890

La **PROBITÉ** assure dans toute la France et ses colonies tous les risques, grêle, en céréales, fruits, mûriers, noyers, oliviers, vignes, tabacs et tous autres produits agricoles.

La **PROBITÉ** fait partie de la Société régionale de viticulture de Lyon. Elle accorde des remises et des conditions spéciales aux syndicats agricoles qui veulent la représenter.

Siège social : 30, rue Servient, Lyon-Préfecture

Accepterait des Agents dans les localités où elle n'est pas représentée.

LYSOL
Le plus puissant de tous les antiseptiques désinfectants dérivés du goudron
Le seul complètement soluble dans l'eau
INSECTICIDE & ANTIPARASITAIRE INFAILLIBLE

POUDRE AU LYSOL

La poudre au Lysol préserve la vigne, les arbres fruitiers, fleurs, plantes, etc., des invasions cryptogamiques et parasitaires.

ENVOI FRANCO D'UNE BROCHURE EXPLICATIVE sur demande adressée à la
SOCIÉTÉ FRANÇAISE DU LYSOL
22 et 24, Place Vendôme, PARIS

Eugène de MASQUARD
PROPRIÉTAIRE-VITICULTEUR, Château de la Cascade
SAINT-CÉSAIRE-LES-NIMES (Gard)

Vins garantis naturels, rouges et blancs, depuis 75 fr. la pièce de 220 litres jusqu'à 100 francs, selon qualité, prise en gare de St-Césaire (Gard), fût perdu. *Ces vins ont été médaillés à toutes les expositions où ils ont figuré.*

Récoltés sur des coteaux et des terrains secs, les vins de Saint-Césaire, l'un des meilleurs crus du Gard, se conservent parfaitement sans être plâtrés.

Envoi franco de prix courants et échantillons

FROMENTINE

Marque déposée B. S.G.D.G.

Produit pour l'alimentation économique, saine et rationnelle du bétail, provenant en grande partie des issues de la mouture de blé.

DIVERSES MARQUES

Demander celle en raison du but poursuivi

Marque A pour l'engraissement égal à celui du tourteau de lin, le remplacement de l'avoine, production d'un lait de qualité supérieure.
Marque B pour le bon entretien du bétail.
Marque J développement rapide des jeunes bêtes.
Marque L surproduction du lait.
Marque E engraissement rapide.

Ecrire à M. Armand MILLOT
Moulins Saint-Martin
Saint-Quentin (Aisne.)

GRIFFE SARCLEUSE-BINEUSE

Outil économique

pour biner, sarcler promptement entre toutes les lignes de plantes ou légumes sans distinction, indispensable en toutes saisons dans les jardins, vignes, pépinières, les cultures de betteraves, de tabac, etc., même dans les allées

---

EXCELLENT DÉSINFECTANT

POUR LES FUTS A VIN, CIDRE, BIÈRE, ETC.

Prix de faveur pour nos lecteurs

Sur notre demande, M. Moity, père, l'inventeur, a consenti à en mettre de petites quantités pour essais à la disposition de nos lecteurs.

10 litres franco gare. 10 fr.

Adresser les demandes à M. Crépeaux, rue Piccini, 10 bis, Paris.

Insecticide-Préservateur

FERTILISANT
DESGOUTTES

La Boîte de 10 kilog., pour essais, **10 fr.** franco toutes gares (port et emballage compris).

Adresser les demandes, accompagnées d'un mandat, 10 bis, rue Piccini, Paris.

M. Recourat, pharmacien à Beauvais.

Gale des moutons guérie radicalement par *une seule application* de l'Antipsorique.
La bouteille, 3 fr.; la 1/2 bouteille, 1 fr. 75.
Guérison du Piétin par *un seul pansement* avec le Contre-Piétin-Recourat.
Le pot d'essai, 1 fr. 50; le pot, 2 fr. 50.
Joindre 0 fr. 60 pour recevoir *franco* et indiquer gare.

SCHNEIDER ET Cⁱᴱ
PHOSPHATES METALLURGIQUES

(scories de déphosphoration), des Aciéries du Creusot

ENGRAIS PHOSPHATÉ

pour Céréales, Prairies, Vignes, Betteraves, Pommes de terre, etc.

L'emploi de ces phosphates a été particulièrement recommandé dans ces derniers temps par les agronomes les plus distingués. Il permet, en raison du bas prix de ce produit, de faire apport au sol de doses considérables d'acide phosphorique.
Les phosphates métallurgiques du Creusot sont livrés moulus finement et tamisés.
Pour renseignements, s'adresser à MM. SCHNEIDER et Cⁱᵉ, au Creuzot (Saône-et-Loire).

GRANDS RABAIS
POUR LIVRAISONS SUR LES MOIS D'HIVER

Engrais de l'Usine municipale de la Voirie de Bondy

TOURTEAUX ORGANIQUES
MOULUS

Dosage : 1.50 à 2 % d'azote et 4 à 5 % d'acide phosphorique.

S'ADRESSER AU

Comptoir Agricole et Commercial

9, RUE NOUVELLE, 9, A PARIS

FOURNEAUX DE CUISINE
de toutes espèces

Maisons particulières, Hôtels, Châteaux et Fermes, Hospices, Hôpitaux, Collèges, Pensions, etc.

ENVOI FRANCO DE CATALOGUES

Maison DELAROCHE aîné
22, rue Bertrand, PARIS

VIN DE BOURGOGNE

Ferme de l'Hospice de Beaune.
Domaine de MEURSAULT

VINS FINS   GRANDS ORDINAIRES, ORDINAIRES.
Rouges et Blancs

Concours Général agricole de Paris 1895
MÉDAILLE d'or pour vins rouges
MÉDAILLE d'argent pour vins blancs
Concours Général agricole de 1896
HORS CONCOURS, MEMBRE DU JURY
JOBART MUTHELET, Meursault (Côte-d'Or)

VIN PUR COTES 1ʳᵉ QUALITÉ

Vieux, nouveau garanti sur facture
Récolte par FELIX LAU, propriétaire-viticulteur
à Caussiniojouls (Hérault).
Nouveau, 35 fr. l'hect. logé sur gare Faugères

BROYEURS & PRESSOIRS SIMON

Pour Pommes, Poires, Raisins, etc. Matériel complet pour cidreries et vinification.
SIMON FRÈRES, Constructeurs-Mécaniciens-Fondeurs à **Cherbourg**
MÉDAILLE D'OR, PARIS 1889
GUIDE PRATIQUE de la Production et de la Fabrication des Cidres et Poirés envoyé gratis et fᶜᵒ
BARATTES, MALAXEURS, LISSEUSES SIMON et MATÉRIEL complet pour la Fabrication et l'Exportation des beurres et fromages.
MANEGES de toutes forces   *Envoi franco du Catalogue*

41

ANÉMIE CHLOROSE, FAIBLESSE Guéries par le **VRAI FER QUEVENNE**
Seul approuvé pr l'Académie de Médecine, Paris, 14, r. Beaux-Arts, not. ce.

PRÉSERVEZ VOS ANIMAUX DOMESTIQUES
de toutes les Epizooties et Maladies contagieuses par
la Désinfection des Ecuries, Etables, Porcheries
PAR LE

CRÉSYL-JEYES

Désinfectant — Antiseptique, le seul (non toxique), qui soit d'une efficacité scientifiquement démontrée. Le CRÉSYL-JEYES a été récompensé par la Société des Agriculteurs de France en 1891 d'une Médaille d'argent grand module. Envoi franco sur demande du prospectus détaillé. — CRÉSYL-JEYES, 35, Rue des Francs-Bourgeois, 35, Paris.
Se méfier des nombreuses contrefaçons.

COUVEUSES
ÉLEVEUSES
VOLAILLES
ŒUFS à couver

VOITELLIER
à MANTES
et à PARIS
4, PLACE DU THÉATRE FRANÇAIS
PRIX COURANT FRANCO
GRAND CATALOGUE ILLUSTRÉ 0.50

POUDRE DELARBRE
Plus de CHEVAUX POUSSIFS !
Guérison de la POUSSE,
Toux, Bronchite et Gourme
La Boîte de 20 Doses : 3 francs
G. DELARBRE, AUBUSSON (Creuse)
Maison de Vente & d'Expédition à Aubusson (Creuse) G. DELARBRE
A Paris & en province, chez tous les Droguistes & Pharmaciens.

CONSTRUCTIONS ECONOMIQUES
AGRICULTURE — INDUSTRIE
SOCIÉTÉ MÉTALLURGIQUE
d'Amiens (Somme)
USINE à VAPEUR, FORCE MOTRICE 250 CHEVAUX
Adresser les lettres à M. le Directeur
ENVOI Frco DU CATALOGUE
TÔLES ONDULÉES GALVANISÉES Pour Couvertures
Prix défiant toute Concurrence

MANUFACTURE CENTRALE D'INSTRUMENTS AGRICOLES & VITICOLES EN TOUS GENRES
EMILE-PUZENAT
CONSTRUCTEUR à BOURBON-LANCY (SAÔNE & LOIRE)
CATALOGUE FRANCO SUR DEMANDE

ENGRAIS CHIMIQUES
DES
MANUFACTURES DE SAINT-GOBAIN

12 Usines :

CHAUNY (Aisne).	SAINT-FONS, près Lyon.
AUBERVILLIERS (Paris).	L'OSERAIE, près Avignon.
MONTARGIS (Loiret).	BALARUC, près Cette.
TOURS (Indre-et-Loire).	VALENCIA (Espagne).
MONTLUÇON (Allier).	HEMIXEM } (Belgique).
MARENNES (Charente-Inférieure).	MESVIN-CIPLY } (Belgique).

PRODUCTION ANNUELLE : 400.000.000 DE KILOS

Dosages garantis — Emballages marqués et plombés

SUPERPHOSPHATES DE CHAUX

ENGRAIS COMPOSÉS
Suivant les convenances des acheteurs pour toutes cultures

ENGRAIS COMPLET DE SAINT-GOBAIN
Efficacité éprouvée dans tous les sols et dans toutes les cultures

ENGRAIS SPÉCIAUX POUR LA VIGNE :
Engrais pour Vigne à végétation faible.
Engrais pour Vigne à végétation normale.
Engrais pour Vigne à végétation luxuriante.

Adresser les ordres ou les demandes de renseignements à la DIRECTION COMMERCIALE DES PRODUITS CHIMIQUES de SAINT-GOBAIN, **9, rue Sainte-Cécile, Paris** — *ou aux Agents de la Compagnie dans toutes les villes de France.*

CHEVAUX BOITEUX
Guérison par le spécifique BORNET
Contre Capelets, Mollettes, Vessigons, Eponges, Exostoses, Suros, Eparvins et les Formes à leur début. (*Il s'applique également à toutes les tares molles et osseuses.*)
PRÉPARÉ PAR A. BORNET
Pharmacien de 1re classe, ex-interne et lauréat des hôpitaux.
19, rue de Bourgogne, PARIS.
Le flacon, 5 fr., à la pharmacie ; en gare par colis postal, 6 fr. contre mandat.

MACHINES AGRICOLES
A. BAJAC
à LIANCOURT (Oise)

17e Année. — N° 26.   LE NUMÉRO. **10** CENTIMES   IMPÔT LÉGAL   Dimanche 28 Juin 1896

GAZETTE AGRICOLE

JOURNAL HEBDOMADAIRE, PARAISSANT LE DIMANCHE

Fondateur : M. CH. GOSSIN, Professeur d'Agriculture à l'Institut agricole de Beauvais

PRIX DE L'ABONNEMENT

UN AN, **5** fr. — SIX MOIS, **3** fr. — TROIS MOIS, **2** fr. **25**

Pour l'Étranger les abonnements ne sont reçus que pour un an, au prix de 6 francs, et ne partent que du 1er JANVIER ou du 1er JUILLET de chaque année.

Le Numéro : **10** centimes.

Adresser toute la correspondance : mandats, lettres, annonces etc., à M. CRÉPEAUX, Directeur de la *Gazette agricole*, 10 bis, rue Piccini, Paris.

Toute demande de changement d'adresse doit être accompagnée de 50 centimes et de la dernière bande du journal.

BUREAUX

97, rue de Rennes, Paris, et à Beauvais, rue Saint-Étienne.

Les abonnements partent du 1er de chaque mois et sont payables d'avance. Toute demande d'abonnement doit donc être accompagnée 'u prix de l'abonnement. (Le mode de payement le plus simple est l'envoi d'un mandat-poste.)

Donner *très lisiblement*, en s'abonnant, son nom et son adresse exacte, avec *l'indication du bureau de poste*; et, s'il s'agit d'une continuation d'abonnement, joindre au renouvellement la dernière bande d'adresse du journal.

Les Annonces sont reçues à la Direction du Journal, et chez MM. DUSSERIS et MATHELLON, 97, rue de Rennes Paris.

BULLETIN COMMERCIAL

BOURSE DU COMMERCE DU MERCREDI 24 JUIN

	FARINES	BLÉS
Courant	39 95	20 25
Prochain	40 »	19 60
Juill.-août	40 15	19 35
4 derniers	40 10	18 50
4 de nov.	40 20	18 50

Marque de Corbeil: 45 fr. le sac de 150 kil. toile à rendre.

Halle aux blés — *Blés indigènes.* — La campagne se terminera vraisemblablement très difficilement, car les ressources en sont très réduites et malgré les bonnes apparences de la récolte, les prix restent élevés. Cet après-midi la situation ne s'est pas modifiée. Les vendeurs exigent les mêmes prix qu'il y a huit jours, mais la meunerie ne peut se résoudre à les payer, car aux cours actuels du blé elle ne peut faire de la farine qu'en perte. Dans ces conditions les transactions restent très calmes, et, à la fin du marché les détenteurs ont été obligés de faire une légère concession. Les cours extrêmes ressortent de 18,25 à 20 fr. les 100 kil. gare d'arrivée Paris.

Escourgeons. — On les moissonne : si le temps actuel se maintient, il y aura qualité et quantité; la culture va faire des offres sous huitaine.

Pour le moment les cours sont nominaux, on trouverait vendeurs de 15,25 à 15,50 les 100 kil. livraison juillet.

A signaler la baisse des Algérie, on offre maintenant à 10,75 bord Oran et à 12,25 caf. Dunkerque, mais comme les Russie ne valent que 8,50, Dunkerque caf. soit 11,50 délivrés, on estime que les Algérie et les Tunisie vont arriver à la même limite.

Les provenances de Vendée sont offertes à 15,25 et 15,50 caf. Dunkerque avec acheteurs à 15 fr. C'est une baisse de 25 cent. au minimum depuis huit jours

Orges. — Il n'en plus question, on cote nominalement 14 à 16 fr., gare d'arrivée Paris. Les nouvelles de la récolte sont simplement satisfaisantes.

Menus grains. — On cote jarras 18 fr., chènevis de Russie 24, de Bretagne 26, millet blanc de Vendée 35, vesces de Kœnigsberg 19. Bretagne 22, sarrasin 13,50.

Graines fourragères. — On cote : trèfles incarnat 40 à 50, suivant qualité; le nouveau n'a pas encore paru.

Sucres. — Marché ferme en sympathie avec l'étranger. Affaires restreintes. Prix en hausse de 12 cent.

Raffinés 99 à 99,50, roux 88° 28 à 28,25.

Marché de la Chapelle. — Marché ordinaire.

On cote : paille de blé 1re qté 29 fr., 2e qté 27, 3e qté 25 fr.; paille de seigle 1re qté 32 fr., 2e qté 29, 3e qté 27; paille d'avoine 1re qté 25 fr., 2e qté 23, 3e qté 21; foin nouveau 1re qté 64 fr., 2e qté 58, 3e qté 56; luzerne, 1re qté, 64 fr., 2e qté 58, 3e qté 54; regain 1re qté 59 fr.; 2e qté 54 fr., 3e qté 52 fr.

POMMES DE TERRE

Hollande (100 kil.)	8 » à 11 »
Roses-Early	8 » à 10 »
Magnum-Bonum	7 » à 7 50
Rondes	5 » à 5 20

Sulfate de cuivre.

Les 100 kil. 98/99 . . . . . . 42.50 à 44.00

LINS. — Les 100 kilogr. — *Marché de Lille.*

	Communs	Ordin.	Supér.
Alost.	148 à 153	154 à 157	161 à 166
Bergues.	150 à 158	161 à 168	173 à 182

Marché aux chevaux, 24 Juin.

Gros trait de 200 à 1.250	Boucherie de 60 à 250
Selle et tr.	Anes..... de 35 à 140
léger . de 200 à 1.100	Chèvres . . de à
H. d'âge de 150 à 375	

AMENÉS

Chevaux, 456 — Anes, 8 — Chèvres, 0

Voitures 123, de 35 à 550.

ENCHÈRES

Chevaux amenés, 16.

Vendus, 11 de 95 à 400.

Prix des Produits Forestiers à Paris.

BOIS DE FEU *(Octroi non compris)*	Falourde de pin...	100 à 110	le cent.
	Bois de flot.....	100 à 105	le deca.
	Bois gris neuf....	125 à 120	—
	Bois blanc. . . .	80 à 125	—
BOIS D'ŒUVRE *(Octroi compris)*	Chêne gros bois...	85 à 110	le m. cube
	— moyen bois .	70 à 60	—
	— petit bois...	30 à 48	—
	Charme, plateaux..	55 à 55	—
	Sciage Entrevaux..	175 à 210	les 208 m.
	de Echantillons	230 à 220	—
	chêne. Frise	27 à 28	104 m.

ENGRAIS

PARIS

Nitrate de soude	21 50 à 21 75
Superphosph. minéral 14/16	5 25 à 5 75
Superphosphate d'os 16/18	12 50 à 13 »
Scories 16/18	4 25 à 4 50
Phosphate minéral 14/16	3 80 à 4 »
Chlorure de potassium 48/52	18 75 à 20 »

NANTES

Nitrate de soude	22 30 à 22 50
Superphosph. minéral 14/16	6 » à 7 »
Scories 16/18	4 50 à 4 75
Phosphate minéral 14/16	4 » à 4 50
Chlorure de potassium 48/52	19 » à 19 75

LYON

Nitrate de soude	22 » à 23 »
Superphosph. minéral 14/16	5 75 à 6 »
Scories 14/16	4 50 à 5 »
Phosphate minéral 14/16	4 » à 4 25
Chlorure de potassium 48/55	20 » à 21 »

MARSEILLE

Nitrate de soude	20 50 à 21 »
Superph. minéral 14/16	6 » à 7 »
Sulfate de fer	5 » à 5 50
Sulfate d'ammoniaque 20/21	20 » à 22 »

Prix moyen aux 100 kilog. des CÉRÉALES dans les Départements.

		BLÉ	SEIGLE	ORGE	AVOINE
Rég. du Nord-Ouest	Caen	17 00	10 00	13 50	15 50
	Lannion	17 00	10 00	14 00	15 00
	Morlaix	17 50	11 00	13 00	14 50
	Rennes	17 50	10 00	13 00	11 22
	Avranches	17 00	10 25	13 00	14 00
	Laval	16 00	10 50	13 25	14 50
	Lorient	16 75	10 00	13 00	14 00
	Alençon	16 75	10 00	13 00	15 00
	Le Mans	16 75	10 00	14 00	15 75
Région du Nord	Soissons	18 00	10 00	»	15 50
	Evreux	17 50	10 00	13 00	15 00
	Chartres	17 75	11 50	14 00	15 00
	Lille	17 75	10 50	14 00	16 00
	Compiègne	17 50	10 00	15 00	16 00
	Beauvais	17 00	11 00	15 10	16 00
	Arras	18 50	12 25	14 50	16 25
	Paris	18 00	10 25	13 00	15 50
	Versailles	17 75	11 00	14 00	16 00
	Rouen	17 75	10 00	14 75	16 00
	Amiens	17 75	10 50	15 50	16 50
Rég. du N.-E.	Mézières	17 75	10 00	13 00	16 00
	Nogent-s-Seine	17 75	10 00	15 00	15 50
	Châlons-sur-Marne	18 25	10 50	14 00	16 00
	Langres	17 75	10 00	15 00	16 00
	Nancy	18 25	10 00	14 00	16 00
	Bar-le-Duc	17 75	10 00	15 00	16 00
	Neufchâteau	17 75	10 00	14 00	15 00
Région de l'Ouest	Ruffec	17 75	10 00	13 00	15 50
	Marans	17 00	10 00	13 00	15 00
	Niort	17 5	10 25	14 00	15 00
	Tours	17 00	10 00	14 00	15 00
	Nantes	17 00	10 00	13 00	14 00
	Anger	17 25	10 25	14 25	14 50
	Luçon	16 75	10 00	13 00	15 00
	Poitiers	17 25	10 00	13 00	»
	Limoges	17 00	10 00	»	15 00
Région du Centre	Moulins	17 50	10 00	14 00	15 00
	Bourges	17 5	10 25	14 50	15 25
	Aubusson	17 50	10 00	14 00	14 25
	Châteauroux	18 00	10 25	14 50	14 50
	Orléans	17 75	10 00	14 00	15 50
	Blois	18 0	10 50	14 75	16 00
	Nevers	18 00	10 25	15 00	16 00
	Clermont Ferr.	17 50	10 25	14 00	16 00
	Sens	17 50	10 00	13 00	15 75
Région de l'Est	Bourg	17 50	10 00	14 00	15 00
	Dijon	18 25	10 00	15 00	16 00
	Besançon	8 75	10 50	13 75	15 75
	Grenoble	18 00	10 50	14 00	15 50
	Dôle	17 50	10 00	13 00	14 00
	Saint-Etienne	17 75	10 25	14 00	16 00
	Lyon	18 25	11 00	13 50	16 00
	Mâcon	17 50	11 25	13 50	15 25
	Vesoul	17 75	10 50	»	15 50
	Chambéry	17 75	10 25	»	15 75
	Annecy	17 75	»	»	15 75
Rég. du Sud-Ouest	Pamiers	18 25	10 25	»	16 25
	Périgueux	18 00	10 50	14 00	15 00
	Toulouse	17 00	12 00	13 00	16 00
	Auch	18 00	12 00	13 00	16 00
	Bordeaux	18 00	2 00	13 00	16 00
	Dax	18 00	12 00	13 25	16 00
	Agen	17 00	11 50	13 00	16 00
	Bayonne	17 75	11 00	14 00	15 25
	Tarbes	18 75	10 00	»	16 00
Région du Sud	Carcassonne	17 75	»	14 00	16 00
	Rodez	18 75	12 00	14 00	16 00
	Mauriac	17 75	11 00	»	15 50
	Tulle	17 75	11 00	»	15 50
	Montpellier	17 75	11 00	»	15 75
	Figeac	17 7	11 00	»	16 00
	Mende	17 75	11 00	»	15 50
	Perpignan	17 75	11 25	14 00	15 50
	Albi	18 25	11 25	15 00	16 00
	Montauban	18 00	11 00	15 00	16 00
Région du Sud-Est	Gap	18 00	11 00	15 00	16 00
	Manosque	17 75	10 50	14 00	16 00
	Nice	17 75	10 00	13 00	15 75
	Privas	18 00	10 00	14 00	16 00
	Apt	18 75	11 25	13 25	15 75
	Montélimar	17 75	11 00	»	16 00
	Nîmes	18 00	»	14 00	16 00
	Le Puy	18 00	»	14 00	15 00
	Draguignan	18 25	13 00	14 00	17 75
	Avignon	20 00	13 25	14 00	16 00

Tourteaux.

Tourteaux. — Cours de la maison P. Marchand frères, à Dunkerque (Nord) :

TOURTEAUX A NOURRIR

	Dispon.	A livrer.
Coton de graines d'Egypte	9 »»	9 »»
Sésame blanc	11 00	11 50
Arachide décortiquée	14 50	14 75
Colza à nourrir	10 »»	1 »»
Colza du pays	10 50	10 75
Œillette du Levant	9 50	10 »»
Œillette blanche de Turquie	9 50	10 »»
Lin 1re qual. de Bombay g. form.	14 »»	14 25
Lin 1re qual. de Bombay p. form.	14 50	14 75

TOURTEAUX-ENGRAIS

Arachide décortiquée	14 »»	14 »»
Cameline	»» »»	»» »»
Colza des Indes en poudre	»» »»	»» »»
Colza ravison	7 25	7 25
Colza jaune Gutzerat	10 25	»» »»
Kurrachée	»» »»	»» »»
Niger	»» »»	»» »»
Pavot	9 75	9 75
Sésame, blanc	10 50	»» »»
Sésame noir	»» »»	»» »»
Coton en farine	7 50	7 50

Nos prix s'entendent pour tourteaux en planches, rendus en gare de Dunkerque.

Paiement à 30 jours ou à terme plus éloigné suivant convention expresse.

Le concassage se paie 0 fr. 25 et la mise en poudre 0 fr. 40 aux 100 kilos. Dans ce cas, les sacs sont facturés à 0 fr. 35 pièce, et repris au prix de facture, quand ils sont rendus en bon état et franco, dans les 30 jours de l'expédition.

FROMENTINE :

	100 kil.
Marque A	12 »
Marque B	12 »
Marque J	12 »
Marque L	14 »
Marque E	15 »

Les 100 kilogs sur wagon St-Quentin, sac à retourner ou à facturer.

BEURRES. (le kilog.).

BEURRES EN MOTTES			BEURRES EN LIVRE		
Isigny extra.	4 00	6 00	Bourgogne	1.50	2.80
— demi-fin	2 80	2 90	Gâtinais	1.60	2.20
M. d'Isigny	1 80	2.80	Vendome	1.60	2.40
du Gâtinais	1.50	1.70	Beaugency	1.60	2.40
de Bretagne	1.50	1.70	Ferme	2.00	2.70
Laitiers Jura	1.50	2.00	Tours	1.70	2.40
de Charente	1.80	2.30	Le Mans	1.50	1.80
des Alpes	1.40	2.40	Touraine fausse	1.60	2.00

ŒUFS. (le mille.)

		BEURRES EN LIVRE	
Normandie ext.	72 à 92	Bourgogne	46 à 52
Picardie —	78 à 106	Champagne	56 à 62
Brie —	64 à 72	Nivernais	45 à 52
Touraine	68 à 78	Bourbonnais	46 à 52
Beauce	62 à 72	Bretagne	40 à 46
Orne	60 à 68	Vendée	40 à 46
Picardie	52 à 58	Auvergne	46 à 40
Châtellerault	46 à 52	Midi	42 à 46

FROMAGES.

Brie hautes marq.	15	22	Roquefort	130 220
Brie gr. m. (10)	10	18	Gruyere (100 k.)	100 170
— m. m.	6	10	Coulommiers (100)	10 20
Petits Nanteuils	6	4	Gournay (100)	15 18
Brie laitiers	2	6	Livarot (le 100)	70 80
Gerardmer (100 k.)	7	8	Bourgogne (100)	55 60
Hollande	150	16	Camembert (10)	16 30
Bondons (100)	4	10	Munster (100)	90 10
Cantal	130	150	Port-Salut	130 150

VOLAILLES

Poulet Brest dit moelleux	4.50 5 50	Pigeon Mâcon	1.50 2.00
Poulets Nant.	3.00 5.00	Can. sNantais	4.00 4.00
Poulets Tour.	2.75 5.25	Dindes Tourr.	7.00 11.00
Poulets Hondan	6.00 8.00	Oies	7.00 8.50
Pigeons d'Italie	80 1.25	Lapins dom.	2.75 4.00
		Lapins garenne	1.50 2.00

VINS — BERCY

Rouges		Blancs	
B. Bourg. vieux	140 à 163	Bordeaux	125 à 160
Touraine	165 à 115	B. Bourg	150 à 190
Bord. vieux	130 à 160	Sancerre	130 à 135
Algérie	28 à 38	Chablis	200 à 350
Cher	110 à 135	Anjou	120 à 135
Chinon	125 à 180	Pouilly	350 à 500
Narbonne	32 à 40	Vouvray	155 à 195

HOUBLONS. — Les 50 kilogr.

Alost prime	28,00 à 30,00
Bourgogne	55,00 à 60,00
Poperinghe	25,00 à 35,00
Wurtemberg	40,00 à 42,00
Altmark	75,00 à 100,00
Alsace	50,00 à 65,00

LÉGUMES SECS. — (Les 100 kilogr.)

	Haricots	Pois	Vesce	Lentille
Paris	32 00 50.00	20 18.00	19 à 20	30 00 56
Bordeaux	34.00 35 00	35 45.00	18 19	49 00 60
Marseille	22.00 30.00	18 25	20	24.00 52

FOURRAGES ET PAILLE

Paris La Chapelle.   *Prix extrêmes*

Foin 100 bot dans Paris n.	42 à 47
Luzerne nouv.	42 à 46
Paille de blé	20 à 26
Paille de seigle	23 à 31
Paille d'avoine	16 à 20

Les cours des bestiaux sont à la fin de la GAZETTE avant la *Correspondance*.

L'année agricole et agronomique pour 1896.

L'Année agricole et agronomique pour 1896 par S. Crépeaux, professeur à l'Institut agricole de Beauvais, et C. Crépeaux, publiciste scientifique, avec la collaboration de praticiens, de professeurs et d'agronomes vient de paraître (un volume in-18 de 360 pages, illustré).

Cet ouvrage, véritable annuaire théorique et pratique de l'agriculture progressive, donne un tableau complet du mouvement agricole et agronomique de l'année. Il relate toutes les expériences culturales, les recherches scientifiques faites en France et à l'étranger, décrit et apprécie avec compétence les nouveautés (plantes, machines, engrais, nouvelles méthodes, etc.).

La partie documentaire de l'Année agricole et agronomique comprend pour l'année écoulée, les lois, décrets, décorations agricoles, lauréats des concours, les vœux économiques des conseils généraux, l'analyse exacte des travaux des sociétés et congrès agricoles, horticoles, vétérinaires, français et internationaux, les jugements de droit rural, l'analyse des brevets agricoles, les statistiques, etc.

Cet ouvrage qui paraît pour la seconde fois a valu l'année dernière à ses auteurs les félicitations de la Société nationale d'agriculture, de la société des Agriculteurs de France, et des principaux journaux agricoles et scientifiques qui ont rendu hommage à sa somme considérable de travail que représente une telle publication et aux services incontestables qu'elle rend à la cause du progrès agricole.

(*Le Progrès agricole du 15 juin*).

Nous l'offrons en prime à nos abonnés au prix de 2 fr. 50 franco de port au lieu de 4 francs.

Ceux de nos abonnés qui désirent l'Année agricole et agronomique de 1895 et celle de 1896 recevront les deux volumes franco dans la gare la plus voisine contre 4 fr. 50.

Adresser les demandes à M. Crépeaux, 10 *bis*, rue Piccini, Paris.

Le Vin de Quinium Labarraque, unique préparation de ce genre qui ait été approuvée par l'Académie de médecine de Paris, est un médicament énergique et doux qui convient à toutes les personnes affaiblies par l'âge, la maladie, les excès, ou surmenées par le travail.

« *Nous n'hésitons pas à affirmer que le vin de Quinium Labarraque est le plus efficace et le plus énergique des toniques connus.* »

(ANNUAIRE DE MÉDECINE PRATIQUE.)

Dans toutes les pharmacies et 19, rue Jacob, Paris.

CHRONIQUE POLITIQUE

La dernière semaine parlementaire a été, comme les précédentes, féconde en discours, qui ne promettent point de votes satisfaisants pour le pays.

Le Sénat a discuté et discute encore le projet de loi sur les boissons. La cause des bouilleurs de cru a été consciencieusement défendue par MM. Morel (Manche), Bisseuil (Charente-Inférieure), et Buffet (Vosges), puis par MM. Lebreton, comte de Blois-Darbot, Tillaye, etc. Elle a été combattue par les sénateurs du Nord au nom des distillateurs de betteraves, et par M. Monis, au nom des distillateurs du Midi. Tous les arguments pour et contre, exposés vingt fois dans nos colonnes, ont été réédités pendant quatre séances, sans faire avancer la question d'un pas.

M. Cochery, ministre des finances, a déclaré, au nom du gouvernement, se rallier au projet de réglementation du droit des bouilleurs de cru. D'après la nouvelle loi, ils seraient astreints à déclarer les quantités d'alcool tirées de leur récolte, n'auraient droit à l'immunité que pour 20 litres d'alcool. Le gouvernement exige la déclaration comme seul moyen de réfréner les fraudes qui, d'après lui, causent au Trésor des pertes énormes.

A l'heure actuelle, jeudi 25 juin, les articles 1 et 2 sont votés. L'article 1er impose la déclaration à tous les bouilleurs sans exception. L'article 2 déclare soumis au régime de l'exercice tous les bouilleurs de profession, distillant plus de 150 litres par vingt-quatre heures, dans des alambics contenant plus de 3 hectolitres, et affranchit les autres de cette obligation. Mais cet article ne rassure pas suffisamment ces derniers. Plusieurs amendements ont été proposés pour restreindre l'ingérence de la régie dans leurs affaires. Ils ont été rejetés.

La discussion continue ; mais dès aujourd'hui le sort de la loi paraît fixé. On peut prévoir l'issue que nous avons prédite dès le premier jour. Le droit des bouilleurs de cru sera probablement soumis à la formalité de la déclaration. L'intérêt du fisc est, en effet, trop fortement engagé dans la question de l'impôt sur les alcools pour éviter une réglementation de ce genre. Quant à la quotité de l'immunité des alcools fabriqués en famille, nous protestons plus vivement que jamais contre sa fixation à la quantité invariable de 20 litres. L'équité et la logique exigent une quotité proportionnée au nombre de personnes composant la maison du producteur.

La guerre contre les boissons dites artificielles est aussi très ardente à la tribune du Sénat. Les viticulteurs du Midi qui demandent la prohibition ont pour alliés quelques négociants de Bercy qui prétendent servir la cause de l'humanité en même temps que leurs intérêts commerciaux dans cette campagne.

Nous ne sommes hostiles, quant à nous, qu'aux breuvages artificiels qui contiennent des matières insalubres, et qui sont offerts frauduleusement au public comme vins naturels. Mais nous ne comprenons pas qu'on prohibe des boissons formées du jus de fruits fermentés et irréprochables au point de vue de l'hygiène et de la salubrité.

Aujourd'hui la Commission discute de nouveaux amendements favorables aux petits bouilleurs de cru.

La Commission distingue avec raison la catégorie des bouilleurs qui fabriquent l'eau-de-vie pour leur seule consommation, de ceux qui en fabriquent beaucoup plus, vendent le surplus et font concurrence aux distillateurs de profession.

Nous verrons la semaine prochaine comment la Commission prétend résoudre la difficulté.

La Chambre des députés continue de s'escrimer à perte de vue sur la loi qui prétend réglementer le travail des femmes et des enfants dans les usines, ateliers et manufactures. Le but de la loi est humain et moral au premier chef : mais elle se heurte à un obstacle humainement infranchissable la nécessité de gagner son pain de chaque jour. Il est facile de prohiber le travail prolongé des femmes et des enfants, mais ce qui est difficile c'est de leur assurer le nécessaire de la vie sans ce travail. Là est la pierre d'achoppement qui condamne d'avance cette loi à un avortement qui lui sera commun avec la plupart des lois qu'on nous fabrique tous les ans.

Les travailleurs de la terre doivent sourire de pitié lorsqu'on leur parle de ces lois qui prétendent limiter les heures du travail quotidien. Pour eux ce travail est subordonné aux exigences des saisons, des évolutions de la température. Pour eux le travail est le combat incessant pour la vie. Ce n'est pas leur faute si les révolutions prodiguent toujours aux ouvriers des villes des promesses de bien-être qui n'aboutissent qu'à augmenter leurs misères, en hissant au pouvoir les charlatans qui les endoctrinent.

Deux élections sénatoriales

Dimanche dernier, ont été élus sénateurs dans l'Aube, M. Rambourgt, ancien député ; — dans les Vosges, M. Parizot du Tilloye.

Le Sénat a chargé, par voie de tirage au sort, le département du Gers de donner un successeur à M. Jules Simon, qui était sénateur inamovible.

Le Sénat a perdu samedi dernier M. Dethou, sénateur de l'Yonne. Il appartenait à la gauche radicale. Il ne s'y distinguait que dans les occasions où il pouvait manifester sa haine contre le clergé et l'Église.

Le Sénat a perdu cette semaine M. Rosières, sénateur de la Lozère.

La question de Madagascar.

La Chambre a ratifié l'annexion de Madagascar, comme colonie française. Encore un triste coup d'épée dans l'eau, encore une acquisition qui nous a coûté 9.000 hommes et 100 millions auxquels il faudra ajouter pas mal de millions et de victimes humaines avant d'en tirer le premier sou. C'est un second Tonkin encore plus dévorant que le premier. Mais c'est une belle colonie de ronds de cuir et de fils à papa. On a émis à cette occasion platoniquement l'abolition de l'esclavage, dans un pays qui n'a pour le cultiver que les bras des esclaves. Le ministre des colonies en a fait en vain la remarque. Les radicaux sont toujours les successeurs de leurs ancêtres de 93, qui votèrent la ruine de nos colonies pour proclamer un principe.

A Madagascar nous avons pour ennemis mortels les Anglais et leurs missionnaires protestants, nos missionnaires français catholiques seuls sont les pionniers de la conquête morale que nous avons entreprise. Or, les Anglais et leurs missionnaires richement dotés, ont l'appui de notre résident Laroche, et nos missionnaires réduits à l'indigence sont abandonnés et sacrifiés à la haine de leurs ennemis anglais et malgaches. Gambetta avait dit que l'anticléricalisme n'était pas un article d'exportation, ses héritiers pratiquent exactement le contraire. Il y aura encore de mauvais jours à passer pour nous à Madagascar comme partout où la frénésie anticléricale sert au détriment de la France au profit de ses pires ennemis.

L'anticléricalisme est au dehors comme au dedans un gouffre financier et un fléau social.

Les agioteurs accapareurs.

Les exploits des syndicats d'accaparement depuis quelques années ont produit tant de ruines dans le commerce, dans l'industrie et dans l'agriculture, qu'il est temps de leur opposer une répression d'autant plus nécessaire qu'aujourd'hui il existe des projets d'accaparement sur les phosphates, sur les nitrates, sur les fers, etc.

M. Rose, député du Pas-de-Calais, vise sans doute à ce but dans la proposition qu'il vient de soumettre à la Chambre. Il propose une modification de l'article 419 du code pénal sur les marchés fictifs.

Aux termes de cette proposition, les marchés à livrer sur denrées et produits agricoles ne seraient reconnus licites qu'à la condition d'avoir pour conclusion la livraison réelle de ces produits au terme fixé par la convention. Les marchés fictifs et de pure spéculation seraient prohibés.

L'article 419 du code pénal serait modifié de manière à permettre d'atteindre les spéculations organisées ou concertées fictivement sur les produits agricoles.

On supprimerait, en outre, pour l'accusation l'obligation de prouver que la hausse ou la baisse ont été artificiellement déterminées par ces manœuvres des marchés fictifs. Tous nos vœux pour la prompte adoption de cette urgente proposition.

La crise du blé. L'agiotage.

Une vérité que nous signalons depuis longtemps, et qui échappe à beaucoup de gens, c'est que l'une des principales causes de la crise des blés est l'extension effroyable qu'a prise depuis quelques années l'agiotage pratiqué sur une échelle immense par certains syndicats de banquiers juifs et judaïsants qui ont débuté en Amérique, puis ont étendu leurs opérations en Europe, spécialement en Angleterre et en France.

M. Davost, le distingué vice-président du Syndicat agricole de la Loire-Inférieure, nous a adressé, il y a quelques semaines, une lettre où il énonçait cette opinion en l'appuyant sur des conjectures déjà suggestives. En même temps, M. Paisant, sous le pseudonyme Dupré-Collot, publiait dans le *Journal de l'agriculture* des accusations du même genre que nous avons justement remarquées.

Aujourd'hui, M. Davost revient sur ce sujet, dans une brochure où il met le doigt sur la plaie. Après avoir constaté, comme M. Paisant, l'origine de ces formidables agiotages à Liverpool, il s'appuie sur le témoignage de M. Smetto, un des anciens courtiers des agioteurs qui explique comment ils ont réussi à faire la loi aux marchés européens.

Leur système consiste à opérer sur une échelle gigantesque des marchés fictifs à terme, portant sur des stocks de 2 ou 3.000 tonnes de blé dont ces vendeurs n'ont pas le premier hectolitre sous la main. Les membres se liquident à échéance en différence à payer comme les marchés sur les valeurs publiques à la Bourse. Ils ont cependant en entrepôt un stock important de blé réel à jeter sur le marché en vue d'une spéculation à la baisse au bon moment. Ils perdent quelquefois ainsi sur des centaines de tonnes de blé des différences de quelques milliers de francs pour en gagner dix fois plus sur le marché suivant.

Voilà comment, dit M. Smith, les cours du blé existant, sont écrasés par ceux du *blé qui n'existe pas* !

Mais, dira-t-on, dans tout marché, l'acheteur a intérêt à la hausse de la marchandise qu'il achète, plus que le vendeur à la déprécier. Mais ici le vendeur et l'acheteur spéculent sur un jeu continu de bascules, le vendeur vend pour racheter et l'acheteur achète pour vendre. L'un et l'autre sont pour la bascule de la hausse et de la baisse, mais

dans la pratique, à ce jeu comme à ceux de la Bourse, ce sont les *gros* baissiers qui l'emportent le plus souvent (pas toujours mais le plus souvent) sur les haussiers, c'est-à-dire les vendeurs sur les acheteurs. En tout cas, comme ce jeu gigantesque se pratique sur des quantités de blés fictifs supérieures à celles des quantités existantes, on s'explique clairement comment le producteur de blé est la victime de l'agiotage sur les blés fictifs.

Les agriculteurs allemands, plus vigilants que les nôtres, connaissent bien la question. C'est pourquoi ils viennent d'obtenir au Reichstag le vote d'une loi qui prohibe les marchés fictifs à terme.

En France, l'article 419 du code pénal serait suffisant pour réaliser cette prohibition. La difficulté est de l'appliquer. Eh bien ! le moment est venu de chercher et de trouver les moyens de surmonter ces difficultés en tout cas, voilà en effet une des principales cause de la crise du blé mise en évidence. Nos sociétés agricoles, espérons-le, ne perdront pas de vue un tel sujet de revendications.

Il s'agit de savoir si des millions de familles agricoles continueront de se ruiner en faisant du blé sous un régime qui permet à une vingtaine de gros tripoteurs d'amasser à leurs dépens des fortunes s'élevant à ces centaines de millions.

La crise des blés. — Le remède.

Nous avons soutenu que l'on cherche à tromper l'opinion en attribuant la cause des cours avilis du blé à la surproduction et que la vraie cause, ou du moins la cause principale, est dans les importations excessives favorisées par l'abus des marchés fictifs, et le trafic des acquits-à-caution.

On nous communique à ce sujet un article signé *Speciator* dans *l'Independant de la Somme*, qui met notre opinion en pleine lumière grâce à ces trucs des blés étrangers réglant les cours du marché français.

Ces blés sont de deux sortes : de provenance étrangère et de provenance coloniale française.

Les blés étrangers exempts. — Ce sont tous ceux qui entrent sans payer de droits à l'arrivée, grâce aux admissions temporaires et à toutes les fissures légales ou extra-légales.

Mais, dira-t-on, ceux qui ne sont pas fraudés paieront le droit dans un délai déterminé. C'est vrai, mais ce délai est de *deux et trois ans* pour les blés entreposés, de *trois mois* pour les admis temporairement *avec des prorogations possibles.*

Tout cela forme un stock considérable qui pèse sur les cours et en rend le commerce maître souverain.

Ne reste-t-il pas d'ailleurs une fraction de 10 à 15 0/0 du poids des blés admis temporairement, indemne de tout droit et constituant un boni légal ?

Quand aux blés introduits subrepti-

cement en France à la faveur du compte ouvert, il est impossible d'en préciser la quantité, mais elle n'est cernement pas négligeable, surtout pour nos marchés du Nord.

Nous n'avons pas encore les documents nécessaires (si tant est qu'on puisse les avoir) pour donner une statistique exacte des existences à l'entrepôt, tant réel que fictif. Mais il n'est pas douteux qu'il y en a toujours plus qu'il n'en faut pour permettre à la minoterie d'écraser les cours et de se mettre en grève contre le blé indigène, *si la culture essayait de se tenir.*

Laissons donc pour mémoire les blés entreposés et ne nous occupons que des blés admis temporairement.

Rien que pour ceux-ci, nous sommes en mesure d'établir que fin avril dernier il en restait 1 million 582.615 quintaux dont les acquits cherchaient et cherchent encore apurement.

Ce n'est pas peu de chose qu'un million et demi de quintaux pesant sur le marché français et cherchant à éluder le droit par tous les moyens possibles, notamment par la suppression des zones, ce qui frustre l'Etat de plus de 10 millions de francs.

Mais ce n'est qu'un facteur entre plusieurs.

En voici un autre non moins dangereux pour nous : l'entrée en franchise des blés prétendûment coloniaux.

Les blés coloniaux. — L'Algérie comme colonie française et la Tunisie comme pays de protectorat ont importé en France :

Du 1er août au 31 mars 1894 : 383.330 quintaux.
Du 1er août au 31 mars 1895 : 1.461.332 —

Cette progression de plus d'un million de quintaux n'est-elle pas suggestive ?

Du 1er août 1895 au 31 mars 1896, 1.090.064 quintaux. Le gouvernement a dû limiter les importations de la Tunisie qui devenait par trop gourmande. Les chiffres de ces deux dernières périodes équivalent à la totalité de la production algérienne et tunisienne. Comment cela se fait-il ? Est-ce que nos colons ne mangent plus de pain ?

Pardon ! Ces messieurs vendent leurs blés à Marseille en profitant de notre protection douanière et les remplacent par des blés exotiques introduits en fraude chez eux, ce qui leur fait gagner une seconde fois le droit de douane.

C'est aussi simple que cela.

En Algérie, ces blés entrent par terre, par le Maroc et par la Tunisie, où, venant d'Italie, ils ont le droit d'entrer librement en vertu du traité existant. On peut supposer, d'autre part, que sur un littoral, si étendu et si peu surveillé que celui de l'Algérie, la contrebande s'exerce au moins aussi activement qu'à la frontière belge.

N'oublions pas que nous avons encore des colonies d'où peuvent nous arriver des blés exotiques : Pondichéry et deux autres ports de l'Inde. Qui sait ! Madagascar où l'on vient d'installer, paraît-il, un professeur au moins régional d'agriculture. (On en mettra donc partout ! !)

Au total, notre importation coloniale pendant les années 1895 et 1896 excédera une moyenne de 1,600.000 quintaux. Eu y ajoutant les 1.300.000 quintaux admis temporairement et restant sans débouchés, on arrive à plus de 3 millions de quintaux introduits gratis et qui sont la cause principale de ce phénomène économique si regrettable pour notre agriculture, et, notez-le bien, spécial à la France : que le droit de douane ne joue plus que pour moitié et ne protège plus qu'à demi la production nationale.

Conclusion qui s'impose. 1° Suspendre l'admission temporaire.

2° La réglementer de façon qu'il n'y ait plus d'entrée de blé *gratis* avant qu'elle ne soit compensée par une sortie correspondante de farine (comme nous le demandons dans notre système emprunté à l'Autriche).

3° Réglementer les importations coloniales de telle façon qu'elles ne soient plus l'équivalent d'une importation étrangère frauduleusement exempte de droits.

Une conclusion s'impose dit *Spectator*, c'est vrai ; mais elle n'exclut pas l'autre conclusion, la nôtre : Un relèvement des droits suivant l'échelle graduée proposée par M. Lebreton, et par la Société des agriculteurs de France. Ce n'est pas trop de deux planches de salut pour sauver la culture principale du sol national.

<hr>

CHRONIQUE GÉNÉRALE

Le tarif de transport des engrais.

L'emploi toujours croissant des engrais industriels par la culture donne un intérêt considérable à la question des tarifs de transport de ces engrais par les canaux et rivières, et surtout par les chemins de fer.

Il y a là outre un intérêt général pour le pays tout entier, un intérêt considérable pour la production agricole, qui emploie ces engrais et pour les compagnies qui les transportent et les distribuent par tout le territoire.

Une condition désirable pour tous ces intérêts, ce serait que les tarifs de transport fussent les mêmes sur tous les réseaux. Cette condition n'existe pas aujourd'hui. Chaque compagnie a ses tarifs spéciaux. D'où un embarras sérieux pour les acheteurs et pour les vendeurs.

Une seconde condition serait que les engrais volumineux qui sont les moins riches fussent assujettis à des tarifs très modérés. La culture en effet ne peut utiliser avec profit des engrais pauvres dont le transport éleverait les prix au-dessus de leurs effets fertilisants. Un autre motif d'abaissement des tarifs de ces engrais vient de ce que ce sont généralement les vidanges, gadoues, détritus, eaux des grandes villes, dont celles-ci ont un intérêt majeur à leur évacuation, leur séjour étant pour elles de dangereux foyers d'insalubrité. L'agriculture rend aux villes un service de premier ordre en les délivrant de ces matières gênantes et insalubres. Il est juste que les villes lui en tiennent compte en les livrant à des prix assez bas pour intéresser l'agriculture à leur emploi indéfini.

L'état de choses actuel laisse certes beaucoup à désirer sur ce point. Les gadoues, les vidanges, les eaux vannes de Paris ne sont pas évacuées sur tous les points du territoire où il faudrait les répandre pour donner satisfaction aux deux intérêts en présence de la culture et de la salubrité de la grande ville.

L'échec du système déplorable dit *tout à l'égout*, que nous ne cessons de combattre, montre qu'il faudra forcément revenir sur cette question.

Quant aux engrais commerciaux proprement dits, surtout aux engrais concentrés, nitrates de soude et de potasse, superphosphates, tourteaux, etc., il est très désirable pour tous les intérêts engagés dans cette question, que toutes les compagnies s'entendent pour leur appliquer un tarif unique de transport, avec des réductions en faveur des longues distances. Nous sommes convaincus que les compagnies de chemins de fer recueilleront de ce système des avantages croissants d'année en année, à mesure que l'usage des engrais commerciaux s'étendra dans toutes les classes de cultivateurs et de vignerons dans nos campagnes.

Des tentatives d'entente ont eu lieu déjà à ce sujet entre le ministre des travaux publics et les directeur des sept compagnies. Il est urgent de renouveler les tentatives suivant le vœu très légitime des sociétés et surtout des unions syndicales agricoles. Nous ne doutons pas que M. Méline et son collègue M. Lebon ne se décident à donner satisfaction à ce désir général du pays rural.

Une difficulté à prévoir dans cette réforme, ce sera la difficulté de concilier les intérêts de l'industrie française avec ceux des importateurs d'engrais exotiques. On sait en effet que la majeure partie des nitrates de soude, le plus riche des engrais azotés nous viennent du Chili ; que les plus riches superphosphates viennent d'Espagne en attendant ceux d'Algérie, et que ces engrais sont admis en franchise.

D'un autre côté, les industries qui fabriquent ces engrais à l'intérieur rendent des services trop importants à la culture pour ne pas attacher une importance capitale à leur conservation. Or, cette conservation n'est possible que si elles peuvent soutenir la lutte contre la concurrence étrangère. En deux mots l'agriculture a droit à ce qu'on lui fasse payer ses engrais aux prix les plus modérés ; mais comme l'agriculture, l'industrie des engrais a droit à assurer l'existence et même la prospérité à tous ceux qui y consacrent leur savoir-faire et leurs capitaux.

La question est quelque peu complexe, on le voit ; mais les grands intérêts qui y sont engagés méritent qu'on étudie sérieusement les moyens de leur donner satisfaction.

En tout cas, en ce qui touche la question des tarifs de transport des engrais, nous croyons qu'il suffira d'un effort très facile de bonne volonté de la part des compagnies de chemins de fer pour établir un tarif uniforme de transports des engrais.

<hr>

Concours de Saint-Brieuc.

Ce concours s'est ouvert dimanche dernier par la messe du Saint-Esprit, à laquelle assistait une nombreuse affluence désireuse de prouver qu'avant tout l'agriculture nationale doit compter sur le secours de la Providence.

Dans l'après-midi, le congrès s'est ouvert sous la présidence de M. le marquis de Vogué, qui a prononcé un éloquent discours. M. de Vogué, avec cette chaleur de langage qui lui est propre, a affirmé que la *Société des Agriculteurs de France* tient à encourager les efforts de l'initiative privée ; qu'en conséquence, son premier devoir consiste à soutenir les associations locales et ce, afin de leur permettre d'opérer une prudente décentralisation. Le monde agricole applaudira sans réserves à ces paroles qui reproduisent si exactement les pensées de M. le marquis de Dampierre.

Voilà donc la *Société des Agriculteurs* placée sur son véritable terrain, sur celui où elle rendra les plus grands services aux cultivateurs qui, en effet, ne doivent compter que sur eux-mêmes. Nous n'avons pas besoin de dire que notre concours le plus large est assuré à ceux qui veulent aider les travailleurs ruraux à secouer les jougs sous lesquels on les écrase. Les *Sociétés agricoles* savent que nous les avons toujours soutenues, car c'est en elles que réside l'espoir de la France rurale. Sans doute, elles n'ont pas le pouvoir de faire ou de défaire les lois, mais, si elles sont disciplinées, et elles le seront si elles rendent des services appréciables, elles arriveront à leur insu à éclairer, à inspirer les votes de leurs membres.

Quand nous nous permettons de leur donner des conseils, c'est toujours dans l'intérêt du but final qu'elles poursuivent, le seul que nous envisagions. De même que nous avons le courage de leur donner des avertissements, de même nous les félicitons, quand elles prennent comme à Saint-Brieuc de salutaires, de courageuses initiatives. C'est avec la joie la plus vive et la plus complète que nous visiterons ce concours libre organisé sous le patronage d'une cinquantaine d'associations bretonnes avec le concours généreux de la *Société des Agriculteurs de France*. Nous en com_mencerons le compte rendu la semaine prochaine.

S. CRÉPEAUX.

Concours.

École pratique des Trois-Croix, à Rennes. — Les examens d'admission à cette école dirigée par M. Hérissant auront lieu à l'école le samedi 11 juillet. Écrire au directeur le 3 juillet au plus tard.

École d'agriculture et d'irrigation. — Examen d'admission, le 11 septembre, à la préfecture. — Écrire à M. Allier, directeur, avant le 1er septembre. Écrire avant le 15 août pour les bourses et demi-bourses.

Concours de la race ovine lauraguaise. — Ce concours important se tiendra à Cintegabelle (Haute-Garonne) les 3 et 4 octobre. — Le concours comprendra des lots de 15 et 25 têtes outre les sujets isolés.

Concours de la race bovine normande. — Cet important concours se tiendra à Rouen les 11, 12 et 13 septembre. Les déclarations doivent être adressées à la préfecture avant le 1er août. — Les primes monteront à 18.500 francs. Les possesseurs de sujets primés seront tenus de les employer à la reproduction pendant un an. Les éleveurs de toute la France pourront concourir.

Société d'agriculture de Senlis. — Concours à Creil en septembre, M. Martin président.

Concours du Comice de Montargis, présidé par M. Azœuf, à Châtillon-Coligny, le 6 septembre.

Concours du comice de Trévoux (Ain), — A Bourg-Saint-Christophe présidé par M. de Monicaut, le 12 septembre.

Les transports des fourrages.

M. Turrel, ministre des travaux publics, vient d'adresser aux compagnies de chemins de fer, une circulaire par laquelle il les invite à réduire momentanément les tarifs de transport des foins et des pailles, comme elles le firent en 1893, pour faciliter ces transports dans les contrées où sévit la sécheresse.

Réunion des amateurs de chiens d'utilité français

Nous avons déjà annoncé qu'un Club d'amateurs de chiens de berger était en voie de formation. Sous le nom de RÉUNION DES AMATEURS DE CHIENS D'UTILITÉ FRANÇAIS, la Société est définitivement constituée. M. Tisserand, directeur de l'Agriculture au Ministère, en a accepté la présidence d'honneur et, parmi les membres du Comité, nous trouvons M. Milne-Edwards, de l'Institut, qui, le premier, a fait admettre les chiens de berger au concours agricole de Nogent-le-Rotrou, le duc de Chartres, Pierre Mégnin de l'Académie de Médecine, Eugène Thome, comte de Villebois-Mareuil, le marquis de Cherville, le baron de Vaux, Gindre Malherbe, le peintre Weisser, le général Cherif-Pacha, etc.

Le secrétaire général est notre confrère Paul Mégnin, qui enverra les statuts à toute personne qui en fera la demande. Siège social : 12, boulevard Poissonnière.

A l'automne, la Réunion organisera des concours sur le terrain, pour chiens de berger, comme cela se pratique déjà en Angleterre et en Belgique. Nous pouvons aussi annoncer que, grâce aux démarches de la nouvelle Société, l'année prochaine, une classe de chiens de berger et de bouvier sera créée dans les concours agricoles, régionaux et généraux. Ils seront là tout à fait à leur place, au milieu des animaux de la ferme dont ils sont les protecteurs dévoués et intelligents.

Les admissions temporaires.

Nous ne comprenons pas comment des députés se disant dévoués à l'agriculture et aux populations rurales peuvent se refuser à réclamer, avec nous, un décret immédiat suspendant les admissions temporaires en attendant la loi dite loi du Cadenas toujours projetée et toujours ajournée.

M. de Bizemont résume en très bons termes, dans le *Progrès agricole de la Somme*, les motifs décisifs de notre vœu.

LA QUESTION

Pour résoudre un problème, il faut qu'il soit nettement posé.

Quelle est la situation actuelle ?

L'opinion publique étant en majorité protectionniste, nos excellents députés ont voté un droit d'entrée de 7 francs. Très bien.

Voilà le trompe-l'œil nécessaire pour s'attirer les sympathies populaires.

Mais, comme d'un autre côté, on avait de *grands intérêts* à favoriser les spéculateurs, accapareurs, en un mot toute cette vermine qui vit sur nous en nous ruinant, nos bons députés ont inventé le régime des admissions temporaires.

Mais, puisqu'il est reconnu aujourd'hui que c'est la source de toutes les fraudes qui ont amené la baisse désastreuse des blés, il faut supprimer purement et simplement l'admission temporaire.

Voilà une solution simple et pratique qui fera plus pour notre cause que les plus beaux discours de nos plus illustres tripoteurs, et de leurs porte-paroles au Parlement.

LES OBJECTIONS

Nous avons besoin des blés étrangers pour fabriquer certaines pâtes.

D'accord, achetez-les, payez l'entrée et augmentez votre kilo de macaroni de 0 fr. 10. Vous y trouverez largement votre compte et celui-là seul qui consommera ces denrées subira l'enchère.

Mais la baisse provient d'une trop forte production.

Non, elle provient de vos tripotages. La France ne produit pas assez pour la consommation, vous savez tous qu'il lui manque en moyenne une quinzaine de millions d'hectolitres.

Certains députés attaqués directement disent : Nous sommes de votre avis, nous voudrions bien faire quelque chose pour relever les cours, mais nos collègues, les députés des ports.

Farceurs ! Combien y a-t-il de ports et de députés de cette catégorie ?

Vingt, si vous voulez, et vous êtes plus de cinq cents.

Donc, si vous ne supprimez pas l'admission temporaire, c'est que vous ne le voulez pas.

Pourquoi???

Et nos minotiers, qu'en ferons-nous, allez-vous encore dire ?

Il me semble que ces messieurs ne se sont pas gênés pour étrangler nos pauvres petits meuniers ; cependant, ces braves gens que vous avez laissé sacrifier, étaient autrement intéressants que toutes vos grandes sociétés plus ou moins françaises.

Et les ouvriers des ports ?

Et nos ouvriers agricoles ? répondrons-nous. Du reste, les ouvriers des ports reprendront lorsqu'ils voudront et sauront qu'on peut y vivre, le chemin de leur village qu'ils ont abandonné parce que, ruinés, ils y crevaient de faim.

CONCLUSIONS : Dans la campagne que nous entreprenons nous, gens de terre, mettons de la clarté et de la vigueur.

La bande hurlera un peu. Patience, ce n'est qu'une répétition.

Elle poussera d'autres cris le jour où, éclairés et changeant de système, les paysans mettront au pouvoir des hommes à la conscience droite, au poignet solide qui feront impitoyablement rendre gorge aux bandits grands et petits, — grands surtout, — qui nous volent depuis vingt ans.

Veuillez agréer, etc.

Vicomte DE BIZEMONT.

La crise sucrière.

Les Allemands viennent de servir un nouveau plat de leur métier à nos producteurs de sucre et de betteraves, en élevant la prime d'exportation de sucre raffiné à 4 fr. 45 les 100 kilos.

Nos fabricants de sucre et les cultivateurs de betteraves se préoccupent avec raison des mesures que prendra le gouvernement pour les défendre contre ce nouvel essai d'invasion.

Sur la proposition de M. H. Desprez, la Société des agriculteurs du Nord demande :

1° Que des mesures de réciprocité défensive soient prises immédiatement.

2° Que le ministère seconde la propagation des graines de betteraves sucrières reconnues les plus productives comme poids et comme teneur en sucre d'après les cultures expérimentales de la station de Cappelle.

Les transports de colis agricoles

On parle depuis quelque temps en matière de transports de produits agricoles, d'un projet de réforme d'un très sérieux intérêt, pour tous consommateurs et producteurs. Il s'agit de donner une nouvelle extension à la réforme qui a réduit au prix de 60 centimes et 1 franc les tarifs des colis-postaux, et à 95 centimes le tarif des colis dépassant pas 5 kilogrammes.

L'expérience a pleinement justifié les premières innovations. Les producteurs et les consommateurs en sont satisfaits, les compagnies y ont gagné aussi un surcroît important de recettes.

Mais beaucoup de gens pensent qu'il y a un pas nouveau très important à faire dans cette voie.

Ils estiment que les mêmes intérêts déjà satisfaits par ces tarifs actuels seraient encore mieux servis, si un tarif réduit était appliqué à des colis de produits agricoles de 10, de 20 kilos. Cette amélioration serait d'autant plus désirable que la plupart des produits agricoles, à raison de leur poids et de leur volume, ne peuvent profiter des faveurs accordées aux petits colis de 5 kilos. Un tarif de faveur pour les colis de 10, 20 kilos, aurait des conséquences beaucoup plus importantes pour tous les intérêts engagés dans cette question.

On en a une preuve dès aujourd'hui. Comme toujours ce sont nos voisins les Anglais qui ont pris l'initiative d'une réforme de ce genre.

Depuis six mois la compagnie anglaise des chemins de fer *South Eastern* (Sud-Est) transporte au marché de Londres à prix réduits tous les produits maraîchers déposés aux cent gares de son réseau. Les résultats sont tels qu'elle propose d'appliquer le même régime à ses deux cents autres gares. Elle n'impose aux expéditeurs que l'obligation de loger leurs produits dans des boîtes d'un modèle déterminé et dûment ficelées.

Lettres rurales.

Dans ma précédente lettre, je disais qu'il était temps que l'agriculture secouât son apathie et son inertie se défendît elle-même, et qu'elle passât résolument de la résignation et des plaintes, à l'action et aux actes.

Mais comment faire? me dira-t-on.

Le premier, pour ne pas dire l'unique, moyen de défense pour un corps intéressé à un même objet, c'est l'UNION!

Le célèbre Cormenin l'a dit avec raison : « L'union est la seule force des petits et des faibles. »

Or donc, si l'union devient une force aux mains des petits et des faibles, quelle ne sera pas sa puissance aux mains des grands et des forts ?

Il résulte de renseignements authentiques, que plus de *dix-huit millions* de Français vivent directement de l'agriculture. Et si on ajoute à ce chiffre, les propriétaires, les membres des professions libérales et les ouvriers de métier, tels que : vétérinaires, forgerons, charrons, maréchaux-ferrants, etc., on arrive à un total de 23 à 24 millions de personnes vivant de, ou par l'agriculture, soit environ les **deux tiers** de la population totale.

Que tous ces bons citoyens ne s'unissent-ils dans une commune défense ?

J'entends la réponse : « A quoi sert de nous unir, puisqu'on ne nous écoute pas ! »

Je n'essaierai pas aujourd'hui de rétorquer cette reponse ; nous verrons plus tard... D'ailleurs, un écrivain distingué, M. Jean Montalouet, traitant tout dernièrement la question d'enseignement, et établissant un parallèle entre l'esprit d'initiative montré en France, à ce propos, et celui manifesté à l'étranger, y répond pour moi, en ces termes : « D'abord ne restons pas les bras croi- « sés *et ne nous reposons pas sur l'Etat* « pour tous les progrès et toutes les « réformes, mais *agissons par nous-* « *mêmes* et prenons de généreuses et « fécondes initiatives. J'ai entendu de « bons conservateurs dire : « A quoi bon « se remuer, l'on n'est pas écouté, et « l'on n'aboutit à aucun résultat. » « *Rien de plus faux et de plus funeste ;* « *toute force mise en mouvement, toute* « *énergie employée a une répercussion* « *inévitable et lointaine.* Semez donc, se- « mez toujours ; et comptez sur Dieu « pour faire lever la moisson... »

Que pourrais-je dire de mieux à cette imposante armée agricole ?

J'y ajouterai cependant cette simple question : « Sous quel régime, vivons-nous actuellement ?

Sous le régime républicain, n'est-ce pas?

Or, qu'est-ce que le régime républicain ?

Montesquieu nous dit : « Le gouvernement républicain est celui *où le peuple en corps a la souveraine puissance.* » — A. Billard accentue davantage, en disant : « La République est *le seul* gouvernement *vrai, le seul qui puisse être juste,* le seul qui marche avec les lumières du pays, *qui comprenne les besoins de l'humanité.* » — Pierre Larousse enfin, qui, dans cette question, fait autorité, ajoute : « La grandeur de la conception républicaine, son caractère essentiel, c'est que la chose publique est *le patrimoine de tous les membres du corps social* sans distinction de classes ; que tous sont citoyens, ont une destinée commune dont chacun est solidaire, forment une association véritable où chacun a des droits égaux et ne connaît D'AUTRE AUTORITÉ QUE LA VOLONTÉ GÉNÉRALE LIBREMENT EXPRIMÉE ; en un mot que les principes fondamentaux sont l'intérêt de la patrie, l'égalité légale, la justice et le droit. »

Si donc le régime républicain est celui du *peuple souverain...,* le seul qui *puisse être juste...,* le patrimoine de tous les membres du corps social. ., n'ayant *d'autre autorité que la* VOLONTÉ GÉNÉRALE *librement exprimée...,* pourquoi, agriculteurs, mes amis, votre voix ne serait-elle pas écoutée, si vous vous unissiez sérieusement pour la faire entendre ?

N'avez-vous pas des exemples de ce que peut faire l'union, lorsqu'elle est bien comprise ?

Voyez nos voisins les Belges, n'est-ce pas cette union qui fait toute leur force? Dernièrement encore, n'est-ce pas elle qui a enrayé d'abord, arrêté complètement ensuite, la marche en avant de l'armée révolutionnaire?

Et, en Allemagne, qui donc a forcé le terrible chancelier de fer à *aller à Canova,* sinon l'union des catholiques offensés dans leur foi? et cependant, ils sont loin d'être en majorité dans le pays ; mais leur union a fait leur force, et ils ont vaincu leur implacable adversaire.

Ecoutez d'ailleurs les échos qui vous arrivent de toutes parts : Il y a quelques années, c'était l'honorable M. L. Sibrac ancien maire de Nérac, qui vous objurguait à propos de votre impassibilité, vous disant : « Vous êtes le nombre, vous pouvez, si vous le voulez, faire la loi... Usez donc de vos droits, et faites-vous entendre clairement ! »

Hier, c'étaient les braves Vosgiens, qui vous engageaient à vous unir à eux, pour secouer le joug ruineux et corrupteur du parti judéo-maçonnique, qui, sans aucune vergogne et sous le couvert mensonger du suffrage universel, exploite notre chère patrie et la ruine.

Aujourd'hui, ce sont les démocrates du Congrès ouvrier chrétien, tenu à Reims, qui vous font aussi appel, vous engagent à vous unir, localités par localités, et à vous fédérer ensuite en syndicats régionaux.

Mais, entendrez-vous ces voix, répondrez-vous à ces appels pressants ?

Je voudrais bien l'espérer ; mais hélas ! je ne l'ose, et je vous dirai pourquoi dans une autre causerie.

MAITRE PIERRE.

La Chesnaye-Saint-Aubin, juin 1896.

Les primes aux textiles.

Nous n'avons jamais cessé de protester contre le système des primes substituées aux droits de douane pour certains produits, alors que la protection douanière est une dette de l'État envers tous les produits du sol qui ne peuvent lutter contre la concurrence étrangère. La protection des primes pour trois ou quatre sortes de produits à l'exclusion de vingt autres qui y auraient autant de droits, est une absurdité onéreuse pour le Trésor, pour la culture, pour tout le pays. Nous ne cesserons de protester contre les sophismes invoqués par les intéressés contre la réforme que réclament avec nous les représentants sérieux du monde agricole.

M. Jules Séverin, notre vaillant collaborateur, publie sur ce sujet les lignes suivantes dans la *Libre Parole* :

Votre intérêt est sacré, dit-on aux producteurs de lin, de chanvre et de soie, mais vous produisez si peu. Eh bien ! nous aimons mieux faire vivre nos industries, et vous faire cadeau de quelques millions, juste ce que les douanes vous donneraient, que les industriels vous laisseraient même à titre d'aumône légère : vous en faites si peu !

Dans mon pays, on eut l'imprudence de refaire du lin. La prime, très élevée la première année, tomba aussitôt qu'on en refit ; on avait prévu si peu !

Et voilà que du centre lyonnais nous reviennent des plaintes semblables : on gaspille les primes ; les malins se la distribuent ensemble, personne n'en profite.

C'était à prévoir ! Ce qui vient de Joseph retourne à Jacob !

Et ce n'est pas faute d'avoir bien combattu. MM. Blin de Bourdon et des Rotours, à la sous-commission des textiles, comme à la Chambre, avaient réclamé des droits pour le lin et le chanvre, qu'on accorde plus volontiers aux sacs de jute et aux cordages de phormium. Et parmi les dix orateurs inscrits, plusieurs défendirent avec éloquence les droits pour la soie, et entre autres et avant tout M. Fougeirol qui, aux *Agriculteurs de France* comme à l'*Association de l'industrie française*, avait réclamé les droits, avec *drawback*, car il n'y a pas moyen d'accorder l'un sans l'autre, fit à la date du 5 ou 6 juin 1891 un magnifique discours à la suite duquel il supplia la Chambre de repousser les présents funestes d'Artaxercès-Reinach.

LE CENTRE LYONNAIS

Le centre lyonnais se plaint du galvaudage des primes ! Tant mieux ! Le moment va peut-être venir où le Nord et le Centre pourront se rencontrer pour une campagne plus utile : donner au producteur, au filateur et au tisseur l'égalité devant la douane, au lieu de faire ce qu'ont fait nos députés d'alors, ou de dire cyniquement comme l'un des orateurs : « Ce n'est pas à la campagne que se fait le teillage du chanvre, c'est en ville ; ce produit rentre dans la catégorie de ceux que vous protégez ! »

On a eu de beaux résultats avec ce système : dépopulation des campagnes, encombrement des villes, où s'entassent les sans-travail et les désespérés. Et l'on croit que ces plaies sociales naissent sans un ferment légal ; on fait de grandes enquêtes pour en découvrir les causes.

Je ne veux retenir de cette grande œuvre que ce mot qui revient si souvent dans la bouche des juifs, des banquiers, des économistes de la commission des douanes : l'agriculture est appelée à disparaître, la petite industrie doit disparaître également : il n'y a de vraiment intéressant que la grande industrie. C'est celle dont les juifs se sont partout emparés ; ils pouvaient donc, ceux-là, réclamer des droits réguliers. Concluez, maintenant !

Jules Séverin.

L'alcool dénaturé.

M. Michon demande la suppression du droit de dénaturation, qui rapporte de 4 à 5 millions et son remplacement par une augmentation de 3 francs de l'impôt sur les alcools.

Il est permis de douter du succès qu'a en vue l'auteur de cette proposition, lorsqu'on réfléchit sur les frais nécessités par la dénaturation des alcools.

Pour dénaturer un hectolitre d'alcool valant 30 francs il faut : 1° payer un impôt de 37 fr. 50 ; 2° dépenser 19 fr. 50 de matière dénaturante ; 3° 1 franc pour analyse ; 4° 75 centimes de lettre de voiture, passavant, etc. ; total 59 francs pour un produit d'une valeur de 30 à 32 francs.

Nous croyons qu'il faudrait trouver des moyens plus économiques de dénaturation pour vulgariser l'emploi des alcools à l'éclairage et au chauffage.

Les chambres d'agriculture élues libérales ou leurs véritables représentations.

Qu'est-ce donc qui fait la force des Chambres de commerce et dont je réclame depuis quarante-cinq ans avec l'honorable M. Ponsard la même élection pour nos Chambres d'agriculture non encore élues : *la Liberté*.

Elles devraient être nommées par le suffrage universel des propriétaires ruraux cultivateurs, c'est-à-dire le fermier, aussi le journalier, et le tâcheron.

Il faut laisser les comices agricoles : ce sont des Associations fondées, pour la plupart du moins, en dehors de toute intervention administrative.

Conservons-leur ce caractère d'indépendance ; développons-le même autant qu'il nous sera possible pour discuter les questions qui intéressent l'agriculture. Ils sont, par la loi de 1851, chargés des intérêts agricoles pratiques, du jugement des concours, de la distribution des récompenses dans leurs circonscriptions ; ne leur enlevons point ces fonctions, mais ne cherchons pas à les transformer en un corps administratif électoral. Ils rendront plus de services à l'agriculture si nous leur maintenons une entière liberté d'allures.

Deux membres par canton composeraient la Chambre d'agriculture départementale par arrondissement.

Celles-ci à leur tour éliraient un Conseil général supérieur à Paris ; deux membres par département également.

Afin d'éviter des déplacements la Chambre d'agriculture siégerait au chef-lieu d'arrondissement.

E. Bablot-Maitre.

NÉCROLOGIE

La Société d'agriculture de Châteaudun a perdu cette semaine son honorable vice-président, M. Pinguet, un des agriculteurs les plus distingués par son habileté professionnelle et par les exemples de ses vertus privées et par les services qu'il a rendus à sa contrée. M. le marquis d'Argent, le président de la Société, a rendu un éloquent hommage à la mémoire de son honoré et regretté collaborateur. M. Pinguet habitait la commune de Bazoges-en-Dunois.

CHRONIQUE AGRICOLE

Situation. — La Saison.

Le temps continue sa série de belles journées avec quelques intervalles d'orages qui déversent de courtes averses, toujours et partout bien accueillies pour deux raisons : d'abord parce que l'on a partout besoin d'eau encore, la terre n'en a point reçu assez, ensuite parce que dans l'état actuel des blés et des seigles, des pluies prolongées seraient très nuisibles.

Il résulte de cette situation que les dernières pluies, malgré leur faible quantité ont sensiblement amélioré l'état des récoltes en terre. Dans les prairies, les secondes coupes poussent avec vigueur. Les plantes semées ou repiquées en avril et en mai sont également en bonne voie. Les blés épient dans de bonnes conditions. Les seigles mûrissent dans le centre et déjà on y a mis la faux. Les blés promettent une bonne grenaison, mais les pailles ne seront pas hautes. On escompte déjà la moisson comme devant donner des rendements moyens.

Les avoines et les orges n'offrent pas partout une amélioration complète. Des déficits sont à craindre dans ces deux céréales.

Les vignes sont en général en bonne voie, là où les cryptogames ont été combattus comme on le conseille dès la sortie des bourgeons.

Les arbres à cidre donnent lieu déjà à des appréciations, qui constatent de grandes inégalités entre les divers départements à cidre. Ces appréciations ne nous promettent malheureusement qu'une récolte inférieure à la moyenne. — Pas besoin d'ajouter que ces évaluations sont un peu prématurées. Mais ce que nous pouvons constater aujourd'hui, c'est que le mois de juin a amélioré la situation compromise par les sécheresses du mois d'avril; et que nous n'aurons pas à subir en 1896, un douloureux renouvellement de la sécheresse de l'année 93.

Toutefois les déficits des récoltes fourragères sont loin d'être comblés, et il en résulte la nécessité d'y pourvoir au moyen des cultures de seconde saison qui ont été recommandées depuis un mois par tous les organes du monde agricole.

La question du blé.

Sous ce titre, M. Davost, vice-président du Syndicat des agriculteurs de la Loire-Inférieure, vient de publier une brochure dont nous ne saurions trop recommander la lecture et la diffusion. Impossible de mieux établir la véritable situation des cultivateurs de blé français. Avec une impartialité parfaite et avec un courage auquel il faut rendre hommage dans ce siècle de lâcheté, M. Davost dévoile les causes exactes de la crise actuelle que traverse la culture du blé.

En premier lieu, M. Davost démontre que la surproduction du blé en France est une de ces théories répandues par la spéculation; chiffres en mains, il prouve que la production actuelle ne suffit pas à la consommation.

La cause des bas cours actuels réside tout entière dans les faveurs accordées à ce syndicat juif qui opère sur des marchés fictifs pour faire la hausse et la baisse, syndicat dont les manœuvres sont favorisées par la complicité ou l'incurie de nos ministres de l'agriculture. L'auteur rappelle avec raison quel fut le triste rôle joué par M. Viger comme député d'abord et comme ministre ensuite, ce qui d'ailleurs n'a pas empêché le rédacteur *du Bulletin de la Société des Agriculteurs de France* au nom de l'agriculture française d'avoir salué en termes dithyrambiques la présence de M. Viger dans le ministère Bourgeois, et ensuite d'avoir acclamé le retour de M. Méline. M. Davost fait voir combien sont coupables ou aveugles ceux qui disent que de tels hommes sont des amis de l'agriculture. Nous pensons comme lui que des adversaires déclarés sont moins redoutables que ces hommes habiles qui savent écraser sous des flots d'éloquence et de phrases habiles ceux qu'ils flattent.

En effet, si M. Méline s'est fait le défenseur de quelques droits de douane, il a exonéré tous les produits agricoles étrangers auxquels les industriels donnent le nom de matière première, c'est ce que démontre M. Davost qui donne à ce soi-disant défenseur des agriculteurs le titre qu'il mérite bien de protecteur de l'industrie.

En résumé donc, ceux qui veulent sincèrement servir et défendre l'agriculture, trouveront dans cette brochure des documents de la plus grande valeur merveilleusement présentés.

On la trouve à la librairie Mellinet et Cie, 5, place du Pilori à Nantes (Loire-Inférieure) au prix de 0 fr. 50 franco.

A propos du pain complet.

La poste ayant égaré cet article, il y a plusieurs mois, je viens vous l'adresser de nouveau, étant toujours opportun.

Il y a bon nombre d'années, c'était, je crois, à la suite de l'Exposition Universelle de 1878. A cette époque-là donc, se firent ressentir les premières atteintes de nombreuses, douloureuses et mortelles affections stomacales dans la capitale, à Paris même... Pendant de longs mois les médecins désespérèrent de les guérir, attendu que la population qui en était atteinte était celle de l'arrondissement le plus riche, à qui rien ne manquait humainement parlant.

Enfin, après bien des recherches, on remarqua chez ces habitants privilégiés par l'abondance, au contraire, qu'ils mangeaient beaucoup de petits pains viennois ou hongrois par conséquent sans germe.

Le gouvernement d'alors, effrayé à juste titre par les décès innombrables, chargea d'un rapport les deux Académies de Médecine et des Sciences. Après y avoir mis tout le temps nécessaire, plus d'un an, les conclusions ont été défavorables à la farine de cylindre et conseillaient de revenir aux meules. M. Aimé Girard ne doit point ignorer ce rapport officiel des deux Académies.

Autre fait à reprocher au pain blanc: c'est qu'il ne peut se conserver sans durcir, le lendemain, car il s'émiette et s'effrite aussitôt.

Une dernière raison à son passif en dehors des diabètes, etc., et qui devrait le faire rejeter, au point de vue économique et social, c'est qu'il en faut beaucoup plus pour l'alimentation, preuve évidente qu'il nourrit moins que le pain complet avec le germe.

Actuellement, dans nos campagnes, heureusement encore, les familles font leur pain; de leur côté les boulangers mélangent aussi moitié meule et moitié cylindre, ce qui atténue un peu la mortalité.

Qui ne se rappelle le logisme effrayant du docteur Maurice de Fleury dans le *Cultivateur de la Champagne* l'année dernière, au sujet de la farine de cylindre qui créait en plus des constipations opiniâtres déterminées par le dessèchement complet de l'estomac.

Pour obtenir la liberté du tube digestif, nos voisins les Rémois ont renoncé aux médicaments purgatifs qui affaiblissaient encore les corps humains... comme alimentation les farines de meules ne pouvaient plus les guérir. Ils se sont mis, depuis peu d'années, au pain de seigle pur, même dans toute la banlieue de Reims; on les voit revivre et jouir d'une santé parfaite. N'est-ce pas ce pain qui fait la force de nos voisins les Allemands?

Pourquoi notre gouvernement conserve-t-il encore le pain complet à toute l'armée française?

That is the question!

Les orages partiels nous menacent sans tomber suffisamment par ici.

On sème les sarrasins, espérant qu'ils seront mouillés par des ondées fréquentes. Les durs mois que l'on vient de passer ont été pénibles aussi pour les agriculteurs.

A la veille des essaimages, beaucoup d'abeilles ont péri de froid et de faim par manque de fleurs desséchées.

E. BABLOT-MAITRE.

Les machines à faucher.

Le fauchage des prairies et même des céréales avec la faucheuse a certes des avantages sérieux, mais il a aussi des inconvénients. Les principaux sont les avaries qui suspendent le travail, la nécessité d'affûter fréquemment la scie, de nettoyer les organes envahis par la poussière ou par l'humidité, etc.

Il résulte de ces objections qu'un faucheur qui utilise cette machine doit déployer un savoir-faire spécial, dont nous trouvons un exposé exact émanant de M. Debains, le regretté et sympathique professeur, récemment décédé, à l'école d'agriculture de Rennes.

Le point capital dans le fonctionnement de la faucheuse, c'est que la scie coupe bien; aussi faut-il avoir quatre lames par faucheuse et ne laisser travailler chaque lame, sans l'affûter, que pendant une heure et demie à deux heures.

Un ouvrier doit être occupé toute la journée à affûter les scies et à surveiller le travail. Cette dépense que l'on paie assez cher, est largement compensée par l'augmentation de surface fauchée, la qualité du travail et la diminution de l'effort de traction. L'affûtage peut se faire avec des meules mais doit être terminé avec des limes plates en acier bien trempé et à une taille. La lame de scie, même bien affûtée, s'use vite à la tête, et la bielle prend facilement du jeu, soit du côté de la scie, soit du côté du plateau manivelle, ce qui amène un ébranlement considérable de la machine et la disloque.

Il faut, à temps, remplacer les coussinets usés, vérifier le serrage des boulons et l'état des pièces travaillantes; cet examen doit se faire à midi, quand les animaux sont retournés à la ferme. Dans la plupart des exploitations, on ne regarde jamais la faucheuse; si une pièce cassée ou abîmée nécessite le démontage de la machine, ce démontage se fait généralement sans soin, on jette les pièces, engrenages, coussinets et boulons sans aucune précaution sur la terre ou dans l'herbe. M. Debains conseille d'avoir une planche à rebords évidés pour y ranger ces pièces au lieu de les jeter à terre.

La campagne finie, la faucheuse ne doit pas être laissée en plein air ou sous un hangar mal clos. Il faut démonter une partie des pièces, les graisser, et se rendre compte des parties usées, de manière à demander de suite les pièces de rechange au constructeur, sans attendre le moment où l'on doit se servir à nouveau de l'outil. Enfin, la machine doit être remontée et essayée quinze jours avant l'époque du fauchage pour être absolument sûr de son bon fonctionnement, au moment où les travaux pressent.

En suivant ces sages conseils, le cultivateur obtiendra toujours de la faucheuse mécanique un travail parfait.

L'influence des engrais sur les fleurs.

M. Bailey publie dans *American naturalist* un travail intéressant sur l'influence exercée sur les fleurs par les sels ajoutés au sol. Prenant des boutures de pétunia prélevées sur le même pied, il les plaça dans des pots contenant la même terre et les tint dans les mêmes conditions d'éclairage et d'aération. La seule différence résidait dans le choix du sel mêlé à l'eau d'arrosage et qui était soit du sulfate de potasse, soit du phosphate de potasse ou de soude, soit enfin du phosphate d'ammoniaque. Bientôt de grandes différences se manifestèrent entre les diverses plantes; les plantes arrosées avec des sels de potasse restèrent courtes, tandis que celles qui recevaient des sels d'ammoniaque devinrent très longues. Une différence analogue fut constatée dans le nombre des fleurs (18 et 33 pour les cas extrêmes) et dans l'époque de la floraison, quelques-unes des plantes ayant commencé à fleurir après 65 jours, d'autres après 104 jours seulement, c'est-à-dire 39 jours plus tard.

La luzerne de Provence.

La Provence est la terre classique en France, des bonnes graines de la luzerne. Trop heureux les acheteurs, lorsque la graine qu'on leur vend sous ce nom de luzerne de Provence ne vient pas de l'Italie ou de l'Amérique ou de Turquie.

La luzerne cultivée pour fourrage d'abord, puis pour sa graine, est une des meilleures cultures du sol provençal, surtout dans les sols profondément fouillés, où ses racines plongent assez profondément en été pour braver les sécheresses qui dévorent les plantes et racines superficielles.

La luzerne de Provence donne en général chaque année trois coupes, produisant de 20 à 25.000 kilos de fourrage vert, la quatrième pousse produit la graine, environ 300 à 350 kilos de graines vendues en général 120 francs les 100 kil.

La culture pour fourrage est la même en Provence que partout ailleurs. La culture pour graines nous paraît plus digne d'attention d'après les lignes suivantes que nous lisons dans le *Réveil agricol* :

« Lorsqu'on veut faire de la graine de luzerne, on la récolte ordinairement sur les tiges venues après la seconde coupe; la graine est plus abondante, mieux nourrie, d'un meilleur aspect. On sacrifie ainsi la troisième et la quatrième coupes de fourrage, généralement inférieur en qualité. Quelquefois, quand on est contraint, par exemple, par l'invasion de la luzernière par le *négril*, on récolte la graine sur la seconde coupe; mais cette graine mûrit très lentement, est moins nourrie, plus légère, plus petite, d'un jaune pâle et d'un prix de beaucoup inférieur à celui de la graine de la troisième coupe.

« Souvent aussi, à cause des fortes chaleurs de juillet, coïncidant avec le moment de la formation du fruit, il arrive que les plantes ne donnent pas la moitié des graines que l'on espérait récolter. Cette pratique est donc peu recommandable, eût-elle l'avantage de permettre de pratiquer le battage au commencement d'août, avant la saison des pluies et des brouillards chargés d'humidité.

« La graine sera prélevée sur une luzernière âgée d'au moins deux ans et composée de plantes vigoureuses, à défaut de leur densité.

« La récolte de la graine se fait à la main, quand le nombre de gousses est très considérable; habituellement on la fait à la faux. On peut juger par avance que la récolte sera abondante, lorsque la plante porte de nombreuses ramifications et que les fleurs sont d'un beau violet franc. Soit que l'on récolte à la main, soit que l'on emploie la faux, on ne devra enlever les gousses que lorsque les 2/3 au moins de celles-ci sont noires et 1/3 vertes. La moissonneuse sera préférable à la faux, car elle fait un travail plus soigné et surtout évite, au moment de la confection des javelles, l'égrenage des gousses par l'emploi forcé des fourches.

« On laissera les javelles sur le champ jusqu'au moment où les gousses vertes deviendront mûres, puis, la dessiccation opérée, on les transportera sur l'aire et là, au moyen de gaules ou mieux de batteuses à vapeur, on séparera la graine de son enveloppe. Avant de soumettre la plante à l'action de la batteuse ou d'une gaule, on fait passer un rouleau qui sépare les gousses de la tige; on débarrasse ensuite l'aire de la paille, on réunit les gousses et les graines en une masse prismatique (*airol*) faisant face au vent, et on les brasse jusqu'à ce qu'elles soient privées d'impuretés. Lorsque les gousses sont complètement dépourvues de graines, on se sert de cribles, tamis, ventilateurs et l'on arrive ainsi à avoir une graine bien épurée. On enferme celle-ci dans des sacs que l'on placera sur un plancher en bois, autant que possible non au contact d'un mur, et dans un lieu très sec, de façon à lui conserver cette belle couleur jaune brun qui, al-

térée, ne manquerait pas de la faire déprécier par le commerce.

« J.-B. Castelli. »

Le ver blanc.

Nous avons déjà entendu parler du sulfure de carbone comme d'un spécifique aussi efficace contre le ver blanc que contre le phylloxera.

Le *Bulletin* du syndicat du Loiret annonce qu'un de ses membres très compétent en agriculture réussit à détruire le ver blanc en opérant comme il suit:

Avec une cheville on creuse de 30 à 30 centimètres, des trous profonds de 25 centimètres; on jette dans chaque trou une capsule Jamin contenant 25 grammes de sulfure de carbone; puis avec le gros bout de la cheville, on tasse la terre qui bouche le trou; on assure ainsi la destruction des trois quarts des vers blancs et d'autres insectes nuisibles, courtilières surtout.

C'est bien; mais la dépense de main-d'œuvre et des capsules n'est pas légère.

Cependant, quand il s'agit d'un destructeur tel que le ver blanc, il faut se résigner à un tel sacrifice.

Les beurres français en Angleterre.

Nos beurres français ont subi depuis quelques années sur les marchés anglais une fâcheuse dépréciation dont la cause a été attribuée aux mélanges de margarine.

Cette cause, sans doute, a pesé fâcheusement sur nos beurres; mais il existe une autre cause aussi grave. C'est la progression continue des importations de beurres d'Australie, de la République Argentine et de beurres du Danemark; tous ces beurres sont de bonne qualité, et offerts à des prix réduits.

Les beurres d'Australie surtout sont de plus en plus recherchés à ces deux titres. Le beurre de la République Argentine qui a paru pour la première fois sur ce grand marché y est également apprécié. En somme, l'Angleterre a importé cette année, 1.350.000 quintaux de beurre, dont la France n'a envoyé que 210.193 quintaux; l'Australie en a envoyé 143.000, la Suède, 143.000, la Hollande, 85.000, l'Allemagne, 52.000, les Etats-Unis, 30.000, le Canada, 18.000. Le Danemark seul, enfin, en a fourni 537.000, les deux cinquièmes.

Nos producteurs de beurres doivent comprendre, en présence de cette situation, que malgré la répression de la margarine, la prépondérance d'autrefois des beurres français sur le marché de Londres ne peut plus être reconquise. La concurrence des beurres étrangers devenant chaque année plus débordante, tout leur effort doit se concentrer sur les moyens de faire des beurres de bonne qualité et aux moindres frais possibles. Les beurres de qualité exceptionnelle, comme ceux d'Isigny et de Gournay munis de marques en renom peuvent seuls garder les bénéfices de leur renom d'autrefois. En tout cas, en France comme en Angleterre, les beurres de bonne qualité seuls peuvent donner un bénéfice aux producteurs, d'où la nécessité d'enseigner à nos jeunes ménagères les notions pratiques essentielles de la fabrication du beurre.

Les vols à l'engrais.

Le *Progrès agricole* d'Amiens poursuit avec un louable courage sa campagne de dénonciations contre les marchands d'engrais et comme toujours ce sont des juifs qu'il trouve sur son chemin dans ses enquêtes.

Il cite plusieurs cantons de la région du Nord où de nombreux cultivateurs ont rudement été rançonnés par les agents de la maison juive de Paris, qui font signer par leurs acheteurs un ordre d'achat soussigné dans leur registre. Lorsque l'acheteur déçu menace de réclamer, on lui répond qu'on l'en défie, En effet, il a signé sans lire, une commande quintuple de celle qu'il avait acceptée. De plus, on le menace d'un procès en dommages-intérêts au cas où il se permettrait de dénoncer dans le pays les tours que lui a joués le vendeur juif.

Les audaces de ces aigrefins, braveront-elles toujours la loi? Les parquets auront-ils le courage de les poursuivre d'office suivant la récente circulaire de M. Ricard?

L'emploi du sulfate de fer.

Nous avons souvent signalé les services divers qu'on peut tirer de l'emploi du sulfate de fer.

Deux répétiteurs de chimie à l'école de Grignon, MM. Boiret et Paturel, viennent de publier dans les *Annales agronomiques* un compte-rendu des études qu'ils ont faites sur ce sujet. Nous reviendrons sur cette question.

RECETTES

Manière de distinguer l'acier du fer dans les outils, etc. — Il arrive tous les jours qu'on achète et qu'on paye, comme étant fabriqués en acier, c'est-à-dire de bonne qualité, des outils ou des instruments quelconques, tels que : bêches, couteaux, faucilles, serpettes, etc., qu'à l'user on reconnaît bientôt n'être qu'en fer, c'est-à-dire de qualité inférieure et de prix moindre.

Pour être fixé, même avant de s'en servir, sur la valeur de ces outils ou instruments, il suffit de verser, sur la partie à éprouver, une goutte d'acide nitrique étendu de quatre ou cinq fois son volume d'eau, et de la laver vivement après un repos de quelques secondes. Si la pièce est en acier, il y restera, après le lavage, une tache noire qui disparaîtra bientôt au frottement ; s'il n'y a qu'une tache blanche ou même pas de tache, c'est que cette partie n'est qu'en fer poli plus ou moins bien trempé.

L'acide nitrique ou eau-forte se trouve chez tous droguistes, marchands de fer, pharmaciens, etc., et se vend très bon marché (F. Bonavis.)

OFFRES ET DEMANDES

RED-CAP

OEufs à couver de cette excellente race de poule, réputée la plus jolie et la plus forte pondeuse, garantis race pure frais et fécondés, 5 fr. la douzaine franco de port et d'emballage. S'adresser à Calixte Dany, Althen-les-Paluds (Vaucluse).

Important : J'invite les personnes qui veulent bien me confier leurs ordres de toujours y joindre un mandat, les remboursements n'étant bénéficiaires qu'aux Compagnies. Toujours donner le nom de la gare à laquelle il faut adresser les envois.

M. POUZIN offre de jolis racinés de son plant de vigne à la seule condition pour les demandeurs de lui tenir compte d'une partie de la récolte d'une année. — Contre 0 fr.25 il expédie son *Guide* pour la culture de cette variété.

Écrire à M. Pouzin Émile, à Saint-Paul-les-Romans, Drôme.

JEUNE HOMME de 19 ans, manquant un peu d'expérience, demande une place de charretier dans une exploitation agricole bien tenue. Demande peu ou point de gages au début.

S'adresser au bureau du journal.

Huiles d'olive garanties pures et sans mélange venant directement de la propriété.

Au prix de 1,80, — 1,60, — 1,50 le kilog. suivant qualité.

Gare départ, paiement contre remboursement. S'adresser à M. Édouard Laurin, propriétaire à Saint-Chamas (Bouches-du-Rhône).

Ferme de l'Institut Agricole de Beauvais — A VENDRE :
1° Très bon bélier *charmois* en état de faire la lutte.
2° OEufs, poulettes et coqs des races : La Flèche, Dorkins, Leghorn, Campine et Padoue Doré, Langshan, Gournay, Coucou de Malines, Houdan, Cochinchin use fauve, Brahmapoutra, canards de Rouen.

GRAND CRU MENARDIERE. Cidre normand pur jus, 15 fr. l'hecto non logé.

Eau-de-vie de cidre garantie pure : 3 fr. le litre.

Sassier, propriétaire. La Colombe (Manche)

Agriculteur, ancien régisseur de grandes propriétés, demande direction d'un domaine en France ou colonies. Excellentes références.

Ancien industriel ayant possédé usine importante, fait valoir plusieurs Fermes et Bois de haute futaie, désire se placer comme intendant-régisseur. Nous recommandons spécialement cette personne qui a de grandes connaissances techniques à possesseur de grand domaine. Écrire au bureau du journal.

Purificateur d'air pour tonneaux, l'un 4 50 franco gare.

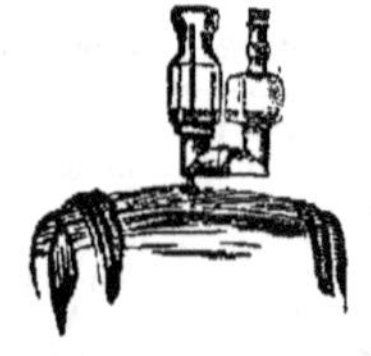

Moyennant un supplément de 0 fr. 40, nous joindrons à l'envoi une mèche à percer de ca-

libre et moyennant 0 fr. 10 en plus, une mèche soufrée.

COURS DES BESTIAUX

Marché de la Villette du 23 juin 1896.

	PRIX DE LA VIANDE NETTE		
	1re qualité	2e qualité	3e qualité
Bœufs....	1.54	1.44	1.34
Vaches...	1.52	1.42	1.32
Taureaux.	1 26	1.16	1.06
Veaux...	1 80	1.60	1.20
Moutons..	1 78	1.87	1.76
Porcs....	1.05	1.04	0.92

ESPÈCES	AMENÉS	VENDUS	PRIX EXTRÊME	
			viande net	poids vif
Bœufs....	2.727	2 507	1.34 à 1 54	63 à » 96
Vaches...	795	749	1.32 1.52	53 » 95
Taureaux	201	193	1 06 1.26	51 » 78
Veaux....	1.300	1.281	1.20 1 80	57 1.12
Moutons..	13.738	12 887	1.76 1.78	77 1.21
Porcs....	4.355	4.270	» 92 1.05	56 » 70

Vente sans changement.

Marché de la Villette du 25 Juin 1896.

	PRIX DE LA VIANDE NETTE AU KILOGR.			
	1re qualité	2e qualité	3e qualité	Prix extrême
Bœufs....	0.80	0.65	0.58	0.55 à 0.90
Vaches...	0.75	0.65	1.54	1 52 0 84
Taureaux	1 65	0.60	1.53	0.50 0.75
Veaux....	1.80	0.68	1.58	1.53 0.83
Moutons..	1.95	1.82	0.70	0.68 1.05
Porcs....	0.40	1 35	0.80	0.28 0.43

ESPÈCES	AMENÉS	VENDUS	OBSERVATIONS
Bœufs ...	1.776	1.585	Vente calme.
Vaches...	447	421	
Taureaux.	146	126	
Veaux....	1.885	1 875	
Moutons..	10.643	10 643	
Porcs.....	5 416	5.335	

	PRIX DU KILOG AU POIDS VIF			
	1re qualité	2e qualité	3e qualité	Prix extrém
Bœufs....	1.55	1.47	1.87	1 33 à 1.59
Vaches...	1.49	1.38	1.24	1.23 1.53
Taureaux.	1.30	1.21	1.05	1.02 1.35
Veaux....	1.80	1.42	1.42	1.35 1.85
Moutons..	1.98	1.88	1.75	1.72 2.10
Porcs....	1.10	1 00	0.90	0.88 1 14

Prix par races au kilog de viande nette.

	Bœufs	Vaches
Normands.....	1.47 à 1.53	147 à 1.53
Limousins.....	1.47 à 1 55	145 à 1.50
Choletais.....	1.47 à 1 53	137 à 1 45
Bourbonnais....	1.45 à 1.52	— à —
Berrichons	1.43 à 1.50	— à —
Bretons	1.42 à 1.48	— à —
Étranger......	1.40 à 1.46	— à —

Ces prix s'entendent pour la première qualité, la seconde vaut environ 8 0/0 de moins et la troisième environ 16 0/0 de moins que la première.

PRODUITS COLONIAUX

Renseignements fournis par MM. Maréchal et Cie, courtiers, 9, rue Chevreul, Paris.

Sucres. — Les cours ont un peu fléchi pendant la dernière semaine, avec un mouvement d'affaires les plus restreints. Bordeaux a vendu 650 tonneaux usine Martinique premier jet, à livrer au pair des cours du marché de Paris le jour de l'entrée en rivière du navire. On cote sur cette place les cristallisés exotiques 96 fr. les 100 kil.

A Nantes, on ne signale que les applications de marchés à livrer suivantes : 350 barriques 65 quarts ex « Élisabeth »; 21 barriques 65 quarts même navire; 813 barriques 400 quarts ex « Édouard », Le tout pour la raffinerie. — Arrivages de la semaine 6.000 balles Réunion. Le stock en entrepôt, au 20 juin, comportait 12.603.800 kil. don 48.150 balles Réunion.

Le marché à terme de Paris, pour indigène a donné encore de la baisse.

Sucrage des vendanges. — Comme conséquence des appréciations que donnait notre précédent bulletin, sur l'utilité d'adopter sans réserve, le sucre de cannes pour les vendanges nous avons reçu de nombreuses demandes des viticulteurs, concernant le produit exotique et la supériorité de rendement et d'assimilation qu'il offre sur celui des betteraves; nous tenons à la disposition des marchands intéressés des échantillons types de la sorte de sucre exotique *pure canne*, indispensable au sucrage des vendanges et nous croyons en cela rendre service à la majorité des viticulteurs.

Cafés. — Au Havre, le terme est resté à baisse et la consommation ne s'est pas montrée plus ardente aux achats, bien qu'il soit démontré que les cours actuels de la spéculation sont manifestement inférieurs à ceux des pays producteurs.

Les planteurs brésiliens ont été sobres de renseignements quant au chiffre probable de leur récolte, ce qui laisserait supposer que celle-ci ne s'annonce pas mauvaise et pourrait offrir même une certaine recrudescence. Si ce fait se confirmait, les cours pourraient fléchir encore, mais il convient de ne considérer cela que comme pure hypothèse.

Bordeaux a enregistré les affaires suivantes : 255 sacs Porto-Cabello non gragé, de 85 à 93 fr. 225 sacs dito supérieur à 95 fr. ; 200 sacs Porto-Cabello Caracoly, épierrés et triés à 105 fr. ; Guayra 295 sacs à 114 fr. ; 45 sacs Bahia à 82 fr. Le tout les 50 kil. entrepôt.

Cacaos. — Malgré des prix très bas, la demande est presque nulle. Le Havre seul annonce une légère amélioration pour les Guayaquil qui sont traités de 65 à 70 fr. les 50 kil.

Vanilles. — Sans changement ; les secondes qualités très rares, sont recherchées et obtiennent des prix en hausse.

Gomme. — La hausse reste stationnaire avec peu d'affaires.

CORRESPONDANCE

M. F., *à Saint-D.* (Lot-et-Garonne). — *Destruction des pucerons.* Employez l'insecticide *Desgouttes* et vous serez surpris de son effet immédiat.

M. A., *à B.* (Oise). — Si le notaire qui a reçu votre prix d'acquisition faisait de mauvaises affaires, vous seriez obligé de payer deux fois.

On ne doit jamais payer entre les main du notaire lorsqu'il y a des hypothèques tant qu'il ne justifie pas de la radiation des inscriptions.

Lorsqu'il y a des hypothèques, on doit déposser son prix à la caisse des consignations, en se conformant aux formalités prescrites par l'art. 777 du code de procédure civile.

On nous écrit de Saint-N. (Seine-et-Marne).

« Merci de l'excellent *vin muscat vieux* donné en prime par la *Gazette*, et venant directement de la propriété, il est véritablement supérieur aux produits du commerce : il est franc de goût, véritablement tonique et reconstituant, de plus, son prix est abordable pour les petites bourses.

« Veuillez, je vous prie, m'en faire adresser un second fût de 30 litres. »

M. T., *à M.* (Ille-et-Vilaine). — *Élection.* — Les conseillers élus doivent rester en fonctions jusqu'à ce que leur élection soit annulée; ce n'est pas le Préfet qui prononce la nullité mais le Conseil de préfecture.

Les conseillers républicains sont obligés d'exécuter les décisions de l'ancien conseil, notamment l'emprunt de 5.000 francs.

Pour ériger votre pays en commune il y a beaucoup de formalités à remplir et vous ne pourrez être séparé de l'autre section de la commune qu'après que tous les droits de l'autre partie auront été respectés. Nous ne connaissons pas d'ouvrages spécial traitant de la création d'une nouvelle commune.

M. A., *à R.* (Yonne). — Pour coller votre vin, nous vous conseillons d'employer par pièce de 225 litres, 6 blancs d'œufs. Vous pouvez y joindre les coquilles et une petite poignée de sel de cuisine. Avant d'introduire dans la pièce battez les blancs avec sel.

Battre énergiquement le vin avec une baguette introduite par la bonde.

M. B., *à H.* (Oise). — Un correspondant nous écrit qu'une maison lui a expédié 500 drageons de consoude du Caucase pour les planter et qu'on lui a fait payer 14 fr. le cent.

Ce prix est exagéré, quand on paie les 100 drageons plus de 2 fr. c'est trop cher.

Il circule actuellement dans les départements de l'Oise, de l'Aisne et de la Somme des agents courtiers qui parcourent les campagnes en offrant la consoude à des prix exorbitants, nous conseillons à nos abonnés de se défier.

M. D., *à T.* (Finistère). — Vous nous devez 0,50 pour l'impression d'une nouvelle bande d'adresse.

M. R., *à P.* (Loiret). — *Service irrégulier.* — Le journal part toujours régulièrement. Les retards sont dus à la poste; veuillez réclamer auprès de votre bureau.

Le changement d'adresse a été fait et vous êtes inscrit au Syndicat général de Vente des produits agricoles.

M. C. V., *à R.* (Aube). — Nous avons été à même d'apprécier l'*insecticide Desgouttes*. Cet insecticide détruit tous les insectes sans exception. Pour l'employer on le dissout dans la proportion de une cuillerée à bouche dans un litre d'eau. Si on veut assainir les étables on le mélange à 10 litres d'eau et on arrose de temps en temps la litière. Ces aspersions détruisent les germes des maladies contagieuses. Une boîte d'essai de 2 k. 500 coûte 3 fr. 60 franco gare.

PRIMES A NOS ABONNÉS

Délicieux **Vin Muscat Vieux** tonique et réconfortant venant directement de la propriété, garanti authentique, offert en prime à nos abonnés à raison de 1 fr. 25 le litre logé en fûts de 25 à 35 litres. Fûts perdus.

Adresser les commandes au Bureau du Journal 10 *bis*, rue Piccini, Paris.

Si vous voulez boire du bon vin de Saint-mil on, adressez-vous à M. **Duplessis-Fouraud**, au château des Trois-Moulins, à SAINT gMILON (Gironde).

(Voir le prix courant.)

Porte-pantalon hygiénique, *breveté S. G. D. G. de P.-B. Noël.* Prix de faveur pour nos lecteurs Pour hommes, jeunes gens et enfants de dix ans franco 4 fr. ; pour femmes et fillettes, 4 fr. 50 Toute commande doit être strictement accompagné d'un mandat-poste représentant la valeur de l'expédition.

BONDE le cent, 25 fr., les cinquante 13 fr. les vingt-cinq 7 fr. Au-dessous de 25 bondes 0 fr. 30. Le tout franco de port.

Indiquer le diamètre de chaque bonde.

Cette bonde offre les avantages suivants :
Préserve les fûts de tout accident en cours de route, même s'ils contiennent des liquides en fermentation. Evite toute perte de liquide pendant le transport.

Munie de sa plaque, cette bonde est inviolable.

Elle empêche l'entrée de l'air dans les fûts tout en permettant la sortie des gaz en excès.

Adresser les demandes accompagnées d'un mandat à la *Gazette*, 10 bis, rue Piccini, Paris.

Vélocipèdes. — Pour répondre aux désirs maintes fois exprimés par nos lecteurs, nous nous sommes livrés à de sérieuses recherches. Nous avons visité les principales usines et pris l'avis d'amateurs de cet instrument. Nous sommes aujourd'hui en mesure de procurer à nos lecteurs, à titre de prime exceptionnelle des machines parfaites à tous égards provenant d'un des meilleurs fabricants.

Nos abonnés auront droit à une remise de 50 0/0 sur les prix du catalogue de cette maison.

Nous ne disposons que d'un très petit nombre d'instruments dans ces conditions.

CHEMINS DE FER DE L'OUEST

PARIS A LONDRES,

par la gare Saint-Lazare, vià Rouen

Dieppe et Newhaven. — Grande économie.

Quatre traversées par jour (deux en chaque sens). Tous les jours et toute l'année (dimanche compris).

Trajet de jour en 9 heures (1re et 2e cl. seulement).

Départs de Paris Saint-Lazare : 10 h. matin et 9 h. soir.

Arrivées à Londres : London-Bridge, 7 h. soir et 7 h. 40 matin. — à Victoria, 7 h. soir et 7 h. 50 matin.

Départs de Londres : à London-Bridge, 10 h. matin et 9 h. soir. — à Victoria, 10 h. matin et 8 h. 50 soir.

Arrivées à Paris Saint-Lazare, 7 h. soir et 8 h. matin.

PRIX DES BILLETS :

Billets simples, valables pendant 7 jours : 1re classe, 43 fr. 25 ; 2e classe, 32 francs ; 3e classe, 23 fr. 25.

Billets d'aller et retour, valables pendant un mois : 1re classe, 72 fr. 75 ; 2e classe, 52 fr. 75 ; 3e classe, 41 fr. 50.

Des voitures à couloir (W. C. toilette, etc...) sont mises en service dans les trains de marée de jour entre Paris et Dieppe. Des cabines particulières sur les bateaux peuvent être réservées sur demande préalable

Transport en grande vitesse de Messageries. Primeurs, Fruits, Légumes, Fleurs, etc... entre Paris et Londres. Trois départs par jour toute l'année.

Les expéditions remises à la gare Saint-Lazare pour les trains partant à 3 h. 40, 4 h. 10 et 9 h. du soir parviennent à Londres le lendemain à 8 h. 45, à 9 h. 15. du matin ou à midi 45.

CHEMIN DE FER DU NORD

Services directs entre Paris et Bruxelles.

Trajet en 5 heures.

Départs de Paris à 8 h. 20 du matin, midi 40, 3 h. 50, 6 h. 20 et 11 h. du soir; départs de Bruxelles à 7 h. 47 et 8 h. 57 du matin, midi 58, 6 h. 3 et 11 h. 43 du soir. — Wagon-salon et wagon-restaurant aux trains partant de Paris à 6 h. 20 du soir et de Bruxelles à 7 h. 47 du matin. — Wagon-salon-restaurant aux trains partant de Paris à 8 h. 20 du matin et de Bruxelles à 6 h. 3 du soir.

Services directs entre Paris et la Hollande.

Trajet en 10 heures.

Départs de Paris à 8 h. 20 du matin, midi 40, et 11 heures du soir; départs d'Amsterdam à 7 h. 20 du matin, midi 30 et 6 h. 15 du soir; départs d'Utrecht à 7 h. 58 du matin, 1 h. 8 et 6 h. 54 du soir.

Services directs entre Paris, l'Allemagne et la Russie.

Cinq express sur Cologne, trajet en 8 heures — Départs de Paris à 8 h. 20 du matin, midi 40, 6 h. 20, 9 h. 25 et 11 heures du soir; départs de Cologne à 9 h. 3 du matin, 1 h. 45 et 11 h. 18 du soir.

Quatre express sur Berlin, trajet en 19 heures. — Départs de Paris à 8 h. 20 du matin, midi 40, 9 h. 25 et 11 heures du soir; départs de Berlin à 1 h. 5, 10 h. 7 et 11 h. 55 du soir.

Quatre express sur Francfort-sur-Mein, trajet en 12 heures. — Départs de Paris à 12 h. 40, 6 h. 20, 9 h. 25 et 11 heures du soir; départs de Francfort à 8 h. 25 du matin, 5 h. 50 et 11 h. 5 du soir et 1 h. 3 du matin.

Deux express sur Saint-Pétersbourg, trajet en 54 heures. — Départs de Paris à 8 h. 20 du matin et 9 h. 25 ou 11 heures du soir; départs de Saint-Pétersbourg à midi et 7 heures du soir.

Deux express sur Moscou, trajet en 62 heures. — Départs de Paris à 8 h. 20 du matin et 9 h. 55 ou 11 heures du soir; départs de Moscou à 6 h. 30 et 10 heures du soir.

Services entre Paris, le Danemark, la Suède et la Norvège.

Deux express sur Christiania, trajet en 55 heures. — Départs de Paris à midi 40 et 9 h. 25 du soir; départs de Christiania, à 9 h. 33 du matin et 11 h. 15 du soir.

Deux express sur Copenhague, trajet en 30 heures. — Départs de Paris à midi 40 et 9 h. 25 du soir; départs de Copenhague à 9 h. 40 du matin et 8 h. 10 du soir.

Deux express sur Stockholm, trajet en 47 heures — Départs de Paris à midi 40 et 9 h. 25 du soir; départs de Stockholm à 6 h. et 9 h. 50 du soir.

Le Gérant: E. GAMBART.

IMP. NOIZETTE ET Cie, 8, RUE CAMPAGNE-1re, PARIS

Le moment favorable au transport des vins étant revenu, nous rappelons à nos lecteurs que tous ceux d'entre eux qui, sur nos conseils, et depuis cinq ans, consomment les vins de M. VINCENT ARDURA, vigneron, domaine de la Chapelle-Frédignac, par Blaye-Bordeaux n'ont qu'à se louer de la qualité et de la conservation de ce Bordeaux absolument naturel), expédié sans intermédiaire.

Pour inspection sérieuse, envoi gratuit est fait d'une bouteille de la récolte désignée.

L'encaissement est fait par le facteur, à 30 jours, escompte 2 0/0, ou 90 jours.

Vendanges: 1893, à 130 fr., 1892-91, à 150 fr.; 1890-89, à 175 fr., 1887, à 200 fr., 1885, à 220 fr., 1884, à 240 fr., 1882, à 250 fr., 1881, à 300 fr. — Graves blancs vieux: 130, 150, 200, 250, 300 fr., suivant âge, les 225 litres collés, soutirés, franco de port et de fût en gare d'arrivée.

Insecticide-Préservateur
FERTILISANT
DESGOUTTES

La Boîte de 10 kilog., pour essais, **10 fr.** franco toutes gares (port et emballage compris).

Adresser les demandes, accompagnées d'un mandat, 10 bis, rue Piccini, Paris.

SOCIÉTÉ GÉNÉRALE

Pour favoriser le développement du Commerce et de l'industrie en France.

Société anonyme fondée suivant décret du 4 mai 1864.

CAPITAL : 120 MILLIONS DE FRANCS

Siège social, 54 et 56, rue de Provence, à Paris.

Toutes opérations de Banque, notamment :

Dépôts de fonds en compte ou à échéance fixe;
Escompte et Encaissement d'Effets de commerce;
Ordres de Bourse en France et à l'Étranger;
Coupons; — Avances et Opérations sur Titres;
Souscriptions;— Garde de Titres;
Garantie contre le remboursement au pair et les risques de non-vérification des tirages;
Lettres de crédit;
Envois de Fonds; — (France et Etranger) etc.

LOCATION DE COFFRES-FORTS

offrant toute sécurité pour la garde des titres, bijoux et autres objets précieux (compartiments depuis 5 fr. par mois.

La Société a 219 agences et bureaux en France, 1 agence à Londres, et des correspondants sur toutes les places de France et de l'Étranger.

GRIFFE SARCLEUSE-BINEUSE
Outil économique

pour biner, sarcler promptement entre toutes les lignes de plantes ou légumes sans distinction, indispensable en toutes saisons dans les jardins, vignes, pépinières, les cultures de betteraves, de tabac, etc., même dans les allées

EXCELLENT DÉSINFECTANT
POUR LES FUTS A VIN, CIDRE, BIÈRE, ETC.

Prix de faveur pour nos lecteurs

Sur notre demande, M. Motty, père, l'inventeur, a consenti à en mettre de petites quantités pour essais à la disposition de nos lecteurs.

10 litres franco gare. 10 fr.

Adresser les demandes à M. Crépeaux, rue Piccini, 10 *bis*, Paris.

Ouvrages de MM. CRÉPEAUX

En vente aux bureaux de la Gazette

La Culture électrique 1 50
Manuel vétérinaire pratique du cultivateur . . . . 1 »
Almanach de la France rurale pour 1896 . . . . » 60
L'Année agricole et agronomique pour 1895 . . . . 3 50

Etudes de Me FILLEUL et de Me DELORME, notaires à Beauvais.

BEAU MOBILIER
DE CULTURE
A VENDRE
aux Enchères.

pour cause de cessation d'Exploitation.

Le Dimanche 5 Juillet 1896, à midi

AU BOIS DE PECQ.
Commune d'Allonne.

En la ferme occupée par M. Thuin-Mercier.

DÉSIGNATION

6 chevaux et leurs harnais, 19 vaches, génisses et Bédons, un Taureau, Guimbardes, Voitures-chariots, Tombereaux, Extirpateur, Rouleau, Croskill, Herses en fer et bois, Semoir, Buteuse, faucheuse, Râteau à cheval, Brabants, Planteuse, Volées, 2 Cabanes de berger, Claies à parc, Senaillères, Râtelier, Auge à moutons, Tonneaux, chantiers de cave.

Une Machine à battre et son manège Gluis, Paille de blé, avoine et seigle, fourrages, fumier et quantité d'autres objets.

A crédit aux Personnes solvables et connues seulement

VELOUTINE FLAMANDE

La **Veloutine** est spécialement employée pour lustrer les cuirs de fantaisie : guides, selles, harnais de luxe et de travail, capotes, tabliers, caparaçons, etc , et lorsqu'ils ont déjà été enduits de vaseline, ce produit donne un joli brillant et évite l'action graisseuse des cirages ou préparations à base de cire. Sans causticité il ne dessèche pas et imperméabilise.

Le bidon d'un litre pour harnais noirs. . . . 3 70
—   —   — jaunes. . . 4 20
Franco gare contre mandat-poste.

S'adresser : *Manufacture de Vaselines industrielles de Ligny-en-Cambrésis (Nord)*

Etudes de Me FILLEUL et de Me DELORME, notaires à Beauvais.

RÉCOLTES
en BLÉ, MÉTEIL et SEIGLE
sur 27 hectares 50 ares
sis au Bois de Pecq, commune d'Allonne.

A VENDRE
aux enchères sur les lieux et par lots de 50 ares.

Le Dimanche 5 Juillet 1896
à 8 heures du matin.

Réunion à la Ferme du Bois de Pecq

SELS POUR L'AGRICULTURE

Nourriture du bétail et Engrais des terres

Sel neuf dénaturé, au tourteau de colza. 45 f. 1.000 k.
Sel neuf dénaturé, au peroxyde de fer. 40 f. 1.000 k.
Sel de morue pur . . . . 35 f. 1.000 k.

Expéditions de Fécamp, Bordeaux et St-Malo.

S'adresser à MM. A. LE BORGNE et ses Fils, négociants-armateurs, à Fécamp.

LE MONDE, journal quotidien du soir 17, RUE CASSETTE, PARIS.
Abonnement 25 fr. par an, 0 fr 05 le numéro.
Organe recommandé aux agriculteurs et aux membres du clergé.

des Usines de MM. P. MARCHAND Frères, à DUNKERQUE (Nord)

Fabriqués sous le contrôle permanent de la Station Agronomique du Nord

Dirigée par M. DUBERNARD

Nous appelons l'attention des éleveurs et des nourrisseurs sur les Tourteaux de COTON de graines d'Egypte : c'est un produit excellent pour les vaches laitières, les bœufs à l'engrais et les moutons.

Nos Tourteaux de COTON sont complétement débarrassés de la bourre qui enveloppe la graine et contiennent la même quantité de matières nutritives et grasses que les meilleurs Tourteaux de Lin.

Nos Tourteaux de COTON forment l'aliment le meilleur et le plus avantageux en raison de leur prix excessivement bas.

PRIX : 9 Fr.   les 100 kil., gare Dunkerque

S'adresser à MM. P. MARCHAND Frères, à DUNKERQUE (Nord)

PHOSPHATE FOSSILE DE QUIÉVY-NORD

le plus assimilable de tous les phosphate connus

GARANTI PUR DE MÉLANGE AVEC TOUT AUTRE PHOSPHATE

Ce qui, du reste, ne pourrait que diminuer son assimilabilité.

EXTRACTION DU GISEMENT ET USINE A QUIÉVY

Propriétaire-Extracteur : C. LECLERCQ

Bureaux à Viesly (Nord).

COMPOSITION MOYENNE		ASSIMILABILITÉ RELATIVE (méth. Joulie).	
		Solubilité dans l'oxalate d'ammoniaque.	
Acide phosphorique....	12 » à 16 » 0/0	Phosphate de Quiévy......	82 29 0/0
Potasse..........	0 45 à 2 77 0/0	— de la Meuse........	51 95 0/0
Chaux...........	19 05 à 31 » 0/0	— de Pernes......	47 87 0/0
Magnésie.........	0 58 à 3 80 0/0	— des Ardennes......	46 43 0/0
Matières organiques azotées.	1 80 à 3 45 0/0	— de la Somme (moy.)..	44 53 0/0
		— de Ciply........	34 57 0/0

Titre garanti en acide phosphorique : 13 à 15 0/0.

LIVRAISON : EN POUDRE IMPALPABLE EN SACS PLOMBÉS, MIS SUR WAGON GARE QUIÉVY-en-CAMBRÉSIS

Prix : 3 fr. 80 les 100 kilos, sacs perdus, 30 jours, 2 0/0 ou 90 jours net.

NOTA. — Les acheteurs qui désirent employer le **véritable Phosphate de Quiévy** pur et garanti d'origine doivent exiger que les sacs portent la Marque (**Au Poisson fossile**) et la Firme : M. LECLERCQ, seul exploitant à Quiévy (Nord).

MACHINES
AGRICOLES, VINICOLES et VITICOLES
TH. PILTER
24, Rue Alibert, PARIS

SUCCURSALES :
BORDEAUX 28, av. Thiers (Bastide) | TOULOUSE 63, allées Lafayette | MARSEILLE 76, r. de la République | TUNIS 19, rue de Portugal

Les lecteurs de la **Gazette** désireux de recevoir les Catalogues de la maison TH. PILTER dès leur publication, sont priés d'écrire 24, rue Alibert, Paris, afin de se faire inscrire.

LIENS AGRICOLES ÉCONOMIQUES MEILLEUR MARCHÉ que la Paille

SACS à RAISINS   19×13. 4.50   20×16. 5.50   25×18. 7.00   28×20. 8.50   LE CENT

B. JACOB, 19, rue Turbigo, PARIS

On demande des Représentants.

LA PROBITÉ

SOCIÉTÉ D'ASSURANCES MUTUELLES CONTRE LA GRÊLE ET LA FOUDRE, FONDÉE A LYON EN 1890

La **PROBITÉ** assure dans toute la France et ses colonies tous les risques, grêle, en céréales, fruits, mûriers, noyers, oliviers, vignes, tabacs et tous autres produits agricoles.

La **PROBITÉ** fait partie de la Société régionale de viticulture de Lyon. Elle accorde des remises et des conditions spéciales aux syndicats agricoles qui veulent bien la représenter.

Siège social : 30, rue Servient, Lyon-Préfecture

Accepterait des Agents dans les localités où elle n'est pas représentée.

LYSOL

Le plus puissant de tous les antiseptiques désinfectants dérivés du goudron

Le seul complètement soluble dans l'eau

INSECTICIDE & ANTIPARASITAIRE INFAILLIBLE

POUDRE AU LYSOL

La poudre au Lysol préserve la vigne, les arbres fruitiers, fleurs, plantes, etc., des invasions cryptogamiques et parasitaires.

ENVOI FRANCO D'UNE BROCHURE EXPLICATIVE sur demande adressée à la

SOCIÉTÉ FRANÇAISE DU LYSOL

22 et 24, Place Vendôme, PARIS

Eugène de MASQUARD

PROPRIÉTAIRE-VITICULTEUR, Château de la Cascade

SAINT-CÉSAIRE-LES-NIMES (Gard)

Vins garantis naturels, rouges et blancs, depuis 75 fr. la pièce de 220 litres jusqu'à 100 francs, selon qualité, prise en gare de St-Césaire (Gard), fût perdu

Ces vins ont été médaillés à toutes les expositions où ils ont figuré.

Récoltés sur des coteaux et des terrains secs, les vins de Saint-Césaire, l'un des meilleurs crus du Gard, se conservent parfaitement sans être plâtrés

Envoi franco de prix courants et échantillons

MACHINES AGRICOLES
A. BAJAC
à LIANCOURT (Oise)

BAINS-BUANDERIES

Baignoires. — Chauffe-Bains. — Douches. — Appareils de lessivage,
système Gaston BOZÉRIAN.

CHAUDRONNERIE, TOLERIE, etc. — Envoi franco de catalogues.

DELAROCHE aîné, 22, rue Bertrand, Paris

UNION AGRICOLE DE FRANCE

Société Anonyme au Capital de 1.100.000 Francs. — Siège Social : 18, Boulevard des Capucines, Paris.

SIÈGE COMMERCIAL PRINCIPAL : 72-74, Rue Saint-Denis, PARIS

Vente à la Commission
et en toute loyauté
DE
DENRÉES AGRICOLES
de toutes sortes
et de toutes provenances

Fourniture Directe
et livraison à domicile
AUX
ÉPICIERS, FRUITIERS
Restaurants, Hôtels, Pensionnats et
Établissements privés importants.

Renseignements détaillés sur demande au Siège Social.

CHEVAUX BOITEUX

Guérison par le spécifique BORNET

Contre **Capelets, Mollettes, Vessigons,
Eponges, Exostoses, Suros, Eparvins** e
les **Formes** à leur début. (Il s'applique également
à toutes les tares molles et osseuses.)

PRÉPARÉ PAR **A. BORNET**

Pharmacien de 1re classe, ex-interne et lauréat des
hôpitaux.

19, rue de Bourgogne, PARIS.

Le flacon, 5 fr., à la pharmacie ; en gare
par colis postal, 6 fr. contre mandat.

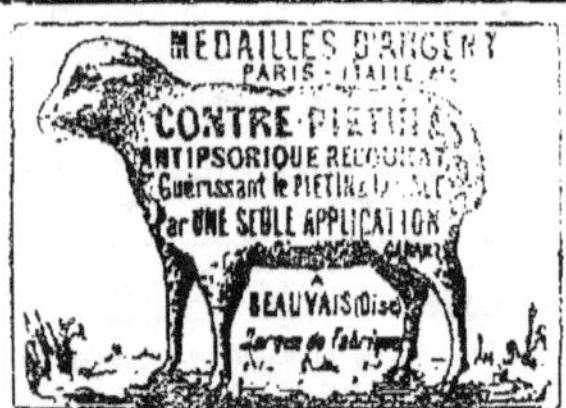

M. RECOURAT, pharmacien à Beauvais.

Gale des moutons guérie radicalement
par *une seule application* de l'Antipsorique.
La bouteille, 3 fr. ; la 1/2 bouteille, 1 fr. 75.
Guérison du Piétin par *un seul pansement*
avec le Contre Piétin-Recourat.
Le pot d'essai, 1 fr. 50 ; le pot, 2 fr. 50.
Joindre 0 fr. 60 pour recevoir *franco* et
indiquer gare.

DISTILLATION CONTINUE

ALAMBIC
Système A. ESTÈVE

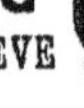

F. BESNARD

PÈRE, FILS ET GENDRES

28, rue Geoffroy-Lasnier

PARIS

Envoi franco du Catalogue sur demande

MALADIES DU BÉTAIL
ET DE LA VOLAILLE
Leur traitement préventif et curatif

PAR L'ACIDE SALICYLIQUE

L'acide salicylique, employé dans la
nourriture à la dose de 1/2 à 1 gramme
par jour et par tête de bétail, est le meilleur préservatif des maladies qui procèdent par contagion : Sang de rate, Cocotte,
Maladie aphteuse, Erysipèle, Typhus,
Morve, Variole et le Rouget des porcs, etc.

DES ATTESTATIONS NOMBREUSES DE GUÉRISONS obtenues pour la Cocotte et le
Rouget des porcs ont été reproduites
dans le journal *l'Agriculture*.

La désinfection des étables, des écuries, se fait instantanément au moyen
d'un arrosage d'eau salicylée à 2 grammes par litre.

S'adresser à M. CERCKEL, administrateur de la *Compagnie de produits antiseptiques*, 26, rue Bergère, Paris.

Envoi sur demande de Prospectus et
Brochures.

PRIX DU KIL., 25 fr. BOITE DE MÉNAGE, 2 fr.

VINS
DE SAINT-ÉMILION

Vins classés, de **800 à 250** francs la barrique
de 225 litres. — Moitié prix pour la barrique de
112 litres.
Vins grands ordinaires, de **140, 125, 105,
100** francs la barrique — **80, 75, 70, 65, 58,
55** francs, la demi-barrique. — Rendu *franco* en
gare et régie, sauf octroi.

Adresser commandes à M. DUPLESSIS-
FOURCAUD, à Saint-Émilion. — Envoi de
prix courants et échantillons sur demande affranchie.

*Médailles d'Or, Paris, 1867 et 1889 — Moscou,
1891 — Besançon, Montluçon, Royan, etc.*

ALIMENTATION DU BÉTAIL
Tourteaux de Coprah ou Coco

F. TASSY, E. ROCCA ET Cie

Fabricants d'huiles (producteurs directs
de Tourteaux)

23, RUE HAXO, MARSEILLE

Deux médailles d'or, Anvers 1894

Envoi de Prix-Courants et Échantillons sur demande.

ANEMIE CHLOROSE, FAIBLESSE
Guéries par le VRAI FER QUEVENNE

Seul approuvé p^r Académie de Médecine, Paris, 14, r. Beaux-Arts, not. de 1er

---

POUDRE DELARBRE

Plus de **CHEVAUX POUSSIFS !**

Guérison de la POUSSE,
Toux, Bronchite et Gourme

La Boîte de 20 Doses : 3 francs

G. DELARBRE, AUBUSSON (Creuse)

Maison de Vente & d'Expédition à Aubusson (Creuse) G. DELARBRE

A Paris & en province, chez tous les Droguistes & Pharmaciens.

COUVEUSES
ÉLEVEUSES
VOLAILLES
ŒUFS à couver

VOITELLIER

à **MANTES**
et à
PARIS

4, PLACE DU THÉATRE FRANÇAIS
PRIX COURANT FRANCO
GRAND CATALOGUE ILLUSTRÉ 0.60

PLUS DE FEU
70 ans de Succès !

LINIMENT BOYER-MICHEL

CORMIER PERON, CHATEAUROUX (Indre).

Guérison sûre des Boiteries, Entorses,
Foulures, Ecarts, Mollettes, Courbes,
Vessigons, Angines, etc., 3 francs.

CHEZ TOUS LES PHARMACIENS

Envoi franco de la Brochure explicative.

FROMENTINE

Marque déposée B. S.G.D.G.

*Produit pour l'alimentation économique,
saine et rationnelle du bétail, provenant
en grande partie des issues de la mouture de blé.*

DIVERSES MARQUES

Demander celle en raison du but
poursuivi

Marque A pour l'engraissement égal
à celui du tourteau de lin, le remplacement de l'avoine, production
d'un lait de qualité supérieure.
Marque B pour le bon entretien du
bétail.
Marque J développement rapide des
jeunes bêtes.
Marque L surproduction du lait.
Marque E engraissement rapide.

Ecrire à M. Armand MILLOT
Moulins Saint-Martin

Saint-Quentin (Aisne.)

L'URBAINE

Compagnie anonyme d'Assurances à primes
fixes contre l'INCENDIE
FONDÉE EN 1838
CINQUANTE-NEUVIÈME ANNÉE

CAPITAL : 5 MILLIONS — GARANTIES : 70 MILLIONS
SINISTRES PAYÉS DEPUIS L'ORIGINE : 138.000.000 FRANCS

PARIS — 8 et 10, rue Le Peletier

ASPERGE GÉANTE
ROYALE DE FRANCE
(RACE D'ARGENTEUIL PERFECTIONNÉE)

Demander la *Méthode de Culture* et prix courant
(gratis et franco), à M. WILLIAM FOURCINE,
directeur des pépinières royales de Dreux (Eure-et-
Loir). Médailles et diplômes de première classe.

PRÉSERVEZ VOS ANIMAUX DOMESTIQUES

de toutes les Epizooties et Maladies contagieuses par la Désinfection des Ecuries, Etables, Porcheries

PAR LE

CRÉSYL-JEYES

Désinfectant — Antiseptique, le seul (non toxique), qui soit d'une efficacité scientifiquement démontrée. Le CRÉSYL-JEYES a été récompensé par la Société des Agriculteurs de France en 1891 d'une Médaille d'argent grand module. Envoi franco sur demande du prospectus détaillé. — CRÉSYL-JEYES, 35, Rue des Francs-Bourgeois, 35, Paris.

Se méfier des nombreuses contrefaçons.

On sème maintenant :

Navets fourragers : Long du Palatinat, d'Alsace à collet vert. Rave d'Auvergne. Turnep. Norfolk. Choux-Navets. Rutabagas. etc., etc.

PRIX ET ÉCHANTILLONS *sur demande.*

GRAINES

GRANDES CULTURES DE GRAINES POTAGÈRES & DE FLEURS, PLANTES & ARBRES, OGNONS A FLEURS, GRAINES FOURRAGÈRES, ETC.

E. FORGEOT & Cie
CAYEUX & LE CLERC, SUCCRs
6 & 8, Quai de la Mégisserie, PARIS

Notre Maison est placée sous le contrôle de la Station d'Essais.

GRAMINÉES & LÉGUMINEUSES POUR PRAIRIES.
Mélanges combinés avec graines rigoureusement épurées pour Prairies permanentes ou temporaires.
LUZERNES, TRÈFLES GARANTIS SANS CUSCUTE
BETTERAVES & CAROTTES FOURRAGÈRES
CHOUX-FOURRAGERS, NAVETS, RUTABAGAS &c.

Catalogues envoyés franco s. demande

55 Prix d'Honneur & Grands Prix. 280 MÉDAILLES Or, Vermeil & Argent. EXP.on UNIV. 1889 4 Médailles d'Or

---

POUR PARER à la disette des FOURRAGES

On sème maintenant :

Maïs jaune gros, — dent de cheval. Millets. Moha. Moutarde. Pois gris. Sarrasins. Vesces.

VIN PUR COTES 1re QUALITÉ
Vieux, nouveau garanti sur facture
Récolté par FELIX LAU, propriétaire-viticulteur à Caussiniojouls (Hérault).

Nouveau, 35 fr. l'hect. logé sur gare Faugères

Machines Agricoles Françaises

MAISON ALBARET

O. ❀ O. M. A. ⚜
Breveté
S. G. D. G

Veuve ALBARET et G. LEFEBVRE✠, SUCCR

ATELIERS DE CONSTRUCTION ET ADMINISTRATION
A RANTIGNY-LIANCOURT (Oise)

Bureaux et Magasins :
9, Rue du Louvre, PARIS

LOCOMOBILES, MACHINES DEMI-FIXES, MOTEURS A PÉTROLE
BATTEUSES PORTATIVES ET FIXES — MANÈGES

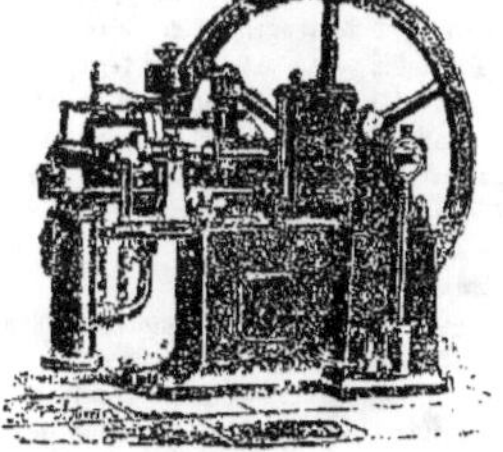

HACHE-MAIS — HACHE-PAILLE   PRESSES A FOURRAGES

FAUCHEUSES, MOISSONNEUSES & LIEUSES
RATEAUX, FANEUSES

Semoirs en Lignes — Semoirs à Engrais — Concasseurs — Aplatisseurs

INSTRUMENTS D'AGRICULTURE — INSTRUMENTS DE PESAGE
Grand Prix, Lyon 1894. — Grand Prix, Anvers 1894. — Grand Prix, Bordeaux 1895
Beauvais 1895, Diplôme d'Honneur
Tunis 1895, Premier Prix, Médaille d'Or
19 Diplômes d'Honneur et d'Excellence — 226 Médailles d'Or — 191 Médailles d'Argent

SUCCURSALES :
Saint-Quentin, Chartres, Abbeville, Cambrai, Dax, Lyon, Alger
Envoi franco sur demande des Catalogues illustrés.

17e Année. — N° 27. — LE NUMÉRO. 10 CENTIMES — Dimanche 5 Juillet 1896.

GAZETTE AGRICOLE

JOURNAL HEBDOMADAIRE, PARAISSANT LE DIMANCHE

Fondateur : M. CH. GOSSIN, Professeur d'Agriculture à l'Institut agricole de Beauvais

PRIX DE L'ABONNEMENT

UN AN, 5 fr. — SIX MOIS, 3 fr. — TROIS MOIS, 2 fr. 25

Pour l'Etranger les abonnements ne sont reçus que pour un an, au prix de 6 francs, et ne partent que du 1er JANVIER ou du 1er JUILLET de chaque année.

Le Numéro : **10** centimes.

Adresser toute la correspondance : mandats, lettres, annonces etc., à **M. CRÉPEAUX**, Directeur de la *Gazette agricole*, 10 bis, rue Piccini, Paris.

Toute demande de changement d'adresse doit être accompagnée de 50 centimes et de la dernière bande du journal.

BUREAUX

97, rue de Rennes, Paris, et à Beauvais, rue Saint-Etienne.

Les abonnements partent du 1er de chaque mois et sont payables d'avance. Toute demande d'abonnement doit donc être accompagnée du prix de l'abonnement. (Le mode de payement le plus simple est l'envoi d'un mandat-poste.)

Donner *très lisiblement*, en s'abonnant, son nom et son adresse exacte, *avec l'indication du bureau de poste*; et, s'il s'agit d'une continuation d'abonnement, joindre au renouvellement la dernière bande d'adresse du journal.

Les Annonces sont reçues à la Direction du Journal, et chez MM. DUSSERIS et MATHELLON, 97, rue de Rennes Paris.

Sommaire :

Paris, le 1er juillet 1896.

La température s'est notablement abaissée par suite d'averses orageuses signalées dans différentes directions notamment dans le Nord-Est.

Ces averses sont jusqu'ici insignifiantes, la pluie est toujours à redouter pour les blés.

Rien de nouveau à signaler sur les marchés de province.

BOURSE DU COMMERCE DU MERCREDI 1er JUILLET

	FARINES	BLÉS
Courant	39 75	19 45
Prochain	40 »	19 »
Juill.-août	40 »	18 50
4 derniers	40 25	18 50
4 de nov.	40 35	18 50

Marque de Corbeil : 45 fr. le sac de 150 kil. toile à rendre.

Halle aux blés — *Blés indigènes.* — La physionomie du marché de ce jour est de tous points semblable à celles d'il y a huit jours.

Les offres sont toujours aussi restreintes, mais la demande est toujours calme.

On craint la pluie, mais les avis de la récolte restant favorables, les vendeurs sont forcés de faire quelques petites concessions à la fin du marché.

Les cours sont en somme sans changement notable, soit de 18,50 à 20,25 les 100 kil. gare d'arrivée Paris.

Blés exotiques. — Sans affaires.

Son. — Fermes par continuation, mais peu d'affaires.

Escourgeons. — On coupe, mais on demande du beau temps pour les rentrer, le grain laissant déjà à désirer pour la nuance : il est jaune dans le centre comme en Beauce, mais il a assez de corps. Les offres sont encore insignifiantes; à la fin de la semaine, on verra des échantillons sur les marchés; on débutera autour de 14 fr.

Le Nord est moins empressé dans ses achats, il est inondé d'offres d'Afrique, Tunisie et Russie ; on offre cette dernière provenance à 8,25 caf. Dunkerque, les Algérie à 12 1/8, les Poitou et les Vendée 15 à 15,25 sur place; on offre l'escourgeon de Beauce et du Poitou vers 15,25 à 15,50 avec peu d'acheteurs.

Graines fourragères. — Elles n'ont pas encore paru.

La récolte des trèfles incarnats paraît médiocre et de qualité inférieure.

Sucres. — Le marché est à peu près nul, la tendance est lourde et les prix en baisse de de 12 cent. en sympathie avec l'étranger.

Raffinés 99 à 99,50, roux 88° 28,25 à 28,50.

Marché de la Chapelle. — Marché ordinaire.

On cote : paille de blé 1re qté 32 fr., 2e qté 30, 3e qté 28 fr.; paille de seigle 1re qté 34 fr.; 2e qté 31,3e qté 29 ; paille d'avoine 1re qté 26 fr.; 2e qté 24, 3e qté 22 ; foin nouveau 1re qté 62 fr., 2e qté 59, 3e qté 57; luzerne, 1re qté, 64 fr.; 2e qté 60, 3e qté 56 ; regain 1re qté 57 fr.; 2e qté 54 fr., 3e qté 51 fr.

POMMES DE TERRE

Hollande (100 kil.)	8 » à 11 »
Roses-Early	8 » à 10 »
Magnum-Bonum	7 » à 7 50
Rondes	5 » à 5 20

Sulfate de cuivre.

Les 100 kil. 98/99 . . . . . . 42.50 à 44.00

LINS. — Les 100 kilogr. — *Marché de Lille.*

	Communs	Ordin.	Supér.
Alost.	148 à 153	154 à 157	161 à 166
Bergues	150 à 158	161 à 168	173 à 182

Marché aux chevaux, 1er Juillet.

Gros trait	de 300 à 1.250	Boucherie	de 65 à 200
Selle et tr.		Anes	de 50 à 140
léger	de 150 à 1.100	Chèvres	de à
H. d'âge	de 225 à 400		

AMENÉS

Chevaux, 392 — Anes, 9 — Chèvres, 0
Voitures 98, de 35 à 600.

ENCHÈRES

Chevaux amenés, 16.
Vendus, 11 de 175 à 400.

Prix des Produits Forestiers à Paris.

BOIS DE FEU (Octroi non compris)	Falourde de pin	100 à 110	le cent.
	Bois de flot	100 à 105	le déca.
	Bois gris neuf	125 à 120	—
	Bois blanc	80 à 125	—
BOIS D'ŒUVRE (Octroi compris)	Chêne gros bois	85 à 110	le m. cube
	— moyen bois	70 à 60	—
	— petit bois	30 à 48	—
	Charme, plateaux	55 à 55	—
	Sciage Entrevoux	175 à 210	les 208 m.
	de Echantillons	230 à 220	—
	chêne Frise	27 à 28	104 m.

ENGRAIS

PARIS

Nitrate de soude	21 50 à 21 75
Superphosph. minéral 14/16	5 25 à 5 75
Superphosphate d'os 16/18	12 50 à 13 »
Scories 16/18	4 25 à 4 50
Phosphate minéral 14/16	3 80 à 4 »
Chlorure de potassium 48/52	18 75 à 20 »

NANTES

Nitrate de soude	22 30 à 22 50
Superphosph. minéral 14/16	6 » à 7 »
Scories 16/18	4 50 à 4 75
Phosphate minéral 14/16	4 » à 4 50
Chlorure de potassium 48/52	19 » à 19 75

LYON

Nitrate de soude	22 » à 23 »
Superphosph. minéral 14/16	5 75 à 6 »
Scories 14/16	4 50 à 5 »
Phosphate minéral 14/16	4 » à 4 25
Chlorure de potassium 48/55	20 » à 21 »

MARSEILLE

Nitrate de soude	20 50 à 21 »
Superph. minéral 14/16	6 » à 7 »
Sulfate de fer	5 » à 5 50
Sulfate d'ammoniaque 20/21	20 » à 22 »

Prix moyen aux 100 kilog. des CÉRÉALES dans les Départements.

Région		BLÉ	SEIGLE	ORGE	AVOINE
Rég. du Nord-Ouest	Caen	17 00	10 00	13 50	15 50
	Lannion	17 25	10 00	14 00	15 00
	Morlaix	17 50	11 00	13 00	14 50
	Rennes	17 50	10 00	13 00	14 25
	Avranches	16 75	10 50	13 50	14 50
	Laval	16 50	10 50	13 25	14 50
	Lorient	17 00	10 25	13 50	14 50
	Alençon	16 75	10 00	13 00	14 00
	Le Mans	17 00	10 25	14 00	15 50
Région du Nord	Soissons	18 00	10 00	»	15 50
	Evreux	17 50	10 00	13 00	15 00
	Chartres	17 75	10 25	14 00	15 00
	Lille	17 75	10 50	14 00	16 00
	Compiègne	17 75	10 00	15 00	16 00
	Beauvais	17 25	11 00	15 00	16 00
	Arras	18 75	12 50	14 50	16 25
	Paris	18 00	10 25	13 00	15 50
	Versailles	17 75	11 00	14 00	16 00
	Rouen	17 75	10 25	14 00	14 50
	Amiens	17 75	10 50	15 50	16 50
Rég. du N.-E.	Mézières	17 75	10 00	13 00	16 00
	Nogent-s-Seine	18 00	10 50	15 00	16 00
	Châlons-sur-Marne	18 25	10 50	14 00	16 00
	Langres	18 00	10 00	15 00	15 50
	Nancy	18 25	10 00	14 00	16 00
	Bar-le-Duc	17 75	10 0.	15 00	16 00
	Neufchâteau	18 00	10 25	14 00	15 00
Région de l'Ouest	Ruffec	17 75	10 00	13 00	15 50
	Marans	17 25	10 00	13 00	15 00
	Niort	17 5.	10 25	14 00	15 00
	Tours	17 25	10 00	14 00	15 00
	Nantes	17 00	10 00	13 00	14 00
	Anger	17 0	10 25	14 25	14 50
	Luçon	16 75	10 00	13 00	15 00
	Poitiers	17 .0	10 00	13 00	»
	Limoges	17 25	10 00	»	15 00
Région du Centre	Moulins	17 .0	10 00	14 00	15 25
	Bourges	17 75	10 25	14 50	15 25
	Aubusson	17 50	10 00	14 00	14 25
	Châteauroux	18 00	10 00	14 50	15 00
	Orléans	17 75	10 00	14 00	15 00
	Blois	18 25	10 50	14 75	16 25
	Nevers	18 00	10 25	15 00	16 00
	Clermont Ferr.	17 50	10 25	14 00	16 00
	Sens	17 50	10 00	13 00	15 00
Région de l'Est	Bourg	17 50	10 00	14 00	15 00
	Dijon	18 25	10 50	15 00	16 00
	Besançon	8 75	10 50	13 75	15 50
	Grenoble	18 00	10 50	14 00	15 50
	Dôle	17 50	10 00	13 25	14 00
	Saint-Etienne	17 75	10 25	14 00	16 00
	Lyon	18 50	11 50	14 00	16 00
	Mâcon	17 50	11 25	13 50	15 25
	Vesoul	18 00	10 50	»	15 50
	Chambéry	17 75	10 00	»	15 50
	Annecy	17 75	»	»	15 75
Rég. du Sud-Ouest	Pamiers	18 50	10 50	»	16 25
	Périgueux	18 00	10 50	14 00	15 25
	Toulouse	18 00	12 00	13 00	16 00
	Auch	18 25	12 00	13 00	16 00
	Bordeaux	18 00	12 00	13 00	16 00
	Dax	18 00	12 00	13 25	16 00
	Agen	18 00	11 50	13 00	16 00
	Bayonne	17 75	11 0.	14 00	13 25
	Tarbes	18 00	11 00	»	16 00
Région du Sud	Carcassonne	17 75	»	13 55	16 00
	Rodez	18 00	12 50	14 00	16 00
	Mauriac	18 00	11 00	»	15 50
	Tulle	17 75	11 25	»	15 75
	Montpellier	17 75	11 00	»	15 75
	Figeac	17 7	11 00	»	16 00
	Mende	17 75	11 00	»	16 00
	Perpignan	17 75	11 50	14 00	15 75
	Albi	18 50	11 00	15 00	16 00
	Montauban	18 25	12 50	15 00	16 00
Région du Sud-Est	Gap	18 00	11 00	14 75	15 75
	Manosque	18 00	10 50	14 00	16 00
	Nice	17 75	10 00	13 00	15 75
	Privas	18 00	11 00	14 00	16 00
	Arles	18 75	11 50	14 00	16 00
	Montélimar	17 75	11 00	14 00	16 00
	Nîmes	18 00	»	14 00	16 00
	Le Puy	18 00	»	14 25	16 25
	Draguignan	18 25	3 00	14 00	17 00
	Avignon	20 25	13 25	14 00	16 00

Tourteaux. — Cours de la maison P. Marchand frères, à Dunkerque (Nord) :

TOURTEAUX A NOURRIR

	Dispon.	A livrer.
Coton de graines d'Egypte	9 »»	9 »»
Sésame blanc	11 00	11 50
Arachide décortiquée	14 75	15 »»
Colza à nourrir	10 »»	10 »»
Colza du pays	10 50	10 75
OEillette du Levant	9 50	10 »»
OEillette blanche de Turquie	9 50	10 »»
Lin 1re qual. de Bombay g. form.	14 »»	14 25
Lin 1re qual. de Bombay p. form.	14 50	14 75

TOURTEAUX-ENGRAIS

Arachide décortiquée	14 25	14 50
Cameline	»» »»	»» »»
Colza des Indes en poudre	»» »»	»» »»
Colza ravison	7 »»	7 25
Colza jaune Gutzerat	10 25	10 50
Kurrachée	»» »»	»» »»
Niger	»» »»	»» »»
Pavot	9 25	9 50
Sésame, blanc	10 50	»» »»
Sésame noir	»» »»	»» »»
Coton en farine	7 50	7 50

Nos prix s'entendent pour tourteaux en planches, rendus en gare de Dunkerque.

Paiement à 30 jours ou à terme plus éloigné suivant convention expresse.

Le concassage se paie 0 fr. 25 et la mise en poudre 0 fr. 40 aux 100 kilos. Dans ce cas, les sacs sont facturés à 0 fr. 35 pièce, et repris au prix de facture, quand ils sont rendus en bon état et franco, dans les 30 jours de l'expédition.

FROMENTINE :

	100 kil.
Marque A	12 »
Marque B	12 »
Marque J	12 »
Marque L	14 »
Marque E	15 »

Les 100 kilogs sur wagon St-Quentin, sac à retourner ou à facturer.

BEURRES. (le kilogr.).

BEURRES EN MOTTES			BEURRES EN LIVRE		
Isigny extra.	5 00	6 20	Bourgogne	1.70	2.00
— demi-fin	3 00	3 80	Gâtinais	1.80	2.40
M. d'Isigny	2.80	2.60	Vendôme	1.70	2.30
du Gâtinais	1.60	1.80	Beaugency	1.70	2.30
de Bretagne	1.60	1.80	Ferme	2.20	2.70
Laitiers Jura	1.70	2.40	Tours	1.90	2.40
de Charente	1.90	2.60	Le Mans	1.70	2.00
des Alpes	1.80	2.70	Touraine fausse	1.80	2.10

ŒUFS. — (le mille).

Normandie ext	75 à 92	Bourgogne	58 à 65
Picardie —	80 à 108	Champagne	62 à 66
Brie —	64 à 75	Nivernais	50 à 54
Touraine	65 à 79	Bourbonnais	46 à 52
Beauce	85 à 75	Bretagne	44 à 48
Orne	58 à 72	Vendée	44 à 48
Picardie	54 à 70	Auvergne	44 à 48
Châtellerault	48 à 62	Midi	50 à 46

FROMAGES.

Brie hautes marq.	60	54	Roquefort	130	210
Brie gr. m. (10)	15	22	Gruyère (100 k.)	100	165
— m. m.	8	12	Coulommiers (100)	15	21
Petits Nanteuils	6	4	Gournay (100)	10	14
Brie laitiers	3	5	Livarot (le 100)	95	100
Gérardmer (100 k.)	70	60	Bourgogne (100)	50	60
Hollande	150	160	Camembert (10.)	28	20
Bondons (100)	8	12	Munster (100)	85	100
Cantal	120	130	Port-Salut	150	160

VOLAILLES

Poulet Brest dit moelleux	2.50	4 60	Pigeo. Macon	1.50	2.00
Poulets Nant.	3.00	5.00	Ca. sNantais	4.00	1.35
Poulets Tour.	2.75	5.25	Dindes Tourr.	7.00	11.00
Poulets Houdan	6.00	8.00	Oies	7.00	8.50
Pigeons d'Italie	80	1.25	Lapins dom.	2.75	4.00
			Lapins garenne	1.50	2.00

VINS — BERCY

Rouges			Blancs		
B. Bourg. vieux	140 à 165		Bordeaux	125 à 160	
Touraine	105 à 115		B. Bourg	130 à 190	
Bord. vieux	130 à 168		Sancerre	130 à 135	
Algérie	28 à 32		Chablis	200 à 350	
Cher	110 à 125		Anjou	120 à 135	
Chinon	125 à 180		Pouilly	350 à 300	
Narbonne	32 à 40		Vouvray	155 à 195	

HOUBLONS. — Les 50 kilogr.

Alost primé	28,00 à 30,00
Bourgogne	55,00 à 60,00
Poperinghe	25,00 à 30,00
Wurtemberg	40,00 à 42,00
Altmark	75,00 à 100,00
Alsace	50,00 à 65,00

LÉGUMES SECS. — (Les 100 kilogr.)

	Haricots		Pois		Vesce	Lentille
Paris	32 00	50.00	20	18.00	19 à 20	30 00 56
Bordeaux	34.00	35 00	35	45.00	18 19	49 00 60
Marseille	22.00	30.00	18	25	20 20	21 00 52

FOURRAGES ET PAILLE

Paris La Chapelle. *Prix extrêmes*

Foin 100 bot. dans Paris n.	42 à 47
Luzern nouv.	42 à 46
Paille de blé	20 à 26
Paille de seigle	23 à 31
Paille d'avoine	16 à 20

Les cours des bestiaux sont à la fin de la GAZETTE avant la *Correspondance*.

L'année agricole et agronomique pour 1896.

L'Année agricole et agronomique pour 1896 par S. Crépeaux, professeur à l'Institut agricole de Beauvais, et C. Crépeaux, publiciste scientifique, avec la collaboration de praticiens, de professeurs et d'agronomes vient de paraître (un volume in-18 de 360 pages, illustré).

Cet ouvrage, véritable annuaire théorique et pratique de l'agriculture progressive, donne un tableau complet du mouvement agricole et agronomique de l'année. Il relate toutes les expériences culturales, les recherches scientifiques faites en France et à l'étranger, décrit et apprécie avec compétence les nouveautés (plantes, machines, engrais, nouvelles méthodes, etc.).

La partie documentaire de l'Année agricole et agronomique comprend pour l'année écoulée, les lois, décrets, décorations agricoles, lauréats des concours, les vœux économiques des conseils généraux, l'analyse exacte des travaux des sociétés et congrès agricoles, horticoles, vétérinaires, français et internationaux, les jugements de droit rural, l'analyse des brevets agricoles, les statistiques, etc.

Cet ouvrage qui paraît pour la seconde fois a valu l'année dernière à ses auteurs les félicitations de la Société nationale d'agriculture, de la société des Agriculteurs de France, et des principaux journaux agricoles et scientifiques qui ont rendu hommage à la somme considérable de travail que représente une telle publication et aux services incontestables qu'elle rend à la cause du progrès agricole.

(Le Progrès agricole du 15 juin.)

Nous l'offrons en prime à nos abonnés au prix de 2 fr. 50 franco de port au lieu de 4 francs.

Ceux de nos abonnés qui désirent l'Année agricole et agronomique de 1895 et celle de 1896 recevront les deux volumes franco dans la gare la plus voisine contre 4 fr. 50.

Adresser les demandes à M. Crépeaux, 10 bis, rue Piccini, Paris.

Les *Pilules de Vallet* ont été approuvées et recommandées par l'Académie de médecine de Paris pour la guérison de la *chlorose*, des *pâles couleurs*, de l'anémie, des *pertes de sang*, et pertes blanches et de tous les états d'épuisement ou de faiblesse générale.

Nota. — Les pilules de Vallet (*vraies*) sont blanches et sur chacune est écrit le nom Vallet. Toutes pharmacies : le flacon 3 fr. Fabr. L. Frère, 19, rue Jacob, Paris, A. Champigny et Cie, successeurs.

CHRONIQUE POLITIQUE

La dernière semaine a été d'une fécondité exubérante en discours ministériels et d'une nullité absolue en actes. Nos ministres ont semé de nombreux discours en province à propos de fêtes et d'inaugurations de statues, pour nous servir invariablement des clichés usés par quinze années de services qui n'ont abouti qu'à l'état lamentable de nos finances et de notre état social.

Le seul de ces discours qui mérite une mention dans un journal agricole est le discours prononcé par M. Méline au banquet qui a clos le concours régional de Soissons.

M. Méline a d'abord essayé de prouver que son projet d'impôt sur les rentes a réalisé une réforme précieuse, à savoir une répartition équitable des charges publiques et des dégrèvements pour l'agriculture, puis, abordant la question sociale, il l'envisage en principe, comme nous l'avons toujours fait nous-mêmes ici depuis trente ans : « Ramener les « bras, les capitaux, les intelligences à « la terre, voilà le but supérieur à « atteindre, la grande œuvre sociale à « accomplir, la question qui domine « toutes les autres et qui est la clef de « toutes les autres. »

Nous n'avions jamais entendu une si éloquente traduction de notre pensée capitale tomber de la bouche d'un ministre d'Etat.

M. Méline complète ainsi sa pensée : « Il faut voir les choses comme elles « sont. Le malaise social ne tient pas à « la mauvaise répartition des fruits du « travail, à l'insuffisance des salaires, « mais à un mauvais équilibre de la pro- « duction elle-même. Quand les bras se « portent tous d'un côté, l'engorgement « est inévitable, c'est ce qui se produit « dans les grands centres, où la ques- « tion se pose parfois de la façon la plus « aiguë. »

Malheureusement, répondrons-nous à M. Méline, elle se pose aussi d'une façon de plus en plus aiguë dans les campagnes, par le fait seul de leur dépeuplement continu. Malheureusement aussi, la principale cause de leur détresse n'est pas, comme le prétend M. Méline, dans le mauvais équilibre de leur production, mais dans l'avilissement des prix de leurs produits, entravées qu'elles sont par la concurrence étrangère, et par les nombreux abus de l'agiotage et les accaparements, le tout se compliquant des impôts toujours grossissant à l'intérieur et de salaires supérieurs aux profits de la culture.

Il faut voir les choses telles qu'elles sont, a dit M. Méline. Eh bien ! les voilà les choses telles qu'elles sont, ce qui diffère un peu de l'angle par lequel les considère l'honorable Ministre.

Et ce n'est pas tout. L'abandon des campagnes et l'encombrement des villes ont encore d'autres causes imputables à la détestable politique inaugurée par le second empire, et que nos maîtres actuels ont développée avec un entrain et un aveuglement qui se traduisent aujourd'hui par l'imminence d'une banqueroute.

Dès 1863, Napoléon III s'écriait : « On a beaucoup fait pour les villes, il est temps de s'occuper des campagnes. » Comme M. Méline, Napoléon III parlait d'or. Mais hélas, chez lui comme chez M. Méline, les actes étaient l'antipode des paroles. Depuis 1863, le mouvement de désertion des campagnes et d'encombrement des villes n'a fait que croître et enlaidir. Les républicains, qui maudissaient l'empire, n'ont fait, sur ce point comme sur tous les autres, que cultiver à outrance l'héritage des abus qui l'ont conduit à sa perte. Si M. Méline ne voit pas cela, comme nous le voyons, nous, depuis trente ans, il n'arrêtera pas le pays sur la pente de l'abîme auquel nous pousse la politique dont il essaye de nous relever.

Outre le discours de M. Méline, nous avons à enregistrer les débats des Chambres pendant la semaine qui nous montrent que de ce côté encore, l'abondance des paroles marche avec l'inanité désespérante des actes. Cela nous rappelle le mot pathétique du député Desmousseaux de Givré, à la veille de la Révolution de février 1848 : « Rien ! rien ! rien ! La Chambre s'est escrimée pendant quatre jours sur la question de la journée de huit heures dans les ateliers et les usines. La décision était condamnée d'avance par ceux qui, selon le mot de M. Méline, « voient les choses comme elles sont ». Les autres les voient bien aussi, probablement ; mais ils sont les courtisans intéressés de l'*ouvrier*, plus habiles que le Corbeau de la Fable, ils trouvent à garder le *fromage* que l'ouvrier *gobeur* leur a mis dans le bec pour prix de leurs promesses ridicules. Va pour la journée de dix heures ! pauvre ouvrier, te voilà bien avancé !

———

Le Sénat a continué le débat de la loi sur les boissons, sur une vingtaine d'articles votés ; il y aura matière à des amendements nombreux au Palais-Bourbon. Les bouilleurs de cru, toutefois, ne peuvent pas espérer le maintien de leur immunité.

Comme le ventre affamé, le fisc n'a point d'oreilles, sauf pour les augmentation d'impôts.

Lundi, la Chambre a entamé un débat ardent et ardu sur les nouveaux impôts proposés par le Ministère. M. Mougeot, député des Vosges, bien que collègue et ami de M. Méline, a attaqué énergiquement l'impôt sur les revenus, puis l'impôt sur la rente. Il a soutenu que l'impôt sur les revenus, tel qu'il est proposé, serait écrasant pour l'agriculture. Ensuite M. Raiberti, député de Marseille, a exécuté une charge à fond contre l'impôt sur la rente. En termes

différents des nôtres, il a exprimé la même vérité, à savoir que c'est une faillite de l'Etat, une violation de l'engagement pris par lui envers ses créanciers, une violation de la parole de la France, en un mot, du crédit de l'Etat, etc.

Rien de plus vrai, sans doute, comme nous l'avons dit cent fois ; mais à qui la faute ? nous ne cessons de le redire, à la coterie de politiciens qui, pendant quinze ans, a poussé nos finances sur cette route de faillite.

M. Méline ne nous démentira pas quand nous soutenons qu'avant lui nous voyions les choses telles qu'elle étaient sur ce point capital.

Ce n'est pas notre faute si nous avons crié pendant quinze ans dans le désert. Ce n'est pas notre faute non plus, si les majorités électorales ont persévéramment confié les finances de l'Etat à la coterie des mange-tout dont le pauvre M. Méline est condamné à réclamer le concours pour réparer le mal qu'ils ont fait.

En tout cas, nous lui savons toujours gré de ses bonnes intentions. C'est avec une profonde tristesse que nous constatons les causes trop réelles de son impuissance.

Les sociétés agricoles, victimes de ces crimes, de leur côté sont incurablement aveugles si elles ne comprennent pas leur devoir de sommer nos maîtres de commencer la réforme financière par son seul et vrai commencement, le relèvement des tarifs douaniers, seul moyen de relever l'agriculture et de lui faciliter la tâche d'acquitter sous une forme ou sous une autre les impôts qui seront toujours à sa charge.

Nous n'aurons pas de peine à prouver une fois de plus, la nécessité de prendre ce parti.

———

Deux nouveaux députés.

Dimanche dernier ont été élus à Sarlat, M. Sarrasin, par 10.204 voix, sur 18.000 inscrits.

A Alberville (Savoie), M. Barthet, par 4.020 voix, sur 9.139 inscrits.

Tel est le suffrage, dit universel.

———

A Madagascar.

Les nouvelles les plus désolantes nous arrivent de tous côtés — excepté de la part du monde officiel, — sur notre situation à Madagascar.

Les Français y sont victimes non seulement du climat, mais des haines acharnées de la reine, de ses courtisans, de ses ministres, et de la coterie protestante anglaise qui font une guerre mortelle à tout ce qui est français et catholique. Ce qui est odieux par-dessus tout, c'est la conduite du gouverneur Laroche, qui est l'auxiliaire dévoué de nos ennemis de la France. Le fanatisme protestant a éteint en lui toute pudeur patriotique.

On demande à cor et à cris le renvoi

de ce misérable, et son remplacement par le brave colonel Archinard qui a fait ses preuves au Congo. La colonie est perdue si nos nationaux ne sont pas protégés par un chef militaire à la tête d'un corps d'occupation et muni d'un pouvoir absolu. La terreur seule peut avoir raison de nos ennemis anglais et malgaches.

CHRONIQUE GÉNÉRALE

Concours de Saint-Brieuc.

Toutes nos prévisions se sont réalisées : par son importance, ce concours libre est digne à tous égards d'être comparé aux concours régionaux officiels. Ce succès est la récompense due à l'intelligent dévouement des organisateurs à la tête desquels se trouvent M. le vicomte de Lorgeril et M. Audren de Kerdrel, il prouve que les agriculteurs sont toujours prêts à seconder les hommes d'action. Nous avons déjà dit qu'à la séance d'ouverture, M. le marquis de Vogüé, président de la Société des agriculteurs de France a prononcé un discours important que la *Libre Parole* qualifie très justement de *programme*.

Nous regrettons que le cadre trop restrein de cette feuille ne permette pas de le reproduire entièrement ,toutefois on nous saura gré d'en citer les passages essentiels.

« La Société des agriculteurs de France, de son côté, a saisi avec empressement l'occasion qui lui était offerte d'étendre son champ d'action, dans une direction si conforme à l'idéal qu'elle poursuit. Cet idéal, messieurs, ai-je besoin de le rappeler, est la création entre tous les membres de la grande famille agricole française, d'un lien volontaire et puissant, non pour absorber l'effort personnel, mais au contraire pour aider les initiatives provenant soit des individus, soit des sociétés locales ; et pour ajouter à la force qui appartient à chacun, celle qui naît de l'action collective, de la communion des esprits et des bonnes volontés.

. . . .

« Remuez le sol, retournez ses couches profondes pour y introduire l'air et la fécondité, — ne remuez pas les assises profondes de l'ordre social; divisez la terre, — ne divisez pas les hommes ; cherchez au loin les éléments chimiques qui manquent à vos terrains, — soumettez à une sévère analyse les idées qui vous viennent du dehors, ou plutôt appliquez à l'homme, comme à la terre, sous des formes différentes, la même méthode et poursuivez le même but, à savoir: l'amélioration par le progrès réfléchi, sachant faire la part des traditions et celle des nouveautés, sachant combiner, dans une juste mesure, le respect du passé avec les aspirations de l'avenir.

« Certes, ne repoussez pas les transformations légitimes et ne restez pas en arrière du mouvement qui entraine votre temps ; appelez la science à renouveler votre outillage, l'instruction à élargir l'horizon de vos idées, mais n'abandonnez ni vos sentiments de famille ni vos habitudes de respect, ni vos croyances; ne vous laissez pas prendre aux apparences, à la séduction des mots; allez au fond des choses, vous y verrez qu'il n'y a pas d'autre source de richesse que le travail et l'épargne fécondés par la paix sociale, qu'il n'y a pas, pour les institutions, de base solide en dehors des lois éternelles de la morale et de la justice. Unissez-vous. A quelque degré de l'échelle rurale que la Providence vous ait placés, du plus humble au plus élevé, vous êtes solidaires, vos intérêts sont les mêmes : la défense des intérêts agricoles est le terrain le plus large offert aux rapprochements féconds · placez-vous-y sans hésitation, sachez-y appeler de nombreuses bonnes volontés : vous aurez bien servi la cause de l'agriculture française. et, par surcroît, celle du pays. »

Ces paroles ont produit le meilleur effet en Bretagne où les cultivateurs ont une certaine défiance pour toutes les institutions qui ont leur siège à Paris.

Pendant toute la durée du concours, il y a eu des réunions fort intéressantes dont nous parlerons dès que leurs comptes rendus nous seront arrivés.

Nous avons dit que cette exposition était au moins aussi importante que le dernier concours régional de Saint-Brieuc. En effet, on compte 249 animaux de l'espèce bovine, 20 lots de moutons et de porcs, 70 lots d'animaux de basse-cour, 100 exposants de produits, 400 instruments, etc., etc. Le concours hippique très réussi offre près de 300 chevaux.

M. Aylies, qui devait inaugurer ses fonctions de secrétaire général de la Société des Agriculteurs en faisant le rapport général sur le concours, a été pris d'une indisposition qui l'a obligé de rentrer à Paris ; c'est notre éminent ami, M. Blanchemain, qui a été chargé de le remplacer. Quoique fait à la hâte, le travail de M. Blanchemain a eu un succès sans précédent qui ne nous surprend pas, et qui justifie une fois de plus la haute opinion que nous avons de son incomparable talent. Ainsi que nous le pressentions, nul mieux que lui ne pouvait mettre en relief les enseignements de cette intéressante manifestation, et surtout attirer les sympathies des Bretons à la Société des agriculteurs.

Voici, d'ailleurs, ce que nous trouvons dans l'*Indépendance bretonne* :

« M. Blanchemain, délégué de la Société des Agriculteurs de France, a été chargé tardivement, par suite de la maladie subite de M. Aylies, de la rédaction du rapport général. A la lecture de ce rapport, on ne se douterait pas qu'il s'agit d'un travail en quelque sorte improvisé. M. Blanchemain passe en revue toutes nos expositions et donne son opinion sur leur valeur respective. Il le fait avec une telle compétence, avec une telle vérité, avec un accent de conviction si communicatif et dans une forme si parfaite, que chacune de ses phrases est saluée par toute la salle d'applaudissements frénétiques. »

S. CRÉPEAUX.

(A suivre.)

Concours régionaux de 1896.

CONCOURS DE SOISSONS

Le voyage de Paris à Soissons au mois de juin a toujours un vif intérêt pour un publiciste agricole. Entre Dammartin et Crépy-en-Valois, il parcourt une des contrées les mieux cultivées de l'Ile-de-France.

Au delà de Villers-Cotterets, nous nous trouvons dans la région de l'élevage par excellence des moutons. Nous voulons parler des moutons du Soissonnais dans cette région qui s'appelle l'ancien Valois.

Les dishley-mérinos ont pris un grand développement et ont été dans ces derniers temps l'objet de soins particuliers qui leur ont fait acquérir une certaine réputation.

Des éleveurs renommés, en exhibant dans les concours de beaux animaux ont attiré l'attention sur les troupeaux de ce pays, ils se sont appliqués à faire disparaître les cornes des mérinos, à communiquer à leurs produits des formes carrées, en un mot, à les rapprocher par la conformation du type de boucherie.

La laine laisse peut-être à désirer sous le rapport de la finesse, mais elle est très douce, très nerveuse, en longues mèches ondulées, et forme de toisons d'une grande étendue, par conséquent, fort lourdes. C'est sur les alluvions, qui s'étendent en larges plaines que les troupeaux bien soignés présentent ces caractères.

Le concours régional de Soissons réunissait des animaux, des produits, des instruments en tout genre, qui justifient la réputation hors de pair de la région du Nord.

Espèce bovine.—Les diverses races étaient représentées par de bons spécimens appartenant aux éleveurs les plus renommés. Naturellement vient en tête la *race flamande* pure. Tous les exposants sont du Nord et du Pas-de-Calais. On sait que cette race s'acclimate mal loin de cette contrée. La plupart des sujets ont la conformation de la race. Les femelles sont bonnes laitièreset beurrières. Principaux lauréats: MM. Decrombecque, à Hersin-Caupigny (Pas-de-Calais), de Noyelles ; à Blendecques (Pas-de-Calais); Menne-Cauler, à Holques (Nord); Ghestem (Alix), à Verlenghem (Nord); Lembrey (Alidor), à Esquelbecq (Nord).

Race normande. Les sujets exposés par les éleveurs de l'Oise, de l'Aisne, de la Somme et par le rayon de Paris, sont assurément dignes de figurer à côté des lauréats du concours de Caen, ils ont les mêmes mérites. Lauréats : MM. Lepaulmier, Vauchelle (Emile), à Sormaize (Oise); Baillot, à Chenevrey (Haute-Saône) ; Coulon (Pierre), à Vriange (Jura) ; Couillard (Louis), à Chantrigué (Mayenne) ; Lucquet-Philippot, à Plomion (Aisne); Baillot (Charles), à Chenevrey (Haute-Saône) ; Marchal, à Sornay (Haute-Saône).

Race de Montbéliard. Principaux lauréats : MM. Marc frères, à Chevigny-Saint-Sauveur (Côte-d'Or) ; Coulon (Pierre), à Vriange (Jura) ; Bressan-Manthélie, à Langecourt (Côte-d'Or) ; Célarier (Antoine), à Fontenay-sous-Bois (Seine).

Race durham. Cette race est parfaitement représentée dans les meilleurs types. Corps volumineux, supporté par des jambes fines, courtes et distinguées, l'épaule ronde, le garrot épais et prolongé, le dos droit et la groupe d'une grande largeur; l'encolure, légère chez les femelles, est courte et renfoncée chez les mâles. La peau a une certaine mollesse; le poil est fin, doux, luisant et peu fourni, les cornes sont de longueur et de grosseur moyennes. Cette magnifique race tend à disparaître dans la région du Nord, quelques habiles éleveurs soutiennent l'honneur du drapeau. Lauréats : MM. Declercq, Gustave Huot, le marquis de Montmart, Larzat, Decrombecque, Aucler.

Race hollandaise. Lauréats : MM. Delattre (Narcisse), Ghestem (Alix), Tiers (Emile), Mme veuve de Bussy-Thuillier, Dauchy (Ernest), Causin.

Races diverses étrangères. Lauréats : MM. Bressan-Mauthélie, Marc frères, Marie (Georges), Célarier (Antoine), Cassenet (Arsène), Poirson (Auguste), Danay (Victor), d'Imbleval (Raymond).

Prix d'ensemble. — *Races flamande et normande.* Objet d'art : M. Ghestem (Alix), à Verhinghem (Nord). — *Races françaises* autres que celles des deux premières catégories. Objet d'art : MM. Marc, frères, à Chevigny-Saint-Sauveur (Côte-Or).

Bandes de vaches laitières pleines ou a lait : MM. Ghestem, Mme veuve de Bussy-Thuillier, Vauchelle, Decrombecque, Destombe.

(A suivre)   COURTIN.

La loi sur le cadenas

La solution proposée par le conseil supérieur favorise la meunerie en proposant l'admission de farines à 60 et à 50 0/0 d'extraction, exportables par un certain nombre de zones à déterminer, mais elle est muette sur le mode d'apuration des acquits.

M. Viger propose un système qui semble plus pratique, système emprunté à l'Allemagne, où un inspecteur des finances, M. de Meaux, est chargé de l'étudier. Ce système consiste à créer des bons d'importation, représentant 75 0/0 des droits dus sur les blés admis temporairement. Ces bons sont reçus en paiement de ces blés au moment de l'exportation des farines qui en proviennent à condition que l'exportation ait lieu dans un délai de trois mois et par une frontière fixée d'avance par l'importateur.

Les Allemands, grâce à ce système suivi rigoureusement, ont soustrait l'agriculture et le fisc aux abus dont l'agriculture et le fisc sont les victimes en France. La preuve, c'est qu'avec le droit de douane de 4 fr. 75, les blés se paient 21 francs sur les marchés d'Allemagne tandis qu'en France, malgré un droit de 7 francs, ils sont descendus aux cours dérisoires de 17 fr. 50 à 18 francs le quintal. Nous pensons que ce système est le plus désirable pour résoudre la question des admissions temporaires.

Nos bestiaux aux États-Unis.

Le public agricole dans l'Ouest surtout s'est ému de l'acte par lequel le gouvernement des Etats-Unis vient de prohiber l'importation de nos bestiaux.

La raison de cet acte hostile, c'est que le gouvernement américain a voulu protester contre la prohibition dont est frappé le bétail américain en France depuis le mois de décembre 1894; le décret prohibitif était motivé par la crainte des maladies contagieuses qui sévissaient en Amérique.

Le gouvernement des Etats-Unis prétend que le motif réel de ce décret était de prohiber définitivement les importations de bestiaux de l'Union en France, et il a pris une mesure de représailles. Rien de plus.

On a objecté que des bestiaux américains avaient été débarqués en France depuis le décret de prohibition.

Cela est vrai; mais ces bestiaux ne venaient pas des Etats-Unis : ils étaient importés du Canada et des Etats de l'Amérique du Sud.

Ajoutons aussi que la prohibition n'atteint pas seulement les bestiaux français, elle atteint également les bestiaux allemands, belges, suédois, danois, etc... Les Etats-Unis n'ont pas importé chez nous une seule tête de bétail depuis le décret de décembre, 1894.

Telle est la situation actuelle de nos relations avec les Etats-Unis, en ce qui concerne le commerce des bestiaux.

Ecole d'agriculture des Merchinnes (Meuse). – Les examens d'admission à cette excellente école fondée par M. Millen, auront lieu le samedi 5 septembre, à 3 heures, à la préfecture de Bar-le-Duc. — Adresser les demandes avec pièces d'usage avant le 5 août.

L'Association pomologique de l'Ouest. — Cette association tiendra son concours annuel à Rouen du 5 au 11 octobre. Il y aura un concours spécial de broyeurs de pommes : 1° à bras ; 2° à moteurs. Les candidats de ce concours devront envoyer à M. Ringelmann, directeur du laboratoire d'essais de l'Institut agronomique, un dessin exact de leur instrument.

Ecrire le 1er septembre à M. Ringelmann ou au secrétaire de l'Association. M. Loubreul, à Blosseville, près Rouen.

Les moutons espagnols en France. — Un arrêté ministériel du 22 juin met fin à la prohibition des importations de moutons d'Espagne qui avait été motivée par les épizooties.

Institut agricole de Beauvais.

On sait que les anciens élèves de cette excellente école saisissent toutes les occasions de se revoir ; ils ne pouvaient manquer de profiter du concours libre de Saint-Brieuc. Leur réunion a eu lieu à l'école des Frères de la ville. Le banquet qui l'a terminée était très réussi. Parmi les invités, citons : MM. le marquis de Vogué, de Calonne, Boucheri e comte de Fleurieu, Johanet, etc., parmi les anciens élèves nous avons rencontré M. Blanchemain, président; vicomte de Champagny, vice-président; S. Crépeaux, secrétaire général de l'Association, Saint-Paul-d'Arloy, etc., etc. Au dessert, M. Blanchemain, dans un de ces toasts charmants dont il a le secret, a porté la santé des invités, il a eu un mot aimable pour chacun. M. le marquis de Vogué lui a répondu en félicitant l'Association de son esprit, en rendant justice à l'enseignement donné à l'Institut agricole. Puis, enfin, le directeur de l'Ecole, le Frère Paulin, a adressé quelques mots de remerciements dans lesquels il a exprimé toute la joie qu'il ressent au milieu de ses élèves et de leurs amis, constatant qu'il trouve, dès maintenant, la récompense de ses efforts.

Nous ne saurions trop encourager ces réunions des anciens élèves des écoles d'agriculture, nous constatons qu'elles ont en province un caractère beaucoup plus intime encore qu'à Paris. L'Association de Beauvais a eu là, comme toujours, d'ailleurs, une excellente idée, il faut lui souhaiter d'être imitée, mais nous doutons que notre vœu soit exaucé, car il manque aux anciens élèves des écoles de l'Etat, le lien le plus puissant, l'esprit chrétien seul capable de développer, de féconder la camaraderie.

UN INVITÉ.

Nous recevons de l'Institut agricole de Beauvais la communication suivante qui fera le plus vif plaisir à tous les amis de ce grand établissement.

A l'occasion de la Saint-Paulin et par l'intervention amicale de Mgr Saint-Clair, nous avons reçu la dépêche suivante dont nous sommes heureux de vous prier de prendre votre part :

« Saint Père, occasion fête du directeur, accorde affectueusement bénédiction apostolique maîtres, parents, élèves, amis, Institut agricole et pensionnat.

« Cardinal RAMPOLLA. »

Concours de chiens de berger près de Chartres.

Ce concours, sans précédent dans nos concours agricoles, a eu un succès complet qui a dépassé les espérances des organisateurs.

23 bergers ont concouru, 32 chiens ont eu à conduire un lot de 25 moutons sur une piste large de 6 mètres, bornée par un simple trait de charrue, et hérissée d'obstacles difficiles à tourner. La plupart des chiens ont admirablement rempli leur office. Chaque lot de moutons était conduit d'un parc à un autre. Les chiens ont religieusement observé la consigne qui était de se taire et de ne pas mordre, le moindre jappement les eut disqualifiés. Le premier prix était pour le chien dont le troupeau aurait fait le parcours en moins de temps. La prime d'honneur a été décernée à M. Poirier, à Menney (Seine-et-Oise), pour son chien *Rapide*, et sa chienne *Maline*; seconde prime d'honneur à M. Thevert, à Ourville, près Auneau, pour ses deux chiens de Beauce, *Champagne* et *Taraud*. Autres lauréats, M. Martin, à Nogent-Le-Phaye; M. Isambert, berger, à Auzinville (Eure-et-Loir); Lambert, à Pont-Taverger (Marne). Les chiens de la Brie et de la Beauce ont eu les honneurs de ce tournoi.

Avis aux éleveurs de chevaux.

Un arrêté ministériel du 27 mai détermine les conditions, épreuves et formalités que la direction des haras devra exiger des éleveurs qui réclament l'approbation de leurs chevaux pour l'étalonnage et leur achat comme étalons par la direction des haras. Cet arrêté étant trop long pour le citer ici, nous engageons les intéressés à en prendre connaissance à la préfecture ou aux dépôts d'étalons de leur circonscription.

Troisième vente de laines à Reims. — Cette vente a eu lieu cette semaine ; il a été offert 63.000 toisons — dont 15.000 lavées à dos, 59.000 ont été vendues. Sur 15.000 toisons d'agneaux, 14.000 ont été vendues.

Les laines en suint ont été payées de 1 fr. 25 à 1 fr. 50, suivant qualité; agneaux, 1 fr. 40 à 1 fr. 60.

Laines lavées à dos, de 2 fr. 20 à 2 fr. 67.

La quatrième vente a lieu cette semaine, le vendredi 3 juillet.

Les vendeurs appartiennent aux département des environs de Paris et du Centre.

La pêche de rivière.

A l'occasion de la réouverture de la pêche qui a eu lieu le 21 juin, les préfets sont invités à donner aux agents verbalisateurs des instructions pour prohiber les modes suivants :

Pêche au carrelet avec palette, pêche aux flambeaux et feux quelconques; pêche au bac du fond et autres appareils comme barques et fagots, l'emploi de l'engin appelé *tourniquet*, hare ou vire-blanchard.

Des procès-verbaux devront être rigoureusement dressés contre les industriels qui feront évacuer dans les cours d'eau, sans autorisation préalable, des matières ou résidus provenant de leurs fabriques.

La ruine de la terre.
Un appel aux Sociétés agricoles.

M. d'Aillières dans la déclaration qu'il a faite au nom de la droite en refusant de voter le budget en déficit de 1896, disait : « *Les impôts, depuis vingt ans, ont été accrus* **d'un milliard.** » Les déficits et les emprunts ont augmenté la dette *de dix milliards.*

Nos communes rurales savent ce que cela leur coûte.

La valeur de la terre est déjà très dépréciée par toutes ces charges, mais la nouvelle loi sur les successions votée par la Chambre des Députés, menace de ruiner la propriété agricole qui supportera la plus grande part des nouveaux droits de succession. La propriété mobilière échappera le plus souvent aux étreintes du fisc. Il est toujours facile de dissimuler les valeurs au porteur et des fonds placés à l'étranger. *La terre française seule sera toujours et sûrement atteinte.*

Elle ne rapporte aujourd'hui, que 2 1/2 0/0, le droit de mutation en ligne collatérale s'élèvera progressivement jusqu'à 20 0/0. Il faudra vendre l'héritage pour acquitter *des droits représentant sept années de revenus* et, dans le cours de sept années, il arrivera qu'une seconde mutation par décès confisquera encore 20 0/0 de la propriété rurale.

La loi sur les successions, votée par la Chambre, acclamée par les socialistes, est véritablement une loi de confiscation, absolument ruineuse pour la propriété agricole.

Un républicain, un ancien ministre, M. Jules Roche, est épouvanté par les résultats de cette détestable loi. Il jette un cri d'alarme.

« Si les populations rurales, dit M. Jules Roche, se rendaient compte des résultats de cette loi, *elles se soulèveraient avec une énergie invincible.* Elle est, en effet, de nature à porter à l'agriculture les coups les plus redoutables qui l'aient jamais frappée, et rien n'est plus facile de le démontrer.

« Il est évident, d'abord, que les capitaux s'éloigneraient immédiatement et le plus loin possible de tout emploi immobilier, surtout en domaine rural, et qu'il s'ensuivrait une rapide et considérable dépréciation du patrimoine de tous les cultivateurs. »

M. Jules Roche appelle particulièrement l'attention des cultivateurs *sur les droits en ligne directe.*

« C'est, dit-il, *l'écrasement de l'héritage en ligne directe* qui se trouverait sous le coup d'une confiscation déguisée. »

Actuellement l'héritage, en ligne directe, est soumis à un droit successoral de 1 fr. 25, décimes compris.

La loi nouvelle, avec l'accroissement des droits et la *progression* va jusqu'à *décupler l'impôt.*

« Prenez le tableau des taxes nouvelles édictées par l'article 8, dit M. Jules Roche, et vous voyez que l'impôt progressif, qui part de 1 0/0 sur les successions inférieures à 2.000 francs, s'élève successivement jusqu'à 4 0/0 en *ligne directe,* et que ces différents taux SONT DOUBLÉS *lorsque l'héritage a lieu du grand père au petit-fils,* et TRIPLÉS *lorsqu'il a lieu du bisaïeul à l'arrière petit-fils.*

« Or, 2 fois 4 font 8, — et 3 fois 4 font 12.

« C'est donc, en LIGNE DROITE, un impôt qui s'élèvera, dans les cas des maximums prévus, à 8 0/0 et même à 12 0/0.

« Voilà ce qu'ont osé voter trois cents députés qui se vantent de protéger l'agriculture et qui se défendent d'être socialistes.

« Autant décréter tout de suite et franchement la suppression de l'héritage. Ce serait plus loyal et moins nuisible, parce que le suffrage universel comprendrait enfin où on mène la France et prendrait les grands moyens pour se sauver, tandis qu'on l'entraîne peu à peu à la ruine et à la révolution sans qu'il s'en doute, — et même, ce qui est plus grave, sans que beaucoup de ceux qui font le mal en aient conscience.

« C'est l'aveuglement de l'ignorance, de la paresse, de l'*esprit de courtisanerie démagogique,* bien plus que de la volonté réfléchie de faire mal.

« Mais le mal n'en est pas moins accompli ! »

Nous nous associons absolument à la conclusion de M. Jules Roche, *à l'appel qu'il adresse aux Sociétés agricoles :*

« Le Sénat va délibérer, à son tour, sur la loi des successions : que toutes les Sociétés d'agriculture, que tous les Syndicats agricoles se mettent en mouvement.

Qu'ils envoient, en toute hâte, leurs protestations les plus fermes contre ce projet néfaste, spoliateur et ruineux, qui précipiterait la décadence de l'agriculture française, tout en préparant l'appauvrissement général de la nation et de la guerre sociale!

« Si ce pays est capable de se servir de la liberté, qu'il le montre! Il n'eut jamais tant besoin de comprendre et d'agir ! »

Que tous les Syndicats, toutes les Sociétés agricoles adressent donc leurs énergiques protestations, leurs pétitions fortement motivées au Sénat. Les sénateurs sont les élus de nos communes rurales ; ils doivent leurs mandats aux délégués des conseils municipaux. Les électeurs sénatoriaux sont en grande majorité des cultivateurs, de petits propriétaires terriens ; qu'ils parlent donc avec énergie à leurs mandataires ! Le Sénat a nommé une Commission dont les membres repoussent l'impôt progressif ; mais il y a dans la majorité sénatoriale beaucoup de sénateurs républicains indécis, qui tremblent devant les menaces des collectivistes ou qui subissent l'influence du gouvernement. Il est nécessaire que, dans toute la France, les Sociétés agricoles fassent entendre leur unanime protestation. Il n'y a pas un instant à perdre. La loi sur les successions sera discutée par le Sénat dans la seconde quinzaine de janvier.

Nous adressons donc un pressant appel à l'intelligente et courageuse initiative des Sociétés agricoles ; qu'elles agissent vite et résolument. Leur énergique intervention peut encore sauver de la ruine la propriété rurale.

LÉON PHILOUZE.

(*Démocratie rurale*.)

Défense des sucres français.

Nous avons signalé la prime de 4 fr. 50 allouée par le gouvernement allemand aux exportateurs de sucre.

Nos fabricants de sucre, nos raffineurs ainsi que les producteurs de betterave se sont justement émus d'une mesure qui tend à supplanter nos sucres sur les marchés étrangers et même à les battre sur le marché français.

Les délégués du Syndicat sucrier et de l'agriculture du Nord ont signalé cette situation périlleuse à M. Méline. Le ministre a compris la nécessité d'aviser.

Les délégués ont proposé les moyens suivants de défense.

Établir une prime égale d'exportation de 4 fr. 50 pour les raffinés et de 3 fr. 50 pour les sucres bruts.

Supprimer l'admission en franchise des sucres coloniaux étrangers et les frapper de la même taxe que les sucres étrangers européens, élever le droit sur les mélasses étrangères, frapper les sucres coloniaux d'un droit de 40 francs.

Ces moyens et d'autres encore sont soumis par M. Méline à l'examen d'une commission extra-parlementaire.

Espérons que cette commission fera sa besogne avec la promptitude que lui commandent les circonstances. Les Allemands ne perdent pas leur temps, comme nous, en éternelles discussions, ils agissent. Il est temps de suivre leur exemple sur ce point comme sur quelques autres.

A propos du chauffage des machines et des voitures automobiles « ad hoc » par l'alcool.

Relativement à ce projet dont j'ai parlé dans le dernier numéro de la *Gazette*, une seconde loi *s'impose naturellement*. C'est celle du dégrèvement de l'alcool, intimement liée à la première.

C'est-à-dire qu'au lieu de faire payer aux alcools de l'industrie un droit de 37 fr. 59 par 1000 degrés, on ne les taxe, à leur entrée en France, que d'un droit semblable à celui acquitté par le pétrole, soit 12 fr. 50 par 100 kilos.

D'accord avec toute la presse agricole, et de nombreuses associations, ce n'est que dans ces conditions économiques, que l'alcool employé pour l'éclairage et surtout le chauffage, pourrait lutter favorablement contre le pétrole qui nous vient de l'étranger. La nouvelle combustivité, produit entièrement français, deviendrait pratique, peu coûteuse comme éclairage et principalement comme *chauffage* des machines, sans oublier son application aux *voitures automobiles* des routes qui n'auraient plus aucune odeur en traversant nos villages.

E. BABLOT-MAITRE.

NÉCROLOGIE

Nous apprenons avec peine la mort de M. le baron de Benoist, père, ancien député sous l'empire, qui fut le premier lauréat de la prime d'honneur de la Meuse, en 1860.

M. le baron de Benoist nous honora de ses sympathies dans les premières années de notre publication, puis nous abandonna pour quelques dissidences d'opinion en matière politique et économique ; ensuite, il nous revint et nous rendit justice, à raison de notre fidélité aux principes supérieurs que nous professions comme lui en matière religieuse, sociale et agricole.

Cet homme éminent a rendu de mémorables services à son pays, il laisse trois fils aujourd'hui officiers généraux des plus distingués ; son fils aîné, Constant, ancien élève de l'Institut de Beauvais, après avoir vaillamment servi dans la guerre de 1870, était un des pionniers principaux du progrès agricole en Picardie.

Les obsèques de M. de Benoist, présidées par Mgr l'évêque de Verdun, réunissaient toute la population de la contrée, des notabilités du département, outre de nombreux membres de la Société d'agriculture de Bar-le-Duc, plus de cinquante membres du clergé.

L'éloge du vénéré défunt était dans toutes les bouches. L'évêque de Verdun voulait s'en faire l'interprète, mais M. de Benoist avait expressément défendu tout discours comme toute couronne de fleurs sur le cercueil. Les obsèques de ce grand propriétaire chrétien et agriculteur ont rendu un hommage éloquent à ses vertus et à son caractère.

L'*Écho de l'Est* résume ainsi l'opinion du pays sur M. de Benoist :

« Si l'homme politique fut un rude jouteur, n'épargnant pas plus les autres que lui-même, les vertus, la bonté, la charité de l'homme privé s'attestent par tout le bien qu'il fit autour de lui.

« C'est pour le dire et le reconnaître qu'hier un si grand concours de population se pressait à Waly. »

CHRONIQUE AGRICOLE

Situation. — La Saison.

La température s'est légèrement rafraîchie sous l'influence des orages qui ont eu lieu depuis quelques jours, mais le beau temps est toujours prédominant dans toutes les régions. On en est satisfait dans celles qui ont reçu la quantité d'eau que réclamaient les terrains. Malheureusement ces contrées ne sont pas les plus nombreuses, mais en somme les plantes semées depuis deux mois sont généralement en assez bonne voie.

Quant aux céréales, le beau temps qui règne partout est favorable à leur maturation et aux moissons. Celle des seigles est en pleine activité dans le Centre et sur le point de commencer dans les environs de Paris. On ne compte que sur des rendements à peine moyens.

La moisson des blés qui la suivra de près dans les mêmes régions ne donne lieu qu'à des appréciations incertaines. On constate beaucoup d'inégalités entre champs voisins dans toutes les contrées. Il est présumable, selon nous, que les blés les mieux partagés sont ceux qui couvrent des terres labourées profondément d'avance et fumées copieusement d'avance. Evidemment, ce sont ces blés-là qui ont eu le moins à souffrir de la période de sécheresse des trois mois de mars à juin. En comparant cet état si différent de ces blés à celui des blés cultivés sur labours légers, les cultivateurs ont sous les yeux une démonstration décisive des recommandations que nous leur adressons en matière de culture des blés.

Au reste, la même observation pourra leur être suggérée dans quelques semaines en ce qui touche les plantes-racines, tuberculeuses, pommes de terre, etc. L'expérience ne peut manquer d'éclairer tous ceux qui savent observer et réfléchir.

Echo de la sécheresse.
Une quadruple perte.

C'est, à propos des temps secs et froids que nous avons éprouvés et relativement aux petites graines des prairies artificielles :

1° Perte de ces graines, qui sont toujours chères, lorsqu'on les rachète à cause de la rareté; 2° perte du foin qui n'a pas poussé; 3° perte du bétail que l'on est obligé de vendre; 4° perte du fumier, par manque du bétail. Sans oublier un grand retard dans l'assolement qui est dérangé et irrégulier pour longtemps.

On commence à rentrer les foins. Là où les coquelicots n'ont point remplacé entièrement les véritables plantes fourragères, la récolte serait passable de qualité, si des orages n'étaient point survenus.

Sur la rivière d'*Aisne* à *Cernay-en-Dormois*, la demi-récolte est dévorée par les sauterelles grises qui ont obligé d'avancer l'époque du défrichage.

Aussi, le cours du foin s'est-il élevé à 90 francs, et la hausse n'a point dit son dernier mot??? La température est redevenue froide avec un vent du nord glacial.

E. BABLOT-MAITRE.

Erratum. — A la fin de mon article sur la situation, au lieu de: « les dures mois que l'on vient de passer ont été pénibles aussi pour les agriculteurs, » lire : « les apiculteurs. »

La vanille.

SES ORIGINES, SA CULTURE, SA PRÉPARATION

Comme suavité, ce parfum, cher aux gourmets, a peu de rivaux. Son emploi s'est d'ailleurs généralisé dans l'alimentation qui lui doit, non seulement un aromate exquis, mais encore un tonique, un stimulant de premier ordre, dont la médecine n'a peut-être pas prévu le rôle thérapeutique.

La vanille, ou plutôt le vanillier, est originaire de l'Amérique septentrionale et du Mexique. Cette précieuse Orchidacée à la tige ligneuse et grimpante, croît également, en abondance, à l'île Maurice et à la Réunion. La production annuelle de ces deux colonies atteint le chiffre de 50.000 kilogrammes, représentant approximativement une valeur marchande de 3 millions de francs avec un rapport douanier de 4 fr. 16 par kilo pour la France.

Autrefois, la vanille ne se cultivait pas. Les indigènes la considéraient comme une simple plante odorante, n'ayant d'autre vertu que celle de réjouir leurs yeux tout en embaumant l'air des forêts tropicales qui leur servaient d'abri.

Un nègre eut cependant l'idée qu'on pouvait tirer parti du fruit parfumé de la vanille, et, guidé par l'instinct, il trouva, ce que les planteurs de la Réunion appellent encore aujourd'hui : *la fécondation.*

Féconder la fleur du vanillier consiste à opérer une pression de l'anthère pour donner accès au pollen dont l'action se manifeste par l'éclosion subséquente d'un fruit ou gousse, qui, par le fait même de la fécondation artificielle, peut acquérir son plein développement comme sa parfaite maturité.

Ce nègre novateur (la postérité n'a pas gardé son nom) procura donc une importante source de richesse agricole à ses contemporains.

Ceux-ci firent une culture en règle, au moyen de boutures multipliées et l'on vit enfin apparaître dans les ports européens, ces délicieuses gousses de vanilles qui sont demeurées au premier rang des parfums alimentaires hygiéniques.

Il importe d'ajouter, toutefois, que la fécondation ne fut pas l'unique trouvaille ayant amené ce résultat. Une autre question s'imposait en effet : le fruit découvert, comment allait-on assurer la conservation et le mettre en état d'être exporté en toute sécurité? Des expériences multiples furent tentées à cet effet. Elles aboutirent à un procédé qui paraît être le meilleur, puisque les planteurs de la Réunion en font encore usage de nos jours. Ce procédé de conservation ou, pour mieux dire, de préparation est celui-ci : la cueillette des gousses s'opère avant complète maturité alors qu'elles ont une teinte jaune verdâtre et que l'absence du principe odorant est absolue. Ces gousses sont soumises à l'action de la vapeur ou à celle de l'eau en ébullition qui leur fait prendre instantanément la couleur marron foncé. On les expose ensuite, sur des claies, au soleil et à l'air pendant plusieurs jours, et, dès que l'opérateur estime avoir atteint le degré de siccité voulu, il renferme sa vanille ainsi préparée, *en vrac*, dans de grandes caisses en fer-blanc.

A partir de ce moment, chaque gousse doit subir un examen journalier, suivi d'une manipulation toute spéciale qui dure plusieurs semaines. La plus grande vigilance doit être apportée dans ce dernier travail, car il suffirait de la présence d'une seule gousse trop aqueuse pour provoquer dans la caisse, une active fermentation ayant pour conséquence immédiate la moisissure infectante et la contamination de plusieurs kilogrammes du précieux parfum.

Un lot préparé reste en surveillance dans d'autres caisses hermétiquement closes et c'est alors que le parfum se développant, acquiert tout son degré d'intensité. En dernier ressort, on procède à l'empaquetage et à la mise en boîtes d'une contenance de 5 à 6 kilos.

L'empaquetage consiste à assembler une cinquantaine de gousses de même longueur, qui doivent être liées par le milieu et aux extrémités avec la *rabanne*, sorte de fibre ténue et résistante.

La préparation dure trois mois. Si l'on considère qu'une plantation moyenne donne annuellement un million de gousses vertes, il est facile de se convaincre de la somme énorme de travail dépensé. Une vanille prête aux expéditions a perdu les trois quarts de son poids primitif. Pour produire 50.000 kilos d'exportation, les colonies de Maurice et de la Réunion doivent conséquemment récolter 200.000 kilos de vanille verte.

La culture offre d'ailleurs peu d'inconvénients. Sauf la cueillette, la fécondation et le renouvellement des boutures, tout se borne à laisser agir la nature, qui, dans ces régions équatoriales, ne réclame le secours d'aucun engrais ni arrosage.

Rien n'est comparable en beauté, à une vanillerie en pleine floraison. La moindre culture occupe 100 hectares de forêt dont chaque arbre sert de tuteur à une liane grimpante qui n'atteindrait pas moins de 40 mètres, si l'on n'avait le soin de rabattre plusieurs fois. Une liane fournit un grand nombre de grappes chargées de cinq ou six fleurs éclatantes qui, par la suite, deviennent autant de gousses brunâtres, visqueuses, entourées de pulpe, remplies de petites graines noires et saturées de cette fine huile essentielle, dont le délicieux parfum satisfait les plus délicats.

MARECHAL.

La météorisation.

La météorisation des bestiaux est un accident assez fréquent à cette époque de l'année, et un savant vétérinaire, M. Colin, donne à ce sujet les conseils suivants :

« Quand le trèfle ou la luzerne sont restés humides de rosée ou de pluie, puis exposés au soleil, ils s'échauffent, fermentent, et exposent les bestiaux qui en mangent à la météorisation, au gonflement.

« Tout le monde connaît la gravité de ces accidents. Les animaux mangent avec avidité les fourrages verts à cette époque. Quand ces fourrages ont commencé à fermenter, l'animal ne peut plus les digérer, des gaz se développent dans la panse, la rumination ne peut plus se faire, l'animal enfle, risque d'étouffer, et quelquefois succombe.

« Pour le guérir on doit s'efforcer de faire disparaître ces gaz pour rétablir la digestion. Quand l'enflure n'est pas trop considérable souvent il suffit pour qu'elle disparaisse de faire sortir l'animal et de le laisser en liberté: le grand air, les quelques pas qu'il fait favorisent la sortie du gaz, et peu à peu, l'animal se dégonfle. On peut encore le faire marcher pour activer cet effet. Quand l'enflure est plus considérable, alors on peut essayer différents remèdes qui ont pour but de combiner les gaz et de les absorber.

« Le remède le plus employé consiste à mettre deux cuillerées à bouche d'alcali volatil dans un demi-seau d'eau et à le verser en deux fois dans la bouche de l'animal à quelques minutes d'intervalles; on recommence, si une première dose n'a pas suffi A défaut d'alcali volatil, on emploie de l'eau salée, de l'eau de savon, de l'eau de lessive, de cendres, de l'eau dans laquelle on a fait dissoudre un peu de cristaux de soude.

« Un procédé des plus simples, qui presque toujours donne de bons résultats consiste à lever la tête de l'animal et à lui jeter une forte poignée de sel dans la bouche, ce qui a pour but de le faire remuer des mâchoires, en même temps on appuie légèrement sur la base de la langue avec une palette, une cuiller de bois, ce qui facilite la sortie des gaz par la bouche.

« Quand enfin la météorisation débute très fort et que la suffocation est à craindre, il est nécessaire d'avoir recours à la ponction de la panse; cette ponction se pratique sur le flanc gauche avec un trocard : l'opération est facile et on peut la pratiquer quand on l'a vu faire une fois.

« Cependant il est plus prudent de recourir au vétérinaire. »

Reproduisons à ce propos les très pratiques conseils donnés par M. Crépeaux dans son *Manuel vétérinaire pratique du cultivateur* (1).

MÉTÉORISATION (gonflement, enflure). — 1° *Bêtes à cornes* : indigestion gazeuse produite par de mauvais aliments, fourrages, humides, etc., et qui peut asphyxier l'animal en un quart d'heure en empêchant les mouvements de la respiration. Le flanc gauche augmente subitement d'une façon considérable, l'animal est d'abord triste, puis trépigne de derrière; bientôt, s'il n'y a pas de traitement, la respiration devient haletante, la langue pend et devient bleuâtre, les yeux sortent de la tête, l'animal chancelle, tombe et meurt. *Traitement à suivre par ordre* : Ne pas faire courir l'animal, mais le rentrer doucement dans l'étable et lui mettre une litière excessivement épaisse; faire boire un peu brusquement et à grandes gorgées un litre d'eau froide salée avec 300 grammes de sel. Pratiquer pendant cinq à six minutes la traction rythmée de la langue (maintenir la bouche ouverte, saisir la langue et la tirer fortement, brusquement et complètement en avant, la lâcher alors subitement pour qu'elle revienne en arrière, puis la tirer à nouveau et ainsi de suite de manière à produire quatre à six tractions par minute). Pendant ce temps faire frictionner vigoureusement le flanc gauche et le ventre. Si le flanc ne baisse pas, redonner même quantité d'eau salée ou deux grandes cuillerées d'ammoniaque (plus énergique) dans un litre d'eau. Si l'animal est menacé d'asphyxie (langue pendante, bleuâtre), avant qu'il ne tombe, donner une issue aux gaz en perçant la peau du flanc gauche à mi-distance entre la dernière côte et la pointe de l'os de la hanche (environ 10 à 12 centimètres en ar-

1. Rappelons que nous offrons cet utile ouvrage en prime à nos abonnés au prix de 0fr.45 franco.

rière de la dernière côte) et à environ 10 à 12 centimètres en dessous de l'épine dorsale, soit, de préférence avec le trocart dont on retire aussitôt la lame, le tube restant dans la plaie, soit au moyen d'un coup de couteau pratiquant une ouverture où l'on introduira pour empêcher qu'elle se referme un tuyau quelconque d'environ un centimètre de diamètre, sureau vidé, entonnoir, etc. Ce conduit sera nettoyé de temps en temps avec un brin de bois ou un fil de fer pour que les gaz puissent librement sortir. Après dégonflement on laissera encore pendant quelques heures le tube du trocart ou le tuyau dans la plaie et on redonnera une fois de l'eau salée, ensuite deux litres d'infusion de camomille et nourriture légère (barbotages, etc.). La plaie sera lavée matin et soir jusqu'à cicatrisation avec de l'eau alcoolisée (eau-de-vie à 50 degrés environ); 2° si, faute de soins, l'animal est tombé par terre (ce qui est souvent mortel par suite de lésions internes), s'empresser de le percer au flanc et de pratiquer la traction rythmée de la langue. Si l'animal ne revient pas au bout de deux à trois minutes, provoquer sa mort en le saignant au cou pour qu'il ait encore une certaine valeur comme bête de boucherie. — 2° *Moutons* : Mêmes soins, mais en employant seulement 35 grammes de sel dans un quart de litre d'eau et 15 gr., d'ammoniaque dans le même volume d'eau.

Une vesce vénéneuse.

Le *Courrier du Jura* rapporte le cas de deux vaches qui ont succombé à un empoisonnement après avoir consommé de la vesce qui ne paraissait autre que la vesce ordinaire.

On envoya des graines de cette vesce au laboratoire de l'Institut agronomique. Après examen de cette plante, la direction du laboratoire a répondu :

« Ces graines appartiennent à la *gesse* (*Lathyrus clymenum*), espèce vénéneuse qui a été cultivée imprudemment, il y a quelques années, dans la région du Sud-Est où elle a causé des empoisonnements de bêtes à cornes. On l'avait indiquée sous le nom de vesce d'Italie. »

L'avis est utile certainement; mais il nous reste à apprendre à quels signes on distingue cette gesse dangereuse des gesses comestibles.

La reconstitution des vignobles

Conférence par M. POITOU.

Le samedi 16 mai dernier, M. Poitou, conseiller général de Libourne, l'un des viticulteurs les plus distingués du Bordelais, est venu pour la troisième fois se faire entendre au Syndicat des Agriculteurs du Loiret. La conférence a eu lieu dans la salle du conseil d'administration, trop petite pour contenir le nombreux auditoire; elle était présidée par M. Denizet, président de la commission de viticulture, assisté de MM. de Laage de Meux, Paul Renard, Boussion.

Depuis plusieurs années, M. Poitou a parcouru la France pour porter partout ses excellents conseils sur la reconstitution des vignobles; c'est ainsi qu'il nous a fait le 16 mai sa cent quarante-septième conférence. Il parle facilement et nous pouvons dire qu'il a su vivement intéresser son auditoire qui l'a écouté avec la plus grande attention.

On pourrait appeler M. Poitou l'apôtre du greffage, et, d'après lui, même si le phylloxera venait à disparaître, il faudrait continuer à greffer quand même.

Par le greffage :

1° La vigne se met de suite à fruits; on récolte dès la troisième année.

2° Elle est surchargée de raisins.

3° Elle ne coule presque pas.

4° Le raisin mûrit dix ou douze jours plus tôt.

M. Poitou condamne donc tous les producteurs directs, sans exception, même l'Othello qui cependant a donné dans l'Orléanais des résultats intéressants et qui y a résisté beaucoup mieux que dans le Midi même; le Noah qui a la même résistance que le Vialla et produit un vin alcoolique et assez agréable.

Il faut donc greffer partout, mais préalablement, il importe de bien déterminer le porte-greffe qui conviendra au terrain à planter, car du choix qu'on aura fait dépendra le succès ou l'insuccès.

On a promptement trouvé les cépages qui convenaient aux terrains siliceux et argileux, mais on s'est trouvé en présence d'une grande difficulté, lorsqu'on a voulu replanter les terrains calcaires. Au début tous les cépages échouaient, et on avait fini par croire la question presque insoluble. Il n'en est plus ainsi aujourd'hui où l'on peut faire de la vigne dans des terrains contenant jusqu'à 70 0/0 de calcaire.

Les Berlandieris sélectionnés résistent à 70 0/0 de calcaire.

Le Chasselas × Berlandieris 41 b Millardet, résiste à 60 0/0.

Le Mourvèdre × Rupestris, 1202, à 50 0/0.

L'Aramon Rupestris Ganzin n° 1 — le Rupestris du Lot, le Riparia × Rupestris 3306, à 40 0/0.

Les Riparia × Rupestris 3309 et 101[14], à 30 0/0.

Les Riparia Gloire et Grand Glabe, à 20 0/0.

Le Solonis, dans les sols humides, à 40 0/0.

Résumant ses indications sur le choix des cépages, M. Poitou conseille :

Dans les bons terrains siliceux ou argileux : les Riparias.

Dans les bons terrains calcaires, durs, marneux ou crayeux : le Rupestris Monticola, le 101[14], le 1202, le 41 b.

Dans les terrains peu fertiles siliceux : les franco-américains, le Vialla, le Jacquez.

Dans les terrains argileux : le Rupestris du Lot.

Dans les terrains calcaires : le 3309 Riparia Rupestris, le 101 14, le 1202, le 41 b.

Parlant ensuite des greffons, il engage à maintenir les cépages du pays, ceux qui ont fait sa réputation et fournissent des vins appréciés par la clientèle, mais en cherchant sans cesse à les améliorer par une sélection bien entendue. Pour cela on devra choisir toujours les greffons sur les ceps qui produisent les raisins les plus beaux et les plus abondants, et en s'abstenant d'en prendre sur ceux dont la production est médiocre; en choisissant surtout les exemples dans les terrains bas et humides plutôt que sur les hauteurs.

M. Poitou recommande spécialement le Cot du Bordelais, celui qui ne coule pas et qui greffé réunit toutes les qualités : alcool, couleur, fermeté, abondance.

Il le cultive presque exclusivement dans ses propriétés de Libourne et en est toujours très satisfait; il engage le Syndicat à en faire l'essai et met à sa disposition, pour l'an prochain, quelques centaines de greffons.

Il engage à planter en pépinière et non sur place, dans un terrain non sablonneux et défoncé dès le mois de novembre; en avril on se contentera d'enlever légèrement l'herbe à la surface et on plantera sans autre façon vers le 15 mai. En opérant ainsi, on pourra compter sur une réussite de 33 0/0.

Quand il s'agira de mettre la vigne en place, M. Poitou conseille de planter à l'automne dans les terrains sains, et seulement au printemps dans les terrains humides. On aura soin d'éviter de planter la greffe trop profondément, la soudure doit être seulement à 1 ou 2 centimètres au-dessous du sol bien nivelé, cela suffira pour qu'en hiver elle soit suffisamment couverte par le chaussage; on se rappelle qu'en 1879 les greffes du Midi, établies dans ces conditions, ont très bien résisté aux froids les plus rigoureux.

Sur la taille, l'orateur donne aussi de sages conseils : on taille trop bas dans l'Orléanais, il faut remonter la souche qui doit être à 20 ou 25 centimètres au-dessus du sol, afin d'éviter que les raisins ne portent sur la terre.

Enfin, il termine par quelques mots sur la fumure, sur laquelle on ne saurait donner un conseil d'une application générale; lorsque la vigne est vigoureuse, il faut s'abstenir de toute fumure; la coulure se produit particulièrement dans les vignes trop vigoureuses. C'est surtout lorsqu'elle s'affaiblit qu'elle a besoin d'être fumée, et alors le mieux est encore de lui donner du fumier de ferme; on peut aussi lui fournir de l'azote en ensemençant des fourrages dans les rangs, de la vesce d'été par exemple qu'on devra retourner à l'automne.

Telle a été la conférence de M. Poitou; toujours claire, précise et attachante, elle aura fourni aux vignerons qui l'ont entendue, le meilleur enseignement pour la constitution de nos vignobles, et nous ne saurions trop en remercier le dévoué conférencier.

Les chenilles des pins.

On sait que les pineraies de la campagne sont ravagées depuis quelques années par des chenilles dont on a en vain tenté jusqu'ici de les délivrer.

M. Laurent, président de la Société des sciences naturelles, a fait au Comice de Reims une conférence sur ce sujet, où il a donné de curieux détails sur ces insectes dont les cocons sont si difficiles à extirper des pins, et il a indiqué les moyens suivants d'obtenir leur destruction :

1° Entourer chaque plantation d'un fossé à paroi verticale.

2° Appliquer sur le tronc des vieux pins une couche de goudron.

3° Arroser les branches envahies ou même menacées, avec une solution de 15 0/0 de pétrole au moyen du pulvérisateur.

4° Enlever et brûler les cocons, et écraser les chenilles.

Enfin insister auprès des pouvoirs publics pour rendre ces moyens obligatoires.

Il ne convient pas en effet que la négligence des uns paralysent les efforts des autres.

Le deuxième parasite du pin est un microlépidoptère qui, déposant ses œufs dans le bourgeon du pin en arrête la croissance et donne à l'extrémité un aspect buissonnant.

Le seul moyen d'éviter cet inconvénient consiste à substituer le pin d'Autriche au pin sylvestre, celui-là n'étant pas attaqué par le parasite.

Le troisième parasite est de nature végétale, c'est la *rouille vésiculaire de l'écorce du pin*, champignon similaire de la rouille du blé dont l'existence se passe pour la première phase sur le séneçon.

Le moyen à employer contre lui consisterait à arracher tous les pieds de séneçon.

Le Comice a adressé de vifs remerciements à M. Laurent pour son intéressante communication.

Le buttage des pommes de terre.

Le buttage est une pratique très répandue en France dans la culture de la pomme de terre. Cette opération consiste, on le sait, à réunir le pied de chaque touffe d'un petit amas de terre, de 10 à 75 centimètres. Les partisans du buttage estiment qu'il est nécessaire pour obtenir de nombreux et volumineux tubercules. Quelques autres sont d'un avis différent. Les uns le déclarent inutile, d'autres vont plus loin et le déclarent nuisible.

La *Bourgogne agricole* apprécie ainsi qu'il suit, les diverses opinions :

« Il est temps de s'expliquer : Le buttage est une excellente opération appliqué à des variétés de pommes de terre dont les tubercules tendent à pousser à *la surface*, et ces variétés sont encore assez nombreuses, la nomenclature en serait fastidieuse mais les cultivateurs les connaissent bien. Pour les variétés qui, au contraire, tendent à enfouir profondément leurs tubercules, le buttage devient inutile; d'aucuns peuvent le juger nuisible, puisqu'il interpose entre le soleil, l'air et les tubercules une plus ou moins grosse quantité de terre qui prive ceux-ci de ces deux agents précieux de fertilité.

« De nombreux essais ont été faits : nous ne savons pas s'ils l'ont toujours été d'une façon bien sérieuse.

« Si nous devions croire Mathieu de Dombasle, le buttage n'augmenterait pas la production, il la diminuerait même : il est vrai que Mathieu de Dombasle expliquait cette diminution de production par l'époque toujours un peu trop tardive à laquelle on opérait ce buttage.

« Quoiqu'il en soit, nous pensons que dans la très grande majorité des cas, surtout avec des variétés ne produisant pas leurs tubercules à la surface, le buttage est une excellente pratique, mais à la condition de le faire de très bonne heure pour ne pas supprimer ou déranger les radicelles imperceptibles au moyen desquelles la plante va chercher sa nourriture beaucoup plus loin qu'on le suppose communément. »

A ces judicieuses remarques, nous nous permettons d'en ajouter une qui les complète.

C'est que le volume de terre formant la butte doit dépendre de la nature de la terre. Evidemment une terre sablonneuse pourra comporter des buttes plus épaisses qu'une terre argileuse. Ce qui importe, c'est que le contact de l'air ne soit pas complètement inaccessible aux suçoirs ni aux radicelles, qui sont les organes alimentaires de la plante.

Mais, pour donner une solution complète du problème, il serait utile de publier une nomenclature des variétés classées d'après la profondeur du sol où poussent leurs radicelles. Ce détail intéressant manque dans les meilleurs traités publiés jusqu'ici sur la culture de la pomme de terre.

La rouille du tabac.

M. Maréchal, professeur d'agriculture du Pas-de-Calais, appelle l'attention sur une maladie qui, actuellement, attaque gravement les plants de tabac en France et en Allemagne. Elle est caractérisée par l'apparition sur la feuille de taches où le limbe est décoloré; bientôt ces places se dessèchent et forment des macules d'un jaune grisâtre dont le pourtour est marqué par une bordure plus colorée. On ne connaît encore aucun remède contre cette affection qui est connue en France sous le nom de maladie de la rouille ou nielle des feuilles de tabac, et en Allemagne sous celui de maladie de la mosaïque. M. Maréchal, désirant étudier cette maladie pour lui trouver un remède, fait appel aux planteurs de tabac, pour qu'ils lui envoient, aussitôt l'apparition des taches, des échantillons des feuilles atteintes.

Les Phosphates de la Somme

Nous appelons l'attention des agriculteurs et des syndicats sur le prospectus inclus qui indique la mise en société des *Phosphates de la Somme*. La Société générale des Phosphates de la Somme, 40 bis, rue de Rivoli (Paris), qui va installer à Montargis une fabrique de superphosphate, émet 12.000 actions de 100 francs.

RECETTES

Maladie du « bégonia rex ». — Dans la serre de l'école de Grignon, un certain nombre de bégonias dépérissaient, présentant constamment sur leurs racines et sur leur rhizome des tubérosités ou excroissances de grosseur variable. Après examen au microscope, M. Julien, maître de conférences de pathologie végétale, a reconnu qu'il s'agissait de nématodes, vers microscopiques désignés communément sous le nom général d'anguillules.

La casse des vins. — La casse des vins était une maladie jusqu'ici peu connue. M. Gouirand en a fait l'étude et a reconnu qu'elle était due à une diastase particulière qui oxyde la matière colorante du vin et la précipite. C'est à elle aussi qu'est dû le jaunissement des vins blancs. Dans le vin elle est détruite par le chauffage à 60 degrés. On peut donc éviter la casse des vins et le jaunissement des vins blancs en les chauffant préalablement à 60 degrés.

BIBLIOGRAPHIE

Dictionnaire de médecine domestique, comprenant la médecine usuelle, l'hygiène journalière, la pharmacie domestique et les applications des nouvelles conquêtes de la science à l'art de guérir, par le Dr Paul Bonami, médecin en chef de l'hospice de la Bienfaisance, lauréat de l'Académie de médecine. 1 vol. gr. in-8 de 950 pages à 2 colonnes, illustré de 700 figures, à la librairie J.-B. Baillière et fils, 19, rue Hautefeuille (près du boulevard Saint-Germain), à Paris.

Paraît en 15 séries hebdomadaires de 64 pages à 1 franc.

Voulez-vous savoir ce que vous devez manger et boire, comment il faut vous vêtir, l'exercice que vous devez prendre, la façon d'user avec profit et sans danger des bains, douches et autres pratiques d'hydrothérapie, la manière d'orienter, de distribuer, d'aménager, de chauffer, d'éclairer, de ventiler votre habitation, de faire servir à la prolongation de votre existence tous les agents du monde extérieur et de fuir tout ce qui peut vous nuire? Ouvrez le *Dictionnaire de la Santé*. La *maladie* a-t-elle fait son apparition? Un *accident* s'est-il produit? Êtes-vous en présence d'un *empoisonné*, d'un *asphyxié*, d'un *noyé*, d'un *blessé*? Consultez encore le *Dictionnaire de la Santé*. Il vous indiquera les *causes*, les *signes* et le *traitement des maladies*.

Médecine française et antijuive, par M. Jules Séverin. — Librairie Savine, rue des Pyramides. — Prix : 2 francs, *franco*.

Ce livre de M. Jules Séverin se recommande vivement, malgré la bizarrerie apparente de son titre, au public comme aux savants, où M. Séverin y prend d'abord à partie toute la fausse science charlatanesque introduite dans nos Facultés, depuis l'arrivée des Juifs allemands en 1870.

En philosophie, ils professent l'athéisme ou le culte de Moloch. En économie politique, ils favorisent tous les coups de spéculation; en médecine, ils ont fait litière de l'ancien enseignement français et de ce qu'avaient découvert et professé nos savants les plus en renom, préparant la déchéance de cette science. Traitement irrationnel, emploi des caustiques qui exercent des ravages dans le corps, tel est le bilan de leur enseignement, frappé d'impuissance dans les résultats pratiques qu'on en attendait.

M. Séverin reprend les grandes lignes de cet enseignement, spécifie le rôle des aliments et des réactifs, suit les phénomènes de la vie, indique les causes qui les altèrent, et le moyen d'y parer, dans l'espèce humaine et par suite dans toutes les autres espèces.

C'est un livre de haute science, en même temps qu'un bienfait rendu à ses semblables. Nous le recommandons à nos lecteurs.

Nous reviendrons sur une œuvre qui intéresse l'élevage à plusieurs égards.

OFFRES ET DEMANDES

RED-CAP

Œufs à couver de cette excellente race de poule, réputée la plus jolie et la plus forte pondeuse, garantis race pure frais et fécondés, 5 fr. la douzaine franco de port et d'emballage. S'adresser à **Calixte Dany**, Althen-les-Paluds (Vaucluse).

Important : J'invite les personnes qui veulent bien me confier leurs ordres de toujours y joindre un mandat, les remboursements n'étant bénéficiables qu'aux Compagnies.

Toujours donner le nom de la gare à laquelle il faut adresser les envois.

M. POUZIN offre de jolis racinés de son plant de vigne à la seule condition pour les demandeurs de lui tenir compte d'une partie de la récolte d'une année. — Contre 0 fr. 25 il expédie son *Guide* pour la culture de cette variété.
Écrire à M. Pouzin Émile, à Saint-Paul-les-Romans, Drôme.

Huiles d'olive garanties pures et sans mélange venant directement de la propriété.
Au prix de 1,80, — 1,60, — 1,50 le kilog. suivant qualité.
Gare départ, paiement contre remboursement. S'adresser à M. Edouard Laurin, propriétaire à Saint-Chamas (Bouches-du-Rhône).

Ferme de l'Institut Agricole de Beauvais — A VENDRE :
1° Très bon bélier *charmois* en état de faire la lutte.
2° Œufs, poulettes et coqs des races : La Flèche, Dorkins, Leghorn, Campine et Padoue Doré, Langshan, Gournay, Coucou de Malines, Houdan, Cochinchinoise fauve, Brahmapoutra, canards de Rouen.

GRAND CRU MENARDIERE. Cidre normand pur jus, 15 fr. l'hecto non logé.
Eau-de-vie de cidre garantie pure : 3 fr. le litre.
Sassier, propriétaire. La Colombe (Manche)

Un agriculteur offre des actions d'une bonne société d'assurances au prix d'émission. Revenu de 5 p. 100. S'adresser aux bureaux du journal.

Agriculteur, ancien régisseur de grandes propriétés, demande direction d'un domaine en France ou colonies. Excellentes références.

Ancien Industriel ayant possédé usine importante, fait valoir plusieurs Fermes et Bois de haute futaie, désire se placer comme intendant-régisseur. Nous recommandons spécialement cette personne qui a de grandes connaissances techniques à possesseur de grand domaine. Écrire au bureau du journal.

Purificateur d'air pour tonneaux, l'un 4 50 franco gare.

Moyennant un supplément de 0 fr. 40, nous joindrons à l'envoi une mèche à percer de calibre et moyennant 0 fr. 10 en plus, une mèche soufrée.

COURS DES BESTIAUX

Marché de la Villette du 29 juin 1896.

	PRIX DE LA VIANDE NETTE		
	1re qualité	2e qualité	3e qualité
Bœufs...	1.54	1.44	1.34
Vaches...	1.52	1.42	1.32
Taureaux.	1.24	1.14	1.04
Veaux....	1 60	1.40	1.60
Moutons..	2 00	1.88	1.78
Porcs	1.10	1.08	0.96

ESPÈCES	AMENÉS	VENDUS	PRIX EXTRÊME	
			viande net	poids vif
Bœufs.....	3,054	2.456	1.34 à 1 54	61 à » 95
Vaches...	909	857	1.32 1.52	56 » 94
Taureaux	228	214	1 04 1.24	50 » 77
Veaux....	1.713	1.124	1.01 1 60	53 1.05
Moutons.	21.273	19 423	1.78 2 00	78 1.24
Porcs.. ..	3.6 3	3.588	« 96 1.10	64 » 76

Arrivage important.

Marché de la Villette du 2 Juillet 1896.

PRIX DE LA VIANDE NETTE AU KILOGR.

	1re qualité	2e qualité	3e qualité	Prix extrème
Bœufs....	0.78	0.66	0.56	0.54 à 0.83
Vaches...	0.73	0.63	0.52	0 50 0 82
Taureaux	0 63	0.58	0 50	0 48 0.73
Veaux....	0.76	0.64	0.54	0.50 0.78
Moutons..	0.93	0.80	0 88	0.66 1.02
Porcs....	0.42	0.37	0.33	0.30 0.45

ESPÈCES	AMENÉS	VENDUS	OBSERVATIONS
Bœufs ...	2.039	1.749	Vente calme.
Vaches...	497	484	
Taureaux.	150	136	
Veaux....	1.710	1 346	
Moutons..	15.405	13 105	
Porcs.....	6 455	6.239	

PRIX DU KILOG AU POIDS VIF

	1re qualité	2e qualité	3e qualité	Prix extrèm
Bœufs....	1.52	1.41	1.34	1.30 à 1.56
Vaches...	1.46	1.35	1 30	1.18 1.50
Taureaux.	1.27	1.18	1.02	1.00 1.32
Veaux....	1.74	1.58	1.38	1.33 1.80
Moutons..	1.96	1.86	1.73	1.70 2.06
Porcs ...	1.12	1 02	0.92	0.90 1.16

Prix par races au kilog de viande nette.

	Bœufs	Vaches
Normands.....	1.44 à 1.52	144 à 1.50
Limousins.....	1.44 à 1 52	142 à 1.47
Choletais......	1.44 à 1.50	134 à 1 42
Bourbonnais ...	1.42 à 1.40	140 à 1.50
Berrichons	1.40 à 1.52	— à —
Bretons	» à »	— à —
Étranger......	1.39 à 1.45	— à —

Ces prix s'entendent pour la première qualité, la seconde vaut environ 8 0/0 de moins et la troisième environ 16 0/0 de moins que la première.

PRODUITS COLONIAUX

Renseignements fournis par MM. MARÉCHAL et Cie. courtiers, 9, rue Chevreul, Paris.

Sucres. — Le marché à terme a été assez actif et a eu des cours en hausse pendant la dernière semaine; toutefois le courant est retombé à 29,75, pour n° 3 cristallisé. Les roux 88° valent de 28,25 à 28, 50 entrepôt.

En sucres exotiques à la consommation, le mouvement d'affaires est toujours calme. Nantes cote le 88° de toutes provenances 27,25 à 27,75 les 100 kil. entrepôt.

Les autres places sont sans changement avec des demandes presque nulles.

Cafés. — Au Havre, il y eu, dans la huitaine écoulée une reprise de 1 à 3 francs sur le santos good average disponible. Cette légère reprise à quelque peu surpris étant donné que les recettes au Brésil ont été assez fortes. Il y a lieu de supposer que le mouvement est dû à une amélioration dans la qualité; jusqu'ici, les arrivages aux ports étaient constitués pour majeure partie de fèves très petites provenant du rayon de Ribeirão-Preto dans la province de São-Paulo. On a constaté d'ailleurs que les quelques échantillons reçus en Europe n'étaient pas très engageants, et des cafés annoncés comme superior nouveau, de la saison, équivaudraient, paraît-il, à du faible good de 1895-96, avec fèves rousses et d'un goût douteux.

On estime que vu la faiblesse de nos approvisionnements et le nombre d'engagements contractés, l'article peut rester sous la seule domination de la position statistique qui serait favorable à la baisse en vue d'une récolte exceptionnellement forte; mais il y a lieu de compter avec les besoins du réapprovisionnement et aussi avec ce fait que depuis longtemps on escompte la surproduction. Le stock s'élève à 421.700 sacs et 4.356 fûts contre 458.840 sacs et 1.848 fûts au 26 juin 1895.

Les affaires en disponible ont été calmes; la consommation réserve ses achats. Cependant, aux cours actuels, on s'explique mal la froideur des acheteurs. Étant donné que la situation du Havre pèse toujours plus ou moins sur les transactions du disponible, on comprendrait que les consommations achetassent aux cours pratiqués en ce moment pour cafés de broches et sortes bon goût. La seconde main a souvent le tort d'être baissière à outrance et les cours remontent presque toujours avant qu'elle se soit décidée à faire son approvisionnement.

Le cours officiel du Havre est 71 fr. les 50 kil. entrepôt, bourse du 29 juin.

Vanilles. — La hausse se maintient et les affaires restent calmes. — Les nouvelles de la récolte prochaine sont favorables à une réduction, ce qui consoliderait pour longtemps les cours actuels.

On cote à Paris 68 à 95 les extra longues et 48 à 55 les secondes qualités. — Ces prix sont pour le gros.

Gommes. — Même situation. Les grosses blanches Sénégal sont obtenables à 225 et les grosses blondes à 180.

CORRESPONDANCE

M. G. T. (Aisne). — Le propriétaire auquel s'adresse la maison dont vous nous parlez est très consciencieux et ne fournit que d'excellents plants. Il se pourrait que des négociants vendent cependant sous son nom des plants d'une autre provenance. Si vous avez bien spécifié que vous achetiez du plant de ce dernier et non d'un autre, vous serez bien livré.

M. M., à Saint-Grave (Morbihan). — Élagage. — Difficulté communale.

Il faut adresser votre réclamation au préfet. Le maire ou l'adjoint n'ont pas le droit de vendre à leur profit des arbres appartenant à la commune. Nous ne pouvons pas vous rédiger un modèle de réclamation, — parce que nous ne connaissons pas les faits d'une façon bien certaine. Il n'y a pas de formule à ce sujet. Il suffit de résumer tous les faits dans une lettre et de l'adresser au préfet.

M. H., à B. (Haute-Loire). — Il est pris note de tous les articles demandés; mais accordez-nous un peu de crédit; nous avons à donner satisfaction à tant de correspondants.

M. V., à L. (Gers). — Pour l'entretien et le graissage des cuirs, on emploie avec avantage la vaseline, graisse spéciale; elle assouplit rapidement et remet à neuf les cuirs devenus secs et cassants. On l'emploie également pour préserver les métaux de l'oxydation, pour le graissage des essieux, etc.

M. L., à Sancey. — Pour vous procurer un présure dans la fabrication du fromage de gruyère, adressez-vous de notre part à la *Maison Egrot*, 23, rue Mathis, Paris.

Nous avons bien reçu votre mandat pour renouvellement de votre abonnement.

Le Gérant : E. GAMBART.

IMP. GAZETTE ET Cie, 8, RUE CAMPAGNE-1re, PARIS.

PRIMES A NOS ABONNÉS

Délicieux Vin Muscat Vieux tonique et réconfortant venant directement de la propriété, garanti authentique, offert en prime à nos abonnés à raison de 1 fr. 25 le litre logé en fûts de 25 à 35 litres. Fûts perdus.

Adresser les commandes au Bureau du Journal 10 *bis*, rue Piccini, Paris.

Si vous voulez boire du bon vin de Saint-Émilion, adressez-vous à M. Duplessis-Fouraud, au château des Trois-Moulins, à SAINT-ÉMILION (Gironde).

(Voir le prix courant.)

Porte-pantalon hygiénique, *breveté S. G. D. G.* de P.-B. Noël. Prix de faveur pour nos lecteurs Pour hommes, jeunes gens et enfants de dix ans franco 4 fr.; pour femmes et fillettes, 4 fr. 50.

Toute commande doit être strictement accompagnée d'un mandat-poste représentant la valeur de l'expédition.

BONDE le cent, 25 fr., les cinquante 13 fr., les vingt-cinq 7 fr. Au-dessous de 25 bondes 0 fr. 30. Le tout franco de port.

Indiquer le diamètre de chaque bonde.

Cette bonde offre les avantages suivants :

Préserve les fûts de tout accident en cours de route, même s'ils contiennent des liquides en fermentation. Évite toute perte de liquide pendant le transport.

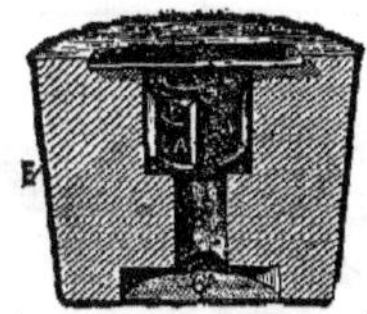

Munie de sa plaque, cette bonde est inviolable.

Elle empêche l'entrée de l'air dans les fûts tout en permettant la sortie des gaz en excès.

Adresser les demandes accompagnées d'un mandat à la *Gazette*, 10 bis, rue Piccini, Paris.

Vélocipèdes. — Pour répondre aux désirs maintes fois exprimés par nos lecteurs, nous nous sommes livrés à de sérieuses recherches. Nous avons visité les principales usines et pris l'avis d'amateurs de cet instrument. Nous sommes aujourd'hui en mesure de procurer à nos lecteurs, à titre de prime exceptionnelle des machines parfaites à tous égards provenant d'un des meilleurs fabricants.

Nos abonnés auront droit à une remise de 50 0/0 sur les prix du catalogue de cette maison.

Nous ne disposons que d'un très petit nombre d'instruments dans ces conditions.

AVIS AUX TOURISTES

L'Agence française des Voyages économiques mettra en marche au départ de Paris, pendant les mois de juin et de juillet, les excursions suivantes :

4 juillet. — **Suisse et Savoie** : Exposition de Genève. Prix à forfait : 1re classe : 340 fr.; 2e classe : 305 fr.

8 juillet. — **Suède, Norvège et Cap Nord** : Prix à forfait : 1re classe : 1.950 fr. 2e classe : 1.850 fr.

12 juillet. — **Gorges du Tarn** : Prix à forfait : 1re classe : 250 fr.; 2e classe : 220 fr.

En outre de ces excursions il sera organisé tous les dimanches des excursions d'un jour à *Boulogne-sur-Mer, Fontainebleau, Compiègne et Pierrefonds, Rambouillet*; de deux jours à *Rouen et au Havre*, et de quatre jours aux *châteaux de la Loire* et en *Belgique*.

On souscrit à l'Agence des Voyages économiques, 17, faubourg Montmartre, et 10, rue Auber, à Paris, qui répond gratuitement à toute demande de renseignements et envoie des programmes détaillés de ces différents voyages.

Le moment favorable au transport des vins ,ant revenu, nous rappelons à nos lecteurs que tous ceux d'entre eux qui, sur nos conseils, et depuis cinq ans, consomment les vins de M. Vincent Ardura, vigneron, domaine de la Chapelle-Frédignac, par Blaye-Bordeaux n'ont qu'à se louer de la qualité et de la conservation de ce Bordeaux absolument naturel, expédié sans intermédiaire.

Pour dégustation sérieuse, envoi gratuit est fait d'une bouteille de la récolte désignée.

L'encaissement est fait par le facteur, à 30 jours, escompte 2 0/0, ou 90 jours.

Vendanges : 1893, à 130 fr., 1892-91, à 150 fr.: 1890-89, à 175 fr., 1887, à 200 fr., 1885, à 220 fr., 1884 ,à 240 fr., 1882, à 250 fr., 1881, à 300 fr. — Graves blancs vieux : 130, 150, 200, 250, 30 fr., suivant âge, les 225 litres collés, soutirés, franco de port et de fût en gare d'arrivée.

GRIFFE SARCLEUSE-BINEUSE

Outil économique

Prix : 9, 12, 14, 16 fr., selon dimension. Prospect. explicatif. à M. Al. ROUSSEAU, breveté. Taverny (S.-e-O)

pour biner, sarcler promptement entre toutes les lignes de plantes ou légumes sans distinction, indispensable en toutes saisons dans les jardins, vignes, pépinières, les cultures de betteraves, de tabac, etc., même dans les allées

VIN DE BOURGOGNE

Ferme de l'Hospice de Beaune.

Domaine de MEURSAULT

VINS FINS GRANDS ORDINAIRES, ORDINAIRES
Rouges et Blancs

Concours Général agricole de Paris 1895

MÉDAILLE d'or pour vins rouges
MÉDAILLE d'argent pour vins blancs

Concours Général agricole de 1896

HORS CONCOURS, MEMBRE DU JURY

JOBART MUTHELET, Meursault (Côte-d'Or)

VELOUTINE FLAMANDE

La **Veloutine** est spécialement employée pour lustrer les cuirs de fantaisie : guidos, selles, harnais de luxe et de travail, capotes, tabliers, caparaçons, etc , et lorsqu'ils ont déjà été enduits de vaseline, ce produit donne un joli brillant et évite l'action graisseuse des cirages ou préparations à base de cire. Sans causticité il ne dessèche pas et imperméabilise.

Le bidon d'un litre pour harnais noirs. . . . 3 70
— — — jaunes. . . 4 20

Franco gare contre mandat-poste.

S'adresser : *Manufacture de Vaselines industrielles de Ligny-en-Cambrésis (Nord)*

Etablissement Glaser

AVENUE NIEL, 9, PARIS

LOCATION DE CHEVAUX

de Selle et d'Attelage

pour les Chasses, la Promenade, la Campagne

PENSION DE CHEVAUX

en Boxes et Stalles.

LE MONDE, journal quotidien du soir 17, rue Cassette, Paris.
Abonnement 25 fr. par an, 0 fr 05 le numéro. Organe recommandé aux agriculteurs et aux membres du clergé.

FROMENTINE

Marque déposée B. S.G.D.G.

Produit pour l'alimentation économique, saine et rationnelle du bétail, provenant en grande partie des issues de la mouture de blé.

DIVERSES MARQUES

Demander celle en raison du but poursuivi

Marque A pour l'engraissement égal à celui du tourteau de lin, le remplacement de l'avoine, production d'un lait de qualité supérieure.
Marque B pour le bon entretien du bétail.
Marque J développement rapide des jeunes bêtes.
Marque L surproduction du lait.
Marque E engraissement rapide.

Ecrire à M. Armand MILLOT
Moulins Saint-Martin
Saint-Quentin)Aisne.)

MALADIES DU BÉTAIL

ET DE LA VOLAILLE

Leur traitement préventif et curatif

PAR L'ACIDE SALICYLIQUE

L'acide salicylique, employé dans la nourriture à la dose de 1/2 à 1 gramme par jour et par tête de bétail, est le meilleur préservatif des maladies qui procèdent par contagion : Sang de rate, Cocotte, Maladie aphteuse, Erysipèle, Typhus, Morve, Variole et le Rouget des porcs, etc.

Des attestations nombreuses de guérisons obtenues pour la Cocotte et le Rouget des porcs ont été reproduites dans le journal *l'Agriculture*.

La désinfection des étables, des écuries, se fait instantanément au moyen d'un arrosage d'eau salicylée à 2 grammes par litre.

S'adresser à M. CERCKEL, administrateur de la *Compagnie de produits antiseptiques*, 26, rue Bergère, Paris.

Envoi sur demande de Prospectus et Brochures.

Prix du kil., 25 fr. Boîte de ménage, 2 fr.

ALIMENTATION DU BÉTAIL

Tourteaux de Coprah ou Coco

F. TASSY, E. ROCCA et Cie

Fabricants d'huiles (**producteurs directs de Tourteaux**)

23, rue Haxo, MARSEILLE

Deux médailles d'or, Anvers 1894

Envoi de Prix-Courants et Échantillons sur demande.

ASPERGE GÉANTE

ROYALE DE FRANCE

(*RACE D'ARGENTEUIL PERFECTIONNEE*)

Demander la *Méthode de Culture* et prix courant (gratis et franco), à M. WILLIAM FOURCINE, directeur des pépinières royales de Dreux (Eure-et-Loir). Médailles et diplômes de première classe.

Maison MURE, à Pont-St-Esprit (Gard)
A. GAZAGNE, Gendre et Sucr, Phn de 1re Classe

MALADIES NERVEUSES

Epilepsie, Hystérie, Danse de Saint-Guy, Affections de la Moëlle épinière, Convulsions, Crises, Vertiges, Eblouissements, Fatigue cérébrale, Migraine, Insomnie, Spermatorrhée

Guérison fréquente, Soulagement toujours certain

par le SIROP de HENRY MURE
succès consacré par 20 années d'expérimentation dans les Hôpitaux de Paris.
FLACON : 5 FR. — NOTICE GRATIS.

PATE et SIROP d'ESCARGOTS de MURE

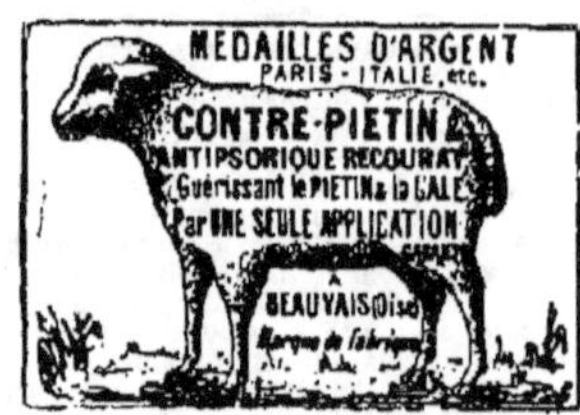

« Depuis 50 ans que j'exerce la médecine, je n'ai pas trouvé de remède « plus efficace que le escargots contre « les irritations de poitrine. »
Dr CHRÉTIEN, de Montpellier.

Goût exquis, efficacité puissante contre **Rhumes**, **Catarrhes** aigus ou chroniques, **Toux spasmodique**, **Irritations de la gorge** et de la **poitrine**.

Pâte 1fr; Sirop 2fr. — Exiger la PATE MURE. Refuser les Imitations.

Thé Diurétique de France

sollicite efficacement la sécrétion urinaire, apaise les **douleurs des Reins** et de la **Vessie**, entraîne le sable, le mucus et les concrétions, et rend aux urines leur limpidité normale. — **Néphrites, Gravelle, Catarrhe vésical, Affections** de la **Prostate** et de l'**Urèthre**. — PRIX DE LA BOITE : 3 FRANCS.

Dépôt général de l'ALCOOLATURE D'ARNICA de la TRAPPE DE NOTRE-DAME DES NEIGES
Remède souverain contre toutes blessures, coupures, contusions, défaillances, accidents cholériformes.
DANS TOUTES PHARMACIES. — 2 FR. LE FLACON.

MEDAILLES D'ARGENT
PARIS - ITALIE, etc.

CONTRE-PIÉTIN
ANTIPSORIQUE RECOURAT
Guérissant le PIÉTIN et la GALE
par UNE SEULE APPLICATION

BEAUVAIS(Oise)
Marque de fabrique

M. Recourat, pharmacien à Beauvais.

Gale des moutons guérie radicalement par *une seule application* de l'Antipsorique.

La bouteille, 3 fr. ; la 1/2 bouteille, 1 fr. 75.

Guérison du Piétin par *un seul pansement* avec le Contre-Piétin-Recourat.

Le pot d'essai, 1 fr. 50 ; le pot, 2 fr. 50.

Joindre 0 fr. 60 pour recevoir *franco* et indiquer gare.

Insecticide-Préservateur

FERTILISANT
DESGOUTTES

La Boîte de 10 kilog., pour essais, 10 fr. franco toutes gares (port et emballage compris).

Adresser les demandes, accompagnées d'un mandat, 10 bis, rue Piccini, Paris.

FOURNEAUX DE CUISINE

de toutes espèces

Maisons particulières, Hôtels, Châteaux et Fermes, Hospices, Hôpitaux, Collèges, Pensions, etc.

ENVOI FRANCO DE CATALOGUES

Maison DELAROCHE aîné
22, rue Bertrand, PARIS

des Usines de MM. P. MARCHAND Frères, à DUNKERQUE (Nord)
Fabriqués sous le contrôle permanent de la Station Agronomique du Nord
Dirigée par M. DUBERNARD

Nous appelons l'attention des éleveurs et des nourrisseurs sur les Tourteaux de **COTON** de graines d'Egypte: c'est un produit excellent pour les vaches laitières, les bœufs à l'engrais et les moutons.

Nos Tourteaux de **COTON** sont complètement débarrassés de la bourre qui enveloppe la graine et contiennent la même quantité de matières nutritives et grasses que les meilleurs Tourteaux de Lin.

Nos Tourteaux de **COTON** forment l'aliment le meilleur et le plus avantageux en raison de leur prix excessivement bas.

PRIX : 9 Fr.   **les 100 kil., gare Dunkerque**

S'adresser à MM. P. MARCHAND Frères, à DUNKERQUE (Nord)

PHOSPHATE FOSSILE DE QUIÉVY-NORD

le plus assimilable de tous les phosphate connus

GARANTI PUR DE MÉLANGE AVEC TOUT AUTRE PHOSPHATE
Ce qui, du reste, ne pourrait que diminuer son assimilabilité.

EXTRACTION DU GISEMENT ET USINE A QUIÉVY
Propriétaire-Extracteur : C. LECLERCQ
Bureaux à Viesly (Nord).

COMPOSITION MOYENNE		ASSIMILABILITÉ RELATIVE (méth. Joulie).
		Solubilité dans l'oxalate d'ammoniaque.
Acide phosphorique. . . .	12 » à 16 » 0/0	Phosphate de Quiévy. 82 29 0/0
Potasse	0 45 à 2 77 0/0	— de la Meuse 51 95 0/0
Chaux.	19 05 à 31 » 0/0	— de Pernes. 47 87 0/0
Magnésie.	0 58 à 3 80 0/0	— des Ardennes. 46 43 0/0
Matières organiques azotées .	1 80 à 3 45 0/0	— de la Somme (moy.). . 44 53 0/0
		— de Ciply. 34 57 0/0

Titre garanti en acide phosphorique : 13 à 15 0/0.

LIVRAISON : EN POUDRE IMPALPABLE EN SACS PLOMBÉS, MIS SUR WAGON GARE QUIÉVY-en-CAMBRÉSIS
Prix : **3 fr. 80** les 100 kilos, sacs perdus, 30 jours, 2 0/0 ou 90 jours net.

NOTA. — Les acheteurs qui désirent employer le **véritable Phosphate de Quiévy** pur et garanti d'origine doivent exiger que les sacs portent la Marque (Au Poisson fossile) et la Firme : **M. LECLERCQ, seul exploitant à Quiévy (Nord).**

MACHINES
AGRICOLES, VINICOLES et VITICOLES
TH. PILTER
24, Rue Alibert, PARIS

SUCCURSALES : BORDEAUX 28, av. Thiers (Bastide) | TOULOUSE 63, allé. s Lafayette | MARSEILLE 78, r. de la République | TUNIS 19, rue de Portugal

Les lecteurs de la **Gazette** désireux de recevoir les Catalogues de la maison TH. PILTER dès leur publication, sont priés d'écrire 24, rue Alibert, Paris, afin de se faire inscrire.

MACHINES AGRICOLES
A. BAJAC
à LIANCOURT (Oise)

LA PROBITÉ

SOCIÉTÉ
D'ASSURANCES MUTUELLES CONTRE LA GRÊLE ET LA FOUDRE, FONDÉE A LYON EN 1890

La PROBITÉ assure dans toute la France et ses colonies tous les risques, grêle, en céréales, fruits, mûriers, noyers, oliviers, vignes, tabacs et tous autres produits agricoles.

La PROBITÉ fait partie de la Société régionale de viticulture de Lyon. Elle accorde des remises et des conditions spéciales aux syndicats agricoles qui veulent bien la représenter.

Siège social : 30, rue Servient, Lyon-Préfecture

Accepterait des Agents dans les localités où elle n'est pas représentée.

LIENS

AGRICOLES
ÉCONOMIQUES
MEILLEUR MARCHÉ
que la Paille

SACS à **RAISINS**   19×13. 4.50   20×16. 5.50
25×18. 7.00   28×20, 8.50
LE CENT

B. JACOB, 19, rue Turbigo, PARIS
On demande des Représentants.

Eugène de MASQUARD

PROPRIÉTAIRE-VITICULTEUR, Château de la Cascade
SAINT-CÉSAIRE-LES-NIMES (Gard)

Vins garantis naturels, rouges et blancs, depuis 75 fr. la pièce de 220 litres jusqu'à 100 francs, selon qualité, prise en gare de St-Césaire (Gard), fût perdu.
Ces vins ont été médaillés à toutes les expositions où ils ont figuré.

Récoltés sur des coteaux et des terrains secs, les vins de Saint-Césaire, l'un des meilleurs crus du Gard, se conservent parfaitement sans être plâtrés.

Envoi franco de prix courants et échantillons

LYSOL

Le plus puissant de tous les antiseptiques désinfectants dérivés du goudron
Le seul complétement soluble dans l'eau
INSECTICIDE & ANTIPARASITAIRE INFAILLIBLE

POUDRE AU LYSOL

La poudre au Lysol préserve la vigne, les arbres fruitiers, fleurs, plantes, etc., des invasions cryptogamiques et parasitaires.

ENVOI FRANCO D'UNE BROCHURE EXPLICATIVE
sur demande adressée à la
SOCIÉTÉ FRANÇAISE DU LYSOL
22 et 24, Place Vendôme, PARIS

GRANDS RABAIS
POUR LIVRAISONS SUR LES MOIS D'HIVER

Engrais de l'Usine municipale de la Voirie de Bondy

TOURTEAUX ORGANIQUES
MOULUS

Dosage : 1,50 à 2 % d'azote et 4 à 5 % d'acide phosphorique.

S'ADRESSER AU
Comptoir Agricole et Commercial
9, RUE NOUVELLE, 9, A PARIS

GRANDE BAISSE DE PRIX
PHOSPHO-GUANO COMPANY, LIMITED
LEFEBVRE FRÈRES, Consignataires généraux
PARIS - 60, RUE DE BONDY - PARIS
PHOSPHO-GUANO
SEUL VÉRITABLE — IMPORTÉ DEPUIS 1863

Superphosphate Ornithos — Superphosphate Chilton — Superphosphate 10 degrés
Osso-Guano, Engrais complet Rhizome. Engrais Surazoté L. F.

La qualité et les dosages de tous ces engrais sont invariables et garantis.
L'acide phosphorique qu'ils renferment étant complètement soluble dans l'eau a une valeur fertilisante très supérieure à celui des engrais et superphosphates dont l'acide phosphorique, soluble seulement dans le citrate d'ammoniaque, reste insoluble dans l'eau. Il n'y a de garanties sérieuses que celles des dosages exprimés séparément en acide phosphorique soluble dans l'eau et en acide phosphorique, insoluble dans l'eau.
Envoi franco sur demande de brochures indiquant les dosages garantis et les prix.
Dépôts dans tous les principaux centres agricoles.

SCHNEIDER ET Cie
PHOSPHATES MÉTALLURGIQUES
(scories de déphosphoration), des Aciéries du Creusot
ENGRAIS PHOSPHATÉ
pour Céréales, Prairies, Vignes, Betteraves, Pommes de terre, etc.

L'emploi de ces phosphates a été particulièrement recommandé dans ces derniers temps par les agronomes les plus distingués. Il permet, en raison du bas prix de ce produit, de faire apport au sol de doses considérables d'acide phosphorique.
Les phosphates métallurgiques du Creusot sont livrés moulus finement et tamisés.
Pour renseignements, s'adresser à MM. SCHNEIDER et Cie, au Creuzot (Saône-et-Loire).

COUVEUSES
ÉLEVEUSES
VOLAILLES
ŒUFS
à couver
VOITELLIER
à MANTES
et à
PARIS
4, PLACE DU THÉATRE FRANÇAIS
PRIX COURANT FRANCO
GRAND CATALOGUE ILLUSTRÉ. 0,50

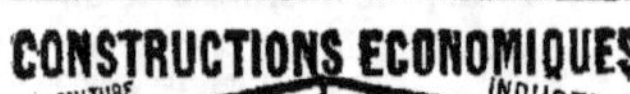

CONSTRUCTIONS ECONOMIQUES
AGRICULTURE INDUSTRIE
ENVOI Fco DU CATALOGUE
SOCIÉTÉ MÉTALLURGIQUE
d'Amiens (Somme)
USINE à VAPEUR, FORCE MOTRICE 250 CHEVAUX
Adresser les lettres à Mr le Directeur
ENVOI Fco DU CATALOGUE
TOLES ONDULEES GALVANISEES Pour Couvertures
Prix défiant toute Concurrence

ALAMBIC EGROT
A BASCULE. — EAU-DE-VIE, Ier JET sans repasse.
FRANCO CATALOGUE ILLUSTRÉ
EGROT, 19-21-23, Rue Mathis, Paris

SELS POUR L'AGRICULTURE
Nourriture du bétail et Engrais des terres

Sel neuf dénaturé, au tourteau de colza. 45 f. 1.000 k.
Sel neuf dénaturé, au peroxyde de fer. 40 f. 1.000 k
Sel de morue pur. . . . . 35 f. 1.000 k.
Expéditions de Fécamp, Bordeaux et St-Malo.
S'adresser à MM. A. LE BORGNE et ses Fils, négociants-armateurs, à Fécamp.

PRÉSERVEZ VOS ANIMAUX DOMESTIQUES
de toutes les Epizooties et Maladies contagieuses par
la Désinfection des Ecuries, Etables, Porcheries
PAR LE

CRÉSYL-JEYES

Désinfectant — Antiseptique, le seul (non
toxique), qui soit d'une efficacité scientifiquement démontrée Le **CRÉSYL-JEYES** a été récompensé par la Société des Agriculteurs de France
eu 1891 d'une **Médaille d'argent grand module.**
Envoi franco sur demande du prospectus détaillé. —
CRÉSYL-JEYES, 35, Rue des Francs-Bourgeois, 35, Paris,
Se méfier des nombreuses contrefaçons.

On sème maintenant :

Navets fourragers :
Long du Palatinat.
d'Alsace à collet vert.
Rave d'Auvergne.
Turnep.
Norfolk.
Choux-Navets.
Rutabagas.
etc., etc.

PRIX ET ÉCHANTILLONS *sur demande.*

POUR PARER
à la disette des

FOURRAGES.

On sème maintena n
Maïs jaune gros.
— dent de cheval
Millets.
Moha.
Moutarde.
Pois gris.
Sarrasins.
Vesces.

VIN PUR COTES 1re QUALITÉ

Vieux, nouveau garanti sur facture
Récolté par FELIX LAU, propriétaire-viticulteur
à Caussiniojouls (Hérault).

Nouveau, 35 fr. l'hect, logé sur gare Faugères

ENGRAIS CHIMIQUES

DES

MANUFACTURES DE SAINT-GOBAIN

12 Usines :

CHAUNY (Aisne).	SAINT-FONS, près Lyon.
AUBERVILLIERS (Paris).	L'OSERAIE, près Avignon.
MONTARGIS (Loiret).	BALARUC, près Cette.
TOURS (Indre-et-Loire).	VALENCIA (Espagne).
MONTLUÇON (Allier).	HEMIXEM
MARENNES (Charente-Inférieure).	MESVIN-CIPLY } (Belgique).

PRODUCTION ANNUELLE : 400.000.000 DE KILOS

Dosages garantis — Emballages marqués et plombés

SUPERPHOSPHATES DE CHAUX

ENGRAIS COMPOSÉS

Suivant les convenances des acheteurs pour toutes cultures

ENGRAIS COMPLET DE SAINT-GOBAIN

Efficacité éprouvée dans tous les sols et dans toutes les cultures

ENGRAIS SPÉCIAUX POUR LA VIGNE :

Engrais pour Vigne à végétation faible.
Engrais pour Vigne à végétation normale.
Engrais pour Vigne à végétation luxuriante.

Adresser les ordres ou les demandes de renseignements à la DIRECTION
COMMERCIALE DES PRODUITS CHIMIQUES de SAINT-GOBAIN, 9, rue
Sainte-Cécile, Paris — *ou aux Agents de la Compagnie dans toutes les
villes de France.*

VINS DE SAINT-ÉMILION

Vins classés, de 800 à 250 francs la barrique
de 225 litres. — Moitié prix pour la barrique de
112 itres.
Vins grands ordinaires, de 140, 125, 105,
100 francs la barrique — 80, 75, 70, 65, 58,
55 francs, la demi-barrique. — Rendu *franco* en
gare et régie, sauf octroi.
Adresser commandes à M. DUPLESSIS-
FOURCAUD, à Saint-Émilion. — Envoi de
prix courants et échantillons sur demande affranchie.
*Médailles d'Or, Paris, 1867 et 1889 — Moscou
1891 — Besançon, Montluçon, Royan, etc.*

CHEVAUX BOITEUX

Guérison par le spécifique BORNET

Contre **Capelets, Mollettes, Vessigons,
Eponges, Exostoses, Suros, Eparvins** e
les **Formes** à leur début. *(Il s'applique éga-
ement à toutes les tares molles et osseuses.)*

PRÉPARÉ PAR A. BORNET

Pharmacien de 1re classe, ex-interne et lauréat des
hôpitaux.

19, rue de Bourgogne, PARIS.

Le flacon, 5 fr., à la pharmacie ; en gare
par colis postal, 6 fr. contre mandat.

17e Année. — N° 28.　　LE NUMÉRO. **10 CENTIMES.**　　Dimanche 12 Juillet 1896.

GAZETTE AGRICOLE

JOURNAL HEBDOMADAIRE, PARAISSANT LE DIMANCHE

Fondateur : M. CH. GOSSIN, Professeur d'Agriculture à l'Institut agricole de Beauvais

PRIX DE L'ABONNEMENT

UN AN, 5 fr. — SIX MOIS, 3 fr. — TROIS MOIS, 2 fr. 25

Pour l'Étranger les abonnements ne sont reçus que pour un an, au prix de 6 francs, et ne partent que du 1er JANVIER ou du 1er JUILLET de chaque année.

Le Numéro : **10** centimes.

Adresser toute la correspondance : mandats, lettres, annonces etc., à **M. CRÉPEAUX**, Directeur de la *Gazette agricole*, 10 bis, rue Piccini, Paris.

Toute demande de changement d'adresse doit être accompagnée de 50 centimes et de la dernière bande du journal.

BUREAUX

97, rue de Rennes, Paris, et à Beauvais, rue Saint-Etienne.

Les abonnements partent du 1er de chaque mois et sont payables d'avance. Toute demande d'abonnement doit donc être accompagnée du prix de l'abonnement. (Le mode de payement le plus simple est l'envoi d'un mandat-poste.)

Donner *très lisiblement*, en s'abonnant, son nom et son adresse exacte, *avec l'indication du bureau de poste*; et, s'il s'agit d'une continuation d'abonnement, joindre au renouvellement la dernière bande d'adresse du journal.

Les Annonces sont reçues à la Direction du Journal, et chez MM. DUSSERIS et MATHELLON, 97, rue de Rennes Paris.

Sommaire :

BOURSE DU COMMERCE DU MERCREDI 8 JUILLET

	FARINES	BLÉS
Courant	38 85	18 90
Prochain	39 10	18 55
Juill.-août	39 55	18 25
4 derniers	39 60	18 25
4 de nov.	39 75	18 25

Marque de Corbeil : 45 fr. le sac de 150 kil. tolle à rendre.

Halle aux blés — *Blés indigènes.* — Les affaires manquent d'entrain, la meunerie est disposée aux achats, le temps chaud ralentissant encore la demande de la farine. Toutefois, les offres étant peu abondantes en bon blé, les prix restent sans changement notable.

Les bons blés obtiennent à 0,25 près les prix de la semaine dernière, mais les qualités moyennes et ordinaires sont d'une vente impossible. On cote : blés blancs 18,75 à 19,25 ; roux 18,25 à 18,75 les 100 kil. gare d'arrivée Paris.

Blés exotiques. — Sans affaires.

Sons. — Prix fermement tenus.

Avoines. — Les nouvelles des récoltes sont bonnes, aussi les prix sont-ils à peine soutenus. Les vieilles avoines des environs sont offertes à 15,25, on parle d'affaires à livrer en nouvelles avoines de Beauce sur août à 14 fr. Paris.

Escourgeons. — La moisson est achevée, il faudrait du temps sec pour hâter la rentrée. Le grain est jaune, mais propre et assez gros. La quantité est assurée.

Nos escourgeons de Beauce, de Vendée et de Poitou ont une concurrence sérieuse avec les provenances d'Afrique.

On cote escourgeons, Beauce 15; Paris Poitou 15; Dunkerque Vendée 15,25 dito ; Afrique et Tunisie 12,25 à 12,50 dito ; Russie 11,75 dito.

Menus grains. — On cote vesces hiver de Kœnisberg 18 à 20, de Bretagne 20 à 21, sarrasin 12,2 à 12,50 maïs dent de cheval 14 à 16, petit blé 8 à 13, jarras pour semence 20 à 22, graine de lin 25 à 27, chènevis Russie et Bretagne 22 à 24, millet Vendée blanc 19,75 à 20.

Graines fourragères. — Sur les marchés de début, le trèfle hâtif est tenu 65 à 80 sans trouver d'acheteurs, aujourd'hui on commence les achats autour de 60 fr., la qualité est médiocre, la quantité petite.

Sucres. — Marché calme, rien d'intéressant à signaler. Prix sans variation sensible.

Raffinés 99° à 99,50, roux 88° 23,25.

Marché de la Chapelle. — Marché ordinaire.

On cote : paille de blé 1re qté 34 fr., 2e qté 31, 3e qté 28 fr.; paille de seigle 1re qté 32 fr., 2e qté 30, 3e qté 26 ; paille d'avoine 1re qté 24 fr., 2e qté 22, 3e qté 21 ; foin nouveau 1re qté 60 fr., 2e qté 58, 3e qté 53; luzerne, 1re qté, 62 fr., 2e qté 58, 3e qté 52 ; regain 1re qté 55 fr.; 2e qté 52 fr., 3e qté 49 fr.

CHANVRES

Les 50 kil.	1re qualité.	3e qualité
Le Mans	33,00 à 35,50	29,00 à 30,00
Saumur (b.)	40,00 à 42,25	37,00 à 38,00

POMMES DE TERRE

Hollande (100 kil.)	8 » à 11 »
Roses-Early	8 » à 10 »
Magnum-Bonum	7 » à 7 50
Rondes	5 » à 5 20

Sulfate de cuivre.

Les 100 kil. 98/99	à 41.00

LINS. — Les 100 kilogr. — *Marché de Lille.*

	Communs	Ordin.	Supér.
Alost .	148 à 153	154 à 157	161 à 166
Bergues.	150 à 158	161 à 168	173 à 182

Marché aux chevaux, 8 Juillet.

Gros trait de 250 à 1.300		Boucherie	de 65 à 280
Selle et tr.		Anes	de 45 à 150
léger . de 150 à 1.100		Chèvres. .	de à
H. d'âge de 135 à 275			

AMENÉS

Chevaux, 759 — Anes, 17 — Chèvres, 0

Voitures 109, de 35 à 550.

ENCHÈRES

Chevaux amenés, 12.

Vendus, 11 de 150 à 380.

Prix des Produits Forestiers à Paris.

BOIS DE FEU (*Octroi non compris*)	Falourde de pin	100 à 110	le cent.
	Bois de flot	100 à 105	le déca.
	Bois gris neuf	125 à 120	—
	Bois blanc	80 à 125	—
BOIS D'ŒUVRE (*Octroi compris*)	Chêne gros bois	85 à 110	le m. cube
	— moyen bois	70 à 60	—
	— petit bois	30 à 48	—
	Charme, plateaux	55 à 55	—
	Sciage de chêne (Entrevoux	175 à 210	les 208 m.
	Échantillons	230 à 220	—
	Frise	27 à 28	104 m.

ENGRAIS

PARIS

Nitrate de soude	21 50 à 21 75
Superphosph. minéral 14/16	5 25 à 5 75
Superphosphate d'os 16/18	12 50 à 13 »
Scories 16/18	4 25 à 4 50
Phosphate minéral 14/16	3 80 à 4 »
Chlorure de potassium 48/52	18 75 à 20 »

NANTES

Nitrate de soude	22 30 à 22 50
Superphosph. minéral 14/16	6 » à 7 »
Scories 16/18	4 50 à 4 75
Phosphate minéral 14/16	4 » à 4 50
Chlorure de potassium 48/52	19 » à 19 75

LYON

Nitrate de soude	22 » à 23 »
Superphosph. minéral 14/16	5 75 à 6 »
Scories 14/16	4 50 à 5 »
Phosphate minéral 14/16	4 » à 4 25
Chlorure de potassium 48/55	20 » à 21 »

MARSEILLE

Nitrate de soude	20 50 à 21 »
Superph. minéral 14/16	6 » à 7 »
Sulfate de fer	5 » à 5 50
Sulfate d'ammoniaque 20/21	20 » » 4 22

Prix moyen aux 100 kilog. des CÉRÉALES dans les Départements.

Région		BLÉ	SEIGLE	ORGE	AVOINE
Rég. du Nord-Ouest	Caen	17 00	10 00	13 00	15 00
	Lannion	17 25	10 00	14 00	15 00
	Morlaix	17 50	11 00	13 00	14 00
	Rennes	17 50	10 00	13 00	14 25
	Avranches	17 00	10 50	13 50	14 50
	Laval	16 75	10 25	13 25	14 50
	Lorient	17 00	10 25	13 00	14 50
	Alençon	16 75	10 00	13 00	14 00
	Le Mans	17 00	10 25	14 00	17 00
Région du Nord	Soissons	18 00	10 00	»	15 00
	Evreux	17 50	10 00	13 00	15 00
	Chartres	18 00	10 25	14 00	15 00
	Lille	17 75	10 50	14 00	16 00
	Compiègne	17 75	10 50	15 00	15 50
	Beauvais	17 50	11 00	15 00	16 00
	Arras	19 00	12 50	14 50	16 25
	Paris	18 00	10 25	13 00	15 25
	Versailles	18 00	11 00	14 00	16 00
	Rouen	17 75	10 25	14 00	14 50
	Amiens	18 00	10 50	15 50	16 50
Rég. du N.-E.	Mézières	18 00	10 00	13 00	16 00
	Nogent-s-Seine	18 00	10 50	15 00	16 00
	Châlons-sur-Marne	18 50	10 50	14 00	16 00
	Langres	18 00	10 00	15 00	15 50
	Nancy	18 50	10 00	14 00	16 00
	Bar-le-Duc	17 75	10 25	15 00	16 00
	Neufchâteau	18 25	10 00	14 00	15 00
Région de l'Ouest	Ruffec	17 75	10 00	13 00	15 50
	Marans	17 00	10 00	13 00	15 00
	Niort	17 75	10 25	14 00	15 00
	Tours	17 50	10 00	14 00	15 00
	Nantes	17 00	10 00	13 00	14 00
	Angers	17 75	10 25	14 00	14 50
	Luçon	16 75	10 00	13 00	15 00
	Poitiers	17 50	10 00	13 00	»
	Limoges	17 25	10 00	»	15 50
Région du Centre	Moulins	17 50	10 00	14 00	15 00
	Bourges	18 00	10 25	14 00	15 50
	Aubusson	17 50	10 00	14 00	14 25
	Châteauroux	18 00	10 25	14 50	14 00
	Orléans	18 00	10 00	14 00	15 00
	Blois	18 25	10 50	15 00	16 00
	Nevers	17 50	10 00	16 00	16 00
	Clermont Ferr.	17 50	10 25	14 00	10 00
	Sens	17 50	10 00	13 00	16 00
Région de l'Est	Bourg	17 50	10 00	14 00	15 00
	Dijon	18 50	10 50	15 00	16 00
	Besançon	18 75	10 25	14 00	15 25
	Grenoble	18 00	10 50	14 00	15 50
	Dôle	17 75	10 00	13 25	15 50
	Saint-Etienne	18 00	10 00	14 00	16 00
	Lyon	18 50	11 50	14 00	16 00
	Mâcon	17 50	11 25	14 00	15 25
	Vesoul	18 00	10 50	»	15 50
	Chambéry	17 75	10 00	»	15 50
	Annecy	17 75	»	»	15 75
Rég. du Sud-Ouest	Pamiers	18 50	10 00	»	16 25
	Périgueux	18 00	10 50	14 00	15 25
	Toulouse	18 00	12 00	10 00	15 75
	Auch	18 25	12 25	13 50	16 00
	Bordeaux	18 00	12 00	13 00	16 00
	Dax	18 00	11 75	13 25	16 00
	Agen	18 00	11 00	14 00	16 00
	Bayonne	18 00	11 00	14 00	15 50
	Tarbes	18 25	11 00	»	«
Région du Sud	Carcassonne	18 00	»	13 75	16 00
	Rodez	18 00	12 50	14 00	16 00
	Mauriac	18 00	11 00	»	15 75
	Tulle	17 75	11 00	»	15 00
	Montpellier	18 00	11 25	»	15 00
	Figeac	17 75	11 00	»	16 00
	Mende	17 75	11 25	14 00	16 00
	Perpignan	17 75	11 00	14 00	15 50
	Albi	18 50	11 25	14 75	16 75
	Montauban	18 50	12 50	15 00	16 00
Région du Sud-Est	Gap	18 00	11 00	14 75	16 00
	Manosque	18 25	10 50	14 00	16 00
	Nice	17 75	11 00	13 25	16 00
	Privas	18 00	11 00	14 00	15 75
	Arles	18 75	11 75	14 00	16 00
	Montélimar	18 00	»	14 00	16 00
	Nîmes	18 00	»	14 00	17 00
	Le Puy	18 00	13 00	14 00	16 00
	Draguignan	18 25	13 00	14 00	16 25
	Avignon	20 50	13 00	14 50	16 50

Tourteaux. — Cours de la maison P. Marchand frères, à Dunkerque (Nord) :

TOURTEAUX A NOURRIR

	Dispon.	A livrer.
Coton de graines d'Egypte	9 » »	9 » »
Sésame blanc	11 00	11 50
Arachide décortiquée	14 75	15 » »
Colza à nourrir	10 » »	10 » »
Colza du pays	10 50	10 75
Œillette du Levant	9 50	10 » »
Œillette blanche de Turquie	9 50	10 » »
Lin 1re qual. de Bombay g. form.	14 » »	14 25
Lin 1re qual. de Bombay p. form.	14 50	14 75

TOURTEAUX-ENGRAIS

	Dispon.	A livrer.
Arachide décortiquée	14 25	14 50
Cameline	»» »»	»» »»
Colza des Indes en poudre	»» »»	»» »»
Colza ravison	7 »»	7 25
Colza jaune Gutzerat	10 25	10 50
Kurrachée	»» »»	»» »»
Niger	»» »»	»» »»
Pavot	9 25	9 50
Sésame, blanc	10 50	»» »»
Sésame noir	»» »»	»» »»
Coton en farine	7 50	7 50

Nos prix s'entendent pour tourteaux en planches, rendus en gare de Dunkerque.

Paiement à 30 jours ou à terme plus éloigné suivant convention expresse.

Le concassage se paie 0 fr. 25 et la mise en poudre 0 fr. 40 aux 100 kilos. Dans ce cas, les sacs sont facturés à 0 fr. 35 pièce, et repris au prix de facture, quand ils sont rendus en bon état et franco, dans les 30 jours de l'expédition.

FROMENTINE :

	100 kil.
Marque A	12 »
Marque B	12 »
Marque J	12 »
Marque L	14 »
Marque E	15 »

Les 100 kilogs sur wagon St-Quentin, sac à retourner ou à facturer.

BEURRES. (le kilogr.).

BEURRES EN MOTTES			BEURRES EN LIVRE		
Isigny extra	4 00	5 40	Bourgogne	1.60	2.00
— demi-fin	3 00	3.10	Gâtinais	1.90	2.40
M. d'Isigny	2.70	2.60	Vendôme	1.80	2.41
du Gâtinais	1 60	1.80	Beaugency	1.80	2.40
de Bretagne	1.60	1.80	Ferme	2.00	2.70
Laitiers Jura	1.80	2.20	Tours	1.80	2.30
de Charente	1 60	2.30	Le Mans	1.60	2.00
des Alpes	1.60	2.40	Touraine fausse	1.70	2.10

ŒUFS. — (le mille).

Normandie ext.	80 à 98		Bourgogne	52 à 62	
Picardie —	85 à 109		Champagne	68 à 68	
Brie —	70 à 80		Nivernais	52 à 56	
Touraine	68 à 79		Bourbonnais	48 à 52	
Beauce	88 à 74		Bretagne	42 à 50	
Orne	54 à 65		Vendée	45 à 50	
Picardie	58 à 78		Auvergne	45 à 47	
Châtellerault	48 à 52		Midi	50 à 55	

FROMAGES.

Brie hautes marq.	30	34	Roquefort	130	210
Brie gr. m. (10)	25	30	Gruyère (100 k.)	100	160
— m. m.	18	22	Coulommiers (100)	20	40
Petits Nanteuils	10	15	Gournay (100)	16	21
Brie laitiers	5	10	Livarot (le 100)	75	90
Gérardmer (100 k.)	60	65	Bourgogne (100)	50	60
Hollande	140	160	Camembert (100)	20	35
Bondons (100)	10	12	Munster (100)	80	90
Cantal	120	130	Port-Salut	150	165

VOLAILLES

Poulet Brest dit moelleux	2.50	4.00	Pigeo. Macon	1.50	2.00
Poulets Nant.	3.00	5.00	Ca.. sNantais	4.00	1.35
Poulets Tour.	2.75	5.25	Dindes Tourr.	7.00	11.00
Poulets Houdan	6.00	8.00	Oies	7.00	8.50
Pigeons d'Italie	80	1.25	Lapins dom.	2.75	4.00
			Lapins garenne	1.50	2.00

VINS — BERCY

Rouges			Blancs		
B. Bourg. vieux	140 à 160		Bordeaux	125 à 160	
Touraine	105 à 115		B. Bourg	150 à 190	
Bord. vieux	130 à 166		Sancerre	130 à 135	
Algérie	28 à 32		Chablis	200 à 350	
Cher	110 à 135		Anjou	120 à 135	
Chinon	125 à 180		Pouilly	350 à 800	
Narbonne	32 à 40		Vouvray	155 à 195	

HOUBLONS. — Les 50 kilogr.

Alost prime	28,00 à	30,00
Bourgogne	55,00 à	60,00
Poperinghe	25,00 à	30,00
Wurtemberg	40,00 à	42,00
Altmark	75,00 à	100,00
Alsace	50,00 à	65,00

LÉGUMES SECS. — (Les 100 kilogr.)

	Haricots	Pois	Vesce	Lentilles
Paris	32 00 50.00	20 18.00	19 à 20	30 00 ..
Bordeaux	34.00 35.00	35 45.00	18 19	49 00 ..
Marseille	22.00 30.00	18 25	20 20	24.00 ..

FOURRAGES ET PAILLE

Paris La Chapelle.   Prix extrêmes.

Foin 100 bot. dans Paris n.	42 à 47
Luzern nouv.	42 à 46
Paille de blé	20 à 26
Paille de seigle	23 à 31
Paille d'avoine	16 à 20

Les cours des bestiaux sont à la fin de la Gazette avant la *Correspondance*.

L'année agricole et agronomique pour 1896.

L'Année agricole et agronomique pour 1896 par S. Crépeaux, professeur à l'Institut agricole de Beauvais, et C. Crépeaux, publiciste scientifique, avec la collaboration de praticiens, de professeurs et d'agronomes vient de paraître (un volume in-18 de 360 pages, illustré).

Cet ouvrage, véritable annuaire théorique et pratique de l'agriculture progressive, donne un tableau complet du mouvement agricole et agronomique de l'année. Il relate toutes les expériences culturales, les recherches scientifiques faites en France et à l'étranger, décrit et apprécie avec compétence les nouveautés (plantes, machines, engrais, nouvelles méthodes, etc.).

La partie documentaire de l'Année agricole et agronomique comprend pour l'année écoulée, les lois, décrets, décorations agricoles, lauréats des concours, les vœux économiques des conseils généraux, l'analyse exacte des travaux des sociétés et congrès agricoles, horticoles, vétérinaires, français et internationaux, les jugements de droit rural, l'analyse des brevets agricoles, les statistiques, etc.

Cet ouvrage qui paraît pour la seconde fois a valu l'année dernière à ses auteurs les félicitations de la Société nationale d'agriculture, de la société des Agriculteurs de France, et des principaux journaux agricoles et scientifiques qui ont rendu hommage à la somme considérable de travail que représente une telle publication et aux services incontestables qu'elle rend à la cause du progrès agricole.

(*Le Progrès agricole du 15 juin*).

Nous l'offrons en prime à nos abonnés au prix de 2 fr. 50 franco de port au lieu de 4 francs.

Ceux de nos abonnés qui désirent l'Année agricole et agronomique de 1895 et celle de 1896 recevront les deux volumes franco dans la gare la plus voisine contre 4 fr. 50.

Adresser les demandes à M. Crépeaux, 10 *bis*, rue Piccini, Paris.

Avis aux lecteurs. — La *Poudre de Rogé*, approuvée par l'Académie de médecine, est le plus agréable des purgatifs, celui qui convient le mieux aux dames, aux enfants et aux tempéraments délicats.

« La poudre de Rogé peut, dans presque tous les cas, remplacer les autres purgatifs. » (Répertoire de Pharmacie.) — Éviter les produits similaires dont le nom peut prêter à confusion. Fab. : 19, rue Jacob, Paris. Dépôt : 9, rue du Quatre-Septembre, et toutes les pharmacies.

Prix du flacon : 2 fr.

CHRONIQUE POLITIQUE

La Chambre des députés a consacré toute la semaine dernière à la discussion du projet d'impôt sur la rente et de l'impôt sur les revenus.

Les deux impôts ont été combattus vigoureusement. M. Rouvier a spécialement combattu l'impôt sur la rente par un discours qui a produit une vive impression. Cet impôt a trouvé dans M. Jaurès un défenseur qui n'a pas laissé ignorer que son opinion s'appuie sur deux motifs, singulièrement suggestifs, pour les opposants. M. Jaurès, en effet, voit dans l'impôt sur la rente une préparation à l'avènement du socialisme et à la déconfiture du parti modéré.

De guerre lasse, la Chambre a voté samedi la clôture de la discussion générale et hier, lundi, on a abordé la discussion des articles.

Mais c'était en vain. A propos de l'article premier, il a fallu aborder le contre-projet Doumer, proposant son fameux impôt *global* et M. Pelletan n'a pas manqué, pour le faire valoir, de passer en revue tout le système financier du ministère, de rééditer avec des enjolivements de son esprit caustique, les objections dont il avait été accablé la semaine dernière. Cela était facile, mais ce qui ne l'était pas, c'était de nous persuader que l'impôt global Doumer avec ses procédés de perception vexatoires et arbitraires, serait plus doux pour les contribuables et surtout pour nos populations agricoles.

Sur ce dernier point, M. Méline, qui occupe probablement la tribune au moment où nous traçons ces lignes n'aura pas de peine à triompher de MM. Doumer et Pelletan. Mais cette partie de sa tâche remplie, il lui en reste une autre autrement difficile et qui est la pierre d'achoppement pour son ministère.

Pour tourner cette pierre d'achoppement, les amis du ministère se proposent, dit on, de voter contre l'amendement Doumer; puis, cela fait, de demander l'ajournement de cet interminable débat après les vacances. Cet ajournement se justifie lui-même par le nombre des amendements proposés dont la discussion demanderait plusieurs semaines. Pendant ce temps de répit, le ministère réfléchira et peut-être essayera t-il quelque combinaison permettant d'écarter le dangereux essai de l'impôt sur la rente.

Nos lecteurs sauront samedi si ces prévisions étaient fondées. Dans le cas où elles se réaliseraient, nous aurons soin d'étudier pendant les vacances les moyens de réduire dans la mesure du possible la part que doit supporter l'agriculture dans le fardeau toujours plus lourd d'année en année de l'écrasant budget imposé à notre malheureux pays par la coterie qui l'exploite depuis quinze ans.

Dans son long discours semé d'épigrammes souvent spirituelles, M. Pelletan a réédité le thème favori des radicaux à savoir : que les intérêts des grands propriétaires sont en opposition avec ceux des petits cultivateurs, et que les sociétés agricoles qui ont protesté contre l'impôt Doumer sont composées en majeure partie de notabilités blasonnées, ducs, marquis, comtes, etc.

Ces sornettes puériles sont toujours paroles d'évangile dans le clan radical et socialiste. Pour en faire justice, il suffit de se rendre compte des progrès réalisés par l'agriculture depuis cinquante ans. A en juger par les primes d'honneur décernées à la suite des concours régionaux et généraux, partout les progrès de l'élevage, les importations de races d'élite sont dus à des notabilités qui, avec raison, pratiquent l'adage : *noblesse oblige.* On pourrait citer par centaines ces émules des nobles gentilshommes, les du Buat, les de Bouillé, les Saint-Victor, les Carayon-Latour, les Kerjégu, de Roquefeuille, les marquis de Dampierre, les de Vogüé, les de Benoist, les Palaminy, qui, dans une union fraternelle avec les roturiers de toute condition, ont dépensé leurs capitaux, leur temps, aux progrès de l'agriculture, et n'ont cessé de tendre une main fraternelle aux plus humbles travailleurs du sol.

Est il une sottise plus risible que cet antagonisme imbécile entre les travailleurs du sol en petit et les travailleurs en grand ?

Certes les petits cultivateurs ont été l'objet constant de la sollicitude de ces grands propriétaires si mal connus de M. Pelletan, et si ceux-ci sont à la tête des sociétés agricoles, ils y ont été mis par les votes libres des petits.

Ceux-ci comprennent que, sans les études et surtout sans les sacrifices des grands propriétaires, la culture et l'élevage du bétail seraient en France ce qu'ils étaient il y a cinquante ans.

De même les petits vignerons savent que les vignes dévorées par le phylloxera eussent disparu, si les *grands* propriétaires, n'avaient trouvé les *sept* milliards qu'il a fallu dépenser pour les replanter, et qu'une grande part de ces sept milliards a été gagnée par les ouvriers vignerons, en remplacement de leurs vignes détruites.

Voilà les *faits* clairs comme le soleil en plein midi qu'il faut mettre en lumière pour montrer au peuple avec quel audace les apôtres du socialisme se jouent de sa crédulité.

Pour revenir à la question des impôts, nous persistons à maintenir ce que nous avons soutenu, à savoir que si on refuse de recourir au relèvement des tarifs douaniers et aux autres réformes réclamées par les sociétés agricoles, les réformes aujourd'hui à l'ordre du jour ne feront qu'aggraver les dangers de la fortune publique et des fortunes privées et avant tout les périls de la crise agri-

cole, source évidente, comme l'a dit M. Méline, de la crise ouvrière.

La situation à Madagascar.

La situation de nos colons à Madagascar est de plus en plus alarmante. Un missionnaire français, le père Berthier, a été assassiné la semaine dernière par des bandits encouragés par la conscience des Anglais et de leurs ministres protestants. La complicité du gouverneur Laroche avec eux est un fait absolument avéré.

M. Provost de Launay a demandé à interpeller le gouvernement à ce sujet, ayant les mains pleines de preuves décisives. Le ministre Lebon, protestant lui aussi, a réclamé et obtenu un vote d'ajournement jusqu'à l'arrivée du prochain paquebot.

Le gouverneur Laroche est protégé par sa qualité de franc-maçon et de protestant. On se demande s'il sera possible d'obtenir son rappel réclamé à grands cris par toute la colonie française.

Les phosphates de Tebessa.

On a aussi de mauvaises nouvelles des phosphates de Tebessa. Le député Saint-Germain se propose de questionner le ministère sur les intrigues grâce auxquelles les concessions principales sont toujours aux mains des juifs anglais coalisés avec le député juif Thomson et le sieur Bertagna, le maire légendaire de Bône.

Ainsi, en Algérie comme à Madagascar, les intérêts français sont toujours sacrifiés aux ennemis de la France. Quand cela finira-t-il ?

Les ajournements et l'agriculture.

L'ajournement des Chambres a pour conséquence l'ajournement des réformes urgentes réclamées par la France rurale : loi sur le cadenas, réforme des admissions temporaires, etc. Si ces ajournements aggravent de plus en plus les périls et les souffrances de la crise agricole, en revanche ils font le compte de tous les trafiquants pour qui ces abus sont des sources de fortunes scandaleuses au détriment du fisc et de l'agriculture.

S'il ne dépend pas du ministère Méline d'éviter ces ajournements, ne pourrait-il en atténuer les effets désastreux en suspendant par un décret les admissions temporaires des blés à l'exemple du gouvernement allemand.

La crise sucrière provoque aussi une mesure urgente due à la nouvelle prime d'exportation des sucres votée par le Parlement allemand. Sur ce point encore, les mesures de représailles devraient être immédiates. — Les ajournements équivalent à une trahison en faveur de l'ennemi.

Les élections en Belgique.

Dimanche dernier ont eu lieu en Belgique les élections de la moitié de la Chambre des représentants.

La bataille a été chaude partout. Grâce à Dieu, les catholiques ont eu la victoire dans la majorité des circonscriptions, et ils ont une avance sérieuse dans les circonscriptions où il y aura ballottage.

Les Belges nous donnent de plus en plus l'exemple de la fermeté et de la dignité qu'impose le régime du suffrage populaire aux peuples soucieux de leurs intérêts moraux et matériels.

C'est humiliant pour nous, mais qu'y faire? La vérité avant tout! La démocratie ne nous sauvera que lorsqu'elle se ralliera aux amis qui l'éclairent et tournera le dos aux sophistes et aux flagorneurs qui figurent et se hissent au pouvoir sur ses épaules.

CHRONIQUE GÉNÉRALE

Concours régionaux de 1896.

CONCOURS DE SOISSONS

Espèce ovine. — En tête viennent les *mérinos du Soissonnais* de la Brie et de la Beauce, soixante sujets environ d'une beauté remarquable. Lauréats : MM. Léon Parent, Conseil, Triboulet, Lemoisne (Aisne), Edmond Chevalier (Marne). Viennent ensuite les *dishleys mérinos* de MM. Couesnon-Bonhomme qui remportent tous les premiers prix dans les différentes sections, viennent ensuite les *races françaises* diverses qui renferment du sang anglais en assez grande quantité. Lauréats : MM. Prévost (Aisne), Vandal (Pas-de-Calais). — Les *southdown* et *shropshire* forment une seule catégorie, le shropshire est une variété de Southdown beaucoup plus développé. Principal lauréat : M. Mallet (Seine-et-Oise). — PRIX D'ENSEMBLE : Objet d'art. M. Lemoine, pour ses métis-mérinos.

Espèce porcine. — *Races indigènes* pures ou croisées entre elles. Lauréats : MM. Reptin, Duthu, Parisot. — *Races étrangères* pures ou croisées entre elles. Lauréats : MM. de Clercq (Pas-de-Calais), Parisot (Meurthe-et-Moselle). — *Croisements divers entre races françaises et étrangères.* Lauréats : MM. Paillart (Somme), Parisot. PRIX D'ENSEMBLE pour races étrangères pures ou croisées entre elles : M. de Clercq.

Basse-cour. — Brillante et nombreuse exposition où les principales races de volailles de la région étaient bien représentées. MM. de Marcillac et Favez-Verdier, à Compiègne (Oise), et Voitellier, à Mantes, exposaient les principales collections de races françaises et étrangères qui faisaient l'admiration des visiteurs. Lauréats : MM. de Marcillac et Favez-Verdier, à Compiègne (Oise), Voitellier à Mantes (Seine-et-Oise).

Produits. — L'exposition des produits était non moins remarquable que celle des animaux et des instruments.

L'exposition faite par la maison Vilmorin-Andrieux et Cⁱᵉ, quai de la Mégisserie, à Paris, Carlier, à Orchies (Nord).

Denaiffe, à Carignan (Ardennes) montraient des collections de céréales, de betteraves sucrières et de graines fourragères méthodiquement classées, et comportaient en elles-mêmes un enseignement pratique à l'usage des visiteurs.

La Maison Vilmorin connue du monde entier avec avantage, a obtenu un rappel de médaille d'or. Médailles d'or : MM. Denaiffe, à Carignan (Ardennes), Carlier, à Orchies.

RAPPEL DE PRIME D'HONNEUR : M. Fouquier d'Hérouël, à Vaux-sous-Laon, près Laon (Aisne).

RAPPEL DE PRIX CULTURAL : M. Conseil-Triboulet, à Oulchy-le-Château (Aisne). PRIME D'HONNEUR : M. Pinard-Legry, à Crécy-au-Mont.

PRIX DE SPÉCIALITÉS : Objet d'art, M. Léguillette, à Marigny-en-Orxois, M. Emile de Marolles, à Neuville-Saint-Amand, M. Margerin du Metz, à Marcy.

PRIME D'HONNEUR DE L'HORTICULTURE : M. Godard, à Soissons.

PRIX D'ARBORICULTURE : MM. Ferton, à Chierry-Warquin, à Crépy-sous-Laon.

Nombreux prix aux journaliers ruraux et aux serviteurs à gages et aux agents des exploitations primées.

Instruments. — Un grand nombre de constructeurs avaient exposé ; mais les agriculteurs de cette région ont surtout examiné la magnifique exposition de la maison veuve Albaret et G. Lefebvre, ingénieurs-constructeurs à Liancourt-Rautigny (Oise), la plus ancienne et la plus importante de la région nord pour les batteuses à grand travail, ses locomobiles, ses moissonneuses-lieuses, ses faucheuses, la *Persévérante*, etc. La maison Albaret est avantageusement connue d'ailleurs, et il serait superflu d'insister.

Les établissements A. Bajac, de Liancourt (Oise), connus aujourd'hui du monde entier par leurs nombreuses créations et les incessantes améliorations qu'ils apportent dans l'outillage aratoire, exposent une magnifique collection de brabants, de herses écrouteuses-émotteuses, de moulins agricoles faisant du blé de la farine très panifiable, de planteuses de pommes de terre, etc., tous instruments construits avec des matériaux de première qualité. En somme, collection complète d'instruments aratoires perfectionnés par la maison.

La *Maison Emile Puzenat*, à Bourbon-Lancy (Saône-et-Loire), occupe une place importante avec d'excellents instruments aratoires. Notons son semoir le *Soleil*, qui a remporté la médaille d'or dans les divers concours spéciaux.

La *Maison Pol Fondeur*, à Viry-Chauny (Aisne), est la plus ancienne maison de construction de la *charrue double*, de ce merveilleux instrument qui a révolutionné toute la culture depuis près d'un demi-siècle qui lui a fait faire un si grand pas dans la voie du progrès.

La *Maison Amiot et Bariat*, à Bresles (Oise), a exposé des bineuses à blé de création récente, dont les rasettes sont munies de galets. Le soc des bineuses est articulé dans le sens horizontal et permet ainsi aux rasettes de suivre d'une façon parfaite les moindres sinuosités des lignes.

La *Maison Laubresse Ledocte* à Arras (Pas-de-Calais), a exposé douze semoirs. Cette exposition dénote le soin et le fini de la construction de cet atelier si renommé.

La *Maison Derôme*, de Bavay (Nord), a exposé des semoirs qui ont attiré l'attention de tous les visiteurs du concours.
COURTIN.

Pendant le concours, les élèves de l'Institut agricole de Beauvais habitant cette région ont eu la bonne pensée de se réunir. Le samedi, ils se sont groupés dans un banquet organisé à l'établissement des Frères, auquel assistaient le Frère Antonis, sous-directeur de l'Institut agricole, le Frère Almir, professeur et quelques grands agriculteurs de l'Aisne.

A la fin du repas, plusieurs toasts charmants ont été prononcés, le savant et sympathique Frère Antonis avec l'excellent cœur qu'on lui connaît, a salué et dit un mot aimable pour chacun.

Un ancien élève, M. Lelaurin, de Bussy-le-Long, a répondu en d'excellents termes et a remercié le bon Frère Antonis de ses paroles bienveillantes et a terminé en portant la santé de l'excellent Frère directeur de Soissons pour le bon accueil reçu sous son toit hospitalier.

On ne saurait dire l'amical entrain qui règne dans les réunions des anciens élèves de l'Institut, aussi heureux de retrouver leurs maîtres que leurs camarades et les amis de l'école.

Nous félicitons les élèves de Beauvais de profiter de toutes les occasions de se grouper et de faire connaître aux agriculteurs l'excellent esprit qui les anime.

Concours.

La Société vigneronne de l'Yonne organise un concours viticole qui se tiendra à Auxerre, en septembre prochain. Il y aura cinq catégories de primes:

1° Pour bonne tenue des vignes ; 2° pour replantation ; 3° pour création de pépinières ; 4° pour enseignement viticole ; 5° pour défense des vignes contre les parasites.

Ecrire avant le 15 août au secrétaire, M. Collé, rue Saint-Germain, 13, à Auxerre.

Concours de laiterie, beurres, fromages. — Instruments de laiterie avec exposition de beurre à Saint-Pol, les 11 et 12 juillet courant. — Les fabricants de tous pays pourront concourir. Les beurres du Pas-de-Calais seulement auront droit aux primes.

École d'agriculture de Mayenne. — Les examens d'admission à cette école située à Beauchêne, par Mayenne, auront lieu le 3 août, à midi, à l'école. — Huit bourses à allouer. — Écrire avant le 20 juillet au directeur de l'École.

Concours du comice de Rouen. — Dimanche prochain, 12 juillet, à Grand'-Couronne. Primes nombreuses et importantes.

La loi du cadenas.

A la suite d'une délibération du Conseil dit supérieur d'agriculture, M. Méline a décidé de proposer dans la question des admissions temporaires des réformes nécessaires pour garantir les droits dus au Trésor sans entraver les exportations de farines par la meunerie française. — Verrons-nous enfin aborder cette fameuse loi du cadenas? — M. Méline en a fait la promesse. Attendons !

L'union des caisses rurales

M. Louis Durand, le vaillant propagateur des petites banques rurales, si utiles à l'agriculture, nous annonce que le siège de la Société l'*Union des caisses rurales*, est transféré de la rue de Noailles, à l'avenue de Saxes, 47, à Lyon. Le nombre des caisses rurales fondées par l'impulsion de cette excellente Société dépasse aujourd'hui 430. Leur exemple suscite chaque jour la création de nouvelles caisses.

Le véritable crédit agricole, comme nous ne cessons de le dire, a trouvé là sa vraie source et non dans les savantes élucubrations des académies parisiennes.

Les bois étrangers en France.

La Suède et surtout la Norvège importent en France des quantités colossales de bois qui font une redoutable concurrence non seulement à nos exploitations forestières, mais aussi aux industries du bois : sciages, menuiseries, etc. En effet, la majeure partie des bois importés de Norvège sont à l'état de planches, de solives, même de parquets prêts à poser.

Cependant, depuis les tarifs douaniers votés en 1891, les importations des bois de Norvège en France ont un peu diminué. L'Angleterre, grâce au libre échange, en a reçu 1.350.000 mètres cubes pendant que la France en recevait 105.000 mètres cubes, dont 50.000 de bois scié et 2.338 de douves.

En Suède et en Norvège, les massifs forestiers occupent, on le sait, des terrains montueux où coulent des cours d'eaux torrentueux, qui servent de véhicules aux bois abattus, et de moteurs aux scieries et aux ateliers de rabotages. De là, des économies exceptionnelles de main-d'œuvre, qui rendraient la concurrence impossible à nos producteurs, sans de sérieux droits de douane. Les docks de Londres sont les principaux entrepôts de ces produits forestiers suédois et norvégiens.

Nous devions ce renseignement à plusieurs abonnés qui se plaignent des bas prix de leurs produits forestiers en présence des bûcherons qui réclament des augmentations de salaires.

Avis aux producteurs de vins, huiles et autres liquides.

Les producteurs qui adressent à leurs clients ou à ceux dont ils réclament la clientèle des échantillons de leurs produits, sont prévenus par un avis de la direction des postes que les flacons, contenant ces échantillons, ne peuvent être admis par le service des postes, qu'à la condition d'être formés d'un verre épais et d'être renfermés dans des boîtes de bois ou de *carton dur.*

Champ d'expériences de M. Grandeau.

M. Grandeau annonce que, tous les dimanches, depuis dimanche dernier, 28 juin, à neuf heures du matin, jusqu'à la fin de juillet, les visiteurs agriculteurs le trouveront à leur disposition à son champ d'expériences de Boulogne-sur-Seine, il leur expliquera les résultats de quatre récoltes successives provenant de la solution suivante : 1° prairies sarclées, 2° plantes sarclées, 3° blé, 4° avoine, suivies d'une plantation de lupin et de pois enfouis comme engrais verts et des résultats de cette pratique, signalée par lui d'après les expériences du professeur Schulze de Lupitz.

Un plan et un compte rendu imprimé de ces cinq années d'expériences seront remis aux visiteurs qui le désireront, par la concierge du champ d'expériences.

Nous avons déjà fait connaître notre opinion sur ces essais faits en tout petit avec des soins impossibles en grande culture (les céréales sont couvertes d'un immense filet pour empêcher les oiseaux d'y faire des dégâts!!). Prétendre s'appuyer sur de tels résultats pour dire que les cultivateurs français sont malheureux par leur faute et n'ont pas besoin de protection douanière est une ineptie que nous ne nous attarderons pas à réfuter.

Le bétail amélioré dans l'Indre.

M. Masson, directeur de l'école d'agriculture de Clion, annonce aux éleveurs de l'Indre, que l'étable et la bergerie de l'école sont dirigées en vue de propager dans le département la race bovine limousine et la race berrichonne, et qu'à cet effet, l'école met en vente tous les ans les jeunes sujets de ces deux races possédant les qualités propres à une bonne reproduction, sujets issus de parents inscrits au herd-book de leur race.

C'est un bon exemple donné aux directeurs des écoles d'agriculture. L'élevage améliorant devant être une branche maîtresse de leur enseignement.

Dépeuplement des campagnes. Accroissement des villes.

Le dernier recensement de la population ne nous apprend rien en constatant que les campagnes se dépeuplent de plus en plus, et que les grandes villes ont un surcroît de population, mais qu'en somme la population française reste stationnaire, tandis que les nations voisines, surtout l'Allemagne, notre redoutable ennemie, s'accroissent d'année en année, au point de nous opposer une armée double de la nôtre avant vingt ans.

La dépopulation des campagnes est donc un fléau et un péril national visible pour tous, et c'est un devoir pour tous d'en chercher la cause pour en découvrir les remèdes.

Pour nous il y a plusieurs causes. La mauvaise éducation officielle, que nous payons 200 millions, est la principale. Mais beaucoup de gens ne veulent pas la reconnaître. La seconde, non moins grave, n'est méconnue que par ceux qui ont des yeux pour ne rien voir, ou pour ne voir que ce qui flatte leurs erreurs et leurs utopies.

Cette cause est tout bonnement la crise agricole qui, depuis quinze ans, s'aggrave d'année en année. Interrogez tous nos malheureux ruraux qui désertent leur village pour accourir à la ville, demandez-leur pourquoi ils se vouent à cette aventure, tous vous répondent : Parce que je ne trouve plus à vivre en travaillant la terre.

Dès lors il reste à nous demander à nous autres publicistes, pourquoi dans le beau pays de France, le plus beau pays de l'Europe, au point de vue agricole, les populations qui le cultivent se ruinent en le cultivant, pendant que le luxe, les plaisirs, les fêtes, les jeux de la bourse attirent à Paris et dans les grandes villes les capitaux et les familles dites dirigeantes ?

Notre richesse chevaline. Production et Importations.

Le dernier concours hippique de Paris a provoqué de justes éloges dans le public spécial qui s'intéresse aux progrès de l'élevage surtout dans la catégorie des races de trotteurs et des races dites de chevaux de guerre. Nous ne parlons pas des races de gros trait bien qu'elles soient les plus importantes pour les transports et les travaux agricoles. Mais tout en attestant les progrès croissants réalisés dans l'élevage des races dites de *service* — c'est-à-dire formant les attelages des véhicules de luxe, landaus, coupés, calèches et le service de la selle, on a été obligé de reconnaître que l'élevage anglais de races analogues a encore, sur notre marché de Paris, des succès supérieurs à ceux de nos meilleurs éleveurs français. Les chevaux anglais ont des allures plus élégantes, plus attractives pour le public dit *select* qui donne le ton au *high life* parisien et à la riche colonie cosmopolite qui l'entoure.

L'infériorité prétendue de nos chevaux ne porte ni sur leur conformation, ni sur leur vigueur, ni sur leurs allures. Elle porte sur leur tenue sous le harnait et sous la selle. A en croire certains connaisseurs raffinés, cette infériorité est la seule qu'il faudrait faire disparaître pour triompher de la rivalité anglaise.

Nous laissons à de plus experts que nous la tâche d'apprécier cette opinion et surtout la tâche de donner au cheval français les allures qui jusqu'à ce jour encore sont le privilège du cheval anglais.

Mais une autre question bien plus grave pour l'avenir de notre production chevaline, c'est la question des importations. Depuis quatre ans les importations de chevaux américains suivent une progression continue. En 1893, les importations atteignaient le chiffre de *onze mille* sujets, en 1895, elles ont monté à 32.000, et le premier trimestre de 1896 promet une nouvelle augmentation. Ainsi que nous le prédisions, il y a dix ans, aux éleveurs percherons, très heureux et fiers de vendre fort cher leurs étalons aux Américains, les beaux étalons ont donné naissance aux Etats-Unis à des milliers, des centaines de millions de sujets, qui, grâce à un élevage économique et à des moyens de transport d'un bon marché inespéré envahissent de plus en plus les ports et les marchés français, d'où une baisse croissante et inévitable des produits de leurs congénères élevés sur notre sol.

Ce n'est pas l'Amérique seulement qui envahit notre marché aux chevaux. La Russie, elle aussi, a développé avec une activité croissante, l'élevage des chevaux trotteurs et des chevaux de guerre dans les immenses territoires de ses provinces centrales et méridionales et à des prix de revient qui menacent la concurrence de nos éleveurs en France, si les droits de douane actuels ne sont pas sérieusement retirés.

Donc, les concours hippiques donnent au public d'intéressants spectacles et aux éleveurs des encouragements bien mérités, mais il ne faut pas oublier le danger dont leur précieuse spécialité est menacée par la concurrence étrangère.

D'ailleurs, ce n'est pas seulement la production du cheval qui est menacée de ce danger, il menace tous les produits, oui, *tous*, sans exception, de l'agriculture nationale, et plus on retourne ces questions de rivalité entre les produits français et les produits étrangers, plus on est forcé de comprendre que sans des droits compensateurs suffisants non sur tel ou tel produit, mais sur *tous*, il n'y a pas de salut pour notre agriculture. Cela est clair comme deux et deux font quatre. Aussi ne pouvons-nous assez admirer les jongleurs de mots et de chiffres de certains journaux pour prouver que deux et deux font cinq, quand il s'agit de nos produits.

Cette situation, pourquoi ne pas l'avouer. N'ayant d'autre remède possible que dans un relèvement général des tarifs douaniers, il faudra bien arriver quand même, un jour ou l'autre, à cette refonte générale, également applicable à tous les produits et en finira avec le système ruineux et incohérent des admissions gratuites, et surtout des admissions gratuites compensées par des primes payées par les contribuables aux producteurs de tel ou tel produit, tels les soies, les lins, à l'exclusion de vingt autres, tels que les graines oléagineuses, les laines, etc.

Pourquoi, en effet, cette faveur à un produit plutôt qu'à tout autre? — L'égalité devant la loi, n'est-elle qu'un vain mot en ceci comme en tout autre sujet?

L'égalité devant la douane, c'est-à-dire devant la protection douanière, voilà la planche de salut de l'agriculture française. Voilà une vérité qui s'impose avec un surcroit continue d'évidence.

Cette production, d'ailleurs, est aussi la planche de salut des finances de l'Etat. Une centaine de millions de plus provenant des produits étrangers, serait, certes, une aubaine précieuse, surtout en dispensant l'Etat de l'imposer aux contribuables français.

Qui donc oserait soutenir le contraire?

M. Méline nous annonce la résolution de réaliser les réformes nécessaires pour soulager sérieusement l'agriculture. Nous applaudissons volontiers à une résolution que nous croyons sincère; mais s'il ne réalise pas la réforme que nous regardons comme la principale de toutes, tous ses efforts seront vains, et une fois de plus on nous leurra avec de beaux mots et de belles promesses qui n'aboutiront à rien, on continuera de piétiner dans la misère, comme sous tous ses prédécesseurs, depuis douze ans. Avec eux, en effet, le ministère de l'agriculture a été un paradis pour quelques politiciens, et pour l'agriculture un enfer pavé de bonnes intentions.

Les emplois du sucre.

La *Sucrerie indigène* publie une étude de M. Vivien qui est le développement de son discours au banquet des chimistes.

Nous en extrayons ce qui suit :

« Le sucre est-il nuisible à la santé?

« Non; le sucre constitue un aliment agréable et très utile; dans l'estomac il se transforme en partie en acide lactique qui dissout le phosphate de chaux des aliments et les rend assimilables, il facilite nos digestions, et en outre il contribue à notre nutrition par sa transformation directe en viande, en graisse, etc.

« Le sucre est non seulement un aliment utile, mais, dans beaucoup de cas, il est indispensable à la santé.

« L'eau sucrée suffit souvent pour rétablir les fonctions de l'estomac dans le cas de digestions difficiles et supprimer tout malaise. Son action est très efficace dant ce cas, et tout le monde a pu le constater.

« La consommation des mets sucrés à la fin des repas justifie très bien cette propriété.

« Après avoir mangé des matières grasses féculentes et azotées, substances souvent difficiles à digérer, il n'est tel que de déguster quelques friandises très sucrées pour en faciliter l'assimilation.

« Les infusions de thé et de café, qui, pour beaucoup de personnes sont des excitants, deviennent au contraire des boissons digestives qui n'empêchent plus le sommeil dès qu'elles sont suffisamment sucrées.

« Enfin, tous les animaux aiment le sucre; le cheval et le chien font même des bassesses pour un morceau de sucre. »

CHRONIQUE AGRICOLE

Situation. — La Saison.

Le temps est généralement beau dans toutes les régions du territoire, et de temps à autre les orages l'interrompent pendant quelques heures et versent sur le sol des ondées toujours bien accueillies, à la suite d'une longue période de sécheresse, mais dont la courte durée est rassurante; au moment actuel, en effet, le beau temps est plus nécessaire que jamais pour la maturation et la moisson des céréales.

De tous côtés, on se préoccupe des rendements de la prochaine moisson. De tous côtés les renseignements qui nous parviennent donnent à penser que les rendements seront ceux d'une petite moyenne. Le Midi n'a obtenu que des rendements médiocres pour les causes que nous avons signalées. Dans le Centre, on se plaint de la rouille, notamment dans le Berry. Dans l'Ouest aussi, on n'espère que des rendements à peine moyens. Mais on sait qu'en France les régions qui produisent le plus de blé sont celles dites du *rayon de Paris*, comprenant la

Beauce, l'Orléanais, l'est de la Normandie, enfin la Picardie, l'Artois, et surtout
le département du Nord. Les rendements élevés de ces contrées fournissent une part considérable des récoltes
nationales.

La moisson qui commence à l'heure
présente en Beauce se continuera successivement en allant vers le nord jusque
vers le 10 août. Les renseignements qui
nous parviendront dans cet intervalle
nous donneront un aperçu exact au lieu
des conjectures incertaines émises jusqu'ici dans les journaux locaux. — Mais
en tablant dès aujourd'hui pour le blé
sur une petite moyenne de 100 millions
d'hectolitres au plus, et sur 65 millions
d'hectolitres d'avoine on a chance d'être
d'avance près de la vérité, c'est dire que
les cours actuels du blé sont plus ru-
neux que jamais pour l'agriculture.

M. Bablot-Maître nous écrit de Jonchery (Marne) :

« Le refroidissement glacial que je
vous signalai dans ma dernière correspondance, du 27 juin dernier, a eu pour
conséquence le lendemain 28, une véritable gelée, qui a frappé nos figuiers,
nos treilles, en même temps que le jardinage. »

Lettres rurales.

Comment peut-on réagir contre la
triste situation faite aux braves travailleurs des champs, par l'abandon
dans lequel les ont laissés la plupart
de ceux qui, jadis, formaient ce qu'on
appelait, les *classes dirigeantes*.

Il n'est qu'un seul moyen: celui que
j'ai constamment indiqué, l'UNION, l'Asso-
CIATION.

Mais comment faire cette Union, si on
ne trouve personne pour la provoquer
et la diriger?

Je répondrai à cela : que chacun y
mette du sien et l'on arrivera bientôt à
quelque chose de pratique. Est-ce que
quand le feu prend à votre maison, vous
attendez qu'on vienne vous diriger pour
le combattre? Assurément non ! Eh bien,
faites de même, car ici ce n'est pas seulement un de vos immeubles qui est
menacé, une partie de votre avoir qui
est en péril ; mais c'est tout ce que
vous possédez: votre bien, votre travail,
votre gagne-pain, votre vie elle-
même. Faites donc comme les soldats
engagés avec l'ennemi, leur chef de
corps est tué, les autres officiers sont
mis hors de combat; eh bien, le plus
gradé ou, s'il n'y en a pas, le plus courageux, sinon le plus expérimenté, prend
le commandement de la troupe et continue la lutte, quelquefois victorieusement.

Et vraiment, il faudrait que votre
commune, votre canton, votre arrondissement, votre département, fussent bien
pauvres, pour ne point y trouver un ou
plusieurs hommes qui aient assez d'esprit d'initiative et de dévouement, pour
vous grouper, vous unir, vous fédérer.

Mais, pour cela et *avant tout*, il faut
que chacun fasse un effort sur lui-même,
consente un sacrifice personnel, en vue
d'arriver à un résultat sérieux.

Ainsi : point de morgue, vous représentant comme un être supérieur aux
autres, point d'orgueil vous entraînant
à vouloir dominer quand même ; mais,
au contraire, un effacement volontaire,
une douce bonhomie qui vous fasse
estimer et rechercher. Point d'amour-
propre mal placé vous engageant à dédaigner un voisin moins fortuné ou
moins capable que vous; mais une grande
affabilité, une serviabilité constante,
qui attire à vous et vous fasse aimer de
tous. Point d'esprit politique surtout;
rien n'est plus dissolvant, et d'ailleurs,
l'agriculture n'est l'apanage d'aucun
parti, d'aucune coterie, mais la nourricière de tous; à l'instar du soleil qui
verse ses rayons bienfaisants sur les
bons aussi bien que sur les méchants,
elle sert le républicain comme le monar-
chiste, le clérical comme le libre-pen-
seur. Point d'envie, point de jalousie,
point d'égoïsme; mais de la concorde,
du dévouement, de l'esprit de sacrifice
partout et toujours.

Ecoutez ce que disait tout dernièrement, à une importante réunion d'ouvriers, un grand ami des humbles, des
déshérités de la fortune, des travailleurs, M. le comte de Mun :

« L'individualisme est le fruit spontané de l'égoïsme et c'est l'effet nécessaire des doctrines matérialistes d'y
donner naissance par le libre déchaînement des intérêts humains. Cependant
l'association est si bien naturelle à
l'homme que ce siècle même qui, dès
son début, l'a proscrite de ses codes, n'a
cessé d'y recourir.

« Seulement son objet n'étant que le
développement des richesses, et non la
protection des droits de chacun, elle n'a
été qu'un merveilleux, mais aveugle instrument de progrès matériel.

« C'est l'association des capitaux : il
ne faut pas la maudire, car elle a été le
levier du développement industriel, et
vous savez toute la puissance qu'elle a
créée; mais elle n'a pas trouvé, dans l'association du travail, son contre-poids
nécessaire et, soustraite à la loi divine,
comme toutes les institutions de ce
temps, vous savez aussi tous les abus
qu'elle a engendrés.

Là encore, le socialisme a trouvé une
terre toute préparée. L'effet principal
de l'individualisme lui est apparu dans
l'isolement des faibles et dans l'abus de
la centralisation administrative qui en
est la conséquence, mais au lieu de
chercher le remède dans le retour aux
associations naturelles, il a prétendu le
découvrir en augmentant jusqu'au despotisme, la prédominance de l'Etat.

« Il a dévoré les associations de capitaux, mais pour que l'Etat dont elles
gênent l'omnipotence mit la main sur
elles ; il a développé à outrance l'association des travailleurs, mais pour l'employer à la conquête par l'Etat de toutes
les richesses, puis à la conquête de
l'Etat lui-même : si bien que le dernier
terme de l'évolution qu'il prépare serait
l'écrasement définitif, par la puissance collective, de toutes les forces naturelles de la nation, des associations,
des familles et des individus.

« Et, parce qu'au fond des doctrines,
en apparence adverses, il y a, sur les
droits naturels, l'erreur matérialiste
commune aux deux partis, le socialisme
bien loin d'être un remède contre l'individualisme, n'en est, en quelque sorte,
qu'une monstrueuse hypertrophie... »

Or, vous le voyez, l'égoïsme enfante
naturellement l'individualisme, cette
plaie sociale de notre époque ; or,
qu'est-ce que c'est que l'individualisme?

C'est encore l'honorable M. de Mun
qui va nous répondre :

« L'individualisme, c'est l'état qui
résulte pour une nation de la rupture
des liens naturels formés entre les
hommes par le devoir réciproque, l'intérêt commun, la fonction de la Société,
l'exercice de la profession, et qui se caractérise dans l'ordre moral, par l'é-
goïsme, par le déchaînement des sentiments personnels, par l'antagonisme
qui en résulte, dans l'ordre matériel,
par la puissance abusive de l'Etat, seule
force constituée en face d'individus
isolés... »

N'est-ce pas parfaitement ce que nous
voyons chaque jour, et que nous déplo-
rons si amèrement sans rien faire pour
y remédier ?

Lamennais, dans son *Livre du peuple*,
l'a dit bien éloquemment: « Veuillez
seulement, et les lois iniques disparaî-
tront soudain, et la violence des oppresseurs se brisera contre votre fermeté inflexible et juste. RIEN NE RÉSISTE
A L'UNION DU DROIT ET DU DEVOIR! »

Donc, pas d'hésitation, mais une ferme
résolution ; mettez-y chacun du vôtre
et vous arriverez sans peine à vous associer, à vous unir, et à devenir une force
véritable.

Et du reste, est-ce que l'association
n'est pas l'usage d'un droit naturel et
de la plus incontestable des libertés ?

Maître PIERRE.

La Chesnaye, Saint-Aubin.

Le pain à la ferme.

M. Aimé Girard a soumis à de sérieuses
analyses les aliments ordinaires des paysans dans les contrées les plus pauvres,
dans l'Ardèche, dans la Lozère, consistant
en soupes aux légumes, pommes de
terre, haricots, châtaignes, galettes de
sarrasin, fromage, etc. Dans chaque ration journalière il a constamment trouvé
6 à 7 grammes d'acide phosphorique,
quantité double de celle qui est réputée
nécessaire à l'entretien des éléments du
corps humain.

Dans les mêmes rations sont compris
1.500 grammes de pain bis donnant
3 gr. 30 d'acide phosphorique ou de

pain blanc donnant 3 gr. 10, différence, 20 grammes, en faveur du pain bis.

Donc, d'après M. Aimé Girard, l'écart entre les deux pains est sans intérêt comme résultat nutritif et il conclut ainsi :

« Le pain véritablement utile, le pain normal, c'est le pain blanc, pain bourgeois fait de farine pure à 60-68 0/0 d'extraction, qu'on vend à Paris sur la balance sous le nom de pain boulot ou de pain fendu, et l'utilisation véritablement économique du froment consiste à réserver 70 0/0 au plus du poids de ce grain à l'alimentation humaine, 30 0/0 à l'alimentation du bétail ; en agissant ainsi ce que l'homme abandonne sous forme de pain, il le retrouvera sous forme de viande ».

Cela est évident pour tous les agriculteurs, nul d'entre eux ignore le rôle important des sons et recoupes dans l'alimentation de tous leurs animaux.

Mais un autre point de vue à considérer c'est qu'avec le système des cylindres employés presque uniquement pour fournir la farine à pain blanc, les meuniers sont obligés de mélanger au blé généralement humide de France les blés bien secs et très riches en gluten des pays étrangers, voilà pourquoi nous restons partisans du pain dit complet et nous engageons les cultivateurs à moudre eux-mêmes leur blé par le moulin agricole. Inutile, n'est-ce pas, de favoriser l'entrée des blés étrangers ?

La traction automobile et l'agriculture.

A mesure que l'industrie progresse, l'agriculture française voit sa situation s'aggraver. Ce sont les progrès de la vapeur qui ont rendu possible l'effroyable concurrence que font aux produits de notre sol ceux des pays étrangers, de l'Amérique, de l'Australie et de la Nouvelle-Zélande, et que sera-ce si les essais qui vont être entrepris très prochainement au moyen d'un nouveau système de bateaux, les navires rouleurs Bazin réussissent et si les fruits, les bestiaux, etc., des Etats-Unis peuvent arriver en trois jours en Europe au lieu de sept ?

Un autre progrès industriel qui va causer de très réels dommages à notre agriculture, c'est l'automobilisme, c'est-à-dire l'emploi de voitures sans chevaux pour le transport sur route des voyageurs et des marchandises. Les résultats obtenus sont encourageants, il faut le dire ; ainsi dans une voiture automobile à pétrole Peugeot à quatre places, appartenant à un de mes amis, le comte de Bourmont, qui l'avait perfectionnée, j'ai fait 54 kilomètres en deux heures, soit près de sept lieues à l'heure.

La Compagnie des omnibus de Paris a demandé récemment de remplacer tous les véhicules qu'elle emploie, tramways et omnibus de tous types, par des voitures automobiles. La Compagnie des petites voitures de Paris, d'après le dernier rapport du Conseil d'administration, se propose de l'imiter, et son exemple sera certainement suivi par les autres compagnies de voitures. Or, l'année dernière, la Compagnie des omnibus de Paris comptait seize mille deux cent treize chevaux, celle des petites voitures onze mille cent quatre-vingt-dix-huit ; si nous estimons à 2 francs par jour — c'est le prix moyen qui ressort des inventaires — le coût en nourriture et en litière de chaque cheval, nous trouvons que ces deux Compagnies versent aux agriculteurs annuellement une somme de 20 millions, à laquelle il faudrait ajouter les bénéfices réalisés par les éleveurs dans la vente des chevaux.

On voit combien la suppression des chevaux à Paris, dans ces seules deux grandes Compagnies, diminuera l'écoulement des produits agricoles (foin, paille, avoine, son, chevaux) ; ce seront d'abord les agriculteurs des environs de Paris qui pâtiront de cette transformation, mais leurs produits devenant invendables, il y aura encombrement du marché, et ces mêmes produits baisseront dans toute la France. Triste perspective pour l'agriculture qui vend déjà si mal son blé !

Au sujet de cette transformation, une enquête avait été ouverte par le Conseil municipal, à l'Hôtel de Ville de Paris, jusqu'au 4 juillet, pour consulter la population parisienne.

Au nom de la *Gazette*, j'ai consigné la protestation des agriculteurs français, dont les intérêts seront sacrifiés à ceux des marchands de pétrole et de charbons étrangers ; j'ai fait valoir aussi que la transformation projetée serait d'ailleurs sans avantages pour la population parisienne auquel on n'offrira certainement que de très grands véhicules, partant plus rarement et s'arrêtant en cours de route plus longtemps que les omnibus actuels.

Une question en terminant ? Qu'ont fait pour protester contre cette mesure si nuisible à l'agriculture, l'Union des syndicats des agriculteurs de France et les grands syndicats parisiens qui affirment être tous dévoués à la défense des intérêts agricoles ?

Nous aurions été heureux aussi que le Bulletin de la Société des agriculteurs de France, où l'on sait si bien (!) vanter les mérites des divers ministres de l'agriculture qui se succèdent — et sous lesquels du reste la situation de l'agriculture va sans cesse empirant, — défende dans cette circonstance les intérêts de nos cultivateurs.

C. CRÉPEAUX.

La moisson rationnelle du blé.

La *Gazette* a ouvert, l'année dernière, à ce sujet, une fort intéressante enquête auprès de ses abonnés cultivateurs, leur demandant quel procédé ils avaient employé pour récolter leurs blés pendant la saison difficile de 1894 et les résultats obtenus ; je vais, dans la suite de cet article, largement utiliser les excellentes réponses obtenues de cultivateurs habitant les quatre coins de la France.

Epoque de coupe. — Etant donné que l'ancien procédé du javelage a des résultats désastreux en année pluvieuse, ce que l'on doit toujours prévoir, on doit récolter tous les blés en moyettes, et par conséquent couper sur le vert, ce qui offre les avantages suivants : pas d'égrenage, échaudage diminué, grain plus beau, plus lourd, se vendant mieux. Le meilleur moment, au moins dans le centre et dans le nord de la France, c'est de couper quand les nœuds liens de la paille sont encore verts et que la majorité des grains sont encore tendres (le grain doit se couper facilement avec l'ongle).

Tous les bons cultivateurs connaissent l'avantage de couper avant maturité complète les blés pour meunerie, mais beaucoup hésitent encore à tort à agir de même pour les blés de semence. Rappelons pourtant que des savants, Kohn, Tréviranus, Gœppert, Duchartre, ont parfaitement fait germer des grains-semences coupés alors que le grain était en lait. M. Duchartre notamment a trouvé dans ses expériences que les grains coupés en lait (ce que nous ne conseillons pas, bien entendu) donnent naissance à des plantes plus vigoureuses que coupés à maturité. M. C. Clément (Meurthe-et-Moselle) a fait l'essai de mettre en moyettes du blé très vert puisqu'il y avait encore quelques grains laiteux ; après vingt jours de moyettes, le grain sortant de ces épis était aussi beau et aussi bien nourri que les grains sortis des blés voisins coupés six jours après, sur le mal-mûr, comme on fait d'ordinaire pour le blé de moyettes ; ce blé était d'ailleurs plus lourd (1 kil. 1/2 l'hectolitre), plus jaune, et M. Clément a été si satisfait de son essai fait en 1884 que, depuis, il coupe toujours son blé de semence le premier, c'est-à-dire quand la majorité des grains est encore à l'état moelleux.

Moyettes. — Il existe deux grandes classes de moyettes :

1º Les moyettes de javelles.
2º Les moyettes de gerbes.

I. *Moyettes de javelles.* Ce sont celles où le blé sèche le mieux et par conséquent on devrait les préférer toujours si elles n'occasionnaient une certaine dépense supplémentaire (environ 6 à 7 francs l'hectare) sur les moyettes de gerbes. Lorsque le blé est très fourrageux, très herbeux, il ne sèche bien qu'en moyettes de javelles, surtout dans les pays humides et les saisons pluvieuses. Voici du reste la réponse de M. Marin-Lefebvre qui cultive près de Cherbourg, dans une partie très humide de la France.

La moyette de javelles est, à mon

avi... le meilleur système de récolte des
blés en saison humide.

On fait une brassée qu'on lie par le
haut en donnant un peu de pied ; on
prend ensuite des javelles qu'on place
tout autour pour former une moyette
au moins de cinq à six gerbes ; deux personnes prennent chacune leur javelle
et couvrent la moyette et la lient par le
haut en l'abaissant le plus possible.
Voilà quarante ans que je fais comme
cela, qu'il fasse beau temps ou mauvais,
et le blé est toujours plus sec et plus
beau ; les moyettes ne sont presque jamais abattues sur le vent. D'autres fois,
quand il n'y a rien dans le blé, on le
gerbe à mesure qu'on le coupe, on en
plante une botte debout et on en met
quatre ou cinq autour ; on les recouvre
comme les autres. Il y a des personnes
qui trouvent que cela prend trop de
temps. J'estime que c'est le contraire,
car on peut travailler ailleurs pendant
que le blé sèche ainsi. Bien des gens, il
est vrai, ne donnent pas assez de pied
aux moyettes qui sont alors renversées
par le vent. D'autres ne les couvrent pas ;
l'eau entre alors dans l'épi et presque
tout est perdu.

Nous coupons toujours le blé sur le
vert le plus qu'on peut, le grain a une
plus belle couleur.

II. *Moyettes de gerbes.* Sont excellentes
dans la majorité des cas, exception faite
pour les blés très sales ou fourrageux.
Voici la réponse de M. Pellegrin (Loiret)
relativement à la confection de ces
moyettes.

Nous lions derrière la faux et la moissonneuse, — la moissonneuse-lieuse
active singulièrement le travail, on le
comprend — à mesure du fauchage,
toutes les javelles sans exception, et
nous opérons de manière que, chaque
soir, il ne reste que des gerbes sur le
champ. Le lendemain matin, par la
rosée ou sortant d'une pluie, pour mieux
rassembler les épis, nous mettons en
moyettes. Nous faisons celles-ci sans
exception de neuf gerbes. Deux personnes sont indispensables pour bien
les établir. Nous attendons, pour les
rentrer, que le blé soit parfaitement
sec.

Pour éviter les pertes de temps et même
aussi pour rassembler la quantité de gerbes nécessaires à la construction de nos
moyettes et les mettre bien en lignes,
dans la longueur du champ, nous commençons en plein champ. La première
gerbe, choisie parmi les plus grosses et
les moins longues, est dressée et bien
appuyée sur sa base, celle-ci faisant le
milieu de la moyette. Chaque ouvrier
apporte ensuite une gerbe qu'ils mettent
en même temps bien en face l'une de
l'autre, en les penchant légèrement, de
manière qu'il n'y ait que les épis qui
s'appuient contre la première gerbe.
Avec le genou, mis au droit du lien,
l'ouvrier doit appuyer sa gerbe, de manière à la casser légèrement. Deux autres gerbes sont mises en croix et pla-

cées de la même manière que les
précédentes. Il ne reste plus, pour terminer la moyette, qu'à mettre une gerbe
entre deux, en ayant soin, en les plaçant,
d'écarter les épis de celles mises précédemment pour y loger les épis de ces
dernières, de manière que cet ensemble
d'épis fasse un cône inaccessible à l'eau.

Fig 1. — Moyette de gerbes
(système le meilleur).

Une précaution indispensable pour la
solidité de la moyette est de toujours
choisir une forte gerbe pour mettre du
côté opposé au fort vent, bien la mettre
en pente et l'arc-bouter. En opérant de
cette manière nous n'avons pas, à la fin
de la moisson, 2 p. 100 de moyettes renversées, même par les plus forts vents.

Si on couvre ces moyettes, ce que nous
conseillons, on choisit, pour couvrir,
une gerbe longue, qu'on laisse à côté de
la moyette pour ne couvrir celles-ci que
revenant, c'est-à-dire quand toutes les
gerbes sont relevées, ceci pour aller
plus vite. Pour placer cette gerbe sur la
moyette, l'épis en bas, bien entendu,
nous fendons cette gerbe entre les deux
javelles, de manière que chaque ouvrier en tienne à peu près la moitié par
les épis et nous contournons la moyette
en écartant notre gerbe qui nous fait
une sorte de parapluie sur le tout ; bien
faire entrer cette gerbe en tirant sur les
épis pour la consolider.

Fig. 2. — Autre moyette de gerbes
(moins bonne).

Toutes ces moyettes bien faites, les
gerbes écartées à leur base d'environ
10 centimètres, on donnera au droit des
liens 20 à 25 d'écartement. Chaque
gerbe se trouve donc pour ainsi dire
isolée, l'air circule ainsi dans toutes les
parties de la moyette. Ainsi placés, nos

blés sèchent rapidement, quelque temps
qu'il fasse.

Nos moyettes comprennent 6 gerbes,
5 debout, la 6e formant chapeau. Dans
nos champs, en sillon, on en place 4 en
croix, 2 sur chaque sillon ; la 5e est placée en étançon du côté de la pente.

Dans d'autres pays on fait les moyettes
à six gerbes. Voici la description qu'en
donne M. Soyer.

La méthode est très simple : un
homme dresse les cinq gerbes debout,
un enfant en serre la tête au moyen
d'une corde, pendant qu'un homme ar-
range et pose le chapeau. Cela fait,
l'homme et l'enfant tirent discrètement
et par un effort symétrique et égal, le
chapeau, pour l'enfoncer solidement ; on
retire la corde et à une autre... On
choisit pour chapeau les gerbes à pailles
longues, et toute la base est réduite
comparativement à la partie supérieure.

Ainsi disposé en tas solides, le blé
mûrit et sèche à perfection, même
quand il a été engerbé vert et humide,
comme cette année, où il fallait lier et
moyetter presque à mesure des gerbes
que l'ondée insolite réussissait encore à
mouiller, malgré nos précautions.

Un point important c'est de faire les
gerbes petites, 8 à 9 kilos maximum ;
de cette façon elles sèchent plus rapidement et sont d'ailleurs plus faciles à
manier.

Dans le cas où quelques moyettes
sont décapitées de leur chapeau par le
vent il ne faut pas remettre ce chapeau
après une pluie tant que la moyette ou
le chapeau sont mouillés ; en enfermant
l'humidité on provoquerait dans les épis
une fermentation déplorable.

Dans ce cas donc on se contentera
d'accoter la gerbe formant chapeau les
épis en l'air droit contre la moyette. Les
blés peuvent rester pendant six semaines sous des pluies intermittentes
en moyettes couvertes bien faites, sans
souffrir. Quand le beau temps est enfin
revenu, on passe le matin et on décoiffe
toutes les moyettes pour les rentrer le
soir ou le lendemain.

Pour faciliter le chargement sur les
voitures, il convient de mettre les
moyettes bien en ligne sur les champs.

Prix de la moisson par moyettes.
— 1° *Moyettes de javelles* : Voici les prix
que j'ai vu pratiquer en Normandie
pour de beaux blés à l'hectare : fauchaison 20 francs, mise immédiate en
moyettes de javelles à raison de 70 kilos de javelles par moyette, 7 francs ;
confection de liens, 4 fr. 50 le mille ;
liage, 7 francs l'hectare : dressage en
quintaux à raison de dix-sept gerbes
par quintaux, 6 fr. 25 ; soit au total
35 francs l'hectare prêt à être enlevé du
champ.

2° *Moyettes de gerbes* : En Bretagne
j'ai fait faire aux prix suivants pour de
très beaux blés à l'hectare : fauchage
22 francs, mise en moyettes 8 francs de
l'hectare. En Seine-et-Oise on paye en-

viron par hectare pour blé, coupé, lié et mis en moyettes de gerbes, 35 à 45 fr. de l'hectare.

Sauvetage des blés mouillés non mis en moyettes. — Lorsqu'il survient des pluies persistantes, les blés en javelles ou en gerbes, mis en meulons dans lesquels il sont plus ou moins couchés au lieu d'être dressés comme dans la moyette, prennent l'eau et sont menacés de germer ; de même pour les blés étendus en javelles sur la terre. Que faire dans ce cas lorsque l'on s'est aperçu que les blés sont sur le point de mal faire ?

Même sous une pluie battante, on les réunira en petites gerbes (de 7 à 8 kilos une fois sèches) que l'on dressera et accotera en moyettes dites en chaîne sans les couvrir. De cet façon les épis sécheront facilement au premier vent ou au moindre soleil.

Fig. 3. — Moyette en chaîne

Nous engageons tous les cultivateurs qui n'ont pas encore pratiqué ces deux excellents procédés qui se tiennent, la coupe hâtive du blé et les moyettes, à les expérimenter au moins sur quelque bout de pièce, pour s'assurer de leurs avantages.

Ceux qui se contentent de lier les blés à mesure qu'on les abat et de les relever en tas coniques, savent bien que leur récolte n'est pas sauvegardée. Si les pluies sont fréquentes les épis germeront sur le pourtour des tas, parfois même à l'intérieur, et l'eau coulant le long des tiges se concentrera sous le lien où elle entretiendra une humidité qui provoquera plus tard de la fermentation dans la grange. Les grains qui ont germé, fussent-ils peu nombreux, attirent l'œil de l'acheteur et sont toujours les plus en évidence parce que leur légèreté relative les amène à la surface du tas. Ils déprécient la marchandise, mettent l'acheteur en garde, et, à l'heure actuelle, au prix où sont les blés il n'est pas indifférent de vendre 0 fr. 50 à 0 fr. 75 de plus le quintal grâce à une qualité parfaite du grain, qualité facile à obtenir par la moyette. La plupart des moulins maintenant sont malheureusement montés à cylindres, et il leur faut des blés très secs pour bien marcher, voilà pourquoi la moindre humidité dans le blé lui fait perdre relativement beaucoup de valeur. Que l'on fasse le compte de ce que coûte de plus la mise en moyettes comparativement aux anciens

procédés, 7 francs de l'hectare environ au maximum, et la plus-value du grain parfaitement séché, et l'on verra qu'il y a tout avantage à s'assurer une récolte parfaite par le procédé des moyettes.

Fig. 4. — Moyette en chaîne couverte

Nos figures donnent différents systèmes de moyettes de gerbes. La figure 1 est la meilleure méthode de moyettes de gerbes ; nous n'avons pas représenté la moyette de javelles parce qu'elle a le même aspect à peu près (sauf que l'on aperçoit le pied des javelles au lieu du pied des gerbes) que la figure 1. La figure 2 est un genre de moyette de gerbes assez pratiqué en Beauce ; il ne vaut pas le type 1 comme défense contre la pluie. Les figures 3 et 4 sont des modèles des moyettes dites en chaîne usitées en Flandre.

La moyette en chaîne couverte (fig. 4) est excellente, mais un peu compliquée et assez coûteuse à établir. Nous ne la conseillons pas à cause de cela.

C. Crépeaux.

Pincement des arbres fruitiers.

Le pincement est le moyen le plus énergique, dont dispose le jardinier pour la mise à fruits de ses arbres ; c'est en même temps, en arboriculture, l'opération la plus difficile et la plus importante. C'est si vrai que, quand les différents placements ont été bien faits et complétés par les dernier cassements en août et en septembre, la taille n'est presque plus rien.

Principes généraux. — Les arbres en plein vent, quoique abandonnés à eux-mêmes, ne tardent pas à se couvrir de boutons à fruits. Chez eux, la nature remplace la taille et le pincement.

La sève, n'étant point contrariée, monte toujours ; mais elle est obligée de se répartir sur une foule de points ; elle s'épuise donc forcément, de là, la mise à fruits naturelle.

Dans les arbres taillés et dirigés selon une forme : candélabre, pyramide, palmette, etc., on est obligé, chaque année, pour rétablir et maintenir la forme, de restreindre la sève par la taille. De là, la nécessité du pincement des rameaux latéraux, si l'on veut aider et activer la formation des boutons. Ce pincement, en effet, appauvrit les yeux qui, au lieu de pousser à *bois*, se mettent à *fruits*.

Pratique du pincement. — Pincer n'est

pas couper, mais *rogner* avec l'ongle l'extrémité herbacée du bourgeon. Et quand en juillet-août le bois est devenu ligneux, pincer c'est *casser* avec le dos de la lame du greffoir, il en résulte une plaie déchirée qui ne se cicatrise pas.

On distingue en principe deux pincements : le premier fin avril-mai ; le second juillet-août ; à la rigueur ils suffisent. Cependant, eu égard au temps et à la vigueur de certains sujets, souvent un troisième et même un quatrième sont nécessaires.

Le seul, le vrai pincement intelligent, est celui qui se fait d'après le nombre des feuilles et non d'après la longueur du bourgeon.

La règle générale, qui ressort de l'enseignement et de la pratique à peu près unanime et des maîtres en arboriculture est qu'il faut pincer les bourgeons *de vigueur moyenne au-dessus de trois bonnes feuilles ayant des yeux à leur aisselle.* S'il se produit un bourgeon anticipé, on le pince à une ou deux feuilles.

Ces pincements ont lieu de mai à fin de juillet. Y a-t-il encore quelque chose à faire ? Faut-il s'en tenir là ? Oui, si les boutons à fruits sont formés ou à peu près, ce que l'on reconnaît à la rosette de feuilles qui les entourent (de cinq à huit). Non, s'il en est autrement. Un cassement alors, fin d'août-septembre, *au-dessous* du premier pincement, produit généralement l'effet désiré.

Le pincement n'est donc pas un acte mécanique, mais un acte essentiellement intelligent : l'opérateur doit toujours avoir l'œil non pas au haut, mais au bas du bourgeon, et le pincer ou le casser selon l'état du bouton : *peu*, s'ils sont à peu près formés, *davantage*, s'ils ne le sont qu'à moitié ; *énergiquement*, s'ils ne sont qu'à l'état d'enfance.

E. Ouvray,

Curé de St.-Ouen, près Vendôme (L.-et-C.

Javeleuse ramasseuse à bras.

Le *Journal d'agriculture pratique* signale aux ouvriers moissonneurs un petit râteau d'une forme particulière intitulé : râteau-javeleur, au moyen duquel le ramassage des javelles s'opère mieux, plus vite et avec moins de fatigue que le ramassage avec le bras.

Nous ne pouvons qu'applaudir aux inventions destinées à rendre plus rapide et moins fatigante une opération qui trop souvent exténue la force des femmes qui en sont chargées. Mais on nous permettra de rappeler que depuis l'année 1888, à la suite du concours régional d'Épinal, nous signalons la fourche dite vosgienne comme ayant le mérite de rendre cet immense service dans le ramassage des javelles. Tous nos lecteurs qui emploient cette fourche de la façon que nous avons indiquée, en sont pleinement satisfaits.

Ajoutons que la fourche vosgienne

ramasse non seulement les javelles sans obliger la ramasseuse à se baisser, mais qu'elle transporte aussi la brassée ramassée sur le lien de la gerbe. Enfin, dans les fenaisons, elle remplace le râteau à cheval.

Nous persistons à soutenir que la fourche vosgienne est un des plus précieux outils d'invention moderne pour les récoltes des foins et des céréales. Si sa réputation n'a pas jusqu'ici été au niveau de ses mérites c'est que l'inventeur n'a pas su ou n'a pas pu jouer de l'instrument de la réclame et de la publicité qui est la puissance souveraine à notre époque. Si bien que nous-mêmes nous avons obéi au seul désir de les éclairer sans avoir reçu un centime de l'inventeur. Mais la vérité avant tout. Or, la vérité est, qu'avec la fourche vosgienne une ramasseuse fait la besogne triple de celle qui le fait avec ses bras.

Qu'est-ce donc, que la fourche vosgienne ?

C'est tout simplement la fourche américaine avec des dents plus longues, environ 40 centimètres dont la douille est surmontée de deux baguettes verticales légèrement courbées, hautes de 33 à 40 centimètres.

Nous engageons les Comices à soumettre ces outils à des essais comparatifs dans les concours de moissonnage. Ce sera un moyen bien simple de s'éclairer sur la valeur de ces précieux engins. Ce n'est pas notre faute si on a négligé partout jusqu'ici ce mode si naturel pourtant d'investigation. Cela prouve que l'esprit de routine n'a pas encore dit son dernier mot dans le monde agricole : même dans les régions qui se piquent de le pousser dans les voies du progrès.

HORTICULTURE

Travaux du mois de juillet.

Potager. — On peut dire que le mois de juillet est la dernière étape de la plus grande partie des semailles pour la provision d'automne du potager. On fera donc bien d'en profiter pour semer : Betteraves précoces, Carottes hâtives, Chicorée frisées et Scaroles, Concombres et Cornichons, Haricots nains (pour récolter en vert), Laitues pommées et Romaines, Poireaux, Poirée blonde à carde, Pois précoces, Pourpier. Mais c'est le bon moment de semer, également pour récolter à l'automne : Mâches, Navets et Navets-Raves, Ognons blancs hâtifs (plutôt seconde quinzaine), Scorsonère.

On continuera les semis de : Cerfeuil commune et frisé (à l'ombre), Ciboule commun, Cresson alénois et Cresson vivace, Epinards (à l'ombre), Oseille de Belleville et Oseille Patience, Persil commun et frisé, Radis de tous les mois.

On repiquera les plants Choux d'hiver qu'on mettra en place en août. Changer de place les Fraisiers que l'on rajeunira en coupant les vieilles racines et les feuilles extérieures ; semer des Haricots à la place de ces Fraisiers. Nouer les tiges d'Ognons jaunes pour hâter la maturité des bulbes. Butter le Céleri tous les quinze jours et arroser copieusement le Céleri-Rave. Lier les Chicorées, les Scaroles et les Cardons. Supprimer les tiges inutiles des Tomates qui mûrissent. Arroser abondamment les Potirons et autres Courges. On récolte les Pommes de terre précoces, ainsi que l'Ail et l'Echalotte que l'on fait sécher à l'ombre ; les premiers Cornichons, les Haricots verts semés à l'air libre et autres légumes de saison.

Veiller aux limaces et escargots qui pullulent parfois au potager comme au parterre et ne pas hésiter à répandre en petite quantité sous les feuilles de la chaux vive en poudre, c'est le remède souverain et radical contre ces engeances qui ne laissent souvent que des troncs, tiges ou pétioles dénudés. Disséminer de place en place des écorces de Melon au lieu de les jeter aux ordures ; on les verra bientôt se couvrir de ces mollusques.

Jardin d'agrément. — Rares sont les espèces qui, semées en juillet, ont chance de donner à l'automne une floraison satisfaisante ; voici celle que nous recommandons plus particulièrement parce qu'elles sont d'une végétation rapide : Belle-de-jour, Campanule Mirovi de Vénus, Capucine de Lobb grimpante, Capucine naine, Chrysanthème à carène hybride de Burridje, Clarkia pulchella, Julienne de Mahon, Némophila, Pourpier à grande fleur, Réséda pyramidal, Saponaire de Calabre.

Il est bien entendu que le succès de ces semis un peu tardifs ne sera assuré que si le temps est favorable et si les arrosages ne font pas défaut. On choisira pour cela une exposition naturellement un peu fraîche, au nord, par exemple.

La plus grande partie des plantes bisannuelles et vivaces peuvent encore se semer dans ce mois, bien qu'il faille préférer le faire dans les mois de mai et juin, nous en donnons ici une liste des plus intéressantes espèces, offrant le plus de chance de floraison l'année suivante : Arabette des Alpes, Aubrietia, Chrysanthème d'automne, Cinéraire hybride, Gaillarde vivace, Gaura Lindheimeri, Giroflée jaune-brune, Giroflée Gocardeau et grosse espèce (à hiverner sous châssis), Lin vivace, Lupin polyphylle, Mufliers grands, demi-nains et nains, Œillet des fleuristes remontant, flamand et autres, Pyrèthre gazonnant, Polémoine bleue et blanche, Rose trémière, Erigeron speciosum, Thlaspi toujours vert, Valériane des jardins.

Les repiquages définitifs de plantes à floraison automnale doivent être terminés en ce mois.

Ajoutez que la floraison de toutes les plantes sera d'autant plus belle que le terrain aura été préalablement paillé et arrosé en juin.

Jardin fruitier. — Pincer l'extrémité des pousses de Poiriers pour maintenir l'équilibre dans la végétation. On continue à écussonner à œil poussant les espèces dont la végétation se prolonge tardivement, particulièrement les espèces à pépins, et commencer la greffe à écusson sur celles à végétation plus rapide, comme Abricotiers, Cerisiers, Pruniers, Pêchers, etc. Continuer la chasse aux insectes en ayant soin de brûler tous les débris de bourgeons et de feuilles enlevés aux arbres. Ne laisser tomber sur le sol aucun de ces débris qui peuvent renfermer des insectes ou des cryptogames. Enlever quelques feuilles aux Pêchers pour permettre aux fruits de se colorer. Arroser au pied des arbres en cas de sécheresse.

(*Bulletin de Saint-Fiacre.*)

G. LEGROS.

Emission de 800 obligations

Nous signalons à l'attention de nos lecteurs le prospectus inclus. Il y a là une tentative intéressante que la Presse agricole a le devoir de faire connaître.

RECETTES

La gourme du cheval. — Quelques vétérinaires ont recours à la saignée dans le traitement de cette affection du cheval, du poulain surtout, un vétérinaire d'une capacité éprouvé blâme énergiquement cette pratique. La saignée, il est vrai, fait disparaître momentanément les effets de la gourme, le pelage, etc., mais pour un temps peu durable, après lequel le mal redouble de gravité. Ce moyen est familier aux maquignons, en leur facilitant la vente de leurs chevaux malades. Peu leur importe ce qu'ils deviennent après qu'ils les ont vendus. Pour le traitement sérieux la gourme, il faut s'adresser à des vétérinaires expérimentés, capables de guérir les malades sans saignée.

OFFRES ET DEMANDES

RED-CAP

ŒUfs à couver de cette excellente race de poule, reputée la plus jolie et la plus forte pondeuse, garantis race pure frais et fécondés, 5 fr. la douzaine franco de port et d'emballage. S'adresser à **Calixte Dany**, Althen-les-Paluds (Vaucluse).

Important : J'invite les personnes qui veulent bien me confier leurs ordres de toujours y joindre un mandat, les remboursements n'étant bénéficiables qu'aux Compagnies.

Toujours donner le nom de la gare à laquelle il faut adresser les envois.

LA QUESTION DU BLÉ, par J. Vavost, franco : 0fr 60. S'adresser : Lemercier, libraire, 1, galerie Véro-Dodat, Paris.

M. POUZIN offre de jolis racinés de son plant de vigne à la seule condition pour les demandeurs de lui tenir compte d'une partie de la récolte d'une année. — Contre 0 fr.25 il expédie son *Guide* pour la culture de cette variété.

Ecrire à M. Pouzin Emile, à Saint-Paul-les-Romans, Drôme.

Huiles d'olive garanties pures et sans mélange venant directement de la propriété.

Au prix de 1,80, — 1,60, — 1,50 le kilog. suivant qualité.

Gare départ, paiement contre remboursement. S'adresser à M. Edouard Laurin, propriétaire à Saint-Chamas (Bouches-du-Rhône).

Ferme de l'Institut Agricole de Beauvais — A VENDRE :
1° Très bon bélier *charmois* en état de faire la lutte.
2° Œufs, poulettes et coqs des races : La Flèche, Dorkins, Leghorn, Campine et Padoue Doré, Langshan, Gournay, Coucou de Malines, Houdan, Cochinchinoise fauve, Brahmapoutra, canards de Rouen.

GRAND CRU MENARDIERE. Cidre normand pur jus, 15 fr. l'hecto non logé.

Eau-de-vie de cidre garantie pure : 3 fr. le litre.

SASSIER, propriétaire. La Colombe (Manche)

Un agriculteur offre des actions d'une bonne société d'assurances au prix d'émission. Revenu de 5 p. 100. S'adresser aux bureaux du journal.

Agriculteur, ancien régisseur de grandes propriétés, demande direction d'un domaine en France ou colonies. Excellentes références.

Ancien Industriel ayant possédé usine importante, fait valoir plusieurs Fermes et Bois de haute futaie, désire se placer comme intendant-régisseur. Nous recommandons spécialement cette personne qui a de grandes connaissances techniques à possesseur de grand domaine. Ecrire au bureau du journal.

Purificateur d'air pour tonneaux, l'un 4 50 franco gare,

Moyennant un supplément de 0 fr. 40, nous joindrons à l'envoi une mèche à percer de calibre et moyennant 0 fr. 10 en plus, une mèche soufrée.

COURS DES BESTIAUX

Marché de la Villette du 6 juillet 1896.

PRIX DE LA VIANDE NETTE		
1re qualité	2e qualité	3e qualité
Bœufs.. 1.50	1.40	1.30
Vaches... 1.48	1.38	1.28
Taureaux.. 1.24	1.14	1.04
Veaux.... 1 56	1.36	0.95
Moutons.. 1 98	1.84	1.74
Porcs.... 1.06	1.04	0.93

ESPÈCES	AMENÉS	VENDUS	PRIX EXTRÈME viande net	polds vif
Bœufs....	2.760	2.199	1.30 à 1 50	62 à 96
Vaches...	838	680	1.28 1.58	57 » 95
Taureaux.	242	187	1.04 1.24	51 » 78
Veaux....	1.455	925	0.95 1.50	53 1.05
Moutons..	18.782	16 912	1.74 1.98	77 1.21
Porcs....	3.787	3.672	.92 1.06	60 » 74

Arrivage important.

Marché de la Villette du 9 Juillet 1896.

PRIX DE LA VIANDE NETTE AU KILOGR.			
1re qualité	2e qualité	3e qualité	Prix extrême
Bœufs.... 1.49	1.41	1.31	1.28 à 1 53
Vaches... 1.48	1.32	1 17	1 15 1 47
Taureaux 1 24	1.15	1.00	0 97 1.29
Veaux.... 1.72	1.56	1 36	1.33 1.75
Moutons.. 1.87	1 79	1.66	1.62 1 9.
Porcs.... 1.12	1.62	0.94	00 1.1.

ESPÈCES	AMENÉS	VENDUS	OBSERVATIONS
Bœufs ...	1.585	1.149	Affaires peu actives.
Vaches...	588	526	
Taureaux.	235	201	
Veaux....	1.810	1 329	
Moutons..	14.935	12 065	
Porcs.....	6 474	6.399	

PRIX DU KILOG AU POIDS VIF			
1re qualité	2e qualité	3e qualité	Prix extrêm
Bœufs.... 0.75	0.63	0.53	0.51 à 0.83
Vaches... 0.70	0.60	0 49	0.47 0.73
Taureaux. 0.60	0.55	0.47	0.45 0.63
Veaux.... 0.73	0.61	0.51	0.48 0.76
Moutons.. 0.88	0.74	0.62	0.60 0.84
Porcs ... 0.42	0 37	0.32	0.30 6.45

Prix par races au kilog de viande nette

	Bœufs	Vaches
Normands	1.41 à 1.49	1,44 à 1.50
Limousins	1.40 à 1 48	1.39 à 1.44
Choletais	1.41 à 1.47	1.31 à 1 39
Bourbonnais	1.39 à 1.46	1.37 à 1.47
Berrichons	1.40 à 1.49	1.31 à 1.39
Bretous	» à »	— à —
Etranger	» à »	— à —

Ces prix s'entendent pour la première qualité, la seconde vaut environ 8 0/0 de moins et la troisième environ 16 0/0 de moins que la première.

PRODUITS COLONIAUX

Renseignements fournis par MM. MARÉCHAL et Cie, courtiers, 9, rue Chevreul, Paris.

Sucres. — La question qui préoccupe le plus le monde sucrier est celle des droits protecteurs à opposer aux nouvelles lois allemandes. Le gouvernement n'a encore pris aucune décision mais il vient de lui être soumis. à la dernière heure, un projet qui, laissant intacte la loi de 1884, aurait, paraît-il, l'appui des fabricants, raffineurs et cultivateurs. Ce projet consisterait à obliger le raffineur à payer un droit sur chaque sac entrant dans sa fabrique et la perception de ce nouvel impôt donnerait une somme suffisante pour payer une prime à l'exportation et une prime de détaxe de distance pour les raffineries des ports.

Les affaires de la semaine écoulée ont été sans animation avec des cours plutôt fléchissants. Le disponible n° 3 se cède en dernière heure à 29,75 et est demandé à ce prix.

En consommation, transactions très limitées.

Cafés. — Au Havre, le marché à terme a été calme, mais on compte que juillet sera une période active. On ne prévoit pas un nouvel abaissement des cours car la forte récolte brésilienne a été suffisamment escomptée par les baissiers et la position statistique ne justifierait pas une baisse nouvelle.

En consommation, il s'est traité : 567 s. Cap à 87 fr. ; 150 s. Jacmel à 88 ; 100 s. Salvador à 97 fr. ; 800 s. Cumaná à 90 et 91 fr. ; 785 s Porto Cabello de 81 à 88 fr. ; 505 s. Santos de 71,50 à 86 fr. selon qualité.

La consommation parisienne a fait des achats plus suivis, surtout en cafés fins, bon goût. Il s'est traité des Guadeloupe habitant à 172 fr. entrepôt. Les plantations M. de la Mandrez, Vénézuéla (agents : Maréchal et Cie) ont donné lieu aux affaires suivantes : Porto-Cabello, gragés, 98 fr. ; Caracas, 105 fr. ; Guayra, gragés, 115 fr. ; San-Salvador primé 137 fr; San Salvador extra 112 fr. Le tout en qualité extra-garantie d'origine, sans mélange.

En égard aux bas cours des cafés, la consom-

mation s'attache, actuellement, à traiter de sortes irréprochables qui sont à des prix accessibles. Il est évident que l'époque des approvisionnements a été rarement aussi favorable.

Cacaos. — Les Guayaquil sont fermement tenus, mais les autres provenances restent calmes. Affaires en général assez restreintes.

Vanilles. — Même situation. La hausse est surtout nominale et ne prendra confirmation qu'à la reprise des affaires.

Gommes. — Sans changement.

CORRESPONDANCE

M. le baron René de France, au château de Maintenay, par Campagne-les-Hesdin (Pas-de-Calais). On nous écrit :

« Je suis heureux de vous confirmer que depuis plusieurs années, je me sers avec succès de l'*Insecticide Desgouttes* pour défendre mes plants de fraisiers et mes couches contre les courtilières et les vers blancs. Ce produit, largement étendu d'eau, est aussi employé utilement chez moi pour la destruction des pucerons sur les arbustes. »

Nous rappelons que l'Insecticide Desgouttes est employé également pour désinfecter les chenils et poulaillers et détruire tous les parasites qui les infectent et y pullulent en toute saison.

D'autre part, un propriétaire de Boran (Oise) nous écrit également et nous dit :

« L'Insecticide Desgouttes a été très efficace contre les vers blancs, mon jardin en était infesté ; depuis son emploi, je n'en vois plus ; mes plants qui étaient ravagés ont repris de la vigueur, ainsi ce n'est pas la peine de chercher si loin par des procédés les plus compliqués, tandis que celui-ci est si simple. Il est reconnu que, partout où la terre est un peu saturée de ce produit, les vers blancs et les courtilières n'y vivent pas. »

M. H. à S. (Seine-et-Marne). — Pour votre cheval remisé dans une écurie d'auberge, qui a été blessé par un autre cheval, vous êtes parfaitement en droit de réclamer une indemnité à l'hôtelier, quoique ce dernier ait apposé un *écriteau* portant qu'il ne répondait pas des accidents.

Les tribunaux refusent d'admettre cette fin de non-recevoir ; le logeur, en vertu de la loi est responsable.

M. C. B, à O. (Aisne) nous écrit :

« L'an dernier, suivant vos bons conseils, j'ai semé du *vesce velur*, et j'ai très bien réussi, elle m'a rendu un grand service, n'ayant pu semer, à la suite d'accident, de trèfle incarnat comme d'habitude. Ce fourrage m'a donné dès les premiers jours de mai, une coupe abondante ; actuellement, je suis en train de faucher la seconde coupe, elle me fournit plus que la première. »

PRIMES A NOS ABONNÉS

Délicieux **Vin Muscat Vieux** tonique et réconfortant venant directement de la propriété, garanti authentique, offert en prime à nos abonnés à raison de 1 fr. 25 le litre logé en fûts de 25 à 35 litres. Fûts perdus.

Adresser les commandes au Bureau du Journal 10 *bis*, rue Piccini, Paris.

Si vous voulez boire du bon vin de Saint-Émilion, adressez-vous à M. **Duplessis-Fouraud,** au château des Trois-Moulins, à SAINT-EMILION (Gironde).

(Voir le prix courant.)

Porte-pantalon hygiénique, breveté S. G. D. G. de P.-B. Noël. Prix de faveur pour nos lecteurs Pour hommes, jeunes gens et enfants de dix ans franco 4 fr. ; pour femmes et fillettes, 4 fr. 50

Toute commande doit être strictement accompagné d'un mandat-poste représentant la valeur de l'expédition.

La plus vaste Manufacture du Monde

Cadre gros Tubes INDÉFORMABLE **LA NATIONALE**

73, Rue de Rome

Usine à vapeur, 27, rue Desrenaudes

PARIS

Bicyclette modèle 1895

avec pneumatiques de tous systèmes, derniers perfectionnements, mieux faite et moins chère que tout ce qui s'est fait jusqu'à ce jour. **Envoi franco du Catalogue**

Nos abonnés auront droit à une remise de 30 0/0 sur les prix du catalogue de cette maison.

Nous ne disposons que d'un très petit nombre d'instruments dans ces conditions.

Le Gérant : E. GAMBART.

IMP. NOIZETTE ET Cie, 8, RUE CAMPAGNE-1re, PARIS

AVIS AUX TOURISTES

L'Agence française des Voyages économiques mettra en marche au départ de Paris, pendant les mois de juin et de juillet, les excursions suivantes :

5 juillet. — Suède, Norvège et Cap Nord : Prix à forfait : 1re classe : 1.950 fr. 2e classe : 1.850 fr.

12 juillet. — Gorges du Tarn : Prix à forfait : 1re classe : 250 fr. ; 2e classe : 220 fr.

En outre de ces excursions il sera organisé tous les dimanches des excursions d'un jour à Boulogne-sur-Mer, Fontainebleau, Compiègne et Pierrefonds, Rambouillet ; de deux jours à Rouen et au Havre, et de quatre jours aux châteaux de la Loire et en Belgique.

On souscrit à l'Agence des Voyages économiques, 17, faubourg Montmartre, et 10, rue Auber, à Paris, qui répond gratuitement à toute demande de renseignements et envoie les programmes détaillés de ces différents voyages.

CHEMINS DE FER DE L'OUEST

PARIS A LONDRES,

par la gare Saint-Lazare, via Rouen, Dieppe et Newhaven. — Grande économie.

Quatre traversés par jour (deux en chaque sens). Tous les jours et toute l'année (dimanche compris).

Trajet de jour en 9 heures (1re et 2e cl. seulement).

Départs de Paris Saint-Lazare : 10 h. matin et 9 h. soir.

Arrivées à Londres : London-Bridge, 7 h. soir et 7 h. 40 matin. — à Victoria, 7 h. soir et 7 h. 50 matin.

Départs de Londres : à London-Bridge, 10 h. matin et 9 h. soir. — à Victoria, 10 h. matin et 8 h. 50 soir.

Arrivées à Paris Saint-Lazare, 7 h. soir et 8 h. matin.

PRIX DES BILLETS :

Billets simples, valables pendant 7 jours : 1re classe, 43 fr. 25 ; 2e classe, 32 francs ; 3e classe 23 fr. 25.

Billets d'aller et retour, valables pendant un mois : 1re classe, 72 fr. 75 ; 2e classe, 52 fr. 75 ; 3e classe, 41 fr. 50.

Des voitures à couloir (W. C. toilette, etc...) sont mises en service dans les trains de marée de jour entre Paris et Dieppe. Des cabines particulières sur les bateaux peuvent être réservées sur demande préalable.

Transport en grande vitesse de Messageries, Primeurs, Fruits, Légumes, Fleurs, etc..., entre Paris et Londres. Trois départs par jour toute l'année.

Les expéditions remises à la gare Saint-Lazare pour les trains partant à 3 h. 40, 4 h. 10 et 9 h. du soir parviennent à Londres le lendemain à 8 h. 45, à 9 h. 15. du matin ou à midi 45.

COMPAGNIE DES CHEMINS DE FER DE L'EST

Voyages en Suisse et en Italie.

Pour faciliter les voyages en Suisse et en Italie, la Compagnie des chemins de fer de l'Est, après entente avec les Compagnies voisines, met à la disposition du public les combinaisons suivantes qui permettent aux touristes d'effectuer des excursions variées à des prix très réduits :

Au départ de Paris, on peut se procurer, du 1er mai au 15 octobre, des billets d'aller et retour, de saison pour *Bâle* (96 fr. en 1re cl., 71 fr. en 2e cl.) ; pour *Lucerne* (112 fr. et 83 fr.) ; pour *Zurich* (111 fr. et 82 fr.) ; pour *Ragatz* (127 fr. 20 et 93 fr. 40) ; pour *Landquart* (128,40 et 94,20) ; pour *Davos-Platz*, (152,40 et 110,20) ; pour *Coire* (130,40 et 95,65). Durée de validité des billets : 60 jours.

Des billets circulaires tracés avec des itinéraires très variés, permettent au départ de Paris (via Belfort Bâle et le Saint-Gothard). de faire des excursions dans des conditions très économiques, en Suisse, en Autriche, en Italie, en Allemagne, etc.

Les billets de 1re et 2e classes sont valables par les trains rapides au nombre de deux par jour dans chaque sens.

Des voitures directes circulent entre Paris et Milan.

On peut également, du 1er mai au 15 octobre, se procurer des billets d'aller et retour de saison au départ de Reims, Mézières-Charleville, Châlons-sur-Marne, Bar-le-Duc, Nancy, Troyes et Chaumont, ainsi que des gares du réseau du Nord : Dunkerque, Calais, Boulogne, Lille, Valenciennes, Douai, Cambrai, Arras et Amiens pour Bâle, Lucerne, Zurich, Berne et Interlaken. — La durée de validité de ces billets est de 60 jours.

Le voyage jusqu'en Suisse s'effectue très rapidement grâce aux trains express circulant entre Calais et Bâle, qui sont composés de voitures de 1re et de 2e classes ; les trains de nuit comprennent en outre un Sleeping-Car. — Le trajet s'effectue sans changement de voiture jusqu'à Bâle et jusqu'à Berne.

Tous les renseignements qui peuvent intéresser les voyageurs sont réunis dans le Livret des Voyages circulaires et d'Excursions que la Compagnie de l'Est envoie gratuitement aux personnes qui en font la demande.

CHEMINS DE FER DE PARIS A LYON ET A LA MÉDITERRANÉE.

Fête Nationale du 14 Juillet.

A l'occasion de la Fête nationale du 14 juillet, les coupons de retour des billets d'aller et retour délivrés du 11 au 18 juillet inclus, seront tous valables jusqu'aux derniers trains de la journée du 20 juillet.

EXCELLENT DÉSINFECTANT

POUR LES FUTS A VIN, CIDRE, BIÈRE, ETC.

Prix de faveur pour nos lecteurs

Sur notre demande, M. Molty, père, l'inventeur, a consenti à en mettre de petites quantités pour essais à la disposition de nos lecteurs.

10 litres franco gare. 10 fr.

Adresser les demandes à M. Crépeaux, rue Piccini, 10 *bis*, Paris.

Ouvrages de MM. CRÉPEAUX

En vente aux bureaux de la *Gazette*

La Culture électrique	1 50
Manuel vétérinaire pratique du cultivateur	1 »
Almanach de la France rurale pour 1896	» 60
L'Année agricole et agronomique pour 1895	3 50
La Culture du Blé, par M. FLEURY-BERGER	1 »

S'adresser à l'auteur : à Communay, par Saint-Symphorien-d'Ozon (Isère).

Le moment favorable au transport des vins étant revenu, nous rappelons à nos lecteurs que tous ceux d'entre eux qui, sur nos conseils, et depuis cinq ans, consomment les vins de M. VINCENT ARDURA, vigneron, domaine de la Chapelle-Frédignac, par Blaye-Bordeaux n'ont qu'à se louer de la qualité et de la conservation de ce Bordeaux absolument naturel, expédié sans intermédiaire.

Pour dégustation sérieuse, envoi gratuit est fait d'une bouteille de la récolte désignée.

L'encaissement est fait par le facteur, à 30 jours, escompte 2 0/0, ou 90 jours.

Vendanges : 1893, à 130 fr., 1892-91, à 150 fr. ; 1890-89, à 175 fr., 1887, à 200 fr., 1885, à 220 fr., 1884, à 240 fr., 1882, à 250 fr., 1881, à 300 fr. — Graves blancs vieux : 130, 150, 200, 250, 300 fr., suivant âge, les 225 litres collés, soutirés, franco de port et de fût en gare d'arrivée.

M. RECOURAT, pharmacien à Beauvais.

Gale des moutons guérie radicalement par *une seule application* de l'ANTIPSORIQUE. La bouteille, 3 fr. ; la 1/2 bouteille, 1 fr. 75. Guérison du PIÉTIN par *un seul pansement* avec le CONTRE-PIÉTIN-RECOURAT.

Le pot d'essai, 1 fr. 50 ; le pot, 2 fr. 50. Joindre 0 fr. 60 pour recevoir *franco* et indiquer gare.

des Usines de **MM. P. MARCHAND Frères**, à DUNKERQUE (Nord)

Fabriqués sous le contrôle permanent de la Station Agronomique du Nord
Dirigée par M. DUBERNARD

Nous appelons l'attention des éleveurs et des nourrisseurs sur les Tourteaux de **COTON** de graines d'Egypte : c'est un produit excellent pour les vaches laitières, les bœufs à l'engrais et les moutons.

Nos Tourteaux de **COTON** sont complètement débarrassés de la bourre qui enveloppe la graine et contiennent la même quantité de matières nutritives et grasses que les meilleurs Tourteaux de Lin.

Nos Tourteaux de **COTON** forment l'aliment le meilleur et le plus avantageux en raison de leur prix excessivement bas.

PRIX : 9 Fr.   les 100 kil., gare Dunkerque

S'adresser à **MM. P. MARCHAND Frères**, à DUNKERQUE (Nord)

PHOSPHATE FOSSILE DE QUIÉVY-NORD

le plus assimilable de tous les phosphate connus

GARANTI PUR DE MÉLANGE AVEC TOUT AUTRE PHOSPHATE
Ce qui, du reste, ne pourrait que diminuer son assimilabilité.

EXTRACTION DU GISEMENT ET USINE A QUIÉVY

Propriétaire-Extracteur : C. LECLERCQ
Bureaux à Viesly (Nord).

COMPOSITION MOYENNE		ASSIMILABILITÉ RELATIVE (méth. Joulie). *Solubilité dans l'oxalate d'ammoniaque.*	
Acide phosphorique....	12 » à 16 » 0/0	Phosphate de Quiévy.......	82 29 0/0
Potasse	0 45 à 2 77 0/0	— de la Meuse	51 95 0/0
Chaux.	19 05 à 31 » 0/0	— de Pernes.	47 87 0/0
Magnésie.	0 58 à 3 80 0/0	— des Ardennes.	46 43 0/0
Matières organiques azotées .	1 80 à 3 45 0/0	— de la Somme (moy.). .	44 53 0/0
		— de Ciply.	34 57 0/0

Titre garanti en acide phosphorique : **13 à 15 0/0.**

LIVRAISON : EN POUDRE IMPALPABLE EN SACS PLOMBÉS, MIS SUR WAGON GARE QUIÉVY-en-CAMBRÉSIS
Prix : **3 fr. 80** les 100 kilos, sacs perdus, 30 jours, 2 0/0 ou 90 jours net.

NOTA. — Les acheteurs qui désirent employer le **véritable Phosphate de Quiévy** pur et garanti d'origine doivent exiger que les sacs portent la Marque (**Au Poisson fossile**) et la Firme : **M. LECLERCQ**, seul exploitant à Quiévy (Nord).

MACHINES
AGRICOLES, VINICOLES et VITICOLES
TH. PILTER

24, Rue Alibert, PARIS

SUCCURSALES	BORDEAUX 28, av. Thiers (Bastide)	TOULOUSE 63, allé.s Lafayette	MARSEILLE 70, r. de la République	TUNIS 19, rue de Portugal

Les lecteurs de la *Gazette* désireux de recevoir les Catalogues de la maison TH. PILTER dès leur publication, sont priés d'écrire 24, rue Alibert, Paris, afin de se faire inscrire.

LA PROBITÉ

SOCIÉTÉ
D'ASSURANCES MUTUELLES CONTRE LA GRÊLE
LA FOUDRE, FONDÉE A LYON EN 1890

La PROBITÉ assure dans toute la France et ses colonies tous les risques, grêle, en céréales, fruits, mûriers, noyers, oliviers, vignes, tabacs et tous autres produits agricoles.

La PROBITÉ fait partie de la Société régionale de viticulture de Lyon. Elle accorde des remises et des conditions spéciales aux syndicats agricoles qui veulent bien la représenter.

Siège social : 30, rue Servient, Lyon-Préfecture

Accepterait des Agents dans les localités où elle n'est pas représentée.

LIENS AGRICOLES ÉCONOMIQUES MEILLEUR MARCHÉ que la Paille

SACS à RAISINS	19×13. 4.50	20×16. 5.50
	25×18. 7.00	28×20. 8.50
	LE CENT	

B. JACOB, 19, rue Turbigo, PARIS
On demande des Représentants.

Eugène de MASQUARD
PROPRIÉTAIRE-VITICULTEUR, Château de la Cascade
SAINT-CÉSAIRE-LES-NIMES (Gard)

Vins garantis naturels, rouges et blancs, depuis **75 fr.** la pièce de 220 litres jusqu'à 100 francs, selon qualité, prise en gare de St-Césaire (Gard), fût perdu

Ces vins ont été médaillés à toutes les expositions où ils ont figuré.

Récoltés sur des coteaux et des terrains secs, les vins de Saint-Césaire, l'un des meilleurs crus du Gard, se conservent parfaitement sans être plâtrés

Envoi franco de prix courants et échantillons

LYSOL

Le plus puissant de tous les antiseptiques désinfectants dérivés du goudron
Le seul complètement soluble dans l'eau
INSECTICIDE & ANTIPARASITAIRE INFAILLIBLE

POUDRE AU LYSOL

La poudre au Lysol préserve la vigne, les arbres fruitiers, fleurs, plantes, etc., des invasions cryptogamiques et parasitaires.

ENVOI FRANCO D'UNE BROCHURE EXPLICATIVE sur demande adressée à la
SOCIÉTÉ FRANÇAISE DU LYSOL
22 et 24, Place Vendôme, PARIS

ASPERGE GÉANTE
ROYALE DE FRANCE
(RACE D'ARGENTEUIL PERFECTIONNÉE)

Demander la *Méthode de Culture* et prix courant (gratis et franco), à M. WILLIAM FOURCINE, directeur des pépinières royales de Dreux (Eure-et-Loir). Médailles et diplômes de première classe.

MALADIES DU BÉTAIL
ET DE LA VOLAILLE
Leur traitement préventif et curatif
PAR L'ACIDE SALICYLIQUE

L'acide salicylique, employé dans la nourriture à la dose de 1/2 à 1 gramme par jour et par tête de bétail, est le meilleur préservatif des maladies qui procèdent par contagion : Sang de rate, Cocotte, Maladie aphteuse, Erysipèle, Typhus, Morve, Variole et le Rouget des porcs, etc.

DES ATTESTATIONS NOMBREUSES DE GUÉRISONS obtenues pour la Cocotte et le Rouget des porcs ont été reproduites dans le journal *l'Agriculture*.

La désinfection des étables, des écuries, se fait instantanément au moyen d'un arrosage d'eau salicylée à 2 grammes par litre.

S'adresser à M. CERCKEL, administrateur de la *Compagnie de produits antiseptiques*, 26, rue Bergère, Paris.

Envoi sur demande de Prospectus et Brochures.

PRIX DU KIL., 25 fr. BOITE DE MÉNAGE, 2 fr.

CHEVAUX BOITEUX

Guérison par le spécifique BORNET

Contre **Capelets, Mollettes, Vessigons, Eponges, Exostoses, Suros, Eparvins** et les **Formes** à leur début. *(Il s'applique également à toutes les tares molles et osseuses.)*

PRÉPARÉ PAR A. BORNET

Pharmacien de 1re classe, ex-interne et lauréat des hôpitaux.

19, rue de Bourgogne, PARIS.

Le flacon, 8 fr., à la pharmacie ; en gare par colis postal, 6 fr. contre mandat.

ALIMENTATION DU BÉTAIL
Tourteaux de Coprah ou Coco
F. TASSY, E. ROCCA ET Cie
Fabricants d'huiles (producteurs directs de Tourteaux)
23, RUE HAXO, MARSEILLE
Deux médailles d'or, Anvers 1894
Envoi de Prix-Courants et Échantillons sur demande

VINS
DE SAINT-ÉMILION

Vins classés, de 800 à 250 francs la barrique de 225 litres. — Moitié prix pour la barrique de 112 litres.

Vins grands ordinaires, de **140, 125, 105, 100** francs la barrique — **80, 75, 70, 65, 58, 55** francs, la demi-barrique. — Rendu *franco* en gare et régie, sauf octroi.

Adresser commandes à M. DUPLESSIS-FOURCAUD, à Saint-Émilion. — Envoi de prix courants et échantillons sur demande affranchie.

Médailles d'Or, Paris, 1867 et 1889 — Moscou 1891 — Besançon, Montluçon, Royan, etc.

DISTILLATION CONTINUE
ALAMBIC
Système A. ESTÈVE

F. BESNARD
PÈRE, FILS ET GENDRES
28, rue Geoffroy-Lasnier
PARIS
Envoi franco du Catalogue sur demande

L'URBAINE
Compagnie anonyme d'Assurances à primes fixes contre l'INCENDIE
FONDÉE EN 1838
CINQUANTE-NEUVIÈME ANNÉE
CAPITAL : 5 MILLIONS — GARANTIES : 70 MILLIONS
SINISTRES PAYÉS DEPUIS L'ORIGINE : 132.000.000 FRANCS
PARIS — 8 et 10, rue Le Peletier

BAINS-BUANDERIES
Baignoires. — Chauffe-Bains. — Douches. — Appareils de lessivage, système GASTON BOZÉRIAN.
CHAUDRONNERIE, TOLERIE, etc. — ENVOI FRANCO DE CATALOGUES.

DELAROCHE aîné, 22, rue Bertrand, Paris

UNION AGRICOLE DE FRANCE

Société Anonyme au Capital de 1.100.000 Francs. — Siège Social : 18, Boulevard des Capucines, Paris.
SIÈGE COMMERCIAL PRINCIPAL : 72-74, Rue Saint-Denis, PARIS

Vente à la Commission
et en toute loyauté
DE
DENRÉES AGRICOLES
de toutes sortes
et de toutes provenances

Fourniture Directe
et livraison à domicile
AUX
ÉPICIERS, FRUITIERS
Restaurants, Hôtels, Pensionnats et Établissements privés importants.

Renseignements détaillés sur demande au **Siège Social.**

SOCIÉTÉ GÉNÉRALE
Pour favoriser le développement du Commerce et de l'Industrie en France.

Société anonyme fondée suivant décret du 4 mai 1864.

CAPITAL : 120 MILLIONS DE FRANCS
Siège social, 54 et 56, rue de Provence, à Paris.

Toutes opérations de Banque, notamment :
Dépôts de fonds en compte ou à échéance fixe ;
Escompte et Encaissement d'Effets de commerce ;
Ordres de Bourse en France et à l'Étranger ;
Coupons ; — Avances et Opérations sur Titres ;
Souscriptions ; — Garde de Titres ;
Garantie contre le remboursement au pair et les risques de non-vérification des tirages ;
Lettres de crédit ;
Envois de Fonds ; — (France et Étranger) etc.

LOCATION DE COFFRES-FORTS

offrant toute sécurité pour la garde des titres, bijoux et autres objets précieux (compartiments depuis 5 fr. par mois).

La Société a 219 agences et bureaux en France, 1 agence à Londres, et des correspondants sur toutes les places de France et de l'Étranger.

SELS POUR L'AGRICULTURE
Nourriture du bétail et Engrais des terres

Sel neuf dénaturé, au tourteau de colza. 45f.1.000k.
Sel neuf dénaturé, au peroxyde de fer. 40f.1.000k.
Sel de morue pur : .... 35f.1.000k.
Expéditions de Fécamp, Bordeaux et St-Malo.

S'adresser à MM. A. LE BORGNE et ses Fils, négociants-armateurs, à Fécamp.

Insecticide-Préservateur
FERTILISANT
DESGOUTTES

La Boîte de 10 kilog., pour essais, **10** fr. franco toutes gares (port et emballage compris).

Adresser les demandes, accompagnées d'un mandat, 10 bis, rue Piccini, Paris.

VELOUTINE FLAMANDE
La **Veloutine** est spécialement employée pour lustrer les cuirs de fantaisie : guides, selles, harnais de luxe et de travail, capotes, tabliers, caparaçons, etc., et lorsqu'ils ont été enduits de vaseline, ce produit donne un joli brillant et évite l'action graisseuse des cirages ou préparations à base de cire. Sans causticité il ne dessèche pas et impermeabilise.

Le bidon d'un litre pour harnais noirs. . . . 3 70
— — jaunes. . . 4 20

Franco gare contre mandat-poste.

S'adresser : *Manufacture de Vaselines industrielles de Ligny-en-Cambrésis (Nord)*

GRIFFE SARCLEUSE-BINEUSE
Outil économique

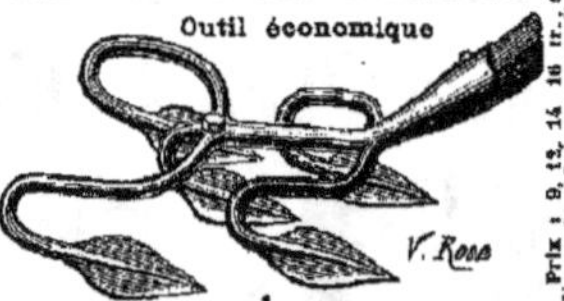

pour biner, sarcler promptement entre toutes les lignes de plantes ou légumes sans distinction, indispensable en toutes saisons dans les jardins, vignes, pépinières, les cultures de betteraves, de tabac, etc., même dans les allées

VIN PUR COTES 1re QUALITÉ
Vieux, nouveau garanti sur facture
Récolté par FELIX LAU, propriétaire-viticulteur à Caussiniojouls (Hérault).

Nouveau, 35 fr. l'hect. logé sur gare Faugères.

ANEMIE CHLOROSE, FAIBLESSE Guéries par le **VRAI FER QUEVENNE**
Seul approuvé p. l'Académie de Médecine, Paris, 14, r. Beaux-Arts, notice 1er

---

PRÉSERVEZ VOS ANIMAUX DOMESTIQUES
de toutes les Epizooties et Maladies contagieuses par
la Désinfection des Ecuries, Etables, Porcheries

PAR LE

CRÉSYL-JEYES

Désinfectant — Antiseptique, le seul (non toxique), qui soit d'une **efficacité scientifique** ment démontrée. Le **CRÉSYL-JEYES** a été récompensé par la Société des Agriculteurs de France eu 1891 d'une **Médaille d'argent grand module.** Envoi franco sur demande du prospectus détaillé. — CRÉSYL-JEYES, 35, Rue des Francs-Bourgeois, 35, Paris.

Se méfier des nombreuses contrefaçons.

FROMENTINE

Marque déposée B. S.G.D.G.

Produit pour l'alimentation économique, saine et rationnelle du bétail, provenant en grande partie des issues de la mouture de blé.

DIVERSES MARQUES

Demander celle en raison du but poursuivi

Marque A pour l'engraissement égal à celui du tourteau de lin, le remplacement de l'avoine, production d'un lait de qualité supérieure.
Marque B pour le bon entretien du bétail.
Marque J développement rapide des jeunes bêtes.
Marque L surproduction du lait.
Marque E engraissement rapide.

Ecrire à M. Armand MILLOT
Moulins Saint-Martin
Saint-Quentin (Aisne.)

Machines Agricoles Françaises

MAISON ALBARET

O.✻.O.M.A.✻
Breveté
S.G.D.G.

Veuve ALBARET et G. LEFEBVRE & Cie, SUCCrs

ATELIERS DE CONSTRUCTION ET ADMINISTRATION
A RANTIGNY-LIANCOURT (Oise)

Bureaux et Magasins :
9, Rue du Louvre, PARIS

LOCOMOBILES, MACHINES DEMI-FIXES, MOTEURS A PÉTROLE
BATTEUSES PORTATIVES ET FIXES — MANÈGES

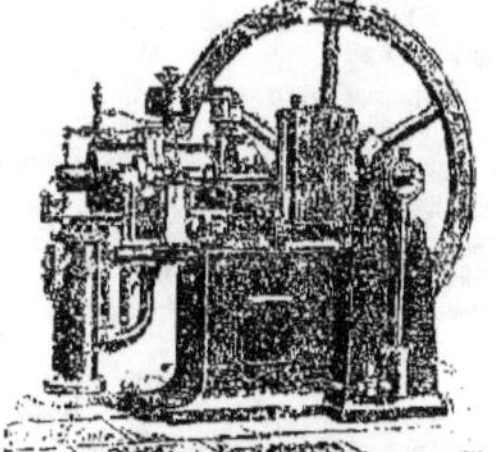

HACHE-MAÏS — HACHE-PAILLE   PRESSES A FOURRAGES

FAUCHEUSES, MOISSONNEUSES & LIEUSES
RATEAUX, FANEUSES

Semoirs en Lignes — Semoirs à Engrais — Concasseurs — Aplatisseurs

INSTRUMENTS D'AGRICULTURE — INSTRUMENTS DE PESAGE
Grand Prix, **Lyon 1894.** — Grand Prix, **Anvers 1894.** — Grand Prix, **Bordeaux 1895**
Beauvais 1895, Diplôme d'Honneur
Tunis 1895, Premier Prix, Médaille d'Or
19 Diplômes d'Honneur et d'Excellence — 226 Médailles d'Or — 191 Médailles d'Argent

SUCCURSALES :
Saint-Quentin, Chartres, Abbeville, Cambrai, Dax, Lyon, Alger
Envoi franco sur demande des Catalogues illustrés.

17e Année. — No 29.　　LE NUMÉRO. 10 CENTIMES.　　Dimanche 19 Juillet 1896.

GAZETTE AGRICOLE

JOURNAL HEBDOMADAIRE, PARAISSANT LE DIMANCHE

Fondateur : M. CH. GOSSIN, Professeur d'Agriculture à l'Institut agricole de Beauvais

DÉPOT LÉG.

PRIX DE L'ABONNEMENT

UN AN, 5 fr. — SIX MOIS, 3 fr. — TROIS MOIS, 2 fr. 25

Pour l'Étranger les abonnements ne sont reçus que pour un an, au prix de 6 francs, et ne partent que du 1er JANVIER ou du 1er JUILLET de chaque année.

Le Numéro : 10 centimes.

Adresser toute la correspondance : mandats, lettres, annonces etc., à **M. CRÉPEAUX,** Directeur de la *Gazette agricole* 10 bis, rue Piccini, Paris.

Toute demande de changement d'adresse doit être accompagnée de 50 centimes et de la dernière bande du journal.

BUREAUX

97, rue de Rennes, Paris, et à Beauvais, rue Saint-Étienne.

Les abonnements partent du 1er de chaque mois et sont payables d'avance. Toute demande d'abonnement doit donc être accompagnée du prix de l'abonnement. (Le mode de payement le plus simple est l'envoi d'un mandat-poste.)

Donner *très lisiblement*, en s'abonnant, son nom et son adresse exacte, *avec l'indication du bureau de poste*; et, s'il s'agit d'une continuation d'abonnement, joindre au renouvellement la dernière bande d'adresse du journal.

Les Annonces sont reçues à la Direction du Journal, et chez MM. DUSSERIS et MATHELLON, 97, rue de Rennes Paris.

Sommaire :

BULLETIN COMMERCIAL

Paris, le 15 juillet 1896.

La température est toujours des plus favorables pour les blés en terre; la maturité est très avancée et on coupe dans les terres précoces de nos environs. Aussitôt coupés on met les blés en moyettes afin de les protéger contre les pluies d'orage.

Rien à dire pour les affaires partout interrompues depuis samedi à cause des jours de fête.

BOURSE DU COMMERCE DU MERCREDI 15 JUILLET

	FARINES	BLÉS
Courant	37 45	18 80
Prochain	38 »	18 30
Juill.-août	38 65	18 »
4 derniers	38 85	18 10
4 de nov.	39 10	18 20

Marque de Corbeil : 14 fr. le sac de 150 kil. toile à rendre.

Halle aux blés — *Blés indigènes.* — Il y a peu de monde aujourd'hui sur place, tant par suite des jours de fête que par suite des travaux de la moisson qui retiennent les cultivateurs aux champs.

Les affaires s'engagent difficilement, les acheteurs demandent des concessions importantes, mais les vendeurs cherchent à résister.

Malgré tout la tendance est très lourde et les prix dénotent une baisse de 50 cent. par quintal.

On cote de 18 à 19 les 100 kil. gare d'arrivée Paris.

Nous avons vu cet après-midi des échantillons de blés nouveaux, ils provenaient de la Touraine et le grain paraissait sec et de bonne qualité; on en demandait à 18,25 livrable fin août, mais il n'y avait pas d'acheteurs.

Escourgeons. — Déjà les offres sont très importantes; la récolte comme quantité est très bonne, mais la qualité est diverse: le grain est jaune ou gris, mais généralement sain.

On paie sur les marchés de province de 13,25 à 13,75, soit la partie de 14,50 à 14,75 Paris; le Nord ne se presse pas aux achats.

A Dunkerque on offre les Poitou et les Vendée à 15 caf, les Afrique 12,25 les 100 kil. nets délivrés.

Menus grains. — On cote jarras 18 à 20, chemin de Russie, 22 à 24 ; Bretagne 22 à 24 vesces d'hiver 25 à 30, de Kœnisberg 18 à 20, sarrasin 12, à 13,50.

Graines fourragères. — L'incarnat hâtif est tenu de 58 à 65 en qualité nouvelle et de 40 à 48 en graines de 1894 et 1895, affaires encore très calmes.

Sucres. — Les affaires sont calmes, les prix en baisse de 25 centimes.

Raffinés 99 à 99,50, roux 88° 28.

Marché de la Chapelle. — Marché ordinaire.

On cote : paille de blé 1re qté 32 fr., 2e qté 28, 3e qté 26 fr.; paille de seigle 1re qté 33 fr., 2e qté 30,3e qté 26 ; paille d'avoine 1re qté 24 fr., 2e qté 22,3e qté 20 ; foin nouveau 1re qté 59 fr., 2e qté 54, 3e qté 53; luzerne, 1re qté 59 fr., 2e qté 54, 3e qté 52; regain 1re qté 49 fr.; 2e qté 47 fr., 3e qté 42 fr.

POMMES DE TERRE

Hollande (100 kil.)	8 » à 11 »
Roses-Early	8 » à 10 »
Magnum-Bonum	7 » à 7 50
Rondes	5 » à 5 20

Sulfate de cuivre.

Les 100 kil. 98/99 . . . . . 42 à 43.00

LINS. — Les 100 kilogr. — *Marché de Lille.*

	Communs	Ordin.	Supér.
Alost.	148 à 153	154 à 157	161 à 166
Bergues.	150 à 158	161 à 168	173 à 182

Marché aux chevaux, 15 Juillet.

Gros trait de 300 à 1.300　　Boucherie de 60 à 175

Selle et tr.　　　　　　　　　　Anes..... de 45 à 150

　léger . de 250 à 1.100　　Chèvres. . de 　à

H. d'âge de 150 à 380

AMENÉS

Chevaux, 429 — Anes, 7 — Chèvres, 0

Voitures 96, de 35 à 600.

ENCHÈRES

Chevaux amenés, 12.

Vendus, 11 de 150 à 380.

Prix des Produits Forestiers à Paris.

BOIS DE FEU (Octroi non compris)	Falourde de pin...	100 à 110	le cent.
	Bois de flot......	100 à 105	le déca.
	Bois gris neuf....	125 à 120	—
	Bois blanc.......	80 à 125	—
BOIS D'ŒUVRE (Octroi compris)	Chêne gros bois...	85 à 110	le m. cube
	— moyen bois .	70 à 60	—
	— petit bois,. .	30 à 48	—
	Charme, plateaux. .	55 à 55	—
	Sciage de chêne. { Entrevoux. .	175 à 210	les 208 m.
	Echantillons	230 à 220	—
	Frise	27 à 28	104 m.

ENGRAIS

PARIS

Nitrate de soude.........	18 60	à 19 »
Superphosph. minéral 14/16.	5 25	à 5 75
Superphosphate d'os 16/18. .	12 50	à 13 »
Scories 16/18...........	4 25	à 4 50
Phosphate minéral 14/16. . .	3 80	à 4 »
Chlorure de potassium 48/52.	18 75	à 20 »

NANTES

Nitrate de soude.......	20 »	à 21 »
Superphosph. minéral 14/16.	6 »	à 7 »
Scories 16/18...........	4 50	à 4 75
Phosphate minéral 14/16. . .	4 »	à 4 50
Chlorure de potassium 48/52.	19 »	à 19 75

LYON

Nitrate de soude........	20 »	à 21 »
Superphosph. minéral 14/16.	5 75	à 6 »
Scories 14/16...........	4 50	à 5 »
Phosphate minéral 14/16. .	4 »	à 4 25
Chlorure de potassium 48/55.	20 »	à 21 »

MARSEILLE

Nitrate de soude........	20 »	à 21 »
Superph. minéral 14/16 ...	6 »	à 7 »
Sulfate de fer..........	5 »	à 5 50
Sulfate d'ammoniaque 20/21.	20 »	à 22 »

Prix moyen aux 100 kilog. des CÉRÉALES dans les Départements.

Région	Ville	BLÉ	SEIGLE	ORGE	AVOINE
Rég. du Nord-Ouest	Caen	17 50	10 00	13 00	15 00
	Lannion	18 0	10 50	14 00	15 00
	Morlaix	17 75	11 00	13 00	14 00
	Rennes	17 75	10 00	13 00	14 00
	Avranches	17 50	10 25	13 25	14 50
	Laval	17 25	10 25	13 50	14 25
	Lorient	17 50	10 25	13 00	15 00
	Alençon	16 50	10 25	11 00	14 50
	Le Mans	17 25	10 00	14 00	17 00
Région du Nord	Soissons	18 50	10 00	»	15 00
	Évreux	18 00	10 00	13 00	15 50
	Chartres	18 50	10 25	14 00	15 00
	Lille	18 25	10 25	14 00	16 00
	Compiègne	18 25	10 50	14 50	15 75
	Beauvais	18 00	11 25	15 50	16 25
	Arras	19 50	12 00	14 50	16 00
	Paris	18 50	10 25	13 00	15 50
	Versailles	18 50	11 00	15 00	16 00
	Rouen	17 50	10 25	14 50	15 50
	Amiens	18 50	10 50	15 50	16 50
Rég. du N.-E.	Mézières	18 25	10 00	13 00	17 00
	Nogent-s-Seine	18 50	10 00	15 00	16 00
	Châlons-sur-Marne	18 25	10 25	14 00	16 00
	Langres	18 50	10 00	15 00	15 50
	Nancy	19 00	10 00	14 00	16 00
	Bar-le-Duc	18 50	10 50	15 00	16 00
	Neufchâteau	18 75	10 25	14 00	15 00
Région de l'Ouest	Ruffec	18 50	10 00	13 00	15 75
	Marans	17 25	10 00	13 00	14 50
	Niort	18 25	10 25	14 00	15 00
	Tours	18 00	10 00	14 00	15 00
	Nantes	17 75	10 00	13 00	14 00
	Angers	17 50	10 50	14 00	14 50
	Luçon	17 25	10 00	13 00	15 00
	Poitiers	17 75	10 00	13 00	»
	Limoges	17 75	10 00	»	15 50
Région du Centre	Moulins	18 0	10 00	14 00	15 00
	Bourges	18 25	10 50	14 00	15 50
	Aubusson	18 00	10 00	14 00	14 25
	Châteauroux	18 50	10 00	14 00	14 00
	Orléans	18 00	10 00	14 00	15 00
	Blois	19 00	10 00	15 00	16 00
	Nevers	18 50	10 25	15 00	16 00
	Clermont Ferr.	17 00	10 25	14 00	16 00
	Sens	18 00	10 00	13 00	16 00
Région de l'Est	Bourg	18 00	10 00	14 00	15 00
	Dijon	19 00	11 00	14 50	15 75
	Besançon	19 50	10 25	14 00	15 50
	Grenoble	18 50	10 50	14 00	15 50
	Dôle	18 25	10 00	13 00	15 00
	Saint-Étienne	18 50	10 00	14 00	16 00
	Lyon	19 00	11 00	14 00	16 00
	Mâcon	18 25	11 00	14 00	15 50
	Vesoul	18 50	10 50	»	15 50
	Chambéry	18 50	10 00	»	15 50
	Annecy	18 25	»	»	15 50
Rég. du Sud-Ouest	Pamiers	18 75	10 00		16 25
	Périgueux	18 50	10 50	14 00	15 00
	Toulouse	18 25	12 00	13 00	16 00
	Auch	18 75	12 00	13 00	16 00
	Bordeaux	18 25	12 00	13 00	16 00
	Dax	18 50	11 25	13 00	16 00
	Agen	18 50	11 00	13 00	16 00
	Bayonne	18 50	11 0	14 00	15 00
	Tarbes	19 00	11 00	»	«
Région du Sud	Carcassonne	18 75	»	13 75	16 00
	Rodez	18 50	12 50	14 00	16 00
	Mauriac	18 25	11 00	»	15 75
	Tulle	17 25	11 00	»	15 00
	Montpellier	18 25	11 25	»	15 00
	Figeac	17 25	11 00	»	16 00
	Mende	17 25	11 25	14 00	16 00
	Perpignan	17 25	11 00	14 00	15 50
	Albi	18 75	11 25	14 75	15 75
	Montauban	19 00	12 50	15 00	16 00
Région du Sud-Est	Gap	18 50	11 00	14 00	16 00
	Manosque	18 75	10 50	14 00	16 00
	Nice	18 25	11 00	13 00	16 00
	Privas	18 50	11 00	14 00	16 00
	Arles	19 25	12 00	14 00	16 00
	Montélimar	18 50	»	14 00	16 00
	Nîmes	18 50	»	14 00	17 00
	Le Puy	18 50	13 00	14 00	16 00
	Draguignan	18 75	13 00	14 00	16 00
	Avignon	21 00	18 00	14 50	16 50

Tourteaux. — Cours de la maison P. Marchand frères, à Dunkerque (Nord) :

TOURTEAUX A NOURRIR

	Dispon.	A livrer.
Coton de graines d'Égypte	9 »»	9 »»
Sésame blanc	11 00	11 50
Arachide décortiquée	14 75	15 »»
Colza à nourrir	10 »»	10 »»
Colza du pays	10 50	10 75
Œillette du Levant	9 50	10 »»
Œillette blanche de Turquie	9 50	10 »»
Lin 1re qual. de Bombay g. form.	14 »»	14 25
Lin 1re qual. de Bombay p. form.	14 50	14 75

TOURTEAUX-ENGRAIS

Arachide décortiquée	14 25	14 50
Cameline	»» »»	»» »»
Colza des Indes en poudre	»» »»	»» »»
Colza ravison	7 »»	7 25
Colza jaune Gutzerat	10 25	10 50
Kurrachée	»» »»	»» »»
Niger	»» »»	»» »»
Pavot	9 25	9 50
Sésame, blanc	10 50	»» »»
Sésame noir	»» »»	»» »»
Coton en farine	7 50	7 50

Nos prix s'entendent pour tourteaux en planches, rendus en gare de Dunkerque.

Paiement à 30 jours ou à terme plus éloigné suivant convention expresse.

Le concassage se paie 0 fr. 25 et la mise en poudre 0 fr. 40 aux 100 kilos. Dans ce cas, les sacs sont facturés à 0 fr. 35 pièce, et repris au prix de facture, quand ils sont rendus en bon état et franco, dans les 30 jours de l'expédition.

FROMENTINE :

	100 kil.
Marque A	12 »
Marque B	12 »
Marque J	12 »
Marque L	14 »
Marque E	15 »

Les 100 kilogs sur wagon St-Quentin, sac à retourner ou à facturer.

BEURRES. (le kilogr.).

BEURRES EN MOTTES			BEURRES EN LIVRE		
Isigny extra	4 00	6 00	Bourgogne	1.50	1.80
— demi-fin	2.60	3.00	Gâtinais	1.60	2.20
M. d'Isigny	2.20	2.40	Vendôme	1.60	2.30
du Gâtinais	1.60	1.80	Beaugency	1.60	2.30
de Bretagne	1.60	1.80	Ferme	1.80	2.90
Laitiers Jura	1.60	2.20	Tours	1.70	2.30
de Charente	1 60	2.40	Le Mans	1.50	1.80
des Alpes	1 60	2.50	Touraine fausse	1.60	2.00

ŒUFS. — (le mille).

Normandie ext.	76 à 100		Bourgogne	52 à 46	
Picardie —	78 à 108		Champagne	48 à 58	
Brie —	60 à 70		Nivernais	52 à 56	
Touraine	65 à 80		Bourbonnais	44 à 52	
Beauce	60 à 70		Bretagne	40 à 45	
Orne	60 à 72		Vendée	45 à 49	
Picardie	55 à 70		Auvergne	40 à 44	
Châtellerault	44 à 50		Midi	40 à 46	

FROMAGES.

Brie hautes marq	30	84	Roquefort	110	200
Brie gr. m. (10)	25	30	Gruyère (100 k.)	100	160
— m. m.	18	22	Coulommiers (100)	20	40
Petits Nanteuils	10	15	Gournay (100)	16	21
Brie laitiers	5	10	Livarot (le 100)	75	90
Gérardmer (100 k.)	60	85	Bourgogne (100)	50	60
Hollande	140	160	Camembert (10)	20	35
Bondons (100)	10	12	Munster (100)	80	90
Cantal	120	130	Port-Salut	150	165

VOLAILLES

Poulet Brest dit moelleux	2.50	4 00	Pigeo Mâcon	1.50	2.00
Poulets Nant.	3.00	5.00	Ça. sNantais	4.00	1.35
Poulets Tour.	2.75	5.25	Dindes Tourr.	7.00	11.00
Poulets Houdan	6.00	8.00	Oies	7.00	8.50
Pigeons d'Italie	80	1.25	Lapins dom.	2.75	4.00
			Lapins gareroe.	1.50	2.00

VINS — BERCY

Rouges			Blancs		
B. Bourg. vieux	140 à 160		Bordeaux	125 à 160	
Touraine	105 à 115		B. Bourg	150 à 190	
Bord. vieux	130 à 155		Sancerre	130 à 135	
Algérie	28 à 32		Chablis	200 à 350	
Cher	110 à 135		Anjou	120 à 135	
Chinon	125 à 180		Pouilly	350 à 300	
Narbonne	32 à 40		Vouvray	155 à 195	

HOUBLONS. — Les 50 kilogr.

Alost primé	28,00 à 30,00
Bourgogne	55,00 à 60,00
Poperinghe	25,00 à 30,00
Wurtemberg	40,00 à 42,00
Altmark	75,00 à 100,00
Alsace	50,00 à 65,00

LÉGUMES SECS. — (Les 100 kilogr.)

	Haricots		Pois		Vesce	Lentilles
Paris	32 00	50.00	20	18.00	19 à 20	30.00
Bordeaux	34.00	35 00	35	45.00	18 19	49 00
Marseille	22.00	30.00	18	25	20 20	24.00

FOURRAGES ET PAILLE

Paris La Chapelle. *Prix extrêm.*

Foin 100 bot dans Paris n.	42 à 47
Luzern nouv.	42 à 46
Paille de blé	20 à 26
Paille de seigle	23 à 31
Paille d'avoine	16 à 20

Les cours des bestiaux sont à la fin de la Gazette avant la *Correspondance*.

L'année agricole et agronomique pour 1896.

L'Année agricole et agronomique pour 1896 par S. Crépeaux, professeur à l'Institut agricole de Beauvais, et C. Crépeaux, publiciste scientifique, avec la collaboration de praticiens, de professeurs et d'agronomes vient de paraître (un volume in-18 de 360 pages, illustré).

Cet ouvrage, véritable annuaire théorique et pratique de l'agriculture progressive, donne un tableau complet du mouvement agricole et agronomique de l'année. Il relate toutes les expériences culturales, les recherches scientifiques faites en France et à l'étranger, décrit et apprécie avec compétence les nouveautés (plantes, machines, engrais, nouvelles méthodes, etc.).

La partie documentaire de l'**Année agricole et agronomique** comprend pour l'année écoulée, les lois, décrets, décorations agricoles, lauréats des concours, les vœux économiques des conseils généraux, l'analyse exacte des travaux des sociétés et congrès agricoles, horticoles, vétérinaires, français et internationaux, les jugements de droit rural, l'analyse des brevets agricoles, les statistiques, etc.

Cet ouvrage qui paraît pour la seconde fois a valu l'année dernière à ses auteurs les félicitations de la Société nationale d'agriculture, de la société des Agriculteurs de France, et des principaux journaux agricoles et scientifiques qui ont rendu hommage à la somme considérable de travail que représente une telle publication et aux services incontestables qu'elle rend à la cause du progrès agricole.

(*Le Progrès agricole du 15 juin*).

Nous l'offrons en prime à nos abonnés au prix de 2 fr. 50 franco de port au lieu de 4 francs.

Ceux de nos abonnés qui désirent l'**Année agricole et agronomique** de **1895** et celle de **1896** recevront les deux volumes franco dans la gare la plus voisine contre 4 fr. 50.

Adresser les demandes à M. Crépeaux. 10 *bis*, rue Piccini, Paris.

Il est peu de maladies aussi pénibles que les gastralgies et les maladies de l'estomac en général. Il n'est donc pas sans intérêt et rappeler qu'après de nombreuses expériences, l'Académie de médecine a approuvé l'emploi du *Charbon de Belloc* contre ces maladies, « qui, au dire même du rapport, font trop souvent le désespoir des malades et des médecins ». Le charbon de Belloc, qui est aussi le remède par excellence contre la constipation, se prend en poudre ou en pastilles au moment des repas. Le plus souvent, le bien-être se fait sentir dès les premières doses. Poudre, le flacon, 2 fr. — Past., la boîte, 1 fr. 50; toutes pharmacies. — Fab. : Maison L. FRÈRE, à Champigny et Cie, successeurs, 19, rue Jacob, Paris.

CHRONIQUE POLITIQUE

Ainsi que nous l'avions prévu, le projet de réforme fiscale proposé par le ministre Méline n'a pu soutenir jusqu'au bout l'épreuve de la discussion. Après avoir été discuté pendant huit séances, après avoir triomphé d'un contre-projet de M. Doumer, le projet est venu s'achopper à l'article 2 qui élevait de 4 à 4 1/2 0/0 la taxe de l'impôt sur les habitations. Or, le reje' de cette augmentation rendait impossibles les dégrèvements dont elle était la compensation. Dès lors, le projet tout entier s'écroulait ou était à reprendre *ab ovo*. Mais on était à la dernière heure de la session, il n'y avait pas une minute à perdre pour voter *in globo* les contributions directes pour 1897 à la veille de la session où les conseils généraux doivent les répartir. Le ministère Méline et la majorité ont pris philosophiquement leur parti de ce nouvel avortement en le votant sous la forme plus ou moins spéciale d'un ajournement.

Le vote était trop visiblement indiqué par ce qui avait précédé pour surprendre personne et, de fait, M. Cochery a prouvé qu'il y comptait lui-même en exhumant de son porte feuille, au dernier moment, le projet de loi maintenant pour 1897 le régime dont on nous promet tous les ans la réforme pour l'année suivante, suivant la légendaire enseigne du barbier qui rasera gratis demain.

Nous allons donc être rasés dans les grands prix — demain comme hier — comme depuis quinze ans, comme nous le serons tant que nous serons les dupes des mêmes raseurs.

Il faut noter, d'ailleurs, que la comédie financière qui se jouait depuis le rejet du projet Doumer était croisée, même dominée par une comédie politique. Derrière la guerre à nos bourses, il y avait une lutte pour la conquête du pouvoir et de ses profits de toute nature. Le parti radical, M. Bourgeois en tête, voulant ressaisir son portefeuille, s'efforçait de diviser la majorité, dont une forte part était hostile au projet financier et M. Méline disait avec raison à M. Bourgeois : « Vous nous embrassez pour nous étouffer. » La majorité, au contraire, tenait fortement à garder le ministère Méline, en évitant le vote de son projet. Son vœu s'est réalisé en votant l'ajournement et en donnant à ce vote la signification d'un vote de confiance, réclamé par M. Méline lui-même. Là-dessus la toile est tombée, la comédie était finie et le ministère Méline était assuré de vivre au moins pour le temps qui le sépare de la rentrée des Chambres. À lui et à ses amis de l'employer de façon à rassurer les grands intérêts sociaux économiques et agricoles qu'il a mission de servir et de sauvegarder.

Il ne peut contester, malheureusement,

que les intérêts agricoles en souffrance, ont été de nouveau indignement sacrifiés par ces interminables et stériles débats, qui ont duré quinze jours, et rendu inévitable un nouvel ajournement de trois mois des réformes urgentes réclamées par la France agricole. Pendant trois mois encore l'agriculture sera victime de l'agiotage sur les grains, victime des régimes ruineux sur les sucres, victime de tous les abus dont la réforme a été sacrifiée aux exigences misérables des coteries qui se disputent le pouvoir, après avoir fait les plus misérables des gouvernements que nous ayons subis depuis le Directoire.

Les partis radical et socialiste n'entendent pas laisser le pays en repos pendant les vacances. M. Bourgeois a déjà ouvert une campagne de banquets où il malmène de son mieux le ministère Méline et la politique d'apaisement.

M. Jaurès et ses amis ont la même ardeur dans les meetings et les banquets socialistes. Nos socialistes, en outre, sont invités à prendre part à un congrès socialiste européen convoqué à Londres par les chefs du socialisme en Allemagne. On sait d'avance les théories qui seront proclamées dans cette réunion d'aventuriers en guerre contre l'ordre moral en même temps que contre l'ordre économique, etc.

On n'aurait pas à s'en inquiéter si les honnêtes gens n'étaient pas, en France, tombés dans un état désolant d'atonie morale, touchant presque à l'imbécillité dans lequel ils s'imaginent que le mal n'a pas besoin d'être combattu et que le bien et le vrai renaîtront d'eux-mêmes sans qu'ils aient besoin pour le combattre de s'imposer le moindre effort et le moindre sacrifice. Cet état de cachexie morale endémique est le grand danger du jour dans notre cher pays et, pour l'en guérir, il faut des médecins d'une autre envergure que les ministres dont nous sommes obligés de nous contenter faute de mieux et crainte de pire.

En tout cas, les ruraux qui ont foi en M. Méline ont aussi le devoir de le stimuler énergiquement dans la voie des réformes nécessaires pour relever l'agriculture, car jusqu'ici les projets annoncés par M. Méline sont loin de nous promettre les résultats dont il se prévaut. Peu de mots suffiront pour s'en convaincre.

L'agriculture devant la réforme fiscale de MM. Méline et Cochery.

Voyons en effet comment M. Méline raisonne son projet de réforme fiscale.

L'agriculture, a-t-il dit, produit annuellement une valeur de 13 milliards, sur lesquels elle réalise 2 milliards 500 millions de bénéfice et elle paye 27 1/2 0/0 d'impôts.

Son projet, dit-il, la dégrèvera de 6 millions sur les terres non bâties.

D'abord, disons-nous, le chiffre de 13 milliards attribué aux produits agri-

coles repose sur l'époque où le blé se vendait 24 francs le quintal et où les sucres se payaient 50 francs, bref, où tous les produits se payaient 25 et plus pour 100 qu'aujourd'hui. Le chiffre de 13 milliards est donc malheureusement exagéré.

Le chiffre des bénéfices, par cela même l'est encore davantage. Où M. Méline trouve-t-il un chiffre de bénéfices de 2 milliards et demi, alors que sur la presque totalité des produits, blés, céréales, graines oléagineuses, textiles, etc. la culture est en perte? Les seules sources de profit qui restent à l'agriculture sont la production animale et ses dérivés — encore moins les peaux, les laines, les suifs, les soies, etc. — Où prend-on un bénéfice de 2 milliards et demi sur ces produits?

D'ailleurs, sur les profits de l'élevage, il faut nécessairement défalquer les pertes subies sur toutes les cultures en déficit. Encore une fois, où prendre un bénéfice net de 2 milliards et demi sur tout cela?

Or, c'est sur ces cultures ingrates que l'agriculture est obligée de payer 27 0/0 et M. Méline espère lui faire un cadeau rassurant en la dégrèvant de 6 millions, alors que ses pertes se comptent par centaines de millions? Est-ce sérieux, cela? Allons donc!

Non, non, certes. Disons tout de suite la vérité. Les gros impôts sont un fléau pour l'agriculture parce qu'elle les paye sur des cultures improductives. Voilà tout. Le seul soulagement efficace pour l'agriculture, c'est de la mettre en mesure de cultiver avec bénéfice. Que m'importe à moi, cultivateur, que vous dégreviez de 2 ou 3 francs l'impôt sur mon champ.

Faites donc en sorte, que je vende mon blé 22 francs au lieu de 18, alors mon champ me donnera 100 francs de bénéfices, sur lesquels je payerai sans peine 4 et 5 francs de plus d'impôt foncier.

Ce raisonnement logique s'applique évidemment aussi à tous les produits du sol et démontre péremptoirement que la vraie réforme fiscale doit viser à relever l'agriculture, en la protégeant contre la concurrence étrangère, et que toute autre réforme, sans celle-là est une fumisterie mortelle pour l'agriculture et pour la fortune de la France.

D'ailleurs un fait terrible qui domine toute la situation, c'est qu'aujourd'hui toutes les sources d'impôt, toutes les forces contributives de la France sont *pressurées* à leur maximum. On cherche vainement à soulager l'une d'elles parce qu'il faut en pressurer d'autres. À nos promoteurs de dégrèvement, on peut dire le mot du président Dupin à un orateur :

« Remue-bien les cartes, va! tu n'y trouveras pas d'atou! »

Voilà pourquoi toutes les tentatives de dégrèvement sont condamnées à un avortement lamentable.

Voilà pourquoi le relèvement des tarifs douaniers sur les produits du sol est la seule planche de salut pour l'agriculture, autant dire pour la fortune de la France.

La loi sur les boissons.

Nous avons vu que cette loi très compliquée avait été votée en première lecture par le Sénat.

En voici les principales dispositions :

En ce qui touche le droit sur l'alcool, la loi l'élève à 205 francs l'hectolitre d'alcool pur ; le droit de dénaturation qui était de 37 francs est abaissé à 5 francs l'hectolitre. Ce dégrèvement vise évidemment à favoriser l'usage de l'alcool dans l'éclairage et le chauffage.

Les bouilleurs de cru sont astreints à déclarer leur production à la régie.

Les droits sur les vins, cidres, poirés, bières sont sensiblement réduits, mais la loi n'a pu aboutir à la suppression des octrois, au contraire, les octrois devront prélever des droits plus élevés sur des produits autres que les boissons pour se couvrir des déficits qui résulteront des abaissements de droits sur ces matières. Nous reviendrons sur cette loi ; disons toutefois dès aujourd'hui que le dégrèvement des boissons hygiéniques prive le trésor de 132 millions. Pour les remplacer la loi édicte les moyens suivants :

Doublement des licences 16 millions ; droit de circulation sur les vendanges, 1 million ; réduction des déchets chez les marchands en gros, 2 millions ; augmentation du droit sur les amers, 5 millions ; droits à percevoir sur les bouilleurs de cru, 20 millions ; surtaxes des absinthes et autres apéritifs, 20 millions ; surtaxe des sucres employés au sucrage des vendanges, 2 millions. Tout cela produira au plus 60 millions. Pour les 65 millions de surplus on compte sur les recettes provenant du droit sur les alcools.

Qui vivra verra !

Encore Madagascar.

Les nouvelles les plus attristantes ne cessent de nous arriver de la colonie de Madagascar. La conduite impardonnable du gouverneur Laroche excite l'indignation de nos colons, en même temps que les éloges de nos ennemis les Anglais et de leurs marchands de bibles.

Samedi dernier, au moment de se séparer, la Chambre des députés a entendu, malgré son mauvais vouloir, les justes échos de ces plaintes exposés par M. Pourquery et surtout par M. de Mahy qui connaît bien Madagascar. — Le ministre Lebon n'a répondu que d'une façon évasive. Mais il est probable que le gouverneur Laroche sera révoqué et remplacé dans un court délai. Il en est grand temps. Il est temps d'opposer à nos ennemis un pouvoir énergique et digne de la confiance de nos colons. — Il faut être abruti par la cachexie anti-

cléricale, pour ne pas comprendre que cette haine de la religion va jusqu'à la trahison de la patrie !

CHRONIQUE GÉNÉRALE

Société nationale d'agriculture.

Le mercredi, 8 juillet courant, la Société nationale d'agriculture a tenu sa séance annuelle accoutumée sous la présidence de M. Méline, ministre de l'agriculture.

M. Méline a prononcé une allocution où il a protesté, selon sa coutume, de son dévouement aux intérêts des populations agricoles et s'est félicité d'être en pleine communauté d'idées, à cet égard, avec les membres de la Société.

M. Risler, président de la Société, a lu une note sur la composition géologique des terrains divers qui constituent le sol français et sur les engrais qui conviennent à tous. Nous reviendrons prochainement sur cette note.

Ensuite, M. Louis Passy, secrétaire perpétuel, présente le rapport réglementaire sur les travaux accomplis par la Société dans son exercice annuel 1895-96.

Enfin la Société a procédé à la distribution des primes suivantes :

Grande culture. — Prix Dailly, M. Pierre Royer ; médailles d'or, MM. Baillot, Deligny et Dubois, directeur du *Tourangeau* ; médaille d'argent, M. Leroux.

Cultures spéciales. — Médaille d'or, le Dr Rassiguier, pour le traitement de la chlorose par le badigeonnage des plaies de taille au moyen de solution de sulfate de fer ; médailles d'argent, MM. Roze, Bère, Guillon, Coste-Floral à Servian, Perraud, Lavergne, Marre, Gervais et Paul.

Sylviculture. — Médailles d'or, MM. Claudot et Thil ; médaille d'argent, M. de Larminat.

Economie des animaux. — Médailles d'or, MM. Nocard et Leclainche ; médailles d'argent, MM. Boissier et Calixte-Pagès.

Economie statistique et législation agricole. — Médaille d'or, M. Chevallier, député ; médaille d'argent, M. Gain.

Sciences physico-chimiques. — Médailles d'or, MM. Girard, Bindet et Bertrand ; médailles d'argent, MM. Railliet et Waldman.

M. Marc de Haut a reçu la croix d'officier de la Légion d'honneur en qualité de doyen de la Société.

M. de Haut partage nos opinions sur l'insuffisance du régime douanier actuel. Espérons que M. Méline prêtera au service de cette cause tout son dévouement et toutes les forces dont il dispose, comme chef du ministère.

Ecole d'agriculture des Faurelles (Charente). — Les examens d'admission au-

ront lieu à la préfecture d'Angoulême, le 30 juillet courant. Les demandes d'admission doivent être adressées le 20 au plus tard.

Ecole Echou (Indre) — Les examens d'admission auront lieu à la préfecture de l'Indre, le 1er août, 10 heures du matin. — Ecrire le 20 juillet au plus tard.

Ecole du Lézardeau (Finistère). — Examen d'admission, le lundi 10 août. — Ecrire avant le 1er août.

Ecole du Paraclet (Somme). — Examen, le 28 août à la préfecture d'Amiens. — 18 bourses, écrire avant le 15 août.

Ecole de Berthonval (Pas-de-Calais). — Examen, le 1er septembre, à la préfecture d'Arras. — Ecrire avant le 1er août à M. Dickson, directeur à l'école pour les demandes de bourses. Pour être admis à l'examen, pas de délai imposé.

Ferme école de Laumoy (Cher). — Examen d'admission le 13 octobre (commune de Morlac).

Concours à Epinal pour l'emploi de professeur d'agriculture des Vosges, le 28 septembre.

Expositions et concours d'aviculture, oiseaux de basse-cour. — Une exposition de ce genre aura lieu au Havre, du 14 au 18 août sous la direction de M. Rousset, directeur de l'école de Savoie, déclaration le 31 juillet, ensuite un concours *international*, organisé par la Société d'aviculture de France, se tiendra au Palais de l'Industrie (s'il est encore debout) du 22 au 26 octobre. Cette exposition aura une importance exceptionnelle. — Ecrire pour les renseignements au secrétaire de la Société, rue des Bernardins, 24, Paris.

Les bons de l'Exposition.

Les inventeurs de la grrrande Exposition de 1900 organisent en ce moment, pour la faire réussir — à leur profit — une fumisterie colossale destinée à attirer dans leur caisse les dernières épargnes de nos populations rurales.

Ils demandent 65 millions de francs divisés en trois millions de bons de vingt francs ; chaque bon donne droit à vingt entrées, plus à une chance d'un millième dans les lots.

Les journaux boulevardiers battent la grosse caisse en faveur de ce colossal coup de filet financier.

L'excellent *Bulletin du Syndicat de l'Anjou* fait admirablement ressortir ce qui attend nos campagnes, si elles mordent à cet appât que leur tend la coterie cabotine qui ronge les fibres vives du pays.

« 65 millions de francs, 3 millions de bons de 20 francs, c'est pour rien, et ce n'est pourtant qu'une partie du coût de l'Exposition universelle de 1900. Il faut bien faire quelque chose de beau et de grand au commencement d'un siècle.

« Nous autres agriculteurs, nous sa-

\ons bien que ce ne sera pas l'Exposi-\on qui sauvera ce siècle-là. L'industrie, \e commerce et l'agriculture n'auront \ertainement rien à y gagner. Peu im-\orte au reste, on aura fait quelque \hose d'extraordinaire, on aura fait venir \u monde à Paris ; on aura pour un an \ait marcher le commerce parisien, les \rovinciaux et les étrangers y auront \pporté leurs économies. La province \e serrera le ventre deux ans d'avance \our préparer le grand voyage, et con-\nuera de le serrer deux ans après pour \n payer les frais supplémentaires. Quant \à l'État, il aura mis les deux bouts en-\emble au moyen de 65.000.000 de bons \de l'Exposition.

« Une toute petite somme vraiment, \si on la compare aux milliards que nous \sommes habitués à emprunter au grand \jour ou en cachette. Cette petite somme \représente cependant 65.000.000 d'en-\trées. C'est-à-dire, en supposant que \l'exposition dure sept mois, deux cent \dix jours, du 1er mai à fin novembre, \330,000 entrées par jour, et comme il y \a des jours de great-attractions sans \compter les dimanches, il y aura des \jours où il y aura 6 à 700.000 entrées. \S'imagine-t-on le nuage de poussière \qui s'élèvera de ce million et demi de \pieds. Voilà un des côtés de la ques-\tion, le côté poussière qui peint si bien \l'utilité de ces grandes exhibitions.

« Mais la province surtout en aura \bientôt assez de l'Exposition. Quand un \cultivateur l'aura visitée une fois pour \les instruments agricoles et une autre \fois pour le reste, il se demandera ce \qu'il pourra bien voir à sa troisième \visite. Mettons donc trois visites par \visiteur. Pour les 30.000.000 d'entrées, \peut-être 35.000.000 mises à la disposi-\tion de la culture française, il faut comp-\ter 12.000.000 de visiteurs qui pren-\dront le train de plaisir et viendront \manger à Paris une cinquantaine de \francs chacun, ce qui représente \600.000.000 de francs que la culture ne \gagne plus depuis longtemps. Voilà, en \définitive, quel sera le bilan agricole \de l'Exposition, si elle est visitée autant \que le gouvernement le désire.

« Vous avez bien compris, n'est-ce \pas. Vous avez vu que tout cela est fan-\tasmagorie pure, que ces 333.000 en-\trées par jour sont une chimère, que \si l'Exposition de 1889, dont tout le \monde a constaté l'extraordinaire suc-\cès, n'a pas eu plus de 20.000.000 d'en-\trées, il n'est pas admissible que celle \de 1900 en ait 65.000.000, en plus des \entrées gratuites. Ce qui veut dire, évi-\demment, que les 20 tickets d'entrée \attachés à chaque bon, tickets que l'on \estime à 20 sous chaque, et qui va-\laient, en 1889, 10 sous, 8 sous et même \6 sous, ne vaudront peut-être pas, en \1900, plus de 4 sous ; de sorte que l'on \achète, pour 20 francs, quelque chose \qui ne vaut, en réalité, que 4 ou 5 francs. \C'est une bonne opération pour les ven-\deurs.

« Il est vrai qu'il y a des lots; il y en \a 4.000 pour 3.250.000 bons : 1 par mille, \ce n'est pas énorme, et c'est un \fait d'expérience journalière que tout \le monde ne gagne pas le lot de \500.000 francs. »

———◆———

Les viandes exotiques
en Angleterre.

Nous avons signalé plusieurs fois les \progrès prodigieusement rapides des \viandes d'Amérique et d'Australie im-\portées en Angleterre. Nous n'avons jus-\qu'ici donné qu'une idée très impar-\faite et insuffisante de cette invasion \qui alarme justement les agriculteurs \d'Angleterre.

Quand on visite les docks du port \de Londres, dit un correspondant de \l'*Echo agricole*, c'est un spectacle stupé-\fiant de rencontrer d'immenses navires \remplis de viandes fraîches conservées \par la congélation. Au début, ces viandes \étaient peu recherchées pour leur qua-\lité défectueuse, aujourd'hui, grâce au \perfectionnement des procédés de con-\gélation, leur qualité est meilleure et \en tout cas suffisante pour remplacer \les viandes fraîches dans les familles \qui visent à l'économie dans leurs ali-\ments. Aussi leur débit augmente-t-il \tous les jours sur les marchés de Lon-\dres.

Pour avoir une idée de ces boucheries \flottantes qui approvisionnent ce com-\merce, il suffit de citer le steamer *Tokomara*, qui a amené à Londres \106.182 moutons, plus de 5.000 gigots et \277 quartiers de bœuf, ce qui représente \3 millions de kilos de viandes fraîches.

Depuis deux ans, la Nouvelle Zélande \a importé à elle seule, 230 millions de \livres anglaises de viandes fraîches con-\servées et les importations s'accroissent \continuellement.

Ces importations ont eu pour résultat \d'augmenter la consommation de la \viande en Angleterre, et les importa-\tions se multiplient avec une activité \prodigieuse. Les importateurs ne s'in-\quiètent nullement des retards de ven-\tes. Leurs viandes sont installées en \attendant dans d'immenses navires, où \elles séjournent sans frais et sans subir \de détérioration pendant tout le temps \nécessaire.

Les agriculteurs anglais commencent \à se lasser sérieusement de la fameuse \liberté commerciale, qui après les avoir \ruinés comme producteurs de blé, est \en train de les ruiner comme produc-\teurs de bétail.

Pour les satisfaire, le Parlement a \voté un bill singulier, il frappe les bes-\tiaux importés non d'un droit de douane \mais d'une taxe *d'abattage* au port d'ar-\rivée, qui en est l'équivalent sous un \déguisement hypocrite qui est bien dans \l'esprit de nos voisins.

Mais en France aussi, malgré nos ta-\rifs douaniers, les importations de vian-\des sont en voie continue d'augmenta-\tion. Ainsi les viandes de moutons ont \monté de 532.000 kilos en 1893, à \1.741.000 en 1894, 2.349.000 en 1895. \Les viandes de porc ont monté en deux \ans, de 632.000 kilos à 10 millions \414.000 kilos, s'élevant à une valeur \de plus de 16 millions.

Les importations de viandes fraîches \sont donc pour notre élevage, une riva-\lité qui mérite une attention constante.

———◆———

NÉCROLOGIE
M. Scipion Cochet.

Roses, pleurez ! Pleurez, Roses !

Celui qui vous aimait tant, qui pen-\dant vingt ans fut votre historiographe \passionné, une de nos gloires horti-\coles, Scipion Cochet, le fondateur du *Journal des Roses*, n'est plus ! Enlevé \subitement à l'amitié et à l'affection de \tous, en pleine force, en pleine intelli-\gence, il est parti vers l'inconnu, à \soixante-trois ans, bien qu'il fût de cette \vigoureuse race bâtie pour devenir \centenaire.

Directeur de l'important établisse-\ment horticole de Suisnes-Grisy, qu'il \tenait de son père, Pierre Cochet, qui \lui-même l'avait eu en héritage de Chris-\tophe Cochet, son fondateur en 1799, il \avait su lui donner une extension \énorme, surtout au moyen de la culture \des Roses.

Plus de 2 000 variétés étaient réunies \dans ses collections et une immense \multiplication se faisait des plus cou-\rantes.

Ce sont les Cochet, de père en fils, \qui sont les véritables créateurs de l'in-\dustrie rosicole dans cette partie de \la Brie, que l'on a surnommée, à juste \titre, *le Pays des Roses*, et qui aujour-\d'hui expédie sur tous les points du \monde plus d'un million de rosiers cul-\tivés sur une étendue de 25 hectares.

Joignant à cette spécialité toutes les \autres cultures horticoles, pépinières, \palmiers, orchidées, etc., cet établisse-\ment, qui n'avait qu'à paraître pour \vaincre, a remporté, tant en France qu'à \l'étranger, les plus hautes récompenses, \médailles d'or, grands prix, etc., et son \chef, Scipion Cochet, fut même, en 1867, \à l'occasion de ses succès à l'Exposition \universelle, proposé pour la croix de la \Légion d'honneur, qui fut accordée à \un… plus heureux ! S. Cochet, philo-\sophe, sut s'en consoler, en mettant au \commerce, outre de nombreux arbustes, \tels que les *Céanothus: Marguerite Au-\dusson*, les Lilas *Philémon Cochet, Clara \Cochet*, le *Bilbergia variegata* Morren, \l'Azalée *Clara Cochet*, l'*Hibiscus Syriacus \totus albus*, l'*Acer platanoïdes globus*, etc., \un grand nombre de Roses nouvelles.

En 1877, voulant donner plus d'ex-\tension à la culture essentiellement \française de la fleur aimée de tous, il \créa, en collaboration de Camille Ber-\nardin qui, lui aussi, nous quitta il y a \peu de temps, un organe spécial, inti-\tulé : *le Journal des Roses*, qui, répondant à un grand besoin, prit bientôt une large place dans la presse horticole française.

Tous nous l'avons connu : homme d'une affabilité extrême, d'un grand cœur, d'une générosité plutôt exagérée, d'une honnêteté proverbiale, dévoué à tous et d'une fermeté de convictions absolue; aussi le châtelain du Plouy, Scipion Cochet, ne comptait-il que des amis, qui étaient nombreux, le 29 mai dernier, pour le conduire à sa dernière demeure dans ce tranquille cimetière de Grisy où il repose à jamais.

Sur sa tombe M. Vitry, vice-président de la Société nationale d'horticulture de France, a, en quelques mots, retracé la vie de cet homme de bien.

Il est parti sans avoir eu la consolation de jouir de sa dernière œuvre : la création de la *Section des Roses*, ni vu la première exposition spéciale qu'elle organise.

Scipion Cochet n'était pas pour nous un confrère, mais un ami, ce dont nous nous enorgueillissons; aussi est-ce le cœur serré de douleur, les yeux en larmes, que nous adressons à sa veuve, à ses enfants, à son frère, l'expression de nos douloureuses condoléances pour cette perte irréparable.

Et pour toi, cher Scipion, qui étais un croyant, nous demandons que la terre sous laquelle tu reposes te soit aussi légère que les roses dont nous avons couvert ton cercueil.

M. Scipion Cochet, qui était chevalier des ordres du Christ de Portugal et de Mélusine, n'était *même pas chevalier du Mérite agricole*.

Mystère et politique!

(Moniteur d'horticulture).

Oh! oui, et de la sale politique!

———

L'agriculture bretonne a perdu, il y a quinze jours, un de ses plus vaillants représentants en la personne de M. le comte des Nélumières, décédé à son château du Châtelet.

Les états de services de M. de Nélumières en agriculture, en élevage, ont assez retenti dans les échos de la presse et des concours agricoles pour justifier les regrets que cause sa fin prématurée. Ajoutons que, propriétaire chrétien, il a été le bienfaiteur des populations rurales de la contrée. — La France rurale n'aura jamais assez de propriétaires de ce caractère.

———

CHRONIQUE AGRICOLE

Situation. — La saison.

Les chaleurs tropicales qui règnent sur la presque totalité du territoire sont très favorables à la maturation et au moissonnage des céréales. On leur doit partout une avance d'une semaine pour les opérations du moissonnage. Mais dans les contrées qui souffrent encore de la sécheresse les chaleurs excessives ont nui sensiblement aux épis des blés et à la qualité du grain. Dans tous les cas, là comme ailleurs, les cultivateurs ont un intérêt sérieux à faucher leurs blés et même les autres céréales avant maturité, c'est-à-dire aussitôt que le haut de la tige commence à jaunir. C'est un signe certain que la sève a cessé de monter dans le grain, et que la maturation du grain n'a plus d'autre facteur que les agents atmosphériques et, c'est dans la moyette, à l'abri du soleil, que cette résurrection s'achève dans les meilleures conditions.

Les opérations du moissonnage étant l'opération dominante du jour, on reçoit peu de communications sur les probabilités des rendements. Ce qu'on sait, c'est qu'ils varieront considérablement non seulement d'une contrée à l'autre mais même entre champs voisins d'une même contrée. Il s'ensuivra une impossibilité d'établir des statistiques d'une sérieuse certitude sur les rendements, mais dès aujourd'hui on ne les estime que comme devant être un peu inférieurs à ceux de l'an dernier.

Le Nord, qui a eu le bénéfice de pluies suffisantes au mois de juin, puis le bénéfice des chaleurs actuelles, aura une récolte abondante.

Les plantes semées en juin pour secondes récoltes sont partout en bonne voie. On a donc espoir d'en tirer des provisions alimentaires qui suppléeront au déficit des récoltes des foins. D'autre part, les prairies dont les premières coupes ont été en déficit, donnent plus de satisfaction pour les secondes coupes.

Récoltes dérobées.

Mais ces compensations ne sont point suffisantes pour négliger les cultures dérobées qui ont une double utilité pour la culture.

La première utilité consiste dans les produits de ces cultures. La seconde utilité, d'après M. Dehérain, consiste en ce que leurs racines emmagasinent les sels azotés du sol au profit des récoltes suivantes, tandis que ces sels sont entraînés dans le sol et perdus définitivement dans un sol laissé en friche et sans végétaux.

Ce dernier point de vue appelle sérieusement l'attention des cultivateurs diligents. C'est pourquoi nous nous faisons un devoir de le leur signaler. L'avance des moissons est une heureuse condition pour confier à leurs terres ces secondes récoltes. L'agriculture a trop de peine aujourd'hui à nouer les deux bouts pour négliger les ressources de ce genre.

On a de fâcheuses nouvelles de l'Algérie agricole : les sauterelles et les criquets envahissent cruellement plusieurs contrées, notamment dans le département de Constantine où les insectes écrasés par les roues des locomotives sur les chemins de fer empêchent la rotation des roues, celles-ci glissent sans pouvoir avancer.

On avait cru, il y a quelques années, posséder des moyens efficaces de prévenir ces invasions dévorantes en détruisant les pontes de ces insectes.

L'échec est-il dû à une omission de ces moyens ou à leur inanité ? — Nous l'ignorons. La question est trop sérieuse pour ne pas s'imposer à l'attention de nos sympathiques colons d'Algérie.

———

Lettres rurales

L'Association, avons-nous dit, dans une précédente lettre, est l'usage d'un droit naturel et de la plus incontestable des libertés.

Voici comment apprécie ce droit un de nos plus sympathiques avocats, aussi spirituel à la barre que la plume à la main, M. Emile de Saint-Auban. Il entend la *Voix des choses*, et voici la forêt qui parle au nom de la liberté d'association. Elle dit :

« Liberté d'association!

« La plus précieuse et la plus chère! Liberté qui les contient toutes, et sans laquelle il n'en est point.

« Regarde : c'est en s'associant que mes arbres formèrent les futaies magnifiques dont la vie estivale arrive à peupler les fraîches profondeurs.

« Une forêt est une société d'arbres.

« Et les hommes aussi sont des arbres, mais des arbres pensants, qui ne poussent pas au hasard et veulent librement choisir leur voisinage.

« Les uns ont envie de lutter, d'autres de se dévouer; d'autres encore de prier.

« Tous en vient de s'unir, de se serrer les uns contre les autres, parce qu'ils éprouvent un vertige en face de l'action brutale ou en face du rêve infini.

« Le droit d'association, il est le salut du faible, ballotté comme une épave sur l'océan des égoïsmes.

« Le faible uni au faible devient le fort : quoi de plus faible que le passereau, que l'hirondelle? Et pourtant, lorsque les hirondelles ou les passereaux se rassemblent, leur envolée couvre l'azur du ciel.

« Le droit d'association, c'est le droit naturel qui appartient aux enfants d'un pays de s'unir à leur guise pour soulever ensemble le rocher de la vie.

« Mais tel n'est pas le jeu du franc-maçon.

« Sa république est la proie de quelques vautours, vautours de la politique, oiseaux lugubres de la Bourse, dont la meurtrière avidité se repait des passereaux. Et si les passereaux font mine de s'unir, les vautours fondent sur eux et dispersent leur troupe tremblante.

« *Les vautours qui veulent garder pour eux tous les biens de la terre, savent que les passereaux, tant qu'ils resteront désunis, n'ont rien à espérer que malheur et souffrance, mais que, si les passereaux s'aimaient et s'entre-secouraient selon la loi évangélique, ils deviendraient invulnérables et monteraient jusqu'au soleil!*

« Voilà pourquoi les vautours insultent à l'Evangile, ameutent contre lui la foule des passereaux et abusent par leurs sophismes les créatures de Jésus.

« *Tandis que les passereaux s'amusent à becqueter un prêtre ou à railler des religieux qu'on jette hors de leur couvent, les vautours juifs créent librement des coalitions infâmes, des syndicats pillards, pour capter l'épargne publique et tarir les sources de vie.* »

Ainsi, il est donc bien clair et bien prouvé que, par l'association, *les plus faibles deviennent les plus forts.* Aussi bien d'ailleurs le gouvernement lui-même ne vous en donne-t-il pas la preuve tous les jours !

Qui le maintient, qui le soutient, qui le dirige ? sinon une infime minorité, laquelle, par son union et sa discipline, domine le pays tout entier. Et serait bien aveugle celui qui méconnaîtrait cette influence néfaste !

Or, si l'esprit de domination et d'asservissement peut arriver à donner une telle force, un tel pouvoir à une association qui ne représente pas la millième partie de la population, que serait-ce donc si l'agriculture qui, elle, au moins, en représente les deux tiers se levait et s'unissait ? Celle-ci, du moins, non seulement représenterait le nombre, mais encore le droit, l'intérêt général, et comme l'a dit Lamennais, que je ne saurais trop répéter : « *Rien ne résiste à l'union du droit et du devoir.* »

Mais, quelle organisation donner à cette force ?

Mon Dieu, rien n'est plus simple, et nous en avons un modèle dans la mutualité.

Comme l'a si bien dit Mme Emile de Girardin : « Si l'égalité absolue est une chimère, la mutualité seule est une réalité. » En effet, voyez ce que produit, au point de vue économique, la mutualité ; pourquoi alors ne pas l'appliquer à la défense générale d'intérêts communs.

Sans doute, il est, pour chaque partie du pays, des intérêts particuliers, qui diffèrent et quelquefois même se contrebalancent. Qu'importe, du moment que la souffrance s'étend partout. C'est là ou jamais le cas de sacrifier l'intérêt particulier à l'intérêt général.

Et c'est ce que M. Deusy, d'Arras, disait fort éloquemment, en 1885, au Congrès agricole régional de Toulouse, auquel il avait été délégué par la Société des agriculteurs de France.

Après avoir expliqué, par quel concours de circonstances, il avait été choisi pour cette mission, il ajoutait :

« Voilà pourquoi je suis ici.

« Et je suis heureux d'y être.

« C'est qu'en effet, j'ai à remplir une mission de concorde et d'union, une mission de salut. Allez tendre la main. m'a-t-on dit, vous, homme du Nord, aux vaillants cultivateurs de la région du Midi ; montrez-leur qu'il n'y a pas de dissidences entre nous. Nos cœurs ne battent-ils pas à l'unisson pour une

même cause ? N'avons-nous pas les mêmes intérêts agricoles, économiques, fiscaux ? La crise ne les atteint-elle pas comme nous ?

« Nous combattons, messieurs, sans trêve, depuis vingt ans ; nous sommes à bout de forces et de ressources ; l'étranger, placé dans les conditions les plus favorables, fait la loi sur tous nos marchés.

« Nous nous plaignons : on ne nous écoute pas.

« Pour quelle raison ? par quelle anomalie inexplicable un ministre de l'agriculture, saisi de nos réclamations, est-il autorisé à refuser d'y faire droit ?

« Nous ne sommes pas écoutés, messieurs, parce que jusqu'à ce jour nous avons été divisés.

« Permettez-moi d'évoquer ici un cher souvenir et de vous rappeler comment M. Drouyn de Lhuys rendait cette idée saisissante.

« Restez un moment avec moi, disait-il dans le cabinet du ministre. La porte. s'ouvre. Une députation du Nord se présente ; elle expose ses doléances et ses vœux. Le ministre reçoit les députés avec bienveillance et tient note de leurs réclamations ; mais il ne prend aucun engagement.

« Une autre porte livre passage à une autre députation. Celle-ci est composée d'agriculteurs du Midi qui, eux aussi, exposent leurs aspirations et leurs plaintes. Elles sont différentes des griefs et des vœux formulés par les députés du Nord. Que fait le ministre ? Après avoir entendu ces deux exposés contradictoires, et ne sachant de quel côté se diriger, il s'abstient. Il ajourne toute décision ; le Midi et le Nord continueront, sans espoir, à souffrir et à se plaindre.

« Le résultat serait tout autre si, au lieu d'un procès à juger, on apportait du Nord et du Midi un programme commun, renfermant les mêmes vœux et les mêmes doléances réunis en un solide faisceau. Ce serait une force capable de briser toutes les résistances.

« Cette union, que plusieurs autrefois considéraient comme une chimère, cette union est-elle impossible ?

« Y a-t-il, entre nous, opposition d'intérêts ?

« N'avons-nous pas, en réalité les mêmes revendications à exercer ? »

Et énumérant alors les intérêts communs aux agriculteurs de toutes les régions de la France : diminution des impôts, mesures contre la dépopulation des campagnes, organisation du crédit agricole, cessation des achats faits par les administrations publiques à l'étranger, modification des traités de commerce, etc., il terminait ainsi :

« Par quel moyen nous ferons-nous écouter des pouvoirs publics ?

« Je vous l'ai déjà dit, messieurs : si vous voulez que votre volonté triomphe et que vos vœux ne restent pas stériles, unissez-vous.

« Unissons-nous, formons des syndicats.

« Nous sommes le nombre, nous serons la force.

« Quand Lacordaire, en 1848, parut à la Chambre, à ceux qui s'étonnaient de sa présence en un tel lieu, il répondit : Je suis une liberté.

« La loi du 21 mars 1884 n'est pas seulement une liberté. Si vous savez en user, c'est le relèvement et la prospérité de l'agriculture. »

Voilà dix ans que ces paroles ont été prononcées, qu'avons-nous fait depuis, autre que de gémir ?

Et cependant la situation ne s'est pas améliorée, au contraire.

Pourquoi donc alors, en restons-nous là ?

C'est ce que nous verrons prochainement.

MAITRE PIERRE.

La Chesnaye-Saint-Aubin, juillet 1896.

Les engrais. Leur adaptation à la nature des terres.

Une théorie incontestable en agriculture c'est que les compositions d'engrais varient non seulement suivant les exigences bien connues des plantes, mais aussi suivant la composition des terres qui les portent.

Pour comprendre cette vérité et son importance, nous ne pouvons mieux faire que de signaler les expériences suivantes qui ont été faites sur les terres de l'Ecole d'agriculture de Saint-Bon (Haute-Marne) dirigée par M. Rolland, par M. Carré, professeur.

Géologiquement, ces terres appartiennent à quatre étages : 1° calcaire à astarte ; 2° marnes kimmerigiennes ; 3° limon des plateaux ; 4° alluvions modernes.

Le calcaire à astarte a une composition très ferrugineuse, qui le distingue des calcaires ordinaires, il ne contient que 9,5 0/0 de calcaire, avec 1,10 d'acide phosphorique et 1,70 de potasse. C'est dire qu'il ne réclamerait pas d'engrais phosphatés et potassiques, si ces deux éléments ne s'y trouvaient pas à un état d'insolubilité et si on ne savait, par expérience, que les phosphates sont peu efficaces dans les sols ferrugineux. Dans ces sols, en effet, l'acide phosphorique passe à l'état de phosphate de péroxyde de fer. Pour mettre en liberté l'acide phosphorique ainsi neutralisé, on a recours à un chaulage énergique, qui dispense d'acheter du superphosphate ou au moins diminue le besoin de cet achat. Les scories phosphoreuses en tout cas, en raison de leur teneur élevée en chaux, sont à employer dans les terres ferrugineuses. Une culture expérimentale de betteraves a démontré cette supériorité des scories.

Il résulte de cette expérience que la chaux est un élément nécessaire à ajouter aux engrais phosphatés dans les sols ferrugineux. Il y a beaucoup de sols de cette nature portant des vignes.

L'expérience de Saint-Bon est un précédent à considérer dans la fumure de ces terres.

Elle est également un précédent qui indique l'utilité d'étudier la composition géologique des terres, en vue des engrais qui leur conviennent.

Culture du sarrasin.

Les dernières pluies ont été très favorables à toutes les semailles et plantations destinées à remédier à la pénurie des premières herbes fourragères.

Le sarrasin, d'ailleurs, a droit à une bonne place dans les plantes à semer dans cette saison. On l'apprécie avec raison dans la Bretagne, en Vendée, dans tout l'Ouest plutôt, dans le centre ouest où sa graine joue un rôle important dans l'alimentation des animaux de toute espèce et spécialement dans l'engraissement des volailles.

Ce qui importe dans cette culture, c'est d'obtenir de bons rendements; un des principaux facteurs de ces rendements, c'est une terre bien fumée à laquelle on conseille de donner en sus un apport de phosphate et de potasse, voire même un modique supplément d'azote. Le Syndicat d'Anjou conseille les doses suivantes : nitrate de soude 50 kilos avec 100 kilos de chlorure de potassium. La potasse, ajoutons-le, peut être remplacée par la kaïnite ou par de la cendre de bois.

Pour les autres cultures dans lesquelles entre le sarrasin, le syndicat d'Anjou conseille la composition suivante, moitié sarrasin, vesces, pois gris un quart, ou bien sarrasin, moitié maïs des Landes et pois gris, chacun un quart, enfin sarrasin 2/5, moutarde 1/5, maïs 1/5, moha 1/5.

Le *Bulletin* note cependant que le sarrasin est plus précoce que ces autres plantes. C'est une objection sérieuse contre sa prédominance. Nous pensons que dans les cultures destinées aux vaches laitières, la moutarde blanche jouera toujours un rôle utile.

Encore la fourche vosgienne.

Le Bulletin du syndicat agricole de l'Anjou recommande comme nous le ramassage immédiat et la mise en gerbe des javelles pour la réunion immédiate des gerbes en moyettes.

Mais en parlant du ramassage des javelles, il dit :

Il faut trois personnes, dont deux enfants ou deux femmes. La première fait le lien dans la proportion de quatre à cinq à la minute. La seconde suit en mettant dessus une javelle ou deux suivant leur grosseur. La troisième personne, la plus forte, lie la gerbe.

Avec la fourche vosgienne, le ramassage se fait trois fois plus vite. Deux personnes suffisent à l'opération.

A mesure qu'avance la fourche, un lien placé à terre reçoit chaque fourchée qui suffit pour faire la gerbe.

Trois formes de labours.

Nous avons appelé, il y a quelque mois l'attention du public agricole sur la question du labour plat comparé avec le labour en billons, ou sillons.

M. Villiers de l'Isle-Adam nous a adressé d'intéressantes observations qui concluent en faveur du labour à plat au moins en thèse générale. Mais il resterait à examiner les cas qui justifient les exceptions en faveur du labour en sillons ou billons. Aujourd'hui, nous croyons devoir rectifier la position de la question en annotant qu'elle comporte non deux mais trois formes de labours. 1° à plat, 2° en billons, 3° en planches — qui tiennent le milieu entre les deux premières formes, la planche ayant ordinairement la largeur de 3 ou 4 billons.

La question entre le labour en planches et le labour en sillons en Anjou, est le sujet du dialogue suivant dans le *Bulletin du Syndicat* de cette province :

Le père François. — Il y a des messieurs qui voudraient nous faire changer notre mode de culture. Ils nous disent toujours : « Comment? vous faites encore des sillons ?

Maître Mathurin. — Il serait, en effet, bien difficile de changer tout d'un coup cette méthode; il faudrait, pour cela, transformer le matériel de culture.

Maître Jacques. — Et puis, croyez-vous que ce changement serait avantageux?

Maître Mathurin. — Pas si vite, maître Jacques, et distinguons, s'il vous plaît entre les récoltes. Les choux, les betterave et les pommes de terre ne se comportent pas de la même façon que les blés et les avoines. Traçons seulement des sillons pour les choux et les betteraves, la question est encore assez vaste.

Le père François. — Vous voulez nous dire que le blé est une culture d'hiver.

Maître Mathurin. — Oui, et que la betterave et le chou sont au contraire des cultures d'été, qui exigent beaucoup d'humidité et sont exposées à en manquer, de sorte qu'ici il convient manifestement de suivre le procédé de culture qui conserve le mieux l'humidité du sol.

Maître Jacques. — Alors il n'y a pas de doute, il faut planter en planches de quatre mètres, comme en Vendée.

Maître Mathurin. — Pour les choux, c'est assurément le meilleur système, et le matériel même avec les herses primitives que l'on possède, mais qui sont au moins lourdes et solides, convient pour la culture à plat. Il est vrai que l'on pourrait ajouter un roulage. C'est une façon bien nécessaire et que l'on oublie toujours.

Le père François. — Allez donc planter en droite ligne sur un sol roulé. On n'y voit plus rien. Lorsque le labour est en sillons on se dirige beaucoup plus facilement.

Maître Mathurin. — Voilà une mauvaise raison, père François. Il suffit, en effet, pour éviter l'inconvénient que vous signalez, de faire passer la herse après le rouleau, vous avez immédiatement des lignes droites que vous pouvez suivre.

Maître Jacques. — Mais alors, à quoi sert votre roulage?

Maître Mathurin. — A tasser la terre, à diminuer les intervalles des molécules. Par là, l'humidité remonte plus facilement du fond. Le hersage superficiel, au contraire, arrête cette ascension de l'humidité, de sorte que le hersage complète très heureusement le roulage et contribue efficacement à la conservation de l'humidité du sol.

Le père François. — Et pour la betterave ?

Maître Mathurin. — La betterave repiquée se trouvera bien aussi des petites planches. Quant à celle qui est semée, elle se trouverait bien également des planches dans les terres très riches et très propres; dans les autres, la culture en sillons est assurément préférable malgré ses inconvénients. Assurément la plante manquera quelquefois d'humidité, malgré le roulage énergique qu'il est absolument nécessaire de lui donner, car c'est un fait d'expérience que la terre mise en sillons nitrifie mieux et forme moins d'herbes que la terre mise en planches.

Le cidre trouble.

Le cidre devient un breuvage de plus en plus recherché aujourd'hui, même dans les contrées qui n'en produisent pas, à mesure que sa qualité s'améliore, grâce aux progrès réalisés dans la culture des bonnes variétés de pommes, et dans les procédés de fabrication de cet excellent breuvage.

Néanmoins, les cidres, même de bonne qualité, sont encore sujets à des maladies qui en rendent la conservation difficile dans les fûts ordinaires.

Une de ces maladies les plus ordinaires consiste dans la perte de la limpidité. Le cidre devient trouble et visqueux.

Deux remèdes sont conseillés pour remédier à ce mal. Le remède le plus commun consiste à introduire un peu d'alun dans le cidre. On fait fondre l'alun dans quelques litres : puis on introduit la dissolution dans la masse. L'alun s'empare de l'élément morbide, et l'attire à la surface où il forme une croûte qui reste jusqu'à la fin isolée du liquide.

Le second procédé consiste à introduire dans le liquide un blanc d'œuf battu et formant écume avec un peu d'eau. L'albumine du blanc d'œufs em paré de l'acide malique, et leur combinaison produit une matière insoluble qui se précipite au fond du tonneau. On transvase alors le cidre clarifié dans un autre fût.

Le meilleur moyen de préserver les cidres de ces maladies consiste dans une composition convenable des pommes réunissant les trois éléments essentiels du bon cidre : amertume, sucre et acidité, et d'obtenir une bonne fermentation, par une température convenable, 12 à 15 degrés. Généralement c'est à une température trop basse que sont dues les imperfections qui déterminent les maladies du cidre. Notre excellent Syndicat pomologique travaille, avec un zèle qu'on ne saurait trop encourager, à élever partout la fabrication du cidre à son plus haut degré de perfection.

L'analyse des tourteaux.

Ce n'est pas sans raison que nous engageons les cultivateurs à s'assurer de la qualité des tourteaux que leur livre le commerce.

Le moyen le plus sûr de se renseigner à ce sujet leur est offert par les laboratoires, mais les analyses ne sont pas gratuites et nécessitent des dépenses coûteuses.

Voici un moyen peu coûteux pour l'acheteur de vérifier soi-même la qualité de ses tourteaux.

Broyer dans un mortier 10 grammes du tourteau en y mêlant de l'éther et du sulfure de carbone. Décanter ensuite dans une capsule de verre tarée, puis laisser évaporer. L'huile seule reste, on en a le poids en tarant de nouveau la capsule. On a ainsi le quantum pour 100 de l'huile dans le tourteau.

De la culture forestière dans les landes et les dunes.

Le sol des landes et des dunes est éminemment propre à la culture forestière. Outre le pin maritime, la plupart des essences feuillues se développent assez rapidement, ainsi qu'on le voit aux environs des villages ou des habitations isolées, sur les routes, près des gares et sur divers points en forêt dans les départements de la Gironde et des Landes. Ces faits sont reconnus et attestés par les auteurs qui ont écrit sur les landes. On peut citer entre autres exemples les taillis sous futaie qui se sont peu à peu formés sous les pins à Pontens-les-Forges et à Lahouheyre.

Il y aurait de grands avantages à introduire les essences feuillues dans les pineraies, soit comme sous-bois, soit par bandes ou massifs en mélange. On diminuerait beaucoup les chances d'incendie, et, de ce fait, la propagation des insectes et des cryptogames qui attaquent le pin maritime se trouverait enrayée. De plus, on créerait de précieuses ressources pour l'avenir. Afin d'assurer la réussite, surtout en commençant, il faudrait choisir des parcelles bien abritées contre les grands vents et opérer sous des massifs âgés et clairs. Enfin, l'interdiction absolue du parcours du bétail, jusqu'à ce que les nouveaux peuplements soient suffisamment défensables, est une des conditions indispensables du succès.

Culture du chanvre.

Le même bulletin conseille aux cultivateurs de chanvre les deux fumures suivantes :

1° *Chanvre sur fumure complète* : plâtre, 500 kil., superphosphate, 100 kil., chlorure de potassium, 50 kil.

2° *Chanvre sur demi-fumure en bonne terre* : nitrate de soude, 100 kil., plâtre, 500 kil., superphosphate, 100 kil., chlorure, 50 kil.

Choux sur bonne demi-fumure (condition essentielle) : nitrate, 100 kil., 4 à 500 kil. de superphosphate. L'acide phosphorique est l'engrais par excellence des choux. Avant les engrais chimiques on l'employait sous forme de noir animal, résidu des raffineries de sucre.

Betteraves sur bonne fumure : ajouter nitrate de soude, 100 kil., superphosphate, 200 kil., 50 kil. de chlorure de potassium.

Maïs : même engrais que pour la betterave avec addition de superphosphate en plus.

Les grains de semences et les corbeaux.

On a cherché bien des moyens de préparer les grains de semence de façon à les préserver des animaux ravageurs, parmi lesquels les corbeaux et et les pies sont à redouter. Les maïs et les sarrasins, les pois qu'on sème en ce moment peuvent réclamer les moyens de les soustraire à ces dépréciations comme les semences de céréales en automne et au printemps.

La préparation suivante indiquée par M. Vincent après beaucoup d'autres, est conseillée comme étant préférable sous tous les rapports.

Prendre 300 grammes de goudron de houille, 200 grammes de pétrole pour 6 litres d'eau bouillante.

On prend 200 grammes de goudron de gaz, 200 grammes de pétrole et 6 litres d'eau bouillante ; on verse d'abord sur le goudron une partie de l'eau bouillante en agitant bien le tout, puis on y ajoute un peu de pétrole en continuant à remuer le mélange ; et ainsi de suite jusqu'à épuisement des deux liquides et en agitant toujours avec soin. Dans tous les cas, et même avec une forte proportion de pétrole, il se dépose au fond du récipient une masse noirâtre formant crasse ou poix, qui ne doit pas être jetée sur le grain.

Le carbure de calcium comme insecticide.

Le carbure de calcium, d'après M. Chuard, semble pouvoir rendre des services dans la lutte contre les insectes qui s'attaquent aux produits de la terre. L'acétylène est en effet toxique pour les chenilles, etc. M. Chuard se propose d'étudier l'action insecticide du carbure de calcium non pas à l'air libre, sur les parties aériennes des plantes, où l'essai serait inutile en raison de la rapide diffusion du gaz dans l'atmosphère, mais sur les parties souterraines. L'essai consistera à incorporer un peu de carbure dans le sol au voisinage des racines : sous l'influence de l'humidité, le carbure se décomposera lentement, et les racines baigneront dans une atmosphère d'acétylène. Comme le carbure donne aussi de la chaux et un peu d'ammoniaque, il rendra d'autres services en améliorant le sol. Il pourrait être essayé aussi contre le phylloxera, et M. Chuard se propose encore de l'employer pour combattre les larves de hannetons ou vers blancs. Nous parlerons du résultat de ces expériences quand M. Chuard saura à quoi s'en tenir.

Les engrais chimiques au jardin.

L'usage des engrais chimiques n'est pas encore très répandu dans la pratique horticole ; ces engrais ont pourtant fait assez preuve de leur efficacité, pour les recommander, non pour remplacer les fumiers et les terreaux, mais pour en augmenter les bons effets. La vérité est que les éléments des plantes potagères sont les mêmes que ceux des plantes agricoles, il serait étrange que leurs effets ne fussent pas égaux sur les unes et sur les autres. On est toujours assuré qu'une addition de superphosphate, de nitrate et de potasse sera d'un bon effet sur un carré de légumes.

Les assolements dans les jardins.

On connaît assez bien les principes qui doivent régir la pratique des assolements en agriculture. Depuis que la chimie agricole nous enseigne les éléments prédominants, dans les diverses plantes cultivées.

En matière de jardinage, ces principes sont très rarement observés. On alterne volontiers les cultures de légumes sur chaque carré, mais sans une méthode raisonnée, et d'une façon empirique.

M. Gervière, horticulteur, expose sur ce sujet dans le *Moniteur d'horticulture*, une théorie qui nous paraît très rationnelle et que nous signalons à ce titre à tous les possesseurs de jardins.

« Comme dans la grande culture, dit-il, on doit soumettre le jardin à un système d'assolement.

« Il nous serait peu facile de donner une formule d'assolement convenant à la culture potagère, à cause du trop grand nombre de plantes qui en font partie.

« Nous nous contentons seulement d'indiquer les principales règles à suivre pour la succession des cultures:

« 1° Ne jamais faire se succéder des plantes de la même famille ;

« 2° Faire suivre une plante à racines pivotantes par une à racines superficielles ;

« 3° Eviter surtout (si l'on ne fait pas usage des engrais chimiques), de faire succéder des plantes dont la dominante est la même ;

« 4° Intercaler, toutes les fois qu'il y aura possibilité, une plante de la famille des légumineuses entre deux cultures épuisantes ;

« 5° Afin de tenir dans une certaine mesure le sol exempt de mauvaises herbes, alterner une culture nettoyante avec une culture salissante.

« Les principales raisons que l'on peut émettre en faveur de l'assolement sont les suivantes :

« 1° Une meilleure utilisation des engrais, qui rend, par conséquent, la culture moins onéreuse; 2° l'éloignement des insectes parasites, et la destruction des plantes adventives.

« Beaucoup de jardiniers font des cultures au hasard sans jamais tenir compte des conditions dont nous venons de parler, ils commettent une faute très grave et c'est pour leur intérêt que nous recommandons hautement un système d'assolement rationnel.

« F. Cervière,

« horticulteur à Oraison. »

Le plâtrage des prairies artificielles.

Le *plâtre* est le résultat de la cuisson du sulfate de chaux hydraté ou gypse. On peut aussi dire que c'est un sel formé par la combinaison de la chaux et de l'acide sulfurique.

On trouve le plâtre dans différentes couches géologiques, dans le trias, dans les terrains jurassiques et surtout dans l'étage tertiaire, aux environs de Paris, à Montmartre particulièrement.

Au sortir de la carrière, le plâtre n'est pas tel que nous le voyons employé dans diverses industries, il est livré au commerce, à l'état cuit et broyé.

Pour les usages de la culture, il doit être aussi frais que possible.

Qu'il soit cru, cuit ou même éventé, il produit des effets presque identiques mais proportionnels à la quantité de sulfate de chaux qu'il renferme, car il est rarement pur et, à cause de sa forme pulvérulente, on peut le mélanger avec des matières inertes de moindre valeur. Aussi, lorsqu'on en achète de grandes quantités, est-il bon de le faire analyser

Voici la composition du plâtre cuit du du plâtre cru :

Plâtre cru :

Sulfate de chaux	. . .	p. 100	70.4
Carbonate de chaux	. . .	—	7.6
Argile, sable, etc	. . . .	—	3.2
Eau	. . . .	—	18.8

Plâtre cuit :

Sulfate de chaux	. . .	p. 100	82.28
Carbonate de chaux	. . .	—	7.42
Eau	. . . .	—	10.30

Le plâtre cuit a la propriété de faire prise au contact de l'eau. Le plâtre cru reste en bouillie, comme le plâtre éventé. Ces produits sont donc faciles à distinguer.

Le *plâtrage* est d'une grande efficacité dans les terres pauvres, quand il n'est répété qu'à de longs intervalles, dans les terres où manquent la chaux ou l'acide sulfurique.

Il ne sert à rien dans les terrains riches en sulfate de chaux, dans les terres très humides et mal aérées; et dans les sols très riches en matières organiques.

Ses effets sont remarquables sur la luzerne, le trèfle, le sainfoin et toutes les autres légumineuses.

Sur les céréales, les racines, les crucifères, on emploie très peu le plâtrage parce qu'on n'en voit pas l'utilité, comme sur les plantes légumineuses, dont il double et parfois triple la récolte en matière verte.

Les récoltes plâtrées renferment généralement plus de potasse et de chaux.

Lorsqu'on veut produire des graines de luzerne, trèfle ou sainfoin, il est bon de s'abstenir du plâtrage, parce qu'il retarde la maturité des graines.

Ceux qui s'appellent des savants ne sont pas encore d'accord pour expliquer les effets du plâtrage.

Est-ce l'acide sulfurique, est-ce la chaux, qui agit sur la végétation des légumineuses? Il est probable que chacun de ces deux éléments agit en proportion de sa rareté dans le sol.

Le plâtre est soluble dans l'eau, faiblement, et il a une tendance remarquée à se diffuser uniformément dans le sol, ce qui ne doit pas empêcher les semeurs de le répandre le plus uniformément possible.

Époque du plâtrage. - L'époque la plus propice pour répandre le plâtre est le printemps, lorsque les feuilles des légumineuses commencent à se bien développer.

On tâche de profiter d'un temps calme et humide quand les feuilles sont mouillées par le brouillard qui tombe ou par la rosée.

On peut aussi le semer par un temps calme et sec, mais comme le plâtre a besoin d'eau pour se diffuser dans le sol si la pluie ne survient pas après les semis, comme en 1893, le plâtrage est nul.

Lorsque le temps est humide, le semeur peut semer facilement et régulièrement. Une fois les feuilles sèches, le

plâtre tombe à terre et agit comme les autres engrais semés en couvertures.

Quelquefois, pour donner de la précocité au trèfle incarnat, on le sème de plâtre à l'automne. Il y a deux inconvénients dans cette opération : le premier est que les pluies d'hiver en entraînent une grande partie, le second est que si les pluies n'ont pas fait disparaître le plâtre qui donne de la précocité à la récolte, une gelée précoce détruit le trèfle incarnat. On a perdu son temps et son argent.

Quantités à employer. — 400 kilos. à l'hectare est le bon plâtrage moyen.

Durée de l'action du plâtre. — Le plâtre étant soluble dans l'eau doit être entraîné par l'eau qui traverse le sol. Son effet se produit donc la même année sur la récolte à laquelle on l'a fourni.

Vieux plâtras. — Ces matières sont de composition très variable. Outre le sulfate de chaux, ils renferment très souvent du nitrate de potasse et de chaux. Ils forment un engrais calcaire et azoté. Leur place est dans les composts où ils se réduisent peu à peu en poussière.

P. L.

Les moutons d'Algérie.

Ainsi qu'on le prévoyait sans peine, les mesures dites sanitaires, imposées par le *ministre de l'agriculture*, contre les moutons importés d'Algérie à leur débarquement en France, ont eu pour résultat de rendre ces importations impossibles, à raison des dépenses imposées aux importateurs.

Un second résultat, causé par le précédent, a été une augmentation des importations de moutons allemands.

Les éleveurs algériens protestent avec raison contre les excès de zèle des vétérinaires qui ont provoqué des mesures sanitaires aboutissant à une prohibition de leurs moutons sur les marchés de la métropole.

On est en droit d'espérer que M. Méline prendra leurs plaintes en considération et simplifiera sérieusement le formalités exigées pour la défense sanitaire des moutons français.

Le Vialla dans les terrains non calcaires.

La Société régionale de viticulture de Lyon a fait une enquête auprès de ses membres *sur la tenue du Vialla dans les terrains non calcaires.* Un questionnaire a été envoyé à tous ses membres.

M. Silvestre, secrétaire général de la Société, vient de nous envoyer le compte rendu des réponses qui ont été faites par 75 viticulteurs.

A l'exception de deux, toutes font l'éloge du Vialla dans les terrains non calcaires du Beaujolais.

Voici la conclusion de ce rapport:

En résumé, Messieurs, et c'est par là que je termine, nous ne devons pa nous alarmer outre mesure des cas de dépérissement, heureusement très rares, qui nous sont signalés sur des Viallas greffés dans des terrains granitiques. Ces faits doivent être pour nous un avertissement salutaire ; ils doivent nous inciter à soigner mieux encore que par le passé celles de nos vignes complantées avec ce porte-greffe. N'escomptons pas sa vigueur excessive, et si nous ne voulons pas avoir de déceptions, donnons-lui toujours des greffons parfaitement sélectionnés afin de ne pas être obligés de recourir à une taille trop épuisante qui pourrait lui être funeste.

Tâchons, en même temps, de découvrir, pour notre reconstitution de l'avenir, un cépage qui, ayant la même faculté d'adaptation et d'affinité avec le Gamay, porte plus de fruits et soit plus indemne que le Vialla ; mais, de grâce, ne lâchons pas la proie pour l'ombre et que ceux, et ils sont nombreux, qui n'ont qu'à se louer du Vialla ne l'abandonnent qu'à bon escient.

Comme l'a très justement dit notre maître à tous, M. Pulliat : « Ne déconseillons pas la culture du Vialla dans les terrains où il réussit si bien, mais engageons les viticulteurs, qui ne croient pas d'une façon trop absolue à ce vieux dicton : « Le mieux est l'ennemi du bien » à essayer comparativement ceux des hybrides qui leur sont les plus recommandés. »

La viticulture ne saurait rester stationnaire quand tout progresse autour d'elle ; le vigneron doit aimer les nouveautés mais ne les adopter qu'avec prudence. Il doit se tenir à une égale distance de la routine et de la témérité, il doit désirer le progrès graduel, incessant, mais ne le suivre que par petites étapes.

« Progrès avec prudence pratique, avec science, » telle doit être la devise de notre grande Société et de tous ceux qui, sous son égide, veulent mériter vraiment le titre de viticulteurs progressistes.

La reconstitution du vignoble de l'Ile-de-France.

Tandis que la superficie consacrée à la culture de la vigne diminue sans cesse depuis quinze ans pour l'ensemble de la France, le vignoble de l'Ile-de-France augmente régulièrement depuis six ans ; il faut dire qu'à la suite de ravages de l'oïdium, le découragement avec gagné nombre de vignerons des environs de Paris et que la superficie plantée en vignes était tombée à 500 hectares pour la Seine et à environ 6.000 pour le département de Seine-et-Oise au lieu de 20 000, il y a une trentaine d'années. Actuellement, du reste, la culture de la vigne est, après la culture maraîchère, de beaucoup la plus rémunératrice de celles que peuvent faire les cultivateurs dans les environs de Paris ; en effet, les vins rouges de l'Ile-de-France sont généralement bons ;

excessivement frais, de belle couleur et très nets de goût, ils sont recherchés pour bonifier les coupages et trouvent d'ailleurs un écoulement facile dans les restaurants suburbains. En général, ces vins se vendent fort cher : 30 à 50 fr. l'hectolitre, et comme leur production est d'ordinaire fort abondante : de 80 à 200 hectolitres à l'hectare, on voit que le produit brut à l'hectare atteint de 3.000 à 5.000 francs, soit, en déduisant 1.000 à 1.500 francs de frais, 2.000 à 3.500 francs de rendement net. L'année dernière, ces vins ont été de qualité exceptionnelle ; d'après M. Rivière, professeur d'agriculture de Seine-et-Oise, un grand nombre de vins de Suresnes, Nanterre, Andrésy, etc., titraient 11° à 12° d'alcool avec 25 à 28 d'extrait sec ; aussi se sont-ils vendus jusqu'à 60 francs l'hectolitre. Ajoutons que les vignobles de l'Ile-de-France sont extrêmement bien soignés ; taille à longs bois (taille Guyot) beaucoup moins destructive de la vitalité que la taille courte employée d'ordinaire, copieuses fumures, nombreux traitements contre les cryptogames. Les cépages les plus répandus sont le Gamay noir et le Meunier pour le vin rouge et le Meslier pour le vin blanc.

C. C.

Erratum.

Notre dernier numéro contenait un prospectus concernant l'émission de 2.500 actions sur les 5.500 formant *l'augmentation du capital de la Société Générale des Phosphates de la Somme*. Nous appelons l'attention de nos lecteurs sur cette entreprise qui se présente dans des conditions intéressantes.

Des prix spéciaux pour phosphates et superphosphates seront faits aux agriculteurs et actionnaires.

Le séchage du bois.

Un procédé pour accélérer la dessiccation des bois, perches, gaules, bois à brûler, etc., consiste à les dresser debout contre un appui quelconque, *du haut en bas*, c'est-à-dire en plaçant l'extrémité supérieure à ras de terre, mais sur un support pour éviter le contact de la terre. Les bois ainsi disposés dessèchent deux fois plus vite que dressés dans leur sens naturel ou empilés en tas horizontaux. La sève s'écoule plus vite.

RECETTES

Les tiques sur la peau des bestiaux. — On nomme ainsi les ixodes, insectes qui s'introduisent sous la peau des animaux et leur causent des démangeaisons qui les rendent quelquefois furieux. La présence de ces insectes se révèle par de petites enflures de la peau.

Pour les détruire, on applique sur ces tumeurs un mélange de vaseline et d'essence de térébenthine, on frictionne la peau pendant quelques temps, puis, au bout de quelques heures, on lave avec une solution de savon sulfureux.

Les tiques périssent et tombent quelques instants après.

OFFRES ET DEMANDES

RED CAP. Œufs à couver de cette excellente race de poule, réputée la plus jolie et la plus forte pondeuse, garantis race pure frais et fécondés, 5fr. la douzaine franco de port et d'emballage. S'adresser à **Calixte Dany**, Althenles-Paluds (Vaucluse).

Le Bimétallisme et l'Agriculture en 1896 par M L. de Lamérie. Prix : 1 franc.
En vente chez l'auteur à Lavarenne par Châteaudun (Eure-et-Loir). Brochure intéressante et instructive.

A VENDRE OU A LOUER propriété rurale à proximité de centres importants, bonne terre, constructions suffisantes.
Excellente affaire convenant surtout à jeune homme voulant prendre une exploitation. S'adresser aux bureaux du journal. Se hâter.

Important : J'invite les personnes qui veulent bien me confier leurs ordres de toujours y joindre un mandat, les remboursements n'étant bénéficiables qu'aux *Compagnies*.
Toujours donner le nom de la gare à laquelle il faut adresser les envois.

LA QUESTION DU BLÉ, par J. Vavost, franco 0fr 60. S'adresser : Lemercier, libraire, 1, galerie Véro-Dodat, Paris.

M. POUZIN offre de jolis racinés de son plant de vigne à la seule condition pour les demandeurs de lui tenir compte d'une partie de la récolte d'une année. — Contre 0 fr.25 il expédie son *Guide* pour la culture de cette variété.
Écrire à M. Pouzin Emile, à Saint-Paul-les-Romans, Drôme.

Huiles d'olive garanties pures et sans mélange venant directement de la propriété.
Au prix de 1,80, — 1,60, — 1,50 le kilog. suivant qualité.
Gare départ, paiement contre remboursement. S'adresser à M. Edouard Laurin, propriétaire à Saint-Cha uas (Bouches-du-Rhône).

Ferme de l'Institut Agricole de Beauvais — A VENDRE :
1° Très bon bélier *charmois* en état de faire la lutte.
2° Œufs, poulettes et coqs des races : La Flèche, Dorkins, Leghorn, Campine et Padoue Doré, Langshan, Gouruay, Coucou de Malines, Houdan, Cochinchinoise fauve, Brahmapoutra, canards de Rouen.

GRAND CRU MENARDIERE, Cidre normand pur jus, 15 fr. l'hecto non logé.
Eau-de-vie de cidre garantie pure : 3 fr. le litre.
Sassier, propriétaire. La Colombe (Manche)

Un agriculteur offre des actions d'une bonne société d'assurances au prix d'émission. Revenu de 5 p. 100. S'adresser aux bureaux du journal.

Agriculteur, ancien régisseur de grandes propriétés, demande direction d'un domaine en France ou colonies. Excellentes références.

Purificateur d'air pour tonneaux, l'un 4 50 franco gare.

Moyennant un supplément de 0 fr. 40, nous joindrons à l'envoi une mèche à percer de calibre et moyennant 0 fr. 10 en plus, une mèche soufrée.

Ancien Industriel ayant possédé usine importante, fait valoir plusieurs Fermes et Bois de haute futaie, désire se placer comme intendant-régisseur. Nous recommandons spécialement cette personne qui a de grandes connaissances techniques à possesseur de grand domaine. Ecrire au bureau du journal.

COURS DES BESTIAUX

Marché de la Villette du 13 juillet 1896.

PRIX DE LA VIANDE NETTE

	1re qualité	2e qualité	3e qualité
Bœufs. ..	1.56	1.44	1.32
Vaches...	1.55	1.40	1.30
Taureaux.	1 26	1.16	1.08
Veaux....	1 70	1.50	4.30
Moutons..	1 93	1.84	1.70
Porcs	1.12	1.09	1.04

ESPÈCES	AMENÉS	VENDUS	PRIX EXTRÊME viande net	poids vif
Bœufs....	2.132	1.981	1.32 à 1 56	63 à . 98
Vaches...	729	670	1.30 1.52	59 . 96
Taureaux.	225	205	1 08 1.20	52 » 79
Veaux....	1.596	1.411	1.30 1.70	54 1.08
Moutons..	16.021	15 496	1.70 1.96	78 1.22
Porcs.. ...	2.970	2.970	1.04 1.12	62 » 80

Arrivage important.

Marché de la Villette du 15 Juillet 1896.

PRIX DE LA VIANDE NETTE AU KILOGR.

	1re qualité	2e qualité	3e qualité	Prix extrême
Bœufs....	1 56	1.46	1.36	1.30 à 1.62
Vaches...	1.54	1.42	1 30	1 20 1 58
Taureaux	1 30	1.20	1.10	1.06 1 38
Veaux....	1.70	1.50	1 30	1.20 1 80
Moutons..	2.00	1 92	1.80	1.70 2 10
Porcs	1.10	1.00	»	95 1.16

ESPÈCES	AMENÉS	VENDUS	OBSERVATIONS
Bœufs ...	1 711	»	Vente plus facile sur le gros bétail et les moutons, mêmes cours sur les veaux et les porcs.
Vaches...	585	80	
Taureaux.	132	»	
Veaux....	1.687	114	
Moutons..	10.851	»	
Porcs.....	5 610	»	

Vente du bétail au marché de La Villette.

Adresser les animaux à MM. Henri Roblin et Surugue, en gare Paris-Bestiaux. Les aviser par lettre auparavant, 190, rue d'Allemagne, Paris.

PRODUITS COLONIAUX

Renseignements fournis par MM. MARÉCHAL et C courtiers, 9, rue Chevreul, Paris.

L'arrêt presque complet des affaires, pendant la période des fêtes officielles, enlève tout intérêt aux questions commerciales. Etant donné l'absence de transactions, pendant cette semaine écoulée, nous ne pouvons que mentionner ci-après, très sommairement, la dernière position respectivement occupée par chacun des articles qui intéressent ce bulletin.

Sucres. — Après une hausse de 75 cent. à 1 franc sur le juillet-août, le marché a fléchi un peu et la tendance n'est pas définie.

Cafés. — Le marché du Havre est resté sur ses précédentes positions indiquant plutôt de la fermeté. En consommation, rien à signaler.

Cacaos. — Sans changement.

Vanilles. — La rareté des stocks et l'absence de qualités secondaires propres à la chocolaterie, confiserie, et autres fabrications, donnent lieu à un calme absolu.

L'article extra est bien tenu par les détenteurs.

Gommes. — Même situation.

CORRESPONDANCE

M. G. de P. (Pas-de-Calais). — Il faut faire faire un commandement à votre fermier, et vingt-quatre heures après vous pourrez faire saisir les récoltes et le matériel. Les frais de procédure seront à la charge de votre fermier. Ils seront plus ou moins élevés suivant que le fermier fera ou non de l'opposition. Ils pourront s'élever de 100 à 200 francs.

M. S., G., à S. par Noyers. — L'acte de mainlevée ne suffit pas pour votre sécurité ; il faut que les inscriptions qui grèvent la propriété que vous avez acquise soient rayées au bureau des hypothèques.
Les frais de mainlevée et de radiation sont à la charge du vendeur. Il n'est pas nécessaire de faire approuver les quittances au notaire par les créanciers hypothécaires, mais, lorsqu'il se sera écoulé un délai d'un mois après le versement de vos fonds en l'étude du notaire, vous devrez demander à ce dernier de vous justifier que toutes les inscriptions sont rayées. Il devra vous remettre le certificat de radiation.

M. V (Aube). — L'arrêt dont vous parlez est exécutoire dès maintenant.

M. A., à S. (Loire). — Le meilleur préservatif contre les charançons qui ont envahi vos greniers est l'insecticide *Desgouttes*. Avec une boîte de 2 k. 500 dont le coût est de 3,60 franco, vous en aurez autant qu'il en faut pour purger radicalement votre grenier, l'inventeur vous indiquera le mode d'emploi qui est très simple.

M. D. C. (Côtes-du-Nord). — *Purificateur d'air.* — Ce petit appareil qu'on adapte sur la bonde des fûts a pour but de purifier l'air qui remplace le liquide écoulé. Pour pénétrer dans la pièce l'air est obligé de passer par un filtre qui le débarrasse des matières impures, et ensuite de traverser de l'alcool dans le fuel il abandonne ses principes morbides. Cet ingénieux appareil rend d'immenses services. Avec son emploi plus de mise en bouteilles, plus de baissières et le dernier litre tiré, même au bout de quinze mois, est aussi bon que le premier.

M. H , à C. (Aisne). — Nous ne vous conseillons pas les scories dans le cas que nous indiquez. Employez plutôt les *Phosphates de Quiévy* de M. C. Leclerq qui ont produit cette année des résultats excellents dans une terre de même nature que la vôtre. Vous pouvez employer, en vue d'une récolte future, ensemencement d'automne ou de betteraves au printemps, 1.000 à 1.200 k. à l'hectare. Appliquer les phosphates aussitôt la moisson faite, c'est-à-dire sur déchaumage, enterrer à l'aide du scarificateur ou extirpateur, de cette manière l'acide phosphorique devient parfaitement assimilable et vous êtes assuré d'une bonne récolte rémunératrice.

M. B., à H. (Haute-Marne). — La vesce velue est un fourrage qui est excellent pour les bestiaux donné à l'état vert, on la sème du 15 août au 15 septembre sur un seul labour après déchaumage ; on emploie 100 k. de semence à l'hectare en y ajoutant 15 à 20 kil. d'avoine d'hiver ou de seigle pour lui servir de tuteur au printemps suivant. Vers le 25 avril la vesce velue donne une première coupe. Avoir soin de ne pas faucher trop ras du sol, 5 à 6 centimètres, afin de permettre à la seconde coupe de mieux repousser, cette dernière se fait vers le 15 juillet et généralement est plus abondante que la première.

PRIMES A NOS ABONNÉS

Délicieux Vin Muscat Vieux tonique et réconfortant venant directement de la propriété garanti authentique, offert en prime à nos abonnés à raison de 1 fr. 25 le litre logé en fûts de 25 à 35 litres. Fûts perdus
Adresser les commandes au Bureau du Journal 10 bis, rue Piccini Paris.

Si vous voulez boire du bon vin de Saint-Émilion, adressez-vous à M. Duplessis-Foursaud au château des Trois-Moulins, à SAINT-ÉMILION (Gironde).

(Voir le prix courant.)

Porte-pantalon hygiénique, breveté S. G. D. G. de P.-B. Noël. Prix de faveur pour nos lecteurs Pour hommes, jeunes gens et enfants de dix ans franco 4 fr.; pour femmes et fillettes, 4 fr. 50
Toute commande doit être strictement accompagné d'un mandat-poste représentant la valeur de l'expédition.

BONDE le cent, 25 fr., les cinquante 13 fr. les vingt-cinq 7 fr. Au-dessous de 25 bondes 0 fr. 30. Le tout franco de port.
Indiquer le diamètre de chaque bonde.

COMPAGNIE DES CHEMINS DE FER DE L'EST

Voyages en Suisse et en Italie.

Pour faciliter les voyages en Suisse et en Italie, la Compagnie des chemins de fer de l'Est, après entente avec les Compagnies voisines, met à la disposition du public les combinaisons suivantes qui permettent aux touristes d'effectuer des excursions variées à des prix très réduits :

Au départ de Paris, on peut se procurer, du 1er mai au 15 octobre, des billets d'aller et retour, de saison pour *Bâle* (96 fr. en 1re cl., 71 fr. en 2e cl.); pour *Lucerne* (112 fr. et 83 fr.); pour *Zurich* (111 fr. et 82 fr.); pour *Ragatz* (127 fr. 20 et 93 fr. 40); pour *Landquart* (128,40 et 94,20); pour *Davos-Platz*, (152,40 et 110,20); pour *Coire* (130,40 et 95,65). Durée de validité des billets : 60 jours.

Des billets circulaires tracés avec des itinéraires très variés, permettent au départ de Paris (via Belfort Bâle et le Saint-Gothard) de faire des excursions dans des conditions très économiques, en Suisse, en Autriche, en Italie, en Allemagne, etc.

Les billets de 1re et 2e classes sont valables par les trains rapides au nombre de deux par jour dans chaque sens.

Des voitures directes circulent entre Paris et Milan.

On peut également, du 1er mai au 15 octobre, se procurer des billets d'aller et retour de saison au départ de Reims, Mézières-Charleville, Châlons-sur-Marne, Bar-le-Duc, Nancy, Troyes et Chaumont, ainsi que des gares du réseau du Nord : Dunkerque, Calais, Boulogne, Lille, Valenciennes, Douai, Cambrai, Arras et Amiens pour Bâle, Lucerne, Zurich, Berne et Interlaken. — La durée de validité de ces billets est de 60 jours.

Le voyage jusqu'en Suisse s'effectue très rapidement grâce aux trains express circulant entre Calais et Bâle, qui sont composés de voitures de 1re et de 2e classes; les trains de nuit comprennent en outre un Sleeping-Car. — Le trajet s'effectue sans changement de voiture jusqu'à Bâle et jusqu'à Berne.

Tous les renseignements qui peuvent intéresser les voyageurs sont réunis dans le Livret des Voyages circulaires et d'Excursions que la Compagnie de l'Est envoie gratuitement aux personnes qui en font la demande.

Le Gérant : E. GAMBART.

IMP. NOIZETTE ET Cie, 8, RUE CAMPAGNE-1re, PARIS

... moment favorable au transport des vins ... revenu, nous rappelons à nos lecteurs que ... sous ceux d'entre eux qui, sur nos conseils et depuis cinq ans, consomment les vins de M. VINCENT ARDURA, vigneron, domaine de la Chapelle-Frédignac, par Blaye-Bordeaux n'ont qu'à se louer de la qualité et de la conservation de ce Bordeaux absolument naturel expédié sans intermédiaire.

Pour dégustation sérieuse, envoi gratuit est fait d'une bouteille de la récolte désignée.

L'encaissement est fait par le facteur, à 30 jours, escompte 2 0/0, ou 90 jours.

Vendanges : 1893, à 130 fr., 1892-91, à 150 fr.; 1890-89, à 175 fr., 1887, à 200 fr., 1885, à 220 fr., 1884, à 240 fr., 1882, à 250 fr., 1881, à 300 fr. — Graves blancs vieux : 130, 150, 200, 250, 30.. fr., suivant âge, les 225 litres collés, soutirés, franco de port et de fût en gare d'arrivée.

Insecticide-Préservateur
FERTILISANT
DESGOUTTES

La Balle de 10 kilog., pour essais, 10 fr. franco toutes gares (port et emballage compris).

Adresser les demandes, accompagnées d'un mandat, 10 bis, rue Piccini, Paris.

ASPERGE GÉANTE
ROYALE DE FRANCE
(RACE D'ARGENTEUIL PERFECTIONNÉE)

Demander la *Méthode de Culture* et prix courant (gratis et franco), à M. WILLIAM FOURCINE, directeur des pépinières royales de Dreux (Eure-et-Loir). Médailles et diplômes de première classe

EXCELLENT DÉSINFECTANT
POUR LES FUTS A VIN, CIDRE, BIÈRE, ETC.

Prix de faveur pour nos lecteurs

Sur notre demande, M. Moity, père, l'inventeur, a consenti à en mettre de petites quantités pour essais à la disposition de nos lecteurs.

10 litres franco gare. **10 fr.**

Adresser les demandes à M. Crépeaux, rue Piccini, 10 bis, Paris.

CHEMINS DE FER DE PARIS A LYON ET A LA MÉDITERRANÉE, DE PARIS A ORLÉANS ET DU MIDI

Excursions aux Gorges du Tarn.

Organisées avec le concours de la Société des voyages économiques les 4 juin, 2 août et 13 septembre 1896.

Itinéraire : Paris, Arvant, Mende, Ispagnac, Sainte-Enimie, Le Tarn, Saint-Chely, Pougadoires, Le Rozier, Dargilan, Montpellier-le-Vieux, Mauhert, Millau, Béziers, Carcassonne, Toulouse, Paris.

Prix de l'excursion : 1re classe, 260 francs; — 2e classe, 230 francs.

Ces prix comprennent : le transport en chemin de fer; la nourriture, le logement, les omnibus, voitures et barques pendant toute la durée du voyage (sous la responsabilité de la Société des voyages économiques).

Les souscriptions seront reçues aux bureaux de la Société des voyages économiques, 17, rue du faubourg Montmartre, et 10, rue Auber.

On peut se procurer des renseignements et des prospectus détaillés à la gare de Paris P. L. M., ainsi que dans les bureaux-succursales de cette compagnie, à Paris.

LE MONDE, journal quotidien du soir ... RUE CASSETTE, PARIS.

Abonnement 25 fr. par an, 0 fr 05 le numéro. Organe recommandé aux agriculteurs et aux membres du clergé.

M. RECOURAT, pharmacien à Beauvais.

Gale des moutons guérie radicalement par une seule application de l'ANTIPSORIQUE.

La bouteille, 3 fr.; la 1/2 bouteille, 1 fr. 75.

Guérison du PIÉTIN par un seul pansement avec le CONTRE-PIÉTIN-RECOURAT.

Le pot d'essai, 1 fr. 50; le pot, 2 fr. 50.

Joindre 0 fr. 60 pour recevoir franco et indiquer gare

VINS DE SAINT-ÉMILION

Vins classés, de 800 à 250 francs la barrique de 225 litres. — Moitié prix pour la barrique de 112 litres.

Vins grands ordinaires, de 140, 125, 105, 100 francs la barrique — 80, 75, 70, 65, 58, 55 francs, la demi-barrique. — Rendu *franco* en gare et régie, sauf octroi.

Adresser commandes à M. DUPLESSIS-FOURCAUD, à Saint-Émilion. — Envoi de prix courants et échantillons sur demande affranchie.

Médailles d'Or, Paris, 1867 et 1889 — Moscou 1891 — Besancon, Montluçon, Royan, etc.

ALIMENTATION DU BÉTAIL
Tourteaux de Coprah ou Coco
F. TASSY, E. ROCCA ET Cie
Fabricants d'huiles (**producteurs directs de Tourteaux**)
23, RUE HAXO, MARSEILLE
Deux médailles d'or, Anvers 1894
Envoi de Prix-Courants et Échantillons sur demande

VIN PUR COTES 1re QUALITÉ
Vieux, nouveau garanti sur facture
Récolté par FELIX LAU, propriétaire-viticulteur à Caussiniojouls (Hérault).
Nouveau, 35 fr. l'hect. logé sur gare Faugères

SOCIÉTÉ GÉNÉRALE
Pour favoriser le développement du Commerce et de l'industrie en France.

Société anonyme fondée suivant décret du 4 mai 1861.

CAPITAL : 120 MILLIONS DE FRANCS
Siège social, 54 et 56, *rue de Provence, à Paris.*

Toutes opérations de Banque, notamment :
Dépôts de fonds en compte ou à échéance fixe;
Escompte et Encaissement d'Effets de commerce;
Ordres de Bourse en France et à l'Étranger;
Coupons; — Avances et Opérations sur Titres;
Souscriptions; — Garde de Titres;
Garantie contre le remboursement au pair et les risques de non-vérification des tirages;
Lettres de crédit;
Envois de Fonds; — (France et Étranger) etc.

LOCATION DE COFFRES-FORTS

offrant toute sécurité pour la garde des titres, bijoux et autres objets précieux (compartiments depuis 5 fr. par mois.

La Société a 219 agences et bureaux en France, 1 agence à Londres, et des correspondants sur toutes les places de France et de l'Étranger.

Maison MURE, à Pont-St-Esprit (Gard)
A. GAZAGNE, *Gendre et Suc*, Phien de 1re Classe

MALADIES NERVEUSES
Épilepsie, Hystérie, Danse de Saint-Guy, Affections de la Moëlle épinière, Convulsions, Crises, Vertiges, Éblouissements, Fatigue cérébrale, Migraine, Insomnie, Spermatorrhée

Guérison fréquente, Soulagement toujours certain

par le **SIROP de HENRY MURE**

Succès consacré par 20 années d'expérimentation dans les Hôpitaux de Paris.

FLACON : 5 FR. — NOTICE GRATIS.

PATE et SIROP d'ESCARGOTS de MURE

« Depuis 50 ans que j'exerce la médecine, je n'ai pas trouvé de remède plus efficace que les escargots contre les irritations de poitrine. »
« Dr CHRESTIEN, de Montpellier. »
Goût exquis, efficacité puissante contre **Rhumes, Catarrhes** aigus ou chroniques, **Toux spasmodique, Irritations** de la *gorge* et de la *poitrine.*

Pâte 1 fr.; Sirop 2 fr. — Exiger le PATE MURE. Refuser les imitations.

Thé Diurétique de France
sollicite efficacement la secrétion urinaire, apaise les douleurs des **Reins** et de la **Vessie**, entraîne le sable, le mucus et les concrétions, et rend aux urines leur limpidité normale. — *Néphrites, Gravelle, Catarrhe vésical, Affections* de la *Prostate* et de l'*Urèthre.* — PRIX DE LA BOITE : 3 FRANCS.

Dépôt général de l'**ALCOOLATURE D'ARNICA** de la TRAPPE DE NOTRE-DAME DES NEIGES
Remède souverain contre toutes *blessures, coupures, contusions, défaillances, accidents cholériformes.*
DANS TOUTES PHARMACIES. — 2 FR. LE FLACON.

GRIFFE SARCLEUSE-BINEUSE
Outil économique

pour biner, sarcler promptement entre toutes les lignes de plantes ou légumes sans distinction, indispensable en toutes saisons dans les jardins, vignes, pépinières, les cultures de betteraves, de tabac, etc., même dans les allées

MALADIES DU BÉTAIL
ET DE LA VOLAILLE
Leur traitement préventif et curatif
PAR L'ACIDE SALICYLIQUE

L'acide salicylique, employé dans la nourriture à la dose de 1/2 à 1 gramme par jour et par tête de bétail, est le meilleur préservatif des maladies qui procèdent par contagion : Sang de rate, Cocotte, Maladie aphteuse, Érysipèle, Typhus, Morve, Variole et le Rouget des porcs, etc.

DES ATTESTATIONS NOMBREUSES DE GUÉRISONS obtenues pour la Cocotte et le Rouget des porcs ont été reproduites dans le journal *l'Agriculture.*

La désinfection des étables, des écuries, se fait instantanément au moyen d'un arrosage d'eau salicylée à 2 grammes par litre.

S'adresser à M. CERCKEL, administrateur de la *Compagnie de produits antiseptiques*, 26, rue Bergère, Paris.

Envoi sur demande de Prospectus et Brochures.

PRIX DU KIL., 25 fr. BOITE DE MÉNAGE, 2 fr.

des Usines de MM. P. MARCHAND Frères, à DUNKERQUE (Nord)
Fabriqués sous le contrôle permanent de la Station Agronomique du Nord
Dirigée par M. DUBERNARD

Nous appelons l'attention des éleveurs et des nourrisseurs sur les Tourteaux de **COTON** de graines d'Egypte : c'est un produit excellent pour les vaches laitières, les bœufs à l'engrais et les moutons.

Nos Tourteaux de **COTON** sont complètement débarrassés de la bourre qui enveloppe la graine et contiennent la même quantité de matières nutritives et grasses que les meilleurs Tourteaux de Lin.

Nos Tourteaux de **COTON** forment l'aliment le meilleur et le plus avantageux en raison de leur prix excessivement bas.

PRIX : 9 Fr.   les 100 kil., gare Dunkerque

S'adresser à MM. P. MARCHAND Frères, à DUNKERQUE (Nord)

PHOSPHATE FOSSILE DE QUIÉVY-NORD

le plus assimilable de tous les phosphate connus

GARANTI PUR DE MÉLANGE AVEC TOUT AUTRE PHOSPHATE
Ce qui, du reste, ne pourrait que diminuer son assimilabilité.

EXTRACTION DU GISEMENT ET USINE A QUIÉVY

Propriétaire-Extracteur : C. LECLERCQ
Bureaux à Viesly (Nord).

COMPOSITION MOYENNE		ASSIMILABILITÉ RELATIVE (méth. Joulie).
		Solubilité dans l'oxalate d'ammoniaque.
Acide phosphorique....	12 » à 16 » 0/0	Phosphate de Quiévy......... 82 29 0/0
Potasse...........	0 45 à 2 77 0/0	— de la Meuse...... 51 95 0/0
Chaux...........	19 05 à 31 » 0/0	— de Pernes...... 47 87 0/0
Magnésie..........	0 58 à 3 80 0/0	— des Ardennes...... 46 43 0/0
Matières organiques azotées .	1 80 à 3 45 0/0	— de la Somme (moy.).. 44 53 0/0
		— de Ciply........ 34 57 0/0

Titre garanti en acide phosphorique : 13 à 15 0/0.

LIVRAISON : EN POUDRE IMPALPABLE EN SACS PLOMBÉS, MIS SUR WAGON GARE QUIÉVY-en-CAMBRÉSIS
Prix : 3 fr. 80 les 100 kilos, sacs perdus, 30 jours, 2 0/0 ou 90 jours net.

NOTA. — Les acheteurs qui désirent employer le **véritable Phosphate de Quiévy** pur et garanti d'origine doivent exiger que les sacs portent la Marque (Au Poisson fossile) et la Firme : M. LECLERCQ, seul exploitant à Quiévy (Nord).

MACHINES
AGRICOLES, VINICOLES et VITICOLES
TH. PILTER
24, Rue Alibert, PARIS

SUCCURSALES :
BORDEAUX	TOULOUSE	MARSEILLE	TUNIS
28, av. Thiers (Bastide)	63, allé.s Lafayette	78, r. de la République	19, rue de Portugal

Les lecteurs de la **Gazette** désireux de recevoir les Catalogues de la maison TH. PILTER dès leur publication, sont priés d'écrire 24, rue Alibert, Paris, afin de se faire inscrire.

LIENS
AGRICOLES
ÉCONOMIQUES
MEILLEUR MARCHÉ
que la Paille

SACS à RAISINS	19×13. 4.50 20×16. 5.50
	25×18. 7.00 28×20. 8.50
	LE CENT

B. JACOB, 19, rue Turbigo, PARIS
On demande des Représentants.

LA PROBITÉ

SOCIÉTÉ
D'ASSURANCES MUTUELLES CONTRE LA GRÊLE ET
LA FOUDRE, FONDÉE A LYON EN 1890

La PROBITÉ assure dans toute la France et ses colonies tous les risques, grêle, en céréales, fruits, mûriers, noyers, oliviers, vignes, tabacs et tous autres produits agricoles.

La PROBITÉ fait partie de la Société régionale de viticulture de Lyon. Elle accorde des remises et des conditions spéciales aux syndicats agricoles qui veulent bien la représenter.

Siège social : 30, rue Servient, Lyon-Préfecture

Accepterait des Agents dans les localités où elle n'est pas représentée.

VELOUTINE FLAMANDE

La Veloutine est spécialement employée pour lustrer les cuirs de fantaisie : guides, selles, harnais de luxe et de travail, capotes, tabliers, caparaçons, etc., et lorsqu'ils ont déjà été enduits de vaseline, ce produit donne un joli brillant et évite l'action graisseuse des cirages ou préparations à base de cire. Sans causticité il ne dessèche pas et imperméabilise.

Le bidon d'un litre pour harnais noirs....	3 70
jaunes...	4 20

Franco gare contre mandat-poste.

S'adresser : *Manufacture de Vaselines industrielles de Ligny-en-Cambrésis (Nord)*

Eugène de MASQUARD

PROPRIÉTAIRE-VITICULTEUR, Château de la Cascade
SAINT-CÉSAIRE-LES-NIMES (Gard)

Vins garantis naturels, rouges et blancs, depuis 75 fr. la pièce de 220 litres jusqu'à 100 francs, selon qualité, prise en gare de St-Césaire (Gard), fût perdu.
Ces vins ont été médaillés à toutes les expositions où ils ont figuré.

Récoltés sur des coteaux et des terrains secs, les vins de Saint-Césaire, l'un des meilleurs crus du Gard, se conservent parfaitement sans être plâtrés

Envoi franco de prix courants et échantillons

LYSOL

Le plus puissant de tous les antiseptiques désinfectants dérivés du goudron
Le seul complétement soluble dans l'eau
INSECTICIDE & ANTIPARASITAIRE INFAILLIBLE

POUDRE AU LYSOL

La poudre au Lysol préserve la vigne, les arbres fruitiers, fleurs, plantes, etc., des invasions cryptogamiques et parasitaires.

ENVOI FRANCO D'UNE BROCHURE EXPLICATIVE
sur demande adressée à la
SOCIÉTÉ FRANÇAISE DU LYSOL
22 et 24, Place Vendôme, PARIS

Le Journal **Le Meunier**, de Bruxelles, offre une médaille d'or à l'inventeur du meilleur procédé débarrassant automatiquement le blé du charançon.

VIN DE BOURGOGNE

Ferme de l'Hospice de Beaune.

Domaine de MEURSAULT

VINS FINS GRANDS ORDINAIRES, ORDINAIRES
Rouges et Blancs

Concours Général agricole de Paris 1895

MÉDAILLE d'or pour vins rouges
MÉDAILLE d'argent pour vins blancs

Concours Général agricole de 1896

HORS CONCOURS, MEMBRE DU JURY

ROBART MUTHELET, Meursault (Côte-d'Or)

Etablissement Glaser

AVENUE NIEL, 9, PARIS

LOCATION DE CHEVAUX

de Selle et d'Attelage

pour les Chasses, la Promenade, la Campagne

PENSION DE CHEVAUX

en Boxes et Stalles.

GRANDS RABAIS
POUR LIVRAISONS SUR LES MOIS D'HIVER

Engrais de l'Usine municipale de la Voirie de Bondy

TOURTEAUX ORGANIQUES
MOULUS

Dosage : 1.50 à 2 % d'azote et 4 à 5 % d'acide phosphorique.

S'ADRESSER AU

Comptoir Agricole et Commercial

9, RUE NOUVELLE, 9, A PARIS

COUVEUSES
ÉLEVEUSES
VOLAILLES
ŒUFS
à couver

VOITELLIER
à MANTES
et à
PARIS

4, PLACE DU THÉÂTRE FRANÇAIS
PRIX COURANT FRANCO
GRAND CATALOGUE ILLUSTRÉ. 0.50

MANUFACTURE CENTRALE D'INSTRUMENTS
AGRICOLES & VITICOLES EN TOUS GENRES

EMILE PUZENAT

CONSTRUCTEUR A BOURBON-LANCY (SAÔNE & LOIRE)
CATALOGUE FRANCO SUR DEMANDE

CONSTRUCTIONS ECONOMIQUES
AGRICULTURE — INDUSTRIE

SOCIÉTÉ MÉTALLURGIQUE
d'Amiens (Somme)
USINE à VAPEUR, FORCE MOTRICE 250 CHEVAUX
Adresser les lettres à M. le Directeur
ENVOI FCo DU CATALOGUE

TÔLES ONDULÉES GALVANISÉES Pour Couvertures
Prix défiant toute Concurrence

SCHNEIDER ET Cie

PHOSPHATES METALLURGIQUES

(scories de déphosphoration), des Aciéries du Creusot

ENGRAIS PHOSPHATÉ

pour Céréales, Prairies, Vignes, Betteraves, Pommes de terre, etc.

L'emploi de ces phosphates a été particulièrement recommandé dans ces derniers temps par les agronomes les plus distingués. Il permet, en raison du bas prix de ce produit, de faire apport au sol de doses considérables d'acide phosphorique.
Les phosphates métallurgiques du Creusot sont livrés moulus finement et tamisés.
Pour renseignements, s'adresser à MM. SCHNEIDER et Cie, au Creusot (Saône-et-Loire).

ALAMBIC EGROT
A BASCULE. — EAU-DE-VIE, 1er JET
sans repasse.
FRANCO CATALOGUE ILLUSTRÉ
EGROT, 19-21-23, Rue Mathis, Paris

FOURNEAUX DE CUISINE
de toutes espèces

Maisons particulières, Hôtels, Châteaux et Fermes,
Hospices, Hôpitaux, Collèges, Pensions, etc.
ENVOI FRANCO DE CATALOGUES

Maison DELAROCHE aîné
22, rue Bertrand, PARIS

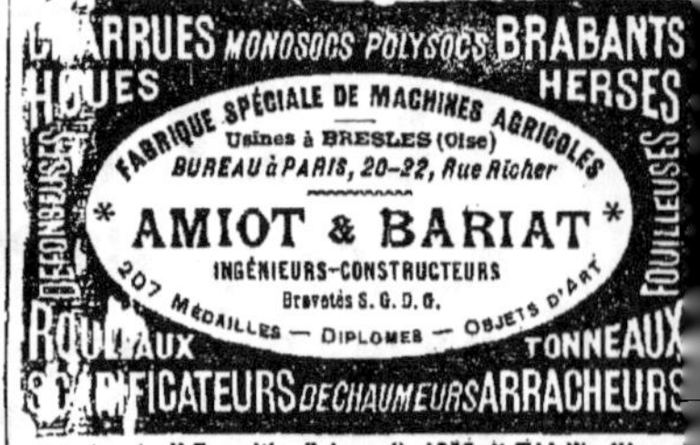

BARATTES, MALAXEURS, LISSEUSES SIMON

pr Laiteries, Beurreries, etc. Matériel complet pr fabre et exportn des Beurres et Fromages

SIMON & FRÈRES, Constructeurs-Mécaniciens-Fondeurs à Cherbourg

MÉDAILLE D'OR, PARIS 1889

GUIDE PRATIQUE
de la Production et de la
Fabrication des Cidres
et Poires envoyé gratis et fco

BROYEURS et PRESSOIRS SIMON
Pour Pommes, Poires, Raisins etc. Matériel
complet pour cidreries et vinification.

MANÈGES de toutes forces
Envoi franco du Catalogue

SELS POUR L'AGRICULTURE

Nourriture du bétail et Engrais des terres

Sel neuf dénaturé, au tourteau de colza. 45f. 1.000 k.
Sel neuf dénaturé, au peroxyde de fer. 40f 1.000 k.
Sel de morue pur . . . . 35 f. 1.000 k.
Expéditions de Fécamp, Bordeaux et St-Malo.

S'adresser à MM. A. LE BORGNE et ses Fils,
négociants-armateurs, à Fécamp.

ANEMIE CHLOROSE, FAIBLESSE Guéries par le **VRAI FER QUEVENNE**
Seul approuvé pᵉ Académie de Médecine, Paris, 14, r. Beaux-Arts. not. de lᵉ

PRÉSERVEZ VOS ANIMAUX DOMESTIQUES

de toutes les **Epizooties** et Maladies contagieuses par la Désinfection des Ecuries, Etables, Porcheries

PAR LE

CRÉSYL-JEYES

Désinfectant — Antiseptique, le seul (non toxique), qui soit d'une **efficacité scientifique**ment démontrée. Le **CRÉSYL-JEYES** a été récompensé par la Société des Agriculteurs de France en 1891 d'une **Médaille d'argent grand module**. Envoi franco sur demande du prospectus détaillé. — CRÉSYL-JEYES, 35, Rue des Francs-Bourgeois, 35, Paris.

Se méfier des nombreuses contrefaçons.

FROMENTINE

Marque déposée B. S.G.D.G.

Produit pour l'alimentation économique, saine et rationnelle du bétail, provenant en grande partie des issues de la mouture de blé.

DIVERSES MARQUES

Demander celle en raison du but poursuivi

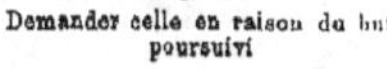

Marque A pour l'engraissement égal à celui du tourteau de lin, le remplacement de l'avoine, production d'un lait de qualité supérieure.
Marque B pour le bon entretien du bétail.
Marque J développement rapide des jeunes bêtes.
Marque L surproduction du lait
Marque E engraissement rapide.

Ecrire à M. Armand MILLOT
Moulins Saint-Martin

Saint-Quentin)Aisne.)

ENGRAIS CHIMIQUES

DES

MANUFACTURES DE SAINT-GOBAIN

12 Usines :

CHAUNY (Aisne).   SAINT-FONS, près Lyon.
AUBERVILLIERS (Paris).   L'OSERAIE, près Avignon.
MONTARGIS (Loiret).   BALARUC, près Cette.
TOURS (Indre-et-Loire).   VALENCIA (Espagne).
MONTLUÇON (Allier).   HEMIXEM
MARENNES (Charente-Inférieure).   MESVIN-CIPLY } (Belgique).

PRODUCTION ANNUELLE : 400.000.000 DE KILOS

Dosages garantis — Emballages marqués et plombés

SUPERPHOSPHATES DE CHAUX

ENGRAIS COMPOSÉS

Suivant les convenances des acheteurs pour toutes cultures

ENGRAIS COMPLET DE SAINT-GOBAIN

Efficacité éprouvée dans tous les sols et dans toutes les cultures

ENGRAIS SPÉCIAUX POUR LA VIGNE :

Engrais pour Vigne à végétation faible.
Engrais pour Vigne à végétation normale.
Engrais pour Vigne à végétation luxuriante.

Adresser les ordres ou les demandes de renseignements à la DIRECTION COMMERCIALE DES PRODUITS CHIMIQUES de SAINT-GOBAIN, 9, rue Sainte-Cécile, Paris — *ou aux Agents de la Compagnie dans toutes les villes de France.*

CHEVAUX BOITEUX

Guérison par le spécifique BORNET

Contre **Capelets, Mollettes, Vessigons, Eponges, Exostoses, Suros, Eparvins** e[t] le[s] **Formes** à leur début, *(Il s'applique également à toutes les tares molles et osseuses.)*

PRÉPARÉ PAR **A. BORNET**

Pharmacien de 1ʳᵉ classe, ex-interne et lauréat des hôpitaux.

19, rue de Bourgogne, PARIS.

Le flacon, 3 fr., à la pharmacie ; en gare par colis postal, 6 fr. contre mandat.

17ᵉ Année. — Nº 30.   LE NUMÉRO. 10 CENTIMES.   Dimanche 26 Juillet 1896.

DÉPÔT LÉG
Seine
Nº
1896

GAZETTE AGRICOLE

JOURNAL HEBDOMADAIRE, PARAISSANT LE DIMANCHE

Fondateur : M. CH. GOSSIN, Professeur d'Agriculture à l'Institut agricole de Beauvais

PRIX DE L'ABONNEMENT

UN AN, 5 fr. — SIX MOIS, 3 fr. — TROIS MOIS, 2 fr. 25

Pour l'Étranger les abonnements ne sont reçus que pour un an, au prix de 6 francs, et ne partent que du 1ᵉʳ JANVIER ou du 1ᵉʳ JUILLET de chaque année.

Le Numéro : 10 centimes.

Adresser toute la correspondance : mandats, lettres, annonces etc., à M. CRÉPEAUX, Directeur de la *Gazette agricole*, 10 bis, rue Piccini, Paris.

Toute demande de changement d'adresse doit être accompagnée de 50 centimes et de la dernière bande du journal.

BUREAUX

97, rue de Rennes, Paris, et à Beauvais, rue Saint-Etienne.

Les abonnements partent du 1ᵉʳ de chaque mois et sont payables d'avance. Toute demande d'abonnement doit donc être accompagnée du prix de l'abonnement. (Le mode de payement le plus simple est l'envoi d'un mandat-poste.)

Donner *très lisiblement*, en s'abonnant, son nom et son adresse exacte, *avec l'indication du bureau de poste* ; et, s'il s'agit d'une continuation d'abonnement, joindre au renouvellement la dernière bande d'adresse du journal.

Les Annonces sont reçues à la Direction du Journal, et chez MM. DUSSERIS et MATHELLON, 97, rue de Rennes Paris.

Sommaire :

BULLETIN COMMERCIAL

Paris, le 22 juillet 1896.

Le ministère de l'agriculture publie ce matin dans le *Journal officiel* une évaluation des récoltes en terre d'après les rapports des professeurs d'agriculture au 15 juillet.

BOURSE DU COMMERCE DU MERCREDI 22 JUILLET

	FARINES	BLÉS
Courant	38 25	19 10
Prochain	38 65	18 60
Juill.-août	39 25	18 25
4 derniers	39 35	18 35
4 de nov.	39 50	18 45

Marque de Corbeil : 44 fr. le sac de 150 kil. toile à rendre.

Halle aux blés — *Blés indigènes.* — La culture cherche à se débarrasser de ses vieux blés, les offres sont un peu plus nombreuses que précédemment et les cours sont en baisse de 25 à 50 cent. sur ceux pratiqués il y a huit jours. Les cours extrêmes ressortent de 18 à 19 les 100 kil. gare d'arrivée Paris. Les échantillons de blés nouveaux sont également plus nombreux, mais dans un grand nombre de cas on remarque des grains échaudés et maigres : on tient en moyenne 18,50 Paris.

Blés exotiques. — Sans affaires.

Sons. — Plus fermes avec une assez bonne demande.

Escourgeons. — Tout a été rentré et se bat dans de bonnes conditions, mais la couleur reste jaune ou grise avec grains fort secs, comme quantité c'est une bonne récolte. Cet après-midi on offrait 14,50, les vendeurs demandaient 14,75 et 15.

À Dunkerque, on constate de la fermeté sur les Afrique : ce pays, malgré sa grande récolte, offre peu ; cela tient à ce que la culture se débarrasse plutôt en ce moment de ses blés et surtout de son avoine. Les Vendée et les Poitou sont offertes à 15 fr. caʳ. Dunkerque.

Graines fourragères. — On cote trèfle incarnat 45 à 50, ray-grass anglais et Italie 30 à 35.

Menus grains. — On cote chènevis de Russie, 24, de Bretagne 26, sarrasin, 12.

Sucres. — Le marché est faible, les offres nombreuses et les prix en baisse de 12 à 25 centimes en sympathie avec l'étranger. Raffinés 99 à 99,50, roux 88º 27,75.

Marché de la Chapelle. — Marché ordinaire.

On cote : paille de blé 1ʳᵉ qté 31 fr., 2ᵉ qté 29, 3ᵉ qté 26 fr.; paille de seigle 1ʳᵉ qté 32 fr., 2ᵉ qté 30, 3ᵉ qté 26 ; paille d'avoine 1ʳᵉ qté 23 fr., 2ᵉ qté 21, 3ᵉ qté 19 ; foin nouveau 1ʳᵉ qté 59 fr., 2ᵉ qté 56, 3ᵉ qté 52 ; luzerne, 1ʳᵉ qté, 59 fr., 2ᵉ qté 54, 3ᵉ qté 52 ; regain 1ʳᵉ qté 52 fr.; 2ᵉ qté 48 fr., 3ᵉ qté 44 fr.

Le tout rendu dans Paris, au domicile de l'acheteur, frais de camionnage et droits d'entrée compris par 104 bottes de 5 kil.; savoir : 6 fr. pour foin et fourrages secs, 2 fr. 40 pour paille.

FRUITS

Pêche de Perpignan, la corbeille de 12 fruits	1 25	à	2 50
Abricots de Saumur	60	à	90
Prunes	50	à	60
Poires communes	22	à	30
Cerises, les 100 kilos	30	à	50
Cassis, —	50	à	
Groseilles	20	à	30
Amandes, 2ᵉ choix	40	à	60
Noisettes	60	à	80
Fraises de Paris suivant choix	60	à	200
Framboises de Paris	30	à	60

POMMES DE TERRE

Hollande (100 kil.)	8	» à	11	»
Roses-Early	4	» à	5	
Magnum-Bonum	5	» à	6	
Rondes	6	» à	7	»

LÉGUMES

Choux, le cent		» à	12
Choux-fleurs suivant grosseur		15 à	50
Artichauts de Paris		12 à	25
— de Bretagne		8 à	20
— d'Angers		28 à	30
Pois verts de Paris, les 100 kilos		10 à	20
Tomates		25 à	35
Haricots flageolets		25 à	30
— beurre		40 à	55
Haricots verts de Paris		20 à	30
Melons, la pièce		60 à	2 75

LINS. — Les 100 kilogr. — *Marché de Lille.*

	Communs	Ordin.	Supér.
Alost	148 à 153	154 à 157	131 à 166
Bergues	150 à 158	161 à 168	173 à 182

Marché aux chevaux, 22 Juillet.

Gros trait de 300 à 1.250	Boucherie	de 65 à 190
Selle et tr.	Anes	de 45 à 150
léger . de 200 à 1.100	Chèvres	de à
H. d'âge de 170 à 380		

AMENÉS

Chevaux, 391 — Anes, 8 — Chèvres, 0

Voitures 109, de 35 à 600.

ENCHÈRES

Chevaux amenés, 11.

Vendus, 8 de 95 à 375.

ENGRAIS

PARIS

Nitrate de soude	18 60 à	19 »
Superphosph. minéral 14/16	5 25 à	5 75
Superphosphate d'os 16/18	12 50 à	13 »
Scories 16/18	4 25 à	4 50
Phosphate minéral 14/16	3 80 à	4 »
Chlorure de potassium 48/52	18 75 à	20 »

NANTES

Nitrate de soude	20 » à	21 »
Superphosph. minéral 14/16	6 » à	7 »
Scories 16/18	4 50 à	4 75
Phosphate minéral 14/16	4 » à	4 50
Chlorure de potassium 48/52	19 » à	19 75

LYON

Nitrate de soude	20 » à	21 »
Superphosph. minéral 14/16	5 75 à	6 »
Scories 14/16	4 50 à	5 »
Phosphate minéral 14/16	4 » à	4 25
Chlorure de potassium 48/55	20 » à	21 »

MARSEILLE

Nitrate de soude	20 » à	21 »
Superph. minéral 14/16	6 » à	7 »
Sulfate de fer	5 » à	5 50
Sulfate d'ammoniaque 20/21	20 » à	22 »

Prix moyen aux 100 kilog. des CÉRÉALES dans les Départements.

Région		BLÉ	SEIGLE	ORGE	AVOINE
Rég. du Nord-Ouest	Caen	17 50	10 00	13 00	15 00
	Lannion	17 75	10 50	14 00	15 00
	Morlaix	17 75	11 00	13 00	14 00
	Rennes	17 75	10 00	13 00	14 00
	Avranches	17 25	10 50	13 00	14 50
	Laval	17 25	10 25	13 50	14 25
	Lorient	17 0	10 25	13 00	14 50
	Alençon	16 50	10 25	11 00	14 50
	Le Mans	17 00	10 00	14 00	17 00
Région du Nord	Soissons	18 50	10 00	»	15 00
	Evreux	18 00	10 00	14 00	15 50
	Chartres	18 50	10 00	14 00	15 00
	Lille	18 25	10 25	14 00	16 00
	Compiègne	18 55	10 25	14 00	15 25
	Beauvais	18 00	11 00	15 50	16 25
	Arras	19 50	12 00	14 00	16 00
	Paris	18 50	10 25	13 00	15 50
	Versailles	18 50	10 25	15 00	16 50
	Rouen	17 50	10 25	15 00	16 00
	Amiens	18 25	10 50	15 00	16 00
Rég. du N.-E.	Mézières	18 25	10 00	13 00	17 00
	Nogent-s-Seine	18 50	10 00	15 00	16 00
	Châlons-sur-Marne	18 00	10 25	14 00	16 00
	Langres	18 50	10 00	15 00	15 25
	Nancy	18 75	10 25	14 00	16 00
	Bar-le-Duc	18 50	10 50	15 00	15 00
	Neufchâteau	18 75	10 25	14 00	15 00
Région de l'Ouest	Ruffec	18 25	10 00	13 50	15 50
	Marans	17 00	10 00	13 00	14 00
	Niort	18 25	10 25	14 00	15 00
	Tours	18 00	10 00	14 00	15 00
	Nantes	17 50	10 00	13 00	14 00
	Angers	17 50	10 50	14 00	14 50
	Lugon	17 25	10 00	13 00	15 00
	Poitiers	17 75	10 00	13 00	
	Limoges	18 00	10 00	»	16 00
Région du Centre	Moulins	18 00	10 00	14 00	15 00
	Bourges	18 00	10 25	14 00	15 50
	Aubusson	18 00	10 00	14 00	14 25
	Châteauroux	18 50	10 00	13 50	13 50
	Orléans	18 00	10 00	14 00	15 00
	Blois	19 00	10 25	14 00	15 00
	Nevers	18 50	10 00	15 00	16 00
	Clermont Ferr.	18 00	10 25	14 00	16 00
	Sens	18 25	10 00	13 00	16 00
Région de l'Est	Bourg	18 25	10 00	14 00	15 00
	Dijon	19 00	11 00	14 00	15 50
	Besançon	19 50	13 00	14 00	15 50
	Grenoble	18 25	10 50	14 00	15 50
	Dôle	18 25	10 00	18 00	15 50
	Saint-Etienne	18 50	10 00	14 00	16 00
	Lyon	19 00	11 00	14 00	16 00
	Mâcon	18 25	11 00	14 00	16 00
	Vesoul	18 50	10 50	»	15 50
	Chambéry	18 50	10 00	»	15 50
	Annecy	18 25	»	»	15 50
Rég. du Sud-Ouest	Pamiers	18 75	12 00	»	16 25
	Périgueux	18 50	10 50	14 00	15 00
	Toulouse	18 00	12 00	13 50	16 00
	Auch	18 75	12 00	13 00	16 00
	Bordeaux	18 00	12 00	13 00	16 00
	Dax	18 50	11 25	13 00	16 00
	Agen	18 50	11 00	13 00	16 00
	Bayonne	18 50	11 00	14 00	15 50
	Tarbes	18 75	11 00	»	«
Région du Sud	Carcassonne	18 50	»	15 00	15 00
	Rodez	18 50	12 00	14 00	16 00
	Mauriac	18 50	11 00	»	15 50
	Tulle	17 50	11 00	»	15 25
	Montpellier	18 25	11 50	»	15 00
	Figeac	18 50	11 00	»	16 00
	Mende	18 25	11 25	14 00	16 00
	Perpignan	18 25	11 00	14 00	15 00
	Albi	19 00	11 25	15 00	16 00
	Montauban	19 00	12 50	15 00	16 00
Region du Sud-Est	Gap	18 25	11 00	14 00	16 00
	Manosque	18 75	10 50	14 00	16 00
	Nice	18 25	11 00	13 00	16 00
	Privas	18 50	11 00	14 00	15 50
	Arles	19 00	12 00	14 00	16 00
	Montélimar	18 75	12 00	14 00	16 25
	Nîmes	18 75	»	14 00	17 00
	Le Puy	18 50	13 00	14 00	16 00
	Draguignan	18 75	13 00	14 00	16 00
	Avignon	20 75	13 00	14 50	16 50

Tourteaux. — Cours de la maison P. Marchand frères, à Dunkerque (Nord) :

TOURTEAUX À NOURRIR

	Dispon.	A livrer.
Coton de graines Égypte	9 »	9 »
Sésame blanc	11 00	11 50
Arachide décortiquée	14 75	15 »
Colza à nourrir	10 »	10 »
Colza du pays	10 50	10 75
Œillette du Levant	9 50	10 »
Œillette blanche de Turquie	9 50	10 »
Lin 1re qual. de Bombay g. form.	14 »	14 25
Lin 1re qual. de Bombay p. form.	14 50	14 75

TOURTEAUX-ENGRAIS

Arachide décortiquée	14 25	14 50
Cameline	» »	» »
Colza des Indes en poudre	» »	» »
Colza ravison	7 »	7 25
Colza jaune Gutzerat	10 25	10 50
Kurrachée	» »	» »
Niger	» »	» »
Pavot	9 25	9 50
Sésame, blanc	10 50	» »
Sésame noir	» »	» »
Coton en farine	7 50	7 50

Nos prix s'entendent pour tourteaux en planches, rendus en gare de Dunkerque.

Paiement à 30 jours ou à terme plus éloigné suivant convention expresse.

Le concassage se paie 0 fr. 25 et la mise en poudre 0 fr. 40 aux 100 kilos. Dans ce cas, les sacs sont facturés à 0 fr. 35 pièce, et repris au prix de facture, quand ils sont rendus en bon état et franco, dans les 30 jours de l'expédition.

FROMENTINE :

	100 kil.
Marque A	12 »
Marque B	12 »
Marque J	12 »
Marque I	14 »
Marque E	15 »

Les 100 kilogs sur wagon St-Quentin, sac à retourner ou à facturer.

BEURRES. (le kilogr.)

BEURRES EN MOTTES			BEURRES EN LIVRE		
Isigny extra	4 00	5 60	Bourgogne	1.60	2 00
— demi-fin	3 60	3 00	Gâtinais	1.80	2.40
M. d'Isigny	2 50	3 00	Vendôme	1 70	2.30
du Gâtinais	1.80	2.00	Beaugency	1.70	2.10
de Bretagne	1.80	2.00	Ferme	2.20	2.90
Laitière Jura	2.00	2.50	Tours	1.90	2.60
de Charente	2.10	2 60	Le Mans	1.60	2.00
des Alpes	2.10	3.10	Touraine fav.	1.80	2.20

ŒUFS. — (le mille)

Normandie ext.	78 à 101		Bourgogne	54 à 60	
Picardie —	80 à 110		Champagne	64 à 70	
Brie —	70 à 74		Nivernais	54 à 58	
Touraine	70 à 87		Bourbonnais	48 à 52	
Beauce	75 à 80		Bretagne	45 à 50	
Orne	60 à 75		Vendée	45 à 50	
Picardie	55 à 70		Auvergne	48 à 50	
Châtellerault	48 à 52		Midi	46 à 50	

FROMAGES.

Brie hautes marq.	30	54	Roquefort	120	200
Brie gr. m. (10)	25	90	Gruyère (100 k.)	100	160
— m. m.	18	22	Coulommiers (100)	20	40
Petits Nanteuils	10	15	Gournay (100)	16	21
Brie laitière	5	10	Livarot (le 100)	75	90
Gérardmer (100 k.)	60	85	Bourgogne (100)	50	60
Hollande	140	150	Camembert (10.)	20	35
Bondons (100)	10	12	Munster (100)	80	90
Cantal	120	130	Port-Salut	150	165

VOLAILLES

Poulet Brest dit moelleux	2.50	4 00	Pigeo Macon 1.50	2.90
Poulets Nant.	3.00	5.00	Ca. sNantais 4.00	1.35
Poulets Tour	2.75	5.25	Dindes Tourr. 7.00	11.00
Poulets Houdan	6.00	8.00	Oies 7.00	8.50
Pigeons d'Italie	80	1.25	Lapins dom. 2.75	4.00
			Lapins garenne 1.50	2.00

VINS — BERCY

Rouges			Blancs		
B. Bourg. vieux	140 à 160		Bordeaux	125 à 160	
Touraine	105 à 115		B. Bourg	150 à 190	
Bord. vieux	130 à 165		Sancerre	130 à 135	
Algérie	28 à 32		Chablis	200 à 350	
Cher	110 à 135		Anjou	120 à 135	
Chinon	125 à 180		Pouilly	350 à 300	
Narbonne	32 à 40		Vouvray	155 à 195	

HOUBLONS. — Les 50 kilogr.

Alost primé	28,00 à	30,00
Bourgogne	55,00 à	60,00
Poperinghe	25,00 à	30,00
Wurtemberg	40,00 à	42,00
Altmark	75,00 à	100,00
Alsace	50,00 à	65,00

Prix des Produits Forestiers à Paris.

BOIS DE FEU (Octroi non compris)	Falourde de pin	100 à 110	le cent.
	Bois de flot	110 à 105	le deca.
	Bois gris neuf	180 à 130	—
	Bois blanc	105 à 140	—
BOIS D'ŒUVRE (Octroi compris)	Chêne gros bois	105 à 110	le m. cu.
	— moyen bois	70 à 60	—
	— petit bois	30 à 48	—
	Charme, plateaux	50 à 60	—
	Sciage Entrevoux	175 à 210	les 208 n.
	de chêne Échantillons	230 à 220	—
	Frise	27 à 28	104 n.

Sulfate de cuivre.

Les 100 kil. 98/99 . . . . . . 42 à 43,00

La suite des marchés se trouve à la Correspondance.

L'année agricole et agronomique pour 1896.

L'Année agricole et agronomique pour 1896 par S. Crépeaux, professeur à l'Institut agricole de Beauvais, et C. Crépeaux, publiciste scientifique, avec la collaboration de praticiens, de professeurs et d'agronomes vient de paraître (un volume in-18 de 360 pages, illustré).

Cet ouvrage, véritable annuaire théorique et pratique de l'agriculture progressive, donne un tableau complet du mouvement agricole et agronomique de l'année. Il relate toutes les expériences culturales, les recherches scientifiques faites en France et à l'étranger, décrit et apprécie avec compétence les nouveautés (plantes, machines, engrais, nouvelles méthodes, etc.).

La partie documentaire de l'Année agricole et agronomique comprend pour l'année écoulée, les lois, décrets, décorations agricoles, lauréats des concours, les vœux économiques des conseils généraux, l'analyse exacte des travaux des sociétés et congrès agricoles, horticoles, vétérinaires, français et internationaux, les jugements de droit rural, l'analyse des brevets agricoles, les statistiques, etc.

Cet ouvrage qui paraît pour la seconde fois a valu l'année dernière à ses auteurs les félicitations de la Société nationale d'agriculture, de la société des Agriculteurs de France, et des principaux journaux agricoles et scientifiques qui ont rendu hommage à la somme considérable de travail que représente une telle publication et aux services incontestables qu'elle rend à la cause du progrès agricole.

(Le Progrès agricole du 15 juin).

Nous l'offrons en prime à nos abonnés au prix de 2 fr. 50 franco de port au lieu de 4 francs.

Ceux de nos abonnés qui désirent l'Année agricole et agronomique de 1895 et celle de 1896 recevront les deux volumes franco dans la gare la plus voisine contre 4 fr. 50.

Adresser les demandes à M. Crépeaux, 10 *bis*, rue Piccini, Paris.

AVIS IMPORTANT. — Le *Goudron Guyot* (*capsules et liqueur*), connu depuis si longtemps pour la guérison de toutes les affections des bronches, de la poitrine et de la vessie, est trop souvent imité ou contrefait. Toutes ces imitations et contrefaçons, mal préparées, ne guérissent pas et sont quelquefois dangereuses. Aussi tout acheteur, qui ne veut pas être trompé, doit-il *exiger et s'assurer par lui-même que le produit qu'on lui vend porte bien sur l'étiquette de chaque flacon l'adresse* : **Maison L. FRÈRE Paris, 19, rue Jacob**, seule maison dans laquelle se fabrique le *véritable Goudron Guyot* (capsules et liqueur).

CHRONIQUE POLITIQUE

Les deux Chambres sont en vacances, mais la comédie politique n'est pas pour cela en chômage, elle se joue sur plusieurs théâtres pour préparer sa reprise au Palais-Bourbon.

La lutte des partis poursuit son cours dans les fêtes, dans les banquets, dans les concours agricoles, mais on nous en promet une recrudescence dans la prochaine session des conseils généraux.

M. Bourgeois et son clan se promettent de mettre le ministère Méline en échec dans les conseils en provoquant leurs vœux contre le projet de l'impôt sur le revenu et l'impôt sur la rente. Il est probable, assurément, que la majorité de ces conseils se prononcera, comme a fait la majorité de la Chambre, contre ces deux projets, mais, à l'exemple de la majorité de la Chambre, ils se garderont d'en faire une question de cabinet, le ministère en sera quitte pour renoncer à ces deux projets et il gardera sa majorité pour l'ensemble de sa politique.

D'ailleurs, M. Bourgeois et ses amis n'auraient rien à gagner du vote sur lequel ils comptent de la part des conseils généraux. Ce vote n'infirmerait en rien celui qu'ils ont émis contre son impôt *global sur le revenu*. M. Bourgeois après ce vote serait encore plus impossible comme chef d'un ministère quelconque que M. Méline.

D'ailleurs, le gros point noir de notre situation, n'est point dans cette question des formes nouvelles de l'impôt. Il est comme nous l'avons dit, dans l'énormité croissante des dépenses et des déficits, et dans l'impossibilité d'y faire face avec des augmentations d'impôt. Il est dans l'obligation de ne pas diminuer les dépenses. Là est le vice radical d'un régime politique qui nous a si bien conduits dans cette impasse et qui s'est acculé lui-même à l'impossibilité de réduire les dépenses publiques. Le quart d'heure de Rabelais que nous annonçons depuis longtemps est vraiment arrivé cette fois.

D'autre part, les conseils généraux sont aussi impuissants à réaliser la moindre réforme que le parlement lui-même. Depuis quinze ans leur majorité a servilement emboîté le pas aux ministres et aux majorités de la coterie opportuniste, ils ont dit *Amen* à toutes les dilapidations, à tous les gaspillages : palais scolaires, chemins de fer électoraux, multiplication de sinécures, etc., ils ont ajouté le gaspillage des finances départementales et communales au gaspillage des finances de l'Etat.

Pas plus que le Parlement les conseils généraux ne peuvent nous tirer du pétrin où nous ont acculés les maîtres dont ils ont été les dociles instruments. D'ailleurs, la crise financière, nous le rappelons, et même la crise agricole ont leurs causes premières dans l'idée dominante de la politique athée et matérialiste, qui avilit nos mœurs publiques et privées en vidant nos bourses. Aveugles et incurables sont les hommes qui ne voient pas que tel est le fond du problème de l'avenir de la France !

La commission du budget. Cette pauvre commission nous offre en ce moment une triste et instructive démonstration de ce fait général, dans sa tâche de préparer le budget de 1897 dans de telles conditions. Pas un chapitre sur lequel l'un ne demande des réductions, l'autre des augmentations. Armée, instruction publique, travaux publics, sont l'objet à chaque chapitre de tiraillements interminables. Cette toile de Pénélope budgétaire est un sujet cruel d'études pour les railleurs, pour nous un sujet de pitié à l'égard des rapporteurs. Il faut se dépêcher d'en rire, car pour nous, ruraux, la suite ne sera point gaie. La suite, en effet, se résumera en un fiasco de toutes les réformes toujours promises et toujours ajournées. La Chambre votera de guerre lasse le même budget d'attente que nous subissons depuis quinze ans avec l'aggravation qui ne manque jamais chaque année, en promettant ces réformes pour l'année suivante.

Quant aux réformes réclamées par le monde agricole, elles attendront comme toujours que les politiciens cessent la guerre qu'ils se font entre eux pour nous imposer une domination ruineuse pour les grands intérêts du pays y compris ceux de l'agriculture. Les mêmes causes produisent toujours les mêmes effets. La politique actuelle qui prétend démentir cet axiome est à la veille d'une banqueroute inévitable.

Le groupe agricole.

A propos de ce groupe qui se dit agricole, à la Chambre des députés, les agriculteurs sérieux se demandent avec tristesse, en quoi il a servi la cause de l'agriculture.

Depuis deux ans, il avait mission de réclamer des réformes urgentes, de protester contre les retards incessants que leur infligeaient les adversaires intéressés, loi du cadenas, relèvement des tarifs douaniers, représentation de l'agriculture, etc., etc. Jamais, au grand jamais, on n'a vu la moindre nouvelle des services qu'on attendait de lui.

Comme dit justement la *Bourgogne agricole*, son rôle ne s'est pas même élevé jusqu'à celui de la *mouche du coche*, même sous la présidence de M. Méline.

Dans le cours des vacances les hommes qui ont joué un si triste rôle à l'égard de l'agriculture vont se pavaner tapageusement dans les concours des comices et les banquets plantureux aux dépens des bons ruraux en compagnie de leurs copains, préfets et sous-préfets, présidents d'honneur. A eux tous les honneurs, tous les profits de la table d'honneur, aux ruraux de race pure la main à la poche et le rôle de comparses et de claqueurs. Encore si la claque était gratuite !

Il est temps, vraiment, que dans nos comices et dans nos syndicats, le public agricole entende des voix qui aient le courage d'exprimer hautement ce que tous les gens sensés ont sur le cœur.

Le congrès libre de Saint-Brieuc a ouvert dignement la carrière aux ruraux patriotes et indépendants. Nous aimons à espérer que ce premier signal ne sera pas donné en vain par la Bretagne agricole.

Les fêtes de Reims.

La ville de Reims a été mercredi dernier le théâtre d'une grande fête religieuse et nationale à la mémoire de Jeanne d'Arc. Sa statue a été érigée devant le portail de la cathédrale, le 14 juillet, le quatrième centenaire de son arrivée à Reims où elle ramenait Charles VII pour son sacre, après avoir chassé les Anglais. Nos maîtres ont eu soin de ne pas paraître dans l'église où Jeanne d'Arc avait conduit le roi de France. Pretendent-ils que le ciel n'était pour rien dans la mission de Jeanne d'Arc. Alors au lieu de l'honorer, ils l'insultent sottement, car il n'y eut pas un mot, pas un acte de la sainte héroïne qui ne proclamât qu'elle tenait sa mission libératrice du Dieu de Clovis et de Saint-Louis. Ils eussent mieux fait de rester chez eux que de venir insulter le passé de leur pays sous prétexte de l'honorer.

Les exploits du ministère.

Les catholiques ont été bien inspirés en se réjouissant de l'avènement du ministère Méline ; on leur annonçait surtout qu'une ère d'apaisement allait enfin s'ouvrir.

Il est joli l'apaisement !

On a donné ordre de poursuivre les congrégations qui refusent de payer le droit d'accroissement. Chaque jour les journaux contiennent, en effet, de petits avis comme celui-ci :

« Le Puy, le 17 juillet.

« A la requête du directeur général
« de l'enregistrement, on a saisi les ré-
« coltes des Frères de Saint François-
« Régis, domiciliés à la Roche-Arnaud,
« près du Puy.

« Cette congrégation n'a pas payé la
« taxe d'accroissement qui s'élève à
« 7.800 francs.

« La vente des récoltes a été fixée au
« 26 juillet. »

Un ministre intelligent.

On a pu lire dans les journaux quotidiens de la semaine dernière :

M. Méline, président du Conseil, ministre de l'Agriculture, a reçu hier la visite de Li-Hung-Chang, et a eu avec lui un long entretien, portant surtout sur les progrès réalisés par l'agriculture française pendant ces dernières années.

Li-Hung-Chang, qui a l'esprit très curieux et porte son attention sur tout, a paru très frappé des merveilleux résultats obtenus par l'emploi des engrais minéraux et l'application des pratiques de la chimie agricole.

M. Méline lui a offert spontanément de mettre à sa disposition de jeunes agronomes choisis parmi les meilleurs, si le gouvernement chinois voulait fonder un enseignement agricole et faire l'essai des méthodes nouvelles qui nous ont si bien réussi.

Cultivateurs et propriétaires fonciers qui voyez chaque année vos profits diminuer par la concurrence des produits agricoles étrangers, que pensez-vous de ce ministre — soi-disant français — de l'agriculture, qui trouve sans doute que le blé ne se vend pas encore assez bon marché en France, et veut lancer la Chine dans l'agriculture perfectionnée pour qu'avant peu ce pays où la main-d'œuvre est à un bon marché incroyable, nous inonde de ses produits et rende invendables les nôtres? Nous n'aimons pas les gros mots dans la *Gazette*, mais vraiment je ne puis m'empêcher de consigner ici ce que me disait à ce propos un agriculteur à la Halle aux blés : « C'est vraiment malheureux d'avoir un i....... pareil comme ministre de l'agriculture. »

La réforme des acquits à caution.

La semaine dernière l'association de la meunerie française a tenu à Paris un congrès en même temps qu'une exposition de ses produits et de ses appareils au palais des Champs-Elysées.

Le congrès après une discussion prolongée de la question des admissions temporaires a émis comme conclusion les quatre vœux suivants :

1. Suppression des zones, faculté d'exportation par toutes les frontières;
2. Création de bons d'importation.
3. Admission du type unique de 70 0/0.
4. Répression sévère des fraudes.

Nous pensons que ces vœux sont admissibles, mais qu'il y a lieu d'introduire dans la loi une clause importante, à savoir que les bons d'exportation soient rigoureusement personnels et ne puissent être l'objet d'un trafic quelconque.

Le marquis de Morès.

Dimanche dernier les obsèques du vaillant marquis de Morès ont été célébrées à Paris, avec un éclat extraordinaire, dont la raison mérite l'attention du public rural.

Le marquis de Morès était un véritable héros digne des temps chevaleresques. Après avoir servi avec distinction dans l'armée comme officier de cavalerie, Morès fonda en Amérique, où il s'était marié, une grande colonie agri-

cole qui prospéra pendant quelques années, et qui fut ruinée par une coalition de spéculateurs juifs ligués avec le syndicat des bouchers de Chicago. Au Tonkin, Morès eut encore à lutter contre les tripoteurs qui ont poussé à la ruine de nos finances dans cette colonie. Il prit parti contre M. Constans et pour le malheureux Richaud, dont les papiers sont restés en sa possession. Rentré en France, il combattit à Toulouse les candidatures de M. Constans et flétrit les fraudes électorales dont l'impunité est restée un des scandales les plus honteux de la politique aujourd'hui régnante. Il lutta en Algérie contre les brigandages de la juiverie et contre ses alliés politiques. Sa carrière héroïque aboutit malheureusement à une entreprise d'exploration où il n'avait en vue que l'intérêt de la France et il a péri victime d'un assassinat dont les auteurs ont des complices probables ailleurs que chez les Touareg.

Les hommages rendus à Morès par des hommes de tous les partis sont donc légitimes. Ils sont une protestation éloquente contre les tendances dominantes de la politique du jour qui encourage tous les genres d'égoïsme, de corruption et de servilité.

Tous les gens de cœur, en France, s'associeront aux hommages rendus à Morès.

CHRONIQUE GÉNÉRALE

Nos soldats moissonneurs.

Le ministre de la guerre a fixé à 1 fr. 58 par jour le salaire des soldats employés dans les travaux de moissonnage.

Dans quelques départements les cultivateurs ont demandé une réduction, estimant ce salaire trop élevé, vu le bas prix des céréales.

Le ministre de la guerre a répondu par un refus de toute réduction.

Le régime des sucres.

Le gouvernement allemand vient de décider qu'à partir du 1er août, il accordait de nouvelles primes à l'exportation des sucres ; nos sénateurs et députés sont partis en vacances avant d'avoir pris une mesure à cet égard.

C'est le cas de dire qu'une fois encore M. Méline a bien mérité des agriculteurs ! Nous trouvons la chose roide ! Comment le président du Conseil, ministre de l'agriculture, a donné congé aux Chambres avant d'avoir obtenu d'elles la réponse à la provocation allemande, la réglementation des admissions temporaires et des marchés fictifs. Nous avouons que ces trois mesures prises avant les vacances nous auraient fait changer d'opinion sur le compte de M. Méline, qui nous a toujours inspiré beaucoup de méfiance.

Toutefois, nous signalons volontiers au président du Conseil un moyen réparer le mal qu'il a laissé commettre. C'est de remplacer par des décrets les lois qu'il aurait dû demander aux Chambres. Le décret est passé dans les mœurs républicaines, ce serait le réhabiliter que de le faire servir une fois en faveur d'une bonne cause. Pourquoi ne traiterait-on pas les sucres allemands fraudeurs et les tripoteurs comme de simples congréganistes?

Mais M. Méline ne le fera pas; il lui est impossible de mécontenter nos raffineurs qui vont gagner des sommes énormes à travailler le sucre allemand et à délaisser le nôtre, d'encourir les colères des fraudeurs et des spéculateurs, tous plus ou moins juifs, qui prêtent au gouvernement actuel un si précieux concours et dont les foudres sont autrement redoutables pour lui que celles des ruraux ou des catholiques.

Le spéculateur, le joueur et par conséquent le tricheur, mais c'est la pierre la plus solide de l'édifice gouvernemental, sans lui, tous les Mélines rentreraient dans le rang et n'auraient plus le moindre siège électoral. Nos maîtres actuels doivent tout à la fraude, ils le savent bien, aussi ne peuvent-ils lui déclarer la guerre.

Si les électeurs ruraux savaient se servir de leurs bulletins de vote, il y a longtemps qu'ils seraient les maîtres au lieu d'être traités en esclaves. Quand donc se ligueront-ils pour défendre leur fortune et leur dignité qui sont celles de la France? Quand se lasseront-ils d'être bernés et volés?

Pauvres agriculteurs, vous vous ingéniez à perfectionner vos cultures, que de sacrifices n'avez-vous pas faits pour mettre votre culture betteravière en état de soutenir la concurrence allemande! Vous y étiez à peine arrivés que notre implacable ennemie invente une arme nouvelle contre laquelle seul le gouvernement peut agir. Il ne fait rien, il se donne des vacances.

Oui ou non, avons-nous raison de protester en votre nom?

S. CRÉPEAUX.

Les fournitures de l'armée.

On ne saurait trop appuyer les efforts tentés par les agriculteurs pour obtenir directement la fourniture des viandes, des farines, des fourrages nécessaires aux troupes en garnison dans leurs contrées.

L'administration de la guerre ne nie pas le bon droit des producteurs et les avantages qui en résulteraient pour l'armée; mais en fait, l'intendance rend l'application du système impossible par les exigences tracassières et par les conditions onéreuses qu'elle met à son acceptation.

Des démarches sont faites aujourd'hui auprès du ministre de la guerre pour

...tenir une revision des cahiers des charges, qui facilite l'admission des offres des agriculteurs isolés ou syndiqués ; nous constatons avec regret qu'elles ne sont pas tentées par les grandes associations libres.

Nous aimons à espérer que le ministère de la guerre leur donnera satisfaction. On sait que les intérêts du trésor ne peuvent que gagner à cette acceptation, en même temps que les intérêts de la production agricole.

Les intermédiaires seuls peuvent y trouver matière à opposition. Il s'agit de savoir si on continuera de leur sacrifier l'intérêt de l'armée, du trésor et de l'agriculture.

La baisse des produits.

La cause principale de l'avilissement des cours des produits agricoles est la spéculation effrénée à laquelle ils donnent lieu. On sait que les prix sont soumis à la loi de l'offre et de la demande. Or, si l'on remarque que la spéculation s'effectue sur des quantités fictives qui dépassent de beaucoup et la production et la consommation, on conçoit qu'elle exerce une souveraine influence sur les cours au détriment des producteurs. Tant qu'on lui laissera la liberté, c'est en vain qu'on élèvera des barrières douanières, qu'on modifiera le régime monétaire. Le spéculateur qui ne prend et ne donne pas livraison des produits qu'il achète ou qu'il vend n'a rien à craindre de ces mesures, il se trouve donc le maître absolu des cours qu'il établit pour toucher les plus grosses différences.

C'est contre lui que tous les travailleurs, tous les hommes honnêtes doivent diriger leurs efforts.

Autrement, on créera en vain des coopératives, des sociétés de toutes sortes, elles seront toujours à la merci des écumeurs ; elles dépenseront en pure perte les capitaux qu'on leur aura confiés. Notre pessimisme s'appuie, hélas! sur des faits trop positifs et trop nombreux.

C'est, je le répète, contre le jeu qu'il faut agir énergiquement.

Tout d'abord, il faut créer une agitation électorale assez vive, assez redoutable pour que les élus soient persuadés de la nécessité de supprimer tous les marchés fictifs, de condamner à des peines pécuniaires et infamantes ceux qui les passent. Puis, il convient que chacun s'efforce de démontrer combien est coupable celui qui joue dans l'espoir de gagner une fortune sans travailler. S'il n'y avait plus de joueurs, les gros spéculateurs n'existeraient pas. On ne saurait trop donc chercher à réduire la clientèle des gogos qui les fait vivre.

Y a-t-il d'ailleurs quelque chose de plus immoral, de plus dangereux même que cette passion du jeu sous toutes ses formes? N'est-il pas naturel qu'elle produise les affreux résultats que nous voyons et qui nous inquiètent à si juste titre. Loin de décroître, elle s'étend sans cesse, elle s'exerce sur tout : grains, pailles, fourrages, engrais, sucres, huiles, farines, etc... On voit des gens dont le nom cependant respire l'honnêteté qui la favorisent, n'avons-nous pas signalé en son temps l'appui qu'un syndicat agricole donnait aux spéculateurs sur le nitrate de soude?

Les travailleurs quels qu'ils soient, les travailleurs ruraux surtout, n'arriveront à triompher de leurs adversaires, à trouver une rémunération légitime de leurs efforts que le jour où ils reviendront aux pratiques de l'honnêteté élémentaire et ce dans tous les actes de leur vie. C'est-à-dire, quand non contents de bien vivre, ils exigeront de leurs représentants les qualités morales les plus essentielles. Hélas! le jour n'est plus où l'on pouvait suivre en toute sécurité les exemples donnés par les gens appartenant aux classes supérieures. La révolution a fait de la société un horrible mélange dans lequel on voit les hommes les plus tarés à côté des plus vertueux. Il doit suffire à chacun de vivre en paix avec sa conscience, de faire son devoir et tout son devoir sans s'inquiéter s'il agit comme tel ou tel.

Raisonnons et agissons nous-mêmes, sans nous inquiéter de ce que pense le voisin qui trop souvent est intéressé à nous donner de mauvais conseils, surtout gardons-nous du contact des gens que nous n'estimons pas et dont les plus malfaisants sont certainement ceux qui ont la passion du jeu, fuyons-les comme le feu, si nous ne voulons pas qu'ils nous entraînent un jour à leur suite. Cherchons en un mot à rester dignes de cette noble race de France qui pendant si longtemps a été partout considérée comme la plus loyale et qui réservait aux joueurs les plus sévères châtiments.

S. CRÉPEAUX.

La crise des sucres.

La réforme du régime des sucres étant ajournée, comme tant d'autres réformes urgentes, le péril est extrême à la veille du 1er août; ce jour-là, en effet, la nouvelle loi qui alloue une prime d'exportation aux sucres allemands sera en vigueur.

On nous dit que M. Méline est aussi décidé à faire signer un décret qui à cette date élève le droit de douane sur les sucres étrangers de 4 à 7 francs. Il en est grand temps! Sera-ce suffisant?

Le renseignement nous parvient après la composition de l'article sur cette question. Est-il certain? nous le verrons.

Madame Vallerand.

Au concours régional de Soissons la Société des agriculteurs de France a décerné une prime d'honneur à Mme Vallerand, la digne et noble veuve de l'éminent agriculteur qui remporta la prime d'honneur au premier concours régional de l'Aisne, et qui présida avec tant de distinction le comice agricole de sa contrée. La ferme de Moulleuse fut, en effet, un modèle rare de culture intensive et il est bon de savoir que Mme Vallerand avait sa part de mérite dans les succès de son mari. Il est non moins édifiant d'apprendre qu'après de longues années de veuvage Mme Vallerand reste fidèle au poste d'honneur alors que sa fortune l'invite au repos. Un tel exemple est vraiment trop rare pour ne pas s'associer à l'hommage rendu par la Société des agriculteurs de France à Mme Vallerand.

Nous n'avons pas oublié que M. Vallerand fut en France le premier propagateur de la charrue Brabant tourne-oreilles, qu'il intitulait la *Révolution*. Le mot était prophétique, en effet, le Brabant a détrôné la charrue Ransomès qui pendant quelques années tint le record des charrues.

Le souvenir de M. Vallerand est trop cher à nous et à notre *Gazette*, qu'il honora toujours de ses sympathies, il justifie la satisfaction que nous cause l'hommage rendu à la noble compagne de sa carrière agricole.

Concours.

Concours pomologique à Segré. — Ce concours dirigé par la section du génie rural de la Société des agriculteurs de France présidé par M. le vicomte de Fleurieu se tiendra à Segré. Les prix seront décernés après épreuves dynamométrique des broyeurs, des concasseurs et des pressoirs, etc.

Concours de moissonneuses-lieuses, à Châtillon-sur-Seine (Côte-d'Or). — Ce concours organisé par la Société d'agriculture locale aura lieu dimanche prochain, 26 juillet. Ecrire au président, M. Léon Japiot, à Châtillon-sur-Seine.

Concours de la race mulassière, à Niort. — Cet important concours de baudets et de juments mulassières se tiendra à Niort du 14 au 27 septembre, les éleveurs de toute la France peuvent y prendre part. Il y aura pour 10.000 francs de primes.

Concours de filtres à vin et à cidre et autres appareils de vinification, à Catane (Sicile). — En septembre prochain. Ecrire avant le 15 août au Comité ordonnateur à Catane (Sicile).

Les juments réformées de l'armée.

A la suite d'une résolution prise par le Conseil supérieur des haras, le ministre de la guerre vient de décider que désormais les juments réformées de l'armée, âgées de moins de quatorze ans et possédant les qualités qui les rendent aptes à donner de bons descendants, seront envoyées dans les contrées d'élevage, pour y être mises en vente et offertes aux éleveurs à des prix raisonnables avec toutes leurs garanties d'origine.

Comme la plupart de ces juments sont de bons types de poulinières, on ne peut que louer l'administration de l'armée, d'une mesure qui permet d'utiliser leurs services à la reproduction, lorsqu'elles ont cessé d'être aptes au service militaire.

Les décorations de juillet.

Tous les ans, à l'occasion de la fête du 14 juillet, il y a une grosse distribution de décorations.

Cette année, les candidats affamés, de plus en plus nombreux, sont étonnés de n'avoir encore rien reçu.

L'*Écho agricole* en donne des raisons qui méritent notre attention.

« C'est que, dit-il, le ministère Bourgeois a fait une telle consommation de décorations, il a tellement dépassé le nombre réglementaire des décorations à décerner dans l'année, que le ministère Méline ne peut en donner que le quart ou le tiers du nombre ordinaire. Le ministère Bourgeois a fait pour les décorations ce qu'il a fait pour les emplois. Pour gaver ses protégés, il a multiplié sans mesure les sinécures. Ce dernier exploit est pire que le premier, parce qu'il atteint les contribuables dans leurs bourses, tandis que le premier n'atteint que les quémandeurs de décorations dans leur vanité. Mais nous nous trompons peut-être sur ce point, attendu que les giboulées de décorations, qui tombent ainsi deux fois l'an sont des pluies fertilisantes de servilité électorale et que, jusqu'ici, aucun ministère n'a eu l'esprit assez élevé au-dessus des misérables calculs de la basse politique qui nous dégrade, pour rompre avec cette misérable tradition qu'aucun peuple nous envie. Ah ! pour cela non ! surtout un peuple en République.

L'éclairage par l'alcool.

Les distillateurs d'alcool d'industrie se préoccupent vivement des moyens d'employer avantageusement l'alcool à l'éclairage, en remplacement du pétrole. D'après leurs visées, le pétrole, après avoir supplanté l'huile de colza, serait supplanté lui-même par l'alcool.

M. Jules Benard, membre de la Société nationale d'agriculture, a expérimenté comparativement les deux liquides dans l'éclairage des lampes. Il a constaté que 20 grammes d'alcool produisaient la même quantité de lumière que 40 gr. de pétrole.

Il s'ensuit que l'éclairage à l'alcool serait plus économique si l'alcool n'était frappé d'un impôt de 37 francs, tandis que le pétrole ne paye que 12 fr. 50 les 100 kilos.

M. Benard a fait remarquer combien serait avantageux pour l'agriculture le remplacement du pétrole pour l'alcool. Nous payons pour 20 millions de pétrole à l'étranger, ne serait-il pas plus avantageux de les payer à nos producteurs français?

. La question envisagée ainsi, est séduisante sans doute, mais elle a d'autres côtés qui doivent être étudiés mûrement pour arriver à une conclusion.

NÉCROLOGIE

Le Sénat a perdu cette semaine. M. Guichard, sénateur de l'Yonne, président de la compagnie de Suez, et qui fut aussi président de la Société dite d'encouragement à l'agriculture.

M. Guichard entendait autrement que nous les intérêts de l'agriculture; mais comme grand propriétaire dans l'Yonne il a donné des exemples et des encouragements utiles à la culture de son département.

Le comice de Lunéville a subi une perte très regrettable par la mort de M. E. Keller, un de ses fondateurs. M. Paul Génay perd en lui un des collaborateurs qui ont secondé avec succès ses travaux et ceux de ses vaillants.

La ville de Caen a perdu cette semaine l'éminent avocat M. Carel qui, comme professeur de droit et comme avocat, aurait acquis une gloire de premier ordre s'il avait appartenu au barreau de Paris.

Comme professeur d'économie politique à la Faculté de droit de Caen, Carel a été un maître de premier ordre dans cette science, et le rôle qu'il a su donner à l'agriculture le classe au premier rang parmi les économistes de notre siècle.

La presse agricole ignore ces droits de Carel à la gloire, notre devoir à nous qui l'avons connu à Caen est de les affirmer sans crainte d'être taxé d'exagération de la part d'un des élèves qui eurent la faveur de recueillir ses leçons.

CHRONIQUE AGRICOLE

Situation. — La saison.

La période de beau temps continue et ne subit que de rares et courtes interruptions par des orages d'une faible étendue et qui sont désastreux lorsqu'ils versent la grêle sur les vignes et sur les céréales à la veille des moissons. Quelques contrées malheureusement ont été cruellement éprouvées par les ouragans de grêle, notamment dans les régions lyonnaise et savoisienne. Mais dans la généralité du territoire, on se montre satisfait de l'état des plantes en terre. Les dernières pluies ont donné un élan rassurant à leur végétation, et le retour du beau temps a activé la maturation des céréales, dont la moisson est terminée dans le Centre et en pleine activité dans le bassin de la Seine et spécialement dans les environs de Paris. Inutile d'ajouter que les travaux se poursuivent dans les meilleures conditions. Quant à la qualité des blés, on craint que les chaleurs torrides de la dernière quinzaine n'aient échaudé beaucoup de grains. Mais c'est au battage seulement qu'on pourra apprécier la gravité de ces accidents et la qualité réelle des grains. Dans le Nord, on espère de bonnes récoltes.

Dans le monde agricole et surtout dans le monde commercial, on se préoccupe déjà des rendements des céréales et surtout des blés actuellement en cours de moissonnage.

Nous sommes de ceux qui n'attachent qu'une médiocre valeur à des informations aussi prématurées qu'au moment actuel. Il n'est que trop aisé de deviner qu'elles ont leur source dans le monde de la spéculation dont les intérêts sont presque toujours ennemis de ceux de la production agricole.

Toutefois, dès aujourd'hui, les évaluations les plus probables font prévoir en France une récolte de blé un peu inférieure à celle de l'an dernier, une récolte moindre aussi en avoine et une récolte égale en seigle. Mais les évaluations des organes de la spéculation, sinon de l'agiotage, portent sur la production européenne qui, selon eux, serait en moyenne d'environ 550 millions d'hectolitres, puis sur celles des Etats-Unis et de l'Amérique méridionale qui, à les en croire, dépasseraient nos besoins. En outre, ils constatent que le fret est aujourd'hui plus bas encore relativement que les cours des grains, d'où résulterait pour nous, heureux Français, l'aimable perspective du maintien des cours actuels et peut être d'un nouveau progrès de leur avilissement.

Qu'en pense le soi-disant groupe agricole de la Chambre?

S'il en est ainsi, comme cela est très probable, nos lecteurs ont vraiment peu d'intérêt à être éclairés sur les rendements de la prochaine récolte? Ne savent-ils pas par expérience que, quels que soient les rendements, qu'il y ait pénurie ou abondance, les cours n'en sont nullement influencés et que c'est l'étranger, c'est-à-dire la féodalité des syndicats d'agiotage et d'accaparement qui décide des cours en France comme partout en Europe et dans les deux mondes.

Nos maîtres savent cela comme nous, c'est pourquoi ils se moquent de nous quand ils se targuent de leur dévouement à l'agriculture dans les banquets et s'obstinent à lui refuser les mesures de protection contre la concurrence étrangère et contre les agioteurs. Ils sont aussi les complices du parti du blé fictif, contre le parti du blé existant.

Donc, que les récoltes soient abondantes ou maigres, pauvre Jacques

Bonhomme, cela revient au même pour le blé que tu as à vendre. Mais puisque tu sais à qui te prendre de cet état de choses intolérable, tu finiras par être plus digne de mépris que de pitié si tu continues de te les donner pour maîtres comme tu le fais depuis quinze ans!

Voilà en effet plus de quinze ans que nous crions cette vérité lamentable dans le désert du bon sens rural. Le moment est-il venu de nous dédire? Nous attendons le premier mot de quiconque oserait nous donner tort. Comme La Fontaine avait raison de dire :

L'homme est de glace aux vérités,
Il est de feu pour le mensonge.

Nous voyons que cela lui coûte très cher. Se convertira-t-il quand il aura jeté son dernier sou dans le gouffre de cette politique de vampires.

Après les moissons. — Partout où les moissons sont terminées, la saison actuelle réclame des travaux de culture que nous indiquons plus loin.

La viticulture. — Les nouvelles relatives à l'état des vignes sont généralement très satisfaisantes. Les vignes n'ont pas eu à souffrir des grandes chaleurs, elles en ont au contraire largement profité. Dans la Côte-d'Or, on compte sur une abondance sans précédents, même en 1875, qui donna la plus abondante vendange du siècle. Le blackrot et les autres cryptogames ont épargné les vignes partout où on a appliqué *à temps*, c'est-à-dire de très bonne heure, les poudres et liquides cupriques recommandés.

Les vendanges seront abondantes, cela est certain. Reste la question de la qualité qui dépendra de la température des mois d'août et de septembre. En tout cas, l'avance due aux chaleurs de juillet est déjà une préparation très sérieuse. Fasse le ciel que la qualité des vins s'ajoute à la quantité. Nos populations viticoles en ont grand besoin à la suite des milliards que leur coûte la lutte depuis vingt-huit ans, contre les ennemis de la vigne.

On nous écrit de l'*Oise* le 18 juillet :

Le retour de la chaleur après une période de pluies a été très favorable au développement de la betterave qui a fait de grands progrès depuis trois semaines.

L'état actuel de la récolte confirme une fois de plus et d'une façon éclatante l'utilité des labours d'hiver et des semis hâtifs.

Toutes les betteraves faites dans ces conditions et semées en avril sont très belles et promettent des résultats satisfaisants.

Malheureusement un trop grand nombre de cultivateurs encore insuffisamment persuadés de cette vérité, persistent à semer tardivement sur des labours de printemps. Ils ont eu cette année plus que jamais une levée difficile et irrégulière et leur récolte ne présente que des apparences médiocres.

En résumé, nous avons dans notre rayon 75 p. 100 environ de betteraves très belles; 40 p. 100 environ de betteraves moyennes; 20 p. 100 environ de betteraves très médiocres, et cette classification correspond presque exactement avec l'époque des ensemencements.

M. Bablot-Maître nous écrit de Jonchery (Marne) :

« La moisson des seigles se terminera dans quelques jours. Ainsi que je vous l'avais fait pressentir, au printemps, malgré sa grenaison, il y a beaucoup de vides causés par les souris, ce qui classera cette céréale au-dessous de la moyenne; pour le rendement en paille. Même classement à peu près pour les blés.

« Les vaches ont baissé de 100 francs à la dernière foire de Suippes.

« Dans les pays grands producteurs de cerises, les feuilles sont rongées par un insecte qui obligent d'abattre les cerisiers. »

Binages des plantes sarclées.

C'est une vérité avérée que les binages sont le meilleur moyen de remédier à la sécheresse dont souffrent les plantes sarclées au moins pendant la première phase de végétation. Mais quelques praticiens éminents vont plus loin; ils affirment, d'après leur expérience, que les binages des betteraves contribuent à grossir leur volume, jusqu'à la fin de juillet et surtout si on les seconde par un supplément de nitrate.

Les binages doivent être faits à une profondeur graduée suivant la profondeur des racines de 3 centimètres à l'apparition des feuilles, à 16 centimètres, lorsque les racines plongent, à 20 centimètres et jusqu'à 25 centimètres lorsque les racines plongent à 30 et plus.

M. Benoit affirme qu'on peut biner jusqu'à huit fois d'une façon très profitable aux betteraves.

Nous le croyons sans peine étant donnée l'action efficace de l'oxygène sur les engrais qui nourrissent les racines.

Mais nous ne voyons pas qu'il soit téméraire d'attribuer les mêmes avantages aux binages appliqués aux autres plantes racines : carottes, panais, navets,

Nous ne craignons pas d'être déçus en conseillant cette pratique aux cultivateurs.

Les blés pour semences.

Quoi que puissent en penser certains agriculteurs, le moment est propice pour étudier cette question. En effet, les plantes qui sont cultivées en vue de la reproduction, de la multiplication, réclament divers soins pendant leur végétation. Nous allons les résumer brièvement. Mais, auparavant, il n'est pas inutile de rappeler que l'une des causes, sinon la principale, de l'envahissement des blés par des maladies de plus en plus nombreuses est précisément la mauvaise qualité des semences confiées au sol. A ce point de vue, les syndicats agricoles pris en masse n'ont pas modifié, tant s'en faut, même les anciens errements; ainsi l'*Union des syndicats des agriculteurs*, sous le prétexte de faire vendre à ses adhérents des grains de commerce au prix de la semence, et d'offrir à la culture des semences au-dessous des cours, fournit très souvent des graines qui donnent des mécomptes. En effet, non seulement le cultivateur n'est pas certain de la variété qu'il achète et ne sait par conséquent, si elle convient à son terrain, mais souvent il sème une graine contaminée ou mal constituée, qui apporte dans sa contrée des maladies inconnues.

Le premier grain venu ne peut être cultivé pour la semence : tout d'abord, il faut qu'il appartienne à une variété nettement *caractérisée*, qu'il possède toutes les qualités germinatives, c'est-à-dire, qu'il soit très sain et qu'il ait été récolté sur un beau pied. Pour obtenir ces garanties absolument nécessaires, il convient en cours de végétation de supprimer tous les plants malingres ou malades, tous ceux qui n'appartiennent pas à la variété qu'on a cru semer, et cela depuis l'épiage jusqu'à la moisson. C'est ainsi qu'opèrent d'ailleurs les maisons qui ont acquis une réputation dans cette spécialité. Pour être certains de ce qu'ils offrent à la culture, MM. de Vilmorin surveillent avec soin les champs des agriculteurs qui les fournissent de graines. Plusieurs fois pendant la végétation, des inspecteurs visitent les champs et arrachent impitoyablement tous les sujets qui ne sont pas de l'espèce ou qui ont une végétation médiocre. Sans doute, ces maisons vendent cher les semences qu'elles obtiennent ainsi, mais, en revanche, elles offrent des garanties sérieuses. Il est temps que les agriculteurs apportent non seulement les plus grands soins à leurs cultures de porte-graines, mais encore qu'ils achètent leurs semences auprès de ceux qui leur présentent le plus de sécurité. Nous comprenons qu'ils cherchent à faire vendre par les syndicats, leurs grains de commerce au prix de la semence, mais, par exemple, ils ne doivent leur en demander qu'en exigeant toutes les garanties nécessaires. Il importe peu de payer la graine plus ou moins cher, si elle est de très bonne qualité, la qualité de la récolte dédommagera amplement d'un surcroît de dépenses.

Nous ne saurions donc trop engager les agriculteurs à surveiller et à soigner les récoltes qui doivent produire des grains pour la semence. La régénération des espèces est pour l'agriculture française une question capitale qui ne peut être résolue que par les intéressés eux-mêmes. Si l'on fraude les engrais, on fraude encore d'autant plus facilement les semences qu'on sait qu'il est impossible à la majorité des agriculteurs de découvrir les délits.

La fenasse dans les Alpes.

On nomme ainsi dans la région des Alpes les graines des hautes herbes fourragères récoltées pour ensemencer les pentes dénudées par les torrents, afin de leur donner de vigoureuses racines qui maintiennent la stabilité du sol.

Les hautes herbes fournissant la fenasse et fauchées à cette intention, sont spécialement le dactyle pelotonné, le brome et le fromental qui poussent naturellement et dépassent de très haut les autres herbes.

Les graines de ces herbes dites fenasses se vendent à des prix très variables suivant les années : le brome très abondant l'an dernier est descendu à 3 francs le quintal. Le dactyle a monté jusqu'à 80 francs, le fromental à 110 et 120 francs après épuration.

Après la loi de 1864 qui supprimait le parcours dans les Alpes, les terrains étant défendus naturellement, la fenasse fut peu recherchée. Depuis la loi de 1862, qui a rendu aux propriétaires le libre usage de leurs terres, ceux-ci emploient la fenasse pour consolider ces terres, en attendant les reboisements, qui doivent les consolider définitivement. On répand surtout les fenasses sur les terres en pentes de nature friable, calcaires surtout, donnant rapidement des racines vigoureuses qui forment en deux ans de grosses touffes que le forestier utilise en installant à leur pied ses jeunes plants d'arbres destinés au reboisement.

Les cultivateurs, de leur côté, recherchent la fenasse pour utiliser les sols arides où les sécheresses fréquentes stérilisent souvent les autres cultures.

Le travail du sol des prairies et des pâturages.

Il est incontestable qu'un bon traitement des prairies constitue partout un des moyens d'élever leurs produits et conséquemment ceux du bétail qui en tire parti. On les traite dans beaucoup de situations avec négligence, oubliant trop qu'il n'existe aucun autre mode de culture susceptible de livrer pendant longtemps, sinon d'une manière durable, des fourrages aussi bien appropriés aux besoins des animaux domestiques, et nous ajouterons aussi abondants que peu coûteux dans les années favorables.

Sous le prétexte que les prairies donnent toujours quelque produit, on les abandonne volontiers à elles-mêmes et l'on est extrêmement avare d'avances qu'elles rembourseraient souvent plus généreusement que les terres sans labour. Bien appliquées, les avances permettraient fréquemment d'augmenter les produits de moitié parfois même de les doubler, indépendamment de l'amélioration qu'éprouverait leur valeur alimentaire. Et cependant, en dehors de certains pays, où la praticulture nous paraît en progrès sensible depuis vingt ans, la généralité des prairies est restée aux rendements d'il y a cinquante ans. Nous n'ignorons pas que beaucoup de cultivateurs leur accordent de temps à autre soit du fumier de ferme, soit des scories basiques et de la kaïnite, mais néanmoins on se plaint de la faiblesse de leur production, surtout lorsque l'irrigation est impossible. D'autre part, si, dans beaucoup de cas, le poids en foin ou en herbe ne diminue pas trop sensiblement, il n'en est pas de même de la qualité nutritive, ce qui se manifeste dans le langage du cultivateur disant : « que les bêtes ne vont pas » ou « qu'elles ne se font pas. » Nous croyons que la cause du mal gît en grande partie dans un travail nul ou insuffisant de la surface du sol, travail qui ne consiste, lorsqu'on l'applique, qu'en un hersage à la herse-chaîne ou dans le passage de la ploutre répandant la terre des taupinières.

Une opération ayant pour but d'ouvrir le sol à l'influence de l'air et à la pénétration des engrais doit être d'une efficacité d'autant plus marquée que la prairie est plus ancienne, c'est-à-dire que sa surface est plus refermée et raffermie, que la couche superficielle est plus pénétrée de racines et renferme plus de matières organiques. Qui ne sait que le plus grand nombre des plantes formant le gazon n'enfoncent pas leurs racines profondément et qu'il s'accumule dans cette couche une provision de restes végétaux dont on n'apprécie la valeur que lors du défrichement de la prairie ? Souvent aussi, surtout dans les prairies situées dans les vallées et les sols frais, la couche superficielle du terrain en gazon acquiert un caractère acide et nuisible, car l'acidité enraye la nitrification ; de bonnes herbes disparaissent et sont remplacées par d'autres moins exigeantes ou par la mousse. Lors du défrichement, l'exposition à l'air détermine une décomposition favorable de ces matières végétales et la transformation des corps acides, et les récoltes que l'on obtient montrent que ces matériaux n'y étaient qu'à l'état latent.

Mais faut-il nécessairement rompre le gazon pour utiliser cette réserve? On ne peut d'ailleurs méconnaître que, si l'on veut ensuite rétablir la prairie, il s'écoulera après la semaille deux ou trois ans avant qu'un nouveau gazon ait repris la densité et la fixité voulues; le défrichement même temporaire doit être évité, si c'est possible. Il faudrait donc trouver le moyen d'aérer la couche superficielle et de provoquer la décomposition organique sans renouveler le gazon. Tel est le travail qu'exécute un nouvel instrument que nous appellerions volontiers *herse coupe-gazon*. Il est dû à l'ingénieur Laake, de l'importante ferme Gross et Cie, à Leipzig-Eutritzsch.

La herse coupe-gazon est formée d'un bâti léger en fer, de forme quadrangulaire, portant, réparties sur cinq traverses, vingt-cinq dents coupantes en acier analogues à de petits coutres de charrue. Chacun de ces coutres ou couteaux creuse un étroit sillon. La largeur de la herse étant de 1 m. 50, les sillons ne sont distants l'un de l'autre que de 6 centimètres. Les couteaux sont fixés aux traverses par un système ingénieux ; ils sont faciles à enlever et à remplacer au besoin par des dents de herse, ce qui permet de transformer le coupe-gazon en une herse ordinaire. Un autre avantage à signaler, c'est qu'il est possible de donner à l'ensemble des couteaux l'inclinaison qu'exige le travail à exécuter ; on peut en effet les incliner en avant, sous un angle quelconque, les mettre dans le sens vertical, voire même les coucher en arrière. Les traverses portant les couteaux consistent en des tuyaux, ce qui donne tout à la fois à l'instrument beaucoup de solidité et une grande légèreté. Cette herse ne pèse que 85 kilogrammes. Deux chevaux suffisent pour un travail ordinaire dans lequel les couteaux pénètrent à une profondeur de 4 à 6 centimètres. Enfin, l'instrument étant monté sur quatre roues, il dispense de recourir à un traineau pour le transporter ; arrivé à l'extrémité d'un train, le conducteur, en agissant sur un levier, soulève les dents au-dessus du sol et la tournée s'opère facilement. Le fonctionnement de cette herse, d'une construction très bien étudiée, est parfait ; il importe seulement d'éviter de se servir de palonniers lourds et d'atteler trop long, sinon les couteaux d'avant pénètrent trop en terre, tandis que ceux d'arrière rasent le terrain et la herse travaille mal et en zigzaguant.

Après le passage de la herse coupe-gazon, la surface de la prairie est sillonnée d'étroites raies béantes qui la maintiennent pendant quelque temps ouverte à l'air et à la chaleur, les plantes coupées émettent de nouvelles racines, les engrais pénètrent mieux dans le sol ; bref, la prairie est mieux nourrie et a plus de vitalité. Enfin, dans les prairies humides, infestées de colchique, la herse coupante en détruira beaucoup.

Ainsi, que nous l'avons dit, le travail de cet instrument n'a aucune analogie avec celui des herses-chaînes, dont l'action est généralement très peu efficace. Ajoutons que, dans le cas où l'on juge utile de rajeunir la prairie, au moins partiellement, en répandant quelques kilogrammes de semences dans un gazon clair, dans un pré couvert de mousse, par exemple, la herse coupe-gazon, en enterrant la graine, assurera la germination; au besoin, deux traits croisés de l'instrument amélioreront encore l'opération. A en juger d'après les résultats que nous avons obtenus l'année dernière dans un découpage de gazon avec la bêche, la herse coupe-gazon rendra de sérieux services en praticulture.

A. Damsaux,
Professeur à l'Ecole nationale,
à Gembloux (Belgique):

Les moutons d'Algérie.

Une vérité bien établie aujourd'hui, dans l'agriculture algérienne, c'est le rôle important que doit y jouer l'élevage des bêtes à laine. Toutes les conditions de sol, de climat, de débouché concourent à démontrer cette vérité : ce qui reste à désirer pour nos éleveurs algériens, c'est un régime fiscal propice à la vente de leurs produits, c'est-à-dire de leurs moutons et de leurs laines sur les marchés de la métropole, les seuls où ils puissent lutter contre la concurrence étrangère.

Une seconde condition de succès, c'est de pratiquer un élevage rationnel, c'est-à-dire élevant leur race indigène à un plus haut degré de bonne conformation et de précocité. On a essayé de l'améliorer par des croisements avec les races supérieures importées d'Angleterre. L'expérience n'a pas été satisfaisante. On a reconnu que dans l'ensemble de l'élevage algérien, c'est aux procédés d'amélioration de la race indigène par elle-même qu'il faut recourir pour atteindre le but. Pour cela, il est nécessaire de soumettre les sujets de choix destinés à devenir des reproducteurs à un régime spécial en dehors des troupeaux qui vivent dans les plaines et sont insuffisamment nourris. Les futurs reproducteurs doivent être abondamment nourris depuis le premier jour de leur existence, jusqu'à l'époque où ils doivent être appliqués à leur office.

C'est dans les bergeries d'élite seulement que peut être pratiquée cette méthode d'amélioration.

Une découverte précieuse qui est, pour l'élevage algérien, un encouragement dans cette voie, c'est la découverte du microbe de la *clavelée* par M. Soulié, directeur du laboratoire algérien, disciple de l'école de Pasteur. — Les expériences les plus concluantes, dit-on, ont démontré que ce virus est aussi efficace contre la clavelée, que le virus du sang-de-rate.

Tel est, quant à présent, l'état réel de la question de l'élevage du mouton en Algérie.

L'avoine donnée au cheval.

Une question souvent débattue entre les éleveurs de chevaux, c'est de savoir sous quelle forme l'avoine qu'on leur donne est le plus profitable, comme digestibilité.

L'avoine, en effet, leur est donnée sous trois formes : 1° entière ; 2° aplatie ; 3° concassée.

Des expériences ont été faites à l'école de Grignon sur ce sujet par M. Gay, professeur. Il en résulte que l'avoine concassée arrive en première ligne et l'avoine entière en dernière ligne ; l'avoine aplatie tient le milieu. Au point de vue de la digestibilité, l'avoine concassée a accusé sur l'avoine aplatie une supériorité égale à celle de l'avoine aplatie sur l'avoine entière.

Ces résultats expliquent l'augmentation du poids du cheval pendant toute la période des recherches. Partant, en effet, de 333 kilos, ce poids resta stationnaire pendant la première période, puis s'éleva à 342 kilos dans la quinzaine pendant laquelle l'animal reçut de l'avoine aplatie, et atteignit celui de 350 kilos après substitution à celle-ci de l'avoine concassée. Cette dernière s'est donc montrée de beaucoup supérieure aux deux autres sous le rapport de la digestibilité et semble devoir leur être préférée dans l'alimentation des chevaux.

M. Gay, étudiant ensuite les conditions économiques de ces préparations de l'avoine, arrive à la remarque suivante : « Le grain, après avoir subi l'action de l'aplatisseur ou du concasseur, augmente considérablement de volume, ainsi le poids de l'hectolitre d'avoine a diminué de plus de moitié après l'aplatissement ou le concassage.

Cette remarque fort importante montre qu'il faut tenir compte, dans la ration du nombre de kilogrammes et non du nombre de litres, comme cela se pratique dans presque toutes les fermes, où on mesure la ration d'avoine des chevaux au décalitre ou au poids du grain. C'est là certainement la cause principale qui fait penser à l'erreur que l'avoine ayant subi un travail mécanique est moins bonne pour les chevaux que l'avoine entière.

Nous admettons volontiers ces conclusions ; mais il ne s'agit que de la question de l'effet nutritif et digestif de l'avoine.

Mais l'avoine étant employée aussi comme stimulant de force motrice, il s'agit de savoir si elle jouit de cette influence aussi complètement à l'état de division qu'à l'état entier.

Or, on a soutenu non sans motif que l'avoine devait cette propriété spéciale à la matière dite avenine, qui est volatile ne se conserve pas dans le grain brisé où elle est exposée à l'air, et quelques éleveurs en concluent que comme stimulant de la force motrice l'ingestion du grain entier est plus profitable que celle du grain aplati ou concassé.

A tout le moins la conclusion qui s'impose à ce sujet, c'est que l'avoine aplatie ou concassée doit être donnée au cheval immédiatement après le concassage ou l'aplatissage, de façon que l'avenine n'ait pas le temps de se volatiliser.

Soins à donner aux jeunes greffes.

Nous empruntons au Bulletin du Syndicat agricole des Pyrénées-Orientales, les conseils qui suivent, et qui nous paraissent devoir être utiles à nos lecteurs.

Les vignes nouvellement greffées doivent être encore l'objet de soins assidus de la part du viticulteur pendant toute l'année du greffage. Le premier de ces soins est de surveiller attentivement la sortie des bourgeons qui souvent se fait avec difficulté, surtout si, lors du buttage, on n'a pas pris la précaution d'entourer la partie supérieure du greffon de sable ou de terre meule légère. Dans ce cas il faut crever la croûte et écarter les mottes qui gênent le développement des bourgeons. Cette précaution est indispensable après une pluie, alors que la surface tend à former une croûte d'autant plus difficile à percer que le terrain durcit plus facilement.

Le sol de la vigne greffée doit être tenu constamment meuble et exempt de mauvaises herbes.

Quarante ou cinquante jours après le greffage, alors que toutes les greffes réussies sont sorties de terre, il faut les visiter pour enlever les rejetons du porte-greffe et les racines du greffon. Pour bien faire ce travail qui a une grande importance sur la réussite et la beauté des greffes, l'ouvrier démolit la butte, déchausse le pied de façon à mettre la soudure à nu, puis, avec une serpette ou un couteau bien tranchants, il enlève tous les rejetons qui ont poussé sur le porte-greffe et qui se développent au détriment du greffon en s'emparant d'une partie de la sève.

En même temps il coupe les racines émises par le greffon en opérant de haut en bas sans toucher au bourrelet formé par la soudure. La suppression de ces racines empêche l'affranchissement de se produire, ce qui est très important, car si on les laissait se développer, le greffon alimenté par le porte-greffe et ses propres racines grossirait bien plus que le porte-greffe et cette disproportion pourrait faire dessouder la greffe. Si cela n'a pas lieu et que la greffe réussisse, un autre inconvénient aussi grave se produit. Le greffon jusqu'alors alimenté par deux sources se développe vigoureusement. Mais lorsque les racines françaises périssent sous les attaques du phylloxéra, la greffe n'est alimentée que par les racines du porte-greffe qui n'ont pris qu'un médiocre développement et ne peuvent fournir qu'une alimentation insuffisante, d'où résulte un à-coup très préjudiciable à la végétation de la greffe, qui bien souvent reste chétive et improductive.

Ces deux opérations terminées, on refait la butte avec la terre meuble avoisinante après avoir replacé le tuteur auquel on attache le greffon pour éviter les ébranlements possibles et les effets funestes du vent.

Si on n'a pas placé de tuteur, il faut refaire la butte un peu plus volumineuse pour mieux protéger les greffes.

En faisant ce travail, on pourrait regreffer les pieds qui n'ont pas réussi. Dans le cas où le bois ne pourrait pas se greffer de nouveau, il faut laisser un des rejetons les plus beaux qui profitera de toute la sève du porte-greffe, ce qui lui permettra de se développer vigoureusement et d'être greffé l'année suivante. On favorise le développement en grosseur en pinçant l'extrémité du rejeton choisi.

Une nouvelle visite doit être faite en septembre. Dans l'intervalle, il faut travailler superficiellement les buttes, sans les démolir pour enlever les mauvaises herbes et tenir la terre meuble.

Après avoir supprimé les racines et les rejetons, il est utile de laisser la soudure à découvert pendant quelque temps pour lui permettre de mieux se lignifier et éviter l'émission de nouvelles racines.

On doit attacher de nouveau les greffes aux tuteurs après cette deuxième opération.

Il est bien entendu qu'en dehors de ces soins, les greffes doivent être l'objet des mêmes traitements que les vignes adultes pour les préserver des maladies cryptogamiques et autres. On recommande aussi de supprimer les quelques grappes qui peuvent se montrer, dans le but de ne pas épuiser la jeune souche.

A l'approche des froids il sera prudent de refaire la butte pour préserver les greffes des gelées. Cette butte sera conservée jusqu'à la sortie de l'hiver. Alors on l'enlèvera pour procéder à la taille et à la fumure du jeune plantier qui, à partir de ce moment, sera traité comme les plantations plus anciennes.

La tétragone étalée (1).

Connue des botanistes sous le nom *tetragonia expansa*, quoique très ancienne n'est pas encore assez entrée dans la pratique usuelle dans nos ménages.

C'est au fameux navigateur Cook que l'on est redevable de cette utile découverte.

Se trouvant à la Nouvelle-Hollande et dans d'autres îles de la mer du Sud, et manquant pour ses équipages de nourriture végétale si nécessaire pour la santé des marins, il reconnut dans cette plante des propriétés nutritives, et chaque jour il en faisait manger à ses équipages. Ayant rapporté des graines de cette plante à Londres, M. Banks les fit semer dans le jardin du roi afin d'en répandre l'usage parmi ses compatriotes. En France ce sont MM. Vilmorin et d'Ourches qui l'ont importée les premiers et cultivée avec succès.

On l'emploie sur les tables en guise d'épinards. Un jour, un jardinier en a fait manger à son maître sans le prévenir, lui et ses invités ne supposèrent point que ce fût une plante différente. Elle est surtout recommandable par quelques qualités supérieures. On sait que l'épinard monte facilement en graine, et que sa feuille se desséchant il faut former de nouveaux semis afin d'en jouir pendant la belle saison. La tétragone au contraire, une fois semée, fournit sur le même pied des feuilles qui se

1. Journal du Comice agricole de Châlons, 1882.

succèdent jusqu'aux gelées. Quelques pieds suffisent pour la consommation annuelle d'une famille.

Sa culture est facile; toute espèce de terre lui convient; elle produit d'autant plus abondamment que la terre est plus substantielle. L'exposition du midi lui convient le mieux. La graine se conserve plusieurs années. On ne saurait trop recommander la culture de cette plante qui convient à toutes les parties de la France, et qui offre à nos tables une substance saine et alimentaire.

G. Bablot-Maitre.

La production du saumon.

La pisciculture, on le sait, appliquée au saumon et aux salmonides, a réalisé de très notables progrès dans quelques pays du Nord, notamment en Écosse et jusqu'en Norvège, surtout en Amérique. Au congrès international de pisciculture réuni à Bordeaux au mois de septembre, MM. Geneste ont exposé les résultats obtenus par eux pendant vingt années d'observation et de pratique dans l'établissement de Bergerac, sur la Dordogne. Voici leurs conclusions :

1° Les saumons accomplissent leurs migrations de la mer vers les fleuves en cinq montes différentes ; 2° la reproduction du saumon est biennale ; 3° depuis la mise en pratique de la pisciculture actuelle en 1885, en Dordogne, le rendement de la pêche du saumon s'est élevé d'une manière sensible, malgré les entraves apportées à la capture et à la mise en viviers des saumons reproducteurs, en vertu des règlements, par l'administration des ponts et chaussées.

Après discussion, le congrès de pisciculture a pris en considération ces conclusions et a résolu de demander aux Pouvoirs publics : 1° de faciliter les études et les constatations susceptibles de fixer d'une manière définitive les conditions de la reproduction et les mœurs du saumon dans les divers bassins fluviaux de France ; 2° d'encourager les pratiques de pisciculture artificielle, en facilitant la capture et la mise en stabulation des saumons reproducteurs.

Le procédé pratiqué pour connaître les mœurs vagabondes du saumon consiste à attacher à leur nageoire dorsale une étiquette de métal inoxydable. Lorsque chaque saumon muni de cette marque est pêché, on enregistre le parcours qu'il a fait, et on le rejette à l'eau avec une étiquette indiquant son nouveau point de départ.

Les arbres fruitiers en pots.

La culture en grand des arbres fruitiers se pratique généralement au moyen d'arbres à haute tige dans les champs, à demi-tige dans les vergers et dans les jardins. Ce sont les procédés classiques de l'arboriculture productive. Il ne peut être question de rien changer à ces

trois systèmes qui ont leur place marquée partout, suivant la convenance des cultures ambiantes. Mais un quatrième mode de culture des arbres fruitiers, qui n'est pas connu quoiqu'il ne date pas d'hier, c'est la culture des arbres fruitiers en pots. Nous en avions cité, il y a quelque dix ans, des cas curieux et intéressants, en racontant un banquet dont le dessert consistait en arbres fruitiers en pots, dont les convives cueillaient directement les fruits. N'en ayant plus entendu parler depuis cette époque, nous pensions que c'en était fait définitivement de cette éphémère fantaisie horticole.

Nous avons été agréablement surpris en voyant figurer à la dernière exposition de la Société nationale d'horticulture, à Paris, une exposition d'arbres fruitiers en pots, qui est appréciée dans les termes suivants par le *Bulletin du Syndicat de Saint-Fiacre* :

« Des arbres fruitiers en pots pour la culture forcée, tel était l'apport de la maison Bruneau de Bourg-la-Reine. Cet apport modeste en apparence ne nous laisse pas indifférents, tant s'en faut ; il est à encourager. Cette culture en pots trop peu connue et trop peu pratiquée a besoin de prendre de l'essor et, pour se développer, il faut que le propriétaire trouve à acheter des sujets bien cultivés et rendus aptes par des soins antérieurs à ce genre de culture. Félicitons donc M. Bruneau d'être entré dans cette voie qui lui vaut une médaille d'or bien méritée »

L'auteur de ces lignes indique la première condition à exiger des jeunes arbres destinés à ce genre de culture. Mais il y en a d'autres qui furent signalées par nous autrefois, et que nous avons oubliées. Nous espérons que parmi les habiles arboriculteurs qui nous lisent il s'en trouvera un qui viendra au secours de notre mémoire défaillante.

Les arbres en pots évidemment doivent former deux catégories : ceux qui sont en pots provisoirement pour hâter leur croissance et sont destinés à être plantés en pleine terre ; ceux qui, au contraire, sont destinés à rester en pots et à donner les fruits que comporte cet état. Les Chinois, on le sait, cultivent avec une habileté exceptionnelle cette culture des arbres en pots.

Nous espérons que l'initiative de M. Bruneau appellera l'attention publique sur cette intéressante spécialité, dont le mérite le plus saillant est de pouvoir être cultivé par des gens qui ne possèdent qu'un jardin de peu d'étendue.

Pisciculture pratique.

La question de la reproduction artificielle du poisson préoccupe tous ceux qui déplorent le dépeuplement toujours croissant de nos cours d'eau.

L'État a créé, à grands frais, des établissements piscicoles à la tête desquels il a mis des hommes de haute valeur, par exemple M. Jousset de Belleyme à la direction de l'aquarium du Trocadero. Mais tout le monde ne peut pas se donner le luxe d'établissements semblables à ceux de l'État.

Aussi, bon nombre de personnes animées du feu sacré de la pisciculture se sont mises à la recherche de moyens pratiques et moins coûteux. Mon honorable collègue de la Société des agriculteurs de France, M. Donatien Levesque, de Paimpont (Ille-et-Vilaine), après avoir étudié dans les principaux établissements de France et d'Angleterre, les meilleurs moyens d'élevage, semble avoir résolu le problème.

Il y a quelques jours, j'ai eu la bonne fortune d'être l'hôte de cet éminent pisciculteur qui, avec une bonne grâce dont j'ai gardé le meilleur souvenir, m'a fait voir, dans ses moindres détails, son installation, simple, peu coûteuse, et qui donne des résultats que j'ai constatés de visu.

J'espère que mes lecteurs me sauront gré de leur donner le compte rendu de ma visite à Paimpont, car il y a beaucoup à apprendre avec M. Donatien Levesque.

Entrons d'abord dans le laboratoire :

Une pièce de 5 à 6 mètres carrés dans un vieux bâtiment de modeste apparence, ayant selon toute probabilité servi de remise au temps de la splendeur des fameuses forges à charbon de bois de Paimpont, aujourd'hui détrônées par les forges à charbon de terre.

Dans cette pièce. qui est adossée à la levée de l'étang. qui donnait la force hydraulique aux forges et qui est en contrebas du niveau de l'eau, on voit 20 boîtes en planches de pin maritime, de 2 m. 50 de longueur sur 0 m. 50 de largeur pour l'incubation. Ces boîtes sont brûlées à l'intérieur au fer rouge, afin d'empêcher toute végétation parasite; elles sont placées sur des tréteaux d'environ 0 m. 70 de hauteur, l'eau sort en haut par un large tuyau en fonte et tombe dans un canal toujours en planches de pin maritime, pour se déverser dans chaque boîte, mais par le fond, de manière à simuler une source, au moyen d'une clef en bois et d'un long tuyau en caoutchouc; le déversoir de chaque boîte est fait par un tuyau vertical dont la hauteur règle le niveau de l'eau. Une cloison en zinc perforé empêche les œufs et les alevins d'être entraînés par le courant dans le réservoir, les claies d'éclosion en verre sont déposées au fond de la boîte dans le sens de la longueur; chaque boîte peut contenir 20.000 œufs et par conséquent 20.000 alevins, jusqu'au moment du transport dans les bassins d'élevage.

Voilà l'installation très simple, très pratique et peu coûteuse de M. Levesque.

Nous arrivons à la fécondation, à l'incubation, à l'élevage, au transport, etc.

Je confesse humblement ma complète ignorance dans ces matières.

Je ne serai donc dans tout cela que le porte-parole de M. Levesque.

La truite arc-en-ciel (salmo iridens) d'importation américaine, est la seule cultivée à Paimpont; on y a renoncé à l'élevage de la truite commune (trutta firia) à cause des ravages causés par un microbe connu sous le nom de Bodo necator. La truite arc-en-ciel semble avoir résisté jusqu'à présent.

La ponte a lieu au cours de février et quelquefois en mars, comme en 1895.

On reconnaît que le moment de la ponte est arrivé aux signes suivants :

Le ventre des femelles est mollement distendu, cède plus facilement à la pression et l'on sent sous la main une fluctuation qui indique que les œufs, libres de toute connexion avec l'ovaire, se laissent déplacer en tous sens dans la cavité où ils sont tombés Il suffit alors de tenir le poisson suspendu par la tête pour que les œufs descendent par leur propre poids vers l'ouverture anale, dont le pourtour est rougeâtre et gonflé, proéminé en forme de bourrelet hémorrhoïdal et semble distendu comme si un œuf s'y était engagé.

Chez les mâles dont la laitance est arrivée à maturité, l'éréthisme anal, quoique très appréciable, n'est cependant pas aussi proéminé que chez les femelles; leur ventre est aussi moins distendu, la plus légère pression sur les parois abdominales, la moindre contraction du poisson ou même sa suspension par les ouïes, produisent un écoulement de semence.

On se sert d'une assiette dans laquelle on a mis un peu de l'eau où vivent les truites, on fait tomber les œufs des femelles, puis, dessus, la laitance des mâles.

Voilà le mystère de la fécondation artificielle accompli.

Ensuite on transporte le tout dans les boîtes sur les claies.

L'incubation dure :

Tantôt 40 jours environ, comme en 1893, du 16 février au 27 mars;

Tantôt 50 jours, comme en 1894, du 30 janvier au 19 avril;

Tantôt 30 jours, comme en 1895, du 19 mars au 19 avril.

L'alevin naît avec une vésicule ombilicale qui se résorbe peu à peu.

La faim ne se fait sentir qu'après la disparition de la vésicule, qui contient des aliments nutritifs. On donne alors aux jeunes alevins, à chaque instant, des jaunes d'œufs et de la rate pendant environ trois mois.

Au commencement, tout n'est qu'agrément et espérance, mais au moment où la vésicule est résorbée les déceptions commencent, on voit quelquefois les alevins s'agiter, se débattre, tournoyer, se pâmer et mourir.

Les alevins vers l'âge de trois mois sont transportés dans les bassins d'élevage, on les prend dans un petit filet, puis on les transporte dans des bidons en fer-blanc.

A titre d'expérience, on en a laissé, en 1893, quelques-uns dans les boîtes à

incubation, n'ayant pour toute nourriture que les animalcules imperceptibles qu'ils ont trouvés dans l'eau; aujourd'hui, on voit des poissons longs de 7 à 8 centimètres, aussi vigoureux que ceux auxquels on donne chaque jour dans les bassins une abondante nourriture, (je les ai vus).

Les bassins d'élevage sont placés à une centaine de mètres du laboratoire.

Ils sont entourés d'une palissade autour de laquelle circule un chien de douanier, de première force, attaché avec une chaîne de deux mètres de longueur, laquelle glisse sur un gros fil de fer. Ce chien tourne donc continuellement autour de l'enclos et rien ne peut approcher si ce n'est le martin-pêcheur, mais pour y trouver la mort par le moyen de pièges dissimulés sur des perchoirs qu'on a préparés exprès pour lui. La grenouille, cette mangeuse de poisson, peut seule y pénétrer, mais on lui fait une chasse impitoyable.

Les bassins, au nombre de 16, sont de simples trous creusés à la pelle, dont le fond et les côtés sont revêtus de planches de sapin; ils ont environ deux mètres carrés, sauf 4 qui sont plus grands, sur une profondeur d'environ 50 centimètres. Ils sont alimentés par un ruisselet qui vient du coteau voisin. L'eau courante est indispensable. Ils sont séparés les uns des autres par une tôle perforée, afin qu'il n'y ait aucune communication : les poissons n'étant ni du même âge ni de même taille, les gros mangeraient les petits. Car les truites sont très voraces, elles se dévorent entre elles.

Pour protéger les jeunes truites contre les ardeurs du soleil, les bassins sont recouverts par des voliges assemblées en forme de portes, roulant sur de petites traverses en bois. Pendant le jour, elles sont presque toujours cachées sous ces abris et aussitôt qu'on les lève, on voit des myriades de petits poissons se sauver de tous les côtés.

A la suite des bassins se trouve un canal d'une longueur d'environ 500 mètres sur 5 mètres de largeur, divisé en compartiments. On donne une fois par jour, pour nourriture, aux truites des bassins et du canal, de la viande de cheval hachée, soit crue, soit cuite.

Vers le mois de novembre, on peut délivrer aux jeunes truites trois mois après leur naissance dans les bassins, un certificat de bonne santé et de longue vie et les déverser, soit dans le canal, soit dans les étangs et les nombreux ruisseaux de la forêt de Paimpont, où elles prospèrent très bien. On peut même les faire voyager, car les truites peuvent aller jusqu'au bout du monde, mais à la condition de ne point s'arrêter! On les fait voyager dans des bidons confectionnés de manière que les secousses qui agitent l'eau, renouvellent en même temps la provision d'air respirable, dont les poissons ont besoin comme les mammifères. Si le voyage est long, avec un soufflet ou une pompe à air on envoie de temps en temps de l'oxygène dans l'eau des bidons.

Ainsi donc, au bout de six mois, on peut enlever les truitelles des bassins, mais on peut aussi les y laisser, à la condition de leur donner une nourriture abondante, ce qui ne les empêche pas de sauter au-dessus de l'eau pour happer les mouches qui s'approchent trop près.

C. Sargé,

Membre de la Société des Agriculteurs de France.

(*A suivre.*)

Les grenouilles et le baromètre.

On croit encore assez généralement qu'une rainette placée dans un bocal contenant une échelle, monte ou descend selon que le temps est plus ou moins beau. M. von Lendenfeld, professeur à l'Université de Cernowitz, en Bukowine, a voulu soumettre cette croyance à une sévère critique scientifique. Il a fait des expériences sur dix batraciens, enfermés dans une vaste cage vitrée contenant une échelle de dix échelons numérotés de un à dix.

Il a pu obtenir ainsi des moyennes : ces moyennes lui ont donné, pour son « baromètre à rainettes », des courbes analogues à celles qu'on trace pour un baromètre ordinaire. Les résultats de ces observations minutieuses ont été médiocrement concluants. Les courbes concordent parfois; le plus souvent, elles ne concordent point. Pendant les deux jours où la pression barométrique a été la plus faible, la courbe des rainettes a été une fois plus haute et une fois plus basse... Bref, les grenouilles ne connaissent rien à la météorologie.

DROIT RURAL

Responsabilité du charretier. — Le charretier qui, dans une rue libre et large, conduit sa voiture trop près du trottoir, expose les passants qui se trouvent sur celui-ci à un danger manifeste; dès lors, si la voiture écrase le pied d'une personne tombée sur le trottoir, mais dont la jambe dépasse la bordure et repose sur la chaussée, le conducteur peut être considéré comme l'auteur de cet accident. (Cour de cassation, 16 avril 1896.)

Interdiction des ruches. — Si les maires peuvent, dans l'intérêt de la sécurité publique, prendre des mesures pour obvier aux inconvénients qui résultent du voisinage des ruchers, ils n'ont pas le droit d'ordonner la suppression pure et simple de ces ruchers établis par un propriétaire sur son fonds. (Cour de cassation, 19 mars 1896.)

OFFRES ET DEMANDES

RED CAP. OEufs à couver de cette excellente race de poule, réputée la plus jolie et la plus forte pondeuse, garantis race pure frais et fécondés, 5fr. la douzaine franco de port et d'emballage. S'adresser à **Calixte Dany**, Althenles-Paluds (Vaucluse).

Important : J'invite les personnes qui veulent bien me confier leurs ordres de toujours y joindre un mandat, les remboursements n'étant bénéficiaires qu'aux Compagnies. Toujours donner le nom de la gare à laquelle il faut adresser les envois.

Le Bimétallisme et l'Agriculture en 1896 par M L. de Lamérie. Prix : 1 franc. En vente chez l'auteur à Lavarenne par Châteaudun (Eure-et-Loir). Brochure intéressante et instructive.

A VENDRE OU A LOUER propriété rurale à proximité de centres importants, bonne terres, constructions suffisantes. Excellente affaire convenant surtout à jeune homme voulant prendre une exploitation. S'adresser aux bureaux du journal. Se hâter.

LA QUESTION DU BLÉ, par J. Vavost. franco :0fr 60. S'adresser : Lemercier, libraire, 1, galerie Véro-Dodat, Paris.

M. POUZIN offre de jolis racinés de son plant de vigne à la seule condition pour les demandeurs de lui tenir compte d'une partie de la récolte d'une année. — Contre 0 fr.25 il expédie son *Guide* pour la culture de cette variété. Ecrire à M. Pouzin Emile, à Saint-Paul-les-Romans, Drôme.

Huiles d'olive garanties pures et sans mélange venant directement de la propriété. Au prix de 1,80, — 1,60, — 1,50 le kilog. suivant qualité. Gare départ, paiement contre remboursement. S'adresser à M. Edouard Laurin, propriétaire à Saint-Chamas (Bouches-du-Rhône).

Ferme de l'Institut Agricole de Beauvais — A VENDRE :
1º Très bon bélier *charmois* en état de faire la lutte.
2º OEufs, poulettes et coqs des races : La Flèche, Dorkins, Leghorn, Campine et Padoue Doré, Langshan, Gournay, Coucou de Malines, Houdan, Cochinchinoise fauve, Brahmapoutra, canards de Rouen.

GRAND CRU MENARDIERE. Cidre normand pur jus, 15 fr. l'hecto non logé. Eau-de-vie de cidre garantie pure : 3 fr. le litre. Sassier, propriétaire. La Colombe (Manche)

Un agriculteur offre des actions d'une bonne société d'assurances au prix d'émission. Revenu de 5 p. 100. S'adresser aux bureaux du journal.

Agriculteur, ancien régisseur de grandes propriétés, demande direction d'un domaine en France ou colonies. Excellentes références.

Ancien Industriel ayant possédé usine importante, fait valoir plusieurs Fermes et Bois de haute futaie, désire se placer comme intendant-régisseur. Nous recommandons spécialement cette personne qui a de grandes connaissances techniques à possesseur de grand domaine. Ecrire au bureau du journal.

Purificateur d'air pour tonneaux, l'un 4 50 franco gare.

Moyennant un supplément de 0 fr. 40, nous joindrons à l'envoi une mèche à percer de calibre et moyennant 0 fr. 10 en plus, une mèche soufrée.

COURS DES BESTIAUX

Marché de la Villette du 20 juillet 1896.

PRIX DE LA VIANDE NETTE

	1re qualité	2e qualité	3e qualité
Boeufs. ..	1.52	1.42	1.32
Vaches...	1.50	1.40	1.30
Taureaux.	1 20	1.10	1.00
Veaux....	1.68	1.38	1.28
Moutons..	2 02	1.88	1.78
Porcs	1.12	1.10	0.98

ESPÈCES	AMENÉS	VENDUS	PRIX EXTRÊME viande net	PRIX EXTRÊME poids vif
Boeufs....	3.648	2.912	1.32 à 1 52	63 à .96
Vaches...	998	859	1.30 1.50	59 94
Taureaux.	281	230	1.00 1.20	51 . 78
Veaux....	1.891	1.809	1.28 1.58	53 1.03
Moutons..	17.245	15.965	1.78 2.02	81 1.20
Porcs.....	3.627	3.589	0.93 1.12	68 . 86

Vente faible.

Marché de la Villette du 23 Juillet 1896.

PRIX DE LA VIANDE NETTE AU KILOGR.

	1re qualité	2e qualité	3e qualité	Prix extrês
Boeufs....	1.50	1.40	1.30	1.26 à 1.56
Vaches...	1.48	1.38	1 28	1 20 1 52
Taureaux	1 24	1.14	1.06	1.02 1.32
Veaux....	1.70	1.50	1 30	1 20 1 80
Moutons..	1.98	1.84	1.74	1.62 2 04
Porcs	1.16	1.08	»	1 00 1.20

ESPÈCES	AMENÉS	VENDUS	OBSERVATIONS
Boeufs ...	2.013	»	Vente difficile sur le gros bétail et les moutons, moyenne sur les porcs, très mauvaise et sur les veaux.
Vaches...	553	228	
Taureaux.	178	»	
Veaux....	1.896	603	
Moutons..	12.415	»	
Porcs.....	5.970	»	

Vente du bétail au marché de La Villette.

Adresser les animaux à MM. Henri Roblin et Surugue, en gare Paris-Bestiaux. Les aviser par lettre auparavant, 190, rue d'Allemagne, Paris.

PRODUITS COLONIAUX

Renseignements fournis par MM. Maréchal et Cie courtiers, 9, rue Chevreul, Paris.

Sucres. — Affaires très calmes pendant la huitaine. Le cours du disponible, tombé à 29 francs, est remonté de 37 centimes, mais sans orientation précise. En consommation, rien de marquant à signaler. L'accalmie des affaires se prolonge un peu partout et l'on ne prévoit pas de mouvement sérieux.

Cafés. — Le marché du Havre est en grande baisse. Le cours du juillet est tombé à 66 francs pour se relever de 25 centimes en clôture. — L'approvisionnement visible se trouve fortement augmenté par suite de la précocité brésilienne. Le disponible a été très calme par suite de la baisse du terme. On a traité au Havre des Cayes à 76 francs des Petit-Gonaïves à 88 fr. 50; des Jérémie à 93; des Porto-Cabello à 86; des La Guayra gragé à 100 francs les 50 kilogs entrepôt. Bordeaux est resté calme. Signalons les affaires suivantes : 50 sacs Porto-Rico à 112 fr.50; 50 sacs Guaya gragé à 112 fr. 50; 330 sacs Porto-Cabello non gragé de 87 à 92 fr 50.

Cacaos. — Les cours pour cet article sont toujours faiblement tenus avec une demande très-calme. A Marseille, on cote : Bahia préparé, 59 à 60 fr; Guaya-uill, 62 à 63 fr.; Carupano 78 à 80; Caraque 78 à 83; Guadeloupe 78 à 80.

Vanilles. — Le stock se raréfie de plus en plus et les détenteurs de Paris et de Bordeaux se montrent très fermes.

Gommes. — Même situation que pendant la semaine précédente.

Produits de l'île Bourbon. — Ces produits extra fins, n'intéressant que la consommation, sont en dépôt chez E. Maréchal et Cie, 9, rue Chevreul à Paris, qui les livrent comme suit : joaltés fine de plantations en petits ballotins de 5 et 10 kilos, avec plomb d'origine des douanes de l'île Bourbon ; 2° tapioca pur en 1/2 livre, livre et kilo avec plomb de garantie ; 3° rhum de canne à sucre en fûts ; 4° conserves et confitures des fruits de l'île. — Sur demande, des échantillons sont adressés pour le gros, le demi-gros et le détail.

CORRESPONDANCE

CHANGEMENT D'ADRESSE

Chaque demande de changement d'adresse doit être accompagnée d'une bande imprimée et de *CINQUANTE CENTIMES* en timbres-poste pour frais de réimpression.

M. A. D. (Yonne). — L'insecte nuisible aux asperges dont vous n'adressez aucun échantillon, ce qui est absolument indispensable pour fournir une détermination certaine, est vraisemblablement le *criocéris* de l'asperge.

Contre cet insecte employer *l'insecticide Desgouttes*.

Une boîte de 2 kilos 500 pour 50 litres d'eau.

Arroser la planche d'asperges avec cette dissolution, de cette façon les pontes sont détruites, afin de prévenir le mal pour l'année prochaine.

M. D., à M. (Loire-Inférieure). — Vous pouvez vous assurer contre la grêle à la Société générale des Assurances agricoles, 5, rue de Grétry, Paris.

M. H., à T. (Marne). — *Droit de chasse, propriétés réservées.* — Les propriétaires n'ont pas besoin de réserver leur chasse. Il est de principe qu'on ne peut chasser que sur ses terres. Donc, les chasseurs qui ne possèdent pas de terres ne peuvent pas chasser.

Il n'est pas nécessaire de mettre des écriteaux ; si quelqu'un vient chasser sur votre terre sans votre consentement, vous n'avez qu'à lui faire faire un procès par le garde champêtre.

On nous écrit de la Meuse :

« Monsieur le directeur, j'ai reçu le *vin muscat vieux* que j'ai demandé à la *Gazette*.

« Je suis très satisfait de cet envoi, car c'est un vin tonique et réconfortant.

« Merci de cette prime utile et agréable. »

PRIMES A NOS ABONNÉS

Délicieux **Vin Muscat Vieux** tonique et réconfortant venant directement de la propriété, garanti authentique, offert en prime à nos abonnés à raison de 1 fr. 25 le litre logé en fûts de 25 à 35 litres. Fûts perdus.

Adresser les commandes au Bureau du Journal 10 bis, rue Piccini Paris.

Si vous voulez boire du bon vin de Saint-Émilion, adressez-vous à M. **Duplessis-Foursaud** au château des Trois-Moulins, à SAINT-ÉMILION (Gironde).

(Voir le prix courant.)

Porte-pantalon hygiénique, breveté S. G. D. G. de P.-B. Noël. Prix de faveur pour nos lecteurs pour hommes, jeunes gens et enfants de dix ans franco 4 fr. ; pour femmes et fillettes, 4 fr. 50. Toute commande doit être strictement accompagné d'un mandat-poste représentant la valeur de l'expédition.

BONDE le cent, 25 fr., les cinquante 13 fr. les vingt-cinq 7 fr. Au-dessous de 25 bondes 0 fr. 30. Le tout franco de port.

Indiquer le diamètre de chaque bonde.

CHEMIN DE FER D'ORLÉANS

Excursion en Touraine, aux châteaux des bords de la Loire et aux stations balnéaires de la ligne de Saint-Nazaire aux Croisic et à Guérande.

1er *itinéraire* : 1re classe **86** francs. — 2e classe **63** francs. Durée : **30 jours.**

2e *itinéraire* : 1re classe **54** francs. — 2e classe **41** francs. Durée : **15 jours.**

CES BILLETS SONT DÉLIVRÉS TOUTE L'ANNÉE à Paris, à la gare d'Orléans (quai d'Austerlitz) et aux bureaux succursales de la Compagnie et à toutes les gares et stations du réseau d'Orléans pourvu que la demande en soit faite au moins rois jours à l'avance.

Le Gérant : E. GAMBART,

IMP. NOIZETTE ET Cie, 8, RUE CAMPAGNE-1re, PARIS.

Insecticide-Préservateur
FERTILISANT
DESGOUTTES

La Boîte de 10 kilog., pour essais, **10 fr.** franco toutes gares (port et emballage compris).

Adresser les demandes, accompagnées d'un mandat, 10 bis, rue Piccini, Paris.

Le moment favorable au transport des vins étant revenu, nous rappelons à nos lecteurs que tous ceux d'entre eux qui, sur nos conseils, et depuis cinq ans, consomment les vins de M. VINCENT ARDURA, vigneron, domaine de la Chapelle-Frédignac, par Blaye-Bordeaux n'ont qu'à se louer de la qualité et de la conservation de ce Bordeaux absolument naturel, expédié sans intermédiaire.

Pour dégustation sérieuse, envoi gratuit est fait d'une bouteille de la récolte désignée.

L'encaissement est fait par le facteur, à 30 jours, escompte 2 0/0, ou 90 jours.

Vendanges : 1893, à 130 fr., 1892-91, à 150 fr.; 1890-89, à 175 fr., 1887, à 200 fr., 1885, à 220 fr., 1884, à 240 fr., 1882, à 250 fr., 1881, à 300 fr. — Graves blancs vieux : 130, 150, 200, 250, 300 fr., suivant âge, les 225 litres collés, soutirés, franco de port et de fût en gare d'arrivée.

L'URBAINE

Compagnie anonyme d'Assurances à primes fixes contre l'INCENDIE

FONDÉE EN 1838

CINQUANTE-NEUVIÈME ANNÉE

CAPITAL : 5 MILLIONS — GARANTIES : 70 MILLIONS

SINISTRES PAYÉS DEPUIS L'ORIGINE : 132.000.000 FRANCS

PARIS — 8 et 10, rue Le Peletier

pour biner, sarcler promptement entre toutes les lignes de plantes ou légumes sans distinction, indispensable en toutes saisons dans les jardins, vignes, pépinières, les cultures de betteraves, de tabac, etc., même dans les allées

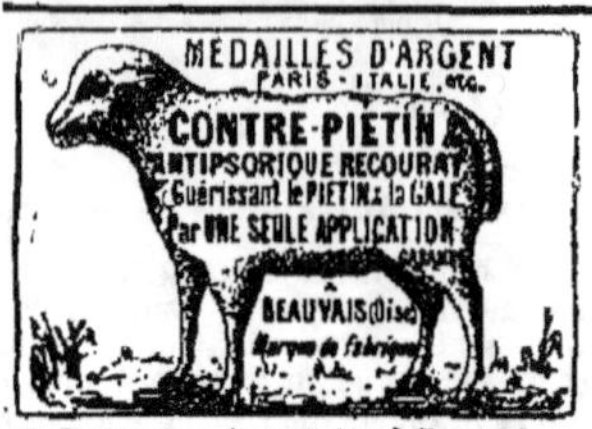

M. RECOURAT, pharmacien à Beauvais.

Gale des moutons guérie radicalement par *une seule application* de l'ANTIPSORIQUE.

La bouteille, 3 fr. ; la 1/2 bouteille, 1 fr. 75.

Guérison du PIÉTIN par *un seul pansement* avec le CONTRE-PIÉTIN-RECOURAT.

Le pot d'essai, 1 fr. 50 ; le pot, 2 fr. 50.

Joindre 0 fr. 60 pour recevoir *franco* et indiquer gare

EXCELLENT DÉSINFECTANT

POUR LES FUTS A VIN, CIDRE, BIÈRE, ETC.

Prix de faveur pour nos lecteurs

Sur notre demande, M. Moity, père, l'inventeur, a consenti à en mettre de petites quantités pour essais à la disposition de nos lecteurs.

10 litres franco gare. 10 fr.

Adresser les demandes à M. Crépeaux, rue Piccini, 10 *bis*, Paris.

GOUVERNEMENT IMPÉRIAL DE RUSSIE

EMPRUNT 3 % OR 1896
De 400 Millions de francs Capital nominal

Affranchi à tout jamais de tout impôt russe

Avec intérêts payables à Paris, St-Pétersbourg, Londres, Berlin, Amsterdam, Bruxelles, etc., etc.

Jusqu'au 1er Janvier 1911, il ne sera procédé ni au rachat, ni à l'amortissement du présent Emprunt.

Cet Emprunt est divisé en titres de :

1 Oblig.	Fr.	500 cap. nom., rapportant	Fr.	15 de rente	
5 —	Fr.	2.500 —	—	Fr.	75 —
25 —	Fr.	12.500 —	—	Fr.	375 —

On souscrit : **Mardi 28 Juillet**

chez MM. de ROTHSCHILD Frères

21, rue Laffitte

Au prix de 92.30 %, soit Fr. 461,50 par Obligation de 500 Fr. de capital nominal

Jouissance du 1er Août 1896

PAYABLE COMME SUIT :

5 % en souscrivant		Fr.	25
25 % à la répartition			125
32.30 % le 10 Octobre 1896 Fr. 161.50	}		157.75
moins intérêts 1er Novembre » 3.75	}		
30 % le 20 Janvier 1897	»		150
Soit net par Obligation de 500 Fr. cap. nom.	Fr.		457.75

Les libérations intégrales seront reçues après la répartition et seront décomptées à 1 1/2 0/0 l'an, ce qui réduit le prix d'émission à 92 % net.

Des certificats provisoires munis du timbre français seront délivrés aux souscripteurs au moment de la répartition et seront échangés ultérieurement contre des titres définitifs munis de coupons trimestriels dont le premier sera à l'échéance du 1er Février 1897.

Dans le cas où les demandes dépasseraient le montant de l'émission, il sera fait une réduction proportionnelle.

(Déclaration faite au Timbre le 13 Juillet 1896)

des Usines de **MM. P. MARCHAND Frères**, à DUNKERQUE (Nord)
Fabriqués sous le contrôle permanent de la Station Agronomique du Nord
Dirigée par M. DUBERNARD

Nous appelons l'attention des éleveurs et des nourrisseurs sur les Tourteaux de **COTON** de graines d'Egypte : c'est un produit excellent pour les vaches laitières, les bœufs à l'engrais et les moutons.

Nos Tourteaux de **COTON** sont complètement débarrassés de la bourre qui enveloppe la graine et contiennent la même quantité de matières nutritives et grasses que les meilleurs Tourteaux de Lin.

Nos Tourteaux de **COTON** forment l'aliment le meilleur et le plus avantageux en raison de leur prix excessivement bas.

PRIX : 9 Fr.   les 100 kil., gare Dunkerque

S'adresser à MM. P. MARCHAND Frères, à DUNKERQUE (Nord)

PHOSPHATE FOSSILE DE QUIÉVY-NORD

le plus assimilable de tous les phosphate connus

GARANTI PUR DE MÉLANGE AVEC TOUT AUTRE PHOSPHATE
Ce qui, du reste, ne pourrait que diminuer son assimilabilité.

EXTRACTION DU GISEMENT ET USINE A QUIÉVY

Propriétaire-Extracteur : C. LECLERCQ
Bureaux à Viesly (Nord).

COMPOSITION MOYENNE		ASSIMILABILITÉ RELATIVE (méth. Joulie).	
		Solubilité dans l'oxalate d'ammoniaque.	
Acide phosphorique. . . .	12 » à 16 » 0/0	Phosphate de **Quiévy**.	82 29 0/0
Potasse	0 45 à 2 77 0/0	— de la Meuse	51 95 0/0
Chaux.	19 05 à 31 » 0/0	— de Pernes.	47 87 0/0
Magnésie.	0 58 à 3 80 0/0	— des Ardennes.	46 43 0/0
Matières organiques azotées .	1 80 à 3 45 0/0	— de la Somme (moy.). .	44 53 0/0
		— de Ciply.	34 57 0/0

Titre garanti en acide phosphorique : **13 à 15 0/0.**

LIVRAISON : EN POUDRE IMPALPABLE EN SACS PLOMBÉS, MIS SUR WAGON GARE QUIÉVY-en-CAMBRÉSIS
Prix : **3 fr. 80** les 100 kilos, sacs perdus, 30 jours, 2 0/0 ou 90 jours net.

NOTA. — Les acheteurs qui désirent employer le **véritable Phosphate de Quiévy** pur et garanti d'origine doivent exiger que les sacs portent la Marque (Au Poisson fossile) et la Firme : **M. LECLERCQ, seul exploitant à Quiévy (Nord).**

MACHINES
AGRICOLES, VINICOLES et VITICOLES
TH. PILTER

24, Rue Alibert, PARIS

SUCCURSALES	BORDEAUX	TOULOUSE	MARSEILLE	TUNIS
	28, av. Thiers (Bastide)	63, allée Lafayette	78, r. de la République	19, rue de Portugal

Les lecteurs de la **Gazette** désireux de recevoir les Catalogues de la maison TH. PILTER dès leur publication, sont priés d'écrire 24, rue Alibert, Paris, afin de se faire inscrire.

LIENS
AGRICOLES
ÉCONOMIQUES
MEILLEUR MARCHÉ
que la Paille

SACS
à
RAISINS
19×13. 4.50   20×16. 5.50
25×18. 7.00   28×20. 8.50
LE CENT

B. JACOB, 19, rue Turbigo, PARIS
On demande des Représentants.

LA PROBITÉ
SOCIÉTÉ
D'ASSURANCES MUTUELLES CONTRE LA GRÊLE ET LA FOUDRE, FONDÉE A LYON EN 1890

La PROBITÉ assure dans toute la France et ses colonies tous les risques, grêle, en céréales, fruits, mûriers, noyers, oliviers, vignes, tabacs et tous autres produits agricoles.

La PROBITÉ fait partie de la Société régionale de viticulture de Lyon. Elle accorde des remises et des conditions spéciales aux syndicats agricoles qui veulent bien la représenter.

Siège social : 30, rue Servient, Lyon-Préfecture

Accepterait des Agents dans les localités où elle n'est pas représentée.

VELOUTINE FLAMANDE

La Veloutine est spécialement employée pour lustrer les cuirs de fantaisie : guides, selles, harnais de luxe et de travail, capotes, tabliers, caparaçons, etc., et lorsqu'ils ont déjà été enduits de vaseline, ce produit à une un joli brillant et évite l'action graisseuse des cirages ou préparations à base de cire. Sans causticité il ne dessèche pas et imperméabilise

Le bidon d'un litre pour harnais noirs. . . . 3 70
— — jaunes. . . 4 20
Franco gare contre mandat-poste.

S'adresser : *Manufacture de Vaselines industrielles de Ligny-en-Cambrésis (Nord)*

Eugène de MASQUARD
PROPRIÉTAIRE-VITICULTEUR, Château de la Cascade
SAINT-CÉSAIRE-LES-NIMES (Gard)

Vins garantis naturels, rouges et blancs, depuis **75 fr.** la pièce de 220 litres jusqu'à 100 francs, selon qualité, prise en gare de St-Césaire (Gard), fût perdu.
Ces vins ont été médaillés à toutes les expositions où ils ont figuré.

Récoltés sur des coteaux et des terrains secs, les vins de Saint-Césaire, l'un des meilleurs crus du Gard, se conservent parfaitement sans être plâtrés

Envoi franco de prix courants et échantillons

LYSOL

Le plus puissant de tous les antiseptiques désinfectants dérivés du goudron
Le seul complètement soluble dans l'eau
INSECTICIDE & ANTIPARASITAIRE INFAILLIBLE

POUDRE AU LYSOL

La poudre au Lysol préserve la vigne, les arbres fruitiers, fleurs, plantes, etc., des invasions cryptogamiques et parasitaires.

ENVOI FRANCO D'UNE BROCHURE EXPLICATIVE
sur demande adressée à la
SOCIÉTÉ FRANÇAISE DU LYSOL
32 et 24, Place Vendôme, PARIS

Le Journal **Le Meunier**, de Bruxelles, offre une médaille d'or à l'inventeur du meilleur procédé débarrassant automatiquement le blé du charançon.

VINS DE SAINT-ÉMILION

Vins classés, de 800 à 250 francs la barrique de 225 litres. — Moitié prix pour la barrique de 112 litres.

Vins grands ordinaires, de 140, 125, 105, 100 francs la barrique — 80, 75, 70, 65, 58, 55 francs, la demi-barrique. — Rendu *franco* en gare et régie, sauf octroi.

Adresser commandes à M. DUPLESSIS-FOURCAUD, à **Saint-Émilion**. — Envoi de prix courants et échantillons sur demande affranchie.

Médailles d'Or, Paris, 1867 et 1889 — Moscou 1891 — Besancon, Montluçon, Royan, etc.

ALIMENTATION DU BÉTAIL
Tourteaux de Coprah ou Coco
F. TASSY, E. ROCCA ET Cie
Fabricants d'huiles (producteurs directs de Tourteaux)
23, RUE HAXO, MARSEILLE
Deux médailles d'or, Anvers 1894
Envoi de Prix-Courants et Échantillons sur demande.

DISTILLATION CONTINUE
ALAMBIC
Système A. ESTEVE

F. BESNARD
PÈRE, FILS ET GENDRES
28, *rue Geoffroy-Lasnier*
PARIS
Envoi franco du Catalogue sur demande

SELS POUR L'AGRICULTURE
Nourriture du bétail et Engrais des terres

Sel neuf dénaturé, au tourteau de colza. 45 f. 1.000 k.
Sel neuf dénaturé, au peroxyde de fer. 40 f. 1.000 k.
Sel de morue pur. 35 f. 1.000 k.
Expéditions de Fécamp, Bordeaux et St-Malo.
S'adresser à MM. A. LE BORGNE et ses Fils négociants-armateurs, à Fécamp.

Maison de Vente & d'Expédition à Aubusson (Creuse) G. DELARBRE
A Paris & en province, chez tous les Droguistes & Pharmaciens.

COUVEUSES
ÉLEVEUSES
VOLAILLES
ŒUFS
à couver
VOITELLIER
à MANTES
et à
PARIS
4, PLACE DU THÉÂTRE FRANÇAIS
PRIX COURANT FRANCO
GRAND CATALOGUE ILLUSTRÉ 0.50c

GRANDE BAISSE DE PRIX
PHOSPHO-GUANO COMPANY, LIMITED
LEFEBVRE FRÈRES, Consignataires généraux
PARIS - 60, RUE DE BONDY - PARIS
PHOSPHO-GUANO
SEUL VÉRITABLE — IMPORTÉ DEPUIS 1863
Superphosphate Ornithos — Superphosphate Chilton — Superphosphate 10 degrés
Osso-Guano, Engrais complet Rhizome. Engrais Surazoté L. F.

La qualité et les dosages de tous ces engrais sont invariables et garantis.

L'acide phosphorique qu'ils renferment étant complètement **soluble dans l'eau** a une valeur fertilisante très supérieure à celui des engrais et superphosphates dont l'acide phosphorique, soluble **seulement** dans le citrate d'ammoniaque, reste insoluble dans l'eau. Il n'y a de garanties sérieuses que celles des dosages exprimés séparément en acide phosphorique **soluble dans l'eau** et en acide phosphorique, **insoluble dans l'eau.**

Envoi franco *sur demande de brochures indiquant les dosages garantis et les prix.*
Dépôts dans tous les principaux centres agricoles.

BAINS-BUANDERIES
Baignoires. — Chauffe-Bains. — Douches. — Appareils de lessivage,
système GASTON BOZÉRIAN.
CHAUDRONNERIE, TOLERIE, etc. — ENVOI FRANCO DE CATALOGUES.
DELAROCHE aîné, 22, rue Bertrand, Paris

UNION AGRICOLE DE FRANCE

Société Anonyme au Capital de 1.100.000 Francs. — Siège Social : 15, Boulevard des Capucines, Paris.
SIÈGE COMMERCIAL PRINCIPAL : 72-74, Rue Saint-Denis, PARIS

Vente à la Commission
et en toute loyauté
DE
DENRÉES AGRICOLES
de toutes sortes
et de toutes provenances
Renseignements détaillés sur demande au Siège Social.

Fourniture Directe
et livraison à domicile
AUX
ÉPICIERS, FRUITIERS
Restaurants, Hôtels, Pensionnats et Établissements privés importants.

MALADIES DU BÉTAIL
ET DE LA VOLAILLE
Leur traitement préventif et curatif
PAR L'ACIDE SALICYLIQUE

L'acide salicylique, employé dans la nourriture à la dose de 1/2 à 1 gramme par jour et par tête de bétail, est le meilleur préservatif des maladies qui procèdent par contagion : Sang de rate, Cocotte, Maladie aphteuse, Erysipèle, Typhus, Morve, Variole et le Rouget des porcs, etc.

DES ATTESTATIONS NOMBREUSES DE GUÉRISONS obtenues pour la Cocotte et le Rouget des porcs ont été reproduites dans le journal *l'Agriculture.*

La désinfection des étables, des écuries, se fait instantanément au moyen d'un arrosage d'eau salicylée à 2 grammes par litre.

S'adresser à M. CERCKEL, administrateur de la *Compagnie de produits antiseptiques*, 26, rue Bergère, Paris.

Envoi sur demande de Prospectus et Brochures.
PRIX DU KIL., 25 fr. BOITE DE MÉNAGE, 2 fr.

CHEVAUX BOITEUX
Guérison par le spécifique BORNET

Contre Capelets, Mollettes, Vessigons, Eponges, Exostoses, Suros, Eparvins et les Formes à leur début. (Il s'applique également à toutes les tares molles et osseuses.)

PRÉPARÉ PAR A. BORNET
Pharmacien de 1re classe, ex-interne et lauréat des hôpitaux.

19, rue de Bourgogne, PARIS.

Le flacon, 5 fr., à la pharmacie ; en gare par colis postal, 6 fr. contre mandat.

VIN PUR COTES 1re QUALITÉ
Vieux, nouveau garanti sur facture
Récolte par FÉLIX LAU, propriétaire-viticulteur à Caussiniojouls (Hérault).
Nouveau, 35 fr. l'hect. logé sur gare Faugères.

PRÉSERVEZ VOS ANIMAUX DOMESTIQUES

de toutes les **Epizooties** et **Maladies** contagieuses par la **Désinfection** des **Ecuries, Etables, Porcheries**

PAR LE

CRÉSYL-JEYES

Désinfectant — Antiseptique, le seul (non toxique), qui soit d'une **efficacité scientifique**ment démontrée. Le **CRÉSYL-JEYES** a été récompensé par la Société des Agriculteurs de France eu 1891 d'une **Médaille d'argent grand module**. Envoi franco sur demande du prospectus détaillé. — **CRÉSYL-JEYES, 35, Rue des Francs-Bourgeois, 35, Paris.**

Se méfier des nombreuses contrefaçons.

FROMENTINE

Marque déposée B. S.G.D.G.

Produit pour l'alimentation économique, saine et rationnelle du bétail, provenant en grande partie des issues de la mouture de blé.

DIVERSES MARQUES

Demander celle en raison du but poursuivi

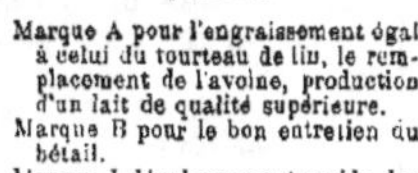

Marque A pour l'engraissement égal à celui du tourteau de lin, le remplacement de l'avoine, production d'un lait de qualité supérieure.

Marque B pour le bon entretien du bétail.

Marque J développement rapide des jeunes bêtes.

Marque L surproduction du lait.

Marque E engraissement rapide.

Ecrire à M. Armand MILLOT
Moulins Saint-Martin
Saint-Quentin)Aisne.)

Machines Agricoles Françaises

MAISON ALBARET

O. ✳.O.M.
Breveté
S. G. D. G

Veuve ALBARET et G. LEFEBVRE, SUCC.rs

ATELIERS DE CONSTRUCTION ET ADMINISTRATION
A RANTIGNY-LIANCOURT (Oise)

Bureaux et Magasins:
9, Rue du Louvre, PARIS

LOCOMOBILES, MACHINES DEMI-FIXES, MOTEURS A PÉTROLE
BATTEUSES PORTATIVES ET FIXES — MANÈGES

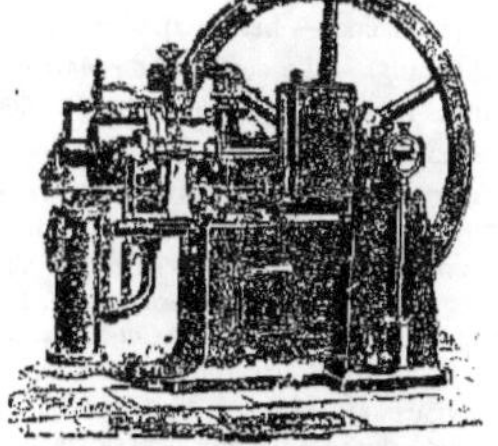

HACHE-MAIS — HACHE-PAILLE   **PRESSES A FOURRAGES**

FAUCHEUSES, MOISSONNEUSES & LIEUSES
RATEAUX, FANEUSES

Semoirs en Lignes — Semoirs à Engrais — Concasseurs — Aplatisseurs

INSTRUMENTS D'AGRICULTURE — INSTRUMENTS DE PESAGE

Grand Prix, **Lyon 1894**. — Grand Prix, **Anvers 1894**. — Grand Prix, **Bordeaux 1895**
Beauvais 1895, Diplôme d'Honneur
Tunis 1895, Premier Prix, Médaille d'Or
19 Diplômes d'Honneur et d'Excellence — **226** Médailles d'Or — **191** Médailles d'Argent

SUCCURSALES :
Saint-Quentin, Chartres, Abbeville, Cambrai, Dax, Lyon, Alger
Envoi franco sur demande des Catalogues illustrés.

17e Année. — N° 31.　　　LE NUMÉRO. **10** CENTIMES.　　　Dimanche 2 Août 1896.

DÉPÔT

GAZETTE AGRICOLE

JOURNAL HEBDOMADAIRE, PARAISSANT LE DIMANCHE

Fondateur : M. CH. GOSSIN, Professeur d'Agriculture à l'Institut agricole de Beauvais

PRIX DE L'ABONNEMENT

UN AN, 5 fr. — SIX MOIS, 3 fr. — TROIS MOIS, 2 fr. 25

Pour l'Étranger les abonnements ne sont reçus que pour un an, au prix de 6 francs, et ne partent que du 1er JANVIER ou du 1er JUILLET de chaque année.

Le Numéro : **10** centimes.

Adresser toute la correspondance : mandats, lettres, annonces etc., à M. CRÉPEAUX, Directeur de la *Gazette agricole*, 10 bis, rue Piccini, Paris.

Toute demande de changement d'adresse doit être accompagnée de 50 centimes et de la dernière bande du journal.

BUREAUX

97, rue de Rennes, Paris, et à Beauvais, rue Saint-Étienne.

Les abonnements partent du 1er de chaque mois et sont payables d'avance. Toute demande d'abonnement doit donc être accompagnée du prix de l'abonnement. (Le mode de payement le plus simple est l'envoi d'un mandat-poste.)

Donner *très lisiblement*, en s'abonnant, son nom et son adresse exacte, *avec l'indication du bureau de poste*; et, s'il s'agit d'une continuation d'abonnement, joindre au renouvellement la dernière bande d'adresse du journal.

Les Annonces sont reçues à la Direction du Journal, et chez MM. DUSSERIS et MATHELLON, 97, rue de Rennes Paris.

BULLETIN COMMERCIAL

Paris, le 29 juillet 1896.

Notre confrère le *Bulletin des Halles*, tablant sur les renseignements récents fournis par le ministère de l'agriculture, évalue à 6.925.933 hectares la surface cultivée en blé cette année contre 6.944.059 en 1895, il estime le rendement à l'hectare à 17,22 hectolitres contre 17,49 hectolitres et le rendement total à 119.312.760 hectolitres contre 119.508.361 en 1895.

Les marchés de province restent peu fréquentés et les affaires sont toujours très calmes, les cours des blés nouveaux ne sont pas encore bien fixés.

BOURSE DU COMMERCE DU MERCREDI 29 JUILLET

	FARINES	BLÉS
Courant	37 85	18 45
Prochain	37 95	18 20
Juill.-août	38 65	17 95
4 derniers	38 65	18 »
4 de nov.	39 10	18 15

Marque de Corbeil : 44 fr. le sac de 150 kil. Toile à rendre.

Halle aux blés — *Blés indigènes.* —

Les offres en blés nouveaux commencent à devenir plus nombreuses. Les échantillons présentés sont de bonne qualité, mais on prétend que la culture ne présente que ses meilleurs lots et qu'il y a bien des endroits où la qualité est ordinaire.

Les prix sont encore irréguliers, on tient suivant provenances 18 à 19,50 les 100 kil. gare d'arrivée Paris.

Les blés vieux sont rares, mais ils sont aussi peu recherchés. Les cours sont en baisse de 25 cent. sur la semaine dernière avec très peu d'affaires.

Blés exotiques. — Il n'en est toujours pas question.

Sons. — Fermes par continuation.

Escourgeons. — Peu d'offres sur les marchés depuis huit jours; aussi les prix sont-ils soutenus.

On cote escourgeons de Beauce 14,75 à 15, Paris, Vendée-Poitou 15 fr. wagon Dunkerquo, Afrique-Tunisie 13 d°, Russie 11,75 d°.

Graines fourragères. — On cote trèfle incarnat 50 à 55.

Sucres. — Le marché est lourd, les offres importantes et les cours restent très faibles. Raffinés 99 à 99,50, roux 88° 27.

Marché de la Chapelle. — Marché ordinaire.

On cote : paille de blé 1re qté 31 fr., 2e qté 29, 3e qté 28 fr.; paille de seigle 1re qté 34 fr., 2e qté 30, 3e qté 27; paille d'avoine 1re qté 23 fr., 2e qté 21, 3e qté 19; foin nouveau 1re qté 58 fr., 2e qté 54, 3e qté 48; luzerne, 1re qté, 58 fr., 2e qté 54, 3e qté 49; regain 1re qté 52 fr.; 2e qté 48 fr., 3e qté 44 fr.

Le tout rendu dans Paris, au domicile de l'acheteur, frais de camionnage et droits d'entrée compris par 104 bottes de 5 kil.; savoir : 6 fr. pour foin et fourrages secs, 2 fr. 40 pour paille.

Fourrages et pailles en gare. — Les arrivages en gare sont modérés en paille de blé, et les prix sont les mêmes. En fourrages nouveaux, il n'y a pas beaucoup d'offres, les prix sont les mêmes. Les foins vieux maintiennent leurs prix et les offres sont restreintes.

Les fourrages vieux maintiennent leurs prix et se vendent de 38 à 42 francs.

On cote sur wagon, par 520 kilogr., en gare d'arrivée à Paris :

Foin	38 à 42
— nouveau	33 à 35
Luzerne première qualité	38 à 42
Paille de blé	20 à 22
— de seigle pour l'industrie	22 à 25
— ordinaire	18 à 20
— d'avoine	17 à 19

Pour les marchandises en gare, les frais de déchargement, d'octroi et de camionnage sont à la charge de l'acheteur.

Foins pressés en balles. — Le foin en balles est peu demandé, il se vend toujours difficilement 7 francs. On en cède de 6 fr. 50 à 6 fr. 75.

Les foins vieux de choix sont tenus 6 francs départ, soit la parité de 8 francs, gare Paris.

FRUITS

Pêche de Perpignan, la corbeille de 12 fruits	90	à	1 75
Abricots de Saumur	40	à	»
Prunes	40	à	50
Poires communes	20	à	25
Cerises, les 100 kilos	30	à	50
Cassis, —	50	à	50
Groseilles	15	à	30
Amandes, 2e choix	40	à	45
Noisettes	40	à	60
Fraises de Paris suivant choix	70	à	180
Framboises de Paris	15	à	50

POMMES DE TERRE

Hollande (100 kil.)	8	» à	11
Roses-Early	4	» à	5
Magnum-Bonum	5	» à	6
Rondes	6	» à	7

LÉGUMES

Choux, le cent	5 50	à	14
Choux-fleurs suivant grosseur	15	à	55
Artichauts de Paris	12	à	20
— de Bretagne	8	à	20
— d'Angers	28	à	30
Pois verts de Paris, les 100 kilos	10	à	20
Tomates	18	à	22
Haricots flageolets	18	à	20
— beurre	40	à	55
Haricots verts de Paris	18	à	22
Melons, la pièce	70	à 3	»

LINS. — Les 100 kilogr. — *Marché de Lille.*

	Communs	Ordin.	Supér.
Alost.	148 à 153	154 à 157	161 à 166
Bergues.	150 à 158	161 à 168	173 à 182

Marché aux chevaux, 29 Juillet.

Gros trait	de 300 à 1.300	Boucherie	de 65 à 190
Selle et tr.		Anes	de 45 à 150
léger	de 200 à 1.100	Chèvres. . de	à
H. d'âge	de 125 à 380		

AMENÉS

Chevaux, 391 — Anes, 8 — Chèvres, 0
Voitures 109, de 35 à 600.

ENCHÈRES

Chevaux amenés, 12.
Vendus, 9 de 95 à 370.

Prix moyen aux 100 kilog. des CÉRÉALES dans les Départements.

Région	Localité	BLÉ	SEIGLE	ORGE	AVOINE
Rég. du Nord-Ouest	Caen	17 50	10 00	13 25	15 25
	Lannion	17 50	10 25	14 00	15 00
	Morlaix	17 75	11 00	13 00	14 00
	Rennes	17 50	10 00	13 00	14 00
	Avranches	17 25	10 50	13 00	14 00
	Laval	17 25	10 25	13 50	14 00
	Lorient	17 50	10 25	13 00	14 00
	Alençon	17 50	10 00	13 75	14 50
	Le Mans	17 00	10 00	14 00	16 50
Région du Nord	Soissons	18 25	10 00	»	15 00
	Evreux	18 00	10 00	13 00	15 00
	Chartres	18 25	10 00	14 00	15 00
	Lille	18 25	10 25	14 00	16 00
	Compiègne	18 25	10 50	14 00	15 00
	Beauvais	18 00	11 00	15 00	16 00
	Arras	19 25	12 00	14 00	16 00
	Paris	18 50	10 25	13 00	15 50
	Versailles	18 50	10 25	15 00	16 00
	Rouen	17 50	10 50	15 00	16 00
	Amiens	18 25	10 50	15 50	16 50
Rég. du N.-E.	Mézières	18 00	10 00	13 00	17 00
	Nogent-s-Seine	18 50	10 00	14 00	15 00
	Châlons-sur-Marne	18 00	10 25	14 00	16 00
	Langres	18 50	10 00	15 00	15 25
	Nancy	18 75	10 25	14 00	16 00
	Bar-le-Duc	18 50	10 5.	15 00	16 00
	Neufchâteau	18 50	10 25	14 00	15 00
Région de l'Ouest	Ruffec	18 00	10 00	13 50	15 00
	Marans	17 00	10 00	13 00	14 00
	Niort	18 00	10 25	14 00	15 00
	Tours	18 00	10 00	14 00	15 00
	Nantes	17 50	10 00	13 00	14 00
	Angers	17 25	10 25	14 00	14 00
	Luçon	17 00	10 00	13 00	15 00
	Poitiers	17 75	10 00	13 00	»
	Limoges	18 00	10 25	»	16 00
Région du Centre	Moulins	18 00	10 00	14 00	15 00
	Bourges	18 00	10 25	14 00	15 50
	Aubusson	18 00	10 00	14 00	14 25
	Châteauroux	18 25	10 00	14 00	13 50
	Orléans	18 25	10 00	13 50	14 75
	Blois	19 00	10 50	14 00	16 00
	Nevers	18 50	10 00	15 00	16 00
	Clermont Ferr.	18 00	10 25	14 00	16 00
	Sens	18 25	10 00	13 00	16 00
Région de l'Est	Bourg	18 25	10 00	14 00	15 00
	Dijon	18 75	10 5.	14 00	16 00
	Besançon	19 50	13 00	14 50	15 50
	Grenoble	18 25	10 25	13 00	14 50
	Dôle	18 25	10 00	18 00	16 00
	Saint-Etienne	18 50	10 00	14 00	16 00
	Lyon	19 00	10 75	14 00	16 00
	Mâcon	18 25	11 00	13 75	15 75
	Vesoul	18 25	10 50	»	15 50
	Chambéry	18 25	10 00	»	15 50
	Annecy	18 25	»	»	15 50
Rég. du Sud-Ouest	Pamiers	18 50	12 00	»	16 25
	Périgueux	18 50	11 00	14 00	15 00
	Toulouse	18 25	12 00	13 25	16 00
	Auch	18 75	12 00	13 00	16 00
	Bordeaux	18 00	12 00	13 00	16 00
	Dax	18 50	11 50	13 25	16 00
	Agen	18 50	11 00	13 00	16 00
	Bayonne	18 50	11 00	14 00	15 50
	Tarbes	18 50	11 00	»	«
Région du Sud	Carcassonne	18 75	»	14 00	15 00
	Rodez	18 50	12 00	14 00	16 00
	Mauriac	18 25	11 00	»	15 75
	Tulle	17 50	11 00	»	15 50
	Montpellier	18 25	11 50	»	15 00
	Figeac	18 25	11 00	»	16 00
	Mende	18 25	11 25	14 00	16 00
	Perpignan	18 25	11 00	14 00	15 00
	Albi	18 75	11 25	14 50	16 00
	Montauban	19 00	12 50	15 00	16 00
Région du Sud-Est	Gap	18 25	11 00	14 00	16 00
	Manosque	18 50	10 50	13 75	15 75
	Nice	18 25	11 00	13 00	16 00
	Privas	18 50	11 00	14 00	16 00
	Arles	18 75	12 25	14 00	16 00
	Montélimar	18 75	12 00	14 00	16 00
	Nimes	18 75	»	14 00	17 00
	Le Puy	18 50	13 00	14 00	16 00
	Draguignan	18 75	13 00	14 00	16 00
	Avignon	20 50	12 30	14 50	17 00

Tourteaux. — Cours de la maison P. Marchand frères, à Dunkerque (Nord) :

TOURTEAUX À NOURRIR

	Dispon.	A livrer.
Coton de graines. Égypte	9 »	9 »»
Sésame blanc	11 00	11 50
Arachide décortiquée	14 75	15 »»
Colza à nourrir	10 »»	10 »»
Colza du pays	10 50	10 75
Œillette du Levant	9 50	10 »»
Œillette blanche de Turquie	9 50	10 »»
Lin 1re qual. de Bombay g. form.	14 »»	14 25
Lin 1re qual. de Bombay p. form.	14 50	14 75

TOURTEAUX-ENGRAIS

	Dispon.	A livrer.
Arachide décortiquée	14 25	14 50
Cameline	»» »»	»» »»
Colza des Indes en poudre	»» »»	»» »»
Colza ravison	7 »»	7 25
Colza jaune Gutzerat	10 25	10 50
Kurrachée	»» »»	»» »»
Niger	»»» »»»	
Pavot	9 25	9 50
Sésame, blanc	10 50	»» »»
Sésame noir	»» »»	»» »»
Coton en farine	7 50	7 50

Nos prix s'entendent pour tourteaux en planches, rendus en gare de Dunkerque.

Paiement à 30 jours ou à terme plus éloigné suivant convention expresse.

Le concassage se paie 0 fr. 25 et la mise en poudre 0 fr. 40 aux 100 kilos. Dans ce cas, les sacs sont facturés à 0 fr. 35 pièce, et repris au prix de facture, quand ils sont rendus en bon état et franco, dans les 30 jours de l'expédition.

FROMENTINE :

	100 kil.
Marque A	13 »
Marque B	13 »
Marque J	13 »
Marque L	15 »
Marque E	16 »

Les 100 kilogs sur wagon St-Quentin, sac à retourner ou à facturer.

BEURRES. - (le kilogr.)

BEURRES EN MOTTES			BEURRES EN LIVRES		
Isigny extra.	4 20	4 60	Bourgogne	1.70	2.30
— demi-fin	3.10	3.00	Gâtinais	1.80	2.50
M. d'Isigny	2 60	3.00	Vendôme	1.80	2.40
du Gâtinais	1.80	2.10	Beaugency	1.80	2.40
de Bretagne	1.80	2.10	Ferme	2.30	2.10
Laitiers Jura	2.00	2.50	Tours	2.00	2.50
de Charente	2.10	2.70	Le Mans	1.80	2.20
des Alpes	2.00	2.80	Touraine fausse	1.80	2.30

ŒUFS. — (le mille)

Normandie ext.	90 à 115		Bourgogne	58 à 70	
Picardie —	86 à 118		Champagne	65 à 75	
Brie —	70 à 80		Nivernais	50 à 55	
Touraine	78 à 94		Bourbonnais	48 à 52	
Beauce	76 à 90		Bretagne	45 à 55	
Orne	50 à 65		Vendée	48 à 55	
Picardie	60 à 75		Auvergne	48 à 50	
Châtellerault	50 à 55		Midi	48 à 52	

FROMAGES.

Brie hautes marq.	30	35	Roquefort	150	200
Brie gr. m. (10)	20	22	Gruyère (100 k.)	100	160
— m. m.	12	15	Coulommiers (100)	20	35
Petits Nanteuils	5	8	Gournay (100)	18	22
Brie laitiers	5	15	Livarot (le 100)	80	100
Gérardmer (100 k.)	70	80	Bourgogne (100)	70	70
Hollande	140	150	Camembert (10.)	30	48
Bondons (100)	15	17	Munster (100 .)	90	100
Cantal	120	130	Port-Salut	150	160

VOLAILLES

Poulet Brest dit moelleux	2.50	4.00	Pigeo Macon	1.50	2.00
Poulets Nant.	3.00	5.00	Ca... sNantais	4.00	1.35
Poulets Tour	2.75	5.25	Dindes Tourr.	7.00	11.00
Poulets Houdan	6.00	8.00	Oies	7.00	8.50
Pigeons d'Italie	80	1.25	Lapins dom.	2.75	4.00
			Lapins garenne	1.50	2.00

VINS — BERCY

Rouges			Blancs		
B. Bourg. vieux	140 à 160		Bordeaux	125 à 160	
Touraine	105 à 115		B. Bourg	150 à 190	
Bord. vieux	130 à 166		Sancerre	130 à 135	
Algérie	28 à 32		Chablis	200 à 350	
Cher	110 à 135		Anjou	120 à 135	
Chinon	125 à 180		Pouilly	350 à 300	
Narbonne	32 à 40		Vouvray	155 à 195	

HOUBLONS. — Les 50 kilogr.

Alost primé	28,60 à	30,00
Bourgogne	55,00 à	60,00
Poperinghe	25,00 à	30,00
Wurtemberg	40,00 à	42,00
Altmark	75,00 à	100,00
Alsace	50,00 à	65,00

Prix des Produits Forestiers à Paris.

Bois de feu (Octroi non compris)	Falourde de pin	100 à 110	le cent.
	Bois de flot	110 à 105	le déca.
	Bois gris neuf	130 à 120	—
	Bois blanc	105 à 140	—
Bois d'œuvre (Octroi compris)	Chêne gros bois	105 à 110	le m. cube
	— moyen bois	70 à 60	—
	— petit bois	30 à 48	—
	Charme, plateaux	50 à 60	—
	Sciage Entrevoux	175 à 210	les 208 m.
	do Échantillons	230 à 220	—
	chêne. Frise	27 à 28	104 m.

La suite des marchés se trouve à la Correspondance.

L'année agricole et agronomique pour 1896.

L'Année agricole et agronomique pour 1896 par S. Crépeaux, professeur à l'Institut agricole de Beauvais, et C. Crépeaux, publiciste scientifique, avec la collaboration de praticiens, de professeurs et d'agronomes vient de paraître (un volume in-18 de 360 pages, illustré).

Cet ouvrage, véritable annuaire théorique et pratique de l'agriculture progressive, donne un tableau complet du mouvement agricole et agronomique de l'année. Il relate toutes les expériences culturales, les recherches scientifiques faites en France et à l'étranger, décrit et apprécie avec compétence les nouveautés (plantes, machines, engrais, nouvelles méthodes, etc.).

La partie documentaire de l'Année agricole et agronomique comprend pour l'année écoulée, les lois, décrets, décorations agricoles, lauréats des concours, les vœux économiques des conseils généraux, l'analyse exacte des travaux des sociétés et congrès agricoles, horticoles, vétérinaires, français et internationaux, les jugements de droit rural, l'analyse des brevets agricoles, les statistiques, etc.

Cet ouvrage qui paraît pour la seconde fois a valu l'année dernière à ses auteurs les félicitations de la Société nationale d'agriculture, de la société des Agriculteurs de France, et des principaux journaux agricoles et scientifiques qui ont rendu hommage à la somme considérable de travail que représente une telle publication et aux services incontestables qu'elle rend à la cause du progrès agricole.

(Le Progrès agricole du 15 juin).

Nous l'offrons en prime à nos abonnés au prix de 2 fr. 50 franco de port au lieu de 4 francs.

Ceux de nos abonnés qui désirent l'**Année agricole et agronomique** de **1895** et celle de **1896** recevront les deux volumes franco dans la gare la plus voisine contre 4 fr. 50.

Adresser les demandes à M. Crépeaux. 10 *bis*, rue Piccini, Paris.

Le Vin de Quinium Labarraque, unique préparation de ce genre qui ait été approuvée par l'Académie de médecine de Paris, est un médicament énergique et doux qui convient à toutes les personnes affaiblies par l'âge, la maladie, les excès, ou surmenées par le travail.

« Nous n'hésitons pas à affirmer que le vin de Quinium Labarraque est le plus efficace et le plus énergique des toniques connus. »

(ANNUAIRE DE MÉDECINE PRATIQUE.)

Dans toutes les pharmacies et 19, rue Jacob, Paris.

CHRONIQUE POLITIQUE

La politique officielle est muette à la Chambre, mais elle est de plus en plus loquace au dehors et sa loquacité ne nous dit rien qui vaille.

MM. Méline, Rambaud et Hanotaux nous en ont donné un spécimen peu rassurant, dimanche dernier, à Saint-Dié en inaugurant la statue érigée à Jules Ferry sur la principale place de cette ville.

Ces trois ministres ont célébré avec une emphase singulière la politique de M. Jules Ferry et ont revendiqué comme un titre à notre confiance, la tâche de la continuer indéfiniment à l'extérieur et à l'intérieur.

Nous ne nous amuserons pas à discuter les sophismes insoutenables, au moyen desquels les trois successeurs de Jules Ferry ont essayé de travestir en bienfaits et en éléments de prospérité les ruines morales et matérielles dont notre malheureux pays est redevable à la politique de Jules Ferry. Au dehors, les scandales et les désastres du Tonkin et de la prétendue expansion coloniale, qui nous a coûté près de cent mille hommes et plus d'un milliard sans préjudice de la suite ; au dedans la législation qui opprime la conscience de la France catholique en livrant l'âme de la jeunesse à la propagande des sectaires athées et maçonniques. Il faut une rare dose d'audace ou d'inconscience à M. Rambaud pour glorifier cette législation au moment où un cri unanime s'élève de toutes parts contre ses fruits empoisonnés ; recrudescence inouïe des crimes et des vices ; des bandes de voleurs et d'assassins commandées par des gamins de dix-huit ans, les progrès inouïs de la prostitution, le vol donnant la main à l'impiété dans les villes et dans les campagnes, le progrès effroyables des divorces, etc., l'armée sans cesse grossissante des tarés, des déclassés des deux sexes, fuyant la campagne et la vie agricole pour réclamer, en retour de leurs diplômes ridicules, une place parmi les pensionnaires du budget. La dilapidation des finances au service de ce régime néfaste qui a coûté plus d'un milliard depuis dix ans et qui a porté de 35 millions à 185 millions, le budget de cet enseignement antichrétien, — oui, antichrétien et oppresseur de la conscience nationale, car, comme le dit le citoyen Maret lui-même, avec sa franchise radicale, la soi-disant neutralité en matière d'éducation est une tartuferie au septième degré. En ne parlant pas de Dieu, le maître d'école enseigne pratiquement à le mépriser. M. Jules Simon avait courageusement jeté cette vérité à la face de Jules Ferry dans le débat de sa loi au Sénat. Quoi qu'en pensent MM. Rambaud et Méline, ce régime sectaire est jugé par ses fruits : les statistiques de la justice criminelle elles-mêmes, confirment avec un éclat décisif les protestations indignées des honnêtes gens. D'ailleurs, il est un attentat odieux contre le premier des principes républicains : le respect de la liberté de conscience. C'est se moquer de la liberté, de forcer une population catholique à confier l'éducation de ses enfants aux adeptes d'une secte soi-disant neutre et en réalité anti-religieuse. C'est se moquer de la vérité, de placer des lois aussi tyranniques sous la triple étiquette, liberté, égalité, fraternité. C'est se moquer de nous, de les donner comme émanation d'une politique de paix, de concorde et de progrès. Ah ! oui ! oui ! progrès, progrès dans la ruine, dans le vice, dans la dissolution sociale. Voilà les progrès indiscutables que nous lui devons.

D'ailleurs, Jules Ferry laissa échapper un jour un mot qui juge sa politique et ses fruits, lorsqu'il s'écria : *le péril est à gauche*. De ce jour-là, la gauche le lâcha pour le vouer aux gémonies.

Plus tard, un aveu semblable échappa à son bon ami Spuller qui vient de mourir, aveu qui lui a coûté le même sort, alors qu'il déclara la nécessité de l'*esprit nouveau*, c'est-à-dire un esprit de liberté, le respect des libertés de tous les citoyens. A dater de ce jour la secte qui nous exploite, nous ruine et nous déshonore le tint pour un renégat.

Le vrai mot d'ordre de cette secte est celui du vieux Madier de Montjau : Débarrassons-nous de tout ce qui nous gêne. C'est ce mot d'ordre qui nous régit aujourd'hui. C'est en l'observant avec un mépris absolu de tout scrupule qu'elle nous a acculés dans l'impasse où tous les intérêts du pays avec son honneur sont en péril. M. Méline, en se chargeant de nous relever, ne réussira qu'à nous y enfoncer davantage en cultivant l'héritage jacobin de son compatriote Ferry.

Il ne réussira pas davantage à rendre à l'agriculture les services qu'il lui a promis.

Entre les intérêts agricoles et les intérêts sociaux et moraux ruinés par la politique Ferry, il y a une solidarité étroite qui défie toutes les tentatives essayées jusqu'à ce jour pour enrayer les progrès de la crise agricole, en cultivant la politique de persécution, de gaspillage, de corruption électorale que nous subissons depuis quinze ans.

Voilà la vérité que nous ne cessons de proclamer à nos risques et périls depuis le premier jour, et nous pouvons défier tous ceux qui la nient de contester la série continue des déceptions qui la mettent aujourd'hui dans une écrasante évidence. M. Méline ne peut réussir qu'à en donner de cruelles confirmations. Au lieu de tâcher de louer les erreurs de Jules Ferry, il ferait mieux de méditer le demi-aveu qu'il laissa échapper un jour : *le péril est à gauche*.

Oui, le péril est dans les pratiques ruineuses et tyranniques des opportunismes, avec leur fruit naturel, le déchaînement des passions et des convoitises des masses socialistes, dans la faillite financière et dans la crise agricole. Toutes ces calamités sont issues de la même politique. En les traitant par la politique homéopathique, M. Méline ne réussira pas à leurrer longtemps la France agricole.

Les réclamations du monde agricole.

Ainsi que nous le prédisions, les sociétés agricoles commencent à s'impatienter contre les pouvoirs publics à raison des ajournements ruineux que subissent les réformes réclamées par elles depuis plusieurs années ; elles commencent à s'indigner de ce qu'on ne cesse jamais de leur promettre toujours et de ne tenir jamais. Ainsi dans la dernière session, nos députés ont dépensé tout leur temps en discussions, toutes sur la sauce à laquelle l'agriculture et la propriété doivent être mangées, pour aboutir à la continuation de la sauce actuelle. Dans tout cela, le contribuable était mis en jeu pour la forme et au fond il s'agissait de savoir si nous serions mangés par la faction socialiste, ou par la faction radicale, à la place de la coterie opportuniste qui est encore la maîtresse de la grande gamelle. Mais on est ainsi arrivé au 13 juillet à l'heure de s'en aller. Allons, adieu, paniers, vendanges sont faites ! adieu loi sur le cadenas, adieu loi sur les boissons, adieu la répression des acquits fictifs sur les blés, adieu surtout au projet de défense des sucres contre les sucres allemands ! adieu tous ces projets et vingt autres non moins urgents. Les ruraux ont attendu deux ans, ils attendront sans peine quatre mois de plus. En avant les vacances, les banquets, les toasts, on paiera l'agriculture avec des phrases ronflantes en banquetant à ses dépens. Tout flatteur ne vit-il pas aux dépens du rural qui l'écoute !

Le conseil général de l'Hérault essaie de se révolter contre cette fumisterie chronique dont l'agriculture est la victime. Dans une réunion convoquée à cet effet et s'appuyant sur les promesses que lui a faites le ministre de l'agriculture de passage à Montpellier, il réclame du gouvernement que, vu l'urgence, le gouvernement fasse voter *avant la fin des vacances* par les deux Chambres une loi interdisant la fabrication et la vente des vins artificiels et supprimant la détaxe des sucres destinés au sucrage des vins.

Nous ne sommes pas absolument convaincus que la crise terrible que subissent les vins ait sa cause principale dans les vins de raisins secs, mais nous sommes de tout cœur avec le conseil de l'Hérault lorsqu'il demande que les intérêts agricoles ne soient pas voués à la ruine par nos députés et nos ministres et ce pour leur procurer les loisirs de vacances.

Quand des mauvais écoliers n'ont pas travaillé pendant l'année, on les punit par des retenues pendant les vacances. Il est fâcheux pour l'agriculture qu'on ne puisse infliger un tel sort à nos parlementaires.

Il y aurait, à notre avis un autre moyen plus efficace : ce serait de les priver de leurs précieux 25 francs par jour pendant leurs vacances.

Qu'en pense le conseil général de l'Hérault?

Mais soyez tranquilles, les agioteurs sur les blés ne sont pas en vacances, eux ! ils ne craignent pas que nos ministres et nos députés se dérangent pour gêner leur *bedit gommerce*.

La loi d'abonnement.

La loi inique dite d'abonnement, qui a pour but de ruiner les ordres religieux, a eu cette semaine un début qui se recommande spécialement à l'attention des campagnes.

Le fisc a mis en vente les récoltes de l'Orphelinat agricole de la Roche-Arnaud, au Puy, pour se payer de la somme de 7,500 francs, réclamée comme impôt d'abonnement en sus des impôts ordinaires payés par cet établissement charitable qui ne vit que des dons de la charité et du travail des enfants et de leurs maîtres dévoués.

Cet odieux exploit a provoqué une juste explosion d'indignation au Puy. La mise en vente a produit le dixième de la valeur des récoltes, 130 francs, pas une seule enchère n'a été offerte et on sait que l'acquéreur n'a eu pour but que de rendre à ces malheureux orphelins le pain produit par leur travail que le fisc voulait leur voler au nom de la *loa* de la République.

Jolie *loa* ! Jolie République !

CHRONIQUE GÉNÉRALE

Vente des biens des congrégations élevant les orphelins.

La première vente des biens des congrégations qui ne sont pas soumises à la taxe a eu lieu le 26 juillet, à 9 heures, au Puy.

Il s'agissait de la vente des récoltes de l'orphelinat de la Roche-Arnaud.

Une foule d'un millier de personnes se pressait autour de l'orphelinat; elle était contenue par les agents et les gendarmes.

Le commissaire de police assistait à l'opération.

Le parti religieux était représenté par M. de La Batie, avocat, ancien député ; marquis de Miramon-Autier, président de la Jeunesse catholique.

Avant de procéder à la vente, l'huissier s'excusa d'être obligé d'agir ainsi, ce dont il fut fort félicité par M. de La Batie.

La vente a eu lieu en quatre lots séparés ; elle a produit 150 francs et les récoltes étaient estimées 1.300 fr. C'est un nommé Souchu qui a acheté les quatre lots.

Après la vente, la foule a fait une manifestation aux cris de « Vivent les orphelins! A bas les juifs! A bas les francs-maçons ! »

Une arrestation a été opérée pour cris séditieux, celle d'un nommé Simon Chapelle. Une seconde vente aura lieu à Ceyssac, près le Puy.

Et les orphelins que vous mettez ainsi à la rue, les ferez-vous vivre avec votre argent, vous, monsieur Méline, qui avez si habilement su exploiter l'agriculture et les agriculteurs pour devenir, de petit avocat sans cause, premier ministre français, gagnant 60.000 francs par an, pendant que les cultivateurs, eux, sont de plus en plus malheureux ?

Les rendements des récoltes en 1896.

Le ministère de l'agriculture vient de publier un volumineux relevé des rendements probables des récoltes de 1896.

Comme les années précédentes, les rendements des céréales sont divisés d'après des coefficients de quatre catégories représentées par les chiffres suivants: Très bon rendement 100 ; bon 80 ; assez bon 60 ; passable 50 ; médiocre 30 ; mauvais au-dessous de 30.

Il nous paraît tout à fait inutile de citer au long les colonnes de chiffres de ce document. On ne sait en effet d'après quelles sources, sur quelles indications, ils ont été ainsi établis. Ces exercices de statistique sont un sport très en faveur dans le monde bureaucratique où ils sont sans doute des titres à l'avancement. Les agriculteurs, en général, n'en prennent que ce qu'ils veulent, et pour cause. D'après les données actuellement acquises sur les rendements des récoltes, nous pensons, comme l'*Echo agricole*, que les blés rendront un peu moins que l'an dernier, soit 100 à 107 millions d'hectolitres. La région du Nord, qui est la plus productive, aura une très bonne moyenne ; le Midi et le Centre sont moins bien partagés. Les rendements des seigles seront à peu près de 25 millions d'hectolitres comme l'an dernier. Mais les céréales de printemps, avoines et orges, rendront moins à raison de la sécheresse des mois de mai et juin ; finalement et en somme nous n'avons à compter que sur une petite moyenne en matière de céréales. Mais pour avoir des informations quelque peu précises sur ce point important, il faut attendre les résultats des premiers battages. Il est à craindre, en effet, que, dans beaucoup de localités, les épis de belle apparence ne contiennent beaucoup de grains chétifs et atrophiés par les chaleurs tropi-

cales qui ont eu lieu à l'époque de la maturation.

Mais ici se présente une réflexion pénible que se posent aujourd'hui les amis éclairés de l'agriculture.

A quoi bon se préoccuper si vivement, comme jadis, du rendement des céréales de l'année?

Jadis cette question était d'une importance capitale: En effet, les cours des grains obéissaient alors à la loi naturelle de l'offre et de la demande. Le producteur vendait cher à la suite d'une pauvre récolte et à bas prix à la suite d'une récolte abondante. Alors il avait un intérêt vital à être éclairé d'avance sur les rendements.

Aujourd'hui, c'est-à-dire depuis cinq à six ans, cet état de choses n'existe plus. Les récoltes ont varié dans de sérieuses proportions, les prix n'ont cessé de descendre graduellement. De 22 fr. le quintal, en 1889, le blé est descendu régulièrement d'année en année au cours dérisoire d'aujourd'hui, entre 18 et 19 francs. Que nous en ayons beaucoup ou peu, rien n'y fait ! Alors vous comprenez que le cultivateur et même le commerçant n'aient plus qu'un intérêt nul à connaître les chiffres officiels des rendements. Par contre, ils ont un intérêt bien plus palpitant à ce qu'on leur fasse savoir les causes des baisses ruineuses qui atteignent tous leur produits, le blé surtout. C'est le point sur lequel les ronds-de-cuir de la rue de Varennes devraient bien les renseigner clairement, ainsi que sur leurs causes, et surtout sur les moyens de sauver la production agricole d'une chance de ruine qui s'aggrave d'année en année. Les ronds-de-cuir se trompent fort, s'ils s'imaginent que leurs colonnes de chiffres relatifs aux rendements des récoltes, remplaceront le trop juste sujet des appréhensions du monde agricole.

Les réunions commerciales.

Les négociants et les meuniers sont sur ce point dans un état d'esprit semblable à celui des cultivateurs. Aussi ces réunions commerciales de jadis vont-elles en déclinant chaque année, à Orléans, à Dijon, à Nancy, à Laval, etc.

Cela s'explique tout naturellement pour cette situation déplorable qui aboutit à ce que la production n'est pour rien dans les cours, et que la spéculation cosmopolite les tient sous sa domination absolue.

Que voulez-vous en effet que fasse mon pauvre producteur lorsque j'offre mon blé au marché, lorsque j'ai pour rival un monsieur étranger qui vient offrir vingt fois plus qu'il n'y en a sur le marché à des prix dérisoires ?

Le blé offert par ce monsieur existe-t-il ou n'existe-t-il pas ?

Souvent il n'existe pas en France; mais s'il n'existe pas, mon blé à moi, producteur, n'en est pas moins condamné à se vendre au prix avili auquel ce faux blé a été offert. Si le blé existe d... s un port de mer français ou étranger, et le marché étant à terme, l'acheteur sait qu'il le recevra. Dans tous les cas, le producteur français est roulé, ruiné par la spéculation co mopolite. Voilà la si uation contre laquelle nous ne cessons de protester, c'est-à-dire contre le auteurs et ses complices, nous attendons toujours en vain des gouvernants et des parlementaires qui auront le courage d'y remédier, au lieu de nous amuser par des colonnes de coefficients et par des phrases banales dans les concours agricoles.

L. H.

Lettres rurales

Pourquoi donc restons-nous désunis, alors que de toutes parts, on nous prêche l'Association, l'Union et qu'on nous met sous les yeux la preuve concluante de ce qu'elles peuvent produire?

Mon Dieu, il y a là deux causes principales que j'ai déjà signalées : l'*indifférence* doublée d'*égoïsme* et le *manque d'esprit d'initiative* augmenté de la *peur*.

Le vrai campagnard, le *mangeur d'herbes* comme l'appellent certains beaux esprits, est en même temps actif et inerte ; *actif*, pour tout ce qui regarde ses travaux, ses intérêts immédiats, *inerte* pour tout le reste.

Dénué généralement de toute ambition autre que celle de faire ses affaires, il s'occupe peu de la chose publique ; il se plaint bien, quand on augmente ses impôts, mais les paie quand même. Et cependant qu'arriverait-il si, à un moment donné, il se refusait, d'un commun accord, à payer plus que les autres ?

Sous un régime d'égalité, pourquoi serait-il, en effet, toujours traité en paria ?

Que le mineur, que l'ouvrier industriel, étant réellement ou se croyant seulement victime d'une injustice sociale, se mette en grève ; aussitôt tout est en émoi dans les conseils de l'État. Vite, on cherche quelle satisfaction lui donner ; quel avantage lui faire pour l'engager à rentrer dans le calme et l'ordre. On discute le *nombre d'heures* qu'il pourra être employé ; quel salaire devra lui être accordé. On cherche le moyen de le prémunir contre les chômages, les accidents, et même celui permettant de lui assurer une retraite pour ses vieux jours.

En est-il de même pour l'agriculteur ? Nullement ! Au contraire !

Y a-t-il, en effet, une insuffisance de recettes à combler ? c'est à lui qu'on s'adresse pour le faire.

Y a-t-il un gaspillage à cacher ? c'est encore à lui qu'on demande de quoi le dissimuler.

Toujours et pour tout, c'est lui qui est (qu'on me pardonne l'expression) le *dindon !*

Ah! qu'il avait bien raison, ce grand industriel agricole qui, dans je ne me souviens plus quel congrès, s'écriait,

avec infiniment d'humour, et sans qu'on ne trouvât rien à lui répondre : « Le gouvernement se f... moque des cultivateurs, parce qu'il sait bien que ce ne sont pas eux qui font des barricades ! »

Sans doute, je ne vous conseillerai pas de faire des barricades, ni même la grève des impôts ; mais je vous dirai : « Serrez-vous les coudes ! » Ne dites pas surtout cette parole tristement égoïste, et malheureusement trop fréquente à notre époque : *Chacun pour soi*. Et puisque nous sommes tous malades du même mal, appuyons-nous au contraire les uns sur les autres, et unissons-nous dans une vigoureuse et sérieuse protestation.

Voyez d'ailleurs ce que font les capitalistes aujourd'hui, en face du très juste impôt dont on veut frapper la rente. Ils protestent, mais de telle façon qu'ils inspirent la crainte et qu'il est à appréhender que ce projet, si juste, si équitable, ne soit bientôt retiré !

Voyez ce que font les congrégations, à propos de cette inique loi dite d'accroissement, par laquelle, au nom de l'égalité, on voudrait leur faire payer des droits exagérés, même sur ce qu'ils ne possèdent point. Promesses, flatteries, menaces ; on a tout employé ; mais rien n'arrive à les faire sortir de leur force d'inertie. C'est qu'aussi, ils sentent bien qu'à défaut des tribunaux de justice, le grand tribunal de l'opinion publique leur donne gain de cause, et que *jamais* on n'osera leur appliquer, dans toute sa teneur, cette loi antiégalitaire, sans soulever plus qu'un murmure de réprobation.

Pourquoi ne pas faire de même ?

Il y a quelques jours, sous ce titre bizarre : *Trois sandwichs*, je lisais un de ces récits pleins de verve et d'esprit, comme il en sort de l'habile plume de « Pierre l'Ermite ». C'est une conversation en *patache*, à travers ces landes si mélancoliques de Bretagne, entre un honorable ecclésiastique et un de nos *modérés* du jour, à propos des processions. Le bon modéré geint de voir que dans bien des villes, malgré de stupides arrêtés municipaux, certains curés n'hésitent pas à continuer de faire les processions, et il conclut... État des esprits, calme ; ministère, modéré... quel besoin d'aller tirer des pétards ??? (*Il vient de lire cela dans ses journaux*).

— Le curé, *moqueur*. — On ne tire pas de pétards !...

Le modéré. — Mais enfin, de faire des processions qui sont de vrais pétards... qui excitent les mauvais, font hésiter les bons et ahurissent les indifférents ! Le bien ne fait pas de bruit ; le bruit ne fait pas de bien !

Le curé. — Air connu.

Le modéré. — Connu ! connu !! ce sont les meilleurs ; d'ailleurs la loi est pour tout le monde !...

— . . . . ?

— Nierez-vous cela ?... Est-elle pour tout le monde, la loi ?

Le curé. — La loi est pour les curés et les religieux surtout. Et... quand il s'agit de les assommer (ou pour les cultivateurs, quand il s'agit de les tondre), mais presque jamais quand il faut les défendre d'abord...

Bref le modéré à bout d'arguments (ses journaux ne lui en avaient sans doute pas fourni davantage) demande l'avis d'un troisième voyageur qui, tout en souriant, n'avait pris aucune part à cette discussion.

« Moi, répondit-il d'un air très calme, je suis comme cet homme auquel on demandait : « Doit-on dire *un* sandwich ou *une* sandwich? Et qui répondait : « Moi, ça m'est égal ; je dis toujours : *Passez-moi trois sandwichs !!!* »

Et, comme son interlocuteur ne semblait pas comprendre sa réponse, il ajouta, d'un air dédaigneux et en cassant d'un coup sec sa cigarette en deux : « Le moyen très simple, quand on vous refuse une liberté, c'est... *de la prendre*... Je suis Espagnol et toréador, ça me coûtait un franc chez vous, l'année dernière, pour m'asseoir sur un arrêté municipal.

— Et maintenant ?...

— Maintenant... *c'est gratuit !*

Pourquoi ne pas imiter ce toréador. On nous refuse l'*égalité*, à nous, qui sommes 24 millions sur 36 ; eh bien ! imposons-nous-la !

Habitué à une vie et un travail régulier, le campagnard manque souvent aussi d'esprit d'initiative, et se laisse conduire bonnement, comme le plus calme des moutons de son troupeau. N'ayant ni le temps, ni le goût de la lecture, il ignore ses devoirs de citoyen libre et méconnaît ses droits. Confiant et crédule par nature, quoique fin et plein d'un bon sens naturel, il est la dupe éternelle de ceux qui le flattent, et se laisse mener par le premier hâbleur venu. Constamment victime de toutes nos perturbations sociales, on peut dire de lui, mieux encore que des émigrés : « *Il n'a rien appris, rien oublié* » ; aussi a-t-il toujours crainte de soulever la plus petite difficulté. D'une nature calme et tranquille, il aime la paix, et préfère s'incliner et rester victime des politiciens qui se font un pavois de lui, plutôt que de leur résister.

Et cependant, qu'a-t-il à craindre ?

Ces tyranneaux de village, si communs de nos jours, que dans sa faiblesse, il a laissé s'élever au premier rang ; ces politiciens de cabaret, qui cherchent qu'à satisfaire des appétits insatiables, et qui sont toujours à la disposition du plus offrant !

Mais, n'est-il pas le maître du suffrage universel ? Qu'il dise donc un mot, qu'il fasse un geste, et que deviendront ces hommes le jour où, écœuré de leurs flatteries, indigné de leur fourberie, il les vomira !

Cessons donc de nous adresser naïvement, soit à un ministère qui n'en peut mais, soit à un parlement qui ne veut point nous écouter ; mais rappelons-nous :

Que, par le suffrage universel, étant le nombre, nous sommes la force ;

Que notre cause est aussi celle du droit et de la justice ;

Que, si on nous refuse l'égalité, nous pouvons, NOUS DEVONS l'exiger.

Apportons donc sans crainte, à la défense de nos intérêts (nos pères n'avaient peur que de voir le ciel fondre sur leurs têtes), cette ténacité et cette patience qui président à tous nos travaux.

Et puisqu'on nous a dit un jour que : « La République serait la république des paysans, ou qu'elle ne serait pas (1) », emparons-nous d'elle, par notre union, notre organisation, notre discipline, et montrons au monde étonné la vraie République : LA RÉPUBLIQUE ÉCONOME, LABORIEUSE ET ÉGALITAIRE.

Aussi bien, souvenons-nous que si, — comme l'a si bien dit le sage Sully, — « Labourage et pâturage sont les deux mamelles de la France », nous avons besoin autant que dans le passé de ces sources éternellement fécondes, car c'est là seulement que nous trouverons, ce qu'il faut aux grands peuples, surtout à une époque aussi inquiétante que la nôtre : DU FER ET DU PAIN !

MAITRE-PIERRE.

La Chesnaye-Saint-Aubin, juillet 1896.

Concours.

Exposition de raisins frais à Montpellier. — Nous avons annoncé cette intéressante exposition qui se tiendra à Montpellier, du 10 au 14 septembre prochain. Rappelons qu'elle montrera des raisins de cuve et des raisins de table de toutes les variétés et de toutes les régions du monde entier. Elle aura donc un intérêt sans précédent pour tous les producteurs de raisins et pour l'étude de la science ampélographique.

Nous ne doutons pas qu'elle ne soit pour les diverses cultures de la vigne une source d'enseignement d'une grande portée.

Concours de la race bovine d'Anglès. — Ce concours aura lieu à Castres, les 15 et 16 août. Cette race, ou plutôt sous-race, variété assez peu définie de la race gasconne, est assez difficile à qualifier de race définie. En tout cas, si l'exhibition de ses types les plus purs ne peut avoir de grands résultats, elle ne peut être tout à fait stérile. Tous nos vœux sont pour que la difficulté soit surmontée.

Ecole d'agriculture du Neubourg (Eure). — Examen d'admission, 15 septembre, au siège de l'école. Ecrire avant le 10 au directeur, M. Pargon.

Ecole des Trois-Croix, à Rennes. —

Au dernier examen, 14 candidats ont été admis.

Ecole d'agriculture et de laiterie de Cerigny (Manche). — Examen d'admission le 3 septembre à l'école ; 5 bourses de l'Etat, 8 du département.

Ecole d'aviculture à Gambais (Seine-et-Oise). — Admissions le 1er août. Ecrire au directeur M. Roulier-Arnoult.

Concours de moissonneuses, à Compiègne. — Au concours de la Société d'agriculture à Compiègne, les prix des moissonneuses ont été décernés dans l'ordre suivant :

Moissonneuses-lieuses : 1er prix, machine Brantfort de la coopérative d'Amiens ; 2e prix, M. Walliet, à Paris (M. de Cormick) ; 3e prix, MM. Jonhston et Cie, à Paris.

Moissonneuses simples : 1er prix. MM. Albaret-Lefèvre, à Liancourt-Rantigny (Oise) 2e prix, MM. Walliet et Cie, à Paris, pour la machine Daisy.

La maison Albaret a eu le premier prix de semoirs à toutes graines.

Le concours de Maignelay.

Quelqu'un qui a été bien surpris en lisant les journaux de l'Oise, c'est assurément M. Méline.

Qui jamais aurait pu croire M. le comte de Luçay capable de se rallier à l'opportunisme en félicitant M. Méline, en portant la santé de M. Faure ?

Ce discours m'afflige profondément et je suis persuadé qu'il produira le même effet sur ceux qui ont lu et médité les remarquables travaux de M. de Luçay sur les finances républicaines. Les regretterait-il et voudrait-il se les faire pardonner ? On se le demande en méditant le toast suivant qu'il a lu au banquet qui a clôturé le concours agricole de Maignelay (Oise) :

« Mesdames et Messieurs,

« Conformément à l'antique usage de la Société d'agriculture de Clermont, j'ouvrirai la série de nos toasts en levant mon verre en l'honneur du chef de l'Etat, du premier magistrat de la République, et vous voudrez bien que j'associe à cet hommage M. le Président du conseil, ministre de l'agriculture.

« C'est la première fois, si je ne me trompe, que la haute direction des affaires de France se trouve attribuée au ministre plus spécialement préposé aux intérêts agricoles, et, tout en m'en félicitant avec vous, vous me permettrez d'ajouter que ce n'est là qu'un acte d'élémentaire justice.

« En un pays de suffrage universel, tel qu'est le nôtre, quoi de plus naturel en effet, que la prééminence appartienne au représentant de la plus considérable, de la plus ancienne des branches de l'industrie nationale, de celle qui a poussé dans le sol français les racines les plus profondes ! Par ses quotidiens labeurs, le cultivateur assure la prospérité de la Patrie, comme il serait, aux jours du danger, la meilleure sauvegarde de son indépendance. N'est-il pas dès lors fondé à élever la voix, à revendiquer hautement cette égalité de traitement devant la douane et devant l'impôt, qui est l'unique objet de sa légitime ambition ?

« Nul autant que M. Méline n'était qualifié pour parler en son nom. Depuis quinze ans, nous le voyons chaque jour sans relâche sur la brèche. Le programme ministériel, qu'il formulait naguère aux applaudissements unanimes du monde agricole, témoigne qu'en prenant le pouvoir il est devenu fidèle à son passé, et nous sommes en droit de compter qu'il ne manquera pas de faire aboutir les projets de loi réparateurs, dont nous lui devons l'initiative et dont je ne vous signalerai ici que deux : le projet de réglementation des admissions temporaires de blés étrangers, le projet qui organise la défense contre la nouvelle législation sucrière de l'Allemagne.

« Ce sont là deux questions vitales pour notre région, que MM. les membres du Parlement, qui ont bien voulu répondre à notre invitation et que je tiens à saluer au nom de notre Société, veuillent bien que je saisisse l'occasion de les recommander spécialement à toute leur sollicitude.

« Mesdames et Messieurs, déjà au mois de novembre dernier, j'avais l'honneur, au nom de la Société des agriculteurs de France, de distribuer des médailles aux plus méritants des serviteurs ruraux du canton de Maignelay, à ceux, à celles-là mêmes que j'ai le plaisir de voir en ce moment assis en face de moi.

« Tout à l'heure encore je remplissais même agréable mission à l'égard des principaux lauréats de nos divers concours, de ces vaillants, qui, malgré les difficultés du temps présent ne désespèrent pas de l'avenir, et savent mettre à profit les enseignements de la science, les utiles instruments de travail, dont le champ du concours présente la meilleure collection, pour faciliter le travail des champs qu'ils tiennent de leurs pères et qu'ils ont l'ambition de transmettre agrandis et fécondés à leurs enfants.

« Issue de l'initiative privée et ne vivant que par elle, la Société des agriculteurs de France éprouve une vive satisfaction à s'associer par ses encouragements et par ses récompenses aux sociétés issues de même origine ; elle tient haut et ferme le drapeau du progrès agricole.

« Groupons-nous tous autour de ce drapeau, en y inscrivant pour devise celle que le Gouvernement nous proposait lui-même, il y a quelques jours, à Soissons : « Union des travailleurs « pour l'agriculture et par l'agri- « culture. »

---

1. Discours prononcé à Périgueux, le 16 avril 1884, par M. Jules Ferry, président du Conseil des ministres.

M. de Luçay représentait à Maignelay la *Société des agriculteurs de France* dont il est un des vice-présidents; à ce titre, il ne devait pas faire de politique, il ne lui convenait pas surtout de célébrer les louanges d'un homme qui, depuis qu'il est Président du conseil n'a rien fait pour l'agriculture, au contraire. Le moment était bien mal choisi d'ailleurs, puisque M. Méline a donné congé aux Chambres avant de les avoir obligées à examiner, à voter une seule des lois urgentes que réclament les agriculteurs.

M. de Luçay doit savoir que la Société ne peut faire de politique; que ses membres ne lui versent pas des cotisations pour qu'elle félicite en leur nom les pires ennemis de l'agriculture nationale.

Il y a quelques années, M. de Luçay n'aurait pas toléré un tel langage de la part d'un des dignitaires de cette grande association, et il aurait eu raison. Qui a bien pu le faire ainsi changer d'opinion?

Ceci prouve une fois de plus que les ruraux doivent se défier des politiciens qui, suivant les circonstances, trahissent ou défendent les intérêts du pays.

Pour nous, dont l'ardeur déplaît à M. de Luçay, nous ne sommes pas autrement fâché de constater qu'il réserve ses plus chaudes approbations aux tyrans francs-maçons qui nous gouvernent. Nous rougirions qu'il nous traitât sur le même pied et, ma foi, je ne suis personnellement pas très affligé que les circonstances me permettent de me rencontrer le moins souvent possible avec des hommes qui changent si souvent d'opinion.

S. CRÉPEAUX.

Concours de Saint-Brieuc.

Le moment est venu de dire un mot sur le concours *libre* de Saint-Brieuc comparé aux concours officiels dits régionaux. La comparaison est d'autant plus opportune que toute la presse officieuse réserve ses applaudissements pour les concours officiels et pour les fonctionnaires qui les dirigent avec notre argent, et tiennent pour fort négligeables, les concours organisés à leurs frais par les représentants les plus éminents et les plus dévoués de l'agriculture. Il est temps à ce sujet de faire justice de la légende inepte qui a cours dans le monde politique sur l'origine des concours régionaux et leurs titres aux sympathies de la France rurale.

C'est une grossière contre-vérité d'attribuer à l'agriculture officielle l'institution des concours régionaux. Leur création au contraire est due au patriotisme local de l'ancienne association bretonne et de l'association normande, — celle-ci, au reste, n'a jamais cessé de tenir un concours agricole dans des congrès annuels depuis près de soixante ans. Dès l'année 1849, l'association du centre Ouest tenait, elle aussi, un beau concours régional à Niort, à l'imitation des concours de l'association bretonne. Mais les succès de cette association portèrent ombrage au gouvernement impérial, et, dès 1853, M. de Persigny supprima l'association bretonne; puis, en digne héritier des gens qu'on immole, l'empire a eu les concours régionaux, sur le modèle de ceux de sa victime. Ainsi l'institution libérale des concours régionaux, création de l'agriculture libre, fut volée par l'agriculture officielle, pour en faire l'*instrumentum regni* que nous avons encore tous sous les yeux; en effet, les républicains qui protestaient si fort contre les procédés césariens de l'empire, n'ont eu rien de plus à cœur que de les adopter, et en outrer les pratiques les plus humiliantes et les plus onéreuses pour l'agriculture.

Je ne prétends pas que les concours régionaux, tels qu'ils ont été pratiqués par les républicains, aient été stériles de tout point pour l'agriculture; mais il est facile de prouver que la continuation des concours libres, supprimés à leur profit, eût été cent fois plus efficace, au point de vue moral comme au point de vue social et agricole. Mais c'est justement comme instrument de liberté, de politique que les concours libres ont été supplantés par les concours officiels. Ceux-ci en effet ont eu une part considérable dans cette propagande de servilité qui a eu des effets si désastreux sur les élections dans les cantons agricoles. C'est pour cela que nos maîtres les maintiennent à tout prix.

Le concours de Saint-Brieuc, ressuscitant la tradition, si bien étouffée en apparence des concours libres de l'agriculture indépendante, a un titre capital aux sympathies de tout ce que la France agricole compte d'esprits patriotes et amis de la vraie liberté et du progrès agricole.

Il a prouvé par le nombre et la valeur des primes que, malgré les misères d'une crise terrible, le public agricole a encore à sa tête des hommes d'une valeur supérieure, des sociétés libres comme la Société des agriculteurs de France, comme des autres sociétés et ses 4.200 syndicats qui peuvent remplacer honorablement et avantageusement le mandarinat onéreux et antidémocratique qui, sous le titre de ministère de l'agriculture, coûte 42 millions par an. Avec la moitié de cette somme ces sociétés libres feraient de meilleure besogne à tous les points de vue, excepté, bien entendu, au point de vue de la pression officielle sur les électeurs.

Voilà assurément un des principaux enseignements donnés à la France rurale par les créateurs et les organisateurs du concours de Saint-Brieuc. Il appartenait aux agronomes bretons de nous ressusciter une institution créée par leurs pères il y a soixante ans. Honneur aux Bretons! Espérons pour l'honneur de la France agricole que la leçon fructifiera!

La viticulture de Saône-et-Loire vient de faire une perte douloureuse par la mort prématurée de M. Paul Lauras, ancien préfet, propriétaire viticulteur à Sirot, près de Cluny. Il a succombé au moment où il était sur le point de communiquer à ses confrères les résultats de ses savantes expériences de viticulture.

Sa mort est un véritable deuil pour sa contrée et pour ses confrères. « Tous saluent sa tombe avec émotion, dit le *Bulletin* du Syndicat, tous garderont le souvenir de ce propriétaire modèle, tel que nous voudrions en compter davantage parmi nous pour le proposer en exemple aux capitalistes oisifs et aux viticulteurs découragés. »

M. Paul Lauras lègue à ses confrères un jeune fils qui, nous l'espérons, leur donnera un digne successeur de son père.

La Société des agriculteurs de France perd aussi en M. Lauras un membre qui lui faisait un grand honneur.

CHRONIQUE AGRICOLE

Situation. — La saison.

Le temps qui s'est maintenu très beau pendant la semaine dernière, a été mis activement à profit dans la région qui entoure Paris dans un rayon de quinze lieues, pour pousser avec toute l'activité possible les travaux de la moisson.

Mais depuis dimanche, 26 juillet, de nombreux orages ont semblé préluder à un changement de température. Si ces orages ne nous donnaient que de la pluie, tout serait pour le mieux; car la sécheresse devient excessive depuis quinze jours dans certaines contrées, et la disette d'eau sévit actuellement sur les plantes et même sur les animaux, l'eau manque tout à fait pour les abreuver.

Malheureusement les orages ont versé peu de pluies et beaucoup de grêle. Dimanche dernier notamment, la grande cité de Paris et ses environs ont été le théâtre d'un cyclone d'une violence sans exemple dans le passé.

Plusieurs milliers d'arbres ont été brisés dans les squares, jardins publics et boulevards, etc. On ne compte plus les serres dont les vitrages ont été brisés, les cultures de tout genre broyées et saccagées dans un rayon de cinq lieues autour de Paris et dans Paris même. C'est par millions que pourraient se chiffrer les dégâts des cultures de tout genre, et sans exemple dans les souvenirs de toutes les populations.

On n'a point à signaler, grâce à Dieu, de sinistres comparables à celui-là dans les autres régions. La disette d'eau est le seul sujet de leurs plaintes et les travaux de la moisson terminés dans le centre se poursuivent avec activité dans le nord.

On se demande maintenant quels seront les rendements, et surtout quels seront les cours. Sur ces deux questions palpitantes, on trouvera notre réponse dans un article spécial de notre *Chronique générale*. — On sait déjà que les blés de l'Amérique, de la République Argentine, de l'Inde, de l'Australie, secondés par l'abaissement des tarifs de fret, dépasseront de beaucoup les déficits des récoltes européennes, et soumettront les nôtres aux spéculateurs comme cela a lieu depuis cinq ans et plus. Ni M. Méline, ni le groupe soi-disant agricole des Chambres ne feront rien pour défendre l'agriculture de leur pays contre l'invasion étrangère. Dans de telles conditions, pas besoin d'être prophète pour prédire que la hausse est moins probable que la baisse.

M. Bablot-Maître nous adresse la note suivante sur la situation dans la Marne :

« Ainsi que je vous l'avais fait pressentir dans une correspondance antérieure, les vents impétueux qui ont régné pendant longtemps ont stérilisé beaucoup d'épis de seigle, de sorte qu'il y a des champs entiers de cette céréale qui ne vaudront point la peine d'être battus.

« Dans ma vieille pratique agricole, je n'ai jamais vu faucher les orges aussitôt les seigles avant les blés dans nos terrains calcaires de la Champagne. Ces coups de soleil, aussi ardents qu'au tropique ou au Sénégal, les ont fait rôtir et brûler avant maturité.

« Les avoines ne vaudront guère mieux au pesage, on sera obligé de les moissonner, huit jours aussi, avant leur saison normale. Pour ces mêmes motifs les régions ne donneront qu'une faible récolte. Les pommes de terre et les racines fourragères sont belles ? Les sarrasins sont pleins de promesses, à moins que les chaleurs caniculaires, ne viennent aussi les anéantir comme les marsages avant l'époque.

« Conclusions anormales de la moisson de 1896 : ni le blé, ni le seigle, ni l'orge, ni l'avoine n'atteindront point le poids spécifique officiel. C'est une sourdine à mettre aux renseignements trop optimistes de ceux qui voient tout en rose de la moisson totale actuelle. »

La région lorraine paraît en bonne situation d'après le tableau qu'en trace le *Bélier*, de Nancy :

« C'en est fait ; depuis quelques jours et en dépit des pluies, la maturité a fait son œuvre, et la machine fait entendre son cri strident dès l'aube. La faucille semble avoir cédé devant des armes plus rapides, la faulx et la moissonneuse. Ces deux engins jadis inconnus, aujourd'hui ont fait révolution dans l'agriculture et ont fortement diminué les charges de plus de la moitié de la main-d'œuvre.

« Les blés sont pour la plupart mûrs. Le grain est beau, l'épi bien rempli. Par suite, la grenaison sera bonne : mais, par contre, on constate un déficit dans le rendement des gerbes.

« Les avoines mûrissent par trop rapidement et les précoces blanchissent à vue d'œil. Les dernières pluies leur ont fait grand bien, car elles ont grandi quelque peu. Malgré cela, il ne faut pas compter sur un grand rendement en paille. La rame est belle, et la grenaison sera bonne.

« Les orges ont bien profité, et de toutes les céréales ce sont celles sur lesquelles l'on peut échafauder les plus belles espérances.

« La brasserie et la malterie n'auront pas à chômer, cette année.

« Les pommes de terre fleurissent et continuent, avec les pluies de ces derniers temps, à fournir les plus belles espérances.

« Les betteraves font tout leur possible. Malheureusement, il leur est impossible de regagner le temps perdu, et il nous en faut faire notre deuil.

« Les regains vont bien, et l'on peut dès à présent compter sur une bonne récolte, le bétail y trouve son compte dans les gros pâturages.

« Les vignerons sont dans la jubilation, car depuis de longues années on n'avait vu pareille abondance de pampres et préparation aussi jolie. Malheureusement pour quelques vignobles, le fléau ayant nom orage a déjà fait des victimes, et d'aussi belles espérances se sont évanouies en fumée. Nous plaignons de tout cœur ces victimes du sort.

« AUGUSTE JACQUES. »

Les syndicats agricoles.

L'article suivant qui nous est adressé par l'un des éminents correspondants de la *Gazette de France*, qui est en même temps un éleveur de premier ordre, sera lu avec un vif intérêt et prouvera combien nous avons raison d'engager les agriculteurs à discerner entre les syndicats agricoles.

M. Robin écrit avec toute la vigueur d'un agriculteur qui défend sa bourse, nous ne le lui reprocherons pas, mais toutefois nous croyons devoir lui faire observer que, grâce à Dieu, en cherchant bien, on peut trouver des syndicats qui sont dignes de confiance et dont nous parlerons quelque jour.

« Je veux parler des syndicats considérés comme intermédiaires commerciaux.

« A ce point de vue, voulez-vous savoir à qui les syndicats ont été utiles ? Aux commerçants, et aux commerçants exclusivement. J'ai fait mon enquête, comme je fais toujours chaque fois qu'il s'agit d'une question importante, intéressant l'agriculture ; or, c'est ce que j'ai pu constater partout, et ce que je vais résumer dans le compte-rendu, sinon

textuel, du moins très exact d'une conversation que j'ai eu la chance d'avoir avec un de nos plus grands négociants importateurs, habitant un de nos grands ports, lequel négociant est en même temps un ami sincère de l'agriculture et déplore tout comme moi, la sottise des agriculteurs qui, s'ils le voulaient, pourraient être tout et ne sont absolument rien, ne sont comptés pour rien dans notre organisation politique et économique, vrais parias sociaux, exploités à merci par tout le monde.

« Grâce aux syndicats, me dit mon « interlocuteur, au lieu de dix employés « dans mes bureaux et d'une comptabi- « lité énorme et compliquée qu'j'avais « auparavant, je n'en ai plus que trois, « et ma comptabilité est singulièrement « simplifiée. Aussi fais-je tout mon pos- « sible pour ne plus avoir affaire qu'avec « les syndicats. Je suis le premier à dire « à mes clients de s'adresser à eux, — « car de cette façon, je gagne beaucoup « plus d'argent — avec infiniment moins « de peine et des risques nuls. Le per- « sonnel des syndicats, c'est-à-dire ceux « qui s'occupent effectivement de ce « soin, simples employés rétribués sont, « neuf sur dix, absolument incompé- « tents, tout ce qu'il y a de plus ronds- « de-cuir. L'important pour eux, c'est « de croire à une concession qu'il est « tout à fait facile aux négociants de « leur accorder. Pour cela ils majorent « leurs prix ; sur ces prix majorés, spé- « ciaux aux syndicats, ils consentent « une remise. Le syndicat en garde pour « lui la plus grande partie, et voilà com- « ment les adhérents paient tout beau- « coup plus cher lorsqu'ils s'adressent « aux syndicats. Mais ce n'est point en- « core là le plus grand service que nous « rendent les syndicats à nous autres « négociants ; celui que nous appré- « cions le plus, c'est qu'ils nous débar- « rassent de toutes nos marchandises, « même les plus inférieures, avariées « même. Le public français, le public « agricole surtout, est si badaud qu'il « accepte tout des syndicats. Tel qui « nous refuserait impitoyablement une « marchandise inférieure, mais pourtant « marchande, acceptera, sans hésiter, « de son syndicat une marchandise ava- « riée. — *Ça vient du Syndicat !* Cela lui « suffit. Et tout cela se passe sous le « patronage, presque toujours des gens « les plus honorables, animés des meil- « leures intentions, et qui n'ont pas la « moindre idée de la réalité des choses. « Car, je ne vous parle pas des analyses, « des vérifications, dont on parle dans « tous les prospectus ; ce sont pures il- « lusions et vous n'y croyez pas plus « que moi. Il n'y a d'analyses et de vé- « rifications sérieuses, que celles faites « par le consommateur lui-même s'il est « compétent, ou par ses représentants « directs. Celles opérées sous la respon- « sabilité des syndicats sont illusoires. »

« Et voilà très exactement, sinon textuellement, ce que m'a dit un homme bie placé pour connaître la réalité; il n'a même dit beaucoup d'autres choses que je ne veux pas répéter. Au surplus j'en appelle à tous ceux qui ont voulu se renseigner; pas un seul ne me contre-dir parce que les faits sont là, nombreux, qui corroborent pour tous les articles, engrais, machines, semences, etc., cette vérité indiscutable : considérés au point de vue commercial, les syndicats ne remplissent nullement le but à atteindre; ils ne constituent qu'un intermédiaire de plus, entre le producteur et le consommateur et un intermédiaire, presque toujours incompétent et le plus onéreux de tous.

« J'ai acheté cette année mes tourteaux 1 fr. 25 par 100 kilog. au-dessous des prix pratiqués par le *Syndicat Central*, et c'est à un intermédiaire que je me suis adressé. De plus, ces tourteaux sont infiniment supérieurs, en qualité, à ceux que j'avais reçus précédemment par l'intermédiaire du syndicat : articles de clôture, machines, engrais, on peut tout obtenir d'un intermédiaire sérieux, honnête, que l'on connaît et qui vous offre toute garantie à 10, 15 et même 20 0/0, pour certains articles au-dessous des prix pratiqués par le *Syndicat Central*. Je connais des gens qui emploient le syndicat pour se débarrasser de vins dont le commerce ne veut pas, et ils s'en débarrassent quelquefois à des prix inespérés pour eux; à ces derniers, vraiment, le syndicat a été utile; mais le consommateur, lui que doit-il en penser?

« Pour la vente des bestiaux à la Villette, l'intermédiaire du *Syndical Central* est plus coûteux et offre beaucoup moins de garanties que l'intermédiaire des commissionnaires ordinaires de ce marché, gens compétents et directement responsables de leurs actes; tandis que l'agent du syndicat n'est qu'un simple employé salarié, à peu près irresponsable lorsqu'il n'est pas incompétent, comme il est arrivé dans quelques cas où le syndicat a eu recours aux commissionnaires eux-mêmes pour faire sa besogne, notamment pour la vente des moutons.

« Au surplus, à quoi bon insister? A ceux qui pourraient avoir des doutes, il suffit de dire ceci : Renseignez-vous vous-mêmes, et vous serez bientôt édifiés.

« Les agriculteurs ont un seul moyen d'améliorer leur situation, c'est de faire eux-mêmes leurs affaires et grâce à l'association par petits groupes d'intéressés où chacun a sa fonction et son utilité, arriver à supprimer tous les intermédiaires qui ne sont pas absolument indispensables. Entre les prix payés aux producteurs et ceux payés par les consommateurs des produits agricoles il y a une marge énorme, absolument exagérée et injustifiée; c'est à diminuer cette marge qu'il faut diriger tous les efforts. L'association seule, mais comprise, non plus comme la comprennent et la pratiquent les syndicats, mais comme l'entendraient les membres d'une

Société civile et commerciale, où chacun travaille pour la Société, où tous les services profitant à tous ne sont payés par aucun. Dans ce système, toutes les énergies, l'esprit d'initiative, peuvent se donner carrière et concourir au même but, qui est la prospérité de l'association, dont les bénéfices appartiennent à tous les membres. Mais, pour Dieu, assez de bureaucratie comme ça, assez d'intermédiaires et de fonctionnaires. La France, à cette heure, en meurt, du fonctionnarisme et du parasitisme économique et politique. Des associations tant qu'on voudra, conçues dans l'esprit que j'indique; mais plus de syndicats dont les seuls bénéficiaires sont les employés qui remplissent leurs bureaux.

« Charles Robin,

Emboucheur à Moulins-Latour par Charolles (Saône-et-Loire). »

**Rendement
des récoltes fourragères.**

Le document qui rend compte des récoltes céréales est complété par une série de coefficients relatifs aux récoltes fourragères. Il en résulte, ce que nous savons, ce qui touche les foins de prairie qui sont à peine d'une demi-année ; reste à savoir quels seront les rendements des secondes coupes, on sait malheureusement qu'elles ont beaucoup souffert des dernières chaleurs. Mais, d'autre part, ceux qui ont semé des plantes de seconde saison sur leurs premiers chaumes peuvent espérer de bonnes récoltes si la fin de l'été leur est favorable.

Les plantes racines semées de bonne heure dans des terres bien fumées et bien défoncées, sont en bonne voie. Tel est le cas des betteraves à sucre du Nord entre autres. Mais celles qui ont été semées en avril ont beaucoup souffert. Les binages réitérés, nous l'avons dit, sont le moyen le plus pratique de leur faire gagner du poids dans les dernières phases de leur végétation. Les pommes de terre sont en bonne voie, comme nous l'avons constaté.

En somme, le document officiel n'ajoute pas grand chose à ce que nous savions sur les récoltes de l'année.

**Déchaumages.
Cultures dérobées.**

La pratique des déchaumages et des cultures dérobées s'impose rigoureusement à notre agriculture à la suite de ses récoltes de céréales, depuis que celles-ci ne suffisent plus à couvrir leurs frais. A tout prix il faut tirer de la terre dans la même année une récolte fourragère qui permettra de nourrir une tête ou même une demi-tête de bétail de plus.

Enfin lors même que cette récolte n'aboutirait pas comme aliment pour le bétail, elle donnera au sol où on l'enfouira un engrais vert profitable à la prochaine récolte et surtout elle pro-

duira un effet précieux signalé à l'attention des cultivateurs par M. Dehérain.

M. Dehérain, en effet, a constaté, par des expériences concluantes, que dans la terre nue, les sels azotés sont entraînés par les pluies peu à peu de la surface dans le sous-sol, où ils sont perdus pour la végétation, tandis que si on ensemence cette terre nue à la suite d'un léger déchaumage, la nouvelle plante s'empare de ces sels azotés et les utilise soit pour elle-même, soit pour la sole qui doit suivre son enfouissement.

Le déchaumage au lendemain des récoltes de céréales, suivi d'une récolte dérobée, à consommer ou à enfouir, est donc une pratique éminemment utile, et qui s'impose plus que jamais à la pratique agricole au lendemain de la moisson.

On nous objectera, il est vrai, une difficulté très sérieuse : Où trouver le temps nécessaire à un tel travail, en une saison où les moissons absorbent toute l'activité non seulement de la famille agricole, mais des aides qu'elle réclame au dehors?

Certes, nous ne contestons pas la difficulté; mais nous ferons observer de nouveau ce que nous avons dit bien des fois, que le moyen de la surmonter consiste dans un bon outillage et en première ligne dans les charrues polysocs et dans les extirpateurs à cinq lames. Au moyen de ces instruments on exécute en un jour un travail qui en exige plusieurs avec la charrue simple. Un autre avantage des instruments à grand travail, c'est qu'à l'économie de temps ils ajoutent le privilège de terminer à temps un travail que les autres instruments ne peuvent achever par suite des intempéries.

Dans un matériel agricole bien approprié aux exigences de la culture moderne, les instruments qui accélèrent la division des terres sont à recommander comme les plus indispensables.

**L'acide phosphorique
et la chaux.**

A la dernière séance de la Société nationale d'agriculture, M. Risler, président, a appelé l'attention de la Société sur le rôle capital que jouent la chaux et l'acide phosphorique dans la production agricole, et sur la situation difficile des vastes étendues de terres cultivées en France dépourvues de ces deux éléments, et auxquelles il est indispensable de les apporter pour en obtenir des récoltes rémunératrices, le tout résultant des études géologiques officielles sur les régions du territoire.

D'après la statistique dressée par M. Tisserand, les terres cultivables en France sont d'environ 49 millions d'hectares. Sur ce nombre 11 millions seulement sont d'une fertilité abondante, parce qu'ils contiennent dans des proportions heureuses tous les agents de fertilité, et peuvent sans engrais donner d'abondantes récoltes, de 30 à 40 hectolitres de blé par exemple et des rendements analogues en d'autres plantes. Ce sont les sols dits d'alluvions (Nord), les terrains volcaniques (Limagne), etc., puis les alluvions des Flandres et les terrains quaternaires du rayon de Paris — en tout 11 millions d'hectares.

Les 39 autres millions d'hectares sont constitués par des terrains plus ou moins incomplets, et dont la fertilisation dépend des apports qu'on leur fait des éléments qui leur manquent. Parmi ceux-ci on compte 3 millions d'hectares qui manquent de potasse et 30 millions qui manquent d'acide phosphorique, la plupart de ces terres ont été épuisées de cet élément précieux par des récoltes qui l'enlevaient sans en rendre autant à la terre. Mais jamais ces terrains n'on eu cu assez pour donner d'abondantes récoltes, tels sont les sols granitiques, schisteux, calcaires, siliceux, crétacés, etc.

Dans ces terrains (sauf les crétacés), le calcaire est également absent ou insuffisant en même temps que l'acide phosphorique, de même dans les terrains à argile à silex qui couvrent une partie de la région du Centre, ainsi que du Nord-Ouest (la Bretagne); une partie de ces terrains, il est vrai, est couverte d'un limon qui leur permet de donner des récoltes médiocres, mais qui ne peuvent s'accroître, faute de calcaire et d'acide phosphorique.

Enfin, viennent les terrains pauvres à la fois en acide phosphorique et en potasse, tel est le cas des sables de Fontainebleau. Ni le blé, ni les plantes légumineuses ne peuvent réussir sur ces terrains, à moins d'apports considérables de ces trois éléments.

Ces terrains, il est vrai, ont été couverts avec les siècles de végétaux spontanés qui, en se décomposant, ont formé une couche arable sur laquelle on obtient des récoltes médiocres mais qui ne peuvent être augmentées faute des deux éléments, calcaire et phosphorique.

Les landes à sols siliceux et à sous-sols imperméables (Sologne, Landes), couvrent encore près de 4 millions d'hectares, qui, pour être mis en valeur, réclament des apports considérables de ces deux éléments. Les bois forestiers qui couvrent une partie de ces landes peuvent y vivre, parce que leur végétation exige de très minimes proportions de chaux et d'acide phosphorique et que, cette proportion tombant sur le sol avec leurs feuilles mortes, y constituent un humus qui les rend aux racines avec le temps.

Jusqu'à ces derniers temps, l'absence d'acide phosphorique n'avait jamais été comprise par les agronomes. On ignorait complètement son rôle comme facteur de la végétation. Les défrichements étaient suivis d'écobuages, qui mettaient en liberté la potasse des végétaux consumés; mais, faute d'acide phosphori-

que, les terres défrichées devenaient stériles après deux ou trois récoltes. Les travaux de M. de Gasparin, les études de Liebig (M. Risler ne parle pas de Liebig. — Pourquoi? — Nous l'ignorons) ont enfin amené peu à peu la culture à donner à l'acide phosphorique une place importante sinon la première dans les matières fertilisantes.

Il y a cinquante ans, néanmoins, l'acide phosphorique était employé avec succès, mais d'une façon empirique dans l'Ouest, au moyen des *noirs*, provenant des raffineries de Nantes, dont l'effet était sensible sur les choux et sur les sarrasins. A la même époque aussi, les guanos employés empiriquement conquirent une certaine vogue, et on ne comprit que plus tard que leur effet était dû à leur richesse en azote et en acide phosphorique.

M. Risler ne parle de ces faits que nous croyons utile de relever; en revanche, il remarque avec raison que, dans les sols pauvres en calcaire et en acide phosphorique, l'assolement triennal est inévitable, parce que ce sont les prés qui, au moyen des foins, donnent aux fumiers la provision d'acide phosphorique strictement indispensable pour obtenir des récoltes passables.

Boussingault, dit M. Risler, estimait que chaque année, un hectare de terre perdait par sa culture 6 kilos d'acide phosphorique, et qu'il fallait au moins un demi-hectare de pré pour combler le déficit. Enfin, l'eau des irrigations dans certaines contrées apportait aux terres un faible contingent d'acide phosphorique, notamment dans les terres irriguées du Limousin. Le rôle de la chaux avait été compris un peu plus tôt que celui de l'acide phosphorique. On connaît l'histoire des chaulages dans la Mayenne, en Vendée et en Bretagne et celle des marnages un peu partout.

Les travaux de M. de Molon sont justement relevés par M. Risler à ce sujet. Nous avons été témoins attristés des travaux et des sacrifices que s'imposa ce vaillant agronome breton, pour découvrir les gisements de phosphates et en provoquer partout l'exploitation; de Molon a été un bienfaiteur unique de l'agriculture. L'oubli de sa mémoire est une ingratitude impardonnable, comme le fut l'inique indifférence du ministère de l'agriculture de son vivant.

Aujourd'hui, l'agriculture est édifiée sur l'utilité et la nécessité de l'acide phosphorique, donné aux cultures par les phosphates, les scories phosphoreuses, les os broyés, noirs de raffinerie, etc. D'après M. Lindet, il faudrait appliquer tous les ans 135.000 tonnes d'acide phosphorique aux 23 millions d'hectares qui en ont besoin en sus des quantités qu'on leur donne aujourd'hui. Cela produirait 6 kilos d'acide phosphorique par hectare. On obtiendrait ainsi partout des rendements de 25 ou 30 hectolitres de blé et des rendements

analogues des autres plantes. — L'acide phosphorique doit donc être demandé partout aux sols qui en sont richement propres, surtout en Algérie, à Tebessa. Pour l'azote, on peut le demander à l'atmosphère par les racines de légumineuses.

M. Risler a terminé en priant M. Méline de prendre toutes les mesures dépendant de son ministère pour faciliter partout les extractions de phosphate et leur acquisition par les cultivateurs.

Alors, il n'a pas une heure à perdre pour arracher les phosphateries de Tebessa aux tripoteurs juifs, anglais et italiens qui, jusqu'à ce jour, ont réussi à les accaparer au détriment de la France agricole.

<hr>

Pisciculture pratique.

(Suite)

Il y a, dans les petits bassins, des truites nées au mois d'avril dernier, d'une longueur de 8 à 10 centimètres.

Et, dans les grands bassins et le canal, des truites de toutes dimensions pour faire des reproducteurs.

(Je les ai vus de mes propres yeux, ces poissons aux brillantes couleurs, vifs comme des éclairs.)

La truite arc-en-ciel est assurément une des meilleures espèces de poissons, sa chair est supérieure à celle des autres truites.

Elle a, en outre, sur notre truite commune, plusieurs avantages :

D'abord, elle pond ordinairement en février et mars, tandis que l'autre pond en novembre et décembre. Deux mois après la ponte, c'est-à-dire vers les mois d'avril et mai, les alevins, qui ont alors besoin de nourriture, trouvent dans les eaux déjà échauffées par le soleil du printemps, des insectes imperceptibles qu'ils n'y trouveraient pas auparavant.

Ensuite elle vit aussi bien dans les eaux calmes que dans les eaux torrentueuses, dont la température reste toujours très basse.

Celle des étangs de Paimpont en sont une preuve vivante.

La truite arc-en-ciel a beaucoup d'ennemis, surtout les perches et les brochets, mais elle est si vive qu'elle leur échappe la plupart du temps.

Elle se pêche à la mouche comme les autres truites.

En France avec un peu de bonne volonté, une répression plus franche du braconnage et une prime pour la destruction des loutres, on arriverait en très peu de temps à repeupler nos cours d'eau avec des truites arc-en-ciel et à en retirer, comme la Belgique, l'Angleterre et la Hollande, des revenus considérables.

Il est vrai que dans ces pays-là les cours d'eau sont gardés avec le plus grand soin contre le braconnage et qu'on donne une prime pour la destruction des loutres.

Tous les travaux d'élevage sont faits par une jeune domestique dont les gages sont de 250 francs par an, non compris la nourriture.

Voilà tous les frais d'élevage des truites arc-en-ciel à Paimpont.

Je reprends mon rôle de visiteur :

On voit à chaque instant de belles truites et des bandes interminables de poissons de toutes sortes se promener le long des bords des levées de l'étang qui alimente le laboratoire.

C. SARGÉ,
Membre de la Société des Agriculteurs
de France.

(A suivre.)

Sacs à raisin
à fermeture brevetée.

Nous croyons devoir rappeler à nos abonnés l'extrême utilité des sacs à raisin pour la protection des fruits de choix contre les atteintes des guêpes et autres insectes nuisibles.

Leur emploi est non seulement limité au raisin, mais on s'en sert aussi pour protéger efficacement les pêches, pommes et poires d'espalier contre les loirs, limaces, perce-oreilles, etc. Nous n'insisterons pas d'ailleurs sur les excellents résultats obtenus depuis leur utilisation.

Nous avons le plaisir d'offrir en primes à nos lecteurs ces nouveaux sacs à raisin et à fruits, à un prix absolument de faveur.

Ces sacs à raisin sont confectionnés avec de la toile de première qualité, enduite d'une matière spéciale qui en assure la parfaite conservation sans porter atteinte ni à la saveur, ni à la coloration du fruit.

La supériorité de notre modèle consiste surtout dans le système de fermeture qui est d'un fonctionnement simple, rapide et d'une solidité à toute épreuve.

La ficelle de fermeture est serrée par une olive métallique inoxydable qu'il suffit de pousser contre l'ouverture du sac; on tire simplement l'olive à l'extrémité de la ficelle et l'ouverture est ainsi dégagée.

Avec ce système bien supérieur à ceux couramment employés, le sac est déplacé sans inconvénient autant de fois qu'il convient, et sans aucune détérioration. De plus, la fermeture obtenue est complètement hermétique et dans aucun cas l'olive qui sert à faire glisser la ficelle de serrage ne se dilate par la chaleur comme dans tous les systèmes pour lesquels le caoutchouc est employé.

(Voir aux primes).

L'agence nationale
des agriculteurs et viticulteurs.

32, AVENUE DE L'OPÉRA, PARIS

Un grand nombre de nos abonnés nous ont écrit pour nous demander des renseignements détaillés sur l'émission de 500 obligations faite par l'Agence nationale des agriculteurs et viticulteurs.

Devant l'impossibilité de répondre personnellement à chacun, nous faisons connaître par la voie du journal que l'agence nationale est constituée en société anonyme, au capital de 200.000 fr., que parmi ses actionnaires figurent des noms très avantageusement connus, et de haute situation ; son administration est intelligente ; nous ajoutons que c'est une institution qui nous est sympathique.

Le prix d'émission de ces obligations est de 275 francs, elles sont remboursables à 300 francs, par voie de tirage au sort, après l'année 1901, et rapportent un intérêt annuel de 15 francs. La première série de 150 obligations, mise actuellement en émission, sera close le 15 août courant.

OFFRES ET DEMANDES

RED CAP. Œufs à couver de cette excellente race de poule, réputée la plus jolie et la plus forte pondeuse, garantis race pure frais et fécondés, 5fr. la douzaine franco de port et d'emballage. S'adresser à **Calixte Dany**, Althen-les-Paluds (Vaucluse).

Important : J'invite les personnes qui veulent bien me confier leurs ordres de toujours y joindre un mandat, les remboursements n'étant bénéficiables qu'aux Compagnies.

Toujours donner le nom de la gare à laquelle il faut adresser les envois.

Le Bimétallisme et l'Agriculture en 1896 par M. L. de Lamérie. Prix : 1 franc.

En vente chez l'auteur à Lavarenne par Châteaudun (Eure-et-Loir). Brochure intéressante et instructive.

A VENDRE OU A LOUER propriété rurale à proximité de centres importants, bonne terres, constructions suffisantes.

Excellente affaire convenant surtout à jeune homme voulant prendre une exploitation. S'adresser aux bureaux du journal. Se hâter.

LA QUESTION DU BLÉ, par J. Vavost. franco : 0fr. 60. S'adresser : Lemercier, libraire, 1, galerie Véro-Dodat, Paris.

M. **POUZIN** offre de jolis racinés de son plant de vigne à la seule condition pour les demandeurs de lui tenir compte d'une partie de la récolte d'une année. — Contre 0 fr.25 il expédie son *Guide* pour la culture de cette variété.

Écrire à M. Pouzin Émile, à Saint-Paul-les-Romans, Drôme.

Huiles d'olive garanties pures et sans mélange venant directement de la propriété.

Au prix de 1,80, — 1,60, — 1,50 le kilog. suivant qualité.

Gare départ, paiement contre remboursement. S'adresser à M. Edouard Laurin, propriétaire à Saint-Chamas (Bouches-du-Rhône).

Ferme de l'Institut Agricole de Beauvais — A VENDRE :

1° Très bon bélier *charmois* en état de faire la lutte.

2° Œufs, poulettes et coqs des races : La Flèche, Dorkins, Leghorn, Campine et Padoue Doré, Langshan, Gournay, Coucou de Malines, Houdan, Cochinchinoise fauve, Brahmapoutra, canards de Rouen.

GRAND CRU MÉNARDIERE. Cidre normand pur jus, 15 fr. l'hecto non logé.

Eau-de-vie de cidre garantie pure : 3 fr. le litre.

SASSIER, propriétaire. La Colombe (Manche)

Un agriculteur offre des actions d'une bonne société d'assurances au prix d'émission. Revenu de 5 p. 100. S'adresser aux bureaux du journal.

Agriculteur, ancien régisseur de grandes propriétés, demande direction d'un domaine en France ou colonies. Excellentes références.

Ancien Industriel ayant possédé usine importante, fait valoir plusieurs fermes et Bois de haute futaie, désire se placer comme intendant-régisseur. Nous recommandons spécialement cette personne qui a de grandes connaissances techniques à possesseur de grand domaine. Écrire au bureau du journal.

Purificateur d'air pour tonneaux, l'un 4 50 franco gare.

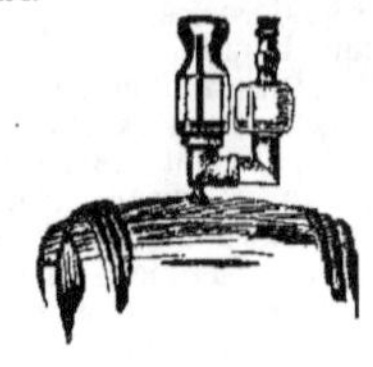

Moyennant un supplément de 0 fr. 40, nous joindrons à l'envoi une mèche à percer de calibre et moyennant 0 fr. 10 en plus, une mèche soufrée.

Primes nouvelles. — *Sacs à raisin enduits, toile supérieure, avec fermeture brevetée.*
Moyens, le mille 48 fr. » le cent 5 fr. »
Petits, le mille 38 fr. » le cent 4 fr. »

Sacs à fruits enduits, toile supérieure.
N° 0 petit, le mille 20 fr., le cent 2,00.
N° 1 grands, le mille 25 fr., le cent 2,25.

Vente du bétail au marché
de La Villette.

Adresser les animaux à MM. Henri Roblin et Surugue, en gare Paris-Bestiaux. Les aviser par lettre auparavant, 190, rue d'Allemagne, Paris.

COURS DES BESTIAUX

Marché de la Villette du 27 juillet 1896.

PRIX DE LA VIANDE NETTE

	1re qualité	2e qualité	3e qualité
Bœufs ..	1.50	1.40	1.30
Vaches...	1.17	1.38	1.28
Taureaux	1.22	1.12	1.02
Veaux...	1 70	1.50	1 30
Moutons..	2 00	1 86	1.76
Porcs	1.10	1 08	0.96

			PRIX EXTRÊME	
ESPÈCES	AMENÉS	VENDUS	viande net	poids vif
Bœufs....	2.638	2 597	1.30 à 1 50	60 à » 94
Vaches...	993	824	1.28 1.48	55 » 92
Taureaux.	274	203	1 02 1.2·	50 » 77
Veaux....	1.256	1.001	1.50 1 70	58 1.08
Moutons..	18.548	16.580	1.76 2 0)	81 1.26
Porcs . ..	4 0.2	3.099	0.96 1.10	66 » 80

Arrivage important.

Marché de la Villette du 30 Juillet 1896.

PRIX DE LA VIANDE NETTE AU KILOGR.

	1re qualité	2e qualité	3e qualité	Prix extrême
Bœufs....	1.46	1.36	1 26	1.24 à 1.50
Vaches...	1.45	1.34	1 20	1 16 1 50
Taureaux	1 24	1.14	1 06	1.00 1 30
Veaux....	1.70	1.50	1 30	1 20 1 80
Moutons..	1.98	1.84	1.72	1.64 2 04
Porcs	1.16	1.10	»	1 16 1.20

ESPÈCES	AMENÉS	VENDUS	OBSERVATIONS
Bœufs ...	2.776	»	Vente très mauvaise sur le gros bétail et les veaux, moyenne sur les moutons, plus facile sur les porcs.
Vaches...	728	843	
Taureaux.	242	»	
Veaux....	1.784	518	
Moutons..	15.292	»	
Porcs.....	5 583	»	

ENGRAIS

REVUE DES COURS.

Nitrate de soude. — Le disponible n'a plus d'intérêt pour la culture : quant à la situation du livrable sur 1897, elle est tellement obscure en raison de nouvelles diverses répandues par la spéculation, qu'on ne peut prévoir quelle sera la base réelle des cours. On cote les wagons Dunkerque disponible, 18 fr. 80; 4 premiers 1897, 19 fr. 80 à 20 francs.

Sulfate d'ammoniaque. — Les prix se maintiennent à des limites extrêmement basses. Une hausse est à prévoir d'ici un mois, mais les cultivateurs n'ont pas à craindre de payer jamais cette année le sulfate à un prix bien élevé, on cote : Dunkerque, 20 fr. 75; Paris, 21 fr. 45; Rouen, 21 fr. 25; Bordeaux, 21 fr. 30.

Superphosphate. — Les Syndicats qui depuis dix ans ont confondu les marchandages avec l'esprit commercial n'ont pas su empêcher l'entente des fabricants de se conclure. Cette entente officiellement connue et avouée est, pour les *syndicats* agricoles, une défaite commerciale irréparable. Les associations agricoles, principalement celles qui, par leur programme et leur situation, devaient *centraliser* les efforts et diriger le mouvement ont fait preuve d'une imprévoyance et d'une incapacité qui leur coûtera cher. Les *syndicats* agricoles sont, par la faute de ceux qui auraient dû les servir et les éclairer, les prisonniers des fabricants : le pis c'est qu'ils entraînent dans leur captivité les agriculteurs qui s'étaient confiés à eux.

On cote l'unité d'acide phosphorique soluble au citrate (dosages de 12 à 16 0/0 : Dars le Nord, 0 fr. 34 à 0 fr. 35: Paris avec escompte de 2 0/0, 0 fr. 39 à 0 fr. 40; Bordeaux, 0 fr 40, à 0 fr. 41: Nantes; 0 fr. 40 à 0 fr. 41; Marseille, 0 fr. 39 à 0 fr. 40.

Potasse. — Les cours de ce produit réglementé par le Syndicat des producteurs de Stassfürt subissent peu de changement) dans le Nord, le chlorure base 90° vaut 20 fr. 25; le sulfate de potasse base 90° vaut 21 francs.

PRODUITS COLONIAUX

Renseignements fournis par MM. MARÉCHAL et Cⁱᵉ courtiers, 9, rue Chevreul, Paris.

Sucres. — Il s'est produit un léger mouvement de hausse dans la semaine, puis. le cours du cristallisé n° 3 est retombé à 2· francs. Cet article donne lieu à peu d'affaires en consommation. La chocolaterie se pourvoit au fur et à mesure de ses besoins. Les nouvelles de la récolte des betteraves étaient assez favorables ces derniers jours, ce qui a fait fléchir les cours généraux du sucre de toutes provenances.

Cafés. — La baisse s'accentue à cause des remptes du Brésil qui sont considérables. La surproduction de ce pays était prévue et escomptée, mais elle a pris momentanément, une importance assez grande pour provoquer une dégringolade complète. La consommation, toujours baissière, achève la déroute en s'abstenant de faire des achats. Au cours actuel, 62 francs les 50 kilogr., le Santos good average qui est le grand régulateur des marchés est à un prix suffisamment onéreux pour les planteurs brésiliens, pour que ceux-ci ne réagissent pas. D'ailleurs, en septembre il y aura une reprise dans les affaires en disponible et tout porte à croire que la baisse sera à ce moment enrayée.

Il s'est traité au Havre des Gonaïves à 92 francs; des Porto-Rico à 116 francs, des Cumana à 89 et 90 francs, des Porto-Cabello, non gragés, à 85 francs, et des gragés à 100 francs.

Le stock au 24 juillet, était, dans les entrepôts du Havre, de 404.136 sacs et 3.960 fûts, contre 458.741 sacs et 1.541 fûts à la date correspondante de l'année dernière.

A Bordeaux il y a eu quelques affaires en Caracas à 95, caracas gragés à 106 et 112 francs; Porto-Cabello non gragés, à 86, 88 et 92 francs selon qualité. Des Porto-Rico ont été traités à 120 et 122 francs les 50 kilogr. entrepôt.

Cacaos. — Grand calme par continuation ; les prix sont sans changement, sauf pour les Guayaquil qui ont monté à la suite des avis du pays de production et grâce aux manœuvres des Anglais. A Marseille, on cote : Bahia préparé 59 à 60 francs ; Guayaquil, 62 à 63 francs; Carupano, 78 à 80 francs ; Caraque, 78 à 83 francs ; Guadeloupe, 78 à 80 francs.

Bordeaux a traité des Martiniques à 77 fr. 50 les 50 kilogr. entrepôt.

Vanilles. — La situation est sans changement : les acheteurs s'abstiennent et les détenteurs ne désirent pas vendre à cause de la rareté des stocks. Les sortes extrafines formant la majeure partie des lots existant en première main, la chocolaterie et la confiserie ne trouveraient d'ailleurs pas actuellement ce qui convient à leur fabrication. Il faut attendre la prochaine récolte pour déterminer des cours réguliers.

Gommes. — Rien de saillant à mentionner sur cet article qui se maintient.

CORRESPONDANCE

CHANGEMENT D'ADRESSE

Chaque demande de changement d'adresse doit être accompagnée d'une bande imprimée et de *CINQUANTE CENTIMES* en timbres-poste pour frais de réimpression.

M. S. P., à F. — *Passage, Enclave.* — Les propriétaires voisins n'avaient pas le droit de vous obliger à fau cner un jour déterminé, ils devaient attendre un jour ou deux puis que vous annonciez l'intention de fau re, et vous appeler devant le juge de paix. Ils ne pouvaient pas se faire justice eux-mêmes.

Les propriétaires enclavés doivent passer par le trajet le plus court et le moins dommageable pour arriver à la voie publique.

Lorsque les propriétaires ne sont pas d'ac-

cord on doit se réunir devant le juge de paix pour déterminer l'endroit du passage.

M. H., à R. (Oise). — *Insecticide Desgouttes.* Cet insecticide a donné lieu à de nombreuses expériences; en particulier, il a été essayé par plusieurs jardiniers, membres du Syndicat de Saint-Fiacre de Paris. Le bulletin de cette association contient la note suivante que nous nous faisons un plaisir de reproduire. « M. H. rend compte de résultats très satisfaisants qu'il a obtenus sur des pommiers, avec l'insecticide Desgouttes pour détruire le *puceron lanigère*, si difficile à détruire. »

« M. C. déclare avoir obtenu, de même, de très bons effets sur des orangers et des cerisiers pour détruire le *puceron noir.* »

Tous deux s'accordent pour reconnaître que ce produit est plus avantageux que la *nicotine*, parce que le prix de revient en est moins élevé, d'abord, et ensuite parce qu'il est plus facile à obtenir et à conserver.

M. D., à P. (Aisne). — *Glanage, râtelage, droits des pauvres.* — Les glaneurs, dans les lieux où l'usage est de laisser glaner, ne peuvent entrer dans les champs qu'après l'enlèvement de la récolte (article 21 de la loi du 28 septembre 1791). — Le glanage n'appartient qu'aux pauvres de la commune, c'est-à-dire ceux dont l'indigence est constatée, par exemple, admission au bureau de bienfaisance.

Le propriétaire peut faire râteler sa récolte de blé ou d'avoine, de façon à laisser moins d'épis, pourvu que ce soit avant l'enlèvement de la récolte; une fois la dernière gerbe enlevée il ne peut plus y toucher.

Le glanage doit s'exercer pendant les deux jours qui suivent l'enlèvement de la récolte. Ce n'est qu'après ces deux jours expirés que le propriétaire peut faire pâturer ou extirper sa terre; pendant ces deux jours le troupeau commun ne peut pas y entrer et le propriétaire n'est pas maître de son champ.

M. R. de G. Château de C. (Marne). — Le moyen le plus énergique et le plus radical pour détruire les vers blancs qui ont envahi vos carrés de fraisiers dans votre potager, c'est d'employer l'*Insecticide Desgouttes* en arrosages.

Dix kilos dissous dans 200 litres d'eau vous donneront complète satisfaction, faire 1 ou 2 arrosages à quelques jours d'intervalle.

Les cendres de four de tuilerie associées à des scories n'ont aucune action sur les vers blancs.

M. L., à Saint-F. (Ardennes). — Dans vos carrés de choux qui sont infestés de chenilles, il existe un moyen bien simple de s'en débarrasser et qui nous a toujours fort bien réussi.

Il consiste à piquer de place en place ou même à couvrir les choux eux-mêmes avec des branches de genêts. (Genêts à balais qui se trouvent dans tous les bois). Les chenilles se sauvent de tous côtes et disparaissent complètement.

PRIMES A NOS ABONNÉS

Délicieux **Vin Muscat Vieux** tonique et réconfortant venant directement de la propriété, garanti authentique, offert en prime à nos abonnés à raison de 1 fr. 25 le litre logé en fûts de 25 à 35 litres. Fûts perdus.

Adresser les commandes au Bureau du Journal, 10 bis, rue Piccini, Paris.

Si vous voulez boire du bon vin de Saint-Émilion, adressez-vous à M. Duplessis-Foursand au château des Trois-Moulins, à SAINT-ÉMILION (Gironde).

(Voir le prix courant.)

Porte-pantalon hygiénique, breveté S. G. D. G. de P.-B. Noël. Prix de faveur pour nos lecteurs. Pour hommes, jeunes gens et enfants de dix ans, franco 4 fr.; pour femmes et fillettes, 4 fr. 50. Toute commande doit être strictement accompagné d'un mandat-poste représentant la valeur de l'expédition.

BONDE le cent, 25 fr., les cinquante 13 fr., les vingt-cinq 7 fr. Au-dessous de 25 bondes 0 fr. 30. Le tout franco de port. Indiquer le diamètre de chaque bonde.

CHEMIN DE FER DU NORD

PARIS A LONDRES

Via Calais ou Boulogne.

Quatre services rapides quotidiens dans chaque sens.

Trajet en 7 heures. — Traversée en 1 heure.

Tous les trains comportent des 2e classes.

En outre, les trains de malle de nuit partant de Paris pour Londres et de Londres pour Paris à 9 heures du soir prennent les voyageurs munis de billets de 3e classe.

À partir du 1er juillet une nouvelle accélération sera apportée au train de malle de nuit de Londres à Paris.

Le train qui part actuellement de Londres à 8 h. 15 du soir en partira à 9 heures tout en conservant son heure actuelle d'arrivée à Paris-Nord.

Départs de Paris. — Via Calais-Douvres, 9 h., 11 h. 50 du matin, 9 heures du soir. Via Boulogne-Folkestone : 10 h. 30 du matin.

Départs de Londres. — Via Douvres-Calais : 9 heures, 11 heures du matin et 9 heures du soir. Via Folkestone-Boulogne : 10 heures du matin.

Service officiel de la poste. — La gare de Paris-Nord située au centre des affaires, est le point de départ de tous les grands Express Européens pour l'Angleterre, l'Allemagne, la Russie, la Belgique, la Hollande, l'Espagne, le Portugal, etc.

Le Gérant : E. GAMBART.

IMP. NOIZETTE ET Cie, 8, RUE CAMPAGNE-1re, PARIS

Le moment favorable au transport des vins étant revenu, nous rappelons à nos lecteurs que tous ceux d'entre eux qui, sur nos conseils, et depuis cinq ans, consomment les vins de M. VINCENT ARDURA, vigneron, domaine de la Chapelle-Frédiguac, par Blaye-Bordeaux n'ont qu'à se louer de la qualité et de la conservation de ce Bordeaux absolument naturel, expédié sans intermédiaire.

Pour dégustation sérieuse, envoi gratuit est fait d'une bouteille de la récolte désignée.

L'encaissement est fait par le facteur, à 30 jours, escompte 2 0/0, ou 90 jours.

Vendanges : 1893, à 130 fr., 1892-91, à 150 fr.; 1890-89, à 175 fr., 1887, à 200 fr., 1885, à 220 fr., 1884, à 240 fr., 1882, à 250 fr., 1881, à 300 fr. — Graves blancs vieux : 130, 150, 200, 250, 300 fr., suivant âge, les 225 litres collés, soutirés, franco de port et de fût en gare d'arrivée.

M. RECOURAT, pharmacien à Beauvais.

Gale des moutons guérie radicalement par *une seule application* de l'ANTIPSORIQUE.

La bouteille, 3 fr.; la 1/2 bouteille, 1 fr. 75.

Guérison du PIÉTIN par *un seul pansement* avec le CONTRE-PIÉTIN-RECOURAT.

Le pot d'essai, 1 fr. 50; le pot, 2 fr. 50.

Joindre 0 fr. 60 pour recevoir *franco* et indiquer gare

VIN PUR COTES 1re QUALITÉ

Vieux, nouveau garanti sur facture

Récolté par FÉLIX LAÜ, propriétaire-viticulteur à Caussiniojouls (Hérault).

Nouveau, 35 fr. l'hect. logé sur gare Faugères.

VINS DE SAINT-ÉMILION

Vins classés, de 800 à 250 francs la barrique de 225 litres. — Moitié prix pour la barrique de 112 litres.

Vins grands ordinaires, de 140, 125, 105, 100 francs la barrique — 80, 75, 70, 65, 58, 55 francs, la demi-barrique. — Rendu *franco* en gare et régie, sauf octroi.

Adresser commandes à M. DUPLESSIS-FOURCAUD, à Saint-Émilion. — Envoi de prix courants et échantillons sur demande affranchie.

Médailles d'Or, Paris, 1867 et 1889 — Moscou 1891 — Besançon, Montluçon, Royan, etc.

MALADIES DU BÉTAIL

ET DE LA VOLAILLE

Leur traitement préventif et curatif

PAR L'ACIDE SALICYLIQUE

L'acide salicylique, employé dans la nourriture à la dose de 1/2 à 1 gramme par jour par tête de bétail, est le meilleur préservatif des maladies qui procèdent par contagion : Sang de rate, Cocotte, Maladie aphteuse, Érysipèle, Typhus, Morve, Variole et le Rouget des porcs, etc.

DES ATTESTATIONS NOMBREUSES DE GUÉRISONS obtenues pour la Cocotte et le Rouget des porcs ont été reproduites dans le journal *l'Agriculture.*

La désinfection des étables, des écuries, se fait instantanément au moyen d'un arrosage d'eau salicylée à 2 grammes par litre.

S'adresser à M. CERCKEL, administrateur de la *Compagnie de produits antiseptiques*, 26, rue Bergère, Paris.

Envoi sur demande de Prospectus et Brochures.

PRIX DU KIL., 25 fr. BOÎTE DE MÉNAGE, 2 fr.

CHEVAUX BOITEUX

Guérison par le spécifique BORNET

Contre Capelets, Mollettes, Vessigons, Éponges, Exostoses, Suros, Éparvins e les Formes à leur début. *(Il s'applique également à toutes les tares molles et osseuses.)*

PRÉPARÉ PAR A. BORNET

Pharmacien de 1re classe, ex-interne et lauréat des hôpitaux.

19, rue de Bourgogne, PARIS.

Le flacon, 5 fr., à la pharmacie ; en gare par colis postal, 6 fr. contre mandat.

FROMENTINE

Marque déposée B. S.G.D.G.

Produit pour l'alimentation économique, saine et rationnelle du bétail, provenant en grande partie des issues de la mouture de blé.

DIVERSES MARQUES

Demander celle en raison du but poursuivi

Marque A pour l'engraissement égal à celui du tourteau de lin, le remplacement de l'avoine, production d'un lait de qualité supérieure.

Marque B pour le bon entretien du bétail.

Marque J développement rapide des jeunes bêtes.

Marque L surproduction du lait.

Marque E engraissement rapide.

Écrire à M. Armand MILLOT

Moulins Saint-Martin

Saint-Quentin (Aisne.)

SELS POUR L'AGRICULTURE

Nourriture du bétail et Engrais des terres

Sel neuf dénaturé, au tourteau de colza. 45 f. 1.000 k.
Sel neuf dénaturé, au peroxyde de fer. 40 f. 1.000 k.
Sel de morue pur. . . . . 35 f. 1.000 k.
Expéditions de Fécamp, Bordeaux et St-Malo.

S'adresser à MM A. LE BORGNE et ses Fils, négociants-armateurs, à Fécamp.

Ouvrages de MM. CRÉPEAUX

En vente aux bureaux de la *Gazette*

La Culture électrique 1 50

Manuel vétérinaire pratique du cultivateur. . . . . 1 »

Almanach de la France rurale pour 1896 . . . . » 60

L'Année agricole et agronomique pour 1895. . . . . 3 50

La Culture du Blé, par M. FLEURY-BERGER. . . . . 1 »

S'adresser à l'auteur : à Communay, par Saint-Symphorien-d'Ozon (Isère).

EXCELLENT DÉSINFECTANT

POUR LES FUTS A VIN, CIDRE, BIÈRE, ETC.

Prix de faveur pour nos lecteurs

Sur notre demande, M. Motty, père, l'inventeur, a consenti à en mettre de petites quantités pour essais à la disposition de nos lecteurs.

10 litres franco gare. 10 fr.

Adresser les demandes à M. Crépeaux, rue Piccini, 10 *bis*, Paris.

ASPERGE GÉANTE

ROYALE DE FRANCE

(RACE D'ARGENTEUIL PERFECTIONNÉE)

Demander la *Méthode de Culture* et prix courant (gratis et franco), à M. WILLIAM FOURCINE, directeur des pépinières royales de Dreux (Eure-et-Loir). Médailles et diplômes de première classe.

Le Journal **Le Meunier**, de Bruxelles, offre une médaille d'or à l'inventeur du meilleur procédé débarrassant automatiquement le blé du charançon.

des Usines de MM. P. MARCHAND Frères, à DUNKERQUE (Nord)

Fabriqués sous le contrôle permanent de la Station Agronomique du Nord

Dirigée par M. DUBERNARD

Nous appelons l'attention des éleveurs et des nourrisseurs sur les Tourteaux de **COTON** de graines d'Égypte; c'est un produit excellent pour les vaches laitières, les bœufs à l'engrais et les moutons.

Nos Tourteaux de **COTON** sont complètement débarrassés de la bourre qui enveloppe la graine et contiennent la même quantité de matières nutritives et grasses que les meilleurs Tourteaux de Lin.

Nos Tourteaux de **COTON** forment l'aliment le meilleur et le plus avantageux en raison de leur prix excessivement bas.

PRIX : 9 Fr. les 100 kil., gare Dunkerque

S'adresser à MM. P. MARCHAND Frères, à DUNKERQUE (Nord)

PHOSPHATE FOSSILE DE QUIÉVY-NORD

le plus assimilable de tous les phosphate connus

GARANTI PUR DE MÉLANGE AVEC TOUT AUTRE PHOSPHATE
Ce qui, du reste, ne pourrait que diminuer son assimilabilité.

EXTRACTION DU GISEMENT ET USINE A QUIÉVY

Propriétaire-Extracteur : C. LECLERCQ
Bureaux à Viesly (Nord).

COMPOSITION MOYENNE		ASSIMILABILITÉ RELATIVE (méth. Joulie).
		Solubilité dans l'oxalate d'ammoniaque.
Acide phosphorique. . . .	12 » à 16 » 0/0	Phosphate de Quiévy. 82 29 0/0
Potasse	0 45 à 2 77 0/0	— de la Meuse 51 95 0/0
Chaux.	19 05 à 31 » 0/0	— de Pernes. 47 87 0/0
Magnésie.	0 58 à 3 80 0/0	— des Ardennes. 46 43 0/0
Matières organiques azotées .	1 80 à 3 45 0/0	— de la Somme (moy.). . 44 53 0/0
		— de Ciply. 34 57 0/0

Titre garanti en acide phosphorique : 13 à 15 0/0.

LIVRAISON : EN POUDRE IMPALPABLE EN SACS PLOMBÉS, MIS SUR WAGON GARE QUIÉVY-en-CAMBRÉSIS
Prix : 3 fr. 80 les 100 kilos, sacs perdus, 30 jours, 2 0/0 ou 90 jours net.

NOTA. — Les acheteurs qui désirent employer le **véritable Phosphate de Quiévy** pur et garanti d'origine doivent exiger que les sacs portent la Marque (Au Poisson fossile) et la Firme : **M. LECLERCQ**, seul exploitant à Quiévy (Nord).

MACHINES
AGRICOLES, VINICOLES et VITICOLES
TH. PILTER
24, Rue Alibert, PARIS

SUCCURSALES :	BORDEAUX	TOULOUSE	MARSEILLE	TUNIS
	28, av. Thiers (Bastide)	63, allées Lafayette	78, r. de la République	19, rue de Portugal

Les lecteurs de la **Gazette** désireux de recevoir les Catalogues de la maison TH. PILTER dès leur publication, sont priés d'écrire 24, rue Alibert, Paris, afin de se faire inscrire.

LIENS
AGRICOLES
ÉCONOMIQUES
MEILLEUR MARCHÉ
que la Paille

SACS à RAISINS	19×13. 4.50	20×16. 5.50
	25×18. 7.00	28×20. 8.50
	LE CENT	

B. JACOB, 19, rue Turbigo, PARIS
On demande des Représentants.

LA PROBITÉ
SOCIÉTÉ
D'ASSURANCES MUTUELLES CONTRE LA GRÊLE ET LA FOUDRE, FONDÉE A LYON EN 1890

LA PROBITÉ assure dans toute la France et ses colonies tous les risques, grêle, en céréales, fruits, mûriers, noyers, oliviers, vignes, tabacs et tous autres produits agricoles.

LA PROBITÉ fait partie de la Société régionale de viticulture de Lyon. Elle accorde des remises et des conditions spéciales aux syndicats agricoles qui veulent bien la représenter.

Siège social : 30, rue Servient, Lyon-Préfecture

Accepterait des Agents dans les localités où elle n'est pas représentée.

VELOUTINE FLAMANDE

La Veloutine est spécialement employée pour lustrer les cuirs de fantaisie : guides, selles, harnais de luxe et de travail, capotes, tabliers, capraçons, etc., et lorsqu'ils ont déjà été enduits de vaseline, ce produit donne un joli brillant et évite l'action graisseuse des cirages ou préparations à base de cire. Sans causticité il ne dessèche pas et imperméabilise.

Le bidon d'un litre pour harnais noirs. . . .	3 70
— jaunes. . .	4 20

Franco gare contre mandat-poste.

S'adresser : *Manufacture de Vaselines industrielles de Ligny-en-Cambrésis (Nord)*

Eugène de MASQUARD
PROPRIÉTAIRE-VITICULTEUR, Château de la Cascade
SAINT-CÉSAIRE-LES-NIMES (Gard)

Vins garantis naturels, rouges et blancs, depuis 75 fr. la pièce de 220 litres jusqu'à 100 francs, selon qualité, prise en gare de St-Césaire (Gard), fût perdu.
Ces vins ont été médaillés à toutes les expositions où ils ont figuré.
Récoltés sur des coteaux et des terrains secs, les vins de Saint-Césaire, l'un des meilleurs crus du Gard, se conservent parfaitement sans être plâtrés.

Envoi franco de prix courants et échantillons

LYSOL

Le plus puissant de tous les antiseptiques désinfectants dérivés du goudron

Le seul complètement soluble dans l'eau

INSECTICIDE & ANTIPARASITAIRE INFAILLIBLE

POUDRE AU LYSOL

La poudre au Lysol préserve la vigne, les arbres fruitiers, fleurs, plantes, etc., des invasions cryptogamiques et parasitaires.

ENVOI FRANCO D'UNE BROCHURE EXPLICATIVE
sur demande adressée à la

SOCIÉTÉ FRANÇAISE DU LYSOL
22 et 24, Place Vendôme, PARIS

LE MONDE, journal quotidien du soir
17, RUE CASSETTE, PARIS.
Abonnement 25 fr. par an, 0 fr 05 le numéro.
Organe recommandé aux agriculteurs et aux membres du clergé.

Etablissement Glaser
AVENUE NIEL, 9, PARIS

LOCATION DE CHEVAUX
de Selle et d'Attelage

pour les Chasses, la Promenade, la Campagne

PENSION DE CHEVAUX
en Boxes et Stalles.

VIN DE BOURGOGNE
Ferme de l'Hospice de Beaune.

Domaine de MEURSAULT

VINS FINS — GRANDS ORDINAIRES, ORDINAIRES Rouges et Blancs

Concours Général agricole de Paris 1895

MÉDAILLE d'or pour vins rouges
MÉDAILLE d'argent pour vins blancs

Concours Général agricole de 1896

HORS CONCOURS, MEMBRE DU JURY

JOBART MUTHELET, Meursault (Côte-d'Or)

ANÉMIE CHLOROSE, FAIBLESSE Guéries par le VRAI FER QUEVENNE
Seul approuvé p^r Académie de Médecine, Paris, 14, r. Beaux-Arts, notice fr^co

POUDRE DELARBRE
Plus de CHEVAUX POUSSIFS!

Guérison de la POUSSE,
Toux, Bronchite et Gourme

La Boîte de 20 Doses : 3 francs

G. DELARBRE, AUBUSSON (Creuse)

Maison de Vente & d'Expédition à Aubusson (Creuse) G. DELARBRE

À Paris & en province, chez tous les Droguistes & Pharmaciens.

COUVEUSES
ÉLEVEUSES
VOLAILLES
ŒUFS à couver

VOITELLIER
à MANTES et à
PARIS
4, PLACE DU THÉÂTRE FRANÇAIS
PRIX COURANT FRANCO
GRAND CATALOGUE ILLUSTRÉ 0.80

MANUFACTURE CENTRALE D'INSTRUMENTS
AGRICOLES & VITICOLES EN TOUS GENRES

EMILE-PUZENAT ★

CONSTRUCTEUR À BOURBON-LANCY (SAÔNE & LOIRE)
CATALOGUE FRANCO SUR DEMANDE

CONSTRUCTIONS ÉCONOMIQUES
AGRICULTURE — INDUSTRIE

SOCIÉTÉ MÉTALLURGIQUE
d'Amiens (Somme)

USINE à VAPEUR, FORCE MOTRICE 250 CHEVAUX
Adresser les lettres à M. le Directeur

ENVOI F^co DU CATALOGUE

TOLES ONDULÉES GALVANISÉES Pour Couvertures
Prix défiant toute Concurrence

SCHNEIDER ET Cie
PHOSPHATES MÉTALLURGIQUES
(scories de déphosphoration), des Aciéries du Creusot

ENGRAIS PHOSPHATÉ
pour Céréales, Prairies, Vignes, Betteraves, Pommes de terre, etc.

L'emploi de ces phosphates a été particulièrement recommandé dans ces derniers temps par les agronomes les plus distingués. Il permet, en raison du bas prix de ce produit, de faire apport au sol de doses considérables d'acide phosphorique.

Les phosphates métallurgiques du Creusot sont livrés moulus finement et tamisés. Pour renseignements, s'adresser à MM. SCHNEIDER et Cie, au Creusot (Saône-et-Loire).

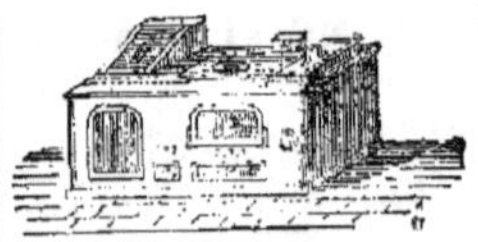

FOURNEAUX DE CUISINE
de toutes espèces

Maisons particulières, Hôtels, Châteaux et Fermes,
Hospices, Hôpitaux, Collèges, Pensions, etc.

ENVOI FRANCO DE CATALOGUES

Maison DELAROCHE aîné
22, rue Bertrand, PARIS

ALAMBIC EGROT
À BASCULE. — EAU-DE-VIE, 1er JET sans repasse.

FRANCO CATALOGUE ILLUSTRÉ

EGROT, 19-21-23, Rue Mathis, Paris

GRIFFE SARCLEUSE-BINEUSE
Outil économique

Prix : 9, 12, 14, 16 fr., selon dimension. Prospect. explicatif. breveté. à M. AL. ROUSSEAU, Taverny (S.-et-O.)

V. Rose

pour biner, sarcler promptement entre toutes les lignes de plantes ou légumes sans distinction, indispensable en toutes saisons dans les jardins, vignes, pépinières, les cultures de betteraves, de tabac, etc., même dans les allées

GRANDS RABAIS
POUR LIVRAISONS SUR LES MOIS D'HIVER

Engrais de l'Usine municipale de la Voirie de Bondy

TOURTEAUX ORGANIQUES MOULUS

Dosage : 1.50 à 2 % d'azote et 4 à 5 % d'acide phosphorique.

S'ADRESSER AU

Comptoir Agricole et Commercial
9, RUE NOUVELLE, 9, A PARIS

Insecticide-Préservateur
FERTILISANT
DESGOUTTES

La Boîte de 10 kilog., pour essais, 10 fr. franco toutes gares (port et emballage compris).

Adresser les demandes, accompagnées d'un mandat, 10 bis, rue Piccini, Paris.

41

PRÉSERVEZ VOS ANIMAUX DOMESTIQUES

de toutes les Epizooties et Maladies contagieuses par la Désinfection des Écuries, Étables, Porcheries

PAR LE

CRÉSYL-JEYES

Désinfectant — Antiseptique, le seul (non toxique) qui soit d'une efficacité scientifiquement démontrée. Le CRÉSYL-JEYES a été récompensé par la Société des Agriculteurs de France en 1891 d'une Médaille d'argent grand module. Envoi franco sur demande du prospectus détaillé. — CRÉSYL-JEYES, 35, Rue des Francs-Bourgeois, 35, Paris.

Se méfier des nombreuses contrefaçons.

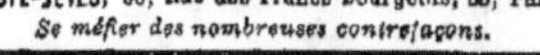

Maison MURE, à Pont-St-Esprit (Gard)

A. GAZAGNE, *Gendre et Sucr*, Phⁿ de 1ʳᵉ Classe

MALADIES NERVEUSES

Épilepsie, Hystérie, Danse de Saint-Guy, Affections de la Moëlle épinière, Convulsions, Crises, Vertiges, Éblouissements, Fatigue cérébrale, Migraine, Insomnie, Spermatorrhée

Guérison fréquente, Soulagement toujours certain

par le SIROP de HENRY MURE

succès consacré par 20 années d'expérimentation dans les Hôpitaux de Paris.

FLACON : 5 FR. — NOTICE GRATIS.

PATE et SIROP d'ESCARGOTS de MURE

« Depuis 50 ans que j'exerce la médecine, je n'ai pas trouvé de remède plus efficace que les escargots contre les irritations de poitrine. »

« Dʳ CHARETIEN, de Montpellier. »

Goût exquis, efficacité puissante contre **Rhumes, Catarrhes** aigus ou *chroniques*, *Toux spasmodique*, *Irritations* de la *gorge* et de la *poitrine*.

Pâte 1ᶠ; Sirop 2ᶠ. — Exiger la PATE MURE. Refuser les imitations.

Thé Diurétique de France

sollicite efficacement la sécrétion urinaire, apaise les **douleurs** des **Reins** et de la **Vessie**, entraîne le sable, le mucus et les concrétions, et rend aux urines leur limpidité normale. — *Néphrites, Gravelle, Catarrhe vésical, Affections* de la *Prostate* et de l'*Uréthre*. — PRIX DE LA BOITE : 3 FRANCS.

Dépôt général de l'ALCOOLATURE D'ARNICA

de la TRAPPE DE NOTRE-DAME DES NEIGES

Remède souverain contre toutes *blessures, coupures, contusions, défaillances, accidents cholériformes.*

DANS TOUTES PHARMACIES. — 2 FR. LE FLACON.

ALIMENTATION DU BÉTAIL

Tourteaux de Coprah ou Coco

F. TASSY, E. ROCCA ET Cⁱᵉ

Fabricants d'huiles (**producteurs directs de Tourteaux**)

23, RUE HAXO, MARSEILLE

Deux médailles d'or, Anvers 1894

Envoi de Prix-Courants et Échantillons sur demande.

ENGRAIS CHIMIQUES

DES

MANUFACTURES DE SAINT-GOBAIN

12 Usines :

CHAUNY (Aisne).	SAINT-FONS, près Lyon.
AUBERVILLIERS (Paris).	L'OSERAIE, près Avignon.
MONTARGIS (Loiret).	BALARUC, près Cette.
TOURS (Indre-et-Loire).	VALENCIA (Espagne).
MONTLUÇON (Allier).	HEMIXEM
MARENNES (Charente-Inférieure).	MESVIN-CIPLY } (Belgique).

PRODUCTION ANNUELLE : 400.000.000 DE KILOS

Dosages garantis — Emballages marqués et plombés

SUPERPHOSPHATES DE CHAUX

ENGRAIS COMPOSÉS

Suivant les convenances des acheteurs pour toutes cultures

ENGRAIS COMPLET DE SAINT-GOBAIN

Efficacité éprouvée dans tous les sols et dans toutes les cultures

ENGRAIS SPÉCIAUX POUR LA VIGNE :

Engrais pour Vigne à végétation faible.

Engrais pour Vigne à végétation normale.

Engrais pour Vigne à végétation luxuriante.

Adresser les ordres ou les demandes de renseignements à la DIRECTION COMMERCIALE DES PRODUITS CHIMIQUES de SAINT-GOBAIN, **9, rue Sainte-Cécile, Paris** — *ou aux Agents de la Compagnie dans toutes les villes de France.*

17ᵉ Année. — Nᵒ 32. LE NUMÉRO. **10 CENTIMES.** Dimanche 9 Août 1896.

DÉPÔT LÉGAL
Seine
189.

GAZETTE AGRICOLE

JOURNAL HEBDOMADAIRE, PARAISSANT LE DIMANCHE

Fondateur : M. CH. GOSSIN, Professeur d'Agriculture à l'Institut agricole de Beauvais

PRIX DE L'ABONNEMENT

UN AN, **5 fr.** — SIX MOIS, **3 fr.** — TROIS MOIS, **2 fr. 25**

Pour l'Étranger les abonnements ne sont reçus que pour un an, au prix de 6 francs, et ne partent que du 1er JANVIER ou du 1er JUILLET de chaque année.

Le Numéro : **10 centimes.**

Adresser toute la correspondance : mandats, lettres, annonces, etc., à **M. CRÉPEAUX**, Directeur de la *Gazette agricole* 10 bis, rue Piccini, Paris.

Toute demande de changement d'adresse doit être accompagnée de 50 centimes et de la dernière bande du journal,

BUREAUX

97, rue de Rennes, Paris, et à Beauvais, rue Saint-Etienne.

Les abonnements partent du 1er de chaque mois et sont payables d'avance. Toute demande d'abonnement doit donc être accompagnée du prix de l'abonnement. (Le mode de payement le plus simple est l'envoi d'un mandat-poste.)

Donner *très lisiblement*, en s'abonnant, son nom et son adresse exacte, avec l'indication du bureau de poste ; et, s'il s'agit d'une continuation d'abonnement, joindre au renouvellement la dernière bande d'adresse du journal

Les Annonces sont reçues à la Direction du Journal, et chez MM. DUSSERIS et MATHELLON, 97, rue de Rennes Paris.

BULLETIN COMMERCIAL

Paris, le 5 août 1896.

Le beau temps continue et permet de mener activement les derniers travaux de la moisson qui se terminent dans des conditions très satisfaisantes.

Les marchés de l'intérieur sont à peu près déserts, mais la faiblesse à peu près générale des apports n'a aucune influence sur les prix du blé, dont la tendance reste à la baisse en présence de la rareté des acheteurs.

Les menus grains sont calmes et sans variation, à l'exception de l'avoine qui dénote de de la fermeté.

Hier, à New-York, le marché a ouvert faible sur l'annonce d'une faillite importante à Chicago ; mais par la suite la tendance s'est améliorée sur les avis d'Europe, ainsi que sur la diminution des quantités en passage et la clôture s'est effectué en hausse de 1/8 cent. sur la veille.

A Chicago le marché faible au début a clôturé ferme avec une avance de 1/4 cent.

BOURSE DU COMMERCE DU MERCREDI 5 AOÛT

	FARINES	BLÉS
Courant	38 25	18 45
Prochain	38 75	18 20
Sept.-Oct.	38 95	17 95
4 derniers	39 15	18 »
4 de nov.	39 45	18 15
4 premiers	39 70	18 65

Marque de Corbeil : 44 fr. le sac de 150 kil. toile à rendre.

Halle aux blés — *Blés indigènes.* — L'assistance est peu nombreuse, la culture étant retenue aux champs. Les blés nouveaux sont plus couramment offerts ; toutefois, les prix sont soutenus de 18 à 18,50 les 100 kil. gare d'arrivée Paris. Les blés vieux sont négligés et les prix sont nominalement sans changement.

Blés exotiques. — Toujours sans affaires.

Avoines. — On est en pleine moisson ; il y a même des contrées où les battages ont commencé.

A notre marché d'aujourd'hui, on voyait des échantillons de presque tous les centres producteurs. Les qualités sont bonnes : l'Ouest et la Beauce ne sont pas mal partagés au point de vue de la quantité, le Centre a une récolte moindre que la précédente campagne ; néanmoins, les cours sont inférieurs à l'an dernier, en livrable.

On a traité, en effet, toute la semaine de l'avoine de Beauce grise, livrable septembre, à 15,25 les 100 kil. nets, gare Paris, et malgré ces bas prix, la consommation n'achète pas beaucoup.

Les prix, aujourd'hui, restent soutenus ; la culture est occupée à ses travaux et déserte les marchés.

On cote : avoines nouvelles de 14,25 à 14,75 les 100 kil. nets, gare Paris.

Seigles. — Les offres commencent à paraître, les prix restent malheureusement bas, les besoins étant limités. Sur place, les cours sont sans variation, le vieux seigle disponible se place assez facilement de 10,25 à 10,50 les 100 kil. nets. On tient les nouveaux aux mêmes prix.

Escourgeons. — Les offres sont toujours restreintes, la culture préfère battre du blé pour le moment ; les acheteurs sont donc obligés en province de payer plus cher, mais la demande est limitée. A notre réunion, il y avait des acheteurs en sortes de Beauce, à 14,75 les 100 kil. nets gare Paris.

Orges. — La moisson avance rapidement et la satisfaction paraît générale. On débute de 14 à 14,50 les 100 nets sur les lieux de provenance, mais les acheteurs sont encore rares. On vend un peu d'orge pour mouture de 13,50 à 14 Paris.

Graines fourragères. — On cote trèfle incarnat 50 à 55.

Sucres. — Le marché est ferme en sympathie avec le dehors, les affaires sont actives et les prix indiquent une hausse de 12 cent. Les roux et les raffinés sont sans changement.

Raffinés 99 à 99,50, roux 88° 27 à 27,25.

Marché de la Chapelle. — Marché ordinaire.

On cote : paille de blé 1re qté 35 fr., 2e qté 32, 3e qté 29 fr. ; paille de seigle 1re qté 37 fr., 2e qté 35, 3e qté 30 ; paille d'avoine 1re qté 24 fr., 2e qté 22, 3e qté 20 ; foin nouveau 1re qté 53 fr., 2e qté 48, 3e qté 44 ; luzerne, 1re qté, 55 fr., 2e qté 52, 3e qté 50 ; regain 1re qté 54 fr. ; 2e qté 50 fr., 3e qté 46 fr.

Le tout rendu dans Paris, au domicile de l'acheteur, frais de camionnage et droits d'entrée compris par 104 bottes de 5 kil. ; savoir : 6 fr. pour foin et fourrages secs, 2 fr. 40 pour paille.

CHANVRES

Les 50 kil.	1re qualité.	3e qualité
Le Mans	33,00 à 35,50	29,00 à 30,00
Saumur (b.)	40,00 à 42,25	37,00 à 38,00

LÉGUMES

Choux, le cent	5 50 à	14
Choux-fleurs suivant grosseur	15 à	55
Artichauts de Paris	12 à	20
— de Bretagne	8 à	20
— d'Angers	28 à	30
Pois verts de Paris, les 100 kilos	10 à	20
Tomates	18 à	22
Haricots flageolets	18 à	20
— beurre	40 à	55
Haricots verts de Paris	18 à	22
Melons, la pièce	70 à 3	»

POMMES DE TERRE

Hollande (100 kil.)	8 » à 11	»
Roses-Early	4 » à 5	»
Magnum-Bonum	5 » à 6	»
Rondes	6 » à 7	»

LINS. — Les 100 kilogr. — *Marché de Lille.*

	Communs	Ordin.	Supér.
Alost	148 à 153	154 à 157	161 à 166
Bergues	150 à 158	161 à 168	173 à 182

Marché aux chevaux, 6 Août.

Gros trait de 800 à 1.250	Boucherie de 60 à 200
Selle et tr.	Anes de 50 à 140
léger de 750 à 1.100	Chèvres de à
H. d'âge de 150 à 900	

AMENÉS

Chevaux, 371 — Anes, 12 — Chèvres, 0
Voitures 75, de 35 à 550.

ENCHÈRES

Chevaux amenés, 371.
Vendus, 360 de 150 à 1.250.

Prix moyen aux 100 kilog. des CÉRÉALES dans les Départements.

Région	Ville	BLÉ	SEIGLE	ORGE	AVOINE
Rég. du Nord-Ouest	Caen	17 50	10 00	13 25	15 25
	Lannion	17 50	10 25	14 00	15 00
	Morlaix	17 75	11 00	12 50	13 75
	Rennes	17 25	10 00	13 00	14 00
	Avranches	17 00	10 50	13 00	14 00
	Laval	17 00	10 25	13 00	14 00
	Lorient	17 25	10 00	13 00	14 00
	Alençon	17 00	10 00	13 50	15 75
	Le Mans	17 00	10 00	14 00	16 50
Région du Nord	Soissons	18 25	10 00	•	15 00
	Evreux	18 00	10 00	13 00	15 00
	Chartres	18 25	10 00	14 00	15 00
	Lille	18 25	10 25	14 00	16 00
	Compiègne	18 00	10 00	14 00	15 00
	Beauvais	18 00	10 50	15 00	16 25
	Arras	19 00	12 00	14 00	16 00
	Paris	18 50	10 25	13 00	15 75
	Versailles	18 50	10 25	15 00	16 00
	Rouen	18 50	10 50	15 00	16 00
	Amiens	18 25	10 50	15 75	16 75
Rég. du N.-E.	Mézières	18 25	10 00	13 00	16 75
	Nogent-s-Seine	18 50	10 00	14 00	15 00
	Châlons-sur-Marne	18 00	10 25	14 00	15 00
	Langres	18 50	10 00	15 00	15 50
	Nancy	18 75	10 25	14 00	16 00
	Bar-le-Duc	18 50	10 00	15 00	16 00
	Neufchâteau	18 75	10 5	14 00	15 00
Région de l'Ouest	Ruffec	18 00	10 00	13 50	15 00
	Marans	17 00	10 25	13 00	14 00
	Niort	17 75	10 25	14 00	15 00
	Tours	18 00	10 00	13 75	15 00
	Nantes	17 50	10 00	13 00	14 00
	Angers	17 25	10 00	13 00	15 00
	Luçon	17 00	10 00	13 00	15 00
	Poitiers	17 50	10 00	13 00	»
	Limoges	18 00	10 25	»	15 75
Région du Centre	Moulins	18 00	10 00	13 75	14 50
	Bourges	17 75	10 00	13 75	15 50
	Aubusson	18 00	10 00	14 00	14 25
	Châteauroux	18 00	10 00	14 00	13 00
	Orléans	18 25	10 00	13 00	14 75
	Blois	19 00	10 00	14 00	16 00
	Nevers	18 50	10 00	15 00	16 00
	Clermont Ferr.	18 00	10 25	14 00	16 00
	Sens	18 25	10 00	13 00	16 00
Région de l'Est	Bourg	18 25	10 00	13 75	15 20
	Dijon	18 50	10 25	14 00	16 75
	Besançon	9 50	13 00	14 50	15 50
	Grenoble	18 25	10 50	13 00	14 75
	Dôle	18 00	10 00	13 00	16 00
	Saint-Etienne	18 50	10 25	14 00	16 00
	Lyon	18 75	10 75	14 00	16 00
	Mâcon	18 25	11 00	13 50	15 50
	Vesoul	18 25	10 50	»	15 50
	Chambéry	18 00	10 00	»	15 50
	Annecy	18 25	»	»	15 50
Rég. du Sud-Ouest	Pamiers	18 50	12 00	»	16 00
	Périgueux	18 25	11 00	14 00	15 00
	Toulouse	18 25	12 25	13 50	16 00
	Auch	18 50	12 00	13 25	16 00
	Bordeaux	18 00	12 00	13 00	17 75
	Dax	18 25	11 25	13 00	16 00
	Agen	18 50	11 00	14 00	16 00
	Bayonne	18 50	11 00	14 00	15 75
	Tarbes	18 25	11 00	»	«
Région du Sud	Carcassonne	18 75	»	14 00	15 00
	Rodez	18 50	12 00	14 00	16 00
	Mauriac	18 25	11 00	»	15 00
	Tulle	18 25	11 50	»	15 50
	Montpellier	18 25	11 25	»	15 25
	Figeac	18 25	11 00	»	16 00
	Mende	18 00	10 75	13 50	15 50
	Perpignan	18 25	11 00	14 25	16 00
	Albi	18 75	11 25	13 75	15 75
	Montauban	18 75	12 00	15 00	16 00
Région du Sud-Est	Gap	18 00	11 00	14 00	16 00
	Manosque	18 25	10 75	13 75	15 50
	Nice	18 25	11 00	13 00	16 00
	Privas	18 25	11 00	14 00	15 75
	Aries	18 75	12 25	14 00	16 00
	Montélimar	18 75	»	14 00	16 75
	Nîmes	18 75	»	14 00	17 00
	Le Puy	18 50	3 00	14 00	16 00
	Draguignan	18 75	13 00	14 00	16 00
	Avignon	20 50	12 75	13 50	17 00

Tourteaux. — Cours de la maison P. Marchand frères, à Dunkerque (Nord):

TOURTEAUX À NOURRIR

	Dispon.	A livrer.
Coton de graine, Égypte	9 »»	9 »»
Sésame blanc	11 00	11 50
Arachide décortiquée	14 75	15 »»
Colza à nourrir	10 »»	10 »»
Colza du pays	10 50	10 75
Œillette du Levant	9 50	10 »»
Œillette blanche de Turquie	9 50	10 »»
Lin 1re qual. de Bombay g. form.	14 »»	14 25
Lin 1re qual. de Bombay p. form.	14 50	14 75

TOURTEAUX-ENGRAIS

Arachide décortiquée	14 25	14 50
Cameline	»» »»	»» »»
Colza des Indes en poudre	»» »»	»» »»
Colza ravison	7 »»	7 25
Colza jaune Gutzerat	10 25	10 50
Kurrachée	»» »»	»» »»
Niger	»»»»	»» »»
Pavot	9 00	9 50
Sésame, blanc	10 50	»» »»
Sésame noir	»» »»	»» »»
Coton en farine	7 50	7 50

Nos prix s'entendent pour tourteaux en planches, rendus en gare de Dunkerque.

Paiement à 30 jours ou à terme plus éloigné suivant convention expresse.

Le concassage se paie 0 fr. 25 et la mise en poudre 0 fr. 40 aux 100 kilos. Dans ce cas, les sacs sont facturés à 0 fr. 35 pièce, et repris au prix de facture, quand ils sont rendus en bon état et franco, dans les 30 jours de l'expédition.

FROMENTINE :

	100 kil.
Marque A	13 »
Marque B	13 »
Marque J	13 »
Marque L	15 »
Mar... E	16 »

Les 100 kilogs sur wagon St-Quentin, sac à retourner ou à facturer.

BEURRES. (le kilogr.).

BEURRES EN MOTTES			BEURRES EN LIVRE		
Isigny extra	4 60	5 50	Bourgogne	1.70	2.10
— demi-fin	3 30	3 40	Gâtinais	1.80	2.40
M. d'Isigny	2 70	3 20	Vendôme	1.80	2.30
du Gâtinais	1.80	2.10	Beaugency	1.80	2.30
de Bretagne	1.80	2.40	Ferme	2.30	3 00
Laitiers Jura	2.00	2.40	Tours	2.00	2.50
de Charente	2.30	2 80	Le Mans	1.70	2.10
des Alpes	2.20	2 90	Touraine fausse	1.80	2.20

ŒUFS. (le mille).

Normandie ext.	90 à 120	Bourgogne	58 à 68
Picardie —	90 à 125	Champagne	65 à 76
Brie	75 à 91	Nivernais	50 à 54
Touraine	75 à 93	Bourbonnais	50 à 54
Beauce	75 à 90	Bretagne	45 à 52
Orne	54 à 70	Vendée	46 à 54
Picardie	56 à 85	Auvergne	46 à 43
Châtellerault	50 à 55	Midi	46 à 50

FROMAGES.

Brie hautes marq.	40 50	Roquefort	120 210
Brie gr. m. (10)	28 82	Gruyère (100 k.)	100 160
— m. m.	18 22	Coulommiers (100)	20 40
Petits Nanteuils	10 15	Gournay (100)	18 21
Brie laitiers	5 15	Livarot (le 100)	90 100
Gérardmer (100 k.)	80 90	Bourgogne (100)	50 60
Hollande	140 190	Camembert (10)	30 55
Bondons (100)	13 17	Munster (100)	100 110
Cantal	120 130	Port-Salut	150 160

VOLAILLES

Poulet Brest dit moelleux	2.50 4 00	Pigeon Mâcon.	1.50 2.00
Poulets Nant.	3.00 5.00	s Nantais	4.00 1.35
Poulets Tour.	2.75 5.25	Dindes Tourr.	7.00 11.00
Poulets Houdan	6.00 8.00	Oies	7.00 8.50
Pigeons d'Italie	80 1.25	Lapins dom.	2.75 4.00
		Lapins garenne.	1.50 2.00

VINS — BERCY

Rouges		Blancs	
B. Bourg. vieux.	140 à 160	Bordeaux	125 à 160
Touraine	105 à 115	B. Bourg	150 à 190
Bord. vieux	180 à 166	Sancerre	130 à 135
Algérie	28 à 32	Chablis	200 à 350
Cher	110 à 135	Anjou	120 à 135
Chinon	125 à 180	Pouilly	350 à 300
Narbonne	32 à 40	Vouvray	135 à 195

HOUBLONS. — Les 50 kilogr.

Alost prime	28,00 à 30,00
Bourgogne	55,00 à 60,00
Poperinghe	25,00 à 30,00
Wurtemberg	40,00 à 42,00
Altmark	75,00 à 100,00
Alsace	50,00 à 65,00

Prix des Produits Forestiers à Paris.

BOIS DE FEU (Octroi non compris)	Falourde de pin	100 a 110 le c...
	Bois de flot	110 à 105 le dec...
	Bois gris neuf	130 à 120
	Bois blanc	105 à 14...
	Chêne gros bois	105 à 110 le m...
BOIS D'ŒUVRE (Octroi compris)	— moyen bois	70 à 60
	— petit bois	30 à 48
	Charme, plateaux	50 à 60
	Sciage Entrevous	175 à 210 les 208...
	de chêne, Échantillons	230 à 220
	Frise	27 à 28 ... 104...

La suite des marchés se trouve à la Correspondance.

L'année agricole et agronomique pour 1896.

L'Année agricole et agronomique pour 1896 par S. Crépeaux, professeur à l'Institut agricole de Beauvais, et C. Crépeaux, publiciste scientifique, avec la collaboration de praticiens, de professeurs et d'agronomes vient de paraître (un volume in-18 de 360 pages, illustré).

Cet ouvrage, véritable annuaire théorique et pratique de l'agriculture progressive, donne un tableau complet du mouvement agricole et agronomique de l'année. Il relate toutes les expériences culturales, les recherches scientifiques faites en France et à l'étranger, décrit et apprécie avec compétence les nouveautés (plantes, machines, engrais, nouvelles méthodes, etc.).

La partie documentaire de l'Année agricole et agronomique comprend pour l'année écoulée, les lois, décrets, décorations agricoles, lauréats des concours, les vœux économiques des conseils généraux, l'analyse exacte des travaux des sociétés et congrès agricoles, horticoles, vétérinaires, français et internationaux, les jugements de droit rural, l'analyse des brevets agricoles, les statistiques, etc.

Cet ouvrage qui paraît pour la seconde fois a valu l'année dernière à ses auteurs les félicitations de la Société nationale d'agriculture, de la société des Agriculteurs de France, et des principaux journaux agricoles et scientifiques qui ont rendu hommage à la somme considérable de travail que représente une telle publication et aux services incontestables qu'elle rend à la cause du progrès agricole.

(Le Progrès agricole du 15 juin).

Nous l'offrons en prime à nos abonnés au prix de 2 fr. 50 franco de port au lieu de 4 francs.

Ceux de nos abonnés qui désirent l'Année agricole et agronomique de 1895 et celle de 1896 recevront les deux volumes franco dans la gare la plus voisine contre 4 fr. 50.

Adresser les demandes à M. Crépeaux, 10 *bis*, rue Piccini, Paris.

Les *Pilules de Vallet* ont été approuvées et recommandées par l'Académie de médecine de Paris pour la guérison de la *chlorose*, des *pâles couleurs*, de l'*anémie*, des *pertes de sang*, et *pertes blanches* et de tous les états d'épuisement ou de faiblesse générale.

Nota. — Les pilules de Vallet (*vraies*) sont blanches et sur chacune est écrit le nom Vallet. Toutes pharmacies : le flacon 3 fr. Fabron L. Frère, 19, rue Jacob, Paris. A. Champigny et Cie, successeurs.

CHRONIQUE POLITIQUE

Dans des temps de calme et de prospérité, les vacances politiques et scolaires seraient une période générale de repos, de calme, de réunions de famille pacifiques et joyeuses.

A notre époque de crise sociale, où tous les intérêts du pays sont compromis, il en est tout autrement. Les vacances n'existent pour personne. L'inquiétude du lendemain entretient une agitation latente chez les uns, bruyante et tapageuse chez d'autres. Tout le monde s'agite au vent de ses passions, de ses craintes et de ses espérances.

Le voyage triomphant du président de la République à travers la région de l'Ouest est une manifestation affligeante de cette agitation.

Pour héberger M. Faure et sa suite, les municipalités bretonnes qui succombent sous le fardeau des impôts se saignent à blanc et grossissent leurs dettes pour de nombreuses années, elles comptent se récupérer avec l'argent que leur verseront les populations rurales, ces bêtes de somme habituelles du fisc urbain comme du fisc de l'État. Et dans quel but? A quoi peuvent rimer ces ripailles babyloniennes à l'époque de crise que nous traversons?

On les comprendrait à peine si nous avions repris nos provinces arrachées par l'ennemi. Nous étions dans une voie de prospérité morale et matérielle. Mais s'y livrer dans la situation pénible, douloureuse pour tous nos intérêts, pour notre honneur, pour notre patriotisme, c'est de la part du parti qui nous exploite, montrer qu'il est le digne héritier du monarque épuisé de débauches, s'écriant : Après nous le déluge!

En effet, les nouvelles de nos affaires intérieures et extérieures ne sont point rassurantes, elles nous invitent au recueillement, nullement aux réjouissances, surtout aux réjouissances en l'honneur du parti qui nous a acculés à une crise aussi lamentable. C'est ce parti surtout, qui devrait se recueillir lui-même et qui prouve par ses ripailles qu'il en est à tout jamais incapable. Les populations bretonnes ont encore parmi elles des citoyens vaillants et courageux qui sauront traduire les voix de la conscience et du vrai patriotisme.

Les nouvelles de l'intérieur comme de l'extérieur sont loin de nous inviter aux fêtes politiques.

On reçoit tous les jours des nouvelles alarmantes de notre situation à Madagascar et de la conduite impardonnable du gouverneur Laroche. Les Français sont partout pillés et assassinés par des bandes de Hovas protégés par les Anglais et par la reine Ranavalo. Une nouvelle expédition est indispensable. Elle nous coûtera un nouveau sacrifice de nombreux millions et de plusieurs milliers d'hommes.

Au Tonkin et en Annam, la situation n'est pas meilleure. Le gouvernement vient de rappeler le général Dodds, trois mois après l'avoir envoyé pour pacifier ce pays. Le général est victime d'une intrigue qui provoque une légitime indignation dans le monde politique.

De ce côté encore, nous ne voyons aucun motif de réjouissances officielles.

------◆------

Deux décrets intéressant l'agriculture.

M. Méline vient de donner à l'agriculture une double et juste satisfaction, au moyen des deux décrets réclamés depuis longtemps.

Le premier de ces décrets relève la surtaxe des sucres bruts importés des pays d'Europe et des sucres raffinés de toute origine. Les uns et les autres payeront une surtaxe de 10 francs par 100 kilos. Les sucres candis 30 fr. 80 au tarif général et 25 francs au tarif minimum.

Ce décret ne suffit pas, hélas! pour défendre notre sucrerie française contre la concurrence des sucres allemands, stimulée par un drawback de 4 francs par 100 kilos. Une mesure spéciale est indispensable pour assurer cette protection.

Le second décret modifie le régime des admissions temporaires des blés étrangers suivant les vœux émis par le Conseil supérieur de l'agriculture.

L'article premier crée un nouveau type de blé tendre à 50 0/0 d'extraction, pour décharge en faveur des farines exportées.

Le même article supprime le type de farine au taux de 90 0/0. Il supprime aussi le type de semoules de blé dur rendant 55 kilos et le remplace par un type à 50 0/0 d'extraction. Les échantillons des types de farines ci-dessus seront déposés dans les bureaux des douanes de sortie pour être expertisés en cas de contestation. Une tolérance de 2 0/0 sera allouée pour déchet de mouture.

Tous les bureaux sont ouverts aux importations de blés, mais la réexportation des farines est répartie en cinq zones suivantes : 1 de Rouen à Valenciennes, 2 de Charleville à Épinal, 3 de Belfort à Montpellier, 4 de Perpignan à Bordeaux, 5 de la Rochelle à Saint-Malo.

------◆------

Les électeurs ruraux.

Nous ne savons quel accueil les électeurs de l'Ouest feront à M. Faure et à ses ministres. Mais nous sommes obligés d'avouer que M. de Cassagnac leur dit à eux-mêmes de cruelles vérités dans les lignes suivantes :

« Les électeurs des campagnes n'ont même plus le sentiment de leurs besoins, de leurs droits.

« Ils ont courbé la tête, comme leurs bœufs ne le font pas, sous le joug d'un gouvernement qui, leur a tout promis, et qui, depuis des années, les berne, se moque d'eux, les accable d'impôts et ne fait rien en leur faveur.

« Vainement on leur montre et ils comprennent eux-mêmes que, sous les diverses monarchies, ils étaient heureux et que c'est de la République surtout qu'ils crèvent : ça leur est égal, ils continuent de voter, à de rares exceptions près, pour le personnel qui les gruge, les exploite et se fiche d'eux.

« Au fond, ils n'ont que ce qu'ils méritent.

« Car ils ont en main l'arme du combat et qui vaut encore mieux que leur fourche aux dents pointues : ils ont le bulletin de vote.

« Qu'ont donc obtenu les trois cent cinquante députés du groupe agricole, en faveur de la terre épuisée?

« Où sont les dégrèvements?

« Quelles charges ont-ils diminuées?

« Et qu'a fait la République pour l'agriculture; si ce n'est de l'achever sous les charges fiscales?

« Attendre de la France pillée, volée, mourant de faim, une révolte quelconque, est un leurre.

« Ce pays est tombé au-dessous de tout.

« La République lui a tout pris, son Dieu sans qu'elle s'indigne, ses Princes sans qu'elle crie, et, maintenant que les fléaux la dévastent, le fisc lui arrache ses derniers sous, sans qu'elle ait seulement la force de se plaindre.

« Tant pis pour elle et elle n'a que ce qu'elle mérite! Quand elle en aura assez, elle le dira. En attendant, qu'elle se serre le ventre. »

------◆------

Les concours agricoles.

Voici l'époque des concours organisés par les Associations libres et qui montrent mieux que toutes les solennités officielles les progrès réalisés par les cultivateurs de France. Si nous comprenons que les hommes politiques profitent de cette occasion pour célébrer leurs propres mérites, pour vanter un état de choses qui ne satisfait aucun travailleur, nous sommes douloureusement surpris de voir des indépendants portant de grands noms se faire les propagateurs d'idées fort dangereuses. C'est ainsi que nous ne pouvons deviner les raisons qui poussent certains à décerner les plus éloquents éloges à M. Méline. Le moment est d'autant plus mal choisi que, nous le répétons, depuis qu'il est président du Conseil, c'est-à-dire le grand maître tout-puissant, M. Méline n'a rien fait d'utile pour l'agriculture. D'ailleurs il prend bien soin, et on doit louer cette franchise, d'affirmer ses opinions politiques qui n'ont rien de commun avec celles que professent la plupart des honorables présidents des associations indépendantes. Ces jours derniers, devant la statue du plus néfaste, du plus méprisable des politiciens, M. Méline s'est présenté comme l'admirateur, comme le continuateur de Jules Ferry, le *tonkinois*. Nous reconnaissons que, le premier parmi les disciples du laïcisateur, M. Méline a témoigné quelque sympathie à l'agriculture, mais il ne l'a fait, il l'a dit et le répète, que dans l'intérêt de son parti. De la France et de ses enfants, il s'est toujours peu préoccupé, il a senti que les ruraux se lassaient d'être exploités, que dans leur juste colère ils pourraient bien chasser à coups de fourche tous ces politiciens de l'assiette au beurre. Telle est la seule raison de ses coquetteries.

Son œuvre douanière est incohérente et injuste, il a tout accordé à l'industrie et n'a donné à l'agriculture que des consolations, absolument insuffisantes, on le reconnaît aujourd'hui. C'est ainsi qu'il a exempté de droits de douane les trois quarts des produits agricoles étrangers appelés si faiblement matières premières : graines oléagineuses, plantes textiles, issues d'animaux, cocons, et tandis que ces mêmes produits sont grevés de droits dès qu'ils ont subi un commencement de transformation, c'est-à-dire lorsqu'ils viennent concurrencer l'industrie français e : en sorte qu'on peut résumer par ce mot le régime douanier dont M. Méline est le *Père* ; l'agriculteur vend les produits au prix du libre-échange et achète tout ce dont il a besoin au prix de la protection. Telle est la vérité.

Au point de vue des impôts, a-t-on vu M. Méline pendant la discussion budgétaire réclamer des économies ou demander que l'agriculture fût traitée moins injustement ? Bien au contraire, il s'en est peu fallu qu'il obtînt une réforme qui eût encore accablé l'agriculture, réforme plus inique encore que le projet de M. Bourgeois.

Oui, M. Méline parle beaucoup de ses sympathies pour l'agriculture, mais il se garde de les prouver par des actes.

Au point de vue religieux, il donne l'ordre de poursuivre les congrégations qui ne peuvent et ne veulent se soumettre à la loi d'abonnement ou d'accroissement.

Nous ne pouvons comprendre que dans ces conditions des hommes qui sont d'un autre milieu, qui ont la fortune, qui jouissent de la considération publique, puissent sans rougir se faire les admirateurs d'un des politiciens les plus néfastes de ce temps. Qu'ils reconnaissent les quelques mesures efficaces, elles ne sont pas nombreuses, dues à M. Méline soit, mais qu'ils ne cessent de réclamer énergiquement celles hélas ! fort multiples qui sont nécessaires à l'agriculture, non pas pour prospérer mais pour vivre.

Autrement, les cultivateurs seront obligés de créer d'autres sociétés plus indépendantes et plus agissantes, ce qui serait regrettable à tous égards. Il y a à la tête de nos sociétés actuelles des hommes de la plus haute valeur pour lesquels et par patriotisme nous souhaitons d'être investis un jour de la confiance des électeurs ; il faut qu'ils ne compromettent pas l'avenir par des paroles irréfléchies qui ont plus de portée qu'on le croit.

L'agriculture n'a rien à attendre de M. Méline qui fait partie intégrante du bloc franc-maçon et juif. Ce que Méline voudrait faire comme homme privé lui est impossible à entreprendre comme ministre et surtout comme chef du gouvernement. En tout cas, ainsi que le disait autrefois un ministre fameux, un gouvernement républicain ne peut fonctionner sans opposition, et l'un de ses soins doit être d'en maintenir une vivace, c'est pourquoi à cette époque il persécutait si énergiquement les catholiques qui, dans son désir, ne se défendaient que trop mollement. Cet aveu est précieux à retenir et à méditer : si les agriculteurs désertent la lutte, ils verront s'accroître la guerre, tandis que s'ils reclament, s'ils protestent avec vigueur, ils obtiendront certainement quelques petites satisfactions.

Donc, pas de reculades, qu'on se maintienne énergiquement sur le terrain de la défense agricole. Unissons-nous pour apprendre à M. Méline que si nous sommes reconnaissants du peu qu'il a fait, nous ne sommes pas encore contents et que, pour avoir notre concours il faut des actes précis et sérieux.

Pensons d'ailleurs que, plus que jamais, il est nécessaire de soutenir le courage des malheureux ruraux dont la situation s'aggrave chaque jour, ils mettent tout leur espoir dans l'appui des indépendants. Ne sait-on pas que s'il venait à leur manquer ils abandonneraient plus facilement encore la carrière agricole. Notre devoir est tout tracé : de même que nous prêtons le concours le plus dévoué à tous les lutteurs, de même nous dévoilerons les noms de ceux qui, sans y être obligés, se font les soutiens des serviteurs de la franc-maçonnerie.

S. Crépeaux.

Loi sur les pigeons voyageurs.

La nouvelle loi, sur ce sujet, promulguée à l'*Officiel*, porte les dispositions suivantes, sous peine d'amende de 100 à 500 francs.

Toute personne voulant créer un colombier de pigeons-voyageurs est tenue sous les mêmes peines d'en faire la déclaration à la préfecture et d'indiquer à la mairie la provenance de ses pigeons. Les colombiers sont recensés tous les ans par les municipalités.

Le gouvernement peut interdire les introductions de pigeons étrangers en France. Un décret réglant l'application de cette loi, est publié dans les recueils des actes administratifs des préfectures.

Ce décret a pour but principal de sauvegarder le pays contre les tentatives d'espionnage au moyen d'envois de pigeons étrangers en France et d'envois de pigeons de France à l'étranger.

Le pigeon-voyageur est une arme offensive et défensive qui justifie ces précautions.

CHRONIQUE GÉNÉRALE

Retraite de M. Tisserand.

Le gouvernement vient de relever M. Tisserand de son poste de directeur général de l'agriculture, et de le nommer conseiller référendaire à la cour des comptes.

Le départ de M. Tisserand est accueilli avec surprise et même avec peine par les fonctionnaires du ministère de l'agriculture qui avaient en lui un chef capable, instruit, zélé et d'un caractère aimable et bienveillant.

M. Tisserand a organisé avec zèle et intelligence les écoles d'agriculture et spécialement l'Institut agronomique sur ces bases si magistralement exposées dans le rapport de M. de Dampierre. Il a surtout été un merveilleux cornac pour cette série de politiciens qui ont été bombardés ministres de l'agriculture dans un intérêt de parti. M. Tisserand avait l'art de les *seriner* de telle façon que dans les concours agricoles ils parlaient, avec une compétence d'emprunt, des choses agricoles, sans en connaître le premier mot. M. Méline est sans doute assez fort pour se passer de ce genre d'entraînement, grâce auquel plusieurs de ses prédécesseurs ont jeté tant de poudre aux yeux des naïfs ruraux !

M. Tisserand a rendu à l'agriculture des services innombrables, il en eût rendu de plus grands encore si, au lieu de servir jusqu'en 1891, le parti libre-échangiste en matière agricole cher à ses ministres, il avait dès le début de la crise agricole appuyé de son savoir et de son crédit les réclamations longtemps dédaignées, puis insuffisamment réalisées de la vraie France agricole.

La politique seule, la mauvaise, celle de ses chefs, a sans doute condamné M. Tisserand à ce rôle fâcheux dans la lutte de l'agriculture contre le dupe échange total, puis contre le demi-dupe échange d'aujourd'hui. Nous aimons à espérer que du haut de sa mûre expérience et de son indépendance actuelle, M. Tisserand se ralliera nettement à la cause qui est celle du salut de l'agriculture. Ce sera un épilogue méritoire à sa carrière de directeur de l'agriculture officielle.

On dit que c'est M. Léon Vassilière qui succède à M. Tisserand. M. Vassilière a organisé et dirigé avec intelligence les concours régionaux du Nord, et les concours généraux de Paris. Ce sont là des titres respectables. Mais dans la situation critique de l'agriculture *nationale*, la direction de l'agriculture officielle réclame des talents et des aptitilés d'un ordre supérieur et tout à fait exceptionnels. Dieu veuille que le nouvel auxiliaire de M. Méline les possède et les applique sérieusement.

Mais qu'il les possède ou non, nous persistons à soutenir que l'agriculture nationale doit demander son salut à elle-même, à ses associations libres et non plus — ou le moins possible — aux bureaux de la rue de Varennes, qui n'ont jamais rien fait que de l'endormir par des expédients illusoires pendant la crise qu'elle subit depuis douze ans.

La chasse aux moineaux.

Un correspondant du *Journal de l'agriculture pratique* signale le moyen suivant de prendre les moineaux pillards :

Etendre à terre des balles de blé, y ajouter des grains imbibés préalablement d'alcool.

Les moineaux ne manquent pas de venir picorer ces grains, de s'en enivrer au point de ne pouvoir plus s'envoler. On les ramasse alors sans difficulté.

L'élevage en Angleterre et en France.

M. Lebourgeois, le distingué éleveur de la Nièvre, vient de publier dans le *Journal de l'Agriculture*, un intéressant compte rendu de sa visite au grand concours de la Société d'agriculture d'Angleterre à Leicester.

On sait que dans ce grand tournoi annuel de cette société, les éleveurs de tout rang depuis la reine et le prince de Galles, jusqu'aux modestes fermiers, disputent les prix sur le pied d'une égalité absolue. On y voit par conséquent les premiers sujets des exploitations agricoles anglaises.

M. Lebourgeois qui a examiné ces sujets en maître éleveur, estime que pour le durham, nos voisins ne nous sont plus supérieurs à lui et à ses émules bien connus, même noté pour ce qui concerne le southdown. Mais il estime que si lui et ses confrères ont réussi à rivaliser avec les éleveurs anglais, ceux-ci ont sur nous une supériorité qu'on ne saurait trop leur envier : l'esprit d'initiative.

Sur ce point, dit-il, leur supériorité est écrasante. En tout chez eux, l'individu s'affirme, pendant qu'en tout chez nous s'affirme l'ingérence de l'Etat.

« L'Anglais veut et sait être libre et le Français qui se dit citoyen ressemble à un enfant dont on rétrécirait graduellement le maillot et qui, n'ayant aucune envie de remuer, ni confiance en ses mouvements ne s'en plaindrait pas. »

Au contraire, plus il va, plus il se complaît dans ces lisières. Le plus comique, c'est qu'il se croit souverain et républicain dans cet état d'ilotisme.

M. Lebourgeois donne ici une éloquente leçon d'élevage de l'espèce humaine, à propos d'une leçon sur l'élevage des bestiaux.

Nous en trouverions difficilement une de cette valeur dans les discours de distributions de prix qui inondent les journaux cette semaine.

Mais citons aussi sa conclusion.

De cet état d'esprit, résulte une cause très sensible d'infériorité. Mais il suffirait de bien vouloir pour y remédier.

« La Société des Agriculteurs de France vient de prendre à Saint-Brieuc l'initiative intelligente d'un concours libre (comme celui des Anglais à Leicester) On ne saurait trop l'en louer, en espérant que ce n'est là que le premier pas dans une voie qui sera marquée par d'autres étapes ! »

Nous ne pouvions trouver un meilleur témoignage à l'appui des vérités que nous prêchons depuis le premier jour dans le désert.

Bravo, Monsieur Lebourgeois. Bonne leçon donnée par un éleveur de bêtes à cornes aux éleveurs de bêtes à diplômes.

Concours.

Concours de la race bovine flamande. — Cet important concours se tiendra à Saint-Omer, le dimanche 23 août. Primes nombreuses et importantes en rapport avec les améliorations de cette race.

Comice de Châtellerault. — Ce comice important présidé par M. de la Massardière, aura lieu à Pleumartin les 19 et 20 septembre. Essais d'instruments, samedi 19. — Déclarations avant le 10 septembre.

Concours de viticulture à Blois. — Du 1er au 4 octobre. — Organisé par la Société d'agriculture de Loir-et-Cher. Concours de cépages, de plants, de vins, de raisins, d'instruments, etc. et conférences.

Institut national agronomique.

Voici la liste par ordre de mérite des candidats admis à l'Institut national agronomique :

MM. 1 Gault, 2 Burin des Roziers, 3 Billecard, 4 Luneau, 5 Perrot, 6 Marcot, 7 Isambert, 8 Fréjaville, 9 Wakulski, 10 Coupin, 11 Favre, 12 Homolle, 13 Bougueret, 14 Diffloth, 15 Fauveau, 16 Mangin, 17 Lemière, 18 François, 19 Ismalun, 20 Poher, 21 Delesse, 22 Main, 23 Gargam, 24 Worms, 25 Louis Berthaut, 26 Coulon, 27 Sinano, 28 Collas, 29 Gallevier de Mierry, 30 Braun, 31 Estève, 32 Arnould, 33 Boussingault, 34 Lavoine, 35 Gatin, 36 Jacquet, 37 Mendès, 38 Etesse, 39 Lefèbre, 40 Antoine, 41 Le Testu, 42 Ammann, 43 Pagnerre, 44 Lederlin, 45 Parisot, 46 Archambault, Drouard, 48 Récopé 49 Wehrung, 50 Boulle, 51 d'Aubert de Peyrelongue, 52 Grivot, 53 Guillerd, 54 Mazeline, 55 Canu, 56 Deffis, 57 Malassigné, 58 Delauney, 59 Jacqueson, 60 Victor Gérard, 61 Boubal, 62 Fleury, 63 Tardy, 64 Tainturier, 65 Andouard, 66 Amalric, 67 Marliangeas, 68 Louchet, 69 Lacombe, 70 Boyer de Fonscolombe, 71 Couteux, 72 Vuillet, 73 Lévy, 74 Gaillard.

Voici la liste des élèves sortis en 1896 avec le diplôme d'ingénieur agronome :

MM. Hubert, Laigle, d'Alverny, Duclaux, Marc, Peltier, Sagourin, Carillon, Gerdil, Gaudechon, Camus, Jourdan, Laforte, Courbaire, Michon, Labounoux-Rigoigne, Valence de Minardière, Claverie, Corbin, Berthon, Badré, Roland, Tardy, Couturier, Ausset, Vuilllier, Chancrin, Le Men, Lucas, Pasquet, Barrière, May (Antoine), Dumas, Lallement, Joffrin, Dubais, Le Couppey, Moireau, Gelly, Hansermann, Cousin, Coulaux, Morange, Beigbeder-Camp, Martin-Claude, Moreau, Saladin, de Boisguéret de la Vallière, Abadie, Dubos, Claret, Radas, Jénart, Clérinot, Houmeau, Sthème, Bourdel, Philippe, Marcet, Charvin, Meunier, Géré, George, Manoncourt, Thureau-Dangin, Gassier, Hautefort, Bodet, Richefeu, Lerolle, Veyrier de Maleplane, Couture, Duchêne, Michel de Roissy, Locherot, Reynders.

La loi allemande sur les admissions temporaires.

Cette loi en vigueur depuis deux ans porte ceci :

Les exportateurs de céréales, colza, etc. sont autorisés à réclamer à la sortie des bons d'exportation de leurs expéditions ; — en échange de ces bons ils peuvent faire exonérer leurs importations des droits de douane qui les frappent dans des proportions déterminées. — Les mêmes bons leur sont délivrés pour leurs céréales mises en entrepôt. — Les taux d'extraction sont fixés par le Conseil fédéral.

Cette loi, d'après le rapport de M. de Meaux, inspecteur des finances, qui l'a étudiée sur place, fonctionne à la satisfaction générale des intéressés : cultivateurs, commerçants, minotiers.

Ecoles pratiques d'agriculture.

Ecole de Wagnonville, près Douay (Nord). — Examen d'admission, lundi prochain 10 août. Ecrire d'avance à M. Manceau, directeur.

Ecole de Labrosse (Yonne). — 18 places, 10 bourses, examens le 24 septembre. — Ecrire avant le 10. — On exigera les certificats d'études pour être admis.

Ecole pratique d'agriculture du Chesnoy (Loiret). — Examens d'admission à l'école le lundi 7 septembre, à 8 heures du matin. — Ecrire au préfet du Loiret au plus tard le 30 août, bourses pour le Loiret et pour Seine-et-Oise.

Ecole de Villembits (Hautes-Pyrénées). — Examens à la préfecture de Tarbes, 10 septembre, à 9 heures du matin, plusieurs bourses aux postulants les plus méritants.

École de Gamelines (Allier), par Saint-Ennemont. — Examens d'admission le 25 septembre, à 8 heures du matin, à la préfecture de Moulins. Écrire au préfet le 30 septembre.

Le durham français à Buenos-Ayres.

Les éleveurs de la République argentine font, on le sait, une redoutable concurrence par leurs envois de bœufs vivants aux marchés de Londres et de Paris.

La prospérité croissante de leur élevage, si dangereux pour le nôtre, s'accroît à vue d'œil, en recrutant leurs estancias de reproducteurs d'élite achetés en France.

La semaine dernière, Mme Grollier, veuve de l'éminent éleveur de ce nom, décédé l'an dernier, a expédié à un des principaux éleveurs de Buenos-Ayres, M. Pages, neuf taureaux durham achetés et triés sur le volet dans son étable et celles de MM. Auclerc, Huot, Signoret, Petiot, etc. Ces taureaux avaient été préalablement inoculés par la tuberculose, comme gage de leur immunité contre la tuberculose.

En achetant des taureaux durham aux éleveurs français. M. Pages reconnaissait sans doute que cette race célèbre est aussi perfectionnée en France qu'en Angleterre. Cette opinion est fondée sur des faits qui font grand honneur à nos éleveurs. Mais elle ne doit pas nous faire oublier que le durham de Buenos-Ayres sera un jour prochain un rival redoutable pour ses congénères français et anglais.

Les primes sur les soies et cocons.

Enfin les représentants de la sériciculture se décident à réclamer — comme nous le faisons depuis le premier jour — la réforme du régime des primes et leur remplacement par un juste et nécessaire droit de douane sur les produits séricicoles étrangers.

Une réunion de députés et des sénateurs des départements séricicoles a eu lieu sous la présidence de M Loubet, pour examiner le projet de continuation des primes. — A l'unanimité, il a été décidé que l'on réclamerait la cessation de ce régime et l'établissement de droits de douane sur les soies et cocons étrangers.

Il y aura de ce chef un double profit pour le Trésor, économie des millions donnés en primes et quelques millions de plus pour le Trésor qui en a de plus en plus besoin.

Tous nos compliments aux sénateurs et aux députés représentant la sériciculture.

Il ne nous reste plus qu'à inviter les représentants des départements producteurs de chanvres et de lins à réclamer une réforme semblable pour ce qui concerne ces produits agricoles.

Le régime des primes est fini et jugé.

Il est temps d'assurer à toutes les branches de la production agricole le degré de juste protection qui leur est dû au nom des intérêts de l'agriculture et des intérêts du fisc.

Espérons qu'on se décidera à finir, sur ce point comme sur beaucoup d'autres, par où il eût fallu commencer.

Les distributions de prix.

Les journaux de cette semaine consacrent la plupart de leurs colonnes aux distributions de prix et aux harangues banales qui sont l'accessoire impatientant de ces cérémonies. Le défaut capital des allocutions dans les lycées, à commencer par le grand concours de Paris, c'est le manque de sincérité. Nous plaignons les chefs de famille dont l'intelligence n'achève pas les conclusions décevantes d'un programme d'éducation ébauché par M. Rambaud qui prétend tirer l'unité des esprits des seules sciences humaines — c'est l'athéisme sous sa forme la plus hypocrite — nous dirions la plus jésuitique dans le sens donné à ce mot par le troupeau servile des Homais contemporains.

Nos écoles de jeunes filles sont condamnées à entendre des rengaines dont, à aucun prix, nous ne voulons dire un mot. Mais, en compensation, nos lecteurs nous sauront gré de leur mettre sous les yeux l'allocution que notre vieil et célèbre ami Alphonse Karr adressa aux jeunes filles de l'école de Saint-Raphaël quelques mois avant sa mort:

« Mes chers enfants, des personnes à qui je n'ai rien à refuser veulent que je vous dise quelques mots — j'obéis, mais n'ayez pas peur, je ne vous retiendrai pas longtemps. Ayant appartenu jadis à l'Université, j'ai dû quelquefois prendre la parole dans des solennités comme celle qui nous réunit aujourd'hui, et jamais je n'ai parlé plus de dix minutes. C'est que j'ai bonne mémoire, et je me rappelle, lorsque j'étais enfant, il y a pas mal de temps, l'impression fâcheuse qu'en pareille occurrence nous causait l'apparition d'un homme « chaussant » ses lunettes pour débiter un discours qui devait retarder de trois quarts d'heure, le commencement de nos vacances.

« Les vieux, mes enfants, ont cependant un rôle utile et un devoir à remplir — vous entrez dans la vie, vous faites les premiers pas sur un chemin inconnu, or eux, les vieux reviennent de là où vous allez — ils peuvent, ils doivent vous donner des renseignements : là il y a des ornières, là des ronces et des épines, là un précipice — là un carrefour où vous serez bien embarrassés, car vous y êtes en grand danger de vous égarer, peut-être de vous perdre, si vous ne savez pas choisir la meilleure des routes qu'il vous présente.

« C'est le rôle, c'est le devoir que je veux essayer de remplir, du moins en une petite partie et sur un seul point, et, je le répète, n'ayez pas peur : je ne dépasserai pas mes dix minutes.

« Aujourd'hui, tout le monde veut sortir de sa sphère et de la situation où la Providence l'a placé; personne surtout ne veut plus être... paysan — le plus beau des noms cependant, le plus beau et le plus libre de tous les métiers — c'est le paysan qui fait et qui est le pays, qui défend le pays : il n'a besoin de personne et tout le monde a besoin de lui — il traite directement avec Dieu.

« Aucun garçon ne veut plus être semblable à son père et exercer le métier de son père; aucune fille ne veut être semblable à sa mère, et surtout s'habiller comme sa mère; les parents, aveuglés, les laissent s'engager dans des voies où ils ne pourront ni les suivre, ni les guider.

« Tous les garçons veulent se jeter dans trois ou quatre professions dites libérales — je ne sais pourquoi — mais très certainement et depuis longtemps encombrées, n'ayant plus de place pour les nouveaux venus, ils veulent tous être avocats, médecins, ingénieurs, etc. — puis députés, ministres, président de la République, etc.

« Les filles veulent être... dames savantes, couturières et modistes — et surtout s'habiller *en dames et à la mode*.

« Et combien j'en ai vu de ces filles auxquelles la nature avait prodigué ses dons les plus heureux, jolies, fraîches, bien faites, charmantes toute la semaine dans leurs vêtements ordinaires, gâter, perdre ces dons, ces avantages le dimanche en se déguisant en dames maladroites, empesées... ridicules.

« Alors, filles et garçons aspirent à quitter le village où ils sont nés, l'église où ils ont été baptisés, leurs parents et les amitiés de leur enfance — à quitter la terre, cette bonne et généreuse mère, — pour aller se perdre dans la foule qui grouille, dans les villes où ils ne verront plus la terre qu'à l'état de boue et de fange.

« Une fois à la ville, la plupart presque tous, bientôt surmenés, essoufflés, exténués, tombent à moitié chemin du but proposé, et ils ont acquis des besoins nouveaux plus que des moyens de les satisfaire — les voilà misérables, ils deviennent tristes, envieux, haineux et constituant un danger pour leur pays, car le nombre excessif des bacheliers, des bachelières et des *fruits secs*, est la ruine et sera la perte de la France dont le bouleversement peut seul assouvir leurs appétits.

« Les gens qui nous gouvernent ou qui sont censés nous gouverner, poussent aveuglément les jeunes générations dans cette voie fatale — puis ils ont pour eux-mêmes du courant qui les entraîne à l'abîme, ils croient obvier au danger, en imaginant, en multipliant les obstacles, les barrières, les digues — et où croyez-vous qu'ils placent ces barrières?... ce n'est pas à l'entrée de la carrière, ce qui serait raisonnable, — c'est à l'autre extrémité, à quelques pas du but rêvé et promis — ils n'empêchent pas de partir, ils empêchent d'arriver.

« Chez les Chinois, ce peuple qui était civilisé quand nous étions encore sauvages, tous les enfants, sans exception, depuis les plus pauvres, jusqu'aux fils de l'empereur, étaient pendant trois ans instruits dans les mêmes écoles. — J'espère qu'il en est encore ainsi.

« C'est ainsi que, de notre temps, nous avons vu les cinq fils du roi Louis-Philippe faire leurs études pêle-mêle avec nous, sur les mêmes bancs, dans les mêmes collèges, puis subir les mêmes examens que leurs camarades pour obtenir leurs premiers grades dans l'armée, et enfin partager résolument et gaiement les fatigues et les dangers de nos soldats.

« C'est que, en ce temps-là, nous étions en vraie République, ouverte à tous et heureuse pour tous.

« Pendant ces trois années, on enseignait aux jeunes Chinois à lire, à écrire, à compter, — on leur enseignait ce qu'ils devaient à Dieu et aux hommes, — les principales lois de leur pays et la morale qui consistait en bien peu de mots.

« Koun-fu-Tsen (Confucius), un des plus vraiment grands hommes qui aient existé, un vrai précurseur de Jésus-Christ, a eu l'honneur de dire, six cents ans avant le Fils de Marie, et comme de sa part :

« Ne faites pas à autrui ce que vous « ne voulez pas qu'on vous fasse, c'est « la justice.

« Faites à autrui ce que vous vou« driez qu'on vous fît, c'est la vertu. »

« Et Jésus, le bon Jésus, a ajouté : « Aimez Dieu et aimez-vous les uns « les autres, — il n'est pas besoin d'au« tre chose. »

« Un autre sage a dit : Que doit-on enseigner aux enfants? Ce qu'ils auront à faire étant hommes. — Cette simple et belle maxime s'applique aux filles, aussi bien qu'aux garçons.

« Le garçon qui embrasse le métier de son père, dès son enfance et presque en se jouant, a appris les principes et la pratique de ce métier — plus tard, naturellement, héritier de l'expérience, du talent, de la clientèle, comme des outils de son père, il commence par l'aider, puis commençant là où son père a fini, il perfectionnera ce métier, et l'élèvera en s'élevant lui-même.

« La fille qui est restée auprès de sa mère, l'aidant dans les soins et les travaux du ménage — apprend d'elle par l'exemple le beau, le grand métier de vraie femme — de la femme qui seule est l'égale de l'homme parce qu'elle fait sa part des besognes de la vie — elle s'essaye déjà à être la petite mère de ses frères et de ses sœurs plus jeunes qu'elle — elle sait qu'avant de broder et de faire de la tapisserie, il faut savoir tailler, coudre, raccommoder les hardes de la famille, et *amender* les filets de son père, s'il est pêcheur.

« Et c'est là que le garçon de bon sens ira chercher sa femme, et non dans les académies et sur les trottoirs des villes qui s'élargissent tous les jours.

« Pendant ce temps, la fille savante, munie de brevets, suit le cours des astres et prédit les éclipses — mais laisse éteindre le feu de la cheminée; et la soupe ne sera pas prête, lorsque son père, ses frères, son mari, ses enfants reviendront du travail ayant bon appétit.

« Néanmoins, ne disons pas trop de mal des sciences; il en est une, mes chères fillettes, que je vous recommande particulièrement, c'est... la *chimie* — mais seulement une branche de la chimie appliquée à la cuisine — et la cuisine est l'art d'accommoder, d'apprêter, d'assaisonner les mets les plus vulgaires et les moins coûteux, de façon à en faire une nourriture saine, abondante — et même savoureuse — qui répare et entretient les forces de la famille, et fait de chaque repas comme une petite fête.

« Il me reste encore, je crois, une minute, et ça me suffit, je n'ai plus qu'un mot à dire, et ce mot, enfants, parents, assistants, vous le direz tous avec moi. Nous remercions ces saintes filles qui, volontairement pauvres, ont renoncé à ce qui est le bonheur des autres femmes : elles ne sont, elles ne seront ni épouses ni mères, non pour restreindre la famille et ses devoirs, mais au contraire pour élargir les familles et multiplier les devoirs, pour resserrer et consacrer aux pauvres, aux malades et aux enfants tous les trésors de leur cœur et leur vie tout entière. »

ALPHONSE KARR.

NÉCROLOGIE

Nous apprenons avec affliction la mort de M. le comte E. de Fleurieu, au château de Laye à Saint-Georges-de-Reneins (Rhône). Collaborateur et ami de Saint-Victor, M. de Fleurieu s'est dévoué et a travaillé avec lui et d'autres amis à toutes les œuvres de propagande agricole et viticole dans le Rhône et dans le canton de Tarare. Nous perdons en lui un des abonnés des premiers comme des derniers jours qui nous encourageait constamment de leurs conseils sympathiques. Nous envoyons nos profondes condoléances à tous les membres de cette noble famille de M. de Fleurieu, et spécialement à son frère puîné, président de la section du génie rural à la Société des agriculteurs de France.

CHRONIQUE AGRICOLE

Lettres rurales

« A quoi sert de nous unir, puisqu'on ne nous écoute pas? » Telle est la réponse que j'ai entendu faire à mes conseils d'union dans la *Défense agricole* et j'ai dit aussitôt que cette réponse ne signifiait absolument rien, car il est prouvé que lorsqu'on désire sérieusement une chose, et qu'on est surtout le nombre, on peut, *si on le veut*, se faire écouter. Il n'y a d'ailleurs qu'à se rappeler la lutte soutenue, sous l'Empire, par le groupe dit *des cinq*. Ils n'étaient que 5 sur 261 députés, et cependant on peut dire que, par leur union et la persévérance de leurs efforts, ce sont eux qui ont préparé la chute de ce régime.

Cette réponse-là n'est donc point l'expression entière de la vérité, et elle gagnerait à être complétée ainsi : « A quoi sert de nous unir, puisqu'on ne nous écoute pas et... *nous ne voulons pas nous faire écouter.* »

Le campagnard, le *mangeur d'herbe*, comme l'appellent certains beaux esprits est en même temps actif et inerte : *actif*, pour tout ce qui regarde ses travaux, ses intérêts immédiats; *inerte*, pour tout le reste.

Dénué généralement de toute ambition autre que celle de faire ses affaires, il s'occupe peu de la chose publique; se plaint bien quand on augmente ses impôts, mais les paie quand même. Confiant et crédule par nature, quoique fin et plein d'un bon sens naturel, il est la dupe éternelle de tous ceux qui le flattent. N'ayant ni le goût, ni le temps de lire, il ignore ses devoirs de citoyen libre et méconnaît ses droits. Habitué à une vie et un travail régulier, il n'a aucun esprit d'initiative, et se laisse conduire bonnement, comme le plus calme des moutons de son troupeau, par le premier exploiteur venu. Constamment victime de toutes nos perturbations sociales, on peut dire de lui, mieux encore que des émigrés : « Il n'a rien appris, rien oublié. »

Mais à quoi tient cet état de choses, cette apathie incompréhensible, alors que son industrie vitale est ainsi menacée; cette espèce de suicide moral?

« C'est que, comme le dit avec raison M. Ch. Louandre, nous n'avons plus de castes légales, mais les préjugés traditionnels nous enchaînent encore à la vieille hiérarchie. Les bourgeois se regardent comme supérieurs aux paysans; les fonctionnaires comme supérieurs à ceux qui travaillent la terre et ses produits... »

De cet antagonisme insensé naît donc cet état de quasi-indifférence, dû surtout à l'absence de direction. Habitué, en effet, dans les temps passés à se laisser guider par ceux qui, par leur nom, leur position, leur instruction, semblaient être ses tuteurs-nés, il ne sait plus que faire aujourd'hui qu'il se trouve abandonné d'eux, et pour éviter d'être ballotté comme un navire désemparé, il aime mieux rester dans son immobilité.

N'y a-t-il pas là, dans cette désassociation d'intérêts communs, une lourde faute de la part de ceux que ces honnêtes travailleurs des champs considéraient généralement comme leurs défenseurs naturels?...

C'était déjà ce que prévoyait et voulait éviter à tout prix, il y a un demi-siècle, — car cette situation ne s'est pas faite en un jour — le tant regretté comte de Chambord, lorsqu'écrivant, le 27 juin 1844, au comte de Turenne, il lui disait : « C'est avec un grand plaisir que j'ai « appris tous les efforts qui sont faits « pour hâter les progrès de la culture « en France, et surtout pour améliorer « le sort de la classe agricole. Je ne cesserai de recommander à tous ceux qui « sont restés fidèles à notre cause d'*habiter le plus possible leurs terres*, et de « donner l'exemple de toutes les améliorations utiles. C'est le vrai et le « seul moyen de détruire les préventions injustes et de rendre à la propriété foncière la part d'influence qui « lui appartient et qu'il serait si utile « qu'elle obtint dans l'administration et « la conduite des affaires du pays... »

Et cette idée le préoccupait tellement qu'on en retrouve l'expression dans nombre de ses lettres : ici, c'est un de ses amis, qui est resté le conseiller des bons et des mauvais jours, le guide sûr et éclairé de ses tenanciers, il l'en félicite et l'encourage à rester ainsi *tout à tous*; là, c'est un autre qui hésite, qui tergiverse, il l'admoneste, il le blâme; à tous, il dit et répète : « J'applaudirai « toujours aux efforts qui seront faits « pour rapprocher et unir entre elles « toutes les classes de la société. C'est « en renonçant à une vie oisive, en travaillant *au bien-être du peuple*, et en « protégeant les intérêts du commerce « et de l'industrie, que mes amis doivent chercher à dissiper les préventions qui pourraient encore exister, « et à reconquérir cette influence salutaire qu'ils sont naturellement appelés « à exercer, et qui peut devenir un jour « si utile au pays... »

Mais, n'est-ce pas implicitement ce manque de direction, qu'indique M. Méline lui-même, lorsqu'il dit, dans son discours programme : « Nous consacrerons tout « notre dévouement, toutes nos forces « aux intérêts de l'agriculture; nous « n'épargnerons rien pour lui venir en « aide, et *nous prendrons en main* tous « les projets qui l'intéressent. Nous « commencerons par lui assurer la *représentation officielle* à laquelle elle a « droit et *qu'elle attend* depuis si longtemps. Nous ne saurions trop faire « pour les vaillantes populations rurales... »

Ah! ils sont bien coupables ceux qui, pour une cause quelconque, ont trahi ainsi la noble mission qui leur avait été octroyée par la Providence; et de quoi peuvent-ils bien se plaindre aujourd'hui, s'ils en sont les premières victimes?

Est-ce à dire cependant qu'une réaction soit impossible et qu'il faille continuer à rester perpétuellement dans ce *statu quo* mortel?

Non, mille fois non!

Mais que faire?

C'est ce que nous verrons prochainement. En attendant, souvenons-nous que : « Labourage et pâturage, comme disait le grand ministre Sully, ont été dans le passé et sont encore, les deux mamelles de notre chère France. C'est à ces sources éternellement fécondes, quoi qu'on en dise, que notre belle patrie puisera, aujourd'hui comme dans l'avenir, la force et la vie; gardons-nous de l'oublier, car c'est là seulement qu'au jour du danger, — et n'est-il pas sans cesse menaçant, à l'intérieur aussi bien qu'à l'extérieur? — nous trouverons ce qu'il faut aux grands peuples : du fer et du pain.

MAITRE-PIERRE.

La Chesnaye-Saint-Aubin.

Le couchage des tiges de pommes de terre.

Des cultivateurs se demandent depuis quelques années si le couchage des tiges de pommes de terre a pour effet d'accroître le volume des tubercules.

Le procédé consiste à aplatir les tiges au moyen d'un rouleau au moment de la floraison, mais lorsque le sol n'est pas très humide.

M. Avignon, professeur d'agriculture à Wassy (Haute-Marne), écrit au *Journal de l'agriculture* qu'un essai de ce genre fait par lui sur une petite échelle lui a donné un résultat équivalant à 26 000 kil. sur la partie roulée contre 24.000 sur la partie non roulée. Mais il ajoute avec raison qu'un tel essai isolé est insuffisant pour trancher la question. Il engage les praticiens à faire comme lui, de nouveaux essais comparatifs et à lui en communiquer les résultats.

Théoriquement, M. Avignon suppose que les engrais refoulés par le couchage des tiges doivent profiter aux tubercules. — Cette hypothèse n'est pas certaine; il se peut, au contraire, que les tubercules reçoivent leur aliment de la sève descendante des tiges. N'importe, c'est à l'expérience, non à une théorie quelconque, qu'il faut demander la solution de ce problème.

Le commerce des semences.

Une question capitale pour l'agriculteur est de ne confier au sol que de bonnes semences : c'est de la qualité de la graine que dépend celle de la récolte.

En premier lieu, il faut semer la variété qui convient à la terre, au climat; par conséquent on doit être certain de l'espèce. Ensuite, il convient d'examiner si la graine a toutes ses qualités germinatives, puis enfin, si elle n'est pas mélangée à d'autres. En résumé, le cultivateur sera fixé sur l'espèce, sur sa faculté germinative et sur sa pureté.

Pour atteindre ce résultat, le cultivateur de graines est contraint de prendre de nombreuses précautions, savoir : 1° être certain de l'espèce; 2° au cours de la végétation, retrancher tous les pieds qui sont ou malingres, ou malades, ou encore qui n'ont pas tous les caractères de l'espèce désirée; 3° battre avec le plus grand soin; 4° trier les grains très minutieusement. Sans cette façon d'opérer, on n'obtient que des semences impures, dont la variété ne se peut déterminer. Aussi conçoit-on qu'il y ait peu de maisons de commerce à s'entourer de ces garanties, c'est-à-dire qui surveillent chez les cultivateurs la production des graines qu'elles achètent pour revendre. A l'heure actuelle, il n'y a guère que la maison Vilmorin qui procède de cette façon en France. Il est clair que les grains ainsi obtenus se vendent cher, le négociant est obligé d'indemniser le cultivateur des suppressions qu'il opère, des soins qu'il donne en cours de végétation et de récolte, puis enfin ce négociant doit avoir un personnel nombreux et compétent pour surveiller ces cultures.

L'*Union des Syndicats* a eu la prétention de supprimer ces maisons spéciales. Son président, M. Le Trésor de la Rocque a cru qu'il lui suffirait de vouloir, pour doter l'agriculture de bonnes semences. La vérité est qu'il a voulu permettre aux cultivateurs de vendre leurs grains de commerce au prix de ceux destinés à la semence. En sorte que si les vendeurs sont satisfaits, les acheteurs sont mécontents. En effet, voici comment on procède, c'est d'une simplicité merveilleuse : les cultivateurs envoient de petits échantillons au *Syndicat central* chargé par l'Union de cet important service. Là, les grains sont examinés superficiellement par un employé quelconque n'ayant aucune connaissance botanique, capable tout au plus de distinguer le blé du seigle. Puis ces grains sont annoncés dans le bulletin de l'*Union* avec les noms des variétés donnés par les vendeurs. Sans le moindre contrôle, ils sont expédiés aux cultivateurs assez naïfs, pour croire qu'une institution patronnée par la *Société des Agriculteurs*, ne fournit aucun produit qu'elle ne l'ait minutieusement vérifié; heureux quand ils seront tombés sur le lot d'un agriculteur émérite et consciencieux.

S'il y a des semences, comme celles d'avoine, de seigle, d'orge, de luzerne, de sainfoin, etc., sur lesquelles l'espèce n'a pas une très grande importance, il en est d'autres, comme celles de blé, de betteraves, pour ne citer que les principales sur lesquelles la variété exerce une influence considérable.

Nous savons que quelques personnes trouvent déplacé que nous n'admirions pas les yeux fermés, toutes les institutions que patronne la *Société des Agriculteurs de France*, cela ne nous surprend pas, mais nous avons le devoir d'éclairer les nombreux agriculteurs qui nous honorent de leur confiance, ce serait les trahir, que de manquer de leur signaler les défauts d'œuvres qui, d'ailleurs, ont leurs avantages et leurs qualités.

Quand tout le monde se préoccupe et à juste titre, d'engager les cultivateurs à n'employer que de bonnes semences, il est naturel que la Presse indépendante les mette en garde contre tous les errements funestes qu'elle leur répète qu'en cette matière, il faut se défier du bon marché.

Si nous nous trompons, qu'on le dise, nous sommes prêts à le reconnaître.

L'Aveline. — L'Avelinier.

Tout le monde en France connaît la grosse et savoureuse noisette dite Aveline qui fait partie du dessert dit les quatre mendiants et qui est utilisée comme noyau dans les dragées. La parfumerie et la pharmacie utilisent beaucoup l'huile d'aveline.

Quant à l'Avelinier qui produit cette noisette, on n'en connaît la culture que dans le Midi où elle est avantageuse pour ceux qui la pratiquent avec une habileté suffisante.

Notre savant confrère le *Réveil agricole* de Marseille, leur adresse les conseils suivants, qui méritent leur attention :

« Il y a l'Aveline rouge ronde, à coque demi-dure ; l'Aveline rouge de Provence, à coque tendre, à tégument séminal rouge ; l'Aveline de Barcelone ; l'Aveline romaine ; l'Aveline de Naples ; l'Aveline du Piémont ; l'Aveline de la Cadière (Var), dont l'amande est d'un blanc de cire ; l'Aveline du Languedoc, à pétiole gris, à capsule duveteuse, venant de sujets remarquables par l'épaisseur de leur bois.

« L'Avelinier (*corylus avellina*) appartient au genre des corylacées, à la famille cupulifère, produisant des fruits à involucre : comme toutes les variétés de coudriers et de noisetiers, son bois est d'un blanc lavé de roux, à grain fin, combustible médiocre, mais fournissant à la calcination un charbon très léger. Les terrains de prédilection de cet arbuste qui croît en Italie, en Sicile, en Espagne et dans le Midi de la France, sont les schisteux, les argilo-siliceux, les silico-calcaires, terrains légers mais qui doivent être rafraîchis par le voisinage de l'eau, sinon arrosés au moins deux fois l'an. Il craint l'ombrage et demande l'exposition au Nord. Il tend à se dégarnir par le haut, il émet au collet et sur le tronc pas mal de rejets ou surgeons qu'il faut couper sans merci, si l'on tient à sa bonne venue. Les terrains arrosables de la Crau ne lui déplairaient point. Il redoute la taille et l'élagage, ses plaies se cautérisent mal : il faut se contenter de l'émonder, en ayant la précaution de laver la lame de l'outil, sécateur ou autre, à l'eau boriquée, pour éviter la pourriture.

« L'Avelinier se multiplie de semences, de marcottes et de drageons enracinés. On peut aussi greffer en écusson à œil dormant, des plants de coudrier commun venus de graines, que l'on plantera à demeure deux ans après à 2 m. 50 d'espacement.

« La culture intensive de cette espèce fruitière exige des engrais azotés au moins tous les deux ans : engrais flamand, gadoues, purin de ferme, crottin de brebis, sans préjudice d'engrais minéral légèrement phosphaté qui donne de l'énergie à sa végétation sujette aux attaques de trois parasites, à savoir : la *saperde linéaire*, *l'apodère du coudrier* et la *balamine des noisettes*, celle-ci rendant les amandes véreuses et brunâtres. Sans compter les labours, il faut des binages fréquents à la houe pour maintenir la terre très meuble au pied des arbres. Ainsi l'on peut obtenir jusqu'à 1.000 kilos à l'hectare d'avelines décapsulées, ce qui fait un produit brut de 600 fr. en mettant les amandes au minimum de 60 fr. les 100 kilos.

« La cueillette se fait fin août au commencement de septembre, à la main ou en secouant les rameaux, quand les folioles de l'involucre se flétrissent. Les fruits sont transportés dans un grenier ou séchoir, épandus en couche épaisse, remués après l'épandage pour éviter la moisissure, puis battus à la gaule pour détacher les capsules, puis enfin étendus dans un endroit sec, sans préjudice de ceux livrés à la consommation sitôt après la récolte comme fruits de table.

« Louis-Adrien Levat. »

La maladie du noir de l'olivier.

On signale sur de nombreux points du Midi que les oliviers sont atteints de la maladie du noir. Cette maladie qui est désignée aussi sous les noms de fumagine ou de morfée a une réelle gravité ; on rencontre fréquemment des oliviers qui sont comme badigeonnés de noir non seulement sur les deux faces de leurs feuilles, mais aussi sur leurs rameaux et leurs branches. Tantôt cette matière noire est sèche, tantôt elle est pulvérulente et se détache facilement de l'arbre au moindre frottement ; le plus généralement douée d'une grande adhérence par suite de la présence d'un liquide gluant produit par un insecte parasite de l'olivier, le kermès de l'olivier. Accidentellement aussi la miellée résultant de l'extravasement de la sève par suite de condition de température et de sécheresse assez rare (printemps de 1893 par exemple), constitue un milieu favorable au développement du cryptogame de la fumagine. La poussière noire est en effet constituée par la partie végétative et les spores du *fumago* (*olivæ pyrenomycete périsporioci*). Celles-ci sont oblongues, irrégulières, d'abord non cloisonnées puis présentant plusieurs cloisons parallèles entre elles. Les filaments mycéliens rampent à la surface de l'épiderme se ramifiant et s'enchevêtrant plus ou moins et leur extrémité donne naissance à des séries de spores qui s'égrènent. Le *Fumago olivæ* n'est pas précisément parasite de l'olivier puisqu'il se développe aux dépens du miellas qui souvent recouvre non seulement les diverses parties de l'arbre mais parfois aussi la surface de corps voisins, pierre, verre, bois, etc. Mais il exerce un effet désastreux sur l'olivier par la croûte épaisse qu'il forme qui annihile plus ou moins complètement les fonctions de respiration et de transpiration de végétal. Il en résulte que lorsque la fumagine couvre l'olivier avant sa floraison, celle-ci ne se produit pas ou est très raréfiée ; quand l'arbre est déjà en fleurs, celles-ci se flétrissent et se détachent de l'arbre ; quand le fruit est noué, le noir le fait tomber ; quand il est déjà gros et bien formé, il l'empêche de se gonfler et diminue encore notablement son rendement en huile (Prilleux). Les expériences faites par M. Degrully montrent que les traitements insecticides à l'aide de l'arséniate de soude, du jus de tabac, de pétrole et savon, de l'arséniate de cuivre, de la poudre de pyrèthre sont sans action. Parmi les traitements anti-cryptogamiques, l'eau de chaux, le sulfate de fer, le sulfate de zinc ont été sans effet, seule l'eau céleste (à base de cuivre), a donné quelques faibles résultats M. Gely, en Australie, s'est bien trouvé de pulvérisations sur l'arbre malade au printemps avec une solution de 2 à 3 kilos de carbonate de soude par hectolitre d'eau ; nous nous sommes longuement étendus l'année dernière sur les bons résultats fournis par la méthode de M. Arimondy. Inutile d'y revenir.

Plantes à cultiver en culture dérobée.

Comme fourrages en culture dérobée nous citerons : le *sarrasin*, destiné à être coupé avant sa maturité, la *moutarde blanche*, le *moha de Hongrie*, le *millet*, l'*alpiste*, le *trèfle incarnat*, la *navette d'été*, toutes les variétés de *navets*, les raves.

Le *trèfle incarnat* est, de toutes les plantes à couper au printemps, celle qui donne les meilleurs résultats comme fourrage vert ; il convient à tous les bestiaux et même aux chevaux.

Un labour profond n'est pas nécessaire pour préparer la terre pour le trèfle incarnat, un labour léger suffit ; à la rigueur, un coup de scarificateur donné pour déraciner le chaume et les mauvaises herbes à racines vivaces est amplement suffisant, et, toutes les fois que le temps est sec, on le presse fortement au rouleau. Sa végétation s'accomplit ainsi dans la portion de l'année qui est la moins chaude et la moins aride. Aussi réussit-il bien dans le Midi, dont les sécheresses compromettent tant d'autres produits. Il souffre quelquefois de la gelée sous le climat du nord; cependant il peut être cultivé dans toute la France. Lorsque les autres variétés de trèfle n'ont pas levé, celui-ci devient précieux pour les remplacer.

Il existe plusieurs variétés de *trèfle incarnat* qui jouissent de la particularité de se succéder l'une à l'autre dans leur maturité, bien que semées à la même époque. Ce sont :

Le trèfle incarnat extra hâtif à fleurs rouges.

Le trèfle incarnat hâtif à fleurs rouges.

Le trèfle incarnat tardif à fleurs rouges.

Le trèfle incarnat extra tardif à fleurs blanches.

Le trèfle incarnat se sème à partir du 15 août au 15 septembre, à raison de 25 kilos à l'hectare de graines débarrassées de leurs bourres, et à raison de 30 kilos à l'hectare lorsqu'elles en sont revêtues. Quant au choix à faire entre la graine nette plutôt que la graine en bourre, ceci dépend beaucoup des influences climatériques.

Le semis de la graine nette est plus facile, plus régulier, mais la levée est moins certaine s'il fait sec.

Le semis de la *graine en bourres* a l'immense avantage de conserver la graine dans son enveloppe et de résister à la plus grande sécheresse; aussitôt qu'une pluie bienfaisante arrive, la graine lève rapidement.

Nous engageons beaucoup nos lecteurs à semer au moins deux variétés de trèfle incarnat, l'une hâtive, l'autre tardive; de cette façon ils procureront à leurs bestiaux dès le mois de mai une nourriture saine, agréable et abondante n'exposant pas à la météorisation comme les autres trèfles; on remarquera bien vite au bout de quelques jours de ce régime combien les vaches laitières et notamment les chevaux ont acquis un beau poil luisant, signe de belle santé et de croissance.

Courtin,

Invasion de criquets en Corse.

Des bandes considérables de sauterelles ont envahi les prairies de Campodiloro, où elles font beaucoup de dégâts, dévorant les cultures herbacées.

En présence d'un danger qui menace les cultures, il est nécessaire de prendre des mesures de préservation.

Pendant les six ou sept jours qui suivent leur éclosion les criquets restent groupés en fourmilière sur le lieu même et forment des plaques que l'on peut détruire soit en les arrosant de pétrole ou en les couvrant de paille imbibée de pétrole et en y mettant le feu, soit, dans les endroits où ces procédés ne peuvent être employés, en écrasant les fourmilières avec des balais de branches ou autres instruments.

Pendant les trente jours suivants, les criquets se mettent en marche dans une direction constante vers le nord ou le nord-ouest. On peut donc, dès le commencement du mouvement, choisir les points favorables à la destruction.

Sur ces points, on creuse parallèlement et en nombre proportionnel à l'importance de la bande, des fossés plus profonds que larges, en ayant soin d'élever un talus sur le côté du fossé opposé à l'arrivée. Le talus sera à arête vive et surplombera même un peu si la nature du sol le permet.

Dans ces conditions, il suffit d'attendre que la bande de criquets soit arrêtée et rejetée dans le fossé par le talus, et le remplisse environ aux deux tiers; on remblaye alors vivement en tassant la terre et on passe à une deuxième ligne.

La main-d'œuvre peut être considérablement réduite par l'emploi de l'appareil cypriote, composé de bandes de toile, tendues verticalement, destinées à arrêter les criquets que l'on écrase ensuite par tous les moyens.

Ces procédés mis en œuvre avec ensemble et avec vigueur peuvent amener la destruction de la plus grande partie des criquets; mais pour arriver à des résultats satisfaisants, l'union de tous les intéressés est nécessaire. Les propriétaires intéressés concerteront leurs efforts pour enrayer les progrès du fléau.

Les syndicats agricoles.

On peut ranger les *Syndicats agricoles* en deux grandes catégories : les uns s'occupant surtout d'affaires et les autres ayant en vue la sauvegarde pratique de tous les intérêts agricoles. Quoiqu'on en pense généralement les premiers ne sont pas les plus nombreux, mais ce sont ceux qui comprennent la plus grande circonscription territoriale, comme les départementaux. Ces syndicats ne rendent des services appréciables et réellement utiles qu'à la condition de se subdiviser en petits groupes communaux et paroissiaux. Je dis « services appréciables » car pour améliorer le sort du cultivateur, il ne suffit pas de lui procurer à bon marché les produits dont il a besoin, il faut l'aider à cultiver le mieux possible, c'est-à-dire à accroître son produit net en argent, et surtout s'efforcer d'ouvrir la brèche dans tout cet arsenal législatif qui paralyse et stérilise ses efforts. En un mot, les services des syndicats sont de deux sortes: matériels et moraux, ils doivent tous contribuer à améliorer la situation des agriculteurs. Si quelques-uns ne répondent qu'incomplètement et quelquefois même pas du tout à cette idée, il en est d'autres réellement merveilleux qui, malheureusement, ne sont pas suffisamment connus, tels sont par exemple ceux qui ont été organisés sous l'impulsion de vaillants chrétiens comme MM. le comte de la Bouillerie, Blanchemain, de Palaminy, Milcent, Carnot, de Laage de Meaux, Thomine Desmazures, de Fontgalland, Gaillard-Bancel de Bretagne, Lagny, marquis de Poncins, des Jars de Kéranroué, Gumand, vicomte de Lorgeril, Poinsignon, de Garidel, Marchain, etc., etc. Pourquoi ces associations donnent-elles d'aussi bons résultats, tout simplement parce que leurs fondateurs ne cherchent qu'à faire le plus de bien possible sans briguer aucune situation honorifique. Ils n'ont d'autre ambition que de passer en faisant le bien, que de laisser cette maxime à leurs successeurs.

Certes, je le reconnais, le bon fonctionnement de ces syndicats n'est pas accusé par un chiffre d'affaires colossal et je les en félicite. Le moment est-il bien choisi pour pousser les petits cultivateurs à tenter des essais qui toujours se traduisent par un supplément de dépenses? Ne convient-il pas beaucoup mieux, comme le font les fondateurs de ces syndicats, d'examiner les moyens d'améliorer la culture sans recourir à de nouvelles mises de fonds ou du moins en les réduisant autant que possible? Au lieu d'avoir des frais généraux considérables qui naturellement sont payés par la culture, ces syndicats sont administrés très économiquement et complétés souvent par des caisses de crédit, d'assurances, etc. Les syndiqués forment réellement la famille agricole dont tous les membres concourent à la prospérité commune en se prêtant un mutuel appui; aussi ont-ils confiance les uns dans les autres et obtiennent-ils des résultats sérieux.

Ce sont ces associations qui ont toutes nos sympathies, car ce sont celles qui sont le mieux appropriées aux besoins actuels, qui se prêtent le plus sûrement à la défense des intérêts de la propriété rurale. Aussi, avons-nous le droit et le devoir de nous efforcer de les défendre contre ceux auxquels elles portent ombrage, et ils sont nombreux. Et tout d'abord devons-nous engager les cultivateurs à leur accorder la préférence sur toutes les autres. Quand on a près de soi un petit syndicat dont on connaît, dont on apprécie les administrateurs, il faut le soutenir, en lui donnant sa confiance, c'est une obligation sacrée surtout pour les grands propriétaires qui toujours et partout ont la mission de donner l'exemple. A plus forte raison sommes-nous obligés d'empêcher certains syndicats de chercher à paralyser l'action de ces sociétés locales, de dévoiler les moyens quelquefois peu corrects qu'ils emploient pour atteindre ce but. Nous sommes des décentralisateurs, nous estimons que la multiplicité des œuvres est bonne, car elle stimule les initiatives. Nous nous opposerons donc toujours aux tentatives de centralisation qu'elles émanent des sociétés ou des particuliers. Nous avons la conviction que c'est encore un moyen puissant de venir en aide à la population rurale.

S. CRÉPEAUX.

Travaux viticoles de M. Paul Lauras.

La mort inattendue qui vient d'enlever M. Paul Lauras à la viticulture, nous fait un devoir d'appeler l'attention des viticulteurs sur ses derniers travaux.

En voici un aperçu publié par le *Bulletin de la Société de Chalon-sur-Saône*, par M. Roy-Chevrier.

« A la suite de quelques échecs de cépages américains purs, il songea à s'adresser aux hybrides nouveaux et, l'un des premiers, il se rendit en pèlerinage chez le *Bénédictin d'Aubenas* et ce furent en somme les conseils de M. Couderc, qu'il eut le mérite de suivre et d'approprier à son terrain et à son climat. Disciple d'un tel maître, il ne pouvait manquer de réussir.

« M. Lauras rapporta d'Aubenas la conviction de l'excellence des hybrides et il se mit de suite à les expérimenter en grand. Non content de greffer ainsi une cinquantaine de porte-greffes différents, il étudia transversalement, d'après la méthode que j'ai préconisée au congrès de Poligny, plusieurs greffons, tous intéressants pour sa région. Rien n'est plus instructif que l'inspection attentive de ces lignes entrecroisées dans le genre du champ de la Condamine et de certaines parcelles de Montfleury. L'adaptation calciphile n'y est plus seule étudiée; l'affinité et l'acclimatation de chaque cépage greffon entrent en ligne de compte et modifient souvent les résultats de l'adaptation proprement dite.

« La sélection fructifère de ces greffons avait été si bien faite que, lorsque j'entendis autour de moi comme un vent de scepticisme souffler sur le Gamay-Couderc qu'on accusait de produire plus de fouilles que de raisins, je ne trouvais rien de mieux, pour raffermir la confiance ébranlée des partisans des hybrides Couderc que de leur dire : « Allez donc voir chez M. Lauras ! » Or, chez M. Lauras, les plantations de Gamay fin à jus blanc sur Gamay-Couderc donnaient régulièrement deux pièces à l'ouvrée. Cette année, nous trouverons plus près de nous des exemples identiques de la superbe fécondité de ce porte-greffe : en Pinots fins, chez MM. Pétiot et Jeunet; en Gamay, Chardonnay et Aligoté, dans mes propres vignes, par exemple, et chez bon nombre de nos voisins probablement. Mais je constate que M. Lauras nous a devancés dans cette voie et qu'il a eu, plus tôt que nous, des greffes irréprochables de production sur Gamay-Couderc.

« Ce petit détail prouve avec quels soins méticuleux et personnels M. Lauras a procédé à l'œuvre de la reconstitution de ses domaines. — ROY-CHEVRIER. »

HORTICULTURE

Travaux du mois d'août.

POTAGER. — Le jardinier doit pourvoir par des semis intelligents à l'approvisionnement de l'hiver et du printemps. Il sèmera : *Carotte rouge courte hâtive* et *demi-longue Nantaise*, qu'il pourra arracher vers la fin de novembre; *Épinard de Viroflay* ou autres à larges feuilles; *Oseille de Belleville* et *Oseille Épinard, Persil* et *Cerfeuil* (à l'ombre), *Choux hâtifs, Express, très hâtif d'Étampes, Joanet*, etc., *Choux-fleurs Impérial, Alleaume*, etc., *Laitues Passion, morine, grosse blonde d'hiver*, etc., *Mâches, Ognons blancs hâtifs* et de couleur, *Navets des Vertus* et autres précoces. *Chicorée frisée de Meaux* et *Scarole ronde, Scorsonère, Radis noir* et *de tous mois*, etc.

L'*Ail rose hâtif* se plante vers la seconde quinzaine du mois : on en détache les caïeux du bulbe-mère et on les met en terre à environ 15 centimètres les uns des autres.

Des arrosages copieux seront donnés aux *Courges, Cornichons, Giraumons, Potirons, Tomates*, ainsi qu'aux jeunes plantes de *Fraisiers*, que l'on pourra même repiquer, soit en pépinière, soit en place, suivant que le semis en aura été fait au printemps ou plus tardivement.

Les derniers semis de *Haricots* à manger en vert seront faits au plus tard première quinzaine d'août, et on emploiera dans ce but le *Haricot noir hâtif de Belgique* ou le *Triomphe des châssis*; mais on aura probablement à les protéger contre les premières gelées au moyen de toiles-abris supportées par des pieux à une faible distance au-dessus des plantes, ou bien au moyen de pailles longues, ou encore, surtout dans les départements du Nord, avec des châssis.

On sarcle les *Haricots* et les *Pommes de terre* et on les butte en même temps si on ne l'a pas encore fait. On lie les *Chicorées* et les *Scaroles*. On empaille vers la fin du mois des *Cardons* et des *Céleris*, en échelonnant cette opération, pour en prolonger la consommation en hiver. On facilite la maturation des bulbes d'*Ognons* de couleur, en rabattant les tiges sur le sol avec le dos du râteau, et on supprime les tronçons de tiges d'*Artichauts*.

Veiller aux maladies cryptogamiques, surtout les feuilles de *Tomates*, et les traiter, s'il y a lieu, à la bouillie bourguignonne (sulfate de cuivre, 2 gr., et carbonate de soude, 4 gr. par litre d'eau.)

JARDIN D'ORNEMENT — On peut encore semer dans la première huitaine d'août quelques espèces de fleurs très hâtives qui arriveront à fleurir du 15 septembre au 15 octobre : *Alysse odorant, Collinsia bicolor* et variétés, *Julienne de Mahon, saponaire de Calabre, Nemophila insignis* et variétés, peut-être du *Réséda pyramidal à grande fleur* arriverait-il encore à fleurir, si l'automne est favorable.

Mais c'est le bon moment pour semer en pépinière toutes sortes de plantes vivaces, entre autres :

Campanula Carpatica, Cinéraire maritime candidissima, Giroflée quarantaine cocardeau et grosse espèce (*que l'on hiverne sous châssis*), Julienne des jardins simple naine blanc pur, Lin vivace, Lupin polyphylle, Myosotis des Alpes et palustris, Gaillarde vivace, Gaura Lindheimeri, Sinele pendula compact, Œillet du poète, Pâquerettes doubles, Pensées à grande fleur, Pavot d'Orient vivace, Pyrèthre gazonnant, Violette de Munby, etc.

Continuer le marcottage et le bouturage des *Œillets* (on mettra les boutures sous cloche et à l'ombre). Bouturer les *Rosiers* également sous cloche et à l'ombre.

Veiller attentivement au bon développement des *Chrysanthèmes d'automne* en leur donnant force arrosages et de l'engrais, et en paillant le sol.

Visiter les *Dahlias* et *Camias* qui sont attaqués par les limaces et les forticules (perce-oreilles). Contre ces derniers insectes, on se trouvera bien de coiffer les tuteurs de chaque plante de petits godets dans lesquels on aura mis un peu de mousse : les insectes viennent s'y réfugier pendant la chaleur et on peut ainsi en détruire beaucoup. Chercher les vers gris le matin de bonne heure au pied des plantes.

JARDIN FRUITIER. — C'est au palissage que l'on procède complètement pendant le mois, en même temps qu'au pincement des jeunes rameaux. On épampre les vignes en supprimant les vrilles et rameaux inutiles. On supprime les feuilles qui cachent les pêches pour leur permettre de se colorer.

Contre les guêpes qui viennent attaquer les raisins et autres fruits mûrs, suspendre des petites bouteilles contenant de l'eau et du miel.

C'est le dernier délai pour exécuter la greffe en écusson à œil dormant, aussi bien sur les arbres fruitiers que sur les rosiers.

G. LEGROS.

BIBLIOGRAPHIE

Code-manuel des conseillers municipaux, par JULES FOURDINIER, avocat, rédacteur en chef de la *Gazette des conseillers municipaux*, ancien conseiller de préfecture. Prix : 1 fr. 50.

Dictionnaire de médecine domestique, comprenant la médecine usuelle, l'hygiène journalière, la pharmacie domestique et les applications des nouvelles conquêtes de la science à l'art de guérir, par le Dr Paul BONAMI, médecin en chef de l'hospice de la Bienfaisance, lauréat de l'Académie de médecine. 1 vol gr. in-8 de 950 pages à 2 colonnes, illustré de 700 figures.

Paraît en 15 séries hebdomadaires de 64 pages à 1 franc à la librairie J.-B.

Baillière et fils, 19, rue Hautefeuille, à Paris.

L'attention et la curiosité des gens du monde se portent de plus en plus vers tout ce qui concerne les moyens de prévenir ou de guérir les maladies; c'est à ce public soucieux de sa santé et désireux de connaître les plus récents progrès réalisés par l'hygiène, la médecine et la chirurgie, que s'adresse le *Dictionnaire de la Santé*.

RECETTES

Contre les mouches. — On sait combien les animaux, les chevaux surtout, ont à souffrir des mouches en cette saison. On sait que les démangeaisons dues à leurs piqûres provoquent chez ces pauvres bêtes des accès de fureur, qui les rendent dangereuses pour les personnes voisines.

M. de Saint-Marsault signale dans le *Journal d'agriculture pratique* le moyen suivant, grâce auquel il écarte les mouches de ses chevaux et ses bœufs : Faire bouillir pendant cinq minutes une poignée de feuilles de laurier dans un kilo de saindoux, puis frotter la peau des animaux avec cette graisse, au moment de les atteler.

Rappelons à ce sujet que l'huile de cade jouit aussi de la propriété d'écarter les mouches.

Nous pouvons ajouter peut-être que les feuilles de noyer pourraient remplacer celles de laurier avec le saindoux.

OFFRES ET DEMANDES

RED CAP. Œufs à couver de cette excellente race de poule, réputée la plus jolie et la plus forte pondeuse, garantis race pure frais et fécondés, 5fr. la douzaine franco de port et d'emballage. S'adresser à **Calixte Dany**, Althen-les-Paluds (Vaucluse).

Important : J'invite les personnes qui veulent bien me confier leurs ordres de toujours y joindre un mandat, les remboursements n'étant bénéficiables qu'aux Compagnies.

Toujours donner le nom de la gare à laquelle il faut adresser les envois.

Le Bimétallisme et l'Agriculture en 1896 par M. L. de Lamérie. Prix : 1 franc.

En vente chez l'auteur à Lavarenne par Châteaudun (Eure-et-Loir). Brochure intéressante et instructive.

A VENDRE OU A LOUER propriété rurale à proximité de centres importants, bonne terres, constructions suffisantes.

Excellente affaire convenant surtout à jeune homme voulant prendre une exploitation. S'adresser aux bureaux du journal. Se hâter.

M. **POUZIN** offre de jolis racinés de son plant de vigne à la seule condition pour les demandeurs de lui tenir compte d'une partie de la récolte d'une année. — Contre 0 fr.25 il expédie son *Guide* pour la culture de cette variété.

Ecrire à M. Pouzin Emile, à Saint-Paul-les-Romans, Drôme.

Huiles d'olive garanties pures et sans mélange venant directement de la propriété.

Au prix de 1,80, — 1,60, — 1,50 le kilog. suivant qualité.

Gare départ, paiement contre remboursement. S'adresser à M. Edouard Laurin, propriétaire à Saint-Chamas (Bouches-du-Rhône).

LA QUESTION DU BLÉ, par J. Vavost. franco : 0fr 60. S'adresser : Lemercier, libraire, 1, galerie Véro-Dodat, Paris.

Ferme de l'Institut Agricole de Beauvais — A VENDRE :

1° Très bon bélier *charmois* en état de faire la lutte.

2° Œufs, poulettes et coqs des races : La Flèche, Dorkins, Leghorn, Campine et Padoue Doré, Langshan, Gournay, Coucou de Malines, Houdan, Cochinchinoise fauve, Brahmapoutra, canards de Rouen.

GRAND CRU MENARDIERE. Cidre normand pur jus, 15 fr. l'hecto nou logé.

Eau-de-vie de cidre garantie pure : 3 fr. le litre.

Sassier, propriétaire. La Colombe (Manche)

Un agriculteur offre des actions d'une bonne société d'assurances au prix d'émission. Revenu de 5 p. 100. S'adresser aux bureaux du journal.

Agriculteur, ancien régisseur de grandes propriétés, demande direction d'un domaine en France ou colonies. Excellentes références.

Ancien Industriel ayant possédé usine importante, fait valoir plusieurs Fermes et Bois de haute futaie, désire se placer comme intendant-régisseur. Nous recommandons spécialement cette personne qui a de grandes connaissances techniques à possesseur de grand domaine. Ecrire au bureau du journal.

Primes nouvelles. — *Sacs à raisin enduits, toile supérieure, avec fermeture brevetée.*

Moyens, le mille 48 fr. » le cent 5 fr. »
Petits, le mille 38 fr. » le cent 4 fr. »

Sacs à fruits enduits, toile supérieure.
N° 0 petit, le mille 20 fr., le cent 2,00.
N° 1 grands, le mille 25 fr., le cent 2,25.

Purificateur d'air pour tonneaux, l'un 5 fr. franco garc.

Moyennant un supplément de 0 fr. 40, nous joindrons à l'envoi une mèche à percer de ca libre et moyennant 0 fr. 10 en plus, une mèche soufrée.

COURS DES BESTIAUX

Marché de la Villette du 3 août 1896.

	PRIX DE LA VIANDE NETTE		
	1re qualité	2e qualité	3e qualité
Bœufs ..	1.48	1.38	1.28
Vaches...	1.46	1.36	1.26
Taureaux.	1.20	1.10	1.00
Veaux....	1.58	1.48	1.18
Moutons..	2.00	1.84	1.74
Porcs	1.16	1.14	0.02

ESPÈCES	AMENÉS	VENDUS	PRIX EXTRÊME	
			viande net	poids vif
Bœufs....	2.771	2.339	1.28 à 1 48	59 à » 93
Vaches...	767	689	1.26 1.46	54 » 50
Taureaux.	201	169	1 00 1.30	49 » 75
Veaux....	1.488	981	1.18 1.58	53 1.0
Moutons..	16 307	15 002	1.74 2.00	81 1.16
Porcs.. ...	8.216	3.188	0.02 1.16	68 » 5

Demande assez active..

Marché de la Villette du 6 août 1896.

	PRIX DE LA VIANDE NETTE AU KILOGR.			
	1re qualité	2e qualité	3e qualité	Prix extrêm
Bœufs....	1.44	1.36	1.30	1.26 à 1.50
Vaches...	1.44	1.34	1 24	1 16 1 50
Taureaux	1 24	1.14	1.06	1.00 1.30
Veaux....	1.70	1.50	1 30	1.20 1 90
Moutons..	1.98	1.84	1.74	1.62 2 04
Porcs	1.16	1.08	»	1.04 1,20

ESPÈCES	AMENÉS	VENDUS	OBSERVATIONS
Bœufs ...	2.315	»	Vente mauvaise sur le gros bétail et les porcs, moyenne sur les veaux et les moutons.
Vaches...	591	456	
Taureaux.	182	»	
Veaux....	1.576	248	
Moutons..	14.292	»	
Porcs.....	6.119	»	

Vente du bétail au marché de La Villette.

Adresser les animaux à MM. Henri Roblin et Surugue, en gare Paris-Bestiaux. Les aviser par lettre auparavant, 190, rue d'Allemagne, Paris.

CORRESPONDANCE

CHANGEMENT D'ADRESSE

Chaque demande de changement d'adresse doit être accompagnée d'une bande imprimée et de *CINQUANTE CENTIMES* en timbres-poste pour frais de réimpression.

M. le Marquis d'Aulan, à A. (Drôme). — La herse coupe-gazon de l'ingénieur Laake, est d'invention toute récente, nous ne connaissons pas de dépositaire en France, adressez-vous au directeur de la ferme Gross et Cie, à Leipzig-Eutritzsch.

On nous écrit de l'Oise, le 1er août :

La température de la dernière quinzaine a été chaude et sèche par continuation. En se prolongeant, cette température devient très nuisible à la betterave; celle-ci se trouve complètement arrêtée dans son développement; les larges feuilles situées à la base du pied et s'étaient entièrement desséchées sur le sol, et les autres présentaient un jaunissement prématuré. Il faut compter sur un déficit cultural important. C'est en effet à cette époque que le développement de la racine est le plus rapide lorsque la température est normale; en août commencent les nuits fraîches qui rajeunissent la végétation. Nous doutons en conséquence, malgré les ressources bien connues que possède la plante, qu'elle puisse regagner dans la courte période d'accroissement qui lui reste, le temps précieux perdu en juillet.

M. M. B., à B (Isère) . — Vos feuilles sont atteintes par le *black-rot*. Cette maladie a causé assez de dégâts dans votre département l'an passé pour que vous sachiez à quoi vous en tenir à son sujet. Redoublez donc de soins dans l'application des traitements cupriques contre le mildiou et surtout le dessous des feuilles et les *raisins*.

M. G. C., à M. (Oise). — Le *lupin jaune*, cultivé pour être enfoui en vert lorsqu'il est en pleine fleur, se sème pendant le mois de mai ou juin lorsqu'on n'a plus à craindre les gelées tardives.

Le *lupin blanc* se sème en septembre, afin qu'il puisse bien résister aux froids de décembre et janvier; c'est vers la fin d'avril ou au commencement de mai qu'on l'enfouit comme engrais végétal. On peut aussi le semer au mois d'avril ou de mai dans des terres de consistance moyenne dans les contrées où l'on n'a point à craindre des sécheresses prolongées; on enterre alors sa production herbacée vers la fin de l'été.

Le lupin jaune se sème à raison de 120 à 150 litres de graines par hectare; le lupin blanc qui se développe davantage, se sème à raison de 100 à 120 litres.

M. B., à S. (Yonne). — L'insuccès de votre culture de pommes de terre *Institut de Beauvais* nous paraît provenir de la dégénérescence des semences employées. Le seul remède est de renouveler celle-ci, de n'utiliser que des pommes de terre sélectionnées. Il peut se faire que la sécheresse ne soit pas étrangère à cet insuccès.

Pour votre prochaine plantation de printemps, adressez-vous directement de notre part à l'Institut agricole de Beauvais (Oise) Vous êtes certain qu'il vous sera fourni une semence bien sélectionnée et hors de pair.

M. de L., à B. Seine-et-Marne. — Les petits insectes qui forment des taches blanchâtres sur vos pommiers sont très certainement des pucerons lanigères, pulvérisez avec l'*insecticide Desgouttes*, étendu d'eau. Il est infaillible.

PRIMES A NOS ABONNÉS

Délicieux **Vin Muscat Vieux** tonique et réconfortant venant directement de la propriété, garanti authentique, offert en prime à nos abonnés à raison de 1 fr. 25 le litre logé en fûts de 25 à 35 litres. Fûts perdus.

Adresser les commandes au Bureau du Journal, 10 bis, rue Piccini, Paris.

Si vous voulez boire du bon vin de Saint-Émilion, adressez-vous à M. **Duplessis-Fourcaud** au château des Trois-Moulins, à SAINT-ÉMILION (Gironde).

(Voir le prix courant.)

Porte-pantalon hygiénique, breveté S. G. D. G. de P.-B. Noël. Prix de faveur pour nos lecteurs Pour hommes, jeunes gens et enfants de dix ans franco 4 fr.; pour femmes et fillettes, 4 fr. 50 Toute commande doit être strictement accompagné d'un mandat-poste représentant la valeur de l'expédition.

Le Gérant : E. GAMBART.

IMP. NOIZETTE ET Cie, 8, RUE CAMPAGNE-1re, PARIS.

BULLETIN FINANCIER

La note dominante de cette semaine a été la fermeté malgré le chiffre très restreint des affaires.

Nos fonds d'État se sont traités à des cours satisfaisants. Les établissements de Crédit ont été bien tenus, notamment le Crédit Foncier que nous laissons à 655 fr.

Les Bons de l'exposition de 1900 ont déjà regagné une partie du terrain qu'ils avaient perdu, au lendemain de l'émission, par suite d'une fausse manœuvre de la spéculation. On pense qu'ils reverront le cours de 20 francs à la veille du premier des vingt-neuf tirages de lots ; c'est à la date du 25 de ce mois qu'a lieu le premier tirage, avec gros lot de 500.000 francs.

Les bons définitifs, dont la confection touche à sa fin, seront remis incessamment aux porteurs de récépissés de souscription.

La mise en circulation très prochaine des Bons définitifs aura pour effet de régulariser les cours et de raffermir le marché. Nous serions surpris si le prix d'émission de 20 francs n'était pas, à un moment donné, largement dépassé.

L'Exposition de 1900 dépassera de beaucoup en éclat et en proportions les précédentes Expositions : les conditions auxquelles pourront y participer les porteurs de Bons sont exceptionnellement avantageuses.

Les chemins de fer français se sont maintenus à leur niveau précédent.

Les valeurs industrielles ont été très actives.

COUPON.

CHEMINS DE FER DE L'OUEST

PARIS A LONDRES,

par la gare Saint-Lazare, viâ Rouen Dieppe et Newhaven. — Grande économie.

Quatre traversés par jour (deux en chaque sens). Tous les jours et toute l'année (dimanche compris).

Trajet de jour en 9 heures (1re et 2e cl. seulement).

Départs de Paris Saint-Lazare : 10 h. matin et 9 h. soir.

Arrivées à Londres : London-Bridge, 7 h. soir et 7 h. 40 matin. — à Victoria, 7 h. soir et 7 h. 50 matin.

Départs de Londres : à London-Bridge, 10 h. matin et 9 h. soir. — à Victoria, 10 h. matin et 8 h. 50 soir.

Arrivées à Paris Saint-Lazare, 7 h. soir et 8 h. matin.

PRIX DES BILLETS :

Billets simples, valables pendant 7 jours : 1re classe, 43 fr. 25; 2e classe, 32 francs; 3e classe 23 fr. 25.

Billets d'aller et retour, valables pendant un mois : 1re classe, 72 fr. 75; 2e classe, 52 fr. 75; 3e classe, 41 fr. 50.

Des voitures à couloir (W. C. toilette, etc...) sont mises en service dans les trains de marée de jour entre Paris et Dieppe. Des cabines particulières sur les bateaux peuvent être réservées sur demande préalable.

Transport en grande vitesse de Messageries, Primeurs, Fruits, Légumes, Fleurs, etc... entre Paris et Londres. Trois départs par jour toute l'année.

Les expéditions remises à la gare Saint-Lazare pour les trains partant à 3 h. 40, 4 h. 10 et 9 h. du soir parviennent à Londres le lendemain à 8 h. 45, à 9 h. 15. du matin ou à midi 45.

CHEMIN DE FER D'ORLÉANS

Excursion en Touraine, aux châteaux des bords de la Loire et aux stations balnéaires de la ligne de Saint-Nazaire aux Croisic et à Guérande.

1er *itinéraire* : 1re classe 86 francs. — 2e classe 63 francs. Durée : 30 jours.

Paris — Orléans — Blois — Amboise — Tours — Chenonceaux, et retour à Tours — Loches, et retour à Tours — Langeais — Saumur — Angers — Nantes — Saint-Nazaire — Le Croisic — Guérande, et retour à Paris, *viâ* Blois ou Vendôme, ou par Angers, *viâ* Chartres, sans arrêt sur le réseau de l'Ouest.

Nota. — Le trajet entre *Nantes* et *Saint-Nazaire* peut être effectué, sans supplément de prix, soit à l'aller, soit au retour, dans les bateaux de la Compagnie de la Basse-Loire.

La durée de validité de ces billets peut être prolongée une, deux ou trois fois de 10 jours, moyennant paiement, pour chaque période, d'un supplément de 10 °/°du prix du billet.

2e *itinéraire* : 1re classe 54 francs. — 2e classe 41 francs. Durée : 15 jours.

Paris — Orléans — Blois — Amboise — Tours — Chenonceaux, et retour à Tours — Loches, et retour à Tours — Langeais, et retour à Paris, *viâ* Blois ou Vendôme.

En outre, il est délivré, à toutes les gares d'Orléans, des billets aller et retour comportant les réductions prévues au tarif spécial G. V. n° 2 pour des points situés sur l'itinéraire à parcourir, et *vice versâ*.

CES BILLETS SONT DÉLIVRÉS TOUTE L'ANNÉE à Paris, à la gare d'Orléans (quai d'Austerlitz) et aux bureaux succursales de la Compagnie et à toutes les gares et stations du réseau d'Orléans pourvu que la demande en soit faite au moins trois jours à l'avance.

Le moment favorable au transport des vins étant revenu, nous rappelons à nos lecteurs que tous ceux d'entre eux qui, sur nos conseils, et depuis cinq ans, consomment les vins de M. VINCENT ARDURA, vigneron, domaine de la Chapelle-Frédignac, par Blaye-Bordeaux n'ont qu'à se louer de la qualité et de la conservation de ce Bordeaux absolument naturel, expédié sans intermédiaire.

Pour dégustation sérieuse, envoi gratuit est fait d'une bouteille de la récolte désignée.

L'encaissement est fait par le facteur, à 30 jours, escompte 2 0/0, ou 90 jours.

Vendanges : 1893, à 130 fr., 1892-91, à 150 fr.; 1890-89, à 175 fr., 1887, à 200 fr., 1885, à 220 fr., 1884, à 240 fr., 1882, à 250 fr., 1881, à 300 fr. — Graves blancs vieux : 130, 150, 200, 250, 300 fr., suivant âge, les 225 litres collés, soutirés, franco de port et de fût en gare d'arrivée.

ALIMENTATION DU BÉTAIL

Tourteaux de Coprah ou Coco

F. TASSY, E. ROCCA et Cie

Fabricants d'huiles (producteurs directs de Tourteaux)

23, RUE HAXO, MARSEILLE

Deux médailles d'or, Anvers 1894

Envoi de Prix-Courant et Échantillons sur demande.

VINS

DE SAINT-ÉMILION

Vins classés, de **800** à **250** francs la barrique de 225 litres. — Moitié prix pour la barrique de 112 litres.

Vins grands ordinaires, de **140, 125, 105, 100** francs la barrique — **80, 75, 70, 65, 58, 55** francs, la demi-barrique. — Rendu *franco* en gare et régie, sauf octroi.

Adresser commandes à M. DUPLESSIS-FOURCAUD, à Saint-Émilion. — Envoi de prix courants et échantillons sur demande affranchie.

Médailles d'Or, Paris, 1867 et 1889 — Moscou 1891 — Besançon, Montluçon, Royan, etc.

des Usines de **MM. P. MARCHAND Frères**, à DUNKERQUE (Nord)

Fabriqués sous le contrôle permanent de la Station Agronomique du Nord
Dirigée par M. DUBERNARD

Nous appelons l'attention des éleveurs et des nourrisseurs sur les Tourteaux de COTON de graines d'Egypte : c'est un produit excellent pour les vaches laitières, les bœufs à l'engrais et les moutons.

Nos Tourteaux de COTON sont complètement débarrassés de la bourre qui enveloppe la graine et contiennent la même quantité de matières nutritives et grasses que les meilleurs Tourteaux de Lin.

Nos Tourteaux de COTON forment l'aliment le meilleur et le plus avantageux en raison de leur prix excessivement bas.

PRIX : 9 Fr.   **les 100 kil., gare Dunkerque**

S'adresser à **MM. P. MARCHAND Frères**, à DUNKERQUE (Nord)

PHOSPHATE FOSSILE DE QUIÉVY-NORD

le plus assimilable de tous les phosphate connus

GARANTI PUR DE MÉLANGE AVEC TOUT AUTRE PHOSPHATE
Ce qui, du reste, ne pourrait que diminuer son assimilabilité.

EXTRACTION DU GISEMENT ET USINE A QUIÉVY
Propriétaire-Extracteur : C. LECLERCQ
Bureaux à Viesly (Nord).

COMPOSITION MOYENNE		ASSIMILABILITÉ RELATIVE (méth. Joulie).
		Solubilité dans l'oxalate d'ammoniaque.
Acide phosphorique. . . .	12 » à 16 » 0/0	Phosphate de Quiévy. 82 29 0/0
Potasse	0 45 à 2 77 0/0	— de la Meuse 51 95 0/0
Chaux.	19 05 à 31 » 0/0	— de Pernes. 47 87 0/0
Magnésie.	0 58 à 3 80 0/0	— des Ardennes. 46 43 0/0
Matières organiques azotées .	1 80 à 3 45 0/0	— de la Somme (moy.). . 44 53 0/0
		— de Ciply. 34 57 0/0

Titre garanti en acide phosphorique : 13 à 15 0/0.

LIVRAISON : EN POUDRE IMPALPABLE EN SACS PLOMBÉS, MIS SUR WAGON GARE QUIÉVY-en-CAMBRÉSIS
Prix : 3 fr. 80 les 100 kilos, sacs perdus, 30 jours, 2 0/0 ou 90 jours net.

NOTA. — Les acheteurs qui désirent employer le **véritable Phosphate de Quiévy** pur et garanti d'origine doivent exiger que les sacs portent la Marque (Au Poisson fossile) et la Firme : M. LECLERCQ, seul exploitant à Quiévy (Nord).

MACHINES
AGRICOLES, VINICOLES et VITICOLES
TH. PILTER
24, Rue Alibert, PARIS

SUCCURSALES : { BORDEAUX 28, av. Thiers (Bastide) | TOULOUSE 63, allé.s Lafayette | MARSEILLE 78, r. de la République | TUNIS 19, rue de Portugal

Les lecteurs de la **Gazette** désireux de recevoir les Catalogues de la maison TH. PILTER dès leur publication, sont priés d'écrire 24, rue Alibert, Paris, afin de se faire inscrire.

DÉSINFECTANT INCOMPARABLE

p^r tonneaux à vin, cidres et autres liqueurs

MAISON FONDÉE en 1875   **Jules MOITY Père**   MAISON en 1875

Inventeur, breveté en France et à l'étranger

16, rue Sencier, FOURMIES, France (Nord)

4 diplômes d'honneur. 12 médailles hors concours.

Ce produit, dont la réputation n'est plus à faire, est employé dans une grande partie de la brasserie française, belge et hollandaise avec les plus grands succès.

Guérison radicale *des plus mauvais goûts de fûts en 12 heures, par une simple opération qui ne coûte au plus que 0 fr. 1 à la rondelle de 100 litres, main-d'œuvre comprise.*

Mode d'emploi. — Laver les fûts à l'eau bouillante, les laisser égoutter pendant 12 heures, les rincer ensuite avec mon produit et **six** ou dix heures après, suivant la saison, les relaver à nouveau à l'eau **bouillante** et vous pouvez entonner avec sûreté n'importe quelle boisson et sans nuire aucunement au bois ni à la boisson, inconvénients que produisent beaucoup de moyens employés à défaut d'autres meilleurs.

Prix :

0 fr. 65 du litre en dessous de 10 litres, ou 0.55 du kil.
0 fr. 60 — de 100 à 175 litres, ou 0 50
0 fr. 55 — de au-des. jusqu'à 228 lit. ou 0.45 —
Réduction par plus grandes quantités.

Les commandes au-dessus de 150 litres seront livrées franco en gare du destinataire.

« Certificat pris dans 100.000.
« Monsieur J. Moity, père,
à Fourmies.
« J'ai été très satisfait de votre désinfectant, veuillez m'en envoyer 200 litres de suite.
« Recevez mes sincères salutations ».
Desurmont-Chasseur, à Tourcoing.

VELOUTINE FLAMANDE

La **Veloutine** est spécialement employée pour lustrer les cuirs de fantaisie : guides, selles, harnais de luxe et de travail, capotes, tabliers, caparaçons, etc., et lorsqu'ils ont déjà été enduits de vaseline, ce produit donne un joli brillant et évite l'action graisseuse des cirages ou préparations à base de cire. Sans causticité il ne dessèche pas et imperméabilise

Le bidon d'un litre pour harnais noirs. . . . 3 70
— — — jaunes. . . 4 20
Franco gare contre mandat-poste.

S'adresser : *Manufacture de Vaselines Industrielles de Ligny-en-Cambrésis (Nord)*

Eugène de MASQUARD

PROPRIÉTAIRE-VITICULTEUR, Château de la Cascade
SAINT-CÉSAIRE-LES-NIMES (Gard)

Vins garantis naturels, rouges et blancs, depuis 75 fr. la pièce de 220 litres jusqu'à 100 francs, selon qualité, prise en gare de St-Césaire (Gard), fût perdu.
Ces vins ont été médaillés à toutes les expositions où ils ont figuré.

Récoltés sur des coteaux et des terrains secs, les vins de Saint-Césaire, l'un des meilleurs crus du Gard, se conservent parfaitement sans être plâtrés

Envoi franco de prix courants et échantillons

LYSOL

Le plus puissant de tous les antiseptiques désinfectants dérivés du goudron
Le seul complètement soluble dans l'eau
INSECTICIDE & ANTIPARASITAIRE INFAILLIBLE

POUDRE AU LYSOL

La poudre au Lysol préserve la vigne, les arbres fruitiers, fleurs, plantes, etc., des invasions cryptogamiques et parasitaires.

ENVOI FRANCO D'UNE BROCHURE EXPLICATIVE
sur demande adressée à la
SOCIÉTÉ FRANÇAISE DU LYSOL
22 et 24, Place Vendôme, PARIS

NOUVELLE BAISSE DE PRIX

PHOSPHO-GUANO COMPANY, LIMITED

LEFEBVRE FRÈRES, Consignataires généraux

PARIS - 60, RUE DE BONDY - PARIS

PHOSPHO-GUANO

SEUL VÉRITABLE — IMPORTÉ DEPUIS 1863

Superphosphate Ornithos — Superphosphate Chilton — Superphosphate 10 degrés

Osso-Guano, Engrais complet Rhizome, Engrais Surazoté L. F.

La qualité et les dosages de tous ces engrais sont invariables et garantis.

L'acide phosphorique qu'ils renferment étant complètement **soluble dans l'eau** a une valeur fertilisante très supérieure à celui des engrais et superphosphates dont l'acide phosphorique, soluble **seulement** dans le citrate d'ammoniaque, reste insoluble dans l'eau. Il n'y a de garanties sérieuses que celles des dosages exprimés séparément en acide phosphorique **soluble dans l'eau** et en acide phosphorique, **insoluble dans l'eau**.

Envoi franco sur demande de brochures indiquant les dosages garantis et les prix.

Dépôts dans tous les principaux centres agricoles.

M. RECOURAT, pharmacien à Beauvais.

Gale des moutons guérie radicalement par *une seule application* de l'ANTIPSORIQUE.
La bouteille, 3 fr.; la 1/2 bouteille, 1 fr.75.
Guérison du PIÉTIN par *un seul pansement* avec le CONTRE-PIÉTIN-RECOURAT.
Le pot d'essai, 1 fr. 50; le pot, 2 fr. 50.
Joindre 0 fr. 60 pour recevoir *franco* et indiquer gare

CHEVAUX BOITEUX

Guérison par le spécifique BORNET

Contre Capelets, Mollettes, Vessigons, Eponges, Exostoses, Suros, Eparvins et les Formes à leur début. *(Il s'applique également à toutes les tares molles et osseuses.)*

PRÉPARÉ PAR **A. BORNET**

Pharmacien de 1re classe, ex-interne et lauréat des hôpitaux.

19, rue de Bourgogne, PARIS.

Le flacon, 5 fr., à la pharmacie; en gare par colis postal, 6 fr. contre mandat.

MALADIES DU BÉTAIL

ET DE LA VOLAILLE

Leur traitement préventif et curatif

PAR L'ACIDE SALICYLIQUE

L'acide salicylique, employé dans la nourriture à la dose de 1/2 à 1 gramme par jour et par tête de bétail, est le meilleur préservatif des maladies qui procèdent par contagion: Sang de rate, Cocotte, Maladie aphteuse, Erysipèle, Typhus, Morve, Variole et le Rouget des porcs, etc.

Des attestations nombreuses de guérisons obtenues pour la Cocotte et le Rouget des porcs ont été reproduites dans le journal *l'Agriculture*.

La désinfection des étables, des écuries, se fait instantanément au moyen d'un arrosage d'eau salicylée à 2 grammes par litre.

S'adresser à M. CERCKEL, administrateur de la *Compagnie de produits antiseptiques*, 26, rue Bergère, Paris.

Envoi sur demande de Prospectus et Brochures.

PRIX DU KIL., 25 fr. BOITE DE MÉNAGE, 2 fr.

SELS POUR L'AGRICULTURE

Nourriture du bétail et Engrais des terres

Sel neuf dénaturé, au tourteau de colza. 45 f. 1.000 k.
Sel neuf dénaturé, au peroxyde de fer. 40 f. 1.000 k
Sel de morue pur. . . . . 35 f. 1.000 k.

Expéditions de Fécamp, Bordeaux et St-Malo.

S'adresser à MM. A. LE BORGNE et ses Fils, négociants-armateurs, à Fécamp.

UNION AGRICOLE DE FRANCE

Société Anonyme au Capital de 1.100.000 Francs. — Siège Social: 18, Boulevard des Capucines, Paris.

SIÈGE COMMERCIAL PRINCIPAL : 72-74, Rue Saint-Denis, PARIS

Vente à la Commission
et en toute loyauté
DE
DENRÉES AGRICOLES
de toutes sortes
et de toutes provenances

Fourniture Directe
et livraison à domicile
AUX
ÉPICIERS, FRUITIERS
Restaurants, Hôtels, Pensionnats et Établissements privés importants.

Renseignements détaillés sur demande au Siège Social.

POUDRE DELARBRE

Plus de CHEVAUX POUSSIFS!

Guérison de la POUSSE,
Toux, Bronchite et Gourme
La Boîte de 20 Doses : 3 francs
G. DELARBRE, AUBUSSON (Creuse)

Maison de Vente & d'Expédition à Aubusson (Creuse) G. DELARBRE
A Paris & en province, chez tous les Droguistes & Pharmaciens.

Insecticide-Préservateur

FERTILISANT

DESGOUTTES

La Boîte de 10 kilog., pour essais, **10 fr.** franco toutes gares (port et emballage compris).

Adresser les demandes, accompagnées d'un mandat, 10 bis, rue Piccini, Paris.

pour biner, sarcler promptement entre toutes les lignes de plantes ou légumes sans distinction, indispensable en toutes saisons dans les jardins, vignes, pépinières, les cultures de betteraves, de tabac, etc., même dans les allées

DISTILLATION CONTINUE

ALAMBIC
Système A. ESTÈVE

F. BESNARD

PÈRE, FILS ET GENDRES

28, rue Geoffroy-Lasnier

PARIS

Envoi franco du Catalogue sur demande

L'URBAINE

Compagnie anonyme d'Assurances à primes fixes contre l'INCENDIE

FONDÉE EN 1838

CINQUANTE-NEUVIÈME ANNÉE

CAPITAL : 5 MILLIONS — GARANTIES : 70 MILLIONS
SINISTRES PAYÉS DEPUIS L'ORIGINE : 132.000.000 FRANCS
PARIS — 8 et 10, rue Le Peletier

PRÉSERVEZ VOS ANIMAUX DOMESTIQUES

de toutes les **Epizooties** et Maladies contagieuses par
la **Désinfection** des **Ecuries, Etables, Porcheries**

PAR LE

CRÉSYL-JEYES

Désinfectant — Antiseptique, le seul (non toxique), qui soit d'une **efficacité scientifique**ment démontrée. Le **CRÉSYL-JEYES** a été récompensé par la Société des Agriculteurs de France en 1891 d'une **Médaille d'argent grand module.** Envoi franco sur demande du prospectus détaillé. — CRÉSYL-JEYES, 35, Rue des Francs-Bourgeois, 35, Paris.

Se méfier des nombreuses contrefaçons.

FROMENTINE

Marque déposée B. S.G.D.G.

Produit pour l'alimentation économique, saine et rationnelle du bétail, provenant en grande partie des issues de la mouture de blé.

DIVERSES MARQUES

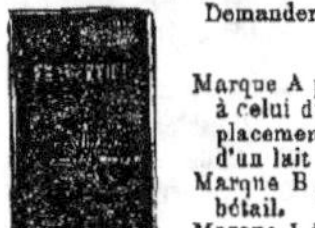

Demander celle en raison du but poursuivi

Marque A pour l'engraissement égal à celui du tourteau de lin, le remplacement de l'avoine, production d'un lait de qualité supérieure.
Marque B pour le bon entretien du bétail.
Marque J développement rapide des jeunes bêtes.
Marque L surproduction du lait.
Marque E engraissement rapide.

Ecrire à M. Armand MILLOT
Moulins Saint-Martin
Saint-Quentin (Aisne.)

Machines Agricoles Françaises

MAISON ALBARET

O. ✸. O. M. A. ✿.
Breveté
S. G. D. G

Veuve ALBARET et G. LEFEBVRE✤, SUCCr

ATELIERS DE CONSTRUCTION ET ADMINISTRATION
A RANTIGNY-LIANCOURT (Oise)

Bureaux et Magasins:
9, Rue du Louvre, PARIS

LOCOMOBILES, MACHINES DEMI-FIXES, MOTEURS A PÉTROLE
BATTEUSES PORTATIVES ET FIXES — MANÈGES

HACHE-MAIS — HACHE-PAILLE   **PRESSES A FOURRAGES**

FAUCHEUSES, MOISSONNEUSES & LIEUSES
RATEAUX, FANEUSES

Semoirs en Lignes — Semoirs à Engrais — Concasseurs — Aplatisseurs

INSTRUMENTS D'AGRICULTURE — INSTRUMENTS DE PESAGE
Grand Prix, Lyon 1894. — Grand Prix, Anvers 1894. — Grand Prix, Bordeaux 1895
Beauvais 1895, Diplôme d'Honneur
Tunis 1895, Premier Prix, Médaille d'Or
19 Diplômes d'Honneur et d'Excellence — 226 Médailles d'Or — 194 Médailles d'Argent

SUCCURSALES :
Saint-Quentin, Chartres, Abbeville, Cambrai, Dax, Lyon, Alger
Envoi franco sur demande des Catalogues illustrés.

GAZETTE AGRICOLE

JOURNAL HEBDOMADAIRE, PARAISSANT LE DIMANCHE

Fondateur : M. CH. GOSSIN, Professeur d'Agriculture à l'Institut agricole de Beauvais

PRIX DE L'ABONNEMENT

UN AN, 5 fr. — SIX MOIS, 3 fr. — TROIS MOIS, 2 fr. 25

Pour l'Étranger les abonnements ne sont reçus que pour un an, au prix de 6 francs, si ne partent que du 1ᵉʳ JANVIER ou du 1ᵉʳ JUILLET de chaque année.

Le Numéro : 10 centimes.

Adresser toute la correspondance : mandats, lettres, annonces etc., à M. CRÉPEAUX, Directeur de la *Gazette agricole* 10 bis, rue Piccini, Paris.

Toute demande de changement d'adresse doit être accompagnée de 50 centimes et de la dernière bande du journal.

BUREAUX

97, rue de Rennes, Paris et à Beauvais, rue Saint-Etienne.

Les abonnements partent du 1ᵉʳ de chaque mois et sont payables d'avance. Toute demande d'abonnement doit donc être accompagnée du prix de l'abonnement. (Le mode de payement le plus simple est l'envoi d'un mandat-poste.)

Donner *très lisiblement*, en s'abonnant, son nom et son adresse exacte, *avec l'indication du bureau de poste*; et, s'il s'agit d'une continuation d'abonnement, joindre au renouvellement la dernière bande d'adresse du journal

Les Annonces sont reçues à la Direction du Journal, et chez MM. DUSSERIS et MATHELLON, 97, rue de Rennes Paris.

CHANGEMENT D'ADRESSE

Chaque demande de changement d'adresse doit être accompagnée d'une bande imprimée et de *CINQUANTE CENTIMES* en timbres-poste pour frais de réimpression.

BULLETIN COMMERCIAL

Paris, le 12 août 1896.

BOURSE DU COMMERCE DU MERCREDI 12 AOUT

	FARINES	BLÉS
Courant	38 50	18 30
Prochain	38 90	18 25
Sept.-Oct.	39 10	18 30
4 derniers	39 50	18 40
4 de nov.	39 40	18 45
4 premers.	39 65	18 65

Marque de Corbeil : 44 fr. le sac de 150 kil. toile à rendre.

Halle aux blés — *Blés indigènes.* — Les offres en blés nouveaux sont déjà plus importantes, mais la meunerie achète couramment, car ses réserves sont très modiques, aussi les prix se maintiennent-ils assez facilement aux cours de la semaine dernière. Il faut voir les blés vieux de 17,50 à 18,25, les nouveaux 17,75 à 18,50 les 100 kil. gare Paris.

Blés exotiques. — Pas d'affaires, cours nominaux.

Sons. — La tendance reste ferme avec une demande régulière.

Escourgeons. — Les offres étant toujours peu abondantes, les prix se maintiennent, il est à supposer, cependant, qu'en présence de l'amélioration de la quantité des orges, la brasserie et la malterie vont laisser de côté les escourgeons. La Vendée et le centre offrent à 15 fr. les 100 kil. nets, les offres de la Russie sont abondantes à 8,50 caf Dunkerque. Sur place, on cote 14,75 à 15, avec tendance calme.

Graines fourragères. — On cote trèfle incarnat 55 à 58.

Sucres. — Très peu d'affaires, courant bien tenu sur la continuation des achats des haussiers, livrable lourd par suite du temps favorable, de la faiblesse de l'étranger et de la circulaire de Licht.

Raffinés 98,50 à 00, roux 88ᵒ à 00.

Marché de la Chapelle. — Marché ordinaire.

On cote : paille de blé 1ʳᵉ qté 33 à 35 fr., 2ᵉ qté 28 à 31 fr., 3ᵉ qté 26 à 28 fr.; paille de seigle 1ʳᵉ qté 34 à 36 fr., 2ᵉ qté 30 à 34 fr., 3ᵉ qté 26 à 30; paille d'avoine 1ʳᵉ qté 25 à 27 fr., 2ᵉ qté 22 à 26 fr., 3ᵉ qté 19 à 21; foin nouveau 1ʳᵉ qté 55 à 57 fr., 2ᵉ qté 51 à 55 fr., 3ᵉ qté 47 à 51 fr.; foin vieux 1ʳᵉ qté 56 à 58 fr., 2ᵉ qté 52 à 56 fr., 3ᵉ qté 48 à 52 fr.; luzerne nouvelle 1ʳᵉ qté, 52 à 54 fr., 2ᵉ qté 47 à 50 fr., 3ᵉ qté 45 à 47 fr., regain nouveau 1ʳᵉ qté 54 à 56 fr., 2ᵉ qté 48 à 51 fr., 3ᵉ qté 46 à 48 fr.

Le tout rendu dans Paris, au domicile de l'acheteur, frais de camionnage et droits d'entrée compris par 104 bottes de 5 kil.; savoir : 6 fr. pour foin et fourrages secs, 2 fr. 40 pour paille.

Fourrages et pailles en gare. — Toujours calmes.

On cote sur wagon, par 520 kilogr., en gare d'arrivée à Paris :

Foin	40 à 42
— nouveau	35 à 38
Luzerne première qualité	37 à 42
Paille de blé	20 à 25
— de seigle pour l'industrie	23 à 27
— — ordinaire	18 à 20
— d'avoine	16 à 19

Pour les marchandises en gare, les frais de déchargement, d'octroi et de camionnage sont à la charge de l'acheteur.

Foins pressés en balles. — Le foin en balles se maintient.

FRUITS

Pêche de Perpignan, la corbeille de 12 fruits	90 à	1 75
Abricots de Saumur	40 à	60
Prunes	50 à	60
Poires communes	20 à	25
Raisins d'Algérie, les 100 kilos	40 à	60
Cassis, —	50 à	55
Groseilles	15 à	30
Amandes, 2ᵉ choix	40 à	45
Noisettes	35 à	40
Framboises de Paris	15 à	50
Citrons, la caisse de 420/490	36 à	38

POMMES DE TERRE

Hollande (100 kil.)	8 » à 11	»
Roses-Early	4 » à 5	»
Magnum-Bonum	5 » à 6	»
Rondes	6 » à 7	»

LÉGUMES

Choux, le cent	5 50 à	16
Choux-fleurs suivant grosseur	15 à	50
Artichauts de Paris	12 à	25
— de Bretagne	8 à	16
— d'Angers	28 à	35
Tomates	30 à	»
Haricots flageolets	18 à	20
— beurre	40 à	50
Haricots verts de Paris	18 à	20
Melons, la pièce	60 à 3	»
Cornichons moyens	40 à	50

CHANVRES

Les 50 kil.	1ʳᵉ qualité.	3ᵉ qualité
Le Mans	33,00 à 35,50	29,00 à 30,00
Saumur (b.)	40,00 à 42,25	37,00 à 33,00

LINS. — Les 100 kilogr. — *Marché de Lille.*

	Communs	Ordin.	Supér.
Alost	148 à 153	154 à 157	161 à 166
Bergues	150 à 158	161 à 168	173 à 182

Marché aux chevaux, 12 Août.

Gros trait de 300 à 1.300	Boucherie de 70 à 200
Selle et tr. 200 à 1.100	Anes de 35 à 160
léger . de 750 à 1.100	Chèvres . de à
H. d'âge de 150 à 380	

AMENÉS

Chevaux, 347 — Anes, 10 — Chèvres, 0

Voitures 103, de 95 à 530.

ENCHÈRES

Chevaux amenés, 12.

Vendus, 8 de 95 à 350.

Prix moyen aux 100 kilog. des CÉRÉALES dans les Départements.

Région		BLÉ	SEIGLE	ORGE	AVOINE
Rég. du Nord-Ouest	Caen	17 50	10 00	13 25	15 25
	Lannion	17 50	10 25	14 00	15 00
	Morlaix	17 50	10 50	13 00	13 00
	Rennes	17 00	10 00	13 00	14 00
	Avranches	17 00	10 50	13 00	14 00
	Laval	16 75	10 25	13 00	14 00
	Lorient	17 00	10 25	13 00	14 00
	Alençon	17 00	10 00	13 00	16 00
	Le Mans	17 25	10 00	14 00	16 00
Région du Nord	Soissons	18 00	10 00	»	15 00
	Evreux	18 00	10 25	13 00	15 00
	Chartres	18 00	10 25	13 50	14 75
	Lille	18 25	10 25	14 00	15 00
	Compiègne	18 00	10 00	14 00	15 00
	Beauvais	18 00	10 50	15 00	16 00
	Arras	18 50	11 50	14 00	15 50
	Paris	18 50	10 00	14 00	16 00
	Versailles	18 50	10 25	15 00	16 00
	Rouen	18 25	10 25	15 00	16 50
	Amiens	18 00	10 50	16 00	16 75
Rég. du N.-E.	Mézières	18 25	10 00	13 00	16 00
	Nogent-s-Seine	18 25	10 25	14 00	15 00
	Châlons-sur-Marne	18 50	11 00	14 00	16 00
	Langres	18 50	10 00	15 00	15 50
	Nancy	18 50	10 25	14 00	16 00
	Bar-le-Duc	18 50	10 00	14 00	16 00
	Neufchâteau	18 75	10 25	14 00	15 00
Région de l'Ouest	Ruffec	18 00	10 00	13 00	15 00
	Marans	17 00	10 25	13 00	14 50
	Niort	17 50	10 00	13 75	14 50
	Tours	18 00	10 00	13 50	15 00
	Nantes	17 50	10 00	13 00	14 50
	Angers	17 25	10 00	13 00	14 50
	Luçon	17 00	10 00	13 00	14 50
	Poitiers	17 50	10 25	12 75	»
	Limoges	17 75	10 25	»	15 50
Région du Centre	Moulins	18 25	10 00	14 00	15 00
	Bourges	17 50	10 00	13 75	15 00
	Aubusson	18 00	10 50	14 00	14 25
	Châteauroux	18 00	10 00	14 00	13 00
	Orléans	18 25	10 25	13 00	15 00
	Blois	18 75	10 00	14 00	16 00
	Nevers	18 50	10 00	15 00	16 00
	Clermont Ferr.	18 00	10 25	14 00	16 00
	Sens	18 25	10 00	13 25	15 50
Région de l'Est	Bourg	18 50	10 00	14 00	15 00
	Dijon	18 50	10 25	14 00	16 00
	Besançon	19 75	13 00	14 00	15 75
	Grenoble	18 25	10 50	13 00	14 50
	Dôle	18 00	10 25	14 00	16 00
	Saint-Etienne	18 50	10 25	14 00	16 00
	Lyon	18 75	11 00	13 50	15 50
	Mâcon	18 25	11 00	13 00	15 00
	Vesoul	18 25	10 50	»	15 50
	Chambéry	18 00	10 00	»	15 50
	Annecy	18 25	»	»	15 50
Rég. du Sud-Ouest	Pamiers	18 50	12 00	»	16 00
	Périgueux	18 25	11 00	14 00	15 00
	Toulouse	18 50	12 25	13 50	16 00
	Auch	18 25	11 50	13 00	15 75
	Bordeaux	18 00	12 00	13 00	15 75
	Dax	18 25	11 25	13 00	16 00
	Agen	18 25	11 00	13 00	16 00
	Bayonne	18 50	11 00	14 00	16 00
	Tarbes	18 00	11 00	»	»
Région du Sud	Carcassonne	19 00	»	14 00	15 00
	Rodez	18 50	12 00	14 00	16 00
	Mauriac	18 25	11 00	»	15 00
	Tulle	18 00	11 50	»	15 50
	Montpellier	18 25	11 25	»	15 25
	Figeac	18 08	11 00	»	16 00
	Mende	18 00	10 50	13 00	15 00
	Perpignan	18 00	11 00	14 00	15 50
	Albi	18 50	11 25	14 00	16 00
	Montauban	19 00	10 50	14 00	15 50
Région du Sud-Est	Gap	18 00	11 00	14 00	16 00
	Manosque	18 00	10 50	14 00	15 50
	Nice	18 25	11 00	13 00	16 00
	Privas	18 00	11 00	14 00	16 00
	Arles	18 50	12 00	14 00	16 00
	Montélimar	19 00	»	14 00	16 50
	Nîmes	18 75	»	14 00	17 00
	Le Puy	18 50	13 00	14 00	16 00
	Draguignan	18 50	13 00	14 25	15 75
	Avignon	20 50	12 75	13 50	17 00

Tourteaux. — Cours de la maison P. Marchand frères, à Dunkerque (Nord) :

TOURTEAUX À NOURRIR

	Dispon.	A livrer.
Coton de graine, Égypte ...	9 »»	9 »»
Sésame blanc	11 00	11 50
Arachide décortiquée	14 75	15 »»
Colza à nourrir	10 »»	10 »»
Colza du pays	10 50	10 75
Œillette du Levant.	9 50	10 »»
Œillette blanche de Turquie	9 50	10 »»
Lin 1re qual. de Bombay g. form.	14 »»	14 25
Lin 1re qual. de Bombay p. form.	14 50	14 75

TOURTEAUX-ENGRAIS

Arachide décortiquée	14 25	14 50
Cameline	»» »»	»» »»
Colza des Indes en poudre.	»» »»	»» »»
Colza ravison.	7 »»	7 25
Colza jaune Gutzerat.	10 25	10 50
Kurrachée.	»» »»	»» »»
Niger.	»» »»	»» »»
Pavot.	9 00	9 50
Sésame blanc	10 50	»» »»
Sésame noir.	»» »»	»» »»
Coton en farine.	7 50	7 50

Nos prix s'entendent pour tourteaux en planches, rendus en gare de Dunkerque. Paiement à 30 jours ou à terme plus éloigné suivant convention expresse.

Le concassage se paie 0 fr. 25 et la mise en poudre 0 fr. 40 aux 100 kilos. Dans ce cas, les sacs sont facturés à 0 fr. 35 pièce, et repris au prix de facture, quand ils sont rendus en bon état et franco, dans les 30 jours de l'expédition.

FROMENTINE :

	100 kil.
Marque A.	13 »
Marque B.	13 »
Marque J.	13 »
Marque L.	15 »
Marque E.	16 »

Les 100 kilogs sur wagon St-Quentin, sac à retourner ou à facturer.

BEURRES. (le kilogr.)

BEURRES EN MOTTES			BEURRES EN LIVRE		
Isigny extra.	4 80	5 80	Bourgogne....	1.80	2.20
— demi-fin	3.40	3.60	Gâtinais.......	2.00	2.50
M. d'Isigny..	3.10	3.30	Vendôme......	2.60	2.70
du Gâtinais...	1.80	2.30	Beaugency....	2.00	2.50
de Bretagne..	2.00	2.20	Ferme........	2.50	3.10
Laitiers Jura.	2.10	2.60	Tours........	2.10	2.60
de Charente..	2.30	2.80	Le Mans......	2.00	2.20
des Alpes....	2.20	2.90	Touraine fausse	2.00	2.40

ŒUFS. — (le mille).

Normandie ext.	90 à 110		Bourgogne.....	70 à 80	
Picardie —	90 à 120		Champagne....	72 à 76	
Brie —	80 à 95		Nivernais......	62 à 70	
Touraine.......	85 à 102		Bourbonnais....	60 à 65	
Beauce.........	85 à 95		Bretagne.......	50 à 68	
Orne..........	64 à 78		Vendée.......	46 à 59	
Picardie......	65 à 90		Auvergne......	58 à 62	
Châtellerault...	70 à 76		Midi..........	60 à 70	

FROMAGES.

Brie hautes marq.	45	52	Roquefort.......	120	210
Brie gr. m. (10)...	33	58	Gruyère (100 k.)..	100	165
— m. m........	20	30	Coulommiers (100).	20	48
Petits Nanteuils..	15	22	Gournay (100)....	12	29
Brie laitiers.	12	21	Livarot (le 100)...	75	81
Gérardmer (100 k.)	80	90	Bourgogne (100).	60	70
Hollande........	150	170	Camembert (100).	35	55
Bondons(100)...	170	250	Munster(100)..	100	110
Cantal..........	120	130	Port-Salut.	150	170

VOLAILLES

Poulet Brest dit moelleux	3.00	4.50	Pigeo Macon.	1.50	2.00
Poulets Nant..	2.55	4.50	Canards Nantais	2 50	3.60
Poulets Tour...	2.50	4.50	Dindes Tourr..	8.00	10.00
Poulets Houdan	5.00	6.75	Oies.	5.00	7.50
Pigeons d'Italie	80	1.25	Lapins dom.	2.70	3.25
			Lapins garenne.	1.50	2.00

VINS — BERCY

Rouges			Blancs		
B. Bourg. vieux.	140 à 160		Bordeaux......	125 à 160	
Touraine........	105 à 115		B. Bourg.......	150 à 190	
Bord. vieux....	130 à 166		Sancerre.......	130 à 135	
Algérie.........	28 à 32		Chablis	200 à 350	
Cher...........	110 à 135		Anjou..........	120 à 135	
Chinon.........	125 à 180		Pouilly........	350 à 300	
Narbonne	32 à 40		Vouvray.......	155 à 195	

HOUBLONS. — Les 50 kilogr.

Alost primé.	32,00 à	30,00
Bourgogne	55,00 à	40,00
Poperinghe	25,00 à	30,00
Wurtemberg	40,00 à	42,00
Altmark.	75,00 à	100,00
Alsace.	50,00 à	65,00

Prix des Produits Forestiers à Paris.

Bois de feu (Octroi non compris)	Falourde de pin...	100 à 110	le cent.
	Bois de flot.......	110 à 105	le déca.
	Bois gris neuf.....	130 à 120	—
	Bois blanc.......	105 à 140	—
Bois d'œuvre (Octroi compris)	Chêne gros bois...	105 à 110	le m. cube
	— moyen bois.	70 à 60	—
	— petit bois...	30 à 48	—
	Charme, plateaux..	50 à 60	—
	Sciage de chêne (Entrevoux..	175 à 210	les 208 m.
	Échantillons	230 à 220	—
	Frise	27 à 28	104 m

La suite des marchés se trouve à la Correspondance.

L'année agricole et agronomique pour 1896.

L'Année agricole et agronomique pour 1896 par S. Crépeaux, professeur à l'Institut agricole de Beauvais, et C. Crépeaux, publiciste scientifique, avec la collaboration de praticiens, de professeurs et d'agronomes vient de paraître (un volume in-18 de 360 pages, illustré).

Cet ouvrage, véritable annuaire théorique et pratique de l'agriculture progressive, donne un tableau complet du mouvement agricole et agronomique de l'année. Il relate toutes les expériences culturales, les recherches scientifiques faites en France et à l'étranger, décrit et apprécie avec compétence les nouveautés (plantes, machines, engrais, nouvelles méthodes, etc.).

La partie documentaire de l'**Année agricole et agronomique** comprend pour l'année écoulée, les lois, décrets, décorations agricoles, lauréats des concours, les vœux économiques des conseils généraux, l'analyse exacte des travaux des sociétés et congrès agricoles, horticoles, vétérinaires, français et internationaux, les jugements de droit rural, l'analyse des brevets agricoles, les statistiques, etc.

Cet ouvrage qui paraît pour la seconde fois a valu l'année dernière à ses auteurs les félicitations de la Société nationale d'agriculture, de la société des Agriculteurs de France, et des principaux journaux agricoles et scientifiques qui ont rendu hommage à la somme considérable de travail que représente une telle publication et aux services incontestables qu'elle rend à la cause du progrès agricole.

(*Le Progrès agricole du 15 juin*).

Nous l'offrons en prime à nos abonnés au prix de 2 fr. 50 franco de port au lieu de 4 francs.

Ceux de nos abonnés qui désirent l'**Année agricole et agronomique** de **1895** et celle de **1896** recevront les deux volumes franco dans la gare la plus voisine contre 4 fr. 50.

Adresser les demandes à M. Crépeaux, 10 *bis*, rue Piccini, Paris.

Avis aux lecteurs. — La *Poudre de Rogé*, approuvée par l'Académie de médecine, est le plus agréable des purgatifs, celui qui convient le mieux aux dames, aux enfants et aux tempéraments délicats.

« *La poudre de Rogé peut, dans presque tous les cas, remplacer les autres purgatifs.* » (Répertoire de Pharmacie.) — Éviter les produits similaires dont le nom peut prêter à confusion. Fab. : 19, rue Jacob, Paris. Dépôt : 9, rue du Quatre-Septembre, et toutes les pharmacies.

Prix du flacon : 2 fr.

CHRONIQUE POLITIQUE

Deux orgies parallèles.

Nous avons à enregistrer dans cette quinzaine deux orgies de nature en apparence contraire qui devraient donner à réfléchir à tous les citoyens capables de réfléchir.

La première orgie a été offerte au public parisien le dimanche 2 août, par deux mille voyous ayant à leur tête les députés socialistes de Paris. C'était un vrai spectacle d'ilotes ivres pour les parisiens.

Sur une estrade érigée au pied de la statue d'Etienne Dolet, ils ont pendant trois heures vomi à gueule que veux-tu un flot fangeux de leurs clichés ineptes et de leurs outrages habituels contre Dieu, contre le clergé, contre la propriété, contre le gouvernement lui-même et le tout terminé par les cris frénétiques : «A bas la Calotte ! Vive la Commune ! »

La police si impitoyable pour les manifestations er l'honneur de Jeanne d'Arc a protégé avec un zèle édifiant ces insultes adressées à ses maitres, et même les agressions contre les agents.

Le député Chauvière ayant provoqué les contradicteurs à prendre la parole, un brave et naïf jeune homme a eu l'imprudence de répondre à cette hypocrite invitation. Dès les prem'ers mots, il a été empoigné par ces ilotes ivres, roué de coups et allégé de son porte-monnaie sous les regards complaisants de la police: c'est ainsi que ces canailles entendent la liberté et la tolérance dont ses orateurs ont plein la bouche.

La seconde orgie a été, à notre avis, la tournée de parade de M. Félix Faure à travers la Bretagne, où il a reçu des hommages à grand orchestre, de l'armée des fonctionnaires de tous rangs, de tout le clan des politiciens inféodés au régime qui sous tous les rapports, et spécialement sous le rapport religieux, est un juste objet de répulsion pour la Bretagne comme pour la totalité de la France chrétienne.

L'orgie démagogique et l'orgie courtisane sont à nos yeux également mauvaises, l'une étant le produit logique de l'autre.

Malgré les précautions prises par ses flatteurs pour empêcher la vérité d'arriver aux oreilles de M. Faure, la vérité lui est parvenue par l'organe de trois députés des environs de Brest, MM. Villiers, de Mun, Mgr d'Hulst. Ces messieurs, sachant qu'on ne les laisserait pas parler, ont remis par écrit au président une adresse où ils déclarent que les populations qu'ils représentent veulent bien se dévouer à la République, mais qu'elles demandent qu'en retour la République respecte leurs libertés religieuses, leurs associations charitables et leurs écoles.

Pour dispenser M. Faure de répondre aux courageux députés bretons, d'abord son entourage leur refusa de laisser lire l'adresse, puis les exclut du banquet officiel qui comptait 550 convives. M. Faure leur a donné une leçon qui l'honore en invitant les trois députés à son banquet.

Le peuple breton a compris que c'était sur lui-même que tombait l'injure grossière faite à ses dignes représentants. M. Faure, nous l'espérons pour lui, ne se méprendra pas sur la portée d'un tel incident. Les Potemkins de l'opportunisme sont dignes de leurs modèles de tous les temps passés.

Au milieu des hommages somptueux et intéressés organisés sur la plus vaste échelle par les Potemkins de son entourage, M. Faure a pu remarquer la silencieuse attitude des populations bretonnes. Il ne peut ignorer que la guerre hypocrite aux institutions catholiques qui est l'âme du parti dominant est un juste sujet d'indignation pour toute la vraie population bretonne et que les allocutions qui l'ont encensé à outrance ont dans ce silence une contre-partie digne de son attention.

Deux voyages présidentiels.

Pendant que nos Potemkins républicains mettaient sens dessus dessous les villes bretonnes pour recevoir M. Félix Faure et surtout pour s'y faire recevoir eux-mêmes en rançonnant les bons contribuables, le président de la République suisse (république bon teint, celle-là) nous offrait le spectacle d'un voyage vraiment républicain, qui sera peu du goût de nos maitres.

« En un jour, dit la Chronique, M. Lachenal, l'honoré président de la République, a fait le tour du lac Léman en bicyclette (180 kilomètres) avec son ami M. Frédéric Raisin. Ce voyage n'a coûté un sou à personne, n'a dérangé personne de ses occupations. C'est ainsi, au reste, — à part la bicyclette — que circule le président de la République des Etats-Unis. Notez d'ailleurs, que le président de la République suisse n'a qu'un traitement de 13.000 francs. C'est le cas de modifier le refrain de la chanson du *Roi d'Yvetot* :

Oh! ah! la! la!
Quel bon président c'était là !
La! la !

Conclusion : Nos républicains ne sont que des monarchistes déguisés et leur prétendue république n'est qu'une monarchie par en bas — elle nous coûte le double de la monarchie par en haut.

Voyage du tsar Nicolas II en France.

On prête au tsar Nicolas II le projet d'un prochain voyage en France.

Plusieurs de nos confrères tracent déjà le programme de l'emploi du temps que S. M. I. le Tsar consacrera à sa visite à Paris. Ceci est absolument prématuré. Rien d'officiel n'a encore été définitivement arrêté.

Il en est de même du palais qui abritera nos hôtes impériaux. Le choix entre l'ambassade de Russie et le palais du ministère des Affaires étrangères n'est pas encore fait; cette décision ne sera prise qu'à la prochaine réunion du conseil des ministres.

Servilité du peuple souverain.

Une vérité navrante qui crève les yeux de tous les esprits clairvoyants, c'est que l'avilissement de nos mœurs publiques est le support de la domination opportuno-maçonnique qui pousse le pays à un effondrement social, financier et agricole.

Il faut que cette cruelle vérité atteigne un terrible degré d'évidence pour que nous en trouvions un saisissant aveu dans le journal qui est l'organe le plus marquant de ce régime néfaste.

En effet, c'est bien dans le *Temps* que nous lisons un article qui compare le régime actuel à celui d'un pays nègre, où le roi dit à ses députés que ceux qui sont de mon avis se mettent à gauche, que ceux qui n'en sont pas se mettent à droite, j'aurai le plaisir de leur couper la tête.

A quoi le *Temps* ajoute :

« C'est le procédé dont on use chez nous. On dit à ceux qui passent à droite on vous coupera le cou, à ceux qui passent à gauche vous aurez toutes les places, tous les bureaux de tabacs, toutes les croix, tous les rubans.

On a peine à comprendre comment le *Temps* a pu s'enhardir jusqu'à trahir aussi brutalement le secret de son propre parti et du régime qu'il nous inflige depuis quinze ans.

Ah! le vilain tableau! Mais n'est-ce pas édifiant pour nous et nos amis traités en parias par cette action de trouver un approbateur inattendu dans le journal qui, jusqu'à ce jour, l'a soutenu envers et contre tous!

Cette fois, le suffrage universel est averti. Malheur à nous, si la conscience de son abjection ne lui donne pas le courage de se ressaisir.

Election sénatoriale.

Dimanche dernier, dans les Hautes-Alpes, M. Grimaud, ancien député, a été élu sénateur en remplacement de M. X. Blanc, décédé.

M. Grimaud ayant été un député très obscur, nous ne pensons pas qu'il soit une recrue glorieuse pour le pauvre Sénat.

L'alcool sauveur de nos finances.

C'est vraiment une idée curieuse que celle de sauver nos finances en péril au moyen de l'alcool. Deux utopies sont sur ce chantier à cet effet, celle de M. Alglave et celle de MM. Lanjuinais et consorts. Laquelle est la meilleure ou plutôt moins chimérique ? Nous laissons à nos lecteurs le soin de répondre. Mais une observation capitale que nous plaçons en face de celle de députés est celle-ci :

Vous applaudissez votre réforme, parce qu'elle aura pour résultat de libérer la propriété de 118 millions d'impôt foncier.

Soit, disons-nous; ce serait certes pour l'agriculture un précieux soulagement; mais, nous le répétons, la plus lourde des charges qui écrasent l'agriculture, c'est la catégorie de ses cultures à perte, céréales, textiles, etc., qui se résument en 500 millions de perte tous les ans. En l'exonérant de 118 millions — chose douteuse — vous la laissez encore en perte de 370 millions. Cela est insuffisant pour mettre fin à la crise agricole.

Donc, nous le répétons, la réforme douanière est une réforme plus urgente encore que celle de l'impôt foncier. Le reproche que nous faisons à toutes vos utopies, c'est de faire perdre de vue la plus importante de toutes, celle sans laquelle ces autres sont stériles.

Nous combattons des erreurs qui prennent les ombres pour la proie. Voilà tout.

Jusqu'à ce jour, nous avons été appuyés dans cette cause par la vaillante *Bourgogne agricole*. Nous espérons que son concours ne sera pas stérile pour une cause qui seule peut assurer le salut de l'agriculture.

Nos colonies de Madagascar.

Le public apprendra avec soulagement que le général Galieni va remplacer le sectaire Laroche comme gouverneur de Madagascar. Il était temps.

Le mois dernier nos colons de Majunga avaient envoyé à M. Méline, chef du ministère, la dépêche suivante à la date du 21 juin dernier :

« La Colonie Française de Majunga proteste auprès du Gouvernement contre la politique néfaste qui cause une *insécurité complète* sur la route de Majunga à Tananarive. »

Toutes les nouvelles de source privée qu'on reçoit de la colonie sont aussi accusatrices contre la politique néfaste du gouverneur Laroche. Toutes l'accusent de trahir les intérêts de la France, au profit de nos pires ennemis, les Anglais et leurs marchands de bibles, avec la complicité des francs-maçons et des trafiquants juifs.

La protestation de nos colons de Majunga est du 21 juin. Pendant six semaines, le gouvernement n'a rien fait pour leur donner satisfaction. — Il vient enfin de la leur accorder. Espérons que le nouveau gouverneur leur rendra le courage et la sécurité.

L'élection présidentielle aux États-Unis.

La prochaine élection du président des Etats-Unis intéresse vivement notre monde agricole et industriel.

En effet, la lutte est engagée entre le candidat du parti protectionniste à outrance, Mac Kinley et le candidat démocrate Bri Bryan. Si Mac Kinley l'emporte, on nous menace d'un régime douanier qui poussera le *protectionnisme* à outrance, qui fermera le marché américain aux produits industriels de la France et même de l'Europe.

Inutile de parler des produits agricoles. Les Américains en ont à vendre partout à des prix qui écrasent les nôtres.

Le parti de Mac Kinley est d'autant moins excusable dans son protectionnisme outré que les Etats-Unis sont dans une situation financière et industrielle qui rend la lutte facile à leur production sur tous les marchés du monde. Ils ne sont point écrasés comme nous d'impôts. Les matières premières abondent chez eux presque pour rien. Ils ont plus intérêt à la liberté qu'à la protection et au pis aller, ils ont intérêt à une protection relative, c'est-à-dire calculée sur les conditions d'un juste équilibre entre leurs intérêts et ceux des pays où ils cherchent des débouchés.

Tout autre est notre situation à nous, Français, et il est passablement ridicule d'assimuler la protection que nous réclamons à celle de Mac Kinley.

Nous ne demandons, en réalité, que le régime *compensateur*, c'est-à-dire équilibrant les droits de douane avec les nécessités de nos charges intérieures. C'est assurément le minimum qui est dû par le gouvernement et par le parlement à la production nationale tant agricole qu'industrielle, et sur tous les produits le devoir du gouvernement est de fixer les taxes douanières à des chiffres qui permettent à nos producteurs de soutenir la concurrence étrangère ; de là à un régime prohibitif que personne ne demande, il y a un énorme écart. C'est cet écart qui nous sépare du système de Mac Kinley.

Nous suivrons avec attention cette lutte pour la présidence de la République américaine. Mais nous devions exposer d'avance l'esprit qu'il importe de montrer, dans l'intérêt de la production française, dont les intérêts vont peut-être être sérieusement engagés dans cette lutte.

La population de la France.

Le gouvernement vient de publier le résultat du recensement de la population.

Ce résultat est alarmant comme nous l'avions prévu. Au 29 mars dernier, la population française était de 38.228.969 habitants, 133.819 de plus seulement qu'en 1891, date du précédent recensement.

Aussi pendant que la population française n'augmente que d'une quantité si insignifiante en cinq ans, celles des Etats voisins augmentent dans des proportions quintuples. Si cela continue ainsi — et on gouverne évidemment de façon à ce qu'il en soit ainsi — dans vingt ans l'Allemagne aura une population double de la nôtre et nous n'aurons qu'un soldat français à opposer à deux soldats allemands.

Sur 86 départements, la population a diminué dans 63. Elle n'a augmenté que dans 23. Ce qui est plus triste encore, c'est que les départements où la population a diminué sont les départements vivant de l'agriculture et donnant à l'armée les soldats les plus solides et les plus robustes. Les accroissements de population ont été pour les grandes villes et pour les départements industriels. Encore même dans ces départements, l'accroissement n'a été que pour les villes les communes rurales y ont subi comme ailleurs une déperdition continue de leurs habitants.

Il n'est pas douteux que la crise agricole ne soit une des causes principales de la dépopulation et de la diminution des naissances dans les campagnes. Mais il est également certain que la diminution des naissances est le fléau qui sévit parmi ces pays qui ont perdu l'esprit chrétien et que leur progression partage des populations restées fidèles à la foi de nos pères. Ce sont là des faits qui crèvent les yeux de tout esprit éclairé et sincère. Ajoutons que la population des bagnes et des prisons a doublé en dix ans ainsi que le nombre des enfants naturels. Mais ces vérités importunent les maîtres du jour et il n'est sorte de sophismes ineptes qu'ils n'inventent et ne publient dans leurs journaux pour aveugler le pays sur ce fait et sur ses dangers. Ils comprennent bien d'ailleurs que, pour nous ramener dans la bonne voie, il faudrait brûler les idoles qu'ils adorent, adorer le Dieu qu'ils renient, le Dieu qui a fait la France, et réformer ces lois odieuses inventées par eux pour faire de la nation très chrétienne une nation athée et ennemie du Dieu qui l'a faite et l'a protégée avec une bonté infinie à travers les siècles.

Les tenants obstinés d'un tel régime, M. Méline en tête, font le jeu des bandits anarchistes et socialistes, les uns et les autres ne veulent plus de Dieu. Les seconds seuls ajoutent point de maîtres, ce qui serait assurément le pire châtiment qu'ait encouru et mérité un peuple qui renie son Dieu. Dieu veuille que ses yeux s'ouvrent à temps à la vérité !

M. Caillaux, ancien ministre, président du Conseil de la Compagnie Lyon-Méditerranée, vient de mourir à Paris, à l'âge de 75 ans.

Dans sa vie publique et dans sa direction des chemins de fer, comme dans les postes ministériels qu'il a occupés,

M. Caillaux a été un des hommes publics les plus capables et les plus justement honorés que nous ayons vus à la tête de nos affaires depuis vingt-cinq ans.

Sa mort laisse de vifs regrets à tous ceux qui l'ont connu, dans la Sarthe surtout, comme à Paris.

CHRONIQUE GÉNÉRALE

École nationale d'horticulture.

Les examens pour l'admission à l'école nationale d'horticulture et l'obtention des bourses de séjour auront lieu à Versailles, à l'école même, le deuxième lundi d'octobre. Le programme est envoyé gratuitement à toute personne qui en fait la demande au directeur de l'école.

L'école d'horticulture dont les preuves sont déjà faites et dont la réputation est pleinement justifiée par son excellent enseignement théorique et pratique à la hauteur des conditions modernes de l'existence, est une des rares écoles qui puisse garantir à ses élèves un avenir honorable et avantageux.

Chaque année le directeur reçoit de nombreuses offres d'emploi émanant de commerçants, d'horticulteurs ou de riches propriétaires; les fonctions administratives — en France et aux colonies — sont également ouvertes aux élèves, direction de jardins municipaux ou professorat horticole.

Les pouvoirs publics reconnaissant l'importance de l'école et sa haute mission pour le développement de la richesse nationale encouragent les candidats par l'institution de bourses de séjour. L'Etat accorde chaque année six bourses aux premiers et la plupart des départements entretiennent des élèves à leurs frais.

Les élèves se trouvent ainsi placés dans des conditions spécialement avantageuses pour s'instruire et pour grossir le nombre des savants praticiens qui assurent, chaque année, tant à l'étranger qu'en France, les progrès de l'horticulture nationale.

Les rendements du blé en 1896.

Le ministre de l'agriculture publie un relevé officiel qui évalue les rendements du blé à 115 millions et demi d'hectolitres. Cette évaluation dépasse sensiblement les prévisions qui avaient cours le mois dernier. Le rendement ne serait inférieur que de un million soit un 119e à celui de l'an dernier. Nous ne voulons pas discuter ce chiffre et ce pour la cause que nous avons expliquée surabondamment, savoir qu'il importe peu à l'agriculteur que les rendements soient forts ou faibles sous un régime qui le condamne à vendre invariablement son blé à des cours dérisoires de 18 fr. 50 le quintal. Toutefois, pour complaire à ceux qu'intéressent encore les calculs plus ou moins fantaisistes de la statistique, nous donnerons ailleurs les chiffres livrés à notre appréciation par les bureaux ministériels.

La crise des vins de liqueurs.

La production des vins de liqueurs en France subit depuis quelques années une crise déplorable, immense pour les cinq départements des Pyrenées-Orientales, de l'Aude, de l'Hérault, du Gard et des Bouches-du-Rhône. Nos vins si justement estimés de Frontignan, de Grenache, de Banyuls, de Rivesaltes, etc., sont battus sur nos propres marchés par des vins étrangers, prétendus similaires mais qui sont de qualité inférieure, et surtout peu salubres étant vinés avec des alcools allemands.

La Chambre de Commerce de Perpignan adresse au gouvernement une plainte très juste contre cet état de choses dont elle attribue la cause à une réglementation abusive de la perception du droit sur les alcools que contiennent ces vins. En effet, elle perçoit le droit sur la totalité de l'alcool employé à leur préparation y compris la partie qui s'évapore pendant leur formation. D'où un prix de revient excessif qui rend impossible la lutte contre les vins de liqueurs étrangers. La Chambre de Commerce de Perpignan demande qu'on revienne à l'ancien système, le seul juste et équitable, c'est-à-dire que le droit sur les vins de liqueurs soit perçu au prorata de leur teneur alcoolique au moment où ils sont *faits* et livrables à la consommation. Le rapport de son délégué, M. Ruzous, décrit les procédés au moyen desquels la régie s'assurerait toujours la perception intégrale des droits.

Il s'agit d'une production qui subit tous les ans une perte de plus de 20 millions, qu'elle recouvrerait sans peine si le régime actuel signalé par le rapport de M. Ruzous était remplacé par celui qu'il réclame.

Tous les amis de la viticulture ne peuvent que joindre leurs vœux à ceux de la Chambre de Commerce de Perpignan.

Concours.

Société de Meurthe-et-Moselle et Comice de Nancy. — Ces deux importantes associations tiendront leur concours le dimanche 16 août à Dombasle. Il y aura un concours spécial de charrues à un soc — de charrues à deux et trois socs — primes pour les fabricants et primes pour les laboureurs, outre les primes ordinaires pour les cultures générales et spéciales et pour l'élevage de toutes les espèces d'animaux. Les constructeurs concurrents devront se faire inscrire trois jours d'avance au siège de la Société de Nancy.

Comice de Lunéville. — Son concours aura lieu à Baccarat, le dimanche 30 août. Ce concours sera comme toujours très brillant sous tous les rapports.

Ecole de Dombasle (Meurthe-et-Moselle). — Examen d'admission à l'école le 9 septembre, écrire au directeur, M. Thiry, à l'école de Tomblaine, près Nancy.

Congrès pomologique de Rouen. — L'Association pomologique de l'Ouest tiendra cet important concours à Rouen le 11 octobre. Le programme des primes embrasse toutes les spécialités comprises dans la culture des arbres à cidres, dans la fabrication des cidres et des eaux-de-vie et les meilleurs écrits concernant ces spécialités; les auteurs doivent les adresser à M. Lechartier, président de l'Association, à Rennes, quinze jours avant l'ouverture du congrès qui aura lieu le 5 octobre et durera jusqu'au 11.

Société des agriculteurs de la Sarthe. — Son 22e concours se tiendra au Mans du 17 au 20 septembre prochain. Prix pour toutes les spécialités, cultures, animaux, produits, instruments, etc.

La fraude sur les blés tunisiens.

Pour mettre un terme à ces fraudes, un décret en date du 21 mai a borné à 500.000 quintaux la quantité de blés tunisiens qui serait admise sans droit en France. Ce décret laisse encore une certaine marge aux importateurs de blés non tunisiens.

On demande comment ces blés servaient, la fraude consistant à exporter des farines provenant de blés admis en franchise.

Le *Journal d'agriculture pratique* répond:

« Oh! c'est bien simple! on introduisait en franchise des blés dits tunisiens, et ou exportait des farines dont l'exportation donnait droit à la décharge des droits de douane sur les blés ». On a ainsi exporté avec primes en 1895, 86.000 quintaux de farine.

Espérons que le décret ci-dessus mettra un terme à ce trafic frauduleux et provoquera des mesures analogues contre d'autres trucs restés impunis jusqu'à ce jour.

Crédit agricole.

Sous ce titre : *Le Crédit agricole*, M. François Bernard, professeur à l'Ecole d'agriculture de Montpellier, a publié, dans la *Revue Encyclopédique* du 1er janvier, une étude de la loi du 5 novembre dernier et relative à la constitution des sociétés de crédit agricole. Comment une loi, si utile aux intérêts de l'agriculture a pu demander plus d'un demi-siècle de préparation laborieuse; comment les différents gouvernements qui s'y sont intéressés ont dû successivement battre en retraite devant l'opposition du Parlement; comment les syndicats professionnels ont pu la faire triompher après dix ans d'efforts, que elle est, enfin, la portée de la loi nouvelle? C'est ce qu'expose M. François Bernard, avec clarté et compétence.

Comme nous, M. Bernard indique les obstacles subsistant encore dans les lois qui entravent les progrès du crédit agricole, mais comme nous aussi, il engage les amis éclairés de l'agriculture à ne pas s'y arrêter et à suivre l'exemple déjà donné par 450 caisses de crédit rural, qui prouvent qu'en dépit des chinoiseries restrictives de nos codes, le crédit rural gagne tous les jours du terrain et suivant les conseils donnés par M. Louis Durand, de Lyon, les fondateurs de ces caisses sont assurés de rendre à l'agriculture les services qu'elle attend du crédit sans courir de risques sérieux pour leurs intérêts personnels.

C'est en marchant que tous les hommes d'action prouvent le mouvement.

<h3 style="text-align:center">Les arbres fruitiers
sur les routes.</h3>

Depuis longtemps quelques agronomes demandent que les arbres forestiers qui bordent les routes soient remplacés par des arbres à fruits. Cette réforme aurait deux résultats précieux: les arbres à fruits donneraient tous les dix ans un revenu plus élevé que les arbres à bois, ensuite ils nuiraient moins par leur ombre aux propriétés riveraines des routes.

M. Bénard présente à ce sujet à la Société nationale d'agriculture, un rapport intéressant où il constate qu'en Allemagne, dans le Wurtemberg spécialement, les arbres à fruits, pommiers, poiriers, merisiers, etc., plantés le long des routes donnent des revenus considérables qui contribuent à l'amélioration des chaussées. En Alsace-Lorraine les routes sont plantées de cette façon depuis l'annexion. On n'a laissé debout que les peupliers qui donnent de meilleurs revenus que les autres essences à bois.

La Société d'agriculture a donné son approbation au rapport de M. Bénard.

On a objecté les déprédations auxquelles sont exposés ces arbres. — M. Bénard a répondu : 1° Que les arbres portent des fruits à cidre qui ne tentent point les passants, ces arbres d'ailleurs ne sont pas plus exposés au maraudage que ceux des champs voisins. Ensuite il a répondu qu'en Allemagne et en Alsace-Lorraine, la récolte des arbres est mise en adjudication quinze jours au moins avant l'époque de la maturité. A partir de ce moment, les acquéreurs se chargent de veiller ou de faire veiller sur leur récolte, et avec un souci tel que tous les ans les récoltes trouvent des acquéreurs.

Nous ne voyons pas quels motifs de refus on pourrait opposer à une réforme dont l'utilité et les avantages sont si bien démontrés.

L'esprit de routine et l'inertie bureaucratique si enracinés en France sont les obstacles les plus difficiles à surmonter.

<h3 style="text-align:center">Horticulture professionnelle</h3>

En fait comme en théorie, l'horticulture en France est représentée par trois catégories de praticiens.

Il y a :

1° Le jardinage domestique, cultivé par la presque totalité des habitants dans les campagnes, et aussi par un certain nombre de citadins ;

2° Le jardinage professionnel dit maraîcher et fruitier qui est une grande industrie concentrée généralement dans les environs des grandes et même de petites villes ;

3° Une troisième catégorie, qui nous intéresse spécialement est celle des horticulteurs spécialistes qui, dans plusieurs départements, s'adonnent à des cultures spéciales dont ils écoulent les produits sur les grands marchés de France et de l'étranger.

Citons comme spécimen : dans le Finistère, les fraises de Plougastel, les choux-fleurs et les artichauts de Rosporden et, en Anjou, les cultures d'artichauts et d'asperges, de petits pois et de haricots; dans le Midi, les cultures de primeurs-légumes et fruits, les prunes de Lot-et-Garonne et de Touraine, les cerises de l'Yonne, et les cassis de la Côte-d'Or, les abricots de la Limagne, etc., etc. Les raisins de treille de Thomery, les raisins de serre de M. Cordonnier, dans le Nord, etc.

Les spécialités horticoles cultivées avec intelligence et dans les sols et sous-climats convenables constituent une branche d'économie rurale d'une importance sans cesse grandissante et nul pays n'est mieux doté que la France pour y faire prospérer. Les sols, les climats de son territoire, sa proximité des Etats riches du Nord sont des garanties exceptionnelles de succès auxquelles il ne reste qu'à ajouter des tarifs modérés de transport sur voies ferrées et par mer.

Mais dès l'heure actuelle, il est utile de se faire une idée de l'importance du jardinage professionnel en France, des progrès qu'il a réalisés depuis les chemins de fer et pour susciter de nouveaux progrès qu'il pourrait réaliser.

Un intéressant relevé de cette situation et de l'horticulture industrielle a été exposé récemment par M. Tisserand, directeur de l'agriculture au Ministère, en présidant la distribution des primes de la grande Société nationale d'horticulture à Paris, à la suite de sa dernière exposition. Le nombre des exploitations horticoles qui était de 343 en 1872, atteint aujourd'hui plusieurs milliers. Leur production totale passe de 157 millions en 1862, à 700 millions en 1893. Elles occupent aujourd'hui 548.000 personnes et tous les jours il se crée de nouvelles exploitations.

Nous ignorons si, dans ce nombre, M. Tisserand comprend les pépiniéristes. Les pépiniéristes qui pourvoient aux besoins de l'arboriculture fruitière et ornementale, à ceux de la sylviculture, principalement à ceux de la viticulture, qui depuis vingt-cinq ans s'est vue obligée de replanter près de 1.500.000 hectares de vignes.

Quoi qu'on pense de ces chiffres, un fait évident et important s'en dégage avec évidence, c'est que l'horticulture comprend un grand nombre de spécialités qui, cultivées avec intelligence, forment une part considérable de la fortune de la France rurale et constituent de sérieuses compensations aux échecs désolants de la production agricole.

C'est pourquoi les écoles d'horticulture qui forment de bons, intelligents et actifs jardiniers, rendent au pays des services immenses parallèlement à nos bonnes écoles d'agriculture.

Tel est, par exemple, le modeste établissement d'Igny, près de Versailles, fondé par le frère Photius, puis dirigé par son élève, le digne frère Bertrandus dont la mort récente est un sujet de deuil pour tous ceux qui connaissent ses merveilleux états de services. Tel est aussi l'établissement de Vaujours, dirigé avec une habileté incomparable par le frère Photius.

Ne pouvons-nous pas aussi signaler l'admirable confrérie de Saint-Fiacre, présidée par M. Blanchemain, qui répand partout les leçons et les exemples de la pratique horticole dans toutes ses spécialités?

Nous pourrions ajouter l'école officielle de potager de Versailles et l'école d'horticulture de Villepient, dépendant de la ville de Paris. Nous ne prétendons certes pas contester les services rendus par ces écoles, mais par cela seul qu'elles sont des écoles officielles puisant largement dans la bourse des contribuables, tandis que les deux précédentes sont des écoles privées, fondées par les libéralités de quelques hommes de bien qui n'ont jamais la moindre justice à espérer du monde officiel, tandis que les autres ont à leur service toutes ses faveurs et tous ses encensoirs officieux. On avouera que notre prédilection pour les écoles telles que celles d'Igny et de Vaujours sont pleinement justifiées et que les éloges qu'elles méritent ne leur sont point prodiguées par la presse conservatrice et catholique elle-même.

En tout cas, nous constatons que la meilleure réclame en leur faveur ressort clairement du relevé exposé par M. Tisserand.

Avis aux ruraux intelligents. Partout il y a place pour les entreprises horticoles bien comprises.

<h3 style="text-align:center">Erreurs libre-échangistes.</h3>

En présence de leurs obstinations à nier le jour en plein midi, nos adversires ont créé le faux, le dupe échange.

Il ne s'agit point, certes, de matière à plaisanter, quand il s'agit de l'atteinte portée à notre production nationale!!! Il vaut mille fois mieux passer pour économiste de rencontre, et défendre (au nom de la justice) les grands principes d'économie sociale, principes qui font la richesse et la force d'un pays, plutôt que d'en fausser l'esprit et le conduire à sa ruine.

Comment donc s'établit, chaque année, la position favorable et pécuniaire d'un homme? Est-ce en additionnant son chiffre d'affaires, ventes et acquisitions?

Nullement; c'est naturellement quand les recettes excèdent les dépenses; ce qui revient à dire, quand on vend plus qu'on n'achète. Cette règle s'applique aussi bien aux sociétés et aux nations qui sont des grandes sociétés. Donc, il n'est pas juste de dire son importation et son exportation étant en augmentation, il y a richesse et progrès. Mais bien : si son importation excède les exportations, il y a perte pour le pays qui envoie son numéraire à l'étranger.

Grève des primes d'honneur.

On ne croirait point cette grève possible, si le passé ne les faisait point craindre pour l'avenir.

Cette révélation, je la dois à notre infatigable rédacteur en chef, M. Louis Hervé, à propos du concours régional de Bar-le-Duc.

A ce concours, si remarquable par les animaux d'élite exposés, vient de se produire un fait inouï jusqu'à ce jour. Il n'a a pas eu de prime d'honneur, il n'y a pas eu une seule prime culturale par cette raison bien simple : pas un seul concurrent ne s'est présenté.

Le jury n'a pas eu à fonctionner.

Comment se fait-il que dans le département de la Meuse, qui possède notoirement de nombreux agriculteurs d'un grand mérite, aucun n'ait voulu briguer les primes culturales, objets de si nombreuses compétitions dans les concours?

La raison est facile à trouver : pour obtenir une prime culturale, il faut établir qu'on cultive avec intelligence et surtout qu'on obtient des bénéfices de cette culture. Or, aujourd'hui, grâce au régime exténuant qui nous ruine, l'agriculture, même la plus intelligente, ne produisant plus de bénéfice comme il a été démontré à satiété depuis un an, aucun des agriculteurs meusiens n'a osé se présenter pour une prime culturale, ni, à plus forte raison, pour la prime d'honneur. Au reste, notez dès aujourd'hui que la prime d'honneur n'a pas été décernée dans six de nos concours régionaux. Ce fait, joint au cas du concours de Bar-le-Duc, où pas une prime de culture n'a été sollicitée, est un symptôme décisif de notre situation agricole.

La grève du sol qui se dénonce ici depuis un an, a donc pour cause la grève des bénéfices et celle-ci se traduit par la grève des primes d'honneur. Il faut avoir l'aplomb ineffable de nos ministres républicains pour qu'en présence d'un pareil fait, M. Varroy ait eu l'ingéniosité outrecuidante de venir vanter les bienfaits du régime qu'il représente aux agriculteurs réunis à Bar-le-Duc, ce qui a stupéfié tous les cultivateurs.

E. BABLOT-MAITRE.

NÉCROLOGIE

M. CLAUZEL DE COUSSERGUES.

La mort a enlevé la semaine dernière cet honorable député de la Corrèze qui était vice-président de la Chambre.

M. Clauzel de Coussergues était le type du modéré de la droite qui allonge le plus qu'il peut le bras vers les faux modérés pour adoucir le plus possible leurs lois attentatrices à la liberté et aux droits des catholiques. — L'insuccès de ses tentatives ne doit pas nous rendre injuste pour ses excellentes intentions. C'est avec raison que tous les gens de bien regrettent sa mort, et honorent sa mémoire.

CHRONIQUE AGRICOLE

Situation. — La saison.

La dernière semaine a été très affligeante pour l'agriculture. Des orages presque continus dans le Nord, ont entravé les travaux de la moisson. Dans le Midi, des orages plus violents encore et plus continus ont provoqué un abaissement notable de la température. Les grêles ont dévasté les vignes, et le terrible *blackrot*, dont on croyait avoir délivré les vignes par des pulvérisations hâtives, a fait de nouveau son apparition avec une soudaineté et une intensité qui plongent les viticulteurs dans la consternation. La pluie sévit dans la Gironde, dans les Landes, dans le Gers, dans toute la région du Sud-Ouest. Là où il y a quinze jours on comptait sur de magnifiques récoltes, on appréhende des pertes totales de ces récoltes.

Nous enregistrons ces nouvelles avec une profonde tristesse d'autant plus que, d'après certaines correspondances, les vignes qui avaient été traitées avec le plus de soin avant même le débourrage, suivant les conseils des sociétés et des professeurs, sont aussi maltraitées que les autres vignes. Voilà donc notre pauvre science prise une fois de plus en flagrant délit d'impuissance contre le nouvel émule du phylloxéra et des autres ennemis de la vigne.

Nous nous associons sincèrement aux alarmes des viticulteurs du Sud-Ouest même des autres régions viticoles, où le terrible blackrot a fait son apparition, ou donne lieu de la craindre. Nous aimons à espérer que les désastres ne seraient pas aussi grands qu'on le dit sous l'empire de cette soudaine invasion, mais on ne peut trop plaindre les populations viticoles en présence des fléaux qui s'acharnent sur leurs vignes depuis trente ans consécutifs.

La sécheresse en Normandie.

La sécheresse de la saison n'a pas épargné les régions les plus renommées pour l'humidité de leurs terres et la fraîcheur de leur climat. On lit dans le *Moniteur du Calvados* :

La persistance de la sécheresse cause le plus grand préjudice aux cultivateurs exploitant les cultures en herbe.

Non seulement les prairies sont desséchées par les chaleurs continues, mais deux autres fléaux sont venus se joindre à celui-ci.

Les mulots ont envahi les prairies avoisinant la Dives et détruisent l'herbe dans les meilleurs fonds de la vallée d'Auge.

C'était le cas ou jamais pour l'administration de faire des essais en grand du fameux virus auquel on croit le don de les détruire.

Les essais particuliers n'ont pas jusqu'ici produit grands résultats, des essais en grand, sous le contrôle, soit de la station agronomique, soit du professeur d'agriculture, seraient concluants.

Les vers blancs (mans) sont venus se joindre aux mulots pour causer des ravages considérables dans nos prairies. Dans les terres en labour, les récoltes en souffrent beaucoup, des champs de betteraves et de pommes de terre sont complètement perdus.

Que faire devant un tel désastre ? N'y a-t-il pas là pour l'institut agronomique un sujet d'étude du plus haut intérêt pour nos herbagers et nos cultivateurs?

Cultures dérobées. Binages.

Les conseils donnés à la culture, en faveur des labours et cultures de seconde saison, s'appuient sur des raisons pratiques nombreuses, qui nous portent à insister plus vivement que jamais sur cette question.

D'abord rappelons pour mémoire, la théorie très juste de M. Dehérain, sur la perte de l'azote dans les terres laissées en friche, et sur l'utilité de le faire recueillir par des plantes semées immédiatement après la moisson.

Il faut ajouter à cette raison que les déchaumages bien exécutés sont un moyen pratique de mettre à nu les vers blancs, et d'en détruire de grandes quantités surtout si on fait suivre la charrue ou l'extirpateur d'un troupeau de volailles. Le procédé fameux de la destruction par le botrytis n'a pu donner jusqu'ici des résultats assez décisifs pour renoncer au moyen des déchaumages.

Lorsque l'on a recours à ce moyen dans un champ infesté par ces redoutables larves, il faut procéder par des défonçages gradués, un premier défonçage d'abord à 5 centimètres ; puis un second à 8 ou 10 l'apparition des vers blancs est un indice précieux à consulter à cet effet. Enfin certaines plantes dérobées peuvent être ensemencées jusqu'à la fin d'août et même en septembre. Nous citons surtout la moutarde blanche qui, en quarante jours, atteint une hauteur de un mètre dans une terre légèrement fumée. La moutarde blanche est un excellent auxiliaire des fourrages ordinaires ; elle les rend plus sapides, plus apéritifs. Mais à raison de sa sève piquante elle ne doit pas être donnée comme aliment exclusif ; son mérite est dans son mélange aux autres aliments.

Outre les déchaumages des friches, on recommande avec raison les binages fréquents des plantes en terre surtout en temps de sécheresse. Le binage vaut un arrosage, disait notre vieil ami Decrombecque père. M. Raquet père, professeur de la Somme, va plus loin encore. Le binage, dit-il, c'est un arrosage sans eau, et une fumure sans fumier. Ce dernier mot est vrai, mais seulement lorsque le sol biné contient les matières fertilisantes. Alors, en effet, ils sont atteints à la fois par l'oxygène et par l'humidité ascendante du sous-sol ; par cette double action les plantes les absorbent et s'en nourrissent.

En suivant ces excellentes indications, les déchaumages et les binages dans la saison qui suit les moissons, la culture peut se procurer de précieuses ressources pour l'alimentation des animaux, et pour les récoltes de l'année suivante.

Les vesces qu'on sème dans cette saison, sont un précieux fourrage pour les premiers jours du printemps suivant. On conseille de mélanger du seigle, dans la proportion d'un huitième pour soulever les tiges des vesces, qui ont une tendance à rester à terre et où leur végétation n'est jamais aussi abondante que lorsqu'elles poussent debout. Quelques cultivateurs leur donnent pour support des tiges de sarrasin qui sont rigides et rameuses. Le seigle est un aliment supérieur au sarrasin en mélange avec une légumineuse telle que la vesce.

La vesce velue. — On sème aussi à cette saison la fameuse *vesce velue*, qui depuis quatre ans est l'objet de discussions nombreuses dans le monde agricole. Après tout ce qui a été dit sur ce sujet, l'opinion la plus générale est que la vesce velue n'est pas d'un rapport supérieur à la vesce ordinaire : mais elle a le mérite d'être plus résistante aux gelées de l'hiver, c'est une plante vivace qui donne des récoltes pendant une année, « deux coupes ». Dès lors, en prévision d'un hiver rigoureux pour les autres plantes fourragères, il est prudent de consacrer un carré à la vesce velue. Mais un point important, c'est de s'assurer des graines authentiques et de bonne qualité. La culture a été durement rançonnée par des marchands de graines frauduleuses.

<hr>

L'arachide.
Sa graine. Son huile.

L'arachide est une plante oléagineuse dont la culture est inconnue en France, mais dont les produits jouent un rôle important et même font une concurrence désastreuse à la culture de nos plantes oléagineuses.

En effet, ce sont les cours des graines et des huiles d'arachides qui, grâce à l'entrée libre en France déterminent les cours décourageants de nos graines de colza, navette et autres oléagineuses.

L'arachide n'est cultivable que dans les régions équatoriales du globe et même en Algérie, en Corse et en Espagne. Les essais tentés sur le littoral de la Méditerranée, en Provence et en Languedoc, n'ont pas eu de succès assez sérieux pour en encourager la continuation, bien qu'on la cultive aussi en Espagne et en Italie.

M. Audouard, directeur de la station agronomique de la Loire-Inférieure, a publié une note sur cette culture, qui mérite l'attention de nos colons d'Algérie, de Madagascar et de l'Indo Chine.

« L'arachide, dit M. Audouard (*Arachis hypogœa*), produit une graine des plus utiles par ses emplois diverses en alimentation et en industrie et pour sa propriété de mûrir la graine en terre d'où son surnom (*hypogœa*). Cultivée en Asie, en Afrique et en Amérique, on ne la connaît en Europe que depuis les premières années de 1895.

« L'arachide fournit une graine huileuse que l'on consomme à l'état cru ou cuit.

« Il est prudent de ne pas abuser de cette nourriture ; elle provoque de violents maux de tête et chez les enfants de véritables empoisonnements.

« On façonne avec du sucre et des semences d'arachides rôties et pulvérisées un gâteau très recherché, nommé *gigery*. D'un autre côté, on en fabrique un chocolat bon marché en y remplaçant un tiers de cacao. On prépare aussi avec le tourteau de l'arachide privé d'huile, du pain et des entremets très savoureux ; avec l'huile elle-même, des aliments très appréciés ; avec la semence entière préalablement torréfiée, un infusé qu'on prétendait susceptible de servir de café. D'autres l'ont transformée en dragées, en sirop, en liqueurs de tables, d'autres en cosmétique.

« La seule raison de la culture de l'arachide, est le commerce considérable que l'on fait de l'huile comestible contenue dans ses semences, et du tourteau si renommé dans l'alimentation des animaux domestiques.

« L'Egypte était naturellement indiquée pour une tentative de ce genre, mais l'indigène se donne fort peu de peine pour préparer le terrain et moins encore pour le fumer.

« Dans toute cette région, le premier ensemencement d'arachide n'est pas renouvelé. Le sol est emblavé d'orge et lorsque la récolte est enlevée, une végétation d'arachide est prête à la remplacer.

« Cette culture est simple mais non avantageuse.

« Une culture plus intelligente vient d'être inaugurée en Egypte. Lorsqu'on a labouré le terrain au printemps, on dessine à la surface des rectangles de 2 mètres sur 3. Un petit talus de sable entoure chaque rectangle et permet de l'inonder.

« Les semailles se font de mars en avril à une profondeur de 6 à 8 centimètres. Les plantes sont distantes de 90 centimètres.

« Aussitôt l'ensemencement, on procède à des arrosages répétés. On les renouvelle tous les 5 ou 6 jours à l'époque de la germination et plus tard à des intervalles de 10, 12 et 15 jours.

« Les traits caractéristiques de cette plante sont : la plante est couchée plus ou moins sur le sol, sa racine est pivotante. Les radicelles sont couvertes de tubercules piriformes qui finissent par se toucher à l'automne.

« Les fleurs apparaissent au commencement d'août.

« Sitôt la chute des organes floraux, l'ovaire alors à peine visible est rapidement soulevé par suite de l'allongement subit de son pédoncule, qui se recourbe vers le sol et s'y enfonce de 2 à 3 centimètres. C'est dans les conditions que le fruit se développe et parvient à maturité. Tous ces ovaires qui ne peuvent pas les réaliser restent stériles.

« L'arrachage à la main se fait fin octobre. Toute gousse normale contient 2 semences. Chaque semence pèse en moyenne 50 centigrammes, quand elle est mûre.

« Le produit total, en fruits non décortiqués, varie de 2 à 4.000 kilos par hectare.

« Ce poids de 4.000 kilos correspond à un peu plus de 2.500 kilos de semences décortiquées qui donnent industriellement 1.000 kilos d'huile à 100 francs les 100 kilos.

« De ces semences décortiquées, viennent les tourteaux décortiqués ou non, si recherchés pour l'alimentation du bétail. »

<hr>

Les betteraves à sucre.

M. Fl. Desprez, le maître justement autorisé en cette matière, publie une appréciation raisonnée de la marche suivie par les betteraves depuis leur plantation. Il constate qu'elles ont sensiblement souffert des dernières chaleurs. Mais les pluies d'août, s'il en survenait, pourraient améliorer la situation, c'est-à-dire grossir le volume des racines. La densité est d'ailleurs élevée, les feuilles malheureusement jaunissent prématurément, ce qui rend difficile l'effet espéré des pluies d'août. Somme toute, le sort de la récolte n'est pas encore fixé mais on ne peut compter sur des rendements supérieurs.

Les désastres de la grêle.

On sait que dans les premiers jours de juillet plusieurs contrées ont été cruellement ravagées par des ouragans de grêle.

L'une des contrées les plus éprouvées a été la région comprise entre Orléans et Beaugency où les vignes et les blés, les arbres à fruit sont les principales sources de la richesse du sol.

Le syndicat du Loiret s'est ému de la détresse où ces désastres plongent les populations de cette contrée, et nous ne saurions trop applaudir à la déclaration suivante qu'il exprime en leur faveur :

« Dans la soirée et la nuit du 7 juillet dernier, un violent orage est venu s'abattre sur les environs de la ville d'Orléans. Plusieurs nuées d'une grêle aussi forte qu'abondante ont éclaté et apporté la ruine et la désolation dans des champs couverts des plus riches récoltes. Dans les environs de Cléry, quelques petits cultivateurs ont vu en quelques minutes disparaître entièrement le fruit d'une année de travail, et quelques-uns nous ont avoué ne pas avoir de quoi faire leurs ensemencements d'automne. Or, la plupart des sinistrés, membres de notre association, n'étaient pas assurés. Le bureau s'est ému de cette situation douloureuse, et il se propose de leur venir en aide dans la mesure du possible, en leur accordant un délai pour les paiements de leurs achats d'automne prochain, dans des conditions qui seront indiquées ultérieurement. Nous croyons en outre, que les caisses rurales, si elles étaient plus nombreuses, rendraient dans ces circonstances des services exceptionnels et nous engageons nos sections à les mettre à l'étude. »

Certes, on ne peut qu'applaudir à cette sollicitude du syndicat orléanais pour ses adhérents victimes du fléau de la grêle. Il serait infiniment désirable que l'assurance contre la grêle fût organisée et pût fonctionner partout dans nos campagnes, comme elle fonctionne dans le département de la Marne, ainsi que nous le demandons depuis quinze ans. Mais en l'absence de ces créations si désirables, le syndicat du Loiret préconise avec raison le recours aux syndicats et aux caisses rurales. Aucun esprit sensé ne peut contester les services que rendent ces institutions et les services infiniment plus grands qu'elles rendraient si elles avaient pour membres seulement la moitié des citoyens ayant

pour devoir et pour intérêt d'en faire partie.

Malheureusement l'esprit de division et d'individualisme qui est le fléau de nos campagnes n'est pas prêt d'être définitivement vaincu et terrassé par l'esprit d'union et d'association, qui fonde les syndicats et les caisses rurales Mais les propagateurs de ces institutions n'en ont que plus de mérite et les progrès continus qu'elles réalisent sont un encouragement décisif pour tous leurs propagateurs.

Plus leur tâche est difficile, plus ils ont droit à nos sympathies et au concours de tous les amis sérieux de la France agricole.

Les basses-cours de Bresse.

Nous venons de parcourir avec intérêt dans le *Bulletin du Syndicat de Bourg*, le compte rendu du dernier concours de volailles qui a eu lieu à Bourg, organisé par le Syndicat. Les rapports de M. de Fontenay, délégué de la Société d'aviculture, et du jury du concours font ressortir d'une manière frappante les progrès réalisés dans cette intéressante spécialité grâce à l'impulsion donnée par le Syndicat. Les exposants montraient des sujets soigneusement sélectionnés, au point de vue de la pureté de races, il y en a trois en Bresse. La visite des basses-cours en a montré un certain nombre, notamment chez M. Chambaud, lauréat de la prime d'honneur, qui sont des modèles du genre comme confortable et économie et hygiène, soit en matière d'élevage, de reproduction et d'engraissement.

L'élevage des volailles, traditionnel en Bresse réalise donc tous les jours, grâce à l'impulsion donnée par le Syndicat, des améliorations remarquables, qui de ses premiers lauréats tendent à pénétrer partout et finiront par devenir d'un usage universel dans ce bon pays de Bresse où les basses-cours sont une ressource presque égale à celles que procure l'élevage du gros bétail.

Tous nos compliment au Syndicat de Bourg et à ses lauréats.

Les agneaux et les moutons
dans le Midi.

Un usage ancien et toujours en vigueur dans le Midi, surtout depuis Avignon jusqu'à Marseille, consiste à livrer à la boucherie d'innombrables agneaux âgés seulement de quarante jours. Les éleveurs sont encouragés à cet usage par l'empressement général des consommateurs. Mais au point de vue des intérêts de l'élevage, cet usage n'en est pas moins fâcheux. L'agneau de quarante jours utiliserait fructueusement sa nourriture si on prolongeait sa vie jusqu'à un an au bas mot, et la viande du mouton est un aliment plus nutritif que la viande gélatineuse de l'agneau.

A cette critique, on répond que le

Midi n'est pas assez riche en pâturages et en récoltes sarclées pour nourrir pendant un an tous les jeunes sujets de ses bergeries. Telle est la cause des immolations prématurées. Quelques agronomes de nos amis appartenant à cette intéressante région, essaient de regimber contre ce courant, ils élèvent leurs jeunes jusqu'à l'âge de deux ans, quelques-uns même font plus encore; ils achètent des agneaux algériens qu'ils élèvent jusqu'à un an et demi et les envoient à la boucherie à l'état de moutons pesant en moyenne 50 kilos.

Leur système d'alimentation est calculé d'une façon rationnelle, en vue d'utiliser au mieux les matières alimentaires. Les tourteaux, les blés, les pommes de terre figurent dans toutes les rations en vue de faire absorber le quantum réglementaire, 1/5 de matière protéique, et les proportions indiquées des autres éléments. On obtient ainsi des moutons satisfaisants pour l'éleveur et pour le consommateur. Les moutons transhumants eux-mêmes qui jouent un si grand rôle dans l'élevage du Midi pourraient être soumis à un régime de ce genre.

Les mêmes éleveurs ont aussi constaté que le métissage de leurs races locales avec le southdown donne des sujets supérieurs aux sujets de la race indigène en précocité et en poids et plus estimés comme qualité. Nous notons bien volontiers ces indications pour encourager dans le Midi l'élevage améliorant des races ovines.

Dans le même but nous aimerions aussi à voir progresser dans cette région la pratique des irrigations et la multiplication des canaux dérivés du Rhône et des autres cours d'eau de la région. Il est trop pénible pour nous de constater que depuis trente ans on n'a pu trouver en France les fonds nécessaires aux canaux du Rhône pendant que les banques judéo-parisiennes envoyaient des milliards à tous les Etats étrangers: Russie, Chine, Turquie, Tunisie, etc.

L'agriculture méridionale si pauvre aujourd'hui serait la plus riche de France si on lui donnait pour se procurer de l'eau le vingtième des fonds gaspillés par la féodalité ploutocratique de notre époque.

Rendement
des animaux de boucherie.

Après le pesage qui est le moyen principal d'évaluer le rendement en viande des animaux de boucherie, on peut recourir à la méthode suivante:

Pour la boucherie, les animaux se divisent en quatre classes. Ceux de la première classe, donnent 58 à 62 0/0 de viande nette, ceux de la seconde de 53 à 57 0/0, ceux de la troisième de 48 à 52 0/0.

On n'arrive à ces rendements, qu'en entendant le *poids vif*, le poids de l'animal pesé quand il est à jeun depuis vingt-quatre heures.

Comme exemple, un bœuf de première qualité, poids vif de 800 kilos, donnera à la boucherie, moyenne, 60 kilos de viande nette pour 100 kilos poids vif,

soit $\dfrac{60 \times 800}{100} = 480$ kilos de viande nette, qui au prix de 1 fr. 56 le kilo, raptera 748 fr. 80 à son propriétaire.

Les vaches rendent sensiblement moins que les bœufs. Les taureaux ont au contraire un rendement élevé.

Pour les veaux, le chiffre du rendement est ainsi fixé. Le veau de 1re qualité rend 58 à 63 0/0 de viande nette, le veau de 2e qualité, 55 à 61 0/0 ; le veau de 3e qualité, 50 à 55 0/0.

Pour les moutons :

Le mouton de 1re qualité rend 55 à 60 0/0 de viande nette; le mouton de 2e qualité, 50 à 55 0/0; le mouton de 3e qualité, 45 à 50 0/0.

Pour les porcs :

Le porc de 1re qualité rend 75 à 80 0/0 de viande nette; le porc 2e qualité, 65 à 70 0/0 ; le porc de 3e qualité, 55 à 60 0/0; vieille truie, 50 à 55 0/0.

Suivant l'état d'engraissement des animaux, leur âge, etc., on pourra leur attribuer une qualité 1re, 2e ou 3e ; en multipliant le poids vif par le chiffre du rendement adopté par le commerce et en divisant le produit par 100 on obtiendra le rendement net.

Il suffira de se reporter ensuite au cours du marché aux bestiaux de la Villette, pour connaître approximativement le prix des animaux vendus à Paris.

Pour juger l'état d'engraissement des animaux, nos lecteurs pourront avoir recours aux maniements des dépôts de graisse. Cette exploration se fait en abordant l'animal par l'arrière-train et allant de là vers la tête. Le bord du *cimier*, compris entre la pointe de la fesse et la base de la queue, sera saisi entre le pouce et les quatre autres doigts ; la *hampe* ou *grasset* se trouvant dans le repli de la peau situé à la partie latérale et inférieure de l'abdomen, au niveau du point où la jambe se détache du corps, devra être soulevée pour juger de son poids; le *travers* ou *aloyau*, se trouvant sur les tombes, est plus ou moins musclé, suivant que les autres régions le sont, etc.

Pour les moutons, on peut les regarder comme gras, lorsque les reins, le garrot et le pli de la peau de chaque côté de la queue sont remplis de graisse.

<hr>

VITICULTURE
Le pulvérisateur Fréchou.

A une époque où les vignes ont besoin des bouillies cupriques contre les parasites qui les ravagent, le choix d'un bon pulvérisateur est d'une grande importance.

Jusqu'à ce jour les pulvérisateurs les plus recommandés n'avaient pu échap-

per au défaut de s'engorger fréquemment, ce qui obligeait l'ouvrier à les dévisser et à les nettoyer fréquemment.

Au dernier concours de pulvérisateurs organisé par la Société d'agriculture de la Gironde le premier prix a été donné à un appareil qui, entre autres mérites, a celui de supprimer cet inconvénient. C'est un pulvérisateur dit *appareil à acide carbonique et automatique.*

Au rapport de M. de Lapparent qui l'a vu fonctionner, cet appareil réunit toutes les perfections. Suppression des pertes de liquide, pulvérisation parfaite, propreté du travail.

L'inventeur est M. Fréchou de Nérac.

Il fonctionne automatiquement par la pression constante de l'acide carbonique, qui se forme dans un récipient hermétiquement fermé. L'acide est produit par du sulfate d'alumine, d'un prix minime, la pression des trois atmosphères qui expulse la bouillie se maintient jusqu'à la dernière goutte.

En outre, l'appareil est fixé sur une planche munie de deux porte-manteaux servant de support à des courroies formant ressort et remplaçant les bretelles, très fatigantes on le sait, pour les porteurs des appareils ordinaires.

Un inconvénient des pulvérisateurs mus par des attelages c'est de ne pouvoir atteindre la face inférieure des feuilles. Le pulvérisateur automatique obtient cet effet, grâce à ce que le porteur a les deux mains libres.

<hr>

Traitement préventif de l'oïdium.

Un viticulteur de l'Anjou, M. Gellin, a fait sur quelques treilles une expérience qui, si elle est confirmée par des résultats identiques obtenus en grand, rendra les plus grands services à la viticulture ; il s'agit d'un traitement à la fois curatif et préventif contre l'oïdium, ce champignon dont les dégâts sont fort importants et que l'on combat une fois développé avec plus ou moins de succès par les traitements à base de soufre.

Le procédé employé par M. Gellin consiste à badigeonner après la taille, lorsque les bourgeons de la vigne sont déjà un peu gonflés, le bois neuf laissé par la taille ainsi que les bourgeons que ce bois porte, avec un mélange d'eau et d'acide sulfurique variant de un volume d'acide sulfurique pour 4 à 10 d'eau.

On n'est pas encore bien fixé sur la dose la meilleure; le mélange à 1 d'acide sulfurique en volume pour 2 d'eau, soit poids pour poids à peu près, a bien réussi sans que la causticité de ce mélange détruisît les bourgeons déjà gonflés, mais il y de ce côté un danger possible.

Le résultat immédiat fut que toutes les treilles badigeonnées perdirent leur teinte noirâtre pour revêtir la couleur

jaune chamois de vigne bien portante; elles se développèrent normalement sans que les bourgeons ainsi badigonnés — même avec le mélange d'acide sulfurique 1/2 — aient subi d'arrêt ou de retard et les vignes ainsi traitées restèrent parfaitement indemnes de l'oïdium alors que leurs voisines en étaient atteintes.

<hr>

Pisciculture pratique.
(Suite)

Mais à ce tableau si riant, si encourageant, il y a une ombre : Là-bas, de l'autre côté, sur la rive opposée, dame loutre, en attendant le dîner, fait la sieste sous les grands chênes séculaires, dont les longues branches viennent lécher les eaux de l'étang. Comme elle est très gourmette, très friande et qu'elle a toujours les yeux plus grands que le ventre, au lieu de s'arrêter au menu fretin, elle tirera de l'eau deux ou trois belles truites pour n'en manger qu'une seule.

Elle n'est pas facile à attraper : à la moindre alerte, elle plonge comme un éclair pour gagner les endroits les plus profonds, hors de toute portée de fusil ; et puis, elle ne met que le bout de son nez à l'air pour respirer, et encore presque toujours au milieu des herbes. Il est donc impossible de l'apercevoir. Dan ces conditions, les meilleurs chiens ne peuvent rien faire. Je suis bien persuadé que M. le comte de Tuiguy, qu'on peut à juste titre considérer comme le premier loutrier de France — ayant à son actif la destruction de plus de quatre cents loutres (auteur d'un traité très remarqué sur la chasse à la loutre; Grimaud, place du Commerce, 4, Nantes) y regarderait à deux fois avant de découpler sa belle meute de dix-neuf otterhoune. Un autre loutrier, M. Buckley, très connu dans le monde du sport cynégétique et dont les exploits ont fait quelque bruit dans la presse, est venu au printemps dernier avec un équipage de otter-hcune d'Angleterre en France, pour chasser entre Dieppe et Neufchâtel-en-Bray, où les loutres pullulent à tel point, que les changes fréquents rendaient la chasse très difficile. Malgré cela, de nombreuses loutres sont restées sur le carreau.

Eh bien l si M. Buckley était venu à Paimpont, il serait selon toute probabilité rentré bredouille de loutres, mais il n'aurait pas perdu tout à fait son temps, il aurait vu des sites superbes et en peu de temps il aurait pu charger son porte-carnier de lièvres et de faisans.

Paimpont peut à juste titre être considéré comme le paradis des loutres.

L'étang qui alimente le laboratoire est lui-même alimenté par sept autres étangs qui emmagasinent les eaux pluviales d'une forêt de sept mille hectares.

Ces étangs, de plusieurs centaines d'hectares, sont créés au moyen de levée en terre, véritable travail de Titans, qui vont d'une colline à l'autre pour former un immense barrage cent fois plus solide que celui de Bouzey !

Ces étangs, qui emmagasinent les eaux pluviales, sont la mise en pratique de l'idée émise par d'éminents ingénieurs :

« Que, pour conjurer les désastres « causés par les torrents qui descendent « des montagnes, il faut créer d'im- « menses réservoirs pour emmagasiner « les eaux de ces torrents et les déver- « ser au fur et à mesure des besoins de « l'agriculture.

« Et que de cette manière les eaux, « au lieu d'amener la ruine et la déso- « lation, amèneraient la vie et la fer- « tilité. »

Les loutres qui sont des animaux nomades par excellence, visitent ces poissonneux étangs les uns après les autres, pour les mettre en coupes réglées. Elles dorment tranquillement le jour dans les fourrés sur de moelleux lits de feuilles et d'herbes sèches, sans être dérangées, si ce n'est peut-être assez souvent par les chevreuils. Elles peuvent la nuit se promener en toute sécurité sous le couvert de chênes séculaires et de superbes pins, tantôt maritimes, tantôt sylvestres, qui bordent les innombrables avenues dont la forêt est sillonnée dans tous les sens.

Voilà la plantureuse existence de ces loutres dans la forêt de Paimpont.

Il n'y a que le piège à employer pour les détruire, et ce n'est pas chose facile.

Cette digression sur la loutre n'est pas tout à fait étrangère à mon sujet. J'y suis facilement entraîné, car depuis longtemps déjà je fais dans la presse une guerre implacable à cette vilaine bête, qu'on doit considérer comme le fléau de la pisciculture. Aussi pour tomber dessus, je saisis avec empressement toutes les occasions qui se présentent.

J'ai la satisfaction d'avoir fait émettre des vœux de destruction par mesure administrative avec prime, devant:

La Société des Agriculteurs de France ; L'Union des Syndicats de l'Ouest.

Ces vœux ont été transmis aux pouvoirs publics, mais ils sont restés dans les cartons. Il y a bien d'autres chats à fouetter !

Je ne me suis pas tenu pour battu. Au mois de septembre dernier, lors du congrès international d'agriculture de Bruxelles, j'ai fait présenter un vœu tendant à ce que la destruction de la loutre avec prime soit ordonnée par mesure administrative internationale.

Pour enlever le vœu, le petit tableau suivant a été présenté :

« Loutres détruites en Belgique depuis le 9 juillet 1889, époque à laquelle la destruction des loutres a été ordonnée par mesure administrative, avec prime de 10 francs par tête : 1.955.

Primes payées pour les 1.955 loutres : 19.550 francs.

Dommage que les 1.955 loutres auraient causé du 9 juillet 1889 au 31 août 1895, 2.242 jours, à raison de 3 kil. de poissons estimés 3 francs par jour et par loutre : 13.149.330 francs. »

La France étant huit fois plus grande que la Belgique, les loutres devant s'y trouver dans la même proportion, c'est donc pendant le même laps de temps huit fois 13.149.330, soit 103,194.000 fr. que les loutres nous ont coûté. On reste confondu devant de pareils chiffres.

Sur le vu de ce tableau, le vœu a été adopté d'emblée et sera transmis à tous les cabinets européens.

Il faut espérer que dans nos ministères on lui fera meilleur accueil qu'à ceux émis par des associations françaises particulières.

C. SARGÉ,
Membre de la Société des Agriculteurs de France.

RECETTES

Destruction du puceron du choux ou lisette. — La culture des choux, des choux-fleurs, des radis, est souvent contrariée par un gros puceron appelé *Tiquet* ou *Lisette,*

Il est un moyen facile et peu connu de le combattre, et il nous a semblé intéressant de le vulgariser, car il est simple et surtout applicable dans les potagers.

Pour les choux, choux-fleurs et radis noirs, il faut d'abord semer des épinards, puis semer ensuite les choux et choux-fleurs. Les épinards, en levant, écarteront la Lisette.

Quant au radis rouge, dès qu'il commence à lever, il faut l'arroser à plusieurs reprises avec de l'eau dans laquelle on aura fait dissoudre 10 centigrammes de camphre par arrosoir.

Par le seringuage, on économisera un peu d'eau. Si la pluie survenait, il faudrait recommencer, car la pluie lave le camphre (OMNIS.)

OFFRES ET DEMANDES

RED CAP. OEufs à couver de cette excellente race de poule, réputée la plus jolie et la plus forte pondeuse, garantis race pure frais et fécondés, 5fr. la douzaine franco de port et d'emballage. S'adresser à **Calixte Dany**, Althen-les-Paluds (Vaucluse).

Important : J'invite les personnes qui veulent bien me confier leurs ordres de toujours y joindre un mandat, les remboursements n'étant bénéficiables qu'aux Compagnies.

Toujours donner le nom de la gare à laquelle il faut adresser les envois.

POMMES DE TERRE. — Nous apprenons que M. E. Boutin, directeur du *Moniteur des Intérêts agricoles*, 11, rue Taitbout, est en pourparlers avec un certain nombre de Sociétés Coopératives de consommation de Paris et de la banlieue pour leur procurer directement par la culture les pommes de terre *saucisses rouges* et de *hollande* nécessaires à leur approvisionnement d'hiver : il s'agit de quantité très importantes.

Ceux de nos abonnés que ces fournitures intéressent peuvent s'adresser directement à M. Boutin.

Il lui est également fait des demandes pour des fournitures régulières de volailles de 1 kilo. 1 k. 500 par cageots de 12 à 15 pièces.

Le Bimétallisme et l'Agriculture en 1896 par M. L. de Lamérie. Prix : 1 franc.

En vente chez l'auteur à Lavarenne par Châteaudun (Eure-et-Loir). Brochure intéressante et instructive.

A VENDRE OU A LOUER propriété rurale à proximité de centres importants, bonne terres, constructions suffisantes.

Excellente affaire convenant surtout à jeune homme voulant prendre une exploitation. S'adresser aux bureaux du journal. Se hâter.

M. POUZIN offre de jolis racinés de son plant de vigne à la seule condition pour les demandeurs de lui tenir compte d'une partie de la récolte d'une année. — Contre 0 fr.25 il exnédie son *Guide* pour la culture de cette variété.

Ecrire à M. Pouzin Emile, à Saint-Paul-les-Romans, Drôme.

Huiles d'olive garanties pures et sans mélange venant directement de la propriété.

Au prix de 1,80, — 1,60, — 1,50 le kilog. suivant qualité.

Gare départ, paiement contre remboursement. S'adresser à M. Edouard Laurin, propriétaire à Saint-Chamas (Bouches-du-Rhône).

¡LA QUESTION DU BLÉ, par J. Vavost, franco 0fr 60. S'adresser : Lemercier, libraire, 1, galerie Véro-Dodat, Paris.

Ferme de l'Institut Agricole de Beauvais — A VENDRE :

1° Très bon bélier *charmois* en état de faire la lutte.

2° OEufs, poulettes et coqs des races : La Flèche, Dorkins, Leghorn, Campine et Padoue Doré, Langshan, Gournay, Coucou de Malines, Houdan, Cochinchinoise fauve, Brahmapoutra, canards de Rouen.

Un agriculteur offre des actions d'une bonne société d'assurances au prix d'émission. Revenu de 5 p. 100. S'adresser aux bureaux du journal.

Agriculteur, ancien régisseur de grandes propriétés, demande direction d'un domaine en France ou colonies. Excellentes références.

Ancien Industriel ayant possédé usine importante, fait valoir plusieurs Fermes et Bois de haute futaie, désire se placer comme intendant-régisseur. Nous recommandons spécialement cette personne qui a de grandes connaissances techniques et possesseur de grand domaine. Ecrire au bureau du journal.

Si vous voulez boire du bon vin de Saint-Émilion, adressez-vous à M. Duplessis-Four sand au château des Trois-Moulins, à SAINT-ÉMILION (Gironde).

(Voir le prix courant.)

COURS DES BESTIAUX

Marché de la Villette du 10 août 1896.

ESPÈCES	PRIX DE LA VIANDE NETTE		
	1re qualité	2e qualité	3e qualité
Bœufs. ..	1.52	1.43	1.33
Vaches...	1.50	1.40	1.30
Taureaux.	1.24	1.14	1.04
Veaux,...	1 64	1.54	1.24
Moutons..	1 98	1.84	1.74
Porcs	1.12	1.08	0.00

ESPÈCES	AMENÉS	VENDUS	PRIX EXTRÊME	
			viande net	poids vif
Bœufs....	2.458	2.307	1.32 à 1 52	61 à » 93
Vaches...	610	557	1.30 1.50	56 » 92
Taureaux.	191	172	1.04 1.24	51 » 78
Veaux....	1.304	1.015	1.24 1.64	55 1.08
Moutons,.	19.134	16.830	1.74 1.98	79 1.24
Porcs....,.	3.780	3.724	0.00 1.12	68 » 80

Vente meilleure.

Marché de la Villette du 13 août 1896.

	PRIX DE LA VIANDE NETTE AU KILOGR.		
	1re qualité	2e qualité	3e qualité	Prix extrême
Bœufs....	1.46	1.36	1.30	1.24 à 1.50
Vaches...	1.44	1.34	1 24	1 16 1 48
Taureaux	1 24	1.16	1.06	1.00 1.30
Veaux....	1.60	1.40	1 20	1 14 1.70
Moutons..	1.96	1.82	1.72	1.64 2.02
Porcs	1.16	1.10	1.05	1.20

ESPÈCES	AMENÉS	VENDUS	OBSERVATIONS
Bœufs ...	2.433	»	Vente difficile sur le gros bétail moyenne sur les moutons et les porcs très mauvaise sur les veaux.
Vaches...	547	558	
Taureaux.	195	»	
Veaux....	1.504	762	
Moutons..	16.804	»	
Porcs.....	5.919	»	

Vente du bétail au marché de La Villette.

Adresser les animaux à MM. Henri Roblin et Surugue, en gare Paris-Bestiaux. Les aviser par lettre auparavant, 190, rue d'Allemagne, Paris.

ENGRAIS

REVUE DES COURS.

Nitrate de soude. — La spéculation continue son effort en vue de la hausse mais elle semble moins rassurée sur l'issue de cette tentative. Les gros faiseurs ont senti que la culture répondrait peut-être à leurs manœuvres par l'abstention : si le nitrate est un engrais de premier ordre il n'est pas, quoi qu'en disent quelques-uns, indispensable. Aussi un journal, organe officiel du négoce, laissait dans son dernier numéro paraître ses craintes et son dépit : « Étant données les dispositions de la culture, disait-il, les intermédiaires ne peuvent « opérer avec certitude au prix de 19 fr. 75 sur « février et mars. »

Pour nous, même à ce cours de 19 fr. 75, nous engageons les agriculteurs à ne pas traiter et à attendre.

Sulfate d'ammoniaque. — Les cours sont toujours fort bas et en présence surtout de la situation du nitrate les agriculteurs agiront sagement en s'intéressant davantage à ce produit.

En cote : Dunkerque, 20 fr. 50 à 20 fr. 75; Paris, 21 fr. 50 à 21 fr. 75.

Superphosphates. — Les prix sont irrévocablement fixés par le Syndicat. On cote à Paris de 0 fr. 375 à 0 fr. 40 l'unité soluble au citrate suivant les gares de départ et les départements destinataires.

Potasse. — Les cours s'affermissent de plus en plus. Dans le Nord, le chlorure de potassium base 90° vaut en disponible 20 fr. 50, et à livrer sur l'automne 20 fr. 75. Le sulfate de potasse base 90° vaut 21 fr. 25 en disponible, et 21 fr. 50 à livrer.

CORRESPONDANCE

M. L. F. G. à K. (Finistère). — Le meilleur enduit pour préserver le bois de l'humidité est une dissolution de *Carbonyle*. Ce produit remplace avantageusement les goudrons et coaltars pour la conservation du bois. Un kilogramme couvre 5 à 6 mètres carrés, durcit le bois sans lui enlever sa couleur et en prolonge sa durée.

Adressez-vous de notre part à la *Société française du Carbonyle*, 190, faubourg Saint-Denis, Paris.

M. E. G., à O. Constantine (Algérie). — Pour détruire les oiseaux de proie qui visitent votre basse-cour il n'y a qu'un moyen pratique et radical : c'est de vous mettre en embuscade et de tuer à coups de fusil ces vautours.

Destruction de la cuscute. — *M. E. P., à S. (Jura).* — Parmi les moyens de détruire cette plante parasite si redoutable pour les trèfles et

les luzernes le moyen le plus pratique et le plus efficace est de raser les endroits envahis et même un peu au delà, puis d'arroser le sol avec une solution de sulfate de fer.

M. Damseaux, l'agronome belge bien connu, préconise comme étant d'un effet plus assuré l'emploi du sulfate de potasse, préférablement au sulfate de fer, à raison de 250 grammes par mètre carré.

Le sulfate de potasse ne se borne pas à détruire la cuscute, il provoque la reprise du trèfle et de la luzerne. Cela se comprend sans peine, en remarquant le rôle de la potasse dans la composition des plantes, spécialement des légumineuses.

Un dernier moyen assez vulgaire consiste à brûler avec de la paille les taches de cuscute, toujours en ayant soin de raser et de brûler un peu au delà du cercle.

M. G., à G. (Vosges). — Pour vous procurer la *Fourche Vosgienne*, dite javeleuse, adressez-vous de notre part à messieurs les héritiers d'Irroy, frères, aux forges de la Hutte, par Hennezel-Clairey (Vosges).

La *Fourche Vosgienne* dite *javeleuse*, est très certainement un des outils les plus précieux que l'on ait inventés de nos jours pour faciliter et accélérer le travail le plus pénible des moissons. Cet instrument simple et peu coûteux a fait ses preuves. Il a déjà rendu de grands services, épargne de beaucoup la main d'œuvre; mais il n'est pas encore suffisamment connu et répandu, car chaque cultivateur, vraiment soucieux de ses intérêts, devrait chercher à se le procurer.

La *Fourche Vosgienne* sert principalement à ramasser les céréales coupées au moyen de la faucille, de la faulx ou de la moissonneuse, à retourner les javelles, à éviter les piqûres des vipères ou des chardons, à charger les fourrages et les regains.

Elle a reçu un brevet d'invention.

M. D., à Saint-M. (Aube). — *La culture du blé* par M. Fleury-Berger, agriculteur, contient d'excellents principes à suivre pour en augmenter le rendement; ouvrage bien pensé, bien écrit, d'une grande clarté et mis à la portée de toutes les bourses.

Nous l'adressons franco par la poste au prix de 1 fr. Adresser mandats ou timbres-poste aux bureaux du journal, 10 bis, rue Piccini, Paris.

M. G., à R. (Calvados). — Il est dangereux de s'abriter sous un arbre pendant un orage, surtout s'il est isolé, car, attirant l'électricité des nuages, la foudre peut y tomber; il est préférable de se laisser mouiller, ce qui est moins dangereux.

M. D., à Saint-B. (Ardennes). — L'efflorescence qui se rencontre sur les murailles est due à une exsudation de carbonate et de nitrate de potasse mélangés souvent à d'autres sels calcaires provenant du mortier.

Il est très difficile de combattre le salpêtrage.

M. C., à A. (Haute-Loire). — Pour les brûlures : Versez du blanc d'œuf sur la brûlure. Cela empêchera l'enflammation et, en préservant la brûlure du contact de l'air, calmera la douleur qui accompagne les accidents de ce genre.

PRIMES A NOS ABONNÉS

Délicieux **Vin Muscat Vieux** tonique et réconfortant venant directement de la propriété, garanti authentique, offert en prime à nos abonnés à raison de 1 fr. 25 le litre logé en fûts de 25 à 35 litres. Fûts perdus.

Adresser les commandes au Bureau du Journal, 10 bis, rue Piccini, Paris.

Porte-pantalon hygiénique, breveté S. G. D. G. de P.-B. Noël. Prix de faveur pour nos lecteurs : Pour hommes, jeunes gens et enfants de dix ans franco 4 fr.; pour femmes et fillettes, 4 fr. 50

Toute commande doit être strictement accompagnée d'un mandat-poste représentant la valeur de l'expédition.

BONDE le cent, 25 fr., les cinquante 13 fr. les vingt-cinq 7 fr. Au-dessous de 25 bondes 0 fr. 30. Le tout franco de port.

Indiquer le diamètre de chaque bonde.

Primes nouvelles. — *Sacs à raisin enduits, toile supérieure, avec fermeture brevetée.*
Moyens, le mille 48 fr. » le cent 5 fr. »
Petits, le mille 38 fr. « le cent 4 fr. »

Sacs à fruits enduits, toile supérieure.
No 0 petit, le mille 20 fr., le cent 2,00.
No 1 grands, le mille 25 fr. le cent 2,25.

Purificateur d'air pour tonneaux, l'un 4 50 franco gare.

Moyennant un supplément de 0 fr. 40, nous joindrons à l'envoi une mèche à percer de ca libre et moyennant 0 fr. 10 en plus, une mèche soufrée.

Le Gérant : E. GAMBART.

IMP. NOIZETTE ET Cie, 3, RUE CAMPAGNE-1re, PARIS.

BULLETIN FINANCIER

L'annonce de la visite du Tzar en France, a été accueillie en Bourse, par un mouvement de hausse accentué, en ce qui concerne les rentes françaises et les fonds russes.

Les établissements de crédit ont eu une tenue satisfaisante. Notons la fermeté du Crédit Foncier ainsi que des bons de l'Exposition.

Le premier des gros lots de 500.000 francs à attribuer aux porteurs de bons de l'Exposi-

...tion de 1000 va sortir au tirage du 25 de ce mois. Tous ceux qui se proposent de jouir des avantages attachés à ces bons voudront, d'ici là, avoir fait leur provision. Aussi les demandes deviennent de plus en plus nombreuses et s'il est encore permis de les servir sur le stock flottant, le moment approche, sans doute, où il sera nécessaire, pour posséder un bon, de le marchander à des souscripteurs qui entendaient en faire leur affaire et qui ne voudront le céder qu'avec bénéfice.

Les retardataires peuvent encore adresser leurs demandes, jusqu'à nouvel ordre, aux guichets du Crédit Foncier, du Comptoir d'escompte, du Crédit Lyonnais, de la Société Générale, du Crédit Industriel et aux succursales et agences de ces sociétés.

Les actions de nos grandes Compagnies ont été très fermes. Un bon courant d'activité n'a cessé de régner sur les valeurs industrielles.

COUPON.

Le moment favorable au transport des vins étant revenu, nous rappelons à nos lecteurs que tous ceux d'entre eux qui, sur nos conseils, et depuis cinq ans, consomment les vins de M. VINCENT ARDURA, vigneron, domaine de a Chapelle-Frédignac, par Blaye-Bordeaux n'ont qu'à se louer de la qualité et de la conservation de ce Bordeaux absolument naturel, expédié sans intermédiaire.

Pour dégustation sérieuse, envoi gratuit est fait d'une bouteille de la récolte désignée.

L'encaissement est fait par le facteur, à 30 jours, escompte 2 0/0, ou 90 jours.

Vendanges : 1893, à 130 fr., 1892-91, à 150 fr.; 1890-89, à 175 fr., 1887, à 200 fr., 1885 à 220 fr., 1884, à 240 fr., 1882, à 250 fr., 1881, à 300 fr. — Graves blancs vieux : 130, 150, 200, 250, 300 fr., suivant âge, les 225 litres collés, soutirés, franco de port et de fût en gare d'arrivée.

ALIMENTATION DU BÉTAIL
Tourteaux de Coprah ou Coco
F. TASSY, E. ROCCA ET Cie

Fabricants d'huiles (producteurs directs de Tourteaux)

23, RUE HAXO, MARSEILLE

Deux médailles d'or, Anvers 1894

Envoi de Prix-Courants et Échantillons sur demande.

VINS
DE SAINT-ÉMILION

Vins classés, de **800 à 250** francs la barrique de 225 litres. — Moitié prix pour la barrique de 112 litres.

Vins grands ordinaires, de **140, 125, 105, 100** francs la barrique — **80, 75, 70, 65, 58, 55** francs, la demi-barrique. — Rendu *franco* en gare et régie, sauf octroi.

Adresser commandes à M. DUPLESSIS-FOURCAUD, à **Saint-Émilion**. — Envoi de prix courants et échantillons sur demande affranchie.

Médailles d'Or, Paris, 1867 et 1889 — Moscou 1891 — Besançon, Montluçon, Royan, etc.

Ouvrages de MM. CRÉPEAUX

En vente aux bureaux de la *Gazette*

La Culture électrique 1 50
Manuel vétérinaire pratique du cultivateur . . . . 1 »
Almanach de la France rurale pour 1896 . . . . » 60
L'Année agricole et agronomique pour 1895 . . . . 3 50
La Culture du Blé, par M. FLEURY-BERGER . . . . 1 »

M. RECOURAT, pharmacien à Beauvais.

Gale des moutons guérie radicalement par *une seule application* de l'ANTIPSORIQUE.

La bouteille, 3 fr. ; la 1/2 bouteille, 1 fr.75.

Guérison du PIÉTIN par *un seul pansement* avec le CONTRE-PIÉTIN-RECOURAT.

Le pot d'essai, 1 fr. 50 ; le pot, 2 fr. 50.

Joindre 0 fr. 60 pour recevoir *franco* et indiquer gare

MALADIES DU BÉTAIL
ET DE LA VOLAILLE
Leur traitement préventif et curatif

PAR L'ACIDE SALICYLIQUE

L'acide salicylique, employé dans la nourriture à la dose de 1/2 à 1 gramme par jour et par tête de bétail, est le meilleur préservatif des maladies qui procèdent par contagion : Sang de rate, Cocotte, Maladie aphteuse, Erysipèle, Typhus, Morve, Variole et le Rouget des porcs, etc.

DES ATTESTATIONS NOMBREUSES DE GUÉRISONS obtenues pour la Cocotte et le Rouget des porcs ont été reproduites dans le journal *l'Agriculture*.

La désinfection des étables, des écuries, se fait instantanément au moyen d'un arrosage d'eau salicylée à 2 grammes par litre.

S'adresser à M. CERCKEL, administrateur de la *Compagnie de produits antiseptiques*, 26, rue Bergère, Paris.

Envoi sur demande de Prospectus et Brochures.

PRIX DU KIL., 25 fr. BOITE DE MÉNAGE, 2 fr.

CHEVAUX BOITEUX

Guérison par le spécifique BORNET

Contre **Capelets, Mollettes, Vessigons, Eponges, Exostoses, Suros, Eparvins** et les **Formes** à leur début. (*Il s'applique également à toutes les tares molles et osseuses.*)

PRÉPARÉ PAR **A. BORNET**

Pharmacien de 1re classe, ex-interne et lauréat des hôpitaux.

19, rue de Bourgogne, PARIS.

Le flacon, **5** fr., à la pharmacie ; en gare par colis postal, **6** fr. contre mandat.

ASPERGE GÉANTE
ROYALE DE FRANCE
(RACE D'ARGENTEUIL PERFECTIONNÉE)

Demander la *Méthode de Culture* et prix courant (gratis et franco), à M. WILLIAM FOURCINE, directeur des pépinières royales de Dreux (Eure-et-Loir). Médailles et diplômes de première classe.

Le Journal **Le Meunier**, de Bruxelles, offre une médaille d'or à l'inventeur du meilleur procédé débarrassant automatiquement le blé du charançon.

SOCIÉTÉ GÉNÉRALE
Pour favoriser le développement du Commerce et de l'industrie en France.

Société anonyme fondée suivant décret du 4 mai 1864.

CAPITAL : 120 MILLIONS DE FRANCS
Siège social, 54 et 56, rue de Provence, à Paris

Toutes opérations de Banque, notamment : Dépôts de fonds en compte ou à échéance fixe, Escompte et Encaissement d'Effets de commerce ; Ordres de Bourse en France et à l'Etranger ; Coupons ; — Avances et Opérations sur Titres Souscriptions ; — Garde de Titres ; Garantie contre le remboursemen au pair et les risques de non-vérification des tirages ; Lettres de crédit ; Envois de Fonds ; — (France et Etranger)

LOCATION DE COFFRES-FORTS

offrant toute sécurité pour la garde des titres, bijoux et autres objets précieux (compartiments depuis 5 fr. par mois.

La Société a 221 agences et bureaux en France 1 agence à Londres, et des correspondants sur toutes les places de France et de l'Etranger.

EXCELLENT DÉSINFECTANT
POUR LES FUTS A VIN, CIDRE, BIÈRE, ETC.

Prix de faveur pour nos lecteurs

Sur notre demande, M. Moity, père, l'inventeur, a consenti à en mettre de petites quantités pour essais à la disposition de nos lecteurs.

10 litres franco gare. 10 fr.

Adresser les demandes à M. Crépeaux, rue Piccini, 10 *bis*, Paris.

Insecticide-Préservateur
FERTILISANT
DESGOUTTES

La Boîte de 10 kilog., pour essais, **10 fr.** franco toutes gares (port et emballage compris).

Adresser les demandes, accompagnées d'un mandat, 10 bis, rue Piccini, Paris.

GRIFFE SARCLEUSE-BINEUSE
Outil économique

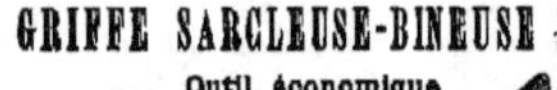

pour biner, sarcler promptement entre toutes les lignes de plantes ou légumes sans distinction, indispensable en toutes saisons dans les jardins, vignes, pépinières, les cultures de betteraves, de tabac, etc., même dans les allées

MACHINES AGRICOLES
A. BAJAC
à LIANCOURT (Oise)

CHARRUES-PRAIRANTS

des Usines de MM. P. MARCHAND Frères, à DUNKERQUE (Nord)

Fabriqués sous le contrôle permanent de la Station Agronomique du Nord
Dirigée par M. DUBERNARD

Nous appelons l'attention des éleveurs et des nourrisseurs sur les Tourteaux de **COTON** de graines d'Egypte : c'est un produit excellent pour les vaches laitières, les bœufs à l'engrais et les moutons.

Nos Tourteaux de **COTON** sont complètement débarrassés de la bourre qui enveloppe la graine et contiennent la même quantité de matières nutritives et grasses que les meilleurs Tourteaux de Lin.

Nos Tourteaux de **COTON** forment l'aliment le meilleur et le plus avantageux en raison de leur prix excessivement bas.

PRIX : 9 Fr.   les 100 kil., gare Dunkerque

S'adresser à MM. P. MARCHAND Frères, à DUNKERQUE (Nord)

PHOSPHATE FOSSILE DE QUIÉVY-NORD

le plus assimilable de tous les phosphates connus

GARANTI PUR DE MÉLANGE AVEC TOUT AUTRE PHOSPHATE
Ce qui, du reste, ne pourrait que diminuer son assimilabilité.

EXTRACTION DU GISEMENT ET USINE A QUIÉVY

Propriétaire-Extracteur : C. LECLERCQ

Bureaux à Viesly (Nord).

COMPOSITION MOYENNE		ASSIMILABILITÉ RELATIVE (méth. Joulie). *Solubilité dans l'oxalate d'ammoniaque.*	
Acide phosphorique....	12 » à 16 » 0/0	Phosphate de Quiévy.......	82 28 0/0
Potasse.............	0 45 à 2 77 0/0	— de la Meuse....	51 95 0/0
Chaux.............	19 05 à 31 » 0/0	— de Pernes....	47 87 0/0
Magnésie...........	0 58 à 3 80 0/0	— des Ardennes.....	46 43 0/0
Matières organiques azotées .	1 80 à 3 45 0/0	— de la Somme (moy.)..	44 53 0/0
		— de Ciply.........	34 57 0/0

Titre garanti en acide phosphorique : 13 à 15 0/0.

LIVRAISON : EN POUDRE IMPALPABLE EN SACS PLOMBÉS, MIS SUR WAGON GARE QUIÉVY-en-CAMBRÉSIS
Prix : **3 fr. 80** les 100 kilos, sacs perdus, 30 jours, 2 0/0 ou 90 jours net.

NOTA. — Les acheteurs qui désirent employer le **véritable Phosphate de Quiévy** pur et garanti d'origine doivent exiger que les sacs portent la Marque (**Au Poisson fossile**) et la Firme : **M. LECLERCQ**, seul exploitant à Quiévy (Nord).

CULTIVATEUR AMÉRICAIN

" CHAMPION "

Instrument hors de pair pour les DÉCHAUMAGES
et la PRÉPARATION DU SOL en général

PRIX MODIQUES - VENTE APRÈS ESSAI
GARANTIES LES PLUS ÉTENDUES

DÉCHAUMEUSES à 3 et 4 Socs

DEMANDER LES CATALOGUES

Ch. FAUL, 13, RUE PIERRE-LEVÉE, PARIS

DÉSINFECTANT INCOMPARABLE

p^r tonneaux à vin, cidres et autres liquides

MAISON FONDÉE en 1875   **Jules MOITY Père**   MAISON à... en 18..

Inventeur, breveté en France et à l'étranger.

16, rue Sancier, FOURMIES, France (Nord)

4 diplômes d'honneur, 12 médailles hors concours.

Ce produit, dont la réputation n'est plus à faire, est employé dans une grande partie de la brasserie française, belge et hollandaise avec les plus grands succès.

Guérison radicale *des plus mauvais goûts de fûts en 12 heures, par une simple opération qui ne coûte au plus que 0 fr. 1. à la rondelle de 160 litres, main-d'œuvre comprise.*

Mode d'emploi. — Laver les fûts à l'eau bouillante, les laisser égoutter pendant 12 heures, les rincer ensuite avec mon produit et **six** ou dix heures après, suivant la saison, les relaver à nouveau à l'eau **bouillante** et vous pouvez entonner avec sûreté n'importe quelle boisson et sans nuire aucunement au bois ni à la boisson, inconvénients que produisent beaucoup de moyens employés à défaut d'autres meilleurs.

Prix :

0 fr. 65 du litre ou dessous de 10 litres, ou 0.55 du kil.
0 fr. 60 — de 100 à 175 litres, ou 0 50
0 fr. 55 — de au-des. jusqu'à 228 lit. ou 0.45
Réduction par plus grandes quantités.

Les commandes au-dessus de 150 litres seront livrées franco en gare du destinataire.

Certificat pris dans 100.000 :

« Monsieur J. Moity, père,
à Fourmies.
« J'ai été très satisfait de votre désinfectant, veuillez m'en envoyer 200 litres de suite.
« Recevez mes sincères salutations ».
Desurmont-Chasseur, à Tourcoing.

VELOUTINE FLAMANDE

La Veloutine est spécialement employée pour lustrer les cuirs de fantaisie : guides, selles, harnais de luxe et de travail, capotes, tabliers, caparaçons, etc., et lorsqu'ils ont déjà été enduits de vaseline, ce produit donne un joli brillant et évite l'action graisseuse des cirages ou préparations à base de cire. Sans causticité il ne dessèche pas et imperméabilise.

Le bidon d'un litre pour harnais noirs.... 3 70
    —   —   —   jaunes... 4 20
Franco gare contre mandat-poste.

S'adresser : *Manufacture de Vaselines industrielles de Ligny-en-Cambrésis (Nord)*

Eugène de MASQUARD

PROPRIÉTAIRE-VITICULTEUR, Château de la Cascade

SAINT-CÉSAIRE-LES-NIMES (Gard)

Vins garantis naturels, rouges et blancs, depuis 75 fr. la pièce de 220 litres jusqu'à 100 francs, selon qualité, prise en gare de St-Césaire (Gard), fût perdu.
Ces vins ont été médaillés à toutes les expositions où ils ont figuré.

Récoltés sur des coteaux et des terrains secs, les vins de Saint-Césaire, l'un des meilleurs crus du Gard, se conservent parfaitement sans être plâtrés.

Envoi franco de prix courants et échantillons

LYSOL

Le plus puissant de tous les antiseptiques désinfectants dérivés du goudron
Le seul complètement soluble dans l'eau

INSECTICIDE & ANTIPARASITAIRE INFAILLIBLE

POUDRE AU LYSOL

La poudre au Lysol préserve la vigne, les arbres fruitiers, fleurs, plantes, etc., des invasions cryptogamiques et parasitaires.

ENVOI FRANCO D'UNE BROCHURE EXPLICATIVE
sur demande adressée à la

SOCIÉTÉ FRANÇAISE DU LYSOL
22 et 24, Place Vendôme, PARIS

BAINS-BUANDERIES

Baignoires. — Chauffe-Bains. — Douches. — Appareils de lessivage, système GASTON BOZÉRIAN.

CHAUDRONNERIE, TÔLERIE, *etc.* — ENVOI FRANCO DE CATALOGUES.

DELAROCHE aîné, 22, rue Bertrand, Paris

SCHNEIDER ET Cie

PHOSPHATES MÉTALLURGIQUES

(scories de déphosphoration), des Aciéries du Creusot

ENGRAIS PHOSPHATÉ

pour Céréales, Prairies, Vignes, Betteraves, Pommes de terre, etc.

L'emploi de ces phosphates a été particulièrement recommandé dans ces derniers temps par les agronomes les plus distingués. Il permet, en raison du bas prix de ce produit, de faire apport au sol de doses considérables d'acide phosphorique.

Les phosphates métallurgiques du Creusot sont livrés moulus finement et tamisés. Pour renseignements, s'adresser à MM. SCHNEIDER et Cie, au Creusot (Saône-et-Loire).

FOURNEAUX DE CUISINE

de toutes espèces

Maisons particulières, Hôtels, Châteaux et Fermes, Hospices, Hôpitaux, Collèges, Pensions, etc.

ENVOI FRANCO DE CATALOGUES

Maison DELAROCHE aîné
22, rue Bertrand, PARIS

GRANDS RABAIS
POUR LIVRAISONS SUR LES MOIS D'HIVER

Engrais de l'Usine municipale de la Voirie de Bondy

TOURTEAUX ORGANIQUES
MOULUS

Dosage : 1.50 à 2 °/₀ d'azote et 4 à 5 °/₀ d'acide phosphorique.

S'ADRESSER AU

Comptoir Agricole et Commercial
9, RUE NOUVELLE, 9, A PARIS

VIN PUR CÔTES 1re QUALITÉ

Vieux, nouveau garanti sur facture

Récolté par FELIX LAU, propriétaire-viticulteur à **Caussiniojouls** (Hérault).

Nouveau, **35 fr. l'hect.**, logé sur gare Faugères.

ALAMBIC EGROT

À BASCULE. — EAU-DE-VIE, 1er JET sans repasse.

FRANCO CATALOGUE ILLUSTRÉ

EGROT, 19-21-23, Rue Mathis, Paris

BARATTES, MALAXEURS, LISSEUSES SIMON

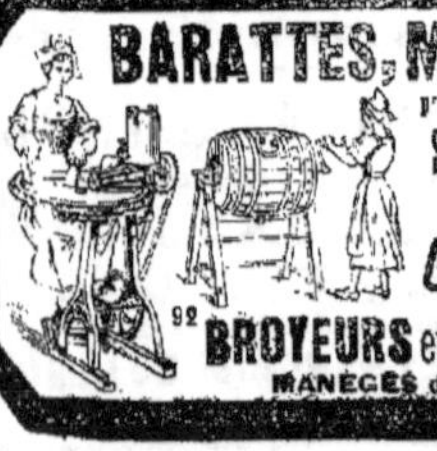

pr Laiteries, Beurreries, etc. Matériel complet pr fabratn et exportatn des Beurres et Fromages

SIMON & FRÈRES, Constructeurs-Mécaniciens-Fondeurs à **Cherbourg**

MÉDAILLE D'OR, PARIS 1890

GUIDE PRATIQUE de la Production et de la Fabrication des Cidres et Poires, envoyé gratis et fco

BROYEURS et PRESSOIRS SIMON Pour Pommes, Poires, Raisins etc. Matériel complet pour cidreries et vinification.

MANÈGES de toutes forces | *Envoi franco du Catalogue.*

ANEMIE CHLOROSE, FAIBLESSE Guéries par le VRAI **FER QUEVENNE**
Seul approuvé p'Académie de Médecine, Paris, 14, r. Beaux-Arts, notice 1re

POUDRE DELARBRE

Plus de CHEVAUX POUSSIFS !

Guérison de la POUSSE,

Toux, Bronchite et Gourme

La Boîte de 20 Doses : 3 francs

G. DELARBRE, AUBUSSON (Creuse)

Maison de Vente & d'Expédition à Aubusson (Creuse) G. DELARBRE

À Paris & en province, chez tous les Droguistes & Pharmaciens.

COUVEUSES
ÉLEVEUSES
VOLAILLES
ŒUFS

à couver

VOITELLIER

à MANTES
et à
PARIS

4, PLACE DU THÉÂTRE FRANÇAIS
PRIX COURANT FRANCO
GRAND CATALOGUE ILLUSTRÉ. 0.50c

MANUFACTURE CENTRALE D'INSTRUMENTS AGRICOLES & VITICOLES EN TOUS GENRES

EMILE-PUZENAT

CONSTRUCTEUR A **BOURBON-LANCY** (SAÔNE & LOIRE)
CATALOGUE FRANCO SUR DEMANDE

CONSTRUCTIONS ECONOMIQUES

AGRICULTURE — INDUSTRIE

ENVOI Fco DU CATALOGUE

SOCIÉTÉ MÉTALLURGIQUE
d'Amiens (Somme)

USINE à VAPEUR, FORCE MOTRICE 250 CHEVAUX
Adresser les lettres à M. le Directeur

ENVOI Fco DU CATALOGUE

TÔLES ONDULÉES GALVANISÉES, Pour Couvertures
Prix défiant toute Concurrence

SELS POUR L'AGRICULTURE

Nourriture du bétail et Engrais des terres

Sel neuf dénaturé, au tourteau de colza. 45 f. 1.000 k.
Sel neuf dénaturé, au peroxyde de fer. 40 f. 1.000 k.
Sel de morue pur. . . . . 35 f. 1.000 k.
Expéditions de Fécamp, Bordeaux et St-Malo.

S'adresser à MM A. LE BORGNE et ses Fils, négociants-armateurs, à Fécamp.

FROMENTINE
Marque déposée B. S.G.D.G.

Produit pour l'alimentation économique, saine et rationnelle du bétail, provenant en grande partie des issues de la mouture de blé.

DIVERSES MARQUES

Demander celle en raison du but poursuivi

Marque A pour l'engraissement égal à celui du tourteau de lin, le remplacement de l'avoine, production d'un lait de qualité supérieure.
Marque B pour le bon entretien du bétail.
Marque J développement rapide des jeunes bêtes.
Marque L surproduction du lait.
Marque E engraissement rapide.

Écrire à M. Armand MILLOT
Moulins Saint-Martin
Saint-Quentin (Aisne.)

PRÉSERVEZ VOS ANIMAUX DOMESTIQUES
de toutes les Epizooties et Maladies contagieuses par la Désinfection des Ecuries, Etables, Porcheries

PAR LE

CRÉSYL-JEYES

Désinfectant — Antiseptique, le seul (non toxique), qui soit d'une efficacité scientifiquement démontrée. Le CRÉSYL-JEYES a été récompensé par la Société des Agriculteurs de France en 1891 d'une Médaille d'argent grand module. Envoi franco sur demande du prospectus détaillé. — CRÉSYL-JEYES, 35, Rue des Francs-Bourgeois, 35, Paris.

Se méfier des nombreuses contrefaçons.

Maison MURE, à Pont-St-Esprit (Gard)

A. GAZAGNE, *Gendre et Suor, Phⁿ de 1ʳᵉ Classe*

MALADIES NERVEUSES

Epilepsie, Hystérie, Danse de Saint-Guy, Affections de la Moëlle épinière, Convulsions, Crises, Vertiges, Eblouissements, Fatigue cérébrale, Migraine, Insomnie, Spermatorrhée

Guérison fréquente, Soulagement toujours certain

par le SIROP de **HENRY MURE**

succès consacré par 20 années d'expérimentation dans les Hôpitaux de Paris.

FLACON : 5 FR. — NOTICE GRATIS.

PATE et SIROP d'ESCARGOTS de MURE

« Depuis 50 ans que j'exerce la médecine, je n'ai pas trouvé de remède plus efficace que les escargots contre les irritations de poitrine. »
« Dʳ CHRESTIEN, de Montpellier. »

Goût exquis, efficacité puissante contre **Rhumes, Catarrhes** aigus ou chroniques, **Toux spasmodique, Irritations** de la gorge et de la poitrine.

Pâte 1ᶠ: Sirop 2ᶠ. — *Exiger la PATE MURE. Refuser les imitations.*

Thé Diurétique de France

sollicite efficacement la secrétion urinaire, apaise les **douleurs des Reins** et de la **Vessie**, entraîne le sable, le mucus et les concrétions, et rend aux urines leur limpidité normale. — *Néphrites, Gravelle, Catarrhe vésical, Affections de la Prostate et de l'Urèthre.* — PRIX DE LA BOITE : **2 FRANCS.**

Dépôt général de l'**ALCOOLATURE D'ARNICA**
de la TRAPPE DE NOTRE-DAME DES NEIGES
Remède souverain contre toutes blessures, coupures, contusions, défaillances, accidents choleriformes.
DANS TOUTES PHARMACIES. — 2 FR. LE FLACON.

VIN DE BOURGOGNE

Ferme de l'Hospice de Beaune.

Domaine de MEURSAULT

VINS FINS   GRANDS ORDINAIRES, ORDINAIRES
Rouges et Blancs

Concours Général agricole de Paris 1895

MÉDAILLE d'or pour vins rouges
MÉDAILLE d'argent pour vins blancs

Concours Général agricole de 1896
HORS CONCOURS, MEMBRE DU JURY

JOBART MUTHELET, Meursault (Côte-d'Or)

ENGRAIS CHIMIQUES

DES

MANUFACTURES DE SAINT-GOBAIN

12 Usines :

CHAUNY (Aisne).	SAINT-FONS, près Lyon.
AUBERVILLIERS (Paris).	L'OSERAIE, près Avignon.
MONTARGIS (Loiret).	BALARUC, près Cette.
TOURS (Indre-et-Loire).	VALENCIA (Espagne).
MONTLUÇON (Allier).	HEMIXEM
MARENNES (Charente-Inférieure).	MESVIN-CIPLY } (Belgique).

PRODUCTION ANNUELLE : 400.000.000 DE KILOS

Dosages garantis — Emballages marqués et plombé

SUPERPHOSPHATES DE CHAUX

ENGRAIS COMPOSÉS

Suivant les convenances des acheteurs pour toutes cultures

ENGRAIS COMPLET DE SAINT-GOBAIN

Efficacité éprouvée dans tous les sols et dans toutes les cultures

ENGRAIS SPÉCIAUX POUR LA VIGNE :

Engrais pour Vigne à végétation faible.
Engrais pour Vigne à végétation normale.
Engrais pour Vigne à végétation luxuriante.

Adresser les ordres ou les demandes de renseignements à la DIRECTION COMMERCIALE DES PRODUITS CHIMIQUES de SAINT-GOBAIN, 9, rue Sainte-Cécile, Paris — ou aux Agents de la Compagnie dans toutes les villes de France.

17ᵉ Année. — Nᵒ 34.   LE NUMÉRO : 10 CENTIMES.   Dimanche 23 Août 1896.

GAZETTE AGRICOLE

JOURNAL HEBDOMADAIRE, PARAISSANT LE DIMANCHE

Fondateur : M. CH. GOSSIN, Professeur d'Agriculture à l'Institut agricole de Beauvais

PRIX DE L'ABONNEMENT

UN AN, **5 fr.** — SIX MOIS, **3 fr.** — TROIS MOIS, **2 fr. 25**

Pour l'Étranger les abonnements ne sont reçus que pour un an, au prix de 6 francs, et ne partent que du 1er JANVIER ou du 1er JUILLET de chaque année.

Le Numéro : **10** centimes.

Adresser toute la correspondance : mandats, lettres, annonces etc., à **M. CRÉPEAUX**, Directeur de la *Gazette agricole* 10 bis, rue Piccini, Paris.

Toute demande de changement d'adresse doit être accompagnée de 50 centimes et de la dernière bande du journal.

BUREAUX

97, rue de Rennes, Paris. et à Beauvais, **rue Saint-Etienne.**

Les abonnements partent du 1er de chaque mois et sont payables d'avance. Toute demande d'abonnement doit donc etre accompagnée du prix de l'abonnement. (Le mode de payement le plus simple est l'envoi d'un mandat-poste.)

Donner *très lisiblement*, en s'abonnant, son nom et son adresse exacte, *avec l'indication du bureau de poste*; et, s'il s'agit d'une continuation d'abonnement, joindre au renouvellement la dernière bande d'adresse du journal

Les Annonces sont reçues à la Direction du Journal, et chez MM. DUSSERIS et MATHELLON, 97, rue de Rennes Paris.

BULLETIN COMMERCIAL

Paris, le 19 août 1896.

A mesure que nous approchons de la fin des moissons et des grands battages, il se confirme de plus en plus que la récolte en blé donnera un rendement au-dessus de la moyenne, avec des qualités assez diverses, suivant les régions. Le Nord et le Nord-Ouest ont, cette année, bien partagés pour le blé. L'avoine donne moins de satisfaction; l'orge est ordinaire.

Hier, les marchés américains ont été fermes. New-York a haussé de 3/8 et Chicago de 5/8 à 7/8 cent.

BOURSE DU COMMERCE DU MERCREDI 19 AOUT

	FARINES	BLÉS
Courant	39 55	18 80
Prochain	40 »	18 75
Sept.-Oct.	40 »	18 65
4 derniers	40 15	18 75
4 de nov.	40 10	18 75
4 premers	40 20	18 90

Marque de Corbeil : 44 fr. le sac de 150 kil. toile à rendre.

Halle aux blés — A notre réunion hebdomadaire de ce jour, les affaires en blés indigènes ont été plus animées; il y avait beaucoup de vendeurs, mais les acheteurs étaient plus empressés; les belles qualités ont obtenu une plus-value de 0 fr. 25 centimes sur les prix d'il y a huit jours.

Les blés vieux ont été peu recherchés et les prix plutôt en baisse. On a coté : blés blancs nouveaux 18,25 à 18,75, roux 17,50 à 18,50 les 100 kil. Paris, blés vieux 17,50 à 18,25.

Blés exotiques. — Sans affaires.

Avoines. — Soutenues. On cote nouvelles 14,25 à 16 fr., vieilles blanches 14.50 à 15 fr., rouges 15 à 15,25; grises 15,25 à 15,50; noires 15,50 à 16,50.

Orges. — Calmes. On cote nouvelles de 15 à 15,5 les 100 kilos.

Seigles. — Ferme, de 10,50 à 11 fr.

Sucres. — A Paris, les affaires ont été calmes, mais les prix ont dénoté de la fermeté; le courant a monté de 50 centimes et les autres mois de 12 centimes.

Les marchés étrangers sont calmes, toutefois les prix sont plus soutenus.

Raffinés 98,50 à 00, roux 88° 28 à 00.

Marché de la Chapelle. — Marché ordinaire.

On cote : paille de blé 1re qté 33 à 35 fr., 2e qté 28 à 31 fr., 3e qté 26 à 28 fr.; paille de seigle 1re qté 34 à 36 fr., 2e qté 30 à 34 fr., 3e qté 26 à 30 ; paille d'avoine 1re qté 25 à 27 fr., 2e qté 22 à 26 fr., 3e qté 19 à 21 ; foin nouveau 1re qté 55 à 57 fr., 2e qté 51 à 55 fr., 3e qté 47 à 51 fr.; foin vieux 1re qté 56 à 58 fr., 2e qté 52 à 56 fr., 3e qté 48 à 52 fr.; luzerne nouvelle 1re qté, 52 à 54 fr., 2e qté 47 à 50 fr., 3e qté 45 à 47 fr., regain nouveau 1re qté 54 à 56 fr., 2e qté 48 à 51 fr., 3e qté 46 à 48 fr.

Le tout rendu dans Paris, au domicile de l'acheteur, frais de camionnage et droits d'entrée compris par 104 bottes de 5 kil.; savoir : 6 fr. pour foin et fourrages secs, 2 fr. 40 pour paille.

Fourrages et pailles en gare. — Arrivages toujours peu considérables. Les fourrages restent bien tenus.

On cote sur wagon, par 520 kilogr., en gare d'arrivée à Paris :

Foin	40 à 42
— nouveau	35 à 39
Luzerne première qualité	37 à 42
Paille de blé	19 à 22
— de seigle pour l'industrie	23 à 27
— — ordinaire	19 à 22
— d'avoine	16 à 19

Pour les marchandises en gare, les frais de déchargement, d'octroi et de camionnage sont à la charge de l'acheteur.

Foins pressés en balles. — Le foin en balles se maintient.

FRUITS

Pêche de Perpignan, la corbeille de 12 fruits	75 à	2 00
Prunes	30 à	35
Poires communes	20 à	22
Raisins d'Algérie, les 100 kilos	70 à	90
Cassis, —	50 à	55
Groseilles	15 à	30
Amantes, 2e choix	50 à	80
Noisettes	40 à	45
Framboises de Paris	30 à	70
Citrons, la caisse de 420/490	36 à	38

POMMES DE TERRE

Hollande (100 kil.)	8 » à	11 »
Roses-Early	4 » à	5 »
Magnum-Bonum	5 » à	6 »
Rondes	6 » à	7 »

LÉGUMES

Choux, le cent	11 50 à	19
Choux-fleurs suivant grosseur	15 à	50
Artichauts de Paris	10 à	25
— de Bretagne	8 à	16
— d'Angers	28 à	30
Tomates	20 à	25
Haricots flageolets	12 à	15
— beurre	40 à	55
Haricots verts de Paris	25 à	30
Melons, la pièce	60 à	2 50
Cornichons moyens	40 à	50

CHANVRES

Les 50 kil.	1re qualité.	3e qualité
Le Mans	33,00 à 35,50	29,00 à 30,00
Saumur (b.)	40,00 à 42,25	37,00 à 38,00

LINS. — Les 100 kilogr. — *Marché de Lille.*

	Communs	Ordin.	Super.
Alost.	148 à 153	154 à 157	161 à 166
Bergues.	150 à 158	161 à 168	173 à 182

Marché aux chevaux, 19 Août.

Gros trait de 300 à 1.300	Boucherie de 70 à 200
Selle et tr. 200 à 1.100	Anes de 35 à 160
léger . de 750 à 1.100	Chèvres. . de à
H. d'âge de 150 à 380	

AMENÉS

Chevaux, 347 — Anes, 10 — Chèvres, 0
Voitures 103, de 35 à 550.

ENCHÈRES

Chevaux amenés, 12.
Vendus, 8 de 95 à 350.

Prix moyen aux 100 kilog. des CÉRÉALES dans les Départements.

		BLÉ	SEIGLE	ORGE	AVOINE
Rég. du Nord-Ouest	Caen	17 50	10 00	13 25	15 50
	Lannion	17 50	10 00	14 00	15 00
	Morlaix	17 25	10 50	13 25	13 50
	Rennes	17 50	10 50	13 00	14 00
	Avranches	17 25	10 50	13 00	14 00
	Laval	16 75	10 25	13 00	13 75
	Lorient	17 00	10 25	13 00	14 00
	Alençon	17 25	10 2.	14 00	16 00
	Le Mans	17 25	10 25	14 00	16 00
Région du Nord	Soissons	18 25	10 25	»	15 00
	Evreux	18 00	10 50	12 75	15 25
	Chartres	18 00	10 00	13 00	15 00
	Lille	18 2.	10 25	14 00	16 00
	Compiègne	17 75	10 00	14 00	15 10
	Beauvais	18 25	11 00	15 00	16 00
	Arras	18 50	11 50	14 00	15 00
	Paris	18 50	10 25	13 50	15 75
	Versailles	18 50	10 25	15 00	16 00
	Rouen	18 25	10 25	15 00	16 50
	Amiens	17 75	10 75	16 00	17 00
Rég. du N.-E.	Mézières	18 25	10 00	13 00	16 00
	Nogent-s-Seine	18 25	10 50	14 00	15 00
	Châlons-sur-Marne	18 50	11 00	14 00	16 00
	Langres	18 25	10 00	15 00	15 50
	Nancy	18 50	10 00	14 25	15 75
	Bar-le-Duc	18 75	10 00	15 00	16 00
	Neufchâteau	18 75	10 00	14 00	15 00
Région de l'Ouest	Ruffec	18 00	10 00	13 00	15 00
	Marans	17 25	10 25	13 00	14 50
	Niort	17 50	10 25	13 50	14 75
	Tours	18 00	10 00	13 00	14 50
	Nantes	17 50	10 00	13 00	14 50
	Angers	17 00	10 25	13 25	14 25
	Luçon	17 50	10 25	13 00	»
	Poitiers	17 75	10 0)	»	15 25
Région du Centre	Moulins	18 25	10 00	14 00	15 00
	Bourges	17 50	10 00	14 00	15 00
	Aubusson	18 00	10 25	14 00	14 25
	Châteauroux	18 25	10 00	14 00	14 25
	Orléans	18 2.	10 50	13 00	15 00
	Blois	19 00	10 00	14 00	16 50
	Nevers	18 50	10 00	15 00	16 00
	Clermont Ferr.	18 00	10 25	14 00	16 00
	Sens	18 50	10 00	13 50	15 50
Région de l'Est	Bourg	18 50	10 25	14 00	15 00
	Dijon	18 75	10 00	14 50	15 50
	Besançon	19 50	11 00	14 (0	16 00
	Grenoble	18 25	10 50	13 00	14 50
	Dôle	18 25	10 50	14 00	16 00
	Saint-Etienne	18 50	10 25	14 00	16 00
	Lyon	18 75	11 00	13 50	15 50
	Mâcon	18 25	11 00	13 00	15 25
	Vesoul	18 50	10 25	»	15 75
	Chambéry	18 00	10 25	»	15 50
	Annecy	18 25	»	»	15 75
Rég. du Sud-Ouest	Pamiers	18 25	12 00	»	16 00
	Périgueux	18 50	11 25	13 75	15 25
	Toulouse	18 75	12 00	13 50	15 75
	Auch	18 25	12 25	13 25	15 50
	Bordeaux	18 00	12 50	13 00	15 50
	Dax	18 25	11 25	13 00	15 00
	Agen	18 50	11 00	13 00	16 25
	Bayonne	18 50	11 0.	14 00	16 00
	Tarbes	18 00	11 00	»	«
Région du Sud	Carcassonne	19 25	»	14 00	15 00
	Rodez	18 50	12 00	14 00	16 00
	Mauriac	18 25	11 00	»	15 00
	Tulle	18 00	11 50	»	15 50
	Montpellier	18 00	11 00	»	15 75
	Figeac	18 00	11 00	»	16 00
	Mende	18 00	10 75	13 00	16 00
	Perpignan	18 00	11 00	14 00	15 50
	Albi	18 75	11 50	13 50	15 00
	Montauban	19 00	12 00	13 00	15 75
Région du Sud-Est	Gap	18 25	11 50	14 25	16 00
	Manosque	18 00	10 50	14 00	15 50
	Nice	18 25	11 00	13 50	15 75
	Privas	18 25	11 0.	14 50	16 50
	Arles	18 25	11 50	14 00	16 00
	Montélimar	19 00	»	14 00	16 25
	Nîmes	18 75	»	14 00	16 75
	Le Puy	18 50	12 50	14 00	16 00
	Draguignan	18 50	13 00	14 25	15 75
	Avignon	20 50	12 50	13 50	17 00

Tourteaux.

Cours de la maison P. Marchand frères, à Dunkerque (Nord) :

TOURTEAUX A NOURRIR

	Dispon.	A livrer.
Coton de graines d'Egypte	9 »»	9 »»
Sésame blanc	11 00	11 50
Arachide décortiquée	14 75	15 »»
Colza à nourrir	10 »»	10 »»
Colza du pays	10 50	10 75
Œillette du Levant	9 50	10 »»
Œillette blanche de Turquie	9 50	10 »»
Lin 1re qual. de Bombay g. form.	14 »»	14 25
Lin 1re qual. de Bombay p. form.	14 50	14 75

TOURTEAUX-ENGRAIS

Arachide décortiquée	14 25	14 50
Cameline	»» »»	»» »»
Colza des Indes en poudre	»» »»	»» »»
Colza ravison	7 »»	7 25
Colza jaune Gutzerat	10 25	10 50
Kurrachée	»» »»	»» »»
Niger	»» »»	»» »»
Pavot	9 00	9 50
Sésame blanc	10 50	»» »»
Sésame noir	»» »»	»» »»
Coton en farine	7 50	7 50

Nos prix s'entendent pour tourteaux en planches, rendus en gare de Dunkerque.

Paiement à 30 jours ou à terme plus éloigné suivant convention expresse.

Le concassage se paie 0 fr. 25 et la mise en poudre 0 fr. 40 aux 100 kilos. Dans ce cas, les sacs sont facturés à 0 fr. 35 pièce, et repris au prix de facture, quand ils sont rendus en bon état et franco, dans les 30 jours de l'expédition.

FROMENTINE :

	100 kil.
Marque A	13 »
Marque B	13 »
Marque J	13 »
Marque L	15 »
Marque E	16 »

Les 100 kilogs sur wagon St-Quentin, sac à retourner ou à facturer.

BEURRES. - (le kilogr.).

BEURRES EN MOTTES			BEURRES EN LIVRE		
Isigny extra	4 80	5 00	Bourgogne	1.90	2.20
— demi-fin	3.40	3.80	Gâtinais	2.10	2.(0
M. d'Isigny	2 80	2.90	Vendôme	1.80	2.50
du Gâtinais	2.00	2.20	Beaugency	1.80	2.50
de Bretagne	2 00	2.20	Ferme	2.30	3.00
Laitiers Jura	2.10	2.50	Tours	2.10	2.60
de Charente	2.10	2.60	Le Mans	1.00	2.20
des Alpes	2.00	3.00	Touraine fausse	2.00	2.30

ŒUFS. — (le mille).

Normandie ext.	80 à 112		Bourgogne	58 à 63	
Picardie —	85 à 118		Champagne	66 à 75	
Brie —	60 à 75		Nivernais	60 à 66	
Touraine	80 à 95		Bourbonnais	60 à 85	
Beauce	75 à 85		Bretagne	56 à 62	
Orne	75 à 85		Vendée	56 à 62	
Picardie	65 à 75		Auvergne	56 à 62	
Châtellerault	60 à 68		Midi	60 à 69	

FROMAGES.

Brie hautes marq.	55	62	Roquefort	130	210
Brie gr. m. (10)	45	58	Gruyère (100 k.)	100	165
— m. m.	25	30	Coulommiers (100)	25	48
Petits Nanteuils	15	20	Gournay (100)	12	27
Brie laitiers	20	23	Livarot (le 100)	90	130
Gérardmer (100 k.)	80	90	Bourgogne (100)	60	70
Hollande	150	165	Camembert (10.)	40	60
Bondons (100)	150	180	Munster (100)	100	120
Cantal	120	130	Port-Salut	150	170

VOLAILLES

Poulet Brest dit moelleux	2.00	4.00	Pigeo.. Macon	1.50	2.00
Poulets Nant.	2.25	4.50	Canards Nantais	2.50	3.00
Poulets Tour.	2.50	4.50	Dindes Tourr.	8.00	16.00
Poulets Houdan	5.00	5.75	Oies	5.00	7.50
Pigeons d'Italie	80	1.25	Lapins dom.	2.70	3.25
			Lapins garenne	1.50	2.00

VINS — BERCY

Rouges			Blancs		
B. Bourg. vieux	140 à 155		Bordeaux	125 à 160	
Touraine	105 à 115		B. Bourg	150 à 190	
Bord. vieux	130 à 160		Sancerre	130 à 135	
Algérie	26 à 32		Chablis	200 à 350	
Cher	110 à 135		Anjou	120 à 135	
Chinon	125 à 180		Pouilly	350 à 300	
Narbonne	32 à 38		Vouvray	155 à 195	

HOUBLONS. — Les 50 kilogr.

Alost primé	32,00 à	30,00
Bourgogne	55,00 à	40,00
Poperinghe	25,00 à	30,00
Wurtemberg	40,00 à	42,00
Altmark	75,00 à	100,00
Alsace	50,00 à	65,00

Prix des Produits Forestiers à Paris.

Bois de feu (Octroi non compris) :
- Falourde de pin ... 100 à 110 le cent.
- Bois de flot ... 110 à 105 le déca.
- Bois gris neuf ... 130 a 120 —
- Bois blanc ... 105 à 140 —

Bois d'œuvre (Octroi compris) :
- Chêne gros bois ... 105 à 110 le m. cube
- — moyen bois ... 70 à 60 —
- — petit bois ... 30 à 48 —
- Charme, plateaux ... 50 à 60 —
- Sciage de chêne : Entrevous ... 175 à 210 les 208 m.
- Echantillons 230 à 220 —
- Frise ... 27 à 28 | 104 m

La suite des marchés se trouve à la *Correspondance*.

L'année agricole et agronomique pour 1896.

L'Année agricole et agronomique pour 1896 par S. Crépeaux, professeur à l'Institut agricole de Beauvais, et C. Crépeaux, publiciste scientifique, avec la collaboration de praticiens, de professeurs et d'agronomes vient de paraître (un volume in-18 de 360 pages, illustré).

Cet ouvrage, véritable annuaire théorique et pratique de l'agriculture progressive, donne un tableau complet du mouvement agricole et agronomique de l'année. Il relate toutes les expériences culturales, les recherches scientifiques faites en France et à l'étranger, décrit et apprécie avec compétence les nouveautés (plantes, machines, engrais, nouvelles méthodes, etc.).

La partie documentaire de l'**Année agricole et agronomique** comprend pour l'année écoulée, les lois, décrets, décorations agricoles, lauréats des concours, les vœux économiques des conseils généraux, l'analyse exacte des travaux des sociétés et congrès agricoles, horticoles, vétérinaires, français et internationaux, les jugements de droit rural, l'analyse des brevets agricoles, les statistiques, etc.

Cet ouvrage qui paraît pour la seconde fois a valu l'année dernière à ses auteurs les félicitations de la Société nationale d'agriculture, de la société des Agriculteurs de France, et des principaux journaux agricoles et scientifiques qui ont rendu hommage à la somme considérable de travail que représente une telle publication et aux services incontestables qu'elle rend à la cause du progrès agricole.

(*Le Progrès agricole du 15 juin*).

Nous l'offrons en prime à nos abonnés au prix de 2 fr. 50 franco de port au lieu de 4 francs.

Ceux de nos abonnés qui désirent l'**Année agricole et agronomique de 1895** et celle de **1896** recevront les deux volumes franco dans la gare la plus voisine contre 4 fr. 50.

Adresser les demandes à M. Crépeaux, 10 *bis*, rue Piccini, Paris.

Il est peu de maladies aussi pénibles que les gastralgies et les maladies de l'estomac en général. Il n'est donc pas sans intérêt et rappeler qu'après de nombreuses expériences, l'Académie de médecine a approuvé de recommander l'emploi du *Charbon de Belloc* contre ces maladies, « qui, au dire même du rapport, font trop souvent le désespoir des malades et des médecins ». Le charbon de Belloc, qui est aussi le remède par excellence contre la constipation, se prend en poudre ou en pastilles au moment des repas. Le plus souvent, le bien-être se fait sentir dès les premières doses. Poudre, le flacon, 2 fr. — Past., la boîte, 1 fr. 50; toutes pharmacies. — Fab. : Maison L. FRÈRE, à Champigny et Cie, successeurs, 19, rue Jacob, Paris.

CHRONIQUE POLITIQUE

La grande comédie des tournées présidentielles s'est terminée vendredi dernier par la présence de M. Faure dans la ville de Rouen à l'occasion d'une exposition industrielle normande.

Quelques journaux ont essayé de supputer les sommes invraisemblables que coûtent aux contribuables bretons, ces banquets, ces feux d'artifices ces revues, ces centaines de coups de canon, ces régiments déplacés pour grossir démesurément les escortes de fonctionnaires et de politiqueurs affamés de places et de décorations, etc., auxquels il faut ajouter, d'après certains indices, les pauvres paysans payés cent sous pour venir acclamer M. Faure à son passage, à travers leurs cantons.

De tout ce tapage, que résulte-t-il pour nos campagnes, sinon des surcroîts de dettes à leurs budgets?

Mais, pardon, il reste le souvenir de vingt harangues menteuses, échangées entre le président et ses complimenteurs officiels et officieux. On sait que toutes leurs allocutions étaient contrôlées avant qu'ils fussent autorisés à les prononcer. Il n'est pas jusqu'aux allocutions des évêques qui n'aient subi cet émondage de quelques demi-vérités à demi entrevues dans le demi-jour de leur conscience d'homme et de Français. Une seule voix a eu l'honneur de franchir cette barrière dressée par la censure ministérielle : à l'hôpital de Fougères, la sœur qui a reçu la croix des mains de M. Faure a eu le courage de demander pourquoi le gouvernement décore les sœurs en leur volant leurs biens. En effet, le jour même, le fisc venait de saisir un fermage de 500 francs, légué aux sœurs, en échange duquel elles ont à leur charge deux orphelins.

Ce jour-là seulement, la duplicité honteuse de cette politique opportuniste a reçu le premier camouflet qui lui revenait de droit. Les Bretons doivent, eux aussi, une médaille à la digne sœur de Fougères pour avoir si bien traduit la pensée qui opprimait toutes leurs consciences. Ç'a été le mot de la fin.

Comme pendant au voyage présidentiel, le congrès de la fameuse ligue de l'enseignement dirigé par MM. Bourgeois et Buisson, ex-directeur de l'enseignement primaire, s'est tenu à Rouen pendant le séjour qu'y a fait M. Faure.

Dans ce congrès, MM. Bourgeois et Buisson ont laissé échapper un aveu décisif de l'échec que subit leur système d'éducation antichrétienne. Ils ont reconnu que leur prétendue instruction sans Dieu n'avait abouti qu'au progrès des vices, des crimes et de la désorganisation sociale et ils ont essayé d'esquisser un projet visant à excuser leur système de cette banqueroute morale en faisant enseigner par leurs instituteurs une prétendue morale fondée sur le seul mobile de solidarité de l'intérêt individuel avec l'intérêt social. C'est un prétendu progrès vieux comme le monde romain, qui succomba sous le poids de sa corruption.

Cela est de toute évidence, mais ce qui est d'une évidence encore plus odieuse, c'est que la politique officielle dont la ligue maçonnique est l'instrument prétend nous infliger à tout jamais ce despotisme scolaire également ruineux pour nos finances et pour l'âme de la patrie française, qui n'existe nulle part ailleurs que chez nous.

M. Buisson a eu l'audace d'assimiler ce régime odieux à celui des écoles en Angleterre. C'est un double mensonge.

D'abord en Angleterre, les écoles publiques donnent aux enfants l'instruction religieuse. Ensuite toutes les écoles reçoivent des subventions au *prorata* du nombre de leurs élèves, sans distinction de culte. Voilà la vraie liberté, le vrai respect des consciences, n'est-ce pas? N'est-ce pas l'antipode du régime de haine, de tyrannie, cher à nos maîtres?

Le voyage du tsar à Paris.

Ce voyage est décidé pour le mois d'octobre. Le tsar Nicolas s'arrêtera à Paris après avoir visité les souverains d'Autriche, d'Allemagne, de Danemark et d'Angleterre. On lui offrira à Paris de grandes fêtes.

Reste à savoir si nos diplomates réussiront à obtenir l'objet des vœux de la France, à savoir une alliance réelle avec la Russie. Jusqu'à ce jour, la Russie a eu beaucoup de nous, c'est avec nos milliards qu'elle sillonne les provinces d'Europe et d'Asie de chemins de fer. Nous travaillons à accroître sa puissance sans avoir rien reçu en échange, sinon des démonstrations d'amitié qui n'engagent à rien !

Les conseils généraux.

La session d'août des conseils généraux qui se tient pendant que nous écrivons cette chronique, occupe avec raison l'attention de la plupart de nos lecteurs. Ceux qui réfléchissent constateront probablement avec peine que dans ces conseils comme à la Chambre, on remuera beaucoup d'idées de réformes qui n'aboutiront à rien. La majorité de ces conseils étant dominée par les passions, les intérêts qui réduisent nos Chambres à une impuissance irrémédiable, les sessions aboutiront comme de coutume à des vœux en l'air.

Quant aux résultats réels, ils consisteront en des aggravations des impôts actuels, qui reviennent toujours en attendant des réformes qui ne viennent jamais.

Dans quinze jours, on verra si nous sommes dans le vrai.

Les marchés fictifs.

On sait que M. Rose, député du Pas-de-Calais, convaincu, comme nous, que les marchés fictifs, qui écrasent les marchés réels, sont un fléau ruineux et démoralisant pour l'agriculture et pour ses produits annexes, a déposé une proposition visant à mettre un frein, sinon un terme décisif à cette tyrannie intolérable du joueur sur le producteur.

Sa proposition consiste dans les dispositions suivantes :

Tout marché à terme est légal et tout contractant dans ce marché est tenu d'en subir les conséquences sans s'y dérober au moyen de l'article 1965 du code civil.

Les marchés sur denrées agricoles ne sont licites, que s'ils ont pour objet réel la livraison de ces produits au terme fixé par les contrats. Tous autres marchés sont assimilés aux dettes de jeu et aux paris.

Tous ceux qui auront provoqué la hausse ou la baisse de ces produits par des offres fictives, par des bruits mensongers, par des coalitions ou par des spéculations fictives, etc., seront punis d'emprisonnement pendant un mois au moins, d'un an au plus et d'une amende de 500 à 10.000 francs.

M. Rose explique, comme nous l'avons fait nous-mêmes, le mécanisme des marchés fictifs, et les moyens qu'ils emploient pour écraser les cours et décourager les pauvres producteurs sur les marchés de leur région. Il explique comme nous comment dans certaines circonstances données, ils vont jusqu'à vendre au-dessous des cours et se résignent à la perte de quelques milliers de francs sur un point pour provoquer un relèvement dont ils attendent un bénéfice décuple de cette perte sur d'autres points.

Que peut faire le pauvre cultivateur devant de tels ennemis? habitué à fonder ses prétentions, quant aux prix de ses produits, sur l'état réel et reconnu fait des récoltes et des besoins, il est inévitablement écrasé dans une lutte contre la juiverie cosmopolite qui dispose en souveraine de la hausse et de la baisse sur tous les marchés de l'Europe occidentale, où généralement les besoins sont supérieurs à leur production indigène.

Le monde agricole et industriel exploité sans merci par ces bandes d'écumeurs du travail doit faire des vœux comme nous pour l'adoption de la proposition de M. Rose, bien qu'il soit à craindre qu'elle ne soit insuffisante, c'est-à-dire qu'on ne réussisse pas à l'appliquer sérieusement. Nous vivons dans un temps cruellement décevant pour ceux qui ont la naïveté de se fier dans le pouvoir souverain des lois. Jamais on ne vit un temps où les lois ont été aussi audacieusement exploitées au rebours de leur but de justice et de respect du droit. Jamais on ne vit un temps où se soit vérifié avec un tel luxe d'impudence, le mot du philosophe grec qui disait que les lois sont des toiles d'araignées. On y prend les petits insectes, les grosses bêtes passent en travers.

Les grosses bêtes on les connaît aujourd'hui dans les régions de la politique et de la spéculation. Le règne des hommes de joie et de proie n'emprunta jamais avec un succès plus complet le masque du cynisme et de l'ironie.

Manque de courage.

La session que tiennent en ce moment les conseils généraux attire peu l'attention de la presse et celle de l'opinion publique.

Nous concevons cette indifférence générale. L'opinion est fixée d'avance sur les résultats illusoires de cette session pour les intérêts généraux du pays ; — elle sait que tous les abus, tous les gaspillages dont vit la majorité parlementaire ne seront ni corrigés, ni même dénoncés sérieusement dans la plupart de ces conseils qui sont dominés par les mêmes influences.

D'ailleurs, on sait que les dépenses qui écrasent le plus les budgets départementaux sont exigées par des lois abusives, contre lesquelles les conseils généraux n'ont aucun recours. Encore s'ils avaient le courage de protester au nom de la vraie liberté et même au nom de l'idée réellement républicaine.

Mais non ! pas un de ces conseils sur vingt n'aura ce courage. Quelques voix isolées et vaillantes traduisent la pensée qui étreint tous les cœurs vraiment patriotes. Espérons que l'avenir leur rendra justice.

Le Mérite agricole.

Nous annoncions l'an dernier que le galvaudage du Mérite agricole par M. Vigier et par M. Gadaud atteignait des proportions telles que nous avions dû renoncer à publier les listes interminables de leurs promotions, d'autant plus que de nombreux abonnés ne taisaient pas leur opinion sur les titres ridicules des nouveaux élus. Tant il était évident que les intempérantes prodigalités n'étaient que d'intempérantes distribution de dragées électorales.

M. Méline estime avec raison que l'institution créée par lui avait grand besoin de réforme pour se relever un peu du discrédit où ses prédécesseurs l'ont fait tomber.

Il vient de faire rendre un décret limitant le nombre maximum des officiers à 1.500 — le nombre maximum des promotions annuelles à 350. — Les promotions d'officiers à 75 par semestre. Ne pourront être officiers que les chevaliers ayant quatre ans de grade. Le décret institue un Conseil directeur de l'ordre, composé —naturellement— de fonctionnaires ministériels, chargés du choix des candidats. Cela suffit pour nous prouver que M. Méline a vu le mal, mais n'a pas recours au vrai remède. Nous savons d'avance les conditions

donneront droit au légendaire ruban et les conditions qui interdiront l'accès, même aux agriculteurs les plus éminents.

Nous pourrions en citer parmi ceux-ci plus de vingt qui, grâce à Dieu, se passent très bien de ce précieux hochet, et qui n'en sont pas moins mis au premier rang par le vrai public agricole français.

Nous concevrions le Mérite agricole si les élus le recevaient de leurs confrères indépendants comme dans les Comices ; mais ce Mérite agricole tel qu'il est réorganisé ne nous montre qu'une chose, c'est que ceux qui le portent sont, avant tout, des électeurs qui votent pour le ministre qui les décore, ou pour les députés qui les ont décorés.

Encore une de ces réformes à la façon de M. Méline dont le bon sens rural dira : « De loin c'est quelque chose, de près ce n'est rien. »

Le série, hélas ! ne fait que commencer.

N.-B. — Ceux de nos lecteurs qui désirent connaître quand même tous les noms des décorés du Mérite agricole, les trouveront dans l'Année agricole publiée par MM. Crépeaux frères, au bureau de la *Gazette*. — Prix 3 francs.

CHRONIQUE GÉNÉRALE.

École nationale des industries agricoles de Douai.

Par décision ministérielle en date du 7 août, le diplôme de l'Ecole nationale des industries agricoles de Douai a été accordé aux élèves dont les noms suivent :

MM. Lecomte, Liégeois, Hemmerlé, Josse, Labbé-Rathier, Olivier-Luq, Réal, Anchère-Gouélin, Power, Macarez, Piérart, Caruchet, Bouillon, Guillemin et Vanderberghe, élèves de 2e année ;

A MM. Senergous, Coutellec, Delobel, Triadou, Lamy, Gaudin, Duval, Dufreix, Durandeau, Théron, Allard, Parant, Dalloz, Bouyssou, Maury, Carette, Payan, Vignaux, Petit, Hirsch, Bernard, Chaud, Noël, Doureu, Bonno, Mascot, Pelletier, Roger, Deleval, Lèrevert, Vollaire, élèves stagiaires.

Le certificat d'études a été accordé à MM. Barberon et Bergo, élèves de 2e année.

La reprise des cours aura lieu le 12 octobre prochain ; les demandes d'admission doivent être adressées avant le 25 septembre.

Ecole pratique d'agriculture de Crézancy

L'examen annuel d'admission à l'Ecole pratique d'agriculture de Crézancy (Aisne) aura lieu le 21 septembre prochain à Laon. Les candidats devront adresser au directeur de l'Ecole, pour le

15 septembre au plus tard, les pièces réglementaires.

Huit bourses sont attribuées par voie de concours aux jeunes gens dont les parents justifient de l'insuffisance de leurs ressources. Les demandes de bourses, accompagnées des pièces indiquées au programme de l'Etablissement, devront être parvenues au Directeur avant le 10 septembre.

Le programme détaillé de l'Ecole sera adressé immédiatement aux personnes qui en feront la demande à M. Brunel, directeur, à Crézancy (Aisne).

Société d'agriculture de l'arrondissement de Pithiviers.

La Société organise à Puiseaux (Loiret), le dimanche 27 septembre prochain, *un concours d'instruments servant à la culture de la vigne et à celle de la pomme de terre.*

Les essais de ces instruments auront lieu à proximité de Puiseaux le 27 septembre, à 9 heures du matin. Les attelages nécessaires seront fournis gratuitement par la Société.

Les instruments devront être rendus sur le lieu du concours au plus tard à 8 heures du matin.

Une exposition d'instruments agricoles (intérieur et extérieur) et de produits agricoles, horticoles et vinicoles sera jointe à ce concours.

En outre, des concours spéciaux, réservés au canton de Puiseaux et concernant la petite culture, la viticulture, la culture de la pomme de terre, l'apiculture et l'enseignement agricole, ont été ouverts par la Société.

Les récompenses consistent en médailles d'or, de vermeil et d'argent.

Adresser les demandes pour concourir à M. Lesage, à Fresne, par Pithiviers, avant le 20 septembre.

Comice agricole du Haut-Beaujolais
(Rhône).

Dimanche 9 août dernier, le Comice agricole du Haut-Beaujolais a célébré le soixantième anniversaire de sa fondation par un concours tenu à Chênelette sous la présidence de M. de Chênelette. La journée a commencé par l'assistance à la messe demandée par le Comice.

Assistance nombreuse et recueillie. Les voix mâles et vibrantes des cultivateurs montagnards ont fait retentir les voûtes de l'église de Cantiques à Notre-Dame des Champs.

Des médailles et récompenses en argent, ainsi que des diplômes, ont été décernés à des fermiers ayant plus de trente ans de service chez le même maître.

A des serviteurs ruraux anciens.

A des propriétaires s'étant signalés par des reboisements de montagne.

Aux sujets de race bovine et porcine amenés.

Aux produits et instruments agricoles.

Ainsi qu'aux élèves de basse-cours.

La journée s'est terminée par un banquet de soixante convives, à la fin duquel des toasts ont été portés. Un habitant du pays, le type du barde montagnard, a fait entendre avec sa voix sonore des chants de sa composition ayant bien la couleur locale.

Le village de Chênelette, heureux de cette fête de l'agriculture, désireux de bien accueillir les cultivateurs venus des environs, avait pavoisé et orné les maisons, dressé des arcs de triomphe aux quatre entrées.

Le président du Comice agricole du Haut-Beaujolais :

Comte de Chênelette.

Concours.

Concours international de charrues. — Un concours international de charrues organisé par le comice agricole de Gand (Belgique) aura lieu à Tronchiennes, près Gand, les 6 septembre et jours suivants. Prix importants et distincts pour charrues doubles et pour charrues simples.

Concours régional d'Agen. — La date de ce concours régional, le cinquième et dernier de l'année est fixée du 29 août au 6 septembre prochain. Les expositions d'animaux, de produits et d'instruments seront très nombreuses et très importantes.

Comice agricole de Nevers, tiendra son concours annuel à Saint-Seulze, dans un des cantons les plus fertiles de la Nièvre le 6 septembre prochain. Nombreuses primes pour toutes les spécialités.

Concours mulassier à Niort. — A cet important concours spécial qui se tiendra à Niort la Société d'agriculture ajoute des expositions d'animaux, d'instruments et de produits qui ne peuvent manquer d'attirer une nombreuse affluence.

Concours de moisonneuses lieuses à Maignelay (Oise). — Quatre machines ont été primées dans l'ordre suivant :

1° Maison Albaret (Lefebvre-Albaret pour la machine Mac Cormick *ex æquo* avec la machine Brunsford de la Société coopérative du Nord;

2° Machine Hornsby à M. Poly de Clermont;

3° Machine Osborne.

Comice de Sancerre. — Concours important de ce comice fixé au 6 septembre sous la présidence de M. le marquis de Vogüé. C'est le 44° concours de ce comice fondé par M. le marquis de Vogüé, père du président actuel.

Ecole nationale d'horticulture. — Cette école établie dans le jardin potager de Versailles, reçoit chaque année de nombreuses demandes d'admission. Les examens pour les prochaines admissions auront lieu, à l'école, le second lundi d'octobre prochain. Le programme est envoyé à ceux qui en adressent la demande à M. Nanot, directeur, successeur du regretté M. Hardy.

Les élèves diplômés de l'école sont généralement recherchés pour occuper des emplois dans le jardinage.

Ecole d'apiculture, d'horticulture et de viticulture d'Ecully (Rhône). — Les examens d'admission à cette école se feront à l'école le 5 octobre prochain.

Ecole d'agriculture et d'horticulture d'Antibes (Alpes-Maritimes). — Les examens d'admission auront lieu à la préfecture de Nice le 5 octobre prochain.

Ecole d'agriculture de Cresances (Aisne). — Les examens d'admission auront lieu le 21 septembre au plus tard avec pièces ordinaires.

Ecole pratique d'Ondes (Haute-Garonne). — Examens d'admission le 7 septembre prochain à la préfecture de Toulouse. Adresser les demandes d'avance au directeur à Ondes.

Ecole d'agriculture de Fontaines (Saône-et-Loire). — Rentrée le premier lundi de septembre. Ecrire à M. Reynaud, directeur, à Fontaines (Saône-et-Loire).

Exposition de raisins frais à Montpellier. — Les producteurs qui devront prendre part à cette importante exhibition sont invités à emballer avec soin leurs raisins dans des caisses. Les grappes doivent être coupées à 10 centimètres au-dessous du pédoncule et accompagnées d'une ou deux feuilles et porter une étiquette indiquant le nom du cépage. Les envois doivent être adressés à M. Tarcotte, rue de la République, à Montpellier.

Les sociétés coopératives agricoles.

On ne saurait trop recommander aux syndicats agricoles la création de sociétés coopératives, ayant pour objet spécial d'effectuer tous les achats des objets utiles à leurs membres, et toutes les ventes de leurs produits.

La France ne possède encore que cinq ou six sociétés coopératives agricoles et en notant leurs premiers services nous espérons bien provoquer la création de nombreuses sociétés analogues. Dès aujourd'hui, nous leur signalons un relevé des sociétés coopératives existant dans les autres Etats de l'Europe, pour leur prouver combien la France agricole est en retard sur ce point important.

L'Angleterre s'est mise hors pair par ses sociétés de consommation, a créé des associations puissantes de vente de produits agricoles, notamment, une grande association sous le nom de *The National Agricultural* (Union des agriculteurs), pour la défense de leurs intérêts communs, pour grouper leurs produits et les vendre directement dans les grands centres.

Elle a de nombreuses sections dans les districts ruraux où sont groupés les produits, et des dépôts à Londres et dans les grandes villes pour s'écouler. Elles fonctionnent comme un négociant en gros qui vendrait la commission au moyen de détaillants.

En Irlande, pays pauvre et misérable, le mouvement coopératif s'est orienté et prospère d'une façon très remarquable.

Soixante laiteries coopératives produisent de 8 à 9 millions de francs de beurre, qu'elles envoient sur le marché des grands centres en Angleterre; elles expédient également une grande quantité de bœufs et de volailles.

En outre, en Irlande, un grand nombre de syndicats agricoles sont fondés sur le modèle des syndicats français.

La Belgique qui pratique depuis longtemps la coopérative de consommation, et qui est la patrie des coopératives de boulangerie, a créé un grand nombre de laiteries coopératives et de syndicats agricoles.

L'une de ses coopératives, la Ligue des paysans a plus de 10.000 membres, elle a adopté cette devise : *Chacun pour tous, tous pour chacun.* En même temps qu'elle poursuit la réalisation des réformes législatives utiles à l'agriculture, elle cherche à rendre plus rémunératrice l'exploitation du sol par l'achat collectif des matières premières, par l'établissement d'institutions d'épargne et de crédit, par l'organisation de l'assurance mutuelle contre la mortalité du bétail, par le développement de toutes les associations appliquées à la production.

En Hollande, on compte un grand nombre de laiteries coopératives et des sociétés de crédit agricole.

Le Danemark, pays de petite culture, est peut-être la nation qui présente l'application la plus large, la plus heureuse et la plus variée des méthodes coopératives à la production agricole. Les laiteries coopératives danoises, qui approvisionnent de beurre, pour une si large part le marché anglais, ont obtenu un succès merveilleux ; — la première remonte en 1882 — en 1893, on en comptait plus de mille.

A côté d'elles, se sont fondées des coopératives agricoles puissantes. Elles ont organisé des ateliers pour la salaison du porc et tuent 510.000 porcs par an.

En Allemagne, les associations agricoles étaient, en 1895, au nombre de 3.118 syndicats agricoles, laiteries coopératives, sociétés de crédit, etc. Chaque jour le mouvement coopératif s'accentue et prend une force considérable.

En Suisse, on trouve un grand nombre de laiteries, de fruitières, toutes prospères.

L'Italie elle-même a suivi le mouve

ment et a créé un grand nombre de coopératives de production en vue de l'exportation de ses produits, et surtout de ses vins. Les coopératives italiennes n'ont pas craint d'arracher à prix d'or les meilleurs ouvriers de nos chais français pour arriver à triturer et à maquignonner leurs vins et à les exporter en Angleterre ou dans l'Amérique du Sud.

En Autriche, en Hongrie, en Serbie, de tous côtés, se fondent des coopératives de production.

Aux Etats-Unis, la coopération agricole est représentée par un nombre considérable de laiteries coopératives, de sociétés d'assurances et de crédit. Il s'est même créé un syndicat de fermiers pour l'expédition de leurs grains en Europe.

On trouve des associations coopératives au Canada et jusqu'en Australie.

De toutes parts, en Europe, et même au delà des océans, dit M. de Rocquigny, l'effort individuel est reconnu insuffisant pour soutenir une compétition de plus en plus âpre à laquelle se livrent les producteurs agricoles du monde entier. La protection naturelle des distances à franchir, les barrières de douane sont vaines ; il n'y a plus de marché national, le marché est devenu universel, et il obéit à des fluctuations qui se répercutent, entre les points les plus extrêmes du globe.

Seule, l'habile organisation des producteurs, ajoute M. de Rocquigny, par la concentration de leurs forces, leur union pour produire plus et à meilleur marché, peut encore les mettre à même d'exploiter la terre avec ce bénéfice modeste qui les fait vivre chaque jour.

C'est aux méthodes coopératives si fécondes, si simples dans leurs pratiques variées que l'agriculture demandera sans hésiter cette initiative et cette puissance, afin d'obvier à l'inéluctable nécessité d'approprier ses conditions d'existence à l'évolution économique des échanges.

L'agiotage vampire de l'agriculture.

La domination du marché agricole par la spéculation des grandes banques n'est plus une vérité à démontrer aujourd'hui.

Un fait récent qui confirme cette vérité est la grande faillite qui vient d'éclater à Chicago, et qui a le don d'émouvoir sérieusement les spéculateurs américains habitués à ne s'étonner de rien en fait de banqueroutes et de faillites.

La maison Moore et Cie de Chicago opérait avec le respectable capital de 60 millions de dollars (300 millions de francs). Cette faillite, bien que la banque Moore se livrât à l'agiotage sur des actions de compagnies industrielles, a quelques chance de répercussion sur les compagnies qui trafiquent dans les marchés fictifs sur les produits agricoles.

— Mais il est peu probable que cette répercussion réussisse à délivrer le monde agricole de cette néfaste domination.

Les gouvernements auront à chercher d'autres moyens de défense, s'ils ont à cœur de délivrer l'agriculture de ce joug odieux, de cette pieuvre gigantesque de l'agiotage qui rançonne le travail de la production sur tous les grands marchés des deux mondes : comme les Touaregs dans l'intérieur de l'Afrique.

L'agriculture aux banquets agricoles.

Nous sommes dans la saison des concours de comices. Çà et là, dans ces réunions, on entend quelques bribes de vérités mêlées à des lieux communs plus ou moins usés.

La crise agricole est trop aiguë, hélas ! pour que les voix les plus optimistes s'imposent un silence complet sur les misères du jour et sur les griefs de l'agriculture contre le régime qui l'a réduite à ce point de détresse.

La crise agricole devant les comices.

Au concours de la Société d'agriculture de Caen, à Creully, M. de Saint-Quentin a passé en revue les difficultés de la situation avec l'autorité de son talent supérieur comme agriculteur et de son expérience de député et d'orateur Notre premier grief selon lui contre le régime actuel, c'est le développement exagéré du fonctionnarisme, il voudrait mais l'espère-t-il ? que M. Méline mît la main à une réforme et de façon à la mener à bien ! C'est beaucoup demander à M. Méline.

M. de Saint-Quentin parle ensuite de la situation des bouilleurs de cru — il y en a beaucoup parmi ses électeurs — il leur donne à espérer que la question restera de longues années sur le métier, et que pendant ce temps, ils pourront distiller en paix leurs cidres et leurs lies.

Sur les importations du bétail, il estime qu'il n'y a pas lieu encore de s'en alarmer. Mais il voit un gros point noir pour nos éleveurs de chevaux dans les importations.

En 1895, dit-il, nous avons exporté 20.000 chevaux et nous en avons importé 36.000. Le danger est d'autant plus grand qu'on ne voit pas de moyen pratique de le conjurer.

Mais M. de Saint-Quentin termine par son grief capital contre la domination des politiqueurs du jour à la Chambre.

« Les lois agricoles, dit-il, ne sont pas les seules qui intéressent les agriculteurs. Leur prospérité est également liée aux lois fiscales et sociales qui régissent le pays.

« Nous vivons à une époque où les questions les plus graves sont toutes agitées à la fois, par des hommes qui s'intitulent réformateurs et qui le plus souvent ne sont que des politiciens avides de réclame, pressés d'arriver et plus soucieux d'exciter les passions que de trouver des solutions pratiques. »

Et il ajoute qu'il compte sur M. Méline pour mettre ordre à ces criantes traditions.

Nous partageons les souhaits de l'honorable M. de Saint-Quentin. Mais nous craignons que ses espérances ne soient déçues. M. Méline n'est pas de taille à manier le balai d'Hercule chez nos Augias politiques.

Nous aurons à relever d'autres discours aux banquets agricoles où le courage de la vérité est presque aussi rare que dans les banquets de M. Faure.

Les souffrances de l'agriculture et ses remèdes.

Depuis 1870, toute la presse agricole s'est émue vivement de ces souffrances. C'est parce qu'elles atteignent directement les deux tiers de la nation. Elles sont réelles, on ne saurait trop s'en préoccuper. Unies à d'autres causes dépendantes de l'ordre moral, elles activent le mouvement de la dépopulation des campagnes. Si on ne leur apporte pas un prompt et efficace remède, le mal deviendra irréparable.

On ne semble pas comprendre que si l'agriculture souffre, c'est parce qu'elle ne peut pas donner à ceux qui exercent cette utile profession pour leur compte ou pour le compte d'autrui, un gain en rapport avec ceux de l'industrie et du commerce.

En présence de l'avilissement de ses produits, toutes ses charges augmentent. Voyez : impôt direct triplé par les centimes spéciaux, facultatifs, ordinaires, extraordinaires pour le département, la commune, l'instruction publique ; tournées de prestations ; droit d'enregistrement sur les baux, sur les ventes de terres, sur les échanges ; patente, aussitôt que l'agriculteur, avec son outillage agricole, rend service à quelques voisins, veut vendre son blé en farine, ses bois en lattes ; impôts indirects pour le transport de ses vins, pour la vente de ses eaux-de-vie et tant d'autres que j'oublie.

Le temps est passé d'annexer les industries à l'agriculture.

Je connais des sucreries annexées à des fermes fertiles admirablement conduites ; et, malgré la fécondité du sol, la merveilleuse intelligence de ceux qui le cultivent, je sais qu'il est impossible à cette terre de produire le blé aux prix américains et russes. Oui, nous savons tous que la culture au-dessous d'un certain rendement, ne donne aucun bénéfice et, qu'au-dessus, tout au contraire, tout devient bénéfice. Mais la culture ne se fait pas toute seule, le rendement ne s'obtient pas sans labours, sans fermiers. Dans les conditions ordinaires de notre sol, quelle est la culture qui puisse donner 30 hectolitres à l'hectare, sans une mise de fonds considérable, cette mise de fonds, capital, travail, temps, intelligence qui baisse tous les jours? Or, c'est bien le dernier mur du libre-échange, car je ne crois pas qu'il existe une seule exploitation en France qui puisse se trouver rémunérée par les prix de 15 à 16 francs l'hectolitre. Il ne faut pas oublier que les prix de tous les travaux agricoles et de la vie en général, sont plus que doublés depuis quarante ans et que ce qui pouvait être rémunérateur, à cette époque-là, ne l'est plus aujourd'hui.

Il est une autre considération dont on tient trop peu de compte dans les calculs de prix de revient et de rendement. C'est que la puissance et la volonté de l'homme ont des limites, et qu'il est telles circonstances atmosphériques contre lesquelles ne peut lutter aucune des forces laissées à notre disposition : les pluies, les orages, les sécheresses. Que le prix de 20 francs soit rémunérateur dans les bonnes années, passe encore; mais, dans celles de 1869 et d'autres plus rapprochées de nous où les récoltes ont tant souffert d'une sécheresse prolongée, il devient insuffisant. En résumé, les blés russes et surtout américains nous feront toujours une concurrence désastreuse.

L'application de l'industrie à l'agriculture ne peut être qu'une très rare exception. Là même où elle est entrée dans la pratique, en Flandre, par exemple, la plus riche et la plus intelligente des terres françaises, la lutte est impossible contre les blés étrangers dans les conditions actuelles.

Il n'est pas soutenable que la perfection de la culture puisse supporter l'avilissement des prix au-dessous de certaine limite, et cette limite est atteinte dès aujourd'hui et sera dépassée dans l'avenir. De plus, en admettant même cette proportion, cette perfection ne s'obtiendrait dans les neuf dixièmes des terres françaises qu'au prix de telles dépenses, qu'il vaudrait mieux dès maintenant renoncer à les cultiver, et c'est maintenant un fait qui passe aujourd'hui dans la pratique. La culture du blé, dans un temps donné, sera interdite au sol français.

Avant de terminer, au point de vue économique et social, qu'il me soit permis après quarante-cinq années de luttes, de jeter encore un coup d'œil rétrospectif sur notre malheureuse France:

De concert avec le gouvernement, la ruine complète de l'Union générale, les désastres du Panama, les accaparements des nitrates, ceux du cuivre, du cuir, du pétrole, actuellement ceux du fer, la crise monétaire, la spéculation sur l'or ou crise rothschildienne qui a transporté notre précieux métal en Angleterre ; les fausses admissions temporaires, l'agiotage fictif sur les blés et les autres denrées alimentaires à terme, ce qui empêche le relèvement des cours et leur avilissement, etc., sans oublier l'accaparement des sucres entre trois ou quatre raffineurs à fortune fabuleuse, au détriment des producteurs et des consommateurs.

A l'instar de nos voisins d'outre-Manche, notre gouvernement devrait employer chaque année les excédents budgétaires à dégrever notre agriculture.

Le relèvement immédiat du tarif des douanes (1) et surtout l'égalité douanière deviendraient par le fait une protection pour nos nombreux cultivateurs.

Une mesure qui serait également accueillie favorablement, c'est la diminution des dépenses qui serait la conséquence de la non création d'impôts nouveaux. On verrait alors les plaintes cesser et une prospérité croissante succéder à un état de marasme, de faiblesse et de ruine.

Si on ne peut attendre ce remède efficace de la législature actuelle, que l'on emprunte donc les lois belges. Le vote plural et la représentation des minorités feraient que nous aurions les deux tiers des députés pour nous, agriculteurs.

E. BABLOT-MAITRE.

L'impôt sur les vignes.

Le *Journal Officiel* annonce que les remises d'impôts accordées aux propriétaires de vignes replantées depuis moins de quatre ans, pendant l'année 1893, se sont élevées à la somme de 1.975.000 fr. Depuis trois ans on remarque une diminution continue des replantations. Les uns ont attribué cette diminution défavorable à la crise des vins, d'autres à la concurrence néfaste des vins artificiels. D'autres enfin, et nous sommes de ce nombre, l'attribuent au nombreux cryptogames ravageurs des vignes et aux dépenses énormes — et pas toujours efficaces — qui sont nécessaires pour les combattre.

Quoi qu'il en soit, il est fâcheux pour la France que ses étendues plantées en vignes diminuent, alors que la production de ses vins n'atteint pas le chiffre de sa consommation — du moins à en croire la statisque officielle qui évalue la production à 30 millions d'hectolitres, et la consommation à plus de 40 millions d'hectolitres.

Le club français des chiens de berger.

Ce club en voie d'organisation à Paris a pour objet de propager et de perfectionner l'élevage des races de chiens les plus propres à seconder les bergers. Le siège de ce club est rue des Mathurins, 40, à Paris. Ecrire au secrétaire, M. Boulet, d'Elbeuf.

1. Frapper d'un droit assez fort les matières premières étrangères, la laine et les graines oléagineuses qui ont toujours été exemptes.

L'Ecole nationale des industries agricoles de Douai, vient de subir la perte très regrettable de son premier directeur *M. Nugues*. M. Nugues était un chimiste distingué, et qui savait appliquer avec succès ses connaissances en chimie aux industries agricoles de la région du Nord.

L'arboriculture fruitière a perdu cette semaine un praticien émérite *M. Alexis Lepère*, de Montreuil, le fils et successeur éminent de Alexis Lepère qui était le praticien le plus en renom des producteurs de pêches ; la commune de Montreuil lui doit sa fortune et sa réputation hors ligne en France et à l'étranger.

M. Alexis Lepère était un des principaux membres de la belle confrérie de Saint-Fiacre, qui réunit aujourd'hui deux mille membres, la plupart praticiens émérites dans toutes les catégories d'horticulture.

CHRONIQUE AGRICOLE

Situation. — La saison.

Aux orages nombreux qui ont éclaté dans diverses régions pendant la dernière quinzaine, a succédé depuis quelques jours une série de belles journées, donnant une température très élevée dans le milieu du jour, mais des températures très fraîches pendant la nuit, ainsi qu'aux dernières heures du jour. Cette période de belles journées est très satisfaisante pour toutes les plantes destinées à être récoltées en automne, elle est également favorable à l'achèvement des moissons qui s'opère en ce moment dans la région du Nord. Enfin les cultivateurs qui ont la bonne idée de déchaumer immédiatement leurs éteules de céréales, ont occasion d'exécuter ce travail et de semer les graines fourragères destinées à recueillir les sels azotés contenus dans la couche arable de leurs terres et d'en tirer des plantes qui seront utilisées comme fourrage, ou au pis aller, comme engrais vert à la fin de l'hiver.

Parmi les plantes à semer en vue de ces effets, on cite les navets qui, fécondés par un léger apport de nitrate et par le beau temps, donnent leurs racines avec leurs feuilles avant la fin d'octobre.

Les nouvelles relatives aux rendements des céréales tendent à donner la récolte des blés à près de 118 millions d'hectolitres comme l'an dernier, mais on estime que le poids moyen des grains est plus élevé que celui des grains de l'an dernier, qui n'était que de 76 kilos. On trouve aux battages des rendements de 70 à 80 kilos par hectolitre. Les avoines, par contre, sont en déficit.

Dans la première des réunions commerciales de la saison, qui s'est tenue à Orléans dimanche dernier, on tablait sur ces chiffres, mais sans pouvoir en tirer des conclusions pratiques comme nous l'avions prévu au point de vue des cours. — Tant que la production sera exploitée sans contrepoids par la féodalité de la spéculation et de l'agiotage, comme elle l'est depuis quatre ans, l'agriculture sera la victime d'un fléau qui ne reculera pas devant sa ruine. Avis aux commerçants honnêtes comme aux cultivateurs français.

L'état des vignes. — Les nouvelles alarmantes que nous donnions la semaine dernière sur les vignes du sud-ouest envahies par le blackrot ne sont à l'heure présente ni démenties, ni confirmées totalement. Quelques viticulteurs tentent un dernier effort, un effort désespéré de défense, en imbibant les grappes les moins envahies d'une rosée cuprique, dans l'espoir d'arrêter les progrès du fléau. Nous ne tarderons pas à apprendre les effets de ces louables et courageuses tentatives.

Jusqu'à ce jour heureusement, les autres régions n'ont pas été envahies par ce redoutable parasite. Les vignes en général sont en bonne situation comme abondance de raisin, la qualité donne aussi de bonnes espérances, dans l'état actuel du raisin. Mais il faut compter avec la température du mois qui reste à franchir pour obtenir la maturité qui décide des bons vins.

Pour les cidres. — Les prévisions ne nous annoncent qu'une récolte minime. Les cidres de l'an dernier qui ont été bien conservés auront un placement facile et les vins souffriront moins que cette année de la rivalité croissante des cidres.

Au prochain congrès pomologique de Rouen, on traitera avec soin la question des moyens de préserver les cidres de l'aigreur pendant un ou deux ans. C'est la question capitale pour l'avenir de cette branche de l'économie rurale qui est d'une importance capitale dans le tiers de la France.

A propos de la moisson de nos quatre céréales pour 1896, j'ai commis un oubli que je viens réparer n'ayant parlé que du poids spécifique des grains inférieurs à l'officiel demandé annuellement.

Nos abonnés et lecteurs y auront suppléé. La logique veut, en effet, que leurs pailles et fourrages soient moins lourds, dans la même proportion, puisque ce sont les mêmes causes d'infériorité qui les ont produites.

L'ensemble de toutes les tiges seront donc au pesage au-dessous du maximum.

Avec le vent du Nord, il y a beaucoup de nuits où la température a baissé à un degré au-dessus de zéro. Des gelées blanches sont de nouveau à craindre.

E. BABLOT-MAITRE.

Lettres rurales

« La loi du 21 mars 1884, disait l'honorable M. Deusy, en 1885, au Congrès agricole régional de Toulouse, n'est pas seulement une liberté. *Si vous savez en user, c'est le relèvement et la prospérité de l'agriculture.* »

En effet, qu'est-ce que l'agriculture?

Un écrivain de grande valeur la qualifiait ainsi :

« L'agriculture est la seconde mère de l'humanité, la source unique des populations fortes et pures, le sanctuaire des traditions et des mœurs, où se retrempent les vertus sociales. »

Nous ajouterons :

Au point de vue moral, l'agriculture est la grande école de l'abnégation, de la patience, de l'ordre, du travail, de toutes les vertus simples et solides qui font l'honnête homme et le bon citoyen.

Au point de vue économique, elle est — si je puis me servir de ce terme — *l'entreteneuse* de la nation. N'est-ce pas elle, en effet qui, non seulement lui fournit le pain, la viande, le vin, tout ce qui entretient la vie humaine; mais encore les éléments les plus vigoureux de la population, les revenus les plus abondants du Trésor public?

Au point de vue politique, enfin, c'est elle qui est la première force de l'Etat, la puissance souveraine, puisque nous vivons sous la loi du nombre et que les cultivateurs forment les deux tiers de la nation.

Mais, pourquoi est-elle restée jusqu'ici la victime resignée du pouvoir, alors qu'elle aurait dû être l'objet de ses incessantes attentions?

Pourquoi a-t-elle consenti placidement à être l'objet des expérimentations de tous les Carabins politiques quelconques, le champ d'expérience constamment ouvert aux utopies financières, économiques et politiques de tous les gouvernements, alors qu'ils devaient, comme cela se pratique dans tous les Etats sérieux, en faire leur base, leur pierre angulaire?

Pourquoi a-t-elle laissé favoriser de toutes les manières les produits agricoles étrangers, au détriment des siens?

Pourquoi a-t-elle subi, sans protestation, le joug des villes, écrasant ses produits de droits d'octroi souvent considérables?

Pourquoi n'a-t-elle jamais réclamé sérieusement et ne s'est-elle pas opposé carrément à ces augmentations incessantes d'impôts que le propriétaire urbain ne subissait que légèrement et dont le rentier inscrit au grand-livre était tout à fait affranchi?

Pourquoi a-t-elle constamment laissé violer ainsi, à son préjudice, tous les principes de l'égalité économique, fiscale et politique?

Pourquoi???

Parce que l'agriculture n'est pas représentée près des pouvoirs publics.

Parce que le droit de s'associer, lequel est cependant un droit naturel, et qui devrait toujours être libre, lui avait été refusé jusqu'ici, même par ceux qui s'intitulaient pompeusement *les vrais, les seuls amis du peuple.*

Et cependant, comme le dit fort bien M. Laboulaye dans son livre *La démocratie en Amérique* : « C'est l'association qui, dans les pays libres, débarrasse l'Etat d'une foule de soins qui ne le regardent pas ; c'est elle qui *relie les individus isolés et multiplie les forces en les réunissant.* Entre l'égoïsme individuel et le despotisme de l'Etat (qui n'est qu'une autre forme de l'égoïsme), l'association place la foi, la science, la charité, l'intérêt commun, c'est-à-dire tout ce qui rapproche les hommes et leur apprend à se supporter et à s'aimer mutuellement. Elle est le ciment des sociétés; sans elle, la force est la loi du monde; avec elle, cette loi, c'est l'amour... »

« C'est qu'aussi, comme le disait avec sa haute expérience, le rédacteur en chef de ce vaillant journal, l'honorable M. Louis Hervé, les agriculteurs sont émiettés sur la surface du sol, et lorsqu'ils se réunissent ils ne forment que des agrégations de grains de poussière, sans cohésion, sans consistance, incapables de lutter contre la formidable armée des 500 mille fonctionnaires de l'Etat, qui dénature les enquêtes, majore la valeur des propriétés rurales pour en augmenter l'impôt et dispose ainsi, avec un arbitraire sans frein, de nos intérêts, de nos patrimoines, voire de nos personnes.

Or, la loi du 21 mars 1884 nous permet, si nous savons bien en profiter, de nous affranchir enfin de ce joug qui aurait paru bien dur à plus d'un de ces serfs de jadis, sur le sort desquels on verse si souvent des larmes de crocodile.

En effet, cette loi déclare d'abord que les Syndicats professionnels ou *Associations* de gens exerçant le même métier ou des métiers similaires pourront désormais se constituer librement, sans autorisation quelconque, *quel que soit le nombre de leurs membres,* en vue d'étudier ou de défendre leurs intérêts économiques, industriels et commerciaux.

Donc plus de pétitions inutiles, de vœux stériles, mais de l'*union,* de l'*entente,* et surtout de la *discipline.*

Déjà, sur divers points du territoire, quelques syndicats agricoles se sont formés, dans le but d'étudier et de défendre les intérêts des agriculteurs, de traiter toutes les questions techniques et commerciales touchant à l'agriculture, telles que l'achat en commun des engrais et des semences, les conditions à poser dans les marchés de betteraves, la surveillance des livraisons à faire ou à recevoir, etc. Ils s'occupent des assurances mutuelles contre la grêle et la mortalité du bétail, de l'organisation du crédit mutuel, de l'assistance dans les campagnes, des questions économiques à résoudre, revisions des tarifs de douane et des tarifs de chemins de fer, dégrèvement de l'impôt foncier et prestation, égalité devant le régime économique et fiscal entre les Français et les étrangers, entre l'agriculture et l'industrie, etc., etc.

Mais, pourquoi, alors que cette loi a douze ans de date, et que les souffrances n'ont été qu'en augmentant, pourquoi si peu encore de Syndicats agricoles ?

J'en ai déjà signalé deux causes : l'apathie naturelle au campagnard et l'égoïsme.

Le proverbe dit : «Autre temps, autres mœurs » ; est-ce toujours pour le mieux ? N'est-il pas bon, parfois, au contraire, de jeter un regard en arrière, de voir si nous ne pouvons pas reprendre quelques mœurs de nos pères, et nous améliorer ainsi ?

Ne serait-ce pas à faire relativement à ce malheureux défaut : l'égoïsme ? En effet, un caractère général des habitants d'autrefois, à la campagne surtout, c'était le bon accord des voisins, et l'obligeance que l'on avait les uns pour les autres. Ce n'est pas à dire qu'on ne se chamaillait jamais, c'est impossible, entre femmes surtout ; mais c'était l'exception. Au contraire on se plaisait mutuellement à se rendre service. Ainsi, un voisin pour un travail pressé avait-il besoin d'un coup de main, les gens du village venaient tous le lui donner ; la besogne était enlevée, et comme c'était à tour de revanche, il n'en coûtait rien à personne, bien au contraire. Le petit fermier avait-il besoin d'une paire de bœufs pour rentrer plus vivement sa récolte, pour donner un labour en bon temps, son camarade ne se faisait pas tirer l'oreille, et envoyait son bouvier avec son attelage. A son tour, réclamait-il un service, qu'il lui était rendu aussitôt.

De bonne foi, tout ceci n'était-il pas mieux que de rester, comme on le fait aujourd'hui, chacun chez soi, chacun pour soi ? Cela n'était-il pas plus agréable que de ne regarder son voisin que de mauvais œil ? que de le jalouser s'il réussit dans son travail ? N'est-il pas plus utile d'être ainsi, l'un pour l'autre, que d'être toujours en guerre ? que de s'envier ou se dédaigner ? Ne vaudrait-il pas mieux, alors que tous, riches ou pauvres, propriétaires ou fermiers souffrent du même mal, marcher la main dans la main, s'unir d'un commun accord dans la défense d'intérêts semblables ?

M'est avis que, sur ce chapitre, nos pères avaient raison.

C'est qu'aussi, eux, ils avaient encore cette foi qui soulève les montagnes ; ils croyaient et pratiquaient cette parole du Christ : « Aimez-vous les uns les autres » ; et ils ignoraient surtout ce dissolvant par excellence qu'on appelle la politique.

Le plus grand service qu'on puisse rendre à quelqu'un, c'est de lui dire la vérité. Eh bien ! ayons le courage de le dire : **Nous cherchons bien loin la cause des maux dont nous**

souffrons, alors qu'elle est là, chez nous, dans notre propre demeure, dans notre personne elle-même.

Pourquoi ne sommes-nous pas défendus par les pouvoirs publics ?

— Parce que nous n'y sommes pas représentés.

Pourquoi n'y sommes-nous pas représentés ?

— Parce que nous ne savons pas nous unir.

Pourquoi ne savons-nous pas nous unir ?

— Parce que nous sommes divisés par les questions politiques ; et que, sous l'influence de cette cause de désagrégation sociale, nous avons remplacé dans nos cœurs l'amour fraternel par la jalousie et l'envie, la charité chrétienne par la haine et l'égoïsme !

Réagissons donc d'abord contre ce double courant pernicieux qui nous entraîne aux abîmes.

Un penseur l'a dit avec beaucoup de finesse : « Le diable craignant de voir les hommes trop bien d'accord jeta parmi eux la politique, c'est-à-dire le moyen de les mieux diviser. »

Repoussons donc cette cause première de nos maux, cessons d'écouter ces hommes qui soufflent alternativement le chaud et le froid, ces charlatans qui nous promettent un bien-être universel, chimérique, que nulle puissance humaine ne peut donner, parce qu'il est contraire à la nature des choses et aux vues de la divine Providence.

Comme le disait M. le comte de Mun, au Congrès des démocrates catholiques chrétiens : « Si les sociétés peuvent s'abriter et vivre sous les formes diverses que fait naître la marche des temps, il leur faut cependant pour demeurer fortes et prospères, observer certaines conditions essentielles à la vie des nations ; un état démocratique n'échappe pas plus que les autres à cette loi supérieure ; il y est, s'il se peut, plus astreint encore, parce que la mobilité même des courants qui l'entraînent et des passions qui l'agitent, lui fait une obligation d'autant plus impérieuse de s'appuyer sur des bases inébranlables.

« Ces bases, vous les connaissez bien.

« C'est la religion, non point environnée d'une injurieuse tolérance, mais libre de sa vie, de sa parole, de son enseignement, gardienne respectée de cette croyance au divin législateur, dont vous invoquez hautement la doctrine sociale.

« C'est la famille, non livrée aux lois qui détruisent son pays, ni aux mœurs qui ruinent sa fécondité, mais protégée, dans sa dignité chrétienne, comme la cellule où se forme la patrie.

« C'est la propriété, non pas abandonnée, dans son exercice à tous les excès d'une jouissance égoïste, mais consacrée dans son principe comme l'intangible garantie de la liberté.

« Religion, famille, propriété ; idées

vieilles comme le monde, qui dureront autant que lui, et sans cesse cependant menacées, combattues par la révolte des passions ; abris nécessaires de toutes les sociétés humaines, si nécessaires qu'elles se hâtent, pour les reconstruire, d'en ramasser les débris, quand elles les ont renversées dans un jour de folie.

« Religion, famille, propriété, mots vulgaires dont on raille la banalité, mots sacrés cependant comme la devise même de la civilisation. »

Maître Pierre.

Le silphe de la betterave

Nous avons constaté déjà deux ou trois fois que le seul moyen efficace pour combattre le silphe de la betterave consistait dans l'emploi d'une solution toxique à base d'arsenic.

La formule suivante donnée par M. Gaillot, directeur du laboratoire agricole de l'Aisne, est celle qui jusqu'à ce jour a donné les meilleurs résultats :

1° Faire dissoudre dans un litre d'eau, à l'ébullition :

Acide arsénieux (arsenic blanc en poudre), 100 grammes.

Carbonate de soude sec (sel de soude), 100 grammes.

2° Faire dissoudre dans quelques litres d'eau bouillante :

Sulfate de cuivre du commerce, 1 kilogramme.

3° Mettre en lait 1 kilogramme de chaux vive de bonne qualité et passer à travers un tamis fin.

4° Peser 2 kilogrammes de mélasse.

Dans un vase en bois, un vieux tonneau par exemple, ou un récipient en tôle goudronné à l'intérieur, verser 90 litres d'eau environ et y ajouter successivement les quatre solutions préparées suivant la formule ci-dessus. On obtient ainsi un hectolitre d'une bouillie bleu-verdâtre, dont le coût revient approximativement à 80 centimes.

« La quantité à employer par hectare dépend de la force des betteraves à traiter ; mais on peut se baser sur une quantité moyenne de 3 à 5 hectolitres, soit une dépense de 2 fr. 50 à 4 fr. par hectare.

« Cette bouillie arsénicale est répandue au pulvérisateur. Vu son alcalinité on doit la loger dans des récipients en tôle goudronnée à l'intérieur. »

La dynamite en agriculture.

Le *Réveil agricole* de Marseille rend compte d'un intéressant essai de l'emploi de la dynamite comme moyen de briser les blocs de granite et de poudingue dans les travaux de défrichement du sol rocheux de la Crau. Au moyen de simples cartouches de dynamite gommée, et placées dans un trou à la base des blocs, on a fait sauter et briser en menus blocs de poudingue ; par le même moyen on a arraché les racines de vieux arbres séculaires et mis le sol en mesure d'être labouré.

Ces expériences ont démontré comment la dynamite peut être employée avec succès et économie à des travaux de dérochement des terres rocheuses, soit pour défricher, soit pour ouvrir des chemins ou creuser des canaux.

A propos du sulfate de fer

D'expériences récentes, il résulte :

1° Le sulfate de fer est vénéneux par lui-même ou tout au moins par l'acide qu'il met en liberté en passant à l'état de sulfate ferrique basique; il ne peut donc être utilement employé que lorsqu'il provoque des réactions secondaires;

2° Dans un sol calcaire, le sulfate de fer se transforme rapidement en donnant du sulfate de chaux et de la rouille. On en peut mettre des quantités quelconques sans entraver d'une façon absolue la végétation si le calcaire fin est assez abondant et si l'on a soin de n'ensemencer que plusieurs mois après avoir incorporé l'amendement au sol;

3° Le sulfate de fer paraît agir principalement à la façon du plâtre, en favorisant la diffusion de la potasse; il peut, dans les terres pauvres en potasse assimilable, remplacer le plâtre par les légumineuses et quelques autres plantes de mêmes exigences, telles que la pomme de terre, la betterave et la vigne.

En dehors de ces cas spéciaux, nous pensons que le cultivateur n'a rien à gagner à faire entrer cette substance dans les formules de fumures.

Rappelons que c'est surtout comme antichlorotique que le sulfate de fer a fait ses preuves dans les vignes ; comme dissolvant des sels de potasse dans les vignes et dans les plantes avides de cet engrais il peut aussi rendre des services, enfin il est très efficace pour détruire la mousse des prairies.

Le phosphate est-il utile ?

L'acide phosphorique est *tout aussi nécessaire* aux plantes que l'azote, la potasse et la chaux. S'il manque dans un sol, s'il est en proportion trop faible, les rendements sont nécessairement faibles. Or, il n'est plus possible maintenant de réaliser des bénéfices en culture, si l'on n'obtient des récoltes abondantes.

Aussi est-il plus nécessaire que jamais de restreindre sa culture aux engrais que l'on peut produire ou acheter. A-t-on fumé abondamment un sol qui ne produit pas en raison des engrais qu'on lui a confiés, des soins qu'on lui a donnés, qu'il faut en conclure qu'un principe essentiel fait défaut. Le grain est-il maigre, la maturité se fait-elle difficilement, y a-t-il de la verse? Le sol manque de phosphate.

Il y a peut-être excès d'azote : le phosphate neutraliserait *cet excès d'azote*. Aussi a-t-il son emploi indiqué :

1° Dans les sol argileux compacts où l'on a mis récemment de la chaux et où la matière organique, qui restait inerte par le défaut d'aération du sol, s'était accumulée pendant longtemps sans profit pour les récoltes.

2° Dans les sols bas plus ou moins tourbeux et marécageux, constitués en grande partie par des débris végétaux.

3° Partout où l'on emploie des engrais chimiques : nitrate, sulfate d'ammoniaque.

On peut ajouter ici, qu'en tout cas, le phosphate de chaux ne peut subir dans le sol aucune déperdition sensible ; il ne perd rien par évaporation, et son entraînement dans le sous-sol est à peine possible.

Si les récoltes de 1896 n'en ont aucun besoin, celles de 1897 en tireront profit. C'est une réserve précieuse qui est indispensable dans tous les sols.

Il a fait très sec depuis quatre ans ; certains agriculteurs, en trop grand nombre, croient n'avoir plus rien à craindre de la verse ni de l'excès d'azote; l'avenir dira combien ils sont imprévoyants, en tirant une conclusion de faits exceptionnels. On verra sans doute cette année combien l'emploi du phosphate est utile dans tous les terrains, combien il est indispensable même pour obtenir de grands rendements. Le phosphate coûte d'ailleurs fort peu; 1.000 k. à l'hectare n'occasionnent qu'une dépense de 40 francs environ à l'hectare, ce qui est peu important. Le seul supplément de poids des grains obtenus suffit pour rembourser cette dépense avec une seule récolte. Tout le monde sait que le phosphate est l'élément constitutif des os dans le règne animal. Il est aussi l'élément constitutif des parties solides dans le règne végétal.

Le phosphate est donc indispensable pour donner aux céréales le grain dur et lourd et la paille forte, aux betteraves la densité et la richesse, à la vigne le raisin riche en sucre et le bois sec et solide et, surtout, pour faire en saison convenable tous ces produits si précieux.

Le phosphate n'en est pas moins indispensable pour les prairies naturelles ou artificielles et pour toutes les plantes fourragères en général, Non seulement il en augmente énormément le rendement, mais on remarque bientôt que les chevaux et bestiaux nourris d'aliments phosphatés, acquièrent plus d'ampleur et de charpente, plus de poids et de vigueur.

Mais qu'on n'oublie pas une chose : c'est qu'il y a *phosphate* et *phosphate*.

Les phosphates durs sont employés pour l'industrie des superphosphates, tandis que les phosphates tendres de *Quiévy* (Nord) qui ont 82 0/0 d'assimilabilité sont employés directement en agriculture. Qu'on aille à Quiévy, qu'on visite les gisements qui y sont exploités depuis de nombreuses années déjà et, à la vue de ces dents de squale, de ces débris de poissons que l'on trouve à chaque instant, on s'expliquera par leur origine la supériorité des phosphates du Cambrésis. C'est un produit supérieur, cela n'est pas douteux. En nombre de cas, dans beaucoup d'expériences, il a produit des résultats aussi rapides que les superphosphates.

COURTIN.

Alimentation d'engraissement

Au moment où les éleveurs et engraisseurs recherchent les compositions alimentaires les plus productives, il est utile de noter les expériences tentées dans ce but et conduites de façon à en tirer des conclusions décisives.

M. Cormouls-Houlès agriculteur bien connu dans le Tarn, s'est déjà acquis une honorable notoriété par l'emploi heureux qu'il fit en 1893 des bois verts hachés et fermentés, comme aliment des bêtes bovines.

Cette année, M. Cormouls-Houlès, a fait une expérience comparative de nourriture d'engraissement avec des mélanges divers de foin, avec du blé, du tourteau, dont M. Aimé Girard a rendu compte à la Société nationale d'agriculture la semaine dernière.

Voici les résultats de ces essais.

L'essai a eu lieu sur cinq combinaisons alimentaires, savoir :

1° Foin et blé cuit; 2° foin et seigle cuit; 3° foin et tourteau; 4° foin et pommes de terre Merveille d'Amérique; 5° foin et pommes de terre Richters Imperator.

Chaque bête consomma par jour 8 kilos de foin avec les matières suivantes : 1er lot, 4 kilos de blé moulu; 2e lot, 4 kilos de seigle moulu; 3e lot, 14 kilos de pommes de terre Merveille d'Amérique; 4e lot, 14 kilos de Richters.

Ces aliments donnèrent les résultats suivants :

Les génisses gagnèrent par jour : 1er lot (foin et blé), 830 gr.; 2e lot (foin et seigle), 790 gr. ; 3e lot (foin et tourteau), 1 kil. 030; 4e lot (foin et pommes de terre Merveille), 790 gr.; 5e lot (foin et Richters), 800 gr. Le mélange foin et tourteau était donc le plus profitable.

En tablant sur les prix actuels de ces matières, M. Cormouls-Houlès conclut que, dans ce régime d'engraissement, le blé rapporterait 18 fr. 32 le quintal, les pommes de terre 5 francs et 5 fr. 30 le quintal.

Suivant le prix du marché, il y aurait avantage à faire consommer par le bétail tantôt le blé, tantôt les pommes de terre au lieu d'aller les vendre à la ville.

En ce qui concerne le blé ainsi employé, il y a loin du prix de 18 francs le quintal au prix de 25 francs, qu'un autre engraisseur prétend avoir obtenu de son blé, appliqué à la nourriture de son bétail. Sauf meilleur avis, M. Cormouls nous paraît plus près de la vérité. En tout cas, l'emploi du blé dans l'alimentation des bestiaux est une idée à étudier.

La crise sucrière.

Les fabricants de sucre et leurs fournisseurs de betterave se plaignent justement de la conduite de la Chambre, qui s'est séparée sans avoir voté le moyen proposé pour les défendre contre la rivalité des sucres allemands dotés d'un droit de sortie de 4 francs.

M. Viger avait joué le même tour, il y a quatre ans, aux producteurs de blé en retardant ainsi de trois mois le vote de la surtaxe de 2 francs proposée au droit sur les blés étrangers.

Les ruraux crient avec raison contre les maîtres qui se moquent d'eux, mais qu'importe à ces derniers, tant que les couches électorales leur donnent raison ! Le syndicat des fabricants de sucre réclame en ce moment des relèvements de taxe sur les sucres étrangers, et une prime d'exportation des sucres français égale à celle dont jouissent les sucres allemands.

Cela devrait être voté aujourd'hui, évidemment. Mais les ministres et députés étant en vacances, la sucrerie et la culture attendront la rentrée et leurs rivaux étrangers profiteront de ce délai pour encombrer le marché de sucres étrangers au préjudice des nôtres.

Ce sera une nouvelle édition du tour joué aux cultivateurs par M. Viger et ses compères, il y a quatre ans.

Plus ça change, plus c'est la même chanson.

Ruraux, mes amis, serez-vous toujours sourds et aveugles ?

La chlorose de la vigne.

TRAITEMENT DU Dr RASSIGUIER

M. Guillon, répétiteur à l'école d'agriculture de Montpellier, a communiqué à la Société d'agriculture de l'Hérault le résultat de ses divers essais du traitement de la chlorose par le procédé du Dr Rassiguier.

Les conclusions de ces essais confirment de tout point les indications que nous avons données récemment :

1° Le badigeonnage des souches avec le sulfate de fer après la taille, et imbibition de la coupe avec la même solution, constituent encore la meilleure des méthodes employées jusqu'à ce jour. Ni le citrate de fer, ni l'acide sulfurique n'ont donné d'aussi bons résultats.

2° Le badigeonnage en automne (octobre, novembre) est plus efficace qu'au printemps.

Le remède n'est pas toujours efficace la première année ; une seconde application est alors nécessaire.

3° La dose du sulfate va de 30 à 40 0/0, elle varie suivant le degré de vigueur des vignes.

Un nouveau parasite de la vigne.

M. Ghici, professeur d'agriculture à Turin, a observé dans les vignobles de Quassolo Canavere (Piémont) un grand nombre de pieds de vignes fortement attaqués par un phanérogame parasite de la famille des brobanches (Latrœa squamaria). Ce végétal se montre comme autant d'asperges géantes entre les rangs des vignes sur les racines desquelles il croît en parasite, la vigne alors végète mal, les pampres jaunissent, les sarments se rabougrissent, la production diminue considérablement et si l'infection est trop intense, la souche meurt au bout de quelques années. Le mal, qui pourrait devenir grave en se propageant, doit être enrayé en extirpant et en détruisant l'orobanche avant qu'elle ne soit montée à graines.

Le blé rouge hâtif d'Alsace.

Cette variété de blé est connue encore sous les noms de blé *rouge d'Altkirch*, blé *rouge des Vosges*, blé de la *Hte-Saône*, blé du *Sundgau*. Ces différentes dénominations indiquent bien son pays d'origine.

Ce blé est à paille blanche et à épi rouge cuivré à la maturité. Le grain est plutôt moyen que gros, allongé, bien nourri et d'un bon poids à l'hectolitre. Il a beaucoup d'analogie avec les anciens blés de pays, ne ressemble en rien aux gros blés anglais ni aux poulards et est recherché par la meunerie.

Il talle vigoureusement, comme tous les blés qui sont franchement d'hiver. A la levée et pendant l'hiver il se distingue des autres variétés par la couleur vert rougeâtre de ses feuilles fortement étalées sur le sol.

Il est extrêmement rustique, c'est peut-être la variété la plus résistante aux gelées hivernales, je n'en connais pas qui lui soient supérieures sous ce rapport.

L'époque de sa maturité le place parmi les blés d'hiver hâtifs. Le blé bleu et le blé rouge de Bordeaux sont plus hâtifs que lui, mais ces deux variétés sont plutôt des blés de printemps que des blés de saison, surtout dans nos climats rudes du nord-est. Le blé de Lorraine, appelé rouge par les uns et blanc par les autres, parce que cette variété est de toute ancienneté formée par un mélange de blé à épis rouges et à épis blancs, donnant des grains absolument pareils, mûrit son grain 3 ou 4 jours après le blé d'Alsace. Les variétés anglaises, le *Mallet*, par exemple, mûrissent le leur 8 jours plus tard.

Le blé d'Alsace a la paille courte et peu disposée à la verse, supportant bien les engrais actifs qui poussent au rendement. Les cultivateurs lorrains l'apprécient beaucoup à ce point de vue, ils le réservent pour l'ensemencement de leurs meilleures terres, celles où le blé de pays verserait, mais par contre ils le trouvent inférieur à celui-ci dans les champs maigres et plus ou moins envahis par les plantes adventices ; dans ces champs, le blé lorrain dont la paille est très haute, donne une meilleure récolte en grains avec plus de paille. La présence de ces deux variétés sur la ferme permet d'avancer la moisson de 3 ou 4 jours, avantage qui n'est pas à dédaigner au point de vue de la main-d'œuvre et des risques que courent toujours les moissons sur pied.

Le rendement que j'en ai obtenu depuis un certain nombre d'années n'a pas été inférieur, comme moyenne, à 25 quintaux de grain et 4.200 kilos de paille à l'hectare, le poids du grain représenterait donc 37 ou 38 0/0 du poids total de la récolte. Cette année-ci nous avons peu de paille, seulement 3.600 k. avec 2.500 k. de grains ; le grain fait un peu plus de 40 0/0 du poids de la récolte totale.

Ces rendements, nous ne les obtenons que par l'emploi *sur des terres très nettes de mauvaises herbes*, de 1.000 k. de farine de scories phosphoreuses et de 200 k. de nitrate de soude et de 100 k. de chlorure ou de sulfate de potasse, le tout à l'hectare, soit une *dépense de 100 francs d'engrais* complémentaires à l'hectare. Notre dépense en nitrate de soude est peut-être double de ce qu'elle serait avec une autre rotation. Ici, au pied des Vosges, la rudesse du climat nous oblige à semer très tôt, du 20 au 30 septembre, avant l'arrachage des plantes sarclées ; nous faisons suivre celle-ci par de l'avoine et le blé vient seulement après l'avoine, laquelle a profité de l'azote disponible (1).

PAUL GENAY.

Avis aux cultivateurs

MM. les cultivateurs ne sauraient apporter trop de soin dans le choix des engrais dont ils ont besoin. Ils doivent s'adresser à des maisons de confiance et repousser les offres de certains grands syndicats parisiens, s'ils veulent éviter de payer trop cher.

Si nos lecteurs le désirent, nous les mettrons en relation avec des maisons de premier ordre qui leur livreront à des prix très modérés des *engrais de qualité extra*.

Pour tous renseignements relatifs aux fournitures d'engrais, écrire au bureau du journal, 10 *bis*, rue Piccini.

BIBLIOGRAPHIE

Vient de paraître à la Librairie Chevalier-Maresco et Cie, éditeurs, 20, rue Soufflot, Paris :

Le Code du Chasseur ou La Chasse dans ses rapports avec la Loi, par Abel Baudoin, licencié en droit. Prix : 1 fr. 50.

---

1. Sur demande, le bureau du journal peut faire livrer la semence de blé rouge hâtif d'Alsace sélectionné depuis 1877.

Comme son nom l'indique, cet ouvrage n'est qu'un livre de vulgarisation. Mais en le considérant à ce point de vue modeste, on peut affirmer qu'il est susceptible de rendre de sérieux services.

Il renferme :

Les considérations générales sur la chasse en guise d'instruction.

La chasse depuis la Révolution française.

A qui appartient le droit de chasse.

Terrain d'autrui. — Terrain du chasseur.

Droit de garde sur le gibier.

Du gibier. — Définition du gibier.

Droit de destruction des animaux malfaisants ou nuisibles. — Propriété du gibier.

Responsabilité civile. Chasseur, Propriétaire. Père et Mère. Tuteur. Maître et Commettant. Instituteur. Artisans. Dégâts causés par les animaux ou le gibier.

OFFRES ET DEMANDES

RED CAP. Œufs à couver de cette excellente race de poule, réputée la plus jolie et la plus forte pondeuse, garantis race pure frais et fécondés, 5fr. la douzaine franco de port et d'emballage. S'adresser à **Calixte Dany**, Althen-les-Paluds (Vaucluse).

Important : J'invite les personnes qui veulent bien me confier leurs ordres de toujours y joindre un mandat, les remboursements n'étant bénéficiables qu'aux Compagnies. Toujours donner le nom de la gare à laquelle il faut adresser les envois.

A LOUER, pour le 1er octobre prochain, une belle ferme de 87 hectares, près d'Amiens. Labours ; 14 hectares de pâturages ; plants de pommiers ; très bonnes terres ; grande facilité d'exploitation. — On demande : soit un fermier, auquel on pourrait au besoin fournir, en tout ou partie, le mobilier vif et le matériel agricole qui resteraient, jusqu'à concurrence de leur valeur, la propriété du bailleur ; — soit un gérant chef de culture. Adresser les offres au bureau du journal.

POMMES DE TERRE. — Nous apprenons que M. E. Bontin, directeur du *Moniteur des Intérêts agricoles*, 11, rue Taitbout, est en pourparlers avec un certain nombre de Sociétés Coopératives de consommation de Paris et de la banlieue pour leur procurer directement par la culture les pommes de terre *saucisses rouges* et de *hollande* nécessaires à leur approvisionnement d'hiver ; il s'agit de quantités très importantes.

Ceux de nos abonnés que ces fournitures intéressent peuvent s'adresser directement à M. Bontin.

Il lui est également fait des demandes pour des fournitures régulières de volailles de 1 kilo, 1 k. 500 par cageots de 12 à 15 pièces.

Le Bimétallisme et l'Agriculture en 1896 par M. L. de Lamérie. Prix : 1 franc.

En vente chez l'auteur à Lavarenne par Châteaudun (Eure-et-Loir). Brochure intéressante et instructive.

A VENDRE OU A LOUER propriété rurale à proximité de centres importants, bonne terre, constructions suffisantes.

Excellente affaire convenant surtout à jeune homme voulant prendre une exploitation. S'adresser aux bureaux du journal. Se hâter.

M. **POUZIN** offre de jolis racines de son plant de vigne à la seule condition pour les demandeurs de lui tenir compte d'une partie de la récolte d'une année. — Contre 0 fr.25 il expédie son *Guide* pour la culture de cette variété. Écrire à M. Pouzin Émile, à Saint-Paul-les-Romans, Drôme.

Huiles d'olive garanties pures et sans mélange venant directement de la propriété.

Au prix de 1,80, — 1,60, — 1,50 le kilog. suivant qualité.

Gare départ, paiement contre remboursement. S'adresser à M. Edouard Laurin, propriétaire à Saint-Chamas (Bouches-du-Rhône).

LA QUESTION DU BLÉ, par J. Vavost. franco : 0fr. 60. S'adresser : Lemercier, libraire, 1, galerie Véro-Dodat, Paris.

Ferme de l'Institut Agricole de Beauvais — A VENDRE :

1° Très bon bélier *charmois* en état de faire la lutte.

2° Œufs, poulettes et coqs des races : La Flèche, Dorkins, Leghorn, Campine et Padoue Doré, Langshan, Gournay, Coucou de Malines, Houdan, Cochinchinoise fauve, Brahmapoutra, canards de Rouen.

Un agriculteur offre des actions d'une bonne société d'assurances au prix d'émission. Revenu de 5 p. 100. S'adresser aux bureaux du journal.

Agriculteur, ancien régisseur de grandes propriétés, demande direction d'un domaine en France ou colonies. Excellentes références.

Ancien Industriel ayant possédé usine importante, fait valoir plusieurs Fermes et Bois de haute futaie, désire se placer comme intendant-régisseur. Nous recommandons spécialement cette personne qui a de grandes connaissances techniques à possesseur de grand domaine. Écrire au bureau du journal.

Si vous voulez boire du bon vin de Saint-Émilion, adressez-vous à M. Duplessis-Foursand au château des Trois-Moulins, à SAINT-ÉMILION (Gironde).

(Voir le prix courant.)

COURS DES BESTIAUX

Marché de la Villette du 17 août 1896.

	PRIX DE LA VIANDE NETTE		
	1re qualité	2e qualité	3e qualité
Bœufs. ...	1.50	1.40	1.30
Vaches...	1.48	1.38	1.28
Taureaux.	1 22	1.12	1.02
Veaux....	1 64	1.54	1 21
Moutons..	2 00	1.84	1.74
Porcs	1.18	1.11	1.00

ESPÈCES	AMENÉS	VENDUS	PRIX EXTRÈME	
			viande net	poids vif
Bœufs....	2.583	2.441	1.32 à 1 52	60 à » 94
Vaches...	601	576	1.30 1.50	55 » 91
Taureaux.	170	138	1 05 1.24	50 » 77
Veaux....	1.115	1.025	1.24 1.64	55 1.04
Moutons..	15.151	14 366	1.74 1.98	78 1.03
Porcs	3 075	3.040	0.00 1.12	76 » 58

Vente calme.

Marché de la Villette du 20 août 1896.

	PRIX DE LA VIANDE NETTE AU KILOGR.			
	1re qualité	2e qualité	3e qualité	Prix extrème
Bœufs....	1.48	1.40	1.30	1.26 à 1.52
Vaches...	1.46	1.38	1 24	1 16 1 50
Taureaux	1 26	1.16	1.06	1.02 1.30
Veaux....	1.70	1.56	1 40	1 30 1 80
Moutons..	1.98	1.84	1.74	1.64 2 02
Porcs	1.20	1.10	»	1.24

ESPÈCES	AMENÉS	VENDUS	OBSERVATIONS
Bœufs ...	1.863	»	Vente plus facile sur le gros bétail, moyenne sur les veaux, les moutons et les porcs.
Vaches...	495	121	
Taureaux.	203	»	
Veaux....	1.377	418	
Moutons..	18.203	»	
Porcs......	6.797	»	

Vente du bétail au marché de La Villette.

Adresser les animaux à MM. Henri Robin et Surugue, en gare Paris-Bestiaux. Les aviser par lettre auparavant, 190, rue d'Allemagne, Paris.

CORRESPONDANCE

CHANGEMENT D'ADRESSE

Chaque demande de changement d'adresse doit être accompagnée d'une bande imprimée et de *CINQUANTE CENTIMES* en timbres-poste pour frais de réimpression.

M. le comte de B., à L. (Yonne). — La *herse coupe-gazon* étant d'invention toute récente ne se trouve pas encore à Paris. Pour vous la procurer adressez-vous à l'ingénieur Laake, ferme Gross et Cie, à Leipzig-Eutritzsch.

M O., à B. (Ardennes). — Les sacs à raisin offerts comme prime par la *Gazette* ne peuvent s'adresser que par colis-postaux (0 fr. 60 en gare) joindre cette somme au montant du mandat.

M. P. C., adjoint au maire de T. (Aveyron). — Pour vous procurer un ouvrage d'apiculture moderne des plus pratiques, adressez-vous de notre part à la librairie Michelet, 25, quai des Grands-Augustins, Paris.

M. P. D., à Saint-G. (Seine-et-Oise). — Nous avons pris bonne note de votre nouvelle adresse et vous prions de nous adresser 0 fr.50 pour le renouvellement des bandes.

M. A. S., à C. (Aube). — Vous avez le droit de demander la suppression de toutes les plantations qui ont été faites par votre voisin à moins de 2 mètres de votre héritage et qui ont plus de 2 mètres de hauteur.

On ne peut planter des arbres à haute tige ayant plus de 2 mètres de hauteur, qu'à 2 mètres de la ligne séparative. Vous ne pouvez pas l'obliger à faire un fossé, vous ne pouvez que le contraindre à reculer ses arbres. (Loi du 20 août 1881.)

M. Ernest P., à S. (Jura), a parfaitement le droit de pratiquer dans le mur de sa maison des ouvertures, soit au rez-de-chaussée, soit au 1er étage, donnant vue sur le terrain de la commune, qui paraît être maintenant une place publique.

(Voir à l'arrêt de la cour de cassation du 28 octobre 1891.)

M. S. (Aube). — L'émission des bons de l'exposition de 1900 n'est pas comme l'emprunt des bons de l'exposition de 1889. Un bon vous donne droit à 20 entrées et la chance seulement de gagner l'un des lots, il n'y a aucun remboursement à espérer.

Le Gérant : E. GAMBART.

IMP. NOIZETTE ET Cie, 8, RUE CAMPAGNE-1re, PARIS

PRIMES A NOS ABONNÉS

Délicieux Vin Muscat Vieux tonique et réconfortant venant directement de la propriété, garanti authentique, offert en prime à nos abonnés à raison de 1 fr. 25 le litre logé en fûts de 25 à 35 litres. Fûts perdus.

Adresser les commandes au Bureau du Journal, 10 *bis*, rue Piccini, Paris.

Porte-pantalon hygiénique, breveté S. G. D. G. de P.-B. Noël. Prix de faveur pour nos lecteurs. Pour hommes, jeunes gens et enfants de dix ans franco 4 fr. ; pour femmes et fillettes, 4 fr. 50.

Toute commande doit être strictement accompagnée d'un mandat-poste représentant la valeur de l'expédition.

BONDE le cent, 25 fr., les cinquante 13 fr. les vingt-cinq 7 fr. Au-dessous de 25 bondes 0 fr. 30. Le tout franco de port.

Indiquer le diamètre de chaque bonde.

primes nouvelles. — *Sacs à raisin enduits, toile supérieure, avec fermeture brevetée.* Marrons, le mille 50 fr. » le cent 5 fr. 85 *franco*. petits, le mille 40 fr. » le cent 4 fr. 85 —

Sacs à fruits enduits, toile supérieure. Nº 0 petit, le mille 22 fr., le cent 2 85 *franco*. Nº 1 grands, le mille 27 fr., le cent 3 15. —

Purificateur d'air pour tonneaux, l'un 4 50 franco gare.

Moyennant un supplément de 0 fr. 40, nous joindrons à l'envoi une mèche à percer de calibre et moyennant 0 fr. 10 en plus, une mèche soufrée.

BULLETIN FINANCIER

L'ensemble de la cote a fait preuve d'une grande fermeté pendant toute la semaine et les cours restent à un niveau supérieur à celui d'il y a huit jours.

Les rentes françaises notamment ont fait de sérieux progrès.

Dans le compartiment de valeurs de crédit, l'action du Crédit foncier est toujours très recherchée.

Les bons de l'Exposition sont très actifs.

Il était à prévoir que l'approche du tirage du 25 août donnerait aux demandes de bons de l'Exposition un surcroît d'animation. Il s'agit d'un gros lot de 500.000 francs accompagné d'un grand nombre de lots secondaires. Il y aura un gagnant pour ce gros lot, et plusieurs gagnants pour les autres, voilà une chose certaine, tout acheteur peut donc se dire qu'il a autant de chances que son voisin d'être, d'ici à la fin du mois, en possession d'un demi-million.

Le classement des bons qui se trouvent encore à l'état flottant marche rapidement.

Il y a lieu de prévoir que d'ici à quelques semaines, les retardataires éprouveront quelques difficultés à faire leur provision. Chemins de fer et valeurs industrielles restent tous bien tenus.

COURON.

CHEMINS DE FER DE L'OUEST

PARIS A LONDRES,

par la gare Saint-Lazare, viâ Rouen Dieppe et Newhaven. — Grande économie.

Quatre traversés par jour (deux en chaque sens). Tous les jours et toute l'année (dimanche compris).

Trajet de jour en 9 heures (1re et 2e cl. seulement).

Départs de Paris Saint-Lazare : 10 h. matin et 9 h. soir.

Arrivées à Londres : Londor-Bridge, 7 h. soir et 7 h. 40 matin. — à Victoria, 7 h. soir et 7 h.50 matin.

Départs de Londres : à London-Bridge, 10 h. matin et 9 h. soir. — à Victoria, 10 h. matin et 8 h.50 soir.

Arrivées à Paris Saint-Lazare, 7 h. soir et 8 h. matin.

PRIX DES BILLETS :

Billets simples, valables pendant 7 jours : 1re classe, 43 fr.25 ; 2e classe, 32 francs ; 3e classe 23 fr. 25.

Billets d'aller et retour, valables pendant un mois : 1re classe, 72 fr. 75 ; 2e classe, 52 fr.75 ; 3e classe, 41 fr.50.

Des voitures à couloir (W. C. toilette, etc...) sont mises en service dans les trains de marée de jour entre Paris et Dieppe. Des cabines particulières sur les bateaux peuvent être réservées sur demande préalable.

Transport en grande vitesse de Messageries, Primeurs, Fruits, Légumes, Fleurs, etc... entre Paris et Londres. Trois départs par jour toute l'année.

Les expéditions remises à la gare Saint-Lazare pour les trains partant à 3 h.40, 4 h.10 et 9 h. du soir parviennent à Londres le lendemain à 8 h.45, à 9 h. 15, du matin ou à midi 45.

Le moment favorable au transport des vins étant revenu, nous rappelons à nos lecteurs que tous ceux d'entre eux qui, sur nos conseils, et depuis cinq ans, consomment les vins de M. VINCENT ARDURA, vigneron, domaine de la Chapelle-Frédignac, par Blaye-Bordeaux n'ont qu'à se louer de la qualité et de la conservation de ce Bordeaux absolument naturel, expédié sans intermédiaire.

Pour dégustation sérieuse, envoi gratuit est fait d'une bouteille de la récolte désignée.

L'encaissement est fait par le facteur, à 30 jours, escompte 2 0/0, ou 90 jours.

Vendanges : 1893, à 130 fr., 1892-91, à 150 fr. 1890-89, à 175 fr., 1887, à 200 fr., 1885, à 220 fr., 1884, à 240 fr., 1882, à 250 fr., 1881, à 300 fr. — Graves blancs vieux : 130, 150, 200, 250, 300 fr., suivant âge, les 225 litres collés, soutirés, franco de port et de fût en gare d'arrivée.

pour biner, sarcler promptement entre toutes les lignes de plantes ou légumes sans distinction, indispensable en toutes saisons dans les jardins, vignes, pépinières, les cultures de betteraves, de tabac, etc., même dans les allées

---

CHEVAUX BOITEUX

Guérison par le spécifique BORNET

Contre Capelets, Mollettes, Vessigons, Eponges, Exostoses, Suros, Eparvins e les Formes à leur début, *(Il s'applique également à toutes les tares molles et osseuses.)*

PRÉPARÉ PAR **A. BORNET**

Pharmacien de 1re classe, ex-interne et lauréat des hôpitaux.

19, rue de Bourgogne, PARIS.

Le flacon, 5 fr., à la pharmacie ; en gare par colis postal, 6 fr. contre mandat.

EXCELLENT DÉSINFECTANT

POUR LES FUTS A VIN, CIDRE, BIÉRE, ETC.

Prix de faveur pour nos lecteurs

Sur notre demande, M. Motty, père, l'inventeur, a consenti à en mettre de petites quantités pour essais à la disposition de nos lecteurs.

10 litres franco gare. 10 fr.

Adresser les demandes à M. Crépeaux, rue Piccini, 10 bis, Paris.

M. RECOURAT, pharmacien à Beauvais.

Gale des moutons guérie radicalement par *une seule application* de l'ANTIPSORIQUE. La bouteille, 3 fr. ; la 1/2 bouteille, 1 fr.75. Guérison du PIÉTIN par *un seul pansement* avec le CONTRE-PIÉTIN-RECOURAT.

Le pot d'essai, 1 fr. 50 ; le pot, 2 fr. 50.

Joindre 0 fr. 60 pour recevoir *franco* et indiquer gare

Ouvrages de MM. CRÉPEAUX

En vente aux bureaux de la *Gazette*

La Culture électrique 1 50
Manuel vétérinaire pratique du cultivateur . . . . 1 »
Almanach de la France rurale pour 1896 . . . . » 60
L'Année agricole et agronomique pour 1895 . . . . 3 50
La Culture du Blé, par M. FLEURY-BERGER. . . . . 1 »

Insecticide-Préservateur
FERTILISANT
DESGOUTTES

La Boîte de 10 kilog., pour essais, 10 fr. franco toutes gares (port et emballage compris).

Adresser les demandes, accompagnées d'un mandat, 10 bis, rue Piccini, Paris.

des Usines de MM. P. MARCHAND Frères, à DUNKERQUE (Nord)
Fabriqués sous le contrôle permanent de la Station Agronomique du Nord
Dirigée par M. DUBERNARD

Nous appelons l'attention des éleveurs et des nourrisseurs sur les Tourteaux de **COTON** de graines d'Egypte : c'est un produit excellent pour les vaches laitières, les bœufs à l'engrais et les moutons.

Nos Tourteaux de **COTON** sont complètement débarrassés de la bourre qui enveloppe la graine et contiennent la même quantité de matières nutritives et grasses que les meilleurs Tourteaux de Lin.

Nos Tourteaux de **COTON** forment l'aliment le meilleur et le plus avantageux en raison de leur prix excessivement bas.

PRIX : 9 Fr.   les 100 kil., gare Dunkerque

S'adresser à MM. P. MARCHAND Frères, à DUNKERQUE (Nord)

PHOSPHATE FOSSILE DE QUIÉVY-N. YD

le plus assimilable de tous les phosphates connus

GARANTI PUR DE MÉLANGE AVEC TOUT AUTRE PHOSPHATE
Ce qui, du reste, ne pourrait que diminuer son assimilabilité.

EXTRACTION DU GISEMENT ET USINE A QUIÉVY

Propriétaire-Extracteur : C. LECLERCQ

Bureaux à Viesly (Nord).

COMPOSITION MOYENNE		ASSIMILABILITÉ RELATIVE (méth. Joulie).
		Solubilité dans l'oxalate d'ammoniaque.
Acide phosphorique. . . .	12 » à 16 » 0/0	Phosphate de Quiévy. 82 29 0/0
Potasse	0 45 à 2 77 0/0	— de la Meuse 51 95 0/0
Chaux.	19 05 à 31 » 0/0	— de Pernes. 47 87 0/0
Magnésie.	0 58 à 3 80 0/0	— des Ardennes. 46 43 0/0
Matières organiques azotées .	1 80 à 3 45 0/0	— de la Somme (moy.). . 44 53 0/0
		— de Ciply. 34 57 0/0

Titre garanti en acide phosphorique : 13 à 15 0/0.

LIVRAISON : EN POUDRE IMPALPABLE EN SACS PLOMBÉS, MIS SUR WAGON GARE QUIÉVY-en-CAMBRÉSIS
Prix : 3 fr. 80 les 100 kilos, sacs perdus, 30 jours, 2 0/0 ou 90 jours net.

NOTA. — Les acheteurs qui désirent employer le **véritable Phosphate de Quiévy** pur et garanti d'origine doivent exiger que les sacs portent la Marque (**Au Poisson fossile**) et la Firme : M. LECLERCQ, seul exploitant à Quiévy (Nord).

CULTIVATEUR AMÉRICAIN

" CHAMPION "

Instrument hors de pair pour les DÉCHAUMAGES
et la PRÉPARATION DU SOL en général

PRIX MODIQUES - VENTE APRÈS ESSAI
GARANTIES LES PLUS ÉTENDUES

DÉCHAUMEUSES à 3 et 4 Socs

DEMANDER LES CATALOGUES

Ch. FAUL, 13, RUE PIERRE-LEVÉE, PARIS

DÉSINFECTANT INCOMPARABLE

pr tonneaux à vin, cidres et autres liquides

MAISON FONDÉE en 1875   **Jules MOITY Père**   MAISON FONDÉE en 1875

Inventeur, breveté en France et à l'étranger.

16, rue Sencier, FOURMIES, France (Nord)

4 diplômes d'honneur. 12 médailles hors concours.

Ce produit, dont la réputation n'est plus à faire, est employé dans une grande partie de la brasserie française, belge et hollandaise avec les plus grands succès.

Guérison radicale *des plus mauvais goûts de fûts en 12 heures, par une simple opération qui ne coûte au plus que 0 fr. 1 à la rondelle de 160 litres, main-d'œuvre comprise.*

Mode d'emploi. — Laver les fûts à l'eau bouillante, les laisser égoutter pendant 12 heures, les rincer ensuite avec mon produit et **six ou dix** heures après, suivant la saison, les relaver à nouveau à l'eau **bouillante** et vous pouvez entonner avec sûreté n'importe quelle boisson et sans nuire aucunement au bois ni à la boisson, inconvénients que produisent beaucoup de moyens employés à défaut d'autres meilleurs.

Prix :

0 fr. 65 du litre en dessous de 10 litres, ou 0.55 du kil.
0 fr. 60   —   de 100 à 175 litres,   ou 0 50 —
0 fr. 55   —   de au-des. jusqu'à 228 lit. ou 0.45 —
Réduction par plus grandes quantités.

Les commandes au-dessus de 150 litres seront livrées franco en gare du destinataire.

Certificat pris dans 100.000 :
« Monsieur J. Moity, père,
à Fourmies.
« J'ai été très satisfait de votre désinfectant veuillez m'en envoyer 200 litres de suite.
« Recevez mes sincères salutations ».
Desurmont-Chasseur, à Tourcoing.

VELOUTINE FLAMANDE

La Veloutine est spécialement employée pour lustrer les cuirs de fantaisie : guides, selles, harnais de luxe et de travail, capotes, tabliers, caparaçons, etc., et lorsqu'ils ont déjà été enduits de vaseline, ce produit donne un joli brillant et évite l'action graisseuse des cirages ou préparations à base de cire. Sans causticité il ne dessèche pas et imperméabilise.

Le bidon d'un litre pour harnais noirs. . . . 8 70
—   —   —   jaunes. . . 4 20
Franco gare contre mandat-poste.

S'adresser : *Manufacture de Vaselines industrielles de Ligny-en-Cambrésis (Nord)*

Eugène de MASQUARD

PROPRIÉTAIRE-VITICULTEUR, Château de la Cascade

SAINT-CÉSAIRE-LES-NIMES (Gard)

Vins garantis naturels, rouges et blancs, depuis 75 fr. la pièce de 220 litres jusqu'à 100 francs, selon qualité, prise en gare de St-Césaire (Gard), fût perdu.
Ces vins ont été médaillés à toutes les expositions où ils ont figuré.

Récoltés sur des coteaux et des terrains secs, les vins de Saint-Césaire, l'un des meilleurs crus du Gard, se conservent parfaitement sans être plâtrés.

Envoi franco de prix courants et échantillons

LYSOL

Le plus puissant de tous les antiseptiques désinfectants dérivés du goudron
Le seul complètement soluble dans l'eau
INSECTICIDE & ANTIPARASITAIRE INFAILLIBLE

POUDRE AU LYSOL

La poudre au Lysol préserve la vigne, les arbres fruitiers, fleurs, plantes, etc., des invasions cryptogamiques et parasitaires.

ENVOI FRANCO D'UNE BROCHURE EXPLICATIVE
sur demande adressée à la

SOCIÉTÉ FRANÇAISE DU LYSOL
22 et 24, Place Vendôme, PARIS

VINS DE SAINT-ÉMILION

Vins classés, de 800 à 250 francs la barrique de 225 litres. — Moitié prix pour la barrique de 112 litres.
Vins grands ordinaires, de 140, 125, 105, 100 francs la barrique — 80, 75, 70, 65, 58, 55 francs, la demi-barrique. — Rendu *franco* en gare et régie, sauf octroi.
Adresser commandes à M. DUPLESSIS-FOURCAUD, à Saint-Émilion. — Envoi de prix courants et échantillons sur demande affranchie.
Médailles d'Or, Paris, 1867 et 1889 — Moscou 1891 — Besançon, Montluçon, Royan, etc.

ALIMENTATION DU BÉTAIL

Tourteaux de Coprah ou Coco

F. TASSY, E. ROCCA et Cie

Fabricants d'huiles (producteurs directs de Tourteaux)

23, RUE HAXO, MARSEILLE

Deux médailles d'or, Anvers 1894

Envoi de Prix-Courants et Échantillons sur demande.

BAINS-BUANDERIES

Baignoires. — Chauffe-Bains. — Douches. — Appareils de lessivage, système GASTON BOZÉRIAN.

CHAUDRONNERIE, TOLERIE, *etc.* — ENVOI FRANCO DE CATALOGUES.

DELAROCHE aîné, 22, rue Bertrand, Paris

NOUVELLE BAISSE DE PRIX

PHOSPHO-GUANO COMPANY, LIMITED

LEFEBVRE FRÈRES, Consignataires généraux

PARIS - 60, RUE DE BONDY - PARIS

PHOSPHO-GUANO

SEUL VÉRITABLE — IMPORTÉ DEPUIS 1853

Superphosphate Ornithos — Superphosphate Chilton — Superphosphate 10 degrés

Osso-Guano, Engrais complet Rhizome. Engrais Surazoté L. F.

La qualité et les dosages de tous ces engrais sont invariables et garantis.

L'acide phosphorique qu'ils renferment étant complètement **soluble dans l'eau** a une valeur fertilisante très supérieure à celui des engrais et superphosphates dont l'acide phosphorique, soluble **seulement** dans le citrate d'ammoniaque, reste insoluble dans l'eau. Il n'y a de garanties sérieuses que celles des dosages exprimés séparément en acide phosphorique **soluble dans l'eau** et en acide phosphorique, **insoluble dans l'eau**.

Envoi franco sur demande de brochures indiquant les dosages garantis et les prix.

Dépôts dans tous les principaux centres agricoles.

UNION AGRICOLE DE FRANCE

Société Anonyme au Capital de 1.100.000 Francs. — Siège Social : 18, Boulevard des Capucines, Paris.

SIÈGE COMMERCIAL PRINCIPAL : 72-74, Rue Saint-Denis, PARIS

Vente à la Commission
et en toute loyauté
DE
DENRÉES AGRICOLES
de toutes sortes
et de toutes provenances

Fourniture Directe
et livraison à domicile
AUX
ÉPICIERS, FRUITIERS
Restaurants, Hôtels, Pensionnats et Établissements privés importants.

Renseignements détaillés sur demande au Siège Social.

MALADIES DU BÉTAIL
ET DE LA VOLAILLE
Leur traitement préventif et curatif

PAR L'ACIDE SALICYLIQUE

L'acide salicylique, employé dans la nourriture à la dose de 1/2 à 1 gramme par jour et par tête de bétail, est le meilleur préservatif des maladies qui procèdent par contagion : Sang de rate, Cocotte, Maladie aphteuse, Erysipèle, Typhus, Morve, Variole et le Rouget des porcs, etc.

DES ATTESTATIONS NOMBREUSES DE GUÉRISONS obtenues pour la Cocotte et le Rouget des porcs ont été reproduites dans le journal *l'Agriculture*.

La désinfection des étables, des écuries, se fait instantanément au moyen d'un arrosage d'eau salicylée à 2 grammes par litre.

S'adresser à M. CERCKEL, administrateur de la *Compagnie de produits antiseptiques*, 26, rue Bergère, Paris.

Envoi sur demande de Prospectus et Brochures.

PRIX DU KIL., 25 fr. BOITE DE MÉNAGE, 2 fr.

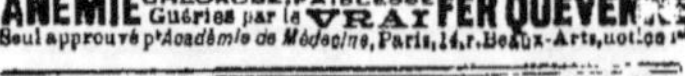

DISTILLATION CONTINUE

ALAMBIC
Système A. ESTÈVE

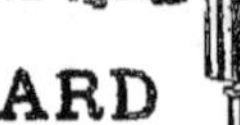

F. BESNARD

PÈRE, FILS ET GENDRES

28, *rue Geoffroy-Lasnier*

PARIS

Envoi franco du Catalogue sur demande

L'URBAINE
Compagnie anonyme d'Assurances à primes fixes contre l'INCENDIE
FONDÉE EN 1838
CINQUANTE-NEUVIÈME ANNÉE
CAPITAL : 5 MILLIONS — GARANTIES : 70 MILLIONS
SINISTRES PAYÉS DEPUIS L'ORIGINE : 132.000.000 FRANCS
PARIS — 8 et 10, rue Le Peletier

SELS POUR L'AGRICULTURE
Nourriture du bétail et Engrais des terres

Sel neuf dénaturé, au tourteau de colza. 45 f. 1.000 k.
Sel neuf dénaturé, au peroxyde de fer. 40 f. 1.000 k.
Sel de morue pur. 35 f. 1.000 k.
Expéditions de Fécamp, Bordeaux et St-Malo.

S'adresser à MM. A. LE BORGNE et ses Fils, négociants-armateurs, à Fécamp.

MACHINES AGRICOLES

A. BAJAC
à LIANCOURT (Oise)

LA GAZETTE AGRICOLE

PRÉSERVEZ VOS ANIMAUX DOMESTIQUES
de toutes les Epizooties et Maladies contagieuses par
la Désinfection des Ecuries, Etables, Porcheries

PAR LE

CRÉSYL-JEYES

Désinfectant — Antiseptique, le seul (non
toxique), qui soit d'une efficacité scientifiquement démontrée. Le CRÉSYL-JEYES a été récompensé par la Société des Agriculteurs de France
en 1891 d'une Médaille d'argent grand module.
Envoi franco sur demande du prospectus détaillé. —
CRÉSYL-JEYES, 35, Rue des Francs-Bourgeois, 35, Paris.
Se méfier des nombreuses contrefaçons.

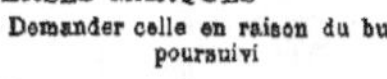

FROMENTINE

Marque déposée B. S.G.D.G.

*Produit pour l'alimentation économique,
saine et rationnelle du bétail, provenant
en grande partie des issues de la mouture de blé.*

DIVERSES MARQUES

Demander celle en raison du but
poursuivi

Marque A pour l'engraissement égal
à celui du tourteau de lin, le remplacement de l'avoine, production
d'un lait de qualité supérieure.

Marque B pour le bon entretien du
bétail.

Marque J développement rapide des
jeunes bêtes.

Marque L surproduction du lait.
Marque E engraissement rapide.

Ecrire à M. Armand MILLOT
Moulins Saint-Martin
Saint-Quentin (Aisne.)

Machines Agricoles Françaises

MAISON ALBARET

O. ✳.O.M.A. ̃
Breveté
S. G. D. G

Veuve ALBARET et G. LEFEBVRE, SUCCR

ATELIERS DE CONSTRUCTION ET ADMINISTRATION
A RANTIGNY-LIANCOURT (Oise)

Bureaux et Magasins:
9, Rue du Louvre, PARIS

LOCOMOBILES, MACHINES DEMI-FIXES, MOTEURS A PÉTROLE
BATTEUSES PORTATIVES ET FIXES — MANÈGES

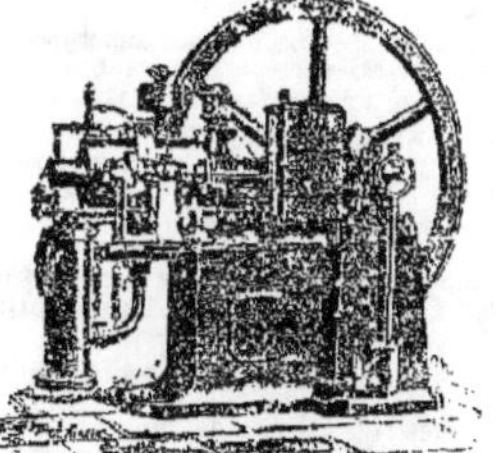

HACHE-MAIS - HACHE-PAILLE   **PRESSES A FOURRAGES**

FAUCHEUSES, MOISSONNEUSES & LIEUSES
RATEAUX, FANEUSES

Semoirs en Lignes — Semoirs à Engrais — Concasseurs — Aplatisseurs

INSTRUMENTS D'AGRICULTURE — INSTRUMENTS DE PESAGE
Grand Prix, **Lyon 1894.** — Grand Prix, **Anvers 1894.** — Grand Prix, **Bordeaux 1895**
Beauvais 1895, Diplôme d'Honneur
Tunis 1895, Premier Prix, Médaille d'Or
19 Diplômes d'Honneur et d'Excellence — 226 Médailles d'Or — 194 Médailles d'Argent

---

SUCCURSALES :
Saint-Quentin, Chartres, Abbeville, Cambrai, Dax, Lyon, Alger
Envoi franco sur demande des Catalogues illustrés.

17ᵉ Année. — Nᵒ 35. LE NUMÉRO. 10 CENTIMES. Dimanche 30 Août 1896.

GAZETTE AGRICOLE

JOURNAL HEBDOMADAIRE, PARAISSANT LE DIMANCHE

Fondateur : M. CH. GOSSIN, Professeur d'Agriculture à l'Institut agricole de Beauvais

PRIX DE L'ABONNEMENT

UN AN, 5 fr. — SIX MOIS, 3 fr. — TROIS MOIS, 2 fr. 25

Pour l'Étranger les abonnements ne sont reçus que pour un an, au prix de 6 francs, et ne partent que du 1er JANVIER ou du 1er JUILLET de chaque année.

Le Numéro : **10** centimes.

Adresser toute la correspondance : mandats, lettres, annonces, etc., à M. CRÉPEAUX, Directeur de la *Gazette agricole*, 10 bis, rue Picciai, Paris.

Toute demande de changement d'adresse doit être accompagnée de 50 centimes et de la dernière bande du journal.

BUREAUX

97, rue de Rennes, Paris, et à Beauvais, rue Saint-Étienne.

Les abonnements partent du 1er de chaque mois et sont payables d'avance. Toute demande d'abonnement doit donc être accompagnée du prix de l'abonnement. (Le mode de payement le plus simple est l'envoi d'un mandat-poste.)

Donner *très lisiblement*, en s'abonnant, son nom et son adresse exacte, *avec l'indication du bureau de poste*; et, s'il s'agit d'une continuation d'abonnement, joindre au renouvellement la dernière bande d'adresse du journal

Les Annonces sont reçues à la Direction du Journal, et chez MM. DUSSERIS et MATHELLON, 97, rue de Rennes Paris.

Sommaire :

MM.

S. CRÉPEAUX. — Le prix des superphosphates.

E. BABLOT-MAITRE. — L'esprit des douanes et ses conséquences désastreuses.

FRÈRE ANTONIS. — Les derniers semis d'automne. — Le ver blanc dans les prairies et sa destruction.

E. GARNOT. — Du Dindon.

E. DE P. — Conservation des raisins.

CHRONIQUE POLITIQUE. — Deux discours politiques. Sac au dos les vicaires. La proposition de M. Estancelin.

CHRONIQUE GÉNÉRALE. — Institut agricole de Beauvais. Concours. Mesures préventives contre la rage. Nos récoltes de céréales en 1896. Les beurres d'Australie en Angleterre. Nécrologie.

CHRONIQUE AGRICOLE. — Situation ; la saison. Les phosphates d'Algérie. La potasse dans les légumineuses. Le mouton dans le Midi. Le rôle des feuilles. La crise sucrière. Culture et moissons américaines. La cochylis dans les vignes. Le talc contre le mildiou. Suppression de la secrétion du lait quelque temps avant le vêlage. Les puits infectés. Un veau à deux têtes vivant. Moyens d'obtenir des fruits monstres.

RECETTES.

PETITE CORRESPONDANCE.

BULLETIN COMMERCIAL

Paris, le 26 août 1896.

Les offres en blé indigène sont assez suivies sur nos marchés ; mais la demande reste active et l'on continue à constater presque partout de la fermeté. On vante la belle qualité des blés nouveaux.

Les menus grains se maintiennent avec un courant d'affaires assez régulier.

La farine, bien que d'une vente toujours très laborieuse, est un peu moins offerte et mieux tenue en présence de la fermeté qui se produit sur le blé.

Les issues sont de plus en plus rares et tenues à des prix presque inabordables.

Des avis de Vienne disent que le temps est toujours variable et frais, que dans la plupart des régions, la qualité des récoltes a quelque peu souffert.

BOURSE DU COMMERCE DU MERCREDI 26 AOUT

	FARINES	BLÉS
Courant	40 80	18 85
Prochain	40 75	18 60
Sept.-Oct.	40 70	18 65
4 derniers	40 55	18 70
4 de nov.	40 35	18 70
4 premers	40 45	18 80

Marque de Corbeil : 44 fr. le sac de 150 kil. toile à rendre.

Halle aux blés. — *Blés indigènes.* — La tendance est calme sans baisse cependant sur mercredi dernier pour les bons blés, les qualités ordinaires ou moyennes ainsi que les blés vieux sont plus délaissés, les détenteurs sont obligés de faire des concessions pour vendre.

Les offres viennent surtout de nos environs de la Beauce, on voit aussi pas mal de vendeurs du centre.

Les prix payés varient pour : blés blancs 18,25 à 19, roux 17,75 à 18,50 les 100 kil. Paris.

Blés étrangers. — Toujours sans affaires, prix nominatifs.

Avoines. — La fermeté de mercredi dernier ne s'est pas maintenue depuis.

On tient Saint-Pétersbourg et Amérique 10,50, Liban noirs 11, avoines nouvelles blanches 14,25 à 14,50, rouges 14,75, grises 15, noires 15,25à 16, vieilles 15 à 16les 100 kilos, gare Paris.

Seigles. — Les cours se maintiennent de 10,75 à 11,25, gares ou bateaux Paris.

Orges. — La demande est bonne avec un grand écart dans les prix suivant blancheur. On cote de 15 à 17.

Sucres. — Marché soutenu en sympathie avec l'étranger, les affaires sont modérées et les prix du rapproché sont en avance de 12 centimes.

Raffinés 99 à 00, roux 88° 28,50 à 00.

Marché de la Chapelle. — Marché assez fort.

On cote : paille de blé 1re qté 27 à 29 fr., 2e qté 25 à 27 fr., 3e qté 23 à 25 fr. ; paille de seigle 1re qté 34 à 36 fr., 2e qté 30 à 34 fr., 3e qté 26 à 30 ; paille d'avoine 1re qté 25 à 26 fr., 2e qté 22 à 24 fr., 3e qté 19 à 22 ; foin nouveau 1re qté 55 à 57 fr., 2e qté 51 à 55 fr., 3e qté 47 à 51 fr. ; foin vieux 1re qté 56 à 58 fr., 2e qté 52 à 56 fr., 3e qté 48 à 52 fr. ; luzerne nouvelle 1re qté, 53 à 55 fr., 2e qté 50 à 53 fr., 3e qté 46 à 50 fr., regain nouveau 1re qté 54 à 56 fr., 2e qté 50 à 54 fr., 3e qté 46 à 50 fr.

Le tout rendu dans Paris, au domicile de l'acheteur, frais de camionnage et droits d'entrée compris par 104 bottes de 5 kil. ; savoir : 6 fr. pour foin et fourrages secs, 2 fr. 40 pour paille.

Fourrages et pailles en gare. — Les offres en pailles de blé ne sont encore relativement abondantes que parce qu'il y a peu d'acheteurs; aussi les cours sont-ils maintenus. Il en est de même de la paille d'avoine. La paille de seigle manque.

Les fourrages sont bien tenus.

On cote sur wagon, par 520 kilogr., en gare d'arrivée à Paris :

Foin	40 à 42
— nouveau	35 à 39
Luzerne première qualité	37 à 42
Paille de blé	18 à 22
— de seigle pour l'industrie	23 à 27
— — ordinaire	18 à 22
— d'avoine	16 à 19

Pour les marchandises en gare, les frais de déchargement, d'octroi et de camionnage sont à la charge de l'acheteur.

Foins pressés en balles. — Ces cours, qui n'intéressent que peu la graineterie, mais qui sont utiles pour les grandes administrations.

FRUITS

Pêche de Perpignan, la corbeille de 12 fruits	80 à 1 50	
Prunes	25 à 30	
Poires communes	20 à 22	
Raisins d'Algérie, les 100 kilos	60 à 70	
Cassis	50 à 55	
Groseilles	15 à 30	
Amandes, 2e choix	50 à 80	
Noisettes	45 à 50	
Framboises de Paris	30 à 70	
Citrons, la caisse de 420/490	36 à 38	

POMMES DE TERRE

Hollande (100 kil.)	8 » à 11 »	
Roses-Early	4 » à 5 »	
Magnum-Bonum	5 » à 6 »	
Rondes	6 » à 7 »	

LÉGUMES

Choux, le cent	10 à 11 50	
Choux-fleurs suivant grosseur	15 à 50	
Artichauts de Paris	10 à 22	
— de Bretagne	8 à 16	
— d'Angers	28 à 30	
Tomates	15 à 20	
Haricots flageolets	12 à 15	
— beurre	40 à 55	
Haricots verts de Paris	25 à 30	
Melons, la pièce	60 à 2 50	
Cornichons moyens	40 à 50	

LINS. — Les 100 kilogr. — *Marché de Lille.*

	Communs	Ordin.	Supér.
Alost	148 à 153	154 à 157	161 à 166
Bergues	150 à 158	161 à 168	173 à 182

Marché aux chevaux, 21 Août.

Gros trait de 300 à 1.300	Boucherie de 70 à 200
Selle et tr. 200 à 1.100	Anes de 35 à 160
léger de 750 à 1.100	Chèvres de à
H. d'âge de 150 à 380	

AMENÉS

Chevaux, 347 — Anes, 10 — Chèvres, 0

Voitures 103, de 35 à 550.

Prix moyen aux 100 kilog. des CÉRÉALES dans les Départements.

Région		BLÉ	SEIGLE	ORGE	AVOINE
Rég. du Nord-Ouest	Caen	17 50	10 00	13 25	15 50
	Lannion	17 75	10 00	14 00	15 00
	Morlaix	17 25	10 00	13 00	13 75
	Rennes	17 50	10 00	13 00	14 00
	Avranches	17 25	10 25	13 00	14 25
	Laval	17 00	10 50	13 00	14 00
	Lorient	17 00	10 00	13 00	14 00
	Alençon	17 25	10 25	14 50	15 75
	Le Mans	17 25	10 25	14 00	16 00
Région du Nord	Soissons	18 00	10 25	»	15 00
	Evreux	18 25	10 25	13 00	15 50
	Chartres	18 00	10 00	14 00	15 00
	Lille	18 25	10 50	14 00	15 00
	Compiègne	17 75	10 00	14 00	15 00
	Beauvais	18 50	11 00	15 75	16 25
	Arras	18 50	11 00	14 00	16 00
	Paris	18 50	10 50	15 00	16 00
	Versailles	18 50	10 25	15 00	16 00
	Rouen	18 25	10 25	15 00	16 25
	Amiens	18 00	10 50	16 00	17 00
Rég. du N.-E.	Mézières	18 25	10 50	14 00	16 00
	Nogent-s-Seine	18 25	10 50	14 00	15 00
	Châlons-sur-Marne	18 50	10 50	13 50	16 00
	Langres	18 50	10 00	15 00	15 25
	Nancy	18 50	10 00	14 00	15 50
	Bar-le-Duc	18 75	10 00	15 00	16 00
	Neufchâteau	18 50	10 25	14 00	15 00
Région de l'Ouest	Ruffec	18 00	10 00	13 00	15 00
	Marans	17 50	10 00	13 00	14 00
	Niort	17 50	10 25	13 50	14 75
	Tours	18 00	10 25	13 00	14 75
	Nantes	17 75	10 00	13 25	14 50
	Angers	17 50	10 00	12 50	14 50
	Luçon	17 00	10 25	13 00	14 50
	Poitiers	17 50	10 25	13 00	»
	Limoges	17 75	10 00	»	15 25
Région du Centre	Moulins	18 00	9 00	13 50	15 25
	Bourges	17 50	10 00	14 00	15 00
	Aubusson	18 00	10 25	14 00	14 25
	Châteauroux	18 25	10 00	14 50	14 25
	Orléans	18 00	10 25	13 00	15 00
	Blois	19 00	10 00	14 00	16 00
	Nevers	18 50	10 00	15 00	15 00
	Clermont Ferr.	18 00	10 25	14 00	16 00
	Sens	18 50	10 00	13 50	15 50
Région de l'Est	Bourg	18 50	10 50	14 00	15 25
	Dijon	18 75	10 00	14 25	15 25
	Besançon	19 00	11 00	14 50	15 00
	Grenoble	18 50	10 25	13 00	14 50
	Dôle	18 50	10 50	14 00	15 75
	Saint-Etienne	18 50	10 25	14 00	16 00
	Lyon	18 75	11 00	13 25	15 75
	Mâcon	18 50	11 00	13 00	15 00
	Vesoul	18 50	10 25	»	15 50
	Chambéry	18 00	10 25	»	15 50
	Annecy	18 25	»	»	15 75
Rég. du Sud-Ouest	Pamiers	18 25	12 00	»	16 00
	Périgueux	18 50	11 00	14 00	15 00
	Toulouse	19 00	12 00	13 75	16 00
	Auch	18 25	11 50	13 50	15 50
	Bordeaux	18 00	12 00	13 00	15 25
	Dax	18 25	11 00	13 00	15 00
	Agen	18 75	11 25	14 00	15 50
	Bayonne	18 50	11 00	14 00	16 00
	Tarbes	18 00	11 00	»	»
Région du Sud	Carcassonne	19 50	10 50	14 00	15 00
	Rodez	18 50	12 00	14 00	16 00
	Mauriac	18 25	11 00	»	15 75
	Tulle	18 25	11 50	»	15 25
	Montpellier	18 00	11 00	»	16 00
	Figeac	18 25	10 50	»	15 50
	Mende	18 00	10 50	13 00	15 50
	Perpignan	18 00	11 00	14 00	15 00
	Albi	18 75	11 50	13 50	15 00
	Montauban	19 00	11 75	13 00	16 00
Région du Sud-Est	Gap	18 25	11 50	14 25	16 00
	Manosque	18 25	10 75	14 00	15 00
	Nice	18 25	11 25	13 50	15 75
	Privas	18 25	11 00	14 50	16 25
	Arles	18 50	11 25	14 00	16 25
	Montélimar	19 00	»	14 00	16 50
	Nîmes	18 75	12 75	14 00	16 00
	Le Puy	18 50	2 50	14 00	16 00
	Draguignan	18 50	12 75	14 25	16 00
	Avignon	21 00	12 75	13 50	17 00

Tourteaux. — Cours de la maison P. Marchand frères, à Dunkerque (Nord) :

TOURTEAUX A NOURRIR

	Dispon.	A livrer
Coton de graines d'Egypte	9 »»	9 »»
Sésame blanc	11 00	11 50
Arachide décortiquée	14 75	15 »»
Colza à nourrir	10 »»	10 »»
Colza du pays	10 50	10 75
Œillette du Levant	9 50	10 »»
Œillette blanche de Turquie	9 50	10 »»
Lin 1re qual. de Bombay g. form.	14 »»	14 25
Lin 1re qual. de Bombay p. form.	14 50	14 75

TOURTEAUX-ENGRAIS

Arachide décortiquée	14 25	14 50
Cameline	»» »»	»» »»
Colza des Indes en poudre	»» »»	»» »»
Colza ravison	7 »»	7 25
Colza jaune Gutzerat	10 25	10 50
Kurrachée	»» »»	»» »»
Niger	»» »»	»» »»
Pavot	9 0»	9 50
Sésame, blanc	10 50	»»
Sésame noir	»» »»	»» »»
Coton en farine	7 50	7 50

Nos prix s'entendent pour tourteaux en planches, rendus en gare de Dunkerque.

Paiement à 30 jours ou à terme plus éloigné suivant convention expresse.

Le concassage se paie 0 fr. 25 et la mise en poudre 0 fr. 40 aux 100 kilos. Dans ce cas, les sacs sont facturés à 0 fr. 35 pièce, et repris au prix de facture, quand ils sont rendus en bon état et franco, dans les 30 jours de l'expédition.

FROMENTINE :

	100 kil.
Marque A	13 »
Marque B	13 »
Marque J	13 »
Marque L	15 »
Marque E	16 »

Les 100 kilogs sur wagon St-Quentin, sac à retourner ou à facturer.

BEURRES. (le kilogr.).

BEURRES EN MOTTES			BEURRES EN LIVRE		
Isigny extra	4 00	4.80	Bourgogne	1.60	2 00
— demi-fin	3.00	3.40	Gâtinais	1.90	2.40
M. d'Isigny	2 80	3.10	Vendôme	1.70	2 30
du Gâtinais	2.00	2.20	Beaugenoy	1.70	2.30
de Bretagne	1.80	2.00	Ferme	2.20	3.00
Laitiers Jura	1.90	2.50	Tours	1.80	2.50
de Charente	2 10	2 70	Le Mans	1.70	2.03
des Alpes	2.00	3.00	Touraine fausse	1.80	2.20

ŒUFS. — (le mille).

Normandie ext.	90 à 110		Bourgogne	70 à 76	
Picardie —	88 à 114		Champagne	78 à 85	
Brie —	80 à 90		Nivernais	68 à 74	
Touraine	82 à 95		Bourbonnais	64 à 68	
Beauce	78 à 85		Bretagne	60 à 80	
Orne	65 à 80		Vendée	60 à 65	
Picardie	72 à 85		Auvergne	65 à 68	
Châtellerault	75 à 88		Midi	65 à 72	

FROMAGES.

Brie hautes marq.	40	55	Roquefort	130	210
Brie gr. m. (10)	35	40	Gruyère (100 k.)	100	105
— m. m.	28	30	Coulommiers (100)	25	48
Petits Nanteuils	25	20	Gournay (100)	12	27
Brie laitiers	20	23	Livarot (le 100)	70	10»
Gérardmer (100 k.)	80	90	Bourgogne (100)	60	70
Hollande	150	165	Camembert (10.)	40	60
Bondons(100)	150	180	Munster(100)	100	120
Cantal	120	130	Port-Salut	150	170

VOLAILLES

Poulet Brest dit moelleux	2.00	4.00	Pigeon Macon	1.50	2.00
Poulets Nant.	2 25	4.50	Canards Nantais	2.50	3.60
Poulets Tour.	2.50	4.50	Dindos Tourr.	8.00	16.00
Poulets Houdan	5.00	5.75	Oies	5.00	7.50
Pigeons d'Italie	80	1.25	Lapins dom.	2.70	3.25
			Lapins garenne	1.50	2.00

VINS — BERCY

Rouges			Blancs		
B. Bourg. vieux	140 à 155		Bordeaux	125 à 160	
Touraine	105 à 115		B. Bourg	150 à 190	
Bord. vieux	130 à 160		Sancerre	130 à 135	
Algérie	26 à 32		Chablis	200 à 350	
Cher	110 à 135		Anjou	120 à 135	
Chinon	125 à 180		Pouilly	350 à 300	
Narbonne	32 à 38		Vouvray	155 à 195	

HOUBLONS. — Les 50 kilogr.

Alost primé	32,00 à 30,00
Bourgogne	55,00 à 40,00
Poperinghe	25,00 à 30,00
Wurtemberg	40,00 à 42,00
Altmark	75,00 à 100,00
Alsace	50,00 à 65,00

Prix des Produits Forestiers à Paris.

BOIS DE FEU (Octroi non compris)	Falourde de pin	100 à 110	le cent.
	Bois de flot	110 à 105	le deca.
	Bois gris neuf	130 à 120	—
	Bois blanc	105 à 140	—
BOIS D'ŒUVRE (Octroi compris)	Chêne gros bois	105 à 110	le m. cube
	— moyen bois	70 à 60	—
	— petit bois	30 à 48	—
	Charme, plateaux	50 à 60	—
	Sciage de chêne : Eutrevoux	175 à 210	les 208 m.
	Echantillons	230 à 220	—
	Frise	27 à 28	104 m

La suite des marchés se trouve à la *Correspondance*.

L'année agricole et agronomique pour 1896.

L'Année agricole et agronomique pour 1896 par S. Crépeaux, professeur à l'Institut agricole de Beauvais, et C. Crépeaux, publiciste scientifique, avec la collaboration de praticiens, de professeurs et d'agronomes vient de paraître (un volume in-18 de 360 pages, illustré).

Cet ouvrage, véritable annuaire théorique et pratique de l'agriculture progressive, donne un tableau complet du mouvement agricole et agronomique de l'année. Il relate toutes les expériences culturales, les recherches scientifiques faites en France et à l'étranger, décrit et apprécie avec compétence les nouveautés (plantes, machines, engrais, nouvelles méthodes, etc.).

La partie documentaire de l'**Année agricole et agronomique** comprend pour l'année écoulée, les lois, décrets, décorations agricoles, lauréats des concours, les vœux économiques des conseils généraux, l'analyse exacte des travaux des sociétés et congrès agricoles, horticoles, vétérinaires, français et internationaux, les jugements de droit rural, l'analyse des brevets agricoles, les statistiques, etc.

Cet ouvrage qui paraît pour la seconde fois a valu l'année dernière à ses auteurs les félicitations de la Société nationale d'agriculture, de la société des Agriculteurs de France, et des principaux journaux agricoles et scientifiques qui ont rendu hommage à la somme considérable de travail que représente une telle publication et aux services incontestables qu'elle rend à la cause du progrès agricole.

(Le Progrès agricole du 15 juin).

Nous l'offrons en prime à nos abonnés au prix de 2 fr. 50 franco de port au lieu de 4 francs.

Ceux de nos abonnés qui désirent l'Année agricole et agronomique de 1895 et celle de 1896 recevront les deux volumes franco dans la gare la plus voisine contre 4 fr. 50.

Adresser les demandes à M. Crépeaux, 10 *bis*, rue Piccini, Paris.

AVIS IMPORTANT. — Le *Goudron Guyot* (capsules et liqueur), connu depuis si longtemps pour la guérison de toutes les affections des bronches, de la poitrine et de la vessie, est trop souvent imité ou contrefait. Toutes ces imitations et contrefaçons, mal préparées, ne guérissent pas et sont quelquefois dangereuses. Aussi tout acheteur, qui ne veut pas être trompé, doit-il *exiger et s'assurer par lui-même que le produit qu'on lui vend porte bien sur l'étiquette de chaque flacon l'adresse :* Maison L. FRÈRE Paris, 19, rue Jacob, seule maison dans laquelle se fabrique le *véritable Goudron Guyot* (capsules et liqueur).

CHRONIQUE POLITIQUE

La parole a été pendant toute cette semaine à nos conseils départementaux.

Ainsi que nous l'avions prévu, ils ont abordé à leur tour, après nos deux Chambres, les questions fiscales et économiques, imposées à notre pays par la situation inquiétante de nos finances et de notre agriculture. Comme les deux Chambres, ils ont piétiné sur place ces redoutables questions sans les faire avancer d'un pas. Ils ont réédité à satiété les arguments boiteux qui avaient retenti pendant toute la session pour n'aboutir à rien. Comme les députés, les conseillers généraux ont soumis au pressoir toutes nos forces contributives, terre, capital, revenu, rentes d'État, propriété foncière, droits sur l'alcool. Sur tous les points ils ont compris sans oser l'avouer, que les contribuables sont à bout de forces, et ils ont émis sur tous ces sujets des vœux disparates et contradictoires, dont la véritable signification est un aveu involontaire de stérilité et d'impuissance.

Donc, à leur rentrée, les deux Chambres se trouveront de nouveau aux prises avec les problèmes économiques et financiers, qu'elles ont agités sans les résoudre pendant les six premiers mois de l'année.

Encore si les conseils généraux avaient en une conception claire des causes premières de notre situation, ils eussent pu émettre un vœu d'une sérieuse importance. Ce vœu leur a été recommandé par M. Estancelin dans une pétition adressée à tous les conseils généraux, que nous reproduisons plus loin, comme l'épilogue le plus digne d'attention de ces 86 sessions départementales dont le *Figaro* rappelle le mot toujours actuel de Desmousseaux de Givré : Rien ! rien ! rien !

Deux discours politiques.

Dimanche dernier, M. Bourgeois, à Figeac, et M. Poincaré, à Commercy, ont prononcé des discours, l'un, en faveur de la politique radicale, l'autre, en faveur de la politique dite modérée. Les journaux commentent longuement ces discours, surtout celui de M. Poincaré, qui, seul, en effet, mérite quelque attention, car M. Poincaré y fait une critique sanglante de son propre parti qui justifie nos défiances à son endroit.

M. Poincaré, en effet, signale l'intolérable domination sur les gouvernants par les députés et les sénateurs, disposant en maîtres de tous les emplois publics, et se faisant ainsi autant de bourgs pourris de leurs circonscriptions électorales. Il a attaqué les abus de la procédure parlementaire qui ajournent éternellement le vote des lois utiles, qui éloignent du parlement les véritables capacités, et « font de la députation un luxe pour les riches et une proie pour les politiciens d'aventure. »

Tout cela est trop vrai. M. Poincaré a eu le courage de dénoncer le mal, reste à indiquer le remède.

Le remède serait dans un appel loyal et sincère à toutes les bonnes volontés sans exclusion de celles que M. Poincaré et son parti ont jusqu'ici traitées en ennemis et en parias, quoiqu'elles les aient sauvées plus d'une fois dans leurs luttes contre les radicaux et les socialistes.

Cette exclusion criminelle est la pierre d'achoppement du parti de M. Poincaré. Ce n'est qu'en acceptant le concours des droites qu'il peut réaliser les réformes qu'il proclame nécessaires au salut de la République. M. Poincaré est bien peu logicien s'il ne voit pas que le péril qu'il signale est à gauche et que le salut est dans un loyal retour vers la droite.

Hélas ! on tombe toujours par où l'on penche ! disait M. Guizot.

Sac au dos les vicaires.

Le ministère Méline prouve tous les jours que sa politique en matière de guerre au clergé ne diffère qu'en paroles de celle des Bourgeois. Il vient de décider que les vicaires qui ne sont pas payés par l'État seraient astreints au service des vingt-huit jours, dont ils étaient dispensés jusqu'à ce jour, comme les autres vicaires.

Pour donner un vernis de légalité à cette vexation, le ministère a consulté le conseil d'État, qu'on trouve toujours prêt aux escobarderies de ce genre. Le dit conseil d'État s'est plié à cette exigence absurde. Les vicaires vont donc porter le fusil pendant vingt-huit jours, pour assouvir les basses rancunes de la Maçonnerie et des mangeurs de curés. Les paroisses où leur ministère était indispensable seront privées pendant un mois des offices du culte. Cela coûtera quelques millions aux contribuables. Mais l'argent perdu pour eux est toujours bien employé, lorsqu'il sert à assouvir la frénésie anticléricale de nos maîtres.

Si les contribuables calculaient ce que leur coûte la guerre au clergé, ils seraient peut-être un peu plus dégoûtés de la domination maçonnique. Sur le seul budget de l'armée il y a certainement de ce fait plus de 20 millions dont l'économie serait utile à l'armée comme au clergé lui-même.

La proposition de M. Estancelin.

Comme nous l'avons dit plus haut, M. Estancelin a adressé aux Conseils généraux, une pétition où il les adjure d'émettre un vœu invitant « le gou- « vernement à faire payer aux étrangers « le déficit qu'il réclame des citoyens « français, en relevant les tarifs doua- « niers, et qu'il prenne ainsi les mesures « que réclame la situation agricole. »

M. Estancelin appuie cette proposition par les observations suivantes :

« Tout État organisé a besoin d'un budget pour payer ses dépenses.

« Mais tout argent qui n'est pas perçu « aux frontières sur les produits étran- « gers doit être pris à l'intérieur sur la « terre, ses produits, ou sur ceux de « l'industrie nationale ! »

« Les finances de la France, par des causes multiples que vous connaissez comme moi, sont dans une délicate situation : chez une nation qui s'appauvrit chaque jour, on cherche par tous les moyens possibles à tirer des contribuables, dont les revenus fonciers sont diminués, dont le capital s'est amoindri, de nouveaux impôts transformés ; après l'impôt sur le revenu que vous avez fait repousser, c'est la rente qui est aujourd'hui menacée.

« Et pendant que chaque citoyen français pense avec inquiétude et tristesse aux nouveaux sacrifices qu'on va lui demander, il voit nos ports, nos quais, nos chemins de fer encombrés de produits étrangers qui viennent faire la plus désastreuse concurrence à notre agriculture, et la plupart sans payer de droits... Aussi dans le dernier de nos villages vous entendez ce cri du bon sens populaire : « Au lieu de nous de- « mander de l'argent, faites donc payer « les étrangers ! »

« Les ports, les quais, les chemins de fer ont été construits à nos frais, l'État intervient à l'occasion pour garantir les intérêts, et tous ces travaux ont servi surtout à quoi ? à enrichir les colons d'Australie ou de la Plata, l'empire anglais des Indes, les Américains, les Allemands, etc.

« La République américaine, épuisée par la guerre civile, nous a fait payer la dette énorme dont elle s'est libérée alors.

« Si le gouvernement français ne peut pas faire d'économies, qu'il suive cet exemple, qu'il s'adresse aux étrangers, et qu'il pense à la ruine de l'agriculture française et aux mesures propres à l'arrêter.

« Tel est le but que je me propose en demandant aux conseils généraux d'émettre un vœu dans ce sens : vous avez besoin d'argent, n'en demandez pas aux Français mais faites payer les étrangers.

« Mais songez donc ! affamer le peuple ! objection toujours populaire.

« Mais le peuple mange-t-il la laine d'Australie ou de la Plata qui ne paie pas de droits ?

« Le peuple mange-t-il le cuir et le suif de la Plata qui ne paient pas de droits ?

« Le peuple mange-t-il le colza, le lin, le chanvre de l'Inde, etc., qui ne paient pas de droits ?

« Et bien d'autres produits encore ?

« Pour l'industrie, la restitution des droits d'entrée à la sortie rétablit l'équilibre quant à l'exportation.

« Mais je n'ai pas l'intention de faire ici un cours d'économie politique, je me contente d'appeler votre attention sur la plus grave de toutes les questions qui puisse être soumise à vos examens et qui, à des points de vue différents, intéresse aussi bien le Midi que le Nord.

« Si la situation de votre département est prospère, si les cultivateurs, si les vignerons sont contents, les propriétaires satisfaits, ma pétition n'a pas sa raison d'être.

« Dans le cas contraire, elle s'impose à vos délibérations,

« J'ai quelque droit de vous tenir ce langage : à la tribune de nos assemblées parlementaires j'ai déjà traité ces questions si importantes, et les faits ont malheureusement trop justifié mes prévisions.

« J'ai été appelé trois fois à présider la réunion générale des présidents et délégués de toutes les sociétés agricoles de France réunies à Paris.

« Les souffrances que nous signalions se sont accrues, les ruines se sont accumulées : c'est aux conseils généraux qu'il appartient aujourd'hui d'entrer en scène, et de faire entendre leurs vœux sur une question qui touche à la fois aux intérêts financiers du pays, et à ceux de l'agriculture sur qui pèsent les plus lourdes charges de l'État.

« Je sais que par des paroles gracieuses, des promesses aussi facilement faites qu'éludées, on essaie de faire patienter les agriculteurs.

« Tantôt ce sont des dégrèvements promis qui n'arrivent pas, et seraient d'ailleurs insignifiants, tantôt des projets de crédit agricole, destinés à fournir à des gens qui se ruinent les moyens de se ruiner plus vite, tantôt d'insignifiantes promesses, dont je vais vous prouver en quelques lignes le peu de valeur :

« La perte causée par la modification apportée au régime douanier qui avait contribué à la prospérité de la France est, dans une ferme de Normandie de 100 hectares, de plus de 3.000 francs.

« Perte sur le blé : 1.800 fr. ; perte sur la plaine : 700 fr. ; perte sur le colza : 750 fr.

« Je passe le reste.

« Cette ferme paie 1.225 francs d'impôts, quand bien même on supprimerait « la moitié des impôts » la perte serait encore de 2.400 francs.

« Je serais curieux de voir qu'on me montrât le bénéfice « chiffré » qu'on peut tirer du crédit agricole, des syndicats, de la représentation de l'agriculture, pour remédier à cette perte indiscutable.

« La conséquence des traités, c'est que l'industrie végète et que l'agriculture se meurt.

« Le laboureur dégoûté d'un travail stérile quitte les champs !

« L'herbe pousse où passait la charrue !

« L'épargne confiée à la terre, fruit du travail ancien, s'évanouit chaque jour !

« La France se dépeuple !

« A vous de voir s'il y a un remède, à vous de le dire et de vous rappeler ces mots si vrais en songeant aux travailleurs et à l'avenir de vos enfants :

« Ce qu'on ne sait pas défendre, on « n'est pas digne de le posséder. »

« Vous avez le droit de vous défendre, défendez-vous aujourd'hui !

« J'ai, en conséquence, l'honneur de vous prier d'émettre le vœu suivant :

« Le gouvernement est invité à faire « payer aux étrangers le déficit qu'il « réclame des citoyens français, à re-« viser les tarifs douaniers qui doivent « amener ce résultat, et à prendre « toutes les mesures que la situation « agricole comporte. »

« Ce vœu sera transmis au président de la République et aux ministres par une délégation du conseil général. »

N'est-il pas évident que c'était là la question capitale qu'eussent dû traiter ces conseils généraux ? et qu'en la laissant de côté, ils ont agité en vain toutes les autres ?

* * *

La Chambre des Députés a perdu la semaine dernière M. Cazenove de Pradines, député de la Loire-Inférieure, qui siégeait à l'extrême droite. Cet honorable député avait dû une juste célébrité à sa conduite héroïque pendant la guerre de 1870, notamment à la sanglante bataille de Loigny, où périrent 300 zouaves pontificaux. M. Cazenove de Pradines jouissait de l'estime des hommes de tous les partis. Il la devait, non seulement à ses héroïques états de services comme soldat, mais à la dignité supérieure de son caractère et à une inébranlable fidélité à ses principes comme patriote catholique. Cette rareté actuelle des hommes de caractère fut pour lui une auréole de gloire.

* * *

CHRONIQUE GÉNÉRALE

Institut agricole de Beauvais.

Les examens d'admissibilité à l'Institut agricole de Beauvais auront lieu le mardi 1er septembre à 10 heures du matin.

Les candidats peuvent se présenter au Pensionnat des Frères dans l'une des villes ci-dessous désignées, à leur choix :

Saint-Omer (Somme), Lille (Nord), Chauny (Aisne), Paris, Rouen, Caen, Reims, Quimper, Orléans, Moulins, Angoulême, Périgueux, Bordeaux, Marseille, Besançon, Dreux, Tours, Limoges, Clermont-Ferrand, Toulouse, Cahors, Rodez, Grenoble, Lyon, Saint-Etienne, Dijon, Beauvais, Valognes (Manche).

Les compositions écrites leur seront données et les épreuves seront envoyées le même jour à Beauvais pour la correction.

Les candidats seront informés du résultat avant le 15 septembre.

Concours.

Comice de Lunéville. — La date du concours du comice à Baccarat, qui avait été fixée au 30 août, est renvoyée au dimanche 6 septembre.

Concours de la race bovine limousine à Limoges. — Les 25, 26 et 27 septembre prochain, la Société d'agriculture y ajoutera une exposition de produits agricoles et horticoles. Les exposants doivent adresser leurs demandes à M. Reclus, secrétaire du concours, avant le 1er septembre.

Congrès de la Société française de viticulture. — A Châlons-sur-Saône, du 18 au 20 septembre, on y traitera spécialement des questions relatives à la synonymie et au classement des milliers de cépages qui se disputent le choix des viticulteurs ainsi que les questions relatives aux cryptogames, notamment du black-rot. Ecrire à M. Roy Chevrier, président, au Péage, par Givors (Rhône).

Comité central de la Sologne. — Ce comité met au concours les sujets suivants :

1° Procédés de vinification en Sologne. — 2° Arboriculture en Sologne. — 3° L'électricité en agriculture. — 4° Maladies des bêtes bovines. Envoyer les mémoires avant le 25 février à M. Gaugiran, à Lamothe-Beuvron.

Comice de Châtellerault. — Cet important comice, présidé par M. de la Massardière, tiendra son concours annuel à Vouneuil, les 12 et 13 septembre : Les primes de culture seront réservées aux cultivateurs du canton de Vouneuil. Concours spécial de pulvérisateurs pour vignes et arbres fruitiers.

Comice de Pithiviers et Puiseaux. — Concours à Puiseaux le 27 septembre. Concours spécial d'instruments de viticulture et de culture des pommes de terre.

Exposition agricole à Kiew (Russie), de juillet à octobre 1897. Les producteurs et fabricants français pourront prendre part à cette exposition et y trouver des débouchés pour leurs produits.

* * *

Le prix des superphosphates.

Nous devons avertir nos amis que le *Syndicat Central des Agriculteurs de France* est en ce moment le fournisseur le plus mal partagé pour les superphosphates, les prix qu'il donne dans le dernier numéro de son *Bulletin* sont, en effet, plus élevés que ceux publiés dans les organes des autres associations.

Il n'en saurait être différemment : il faut bien que le *Syndicat central* paie ses frais généraux qui sont énormes et aussi que ses adhérents supportent les conséquences d'une administration au moins incompétente. Nous ne saurions trop recommander à nos amis d'être très prudents dans leurs rapports avec une institution qui sait échapper au contrôle de la *Société des agriculteurs de France,* lequel d'ailleurs n'a jamais été pratiquement exercé.

Des syndicats nous demandent de publier leurs prix, de solliciter les ordres de nos abonnés; nous nous refusons à le faire, car nous ne voulons pas qu'on puisse croire que nous avons un intérêt quelconque à dire la vérité. C'est aux intéressés qu'il appartient de choisir leurs fournisseurs, notre devoir consiste seulement à leur donner des avis, à les mettre en garde contre les pièges qu'on tend à leur crédulité.

Nous ne souffrirons pas que, sous le prétexte de rendre des services, de moraliser le commerce, on cherche à exploiter les agriculteurs. Ces faux amis leur font plus de mal que leurs adversaires déclarés.

S. CRÉPEAUX.

L'esprit des douanes et ses conséquences désastreuses

S'il est reconnu par tous les hommes intelligents réunis en société (et particulièrement par le bien regretté docteur Guyot) que chacun doit subvenir en proportion de ses ressources, aux charges de l'Etat ;

S'il est démontré, par tous ceux qui ont étudié la matière, que toutes les contributions, quelque différentes qu'elles puissent être dans leur assiette et dans leur perception, s'ajoutent en définitive à la valeur et aux prix des objets livrés à la consommation ;

Il devient évident que les produits importés par l'étranger et offerts à la consommation nationale en concurrence avec les produits nationaux, doivent acquitter au moins leur quote-part des impôts qui pèsent sur la production du pays.

L'exemption d'impôts accordée aux produits étrangers est une prime offerte au travail extérieur et à la production étrangère contre le travail intérieur et la production du pays. Or, le travail et la production intérieure constituant seuls les moyens d'existence et les éléments de prospérité et de richesse d'une nation, il n'appartient à personne d'offrir et d'accorder cette prime.

Le véritable, le seul esprit des douanes est d'assurer l'égalité des charges entre les produits nationaux et les produits étrangers sur nos marchés intérieurs, et de laisser ainsi à l'émulation du travail et de la production ses conditions les plus justes et les plus naturelles, dégagées de toute prohibition fiscale.

Il n'appartient à aucun gouvernement de prohiber ni de protéger telle ou telle industrie intérieure ou extérieure au pays. Aucun gouvernement n'a à restituer à tel ou tel produit exporté l'impôt intérieur, ni à tenir compte des charges extérieures qui incombent à tel ou tel produit importé. Chaque produit s'est développé à l'abri des lois et charges de son pays, c'est au producteur à décider s'il lui convient d'importer ou d'exporter dans les conditions absolues de sa production : toute mesure spéciale prise en sens contraire est une injustice à l'égard des autres produits et entre dans une voie d'inextricables abus. Les douanes ne doivent avoir pour objet que d'assurer la péréquation des budgets et de maintenir dans toute sa sécurité, dans toute son activité progressive et dans toute sa force, le travail et, par conséquent, la production et la richesse d'une nation.

La sécurité et la stabilité du budget ne pouvaient être établies et maintenues que par le mécanisme complémentaire des douanes; car le chiffre total du budget, correspondant toujours et exactement à la consommation d'un pays, si l'étranger fournit le quart, le tiers, la moitié, et même la totalité de cette consommation sans payer le droit intérieur qu'elle acquitte, il est clair que le budget sera diminué dans la même proportion, à moins de reporter sur la production nationale, le quart, le tiers, la moitié, la totalité du budget, ce qui serait d'autant plus injuste et d'autant plus absurde que la consommation des produits intérieurs étant annulée, leur production ne pourrait être entretenue, tandis que, si les produits extérieurs acquittent les mêmes droits que les produits intérieurs, les importations, les exportations ni les échanges ne peuvent faire varier le chiffre des budgets, ni aggraver le prix de la consommation.

La sécurité et la stabilité du travail utile et de la production réelle, seule richesse d'une nation, résident également dans la bonne et équitable assiette des douanes. Pour bien comprendre et bien exposer cette question, il faut reprendre la vie humaine à sa véritable base ; voir le travail de l'homme appliqué au sol pour en extraire ses aliments, ses vêtements, ses abris, ses instruments, en un mot, considérer son travail utile produisant tout ce qui est nécessaire à l'entretien de la vie dont la production est à la fois la cause et l'effet.

Le cycle complet et parfait, entre le sol, la vie, le travail, la production et la consommation, est le même en tout pays habitable et à sol producteur. C'est le fondement de l'existence et de la perpétuation de tous les peuples créateurs de produits alimentaires et de première nécessité pour l'entretien de la vie humaine. Ce cycle est, dans tous les pays, d'une valeur égale, absolue et indépendante de toutes valeurs de convention qui s'établissent en dehors, au-dessus ou au-dessous de lui. La main-d'œuvre et l'intelligence font jaillir du sol la production, qui, par la consommation, entretient la vie, laquelle reproduit la main-d'œuvre et l'intelligence.

C'est de ce cycle fondamental que sortent toutes les productions excédant la consommation, c'est-à-dire tout ce que l'on appelle les valeurs et la richesse sociales dont le commerce s'empare au moindre prix possible pour les colporter, les troquer, les vendre au plus haut prix possible sans ajouter quoi que ce soit à leur valeur absolue : c'est-à-dire qu'un grain de blé, reste un grain de blé, un œuf reste un œuf.

E. BABLOT-MAITRE

Mesures préventives contre la rage.

Le ministre de l'intérieur vient de rappeler aux autorités locales que les personnes mordues par des animaux atteints de rage peuvent être traitées à l'institut Pasteur et que, pour être efficace, le traitement antirabique doit être appliqué aussitôt après l'accident, chaque jour de retard diminuant les chances de guérison.

Les maires sont invités à hâter la délivrance des pièces nécessaires pour l'admission des personnes mordues à l'institut Pasteur.

En outre, M. le ministre signale comme indispensables la cautérisation et les lavages antiseptiques auxquels il est utile de procéder immédiatement.

Nos récoltes de céréales en 1896.

L'*Echo Agricole* et le *Bulletin des Halles* viennent de publier l'évaluation des récoltes de céréales, d'après leurs informations accoutumées, qui ont un degré de probabilité justifié par leurs évaluations antérieures. D'après l'*Echo agricole*, la récolte du blé s'élève à 19.048.180 hectolitres, produits par 6.940.870 hectares ; il constate, de plus, que le poids de l'hectolitre est généralement plus élevé que l'an dernier. Le rendement moyen serait donc de 17,13 hectolitres. L'année serait donc à classer parmi les bonnes moyennes de la période décennale. On en conclut que la culture du blé progresse lentement, en France, mais qu'elle progresse quand même. Il faut en conclure aussi que, contrairement aux assertions de quelques publicistes du jour, la production du blé ne dépasse pas nos besoins et que c'est à tort qu'ils prétendent attribuer les cours décourageants du blé à une production trop abondante. Cette erreur ne peut être combattue trop énergiquement. Elle ne tend qu'à décourager la production au profit des agioteurs et des spéculateurs.

Il est désirable, sans doute, que la production annuelle du blé soit égale, et même dépasse nos besoins; mais, ce qui est encore plus désirable, c'est un régime douanier et fiscal qui mette fin à un régime qui condamne les deux tiers des producteurs à cultiver à perte. Or, dans les conditions déplorables du marché actuel, la culture du blé est onéreuse pour tous ceux qui ne récoltent pas 22 hectolitres à l'hectare. C'est dire que la moyenne de 17,13 appelle impérieusement un relèvement des droits de douane sur les blés étrangers.

Les beurres d'Australie en Angleterre.

Nous avons signalé récemment les progrès énormes des beurres du Danemark sur les marchés anglais — puis les progrès des beurres d'Australie, rivalisant avec les beurres danois de qualité et de bon marché.

Les producteurs australiens ne sont pas encore satisfaits de ce succès. Pour augmenter leur écoulement sur les marchés européens, ils viennent d'obtenir du gouvernement des primes d'exportation pour leurs beurres.

Nos producteurs de beurres français comprendront d'après cela, combien est difficile la lutte qu'ils ont à soutenir en Angleterre contre les beurres étrangers obtenus à des prix de revient inférieurs aux leurs qui rendent la lutte de plus en plus impossible pour les beurres comme pour tous les autres produits.

Pour s'en convaincre, il suffit de lire les lignes suivantes dans la *Feuille d'informations* du ministère de l'agriculture :

« Depuis quelque temps le nombre des fabriques de beurre s'est multiplié en Australie. Ces établissements reçoivent chaque jour le lait expédié des différentes fermes. Au moyen de machines perfectionnées, la crème est séparée du lait, puis transformée en beurre. Après avoir été soigneusement emballé, le beurre est envoyé dans des wagons munis de réfrigérateurs aux entrepôts du gouvernement, où il est examiné et estampillé, puis transporté en Angleterre sur des vapeurs pourvus d'appareils frigorifiques.

A son arrivée à destination, le beurre est de nouveau examiné par l'agent ou représentant de la colonie. Grâce aux garanties ainsi offertes au consommateur le commerce d'exportation du beurre de Victoria, notamment, a pris un développement prodigieux et se chiffre actuellement par 25.886.447 livres, alors qu'il n'était que de 826.821 livres en 1889.

Certaines fabriques ont atteint une importance considérable. L'une d'elles possède 50 laiteries. Un grand nombre de fermiers sont actionnaires de ces fabriques, auxquelles ils vendent en outre, leur lait, suivant un tarif déterminé. Quand le prix du beurre est trop bas, on fait du fromage avec le lait. C'est ainsi que les exportations de fromage de Victoria se sont élevées l'année dernière à 1 million de livres. Comme articles d'exportation figurent en outre les lapins, 488.410 pièces; les lièvres, 11.045 pièces: les fruits, 11.134 caisses; les volailles et gibiers, 34.599 pièces; les œufs, 23.740 douzaines; les moutons gelés, 46.571 têtes. Tous ces chiffres relevés en 1895 marquent des excédents sur 1894.

De leur côté, la Nouvelle-Zélande, la Nouvelle-Galles du Sud et le Queensland ont fait des expéditions très importantes de ces produits, tandis que la Tasmanie envoyait de très beaux fruits.

De grands bénéfices ont été réalisés sur ces divers articles; les ventes ont accusé un bénéfice moyen de 40 p. 100 pour le beurre de Victoria; 30 p. 100 pour le fromage et le mouton : 60 p. 100 pour le bœuf; 90 p. 100 pour les volailles ; 33 p. 100 pour les fruits. Tous les produits susceptibles de détérioration sont expédiés dans des cales munies d'appareils frigorifiques, et estampillés par un inspecteur officiel pour qu'il n'y ait aucune confusion sur la qualité.

Après avoir étudié les procédés américains, les colonies australiennes songeraient même à faire concurrence à Chicago pour la préparation du jambon et du lard destinés à l'exportation; des fabriques importantes ont été récemment installées à cet effet. Depuis quelque temps aussi, les gouvernements s'occupent de créer des services spéciaux pour établir des communications directes avec les principaux marchés du Royaume-Uni. Il n'est pas sans intérêt à ce propos de remarquer que le coût du fret entre les ports d'Australie et Manchester n'est pas plus élevé que de Londres à Manchester. Dans ces conditions, les produits australiens peuvent lutter avantageusement avec les similaires étrangers sur les marchés du Royaume-Uni.

En présence de faits et de documents aussi écrasants d'évidence, tous les gens sensés se demanderont, comme nous, pour quelle raison nos gouvernants s'obstinent à refuser à notre agriculture le relèvement des droits de douane qui est sa seule et dernière arme défensive contre la concurrence étrangère.

En sont-ils arrivés à cet axiome fanatique : Périsse l'agriculture plutôt qu'un principe !

NÉCROLOGIE

La viticulture française vient de subir une perte très regrettable par la mort de M. Pulliat, le savant président de la Société de viticulture du Rhône et directeur de l'école d'Écuilly.

Tout le monde viticole connaît les travaux de M. Pulliat, et apprécie les services qu'il a rendus notamment dans la région du Beaujolais. Son influence s'était même étendue dans les Etats étrangers.

M. Pulliat se recommandait aussi par sa modestie et par son affabilité envers tous ses confrères en viticulture.

—On annonce aussi la mort de M. Carrière, ancien directeur des pépinières du Muséum de Paris. Praticien émérite, M. Carrière joignait à ce mérite une sagacité remarquable comme botaniste.

La *Revue Horticole* le comptait au nombre de ses collaborateurs les plus distingués. Carrière, comme son célèbre maître Decaisne, avait débuté en qualité de simple garçon jardinier au Muséum. Il avait fait lui-même l'éducation scientifique qui lui avait valu une riche réputation. Ses études sur les conifères, sur l'origine des plantes domestiques, sur la mise à fruit des arbres fruitiers sont restées classiques dans le monde agricole.

CHRONIQUE AGRICOLE

Situation. — La saison.

Depuis le 15 août, la chaude température de l'été semble avoir fait place à une température d'automne, douce encore et même chaude aux heures moyennes du jour lorsque le soleil brille à l'horizon, mais fraîche depuis six heures du soir jusqu'à six heures du matin.

Ces températures sont accueillies avec satisfaction pour les plantes à récolter pendant le cours de l'automne.

Il y a encore çà et là des contrées où l'on se plaint de l'insuffisance des pluies versées dans les orages du mois dernier. Là encore les récoltes d'automne, les regains surtout, ne donneront pas les rendements désirés. Mais l'ensemble des récoltes ne donne pas lieu, en général, à de grandes plaintes.

Dans le nord, les betteraves à sucre ont beaucoup souffert de la sécheresse pendant le mois de juillet. A l'heure actuelle on essaye par un dernier binage de provoquer une poussée alimentaire pouvant grossir le volume des racines. Mais on ne compte que sur une récolte inférieure en poids à celle de l'an dernier, mais au moins égale, sinon supérieure pour la densité. Toutefois, le dernier mot sur ce point dépend de la température et celle d'aujourd'hui est satisfaisante à cet égard.

Dans le sud-ouest, les alarmes causées par l'invasion du black-rot sont toujours très vives, cependant nous constatons avec quelque satisfaction que le fléau n'est pas aussi général que l'an dernier. Mais nous ne saurions trop encourager les tentatives les plus énergiques qui visent à en arrêter l'expansion.

Les récoltes des céréales. — Ainsi qu'on le voit plus haut, l'*Echo agricole* a évalué le rendement des blés à 119 millions d'hectolitres, évaluation conforme à celle du relevé officiel publié par le ministère de l'agriculture. On remarque que le poids des grains est généralement supérieur à celui de l'an dernier, d'où résulterait, à quantité égale en hectolitres, un rendement supérieur en poids, c'est-à-dire un rendement presque suffisant pour les besoins intérieurs évalués généralement à 122 millions d'hectolitres. On attend les évaluations des rendements des autres céréales. Les avoines, on le sait d'avance, laisseront un fâcheux déficit, dû aux sécheresses du printemps. et du mois de juillet. Enfin, le blé lui-même abondant en grains, n'a produit que des pailles courtes, d'où déficit sur les pailles.

Les réunions commerciales d'Orléans, de Chartres, etc., ont été, comme nous le pensions, peu intéressantes, du moment où les cours de nos blés sont sous la dépendance lamentable des banques de spéculation et d'agiotage.

M. Méline connaît aussi bien que nous le mal et ses causes. Nous attendons avec le monde agricole, les mesures qu'il prendra pour remédier à cette calamiteuse situation.

Les phosphates d'Algérie.

Comme nous nous y attendions, les vœux émis par les conseils généraux, en faveur des intérêts agricoles sont discordants, étant dictés par des régions qui ont des intérêts divers. Mais un vœu qui a été émis par cinq conseils généraux et que toute la France agricole doit appuyer, c'est le vœu qui réclame le retrait des phosphates de Tebessa aux concessionnaires anglo-juifs, appuyés par le député Thompson et le sieur Bertagna, et qu'ils soient concédés à une compagnie française.

Le scandale des phosphates de Tebessa a assez duré, comme maintes autres affaires véreuses patronées par certains politiciens de haute marque. Il appartient à M. Méline, s'il veut justifier sa prétention de sauveur de l'agriculture, de mettre fin aux tripotages dont les phosphates sont l'objet, et de rendre à l'agriculture française une source de richesse que ses prédécesseurs ont laissé extorquer au profit de nos ennemis.

Les derniers semis d'automne.

Après les indications données par nous sur ce sujet important surtout dans une année de sécheresse. on lira encore avec intérêt les conseils suivants du frère Antonis, de l'Institut agricole de Beauvais, en vue d'accroître les provisions du bétail en hiver.

Partout où cela est possible, il convient de semer des *navets* et des *raves*. Ces plantes étant très rustiques, un extirpage sérieux, un ou deux hersages suffisent rigoureusement, même sur des éteules de blé ou d'avoine, pour recevoir 15 à 20 kil. de graine de *navet turneps* ou, en terrain léger, de la *rave d'Auvergne* ou du *Limousin*.

La moindre fraîcheur la fera lever, et à partir d'octobre on aura des racines pour les vaches et les moutons jusqu'aux fortes gelées.

On peut encore semer de la *moutarde*, du *colza*; 15 à 20 kil. de graine suffisent encore et on disposera pour la même époque d'un bon fourrage vert, très apprécié du bétail. Le colza résistera même à l'hiver et fournira aux premiers jours du printemps une excellente ver-

dure pour la vache laitière et les moutons.

II. — Pendant l'hiver pour économiser le fourrage, utiliser tous les produits de la ferme qui n'ont que peu de vente, tels que : seigle, menues pailles, petit blé. Ces grains cuits avec une poignée de sel, ou réduits grossièrement en farine avec les nouveaux moulins, tels que ceux de Bajac, sont excellents pour tous les animaux de la ferme. Il suffit de deux ou trois kilos pour constituer une bonne ration avec autant de foin et de la paille comme lest.

Faut-il rappeler encore que ces grains et même le blé, au prix où il se vend aujourd'hui, réduits en pain, donneraient sûrement une alimentation économique ?

Ainsi on conserve un bon nombre de têtes de bétail qui, faute de ressources alimentaires, seraient vendues à vil prix avant l'hiver et auront une grande valeur au printemps.

III. — Il faut ensemencer maintenant des plantes hivernales pour avoir du fourrage au sortir de la dure saison.

Je dois indiquer : 1° *La navette d'hiver* ; plante crucifère, très rustique. Un léger labour ou même un extirpage et un hersage suffisent. Il faut de 8 à 10 kilos de grain. En mars, elle donne une nourriture très agréable et très abondante.

2° Le *seigle* et l'*escourgeon d'hiver* ; deux céréales qui se sèment fin d'août et septembre, à la dose de 3 hectolitres. En terre saine et légère, elles résistent bien à l'hiver. Au mois d'avril, le seigle donne un abondant fourrage : l'escourgeon, encore plus rapide, vient une quinzaine de jours plus tard. On peut les faucher pour les faire manger à la crèche, mais on peut aussi les faire pâturer sur place, surtout par les moutons ; les jeunes agneaux profitent bien de ces premières verdures.

3° Au mois d'août, on sème encore le *trèfle incarnat*. C'est une de nos plus précieuses légumineuses de printemps. Il y a deux variétés : l'une plus hâtive qui se récolte au commencement de mai et l'autre à la fin. Il convient de semer les deux pour avoir des fourrages qui se succèdent.

Pour réussir cette plante, si précieuse à cause de la quantité et de la qualité de son produit en vert, il faut une terre saine, où l'eau ne séjourne pas durant l'hiver. Il faut éviter de la travailler profondément. Il est préférable de donner un léger extirpage et des hersages plutôt qu'un labour. Puis, après avoir répandu 20 à 25 kilos de bonne graine, on herse légèrement. — Pendant l'hiver comme au printemps, les limaces et quelques insectes en sont très friands et mangent les feuilles ; il convient alors de répandre des cendres de bois à la surface.

Un trèfle incarnat de bonne venue peut donner 18 à 25.000 kilos de four-

rage vert très goûté par toutes les espèces animales de la ferme, même par les porcs.

IV. — Enfin au commencement d'octobre, il ne faut pas négliger de semer de la *bisaille*, de la *vesce* d'hiver, en mélange avec un tiers d'*avoine d'hiver*, d'*escourgeon* ou même de *seigle*. Un léger labour, une demi-fumure, si la terre n'a déjà pas une certaine fécondité, des rigoles d'assainissement si le sol est un peu frais, assurent le succès de ces plantes.

Elles donnent leur produit après le trèfle incarnat ; le mélange avec les céréales est très nourrissant ; il fatigue peu le sol. Si on n'en a pas besoin pour nourrir le bétail, on peut l'enfouir et on a un excellent engrais vert.

Les nombreux avantages qu'offrent ces cultures faciles doivent porter les cultivateurs à les exploiter, surtout dans les années de sécheresse. C'est le cas de répéter encore : *Aide-toi et le Ciel t'aidera.*

FRÈRE ANTONIS,
Sous-Directeur de l'Institut agricole de Beauvais.

La potasse dans les légumineuses

On sait que la potasse est le principal de l'engrais des plantes légumineuses, et on pense avec raison que les bons effets de plâtrage de ces plantes sont dues à ce que le plâtre dissout les sels de potasse et en active l'assimilation par les racines des plantes.

M. Rolland, directeur de l'école de Saint-Bon (Haute-Marne), a fait une expérience qui confirme pleinement cette théorie.

Il a divisé un hectare de luzerne en quatre parcelles de 25 ares chacune.

Dans la première, on a répandu 25 kil. de chlorure de potassium ;

Dans la deuxième, 25 kil. de chlorure de potassium et 50 kil. de plâtre ;

Dans la troisième, 50 kil. de plâtre seulement.

Le produit de ces parcelles (première coupe) a donné les rendements suivants :

Parcelle n° 1 (100 kil. chlorure de potassium, 6.600 kil. de luzerne à l'hectare ;

Parcelle n° 2 (100 kil. chlorure, 209 kil. de plâtre), 6.700 kil. ;

Parcelle n° 3 (200 kil. de plâtre), 6.200 kil. ;

Parcelle n° 4 (sans plâtre et sans potasse), 1.250 kil.

L'effet de la potasse est donc certain et surtout lorsqu'elle est mêlée au plâtre.

Du dindon.

L'élevage du dindon a pour but principal la production de la viande.

Dans certaines parties de la France, on élève beaucoup la variété blanche à cause de la vente des plumes. Certains éleveurs vendent même la plume sur l'animal vivant à des marchands qui l'enlèvent eux-mêmes et qui la payent 5 et 6 francs. J'ajouterai que ces honorables industriels ne les dépouillent pas entièrement et qu'ils se contentent d'enlever certaines plumes de choix qui les font peu souffrir.

Au point de vue de la consommation, la seule race véritablement rustique, s'accommodant à tous les climats et s'assimilant toute espèce de nourriture, est la race noire, et surtout celle de Normandie, que j'ai recommandée tout particulièrement.

Le dindon aime, par-dessus tout, la liberté et les grands parcours. Celui qui est élevé en basse-cour, quels que soient les soins que l'on prenne, sera toujours inférieur à celui qui pourra errer dans les bois, les champs ou les prairies. Lorsqu'on ne peut le laisser vaquer à son aise, il est nécessaire de lui donner beaucoup d'herbe et de verdure.

Il mange énormément d'insectes, surtout des larves de coléoptères; jeune, il préfère les baies et l'herbe qu'il mange toujours avec plaisir. En automne, il dévore les glands avec avidité, mais si on le mangeait aussitôt après qu'il s'est pour ainsi dire engraissé avec cette nourriture, sa chair serait de qualité inférieure.

Pour obvier à cet inconvénient, on lui donne une nourriture saine et abondante pendant douze à quinze jours.

Les dindonneaux. — Les dindonneaux sont assez délicats dans les premiers temps.

On leur donne du pain trempé dans du vin ou du cidre et, plus tard, des pâtées de farine d'orge, de maïs et de sarrasin, mélangées avec du jaune d'œuf durci et des orties hachées très menu. Au bout d'un mois, le moment critique étant passé, ils deviennent vigoureux et supportent assez bien les intempéries. Le mieux alors est de les mener aux champs où ils savent eux-mêmes pourvoir à tous leurs besoins; dans ce cas, il est indispensable de les abreuver au moins tous les jours pendant les grandes chaleurs.

A six semaines, deux mois, les dindonneaux commencent à prendre le *rouge*. C'est une nouvelle crise qui exige certains soins et un régime tonique. Lorsqu'elle est passée, ils deviennent très robustes et peuvent se diriger sans leur mère.

Si, pendant ces diverses crises, on s'aperçoit qu'il y en ait quelques-uns de languissants, il faut leur faire boire un peu de vin et un grain de poivre. On doit encore les visiter souvent et percer les petites ampoules qui se forment sous la langue et autour du croupion.

Pour prévenir les maladies, je conseille de leur donner de l'eau ferrée et même de leur laver de temps en temps la tête avec cette eau; mais, dans ce cas, il faut avoir soin de la bien essuyer et

sécher, car l'humidité leur est nuisible et pourrait occasionner des accidents.

E. Garnot.

Le mouton dans le Midi.

En signalant, il y a quelques jours, la coutume fâcheuse d'immoler les agneaux âgés de 40 jours, coutume trop générale dans les traitements du Midi, nous ajoutions que les éleveurs répondent à ce reproche que ces immolations prématurées leur sont imposées par le manque d'aliments nécessaires. Nos cultures fourragères, nous dit l'un d'eux, rendent peu, elles sont presque nulles dans les terres privées d'irrigation. Nous ne pouvons nourrir qu'une partie de nos jeunes sujets que nous envoyons ensuite passer la saison d'été dans les régions alpestres. En outre, remarquez que la transformation des anciens pâturages alpestres en massifs boisés a réduit considérablement nos ressources alimentaires et nous réduit à cette dure obligation d'immoler une grande partie de nos jeunes agneaux.

Pour remédier à cette fâcheuse situation, il n'y a qu'un moyen pratique, c'est le développement sérieux des cultures fourragères dans les plaines et dans les vallées, surtout dans celles qui sont sillonnées de cours d'eau.

Le rôle des feuilles.

A l'heure actuelle, la question du rôle des feuilles est à l'étude dans la culture des betteraves et dans celle des vignes.

La science signale dans les feuilles la propriété de produire le sucre. D'où l'on conclut que c'est une faute d'effeuiller les betteraves sucrières ainsi que les sarments garnis de grappes de raisin.

La pratique générale, jusqu'à ce jour, n'a guère tenu compte de cette théorie. On pratique assez généralement, dans la saison actuelle, l'effeuillage des betteraves, dans le Nord, et l'effeuillage des vignes. Les cultivateurs de betteraves qui agissent ainsi, prétendent que l'enlèvement d'une partie des feuilles est profitable pour la racine, en ce qu'il en grossit le volume. Les vignerons qui épamprent et enlèvent les feuilles prétendent donner plus d'air et de lumière aux grappes, et provoquer une plus parfaite maturité des fruits. Ils croient cette pratique justifiée par l'expérience.

Entre la théorie, indiquée plus haut, et cette pratique, quelle opinion pouvons-nous adopter? Le cas nous paraît assez délicat. A première vue, nous croyons qu'il faut tenir compte de l'état de végétation des betteraves, comme des vignes, et que l'effeuillage des unes, l'épamprage des autres, doivent être pratiqués très sobrement, dans tous les cas, et que les organes foliacés ne doivent être, en aucun cas, supprimés entièrement; on ne doit effeuiller que le moins possible.

La crise sucrière.

Le nouveau décret relatif au droit sur les sucres n'a point satisfait ni les fabricants, ni les raffineurs, ni les commerçants français. Ce décret, en effet, ne pare point, pour le commerce extérieur, le coup porté à nos sucres par le nouveau droit de sortie accordé aux sucres allemands. Ces sucres faisaient une concurrence redoutable avant la faveur qui vient de leur être accordée. Maintenant la lutte est de tout point impossible, et nos exportations de sucre sont fatalement supprimées au profit des sucres allemands.

Sur ce point les réclamations des fabricants et des raffineurs sont trop bien fondées. Il est grand temps d'aviser à les défendre.

Le décret sur les blés et farines admis temporairement, soulève aussi de graves réclamations de la part de minotiers de diverses régions.

Leurs griefs nous paraissent moins graves que ceux de l'industrie sucrière. En tout cas, nous regrettons que M. Méline n'ait pas réformé le système de la même façon que l'Allemagne au moyen de bons d'exportations admis en compensation et *au prorata* des droits d'entrée admis temporairement.

Les deux décrets appellent nécessairement des modifications sérieuses pour atteindre le but visé par le ministre de l'agriculture.

Le ver blanc dans les prairies et sa destruction.

De tous les côtés on se plaint de l'envahissement du ver blanc dans les prairies naturelles, artificielles, dans les champs de betteraves et de pommes de terre, et on nous demande des moyens de destruction.

Il ne manquait plus que ce fléau ajouté à la sécheresse et à la mévente de nos céréales et de beaucoup d'autres produits agricoles obtenus à grands frais! Il ne faut pourtant pas désespérer de l'avenir de notre chère agriculture. Mais nous pouvons le répéter encore; comptons beaucoup plus sur notre activité, sur notre travail, sur nos industries personnelles que sur les secours de l'État, bien qu'il semble vouloir y mettre de la bonne volonté. Pour la première fois, le président du ministère est un ministre d'agriculture et en même temps un agriculteur...

On a indiqué comme destructeur efficace du ver blanc le *Botrytis tenella*. Nous ne doutons pas de son efficacité, mais vraiment le procédé n'est guère pratique pour la masse des cultivateurs. Il faut mettre à la disposition de ces derniers des moyens simples, à leur portée, et dont l'effet soit radical, palpable.

Or, le ver blanc qui détruit en ce moment les meilleures prairies notamment, est à une faible profondeur dans le sol (0,05 à 0,08 environ); il est facile détruire en masse; voici comment : faire passer dans la partie envahie une herse en fer, celle dite émousseuse peut suffire.

Il faut la faire suivre immédiatement d'un rouleau *croskill* assez pesant, passer plutôt deux fois qu'une; la plupart des vers blancs seront ainsi écrasés. On pourra semer de suite des graminées telles que : Raygrass, houlque, dactyle, avoine élevée, fétuque, paturin, flouve odorante, trèfle blanc et hybride; puis passer encore le croskill. S'il survient une pluie bienfaisante, ces graines lèveront et reconstitueront la prairie avant l'hiver.

On avait conseillé jadis d'employer en arrosage le purin très fort, tel qu'il sort des étables ou des fosses. Nous avons essayé ce procédé; le lendemain de l'arrosage, les vers blancs se portaient tout aussi bien que la veille et semblaient même avoir repris une nouvelle vigueur, au contact de la fraîcheur du liquide.

Quant aux champs de betteraves et de pommes de terre envahis par ce cruel ennemi du cultivateur, on ne peut évidemment pas employer le croskill, à moins de consentir en même temps à la destruction des plantes qui restent encore. — Là il convient peut-être d'essayer le *Botrytis tenella*... Mais nous avons la certitude que les bons cultivateurs qui ont su employer le nitrate, faire des binages fréquents, des roulages au croskill ne doivent que peu se plaindre des dégâts du ver blanc.

L'engrais corrosif l'éloigne infailliblement. On pourrait encore aujourd'hui mettre du chlorure de sodium, que le ver blanc n'aime pas non plus et qui aurait encore l'avantage d'entretenir une salutaire fraîcheur dans le sol et donner ainsi une nouvelle vigueur à la végétation.

Les fabricants de sucre pourront répudier ce procédé comme pouvant nuire à la production et surtout à la cristallisation du sucre. Mais pour les betteraves fourragères et même pour celles de distillerie l'inconvénient n'existe pas.

Faut-il encore indiquer un moyen bien direct de destruction sur de petites étendues — c'est d'enlever les plantes atteintes (on le reconnaît à leurs feuilles jaunes et tombantes) et de détruire en même temps le ver qui a mangé leur racine; puis les remplacer par des plantes telles que rutabagas.

Ainsi les vides sont garnis, la fumure et les travaux ne sont pas perdus.

Qui oserait contester encore que la vie de l'homme ici-bas est un combat, une lutte continuelle? ce n'est assurément pas le cultivateur : mais son courage est à la hauteur des difficultés de toute nature semées sur sa route; il en triomphera.

C'est notre vœu le plus ardent.

Frère ANTONIS,
sous-directeur de l'Institut agricole.

Culture et moissons américaines

L'*Echo de Saint-Antoine de Padoue* organe des caisses rurales pyrénéennes publie une lettre d'un jeune compatriote qui s'est établi colon dans le Dakotah. Voici comment il décrit les labours et les moissons de cette vaste contrée :

« Nous sommes en plein labour.

« Tu as sans doute vu quelquefois le chemin de fer? Eh bien! suppose que la locomotive qui traîne les wagons soit transportée sur un champ et qu'on attelle derrière elle une immense charrue. Voila notre système de labourage. Une charrue conduite par une machine à vapeur. La charrue trace dans le sol six sillons parallèles. Arrivée au bout de sa course, la locomotive l'enlève au moyen d'une grue, la dépose derrière elle, la prend à la remorque et repart pour tracer six nouveaux sillons. Un homme sur la locomotive, un autre sur la charrue, et c'est tout. Ils suffisent à tout le travail.

« La terre retournée, la machine se transporte successivement à divers points du champ, et remorque par des câbles les herses, les semoirs, etc. Tout cela doit coûter bien cher, me diras-tu? Je t'attendais là. Le prix de revient est inférieur à tout ce que tu pourrais croire : la mise en état des terres et leur ensemencement ne reviennent qu'à 0 fr. 60 les cinquante ares. En France, vous payez au moins 30 francs un travail qui n'est fait ni si bien ni si vite.

« Nous avons ensemencé ainsi une emblavure qui mesure bien plus d'un kilomètre de long et 600 mètres de large. Ton village y danserait presque à l'aise, n'est-ce pas?

« Quand vient la moisson, c'est merveille de voir cette mer immense d'épis jaunis qui se balancent sous la brise. Demande à papa par quel bout il commencerait si on l'attelait là pour couper le blé avec sa vieille faux...

« Notre faux à nous, c'est une énorme machine dont je te donnerai une petite idée en disant qu'il faut, pour la traîner, 17 chevaux! Elle coupe la paille sous l'épi : celui-ci tombe sur une toile sans fin qui le conduit sous le batteur; ses débris passent dans un van, et le grain, dépouillé de ses enveloppes, s'écoule aussitôt dans les sacs suspendus à des ensachoirs au-dessous de la machine. Chaque sac plein est déposé automatiquement sur place et recueilli par des voitures qui suivent la moissonneuse. Et ainsi la récolte est coupée, battue et mise en sac sans désemparer. En 10 heures de travail par jour, nous dépouillons 25 hectares; nous obtenons 1 hectolitre de blé par minute. Imagine donc ce que rendent des douzaines de moissonneuses travaillant ensemble. La fameuse ferme de Dalrymple emploie au moment de la moisson, 35 machines de ce genre. Compare-moi, petit frère, à ce gigantesque travail, la besogne de vos faucheurs qui vont à la queue leu-leu, au jour le jour, pour tondre un petit coin à peine et battre au fléau en hiver en plein soleil. La belle invention! Pendant ce temps notre blé vous est arrivé à Bordeaux.

« Avoue-moi que tout ça est merveilleux et que l'Amérique est vraiment la terre classique du progrès. Puisses-tu le comprendre assez, cher petit frère, pour venir un jour m'y rejoindre! C'est mon vœu le plus ardent. »

La cochylis dans les vignes.

Les vignes sont attaquées dans quelques contrées par les larves de la cochylis.

Les vignerons ne doivent pas négliger le soin de détruire ces redoutables ravageurs.

Pour les détruire, il faut leur appliquer une émulsion ainsi composée :

Pour 100 litres d'eau : savon mou, 3 kil.; poudre de pyrèthre, 1 kil. 500. — Mêler.

Avec la solution savonneuse suivante, également dans 100 litres d'eau, benzine, 2 kil.; alcool, 500 grammes; savon mou, 3 kil. — Mêler. — Appliquer avec le pulvérisateur.

Ces deux remèdes doivent être également efficaces contre d'autres larves d'insectes.

Le talc contre le mildiou.

Tout le monde connaît le *talc*, cette poudre blanche savonneuse, qu'on verse dans les gants pour les essayer.

Lorsque après l'avoir réduit à l'état de poussière impalpable, on le projette avec un soufflet ou une torpille Vermorel vers un pied de vigne, il enveloppe tout l'arbuste d'un véritable nuage qui laisse un dépôt *très adhérent* sur les feuilles, cette poudre ayant une ténuité tout à fait extraordinaire.

Cette propriété a donné l'idée de la mélanger de sulfate de cuivre et de l'utiliser contre le *mildiou* et le *black-rot*; les notables vinicoles recommandent aujourd'hui l'emploi alternatif des poudres et des liquides à base de cuivre.

Mélangée à 5 p. 100 de sulfate de cuivre, la poudre de talc produit les mêmes effets que les traitements liquides; elle sert de véhicule au sulfate de cuivre et réunit les deux qualités indispensables : l'*adhérence* et la *diffusion*. On doit l'employer de bon matin, en l'absence de vent et alors que la rosée n'est pas encore dissipée.

Lorsque les vignes sont atteintes d'oïdium, en mélangeant avec soin et par parties égales le talc sulfaté 10 pour 100 avec du soufre sublimé, on traite du même coup le mildiou et l'oïdium, ce qui évite une main-d'œuvre importante.

Nous conseillons de faire l'essai de cette poudre pour l'un des traitements; elle est d'un emploi facile et a donné d'excellents résultats dans le Midi.

Nota. — Le talc ajouté au soufre et à

la nicotine, nous semble appelé à produire de bons effets. Nous n'en conseillons toutefois l'emploi qu'à titre d'essai.

(*Bulletin de l'Union du Centre.*)

Conservation des raisins.

Le raisin de treille est un des fruits les plus justement recherchés dans toute la France. Depuis l'époque de sa maturité, qui va du 15 août dans le Midi, jusqu'à la fin de septembre dans le Nord, on est heureux de le trouver sur la table, au dessert, pendant toute la saison d'hiver et même au-delà.

Voici les moyens pratiques d'obtenir cette conservation :

Pour conserver le raisin en parfait état après la fin septembre, il est bon d'appuyer contre le mur un certain nombre de châssis en leur donnant une pente d'environ 60 cent. de manière à former aussi une sorte de bâche vitrée.

Par ce moyen, le raisin est soustrait aux intempéries de la saison, aux incursions des moineaux et des guêpes.

Quand il survient des brouillards ou des gelées, couvrez les châssis avec des paillassons que vous retirez aussitôt que le temps redevient beau.

Afin de voir si les grappes ne pourrissent pas, visitez la treille tous les quatre ou cinq jours et enlevez celles qui seraient atteintes. Couvrez également quand le soleil est chaud, car la chaleur peut brûler les grains les plus rapprochés du verre.

Avant de mettre les châssis devant les ceps, il importe de les dégarnir d'au moins la moitié de leurs feuilles; c'est après cet effeuillage que le fruit prend la belle couleur jaune qui le fait rechercher.

Si la treille dont vous voulez prolonger la conservation est assez étendue, vous pourriez placer vos châssis sur des lattes plates supportées par des pieux à 60 centimètres de terre, établissant ainsi un courant d'air qui passe sous les châssis et contribue à la perfection du raisin.

Vous pourriez procéder de la manière suivante : achetez des morceaux de bois à brûler, tous rondins de même grosseur, environ 18 centimètres de circonférence, taillez-les en pointe par un bout, enfoncez-les en terre à 1 m. 33 les uns des autres et à 0 m. 60 du mur. Quand tous les pieux sont plantés, posez les lattes plates et clouez-les sur chaque pieu de manière à consolider tout cet échafaudage qui doit supporter les châssis.

Quand ce travail préparatoire est terminé, les châssis sont posés sur les lattes en les renversant contre le mur où vous les tirez à l'aide d'un gros crochet.

En exécutant ce travail à la mi-septembre, vous pourrez conserver votre raisin jusqu'à fin décembre, époque à laquelle on ne voit plus sur les marchés que des raisins apportés du Midi de la France.

E. DE P.

Suppression de la sécrétion du lait quelque temps avant le vêlage.

D'après le professeur Dr Dammann, c'est une faute que de traire une vache jusqu'au vêlage. Par là, on nuit au développement du veau et on affaiblit la vache elle-même.

Une vache qui a été traite jusqu'au moment du vêlage, donne beaucoup moins de lait dans la période suivante de lactation. En n'accordant pas à celle-ci avant la parturition le temps de repos nécessaire, on affaiblit pour l'avenir l'activité fonctionnelle du pis.

D'ordinaire la sécrétion laitière cesse d'elle-même deux à trois mois avant le vêlage. Lorsque cet arrêt ne se produit pas spontanément, comme cela arrive chez les très bonnes laitières bien nourries, il faut le provoquer artificiellement.

Pour cela, on ne recourra pas à la pratique consistant à vider incomplètement les mamelles lors de la traite, mais on augmentera peu à peu l'intervalle entre deux traites successives. Dix à douze semaines avant le vêlage le nombre de traites aura ainsi été ramené de trois à deux par jour; huit jours après, de deux à une et ultérieurement, suivant la quantité de lait obtenue, on ne traira plus qu'au bout de 36 à 48 heures. De la sorte, chez les bonnes laitières, l'activité de la sécrétion se maintient jusque quatre à six semaines avant le vêlage.

Répétons-le, quel que soit l'intervalle qui sépare deux traites, il faut toujours vider complètement les mamelles, ne jamais rien y laisser.

Les puits infectés.

Les puits, dans les fermes, sont quelquefois exposés à des infiltrations de matières insalubres charriées par les eaux de pluie ou par les eaux de neige fondue. C'est par ces voies souterraines que trop souvent les eaux putrides laissées à l'abandon par les cultivateurs négligents pénètrent jusque dans les puits et en corrompent l'eau.

Un docteur prussien pratique dans ces cas le moyen suivant de désinfection :

Il suspend à l'orifice du puits une assiette en terre dans laquelle il verse 50 à 100 grammes de brome. Le brome, comme on sait, se volatilise à l'air et ses vapeurs sont plus lourdes que l'air. Le brome qui est, en outre, un puissant désinfectant, forme donc un nuage de vapeurs qui tombe lentement dans le puits, léchant la surface inférieure, pénétrant dans les interstices et détruisant complètement les matières organiques. Au fond du puits, le brome se dissout dans l'eau, et, comme la solution est plus lourde que l'eau même, la masse liquide est ainsi complètement pénétrée par l'agent désinfectant. L'eau fournie par le puits conserve pendant quelque temps un léger goût de brome, peu agréable, mais elle se trouve purifiée au bout de peu de jours et redevenue parfaitement saine.

Ce procédé est d'ailleurs également recommandé par l'auteur pour les caves inondées et infectées. Mais, pour ce cas, il faudrait savoir si le brome pénétrant partout ne peut pas causer bien des dégâts.

(*La Santé*).   D^r J.

Un veau à deux têtes vivant.

Les monstres doubles, dont l'un des sujets est réduit à la tête soudée à la tête de l'autre, ne sont pas rares dans l'espèce bovine, où ils constituent alors les veaux à deux têtes; mais, généralement, la deuxième tête est un parasite quoique vivant et sensible; puis ces monstres vivent rarement. M. P. Méguin a présenté récemment à la *Société de biologie* le portrait en photogravure d'un de ces monstres, intéressant en ce sens qu'il est parfaitement vivant et s'entretient très bien; ses deux têtes sont aussi parfaites l'une que l'autre, fonctionnent également, et l'animal boit et mange indifféremment par l'une ou par l'autre bouche. Ce veau à deux têtes avait deux mois et demi (il est né le 14 février dernier) au moment où M. Méguin l'a présenté. Ses père et mère sont de race normande et tous deux bien conformés. Il est né trois jours après le terme ordinaire, chez un fermier de Freneuse (Seine-et-Oise), qui l'élève avec sollicitude et le montre à qui veut le voir. Les deux têtes sont soudées par le côté de l'occipital et divergent en formant à peu près un angle droit; les deux yeux voisins sont perdus, mais les deux autres et les deux seules oreilles existantes fonctionnent parfaitement. On distingue nettement les quatre tubérosités craniennes qui donneront les cornes.

Moyen d'obtenir des fruits monstres.

Pour obtenir de ces fruits énormes que l'on vend jusqu'à 2 fr. 50 pièce, il suffit de choisir, sur un arbre vigoureux, une poire ou une pomme de belle apparence, ni tachée, ni véreuse, et bien exposer au soleil. On introduit ensuite le fruit, avec l'extrémité de la branche, autant que faire se pourra, dans un bocal de verre blanc à large ouverture, et au fond duquel on aura préalablement mis un peu d'eau, de manière que le fruit soit suspendu au-dessus sans y plonger ou même y toucher.

« Les prix des engrais de la Compagnie du Phospho-Guano viennent de subir une nouvelle baisse, ce qui est une raison de plus pour que les cultivateurs leur donnent la préférence dans leurs achats pour les semailles d'automne.

« Ces engrais ont été constamment appréciés depuis 1863, époque de leur première importation en France, c'est-à-dire depuis un tiers de siècle. »

Rappeler ce long succès est le plus bel éloge qu'on puisse en faire.

RECETTES

Conservation du bouillon. — Avec les chaleurs, le bouillon devient rapidement acide. Pour le rétablir dans son état normal, on le remet sur le feu et, lorsqu'il est en pleine ébullition, on jette dedans quelques morceaux de charbon de bois en ignition, presque toujours l'odeur et le goût aigre disparaissent ; on le passe alors pour enlever les charbons.

Si ce premier moyen ne réussit pas, on prend 5 à 6 grammes de potasse par litre de bouillon, que l'on fait fondre dans un peu d'eau, puis qu'on ajoute, par petites fractions et après filtrage, au bouillon, jusqu'à ce que l'aigreur ait disparu. On peut remplacer la potasse par quelques cuillerées de cendre de bois, qu'on fait bouillir dans un peu d'eau, laquelle on filtre, et qu'on ajoute au bouillon comme la dissolution de potasse.

Le bouillon ainsi rétabli se trouve dans de bonnes conditions, seulement il est un peu plus rafraîchissant.

Rétablissement de l'eau-de-vie rougie. — Cette coloration qui provient de l'emploi d'un tonneau ayant contenu du vin, disparaît le plus souvent par un bon collage. Quand ce moyen reste inefficace, on ajoute aussitôt après collage 1 kilog de braise de boulanger bien brûlée, bien lavée, pulvérisée par bordelaise : on agite de temps en temps et on soutire au bout de quelques jours.

Jurisprudence rurale

LES CHASSEURS DE TRUFFES

Nos lecteurs savent que la culture des truffières est en progrès continu dans les terres graveleuses dites *garrigues* du Midi, notamment dans les environs de Carpentras. Mais tous les terrains contenant des truffes ne sont pas cultivés comme truffières. Ceux qui ne sont pas cultivés sont explorés par des chasseurs qui prétendent que les truffes découvertes par eux leur appartiennent comme *res nullius*, comme le bois mort dans les forêts, comme les animaux sauvages en général. Les propriétaires de ces terres soutiennent le contraire et demandent des dommages-intérêts aux chasseurs.

Un procès de ce genre a été porté devant le tribunal de Montélimar puis, devant la Cour d'appel de Grenoble. Les chasseurs de truffes sur un terrain *affermé* bien que non exploité comme truffières, étaient poursuivis par le fermier. — Le tribunal de Montélimar, puis la Cour ont donné raison au fermier et condamné les deux chasseurs à l'amende et à des dommages-intérêts. — La jurisprudence qui découle de cet arrêt, c'est que la truffe, même dans les terrains où elle n'est pas cultivée — dans les terrains possédant des *truffières naturelles*, appartient au propriétaire ou au fermier et que nul n'a droit de chasser la truffe sans leur consentement.

BIBLIOGRAPHIE

Nous croyons devoir rappeler à nos lecteurs, à un moment où les sujets traités jusqu'ici deviennent d'actualité les deux charmants albums que l'éditeur H. Laurens a fait récemment paraître dans sa collection *le Monde en images*. Le but de cette série est d'instruire par les yeux, presque rien à lire, rien qu'à feuilleter (et à jouir par la vue, car ces pages d'albums sont celles d'artistes consommés), c'est véritablement là le type du livre qui répond à notre paresse fin de siècle.

La Chasse à Tir et à Courre de RENÉ VALETTE (1 album in-4° avec 32 planches en teinte, nombreuses vignettes, notations de sonneries, etc., prix 6 francs) initie les ignorants à toutes les questions cynégétiques et leur permet de prendre une part intelligente aux conversations que vont leur tenir, lors de la prochaine ouverture, les disciples de saint Hubert.

Le Soldat français de EUGÈNE CHAPERON (1 album avec 32 planches en teinte, etc., prix 6 francs) montre le type, les uniformes, les scènes de la vie militaire. Ce volume instruira ceux et celles qui n'entendent rien aux choses de l'armée et que les grandes manœuvres appellent à entendre traiter des questions et des exercices militaires à la caserne et hors de la caserne.

Chasseurs, officiers, artistes éprouveront également un grand plaisir à trouver sur une table de salon ces albums, œuvres de deux excellents peintres pour lesquels la justesse d'une attitude, la fidélité d'une scène n'ont pas de secret. Ces dessins sont des modèles parfaits, des croquis exquis qui fourniront aux jeunes filles bien des idées pour les jours de réception, orner leurs menus, décorer des tambourins, des bibelots de cotillon, etc.

LA CHASSE A TIR ET A COURRE, LE SOLDAT FRANÇAIS, se trouvent partout, chez les libraires, dans les gares, etc., et sont expédiés franco contre mandat adressé à l'Editeur, H. LAURENS, 6, RUE DE TOURNON, PARIS.

OFFRES ET DEMANDES

RED CAP. Œufs à couver de cette excellente race de poule, réputée la plus jolie et la plus forte pondeuse, garantis race pure frais et fécondés, 5fr. la douzaine franco de port et d'emballage. S'adresser à **Calixte Dany**, Althen-les-Paluds (Vaucluse).

Important : J'invite les personnes qui veulent bien me confier leurs ordres de toujours y joindre un mandat, les remboursements n'étant bénéficiables qu'aux Compagnies.

Toujours donner le nom de la gare à laquelle il faut adresser les envois.

On demande pour l'Espagne un homme pour travailler en maître de cave, dans une brasserie de cidre, sachant faire le nécessaire pour les soins de la cave, soutirages, etc.

Entre temps, soigner les arbres, distiller, s'occuper de tous travaux lorsque le travail de cidrerie le rendra disponible. — Appointements selon capacités.

Très bonne place chez de très braves gens. — Position d'avenir.

Adresser les demandes chez M. P. B. Noël, 9, rue d'Odessa, Paris.

M. Noël, emmènerait cette personne en Espagne le 1er novembre prochain.

A LOUER, pour le 1er octobre prochain, **une** belle ferme de 87 hectares, près d'Amiens. Labours ; 14 hectares de pâturages ; plants de pommiers ; très bonnes terres ; grande facilité d'exploitation. — On demande : soit un fermier, auquel on pourrait au besoin fournir, en tout ou partie, le mobilier vif et le matériel agricole qui resteraient, jusqu'à concurrence de leur valeur, la propriété du bailleur ; — soit un gérant chef de culture. Adresser les offres au bureau du journal.

POMMES DE TERRE. — Nous apprenons que M. E. Boutin, directeur du *Moniteur des Intérêts agricoles*, 11, rue Taitbout, est en pourparlers avec un certain nombre de Sociétés Coopératives de consommation de Paris et de la banlieue pour leur procurer directement par la culture les pommes de terre *saucisses rouges* et de *hollande* nécessaires à leur approvisionnement d'hiver : il s'agit de quantité très importantes.

Ceux de nos abonnés que ces fournitures intéressent peuvent s'adresser directement à M. Boutin.

Il lui est également fait des demandes pour des fournitures régulières de volailles de 1 kilo. 1 k. 500 par cageots de 12 à 15 pièces.

Le Bimétallisme et l'Agriculture en 1896 par M. L. de Lamérie. Prix : 1 franc.

En vente chez l'auteur à Lavarenne par Châteaudun (Eure-et-Loir). Brochure intéressante et instructive.

A VENDRE OU A LOUER propriété rurale à proximité de centres importants, bonne terres, constructions suffisantes.

Excellente affaire convenant surtout à jeune homme voulant prendre une exploitation. S'adresser aux bureaux du journal. Se hâter.

M. POUZIN offre de jolis **racinés** de son plant de vigne à la seule condition pour les demandeurs de lui tenir compte d'une partie de la récolte d'une année. — Contre 0 fr.25 il expédie son *Guide* pour la culture de cette variété.

Ecrire à M. Pouzin Emile, à Saint-Paul-les-Romans, Drôme.

Huiles d'olive garanties pures et sans mélange venant directement de la propriété.

Au prix de 1,80, — 1,60, — 1,50 le kilog. suivant qualité.

Gare départ, paiement contre remboursement. S'adresser à M. Edouard Laurin, propriétaire à Saint-Chamas (Bouches-du-Rhône).

LA QUESTION DU BLÉ, par J. Vavost, franco : 0fr 60. S'adresser : Lemercier, libraire, 1, galerie Véro-Dodat, Paris.

Ferme de l'Institut Agricole de Beauvais — **A VENDRE** :

1° Très bon bélier *charmois* en état de faire la lutte.

2° Œufs, poulettes et coqs des races : La Flèche, Dorkins, Leghorn, Campine et Padoue Doré, Langshan, Gournay, Coucou de Malines, Houdan, Cochinchinoise fauve, Brahmapoutra, canards de Rouen.

Un agriculteur offre des actions d'une bonne société d'assurances au prix d'émission. Revenu de 5 p. 100. S'adresser aux bureaux du journal.

Agriculteur, ancien régisseur de grandes propriétés, demande direction d'un domaine en France ou colonies. Excellentes références.

Ancien Industriel ayant possédé usine importante, fait valoir plusieurs Fermes et Bois de haute futaie, désire se placer comme intendant-régisseur. Nous recommandons spécialement cette personne qui a de grandes connaissances techniques à possesseur de grand domaine. Écrire au bureau du journal.

Si vous voulez boire du bon vin de Saint-Émilion, adressez-vous à M. **Duplessis-Foursaud** au château des Trois-Moulins, à SAINT-ÉMILION (Gironde).

(Voir le prix courant.)

COURS DES BESTIAUX

Marché de la Villette du 24 août 1896.

PRIX DE LA VIANDE NETTE

	1re qualité	2e qualité	3e qualité
Bœufs..	1.46	1.36	1.26
Vaches...	1.44	1.34	1.24
Taureaux.	1 18	1.08	0.98
Veaux....	1 58	1.18	1.18
Moutons..	2 00	1.82	1.72
Porcs	1.10	1.02	0.98

ESPÈCES	AMENÉS	VENDUS	PRIX EXTRÊME		
			viande net		poids vit
Bœufs....	3.674	3.146	1.26 à 1.46	54 à	91
Vaches....	898	481	1.24 1.44	54 »	90
Taureaux..	301	256	0.98 1.18	51 »	78
Veaux....	1.434	935	1.18 1.58	55	1.02
Moutons..	17.791	14 941	1.72 2.00	75	1.00
Porcs...	4.0.2	4.010	0.98 1.10	70	» 78

Vente médiocre.

Marché de la Villette du 27 août 1896.

PRIX DE LA VIANDE NETTE AU KILOGR.

	1re qualité	2e qualité	3e qualité	Prix extrême	
Bœufs....	1.50	1.40	1.80	1.26 à 1.54	
Vaches...	1.46	1.36	1 26	1 20	1 50
Taureaux	1 28	1.20	1.10	1.06	1.82
Veaux....	1.64	1.44	1.26	1 20	1.70
Moutons..	1.98	1.82	1.72	1.64	2 04
Porcs	1.18	1 10	»	1 06	1.24

ESPÈCES	AMENÉS	VENDUS	OBSERVATIONS
Bœufs ...	2.438	»	Vente plus facile sur
Vaches...	441	216	les bons bœufs, moyenne
Taureaux.	810	»	sur les vaches, les mou-
Veaux....	1.548	515	tons et les porcs, mau-
Moutons..	15.842	»	vaise sur les veaux.
Porcs.....	5.903	»	

Vente du bétail au marché de La Villette.

Adresser les animaux à MM. Henri Roblin et Surugue, en gare Paris-Bestiaux. Les aviser par lettre auparavant, 190, rue d'Allemagne, Paris.

CORRESPONDANCE

CHANGEMENT D'ADRESSE

Chaque demande de changement d'adresse doit être accompagnée d'une bande imprimée et de *CINQUANTE CENTIMES* en timbres-poste pour frais de réimpression.

On nous écrit du Puy-de-Dôme, à la date du 21 août dernier :

« L'*Insecticide préservateur Desgouttes* m'a « donné de très bons résultats contre les vers « blancs dont mon jardin était infesté ; d'au « tre part, mon pré était envahi et ravagé par « les taupes ; depuis que j'ai employé ce pro « duit, à ma grande satisfaction je suis débar « rassé des deux côtés, car je ne vois plus ni « vers blancs, ni taupes, c'est un grand résul « tat. Merci. »

M. H., à L. (Rhône). — Le phosphore s'obtient en distillant les os d'animaux en vase clos, à une haute température et au contact du charbon.

M. C., à V. (Aube). — *Cirage imperméable pour chaussures de chasse.* — Faire fondre sur le feu, en agitant, 60 grammes de suif, 30 grammes de graisse de porc ; 15 grammes d'essence de térébenthine, 15 grammes de cire jaune et 15 grammes d'huile d'olive. Quand le mélange est refroidi on en frotte les chaussures soit avec un tampon de linge ou une brosse.

M. de K. (Puy-de-Dôme). — *Moyens de reconnaître l'âge du chien.* — Le chien a douze incisives, six à chaque mâchoire, deux crochets à la mâchoire supérieure, deux à l'inférieure, douze molaires supérieurement et quatorze inférieurement.

Les incisives de lait, sortent peu de jours après la naissance ; le rasement de ces dents s'opère dans les trois premiers mois. Vers le quatrième mois, éruption des pinces de remplacement ; les mitoyennes sortent à six mois ; les coins à neuf. De douze à quinze mois les pinces de la mâchoire inférieure sont rasées. De deux à trois, rasement des mitoyennes inférieures ; de trois à quatre ans, rasement des coins, du cinq à six ans, rasement des pinces de la mâchoire supérieure et des mitoyennes. De six à sept, rasement complet de toute la mâchoire supérieure. Passé cette époque il n'est plus aucun signe qui puisse faire connaître l'âge du chien.

M. R., à D. (Seine-Inférieure). — *Phosphates.* — M. C. Leclercq, seul propriétaire exploitant le gisement des véritables *phosphates de Quiévy-en-Cambrésis* (Nord), expédie ses phosphates par bateau avec un fret insignifiant, ou par wagons complets avec tarif spécial. Votre éloignement n'est donc pas une cause de renchérissement. Oui, vous avez raison d'employer ces phosphates supérieurs qui sont les plus assimilables connus ; nous publierons prochainement des renseignements nouveaux sur les résultats qu'ils donnent.

M. de P., à V. (Yonne). — Nous vous conseillons beaucoup le *phosphatage des fumiers.* Les bons résultats qui en découlent sont la conséquence directe des phénomènes qui se produisent par contact de deux matières fertilisantes.

Un avantage qui parle en faveur de ce mode d'emploi est la régularité de l'épandage, la répartition plus parfaite dans le sol, qui aident à l'utilisation plus prompte de l'engrais ainsi répandu.

Par ce moyen, vous introduirez dans votre terrain, deux fois plus d'acide phosphorique pour le même prix, que les engrais du commerce. Le travail que l'industrie effectue dans ses usines, le cultivateur le produit dans son fumier, et, dans ce cas, il n'a pas à en payer au dehors les frais élevés qui font doubler la valeur du kilo d'acide phosphorique.

Le *phosphatage* peut se faire en recouvrant régulièrement le tas de fumier d'une légère couche de phosphate, avant d'apporter celui que l'on retire des étables. On peut encore répandre le *phosphate* à l'étable. Chaque jour, on jette le phosphate sur la litière, en profitant du moment où le bétail est dehors. De cette manière le phosphate fixe l'azote du fumier, plus de déperdition d'azote ni de gaz ammoniacaux. Répandre environ 3 kilos de phosphate par tête de gros bétail et 1 kilo par 10 moutons.

Nous vous conseillons donc, dans votre intérêt comme dans celui de nos abonnés qui nous lisent, l'emploi des bons phosphates naturels, tendres, purs et sans mélange, avec garantie de dosage, comme sont toujours livrés les *phosphates de Quiévy* (Nord), puisqu'ils apportent au sol, pour le même déboursé, deux fois plus d'acide phosphorique que les phosphates traités dans les usines qui sont des phosphates durs qui, dans certains terrains, rétrogradent et deviennent des substances inertes.

M. M. de P., château de P., par B. (Vendée). — Pour vous procurer l'excellente *vaseline*, pour l'entretien des cuirs, harnais, souliers, etc. adressez-vous de notre part à M. Marcelin Pernois, directeur des manufactures de vaselines à Ligny-en-Cambrésis (Nord). Vous serez très satisfait de ce produit dont le prix est peu élevé.

PRIMES A NOS ABONNÉS

Délicieux **Vin Muscat Vieux** tonique et réconfortant venant directement de la propriété, garanti authentique, offert en prime à nos abonnés à raison de 1 fr. 25 le litre logé en fûts de 25 à 35 litres. Fûts perdus.

Adresser les commandes au Bureau du Journal, 10 *bis*, rue Piccini, Paris.

Porte-pantalon hygiénique, *breveté S. G. D. G.* de P.-B. *Noël.* Prix de faveur pour nos lecteurs l'our hommes, jeunes gens et enfants de dix ans franco 4 fr. ; pour femmes et fillettes, 4 fr. 50

Toute commande doit être strictement accompagné d'un mandat-poste représentant la valeur de l'expédition.

BONDE le cent, 25 fr., les cinquante 13 fr. les vingt-cinq 7 fr. Au-dessous de 25 bondes 0 fr. 30. Le tout franco de port.

Indiquer le diamètre de chaque bonde.

Primes nouvelles. — *Sacs à raisin enduits, toile supérieure, avec fermeture brevetée.* Moyens, le mille 50 fr. » le cent 5 fr. 85 *franco.* Petits, le mille 40 fr. » le cent 4 fr. 85 —

Sacs à fruits enduits, toile supérieure.
No 0 petit, le mille 22 fr., le cent 2 85 *franco.*
No 1 grands, le mille 27 fr., le cent 3 15. —

Purificateur d'air pour tonneaux, l'un 4 50 franco gare.

Moyennant un supplément de 0 fr. 40, nous joindrons à l'envoi une mèche à percer de calibre et moyennant 0 fr. 10 en plus, une mèche soufrée.

Le Gérant : E. GAMBART.

IMP. NOIZETTE ET Cie, 8, RUE CAMPAGNE-1re, PARIS.

BULLETIN FINANCIER

C'est encore sur les valeurs ottomanes que s'est concentré l'activité de notre marché pendant cette semaine et leurs cours sont en sensible avance. Le restant de la cote a été également ferme mais sans donner lieu à des écarts importants.

Le Crédit Foncier a été très demandé ainsi que les Bons de l'Exposition.

Le premier tirage des Bons à lots de l'Exposition de 1900 a eu lieu le 25 août au Crédit Foncier de France sous la présidence de M. Labeyrie, gouverneur.

Le gros lot de 500.000 francs a été gagné par le bon de la 14e série portant le no 3796 On ne connait pas encore le nom de l'heureux gagnant, mais on sait déjà que le bon a été souscrit au Crédit Lyonnais.

Les lots de 10.000 fr. ont été gagnés par le 3814 de la 98e série et par le 8629 de la 143e série.

Les lots de 5.000 fr. ont été gagnés par les numéros 2002 de la 63e série, 1062 de la 47e série, 8674 de la 277e série, 4400 de la 136e série et 4139 de la 206e série. Il a été ensuite extrait des deux roues 10 nos remboursaéles à 1.000 frs et 150 nos remboursables à 100 fr.

Le prochain tirage aura lieu en septembre et les tirages se succéderont de mois en mois jusqu'à la fin de l'année.

On sait donc que ces bons de 20 fr. sont délivrées aux guichets ouverts dans toutes les grandes sociétés de Crédit qui ont participé à l'émission ; au Crédit Foncier de France au Crédit Lyonnais au Comptoir d'Escompte à la Société Générale, au Crédit Industriel et dans leurs sucursales et agences dans les départements.

Le moment favorable au transport des vins étant revenu, nous rappelons à nos lecteurs que tous ceux d'entre eux qui, sur nos conseils, et depuis cinq ans, consomment les vins de M. Vincent Ardura, vigneron, domaine de la Chapelle-Frédignac, par Blaye-Bordeaux n'ont qu'à se louer de la qualité et de la conservation de ce Bordeaux absolument naturel, expédié sans intermédiaire.

Pour dégustation sérieuse, envoi gratuit est fait d'une bouteille de la récolte désignée.

L'encaissement est fait par le facteur, à 30 jours, escompte 2 0/0, ou 90 jours.

Vendanges : 1893, à 130 fr.; 1892-91, à 150 fr.; 1890-89, à 175 fr., 1887, à 200 fr., 1885, à 220 fr., 1884, à 240 fr., 1882, à 250 fr., 1881, à 300 fr. — Graves blancs vieux : 130, 150, 200, 250, 300 fr., suivant âge, les 225 litres collés, soutirés, franco de port et de fût en gare d'arrivée.

CHEMIN DE FER D'ORLÉANS

Excursion en Touraine, aux châteaux des bords de la Loire et aux stations balnéaires de la ligne de Saint-Nazaire au Croisic et à Guérande.

1er itinéraire : 1re classe 86 francs. — 2e classe 63 francs. Durée : 30 jours.

Paris — Orléans — Blois — Amboise — Tours — Chenonceaux, et retour à Tours — Loches, et retour à Tours — Langeais — Saumur — Angers — Nantes — Saint-Nazaire — Le Croisic — Guérande, et retour à Paris, vid Blois ou Vendôme, ou par Angers, vid Chartres, sans arrêt sur le réseau de l'Ouest.

Nota. — Le trajet entre Nantes et Saint-Nazaire peut être effectué, sans supplément de prix, soit à l'aller, soit au retour, dans les bateaux de la Compagnie de la Basse-Loire.

La durée de validité de ces billets peut être prolongée une, deux ou trois fois de 10 jours, moyennant paiement, pour chaque période, d'un supplément de 10 o/odu prix du billet.

2e itinéraire : 1re classe 54 francs. — 2e classe 41 francs. Durée : 15 jours.

Paris — Orléans — Blois — Amboise — Tours — Chenonceaux, et retour à Tours — Loches, et retour à Tours — Langeais, et retour à Paris, vid Blois ou Vendôme.

En outre, il est délivré, à toutes les gares d'Orléans, des billets aller et retour comportant les réductions prévues au tarif spécial G. V. no 2 pour des points situés sur l'itinéraire à parcourir, et vice versâ.

Ces billets sont délivrés toute l'année à Paris, à la gare d'Orléans (quai d'Austerlitz) et aux bureaux succursales de la Compagnie et à toutes les gares et stations du réseau d'Orléans pourvu que la demande en soit faite au moins trois jours à l'avance.

Insecticide-Préservateur
FERTILISANT
DESGOUTTES

La Boîte de 10 kilog., pour essais, **10 fr.** franco toutes gares (port et emballage compris).

Adresser les demandes, accompagnées d'un mandat, 10 bis, rue Piccini, Paris.

ALIMENTATION DU BÉTAIL
Tourteaux de Coprah ou Coco
F. TASSY, E. ROCCA et Cie

Fabricants d'huiles **(producteurs directs de Tourteaux)**

23, rue Haxo, MARSEILLE
Deux médailles d'or, Anvers 1894

Envoi de Prix-Courants et Échantillons sur demande.

GRIFFE SARCLEUSE-BINEUSE
Outil économique

pour biner, sarcler promptement entre toutes les lignes de plantes ou légumes sans distinction, indispensable en toutes saisons dans les jardins, vignes, pépinières, les cultures de betteraves, de tabac, etc., même dans les allées

---

FROMENTINE
Marque déposée B. S.G.D.G.

Produit pour l'alimentation économique, saine et rationnelle du bétail, provenant en grande partie des issues de la mouture de blé.

DIVERSES MARQUES

Demander celle en raison du but poursuivi

Marque A pour l'engraissement égal à celui du tourteau de lin, le remplacement de l'avoine, production d'un lait de qualité supérieure.
Marque B pour le bon entretien du bétail.
Marque J développement rapide des jeunes bêtes.
Marque L surproduction du lait.
Marque E engraissement rapide.

Écrire à M. Armand MILLOT
Moulins Saint-Martin
Saint-Quentin (Aisne.)

SELS POUR L'AGRICULTURE
Nourriture du bétail et Engrais des terres

Sel neuf dénaturé, au tourteau de colza. 45 f. 1.000 k.
Sel neuf dénaturé, au peroxyde de fer. 40 f 1.000 k
Sel de morue pur . . . . 35 f. 1.000 k.
Expéditions de Fécamp, Bordeaux et St-Malo.

S'adresser à MM. A. LE BORGNE et ses Fils, négociants-armateurs, à Fécamp.

MALADIES DU BÉTAIL
ET DE LA VOLAILLE
Leur traitement préventif et curatif
PAR L'ACIDE SALICYLIQUE

L'acide salicylique, employé dans la nourriture à la dose de 1/2 à 1 gramme par jour et par tête de bétail, est le meilleur préservatif des maladies qui procèdent par contagion : Sang de rate, Cocotte, Maladie aphteuse, Erysipèle, Typhus, Morve, Variole et le Rouget des porcs, etc.

Des attestations nombreuses de guérisons obtenues pour la Cocotte et le Rouget des porcs ont été reproduites dans le journal *l'Agriculture*.

La désinfection des étables, des écuries, se fait instantanément au moyen d'un arrosage d'eau salicylée à 2 grammes par litre.

S'adresser à M. CERCKEL, administrateur de la *Compagnie de produits antiseptiques*, 26, rue Bergère, Paris.

Envoi sur demande de Prospectus et Brochures.

Prix du kil., 25 fr. Boîte de ménage, 2 fr.

EXCELLENT DÉSINFECTANT
POUR LES FUTS A VIN, CIDRE, BIÈRE, ETC.

Prix de faveur pour nos lecteurs

Sur notre demande, M. Moity, père, l'inventeur, a consenti à en mettre de petites quantités pour essais à la disposition de nos lecteurs.

10 litres franco gare. 10 fr.

Adresser les demandes à M. Crépeaux, rue Piccini, 10 bis, Paris.

VINS
DE SAINT-ÉMILION

Vins classés, de **800** à **250** francs la barrique de 225 litres. — Moitié prix pour la barrique de 112 litres.

Vins grands ordinaires, de **140, 125, 105, 100** francs la barrique — **80, 75, 70, 65, 58, 55** francs, la demi-barrique. — Rendu *franco* en gare et régie, sauf octroi.

Adresser commandes à M. DUPLESSIS-FOURCAUD, à **Saint-Émilion**. — Envoi de prix courants et échantillons sur demande affranchie.

Médailles d'Or, Paris, 1867 et 1889 — Moscou 1891 — Besançon, Montluçon, Royan, etc.

Ouvrages de MM. CRÉPEAUX

En vente aux bureaux de la *Gazette*

La Culture électrique 1 50
Manuel vétérinaire pratique du cultivateur . . . . 1 »
Almanach de la France rurale pour 1896 . . . . » 60
L'Année agricole et agronomique pour 1895 . . . . . . 3 50
La Culture du Blé, par M. Fleury-Berger . . . . 1 »

des Usines de MM. P. MARCHAND Frères, à DUNKERQUE (Nord)
Fabriqués sous le contrôle permanent de la Station Agronomique du Nord
Dirigée par M. DUBERNARD

Nous appelons l'attention des éleveurs et des nourrisseurs sur les Tourteaux de **COTON** de graines d'Egypte : c'est un produit excellent pour les vaches laitières, les bœufs à l'engrais et les moutons.

Nos Tourteaux de **COTON** sont complètement débarrassés de la bourre qui enveloppe la graine et contiennent la même quantité de matières nutritives et grasses que les meilleurs Tourteaux de Lin.

Nos Tourteaux de **COTON** forment l'aliment le meilleur et le plus avantageux en raison de leur prix excessivement bas.

PRIX : 9 Fr.   les 100 kil., gare Dunkerque

S'adresser à MM. P. MARCHAND Frères, à DUNKERQUE (Nord)

PHOSPHATE FOSSILE DE QUIÉVY-NORD

le plus assimilable de tous les phosphates connus

GARANTI PUR DE MÉLANGE AVEC TOUT AUTRE PHOSPHATE
Ce qui, du reste, ne pourrait que diminuer son assimilabilité.

EXTRACTION DU GISEMENT ET USINE A QUIÉVY

Propriétaire-Extracteur : C. LECLERCQ

Bureaux à Viesly (Nord).

COMPOSITION MOYENNE			ASSIMILABILITÉ RELATIVE (méth. Joulie).
			Solubilité dans l'oxalate d'ammoniaque.
Acide phosphorique. . . .	12 » à 16 » 0/0	Phosphate de Quiévy.	82 29 0/0
Potasse	0 45 à 2 77 0/0	— de la Meuse	51 95 0/0
Chaux.	19 05 à 31 » 0/0	— de Pernes.	47 87 0/0
Magnésie.	0 58 à 3 80 0/0	— des Ardennes.	46 43 0/0
Matières organiques azotées .	1 80 à 3 45 0/0	— de la Somme (moy.). .	44 53 0/0
		— de Ciply.	34 57 0/0

Titre garanti en acide phosphorique : 13 à 15 0/0.

LIVRAISON : EN POUDRE IMPALPABLE EN SACS PLOMBÉS, MIS SUR WAGON GARE QUIÉVY-en-CAMBRÉSIS
Prix : **3 fr. 80** les 100 kilos, sacs perdus, 30 jours, 2 0/0 ou 90 jours net.

NOTA. — Les acheteurs qui désirent employer le **véritable Phosphate de Quiévy** pur et garanti d'origine doivent exiger que les sacs portent la Marque (**Au Poisson fossile**) et la Firme : M. LECLERCQ, seul exploitant à Quiévy (Nord).

CULTIVATEUR Américain

"CHAMPION"

Instrument hors de pair pour les DÉCHAUMAGES et la PRÉPARATION DU SOL en général

PRIX MODIQUES - VENTE APRÈS ESSAI
GARANTIES LES PLUS ÉTENDUES

DÉCHAUMEUSES à 3 et 4 Socs

DEMANDER LES CATALOGUES

Ch. FAUL, 13, RUE PIERRE-LEVÉE, PARIS

DÉSINFECTANT INCOMPARABLE

pr tonneaux à vin, cidres et autres l'quides

MAISON FONDÉE en 1875   **Jules MOITY Père**   MAISON FONDÉE en 1875

Inventeur, breveté en France et à l'étranger.

16, rue Sencier, FOURMIES, France (Nord)

4 diplômes d'honneur. 12 médailles hors concours.

Ce produit, dont la réputation n'est plus à faire, est employé dans une grande partie de la brasserie française, belge et hollandaise avec les plus grands succès.

Guérison radicale *des plus mauvais goûts de fûts en 12 heures, par une simple opération qui ne coûte au plus que 0 fr. 11 à la rondelle de 160 litres, main-d'œuvre comprise.*

Mode d'emploi. — Laver les fûts à l'eau bouillante, les laisser égoutter pendant 12 heures, les rincer ensuite avec mon produit et **six ou dix** heures après, suivant la saison, les relaver à nouveau à l'eau **bouillante** et vous pouvez entonner avec sûreté n'importe quelle boisson et sans nuire aucunement au bois ni à la boisson, inconvénients que produisent beaucoup de moyens employés à défaut d'autres meilleurs.

Prix :

0 fr. 65 du litre en dessous de 10 litres, ou 0.55 du kil.
0 fr. 60   —   de 100 à 175 litres.   ou 0 50 —
0 fr. 55   —   deau-des. jusqu'à 228 lit. ou 0.45 —
Réduction par plus grandes quantités.

Les commandes au-dessus de 150 litres seront livrées franco en gare du destinataire.

Certificat pris dans 100.000 :
« Monsieur J. Moity, père,
à Fourmies.
« J'ai été très satisfait de votre désinfectant veuillez m'en envoyer 200 litres de suite.
« Recevez mes sincères salutations ».
Desurment-Chasseur, à Tourcoing.

VELOUTINE FLAMANDE

La **Veloutine** est spécialement employée pour lustrer les cuirs de fantaisie : guides, selles, harnais de luxe et de travail, capotes, tabliers, caparaçons, etc., et lorsqu'ils ont déjà été enduits de vaseline, ce produit donne un joli brillant et évite l'action graisseuse des cirages ou préparations à base de cire. Sans causticité il ne dessèche pas et imperméabilise.

Le bidon d'un litre pour harnais noirs. . . . 3 70
—   —   — jaunes. . . 4 20
Franco gare contre mandat-poste.

S'adresser : *Manufacture de Vaselines industrielles de Ligny-en-Cambrésis (Nord)*

Eugène de MASQUARD

PROPRIÉTAIRE-VITICULTEUR, Château de la Cascade

SAINT-CÉSAIRE-LES-NIMES (Gard)

Vins garantis naturels, rouges et blancs, depuis **75 fr.** la pièce de 220 litres jusqu'à 100 francs, selon qualité, prise en gare de St-Césaire (Gard), fût perdu.
Ces vins ont été médaillés à toutes les expositions où ils ont figuré.

Récoltés sur des coteaux et des terrains secs, les vins de Saint-Césaire, l'un des meilleurs crus du Gard, se conservent parfaitement sans être plâtrés.

Envoi franco de prix courants et échantillons

LYSOL

Le plus puissant de tous les antiseptiques désinfectants dérivés du goudron

Le seul complètement soluble dans l'eau

INSECTICIDE & ANTIPARASITAIRE INFAILLIBLE

POUDRE AU LYSOL

La poudre au Lysol préserve la vigne, les arbres fruitiers, fleurs, plantes, etc., des invasions cryptogamiques et parasitaires.

ENVOI FRANCO D'UNE BROCHURE EXPLICATIVE sur demande adressée à la

SOCIÉTÉ FRANÇAISE DU LYSOL
22 et 24, Place Vendôme, PARIS

VIN DE BOURGOGNE

Ferme de l'Hospice de Beaune.
Domaine de MEURSAULT

VINS FINS GRANDS ORDINAIRES, ORDINAIRES
Rouges et Blancs

Concours Général agricole de Paris 1895
MÉDAILLE d'or pour vins rouges
MÉDAILLE d'argent pour vins blancs

Concours Général agricole de 1896
HORS CONCOURS, MEMBRE DU JURY

JOBART MUTHELET, Meursault (Côte-d'Or)

CHEVAUX BOITEUX

Guérison par le spécifique BORNET

Contre **Capelets, Mollettes, Vessigons, Eponges, Exostoses, Suros, Eparvins** et les **Formes** à leur début. *(Il s'applique également à toutes les tares molles et osseuses.)*

PRÉPARÉ PAR **A. BORNET**
Pharmacien de 1re classe, ex-interne et lauréat des hôpitaux.

19, rue de Bourgogne, PARIS.

Le flacon, 3 fr., à la pharmacie ; en gare par colis postal, 4 fr., contre mandat.

Maison de Vente & d'Expédition à Aubusson (Creuse) G. DELARBRE
À Paris & en province, chez tous les Droguistes & Pharmaciens.

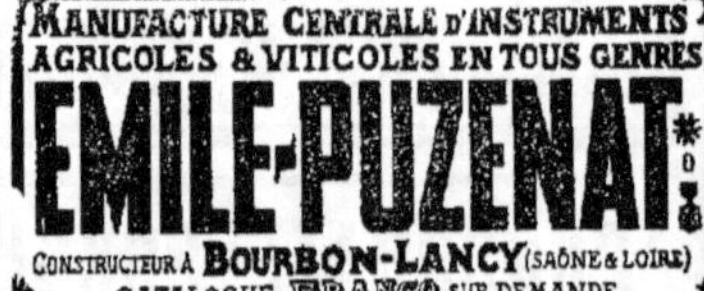

SCHNEIDER ET Cie

PHOSPHATES METALLURGIQUES

(scories de déphosphoration), des Aciéries du Creusot

ENGRAIS PHOSPHATÉ

pour Céréales, Prairies, Vignes, Betteraves, Pommes de terre, etc.

L'emploi de ces phosphates a été particulièrement recommandé dans ces derniers temps par les agronomes les plus distingués. Il permet, en raison du bas prix de ce produit, de faire apport au sol de doses considérables d'acide phosphorique.

Les phosphates métallurgiques du Creusot sont livrés moulus finement et tamisés. Pour renseignements, s'adresser à MM. SCHNEIDER et Cie, au Creuzot (Saône-et-Loire).

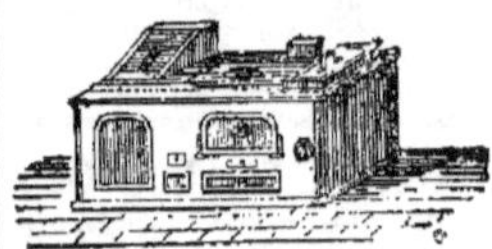

FOURNEAUX DE CUISINE
de toutes espèces

Maisons particulières, Hôtels, Châteaux et Fermes, Hospices, Hôpitaux, Collèges, Pensions, etc.

ENVOI FRANCO DE CATALOGUES

Maison DELAROCHE aîné
22, rue Bertrand, PARIS

M. RECOURAT, pharmacien à Beauvais.

Gale des moutons guérie radicalement par *une seule application* de l'ANTIPSORIQUE. La bouteille, 3 fr. ; la 1/2 bouteille, 1 fr. 75.

Guérison du PIÉTIN par *un seul pansement* avec le CONTRE-PIÉTIN-RECOURAT.

Le pot d'essai, 1 fr. 50 ; le pot, 2 fr. 50.

Joindre 0 fr. 60 pour recevoir *franco* et indiquer gare

GRANDS RABAIS

POUR LIVRAISONS SUR LES MOIS D'HIVER

Engrais de l'Usine municipale de la Voirie de Bondy

TOURTEAUX ORGANIQUES
MOULUS

Dosage : 1.50 à 2 % d'azote et 4 à 5 % d'acide phosphorique.

S'ADRESSER AU

Comptoir Agricole et Commercial

9, RUE NOUVELLE, 9, A PARIS

MACHINES AGRICOLES

A. BAJAC
à LIANCOURT (Oise)

CHARRUES-BRABANTS

MATÉRIELS pour toutes Cultures

BROYEURS & PRESSOIRS SIMON

Pour Pommes, Poires, Raisins, etc. Matériel complet pour cidreries et vinification.

SIMON FRÈRES, Constructeurs-Mécaniciens-Fondeurs à Cherbourg
MÉDAILLE D'OR, PARIS 1889

GUIDE PRATIQUE *de la Production et de la Fabrication des Cidres et Poirés* envoyé gratis et f°

BARATTES, MALAXEURS, LISSEUSES SIMON et MATÉRIEL complet pour la Fabrication et l'Exportation des beurres et fromages.

MANÈGES de toutes forces — *Envoi franco du Catalogue*

41

ANÉMIE CHLOROSE, FAIBLESSE Guéries par le **VRAI FER QUEVENNE**
Seul approuvé p' *Académie de Médecine*, Paris, 14, r. Beaux-Arts, nº1-06.

PRÉSERVEZ VOS ANIMAUX DOMESTIQUES
de toutes les Epizooties et Maladies contagieuses par
la Désinfection des Ecuries, Etables, Porcheries

PAR LE

CRÉSYL-JEYES

Désinfectant — Antiseptique, le seul (non toxique), qui soit d'une efficacité scientifiquement démontrée. Le **CRÉSYL-JEYES** a été récompensé par la Société des Agriculteurs de France en 1891 d'une **Médaille d'argent grand module**. Envoi franco sur demande du prospectus détaillé. — CRÉSYL-JEYES, 35, Rue des Francs-Bourgeois, 35, Paris.

Se méfier des nombreuses contrefaçons.

Maison MURE, à Pont-St-Esprit (Gard)
A. GAZAGNE, *Gendre et Suc'*, Ph'' de 1'' Classe

MALADIES NERVEUSES
Epilepsie, Hystérie, Danse de Saint-Guy, Affections de la Moëlle épinière, Convulsions, Crises, Vertiges, Eblouissements, Fatigue cérébrale, Migraine, Insomnie, Spermatorrhée
Guérison fréquente, Soulagement toujours certain
par le **SIROP de HENRY MURE**
succès consacré par 20 années d'expérimentation dans les Hôpitaux de Paris.
FLACON : 5 FR. — NOTICE GRATIS.

PATE et SIROP d'ESCARGOTS de MURE
« Depuis 30 ans que j'exerce la médecine, je n'ai pas trouvé de remède plus efficace que les escargots contre les irritations de poitrine. »
« Dʳ CHRESTIEN, de Montpellier. »
Goût exquis, efficacité puissante contre **Rhumes, Catarrhes** aigus ou chroniques, *Toux spasmodique, Irritations* de la *gorge* et de la *poitrine*.
Pâte 1ᶠ; Sirop 2ᶠ. — Exiger la PATE MURE. *Refuser les imitations.*

Thé Diurétique de France
sollicite efficacement la sécrétion urinaire, apaise les **douleurs** des **Reins** et de la **Vessie**, entraîne le sable, le mucus et les concrétions, et rend aux urines leur limpidité normale. — *Néphrites, Gravelle, Catarrhe vésical, Affections* de la *Prostate* et de l'*Uréthre*. — PRIX DE LA BOITE : 8 FRANCS.

Dépôt général de l'ALCOOLATURE D'ARNICA
de la TRAPPE DE NOTRE-DAME DES NEIGES
Remède souverain contre toutes *blessures, coupures, contusions, défaillances, accidents cholériformes*.
DANS TOUTES PHARMACIES. — 2 FR. LE FLACON.

CONSTRUCTIONS ÉCONOMIQUES
AGRICULTURE   INDUSTRIE

SOCIÉTÉ MÉTALLURGIQUE
d'Amiens (Somme)
USINE à VAPEUR, FORCE MOTRICE 250 CHEVAUX
Adresser les lettres à M' le Directeur
ENVOI Fco DU CATALOGUE

TÔLES ONDULÉES GALVANISÉES Pour Couvertures
Prix défiant toute Concurrence

ENGRAIS CHIMIQUES
DES
MANUFACTURES DE SAINT-GOBAIN

12 Usines :

CHAUNY (Aisne).	SAINT-FONS, près Lyon.
AUBERVILLIERS (Paris).	L'OSERAIE, près Avignon.
MONTARGIS (Loiret).	BALARUC, près Cette.
TOURS (Indre-et-Loire).	VALENCIA (Espagne).
MONTLUÇON (Allier).	HEMIXEM
MARENNES (Charente-Inférieure).	MESVIN-CIPLY } (Belgique).

PRODUCTION ANNUELLE : 400.000.000 DE KILOS

Dosages garantis — Emballages marqués et plombés

SUPERPHOSPHATES DE CHAUX

ENGRAIS COMPOSÉS
Suivant les convenances des acheteurs pour toutes cultures

ENGRAIS COMPLET DE SAINT-GOBAIN
Efficacité éprouvée dans tous les sols et dans toutes les cultures

ENGRAIS SPÉCIAUX POUR LA VIGNE :
Engrais pour Vigne à végétation faible.
Engrais pour Vigne à végétation normale.
Engrais pour Vigne à végétation luxuriante.

Adresser les ordres ou les demandes de renseignements à la DIRECTION COMMERCIALE DES PRODUITS CHIMIQUES de SAINT-GOBAIN, 9, rue Sainte-Cécile, Paris — ou aux Agents de la Compagnie dans toutes les villes de France.

17ᵉ Année. — Nᵒ 36. LE NUMÉRO. 10 CENTIMES. Dimanche 6 Septembre 1896

GAZETTE AGRICOLE

JOURNAL HEBDOMADAIRE, PARAISSANT LE DIMANCHE

Fondateur : M. CH. GOSSIN, Professeur d'Agriculture à l'Institut agricole de Beauvais

PRIX DE L'ABONNEMENT

UN AN, 5 fr. — SIX MOIS, 3 fr. — TROIS MOIS, 2 fr. 25

Pour l'Étranger les abonnements ne sont reçus que pour un an, au prix de 6 francs, et ne partent que du 1ᵉʳ JANVIER ou du 1ᵉʳ JUILLET de chaque année.

Le Numéro : 10 centimes.

Adresser toute la correspondance : mandats, lettres, annonces etc., à M. CRÉPEAUX, Directeur de la *Gazette agricole* 10 bis, rue Piccini, Paris.

Toute demande de changement d'adresse doit être accompagnée de 50 centimes et de la dernière bande du journal.

BUREAUX

97, rue de Rennes, Paris, et à Beauvais, rue Saint-Étienne.

Les abonnements partent du 1ᵉʳ de chaque mois et sont payables d'avance. Toute demande d'abonnement doit donc être accompagnée du prix de l'abonnement. (Le mode de payement le plus simple est l'envoi d'un mandat-poste.)

Donner *très lisiblement*, en s'abonnant, son nom et son adresse exacte, *avec l'indication du bureau de poste*; et, s'il s'agit d'une continuation d'abonnement, joindre au renouvellement la dernière bande d'adresse du journal

Les Annonces sont reçues à la Direction du Journal, et chez MM. DUSSERIS et MATHELLON, 97, rue de Rennes Paris.

Sommaire :

BULLETIN COMMERCIAL

Paris, le 2 septembre 1896.

Le temps est froid et pluvieux. Les offres en blé indigène sont nombreuses sur les marchés du Nord et de la Beauce; elles sont modérées partout ailleurs : mais, comme la demande de la meunerie commence à se ralentir par suite d'un léger recul du prix des sons, la tendance est un peu moins ferme.

Les menus grains sont calmes et sans variation.

On écrit d'Alger :

Durant les premiers jours de la semaine écoulée, notre marché a été d'une activité fébrile sur les orges et les blés durs; mais, depuis quarante-huit heures, le calme est rétabli, sans toutefois que les cours pratiqués aient une tendance à baisser.

BOURSE DU COMMERCE DU MERCREDI 2 SEPTEMBRE

	FARINES	BLÉS
Courant	40 »	18 25
Prochain	40 »	18 25
Nov.-Déc.	39 85	18 50
4 de nov.	39 75	18 45
4 premiers	39 90	18 60

Marque de Corbeil 14 fr le sac de 150 kil. toile à rendre.

Halle aux blés. — *Blés indigènes.* — Les offres en blés sont régulières, elles proviennent principalement de la Beauce, du Gâtinais et du centre à la parité de 18 à 18,50 les 100 kil. pour les belles qualités, 17,75 les sortes moyennes et 15,50 les ordinaires.

Il y a aussi des vendeurs de l'Oise et de l'Aisne aux cours de la semaine dernière. Comparativement à mercredi dernier, nous voyons un peu de lourdeur, mais pas de baisse.

Blés exotiques. — Sans affaires.

Sons. — Un peu plus calmes.

Avoines. — La tendance est très calme, les offres de la culture sont importantes et les besoins de la consommation sont plutôt limités.

Les cours sont cet après-midi en baisse de 25 à 50 cent. suivant provenance, les avoines vieilles et de belle qualité restent rares.

On cote : avoines nouvelles blanches 14 à 14,25, rouges 14,50, grises 15,75 à 15, noires 15 à 50, les vieilles valent 0,25 de plus ; bigarrées d'Amérique 14,25, Suède 15.25 à 15,50 les 100 kilos.

Seigles. — Les prix sont restés soutenus, mais sans hausse, il y a acheteurs de 10,75 à 11 les 100 kilos, gare Paris.

Escourgeons. — Les prix restent les mêmes, on a vu un peu plus d'offres aux derniers marchés de Beauce, une fois les semences terminées, il y aura certainement des vendeurs.

Graines fourragères. — On cote trèfle incarnat 40 à 55, violet bleu 75 à 90.

Sucres. — Les affaires sont calmes, mais la tendance est ferme.

Raffinés 99,50, roux 88ᵉ 29,50.

Marché de la Chapelle. — Marché ordinaire.

On cote : paille de blé 1ʳᵉ qté 26 à 28 fr., 2ᵉ qté 24 à 26 fr., 3ᵉ qté 21 à 24 fr.; paille de seigle 1ʳᵉ qté 33 à 35 fr., 2ᵉ qté 29 à 33 fr., 3ᵉ qté 25 à 29 ; paille d'avoine 1ʳᵉ qté 24 à 26 fr., 2ᵉ qté 22 à 24 fr., 3ᵉ qté 19 à 22 ; foin nouveau 1ʳᵉ qté 55 à 57 fr., 2ᵉ qté 51 à 55 fr., 3ᵉ qté 47 à 51 fr. 3 foin vieux 1ʳᵉ qté 58 à 62 fr., 2ᵉ qté 54 à 58 fr.; 3ᵉ qté 50 à 54 fr.; luzerne nouvelle 1ʳᵉ qté, 53 à 55 fr., 2ᵉ qté 50 à 53 fr., 3ᵉ qté 46 à 50 fr; regain nouveau 1ʳᵉ qté 54 à 56 fr., 2ᵉ qté 50 à 54 fr., 3ᵉ qté 41 à 50 fr.

Le tout rendu dans Paris, au domicile de l'acheteur, frais de camionnage et droits d'entrée compris par 104 bottes de 5 kil.; savoir : 6 fr. pour foin et fourrages secs, 2 fr. 40 pour paille. Pourboire 1 fr. par 100 bottes.

Fourrages et pailles en gare. — La paille de blé est offerte assez couramment à 20 fr. dans nos gares.

La paille de seigle vaut de 22 à 25 fr. et la paille d'avoine de 17 à 18 fr.

Les fourrages se vendent assez facilement, surtout en marchandise immédiatement disponible.

Le regain faiblit légèrement.

On cote sur wagon, par 520 kilogr., en gare d'arrivée à Paris :

Foin	40 à 42
— nouveau	35 à 39
Luzerne première qualité	37 à 42
Paille de blé	18 à 22
— de seigle pour l'industrie	23 à 27
— — ordinaire	18 à 22
— d'avoine	16 à 19

Pour les marchandises en gare, les frais de déchargement, d'octroi et de camionnage sont à la charge de l'acheteur.

FRUITS

Pêche de Perpignan, la corbeille de 12 fruits	80 à 1 50
Prunes	30 à 35
Poires communes	20 à 22
Raisins d'Algérie, les 100 kilos	60 à 70
Cassis, —	50 à 55
Groseilles	15 à 30
Amandes, 2ᵉ choix	50 à 80
Noisettes	50 à 55
Citrons, la caisse de 420/490	34 à 36

POMMES DE TERRE

Hollande (100 kil.)	8 » à 11 »
Roses-Early	4 » à 5 »
Magnum-Bonum	5 » à 6 »
Rondes	6 » à 7 »

LÉGUMES

Choux, le cent	10 à 18 50
Choux-fleurs suivant grosseur	15 à 50
Artichauts de Paris	10 à 22
— de Bretagne	8 à 16
— d'Angers	28 à 30
Tomates	10 à 12
Haricots flageolets	12 à 15
— beurre	40 à 55
Haricots verts de Paris	25 à 30
Melons, la pièce	60 à 2 50
Cornichons moyens	40 à 50

LINS. — Les 100 kilogr. — *Marché de Lille.*

	Communs	Ordin.	Supér.
Alost	148 à 153	154 à 157	161 à 166
Bergues	150 à 158	161 à 168	173 à 181

Marché aux chevaux, 4 Septembre

Gros trait de 800 à 1.250	Boucherie de 150 à 200
Selle et tr. 750 à 1.100	Anes.... de 100 à 125
léger . de 750 à 1.100	Chèvres.. de à
H. d'âge de 150 à 500	

AMENÉS

Chevaux, 458 — Anes, 17 — Chèvres, 0

Voitures 350, de 75 à 550.

Prix moyen aux 100 kilog. des CÉRÉALES dans les Départements.

		BLÉ	SEIGLE	ORGE	AVOINE
Rég. du Nord-Ouest	Caen	17 50	10 00	13 25	15 25
	Lannion	17 75	10 00	14 00	15 00
	Morlaix	17 25	10 00	12 50	13 50
	Rennes	17 50	10 00	13 00	14 00
	Avranches	17 25	10 25	13 00	14 50
	Laval	17 25	10 25	13 25	14 00
	Lorient	17 00	10 00	13 00	14 00
	Alençon	17 25	10 2.	13 50	15 50
	Le Mans	17 25	10 25	14 00	16 00
Région du Nord	Soissons	18 00	10 25	»	15 00
	Evreux	18 25	10 00	13 50	15 50
	Chartres	18 00	10 00	14 00	14 50
	Lille	18 2.	10 25	13 50	14 5.
	Compiègne	17 75	10 00	14 00	15 .0
	Beauvais	18 50	11 00	15 50	16 25
	Arras	18 25	11 00	14 0.	16 00
	Paris	18 75	10 75	16 0.	16 00
	Versailles	18 50	10 25	15 00	16 25
	Rouen	18 50	10 25	15 00	16 00
	Amiens	18 00	10 50	16 00	17 00
Rég. du N.-E.	Mézières	18 00	10 25	13 2.	16 00
	Nogent-s-Seine	18 25	10 50	13 75	15 00
	Chalons-sur-Marne	18 50	10 50	13 50	16 00
	Langres	18 50	10 00	15 0.	15 25
	Nancy	18 50	10 00	14 00	15 00
	Bar-le-Duc	18 50	10 00	15 00	16 00
	Neufchâteau	18 50	10 25	14 00	15 00
Région de l'Ouest	Ruffec	18 00	10 00	13 00	15 00
	Marans	17 75	10 25	13 00	14 00
	Niort	17 50	10 25	13 50	15 00
	Tours	18 25	10 00	13 00	15 00
	Nantes	18 00	10 25	13 25	14 75
	Anger	17 50	10 50	12 50	14 00
	Poitiers	17 50	10 25	13 00	»
	Limoges	18 00	10 00	»	15 50
Région du Centre	Moulins	18 00	10 00	13 50	15 00
	Bourges	17 50	10 00	14 00	15 00
	Aubusson	18 25	10 25	14 00	14 00
	Châteauroux	18 25	10 00	14 50	14 50
	Orléans	18 00	10 25	13 00	15 00
	Blois	19 00	10 00	14 00	15 .5
	Nevers	18 50	10 25	15 00	16 00
	Clermont Ferr.	18 00	10 25	14 00	15 75
	Sens	18 50	10 00	13 50	15 50
Région de l'Est	Bourg	18 50	10 50	14 00	15 25
	Dijon	18 75	10 00	14 50	15 00
	Besançon	9 00	11 00	14 25	15 75
	Grenoble	18 00	10 25	13 00	14 50
	Dôle	18 50	10 50	14 00	15 00
	Saint-Etienne	18 50	10 50	14 00	16 00
	Lyon	18 75	11 00	13 50	15 50
	Mâcon	18 75	11 00	13 0.	15 25
	Vesoul	18 50	10 00	»	15 50
	Chambéry	18 25	10 50	»	15 75
	Annecy	18 25	»	»	15 75
Rég. du Sud-Ouest	Pamiers	18 50	12 0.	»	16 00
	Périgueux	18 ..	11 ..	14 00	15 0.
	Toulouse	19 00	12 00	14 00	16 00
	Auch	18 25	11 25	13 50	15 75
	Bordeaux	18 00	12 0	13 00	15 50
	Dax	18 50	10 00	13 00	15 00
	Agen	18 75	11 25	14 00	15 50
	Bayonne	18 50	11 0	14 00	16 00
	Tarbes	18 25	11 25	»	«
Région du Sud	Carcassonne	19 50	10 75	14 50	15 25
	Rodez	18 25	12 00	14 00	16 00
	Mauriac	18 25	11 00	»	16 00
	Tulle	18 2	11 50	»	15 50
	Montpellier	18 00	11 00	»	15 50
	Figeac	18 00	11 00	13 00	15 75
	Mende	18 25	11 00	13 25	15 75
	Perpignan	18 00	11 00	14 00	15 00
	Albi	18 50	11 50	13 50	16 00
	Montauban	19 25	11 50	13 25	16 00
Région du Sud-Est	Gap	18 50	11 25	14 50	16 00
	Manosque	18 50	10 50	14 00	15 25
	Nice	18 25	11 50	13 75	16 00
	Privas	18 25	11 00	14 00	16 00
	Arles	18 50	11 50	13 75	16 00
	Montélimar	19 .0	»	14 25	16 25
	Nimes	18 75	12 50	14 00	16 00
	Le Puy	18 50	12 50	14 00	16 00
	Draguignan	18 50	12 75	14 00	16 00
	Avignon	21 00	14 00	13 00	17 25

Tourteaux.

Cours de la maison P. Marchand frères, à Dunkerque (Nord) :

TOURTEAUX A NOURRIR

	Dispon.	A livrer.
Coton de graines d'Egypte	9 50	9 50
Sésame blanc	11 50	11 50
Arachide décortiquée	14 50	14 50
Colza à nourrir	10 25	10 25
Colza du pays	11 25	11 25
OEillette du Levant	10 00	10 »»
OEillette blanche de Turquie	10 00	10 »»
Lin 1re qual. de Bombay g. form.	14 »»	14 25
Lin 1re qual. de Bombay p. form.	14 50	14 50

TOURTEAUX-ENGRAIS

Arachide décortiquée	14 50	14 50
Cameline	»» »»	»» »»
Colza des Indes en poudre	»» »»	»» »»
Colza ravison	7 25	7 50
Colza jaune Guizerat	10 50	11 »»
Kurrachée	»» »»	»» »»
Niger	»» »»	»» »»
Pavot	9 25	9 50
Sésame blanc	10 00	10 0
Sésame noir	»» »»	»» »»
Coton en farine	7 50	7 50

Nos prix s'entendent pour tourteaux en planches, rendus en gare de Dunkerque.

Paiement à 30 jours ou à terme plus éloigné suivant convention expresse.

Le concassage se paie 0 fr. 25 et la mise en poudre 0 fr. 40 aux 100 kilos. Dans ce cas, les sacs sont facturés à 0 fr. 35 pièce, et repris au prix de facture, quand ils sont rendus en bon état et franco, dans les 30 jours de l'expédition.

FROMENTINE :

	100 kil.
Marque A.	13 »
Marque B.	13 »
Marque J.	13 »
Marque L.	15 »
Marque E.	16 »

Les 100 kilogs sur wagon St-Quentin, sac à retourner ou à facturer.

BEURRES. - (le kilogr.).

BEURRES EN MOTTES			BEURRES EN LIVRE		
Isigny extra.	4 00	5.20	Bourgogne	1 60	2 00
— demi-fin	3.00	3.4.	Gâtinais	1.90	2.4.
M. d'Isigny	2 60	2 9.	Vendôme	1.70	2.3
du Gâtinais	2 60	2 90	Beaugency	1.7.	2.30
de Bretagne	1.80	2.00	Ferme	2.20	3.00
Laitiers Jura.	2.00	2.50	Tours	1.8.	2.5.
de Charente	2 10	2 80	Le Mans	1 70	2.0.
des Alpes	2.00	3.00	Touraine fausse	1.80	2.20

ŒUFS. — (le mille).

Normandie ext.	85 à 108		Bourgogne	72 à 80	
Picardie —	86 à 110		Champagne	75 à 80	
Brie —	78 à 85		Nivernais	70 à 74	
Touraine	80 à 90		Bourbonnais	7. à 68	
Beauce	8 à 85		Bretagne	65 à 72	
Orne	70 à 85		Vendée	66 à 70	
Picardie	68 à 80		Auvergne	65 à 68	
Châtellerault	70 à 72		Midi	68 à 72	

FROMAGES.

Brie hautes marq.	48	52	Roquefort	120	200
Brie gr. m. (10)	35	30	Gruyère (100 k.)	10.	165
— m. m.	22	27	Coulommiers (100)	25	..
Petits Normands	15	13	Gournay (100)	10	30
Brie laitiers	20	18	Livarot (le 100)	66	10.
Gérardmer (100 k.)	80	9.	Bourgogne (100)	.0	70
Hollande	16.	170	Camembert (10.)	40	6.
Bondons(100)	150	180	Munster(100..)	100	120
Cantal	120	130	Port-Salut	160	180

VOLAILLES

Poulet Brest dit moelleux	2.00	4 00	Pigeon Macon.	1.50	2.00
Poulets Nant.	2 25	4.50	Canars Nantais	2 50	3.00
Poulets Tour.	2.50	4.50	Dindes Tourr.	8.00	16.00
Poulets Houdan	5.00	5.75	Oies	5.00	7.50
Pigeons d'Italie	80	1.25	Lapins dom.	2.70	3.25
			Lapins garenne.	1.50	2.0.

VINS — BERCY

Rouges			Blancs		
B. Bourg. vieux.	140 à 155		Bordeaux	125 à 160	
Touraine	105 à 115		B. Bourg	150 à 190	
Bord. vieux	130 à 160		Sancerre	130 à 135	
Algérie	26 à 32		Chablis	200 à 35.	
Cher	110 à 135		Anjou	120 à 135	
Chinon	125 à 180		Pouilly	350 à 300	
Narbonne	32 à 34		Vouvray	155 à 195	

HOUBLONS. — Les 50 kilogr.

Alost prime	32,00 à	30,00
Bourgogne	55,00 à	40,00
Poperinghe	25,00 à	30,00
Wurtemberg	40,00 à	42,00
Altmark	75,00 à	100,00
Alsace	50,00 à	65,00

Prix des Produits Forestiers à Paris.

BOIS DE FEU (Octroi non compris)	Falourde de pin..	100 à 110 le cent.
	Bois de flot	110 à 105 le dece
	Bois gris neuf	130 à 120
BOIS D'ŒUVRE (Octroi compris)	Bois blanc	105 à 140
	Chêne gros bois	105 à 110 le m. cu
	— moyen bois	70 à 60
	— petit bois	30 à 48 —
	Charme, plateaux	50 à 60 —
	Sciage Entrevous	175 à 210 les 208 t.
	de chêne Echantillons	230 à 220 —
	Frise	27 à 28 10. t.

La suite des marchés se trouve à la Correspondance.

L'année agricole et agronomique pour 1896.

L'Année agricole et agronomique pour 1896 par S. Crépeaux, professeur à l'Institut agricole de Beauvais, et C. Crépeaux, publiciste scientifique, avec la collaboration de praticiens, de professeurs et d'agronomes vient de paraître (un volume in-18 de 360 pages, illustré).

Cet ouvrage, véritable annuaire théorique et pratique de l'agriculture progressive, donne un tableau complet du mouvement agricole et agronomique de l'année. Il retrace toutes les expériences culturales, les recherches scientifiques faites en France et à l'étranger, décrit et apprécie avec compétence les nouveautés (plantes, machines, engrais, nouvelles méthodes, etc.).

La partie documentaire de l'Année agricole et agronomique comprend pour l'année écoulée, les lois, décrets, décorations agricoles, lauréats des concours, les vœux économiques des conseils généraux, l'analyse exacte des travaux des sociétés et congrès agricoles, horticoles, vétérinaires, français et internationaux, les jugements de droit rural, l'analyse des brevets agricoles, les statistiques, etc.

Cet ouvrage qui paraît pour la seconde fois a valu l'année dernière à ses auteurs les félicitations de la Société nationale d'agriculture, de la société des Agriculteurs de France, et des principaux journaux agricoles et scientifiques qui ont rendu hommage à la somme considérable de travail que représente une telle publication et aux services incontestables qu'elle rend à la cause du progrès agricole.

(*Le Progrès agricole du 15 juin*).

Nous l'offrons en prime à nos abonnés au prix de 2 fr. 50 franco de port au lieu de 4 francs.

Ceux de nos abonnés qui désirent l'Année agricole et agronomique de 1895 et celle de 1896 recevront les deux volumes franco dans la gare la plus voisine contre 4 fr. 50.

Adresser les demandes à M. Crépeaux. 10 *bis*, rue Piccini, Paris.

Le Vin de Quinium Labarraque, unique préparation de ce genre qui ait été approuvée par l'Académie de médecine de Paris, est un médicament énergique et doux qui convient à toutes les personnes affaiblies par l'âge, la maladie, les excès, ou surmenées par le travail.

« *Nous n'hésitons pas à affirmer que le vin de Quinium Labarraque est le plus efficace et le plus énergique des toniques connus.* »

(ANNUAIRE DE MÉDECINE PRATIQUE.)

Dans toutes les pharmacies et 19, rue Jacob, Paris.

CHRONIQUE POLITIQUE

Les conseils départementaux ont exprimé, la semaine dernière, leurs moyens plus ou moins pratiques de remédier à nos grandes calamités actuelles dans l'ordre économique et dans l'ordre social et moral.

Hélas! comme nous l'avions trop bien prévu, leurs travaux n'ont abouti à aucune solution rassurante. Il fallait bien s'y attendre. Les majorités de ces conseils ont été élues sous la même pression corruptrice que les deux majorités parlementaires et sont composées des mêmes éléments. On ne pouvait attendre des satellites une besogne autre que des deux planètes.

Les vœux émis par les conseils généraux renvoient aux deux Chambres les questions de réformes fiscales aussi peu élucidées qu'elles l'avaient été par celles-ci. On demande des dégrèvements pour la propriété rurale, sans savoir où prendre les compensations nécessitées par un budget en déficit de 180 millions. Le projet d'impôt sur la rente a trouvé plus d'adversaires que d'adhérents. Mais qu'à cela ne tienne, a dit non sans raison M. Méline, on n'en fera pas une question de cabinet, seulement il ne suffit pas de refuser un impôt, il faut en voter un autre — Lequel ? — Devine si tu peux et choisis si tu l'oses ! — Voilà en quoi se résument dans leur ensemble les vœux de la plupart des petits Parlements départementaux dominés par les meneurs de majorités parlementaires.

Ah! pardon, vous dit-on, il y a le monopole de l'alcool. Voilà une panacée merveilleuse au dire de vingt conseils généraux, une *délicieuse recalescère*, devant laquelle celle de Du Barry n'était qu'un jeu d'enfant. La campagne menée en sa faveur par M. Alglave, son inventeur, a conquis un certain nombre d'adeptes fervents, mais les adversaires convaincus du contraire ne manquent pas. M. Alglave et ses suivants affirment que le monopole de l'alcool produirait au Trésor un revenu d'un milliard, excusez du peu ! — au moyen duquel on comblerait tous les gouffres du budget, et on dégrèverait l'agriculture de l'impôt foncier sur ses terres. — De plus, on mettrait fin à l'empoisonnement des masses populaires par les alcools insalubres et frauduleux que leur imposent les débits de boissons.

Voilà qui est fort séduisant, certes. Malheureusement le calcul de M. Alglave rappelle fort celui de la *Perrette* de la fable. Les bouilleurs de cru, au nombre de 200 000, se voient ruinés d'avance par ce régime, c'est-à-dire réduits à renoncer à la distillation de leurs produits. En outre, on soutient que ce régime serait ruineux pour la consommation de l'alcool et pour les industries qui l'emploie comme matière première. On en induit que la fabrication serait considérablement réduite.

De là, pertes énormes pour la production nationale : diminution proportionnelle de recettes pour le Trésor et partout un fiasco lamentable de la prétendue réforme.

Nous ne prétendons pas donner ces objections comme plus probantes que la thèse optimiste de M. Alglave et des conseils généraux qui l'approuvent. Mais ce qui est malheureusement certain, c'est qu'en l'adoptant, nos finances et notre production des alcools joueraient une partie très aléatoire. Or, dans la situation déplorable à laquelle nos maîtres ont réduit nos finances, c'est un devoir sacré pour eux, de ne jouer qu'à coup sûr. Comme, malgré son caractère aléatoire, le monopole de l'alcool est le seul expédient qui ait paru capable de relever les recettes du Trésor, sans aggraver de nouveau les charges actuelles qui écrasent les contribuables, il est probable que nous aurons à subir l'essai si scabreux qu'il soit de cette innovation fiscale.

Quant à la crise agricole, est-il besoin de redire ce que nous avons dit et prouvé cent fois, à savoir qu'un dégrèvement de 100 millions sur ses impôts ne serait qu'un insuffisant palliatif aux pertes que lui inflige la concurrence étrangère sur la presque totalité de ses produits, pertes qu'on peut évaluer à 500 millions, et qu'on pourrait lui épargner en frappant de tarifs vraiment compensateurs tous les produits étrangers sans exception.

Nous avons applaudi naturellement l'appel si sensé, si nécessaire, adressé à ce sujet aux conseils généraux par M. Estancelin. Nous constatons sans surprise l'accueil négatif qu'ils lui ont fait. Mais nous maintenons que, tôt ou tard et plutôt tôt que tard, le pays donnera gain de cause à M. Estancelin et à nous.

Dans la sphère supérieure des intérêts sociaux et moraux du pays, les conseils généraux ont été au-dessous de leur tâche et cela sous la pression des passions misérables qui dominent la politique maçonnique au moment où de toutes parts, un cri d'indignation et de terreur s'élève contre les fruits empoisonnés de l'enseignement sans Dieu! où toutes les voix compétentes dans la presse, dans la magistrature, d'accord avec les chiffres éloquemment terrifiants des statistiques officielles, constatant avec stupeur les progrès effroyables de tous les genres de criminalités, surtout dans la jeunesse élevée dans les écoles officielles pour lesquelles on ruine nos finances. Il s'est trouvé un groupe de MM. Homais qui, à la voix du citoyen Leporché, a signifié au Dieu de la France qu'il était défendu de parler de lui à nos enfants, même pour leur enseigner la morale! Les journaux sceptiques ont raillé spirituellement ce vote de porchers francs-maçons. Ce n'est pas assez de railler. Ce vote est idiot sans doute, mais il est surtout odieux car les misérables, ceux qui l'ont émis, savent que, par le temps qui court, la bêtise n'est pas un obstacle au succès.

Dans la Haute-Saône, un vote aussi méprisable a été émis pour forcer les fonctionnaires à confier l'éducation de leurs enfants aux écoles officielles dont Dieu est banni. Or, on a constaté que les auteurs de ce vote font eux-mêmes ce qu'ils défendent aux fonctionnaires. Polichinelles !

Jamais la lâcheté et l'hypocrisie qui déshonorent le monde politicien ne montrèrent leur face hideuse avec plus de cynisme!

Pauvres ruraux! quand apprendrez-vous l'*a b c* de votre devoir et de vos intérêts électoraux?

Nouvelles extérieures.

La situation actuelle de la France vis-à-vis des États étrangers a une gravité qui nous oblige à en dire quelques mots à l'adresse du public agricole.

Au moment où on s'apprête à recevoir la visite du tsar Nicolas II, il se produit en Orient de sinistres événements qui menacent de nous créer de sérieuses difficultés avec les puissances européennes. Les massacres d'Arménie ont en ce moment des suites sanglantes dans les rues de Constantinople où plus de deux mille Arméniens ont été massacrés. L'île de Crète est en insurrection. La situation de l'empire Ottoman n'est plus tolérable pour l'Europe civilisée. Le partage inévitable de cet empire soulève aujourd'hui des prétentions qui peuvent rompre les projets d'alliance chers à notre pays. L'Angleterre joue dans ces circonstances son rôle néfaste et habituel, qui consiste à se servir de nous pour s'enrichir aux dépens des autres États. Après avoir pris l'île de Chypre, elle s'empare du Soudan égyptien, elle vient de bombarder Zanzibar pour se l'approprier ; à Madagascar, elle a pour complice de ses conquêtes, notre inconcevable résident Laroche, dont tous nos colons dénoncent en vain la conduite comme celle d'un traître.

Le tsar Nicolas II est en route pour arriver à Paris, le 5 octobre. Mais, les cruels événements qui surgissent en Orient peuvent modifier un jour ou l'autre les projets et les actes de la diplomatie russe.

Nous ne doutons pas des intentions amicales du tsar Nicolas; mais les intrigues de l'Angleterre et de l'Allemagne peuvent soulever des difficultés redoutables contre notre alliance tant rêvée avec la Russie.

P.-S. — On apprend la mort subite du prince Lobanow, ministre de Nicolas II, qui était un allié de la France. C'est une perte considérable pour nous. Mais on assure que les projets du prince seront poursuivis par son successeur.

Les biens dits de mainmorte.

On sait que la loi inique dite d'abonnement contre les congrégations religieuses a été votée par quelques-uns par haine de la religion, et que d'autres l'ont votée par ignorance, c'est-à-dire parce qu'ils prenaient au sérieux les estimations fantastiques des propriétés appartenant aux ordres religieux.

Un journal financier étranger à tout parti pris en cette matière a publié la statistique officielle de ces biens dits à tort de mainmorte. Dans leur ensemble ces biens payent 6.570.141 francs d'impôt foncier.

Les biens dits de mainmorte comprennent tous les biens impersonnels, appartenant à des communes, aux départements, aux sociétés anonymes ; ils sont évalués à 7 milliards 780 millions de francs dans lesquels les congrégations religieuses ne comptent que pour environ un quinzième. Les sociétés anonymes comptent pour plus d'un tiers.

Viennent ensuite les hospices et les établissements de bienfaisance qui paient 711.434 francs d'impositions.

Le journal s'écrie justement :

« Quand on entend les déclamateurs déblatérer contre les biens de main morte, demander qu'on dépouille ceux qui les détiennent, c'est comme si on demandait qu'on dépouille les communes et les sociétés anonymes. »

La mainmorte a pu être un fait principalement ecclésiastique ; mais elle ne l'est plus aujourd'hui. Elle est, d'abord, un fait communal, puis un fait commercial, puis un fait hospitalier et charitable ; tels sont actuellement ses véritables facteurs.

Les facteurs religieux, fabriques, séminaires, consistoires, congrégations, ne vont qu'en dernier rang.

On voit par ces chiffres officiels la valeur, au seul point de vue financier et économique, des déclamations de nos maîtres contre la prétendue mainmorte.

Si on les juge au point de vue moral et social, on les trouvera cent fois plus coupables encore, car s'il y a au monde un fait évident et qui saute à tous les yeux ce sont les services immenses rendus à la société et à l'humanité, à la civilisation, par la presque totalité de ces congrégations dont nos maîtres poursuivent l'anéantissement par les voies tortueuses d'une politique spoliatrice et intolérante, politique qui est un triple outrage à la triple devise de la République : liberté, égalité, fraternité.

Nos finances scolaires.

Une statistique suggestive en matière de finances scolaires, c'est celle des collèges de jeunes filles créés à l'effet bien avéré, de ruiner l'éducation chrétienne des jeunes filles, et de remplacer les femmes chrétiennes par des femmes athées et franc-maçonniques.

Voici le résultat financier de cette création.

Les collèges et lycées de jeunes filles au nombre de 63, comptent 809 professeurs et 10.000 élèves. Ils coûtent aux contribuables 49 millions, donc chaque élève leur coûte plus de 4.000 francs.

Est-ce assez édifiant !

Le ministre des finances Tirard disait avec raison : Quand il s'agit d'enseignement, je paie sans compter.

Les contribuables se lasseront-ils de payer sans compter ?

Quand comprendront-ils que la propagande antireligieuse et antilibérale, organisée par leurs lois scolaires creuse dans le budget de l'Etat un gouffre annuel de plus de 100 millions — et un gouffre plus profond et plus ruineux encore dans nos mœurs publiques et privées ?

Election sénatoriale.

Dimanche dernier, dans la Lozère, M. Monestier a été élu sénateur par 252 voix contre 132 données à MM. de Colombet et de Monteils.

CHRONIQUE GÉNÉRALE

Les Sociétés
reconnues d'utilité publique,

Les sociétés, associations et syndicats prennent actuellement chez nous un grand développement. Toutes sont intéressantes tant au point de vue d'œuvres de mutualité et de philanthropie qu'au point de vue des revendications agricoles et industrielles, en un mot de la *défense du Travail National*. Elles servent, par leurs délibérations et leurs propositions, à faire connaître au gouvernement les souffrances de l'agriculture et de l'industrie et facilitent ainsi à nos représentants l'élaboration des projets de loi.

Ces sociétés, d'après leurs statuts, n'admettent comme membres *que des Français*. Elles rendent d'utiles services non seulement par les secours qu'elles accordent à leurs membres, mais encore par les emplois et le travail qu'elles leur procurent. Que le gouvernement les reconnaisse d'utilité publique, rien de plus juste.

Mais d'autres sociétés et associations, dont les membres appartiennent un peu à toutes les nationalités, ne peuvent être comparées aux sociétés dont nous venons de parler, car elles servent généralement, par l'intermédiaire de leurs membres, à méconnaître les produits nationaux au profit des produits étrangers.

Et à ce sujet nous croyons devoir signaler à nos lecteurs une décision ministérielle qui n'a pas laissé d'étonner beaucoup de monde.

Mercredi dernier, dans le grand amphithéâtre de la Sorbonne, M. Henri Boucher, ministre du commerce, présidait la séance de clôture du congrès international de chimie appliquée. Après avoir donné aux congressistes l'assurance de l'intérêt que le gouvernement de la République prenait aux vœux émis par eux et avoir remercié les savants étrangers au nom de la France, M. Boucher annonça au président que l'*Association des chimistes de sucrerie de distillerie venait d'être reconnue d'utilité publique.*

Or, *des membres de cette Association sont des Allemands.*

Que des congrès internationaux comprenant des savants de tous pays aient lieu à tour de rôle dans les différentes capitales pour y parler des recherches nouvelles ayant trait à la science, rien de mieux.

Mais, de grâce, n'admettons d'utilité publique que les sociétés réellement nationales, dont les membres soient tous Français.

Les Allemands font assez de mal à notre agriculture pour que nous nous abstenions de donner du galon à ceux de leurs compatriotes qui se sont introduits chez nous pour surprendre nos moyens de fabrication.

La richesse des monnaies.

Un grave problème économique pour nous, c'est de savoir jusqu'à quel point les monnaies d'or, d'argent et de cuivre constituent la richesse des nations.

Le savant journal de M. Demolins, la *Science sociale*, calcule qu'à l'heure actuelle les monnaies répandues dans tout l'univers montent à 65 milliards de francs; leur valeur n'était que de 3 milliards et demi, sous Henri IV ; elle était de 14 milliards seulement il y a cent ans.

Le papier monnaie qui joue un si grand rôle aujourd'hui dans les affaires a suivi une progression non moins considérable. Il y en avait pour 2 milliards il y a cent ans; aujourd'hui il y a pour 20 milliards de billets de banque des deux mondes.

Si ces papiers étaient une expression de la richesse publique, le peuple français serait le plus riche du monde, car le billet de banque représente 300 francs par tête: en Angleterre il est de 110 fr., en Hollande de 195 fr., en Allemagne de 125 fr., en Russie de 50 fr.

Mais la monnaie est-elle le signe principal de la richesse d'un peuple? Ne doit-on pas compter aussi comme richesse, les produits de son sol, ses mines, ses forêts, son outillage de production, en un mot, tout ce qui contribue à le nourrir, à le vêtir, à l'abriter, à développer sa production et à faire fructifier son travail.

Nous croyons que cette face du problème est au moins aussi importante que la question monétaire.

D'ailleurs, chez nous, la médaille de la richesse monétaire a un terrible envers: c'est le chapitre des dettes : dettes de l'Etat, dettes des communes et des

il parlements, enfin dettes hypothécaires grevant tant d'héritages, autant
de sangsues pendues au flanc du peuple français. On sait qu'il est sur tous
les points le plus endetté de tous les
peuples et que la coterie qui le gouverne
aujourd'hui se comporte de façon à
l'endetter encore plus au lieu de travailler à diminuer le fardeau ruineux
de ses dettes.

En tout cas pour apprécier la richesse
réelle d'un peuple, il faut avant tout
mettre ce qu'il doit en regard de ce
qu'il possède. C'est la première condition à remplir pour résoudre le problème posé par la *Science Sociale*.

Concours

Concours de la race bovine. — *Abondance*: Cette race particulière à quelques cantons de la Savoie, surtout au
Chalais, un peu distincte de la race tarentaise, est l'objet d'un élevage sélectionné. Pour encourager ce moyen
d'amélioration, un concours spécial aura
lieu à Thonon-les-Bains, dimanche prochain 6 septembre, sous la présidence
de M. Menault, inspecteur général de
l'agriculture. — Les éleveurs de cette
race habitant les autres départements,
pourront prendre part au concours. —
Il ne restera ensuite qu'à créer un herd-
book de cette race.

Concours d'aviculture du Havre. — Ce
concours d'oiseaux de basse-cour a été
un remarquable succès. On y a exposé
des spécimens de volailles que les basses-
cours normandes expédient en grandes
quantités sur les marchés de Paris, de
Rouen, du Havre et sur les marchés de
Londres. M. Voitellier de Mantes, a remporté la prime d'honneur des volailles
de race française. M. de Smit, pour les
volailles des races étrangères. Autres lauréats : MM. Mousen, Lendet, Dubois, Bres-
chet de Paris, Lemaître, Corcoreux, Nau-
dier, etc.

Société d'agriculture de Belfort. — Le
concours de cette Société, tenu à Belfort le 16 août, a été très brillant sous
tous les rapports, notamment dans l'exposition de la race bovine de Montbéliard, qui y était représentée par des
sujets de premier ordre. M. Léon Vassilière qui présidait ce concours, a constaté avec satisfaction les mérites de cet
élevage. Il a ensuite promis, de réclamer pour Belfort une part égale à celle
des départements dans les concours régionaux. M. Japy, président, a montré
par ses paroles et par ses exemples, l'activité féconde et fraternelle de l'industrie et de l'agriculture dans ce précieux
lambeau de l'Alsace, arraché à la rapa-
cité prussienne en 1871, par les habiles
efforts de M. Pouyer-Quertier. — Les
Belfortains lui doivent bien pour ce fait
une statue.

Congrès pomologique de Segré. — Cet
important congrès, organisé par le syndicat pomologique de France avec l'appui de la Société des agriculteurs, se
tiendra à Segré du 14 au 18 octobre. On
y traitera toutes les questions intéressant la culture du pommier et la production des cidres et poirés.

Il sera complété par une exposition
de fruits classés et étiquetés méthodiquement et par un concours d'instruments lesquels seront soumis à des expériences permettant de juger leurs
mérites comparatifs.

Écrire avant le 15 septembre, à
M. Boby La Chapelle, le secrétaire du
Syndicat pomologique, à Saint-Servan
(Ille-et-Vilaine).

M. Boby La Chapelle délivre aux congressistes une carte moyennant laquelle
ils auront droit à un tarif de demi-place
dans les chemins de fer.

Concours de reproducteurs à Rouen.
— Ce concours qui se tiendra à Rouen,
les 11, 12 et 13 septembre, sera spécial
pour les sujets reproducteurs mâles et
femelles, des races bovines, ovines, porcines et gallines pour les départements
normands, bretons, manceaux et picards, — plus ceux de Seine, Seine-
et-Oise, Eure-et-Loir et Loiret. — Écrire
immédiatement au président du secrétariat de la Société d'agriculture, à
Rouen

L'Union des associations agricoles du
Sud-Ouest tiendra à Agen, à l'occasion
du Concours régional, sa 15e session, le
samedi 5 septembre prochain, dans une
des salles de l'Hôtel de Ville.

Matin, 9 heures, *Étude du Black-rot.*
— Soir, 2 heures, *Vœux à présenter aux
pouvoirs publics.*

Les entrepôts
de charbons étrangers.

La spéculation favorisée par les entrepôts ne sévit pas seulement sur les
blés, farines, sucres, alcools, etc., etc.,
elle sévit aussi sur les produits houil-
lers au détriment de la production indigène.

M. Plichon, député du Nord, signale
au ministre du commerce les charbons
anglais qui bénéficient de la facilité
d'entrepôt et sont livrés à la consommation sans payer le droit de douanes.

Nos ministres du commerce ont vraiment un rude arrérage de besogne à
solder à l'égard du fisc et des producteurs en ce qui concerne le régime des
entrepôts. On se demande si M. Lebon
est le ministre de taille à opérer les réformes que la situation rend de plus en
plus urgentes.

Institut agronomique.

M. Duclaux ayant résigné sa chaire
de météorologie, un concours aura lieu
le 12 octobre pour cette chaire. — Les
candidats doivent envoyer vingt jours
d'avance leur demande d'admission
accompagnée de toutes les pièces ordinaires justifiant leurs titres à cette
chaire.

École nationale d'agriculture. — L'*Officiel* publie la liste des élèves nouveaux
qui sont au nombre de 64 à l'école de
Grignon, de 54 à l'école de Rennes.

École des haras du Pin. — Quatre
élèves sortant diplômés : MM. Pernet,
de Pierre, de Terras, Richer. Trois élèves
entrants : MM. Raclas, Sthème, Verrier
de Maleplane, élèves sortant de l'Institut
agronomique.

École de laiterie de Marmirotte. —
Examen d'admission à l'école, le 5 octo-
bre. — Écrire avant le 10 septembre.
Cinq bourses disponibles.

Les marchés fictifs sur les blés.

Au Conseil général d'Ille-et-Vilaine,
M. du Halgouet, député, a fait ressortir
avec une saisissante démonstration les
ruineux effets de l'agiotage sur l'agriculture.

« La même marchandise, dit-il, qu'elle
soit ou non en magasin ou sous pavillon étranger, en entrepôt réel ou fictif
peut être vendue et revendue dix fois,
cinquante fois, sans même exister,
moyennant cinquante prix différents,
uniquement en vue d'un règlement de
différence, et cela n'en a pas moins
une influence désastreuse sur les cours.

« Un fait analogue sur les valeurs de
bourse n'a pas les mêmes conséquences
pour le détenteur de ces valeurs, les revenus de ces valeurs étant toujours les
mêmes.

« Pour le cultivateur, il en va autrement. Le jeu porte sur ses récoltes et
se pratique en dehors de lui, et comme
il est forcé de les vendre tous les ans,
il subit les conséquences désastreuses
des dépréciations des cours qui le ruinent
en faisant la fortune des agioteurs. »

M. du Halgouet ajoute que l'Allemagne, la Russie ont pris déjà des mesures
énergiques tendant à réprimer ce trafic
néfaste des marchés à terme. L'Autriche
et l'Amérique se disposent à prendre des
mesures analogues. La France va-t-elle
rester le pays où les agioteurs continueront de ruiner la production agricole,
avec la plus complète impunité et sous
la protection de la soi-disant liberté
commerciale ?

La proposition de M. Rose est une
invite opportune adressée à nos gouvernants sur ce point capital.

Il est triste de noter combien sont
peu nombreux les conseillers généraux
qui aient parlé comme M. du Halgouet.

Les colis postaux agricoles.

Quelques journaux annoncent que le
directeur des postes va réaliser dans
quelques jours, le vœu émis par de
nombreux députés et aussi par de nombreux producteurs, qui demandent que
le tarif de transport des colis postaux
de 5 kilos, soit appliqué aux colis pesant 10 kilos.

Evidemment les colis de 10 kilos expédiés au tarif fixe d'un franc seront éminemment favorables aux relations directes entre les consommateurs et les producteurs de produits alimentaires, fruits, légumes, beurres, etc., et il n'est pas douteux que les compagnies trouveront leur compte dans le développement de cette catégorie de transports.

Le public tout entier ne peut qu'applaudir à cette innovation.

Les monnaies de billon étrangères.

Nous croyons devoir avertir le public agricole que les monnaies de billon étrangères ne sont plus reçues dans les caisses publiques, et de plus les banques commencent à les refuser complètement. Les banques de Lyon ayant pris cette mesure, les marchands d'objets d'alimentation ont refusé cette monnaie dans les marchés. Il s'en est suivi une perturbation très violente dans la situation de la plupart des familles ouvrières, qui n'avaient que ces monnaies à leur disposition.

Les monnaies ainsi démonétisées ne peuvent être placées qu'à des prix notablement inférieurs à leur valeur nominale.

Avis aux lecteurs qui envoient leurs produits au marché.

La récolte du blé dans l'univers.

L'*Echo agricole* a publié, suivant la coutume, un relevé approximatif des récoltes de blé de l'année dans le monde entier. Il l'évalue à 891 millions d'hectolitres, environ 40 millions de moins que l'année précédente ; mais il remarque que les stocks restant de cette année sont considérables et que, tout bien compté, tous les blés disponibles suffisent à tous les besoins de la consommation, même les dépassent de plus de 20 millions d'hectolitres. Le gouvernement hongrois vient de publier une évaluation officielle qui aboutit à des chiffres quasi égaux à ceux de l'*Echo agricole*.

La production du seigle. — Quoique moins importante que celle du blé, la récolte du seigle a cependant un rôle sérieux dans les ressources alimentaires des pays civilisés.

Le gouvernement hongrois estime que les pays importateurs ont besoin de 141 millions d'hectolitres et que les pays exportateurs peuvent leur en envoyer le double, 282 millions d'hectolitres. La production totale de 1890 est évaluée à 424 millions contre 480 millions en 1895, déficit 56 millions. C'est la Russie qui a le plus souffert de ce déficit dans sa dernière campagne.

Ces chiffres ont bien leur éloquence dans la situation actuelle. Si on les rapproche de l'attitude des marchés, on se convaincra de plus en plus que la do-mination de l'agiotage et de la spéculation est un ennemi mortel de la production et que l'agriculture périra si elle continue d'être vaincue par cet ennemi mortel. Nous sommes les ennemis du socialisme et aussi les ennemis de la puissance mortelle de l'agiotage qui est le plus dangereux appariteur du socialisme. L'un est la tête, l'autre la queue du même serpent. Le salut est dans l'amputation de la queue et de la tête.

NÉCROLOGIE

Victor Pulliat.

Une des plus grandes illustrations viticoles françaises, nous devrions dire européennes, vient de disparaître. Victor Pulliat, bien connu par ses travaux sur la viticulture et le plus savant de nos ampélographes, est mort dans sa propriété de Chiroubles (Rhône), le 12 août 1896.

A peine cette mort était-elle connue que ce fut une véritable consternation dans tout le monde viticole de notre région du Rhône et surtout Beaujolais tant Victor Pulliat était aimé et considéré.

Homme de bien, d'un caractère loyal, droit et ferme, travailleur, il appartenait à cette série d'hommes qui, par une étude obstinée et persévérante, savent s'élever au sommet de l'échelle sociale.

On peut dire qu'il s'est formé lui-même.

En 1874, il commença la publication d'un important ouvrage : *le Vignoble*. Il fit en collaboration avec Mas : *le Verger* et *la Pomologie générale*, qui l'ont placé au premier rang de nos pomologues français.

En 1882, il fut nommé professeur de viticulture de l'Institut national agronomique.

Nommé Directeur de l'École d'agriculture d'Ecully, il donna dans cette école une large place à l'enseignement viticole.

En 1885, par décret du 30 décembre, Pulliat fut nommé Chevalier de l'ordre national de la Légion d'honneur, mais le Gouvernement Portugais avait déjà récompensé les services rendus à la viticulture européenne en le nommant commandeur de l'ordre du Christ du Portugal.

Les obsèques de Victor Pulliat ont eu lieu le dimanche, 16 août ; une affluence d'amis et de viticulteurs l'ont accompagné jusqu'à sa dernière demeure et sur sa tombe divers discours ont été prononcés, notamment par M. Emile Cheysson, inspecteur général des ponts et chaussées, membre de la Société nationale d'Agriculture de France au nom de cette Société, dont Pulliat était membre.

M. Emile Duport, en sa qualité de président de la Société de Viticulture de Lyon, dont Victor Pulliat était président honoraire, a rappelé son rôle prépondérant dans la fondation, puis dans la direction de la Société.

Ensuite MM. Burelle, Baltanchon ont pris la parole et M. Bender, en termes émus, a fait ressortir la bonté simple et la loyale amitié de celui dont tous pleurent la perte.

J. NICOLAS,

CHRONIQUE AGRICOLE

Situation. — La saison.

La température a été douce et modérément chaude pendant cette semaine dans presque toute l'étendue du territoire ; mais le Midi et le Sud-Ouest ont été de nouveau envahis par de violents orages suivis de grêle qui ont sensiblement endommagé leurs vignes et leurs champs de maïs et les arbres fruitiers. Le Nord a été mieux partagé relativement ; les pluies de la dernière quinzaine ont suffisamment abreuvé les betteraves et les autres plantes qui seront récoltées en automne. Les terres, en outre, sont généralement pourvues de l'humidité favorable aux bons labours qui sont à l'ordre du jour dans cette saison. Enfin, on constate une bonne levée des plantes semées au lendemain des moissons en vue de recueillir les sels azotés du sol et de fournir des provisions fourragères, les unes en fin d'automne, les autres au mois d'avril prochain. L'état général des plantes en terre est donc satisfaisant dans presque toutes les régions.

Les vignes. — Il en est de même des vignes, sauf dans le Sud-Ouest, où les maladies cryptogamiques et spécialement le redoutable black-rot, ont fait une terrible apparition à une époque où on ne croyait plus avoir à le redouter. On combat le fléau, malgré le peu de chance de réussite, avec les solutions cupriques indiquées par nous plusieurs fois, où le verdet remplace en partie le sulfate de cuivre associé à la chaux.

Le mal est grand assurément ; mais il ne dévorera pas des récoltes entières comme l'an dernier. On ne saurait trop encourager les vignerons dans cette lutte pour la vie des vignes et de ceux qui en vivent.

Les congrès commerciaux. — Ainsi que nous le prédisions dans l'état déplorable auquel a été réduit le marché par la domination néfaste des spéculateurs, les réunions commerciales si nombreuses autrefois, au lendemain des moissons, perdent tous les ans de leur importance. A la réunion de Dijon, jadis si nombreuse, il y avait très peu de monde ; les Marseillais seuls y ont pris part sérieusement, non pour acheter, nais pour vendre leurs blés tunisiens, russes et égyptiens. Aussi les affaires ont-elles été nulles. On a coté normalement les beaux blés de la Côte d'Or, 18 fr 50 le quintal, dans une région où le prix de revient est pour la masse des cultivateurs, supérieur à 20 francs. D'ailleurs à quoi bon les réunions, alors qu'on sait que la domination des marchés est ailleurs que dans nos campagnes et que le producteur est condamné à subir la loi du spéculateur?

Les blés de semence. — Le choix des blés à ensemencer préoccupe avec raison les cultivateurs au moment actuel.

Ceux qui ensemencent des blés de pays ont intérêt à rechercher exclusivement ceux qui ont été récoltés dans les meilleures terres et dans les meilleures conditions. L'apparence n'est pas toujours un indice certain de qualité supérieure pour semence. En effet, les blés récoltés avant maturité ont une belle apparence pour la consommation. et sont de qualité moindre pour la reproduction. On court donc des chances fâcheuses lorsqu'on achète des blés sans en connaître la provenance et sans savoir comment ils ont été cultivés et moissonnés.

D'autre part, on sait que le même blé récolté pendant de nombreuses années dans les mêmes terres est sujet à dégénérer. d'où la nécessité de renouveler de temps en temps les semences, même en cultivant des variétés d'élite.

La conséquence à tirer de ces faits, c'est que le meilleur système consiste à cultiver soi-même dans des champs spéciaux d'expériences, les blés d'élite tirés des maisons dignes de confiance et d'en tirer tous les ans des semences de l'année.

Les échanges de semences entre les associés syndicataires et pratiqués dans ces conditions sont une pratique naturellement recommandée par les observations que nous venons d'exposer.

L'alimentation des animaux.

Nous avons toujours conseillé en matière d'alimentation de varier le plus possible les matières nutritives, tout en observant dans une mesure raisonnable la théorie tirée de l'analyse chimique, d'après laquelle les meilleurs coefficients de nutrition se composent ainsi : 1/5 de matière protéique ou azotée, 2/5 de matières hydrocarbonées ou sucrées et le reste de matières extractives.

Cette théorie est bonne sans doute ; mais elle n'enseigne pas tout ce qu'il est bon de savoir en matière d'alimentation.

La nutrition d'un animal ne résulte pas seulement de ce qu'il mange, mais de ce qu'il digère, or, tel aliment est bien digéré par un animal, très peu par un autre.

En outre, le même aliment est bien digéré pendant quelques temps, moins bien plus tard.

Enfin, les matières alimentaires ne contiennent pas seulement les matières assimilables signalées par l'analyse chimique. Chaque plante contient en outre, des sucs à elle propres, des essences qui lui donnent sa saveur, son odeur distinctives. Ces sucs ont dans l'alimentation comme dans la médecine, un rôle important que la chimie ne définit pas, et qu'on ne connaît que par l'expérience, par exemple, la chimie ne nous apprend pas comment l'avoine excite la force musculaire dans les animaux de trait, comment la moutarde blanche stimule la sécrétion du lait chez les vaches laitières. Donc, toutes les plantes ont, à côté des principes alimentaires indiqués par la chimie, des sucs à elles propres, les uns bienfaisants et améliorateurs de la nutrition, les autres nuisibles et vénéneux comme le colchique, la renoncule des prés, etc. La connaissance de ces plantes, c'est-à-dire la connaissance de leurs vertus utiles, spéciales, et aussi celle de leurs propriétés nuisibles, ont une importance majeure en pratique élémentaire, ajoutée à la notion des coefficients nutritifs enseignés par la chimie agricole.

En tout cas, en vertu même de ces sucs spéciaux distincts de chaque plante, une excellente règle à suivre dans l'élevage du bétail, c'est de varier le plus possible la nourriture des bestiaux ; pour cela, il s'agit de cultiver à la fois de nombreuses plantes fourragères et de nombreuses plantes racines. A égalité de rendement, on a un intérêt à pratiquer cette méthode. Ainsi au lieu de ne cultiver que la betterave fourragère, il est bon de cultiver outre la betterave, la carotte, le panais, le rutabaga. De même, il est bon de composer des herbes de prairie, de nombreuses variétés de légumineuses. Le topinambour est également un bon succédané d'une partie de la pomme de terre.

Il faut observer, en outre, qu'à côté des matières nutritives proprement dites c'est-à-dire qui se transforment en chair, en sang, en os, les animaux, nous compris, ont besoin de matières excitantes qui stimulent l'appétit et la digestion. Tels sont pour l'homme, le sel, le vinaigre, le poivre, la moutarde pour certains aliments, le sucre pour d'autres. Le sel joue le même rôle d'agent digestif chez les animaux. De même le sucre et l'alcool, dans certains aliments. C'est dire combien l'expérience a de choses à nous apprendre à côté des enseignements de la chimie. C'est dire aussi combien est utile de donner aux animaux une nourriture variée composée exclusivement de plantes de bonne nature, et possédant des sucs stimulants à côté de sucs assimilables.

Bref, la variété dans les plantes alimentaires est un principe à nos yeux très important et on ne saurait trop bénir la divine Providence, de nous avoir facilité l'application de ce principe, en dotant la France d'un sol qui se prête merveilleusement à la production de plantes si nombreuses et si diverses, également propres à l'alimentation de tous les êtres vivants.

La potasse
dans les betteraves à sucre.

On est généralement d'accord sur le rôle important de la potasse dans les betteraves sucrières ; mais on ne l'a pas toujours été sur le meilleur composé potassique à y appliquer. Des expériences nombreuses avaient déjà amené cette conclusion que le chlorure de potassium est peu convenable parce que le chlore, qui est la base de ce sel, nuit à la formation du sucre.

M. Pétermann, l'éminent directeur de la station de Gembloux, a fait de nouvelles expériences qui confirment cette opinion. Il engage les cultivateurs à employer le sulfate ou le phosphate de potasse, ou même le nitrate de potasse, préférablement au chlorure.

Sur ce point comme sur d'autres, il y a une analogie à relever entre la betterave et la vigne, M. G. Ville. entre autres, avait remarqué que le chlorure de potassium avait un inconvénient analogue sur le fruit de la vigne, et il conseille d'employer le sulfate de potasse ou le nitrate de potasse préférablement au chlorure.

Les blés de Cappelle.

M. Fl. Desprez vient de commencer la publication annuelle de ses cultures de blé, tant dans ses champs d'expérience qu'en grande culture.

C'est par les blés de cette dernière catégorie que débute son intéressant compte rendu.

Ces blés qui occupent une étendue de 50 hectares appartiennent aux six variétés suivantes : 1° rouge précoce ; 2° blanc précoce ; 3° idem, épi carré ; 4° jaune Desprez, épi carré ; 5° blanc épi rouge ; 6° jaune épi rouge. Les blés ont été semés du 18 octobre au 15 novembre. Ils ont très bien parcouru les divers phases de végétation. Moissonnés avec les machines, rendements au battage.

1. *Rouge précoce.* — Grain 3 850 kilos pesant 80 kilos par hectolitre. (Sélectionné depuis 1892). Variété très hâtive, propre aux pâtes alimentaires, propre aux sols où les blés sont exposés à l'échaudage et où la maturité est difficile.

2. *Blanc précoce* (création de 1892). — Rendement en grain 3.915 kilos, pesant 81 kilos par hectolitre. Précoce comme le précédent, grain court pour mouture ordinaire.

3. *Blanc précoce, épi carré.* — Rendement 3,975 kilos, poids 82 kilos par hectolitre (sélection de 1892). Précoce aussi, moins pourtant que les deux précédentes, grain supérieur pour mouture.

4. *Jaune Desprez, épi carré.* — Ren-

dement en grain 4.365 kilos, 82 kilos par hectolitre. Cultivé depuis dix ans, grain allongé, riche en gluten, supérieur à tout autre en terrain fertile.

5. *Blanc, épi rouge*. — Rendement grain 3.984 kilos, poids 82 kilos par hectolitre (17 ans de culture). Grain court, gros, jaunâtre, ressemble au Dattel. mais lui est supérieur peut-être, semé tardivement, résiste à la verse.

6. *Jaune, épi rouge*. — Rendement grain, 3.750 kilos, 81 kilos à l'hectolitre. (Culture depuis 15 ans). Ensemencé tardivement (24 novembre) ce qui explique un rendement inférieur à celui de l'an dernier, semé sur une seule culture sarclée.

Vient ensuite la série des blés en cultures expérimentales. Mais on voit, d'après les rendements ci-dessus en grande culture, combien est suggestive la méthode de culture qui depuis plusieurs générations a fait la réputation de la famille Desprez et de ses cultures de Cappelle.

La guerre aux rongeurs.

Le laboratoire de *parasitologie*, siégeant à la Bourse du commerce de Paris, invite les cultivateurs à se concerter dans la présente saison entre les moissons et les prochaines semailles pour appliquer méthodiquement et sur une échelle assez large la méthode de destruction des rongeurs au moyen du virus contagieux de Danysz.

Nous savons malheureusement que le procédé n'a pas réussi à souhait partout où on l'a appliqué, mais les succès partiels ont été assez importants pour justifier les nouveaux essais proposés par le laboratoire de parasitologie.

Nous engageons donc les cultivateurs intéressés à se concerter et à s'adresser au laboratoire pour s'assurer la possession de tubes contenant le virus contagieux le plus énergique. Ils auront ensuite besoin d'apporter à la préparation des fragments de pain léthifères, les soins minutieux recommandés par M. Danysz. En tout cas, c'est avec raison, qu'on leur signale la saison actuelle comme étant la plus favorable à l'application du système. C'est dans les éteules non encore labourées que l'œil découvre sans peine les trous où il y a lieu d'introduire les appâts mortels.

La navette d'hiver.

Parmi les plantes fourragères qu'on peut cultiver avantageusement en les semant au commencement de septembre, on signale la navette d'hiver qui donne à la fin d'avril une récolte abondante de feuilles et de tiges en fleurs. M. Paul Genay, si compétent en cette matière, cultive la navette à cet effet avec un plein succès sur un simple labour dans ses chaumes ; il sème 10 kilos de graine par hectare, et se borne à enforcer par un léger hersage. Il obtient fin avril une récolte de 25.000 kilos de fourrage en laissant dans le sol 6.000 kilos de racines et de débris qui contribuent à la formation de l'humus pour les récoltes suivantes.

La navette contient comme les choux, d'après M. Grandeau, 80 à 81 0/0 d'eau et de 1,5 à 2 0/0 de matières azotées. C'est un fourrage excellent en y ajoutant une certaine quantité d'aliments protéiques, tourteau, blé cuit, etc.

SÉRICICULTURE

M. Lambert, sous-directeur de la sériciculture à l'École de Montpellier, a fait une expérience intéressante en matière de nourriture des vers à soie, au point de vue de l'influence des diverses sortes de feuilles de mûrier sur leur santé. Les uns ont été nourris avec la feuille de mûrier sauvage, d'autres avec celle de mûrier ordinaires, d'autres avec la *maclura tiacaura*, qui est en vogue dans quelques magnaneries.

Le résultat a été que la feuille du mûrier sauvage est la meilleure des nourritures pour sauvegarder les vers contre les maladies qui désolent encore beaucoup de magnaneries, malgré les soins prescrits par la méthode Pasteur.

La plantation des pommiers.

Le Frère Henri a donné, dans une conférence faite à Segré, ces excellents conseils pour la plantation des pommiers :

Le Frère recommande pour cette plantation de ne pas faire les trous trop profonds ; la dimension de 2 mètres carrés sur 35 à 40 centimètres, permettant ainsi aux racines de végéter facilement à 5 ou 10 centimètres du sol, les arbres poussent beaucoup plus rapidement. La plantation en verger est recommandée pour pouvoir soigner facilement ces arbres. Les lignes doivent toujours être plantées du Nord au Sud, afin d'aider la pénétration du soleil, et être disposées à 10 ou 12 mètres d'intervalle, tandis que sur la ligne les pommiers seront plantés de 5 à 6 mètres de distance.

Le professeur recommande surtout de pailler les arbres pour empêcher les herbes de pousser, car la terre ne peut être assez riche pour nourrir les uns et les autres. Tout peut servir pour les pailler, depuis le fumier, le marc de pommes, les genêts et les ajoncs, la sciure de bois blanc et même les ardoises, qui conservent très bien l'humidité au pied de l'arbre.

Le pommier doit être greffé après un an de plantation, lorsque les tiges de l'année précédente ont poussé de 40 à 50 centimètres. On peut, il est vrai, gagner plusieurs années en greffant en pépinière. En tout cas, il est préférable de ne laisser qu'une seule greffe par arbre, pour éviter que le pommier ne se fende sous le poids des fruits ou sous l'effort du vent.

Les arbres greffés en pied doivent toujours être regreffés en tête à 1m.80 ou 2 mètres, pour être certain d'avoir des variétés parfaites pour le cidre.

Enfin le Frère Henry conseille de nettoyer les arbres fruitiers et de couper le bois mort, mais surtout de *détruire le gui* qui, en quelques années, fait périr l'arbre le plus vigoureux.

A propos
de l'engrais du topinambour.

Pour connaître l'engrais ou plutôt la composition d'engrais réclamée par une plante cultivée, on a recours à l'analyse des éléments enlevés au sol par une récolte moyenne de cette plante. Méthode rationnelle assurément puisqu'elle établit un compte de compensation entre les aliments enlevés au sol par une récolte et les aliments réclamés pour la récolte suivante.

Appliquant ce principe au topinambour, MM. Muntz constatent qu'une récolte moyenne de tubercules enlève au sol 109 kilos d'azote, 40,70 d'acide phosphorique, 241 de potasse, 43,30 de chaux, 7,50 de magnésie. — C'est donc la potasse qui est l'aliment dominant du topinambour.

D'où on infère avec raison que les principaux engrais réclamés par cette plante pour obtenir de hauts rendements sont indiqués avec exactitude par la formule suivante de M. G. Ville, Pour un hectare :

Superphosphate, 400 kilos ; plâtre, 400 ; nitrate de potasse, 200 kilos.

A noter que le nitrate de potasse fournit. à la culture 43 kilos de nitrate et autant de potasse. C'est dire qu'à défaut de nitrate de potasse on peut y suppléer par 100 kilos de nitrate de soude et 50 kilos de kaïnite.

A la station agronomique de Reims, on a cultivé comparativement le topinambour de quatre manières qui ont donné les résultats suivants à l'hectare : 1° sans engrais, 13.560 kilos ; 2° avec phosphate, 14.300 ; 3° avec potasse, 62.300 ; 4° avec potasse et phosphate, 72.000.

Cette expérience démontre clairement que la potasse est l'aliment prédominant du topinambour ; mais à la condition de ne pas le priver des autres aliments, chaux, phosphate, et même azote — surtout de l'humus qui active la dissolution des autres engrais. Dans la pratique ordinaire nous devons faire observer que les cendres de bois sont un engrais riche en potasse (15 0/0 en moyenne) et en chaux. Dès lors ceux qui en ont une certaine provision peuvent se dispenser d'acheter un engrais potassique du commerce.

A noter enfin que pour appliquer des engrais à une dose convenable, il est nécessaire de se rendre compte de ce que le sol peut en contenir à la suite des précédentes cultures, ou même en vertu de sa composition naturelle. Cette appréciation exige une intelligence qui n'est pas possédée par tous, mais qui peut s'acquérir par une étude attentive et par une expérience prolongée.

C'est cette étude que nous recommandons à tous les débutants, principalement. Outre les éléments enlevés au sol par une récolte quelconque, ils ont besoin de s'éclairer sur les éléments de fertilisation contenus dans leurs terres et sur l'état de solubilité de ces éléments. Cela ne s'apprend que par l'observation personnelle. Les livres et les journaux ne peuvent nullement y suppléer. Leur tâche est de fournir aux praticiens les règles que nous venons de mettre sous leurs yeux comme moyens de les guider dans leurs investigations.

C'est faute de ces investigations que trop souvent on constate des effets très inégaux des mêmes engrais chimiques. On n'avait pas assez tenu compte de la composition du sol où on les répandait.

APICULTURE

Les déménagements des abeilles

La coutume barbare d'étouffer les abeilles pour récolter leurs produits n'a pas encore disparu, dit-on, de nos campagnes; elle se pratique encore dans quelques contrées éloignées, malgré le succès assuré du procédé qui consiste à les enivrer momentanément avec un léger nuage de fumée.

Un apiculteur qui ne se nomme pas assure que le moyen le plus facile consiste à les endormir avec un peu de vapeur de chloroforme. Ces vapeurs se dissipent au bout de quelques instants, le temps de récolter les rayons et les abeilles s'éveillent saines et sauves. — *Sous toutes réserves*)

Le rucher en septembre.

Les ruches dans lesquelles on trouve des bourdons sont, à cette époque, suivant toute probabilité orphelines. Dans ce cas il faut réunir leur population à une autre. Avant tout, éviter l'*étouffement*, cette tradition barbare, qu'on est encore étonné de rencontrer dans quelques villages au fond de nos campagnes les plus reculées.

Ces ruches orphelines contiennent souvent des œufs ou des cellules de reines, qu'on place dans les ruchers qui ne sont que de vieilles ruines. On place alors dans les ruches des cadres garnis de cire gaufrée. Les abeilles ont encore le temps d'y apporter leur miel pendant le mois de septembre.

Des pillages des ruches.—Dans cette saison où les fleurs commencent à devenir rares il résulte que les abeilles qui ne trouvent pas à butiner les fleurs se jettent sur les ruches des autres pour les piller.

Une surveillance sévère est nécessaire pour sauver les colonies attaquées, il faut alors ôter les cales, reboucher les trous de vol, boucher les magasins de miel, ni laisser traîner ni miel ni cire ni rayons vides, et on fermera les ruches pendant la journée.

Si le pillage continue quand même, on frottera avec du pétrole les ruches attaquées, ou on y introduira un morceau de camphre ou de naphtaline et l'odeur chassera les abeilles. Un autre moyen consiste à placer la ruche pillée à la place de la ruche des pilleuses et réciproquement.

Les *piqûres des abeilles*. — Ceux qui craignent les piqûres des abeilles peuvent s'en préserver en se mouillant le visage et les mains avec de l'alcool camphré, l'odeur du camphre tient les plus furieuses à distance.

Dans une savante conférence adressée aux membres du Syndicat d'Anjou, M. Lamande donne les conseils suivants sur les travaux agricoles de la saison actuelle.

I. *Récolte du miel.* — Dans la ruche vulgaire, la récolte se pratique en retirant la calotte qui ne sera remplacée que dans les régions où le tilleul, le sarrasin et les bruyères permettent d'espérer une nouvelle miellée. Dans la ruche à cadres pour culture horizontale, le grenier à miel n'existant pas, l'apiculteur prélèvera les gâteaux de miel dépourvus de couvain. Dans la ruche à cadres pour culture verticale, il prendra les cadres de grenier garnis de miel, et aura l'avantage de pouvoir les diviser par essences. Les cadres retirés seront soumis pendant 5 ou 6 heures à une température assez basse, puis désoperculés avec un couteau sans biseau très tranchant et enfin livrés à l'extracteur.

II. *Introduction des reines dans les colonies orphelines.* — Quand l'apiculteur se trouvera en présence de ruches vulgaires ou même de ruches à cadres, il retirera d'une forte colonie logée en ruche à cadres une reine, laissant à cette colonie le soin de s'en donner une autre. La reine retirée sera logée dans un étui en toile métallique de 8 à 10 centimètres de longueur, fermée à la partie supérieure avec un bouchon, et à la partie inférieure avec une boule de cire laissant à découvert, à l'intérieur, des cellules de miel destinées à nourrir la captive. Ainsi préparé, l'étui sera suspendu dans la ruche orpheline au-dessus de la place où se tiennent les abeilles et autant que possible mis en contact avec des rayons de miel qui pourront alimenter la reine. Après 48 heures les abeilles auront soit bâti des cellules renforçant l'obturateur en cire de l'étui, soit délivré la reine pour l'adopter ou pour la tuer. Si, d'après l'attitude des abeilles, l'apiculteur s'aperçoit assez tôt que la reine n'est pas adoptée mais va être tuée, il la délivre de ses adversaires avec le doigt et la remet en cage afin de préparer à nouveau l'adoption. Les abeilles ne tuent parfois cette étrangère qu'après avoir obtenu d'elle une ponte qui leur permettra de se donner une reine.

Un autre moyen de faire cesser l'orphelinage dans une ruche à cadres mobiles consiste à y introduire un cadre contenant du couvain de moins de trois jours retiré d'une ruche voisine et débarrassé de ses couveuses. L'apiculteur possédant des ruches vivant en communauté d'odeur et de chaleur, pourra prendre dans une forte colonie ou dans une ruchette de réserve *une reine qui*, placée sur les cadres de la colonie orpheline, sera immédiatement adoptée.

III. — Pendant l'été, les ruches seront préservées de l'excès de chaleur.

La vipère.

J'ai lu dernièrement dans un journal un article sur la vipère, sur ses mœurs, etc., mais tout n'a pas été dit sur ce dangereux reptile.

Je vais raconter en peu de mots trois faits dont j'ai été témoin.

Voici le premier : Un jour, à la chasse, mon chien tombe en arrêt, dans de grandes bruyères. Je m'approche de lui tout doucement, croyant toujours voir un perdreau s'envoler, mais rien ne part.

Alors je cherche des yeux par terre, dans l'espoir de voir débucher un lièvre, mais tout à coup j'aperçois sous le nez de mon chien, un peloton, gros comme un boisseau, de vipères au ventre marbré de rouge (il existe des chiens qui arrêtent sur les vipères, tous les chasseurs savent cela), enlacées, enroulées les unes dans les autres, formant une grosse boule vivante dont la rotation sur elle-même présentait un aspect effrayant, c'était un frai.

Saisir mon chien par le collier, me retirer quinze pas en arrière, puis lâcher un coup de fusil dans la direction des vipères, fut l'affaire d'une seconde.

Au bout d'un quart d'heure, avec mille précautions, tenant mon chien en laisse, je me dirige vers l'endroit où j'avais vu les vipères : tout avait disparu, je n'avais rien tué !

Voici le second : Je vis un jour mon père arriver à la maison, livide d'effroi, la figure bouleversée; il me raconta en tremblant qu'il avait failli mettre le pied sur une grosse vipère.

A quelques jours de là, nous nous dirigeons, armés d'une longue trique, vers l'endroit où il avait vu la vipère; elle était à la même place, dormant au soleil. Je la coupe en deux d'un coup de trique; au même instant, je vois sortir du corps cinq ou six petites vipères, longues de quinze à vingt centimètres, grosses comme le petit doigt, qui se mettent à ramper de tous côtés avec une extrême rapidité. Je n'ai pu en tuer que deux ou trois; les autres purent gagner les broussailles.

Voici le troisième : Un homme de la campagne déchargeait à la ville des fagots, tout à coup une grosse vipère tombe d'un fagot qu'il avait sur son épaule.

Tout le monde se retire avec effroi, sauf une espèce d'alcoolique qui, par bravade, s'avance résolument sur la vipère et se met à l'agacer et à la torturer avec son bâton. Tout à coup il ressentit au petit doigt comme une piqûre d'aiguille : c'était la vipère qui, vive comme l'éclair, avait fait un bond d'environ un mètre sans qu'il s'en fut aperçu et l'avait mordu.

Au bout de quelques instants, la main et le bras enflèrent à pleine peau, la langue et la gorge furent également prises. On crut qu'il allait étouffer. Enfin, un mieux finit par se déclarer. Mais tout l'organisme avait été atteint, la santé du malheureux fut altérée pour le reste de sa vie et le bras resta comme paralysé.

C'est encore là un des exemples des effets de l'alcoolisme.

Il fallait nécessairement être fou ou soûl, comme on dit vulgairement dans nos campagnes, pour aller s'amuser à jouer avec une vipère.

Et puis le venin fut bien plus meurtrier sur une constitution déjà affaiblie par les excès de l'alcool.

Voilà ce que j'ai vu, de mes propres yeux vu.

On raconte, mais je n'ai jamais eu l'occasion de vérifier le fait, je ne m'appuie donc que sur des *on dit*, que le hérisson est un grand destructeur de vipères.

Il saisit la vipère par la queue, mais au même instant, il se roule en boule et darde ses *piquants* contre lesquels la vipère vient se tuer, le supplice dure dix minutes.

Lorsque la vipère est morte, le hérisson la croque à belles dents en grognant comme le porc pour marquer sa satisfaction. Car on le dit très friand de vipères.

C. SARCÉ.

Membre de la Société
des Agriculteurs de France.

Pontvallain (Sarthe), le 24 avril 1896.

SYLVICULTURE

Culture forestière.

Nous recevons d'un de nos abonnés, sylviculteur émérite, l'intéressante lettre qui suit :

« Monsieur le Directeur,

« Vous dites excellemment dans votre estimable *Gazette* du 18 juillet courant, (p. 457), que le sol des landes et des dunes de l'Ouest et du Sud-Ouest est éminemment propre à la culture forestière des essences feuillues qui s'y développent rapidement. Vous citez, à l'appui les arbres à feuilles caduques que l'on voit vigoureux et bien venants aux abords des villages, des habitations isolées comme le long des routes, ainsi que les taillis qui se sont spontanément

formés, en quelques points, sous le léger couvert des pins maritimes.

« Enfin, vous appelez l'attention de vos lecteurs sur les grands avantages qu'il y aurait à introduire les essences feuillues dans les pinadas, soit en sous-étage, soit en mélange proprement dit. On diminuerait par là, dans une forte proportion, le danger toujours imminent des incendies, ainsi que celui des maladies dues aux cryptogames et aux insectes qui s'attaquent aux pins.

« Tout cela est exact, tout cela est souverainement désirable. J'ajouterai même que diverses variétés de chêne, entre autres le chêne *corsier*, spécial précisément aux départements du Sud-Ouest et qui produit du liège comme le chêne-liège proprement dit, ne demanderaient qu'à croître dans le sol des landes. Cette dernière essence ne tarderait pas à y acquérir une valeur *au moins* égale à celle des pins maritimes.

« Malheureusement, les essences feuillues et plus particulièrement les chênes ont, dans toute la région où se pratique le gemmage, un ennemi acharné, implacable dans la personne du résinier, c'est-à-dire de l'ouvrier exerçant l'industrie de l'extraction de la résine qui s'écoule de l'écorce des pins. L'arbre feuillu, et tout spécialement le chêne, — probablement parce que notre homme sent d'instinct que c'est celui qui aurait le plus d'avenir — est pour lui l'obstacle, la plante néfaste, l'ennemi qu'il faut arrêter à tout prix. Il ne se rend pas compte que l'exploitation des bois feuillus, ou le démasclage des chênes-lièges notamment, lui procurerait autant de travail, sinon plus, que le gemmage ou résinage des pins. Il s'en tient à sa routine, ne voit rien au delà et ne veut entendre parler que de l'arbre qui produit la résine. Aussi partout où il voit quelque jeune plant de chêne ou autre feuillu germer sous les pins, s'empresse-t-il de l'arracher comme on arrache le chiendent ou le seneçon des plates-bandes d'un jardin.

« Voilà le grand obstacle à l'introduction des feuillus en mélange avec les pins dans les landes et les dunes du Sud-Ouest.

« Agréez, monsieur le Directeur, l'expression de mes sentiments distingués.

« UN VIEUX FORESTIER. »

20 juillet 1896

Plantation des pins noirs et des pins sylvestres.

Les précautions prises pour la plantation des arbres, même celles qui paraissent les plus insignifiantes, contribuent à assurer la reprise des plants et leur conservation.

Voici le mode de procéder recommandé par M. Fabre, inspecteur des forêts à Montélimar, pour la plantation des pins noirs, sylvestres et à crochets.

Employer de préférence des plants

âgés de deux ans, élevés dans des pépinières situées à proximité des terrains à reboiser et dans des conditions analogues d'altitude, de sol et d'exposition. Les pépinières doivent être fréquemment binées, jamais arrosées.

Extraire les jeunes plants avec tout leur chevelu et ne faire les extractions qu'au fur et à mesure des besoins. Tenir les racines à l'abri du contact de l'air jusqu'au moment de la plantation. Dans ce but, le transport de la pépinière au chantier se fait au moyen de paniers garnis de terreau et recouverts de branchages ou de mousse.

Ouvrir à la pioche un trou d'un faible diamètre (0 m. 10 au plus), mais profond et autant que possible à l'abri d'une touffe de végétation. Planter par touffes de trois plants en moyenne.

Tasser fortement la terre autour des racines qui doivent être plongeantes, jamais redressées. Entourer le plant de quelques pierres plates qui auront pour effet de s'opposer à l'évaporation, au tassement du sol par les fortes pluies et au soulèvement par les gelées.

Valeur et débit du bois de sapin et du buis dans la vallée d'Ossau.

Le sapin est l'essence dominante dans la vallée d'Ossau. Parfois pur, parfois mélangé au hêtre, il couvre les pentes des montagnes à toutes les expositions. Il se débite généralement en madrier. Ce débit est le plus avantageux et donne moins de déchets que les autres. Puis vient le débit en planches. On utilise le sapin pour la fabrication des planchers, des étagères, des lambris, des tables, des tombereaux, des volets, des marches d'escalier. Le prix du mètre cube de sapin est très variable en forêt ; parfois les difficultés d'exploitation rendent ce prix très minime et même nul.

Dans les meilleurs endroits, il atteint sur pied de 10 à 12 francs, tandis qu'équarri chez les marchands de bois, il monte à 40 et 45 fr. Le sciage du mètre cube de sapin revient environ à 6 fr.

Depuis plusieurs années, l'exploitation du buis est devenue pour ainsi dire régulière dans la vallée d'Ossau. Les coupes y ont une certaine importance. Dans la seule forêt de Larnus, elles ont rapporté, en 1892, 3.185 fr.; en 1893, 1.610 fr.; en 1894, 4.525 fr.; en 1895, 1 000 fr.

Le buis a une croissance très lente, sans acquérir jamais de fortes dimensions, il est cependant susceptible de produire des perches de 2, 4 et 5 mètres de hauteur, sur une circonférence de 16 à 40 centimètres.

Le prix moyen d'achat en forêt varie entre 32 et 40 centimes, et l'exploitation revient environ à 75 centimes le quintal. Il sert surtout dans la vallée à la fabrication du grain de chapelet. Plusieurs usines le travaillent dans ce but. Chaque ouvrière employée à ce travail débite par jour environ 25 kil. de buis (3 décimètres cubes 100). Enfin, le quintal de grains de chapelet a une valeur de 3 fr. 50 à 4 francs, laissant à l'industriel un bénéfice 45 à 50 p. 0/0.

Le cidre, sa production.

Nous traitons depuis longtemps les sujets que comportent la culture des arbres à cidre, ainsi que la fabrication de cet intéressant breuvage et du poiré.

À tout ce qui a été dit et redit ici sur ce sujet depuis vingt ans, nous n'avons qu'un mot à ajouter en ce moment à l'adresse des propriétaires et des producteurs, c'est de lire le *Bulletin du Syndicat pomologique de France* contenant le compte rendu du *Concours général* tenu à Saint-Brieuc, en octobre 1895, et le compte rendu du Congrès agricole tenu dans la même ville en juin 1896. On trouvera dans ces précieux documents le dernier mot de la science et de la pratique dans tout ce qui concerne cette importante branche de l'économie rurale au moins dans notre région Ouest.

Les producteurs auraient tort de se dispenser de cette lecture. Il n'en est pas un d'entre eux qui, s'il est de bonne foi, et si habile qu'il soit, qui ne découvre des détails importants inconnus de lui jusqu'à ce jour. Soit qu'il s'agisse de la composition et de la culture du verger, ou de toutes les conditions concernant la fabrication du cidre, les moyens de le conserver intact, l'emploi des détritus, des marcs, la fabrication de l'alcool de lies ou de marcs, on y trouvera les enseignements qui ont porté ces connaissances au maximum qu'elles ont atteint aujourd'hui.

Nous nous réservons d'en fournir des preuves, en empruntant à ce précieux document quelques indications pratiques sur la cueillette des pommes et des poires et la fabrication des cidres et des poirés.

Le *Bulletin* se trouve à l'imprimerie Lafoye, à Vannes (Morbihan).

Conservation des fruits par l'alcool.

Nous avons signalé il y a quelque temps, les succès du procédé de conservation des fruits par l'alcool. Les expériences pratiquées à ce sujet à l'école d'horticulture de Versailles, ont démontré l'efficacité de ce procédé sur toutes sortes de fruits et spécialement sur les raisins.

Le procédé consiste à placer dans un fruitier frais et bien clos un vase rempli d'une solution d'alcool et à remplacer l'alcool à mesure qu'il s'évapore. Les vapeurs alcooliques préservent les fruits de toute fermentation.

Jusqu'à ce jour aucun procédé aussi efficace n'avait été enseigné.

Le meilleur agent conservateur signalé par nous, rappelons-le, était la poudre de liège. Nous croyons utile de ne pas dédaigner ce procédé, parallèlement au procédé alcoolique.

Les chevaux couronnés.

Les chevaux qui tombent en avant se font presque toujours au genou, une blessure dangereuse, et en tout cas la peau écorchée par la chute ne peut pas toujours recouvrer son poil. C'est ce qu'on appelle le cheval couronné. Cette infirmité lui enlève beaucoup de sa valeur.

Si la peau est seulement écorchée superficiellement, et laisse quelque chance de la voir recouvrer son poil, on se borne à laver le genou avec une solution de phénol à 30 grammes par litre d'eau ou avec une solution de créoline à 25 0/0 d'eau.

Si la peau a été déchirée, on fait par jour trois frictions avec un liniment composé de teinture de cantharide, 100 grammes ; huile d'olive, 200 ; goudron, 30 ; chlorure de mercure, 3 gr. Mêler avec soin avant d'appliquer, après chaque friction on panse la blessure avec de l'eau phéniquée jusqu'à la cicatrisation. — Pendant tout le traitement, la blessure doit être soigneusement enveloppée et maintenue sans contact avec l'air.

RECETTES

Pigeons voyageurs. — On ignore généralement dans nos campagnes que les pigeons voyageurs sont des propriétés au même titre que les pigeons domestiques d'abord, mais que de plus ils ont droit à une protection spéciale à raison du service d'utilité publique en vue duquel ils sont élevés.

Un sieur Picotin, de Trévoux, vient de l'apprendre à ses dépens, en s'entendant condamner par le tribunal correctionnel, à 16 francs d'amende et à 100 fr. de dommages-intérêts, pour avoir tué des pigeons voyageurs lancés dans la contrée par la société colombophile de Lyon.

Remède des panaris. — Dès que la fièvre s'est déclarée, coiffez le doigt malade d'une limace quelconque (orange ou grise), fixez-la avec une patte, et alitez-vous. Au bout de sept à huit heures, rejetez le mollusque et lavez le doigt à l'eau tiède. La peau est flasque et blanche, toute trace de fièvre a disparu.

Un succès de près de quarante années dans mon entourage, m'incite à signaler ce remède si simple au public. Il est praticable même en hiver, grâce aux limaces grises qui se rencontrent en toute saison dans les caves basses et dans les entrepôts de légumes de conserves (P. BERTHELON.)

Réparation des arrosoirs. — Les jardiniers, surtout ceux de la campagne, n'ont pas toujours un ferblantier sous la main, et se trouvent souvent dans l'embarras quand une fuite survient à leur arrosoir. Voici un moyen très simple de boucher ces fuites : il suffit d'appliquer sur le trou un morceau de toile trempé dans du *copal*, et de laisser sécher à l'air ; cette réparation est presque inusable.

— Le copal est une résine produite par plusieurs végétaux du Mexique, des Indes et du Brésil ; il se vend partout et coûte peu. Après l'avoir broyé on le laisse dans l'eau, à l'action de l'air, pendant quelque temps ; puis après l'avoir séparé de l'eau, on le fait fondre dans l'alcool ou dans l'éther.

Accidents produits par la chaux. — Il arrive fréquemment qu'en employant de la chaux vive ou éteinte, on en reçoive quelques éclaboussures sur les vêtements ou sur la peau. Le mal n'est pas grand dans ce cas ; mais il est bien plus à craindre lorsque les yeux sont atteints ; il peut en résulter une vive inflammation, voire la perte de la vue. L'emploi d'eau sucrée froide suffit à prévenir les suites mauvaises de cet accident. En se combinant avec le sucre, la chaux forme, en effet, un saccharate de chaux bibasique soluble et tout à fait inoffensif. Le remède est donc bien simple et à la portée de tous.

Pour rendre les chaussures imperméables. — Faites fondre à petit feu 250 grammes de graisse de mouton, 120 grammes de résine et 180 grammes de cire d'abeilles, ajoutez-y un demi-litre d'huile de lin cuite ; agitez bien de façon à mélanger parfaitement et imbibez-en à plusieurs reprises de façon à bien faire pénétrer le liquide dans les pores du cuir de la chaussure préalablement nettoyée et séchée.

OFFRES ET DEMANDES

RED CAP. Œufs à couver de cette excellente race de poule, réputée la plus jolie et la plus forte pondeuse, garantis race pure frais et fécondés, 6 fr. la douzaine franco de port et d'emballage. S'adresser à Calixte Dany, Althen-les-Paluds (Vaucluse).

Important : J'invite les personnes qui veulent bien me confier leurs ordres de toujours y joindre un mandat, les remboursements n'étant bénéficiables qu'aux Compagnies.
Toujours donner le nom de la gare à laquelle il faut adresser les envois.

On demande pour l'Espagne un homme pour travailler en maître de cave, dans une brasserie de cidre, sachant faire le nécessaire pour les soins de la cave, soutirages, etc.
Entre temps, soigner les arbres, disulfer, s'occuper de tous travaux lorsque le travail de cidrerie le rendra disponible. — Appointements selon capacités.
Très bonne place chez de très braves gens. — Position d'avenir.

Adresser les demandes chez M. P. B. Noël, 9, rue d'Odessa, Paris.

M. Noël, emmènerait cette personne en Espagne le 1er novembre prochain.

POMMES DE TERRE. — Nous apprenons que M. E. Boutin, directeur du *Moniteur des Intérêts agricoles*, 11, rue Taitbout, est en pourparlers avec un certain nombre de Sociétés Coopératives de consommation de Paris et de la banlieue pour leur procurer directement par la culture les pommes de terre *saucisses rouges* et de *hollande* nécessaires à leur approvisionnement d'hiver : il s'agit de quantité très importantes.

Ceux de nos abonnés que ces fournitures intéressent peuvent s'adresser directement à M. Boutin.

Il lui est également fait des demandes pour des fournitures régulières de volailles de 1 kilo. 1 k. 500 par cageots de 12 à 15 pièces.

Le Bimétallisme et l'Agriculture en 1896 par M. L. de Lamério. Prix : 1 franc.

En vente chez l'auteur à Lavarenne par Châteaudun (Eure-et-Loir). Brochure intéressante et instructive.

A VENDRE OU A LOUER propriété rurale à proximité de centres importants, bonne terres, constructions suffisantes.

Excellente affaire convenant surtout à jeune homme voulant prendre une exploitation. S'adresser aux bureaux du journal. Se hâter.

M. POUZIN offre de jolis racinés de son plant de vigne à la seule condition pour les demandeurs de lui tenir compte d'une partie de la récolte d'une année. — Contre 0 fr.25 il expédie son *Guide* pour la culture de cette variété.

Écrire à M. Pouzin Émile, à Saint-Paul-les-Romans, Drôme.

Huiles d'olive garanties pures et sans mélange venant directement de la propriété.

Au prix de 1,80, — 1,60, — 1,50 le kilog. suivant qualité.

Gare départ, paiement contre remboursement. S'adresser à M. Édouard Laurin, propriétaire à Saint-Chamas (Bouches-du-Rhône).

LA QUESTION DU BLÉ, par J. Vavost. franco : 0fr 60. S'adresser : Lemercier, libraire, 1, galerie Véro-Dodat, Paris.

Ferme de l'Institut Agricole de Beauvais — A VENDRE :

1° Très bon bélier *charmois* en état de faire la lutte.

2° OEufs, poulettes et coqs des races : La Flèche, Dorkins, Leghorn, Campine et Padoue Doré, Langshan, Gournay, Coucou de Malines, Houdan, Cochinchinoise fauve, Brahmapoutra, canards de Rouen.

Un agriculteur offre des actions d'une bonne société d'assurances au prix d'émission. Revenu de 5 p. 100. S'adresser aux bureaux du journal.

Agriculteur, ancien régisseur de grandes propriétés, demande direction d'un domaine en France ou colonies. Excellentes références.

Ancien Industriel ayant possédé usine importante, fait valoir plusieurs Fermes et Bois de haute futaie, désire se placer comme intendant-régisseur. Nous recommandons spécialement cette personne qui a de grandes connaissances techniques à possesseur de grand domaine. Écrire au bureau du journal.

Si vous voulez boire du bon vin de Saint-Émilion, adressez-vous à M. **Duplessis-Four** saud au château des Trois-Moulins, à SAINT-ÉMILION (Gironde).

(Voir le prix courant.)

Vente du bétail au marché de La Villette.

Adresser les animaux à MM. Henri Roblin et Surugue, en gare Paris-Bestiaux. Les aviser par lettre auparavant, 190, rue d'Allemagne, Paris.

COURS DES BESTIAUX

Marché de la Villette du 31 août 1896.

	PRIX DE LA VIANDE NETTE		
	1re qualité	2e qualité	3e qualité
Boeufs. ..	1.46	1.36	1.26
Vaches...	1.44	1.34	1.24
Taureaux.	1 18	1.08	0.08
Veaux....	1 58	1.48	1.18
Moutons..	1 96	1.78	1.66
Porcs	1.10	1.02	0.98

ESPÈCES	AMENÉS	VENDUS	PRIX EXTRÊME viande net	poids vif
...ufs....	3.000	2.439	1.26 à 1.46	60 à » 92
...ches...	859	772	1.24 1.44	55 » 91
...reaux.	250	171	0.98 1.18	50 » 77
...eaux....	995	800	1.18 1.58	58 1.08
Moutons,.	18,321	15.523	1.66 1.96	75 1.00
Porcs....	3.9.3	3.828	0.98 1.10	70 » 82

Vente plus calme.

Marché de la Villette du 3 septembre 1896.

	PRIX DE LA VIANDE NETTE AU KILOGR.			
	1re qualité	2e qualité	3e qualité	Prix extrême
Boeufs....	1.52	1.40	1.30	1.26 à 1.86
Vaches...	1.50	1.38	1 26	1 20 1 52
Taureaux	1.30	1.20	1.10	1.06 1 36
Veaux....	1.90	1.70	1 50	1 40 2 00
Moutons..	1.96	1.78	1.68	1.58 2 00
Porcs....	1.20	1.10	1.06	1.24 »

ESPÈCES	AMENÉS	VENDUS	OBSERVATIONS
Boeufs ...	1.886	»	Vente meilleure sur les boeufs et les veaux, plus facile sur les porcs, moyenne sur les moutons.
Vaches...	560	84	
Taureaux.	237	»	
Veaux....	1.175	50	
Moutons,.	19.327	» *	
Porcs.....	5.821	»	

CORRESPONDANCE

CHANGEMENT D'ADRESSE

Chaque demande de changement d'adresse doit être accompagnée d'une bande imprimée et de *CINQUANTE CENTIMES* en timbres-poste pour frais de réimpression.

M. H., à P. S. (Morbihan). — Dans votre terrain caillouteux avec sous-sol pierreux, situé à une altitude de 32 mètres au-dessus de la mer, faisant face au midi, avec température moyenne de 2 degrés en hiver et de 25 degrés en été, vous pouvez parfaitement dans ces excellentes conditions créer un vignoble. Mettez une bonne partie de *Plant Pouzin*, demandez-le de notre part et vous aurez toute satisfaction.

Après vérification votre abonnement ne doit finir que le 1er janvier prochain.

Merci de vos excellents renseignements sur l'état de la culture de votre région et notamment sur les récoltes.

M. G. G., à L. (Meuse). — Aux Halles centrales de Paris, on ne vend pas de petits cochons de lait; si le prix est peu rémunérateur en ce moment dans votre pays, il vaut mieux les garder, les nourrir avec les pommes de terre qui sont abondantes en ce moment et dans quelques mois vendre vos cochons aussitôt qu'ils seront en viande.

Une abonnée dans l'Oise (n° 21.570). — Un hectolitre de blé en bonne année, comme par exemple cette année 1896 doit peser de 78 à 80 kilos; le rendement à l'hectare varie beaucoup selon les terrains, la culture et les engrais appropriés. La moyenne de rendement pour la France sera cette année de 17 hectolitres à l'hectare, tandis que dans la région Nord rendements atteignent de 25 à 40 hectolitres l'hectare.

Le prix moyen du blé au quintal a pour l'Aisne du 15 juin 1895 au 15 juin de 18 francs.

Le Gérant : E. GAMBART.

IMP. NOIZETTE ET Cie, 8, RUE CAMPAGNE-1re, PARIS

PRIMES A NOS ABONNÉS

Délicieux **Vin Muscat Vieux** tonique et réconfortant venant directement de la propriété, garanti authentique, offert en prime à nos abonnés à raison de 1 fr. 25 le litre logé en fûts de 25 à 35 litres. Fûts perdus.

Adresser les commandes au Bureau du Journal, 10 bis, rue Piccini, Paris.

Porte-pantalon hygiénique, breveté S. G. D. G. de P.-B. Noël. Prix de faveur pour nos lecteurs. Pour hommes, jeunes gens et enfants de dix ans, franco 4 fr.; pour femmes et fillettes, 4 fr. 50.

Toute commande doit être strictement accompagné d'un mandat-poste représentant la valeur de l'expédition.

BONDE le cent, 25 fr., les cinquante 13 fr., les vingt-cinq 7 fr. Au-dessous de 25 bondes 0 fr. 30. Le tout franco de port.

Indiquer le diamètre de chaque bonde.

Primes nouvelles. — *Sacs à raisin enduits, toile supérieure, avec fermeture brevetée.* Moyens, le mille 50 fr. » le cent 5 fr. 85 franco. Petits, le mille 40 fr. » le cent 4 fr. 85 —

Sacs à fruits enduits, toile supérieure.
N° 0 petit, le mille 22 fr., le cent 2 85 franco.
N° 1 grands, le mille 27 fr., le cent 3 15. —

Purificateur d'air pour tonneaux, l'un franco gare

Moyennant un supplément de 0 fr. 40, nous rendons à l'envoi une mèche à percer de cave et moyennant 0 fr. 10 en plus, une mèche soufrée.

EXPOSITION DE 1900

En attendant qu'ils soient remboursés plus au double de leur prix d'achat :

1° *Par la délivrance de 20 tickets d'entrée de 1 franc* ;

2° *Par des avantages spéciaux accordés par les Compagnies de transports et les directeurs des spectacles de l'Exposition.*

LES BONS DE L'EXPOSITION DE 1900

participent à de fréquents tirages de lots comprenant notamment des lots de **500.000** et de **100.000** francs.

Les tirages ont lieu, en 1896, le 25 de chacun des mois à courir d'ici à la fin de l'année ; — en 1897, 1898 et 1899, le 25 de chacun des mois de février, avril, juin, août, octobre et décembre ; — en 1900, le 25 de chaque mois, de mai à octobre inclus.

On peut se procurer ces Bons aux guichets du **Crédit Foncier**, du **Crédit Lyonnais**, du **Comptoir d'Escompte**, de la **Société Générale** et du **Crédit industriel**, et, dans les départements, aux Agences de ces Sociétés et par correspondance.

COMPAGNIE DES CHEMINS DE FER DE L'EST

Voyages en Suisse et en Italie.

Pour faciliter les voyages en Suisse et en Italie, la Compagnie des chemins de fer de l'Est, après entente avec les Compagnies voisines, met à la disposition du public les combinaisons suivantes qui permettent aux touristes d'effectuer des excursions variées à des prix très réduits :

Au départ de Paris, on peut se procurer, du 1er mai au 15 octobre, des billets d'aller et retour, de saison pour *Bâle* (96 fr. en 1re cl., 71 fr. en 2e cl.) ; pour *Lucerne* (112 fr. et 83 fr.) ; pour *Zurich* (111 fr. et 82 fr.) ; pour *Ragatz* (127 fr. 20 et 93 fr. 40) ; pour *Landquart* (128,10 et 94,20) ; pour *Davos-Platz*, (152,40 et 110,20) ; pour *Coire* (130,40 et 95,65). Durée de validité des billets : 60 jours.

Des billets circulaires tracés avec des itinéraires très variés, permettent au départ de Paris (via Belfort Bâle et le Saint-Gothard), de faire des excursions dans des conditions très économiques, en Suisse, en Autriche, en Italie, en Allemagne, etc.

Les billets de 1re et 2e classes sont valables par les trains rapides au nombre de deux par jour dans chaque sens.

Des voitures directes circulent entre Paris et Milan.

On peut également, du 1er mai au 15 octobre, se procurer des billets d'aller et retour de saison au départ de Reims, Mézières-Charleville, Châlons-sur-Marne, Bar-le-Duc, Nancy, Troyes et Chaumont, ainsi que des gares du réseau du Nord : Dunkerque, Calais, Boulogne, Lille, Valenciennes, Douai, Cambrai, Arras et Amiens pour Bâle, Lucerne, Zurich, Berne et Interlaken. —La durée de validité de ces billets est de 60 jours.

Le voyage jusqu'en Suisse s'effectue très rapidement grâce aux trains express circulant entre Calais et Bâle, qui sont composés de voitures de 1re et de 2e classes ; les trains de nuit comprennent en outre un Sleeping-Car. — Le trajet s'effectue sans changement de voiture jusqu'à Bâle et jusqu'à Berne.

Tous les renseignements qui peuvent intéresser les voyageurs sont réunis dans le Livret des Voyages circulaires et d'Excursions que la Compagnie de l'Est envoie gratuitement aux personnes qui en font la demande.

Le moment favorable au transport des vins qui revient, nous rappelons à nos lecteurs que tous ceux d'entre eux qui, sur nos conseils, et depuis cinq ans, consomment les vins de M. Vincent Ardura, vigneron, domaine de la Chapelle-Frédignac, par Blaye-Bordeaux, n'ont qu'à se louer de la qualité et de la conservation de ce Bordeaux absolument naturel, expédié sans intermédiaire.

Pour dégustation sérieuse, envoi gratuit est fait d'une bouteille de la récolte désignée.

L'encaissement est fait par le facteur, à 30 jours, escompte 2 0/0, ou 90 jours.

Vendanges : 1893, à 130 fr., 1892-91, à 150 fr.; 1890-89, à 175 fr., 1887, à 200 fr., 1885, à 220 fr., 1884 , à 240 fr., 1882, à 250 fr., 1881, à 300 fr. — Graves blancs vieux : 130, 150, 200, 250, 30 fr., suivant âge, les 225 litres collés, soutirés, franco de port et de fût en gare d'arrivée.

Plus de Pourriture

PAR L'EMPLOI DU

CARBONYLE

qui assure au bois une durée triple en lui donnant une belle teinte brune; 1 kilog. remplace 10 kilog. de Goudron. — Produit de grande utilité dans l'agriculture; est recommandé et utilisé par les syndicats agricoles. — Dans votre intérêt, demandez le prospectus avec attestations d'expériences de dix ans.

Société française du « CARBONYLE ».
188-190, *Faubourg Saint-Denis, Paris.*

(N. B.) Seule maison spéciale pour la fabrication et la vente de ce genre de produit.

Insecticide-Préservateur
FERTILISANT
DESGOUTTES

La Boîte de 10 kilog., pour essais, **10 fr.** franco toutes gares (port et emballage compris).

Adresser les demandes, accompagnées d'un mandat, 10 bis, rue Piccini, Paris.

L'URBAINE

Compagnie anonyme d'Assurances à primes fixes contre l'INCENDIE

FONDÉE EN 1838

CINQUANTE-NEUVIÈME ANNÉE

CAPITAL : 5 MILLIONS — GARANTIES : 70 MILLIONS

SINISTRES PAYÉS DEPUIS L'ORIGINE : 132.000.000 FRANCS

PARIS — 8 et 10, rue Le Peletier

VINS DE SAINT-ÉMILION

Vins classés, de **800 à 250 francs** la barrique de 225 litres. — Moitié prix pour la barrique de 112 litres.

Vins grands ordinaires, de **140, 125, 105, 100** francs la barrique — **80, 75, 70, 65, 58, 55** francs, la demi-barrique. — Rendu *franco* en gare et régie, sauf octroi.

Adresser commandes à M. DUPLESSIS-FOURCAUD, à **Saint-Émilion.** — Envoi de prix courants et échantillons sur demande affranchie.

Médailles d'Or, Paris, 1867 et 1889 — Moscou 1891 — Besançon, Montluçon, Royan, etc.

Le Journal Le Meunier, de Bruxelles, offre une médaille d'or à l'inventeur du meilleur procédé débarrassant automatiquement le blé du charançon.

ALIMENTATION DU BÉTAIL

Tourteaux de Coprah ou Coco

F. TASSY, E. ROCCA ET Cie

Fabricants d'huiles (producteurs directs de Tourteaux)

23, RUE HAXO, MARSEILLE

Deux médailles d'or, Anvers 1894

Envoi de Prix Courants et Échantillons sur demande.

Etablissement Glaser

AVENUE NIEL, 9, PARIS

LOCATION DE CHEVAUX

de Selle et d'Attelage

pour les Chasses, la Promenade, la Campagne

PENSION DE CHEVAUX

en Boxes et Stalles.

Ouvrages de MM. CRÉPEAUX

En vente aux bureaux de la *Gazette*

La Culture électrique. 1 50
Manuel vétérinaire pratique du cultivateur. . . . . 1 »
Almanach de la France rurale pour 1896 . . . . » 60
L'Année agricole et agronomique pour 1895. . . . . 3 50
La Culture du Blé, par M. Fleury-Berger. . . . . 1 »

GRIFFE SARCLEUSE-BINEUSE

Outil économique

pour biner, sarcler promptement entre toutes les lignes de plantes ou légumes sans distinction, indispensable en toutes saisons dans les jardins, vignes, pépinières, les cultures de betteraves, de tabac, etc., même dans les allées

FROMENTINE

Marque déposée B. S.G.D.G.

Produit pour l'alimentation économique, saine et rationnelle du bétail, provenant en grande partie des issues de la mouture de blé.

DIVERSES MARQUES

Demander celle en raison du but poursuivi

Marque A pour l'engraissement égal à celui du tourteau de lin, le remplacement de l'avoine, production d'un lait de qualité supérieure.
Marque B pour le bon entretien du bétail.
Marque J développement rapide des jeunes bêtes.
Marque L surproduction du lait.
Marque E engraissement rapide.

Ecrire à M. Armand MILLOT
Moulins Saint-Martin
Saint-Quentin (Aisne.)

des Usines de MM. P. MARCHAND Frères, à DUNKERQUE (Nord)
Fabriqués sous le contrôle permanent de la Station Agronomique du Nord
Dirigée par M. DUBERNARD

Nous appelons l'attention des éleveurs et des nourrisseurs sur les Tourteaux de COTON de graines d'Égypte c'est un produit excellent pour les vaches laitières, les bœufs à l'engrais et les moutons

Nos Tourteaux de COTON sont complètement débarrassés de la bourre qui enveloppe la graine et contiennent la même quantité de matières nutritives et grasses que les meilleurs Tourteaux de Lin.

Nos Tourteaux de COTON forment l'aliment le meilleur et le plus avantageux en raison de leur prix excessivement bas.

PRIX : 9 Fr. les 100 kil. gare Dunkerque

S'adresser à MM. P. MARCHAND Frères, à DUNKERQUE (Nord)

PHOSPHATE FOSSILE DE QUIÉVY-NORD

le plus assimilable de tous les phosphates connus

GARANTI PUR DE MÉLANGE AVEC TOUT AUTRE PHOSPHATE
Ce qui, du reste, ne pourrait que diminuer son assimilabilité.

EXTRACTION DU GISEMENT ET USINE A QUIÉVY

Propriétaire-Extracteur : C. LECLERCQ

Bureaux à Viesly (Nord).

COMPOSITION MOYENNE		ASSIMILABILITÉ RELATIVE (méth. Joulie). Solubilité dans l'oxalate d'ammoniaque.	
Acide phosphorique....	12 » à 16 » 0/0	Phosphate de Quiévy......	82 29 0/0
Potasse..........	0 45 à 2 77 0/0	— de la Mense.....	51 95 0/0
Chaux...........	19 05 à 31 » 0/0	— de Perues.....	47 87 0/0
Magnésie.........	0 58 à 3 80 0/0	— des Ardennes......	46 43 0/0
Matières organiques azotées .	1 80 à 3 45 0/0	— de la Somme (moy.)..	44 53 0/0
		— de Ciply........	34 57 0/0

Titre garanti en acide phosphorique : 13 à 15 0/0.

LIVRAISON : EN POUDRE IMPALPABLE EN SACS PLOMBÉS, MIS SUR WAGON GARE QUIÉVY-en-CAMBRÉSIS
Prix : 3 fr. 80 les 100 kilos, sacs perdus, 30 jours, 2 0/0 ou 90 jours net.

NOTA. — Les acheteurs qui désirent employer le véritable Phosphate de Quiévy pur et garanti d'origine doivent exiger que les sacs portent la Marque (Au Poisson fossile) et la Firme : M. LECLERCQ, seul exploitant à Quiévy (Nord).

CULTIVATEUR AMÉRICAIN

"CHAMPION"

Instrument hors de pair pour les DÉCHAUMAGES
et la PRÉPARATION DU SOL en général

**PRIX MODIQUES - VENTE APRÈS ESSAI
GARANTIES LES PLUS ÉTENDUES**

DÉCHAUMEUSES à 3 et 4 Socs

DEMANDER LES CATALOGUES

Ch. FAUL, 13, RUE PIERRE-LEVÉE, PARIS

DÉSINFECTANT INCOMPARABLE

p^r tonneaux à vin, cidres et autres liquides
MAISON FONDÉE en 1875   **Jules MOITY père**   MAISON
Inventeur, breveté en France et à l'étranger,
16, rue Sencier, FOURMIES, France (Nord)

4 diplômes d'honneur. 12 médailles hors concours

Ce produit, dont la réputation n'est plus à faire est employé dans une grande partie de la ganterie française, belge et hollandaise avec les plus grands succès.

Guérison radicale des plus mauvais goûts des fûts en 12 heures, par une simple opération qui ne coûte au plus que 0 fr. 1 à la rondelle de 160 litres, main-d'œuvre comprise.

Mode d'emploi. — Laver les fûts à l'eau bouillante, les laisser égoutter pendant 12 heures, rincer ensuite avec mon produit et six ou dix heures après, suivant la saison, les rincer à nouveau à l'eau bouillante et vous pouvez tonner avec sûreté n'importe quelle boisson sans nuire aucunement au bois ni à la boisson, inconvénients que produisent beaucoup de moyens employés à défaut d'autres meilleurs.

Prix :
0 fr. 65 du litre en dessous de 10 litres, ou 0 fr. 75 h. tal.
0 fr. 60 — de 100 à 175 litres, ou 0 50
0 fr. 55 — au-des. jusqu'à 228 lit. ou 0 45
Réduction par plus grandes quantités.

Les commandes au-dessus de 150 litres seront livrées franco en gare du destinataire.

Certificat pris dans 100 000 :
« Monsieur J. Moity, père, à Fourmies.
« J'ai été très satisfait de votre désinfectant veuillez m'en envoyer 200 litres de suite.
« Recevez mes sincères salutations ».
Desurmont-Chasseur, à Tourcoing.

VELOUTINE FLAMANDE

La Veloutine est spécialement employée pour lustrer les cuirs de fantaisie : guides, selles, harnais de luxe et de travail, capotes, tabliers, caparaçons, etc., et lorsqu'ils ont déjà été enduits de vaseline, ce produit donne un joli brillant et évite l'action graisseuse des cirages ou préparations à base de cire. Sans causticité il ne dessèche pas et imperméabilise

Le bidon d'un litre pour harnais noirs. . . . 3 70
— — — jaunes. . . 4 20
Franco gare contre mandat-poste.

S'adresser : *Manufacture de Vaselines industrielles de Ligny-en-Cambrésis (Nord)*

Eugène de MASQUARD

PROPRIÉTAIRE-VITICULTEUR, Château de la Cascade
SAINT-CÉSAIRE-LES-NIMES (Gard)

Vins garantis naturels, rouges et blancs, depuis 75 fr. la pièce de 220 litres jusqu'à 100 francs, selon qualité, prise en gare de St-Césaire (Gard), fût perdu

Ces vins ont été médaillés à toutes les expositions où ils ont figuré.

Récoltés sur des coteaux et des terrains secs, les vins de Saint-Césaire, l'un des meilleurs crus du Gard, se conservent parfaitement sans être plâtrés

Envoi franco de prix courants et échantillons

LYSOL

Le plus puissant de tous les antiseptiques désinfectants dérivés du goudron

Le seul complétement soluble dans l'eau

INSECTICIDE & ANTIPARASITAIRE INFAILLIBLE

POUDRE AU LYSOL

La poudre au Lysol préserve la vigne, les arbres fruitiers, fleurs, plantes, etc., des invasions cryptogamiques et parasitaires.

ENVOI FRANCO D'UNE BROCHURE EXPLICATIVE
sur demande adressée à la

SOCIÉTÉ FRANÇAISE DU LYSOL
22 et 24, Place Vendôme, PARIS

SELS POUR L'AGRICULTURE

Nourriture du bétail et Engrais des terres

Sel dénaturé, au tourteau de colza. 45 f. 1.000 k.
Sel dénaturé, au peroxyde de fer. 40 f. 1.000 k.
Sel la morue pur . . . . 35 f. 1.000 k.
Expéditions de Fécamp, Bordeaux et St-Malo.

S'adresser à MM. A. LE BORGNE et ses Fils
négociants-armateurs, à Fécamp.

MACHINES AGRICOLES

A. BAJAC
à LIANCOURT (Oise)

CHARRUES-BRABANTS

MATÉRIELS pour toutes Cultures

MALADIES DU BÉTAIL
ET DE LA VOLAILLE
Leur traitement préventif et curatif
PAR L'ACIDE SALICYLIQUE

L'acide salicylique, employé dans la nourriture à la dose de 1/2 à 1 gramme par jour et par tête de bétail, est le meilleur préservatif des maladies qui procèdent par contagion : Sang de rate, Cocotte, Maladie aphteuse, Erysipèle, Typhus, Morve, Variole et le Rouget des porcs, etc.

DES ATTESTATIONS NOMBREUSES DE GUÉRISONS obtenues pour la Cocotte et le Rouget des porcs ont été reproduites dans le journal *l'Agriculture.*

La désinfection des étables, des écuries, se fait instantanément au moyen d'un arrosage d'eau salicylée à 2 grammes par litre.

S'adresser à M. CERCKEL, administrateur de la *Compagnie de produits antiseptiques*, 26, rue Bergère, Paris.

Envoi sur demande de Prospectus et Brochures.

PRIX DU KIL., 25 fr. BOITE DE MÉNAGE, 2 fr.

CHEVAUX BOITEUX
Guérison par le spécifique BORNET

Contre Capelets, Mollettes, Vessigons, Eponges, Exostoses, Suros, Eparvins e les Formes à leur début. (Il s'applique également à toutes les tares molles et osseuses.)

PRÉPARÉ PAR **A. BORNET**
Pharmacien de 1re classe, ex-interne et lauréat des hôpitaux.

19, rue de Bourgogne, PARIS.

Le flacon, 5 fr., à la pharmacie ; en gare par colis postal, 6 f. contre mandat.

EXCELLENT DÉSINFECTANT
POUR LES FUTS A VIN, CIDRE, BIÈRE, ETC.

Prix de faveur pour nos lecteurs

Sur notre demande, M. Moity, père, l'inventeur a consenti à en mettre de petites quantités pour essais à la disposition de nos lecteurs.

10 litres franco gare. 10 fr.

Adresser les demandes à M. Crépeaux, rue Picini, 10 bis, Paris.

DISTILLATION CONTINUE
ALAMBIC
Système A. ESTEVE

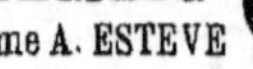

F. BESNARD
PÈRE, FILS ET GENDRES

28, rue Geoffroy-Lasnier

PARIS

Envoi franco du Catalogue sur demande

VIN PUR COTES 1re QUALITÉ
Vieux, nouveau garanti sur facture

Récolte par FELIX LAU, propriétaire-viticulteur à Caussiniojouls (Hérault).

Nouveau, 35 fr. l'hect. logé sur gare Faugère

NOUVELLE BAISSE DE PRIX
PHOSPHO-GUANO COMPANY, LIMITED
LEFEBVRE FRÈRES, Consignataires généraux
PARIS - 60, RUE DE BONDY - PARIS

PHOSPHO-GUANO

SEUL VÉRITABLE - IMPORTÉ DEPUIS 1863

Superphosphate Ornithos — Superphosphate Chilton — Superphosphate 10 degrés
Osso-Guano, Engrais complet Rhizome, Engrais Surazoté L. F.

La qualité et les dosages de tous ces engrais sont invariables et garantis.
L'acide phosphorique qu'ils renferment étant complètement **soluble dans l'eau** a une valeur fertilisante très supérieure à celui des engrais et superphosphates dont l'acide phosphorique, soluble seulement dans le citrate d'ammoniaque, reste insoluble dans l'eau. Il n'y a de garanties sérieuses que celles des dosages exprimés séparément en acide phosphorique **soluble dans l'eau** et en acide phosphorique, insoluble dans l'eau.
Envoi franco sur demande de brochures indiquant les dosages garantis et les prix.
Dépôts dans tous les principaux centres agricoles.

BAINS-BUANDERIES
Baignoires. — Chauffe-Bains. — Douches. - Appareils de lessivage,
système GASTON BOZÉRIAN.
CHAUDRONNERIE, TOLERIE, etc. — ENVOI FRANCO DE CATALOGUES.

DELAROCHE aîné, 22, rue Bertrand, Paris

UNION AGRICOLE DE FRANCE
Société Anonyme au Capital de 1.100.000 Francs. - Siège Social : 19, Boulevard des Capucines, Paris.
SIÈGE COMMERCIAL PRINCIPAL : 72-74, Rue Saint-Denis, PARIS

Vente à la Commission
et en toute loyauté
DE
DENRÉES AGRICOLES
de toutes sortes
et de toutes provenances

Fourniture Directe
et livraison à domicile
AUX
ÉPICIERS, FRUITIERS
Restaurants, Hôtels, Pensionnats et
Établissements privés importants.

Renseignements détaillés sur demande au Siège Social.

ANÉMIE CHLOROSE, FAIBLESSE **FER QUEVENNE**
Guéries par le **VRAI**
Seul approuvé p' Académie de Médecine, Paris, 14, r. Beaux-Arts, notice.

PRÉSERVEZ VOS ANIMAUX DOMESTIQUES
de toutes les **Epizooties** et Maladies contagieuses par la **Désinfection** des Ecuries, Etables, Porcheries
PAR LE

CRÉSYL-JEYES

Désinfectant — Antiseptique, le seul (non toxique), qui soit d'une efficacité scientifiquement démontrée. Le **CRÉSYL-JEYES** a été récompensé par la Société des Agriculteurs de France en 1891 d'une **Médaille d'argent grand module.** Envoi franco sur demande du prospectus détaillé. — CRÉSYL-JEYES, 35, Rue des Francs-Bourgeois, 35, Paris.
Se méfier des nombreuses contrefaçons.

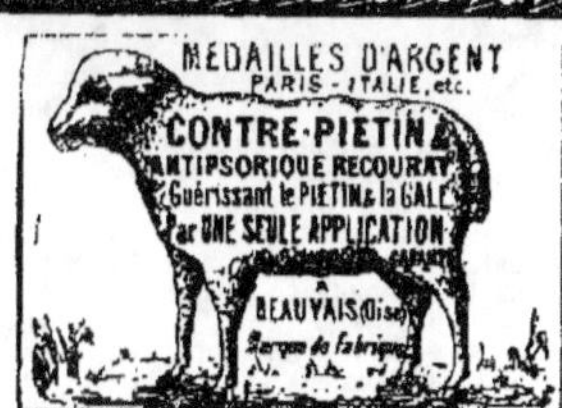

M. RECOURAT, pharmacien à Beauvais.
Gale des moutons guérie radicalement par *une seule application* de l'ANTIPSORIQUE.
La bouteille, 3 fr. ; la 1/2 bouteille, 1 fr. 75.
Guérison du PIÉTIN par *un seul pansement* avec le CONTRE-PIÉTIN-RECOURAT.
Le pot d'essai, 1 fr. 50; le pot, 2 fr. 50.
Joindre 0 fr. 60 pour recevoir *franco* et indiquer gare

Machines Agricoles Françaises

MAISON ALBARET

O.✻.O.M.A
Breveté
S. G. D. (

Veuve ALBARET et G. LEFEBVRE, SUCCrs

ATELIERS DE CONSTRUCTION ET ADMINISTRATION
A RANTIGNY-LIANCOURT (Oise)

Bureaux et Magasins :
9, Rue du Louvre, PARIS

LOCOMOBILES, MACHINES DEMI-FIXES, MOTEURS A PÉTROLE
BATTEUSES PORTATIVES ET FIXES — MANÈGES

HACHE-MAIS -- HACHE-PAILLE   **PRESSES A FOURRAGES**

FAUCHEUSES, MOISSONNEUSES & LIEUSES
RATEAUX, FANEUSES

Semoirs en Lignes — Semoirs à Engrais — Concasseurs — Aplatisseurs

INSTRUMENTS D'AGRICULTURE — INSTRUMENTS DE PESAGE
Grand Prix, **Lyon 1894**. — Grand Prix, **Anvers 1894**. — Grand Prix, Bordeaux 1895
Beauvais 1895, Diplôme d'Honneur
Tunis 1895, Premier Prix, Médaille d'Or
19 Diplômes d'Honneur et d'Excellence — 226 Médailles d'Or — 191 Médailles d'Argent

SUCCURSALES :
Saint-Quentin, Chartres, Abbeville, Cambrai, Dax, Lyon, Alger
Envoi franco sur demande des Catalogues illustrés.

17e Année. — No 37. LE NUMÉRO : 10 CENTIMES. Dimanche 13 Septembre 1896.

GAZETTE AGRICOLE

JOURNAL HEBDOMADAIRE, PARAISSANT LE DIMANCHE

Fondateur : M. CH. GOSSIN, Professeur d'Agriculture à l'Institut agricole de Beauvais

PRIX DE L'ABONNEMENT

UN AN, 5 fr. — SIX MOIS, 3 fr. — TROIS MOIS, 2 fr. 25

Pour l'Étranger les abonnements ne sont reçus que pour un an, au prix de 6 francs, et ne partent que du 1er JANVIER ou du 1er JUILLET de chaque année.

Le Numéro : **10** centimes.

Adresser toute la correspondance : mandats, lettres, annonces etc., à M. CRÉPEAUX, Directeur de la *Gazette agricole* 19 bis, rue Piccini, Paris.

Toute demande de changement d'adresse doit être accompagnée de 50 centimes et de la dernière bande du journal

BUREAUX

97, rue de Rennes, Paris et à Beauvais, rue Saint-Etienne.

Les abonnements partent du 1er de chaque mois et sont payables d'avance. Toute demande d'abonnement doit donc être accompagnée du prix de l'abonnement. (Le mode de payement plus simple est l'envoi d'un mandat-poste.)

Donner très lisiblement, en s'abonnant, son nom et son adresse exacte, avec l'indication du bureau de poste; et, s'il s'agit d'une continuation d'abonnement, joindre au renouvellement la dernière bande d'adresse du journal

Les Annonces sont reçues à la Direction du Journal, et chez MM. DUSSERIS et MATHELLON, 97, rue de Rennes Paris.

Sommaire :

BULLETIN COMMERCIAL

Paris, le 9 septembre 1896.

Le temps se maintient assez beau et chaud. Le calme est à peu près général sur nos marchés. Les apports en blé sont un peu moins élevés dans certaines directions, mais ils restent importants dans la Beauce et le Centre. D'autre part, les achats de la meunerie se sont un peu ralentis, et, sauf quelques cas isolés de baisse, il y a très peu de changement dans les prix.

BOURSE DU COMMERCE DU MERCREDI 9 SEPTEMBRE

	FARINES	BLÉS
Courant	40 75	18 25
Prochain	40 30	18 30
Nov.-Déc.	40 15	18 40
4 de nov.	4 15	18 50
4 premiers	40 »	18 70

Marque de Corbeil : 44 fr. le sac de 150 kil. toile à rendre.

Halle aux blés. — *Blés indigènes.* — Les offres sont sont encore régulières de l'Oise, de la Brie, de la Beauce et du Centre, mais par contre, elles sont limitées des autres directions.

Les vendeurs demandent les cours de la semaine dernière, mais la meunerie se montre de nouveau très réservée, de sorte que les affaires sont très lentes et ne sont possibles qu'avec une réduction de prix sur mercredi dernier. En résumé, marché lourd et peu animé; les bons blés ressortent de 18 à 18,50 les 100 kil. gare d'arrivée Paris.

Blés étrangers. — Sans affaires.

Sons. — Soutenus sur le disponible, très faibles et en baisse sur le livrable.

Seigles. — Les cours sont restés les mêmes qu'il y a huit jours; il y a acheteurs de 10,75 à 11,25, avec vendeurs de 11 à 11,50 suivant qualité. On offre des seigles russes de 10 à 10,50 caf.

Orges. — Les prix sont égaux suivant qualité et les blanches sont difficiles à trouver. La demande pour l'exportation a diminué et quant à l'intérieur les besoins ne sont pas pressants, la brasserie et la malterie ayant beaucoup d'orges germées en réserve. On cote aujourd'hui 15,50 à 16,50 avec des affaires restreintes.

Escourgeons. — La situation ne se modifie pas, les prix restent les mêmes depuis deux mois, il en reste encore en culture et une fois les semences terminées, il est probable que les offres reparaîtront. Il y a acheteurs de 15 à 15,25 les 100 kilos, gare Paris.

Menus grains. — On cote : Petit blé 12 à 14, jarras 16 à 16,50, chènevis de Russie 22, Bretagne 23, millet Vendée blanc 27, vesces de Kœnisberg, 20, Bretagne 22, sarrasin 14,50.

Graines fourragères. — On cote trèfle incarnat 55 à 50, autres sortes cours nominaux.

Sucres. — Très peu d'affaires, mais des concessions sont nécessaires pour vendre, les prix sont en baisse de 6 à 12 cent. en sympathie avec l'étranger et par suite du temps favorable.

Raffinés 99,50, roux 88° 29,50.

Marché de la Chapelle. — Marché ordinaire.

On cote : paille de blé 1re qté 25 à 27 fr., 2e qté 23 à 25 fr., 3e qté 20 à 23 fr ; paille de seigle 1re qté 31 à 33 fr., 2e qté 28 à 31 fr., 3e qté 24 à 28 ; paille d'avoine 1re qté 23 à 25 fr., 2e qté 21 à 23 fr., 3e qté 18 à 21 ; foin nouveau 1re qté 55 à 57 fr., 2e qté 51 à 55 fr., 3e qté 47 à 51 fr. ; foin vieux 1re qté 58 à 62 fr., 2e qté 54 à 58 fr.; 3e qté 50 à 54 fr. ; luzerne nouvelle 1re qté, 53 à 55 fr., 2e qté 50 à 53 fr., 3e qté 46 à 50 fr; regain nouveau 1re qté 54 à 56 fr., 2e qté 50 à 54 fr., 3e qté 41 à 50 fr.

Le tout rendu dans Paris, au domicile de l'acheteur, frais de camionnage et droits d'entrée compris par 104 bottes de 5 kil ; savoir : 6 fr. pour foin et fourrages secs, 2 fr. 40 pour paille. Pourboire 1 fr. par 100 bottes.

Fourrages et pailles en gare. — La paille de blé est offerte assez couramment à 20 fr. dans nos gares.

La paille de seigle vaut de 22 à 25 fr. et la paille d'avoine de 17 à 18 fr.

Les fourrages se vendent assez facilement, surtout en marchandise immédiatement disponible.

Le regain faiblit légèrement.

On cote sur wagon, par 520 kilogr., en gare d'arrivée à Paris :

Foin	40 à	42
— nouveau	35 à	39
Luzerne première qualité	37 à	42
Paille de blé	18 à	22
— de seigle pour l'industrie	23 à	27
— — ordinaire	18 à	22
— d'avoine	16 à	19

Pour les marchandises en gare, les frais de déchargement, d'octroi et de camionnage sont à la charge de l'acheteur.

FRUITS

Pêche de Perpignan, la corbeille de 12 fruits	80 à	1 50
Prunes	30 à	35
Poires communes	20 à	22
Raisins d'Algérie, les 100 kilos	60 à	70
Cassis, —	50 à	55
Groseilles	15 à	30
Amandes, 2e choix	50 à	80
Noisettes	50 à	55
Citrons, la caisse de 420/190	34 à	36

POMMES DE TERRE

Hollande (100 kil.)	8 » à	11 »
Roses-Early	4 » à	5 »
Magnum-Bonum	5 » à	6 »
Rondes	6 » à	7 »

LÉGUMES

Choux, le cent	10 à	18 50
Choux-fleurs suivant grosseur	15 à	50
Artichauts de Paris	10 à	22
— de Bretagne	8 à	16
— d'Angers	28 à	30
Tomates	10 à	12
Haricots flageolets	12 à	15
— beurre	40 à	55
Haricots verts de Paris	25 à	30
Melons, la pièce	60 à	2 50
Cornichons moyens	40 à	50

LINS. — Les 100 kilogr. — *Marché de Lille.*

	Communs	Ordin.	Supér.
Alost	148 à 153	154 à 157	161 à 166
Bergues	150 à 158	161 à 168	173 à 182

Marché aux chevaux, 9 Septembre

Gros trait de 800 à 1.300	Boucherie de 150 à 220
Selle et tr. 750 à 1.150	Anes de 100 à 125
léger de 750 à 1.100	Chèvres de à
H. d'âge de 150 à 500	

AMENÉS

Chevaux, 339 — Anes, 14 — Chèvres, 0 —
Voitures 350, de 25 à 550.

Prix moyen aux 100 kilog. des CÉRÉALES dans les Départements.

Région		BLÉ	SEIGLE	ORGE	AVOINE
Rég. du Nord-Ouest	Caen	17 50	10 25	13 25	15 50
	Lannion	17 75	10 00	14 00	15 00
	Morlaix	17 25	10 00	13 00	13 50
	Rennes	17 50	10 00	13 00	14 00
	Avranches	17 00	10 00	13 00	14 00
	Laval	17 25	10 25	13 50	14 50
	Lorient	17 00	10 00	13 00	14 00
	Alençon	17 25	10 25	14 00	15 00
	Le Mans	17 25	10 25	14 00	15 75
Région du Nord	Soissons	18 25	10 25	»	15 00
	Evreux	18 25	10 00	13 00	15 00
	Chartres	18 00	10 50	14 00	16 00
	Lille	18 25	10 25	13 50	14 75
	Complègne	17 75	10 00	14 00	15 00
	Beauvais	18 25	11 00	15 75	15 75
	Arras	18 25	11 25	14 50	15 50
	Paris	18 75	10 50	16 00	15 75
	Versailles	18 50	10 25	15 00	16 00
	Rouen	18 50	10 25	15 25	16 00
	Amiens	18 25	10 50	16 00	17 00
Rég. du N.-E.	Mézières	18 50	10 25	13 25	15 75
	Nogent-s-Seine	18 25	10 50	14 00	15 00
	Châlons-sur-Marne	18 50	10 75	14 00	16 50
	Langres	18 50	10 00	14 50	15 25
	Nancy	18 50	10 00	14 00	15 00
	Bar-le-Duc	18 50	10 50	15 00	15 75
	Neufchâteau	18 75	10 50	14 50	15 50
Région de l'Ouest	Ruffec	18 25	10 25	13 00	15 00
	Marans	17 50	10 25	13 25	14 00
	Niort	17 50	10 25	13 50	15 00
	Tours	18 25	10 00	13 00	15 00
	Nantes	18 25	10 50	14 00	14 50
	Angers	17 75	10 50	14 00	15 00
	Luçon	17 25	10 00	14 00	14 00
	Poitiers	17 50	10 25	13 00	»
	Limoges	18 00	10 00	»	15 50
Région du Centre	Moulins	18 25	10 25	13 50	14 75
	Bourges	17 50	10 25	14 00	14 50
	Aubusson	18 25	10 25	14 00	14 00
	Châteauroux	18 00	10 00	14 50	14 00
	Orléans	18 25	10 25	13 00	15 00
	Blois	19 00	10 00	14 00	15 50
	Nevers	18 50	10 25	15 00	16 00
	Clermont Ferr.	18 00	10 25	14 00	16 00
	Sens	18 50	10 00	13 50	15 75
Région de l'Est	Bourg	18 50	10 50	14 00	15 25
	Dijon	18 50	10 00	14 50	15 00
	Besançon	19 00	11 00	14 50	15 50
	Grenoble	18 50	10 50	13 50	14 75
	Dôle	18 50	10 50	14 00	15 00
	Saint-Etienne	18 50	10 50	14 00	16 00
	Lyon	18 75	11 00	13 00	15 00
	Mâcon	18 75	11 25	13 50	15 50
	Vesoul	18 75	10 50	»	15 50
	Chambéry	18 25	10 25	»	15 75
	Annecy	18 25	»	»	15 50
Rég. du Sud-Ouest	Pamiers	18 75	12 00	»	15 50
	Périgueux	18 75	11 00	14 25	15 00
	Toulouse	19 00	12 25	14 50	15 75
	Auch	18 25	11 25	14 00	15 75
	Bordeaux	18 25	12 00	13 00	15 00
	Dax	18 50	11 00	13 00	15 00
	Agen	18 50	11 00	14 00	15 50
	Bayonne	18 50	11 00	14 00	16 00
	Tarbes	18 25	11 00	»	«
Région du Sud	Carcassonne	19 75	10 50	14 50	15 00
	Rodez	18 25	12 00	14 20	17 75
	Mauriac	18 25	11 00	»	16 00
	Tulle	18 25	11 00	»	15 25
	Montpellier	18 00	11 00	»	15 50
	Figeac	18 25	10 50	13 50	15 50
	Mende	18 50	11 00	13 50	15 50
	Perpignan	18 00	11 00	14 50	15 00
	Albi	18 50	11 50	13 50	16 00
	Montauban	19 50	11 75	13 50	16 00
Région du Sud-Est	Gap	18 75	11 25	14 75	15 75
	Manosque	18 50	10 75	14 00	15 25
	Nice	18 25	11 25	13 00	16 00
	Privas	18 50	11 00	14 00	16 00
	Arles	18 50	11 00	13 00	16 00
	Montélimar	19 00	»	14 25	16 00
	Nîmes	18 75	12 25	14 00	16 00
	Le Puy	18 50	12 50	14 00	16 00
	Draguignan	18 50	12 25	14 50	16 00
	Avignon	21 00	14 00	14 00	17 25

Tourteaux. — Cours de la maison P. Marchand frères, à Dunkerque (Nord) :

TOURTEAUX A NOURRIR

	Dispon.	A livrer.
Coton de graines d'Egypte	9 50	9 50
Sésame blanc	11 50	11 50
Arachide décortiquée	15 00	15 00
Colza à nourrir	10 25	10 25
Colza du pays	11 25	11 25
Œillette du Levant	10 00	10 »
Œillette blanche de Turquie	10 00	10 »»
Lin 1re qual. de Bombay g. form.	14 50	14 50
Lin 1re qual. de Bombay p. form.	15 00	15 00

TOURTEAUX-ENGRAIS

Arachide décortiquée	14 50	14 50
Cameline	»» »»	»» »»
Colza des Indes en poudre	»» »»	»» »»
Colza ravison	7 25	7 25
Colza jaune Gutzerat	10 50	11 »»
Kurrachée	»» »»	»» »»
Niger	»» »»»	»» »»
Pavot	9 25	9 50
Sésame, blanc	10 00	10 00
Sésame noir	»» »»	»» »»
Coton en farine	7 50	7 50

Nos prix s'entendent pour tourteaux en planches, rendus en gare de Dunkerque.

Paiement à 30 jours ou à terme plus éloigné suivant convention expresse.

Le concassage se paie 0 fr. 25 et la mise en poudre 0 fr. 40 aux 100 kilos. Dans ce cas, les sacs sont facturés à 0 fr. 35 pièce, et repris au prix de facture, quand ils sont rendus en bon état et franco, dans les 30 jours de l'expédition.

FROMENTINE :

	100 kil.
Marque A	13 »
Marque B	13 »
Marque J	13 »
Marque L	15 »
Marque E	16 »

Les 100 kilogs sur wagon St-Quentin, sac à retourner ou à facturer.

BEURRES. - (le kilogr.).

BEURRES EN MOTTES			BEURRES EN LIVRE		
Isigny extra.	4 80	5.20	Bourgogne	1.80	2.20
— demi-fin	3.50	3 60	Gâtinais	2.10	2.60
M. d'Isigny.	3 00	3.40	Vendôme	1.90	2.20
du Gâtinais.	2.50	2.90	Beaugency	1.90	2.20
de Bretagne.	2.00	2.50	Ferme	2.30	3.00
Laitiera Jura.	2.00	2.60	Tours	2.10	2.40
de Charente.	2.30	2.70	Le Mans	1.90	2.20
des Alpes	2.90	3.10	Touraine fausse	1.30	2.20

ŒUFS. — (le mille).

Normandie ext.	85 à 105	Bourgogne	72 à 80
Picardie —	88 à 112	Champagne	75 à 80
Brie —	80 à 84	Nivernais	70 à 74
Touraine —	84 à 90	Bourbonnais	68 à 72
Beauce	82 à 84	Bretagne	65 à 72
Orne	76 à 86	Vendée	66 à 72
Picardie	68 à 85	Auvergne	65 à 68
Châtellerault.	70 à 74	Midi	66 à 76

FROMAGES.

Brie hautes marq.	43 48	Roquefort	120 200
Brie gr. m. (10)	35 40	Gruyère (100 k.)	90 170
— m. m.	28 32	Coulommiers (100)	20 40
Petits Nanteuils.	18 22	Gournay (100)	10 30
Brie laitiers	18 22	Livarot (le 100)	65 90
Gérardmer (100 k.)	70 80	Bourgogne (100)	65 70
Hollande	160 170	Camembert (100).	40 60
Bondons (100)	150 180	Munster (100 k.)	100 120
Cantal	120 135	Port-Salut	160 180

VOLAILLES

Poulet Brest dit moelleux	2.00	4.00	Pigeon Macon.	1.50 2.00
Poulets Nant.	2.25	4.50	CanarisNantais	2.50 3.00
Poulets Tour.	2.50	4.50	Dindes Tourr.	8.00 16.00
Poulets Houdan	5.00	5.75	Oies	5.00 7.50
Pigeons d'Italie	80	1.25	Lapins dom.	2.70 3.25
			Lapins garerne.	1.50 2.00

VINS — BERCY

Rouges		Blancs	
B. Bourg. vieux.	140 à 155	Bordeaux	125 à 160
Touraine	105 à 115	B. Bourg	150 à 190
Bord. vieux	130 à 160	Sancerre	130 à 135
Algérie	110 à 135	Chablis	200 à 350
Chor	110 à 135	Anjou	120 à 135
Chinon	125 à 180	Pouilly	350 à 300
Narbonne	32 à 38	Vouvray	155 à 195

HOUBLONS. — Les 50 kilogr.

Alost prime	32,00 à 30,00
Bourgogne	55,00 à 40,00
Poperinghe	25,00 à 30,00
Wurtemberg	40,00 à 42,00
Altmark	75,00 à 100,00
Alsace	50,00 à 65,00

Prix des Produits Forestiers à Paris.

Bois de feu (Octroi non compris)	Falourde de pin	100 à 110 le cent.
	Bois de flot	110 à 105 le décr.
	Bois gris neuf	130 à 120
	Bois blanc	105 à 140
Bois d'œuvre (Octroi compris)	Chêne gros bois	105 à 110 le m. cu.
	— moyen bois	70 à 60
	— petit bois	30 à 48
	Charme, plateaux	50 à 60
	Sciage Entrevoux	175 à 210 les 208 m.
	de Echantillons	230 à 220
	chêne Frise	27 à 28

La suite des marchés se trouve à la Correspondance.

L'année agricole et agronomique pour 1896.

L'Année agricole et agronomique pour 1896 par S. Crépeaux, professeur à l'Institut agricole de Beauvais, et C. Crépeaux, publiciste scientifique, avec la collaboration de praticiens, de professeurs et d'agronomes vient de paraître (un volume in-18 de 360 pages, illustré).

Cet ouvrage, véritable annuaire théorique et pratique de l'agriculture progressive, donne un tableau complet du mouvement agricole et agronomique de l'année. Il relate toutes les expériences culturales, les recherches scientifiques faites en France et à l'étranger, décrit et apprécie avec compétence les nouveautés (plantes, machines, engrais, nouvelles méthodes, etc.).

La partie documentaire de l'Année agricole et agronomique comprend pour l'année écoulée, les lois, décrets, décorations agricoles, lauréats des concours, les vœux économiques des conseils généraux, l'analyse exacte des travaux des sociétés et congrès agricoles, horticoles, vétérinaires, français et internationaux, les jugements de droit rural, l'analyse des brevets agricoles, les statistiques, etc.

Cet ouvrage qui paraît pour la seconde fois a valu l'année dernière à ses auteurs les félicitations de la Société nationale d'agriculture, de la société des Agriculteurs de France, et des principaux journaux agricoles et scientifiques qui ont rendu hommage à la somme considérable de travail que représente une telle publication et aux services incontestables qu'elle rend à la cause du progrès agricole.

(*Le Progrès agricole* du 15 *juin*).

Nous l'offrons en prime à nos abonnés au prix de 2 fr. 50 franco de port au lieu de 4 francs.

Ceux de nos abonnés qui désirent l'Année agricole et agronomique de 1895 et celle de 1896 recevront les deux volumes franco dans la gare la plus voisine contre 4 fr. 50.

Adresser les demandes à M. Crépeaux, 10 *bis*, rue Piccini, Paris.

Les *Pilules de Vallet* ont été approuvées et recommandées par l'Académie de médecine de Paris pour la guérison de la *chlorose*, des *pâles couleurs*, de l'*anémie*, des *pertes de sang*, et *pertes blanches* et de tous les états d'épuisement ou de faiblesse générale.

Nota. — Les pilules de Vallet (*vraies*) sont blanches et sur chacune est écrit le nom Vallet. Toutes pharmacies : le flacon 3 fr. Fabron L. Frère, 19, rue Jacob, Paris, A. Champigny et Cie, successeurs.

CHRONIQUE POLITIQUE

Pendant les vacances parlementaires ce sont les concours agricoles qui servent de tréteaux à nos gros bonnets ministériels et parlementaires pour débiter devant les ruraux leur répertoire de lieux communs, mal rapiécés, de promesses illusoires et de protestations banales aux intérêts de la France rurale.

Parmi les ruraux obligés d'écouter ces rengaines, les uns y applaudissent pour ne pas se compromettre par une abstention qui serait taxée d'hostilité ; les autres ont le courage de se taire et se gardent bien de répondre. Pour eux seuls le silence est obligatoire. A eux seuls il est défendu de faire de la politique dans les réunions agricoles. Les politiciens de la majorité en ont seuls le monopole exclusif.

M. Darlan en a usé à son aise dimanche dernier au concours régional d'Agen. M. Rambaud en avait fait autant le dimanche précédent au concours du comice de Châlons (Marne), — ainsi que M. Turrel à un comice de la Charente où son seul entourage a applaudi.

L'agriculture sait par expérience ce qui reste de ces fanfares ministérielles dès le lendemain des fêtes qui en ont fourni le prétexte. Un prochain avenir nous dira si, grâce aux bonnes intentions de M. Méline, celles d'hier auront de meilleures suites pour le monde agricole.

M. Barthou, ministre de l'intérieur, recueille la nomenclature complète des vœux émis par les conseils généraux dans leur dernière session, pour essayer de tirer de cet amalgame de vœux contradictoires des conclusions pratiques, c'est-à-dire des moyens d'arrêter les finances et l'agriculture sur le penchant de la ruine. Nous disons plus loin la bonne épingle à tirer de cette meule de foin.

M. Cochery, pour ce qui concerne les finances, annonce qu'il a chargé une commission d'étudier la question du monopole de l'alcool. Nous avions bien pensé qu'en présence de l'inanité de tous les autres expédients proposés depuis un an, on se rabattrait de guerre lasse sur cette utopie séduisante par certains côtés autant que scabreuse pour le monde agricole.

<hr>

La visite prochaine
du tsar Nicolas II.

L'attente de cette visite préoccupe plus vivement que jamais le public politique et la population parisienne. Pour capter les bonnes grâces du puissant empereur, et obtenir de lui un semblant d'alliance, on propose de lui offrir des fêtes et des cadeaux d'une richesse sans exemple. Nicolas II verra s'agenouiller à ses pas les plus farouches jacobins d'antan, les ennemis jurés des prêtres et des rois. Ce sera un spectacle amu-

sant. Nous n'osons le croire. Mais pour nous, Français avant tout, nous craignons que ces effusions exagérées de la part de vieux révolutionnaires au représentant de l'omnipotence monarchique n'ajoutent rien à ses bonnes intentions amicales envers nous.... — Nos bons rapports avec la Russie risquent d'être troublés par les affreux événements qui se passent en Turquie.

On sait que 100.000 Arméniens ont été massacrés par les hordes kurdes et turques avec la permission du gouvernement ottoman. On sait qu'à Constantinople un abominable guet-apens tendu aux Arméniens, a provoqué le massacre de 8.000 d'entre eux.

Un juste cri d'horreur a retenti dans toute l'Europe et dans tout le monde civilisé contre ces monstrueux attentats, on s'est demandé avec stupeur pourquoi les grandes puissances européennes assistaient l'arme au bras à un spectacle dont il n'y avait pas d'exemple depuis les siècles barbares. Plusieurs députés ont demandé à interpeller le gouvernement à ce sujet. M. Hanotaux leur a répondu la mort dans l'âme : « Vous avez raison ! cela est navrant pour nous, mais nous n'y pouvons rien, une intervention compromettrait nos bons rapports avec les grandes puissances, surtout avec la Russie, dont l'alliance est la suprême et dernière garantie de notre puissance sinon de notre existence nationale. »

Ce navrant aveu est un triste stimulant pour les fêtes extraordinaires qui attendent le tsar Nicolas II en France !

Le tsar Nicolas II est Russe avant tout, nous le voulons bien, mais ce qui nous désole c'est qu'étant chrétien, et se piquant de piété chrétienne comme il l'a prouvé à son sacre, il se résigne à laisser la barbarie turque massacrer toute une population chrétienne dont la Providence lui a confié la protection. Nous ne pouvons admettre l'idée que les exigences de la politique puissent aller jusqu'à excuser une telle abdication du plus sacré des devoirs d'un souverain, surtout d'un homme chrétien.

MM. Cochin et de Lasteyrie ont annoncé qu'ils interpelleraient notre gouvernement sur ce sujet poignant au début de la session.

Nous voudrions espérer que Nicolas II leur donnera raison par un acte que sa conscience de prince chrétien exige. Il ne peut lui échapper que le *statu quo* actuel en Turquie est une honte intolérable pour l'Europe tout entière et avant tout pour le gouvernement russe. La protection des chrétiens d'Orient, nosfr ère est une condition morale essentielle de nos sympathies pour la Russie et pour son souverain.

<hr>

L'élection sénatoriale
de la Lozère.

— Un débat puéril et ardent a duré toute cette semaine entre les journaux

radicaux et les journaux officieux sur le parti auquel appartient M. Monestier, élu sénateur dans la Lozère, la semaine dernière.

Pour résoudre la question il suffit de constater que tous les fonctionnaires et les journaux officieux du cru, ont travaillé pour M. Monestier et ont eu recours aux moyens de pression les plus révoltants. Le journal du préfet a signifié carrément aux délégués que les communes qui voteraient contre M. Monestier seraient privées de toutes les faveurs de l'Administration, lesquelles seront réservées exclusivement aux partisans de M. Monestier.

Ce chantage honteux se pratique depuis longtemps, nous le savons, mais depuis nos maîtres actuels il se pratique avec une impudence sans précédents.

Les électeurs ruraux qui l'encouragent par leur docilité sont, sans le savoir, les instruments de la politique qui fait de la République et de la souveraineté du peuple, le plus ignoble et méprisable des mensonges.

Quand comprendra-t-on qu'une nation joue son avenir et son honneur à un tel jeu ?

Et dire que le cas de M. Monestier est celui de la majorité des deux Chambres !

<hr>

Élection sénatoriale du Gers.

Dimanche dernier, M. Destreux-Juncas, socialiste, a été élu après trois tours de scrutin par 408 voix, sur 751 votants.

Cette élection démontre le profond désarroi qui règne dans l'esprit des populations du Gers. Une telle élection est un vrai phénomène d'inconscience, d'autres diraient un de ces cas de folie en commun dont les exemples sont de moins en moins rares à tous les degrés de l'échelle politique.

La *Petite République*, qui triomphe bruyamment de cette élection, nous apprend qu'à la suite de violents incidents survenus au cours du scrutin, le nouveau sénateur s'est battu en duel avec M. Aylies, secrétaire général de la Société des Agriculteurs de France.

<hr>

Mensonges officiels.

On n'en finirait pas si on avait la prétention de relever tous les mensonges débités dans tous les concours agricoles par les fonctionnaires et les politiciens de marque qui font parade de leur dévouement à l'agriculture.

En voici un exemple à citer entre cent. Au concours du comice de Semur (Côte-d'Or), M. Levêque, député, a fait valoir la subvention de 10.500 francs accordée par le conseil général aux comices du département y compris celui de Seurre !

Erreur ! s'écrie la *Bourgogne agricole* : « Le comice de Seurre ne reçoit rien, ni de l'État, ni du département. »

— Pourquoi ?

« Si M. Levêque désire le savoir, je le lui dirai. J.-D. »

M. Levêque ne le demandera pas. Il y a comme cela des centaines de comices privés des subventions qui leur sont dues par la politique de M. Levêque et de sa coterie.

M. Méline a une belle besogne réparatrice à faire sur ce point.

CHRONIQUE GÉNÉRALE

Concours d'Agen.

Quoique ayant lieu dans une saison beaucoup trop tardive, ce concours a été intéressant à plus d'un titre.

Cette région est une des plus riches de notre si féconde patrie; au point de vue agricole, on la divise en trois parties : les plaines d'alluvion, les coteaux et les landes.

Dans les alluvions, l'agriculture présente une richesse comparable à celle des contrées les plus fertiles du Nord et de l'Ouest avec cette différence, toutefois, qu'elle a toujours un climat chaud que respectent les fortes gelées. Les céréales, les prairies, les cultures horticoles sont très multipliées et bien soignées, de même aussi on est surpris de voir encore des plantes industrielles sur de grandes étendues telles que le chanvre, le tabac, le colza, le sorgho, etc. Nous nous demandons comment on peut encore cultiver sans perte le chanvre et le colza, deux plantes que viennent concurrencer si terriblement les étrangers dont ces produits échappent bien injustement à la douane. Les essences de bois blanc forment l'encadrement de chaque champ. C'est aussi dans ces plaines que se rencontrent les plus beaux animaux. Les coteaux sont utilisés pour la vigne, tandis que les landes sont occupées par le pin maritime et le chêne-liège.

Chaque département de cette région a une industrie spéciale. La prune d'ente et le chêne-liège font la réputation du Lot-et-Garonne, le Gers est célèbre par ses vins de coupage et les eaux-de-vie d'Armagnac, l'Ariège se distingue par la culture maraîchère et la sylviculture. Les beurres et fromages des Hautes-Pyrénées font l'objet d'un commerce important. Le Tarn-et-Garonne est remarquable par l'élevage de la volaille. Qui ne connaît enfin les excellentes pâtures des Basses-Pyrénées et les essences qui poussent dans les Landes?

Presque partout, et à cause de la consistance du sol, on adopte la culture en billons qui s'oppose à l'emploi des engins perfectionnés et fait perdre des espaces considérables. Depuis quelques années, on a cherché avec succès à remédier aux inconvénients du billon en recourant au drainage, qui donne d'excellents résultats. Ces tentatives, et beaucoup d'autres, se seraient imitées si, ici comme ailleurs, le cultivateur pouvait escompter l'avenir. Mais, hélas! même sous le beau, sous le chaud soleil de ces régions, le présent est sombre et on ne peut présager un prompt changement. Tous les efforts ne sont-ils pas partout stérilisés par les politiciens qui écrasent le contribuable rural sans lui accorder aucun dédommagement?

Nous constatons toutefois avec une patriotique satisfaction, les soins que les cultivateurs prodiguent à leur bétail et à leurs cultures; s'ils votaient avec autant de discernement qu'ils travaillent, il y a longtemps qu'ils seraient les maîtres et qu'ils vivraient de leur profession. Mais, hélas! le suffrage universel n'est pas près de s'assagir, bien au contraire : on dirait que les ruraux s'entendent pour nommer leurs adversaires!

Espèce bovine. — L'élevage du bœuf et de la vache a, dans toute cette région, une importance capitale, car on leur demande d'effectuer tous les travaux auquel ne peut convenir le cheval fin (anglo-arabe), qui est le seul répandu. Par suite d'une sélection suivie, de croisements intelligents, les éleveurs sont arrivés à créer des types convenant aussi bien à la boucherie qu'au travail. Nous trouvons dans cette catégorie un progrès très marqué sur le dernier concours qui avait lieu en 1886.

S. CRÉPEAUX.

(*A suivre.*)

Urgence de la réforme douanière.

En passant en revue les vœux discordants émis par les conseils généraux en faveur de l'agriculture, nous avons constaté un fait très suggestif pour M. Méline et pour nos deux Chambres.

C'est que dans tous les départements où une culture spéciale est en détresse, le conseil général réclame des droits de douane pour les produits de cette culture.

Autre fait non moins suggestif. Dans les départements jadis partisans du libre-échange et hostiles aux droits protecteurs pour les blés, les conseils généraux demandent à cor et à cris des droits ultra protecteurs pour leurs vins, des droits prohibitifs pour les matières premières des vins artificiels.

Ces mêmes conseils qui votaient si résolument la ruine des producteurs de blé, sont insatiables de droits prohibitifs pour leurs vins et leurs eaux-de-vie.

Est-ce tout? — Non pas.

Un autre fait ajoute aux deux précédents, les cultures spéciales auxquelles on avait accordé des primes en compensation de la gratuité des produits similaires étrangers : les sylviculteurs, les producteurs de chanvres et de lins, réclament résolument l'abolition de ce système et le remplacement des primes payées par les contribuables français par des droits de douane payés par les importateurs étrangers.

Ainsi, faites le tour des conseils généraux : partout où un produit quelconque du sol est ruiné par la concurrence étrangère ou par la spéculation, les conseils généraux réclament un droit protecteur pour le produit.

Dans le Nord on réclame des surtaxes sur les sucres, sur les graines oléagineuses, des droits sur les alcools. Dans le Midi, des droits sur les vins, sur les huiles, sur les pruneaux, sur les sucres; dans d'autres des droits sur les lins et les chanvres, et sur les textiles à cordages; ailleurs, ce sont des droits sur les beurres; ailleurs encore des droits sur les suifs et les laines; dans l'Est, des droits plus élevés sur les fromages de gruyère, etc., etc., un peu partout des droits sur les œufs, les laines, etc.

Bref, la réunion des vœux particuliers constitue en réalité le vœu d'une réforme générale du régime douanier.

Cependant, aucun des conseils généraux n'a demandé en principe la réforme générale, mais leurs vœux réunis sur tous les produits isolés, nous en donnent la réalité, que nous ne cessons de réclamer, et que M. Estancelin les a en vain adjurés de voter.

Le fait est bizarre, on l'avouera, mais concluant, sinon il faut renoncer à tout raisonnement.

Donc, la réforme du régime douanier est la conclusion nécessaire et logique à tirer des vœux de nos conseils généraux.

Que M. Méline aie donc le courage de constater le fait, et de mettre la main à l'œuvre.

Cette réforme sera, pour l'agriculture, la planche de salut qu'elle attend en vain depuis tant d'années.

Elle sera non moins précieuse pour le Trésor, les douanes rapporteront un surcroît de 80 à 100 millions, le Trésor économisera les 10 millions de primes payées aujourd'hui aux producteurs de textiles.

Enfin, l'agriculture y trouvera, dans la plus-value de ses produits, quelques centaines de millions, qui allégeront beaucoup plus pour elle le fardeau des impôts fonciers que les dégrèvements proposés jusqu'à ce jour par M. Méline et par ses prédécesseurs.

L'occasion est vraiment décisive. Si on relève l'ensemble des vœux des conseils généraux, on constate que la synthèse de leurs vœux aboutit à réforme *globale* que nous réclamons depuis le premier jour et démontre que, sur ce point comme sur d'autres, notre tort est d'avoir eu raison quinze ans, trop tôt.

Les récoltes de blé de 1896.

L'*Echo agricole* a publié, dans son numéro du 5 septembre, le tableau complet des évaluations des récoltes de blé, en France, puis dans tous les Etats producteurs en 1896.

Cet important relevé, dressé d'après les informations des correspondants de l'*Echo*, nous donne les chiffres qu'il avait annoncés la semaine dernière. La

France aurait récolté 119,048,189 hectolitres pesant en moyenne 78 kilos 013 par hectolitre. Le poids moyen en dix ans étant seulement de 76,56, le surplus du poids du blé de 1896 représenterait une plus-value équivalente à ce rendement de l'année précédente qui fut évalué à 119,500,000 hectolitres. Le rendement moyen par hectare a été de 17 hectolitres 13 un peu supérieur à la moyenne des dix dernières années.

L'évaluation des blés récoltés à l'étranger maintient également les chiffres énoncés la semaine dernière par notre confrère : production européenne, 450 millions d'hectolitres; production générale dans les deux mondes, 831 millions d'hectolitres, inférieure de 52 millions à la récolte de l'an dernier. Les déficits subis par les Etats exportateurs sont de 62 millions, déficits aux Etats-Unis, dans les Indes et en Russie, en Australie surtout qui a besoin de recevoir du blé de Californie pour les besoins de sa consommation. Mais les stocks restant des récoltes de 1893 et 1894 suffisent et bien au delà à tous les besoins des pays importateurs d'Europe, et tout spécialement à la France qui n'a besoin que de 4 millions d'hectolitres de blé dur pour ses industries spéciales. En tout cas, les 20 millions d'hectolitres manquant à l'année 1896 pour balancer le compte des importations et exportations sont amplement dépassés par les stocks des précédentes récoltes.

Enfin, l'*Echo* fait remarquer un fait bien des fois signalé par nous ; c'est que dans la plupart des Etats producteurs de blé les populations productrices font une consommation très variable de cette céréale et en restreignent notablement la consommation dans les années de faibles récoltes. Ainsi aux Etats-Unis on consomme souvent plus de maïs que de blé dans le pain. En Allemagne, la consommation du seigle et des pommes de terre joue le même rôle. Nous constatons un état de choses analogue en France, dans l'Ouest, par exemple, en ce qui touche le sarrasin, ainsi que celle du maïs dans le Midi, celle des châtaignes dans les Cévennes, etc.

Mais nous croyons pouvoir ajouter que, à raison du prix dérisoire du blé vendu en nature et aussi à raison du parti avantageux qu'on en tire en le faisant consommer par le bétail, la récolte de 1896 pourrait se trouver très insuffisante si cet emploi du blé devenait général dans nos campagnes. Mais nous savons que cette pratique est encore le rare privilège d'un petit nombre d'éleveurs dans toutes les régions du territoire. C'est pourquoi on peut affirmer comme un fait certain que la France possède dès aujourd'hui toute la provision de blé dont elle aura besoin pendant la campagne de 1896-97. Les importations de blés durs pour certaines industries suffiront et au delà à combler le déficit.

C'est sur les avoines que la récolte est en déficit, nous n'en avons pas le bilan; mais dès aujourd'hui on peut tenir pour certain que nous aurons au moins 10 millions d'hectolitres à tirer de l'étranger.

Tout cela est bel et bon, nous dira-t-on, mais qu'en concluez-vous relativement aux prix du blé, continuerons-nous d'être réduits à le vendre 3 francs de moins qu'il coûte ?

Voilà bien la question qui préoccupe justement depuis trois ans, nos producteurs de blé.

Notre réponse, hélas ! est connue depuis le premier jour. Non ! le blé ne se relèvera pas, tant que les ruraux n'auront pas le courage d'exiger de leurs députés et de leurs sénateurs un engagement formel de voter les mesures cent fois réclamées par nous, relèvement des droits de douane, tarifs gradués inversement aux rendements, répression de l'agiotage, etc.

Tous les autres expédients qu'on votera en dehors de cette réforme ne serviront qu'à leurrer le public. Qu'on se le dise ! il est temps !

Comice agricole de Reims.

La fête annuelle du Comice agricole de l'arrondissement de Reims, aura lieu cette année à Verzy, le dimanche 13 septembre.

A la suite des divers Concours et des Expositions d'animaux, de machines, d'instruments et de produits agricoles, la séance de distribution des primes et récompenses s'ouvrira à deux heures précises.

Grosse erreur turfiste.

Cette question des courses qui a été pendant longtemps controversée a été victorieusement et judicieusement résolue par le savant et bien regretté Eugène Gayot.

Voici l'opinion de M. le vicomte Daru en 1869. Les courses sont la base, l'essence même de l'amélioration chevaline, par elles on choisit les reproducteurs, l'expérience ayant démontré que l'épreuve de la course rapide est l'indication la plus sûre des qualités essentielles et transmissibles du cheval. Vous me permettrez de m'en tenir au principe sans entrer dans les développements qu'il comporte ; il est aujourd'hui reconnu et accepté, grâce aux efforts de la société d'encouragement. Le peuple qui a toujours l'instinct des grandes choses, a bien deviné que ce n'était pas un spectacle futile, mais qu'il y avait là un véritable intérêt national, et par sa faveur il a définitivement consacré le succès des courses dans notre pays.

En principe, M. le vicomte Daru et moi sommes parfaitement d'accord. En serait-il de même quant à l'application ? Je n'en sais rien, peut-être oui, peut-être non. La question a été réservée;

M. le vicomte Daru ne l'entame même pas. Vous me permettrez, dit-il, de m'en tenir au principe sans entrer dans les développements qu'il comporte ; là, sont précisément les motifs de la dissidence ; là est le terrain sur lequel naissent des germes d'opposition. Il n'est pas un homme de cheval qui n'admette la nécessité, par trop bien démontrée réellement, de faire subir aux reproducteurs de l'espèce des épreuves sérieuses. Ces courses de vitesse ont pu être considérées comme donnant l'indication sûre des qualités essentielles et transmissibles du cheval. Aussi longtemps donc que, pour obéir à cette exigence, l'institution lui est restée fidèle, le turf n'a point offert au peuple un spectacle futile.

Mais, passant à peu près dans le domaine de la passion, du jeu, des paris, l'institution a bientôt oublié le but qui était le sien pour se livrer à toutes sortes d'excès et de combinaisons ruineuses, ou destructives de la bonne et solide conformation du cheval.

Ainsi surmené, le cheval de pur sang perdit ses qualités essentielles d'amélioration des races moyennes et revêtit la livrée du coursier, du spécialiste d'hippodrome.

Entre la conformation propre à l'une et à l'autre de ces deux sortes, le cheval pur sang bâti en athlète, en reproducteur capable, et le coursier de notre époque, grande est la différence. Le premier était fort corpulent, large ; il avait les os volumineux, des muscles épais, de puissantes attaches, des membres nets, exempts de tares, une vitalité surabondante, le second est long, haut, plat, mince, déjeté ; il a les os petits, les muscles grêles, les articulations effacées, il est criblé de tares transmissibles, et n'a d'autre valeur que celle qui résulte, pour son possesseur, d'une pointe de vitesse au bout de laquelle sont, à la vérité, de très gros prix et le gain ou la perte de paris, plus ou moins nombreux et plus ou moins considérables. Epuisés par les exigences d'une préparation forcénée, il se tient à peine sur les jambes au sortir de quelques épreuves trop violentes pour sa constitution, et se trouve honteusement repoussé par ceux à qui on le présente en vue de sa reproduction tandis que l'autre, son prédécesseur, soutenait vaillamment toute une carrière de course, et en sortait brillamment pour entrer haut et fier au haras.

Entre ces deux chevaux, il y a exactement la même différence que celle qui pourrait être faite entre l'homme de cheval sérieux et le joueur fanatique, aveugle, du turf. Cette différence est juste encore, celle qui sépare le principe et l'application.

En principe, on peut admettre l'institution des courses et répudier ses résultats lorsque, par suite d'une interprétation mauvaise et d'une application contraire aux plus sûres notions de la bonne pratique, ces résultats se produisent tels que les donne le turf de ce temps comparé aux résultats tout autres qu'on obtenait du turf bien autrement mené de l'époque antérieure.

E. BABLOT-MAITRE.

Lettres rurales

Jusqu'ici l'agriculture n'avait été représentée que par les Comices et les Sociétés d'agriculture, et encore en quel nombre? Et, comme elles ne pouvaient exister qu'en vertu d'une autorisation du pouvoir, elles n'avaient qu'une indépendance tout à fait relative.

Cependant, cela avait pu suffire, tant que l'État, soucieux des intérêts primordiaux du pays, comprenait que l'agriculture étant la première industrie nationale, elle devait être avant tout l'objet principal de ses préoccupations, car on peut dire d'elle plus justement encore que de la bâtisse : « Quand l'agriculture va, tout va! »

Les lois des 20 mars 1831, sur l'organisation des comices agricoles, et du 25 mars 1852, sur celle des Chambres consultatives et du Conseil général d'agriculture, font la preuve de ces préoccupations, et permettaient à ces réunions, bien qu'encore elles ne leur donnaient que voix consultative, de faire entendre et écouter les plaintes de la majorité de la nation.

Mais depuis que les politiciens se sont emparés des avenues du pouvoir, arrêtant aux portes tout ce qui pourrait contrarier leurs mouvements, gêner leur influence, ces sociétés ont perdu toute autorité, et n'ont plus aucune action utile. On les consulte bien parfois, pour la forme, on fait semblant de prendre en considération leurs doléances, et... c'est tout, car généralement on les considère comme des Cassandre importunes, de désagréables empêcheurs de danser en rond. Pourquoi aussi crient-elles toujours misère, alors que chacun sait que tout est pour le mieux dans le meilleur des gouvernements, et que l'âge d'or, si vanté cependant, n'était que de la Saint-Jean auprès de l'époque actuelle?

Que peuvent donc dorénavant ces sociétés?

Rien, ou presque rien, hélas!

Et d'ailleurs, n'ayant à aucun degré la qualité de personne morale, leur resterait-il encore une influence quelconque qu'elles ne pourraient jamais agir que d'une manière platonique, exprimant des vœux sans aucune sanction.

Les syndicats professionnels, au contraire, dès lors qu'ils sont régulièrement constitués, obtiennent, en vertu même de la loi du 21 mars 1884, sans intervention aucune de l'autorité, par le seul fait de leur constitution, la personnalité civile et juridique, d'une durée indéfinie, le droit d'ester en justice, d'acquérir des immeubles, de créer des offices de renseignements, des caisses spéciales de secours mutuels et de retraites, etc.

Voilà donc déjà un avantage énorme accordé par cette loi, et qui donne une autorité incontestable à ces syndicats.

Mais ce n'est pas tout, car elle leur offre encore un avantage plus précieux, un droit incomparable : celui de se fédéraliser, par département, par région, ou de se grouper dans une association centrale, permanente, unique, et d'en choisir les chefs.

Or, de quelle importance capitale n'est pas ce droit, surtout dans un pays où règne la loi du nombre?

L'agriculture qui aurait dû être tout, n'était rien jusqu'ici; qui l'empêche, de par cette loi, de prendre le rang qui lui est légitimement dû?

Que tous les agriculteurs s'organisent, commune par commune, en syndicats isolés, et qu'ils se fédéralisent et constituent une association centrale, avec une organisation hiérarchique et une caisse sociale par toute la France, quelle ne sera pas leur influence, à tous les points de vue (1) ?

Au point de vue politique, ils deviennent les maîtres, n'envoyant aux Chambres que des hommes pratiques, des gens d'ordre, des personnes notoires, au lieu de brouillons avocats, de docteurs sans clientèle, de cabaretiers en rupture de zinc, de ces *sous-vétérinaires* comme les désignait si dédaigneusement le farouche tribun Gambetta.

Au point de vue commercial, en formant des sociétés coopératives d'achat et de vente de leurs produits propres ou de ceux nécessaires à leurs travaux, ils arrêtent toute spéculation arbitraire, tout accaparement coupable.

Au point de vue économique, ils font et dirigent les cours, en accélérant ou en restreignant les ventes, imposant ainsi une barrière aux produits étrangers.

Au point de vue philanthropique enfin, ils s'aident mutuellement, se garantissant les uns les autres, contre les risques de toute nature, dont ils sont constamment menacés.

Mais, me dira-t-on, pour arriver à cela, ce sont de nouveaux sacrifices à faire, et déjà on a tant de peine à vivre!

Je pourrais répondre par cet axiome populaire : « Qui veut la fin veut les moyens », car en cela, comme en toute autre chose, l'argent est le nerf de la guerre; mais j'aime mieux vous donner le parallèle, que trace à ce sujet, un grave journal, le *Journal des Débats*, entre les *modérés* (et la généralité des agriculteurs est de ce nombre) et les *révolutionnaires*.

« Demandez dix francs, dit-il (pas

---

1. C'est une telle organisation qu'aurait dû créer la Société des Agriculteurs de France au lieu du *Syndicat Central* qui fait le plus grand tort aux Syndicats de province en les concurrençant dans leur propre pays pour la vente des engrais, semences, machines, etc...

(N. D. L. R.)

---

tout à fait 3 *centimes par jour*), demandez, si vous l'osez, cinquante francs à un bourgeois, comme prime d'assurance contre le collectivisme, pour faire vivre le « journal de sa localité » qui s'épuise à défendre ses idées, ses intérêts et ses rentes, pour contribuer aux frais d'une élection, pour assurer ou pour maintenir une fondation utile qui serait d'un bon exemple et d'un bon effet, vous n'êtes pas sûr, sauf exception, qu'il vous les donnera. Vous êtes à peu près sûr qu'il ne les donnera point sans se croire des droits acquis à une éternelle reconnaissance. Il y a beaucoup de Perrichons, je veux dire d'égoïstes, parmi ces messieurs. Demandez dix sous par semaine (7 *centimes par jour, plus du double*), sur sa paye, à un ouvrier radical-socialiste, pour préparer le succès d'un coreligionnaire politique, pour faire lever le grain que les semeurs d'ivraie jettent à poignées dans le champ très stérile, très décevant, mais très retourné des utopies, il s'appauvrira de bon cœur, lui qui n'est pas riche, en rêvant au triomphe de « la cause ».

« *Comme on aime toujours son parti en raison des sacrifices qu'on lui fait, il n'en aimera pas d'autre et il servira la république radicale socialiste qu'il attend avec un zèle plus farouche et plus excité...* »

Or, voudriez-vous être de ces Perrichons?

Aimez-vous, oui ou non, votre si belle et si importante profession?

Eh bien! vous hésiteriez à faire un léger sacrifice pour elle, pour la sauvegarder et vous sauvegarder vous-même?

Ce n'est pas croyable! Ce n'est pas possible!

MAITRE-PIERRE.

La Chesnaye-St-Aubin, août 96.

Un syndicat de drainage.

L'an dernier, à son concours à Toul, la Société d'agriculture de Meurthe-et-Moselle a décerné avec raison une médaille d'or à un groupe de propriétaires de la commune de Houdelmont, qui se sont cotisés pour drainer un territoire de 11 hectares, divisé en 36 parcelles leur appartenant. Le drainage a considérablement amélioré ces terres en les délivrant de leur excès d'humidité.

Un tel exemple, à notre avis, comme à celui de la Société de Meurthe-et-Moselle, est trop rare, trop instructif pour ne pas le signaler aux propriétaires et aux cultivateurs.

Presque partout les morcellements des terres et leur division entre propriétaires voisins sont un sujet de division, un obstacle aux améliorations urgentes. Celui qui voudrait améliorer son sort trouve un adversaire incorrigible au lieu d'y trouver un associé intéressé comme lui à l'opération.

On ne saurait trop encourager les agriculteurs qui par leurs exemples enseignent à leurs confrères à vaincre les petites jalousies entre voisins, par les bienfaits de l'association. Bienfaits moraux autant que matériels; car la concorde est assurée entre les cultivateurs draineurs de la commune de Houdelmont, tandis que les querelles et les procès sont toujours à redouter entre les possesseurs de parcelles minimes qui sont un vrai fléau pour la culture comme pour la confraternité entre habitants d'une commune.

L'homme unique méritant de la Marne!!

Depuis mon toast de l'an dernier, au concours régional de Reims, nos nombreux lecteurs de la *Gazette* l'ont deviné: il s'agit de l'honorable M. Ponsard.

En présence de la session du Conseil général, qui se termine en ce moment, permettez-moi de vous remémorer un peu à son égard, à son sujet, une de ses dernières lettres me disant avec raison:

« Voici quarante-six années que nous combattons ensemble, côte à côte, sans discontinuité pour défendre les intérêts de l'agriculture si éprouvée actuellement. »

A mon tour j'ajouterai: Voici un demi-siècle et plus, qu'il est, lui, maire de sa commune, conseiller général, président du comice agricole, etc., également sans discontinuité que l'on me cite, non seulement dans le département de la Marne, mais dans la France entière, un homme, un agriculteur, qui ait d'aussi beaux et d'aussi longs services et qui les continue encore!!!

Qu'on le cherche partout et je mets au défi d'en trouver un pareil et aussi juste administrateur.

Comme ancien député, il est toujours regretté, d'autant plus que son successeur n'a jamais émis un vote favorable à l'agriculture, mais, au contraire, a toujours voté contre. Les électeurs n'en sont point à leur premier regret.

Il y a près de trente années qu'il a été nommé chevalier de la Légion d'honneur. Est-il logique, je le demande à tous, de ne point l'avoir nommé depuis officier, commandeur, etc., etc.?

Combien de luttes pénibles administratives n'a-t-il point eu à soutenir, notamment, la caisse grêle dont s'était emparé un préfet indélicat et que le Conseil d'Etat a condamné à la restitution.

Puisqu'il est le doyen d'âge des maires, des Conseils généraux et des présidents de Comice de France, oui, logiquement, il devrait être doyen de la Légion comme grand officier.

Voici comment s'exprimait M. Le Royer, en 1869:

« Il y a, messieurs, dans les nobles émotions que vous éprouvez en ce moment, autre chose qu'un sentiment d'amour-propre, d'ailleurs très justifié: il y a la conscience du devoir accompli et du service rendu.

« L'Empereur, qui est lui-même un

des exposants de notre concours, a daigné s'associer de loin à la solennité de ce jour, en signant un décret qui nomme M. Ponsard, chevalier de la Légion d'honneur. Maire d'Omey depuis dix-huit ans, membre du Conseil général depuis seize ans, Président du Comice agricole depuis vingt-cinq ans et président du Comice départemental, M. Ponsard compte beaucoup d'utiles et honorables services. Mais en possession de plus de 80 médailles conquises dans les concours régionaux, il a trop fait pour l'agriculture du département pour ne pas s'honorer de devoir à ses titres agricoles, une distinction qui était déjà indiquée en 1861, par le rapport de M. le baron Thénard et pour laquelle il était aujourd'hui officiellement proposé par la bienveillante justice de M. le Préfet.

« Messieurs, vous vous associerez tous, je n'en doute pas, aux sentiments qu'excite dans cette enceinte la décoration accordée à M. Ponsard. Quand de telles récompenses viennent chercher, au milieu de ses propriétés et de ses exploitations, un homme qui, fidèle à son pays d'origine, lui a consacré toutes les forces de son intelligence et toutes les ressources de son activité, il semble qu'il ne soit pas seul décoré, et qu'il en rejaillisse une partie sur le département qu'il fait marcher avec lui dans les voies du travail et du progrès. »

Aujourd'hui, d'autres promotions s'imposent pour M. Ponsard en présence de cinquante-sept années de luttes incessantes, de combats agricoles, dont le caractère ferme et concluant a traversé bien des régimes.

En présence des multiples services que M. Ponsard continue à rendre journellement,

Au nom du devoir accompli,

A nom de l'opinion publique,

Au nom de la reconnaissance générale, je fais appel au droit, à la justice. Je fais appel au gouvernement et à M. Méline, ministre de l'agriculture, en particulier, afin de lui signaler cette lacune inexplicable, cet oubli impardonnable, afin de le réparer au sujet d'un de nos plus grands concitoyens de France qui n'a jamais démérité et est chaque jour à la peine...

Le gouvernement à son tour s'honorera en exauçant nos vœux.

E. BABLOT-MAITRE.

CHRONIQUE AGRICOLE

Situation. — La saison.

La semaine dernière a été marquée dans plusieurs régions par des bourrasques pluvieuses et même çà et là, par des ouragans de grêle qui ont gravement écrasé les vignes. Depuis les derniers jours de la dernière semaine, la température générale est modérément

élevée, c'est la température normale du mois de septembre. Le ciel est serein, les ondées rares et peu prolongées. Il en résulte que les récoltes encore en terre sont en bonne voie de maturation, que celles qui sont mûres se récoltent sans difficulté.

Le temps est assez propice également à la maturation des raisins dans les vignes. Sa continuation est favorable aux vendanges qui sont commencées dans le Midi, et qui se préparent dans de bonnes conditions dans les autres régions. Malheureusement, le black-rot, bien qu'il n'ait apparu que depuis un mois, ravage cruellement les vignes du Sud-Ouest et se répand déjà dans le bassin du Rhône en compagnie de l'oïdium, cet autre fléau, qu'on avait cru détruit pour toujours, et qui est venu accompagner le terrible black-rot, comme si ce dernier n'était pas suffisant à lui seul pour ruiner nos pauvres vignerons.

La crainte est grande chez les possesseurs de vignes envahies. On a essayé non de détruire le fléau, mais d'atténuer ses ravages par une application tardive des bouillies usitées contre le mildiou. Nous espérons pour le succès de ces tentatives. Mais après les vendanges, il est entendu qu'on livrera au feu toutes les grappes et les feuilles, et encore les bois contaminés, sans préjudice d'autres moyens de destruction dont la recherche est aujourd'hui l'objet des études ardentes de la part des sociétés agricoles et viticoles du Sud-Est.

Dans l'Est, la récolte des houblons promet un rendement moyen et de qualités peu élevées; les derniers froids de la fin d'août ont causé cette dépréciation.

Dans le Nord, la betterave sucrière a profité des journées pluvieuses qui ont succédé aux grandes sécheresses de juillet. On compte sur des rendements peu abondants, mais sur un bon degré de densité des jus. Les comices et les syndicats de cette importante production réclament avec raison des mesures urgentes de défense contre les sucres étrangers, et surtout contre les sucres allemands, favorisés, comme on sait, d'une prime de sortie de 4 marcs, votée récemment par le Reichstag. Cette mesure de défense eût dû être votée, comme nous l'avons dit, avant la séparation des Chambres — si celles-ci avaient pour l'agriculture une sollicitude aussi sérieuse en actes, que vantarde en paroles.

Les travaux de la saison. — Le temps est également propice à ces travaux. S'il continue pendant un mois, les ensemencements de blés d'automne pourront être opérés dans le courant d'octobre et ceux des seigles dès le mois de septembre. Nous croyons utile de faire observer que, en matière de seigle surtout, les ensemencements faits en septembre dans les sols légers, mais pourvus suffisamment d'engrais, sont une chance très sérieuse de bon rendement. Nos cultivateurs champenois surtout spécialement notre vaillant ami M. Bablot-Malt…, ont sur ce point une conviction fondée sur un ensemble décisif d'expériences générales et locales.

Blés de semence.

Comme tous les ans, la *Gazette* s'applique à propager les meilleurs blés destinés aux ensemencements et à publier les renseignements sur les diverses variétés pouvant aider ses abonnés dans le choix de leurs semences.

Chaque cultivateur doit faire les expériences chez lui, ce n'est pas chez son voisin qu'il peut se rendre compte des quelques bonnes variétés qui peuvent convenir à son terrain.

Après essais faits, il doit adopter les *trois* ou *quatre* bons blés qui ont le mieux réussi, et nous conseillons de les semer ensemble par la suite, à cause de la production soutenue et de la qualité du grain. En effet, dans les blés mélangés, dont les tiges sont de hauteur inégale, les épis sont mieux aérés que dans les autres, et cette aération est un facteur important pour le volume et la qualité du grain.

1° *Blé Bordier (variété nouvelle)* obtenue par croisement du *blé Prince Albert* et du *blé de Noé*. C'est un bon blé d'hiver, donnant un rendement considérable dans les bonnes terres d'alluvion. Variété hâtive, paille blanche assez haute et très ferme, robuste, il résiste à la verse.

Cette bonne variété réussit également très bien sur les argiles sablonneuses et les terres franches.

2° *Blé de Bordeaux, rouge inversable.* — Paille de hauteur moyenne, demi-pleine et très ferme, épis rouge-brun, long, grain jaune ou roux très gros. Variété hâtive, très productive et très rustique, convenant aux terres des coteaux et même de consistance moyenne; se sème aussi bien à l'automne qu'au printemps.

3° *Blé Dattel.* — Paille haute et souple, épis rouge allongé, grain blanc gros; très estimé dans les terres fertiles, ce blé hybride a aussi des qualités très précieuses. Il mûrit bien, est très résistant à la verse et à la rouille; il talle beaucoup et sa paille qui est très recherchée par le commerce, est des mieux acceptée par les animaux. Variété très recommandable et qui a pris une grande extension dans la culture des environs de Paris.

4° *Blé de Saumur* ou *gris de Saint-Laud.* — Paille blanche haute et souple, grain rouge, gros et long; épis rouge carré. Ce blé peut être semé jusqu'en décembre; un des plus répandus et des plus estimés.

5° *Blé bleu* ou *de Noé.* — Paille blanche, raide et de hauteur moyenne. Variété hâtive, résiste à la verse; maturité précoce; craint l'humidité à cause de la rouille et du charbon. Très productif en grain, il réussit en terre médiocre, plutôt sèche qu'humide.

6° *Blé Kissingland.* — Paille blanche, très haute, épis blanc, long, grain jaune ou roux. Variété tardive à grand rendement.

7° *Blé hybride, Shirreff-Berger.* — Paille blanche, raide, épis blanc carré, grain jaunâtre, très productif et résistant parfaitement aux hivers rigoureux. Variété très recommandable.

8° *Blé Goldendrop.* — Paille ferme, épis long, rouge-brun, grain jaune très gros, rustique et productif.

9° *Blé Silverdrop.* — Paille blanche de hauteur moyenne se tenant bien, épis allongé, grain blanc très plein, ce grain est tout ce qu'il y a de beau en froment blanc. Il vient bien sur tous les terrains; rendements élevés en grain et en paille dans les terres de fertilité moyenne.

10° *Blé Japhet* (nouveauté). — Sorte de sélection de blé de Noé, à paille plus élevée et épis plus gros; le grain est jaune, gros, et le rendement très bon dans les terres de fertilité moyenne. Nous engageons beaucoup les cultivateurs à semer quelques hectares de cette bonne variété dont ils auront toute satisfaction.

11° *Blé-seigle*, épis rouge. — Paille haute et simple, grain rougeâtre. Présente l'avantage de réussir sur les terres médiocres, convient parfaitement aux terres légères, sableuses, ce blé est très estimé dans les environs de Chartres et à Corbeil. Nous recommandons d'une manière toute particulière le *Blé-seigle* qui donne des résultats inespérés dans les mauvaises terres.

12° *Blé Chinois* (nouveauté). — Destiné, dit-on, à faire une révolution dans la culture. Ce blé est remarquable par sa précocité, *quinze jours en avance sur les autres blés*. Son rendement est considérable. Il a parfaitement résisté au rigoureux hiver de 1894; il a produit, en Seine-et-Marne, chez l'un de nos abonnés, 45 hectolitres à l'hectare. Le grain est excellent, très estimé de la meunerie; il peut se semer indifféremment à l'automne ou au printemps. Nos abonnés trouveront à la suite de la *Correspondance* les offres de *Blés de semence* de la maison *Cayeux* et *Le Clerc*, cultivateurs-grainiers, 8, quai de la Mégisserie, Paris, successeurs de l'ancienne maison *E. Forgeot et Cie.*

Toutes ces céréales proviennent de porte-graines venant des meilleurs producteurs français et étrangers, sélectionnées de première génération récoltée en France parfaitement triées, pures d'espèces et de dénomination.

COURTIN.

L'avoine aux chevaux.

Une question agitée par les éleveurs de chevaux est de savoir jusqu'à quel point est dangereuse, pour ces animaux, la consommation de l'avoine nouvelle. Les accidents causés par ces avoines sont généralement imputés aux causes suivantes :

Grain récolté trop tôt, mal épuré, contenant aussi des graines germées.

Mais, quelquefois aussi, les graines les mieux épurées et récoltées en bon état ont causé des maladies aux chevaux. On en a conclu que l'on doit, en général, ne donner l'avoine nouvelle que deux mois au moins après la récolte et son épuration par un bon nettoyage.

Dans le cas où on ne peut retarder jusqu'à ce laps de temps l'emploi de l'avoine nouvelle, mélanger celle-ci avec de la vieille et, au besoin, avec de la paille hachée menu. Voilà les conseils que nous recommande un éleveur émérite de chevaux.

Les principales maladies des volailles et leur traitement.

Les volailles sont sujettes à beaucoup de maladies, dont la plupart sont incurables. Voici quelques remèdes, bien que, encore une fois, ils ne soient pas souvent efficaces; la seule méthode pour ne pas avoir de volailles malades est l'hygiène, la bonne nourriture, la boisson fraîche, la propreté... ou la casserole.

Gale aux pattes. — Ce n'est pas une maladie, mais une affection des pattes, qui se couvrent de croûtes blanches. Faites une mixture d'huile et de soufre, frottez la partie atteinte, deux ou trois fois par jour, et, au bout de quelque temps, les croûtes tomberont d'elles-mêmes.

On recommande, dans le même but, le pétrole, mais il a l'inconvénient de blesser l'oiseau en arrachant la peau.

Œuf arrêté dans l'oviducte. — Il arrive qu'une poule ne puisse pas expulser l'œuf qu'elle était sur le point de pondre; si on ne la soulage, elle ne tarde pas à mourir. Pour constater l'accident, il suffit de tâter le croupion; on sent immédiatement la présence de l'œuf, que l'on fait évacuer en huilant la partie de derrière et en la pressant légèrement.

Apoplexie. Congestion. — Ces deux maladies ne se constatent le plus souvent que trop tard, car elles sont presque toujours subites. Toutefois, il arrive que des symptômes se manifestent : le coq ou la poule, brusquement, sans cause connue, ont une démarche chancelante, ont l'air étourdis; les crêtes deviennent violacées. Isolez de suite le sujet pour qu'il ne puisse pas manger, et donnez lui une bonne purge d'huile de ricin (jalap). Si vous voulez risquer l'opération, saignez.

Rhumatismes. — Le plus souvent aux pattes. Pas grand'chose à faire : des frictions à l'eau-de-vie et un régime réconfortant.

Poux. — Beaucoup de volailles sont tourmentées par cette vermine, qui se fourre partout ; on peut essayer la poudre insecticide, mais les frictions très prudentes au pétrole sont plus efficaces. Visiter surtout sous les ailes et au croupion. Comme les poussins, eux aussi, ont fréquemment des poux qui les rongent, il est bon, de temps en temps, de les prendre en mains et de s'assurer de la présence des parasites, en soufflant dans les plumes.

Diarrhée. — Rare chez les volailles bien nourries ; souvent amenée par la pomme de terre employée avec excès dans l'alimentation, ou l'abus de laitue. Recette :

Gentiane jaune pulvérisée . 30 gr.
Gingembre . . . . 30 —
Quinquina gris . . . . 10 —
Sulfate de fer . . . . 5 —

Une pincée, dans une pâtée, pour six volailles. (*Éleveur.*)

Diphtérie. — La diphtérie n'affecte pas toujours la même forme et ne sévit pas avec la même rigueur ; quelquefois elle tue et se propage avec une violence inouïe ; d'autrefois, elle est assez bénigne et guérit, au moins provisoirement.

Généralement, elle se manifeste par des pellicules dans la gorge, dans la bouche et sur la langue.

Première recette. — Enlever les pellicules — ceci toujours — avec une petite spatule ou une barbe de plume, badigeonner la blessure avec le remède suivant :

Glycérine . . . . 7 gr.
Essence de Pearson . . . . . 3 —
Eau . . . . 50 —
Nourriture animale.

Deuxième recette. — Enlever les pellicules et saupoudrer avec de la fleur de soufre.

Faiblesse des pattes. — Chez les jeunes coqs de races lourdes. Recette anglaise :

Sulfate de fer . . . . 1 gr.
Strychnine . . . . 1/16 —
Phosphate de chaux . . . . 5 —
Sulfate de quinine . . . . . 1/2 —

Trois pilules par jour : matin, midi, soir.

Vers chez les poussins ou les poules. — On s'en aperçoit par le bâillement des volailles.

Gentiane jaune pulvérisée . 20 gr.
Gingembre . . . . 30 —
Assa fœtida . . . . 50 —

Une pincée pour six poussins ou trois volailles adultes. (*Éleveur.*)

Pleurésie. — Régime sec.

Gentiane jaune pulvérisée . 50 gr.
Gingembre . . . . 40 —
Sulfate de fer . . . . 10 —

Une pincée par oiseau. (*Éleveur.*)

Choléra des poules. — Régime fortifiant, et une pincée de la composition suivante :

Gingembre pulvérisé . . . . 40 gr.
Gentiane jaune pulvérisée . 30 —
Quinquina gris . . . . 20 —
Sulfate de fer . . . . 10 —

Recette excellente sans doute... quand on a le temps de l'administrer. (*Éleveur.*)

Obstruction du jabot. — Prenez un couteau ou un canif, ouvrez, dégorgez et recousez après. Cela réussit... quelquefois.

Tumeurs. — Laissez mûrir, débridez et laissez écouler les humeurs.

Catarrhe nasal. — Très commun chez les volailles. On les guérit en les tenant au chaud et en versant dans la boisson quelques gouttes, trois ou quatre, d'acide sulfurique, ou de sulfate de fer, ou de teinture d'aconit, par litre d'eau.

Ne pas négliger cette affection qui est contagieuse et qui peut dégénérer en diphtérie.

Crêtes gelés. — Frictionnez vigoureusement avec de la neige ou de l'eau très froide.

Barbillons gelées. — Même remède. Quelquefois les barbillons gonflent, alors, coupez-les, les volailles sont défigurées, mais encore très aptes à la reproduction.

Goutte. — Purgatif et un milligramme d'extrait de colchique ; administrez deux fois par jour. Régime sec.

Pépie. — La pépie consiste en une membrane qui envahit la langue, et qui empêche les poules de manger ; on la confond souvent, très à tort, avec le bout corné qui entoure l'extrémité de la langue et qui est, au contraire, nécessaire à l'absorption de la nourriture.

Quand la pépie est bien caractérisée, on pèle la langue avec précaution, et on met un peu de beurre frais sur la plaie.

Voulez-vous une recette américaine contre la débilité? Elle est donnée par Wright, et ne brille pas par sa simplicité :

Protosulfate de fer . . . 10 drachmes.
Phosphate de soude . . 12 —
Phosphate de chaux . . 12 —
Acide phosphorique . . 20 —
Carbonate de soude . . . 2 scrupules.
Carbonate de potasse . . 1 drachme.
Acide muriatique . . . un peu.
Eau ammoniacale . . . —
Cochenille en poudre . . 2 drachmes.
Eau pure . . . . 20 onces.
Sucre . . . . 3 drachmes.
Huile d'oranger . . . . 10 —

(*Lewis Wright*).

Encore une fois, à part les accidents, abcès et infirmités temporaires, de peu d'importance, les autres maladie sont très difficiles à guérir ; les affections du foie, des poumons, le choléra et la diphtérie, bien caractérisés, sont incurables.

Beaucoup de pharmaciens ont toutefois, contre ces affections, des remèdes infaillibles, dont l'usage a les plus heureux résultats... pour les pharmaciens.

Un conseil : ne donnez jamais ces remèdes qu'à des poules dont la maladie est bien déterminée ; si vous vous trompez, en donnant, par exemple, la panacée diphtérique à un oiseau qui a des dispositions à l'apoplexie ou à la congestion, vous êtes certain de le tuer net.

Nous l'avons dit et nous devons le redire, le régime hygiénique est le seul palliatif contre les maladies. Que les poules aient une nourriture substantielle et pas trop abondante, de la verdure, un parcours suffisant, un peu de substance animale, du gravier pour la digestion, du sable pour se laver, de l'eau pure, un refuge sec et chaud, et rarement elles seront malades.

Il est très bon de désinfecter les poulaillers de temps en temps, car, malgré une grande propreté, des principes délétères subsistent toujours. Toutes les grandes maisons de France et d'Angleterre qui s'occupent d'objets d'élevage vendent des désinfectants, qui, tous, ont leurs qualités. Le badigeonnage à l'eau de chaux est extrêmement salubre.

Quand on achète des volailles, il faut les examiner avec soin aussitôt leur arrivée ; à la moindre trace diphtérique ou même de coryza un peu prononcé, les renvoyer sans tarder à l'expéditeur. En cas de doute, les soumettre à une quarantaine sévère et ne les admettre à partager les perchoirs avec les anciens hôtes que quand toute trace de malaise aura disparu.

Pierre Revin.

Après la moisson.

Après avoir rentré une récolte fourragère très insuffisante à cause du grand déficit donné par les prairies artificielles, le cultivateur a, presque partout dans notre département, fini de rentrer les céréales, seigle, blé, avoine. Pour le seigle la récolte est bonne à tous les points de vue : quantités de gerbes, longueur de la paille, abondance du grain. Mais si on excepte quelques terres siliceuses brûlantes, ce grain n'est plus cultivé que pour son produit inférieur, la paille, destinée soit à la confection des liens de moissons, soit au liage de la vigne, soit à quelques autres usages industriels.

Pour le blé, notre principale récolte, il se présente avec une grande inégalité. Sur un très grand nombre de points il a souffert très gravement des dégâts des campagnols ou souris des champs. La sécheresse et la chaleur exceptionnelle de l'automne dernier, la douceur de l'hiver qui a suivi, ont favorisé tellement ce petit quadrupède, que dès le printemps on a dû recommencer avec des blés de Bordeaux ou même retourner certains champs ravagés à peu près complètement par les campagnols. Ceux qui étaient moins infestés ont plus ou moins souffert. D'autre part, le froid et la sécheresse du mois d'avril, de mai et de juin, n'ont pas favorisé le tallage non plus que la croissance; le brin de paille est clair, mince, peu haut, c'est-à-dire qu'en somme il y a peu de gerbes, un tiers en moins que d'habitude, et que les gerbes sont courtes, partant peu de paille pour remplacer le foin dans l'alimentation des animaux de la ferme.

Le rendement en grain au contraire, est excellent à la gerbe et rarement on a vu la proportion du grain, au poids total de la récolte être aussi élevé. L'emploi du nitrate de soude en couverture au printemps a donné lieu à une augmentation très considérable en même temps que très économique des rendements. On en jugera par les résultats des battages que je viens d'exécuter avec les récoltes d'un champ d'expérience destiné à constater les effets du nitrate de soude. Le blé avait été semé après avoine, avant la semaille on avait appliqué 1.000 kilos de farine de scories phosphoreuses à l'hectare. Vers le 15 avril on avait mis le nitrate de soude. Le champ d'essai était pris dans une pièce de blé de 3 hectares 40, il avait 350 mètres de long sur 20 de large, divisé en 7 parcelles de 50 mètres de long sur 20 de large, soit 10 ares par parcelles.

Le produit a été :

		kilos		kilos
Lot 1. Témoin. .	grain	199	paille	289
Lot 2. 10 k. nitrate	—	251	—	375
Lot 3. 20 k.	—	273	—	408
Lot 4. Témoin	—	226	—	301
Lot 5. 10 k. nitrate				
— 10 k. s. de p.	—	266	—	377
Lot 6. 20 k. nitrate				
— 10 k. s. de p.	—	293	—	428
Lot 7. Témoin . .	—	196	—	288

Le produit moyen des témoins est de 200 k. de grain et 293 k. de paille.

Dans le lot n° 2, 10 k. de nitrate de soude, coûtant 2 francs, ont produit une augmentation de 51 k. de grains et de 82 k. de paille. Dans le lot n° 3, l'augmentation de grain a été de 73 k. et celle de la paille de 115 k. Si on estime la paille à 3 fr. les 100 k. et le grain à 18 fr., on a, pour le lot n° 2, une plus-value de 9,18 + 2,46 = 11 fr. 64 et pour le lot n° 3, 13,14 + 3,45 = 16 fr. 59, d'où un bénéfice pour le lot n° 2 de 9 fr. 64, pour le lot n° 3 de 12,59.

On constate ainsi que l'addition de sulfate de potasse à la dose de 100 k. à l'hectare dans les lots 5 et 6, a été avantageuse.

En résumé, dans l'ensemble du pays, le blé ne dépassera guère en fonds un rendement moyen, très sensiblement inférieur à celui de l'an dernier. La qualité naturelle du grain est très bonne, cependant les pluies persistantes qui ont caractérisé la dernière semaine de juillet, ont compromis, en la faisant germer, une certaine portion de la récolte. La germination s'est produite non seulement en javelles, mais encore dans les trézeaux carrés et même dans les moyettes avec ou sans chapeaux. Il y aura, de ce chef, en Lorraine, un déficit assez sensible.

On termine actuellement la coupe des dernières avoines. Cette céréale est encore plus déficitaire que le blé en gerbes et le brin est resté très court. Dans beaucoup de champs la levée s'est faite irrégulièrement, de là une maturité aussi irrégulière, on constate beaucoup de tiges encore vertes au milieu de celles qui sont mûres ce qui sera très nuisible au rendement. On peut dire : mauvaise année pour l'avoine.

PAUL GENAY.

Bellevue, 25 août.

Conservation du bois.

La question de la conservation du bois a préoccupé depuis des siècles toutes les industries, ainsi que l'agriculture. L'air et l'humidité ont sur le bois une action puissante et destructive. Il est donc tout naturel que l'on ait cherché un procédé de conservation qui préservât le bois contre le champignon, le ver, ainsi que la pourriture engendrée par le contact de l'atmosphère ou de l'eau.

Passons en revue les différents procédés employés jusqu'à ce jour pour lutter contre ces éléments destructeurs.

Un des plus anciens procédés consiste à carboniser le bois superficiellement, on peut aussi l'enduire de goudron et de coaltar; bien des personnes injectent les bois avec les sulfates de fer ou de cuivre. On recouvre aussi le bois de pâtes dans lesquelles se trouvent des résidus de goudron ; la marine emploie des enduits métalliques; des inventeurs ont conseillé de recouvrir le bois d'une feuille de zinc ou d'une couche de ciment; les compagnies de chemins de fer injectent, par pression atmosphérique, les traverses avec différentes compositions, etc.

La plupart de ces procédés présentent des défauts qu'il est utile de signaler. Les couleurs à l'huile, goudrons, coaltars, etc., forment couche sur le bois et bouchent ses pores ; ces produits ne le pénètrent pas, laissent le champ libre à la destruction intérieure et nuisent à la dessiccation du bois. Les sulfates se dissolvent rapidement et sont entraînés par l'humidité du sol et de l'atmosphère.

En principe, pour bien conserver le bois il faut surtout fixer les substances azotées qui entrent dans sa composition et qui tendent toujours à se décomposer. On augmente ainsi sa dureté. Les matières azotées servent de nourriture aux vers, qui s'introduisent dans la boiserie. Une fois la matière azotée fixée, elle ne travaille plus et n'est plus recherchée par les insectes.

Aussi signalerons-nous à nos lecteurs un produit français, le *Carbonyle*, qui donne au bois une belle couleur brune et le protège contre la pourriture, les champignons et les insectes, et qui en même temps possède les qualités voulues pour conserver presque indéfiniment le bois. Le Carbonyle pénètre dans le bois, il ne forme pas couche et fixe la matière azotée.

Ce produit est aussi un puissant désinfectant, aussi son emploi est-il tout indiqué dans les écuries, étables, poulaillers et greniers.

L'agriculture emploie le Carbonyle pour enduire les clôtures, hangars, voitures, échalas, tuteurs d'arbres, poutres, chantiers en cave, caisses à fleurs, serres, brouettes, herses, charrues, voitures à purin, tonneaux d'arrosage, etc., etc. Il est encore bon de signaler que ce produit est très efficace contre l'humidité des murs.

Le Carbonyle revient relativement meilleur marché que le goudron à bas prix, car avec un kilo de Carbonyle, on couvre 6 à 8 mètres carrés, tandis que le même poids de goudron couvre à peine 2 à 3 mètres carrés. L'enduit au Carbonyle se renouvelle tous les 6 à 10 ans, celui au goudron tous les 10 à 20 mois. Un kilo de Carbonyle peut facilement remplacer 10 kilos de goudron.

Pour finir, nous dirons que nous avons vu des pointes d'échalas enduites au Carbonyle qui sont restées 10 ans en terre sans porter la moindre trace de pourriture. Le Carbonyle assure aux échalas une durée de 20 à 25 ans sur la même pointe.

Ce produit est employé à chaud ou à froid. On l'applique au moyen de pinceaux spéciaux que le Carbonyle ne détruit pas. Nous sommes d'ailleurs à la disposition de nos lecteurs pour leur fournir tous les renseignements qui peuvent leur être nécessaires pour l'emploi de ce produit.

LE CARBONYLE s'est fait adopter par ses qualités et son prix modéré par la plupart des administrations civiles et militaires, par les chemins de fer, les arsenaux, les ponts et chaussées, les postes et télégraphes, les ports de mer, les mines, les établissements industriels de tous genres, l'agriculture, l'horticulture, etc.

La longue liste de témoignages en faveur de ce produit et la consommation toujours croissante prouvent que le *Carbonyle* remplit toutes les conditions que l'on peut demander à un bon enduit antiseptique.

Le *Carbonyle* protège contre la pourriture, le champignon, les insectes et les microbes nuisibles, tous les bois ouvrés et exposés à l'air, à une humidité variable. Le *Carbonyle* pénètre profondément dans le bois sans en boucher les pores et lui donne une couleur brune agréable (on peut appliquer de la couleur à l'huile sur l'enduit au *Carbonyle*). Le *Carbonyle* durcit le bois et **prolonge de 3 à 4 fois sa durée**. Les écuries, tables, poulaillers, greniers, etc., enduits de *Carbonyle* sont désinfectés et préservés des rongeurs, de la vermine et de tous les insectes nuisibles au bois et aux animaux. Le *Carbonyle* est l'enduit par excellence des cordages et bâches, il leur laisse la souplesse primitive et ne les rend pas raides comme l'huile de lin. Le *Carbonyle* chauffé est infaillible pour assécher les murs humides et pour détruire les moisissures et le champignon.

Les échalas, tuteurs d'arbre, poteaux télégraphiques, perches de houblon bien imprégnés à chaud se conservent dans le sol 25 ans sur la même pointe. Nous possédons des pointes d'échalas qui ont séjourné 9 ans en terre sans subir la moindre attaque de pourriture; certificat légalisé à l'appui.

L. D.

Le blé rieti.

Nous n'avons pas oublié les éloges décernés à cette variété de blé, importé d'Italie, il y a trois ans, par M. Génin, agriculteur notable dans l'Isère.

M. Génin annonce qu'il a obtenu par la sélection une sous-variété de rieti, dont le grain est plus plein et d'une belle couleur jaune dont il a obtenu cette année un rendement de 39 hectolitres par hectare — rendement tout à fait exceptionnel dans le Dauphiné. — Il ajoute que le rieti tant ancien que nouveau, résiste bien à la verse et qu'il égale les blés dits durs d'Italie pour sa teneur en gluten, ce qui le rend propre à l'industrie des pâtes d'Italie.

L'exemple donné par M. Génin à ses compatriotes dauphinois, est à recommander aux agriculteurs éclairés et zélés pour le progrès, en toutes les régions de la France.

Ainsi que nous l'avons dit souvent, par la sélection continue des meilleurs grains d'une céréale, disons mieux d'une plante quelconque, on arrive au bout de quelques années à en doubler et tripler les rendements. C'est un genre d'études précieux, qui est à la portée de tout cultivateur judicieux et avide de progrès.

Les engrais d'automne.

Tous les agriculteurs éclairés savent aujourd'hui qu'une condition essentielle d'une bonne récolte consiste dans une bonne préparation du sol qui doit la produire. Les conditions bien connues aussi de cette préparation consistent dans un labour profond, et dans une provision suffisante de matières fertilisantes bien mélangées avec l'humus à la terre dans toute l'épaisseur de la couche arable.

Ce sont les terres ainsi pourvues et ainsi préparées qui donnent les hauts rendements justement renommés dans les environs de Paris, dans la région du Nord et dans les quelques régions privilégiées.

L'effort à tenter dans les régions à récoltes inférieures doit donc se porter tout d'abord sur ces labours préparatoires.

Le labour profond, remarquons-le, ne doit retourner que la terre de la couche arable; si cette couche est peu profonde et le sous-sol de nature infertile, on se bornera à le soulever par un labour de fouilleuse, qui le laisse à sa place, mais qui le rend accessible à l'air, et lui permet d'engloutir les eaux excessives en temps de pluie et de procurer de l'humidité à la surface en temps de sécheresse et de contribuer dans tous les cas à l'élaboration des engrais dans le sol. Telle est la triple utilité des labours profonds préparatoires.

La couche arable ainsi labourée doit être pourvue de fumier, de phosphate et de chaux. Si le sol est humide et froid, et peu pourvu de chaux, le phosphate lui sera donné par les scories phosphoreuses qui à raison de leur haute teneur en chaux donnent cet engrais, quant à l'acide phosphorique des phosphates minéraux suffiront dans les sols calcaires. Mais ces sols étant généralement pauvres en potasse, une addition de chlorure ou de sulfate de potasse sera un complément utile de l'approvisionnement du sol en engrais. La plante qui sera semée ensuite trouvera le gîte et la pâtée qui lui conviennent.

Les sols ainsi préparés sont ceux qui donnent les hautes récoltes de céréales comme des plantes de toute nature. Mais il faut noter que les céréales se plaisent surtout dans les terres qui ont produit une bonne récolte de plantes racines ou tuberculeuses, autrement dit de plantes sarclées, dites aussi cultures nettoyantes, par suite des sarclages qui en ont enlevé les herbes parasites. Dans ces terres, en outre, les fumiers sont consommés et en partie transformés en un terreau qui est un milieu d'élite pour l'alimentation des racines.

Une remarque qui nous a frappés à ce sujet dans les rapports de M. Fl. Desprez sur les récoltes exceptionnelles de céréales, c'est qu'un blé cultivé après une sole de betteraves ou de pommes de terre donne 30 à 35 hectolitres; il en donne un quart en plus sur deux soles consécutives de ces mêmes plantes, c'est donc avec raison que ces cultures sont qualifiées de cultures améliorantes et que, par contre, les céréales sont qualifiées de plantes épuisantes.

Toutefois il faut remarquer aussi que l'épuisement produit par les céréales n'est que relatif lorsqu'on connaît les quantités d'azote, d'acide phosphorique et de potasse enlevées au sol par une récolte quelconque. On sait aussi quelle quantité de ces matières il faut apporter au sol pour maintenir son état de fertilité. Mais cette constatation seule ne suffit pas. L'expérience de M. Desprez et de l'effet de ses deux soles de racines sur une récolte de blé montre que l'élaboration des aliments des plantes obéit à des lois que la théorie chimique n'explique pas complètement.

Pour aujourd'hui, nous nous en tenons aux conditions, ci-dessus exposées d'un sol suffisamment préparé pour obtenir un bon rendement de blé d'automne.

Il nous reste à indiquer les autres conditions, notamment le choix et la qualité des grains de semence.

BIBLIOGRAPHIE

Traité d'élevage des coqs et des poules, par PIERRE REVIR. — Un vol. in-8, orné de 150 dessins inédits: 5 fr. librairie Michelet, 25, quai des Grands Augustins, Paris.

Ce bel ouvrage renferme tout ce qu'il est utile de connaître pour se livrer à l'élevage lucratif des poules en grand ou en petit. L'étude des diverses races est complétée par de nombreuses figures qui font bien saisir leurs caractères principaux. Nous reproduisons dans le corps du journal le chapitre relatif au traitement des maladies des poules.

RECETTES

Préparation du café. — Faire du bon café? Le conseil a l'air débonnaire, mais dans la pratique les difficultés abondent.

Voici ce que conseille, à ce sujet, la *Revue universelle* :

Prendre un filtre en fer-blanc tout simplement ; les filtres en fer-blanc sont les meilleurs. Cet outil modeste étant organisé comme il convient, placez votre café moulu sur le filtre, 10 grammes par tasse suffisent ; quand l'eau est à moitié chaude, arrosez, pour le préparer à recevoir les infusions suivantes et faciliter le filtrage.

Quand l'eau bout, jetez-la *en quatre fois* sur votre café; la première infusion entraîne l'arôme du café, la deuxième une partie du café, la troisième et la quatrième tout ce qui aurait résisté aux autres infusions.

Sous aucun prétexte, ne mettre le café sur le feu, moyen sûr d'en détruire toutes les qualités. Tenez l'appareil avec la plus grande propreté. Souvent, le mauvais goût provient d'un manque de lavage à l'eau froide.

Il faut trois ou quatre mélanges pour faire du bon café et bien *grillé clair* : moka, bourbon, martinique.

Pour empêcher les poules de perdre leurs plumes. — Le plus souvent, les poules perdent leurs plumes par suite d'une nourriture trop échauffante, maïs ou sarrasin en excès. On remédie à cet inconvénient en les laissant aller au vert pendant quelques jours ou en leur donnant beaucoup de choux ou de navets coupés menus. On peut aussi leur faire ingurgiter un demi-dé d'huile de ricin.

OFFRES ET DEMANDES

Tourteaux de coton décortiqué d'Amérique, en pains ou moulus de 12 fr. 75 à 13 fr. les 0/0 kilos sur wagon. Le Havre. — Livraison immédiate

Blés de 1er choix, spécialement sélectionné pour semence *Dattel, Bordier, Riéti, Japhet* les 100 kil. 26 fr. ; 50 kil. 13 fr. 50 ; 25 kil. 7 fr. *Hybride, Shireff, Berger* (nouveauté) 25 kil. 10 fr. ; 5 kil. 3 fr.

S'adresser F. B. Bureau du Journal.

RED-CAP. Œufs à couver de cette excellente race de poule, réputée la plus jolie et la plus forte pondeuse, garantis race pure frais et fécondés, 5fr. la douzaine franco de port et d'emballage. S'adresser à **Calixte Dany**, Althen-les-Paluds (Vaucluse).

Important : J'invite les personnes qui veulent bien me confier leurs ordres de toujours y joindre un mandat, les remboursements n'étant bénéficiables qu'aux Compagnies.

Toujours donner le nom de la gare à laquelle il faut adresser les envois.

On demande pour l'Espagne un homme pour travailler en maître de cave, dans une brasserie de cidre, sachant faire le nécessaire pour les soins de la cave, soutirages, etc. Entre temps, soigner les arbres, distiller, s'occuper de tous travaux lorsque le travail de cidrerie le rendra disponible. — Appointements selon capacités.

Très bonne place chez de très braves gens. — Position d'avenir.

Adresser les demandes chez M. P. B. Noël, 9, rue d'Odessa, Paris.

M. Noël, emmènerait cette personne en Espagne le 1er novembre prochain.

POMMES DE TERRE. — Nous apprenons que M. E. Boutin, directeur du *Moniteur des Intérêts agricoles*, 11, rue Taitbout, est en pourparlers avec un certain nombre de Sociétés Coopératives de consommation de Paris et de la banlieue pour leur procurer directement par la culture les pommes de terre *saucisses rouges* et de *hollande* nécessaires à leur approvisionnement d'hiver : il s'agit de quantité trésimportantes.

Ceux de nos abonnés que ces fournitures intéressent peuvent s'adresser directement à M. Boutin.

Il lui est également fait des demandes pour des fournitures régulières de volailles de 1 kilo. 1 k. 500 par cageots de 12 à 15 pièces.

A VENDRE OU A LOUER propriété rurale à proximité de centres importants, bonne terres, constructions suffisantes.

Excellente affaire convenant surtout à jeune homme voulant prendre une exploitation. S'adresser aux bureaux du journal. Se hâter.

M. POUZIN offre de jolis racinés de son plant de vigne à la seule condition pour les demandeurs de lui tenir compte d'une partie de la récolte d'une année. — Contre 0 fr.25 il expédie son *Guide* pour la culture de cette variété.

Écrire à M. Pouzin Emile, à Saint-Paul-les-Romans, Drôme.

Huiles d'olive garanties pures et sans mélange venant directement de la propriété.

Au prix de 1,80, — 1,60, — 1,50 le kilog. suivant qualité.

Gare départ, paiement contre remboursement. S'adresser à M. Edouard Laurin, propriétaire à Saint-Chamas (Bouches-du-Rhône).

Si vous voulez boire du bon vin de Saint-Émilion, adressez-vous à M. Duplessis-Fournaud au château des Trois-Moulins, à SAINT-EMILION (Gironde).

(Voir le prix courant.)

Un agriculteur offre des actions d'une bonne société d'assurances au prix d'émission. Revenu de 5 p. 100. S'adresser aux bureaux du journal.

Ferme de l'Institut Agricole de Beauvais — A VENDRE :

1° Très bon bélier *charmois* en état de faire la lutte.

2° Œufs, poulettes et coqs des races : La Flèche, Dorkins, Leghorn, Campine et Padoue Doré, Langshan, Gournay, Coucou de Malines, Houdan, Cochinchinoise fauve, Brahmapoutra, canards de Rouen.

COURS DES BESTIAUX

Marché de la Villette du 7 septembre 1896.

ESPÈCES	PRIX DE LA VIANDE NETTE		
	1re qualité	2e qualité	3e qualité
Bœufs...	1.54	1.44	1.34
Vaches...	1.52	1.42	1.32
Taureaux.	1 22	1.12	1.02
Veaux...	1 64	1.54	1 24
Moutons..	1 93	1.80	1.70
Porcs....	1.12	1.08	0 99

ESPÈCES	AMENÉS	VENDUS	PRIX EXTRÊME	
			viande net	poids vif
Bœufs....	2.622	2.499	1.34 à 1 54	54 à » 95
Vaches...	814	801	1.32 1.52	59 » 95
Taureaux.	351	220	1.02 1.22	52 » 79
Veaux....	1 090	774	1.24 1.64	60 1.08
Moutons..	15 267	14 347	1.60 1.98	77 1.22
Porcs.....	3 843	3 478	0.99 1.12	70 » 82

Cours moins soutenus.

Marché de la Villette du 10 septembre 1896.

ESPÈCES	PRIX DE LA VIANDE NETTE AU KILOGR.			
	1re qualité	2e qualité	3e qualité	Prix extrême
Bœufs....	1.50	1.40	1 30	1.41 a 1.54
Vaches...	1.48	1.38	1 24	» 20 1 52
Taureaux	1.24	1.14	1 02	0 66 1 30
Veaux....	1.90	1.70	1 44	» 36 1 96
Moutons..	1.96	1 78	1.68	1 58 2.02
Porcs	1.15	1 10	»	1 06 1.20

ESPÈCES	AMENÉS	VENDUS	OBSERVATIONS
Bœufs ...	2 030	»	Vente moins facile sur le gros bétail les veaux et les moutons, mauvaise sur les porcs.
Vaches...	572	270	
Taureaux.	251	»	
Veaux....	1.500	396	
Moutons..	14.249	»	
Porcs.....	8.313	»	

Vente du bétail au marché de La Villette.

Adresser les animaux à MM. Henri Robue et Surugue, en gare Paris-Bestiaux. Les aviser par lettre auparavant, 190, rue d'Allemagne, Paris.

CORRESPONDANCE

CHANGEMENT D'ADRESSE

Chaque demande de changement d'adresse doit être accompagnée d'une bande imprimée et de *CINQUANTE CENTIMES* en timbres-poste pour frais de réimpression.

M. C., à R. (Aisne) — Les tourteaux de coton se présentent sous deux formes : *décortiqués* et *non décortiqués.* Les premiers proviennent d'Amérique et arrivent en France par le Havre. Les seconds proviennent d'Égypte et arrivent en France par Marseille.

Ils forment une excellente nourriture pour le bétail et sont très estimés dans l'alimentation des vaches laitières. Les tourteaux *non décortiqués* sont fabriqués en broyant les graines telles quelles, mélangées de leur écorce et des filaments qui y adhèrent encore ; or, le tourteau ainsi obtenu renferme 25 0/0 d'écorce dont le tannin agit d'une façon défavorable sur la muqueuse de l'estomac, qui ne peut pas arriver à dissoudre les filaments de coton et les fragments durs. Ces parties indigestes encombrent l'estomac, et il peut en résulter des troubles graves dans l'organisme.

Les inconvénients et les accidents ne sont pas à redouter avec les *tourteaux de graines d'Amérique de coton décortiquées* qui sont fabriqués avec la pulpe, seule, des graines qu'on a séparées des écorces. — Ces tourteaux contiennent la même quantité de matières nutritives et grasses que les meilleurs tourteaux de lin.

M. L. C., à la M. (Loir-et-Cher). — La maison d'engrais chimiques dont vous nous parlez est peu connue et pas très en vue ; achetez à votre syndicat et exigez la garantie d'analyse sur facture. L'unité d'acide phosphorique vaut 0 fr. 40 franco.

M. S., au B. (Rhône). — Il faut faire usage des levures sélectionnées tous les ans et employer de préférence les levures sélectionnées de l'*Institut La Claire*, aussi bien par les années chaudes que par les années froides, et pour toutes sortes de vins, car la qualité est toujours améliorée, non seulement par les vins communs, mais encore pour les vins qui naturellement seraient déjà de bonne qualité, et qui levurés deviennent meilleurs encore. — Par les années chaudes les vins sont sujets à rester *doux*, à *piquer*, à *tourner*, à devenir *amers* ; or, toutes les maladies sont évitées par un bon emploi de levures sélectionnées, qui, en outre, augmentent la quantité *d'alcool* du vin, développent son bouquet naturel et le rendent plus délicat, ou donnent un léger parfum aux vins qui en seraient dépourvus, et augmentent la valeur chande du vin.

Par les années *pluvieuses*, les raisins étant lavés, le vin se fait mal, car les ferments naturels ont disparu : l'emploi des levures pures sélectionnées de l'*Institut La Claire* s'impose, car on obtient, grâce à elles, d'excellentes fermentations et des vins aussi bien réussis que les meilleurs vins d'une bonne année.

Quand les vignes sont atteintes de maladies cryptogamiques, mildiou ou autres, on peut néanmoins faire du vin de bonne qualité et se conservant bien, à condition d'employer les levures sélectionnées.

BLÉS DE SEMENCE

Prix de la maison Cayeux et Le Clerc cultivateurs-grainiers, 8, quai de la Mégisserie, Paris.

Blé Bordier	30 fr.	les 100 kil.
— Bordeaux ...	29	—
— Dattel.....	28	—
— de Saumur ..	28	—
— bleu de Noë .	28	—
— Kissingland..	29	—
— hybride et Shireff-Berger	40	—
— Goldendrop..	28	—
— Silverdrop ..	30	—
— Japhet.....	30	—
— Seigle.....	28	—
— Chinois pour rendement énorme....	32	—

Tous ces blés de semences sont vendus en sacs de 100 kilos, logés en sacs neufs, livrés sur wagons départ. Paiement à 30 jours sans escompte.

Délicieux **Vin Muscat Vieux** tonique et réconfortant venant directement de la propriété, garanti authentique, offert en prime à nos abonnés à raison de 1 fr. 25 le litre logé en fûts de 25 à 35 litres. Fûts perdus.

Adresser les commandes au Bureau du Journal, 10 *bis*, rue Piccini, Paris.

EXPOSITION DE 1900

En attendant qu'ils soient remboursés plus qu'au double de leur prix d'achat :

1° *Par la délivrance de 20 tickets d'entrée de 1 franc;*

2° *Par des avantages spéciaux accordés par les Compagnies de transports et les directeurs des spectacles de l'Exposition.*

LES BONS DE L'EXPOSITION DE 1900

participent à de fréquents tirages de lots comprenant notamment des lots de **500.000** et de **100.000** francs.

Les tirages ont lieu, en 1896, le 25 de chacun des mois à courir d'ici à la fin de l'année; — en 1897, 1898 et 1899, le 25 de chacun des mois de février, avril, juin, août, octobre et décembre; — en 1900, le 25 de chaque mois, de mai à octobre inclus.

On peut se procurer ces Bons aux guichets du Crédit Foncier, du Crédit Lyonnais, du Comptoir d'Escompte, de la Société Générale et du Crédit Industriel, et, dans les départements, aux Agences de ces Sociétés et par correspondance.

CHEMINS DE FER DE L'OUEST

PARIS A LONDRES,

par la gare Saint-Lazare, viâ Rouen Dieppe et Newhaven. — Grande économie.

Quatre traversées par jour (deux en chaque sens). Tous les jours et toute l'année (dimanche compris).

Trajet de jour en 9 heures (1re et 2e cl. seulement).

Départs de Paris Saint-Lazare : 10 h. matin et 9 h. soir.

Arrivées à Londres : London-Bridge, 7 h. soir et 7 h. 40 matin. — à Victoria, 7 h. soir et 7 h. 50 matin.

Départs de Londres : à London-Bridge, 10 h. matin et 9 h. soir. — à Victoria, 10 h. matin et 8 h. 50 soir.

Arrivées à Paris Saint-Lazare, 7 h. soir et 8 h. matin.

PRIX DES BILLETS :

Billets simples, valables pendant 7 jours : 1re classe, 43 fr. 25 ; 2e classe, 32 francs ; 3e classe 23 fr. 25.

Billets d'aller et retour, valables pendant un mois : 1re classe, 72 fr. 75 ; 2e classe, 52 fr. 75 ; 3e classe, 41 fr. 50.

Des voitures à couloir (W. C. toilette, etc...) sont mises en service dans les trains de marée de jour entre Paris et Dieppe. Des cabines particulières sur les bateaux peuvent être réservées sur demande préalable.

Transport en grande vitesse de Messageries, Primeurs, Fruits, Légumes, Fleurs, etc... entre Paris et Londres. Trois départs par jour toute l'année.

Les expéditions remises à la gare Saint-Lazare pour les trains partant à 3 h. 40, 4 h. 10 et 9 h. du soir parviennent à Londres le lendemain à 8 h. 45, à 9 h. 15, du matin ou à midi 45.

Le Gérant : E. GAMBART.

IMP. NOIZETTE ET Cie, 8, RUE CAMPAGNE-1re, PARIS.

Le Journal **Le Meunier**, de Bruxelles, offre une médaille d'or à l'inventeur du meilleur procédé débarrassant automatiquement le blé du charançon.

Plus de Pourriture

PAR L'EMPLOI DU

CARBONYLE

qui assure au bois une durée **triple** en lui donnant une belle teinte brune; 1 kilog. remplace 10 kilog. de Goudron. — Produit de grande utilité dans l'agriculture; est recommandé et utilisé par les syndicats agricoles. — Dans votre intérêt, **demandez le prospectus** avec attestations d'expériences de **dix ans**.

Société française du « CARBONYLE ».
188-190, *Faubourg Saint-Denis, Paris.*

(N. B.) Seule maison spéciale pour la fabrication et la vente de ce genre de produit.

SELS POUR L'AGRICULTURE

Nourriture du bétail et Engrais des terres

Sel neuf dénaturé, au tourteau de colza. 45 f. 1.000 k.
Sel neuf dénaturé, au peroxyde de fer. 40 f. 1.000 k.
Sel de morue pur . . . . 35 f. 1.000 k.
Expéditions de Fécamp, Bordeaux et St-Malo.

S'adresser à MM. A. LE BORGNE et ses Fils, négociants-armateurs, à Fécamp.

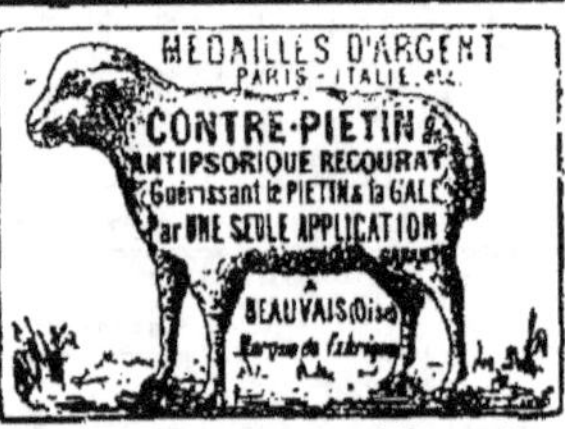

M. RECOURAT, pharmacien à Beauvais.

Gale des moutons guérie radicalement par *une seule application* de l'ANTIPSORIQUE.
La bouteille, 3 fr. ; la 1/2 bouteille, 1 fr. 75.
Guérison du PIÉTIN par *un seul pansement* avec le CONTRE-PIÉTIN-RECOURAT.
Le pot d'essai, 1 fr. 50 ; le pot, 2 fr. 50.
Joindre 0 fr. 60 pour recevoir *franco* et indiquer gare

ASPERGE GÉANTE
ROYALE DE FRANCE
(RACE D'ARGENTEUIL PERFECTIONNÉE)

Demander la *Méthode de Culture* et prix courant (gratis et franco), à M. WILLIAM FOURCINE, directeur des pépinières royales de Dreux (Eure-et-Loir). Médailles et diplômes de première classe.

Ouvrages de MM. CRÉPEAUX

En vente aux bureaux de la *Gazette*

La Culture électrique	1 50
Manuel vétérinaire pratique du cultivateur	1 »
Almanach de la France rurale pour 1896	» 60
L'Année agricole et agronomique pour 1895	3 50
La Culture du Blé, par M. FLEURY-BERGER	1 »

VIN PUR COTES 1re QUALITÉ

Vieux, nouveau garanti sur facture

Récolté par FELIX LAU, propriétaire-viticulteur à Caussiniojouls (Hérault).

Nouveau, 35 fr. l'hect. logé sur gare Faugères

SOCIÉTÉ GÉNÉRALE

Pour favoriser le développement du Commerce et de l'industrie en France.

Société anonyme fondée suivant décret du 4 mai 1864.
CAPITAL : 120 MILLIONS DE FRANCS
Siège social, 54 et 56, rue de Provence, à Paris

Toutes opérations de Banque, notamment :
Dépôts de fonds en compte ou à échéance fixe;
Escompte et Encaissement d'Effets de commerce;
Ordres de Bourse en France et à l'Étranger;
Coupons; — Avances et Opérations sur Titres
Souscriptions; — Garde de Titres;
Garantie contre le remboursement au pair et les risques de non-vérification des tirages;
Lettres de crédit;
Envois de Fonds; — (France et Étranger)
LOCATION DE COFFRES-FORTS
offrant toute sécurité pour la garde des titres, bijoux et autres objets précieux (compartiments depuis 5 fr. par mois).

La Société a 221 agences et bureaux en France 1 agence à Londres, et des correspondants sur toutes les places de France et de l'Étranger.

Le moment favorable au transport des vins étant revenu, nous rappelons à nos lecteurs que tous ceux d'entre eux qui, sur nos conseils, et depuis cinq ans, consomment les vins de M. VINCENT ARDURA, vigneron, domaine de la Chapelle-Frédignac, par Blaye-Bordeaux n'ont qu'à se louer de la qualité et de la conservation de ce Bordeaux absolument naturel, expédié sans intermédiaire.

Pour dégustation sérieuse, envoi gratuit est fait d'une bouteille de la récolte désignée.

L'encaissement est fait par le facteur, à 30 jours, escompte 2 0/0, ou 90 jours.

Vendanges : 1893, à 130 fr.; 1892-91, à 150 fr.; 1890-89, à 175 fr.; 1887, à 200 fr.; 1885, à 220 fr.; 1884, à 240 fr.; 1882, à 250 fr.; 1881, à 300 fr. — Graves blancs vieux : 130, 150, 200, 250, 300 fr., suivant âge, les 225 litres collés, soutirés, franco de port et de fût en gare d'arrivée.

ALIMENTATION DU BÉTAIL
Tourteaux de Coprah ou Coco

F. TASSY, E. ROCCA ET Cie
Fabricants d'huiles (**producteurs directs de Tourteaux**)
23, RUE HAXO, MARSEILLE
Deux médailles d'or, Anvers 1894
Envoi de Prix-Courants et Échantillons sur demande

Tulipes-Perroquets
JACINTHES
ET TOUTES AUTRES, OGNONS A FLEURS
Collections supérieures à PRIX RÉDUITS
de 2 à 40 francs
POUR APPARTEMENTS OU PLEINE TERRE
CATALOGUE ILLUSTRÉ GRATUIT
POLMAN-MOOY HAARLEM (Hollande)
MAISON FONDÉE EN 1810

Insecticide-Préservateur
FERTILISANT
DESGOUTTES

La Boîte de 10 kilog., pour essais, **10 fr.** franco toutes gares (port et emballage compris).

Adresser les demandes, accompagnées d'un mandat, 10 bis, rue Piccini, Paris.

des Usines de MM. P. MARCHAND Frères, à DUNKERQUE (Nord)

Fabriqués sous le contrôle permanent de la Station Agronomique du Nord
Dirigée par M. DUBERNARD

Nous appelons l'attention des éleveurs et des nourrisseurs sur les Tourteaux de COTON de graines d'Egypte : c'est un produit excellent pour les vaches laitières, les bœufs à l'engrais et les moutons.

Nos Tourteaux de COTON sont complètement débarrassés de la bourre qui enveloppe la graine et contiennent la même quantité de matières nutritives et grasses que les meilleurs Tourteaux de Lin.

Nos Tourteaux de COTON forment l'aliment le meilleur et le plus avantageux en raison de leur prix excessivement bas.

PRIX : 9 Fr. les 100 kil., gare Dunkerque

S'adresser à MM. P. MARCHAND Frères, à DUNKERQUE (Nord)

PHOSPHATE FOSSILE DE QUIÉVY-NORD

le plus assimilable de tous les phosphates connus

GARANTI PUR DE MÉLANGE AVEC TOUT AUTRE PHOSPHATE
Ce qui, du reste, ne pourrait que diminuer son assimilabilité.

EXTRACTION DU GISEMENT ET USINE A QUIÉVY
Propriétaire-Extracteur : C. LECLERCQ
Bureaux à Viesly (Nord).

COMPOSITION MOYENNE		ASSIMILABILITÉ RELATIVE (méth. Joulie). *Solubilité dans l'oxalate d'ammoniaque.*	
Acide phosphorique. . . .	12 » à 16 » 0/0	Phosphate de Quiévy.	82 29 0/0
Potasse	0 45 à 2 77 0/0	— de la Meuse	51 95 0/0
Chaux.	19 05 à 31 » 0/0	— de Pernes.	47 87 0/0
Magnésie.	0 58 à 3 80 0/0	— des Ardennes.	46 43 0/0
Matières organiques azotées .	1 80 à 3 45 0/0	— de la Somme (moy.). .	44 53 0/0
		— de Ciply.	34 57 0/0

Titre garanti en acide phosphorique : 13 à 15 0/0.

LIVRAISON : EN POUDRE IMPALPABLE EN SACS PLOMBÉS, MIS SUR WAGON GARE **QUIÉVY-en-CAMBRÉSIS**
Prix : **3 fr. 80** les 100 kilos, sacs perdus, 30 jours, 2 0/0 ou 90 jours net.

NOTA. — Les acheteurs qui désirent employer le **véritable Phosphate de Quiévy** pur et garanti d'origine doivent exiger que les sacs portent la Marque (**Au Poisson fossile**) et la Firme : **M. LECLERCQ**, seul exploitant à Quiévy (Nord).

SCHNEIDER ET Cⁱᵉ
PHOSPHATES MÉTALLURGIQUES

(scories de déphosphoration), des Aciéries du Creusot
ENGRAIS PHOSPHATÉ
pour *Céréales, Prairies, Vignes, Betteraves, Pommes de terre, etc.*

L'emploi de ces phosphates a été particulièrement recommandé dans ces derniers temps par les agronomes les plus distingués. Il permet, en raison du bas prix de ce produit, de faire apport au sol de doses considérables d'acide phosphorique.

Les phosphates métallurgiques du Creusot sont livrés moulus finement et tamisés.
Pour renseignements, s'adresser à **MM. SCHNEIDER et Cⁱᵉ**, au Creuzot (Saône-et-Loire).

FOURNEAUX DE CUISINE
de toutes espèces
Maisons particulières, Hôtels, Châteaux et Fermes,
Hospices, Hôpitaux, Collèges, Pensions, etc.
ENVOI FRANCO DE CATALOGUES
Maison DELAROCHE aîné
22, rue Bertrand, PARIS

DÉSINFECTANT INCOMPARABLE

pʳ tonneaux à vin, cidres et autres liquides

MAISON FONDÉE en 1875   **Jules MOITY père**   MAISON FONDÉE en 18..

Inventeur, breveté en France et à l'étranger.

16, rue Sencier, FOURMIES, France (Nord

4 diplômes d'honneur. 12 médailles hors conco...

Ce produit, dont la réputation n'est plus à faire, est employé dans une grande partie de la brasserie française, belge et hollandaise avec les plus grands succès.

Guérison radicale *des plus mauvais goûts de fûts en 12 heures, par une simple opération qui ne coûte au plus que 0 fr. 10 à la rondelle de 160 litres, main-d'œuvre comprise.*

Mode d'emploi. — Laver les fûts à l'eau bouillante, les laisser égoutter pendant 12 heures, les rincer ensuite avec mon produit et **six** ou dix heures après, suivant la saison, les relaver à nouveau à l'eau **bouillante** et vous pouvez entonner avec sûreté n'importe quelle boisson et sans nuire aucunement au bois ni à la boisson, inconvénients que produisent beaucoup de moyens employés à défaut d'autres meilleurs.

Prix :

0 fr. 65 du litre en dessous de 100 litres, ou 0.55 du kil.
0 fr. 60 — de 100 à 175 litres, ou 0 50 —
0 fr. 55 — de au-des. jusqu'à 228 lit. ou 0.45 —
Réduction par plus grandes quantités.

Les commandes au-dessus de 150 litres seront livrées franco en gare du destinataire.

Certificat pris dans 100.000 :
« Monsieur J. Moity, père,
à Fourmies.
« J'ai été très satisfait de votre désinfectant veuillez m'en envoyer 200 litres de suite.
« Recevez mes sincères salutations ».
Desurment-Chasseur, à Tourcoing.

VELOUTINE FLAMANDE

La Veloutine est spécialement employée pour lustrer les cuirs de fantaisie : guides, selles, harnais de luxe et de travail, capotes, tabliers, caparaçons, etc., et lorsqu'ils ont déjà été enduits de vaseline, ce produit donne un joli brillant et évite l'action graisseuse des cirages ou préparations à base de cire. Sans causticité il ne dessèche pas et imperméabilise.

Le bidon d'un litre pour harnais noirs. . . . 3 70
— — — jaunes. . . 4 20
Franco gare contre mandat-poste.

S'adresser : *Manufacture de Vaselines industrielles de Ligny-en-Cambrésis (Nord)*

Eugène de MASQUARD

PROPRIÉTAIRE-VITICULTEUR, Château de la Cascade
SAINT-CÉSAIRE-LES-NIMES (Gard)

Vins garantis naturels, rouges et blancs, depuis 75 fr., la pièce de 220 litres jusqu'à 100 francs, selon qualité, prise en gare de St-Césaire (Gard), fût perdu.
Ces vins ont été médaillés à toutes les expositions où ils ont figuré.
Récoltés sur des coteaux et des terrains secs, les vins de Saint-Césaire, l'un des meilleurs crus du Gard, se conservent parfaitement sans être plâtrés.
Envoi franco de prix courants et échantillons

MACHINES AGRICOLES
A. BAJAC
à LIANCOURT (Oise)
CHARRUES-BRABANTS

FROMENTINE

Marque déposée B. S.G.D.G.

Produit pour l'alimentation économique, saine et rationnelle du bétail, provenant en grande partie des issues de la mouture de blé.

DIVERSES MARQUES

Demander celle en raison du but poursuivi.

Marque A pour l'engraissement égal à celui du tourteau de lin, le remplacement de l'avoine, production d'un lait de qualité supérieure.
Marque B pour le bon entretien du bétail.
Marque J développement rapide des jeunes bêtes.
Marque L surproduction du lait.
Marque E engraissement rapide.

Ecrire à M. Armand MILLOT

Moulins Saint-Martin

Saint-Quentin (Aisne.)

MALADIES DU BÉTAIL
ET DE LA VOLAILLE
Leur traitement préventif et curatif
PAR L'ACIDE SALICYLIQUE

L'acide salicylique, employé dans la nourriture à la dose de 1/2 à 1 gramme par jour et par tête de bétail, est le meilleur préservatif des maladies qui procèdent par contagion : Sang de rate, Cocotte, Maladie aphteuse, Erysipèle, Typhus, Morve, Variole et le Rouget des porcs, etc.

DES ATTESTATIONS NOMBREUSES DE GUÉRISONS obtenues pour la Cocotte et le Rouget des porcs ont été reproduites dans le journal *l'Agriculture*.

La désinfection des étables, des écuries, se fait instantanément au moyen d'un arrosage d'eau salicylée à 2 grammes par litre.

S'adresser à M. CERCKEL, administrateur de la *Compagnie de produits antiseptiques*, 26, rue Bergère, Paris.

Envoi sur demande de Prospectus et Brochures.

PRIX DU KIL., 25 fr. BOITE DE MÉNAGE, 2 fr.

ALAMBIC EGROT

A BASCULE. — EAU-DE-VIE, 1er JET *sans repasse*.

FRANCO CATALOGUE ILLUSTRÉ
EGROT, 19-21-23, Rue Mathis, Paris

CONSTRUCTIONS ECONOMIQUES

AGRICULTURE — INDUSTRIE

SOCIÉTÉ MÉTALLURGIQUE
d'Amiens (Somme)

USINE à VAPEUR, FORCE MOTRICE 250 CHEVAUX
Adresser les lettres à M. le Directeur

ENVOI F° DU CATALOGUE

TÔLES ONDULÉES GALVANISÉES, Pour Couvertures
Prix défiant toute Concurrence

MANUFACTURE CENTRALE D'INSTRUMENTS
AGRICOLES & VITICOLES EN TOUS GENRES

EMILE PUZENAT

CONSTRUCTEUR A **BOURBON-LANCY** (SAÔNE & LOIRE)
CATALOGUE FRANCO SUR DEMANDE

GRIFFE SARCLEUSE-BINEUSE

Outil économique

V. Rose

Prix : 9, 12, 14, 16 fr. selon dimension. Prospectus explicatif. ROUSSEAU, breveté, à M. Al. d. à d. à Taverny (S.-et-O.)

pour biner, sarcler promptement entre toutes les lignes de plantes ou légumes sans distinction, indispensable en toutes saisons dans les jardins, vignes, pépinières, les cultures de betteraves, de tabac, etc., même dans les allées

---

VINS
DE SAINT-ÉMILION

Vins classés, de 800 à 250 francs la barrique de 225 litres. — Moitié prix pour la barrique de 112 litres.

Vins grands ordinaires, de 140, 125, 105, 100 francs la barrique — 80, 75, 70, 65, 58, 55 francs, la demi-barrique. — Rendu *franco* en gare et régie, sauf octroi.

Adresser commandes à M. DUPLESSIS-FOURCAUD, à Saint-Émilion. — Envoi de prix courants et échantillons sur demande affranchie.

Médailles d'Or, Paris, 1867 et 1889 — Moscou 1891 — Besançon, Montluçon, Royan, etc.

EXCELLENT DÉSINFECTANT
POUR LES FUTS A VIN, CIDRE, BIÈRE, ETC.

Prix de faveur pour nos lecteurs

Sur notre demande, M. Molty, père, l'inventeur, a consenti à en mettre de petites quantités pour essais à la disposition de nos lecteurs.

10 litres franco gare. 10 fr.

Adresser les demandes à M. Crépeaux, rue Piccini, 10 bis, Paris.

POUDRE DELARBRE

Plus de CHEVAUX POUSSIFS (

Guérison de la POUSSE,

Toux, Bronchite et Gourme.

La Boîte de 20 Doses : 3 francs

G. DELARBRE, AUBUSSON (Creuse)

Maison de Vente & d'Expédition à Aubusson (Creuse) G. DELARBRE

A Paris & en province, chez tous les Droguistes & Pharmaciens.

COUVEUSES
ÉLEVEUSES
VOLAILLES
ŒUFS
à COUVER

VOITELLIER
à MANTES
et à
PARIS
4, PLACE DU THÉÂTRE FRANÇAIS
PRIX COURANT FRANCO
GRAND CATALOGUE ILLUSTRÉ 0.50

CHEVAUX BOITEUX
Guérison par le spécifique BORNET

Contre Capelets, Mollettes, Vessigons, Eponges, Exostoses, Suros, Eparvins e les Formes à leur début. *(Il s'applique également à toutes les tares molles et osseuses.)*

PRÉPARÉ PAR **A. BORNET**
Pharmacien de 1re classe, ex-interne et lauréat des hôpitaux.

19, rue de Bourgogne, PARIS.

Le flacon, 8 fr., à la pharmacie ; en gare par colis postal, 6 fr. contre mandat.

GRANDS RABAIS
POUR LIVRAISONS SUR LES MOIS D'HIVER

Engrais de l'Usine municipale de la Voirie de Bondy

TOURTEAUX ORGANIQUES
MOULUS

Dosage : 1.50 à 2 °/₀ d'azote et 4 à 5 °/₀ d'acide phosphorique.

S'ADRESSER AU

Comptoir Agricole et Commercial
9, RUE NOUVELLE, 9, A PARIS

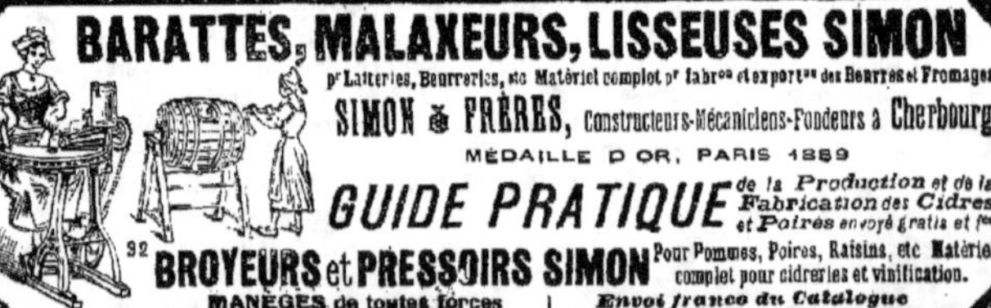

BARATTES, MALAXEURS, LISSEUSES SIMON

pr Laiteries, Beurreries, etc. Matériel complet pr fabron et exporton des Beurres et Fromages

SIMON & FRÈRES, Constructeurs-Mécaniciens-Fondeurs à **Cherbourg**

MÉDAILLE D'OR, PARIS 1889

GUIDE PRATIQUE de la Production et de la Fabrication des Cidres et Poirés envoyé gratis et f°

32 **BROYEURS et PRESSOIRS SIMON** Pour Pommes, Poires, Raisins, etc. Matériel complet pour cidreries et vinification.

MANÈGES de toutes forces | *Envoi franco du Catalogue*

ANÉMIE CHLOROSE, FAIBLESSE **FER QUEVENNE**
Guéries par le **VRAI FER QUEVENNE**
Seul approuvé par l'Académie de Médecine, Paris, 14, r. Beaux-Arts, tout ca.

PRÉSERVEZ VOS ANIMAUX DOMESTIQUES
de toutes les Épizooties et Maladies contagieuses par
la Désinfection des Écuries, Étables, Porcheries
PAR LE

CRÉSYL-JEYES

Désinfectant — Antiseptique, le seul (non toxique), qui soit d'une efficacité scientifiquement démontrée. Le CRÉSYL-JEYES a été récompensé par la Société des Agriculteurs de France en 1891 d'une Médaille d'argent grand module. Envoi franco sur demande du prospectus détaillé. —
CRÉSYL-JEYES, 35, Rue des Francs-Bourgeois, 35, Paris.
Se méfier des nombreuses contrefaçons.

Maison MURE, à Pont-St-Esprit (Gard)
A. GAZAGNE, Gendre et Suc', Ph'' de 1'' Classe

MALADIES NERVEUSES
Épilepsie, Hystérie, Danse de Saint-Guy,
Affections de la Moëlle épinière, Convulsions,
Crises, Vertiges, Éblouissements, Fatigue
cérébrale, Migraine, Insomnie, Spermatorrhée
Guérison fréquente, Soulagement toujours certain
par le SIROP de HENRY MURE
succès consacré par 20 années d'expérimentation dans les Hôpitaux de Paris.
FLACON : 5 FR. — NOTICE GRATIS.

PATE et SIROP d'ESCARGOTS de MURE

« Depuis 30 ans que j'exerce la médecine, je n'ai pas trouvé de remède plus efficace que les escargots contre les irritations de poitrine. »
« D' CHARTIER, de Montpellier. »
Goût exquis, efficacité puissante contre **Rhumes, Catarrhes** aigus ou chroniques, **Toux spasmodique, Irritations** de la **gorge** et de la **poitrine.**
Pâte 1'; Sirop 2'. — Exiger la PATE MURE. Refuser les imitations.

Thé Diurétique de France
sollicite efficacement la sécrétion urinaire, apaise les **douleurs des Reins** et de la **Vessie**, entraîne le sable, le mucus et les concrétions, et rend aux urines leur limpidité normale. — *Néphrites, Gravelle, Catarrhe vésical, Affections* de la *Prostate* et de l'*Urèthre.* — PRIX DE LA BOITE : 2 FRANCS.

Dépôt général de l'ALCOOLATURE D'ARNICA
de la TRAPPE DE NOTRE-DAME DES NEIGES
Remède souverain contre toutes blessures, coupures, contusions, défaillances, accidents cholériformes.
DANS TOUTES PHARMACIES. — 2 FR. LE FLACON.

Hr. * Exposition Universelle 1889. * Médaille d'Argent.

VIN DE BOURGOGNE
Ferme de l'Hospice de Beaune.
Domaine de MEURSAULT

VINS FINS GRANDS ORDINAIRES, ORDINAIRES
Rouges et Blancs
Concours Général agricole de Paris 1895
MÉDAILLE d'or pour vins rouges
MÉDAILLE d'argent pour vins blancs
Concours Général agricole de 1896
HORS CONCOURS, MEMBRE DU JURY
JOBART MUTHELET, Meursault (Côte-d'Or)

ENGRAIS CHIMIQUES
DES
MANUFACTURES DE SAINT-GOBAIN

12 Usines :

CHAUNY (Aisne).	SAINT-FONS, près Lyon.
AUBERVILLIERS (Paris).	L'OSERAIE, près Avignon.
MONTARGIS (Loiret).	BALARUC, près Cette.
TOURS (Indre-et-Loire).	VALENCIA (Espagne).
MONTLUÇON (Allier).	HEMIXEM
MARENNES (Charente-Inférieure)	MESVIN-CIPLY } (Belgique).

PRODUCTION ANNUELLE : 400.000.000 DE KILOS

Dosages garantis — Emballages marqués et plombés

SUPERPHOSPHATES DE CHAUX

ENGRAIS COMPOSÉS
Suivant les convenances des acheteurs pour toutes cultures

ENGRAIS COMPLET DE SAINT-GOBAIN
Efficacité éprouvée dans tous les sols et dans toutes les cultures

ENGRAIS SPÉCIAUX POUR LA VIGNE :
Engrais pour Vigne à végétation faible.
Engrais pour Vigne à végétation normale.
Engrais pour Vigne à végétation luxuriante.

Adresser les ordres ou les demandes de renseignements à la DIRECTION COMMERCIALE DES PRODUITS CHIMIQUES *de* SAINT-GOBAIN, 9, rue Sainte-Cécile, Paris — *ou aux Agents de la Compagnie dans toutes les villes de France.*

17ᵉ Année. — Nº 38.   LE NUMÉRO. 10 CENTIMES.   Dimanche 20 Septembre 1896.

GAZETTE AGRICOLE

JOURNAL HEBDOMADAIRE, PARAISSANT LE DIMANCHE

Fondateur : M. CH. GOSSIN, Professeur d'Agriculture à l'Institut agricole de Beauvais

PRIX DE L'ABONNEMENT

UN AN, 5 fr. — SIX MOIS, 3 fr. — TROIS MOIS, 2 fr. 25

Pour l'Étranger les abonnements ne sont reçus que pour un an, au prix de 6 francs, et ne partent que du 1ᵉʳ JANVIER ou du 1ᵉʳ JUILLET de chaque année.

Le Numéro : 10 centimes.

Adresser toute la correspondance : mandats, lettres, annonces etc., à M. CRÉPEAUX, Directeur de la *Gazette agricole* 10 bis, rue Piccini, Paris.

Toute demande de changement d'adresse doit être accompagnée de 50 centimes et de la dernière bande du journal.

BUREAUX

97, rue de Rennes, Paris, et à Beauvais, rue Saint-Étienne.

Les abonnements partent du 1ᵉʳ de chaque mois et sont payables d'avance. Toute demande d'abonnement doit donc être accompagnée du prix de l'abonnement. (Le mode de payement plus simple est l'envoi d'un mandat-poste.)

Donner *très lisiblement*, en s'abonnant, son nom et son adresse exacte, *avec l'indication du bureau de poste*; et, s'il s'agit d'une continuation d'abonnement, joindre au renouvellement la dernière bande d'adresse du journal.

Les Annonces sont reçues à la Direction du Journal, et chez MM. DUSSERIS et MATHELLON, 97, rue de Rennes Paris.

Sommaire :

BULLETIN COMMERCIAL

Paris, le 16 septembre 1896.

Le temps reste pluvieux malgré la hausse du baromètre ; cette humidité excessive dans le nord et le nord-ouest contrarie la rentrée des avoines qui restent encore dans les champs.

Les marchés de provinces accusent du calme ; les offres en blés restent assez abondantes, mais malgré le peu d'activité de la demande les prix sont presque restés partout sans changement.

On a constaté aussi du calme sur les menus grains, La farine reste bien tenue avec des affaires assez difficiles.

BOURSE DU COMMERCE DU MERCREDI 16 SEPTEMBRE

	FARINES	BLÉS
Courant	42 »	18 »
Prochain	40 85	18 25
Nov.-Déc	40 25	18 40
4 de nov	40 20	18 50
4 premiers	40 35	18 80

Marque de Corbeil : 44 fr. le sac de 150 kil toile à rendre.

Halle aux blés. — *Blés indigènes.* — La culture est venue aujourd'hui sur place.

avec des idées de fermeté et elle cherche à relever ses prix ; mais d'un autre côté, la meunerie observe toujours la même tactique, il ne veut acheter qu'en baisse. Dans ces conditions, les affaires sont très calmes et les prix restent sans variation sur mercredi dernier, mais la tendance est soutenue. On cote depuis 17,75 jusqu'à 18,50 les 100 kil. gare d'arrivée Paris.

Blés exotiques. — Pas d'affaires, les prix étant beaucoup trop élevés.

Sons. — Calmes mais bien tenus sur le disponible, faibles sur le grand livrable.

Avoines. — La tendance est mauvaise, les offres sont plus abondantes, car les cultivateurs battent pour vendre la paille, les prix sont nominalement en baisse de 25 et même de 50 cent., mais les affaires sont très calmes, la graineterie étant réservée dans ses achats.

On cote : avoines blanches 14, rouges 14,25 à 14,50, grises 14,25 à 14,75 noires, 14,50 à 15,50 les 100 kilos. On offre des avoines de Pétersbourg à Rouen, à Paris et à Dunkerque de 14 à 14,50.

Escourgeons. — Les prix ne varient pas, il y a deux mois que les acheteurs paient 15 à 15,25 les 100 kilos, gare Paris, pour les escourgeons de Beauce. On dit que cette province sèmera beaucoup d'escourgeons cet hiver, les prix restant favorables pour elle depuis quelques années. Aucun changement à noter aujourd'hui ; la demande est calme.

Sucres. — Le marché est faible par suite du changement du temps, les offres sont régulières et les prix en baisse de 25 à 37 cent. Raffinés 98,50 à 99, roux 88° 26,75 à 27.

Marché de la Chapelle. — Marché sans changement.

On cote : paille de blé 1ʳᵉ qté 24 à 26 fr., 2ᵉ qté 22 à 24 fr., 3ᵉ qté 19 à 22 fr. ; paille de seigle 1ʳᵉ qté 31 à 33 fr., 2ᵉ qté 28 à 31 fr., 3ᵉ qté 24 à 28 ; paille d'avoine 1ʳᵉ qté 23 à 25 fr., 2ᵉ qté 21 à 23 fr., 3ᵉ qté 18 à 21 ; foin nouveau 1ʳᵉ qté 55 à 57 fr., 2ᵉ qté 51 à 55 fr., 3ᵉ qté 47 à 51 fr. ; foin vieux 1ʳᵉ qté 58 à 62 fr., 2ᵉ qté 54 à 58 fr.; 3ᵉ qté 50 à 54 fr. ; luzerne nouvelle 1ʳᵉ qté, 53 à 55 fr., 2ᵉ qté 50 à 53 fr., 3ᵉ qté 46 à 50 fr; regain nouveau 1ʳᵉ qté 54 à 56 fr., 2ᵉ qté 50 à 54 fr., 3ᵉ qté 44 à 50 fr.

Le tout rendu dans Paris, au domicile de l'acheteur, frais de camionnage et droits d'entrée compris par 104 bottes de 5 kil.; savoir : 6 fr. pour foin et fourrages secs, 2 fr. 40 pour paille. Pourboire 1 fr. par 100 bottes.

Fourrages et pailles en gare. — La paille de blé se vend suivant provenances et bottelage, de 27 à 21 fr., mais les affaires n'ont rien d'important.

La paille d'avoine est offerte de 15 à 18 fr. et la paille de seigle de 18 à 22 fr., gare Paris. Les fourrages se vendent assez facilement

surtout en marchandise immédiatement disponible.

Les regains dénotent de la faiblesse.

On cote sur wagon, par 520 kilogr., en gare d'arrivée à Paris :

Foin	42 à	44
— nouveau	37 à	41
Luzerne première qualité	39 à	41
Paille de blé	17 à	21
— de seigle pour l'industrie	22 à	26
— — ordinaire	18 à	22
— d'avoine	15 à	18

Pour les marchandises en gare, les frais de déchargement, d'octroi et de camionnage sont à la charge de l'acheteur.

FRUITS

Figues	1 50 à	1 75
Pêche de Perpignan, la corbeille de 12 fruits	80 à	1 50
Prunes	50 à	60
Poires communes	25 à	30
Raisins d'Algérie, les 100 kilos	60 à	65
Cassis	50 à	55
Amandes, 2ᵉ choix	45 à	50
Noisettes	50 à	55
Citrons, la caisse de 420/490	34 à	36
Noix	18 à	22

POMMES DE TERRE

Hollande (100 kil.)	8 » à	11 »
Roses-Early	4 » à	5 »
Magnum-Bonum	5 » à	6 »
Rondes	6 » à	7 »

LÉGUMES

Chour, le cent	6 à	16
Choux-fleurs suivant grosseur	15 à	50
Artichauts de Paris	10 à	22
— de Bretagne	8 à	16
— d'Angers	28 à	30
Tomates	15 à	20
Haricots flageolets	12 à	15
— beurre	40 à	55
Haricots verts de Paris	25 à	30
Melons, la pièce	60 à	2 50
Cornichons moyens	40 à	50

LINS. — Les 100 kilogr. — *Marché de Lille.*

	Communs	Ordin.	Supér.
Alost.	148 à 153	154 à 157	161 à 166
Bergues.	150 à 158	161 à 168	173 à 182

Marché aux chevaux, 16 Septembre

Gros trait de 300 à 1.300	Boucherie de	45 à 220
Selle et tr. 150 à 1.150	Anes de	50 à 130
léger . de 150 à 1.150	Chèvres. . de	à
H. d'âge de 150 à 350		

AMENÉS

Chevaux, 311 — Anes, 9 — Chèvres, 0
Voitures 92, de 35 à 550.

Prix moyen aux 100 kilog. des CÉRÉALES dans les Départements.

Région	Ville	BLÉ	SEIGLE	ORGE	AVOINE
Rég. du Nord-Ouest	Caen	17 75	10 25	13 50	15 25
	Lannion	17 75	10 00	14 00	15 00
	Morlaix	17 50	10 00	13 00	14 00
	Rennes	17 25	10 00	13 00	13 50
	Avranches	17 25	10 00	13 00	14 00
	Laval	17 25	10 25	13 00	14 00
	Lorient	17 00	10 00	13 00	14 00
	Alençon	17 50	10 25	14 00	15 50
	Le Mans	17 50	10 25	14 00	16 00
Région du Nord	Soissons	18 25	10 50	»	15 50
	Evreux	18 50	10 00	13 00	15 50
	Chartres	17 75	10 00	14 00	15 75
	Lille	18 50	10 25	13 75	14 75
	Compiègne	17 50	10 00	14 00	15 00
	Beauvais	18 25	11 00	16 00	16 00
	Arras	18 50	11 50	14 50	15 00
	Paris	18 75	10 00	16 00	15 50
	Versailles	18 50	10 25	15 00	16 00
	Rouen	18 50	10 25	15 25	15 75
	Amiens	18 00	10 75	16 00	17 00
Rég. du N.-E.	Mézières	18 50	10 25	13 50	15 50
	Nogent-s-Seine	18 25	10 50	14 00	15 00
	Châlons-sur-Marne	18 50	10 75	14 00	16 50
	Langres	18 50	10 25	13 75	15 00
	Nancy	18 50	10 00	14 00	15 50
	Bar-le-Duc	18 50	10 50	15 00	16 00
	Neufchâteau	18 75	10 25	14 75	15 50
Région de l'Ouest	Ruffec	18 25	10 25	13 00	15 00
	Marans	17 50	10 25	13 50	14 00
	Niort	17 50	10 25	13 50	15 00
	Tours	18 25	10 00	13 00	15 00
	Nantes	18 25	10 50	14 00	14 00
	Angers	17 75	10 50	14 00	15 00
	Luçon	17 50	10 25	14 00	15 25
	Poitiers	17 50	10 25	13 00	»
	Limoges	17 75	10 25	»	15 50
Région du Centre	Moulins	18 25	10 25	13 50	14 75
	Bourges	17 25	10 00	13 50	14 25
	Aubusson	18 25	10 25	14 00	14 50
	Châteauroux	18 25	10 25	14 25	14 00
	Orléans	18 50	10 00	13 00	14 75
	Blois	19 00	10 00	14 00	15 50
	Nevers	18 50	10 25	15 00	16 00
	Clermont Ferr.	18 25	10 00	16 00	16 00
	Sens	18 50	10 00	13 25	15 50
Région de l'Est	Bourg	18 75	10 50	14 00	15 50
	Dijon	18 50	10 25	14 25	15 00
	Besançon	18 75	11 00	14 25	15 25
	Grenoble	18 75	10 25	13 50	14 50
	Dôle	18 50	10 50	14 00	15 00
	Saint-Etienne	18 50	10 50	14 00	16 00
	Lyon	18 75	11 00	14 00	15 00
	Mâcon	18 75	11 25	14 00	15 00
	Vesoul	18 75	10 50	»	15 50
	Chambéry	18 50	10 25	»	16 00
	Annecy	18 25	»	»	15 75
Rég. du Sud-Ouest	Pamiers	18 50	11 50	»	15 25
	Périgueux	18 75	11 00	14 00	15 00
	Toulouse	19 00	12 00	14 25	16 00
	Auch	18 25	11 00	14 00	16 00
	Bordeaux	18 50	11 50	13 00	15 00
	Dax	18 50	11 25	13 25	15 25
	Agen	18 50	11 00	14 00	15 25
	Bayonne	18 50	11 00	14 00	16 00
	Tarbes	18 50	11 00	»	»
Région du Sud	Carcassonne	19 75	10 50	14 00	15 00
	Rodez	18 25	12 00	14 00	16 00
	Mauriac	18 25	11 00	»	16 00
	Tulle	18 25	11 00	»	15 25
	Montpellier	18 25	11 50	»	16 00
	Figeac	18 50	10 50	14 00	15 00
	Mende	18 75	11 25	14 00	15 50
	Perpignan	18 00	11 00	14 25	15 25
	Albi	18 50	11 50	13 75	16 00
	Montauban	19 25	11 00	14 00	16 25
Région du Sud-Est	Gap	18 75	11 00	15 00	16 00
	Manosque	18 75	11 00	14 00	15 50
	Nice	18 50	11 50	14 00	16 00
	Privas	18 50	11 00	14 00	16 00
	Arles	18 50	11 00	13 00	16 00
	Montélimar	19 00	»	14 25	16 00
	Nîmes	18 75	12 00	14 00	16 00
	Le Puy	18 75	12 00	14 00	16 00
	Draguignan	18 50	12 00	14 50	16 00
	Avignon	21 00	12 50	14 00	17 00

Tourteaux. — Cours de la maison P. Marchand frères, à Dunkerque (Nord) :

TOURTEAUX A NOURRIR

	Dispon.	A livrer.
Coton de graines d'Egypte	9 50	9 50
Sésame blanc	11 50	11 50
Arachide décortiquée	15 00	15 00
Colza à nourrir	10 25	10 25
Colza du pays	11 25	11 25
Œillette du Levant	10 00	10 »»
Œillette blanche de Turquie	10 00	10 »»
Lin 1re qual. de Bombay g. form.	14 50	14 50
Lin 1re qual. de Bombay p. form.	15 00	15 00

TOURTEAUX-ENGRAIS

	Dispon.	A livrer.
Arachide décortiquée	14 50	14 50
Caméline	»» »»	»» »»
Colza des Indes en poudre	»» »»	»» »»
Colza ravison	7 25	7 25
Colza jaune Gutzerat	10 50	11 »»
Kurrachée	»» »»	»» »»
Niger	»» »»	»» »»
Pavot	9 25	9 50
Sésame blanc	10 00	10 00
Sésame noir	»» »»	»» »»
Coton en farine	7 50	7 50

Nos prix s'entendent pour tourteaux en planches, rendus en gare de Dunkerque.

Paiement à 30 jours ou à terme plus éloigné suivant convention expresse.

Le concassage se paie 0 fr. 25 et la mise en poudre 0 fr. 40 aux 100 kilos. Dans ce cas, les sacs sont facturés à 0 fr. 35 pièce, et repris au prix de facture, quand ils sont rendus en bon état et franco, dans les 30 jours de l'expédition.

FROMENTINE :

	100 kil.
Marque A	13 »
Marque B	13 »
Marque J	13 »
Marque L	15 »
Marque E	16 »

Les 100 kilogs sur wagon St-Quentin, sac à retourner ou à facturer.

BEURRES. (le kilogr.).

BEURRES EN MOTTES			BEURRES EN LIVRE		
Isigny extra	4.00	5.40	Bourgogne	1.80	2.20
— demi-fin	3.00	3 40	Gâtinais	2.10	2.50
M. d'Isigny	2 80	3 10	Vendôme	2.00	2 50
du Gâtinais	2.10	2.50	Beaugency	2 00	2.50
de Bretagne	2.10	2.50	Ferme	2.10	3.20
Laitiers Jura	2.20	2.70	Tours	2.00	2.60
de Charente	2 00	2.70	Le Mans	1.90	2.20
des Alpes	2.30	3.00	Touraine fausse	2.00	2.40

ŒUFS. — (le mille).

Normandie ext.	90 à 110		Bourgogne	75 à 84	
Picardie —	90 à 115		Champagne	78 à 82	
Brie —	85 à 100		Nivernais	72 à 76	
Touraine	85 à 100		Bourbonnais	68 à 74	
Beauce	85 à 88		Bretagne	60 à 74	
Orne	72 à 85		Vendée	60 à 74	
Picardie	74 à 85		Auvergne	65 à 68	
Châtellerault	76 à 80		Midi	66 à 74	

FROMAGES.

Brie hautes marq.	43	48	Roquefort	120	200
Brie gr. m. (10)	35	40	Gruyère (100 k.)	90	170
— m. m.	28	32	Coulommiers (100)	20	40
Petits Nanteuils	18	22	Gournay (100)	10	30
Brie laitiers	18	22	Livarot (le 100)	65	90
Gérardmer (100 k.)	70	80	Bourgogne (100)	65	70
Hollande	160	170	Camembert (100)	40	60
Bondons (100)	150	180	Munster (100 c.)	100	120
Cantal	120	135	Port-Salut	160	180

VOLAILLES

Poulet Brest dit moelleux	2.00	4.00	Pigeon Mâcon	1.50	2.00
Poulets Nant.	2.25	4.50	Canaris Nantais	2.50	3.00
Poulets Tour.	2.50	4.50	Dindes Tourr.	8.00	16.00
Poulets Houdan	5.00	5.75	Oies	5.00	7.50
Pigeons d'Italie	80	1.25	Lapins dom.	2.70	3.25
			Lapins garenne	1.50	2.00

VINS — BERCY

Rouges			Blancs		
B. Bourg. vieux	140 à 155		Bordeaux	125 à 160	
Touraine	105 à 115		B. Bourg	150 à 190	
Bord. vieux	130 à 160		Sancerre	130 à 135	
Algérie	20 à 32		Chablis	200 à 350	
Cher	110 à 135		Anjou	120 à 135	
Chinon	125 à 180		Pouilly	350 à 300	
Narbonne	32 à 38		Vouvray	155 à 195	

HOUBLONS. — Les 50 kilogr.

Alost primé	32,00 à	30,00
Bourgogne	55,00 à	40,00
Poperinghe	25,00 à	30,00
Wurtemberg	40,00 à	42,00
Altmark	75,00 à	100,00
Alsace	50,00 à	65,00

Prix des Produits Forestiers à Paris.

BOIS DE FEU (Octroi non compris)	Falourde de pin	100 à 110	le ce.	
	Bois de flot	110 à 105	le d.	
	Bois gris neuf	130 à 120	—	
	Bois blanc	105 à 140	—	
BOIS D'ŒUVRE (Octroi compris)	Chêne gros bois	105 à 110	le m.	
	— moyen bois	70 à 60	—	
	— petit bois	30 à 48	—	
	Charme, plateaux	50 à 60	—	
	Sciage Entrevoux	175 à 210	les 2/4 m.	
	de Ecnantillons	230 à 220	—	
	chêne. Frise	27 à 28		

La suite des marchés se trouve à la correspondance.

L'ANNÉE AGRICOLE ET AGRONOMIQUE
pour 1896.

Cet ouvrage dont la première édition avait été honorée de tant d'éloges vient de paraître pour la seconde fois. Nous nous sommes attachés à tenir le plus grand compte des critiques et des vœux qui nous ont été adressés. Nous croyons sincèrement que l'*Année agricole et agronomique* est maintenant conçue sur un plan définitif. C'est la revue impartiale et fidèle de tous les travaux agricoles de l'année tant en France qu'à l'étranger, qu'ils émanent des individus ou des sociétés. La classification de la table permet de trouver immédiatement les renseignements désirés sur tel ou tel objet.

Nous avons voulu doter chaque année l'agriculture nationale d'une encyclopédie aussi complète et facile à consulter que possible, si nous en croyons nos confrères, notre but est atteint, nous attendons la sanction de nos lecteurs.

Nous l'offrons en prime à nos abonnés au prix de 2 fr. 50 franco de port au lieu de 4 francs.

Ceux de nos abonnés qui désirent l'**Année agricole et agronomique** de **1895** et celle de **1896** recevront les deux volumes franco dans la gare la plus voisine contre 4 fr. 50.

Adresser les demandes à M. Crépeaux, 10 *bis*, rue Piccini, Paris.

Almanach de la France rurale pour 1897.

En vente aux bureaux de la *Gazette* : 0.50 centimes l'exemplaire *Franco*. Remises pour quantités importantes.

Avis aux lecteurs. — La *Poudre de Rogé* approuvée par l'Académie de médecine, est le plus agréable des purgatifs, celui qui convient le mieux aux dames, aux enfants et aux tempéraments délicats.

« La poudre de Rogé peut, dans presque tous les cas, remplacer les autres purgatifs. » (Répertoire de Pharmacie.) — Eviter les produits similaires dont le nom peut prêter à confusion. Fab. : 19, rue Jacob, Paris. Dépôt : 9, rue du Quatre-Septembre, et toutes les pharmacies.

Prix du flacon : 2 fr.

CHRONIQUE POLITIQUE

C'est toujours dans les banquets agricoles que les organes de la politique officielle se livrent à leurs dithyrambes enthousiastes en son honneur. A les entendre, jamais l'agriculture n'eut affaire à des gouvernants aussi dévoués à ses intérêts. L'agriculture pourrait leur demander comment il se fait qu'elle n'ait jamais connu de misères aussi grandes que sous le régime de ces amis si dévoués. Alors où en serait-elle, s'ils l'étaient moins ?

Mais les agriculteurs se lassent, ils savent ce que vaut l'aune de ces boniments officiels et officieux. Ils se taisent par amour pour la paix sans doute ; mais nous voudrions qu'ils montrassent un peu plus d'énergie et d'ensemble dans la manifestation de leurs sentiments et dans leurs revendications.

Le gouvernement se préoccupe vivement, nous dit-on, des projets financiers qui doivent être soumis aux Chambres, à la prochaine rentrée, en vue de trouver les millions nécessaires pour atténuer les déficits inquiétants du budget. Comme nous le disions la semaine dernière, c'est le projet de monopole de l'alcool qui absorbe le plus leur attention. M. Charles Dupuy prépare son projet, comme moyen de rentrer en campagne en vue de reconquérir le pouvoir. M. Méline et M. Cochery, de leur côté, se livrent à des études analogues en vue de s'y maintenir. Ils ont envoyé M. de Meaux, inspecteur des finances, en Russie, pour étudier l'organisation et le fonctionnement de ce régime qui est en vigueur dans une partie notable de cet immense empire, où, d'après certains rapports, il produit les effets les plus encourageants pour les finances de l'Etat et aussi pour la santé publique.

Cela est possible, disons-nous ; mais de là à conclure que le même régime aurait des effets aussi satisfaisants chez nous il y a loin et, tout d'abord, nous ne pouvons méconnaître que ce régime porterait un préjudice considérable à de nombreuses branches de la production industrielle et que de nombreux particuliers payeraient de leur ruine le monopole destiné à ravitailler le Trésor de l'Etat. Ceci soit dit au reste, seulement à titre de conjecture, au point de vue économique ; ajoutons qu'au point de vue politique c'est toujours un véritable fléau pour le pays de confisquer de nombreuses industries libres pour les transformer en un monopole d'Etat. C'est une étape de plus vers le fléau justement redouté du socialisme d'Etat, qui est bien le plus redoutable antipode d'un régime de liberté et de vraie république. Mais qu'à cela ne tienne, hélas ! Ne sommes-nous pas habitués en France à nous faire gouverner avec des mots ! et des mots qui couvrent le contraire de ce qu'ils signifient.

Les politiciens opposants s'agitent aussi violemment de leur côté pour attaquer le ministère Méline à la rentrée des Chambres. Ceux-là ne parlent pas dans les banquets agricoles. Ils réunissent des congrès organisés expressément en vue de propager leurs idées et d'accroître leur crédule clientèle. Jusqu'ici les discours de M. Doumer et de M. Bourgeois n'ont pas obtenu le retentissement qu'ils espéraient.

Dans les congrès socialistes, M. Jaurès et ses émules n'ont pas la main plus heureuse. A Amiens les discussions entre socialistes, collectivistes et possibilistes ont abouti à des échanges bien sentis de coups de pied et de coups de poing. Au congrès de Tours, M. Jaurès a enseigné comme un dogme socialiste que la *haine est créatrice* et que les peuples lui doivent toutes les transformations qui améliorent leur sort. Cet aveu est à retenir. Il révèle un fait bien clair pour nous, c'est que la haine et l'envie sont inspiratrices, sont le sentiment vrai qui se déguise sous le nom de fraternité. — Ainsi s'explique la fraternité de jadis, entre les Girondins et les Jacobins. Ainsi celle des radicaux et des socialistes d'aujourd'hui. Les échanges de coups de pied et de coups de poing avant la bataille, se traduisent par les meurtres et les confiscations au lendemain de la victoire. C'est l'histoire d'hier en France, serons-nous assez lâches et assez bêtes pour l'aider à en faire l'histoire de demain ? Il est malheureusement permis de le craindre ! L'opportunisme d'aujourd'hui fait tout ce qu'il peut pour nous pousser à cet abîme.

La situation affreuse de Madagascar, les tueries en masse des Arméniens, le gouffre financier du Tonkin, émeuvent justement l'opinion publique et de nombreuses interpellations sont annoncées sur ces sujets poignants pour la prochaine rentrée des Chambres.

La visite du tsar Nicolas II, il est vrai, qui précédera de quelques jours la rentrée, peut provoquer un peu de diversion à ces justes sujets d'inquiétude. En attendant, quelque respect que nous ayons pour le tsar de Russie, nous ne pouvons admettre qu'un souverain chrétien puisse oublier ses devoirs au point de consacrer, par son inaction, les horribles massacres commis en Orient par le gouvernement qui n'existe que grâce à sa tolérance. Nous voudrions espérer qu'une résolution virile de ce grand souverain ne tardera pas à nous rassurer sur un point si capital où toutes les prétendues nécessités politiques doivent s'effacer devant le premier des devoirs des peuples civilisés et de leurs gouvernants quels qu'ils soient.

En somme, les gros points noirs ne manquent ni dans notre ciel politique, ni dans notre ciel agricole et nous ne voyons poindre aucun signe d'amélioration prochaine, ni chez les détenteurs du pouvoir, ni surtout chez ceux qui prétendent les supplanter.

Pas de politique aux réunions agricoles, c'est le refrain général, que chacun sait. Oui, prohibition de la politique pour les cultivateurs, mais faculté d'en faire à gogo pour les préfets et les politiciens officiels. C'est entendu.

Au concours du comice de Ploërmel et Allaire, le préfet a débité la ritournelle habituelle de ses modèles sur leur prétendu dévouement à l'agriculture. — Dieu sait ce que leur dévouement lui a rapporté jusqu'à ce jour. « Hou ! hou ! hou ! » ont crié de nombreux convives. pas de politique ici ! Vive l'agriculture ! »

Le pauvre préfet se l'est tenu pour dit. Bonne leçon à l'adresse des orateurs politiques dans les banquets agricoles et des ruraux qui ont la patience de les laisser se moquer d'eux et de l'agriculture.

La réforme douanière.

M. Estancelin nous adresse la lettre suivante dont la lecture intéressera vivement tous ceux qui voient clairement comme nous l'inanité des projets de réformes autres que celui du relèvement *général* de nos tarifs douaniers :

Monsieur,

Je vous remercie de vos appréciations si justes sur la pétition adressée par moi aux conseils généraux en faveur de l'agriculture. On m'a dit que la commission de notre conseil général, chargée de l'examiner, avait voté son adoption mais que la majorité du Conseil l'avait repoussée. — Je voudrais bien lire les professions de foi de ces messieurs assurant certainement les agriculteurs de toute leur sympathie. — mais ayant réalisé ce dicton populaire : «C'est le cas « de nous montrer, cachons-nous !! »

Je vous adresse ci-joint quelques lignes qui compléteront ma communication :

Sur les boulevards de Paris on voit successivement se fermer les établissements où le superflu des revenus se dépensait joyeusement, on lit les affiches d'appartements à louer, et naïvement des gens en cherchent les causes.

Elles tiennent uniquement à la diminution de la fortune de la France, les revenus fonciers ont diminué de moitié et les valeurs de la terre diminuent encore de 40 à 60 0/0.

Voilà ce qu'il faut dire et répéter, chaque jour !

Dans nos villages, les plaintes sont unanimes, et aussi bien dans les châteaux que dans les chaumières, toutes proportions gardées, la gêne devient générale, et l'économie la plus stricte s'impose !

C'est frappé de cette situation, *qui va en s'aggravant*, que j'ai fait un appel à l'opinion publique et aux Conseils généraux.

Vous pouvez considérer comme des naïfs, s'ils sont de bonne foi, ceux-ci fussent-ils ministres, sénateurs ou députés qui vous feront espérer comme un soulagement efficace à la crise agricole une diminution de l'impôt foncier !

Comme des naïfs :

Ceux qui croient que la représentation plus ou moins officielle de l'agriculture, changera quelque chose à la situation, trop bien connue, hélas !

Tant que l'on n'aura pas rétabli des droits sur les produits étrangers, *on n'aura rien fait d'utile*, et comme je ne veux passer ni pour naïf, ni pour niais, je le dis bien haut!

En politique, comme dans toutes les questions, même agricoles, les occasions perdues se retrouvent difficilement!

Et les bourses vides des propriétaires ou des agriculteurs ne se rempliront pas s'ils font dans l'avenir ce qu'ils ont fait dans le passé, c'est-à-dire se contenter de jouer le rôle de dupes!

Et combien d'agriculteurs m'ont répété cent fois, quand, il y a nombre d'années je demandais, secondé par le concours du regretté M. Pouyer-Quertier, des droits protecteurs pour l'agriculture: « Ah! si vos avis avaient été « suivis, que de ruines de moins dans « notre pays ! »

Ce passé me donne aujourd'hui le droit de donner une fois de plus un avis éclairé!

Dieu veuille qu'on en profite, mais au moins une fois de plus, j'aurai fait mon devoir. »

Oui, tous ceux qui dans la presse agricole, tels que les écrivains de la *Démocratie rurale*, amusent les cultivateurs avec leurs promesses de dégrèvement, etc., etc., sont des agriculteurs de cabinet ou des boulevardiers qui engagent les agriculteurs des champs dans la voie qui plaît aux libre-échangistes — mais qui est fatale à l'agriculture, je le dis ici et le répète.

Vous pouvez faire de ma lettre l'usage que vous voudrez, et vous prie d'accepter l'expression de mes sentiments les plus distingués.

ESTANCELIN.

Nouvel emprunt tonkinois.

Le gouffre financier ouvert par le régime établi dans le Tonkin, n'est pas en voie de se combler, au contraire, il se creuse tous les jours, suivant nos tristes prévisions.

L'emprunt de 80 millions contracté l'an dernier devait, suivant nos gouvernants, mettre en bonne voie tous les services et ceux-ci devaient procurer les ressources nécessaires à l'intérêt et à l'amortissement.

Nous avions trop raison de déclarer ces promesses illusoires.

Aujourd'hui l'emprunt est dévoré, tous les services qu'il devait assurer sont en souffrance, on est réduit à réclamer un nouvel emprunt.

Il est prouvé que c'est à coup de mensonges et de promesses illusoires que le gouvernement a obtenu le vote du premier emprunt.

Qui donc a la responsabilité des mensonges au moyen desquels l'emprunt a été voté? Est-ce le ministère de l'an dernier, est-ce le gouverneur de l'Indo-Chine.

Hélas! la question est inutile. Jamais, sous aucun régime, les abus, les gaspillages, n'ont été pratiqués sur une aussi large échelle et avec une aussi scandaleuse impunité.

Jamais la responsabilité des dépositaires du pouvoir dans tous les services ne fut une fiction aussi dérisoire.

Élection sénatoriale.

Dimanche dernier, dans l'Yonne, M. Bézine, député radical, a été élu sénateur, en remplacement de M. Dethou, sénateur radical. Il avait pour concurrent M. Flandon, député ministériel.

C'est une acquisition insignifiante pour le Sénat et une perte également insignifiante pour le Palais-Bourbon. M. Pouiraud a dit vrai en déclarant que s'il y en avait 300 de moins de ce genre dans les deux Chambres, les affaires du pays s'en trouveraient bien.

Cela est évident, mais ce qui ne l'est pas moins, c'est la difficulté ou mieux l'impossibilité de les convertir à une réforme qui les ferait rentrer dans le néant dont nos cruches électorales ont la sottise de les tirer.

Avec de telles élections, les ruraux sont assurés d'être plus ruinés le lendemain que la veille.

CHRONIQUE GÉNÉRALE

Concours régionaux de 1890

CONCOURS D'AGEN (*Suite.*)

Espèce bovine. — *Race garonnaise.* Cette race justement appelée le *durham du Midi* est fort bien représentée, elle reste le type des animaux aptes à la fois au travail et à la boucherie. Principaux lauréats : MM. Médeville, Tujas (Gironde), Beauvallon, Camps, Binot (Lot-et-Garonne). — *Race des Pyrénées propres au travail.* Pour les personnes qui ne connaissent pas le régime auquel ils sont soumis, ces animaux paraissent inférieurs : on ne sait pas, en effet, que ces sujets passent l'hiver sur les plaines, l'été sur le flanc des montagnes et surtout que le commerce et l'industrie les emploient pour tous les transports les plus pénibles. Si l'on tient compte de ces faits, on est obligé de convenir que les animaux primés font honneur à leurs propriétaires: MM. Cazenave, Bonézou, Cazaban (Basses-Pyrénées). — *Race limousine.* Nous ne dirons rien de cette race que tout le monde connaît, si ce n'est que les éleveurs du Lot-et-Garonne sont de sérieux concurrents pour ceux du Limousin. Lauréats: MM. Buzet (Lot-et-Garonne), Limousin, Ruaud, de Catheu, Matapaud (Haute-Vienne). — *Croisements limousins.* MM. Limouzin, Ruaud (Haute-Vienne), Rozier (Lot-et-Garonne), Tujas, Médeville (Gironde). — *Race de Lourdes.* Précieuse par ses qualités laitières, cette race est bien représentée par les animaux de MM. Michon, Dallas, Gesta, Barrère (Hautes-Pyrénées), Larrieu (Basses-Pyrénées). — *Races de Saint-Girons et d'Aure.* Lauréats : MM. Laffront-Laurent (Haute-Garonne), Galinier, Marot, Pujol (Ariège). — *Race bazadaise.* Toujours en voie d'amélioration. Lauréats : MM. Parquey, Médeville, Balade, Belloc (Gironde). — *Race gasconne.* Spéciale aux départements du Gers et de la Haute-Garonne, elle est moins précoce que la garonnaise, mais plus résistante au travail. Les vaches sont préférées aux bœufs, elles sont vives et légères mais n'ont pas de facultés laitières. Lauréats : Pujol, Galinier, Raspaud (Ariège), Duran, de Fauchet (Haute-Garonne), Faurlong (Hautes-Pyrénées), Dilhan, Decker-David (Gers). — *Race bordelaise.* C'est la première fois que nous voyons une catégorie ouverte à cette race dont les caractères sont loin d'être bien fixés, ce qui s'explique puisqu'elle dérive des races bretonne et hollandaise. Cette race n'a d'autre objet que de fournir à Bordeaux le lait nécessaire à sa population, aussi ne trouve-t-on que peu de mâles. Lauréats : MM. Rouillard et Médeville (Gironde). — *Races diverses.* MM. Laffront, Boi, Cornac (Haute-Garonne), Bouillard (Gironde). — PRIX D'ENSEMBLE: MM. Bernède, pour des garonnais, Balade, pour des bazadais, Léoni-Langlois, pour des bretons.

Espèce ovine. — *Races mérinos et métis.* Cette race très délicate est peu répandue dans la contrée, elle est assez bien représentée au concours. Lauréats: MM. Roux (Hautes-Pyrénées), Capgrand-Mothes (Lot-et-Garonne). — *Race lauraguaise.* MM. d'Escouloubre (Lot-et-Garonne), Pujol (Ariège), Tachoires (Haute-Garonne). — *Races du Lot.* MM. Brel et Delfour, Vitrac (Lot). — *Races des Pyrénées.* MM. Pujol, Raspaud (Ariège). — *Races diverses.* MM. Roux (Hautes-Pyrénées), M᷉ᵉ Deplanche (Charente). — OBJET D'ART : M. Vitrac, pour ses animaux des causses du Lot.

Espèce porcine. — Assez belle exposition. — PRIX D'ENSEMBLE : MM. Bovicomte et Pauzet (Haute-Vienne). Autres lauréats : MM. Loncan, Barrère (Hautes-Pyrénées), Decker, David (Gers).

Basse-cour. — Collection très remarquable par le nombre et la qualité dans laquelle M. le comte de Lainsecq (Gironde), a obtenu la plupart des récompenses et le prix d'ensemble pour la 1ʳᵉ catégorie et M. Mailhes pour la 3ᵉ catégorie.

**Machines et instruments agri-

coles. — *Charrues vigneronnes.* 1er prix :
M. Souchet-Pinet, à Langeais (Indre-et-
Loire); 2e : M. Guyot, à Carcassonne
(Aude); 3e : M. Pilter, à Paris ; 4e :
M. Viaud, à Barbezieux (Charente). —
*Houes, scarificateurs et grappins pour la
vigne.* Rappel de 1er prix : M. Pilter ;
1er prix : M. Souches-Pinet ; 2e : M. Bre-
ton-Grelier, à Meung-sur-Loire (Loiret);
3e : M. Puzenat, Emile et fils, à Bourbon-
Lancy (Saône-et-Loire) ; 4e : M. Guyot. —
*Appareils de défoncement à traction par
locomobile.* 1er prix : MM. Pelous, à Toulouse (Haute-Garonne); 2e : M. Guyot;
3e : MM. Amouroux, à Toulouse. —
*Étuves à prunes et appareils pour la
préparation des pruneaux.* Médaille d'argent : MM. Ribes, à Montflanquin ; Caze-
nille, à Port-Sainte-Marie ; médaille de
bronze : MM. Deloustal, à Castelmoron,
et Lagarde à Port-Sainte-Marie (Lot-et-
Garonne).

Produits agricoles. — *Vins rouges
de la région.* Collection très nombreuse
dont les mérites ont été établis d'une
façon superficielle, à cause sans doute
de la grande quantité des échantillons.
Que penser, en effet, d'un jury qui a
accordé une médaille d'argent et une
médaille de bronze aux deux échantillons d'un même vin exposés par deux
parents? Médaille d'or : M. Baqué ; médailles d'argent : MM. de Mondenard,
Blanchet, Baret de Nazaris, Lacoste, de
Lafitte-Lajoannenque, de Gaulejac, La-
boulbène. — *Vins blancs.* Médaille d'argent : M. Bongrat (Tarn-et-Garonne). —
Eaux-de-vie d'Armagnac. Médaille d'or :
MM. Barthe, Candau ; médailles d'argent :
MM. Bidouze, Capgrand-Mothes, Crédit
foncier, de Fourteau, de Montenard. —
Arboriculture fruitière. Médailles d'or :
M. Laborde. — *Viticulture.* Médaille
d'or : M. Lestrade ; médaille d'argent :
MM. Charpentier, Megnan, — *Fleurs.*
Médaille d'or : M. Barandou. — *Pruneaux.* Médaille d'or : M. de Bladeviel ;
médailles d'argent : MM. Goudable, Bornet. — *Produits maraîchers.* Médailles
d'or : MM. Vilmorin-Andrieux, Saint-Martin. — *Produits divers.* Médailles d'or :
Comice d'Agen, Société coopérative
d'Agen, Société d'agriculture de Lot-et-
Garonne, MM. Capgrand, Bensch, Lasserre, Dilhon, Laffore, Bouchou, Martin.

Prix culturaux. — 1re *division.*
Rappel de prix cultural : M. de Gaulejac ;
1re *catégorie :* M. de Védrines ; 2e *catégorie :* M. Boulin ; 3e *catégorie :* M. Archambault de la Corrège ; 4e *catégorie :*
M. Mante — PRIME D'HONNEUR : M. Boulin.
— *Spécialités.* Rappel d'objet d'art :
M. Capgrand-Mothes ; objets d'art :
MM. Marraud, Cassius ; Rappel de mé-
daille d'or grand module : M. Fournie ;
médailles d'or grand module : MM. de
Gaulejac, viticulture ; Escalot, culture
maraîchère ; Bonnaval, tenue de ferme ;
Jouy, basse-cour ; d'Alexandry, vignoble. — *Concours d'irrigation.* Médailles
d'argent : MM. Bensch, Dieucaud. —
Petite culture. PRIME D'HONNEUR : M. Vidal.
— *Horticulture.* PRIME D'HONNEUR : M. Bar-

rat. — *Arboriculture.* PRIME D'HONNEUR :
M. Laborde.

S. CRÉPEAUX.

L'esprit des douanes et ses conséquences désastreuses

Un mouton reste un mouton entre
les mains du commerçant, comme il
était entre les mains du producteur.
Je me trompe, il diminue sans cesse
de valeur absolue entre les mains du
marchand, tandis que celui-ci augmente
son prix en raison des transports et
manutentions qu'il lui fait subir, du
temps qu'il le garde et du nombre d'intermédiaires par les mains desquels il
l'a fait passer.

Les principes du commerce sont essentiellement ceux de la production
agricole surtout, et c'est s'exposer à la
plus étrange confusion et aux erreurs
les plus funestes que de chercher dans
le commerce les principes de la production. Une famille exploitant une métairie de six à huit hectares, y produira
deux fois et demie le nécessaire d'une
autre famille pareille et payera ainsi son
loyer en partageant avec le propriétaire.
Telle est la vie indépendante de tout
échange, de toute vente et de tout commerce, par le travail appliqué à la production du sol, travail entretenu par la
consommation de son propre produit.

C'est la sécurité et la stabilité de cette
vie, de ce travail, de cette production,
sources de toute richesse que les douanes
doivent assurer d'abord et avant tout,
en percevant sur les produits similaires
étrangers les mêmes impôts que cette
vie, ce travail, cette production intérieure sont tenus d'acquitter : impôts
directs et indirects, droits de mutation,
de succession, de portes et fenêtres et
sur les produits sans analogues une
fraction proportionnée à leur valeur de
consommation. Voici pourquoi la famille produit plus qu'elle ne consomme,
et sa consommation dans les cas ci-
dessus, ne coûtant que son travail parfaitement payé par l'entretien de sa vie,
elle est disposée à donner son surplus
gratuitement ou au prix qu'on lui offrira.
C'est alors que commence l'échange, la
vente, le commerce. Des individus qui
ne se livrent à aucun travail producteur
viennent autour des familles productives et mendient d'abord le superflu
dont on leur donne volontiers une part
qu'on refuse bientôt à leur insistance
cauteleuse et importune ; mais ces mendiants rusés et trompeurs ont vendu
une partie de ce qu'on leur avait donné.
Aussi voyant leurs sollicitations repoussées, ils proposent d'échanger ou
d'acheter le superflu contre le cuivre,
l'argent et bien plus tard contre l'or.
Le producteur est ravi d'abord, refuse
ensuite en apprenant les bénéfices exagérés de ce premier intermédiaire, ce
premier marchand...

Une fois dans les mains d'un commerce sans frein, la société est ren-
versée dans tous ses rapports et profondément troublée dans tous ses intérêts.
Ce commerce la domine et l'écrase ; il
se crée des tribunaux spéciaux.

Les douanes en venant égaliser les
conditions onéreuses de la production
intérieure avec toutes les productions
extérieures, garantissent les aventures
et les dangers des audacieuses spéculations du commerce indigène et étranger
dont les profits et les succès ne reposent
que sur les contrastes artificiels ou
accidentels qu'ils exploitent contre la
simplicité et la stabilité des valeurs naturelles d'une nation, d'une province,
d'une commune. Le libre-échange sans
compensation, réclamé par les aventuriers du commerce et de la spéculation
me rappelle les bergers corses et les
tribus arabes renversant toutes les clôtures sur leur passage.

Les douanes compensatrices sont le
frein le plus juste et le plus efficace
contre les spéculations du commerce et
ses abus apportant le trouble et la désorganisation dans la production intérieure, par la production extérieure. Ce
frein solidement rétabli, il ne restera
plus qu'à réprimer les abus de la spéculation et du commerce intérieur,
pour rendre à la production la régularité, et à la consommation le bon marché devenus aujourd'hui d'une nécessité absolue.

L'esprit des douanes n'admet rien
d'exagéré ni d'arbitraire. Si les charges
légitimes de l'agriculture sont de 35 0/0,
c'est de 35 0/0 qu'il faut frapper ou percevoir sur les objets importés et les matières premières sans distinction.

C'est à grand tort qu'on a distingué
les matières premières des matières
travaillées. Les matières premières ex-
traites du sol d'un pays et les grands
produits naturels de son agriculture
constituent ses principaux moyens
d'existence et de richesse. Ce travail
intérieur qui le perfectionne, a la même
valeur, mais le travail intérieur qui se
base sur les matières premières et les
grands produits étrangers, est une succursale de l'agriculture étrangère et un
parasitisme national, qu'on doit tolé-
rer, mais qui ne doit jouir d'aucune
immunité et d'aucun privilège. C'est
par des tarifs contraires à cet esprit
que l'essor de nos laines, de nos lins,
de nos chanvres, de nos fils et de nos
toiles a été entravé en 1860 et pour
ainsi dire annulé par les cotons.

C'est par erreur à l'égard de leurs
effets qu'on assimile les douanes aux
octrois que l'on appelle à l'envi douanes intérieures. On ne saurait trop
le répéter, les douanes sont le complément nécessaire et légitime des budgets,
elles garantissent la régularité du producteur intérieur contre les éventualités
et les entreprises extérieures. Enfin,
elles augmentent la production nationale.

La Belgique, en pays sage, a reporté
ses octrois à ses frontières en les trans-

formant en douanes. Cette nation a fait preuve d'une haute intelligence.

Le *Journal de l'Industrie française* d'octobre 1877 en rendant compte de ma brochure spéciale *la Question des laines* s'exprimait ainsi : « L'auteur ne demande point de taxe prohibitive. Que la liberté absolue sans condition, entre les contrées chargées d'impôts, comme la France, et les contrées à production indépendante et exempte de charges fiscales et sociales est une utopie funeste à tous les intérêts agricoles, autant qu'absurde en principe.

« Supposons qu'un léger droit de 30 à 40 centimes, ou même de 15 centimes eût été voté sur les laines (1) étrangères, alors que serait-il arrivé? Trois choses apparemment.

« 1° Les importateurs eussent réglé leurs affaires sur le mouvement général des demandes de l'industrie, et les éleveurs, par cela seul, eussent basé eux-mêmes leur production sur ces données.

« 2° Ces prix se fussent abaissés sans s'avilir, et eussent permis à nos éleveurs de soutenir la concurrence, sans les dispenser de perfectionner leur élevage.

« 3° Le Trésor eût encaissé des sommes, grâces auxquelles il eût pu se dispenser d'aggraver les impôts qui pèsent sur l'agriculture ou dégrever les plus lourds.

« Par suite d'une logique implacable nous avons vu des manufactures sombrer à leur tour.

« En effet, après 1860, des montagnes entières de laines brutes étrangères entrant sans droit ont décuplé l'importation primitive et se chiffrent par milliards annuellement.

« Bientôt après, les fils étrangers suivirent la même voie. Ensuite les tissus eux-mêmes vinrent faire concurrence et inonder nos places de Reims et de Roubaix, notamment, où les débâcles furent considérables amenées aussi par une superproduction industrielle.

« Par contre aussi, notre race ovine tomba de 35 millions à 20 millions de têtes, ce qui força de faire appel aux moutons allemands sur nos marchés. »

Je terminerai encore par une citation de ma brochure :

« O Ecole Libre-Echangiste! Voilà les effets de tes doctrines désastreuses! Drape-toi fièrement dans ton manteau industriel, jette un regard de dédain sur l'agriculture, la mère nourricière de tous, dont tu as aggravé les impôts, en appauvrissant les éléments de bénéfices! »

Oui, pauvre et malheureuse France, qui as aujourd'hui une dette de 37 milliards!!! ou neuf cents francs par tête,

c'est tristement le chiffre le plus élevé de toutes les puissances.

D'après M. Méline lui-même, dans la séance de la Chambre du 7 juillet dernier, les charges de l'agriculture sont de 721 millions d'impôts. A quand le dégrèvement promis par lui de 53 millions !

BABLOT-MAITRE.

Un syndicat fraternel agricole.

Nous avons lu avec un intérêt tout spécial, dans la *Bourgogne agricole*, le compte rendu d'une réunion du syndicat agricole qui ajoute à son titre ce qualificatif de fraternel.

L'esprit de bonne fraternité est trop rare aujourd'hui dans le monde pour ne pas signaler une modeste association rurale qui en donne un exemple infiniment suggestif.

Tel est le cas du *Syndicat agricole fraternel* de la commune d'Aiseray (Côte-d'Or), fondé et présidé par M. le comte Lejeas, l'éminent président du syndicat départemental de la Côte-d'Or.

Il résulte du compte rendu de sa dernière réunion que ses membres sont au nombre de 96.

Le président a annoncé que la caisse rurale de crédit est fondée. Les formalités légales ont été remplies.

La Société de secours mutuels *par le travail* est aussi constituée. L'honorable président déclare que les membres âgés de plus de soixante ans ne peuvent être ni membres honoraires, ni membres participants, mais ils peuvent être inscrits comme membres secourus, d'après les statuts.

L'assemblée décide la création d'une fanfare syndicale composée des jeunes gens qui font partie du patronage syndical.

L'assemblée décide qu'elle célébrera sa fête patronale, le second dimanche de septembre.

On décide l'achat d'un wagon de raisins du Midi, par le délégué du syndicat de Genlis, en vue d'une réunion du syndicat d'Aiseray à celle de Genlis.

Les ouvriers agricoles, membres du syndicat, proposent l'achat du vin en commun. Le président promet d'étudier la question, et annonce la distribution d'une liste des articles achetés par la coopérative et la création d'un dépôt d'engrais.

On ne s'étonnera pas de l'intérêt que nous inspirent ces modestes et fécondes créations de la confraternité agricole, et dont le principal mérite est dû aux éminents propriétaires tels que M. le comte Lejéas, qui y consacrent si vaillamment leur temps, leur dévouement, sans autre ambition que celle de tendre une main généreuse à tous les travailleurs du sol, et à leur enseigner à faire leurs affaires eux-mêmes, et à constituer sur ses bases, les seules vraies et pratiques, la démocratie rurale en France.

Le modeste syndicat d'Aiseray est un digne et louable pendant des syndicats pyrénéens, organisés par M. l'abbé Fontan et ses collègues de Tarbes.

Nous avons d'autant plus à cœur de les louer et de les acclamer que la presse officieuse de tout rang a pour consigne de les ignorer.

Les ruraux de Bouzey.

Avez-vous oublié, pauvres ruraux, l'histoire de la catastrophe de vos concitoyens de la vallée de Bouzey (Vosges)?

Hélas! oui, nous le craignons fort. On est si oublieux dans notre bon pays de France.

Eh bien, cet oubli est son tort. Vous allez comprendre pourquoi.

Rappelons que la rupture de la digue de Bouzey eut pour résultat la mort de vingt-cinq personnes, la perte de plus de cent têtes de bétail, la destruction de bâtiments, de récoltes, une inondation de terre sur une longueur de dix kilomètres, et que, outre les pertes du personnel, les dommages causés par cette catastrophe furent évalués à 40 millions de francs.

Il a été constaté, de plus, que la cause de la catastrophe était imputable à l'ingénieur qui avait construit la digue et aux inspecteurs qui avaient négligé de contrôler son travail.

L'enquête ordonnée à l'effet d'éclairer ces faits d'une telle gravité a traîné deux ans, malgré les réclamations du Conseil général. Finalement, les enquêteurs, gros bonnets de la corporation des ponts et chaussées, ont mis hors de cause les ingénieurs justement accusés de négligence et d'incurie. Les habitants de Bouzey ont inutilement réclamé des indemnités qui leur avaient été votées le lendemain de la catastrophe. En revanche, les soi-disant enquêteurs ont palpé avec soin leurs honoraires et leurs frais de déplacement. Bien plus, ils menacèrent d'un procès en diffamation les victimes qui prétendaient réfuter leurs décisions.

A quoi sert aux gens de Bouzey d'avoir pour compatriotes les deux ministres?

Ruraux, instruisez-vous ! C'est le Conseil que vous donne la République.

Concours

Exposition de raisins à Toulouse. — Cette importante exposition aura lieu dimanche prochain, 20 septembre. — Il y aura en outre une exposition de porte-greffes américains. — Une réunion de la Société d'agriculture aura pour objet l'étude des moyens pratiques de combattre les parasites de la vigne et spécialement le terrible black-rot dont la nouvelle invasion a déçu les espérances de succès et les moyens employés cette année pour le combattre.

Ecole d'agriculture. — *Ecole du Pas-*

---

1. Les graines oléagineuses exotiques qui entrent aussi en franchise ont anéanti complètement la plus grande, la plus florissante et la plus utile de nos industries. Il n'y avait guère de villages qui n'eussent *deux ou trois huileries*. Maintenant on est obligé d'importer des tourteaux étrangers qui sont souvent malsains et dangereux.

de Calais à Berthonval. — Examens
d'admission à la préfecture d'Arras.
Quelques places sont encore disponibles pour élèves payants.

École de Saint-Remy (Haute-Saône).
— Examens d'admission à l'école, le
13 octobre, 8 heures du matin. — Écrire
à M. Caron, directeur, successeur de
M. Cordier, à Saint-Remy, par Amanu
(Haute-Saône). — Nos lecteurs savent que
cette école modèle a des titres de premier ordre à leur confiance sous le rapport de l'éducation morale et religieuse,
comme sous le rapport de l'enseignement agricole.

École d'agriculture de Vendée et Saint-Gomme, près de Laon. — Examens d'admission le lundi 12 octobre, à l'école.
— Écrire avant le 20 septembre, au directeur, M. Vauchez. Comme l'école
de Saint-Remy, l'école de Vendée est
pourvue d'un enseignement pratique de
pisciculture.

Écoles vétérinaires. — Aux examens
de sortie de nos trois écoles vétérinaires
(Alfort, Lyon, Toulouse), 134 élèves
sortants ont obtenu le diplôme de vétérinaire (Alfort, 67; Lyon, 37; Toulouse,
30).

Concours d'arracheuses de betteraves.
— Le comice de Laon a organisé ce
concours qui aura lieu le 27 septembre,
sur le territoire de Berny, près de
Laon. — Écrire au secrétaire du comice,
M. Bradier à la ferme d'Avin (Laon).

NÉCROLOGIE

Nous apprenons avec un vif regret la
mort de M. Gustave Levavasseur, conseiller général dans l'Orne, qui fut pendant
toute sa carrière un membre actif et influent de l'association normande. Tous les
membres de cette association admiraient
le talent poétique de M. G. Levavasseur.
Chaque année, en effet, il prononçait au
banquet final du congrès, un toast en
vers qui charmait tous les convives par
l'esprit, l'entrain, la verve vraiment poétique et la vivace inspiration d'un fils de
la Normandie.

Les mêmes qualités brillent aussi d'un
vif éclat dans son poème intitulé : *Dans
les Herbages.* L'éminent poète Paul
Harel aujourd'hui bien connu, avait en
son ami Levavasseur un modèle qui n'a
pas obtenu comme lui la célébrité dont
il était digne. — La poésie rurale n'a
pas d'interprètes qui l'égalent dans les
poètes qui font le plus de bruit au Parnasse boulevardier de Paris.

Il nous appartient à nous, modeste
organe agricole, de relever cette injustice du monde soi-disant littéraire, en
attendant la réparation due à Levavasseur par la Normandie agricole et
lettrée.

CHRONIQUE AGRICOLE

Situation. — La saison.

La dernière semaine a été encore
marquée par une nombreuse série de
violentes bourrasques, de vent, de pluie,
et par ci par là de grêles, qui ont causé des
ravages calamiteux dans certaines régions, notamment dans les contrées
couvertes de vignobles.

La ville de Paris, en particulier, a été
envahie le jeudi 10 septembre par un
cyclone d'une violence inconnue jusqu'à
ce jour. Ce cyclone a traversé la ville,
du Sud-Ouest au Nord-Est sur une largeur de 150 mètres, renversant sur son
passage, les kiosques, les arbres, les
toitures, les cheminées, les devantures
des boutiques, les omnibus, les wagons et
des tramways.

Les arbres brisés et renversés jonchent les squares traversés par la tourmente. On s'explique les causes de ce
désastre par le fait que les arbres transplantés depuis peu d'années ont des
racines moins profondes que les arbres
poussés naturellement dans nos campagnes.

Le bureau météorologique de la tour
Saint-Jacques a constaté que, pendant
le passage du fléau, qui a duré dix minutes, le baromètre est descendu à un
niveau inouï de 742 millimètres et que
le tourbillon avait une vitesse de plus
de 50 mètres par seconde. Une telle
tempête était sans précédent dans la
région parisienne. Mais revenons à nos
campagnes.

Le temps pluvieux qui règne depuis
dix jours n'a point jusqu'ici causé d'alarmes à la culture. Mais on désire partout un retour sérieux du beau temps.
On le désire en Bretagne pour la récolte
des sarrasins, qui débute dans de fâcheuses conditions par un temps de
pluie. On le désire dans le Nord, pour
accroître le volume des betteraves sucrières, on le désire dans l'Est pour la
récolte des houblons. On le désire enfin,
dans les cinquante départements viticoles, pour achever la maturation des
vendanges. Enfin, on le désire par toute
la France, pour les travaux de labour et
d'ensemencements des céréales d'automne. On le désire avec une légitime
ardeur; mais hâtons-nous de noter que,
jusqu'à ce jour, à part les dégâts produits par les cyclones, la situation générale des terres et des récoltes est satisfaisante et que les inquiétudes du
monde agricole ne portent pas sur
l'état des terres et des récoltes à venir,
mais sur les prix déplorables et la mévente des récoltes réalisées. On débite
aux ruraux sur ce sujet de belles phrases
dans les banquets. On leur casse volontiers l'encensoir sur le nez; mais ils
attendent toujours les mesures nécessaires pour conjurer les causes des
ruines qui les menacent. Telle est, en
particulier, la situation des viticulteurs
du Midi. A l'heure actuelle, leurs cuves
sont remplies de vendanges; comme
quantité, les rendements sont très inégaux ; la qualité est généralement
bonne. La difficulté est de trouver un
nombre suffisant d'acheteurs.

Que voulez-vous? Quand les revenus
baissent partout, c'est le vin qui en
porte les premières conséquences. Le
consommateur se prive en raison de
ses pertes comme producteur. Pas besoin d'étudier les gros livres d'économie
politique pour comprendre cela.

Le baromètre remonte ainsi que le
vent. Puisse cette double tendance se
maintenir et faire profiter l'agriculture
du temps qu'elle semble promettre !

Les vins du Midi.

Les vendanges sont toujours en pleine
activité dans le Midi, spécialement dans
le Gard, où on est satisfait de la quantité des raisins, et de la qualité des
moûts.

Les *marchés* sur souches appellent
la création des marchés collectifs des
vins nouveaux.

Un marché de ce genre a eu lieu cette
semaine à la bourse du Commerce de
Nîmes. On a remarqué qu'il avait attiré
de nombreux acheteurs étrangers à la
région. Mais le nombre des échantillons
présentés n'était pas assez grand pour
provoquer d'importants achats; en tout
cas ce n'est que partie remise. La création des marchés sur échantillons est
en voie de prendre une importance considérable dans le Gard. Il est désirable
que, pour nos régions viticoles, cette
institution se propage rapidement, dans
l'intérêt des producteurs comme dans
celui des consommateurs.

Les récoltes des blés en 1896.

L'Officiel vient de publier le relevé
du rendement des blés en 1896, émanant du ministère de l'agriculture. Les
évaluations officielles se rapprochent
plus près que jamais de celles de
l'*Echo agricole* et du *Bulletin des Halles.*
Ainsi le relevé officiel aboutit au chiffre
de 118.900.000 hectolitres. 125.000 de
moins que l'évaluation de nos deux confrères. Toutes les évaluations offrent le
même degré de rapprochement. Nous
en concluons volontiers que les unes
comme les autres ont un degré de vraisemblance remarquable, et qu'on peut
y voir l'expression de la vérité.

Quant aux conclusions à en tirer relativement à l'influence de ces chiffres
sur ces cours dans la prochaine campagne, nous ne voyons malheureusement
aucune chance d'augurer un relèvement
des vins, si nos gouvernants persistent
à refuser à la production française, la protection qui lui est due contre la concurrence étrangère et contre la domination
de l'agiotage.

Voici, du reste, les chiffres de l'évaluation du ministère de l'agriculture.

Blé. — 118,905.098 hectolitres. 92.437.235 quintaux, récoltés sur 6.924 548 hectares.

Méteil. — 4.338.009 hectolitres, 3.233.468 quintaux, récoltés sur 258.563 hectares.

Seigle. — 24.441.060 hectolitres, 17.714.403 quintaux, récoltés sur 1.509.439 hectares.

Nous attendons le relevé des avoines qu'il importe de connaître, sachant d'avance que la récolte est loin de suffire à nos besoins. '

Seigle fourrage.
Seigle pour liens.

1° SEIGLE FOURRAGE. — *Un peu de fourrage n'est rien*, disait Dézeimeris, *beaucoup de fourrage, immensément de fourrage c'est presque tout en agriculture.* Or, parmi les fourrages printaniers, le premier en date, le meilleur et le plus abondant c'est le seigle, sans contredit.

La navette l'égale en précocité, mais outre qu'elle abonde moins, elle ne convient pas à tous les animaux et gèle dans les hivers rigoureux que le seigle brave impunément alors même que, comme en 1892-93, la température descend à 25 degrés au-dessous de zéro, température fatale, on se le rappelle, à presque tous les blés étrangers vantés par la réclame, voire même, ici et là, au bon vieux blé barbu de Bresse reconnu sans rival depuis lors pour la bonté de son grain, la qualité de sa paille et parce que, avec lui, moyennant certains soins, la *dégénérescence* n'est point à craindre.

Mathieu de Dombasle s'applaudissait avec raison de voir, grâce au progrès culturaux auxquels il avait contribué plus que personne, le blé envahir petit à petit d'immenses étendues de terrains jadis consacrées au seigle, et il avait raison à ne considérer que l'amélioration qui en résulterait pour l'alimentation générale. Exceptons-en toutefois les sables gras où, *comme dans quelques communes de l'arrondissement de Bourg,* riverains de la Saône (Replonges, Feillens, Manziat, etc.) le seigle peut atteindre sans verser *deux mètres de taille* et davantage et cède la place, fin juin. à de plantureuses récoltes de sarrazin deux fois sarclé. Là, en effet, ni plus ni moins que dans la Flandre française justement admirée de M. Léonce de Lavergne pour la densité de sa population, la terre arrive à nourrir *deux cents* individus par cent hectares, alors que la moyenne générale ne dépasse pas soixante-quinze individus, Paris et les agglomérations citadines y compris, sur les *cinquante-deux millions d'hectares* qui constituent le territoire français.

2° SEIGLE POUR LIENS. — Quelques cultivateurs, dans la vallée de la Saône, sèment chaque année de petites étendues de seigle qu'ils vendent fin mai, à la défloraison, jusqu'à 12 et 13 fr. les 100 kilos, après dessiccation, aux fabricants de chaises de Tournus, Montmerle, etc. C'était également la pratique de feu M. de Nivière (un nom cher à l'agriculture française), de Romanèche-la-Saulsaie, mais en vue seulement du liage de sa récolte de blé. Sur le conseil de cet éminent agronome, je commençai, il y a quelque vingt ans, à faire, sur la sole qui venait de porter du blé, des semis de seigle, pour fourrage et liens, fumés à raison de 18.000 à 20.000 kilos de fumier de ferme à l'hectare et je n'ai eu garde, depuis lors, d'abandonner cette avantageuse pratique.

Une plantation de pommes de terre suit habituellement l'enlèvement, courant d'avril, du seigle-fourrage, et l'emplacement du seigle-liens est labouré à franc guéret jusqu'à l'ensemencement du blé, en octobre suivant.

Ainsi entendue, la récolte du seigle donne un produit notablement supérieur à celui que rapporteraient les oléagineux, sur le même sol, depuis l'inauguration du système *dévastateur* (le mot est de M. Thiers) de 1860, toujours en vigueur en 1896 et qui rend la culture des oléagineux impossible en France autrement qu'à perte, pour le seul avantage des producteurs asiatiques et des trafiquants juifs.

3° TRI DE LA PAILLE ET FABRICATION DES LIENS. — Mes moissonneurs profitent, en juin, d'un jour ou deux de pluie pour faire le tri de la paille de seigle et fabriquer les liens *à sec.* Il en résulte (avantage inappréciable !) un gain de deux jours pour la future moisson et une avance très sensible de travaux de binage toujours en retard dans la belle saison.

Bien entendu, le déchet résultant de cette fabrication anticipée des liens, au lieu de s'en aller à la litière, est déposé sur le fenil des chevaux comme appoint fourrager.

4° SOINS CULTURAUX. — Le seigle, plante rustique par excellence, s'accommode de tous les sols même des plus compacts, pourvu qu'ils ne soient pas gorgés d'eau pendant l'hiver. Le point essentiel de sa culture est qu'il soit semé dru, que le sol soit bien expurgé des mauvaises herbes vivaces et, s'il est compact, pulvérisé en perfection.

Dans le Centre et l'Est, les semis effectués fin septembre sont reconnus les plus avantageux.

Ceux qui auraient oublié, sur l'éteule retournée du froment, de réserver une place au seigle fourrage et pour liens, pourront toujours l'asseoir sur les semis défectueux ou manqués d'incarnat, de raves, colzas, etc., se souvenant que les *demi-récoltes* sont la ruine du cultivateur.

PIERRE BERTHELON.

Chaneins (Aisne), le 6 septembre 1896.

Les déchaumages.

Après ce que nous avons dit sur cet important sujet, on lira avec intérêt ce qu'en dit un de nos maîtres praticiens émérites, M. Paul Genay, président du comice de Lunéville :

« Les seigles, les blés et les avoines hâtives et intermédiaires, sont rentrés ; il est temps de penser dans les cultures actives, là où on a l'horreur des mauvaises herbes, à ce moyen si parfait et si économique pour les détruire, le déchaumage.

« Le déchaumage s'opère soit au moyen du scarificateur, soit au moyen de la charrue à versoir. Le premier procédé est plus expéditif mais moins parfait que le second, qui, en enfouissant les herbes qui se sont plus ou moins développées dans les moissons, les empêche de terminer les dernières phases de leur végétation et de se reproduire par leurs graines : première destruction. De plus, sur le labour bien exécuté se développera une nouvelle série de ces plantes adventices dont la terre renferme toujours une étonnante provision de graines, lesquelles n'auront pas le temps avant l'hiver, de porter des fruits et seront détruites par le labour subséquent : deuxième destruction. Par ce procédé suivi pendant quelques années, le cultivateur obtient un prompt nettoiement de ses terres.

« Dans les sols fertiles, il est un moyen d'utiliser fort avantageusement ces façons de déchaumage. Je dis et répète dans les sols fertiles, car la pratique que je vais recommander n'a de valeur que dans les terres où l'on peut espérer une très prompte et vigoureuse croissance des plantes, dans le temps court et souvent peu favorisé par les éléments atmosphériques, qui s'écoule entre la moisson et l'hiver. Les terres pauvres auraient, sans doute, tout à gagner à l'application de la méthode, mais leur pauvreté même oppose à sa réussite un obstacle insurmontable, et mieux vaut, pour le cultivateur qui les exploite, un bon déchaumage nu, simplement nettoyant.

**

« Donc, sur le déchaumage exécuté à la charrue et un peu plus profond qu'on ne l'aurait fait sans cela, on pourra semer un mélange de moutarde blanche et de navette d'hiver, 15 à 20 kilog. de la première graine et 7 kil. 500 à 10 de la seconde par hectare, le tout coûte au maximum 9 francs, plus un hersage avant, un hersage après la semaille et un coup de rouleau léger. Ce semis pourra s'exécuter du 15 août jusqu'au 1er septembre et même jusqu'au 10 dans les terrains très fertiles. Deux mois après les premières semailles, deux mois et demi après les dernières, c'est-à-dire du 15 octobre à la fin de novembre, on pourra récolter pour fourrage vert une abondante production herbacée. J'ai obtenu plus de 20.000 kilog. à l'hectare, constitué par la moutarde blanche, très bonne nourriture pour les bêtes bovines et ovines. Les gelées que nous subissons dans le courant de no-

\...embre ne dépassent pas 5° et ne font aucun tort à la moutarde. Au printemps pendant le mois d'avril et les premiers jours de mai, nous retrouverons sur le même terrain une nouvelle production fourragère aussi productive que la moutarde blanche : ce sera de la navette d'hiver fourrage vert tout à fait printanier et, à cause de sa précocité, extrêmement précieux, les betteraves et les autres fourrages se faisant souvent rares à ce moment. Si on n'a pas l'emploi de ces cultures intercalaires pour fourrage, leur simple enfouissement à la charrue, à titre de fumures vertes, offre encore un avantage qui n'est pas à dédaigner. La moutarde périt en hiver et ses tiges mortes sont enfouies au printemps avec les pousses en fleurs de la navette d'hiver.

« Ces récoltes intercalaires présentent encore un autre avantage, particulièrement dans les terres fertiles, elles retiennent en les fixant dans leurs tissus, les matières nitrées qui se forment dans le sol par la transformation au moyen de micro-organismes des matières azotées, toujours si abondantes dans les terres fertiles, matières nitrées, qui seraient entraînées par les eaux de pluie si abondantes en automne et perdues pour l'agriculture.

« Donc, le déchaumage bien fait a un triple effet :

« 1° Nettoyage du sol;

« 2° Production abondante de fourrages tard à l'automne, de bonne heure au printemps;

« 3° Mise en réserve, pour l'alimentation du bétail ou les fumures vertes des matières azotées qui, par la nitrification, seraient perdues.

« Le déchaumage exécuté aussitôt après la moisson, offre encore l'avantage de faire périr un grand nombre de larves et d'insectes dévastateurs des récoltes, vers blancs et gris, taupins, campagnols encore au nid, pour ne citer que les principaux.

« Paul Genay. »

La culture du blé pour 1897.

A la veille des semailles de blé à récolter en 1897, tous les cultivateurs doivent comprendre l'impérieuse nécessité de donner à cette culture les soins nécessaires pour en obtenir des rendements élevés. Les rendements élevés seuls permettent de cultiver le blé sans perte et avec un modique bénéfice.

Les règles à suivre pour cet effet ont été exposées bien des fois ici, d'après les maîtres de la vraie science, et aussi de la vraie pratique. On nous saura gré néanmoins d'y revenir aujourd'hui, en effet, c'est au moment actuel que l'on donne aux terres à blé les labours et les fumures nécessaires pour les mettre en mesure d'alimenter copieusement la précieuse céréale pendant tout le cours de sa végétation.

Il va de soi que le sol de blé doit être profondément remué et labouré, afin de défendre la plante contre les excès de sécheresse et les excès de pluies, afin aussi d'attirer les radicelles dans les profondeurs, les radicelles qui sont les meilleures pourvoyeuses du suc nourricier.

Il va de soi aussi que la couche arable doit être munie de fumier et de phosphates, en état de se décomposer vers la fin de l'hiver pour la reprise de la végétation. C'est pourquoi les bons cultivateurs cultivent le blé après une culture sarclée bien fumée d'avance. Les blés sur trèfle ou sur luzernière composés recevront une bonne proportion de phosphate. Dans les terres pauvres en calcaire, les scories phosphoreuses seront abondamment répandues et enfouies à 10 et 15 centimètres. La chaux qui accompagne l'acide phosphorique est un élément précieux pour ces terres.

Après les labours et les fumures, il faudra songer au choix des espèces de blé. Nous en avons long à dire sur ce sujet, où bien des déceptions sont à éviter. Pour aujourd'hui nous nous bornons à citer un extrait d'une note publiée par M. Fl. Desprez, l'éminent directeur des cultures expérimentales de Cappelle (Nord) :

« Nous considérons la méthode que nous employons comme pouvant seule amener à des déductions logiques et indiscutables. Il faut, pour l'appliquer rigoureusement, des établissements spéciaux à outillage perfectionné et surtout un personnel exercé de longue main. L'agriculteur proprement dit ne peut se livrer à toutes ces recherches, elles entraînent à des dépenses parfois très élevées et à des pertes de temps toujours très préjudiciables.

« Il doit se borner, lorsqu'il veut renouveler ses semences, à rechercher la variété qui convient le mieux à son sol, sans être obligé de se livrer à des tâtonnements toujours très coûteux. Généralement il est séduit par l'apparence du grain et la longueur de l'épi qui lui est soumis. Nous ne saurions cependant trop lui recommander d'attacher à l'origine de la semence une importance plus grande encore qu'à ses qualités extrinsèques.

« Comme tant d'autres nous nous sommes enthousiasmés de la longueur des épis de certaines variétés étrangères à épillets très espacés; mais, après des essais sérieux, nous avons reconnu que nous faisions fausse route et que les espèces qui donnaient le meilleur rendement en grain étaient celles qui avaient les épillets les plus rapprochés, les plus serrés. Nous éprouvions un énorme déficit en ensemençant comme le font encore presque tous les cultivateurs des variétés de blé anglais à épi magnifique, mais dont les épillets sont trop distancés.

« Dans les terres fertiles et riches en engrais, où la verse est à craindre, nous avons reconnu qu'il fallait employer des espèces à fortes et robustes racines, à tige raide, à épi carré le plus en éventail possible et à épillets très serrés.

« Dans les sols craignant l'échaudage où la maturité se fait difficilement, il faut de préférence semer des variétés très hâtives. Dans les terrains peu fertiles, peu fumés, on doit rechercher les espèces qui demandent le moins d'engrais pour leur développement.

« Nous avons également remarqué que l'assolement jouait un rôle d'une importance capitale si l'on voulait obtenir des produits maxima. Entre deux récoltes qui ont à la vue la même apparence de végétation il y a une grande différence dans les rendements si l'une vient après deux plantes sarclées ou légumineuse et plante sarclée et l'autre seulement après une plante sarclée.

« Ainsi, par exemple, cette année, le jaune à épi carré Desprez :

« Sur betteraves, en 1894; pommes de terre, en 1895, a produit à l'hectare : 4.418 kilos de grain ou 54 hectolitres du poids de 82 kilos l'hectolitre.

La même variété après trèfle, en 1894, et betteraves, en 1895, donne à l'hectare : 4.251 kilos de grain ou 52 hectolitres du poids de 81 k. 500 l'hectolitre.

« Après blé, en 1894, betteraves, en 1895, elle ne donne plus à l'hectare que : 3.870 kilos de grain ou un peu plus de 44 hectolitres du poids de 80 kilos.

« Nous avons constaté les mêmes différences avec une autre variété : le blé blanc à épi rouge Desprez :

« Après betteraves, en 1894; pommes de terre, en 1895, cette variété produit à l'hectare : 3.959 kilos ou plus de 48 hectolitres du poids de 82 kilos.

« La même variété après blé, en 1894, et betteraves, en 1895, ne rend plus que : 3.334 kilos ou à peu près 42 hectolitres du poids de 82 kilos.

« Tous ces chiffres sont assez éloquents par eux-mêmes pour n'avoir pas besoin d'être commentés et démontrent bien que c'est lorsqu'on peut faire précéder la sole de blé de deux plantes sarclées que l'on obtient les produits les plus élevés. »

M. Fl. Desprez, en effet, est le premier de nos maîtres praticiens qui ait enseigné que c'est sur deux cultures sarclées successives que le blé atteint des rendements aussi exceptionnels.

Chaulage, Les grains de semence.

Nous avons signalé un procédé efficace de chaulage des semences qui ont à craindre les dégâts causés par les rongeurs, les corbeaux, les pies et les mulots, etc. ; ce sont surtout les grosses graines (maïs, sarrasin, pois, haricots, vesces) qui ont besoin d'être protégées contre ces ravages.

Le même procédé peut être aussi recommandé pour les semences de blé d'automne d'après son inventeur, M. Vincent.

En voici la préparation :

On fait dissoudre dans 6 litres d'eau bouillante 200 gr. de goudron de houilles, on y ajoute 200 gr. de pétrole, en agitant le tout jusqu'à parfait mélange. On décante après qu'il s'est formé un dépôt noirâtre au fond. On imbibe de ce liquide les grains de semence et on est assuré de sa préservation si on y ajoute une légère solution de nitrate de soude ou de nitrate de potasse, et la semence y trouve, après sa germination, un engrais qui active la première phase de végétation.

L'alimentation du bétail.

Nous avons remarqué plusieurs fois qu'en matière d'alimentation il ne suffit pas de se borner à appliquer les indications de la chimie agricole, quant à la composition chimique des rations, en éléments protéique, gras, hydrocarbonés, etc., mais qu'il était nécessaire de tenir compte des besoins individuels des animaux, du besoin de varier leurs aliments, suivant leurs appétits, suivant la dépense de force dans les animaux du travail et suivant la température de leur local.

Nous lisons dans le *Bulletin agricole de l'Ouest*, des observations qui confirment les nôtres et même qui en amplifient remarquablement les conclusions pratiques :

« La relation nutritive, plus ou moins étroite, et le rapport adipo-protéique contribuent dans une large mesure à la dépense des éléments non azotés d'un aliment.

« D'autre part, l'espèce animale, le volume et le poids du sujet, l'exercice et le travail auxquels il peut être soumis, la quantité de boissons absorbée et enfin la température ambiante sont les causes modificatives de la consommation de ces principes.

« Toutes les espèces animales ne font pas une égale dépense quotidienne de calorique. Tandis qu'un chien, par exemple, peut perdre 1.136 *calories* par centimètre carré de surface du corps en vingt-quatre heures, une poule n'en dépensera que 892, et un lapin 717, à une température moyenne ambiante de 15 degrés centigrades.

« Cependant d'une manière générale, on peut dire que les grands animaux ont une moindre déperdition normale de calorique que les petits et que, par conséquent, ils peuvent et doivent consommer une proportion relativement inférieure de principes non azotés. La contradiction entre les déperditions de chien et celles du lapin et de la poule n'est qu'apparente. La plume de la poule et la fourrure du lapin expliquent le phénomène.

« Baudement a pu dire, avec quelque raison, que, pour engraisser des animaux, il faut les soumettre au régime *du repos au sein de l'abondance*. Cette pensée juste établissait, comme nous l'avons dit dans un précédent article, que la chaleur, la force ou l'énergie étaient sous la dépendance directe de la somme des éléments non azotés consommés. En d'autres termes, l'exercice musculaire, le travail, en un mot, accroît la consommation des hydrates de carbone et des graisses.

« Selon Henneberg, plus les animaux boivent, plus les combustions intenses sont actives, d'où la consommation plus grande des agents thermogènes. Il faut éviter, dit M. Cornevin, tout ce qui provoque la soif et une alimentation trop aqueuse, ou bien, pour atténuer cet inconvénient, distribuer des liquides dont la température soit voisine de celle du corps.

« Il importe que les étables et les écuries soient aménagées de telles façons que, fraîches en été, elles soient assez chaudes en hiver. Par la chaleur, les animaux s'agitent, se fatiguent, s'altèrent et dépensent plus de matières ternaires. De même, lorsque la température du local est basse, l'équilibre ne peut s'établir qu'aux dépens de la chaleur du corps, d'où encore, un accroissement de consommation d'éléments non azotés.

« EMILE THIERRY. »

Les brindilles des arbres dans l'alimentation du bétail.

M. Aimé Girard, l'éminent professeur à l'Institut agronomique, vient de publier une note en réponse à deux agronomes allemands, qui ont prétendu que les brindilles des branches d'arbres, même dépouillées de leurs feuilles, sont un aliment aussi nutritif que le foin, si on les donne après les avoir broyées et soumises à la fermentation en mélange avec des farineux ou des tourteaux.

Il résulterait de cette théorie que la matière ligneuse des brindilles posséderait une propriété nutritive par suite de cette fermentation.

M. Aimé Girard combat cette théorie. Il soutient d'abord que les feuilles seules sont la partie nutritive des brindilles, ainsi que la sève que recouvre leur écorce verte et que la matière ligneuse, même broyée et fermentée n'est pas assimilable au même degré de la paille.

Nous avons toujours apprécié de cette façon, les propriétés nutritives des brindilles. Le meilleur moyen de les utiliser consiste à tailler les extrémités des branches, de façon à multiplier les brindilles et à ne couper celles-ci que lorsque leur diamètre n'atteint qu'un demi-centimètre. En cet état, en effet, la sève est aussi abondante que le ligneux qui est encore en formation. En outre, les feuilles sont, à cet état, l'aliment le plus nutritif des brindilles.

En tout cas, M. Aimé Girard estime avec raison que les brindilles des arbres sont une ressource précieuse dans les périodes de grande sécheresse, telles que celle de 1893, mais que, dans les temps ordinaires, il est sage de s'en passer, au moyen des cultures fourragères donnant de bons rendements.

La conservation des raisins par les vapeurs alcooliques.

M. Petit, professeur à l'École d'horticulture de Versailles, a perfectionné cette méthode dont il est l'inventeur ; en voici l'exposé complet. Les grappes de raisins cueillies à maturité commençante sont placées sur un lit de frisure de bois ou suspendues, quand elles sont volumineuses, à l'intérieur de compartiments parallélipipédiques en briques, revêtus intérieurement d'une couche de ciment et munis, sur l'une des faces, d'une porte pleine en bois. Ces compartiments ont une capacité de 180 décimètres cubes environ et sont établis dans une cave de l'École d'horticulture. Le point délicat, c'est d'employer une quantité d'alcool suffisante pour entraver le développement des raisins sans modifier la saveur du raisin. Un récipient cylindrique de 6 centimètres de diamètre contenant de l'alcool à 90°, placé dans une des caves décrites plus haut, a fourni assez de vapeur pour que les raisins soient demeurés de toute beauté et que leur saveur n'ait subi aucune altération. Au contraire, deux ou trois récipients semblables, placés dans le même espace clos, ont communiqué au raisin une saveur alcoolique et une couleur rougeâtre. M. Petit n'introduit à la fois dans chaque compartiment que 100 centimètres cubes d'alcool et renouvelle les provisions tous les trente ou quarante jours.

La durée de conservation des fruits est subordonnée à la température du local où ils sont placés, température qui doit être aussi peu élevée que possible pour retarder l'évolution de la maturité. M. Petit a obtenu cette année des résultats très supérieurs à ceux de l'année dernière ; la plupart des grappes étaient entièrement intactes plus de trois mois après la cueillette. On peut facilement pratiquer la conservation en petit des raisins frais dans une malle dans laquelle on place un bocal ouvert contenant de l'alcool à 95° environ. La malle bien close sera placée dans un endroit frais et on la visitera tous les mois environ pour renouveler la provision d'alcool.

Le lait de beurre aux poules.

Le lait, sous toutes ses formes, dit l'*Industrie laitière*, convient parfaitement à l'alimentation des volailles et surtout le lait écrémé aux poules pondeuses. Dans une ferme où la laiterie occupe une place importante, on a plus de bénéfice à donner le lait de beurre à la volaille qu'à toute autre destination. Il augmente positivement la production des œufs et, au bout de quelques jours, on s'aperçoit de quel œil avide les poules regardent le plat qui contient la ration.

Avec le lait de beurre, l'eau devient inutile et ses qualités légèrement salines ont un grand avantage. Le lait de beurre est plus riche que le lait écrémé et, donné en petite quantité, il est préférable, par conséquent, pour les poules pondeuses. Pour l'engraissement, son emploi constant donne les meilleurs résultats. Le lait de beurre nécessaire à l'élevage d'un porc, nourrira assez de volailles pour acheter tout le lard que consomme habituellement une famille ordinaire. Entre le donner aux volailles ou aux porcs, il n'y a pas à hésiter : il est préférable de le donner aux volailles.

Le collier pneumatique.

Nous avons signalé jadis les mérites du collier métallique, c'est-à-dire en tôle flexible, mérites qui le recommandent comme préférable à tous égards au collier classique de cuir.

Aujourd'hui, on nous signale le collier pneumatique, c'est-à-dire consistant en un entourage même en caoutchouc comme les roues des bicycles à la mode depuis quelque temps et qui circulent partout aujourd'hui.

Le simple énoncé de cette forme de collier justifie les mérites que lui attribuent ses inventeurs, MM. Sénéchal et Roy. Leur collier ressemble au collier en tôle, mais il est plus souple, plus léger et, grâce à sa souplesse, il épargne au cheval toutes les blessures, toutes les douleurs provoquées par les colliers ordinaires; bien plus, l'élasticité même du collier allège les efforts de traction. Nous croyons que le collier pneumatique a un grand avenir.

Les œillères. — Les mêmes inventeurs soutiennent que les œillères imposées aux chevaux pour les préserver de la peur ne sont que des appareils inutiles et même nuisibles, et engagent le public à les supprimer. Cette opinion est peut-être discutable. Nous engageons les personnes intéressées à l'étudier sans parti pris. Mais nous croyons que le collier pneumatique, au contraire, peut être adopté sans hésitation comme supérieur à tous les autres colliers connus jusqu'à ce jour.

Pisciculture des étangs.

Les étangs de la France constituent, en général, des exploitations agricoles de dernier ordre qui n'apportent, ni à l'agriculture, ni à l'alimentation publique, le contingent qu'on serait en droit d'en attendre. M. Jousset de Bellesme croit que cette situation peut être grandement améliorée; pour atteindre ce but, il faut abandonner la carpe au moins comme poisson de vente et la remplacer par la culture intensive des espèces importées d'Amérique. Le poisson qui se prête le mieux à cette transformation est le Salmo Quinnat, ou saumon de Californie. M. Jousset de Bellesme estime que, dans une superficie d'eau de 1 hectare, on peut élever, au minimum, dans les conditions ordinaires, 1.000 saumons pesant jusqu'à 200 gr., et, dans bien des cas, ce chiffre peut être doublé.

D'après le cours moyen de ces poissons sur le marché de Paris, 1 hectare d'étang, aménagé de la sorte, peut donner une récolte brute de 4.600 francs chaque année, dont il faut évidemment défalquer les frais d'exploitation.

BIBLIOGRAPHIE

Un bon livre. — Nous sommes heureux de pouvoir annoncer à nos lecteurs l'apparition d'un livre de M. l'abbé Cannot, le *Manuel de la culture des arbres fruitiers, des légumes et des fleurs.*

L'auteur a voulu faire un ouvrage clair, précis et pratique : il a réussi. Avec lui, impossible de faire fausse route dans la conduite et la taille des arbres.

La Société des agriculteurs de France, reconnaissant le mérite de l'ouvrage, lui a décerné une médaille d'argent grand module.

Ce qui dira mieux d'ailleurs que toutes les analyses que nous pourrions faire de l'ouvrage, c'est la lettre qu'écrivait à l'auteur l'un des membres du jury de la Société Nationale d'horticulture :

« Je viens vous remercier d'avoir bien voulu m'adresser votre *excellent traité* de l'horticulture dans les petits jardins. Je m'empresse de vous dire que rien ne pouvait m'être plus agréable et me faire davantage de plaisir. Je l'ai lu et *relu* avec le plus vif intérêt et je me fais un véritable devoir de vous adresser mes vives et bien sincères félicitations. Je voudrais voir votre livre non seulement entre les mains de tous les prêtres et de tous les instituteurs, mais encore dans toutes les bibliothèques. »

En vente chez l'auteur, à Aizy, par Vailly (*Aisne*). Franco, 3 fr. 30.

Nous signalons avec plaisir le nouvel ouvrage que vient de faire paraître un de nos amis : L'*Angleterre suzeraine de la France par la franc-maçonnerie.* Dans ce livre des plus curieux, l'auteur ajoute de nouveaux chapitres à sa première étude sur cette question. Il montre de la façon la plus saisissante les rapports intimes qui existent entre le protestantisme, la franc-maçonnerie et la juiverie. Sans partager toutes ses opinions il est impossible de ne pas reconnaître qu'elles sont très bien présentées et défendues et, en tout cas, cet auteur fournit des documents intéressants à plus d'un titre dont il fait usage en Breton, c'est-à-dire en patriote convaincu.

On trouve cet ouvrage à la librairie Savine, Paris.

S. Crépeaux.

ALMANACH DE LA FRANCE RURALE

Notre almanach de la *France rurale* paraît pour la 21e fois. Comme d'habitude, il contient le résumé de tous les faits intéressants de l'année, soit au point de vue purement agricole soit dans l'ordre politique. Signalons un important article avec gravures explicatives sur la confection des moyettes de fourrages, le résumé des remèdes à employer pour combattre les maladies de la vigne, les lois et décrets concernant l'agriculture, les lauréats des concours, une étude sur la crise du blé en France qui met en lumière les causes véritables de l'avilissement des cours de cette céréale. Citons enfin le titre de quelques chapitres : Oïdium, le rôle du porc dans la ferme, semailles de blé, droit rural, destruction de la sanve, l'agriculture de la Beauce, ensilage des pommes de terre, culture en terre pauvre, en acide phosphorique, espèce bovine en Dauphiné, alimentation par les pommes de terre, recettes diverses, etc., etc.

Cette almanach, qui contient plus de deux cents pages de texte, constitue une excellente brochure de propagande agricole. Nous prions nos amis de l'examiner avec soin et s'ils la jugent telle que nous le pensons, ils voudront bien la répandre autour d'eux.

Comme toujours, en mettant cet opuscule en vente, notre désir est de servir une fois de plus la cause de l'agriculture nationale.

L'almanach est en vente, 10 *bis*, rue Piccini, Paris, au prix de 0 fr. 50 l'exemplaire *franco*. Réductions par quantités.

RECETTES

L'avoine aux chevaux. — On reconnaît facilement, par l'expérience, que l'avoine consommée directement par les chevaux est imparfaitement assimilée, surtout par les chevaux âgés, et dont les dents sont usées. On constate en examinant leur crottin, que la plupart des grains d'avoine sont intacts.

Pour ces chevaux surtout, sinon pour tous l'avoine concassée ou aplatie est préférable à l'avoine entière. Mais il importe de concasser ou de n'aplatir l'avoine qu'au moment de la faire consommer, sous peine de subir une déperdition de la vigueur au travail.

Les éleveurs qui n'ont ni concasseur ni aplatisseur, peuvent y suppléer en plongeant l'avoine pendant une heure ou deux dans l'eau. L'avoine amollie est mieux mastiquée, et par conséquent mieux digérée qu'à l'état sec. Dans ce cas comme dans les précédents, un litre d'avoine est aussi efficace qu'un litre et demi d'avoine entière. Les préparations que nous conseillons sont donc à la fois économiques et avantageuses pour les chevaux.

OFFRES ET DEMANDES

Tourteaux de coton décortiqué d'Amérique, en pains ou moulus de 12 fr. 75 à 13 fr. les 0/0 kilos sur wagon. Le Havre. — Livraison immédiate.

Blés de 1er choix, spécialement sélectionné pour semence *Dattel, Bordier, Riéti, Japhet*. les 100 kil. 26 fr.; 50 kil. 13 fr. 50 ; 25 kil. 7 fr. *Hybride, Shireff, Berger* (nouveauté) 25 kil. 10 fr.; 5 kil. 3 fr.

S'adresser F. B. Bureau du Journal.

RED-CAP. OEufs à couver de cette excellente race de poule, réputée la plus jolie et la plus forte pondeuse, garantis race pure frais et fécondés, 5 fr. la douzaine franco de port et d'emballage. S'adresser à **Calixte Dany**, Althenles-Paluds (Vaucluse).

Important : J'invite les personnes qui veulent bien me confier leurs ordres de toujours y joindre un mandat, les remboursements n'étant bénéficiables qu'aux Compagnies.

Toujours donner le nom de la gare à laquelle il faut adresser les envois.

Blés de semence triés et sélectionnés variétés *Bordier, Shreiff Dattel, Bordeaux*, 27 fr. les 100 kil., toiles à 0 fr. 75, wagon Bavay, 30 jours. Mme Vve A. Dérome, Bavay (Nord).

On demande pour l'Espagne un homme pour travailler en maître de cave, dans une brasserie de cidre, sachant faire le nécessaire pour les soins de la cave, soutirages, etc. Entre temps, soigner les arbres, distiller, s'occuper de tous travaux lorsque le travail de cidrerie le rendra disponible. — Appointements selon capacités.

Très bonne place chez de très braves gens. — Position d'avenir.

Adresser les demandes chez M. P. B. Noël, 9, rue d'Odessa, Paris.

M. Noël, emmènerait cette personne en Espagne le 1er novembre prochain.

POMMES DE TERRE. — Nous apprenons que M. E. Boutin, directeur du *Moniteur des Intérêts agricoles*, 11, rue Taitbout, est en pourparlers avec un certain nombre de Sociétés Coopératives de consommation de Paris et de la banlieue pour leur procurer directement par la culture les pommes de terre *saucisses rouges* et de *hollande* nécessaires à leur approvisionnement d'hiver : il s'agit de quantité très importantes.

Ceux de nos abonnés que ces fournitures intéressent peuvent s'adresser directement à M. Boutin.

Il lui est également fait des demandes pour des fournitures régulières de volailles de 1 kilo. 1 k. 500 par cageots de 12 à 15 pièces.

A VENDRE OU A LOUER propriété rurale à proximité de centres importants, bonne terres, constructions suffisantes.

Excellente affaire convenant surtout à jeune homme voulant prendre une exploitation. S'adresser aux bureaux du journal. Se hâter.

M. POUZIN offre de jolis racinés de son plant de vigne à la seule condition pour les demandeurs de lui tenir compte d'une partie de la récolte d'une année. — Contre 0 fr.25 il expédie son *Guide* pour la culture de cette variété.

Écrire à M. Pouzin Émile, à Saint-Paul-les-Romans, Drôme.

Huiles d'olive garanties pures et sans mélange venant directement de la propriété. Au prix de 1,80, — 1,60, — 1,50 le kilog. suivant qualité.

Gare départ, paiement contre remboursement. S'adresser à M. Edouard Laurin, propriétaire à Saint-Chamas (Bouches-du-Rhône).

Si vous voulez boire du bon vin de Saint-Émilion, adressez-vous à M. Duplessis-Foursaud au château des Trois-Moulins, à SAINT-ÉMILION (Gironde).

(Voir le prix courant.)

Ferme de l'Institut Agricole de Beauvais — A VENDRE :

1º Très bon bélier *charmois* en état de faire la lutte.

2º OEufs, poulettes et coqs des races : La Flèche, Dorkins, Leghorn, Campine et Padoue Doré, Langshan, Gournay, Coucou de Malines, Houdan, Cochinchinoise fauve, Brahmapoutra, canards de Rouen.

COURS DES BESTIAUX

Marché de la Villette du 14 septembre 1896.

PRIX DE LA VIANDE NETTE		
1re qualité	2e qualité	3e qualité
Bœufs. .. 1.52	1.42	1.32
Vaches... 1.50	1.40	1.30
Taureaux. 1.20	1.10	1.00
Veaux.... 1 72	1.62	1.22
Moutons.. 1.96	1.78	1.68
Porcs 1.12	1.08	0.98

ESPÈCES	AMENÉS	VENDUS	PRIX EXTRÊME viande net	poids vif
Bœufs....	2.929	2.693	1.32 à 1 52	68 à » 95
Vaches...	748	715	1.30 1.50	60 » 94
Taureaux.	2 9	217	1 00 1.20	52 » 79
Veaux....	1 095	983	1.22 1.72	60 1.08
Moutons..	18.425	15.905	2.68 1.96	77 1.22
Porcs.. ...	3.200	3.137	0.06 1.12	70 » 82

Arrivage important.

Marché de la Villette du 17 septembre 1896.

PRIX DE LA VIANDE NETTE AU KILOGR.			
1re qualité	2e qualité	3e qualité	Prix extrême
Bœufs.... 1.48	1.38	1.26	1.20 à 1.52
Vaches... 1.46	1.34	1 20	1 14 1 52
Taureaux 1.26	1.14	1.04	1 00 1.30
Veaux.... 1.90	1.70	1 36	1 26 2 00
Moutons.. 1.96	1.78	1.68	1 58 2.00
Porcs 1.10	1.04	»	1.00 1.16

ESPÈCES	AMENÉS	VENDUS	OBSERVATIONS
Bœufs ...	1.925	»	Vente difficile sur le gros bétail et les moutons, moyenne sur les veaux et mauvaise sur les porcs.
Vaches...	557	458	
Taureaux.	2 40	»	
Veaux....	1.367	908	
Moutons..	18 2 1	»	
Porcs.....	8 898	»	

Vente du bétail au marché de La Villette.

Adresser les animaux à MM. Henri Roblin et Surugue, en gare Paris-Bestiaux. Les aviser par lettre auparavant, 190, rue d'Allemagne, Paris.

BLÉS DE SEMENCE

Prix de la maison Cayeux et Le Clerc cultivateurs-grainiers, 8, quai de la Mégisserie, Paris.

Blé Bordier	30 fr. les 100 kil.
— Bordeaux ...	29 —
— Dattel.	28 —
— de Saumur. .	28 —
— bleu de Noë .	28 —
— Kissingland. .	29 —
— hybride et Shireff-Berger	40 —
— Goldendrop. .	28 —
— Silverdrop ..	30 —
— Japhet	30 —
— Seigle.	28 —
— Chinois pour rendement énorme. . .	32

Tous ces blés de semences sont vendus en sacs de 100 kilos, logés en sacs neufs, livrés sur wagons départ. Paiement à 30 jours sans escompte.

CORRESPONDANCE

M. C., à B. Saint-A. — Les feuilles de betteraves à sucre avec leurs collets peuvent parfaitement s'utiliser, et peuvent fournir pour les vaches laitières seulement, une nourriture aqueuse qui n'est pas à dédaigner. La façon la plus simple pour installer un silo pour leur conservation consiste à faire comme pour les pulpes une ouverture en terre saine, de un mètre à 1 m. 50 de profondeur et 5 de à 6 mètres de longueur sur 2 m. de largeur, à enfouir les feuilles de betteraves mélangées de paille ou menue paille, bien presser le tout avec une charge quelconque de bois ou de terre, de manière que l'air n'y pénètre pas, c'est là le grand point.

Faire consommer ce silo avant les autres racines. Les feuilles de betteraves ainsi conservées acquièrent un goût aigrelet que les bêtes à cornes aiment beaucoup.

M. de B., aux P, p. R. (Loir-et-Cher). — Veuillez vous adresser de notre part à M. Desprez, directeur de la station expérimentale de Capelle (Nord). M. Desprez ne livre pas moins de 100 kilos de blés de semence de chaque variété.

M. H., à E. (Loiret). — Dans vos cultures de blés, orges et avoines, il ne faut pas abuser des engrais azotés, *sulfate d'ammoniaque et nitrate* ; il faut aussi apporter à votre sol l'acide phosphorique qui est indispensable pour la formation du grain et de la paille. Sans cet élément vous vous exposez à voir vos blés verser, récolter du grain maigre et de la paille pourrie. — Employez dans votre culture les bons phosphates tendres, et phosphatez vos fumiers.

M. A. I. (Marne). — L'Ajonc au *goût épineux* procure au bétail, bêtes à cornes et à laine, une excellente nourriture. Pour le faire accepter par les animaux ; il faut le hacher en tronçons de 3 à 4 centimètres de long qu'on pile à coups de maillet ou au moyen d'un broyeur mécanique, afin d'émousser les piquants.

Les fleurs jaunes de l'ajonc, qui se montrent hiver et été, fournissent aux abeilles des sucs abondants et parfumés. Ce végétal se plaît surtout sous le ciel doux et humide de nos régions occidentales. On peut aussi le cultiver dans le Centre et le Sud. L'ajonc aime les sols argileux, non carbonatés d'une certaine profondeur. Il peut utiliser des terrains médiocres. On le sème au printemps au milieu d'une céréale. S'il est préservé de la dent du bétail, on le coupe généralement l'année suivante. Ensuite on le récolte une fois tous les ans ou tous les deux ans. Si on laisse grandir l'arbuste plus de deux ans, il devient tout à fait ligneux et procure alors un excellent chauffage à fours ou de bonne matière à engrais. — Très prochainement nous vous indiquerons le nom d'un constructeur, d'un broyeur mécanique spécial.

M. D., à S. F. (Allier). — En incorporant des *phosphates fossiles* au fumier de ferme, vous obtenez un *engrais complet* puisque vous avez l'azote et l'acide phosphorique combinés ensemble, répandre environ 3 kilos de phosphate par jour et par tête de gros bétail. Cet engrais ainsi obtenu est bien supérieur aux produits du commerce.

Il ne faut pas oublier que le phosphate fixe l'azote du fumier.

Le Gérant : E. Gambart.

IMP. NOIZETTE ET Cie, 8, RUE CAMPAGNE-1re, PARIS.

PRIMES A NOS ABONNÉS

Porte-pantalon hygiénique, breveté S. G. D. G. de P.-B. Noël. Prix de faveur pour nos lecteurs : Pour hommes, jeunes gens et enfants de dix ans franco 4 fr.; pour femmes et fillettes, 4 fr. 50

Toute commande doit être strictement accompagné d'un mandat-poste représentant la valeur de l'expédition.

BONDE le cent, 25 fr., les cinquante 13 fr., les vingt-cinq 7 fr. Au-dessous de 25 bondes fr. 30. Le tout franco de port.

Indiquer le diamètre de chaque bonde.

Purificateur d'air pour tonneaux, l'un 4 50 franco gare.

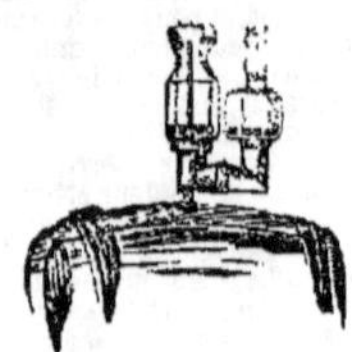

Moyennant un supplément de 0 fr. 40, nous joindrons à l'envoi une mèche à percer de calibre et moyennant 0 fr. 10 en plus, une mèche soufrée.

Délicieux **Vin Muscat Vieux** tonique et réconfortant venant directement de la propriété, garanti authentique, offert en prime à nos abonnés à raison de 1 fr. 25 le litre logé en fûts de 25 à 35 litres. Fûts perdus.

Adresser les commandes au Bureau du Journal, 10 *bis*, rue Piccini, Paris.

EXPOSITION DE 1900

En attendant qu'ils soient remboursés plus qu'au double de leur prix d'achat :

1° *Par la délivrance de 20 tickets d'entrée de 1 franc ;*

2° *Par des avantages spéciaux accordés par les Compagnies de transports et les directeurs des spectacles de l'Exposition.*

LES BONS DE L'EXPOSITION DE 1900

participent à de fréquents tirages de lots comprenant notamment des lots de **500.000** et de **100.000** francs.

Les tirages ont lieu, en 1896, le 25 de chacun des mois à courir d'ici à la fin de l'année ; — en 1897, 1898 et 1899, le 25 de chacun des mois de février, avril, juin, août, octobre et décembre ; — en 1900, le 25 de chaque mois, de mai à octobre inclus.

On peut se procurer ces Bons aux guichets du **Crédit Foncier**, du **Crédit Lyonnais**, du **Comptoir d'Escompte**, de la **Société Générale** et du **Crédit Industriel**, et, dans les départements, aux Agences de ces Sociétés et par correspondance.

CHEMIN DE FER DU NORD

PARIS A LONDRES

Via Calais ou Boulogne.

Quatre services rapides quotidiens dans chaque sens.

Trajet en 7 heures. — Traversée en 1 heure.

Tous les trains comportent des 2e classes.

En outre, les trains de malle de nuit partant de Paris pour Londres et de Londres pour Paris à 9 heures du soir prennent les voyageurs munis de billets de 3e classe.

A partir du 1er juillet une nouvelle accélération sera apportée au train de malle de nuit de Londres à Paris.

Ce train qui part actuellement de Londres à 8 h. 15 du soir en partira à 9 heures tout en conservant son heure actuelle d'arrivée à Paris-Nord.

Départs de Paris. — Via Calais-Douvres, 9 h., 11 h. 50 du matin, 9 heures du soir. Via Boulogne-Folkestone : 10 h. 30 du matin.

Départs de Londres. — Via Douvres-Calais : 9 heures, 11 heures du matin et 9 heures du soir. Via Folkestone-Boulogne : 10 heures du matin.

Service officiel de la poste. — La gare de Paris-Nord située au centre des affaires, est le point de départ de tous les grands Express Européens pour l'Angleterre, l'Allemagne, la Russie, la Belgique, la Hollande, l'Espagne, le Portugal, etc.

VIN PUR COTES 1re QUALITÉ

Vieux, nouveau garanti sur facture

Récolté par FELIX LAU, propriétaire-viticulteur à Caussiniojouls (Hérault).

Nouveau, **35 fr.** *l'hect. logé sur gare* **Faugères**

SOCIÉTÉ GÉNÉRALE

Pour favoriser le développement du Commerce et de l'Industrie en France.

Société anonyme fondée suivant décret du 4 mai 1864.

CAPITAL : 120 MILLIONS DE FRANCS

Siège social, 54 *et* 56, *rue de Provence, à Paris*

Toutes opérations de Banque, notamment :
Dépôts de fonds en compte ou à échéance fixe,
Escompte et Encaissement d'Effets de commerce ;
Ordres de Bourse en France et à l'Etranger ;
Coupons ; — Avances et Opérations sur Titres
Souscriptions ; — Garde de Titres ;
Garantie contre le remboursemen au pair
et les risques de non-vérification des tirages ;
Lettres de crédit ;
Envois de Fonds ; — (France et Etranger)

LOCATION DE COFFRES-FORTS

offrant toute sécurité pour la garde des titres, bijoux et autres objets précieux (compartiments depuis 5 fr. par mois.

La Société a 221 agences et bureaux en France 1 agence à Londres, et des correspondants sur toutes les places de France et de l'Étranger.

RAISINS FRAIS
Coteaux premier choix, offerts par vigneron. Tous renseignements fournis sur demande à **ARNOYE**, château *Saint-Brès*, par Baillargues (Hérault).

Etablissement Glaser

AVENUE NIEL, 9, PARIS

LOCATION DE CHEVAUX

de Selle et d'Attelage

pour les Chasses, la Promenade, la Campagne

PENSION DE CHEVAUX

en Boxes et Stalles.

Le Journal **Le Meunier**, de Bruxelles, offre une médaille d'or à l'inventeur du meilleur procédé débarrassant automatiquement le blé du charançon.

Plus de Pourriture

PAR L'EMPLOI DU

CARBONYLE

qui assure au bois une durée **triple** en lui donnant une belle teinte brune ; 1 kilog. remplace 10 kilog. de Goudron. — Produit de grande utilité dans l'agriculture ; est recommandé et utilisé par les syndicats agricoles. — Dans votre intérêt, demandez le **prospectus** avec attestations d'expériences de **dix ans**.

Société française du « CARBONYLE ».
188-190, *Faubourg Saint-Denis, Paris.*

(N. B.) Seule maison spéciale pour la fabrication et la vente de ce genre de produit.

Ouvrages de MM. CREPEAUX

En vente aux bureaux de la *Gazette*

La Culture électrique	1 50
Manuel vétérinaire pratique du cultivateur	1 »
Almanach de la France rurale pour 1896	» 60
L'Année agricole et agronomique pour 1895	3 50
La Culture du Blé, par M. FLEURY-BERGER.	1 »

EXCELLENT DÉSINFECTANT

POUR LES FUTS A VIN, CIDRE, BIÈRE, ETC.

Prix de faveur pour nos lecteurs

Sur notre demande, M. Moity, père, l'inventeur, a consenti à en mettre de petites quantités pour essais à la disposition de nos lecteurs.

10 litres franco gare. 10 fr.

Adresser les demandes à M. Crépeaux, rue Piccini, 10 *bis*, Paris.

VENDANGES 1896

AMELIORATION DU VIN

par les

LEVURES SÉLECTIONNÉES

PURES ET ACTIVES DE

L'INSTITUT LA CLAIRE

Augmentation du degré alcoolique Bouquet plus développé, clarification rapide

Une brochure nouvelle, donnant les résultats aux vendanges de 1895, sera adressée gratuitement et franco sur demande par carte à

M. G. JACQUEMIN

Chimiste-microbiologiste, Chevalier du Mérite agricole.

à Malzéville, près Nancy (Meurthe-Moselle)

Insecticide-Préservateur

FERTILISANT

DESGOUTTES

La Boîte de 10 kilog., pour essais, **10 fr.** franco toutes gares (por et emballage compris).

Adresser les demandes, accompagnées d'un mandat, 10 bis, rue Piccini, Paris.

des Usines de MM. P. MARCHAND Frères, à DUNKERQUE (Nord)

Fabriqués sous le contrôle permanent de la Station Agronomique du Nord
Dirigée par M. DUBERNARD

Nous appelons l'attention des éleveurs et des nourrisseurs sur les Tourteaux de **COTON** de graines d'Égypte; c'est un produit excellent pour les vaches laitières, les bœufs à l'engrais et les moutons.

Nos Tourteaux de **COTON** sont complètement débarrassés de la bourre qui enveloppe la graine et contiennent la même quantité de matières nutritives et grasses que les meilleurs Tourteaux de Lin.

Nos Tourteaux de **COTON** forment l'aliment le meilleur et le plus avantageux en raison de leur prix excessivement bas.

PRIX : 9 Fr. les 100 kil., gare Dunkerque

S'adresser à MM. P. MARCHAND Frères, à DUNKERQUE (Nord)

PHOSPHATE FOSSILE DE QUIÉVY-NORD

le plus assimilable de tous les phosphates connus

GARANTI PUR DE MÉLANGE AVEC TOUT AUTRE PHOSPHATE
Ce qui, du reste, ne pourrait que diminuer son assimilabilité.

EXTRACTION DU GISEMENT ET USINE A QUIÉVY
Propriétaire-Extracteur : C. LECLERCQ
Bureaux à Viesly (Nord).

COMPOSITION MOYENNE		ASSIMILABILITÉ RELATIVE (méth. Joulie) *Solubilité dans l'oxalate d'ammoniaque.*	
Acide phosphorique....	12 » à 16 » 0/0	Phosphate de Quiévy.......	82 29 0/0
Potasse...........	0 45 à 2 77 0/0	— de la Meuse.......	51 95 0/0
Chaux............	19 05 à 31 » 0/0	— de Pernes........	47 87 0/0
Magnésie..........	0 58 à 3 80 0/0	— des Ardennes......	46 43 0/0
Matières organiques azotées.	1 80 à 3 45 0/0	— de la Somme (moy.).	44 53 0/0
		— de Ciply........	34 57 0/0

Titre garanti en acide phosphorique : 13 à 15 0/0.

LIVRAISON : EN POUDRE IMPALPABLE EN SACS PLOMBÉS, MIS SUR WAGON GARE QUIÉVY-en-CAMBRÉSIS
Prix : **3 fr. 80** les 100 kilos, sacs perdus, 30 jours, 2 0/0 ou 90 jours net.

NOTA. — Les acheteurs qui désirent employer le **véritable Phosphate de Quiévy** pur et garanti d'origine doivent exiger que les sacs portent la Marque (**Au Poisson fossile**) et la Firme : **M. LECLERCQ**, seul exploitant à Quiévy (Nord).

NOUVELLE BAISSE DE PRIX

PHOSPHO-GUANO COMPANY, LIMITED

LEFEBVRE FRÈRES, Consignataires généraux

PARIS - 60, RUE DE BONDY - PARIS

PHOSPHO-GUANO

SEUL VÉRITABLE — IMPORTÉ DEPUIS 1863

Superphosphate Ornithos — Superphosphate Chilton — Superphosphate 10 degrés

Osso-Guano, Engrais complet Rhizome. Engrais Surazoté L. F.

La qualité et les dosages de tous ces engrais sont invariables et garantis.

L'acide phosphorique qu'ils renferment étant complètement **soluble dans l'eau** a une valeur fertilisante très supérieure à celui des engrais et superphosphates dont l'acide phosphorique, soluble **seulement** dans le citrate d'ammoniaque, reste insoluble dans l'eau. Il n'y a de garanties sérieuses que celles des dosages exprimés séparément en acide phosphorique **soluble dans l'eau** et en acide phosphorique, **insoluble dans l'eau**

Envoi franco sur demande de brochures indiquant les dosages garantis et les prix.

Dépôts dans tous les principaux centres agricoles.

DÉSINFECTANT INCOMPARABLE

pr tonneaux à vin, cidres et autres liquides

MAISON FONDÉE en 1875 Jules MOITY Père MAISON FONDÉE en 1875

Inventeur, breveté en France et à l'étranger.

16, rue Sencier, FOURMIES, France (Nord)

4 diplômes d'honneur. 12 médailles hors concours.

Ce produit, dont la réputation n'est plus à faire, est employé dans une grande partie de la brasserie française, belge et hollandaise avec les plus grands succès.

Guérison radicale *des plus mauvais goûts de fûts en 12 heures, par une simple opération qui ne coûte au plus que 0 fr. 10 à la rondelle de 100 litres, main-d'œuvre comprise.*

Mode d'emploi. — Laver les fûts à l'eau bouillante, les laisser égoutter pendant 12 heures, les rincer ensuite avec mon produit et **six** ou dix heures après, suivant la saison, les relaver à nouveau à l'eau **bouillante** et vous pouvez entonner avec sûreté n'importe quelle boisson et sans nuire aucunement au bois ni à la boisson, inconvénients que produisent beaucoup de moyens employés à défaut d'autres meilleurs.

Prix :

0 fr. 65 du litre en dessous de 100 litres, ou 0.55 du ki.
0 fr. 60 — de 100 à 175 litres, ou 0 50 —
0 fr. 55 — de au-des. jusqu'à 228 lit. ou 0.45 —
Réduction par plus grandes quantités.

Les commandes au-dessus de 150 litres seront livrées franco en gare du destinataire.

Certificat pris dans 100.000 :
« Monsieur J. Moity, père, à Fourmies.

« J'ai été très satisfait de votre désinfectant veuillez m'en envoyer 200 litres de suite.

« Recevez mes sincères salutations ».
Desurment-Chasseur, à Tourcoing.

VELOUTINE FLAMANDE

La Veloutine est spécialement employée pour lustrer les cuirs de fantaisie : guides, selles, harnais de luxe et de travail, capotes, tabliers, caparaçons, etc , et lorsqu'ils ont déjà été enduits de vaseline, ce produit donne un joli brillant et évite l'action graisseuse des cirages ou préparations à base de cire. Sans causticité il ne dessèche pas et imperméabilise.

Le bidon d'un litre pour harnais noirs. . . . 3 70
— — — jaunes. . . 4 20
Franco gare contre mandat-poste.

S'adresser : *Manufacture de Vaselines industrielles de Ligny-en-Cambrésis (Nord)*

Eugène de MASQUARD

PROPRIÉTAIRE-VITICULTEUR, Château de la Cascade

SAINT-CÉSAIRE-LES-NIMES (Gard)

Vins garantis naturels, rouges et blancs, depuis 75 fr. la pièce de 220 litres jusqu'à 100 francs, selon qualité, prise en gare de St-Césaire (Gard), fût perdu.

Ces vins ont été médaillés à toutes les expositions où ils ont figuré.

Récoltés sur des coteaux et des terrains secs, les vins de Saint-Césaire, l'un des meilleurs crus du Gard, se conservent parfaitement sans être plâtrés.

Envoi franco de prix courants et échantillons

MACHINES AGRICOLES

A. BAJAC

à LIANCOURT (Oise)

CHARRUES-BRABANTS

Le moment favorable au transport des vins
étant revenu, nous rappelons à nos lecteurs
que tous ceux d'entre eux qui, sur nos conseils, et depuis cinq ans, consomment les vins
de M. VINCENT ARDURA, vigneron, domaine de
la Chapelle-Frédignac, par Blaye-Bordeaux,
n'ont qu'à se louer de la qualité et de la conservation de ce Bordeaux absolument naturel,
expédié sans intermédiaire.

Pour dégustation sérieuse, envoi gratuit est
fait d'une bouteille de la récolte désignée.

L'encaissement est fait par le facteur, à
30 jours, escompte 2 0/0, ou 90 jours.

Vendanges : 1893, à 130 fr., 1892-91, à 150 fr.;
1890-89, à 175 fr., 1887, à 200 fr., 1885, à 220 fr.,
1884, à 240 fr., 1882, à 250 fr., 1881, à 300 fr. —
Graves blancs vieux : 130, 150, 200, 250, 300 fr.,
suivant âge, les 225 litres collés, soutirés,
franco de port et de fût en gare d'arrivée.

L'URBAINE
Compagnie anonyme d'Assurances à primes
fixes contre l'INCENDIE
FONDÉE EN 1838
CINQUANTE-NEUVIÈME ANNÉE
CAPITAL : 5 MILLIONS — GARANTIES : 70 MILLIONS
SINISTRES PAYÉS DEPUIS L'ORIGINE : 132.000.000 FRANCS
PARIS — 8 et 10, rue Le Peletier

DISTILLATION CONTINUE
ALAMBIC
Système A. ESTÈVE

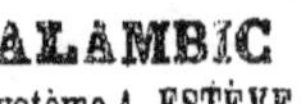
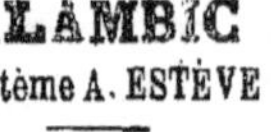

F. BESNARD
PÈRE, FILS ET GENDRES
28, rue Geoffroy-Lasnier
PARIS
Envoi franco du Catalogue sur demande

ALIMENTATION DU BÉTAIL
Tourteaux de Coprah ou Coco
F. TASSY, E. ROCCA ET Cⁱᵉ
Fabricants d'huiles (producteurs directs
de Tourteaux)
23, RUE HAXO, MARSEILLE
Deux médailles d'or, Anvers 1894
Envoi de Prix-Courants et Échantillons sur demande.

GRIFFE SARCLEUSE-BINEUSE
Outil économique

pour biner, sarcler promptement entre toutes les lignes
de plantes ou légumes sans distinction, indispensable en
toutes saisons dans les jardins, vignes, pépinières, les cultures de betteraves, de tabac, etc., même dans les allées

SELS POUR L'AGRICULTURE
Nourriture du bétail et Engrais des terres

Sel neuf dénaturé, au tourteau de colza. 45 f. 1.000 k.
Sel neuf dénaturé, au peroxyde de fer. 40 f. 1.000 k.
Sel de morue pur . . . . 35 f. 1.000 k.
Expéditions de Fécamp, Bordeaux et St-Malo.
S'adresser à MM. A. LE BORGNE et ses Fils,
négociants-armateurs, à Fécamp.

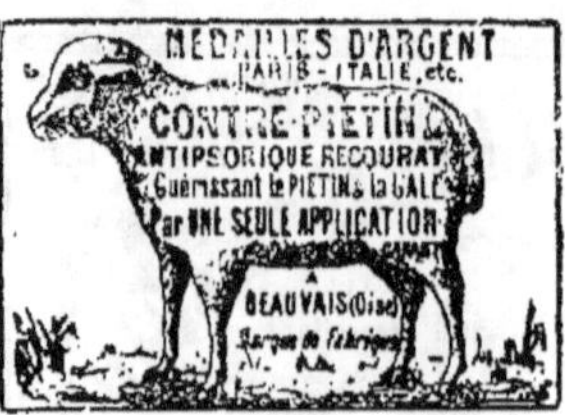

M. RECOURAT, pharmacien à Beauvais.

Gale des moutons guérie radicalement
par une seule application de l'ANTIPSORIQUE.

La bouteille, 3 fr. ; la 1/2 bouteille, 1 fr. 75.

Guérison du PIÉTIN par un seul pansement
avec le CONTRE-PIÉTIN-RECOURAT.

Le pot d'essai, 1 fr. 50 ; le pot, 2 fr. 50.

Joindre 0 fr. 60 pour recevoir franco et
indiquer gare

CHEVAUX BOITEUX
Guérison par le spécifique BORNET

Contre Capelets, Mollettes, Vessigons,
Eponges, Exostoses, Suros, Eparvins o
les Formes à leur début. (Il s'applique éga-
ement à toutes les tares molles et osseuses.)

PRÉPARÉ PAR A. BORNET
Pharmacien de 1re classe, ex-interne et lauréat des
hôpitaux.

19, rue de Bourgogne, PARIS.

Le flacon, 5 fr., à la pharmacie ; en gare
par colis postal, 6 fr. contre mandat.

VINS
DE SAINT-ÉMILION

Vins classés, de 800 à 250 francs la barrique
de 225 litres. — Moitié prix pour la barrique de
112 litres.

Vins grands ordinaires, de 140, 125, 105,
100 francs la barrique — 80, 75, 70, 65, 58,
55 francs, la demi-barrique. — Rendu franco en
gare et régie, sauf octroi.

Adresser commandes à M. DUPLESSIS-
FOURCAUD, à Saint-Émilion. — Envoi de
prix courants et échantillons sur demande affranchie.

Médailles d'Or, Paris, 1867 et 1889 — Moscou
1891 — Besançon, Montluçon, Royan, etc.

Maison de Vente & d'Expédition à Aubusson (Creuse) G. DELARBRE
À Paris & en province, chez tous les Droguistes & Pharmaciens.

MALADIES DU BÉTAIL
ET DE LA VOLAILLE
Leur traitement préventif et curatif
PAR L'ACIDE SALICYLIQUE

L'acide salicylique, employé dans la
nourriture à la dose de 1/2 à 1 gramme
par jour et par tête de bétail, est le meilleur préservatif des maladies qui procèdent par contagion : Sang de rate, Cocotte,
Maladie aphteuse, Erysipèle, Typhus,
Morve, Variole et le Rouget des porcs, etc.

DES ATTESTATIONS NOMBREUSES DE GUÉ-
RISONS obtenues pour la Cocotte et le
Rouget des porcs ont été reproduites
dans le journal l'Agriculture.

La désinfection des étables, des écuries, se fait instantanément au moyen
d'un arrosage d'eau salicylée à 2 grammes par litre.

S'adresser à M. CERCKEL, administrateur de la Compagnie de produits antiseptiques, 26, rue Bergère, Paris.

Envoi sur demande de Prospectus et
Brochures,
PRIX DU KIL., 25 fr. BOITE DE MÉNAGE, 2 fr.

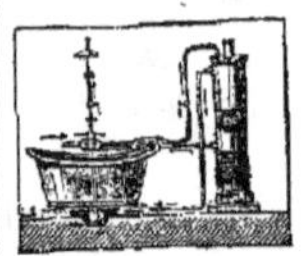
BAINS-BUANDERIES
Baignoires. — Chauffe-Bains. — Douches. — Appareils de lessivage,
système GASTON BOZÉRIAN.
CHAUDRONNERIE, TÔLERIE, etc. — ENVOI FRANCO DE CATALOGUES.

DELAROCHE aîné, 22, rue Bertrand, Paris

UNION AGRICOLE DE FRANCE
Société Anonyme au Capital de 1.100.000 Francs. — Siège Social : 18, Boulevard des Capucines, Paris.
SIÈGE COMMERCIAL PRINCIPAL : 72-74, Rue Saint-Denis, PARIS

Vente à la Commission
et en toute loyauté
DE
DENRÉES AGRICOLES
de toutes sortes
et de toutes provenances

Fourniture Directe
et livraison à domicile
AUX
ÉPICIERS, FRUITIERS
Restaurants, Hôtels, Pensionnats et
Établissements privés importants.
Renseignements détaillés sur demande au Siège Social.

ANÉMIE CHLOROSE, FAIBLESSE Guéries par le **VRAI FER QUEVENNX**
Seul approuvé p^r Académie de Médecine, Paris, 14, r. Beaux-Arts, notice.

PRÉSERVEZ VOS ANIMAUX DOMESTIQUES
de toutes les Epizooties et Maladies contagieuses par la Désinfection des Ecuries, Etables, Porcheries

PAR LE

CRÉSYL-JEYES

Désinfectant — Antiseptique, le seul (non toxique), qui soit d'une efficacité scientifique ment démontrée. Le **CRÉSYL-JEYES** a été récompensé par la Société des Agriculteurs de France en 1891 d'une **Médaille d'argent grand module.** Envoi franco sur demande du prospectus détaillé. — CRÉSYL-JEYES, 35, Rue des Francs-Bourgeois, 35, Paris.

Se méfier des nombreuses contrefaçons.

FROMENTINE
Marque déposée B. S.G.D.G.

Produit pour l'alimentation économique, saine et rationnelle du bétail, provenant en grande partie des issues de la mouture de blé.

DIVERSES MARQUES
Demander celle en raison du but poursuivi

Marque A pour l'engraissement égal à celui au tourteau de lin, le remplacement de l'avoine, production d'un lait de qualité supérieure.
Marque B pour le bon entretien du bétail.
Marque J développement rapide des jeunes bêtes.
Marque L surproduction du lait.
Marque E engraissement rapide.

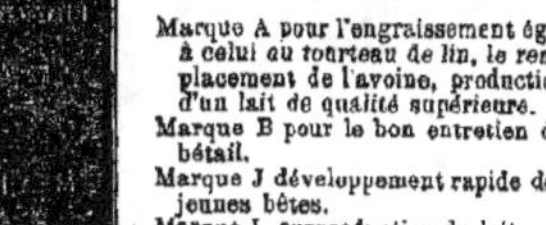

Ecrire à M. Armand MILLOT
Moulins Saint-Martin

Saint-Quentin (Aisne.)

Machines Agricoles Françaises

MAISON ALBARET

O. ※. O. M. A. ※
Breveté
S. G. D. G

Veuve ALBARET et G. LEFEBVRE&, SUCCR

ATELIERS DE CONSTRUCTION ET ADMINISTRATION
A RANTIGNY-LIANCOURT (Oise)

Bureaux et Magasins:
9, Rue du Louvre, PARIS

LOCOMOBILES, MACHINES DEMI-FIXES, MOTEURS A PÉTROLE
BATTEUSES PORTATIVES ET FIXES — MANÉGES

HACHE-MAIS — HACHE-PAILLE   **PRESSES A FOURRAGES**

FAUCHEUSES, MOISSONNEUSES & LIEUSES
RATEAUX, FANEUSES

Semoirs en Lignes — Semoirs à Engrais — Concasseurs — Aplatisseurs

INSTRUMENTS D'AGRICULTURE — INSTRUMENTS DE PESAGE
Grand Prix, Lyon **1894**. — Grand Prix, Anvers **1894**. — Grand Prix, Bordeaux **1895**
Beauvais 1895, Diplôme d'Honneur
Tunis 1895, Premier Prix, Médaille d'Or
19 Diplômes d'Honneur et d'Excellence — 226 Médailles d'Or — 191 Médailles d'Argent

SUCCURSALES :
Saint-Quentin, Chartres, Abbeville, Cambrai, Dax, Lyon, Alger
Envoi franco sur demande des Catalogues illustrés.

17e Année. — No 39.   LE NUMÉRO. **10 CENTIMES.**   Dimanche 27 Septembre 1896.

DÉPOT LÉGAL
Seine No 40
1896

GAZETTE AGRICOLE

JOURNAL HEBDOMADAIRE, PARAISSANT LE DIMANCHE

Fondateur : **M. CH. GOSSIN**, Professeur d'Agriculture à l'Institut agricole de Beauvais

PRIX DE L'ABONNEMENT

UN AN, 5 fr. — SIX MOIS, 3 fr. — TROIS MOIS, 2 fr. 25

Pour l'Étranger les abonnements ne sont reçus que pour un an, au prix de 6 francs, et ne partent que du 1er JANVIER ou du 1er JUILLET de chaque année.

Le Numéro : 10 centimes.

Adresser toute la correspondance : mandats, lettres, annonces etc., à M. CRÉPEAUX, Directeur de la *Gazette agricole* 10 bis, rue Piccini, Paris.

Toute demande de changement d'adresse doit être accompagnée de 50 centimes et de la dernière bande du journal.

BUREAUX

97, rue de Rennes, Paris, et à Beauvais, rue Saint-Étienne.

Les abonnements partent du 1er de chaque mois et sont payables d'avance. Toute demande d'abonnement doit donc être accompagnée du prix de l'abonnement. (Le mode de payement plus simple est l'envoi d'un mandat-poste.)

Donner *très lisiblement*, en s'abonnant, son nom et son adresse exacte, *avec l'indication du bureau de poste*; et, s'il s'agit d'une continuation d'abonnement, joindre au renouvellement la dernière bande d'adresse du journal

Les Annonces sont reçues à la Direction du Journal, et chez MM. DUSSERIS et MATHELLON, 97, rue de Rennes Paris.

Sommaire :

BULLETIN COMMERCIAL

Paris, le 23 septembre 1896.

Le mauvais temps continue, on signale des pluies dans toutes les directions et le vent souffle en tempête du nord-ouest.

Les intempéries retardent les labours, on se plaint dans l'Eure et le Calvados que les orges, sainfoins, trèfles violets et sarrasins qui n'étaient pas encore rentrés, ont beaucoup souffert des pluies et sont à peu près perdus il en est de même dans le Finistère et dans la Loire-Inférieure, on a aussi dans plusieurs contrées des inquiétudes sur la récolte des pommes de terre.

BOURSE DU COMMERCE DU MERCREDI 23 SEPTEMBRE

	FARINES	BLÉS
Courant	44 10	18 10
Prochain	40 65	18 35
Nov.-Déc.	40 50	18 60
4 de nov.	40 55	18 65
premiers	40 80	18 90

Marque de Corbeil : 44 fr. le sac de 150 kil., toile à rendre.

Halle aux blés. — *Blés indigènes.* — Le marché est calme, la demande de la mounerie est peu active, par contre, les offres ont encore une certaine ampleur si bien que les prix sans changement notable ont une tendance lourde bien accentuée. On cote blés blancs 18 à 18,50, roux 17,25 à 18,25 les 100 kil. gare d'arrivée Paris.

Blés exotiques. — Sans affaires.

Sons. — Faibles, pour traiter il faut faire une concession de 25 cent.

Avoines. — Les affaires sont peu actives bien que les prix présentent sur ceux pratiqués il y a quelques jours une baisse de 25 à 50 cent. Pour le moment la culture préfère faire consommer l'avoine à la place du son; aussi croit-on que les offres vont diminuer d'ici peu. On cote : avoines blanches 13,50 à 14, rouges 14 à 15, grises 14,25, noires, 14,50 à 15.

Orges. — La baisse s'accentue aujourd'hui, elle est de 25 à 50 cent. suivant provenance et qualité.

La demande pour l'exportation est nulle, c'est le fait de la hausse qui s'est produite il y a trois ou quatre semaines. Elle n'a pas influencé nos brasseurs qui ont des orges germées en grande quantité par suite des mauvais mois d'août et septembre. Si dans un délai très court les achats pour l'Est ou l'Angleterre cessaient, nous reverrions bien les prix de ces dernières campagnes. On cote 15,25 à 16 fr. Paris.

Seigles. — Les offres sont un peu meilleures, mais les affaires restent limitées. Il y a acheteurs de 11 à 11,25 et vendeurs de 11,25 à 11,50 les 100 kilos gare d'arrivée ou bateau Paris.

Escourgeons. — La marchandise est assez abondante, les prix sont sans changement.

Graines fourragères. — Les trèfles incarnats sont terminés, pour les autres graines les cours ne sont pas encore établis.

Menus grains. — On cote : Petit blé 12 à 13, jarras 15,5) à 16, chènevis de Russie 22, Bretagne 23, vesces 20 à 22, sarrasin 14,50.

Sucres. — Peu d'affaires, mais tendance ferme, en sympathie avec le dehors et par suite de l'incertitude du temps.

Raffinés 98, roux 88° 26.

Le tout rendu dans Paris, au domicile de l'acheteur, frais de camionnage et droits d'entrée compris par 104 bottes de 5 kil.; savoir : 6 fr. pour foin et fourrages secs, 2 fr. 40 pour paille. Pourboire 1 fr. par 100 bottes.

Fourrages et pailles en gare. — La paille de blé se vend suivant provenances et bottelage, de 17 à 21 fr., mais les affaires n'ont rien d'important.

La paille d'avoine est offerte de 15 à 18 fr. et la paille de seigle de 18 à 22 fr., gare Paris.

Les fourrages se vendent assez facilement, surtout en marchandise immédiatement disponible.

Les regains dénotent de la faiblesse.

On cote sur wagon, par 520 kilogr., en gare d'arrivée à Paris :

Foin	42 à 44
— nouveau	37 à 41
Luzerne première qualité	37 à 41
Paille de blé	17 à 21
— de seigle pour l'industrie	22 à 26
— — ordinaire	18 à 22
— d'avoine	15 à 18

Pour les marchandises en gare, les frais de déchargement, d'octroi et de camionnage sont à la charge de l'acheteur.

FRUITS

Figues	1 50 à 1 75
Pêche de Perpignan, la corbeille de 12 fruits	80 à 1 50
Prunes	50 à 60
Poires communes	25 à 30
Raisins d'Algérie, les 100 kilos	60 à 65
Cassis, —	50 à 55
Amandes, 2e choix	45 à 50
Noisettes	50 à 55
Citrons, la caisse de 420/490	34 à 36
Noix	18 à 22

POMMES DE TERRE

Hollande (100 kil.)	8 » à 11 »
Roses-Early	4 » à 5 »
Magnum-Bonum	5 » à 6 »
Rondes	6 » à 7 »

LÉGUMES

Choux, le cent	2 à 10
Choux-fleurs suivant grosseur	15 à 50
Artichauts de Paris	10 à 22
— de Bretagne	8 à 16
— d'Angers	28 à 30
Tomates	12 à 15
Haricots flageolets	10 à 12
— beurre	30 à 35
Haricots verts de Paris	25 à 30
Melons, la pièce	60 à 2 50
Cornichons moyens	40 à 50

LINS. — Les 100 kilogr. — *Marché de Lille.*

	Communs	Ordin.	Supér.
Alost	148 à 153	154 à 157	161 à 166
Bergues	150 à 158	161 à 168	173 à 182

Marché aux chevaux, 23 Septembre

Gros trait de 300 à 1.300	Boucherie de 45 à 220
Selle et tr. 150 à 1.150	Anes.... de 50 à 130
léger . de 150 à 1.150	Chèvres.. de à
H. d'âge de 150 à 350	

AMENÉS

Chevaux, 341 — Anes, 9 — Chèvres, 0

Voitures 92, de 35 à 550.

Prix moyen aux 100 kilog. des CÉRÉALES dans les Départements.

Région		BLÉ	SEIGLE	ORGE	AVOINE
Rég. du Nord-Ouest	Caen	17 75	10 25	14 00	15 00
	Lannion	17 75	10 00	14 00	15 00
	Morlaix	17 50	10 00	13 50	14 00
	Rennes	17 25	10 00	13 00	13 50
	Avranches	17 00	10 50	14 00	14 00
	Laval	17 25	10 00	13 00	14 00
	Lorient	17 00	10 00	13 00	14 00
	Alençon	17 50	10 25	14 00	15 50
	Le Mans	17 50	10 25	14 00	16 00
Région du Nord	Soissons	18 25	10 50	»	15 50
	Evreux	18 50	10 00	13 00	15 50
	Chartres	17 75	10 00	14 00	16 00
	Lille	18 50	10 25	14 00	14 50
	Compiègne	17 50	10 00	14 00	15 00
	Beauvais	18 25	11 75	14 00	16 00
	Arras	18 50	11 75	14 50	14 75
	Paris	18 75	10 50	16 00	15 50
	Versailles	18 50	10 25	15 00	16 00
	Rouen	18 50	10 25	15 25	15 50
	Amiens	17 75	10 75	16 00	17 00
Rég. du N.-E.	Mézières	18 50	10 00	14 00	15 50
	Nogent-s-Seine	18 25	10 50	14 00	15 00
	Châlons-sur-Marne	18 50	12 00	15 00	16 00
	Langres	18 50	10 25	13 50	15 25
	Nancy	18 50	10 00	14 00	15 00
	Bar-le-Duc	18 50	10 50	15 00	16 00
	Neufchâteau	18 50	10 50	14 50	15 50
Région de l'Ouest	Ruffec	18 25	10 25	13 50	15 25
	Marans	17 50	10 25	13 50	14 00
	Niort	17 75	10 25	13 50	15 00
	Tours	18 25	10 00	13 00	15 00
	Nantes	18 25	10 50	14 00	14 00
	Angers	17 50	11 00	14 00	14 50
	Luçon	17 25	10 25	14 00	15 00
	Poitiers	17 50	10 25	13 00	»
	Limoges	17 75	10 25	»	15 50
Région du Centre	Moulins	18 25	10 25	13 50	15 00
	Bourges	17 50	10 00	14 00	14 50
	Aubusson	18 50	10 25	15 00	14 00
	Châteauroux	18 25	10 00	15 00	14 00
	Orléans	18 50	10 00	13 50	15 00
	Blois	18 75	10 00	14 00	15 00
	Nevers	18 50	10 25	15 00	15 00
	Clermont Ferr.	18 50	10 00	14 00	15 00
	Sens	18 50	10 00	13 50	15 50
Région de l'Est	Bourg	18 50	10 50	14 00	15 50
	Dijon	18 50	10 00	14 75	14 50
	Besançon	18 50	11 50	14 00	15 00
	Grenoble	18 50	10 25	13 00	14 50
	Dôle	18 50	10 50	14 00	16 00
	Saint-Étienne	18 50	10 50	14 00	16 00
	Lyon	18 75	11 00	14 25	15 25
	Mâcon	18 75	11 25	14 00	15 00
	Vesoul	18 50	10 50	»	15 50
	Chambéry	18 50	10 25	»	16 00
	Annecy	18 25	»	»	15 75
Rég. du Sud-Ouest	Pamiers	18 50	11 75	»	15 50
	Périgueux	18 75	11 00	14 00	15 00
	Toulouse	19 25	12 00	14 50	15 75
	Auch	18 25	11 00	14 00	16 00
	Bordeaux	18 50	11 50	13 00	15 00
	Dax	18 50	11 25	13 50	15 25
	Agen	18 75	12 00	15 00	15 00
	Bayonne	18 50	11 00	14 00	16 00
	Tarbes	18 50	11 00	»	»
Région du Sud	Carcassonne	19 50	10 50	14 00	15 00
	Rodez	18 25	12 00	14 00	16 00
	Mauriac	18 25	11 00	»	15 75
	Tulle	18 00	11 00	»	15 25
	Montpellier	18 25	11 50	»	15 75
	Figeac	18 50	10 25	14 00	15 00
	Mende	18 75	11 25	14 00	15 50
	Perpignan	18 00	11 00	14 50	15 00
	Albi	18 50	11 50	13 50	16 00
	Montauban	19 00	11 50	14 50	16 00
Région du Sud-Est	Gap	18 75	11 00	15 00	16 00
	Manosque	18 75	11 00	14 40	15 50
	Nice	18 50	11 50	14 00	16 00
	Privas	18 50	11 00	13 00	16 00
	Arles	18 50	11 00	13 00	16 00
	Montélimar	19 00	»	14 50	15 75
	Nîmes	18 75	12 00	14 00	16 00
	Le Puy	18 75	2 00	14 50	16 00
	Draguignan	18 50	12 00	14 50	16 00
	Avignon	20 75	13 00	14 00	17 00

Tourteaux. — Cours de la maison P. Marchand frères, à Dunkerque (Nord) :

TOURTEAUX A NOURRIR

	Dispon.	A livrer
Coton de graines d'Egypte	9 50	9 50
Sésame blanc	11 50	11 50
Arachide décortiquée	15 00	15 00
Colza à nourrir	10 25	10 25
Colza du pays	11 25	11 25
Œillette du Levant	10 00	10 »»
Œillette blanche de Turquie	10 00	10 »»
Lin 1re qual. de Bombay g. form.	14 50	14 50
Lin 1re qual. de Bombay p. form.	15 00	15 00

TOURTEAUX-ENGRAIS

	Dispon.	A livrer
Arachide décortiquée	14 50	14 50
Cameline	»» »»	»» »»
Colza des Indes en poudre	»» »»	»» »»
Colza ravison	7 25	7 25
Colza jaune Gutzerat	10 50	11 »»
Kurrachée	»» »»	»» »»
Niger	»» »»	»» »»
Pavot	9 25	9 50
Sésame, blanc	10 00	10 00
Sésame noir	»» »»	»» »»
Coton en farine	7 50	7 50

Nos prix s'entendent pour tourteaux en planches, rendus en gare de Dunkerque.

Paiement à 30 jours ou à terme plus éloigné suivant convention expresse.

Le concassage se paie 0 fr. 25 et la mise en poudre 0 fr. 40 aux 100 kilos. Dans ce cas, les sacs sont facturés à 0 fr. 35 pièce, et repris au prix de facture, quand ils sont rendus en bon état et franco, dans les 30 jours de l'expédition.

FROMENTINE :

	100 kil.
Marque A	13 »
Marque B	13 »
Marque J	13 »
Marque L	15 »
Marque E	16 »

Les 100 kilogs sur wagon St-Quentin, sac à retourner ou à facturer.

BEURRES. (le kilogr.).

BEURRES EN MOTTES			BEURRES EN LIVRE		
Isigny extra.	4 00	5 00	Bourgogne	1 80	2 20
— demi-sel	3 50	3 75	Gâtinais	2 00	2 60
M. d'Isigny	3 00	3 40	Vendôme	2 00	2 50
du Gâtinais	2 10	2 20	Beaugency	2 00	2 50
de Bretagne	2 10	2 20	Ferme	2 80	3 00
Laitiers Jura	2 30	2 80	Tours	2 90	3 00
de Charente	2 60	3 10	Le Mans	1 90	2 80
des Alpes	2 50	3 30	Touraine fausse	2 10	2 60

ŒUFS. — (le mille).

Normandie ext.	95 à 110		Bourgogne	78 à 83	
Picardie —	95 à 116		Champagne	80 à 85	
Brie —	84 à 90		Nivernais	74 à 78	
Touraine	86 à 100		Bourbonnais	72 à 76	
Beauce	85 à 95		Bretagne	68 à 74	
Orne	75 à 88		Vendée	70 à 75	
Picardie	76 à 90		Auvergne	70 à 75	
Châtellerault	78 à 84		Midi	72 à 80	

FROMAGES.

Brie hautes marq.	50	55	Roquefort	120	200
Brie gr. m. (10)	40	35	Gruyère (100 k.)	9	175
— m. m.	22	27	Coulommiers (100)	15	32
Petits Nanteuils	12	16	Gournay (100)	8	25
Brie laitiers	15	10	Livarot (le 100)	75	105
Gérardmer (100 k.)	90	80	Bourgogne (100)	65	75
Hollande	160	170	Camembert (10.)	40	59
Bondons (100)	140	180	Munster (100)	115	125
Cantal	125	135	Port-Salut	160	180

VOLAILLES

Poulet Bresse dit moelleux	2 00	4 00	Pigeons Mâcon	1.50	2.00
Poulets Nant.	2 25	4.50	Canards Nantais	2 50	3.00
Poulets Tour.	2.50	4.50	Dindes Tourr.	8.00	18.00
Poulets Houdan	5.00	5.75	Oies	5.00	7.50
Pigeons d'Italie	80	1.25	Lapins dom.	2.70	3.25
			Lapins garenne	1.50	2.00

VINS — BERCY

Rouges		Blancs	
B. Bourg. vieux	140 à 155	Bordeaux	125 à 160
Touraine	105 à 115	B. Bourg	150 à 190
Bord. vieux	130 à 160	Sancerre	130 à 135
Algérie	26 à 32	Chablis	200 à 350
Cher	110 à 135	Anjou	120 à 135
Chinon	125 à 180	Pouilly	350 à 300
Narbonne	32 à 38	Vouvray	155 à 195

HOUBLONS. — Les 50 kilogr.

Alost prime	32,00 à	30,00
Bourgogne	55,00 à	40,00
Poperinghe	25,00 à	30,00
Wurtemberg	40,00 à	42,00
Altmark	75,00 à	100,00
Alsace	50,00 à	65,00

Prix des Produits Forestiers à Paris.

BOIS DE FEU (Octroi non compris)	Falourde de pin	100 à 110	le cent.
	Bois de flot	110 à 105	le déca.
	Bois gris neuf	130 à 120	—
	Bois blanc	105 à 140	—
BOIS D'ŒUVRE (Octroi compris)	Chêne gros bois	105 à 110	le m. cube
	— moyen bois	70 à 60	—
	— petit bois	30 à 48	—
	Charme, plateaux	50 à 60	—
	Sciage de chêne. Entrevaux	175 à 210	les 208 m.
	Échantillons	230 à 220	—
	Frise	27 à 28	104 m

La suite des marchés se trouve à la *Correspondance*.

L'ANNÉE AGRICOLE ET AGRONOMIQUE pour 1896.

Cet ouvrage dont la première édition avait été honorée de tant d'éloges vient de paraître pour la seconde fois. Nous nous sommes attachés à tenir le plus grand compte des critiques et des vœux qui nous ont été adressés. Nous croyons sincèrement que l'*Année agricole et agronomique* est maintenant conçue sur un plan définitif. C'est la revue impartiale et fidèle de tous les travaux agricoles de l'année tant en France qu'à l'étranger, qu'ils émanent des individus ou des sociétés. La classification de la table permet de trouver immédiatement les renseignements désirés sur tel ou tel objet.

Nous avons voulu doter chaque année l'agriculture nationale d'une encyclopédie aussi complète et facile à consulter que possible, si nous en croyons nos confrères, notre but est atteint, nous attendons la sanction de nos lecteurs.

Nous l'offrons en prime à nos abonnés au prix de 2 fr. 50 franco de port au lieu de 4 francs.

Ceux de nos abonnés qui désirent l'**Année agricole et agronomique** de 1895 et celle de 1896 recevront les deux volumes franco dans la gare la plus voisine contre 4 fr. 50.

Adresser les demandes à M. Crépeaux, 10 *bis*, rue Piccini, Paris.

Almanach de la France rurale pour 1897.

En vente aux bureaux de la *Gazette* : 0.50 centimes l'exemplaire *Franco*. Remises pour quantités importantes.

Il est peu de maladies aussi pénibles que les gastralgies et les maladies de l'estomac en général. Il n'est donc pas sans intérêt de rappeler qu'après de nombreuses expériences, l'Académie de médecine a approuvé de recommander l'emploi du *Charbon de Belloc* contre ces maladies, « qui, au dire même du rapport, font trop souvent le désespoir des malades et des médecins ». Le charbon de Belloc, qui est aussi le remède par excellence contre la constipation, se prend en poudre ou en pastilles au moment des repas. Le plus souvent, le bien-être se fait sentir dès les premières doses. Poudre, le flacon, 2 fr. — Past., la boîte, 1 fr. 50; toutes pharmacies. — Fab. : Maison L. Frère, à Champigny et Cie, successeurs, 19, rue Jacob, Paris.

CHRONIQUE POLITIQUE

Il paraît que les vacances parlementaires ne prendront fin que vers le 25 octobre. Le ministère Méline juge ce long délai nécessaire pour préparer les lois qu'il compte présenter aux Chambres en vue de remédier, dans la mesure du possible, aux misères inquiétantes de notre situation financière et de la crise agricole.

À l'heure actuelle, c'est, comme nous le disions la semaine dernière, le projet de monopole de l'alcool qui joue le principal rôle dans les projets de ravitaillement du Trésor et dans la pensée de nos gouvernants. On a envoyé M. de Meaux étudier en Russie le fonctionnement de ce régime. M. Méline vient d'y envoyer dans la même intention, M. Aiglave, le premier et le plus actif promoteur de cette grosse réforme fiscale.

En tout cas, nous ne sommes pas suspects de témérité en remarquant que le Parlement eût pu être réuni plus tôt si l'on avait à cœur de donner satisfaction aux réclamations de l'agriculture et voter en sa faveur les réformes qu'elle réclame en vain depuis des années, et dont l'ajournement ne s'explique que par la prédominance des intérêts contraires aux siens. Voilà ce qu'il faudrait répondre dans les banquets agricoles aux politiciens si prodigues de paroles louangeuses que démentent leurs actes et surtout leur politique d'inaction.

L'agriculture donc attendra jusqu'à la fin d'octobre. Habituée à une patience exceptionnelle, elle subira en silence ce nouveau délai. Du moins sera-ce le dernier? — Hélas! non! nous ne conseillons à personne d'y compter.

En attendant, les journaux continuent de concentrer l'attention du public sur le prochain voyage du Tsar Nicolas II à Paris. Leurs colonnes sont remplies d'articles relatifs aux préparatifs d'une réception gigantesque où la ville lumière doit déployer des magnificences sans précédent. Les journaux les plus démocratiques sont ceux qui déploient les plus grands excès de zèle, ils descendent à une ferveur de servilité qui fait sourire ceux qui n'oublient pas leur passé démagogique. Ce sera un spectacle curieux de voir les communards de 1871 s'incliner à l'Hôtel de Ville devant le représentant le plus autocratique des monarchies! Comme leurs grands ancêtres de 1793 doivent faire de singulières réflexions sur ces innarrables palinodies! Les peuples d'Europe ne manqueront pas non plus d'y trouver matière à de sérieuses réflexions. Ils ne manqueront pas de se demander pourquoi les pays qui comme la France changent de maîtres dix fois par siècle, sont réduits à s'abaisser aux pieds des Etats fidèles à leurs traditions, et pourquoi ceux dont les pères tendaient à anéantir le trône en sont réduits à mendier comme une planche de salut pour leur pays l'alliance de l'autocrate des Russies.

Au moins les factions qui nous ont amenés à cette humiliation, ont-elles achevé leur œuvre néfaste?

Hélas! non! Réduites à capituler devant les rois de la terre, elles persistent à braver le roi des cieux, en nous infligeant la tyrannie de leur éducation athée. Espérons pour notre malheureux pays que la miséricorde du ciel sera aussi grande pour nous que celle du tzar de la Russie, et qu'un jour ou l'autre, la France chrétienne secouera le joug odieux qui la menace d'un effondrement dans la boue comme celui de l'empire romain.

Il est grand temps pour nous de réfléchir sur une telle situation et sur les périls dont on essaye de nous dérober la vue par des fêtes babyloniennes qui ne peuvent rien changer dans les projets de la politique russe.

Cette politique, en effet, a sur bien des points, des intérêts différents des nôtres et nous ne sommes point en situation d'obtenir des sacrifices dont nous ne pourrions offrir de compensation. Donnant donnant sera toujours, de main comme aujourd'hui, la devise des relations internationales.

Pour nous, patriotes ruraux, nous saluerons avec un respectueux hommage l'hôte puissant de la France, mais sans nous associer aux basses flatteries qui ne peuvent que dégrader les honneurs d'une telle réception et nous féliciterons la Russie d'avoir un gouvernement qui donne à nos gouvernants l'exemple de la première loi de toute civilisation, le respect de Dieu et de la religion du Christ. — Pour ceux-ci, nous le savons, la leçon sera perdue. Espérons pour la France qu'elle ne le sera pas pour leurs successeurs.

Le jour où la France cesserait d'être chrétienne, disait Lacordaire, elle ne serait plus qu'un lion mort qu'on traînerait aux gémonies de l'histoire.

Enfin! le Gouvernement cède aux protestations indignées de toute la France et des colons de Madagascar contre l'inqualifiable conduite du sieur Laroche, résident général de la colonie.

Ce néfaste résident est rappelé. Le général Gallieni est chargé de le remplacer afin de réparer dans la mesure du possible les funestes effets de sa gestion. Cette tardive décision cause un soupir général de soulagement à ce qui nous reste de conscience publique en France.

Le sieur Laroche avait été imposé à notre colonie par la bande radicale et maçonnique. Son objectif principal était de ruiner les intérêts français en détruisant nos établissements religieux au profit des protestants et des trafiquants anglais dont il a été jusqu'à la fin le servile instrument.

A qui incombe la responsabilité des ruines causées par Laroche et par la coterie dont il était le créateur?

Hélas! à personne. Il n'est pas de pays au monde où les agents de l'Etat soient assurés autant qu'en France d'une complète impunité pour les fautes les plus impardonnables, et sous la république plus encore que sous la monarchie.

Singulière république!

Les manœuvres de l'armée.

Pendant la dernière semaine, de grandes manœuvres militaires ont été exécutées en Lorraine, en Champagne et surtout dans la Charente. Nous manquons de compétence pour apprécier les résultats de ces savantes opérations. C'est une appréciation qui incombe aux chefs de l'armée et au ministère de la guerre.

D'ailleurs nous trouvons bon que les enseignements à tirer de ces manœuvres restent le secret des chefs de l'armée et ne soient point divulguées dans la presse. Cette divulgation serait plus nuisible qu'utile.

M. Félix Faure a joué dans ces manœuvres un rôle qui soulève les acclamations des journaux officieux, mais, par contre, des critiques sérieuses de la part des organes du public indépendant. On se fatigue sensiblement à Paris et ailleurs des frais énormes nécessités par les voyages d'apparat de M. Faure et de sa famille. Jamais aucun monarque ne poussa aussi loin les exigences du luxe que ce singulier chef d'un gouvernement républicain. L'entourage de M. Faure le sert bien mal, s'il ne lui transmet pas sur ce point un sentiment qui se fait jour, même dans les journaux les plus bienveillants envers lui.

Au grand banquet militaire d'Angoulême, M. Félix Faure a dit dans son allocution :

« Dans son armée, la nation n'aperçoit *plus* une puissance extérieure à elle. L'armée, c'est son âme et son cœur. »

Le mot *plus* est vraiment de trop dans cette phrase malheureuse. Nos armées d'hier et d'avant-hier étaient comme celle d'aujourd'hui, l'âme et le cœur du pays. Cette opposition de l'armée actuelle à ses devancières est un outrage à notre passé. L'armée la repousse de toute l'énergie de son patriotisme; elle se glorifie de toutes les traditions héritées de ses aïeux depuis quinze siècles.

L'Ecole sans Dieu.

« L'école sans Dieu, a dit Pasteur, est une monstruosité. »

C'est un véritable mancenillier, son ombre est mortelle pour les âmes, pour les corps, pour les finances.

Pour les âmes, les progrès effrayants des crimes, de la dépravation des mœurs, relevés par la statistique officielle en fournissent d'écrasantes démonstrations.

Au tribunal de la Seine, on a constaté

que sur cent enfants dont les parents demandent l'emprisonnement correctionnel, 89 sortent des écoles sans Dieu; en 1892, on a compté 87 suicides d'enfants âgés de moins de 16 ans. Les suicides de mineurs de 16 à 20 ans ont monté de 55 en 1880 à 475 en 1892. Les criminels de 16 ans, en quatre années de 1889 à 1892, ont monté de deux cinquièmes. Le nombre des récidivistes a monté de 92.000 à 98.000. La proportion des criminels lettrés a monté aussi fortement.

Voilà un très imparfait et insuffisant aperçu des résultats moraux de ce régime odieux.

M. Guillot, l'éminent juge d'instruction, a constaté que les pires gredins étaient pourvus de cette instruction officielle barbouillée d'hypocrite neutralité.

« Le cynisme, la férocité des jeunes, « dit-il, n'étaient jamais montés à un « tel diapason. Avec la religion, dit-il, « tout idéal s'en va, patrie, famille, devoir, ne sont plus que des mots qui « font sourire, autant que le mot de « religion. »

Ces misérables ont enseigné la prétendue morale civique et athée imposée à nos enfants, pour remplacer la religion qui a fait du peuple français le plus civilisé de l'univers.

Voilà les résultats moraux. Ajoutons qu'ils coûtent à nos finances, 200 millions par an; en plus, depuis douze ans, 200 millions de bâtiments d'écoles. Ce n'est pas tout, plus de 100 millions ont été dépensés par les familles chrétiennes pour créer et entretenir des écoles donnant à leurs enfants l'éducation chrétienne et les soustraire à la tyrannie d'un enseignement sans Dieu !

Les deux enseignements rivaux nous coûtent par an 350 millions. C'est odieux.

Élections sénatoriales du Gers.

En rendant compte de cette élection, comme beaucoup de confrères, nous avons annoncé que M. Charles Aylies, secrétaire général de la Société des agriculteurs de France s'était battu avec M. Decker David, député. Or, nous apprenons qu'il s'agissait de M. François Aylies, vice-président du Conseil général du Gers. Cette similitude de noms explique l'erreur que nous avons commise et que nous sommes heureux de rectifier.

S. C.

Le sucrage des vendanges.

La direction générale des contributions indirectes vient d'arrêter l'instruction relative à l'obtention des sucres pour les vendanges au droit réduit de 24 fr. les 100 kilos.

Les demandes d'autorisation pour dénaturer ces sucres à domicile devront être établies *séparément* sur papier timbré.

L'attestation du maire, visant l'importance de la récolte, sera mentionnée sur une feuille spéciale assujettie au timbre de dimension.

Il sera accordé au maximum, pour les premières cuvées : 20 kilogrammes de sucre pour trois hectolitres de vendange; deux cuvées : 50 kilogrammes de sucre pour trois hectolitres de vin de marc; pour les cidres : 10 kilogrammes de sucre pour cinq hectolitres de pommes.

CHRONIQUE GÉNÉRALE

La consommation du vin en France.

Le *Bulletin* des contributions indirectes publie le relevé suivant de la quantité de vin consommée, par chaque habitant dans les 86 départements de la France :

Seine, 285 litres; Hérault, 191; Rhône, 169; Bouches-du-Rhône, 168; Loire, 163; Gironde, 161; Alpes-Maritimes, 145; Seine-et-Oise, 141; Marne, 136; Haute-Garonne, 130; Belfort, 124; Seine-et-Marne, 117; Aveyron, 115; Tarn-et-Garonne, 114; Basses-Pyrénées, 112; Gard, 111; Aube, 110; Ain, 109; Haute-Loire, 103; Doubs, 102; Allier, Haute-Marne, 101; Meurthe-et-Moselle, 100; Meuse, 99; Côte-d'Or, Landes, 97; Tarn, 96; Hautes-Pyrénées, 95; Indre-et-Loire, Haute-Vienne, 92; Isère, 91; Maine-et-Loire, Vosges, 90; Loire-Inférieure, 89; Jura, 88; Cantal, 86; Loiret, 85; Charente-Inférieure, 83; Nièvre, 82; Var, Saône-et-Loire, 78; Savoie, Creuse, 75; Lot-et-Garonne, Vienne, 73; Charente, Cher, 70; Puy-de-Dôme, Deux-Sèvres, 68; Lozère, Hautes-Alpes, 67; Drôme, 66; Eure-et-Loir, 65; Vaucluse, Corrèze, Vendée, 62; Dordogne, 61; Ariège, Oise, 60.

Haute-Savoie, 54 litres; Gers, Indre, Loir-et-Cher, 52; Basses-Alpes, 50; Aisne, Yonne, 47; Lot, Pyrénées-Orientales, 44; Ardèche, 40; Sarthe, 37; Ardennes, 36; Eure, 21; Seine-Inférieure, 24; Finistère, 20; Somme, 17; Nord, 15; Morbihan, 14; Pas-de-Calais, 13; Mayenne, 12; Calvados, Ille-et-Vilaine, 11; Orne, 8; Manche, 7; Côtes-du-Nord, 6.

Il est assez intéressant de constater la différence considérable entre le maximum et le minimum de consommation, soit, d'un côté, 285 litres, et seulement 6 de l'autre.

Une remarque : les régions consommant le moins de vin, sont celles où sévit le plus l'alcoolisme.

Le vin — le vrai, celui de la vigne, — réjouit le cœur de l'homme et donne force au travailleur; l'alcool le rend féroce et fou, puis le tue.

La margarine.

Toutes les industries qui travaillent la margarine s'agitent très fortement pour obtenir le retrait de la loi contre ce produit. Nous croyons opportun de reproduire l'article ci-dessous dans lequel notre confrère de la *Libre Parole*, M. Guérin examine la question sous un jour nouveau :

« La semaine dernière a eu lieu à Aubervilliers, salle Lafont, une importante réunion des ouvriers fondeurs-margariniers.

« Cette réunion avait pour objet de confirmer la protestation d'un groupement très nombreux de travailleurs contre une loi menaçant de supprimer une industrie qui les fait vivre.

« On sait, en effet, que, sous prétexte de protection des producteurs de la terre et de la santé publique, nos législateurs ont voté une loi contre la margarine.

« Ce grand amour pour les paysans de France et pour nos estomacs, affiché par nos faiseurs de lois néfastes aux intérêts du travail et favorables aux combinaisons spéculatives de la finance cosmopolite, nous laisse sceptique et pour cause.

« Nous considérons que la loi contre la margarine aura un effet désastreux pour l'éleveur, dont les animaux se vendront d'autant moins bien que les suifs comestibles seront éloignés de la consommation.

« Le bénéfice qu'on leur fait espérer d'une part, par la suppression d'une concurrence ouverte de la part d'un produit alimentaire accessible aux bourses modestes, infiniment plus nombreuses que les autres, sera fatalement détruit par une perte considérable subie sur la vente des bœufs, veaux et moutons.

« Nous croyons, quant à nous, à l'existence d'une organisation financière, encore cachée à l'heure actuelle, ayant pour objet d'accaparer les suifs alimentaires en dépossédant d'abord toute une corporation, pour revenir ensuite, sous une forme quelconque, reprendre la suite des opérations déclarées nuisibles aujourd'hui.

« À notre avis, c'est de ce côté, comme toujours, que les intéressés doivent chercher à découvrir la vérité.

« La loi contre la margarine sert évidemment des intérêts autres que ceux qu'on avoue.

« Les industriels et les ouvriers menacés, unissant leurs efforts dans un but de protection commune, feront bien de se préoccuper de la question à ce point de vue, qui doit être le plus important de ceux qu'ils ont à examiner.

JULES GUÉRIN.

Les bestiaux étrangers dans le Nord.

M. Jonnart, député du Pas-de-Calais, vient d'écrire à M. Méline que les mesures promises par son prédécesseur, M. Viger, pour surveiller les bestiaux étrangers à leur entrée en France, afin d'interdire l'entrée des animaux atteints de maladies contagieuses, n'ont point été appliquées sérieusement. Il en réclame l'application immédiate, et ajoute qu'en cas d'inexécution, il adressera au ministre une interpellation.

Les interpellations se compteraient par centaines tous les ans, si chaque mesure utile promise et restée sans exécution provoquait une interpellation.

Nous aimons à espérer que, dans le cas dont il s'agit, M. Méline se hâtera de donner à nos agriculteurs du Nord, la rectification réclamée en leur nom par M. Jonnart.

Concours régionaux en 1897.

Les cinq concours régionaux de 1897, auront lieu dans les départements suivants : Haute-Saône, Ille-et-Vilaine, Cher, Gironde. Drôme.

Concours régionaux de 1898.

Ces concours auront lieu dans les départements suivants : Orne, Haute-Vienne, Rhône, Hautes-Pyrénées, Ardennes.

Les candidats aux primes de culture et aux primes pour irrigation, dans ces cinq départements, devront adresser leurs déclarations avec les mémoires justificatifs à la préfecture de leur département avant le 1er mars 1897.

Concours de Belfort.

Par un décret en date du 10 septembre, le Ministre de l'Agriculture décide qu'en 1898, à l'occasion du concours organisé par la Société d'agriculture et d'horticulture du territoire de Belfort, il sera attribué par l'Etat les récompenses suivantes : Prix culturaux ; prix de spécialistes ; prix aux agents et ouvriers agricoles ; primes d'honneur de la petite culture, à l'horticulture, à l'arboriculture. Pour prendre part à ces concours, les concurrents devront se faire inscrire à la mairie de leur commune ou à la Préfecture, avant le 1er mars 1897.

Les primes
d'honneur de la Meuse.

Notre confrère le *Cultivateur de la Meuse* publie un article où il rectifie une erreur commise par notre correspondant M. Bablot-Maître, le mois dernier, à propos de la grève de la prime d'honneur dans la Meuse.

Notre confrère meusien rappelle justement que la prime d'honneur ne fut pas décernée au concours de 1880, et que, s'il en fut de même au concours de 1891, ce ne fut pas faute de candidats méritants et il énumère vingt-quatre prix décernés, les uns pour bonnes cultures, les autres pour spécialités. Nous donnons acte bien volontiers à notre confrère de sa rectification dont la justification anticipée du reste existait déjà dans notre compte rendu du concours de Bar-le-Duc en 1891. Nous aurions,

plus que personne, mauvaise grâce à contester les progrès de la culture dans un département qui a eu à sa tête les de Benoît, les Millon, les Rousset, les Jossin Collard et vingt autres qui nous ont honorés de leurs encouragements.

Dans la Meuse comme ailleurs, ce n'est pas la grève des bons cultivateurs qui est à regretter, c'est l'insuffisance notoire d'un régime qui sacrifie l'agriculture à la concurrence étrangère.

Le prochain congrès coopératif
international.

Le 28 octobre prochain, doit se tenir à Paris, au siège du Musée social, 5, rue Las-Cases, le deuxième congrès de *l'alliance coopérative internationale*. Ce congrès fera suite à celui que l'alliance a organisé à Londres, en 1895.

L'Alliance qui veut propager la coopération sous toutes ses formes, a pour but de faire connaître les coopérateurs de chaque pays et leurs œuvres aux coopérateurs de tous les autres pays, d'élucider la nature des vrais principes coopératifs, et d'établir, dans l'intérêt réciproque de tous les coopérateurs, des relations d'affaires entre les sociétés coopératives des différents pays. Le comité français d'organisation est présidé par M. Jules Siegfried, député, ancien ministre du commerce et de l'industrie. Le grand intérêt du Congrès de Paris sera de mettre en contact direct producteurs et consommateurs, offre et demande, syndicats agricoles et coopératives de consommation. L'utilité de cette tentative ne saurait être contestée et elle doit être applaudie de tous ceux qui veulent résoudre pacifiquement les problèmes sociaux. Il n'y a pas antinomie entre le producteur et le consommateur, il peut y avoir entente et entente féconde. Mais pour arriver à ce but, il faut se rencontrer et se connaître.

L'Alliance a été fondée à Rochedale, en 1892, par un groupe de Français et d'Anglais. A leur tête se trouvait le vénéré et regretté Vansittart Neale. Tous jugeaient bon et utile de mettre, dans les divers pays du monde, en face des utopies dangereuses, les bienfaits matériels et moraux offerts aux travailleurs par le développement sans limites de la coopération. Ce sont des résultats pratiques vérifiés par l'expérience. Les faits accomplis servent de garants aux promesses de l'avenir. La Coopération, qui a pour bases essentielles la liberté, la propriété individuelle et le principe d'association, augmente le pouvoir d'achat du salaire, favorise l'épargne, pose entre associés producteurs le principe de la répartition proportionnelle aux risques et au concours du capital de l'intelligence et de la main-d'œuvre, procure le crédit nécessaire aux entreprises ouvrières, et prépare ainsi d'heureuses modifications au mode actuel de la rémunération du travail.

Le congrès international de
Buda-Pest.

La capitale de la Hongrie est en ce moment le siège d'un congrès international ayant pour but l'étude des problèmes économiques et agricoles, soulevés par les crises qui éclatent en Europe dans le monde du travail agricole et industriel.

Les Français sont représentés dans ce congrès. par MM. Passy, Levasseur, Daubrée, H. Sagnier, etc. Les Allemands, les Autrichiens, les Hongrois y ont de nombreux représentants.

Dans la séance de jeudi, M. Levasseur a fait une conférence sur la crise des blés et ses causes. Il n'a pas eu de peine à démontrer que les prix actuels des blés sont ruineux pour la grande majorité des producteurs en Europe comme en France, et que la prétendue surproduction n'existe pas. Il a démontré que la déproduction des blés est imputable aux manœuvres de la spéculation. Un Allemand a essayé de combattre cette accusation comme entachée d'exagération. La question du bimétallisme est aussi inscrite au programme du congrès. Les deux opinions opposées en cette matière seront soutenues par des partisans bien connus en Europe.

En somme, nous craignons que ce congrès n'aboutisse, comme tant d'autres, qu'à des résolutions contradictoires, et qui ne feront pas avancer d'un pas les questions économiques dont la solution est une question de ruine ou de salut pour notre agriculture et pour la fortune de la France.

Les bestiaux envoyés à Paris.

La Société d'agriculture de la Nièvre se plaint de ce que les bestiaux expédiés à Paris sont reçus aux abattoirs sans passer par le marché de la Villette, contrairement au règlement qui régit les abattoirs. Les expéditeurs par ce moyen s'exemptent des droits à payer par les animaux qui passent par le marché.

Elle réclame la répression d'un abus également préjudiciable au fisc et aux expéditeurs en général.

La réclamation est trop juste pour ne pas adjurer l'administration d'y faire droit.

Concours

Comice agricole de Nancy. — Cet important comice, présidé par M. Tourtel, a tenu son brillant concours à Dombasle. L'attention s'est surtout portée sur les instruments spécialement réservés aux planteurs de pommes de terre dont la culture est d'une importance majeure dans cette contrée. M. Toustel a constaté que la destruction des souris par le moyen du virus Danysz avait donné des résultats encourageants, et il a engagé les cultivateurs à se concerter pour appliquer ce procédé sur une large étendue, condition indispensable d'un succès sérieux. Dans le même discours, M. Tourtel constate que les sécheresses du printemps et de l'été ont été nuisibles à toutes les cultures et les ont réduites à de petites moyennes. Il reste à attendre du soleil de la fin de septembre, les chaleurs nécessaires pour obtenir de bonnes vendanges. En attendant, le dévoué et distingué président a vivement engagé les petits cultivateurs à suivre les exemples que leur donnent les agriculteurs éclairés sur la question en améliorant leurs cultures par l'emploi des bonnes graines et l'usage raisonné des engrais chimiques.

Société d'agriculture de la Loire. — Son concours a eu lieu à Saint-Etienne pendant trois jours. M. Ginot, président, s'est plaint dans son allocution de l'insuffisance de l'enseignement agricole dans les écoles rurales de garçons et de son absence absolue dans les écoles de filles. Il eût pu ajouter que les écoles de filles donnent un enseignement qui a pour effet d'éloigner les jeunes filles de la vie agricole et champêtre. Il n'y a que nos gouvernants qui ferment les yeux sur ce vice radical des écoles qu'ils nous font payer cent millions par an. Mais tout est pour le mieux à leur gré du moment que les écoles éloignent les jeunes filles de l'église en même temps que de la ferme. Pauvre agriculture, se joue-t-on assez de toi, en t'accablant de louanges banales dans les concours agricoles !

Comice agricole de Reims. — Ce grand Comice, présidé par M. Lhotelain, a tenu son concours annuel à Verzy, au centre des célèbres vignobles de la contrée appelée la Montagne de Reims. M. Lhotelain, dans deux allocutions substantielles où il excelle, a commencé par féliciter les vignerons de leurs belles récoltes, des soins intelligents qu'ils donnent à leurs vignes pour en tirer de belles récoltes et pour les protéger contre leurs ennemis, puis il a présenté comme contraste la situation déplorable des cultures agricoles de la même contrée, dont la détresse a pour cause les prix avilis de tous leurs produits, écrasés par la concurrence étrangère. Il a proposé les remèdes indiqués par nous, sauf celui que nous tenons pour, le plus important, le relèvement des tarifs douaniers.

Le Comice de Reims annonce que, l'an prochain, il célébrera ses noces d'or. Noces d'or pour la viticulture — mais qui ne seront pas d'or pour l'agriculture si la réforme douanière est encore ajournée un an de plus.

Un concours pour l'emploi de professeur de sériciculture à Alais (Gard), aura lieu à Paris, le 12 octobre prochain. Les candidats devront être âgés de 25 ans au moins et outre leurs titres spéciaux en science séricicole, il leur sera tenu compte de la connaissance de langues étrangères.

Concours d'automne de Nevers. — En rappelant que cet important concours de la race bovine nivernaise se tiendra du 22 au 25 octobre, nous devons ajouter qu'en outre de nombreux prix et des prix d'ensemble dans les diverses sections, il y aura des prix d'honneur spéciaux : 1° pour les quatre meilleures vaches suitées ; 2° pour les quatre meilleures génisses ; 3° pour les quatre meilleurs veaux de plus d'un an. — Écrire avant le 30 septembre, au secrétaire de la Société, à Nevers.

École de fromagerie de Poligny (Jura). — L'examen d'admission à cette race aura lieu à l'école le 28 septembre. — On décernera des primes aux candidats les plus méritants.

Concours du Comice de Lunéville. — Le Comice de Lunéville a tenu, le dimanche 29 août, un concours qui a eu un éclat exceptionnel.

Le siège du concours était la ville de Baccarat, et une brillante hospitalité était offerte au Comice par MM. Michaut fils dans les bâtiments de la magnifique cristallerie dont la réputation européenne est due à M. Michaut père, décédé il y a quelques mois.

M. Michaut père n'a pas seulement doté Baccarat de cette splendide industrie, ainsi que l'a dit M. Paul Genay dans son allocution. Paul Michaut était aussi un agriculteur et un sylviculteur de premier ordre. Ses fermiers et ses ouvriers de ferme avaient en lui, comme les ouvriers cristalliers, un patron modèle, qui solidarisait tous ses intérêts avec les leurs, et offrait dans sa personne le modèle de la fraternité pratique entre le capital et le travail, entre le travail du sol et le travail industriel. Les succès des cultivateurs de Baccarat ont été l'éclatante manifestation de l'œuvre de Paul Michaut et le Comice a félicité ses fils du zèle et du talent qu'ils déploient en continuant l'œuvre de leur père. De tels faits sont bons à publier, comme l'a bien dit M. Paul Genay, au moment où les misères du peuple servent de tremplin aux ambitions démagogiques et socialistes.

Il est certain que si les hommes tels que Paul Michaut étaient partout en majorité, la propagande socialiste serait sans écho dans nos campagnes.

A noter *in fine* que M. Paul Michaut fils était un partisan convaincu du relèvement des droits de douane sur les produits agricoles avant tout. Il estimait suffisant le tarif des produits industriels. Son autorité était trop grande pour ne pas l'invoquer aujourd'hui.

École pratique d'agriculture de Saint-Remy. — Les examens d'admission auront lieu à l'Ecole, le lundi 13 octobre prochain, à 8 heures du matin.

Pour tous renseignements, s'adresser à M. Caron, directeur, à Saint-Rémy, par Amance (Haute-Saône).

NÉCROLOGIE

M. Ponsard, le si digne et si dévoué promoteur des associations agricoles libres de la Marne, vient d'être éprouvé dans ses affections les plus chères. Il a perdu la semaine dernière une de ses filles, Mᵐᵉ Poppé, morte à trente-six ans, et laissant trois enfants. Nous prions M. Ponsard et son gendre, le commandant Poppé, d'agréer nos sentiments de sincères et chrétiennes condoléances !

S. C.

ALMANACH DE LA FRANCE RURALE

Notre almanach de la *France rurale* paraît pour la 21° fois. Comme d'habitude, il contient le résumé de tous les faits intéressants de l'année, soit au point de vue purement agricole, soit dans l'ordre politique. Signalons un important article avec gravures explicatives sur la confection des moyettes de fourrages, le résumé des remèdes à employer pour combattre les maladies de la vigne, les lois et décrets concernant l'agriculture, les lauréats des concours, une étude sur la crise du blé en France qui met en lumière les causes véritables de l'avilissement des cours de cette céréale. Citons enfin le titre de quelques chapitres : Oïdium, le rôle du porc dans la ferme, semailles de blé, droit rural, destruction de la sanve, l'agriculture de la Beauce, ensilage des pommes de terre, culture en terre pauvre, en acide phosphorique, espèce bovine en Dauphiné, alimentation par les pommes de terre, recettes diverses, etc., etc.

Cette almanach, qui contient plus de deux cents pages de texte, constitue une excellente brochure de propagande agricole. Nous prions nos amis de l'examiner avec soin et s'ils la jugent telle que nous le pensons, ils voudront bien la répandre autour d'eux.

Comme toujours, en mettant cet opuscule en vente, notre désir est de servir une fois de plus la cause de l'agriculture nationale.

L'almanach est en vente, 10 *bis*, rue Piccini, Paris, au prix de 0 fr. 50 l'exemplaire *franco*. Réductions par quantités.

CHRONIQUE AGRICOLE

Situation. — La saison.

Cette semaine encore a été mauvaise pour toutes les régions agricoles et viticoles. Les averses de pluie ont été presque continuelles et la température régnante est inférieure à la moyenne de cette saison. De là, des retards fâcheux dans les labours d'automne. De là, des obstacles pénibles pour l'enlèvement des récoltes, de plantes racines, des pommes de terre, etc., aux récoltes de sarrasin dans l'Ouest, de houblon dans le Nord et dans l'Est. Enfin, cette basse température est un fléau pour les vignes, autres que celles du Midi et du Bordelais. On n'ose plus espérer le degré nécessaire pour obtenir des vins de bonne qualité, à moins d'un changement tardif de température, que l'on désire sans oser l'espérer.

Dans les terres légères et perméables, les éclaircies de quelques heures permettent encore çà et là, d'espérer des labours de saison. Mais dans les terres argileuses, même les mieux cultivées, les labours sont forcément ajournés.

Jusqu'à ce jour, le mal n'est pas totalement irréparable. Espérons qu'un retour prochain du beau temps permettra cette réparation.

En attendant, on peut constater partout que les terres où il sera possible de labourer dès les premiers jours de beau temps, sont celles qui ont été déchaumées au lendemain de la moisson, et que sous ce rapport qui n'est pas le seul, notre conseil de pratiquer le déchaumage immédiat était un bon conseil.

Les vins et les cidres. — Au moment des vendanges, on s'occupe activement de recueillir les éléments d'un relevé des rendements des vins et des cidres en 1896.

Pour les vins, on constate que dans le Midi, les rendements sont très variés, même dans les mêmes contrées, mais on est satisfait de la qualité. Même appréciation dans le Bordelais, sauf que tous les crus n'ont pas toute la maturité désirable.

Dans les autres régions viticoles, la basse température qui règne depuis quinze jours fait craindre une maturité insuffisante, d'où des qualités inférieures qu'on essayera de corriger plus ou moins par le sucrage et par les levures.

Quant aux quantités l'opinion dominante est que la récolte totale des vins sera à peu près égale à celle de l'an dernier, 26 à 28 millions d'hectolitres. Ce chiffre, s'il n'est pas dépassé, ne devrait pas justifier les attaques passionnées à l'ordre du jour contre les vins de raisins secs. La prohibition absolue de ces vins nous paraît une mesure excessive et antilibérale. Ce qu'on peut exiger de ceux qui les fabriquent, c'est un droit de douane sur les raisins secs qui s'équilibre avec les charges que supportent les vins de raisins frais.

Pour les cidres et poirés, on constate que les rendements des pommiers et des poiriers seront très faibles dans l'ensemble et qu'on peut compter au plus sur une demi-année, c'est-à-dire sur environ 8 millions d'hectolitres. Les producteurs auront recours aux piquettes dans la plupart des pays de production.

Nous reviendrons prochainement sur ce sujet : les piquettes, qui sont le breuvage le plus répandu dans les campagnes des diverses régions de la France.

Encore la silice dans la végétation.

Nous avons toujours recommandé on le sait, l'étude du rôle de la silice dans la végétation, spécialement dans celle de la vigne d'après les études si remarquables de M. l'abbé Vigneron.

Comme suite à ces études, nous relevons une remarque importante faite par un savant chimiste, celui même qui a trouvé que c'est sous la forme de *silicates* doubles que la silice est assimilée par les plantes. Dans les sols argileux, ils y sont formés de silice combinée à l'alumine ou à l'une des substances suivantes : soude, chaux, potasse ou ammoniaque. Ces silicates doubles fixent l'ammoniaque dans le sol. Les quatre alcalis ci-dessus mentionnés ont la faculté de se déplacer et de se remplacer mutuellement dans un certain ordre défini. Ainsi, si on vient à ajouter de la potasse à un sol contenant des silicates doubles de chaux, de soude ou d'ammoniaque, la soude ou la chaux seront enlevées par l'eau et il se formera un silicate double d'alumine et de potasse. Mais si l'on ajoute de la potasse a un sol contenant du silicate double d'alumine et d'ammoniaque, elle n'exorcera aucune action sur le silicate.

On voit donc que certaines lois chimiques président à l'action de cet important élément. Dans les sables sablonneux, les silicates doubles n'existent pas. Pour en tirer le maximum d'effet dans un sol, il faut favoriser le libre accès de l'air au moyen de labours profonds.

Blés nouveaux de M. de Vilmorin.

M. de Vilmorin, l'infatigable créateur de variétés à grand rendement, annonce pour cette année trois nouvelles variétés hybrides d'une haute valeur.

1° *Blé briquet jaune*, obtenu à Verrières du croisement du Browick et du Chiddam d'automne, paille raide moyenne, épi carré à grains peu serrés, épi blanc sans barbes, grain jaune, supérieur au Shirref pour les régions non maritimes, généralement dans le centre.

2° *Blé hybride Champlan*, annoncé déjà l'an dernier. Hybride de *Victoria* blanc et de *Chiddam* à épi rouge, supérieur à ses deux parents comme grain et comme paille. Teinte glauque analogue à celle de blé Noé. Blé très portatif, maturité moyenne, semer fin octobre.

3° *Blé hybride Gatellier*. — M. Gatellier, on s'en souvient, avait créé cette variété hybride de Goldendrop pour doter la région parisienne d'un blé rival des blés durs à l'usage des fabricants des pâtes alimentaires. M. de Vilmorin constate que, en grande culture, cette variété présente une grande diversité dans l'épaisseur, même dans la couleur des épis. Mais les rendements élevés le recommandent à la culture comme les deux variétés précédentes, ne fût-ce que comme blé mélangé.

M. de Vilmorin fait justement remarquer, comme nous l'avons dit bien des fois, que les blés dits à grands rendements, ne peuvent être cultivés avec succès que dans des sols bien cultivés et richement munis de matières alimentaires. Dans des sols pauvrement fumés ils risqueraient de produire moins que les blés de pays accoutumés à vivre de peu, mais à produire en raison de ce qu'ils consomment. C'est un fait commun aux végétaux comme aux animaux. Les races habituées à un régime pauvre supportent mieux ce régime que les races améliorées, dont l'amélioration est due en partie à une riche alimentation.

Expériences avec le blé Rieti et le blé Champlan.

M. Guénin, l'habile agriculteur dauphinois, a appelé depuis quelques années l'attention des agriculteurs sur le blé Rieti, et a rendu un véritable service à l'agriculture en aidant à la propagation de cette variété méritante. Ce blé ne doit pas être semé sur un sol trop fertile, car il verserait pendant les années pluvieuses, on doit au contraire le réserver principalement aux sols de qualité moyenne; dans un terrain de cette nature, mais bien fertile, il m'a donné cette année, sur un tiers d'hectare, un rendement à raison de 36 hectolitres à l'hectare.

Le blé Rieti a les qualités suivantes : maturité la plus hâtive de tous les blés connus, grosseur de grain remarquable, grain très allongé, richesse en gluten supérieure qui permet de l'employer seul, sans mélange de blés durs pour obtenir des farines de première qualité.

J'ai expérimenté pour la première fois le blé *Champlan-Vilmorin*. Semé clair, ce blé m'a donné vingt-cinq fois le poids de la semence employée. J'avais craint que ce blé ne puisse mûrir dans notre région, vu son origine du nord de la France; mais au contraire, il est encore assez hâtif, et peut bien être utilisé sur les terres riches du sud-est.

Le *Champlan* vient haut de paille, résiste à la verse, et le grain est très gros.

Ce blé, après l'épiage, a beaucoup de ressemblance avec le blé bleu de Noé, par sa couleur bleue glauque.

En tout cas, c'est un blé à propager, et qui, je crois, se fera une place aussi honorable parmi les *hybrides Vilmorin* que le *Dattel* et le *Bordier*.

FLEURY-BERGER.

Les blés de Cappelle.

VARIÉTÉS PRÉCOCES (*suite*).

5. *Kaough-Ghaaff*, semé 2 novembre, 93 kil. à l'hectare. Un peu de verse fin juin. Mûr 24 juillet. Rendement : grain, 3.817 kil., 80 kil. à l'hectolitre; paille,

9.590 kil. Moyenne de 10 ans : grain, 3.893 kil., paille, 7.835 kil. Grain gros, court, épi carré, velouté; paille fine.

6. *Shirriff square head français ou roseau*. — Semé 2 novembre, 110 kil. par hectare. Mûr, 25 juillet. Grain, 3.974 kil., 81 kil. à l'hectolitre; paille, 8.434 kil. Moyenne de 10 ans : grain, 3.539 kil., paille, 7.749 kilos. Grain gros, long; paille raide.

7. *Cambridge, épi blanc*. — Semé 2 novembre, 62 kil. par hectare. Grain, 3.974 kil., 82 kil. par hectolitre; paille, 8.493 kil. Moyenne de 10 ans : grain, 3.571 kil., paille, 7.338 kil. Variété estimée, grain blanc, épi moyen serré, paille fine, convient aux terres froides après betteraves.

8. *Blé Standup*. — Semé 2 novembre, 92 kil. par hectare. Produit : grain, 4.038 kil., 81 kil. par hectolitre; paille 7.532 kil. Moyenne de 10 ans : grain 33.654 kil., paille, 7.434 kil. Variété précoce, épi blanc.

9. *Lamed*. — Semé 2 novembre, 82 kil. par hectare, un peu de verse en juillet. Mûr 20 juillet. Produit : grain, 4.130 kil., 82 kilos par hectolitre; paille, 7.692 kil. Moyenne de 10 ans : grain, 3.491 kil., paille, 7.437 kil. Tient le milieu entre Bordeaux et Chiddam.

VARIÉTÉS INTERMÉDIAIRES

10. *Blé Challenge*. — Semé 2 novembre 82 kil. à l'hectare. Produit : grain, 4.135 kil., 81 kil. par hectolitre; paille, 7.915 kil. Variété importée par M. Deumack en 1887 ressemble au blanc Nursery, et exposée à la verse.

11. *Blanzed Desprez*. — Semé 2 novembre, 72 kil. à l'hectare. Produit : grain, 3.942 kil., 80 kil. par hectolitre; paille, 8.624 kil. En grande culture : grain, 3.336 kil., paille, 7.764 kil. Sélection de blé de Flandre, grain beau, comme celui du blé d'Armentières, mais moins sensible à la verse. C'est dans ce but qu'il a été sélectionné et avec succès.

12. *Victoria*. — Semé 2 novembre, 82 kil. par hectare. Un peu de verse en juillet. Produit : grain, 3.958 kil. pesant 82 kil. par hectolitre; paille, 8.028 kil. En grande culture : grain, 3.275 kil., paille, 7.587 kil.

Variété importée d'Hallett, remplace le blé de Flandre, à raison de sa paille résistant à la verse; grain court et rond, mais moins estimé pour mouture que celui de Flandre.

A noter que tous ces rendements sont supérieurs à ceux des années précédentes.

Les tourteaux.

Les nombreuses demandes de renseignements que nous recevons relativement aux tourteaux pour l'alimentation du bétail, nous engagent à en faire l'objet d'un article spécial. C'est, en effet, une question d'un intérêt général à cette époque de l'année.

Nous ne pouvons mieux faire que recommander à nos lecteurs l'emploi des tourteaux de coton décortiqué d'Amérique en pains ou en farine : en pains pour ceux qui sont à même de pratiquer le concassage chez eux parce que, sous cette forme, la distribution est très simple; en farine pour les cultivateurs qui ne possèdent pas de concasseur.

Nous déconseillons absolument l'*achat* de ces mêmes tourteaux concassés, par la raison majeure que le concassage est fait en France par des revendeurs et que cette opération peut permettre trop facilement une fraude consistant à mélanger à des tourteaux frais d'autres tourteaux surannés et avariés.

La teneur moyenne en matières azotées et en matières grasses des tourteaux de coton décortiqué, que nous donnons ci-après dans un tableau comparatif avec d'autres tourteaux, expliquera parfaitement notre préférence :

	Matières azotées.	Matières grasses.
Tourteau de coton décortiqué . . .	47,81	12,87
Tourteau de lin. .	41,90	9,60
Tourteau coprah .	22,21	9,82
Tourteau de germes de maïs . .	16,40	10,30

Ces chiffres seront bien plus éloquents lorsque nous aurons fait connaître le prix, par 100 kilos sur wagon, de ces différents tourteaux :

Tourteau de coton décortiqué . . .	13 »	Le Havre.
Tourteau de lin. .	13,75	—
Tourteau de lin. .	14 »	Arras.
Tourteau coprah .	12 »	Dunkerque.
Tourteau de germes de maïs	12,50	Haubourdin.

D'expériences faites comparativement avec d'autres tourteaux, il résulte :

1° Pour l'engraissement des bœufs : les tourteaux de coton décortiqué ont produit une augmentation de poids de 1 k. 180 par jour et par bête, contre 0 k. 960 avec des tourteaux de lin.

2° Pour le beurre : ces mêmes tourteaux ont permis d'obtenir par tête de bétail et par jour, 462 grammes de beurre contre 370 grammes avec des tourteaux de lin. Il est indéniable, en outre, que les qualités du lait et surtout celle du beurre obtenus sont incomparablement supérieures à celles du lait et du beurre donnés par toute autre alimentation.

Le tourteau de coton décortiqué a eu ses détracteurs : on prétendait que l'animal avait une certaine répugnance à le manger. Bien au contraire, le bétail fait vite connaissance avec ce tourteau et y prend goût. Il suffit, comme pour toute nourriture nouvelle d'ailleurs, de le lui donner progressivement.

Il est en outre tout indiqué pour mélanger aux pulpes, drèches, racines, pommes de terre, etc. En mélange avec le son qui combat efficacement l'échauffement que produit toujours un aliment très concentré, il constitue une nourriture parfaite.

Notre sujet sera épuisé lorsque nous aurons répondu à ceux de nos lecteurs qui nous demandent si la prudence ne leur commande pas de traiter dès maintenant pour la totalité de leurs approvisionnements d'hiver.

La question est des plus délicates, mais d'après les renseignements que nous possédons, nous croyons pouvoir les engager à n'acheter qu'au fur et à mesure de leurs besoins. C'est dire que nous ne croyons pas à des cours plus élevés, contrairement à ce qu'affirment certains organes dits Bulletins de syndicats agricoles, qui prêchent toujours et invariablement la hausse, dans le seul but d'augmenter leur chiffre d'affaires et, par suite, leurs bénéfices.

Toute la presse réellement agricole, honnête et désintéressée a le devoir de combattre à outrance ces manœuvres et nos lecteurs, dont beaucoup certainement ont été déjà échaudés par ces agences purement commerciales et en tous points néfastes à l'agriculture, reconnaîtront que nous avons raison et nous applaudiront.

Victor Delhorbe.

Les levures cultivées.

M. Jacquemin, chimiste, directeur du Laboratoire de bactériologie à Malzéville, vient de faire paraître sur l'amélioration des vins par les levures sélectionnées, une brochure qui renferme, au point de vue de leur emploi, des indications précieuses pour les viticulteurs qui voudraient se livrer à des essais comparatifs sur leur utilité. Nous en extrayons les lignes suivantes :

« Il faut faire usage des levures sélectionnées tous les ans, aussi bien par les années chaudes que par les années froides, et pour toutes les sortes de vins car la qualité est toujours améliorée, non seulement pour les vins communs, mais encore pour les vins qui, naturellement, seraient déjà de bonne qualité et qui levurés, deviennent meilleurs encore.

« Par les années chaudes, les vins sont sujets à rester doux, à piquer, à tourner, à devenir amers; or, toutes ces maladies sont évitées par un bon emploi des levures sélectionnées qui, en outre, augmentent la quantité d'alcool du vin, développent son bouquet naturel et le rendent plus délicat, en donnent un léger parfum aux vins qui en seraient dépourvus et augmentent la valeur marchande du vin, souvent de 2 à 10 francs l'hectolitre et quelquefois davantage.

« Par les années pluvieuses, les raisins étant lavés et contenant beaucoup de grains moisis, le vin se fait mal, car les ferments naturels ont disparu : l'emploi des levures pures sélectionnées de l'Institut La Claire s'impose car on obtient, grâce à elles, d'excellentes fermentations et des vins aussi bien réussis que les meilleurs vins d'une bonne année.

« Par les mêmes années froides, les vins abandonnés à eux-mêmes n'arrivent que fort tardivement à commencer à fermenter et, pendant ce temps, tous les mauvais microbes de l'air des celliers, joints à ceux qui se trouvaient sur les grappes, évoluent et gâtent le vin. Au contraire, avec les levures sélectionnées, la fermentation commence sans retard et le vin se fait régulièrement. On obtient d'excellents vins, même avec des raisins encore verts, grâce aux levures de l'Institut La Claire.

« Quand les vignes sont atteintes de maladies cryptogamiques, mildiou ou autres, on peut néanmoins faire du vin de bonne qualité et se conservant bien, à condition d'employer les levures sélectionnées. En opérant avec soin, on arrive à vendre le vin des vignes malades dans d'aussi bonnes conditions que du vin de raisins sains et bien mûrs.

« Les cépages américains dont le vin possède un goût foxé si désagréable donnent, par la fermentation à l'aide des levures sélectionnées, un vin de bonne qualité exempt de goût anormal et pouvant se vendre aisément.

« En résumé, dans les cas qui peuvent se présenter, et pour tous les cépages, les viticulteurs ont intérêt à faire usage de ce mode rationnel de vinification qui améliore même les vins de bonne qualité. Il est bien évident que les levures de grands crus ne transforment pas un vin ordinaire en un vin de grand cru, mais elles augmentent toujours sa valeur en développant toutes ses qualités.

« Ce sont les levures de Bourgogne et de Bordeaux qui produisent le maximum d'amélioration des vins rouges, en particulier, je conseille d'employer les levures de Romanée et de Margaux.

« Pour les vins blancs, Chablis et Sauterne donnent toujours de bons résultats, ainsi que les diverses levures de Champagne.

« Pour les vins qui ont un bouquet qui leur est particulier, on peut choisir la levure du grand cru qui se rapproche le plus de ce bouquet naturel ; cependant, les races citées plus haut conviennent aussi et ne font qu'accentuer la saveur naturelle en se fondant avec elle.

« On devra, au moment de l'emploi, agiter le récipient afin de mettre en suspension le ferment qui s'est déposé en partie au fond du liquide nourricier et, quand celui-ci sera vide, on le rincera avec un peu de moût afin de ne pas perdre la levure adhérente aux parois.

« La levure pure doit être employée immédiatement après le foulage, afin que les ferments naturels du raisin n'aient pas le temps de commencer leur action.

« Dans les régions tempérées de la France, on pourra déverser la levure active dans la vendange, sans aucune manipulation spéciale, en ayant seulement soin de la répartir aussi bien que possible, par couches, à mesure que l'on jette les raisins foulés dans la cuve ; cependant, la confection d'un levain, comme il est dit plus loin, est préférable et évite toute cause d'échec.

« Un kilo de levure pure active suffit pour 8 à 10 hectolitres de vendange. Ce premier mode d'emploi a donné de bons résultats ; mais, si l'on veut obtenir le maximum d'effet dont la levure est capable, il faut opérer de la manière qui, aux vendanges de 1891, 1892, 1893, 1894 et 1895, a donné une satisfaction complète.

« Ce second mode d'emploi doit être surtout mis en usage dans le midi de la France et dans toutes les régions où la vendange se fait à une température de plus de 20°.

« Par les années froides, pour obtenir une fermentation très rapide, l'emploi du levain est recommandé.

« Par ces temps froids, on a soin de chauffer légèrement le jus de raisin, destiné à faire du levain, jusqu'à une température de 25 à 30° centigrades, sans dépasser jamais cette dernière température. On conserve le levain dans une chambre chaude, à une température de 15 à 18° et il est bon à employer quarante-huit heures après sa préparation.

« Un levain, ainsi préparé, fera facilement fermenter les vendanges froides. »

Le couchage des tiges de pommes de terre

Le hasard a souvent mis sur la voie de découvertes importantes. Le récit suivant que fait M. J.-B. Avignon, professeur d'agriculteur à Wassy, est une nouvelle attestation de cette vérité.

« Il y a quelques années, dit M. Avignon, j'avais remarqué que la récolte de pommes de terre était supérieure, dans une partie d'un champ où les tiges de cette plante avaient été couchées par un roulage accidentel, effectué en traversant ce champ avec un rouleau pour se rendre dans une pièce voisine enclavée.

« L'année dernière, dans un carré de mon champ d'expériences, je vérifiais la valeur de ma remarque. Il est utile d'ajouter que les pommes de terre de ce carré avaient été plantées avec la même variété (Géante bleue) et dans les mêmes conditions.

« Le 17 juillet, 10 mètres carrés furent piétinés, opération qui correspondait à peu près à un roulage. A cette date, cette solanée était en pleine floraison. Les fleurs disparurent bientôt sans donner naissance aux baies vertes globuleuses connues de tout le monde. L'extrémité des tiges se releva quelque peu. Le *Phytophthora infestans* ne sévit pas davantage sur les tiges couchées que sur celles restées droites. La récolte eut lieu le 22 octobre et le pesage donna le résultat suivant ; le carré dont les tiges avaient été couchées fournit un rendement, à l'hectare, de 26.000 kilos ; le carré resté comme témoin, 24.000 kilos. D'où une différence de 2.000 kilos, en faveur du couchage des tiges ou roulage.

« L'excédent de récolte obtenu ne peut guère s'expliquer autrement, je crois, que par le changement de destination que l'on fait subir à la sève. En effet, une grande partie des éléments fertilisants (azote, acide phosphorique, potasse, etc.) qui doit se fixer dans les tiges, les fleurs, les baies, à la suite du roulage, se dirige aux tubercules et en accélère le développement. N'utilise-t-on pas ce procédé pour activer le grossissement des bulbes des oignons ? »

VITICULTURE

Le Congrès de black-rot à Agen.

On sait les ravages considérables exercés l'année dernière et aussi cette année — dans des proportions beaucoup moindres heureusement — par le black-rot dans le vignoble français. On est encore mal fixé sur les traitements les meilleurs contre ce redoutable fléau et il est intéressant de résumer les opinions émises à ce sujet dans le Congrès tenu le 4 septembre dernier à Agen, lors du concours régional agricole sous l'initiative de la Société nationale d'encouragement à l'agriculture et de la Société départementale du Lot-et-Garonne.

D'après *M. de l'Ecluse*, professeur d'agriculture du Lot-et-Garonne, les traitements préventifs seraient inutiles et il n'y aurait que peu à se préoccuper des premières manifestations du black-rot sur les feuilles ; il faut surtout recouvrir intégralement les souches au moment où les raisins sont formés et où toutes les feuilles voisines sont complètement développées ; la moindre partie des organes verts de la vigne doit être recouverte de l'enduit protecteur de bouillie bordelaise dosée à 3 0/0. Il faut répandre environ un litre par souche, soit 45 hectolitres par hectare. *M. de Malafosse* affirme que les bouillies cupriques à excès d'alcalinité soigneusement répandues sont efficaces ; de même de simples poudrages réitérés tous les huit jours avec un mélange de 3/4 de chaux et de 1/4 de soufre. Toutefois ce dernier procédé implique une dépense de main-d'œuvre considérable et laisse des inquiétudes sur la réussite de la vinification des raisins ainsi conservés.

M. Dubuc a obtenu une préservation moyenne de 95 0/0 en employant quatre traitements : le premier au commencement de mai, quand les pousses avaient une moyenne de 10 centimètres et le deuxième du 20 au 25 mai, avec une bouillie à 2 kilog. de sulfate de cuivre, 4 kilog. de chaux et 1 kilog. de mélasse par hectolitre d'eau ; le troisième, le plus utile, à 2 kilog. de chaux et de cuivre et 1 kilog. de mélasse ; le quatrième, en vue de lutter également contre le mildiou, avec une bouillie à 1 kilog. de sulfate de cuivre, 2 kilog. de sulfate de fer et 1 kilog. de mélasse, en tout 60 hectolitres à l'hectare. Le sulfate de fer rend le mélange plus adhérent mais peut-être un peu dangereux par les brûlures qu'il cause sur les très jeunes organes de la vigne.

Le bouturage du mûrier.

Le bouturage du mûrier se fait au moyen de rameaux de l'année longs de 50 centimètres environ.

Quelles précautions faut-il prendre pour assurer la reprise et quels soins apportés pour préparer convenablement le sol et la bouture?

En janvier et février on coupe les rameaux destinés à servir comme boutures, on les réunit par paquets et on les enterre à bonne exposition jusqu'au moment de la plantation. On peut encore, c'est même préférable, mettre les boutures en jauge, la tête en bas, en les recouvrant de terre complètement. On facilité ainsi l'émission des racines et dès la mise en place définitive, la végétation prend son cours et la réussite est assurée. Pour faciliter davantage la reprise, on supprime, s'il y a lieu, avec l'ongle, les yeux qui sont situés à la base du rameau-bouture dans toute la partie destinée à être mise en terre; les radicelles naîtront à la place des yeux supprimés. Enfin, on a également la ressource de faire naître un bourrelet à l'automne, par l'incision en coupant la bouture immédiatement au-dessous de ce bourrelet; on taille la bouture au-dessus de quatre yeux et on l'enterre la tête en bas dans toute sa longueur. Au lieu de couper le rameau sous un œil, on peut l'éclater sur son empâtement en lui conservant son talon. L'agglomération des vaisseaux séveux sur ce point provoque l'émission des radicelles.

La terre destinée à recevoir les boutures doit être complètement ameublie par des façons énergiques et débarrassée des plantes salissantes. On se servira de la houe, de la truandine ou de la bêche.

Nous avons indiqué dans notre article précédent, les sols qu'il convient de réserver au mûrier. Il faut s'abstenir d'employer en même temps que l'on plante, le fumier chaud qui, nouvellement enfoui au niveau des boutures, s'opposerait à l'émission des racines au lieu de la favoriser.

L'époque la plus propice au bouturage du mûrier est février, mars et même avril, si la végétation est en retard.

On plante les boutures par planches larges de 0 m. 80 à 1 mètre et séparées par un sentier; on laisse entre les boutures, une distance de 0 m. 20 à 0 m. 25 et 0 m. 30 à 0 m. 35 entre les rangs. Les boutures sont enterrées complètement en laissant seulement leur sommet affleurer le sol, la terre est tassée convenablement puis on butte de quelques centimètres.

Ces principes sont ceux généralement usités pour le bouturage; on les modifiera selon le climat et le terrain. Quoi qu'il en soit, il importe de préserver les jeunes boutures contre les froids, surtout aux expositions sujettes aux gelées blanches.

Voilà pour ce qui concerne le bouturage du mûrier. Nous allons donner, en outre, quelques renseignements sur la culture du mûrier; frais que peut nécessiter la création d'une mûreraie dont les pieds sont plantés à 2 mètres en tous sens; fumure, soins culturaux et rendement approximatif.

Concernant les frais de plantation et les frais annuels, nous ne saurions mieux faire que de mentionner les chiffres établis par M. Ernest Monnier, le distingué professeur départemental d'agriculture de l'Ardèche. Pour une mûreraie plantée à deux mètres en tous sens, il faut compter :

Frais de plantation :

1° Préparation	120	»
2° 2.500 mûriers, à 0 fr. 35 .	875	»
3° Plantation.	250	»
4° Culture	300	»
5° Rente	210	»
Total.	1.755	»

Frais annuels :

1° Cultures aratoires.	80	»
2° Taille	300	»
3° Engrais	180	»
4° Rente de la terre	70	»
5° Amortissement	70	20
Total	700	20

Produit moyen de 8.500 kilos de feuilles :

21.250 kilos à 6 francs	1.275	»
	700	20
Bénéfice net . . .	574	80

Les fumures applicables au mûrier, consistent en engrais bien consommés : fumier de ferme et approprié à la nature du sol; on se trouvera bien de l'emploi d'engrais azotés à raison de 100 à 120 kilos d'azote à l'hectare. Quant aux soins culturaux, ils sont très simples : hersages, binages, surtout dans les sols peu perméables.

La production d'un mûrier en plein rapport varie beaucoup, selon que l'on adopte la forme à mi-tige ou à haute tige. Dans le premier cas et vers l'âge de sept à huit ans, le mûrier peut produire de 8 à 15 kilos de feuillée. Dans le second, ce chiffre s'élève depuis 30 jusqu'à 40 kilos. M. Monnier estime que 1.000 kilos de feuilles non mondées peuvent servir à l'éducation de 30 à 35 grammes de graines de vers à soie, représentant dans les magnaneries bien conduites 35, 50 et 55 kilos de cocons vendus, selon les années, entre 4 francs et 4 fr. 75.

Ces chiffres permettent de calculer approximativement les revenus d'une culture de mûrier, selon les conditions dans lesquelles on se trouve, et peuvent servir de points de comparaison (1).

Henri Blin.

Les chiens de berger.

Le concours de chiens de berger qui a eu lieu au concours régional de Chartres a appelé l'attention du public agricole sur les races diverses employées à la garde des troupeaux en France et à l'étranger.

Nous lisons dans le *Soleil* du 15 septembre, un article qui donne les indications suivantes sur ce sujet :

« En France, on peut dire qu'il n'y a guère que deux types nationaux, types qui étaient naturellement tous deux représentés à Chartres.

« Nous signalerons d'abord, parce qu'il a l'origine la plus reculée, le chien de Beauce : ce n'est pas autre chose que l'ancien chien de berger gaulois, et l'on peut même dire qu'il remonte aux temps préhistoriques; c'est celui qui a le plus d'analogie avec le chien sauvage, notamment avec le *Dingo* d'Australie. Ainsi que le faisait remarquer M. Mégnin, il était demeuré jusqu'à la Révolution française ce qu'il était au temps des Romains, et si maintenant il offre certains défauts, c'est qu'il n'a plus à jouer le rôle pour lequel il était autrefois si apprécié. Pendant bien longtemps, en effet, il est demeuré le défenseur des moutons contre les loups, fort nombreux un peu partout, et naturellement il a gardé la dent dure, parfois aux dépens du mouton. Le museau pointu, mais le front développé, les oreilles droites et courtes, le poil rude et fourni, la queue touffue, il a certainement quelque ressemblance avec le loup.

« Quant à son frère de la Brie, il est tout à fait différent. Le *Briard*, comme on dit, ressemble à un barbet à oreilles droites, par son aspect touffu, si l'on peut s'exprimer ainsi. C'est de lui tout particulièrement qu'on peut dire qu'il a une figure intelligente, malgré les longs poils qui lui reviennent sur les yeux; on raconte des merveilles de sa sagacité, de la fidélité avec laquelle il fait observer les consignes les plus compliquées. Sans doute il est quelque peu hirsute, et l'on ne peut le citer comme modèle d'élégance, mais c'est un collaborateur précieux pour le berger.

« On pourrait encore nommer en France le chien du Languedoc et le chien des Pyrénées; mais ce sont plutôt des défenseurs que des gardeurs de troupeaux.

« Tout autre est le fameux *Collie écos-*

<hr>

1. Extrait du *Réveil agricole.*

sais. Le pelage est long sur l'ensemble du corps, et au contraire très ras à la tête et à l'extrémité des membres; le museau est long et effilé, les oreilles petites. Il remplit merveilleusement son rôle dans les immenses landes désertes des Highlands ou des montagnes du Cumberland; on a pu l'acclimater en Afrique, où il garde admirablement les autruches, qui lui sont absolument soumises.

« En Belgique, où l'on s'occupe beaucoup du chien de berger, il s'est formé des associations pour l'amélioration de cet animal; en réalité, la race belge ne diffère qu'assez peu du chien de la Beauce.

« En Russie, en Hongrie, on attache également une réelle importance à cette étude. Le chien russe est énorme et n'a point à apprendre à défendre les récoltes contre les moutons, mais ceux-ci contre les fauves. Le chien hongrois a le même rôle, mais il lui arrive quelquefois d'exercer ses crocs contre un promeneur imprudent.

« Enfin, nous citerons le chien allemand, dont l'élevage se fait maintenant sous la surveillance de sociétés spéciales avec autant de soin que celui des chevaux de courses ou que la reproduction du bétail. »

Là en est aujourd'hui la question du chien de berger en France et à l'étranger.

La société qui vient d'être créée à Paris, pour l'amélioration de cette précieuse espèce a donc à l'étranger des émules qui ont sur elle une sérieuse avance.

Aux éleveurs français, la tâche de la faire regagner.

On a beaucoup fait pour les races des chiens de chasse, et pour les races de chiens de garde et d'appartements. Comme en toutes choses, c'est ce qui intéresse spécialement l'agriculture qui a été négligé. Aux agriculteurs de donner à leurs chiens le rang qui leur appartient dans l'échelle des animaux utiles à leurs biens et à leurs personnes.

L. H.

La destruction des vipères.

On connaît en France, dans plus de vingt départements, des localités qui sont tellement infestées de vipères que tous les efforts tentés jusqu'ici pour détruire ces dangereux reptiles ont été infructueux.

L'art de pratiquer cette destruction compte pourtant d'habiles adeptes dont il serait désirable de propager les procédés. Tel est le cas de M. André, habitant Saint-Mihiel (Meuse), l'homme de France qui certainement a tué le plus grand nombre de vipères et qui continue ce dangereux métier avec un succès sans égal. On écrit de Saint-Mihiel que, la semaine dernière, en cinq jours, du lundi au vendredi, il a tué 174 vipères, dont 110 dans la même journée de mercredi dans la forêt de Gobessart.

Les journaux qui nous signalent les succès de cet habile destructeur de vipères ne nous disent rien de sa méthode. Cela est regrettable. Beaucoup d'amateurs seraient disposés à l'employer. Le désir de tuer la vipère est général dans nos campagnes; ce qui manque, c'est la connaissance d'une métho le efficace.

La morsure des vipères.

Il importe de noter que, la morsure de la vipère étant mortelle, dès qu'un individu est mordu, il doit immédiatement presser la plaie et faire saigner abondamment, puis lier le bras ou la jambe mordue au-dessus de la plaie et imbiber celle-ci d'un acide antiseptique (acide borique, sublimé, etc.), au lieu de recourir à l'ammoniaque, réputé à tort antiseptique, encore en usage presque partout.

Il est prudent, lorsqu'on a lieu de passer par des lieux infestés de vipères ou de leur faire la chasse, de se munir d'un linge à bandage et d'un flacon d'acide antiseptique. Le traitement, pour être efficace, doit être appliqué immédiatement après l'accident.

Nous signalons à l'attention de nos lecteurs le prospectus encarté dans ce numéro, et qui a trait à la constitution d'une société pour l'exploitation d'un gisement de pyrites.

JURISPRUDENCE

PÊCHE A LA LIGNE

Voici un jugement que vient de rendre le Tribunal civil de Château-Thierry, dans une question de pêche à la ligne. Il intéressera certainement les pêcheurs:

« Attendu que X... est poursuivi pour avoir pêché le 19 juillet 1896, dans la rivière de l'Ourcq, avec deux lignes flottantes non tenues à la main;

« Mais attendu que, par ligne flottante tenue à la main, on doit entendre une ligne dont la gaule est placée à portée de la main, et non pas tenue dans la main pendant toute la durée de son séjour dans l'eau;

« Que cette expression *Ligne tenue à la main* a été prise par opposition à celle de la *Ligne fixe*, c'est-à-dire maintenue au fond du lit de la rivière, au même point où elle a été immergée, par un plomb ou poids quelconque suffisant pour l'empêcher de suivre le cours ou les agitations de l'eau;

« Qu'il suffit donc, pour se conformer sinon à la lettre, du moins à l'esprit de l'article 5 de la loi du 15 avril 1829, que la ligne soit flottante et à portée de la main de celui qui l'a tendue, sans qu'il soit besoin de la tenir dans la main.

« Qu'obliger quelqu'un à tenir une ne pendant plusieurs heures dans la main serait évidemment demander une chose à peu près impossible et, dans tous les cas, dépassant les bornes de ce qu'on peut exiger, même hors de la patience si légendaire des pêcheurs;

« Que, d'ailleurs, la loi de 1829 a été faite pour empêcher le dépeuplement des cours d'eau et qu'il est bien évident que le pêcheur qui, négligemment, a posé sa ligne à côté de lui, a bien moins de chance de s'emparer du poisson que celui qui, attentif et la tenant dans la main, se trouve ainsi mieux préparé à tout événement;

« Qu'on ne saurait dès lors considérer comme engin prohibé, de nature à nuire à la conservation du poisson, une ligne flottante non tenue à la main par le pêcheur qui la surveille;

« Attendu, en ce qui concerne le nombre de lignes dont disposait le prévenu, que l'article 5 de la loi de 1829 ne défend en aucune façon, d'en avoir plusieurs, à la condition qu'elles soient flottantes;

« Attendu que les lignes de X..., étaient à portée de sa main et flottantes, lorsque procès-verbal lui a été dressé; qu'en conséquence il ne saurait avoir contrevenu à l'article 5 de la loi de 1829;

« Attendu au surplus qu'il péchait dans une rivière non navigable ni flottable dont la pêche appartient aux riverains;

« Qu'il y a lieu de le renvoyer des fins de la poursuite sans dépens;

« Par ces motifs,

« Renvoie X... des fins de la poursuite sans dépens. »

RECETTES

Les tomates tardives. — Souvent les tomates restent à l'état vert au mois de septembre, et la température basse et humide les empêche de rougir et de mûrir.

Un moyen de les amener à maturité, consiste à les arracher avec leurs racines, et à les étendre sur un lit de paille bien sèche, sous un châssis. Au bout d'une semaine ou deux les fruits rougissent, acquièrent la même maturité et la même saveur que lorsqu'ils ont mûri au soleil.

Conservation des melons. — Pour conserver les melons mûrs, il suffit de les placer dans une glacière.

OFFRES ET DEMANDES

Tourteaux de coton décortiqué d'Amérique, en pains ou moulus de 12 fr. 75 à 13 fr. les 0/0 kilos sur wagon. Le Havre. — Livraison immédiate.

Blés spécialement sélectionnés pour semence, 2ᵉ *génération.* — *Rieti, Japhet, Dattel :* 26 fr. les 100 kilos; 13 fr. 50 les 50; 7 fr. les 25 kilos.

Nouveautés : *Blé Shirreff-Berger, Champlan-Vilmorin*, 38 fr. les 100 kilos; 10 fr. les 25 kilos; 3 fr. les 5 kilos.

Le tout sur wagon départ, sacs neufs facturés.

S'adresser F. B. Bureau du journal.

RED CAP. Œufs à couver de cette excellente race de poule, réputée la plus jolie et la plus forte pondeuse, garantis race pure frais et fécondés, 5fr. la douzaine franco de port et d'emballage. S'adresser à **Calixte Dany**, Althen-les-Paluds (Vaucluse).

Important : J'invite les personnes qui veulent bien me confier leurs ordres de toujours y joindre un mandat, les remboursements n'étant bénéficiables qu'aux Compagnies.

Toujours donner le nom de la gare à laquelle il faut adresser les envois.

Blés de semence triés et sélectionnés variétés *Bordier, Sheriff Dattel, Bordeaux*, 27 fr. les 100 kil., toiles à 0 fr. 75, wagon Bavay, 30 jours. Mᵐᵉ Vᵛᵉ A. DEROME, Bavay (Nord).

On demande pour l'Espagne un homme pour travailler en maître de cave, dans une brasserie de cidre, sachant faire le nécessaire pour les soins de la cave, soutirages, etc.

Entre temps, soigner les arbres, distiller, s'occuper de tous travaux lorsque le travail de cidrerie le rendra disponible. — Appointements selon capacités.

Très bonne place chez de très braves gens. — Position d'avenir.

Adresser les demandes chez M. P. B. Noël, 9, rue d'Odessa, Paris.

M. Noël, emmènerait cette personne en Espagne le 1ᵉʳ novembre prochain.

Blé Bordier garanti pur, parfait de semence à 23 francs le quintal logé sur wagon Coulommiers. Echantillon sur demande. M. Callot, agriculteur à Aulnoy par Coulommiers (Seine-et-Marne).

POMMES DE TERRE. — Nous apprenons que M. E. Boutin, directeur du *Moniteur des Intérêts agricoles*, 11, rue Taitbout, est en pourparlers avec un certain nombre de Sociétés Coopératives de consommation de Paris et de la banlieue pour leur procurer directement par la culture les pommes de terre *saucisses rouges* et de *hollande* nécessaires à leur approvisionnement d'hiver ; il s'agit de quantité très importantes.

Ceux de nos abonnés que ces fournitures intéressent peuvent s'adresser directement à M. Boutin.

Il lui est également fait des demandes pour des fournitures régulières de volailles de 1 kilo, 1 k. 500 par cageots de 12 à 15 pièces.

A VENDRE OU A LOUER propriété rurale à proximité de centres importants, bonne terres, constructions suffisantes.

Excellente affaire convenant surtout à jeune homme voulant prendre une exploitation. S'adresser aux bureaux du journal. Se hâter.

M. POUZIN offre de jolis racinés de son plant de vigne à la seule condition pour les demandeurs de lui tenir compte d'une partie de la récolte d'une année. — Contre 0 fr.25 il expédie son *Guide* pour la culture de cette variété.

Ecrire à M. Pouzin Emile, à Saint-Paul-les-Romans, Drôme.

Huiles d'olive garanties pures et sans mélange venant directement de la propriété.

Au prix de 1,80, — 1,60, — 1,50 le kilog. suivant qualité.

Gare départ, paiement contre remboursement. S'adresser à M. Edouard Laurin, propriétaire à Saint-Chamas (Bouches-du-Rhône).

Si vous voulez boire du bon vin de Saint-Émilion, adressez-vous à M. Duplessis-Foursaud au château des Trois-Moulins, à SAINT-ÉMILION (Gironde).

(Voir le prix courant.)

Ferme de l'Institut Agricole de Beauvais A VENDRE :

1° Très bon bélier *charmois* en état de faire la lutte.

2° Œufs, poulettes et coqs des races : La Flèche, Dorkins, Leghorn, Campine et Padoue Doré, Langshan, Gournay, Coucou de Malines Houdan, Cochinchinoise fauve, Brahmapoutra, canards de Rouen.

COURS DES BESTIAUX

Marché de la Villette du 21 septembre 1896.

ESPÈCES	PRIX DE LA VIANDE NETTE		
	1ʳᵉ qualité	2ᵉ qualité	3ᵉ qualité
Bœufs...	1.60	1.40	1.30
Vaches...	1.48	1.38	1.28
Taureaux.	1 20	1.10	1.00
Veaux....	1 72	1.62	1.33
Moutons..	1.98	1.80	1.70
Porcs	1.06	1.02	0.92

ESPÈCES	AMENÉS	VENDUS	PRIX EXTRÊME	
			viande net	poids vif
Bœufs....	2.950	1.811	1.30 à 1 50	60 à » 92
Vaches...	806	769	1.28 1.48	57 » 90
Taureaux.	200	188	1 00 1.20	50 » 77
Veaux....	1.207	1.006	1.32 1.72	63 1.08
Moutons..	17 871	11.721	1.70 1.98	75 1.20
Porcs.. ..	3.953	3.798	0.92 1.03	64 » 72

Cours meilleurs.

Marché de la Villette du 24 septembre 1896.

ESPÈCES	PRIX DE LA VIANDE NETTE AU KILOGR.			
	1ʳᵉ qualité	2ᵉ qualité	3ᵉ qualité	Prix extrême
Bœufs....	1.54	1.44	1.32	1.30 à 1.60
Vaches...	1.52	1.40	1 28	1 24 1 56
Taureaux	1 30	1.20	1.10	1 04 1.38
Veaux....	1.90	1.70	1.40	1 30 2.00
Moutons..	2.00	1.84	1.74	1.64 2.04
Porcs	1.16	1.08	»	1.04 1.20

ESPÈCES	AMENÉS	VENDUS	OBSERVATIONS
Bœufs ...	1 899	»	Vente plus facile sur le gros bétail et les moutons, moyenne sur les veaux et les porcs.
Vaches...	519	»	
Taureaux.	156	»	
Veaux....	1.424	240	
Moutons..	11.411	»	
Porcs.....	5.290	»	

Vente du bétail au marché de La Villette.

Adresser les animaux à MM. Henri Roblin et Surugue, en gare Paris-Bestiaux. Les aviser par lettre auparavant, 190, rue d'Allemagne, Paris.

BLÉS DE SEMENCE

Prix de la maison Cayeux et Le Clerc cultivateurs-grainiers, 8, quai de la Mégisserie, Paris.

Blé Bordier	30 fr.	les 100 kil.
— Bordeaux...	29	—
— Dattel.....	28	—
— de Saumur ..	28	—
— bleu de Noë ..	28	—
— Kissingland..	29	—
— hybride et Shireff-Berger	40	—
— Goldendrop..	28	—
— Silverdrop ..	30	—
— Japhet.....	30	—
— Seigle......	28	—
— Chinois pour rendement énorme	32	—

Tous ces blés de semences sont vendus en sacs de 100 kilos, logés en sacs neufs, livrés sur wagons départ. Paiement à 30 jours sans escompte.

CORRESPONDANCE

CHANGEMENT D'ADRESSE

Chaque demande de changement d'adresse doit être accompagnée d'une bande imprimée et de *CINQUANTE CENTIMES* en timbres-poste pour frais de réimpression.

M. E. R. (Jura). — La question du traitement des vins par le phosphate ammoniacal n'est pas encore complètement élucidée et ne semble pas devoir entrer prochainement dans la pratique. On n'a tenté que des essais partiels et il est impossible aujourd'hui de pouvoir indiquer les doses à employer ; en tous cas elles varieront toujours avec la nature des raisins, c'est-à-dire avec les années et les crus.

M. J. P. (Drôme). — Pour l'achat des alevins adressez-vous au directeur de l'aquarium du Trocadéro à Paris ; il vous donnera également tous les renseignements que vous désirez.

M. A. L. (Eure). — Les poussiers de chaux produisent souvent d'aussi bons effets que la marne sur les sols argileux, on peut en mettre de 30 à 50 hectolitres par hectare.

Comme pour le marnage, il ne faut employer la chaux qu'avec prudence, car un excès serait nuisible. Aussi convient-il d'examiner la végétation naturelle : si, après une première application les plantes sont vigoureuses et que le trèfle surtout à bonne apparence, la dose est suffisante, dans le cas contraire, on peut l'augmenter.

Quand la végétation s'amoindrit on doit procéder à un nouveau chaulage, on ne peut indiquer d'époque fixe.

Mais souvenez-vous que l'effet de la chaux consiste surtout à décomposer les matières organiques du sol et que, par conséquent, en recourant au chaulage, il faut avoir soin de fumer plus abondamment ou ce qui revient au même de recourir plus souvent aux engrais organiques de Bondy et autres. Quand donc après un chaulage ou marnage on voit les récoltes diminuer, il est prudent, avant de recourir à la chaux, d'user des engrais organiques.

Impossible également de déterminer exactement la valeur commerciale des poussiers de chaux.

M. G. (Ain). — Si vous aviez relu mon article du 8 août vous auriez vu que nous sommes complètement d'accord. En effet, j'ai écrit que : « les syndicats qui comprennent une grande circonscription territoriale ne rendent des services appréciables et réellement utiles qu'à la condition de se *subdiviser en petits groupes* communaux ou paroissiaux. »

M. Edouard B., à ✠. (Haut-Rhin). — C'est à votre adversaire, qui invoque la prescription, à prouver que l'arbre a plus de trente ans.

Le maire d'une commune a le droit de refuser de recevoir l'affirmation d'un procès-verbal dressé par le garde champêtre et de le signer, mais dans ce cas le garde champêtre a le droit d'affirmer son procès-verbal devant le juge de paix ou son suppléant.

M. Emile C., à B. (Saône-et-Loire). — La question sur laquelle vous nous demandez une réponse, n'est pas assez clairement expliquée, pour que nous puissions vous donner notre avis relativement au droit de puisage que vous dites avoir.

PRIMES A NOS ABONNÉS

Porte-pantalon hygiénique, *breveté S. G. D. G.* de *P.-B. Noël.* Prix de faveur pour nos lecteurs Pour hommes, jeunes gens et enfants de dix ans franco 4 fr. ; pour femmes et fillettes, 4 fr. 50

Toute commande doit être strictement accompagné d'un mandat-poste représentant la valeur de l'expédition.

BONDE le cent, 25 fr., les cinquante 13 fr. les vingt-cinq 7 fr. Au-dessous de 25 bondes 0 fr. 30. Le tout franco de port.
Indiquer le diamètre de chaque bonde.

Purificateur d'air pour tonneaux, l'un à 5(... franco gare.

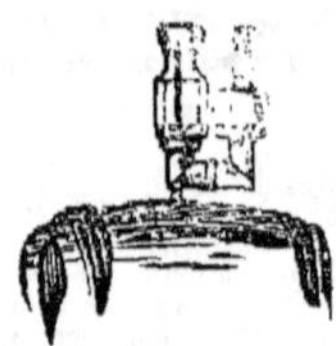

Moyennant un supplément de 0 fr. 40, nous joindrons à l'envoi une mèche à percer de calibre et moyennant 0 fr. 10 en plus, une mèche soufrée.

Délicieux **Vin Muscat Vieux** tonique et réconfortant venant directement de la propriété, garanti authentique, offert en prime à nos abonnés à raison de 1 fr. 25 le litre logé en fûts de 25 à 35 litres. Fûts perdus.
Adresser les commandes au Bureau du Journal, 10 *bis*, rue Piccini, Paris.

Le Gérant : E. GAMBART.

IMP. SNOZ, FOUR ET Cie, 5, RUE CAMPAGNE-1re, PARIS.

CHEMIN DE FER D'ORLÉANS

Excursion en Touraine, aux châteaux des bords de la Loire et aux stations balnéaires de la ligne de Saint-Nazaire au Croisic et à Guérande.

1er *itinéraire* : 1re classe **86** francs. — 2e classe **63** francs. Durée : **30 jours.**

Paris — Orléans — Blois — Amboise — Tours — Chenonceaux, et retour à Tours — Loches, et retour à Tours — Langeais — Saumur — Angers — Nantes — Saint-Nazaire — Le Croisic — Guérande, et retour à Paris, *via* Blois ou Vendôme, ou par Angers, *via* Chartres, sans arrêt sur le réseau de l'Ouest.
Nota. — Le trajet entre *Nantes* et *Saint-Nazaire* peut être effectué, sans supplément de prix, soit à l'aller, soit au retour, dans les bateaux de la Compagnie de la Basse-Loire.
La durée de validité de ces billets peut être prolongée une, deux ou trois fois de **10** jours, moyennant paiement, pour chaque période, d'un supplément de **10** °/° du prix du billet.

2e *itinéraire* : 1re classe **54** francs. — 2e classe **41** francs. Durée : **15 jours.**
Paris — Orléans — Blois — Amboise — Tours — Chenonceaux, et retour à Tours — Loches, et retour à Tours — Langeais, et retour à Paris, *via* Blois ou Vendôme.
En outre, il est délivré, à toutes les gares d'Orléans, des billets aller et retour comportant les réductions prévues au tarif spécial G. V. n° 2 pour des points situés sur l'itinéraire à parcourir, et *vice versâ*.

CES BILLETS SONT DÉLIVRÉS TOUTE L'ANNÉE à Paris, à la gare d'Orléans (quai d'Austerlitz) et aux bureaux succursales de la Compagnie et à toutes les gares et stations du réseau d'Orléans pourvu que la demande en soit faite au moins trois jours à l'avance.

BLÉS DE SEMENCE triés et sélectionnés, variétés **Bordier, Sheriff, Dattel, Bordeaux,** 27 fr. les 100 kilos, toiles à 0,75. Wagon BAVAY, 30 jours.
Mme veuve A. DEROME, Bavay (Nord).

Le Journal Le Meunier, de Bruxelles, offre une médaille d'or à l'inventeur du meilleur procédé débarrassant automatiquement le blé du charançon.

EXPOSITION DE 1900

En attendant qu'ils soient remboursés plus qu'au double de leur prix d'achat :
1° *Par la délivrance de 20 tickets d'entrée de 1 franc ;*
2° *Par des avantages spéciaux accordés par les Compagnies de transports et les directeurs des spectacles de l'Exposition.*

LES BONS DE L'EXPOSITION DE 1900 participent à de fréquents tirages de lots comprenant notamment des lots de **500.000** et de **100.000** francs.

Les tirages ont lieu, en 1896, le 25 de chacun des mois à courir d'ici à la fin de l'année ; — en 1897, 1898 et 1899, le 25 de chacun des mois de février, avril, juin, août, octobre et décembre ; — en 1900, le 25 de chaque mois, de mai à octobre inclus.

On peut se procurer ces Bons aux guichets du **Crédit Foncier,** du **Crédit Lyonnais,** du **Comptoir d'Escompte,** de la **Société Générale** et du **Crédit Industriel,** et, dans les départements, aux Agences de ces Sociétés et par correspondance.

Le moment favorable au transport des vins étant revenu, nous rappelons à nos lecteurs que tous ceux d'entre eux qui, sur nos conseils, et depuis cinq ans, consomment les vins de M. VINCENT ARDURA, vigneron, domaine de la Chapelle-Frédignac, par Blaye-Bordeaux n'ont qu'à se louer de la qualité et de la conservation de ce Bordeaux absolument naturel, expédié sans intermédiaire.
Pour dégustation sérieuse, envoi gratuit est fait d'une bouteille de la récolte désignée.
L'encaissement est fait par le facteur, à 30 jours, escompte 2 0/0, ou 90 jours.
Vendanges : 1893, à 130 fr., 1892-91, à 150 fr.; 1890-89, à 175 fr., 1887, à 200 fr., 1885, à 220 fr., 1884, à 240 fr., 1882, à 250 fr., 1881, à 300 fr. — Graves blancs vieux : 130, 150, 200, 250, 300 fr., suivant âge, les 225 litres collés, soutirés, franco de port et de fût en gare d'arrivée.

M. RECOURAT, pharmacien à Beauvais.
Gale des moutons guérie radicalement par *une seule application* de l'ANTIPSORIQUE.
La bouteille, 3 fr. ; la 1/2 bouteille, 1 fr. 75.
Guérison du PIÉTIN par *un seul pansement* avec le CONTRE-PIÉTIN-RECOURAT.
Le pot d'essai, 1 fr. 50 ; le pot, 2 fr. 50.
Joindre 0 fr. 60 pour recevoir *franco* et indiquer gare

Ouvrages de MM. CRÉPEAUX

En vente aux bureaux de la *Gazette*

La Culture électrique 1 50
Manuel vétérinaire pratique du cultivateur . . . . 1 »
Almanach de la France rurale pour 1896 . . . . » 60
L'Année agricole et agronomique pour 1895 . . . . 3 50
La Culture du Blé, par M. FLEURY-BERGER . . . . 1 »

Plus de Pourriture

PAR L'EMPLOI DU

CARBONYLE

qui assure au bois une durée triple en lui donnant une belle teinte brune; 1 kilog. remplace 10 kilog. de Goudron. — Produit de grande utilité dans l'agriculture ; est recommandé et utilisé par les syndicats agricoles. — Dans votre intérêt, demandez le prospectus avec attestations d'expériences de **dix ans**.

Société française du « CARBONYLE ».
188-190, *Faubourg Saint-Denis, Paris :*
(N. B.) Seule maison spéciale pour la fabrication et la vente de ce genre de produit.

CHEVAUX BOITEUX
Guérison par le spécifique BORNET

Contre **Capelets, Mollettes, Vessigons, Éponges, Exostoses, Suros, Éparvins e les Formes** à leur début. (*Il s'applique également à toutes les tares molles et osseuses.*)

PRÉPARÉ PAR **A. BORNET**
Pharmacien de 1re classe, ex-interne et lauréat des hôpitaux.
19, rue de Bourgogne, PARIS.
Le flacon, **5** fr., à la pharmacie ; en gare par colis postal, **6** fr. contre mandat.

EXCELLENT DÉSINFECTANT
POUR LES FÛTS À VIN, CIDRE, BIÈRE, ETC.
Prix de faveur pour nos lecteurs
Sur notre demande, M. Moity, père, l'inventeur, a consenti à en mettre de petites quantités pour essais à la disposition de nos lecteurs.
10 litres franco gare. 10 fr.
Adresser les demandes à M. Crépeaux, rue Piccini, 10 *bis*, Paris.

VENDANGES 1896
AMELIORATION DU VIN
par les
LEVURES SÉLECTIONNÉES
PURES ET ACTIVES DE
L'INSTITUT LA CLAIRE
Augmentation du degré alcoolique
Bouquet plus développé,
clarification rapide
Une brochure nouvelle, donnant les résultats aux vendanges de 1895, sera adressée gratuitement et franco sur demande par carte à
M. G. JACQUEMIN
Chimiste-microbiologiste,
Chevalier du Mérite agricole,
à Malzéville, près Nancy (Meurthe-Moselle)

Insecticide-Préservateur
FERTILISANT
DESGOUTTES

La Boîte de 10 kilog., pour essais, **10** fr. franco toutes gares (por et emballage compris).

Adresser les demandes, accompagnées d'un mandat, 10 bis, rue Piccini, Paris.

Fabriqués sous le contrôle permanent de la Station Agronomique du Nord
Dirigée par M. DUBERNARD

Nous appelons l'attention des éleveurs et des nourrisseurs sur les Tourteaux de COTON de graines d'Egypte: c'est un produit excellent pour les vaches laitières, les bœufs à l'engrais et les moutons.

Nos Tourteaux de COTON sont complétement débarrassés de la bourre qui enveloppe la graine et contiennent la même quantité de matières nutritives et grasses que les meilleurs Tourteaux de Lin.

Nos Tourteaux de COTON forment l'aliment le meilleur et le plus avantageux en raison de leur prix excessivement bas.

PRIX : 9 Fr.   **les 100 kil., gare Dunkerque**

S'adresser à MM. P. MARCHAND Frères, à DUNKERQUE (Nord)

PHOSPHATE FOSSILE DE QUIÉVY-NORD

le plus assimilable de tous les phosphates connus

GARANTI PUR DE MÉLANGE AVEC TOUT AUTRE PHOSPHATE
Ce qui, du reste, ne pourrait que diminuer son assimilabilité.

EXTRACTION DU GISEMENT ET USINE A QUIÉVY
Propriétaire-Extracteur : C. LECLERCQ
Bureaux à Viesly (Nord).

COMPOSITION MOYENNE		ASSIMILABILITÉ RELATIVE (méth. Joulie).	
		Solubilité dans l'oxalate d'ammoniaque.	
Acide phosphorique. . . .	12 » à 16 » 0/0	Phosphate de Quiévy.	82 29 0/0
Potasse	0 45 à 2 77 0/0	— de la Meuse.	54 95 0/0
Chaux.	19 05 à 31 » 0/0	— de Pernes.	47 87 0/0
Magnésie.	0 58 à 3 80 0/0	— des Ardennes.	46 43 0/0
Matières organiques azotées .	1 80 à 3 45 0/0	— de la Somme (moy.). .	44 53 0/0
		— de Ciply.	34 57 0/0

Titre garanti en acide phosphorique : 13 à 15 0/0.

LIVRAISON : EN POUDRE IMPALPABLE EN SACS PLOMBÉS, MIS SUR WAGON GARE QUIÉVY-en-CAMBRÉSIS
Prix : 3 fr. 80 les 100 kilos, sacs perdus, 30 jours, 2 0/0 ou 90 jours net.

NOTA. — Les acheteurs qui désirent employer le véritable Phosphate de Quiévy pur et garanti d'origine doivent exiger que les sacs portent la Marque (Au Poisson fossile) et la Firme : M. LECLERCQ, seul exploitant à Quiévy (Nord).

GRANDS RABAIS
POUR LIVRAISONS SUR LES MOIS D'HIVER

Engrais de l'Usine municipale de la Voirie de Bondy

TOURTEAUX ORGANIQUES
MOULUS

Dosage : 1.50 à 2 % d'azote et 4 à 5 % d'acide phosphorique.

S'ADRESSER AU

Comptoir Agricole et Commercial
9, RUE NOUVELLE, 9, A PARIS

DÉSINFECTANT INCOMPARABLE
pr tonneaux à vin, cidres et autres liquides

MAISON FONDÉE en 1875   **Jules MOITY Père**   MAISON FONDÉE en 1875

Inventeur, breveté en France et à l'étranger.

16, rue Sencier, FOURMIES, France (Nord)

4 diplômes d'honneur. 12 médailles hors concours

Ce produit, dont la réputation n'est plus à faire, est employé dans une grande partie de la brasserie française, belge et hollandaise avec les plus grands succès.

Guérison radicale *des plus mauvais goûts de fûts en 12 heures, par une simple opération qui ne coûte au plus que 0 fr. 15 à la rondelle de 160 litres, main-d'œuvre comprise.*

Mode d'emploi. — Laver les fûts à l'eau bouillante, les laisser égoutter pendant 12 heures, les rincer ensuite avec mon produit et **six ou dix** heures après, suivant la saison, les relaver à nouveau à l'eau **bouillante** et vous pouvez entonner avec sûreté n'importe quelle boisson et sans nuire aucunement au bois ni à la boisson, inconvénients que produisent beaucoup de moyens employés à défaut d'autres meilleurs.

Prix :
0 fr. 65 du litre en dessous de 100 litres, ou 0.55 du kil.
0 fr. 60   —   de 100 à 175 litres,   ou 0 50 —
0 fr. 55   —   de au-des. jusqu'à 228 lit. ou 0.45 —
Réduction par plus grandes quantités.

Les commandes au-dessus de 150 litres seront livrées franco en gare du destinataire.

Certificat pris dans 100.000 :

« Monsieur J. Moity, père,
à Fourmies.

« J'ai été très satisfait de votre désinfectant veuillez m'en envoyer 200 litres de suite.

« Recevez mes sincères salutations ».
Desurmont-Chasseur, à Tourcoing.

L'ENGRAIS AMIÉNOIS
FUMURE ORGANICO-CHIMIQUE
pouvant être employée seule ou comme complément de fumier de ferme

Mixte et très complet, cet engrais convient à tous les terrains; il est approprié, sous divers numéros, à toutes les plantes.

SUPERPHOSPHATE AZOTÉ (produit nouveau)
12 0/0 acide phosphorique
3 à 4 0/0 azote (*organique*) soluble

Envoi franco du prospectus sur demande affranchie
Adressée à M. Elisée LEFEBVRE
rue Lenotre, 16, AMIENS.

Eugène de MASQUARD
PROPRIÉTAIRE-VITICULTEUR, Château de la Cascade
SAINT-CÉSAIRE-LES-NIMES (Gard)

Vins garantis naturels, rouges et blancs, depuis 75 fr. la pièce de 220 litres jusqu'à 100 francs, selon qualité, prise en gare de St-Césaire (Gard), fût perdu.
Ces vins ont été médaillés à toutes les expositions où ils ont figuré.

Récoltés sur des coteaux et des terrains secs, les vins de Saint-Césaire, l'un des meilleurs crus du Gard, se conservent parfaitement sans être plâtrés.
Envoi franco de prix courants et échantillons

MACHINES AGRICOLES

A. BAJAC
à LIANCOURT (Oise)

FROMENTINE

Marque déposée B. S.G.D.G.

Produit pour l'alimentation économique, saine et rationnelle du bétail, provenant en grande partie des issues de la mouture de blé.

DIVERSES MARQUES

Demander celle en raison du but poursuivi

Marque A pour l'engraissement égal à celui du tourteau de lin, le remplacement de l'avoine, production d'un lait de qualité supérieure.
Marque B pour le bon entretien du bétail.
Marque J développement rapide des jeunes bêtes.
Marque L surproduction du lait.
Marque E engraissement rapide.

Écrire à M. Armand MILLOT
Moulins Saint-Martin

Saint-Quentin (Aisne.)

GRIFFE SARCLEUSE-BINEUSE

Outil économique

V. Rose

pour biner, sarcler promptement entre toutes les lignes de plantes ou légumes sans distinction, indispensable en toutes saisons dans les jardins, vignes, pépinières, les cultures de betteraves, de tabac, etc., même dans les allées

Prix : 8, 12, 14, 16 fr., selon dimension. Prospect. explicatif à M. Ad. ROUSSEAU, breveté, B-d. q. g. à Taverny (S.-et-O.)

Etablissement Glaser

AVENUE NIEL, 9, PARIS

LOCATION DE CHEVAUX
de Selle et d'Attelage

pour les Chasses, la Promenade, la Campagne

PENSION DE CHEVAUX
en Boxes et Stalles.

ALAMBIC EGROT

A BASCULE. — EAU-DE-VIE, 1er JET sans repasse.

FRANCO CATALOGUE ILLUSTRÉ

EGROT, 19-21-23, Rue Mathis, Paris

CONSTRUCTIONS ECONOMIQUES

AGRICULTURE — INDUSTRIE

SOCIÉTÉ MÉTALLURGIQUE
d'Amiens (Somme)

USINE à VAPEUR, FORCE MOTRICE 250 CHEVAUX
Adresser les lettres à M. le Directeur

ENVOI Fco DU CATALOGUE

TÔLES ONDULÉES GALVANISÉES pour Couvertures
Prix défiant toute Concurrence

MANUFACTURE CENTRALE D'INSTRUMENTS
AGRICOLES & VITICOLES EN TOUS GENRES

ÉMILE-PUZENAT

CONSTRUCTEUR à BOURBON-LANCY (SAÔNE & LOIRE)
CATALOGUE FRANCO SUR DEMANDE

SCHNEIDER ET Cie

PHOSPHATES MÉTALLURGIQUES

(scories de déphosphoration), des Aciéries du Creusot

ENGRAIS PHOSPHATÉ

pour *Céréales, Prairies, Vignes, Betteraves, Pommes de terre*, etc.

L'emploi de ces phosphates a été particulièrement recommandé dans ces derniers temps par les agronomes les plus distingués. Il permet, en raison du bas prix de ce produit, de faire apport au sol de doses considérables d'acide phosphorique.

Les phosphates métallurgiques du Creusot sont livrés moulus finement et tamisés.
Pour renseignements, s'adresser à MM. SCHNEIDER et Cie, au Creuzot (Saône-et-Loire).

FOURNEAUX DE CUISINE
de toutes espèces

Maisons particulières, Hôtels, Châteaux et Fermes, Hospices, Hôpitaux, Collèges, Pensions, etc.

ENVOI FRANCO DE CATALOGUES

Maison DELAROCHE aîné
22, rue Bertrand, PARIS

BROYEURS & PRESSOIRS SIMON

Pour Pommes, Poires, Raisins, etc. Matériel complet pour cidreries et vinification.

SIMON FRÈRES, Constructeurs-Mécaniciens-Fondeurs à Cherbourg
MÉDAILLE D'OR, PARIS 1889

GUIDE PRATIQUE de la Production et de la Fabrication des Cidres et Poires envoyé gratis et fco

BARATTES, MALAXEURS, LISSEUSES SIMON et MATÉRIEL complet pour la Fabrication et l'Exportation des beurres et fromages.

MANÈGES de toutes forces — Envoi franco du Catalogue

41

MALADIES DU BÉTAIL
ET DE LA VOLAILLE
Leur traitement préventif et curatif

PAR L'ACIDE SALICYLIQUE

L'acide salicylique, employé dans la nourriture à la dose de 1/2 à 1 gramme par jour et par tête de bétail, est le meilleur préservatif des maladies qui procèdent par contagion : Sang de rate, Cocotte, Maladie aphteuse, Érysipèle, Typhus, Morve, Variole et le Rouget des porcs, etc.

DES ATTESTATIONS NOMBREUSES DE GUÉRISONS obtenues pour la Cocotte et le Rouget des porcs ont été reproduites dans le journal *l'Agriculture*.

La désinfection des étables, des écuries, se fait instantanément au moyen d'un arrosage d'eau salicylée à 2 grammes par litre.

S'adresser à M. CERCKEL, administrateur de la *Compagnie de produits antiseptiques*, 26, rue Bergère, Paris.

Envoi sur demande de Prospectus et Brochures.

PRIX DU KIL., 25 fr. BOITE DE MÉNAGE, 2 fr.

ALIMENTATION DU BÉTAIL
Tourteaux de Coprah ou Coco

F. TASSY, E. ROCCA ET Cie

Fabricants d'huiles (producteurs directs de Tourteaux)

23, RUE HAXO, MARSEILLE

Deux médailles d'or, Anvers 1894

Envoi de Prix-Courants et Échantillons sur demande.

POUDRE DELARBRE
Plus de CHEVAUX POUSSIFS!

Guérison de la POUSSE,
Toux, Bronchite et Gourme.
La Boîte de 20 Doses : 3 francs
G. DELARBRE, AUBUSSON (Creuse)

Maison de Vente & d'Expédition à Aubusson (Creuse) G. DELARBRE

A Paris & en province, chez tous les Droguistes & Pharmaciens.

COUVEUSES
ÉLEVEUSES
VOLAILLES
ŒUFS
à couver

VOITELLIER

à MANTES
et à PARIS
4, PLACE DU THÉÂTRE FRANÇAIS

PRIX COURANT FRANCO
GRAND CATALOGUE ILLUSTRÉ, 0.50

VINS
DE SAINT-ÉMILION

Vins classés, de 200 à 250 francs la barrique de 225 litres. — Moitié prix pour la barrique de 112 litres.

Vins grands ordinaires, de 140, 125, 105, 100 francs la barrique — 80, 75, 70, 65, 58, 55 francs, la demi-barrique. — Rendu *franco* en gare et régie, sauf octroi.

Adresser commandes à M. DUPLESSIS-FOURCAUD, à Saint-Émilion. — Envoi de prix courants et échantillons sur demande affranchie.

Médailles d'Or, Paris, 1867 et 1889 — Moscou 1891 — Besançon, Montluçon, Royan, etc.

ANEMIE CHLOROSE, FAIBLESSE Guéries par le **VRAI FER QUEVENNE**
Seul approuvé p' l'Académie de Médecine, Paris, 14, r. Beaux-Arts, not cs.

PRÉSERVEZ VOS ANIMAUX DOMESTIQUES
de toutes les **Epizooties** et Maladies contagieuses par la **Désinfection des Ecuries, Etables, Porcheries**

PAR LE

CRÉSYL-JEYES

Désinfectant — Antiseptique, le seul (non toxique), qui soit d'une efficacité scientifiquement démontrée. Le **CRÉSYL-JEYES** a été récompensé par la Société des Agriculteurs de France en 1891 d'une **Médaille d'argent grand module.** Envoi franco sur demande du prospectus détaillé. — **CRÉSYL-JEYES, 35, Rue des Francs-Bourgeois, 35, Paris.**

Se méfier des nombreuses contrefaçons.

Maison MURE, à Pont-St-Esprit (Gard)
A. GAZAGNE, *Gendre et Suc', Ph"* de 1" Classe

MALADIES NERVEUSES
Epilepsie, Hystérie, Danse de Saint-Guy, Affections de la Moelle épinière, Convulsions, Crises, Vertiges, Eblouissements, Fatigue cérébrale, Migraine, Insomnie, Spermatorrhée
Guérison fréquente. Soulagement toujours certain

par le **SIROP de HENRY MURE**
succès consacré par 20 années d'expérimentation dans les Hôpitaux de Paris,
FLACON : 5 FR. — NOTICE GRATIS.

PATE et SIROP d'ESCARGOTS de MURE

« Depuis 50 ans que j'exerce la médecine, je n'ai pas trouvé de remède plus efficace que les escargots contre les irritations de poitrine. »
« D' CHRESTIEN, de Montpellier. »

Goût exquis, efficacité puissante contre **Rhumes, Catarrhes** aigus ou chroniques, **Toux spasmodique,** Irritations de la gorge et de la poitrine.
Pâte 1'; Sirop 2'. — Exiger la PATE MURE. Refuser les imitations.

Thé Diurétique de France
sollicite efficacement la sécrétion urinaire, apaise les **douleurs des Reins** et de la **Vessie,** entraîne le sable, le mucus et les concrétions, et rend aux urines leur limpidité normale. — **Néphrites, Gravelle,** Catarrhe vésical, Affections de la Prostate et de l'Urèthre. — PRIX DE LA BOITE : **2 FRANCS.**

Dépôt général de l'**ALCOOLATURE D'ARNICA** de la TRAPPE DE NOTRE-DAME DES NEIGES
Remède souverain contre toutes blessures, coupures, contusions, défaillances, accidents cholériformes.
DANS TOUTES PHARMACIES. — 2 FR. LE FLACON.

VIN DE BOURGOGNE
Ferme de l'Hospice de Beaune.
Domaine de MEURSAULT

VINS FINS GRANDS ORDINAIRES, ORDINAIRES Rouges et Blancs

Concours Général agricole de Paris 1895
MÉDAILLE d'or pour vins rouges
MÉDAILLE d'argent pour vins blancs
Concours Général agricole de 1896
HORS CONCOURS, MEMBRE DU JURY
JOBART MUTHELET, Meursault (Côte-d'Or)

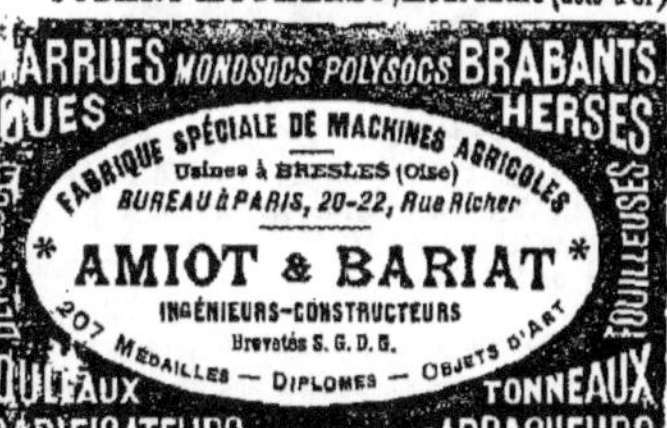

ENGRAIS CHIMIQUES
DES
MANUFACTURES DE SAINT-GOBAIN

12 Usines :

CHAUNY (Aisne).	SAINT-FONS, près Lyon.
AUBERVILLIERS (Paris).	L'OSERAIE, près Avignon.
MONTARGIS (Loiret).	BALARUC, près Cette.
TOURS (Indre-et-Loire).	VALENCIA (Espagne).
MONTLUÇON (Allier).	HEMIXEM
MARENNES (Charente-Inférieure).	MESVIN-CIPLY } (Belgique).

PRODUCTION ANNUELLE : 400.000.000 DE KILOS

Dosages garantis — Emballages marqués et plombés

SUPERPHOSPHATES DE CHAUX

ENGRAIS COMPOSÉS
Suivant les convenances des acheteurs pour toutes cultures

ENGRAIS COMPLET DE SAINT-GOBAIN
Efficacité éprouvée dans tous les sols et dans toutes les cultures

ENGRAIS SPÉCIAUX POUR LA VIGNE :
Engrais pour Vigne à végétation faible.
Engrais pour Vigne à végétation normale.
Engrais pour Vigne à végétation luxuriante.

Adresser les ordres ou les demandes de renseignements à la DIRECTION COMMERCIALE DES PRODUITS CHIMIQUES de SAINT-GOBAIN, 9, rue Sainte-Cécile, Paris — *ou aux Agents de la Compagnie dans toutes les villes de France.*

17ᵉ Année. — Nº 40.　　LE NUMÉRO. 10 CENTIMES.　　Dimanche 4 Octobre 1896.

GAZETTE AGRICOLE

JOURNAL HEBDOMADAIRE, PARAISSANT LE DIMANCHE

Fondateur : M. CH. GOSSIN, Professeur d'Agriculture à l'Institut agricole de Beauvais

PRIX DE L'ABONNEMENT

UN AN, **5 fr.** — SIX MOIS, **3 fr.** — TROIS MOIS, **2 fr. 25**

Pour l'Étranger les abonnements ne sont reçus que pour un an, au prix de 6 francs, et ne partent que du 1ᵉʳ JANVIER ou du 1ᵉʳ JUILLET de chaque année.

Le Numéro : **10** centimes.

Adresser toute la correspondance : mandats, lettres, annonces, etc., à M. CRÉPEAUX, Directeur de la *Gazette agricole* 9 bis, rue Piccini, Paris.

Toute demande de changement d'adresse doit être accompagnée de 50 centimes et de la dernière bande du journal.

BUREAUX

97, rue de Rennes, Paris, et à Beauvais, rue Saint-Etienne.

Les abonnements partent du 1ᵉʳ de chaque mois et sont payables d'avance. Toute demande d'abonnement doit donc être accompagnée du prix de l'abonnement. (Le mode de payement plus simple est l'envoi d'un mandat-poste.)

Donner *très lisiblement*, en s'abonnant, son nom et son adresse exacte, *avec l'indication du bureau de poste*; et, s'il s'agit d'une continuation d'abonnement, joindre au renouvellement la dernière bande d'adresse du journal

Les Annonces sont reçues à la Direction du Journal, et chez MM. DUSSERIS et MATHELLON, 97, rue de Rennes Paris.

Sommaire :

Paris, le 30 septembre 1896.

Le beau temps est revenu, les travaux agricoles vont reprendre avec activité, les labours sont faciles par suite de l'humidité du sol.

BOURSE DU COMMERCE DU MERCREDI 30 SEPTEMBRE

	FARINES	BLÉS
Courant	48 50	18 30
Prochain.................	40 50	18 50
Nov.-Déc	40 40	18 85
4 de nov.	40 45	18 90
4 premiers	41 90	19 10

Marque de Corbeil : 44 fr. le sac de 150 kil. toile à rendre.

Halle aux blés. — *Blés indigènes.* — La tendance est un peu meilleure au marché libre tenu cet après-midi.

La culture cherche à relever ses prix et en même temps la meunerie du rayon qui, depuis quinze jours, a fait d'importantes livraisons sur le marché de Paris, cherche à se réapprovisionner.

Il s'est fait un peu plus d'affaires à des prix fermement tenus, soit de 17,75 à 18,25 pour les blés roux et de 18,25 à 18,75, pour les blés blancs les 100 kil. gare d'arrivée Paris.

Blés exotiques. — Sans affaires.

Sons. — Très lourds, prix difficilement tenus.

Seigles. — Jamais les affaires n'ont été aussi peu actives ; la culture offre des blés et des avoines et très peu de seigle. Le disponible reste recherché surtout pour le Nord; il y a acheteurs de 11,25 à 11,75 les 100 kilos gare d'arrivée ou bateau Paris.

Escourgeons. — Nous ne voyons aucun changement dans cet article : peu d'offres, peu de demandes; les prix élevés arrêtent les affaires. On continue comme par le passé à offrir 15 fr. les 100 kil. les vendeurs demandent 15 à 15,50.

Orges. — Les affaires restent régulières, les offres sont plus importantes, les cours sans changement, plutôt faibles.

On offre les orges de la Sarthe de 16,25 à 16,50 moyennes 15,50 à 15,75, Beauce 16 à 16,25 les 100 kil. gare Paris.

Graines fourragères. — La saison est terminée, les cours sont nominaux.

On cote trèfles violets midi, récolte 1895, 90 à 92, sainfoin simple 28 à 30' double 35 à 38.

Menus grains. — On cote : Petit blé 12 à 14, jarras 16,50 à 17, chénevis de Russie 22, Bretagne 22, vesces de Kœnigsberg 20, Bretagne 22, sarrasin 14,50.

Sucres. — Marché très actif, mais très faible, prix en baisse de 25 à 37 cent. sur le beau temps et de nombreux ordres de ventes du dehors.

Raffinés 98, roux 88º 25,50.

Marché de la Chapelle. — Marché ordinaire.

On cote : paille de blé 1ʳᵉ qté 24 à 26 fr., 2ᵉ qté 22 à 24 fr., 3ᵉ qté 19 à 22 fr.; paille de seigle 1ʳᵉ qté 31 à 33 fr., 2ᵉ qté 28 à 31 fr., 3ᵉ qté 24 à 28 ; paille d'avoine 1ʳᵉ qté 23 à 25 fr., 2ᵉ qté 21 à 23 fr., 3ᵉ qté 18 à 21 ; foin nouveau 1ʳᵉ qté 57 à 59 fr., 2ᵉ qté 51 à 55 fr., 3ᵉ qté 47 à 51 fr. ; foin vieux 1ʳᵉ qté 58 à 62 fr., 2ᵉ qté 54 à 58 fr.; 3ᵉ qté 50 à 54 fr.; luzerne nouvelle 1ʳᵉ qté, 54 à 56 fr., 2ᵉ qté 51 à 54 fr., 3ᵉ qté 45 à 51 fr; regain nouveau 1ʳᵉ qté 54 à 56 fr., 2ᵉ qté 49 à 54 fr., 3ᵉ qté 46 à 50 fr.

Le tout rendu dans Paris, au domicile de l'acheteur, frais de camionnage et droits d'entrée compris par 104 bottes de 5 kil.; savoir : 6 fr. pour foin et fourrages secs, 2 fr. 40 pour paille. Pourboire 1 fr. par 100 bottes.

Fourrages et pailles en gare. — La paille de blé se vend suivant provenances et bottelage, de 17 à 21 fr., mais les affaires n'ont rien d'important.

La paille d'avoine, avec une demande très calme, vaut de 15 à 18 fr.

Les fourrages restent cotés sans variation.

On cote sur wagon, par 520 kilogr., en gare d'arrivée à Paris :

Foin....................	42 à 44
— nouveau	37 à 44
Luzerne première qualité.........	37 à 44
Paille de blé...............	17 à 21
— de seigle pour l'industrie....	22 à 26
— — ordinaire	18 à 22
— d'avoine	15 à 18

Pour les marchandises en gare, les frais de déchargement, d'octroi et de camionnage sont à la charge de l'acheteur.

FRUITS

Figues	1 à 1 50
Pêche de Perpignan, la corbeille de 12 fruits	80 à 1 50
Prunes	40 à 45
Poires communes	12 à 30
Raisins d'Algérie, les 100 kilos ..	60 à 65
Cassis, ...	50 à 55
Amandes, 2ᵉ choix	45 à 75
Noisettes	60 à 80
Citrons, la caisse de 420/490	32 à 35
Noix......................	18 à 22

POMMES DE TERRE

Hollande (100 kil.)	8 » à 11 »
Roses-Early...............	4 » à 5 »
Magnum-Bonum	5 » à 6 »
Rondes	6 » à 7 »

LÉGUMES

Choux, le cent.	2 à 10
Choux-fleurs suivant grosseur ..	15 à 50
Artichauts de Paris...........	10 à 22
— de Bretagne	8 à 16
— d'Angers.........	28 à 30
Tomates	12 à 15
Haricots flageolets	10 à 12
— beurre	20 à 26
Haricots verts de Paris........	30 à 35
Melons, la pièce.............	60 à 2 50
Cornichons moyens..........	40 à 50

LINS. — Les 100 kilogr. — *Marché de Lille.*

	Communs	Ordin.	Supér.
Alost. .	148 à 153	154 à 157	161 à 166
Bergues.	150 à 158	161 à 168	173 à 182

Marché aux chevaux, 30 Septembre

Gros trait de 300 à 1.300　Boucherie de 65 à 225
Selle et tr. 200 à 1.100　Anes.... de 45 à 130
　léger . de 150 à 1.150　Chèvres. . de　à
H. d'âge de 150 à 380

AMENÉS

Chevaux, 359 — Anes, 11 — Chèvres, 0
Voitures 95, de 35 à 600.

Prix moyen aux 100 kilog. des CÉRÉALES dans les Départements.

	Ville	BLÉ	SEIGLE	ORGE	AVOINE
Rég. du Nord-Ouest	Caen	17 75	10 25	14 00	15 00
	Lannion	17 75	10 00	14 00	15 00
	Morlaix	17 75	10 00	13 50	14 00
	Rennes	17 25	10 00	13 00	13 50
	Avranches	17 25	10 50	14 00	14 00
	Laval	17 00	10 00	11 00	14 00
	Lorient	17 00	10 25	13 00	14 00
	Alençon	17 50	10 25	14 00	15 50
	Le Mans	17 50	10 25	14 00	15 50
Région du Nord	Soissons	18 25	10 50	»	15 50
	Evreux	18 50	10 00	13 50	15 25
	Chartres	17 75	10 00	14 50	15 50
	Lille	18 50	10 25	14 00	14 50
	Compiègne	17 75	10 00	14 00	15 10
	Beauvais	18 25	11 00	14 50	15 00
	Arras	18 75	11 00	14 50	14 50
	Paris	18 75	10 50	16 00	15 00
	Versailles	18 50	10 25	15 00	16 00
	Rouen	18 50	10 25	15 00	15 50
	Amiens	17 50	10 50	16 50	17 00
Rég. du N.-E.	Mézières	18 50	10 00	14 00	15 50
	Nogent-s-Seine	18 25	10 50	14 00	15 00
	Châlons-sur-Marne	18 50	11 50	15 00	16 00
	Langres	18 50	10 2	13 50	15 25
	Nancy	18 50	10 00	14 00	15 00
	Bar-le-Duc	18 50	10 50	15 00	16 00
	Neufchâteau	18 50	10 50	14 50	15 50
Région de l'Ouest	Ruffec	18 50	10 25	14 00	15 00
	Marans	17 75	10 25	13 50	14 00
	Niort	17 75	10 25	13 50	15 00
	Tours	18 25	10 00	14 00	15 00
	Nantes	18 25	10 50	14 00	14 00
	Angers	17 25	11 00	14 00	14 75
	Luçon	17 25	10 25	14 00	15 00
	Poitiers	17 50	10 25	13 00	»
	Limoges	17 75	10 25	»	15 50
Région du Centre	Moulins	18 25	10 25	13 50	15 00
	Bourges	17 75	10 00	14 00	14 50
	Aubusson	18 50	10 25	14 00	14 00
	Châteauroux	18 00	10 00	14 00	13 50
	Orléans	18 50	10 25	14 50	14 00
	Blois	18 75	10 00	14 00	16 00
	Nevers	18 50	10 25	15 00	15 25
	Clermont Ferr.	18 50	10 00	14 00	16 00
	Sens	18 50	10 00	13 50	15 50
Région de l'Est	Bourg	18 50	10 50	14 00	15 50
	Dijon	18 25	10 00	14 75	15 00
	Besançon	18 50	11 50	14 00	15 00
	Grenoble	18 50	10 25	13 00	14 50
	Dôle	18 50	10 50	14 00	15 00
	Saint-Etienne	18 50	10 50	14 00	16 00
	Lyon	18 75	10 75	14 50	15 50
	Mâcon	18 75	11 25	14 00	15 00
	Vesoul	18 50	10 50	»	15 50
	Chambéry	18 50	10 25	»	16 00
	Annecy	18 50	»	»	16 00
Rég. du Sud-Ouest	Pamiers	18 50	11 75	»	15 50
	Périgueux	18 50	11 00	14 00	15 00
	Toulouse	19 00	12 00	14 50	15 50
	Auch	18 50	11 00	14 00	16 00
	Bordeaux	18 50	11 50	13 00	15 00
	Dax	18 50	11 25	13 50	15 25
	Agen	18 75	12 00	15 00	15 00
	Bayonne	18 50	11 00	14 00	16 00
	Tarbes	18 50	11 00	»	»
Région du Sud	Carcassonne	19 25	10 50	14 00	15 00
	Rodez	18 25	12 00	14 00	16 00
	Mauriac	18 25	11 00	»	15 75
	Tulle	18 25	11 25	»	15 50
	Montpellier	18 50	11 50	»	15 00
	Figeac	18 50	10 25	14 00	15 00
	Mende	18 75	11 25	14 00	15 50
	Perpignan	18 00	11 00	14 00	15 00
	Albi	18 50	11 50	13 50	16 00
	Montauban	19 00	11 50	14 75	16 00
du Sud-E. et	Gap	18 75	11 00	15 00	16 00
	Manosque	18 75	11 00	14 75	15 50
	Nice	18 50	11 50	14 00	16 00
	Privas	18 75	12 00	13 00	16 00
	Arles	18 75	11 00	13 00	16 00
	Montélimar	19 00	»	14 50	15 75
	Nîmes	18 75	12 00	14 00	16 00
	Le Puy	18 75	12 00	14 00	16 00
	Draguignan	18 50	12 00	14 00	16 00
	Avignon	20 50	13 00	14 00	17 00

Tourteaux. — Cours de la maison P. Marchand frères, à Dunkerque (Nord) :

TOURTEAUX A NOURRIR

	Dispon.	A livrer.
Coton de graines d'Egypte	9 50	9 50
Sésame blanc	11 50	11 50
Arachide décortiquée	15 00	15 00
Colza à nourrir	10 25	10 25
Colza du pays	11 25	11 25
Œillette du Levant	10 00	10 »»
Œillette blanche de Turquie	10 00	10 »»
Lin 1re qual. de Bombay g. form.	14 50	14 50
Lin 1re qual. de Bombay p. form.	15 00	15 00

TOURTEAUX-ENGRAIS

	Dispon.	A livrer.
Arachide décortiquée	14 50	14 50
Cameline	»» »»	»» »»
Colza des Indes en poudre	»» »»	»» »»
Colza ravison	7 25	7 25
Colza jaune Gutzerat	10 50	11 »»
Kurrachée	»» »»	»» »»
Niger	»» »»	»» »»
Pavot	9 25	9 50
Sésame, blanc	10 00	10 00
Sésame noir	»» »»	»» »»
Coton en farine	7 50	7 50

Nos prix s'entendent pour tourteaux en planches, rendus en gare de Dunkerque.

Paiement à 30 jours ou à terme plus éloigné suivant convention expresse.

Le concassage se paie 0 fr. 25 et la mise en poudre 0 fr. 40 aux 100 kilos. Dans ce cas, les sacs sont facturés à 0 fr. 35 pièce, et repris au prix de facture, quand ils sont rendus en bon état et franco, dans les 30 jours de l'expédition.

FROMENTINE :

	100 kil.
Marque A	13 »
Marque B	13 »
Marque J	13 »
Marque L	15 »
Marque E	16 »

Les 100 kilogs sur wagon St-Quentin, sac à retourner ou à facturer.

BEURRES. (le kilogr.).

BEURRES EN MOTTES			BEURRES EN LIVRE		
Isigny extra.	4 40	5.82	Bourgogne	2.00	2.20
— demi-fin	3.50	3.80	Gâtinais	2.20	2.70
M. d'Isigny	3.10	3.4	Vendôme	2.00	2 60
du Gâtinais	2.60	3.00	Beaugency	2 00	3.40
de Bretagne	2.10	2.20	Ferme	2.50	3.40
Laitiers Jura	2.20	2.70	Tours	2.20	2.80
de Charente	2.90	3.10	Le Mans	2.00	2.40
des Alpes	2.50	3.30	Touraine faussé	2.10	2.50

ŒUFS. — (le mille).

Normandie ext.	95 à 110		Bourgogne	78 à 88	
Picardie	95 à 116		Champagne	80 à 85	
Brie —	84 à 90		Nivernais	74 à 78	
Touraine	86 à 100		Bourbonnais	72 à 76	
Beauce	85 à 95		Bretagne	68 à 74	
Orne	75 à 88		Vendée	70 à 75	
Picardie	78 à 90		Auvergne	70 à 74	
Châtellerault	78 à 84		Midi	78 à 80	

FROMAGES.

Brie hautes marq.	55	55	Roquefort	120	200
Brie gr. m. (10)	43	35	Gruyère (100 k.)	90	175
— m. m.	30	27	Coulommiers (100)	20	40
Petits Nanteuils.	18	16	Gournay (100)	183	28
Brie laitiers	15	10	Livarot (le 100)	70	110
Gérardmer (100 k.)	80	80	Bourgogne (100)	65	70
Hollande	160	170	Camembert (100)	40	50
Bondons (100)	140	190	Munster (100 ..)	115	125
Cantal	125	135	Port-Salut	160	180

VOLAILLES

Poulet Brest dit moelleux	2.00	4.00	Pigeon Mâcon	1.50	2.00
Poulets Nant.	2.25	4.50	Canar lg Nantais	2.50	3.00
Poulets Tour	2.50	4.50	Dindes Tourr.	8.00	16.00
Poulets Houdan	3.75	5.75	Oies	5.00	7.50
Pigeons d'Italie	80	1.25	Lapins dom.	2.75	3.25
			Lapins garenne.	1.50	2.00

VINS — BERCY

Rouges			Blancs		
B. Bourg. vieux.	140 à 155		Bordeaux	125 à 160	
Touraine	105 à 115		B. Bourg.	150 à 190	
Bord. vieux	130 à 160		Sancerre	130 à 135	
Algérie	26 à 32		Chablis	200 à 350	
Cher	110 à 125		Anjou	120 à 135	
Chinon	125 à 187		Pouilly	350 à 300	
Narbonne	32 à 38		Vouvray	155 à 195	

HOUBLONS. — Les 50 kilog.

Alost primé	32,00	à 30,00
Bourgogne	55,00	à 40,00
Poperinghe	25,00	à 30,00
Wurtemberg	40,00	à 42,00
Altmark	75,00	à 100,00
Alsace	50,00	à 65,00

Prix des Produits Forestiers à Paris

Bois de feu (Octroi non compris)	Falourde de pin..	100 à 110	le cent.
	Bois de flot.	105 à 105	le déca.
	Bois gris neuf...	120 à 120	—
	Bois blanc...	105 à 140	—
Bois d'œuvre (Octroi compris)	Chêne gros bois..	105 à 110	le m. cube
	— moyen bois.	70 à 60	—
	— petit bois...	30 à 48	—
	Charme, plateaux.	50 à 60	—
	Sciage Entrevoux.	175 à 210	les 208 m.
	de Echantillons	230 à 220	—
	chêne, Frise	27 à 28	104 m

La suite des marchés se trouve à la *Correspondance*.

L'ANNÉE AGRICOLE ET AGRONOMIQUE
pour 1896.

Cet ouvrage dont la première édition avait été honorée de tant d'éloges vient de paraître pour la seconde fois. Nous nous sommes attachés à tenir le plus grand compte des critiques et des vœux qui nous ont été adressés. Nous croyons sincèrement que l'*Année agricole et agronomique* est maintenant conçue sur un plan définitif. C'est la revue impartiale et fidèle de tous les travaux agricoles de l'année tant en France qu'à l'étranger, qu'ils émanent des individus ou des sociétés. La classification de la table permet de trouver immédiatement les renseignements désirés sur tel ou tel objet.

Nous avons voulu doter chaque année l'agriculture nationale d'une encyclopédie aussi complète et facile à consulter que possible, si nous en croyons nos confrères, notre but est atteint, nous attendons la sanction de nos lecteurs.

Nous l'offrons en prime à nos abonnés au prix de 2 fr. 50 franco de port au lieu de 4 francs.

Ceux de nos abonnés qui désirent l'**Année agricole et agronomique** de **1895** et celle de **1896** recevront les deux volumes franco dans la gare la plus voisine contre 4 fr. 50.

Adresser les demandes à M. Crépeaux. 10 *bis*, rue Piccini, Paris.

Almanach de la France rurale pour 1897.

En vente aux bureaux de la *Gazette* : 0.50 centimes l'exemplaire *Franco*. Remises pour quantités importantes.

AVIS IMPORTANT.—Le Goudron Guyot (*capsules et liqueur*), connu depuis si longtemps pour la guérison de toutes les affections des bronches, de la poitrine et de la vessie, est trop souvent imité ou contrefait. Toutes ces imitations et contrefaçons, mal préparées, ne guérissent pas et sont quelquefois dangereuses. Aussi tout acheteur, qui ne veut pas être trompé, doit-il *exiger et s'assurer par lui-même que le produit qu'on lui vend porte bien sur l'étiquette de chaque flacon l'adresse : Maison L. FRÈRE Paris, 19, rue Jacob*, seule maison dans laquelle se fabrique le *véritable Goudron Guyot* (capsules et liqueur).

CHRONIQUE POLITIQUE

L'attitude du monde politicien présente aujourd'hui un singulier conraste avec l'attitude du monde agricole ou du moins des comices et sociétés qui le représentent devant le public rural. Pendant que, dans les concours et les banquets, on se préoccupe non sans raison de la crise agricole et financière, tous les soucis du monde officiel se concentrent sur la prochaine arrivée du Tsar de Russie à Paris et on s'épuise en efforts surhumains pour lui offrir une hospitalité d'une splendeur sans précédent. Les colonnes des journaux étalent chaque jour les inventions écloses la veille dans les cerveaux des fonctionnaires chargés d'exécuter le programme des réceptions, de décorer les monuments et les voies publiques, de préparer les équipages, les costumes, d'organiser des représentations de gala, etc. Chaque jour nous apporte un nouveau contingent d'inventions où la faveur courtisanesque de nos maîtres s'épuise en des excentricités de mauvais goût qui trahissent fâcheusement les démagogues de la veille. Le peuple parisien de son côté ne reste pas en arrière dans ce concert d'adulation. Le ban et l'arrière-ban des camelots offrent aux badauds sur la voie publique des jouets, des bibelots, des hochets, des chansons même où tout est au goût russophile. Les mieux partagés dans cet emballement russolatique sont les habitants des appartements situés sur les voies publiques que parcourra le cortège impérial. La location des fenêtres pour le voir passer se paie de 100 à 1.000 francs. C'est beau, n'est-ce pas, au prix que coûte le blé aux producteurs français !

N'essayez pas de parler affaires tant que durera cette visite du tsar. La France n'est plus en France, elle est en Russie, jusqu'au 10 octobre. La République se fait cosaque suivant un mot célèbre de Napoléon.

Pourtant, dès aujourd'hui, il y a un mot à dire sur l'emploi que fera le tsar de son temps dans la Ville Lumière. Il a de son chef ajouté au programme officiel de ses hôtes deux points précieux : 1° en arrivant à Paris, la première visite sera à l'église russe pour louer et prier son Dieu qui est encore le nôtre, malgré nos maîtres ; 2° avant son départ, il recevra le cardinal archevêque de Paris pour honorer dans sa personne la France chrétienne en face de la politique officielle !

Merci, auguste monarque, de la double leçon que vous donnez si à propos à nos maîtres du quart d'heure. On ne pouvait la leur donner sous une forme plus suggestive et plus délicate. La politique athée qui nous écœure n'osera rien dire, mais elle n'en pensera pas moins.

Donc la consigne étant de renfler pour ce qui concerne les affaires, nous nous résignons à ne les aborder que succinctement pour aujourd'hui. A la fin d'octobre, les Chambres nous donneront sur ces points plus de besogne que nous n'en pourrons faire, et elles-mêmes seront bien habiles si elles abattent le quart de celles que réclament les intérêts rivaux du pays mis à mal par la politique dont elles sont le produit.

Qu'on ne se fasse pas d'illusion. L'alliance avec la Russie a dans cette politique un obstacle très sérieux qui n'eut pas existé si la république avait été conservatrice comme le désirait M. Thiers. Les hommes qui ont monté au pouvoir en s'affublant de la carmagnole ont beau s'affubler des costumes de cour. Comme le loup déguisé en berger, la Russie les tiendra pour ce qu'ils sont.

Heureusement derrière eux, il y a la vraie France, c'est à elle que vient réellement le Tsar. C'est en son nom que nous saluerons sa visite et que nous prierons avec lui le Dieu des armées pour l'avenir de notre patrie et de la civilisation chrétienne.

La domination maçonnique.

La franc-maçonnerie se charge de prouver que la république n'est que le manteau ou plutôt le masque troué de son insolente domination.

Elle vient d'en donner un avant-goût en déclarant la guerre à M. Barthou, ministre de l'Intérieur pour avoir retiré au fr∴ Monteil la grosse sinécure dont l'avait qualifié le ministre franc-maçon Bourgeois.

Le grand Orient vient de renouveler son personnel ayant à sa tête le citoyen Desmons, sénateur, et de déclarer que la franc-maçonnerie impose au gouvernement sa volonté absolue qui est d'écraser le cléricalisme.

La Maçonnerie ne pouvait affirmer avec plus de cynisme sa prétention de disposer en souveraine de nos personnes, de nos biens et de l'âme de la France.

Hommes noirs d'où sortez vous ?
— Nous sortons de dessous terre
Moitié renards, moitié loups,
Notre règle est un mystère.
Nous régnons, songez à vous taire
Et que vos enfants suivent nos leçons.

On n'est pas fier d'être Français en se voyant aux pieds de tels maîtres.

Les lycées et collèges de filles.

Un document officiel nous apprend que ces lycées et collèges de jeunes filles, dont la France pouvait si bien se passer, coûtent chaque année aux contribuables 49.600.000 francs (50 millions en chiffres ronds) et donnent l'enseignement à 10.453 élèves. D'où il suit que chacune de ces élèves coûte aux contribuables plus de 4.000 francs, sans compter les dépenses de construction et d'installation qui nous ont coûté plusieurs centaines de millions.

Au point de vue financier, cette création des lycées et collèges de femmes est donc désastreuse ; elle ne l'est pas moins au point de vue moral et social, à raison du système d'enseignement qui, jusqu'à ce jour, n'aboutit qu'à jeter sur le pavé de malheureuses jeunes femmes dont les neuf dixièmes sont condamnées impitoyablement à un déclassement qui les livre sans défense à tous les dangers d'une existence malheureuse et sans avenir.

Nos gouvernants appellent le pilier d'airain de leur république, une réforme qui est tout simplement la banqueroute financière et morale.

Peut-on économiser ?
Peut-on dégrever ?

Voilà deux questions palpitantes à l'ordre du jour dans le monde politique.

A ces deux questions on connaît notre réponse. Non ! ni les économies ni les dégrèvements ne sont possibles avec la politique que nous subissons, dont M. Méline subit lui-même le joug. C'est pourquoi tout en reconnaissant sa bonne volonté, nous déclarons d'avance son impuissance de tirer nos finances et notre agriculture de l'impasse où elles sont acculées. Pour les en tirer une réaction politique et sociale serait nécessaire. Or, aujourd'hui, cette réaction semble impossible. Pour secouer le joug ruineux et déshonoré de l'opportunisme dont le sort est attaché à celui de cette politique, il faudrait à l'esprit public des masses électorales, une dose de lucidité, de courage et d'indépendance, dont elles sont dépourvues, comme le démontrent trop clairement les récentes élections législatives et sénatoriales.

Des économies ! Le gouvernement est incapable de les entreprendre. Il s'aliénerait immédiatement la majorité des centres qui ne vivent que des faveurs répandues par leur canal dans les masses profondes de leurs clientèles électorales. Les places, les faveurs budgétaires, les sinécures, les bourses dans les écoles, les subventions de toute catégorie qui grèvent le budget de plusieurs centaines de millions, sont la monnaie dont la majorité paye ses succès électoraux. Bien fou serait le ministère qui entreprendrait de lui en arracher le sacrifice. Nos privilégiés du jour sont aux antipodes des privilégiés de 1789 qui, dans la nuit célèbre du 4 août, firent le sacrifice de leurs privilèges sur l'autel de la patrie.

D'ailleurs les journaux attelés à leur char, disons mieux, à leur gamelle, ont grand soin de nous démontrer à leur manière que les économies sont impossibles. Ils commencent, en effet, par établir que sur un budget de 3 milliards et demi, toute économie est interdite sur les services principaux, savoir : dette publique, 124 millions, pas un sou à rabattre sur ce chapitre — sous peine de faillite. — Budget de l'armée et de la marine, 886 millions — dette sacrée aussi celle-là, notre existence nationale en dépend — bien que les gaspillages y foisonnent scandaleusement, dans la marine surtout. Viennent ensuite 248 millions pour les industries d'Etat, (poudre, tabacs, allumettes, télégraphie, etc.), puis les frais de direction et de perception des impôts directs et indirects 127 millions, indispensables pour en assurer la rentrée. Enfin, les frais de reconstitution, construction du matériel de la défense nationale, 750 millions. Quand on a additionné toutes ces dépenses indispensables qui dépassent 3 milliards, sur quels chapitres peut-on réclamer des économies d'une certaine importance, demandent les bons opportunistes du *Temps*.

Eh bien! n'en déplaise à ces bons Philintes, nous sommes de ceux qui soutiennent qu'on pourrait soulager le budget de deux cents millions en substituant à la politique qui l'a élevé au taux actuel, une politique honnête, probe, libérale et républicaine dans le sens honnête et loyal du mot.

D'abord dans les 1.224 millions affectés à la dette publique, il y a un gros lot de millions affectés à des pensions qui nous ont été imposées par la politique égoïste et malhonnête de nos maîtres : magistrats mis en retraite anticipée pour placer des favoris, victimes héréditaires soi-disant du 2 décembre, de février 1848 et leurs veuves et enfants de politiciens tels que les Paul Bert, les Pelletan, etc., etc. Notez que les créations de fonctionnaires inutiles ont élevé de 200 millions le budget du personnel et grevé de 50 millions le service des pensions de retraite. On le sait, on nous donne ces prodigalités comme des créations nécessaires. Sur les travaux publics, pourquoi imposer à l'Etat des dépenses que l'industrie privée est toujours prête à exécuter avec d'énormes réductions de dépenses? Pourquoi tous ces chemins de fer qui sont dits trop justement électoraux?

Enfin, comment justifier le monstrueux budget de l'Instruction publique qui, en quinze ans, a été élevé de 50 millions à 200 millions? Dans quel intérêt?

Ce n'est pas certes dans l'intérêt de la diffusion de l'enseignement. L'instruction publique à tous les degrés a seule suivi une progression continue en France depuis le commencement du siècle. Le budget de l'instruction publique a été doublé, plus que doublé de 100 millions, uniquement pour étouffer l'enseignement chrétien, et embaucher l'âme de nos enfants, de la France de demain, dans l'armée servile de l'athéisme social et de la dictature jacobine et maçonnique.

Pendant qu'on rognait de 10 0/0 le budget du culte catholique, qui est une dette sacrée de l'Etat au même titre que la rente, on a triplé le budget de l'irréligion d'Etat, cet enseignement que

l'illustre Pasteur qualifia justement de monstruosité et, dès aujourd'hui, il faut ajouter à ce monstrueux budget les surcroîts écrasants de dépenses des prisons, des bagnes, puisqu'il est démontré aujourd'hui que cet enseignement a pour effets avérés, une multiplication effroyable des crimes, des vices, des attentats contre les mœurs, contre les propriétés, constatés par tous les genres de témoignages officiels.

Donc voilà des économies à faire et qu'on ne fera pas. M. Méline et ses collègues ne feront aucune tentative dans cette voie et pour cause.

Alors quoi! point d'économies, dès lors point de dégrèvement, c'est fatal. Bien plus, le budget actuel est en déficit de plus de 80 millions. A tout prix, c'est à des surcroîts d'impôts qu'il faudra demander les ressources nécessaires aux services publics, tel est l'état déplorable où les a acculés le parti dont M. Méline et ses collègues sont les organes!

Les agriculteurs qui réclament des dégrèvements sans réclamer les réformes, qui seules peuvent les rendre possibles, sont vraiment dans un état d'âme qui nous fait grande peine pour eux et pour notre pauvre pays.

Dans quelques semaines, du reste, ils pourront voir à quel point nous avons raison.

◆

CHRONIQUE GÉNÉRALE

La vente des vins.

Notre principal objectif consiste à faciliter la vente des produits agricoles, c'est-à-dire à faire tout ce qui dépend de nous pour les maintenir à des cours rémunérateurs, pour démasquer les procédés employés par le gouvernement pour écraser les agriculteurs d'impôts, et enfin, pour exhorter les intéressés à se passer des intermédiaires de toute nature qui vivent à leurs dépens. Qu'on lise attentivement notre *Revue* depuis sa création, et on conviendra que nous sommes restés fidèles à ce programme.

Depuis longtemps, les viticulteurs nous conjurent de les défendre en dénonçant les procédés employés par le commerce malhonnête qui cherche à jeter le discrédit sur nos vins.

Voulant mener cette campagne aussi complètement que possible, nous avons dû chercher les documents, et ce n'est pas sans peine que nous sommes parvenus à en trouver d'absolument certains. Nous allons donc commencer la défense de ce produit si important, et nous comptons sur le concours des intéressés pour nous aider, non pas seulement à mettre la fraude en lumière, mais encore pour exhorter les consommateurs à ne donner leur confiance qu'à bon escient après avoir pris tous renseignements.

Hélas! la loi est lettre morte aujour-

d'hui, les fraudeurs sont soutenus par le gouvernement dont les représentants sont presque toujours élus par fraude. Aussi les honnêtes gens ne doivent-ils compter que sur eux-mêmes.

Les syndicats n'offrent pas même toujours de garanties suffisantes aux acheteurs ou aux vendeurs, pas plus que les sociétés coopératives d'ailleurs. Dans ces associations diverses, on n'est pas assez sévère pour l'admission des membres ou des clients. Trop souvent on ne considère que le chiffre d'affaires procurées par les uns ou les autres. Des négociants ne possédant pas un hectare de vigne se font inscrire dans les syndicats éloignés de leurs régions, surtout dans ceux de Paris, et ils offrent un produit provenant soi-disant de leurs domaines, qui n'a du vin que le nom. C'est par les fraudes opérées sous le couvert des syndicats et des sociétés coopératives, que nous terminerons cette étude, dout la conclusion sera que les consommateurs ne doivent compter que sur eux-mêmes pour se procurer du vin naturel de provenance certaine.

Les échantillons

Voici un truc très employé et qui est sans risques pour le négociant malhonnête. Il envoie deux échantillons qui sont soi-disant du même vin. En cas de commande, le client doit en conserver un pour s'assurer de l'identité. Cela paraît parfait; mais les deux fioles contiennent deux liquides différents, un bon et un détestable. Si le client déguste le mauvais, il jette les deux; si, au contraire, il tombe sur le meilleur, il fait sa commande, et attend sans inquiétude. Le vin arrive, il est détestable; réclamations du consommateur, on lui répond de comparer le vin à l'échantillon qu'il a dû conserver. Le malheureux constate en effet, que la pièce contient le même liquide que la fiole, et le plus souvent, au lieu de croire à la fraude, il s'imagine que c'est lui qui s'est trompé en faisant sa commande!

Le soldat.

Les départements non viticoles sont parcourus par des gens vêtus en blouse, soi-disant des petits propriétaires de vignobles qui vont faire leurs offres de service, voici comment :

A peine arrivés dans une ville de garnison, le brave homme en blouse cherche un soldat, auquel il offre la goutte et une gratification, à la seule condition de l'accompagner et de se laisser appeler *son fils*. Puis, le paysan bordelais ou bourguignon s'en va, flanqué de son pioupiou, chez les gens, leur propose ses trois pièces de vin, toute sa récolte, pour pouvoir payer son voyage et laisser une petite somme à son enfant. Son vin est tout ce qu'il y a de plus naturel, il le cédera au prix que lui en offrent ces exploiteurs de courtiers. Quelle est l'âme compatissante qui ne prendra au moins l'une de ces barriques? Le paysan place ainsi de nombreuses pièces, et sa journée faite, il change de garnison en continuant à exploiter un truc qui lui réussit à meveille.

Les lettres.

C'est par les lettres que s'effectue le plus facilement la fraude. On ne peut se faire une idée de l'imagination de tous ces négociants facétieux qui, toujours, bien entendu, recherchent l'amitié des gogos qu'ils veulent plumer.

On va même jusqu'à vous envoyer par erreur, une lettre contenant des offres merveilleuses faites à un négociant, quelquefois on les accompagne d'un chèque. Vous retournez le tout; on vous écrit pour vous remercier et vous offrir comme gage de reconnaissance une affaire exceptionnelle.

D'autrefois, des agents spéculent sur la mort. Quand ils apprennent un décès, ils écrivent à leur maison, qui, aussitôt envoie aux héritiers facture de la pièce commandée par le mort. Le plus souvent, les héritiers prennent livraison du vin et le paient.

Ou bien encore, on vous avise qu'un négociant a en souffrance dans une gare voisine, des pièces dont l'acquéreur n'a pas pris livraison, et que, pour éviter des frais de retour, on les offre à vil prix.

Tantôt, c'est un viticulteur qui veut fonder un syndicat dans sa commune et qui, pour réussir, doit prouver qu'il a de la clientèle, etc., etc.

Mais ce sont surtout les sentiments charitables qu'on exploite; c'est dire que les congréganistes, les prêtres, les gens d'œuvre sont très visés. Que de lettres éloquentes ne reçoivent-ils pas? c'est un ancien élève, le directeur d'un orphelinat, le président d'une société pieuse, etc., qui se recommandent à leurs sympathies et le plus souvent le quémandeur, est un juif, un franc-maçon qui vend des vins fraudés.

Faut-il parler du coup du château? Tout le monde le connait et s'y laisse prendre. Nous n'en finirions pas, en reproduisant toutes les circulaires ou lettres confidentielles que nous recevons.

Sans doute, il y en a qui émanent de véritables viticulteurs, de négociants honnêtes, mais comment le savoir? Il n'y a qu'un moyen, un seul, c'est de prendre des renseignements avant de faire une commande. Nous connaissons même des gens honnêtes, recommandables qui, par lettre ont accepté la représentation de maisons qu'ils croient sérieuses et qui ne le sont pas. La moralité du représentant n'est donc pas suffisante, il peut être trompé.

Aussi, approuvons-nous la décision prise par la municipalité de Margaux (Gironde).

« Des commerçants en vins se présentent chez les consommateurs comme propriétaires de Margaux vendant leurs propres produits. Ils envoient des circulaires, ils affirment cette qualité, alors qu'ils ne possèdent pas un pied de vigne dans cette commune et que, le plus souvent, ils n'y ont point d'habitation.

« Le Conseil municipal de Margaux, vient de décider que, par les soins du maire et de l'un des conseillers municipaux, et à l'aide de la matrice cadastrale, il serait répondu à toute question, d'où qu'elle vienne, relative à la qualité de propriétaire de vignes, prise dans les circulaires adressées au public. Il suffira de joindre à la demande de renseignements ou simplement à la circulaire suspecte, le timbre-poste nécessaire à la réponse.

« Vous jugerez peut-être opportun dans l'intérêt de vos lecteurs, de porter cette nouvelle à leur connaissance. »

Nous pourrions citer un syndicat agricole de Paris qui offre aussi bien des produits des viticulteurs que ceux des négociants plus ou moins sérieux et qui se fait ainsi le complice du commerce malhonnête. Et les sociétés coopératives de consommation, dont la plupart s'adressent aux intermédiaires qui savent employer les moyens de convaincre le personnel chargé de présider aux adjudications.

Croit-on que les services publics s'adressent aux producteurs? Ce serait mal connaître notre administration qui semble avoir pour mission de favoriser le commerce interlope. Si le pot de vin est entré aussi profondément dans nos mœurs, n'est-ce pas parce qu'il est une institution d'Etat?

Les agriculteurs se plaignent d'un tel état de choses, et ils ont raison, mais la main sur la conscience, ne sont-ils pas quelque peu coupables? S'efforcent-ils de se fournir eux-mêmes de se fournir auprès des producteurs? Les cultivateurs du nord n'achètent pas leurs vins à leurs confrères des régions viticoles, ils s'adressent à des courtiers; les producteurs se plaignent d'être exploités par les intermédiaires, et ils sont les premiers à mettre ceux-ci à contribution.

Soyons donc logiques, et traitons les autres comme nous voulons qu'ils nous traitent.

Comme conclusion, nous engagerons donc les agriculteurs à se fournir de vins auprès des producteurs réels dont ils auront vérifié les titres avec soin. Agir ainsi, est prendre la défense de tous aussi bien des producteurs que du commerce honnête et que des consommateurs. Qu'on ne se laisse donc pas séduire par les prospectus alléchants, par les lettres touchantes. Il faut que les Français se liguent pour conserver à notre vin toute sa réputation, pour détruire un commerce dont les exactions, si elles se poursuivaient, feraient préférer les vins étrangers aux nôtres.

S. CRÉPEAUX.

Les abus des marchés à terme sur les blés et les farines.

La bourse du commerce de Paris a été récemment le théâtre d'une manœuvre scandaleuse qui vient à propos ajouter une instructive démonstration aux plaintes de l'agriculture contre les abus révoltants des marchés à terme portant sur des stocks fictifs de blés et de farine.

Cette manœuvre organisée par une coalition de trois spéculateurs dont deux Juifs (toujours les juifs?) a réussi à faire hausser de 3 francs le cours des farines douze marques pendant le temps nécessaire pour les revendre avant la baisse rendue inévitable par l'état réel du marché. Les ventes fictives portaient sur 50 et 70.000 sacs de farine alors que le stock réel n'excédait pas 34.000 sacs.

La débâcle a fait subir aux acheteurs à primes une perte de 300,000 francs emportée par les trois meneurs... puis les cours ont repris leur taux ordinaire de 42,40 en attendant la manœuvre nouvelle, qui, naturellement vise une baisse aussi artificielle que la hausse du mois précédent et qui pèsera sur le cours des blés.

Les petits commerçants, les petits meuniers qui fréquentent la bourse du commerce de Paris, et qui ont été les uns victimes, les autres témoins de cette manœuvre judeo-allemande, joignent leurs vœux à ceux des agriculteurs pour que la loi mette fin aux scandaleux excès des marchés à terme.

Un honnête commissionnaire en grains disait :

La bourse du commerce appartient comme l'autre bourse à une bande de Juifs qui y font la loi et nous en chasseront avant longtemps.

Par la politique qui court, cette prévision a malheureusement des chances de se réaliser.

Le black-rot devant l'administration.

Le préfet de l'Aveyron vient de prendre un arrêté qui enjoint à tous les viticulteurs de couper et brûler toutes les grappes dont le fruit a été détruit par le black-rot.

Les viticulteurs aveyronnais se demandent pourquoi on leur impose une opération coûteuse dont l'inutilité est affirmée par les professeurs officiels de viticulture, et par M. Viala, professeur à l'Institut agronomique. Le même professeur déclare inutiles le ramassage et la destruction des feuilles et des branches contaminées par le black-rot.

L'arrêté du préfet de l'Aveyron est en son genre un acte de ce zèle dont Talleyrand disait : Surtout pas de ce zèle. L'agriculture en a par dessus la tête des actes de zèle de ce genre.

Décret sur les sels dénaturés

Un décret vient d'être rendu en vue d'atténuer les formalités tracassières qui empêchaient la diffusion si utile du sel employé dans l'alimentation des animaux.

L'atténuation est encore insuffisante. Le décret porte que les dénaturations ne pourront être opérées que dans les salines, fabriques de sel, entrepôts, fabriques de produits chimiques en présence et sous la surveillance des agents de la régie. Les sels seront soumis au régime de l'entrepôt.

C'est toujours le même système : retirer de la main gauche ce qu'est censée donner la main droite.

Les sous étrangers en France.

Nous avons signalé les abus de l'invasion des sous étrangers en France, par les frontières de Suisse, d'Espagne et d'Italie, et les mesures prises par le gouvernement pour y mettre un terme. Le gouvernement a consenti, pour nous en débarrasser, à les faire accepter par les recettes publiques. Mais des aigrefins — juifs, dit-on — ont aussitôt profité de la mesure pour introduire en France d'énormes colis de gros et petits sous, qu'ils échangent avec bénéfice, aux caisses publiques, au détriment du Trésor.

Un colis frauduleux de ce genre expédié d'Italie a été saisi cette semaine à la gare de Mâcon. La police surveille activement les colis dans les gares voisines des frontières. Mais, avant tout, nous engageons vivement nos lecteurs à se tenir en garde contre ceux qui leur offrent ce genre de monnaies, très faciles à distinguer des nôtres.

Bestiaux étrangers contaminés.

Nous avons signalé la semaine dernière les justes réclamations adressées à M. Méline par M. Jonnart au nom des agriculteurs du Nord et du Pas-de-Calais, contre l'introduction impunie des bestiaux étrangers affectés de maladies contagieuses, par les frontières de Belgique.

M. Méline a répondu en promettant de recourir immédiatement aux moyens de mettre fin à ces dangereuses importations.

Aujourd'hui, on signale des introductions analogues et également impunies de bestiaux italiens par nos frontières alpestres, depuis la Savoie jusqu'à Nice, et les réclamations des agriculteurs de cette région sont aussi pressantes que celles des agriculteurs du Nord.

Il est donc évident que le service d'inspection des bestiaux importés en France à la frontière, laisse singulièrement à désirer. A qui la faute? est-ce au gouvernement est-ce aux vétérinaires chargés de ce service si important?

M. Méline, nous l'espérons, a dû déjà s'éclairer sur ces faits, il prendra les mesures nécessaires pour protéger nos bestiaux contre les ruines que produirait la propagation des maladies contagieuses des bestiaux.

Baisse du prix des porcs. — On se plaint partout dans nos campagnes de la baisse croissante du prix de la viande de porc. Il en résulte que l'élevage du porc qui était la dernière source de bénéfices de nos populations rurales, cesse de leur procurer un bénéfice, et même menace de devenir onéreuse. Ce serait le comble de la crise agricole. Dans cette situation une mesure de préservation s'impose à nos gouvernants : relever le tarif des douanes sur les porcs étrangers. Tous les jours on constate l'insuffisance de nos tarifs, et les ruines qui en sont la conséquence.

La crise sucrière.

Samedi dernier les principaux représentants de la sucrerie des cinq départements du Nord (Nord, Pas-de-Calais, Somme, Aisne, Ardennes), ont tenu à Arras une importante réunion pour aviser à la défense de la production sucrière, menacée de ruine par les causes que nous savons.

Il a été décidé que des délégués de cette grande industrie seront envoyés à M. Méline, le 14 octobre, pour réclamer les mesures fiscales indispensables pour conjurer sa ruine, notamment pour obtenir des primes de sortie égales à celles qui favorisent les sucres allemands.

Le congrès agricole international de Buda-Pest. *(Suite.)*

M. Sagnier, qui arrive de ce congrès, constate dans le *Journal de l'Agriculture* que la question sur laquelle les représentants de l'agriculture des divers États ont montré un accord unanime, est celle du bimétallisme. Tous se sont accordés pour voir dans le monométallisme, le principal facteur de la baisse des blés en Europe, et il n'y a eu de contradicteurs que parmi les professeurs de science économique, qui vivent dans le domaine des idées théoriques.

Si le congrès de Buda-Pest a pour effet de hâter la fin du monométallisme, il aura un titre sérieux à la gratitude de l'agriculture française.

Sur la question douanière, les congressistes n'ont pas été d'un accord aussi prononcé que sur la question monétaire. Mais cette divergence n'a pas d'importance. Chaque pays est seul juge de ce que réclame son intérêt en ces matières.

Sur la question de surproduction des blés, le congrès conteste le fait de la surproduction en Europe. L'excédent des céréales sur les marchés européens, vient uniquement des exportations de l'Inde, d'Amérique et d'Australie. Pas besoin n'était d'aller à Buda-Pest, pour constater cette situation.

Une lacune regrettable dans ces travaux du congrès, c'est de n'avoir rien dit de l'abus des marchés fictifs et des marchés à terme. Sans doute, les congressistes savaient que le mal est trop visible pour être mis en doute.

Le congrès s'est séparé en émettant le vœu qu'un congrès international eût lieu en France prochainement.

Concours d'arracheurs de betteraves.

Le concours d'arracheurs de betteraves organisé par la Société d'Agriculture de Laon, à Besny, près Laon, sur les terrains de M. Magnier, de Loisy, a remis les prix suivants :

1er *Prix*, 500 *francs de prime espèces*, à M. Bajac de Liancourt (Oise) pour ses arracheurs à 1, 2 et 3 rangs, de fonctionnement, solidité et construction irréprochables.

Supplémentairement et avec mention spéciale, le Jury a accordé à M. Bajac une médaille de vermeil grand module de la Société des Agriculteurs de France, pour un nouvel arracheur 3 lignes à socs articulés.

2e *Prix*, 300 *francs espèces*, pour leurs arracheurs, à MM. Candelier et fils, de Bucquoy (Pas-de-Calais).

3e et 4e *Prix* ex-æquo, 150 *francs espèces* à MM. Amiot et Bariat de Bresles et Brébant de Villers-Cotterets.

Mention honorable à l'arracheur Frennet-Wauthier.

ARRACHAGES SUR BILLONS DOUBLES

1er *Prix*, 200 *francs espèces*, à M. Bajac de Liancourt (Oise), pour son appareil reconnu parfait sous tous les rapports.

2e *Prix* 100 *francs espèces*, à MM. Amiot et Bariat de Bresles.

3e *Prix*, MM. Candelier et fils et Bucquoy.

A l'occasion du concours d'arracheurs de betteraves avait lieu également un concours d'arracheurs de pommes de terre. La machine à transformations de M. Bajac a été classée au 1er rang.

Concours

Comice de Sancerre, Sancergues et Léré (Cher). — Cet important comice, fondé par feu le marquis de Vogüé et présidé par M. le marquis actuel de Vogüé, a tenu un beau concours à Léré. M. de Vogüé y a prononcé une allocution qui a été écoutée avec un intérêt exceptionnel dû à l'autorité qui s'attache au titre de président de la Société des agriculteurs de France. Cette fonction, en effet, fait de M. de Vogüé un ministre de l'agriculture libre et indépendant, fonction éminemment utile, plus nécessaire que jamais, sous le régime de centralisation qui tend à subordonner à l'omnipotence dévorante de l'État, la plupart des forces sociales et productives du pays.

M. de Vogüé a déclaré dans son allocution que l'étude assidue du travail agricole sur place, dans nos humbles campagnes, a été le principal élément de la science agronomique et de la science de l'intérêt agricole en général, et que cette science lui a appris que les progrès et les réformes réclamés en faveur de l'agriculture ne doivent pas être improvisés, mais être réalisés avec prudence et progressivement. Il a pris bonne note des résolutions affirmées par M. Méline en faveur de l'agriculture et aussi en faveur d'une politique *d'apaisement*, mettant fin aux petites tracasseries et aux petites persécutions, *soit !* (hum !).

Nous saluons, a-t-il dit, ses efforts pour dégrever l'agriculture sans porter atteinte aux droits de l'État, ni à la fortune publique, estimant, pour notre part, que tout dégrèvement efficace a pour base non le *déplacement* des taxes jugées trop lourdes, mais leur *suppression*, par la réduction des dépenses.

Voilà un digne programme d'un ministre de l'agriculture libre. Malheureusement le ministre de l'agriculture officielle n'est point en mesure de le réaliser. Nous ne doutons pas de ses bonnes intentions, mais elles ne sont que le pavage de l'enfer opportuno-radical, dont il est le prisonnier. Dieu sait à quel point nous serions heureux de nous tromper et d'assister au succès du rêve de M. le marquis de Vogüé.

L'éminent marquis a terminé en félicitant les viticulteurs de son canton d'avoir réussi à reconstituer leurs vignobles. Chacun d'eux a sans doute ajouté *in petto* que les exemples et les encouragements de la famille de Vogüé y étaient pour une large part.

L. H.

Exposition des volailles de table, à Londres. — Cette exposition aura lieu au Royal Agriculture Hall, les 8, 9 et 10 décembre. Il y aura des prix pour les poulets étrangers. Nous espérons que les éleveurs et engraisseurs français seront bien représentés à cette exposition.

Concours de la race bovine de Lourdes. — La race d'élite de Lourdes est, comme on le sait, la meilleure laitière des races pyrénéennes. Le concours de cette race aura lieu à Lourdes, le 8 novembre prochain, à Argelès. On y inscrira au Herd-book de cette race, les animaux qui en posséderont le mieux les traits caractéristiques.

<hr>

Une fête syndicale agricole.

Il s'agit d'un modeste et excellent syndicat, celui d'Aiseray (Côte-d'Or).

A l'exemple des Comices, quelques syndicats agricoles ont l'idée de se réunir dans une fête annuelle. Cela est bon et juste. La fête annuelle a toujours un effet moral excellent pour les syndicats comme pour les Comices. L'exemple donné par le Syndicat d'Aiseray a pleinement justifié cette pensée. Le succès de cette fête de famille, organisée par les soins du sympathique fondateur pré-

sident, M. le Comte Lapcas a été complet. Fête de famille, disons-nous, dans ce sens vrai et pratique du mot. La fête a débuté par une messe solennelle où la fanfare a fait entendre des morceaux de belle musique religieuse. Au banquet qui a suivi, M. le comte Lapcas a adressé à ses coassociés une éloquente allocution. M. Delimoges, le sympathique directeur de la *Bourgogne agricole*, a rappelé avec son éloquence habituelle que l'agriculture ne peut sortir de l'impasse périlleuse où elle est enlisée que par les efforts et le dévouement des associations agricoles indépendantes où les syndicats agricoles ont à jouer un rôle de plus en plus considérable. On a justement acclamé son toast à l'avenir et à l'union des Syndicats agricoles, dont celui d'Aiseray offre un modèle excellent.

La fête s'est terminée par un bal vraiment agricole où les syndiqués avaient amené leurs femmes et leurs filles. — Honneur au syndicat fraternel agricole d'Aiseray.

Au concours du Comice d'Arnay-le-Duc, M. Ernest Carnot, député, a adressé aux cultivateurs ce pitoyable cliché, d'après lequel ils ne doivent compter que sur les progrès de leur culture, c'est-à-dire sur des surcroîts de rendements pour améliorer leur situation.

Ce n'est vraiment pas la peine pour un cultivateur sérieux de venir à un concours pour entendre un soi-disant législateur lui débiter encore des sornettes de ce calibre.

<hr>

Production et consommation.

Au concours du comice de Rambervillers (Vosges), M. Boucher, ministre du commerce, a prononcé une allocution où il a exposé à sa manière les causes de la crise économique actuelle et spécialement de la crise agricole.

La cause des bas prix et de la mévente des produits agricoles, selon M. Boucher, est due à ce que les consommateurs ne sont pas assez nombreux. Augmentez les besoins, dit-il, et vous augmenterez d'autant les débouchés de vos produits.

C'est bientôt dit ; mais quel est le moyen d'accroître les nombres et les demandes des consommateurs ? Voilà ce qu'il fallait dire, et ce que M. Boucher n'a pas dit — et pour cause.

Eh bien, le moyen unique, répétons-le toujours, c'est celui que nous réclamons depuis le premier jour. Relever le marché des produits agricoles en les protégeant contre la concurrence étrangère ; le jour où nos vingt millions de cultivateurs tireront le légitime et nécessaire profit de leurs travaux, ils seront de plus en plus acheteurs et consommateurs de produits industriels. Rétablissez l'équilibre entre les deux branches de la production nationale, et les échanges entre leurs produits encourageront indéfiniment leur production

réciproque. Voilà la seule solution du problème au moment où M. Boucher et son parti ne l'adoptent pas, ils ont raison de renoncer à en indiquer une autre. Nous les défions bien d'en trouver une qui puisse soutenir la discussion !

<hr>

ALMANACH DE LA FRANCE RURALE

Notre almanach de la *France rurale* paraît pour la 21e fois. Comme d'habitude, il contient le résumé de tous les faits intéressants de l'année, soit au point de vue purement agricole, soit dans l'ordre politique. Signalons un important article avec gravures explicatives sur la confection des moyettes de fourrages, le résumé des remèdes à employer pour combattre les maladies de la vigne, les lois et décrets concernant l'agriculture, les lauréats des concours, une étude sur la crise du blé en France, qui met en lumière les causes véritables de l'avilissement des cours de cette céréale. Citons enfin le titre de quelques chapitres : Oïdium, le rôle du porc dans la ferme, semailles de blé, droit rural, destruction de la sanve, l'agriculture de la Beauce, ensilage des pommes de terre, culture en terre pauvre, en acide phosphorique, espèce bovine en Dauphiné, alimentation par les pommes de terre, recettes diverses, etc., etc.

Cet almanach, qui contient plus de deux cents pages de texte, constitue une excellente brochure de propagande agricole. Nous prions nos amis de l'examiner avec soin et, s'ils la jugent telle que nous le pensons, ils voudront bien la répandre autour d'eux.

Comme toujours, en mettant cet opuscule en vente, notre désir est de servir une fois de plus la cause de l'agriculture nationale.

L'almanach est en vente, 10 *bis*, rue Piccini, Paris, au prix de 0 fr. 50 l'exemplaire *franco*. Réductions par quantités.

<hr>

CHRONIQUE AGRICOLE

Situation. — La saison.

La dernière semaine a été aussi calamiteuse que la précédente pour toutes les régions voisines des deux mers qui baignent la France. Depuis Dunkerque jusqu'à Bayonne, depuis Port-Vendres jusqu'à Nice, des ouragans d'une violence inouïe ont causé de terribles sinistres en mer, sur les côtes, et ont ravagé les campagnes voisines jusqu'à plusieurs lieues dans les terres. Partout des arbres brisés et déracinés, des toitures jetées à terre, des meules de blé dispersées et de nombreuses victimes humaines et animales. Les tourmentes de l'Ouest ont pénétré jusque dans la région du Centre. Dans le Midi des pluies torrentielles ont rendu très difficile la récolte des maïs comme celle des sarrasins dans l'Ouest. Depuis hier lundi, grâce à Dieu, le temps est devenu plus calme, sans toutefois être revenu au beau fixe, vivement désiré par toutes les campagnes, tant pour les récoltes automnales que pour les travaux préparatoires aux ensemencements de céréales, l'opération principale de la saison. — Le temps actuel suffit déjà pour les reprendre, mais une quinzaine de belles journées automnales serait une précieuse aubaine pour tous les biens de la terre, et spécialement pour les vignes des régions Est et Nord dont le raisin n'a pas encore atteint le degré de maturité désirable.

Les vendanges. — Elles sont terminées dans le Midi, et malgré les récents ravages du black-rot, on est satisfait de la quantité comme de la qualité. On espère aussi un placement moins difficile que les années précédentes.

Les vendanges sont en pleine activité dans le Bordelais et dans la région du Rhône, jusque dans le Beaujolais, on les commence dans le Mâconnais; la Côted'Or voudrait un peu plus de maturité, surtout pour ses vins de haute qualité, puisse le soleil de la semaine prochaine lui octroyer ce bienfaisant appoint. La Champagne est dans le même cas ainsi que les régions viticoles du Centre.

On estime aujourd'hui que les vins de 1896 donneront une récolte supérieure à celle de l'an dernier. Quelques-uns parlent de 40 millions d'hectolitres. C'est peut-être un chiffre exagéré, à moins qu'on y comprenne les seconds vins et les vins de sucre, quant à la qualité, elle sera certainement passable et même peut-être très bonne si le soleil achève de mûrir les raisins de ceux qui retardent leur cueillette dans cette espérance.

Les vignerons qui pratiquent ce retard s'en trouveront bien dans la plupart des cas. Mais ils ont à craindre la pourriture. Or, ils doivent savoir que les raisins pourris doivent être éliminés absolument de la cuvée, ils introduisent dans le moût des ferments morbides même destructifs pour le vin.

Quant à l'emploi des levures sélectionnées comme moyen d'améliorer la qualité des vins, nous ne pouvons mieux faire que de recommander aux récoltants l'instruction rédigée à leur intention par M. Jacquemin, à la Claire par Morteau (Doubs), que nous avons reproduite dans notre dernier numéro.

Les cidres. — Les nouvelles que nous avons données sur la récolte des cidres, sont malheureusement confirmées. Ajoutons que les tempêtes de la semaine dernière ont aggravé la situation en jetant à terre des pommes qui avaient besoin de rester sur l'arbre pour atteindre la maturité normale. Dans les achats de pommes à cidre il sera nécessaire de distinguer ces pommes de celles qui seront cueillies à maturité.

Dans la fabrication des cidres, nous croyons que les récoltants feront bien de mettre à profit l'instruction que M. Jacquemin a ajoutée à leur intention à celle qui concerne les vins.

Les blés sélectionnés. — Le commerce des blés d'élite, dits sélectionnés, offerts à la culture, prend depuis les dernières années des proportions croissantes, que justifient les rendements obtenus à peu près partout. Les exceptions ne sont dues évidemment qu'à des cultures et à des engrais insuffisants. On ne doit pas oublier, en effet, que plus les blés sont féconds, plus ils sont gourmands et par là plus exigeants dans les terres médiocres que les blés habitués à une maigre alimentation. Les plantes sélectionnées obéissent de ce chef à la même loi que les races de bétail.

Dans le choix des variétés d'élite, il importe aussi de tenir compte du degré d'acclimatation. Les blés anglais surtout ont besoin d'une épreuve de plusieurs années (8 ou 10 en général) pour être cultivés avec confiance sur une grande échelle; en général, les variétés améliorées originaires du pays, doivent être cultivées de préférence, en choisissant les grains de semence sur le milieu des épis, chose facile du reste, il suffit de secouer les gerbes au-dessus d'un tonneau debout ouvert pour faire tomber les grains les plus lourds, qui sont les meilleurs pour la semence.

Salaison et fermentation des fourrages.

Le temps pluvieux qui règne depuis quinze jours dans nos campagnes y est alarmant pour les regains et les dernières coupes de luzerne dont la récolte s'opère à cette époque. Nous enseignons depuis longtemps qu'il existe des moyens pratiques de les soustraire aux avaries de la pourriture auxquelles les exposent les pluies persistantes de cette saison. Mais nous savons aussi que ces pratiques précieuses ne sont pas admises partout, que même elles sont ignorées dans plus de la moitié de nos campagnes, et que, faute de les connaître, une partie des regains récoltés par la pluie sont perdus pour la nourriture du bétail et jetés au fumier.

Rappelons donc de nouveau que par l'ensilage bien pratiqué, comme on l'a cent fois décrit, les regains détrempés par les pluies se conservent parfaitement au moyen de la fermentation alcoolique, mais à une condition toutefois, c'est de ne pas les laisser longtemps couchés à terre dans les prairies et de ne pas leur laisser le temps de subir un certain degré de décomposition. Au contraire, il faut les ensiler immédiatement alors que la sève sucrée qui doit se transformer en alcool est encore intacte. En accélérant l'opération qui consiste à les fouler également et à les défendre contre tout contact de l'air dans le silo qui les renferme, on est assuré d'en tirer un aliment excellent pour tous les bestiaux.

Le second moyen de conservation consiste à les arroser de sel, ou plutôt de saumure, procédé excellent et connu depuis des siècles en certains pays et encore trop ignoré dans beaucoup d'autres. Les impôts anciens et nouveaux qui ont toujours frappé le sel sont probablement la cause de cette fâcheuse défaillance traditionnelle dans notre élevage. En Suisse et en Allemagne, les aliments des bestiaux sont salés comme ceux des personnes, et c'est avec raison. Le sel en accroît la supériorité et la digestibilité.

Le salage des fourrages verts devrait se pratiquer en toute circonstance, aussi bien sur les fourrages récoltés secs, que sur ceux qu'on dispute à la pluie, mais par-dessus tout sur ces derniers. Les sels dénaturés offerts au rabais par l'Etat, devraient être employés ainsi sur une échelle décuple de ce que nous voyons.

Les foins ou regains avariés doivent recevoir une quantité de sel proportionnée à ce degré où ils sont avariés. Dans cet état il peut arriver que la proportion de sel dépasse celle de 10 *grammes par* 100 *kilos* qui est considérée comme normale dans l'alimentation du bétail. Dans ce cas, un mélange d'aliments non salés au foin salé remédie sans difficulté à cet inconvénient. D'ailleurs, une bonne pratique à recommander dans les tas de foins mouillés, c'est de les mélanger avec des pailles hachées. Celles-ci absorbent l'excès d'humidité et s'imprègnent de la sève du foin salé qui les rend plus rapides et plus nutritives.

Quant au meilleur mode de salage, il est évident que le sel en poudre convient sur les foins ou regains détrempés par la pluie. Le sel ne tarde pas à s'y fondre et à imprégner toute la masse fourragère. Le sel en saumure (80 0/0 d'eau) convient mieux aux fourrages secs ou demi-secs. On le répand sur des couches successives épaisses de 10 à 12 centimètres — quelques éleveurs salent le foin botté en semant de la saumure sur chaque botte mais le mode de ce salage ne vaut pas le mode signalé plus haut.

Les dosages recommandés dans les traités spéciaux sont pour 1,000 kilos : foin de marais, 15 kilos; foin de prairie de 10 à 12 suivant degré inverse de dessiccation; foins mouillés et détrempés jusqu'à 15, c'est le cas des regains atteints par les dernières pluies,

Pour obtenir les sels dénaturés, exempts d'impôt, il faut en adresser à la régie la demande visée et approuvée par le maire. On ne saurait trop propager l'emploi du sel dans les campagnes.

L. H.

Encore un mot sur la culture du blé.

En indiquant, la semaine dernière, les règles essentielles à observer dans la culture du blé pour obtenir de bons rendements, nous avons oublié un détail important que nous nous faisons un devoir de signaler, avec d'autant plus de raison qu'il est ignoré d'un grand nombre de bons cultivateurs.

Il s'agit de l'état de division du sol qui reçoit la semence. On estime que le sol doit être aussi finement ameubli qu'il se peut. Cela est vrai, mais de la superficie seulement, c'est-à-dire des 5 à 6 centimètres qui couvrent la semence; mais, par contre, la couche qui porte le grain semé doit être moins ameublie, même un peu compacte. Les radicelles s'y développent mieux que dans une terre ameublie au maximum, et c'est pour obtenir cette demi-compacité de cette couche qu'on a donné un coup de rouleau avant la semaille. Nous donnons cette indication d'après des autorités de premier ordre en matière agricole, notamment comme celle de Lecouteur et de M. Risler, directeur de l'Institut agronomique. On la trouvera dans son petit manuel édité par la Librairie Hachette. Nous croyons utile de la mentionner, parce qu'elle est encore ignorée par la majorité des cultivateurs.

Il est entendu qu'il s'agit de la couche portant la semence seulement. La couche qui la couvre doit être entretenue en bon état de division et surtout préservée des herbes parasites, en attendant l'époque de la reprise de la végétation et un supplément de nitrate en couverture, dont les bons effets sont attestés par des milliers d'expériences depuis quelques années.

Distances des semences. — Une question aussi importante dans la culture du blé c'est celle du semis plus ou moins épais: c'est une question très complexe. La densité du semis dépend de plusieurs causes différentes, à savoir :

1° *La régularité de l'enfouissement.* — Il est évident que par les semis en lignes les grains sont enfouis en terre à une profondeur égale, ce qui permet d'économiser la semence qu'on perd dans les semis à la volée. 100 kilos semés en lignes remplacent avantageusement 200 kilos semés à la volée et enfouis à la herse;

2° La fertilité du sol, soit naturelle, soit produite par les engrais qui y sont enfouis et leur état d'assimilabilité d'où dépend le battage des semences;

3° Enfin la fécondité naturelle des semences, ou encore la fécondité acquise par une série de cultures sélectionnées, qui ont élevé à des degrés si remarquables leur fécondité et leur faculté de se multiplier par des touffes allant de quatre à trente tiges couronnées de riches épis. Il est évident que la quantité à semer, doit être calculée d'après les données que nous venons de résumer. Il est clair que c'est par leur application et aussi par leur absence que s'explique l'écart énorme qui existe entre les récoltes de blé sur le sol fran-çais, entre les récoltes de 40 hectolitres dans le Nord et les chétives récoltes de 12 hectolitres dans certaines autres régions.

Certes nous sommes loin de prétendre que les cultures de ces régions puissent atteindre immédiatement les niveaux exceptionnels des blés du Nord; mais nous affirmons qu'en observant les règles indiquées ci-dessus, les récoltes qui sont aujourd'hui de 12 hectolitres à l'hectare atteindraient notamment des rendements de 20 hectolitres au minimum.

L. H.

La Population chevaline des Landes.

Tout d'abord quelle est l'origine du cheval landais?

Pour mon savant confrère, M. A. Sanson, la variété chevaline landaise est une population de poneys, c'est-à-dire de petits chevaux appartenant à la race asiatique improprement qualifiée d'arabe chez lesquels se manifeste parfois, par réversion, le type de la race africaine au front bombé, comme dans toutes celles qui sont venues en Occident par les régions méridionales de l'Europe.

La taille du cheval landais varie aujourd'hui de 1 m. 20 à 1 m. 40 et même 1 m. 45, la tête est petite et carrée, l'œil vif et intelligent. Sous leur ancienne forme, ils ont la tête un peu forte, le corps anguleux et les membres déviés et si beaucoup de sujets restent de petite taille, ils ont souvent aussi des formes correctes et harmonieuses et des membres solides.

C'est en pleine liberté, dans les pâturages, que s'effectue, en général, l'acte de la reproduction, abandonnée à des poulains de deux ans. C'est également en plein air que, bien souvent, les poulinières mettent bas.

L'été, lorsque le soleil est trop brûlant, les animaux se réfugient dans les forêts de pins qui avoisinent la prairie, sorte de marécage dans lequel ils sont quelquefois dans l'eau jusqu'à mi-ventre et où ils plongent entièrement la tête pour saisir et couper les plantes marécageuses qui servent à leur alimentation. Et si, dans ces conditions, ils retiennent toutes les qualités de rusticité inhérentes à la reproduction libre, à la vie sauvage, ils en ont aussi toutes les imperfections et tous les inconvénients.

Ainsi pratiqué, l'élevage du cheval landais n'est pas, on le voit, bien onéreux, et l'on peut dire que les poulains n'ont presque rien coûté jusqu'au moment où on les saisit pour les préparer à la vente. Sous l'influence d'un régime substantiel et relativement abondant, on en fait alors de bons petits serviteurs qui sont, à l'heure actuelle, très recherchés et se vendent un prix relativement élevé. Transportés au loin et soumis ensuite à un travail pénible, ils continuent à croître et à prendre du corps, tout en apportant au travail une ardeur incroyable.

Quoiqu'il soit généralement élevé loin de l'homme, le cheval landais résiste rarement à la domestication. Avec la douceur, on lui fait vite comprendre ce qu'on veut de lui; la brutalité, au contraire, le révolte et l'exaspère; il a, en un mot, plus d'intelligence que de sauvagerie.

Il est d'un caractère doux, mais facile à effrayer; il est agile, sobre, vif, courageux, capable de résister à la fatigue et aux intempéries.

Bien rarement, il est atteint des tares osseuses ou des tumeurs molles qui entourent si souvent les articulations des membres chez nos chevaux de service soumis à des allures rapides et prolongées. Ainsi que cela se produit chaque fois que la reproduction animale se fait à l'état sauvage, ce sont les plus robustes, les mieux doués qui participent à la conservation de l'espèce. L'âpre lutte pour l'existence fait glisser sur la pente fatale les malades et les dégénérés.

D'après M. Goux, à qui l'on doit une notice déjà ancienne sur cette race, on pourrait caractériser le cheval landais d'un seul trait, en lui appliquant ce vers d'un poète célèbre :
De nerfs et de tendons électrique faisceau; tant il y a en lui de nerf, de cœur, de souplesse; tant ce corps, presque chétif annonce une puissante organisation, héritage du sang méridional que lui ont légué les ancêtres arabes dont il descend.

« Les poneys surtout sont remarquables par leur sobriété et par la vigueur de leur tempérament, — dit M. Sanson. — La force motrice qu'ils se montrent capables de déployer est surprenante, même sous les plus petites tailles, aussi bien en attelages que sous le cavalier. Ce sont d'excellents petits chevaux qu'il ne faut pas chercher à grandir autrement que par les progrès de la culture du sol des Landes. »

Il est évident qu'avec une bonne alimentation, quelques soins donnés aux produits et un choix plus judicieux des reproducteurs, les qualités doivent se développer rapidement dans ces natures généreuses, inépuisables et remplies de feu.

La race landaise prend part aux travaux agricoles et les partage avec le mulet et le bœuf, disent MM. Moll et Gayot dans leurs études de zootechnie pratique. « Chaque métairie, suivant son importance, tient de deux à six poulinières qui vivent presque constamment dehors, dans la bruyère et les marécages. C'est à l'existence demi-sauvage de la race, à sa nature rustique qu'il faut rapporter son énergie et sa résistance. Ces deux qualités font contrepoids à la chétivité des animaux et leur donnent toute leur valeur. »

À côté du petit cheval décrit par ces auteurs, on trouve aujourd'hui, en assez grand nombre, des individus plus grands et plus forts, souvent élevés à la hauteur des exigences de la cavalerie légère. On les rencontre surtout dans les localités privilégiées, fertiles, où les ressources alimentaires sont plus abondantes.

L'arrondissement de Dax est, sous ce rapport, la région des Landes où l'agriculture progressive a déterminé les effets les plus appréciables. Dans le voisinage de cette ville, notamment dans les localités que j'ai visitées, la population équine paraît supérieure et peut fournir tout à la fois au commerce et à l'armée.

Il y aurait cependant encore beaucoup à faire pour l'amélioration de cette race. Malheureusement, dans les Landes comme ailleurs, l'incurie et la routine règnent en maîtresses. Là-bas, comme partout, on est trop habitué à se croiser les bras et à laisser faire.

C'est pourquoi, dans une grande partie du département, la race landaise, depuis longtemps adaptée aux influences locales, continue à se reproduire sans perdre ni gagner, dans la même forme exiguë et raccourcie, vouée dans sa chétive apparence à la pauvreté et à l'incurie. Trop souvent, ceux qu'on attelle sont prématurément soumis au travail ; on les surcharge, on les surmène, sans leur donner les moyens de réparer leurs forces ; on nuit à leur développement, alors qu'une meilleure alimentation déterminerait des effets d'amélioration physique inespérés et leur ferait acquérir une plus-value relativement considérable.

L'amélioration de cette race est intimement liée au progrès agricole.

Augmenter en quantité et en qualité les ressources fourragères de la contrée en mettant en pratique les nouvelles méthodes culturales, choisir les meilleures juments de la race, les alimenter plus abondamment, les marier à des étalons arabes, leur donner quelques soins pendant la gestation et l'allaitement, éviter un sevrage hâtif et joindre, chez les jeunes, une alimentation appropriée à l'exercice méthodique de l'appareil locomoteur, telles sont, je crois, les données qu'il est indispensable de mettre en pratique pour y arriver.

(A suivre.)   L. MESNARD.

Les marrons d'Inde et glands

Ce n'est pas d'hier que nous savons que les marrons d'Inde sont un aliment précieux ajouté aux aliments ordinaires des bestiaux. La pulpe du marron d'Inde en effet contient de la matière protéique et de la matière hydro-carbonée qui constituent un aliment nutritif plus un principe amer qui, comme tous les amers, comme le quinquina surtout, est un stimulant actif pour l'appétit et un facteur actif de digestibilité.

Nous apprenons donc sans surprise qu'à l'école de Grignon des essais comparatifs de nourriture entre des rations de betteraves seules et de betteraves additionnées de marrons d'Inde écrasés ont abouti à ce que les animaux nourris de cette seconde façon ont acquis 25 0/0 de plus que les autres.

Évidemment l'addition des marrons d'Inde aux aliments ordinaires donnera toujours de bons résultats dans la nourriture d'entretien et d'engraissement. L'expérience de Grignon ne fait que confirmer une expérience acquise depuis longtemps.

Le même essai appliqué aux vaches laitières a eu un résultat différent. Il se peut que le principe amer du marron d'Inde ne soit défavorable à la sécrétion du lait et même à son goût sucré. Nous posons la question en laissant à qui de droit le soin de la résoudre.

Le gland. — Le gland de chêne est comme le marron d'Inde un aliment très nutritif et en même temps très tonique ; comme le marron il contient un principe amer qui le rend précieux pour les animaux et spécialement pour les porcs et sur ce dernier point l'éducation de la plupart de nos cultivateurs est faite de temps immémorial en France. De tout temps, en effet, on a pratiqué cet engraissement dans les régions forestières en envoyant les porcs paître les glands au pied des chênes à la fin de l'automne, et on sait que la chair et le lard des porcs engraissés ainsi sont de qualité tout à fait supérieure.

La recette des glands pour nourrir les porcs est donc une pratique excellente, surtout lorsque les chênes en donnent beaucoup. Il est toujours plus avantageux de les récolter et de les donner dans des rations composées de diverses matières alimentaires, que de les utiliser en pâturage libre.

La faîne. — La faîne, fruit délicat du hêtre est aussi un aliment excellent pour les animaux, mais qui ne contient pas de principe amer. Toutefois la faîne doit être recueillie pour en tirer une huile qui est excellente ; le tourteau alors est un aliment de choix pour tous les animaux.

Le blé rouge hâtif d'Alsace.

Cette variété de blé est connue encore sous les noms de blé *rouge d'Altkirch*, blé *rouge des Vosges*, blé de la *Haute-Saône*, blé du *Sundgau*. Ces différentes dénominations indiquent bien son pays d'origine.

Ce blé, que je cultive et sélectionne depuis 1877, est à paille blanche et à épi rouge cuivré à la maturité. Le grain est plutôt moyen que gros, allongé, bien nourri et d'un bon poids à l'hectolitre. Il a beaucoup d'analogie avec les anciens blés de pays, ne ressemble en rien aux gros blés anglais, ni aux poulards et est recherché par la meunerie.

Il talle vigoureusement, comme tous les blés qui sont franchement d'hiver. A la levée et pendant l'hiver, il se distingue des autres variétés par la couleur vert rougeâtre de ses feuilles fortement étalées sur le sol.

Il est extrêmement rustique, c'est peut-être la variété la plus résistante aux gelées hivernales, je n'en connais pas qui lui soient supérieures sous ce rapport.

L'époque de sa maturité le place parmi les blés d'hiver hâtifs. Le blé bleu et le blé rouge de Bordeaux sont plus hâtifs que lui, mais ces deux variétés sont plutôt des blés de printemps que des blés de saison, surtout dans nos climats rudes du Nord-Est. Le blé de Lorraine, appelé rouge par les uns et blanc par les autres, parce que cette variété est de toute ancienneté formée par un mélange de blé à épis rouges et à épis blancs, donnant des grains absolument pareils, mûrit son grain trois ou quatre jours après le blé d'Alsace. Les variétés anglaises, le *Hullet*, par exemple, mûrissent le leur huit jours plus tard et sont tous sensibles aux gelées en hiver, à la sécheresse en été.

Le blé d'Alsace a la paille courte et peu disposée à la verse, supportant bien les engrais actifs qui poussent au rendement. Les cultivateurs lorrains l'apprécient beaucoup à ce point de vue, ils le réservent pour l'ensemencement de leurs meilleures terres, celles où le blé de pays verserait, mais par contre ils le trouvent inférieur à celui-ci dans les champs maigres et plus ou moins envahis par les plantes adventices ; dans les champs, le blé lorrain, dont la paille est très haute, donne une meilleure récolte en grains avec plus de paille. La présence de ces deux variétés sur la ferme permet d'avancer la moisson de 3 ou 4 jours, avantage qui n'est pas à dédaigner au point de vue de la main-d'œuvre et des risques que courent toujours me moissons sur pied.

Le rendement que j'en ai obtenu depuis un certain nombre d'années, n'a pas été inférieur, comme moyenne, à 25 quintaux de grain et 4.200 kilos de paille à l'hectare, le poids du grain représenterait donc 37 ou 38 0/0 du poids total de la récolte. Cette année-ci, nous avons peu de paille, seulement 3.600 kilos avec 2.500 kilos de grains ; le grain fait un peu plus de 40 0/0 du poids de la récolte totale.

Ces rendements, nous ne les obtenons que par l'emploi *sur des terres très nettes de mauvaises herbes*, de 1.000 kilog. de farine de scories phosphoreuses et de 200 kilog. de nitrate de soude et de 100 kilog. de chlorure ou de sulfate de potasse, le tout à l'hectare, soit une *dépense de 100 francs d'engrais* complémentaire à l'hectare. Notre dépense en nitrate de soude est peut-être double de ce qu'elle serait avec une autre rotation. Ici, au pied des Vosges, la rudesse du climat nous oblige à semer très tôt, du 20 au 30 septembre, avant l'arrachage des plantes sarclées ; nous faisons suivre celle-ci par de l'avoine et le blé vient seulement après l'avoine, laquelle profite de l'azote disponible.

PAUL GENAY.

Le pesage des animaux à la ferme.

Un fait indéniable, selon nous, c'est que le meilleur moyen d'apprécier avec exactitude l'influence d'un régime alimentaire sur les animaux, c'est-à-dire sur leur accroissement en poids, c'est de les soumettre à un pesage plus ou moins fréquent, suivant les circonstances.

En conséquence, une bonne bascule, installée à l'entrée de la ferme est un des engins les plus utiles pour l'agriculteur éleveur et engraisseur, outre que cet engin lui est non moins utile pour le pesage de beaucoup de matières, engrais, semences, animaux, etc.

Mais l'emploi de la bascule au pesage des animaux, soit dans la période d'entretien ou d'accroissement, soit dans celle d'engraissement, est certainement d'une utilité de premier ordre pour apprécier les effets d'un régime alimentaire quelconque.

M. Langevin, président du Comice de Noyers (Yonne) en a fait l'expérience très concluante, dont il a rendu compte en ces termes :

« La bascule à bestiaux est, pour moi, aussi nécessaire au cultivateur que l'est, au chimiste, la balance de laboratoire.

« Depuis 25 ans, j'ai fait dans mon exploitation, une quantité d'expériences des plus démonstratives en ce qui concerne l'alimentation des divers animaux ; je me suis servi au début d'une simple bascule à sacs, à l'aide de laquelle je me rendis un compte exact du rendement en viande de différents lots de moutons ; j'opérai ensuite avec une bascule à bestiaux portative qui fut mise rapidement hors de service par suite de sa trop légère construction ; enfin, depuis six ans, avec une bascule fixe que je construisis spécialement pour le service de mon exploitation et dont un spécimen figurait au dernier concours général agricole de Paris.

« L'emploi journalier de la bascule m'a rendu de tels services, que je crois utile de publier quelques notes qui démontreront aux agriculteurs la nécessité de contrôler de cette façon toute leur alimentation.

« Je retrouve dans mes notes une première expérience datant de l'hiver 1889-90, 100 moutons furent partagés en deux lots égaux de poids de 2.565 kilos et soumis pendant dix-neuf jours au régime suivant :

« Le 1er lot reçut : 25 kil. foin ; 25 kil. tourteaux de maïs (résidus de distillerie). 200 kilos betteraves mélangées à des balles de céréales.

« Le 2e lot : 25 kil. foin ; 55 kil. farine de criblures de moulin ; 200 kil. betteraves avec balles.

« Après dix-neuf jours de ce régime, le lot nourri aux tourteaux pesait 2.693 kilos, d'où une augmentation de 128 kilos ; le lot nourri aux criblures pesait 2.724 kilos et avait, par conséquent, augmenté de 159 kilos. J'avais donc, en faveur des criblures une différence de $159 - 128 = 31$ kil. de viande.

« Pour être certain que cet écart ne tenait pas à une facilité plus grande d'assimilation, je soumis les deux mêmes lots à une nouvelle épreuve pendant une seconde période de dix-neuf jours, en intervertissant les rations, c'est-à-dire que le 1er lot, nourri dans la première expérience aux tourteaux, reçut dans la deuxième des criblures, tandis que le 2e lot, nourri aux criblures dans le premier essai, recevait, dans la deuxième des tourteaux de maïs.

« J'obtins alors les résultats suivants : le 1er lot atteignait 2.798 kil., d'où une augmentation de $2.798 - 2.693 = 105$ k. Le 2e arriva au poids de 2.802 kil. : d'où une augmentation de $2.802 - 2.724$, soit 78 kil. J'avais donc encore, en faveur des graines de moulin, une augmentation de $105 - 78 = 27$ kil. Pendant les trente-huit jours d'expériences, j'avais obtenu avec les criblures $31 + 27 = 58$ kilos de viande en plus de ce que m'auraient donné les tourteaux de maïs ; à 80 francs les 100 kilos., en moyenne, je réalisais, sur ce lot de 100 moutons en trente-huit jours, un bénéfice supplémentaire de $58 \times 80 = 46$ fr. 40, auquel s'ajoute la différence de prix entre les criblures de moulin et les tourteaux de maïs. J'avais fait consommer 950 kil. de tourteaux à 13 fr. 80, soit 131 fr. 10, tandis que les 950 kil. de criblures ne me coûtaient que 76 fr. $131,10 - 76 = 55$ fr. 10 qui, ajoutés aux 46 fr. 40 dont je viens de parler, me donnaient un bénéfice total de 101 fr. 60. La bascule venait donc de me donner une indication des plus importantes. »

Les bascules de M. Paupier, souvent recommandées dans nos annonces, rendent partout où on les expérimente de la même façon que M. Langevin, des services très appréciables.

BIBLIOGRAPHIE

Nous recommandons à nos lecteurs la **Gazette Anecdotique**, une honnête et saine petite revue bi-mensuelle qui, fondée depuis 21 ans, vient de changer de direction et de recevoir une impulsion nouvelle.

Abonnement : 12 francs par an.

Administration 20, rue de la Victoire, Paris.

Sommaire du 30 septembre : La Quinzaine. — Nouvelle : l'Encrier. — Poésie : Vieuxruban. — Anecdotes. — Bizarreries et définitions. — A propos d'évasion. — Princes en voyage. — Impressions d'automne.

OFFRES ET DEMANDES

Tourteaux de coton décortiqué d'Amérique, en pains ou moulus de 12 fr. 75 à 13 fr. les 0/0 kilos sur wagon. Le Havre. — Livraison immédiate.

Blés spécialement sélectionnés pour semence, 2e *génération*. — *Rieti, Japhet, Dattel* : 26 fr. les 100 kilos ; 13 fr. 50 les 50 ; 7 fr. les 25 kilos.
Nouveautés : *Blé Shirreff-Berger, Champlan-Vilmorin*, 38 fr. les 100 kilos ; 10 fr. les 25 kilos 3fr. les 5 kilos.
Le tout sur wagon départ, sacs neufs facturés.

S'adresser F. B. Bureau du journal.

RED CAP. Œufs à couver de cette excellente race de poule, réputée la plus jolie et la plus forte pondeuse, garantis race pure frais et fécondés, 5fr. la douzaine franco de port et d'emballage. S'adresser à **Calixte Dany**, Althen-les-Paluds (Vaucluse).

Important : J'invite les personnes qui veulent bien me confier leurs ordres de toujours y joindre un mandat, les remboursements n'étant bénéficiables qu'aux Compagnies.
Toujours donner le nom de la gare à laquelle il faut adresser les envois.

Blés de semence triés et sélectionnés variétés *Bordier, Sheriff Dattel, Bordeaux*, 27 fr. les 100 kil., toiles à 0 fr. 75, wagon Bavay, 30 jours. Mme Vve A. DEROME, Bavay (Nord).

On demande pour l'Espagne un homme pour travailler en maître de cave, dans une brasserie de cidre, sachant faire le nécessaire pour les soins de la cave, soutirages, etc.
Entre temps, soigner les arbres, distiller, s'occuper de tous travaux lorsque le travail de cidrerie le rendra disponible. — Appointements se'on capacités.
Très bonne place chez de très braves gens. — Position d'avenir.
Adresser les demandes chez M. P. B. Noël, 9, rue d'Odessa, Paris.
M. Noël, emmènerait cette personne en Espagne le 1er novembre prochain.

Blé Bordier garanti pur, parfait de semence à 23 francs le quintal logé sur wagon Coulommiers. Echantillon sur demande. M. Callot, agriculteur à Aulnoy par Coulommiers (Seine-et-Marne).

POMMES DE TERRE. — Nous apprenons que M. E. Boutin, directeur du *Moniteur des Intérêts agricoles*, 11, rue Taitbout, est en pourparlers avec un certain nombre de Sociétés Coopératives de consommation de Paris et de la banlieue pour leur procurer directement par la culture les pommes de terre *saucisses rouges* et de *hollande* nécessaires à leur approvisionnement d'hiver : il s'agit de quantités très importantes.
Ceux de nos abonnés que ces fournitures intéressent peuvent s'adresser directement à M. Boutin.
Il lui est également fait des demandes pour des fournitures régulières de volailles de 1 kilo. 1 k. 500 par cageots de 12 à 15 pièces.

A VENDRE OU A LOUER propriété rurale à proximité de centres importants, bonne terres, constructions suffisantes.
Excellente affaire convenant surtout à jeune homme voulant prendre une exploitation. S'adresser aux bureaux du journal. Se hâter.

M. POUZIN offre de jolis racines de son plant de vigne à la seule condition pour les demandeurs de lui tenir compte d'une partie de la récolte d'une année. — Contre 0 fr. 25 il expédie son *Guide* pour la culture de cette variété.
Ecrire à M. Pouzin Emile, à Saint-Paul-les-Romans, Drôme

Huiles d'olive garanties pures et sans mélange venant directement de la propriété.
Au prix de 1,80, — 1,60, — 1,50 le kilog. suivant qualité.

Gare départ, paiement contre remboursement. S'adresser à M. Edouard Laurin, propriétaire à Saint-Chamas (Bouches-du-Rhône).

Si vous voulez boire du bon vin de Saint-Émilion, adressez-vous à M. Duplessis-Foursaud au château desTrois-Moulins, à SAINT-ÉMILION (Gironde).

(Voir le prix courant.)

Ferme de l'Institut Agricole de Beauvais A VENDRE :

1° Très bon bélier *charmois* en état de faire la lutte.

2° Œufs, poulettes et coqs des races : La Flèche, Dorkins, Leghorn, Campine et Padoue Doré, Langshan, Gournay, Coucou de Malines, Houdan, Cochinchinoise fauve, Brahmapoutra, canards de Rouen.

COURS DES BESTIAUX

Marché de la Villette du 21 septembre 1896.

ESPÈCES	PRIX DE LA VIANDE NETTE		
	1re qualité	2e qualité	3e qualité
Bœufs. ..	1.50	1.40	1.30
Vaches...	1.49	1.39	1.29
Taureaux.	1.20	1.10	1.00
Veaux....	1 72	1.62	1.32
Moutons..	1 98	1.80	1.70
Porcs....	1.08	1.02	0.92

ESPÈCES	AMENÉS	VENDUS	PRIX EXTRÊME	
			viande net	poids vif
Bœufs....	3.714	3.120	1.30 à 1 50	60 à » 92
Vaches...	1.031	989	1.29 1.49	59 » 90
Taureaux.	293	248	1 00 1.20	48 » 77
Veaux....	1.101	1 000	1.32 1.72	68 1.14
Moutons..	18 955	16.055	1.70 1.98	75 1.20
Porcs.. ..	3.807	3.788	0.92 1.05	74 » 81

Vente calme.

Marché de la Villette du 1er octobre 1896.

ESPÈCES	PRIX DE LA VIANDE NETTE AU KILOGR.			
	1re qualité	2e qualité	3e qualité	Prix extrême
Bœufs....	1.50	1.40	1.28	1.24 à 1.54
Vaches...	1.48	1.35	1 20	1 16 1 52
Taureaux	1 26	1.14	1.05	1 00 1.32
Veaux....	1.90	1.60	1.30	1.20 2.00
Moutons..	1.96	1.76	1.68	1 60 2.00
Porcs	1.10	1.00	»	1.94 1.16

ESPÈCES	AMENÉS	VENDUS	OBSERVATIONS
Bœufs ...	2.460	»	Vente plus difficile sur le gros bétail, les veaux et les moutons, très mauvaise sur les porcs. Baisse sur les bœufs 15 fr. par tête.
Vaches...	672	503	
Taureaux.	241	»	
Veaux....	1.519	295	
Moutons..	16.721	»	
Porcs.....	6.921	»	

Vente du bétail au marché de La Villette.

Adresser les animaux à MM. Henri Roblin et Surugue, en gare Paris-Bestiaux. Les aviser par lettre auparavant, 190, rue d'Allemagne, Paris.

Produits coloniaux.

Nos PRIMES.

Nous sommes heureux d'offrir à nos abonnés l'occasion de déguster et d'apprécier deux produits qu'on ne trouve pas dans le commerce si ce n'est à des prix inabordables : le *Rhum de Bourbon* et *l'eau-de-vie de canne à sucre.*

Grâce à un traité avec un de nos abonnés, propriétaire à l'île de la Réu-nion, nous pouvons procurer ces deux produits d'origine absolument garantie à des prix exceptionnels. Nous ne pouvons disposer que d'une quantité déterminée, il faut donc se hâter.

Inutile de dire que nous ne proposons ces liqueurs qu'après nous être assurés qu'elles étaient dignes de figurer avec honneur sur la table de nos lecteurs.

BLÉS DE SEMENCE

Prix de la maison Cayeux et Le Clerc, cultivateurs-grainiers, 8, quai de la Mégisserie, Paris.

Blé Bordier	30 fr. les 100 kil.	
— Bordeaux. . .	29	—
— Dattel. . . .	28	—
— de Saumur .	28	—
— bleu de Noël .	28	—
— Kissingland. .	29	—
— hybride et Shireff-Berger	40	—
— Goldendrop. .	28	—
— Silverdrop . .	30	—
— Japhet	30	—
— Seigle.	28	—
— Chinois pour rendement énorme. . . .	32	—

Tous ces blés de semences sont vendus en sacs de 100 kilos, logés en sacs neufs, livrés sur wagons départ. Paiement à 30 jours sans escompte.

CORRESPONDANCE

CHANGEMENT D'ADRESSE

Chaque demande de changement d'adresse doit être accompagnée d'une bande imprimée et de *CINQUANTE CENTIMES* en timbres-poste pour frais de réimpression.

Mme la Comtesse de V., à R. (Côte-d'Or). — Adressez-vous de notre part à la Maison Polman-Mooy, à Harlem (Hollande), qui vous fournira des collections supérieures d'oignons à fleurs, tulipes, jacinthes des plus variées à prix réduits.

M. L., à G., (Seine-Inférieure). — Pour trouver des alvins de tanches et d'anguilles pour peupler vos mares, adressez-vous de notre part à M. le comte de Marcilliac à Bessemont (Oise) par Villers-Cotterets (Aisne).

Au même.— Pour vous procurer des pommes de terre de commerce pour nourriture des bestiaux adressez-vous de notre part à M. Hervey au Vaudreuil, par Saint-Pierre-en-Vouvray, (Eure).

M. A. C., à D. (Aisne). — Il est toujours préférable d'enfouir le fumier par un labour aussitôt son épandage, on évite ainsi toute perte d'azote.

M. B., à S. (Seine-et-Marne). — Pour l'élevage du canard, il faut de l'eau, soit une mare ou un étang, ou la proximité d'une rivière. Cet élevage est assez lucratif. Le *canard de Rouen* constitue la race la plus précoce, la plus robuste, la plus volumineuse, la plus productive, sous le rapport des œufs et de la viande. Pour vous en procurer, adressez-vous de notre part à la maison Voitellier à Mantes, (Seine-et-Oise).

M. de M., à M. (Rhône). — Il est très facile de se débarrasser des fourmis ayant envahi les appartements, l'*Insecticide Desgouttes* est excellent, et vous donnera toute satisfaction ; la boîte de 2 kil. 500, prix 3 fr. 60 franco, avec notice explicative.

PRIMES A NOS ABONNÉS

Porte-pantalon hygiénique, *breveté S. G. D. G.* de P.-B. Noël. Prix de faveur pour nos lecteurs Pour hommes, jeunes gens et enfants de dix ans franco 4 fr. ; pour femmes et fillettes, 4 fr. 50

Toute commande doit être strictement accompagné d'un mandat-poste représentant la valeur de l'expédition.

Vieux rhum de Bourbon cinq ans en fûts de 100 a 120 litres à 75 francs l'hectolitre (51°) origine absolument garantie — près entrepôt Havre. — Adresser les demandes à M. Crépeaux, 10 bis, rue Piccini, Paris, et lui envoyer les fonds par mandat après réception de la facture.

Eau-de-vie de canne à sucre de l'île Bourbon origine absolument garantie :

La caisse réclame de 12 bouteilles. .	40 fr.
—	— de 24	— . .	75 fr.
—	— de 50	— . .	150 fr.

Ces prix s'entendent pris entrepôt Havre. — Adresser les demandes accompagnées de leur montant à M. Crépeaux, 10 bis, rue Piccini, Paris.

BONDE le cent, 25 fr., les cinquante 13 fr. les vingt-cinq 7 fr. Au-dessous de 25 bondes 0 fr. 30. Le tout franco de port.

Indiquer le diamètre de chaque bonde.

Purificateur d'air pour tonneaux, l'un 4 50 franco gare.

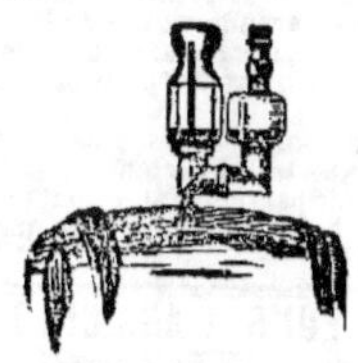

Moyennant un supplément de 0 fr. 40, nous joindrons à l'envoi une mèche à percer de calibre et moyennant 0 fr. 10 en plus, une mèche soufrée.

Délicieux Vin Muscat Vieux tonique et réconfortant venant directement de la propriété, garanti authentique, offert en prime à nos abonnés à raison de 1 fr. 25 le litre logé en fûts de 25 à 35 litres. Fûts perdus.

Adresser les commandes au Bureau du Journal, 10 bis, rue Piccini, Paris.

Ouvrages de l'abbé Ouvray.

CURÉ DE SAINT-OUEN

par Vendôme (Loir-et-Cher).

LAURÉAT DE LA SOCIÉTÉ DES AGRICULTEURS DE FRANCE, CONFÉRENCIER AGRICOLE A L'INSTITUT CATHOLIQUE DE PARIS.

1° *Manuel d'arboriculture*, 6e édition, 2 fr. 50 franco.

2° *Maladies et hygiènes des vins*, 0 fr. 55 franco.

3° *Alimentation des végétaux et emploi raisonné des engrais*, 1 fr. 50 franco.

4° *Manuel de vinification et de distillation. Les Levures. Le Vinaigre*, 1 fr. 35 franco.

5° *Les ferments de la terre* (Conférence à l'Institut catholique de Paris), 0 fr. 55 franco.

Les cinq ouvrages réunis, 5 fr. 50 franco.

Chez l'auteur à Saint-Ouen, par Vendôme (Loir-et-Cher).

Le Gérant : E. GAMBART.

IMP. NOIZETTE ET Cie, 8, RUE CAMPAGNE-1re, PARIS.

CHEMINS DE FER DE L'OUEST

PARIS A LONDRES,

par la gare Saint-Lazare, viâ Rouen Dieppe et Newhaven. — Grande économie.

Quatre traversé s par jour (deux en chaque sens). Tous les jours et toute l'année (dimanche compris).

Trajet de jour en 9 heures (1re et 2e cl. seulement).

Départs de Paris Saint-Lazare : 10 h. matin et 9 h. soir.

Arrivées à Londres : London-Bridge, 7 h. soir et 7 h. 40 matin. — à Victoria, 7 h. soir et 8.50 matin.

Départs de Londres : à London-Bridge, 10 h. matin et 9 h. soir. — à Victoria, 10 h. matin et 8 h.50 soir.

Arrivées à Paris Saint-Lazare, 7 h. soir et 8 h. matin.

PRIX DES BILLETS :

Billets simples, valables pendant 7 jours : 1re classe, 43 fr. 25 ; 2e classe, 32 francs ; 3e classe 23 fr. 25.

Billets d'aller et retour, valables pendant un mois : 1re classe, 72 fr. 75 ; 2e classe, 52 fr. 75 ; 3e classe, 41 fr.50.

Des voitures à couloir (W. C. toilette, etc...) sont mises en service dans les trains de marée de jour entre Paris et Dieppe. Des cabines particulières sur les bateaux peuvent être réservées sur demande préalable.

Transport en grande vitesse de Messageries, Primeurs, Fruits, Légumes, Fleurs, etc... entre Paris et Londres. Trois départs par jour toute l'année.

Les expéditions remises à la gare Saint-Lazare par les trains partant à 3 h. 40, 4 h.10 et 9 h. du soir parviennent à Londres le lendemain à 8 h. 45, à 9 h. 15, du matin ou à midi 45.

SELS POUR L'AGRICULTURE

Nourriture du bétail et Engrais des terres

Sel neuf dénaturé, au tourteau de colza, 45 f. 1.000 k.
Sel neuf dénaturé, au peroxyde de fer, 40 f. 1.000 k.
Sel de morue pur . . . . 35 f. 1.000 k.
Expéditions de Fécamp, Bordeaux et St-Malo.

S'adresser à MM. A. LE BORGNE et ses Fils, négociants-armateurs, à Fécamp.

SOCIÉTÉ GÉNÉRALE

Pour favoriser le développement du Commerce et de l'industrie en France.

Société anonyme fondée suivant décret du 4 mai 1864.
CAPITAL : 120 MILLIONS DE FRANCS
Siège social, 54 et 56, rue de Provence, à Paris

Toutes opérations de Banque, notamment :
Dépôts de fonds en compte ou à échéance fixe ;
Escompte et Encaissement d'Effets de commerce ;
Ordres de Bourse en France et à l'Etranger ;
Coupons ; — Avances et Opérations sur Titres
Souscriptions ; — Garde de Titres ;
Garantie contre le remboursemen au pair
et les risques de non-vérification des tirages ;
Lettres de crédit ;
Envois de Fonds ; — (France et Etranger)

LOCATION DE COFFRES-FORTS
offrant toute sécurité pour la garde des titres, bijoux et autres objets précieux (compartiments depuis 5 fr. par mois.

La Société a 231 agences et bureaux en France, 1 agence à Londres, et des correspondants sur toutes les places de France et de l'Étranger.

Le Journal Le Meunier, de Bruxelles, offre une médaille d'or à l'inventeur du meilleur procédé débarrassant automatiquement le blé du charançon.

A VENDRE

1° Une machine à battre fixe (système Pinet).
2° Une machine à battre mobile montée sur roues (Système Pinet).
3° Un manège à 8 chevaux pour les machines ci-dessus (Système Pinet).
4° Une faucheuse « Wood ».
5° Deux paires de meules tournant à droite.
6° Une voiture découverte (genre Victoria) dite « Américaine ».

Le tout en très bon état se trouve à **MARCAULT** commune de *Poilly*, près *Gien* (Loiret).

S'adresser pour plus amples renseignements : soit à

M. de COUET
Capitaine au 152e, propriétaire à Marcault,
Poilly (Loiret).

soit à **M. PERRIN**, régisseur à Marcault.

BLÉS DE SEMENCE triés et sélectionnés, variétés Bordier, Sheriff, Dattel, Bordeaux, 27 fr. les 100 kilos, toiles à 0,75. Wagon BAVAY, 30 jours.

Mme veuve A. DEROME, Bavay (Nord).

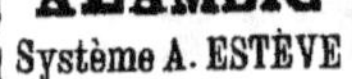

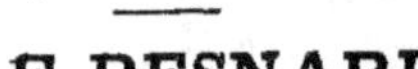

pour biner, sarcler promptement entre toutes les lignes de plantes ou légumes sans distinction, indispensable en toutes saisons dans les jardins, vignes, pépinières, les cultures de betteraves, de tabac, etc., même dans les allées

---

ASPERGE GÉANTE
ROYALE DE FRANCE
(RACE D'ARGENTEUIL PERFECTIONNÉE)

Demander la *Méthode de Culture* et prix courant (gratis et franco), à M. WILLIAM FOURCINE, directeur des pépinières royales de Dreux (Eure-et-Loir). Médailles et diplômes de première classe.

Plus de Pourriture
PAR L'EMPLOI DU
CARBONYLE

qui assure au bois une durée triple en lui donnant une belle teinte brune ; 1 kilog. remplace 10 kilog. de Goudron. — Produit de grande utilité dans l'agriculture ; est recommandé et utilisé par les syndicats agricoles. — Dans votre intérêt, demandez le prospectus avec attestations d'expériences de dix ans

Société française du « CARBONYLE ».
188-190, *Faubourg Saint-Denis, Paris.*

(N. B.) Seule maison spéciale pour la fabrication et la vente de ce genre de produit.

Ouvrages de MM. CRÉPEAUX

En vente aux bureaux de la *Gazette*

La Culture électrique 1 50
Manuel vétérinaire pratique du cultivateur . . . . 1 »
Almanach de la France rurale pour 1896 . . . . » 60
L'Année agricole et agronomique pour 1895 . . . . 3 50
La Culture du Blé, par M. FLEURY-BERGER . . . . 1 »

EXCELLENT DÉSINFECTANT
POUR LES FUTS A VIN, CIDRE, BIÈRE, ETC.
Prix de faveur pour nos lecteurs

Sur notre demande, M. Moity, père, l'inventeur, a consenti à en mettre de petites quantités pour essais à la disposition de nos lecteurs.

10 litres franco gare. 10 fr.
Adresser les demandes à M. Crépeaux, rue Piccini, 10 bis, Paris.

Insecticide-Préservateur
FERTILISANT
DESGOUTTES

La Boîte de 10 kilog., pour essais, **10 fr.** franco toutes gares (por et emballage compris).

Adresser les demandes, accompagnées d'un mandat, 10 bis, rue Piccini, Paris.

des Usines de MM. P. MARCHAND Frères, à DUNKERQUE (Nord)

Fabriqués sous le contrôle permanent de la Station Agronomique du Nord
Dirigée par M. DUBERNARD

Nous appelons l'attention des éleveurs et des nourrisseurs sur les **Tourteaux de COTON** de graines d'Egypte: c'est un produit excellent pour les vaches laitières, les bœufs à l'engrais et les moutons.

Nos Tourteaux de **COTON** sont complètement débarrassés de la bourre qui enveloppe la graine et contiennent la même quantité de matières nutritives et grasses que les meilleurs Tourteaux de Lin.

Nos Tourteaux de **COTON** forment l'aliment le meilleur et le plus avantageux en raison de leur prix excessivement bas.

PRIX : 9 Fr.   les 100 kil., gare Dunkerque

S'adresser à **MM. P. MARCHAND Frères, à DUNKERQUE (Nord)**

PHOSPHATE FOSSILE DE QUIÉVY-NORD

le plus assimilable de tous les phosphates connus

GARANTI PUR DE MÉLANGE AVEC TOUT AUTRE PHOSPHATE
Ce qui, du reste, ne pourrait que diminuer son assimilabilité.

EXTRACTION DU GISEMENT ET USINE À QUIÉVY

Propriétaire-Extracteur : C. LECLERCQ
Bureaux à Viesly (Nord).

COMPOSITION MOYENNE		ASSIMILABILITÉ RELATIVE (méth. Joulie). *Solubilité dans l'oxalate d'ammoniaque.*	
Acide phosphorique. . . .	12 » à 16 » 0/0	Phosphate de **Quiévy**.	82 29 0/0
Potasse	0 45 à 2 77 0/0	— de la Meuse	51 95 0/0
Chaux.	19 05 à 31 » 0/0	— de Pernes.	47 87 0/0
Magnésie.	0 58 à 3 80 0/0	— des Ardennes.	46 43 0/0
Matières organiques azotées .	1 80 à 3 45 0/0	— de la Somme (moy.). .	44 53 0/0
		— de Ciply.	34 57 0/0

Titre garanti en acide phosphorique : 13 à 15 0/0.

LIVRAISON : EN POUDRE IMPALPABLE EN SACS PLOMBÉS, MIS SUR WAGON GARE **QUIÉVY-en-CAMBRÉSIS**
Prix : **3 fr. 80** les 100 kilos, sacs perdus, 30 jours, 2 0/0 ou 90 jours net.

NOTA. — Les acheteurs qui désirent employer le **véritable Phosphate de Quiévy** pur et garanti d'origine doivent exiger que les sacs portent la Marque (Au Poisson fossile) et la Firme : **M. LECLERCQ**, seul exploitant à Quiévy (Nord).

NOUVELLE BAISSE DE PRIX

PHOSPHO-GUANO COMPANY, LIMITED

LEFEBVRE FRÈRES, Consignataires généraux

PARIS - 60, RUE DE BONDY - PARIS

PHOSPHO-GUANO

SEUL VÉRITABLE — IMPORTÉ DEPUIS 1868

Superphosphate Ornithos — Superphosphate Chilton — Superphosphate 10 degrés

Osso-Guano, Engrais complet Rhizome. Engrais Surazoté L. F.

La qualité et les dosages de tous ces engrais sont invariables et garantis.

L'acide phosphorique qu'ils renferment étant complètement **soluble dans l'eau** a une valeur fertilisante très supérieure à celui des engrais et superphosphates dont l'acide phosphorique, soluble **seulement** dans le citrate d'ammoniaque, reste insoluble dans l'eau. Il n'y a de garanties sérieuses que celles des dosages exprimés séparément en acide phosphorique **soluble dans l'eau** et en acide phosphorique, **insoluble dans l'eau**.

Envoi franco sur demande de brochures indiquant les dosages garantis et les prix.

Dépôts dans tous les principaux centres agricoles.

ALIMENTATION DU BÉTAIL

Tourteaux de Coprah ou Coco

F. TASSY, E. ROCCA ET Cie

Fabricants d'huiles (**producteurs directs de Tourteaux**)

23, RUE HAXO, MARSEILLE
Deux médailles d'or, Anvers 1894

Envoi de Prix-Courants et Échantillons sur demande

DÉSINFECTANT INCOMPARABLE

pr tonneaux à vin, cidres et autres liquides

MAISON FONDÉE en 1875   **Jules MOITY Père**   MAISON FONDÉE en 1875

Inventeur, breveté en France et à l'étranger.

16, rue Sencier, FOURMIES, France (Nord)

4 diplômes d'honneur. 12 médailles hors concours.

Ce produit, dont la réputation n'est plus à faire, est employé dans une grande partie de la brasserie française, belge et hollandaise avec les plus grands succès.

Guérison radicale *des plus mauvais goûts de fûts en 12 heures, par une simple opération qui ne coûte au plus que 0 fr. 1 à la rondelle de 100 litres, main-d'œuvre comprise.*

Mode d'emploi. — Laver les fûts à l'eau bouillante, les laisser égoutter pendant 12 heures, les rincer ensuite avec mon produit et **six ou dix** heures après, suivant la saison, les relaver à nouveau à l'eau **bouillante** et vous pouvez entonner avec sûreté n'importe quelle boisson, sans nuire aucunement au bois ni à la boisson, inconvénients que produisent beaucoup de moyens employés à défaut d'autres meilleurs.

Prix :

0 fr. 65 du litre en dessous de 100 litres, ou 0.55 du kil.
0 fr. 60   —   de 100 à 175 litres,   ou 0 50   —
0 fr. 55   —   de au-des. jusqu'à 228 lit. ou 0.45   —
Réduction par plus grandes quantités.
Les commandes au-dessus de 150 litres seront livrées franco en gare du destinataire.

Certificat pris dans 100.000 :
« Monsieur J. Moity, père,
à Fourmies.
« J'ai été très satisfait de votre désinfectant veuillez m'en envoyer 200 litres de suite.
« Recevez mes sincères salutations ».
Desurmont-Chasseur, à Tourcoing.

L'ENGRAIS AMIÉNOIS

FUMURE ORGANICO-CHIMIQUE

pouvant être employée seule ou comme complément de fumier de ferme

Mixte et très complet, cet engrais convient à tous les terrains ; il est approprié, sous divers numéros, à toutes les plantes.

SUPERPHOSPHATE AZOTÉ (produit nouveau)
12 0/0 acide phosphorique
3 à 4 0/0 azote (*organique*) soluble

Envoi franco du prospectus sur demande affranchie
Adressée à **M. Elisée LEFEBVRE**
rue Lenotre, 16, AMIENS.

Eugène de MASQUARD

PROPRIÉTAIRE-VITICULTEUR, Château de la Cascade

SAINT-CÉSAIRE-LES-NIMES (Gard)

Vins garantis naturels, rouges et blancs, depuis 75 fr. la pièce de 220 litres jusqu'à 100 francs, selon qualité, prise en gare de St-Césaire (Gard), fût perdu
Ces vins ont été médaillés à toutes les expositions où ils ont figuré.

Récoltés sur des coteaux et des terrains secs, les vins de Saint-Césaire, l'un des meilleurs crus du Gard, se conservent parfaitement sans être plâtrés.

Envoi franco de prix courants et échantillons

CHEVAUX BOITEUX
Guérison par le spécifique BORNET

Contre Capelets, Mollettes, Vessigons, Eponges, Exostoses, Suros, Eparvins et les **Formes** à leur début. *(Il s'applique également à toutes les tares molles et osseuses.)*

PRÉPARÉ PAR **A. BORNET**
Pharmacien de 1re classe, ex-interne et lauréat des hôpitaux.

19, rue de Bourgogne, PARIS.

Le flacon, 8 fr., à la pharmacie ; en gare par colis postal, 9 fr. contre mandat.

MALADIES DU BÉTAIL
ET DE LA VOLAILLE
Leur traitement préventif et curatif
PAR L'ACIDE SALICYLIQUE

L'acide salicylique, employé dans la nourriture à la dose de 1/2 à 1 gramme par jour et par tête de bétail, est le meilleur préservatif des maladies qui procèdent par contagion : Sang de rate, Cocotte, Maladie aphteuse, Erysipèle, Typhus, Morve, Variole et le Rouget des porcs, etc.

DES ATTESTATIONS NOMBREUSES DE GUÉRISONS obtenues pour la Cocotte et le Rouget des porcs ont été reproduites dans le journal *l'Agriculture*.

La désinfection des étables, des écuries, se fait instantanément au moyen d'un arrosage d'eau salicylée à 2 grammes par litre.

S'adresser à M. CERCKEL, administrateur de la *Compagnie de produits antiseptiques*, 26, rue Bergère, Paris.

Envoi sur demande de Prospectus et Brochures.

PRIX DU KIL., 25 fr. BOITE DE MÉNAGE, 2 fr.

M. RECOURAT, pharmacien à Beauvais.

Gale des moutons guérie radicalement par *une seule application* de l'ANTIPSORIQUE.

La bouteille, 3 fr. ; la 1/2 bouteille, 1 fr. 75.

Guérison du PIÉTIN par *un seul pansement* avec le CONTRE-PIÉTIN-RECOURAT.

Le pot d'essai, 1 fr. 50 ; le pot, 2 fr. 50.

Joindre 0 fr. 60 pour recevoir *franco* et indiquer gare

Le moment favorable au transport des vins étant revenu, nous rappelons à nos lecteurs que tous ceux d'entre eux qui, sur nos conseils, et depuis cinq ans, consomment les vins de M. VINCENT ARDURA, vigneron, domaine de la Chapelle-Frédignac, par Blaye-Bordeaux n'ont qu'à se louer de la qualité et de la conservation de ce Bordeaux absolument naturel, expédié sans intermédiaire.

Pour dégustation sérieuse, envoi gratuit est fait d'une bouteille de la récolte désignée.

L'encaissement est fait par le facteur, à 30 jours, escompte 2 0/0, ou 90 jours.

Vendanges : 1893, à 130 fr., 1892-91, à 150 fr. ; 1890-89, à 175 fr., 1887, à 200 fr., 1885, à 220 fr., 1884, à 240 fr., 1882, à 250 fr., 1881, à 300 fr. — Graves blancs vieux : 130, 150, 200, 250, 300 fr., suivant âge, les 225 litres collés, soutirés, franco de port et de fût en gare d'arrivée.

Printemps

NOUVEAUTÉS

Envoi gratis et franco

du catalogue général illustré, renfermant toutes les modes nouvelles pour la SAISON d'HIVER sur demande affranchie adressée à

MM. JULES JALUZOT & Cie
PARIS

Sont également envoyés franco, les échantillons de tous les tissus composant nos immenses assortiments, mais bien spécifier les genres et prix. Envoi *franco de port* à partir de 25 francs.

VINS
DE SAINT-ÉMILION

Vins classés, de 800 à 250 francs la barrique de 225 litres. — Moitié prix pour la barrique de 112 litres.

Vins grands ordinaires, de 140, 125, 105, 100 francs la barrique — 80, 75, 70, 65, 58, 55 francs, la demi-barrique, — Rendu *franco* en gare et régie, sauf octroi.

Adresser commandes à M. DUPLESSIS-FOURCAUD, à Saint-Émilion. — Envoi de prix courants et échantillons sur demande affranchie.

Médailles d'Or, Paris, 1867 et 1889 — Moscou 1891 — Besançon, Montluçon, Royan, etc.

BAINS-BUANDERIES
Baignoires. — Chauffe-Bains. — Douches. — Appareils de lessivage, système GASTON BOZÉRIAN

CHAUDRONNERIE, TOLERIE, etc. — ENVOI FRANCO DE CATALOGUES.

DELAROCHE aîné, 22, rue Bertrand, Paris

Maison de Vente & d'Expédition à Aubusson (Creuse) G. DELARBRE

A Paris & en province, chez tous les Droguistes & Pharmaciens.

L'URBAINE
Compagnie anonyme d'Assurances à primes fixes contre l'INCENDIE
FONDÉE EN 1838
CINQUANTE-NEUVIÈME ANNÉE

CAPITAL : 5 MILLIONS — GARANTIES : 70 MILLIONS
SINISTRES PAYÉS DEPUIS L'ORIGINE : 132.000.000 FRANCS

PARIS — 8 et 10, rue Le Peletier

Etablissement Glaser
AVENUE MICHEL, 9, PARIS

LOCATION DE CHEVAUX
de Selle et d'Attelage

pour les Chasses, la Promenade, la Campagne

PENSION DE CHEVAUX
en Boxes et Stalles.

COUVEUSES
ÉLEVEUSES
VOLAILLES
ŒUFS
à couver
VOITELLIER
à MANTES
et à
PARIS
4, PLACE DU THÉÂTRE FRANÇAIS
PRIX COURANT FRANCO
GRAND CATALOGUE ILLUSTRÉ, O.50

UNION AGRICOLE DE FRANCE

Société Anonyme au Capital de 1.100,000 Francs. — Siège Social : 13, Boulevard des Capucines, Paris.

SIÈGE COMMERCIAL PRINCIPAL : 72-74, Rue Saint-Denis, PARIS

Vente à la Commission
et en toute loyauté
DE
DENRÉES AGRICOLES
de toutes sortes
et de toutes provenances

Fourniture Directe
et livraison à domicile
AUX
ÉPICIERS, FRUITIERS
Restaurants, Hôtels, Pensionnats et Établissements privés importants.

Renseignements détaillés sur demande au Siège Social.

ANÉMIE CHLOROSE, FAIBLESSE, **FER QUEVENNE** Guéries par le **VRAI**
Seul approuvé p' Académie de Médecine, Paris, 14 r. Beaux-Arts, not.ue

PRÉSERVEZ VOS ANIMAUX DOMESTIQUES
de toutes les **Epizooties** et Maladies contagieuses par
la Désinfection des **Ecuries, Etables, Porcheries**

PAR LE

CRÉSYL-JEYES

Désinfectant — Antiseptique, le seul (non toxique), qui soit d'une efficacité scientifiquement démontrée. Le **CRÉSYL-JEYES** a été récompensé par la Société des Agriculteurs de France eu 1891 d'une Médaille d'argent grand module. Envoi franco sur demande du prospectus détaillé. — CRÉSYL-JEYES, 35, Rue des Francs-Bourgeois, 35, Paris.

Se méfier des nombreuses contrefaçons.

FROMENTINE
Marque déposée B. S.G.D.G.

Produit pour l'alimentation économique, saine et rationnelle du bétail, provenant en grande partie des issues de la mouture de blé.

DIVERSES MARQUES
Demander celle en raison do but poursuivi

Marque A pour l'engraissement égal à celui au tourteau de lin, le remplacement de l'avoine, production d'un lait de qualité supérieure.
Marque B pour le bon entretien du bétail.
Marque J développement rapide des jeunes bêtes.
Marque L surproduction du lait.
Marque E engraissement rapide.

Ecrire à M. Armand MILLOT
Moulins Saint-Martin
Saint-Quentin (Aisne.)

Machines Agricoles Françaises

MAISON ALBARET

O. ✳. O. M. A.
Breveté
S. G. D. G

Veuve ALBARET et G. LEFEBVRE, SUCCR

ATELIERS DE CONSTRUCTION ET ADMINISTRATION
A RANTIGNY-LIANCOURT (Oise)

Bureaux et Magasins :
9, Rue du Louvre, PARIS

LOCOMOBILES, MACHINES DEMI-FIXES, MOTEURS A PÉTROLE
BATTEUSES PORTATIVES ET FIXES — MANÈGES

HACHE-MAIS -- HACHE-PAILLE   **PRESSES A FOURRAGES**

FAUCHEUSES, MOISSONNEUSES & LIEUSES
RATEAUX, FANEUSES

Semoirs en Lignes — Semoirs à Engrais — Concasseurs — Aplatisseurs

INSTRUMENTS D'AGRICULTURE — INSTRUMENTS DE PESAGE
Grand Prix, **Lyon 1894**. — Grand Prix, **Anvers 1894**. — Grand Prix, **Bordeaux 1895**
Beauvais 1895, Diplôme d'Honneur
Tunis 1895, Premier Prix, Médaille d'Or
19 Diplômes d'Honneur et d'Excellence — 226 Médailles d'Or — 194 Médailles d'Argent

SUCCURSALES :
Saint-Quentin, Chartres, Abbeville, Cambrai, Dax, Lyon, Alger
Envoi franco sur dem nde des Catalogues illustrés.

17ᵉ Année. — Nᵒ 41. LE NUMÉRO. 10 CENTIMES. Dimanche 11 Octobre 1896.

GAZETTE AGRICOLE

JOURNAL HEBDOMADAIRE, PARAISSANT LE DIMANCHE

Fondateur : M. CH. GOSSIN, Professeur d'Agriculture à l'Institut agricole de Beauvais

PRIX DE L'ABONNEMENT

UN AN, 5 fr. — SIX MOIS, 3 fr. — TROIS MOIS, 2 fr. 25

Pour l'Étranger les abonnements ne sont reçus que pour un an, au prix de 6 francs, et ne partent que du 1ᵉʳ JANVIER ou du 1ᵉʳ JUILLET de chaque année.

Le Numéro : 10 centimes.

Adresser toute la correspondance : mandats, lettres, annonces etc., à M. CRÉPEAUX, Directeur de la *Gazette agricole* 10 bis, rue Piccini, Paris.

Toute demande de changement d'adresse doit être accompagnée de 50 centimes et de la dernière bande du journal.

BUREAUX

97, rue de Rennes, Paris, et à Beauvais, rue Saint-Etienne.

Les abonnements partent du 1ᵉʳ de chaque mois et sont payables d'avance. Toute demande d'abonnement doit donc être accompagnée du prix de l'abonnement. (Le mode de payement plus simple est l'envoi d'un mandat-poste.)

Donner *très lisiblement*, en s'abonnant, son nom et son adresse exacte, *avec l'indication du bureau de poste*; et, s'il s'agit d'une continuation d'abonnement, joindre au renouvellement la dernière bande d'adresse du journal

Les Annonces sont reçues à la Direction du Journal, et chez MM. DUSSERIS et MATHELLON, 97, rue de Rennes Paris.

Sommaire :

BULLETIN COMMERCIAL

Paris, le 7 octobre 1896.

Le beau temps continue, les travaux agricoles reprennent avec activité, les labours sont plus faciles.

BOURSE DU COMMERCE DU MERCREDI 7 OCTOBRE

	FARINES	BLÉS
Courant	41 10	19 10
Prochain	41 30	19 30
Nov.-Déc.	41 35	19 40
4 de nov.	41 60	19 45
4 premiers	42 00	19 00

Marque de Corbeil : 45 fr. le sac de 150 kil. toile à rendre.

Halle aux blés. — *Blés indigènes.* — La vente est meilleure au marché libre tenu cet après-midi.

La mennerie du rayon qui, depuis quinze jours, a fait d'importantes livraisons sur le marché de Paris, se réapprovisionne bien.

Il s'est fait plus d'affaires à des prix fermement tenus, soit de 17,75 à 18,25 pour les blés roux et de 18,50 à 19, pour les blés blancs les 100 kil. gare d'arrivée Paris.

Blés exotiques. — Peu d'affaires.

Sons. — Toujours très lourds, prix difficilement tenus.

Seigles. — La culture offre des blés et des avoines et très peu de seigle; il y a acheteurs de 12,25 à 12,75 les 100 kilos gare d'arrivée ou bateau Paris.

Escourgeons. — Pas de changement dans cet article : peu d'offres, les prix élevés arrêtent les affaires. On continue comme par le passé à offrir 15 fr. les 100 kil. les vendeurs demandent 15 à 15,50.

Orges. — Les orges sont importantes, les cours sans changement, plutôt faibles.

On offre les orges de la Sarthe de 16,50 à 16,75 moyennes 15,75 à 16, Beauce 16 à 16,50 les 100 kil. gare Paris.

Graines fourragères. — Cours nominaux.

On cote trèfles violets midi, récolte 1895, 91 à 92, sainfoin simple 29 à 30, double 35 à 37.

Menus grains. — On cote : Petit blé 12 à 14, jarras 16,50 à 17, chènevis de Russie 22, Bretagne 22, vesces de Kœnigsberg 20, Bretagne 22, sarrasin 14,50.

Sucres. — Marché actif, prix en hausse de 25 à 37 cent. sur le beau temps et de nombreux ordres de ventes.

Raffinés 98, roux 88° 26,50

Marché de la Chapelle. — Marché ordinaire.

On cote : paille de blé 1ʳᵉ qté 24 à 26 fr., 2ᵉ qté 22 à 24 fr., 3ᵉ qté 19 à 22 fr.; paille de seigle 1ʳᵉ qté 34 à 33 fr., 2ᵉ qté 28 à 31 fr., 3ᵉ qté 24 à 28; paille d'avoine 1ʳᵉ qté 23 à 25 fr., 2ᵉ qté 21 à 23 fr., 3ᵉ qté 18 à 21; foin nouveau 1ʳᵉ qté 57 à 59 fr., 2ᵉ qté 51 à 55 fr., 3ᵉ qté 47 à 51 fr.; foin vieux 1ʳᵉ qté 58 à 62 fr., 2ᵉ qté 54 à 58 fr.; 3ᵉ qté 50 à 54 fr.; luzerne nouvelle 1ʳᵉ qté, 54 à 56 fr., 2ᵉ qté 51 à 54 fr., 3ᵉ qté 45 à 51 fr. regain nouveau 1ʳᵉ qté 54 à 56 fr., 2ᵉ qté 49 à 54 fr., 3ᵉ qté 46 à 50 fr.

Le tout rendu dans Paris, au domicile de l'acheteur, frais de camionnage et droits d'entrée compris par 104 bottes de 5 kil.; savoir : 6 fr. pour foin et fourrages secs, 2 fr. 40 pour paille. Pourboire 1 fr. par 100 bottes.

Fourrages et pailles en gare. — La paille de blé est très ferme et vaut 18 fr. non réglé et 21 fr. réglée.

La paille d'avoine, avec une demande très calme, vaut de 15 à 18 fr.

Les fourrages restent cotés sans variation.

On cote sur wagon, par 520 kilogr., en gare d'arrivée à Paris :

Foin	42 à 44
— nouveau	37 à 41
Luzerne première qualité	37 à 41
Paille de blé	18 à 21
— de seigle pour l'industrie	22 à 26
— — ordinaire	18 à 22
— d'avoine	15 à 18

Pour les marchandises en gare, les frais de déchargement, d'octroi et de camionnage son à la charge de l'acheteur.

FRUITS

Figues	1 à 1 50
Pêche de Perpignan, la corbeille de 12 fruits	80 à 1 50
Prunes communes	40 à 45
Poires communes	12 à 30
Raisins d'Algérie, les 100 kilos	60 à 65
Cassis	50 à 55
Amandes, 2ᵉ choix	45 à 75
Noisettes	60 à 80
Citrons, la caisse de 420/490	32 à 35
Noix	18 à 22

POMMES DE TERRE

Hollande (100 kil.)	8 » à 11 »
Roses-Early	4 » à 5 »
Magnum-Bonum	5 » à 6 »
Rondes	6 » à 7 »

LÉGUMES

Choux, le cent	2 75 à 10 50
Choux-fleurs suivant grosseur	15 à 50
Artichauts de Paris	10 à 22
— de Bretagne	8 à 16
— d'Angers	23 à 30
Tomates	12 à 15
Haricots flageolets	10 à 12
— beurre	20 à 26
Haricots verts de Paris	30 à 35
Melons, la pièce	60 à 2 50
Cornichons moyens	40 à 50

LINS. — Les 100 kilogr. — *Marché de Lille.*

	Communs	Ordin.	Supér.
Alost	148 à 153	154 à 157	161 à 166
Bergues	150 à 158	161 à 168	173 à 182

Marché aux chevaux, 7 Octobre

Gros trait de 300 à 1.300	Boucherie de	65 à 225
Selle et tr. 200 à 1.100	Anes	de 45 à 130
léger de 150 à 1.150	Chèvres de	à
H. d'âge de 150 à 380		

AMENÉS

Chevaux, 359 — Anes, 11 — Chèvres, 0

Voitures 95, de 35 à 600.

ENCHÈRES

Chevaux amenés, 12.

Vendus, 8 de 95 à 350.

Prix moyen aux 100 kilog. des CÉRÉALES dans les Départements.

		BLÉ	SEIGLE	ORGE	AVOINE
Rég. du Nord-Ouest	Caen	17 75	10 25	14 00	15 00
	Lannion	17 75	10 00	14 00	15 00
	Morlaix	17 00	10 50	13 50	12 50
	Rennes	17 00	10 00	13 50	13 00
	Avranches	16 50	10 50	13 75	14 50
	Laval	17 00	10 00	11 00	14 00
	Lorient	17 00	10 25	13 00	14 00
	Alençon	17 50	10 25	14 00	15 50
	Le Mans	17 50	10 50	14 50	15 75
Région du Nord	Soissons	18 25	10 50	»	15 50
	Evreux	18 50	10 00	13 00	15 50
	Chartres	17 75	10 00	14 00	16 00
	Lille	18 50	10 00	14 00	14 50
	Compiègne	17 50	10 00	14 00	15 00
	Beauvais	18 25	11 00	16 00	16 00
	Arras	18 50	11 75	14 50	14 75
	Paris	18 75	10 50	15 00	15 50
	Versailles	18 50	10 25	15 00	16 50
	Rouen	18 50	10 75	15 25	15 25
	Amiens	17 75	10 75	15 00	16 75
Rég. du N.-E.	Mézières	18 25	10 50	14 50	15 00
	Nogent-s-Seine	18 25	10 50	14 00	15 00
	Châlons-sur-Marne	18 50	11 50	»	16 00
	Langres	18 50	10 25	13 50	15 25
	Nancy	18 50	10 00	14 00	15 00
	Bar-le-Duc	18 25	10 00	15 00	15 00
	Neufchâteau	18 50	10 50	14 50	15 50
Région de l'Ouest	Ruffec	18 25	10 50	14 00	15 25
	Marans	17 50	10 25	13 50	14 00
	Niort	17 75	10 25	13 50	15 00
	Tours	18 25	10 00	14 00	15 00
	Nantes	17 75	10 50	15 00	13 75
	Angers	17 25	11 00	14 00	14 50
	Laval	17 25	10 25	14 00	15 00
	Poitiers	17 50	10 25	13 00	»
	...	17 75	10 25	»	15 50
Région du Centre	Moulins	18 25	10 25	13 50	15 00
	Bourges	17 50	10 00	14 00	14 00
	Aubusson	18 50	10 00	14 00	14 50
	Châteauroux	18 25	10 00	15 00	14 00
	Orléans	18 50	10 00	13 50	15 00
	Blois	18 75	10 00	14 00	16 00
	Nevers	18 50	10 25	15 00	15 00
	Clermont Ferr.	18 50	10 00	14 00	16 00
	Sens	18 50	10 00	13 50	14 50
Région de l'Est	Bourg	18 50	10 25	14 00	15 50
	Dijon	18 50	10 00	14 50	15 00
	Besançon	18 50	11 25	14 00	15 00
	Grenoble	18 25	10 25	13 00	14 50
	Dôle	18 50	10 50	11 00	15 50
	Saint-Etienne	18 50	10 50	14 00	16 00
	Lyon	19 00	10 75	14 75	10 00
	Mâcon	18 75	11 00	14 00	15 50
	Vesoul	18 50	10 75	»	15 00
	Chambéry	18 50	10 25	»	16 00
	Annecy	18 50	»	»	16 00
du Sud-Ouest	Pamiers	18 50	11 75	»	15 50
	Périgueux	18 75	11 00	14 00	15 00
	Toulouse	19 25	12 00	14 50	15 75
	Auch	18 25	11 00	14 00	16 00
	Bordeaux	18 25	11 50	13 00	15 00
	Dax	18 50	11 25	13 50	15 25
	Agen	18 75	12 00	15 00	15 00
	Bayonne	18 50	10 00	14 00	16 00
	Tarbes	18 50	11 00	»	»
Région du Sud	Carcassonne	19 50	10 50	14 00	15 00
	Rodez	18 25	12 00	14 00	16 00
	Mauriac	18 25	11 00	»	15 75
	Tulle	18 00	10 00	»	15 25
	Montpellier	18 25	11 50	»	15 75
	Figeac	18 50	10 25	14 00	15 00
	Mende	18 75	11 25	14 00	15 50
	Perpignan	18 00	10 00	14 50	15 00
	Albi	18 50	11 50	13 50	16 00
	Montauban	19 00	11 75	14 50	16 00
Région du Sud-Est	Gap	18 75	11 00	15 00	16 00
	Manosque	18 75	11 00	14 75	15 50
	Nice	18 50	11 50	14 00	16 00
	Privas	18 50	11 00	»	16 00
	Arles	18 50	11 00	13 00	16 00
	Montélimar	19 00	»	14 50	15 75
	Nîmes	18 75	12 00	14 00	16 00
	Le Puy	18 75	12 00	14 00	16 00
	Draguignan	18 50	12 00	14 00	16 00
	Avignon	20 75	13 00	14 00	17 00

Tourteaux.

Cours de la maison P. Marchand frères, à Dunkerque (Nord) :

TOURTEAUX A NOURRIR

	Dispon.	A livrer.
Coton de graines d'Egypte	9 50	9 50
Sésame blanc	12 00	12 00
Arachide décortiquée	15 50	15 50
Colza à nourrir	10 50	10 50
Colza du pays	11 25	11 25
Œillette du Levant	10 00	10 »»
Œillette blanche de Turquie	10 00	10 50
Lin 1re qual. de Bombay g. form.	14 50	14 50
Lin 1re qual. de Bombay p. form.	14 75	15 00

TOURTEAUX-ENGRAIS

	Dispon.	A livrer.
Arachide décortiquée	15 00	15 00
Cameline	»» »»	»» »»
Colza des Indes en poudre	»» »»	»» »»
Colza ravison	8 00	8 00
Colza jaune Gutzerat	11 00	11 50
Kurrachée	»» »»	»» »»
Niger	»» »»	»» »»
Pavot	9 50	9 75
Sésame, blanc	10 25	10 25
Sésame noir	»» »»	»» »»
Coton en farine	7 50	7 50

Nos prix s'entendent pour tourteaux en planches, rendus en gare de Dunkerque.

Paiement à 30 jours ou à terme plus éloigné suivant convention expresse.

Le concassage se paie 0 fr. 25 et la mise en poudre 0 fr. 40 aux 100 kilos. Dans ce cas, les sacs sont facturés à 0 fr. 35 pièce, et repris au prix de facture, quand ils sont rendus en bon état et franco, dans les 30 jours de l'expédition.

FROMENTINE :

	100 kil.
Marque A	12 »
Marque B	13 »
Marque J	12 50
Marque L	14 »
Marque E	14 50

Les 100 kilogs sur wagon St-Quentin, sac à retourner ou à facturer.

BEURRES. (le kilogr.)

BEURRES EN MOTTES			BEURRES EN LIVRE		
Isigny extra.	5 00	5.86	Bourgogne	2.00	2.40
— demi-fin	3.20	3.40	Gâtinais	2.20	2.70
M. d'Isigny	2 90	3.00	Vendôme	2.00	2.70
du Gâtinais	2.00	2.40	Beaugeacy	2 00	2.70
de Bretagne	2.30	2.20	Forme	2.50	3.20
Laitiers Jura	2 00	2.80	Tours	2.40	2.85
de Charente	2 60	3.10	Le Mans	2 70	2.40
des Alpes	2.50	3.40	Touraine fausse	2.20	2.50

ŒUFS. — (le mille).

Normandie ext.	100 à 122		Bourgogne	90 à 93	
Picardie —	100 à 120		Champagne	90 à 96	
Brie —	95 à 110		Nivernais	85 à 90	
Touraine	100 à 120		Bourbonnais	84 à 88	
Beauce	96 à 110		Bretagne	76 à 88	
Orne	85 à 109		Vendée	76 à 86	
Picardie	85 à 90		Auvergne	75 à 78	
Châtellerault	88 à 94		Midi	83 à 90	

FROMAGES.

Brie hautes marq.	70	73	Roquefort	120	200
Brie gr. m. (10)	50	48	Gruyère (100 k.)	90	175
— m. m.	35	40	Coulommiers (100)	30	40
Petits Nanteuils	18	25	Gournay (100)	12	28
Brie laitiers	18	23	Livarot (le 100)	70	110
Gérardmer (100 k.)	90	92	Bourgogne (100)	65	70
Hollande	150	170	Camembert (100)	40	50
Bondons (100)	140	190	Munster (100)	115	125
Cantal	125	135	Port-Salut	160	180

VOLAILLES

Poulet Brest dit moelleux	2.00	4.00	Pigeo Macon	1.50	2.00
Poulets Nant.	2.25	4.50	Canards Nantais	2.50	3.00
Poulets Tour	2.50	4.50	Dindes Tourr.	8.00	16.00
Poulets Houdan	5.00	5.75	Oies	5.00	7.50
Pigeons d'Italie	80	1.25	Lapins dom.	2.70	3.25
			Lapins garenne	1.50	2.00

VINS — BERCY

Rouges		Blancs	
B. Bourg. vieux	140 à 155	Bordeaux	125 à 160
Touraine	105 à 115	B. Bourg	150 à 190
Bord. vieux	130 à 160	Sancerre	130 à 135
Algérie	26 à 32	Chablis	200 à 350
Cher	110 à 135	Anjou	120 à 135
Chinon	125 à 180	Pouilly	350 à 300
Narbonne	32 à 38	Vouvray	155 à 195

HOUBLONS. — Les 50 kilogr.

Alost primé	32,00 à 30,00
Bourgogne	55,00 à 40,00
Poperinghe	25,00 à 30,00
Wurtemberg	40,00 à 42,00
Altmark	75,00 à 100,00
Alsace	50,00 à 63,00

Prix des Produits Forestiers à Paris.

Bois de feu (Octroi non compris)	Falourde de pin	100 à 110	le cent.
	Bois de flot	110 à 105	le déca.
	Bois gris neuf	130 à 120	—
	Bois blanc	105 à 140	—
Bois d'œuvre (Octroi compris)	Chêne gros bois	105 à 110	le m. cube
	— moyen bois	70 à 60	—
	— petit bois	30 à 48	—
	Charme, plateaux	50 à 60	—
	Sciage de chêne (Entrevoux)	175 à 210	les 208 m.
	Echantillons	230 à 220	
	Frise	27 à 28	104 m

La suite des marchés se trouve à la Correspondance.

L'ANNÉE AGRICOLE ET AGRONOMIQUE pour 1896.

Cet ouvrage dont la première édition avait été honorée de tant d'éloges vient de paraître pour la seconde fois. Nous nous sommes attachés à tenir le plus grand compte des critiques et des vœux qui nous ont été adressés. Nous croyons sincèrement que l'*Année agricole et agronomique* est maintenant conçue sur un plan définitif. C'est la revue impartiale et fidèle de tous les travaux agricoles de l'année tant en France qu'à l'étranger, qu'ils émanent des individus ou des sociétés. La classification de la table permet de trouver immédiatement les renseignements désirés sur tel ou tel objet.

Nous avons voulu doter chaque année l'agriculture nationale d'une encyclopédie aussi complète et facile à consulter que possible, si nous en croyons nos confrères, notre but est atteint, nous attendons la sanction de nos lecteurs.

Nous l'offrons en prime à nos abonnés au prix de 2 fr. 50 franco de port au lieu de 4 francs.

Ceux de nos abonnés qui désirent l'**Année agricole et agronomique** de 1895 et celle de 1896 recevront les deux volumes franco dans la gare la plus voisine contre 4 fr. 50.

Adresser les demandes à M. Crépeaux, 10 *bis*, rue Piccini, Paris.

Almanach de la France rurale pour 1897.

En vente aux bureaux de la *Gazette* : 0 50 centimes l'exemplaire *Franco*. Remises pour quantités importantes.

Le Vin de Quinium Labarraque, unique préparation de ce genre qui ait été approuvée par l'Académie de médecine de Paris, est un médicament énergique et doux qui convient à toutes les personnes affaiblies par l'âge, la maladie, les excès, ou surmenées par le travail.

« *Nous n'hésitons pas à affirmer que le vin de Quinium Labarraque est le plus efficace et le plus énergique des toniques connus.* »

(ANNUAIRE DE MÉDECINE PRATIQUE.)

Dans toutes les pharmacies et 19, rue Jacob, Paris.

CHRONIQUE POLITIQUE

Depuis le moment où nous écrivons ces lignes jusqu'au moment où elles arriveront à nos lecteurs, ceux-ci font quelque trêve à leurs préoccupations habituelles pour concentrer leur attention sur la visite du tsar de Russie à la France, c'est-à-dire à nous, au peuple français et sur les sentiments qu'il exprimera envers nous en retour des hommages enthousiastes qu'il reçoit de la ville de Paris et de plus de 2.000.000 visiteurs attirés par sa présence.

La France et l'Europe écoutent avec une attention haletante les paroles qui vont tomber à notre intention de la bouche de ce monarque qui aujourd'hui règne avec une autorité absolue sur 100 millions d'hommes en Europe et sur la moitié de l'Asie. Notez, en effet, que l'autorité immense du tsar n'est pas seulement absolue au point de vue matériel, elle a ses racines dans la conscience, dans l'affection de ses deux cents millions de sujet. Tous voient en lui le représentant né de leur patrie, de leurs droits, de leurs biens matériels comme de leur foi religieuse. Pour la nation entière c'est une famille ayant son tsar pour chef.

A ce point de vue, nos soi-disants républicains devraient comprendre que le tsar est plus républicain qu'eux, car s'il lui prenait l'idée de demander la confirmation de son pouvoir à la Russie, le peuple russe voterait pour lui comme un seul homme.

En Nicolas II, nous devons saluer le successeur de son aïeul qui, en 1875, alors que Bismark voulait envahir de nouveau notre pays, lui répondit nettement que la Russie ne le permettrait pas.

Il est humiliant sans doute pour la nation qui fut jadis la plus puissante de l'Europe d'avoir reçu un tel service d'un empire étranger, mais le service que nous rendit alors Alexandre II et les sentiments transmis par lui à son fils et à son successeur actuel n'en sont pas moins des titres inoubliables aux affectueux sentiments que nous lui exprimons aujourd'hui.

Il ne reste plus qu'à souhaiter une chose, c'est que la politique de nos gouvernants facilite dans le présent et dans l'avenir les relations cordiales entre la France et la Russie comme contrepoids salutaire en face des visées égoïstes, ambitieuses et menaçantes du gouvernement anglais.

Il n'est pas moins nécessaire dans le même but qu'à l'intérieur nous rompions avec les passions dissolvantes et les conceptions qui, depuis vingt ans, ont pris chez nous un empire ruineux et déshonorant.

Ainsi que nous l'avions dit la semaine dernière, le tsar a dignement exprimé sa pensée à ce sujet en annonçant la visite, omise à dessein sur le programme officiel de M. Faure — au cardinal-archevêque de Paris — et il l'a mieux accentuée encore en réclamant sa présence au banquet qu'il offrira aux représentants des pouvoirs de l'État.

Nos maîtres auront-ils la sagesse de comprendre sa leçon ? Nous laissons à l'avenir la réponse à cette question, la plus grave de toutes celles qui s'imposent aujourd'hui à tous les esprits éclairés. Pour aujourd'hui nous tenons cette manifestation du tsar pour un service comparable à celui que nous rendit son aïeul en 1875, lorsqu'il mit un frein aux convoitises de Bismark. La politique athée est pour nous un ennemi aussi mortel que les convoitises bismarkiennes.

Cela dit, nous laissons la parole aux organes officiels chargés de complimenter le tsar, et attendons l'écho de ses réponses. L'enthousiasme qui accueille son apparition est trop spontané, trop général pour qu'il n'en garde pas un bon souvenir.

Nous ne dirons qu'un mot sur la manifestation tapageuse de trois cents socialistes qui ont tenu un meeting pour protester contre la trahison des ci-devant frères et amis qui se joignent à tout le pays pour acclamer l'hôte impérial de la France. Le citoyen Turot de la *Petite République*, a signifié en leur nom au tsar, qu'ils sont pour lui comme pour tous les despotes des ennemis à tout jamais irréconciliables. Par cela même, ils sont aussi ennemis des frères et amis d'hier qui viennent de faire demi-tour à droite. Eh bien, cela est parfait. Le signal des conversions vient d'un bon groupe de l'armée démagogique. Les politiciens qui ont à faire un semblable *demi-tour* sont légion aujourd'hui en France, — espérons que l'exemple sera contagieux. L'histoire de ce siècle nous démontre que cela est très possible au peuple français.

Le traité italo-tunisien et l'agriculture.

On sait que la Tunisie, notre récente colonie, était liée à l'Italie par un traité très avantageux au commerce de cette dernière puisqu'elle était placée sur le pied de la nation la plus favorisée. Ce traité qui expirait le 30 septembre dernier avait été dénoncé par la France en temps voulu ; en sorte que si de nouvelles conventions n'avaient pas été conclues, la Tunisie, ou pour mieux dire la France en Tunisie, reprenait sa liberté d'action et pouvait imposer aux produits italiens les taxes de douane qu'elle aurait jugés utiles. Le traité vient d'être renouvelé jusqu'en 1905 dans des conditions fâcheuses pour notre agriculture puisqu'il contient l'article suivant :

Art. 8. — Les marchandises de toute nature, produits de l'industrie ou du sol de l'Italie qui peuvent ou pourront être légalement importées en Tunisie, ne seront assujetties, à l'importation dans ces deux pays, à aucun droit d'entrée autre ou plus élevé que celui qu'auraient à payer les marchandises similaires, produits de la nation la plus favorisée.

Or, le traité anglo-tunisien limite à 10 0/0 le droit d'entrée sur les vins et à 8 0/0 sur les autres articles : l'Italie va donc profiter des mêmes avantages.

Ajoutons qu'au point de vue politique, le *statu quo* — des plus favorables à l'Italie — est maintenu pour le régime des écoles italiennes en Tunisie ; le sacrifice que fait la France sur le terrain économique n'est nullement compensé de ce côté et nous comprenons parfaitement la joie avec laquelle la signature de ce traité si funeste à nos viticulteurs, agriculteurs et éleveurs a été accueillie en Italie.

La convention italo-tunisienne et l'incurie dont a fait preuve le gouvernement dans la question sucrière, si grave pour nos départements du Nord, constituent pour le ministère Méline deux notes bien fâcheuses. Ce ministère dont l'arrivée au pouvoir avait donné tant d'espérances aux agriculteurs sera-t-il donc pour eux le ministère de la déception ?

Les huissiers agents de recouvrements.

On se plaint, non sans raison dans nos campagnes d'une coutume trop générale consistant à charger les huissiers de toucher les traites et billets à ordre du commerce.

Cet usage est fâcheux sans doute. Les huissiers obéissent trop volontiers à leur goût pour les protêts, et infligent souvent des frais onéreux à des débiteurs qui n'ont besoin que de courts délais pour s'acquitter.

L'*Écho agricole* mène à ce sujet contre les huissiers une campagne vigoureuse, où elle signale force de trucs frisant plus ou moins l'escroquerie et contre lesquelles les débiteurs rançonnés sont sans défense.

Le mal est certain. Mais où est le remède ? — Voilà ce qu'il faudrait nous dire. — Les agents des postes seraient les organes les mieux indiqués pour ces recouvrements. Mais la direction des postes voit des inconvénients à cette innovation. La question est pourtant à étudier de ce côté. Nous ne voyons pas d'autre solution pour les recouvrements à opérer dans les campagnes éloignées que celles d'une banque ordinaire.

L'*Écho agricole* termine son dernier article en citant les tours de coquin d'un huissier des Côtes-du-Nord, qui a des états de service dignes de la correctionnelle, puis ceux d'un agent électoral *influent* — tellement influent que son digne patron, le député opportuniste du cru sollicite, pour lui un emploi de juge de paix. Là-dessus notre confrère s'écrie indigné : « et ce sont ces gens là qui ont le toupet de postuler pour les places de juges de paix. »

A quoi il eût dû ajuster : et ce sont les députés de ce parti qui ont le *toupet* de patroner les postulants.

Mon Dieu, oui : ce sont ces députés-là qui nous imposent de tels magistrats. Protecteurs et protégés se valent !

ALMANACH DE LA FRANCE RURALE

Notre almanach de la *France rurale* paraît pour la 21ᵉ fois. Comme d'habitude, il contient le résumé de tous les faits intéressants de l'année, soit au point de vue purement agricole, soit dans l'ordre politique. Signalons un important article avec gravures explicatives sur la confection des moyettes de fourrages, le résumé des remèdes à employer pour combattre les maladies de la vigne, les lois et décrets concernant l'agriculture, les lauréats des concours, une étude sur la crise du blé en France, qui met en lumière les causes véritables de l'avilissement des cours de cette céréale. Citons enfin le titre de quelques chapitres : Oïdium, le rôle du porc dans la ferme, semailles de blé, droit rural, destruction de la sanve, l'agriculture de la Beauce, ensilage des pommes de terre, culture en terre pauvre, en acide phosphorique, espèce bovine en Dauphiné, alimentation par les pommes de terre, recettes diverses, etc., etc.

Cet almanach, qui contient plus de deux cents pages de texte, constitue une excellente brochure de propagande agricole. Nous prions nos amis de l'examiner avec soin et, s'ils la jugent telle que nous le pensons, ils voudront bien la répandre autour d'eux.

Comme toujours, en mettant cet opuscule en vente, notre désir est de servir une fois de plus la cause de l'agriculture nationale.

L'almanach est en vente, 10 *bis*, rue Piccini, Paris, au prix de 0 fr. 50 l'exemplaire *franco*. Réductions par quantités.

CHRONIQUE GÉNÉRALE

La margarine.

La Petite République, l'organe officiel du parti socialiste, vient de faire une importante découverte dont nos lecteurs apprécieront l'opportunité.

Les gros cultivateurs, lisons-nous dans un récent numéro de ce journal, *sollicités par d'adroits courtiers, ont tout doucement essayé de mélanger un peu de margarine à leur beurre de lait. Le mélange ayant très bien réussi, ils ont augmenté la proportion.*

Actuellement, la forte clientèle des margarines est dans les campagnes. Il faut être un retardataire, un récalcitrant au progrès, pour s'obstiner à ne mettre que de la vraie crème dans la baratte.

Qu'en pensent nos lecteurs ?

Il ne nous déplaît pas de constater une fois de plus de quelle *adroite* façon les socialistes cherchent à gagner les sympathies des ruraux. Mais nous devons relever cependant l'erreur monumentale du fantaisiste rédacteur de la *Petite République* en le priant de dire dans quelles exploitations il a vu mélanger la margarine à la crème dans la baratte.

Nous voudrions bien aussi qu'il nous dise entre quelles mains se trouvent les principales fabriques de margarine en France ; ne seraient-elles pas au moins très enjuivées pour la plupart ?

Il appartient aux sociétés, aux syndicats agricoles, de protester énergiquement contre une accusation qui pèse sur tous les agriculteurs et qui, si elle s'accréditait, ne manquerait pas d'avilir encore le cours de nos beurres. En agissant ainsi, les socialistes se font une fois de plus les auxiliaires du commerce malhonnête pour qui la fraude est une habitude, car tout le monde sait que c'est le commerce qui, en travaillant à nouveau les beurres leur adjoint quelquefois de la margarine.

On sait aussi que les négociants qui font ces mélanges sont toujours disposés à acheter du meilleur beurre et à le payer en conséquence car il en faut moins et le mélange se vend presque au prix du beurre fin.

Ce n'est donc pas en encourageant la fraude, car c'en est bien une que de vendre sous le nom de beurre un produit margariné, que les socialistes feront baisser les prix de ce produit à l'état pur ainsi que le désire le rédacteur de la *Petite République* qui, d'ailleurs, n'hésite pas à estimer que la margarine vaut le beurre.

Messieurs les socialistes, il n'y a qu'un moyen de faire baisser le cours des produits agricoles français, c'est d'arriver à ce que l'agriculteur de France ne paie pas plus d'impôts que ses confrères de l'étranger, est-ce vous qui obtiendrez ce résultat, — vous dont les représentants ne cessent de voter tous les impôts et qui même en réclament de nouveaux à chaque instant. Vous êtes d'ailleurs semblables à tous ces politiciens qui exploitaient à leur profit l'étiquette républicaine. Une fois arrivés, vous oublierez comme eux toutes vos protestations et tous vos engagements.

S. CRÉPEAUX.

Concours

Comice agricole de Laval. — Le concours de cet excellent comice qui a eu lieu le 16 septembre à Laval, a été très remarquable à plusieurs points de vue.

D'abord, l'exposition des bestiaux a montré une collection de superbes sujets reproducteurs de croisement *Durham manceaux*.

Les croisements durham manceaux ont-ils la faculté de constituer une race fixe, faculté niée par quelques-uns, ou dans le cas contraire, l'élevage de la contrée est-il obligé de mener de front le maintien des deux races pures pour fournir des reproducteurs croisés supérieurs ? Telle est la question. Or, l'exhibition des sujets croisés Durham manceaux à Laval, semble donner gain de cause aux éleveurs qui tiennent cette race mixte comme fixée et concentrent tous leurs efforts sur le choix des sujets d'élite et sur leur élevage rationnel pour assurer à l'avenir sa supériorité acquise. C'est la question la plus importante pour l'élevage dans la Mayenne et dans la région environnante.

Mais hâtons-nous de dire que le clou de cet important concours a été le discours magistral de son éminent président, M. Paul Lebreton, dans lequel il a traité à fond la question capitale de la crise agricole et économique de ses causes, de ses effets et des remèdes faux et dangereux, proposés par nos maîtres et des remèdes seuls efficaces que devrait réclamer la France agricole.

Nous reproduirons ce discours qui mérite d'être qualifié discours ministre et qui devrait être lu par tous les amis éclairés de l'agriculture.

C'est le plus important des discours adressés jusqu'à ce jour aux agriculteurs dans les concours de cette année. La lecture de ce discours leur permettra de juger la valeur des autres.

Concours d'arracheuses de betteraves. — Au concours qui a eu lieu cette semaine à Loisy, organisé par le comice de Laon, les primes ont été décernées dans l'ordre suivant : 1° première prime à M. Bajac, de Liancourt, pour ses arracheuses à 1, 2 et 3 rangs. Prime de la Société des Agriculteurs de France au même, pour un nouvel arracheur à trois rangs à socs articulés. 2ᵉ prix : MM. Candelier père et fils. 3ᵉ et 4ᵉ prix *ex æquo* : MM. Amiot et Burriat, de Bresles (Oise) et Brébant, de Villers-Cotterets.

Mention honorable, à M. Fremiet-Wauthier.

Arrachage sur billons doubles. — 1ᵉʳ prix, M. Bajac, appareil reconnu parfait de tout point. 2ᵉ prix, MM. Amiot et Barriat. 3ᵉ prix, M. Candelier.

Arracheuses de pommes de terre. — Prix à M. Bajac pour son arracheuse formée d'une transformation d'un arracheur de betteraves.

Concours régionaux de 1898. — Territoire de Belfort. — Un décret vient d'ajouter aux cinq concours régionaux de 1898, un concours spécial pour le territoire de Belfort, qui est organisé et fonctionnera dans les mêmes conditions que les cinq autres concours régionaux de cette année.

Les agriculteurs du territoire qui désirent concourir pour les primes de culture générale et spéciale, et d'irrigation devront adresser leurs déclarations avec les documents justificatifs à la préfecture de Belfort avant le 1er mars 1897.

M. Comon, professeur d'agriculture dans le Nord est nommé inspecteur de l'agriculture. M. Léon Busselière, l'a choisi sans doute pour le remplacer lui-même dans la direction des concours agricoles de cette importante région. M. Comon sera sans doute à la hauteur d'une fonction dans une région où abondent les agriculteurs émérites dont les inspecteurs officiels reçoivent plus de lumières qu'il ne leur en apportent.

Concours viticole à Châlons-sur-Saône. — Ce Congrès organisé par la Société française de viticulture et d'ampélographie a obtenu un beau et légitime succès. Il était accompagné d'une belle exposition de raisins de cave représentant tous les cépages indigènes et américains et hybrides aujourd'hui cultivés dans cette importante région qui s'étend du bassin du Rhône à celui de la Saône. Les primes principales ont été décernées à l'école viticole de Beaune, au Syndicat de la Côte Dijonnaise, au Comice de Saint-Vallier, à celui de Lons-le-Saunier, à MM. Durand et Guicherd (Côte-d'Or), Rouget, à Salins, à Mme Paul Lauras, à M. Simplé (Yonne), etc.

MM. Duport, Roy, Chevrier, Maldant, Coudero, Vermorel, Rivoire, Rouget, etc. ont vivement intéressé les congressistes par leurs communications.

Congrès agricole international de Bruxelles en 1895. — Les travaux de ce grand congrès sont en vente en deux volumes à la librairie Masson, au prix de 20 francs.

Peste! au prix où est le blé, les oracles de nos grands agronomes ne sont pas à bon marché. Jusqu'ici, rien de ce qui est émané d'eux n'a paru justifier un tel prix.

Exposition de raisins de Montpellier. — Cette magnifique exposition a eu le succès qu'ambitionnaient ses organisations. Voici les noms des principaux lauréats : MM. Jules Lenhardt de Verchant, baron de Fontmagne. Ch. Cochet, de Montpellier ; Guillon, de Montpellier. Comice de Saint-Garges-s.-Loire (Maine-et-Loire) : MM. Dulac, à la Gauphine ; Bord, à Cudillac (Gironde) ; Segouffin (Gers) ; Rouvière, à Montpellier ; Despetis, à Meze. Comice de Kolea (Algérie) : MM. Grec, à Antibes ; Reboul, Barthe, Bastide, Taberne, à Clapiers, etc.

On a vu les raisins de tous les pays civilisés ; c'a été un sujet d'enseignement unique jusqu'ici pour la viticulture dans ses deux branches, production des raisins de table et de raisins de cuve.

Concours de pulvérisateurs à Bordeaux. — Le concours organisé par la Société des agriculteurs de la Gironde a donné les résultats suivants :

Appareils à acide carbonique. — MM. Lamothe, Fréchon et Lafaye, à Nérac.

Appareils à seringue. — 1° M. Fourcadet, Coudrot ; 2° M. Girodolle, à Bordeaux.

Appareils à air comprimé. — 1° M. Loumaigne à Bordeaux 2° l'*Unique* de M. Gretillas.

Appareils à pompe indépendante. — 1° M. Gorodolle 2° M. Thomas, à Vergèze (Gard).

Appareils à bât à air comprimé. — M. Cazaubon, à Paris.

Appareils à traction pour vignes hautes. — 1° M. Seillan ; à Guillan-Médoc ; 2° M. Foucaud, à Langon.

La crise des huiles d'olive.

Les producteurs de l'olivier et des huiles d'olive, dans le Midi de la France, et spécialement en Provence, dans le Var et aux environs de Nice, se plaignent hautement et avec raison, de la dépréciation de leurs huiles, ayant pour cause le trafic énorme des huiles frauduleusement frelatées par certains négociants de Marseille, de Salon, d'Aix, et autres localités provençales. Ils réclament ardemment l'adoption d'un projet de loi qu'avait présenté M. Gadaud, pendant son passage au Ministère, lui édictant de sévères répressions contre ce trafic coupable, en vue de la protection des huiles naturelles, qui ont jusqu'ici fait la fortune de l'agriculture provençale, contre un commerce qui ruine ce beau pays, en procurant des fortunes scandaleuses à une bande d'industriels véreux. Ils demandent cette réforme au nom des intérêts de la santé, de l'honnêteté publique, en même temps que dans l'intérêt, très respectable assurément, de la richesse agricole de leur région.

Tous les honnêtes gens doivent appuyer et joindre leurs vœux à la requête des producteurs d'huiles d'olive provençaux.

Les récoltes des pommes en Amérique.

On apprend par les correspondances commerciales qu'aux États-Unis du Nord et au Canada la récolte des pommes est d'une abondance exceptionnelle et que des importations considérables se préparent pour la France. Les Américains et les Canadiens savent que la récolte sera très inférieure à la moyenne.

Les cours des pommes subiront probablement une baisse sérieuse par suite de ces importations.

Les odeurs de Paris.
Tout à l'égout.

En dépit des dénégations des partisans du fameux *Tout-à-l'égout*, les conséquences trop prévues de ce système insensé, et ruineux pour les finances comme pour la santé publique, commencent à se manifester, et à rendre inhabitables de nombreux cantons de la banlieue parisienne. Or, nous ne sommes qu'au commencement de l'infection.

Jugez de ce que se sera dans un avenir prochain.

Nous lisons dans l'*Echo agricole*.

Qu'est devenue la fameuse commission des odeurs? Si elle existe encore, elle ne ferait pas mal d'aller se promener un peu de côté du Raincy ou de Villemonble. Ces communes sont littéralement empoisonnées par les émanations du dépotoir de Bondy : elles ont déjà maintes fois protesté, mais rien n'y a fait et leurs habitants, pour ne pas sentir ces odeurs insupportables, n'ont plus qu'une ressource..... c'est de se boucher le nez!

La ville de Paris ne se gêne vraiment pas avec ses voisins : à l'ouest, sous prétexte de fertiliser les terres, elle envoie ses eaux d'égout, dans de charmants petits pays où personne, naturellement, ne veut plus aller en villégiature ; elle a l'air de leur faire un cadeau et en réalité elle les ruine. A l'est, elle empoisonne les territoires de plusieurs communes, au risque de faire naître des épidémies. C'est d'autant plus maladroit que par certains vents ces odeurs lui reviennent et qu'elle s'empoisonne elle-même. Agira-t-on et se décidera-t-on à essayer de modifier cet état de choses? Nous en doutons : on ne se remuera que s'il survient une bonne épidémie. Il sera bien temps!

La production chevaline en France.

M. de Plazen, directeur des haras, vient de publier le relevé officiel de l'état actuel de la production de l'espèce chevaline en France.

Ce relevé constate deux faits importants et en apparence contradictoires.

D'une part, les exportations diminuent, les importations augmentent.

D'autre part, le nombre des élèves augmente également.

Il est fort heureux que l'élevage n'ait pas souffert de cette situation à l'égard de l'étranger, mais il est à craindre qu'en se prolongeant cette situation n'aboutisse à une diminution dans l'élevage.

Ce sont les importations d'Amérique qui jouent le principal rôle dans les importations de chevaux. Les beaux percherons achetés au poids de l'or, pendant les douze dernières années par les Américains, nous envoient aujourd'hui des milliers de descendants, qui arrivent sur nos marchés et sont vendus à des prix très lucratifs pour les vendeurs, mais très fâcheux pour les éleveurs français. La concurrence de la Russie concourt avec celle des Etats-Unis à nous battre sur notre marché.

La statistique officielle constate qu'en 1894 la France possédait 2.807.042 sujets de l'espèce chevaline, 218.703 de l'espèce mulassière, 360.000 de l'espèce ovine. Les départements qui produisent le plus de sujets chevalins sont le Finistère (108.000 têtes), les Côtes-du-Nord (96.000), la Manche (82.000), le Pas-de-Calais (77.200), la Somme (73.300), la Seine-Inférieure (70.000). Nous disons de sujets adultes, non compris les poulains et les pouliches de moins de trois ans.

L'élevage a donc progressé en nombre : il a aussi progressé en qualité. On doit ce progrès à plusieurs causes, surtout au nombre croissant des étalons de l'Etat ainsi que des étalons approuvés et autorisés.

Les étalons de l'Etat étaient à la fin de 1894, au nombre de 2.809, dont 223 pur sang anglais, 92 arabes, 215 anglo-arabe, 1.863 demi-sang anglais, 40 de de trait, 6 de service (percherons). Les saillies opérées par les étalons officiels ont monté de 188.000 en 1886 à 222.000 en 1895.

Les importations ont monté de 8.645 en 1886 à 27.812 en 1895.

Les exportations, par contre, ont baissé dans le même intervalle de 21.327 têtes en 1886 à 21.523 en 1895.

Cette situation de notre industrie chevaline est digne de la plus sérieuse attention. Elle prouve que l'avenir de l'élevage des chevaux est très menacé par la concurrence des produits étrangers. Les Etats-Unis et la Russie nous vendent aujourd'hui aux prix de 600 à 800 francs des sujets dont les similaires coûtent plus cher à nos éleveurs.

Il n'y a donc pas à hésiter sur les mesures à prendre pour obvier à la ruine de notre production chevaline. A la vérité, il n'y en a qu'une qui puisse aboutir : c'est un relèvement sérieux des droits de douane. Refuser ce relèvement, c'est voter la ruine de l'une des branches les plus importantes de notre économie rurale ; en même temps c'est voter la perte de notre armée et mettre en péril notre indépendance nationale.

Il faut que les ennemis des douanes en prennent leur parti. Tel est pour leur pays le dilemme de vie ou de mort qui est soumis à leur vote.

Malheur à nous s'ils ne le comprennent pas mieux qu'ils ne l'ont fait jusqu'à ce jour !

Les importations de bestiaux d'Australie.

Les importations de bestiaux d'Australie, tant bestiaux vivants que viandes abattues et conservées, prennent tous les jours des proportions gigantesques et leur influence sur les marchés anglais ne peut manquer de s'étendre sur les marchés français.

D'après les statistiques de 1895 l'Australie possède plus de 100 millions de bêtes ovines, et plus de 12 millions de bêtes bovines, et l'activité croissante des exportations stimule avec un succès prodigieux l'accroissement des élevages. Les importations d'animaux et de viandes d'Australie en Angleterre ont atteint, en 1895, une valeur de plus de 60 millions.

S'il plaît aux Anglais de sacrifier l'agriculture de la métropole à celle de l'Australie, c'est leur affaire. Mais nous aimons à croire que M. Méline envisage sous un autre point de vue les conséquences d'une invasion du marché français par les bestiaux et les viandes exotiques.

Les araignées et le vieillissement des vins.

Que le lecteur ne s'y trompe pas, les araignées n'ont aucune influence sur le vieillissement du vin, mais en donnant aux bouteilles l'apparence du vieux, elles peuvent être utilisées pour tromper l'acheteur. Aussi le commerce des vieux vins factices a-t-il donné naissance, affirme le *Cosmos*, à une industrie nouvelle, celle de l'élevage de l'araignée. « Un Français, du nom de Pierre Grantaire, possède près de Philadelphie (Etats-Unis), la plus grande « ferme » d'araignées. Son stock est d'ordinaire de un millier de sujets provenant surtout de la sélection de spécimens importés de France. Cette industrie existe également dans le département de la Loire, mais sur une moindre échelle. On compte cependant dix établissements se livrant à l'élève de l'araignée dans ce département. Ces araignées se vendent environ 60 francs le cent, et la clientèle est constituée par des viticulteurs français qui l'emploient dans un but plus ingénieux que recommandable. Trois mois environ après l'introduction, dans un cellier nouvellement rempli, d'araignées pour une valeur de 60 francs, les bouteilles sont couvertes de bouchon à bouchon d'un lacis de toiles d'araignées.

« Les personnes non prévenues, en voyant les bouteilles entièrement couvertes de toiles d'araignée, en concluent naturellement que le vin qu'elles renferment est vieux et on peut ainsi en obtenir un meilleur prix ».

Nous signalons la note du *Cosmos* à nos abonnés de la Loire, nous nous refusons à croire à son exactitude et nous leur serons reconnaissant d'ouvrir une enquête à ce sujet.

Le *Cosmos* a probablement pris cette curieuse information dans des journaux étrangers qui ne reculent devant aucun moyen pour discréditer les vins français.

Les Portes de Fer du Danube.

On nomme ainsi un territoire hérissé de rochers qui intercepte le cours du Danube, sur un espace de 8 kilomètres, à la frontière de Hongrie et de Moldavie, et qui jusqu'à ce jour empêchait la navigation entre l'Europe centrale et les provinces voisines de la mer Noire. Depuis cinq jours ce formidable obstacle est anéanti. Des travaux gigantesques, exécutés aux frais du gouvernement austro-hongrois, ont enlevé les rochers et creusé à leur place un profond rejoignant les parties isolées du cours du fleuve. La dynamite a été employée avec un talent remarquable à ces travaux qui ont coûté 40 millions. Aujourd'hui, grâce à ce travail, la navigation du Danube relie toutes les contrées riveraines de la mer Noire au centre de l'Europe et jusqu'à la France. Les produits agricoles de ces contrées feront aux nôtres une concurrence plus redoutable que jamais sur nos marchés.

N'y a-t-il pas pour nous un amer sujet de réflexions dans ce douloureux contraste des Etats étrangers qui réussissent à perfectionner l'outillage de leur production et de leur commerce, pendant que nous jetons des centaines de millions dans les gouffres dévorants de colonies ruineuses et mortelles, dans les flibusteries du Panama et que depuis trente ans on n'a pas trouvé un sou pour creuser les canaux du Rhône, dont la privation voue à la misère toute une province du Midi. Quelle opinion les ruraux peuvent-ils se faire de nos gouvernants lorsqu'ils ont sous les yeux de tels contrastes ?

CHRONIQUE AGRICOLE

Situation. — La saison.

La dernière semaine a été assez bonne pour l'agriculture. Les tempêtes sur mer et sur terre de la semaine dernière ont fait place à une température plus douce, à des journées de beau temps où le soleil a envoyé quelques rayons tardifs mêmes bienfaisants aux vignes d'abord, puis aux terres labourées et ensemencées, que les dernières pluies avaient rendues inabordables. On s'est vite hâté de mettre à profit ce retour du beau temps. Aujourd'hui, malheureusement, nous n'en jouissons pas aussi complètement que la semaine dernière. Le ciel se couvre souvent de nuages. Les heures de soleil sont parfois interrompues par quelques courtes ondées. On voudrait partout une bonne quinzaine de beau temps, un été automnal pour la récolte des vignes, pour celle des regains et des plantes racines, enfin et surtout pour les travaux d'ensemencement des céréales d'hiver. Un fait bien accrédité et à juste titre dans l'esprit des cultivateurs, c'est l'influence heureuse d'un ensemencement hâtif sur le produit des céréales. C'est avec raison qu'on sème lorsqu'on le peut le blé dans les premiers jours d'octobre, le seigle en septembre, et les avoines d'hiver à la fin d'octobre. A ce dernier sujet, nous avons constaté cette année que les avoines d'hiver avaient donné des rendements doubles de ceux des avoines de printemps qui ont été très éprouvées par la sécheresse de juin.

L'expérience d'ailleurs démontre que les blés semés de bonne heure produisent les talles les plus nombreuses et exigent d'autant moins des quantités de semences. Ainsi le blé semé avec 80 litres de semence en octobre en exigera 120 semé en novembre pour produire un même rendement.

Les nouvelles qui nous parviennent des diverses régions de la France accusent les effets fâcheux des dernières pluies sur les récoltes et les peines qu'imposent à la culture l'enlèvement des plantes sarclées par des temps pluvieux. On sait en effet que la conservation des plantes racines et des pommes de terre dépend de leur état de dessication et que c'est au prix de peines infinies qu'on les dispute aux pluies continues, au moment où il faut les cueillir et préparer la terre à de nouvelles cultures.

Espérons que le beau temps va enfin seconder ces travaux difficiles et d'une si urgente nécessité.

La situation dans le Sud-Ouest est ainsi appréciée dans le *Journal d'agriculture de la Gironde*.

Le mauvais temps que nous subissons, hélas! depuis trop de jours n'avance pas les travaux des vendangeurs. L'ouragan de vendredi a empêché, dans certains endroits, la continuation de ces travaux, et il serait à souhaiter que le soleil vienne égayer cette opération. La récolte ne sera pas, peut-être, aussi bonne qu'on aurait pu le supposer; les dernières pluies ont pourri les grains dans de certaines contrées, et le vent, qui a fait ravage dans notre département, a couché un certain nombre de vignes.

De l'étranger, les nouvelles sont à peu près les mêmes. Il serait à désirer que l'on puisse vendanger de suite; les vendanges faites, nos braves viticulteurs auront l'esprit plus tranquille.

La population chevaline des Landes *(suite)*

Le drainage du sol, le colmatage, l'emploi judicieux des engrais chimiques, contribueraient pour une large part au résultat désiré.

En me dirigeant, par une assez large route, du côté de l'immense prairie communale où se fait, à Rivière, l'élevage du cheval landais, je heurtai plusieurs fois du pied des mottes de terre tourbeuse. Interrogé sur l'origine de cette terre, mon aimable cicerone m'expliqua qu'elle provenait de la *Barte*, nom donné à la prairie précitée, et servait à fumer les champs du voisinage. Cette pratique est assurément excellente, car on enrichit, en azote, le sol sur lequel on répand cette matière; mais il ne suffit pas qu'une terre soit bien pourvue en matières organiques pour avoir de belles récoltes, il faut encore que ces substances ne soient pas immobilisées et qu'il existe un certain équilibre entre les éléments fertilisants. Cet équilibre serait établi, dans ce cas, en mélangeant au sol, des scories de déphos-

phoration et du chlorure de potassium ce que l'on paraît ignorer dans cette localité. Le chlorure de potassium se transformant, grâce à la chaux des scories qui ne tarde pas à se carbonater, en carbonate de potasse qui dissout l'humus et forme de l'humate de potasse, il en résulterait un accroissement considérable des récoltes fourragères et autres. Puisque la chaux vive contenue dans les scories paraît suffisante pour assurer une bonne nitrification, même dans les sols tourbeux, il est manifeste que la formation d'une petite quantité de carbonate de potasse suffit, dans la plupart des cas, à provoquer une nitrification assez active pour pourvoir avantageusement aux exigences de la récolte. Ce serait un procédé rapide et avantageux permettant de mettre à profit la proportion énorme d'azote combiné, immobilisé, dans ces terres acides, faute de nitrification active.

On sait, d'ailleurs, depuis longtemps, que l'addition seule de carbonate de chaux ou de chaux, agents nitrificateurs dans les terres siliceuses bien pourvues d'azote organique, en augmente la fertilité pour toutes les cultures. Les nitrates, dont on provoque ainsi la formation, facilitent énormément l'assimilation de la potasse par les plantes, à l'état de nitrate; ce qui n'est pas sans importance si l'on veut cultiver la pomme de terre que l'on sait exigeante à l'égard de la potasse.

Le surplus de récolte obtenu aujourd'hui par l'emploi raisonné du plâtre appliqué à la culture de la vigne, en sol suffisamment pourvu d'azote organique résulte d'une assimilation plus considérable de la potasse à l'état de nitrate, ainsi que cela ressort des expériences de MM. Ville, Oberlin, Battanchon et Pichard, sur la vigne.

Produire à bon marché et en quantité suffisante, au fur et à mesure des besoins de la plante, l'azote nitrique, ce facteur principal de toute végétation, constitue la partie essentielle du problème agrologique.

L'usage du plâtre associé aux scories donnerait le plus souvent une solution satisfaisante, dans les terrains des Landes, en activant la nitrification et en rendant suffisamment assimilable pour les plantes exigeantes à cet égard, la potasse souvent peu assimilable et rare qui peut exister dans les sables siliceux des localités que j'ai parcourues.

Grâce à l'emploi rationnel des agents de fertilisation que l'industrie nous fournit aujourd'hui à bas prix, les agriculteurs landais pourraient augmenter dans des proportions énormes leur production fourragère et améliorer ainsi leurs races animales.

L'amélioration de nos races chevalines est une question primordiale et il faut, pour y arriver, faire appel aux efforts patriotiques des hommes dévoués de la région landaise. Grâce à leur concours, la race qui nous occupe s'élèvera

au niveau des exigences de l'époque et tiendra, elle aussi, la place qu'elle doit occuper parmi nos races équines. Elle deviendra prospère et contribuera à l'approvisionnement de notre cavalerie légère. Mais il faut procéder méthodiquement et pratiquer tout d'abord une sélection judicieuse, progressive et persistante des mères. Il ne faut pas, pour la grandir plus vite, employer, ainsi qu'on l'a déjà fait, des étalons de la variété anglaise de course. Il en résulterait ainsi que l'a si judicieusement fait observer M. Sanson, « une population chevaline haute sur jambes, mince de corps, aux articulations d'une faiblesse déplorable et d'un tempérament irritable à l'excès ». La jument landaise n'admet pas un accouplement aussi disparate.

Ce n'est que par l'usage exclusif des étalons dits arabes, qu'on peut sérieusement améliorer cette population. Ce reproducteur ne pousse qu'avec mesure aux dimensions à faire acquérir graduellement à cette petite race, si son influence est soutenue par un régime moins parcimonieux, plus substantiel, au lieu de l'alimentation insuffisante et pauvre que leur procure le régime demi-sauvage des Landes auquel elle est abandonnée.

Ces deux moyens sont inséparables dans une pratique réfléchie; sous leur influence combinée, on ira droit au succès; en procédant autrement, on ne récolterait que mécomptes et déceptions.

Sur les points les mieux cultivés, où l'amélioration a été le mieux conduite et où les résultats ont été les plus complets, le petit cheval landais se montre énergique et puissant, bon à tout; les os du squelette sont forts et les muscles saillants; toutes les parties du corps s'harmonisent dans leurs proportions. Partout où, grâce au progrès agricole, l'alimentation est abondante et substantielle, la transformation est facile. Dans les contrées moins fertiles, où les aliments sont moins riches et moins abondants, le progrès sera lent, l'amélioration moins sensible : là le cheval répond par sa petite taille et sa moindre valeur, au peu de nourriture qu'il consomme et au peu de soins dont il est l'objet.

On ne saurait donc trop répéter que si le cheval landais demande à être grandi, cette élévation de la taille ne doit être acquise aux dépens d'aucune de ses qualités. C'est principalement dans l'abondance et la bonne nature des aliments qu'il faut puiser les éléments de cette amélioration. C'est par conséquent, une question d'accroissement de la fertilité du sol. Que les agriculteurs landais se hâtent donc d'entrer dans cette voie en s'inspirant des méthodes rationnelles de culture et de fumure préconisées par la science et l'expérience agricoles. En présence de l'avilissement du prix des céréales, une place de plus en plus considérable devrait être donnée, dans ce département, à la production fourragère qui permettrait l'accroissement de l'élevage du bétail, et, comme conséquence, celui des riches produits qui en dérivent, tels que le lait, le beurre, le fromage et les fumiers.

L'agriculture landaise trouverait là une grande source de profits assurés.

L'élevage des jeunes comporte encore des soins qu'on néglige trop souvent au grand détriment de l'avenir du sujet, et il importe, en dehors de la sélection et des améliorations culturales, de tenir grand compte du sevrage et de l'alimentation.

Il ne faut pas oublier que la précocité est toujours le résultat d'un allaitement prolongé et d'une bonne alimentation. Jusqu'au huitième mois, le poulain ne peut, jusqu'à l'évolution des premières molaires permanentes, utiliser les aliments grossiers; la mastication incomplète qu'ils subissent en rend la digestion lente et laborieuse, le ventre devient volumineux, et il en résulte souvent des gastro-entérites mortelles.

En outre, la charpente osseuse, ne trouvant pas les éléments qui sont nécessaires à sa constitution, souffre dans son développement; les membres, trop grêles, sont exposés aux tares de toutes sortes, sous l'influence du moindre travail. Le sujet, ainsi constitué, est un produit manqué, incapable de rendre le moindre service. Il faut donc éviter, à tout prix, un sevrage hâtif et une alimentation insuffisante.

En résumé, les données qui doivent servir de base pour l'amélioration de la population chevaline landaise, consistent donc :

1° Dans le progrès agricole sous toutes ses formes ;

2° Dans le choix d'étalons arabes et de juments bien conformées ;

3° Dans un allaitement prolongé, une bonne alimentation, une gymnastique fonctionnelle bien entendue jointe à un dressage approprié.

En suivant ces indications faciles à réaliser peu à peu, j'ai la conviction que les éleveurs landais arriveront à l'entière restauration de leur petite variété chevaline, et qu'il en résultera pour leur département une nouvelle source de richesses.

L. MESNARD,

Récolte des pommes de terre.

Tandis qu'autrefois la plupart des cultivateurs ne se préoccupaient à l'automne, que des labours et ensemencements d'hiver, actuellement cette saison n'est pas la moins chargée de travaux qui exigent fréquemment un supplément provisoire de main-d'œuvre et de force en attelage. C'est vers la fin de septembre et la première quinzaine d'octobre, que l'on commence l'arrachage de la pomme de terre, opération très importante et sur laquelle nous avons voulu appeler l'attention de tous nos lecteurs.

La pomme de terre est en effet, une plante si précieuse, elle joue un si grand rôle dans l'alimentation de l'homme et des animaux, que rien dans sa culture ne saurait nous désintéresser.

Époque de l'arrachage. — Si la détermination de l'époque la plus favorable à la récolte n'est pas des plus faciles pour les fourrages et les céréales, elle doit l'être encore bien moins pour la pomme de terre qui est cultivée pour ses organes souterrains. La dessication des fanes peut, sans doute, fournir de sérieuses indications, mais si dans beaucoup de cas celle-ci est un indice de la maturité des tubercules, souvent aussi elle ne prouve pas que ces tubercules aient atteint leur développement complet.

La pomme de terre, d'après l'opinion d'un grand nombre de praticiens, continue à profiter même après la disparition des tiges. Cette manière de voir est peut-être un peu absolue, mais, dans tous les cas, l'époque de l'arrachage est subordonnée à la saison, à la nature de la plante qui doit succéder, à la variété et à une foule de circonstances qu'il serait trop long d'énumérer.

Le climat et la nature du sol ont une influence dont il faut tenir compte; dans les sols argileux, la maturité est retardée; il est nécessaire pourtant d'opérer plus tôt que dans les sols secs et chauds; sinon, si les circonstances atmosphériques sont défavorables, la circulation des attelages devient pénible, le travail est plus coûteux et le terrain lui-même est plus exposé à souffrir.

Si le sol est destiné à être ensemencé avant l'hiver, on ne saurait trop se hâter de faire la récolte ; si au contraire, il est appelé à recevoir une emblavure de printemps, on peut retarder l'arrachage de façon à ne travailler que par un beau temps.

La récolte est mûre, si nous pouvons employer cette expression, quand les tubercules se laissent détacher facilement des stolons ; leur pellicule externe, bien qu'elle se soulève encore aisément, acquiert de la résistance, et leur chair devient plus dense; les tiges, plus ou moins séchées, portent des feuilles mortes. Pour quelques variétés tardives, *géante bleue*, par exemple, si le jaunissement des tiges et des feuilles n'avertissait pas que l'époque de la récolte est arrivée, on devrait quand même opérer l'arrachage dans le cas où l'on aurait à craindre les gelées.

Il faut bien se garder d'arracher trop tôt, car des inconvénients assez graves sont attachés aux récoltes prématurées ; les tubercules flattent peu le goût, la production est diminuée et la conservation est rendue plus difficile.

Il est préférable de laisser le tubercule en terre bien qu'il ait cessé de grossir, il *s'assaisonne*, suivant l'expression consacrée, il se conserve très bien.

Il est à remarquer cependant que, dans les années où la sécheresse vient arrêter de bonne heure le développement des plantes, beaucoup de cultivateurs entreprennent la récolte sans différer; de cette façon on se soustrait aux inconvénients des pluies abondantes qui surviennent à l'automne et qui, en réveillant la végétation, permettent aux tubercules d'émettre de nouveaux germes et de perdre en qualité sans aucune compensation. Cette observation est particulièrement remarquable pour l'année 1896.

COURTIN.

Vendanges et cuvages.

La saison des cuvages est à peine ouverte et déjà nous avons la pénible occasion de signaler plusieurs cas mortels de malheureux vignerons, qui ont payé de leur vie l'imprudente descente dans les cuves de moût en fermentation.

Nous lisons à ce sujet dans le *Petit Marseillais*, la lettre adressée à ce journal par *un vigneron*, qui affirme qu'un moyen certain d'éviter ces catastrophes consiste tout simplement à allumer un fourneau plein de charbon de bois, au bord de la cuve, sur le marc même. Moyen efficace, si la cuve ne contient pas plus de 2.000 mètres cubes de vendange.

« J'en ai fait moi-même, ajoute-t-il, l'expérience dans une cuve ouverte depuis deux jours, à l'orifice de laquelle une bougie allumée s'éteignait immédiatement au bout de moins d'une heure, un réchaud allumé comme je viens de le dire, a débarrassé complètement la cuve de l'acide carbonique et les hommes ont repris et fait leur travail comme s'ils avaient été en plein air. »

Si après une première application il restait encore un peu de gaz, il suffirait d'ajouter un peu de charbon.

Tous ceux qui connaissent le danger que courent les hommes chargés de fouler et remuer les moûts dans les cuves, prendront bonne note de cette intéressante communication.

Déjà le Dr Cazalis, dans son *Traité de l'art de faire le vin*, avait cité ce procédé avec d'autres, pour dissiper le gaz acide carbonique des cuves. Mais c'est la première fois qu'on le cite comme étant assuré d'une aussi complète réussite:

M. Louis de Martin, rappelons-le à ce sujet, emploie depuis plus de vingt-cinq ans un procédé aussi efficace. Il fait fermenter ses raisins dans un foudre hermétiquement clos, communiquant par un tube recourbé avec un vase rempli à moitié d'eau, dans lequel tout l'acide carbonique est absorbé immédiatement.

Ce procédé a non seulement pour

effet l'absorption de l'acide carbonique, mais aussi un vin dosant un degré d'alcool de plus que le vin provenant d'un cuvage en cuve ouverte.

Le procédé, d'ailleurs, a, en tout cas, une utilité réelle en tant que moyen d'élever la température ambiante du cuvier, qui généralement est insuffisante à cette époque de l'année étant donné qu'une température de 18 degrés est très désirable pour donner une fermentation assez active des moûts.

La lutte contre le black-rot.

Nous avons enregistré avec une vive peine les effets désolants des remèdes préventifs employés dans les vignes de la région du Sud-Ouest contre le terrible black-rot et les angoisses qu'éprouvent les viticulteurs devant un fléau qui a résisté à tous les moyens de défense tentés jusqu'à ce jour.

Le *Bulletin* du syndicat du Rhône publie une note un peu rassurante sur ce grave sujet.

« Nous avons les meilleurs nouvelles du champ d'expériences, habilement dirigé par M. le professeur Perraud, dans la propriété Coillard, à Limas (Rhône). Sans commettre aucune indiscrétion nous pouvons constater que les traitements cupriques sont concluants, et que si les rangs témoins ont perdu une partie importante de leurs récoltes, la moitié selon quelques visiteurs, les deux tiers même suivant quelques autres, des rangs traités sont à peu près indemnes. Tout cela est réellement consolant, et doit donner du courage aux propriétaires et aux vignerons.

« Les résultats constatés dans le champ d'expériences de M. Perraud, se sont reproduits du reste partout où des sels de cuivre ont été appliqués préventivement et en quantités suffisantes. Un autre propriétaire a très efficacement combattu un foyer d'autant plus intense qu'il s'était développé sur quelques pieds de Petit-Bouschet, cépage très sensible au black-rot. Eh bien, quatre sulfatages et deux soufrages ont à peu près enrayé le mal, si bien que la récolte est considérée comme sauvée.

« Ce même résultat eut été plus facile avec le Gamay qui est plus réfractaire au black-rot, et qui est classé parmi les cépages de sensibilité moyenne. C'est dire qu'il est permis de conclure que nous pourrons défendre notre Gamay sinon d'une façon absolue du moins d'une manière à sauver la plus grande part de la récolte.

« L'emploi des poudres soit de soufre pur, soit de soufre mélangé avec le sulfate de cuivre, la chaux, le plâtre, la poussière de charbon, etc., a en général cette année eu raison de l'invasion inopinée de l'oïdium. Partout les vignerons ont remarqué que les poudres de différentes natures, répandues sur le raisin semblent enrayer l'invasion du black-rot. Il en est ainsi dans le Gers

et les départements de l'Ouest et il est probable que désormais nous serons obligé de recourir à ces traitements complémentaires. Nous nous rappelons tous combien M. Viala dans sa conférence de décembre dernier insistait sur l'emploi des poudres sulfatées auxiliaires indispensables des liquides cupriques.

« En résumé, le sulfate de cuivre qui avait déjà donné des résultats efficaces aux Américains dans leur lutte contre le black-rot n'a pas trompé notre attente, et, Dieu aidant, nous pouvons envisager l'avenir avec confiance. »

D'un autre côté le *Bulletin* du syndicat de Cadillac et de Podensac, publie un article sur le même sujet qui signale les mêmes difficultés et les mêmes mécomptes et se termine par les lignes suivantes qui nous paraissent dignes d'attention :

« Le black-rot a des organes de multiplication très variés qu'il est malaisé d'atteindre.

« Il faut donc recourir à des substances à la fois antiseptiques et désorganisantes qui soient cependant sans effet sensible sur la matière des feuilles et des raisins, et tenir compte de ce fait que les cryptogames se développent dans les milieux acides et sont paralysées par les milieux alcalins.

« Nous avons signalé, dans notre numéro de juin, le naphtolate de cuivre préconisé par M. Mangin.

« De son côté, M. G. Couderc, l'intrépide hybrideur d'Aubenas, a entrepris à Eauze (Gers), une série d'expériences où il a fait intervenir le chlorure de chaux et différents composés métalliques dont les plus efficaces paraissent être ceux à base de cobalt.

« Nous avons entendu parler aussi, mais vaguement, de l'efficacité *des sels d'argent*. Hélas !

« En attendant le remède souverain et *pratique*, nous sommes condamnés à des expédients, comme le ramassage des feuilles et des grains atteints. On n'ose s'élever contre de tels procédés, plus coûteux qu'on ne croit et trop aléatoires, car on ne sait réellement pas de quel côté peut venir le salut. »

Le miel en viticulture.

Pour donner artificiellement aux vins le sucre qui leur manque souvent, nous avons maintes fois conseillé de recourir au sucre de canne de préférence au sucre de betterave et surtout au glucose qui est fréquemment falsifié ; il va sans dire que le meilleur des sucres serait encore le miel. Nous sommes surpris que ce produit ne soit pas plus employé à cet effet, car son addition exerce sur le vin une action des plus salutaires.

Le miel renferme 80 0/0 de sucre, il en faut 22 grammes 1/2 pour augmenter d'un degré d'alcool un litre de liquide. Ainsi veut-on renforcer de 2° un hectolitre de moût dosant 8° d'alcool, il faudra employer 4 kilog. 40 de miel.

En outre du sucre, le miel contient certainement les levures ayant le parfum des plantes sur lesquelles ont butiné les abeilles. Nous pensons qu'il y aurait un intérêt capital à faire des recherches sur l'influence que peut exercer le miel dans la fabrication du vin.

D'ailleurs l'addition du miel au vin n'est pas nouvelle, on connaît depuis longtemps l'*œnomel*, mais il nous semble qu'il y aurait à préciser les phénomènes qui résultent du mélange de ces deux produits.

Les blés de M. Denaiffe

M. Denaiffe, le grainier bien connu et estimé de Carignan, a créé, lui aussi, à l'exemple de M. de Vilmorin et de M. Desprez quelques variétés de blé sélectionnées d'un mérite exceptionnel.

Voici les variétés nouvelles qu'il offre aux cultivateurs :

1. *Blé Urtoba*. — Gros grain blanc, grosse paille. 44 hectolitres à l'hectare.

2. *Craf Wolderdorf régénéré*. — Grain gros, blanc, court. 41 hectolitres à l'hectare.

3. *Manchester*. — Grain gros, allongé, pleins. Paille forte, élevée. 48 hectolitres à l'hectare.

Hickling. — Epi rappelant celui du blé roseau. Grain blanc jaunâtre. Paille blanche. 47 hectolitres.

5. *Dividendin*. — Un peu tardif ; grain gros, vitreux, assez long. 46 hectolitres.

6. *New-Hybrid Kinh*. — Epi très rouge serré. 42 hectolitres.

7. *Hongrie rouge*. — Grain d'un rouge terne, allongé, renflé au milieu, épi serré. 48 hectolitres.

8. *Forêt de Windsor*. — Epi serré, presque carré, presque blanc, grain gros, allongé, vitreux. 44 hectolitres.

9. *Northalberton*. — Grain blanc, gros, un peu allongée. Paille grosse, élevée. 42 hectolitres.

10. *Blé à six rangs*. — Grain bossu, tronqué à l'avant, jaunâtre. Paille élevée. 42 hectolitres.

11. *Spalding prolifique*. — Grain moyen, jaunâtre, allongé. 39 hectolitres.

12. *Clovers red*. — Grain gros, blanc jaunâtre, allongé. 37 hectolitres.

13. *Empereur*. — Epi rougeâtre. Paille rougeâtre, grain blanc, gros, allongé. 38 hectolitres.

14. *Blé de la plaine d'or*. — Epis allongé, blanchâtre, grain gros, blanc, allongée. 38 hectolitres.

M. Denaiffe signale aussi certains blés barbus qui lui donnent des rendements exceptionnels, depuis 40 jusqu'à 48 hectolitres à l'hectare, entre autres : poulette de Lausanne, poulard de Taganrog barbus de Rivettes, géant Milanais, etc.

Ces variétés ont 13 à 14 0/0 de matières azotées. Toutes sont exotiques. On le voit, la question d'acclimatation est réservée. Avis à ceux qui voudront en faire l'essai.

Pommes de terre cuites et crues.

M. Aimé Girard vient de publier le compte rendu de nouvelles expériences qu'il a faites pour apprécier la valeur comparative des pommes de terre crues dans la nourriture d'engraissement et d'entretien. Ces nouvelles expériences ont abouti à la même conclusion que les précédentes : les pommes de terre cuites donnent un engraissement plus rapide, une chair et une graisse meilleures — et dont le bénéfice est supérieur aux dépenses de cuisson.

L'honorable savant ne dit rien de ce qui concerne les vaches laitières. Nous rappelons que dans la précédente expérience, où la pomme de terre cuite n'était pas aussi lactifère que la pomme de terre crue, ce résultat avait paru quelque peu étonnant. Mais nous croyons utile d'en tenir compte dans la nourriture des vaches laitières. En tout cas, on sait que les aliments toniques mêlés à des aliments aqueux sont les meilleurs pour obtenir une abondante production de lait.

L'alimentation par les drêches.

On appelle généralement drêches les résidus de tous les grains traités pour en obtenir l'alcool, l'amidon ou le sucre.

La brasserie donne comme résidu la drêche d'orge, constituée par l'assemblage des enveloppes de grains d'orge, déchirés, et incomplètement vidés, sa couleur est jaune brun et son odeur analogue à celle de la bière.

La drêche est très riche en protéine ; d'autant moins en matière amylacée que le brassage a été mieux fait ; pauvre en matière grasse.

Tous les animaux prennent avec empressement la drêche de brasserie dont la valeur alimentaire est considérable.

La drêche d'amidon n'est autre que du son de maïs, de riz, de fèves ou même de froment obtenu par la séparation de l'amidon de ces graines d'avec leur écorce.

Ces sons contiennent une plus forte proportion de gluten que le son de meunerie, il est donc plus nutritif, on le fait consommer au bétail soit à l'état très humide, soit après l'avoir desséché pour faciliter sa conservation et son transport.

Le gluten obtenu parallèlement à la drêche constitue un aliment d'une grande richesse en protéine.

Les drêches de distillerie et de glucoseries de grains, ressemblent naturellement beaucoup aux drêches d'amidonnerie.

Les drêches sont plus souvent conservées par ensilage que par dessiccation : dans ce dernier cas, on leur donne par pression la forme et la consistance de tourteaux. Quant aux drêches liquides, c'est-à-dire aux bouillies aqueuses qui s'écoulent comme résidus des diverses industries précitées, elles ne peuvent naturellement être consommées que sur place ; le bétail les absorbe avidement, mais on doit toujours les leur donner aussi chaudes que possible.

On peut engraisser le bétail avec des drêches liquides, à la condition qu'elles ne soient point tout à fait trop diluées (70 kilos de matière humide au maximum par tête de gros bétail). Pour la production laitière, les drêches aqueuses donnent de meilleurs résultats, et l'on peut sans inconvénient forcer les rations. Dans ce cas la production du lait augmente, mais le poids vif reste stationnaire ou diminue.

Quant aux drêches solides ou desséchées elles n'ont aucun des inconvénients des drêches aqueuses et sont largement utilisées pour la nourriture des espèces bovine, ovine et porcine. On donne même de la drêche desséchée aux chevaux de cavalerie en Allemagne.

Les raisins de table.

Nous rangeons les raisins de table parmi les produits du jardin non des vignes dont la culture a pour but exclusif les vins de cuve. En effet, c'est dans les jardins, spécialement le long de leurs murs, que l'on exploite les treilles produisant les raisins de table au moins dans la culture domestique. Dans les cultures industrielles, les raisins de table sont produits dans des serres spéciales, comme en Belgique et dans le Nord, ou en contre-espaliers comme les célèbres treilles de Thomery, près Fontainebleau.

Nous n'apprenons rien à personne, pensons-nous, en constatant que les meilleurs raisins de table sont produits dans les terres siliceuses, ou silico-calcaires, comme celles de Fontainebleau, de Chantilly. Mais on peut obtenir partout de bons raisins en donnant aux terres portant des treilles, des amendements qui les rapprochent de cette composition.

Les raisins de table les plus estimés en France, sont les suivants :

Le Chasselas rose ou royal, qui mûrit fin août ; le Muscat d'Alexandrie en septembre ; le Frankhental, au commencement d'octobre ; le Gromier du Cantal, vers la moitié d'octobre ; la Panse jaune, en octobre, ainsi que la Perle de Hollande.

On a de tout temps expédié des raisins à de certaines distances ; les envois de notre époque sont bien plus multipliés et plus lointains qu'ils ne pouvaient l'être avant l'établissement et la multiplicité des chemins de fer. Il faut donc les emballer avec soin pour qu'ils arrivent frais, aussi frais que s'ils n'avaient pas voyagé, sous peine de perdre beaucoup de leur valeur et de leur qualité.

Le raisin doit être emballé dans de la fougère sèche ; les raisins qui arrivent à Paris de Fontainebleau sont des chefs-d'œuvre d'emballage.

Ces belles grappes dorées sont cachées dans un lit épais de fougère. Le raisin ne doit pas occuper plus du tiers de la capacité du panier ; avant de l'y enfermer, on épluche soigneusement les grappes en supprimant non seulement les grains qui ne sont pas parfaitement sains, mais encore tous les petits grains et les bouts de queue inutiles. Les paniers sont bagués très serré.

S'il s'agit d'expédier à une grande distance du chasselas ou autre raisin de table, il faut l'emballer dans une boîte, avec du son bien sec et dégagé de toute farine.

On dépose les grappes à côté les unes des autres, sur une première couche de son jusqu'à ce que tous les grains soient recouverts ; on met une seconde couche de raisin, et ainsi de suite, en terminant par une épaisse couche de son. Il faut que le couvercle presse assez fort sur le raisin pour qu'il soit un peu comprimé. Le raisin ainsi emballé peut franchir de grandes distances et arriver aussi frais que s'il venait d'être cueilli.

On peut remplacer le son par la sciure de peuplier bien sèche ou par des rognures de papier.

Cazevad.

La force du cygne.

C'est une notion généralement répandue que le cygne possède une force musculaire considérable dans son long cou, et aussi dans ses ailes, et l'on évite généralement d'entrer en discussion avec cet oiseau. *Zoologist* cite un fait qui confirme l'opinion générale. Un médecin américain rapporte en effet que le premier cas de chirurgie qu'il a eu à traiter fut un cas de fracture de l'avant-bras due à un coup d'aile de cygne. Le patient, chasseur de profession, et qui chassait de nuit au brandon, se trouvait dans une petite barque, et ses manœuvres firent lever une bande de cygnes. Instinctivement, les oiseaux étant très près de lui, il leva les bras en l'air pour protéger sa tête. Celle-ci n'eut point de mal, mais un des avant-bras fut atteint par l'aile d'un des oiseaux qui faisait un effort puissant pour s'enlever, et les deux os de l'avant-bras frappé se brisèrent. Cet exemple montre que le préjugé populaire à l'égard de la vigueur de cet oiseau n'est pas dépourvu de fondement, et les incrédules feront bien de le partager.

Un remède à la météorisation.

On sait que les remèdes employés jusqu'à ce jour pour soulager les bestiaux météorisés ne sont jamais d'une efficacité immédiate. Le percement du flanc, qui est le plus efficace, n'est pas sans inconvénient.

M. de Monicaut, l'éminent président du Comice de Trévoux (Ain), nous apprend que le remède souverain cherché vainement jusqu'ici consiste tout simplement à introduire dans la bouche des animaux météorisés un fragment de racine de chélidoine long de 2 à 3 centimètres, le gonflement cesse instantanément. C'est à la suite d'une expérience faites sur plus de cent animaux, que M. de Monicaut préconise ce nouveau moyen de guérison.

BIBLIOGRAPHIE

M. le Comte de Chanterac a eu la bonne pensée d'expliquer ce qu'est la la loi d'accroissement ou d'abonnement. En quelques pages d'une clarté saisissante il expose toute l'injustice de cette loi. Cette brochure est de celle qu'on doit répandre : nous la signalons à nos amis; ils la trouveront à la *Maison de la Bonne Presse*, 8, rue François-Premier Paris.

RECETTES

Pour empêcher les poules de perdre leurs plumes. — Le plus souvent, les poules perdent leurs plumes par suite d'une nourriture trop échauffante, maïs ou sarrasin en excès. On remédie à cet inconvénient en les laissant aller au vert pendant quelques jours ou en leur donnant beaucoup de choux ou de navets coupés menus. On peut aussi leur faire ingurgiter un demi-dé d'huile de ricin.

Destruction du ver blanc. — Nous avions parlé jadis du coaltar comme ayant la propriété précieuse de débarrasser les cultures du ver blanc. Un journal suisse du canton de Vaud publie un fait qui confirme en partie cette indication. Un horticulteur, M. Schmidt, avait des plants de fraisiers ravagés par les vers blancs. Il eut recours, non au coaltar mais à l'*acide phénique cristallisé*, qui donne son odeur à ce produit houiller. Il fit dissoudre de l'acide phénique dans de l'eau à raison de 1 gramme seulement par litre. Il laboura son plant de fraisiers et l'arrosa avec cette dissolution. Ses fraisiers poussèrent vigoureusement et le ver blanc n'y a pas paru. Plus tard un autre quartier de son jardin fut envahi, puis délivré par le même moyen.

DROIT RURAL

Barrage pour irrigation. — *Question.* — Je suis propriétaire d'un fond inférieur séparé d'un fonds supérieur par un fossé mitoyen dans lequel passe un petit cours d'eau provenant d'une source communale. Ai-je le droit de faire un barrage pour arrêter cette eau et m'en servir pour irriguer mon pré, sauf à la rendre ensuite à son cours naturel? Le propriétaire supérieur peut-il s'opposer à ce que fasse ce barrage qui toucherait d'un côté sa propriété? Puis-je faire un barrage à demeure avec une pelle s'abaissant et se levant à volonté?

Réponse. — La réponse est fournie par la loi du 11 juillet 1847 qui porte : « Tout propriétaire qui voudra se servir pour l'irrigation de ses propriétés, des eaux dont il a le droit de disposer, pourra obtenir la faculté d'appuyer sur la propriété du riverain opposé les ouvrages d'art nécessaires à sa prise d'eau, à la charge d'une juste et préalable indemnité. »Tel est le principe posé par la loi. Il en résulte que le propriétaire dont le fonds est bordé par une eau courante et qui peut dès lors s'en servir pour l'irrigation, à son passage dans sa propriété, a le droit d'établir un barrage à cet effet. Ce barrage peut être fixe ou mobile suivant les besoins. Le propriétaire du côté sur lequel le barrage est appuyé peut également en demander l'usage commun, en contribuant pour moitié aux frais d'établissement et d'entretien, mais il n'a pas droit, en ce cas, à une indemnité. Les contestations relatives à l'établissement d'un barrage sont soumises au tribunal civil et jugées sommairement après expertise.

OFFRES ET DEMANDES

A vendre de suite : 150 francs sur wagon Bernay (Eure).

Un très bon semoir Jacquet Robillard d'Arras, à 10 socs rigides a coûté 395 francs. Écrire Loquet, à Planes. (Eure).

Un jeune homme diplômé de l'Institut agricole demande à faire un stage dans un grande exploitation du Centre. Ecrire au bureau du Journal.

Tourteaux de coton décortiqué d'Amérique, en pains ou moulus de 12 fr. 75 à 13 fr. les 0/0 kilos sur wagon. Le Havre. — Livraison immédiate.

Blés spécialement sélectionnés pour semence, 2º *génération.* — *Rieti, Japhet, Dattel* : 26 fr. les 100 kilos; 13 fr. 50 les 50; 7 fr. les 25 kilos.

Nouveautés : *Blé Shirreff-Berger, Champlan-Vilmorin*, 38 fr. les 100 kilos; 10 fr. les 25 kilos 3fr. les 5 kilos.

Le tout sur wagon départ, sacs neufs facturés.

S'adresser F. B. Bureau du journal.

RED-CAP. Œufs à couver de cette excellente race de poule, réputée la plus jolie et la plus forte pondeuse, garantis race pure frais et fécondés, 5fr. la douzaine franco de port et d'emballage. S'adresser à Calixte Dany, Althen-les-Paluds (Vaucluse).

Important : J'invite les personnes qui veulent bien me confier leurs ordres de toujours y joindre un mandat, les remboursements n'étant bénéficiables qu'aux Compagnies.

Toujours donner le nom de la gare à laquelle il faut adresser les envois.

Blés de semence triés et sélectionnés variétés *Bordier, Sheriff Dattel, Bordeaux*, 27 fr. les 100 kil., toiles à 0 fr. 75, wagon Bavay, 30 jours. Mme Vve A. Derome, Bavay (Nord).

On demande pour l'Espagne un homme pour travailler en maître de cave, dans une brasserie de cidre, sachant faire le nécessaire pour les soins de la cave, soutirages, etc.

Entre temps, soigner les arbres, distiller, s'occuper de tous travaux lorsque le travail de cidrerie le rendra disponible. — Appointements se'on capacités.

Très bonne place chez de très braves gens. — Position d'avenir.

Adresser les demandes chez M. P. B. Noël, 9, rue d'Odessa, Paris.

M. Noël, emmènerait cette personne en Espagne le 1er novembre prochain.

Blé Bordier garanti pur, parfait de semence à 23 francs le quintal logé sur wagon Coulommiers. Echantillon sur demande. M. Callot, agriculteur à Aulnoy par Coulommiers (Seine-et-Marne).

POMMES DE TERRE. — Nous apprenons que M. E. Boutin, directeur du *Moniteur des Intérêts agricoles*, 11, rue Taitbout, est en pourparlers avec un certain nombre de Sociétés Coopératives de consommation de Paris et de la banlieue pour leur procurer directement par la culture les pommes de terre *saucisses rouges* et de *hollande* nécessaires a leur approvisionnement d'hiver : il s'agit de quantité très importantes.

Ceux de nos abonnés que ces fournitures intéressent peuvent s'adresser directement à M. Boutin.

Il sera également fait des demandes pour des fournitures régulières de volailles de 1 kilo. 1 k. 500 par cageots de 12 à 15 pièces.

A VENDRE OU A LOUER propriété rurale à proximité de centres importants, bonne terres, constructions suffisantes.

Excellente affaire convenant surtout à jeune homme voulant prendre une exploitation. S'adresser aux bureaux du journal. Se hâter.

M. POUZIN offre de jolis racinés de son plant de vigne à la seule condition pour les demandeurs de lui tenir compte d'une partie de la récolte d'une année. — Contre 0 fr.25 il expédie son *Guide* pour la culture de cette variété.

Ecrire à M. Pouzin Emile, à Saint-Paul-les-Romans, Drôme

Huiles d'olive garanties pures et sans mélange venant directement de la propriété.

Au prix de 1,80, — 1,60, — 1,50 le kilog. suivant qualité.

Gare départ, paiement contre remboursement. S'adresser à M. Edouard Laurin, propriétaire à Saint-Chamas (Bouches-du-Rhône).

Si vous voulez boire du bon vin de Saint-Émilion, adressez-vous à M. Duplessis-Foursand au château des Trois-Moulins, à SAINT-ÉMILION (Gironde).

(Voir le prix courant.)

Ferme de l'Institut Agricole de Beauvais A VENDRE :

1º Très bon bélier *charmois* en état de faire la lutte.

2º Œufs, poulettes et coqs des races : La Flèche, Dorkins, Leghorn, Campino et Padoue Doré, Langshan, Gournay, Coucou de Malines, Houdan, Cochinchinoise fauve, Brahmapoutra, canards de Rouen.

COURS DES BESTIAUX

Marché de la Villette du 5 octobre 1896.

	PRIX DE LA VIANDE NETTE		
	1re qualité	2e qualité	3e qualité
Bœufs. ..	1.60	1.40	1.30
Vaches...	1.48	1.38	1.28
Taureaux.	1.22	1.12	1.02
Veaux....	1 82	1.64	1.36
Moutons..	1 98	1.80	1.70
Porcs	1.02	1.00	0.94

ESPÈCES	AMENÉS	VENDUS	PRIX EXTRÊME	
			viande net	poids vif
Bœufs.....	3.337	2.716	1.30 à 1 60	60 à » 91
Vaches...	908	780	1.28 1.48	57 » 90
Taureaux.	309	2 3	1.02 1.28	49 » 78
Veaux....	1.447	893	1.36 1.82	63 1.12
Moutons..	20 319	18.469	1.70 1.98	76 1.21
Porcs.....	5.751	5.547	0.94 1.02	64 » 70

Vento tout à fait calme.

Marché de la Villette du 8 octobre 1896.

PRIX DE LA VIANDE NETTE AU KILOGR.			
1re qualité	2e qualité	3e qualité	Prix extrême
Bœufs.... 1.46	1.36	1.26	1.20 à 1.50
Vaches... 1.46	1.34	1.10	1 14 1 50
Taureaux. 1 20	1.10	1.00	0 90 1.30
Veaux.... 1.80	1.60	1.30	1.10 1.90
Moutons.. 1.96	1.78	1.68	1 56 1 98
Porcs.... 1.04	5.96	»	1.94 0.92

ESPÈCES	AMENÉS	VENDUS	OBSERVATIONS
Bœufs ...	2.533	»	Vente très mauvaise sur toutes les espèces.
Vaches...	599	1111	
Taureaux.	321	»	
Veaux....	1.507	701	
Moutons..	20.819	»	
Porcs.....	6.159	»	

Vente du bétail au marché de La Villette.

Adresser les animaux à MM. Henri Roblin et Surugue, en gare Paris-Bestiaux. Les aviser par lettre auparavant, 190, rue d'Allemagne, Paris.

Produits coloniaux.

NOS PRIMES.

Nous sommes heureux d'offrir à nos abonnés l'occasion de déguster et d'apprécier deux produits qu'on ne trouve pas dans le commerce si ce n'est à des prix inabordables : le *Rhum de Bourbon* et *l'eau-de-vie de canne à sucre.*

Grâce à un traité avec un de nos abonnés, propriétaire à l'île de la Réunion, nous pouvons procurer ces deux produits d'origine absolument garantie à des prix exceptionnels. Nous ne pouvons disposer que d'une quantité déterminée, il faut donc se hâter.

Inutile de dire que nous ne proposons ces liqueurs qu'après nous être assurés qu'elles étaient dignes de figurer avec honneur sur la table de nos lecteurs.

BLÉS DE SEMENCE

Prix de la maison Cayeux et Le Clerc, cultivateurs-grainiers, 8, quai de la Mégisserie, Paris.

Blé Bordier	30 fr. les 100 kil.
— Bordeaux . . .	29 —
— Dattel.	28 —
— de Saumur . .	28 —
— bleu de Noël .	28 —
— Kissingland. .	29 —
— hybride et Shireff-Berger	40 —
— Goldendrop. .	28 —
— Silverdrop . .	30 —
— Japhet	30 —
— Seigle.	28 —
— Chinois pour rendement énorme. . . .	32 —

Tous ces blés de semences sont vendus en sacs de 100 kilos, logés en sacs neufs, livrés sur wagons départ. Paiement à 30 jours sans escompte.

CORRESPONDANCE

CHANGEMENT D'ADRESSE

Chaque demande de changement d'adresse doit être accompagnée d'une bande imprimée et de *CINQUANTE CENTIMES* en timbres-poste pour frais de réimpression.

Avis. — Quand on joint un timbre, nous répondons par lettre à moins qu'on oublie de donner l'adresse : dans ce cas la réponse est faite dans le journal. Notre correspondance est trop volumineuse pour prendre le temps de rechercher les adresses.

Mme H... B... (Puy-de-Dôme). — La faculté d'établir une saillie ne peut *jamais* constituer un droit, c'est un acte de *tolérance* qu'il est loisible à l'administration d'accorder ou de refuser. L'administration peut même enlever l'autorisation qu'elle a donnée.

C'est à l'autorité municipale qu'il appartient, en matière de petite voirie, d'*autoriser* les saillies, et de *régler* leurs *dimensions*, et dans les communes, les maires déterminent les saillies par un arrêté pris conformément et la loi du 18 juillet 1837 (article 11).

Le règlement des saillies diffère donc selon les localités.

Il n'y a pas à cet égard de règle uniforme.

M. P. C., à Moulins. — *Usufruit.* — L'usufruitier même âgé de 79 ans, a le droit de faire un bail pour 9 ans; et le nu propriétaire sera obligé de supporter ce bail alors même qu'il aurait encore 7 ou 8 ans à courir au moment du décès de l'usufruitier. (Art. 595 du code civil.)

M. D., à M. (Seine-et-Marne). — Le *Rhum de Bourbon* offert eu prime par la *Gazette* est absolument garanti et livré en fûts d'origine, c'est une prime exceptionnelle qui va être vite enlevée.

M. C. V., à V. (Aisne). — Pour vous procurer l'*Engrais-Amiénois*, fumure organico-chimique, adressez-vous de notre part à M. Elisée Lefebvre, route de Rouen, à Amiens.

Cet engrais est bien composé et loyalement fourni avec garantie de dosage. Vous êtes certain d'obtenir des résultats absolument sûrs, puisqu'ils fournissent à la plante *tout ce dont elle a besoin* pour donner son rendement maximum. Il n'en peut être ainsi avec le fumier seul, car il ne restitue au sol qu'une partie des substances enlevées par les végétaux de plus, étant d'une décomposition assez lente, la nourriture apportée se trouve souvent insuffisante; en outre, sa composition est toujours la même, tandis que les engrais spéciaux apportent dans la proportion voulue les éléments particuculiers que réclament les plantes.

Cet engrais parfaitement homogène, sec, pulvérulent, est livré en sacs de 50 kilos, ce qui en rend la manipulation très facile; l'épandage est également facile et rapide.

M. D. — Vous voulez sans doute parler des colliers élastiques en métal. Ils sont employés par la plupart des compagnies de transport de Paris et de la province (omnibus, tramways), M. Bajac à Liancourt (Oise), est l'un des dépositaires.

M. G. (Mayenne). — Merci de tout cœur de vos listes d'adresses. C'est en effet le meilleur moyen de propagande. Oui, vous avez raison, les cultivateurs doivent s'efforcer de répandre les organes qui, comme celui-ci, défendent énergiquement leurs intérêts.

En ce faisant, ils s'imposent un petit sacrifice dont ils sont largement récompensées.

M. D. (Creus). — Ne vous découragez pas : vos efforts produisent des résultats, nous vous devons déjà onze abonnés depuis un mois. Vous voyez donc que vos visites et vos lettres ne restent pas sans effet; si nous avions beaucoup de propagateurs comme vous, nous déculplerions rapidement notre tirage et par conséquent notre influence.

M. M. (Oise). — Nous avons votre mandat et, renouvelons votre abonnement.

M. N. D., à L. (Loiret). — La somme réclamée n'est pas trop élevée si le futur époux est commerçant parce que dans ce cas on doit faire des extraits qui doivent être déposés aux endroits fixés par la loi.

Si au contraire le futur époux est propriétaire ou cultivateur, le chiffre paraît un peu élevé, il y a lieu alors de demander la taxe.

PRIMES A NOS ABONNÉS

Porte-pantalon hygiénique, *breveté S. G. D. G.* de *P.-B. Noël.* Prix de faveur pour nos lecteurs. Pour hommes, jeunes gens et enfants de dix ans franco 4 fr.; pour femmes et fillettes, 4 fr. 50.

Toute commande doit être strictement accompagné d'un mandat-poste représentant la valeur de l'expédition.

Vieux rhum de Bourbon cinq ans de fût de 100 à 120 litres à 75 francs l'hectolitre (5-1°) origine absolument garantie — pris en trepôt Havre. — Adresser les demandes à M. Crépeaux, 10 bis, rue Piccini, Paris, et lui envoyer les fonds par mandat après réception de la facture.

Eau-de-vie de canne à sucre de l'île Bourbon origine absolument garantie :

La caisse réclame de 12 bouteilles. .	40 fr.
— — de 24 — . .	75 fr.
— — de 50 — . .	150 fr.

Ces prix s'entendent pris entrepôt Havre. — Adresser les demandes accompagnées de leur montant à M. Crépeaux, 10 bis, rue Piccini, Paris.

BONDE le cent, 25 fr., les cinquante 13 fr. les vingt-cinq 7 fr. Au-dessous de 25 bondes 0 fr. 30. Le tout franco de port.

Indiquer le diamètre de chaque bonde.

Purificateur d'air pour tonneaux, l'un 4 50 franco gare.

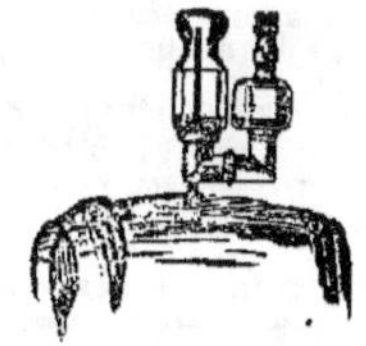

Moyennant un supplément de 0 fr. 40, nous joindrons à l'envoi une mèche à percer de calibre et moyennant 0 fr. 10 en plus, une mèche soufrée.

Délicieux Vin Muscat Vieux tonique et réconfortant venant directement de la propriété, garanti authentique, offert en prime à nos abonnés à raison de 1 fr. 25 le litre logé en fûts de 25 à 35 litres. Fûts perdus.

Adresser les commandes au Bureau du Journal, 10 bis, rue Piccini, Paris.

Ouvrages de l'abbé Ouvray.

CURE DE SAINT-OUEN

par Vendôme (Loir-et-Cher).

LAURÉAT DE LA SOCIÉTÉ DES AGRICULTEURS DE FRANCE, CONFÉRENCIER AGRICOLE A L'INSTITUT CATHOLIQUE DE PARIS.

1° *Manuel d'arboriculture*, 6e édition, **2 fr. 50** franco.

2° *Maladies et hygiènes des vins*, 0 fr. 55 franco,

3° *Alimentation des végétaux et emploi raisonné des engrais*, 1 fr. 50 franco.

4° *Manuel de vinification et de distillation. Les Levures. Le Vinaigre*, 1 fr. 35 franco.

5° Les *ferments de la terre* (Conférence à l'Institut catholique de Paris), 0 fr. 55 franco.

Les cinq ouvrages réunis, 5 fr. 50 franco.

Chez l'auteur à Saint-Ouen, par Vendôme (Loir-et-Cher).

Le Gérant : E. GAMBART.

IMP. NOIZETTE ET Cie, 8, RUE CAMPAGNE-1re, PARIS.

VINS
E SAINT-ÉMILION

Vins classés, de **800** à **250** francs la barrique
225 litres. — Moitié prix pour la barrique de
12 litres.

Vins grands ordinaires, de **140, 125, 105,**
00 francs la barrique — **80, 75, 70, 65, 58,**
5 francs, la demi-barrique. — Rendu *franco* en
re et régie, sauf octroi.

Adresser commandes à M. DUPLESSIS-
OURCAUD, à **Saint-Émilion**. — Envoi de
rix courants et échantillons sur demande affran-
hie.

*Médailles d'Or, Paris, 1867 et 1889 — Moscou
1891 — Besancon, Montluçon, Royan, etc.*

MALADIES DU BÉTAIL
ET DE LA VOLAILLE
Leur traitement préventif et curatif
PAR L'ACIDE SALICYLIQUE

L'acide salicylique, employé dans la
nourriture à la dose de 1/2 à 1 gramme
par jour et par tête de bétail, est le meilleur préservatif des maladies qui procé-
dent par contagion: Sang de rate, Cocotte,
Maladie aphteuse, Érysipèle, Typhus,
Morve, Variole et le Rouget des porcs, etc.

Des attestations nombreuses de guérisons obtenues pour la Cocotte et le
Rouget des porcs ont été reproduites
dans le journal *l'Agriculture*.

La désinfection des étables, des écuries, se fait instantanément au moyen
d'un arrosage d'eau salicylée à 2 grammes par litre.

S'adresser à M. CERCKEL, administrateur de la *Compagnie de produits antiseptiques*, 26, rue Bergère, Paris.

Envoi sur demande de Prospectus et
Brochures.

Prix du kil., 25 fr. Boîte de ménage, 2 fr.

SELS POUR L'AGRICULTURE
Nourriture du bétail et Engrais des terres

Sel neuf dénaturé, au tourteau de colza. 45 f. 1.000 k.
Sel neuf dénaturé, au peroxyde de fer. 40 f. 1.000 k.
Sel de morue pur . . . . 35 f. 1.000 k.
Expéditions de Fécamp, Bordeaux et St-Malo.

S'adresser à MM. A. LE BORGNE et ses Fils,
négociants-armateurs, à Fécamp.

CHEMINS DE FER DE PARIS A LYON
ET A LA MÉDITERRANÉE,
DE PARIS A ORLÉANS ET DU MIDI
Excursions aux Gorges du Tarn.

Organisées avec le concours de la Société
des voyages économiques les 4 juin, 2 août et
13 septembre 1896.

Itinéraire : Paris, Arvant, Mende, Ispagnac
Sainte-Énimie, Le Tarn, Saint-Chely, Pougua-
loires, le Rozier, Dargilan, Montpellier-le-
Vieux, Maubert, Millau, Béziers, Carcassonne,
Toulouse, Paris.

Prix de l'excursion : 1re classe, 260 francs ;
— 2e classe, 230 francs.

Ces prix comprennent : le transport en chemin de fer ; la nourriture, le logement, les
omnibus, voitures et barques pendant toute la
durée du voyage (sous la responsabilité de la
Société des voyages économiques).

Les souscriptions seront reçues aux bureaux
de la Société des voyages économiques, 17, rue
du faubourg Montmartre, et 10, rue Auber.

On peut se procurer des renseignements et
les prospectus détaillés à la gare de Paris
P. L. M., ainsi que dans les bureaux-succursales de cette compagnie, à Paris.

A VENDRE

1° Une machine à battre fixe (système Pinet).
2° Une machine à battre mobile montée sur
roues Système Pinet.
3° Un manège à 3 chevaux pour les machines
ci-dessus (Système Pinet).
4° Une faucheuse « Wood ».
5° Deux paires de meules tournant à droite.
6° Une voiture découverte (genre Victoria)
dite « *Américaine* ».

Le tout en très bon état se trouve à **MARCAULT**
commune de *Poilly*, près *Gien* (Loiret).

S'adresser pour plus amples renseignements :
soit à

M. de COUET
Capitaine au 153e, propriétaire à Marcault,
Poilly (Loiret).

soit à **M. PERRIN**, régisseur à Marcault.

GRIFFE SARCLEUSE-BINEUSE
Outil économique

pour biner, sarcler promptement entre toutes les lignes
de plantes ou légumes sans distinction, indispensable en
toutes saisons dans les jardins, vignes, pépinières, les cultures de betteraves, de tabac, etc., même dans les allées

---

VIN DE BOURGOGNE
Ferme de l'Hospice de Beaune.
Domaine de MEURSAULT

VINS FINS GRANDS ORDINAIRES, ORDINAIRES
Rouges et Blancs

Concours Général agricole de Paris 1895
MÉDAILLE d'or pour vins rouges
MÉDAILLE d'argent pour vins blancs
Concours Général agricole de 1896
HORS CONCOURS, MEMBRE DU JURY
JOBART MUTHELET, Meursault (Côte-d'Or)

CHEVAUX BOITEUX
Guérison par le spécifique BORNET

Contre **Capelets, Mollettes, Vessigons,
Eponges, Exostoses, Suros, Eparvins** e
les **Formes** à leur début. *(Il s'applique éga-
ement à toutes les tares molles et osseuses.)*

PRÉPARÉ PAR **A. BORNET**
Pharmacien de 1re classe, ex-interne et lauréat des
hôpitaux.

19, rue de Bourgogne, PARIS.

Le flacon, 8 fr., à la pharmacie ; en gare
par colis postal, 6 fr. contre mandat.

Plus de Pourriture
PAR L'EMPLOI DU
CARBONYLE

qui assure au bois une durée triple en lui donnant une belle teinte brune ; 1 kilog. remplace
10 kilog. de Goudron. — Produit de grande utilité dans l'agriculture ; est recommandé et utilisé
par les syndicats agricoles. — Dans votre intérêt,
demandez le prospectus avec attestations d'expériences de dix ans.

Société française du « CARBONYLE »,
188-190, *Faubourg Saint-Denis, Paris.*

(N. B.) Seule maison spéciale pour la fabrication
et la vente de ce genre de produit.

Ouvrages de MM. CRÉPEAUX

En vente aux bureaux de la *Gazette*

La Culture électrique 1 50
Manuel vétérinaire pratique du
cultivateur . . . . 1 »
Almanach de la France rurale
pour 1896 . . . . » 60
L'Année agricole et agronomique
pour 1895 . . . . 3 50
La Culture du Blé, par M. FLEURY-
BERGER . . . . 1 »

EXCELLENT DÉSINFECTANT
POUR LES FUTS A VIN, CIDRE, BIÈRE, ETC.
Prix de faveur pour nos lecteurs

Sur notre demande, M. Moity, père, l'inventeur, a consenti à en mettre de petites quantités pour essais à la disposition de nos lecteurs.

10 litres franco gare. **10 fr.**
Adresser les demandes à M. Crépeaux, rue
Piccini, 10 *bis*, Paris.

VENDANGES 1896
AMELIORATION DU VIN
par les
LEVURES SÉLECTIONNÉES
PURES ET ACTIVES DE
L'INSTITUT LA CLAIRE

Augmentation du degré alcoolique
Bouquet plus développé,
clarification rapide

Une brochure nouvelle, donnant les résultats
aux vendanges de 1895, sera adressée gratuitement et franco sur demande par carte à

M. G. JACQUEMIN
Chimiste-microbiologiste,
Chevalier du Mérite agricole.

à Malzéville, près Nancy (Meurthe-Moselle)

Insecticide-Préservateur
FERTILISANT
DESGOUTTES

La Boîte de 10 kilog., pour essais, **10 fr.**
franco toutes gares (port et emballage compris).

*Adresser les demandes, accompagnées d'un
mandat, 10 bis, rue Piccini, Paris.*

des Usines de MM. P. MARCHAND Frères, à DUNKERQUE (Nord)
Fabriqués sous le contrôle permanent de la Station Agronomique du Nord
Dirigée par M. DUBERNARD

Nous appelons l'attention des éleveurs et des nourrisseurs sur les Tourteaux de COTON de graines d'Egypte : c'est un produit excellent pour les vaches laitières, les bœufs à l'engrais et les moutons.

Nos Tourteaux de COTON sont complètement débarrassés de la bourre qui enveloppe la graine et contiennent la même quantité de matières nutritives et grasses que les meilleurs Tourteaux de Lin.

Nos Tourteaux de COTON forment l'aliment le meilleur et le plus avantageux en raison de leur prix excessivement bas.

PRIX : 9 Fr.   **les 100 kil., gare Dunkerque**

S'adresser à MM. P. MARCHAND Frères, à DUNKERQUE (Nord)

PHOSPHATE FOSSILE DE QUIÉVY-NORD

le plus assimilable de tous les phosphates connus

GARANTI PUR DE MÉLANGE AVEC TOUT AUTRE PHOSPHATE
Ce qui, du reste, ne pourrait que diminuer son assimilabilité.

EXTRACTION DU GISEMENT ET USINE A QUIÉVY

Propriétaire-Extracteur : C. LECLERCQ
Bureaux à Viesly (Nord).

COMPOSITION MOYENNE		ASSIMILABILITÉ RELATIVE (méth. Joulie).
		Solubilité dans l'oxalate d'ammoniaque.
Acide phosphorique. . . .	12 » à 16 » 0/0	Phosphate de Quiévy. 82 29 0/0
Potasse	0 45 à 2 77 0/0	— de la Meuse 51 95 0/0
Chaux.	19 05 à 31 » 0/0	— de Pernes. 47 87 0/0
Magnésie.	0 58 à 3 80 0/0	— des Ardennes. 46 43 0/0
Matières organiques azotées .	1 80 à 3 45 0/0	— de la Somme (moy.). . 44 53 0/0
		— de Ciply. 34 57 0/0

Titre garanti en acide phosphorique : 13 à 15 0/0.

LIVRAISON : EN POUDRE IMPALPABLE EN SACS PLOMBÉS, MIS SUR WAGON GARE QUIÉVY-en-CAMBRÉSIS
Prix : **3 fr. 80** les 100 kilos, sacs perdus, 30 jours, 2 0/0 ou 90 jours net.

NOTA. — Les acheteurs qui désirent employer le **véritable Phosphate de Quiévy** pur et garanti d'origine doivent exiger que les sacs portent la Marque (**Au Poisson fossile**) et la Firme : **M. LECLERCQ, seul exploitant à Quiévy (Nord).**

SCHNEIDER ET Cie

PHOSPHATES MÉTALLURGIQUES

(scories de déphosphoration), des Aciéries du Creusot

ENGRAIS PHOSPHATÉ

pour Céréales, Prairies, Vignes, Betteraves, Pommes de terre, etc.

L'emploi de ces phosphates a été particulièrement recommandé dans ces derniers temps par les agronomes les plus distingués. Il permet, en raison du bas prix de ce produit, de faire apport au sol de doses considérables d'acide phosphorique.

Les phosphates métallurgiques du Creusot sont livrés moulus finement et tamisés.
Pour renseignements, s'adresser à MM. SCHNEIDER et Cie, au Creuzot (Saône-et-Loire).

FOURNEAUX DE CUISINE
de toutes espèces

Maisons particulières, Hôtels, Châteaux et Fermes, Hospices, Hôpitaux, Collèges, Pensions, etc.

ENVOI FRANCO DE CATALOGUES

Malson DELAROCHE aîné
22, rue Bertrand, PARIS

DÉSINFECTANT INCOMPARABLE

pr tonneaux à vin, cidres et autres liquides

MAISON FONDÉE en 1875   **Jules MOITY Père**   MAISON FONDÉE en 1875

Inventeur, breveté en France et à l'étranger.

16, rue Senciey, FOURMIES, France (Nord)

4 diplômes d'honneur. 12 médailles hors concours.

Ce produit, dont la *réputation n'est plus à faire,* est employé dans une grande partie de la brasserie française, belge et hollandaise avec les plus grands succès.

Guérison radicale *des plus mauvais goûts de fûts en 12 heures, par une simple opération qui ne coûte au plus que 0 fr. 10 à la rondelle de 160 litres, main-d'œuvre comprise.*

Mode d'emploi. — Laver les fûts à l'eau bouillante, les laisser égoutter pendant 12 heures, les rincer ensuite avec mon produit et **six ou dix** heures après, suivant la saison, les relaver à nouveau à l'eau **bouillante** et vous pouvez entonner avec sûreté n'importe quelle boisson et sans nuire aucunement au bois ni à la boisson, inconvénients que produisent beaucoup de moyens employés à défaut d'autres meilleurs.

Prix :
0 fr. 65 du litre en dessous de 100 litres, ou 0.55 du kil.
0 fr. 60 — de 100 à 175 litres, ou 0 50 —
0 fr. 55 — d'eau-dos. jusqu'à 228 lit. ou 0.45 —
Réduction par plus grandes quantités.
Les commandes au-dessus de 150 litres seront livrées franco en gare du destinataire.

Certificat pris dans 100.000 :
« Monsieur J. Moity, père,
à Fourmies.
« J'ai été très satisfait de votre désinfectant veuillez m'en envoyer 200 litres de suite.
« Recevez mes sincères salutations ».
Desurmont-Chasseur, à Tourcoing.

Eugène de MASQUARD

PROPRIÉTAIRE-VITICULTEUR, Château de la Cascade

SAINT-CÉSAIRE-LES-NIMES (Gard)

Vins garantis naturels, rouges et blancs, depuis 75 fr. la pièce de 220 litres jusqu'à 100 francs, selon qualité, prise en gare de St-Césaire (Gard), fût perdu
Ces vins ont été médaillés à toutes les expositions où ils ont figuré.

Récoltés sur des coteaux et des terrains secs, les vins de Saint-Césaire, l'un des meilleurs crus du Gard, se conservent parfaitement sans être plâtrés.
Envoi franco de prix courants et échantillons

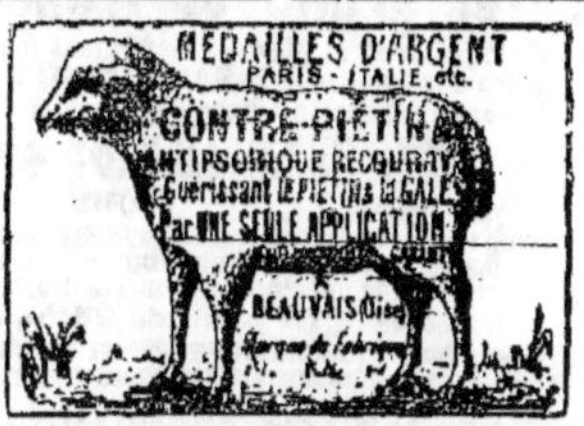

M. RECOURAT, pharmacien à Beauvais.

Gale des moutons guérie radicalement par *une seule application* de l'ANTIPSORIQUE.
La bouteille, 3 fr. ; la 1/2 bouteille, 1 fr. 75.
Guérison du PIÉTIN par *un seul pansement* avec le CONTRE-PIÉTIN-RECOURAT.
Le pot d'essai, 1 fr. 50 ; le pot, 2 fr. 50.
Joindre 0 fr. 60 pour recevoir *franco* et indiquer gare

ALIMENTATION DU BÉTAIL

Tourteaux de Coprah ou Coco

F. TASSY, E. ROCCA ET Cie

Fabricants d'huiles (**producteurs directs de Tourteaux**)

23, RUE HAXO, MARSEILLE

Deux médailles d'or, Anvers 1894

Envoi de Prix-Courants et Échantillons sur demande.

BLÉS DE SEMENCE triés et sélectionnés, variétés Bordier, Sheriff, Dattel, Bordeaux, 27 fr. les 100 kilos, toiles à 0,75. Wagon BAVAY, 30 jours.
Mme veuve A. DEROME, Bavay (Nord).

L'ENGRAIS AMIÉNOIS
FUMURE ORGANICO-CHIMIQUE
pouvant être employée seule ou comme complément de fumier de ferme

Mixte et très complet, cet engrais convient à tous les terrains ; il est approprié, sous divers numéros, à toutes les plantes.

SUPERPHOSPHATE AZOTÉ (produit nouveau 12 0/0 acide phosphorique 3 à 4 0/0 azote (*organique*) soluble

Envoi franco du prospectus sur demande affranchie
Adressée à **M Elisée LEFEBVRE** rue Lenotre, 16, AMIENS.

Printemps
NOUVEAUTÉS

Envoi gratis et franco
du catalogue général illustré, renfermant toutes les modes nouvelles pour la SAISON d'HIVER sur demande affranchie adressée à

MM. JULES JALUZOT & Cie
PARIS

sont également envoyés franco, les échantillons de tous les tissus composant nos immenses assortiments, mais bien spécifier les genres et prix.
Envoi *franco* de port à partir de 25 francs.

CONSTRUCTIONS ECONOMIQUES
AGRICULTURE — INDUSTRIE
SOCIÉTÉ MÉTALLURGIQUE d'Amiens (Somme)
USINE à VAPEUR, FORCE MOTRICE 250 CHEVAUX
Adresser les lettres à M. le Directeur
ENVOI Fco DU CATALOGUE
TOLES ONDULÉES GALVANISÉES, Pour Couvertures
Prix défiant toute Concurrence

MANUFACTURE CENTRALE D'INSTRUMENTS AGRICOLES & VITICOLES EN TOUS GENRES
EMILE-PUZENAT
Constructeur à BOURBON-LANCY (Saône & Loire)
CATALOGUE FRANCO SUR DEMANDE

FROMENTINE
Marque déposée B. S.G.D.G.

Produit pour l'alimentation économique, saine et rationnelle du bétail, provenant en grande partie des issues de la mouture de blé.

DIVERSES MARQUES
Demander celle en raison du but poursuivi

Marque A pour l'engraissement : égal à celui du tourteau de lin, le remplacement de l'avoine, production d'un lait de qualité supérieure.
Marque B pour le bon entretien du bétail.
Marque J développement rapide des jeunes bêtes.
Marque I. surproduction du lait.
Marque E engraissement rapide.

Écrire à **M. Armand MILLOT**
Moulins Saint-Martin
Saint-Quentin (Aisne.)

Le moment favorable au transport des vins étant revenu, nous rappelons à nos lecteurs que tous ceux d'entre eux qui, sur nos conseils, et depuis cinq ans, consomment les vins de M. Vincent Andura, vigneron, domaine de la Chapelle-Frédignac, par Blaye-Bordeaux n'ont qu'à se louer de la qualité et de la conservation de ce Bordeaux absolument naturel, expédié sans intermédiaire.
Pour dégustation sérieuse, envoi gratuit est fait d'une bouteille de la récolte désignée.
L'encaissement est fait par le facteur, à 30 jours, escompte 2 0/0, ou 90 jours.
Vendanges : 1893, à 130 fr., 1892-91, à 150 fr. ; 1890-89, à 175 fr., 1887, à 200 fr., 1885, à 220 fr., 1884, à 240 fr., 1882, à 250 fr., 1881, à 300 fr. — Graves blancs vieux : 130, 150, 200, 250, 300 fr., suivant âge, les 225 litres collés, soutirés, franco de port et de fût en gare d'arrivée.

POUDRE DELARBRE
Plus de CHEVAUX POUSSIFS !
Guérison de la POUSSE, Toux, Bronchite et Gourme
La Boîte de 20 Doses : 3 francs
G. DELARBRE, AUBUSSON (Creuse)
Maison de Vente & d'Expédition à Aubusson (Creuse) G. DELARBRE
A Paris & en province, chez tous les Droguistes & Pharmaciens.

VIN PUR COTES 1re QUALITÉ
Vieux, nouveau garanti sur facture
Récolté par FELIX LAU, propriétaire-viticulteur à Caussiniojouls (Hérault).
Nouveau, **35 fr.** *l'hect. logé sur gare Faugère.*

ASPERGE GÉANTE
ROYALE DE FRANCE
(*RACE D'ARGENTEUIL PERFECTIONNÉE*)
Demander la *Méthode de Culture* et prix courant (gratis et franco) à M. WILLIAM FOURCINE, directeur des pépinières royales de Dreux (Eure-et-Loir). Médailles et diplômes de première classe.

GRANDS RABAIS
POUR LIVRAISONS SUR LES MOIS D'HIVER

Engrais de l'Usine municipale de la Voirie de Bondy

TOURTEAUX ORGANIQUES MOULUS

Dosage : 1.50 à 2 % d'azote et 4 à 5 % d'acide phosphorique.

S'ADRESSER AU
Comptoir Agricole et Commercial
9, RUE NOUVELLE, 9, A PARIS

BARATTES, MALAXEURS, LISSEUSES SIMON
pr Laiteries, Beurreries, etc Matériel complet pr fabron et exporton des Beurres et Fromages
SIMON & FRÈRES, Constructeurs-Mécaniciens-Fondeurs à Cherbourg
MÉDAILLE D'OR, PARIS 1889
GUIDE PRATIQUE
de la Production et de la Fabrication des Cidres et Poires envoyé gratis et fco
BROYEURS et PRESSOIRS SIMON
Pour Pommes, Poires, Raisins, etc Matériel complet pour cidreries et vinification.
MANÈGES de toutes forces — Envoi franco du Catalogue

ANÉMIE CHLOROSE, FAIBLESSE Guéries par le **VRAI FER QUEVENNE**
Seul approuvé p' *Académie de Médecine*, Paris, 14, r. Beaux-Arts. not. ce i¹⁴

PRÉSERVEZ VOS ANIMAUX DOMESTIQUES,
de toutes les **Epizooties** et Maladies contagieuses par
la **Désinfection** des **Ecuries, Etables, Porcheries**

PAR LE

CRÉSYL-JEYES

Désinfectant — Antiseptique, le seul (non toxique), qui soit d'une efficacité scientifiquement démontrée. Le **CRÉSYL-JEYES** a été récompensé par la Société des Agriculteurs de France en 1891 d'une Médaille d'argent grand module. Envoi franco sur demande du prospectus détaillé. — **CRÉSYL-JEYES, 35, Rue des Francs-Bourgeois, 35, Paris.**

Se méfier des nombreuses contrefaçons.

Maison MURE, à Pont-St-Esprit (Gard)
A. GAZAGNE, *Gendre et Suor*, Ph^en de 1re Classe

MALADIES NERVEUSES
Epilepsie, Hystérie, Danse de Saint-Guy, Affections de la Moëlle épinière, Convulsions, Crises, Vertiges, Eblouissements, Fatigue cérébrale, Migraine, Insomnie, Spermatorrhée
Guérison fréquente, Soulagement toujours certain
par le **SIROP** de **HENRY MURE**
succès consacré par 20 années d'expérimentation dans les Hôpitaux de Paris.
FLACON : **5** FR. — NOTICE GRATIS.

PATE et SIROP d'ESCARGOTS de MURE

« Depuis 50 ans que j'exerce la médecine, je n'ai pas trouvé de remède plus efficace que les escargots contre les irritations de poitrine. »
« Dr CHRESTIEN, de Montpellier. »
Goût exquis, efficacité puissante contre **Rhumes, Catarrhes** aigus ou **chroniques, Toux spasmodique, Irritations** de la **gorge** et de la **poitrine**.
Pâte 1^f; Sirop 2^f. — *Exiger la PATE MURE. Refuser les imitations.*

Thé Diurétique de France
sollicite efficacement la sécrétion urinaire, apaise les **douleurs des Reins** et de la **Vessie**, entraine le sable, le mucus et les concrétions, et rend aux urines leur limpidité normale. — *Néphrites, Gravelle, Catarrhe vésical, Affections* de la *Prostate* et de l'*Urèthre*. — PRIX DE LA BOITE : **9** FRANCS.

Dépôt général de l'**ALCOOLATURE D'ARNICA**
de la **TRAPPE DE NOTRE-DAME DES NEIGES**
Remède souverain contre toutes *blessures, coupures, contusions, défaillances, accidents cholériformes.*
DANS TOUTES PHARMACIES. — **2** FR. LE FLACON.

ALAMBIC EGROT
À BASCULE. — EAU-DE-VIE, 1er JET
sans repasse.
FRANCO CATALOGUE ILLUSTRÉ
EGROT, 19-21-23, Rue Mathis, Paris

ENGRAIS CHIMIQUES
DES
MANUFACTURES DE SAINT-GOBAIN

12 Usines :

CHAUNY (Aisne).	SAINT-FONS, près Lyon.
AUBERVILLIERS (Paris).	L'OSERAIE, près Avignon.
MONTARGIS (Loiret).	BALARUC, près Cette.
TOURS (Indre-et-Loire).	VALENCIA (Espagne).
MONTLUÇON (Allier).	HEMIXEM } (Belgique).
MARENNES (Charente-Inférieure).	MESVIN-CIPLY } (Belgique).

PRODUCTION ANNUELLE : 400.000.000 DE KILOS

Dosages garantis — Emballages marqués et plombés

SUPERPHOSPHATES DE CHAUX

ENGRAIS COMPOSÉS
Suivant les convenances des acheteurs pour toutes cultures

ENGRAIS COMPLET DE SAINT-GOBAIN
Efficacité éprouvée dans tous les sols et dans toutes les cultures

ENGRAIS SPÉCIAUX POUR LA VIGNE :
Engrais pour Vigne à végétation faible.
Engrais pour Vigne à végétation normale.
Engrais pour Vigne à végétation luxuriante.

Adresser les ordres ou les demandes de renseignements à la DIRECTION COMMERCIALE DES PRODUITS CHIMIQUES de SAINT-GOBAIN, **9, rue Sainte-Cécile, Paris** — *ou aux Agents de la Compagnie dans toutes les villes de France.*

17ᵉ Année. — Nᵒ 42.   LE NUMÉRO. 10 CENTIMES.   Dimanche 18 Octobre 1896

DÉPOT LÉGAL
Nᵒ
1896

GAZETTE AGRICOLE

JOURNAL HEBDOMADAIRE, PARAISSANT LE DIMANCHE

Fondateur : M. CH. GOSSIN, Professeur d'Agriculture · à l'Institut agricole de Beauvais

PRIX DE L'ABONNEMENT
UN AN, **5 fr.** — SIX MOIS, **3 fr.** — TROIS MOIS, **2 fr. 25**

Pour l'Étranger les abonnements ne sont reçus que pour un an, au prix de 6 francs, et ne partent que du 1ᵉʳ JANVIER ou du 1ᵉʳ JUILLET de chaque année.

Le Numéro : **10** centimes.

Adresser toute la correspondance : mandats, lettres, annonces etc., à M. CRÉPEAUX, Directeur de la *Gazette agricole* 10 bis, rue Piccini, Paris.

Toute demande de changement d'adresse doit être accompagnée de 50 centimes et de la dernière bande du journal.

BUREAUX
97, rue de Rennes, Paris, et à Beauvais, rue Saint-Etienne.

Les abonnements partent du 1ᵉʳ de chaque mois et sont payables d'avance. Toute demande d'abonnement doit donc être accompagnée du prix de l'abonnement. (Le mode de payement plus simple est l'envoi d'un mandat-poste.)

Donner *très lisiblement*, en s'abonnant, son nom et son adresse exacte, *avec l'indication du bureau de poste*; et, s'il s'agit d'une continuation d'abonnement, joindre au renouvellement la dernière bande d'adresse du journal

Les Annonces sont reçues à la Direction du Journal, et chez MM. DUSSERIS et MATHELLON, 97, rue de Rennes Paris.

Sommaire :

BULLETIN COMMERCIAL

Paris, le 14 octobre 1896.

BOURSE DU COMMERCE DU MERCREDI 14 OCTOBRE

	FARINES	BLÉS
Courant	42 00	20 00
Prochain	42 15	20 10
Nov.-Déc.	42 50	20 20
4 de nov.	42 65	20 30
4 premiers	43 05	20 90

Marque de Corbeil : 45 fr. le sac de 150 kil. toile à rendre.

Halle aux blés. — *Blés indigènes.* — Le marché est aujourd'hui excessivement ferme. La culture demande une hausse de 1 à 2 francs par 100 kil. sur les prix payés il y a huit jours, et, bien que la meunerie soit très réservée, comme il faut bien qu'elle achète, il se produit une hausse importante; d'ailleurs le blé vaut 14,70 à New-York, ce qui fait la parité de 23 fr. 30 les 100 kilos à Paris.

Les blés ordinaires valent couramment 20 et les beaux blés sont tenus 20,25 les 100 kilos.

Blés exotiques. — Sans affaires.

Sons. — Faibles prix en nouvelle baisse de 25 cent., on cote les trois cases dans les environs de 11 fr. les 100 kil.

Seigles. — Cette céréale est pour le moment introuvable. Il y a des acheteurs; mais les vendeurs font pour ainsi dire défaut. Le disponible immédiat vaut 13,75 à 14 fr., gare d'arrivée ou bateau Paris; le livrable éloigné est plutôt offert à 13,50. Les cultivateurs feraient bien de profiter de ces cours pour vendre.

Escourgeons. — Le temps plus frais n'engage pas la consommation à s'approvisionner, toutefois la tendance est également meilleure par suite de la fermeté des autres céréales.

On cote 15,50 les 100 kil. pour les provenances de Beauce.

Menus grains. — On cote : Petit blé 12 à 14, sarrasin 15 à 15,50, chènevis de Bretagne et de Russie, 22,25 à 22,50, jarras 14,50 à 16, vesces d'hiver 23 à 25.

Graines fourragères. — La saison est terminée. Les prix sont sans changement.

Sucres. — Peu d'affaires, mais tendance ferme, prix en hausse de 12 cent. sur le temps froid et pluvieux.

Raffinés 97 à 97,50, roux 88ᵒ 24,25 à 2,75.

Marché de la Chapelle. — Marché fort.

On cote : paille de blé 1ʳᵉ qté 28 à 30 fr., 2ᵉ qté 26 à 28 fr., 3ᵉ qté 23 à 26 fr.; paille de seigle 1ʳᵉ qté 32 à 34 fr., 2ᵉ qté 29 à 31 fr., 3ᵉ qté 25 à 29; paille d'avoine 1ʳᵉ qté 26 à 28 fr., 2ᵉ qté 23 à 26 fr., 3ᵉ qté 21 à 23; foin nouveau 1ʳᵉ qté 59 à 61 fr., 2ᵉ qté 55 à 59 fr., 3ᵉ qté 51 à 55 fr.; foin vieux 1ʳᵉ qté 59 à 61 fr., 2ᵉ qté 55 à 59 fr.; 3ᵉ qté 51 à 55 fr.; luzerne nouvelle 1ʳᵉ qté, 54 à 56 fr., 2ᵉ qté 51 à 54 fr., 3ᵉ qté 45 à 51 fr. regain nouveau 1ʳᵉ qté 54 à 56 fr., 2ᵉ qté 49 à 54 fr., 3ᵉ qté 43 à 49 fr.

Le tout rendu dans Paris, au domicile de l'acheteur, frais de camionnage et droits d'entrée compris par 104 bottes de 5 kil.; savoir : 6 fr. pour foin et fourrages secs, 2 fr. 40 pour paille. Pourboire 1 fr. par 100 bottes.

Fourrages et pailles en gare. — La paille de blé est très ferme et vaut 18 fr. non réglé et 21 fr. réglée.

La paille d'avoine, avec une demande très calme, vaut de 15 à 18 fr.

Les fourrages restent cotés sans variation.

On cote sur wagon, par 520 kilogr., en gare d'arrivée à Paris :

Foin	42 à 44
—nouveau	37 à 41

Luzerne première qualité	37 à 1
Paille de blé	18 à 61
— de seigle pour l'industrie	22 à 22
— — ordinaire	18 à 22
— d'avoine	15 à 14

Pour les marchandises en gare, les frais de déchargement, d'octroi et de camionnage son à la charge de l'acheteur.

FRUITS

Figues	1 à 1 50
Poires communes	12 à 30
Raisins d'Algérie, les 100 kilos	60 à 65
Amandes, 2ᵉ choix	45 à 75
Noisettes	60 à 80
Citrons, la caisse de 420/490	32 à 35
Noix	18 à 22

POMMES DE TERRE

Hollande (100 kil.)	8 » à 11 »
Roses-Early	4 » à 5 »
Magnum-Bonum	5 » à 6 »
Rondes	6 » à 7 »

LÉGUMES

Choux, le cent	1 50 à 5 0
Choux-fleurs suivant grosseur	15 à 52
Artichauts de Paris	10 à 26
— de Bretagne	8 à 10
— d'Angers	28 à 35
Tomates	8 à 12
Haricots flageolets	10 à 16
— beurre	20 à 25
Haricots verts de Paris	30 à 30
Melons, la pièce	60 à 2 50
Cornichons moyens	40 à 50

CHANVRES

Les 50 kil.	1ʳᵉ qualité.	3ᵉ qualité
Le Mans	33,00 à 35,50	29,00 à 30,00
Saumur (b.)	40,00 à 42,25	37,00 à 39,00

LINS. — Les 100 kilogr. — *Marché de Lille.*

	Communs	Ordin.	Supér.
Alost	148 à 153	154 à 157	161 à 166
Bergues	150 à 158	161 à 168	173 à 182

Marché aux chevaux, 14 Octobre

Gros trait de 300 à 1.300	Boucherie de 65 à 225
Selle et tr. 200 à 1.100	Anes de 45 à 130
léger . de 150 à 1.150	Chèvres . de à
H. d'âge de 150 à 380	

AMENÉS

Chevaux, 359 — Anes, 11 — Chèvres, 0
Voitures 95, de 35 à 600.

ENCHÈRES

Chevaux amenés, 12.
Vendus, 8 de 95 à 350.

Prix moyen aux 100 kilog. des CÉRÉALES dans les Départements.

	BLÉ	SEIGLE	ORGE	AVOINE
Rég. du Nord-Ouest				
Caen	18 75	10 50	14 00	15 00
Lannion	17 75	10 00	14 00	15 00
Morlaix	17 85	10 50	14 00	13 00
Rennes	17 25	11 00	13 50	13 25
Avranches	17 75	10 50	13 50	14 25
Laval	17 50	10 25	13 00	14 00
Lorient	17 50	10 25	13 00	15 50
Alençon	17 50	10 25	14 00	15 50
Le Mans	17 50	10 50	14 00	15 50
Région du Nord				
Soissons	19 00	10 50	»	15 00
Evreux	18 50	10 00	13 00	15 50
Chartres	19 00	10 00	14 00	15 50
Lille	18 50	10 25	14 00	14 50
Compiègne	18 75	10 00	14 50	15 75
Beauvais	18 25	11 00	16 00	15 00
Arras	18 75	11 50	14 00	14 50
Paris	18 75	10 50	16 00	15 00
Versailles	18 50	10 50	15 00	16 25
Rouen	18 50	10 00	15 00	15 00
Amiens	18.75	10 50	15 50	17 00
Rég. du N.-E.				
Mézières	18 25	10 50	14 50	15 00
Nogent-s-Seine	18 25	10 50	14 00	15 00
Châlons-sur-Marne	18 50	10 50	15 50	15 75
Langres	18 50	10 50	13 00	15 00
Nancy	18 50	10 00	14 00	15 00
Bar-le-Duc	18 50	10 50	15 50	14 75
Neufchâteau	18 50	10 50	14 00	15 50
Région de l'Ouest				
Ruffec	18 25	10 50	14 00	15 00
Marans	17 75	10 25	14 00	14 00
Niort	18 75	10 25	13 50	15 00
Tours	18 25	10 00	14 00	15 00
Nantes	18 00	10 50	14 50	14 00
Angers	18 00	11 00	14 00	14 50
Luçon	17 50	10 25	14 00	15 00
Poitiers	18 50	10 25	13 00	»
Limoges	17 50	10 25	»	15 50
Région du Centre				
Moulins	18 50	10 50	13 50	14 75
Bourges	18 75	10 00	14 00	14 00
Aubusson	18 50	10 50	14 00	14 25
Châteauroux	18 00	10 00	14 00	14 00
Orléans	18 50	10 00	13 50	14 00
Blois	19 00	10 50	14 00	16 00
Nevers	18 50	10 25	15 00	15 00
Clermont Ferr.	18 00	10 00	16 00	16 00
Sens	19 50	10 25	13 50	14 50
Région de l'Est				
Bourg	18 50	10 25	14 00	15 50
Dijon	18 25	10 00	14 75	14 75
Besançon	18 50	11 00	14 00	15 00
Grenoble	18 75	10 50	13 25	14 50
Dôle	18 50	10 50	14 00	15 00
Saint-Etienne	18 75	10 50	14 00	16 00
Lyon	19 00	10 50	14 50	16 00
Mâcon	18 75	11 00	14 00	15 75
Vesoul	18 75	10 75	»	14 75
Chambéry	18 50	10 50	»	16 00
Annecy	18 50	»	»	16 00
du Sud-Ouest				
Pamiers	18 75	11 50	»	15 50
Périgueux	18 75	11 00	14 00	15 00
Toulouse	19 25	12 00	14 50	15 50
Auch	18 25	11 00	14 00	16 00
Bordeaux	18 25	11 50	15 00	15 00
Dax	18 50	11 25	15 00	15 00
Agen	18 75	12 00	15 00	15 00
Bayonne	18 50	11 00	14 00	16 00
Tarbes	18 50	11 00	»	▼
Région du Sud				
Carcassonne	19 25	11 00	14 00	15 00
Rodez	18 25	12 00	14 00	16 00
Mauriac	18 50	11 00	»	15 50
Tulle	18 25	11 00	»	15 50
Montpellier	18 25	11 50	»	15 00
Figeac	18 50	10 50	14 00	15 00
Mende	18 75	11 25	14 00	15 50
Perpignan	18 00	11 00	14 50	15 50
Albi	18 50	11 50	13 75	15 50
Montauban	19 00	11 75	14 75	16 00
Région du Sud-Est				
Gap	18 75	11 00	15 00	16 00
Manosque	18 75	11 00	14 00	15 00
Nice	18 75	11 50	14 50	15 75
Privas	18 50	11 00	13 00	16 00
Arles	18 75	11 00	13 00	16 00
Montélimar	19 00	»	14 00	16 00
Nîmes	18 75	12 00	14 50	16 25
Le Puy	18 75	12 00	14 00	16 00
Draguignan	18 50	12 00	14 50	16 00
Avignon	20 50	13 00	14 00	17 00

Tourteaux. — Cours de la maison P. Marchand frères, à Dunkerque (Nord) :

TOURTEAUX A NOURRIR

	Dispon.	A livrer.
Coton de graines d'Egypte	9 50	9 50
Sésame blanc	12 00	12 00
Arachide décortiquée	15 50	15 50
Colza à nourrir	10 50	10 50
Colza du pays	11 25	11 25
Œillette du Levant	10 00	10 »
Œillette blanche de Turquie	10 00	10 50
Lin 1re qual. de Bombay g. form.	14 50	14 50
Lin 1re qual. de Bombay p. form.	14 75	15 00

TOURTEAUX-ENGRAIS

Arachide décortiquée	15 00	15 00
Cameline	»» »»	»» »»
Colza des Indes en poudre	»» »»	»» »»
Colza ravison	8 00	8 00
Colza jaune Gutzerat	11 00	11 50
Kurrachée	»» »»	»» »»
Niger	»» »»	»» »»
Pavot	9 50	9 75
Sésame, blanc	10 25	10 25
Sésame noir	»» »»	»» »»
Coton en farine	7 50	7 50

Nos prix s'entendent pour tourteaux en planches, rendus en gare de Dunkerque.

Paiement à 30 jours ou à terme plus éloigné suivant convention expresse.

Le concassage se paie 0 fr. 25 et la mise en poudre 0 fr. 40 aux 100 kilos. Dans ce cas, les sacs sont facturés à 0 fr. 35 pièce, et repris au prix de facture, quand ils sont rendus en bon état et franco, dans les 30 jours de l'expédition.

FROMENTINE :

	100 kil.
Marque A	12 »
Marque B	13 »
Marque J	12 50
Marque L	14 »
Marque E	14 50

Les 100 kilogs sur wagon St-Quentin, sac à retourner ou à facturer.

BEURRES. (le kilogr.)

BEURRES EN MOTTES			BEURRES EN LIVRE		
Isigny extra.	5 00	6.30	Bourgogne	4.60	2.10
— demi-fin	3.60	3.80	Gâtinais	2.00	2.50
M. d'Isigny..	3 20	3.4.	Vendôme	1.80	2 50
du Gâtinais...	2.00	2.40	Beaugency	1.80	2.50
de Bretagne..	1.80	2.20	Ferme	2.20	3.00
Laitiers Jura.	3.10	2.50	Tours	2.00	2.50
de Charente..	2.20	3.60	Le Mans	1.70	2.10
des Alpes....	2.10	3.10	Touraine fausse	1.80	2.20

ŒUFS. — (le mille).

Normandie ext.	100 à 125		Bourgogne	90 à 93	
Picardie —	103 à 130		Champagne	90 à 98	
Bris —	98 à 115		Nivernais	85 à 90	
Touraine	104 à 130		Bourbonnais	84 à 88	
Beauce	102 à 110		Bretagne	76 à 85	
Orne	95 à 110		Vendée	76 à 86	
Picardie	91 à 104		Auvergne	75 à 85	
Châtellerault	85 à 90		Midi	83 à 90	

FROMAGES.

Brie hautes marq.	90	100	Roquefort	120	200
Brie gr. m. (10)...	65	75	Gruyère (100 k.)..	90	175
— m. m.	40	49	Coulommiers (100).	25	48
Petits Nanteuils..	29	32	Gournay (100)....	18	27
Brie laitiers	20	25	Livarot (le 100)...	80	120
Gérardmer (100 k.)	90	100	Bourgogne (100).	65	75
Hollande	165	175	Camembert (100),	45	60
Bondons(100)...	140	150	Munster(100 .)..	120	130
Cantal	122	135	Port-Salut.	160	180

VOLAILLES

Poulet Brest dit moelleux	2.00	4.00	Pigeon Macon.	1.50	2.00
Poulets Nant.,	2.25	4.50	Canards Nantais	2.50	3.00
Poulets Tour...	2.50	4.50	Dindes Tourr..	8.00	16.00
Poulets Houdan	5.00	5.75	Oies	5.00	7.50
Pigeons d'Italie	80	1.25	Lapins dom.	2.70	3.25
			Lapins garenne.	1.50	2.00

VINS — BERCY

Rouges			Blancs		
B.-Bourg. vieux.	140 à 155		Bordeaux	125 à 160	
Touraine	105 à 115		B. Bourg	150 à 190	
Bord. vieux....	130 à 160		Sancerre	130 à 135	
Algérie	26 à 32		Chablis	200 à 350	
Cher	110 à 135		Anjou	120 à 135	
Chinon	125 à 180		Pouilly	350 à 300	
Narbonne	32 à 38		Vouvray	155 à 195	

HOUBLONS. — Les 50 kilogr.

Alost primé	32,00 à	30,00
Bourgogne	55,00 à	40,00
Poperinghe	25,00 à	30,00
Wurtemberg	40,00 à	42,00
Altmark	75,00 à	100,00
Alsace	50,00 à	65,00

Prix des Produits Forestiers à Paris.

BOIS DE FEU (Octroi non compris)			
Falourde de pin..	100 à 110	le cent.
Bois de flot	110 à 105	le déca.
Bois gris neuf	130 à 120	—
Bois blanc	105 à 140	—

BOIS D'ŒUVRE (Octroi compris)			
Chêne gros bois	105 à 110	le m. cube
— moyen bois	70 à 60	—
— petit bois	30 à 48	—
Charme, plateaux.	50 à 60	—
Sciage de chêne (Entrevoux	175 à 210	les 208 m.
Echantillons	230 à 220	—
Frise	27 à 28	104 m

La suite des marchés se trouve à la *Correspondance*.

L'ANNÉE AGRICOLE ET AGRONOMIQUE
pour 1896.

Cet ouvrage dont la première édition avait été honorée de tant d'éloges vient de paraître pour la seconde fois. Nous nous sommes attachés à tenir le plus grand compte des critiques et des vœux qui nous ont été adressés. Nous croyons sincèrement que l'*Année agricole et agronomique* est maintenant conçue sur un plan définitif. C'est la revue impartiale et fidèle de tous les travaux agricoles de l'année tant en France qu'à l'étranger, qu'ils émanent des individus ou des sociétés. La classification de la table permet de trouver immédiatement les renseignements désirés sur tel ou tel objet.

Nous avons voulu doter chaque année l'agriculture nationale d'une encyclopédie aussi complète et facile à consulter que possible, si nous en croyons nos confrères, notre but est atteint, nous attendons la sanction de nos lecteurs.

Nous l'offrons en prime à nos abonnés au prix de 2 fr. 50 franco de port au lieu de 4 francs.

Ceux de nos abonnés qui désirent l'**Année agricole et agronomique de 1895** et celle de **1896** recevront les deux volumes franco dans la gare la plus voisine contre 4 fr. 50.

Adresser les demandes à M. Crépeaux, 10 *bis*, rue Piccini, Paris.

Almanach de la France rurale pour 1897.

En vente aux bureaux de la *Gazette* : 0 60 centimes l'exemplaire *Franco*. Remises pour quantités importantes.

Les *Pilules de Vallet* ont été approuvées et recommandées par l'Académie de médecine de Paris pour la guérison de la *chlorose*, des *pâles couleurs*, de l'*anémie*, des *pertes de sang*, et *pertes blanches* et de tous les états d'épuisement ou de faiblesse générale.

Nota. — Les pilules de Vallet (*vraies*) sont blanches et sur chacune est écrit le nom Vallet. Toutes pharmacies : le flacon 3 fr. Fabr^{on} L. Frère, 19, rue Jacob, Paris, A. Champigny et Cie, successeurs.

CHRONIQUE POLITIQUE

La visite amicale faite à Paris ou pour mieux dire à la nation française pendant quatre jours par le Czar Nicolas, accompagné de sa gracieuse épouse et de sa jeune fille âgée de dix mois, n'est pas seulement l'événement du jour pour Paris et pour la France. C'est une grande date historique pour l'Europe et pour le monde civilisé. Aussi on ne peut s'étonner du retentissement profond que produit cette visite dans tous les journaux des deux hémisphères.

En se rendant à Paris avec sa chère famille, le tsar Nicolas pouvait concevoir quelque inquiétude sur les sentiments dominants d'une population qui a donné trop souvent des gages insensés aux sectes révolutionnaires. Grâce à Dieu, le contact de sa personne avec cette population a été une révélation inattendue et providentielle pour celle-ci, et aussi pour la population française, représentée par quinze cent mille personnes attirées à Paris par cette fête nationale et internationale dans le meilleur sens du mot. A la vue de ce vaillant souverain venu pour nous tendre une main amicale, le sentiment patriotique a enflammé tous les cœurs, et une acclamation unanime n'a cessé de saluer le tsar, la tsarine, sur un parcours de plus d'une heure, depuis la porte Dauphine jusqu'à l'hôtel de l'Ambassade de Russie.

A ce spectacle inouï, notre impérial visiteur a senti que le cœur de la France battait sincèrement à l'unisson du sien, et la même explosion d'enthousiasme, enthousiasme vrai, populaire surtout, n'a cessé de l'acclamer depuis son arrivée à Cherbourg jusqu'à son départ du camp de Châlons, dans la soirée de vendredi. A Cherbourg, il a tendu une main amie à notre marine. A Paris, il a été salué par le peuple. A Châlons, il a échangé avec les chefs de notre armée des effusions amicales, dont il a donné le sens dans son toast inoubliable, par ces mots : « Sincère amitié entre les deux peuples, inaltérable confraternité d'armes avec l'armée. » L'univers entier enregistre aujourd'hui l'écho de ces paroles tombées des lèvres du plus puissant monarque des deux mondes.

Ce n'est pas tout. Les témoignages d'affection prodigués au tsar par la France, ont jeté dans tout l'immense empire de la Russie, une explosion inouïe de satisfaction et de sympathie. De toutes les parties du vaste empire, des adresses de remerciements, de sympathie nous sont envoyées par toutes les classes de la population. Ce n'est pas seulement le cœur du tsar qui bat avec le nôtre, c'est le cœur même de ses cent millions de sujets qui le saluent du nom significatif de petit père, et forment de la nation russe une famille dont il est le chef.

Adieu, au revoir.

Au moment de franchir la frontière le tzar Nicolas nous a adressé par l'organe du Président de la République un adieu qui touchera profondément tous les cœurs français.

« Au moment de traverser la frontière je tiens à vous exprimer encore une fois, monsieur le président, combien nous sommes touchés, l'impératrice et moi, de l'accueil chaleureux qui nous a été fait à Paris.

« Nous avons senti battre le cœur de ce beau pays de France dans sa belle capitale, et le souvenir de ces quelques jours passés parmi vous restera profondément gravé dans nos cœurs.

« Je vous prie, monsieur le président, de vouloir bien faire part de nos sentiments à la France entière. »

Ajoutons que cet adieu est plutôt un *au revoir*. L'empereur a déclaré son dessein de venir visiter de nouveau notre pays, non plus en souverain, mais comme un voyageur ordinaire, seul moyen de voir clair dans l'état des hommes et des choses de notre pays.

M. Faure a tort de ne pas voyager ainsi, ses voyages à grand tralala nous coûtant fort cher et ne servent qu'à ceux qui ont intérêt à le tromper sur les choses qu'il devrait savoir.

Les présidents des vraies républiques de Suisse et des Etats-Unis voyagent comme le tzar se propose de voyager, comme doit le faire tout homme d'Etat désireux de s'instruire.

La neutralité anti religieuse.

Le *Journal des Débats* a publié récemment un article où il stigmatise avec indignation la conduite abominable de milliers d'instituteurs qui, au mépris de leur devoir de neutralité en matière religieuse, se livrent à une propagande effrénée d'impiété et de mépris de la religion et qui bravent avec une insolence inouïe les vœux et les reproches des familles obligées à leur grand regret de leur confier leurs enfants. Les parents qui se plaignent de ces scandaleux excès, dit le *Journal des Débats*, sont stupéfaits en constatant que les inspecteurs des écoles appuient de leur patronage cette odieuse propagande et que, pour les gredins qui s'y livrent, elle est un titre à l'avancement et aux faveurs, tandis que l'instituteur qui respecte la conscience chrétienne, est en butte aux rigueurs des mêmes chefs.

Le *Journal des Débats* constate donc que la neutralité telle qu'il la voudrait dans nos écoles est une duperie criminelle, dont les principaux acteurs sont à la tête du pouvoir. En un mot c'est le pouvoir souverain des loges qui tyrannise la jeunesse de nos écoles.

Les parents n'ont qu'une arme défensive à lui opposer, la grève des enfants; refuser tout simplement d'envoyer leurs enfants à ces maîtres indignes !

— Mais, dira-t-on, vous voulez donc que nos enfants restent sans instruction?

— Allons donc! le jour où la majorité des enfants sera retenue par leurs parents, le régime hypocrite qui vous révolte aura vécu. On ne met pas en prison une commune entière à la fois. La tyrannie scolaire sera obligée, ce jour-là, de reculer devant la révolte de la conscience publique. L'audace des tyranneaux est faite de la couardise des opprimés.

M. Dupuy et les francs-maçons.

Le frère Zevaco, vice-président du tribunal du Puy, grâce à la maçonnerie, accuse violemment M. Ch. Dupuy de tendances cléricales. — M. Dupuy lui a répondu en lui rappelant son principal titre à la malédiction maçonnique. « Ce titre, dit-il, date du jour où, étant membre de la Chambre des députés, je refusai d'appuyer vos demandes d'avancement. Ce souvenir, n'en doutez pas, donne à votre accusation toute sa portée et sa valeur. » Les Zevacos sont légion aujourd'hui. M. Dupuy, quoi qu'il en dise, a sa part dans le régime qui les a rendus si puissants et si audacieux.

Une école rurale de filles.

Sous ce titre : *École ménagère de filles*, notre vaillant confrère de la *Bourgogne* annonce l'ouverture à Anstrude par Aisy (Yonne), d'une école de jeunes filles qui répond admirablement aux besoins et aux intérêts des populations rurales et qui offre un contraste suggestif avec la direction déplorable de nos trente mille écoles officielles de filles qui nous coûtent plus de quarante millions.

Cette école, dit la *Bourgogne*, dirigée par la sœur Theresia, pourvue du brevet supérieur, et du certificat d'aptitude pédagogique, se recommande aux *cultivateurs soucieux* de faire donner à leurs filles une éducation, non seulement brillante, mais solide, utile et pratique. — Des soins particuliers sont apportés aux leçons de couture et de coupe et autres travaux de ménages.

Nous avons cité plusieurs fois l'école modèle de ce genre fondée et dirigée à Haroué (Meurthe-et-Moselle), par M. l'abbé Harmand, en regrettant de n'en trouver aucun exemple dans nos campagnes où toutes les écoles de filles devraient être dirigées de cette façon comme en Allemagne.

Nous n'en adressons qu'un vœu plus chaleureux de bienvenue à la sœur Theresia et à son école de filles d'Anstrude (Yonne).

Les écoles vétérinaires.

La liste officielle des élèves nouveaux admis à nos trois écoles vétérinaires porte leur nombre à 54 pour l'école d'Alfort, 36 pour celle de Lyon, 36 pour celle de Toulouse.

CHRONIQUE GÉNÉRALE

Les causes de la crise agricole.

Au dernier Concours du *Comice agricole de Laval*, le Président, M. Le Breton, sénateur de la Mayenne, a prononcé un magistral discours dans lequel il expose avec une rare lucidité les causes de la crise agricole et les mesures à prendre pour l'enrayer.

On nous saura gré de reproduire *in extenso* une allocution que tous les amis sincères de l'agriculture devraient répandre partout et mettre sous les yeux des politiciens qui, sans exception, sont plus ou moins responsables de la triste situation qui est faite aux cultivateurs de France.

« Pendant la plus grande partie de l'année, la température a favorisé vos travaux ; les semailles d'automne se sont faites dans les meilleures conditions, la douceur exceptionnelle de l'hiver permettait d'espérer une production aussi abondante pour les fourrages que pour les céréales, lorsqu'une sécheresse persistante est venue arrêter la végétation des prairies naturelles, des trèfles, des luzernes, et entraver la plantation des racines fourragères.

« Vous n'aurez donc pas, pour l'alimentation de votre bétail, autant de ressources que pendant le dernier hiver. Toutefois, la situation, sous ce rapport, est loin d'être aussi inquiétante qu'en 1893, car les pailles, comme les foins, sont moins rares qu'on ne l'avait craint et leur qualité est excellente ; les terres préparées pour les cultures de choux, que l'absence de pluie vous a forcés d'ajourner, sont prêtes à recevoir des semis de colzas, de moutardes blanches, de vesces grises, de seigles, qui seront pour vous d'un grand secours. Je vous recommande particulièrement de semer des raves, des navets, dont certaines variétés hâtives peuvent, comme valeur alimentaire, remplacer les betteraves, s'ils ne les remplacent pas pour le nettoyage du sol.

« Avec toutes ces plantes d'une végétation rapide, peu exigeantes bien qu'elles soient très sensibles aux effets d'une bonne fumure, avec des pommes de terre, des topinambours, vous pourrez composer des rations variées dont vous augmenteriez sensiblement la valeur en prenant la précaution de les hacher régulièrement, ainsi que vos foins et vos pailles, de les mélanger, de les brasser au moins vingt-quatre heures avant de les distribuer à vos animaux. Le hachage de toutes les substances qui entrent dans ces mélanges facilite leur fermentation, opère entre elles une union intime qui les rend infiniment plus assimilables et plus nutritives.

« Le dommage causé par la sécheresse serait vite réparé s'il avait pour résultat de faire adopter dans toutes les fermes, où elle ne l'est pas encore, l'habitude de préparer ainsi la nourriture du bétail.

« La bonne utilisation des fourrages permet, en effet, d'en réduire la consommation et de ménager des réserves pour les besoins imprévus, et c'est de l'abondance de ces réserves que dépendent surtout les cours du bétail : nous l'avons bien vu cette année ; les prix se sont maintenus tant que les provisions n'ont point été épuisées ; ils ont fléchi dès que la température a fait craindre qu'elles ne fassent défaut, et cette baisse s'est encore accentuée, bien que l'effectif de nos troupeaux, décimés par la disette de 1893, soit à peine reconstitué dans certaines exploitations.

« *Bétail.* — Mais le bétail indigène est déjà à peu près en mesure de faire face aux besoins de la consommation, puisque le chiffre des bœufs exportés qui, en 1895, avait été presque le double de celui de 1894, a augmenté d'environ un tiers pendant les quatre premiers mois de 1896, et que les exportations de viandes de boucherie ont suivi la même progression. Il est donc plus nécessaire que jamais de veiller à l'application de toutes les mesures destinées à défendre notre marché contre les importations de bétail que la facilité croissante des moyens de communication rend de plus en plus menaçantes pour notre élevage.

« Les cargaisons d'animaux étrangers, d'une provenance souvent suspecte, dont l'arrivée dans divers ports nous avait justement inquiétés l'année dernière, doivent être, depuis quelques mois, soumises à une surveillance plus efficace. Au moment où la loi se montre si dure pour nos éleveurs, en déclarant nulle la vente de tout animal atteint, même à leur insu, de certaines maladies contagieuses, au moment où on prépare contre eux des mesures plus rigoureuses encore, plus vexatoires, plus inquisitoriales, pour les obliger à isoler, à abattre, à inoculer tous les animaux de leurs étables dès qu'un seul aura paru suspect de tuberculose, il était inadmissible que de véritables troupeaux étrangers pussent, à peine débarqués en France, se répandre librement dans le pays après un examen sanitaire, ou plutôt un simulacre d'examen beaucoup trop rapide pour donner aucune garantie, et parcourent impunément nos marchés en y portant le germe des contagions les plus terribles.

« J'avais beaucoup insisté auprès du précédent Ministre de l'Agriculture, M. Viger, pour qu'il imposât à tous les bovidés expédiés de l'étranger et destinés à l'engraissement ou à l'élevage, l'obligation de subir l'épreuve de la tuberculine, au lieu même de leur débarquement, et d'y rester en surveillance pendant tout le temps nécessaire à l'accomplissement de cette expérience qu'on prétend décisive pour révéler l'existence de la tuberculose.

« J'ai été heureux d'obtenir satisfaction à cet égard : M. le Ministre a bien voulu prendre, à la date du 14 mars dernier, un décret conforme à la demande que je lui avais présentée. Si ce décret est strictement appliqué, il nous éclairera promptement sur la valeur réelle de la tuberculine qu'il est indispensable de bien connaître, avant d'en imposer l'emploi comme preuve légale de l'existence de la tuberculose dans nos étables. De plus, il constituera pour nous un nouveau moyen de défense, à la fois contre la propagation des épizooties et contre le danger des importations de bétail vivant qui, repoussées d'Angleterre, tendent de plus en plus à se diriger vers la France.

« *Céréales.* — C'est surtout la production des céréales, spécialement celle du blé, qui exige la prompte intervention des pouvoirs publics. Je vous ai déjà plusieurs fois entretenus de cette question. Elle exigerait pour être traitée complètement, des développements fort arides, mais elle me semble à la fois si claire quand on l'examine de bonne foi, sans parti pris, et si importante pour le bien-être et la stabilité des populations rurales, pour la sécurité et l'indépendance de la patrie, je suis tellement convaincu qu'il serait facile de lui donner une solution équitable, satisfaisante pour tous les intérêts légitimes, que je ne puis m'abstenir de vous en parler encore aujourd'hui, afin de dissiper, si je le puis, les obscurités dont elle a été entourée comme à plaisir par les doctrinaires du libre échange et par les auxiliaires avoués ou inconscients de la spéculation cosmopolite.

« Depuis dix ans, sauf pendant quelques mois en 1891, le prix du blé en France n'a cessé de baisser. Sa valeur moyenne, qui dépassait 29 fr. le quintal pendant la période de 1872 à 1876 — 28 fr. de 1877 à 1881, s'est abaissée rapidement à 25 fr. de 1882 à 1886, à 24 fr. de 1887 à 1891, à 20 fr. en 1894, à 18 fr. en 1895, à 17 fr. en 1896. Pendant plusieurs mois, elle s'est maintenue dans notre département entre 15 et 16 fr. le quintal, c'est-à-dire à un prix presque égal ou à peine supérieur d'un franc à celui des marchés d'Angleterre et de Belgique, où il n'existe aucun droit de douane sur les blés inférieurs de 5 et 6 fr. à celui des marchés allemands qui ne sont protégés que par un droit de 3 marcks et demi (4 fr. 37), et de 10 et 11 fr. au-dessous de celui du marché de Barcelone.

« Que devient, en présence de ces chiffres, la prétendue loi du nivellement des prix enseignée comme un axiome par les adeptes de la nouvelle école d'économie rurale ? À entendre ces ingénieux polémistes qui cherchent à justifier par des formules soi-disant scientifiques leur résistance à toutes les demandes des agriculteurs, le prix du blé serait le même dans le monde entier, comme le niveau de l'eau coulant dans des vases communiquants, il ne différerait d'un point à l'autre que d'une somme exactement égale aux taxes d'entrée et aux frais de transport du lieu de production au lieu de la livraison.

« Or, le prix du transport des blés de l'Inde, de la Russie méridionale, de l'Amérique du Sud, des États-Unis, coûte le même prix pour Liverpool et pour le Havre, pour Dunkerque et pour Anvers. Il devrait donc exister entre les cours de ces diverses places une différence exactement égale à celle des droits de douane. Lorsque le blé vaut 15 fr. le quintal à Londres et à Anvers, le même blé, ou le blé d'origine identique, devrait se vendre en France 7 fr. de plus et porter le cours des marchés français à 28 fr. le quintal, puisqu'il est soumis à son entrée à un droit de douane de 7 fr., or, le prix moyen des blés français oscille entre 17 et 18 fr. le quintal !

« Comment expliquer cette anomalie ?

« On ne peut l'attribuer à aucune des causes générales de la dépression de la valeur du blé qui agissent également sur tous les marchés. Elle n'est pas due à la dépréciation de la monnaie d'argent ou du papier-monnaie de certains pays producteurs, puisque la roupie indienne, le rouble russe, le peso papier argentin, sont aussi dépréciés par rapport à la monnaie belge et allemande que par rapport à notre monnaie ou au billet de la Banque de France.

« On ne peut pas davantage l'attribuer aux marchés fictifs. Partout on se plaint de l'influence désastreuse qu'exercent sur le cours du blé ces ventes à terme portant sur des quantités énormes de blés dits livrables, qui ne sont jamais livrés, qui même n'existent pas, qui sont représentés par un bon de papier, par un bon de livraison ou *filière*, et qui sont l'objet d'un agiotage effréné.

« Mais cette plaie des marchés fictifs n'est pas particulière à la France ; elle fait sentir ses effets aussi bien aux cultivateurs des États-Unis, d'Angleterre, de Belgique et d'Allemagne qu'aux cultivateurs français. Et la preuve, c'est qu'on a adopté ou préparé contre elle plusieurs mesures en Amérique, en Autriche, en Allemagne, en Angleterre, comme on en prépare en France, mesures malheureusement impuissantes à atteindre ces spéculations presque toujours insaisissables.

(A suivre.)

La crise de la sériciculture.

Le Congrès séricicole réuni à Alais a mis en lumière la situation périlleuse à laquelle est réduite notre industrie séricicole, par le régime qui admet en franchise les soies et cocons étrangers. MM. Maurice Faure et de Ramel ont produit des documents qui démontrent que si ce système est maintenu, nos grainiers, nos magnaniers seront ruinés avant deux ans. Nous avions donc cent fois raison de protester contre la prétention absurde de remplacer la plus indispensable des protections — la protection douanière — par les primes payées par les contribuables français.

Le Congrès d'Alais en s'appuyant sur les vœux de toute la région séricicole et sur les vœux émis par les deux conseils généraux du Gard et de Vaucluse, a déclaré que le droit de douane est aussi nécessaire aux filateurs qu'aux éducateurs.

Le Congrès a terminé ses travaux en votant à l'unanimité l'ordre du jour suivant présenté par MM. Maurice Faure et de Ramel :

« La réunion du Syndicat des grainiers de France et les sériciculteurs assemblés avec eux à Alais, après avoir pris connaissance des vœux tendant à l'établissement de taxes douanières sur les soies et les cocons étrangers émis par deux conseils généraux, félicitent ces corps électifs de leurs résolutions et s'y associent de tout cœur invitant les représentants des régions intéressées à défendre énergiquement devant le Parlement les justes revendications de la sériciculture. »

Voilà le coup du lapin pour le système des primes. Espérons que le retour au bon sens s'opérera sur toute la ligne, c'est-à-dire que tous les produits du sol auront une part égale de protection contre la concurrence étrangère. Le trésor en a besoin autant que l'agriculture.

La crise du sucre.

Le relevé officiel de cette importante production pour les campagnes 1895-96 donne les chiffres suivants : betteraves, 5.396.434 tonnes, sucre raffiné 593.643 t. dont 418.963 tonnes fournies en charge et 171.687 d'excédent. Cette production a été inférieure de 119.908 tonnes à celle de la campagne précédente 1894-1895.

La production de 1896-1897 probablement sera plutôt inférieure que supérieure à celle que nous venons d'approuver.

Quoi qu'il en soit, ce n'est pas là la plus inquiétante préoccupation de nos producteurs. Ce qui les inquiète le plus, c'est la concurrence des sucres allemands et autrichiens favorisés par la prime d'exportation dont ils jouissent depuis trois mois. Les producteurs français réclament avec raison une faveur correspondante, et le retard de trois mois qu'ils subissent a déjà été une source de pertes énormes pour eux.

On excuse ce retard par les vacances du parlement. Le parlement et surtout le ministère Méline qui a prorogé les Chambres avant le vote de cette loi indispensable, sont inexcusables. Les intérêts qu'ils ont mission de protéger devraient passer avant les convenances égoïstes de leurs membres.

Quand le feu est à une maison pendant la nuit, on n'attend pas pour appeler les pompiers que l'heure de leur lever ordinaire ait sonné.

La betterave sucrière est une poule aux œufs d'or pour le Trésor. Le jour où on la fera crever par la concurrence allemande, ce sera une ruine pour le Trésor comme pour les cultivateurs et les fabricants de sucre.

La politique de partage qui tue la politique d'action, voilà ce qu'il est utile de comprendre.

On rit toujours lorsque le médecin de Molière dit d'un malade qu'il est mort suivant les règles de la médecine. Le parlementarisme nous joue chez nous un rôle semblable. Les ruines qu'il nous inflige sont *légales*. Comme Pilate, il s'en lave les mains.

On annonce que le ministère ne convoquera les Chambres que le 3 novembre alors que le temps presse tant pour secourir notre industrie sucrière. Nous comprenons de moins en moins la façon d'agir du Ministère Méline, sur lequel les Agriculteurs avaient fondé, bien à tort hélas ! tant d'espérances.

Deux concours à Niort.

Les deux concours que nous avions annoncés, concours mulassier, concours de la race bovine parthenaise, ont eu lieu à Niort les 54-27 septembre et ont obtenu un très notable succès. Dans le concours mulassier on y a primé des spécimens nombreux de baudets puissants, bien conformés, et de juments mulassières propres à ce métissage spécial.

Dans le concours de la race bovine parthenaise, on a fait une sélection sévère des sujets réunis sous les traits caractéristiques de la race. Et de plus on a attaché une importance spéciale aux femelles possédant les signes favorables à la production laitière à raison de l'extension que prennent les laiteries et beurreries coopératives dans cette contrée. La sous-race ou variété *Nantaise* qui diffère un peu de ses confrères du Bas-Poitou a été classée à part dans le projet de Herd book.

En somme, bonne journée pour l'élevage vendéen et poitevin.

Les principales primes de la race parthenaise ont été remportées par MM. Mobilais (variété nantaise), Chantecaille, Apercé, Miresses (Deux-Sèvres,) J. Martin.

Les primes du concours mulassier ont été attribuées à MM. Chantecaille et Moreau (Deux-Sèvres).

Un essai d'arracheuses de pommes de terre

Un second essai public d'arracheuses de pommes de terre a eu lieu le 26 septembre, près de Tomblaine, ferme de Sainte-Marguerite.

La machine américaine, dite Cummings, présentée par la maison Meixmoron de Dombasle, a fourni, malgré la grande fraîcheur des terres, un travail satisfaisant. Les tubercules étaient nettement dégagés de la terre et des fanes, ce qui rendait le ramassage très facile.

Une machine à griffe articulée, de M. Bajac, a été également essayée. Son travail ne diffère pas sensiblement de celui de la griffe ordinaire. La pomme de terre se trouve rejetée de côté et mélangée avec la terre ; par suite, le ramassage est beaucoup plus compliqué qu'avec la machine précédente.

On a constaté qu'aucun de ces deux instruments ne laissait de tubercules non arrachés.

D'après l'avis des cultivateurs présents, on peut évaluer à un hectare et demi à deux hectares par jour, l'arrachage possible, avec la machine américaine Cummings. Oui, mais il reste à opérer le ramassage à la main.

Concours international d'arracheuses mécaniques de betteraves.

A AMSTERDAM

La Société royale agricole hollandaise, sous la direction de M. Bauduin, son président, et de M. Waldeck, secrétaire, avait organisé un concours international d'arracheuses mécaniques de betteraves et fait appel à tous les constructeurs de ce genre de machines.

Le 5 octobre, les principales maisons françaises, belges et allemandes, se trouvaient donc en lutte dans les Polders (lac de Haarlem desséché) près d'Amsterdam.

Après trois journées consécutives d'expériences en terrains faciles, moyens ou fortement argileux, le jury a rendu ainsi son verdict :

1er prix, 830 fr. en espèces : M. Bajac, de Liancourt (Oise) (France).

2e prix, 310 fr. en espèces ; M. Zimmermann, de Haale-sur-Sale (Allemagne).

3e prix, 207 fr. en espèces : MM. Candelier, de Bucquoy (Pas-de-Calais) (France).

Les voitures automobiles.

Le dernier match exécuté par cinq voitures automobiles, qui ont fait le trajet de Paris à Marseille avec retour (4.714 kilomètres), en 66, 68, et 70 heures, a donné une preuve décisive de l'utilité des véhicules automobiles. On en peut conclure que, dans un prochain avenir, les attelages de chevaux seront remplacés par la vapeur, par le gaz, par le pétrole, qui impriment à ces véhicules une vitesse presque égale à celle des voies ferrées et à beaucoup meilleur marché.

Les véhicules automobiles qui ont accompli ces tours de force sont ceux de MM. Panhard et Levassor de Paris, Peugeot de Paris, Bollée du Mans, Dion-Boutron de Paris.

D'autres constructeurs encore sont sur les rangs pour conquérir la clientèle du public.

Les véhicules automobiles sont sur le point d'opérer une révolution dans la circulation des personnes, révolution qui malheureusement ne sera pas sans causer de graves pertes à nos éleveurs de chevaux.

Sucrates frauduleux pour vendanges.

La direction des douanes vient d'ordonner l'interdiction de diverses préparations importées en France pour remplacer le sucre des vendanges. Ces préparations introduites en fraude des droits de douane sont nommés œnanthines, sulfo-amide benzoïque, saccharrate de soude, etc. La circulaire de M. Pallain qui ordonne cette prohibition ajoute que, d'après les chimistes, ces matières sont insalubres.

Le cidre allemand.

Il existe en Allemagne, notamment à Brême, à Francfort et à Hambourg, des établissements où l'on fabrique du « cidre bouché » qu'on vend de 0 fr. 75 à 2 fr. 50 suivant la marque. A Calcutta, le cidre atteint sur les tables de café jusqu'à 4 shillings la bouteille.

L'Allemagne n'ayant pas assez de pommes, est obligée d'en acheter chez nous, voilà pourquoi, chaque année, la Bretagne, le Cotentin et la Normandie sont envahis par des courtiers allemands qui viennent rafler sur nos marchés la plus grande quantité possible de fruits.

Grâce à nos pommes, l'Allemagne peut expédier chaque année des millions de bouteilles de cidre à Londres et à New-York. De plus, avec les marcs qu'ils sucrent, et quelques produits chimiques, d'ingénieux industriels font le *champagne allemand*, sorte d'eau sucrée mousseuse, à laquelle le trois-six donne un certain montant et les sorbes une vague couleur rosée.

Les brasseries de cidre de Francfort avaient établi à l'exposition de Chicago des bars où l'on a dégusté le produit des cidreries allemandes.

Nos cultivateurs normands et bretons devraient bien, ainsi que les industriels qui spécialisent la fabrication du cidre, prendre exemple sur les négociants francfortois et hambourgeois.

Nous verrions même avec plaisir des syndicats français s'instituer pour s'emparer à leur tour des débouchés de nos concurrents d'outre-Rhin.

Tout le monde y gagnerait; les producteurs de pommes, les producteurs de cidre, et enfin les acheteurs qui auraient des liquides moins travaillés et plus sains que ne sont ceux de l'Allemagne, où la chimie est arrivée à suppléer aux raisins, aux pommes ou au houblon pour faire le vin, le cidre ou la bière.

Lettres rurales

« Qui veut la fin veut les moyens, » avons-nous dit dans notre dernière lettre.

Or, il est de toute notoriété qu'une Société quelconque a besoin d'avoir une caisse, car il y a toujours des dépenses à faire.

Donc, s'unissant ainsi dans une défense commune, il faut songer d'abord à établir une caisse; mais comment l'alimenter?

Il y a pour cela deux moyens qu'on peut employer simultanément: les dons volontaires et les cotisations fixes.

En principe, nous sommes peu partisans du premier moyen qui, quoique ayant sa valeur, présente trop d'aléa et nous préférons de beaucoup le second, sur lequel on peut tabler avec certitude. Cependant on peut les admettre tous deux.

« Encore une nouvelle dépense, entends-je dire aussitôt, alors que, pauvres cultivateurs, nous en avons déjà tant! »

C'est parfaitement vrai ce que vous dites, et nous ne saurions l'ignorer; mais pourquoi vous assurez-vous contre l'incendie, la grêle, la mortalité de vos bestiaux, etc.? Ne sont-ce pas là des dépenses *hasardées*, car enfin, grâce à Dieu, ces sinistres sont peu communs, et vous faites du reste tout ce qui dépend de vous pour en diminuer encore la fréquence. Cependant, vous n'hésitez pas à les faire, malgré votre pénurie. Pourquoi donc alors hésiteriez-vous à faire celle-ci, qui a pour objet de sauvegarder, non pas telle ou telle partie de votre avoir, mais toute votre industrie, toute votre fortune, tous le fruit de vos labeurs?

Et, d'ailleurs, qu'est-ce qui pourrait s'opposer à l'établissement d'une échelle de cotisations, en rapport avec l'importance culturale de chacun des associés syndicatoires; ce qui ne serait que justice, les charges devant toujours être en rapport avec les chances de bénéfice.

Ne pourrait-on, par exemple, baser cette cotisation annuelle, sur le chiffre de *un franc* par 10 hectares de propriété ou d'exploitation, ou même à 10 *centimes* par hectare?

Qui donc hésiterait à grever ses frais généraux de cette bagatelle?

Or, sachant que la population (mâle) agricole s'élève à environ **9 millions**, exploitant **35 millions** d'hectares de terre, calculez quelle somme cette simple cotisation produirait, et quelle force aurait une semblable union professionnelle!

Nous entendons souvent dire, au moment d'élections: Monsieur Un Tel ferait bien notre affaire, mais, hélas! il n'a pas le moyen de se faire élire.

Si les agriculteurs, comprenant enfin leur devoir, s'unissaient comme nous le demandons, et avaient cette force que nous indiquons, qui les empêcherait de remédier à cela, en faisant eux-mêmes les frais de l'élection de ceux qu'ils jugeraient ainsi les plus dignes et les plus capables de les représenter.

En moyenne, les frais d'une élection à la députation sont d'une dizaine de mille francs; il suffirait donc qu'un dixième seulement d'entre eux s'unissent, pour être en mesure d'envoyer plus de 300 des leurs défendre leurs intérêts aux Chambres.

Du reste, voyons ce que font les socialistes; avec quelle énergie, quel acharnement ils s'organisent, luttent et travaillent. Leurs élections ne leur coûtent rien ou presque rien, témoin celle du citoyen Lafargue, qui eut lieu à Lille, en 1891, et ne coûta, ballottage compris, que 472 francs. C'est qu'aussi, tous ont à cœur le succès de leur cause, le triomphe de leurs idées, et donnent leur temps et leurs peines sans aucune rétribution. Chacun ne voyant que sa cause et non celle d'autrui, ne considérant dans l'homme qu'on lui a indiqué que le porte-drapeau de ses revendications, travaille sans rémunérations, désirant d'autant plus le succès, qu'il y met davantage du sien.

Quelle leçon pour nous !

Qu'on cesse donc de geindre, de se plaindre, de s'en prendre à celui-ci ou à celui-là, de crier contre les pouvoirs publics qui n'en peuvent mais, et qu'on s'unisse fortement, sérieusement, LA SEULEMENT EST LE SALUT !

Que les sociétés agricoles existantes profitent surtout de cette loi pour reprendre leur liberté d'action, et grouper autour d'elles tous ceux que cette sorte de tutelle en éloignait et ils sont nombreux ; qu'elles répandent les bons journaux.

Ils ne faut pas qu'elles se le dissimulent davantage, leur rôle ancien n'a plus de raison d'être aujourd'hui. Ce ne sont plus des conseillers bénévoles que les temps actuels exigent, mais des *défenseurs intrépides*, DES HOMMES LIBRES PARLANT EN HOMMES LIBRES.

Du reste, pourquoi vouloir continuer à rester enfermées dans leur immuabilité, puisque les pouvoirs publics eux-mêmes leur accordent toute liberté ?

Qu'elles n'hésitent donc point à se mettre à la tête du mouvement ; mieux que tous autres, elles ont tout ce qu'il faut pour cela, et, point de doute qu'elles ne voient, en fort peu de temps, le nombre de leurs adhérents décupler, car n'est-il pas profondément triste de voir, comme actuellement, 200 ou 300 personnes seulement, sur une population de 20.000 agriculteurs, s'unir pour la défense de leur industrie, alors surtout qu'elle est agonisante.

Mais que si ces sociétés, faillissant à leurs devoirs, voulaient persister à piétiner sur place, et se contenter d'exprimer de temps à autre quelque vœu platonique, d'exhaler quelque plainte timide, que les jeunes se lèvent et qu'à l'imitation des catholiques belges, ils secouent le joug qui ne les opprime que depuis trop longtemps, et qu'ils s'organisent convenablement et sérieusement .

Nous leur donnerons quelques indications à ce sujet, dans un prochain entretien.

MAITRE-PIERRE.

La Chesnaye-Saint-Aubin, 7 septembre 1896.

Les faux propriétaires de vignobles.

Depuis quelque temps, le public reçoit tous les jours des centaines de circulaires émanant d'individus qui lui offrent des vins provenant de leurs vignes dont ils se déclarent propriétaires, alors que la plupart d'entre eux ne possèdent pas un pied de vigne.

Pour faire justice de cette supercherie, la municipalité de Margaux (Gironde) offre à tous ceux qui le lui demanderont de les éclairer sur la véritable situation des individus qui leur offrent du vin comme producteurs propriétaires.

Toutes les communes du Bordelais et du Midi feraient bien de suivre cet exemple. Mais nous n'y comptons pas. En tout cas, le public fera sagement de se tenir en garde contre les circulaires émanant de prétendus propriétaires qui le sont tout au plus du vin qu'ils mettent en vente.

CHRONIQUE AGRICOLE

Situation. — La saison.

Le beau temps qui nous réjouissait il y a huit jours lorsque nous écrivions notre précédente chronique agricole ne s'est pas maintenu. La pluie commençait à tomber dès le lendemain et elle a persisté fâcheusement pendant le reste de la semaine. Ce triste contre-temps a eu pour conséquence une regrettable interruption des travaux si urgents de la saison, notamment des labours et ensemencements de céréales d'automne. Les travaux d'arrachage des plantes racines ont été aussi très contrariés par ces pluies. Aujourd'hui mardi le ciel paraît en voie de s'éclaircir, le soleil réussit çà et là à percer les nuages moins denses que les jours précédents, et nous envoie de pâles rayons où nous espérons voir une meilleure fin d'octobre. La température est basse du reste, et nous avertit que la belle saison est finie et que nous touchons au seuil de la période hivernale. Mais cette température n'est nullement défavorable pour les travaux des semailles si la pluie nous laisse un répit complet pendant un mois.

En attendant, les arrachages de betteraves se poursuivent péniblement dans le Nord bien que facilité par les arracheuses à cheval.

La culture subit ces retards avec une juste impatience, à raison des retards que subiront les ensemencements du blé qui suit la sole betteravière. On constate avec peine que les rendements des betteraves seront généralement inférieurs aux moyennes années et que la campagne sera désastreuse pour la région, si les prix des sucres ne se relèvent pas sérieusement. Les agriculteurs et les sucriers s'impatientent avec raison de l'état d'un marché où les sucres allemands nous font une guerre acharnée aggravée encore par la prime d'exportation que leur alloue le gouvernement.

Dans le Pas-de-Calais, la Société d'agriculture insiste vivement auprès des députés et sénateurs pour qu'ils réclament un remède immédiat à cette situation du marché aux sucres et aussi à la crise des blés.

Les agriculteurs artésiens ont deux fois raison, lorsqu'ils disent que le blé et la betterave, leurs deux poules aux œufs d'or d'autrefois, deviennent des produits ruineux. Ajoutons que leurs oléagineux, l'œillette et le colza sont également sacrifiés par le régime que nous impose la politique qu'ils ont eu le tort d'appuyer de leurs votes depuis quinze ans. Les voilà logés à la même enseigne par cette politique, que nos malheureux sériciculteurs du Midi, qui sont réduits à capituler devant la concurrence de la Chine et du Japon, malgré les millions de primes que l'on nous oblige à leur payer avec notre argent.

Les tenants de la bonne école ne peuvent pourtant pas alléguer en ce qui concerne le Pas-de-Calais leur éternel refrain : « Vous ne cultivez pas assez bien. » Dans le Pas-de-Calais la culture est au premier rang en France pour les bons procédés et pour les hauts rendements. Les Artésiens ont donc le droit de dire à ces censeurs ignorants et prévenus : « Ce n'est pas à vous à nous apprendre à mieux cultiver, mais à nous de vous apprendre à mieux gouverner. » A quoi nous leur disons : A vous de mieux voter et de mieux choisir vos gouvernants ! Vos bonnes cultures ne vous sauveront pas des misères dues à vos mauvais votes !

Défi à qui que ce soit de nous prouver que nous avons eu tort de raisonner ainsi depuis vingt ans !

Au jardin fruitier.

Chaque année voit apparaître un certain nombre de variétés nouvelles d'arbres fruitiers ; il en est toujours un certain nombre qui sont méritantes ; les amateurs seront heureux de faire connaissance avec quelques bonnes poires obtenues dans le cours de ces dernières années et qui ont fructifié dans nos cultures ; elles y ont fait leurs preuves au point de vue de la valeur de l'arbre, vigueur, fertilité, et de la qualité du fruit, chair fondante et succulente. Nous pouvons donc les recommander en parfaite connaissance de cause.

Le poirier *Comte de Lambertye* est issu d'un semis du *Beurré superfin* ; le fruit en possède tous les titres les plus raffinés, la finesse extrême de chair, le fondant, le jus abondant et l'exquise saveur.

L'arbre est vigoureux et bien fertile.

La maturité a lieu dans le courant de septembre : on récolte même des fruits mûrs dès la fin d'août ; du reste il vaut mieux cueillir quelques jours d'avance pour éviter de les laisser passer sur l'arbre.

Au milieu des poires d'été dont parfois le principal mérite réside surtout dans la précocité et l'aspect, *Comte de Lambertye* apporte le fumet savoureux de nos meilleurs fruits d'automne.

Très fertile le *Docteur Déportes*, dont le fruit, d'une belle grosseur, a sa place dans les fruitiers les plus éclectiques; il mûrit en octobre.

Un peu plus tard vient *Directeur Hardy*, rivalisant de qualité avec le fameux *Doyenné du Comice*, que les gourmets considèrent avec raison comme la meilleure des poires, comme le *nec plus ultra*, réalisant dans sa pulpe l'accord parfait des plus fines saveurs de la gamme pomologique.

Directeur Hardy est un gros fruit, de forme pyramidale ventrue; sa chair, d'une grande finesse, est très juteuse, bien fondante, sucrée et relevée d'un arome fort agréable. C'est un fruit exquis: sa maturité se succède dans le courant d'octobre.

L'arbre est d'une vigueur extraordinaire et forme rapidement de beaux sujets.

Puisque nous venons de citer le *Doyenné du Comice*, rappelons que son seul défaut est la parcimonie avec laquelle l'arbre nous accorde ses fruits; ce manque de fertilité est en partie corrigé dans sa sous-variété, *Doyenné du Comice panaché* encore peu connue; la panachure de l'écorce est généralement accompagnée d'un amoindrissement de la vigueur de l'arbre, correspondant presque toujours à une augmentation de la production.

Le fruit est exactement celui de la variété-type, avec cette différence, agréable à l'œil, que l'épiderme est rubanné de quelques stries jaune et rouge saumonné; quant à la qualité, si le parfait était perfectible, on pourrait dire que les sucs gagnent, sous cette panachure, un surcroît de délicatesse. Maturité : octobre et novembre.

Docteur Joubert est une poire bien faite, assez grosse, piriforme, d'un vert tendre passant au jaune paille, éclairé de rose à l'insolation; la chair est fondante, juteuse, d'une saveur franche, sucrée, relevée d'un parfum agréable.

L'arbre se couvre abondamment de fruits qui mûrissent durant une période assez étendue, de la fin de novembre à la mi-janvier; cette espèce se vendra bien au marché.

Moins nouveau, mais non moins avantageusement connu, *Le Lectier* est un beau et bon fruit, fondant, juteux et sucré, on peut le déguster en décembre et même jusqu'en janvier.

L'arbre est d'une bonne vigueur et bien fertile.

Les mérites de cette variété la font rapidement propager dans tous les jardins.

De même *Comtesse de Paris* a su faire apprécier ses mérites; le fruit est assez gros, oblong, fondant, de bonne qualité; il mûrit depuis décembre jusqu'en février.

Les fruits à peau rugueuse de couleur rousse ou grisâtre inspirent toujours confiance, aussi nous ne pouvons mieux terminer la série que par *Madame du Puis*, poire d'une bonne grosseur, recélant sous un épiderme roux à reflets bronzés une chair bien fondante, très juteuse, d'une saveur fine, relevée d'un acidulé agréable. Maturité de janvier à mars.

L'arbre est vigoureux et bien fertile; c'est une variété tardive des plus recommandables.

Les nouvelles venues vont donc s'ajouter à la série des délicieuses espèces qui déjà décorent nos jardins et approvisionnent nos desserts.

Charles Baltet,
horticulteur à Troyes.

L'art de faire du bon vin rouge ou blanc

M. Risler s'est assuré que la végétation du blé ne subit aucun temps d'arrêt tant que la température diurne excède 4 degrés. On peut affirmer de même que la maturation du raisin suit son cours tant que la température de septembre ou d'octobre, au milieu du jour, avoisine 10 degrés au-dessus de zéro, à preuve les *aigrins* trouvés verts le jour de la vendange et que messieurs les chasseurs mangent avec délices lorsque les premiers frimas ont jonché le sol des feuilles de la vigne et mis à nu les *conscrits* appendus aux sarments.

On sait que les célèbres vins de Tokaï (Hongrie) sont faits avec des raisins qui ne se récoltent jamais qu'après la chute des feuilles et après avoir passé plusieurs semaines au fruitier, d'où la qualification de *vin de paille* donnée à ce haut cru.

En Champagne, où la vendange se fait avec un soin extrême, les paniers remplis de raisins sont apportés à un atelier de nettoyage où les femmes reprennent les raisins un à un et les expurgent avec des ciseaux, écartant les raisins non mûrs et les pourris qui servent à la fabrication de petits vins de consommation locale.

Partout les grappes vertes et oïdées doivent être écartées de la cuve.

Gleucomètre. — Le gleucomètre, pèsemoût ou densimètre, est un instrument fort simple, d'un prix infime (2 francs environ) qui indique d'une façon absolue la densité du moût, et d'une façon relative la quantité de sucre qui concourt à augmenter cette densité. Il consiste en un tube de verre renflé à sa partie inférieure et renfermant une échelle graduée dont le zéro occupe la partie supérieure et dont les unités augmentent en descendant jusqu'au point de jonction de la tige avec la partie renflée de l'instrument. Le plus anciennement employé et dont on se sert encore, est l'aréomètre de Beaumé; le densimètre de Gay-Lussac et celui du docteur Guyot doivent lui être préférés.

Un degré du gleucomètre représente à peu près par hectolitre 1.500 gr. de sucre qui, à la fermentation, produisent un pour cent, c'est-à-dire un litre d'alcool pur. Ainsi, toutes les fois qu'on voudra ajouter au vin un degré de plus en esprit, il faudra verser dans le moût 1.500 grammes de sucre pur cristallisé de canne ou de betterave, et comme le sucre n'est jamais complètement transformé en alcool, on fera sagement d'ajouter jusqu'à 2 kilogrammes.

Multipliez les opérations gleucométriques pendant tout le cours de la vendange, des pressurages et de la cuvaison, inscrivant chaque opération à son ordre, dans un livre spécial. Ces opérations et leur comparaison, après quelques années, vous offriront un enseignement des plus importants pour les progrès de la viticulture et de l'œnologie.

Sucrage de la vendange. — Il est des années malheureuses où, dans les meilleurs vignobles, le moût atteint à peine 7° au gleucomètre, d'où dériverait un vin n'ayant guère que 6° d'alcool. Un peu de sucre fondu dans du moût chauffé assurera la bonne conservation du vin. Règle générale : n'ajoutez de sucre que la quantité suffisante pour atteindre le degré normal du cépage en année ordinaire. « Le bon vin, a dit excellemment le savant docteur Guyot, n'est pas un vin fort, un vin spiritueux, *c'est un vin harmonieux*, dans lequel l'alcool est dissimulé par une saveur agréable, accompagné d'un parfum léger et délicat. »

A l'instar des producteurs de vins fins de Bourgogne, sucrons notre vendange chaque fois que, comme en 1874 et 1896, la pauvreté presque générale des moûts nous en fera une nécessité impérieuse, mais sucrons avec mesure, c'est le plus *hygiénique* de beaucoup.

(*A suivre.*)

Pierre Berthelon.

Les levures de vins.

Quoique l'application des levures aux vins soit dès aujourd'hui une conquête inappréciable pour la vinification, cette science nouvelle a encore des secrets importants qui ont échappé jusqu'à ce jour aux investigations de nos plus habiles spécialistes et dont l'étude est à l'ordre du jour parmi eux.

M. Kayser, l'un d'eux, vient de publier une note où il signale avec sa sagacité bien connue ce *desideratum* de la science des levures. Il a remarqué que la même levure est plus ou moins efficace suivant la nature des acides que contient tel ou tel moût et suivant la proportion de chacun de ces acides, qui sont l'acide tartrique, l'acide tannique et l'acide succinique, et il explique par des analyses de ces acides les résultats souvent différents et inexplicables jusqu'ici de l'application de telle ou telle levure à un moût de tel ou tel cru.

La science des levures appliquées au vin est donc loin d'avoir dit son dernier mot, et la pratique attend d'elle de nouvelles lumières aussi précieuses que celles qu'elle lui doit déjà. Mais hâtons-nous de dire que ce n'est pas une raison pour les récoltants de se priver des applications de levures dont les succès acquis produisent les avantages. Seulement il en faut conclure que les insuccès et les succès incomplets qui se produisent sans cause connue, sont dus à des causes qui n'infirment point la valeur et le mérite de cette pratique et M. Kayser en conclut, lui aussi, qu'il faut continuer cette application en tâtonnant, en se basant sur les résultats acquis, et en soumettant aux investigations des directeurs de laboratoire les causes d'insuccès dont la cause aurait échappé aux praticiens. Les affinités de tel cru avec telle ou telle levure sont aujourd'hui connues non d'une façon absolue, mais progressive d'année en année et l'application empirique du système se transformera peu à peu en une application rationnelle, à mesure que les investigations de M. Kayser et de ses savants confrères découvriront dans la nature des acides de tel ou tel cru, ses affinités ou ses incompatibilités avec telle ou telle levure.

Un essai de levures sélectionnées

Après l'instruction de M. Jacquemin sur l'emploi des levures publiée dans la *Gazette* du 14 septembre, les viticulteurs liront avec intérêt le récit que publie M. Demours, l'éminent viticulteur du Bois d'Oingt (Rhône) de l'essai qu'il a fait sur sa vendange, l'an dernier.

« L'an dernier, pour la première fois, j'ai voulu essayer dans de modestes proportions les levures sélectionnées. Quels résultats ai-je obtenus? Je vais vous le dire et peut-être cela vous intéressera-t-il à la veille de la récolte.

« Disons tout d'abord que les levures que j'avais demandées provenaient de raisins de Gamay cueillis dans les meilleurs crus de Fleurie et que la dose à laquelle je me suis arrêté était d'un kilo de levure pour 8 à 10 hectolitres de vin. Quant au mode d'emploi, j'avais choisi le plus simple : je faisais tout simplement répandre un litre de levure sur la surface de la cuve toutes les fois qu'on y avait versé 12 à 13 bennes de vendanges.

« Deux cuvées ont été ainsi traitées, situées dans deux localités différentes, les autres cuvées servant de témoins.

« Dans la première localité, la vendange témoin avait sur la vendange levurée un double avantage très important; elle provenait exclusivement de *vignes basses âgées de 10 à 20 ans* et n'ayant que des raisins peu nombreux mais bien mûrs. La vendange levurée

provenait, au contraire, exclusivement de *vignes de hauteurs âgées de 3 à 4 ans, portant une récolte très abondante mais d'une maturité incomplète*. Normalement, la vendange témoin devait donner un produit bien supérieur par la couleur, la vinosité et le goût.

« Au décuvage, je n'ai pu constater cependant qu'une légère différence entre les deux cuves et, après le soutirage du printemps, le vin levuré ayant encore gagné en qualité, était sensiblement égal au vin témoin.

« Dans la seconde localité, la vendange levurée avait cet avantage de provenir de crus donnant, toutes conditions étant égales, un vin plus fin et plus moelleux. Mais d'un autre côté, elle avait ce double désavantage fort grave de provenir exclusivement de *planiers âgés de 3 à 4 ans, ayant fortement souffert du mildiou et même de l'oïdium, et dont les raisins n'offraient qu'une maturité insuffisante*. La vendange témoin, au contraire, provenait de *vignes de tous âges* (il y en avait de 3 et 4 ans, il y en avait aussi de 20 et 30 ans), *absolument indemnes de mildiou et d'oïdium et dont les raisins étaient parfaitement mûrs*. Dans ces conditions, la vendange levurée ne pouvait donner qu'un vin inférieur ou tout au plus égal à celui de la vendange témoin.

« Néanmoins, dès le décuvage, la supériorité semblait être du côté du vin levuré. Au soutirage, cette supériorité était devenue tout à fait manifeste au point de vue de la finesse et de la franchise de goût.

« Le vin témoin, comme la plupart des vins de la localité et même de la région, laissait à la bouche un arrière-goût que les courtiers en vin appelaient non sans raison un goût de sécheresse et qu'on pourrait appeler aussi un goût de terroir. Cet arrière-goût, dû certainement à l'effet combiné de la sécheresse et de la nature calcaire du sol, les buveurs indigènes le remarquaient à peine, mais les buveurs étrangers le trouvaient souvent désagréable, difficile, sans une période de renchérissement.

« Le vin levuré était absolument exempt de cet arrière-goût de sécheresse et de terroir, et possédait une finesse que n'avait pas le vin témoin.

« Dans les deux localités, l'emploi des levures avait réussi et produit des résultats bien appréciables. Dans la première, les levures avaient permis à une vendange médiocre de donner un vin aussi bon que celui d'une vendange meilleure. Dans la seconde, elles avaient annihilé les effets du mildiou et d'une maturité insuffisante, et supprimé un faux goût dépréciant la qualité du vin.

« J'en conclus que les levures sélectionnées peuvent rendre aux viticulteurs de sérieux services, à la condition toutefois d'en user raisonnablement et de ne pas leur demander plus qu'elles ne sauraient donner. Si l'on s'imagine qu'avec des levures de Cabernet ou de Pineau on fera avec n'importe quelle

vendange et dans n'importe quelle région des vins de Bordeaux ou de Bourgogne de première classe, on se trompe grossièrement et, le plus souvent, l'échec sera complet. Mais si l'on cherche seulement, au moyen des levures, à atténuer les défauts d'une vendange défectueuse, à diminuer les faux goûts qui affectent le bouquet de nos vins, en un mot, à faire monter d'un échelon la qualité du vin, je crois le succès possible et même facile. Toutefois, la clef du succès me semble renfermée dans cette règle de prudence : *Les levures doivent être choisies sur le même cépage que celui qui a produit la vendange à améliorer et dans un cru supérieur.* Par cru supérieur, il faut entendre un cru donnant un fruit très fin et d'une finesse de goût irréprochable.

P.-L. Demours.

« *Bois d'Oingt (Rhône).* »

La durée du cuvage.

La durée du cuvage est une question importante. A-t-on avantage à cuver longtemps ou un cuvage de peu de jours est-il préférable?

Il est difficile de répondre d'une façon générale, tout dépend du vin que l'on veut obtenir et des conditions dans lesquelles on se trouve.

Si la vendange est composée de cépages fort colorés, riches en principes extractifs, notamment en tanin, la dissolution se fera rapidement et le liquide en sera au bout de peu de temps suffisamment pourvu.

Le cuvage dans ce cas ne devra pas être prolongé.

Une moyenne de six à huit jours est amplement suffisante.

Dans certaines régions cependant, on va au delà et l'on cuve jusqu'à quinze jours et même un mois.

Cette exagération vient de ce que l'on cherche à obtenir des vins très chargés et très durs, destinés au coupage. Le liquide devant être mélangé à de petits vins, on ne tient pas compte du goût désagréable dû à cette longue macération. On le considère comme une dissolution concentrée de couleur et de corps astringents.

Quand il s'agit de vin de consommation, le cuvage ne doit pas être prolongé, car les matières tanniques de la grappe, au delà d'une certaine proportion, communiqueraient au liquide une saveur âpre peu agréable. La pratique de l'égrappage obvie, il est vrai, à cet inconvénient et permet un cuvage plus long. Mais on n'égrappe pas généralement dans toutes les régions.

Aussi est-il prudent de ne pas user d'un long cuvage.

Dans le cas de vendange avariée, pourrie, moisie, mildewsée, etc., on devra décuver au bout de peu de temps afin que vin ne contracte pas de mauvais goût.

Le cuvage court s'impose pour les vins

fins, délicats. Il permet en effet de mieux en apprécier la valeur. Le docteur Guyot indique même, dans ce but, un simple cuvage de vingt-quatre heures.

Ainsi les vins rosés sont plus fins que les vins faits en rouge avec les mêmes raisins.

Il est donc impossible de fixer une durée fixe au cuvage. Chacun devra opérer suivant ses besoins et les circonstances.

Mais il est certains signes sur lesquels on se basera pour décuver.

Quand la fermentation tumultueuse est terminée, le chapeau s'abaisse, le gaz carbonique cesse de se dégager ; la température fléchit. Ce sont de sérieux indices de la fin du cuvage.

Les ciseaux de vendange.

C'est un usage général chez les vignerons, de recueillir les grappes de raisin en les coupant avec la serpe ou même avec un couteau ordinaire.

Un outil bien préférable pour ce travail, c'est le sécateur à branches, en forme de ciseaux, inventé à cette fin depuis de longues années. Cet outil opère beaucoup plus rapidement, et plus proprement, en ce sens que l'on ne risque pas d'attaquer les coursons voisins de la grappe, comme cela arrive trop souvent, avec le couteau ou la serpe.

On recule à tort devant l'achat du sécateur-ciseau pour vendange. Avec cet outil, on fait beaucoup plus de besogne et de meilleure besogne qu'avec la serpe, et la dépense est plus que regagnée en un seul jour, et en outre, le sécateur-ciseau est un outil pour rogner les brindilles gourmandes des arbres fruitiers, des rosiers, des arbustes de toute espèce dans les jardins. Il remplace le sécateur dans l'amputation des jeunes branches.

Les propriétaires qui comprennent ces avantages, se procurent eux-mêmes cet outil et obligent leurs vendangeurs à l'employer.

Les laitues.

Toutes les plantes, même celles que nous cultivons dans nos jardins par agrément ou par utilité, ont chacune leurs exigences. Pour que les végétaux destinés soit à l'ornementation des parterres, soit à la consommation donnent leur maximum d'éclat ou de valeur pratique, il faut donc connaître les principes qu'ils empruntent au sol, les soins culturaux qu'ils réclament et aussi leur valeur respective.

Telle est l'étude que se sont proposée MM. Denaiffe. Ils viennent de faire paraître le premier opuscule d'une série qui formera une véritable bibliothèque : *Valeur alimentaire et exigences des laitues.* De ce petit traité nous allons extraire les principaux renseignements.

Les laitues qui renferment le moins d'eau sont : *Cordon rouge gros, Merveille des quatre saisons, Batavia brune, Blonde de Chavigné, Frisée de Beauregard, Grosse brune paresseuse, de Lorthois (Trocadéro), Chou de Naples.* Ce sont également les plus nutritives. Quand on cultive la laitue pour son usage on doit donc préférer ces variétés, les deux premières surtout à toutes les autres.

Les éléments dominants de la laitue sont l'azote et la potasse, l'acide phosphorique et la chaux n'entrent que d'une façon peu appréciable dans la composition de cette plante.

L'engrais qui paraît le plus approprié serait à l'are : sulfate d'ammoniaque 3 kil. — nitrate de potasse 2 kil. — superphosphate 14/16, 2 kil. Il va de soi que les engrais organiques remplacent avantageusement cette formule : on sait en effet que sur les végétaux aqueux, ils produisent les plus merveilleux effets. Il est certain que les tourteaux concentrés de Bondy, l'engrais horticole amiénois, les purins ou vidanges donneront d'excellents et de très rapides résultats.

Les balles de céréales.

Nous avons plusieurs fois recommandé l'utilisation des balles de céréales dans l'alimentation des animaux de la même façon que les pailles hachées qui ont la même composition. Il ne s'agit pour les rendre comestibles les unes comme les autres de les mélanger avec des aliments aqueux, tels que betteraves, navets, pommes de terre, bouillon de tourteaux, et surtout de les mélanger avec des aliments cuits ou fermentés qui facilitent la digestion de l'animal.

Bien entendu les balles ainsi employées doivent être sèches, très propres et purgées, par un bon nettoyage, des poussières et des grains nuisibles qui peuvent s'y trouver. Le *Bulletin* du syndicat de la Haute-Garonne publie à ce sujet l'observation suivante :

« Une remarque essentielle à faire : les balles doivent être conservées en lieu bien sec ; la moindre humidité, leur communique un goût de moisi qui les fait rejeter par le bétail. Aussi, quand le tas des balles, relevé au sortir de la machine à battre, a été légèrement mouillé, il est nécessaire d'enlever sur toute la surface la partie humide ; une grosse averse pénétrant toute la profondeur rendrait impossible l'usage des balles.

« Venons maintenant à leur mode de préparation.

« On commence par faire chauffer une quantité suffisante d'eau (40 litres par exemple), dans laquelle on jette deux bonnes poignées de sel ; en même temps on jette dans un cuvier 50 kilos de balles. Quand l'eau est bouillante, avec un arrosoir à pomme, on asperge la masse et on remue bien avec une fourche, afin que l'humidité pénètre partout ; on ajoute de nouveau des balles de céréales, on arrose et on brasse encore ; on continue jusqu'à ce qu'on ait préparé la quantité nécessaire, puis on tasse la masse et on laisse en repos. Un commencement de fermentation se produit et donne aux balles plus de valeur nutritive. L'important est de faire absorber le plus d'eau possible, sans toutefois qu'il en reste en excès au fond du cuvier.

« La préparation faite le matin est servie au repas du soir ; celle qu'on fera le soir servira pour le lendemain matin.

« Les avantages que présente ce système sont :

« 1° De remplacer par une matière peu recherchée, rarement utilisée, un fourrage qui coûte cher et même manquera cette année ;

« 2° De donner en hiver aux animaux une nourriture chaude qu'ils apprécient et en même temps une nourriture humide, très favorable à la santé et à la production du fumier ;

« 3° De permettre un rationnement facile, car en employant toujours le même récipient, corbeille ou panier, pour faire les distributions, on répartit également toute la nourriture.

« — Depuis sept ans, disait M. Gustave Cambon, au comice agricole de Montauban, tous mes bœufs ont mangé pendant sept à huit mois, les balles ainsi préparées avec un appétit tel que vous les voyez, aussitôt servis, se tenir le nez continuellement plongé dans la crèche, comme s'ils avaient devant eux des fèves ou une nourriture aussi recherchée, et se disputer même leur ration, si on n'a pas le soin d'écarter celle de chacun d'eux. Grâce à ce régime, avec très peu d'autre fourrage sec et quelques topinambours ou betteraves, vers l'époque où vont arriver les nouveaux fourrages, nos bêtes sont toujours en meilleur état que le reste de l'année, et, quelque quantité de bon fourrage vert et sec que je leur aie fait manger, je ne les vois jamais aussi bien portants qu'alors. » L'auteur de cette communication ajoutait qu'il était convaincu qu'un bœuf nourri avec 40 livres, par jour de balles ainsi préparées se porterait mieux qu'un autre nourri avec 25 livres seulement de foin sec.

« A. L. »

L'engraissement des oies

C'est en octobre que généralement on soumet les oies au régime de l'engraissement, qui est une spécialité importante partout, et principalement dans le Sud-Ouest.

On prélude à ce régime en leur donnant à manger de l'avoine et en leur faisant boire des buvées d'eau blanchie avec de la recoupe. On continue en leur donnant avec l'avoine des pommes de terre cuites et des grains cuits.

Dans les contrées où on produit les foies gras, on gave matin et soir les oies avec du maïs cuit, à l'aide d'un entonnoir.

Aux environs de Strasbourg, les oies sont enfermées dans des épinettes où on les nourrit avec du maïs gonflé et amolli dans l'eau chaude. Ces deux régimes engraissent les oies en vingt jours, et portent leur poids de 7 à 10 kilogrammes, le poids de leur foie à 800 grammes de plus. Les canards s'engraissent par un procédé semblable.

Conservation des pommes de terre

1° Plusieurs conditions sont à observer, pour assurer une conservation parfaite, en quelque endroit que l'on serre ses pommes de terre. Jamais on ne doit les entasser en masses profondes à plus de deux mètres de hauteur : autrement, le tas s'échauffe et entre bientôt en décomposition. On ne doit pas non plus les adosser contre les murs, qui leur communiqueraient leur humidité, mais les en séparer par des planches ou de la paille. La température, autant que possible, ne doit pas dépasser 12°, ni descendre au delà de 8°. De temps en temps, on doit visiter le tas, casser les pousses qui se développeraient, rejeter soigneusement les pommes de terre qui pourraient se trouver gâtées. Il est bien entendu qu'on veille à ne les serrer que quand leur maturité est complète.

2° On assure aussi leur conservation, comme pour les fruits, en les saupoudrant légèrement de chaux vive.

3° Quand on emploie les silos pour les pommes de terre, on les creuse dans un terrain de facile égouttage, les tranchées ayant un mètre de profondeur et séparées de deux mètres en deux mètres par des cloisons en terre. Au fond, une couche de paille longue et sèche et une seconde couche au-dessus des tubercules ensilés, enfin, par-dessus le tout, une épaisseur de trente centimètres de terre.

4° M. Schribaux a publié une note sur la méthode qu'il préconise pour conserver les pommes de terre pendant le printemps et jusqu'à la fin de l'année. Le procédé consiste à immerger en mars les tubercules dans un bain d'acide sulfurique à 1,50 et 2 0/0, puis à les égoutter. On assure mieux le succès du procédé en arrachant les bourgeons naissants avant l'immersion. Mais il faut écarter les tubercules malades, qui sont inconservables. On s'assure du succès de l'opération trois jours après, en coupant des tubercules au ras des yeux. Si l'œil n'est pas atrophié, la dose d'acide sulfurique était insuffisante. L'opération est à recommencer. A la Société nationale d'Agriculture, M. Prilleux a montré un petit gouge dont il se sert pour extirper les germes, avant de plonger les tubercules dans la solution d'acide sulfurique.

5° M. Schlœsing a fait remarquer que le bisulfate de soude remplacerait avec avantage l'acide sulfurique, qui est plus cher et surtout dangereux à manier.

6° Placer les pommes de terre à la cave sur une couche de poussier de charbon qui retarde la germination.

7° Pour empêcher les pommes de terre de pourrir à la cave, il faut : 1° enlever les pommes de terre avariées; 2° supprimer les pousses; 3° ôter la terre; 4° afin que l'air circule, mettre les pommes de terre sur des tuiles reposant sur une sorte de pont en planches élevé de 0 m. 20 à 0 m. 40 au-dessus du sol; 5° bien aérer avant les gelées; 6° visiter de temps en temps les pommes de terre pour ôter celles qui commencent à s'abîmer.

8° On peut enlever les germes avec un petit gouge.

RHUM BOURBON
ORIGINE GARANTIE

Revenant à 2 francs ou 2 fr. 50 maximum le litre, dans toute la France, selon la distance et les droits de communes.

PANIERS DE VINS FINS ASSORTIS

Voir aux primes.

BIBLIOGRAPHIE

Rappelons que l'ouvrage l'*Angleterre suzeraine de la France par La Franc-Maçonnerie* est en vente à la Librairie Chamuel 5, rue de Savoie, à Paris. Nous sommes heureux mais pas surpris d'apprendre que ce livre si curieux a un très grand succès.

RECETTES

Les chats destructeurs de nids. — Les chats sont à la mode aujourd'hui dans le monde parisien et dans tous les mondes qui gravitent dans l'orbite variable de ses goûts et de ses fantaisies.

Dans nos campagnes, le chat est estimé comme destructeur de souris; mais les amateurs d'oiseaux détestent les chats qui détruisent de nombreuses nichées dans les jardins et dans les champs.

Un amateur de la race féline affirme posséder un moyen infaillible, selon lui, de corriger les chats de ce détestable défaut.

Ce moyen d'une facilité et d'une simplicité surprenantes consiste à orner le cou du chat d'un collier muni d'un petit grelot.

Nous reproduisons la recette, bien entendu sans la garantir, mais en conseillant d'en faire l'essai.

P.-S. — Une observation pourtant sur ce sujet.

Si le grelot est le salut des oiseaux, ne l'est-il pas aussi pour les souris? Dans ce cas il y aurait lieu de suivre le système suivant : attacher le grelot au chat pendant la saison des nids seulement d'avril à juillet. Le chat ferait la chasse aux souris pendant le reste de l'année.

DROIT RURAL

Le vigneronnage à comptant. — Le fermage dit à comptant, encore en usage dans notre région de l'ouest s'applique à l'exploitation des vignes comme à celle des cultures agricoles.

La cour de Poitiers, puis la Cour de cassation avaient à trancher la question en délicate matière de comptant viticole.

Le vigneron avait arraché la vigne menacée par le phylloxera et demanda la résiliation du bail comme conséquence de la perte des produits de sa culture. Le propriétaire prétendait au contraire que ce contrat devait être maintenu. — La cour d'appel et la Cour de cassation ont donné gain de cause au vigneron.

OFFRES ET DEMANDES

A vendre de suite : 150 francs sur wagon Bernay (Eure).

Un très bon semoir Jacquet Robillard d'Arras, à 10 socs rigides a coûté 395 francs. Écrire Loquet, à Pianes. (Eure).

Un jeune homme diplômé de l'Institut agricole demande à faire un stage dans une grande exploitation du Centre. Écrire au bureau du Journal.

Tourteaux de coton décortiqué d'Amérique, en pains ou moulus de 12 fr. 75 à 13 fr. les 0/0 kilos sur wagon. Le Havre. — Livraison immédiate.

RED-CAP. Œufs à couver de cette excellente race de poule, réputée la plus jolie et la plus forte pondeuse, garantis race pure frais et fécondés, 5fr. la douzaine franco de port et d'emballage. S'adresser à **Galixte Dany**, Althenles-Paluds (Vaucluse).

Important : J'invite les personnes qui veulent bien me confier leurs ordres de toujours y joindre un mandat, les remboursements n'étant bénéficiables qu'aux Compagnies. Toujours donner le nom de la gare à laquelle Il faut adresser les envois.

Blés de semence triés et sélectionnés variétés *Bordier, Sheriff, Dattel, Bordeaux*, 27 fr. les 100 kil., toiles à 0 fr. 75, wagon Bavay, 30 jours. Mme Vve A. Derome, Bavay (Nord).

Blé Bordier garanti pur, parfait de semence à 23 francs le quintal logé sur wagon Coulommiers. Echantillon sur demande. M. Callot, agriculteur à Aulnoy par Coulommiers (Seine-et-Marne).

POMMES DE TERRE. — Nous apprenons que M. E. Boutin, directeur du *Moniteur des Intérêts agricoles*, 11, rue Taitbout, est en pourparlers avec un certain nombre de Sociétés Coopératives de consommation de Paris et de la banlieue pour leur procurer directement par la culture les *pommes de terre saucisses rouges* et de *hollande* nécessaires à leur approvisionnement d'hiver: il s'agit de quantités très importantes.

Ceux de nos abonnés que ces fournitures intéressent peuvent s'adresser directement à M. Boutin.

Il lui est également fait des demandes pour des fournitures régulières de volailles de 1 kilo, 1 k. 500 par cageots de 12 à 15 pièces.

A VENDRE OU A LOUER propriété rurale à proximité de centres importants, bonne terres, constructions suffisantes.

Excellente affaire convenant surtout à jeune homme voulant prendre une exploitation. S'adresser aux bureaux du journal. Se hâter.

M. POUZIN offre de jolis **racinés de son** plant de vigne à la seule condition que les demandeurs de lui tenir compte d'une partie de la récolte d'une année. — Contre 0 fr.25 il expédie son *Guide* pour la culture de cette variété.

Ecrire à M. Pouzin Emile, à Saint-Paul-les-Romans, Drôme.

Si vous voulez boire du bon vin de Saint-Émilion, adressez-vous à M. Duplessis-Foursaud au château des Trois-Moulins, à SAINT-EMILION (Gironde).

(Voir le prix courant.)

**Ferme de l'Institut Agricole de Beauvais
A VENDRE :**

1° Très bon bélier *charmois* en état de faire la lutte.

2° Œufs, poulettes et coqs des races : La Flèche, Dorkins, Leghorn, Campine et Padoue Doré, Langshan, Gournay, Coucou de Malines, Houdan, Cochinchinoise fauve, Brahmapoutra, canards de Rouen.

COURS DES BESTIAUX

Marché de la Villette du 12 octobre 1896.

	PRIX DE LA VIANDE NETTE		
	1re qualité	2e qualité	3e qualité
Bœufs. ..	1.50	1.40	1.30
Vaches...	1.48	1.38	1.28
Taureaux.	1.20	1.10	1.00
Veaux....	1.86	1.66	1.46
Moutons..	1 96	1.78	1.68
Porcs....	1.02	1.00	0.94

ESPÈCES	AMENÉS	VENDUS	PRIX EXTRÊME	
			viande net	poids vif
Bœufs....	2.506	2.425	1.30 à 1 50	60 à » 98
Vaches...	748	729	1.28 1.48	57 » 95
Taureaux.	291	250	1 00 1.20	49 » 78
Veaux....	1.232	1.106	1.46 1.86	64 1.10
Moutons..	16 258	14.408	1.68 1.96	74 1.16
Porcs... .	4.406	4.278	0.94 1.02	56 » 62

Cours moyen.

Marché de la Villette du 15 octobre 1896.

	PRIX DE LA VIANDE NETTE AU KILOGR.			
	1re qualité	2e qualité	3e qualité	Prix extrême
Bœufs....	1.50	1.40	1.30	1.24 à 1.54
Vaches...	1.48	1.36	1.26	1 20 1 52
Taureaux	1.26	1.16	1.14	1 00 1.32
Veaux....	1.90	1.70	1.40	1.30 2.00
Moutons..	1.96	1.76	1.68	1 56 2.00
Porcs....	1.04	0.96	»	1.92 1.10

ESPÈCES	AMENÉS	VENDUS	OBSERVATIONS
Bœufs ...	2.442	»	Vente moins facile sur le gros bétail, plus facile sur les veaux, les moutons et les porcs.
Vaches...	555	258	
Taureaux.	148	»	
Veaux....	1.437	212	
Moutons..	12.558	»	
Porcs.....	3.938	»	

Vente du bétail au marché de La Villette.

Adresser les animaux à MM, Henri Roblin et Surugue, en gare Paris-Bestiaux. Les aviser par lettre auparavant, 190, rue d'Allemagne, Paris. ·

Nos primes d'hiver.

Pour répondre aux désirs exprimés par de nombreux lecteurs nous avons cherché à offrir des primes d'un usage absolument courant pouvant, par conséquent, convenir au plus grand nombre. Etant données les demandes qui nous sont adressées presque journellement au sujet des vins, nous avons pensé que nous rendrions service aussi bien aux consommateurs qu'aux viticulteurs de la région bordelaise en offrant des vins excellents, garantis purs à des prix inconnus jusqu'ici. Ces vins proviennent d'un des plus grands propriétaires du Bordelais jouissant dans sa région comme à l'étranger d'une réputation méritée.

On remarquera que ces vins ressortent à 2 fr. 50 la bouteille plus les droits de régie et que certains se vendent couramment 5 et 6 francs,

Il est bien entendu, qu'en raison des sacrifices que nous nous imposons, toute personne qui profite de nos primes s'engage à renouveler son abonnement pour un an.

Les expéditions sont faites par panier de douze bouteilles *franco de port et d'emballage* dans toutes les gares de France; adresser les demandes accompagnées d'un mandat à M. Crépeaux, 10 *bis*, rue Piccini, Paris. — *Le prix du panier est de* **30 francs**.

COMPOSITION DU PANIER

2 bouteilles vin blanc Haut-Barsac 1887;

2 — vin rouge château La Tour Vigean 1885;

2 — vin rouge château Margaux 1884;

2 — vin rouge château Bougnard 1884;

1 bouteille madère vieux 1888;

1 — Lacryma Christi 1890;

1 — Rhum Martinique vrai extra-vieux;

1 — Grande fine Champagne 1875;

Le tout bien emballé, les bouteilles capsulées et étiquetées avec luxe.

BLÉS DE SEMENCE

Prix de la maison Cayeux et Le Clerc, cultivateurs-grainiers, 8, quai de la Mégisserie, Paris.

Blé Bordier	30 fr.	les 100 kil.
— Bordeaux...	29	—
— Dattel. ...	28	—
— de Saumur ..	28	—
— bleu de Noël .	28	—
— Kissingland. .	29	—
— hybride et Shireff-Berger	40	—
— Goldendrop..	28	—
— Silverdrop ..	30	—
— Japhet	30	—
— Seigle.....	28	—
— Chinois pour rendement énorme. ...	32	—

Tous ces blés de semences sont vendus en sacs de 100 kilos, logés en sacs neufs, livrés sur wagons départ. Paiement à 30 jours sans escompte.

Produits coloniaux.

NOS PRIMES.

Nous sommes heureux d'offrir à nos abonnés l'occasion de déguster et d'apprécier deux produits qu'on ne trouve pas dans le commerce si ce n'est à des prix inabordables : le *Rhum de Bourbon* et *l'eau-de-vie de canne à sucre*.

Grâce à un traité avec un de nos abonnés, propriétaire à l'île de la Réunion, nous pouvons procurer ces deux produits d'origine absolument garantie à des prix exceptionnels. Nous ne pouvons disposer que d'une quantité déterminée, il faut donc se hâter.

Inutile de dire que nous ne proposons ces liqueurs qu'après nous être assurés qu'elles étaient dignes de figurer avec honneur sur la table de nos lecteurs.

CORRESPONDANCE

CHANGEMENT D'ADRESSE

Chaque demande de changement d'adresse doit être accompagnée d'une bande imprimée et de *CINQUANTE CENTIMES* en timbres-poste pour frais de réimpression.

Avis. — Quand on joint un timbre, nous répondons par lettre à moins qu'on oublie de donner l'adresse : dans ce cas la réponse est faite dans le journal. Notre correspondance est trop volumineuse pour prendre le temps de rechercher les adresses.

M. H. (Haute-Vienne). — Nous ne répondons jamais aux lettres non signées que nous supposons toujours n'être pas de nos abonnés. D'ailleurs nous ne pourrions vous fournir les renseignements que vous demandez pour l'excellente raison que les services publics ne font pas connaître à la Presse agricole les résultats de leurs adjudications. Si nous écrivions dans chaque ville pour le savoir on ne nous répondrait pas et vous conviendrez que nous dépenserions beaucoup plus que le montant de votre abonnement.

D'ailleurs, ces renseignements doivent être recueillis par les syndicats agricoles.

M. P. (Savoie). — Nous ne pouvons nous charger de vous acheter des animaux de basse-cour ou autres. Adressez-vous à l'Institut Agricole de Beauvais (Oise) ou à M. Voitellier à Mantes (Seine-et-Oise) ou à M. Roullier-Arnout à Gambais (Seine-et-Oise). Le prix de transport de plusieurs animaux est le même que celui d'un seul.

Le vin MUSCAT que nous offrons en prime est un vin liquoreux excellent dont nous redemandent tous ceux qui en ont fait venir.

M. de L. (Loire). — Le rhum offert en prime est de provenance garantie de l'île Bourbon. Les frais de sortie d'entrepôt, de douane, de régie, d'octroi ou de droits de commune, de de port sont environ de 95 fr. par hectolitre. En tout cas le prix de revient maximun ne peut dépasser tout compris 2 fr. 50 par litre. Ce prix même ne sera que très rarement atteint.

Mme R., à P. (Creuse). — Pour avoir des tourteaux de coton pulvérisés, adressez-vous de notre part à MM. Marchand frères, à Dunkerque. Ces tourteaux sont complètement débarrassés de la bourre qui enveloppe la graine et contiennent la même quantité de matières nutritives et grasses que les tourteaux de lin.

M. D. G., à B. (Nièvre). — Il faut alterner autant que possible la nourriture de vos poules avec l'avoine, le petit blé, l'orge et le sarrasin. Si elles sont parquées, 100 grammes de nourriture par jour suffisent, et en liberté 50 à 60 grammes. Il y a certaines races de poules meilleures pondeuses les unes que les autres. Ainsi dans le Midi on préfère la race *Red-Cap*, dans le Nord, on donne la préférence à la race de *Legorn* qui pond en moyenne 100 œufs du poids de 60 à 70 grammes.

La race de *Campine* est encore plus féconde: sa ponte va jusqu'à 250 œufs; mais le poids de l'œuf est moindre. Les poules de Barbezieux sont encore classées parmi les bonnes pondeuses. Pour la ponte d'hiver, on préfère les races *Cochinchinoises*, Brahmapoutra, Langshan. — Le bon moyen d'avoir de bonnes pondeuses, c'est de ne garder pour la reproduction que les œufs des meilleures pondeuses et de livrer les autres à la consommation.

M. P., à S. (Marne). — La luzerne peut revenir tous les 6 ans sur le même terrain, près le défrichement comme la terre est abondamment pourvue d'azote, pour obtenir plusieurs bonnes récoltes de suite, appliquez 1.000 kilogrammes à l'hectare de phosphates fossiles de Quiévy.

PRIMES A NOS ABONNÉS

Porte-pantalon hygiénique, *breveté S. G. D. G.* de *P.-B. Noël*. Prix de faveur pour nos lecteurs Pour hommes, jeunes gens et enfants de dix ans, franco 4 fr. ; pour femmes et fillettes, 4 fr. 50

Toute commande doit être strictement accompagné d'un mandat-poste représentant la valeur de l'expédition.

Vieux rhum de Bourbon cinq ans de fûts de 100 à 120 litres à 75 francs l'hectolitre (51°) origine absolument garantie — pris entrepôt Havre. — Adresser les demandes à M. Crépeaux, 10 bis, rue Piccini, Paris, et lui envoyer les fonds par mandat après réception de la facture.

Eau-de-vie de canne à sucre de l'île Bourbon origine absolument garantie :

La caisse réclame de 12 bouteilles. .		40) fr.
— — de 24 —	. .	75 fr.
— — de 50 —	. .	150 fr.

Ces prix s'entendent pris entrepôt Havre. — Adresser les demandes accompagnées de leur montant à M. Crépeaux, 10 bis, rue Piccini, Paris.

BONDE le cent, 25 fr., les cinquante 13 fr. les vingt-cinq 7 fr. Au-dessous de 25 bondes 0 fr. 30. Le tout franco de port.
Indiquer le diamètre de chaque bonde.

Purificateur d'air pour tonneaux, l'un 4 50 franco gare.

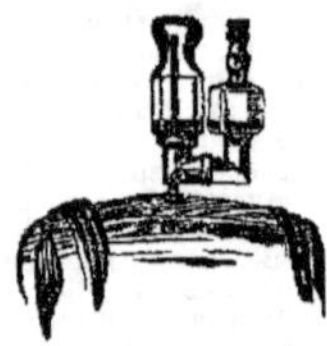

Moyennant un supplément de 0 fr. 40, nous joindrons à l'envoi une mèche à percer de calibre et moyennant 0 fr. 10 en plus, une mèche soufrée.

Délicieux Vin Muscat Vieux tonique et réconfortant venant directement de la propriété, garanti authentique, offert en prime à nos abonnés à raison de 1 fr. 25 le litre logé en fûts de 25 à 35 litres. Fûts perdus.
Adresser les commandes au Bureau du Journal, 10 bis, rue Piccini, Paris.

Ouvrages de l'abbé Ouvray.

CURÉ DE SAINT-OUEN

par Vendôme (Loir-et-Cher).

LAURÉAT DE LA SOCIÉTÉ DES AGRICULTEURS DE FRANCE, CONFÉRENCIER AGRICOLE A L'INSTITUT CATHOLIQUE DE PARIS.

1° *Manuel d'arboriculture*, 6° édition, 2 fr. 50 franco.
2° *Maladies et hygiène des vins*, 0 fr. 55 franco,
3° *Alimentation des végétaux et emploi raisonné des engrais*, 1 fr. 50 franco.
4° *Manuel de vinification et de distillation*.
Les Levures. Le Vinaigre, 1 fr. 35 franco.
5° Les *ferments de la terre* (Conférence à l'Institut catholique de Paris), 0 fr. 55 franco.

Les cinq ouvrages réunis, 5 fr. 50 franco.

Chez l'auteur à Saint-Ouen, par Vendôme (Loir-et-Cher).

Le Gérant : E. GAMBART.

IMP. NOIZETTE ET Cie, 8, RUE CAMPAGNE-1re, PARIS.

CHEMINS DE FER DE L'OUEST

PARIS A LONDRES,

Quatre traversées par jour (deux en chaque sens). Tous les jours et toute l'année (dimanche compris).

Trajet de jour en 9 heures (1re et 2e cl. seulement).
Départs de Paris Saint-Lazare : 10 h. matin et 9 h. soir.
Arrivées à Londres : London-Bridge, 7 h. soir et 7 h. 40 matin. — à Victoria, 7 h. soir et 7 h. 50 matin.
Départs de Londres : à London-Bridge, 10 h. matin et 9 h. soir. — à Victoria, 10 h. matin et 8 h. 50 soir.
Arrivées à Paris Saint-Lazare, 7 h. soir et 8 h. matin.

PRIX DES BILLETS :
Billets simples, valables pendant 7 jours 1re classe, 43 fr. 25 ; 2e classe, 32 francs ; 3e classe 23 fr. 25.
Billets d'aller et retour, valables pendant un mois ; 1re classe, 72 fr. 75 ; 2e classe, 52 fr. 75 ; 3e classe, 41 fr. 50.
Des voitures à couloir (W. C. toilette, etc...) sont mises en service dans les trains de marée de jour entre Paris et Dieppe. Des cabines particulières sur les bateaux peuvent être réservées sur demande préalable.
Transport en grande vitesse de Messageries, Primeurs, Fruits, Légumes, Fleurs, etc... entre Paris et Londres. Trois départs par jour toute l'année.
Les expéditions remises à la gare Saint-Lazare pour les trains partant à 3 h. 40, 4 h. 10 et 9 h. du soir parviennent à Londres le lendemain à 8 h. 45, à 9 h. 15. du matin ou à midi 45.

Le moment favorable au transport des vins étant revenu, nous rappelons à nos lecteurs que tous ceux d'entre eux qui, sur nos conseils, et depuis cinq ans, consomment les vins de M. VINCENT ARDURA, vigneron, domaine de la Chapelle-Frédignac, par Blaye-Bordeaux n'ont qu'à se louer de la qualité et de la conservation de ce Bordeaux absolument naturel, expédié sans intermédiaire.
Pour dégustation sérieuse, envoi gratuit est fait d'une bouteille de la récolte désignée.
L'encaissement est fait par le facteur, à 30 jours, escompte 2 0/0, ou 90 jours.
Vendanges : 1893, à 130 fr., 1892-91, à 150 fr.; 1890-89, à 175 fr., 1887, à 200 fr., 1885, à 220 fr., 1884, à 240 fr., 1882, à 250 fr., 1881, à 300 fr. — Graves blancs vieux : 130, 150, 200, 250, 300 fr., suivant âge, les 225 litres collés, soutirés, franco de port et de fût en gare d'arrivée.

ALIMENTATION DU BÉTAIL
Tourteaux de Coprah ou Coco
F. TASSY, E. ROCCA ET Cie
Fabricants d'huiles (producteurs directs de Tourteaux)
23, RUE HAXO, MARSEILLE
Deux médailles d'or, Anvers 1894
Envoi de Prix-Courants et Échantillons sur demande.

VINS
DE SAINT-ÉMILION

Vins classés, de 800 à 250 francs la barrique de 225 litres. — Moitié prix pour la barrique de 112 litres.
Vins grands ordinaires, de 140, 125, 105, 100 francs la barrique — 80, 75, 70, 65, 58, 55 francs, la demi-barrique. — Rendu *franco* en gare et régie, sauf octroi.
Adresser commandes à M. DUPLESSIS-FOURCAUD, à Saint-Émilion. — Envoi de prix courants et échantillons sur demande affranchie.
Médailles d'Or, Paris, 1867 et 1889 — Moscou 1891 — Besançon, Montluçon, Royan, etc.

LES BONS DE
L'EXPOSITION DE 1900

Délivrés aux guichets des grands Établissements de crédit, les Bons de 20 francs de l'Exposition de 1900 participent à de nombreux tirages de lots jusqu'au mois d'octobre 1900. Les gros lots sont de **500.000** francs et **100.000** francs.
Le nombre total des Lots est de **4.313** pour

6.000.000 DE FRANCS

En outre, les Bons donnent droit :
1° *A la délivrance gratuite de 20 tickets d'entrée de 1 franc chacun ;*
2° *A des réductions importantes de prix sur les chemins de fer et bateaux pour venir à Paris pendant l'Exposition, ou, au choix des porteurs, à des réductions de prix dans les spectacles qui seront concédés à l'intérieur de l'Exposition.*
Ces avantages représentent, à eux seuls, beaucoup plus que le prix à débourser pour l'achat d'un Bon.
Il importe de ne pas attendre au dernier moment pour se procurer les Bons que l'on désire ; outre que l'on se priverait ainsi des chances des tirages en cours, on s'exposerait à payer plus cher par suite de l'absorption rapide des Bons encore disponibles.
L'Exposition de 1909 doit prendre, on le sait, des proportions beaucoup plus considérables que celles des Expositions précédentes et il paraît certain que les tickets à délivrer aux porteurs de Bons trouveront leur emploi pour la totalité. On prévoit même que le nombre des entrées sera largement supérieur à celui des tickets émis.

Plus de Pourriture
PAR L'EMPLOI DU
CARBONYLE

qui assure au bois une durée **triple** en lui donnant une belle teinte brune ; 1 kilog. remplace 10 kilog. de Goudron. — Produit de grande utilité dans l'agriculture ; est recommandé et utilisé par les syndicats agricoles. — Dans votre intérêt, demandez le **prospectus** avec attestations d'expériences de dix ans.

Société française du « CARBONYLE ».
188-190, *Faubourg Saint-Denis, Paris.*
(N. B.) Seule maison spéciale pour la fabrication et la vente de ce genre de produit.

VENDANGES 1896
AMÉLIORATION DU VIN
par les
LEVURES SÉLECTIONNÉES
PURES ET ACTIVES DE
L'INSTITUT LA CLAIRE
**Augmentation du degré alcoolique
Bouquet plus développé,
clarification rapide**
Une brochure nouvelle, donnant les résultats aux vendanges de 1895, sera adressée gratuitement et franco sur demande par carte à
M. G. JACQUEMIN
*Chimiste-microbiologiste,
Chevalier du Mérite agricole.*
à Malzéville, près Nancy (Meurthe-Moselle)

des Usines de MM. P. MARCHAND Frères, à DUNKERQUE (Nord)

Fabriqués sous le contrôle permanent de la Station Agronomique du Nord
Dirigée par M. DUBERNARD

Nous appelons l'attention des éleveurs et des nourrisseurs sur les Tourteaux de **COTON** de graines d'Egypte: c'est un produit excellent pour les vaches laitières, les bœufs à l'engrais et les moutons.

Nos Tourteaux de **COTON** sont complètement débarrassés de la bourre qui enveloppe la graine et contiennent la même quantité de matières nutritives et grasses que les meilleurs Tourteaux de Lin.

Nos Tourteaux de **COTON** forment l'aliment le meilleur et le plus avantageux en raison de leur prix excessivement bas.

PRIX: 9 Fr. les 100 kil., gare Dunkerque

S'adresser à MM. P. MARCHAND Frères, à DUNKERQUE (Nord)

PHOSPHATE FOSSILE DE QUIÉVY-NORD

le plus assimilable de tous les phosphates connus

GARANTI PUR DE MÉLANGE AVEC TOUT AUTRE PHOSPHATE
Ce qui, du reste, ne pourrait que diminuer son assimilabilité.

EXTRACTION DU GISEMENT ET USINE A QUIÉVY

Propriétaire-Extracteur : C. LECLERCQ
Bureaux à Viesly (Nord).

COMPOSITION MOYENNE		ASSIMILABILITÉ RELATIVE (méth. Joulie).
		Solubilité dans l'oxalate d'ammoniaque.
Acide phosphorique....	12 » à 16 » 0/0	Phosphate de Quiévy....... 82 29 0/0
Potasse...........	0 45 à 2 77 0/0	— de la Meuse...... 51 95 0/0
Chaux...........	19 05 à 31 » 0/0	— de Pernes....... 47 87 0/0
Magnésie..........	0 58 à 3 80 0/0	— des Ardennes...... 46 43 0/0
Matières organiques azotées .	1 80 à 3 45 0/0	— de la Somme (moy.).. 44 53 0/0
		— de Ciply........ 34 57 0/0

Titre garanti en acide phosphorique : 13 à 15 0/0.

LIVRAISON : EN POUDRE IMPALPABLE EN SACS PLOMBÉS, MIS SUR WAGON GARE QUIÉVY-en-CAMBRÉSIS
Prix : 3 fr. 80 les 100 kilos, sacs perdus, 30 jours, 2 0/0 ou 90 jours net.

NOTA. — Les acheteurs qui désirent employer le **véritable Phosphate de Quiévy** pur et garanti d'origine doivent exiger que les sacs portent la Marque (**Au Poisson fossile**) et la Firme : M. LECLERCQ, seul exploitant à Quiévy (Nord).

NOUVELLE BAISSE DE PRIX

PHOSPHO-GUANO COMPANY, LIMITED

LEFEBVRE FRÈRES, Consignataires généraux

PARIS - 60, RUE DE BONDY - PARIS

PHOSPHO-GUANO

SEUL VÉRITABLE — IMPORTÉ DEPUIS 1863

Superphosphate Ornithos — Superphosphate Chilton — Superphosphate 10 degrés

Osso-Guano, Engrais complet Rhizome. Engrais Surazoté L. F.

La qualité et les dosages de tous ces engrais sont invariables et garantis.

L'acide phosphorique qu'ils renferment étant complètement **soluble dans l'eau** a une valeur fertilisante très supérieure à celui des engrais et superphosphates dont l'acide phosphorique, soluble **seulement** dans le citrate d'ammoniaque, reste insoluble dans l'eau. Il n'y a de garanties sérieuses que celles des dosages exprimés séparément en acide phosphorique **soluble dans l'eau** et en acide phosphorique, **insoluble dans l'eau.**

Envoi franco *sur demande de brochures indiquant les dosages garantis et les prix.*

Dépôts dans tous les principaux centres agricoles.

BLÉS DE SEMENCE triés et sélectionnés, variétés **Bordier, Sheriff, Dattel,** Bordeaux, 27 fr. les 100 kilos, toiles à 0,75. Wagon BAVAY, 30 jours.
Mme veuve A. DEROME, Bavay (Nord).

DÉSINFECTANT INCOMPARABLE

pr tonneaux à vin, cidres et autres liquides

MAISON FONDÉE en 1875 **Jules MOITY Père** MAISON FONDÉE en 1875

Inventeur, breveté en France et à l'étranger.

16, rue Sencier, FOURMIES, France (Nord)

4 diplômes d'honneur. 12 médailles hors concours.

Ce produit, dont la réputation n'est plus à faire, est employé dans une grande partie de la brasserie française, belge et hollandaise avec les plus grands succès.

Guérison radicale *des plus mauvais goûts de fûts en 12 heures, par une simple opération qui ne coûte au plus que 0 fr. 1 à la rondelle de 160 litres, main-d'œuvre comprise.*

Mode d'emploi. — Laver les fûts à l'eau bouillante, les laisser égoutter pendant 12 heures, les rincer ensuite avec mon produit et **six ou dix** heures après, suivant la saison, les relaver à nouveau à l'eau **bouillante** et vous pouvez entonner avec sûreté n'importe quelle boisson et sans nuire aucunement au bois ni à la boisson, inconvénients que produisent beaucoup de moyens employés à défaut d'autres meilleurs.

Prix :

0 fr. 65 du litre en dessous de 100 litres, ou 0,55 du kil.
0 fr. 60 — de 100 à 175 litres, ou 0 50 —
0 fr. 55 — de au-des. jusqu'à 228 lit. ou 0.45 —
Réduction par plus grandes quantités.

Les commandes au-dessus de 150 litres seront livrées franco en gare du destinataire.

Certificat pris dans 100.000:
« Monsieur J. Moity, père, à Fourmies.
« J'ai été très satisfait de votre désinfectant, veuillez m'en envoyer 200 litres de suite.
« Recevez mes sincères salutations ».
Desurmont-Chasseur, à Tourcoing.

Eugène de MASQUARD

PROPRIÉTAIRE-VITICULTEUR, Château de la Cascade

SAINT-CÉSAIRE-LES-NIMES (Gard)

Vins garantis naturels, rouges et blancs, depuis **75** fr. la pièce de 220 litres jusqu'à 100 francs, selon qualité, prise en gare de St-Césaire (Gard), fût perdu.

Ces vins ont été médaillés à toutes les expositions où ils ont figuré.

Récoltés sur des coteaux et des terrains secs, les vins de Saint-Césaire, l'un des meilleurs crus du Gard, se conservent parfaitement sans être plâtrés.

Envoi franco de prix courants et échantillons

MALADIES DU BÉTAIL
ET DE LA VOLAILLE

Leur traitement préventif et curatif

PAR L'ACIDE SALICYLIQUE

L'acide salicylique, employé dans la nourriture à la dose de 1/2 à 1 gramme par jour et par tête de bétail, est le meilleur préservatif des maladies qui procèdent par contagion: Sang de rate, Cocotte, Maladie aphteuse, Erysipèle, Typhus, Morve, Variole et le Rouget des porcs, etc.

DES ATTESTATIONS NOMBREUSES DE GUÉRISONS obtenues pour la Cocotte et le Rouget des porcs ont été reproduites dans le journal *l'Agriculture.*

La désinfection des étables, des écuries, se fait instantanément au moyen d'un arrosage d'eau salicylée à 2 grammes par litre.

S'adresser à M. CERCKEL, administrateur de la *Compagnie de produits antiseptiques*, 26, rue Bergère, Paris.

Envoi sur demande de Prospectus et Brochures.

PRIX DU KIL., 25 fr. BOITE DE MÉNAGE, 2 fr.

DISTILLATION CONTINUE

ALAMBIC

Système A. ESTÈVE

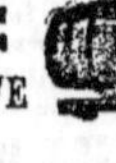

F. BESNARD

PÈRE, FILS ET GENDRES

28, rue Geoffroy-Lasnier

PARIS

Envoi franco du Catalogue sur demande

L'URBAINE

Compagnie anonyme d'Assurances à primes
fixes contre l'INCENDIE

FONDÉE EN 1838

CINQUANTE-NEUVIÈME ANNÉE

CAPITAL : 5 MILLIONS — GARANTIES : 70 MILLIONS
SINISTRES PAYÉS DEPUIS L'ORIGINE : 132.000.000 FRANCS

PARIS — 8 et 10, rue Le Peletier

L'ENGRAIS AMIÉNOIS

FUMURE ORGANICO-CHIMIQUE

*pouvant être employée seule
ou comme complément de fumier de ferme)*

Mixte et très complet, cet engrais
convient à tous les terrains ; il est approprié,
sous divers numéros, à toutes les plantes.

SUPERPHOSPHATE AZOTÉ (produit nouveau)
12 0/0 acide phosphorique
3 à 4 0/0 azote (*organique*) soluble

Envoi franco du prospectus sur demande affranchie
Adressée à **M. Elisée LEFEBVRE**
rue Lenotre, 16, AMIENS.

CHEVAUX BOITEUX

Guérison par le spécifique BORNET

Contre Capelets, Mollettes, Vessigons,
Eponges, Exostoses, Suros, Eparvins e
les Formes à leur début. (*Il s'applique également à toutes les tares molles et osseuses.*)

PRÉPARÉ PAR **A. BORNET**
Pharmacien de 1re classe, ex-interne et lauréat des
hôpitaux.

19, rue de Bourgogne, PARIS.

Le flacon, 5 fr., à la pharmacie ; en gare
par colis postal, 6 fr. contre mandat.

EXCELLENT DÉSINFECTANT

POUR LES FÛTS A VIN, CIDRE, BIÈRE, ETC.

Prix de faveur pour nos lecteurs

Sur notre demande, M. Moity, père, l'inventeur, a consenti à en mettre de petites quantités pour essais à la disposition de nos lecteurs.

10 litres franco gare. **10 fr.**

Adresser les demandes à M. Crépeaux, rue
Piccini, 10 bis, Paris.

ASPERGE GÉANTE

ROYALE DE FRANCE

(*RACE D'ARGENTEUIL PERFECTIONNÉE*)
Demander la *Méthode de Culture* et prix courant
(gratis et franco) à M. WILLIAM FOURCINE,
directeur des pépinières royales de Dreux (Eure-et-
Loir). Médailles et diplômes de première classe.

FROMENTINE

Marque déposée B. S.G.D.G.

*Produit pour l'alimentation économique,
saine et rationnelle du bétail, provenant
en grande partie des issues de la mouture de blé.*

DIVERSES MARQUES

Demander celle en raison du but
poursuivi

Marque A pour l'engraissement égal
à celui du tourteau de lin, le remplacement de l'avoine, production
d'un lait de qualité supérieure.
Marque B pour le bon entretien du
bétail.
Marque J développement rapide des
jeunes bêtes.
Marque L surproduction du lait.
Marque E engraissement rapide.

Écrire à M. Armand MILLOT
Moulins Saint-Martin

Saint-Quentin (Aisne.)

SELS POUR L'AGRICULTURE

Nourriture du bétail et Engrais des terres

Sel neuf dénaturé, au tourteau de colza. 45 f. 1.000 k.
Sel neuf dénaturé, au peroxyde de fer. 40 f. 1.000 k.
Sel de morue pur . . . . 35 f. 1.000 k.

Expéditions de Fécamp, Bordeaux et St-Malo.

S'adresser à MM. A. LE BORGNE et ses Fils
négociants-armateurs, à Fécamp.

MACHINES AGRICOLES

A. BAJAC

à LIANCOURT (Oise)

CHARRUES-BRABANTS

MATÉRIELS
pour toutes
Cultures

GRIFFE SARCLEUSE-BINEUSE

Outil économique

V. Rose

Prix : 9, 12, 14, 16 . . . selon
dimension. Prospect. explicatif.
à M. AL. ROUSSEAU, Breveté.
B.-d. D.-G. à Taverny (S.-et-O.)

pour biner, sarcler promptement entre toutes les lignes
de plantes ou légumes sans distinction, indispensable en
toutes saisons dans les jardins, vignes, pépinières, les cultures de betteraves, de tabac, etc., même dans les allées

---

COUVEUSES

ÉLEVEUSES

VOLAILLES

ŒUFS

à
COUVER

VOITELLIER

à
MANTES
et à
PARIS

4, PLACE DU THÉATRE FRANÇAIS
PRIX COURANT FRANCO
GRAND CATALOGUE ILLUSTRÉ. 0.50

POUDRE DELARBRE

Plus de CHEVAUX POUSSIFS !

Guérison de la POUSSE,
Toux, Bronchite et Gourme
La Boîte de 20 Doses : 3 francs
G. DELARBRE, AUBUSSON (Creuse)

Maison de Vente & d'Expédition à Aubusson (Creuse) G. DELARBRE
...ris & en province, chez tous les Droguistes & Pharmaciens

PARIS

GRANDS MAGASINS DU

Printemps

NOUVEAUTÉS

Envoi gratis et franco

du catalogue général illustré, renfermant toutes
les modes nouvelles pour la SAISON d'HIVER
sur demande affranchie adressée à

MM. JULES JALUZOT & Cie
PARIS

Sont également envoyés franco, les échantillons
de tous les tissus composant nos immenses assortiments, mais bien spécifier les genres et prix.
Envoi *franco de port à partir de 25 francs.*

UNION AGRICOLE DE FRANCE

Société Anonyme au Capital de 1.100.000 Francs. — Siège Social : 18, Boulevard des Capucines, Paris.

SIÈGE COMMERCIAL PRINCIPAL : 72-74, Rue Saint-Denis, PARIS

Vente à la Commission

et en toute loyauté
DE

DENRÉES AGRICOLES

de toutes sortes
et de toutes provenances

Fourniture Directe

et livraison à domicile
AUX

ÉPICIERS, FRUITIERS

Restaurants, Hôtels, Pensionnats et
Établissements privés importants.

Renseignements détaillés sur demande au Siège Social.

ANÉMIE CHLOROSE, FAIBLESSE Guéries par le **VRAI FER QUEVENNE**
Seul approuvé p^r Académie de Médecine, Paris, 14, r. Beaux-Arts, not-cc

PRÉSERVEZ VOS ANIMAUX DOMESTIQUES
de toutes les Epizooties et Maladies contagieuses par
la Désinfection des Ecuries, Etables, Porcheries
PAR LE

CRÉSYL-JEYES

Désinfectant — Antiseptique, le seul (non toxique), qui soit d'une efficacité scientifiquement démontrée. Le CRÉSYL-JEYES a été récompensé par la Société des Agriculteurs de France eu 1891 d'une Médaille d'argent grand module. Envoi franco sur demande du prospectus détaillé. —
CRÉSYL-JEYES, 35, Rue des Francs-Bourgeois, 35, Paris.
Se méfier des nombreuses contrefaçons.

M. RECOURAT, pharmacien à Beauvais.
Gale des moutons guérie radicalement par *une seule application* de l'ANTIPSORIQUE.
La bouteille, 3 fr. ; la 1/2 bouteille, 1 fr. 75.
Guérison du PIÉTIN par *un seul pansement* avec le CONTRE-PIÉTIN-RECOURAT.
Le pot d'essai, 1 fr. 50; le pot, 2 fr. 50.
Joindre 0 fr. 60 pour recevoir *franco* et indiquer gare

Machines Agricoles Françaises

MAISON ALBARET

O. ✳ O. M. A. &
Breveté
S. G. D. G

Veuve ALBARET et G. LEFEBVRE, Succr

ATELIERS DE CONSTRUCTION ET ADMINISTRATION
A RANTIGNY-LIANCOURT (Oise)

Bureaux et Magasins :
9, Rue du Louvre, PARIS

LOCOMOBILES, MACHINES DEMI-FIXES, MOTEURS A PÉTROLE
BATTEUSES PORTATIVES ET FIXES — MANÈGES

HACHE-MAIS -- HACHE-PAILLE　　　**PRESSES A FOURRAGES**

FAUCHEUSES, MOISSONNEUSES & LIEUSES
RATEAUX, FANEUSES
Semoirs en Lignes — Semoirs à Engrais — Concasseurs — Aplatisseurs

INSTRUMENTS D'AGRICULTURE — INSTRUMENTS DE PESAGE
Grand Prix, **Lyon 1894.** — Grand Prix, **Anvers 1894.** — Grand Prix, **Bordeaux 1895**
Beauvais 1895, Diplôme d'Honneur
Tunis 1895, Premier Prix, Médaille d'Or
19 Diplômes d'Honneur et d'Excellence — **226** Médailles d'Or — **191** Médailles d'Argent

SUCCURSALES :
Saint-Quentin, Chartres, Abbeville, Cambrai, Dax, Lyon, Alger
Envoi franco sur dem nde des Catalogues illustrés.

17ᵉ Année. — Nᵒ 43.   LE NUMÉRO. 10 CENTIMES   Dimanche 25 Octobre 1896

DÉPOT LÉGAL
Seine
1896

GAZETTE AGRICOLE

JOURNAL HEBDOMADAIRE, PARAISSANT LE DIMANCHE

Fondateur : M. CH. GOSSIN, Professeur d'Agriculture à l'Institut agricole de Beauvais

PRIX DE L'ABONNEMENT

UN AN, **5 fr.** — SIX MOIS, **3 fr.** — TROIS MOIS, **2 fr. 25**

Pour l'Étranger les abonnements ne sont reçus que pour un an, au prix de 6 francs, et ne partent que du 1er JANVIER ou du 1er JUILLET de chaque année.

Le Numéro : **10** centimes.

Adresser toute la correspondance : mandats, lettres, annonces etc., à **M. CRÉPEAUX**, Directeur de la *Gazette agricole* 10 bis, rue Piccini, Paris.

Toute demande de changement d'adresse doit être accompagnée de 50 centimes et de la dernière bande du journal.

BUREAUX

97, rue de Rennes, Paris, et à **Beauvais, rue Saint-Étienne.**

Les abonnements partent du 1er de chaque mois et sont payables d'avance. Toute demande d'abonnement doit donc être accompagnée du prix de l'abonnement. (Le mode de payement plus simple est l'envoi d'un mandat-poste.)

Donner *très lisiblement*, en s'abonnant, son nom et son adresse exacte, avec l'indication du bureau de poste; et, s'il s'agit d'une continuation d'abonnement, joindre au renouvellement la dernière bande d'adresse du journal.

Les Annonces sont reçues à la Direction du Journal, et chez MM. DUSSERIS et MATHELLON, 97, rue de Rennes Paris.

BULLETIN COMMERCIAL

Paris, le 21 octobre 1896.

Il est encore tombé beaucoup de pluie pendant la nuit.

Les plaintes deviennent de plus en plus nombreuses au sujet du retard apporté dans les travaux des champs par la persistance des pluies; les labours et les semailles sont sur bien des points suspendus et les charrois de betterave se font dans de très mauvaises conditions; huit jours de beau temps seraient nécessaires pour remettre le tout dans une situation à peu près normale.

Les marchés de l'intérieur continuent d'accuser de la hausse sur le blé, avec des apports très faibles et de l'activité dans les affaires; cette hausse n'est pas en rapport avec celle qui s'est produite sur les divers marchés du monde à la remorque de celui de New-York qui a monté de 3 fr. 50 par quintal en quinze jours. Hier le blé valait, les 100 kilos, 17 francs à New-York; 14 fr. 50, à Chicago; 22, à Berlin; 19, à Anvers, et 21,75 à 22, à Paris; sur les marchés de province le blé devrait monter de 1 à 2 francs par 100 kilos au moins.

BOURSE DU COMMERCE DU MERCREDI 21 OCTOBRE

	FARINES	BLÉS
Courant	44 50	21 85
Prochain	44 75	22 00
Nov.-Déc.	45 00	22 10
4 de nov.	45 35	22 20
4 premiers	46 00	22 90

Marque de Corbeil : 48 fr. le sac de 150 kil. toile à rendre.

Halle aux blés. — *Blés indigènes.* — Le marché est aujourd'hui en hausse. Le blé vaut 16 fr. à New-York, ce qui fait la parité de 24 fr. 80 les 100 kilos à Paris.

Les blés ordinaires valent couramment 22 et les beaux blés sont tenus 21,25 les 100 kilos.

Blés exotiques. — Toujours sans affaires.

Seigles. — Vente calme, il y a peu d'acheteurs.

Escourgeons. — Le temps pluvieux n'engage pas à s'approvisionner.

On cote 15,50 les 100 kil. pour les provenances de Beauce.

Menus grains. — On cote : Petit blé 12 à 14, sarrasin 15 à 15,50, chènevis de Bretagne et de Russie, 22,25 à 22,50, jarras 14,50 à 16, vesces d'hiver 23 à 25.

Sucres. — Un temps plus sec serait nécessaire pour arrêter le développement de la plante. Les stocks visibles se chiffrent par 4.060.000 tonnes contre 1.111.000 1895.

Raffinés 97,50 à 98, roux 88° 24,50 à 24,75.

Marché de la Chapelle. — Marché fort.

On cote : paille de blé 1ʳᵉ qté 28 à 30 fr., 2ᵉ qté 26 à 28 fr., 3ᵉ qté 23 à 26 fr.; paille de seigle 1ʳᵉ qté 32 à 34 fr., 2ᵉ qté 29 à 31 fr., 3ᵉ qté 25 à 29; paille d'avoine 1ʳᵉ qté 26 à 28 fr., 2ᵉ qté 23 à 26 fr., 3ᵉ qté 21 à 23; foin nouveau 1ʳᵉ qté 59 à 61 fr., 2ᵉ qté 55 à 59 fr., 3ᵉ qté 51 à 55 fr.; foin vieux 1ʳᵉ qté 59 à 61 fr., 2ᵉ qté 55 à 59 fr.; 3ᵉ qté 51 à 55 fr.; luzerne nouvelle 1ʳᵉ qté, 54 à 56 fr., 2ᵉ qté 51 à 54 fr., 3ᵉ qté 45 à 51 fr. regain nouveau 1ʳᵉ qté 54 à 56 fr., 2ᵉ qté 49 à 54 fr., 3ᵉ qté 43 à 49 fr.

Le tout rendu dans Paris, au domicile de l'acheteur, frais de camionnage et droits d'entrée compris par 104 bottes de 5 kil.; savoir : 6 fr. pour foin et fourrages secs, 2 fr. 40 pour paille. Pourboire 1 fr. par 100 bottes.

Fourrages et pailles en gare. — Le Nord fait quelques expéditions sur Paris et Saint-Denis aux environs de 18 à 21 fr.; mais la vente à cause du mauvais conditionnement, est toujours lente.

La paille de seigle manque : elle vaut de 22 à 26 fr.

La paille d'avoine doit être vue entre 15 et 18 fr.

On cote sur wagon, par 520 kilogr., en gare d'arrivée à Paris :

Foin	42 à 44
— nouveau	37 à 41
Luzerne première qualité	37 à 41
Paille de blé	18 à 21
— de seigle pour l'industrie	22 à 26
— — ordinaire	18 à 22
— d'avoine	15 à 18

Pour les marchandises en gare, les frais de déchargement, d'octroi et de camionnage sont à la charge de l'acheteur.

FRUITS

Figues	1 à 2
Poires communes	12 à 30
Raisins d'Algérie, les 100 kilos	70 à 80
Amandes, 2ᵉ choix	45 à 75
Noisettes	60 à 80
Citrons, la caisse de 420/490	32 à
Noix	18 à 22

POMMES DE TERRE

Hollande (100 kil.)	10 »	à 11 »
Roses-Early	4 »	à 5 »
Magnum-Bonum	5 »	à 6 »
Rondes	6 »	à 7 »

LÉGUMES

Choux, le cent	1 50 à 5 0
Choux-fleurs suivant grosseur	7 à 20
Artichauts de Paris	10 à 22
— de Bretagne	8 à 10
— d'Angers	28 à 35
Tomates	12 à 18
Haricots flageolets	10 à 16
— beurre	20 à 25
Haricots verts de Paris	30 à 35
Melons, la pièce	60 à 2 50
Cornichons moyens	40 à 50

LINS. — Les 100 kilogr. — *Marché de Lille.*

	Communs	Ordin.	Supér.
Alost	148 à 153	154 à 157	161 à 166
Bergues	150 à 158	161 à 168	173 à 182

Marché aux chevaux, 21 Octobre

Gros trait de 300 à 1.300	Boucherie de	65 à 225
Selle et tr. 200 à 1.100	Anes.... de	45 à 13
léger. de 150 à 1.150	Chèvres. . de	à
H. d'âge de 150 à 380		

AMENÉS

Chevaux, 359 — Anes, 11 — Chèvres, 0

Voitures 95, de 35 à 600.

ENCHÈRES

Chevaux amenés, 12.

Vendus, 8 de 95 à 350.

Prix moyen aux 100 kilog. des CÉRÉALES dans les Départements.

		BLÉ	SEIGLE	ORGE	AVOINE
Rég. du Nord-Ouest	Caen	19 75	10 50	14 25	14 50
	Lannion	19 75	10 25	14 00	15 00
	Morlaix	19 50	10 50	14 00	13 00
	Rennes	19 50	11 50	14 00	14 00
	Avranches	19 75	10 50	13 50	14 50
	Laval	19 00	11 00	13 50	14 25
	Lorient	19 25	10 25	14 00	14 25
	Alençon	19 00	10 50	13 00	14 00
	Le Mans	19 50	10 50	14 00	15 50
Région du Nord	Soissons	19 25	10 75	»	15 50
	Evreux	18 50	10 50	13 50	15 25
	Chartres	19 00	10 50	14 00	15 50
	Lille	19 75	10 25	14 00	16 00
	Compiègne	19 00	10 00	15 00	15 00
	Beauvais	18 50	11 00	16 00	16 00
	Arras	19 00	11 50	14 00	14 50
	Paris	21 75	10 50	16 00	15 50
	Versailles	18 50	10 25	15 00	16 00
	Rouen	19 50	10 00	15 00	15 50
	Amiens	19 75	10 50	15 50	17 00
Rég. du N.-E.	Mézières	10 50	10 50	14 50	15 25
	Nogent-s-Seine	18 25	10 50	14 00	15 00
	Châlons-sur-Marne	19 50	10 50	15 50	15 50
	Langres	18 50	10 50	13 50	15 00
	Nancy	19 50	11 00	14 50	15 50
	Bar-le-Duc	19 50	10 50	15 50	14 00
	Neufchâteau	18 50	10 50	14 00	15 50
Région de l'Ouest	Ruffec	19 25	10 50	14 25	15 25
	Marans	18 00	10 25	14 00	14 00
	Niort	18 00	10 50	14 00	15 00
	Tours	18 25	10 25	14 25	15 25
	Nantes	18 00	11 00	14 50	14 00
	Angers	18 00	11 00	14 00	14 50
	Luçon	17 75	10 25	14 00	14 50
	Poitiers	19 50	10 25	13 25	»
	Limoges	19 50	10 25	»	15 50
Région du Centre	Moulins	18 50	10 50	14 00	14 50
	Bourges	19 00	10 50	14 50	14 00
	Aubusson	18 50	10 50	14 00	14 00
	Châteauroux	18 00	10 25	14 00	14 50
	Orléans	18 25	11 00	14 00	14 00
	Blois	19 00	10 50	14 50	16 00
	Nevers	18 50	10 50	15 00	15 00
	Clermont Ferr.	18 50	10 00	14 00	16 00
	Sens	18 50	10 50	14 00	14 75
Région de l'Est	Bourg	18 50	10 50	14 00	15 25
	Dijon	18 50	10 50	15 00	15 00
	Besançon	18 50	11 00	14 25	15 25
	Grenoble	18 50	10 50	13 50	14 50
	Dôle	18 75	10 75	14 25	15 00
	Saint-Etienne	19 75	10 50	14 00	16 00
	Lyon	19 00	10 50	14 75	16 00
	Mâcon	18 50	11 50	14 00	16 00
	Vesoul	18 50	11 25	»	14 75
	Chambéry	18 50	10 25	»	16 00
	Annecy	18 50	»	»	15 75
Région du Sud-Ouest	Pamiers	19 75	11 50	»	15 75
	Périgueux	18 50	11 25	14 00	15 00
	Toulouse	19 00	12 00	15 00	15 50
	Auch	18 00	11 25	14 00	16 00
	Bordeaux	18 50	11 50	14 00	15 00
	Dax	18 50	11 25	14 00	15 00
	Agen	18 75	12 00	15 00	15 00
	Bayonne	19 50	11 00	14 00	16 00
	Tarbes	18 50	11 00	»	»
Région du Sud	Carcassonne	19 00	11 50	14 25	15 00
	Rodez	18 00	12 00	14 00	15 75
	Mauriac	19 50	11 00	»	15 50
	Tulle	18 50	11 00	»	15 75
	Montpellier	18 25	11 50	»	15 00
	Figeac	18 50	10 50	14 00	15 00
	Mende	18 75	11 25	14 00	15 50
	Perpignan	18 25	11 00	14 50	15 25
	Albi	18 50	11 50	14 00	15 50
	Montauban	19 00	11 75	14 75	16 00
Région du Sud-Est	Gap	19 75	11 00	15 00	16 00
	Manosque	18 75	11 00	14 50	15 50
	Nice	18 50	11 25	14 00	16 00
	Privas	18 50	11 00	14 00	16 00
	Arles	18 75	11 50	14 00	15 75
	Montélimar	19 00	»	14 00	15 25
	Nîmes	18 50	12 00	14 50	16 25
	Le Puy	18 50	12 00	14 00	16 00
	Draguignan	18 50	12 50	14 00	16 00
	Avignon	20 25	13 00	14 00	17 00

Tourteaux. — Cours de la maison P. Marchand frères, à Dunkerque (Nord) :

TOURTEAUX A NOURRIR

	Dispon.	A livrer.
Coton de graines d'Egypte	9 50	9 50
Sésame blanc	12 50	12 50
Arachide décortiquée	16 00	16 50
Colza à nourrir	10 50	10 50
Colza du pays	11 25	11 25
Œillette du Levant	10 00	10 »»
Œillette blanche de Turquie	10 00	10 50
Lin 1re qual. de Bombay g. forin.	14 50	14 50
Lin 1re qual. de Bombay p. forin.	14 75	15 00

TOURTEAUX-ENGRAIS

Arachide décortiquée	15 00	15 00
Cameline	»» »»	»» »»
Colza des Indes en poudre	»» »»	»» »»
Colza ravison	8 00	8 00
Colza jaune Guizerat	11 00	11 50
Kurrachée	»» »»	»» »»
Niger	»» »»	»» »»
Pavot	9 50	9 75
Sésame, blanc	10 25	10 25
Sésame noir	»» »»	»» »»
Coton en farine	7 50	7 50

Nos prix s'entendent pour tourteaux en planches, rendus en gare de Dunkerque.

Paiement à 30 jours ou à terme plus éloigné suivant convention expresse.

Le concassage se paie 0 fr. 25 et la mise en poudre 0 fr, 40 aux 100 kilos. Dans ce cas, les sacs sont facturés à 0 fr. 35 pièce, et repris au prix de facture, quand ils sont rendus en bon état et franco, dans les 30 jours de l'expédition.

FROMENTINE :

	100 kil.
Marque A	12 »
Marque B	13 »
Marque J	12 50
Marque L	14 »
Marque E	14 50

Les 100 kilogs sur wagon St-Quentin, sac à retourner ou à facturer.

BEURRES. (le kilogr.).

BEURRE EN MOTTES			BEURRE EN LIVRE		
Isigny extra	5 40	5.10	Bourgogne	1.80	2.30
— demi-fin	3.60	4.20	Gâtinais	1.60	2.40
M. d'Isigny	3.40	3.45	Vendôme	1.80	2.40
du Gâtinais	1.60	2.10	Beaugency	1.80	3.40
de Bretagne	1.80	2.00	Ferme	2.20	2.80
Laitière Jura	2 00	2.50	Tours	1.90	2.10
de Charente	2 10	2.80	Le Mans	1.90	2.30
des Alpes	2.00	3.30	Touraine fausse	1.80	2.20

ŒUFS. — (le mille).

Normandie ext.	115 à 130	Bourgogne	94 à 100
Picardie —	115 à 110	Champagne	96 à 102
Brie	96 à 115	Nivernais	94 à 96
Touraine	108 à 134	Bourbonnais	90 à 98
Beauce	120 à 110	Bretagne	75 à 95
Orne	101 à 120	Vendée	78 à 60
Picardie	96 à 110	Auvergne	84 à 80
Châtellerault	92 à 96	Midi	88 à 100

FROMAGES

Brie hautes marq.	85 94	Roquefort	130 210
Brie gr. m, (10)	65 75	Gruyère (100 k.)	95 175
— m. m.	35 49	Coulommiers (100)	85 46
Petits Nanteuils	23 30	Gournay (100)	20 27
Brie laitiers	15 30	Livarot (le 100)	70 110
Gérardmer (100 k.)	95 110	Bourgogne (100)	65 75
Hollande	165 175	Camembert (10)	42 65
Bondons (100)	140 150	Munster (100)	130 180
Cantal	130 140	Port-Salut	160 180

VOLAILLES

Poulet Brest dit moelleux	2.00 4.00	Pigeon Mâcon.	1.50 2.00
Poulets Nant.	2.25 4.50	Canaris Nantais	2.50 4.00
Poulets Tour.	2.50 4.50	Dindes Tour.	8.00 16.00
Poulets Houdan	5.00 5.75	Oies	5.00 7.50
Pigeons d'Italie	80 1.25	Lapins dom.	2.70 3.25
		Lapins garenne.	1.50 2.00

VINS — BERCY

Rouges		Blancs	
B. Bourg. vieux.	140 à 155	Bordeaux	125 à 160
Touraine	105 à 115	B. Bourg	150 à 190
Bord. vieux	130 à 160	Sancerre	130 à 135
Algérie	26 à 32	Chablis	200 à 350
Cher	110 à 135	Anjou	120 à 135
Chinon	125 à 180	Pouilly	350 à 500
Narbonne	32 à 38	Vouvray	155 à 195

HOUBLONS. — Les 50 kilogr.

Alost primé	32,00 à 30,00
Bourgogne	55,00 à 40,00
Poperinghe	25,00 à 30,00
Wurtemberg	40,00 à 42,00
Altmark	75,00 à 100,00
Alsace	50,00 à 65,00

Prix des Produits Forestiers à Paris.

Bois de feu (Octroi non compris)
- Falourde de pin ... 105 à 110 le cent.
- Bois de flot ... 110 à 105 le déca.
- Bois gris neuf ... 180 à 190
- Bois blanc ... 105 à 140

Bois d'œuvre (Octroi compris)
- Chêne gros bois ... 105 à 110 le m. cu.
- — moyen bois ... 70 à 60
- — petit bois ... 30 à 48
- Charme, plateaux ... 50 à 60
- Sciage Entrevoux ... 175 à 210 les 208 m.
- de Échantillons 230 à 220
- chêne Frise ... 27 à 28 ... 104 m

La suite des marchés se trouve à la Correspondance.

L'ANNÉE AGRICOLE ET AGRONOMIQUE pour 1896.

Cet ouvrage dont la première édition avait été honorée de tant d'éloges vient de paraître pour la seconde fois. Nous nous sommes attachés à tenir le plus grand compte des critiques et des vœux qui nous ont été adressés. Nous croyons sincèrement que l'*Année agricole et agronomique* est maintenant conçue sur un plan définitif. C'est la revue impartiale et fidèle de tous les travaux agricoles de l'année tant en France qu'à l'étranger, qu'ils émanent des individus ou des sociétés. La classification de la table permet de trouver immédiatement les renseignements désirés sur tel ou tel objet.

Nous avons voulu doter chaque année l'agriculture nationale d'une encyclopédie aussi complète et facile à consulter que possible, si nous en croyons nos confrères, notre but est atteint, nous attendons la sanction de nos lecteurs.

Nous l'offrons en prime à nos abonnés au prix de 2 fr. 50 franco de port au lieu de 4 francs.

Ceux de nos abonnés qui désirent l'**Année agricole et agronomique** de **1895** et celle de **1896** recevront les deux volumes franco dans la gare la plus voisine contre 4 fr. 50.

Adresser les demandes à M. Crépeaux. 10 *bis*, rue Piccini, Paris.

Almanach de la France rurale pour 1897.

En vente aux bureaux de la *Gazette* : 0.60 centimes l'exemplaire. *Franco*. Remises pour quantités importantes.

Avis aux lecteurs. — La *Poudre de Rogé*, approuvée par l'Académie de médecine, est le plus agréable des purgatifs, celui qui convient le mieux aux dames, aux enfants et aux tempéraments délicats.

« *La poudre de Rogé peut, dans presque tous les cas, remplacer les autres purgatifs.* » (Répertoire de Pharmacie.) — Éviter les produits similaires dont le nom peut prêter à confusion. Fab. : 19, rue Jacob, Paris. Dépôt : 9, rue du Quatre-Septembre, et toutes les pharmacies.

Prix du flacon : 2 fr.

CHRONIQUE POLITIQUE

L'impression profonde causée en France et en Europe par la visite du Tsar Nicolas, et par les affectueux sentiments qu'il nous a témoignés, a soulevé dans la Presse française et étrangère des commentaires sans fin sur la question de savoir quelle est la nature de notre alliance avec la Russie, à quelle degré sera-t-elle défensive ou offensive?

La question est des plus graves assurément pour notre avenir. Mais un fait bien clair pour nous, aujourd'hui, c'est que nous ne pouvons compter que sur une alliance défensive de la part de la Russie. D'où il s'ensuit que nous n'aurions pas son concours si notre gouvernement avait la témérité de réclamer la restitution de l'Alsace-Lorraine. C'est déjà très beau pour nous de compter sur l'appui de la Russie au cas où nous serions menacés d'une nouvelle invasion comme nous le fûmes en 1875. Mais déjà, en cette occasion, la Russie se montra pour nous une alliée inappréciable puisque Alexandre II nous épargna cette catastrophe en déclarant à M. de Bismarck qu'il ne tolérerait pas cette invasion.

L'alliance russe n'est donc sur ce point, que la continuation par Nicolas II de la politique de son aïeul et de son père. Elle ne peut aller plus loin pour aujourd'hui. Notre patriotisme est condamné pour un temps indéfini à la cruelle séparation qui date d'un quart de siècle, et plus que jamais notre devoir est de pratiquer le mot d'ordre que nous conseillait le maréchal Canrobert : Y penser toujours, n'en parler jamais. Cela est dur pour notre patriotisme; mais c'est un devoir sacré pour tous.

Mais d'ailleurs, pour que l'alliance russe soit féconde pour nous, pour qu'elle porte les fruits que nous en attendons, de sérieuses réformes seraient nécessaires non dans nos institutions mais dans l'esprit des partis qui nous gouvernent et des partis révolutionnaires qui travaillent à les renverser pour nous gouverner à leur façon. Or, il paraît probable que c'en serait fait de toute alliance avec la Russie le jour où le parti radical socialiste remplacerait au pouvoir le ministère Méline; mais il n'est pas moins certain pour nous que le ministère Méline n'a aucun avenir par lui-même, et ne peut soutenir la lutte contre ses ennemis sectaires, et contre ses amis faux et douteux, que grâce au concours des conservateurs. Or, la politique sectaire, corruptrice et dilapidatrice, de ses amis du centre ne peut être tolérée indéfiniment par les droites, celles-ci ont le droit de montrer que la politique chrétienne du Tsar est à l'antipode de leur politique sectaire. Le Tsar leur a prouvé par des actes significatifs. Aveugle qui ne voit pas la pierre d'achoppement qui menace sur ce point notre alliance avec la Russie. Sur ce point on a droit de dire le mot : « C'est du Nord que nous vient la lumière. » Et à côté du mot : « C'est du Nord que nous vient l'espérance. »

La semaine qui vient de finir a démontré que l'esprit de nos maîtres n'est point à ce sujet sur la bonne voie de l'alliance russe.

Le discours de M. Barthou à Oloron a montré que nous allons continuer de piétiner dans l'ornière boueuse du régime qui ruine nos finances pour asservir le suffrage universel sous l'enseigne menteuse des grands mots : apaisement, concorde, liberté, droits de l'Etat, etc.

En attendant, les ruraux indépendants se disent que M. Méline eût mieux servi l'agriculture en avançant d'un mois la réunion des Chambres et en faisant voter immédiatement les réformes fiscales dont l'ajournement coûte des pertes énormes à nos campagnes et comble de joie nos ennemis allemands, qui, eux, se font représenter par des mandataires dévoués et obtiennent d'eux les mesures réclamées par leurs intérêts. En France, nos ruraux élisent des politiqueurs, des parleurs, qui vont de banquet en banquet leur jeter à la tête les clichés ronflants, les promesses illusoires. Depuis quinze ans nous sommes gouvernés par une séquelle de barbiers qui nous raseront gratis l'an prochain et qui, en attendant, nous rasent de quatre milliards par an et de nos plus chères libertés.

D'après un décret du 18 septembre, c'est à dater du 27 octobre courant que nos Chambres commenceront à s'occuper sérieusement de nous, et à passer de la période des vains discours à celle des actes.

Allons! Jacques Bonhomme, encore quinze jours de patience, cela doit être facile après quinze ans de l'exercice de cette vertu.

Encore, si c'était la fin. Mais non : avant qu'on s'occupe de toi, les politiqueurs ont sur la planche une douzaine d'interpellations où leurs passions et leurs intrigues sont assurées d'un nouveau tour de faveur. Alors, il faudra encore un nouveau délai pour les lois qu'attend l'agriculture.

Pauvres agriculteurs! pauvres ruraux, quand nous délivrerez-vous du règne des raseurs?

La statue de Cathelineau.

Les patriotes chrétiens ont érigé, la semaine dernière, une statue à l'illustre général vendéen, que ses contemporains et leurs successeurs ont justement nommé le saint de l'Anjou, Cathelineau, l'aïeul du Cathelineau qui se conduisit en héros dans la guerre de 1870.

Les ruminants de la légende révolutionnaire essaieront vainement de tromper l'opinion sur le caractère de cette fête, en l'attribuant à une pensée de réaction politique.

M. Drumont démontre avec une lucidité merveilleuse, que, dans leur lutte contre la Convention, Cathelineau et ses frères d'armes défendaient héroïquement leur foi religieuse, et que l'odieux de l'agression et de la persécution était du côté de la tyrannie jacobine. Drumont démolit ainsi le flagrant mensonge proféré par M. Clémenceau, dans cette phrase : « La Vendée essaya de poignarder la France par derrière. »

La plus palpable vérité est que les Vendéens furent les victimes, non les agresseurs, et que c'est à la vue de leurs églises fermées, de leurs prêtres persécutés, exilés et même mis à mort, qu'ils prirent les armes, et engagèrent une lutte épique, où ils déployèrent un héroïsme, que Bonaparte honora hautement en les qualifiant de peuple de géants.

La gloire de Cathelineau est celle d'un héros martyr de la foi religieuse et de son amour de la patrie.

« Cathelineau, dit justement Drumont, incarne la résistance à l'oppression dans ce qu'elle eut de plus grandiose et de plus simple en même temps. Chez Charette, on peut, à la rigueur, supposer l'amour de la bataille, le désir de commander, la pensée de garder les privilèges de sa caste.

« Chez Cathelineau, rien de semblable; c'est le soldat entièrement désintéressé d'une noble cause, le paysan qui défend l'église dans laquelle ont prié ses pères. C'est l'homme du sillon, l'homme du blé et, par un touchant symbolisme, quand les gars des villages voisins viennent le chercher, ils le trouvent plongeant sa main dans le froment pour préparer le pain des siens.

« Cathelineau reste le chrétien sans défaillance, le saint de l'Anjou, le paysan tel qu'en formaient ces familles patriarcales qui, après avoir donné Jeanne d'Arc à la France, donnèrent à la Vendée ses plus purs et ses plus vaillants combattants.

« Si Cathelineau est le plus glorieux représentant du peuple de France d'autrefois, il n'est pas une exception. Il y eut pendant la Révolution des milliers de héros obscurs, qui ont passé inaperçus, car toute l'attention se portait sur les personnages du premier plan, les protagonistes du grand drame. »

Les dispenses militaires.

Le Président de la République, sur la proposition du Ministre du Commerce, vient de signer un décret par lequel une nouvelle école supérieure du commerce est reconnue à Nancy.

Ceci porte à dix les écoles supérieures du commerce dont les élèves jouissent de la dispense militaire.

Les agriculteurs qui sont beaucoup plus nombreux cependant que les commerçants sont loin d'avoir les mêmes avantages : les écoles nationales d'agriculture de l'Etat sont les seules dans lesquelles on puisse obtenir la dispense militaire.

Que fait donc M. Méline? pourquoi n'imite-t-il pas son collège du Commerce et ne fait-il pas reconnaître quatre ou cinq écoles d'agriculture? Ignore-t-il que dans les écoles supérieures du commerce on enseigne précisément aux élèves les doctrines économiques qu'il combat et qu'on cherche à leur démontrer que le régime douanier dont il est l'inventeur est la ruine du commerce? Il sait aussi, à n'en pas douter, que les élèves des écoles du commerce se recrutent dans une classe très aisée, qu'ils vont dans ces établissements beaucoup plus pour éviter deux années de caserne que pour apprendre le commerce.

Si le commerce a dix écoles qui profitent de la dispense militaire, l'agriculture, eu égard à sa population, devrait en avoir au moins soixante, puisqu'il y a en France dix agriculteurs pour un commerçant.

Cette pauvre agriculture n'a véritablement pas de chance. Non seulement M. Méline ne fait plus rien pour elle depuis qu'il est Président du Conseil, mais il cherche à étouffer ses protestations et il laisse prendre des mesures qui lui sont défavorables.

Ceci prouve une fois de plus qu'eût-on les meilleures intentions du monde on ne peut rien entreprendre d'utile quand on a le malheur d'être franc-maçon.

Une instruction ministérielle adressée aux préfets leur signale les règles à suivre dans les arrêtés qu'ils ont à prendre pour fixer la distance obligatoire des ruchers et des propriétés voisines des voies publiques.

L'instruction porte qu'aucune distance ne doit être imposée pour les ruchers situés à une hauteur minima de 2 m. 50 au-dessus de la voie publique, et que les ruchers situés à une hauteur moindre, doivent être distants de 2 mètres de la voie publique.

<hr>

L'enseignement agricole dans les écoles primaires.

Depuis quelque temps de nombreux articles sont publiés dans les journaux, en faveur de l'enseignement agricole dans les écoles primaires.

Nous n'avons qu'une réponse à faire à ces plaidoyers en faveur d'une cause que nous défendons depuis trente-cinq ans, c'est qu'il leur manque deux conditions d'efficacité.

La première, c'est de se référer aux sources sérieuses de cet enseignement. Or comme ces sources sérieuses, ces précédents exemplaires émanent de nos instituteurs religieux, et principalement des frères de Ploërmel, qui pratiquent cet enseignement depuis plus de trente-cinq ans, on a soin de poser l'éteignoir maçonnique sur cette lumière importune. On ne tient nul compte des récompenses et des encouragements donnés à ceux-là, en même temps qu'aux bons instituteurs laïques par la Société des agriculteurs, pendant vingt-cinq ans. On tient à faire croire que l'invention de cet enseignement est dû aux maîtres du jour.

La seconde condition, sans laquelle cette tentative est une pure chimère, une fumisterie électorale, c'est l'organisation actuelle de nos écoles primaires, c'est la niaise, l'absurde universalité de leurs programmes ou plutôt de leur unique programme d'après lequel on gave tous les enfants de mille sortes de notions élémentaires abstraites sur toute sorte de matières : style, géométrie, géographie, histoire, chimie, hygiène et morale soi-disant civique et surtout matérialiste, etc., etc. En vertu des règlements despotiques, chacune de ces matières occupe un nombre limité de dix minutes dans une classe de deux heures et cela dans toutes les communes de France. Ce mécanisme brutal fait de l'école primaire une fabrique de perroquets, dirigés par un caporal d'enseignement. Pas une minute n'est à sa disposition pour ajouter un iota personnel à cette litanie de notions verbales, dont il ne sort que des abrutis et des déclassés. Tout instituteur qui tenterait de s'y dérober serait sûr de sa disgrâce, à moins qu'il ne soit un habile maquignon électoral.

Ah! par exemple, l'agriculture électorale, parlez-nous de celle-là, c'est la seule qui soit encouragée dans les écoles primaires. Ce ne sont pas les articles auxquels nous répondons qui mettront les écoles primaires dans le bon chemin de l'enseignement agricole et arrêteront la désertion des campagnes.

<hr>

Le commerce extérieur de la France.

L'*Officiel* vient de publier le tableau de notre commerce extérieur pendant les neuf premiers mois de l'année, de janvier à septembre.

Le tableau aboutit aux chiffres suivants :

Importations . . 2.890.945.000 fr.
Exportations . . 2.505.646.000

Les chiffres de 1895 sont dépassés d'environ 200 millions à l'importation, et de 100 millions à l'exportation.

Ces chiffres peuvent donner lieu à plusieurs sortes de réflexions, mais pour ce qui concerne la cause de la protection douanière, ils ont une signification décisive, à savoir que, contrairement aux clameurs des adversaires des droits de douane, ces droits n'ont pas empêché le progrès de notre commerce extérieur.

Il reste à rapprocher de ce document le bilan de nos relations commerciales, par l'intermédiaire de la marine marchande, comparativement avec celui des navires étrangers.

Ce bilan est cruel pour nous, puisqu'il en ressort que les trois quarts de notre trafic extérieur se font par les navires étrangers, et à peine un quart par navires français.

Voilà une situation peu satisfaisante pour notre patriotisme et pour un de nos plus grands intérêts nationaux. Notre marine marchande comme notre marine d'État réclame impérieusement une direction qui lui a toujours manqué depuis vingt ans.

Le parti qui lui a infligé une vingtaine de ministres pour arriver à un tel résultat, ne nous autorise guère à attendre de lui de meilleurs services.

<hr>

CHRONIQUE GÉNÉRALE

La hausse du blé.

Enfin! le blé monte; depuis trois semaines, à Paris, il a haussé de 3 francs 50 à 4 fr. par 100 kilos, et vaut actuellement 22 francs. Sur la plupart des marchés de province, la hausse est moins importante, parce que beaucoup de cultivateurs, mal renseignés sur la situation des récoltes, et découragés par les bas prix pratiqués depuis plus de deux ans, croient que la hausse n'est pas rationnelle et s'empressent de vendre aux prix actuels.

Examinons donc si la hausse actuelle est simplement le fait de la spéculation et par conséquent passagère, ou bien si elle a des chances de se maintenir et même de s'accentuer.

La récolte du blé en France pour l'année 1896 est évaluée à 118.905.098 hectolitres ou 92.437.235 quintaux, récoltés sur 6.924.548 hectares; la récolte avait été de 108 millions d'hectolitres en 1892, 100 en 1893, 124 en 1894, 119 en 1895; la récolte de l'année 1896 est donc bonne et doit suffire à peu près à la consommation.

La récolte pour l'ensemble du monde, excepté les pays où les statistiques ne sont pas relevées comme la Chine et le Japon, et d'autres beaucoup moins importants — est beaucoup moins satisfaisante, ainsi que le montre le tableau suivant :

Production du blé dans le monde en millions d'hectolitres :

Années		
1883	728	millions
1884	797	—
1885	742	—
1886	771	—
1887	838	—
1888	803	—
1889	775	—
1890	807	—
1891	852	—
1892	861	—
1893	821	—
1894	948	—
1895	850	—
1896	840	—

Voici le détail par pays pour les années 1894, 1895 et 1896, en millions d'hectolitres :

Pays d'Europe :	1894	1895	1896
Russie-Caucase	188	135	124
France	124	119	119,5
Autriche-Hong.	67	66	67
Italie	42	34	42
Allemagne	39	37	39
Espagne	32	31	27
Royaume-Uni	21	17	22
Roumanie	15	20	25
Bulgarie	10	14	15
Turquie	10	6,9	10
Belgique	7	5	7
Grèce	2	3	2
Portugal	2	2	1,5
Suisse	2	1,5	1
Hollande	1,7	1,1	1,8
Suède et Norw.	1,3	1,8	2,5
Danemark	1,7	1,5	1,7

Pays hors d'Europe :			
Etats-Unis	185	155	170
Indes	93	83	64
Rép. Argentine	25	23	21
Canada	17	18	13
Australie	15	12	8,5
Algérie-Tunisie	9	12	9
Mexique	5	4	8
Chili	5	5,8	5
Egypte	3	3	5,4
Syrie	3	3,7	4
Uruguay	3	3	2,5

Les stocks étant peu importants et la récolte dans l'ensemble du monde très faible, la hausse est absolument justifiée et tout permet d'espérer qu'elle se maintiendra, et même s'accentuera.

A la fin de septembre, le blé valait les 100 kilos 18 fr. 30 en France, 15 à Anvers et 12 fr. 60 à New-York, qui semble le régulateur du cours du blé dans l'ensemble du monde. C'est à New-York que la hausse a commencé et elle s'est étendue à tous les marchés du monde.

Actuellement le blé vaut à New-York 10 fr. 70; ajoutez à ce prix le fret 1 fr. 70 et le droit de douane à l'entrée en France 7 francs. Vous aurez le prix de revient en France de 24 fr. 40. A Anvers, où il n'y a pas de droit de douane, le blé américain vaut 19 francs. Ajoutez 7 francs pour l'entrée en France, vous aurez le prix de revient de 26 francs les 100 kil.

Par suite, tant que le blé français ne vaudra pas plus de 24 fr. 40, le blé américain ne fera pas baisser les prix.

La hausse jusqu'à ce prix est donc dans la main des cultivateurs français; qu'ils vendent le moins possible et la hausse s'accentuera inévitablement. Nous engageons nos abonnés à faire campagne auprès de tous leurs amis dans ce sens, en faisant connaître d'après les chiffres publiés ci-dessus, l'état exact et très favorable, répétons-le, du marché du blé.

Voici un tableau indiquant le cours moyen du blé en France aux 100 k. pendant les 25 dernières années :

1870	26 70
1871	33 25
1872	30 05
1873	33 25
1874	32 60
1875	23 05
1876	26 70
1877	30 45
1878	29 95
1879	28 45
1880	29 75
1881	28 80
1882	28 15
1883	25 »
1884	23 25
1885	21 60
1886	21 70
1887	23 55
1888	24 50
1889	23 95
1890	24 70
1891	26 70
1892	23 61
1893	20 95
1894	19 »
1895	18 25
1896 9 1ers mois	18 »
Octobre 1896	22 »

Espérons que dorénavant, nos malheureux cultivateurs ne reverront pas les prix désastreux pratiqués ces trois dernières années, moins de 19 francs les 100 kilos au lieu du cours moyen de 30 francs pour les années comprises entre 1870 et 1880, et de 25 francs pour les années de 1880 à 1892 inclus. La récolte du blé en France atteignant environ 95 millions de quintaux, soit 85 en comptant 10 millions de quintaux pour semences, c'était une somme de près d'un milliard, comparativement avec la période 1870 1880 ou de 500 millions de francs comparativement avec la période de 1880 à 1892, que les cultivateurs français ont touché en moins par an, sans que leurs frais de production aient diminué au contraire, et sans compensation sur la vente d'autres produits ainsi que le montre le tableau suivant qui indique la dépréciation subie par quelques produits agricoles à vingt ans d'écart :

Les 100 kilos en	1877	1887	1896
Blé	30	23	18
Seigle	20	15	13
Orge	21	16	15
Avoine	21	17	15
Sucre	54	43	27
Alcool (l'h.)	60	45	30

Voici un tableau indiquant le prix du quintal de blé en octobre à New-York, à Anvers et en France depuis 1883 :

ANNÉES	Prix du quintal de blé		
	à New-York	à Anvers	en France
1883	21 60	22 40	24 60
1884	17 »	18 25	20 90
1885	18 10	18 10	21 50
1886	15 25	15 75	21 60
1887	15 30	16 25	22 15
1888	20 30	21 50	24 40
1889	15 »	16 80	23 40
1890	20 »	21 »	24 60
1891	20 15	21 »	26 »
1892	15 20	17 25	22 30
1893	13 40	14 25	20 50
1894	11 50	12 »	18 »
1895	12 »	14 »	18 »
1896	16 70	19 »	20 »

Voici le chiffre des droits de douane en France par 100 kilos aux diverses époques :

1883	0 60
Mars 1885	3 »
Mars 1887	5 »
Juill. 1891	3 »
1892	5 »
Fév. 1894	7 »

C. CRÉPEAUX.

La crise sucrière.

Dans sa dernière réunion, le Conseil de la Société des Agriculteurs de France s'est associé à la pétition adressée au Gouvernement et aux Chambres, par les Sociétés agricoles du Nord et le Syndicat de l'industrie sucrière, pour demander: 1° l'établissement d'une prime d'exportation des sucres, égale à celle que les gouvernements allemands et autrichiens allouent à leurs sucres; 2° le relèvement de la taxe actuelle des sucres, comme moyen de rectifier les primes d'exportation, sans aggraver les charges du Trésor.

Jusqu'à ce jour, en effet, aucun autre moyen pratique d'un effet certain, n'a été proposé pour conjurer le nouveau péril dont notre production sucrière est menacée par la faveur dont jouissent les sucres d'outre-Rhin.

L'adresse de la Société des Agriculteurs, jointe à celles des Sociétés et Syndicats du Nord, s'appuie sur des raisons absolument concluantes.

Le Gouvernement et les Chambres seraient impardonnables s'ils ne lui donnaient pas satisfaction le premier jour de leurs travaux.

On ne saurait trop remarquer, à notre confusion, avec quelle promptitude les Allemands et les Autrichiens protègent la production agricole de leurs nationaux, et quelles interminables lenteurs nos maîtres condamnent nos producteurs, lorsqu'ils ne réclament que les plus modestes et même les plus insuffisantes mesures de représailles.

Le sucre est tombé à 26 francs, et nos cultivateurs, aussi bien que les fabricants de sucre, vont subir de sérieuses pertes du fait de l'incurie, dont le ministère a fait preuve dans cette question, lorsqu'il a prorogé les Chambres, avant d'avoir fait voter la surtaxe qui aurait permis aux sucres français de lutter à armes égales contre le sucre allemand et autrichien.

Les causes de la crise agricole.

(Suite)

« Mais d'où vient donc cette dépression des cours de nos marchés par rapport à ceux de nos voisins? De l'excès de notre production? Quelques publicistes l'ont prétendu, sans aucune preuve, d'ailleurs. Mais que ne prétendraient-ils pas plutôt que de reconnaître la nécessité de relever nos tarifs? Autrefois, on reprochait aux agriculteurs d'être des ignorants, des routiniers hostiles à tout progrès, incapables de profiter des découvertes de la science. C'était leur faute, si le blé leur revenait à trop cher, s'ils n'en produisaient pas assez! Aujourd'hui, si le blé baisse, c'est de notre faute encore, c'est que nous en produisons trop! Et pour le prouver, ils citent les milliers de tonnes de phosphates, de scories, de nitrates de soude employées aujourd'hui et qui ne l'étaient pas autrefois ; c'est-à-dire, selon ces étranges censeurs, que plus nous faisons de sacrifices pour développer la fertilité de nos terres, plus nous précipitons notre ruine !

« Et pour développer leur thème, ils insistent sur l'inexactitude des statistiques officielles concernant la production et la consommation du blé en France.

« Que ces statistiques soient légèrement faites, établies sans contrôle, qu'il soit urgent d'en réformer les bases, personne ne le conteste. Qu'il soit difficile de déterminer exactement la consommation annuelle du pain qui varie sensiblement d'une région à l'autre, dépassant 900 grammes en moyenne par tête et par jour à Marseille atteignant à peine 450 grammes à Paris, pour descendre à des quantités infimes dans certaines parties de la Bretagne, du plateau central et du pays Basque, où environ 3 millions d'habitants vivent à peu près exclusivement de blé noir, de seigle, de maïs ou de châtaignes ; qu'il soit plus difficile encore de connaître la quantité de blé employée à la nourriture des animaux, selon l'abondance ou la rareté des fourrages et selon le prix des céréales et du bétail, c'est l'évidence même. Ce sont là des questions sur lesquelles on pourra discuter longtemps sans se mettre d'accord, parce qu'on n'a pas et qu'on n'aura jamais de renseignements assez précis ni assez complets pour les résoudre, dût-on créer une nouvelle armée de fonctionnaires spécialement chargés de soumettre chaque famille, chaque exploitation agricole à l'exercice de la régie pour connaître la production et la consommation du blé, comme celle de l'alcool.

« Mais il y a deux choses hors de toute discussion : c'est d'abord ce qu'on appelle la loi de l'offre et de la demande, la seule loi de l'économie politique qui n'ait jamais rencontré de contradicteur, qui n'est que la vérité évidente, à savoir que pour que le prix d'une marchandise diminue, il faut que les quantités disponibles et mises en vente soient supérieures aux quantités consommées. La baisse de plus en plus accentuée du blé prouve donc d'une façon indéniable qu'il y a surabondance de blé en France.

« Mais d'où vient cette surabondance ? Il n'est pas difficile de s'en rendre compte. En effet, il est un second point qu'on ne peut contester davantage, c'est que les blés exotiques indiqués dans les tableaux officiels de la douane comme ayant payé le droit d'entrée, ont bien été réellement introduits en France, car il n'est pas admissible que la douane déclare une recette fictive dont elle serait responsable, ni qu'un importateur s'avise de payer le droit d'en-

trée pour une cargaison qu'il n'aurait pas débarquée. Ce qu'il y a de certain, au contraire, c'est qu'une quantité indéterminée de blé introduite en fraude a éludé complètement le droit, c'est qu'une autre quantité introduite au moyen de l'admission temporaire n'a payé qu'une partie du droit et doit être également ajoutée à celles qui figurent sur les tableaux officiels de l'importation.

« Ces deux points établis, et ils échappent à toute contestation, il est facile de s'expliquer la baisse du blé en France.

« En effet, si nous ouvrons les statistiques de la Douane indiquant les quantités de blé qui ont payé le droit d'entrée en France, nous voyons que les importations, exportations déduites, se sont élevées à 26 millions d'hectolitres en 1891 — à 25 millions d'hectolitres en 1892 — à 12.600.000 hectolitres en 1893 — à 16 millions d'hectolitres en 1894 — à 6 millions d'hectolitres en 1895 — à 2.600.000 hectolitres pendant les quatre premiers mois de 1896, soit, pendant ces cinq années, à plus de 88 millions d'hectolitres, sans parler de tous les blés introduits en fraude au moyen d'entrées clandestines, sans parler de 4 millions 1/2 d'hectolitres introduits en 1894, de 5 millions d'hectolitres introduits en 1896, au moyen de l'admission temporaire, et qui ont éludé une partie du droit de douane, soit ensemble plus de 100 millions d'hectolitres de blés exotiques introduits pendant ces cinq années ! Et cela quand, d'après les statistiques officielles, une importation de 40 et quelques millions d'hectolitres et, d'après les recherches de M. Le Trésor de la Rocque, une importation de 6 millions d'hectolitres seulement aurait largement suffi à tous les besoins.

« De là pour ces cinq années, sans parler des importations des années intérieures qui, de 1882 à 1891, se sont élevées à plus de 116 millions d'hectolitres, un excédent d'importation considérable qui, d'après le travail très consciencieux de M. le président des syndicats des Agriculteurs de France, dépasserait 83 millions et, avec l'excédent des années précédentes, atteindrait 95 millions d'hectolitres.

« Comment un pareil stock de blé qui s'accumule, qui grossit d'année en année, ne pèserait-il pas sur les cours de nos marchés ? Comment la baisse, due à cet excès d'importation, ne s'accentuerait-elle pas davantage en France que dans les pays dont les récoltes indigènes n'ont pas l'importance des nôtres ?

« La cause de la baisse est là. Il ne faut pas la chercher ailleurs, quelque désir qu'on ait de jeter le doute dans nos esprits, afin de nous diviser et de paralyser nos efforts.

« La question est bien claire ; si les importations de blé ont été excessives, si elles ont amené la crise dont nous souffrons, c'est que le droit d'entrée est insuffisant, c'est qu'il a été tardivement établi, c'est qu'il est mal perçu.

« Il faut donc relever le droit de 7 francs, dont l'insuffisance était reconnue par M. Méline lui-même au moment où il en demandait l'adoption en 1894 ! Il faut le

remplacer par ces droits gradués inversement au cours moyen des marchés français, dont la Société des Agriculteurs de France réclame depuis trois ans l'application.

« C'est là une première digue qu'il faut se hâter de construire, mais qu'il faut consolider, surveiller sans cesse, sous peine d'y voir se produire des fissures qui la rendraient inutile et laisseraient envahir nos marchés par les blés exotiques.

« Cette digue, depuis dix ans, on en reconnaît, on en proclame bien haut la nécessité, mais, par une singulière contradiction, on s'obstine à la maintenir constamment au-dessus du niveau qu'elle devrait atteindre pour être efficace. D'abord en 1885, on fixe le droit d'entrée à 3 fr., alors qu'un droit d'au moins 5 fr. était réclamé par tous les agriculteurs — puis à 5 fr. en 1887, alors qu'un droit de 7 fr. eût été à peine suffisant, et ce droit de 5 fr., on s'empresse de le réduire à 2 fr. en 1891 à la première hausse des cours ; enfin, on le fixe à 7 fr. en 1894, alors que la commission des douanes elle-même reconnaissait qu'un droit de 9 fr. au moins eût été nécessaire.

« Et non seulement on marchande, on discute pendant trois mois ce malheureux droit de 7 fr. comme pour laisser à la spéculation le loisir de l'éluder, mais on établit des règlements qui annulent en partie sa perception au moyen de l'admission temporaire.

« Depuis quatre ans, ces fraudes, ces abus, auxquels donnait lieu le décret du 2 mai 1892 sur l'admission temporaire étaient signalés aux pouvoirs publics par les sociétés agricoles et par un certain nombre de petits minotiers qui souffrent, eux aussi, de ces opérations louches de certaines grandes minoteries des frontières. Une commission a été nommée en 1894 pour étudier la question ; elle l'a étudiée pendant deux ans Au mois de décembre dernier, pendant la discussion du budget au Sénat, M. le directeur général des douanes me déclarait qu'elle venait de déposer son rapport. Ce rapport, après sept mois de pérégrinations du Ministère de l'Agriculture au Ministère du Commerce, puis au Conseil supérieur, et du Conseil supérieur au Ministère de l'Agriculture, a été enfin suivi d'un décret promulgué le 29 juillet 1896.

« Ce décret, si impatiemment attendu, améliore assurément la situation mais, malgré l'autorité de son auteur, M. le Président du Conseil, malgré ses excellentes intentions qui ne sont pas douteuses, je crains bien qu'il ne puisse donner satisfaction ni à la minoterie moyenne, ni aux agriculteurs.

« Ce qu'on attendait au lieu de ce décret si compliqué, d'une application si délicate, c'était une réglementation beaucoup plus simple, prescrivant le payement intégral du droit de douane pour tous les blés étrangers introduits en France, à un titre quelconque, et le remboursement de la partie de ce droit afférente à tous les grains, à toutes les farines réellement exportées, quel que soit l'exportateur, sans distinction de provenance ni de frontières.

« Ce qu'il fallait, en un mot, c'était, comme en Allemagne, favoriser non l'importation, mais l'exportation de nos blés indigènes, pour éviter l'encombrement de nos marchés.

« Le législateur allemand, plus prévoyant que le nôtre, a voulu que ses chemins de fer, que ses ports servissent non à étouffer la production nationale sous la masse des importations étrangères, mais à la développer en facilitant son expansion au dehors.

« Tandis que chez nous, grâce aux tarifs de pénétration, les blés exotiques sont transportés du Havre vers Paris à meilleur marché que nos blés indigènes et peuvent parcourir le même nombre de kilomètres sur les autres parties de nos réseaux; en Allemagne, les blés destinés à l'exportation sont transportés pour moins cher du centre de l'Empire vers les ports que des frontières vers le centre.

« Grâce à ce système, les provinces du Nord qui, comme nos départements de l'Ouest, produisent plus de blés qu'elles n'en consomment, expédient leurs excédents par mer en Suède, en Hollande, même en Angleterre, avec moins de frais qu'elles ne pourraient les envoyer par n'importe quelle voie dans les provinces du sud de l'Empire.

« Pourquoi n'en serait-il pas de même en France?

« Depuis plusieurs mois nous avons demandé, et la Chambre de Commerce de Laval, comme plus tard celle de Nantes, a bien voulu présenter la même demande, que sur les réseaux de l'Ouest, de l'Orléans et de l'État il soit établi un tarif réduit, spécial et commun à ces trois Compagnies au prix uniforme de 5 fr. par tonne pour le transport de tous les blés de la Mayenne expédiés vers Nantes, où certaines minoteries peuvent moudre jusqu'à 4,000 sacs de blé par jour et emploient malheureusement une quantité considérable de blés étrangers venus par Saint-Nazaire, parce que la batellerie est insuffisamment outillée et la voie ferrée trop coûteuse pour transporter les nôtres. On nous a promis d'étudier notre demande avec le plus vif désir de lui donner satisfaction, et je ne doute pas de la sincérité de cette promesse, car les Compagnies de Chemins de fer, l'État lui-même, profiteraient, ainsi que les agriculteurs, de l'adoption d'un tarif qui leur assurerait un trafic dont elles sont actuellement privées. Malheureusement, cette modification de tarif ne peut être accordée sans l'homologation du Ministre des Travaux Publics. Et comme le précédent Ministre a été remplacé avant d'avoir pu étudier la question, j'ai prié son successeur de l'étudier à son tour, mais de l'étudier assez rapidement pour faciliter l'écoulement de la dernière récolte. M. Turrel a bien voulu me répondre qu'il avait soumis ma demande à l'examen des ingénieurs du contrôle. Dieu veuille qu'ils ne l'étudient pas trop longtemps et que la décision ministérielle nous soit favorable!

« En Allemagne, on ne s'est pas contenté d'établir des tarifs de transports réduits spécialement applicables aux céréales destinées à l'exportation. Depuis deux ans et demi on a créé de véritables primes d'exportation désignées sous le nom de Bons d'Importation (Einfuhrscheine). Tout exportateur de 100 kil. de froment, d'orge, de seigle en grains, ou de 75 kil. de farine de froment, 65 kil de malt, ou de 65 kil. de farine de seigle par n'importe quelle frontière, reçoit un bon d'importation d'une valeur égale au droit de douane auquel sont soumis 100 kil. de chacune de ces céréales à leur entrée dans l'Empire. Ces bons sont cessibles, acceptables dans tous les bureaux de douane en payement du droit d'entrée soit des céréales de même nature, soit des denrées coloniales, thé, cacao, café, etc., dont l'introduction ne peut faire concurrence à aucune des productions indigènes.

« Dans toutes les parties de l'Empire, on est unanime à se féliciter de l'application de cette nouvelle législation; elle a rendu au commerce des céréales sa liberté d'action, elle a ouvert à la production des débouchés extérieurs plus avantageux que le marché national. Tandis que les provinces du Nord expédient leur trop-plein en Danemark, en Suède, même en Angleterre, celles de l'Ouest et du Sud déversent le leur en Hollande et en Suisse, de sorte que partout les cours se soutiennent à un prix au moins égal, souvent supérieur à celui des blés russes majorés du droit de douane. Les cultivateurs allemands bénéficient ainsi intégralement du droit de douane de 35 marks par tonne établi chez eux à l'entrée des blés étrangers, tandis qu'en France plus de la moitié, souvent presque la totalité du droit de 7 francs se trouve annulée par le jeu de l'admission temporaire, par les tarifs de transport favorables aux importateurs et par l'accumulation des stocks grossis d'année en année par l'excès des importations.

(A suivre.)

<hr>

Société d'agriculture de la Nièvre.

CONCOURS ET VENTE DE VEAUX, GÉNISSES ET VACHES DE RACE PURE NIVERNAISE-CHAROLAISE

Le Concours d'automne de la race bovine nivernaise-charolaise organisé par la Société d'agriculture de la Nièvre se tiendra cette année à Nevers, du 22 au 25 octobre courant.

Ce Concours est exclusivement réservé aux femelles de race nivernaise et à leurs produits de l'année.

Il sera ouvert au public le vendredi 23 octobre, à midi, après les opérations du jury, et ne sera clos que le dimanche 25 octobre, à une heure du soir.

Ce Concours spécial, fondé en 1894, a obtenu dès son début un grand succès; il comprendra cette année plus de 300 têtes de bétail, de sorte que les transactions y seront rendues faciles;

les veaux mâles de l'année y seront en majorité.

Une belle exposition viticole de plants américains porte-greffes et franco-américains greffés, soudés et racinés, sera organisée en même temps que le Concours d'animaux, dans un local annexe.

<hr>

Une exposition internationale s'ouvrira à Bordeaux, le 15 novembre; elle aura lieu sur la grande esplanade des Quinconces et comprendra tous les produits de l'alimentation, vins, spiritueux, liqueurs, cidres, conserves, charcuterie, biscuiterie, laiterie, produits chimiques et hygiéniques, etc.

Afin d'assurer la juste répartition des récompenses, les produits seront classés par départements et examinés par des membres du jury pris dans chaque région.

Les récompenses consistent en diplômes de grand prix, diplômes d'honneur, de médailles d'or, d'argent et de bronze. Les envois devront être faits par colis postaux ne dépassant pas 5 kilos.

Les demandes de renseignements doivent être adressées à M. le directeur, 8, rue du Palais Gallien, à Bordeaux.

<hr>

Exposition d'aviculture au palais de l'Industrie. — Cette exposition internationale ouverte au public du 23 au 29 octobre courant, a une importance exceptionnelle pour le nombre et la qualité des reproducteurs de toutes les races d'oiseaux de basse-cour, françaises et étrangères, spécialement de celles qui ne sont connues que de quelques éleveurs éminents.

<hr>

La race charolaise pure.

Nos lecteurs savent que, à côté de la race charolaise nivernaise, aujourd'hui la première de nos races de boucherie, les éleveurs du Charolais ont cru — avec raison — nécessaire de conserver la race charolaise pure, en travaillant à la perfectionner par elle-même et à l'exclusion de tout mélange.

Dans ce but, les éleveurs notables du Charolais ont créé une Société civile anonyme qui, tous les ans, fait une vente de reproducteurs d'élite de cette belle race.

La vente de cette année se fera à Oye, le mercredi 28 octobre courant à 9 heures du matin, elle comprendra 14 veaux et 7 génisses d'un an, un taureau adulte et 4 vaches réformées. La vente se fera aux enchères.

<hr>

L'Académie des sciences vient de perdre un de ses membres les plus modestes et en même temps les plus distingués dans sa spécialité, M. Trécul, justement estimé pour ses travaux en botanique.

M. Trécul était un type de plus en plus rare du savant, consacrant à sa science toute sa vie, tout son dévouement, jusqu'à un oubli complet de ses intérêts matériels. Cette abnégation constante l'avait réduit à une véritable indigence. Il est mort à l'hôpital Dubois, sans laisser, dit-on, de quoi payer ses obsèques.

L'agriculture doit un regret à ce modeste savant ; plusieurs plantes découvertes par lui, en Amérique, ont pris place dans l'alimentation humaine.

CHRONIQUE AGRICOLE

Situation. — La saison.

La dernière semaine a encore aggravé de sept journées cette lamentable période de vent, de pluies, de froid, qui désole depuis un mois nos populations agricoles. De plus les derniers jours de pluie ont déterminé des débordements de la plupart des cours d'eau, notamment dans les bassins de la Seine et de la Loire. La plupart des affluents de ces deux fleuves ont inondé les champs et les habitations riveraines. A Paris, la Seine est à son plus haut étiage et les ports en amont et en aval de Paris sont inondés. Il a fallu en toute hâte enlever les marchandises qui y étaient entreposées.

Depuis lundi 19, nous avons un temps moins pluvieux, le soleil a brillé à l'horizon pendant quelques heures, mais les vents d'ouest nous menacent toujours de nouvelles averses et la situation est la même dans toutes les régions du sol français et dans les États voisins au nord et à l'est.

Dans cette situation, nous comprenons les peines qui affligent les cultivateurs, pour disputer leurs récoltes d'automne à des pluies calamiteuses. Nous comprenons leur impatience de voir la fin des pluies et le retour du beau temps pour mettre leurs terres en état de recevoir leurs semences de céréales d'automne. Nous n'apprenons à personne, parmi nos lecteurs, que le labour d'une terre boueuse est une mauvaise opéraration, ainsi que l'ensemencement d'une terre insuffisamment ressuyée. Ce que nous pouvons dire à ce sujet, c'est que le jour où leurs terres seront enfin ressuyées à point, ils auront intérêt à les façonner avec des engins qui opèrent vite et bien, tels que les bisocs, les polysocs, les extirpateurs. C'est dans ces cas que ces sortes d'engins rendent des services énormes, alors que la question de temps est décisive pour le sort d'une emblavure.

Nous avons aussi à enregistrer des nouvelles affligeantes sur les récoltes des régions viticoles. Le Midi seulement et le Bordelais ont obtenu de bons rendements comme quantité et comme qualité. Le froid hâtif et les pluies qui affligent les autres contrées ont eu une influence désastreuse sur les vendanges.

Le raisin n'a pu atteindre le degré de maturité nécessaire pour obtenir des vins non seulement de bonne qualité, mais beaucoup de localités n'atteindront pas même le minimum de qualité marchande, surtout dans le Jura et en Lorraine, où la neige couvre déjà les sommets et annonce un hiver prématuré. Dans ces conditions malheureuses les récoltants auront recours au sucrage des moûts en opérant par les procédés que nous avons recommandés. Nous voudrions aussi voir appliquer le sucrage des moûts au moyen du miel, procédé peu connu et qui devrait l'être, vu son mérite incontestable. Le miel donne un sucre qui se transforme en alcool, et, dans ce sucre, le ferment qui active cette transformation.

Quant aux raisins verts, à tout prix il faut les éliminer et les employer à la fabrication du vinaigre ou mieux de la moutarde. Personne n'ignore que les meilleures moutardes dites de Dijon et de Bordeaux doivent leur réputation au verjus associé aux graines de moutarde. Les *Mustards* anglaises, trop vantées par la réclame d'outre-Manche, ne peuvent soutenir la comparaison devant les vrais gourmets avec nos moutardes.

Vendanges tardives. — Dans la saison pluvieuse que nous traversons, quelques viticulteurs estiment que le meilleur parti à prendre, c'est de courir le risque d'un ajournement des vendanges dans l'espoir d'obtenir quelques journées d'automne pendant lesquelles trois heures seulement de beau soleil suffisent pour améliorer sensiblement la maturité de leurs raisins, et ils prouvent que la pourriture dans ces cas n'en atteint qu'une proportion peu importante.

Cette opinion, nous le savons, a dans nos régions viticoles quelques partisans qui prétendent en avoir tiré de bons effets, non pas toujours, mais au moins huit fois sur dix. Nous n'avons qu'une tâche à remplir dans une question de ce genre, c'est de constater l'état de la question, et de laisser aux praticiens d'élite dont nous ne sommes que les fidèles échos, le soin et la responsabilité de la résoudre au mieux de leurs intérêts.

En tout cas, un intérêt supérieur commun à tous, c'est que tous les vins offerts par le producteur aux consommateurs soient de bonne qualité et assurent à chaque cru une bonne réputation.

Les vins français ont à lutter depuis vingt ans contre des rivaux étrangers, qui n'existaient pas jadis et qui augmentent tous les ans leurs offres sur tous les marchés intérieurs et extérieurs.

Notre dernière chance est dans le maintien des qualités supérieures qui ont jusqu'à ce jour soutenu la vogue des produits de la viticulture française, surtout des crus jusqu'ici restés sans rivaux de la Champagne, de la Bourgogne, du Bordelais, des Côtes du Rhône, du Bas-Anjou et aussi de nos vins de liqueur du Midi qui ont droit à une protection spéciale, dont les producteurs se plaignent qu'on la leur ait retirée au profit de vins de liqueur frelatés. Nous nous associons ardemment, à ce sujet, aux réclamations des Syndicats du Roussillon, de Frontignan, de Lunel et autres producteurs intéressés et lésés dans un intérêt qui mérite l'appui de toute la France.

La hausse du blé. — Nos lecteurs ont lu plus haut un long article à ce sujet. Ce grand événement agricole sera salué avec joie par nos braves ruraux dont les travaux étaient si mal récompensés depuis trois ans. Nous les engageons vivement à se montrer très exigeants vis-à-vis des acheteurs, c'est le seul moyen de maintenir et d'accentuer la hausse.

L'azote des fumiers.

On sait depuis quelques années que la nitrification de l'azote, qui la rend assimilable par les plantes, est due à des microbes spéciaux. On a découvert aussi, par contre, qu'à côté des microbes nitrifiants, il se trouve des microbes doués de la propriété contraire, c'est-à-dire dénitrifiants, qui absorbent l'azote nitrique produit par leurs adversaires, et sont cause de la stérilité du fumier, cause bien constatée, mais inconnue jusqu'ici des cultivateurs.

Deux savants chimistes allemands, M. Wagner, de Halle, et M. Stretzer, ont étudié, avec un soin remarquable, ces deux sortes de bactéries, les unes nitrifiantes, les autres dénitrifiantes, et les conditions de leur existence dans les fumiers et dans les déjections animales.

M. Stretzer a constaté que les bactéries qu'on trouve dans les déjections des bestiaux naissent de spores après expulsion, c'est-à-dire au contact de l'air ; à partir de ce moment les bactéries se multiplient avec une continuité indéfinie.

Mais la paille produit, elle aussi, des bactéries dénitrifiantes qui se multiplient rapidement au contact de l'air, et non à l'abri de ce contact dans le fumier enfoui ou bien foulé.

Les bactéries dénitrifiantes se nourrissent de l'azote nitrique du sulfate de soude. Ces faits étant acquis, M. Stretzer a cherché les moyens de détruire les bactéries destructives d'azote nitrique, surtout celles de la paille. Il essaya d'abord de recourir à des hautes et basses températures ; mais il dut y renoncer en constatant que leur activité s'exerçait à des températures variant de 40 au-dessous de zéro à 55° au-dessus et que leur activité la plus grande se montrait entre 12° et 37° au-dessus de zéro.

Mais il remarqua aussi qu'elles n'absorbaient directement que 20 0/0 de l'azote nitrique, et que tout le reste (80 0/0), était volatilisé dans l'air.

Le mal étant connu, le remède devait consister à tuer les microbes dénitrifiants dès leur éclosion, à la sortie du corps des animaux. Après plusieurs essais successifs, M. Stretzer obtint le succès désiré en arrosant les déjections avec une solution faible d'acide ou sulfurique ou phosphorique, mais surtout d'acide sulfurique dont l'action destructive est quatre fois plus énergique. Une solution de 6 centièmes de gramme pour 100 d'eau suffit pour détruire toutes ces bactéries.

La solution d'acide sulfurique dissoute n'est guère pratique dans une ferme. Mais on peut la remplacer par une poudre quelconque imprégnée d'acide sulfurique, par exemple, du superphosphate de chaux finement pulvérisé.

Des expériences en grand du procédé dans les fermes de la Saxe ont montré l'efficacité complète d'une poudre composée de superphosphate et de plâtre cuit contenant 10 0/0 d'acide sulfurique libre, à raison de 1 kilo par tête de bétail et par jour, répandu deux fois par jour matin et soir.

Nous croyons devoir appeler l'attention des praticiens sur une méthode aussi mûrement raisonnée d'élever les fumiers à leur plus haut degré de vertu fertilisante et de les soustraire à une cause naturelle de détérioration.

◆

Le chiendent.

SA DESTRUCTION. — SON EMPLOI.

Il n'est pas de bonne culture sans terre bien propre ; il suffit, par exemple, d'une levée de coquelicot ou de moutarde sauvage pour compromettre une récolte de céréale. Bien plus mauvaise est la situation d'une terre infestée de chiendent, car les plantes précédentes sont annuelles, tandis que le chiendent (*Triticum repens*) est vivace ; ses semences se disséminent facilement ; de plus, par ses stolons souterrains, il se déplace et se multiplie rapidement ; enfin, retourné et mis à l'air par la charrue ou la herse, il brave impunément le froid, le soleil et la sécheresse. Des fragments, exposés quinze jours aux alternatives de sécheresse et d'humidité, reprennent souvent dès qu'ils sont recouverts de terre. Avec une plante d'un tel tempérament, il n'est donc pas rare que les cultivateurs négligents ou peu soigneux, voient leurs récoltes compromises par l'envahissement du chiendent. La façon dont un cultivateur tient ses terres, indique en quelque sorte son degré d'intelligence et l'empressement qu'il apporte à donner des façons culturales à son sol. C'est pourquoi, dans son langage humoristique, Jacques Bujault aimait à répéter que « les mauvaises plantes sont de la famille des mauvais cultivateurs ».

Nous allons essayer de donner les moyens de se débarrasser de cette herbe nuisible, qui, étant jeune, est volontiers broutée par tous les bestiaux. Tout d'abord, si le sol est totalement envahi, il n'y a qu'une demi-jachère d'été qui peut en avoir raison. Quoi qu'en disent les adversaires de la jachère, cette pratique est encore souvent la meilleure pour mettre une terre en bon état de propreté. Par une belle journée d'été, on donne un labour ordinaire, qu'on fait suivre, les jours suivants, de scarifiage ; et de hersages nombreux, afin de se débarrasser de la plus grande quantité possible de rhizomes. Ces fragments sont réunis en tas, sur la fourrière du champ après quoi, on donne un labour assez profond ; les fragments restés à la surface précédemment, sont enfouis assez profondément pour ne pas recevoir d'air et périr par asphyxie. Si c'est nécessaire, on rend de nouvelles façons culturales superficielles, pour se débarrasser des rhizomes qu'on a pu ramener à la surface. Nous croyons bon de rappeler aussi que les déchaumages, exécutés aussitôt l'enlèvement des céréales et des labours profonds d'automne, sont de bons moyens de destruction, comme d'ailleurs toutes les façons soignées et répétées faites à temps.

Si le champ n'est pas enherbé, une récolte sarclée en aura facilement raison, mais en ne perdant pas de vue qu'une récolte de betteraves, de pommes de terre ou de rutabagas ne prospérera qu'autant que le sol sera déjà assez propre. Ce serait une erreur de vouloir user de ce procédé pour détruire le chiendent dans un champ par trop infesté : on y perdrait son temps et ses peines ; car, dans de telles conditions, la récolte est toujours peu rémunératrice.

Dans le cas d'une jachère d'été, que va-t-on faire du chiendent ramassé et séché, de manière à ne plus pouvoir se propager ? Assurément, le plus lucratif serait de le vendre aux pharmaciens, mais, comme il ne faut pas y compter, nous allons chercher d'autres moyens d'en tirer parti.

Si l'on est à court de litière, rien de mieux que de le faire servir à cet usage ; sinon on le mettra en tas, puis on l'arrosera plusieurs fois avec du purin. Il est possible aussi de le mélanger au fumier, si l'on est bien certain qu'il a totalement perdu ses propriétés vitales.

Lorsque la quantité de chiendent est assez considérable, il y a encore un moyen de l'utiliser : c'est d'en faire un compost sur le bord du champ. L'idée est bizarre, mais elle n'est pas neuve ; elle a été émise plusieurs fois par des agronomes distingués. Rien n'est plus simple que d'établir un compost de chiendent. Ce dernier, mis en tas de 1 m. 50 à 2 mètres de haut, est mélangé à 1/15 environ de son poids de chaux ; puis, arrosé avec de l'eau, ou de préférence avec du purin, si c'est possible ; après quoi, on le recouvre de terre.

Au bout d'une quinzaine de jours, on recoupe le tas et on le remonte à côté, afin de bien mélanger la terre, la chaux et le chiendent. On peut même profiter de ce démontage, pour donner un deuxième arrosage, si c'est utile. Le toit doit être recouvert comme précédemment, afin d'éviter les déperditions gazeuses. Au bout d'un laps de temps égal à la première fois, la fermentation a accompli son œuvre et le compost, brassé à nouveau, peut être employé de suite ou attendre une destination ultérieure.

Il va sans dire qu'une addition de fumier ou de phosphate fossile à ce compost, en augmenterait la faculté fertilisante.

DENAIFFE.
Carignan (Ardennes).

◆

Un berceau garni de cerises.

Voulez-vous dans votre jardin un arbre à rameaux retombants formant tonnelle et garni d'excellentes cerises depuis le haut jusqu'en bas ? Plantez un *cerisier de Montmorency pleureur* ; vous aurez un arbre très ornemental d'un cachet original par ses branches s'allongeant parfois jusqu'à terre, couvertes de cerises qu'elles apportent à la hauteur de toutes les mains.

Voilà qui réjouira plus d'un bébé.

Le fruit a toutes les qualités de la cerise *Montmorency de Sauvigny*, d'une bonne grosseur, à queue assez courte, rouge pourpre, chair juteuse, agréablement acidulée, de première qualité, mûrissant en juin et juillet ; elle convient parfaitement à la confection de conserves en bouteille et des « cerises à l'eau-de-vie » en bocal.

CHARLES BALTET.
Horticulteur à Troyes.

◆

L'art de faire du bon vin rouge ou blanc (1).

CÉPAGES. — LEUR SÉLECTION. — GLEUCOMÈTRE. — CUVAISON. — ENFUTAGE, etc.

> Du vin qu'a fait tourner l'orage,
> Un vin nouveau bientôt consolera.
>
> (*Les vendanges*)   BÉRANGER.

N'en déplaise au célèbre chansonnier, ne tournent jamais en cave que les vins *mal vendangés*, mal faits ou mal soignés. Je vais résumer ici, les précautions indispensables pour obtenir, en tout pays où la vigne mûrit son fruit, des vins hygiéniques, agréables et de bonne conservation.

Choix du cépage. — *C'est dans le cépage qu'est le génie du vin*, autrement dit, le cépage domine le cru ; rien n'est mieux prouvé. Le *muscat* montre cette vérité d'une façon éclatante. Il donne un vin musqué depuis le Rhin jusqu'à Cadix, jusqu'au Cap de Bonne-Espérance. C'est ainsi qu'on voit les *Pineaux* donner à Yssingeaux, à 700 mètres d'altitude, des

1. Par suite d'une regrettable erreur de mise en pages, la seconde partie de cet article a été donnée la semaine dernière.

raisins de bonne maturité et des vins fort agréables et que la *Mondeuse* dans les bonnes expositions de notre Bugey — à Machurat, par exemple, donne des vins qui, au bout de trois années, au témoignage compétent du Dr Jules Guyot, acquièrent les propriétés toniques et jusqu'au bouquet des vins de Bordeaux issus du *Cabernet-Sauvignon* ou *Breton.*

Plantez le Clos-Vougeot en *Gouais* ou en *Othello* et vous aurez du vin à cinquante francs la pièce. Portez le *Cabernet-Sauvignon* du Haut-Médoc, le franc Pineau de la Bourgogne à Madère, en Espagne ou en Algérie, partout ils vous donneront d'excellents vins avec les qualités originelles qui les distinguent. On en peut dire autant du petit *Gamay* du Beaujolais et de la Syrah de l'Ermitage, les questions du sol, d'exposition et de climat réservées, il va de soi et qui distinguent les crus entre eux.

Sélection des boutures-greffons. — Le bon choix du cépage et la bonne sélection de ses boutures ! il n'est rien qui ait été plus souvent et plus chaleureusement recommandé par le regretté M. Pulliat, surtout pour notre climat de l'Est, remarquable par les soubresauts de sa température Parlant de la *sélection :* « Elle joue, disait-il, le rôle des graines et des bons reproducteurs animaux. Ce n'est qu'à l'aide de ce procédé si simple, à la portée de tout le monde, que l'on pourra obtenir d'un cépage à grand vin une production régulièrement rémunératrice. » Il citait à l'appui de son dire l'expérience tentée en Algérie, sur son conseil, par M. le Dr Tripier qui est parvenu, sur son beau domaine de Chouch-el-cadi, à faire produire au *Cabernet-Sauvignon* bien sélectionné plus qu'à de vieux pieds de chasselas dorés.

M. Joseph Salguer, dans le Lot, a réussi également à faire produire d'abondantes vendanges au *Malbec* (*Côt, plant-de-roi*) aussi renommé comme plant *coulard* que pour la distinction de son vin. Les fins cépages par une bonne sélection produisent autant que les cépages grossiers, ainsi notre précieux Gamay, sans aller plus loin, donnera sur un coteau déterminé des produits variant du simple au double.

M. Pulliat recommande de marquer, quelques jours avant la vendange les ceps destinés à fournir des *greffons,* avec la précaution d'éliminer de ces ceps, très fructifères, les sarments qui n'ont pas porté fruit.

Vendanger. — Pour faire les bons, les vrais vins de France, vendangez le plus tard possible. Il faut récolter le raisin à son plus haut point de maturité. Mettre en cuve des raisins dont le moût (jus de raisin avant toute fermentation) titre 8° gleucométriques alors qu'un retard de quinze jours dans la cueillette eût procuré 12°, c'est sacrifier de gaieté de cœur *un tiers* de la récolte. S'il pleut, attendez le beau temps ; s'il fait froid aujourd'hui, il fera chaud demain.

A la vérité, rien n'est trompeur comme le choix de raisins encore mûrs au milieu de raisins parfaitement verts, raison de plus pour se montrer patient et, le gleucomètre en main, s'assurer que le jus exprimé de raisins pris ici et là, sans distinction, et passé à travers un linge fin, puis versé dans une éprouvette, ou un vase quelconque, dose bien le degré normal d'une bonne vendange. La richesse du moût dépend principalement de la bonne maturité du raisin, mais la qualité du vin est chose relative ; ainsi, la richesse des moûts du Haut-Médoc peut être cotée 9 en moyenne ; celle des moûts du Rhin 9 ; celle des moûts de Champagne 10, celle des moûts de Bourgogne 12, et celle des moûts du Roussillon 14, ce qui n'empêcho pas que, d'un accord unanime, on reconnaît la supériorité transcendante des quatre premiers sur le dernier.

Plus les raisins blancs sont *pansis* et *pourris,* plus le vin sera parfait généralement. En pays de Sauterne et sur les bords du Rhin cette moisissure de la pellicule des *Sémillons,* Sauvignons, *Traminer,* etc., accroît la richesse saccharine des moûts, en même temps que la limpidité du vin futur, d'où l'épithète de *pourriture noble* qui lui a été donnée, mais *richesse fragile,* dit M. Emile Petit, que les pluies et les vent peuvent détruire comme cela est arrivé en 1875.

En Sauterne, comme à *Côtes rôties* et dans les plaines de la Marne, on sait attendre à vendanger parfois jusqu'à fin octobre, tant qu'on possède la certitude de gagner ainsi un ou deux degrés gleucométriques.

Pierre Berthelon.

La chlorose.

Lorsque les vignes débourrent, et jusqu'à ce que le bourgeon ait atteint une longueur plus ou moins considérable, la jaunisse n'apparaît pas.

Tant que le bourgeon se développe aux dépens de ses aliments de réserve, il n'y a pas de chlorose.

Ce n'est que lorsque les matières alimentaires, provenant du sol par le fait du développement des feuilles, arrivent dans la jeune tige, que la chlorose apparaît. La chlorose est donc le résultat d'un phénomène de nutrition perverti, d'un manque d'assimilation des matières alimentaires constituant les sucs nutritifs.

Cette perversion dans les phénomènes d'assimilation, qui se manifeste surtout dans les terrains calcaires blancs ou gris, qu'on ne remarque pas dans les calcaires nummulitiques, semble avoir son origine dans un phénomène de nitrification exagérée qui se produit dans ces terrains.

La nitrification de l'azote, sous quelque forme qu'elle se présente, est une condition essentielle à son assimilation. Si l'azote peut être absorbé à l'état ammoniacal par la plante, il ne peut entrer dans la constitution des tissus qu'à l'état d'azote nitrique, il n'est assimilable que sous cette forme.

Mais avant de devenir matière constituante des albuminoïdes, il subit des transformations et ce sont ces transformations variables qui donnent au suc nutritif des couleurs variables.

L'azote nitrique est l'élément primordial entrant dans la constitution des matières albuminoïdes, de la chlorophylle.

Les tissus du pied et des bras de la vigne étant surtout des organes conducteurs des sucs nutritifs, c'est dans les bourgeons, à leur origine, que les premiers phénomènes de transformation semblent se produire.

Si l'on met du sulfate de fer au pied de la vigne, la chlorose peut diminuer d'intensité, mais ne disparaît pas.

Si le badigeonnage, la section de taille par le procédé Rassiguier, le sulfate de fer, n'arrivent que jusqu'aux bourgeons, la chlorose disparaît.

Nous pouvons donc dire que le sulfate de fer agit sur les sucs nutritifs à la base du bourgeon, que c'est là le départ de son action bienfaisante. Que sont les sucs nutritifs dans les terrains chlorotiques ? Ils sont surtout chargés en nitrate de chaux d'une solubilité très grande, et de beaucoup d'eau. Lorsque la chaleur manifeste son action sur ces terrains et sur la vigne qui y végète, ils se concentrent.

Leur acidité met de l'azote nitrique en liberté.

Or, l'azote nitrique, qui va constituer les nouveaux tissus, au contact du fer va donner du bioxyde d'azote qui, agissant à son tour sur l'excès d'acide nitrique, le colore suivant sa densité : en brun à 1°51, en jaune à 1°41, en vert à 1°32, incolore à 1°15.

Cet acide ainsi coloré, entrant dans la constitution de la chlorophylle, lui donnera sa couleur, et ainsi peut-on expliquer la brunissure, la jaunisse, le vert variable, etc.

Le fer absorbant facilement le bioxyde d'azote, s'il se trouve dans le courson au moment où les sucs nutritifs s'entassent, à l'aoûtement il constitue pour la végétation une réserve de bioxyde qui malgré la densité plus ou moins grande des sucs nutritifs en nitrates, les réduira à une concentration telle qu'ils soient assimilables, qu'il y ait formation de chlorophylle. C'est ainsi que nous nous expliquons la chlorose dans les terrains humides et calcaires, les bons effets du procédé Rassiguier, lorsqu'il est employé d'une manière rationnelle.

Nous conseillerons donc, dans les terrains chlorotiques, de tailler aussitôt qu'il se pourra, c'est-à-dire au moment où l'arrêt de la végétation se produit, quand les feuilles commencent à tomber ; de badigeonner purement et simplement les sections de taille du courson, en ayant soin d'éviter les pieds et les bras, et surtout les sections de taille qui peuvent les intéresser , avec une solution variant de 25 à 30 0/0 à la saturation à froid, en ayant soin d'appliquer la solution la plus concentrée aux pieds les plus malades.

Victor Valat.

Le tourteau de coton vénéneux.

M. Cornevin, l'éminent professeur de l'école vétérinaire de Lyon, vient de publier le compte rendu de ses analyses des tourteaux de coton et déclare y avoir trouvé un principe toxique, qui rend cet aliment dangereux, quand il est donné dans des proportions élevées.

Cette découverte est à signaler aux éleveurs qui emploient le tourteau de coton comme stimulant pour la production du lait.

Le principe toxique, dit M. Cornevin, se trouve surtout dans la farine du coton, il est en moindre proportion dans les résidus, et il n'y en a pas trace dans l'huile extraite de la graine.

M. Cornevin engage les éleveurs à n'utiliser le tourteau de coton que comme engrais azoté, comme les tourteaux de ricin, de croton, etc. A tout le moins convient-il de ne l'employer qu'en mélange à de faibles doses, avec les aliments ordinaires. M. Cornevin annonce une prochaine étude sur le cotonnier, où il étudiera la cause de la présence de ce principe vénéneux dans un produit de plus en plus recherché jusqu'à ce jour dans l'alimentation des vaches laitières.

PRIMES

Nous appelons l'attention de nos lecteurs sur nos primes de rhums, eaux-de-vie de l'île Bourbon, de vins fins du Bordelais. Jamais on n'a offert des produits de qualité comparable à un prix aussi réduit.

RECETTES

Conservation des choux. — 1° Les choux dont la pomme est déjà dure sont bons à manger ; en attendant qu'on les mette dans la marmite, on les dépose le long d'un mur faisant face au Nord sur des fascines, et on les recouvre de longue paille.

2° Les choux pour l'hiver dont le cœur est couvert, mais non encore pommé, est ainsi traité par les *hortillons* d'Amiens. Ils les livrent en motte et les couchent sur la berge, la tête au Nord de la cavité, ou bien d'un coup de serpette donné du côté Sud, ils tranchent les tiges à moitié et les abattent sur le sol, au Nord également. Par ces deux procédés, on a l'inconvénient de ne pouvoir travailler le terrain avant l'enlèvement complet des légumes.

3° Il y a avantage à former une meule de la manière suivante : Avec quelques fagots épandus sur le sol du jardin, on forme comme une planche de 0m. 30 d'épais-

seur. Au centre, on pose debout un autre fagot lié seulement à son sommet, et dont la base s'étale pour former ainsi un cône élargi à la base. Les choux sont placés tout autour, les pieds en dehors et par lits successifs jusqu'en haut. On les environne d'une chemise de paille qui les défend contre la neige et les pluies. Grâce à l'aération qui se produit au milieu de la meule par cette sorte de cheminée, il n'y a ni fermentation, ni pourriture dans la masse.

4° Si les choux sont petits et ne font que commencer à se fermer au moment des grands froids, enlevez à la bêche, au nord du pied, une bêchée de terre et couchez le chou dans cette petite jauge ; il sera maintenu dans cette position par le poids de la bêchée de terre prise au chou voisin et qui recouvrira la tige du premier.

5° En automne, par temps bien sec, les arracher et les laisser quelques jours (tant qu'il ne pleut pas) la racine en l'air pour qu'ils se dessèchent, les maintenir ensuite quelque temps sous un hangar jusqu'à ce qu'ils soient un peu fanés. Les mettre alors au grenier, la racine en l'air. Ainsi desséchés ils sont presque insensibles à la gelée et peuvent être utilisés jusqu'au commencement de mai, à condition de les éplucher et de les faire tremper quelque temps avant de les consommer.

6° Il faut conserver aux *choux de Bruxelles* les feuilles qui accompagnent les petites pommes et les garantissent contre la neige et le rayonnement nocturne pendant les grands froids. Il sera bon de placer la lame de la bêche sous le pied et de le déraciner en le soulevant un peu. Le chou de Bruxelles perd ainsi de son eau de végétation et est moins sujet à geler.

7° *Chou brocoli.* — Il a dû être distancé à la plantation de 70 à 80 cent. et un peu incliné vers le nord ; en novembre, les feuilles jaunes de la base sont enlevées ; une rigole est faite du sud au nord, et la tige est doucement abaissée dedans ; la terre du pied voisin tient couchée la tige dans la cavité. Des feuilles doivent recouvrir le sol et l'on mettra de la litière sur la tête du *brocoli* dans les grands froids.

DROIT RURAL

Haie. Mitoyenneté. — La disposition de l'article 666 du Code civil aux termes de laquelle la haie séparant deux héritages également entourés de clôtures doit être réputée mitoyenne est basée sur cette présomption, conforme à toute vraisemblance, que l'un et l'autre des propriétaires voisins a contribué pour sa part à l'établissement de ladite haie, dans le but de diminuer les frais et de sacrifier une moindre étendue de terrain. Dans ce cas, le législateur s'est placé dans l'hypothèse où l'on ignore dans quelles circonstances les clôtures ont été créées et où il est permis de croire, à défaut de titre ou marque du contraire, qu'elles l'ont été simultanément pour les deux héritages. Dès lors, la présomption légale cesse d'exister, avec le motif qui la justifie, lorsqu'il est prouvé que, primitivement, un seul des

fonds limitrophes était en état de clôture, et que la haie au sujet de laquelle s'élève plus tard le litige faisait partie d'une organisation établie exclusivement au profit de l'un des propriétaires. En ce cas le juge doit s'attacher moins à l'état des lieux au moment où naît le procès qu'à son état antérieur, et reprend toute sa liberté d'appréciation pour décider conformément aux règles ordinaires en matière de preuve. (Cour de Dijon, 11 mars 1896.)

OFFRES ET DEMANDES

Un ex-régisseur de grande propriété, marié, offrant certificats et références de premier ordre, connaissant la culture des céréales, l'élevage, l'engraissement, la culture des plantes industrielles, demande la régie d'un domaine herbager, ou culture intensive. Nous recommandons tout particulièrement à nos abonnés, ce régisseur qui offre toutes garanties désirables, comme honorabilité et loyauté. S'adresser aux bureaux de la *Gazette*, 10 bis, rue Piccini, Paris.

Un jeune homme diplômé de l'Institut agricole demande à faire un stage dans une grande exploitation du Centre. Ecrire au bureau du Journal.

Tourteaux de coton décortiqué d'Amérique, en pains ou moulus de 12 fr. 75 à 13 fr. les 0/0 kilos sur wagon. Le Havre. — Livraison immédiate.

RED-CAP. Œufs à couver de cette excellente race de poule, réputée la plus jolie et la plus forte pondeuse, garantis race pure frais et fécondés, 5fr. la douzaine franco de port et d'emballage. S'adresser à *Calixte Dany*, Althen-les-Paluds (Vaucluse).

Important : J'invite les personnes qui veulent bien me confier leurs ordres de toujours y joindre un mandat, les remboursements n'étant bénéficiables qu'aux Compagnies. Toujours donner le nom de la gare à laquelle il faut adresser les envois.

Blé de semence triés et sélectionnés variétés *Bordier, Sheriff, Dattel, Bordeaux*, 27 fr. les 100 kil., toiles à 0 fr. 75, wagon Bavay, 30 jours. Mme Vve A. Delomé, Bavay (Nord).

Blé Bordier garanti pur, parfait de semence à 23 francs le quintal logé sur wagon Coulommiers. Echantillon sur demande. M. Gallot, agriculteur à Aulnoy par Coulommiers (Seine-et-Marne).

POMMES DE TERRE. — Nous apprenons que M. E. Boutin, directeur du *Moniteur des Intérêts agricoles*, 11, rue Taitbout, est en pourparlers avec un certain nombre de Sociétés Coopératives de consommation de Paris et de la banlieue pour leur procurer directement par la culture les pommes de terre *saucisses rouges* et de *hollandes* nécessaires à leur approvisionnement d'hiver ; il s'agit de quantités très importantes. Ceux de nos abonnés que ces fournitures intéressent peuvent s'adresser directement à M. Boutin.

Il lui est également fait des demandes pour des fournitures régulières de volailles de 1 kilo. 1 k. 500 par cageots de 12 à 15 pièces.

M. POUZIN offre de jolis racines de son plant de vigne à la seule condition pour les demandeurs de lui tenir compte d'une partie de la récolte d'une année. — Contre 0 fr. 25 il expédie son *Guide* pour la culture de cette variété.

Ecrire à M. Pouzin Emile, à Saint-Paul-les-Romans, Drôme

Si vous voulez boire du bon vin de Saint-Emilion, adressez-vous à M. Duplessis-Foursaud au château des Trois-Moulins, à SAINT-EMILION (Gironde).

(Voir le prix courant.)

**Ferme de l'Institut Agricole de Beauvais
A VENDRE :**

1º Très bon bélier *charmois* en état de faire la lutte.

2º Œufs, poulettes et coqs des races : La Flèche, Dorkins, Leghorn, Campine et Padoue Doré, Langshan, Gournay, Coucou de Malines, Houdan, Cochinchinoise fauve, Brahmapoutra, canards de Rouen.

COURS DES BESTIAUX

Marché de la Villette du 19 octobre 1896.

PRIX DE LA VIANDE NETTE

	1re qualité	2e qualité	3e qualité
Bœufs. ..	1.48	1.38	1.28
Vaches...	1.46	1.37	1.26
Taureaux.	1.24	1.14	1.04
Veaux....	1.88	1.88	1.42
Moutons..	1 97	2.78	1.68
Porcs....	1.02	1.00	0.94

ESPÈCES	AMENÉS	VENDUS	PRIX EXTRÊME viande net	poids vif
Bœufs....	2.628	2.986	1.28 à 1 48	59 à » 91
Vaches...	844	773	1.26 1.46	56 » 89
Taureaux.	176	161	1.01 1.24	49 » 78
Veaux....	1.856	1.019	1.42 1.88	65 1.14
Moutons..	19.963	17 013	1.68 1.96	79 1.24
Porcs.. ..	4.619	4.588	0.94 1.02	54 » 74

Vente calme.

Marché de la Villette du 22 octobre 1896.

PRIX DE LA VIANDE NETTE AU KILOGR.

	1re qualité	2e qualité	3e qualité	Prix extrême
Bœufs....	1.46	1.36	1.24	1.15 à 1,50
Vaches...	1.44	1.32	1.20	1.10 1 46
Taureaux	1.24	1.12	1.12	1 00 1.32
Veaux....	1.70	1.50	1 30	1.20 1.80
Moutons..	1.94	1 80	1.60	1.50 1.96
Porcs....	1.04	0.96	»	90 1.10

ESPÈCES	AMENÉS	VENDUS	OBSERVATIONS
Bœufs ...	1.999	»	Vente mauvaise sur le gros bétail, les moutons et les porcs, très mauvaise sur les veaux.
Vaches...	602	298	
Taureaux.	167	»	
Veaux....	1.782	881	
Moutons..	15.460	»	
Porcs.....	6.135	»	

Vente du bétail au marché de La Villette.

Adresser les animaux à MM. Henri Roblin et Surugue, en gare Paris-Bestiaux. Les aviser par lettre auparavant, 190, rue d'Allemagne, Paris.

CORRESPONDANCE

CHANGEMENT D'ADRESSE

Chaque demande de changement d'adresse doit être accompagnée d'une bande imprimée et de *CINQUANTE CENTIMES* en timbres-poste pour frais de réimpression.

M. D. (Cantal). — On peut bien vous expédier le rhum en petits fûts de 30 ou 50 litres au choix. Ce sera le même rhum, mais le transvasement étant fait au Havre, vous n'aurez pas le fût d'origine. Nous vous conseillons de vous entendre avec un de vos voisins pour faire venir une pièce entière d'origine ou encore de demander une caisse de bouteilles de rhum vieux.

M. V. (Allier). — L'eau-de-vie de canne à sucre est le produit direct de la distillation de la canne, celle que nous offrons a un bouquet d'une incomparable finesse plus agréable encore, à notre avis, que celui de la fine champagne la plus parfaite.

M. B., à L. (Mayenne). — Pour obtenir des sucres cristallisés pour les vendanges et avec impôt réduit, il faut faire une demande sur papier timbré à 0 fr. 60.

Vous trouverez le modèle de la demande ainsi que les dispositions de la loi sur les sucres de vendanges dans tous les bureaux de la régie de même que toutes les circulaires administratives qui y sont relatives. Le maire de votre commune devra vous délivrer un certificat attestant que vous êtes propriétaire de vignes, certificat à joindre à la demande d'autorisation de sucrage de vendanges.

M. R. (Maine-et-Loire). — Il est impossible de donner une réponse formelle à la question que vous nous posez. Il y a de nombreux viticulteurs qui, placés dans des régions phylloxérées, conservent leurs vignes françaises en employant les traitements contre le phylloxéra ; il en est d'autres qui ont été obligés de renoncer à cette lutte et de recourir aux plants américains.

Avant de prendre une décision radicale examinez avec soin ce que font vos voisins, les résultats qu'ils obtiennent et leurs opinions.

M. R. (Basses-Alpes). — Le rhum est la distillation des déchets de la fabrication du sucre de canne.

M. C., à V. (Yonne). — Voici comment doit se faire la prise d'échantillon en gare d'arrivée des engrais que vous allez recevoir. Si vos engrais sont pulvérulents, et c'est le cas le plus général, leur prise d'échantillon n'offre pas de difficultés. — Quand ils sont en sacs, à l'aide d'une sonde suffisamment longue, on prendra l'échantillon dans le sac lui-même, en procédant de la manière suivante : On ouvre un des angles du sac et l'on y plonge la sonde en la dirigeant en diagonale vers l'angle opposé ; on répète la même opération sur chacun des quatre angles du sac. Mais, si le lot est considérable, il faut répéter la même opération sur un certain nombre de sacs pris au hasard.

On réunit tous les produits de ces prélèvements, on les place sur une feuille de papier, et on les remue avec une spatule, assez longtemps pour que l'homogénéité puisse être regardée comme parfaite ; une partie de ce mélange, 2 à 300 grammes, est placée dans un flacon de verre, qu'on bouche très bien.

Il est d'usage de remplir trois flacons, pour permettre de faire, en cas de désaccord, une analyse de contrôle et au besoin une dernière analyse de départage. Il faut cacheter les flacons à la cire et faire signer un procès-verbal par les deux témoins qui ont assisté à l'opération. Ce procès-verbal doit indiquer la gare expéditrice, la date du départ, le numéro du wagon, la date et la gare d'arrivée.

<hr>

BLÉS DE SEMENCE

Prix de la maison Cayeux et Le Clerc, cultivateurs-grainiers, 8, quai de la Mégisserie, Paris.

Blé Bordier	30	fr. les 100 kil.
— Bordeaux . . .	29	—
— Dattel.	28	—
— de Saumur . .	28	—
— bleu de Noël .	28	—
— Kissingland. .	29	—
— hybride et Shireff-Berger	40	—
— Goldendrop. .	28	—
— Silverdrop . .	30	—
— Japhet	30	—
— Seigle.	28	—
— Chinois pour rendement énorme. . . .	32	

Tous ces blés de semences sont vendus en sacs de 100 kilos, logés en sacs neufs, livrés sur wagons départ. Paiement à 30 jours sans escompte.

PRIMES A NOS ABONNÉS

PANIER DE DOUZE BOUTEILLES DE VINS FINS ASSORTIS 30 FRANCS

COMPOSITION DU PANIER

2 bouteilles	vin blanc Haut-Barsac 1887,	
2 —	vin rouge chât. La Tour Vigean 1885 ;	
2 —	vin rouge château Margaux 1884 ;	
2 —	vin rouge château Bougnard 1884 ;	
1 —	madère vieux 1888 ;	
1 —	Lacryma Christi 1890 ;	
1 —	Rhum Martinique vrai extra-vieux ;	
1 —	Grande fine Champagne 1875 ;	

Le tout bien emballé, les bouteilles capsulées et étiquetées avec luxe.

Les expéditions sont faites par panier de douze bouteilles *franco de port et d'emballage* dans toutes les gares de France ; adresser les demandes accompagnées d'un mandat à M. Crépeaux, 10 *bis*, rue Piccini, Paris. — *Le prix du panier est de* 30 francs.

RHUM DE L'ILE BOURBON

Vieux rhum de Bourbon cinq ans. En fûts de 100 à 120 litres à 75 francs l'hectolitre (51º) origine absolument garantie — pris entrepôt Havre. — Adresser les demandes à M. Crépeaux, 10 bis, rue Piccini, Paris, et lui envoyer les fonds par mandat après réception de la facture.

RHUM DE L'ILE DE BOURBON EN CAISSE

12 bouteilles	. . . .	38 francs.
24 —		70 —
50 —	. . . .	142 —

Pris entrepôt Havre. Adresser les demandes accompagnées d'un mandat.

Eau-de-vie de canne à sucre de l'île Bourbon origine absolument garantie :

La caisse réclame de 12 bouteilles. .	40 fr.	
— — de 24 — . .	75 fr.	
— — de 50 — . .	150 fr.	

Ces prix s'entendent pris entrepôt Havre. — Adresser les demandes accompagnées de leur montant.

Délicieux **Vin Muscat Vieux** tonique et réconfortant venant directement de la propriété, garanti authentique, offert en prime à nos abonnés à raison de 1 fr. 25 le litre logé en fûts de 25 à 35 litres. Fûts perdus.

Adresser les commandes au Bureau du Journal, 10 *bis*, rue Piccini, Paris.

Porte-pantalon hygiénique, *breveté S. G. D. G.* de P.-B. Noël, Prix de faveur pour nos lecteurs Pour hommes, jeunes gens et enfants de dix ans franco 4 fr. ; pour femmes et fillettes, 4 fr. 50 Toute commande doit être strictement accompagné d'un mandat-poste représentant la valeur de l'expédition.

BONDE le cent, 25 fr., les cinquante 13 fr. les vingt-cinq 7 fr. Au-dessous de 25 bondes 0 fr. 30. Le tout franco de port. Indiquer le diamètre de chaque bonde.

Purificateur d'air pour tonneaux, l'un 4 50 franco gare.

Moyennant un supplément de 0 fr. 40, nous joindrons à l'envoi une mèche à percer de calibre et moyennant 0 fr. 10 en plus, une mèche soufrée.

Adresser les demandes accompagnées du montant 10 *bis*, rue Piccini, à Paris.

Nous rappelons que toute demande de prime est considérée comme un engagement de renouveler l'abonnement à son échéance.

Le Gérant: E. GAMBART.

IMP. NOIZETTE ET Cie, 8, RUE CAMPAGNE-1re, PARIS.

Ouvrages de l'abbé Ouvray.

CURÉ DE SAINT-OUEN

par Vendôme (Loir-et-Cher).

LAURÉAT DE LA SOCIÉTÉ DES AGRICULTEURS DE FRANCE, CONFÉRENCIER AGRICOLE A L'INSTITUT CATHOLIQUE DE PARIS.

1° *Manuel d'arboriculture*, 6° édition, 2 fr. 50 franco.

2° *Maladies et hygiènes des vins*, 0 fr. 55 franco.

3° *Alimentation des végétaux et emploi raisonné des engrais*, 1 fr.50 franco.

4° *Manuel de vinification et de distillation. Les Levures. Le Vinaigre*, 1 fr. 35 franco.

5° Les *ferments de la terre* (Conférence à l'Institut catholique de Paris), 0 fr. 55 franco.

Les cinq ouvrages réunis, 5 fr. 50 franco.

Chez l'auteur à Saint-Ouen, par Vendôme (Loir-et-Cher).

Le moment favorable au transport des vins étant revenu, nous rappelons à nos lecteurs que tous ceux d'entre eux qui, sur nos conseils, et depuis cinq ans, consomment les vins de M. Vincent Ardura, vigneron, domaine de la Chapelle-Frédignac, par Blaye-Bordeaux n'ont qu'à se louer de la qualité et de la conservation de ce Bordeaux absolument naturel, expédié sans intermédiaire.

Pour dégustation sérieuse, envoi gratuit est fait d'une bouteille de la récolte désignée.

L'encaissement est fait par le facteur, à 30 jours, escompte 2 0/0, ou 90 jours.

Vendanges : 1893, à 130 fr., 1892-91, à 150 fr.; 1890-89, à 175 fr., 1887, à 200 fr., 1885, à 220 fr., 1884, à 240 fr., 1882, à 250 fr., 1881, à 300 fr. — Graves blancs vieux : 130, 150, 200, 250, 300 fr., suivant âge, les 225 litres collés, soutirés, franco de port et de fût en gare d'arrivée.

MACHINES AGRICOLES

A. BAJAC

à LIANCOURT (Oise)

CHARRUES-BRABANTS

MATÉRIELS pour toutes Cultures

Ouvrages de MM. CRÉPEAUX

En vente aux bureaux de la *Gazette*

La Culture électrique	1 50
Manuel vétérinaire pratique du cultivateur	1 »
Almanach de la France rurale pour 1896	» 60
L'Année agricole et agronomique pour 1895	3 50
La Culture du Blé, par M. Fleury-Berger	1 »

VIGNES GREFFÉES, cépages pour toutes régions.

VINS du MACONNAIS, rouge et blanc, cru renommé.

Représentants demandés en toutes localités.

BERNARDET Frères, Viré, par Vérizet (Saône-et-Loire)

Champagne Mercier

Champagne Mercier

L'ENGRAIS AMIÉNOIS

FUMURE ORGANICO-CHIMIQUE

pouvant être employée seule ou comme complément de fumier de ferme

Mixte et très complet, cet engrais convient à tous les terrains ; il est approprié, sous divers numéros, à toutes les plantes.

SUPERPHOSPHATE AZOTÉ (produit nouveau 12 0/0 acide phosphorique 3 à 4 0/0 azote (*organique*) soluble

Envoi franco du prospectus sur demande affranchie

Adressée à **M Elisée LEFEBVRE** rue Lenotre, 16, AMIENS.

VINS DE SAINT-ÉMILION

Vins classés, de **800** à **250** francs la barrique de 225 litres. — Moitié prix pour la barrique de 112 litres.

Vins grands ordinaires, de **140**, **125**, **105**, **100** francs la barrique — **80**, **75**, **70**, **65**, **58**, **55** francs, la demi-barrique. — Rendu *franco* en gare et régie, sauf octroi.

Adresser commandes à M. DUPLESSIS-FOURCAUD, à **Saint-Émilion**. — Envoi de prix courants et échantillons sur demande affranchie.

Médailles d'Or, Paris, 1867 et 1889 — Moscou 1891 — Besançon, Montluçon, Royan, etc.

CHEVAUX BOITEUX

Guérison par le spécifique BORNET

Contre **Capelets, Mollettes, Vessigons, Eponges, Exostoses, Suros, Eparvins** e les **Formes** à leur début. (*Il s'applique également à toutes les tares molles et osseuses.*)

PRÉPARÉ PAR **A. BORNET** Pharmacien de 1re classe, ex-interne et lauréat des hôpitaux.

19, rue de Bourgogne, PARIS.

Le flacon, **5** fr., à la pharmacie ; en gare par colis postal, **6** fr. contre mandat.

VIN PUR COTES 1re QUALITÉ

Vieux, nouveau garanti sur facture

Récolté par FELIX LAU, propriétaire-viticulteur à Caussiniojouls (Hérault).

Nouveau, **35** *fr.* l'hect. logé sur gare Faugère,

LES BONS DE L'EXPOSITION DE 1900

Délivrés aux guichets des grands Établissements de crédit, les Bons de 20 francs de l'Exposition de 1900 participent à de nombreux tirages de lots jusqu'au mois d'octobre 1900. Les gros lots sont de **500.000** francs et **100.000** francs.

Le nombre total des Lots est de **4.313** pour

6.000.000 DE FRANCS

En outre, les Bons donnent droit :

1° *A la délivrance gratuite de 20 tickets d'entrée de 1 franc chacun;*

2° *A des réductions importantes de prix sur les chemins de fer et bateaux pour venir à Paris pendant l'Exposition, ou, au choix des porteurs, à des réductions de prix dans les spectacles qui seront concédés à l'intérieur de l'Exposition.*

Ces avantages représentent, à eux seuls, beaucoup plus que le prix à débourser pour l'achat d'un Bon.

Il importe de ne pas attendre au dernier moment pour se procurer les Bons que l'on désire ; outre que l'on se priverait ainsi des chances des tirages en cours, on s'exposerait à payer plus cher par suite de l'absorption rapide des Bons encore disponibles.

L'Exposition de 1909 doit prendre, on le sait, des proportions beaucoup plus considérables que celles des Expositions précédentes et il paraît certain que les tickets à délivrer aux porteurs de Bons trouveront leur emploi pour la totalité. On prévoit même que le nombre des entrées sera largement supérieur à celui des tickets émis.

Plus de Pourriture

PAR L'EMPLOI DU

CARBONYLE

qui assure au bois une durée **triple** en lui donnant une belle teinte brune; 1 kilog. remplace 10 kilog. de Goudron. — Produit de grande utilité dans l'agriculture; est recommandé et utilisé par les syndicats agricoles. — Dans votre intérêt, demandez le prospectus avec attestations d'expériences de **dix ans**

Société française du « CARBONYLE ».

188-190, *Faubourg Saint-Denis, Paris.*

(N. B.) Seule maison spéciale pour la fabrication et la vente de ce genre de produit.

VENDANGES 1896

AMÉLIORATION DU VIN

par les

LEVURES SÉLECTIONNÉES

PURES ET ACTIVES DE

L'INSTITUT LA CLAIRE

Augmentation du degré alcoolique Bouquet plus développé, clarification rapide

Une brochure nouvelle, donnant les résultats aux vendanges de 1895, sera adressée gratuitement et franco sur demande par carte à

M. G. JACQUEMIN

Chimiste-microbiologiste, Chevalier du Mérite agricole.

à Malzéville, près Nancy (Meurthe-Moselle)

des Usines de **MM. P. MARCHAND Frères**, à DUNKERQUE (Nord)

Fabriqués sous le contrôle permanent de la Station Agronomique du Nord
Dirigée par M. DUBERNARD

Nous appelons l'attention des éleveurs et des nourrisseurs sur les Tourteaux de COTON de graines d'Egypte : c'est un produit excellent pour les vaches laitières, les bœufs à l'engrais et les moutons.

Nos Tourteaux de COTON sont complètement débarrassés de la bourre qui enveloppe la graine et contiennent la même quantité de matières nutritives et grasses que les meilleurs Tourteaux de Lin.

Nos Tourteaux de COTON forment l'aliment le meilleur et le plus avantageux en raison de leur prix excessivement bas.

PRIX : 9 Fr. les 100 kil., gare Dunkerque

S'adresser à **MM. P. MARCHAND Frères**, à DUNKERQUE (Nord)

PHOSPHATE FOSSILE DE QUIÉVY-NORD
le plus assimilable de tous les phosphates connus
GARANTI PUR DE MÉLANGE AVEC TOUT AUTRE PHOSPHATE
Ce qui, du reste, ne pourrait que diminuer son assimilabilité.

EXTRACTION DU GISEMENT ET USINE A QUIÉVY

Propriétaire-Extracteur : C. LECLERCQ
Bureaux à Viesly (Nord).

COMPOSITION MOYENNE		ASSIMILABILITÉ RELATIVE (méth. Joulie).
		Solubilité dans l'oxalate d'ammoniaque.
Acide phosphorique. . . .	12 » à 16 » 0/0	Phosphate de Quiévy. 82 29 0/0
Potasse	0 45 à 2 77 0/0	— de la Meuse 51 95 0/0
Chaux.	19 05 à 31 » 0/0	— de Pernes. 47 87 0/0
Magnésie.	0 58 à 3 80 0/0	— des Ardennes. . . . 46 43 0/0
Matières organiques azotées .	1 80 à 3 45 0/0	— de la Somme (moy.). . 44 53 0/0
		— de Ciply. 34 57 0/0

Titre garanti en acide phosphorique : 13 à 15 0/0.

LIVRAISON : EN POUDRE IMPALPABLE EN SACS PLOMBÉS, MIS SUR WAGON GARE QUIÉVY-en-CAMBRÉSIS
Prix : 3 fr. 80 les 100 kilos, sacs perdus, 30 jours, 2 0/0 ou 90 jours net.

NOTA. — Les acheteurs qui désirent employer le **véritable Phosphate de Quiévy** pur et garanti d'origine doivent exiger que les sacs portent la Marque (Au Poisson fossile) et la Firme : M. LECLERCQ, seul exploitant à Quiévy (Nord).

GRANDS RABAIS
POUR LIVRAISONS SUR LES MOIS D'HIVER

Engrais de l'Usine municipale de la Voirie de Bondy

TOURTEAUX ORGANIQUES
MOULUS

Dosage : 1.50 à 2 °/₀ d'azote et 4 à 5 °/₀ d'acide phosphorique.

S'ADRESSER AU

Comptoir Agricole et Commercial
9, RUE NOUVELLE, 9, A PARIS

FROMENTINE
Marque déposée B. S.G.D.G.

Produit pour l'alimentation économique, saine et rationnelle du bétail, provenant en grande partie des issues de la mouture de blé.

DIVERSES MARQUES
Demander celle en raison du but poursuivi

Marque A pour l'engraissement égal à celui du tourteau de lin, le remplacement de l'avoine, production d'un lait de qualité supérieure.
Marque B pour le bon entretien du bétail.
Marque J développement rapide des jeunes bêtes.
Marque L surproduction du lait.
Marque E engraissement rapide.

Ecrire à M. Armand MILLOT
Moulins Saint-Martin
Saint-Quentin (Aisne.)

DÉSINFECTANT INCOMPARABLE
pr tonneaux à vin, cidres et autres liquides

MAISON FONDÉE en 1875   **Jules MOITY** Père   MAISON FONDÉE en 1875

Inventeur, breveté en France et à l'étranger.

16, rue Sencier, FOURMIES, France (Nord)
4 diplômes d'honneur, 12 médailles hors concours.

Ce produit, dont la réputation n'est plus à faire, est employé dans une grande partie de la brasserie française, belge et hollandaise avec les plus grands succès.

Guérison radicale des plus mauvais goûts de fûts en 12 heures, par une simple opération qui ne coûte au plus que 0 fr. 10 à la rondelle de 160 litres, main-d'œuvre comprise.

Mode d'emploi. — Laver les fûts à l'eau bouillante, les laisser égoutter pendant 12 heures, les rincer ensuite avec mon produit et six ou dix heures après, suivant la saison, les relaver à nouveau à l'eau bouillante et vous pouvez entonner avec sûreté n'importe quelle boisson et sans nuire aucunement au bois ni à la boisson, inconvénients que produisent beaucoup de moyens employés à défaut d'autres meilleurs.

Prix :
0 fr. 65 du litre en dessous de 100 litres, ou 0.55 du kil.
0 fr. 60   — de 100 à 175 litres,   ou 0 50 —
0 fr. 55   — de au-des. jusqu'à 228 lit. ou 0.45 —
Réduction par plus grandes quantités.
Les commandes au-dessus de 150 litres seront livrées franco en gare du destinataire.

Certificat pris dans 100.000 :

« Monsieur J. Moity, père,
à Fourmies.

« J'ai été très satisfait de votre désinfectant, veuillez m'en envoyer 200 litres de suite.

« Recevez mes sincères salutations ».
Desurmont-Chasseur, à Tourcoing.

Eugène de MASQUARD
PROPRIÉTAIRE-VITICULTEUR, Château de la Cascade
SAINT-CÉSAIRE-LES-NIMES (Gard)

Vins garantis naturels, rouges et blancs, depuis 75 fr. la pièce de 220 litres jusqu'à 100 francs, selon qualité, prise en gare de St-Césaire (Gard), fût perdu.

Ces vins ont été médaillés à toutes les expositions où ils ont figuré.

Récoltés sur des coteaux et des terrains secs, les vins de Saint-Césaire, l'un des meilleurs crus du Gard, se conservent parfaitement sans être plâtrés.

Envoi franco de prix courants et échantillons

EXCELLENT DÉSINFECTANT
POUR LES FUTS A VIN, CIDRE, BIÈRE, ETC.
Prix de faveur pour nos lecteurs

Sur notre demande, M. Moity, père, l'inventeur, a consenti à en mettre de petites quantités pour essais à la disposition de nos lecteurs.

10 litres franco gare.   10 fr.
Adresser les demandes à M. Crépeaux, rue Piccini, 10 bis, Paris.

MALADIES DU BÉTAIL
ET DE LA VOLAILLE
Leur traitement préventif et curatif

PAR L'ACIDE SALICYLIQUE

L'acide salicylique, employé dans la nourriture à la dose de 1/2 à 1 gramme par jour et par tête de bétail, est le meilleur préservatif des maladies qui procèdent par contagion : Sang de rate, Cocotte, Maladie aphteuse, Erysipèle, Typhus, Morve, Variole et le Rouget des porcs, etc.

DES ATTESTATIONS NOMBREUSES DE GUÉRISONS obtenues pour la Cocotte et le Rouget des porcs ont été reproduites dans le journal *l'Agriculture*.

La désinfection des étables, des écuries, se fait instantanément au moyen d'un arrosage d'eau salicylée à 2 grammes par litre.

S'adresser à M. CERCKEL, administrateur de la *Compagnie de produits antiseptiques*, 26, rue Bergère, Paris.

Envoi sur demande de Prospectus et Brochures.

PRIX DU KIL., 25 fr. BOITE DE MÉNAGE, 2 fr.

VIN DE BOURGOGNE
Ferme de l'Hospice de Beaune.
Domaine de MEURSAULT

VINS FINS GRANDS ORDINAIRES, ORDINAIRES
Rouges et Blancs

Concours Général agricole de Paris 1895

MÉDAILLE d'or pour vins rouges
MÉDAILLE d'argent pour vins blancs

Concours Général agricole de 1896

HORS CONCOURS, MEMBRE DU JURY
JOBART MUTHELET, Meursault (Côte-d'Or)

A VENDRE

1° Une machine à battre fixe (système Pinet).
2° Une machine à battre mobile montée sur roues (Système Pinet).
3° Un manège à 3 chevaux pour les machines ci-dessus (Système Pinet).
4° Une faucheuse « Wood ».
5° Deux paires de meules tournant à droite.
6° Une voiture découverte (genre Victoria) dite « Américaine ».

Le tout en très bon état se trouve à MARCAULT commune de *Poilly*, près *Gien* (Loiret).

S'adresser pour plus amples renseignements : soit à

M. de COUET
Capitaine au 153°, propriétaire à Marcault, *Poilly* (Loiret).

soit à M. PERRIN, régisseur à Marcault.

Insecticide-Préservateur
FERTILISANT
DESGOUTTES

La Boîte de 10 kilog., pour essais, **10 fr.** franco toutes gares (port et emballage compris).

Adresser les demandes, accompagnées d'un mandat, 10 bis, rue Piccini, Paris.

SELS POUR L'AGRICULTURE

Nourriture du bétail et Engrais des terres

Sel neuf dénaturé, au tourteau de colza. 45 f. 1.000 k.
Sel neuf dénaturé, au peroxyde de fer. 40 f. 1.000 k.
Sel de morue pur. . . . . 35 f. 1.000 k.

Expéditions de Fécamp, Bordeaux et St-Malo.

S'adresser à MM. A. LE BORGNE et ses Fils, négociants-armateurs, à Fécamp.

COUVEUSES
ÉLEVEUSES
VOLAILLES
ŒUFS à couver

VOITELLIER
à MANTES et à PARIS
4, PLACE DU THÉATRE FRANÇAIS
PRIX COURANT FRANCO
GRAND CATALOGUE ILLUSTRÉ 0.50

POUDRE DELARBRE
Plus de CHEVAUX POUSSIFS !
Guérison de la POUSSE,
Toux, Bronchite et Gourme
La Boîte de 20 Doses : 3 francs
G. DELARBRE, AUBUSSON (Creuse)
Maison de Vente & d'Expédition à Aubusson (Creuse) G. DELARBRE
A Paris & en province, chez tous les Droguistes & Pharmaciens.

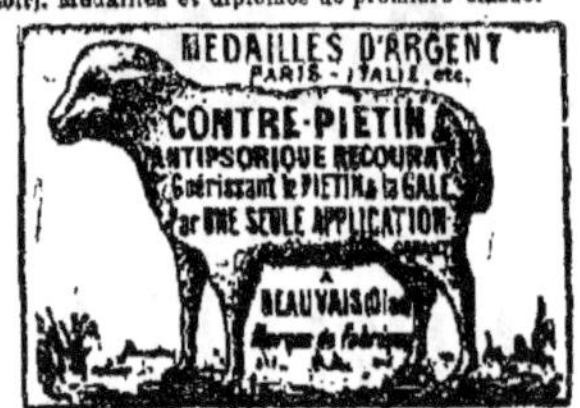

ASPERGE GÉANTE
ROYALE DE FRANCE
(RACE D'ARGENTEUIL PERFECTIONNÉE)
Demander la *Méthode de Culture* et prix courant (gratis et franco), à M. WILLIAM FOUROINE, directeur des pépinières royales de Dreux (Eure-et-Loir). Médailles et diplômes de première classe.

M. RECOURAT, pharmacien à Beauvais.

Gale des moutons guérie radicalement par *une seule application* de l'ANTIPSORIQUE.
La bouteille, 3 fr. ; la 1/2 bouteille, 1 fr. 75.
Guérison du PIÉTIN par *un seul pansement* avec le CONTRE-PIÉTIN-RECOURAT.
Le pot d'essai, 1 fr. 50; le pot, 2 fr. 50.
Joindre 0 fr. 60 pour recevoir *franco* et indiquer gare

SCHNEIDER ET Cie

PHOSPHATES MÉTALLURGIQUES
(scories de déphosphoration), des Aciéries du Creusot
ENGRAIS PHOSPHATÉ
pour Céréales, Prairies, Vignes, Betteraves, Pommes de terre, etc.

L'emploi de ces phosphates a été particulièrement recommandé dans ces derniers temps par les agronomes les plus distingués. Il permet, en raison du bas prix de ce produit, de faire apport au sol de doses considérables d'acide phosphorique.

Les phosphates métallurgiques du Creusot sont livrés moulus finement et tamisés. Pour renseignements, s'adresser à MM. SCHNEIDER et Cie, au Creuzot (Saône-et-Loire).

FOURNEAUX DE CUISINE
de toutes espèces

Maisons particulières, Hôtels, Châteaux et Fermes, Hospices, Hôpitaux, Collèges, Pensions, etc.

ENVOI FRANCO DE CATALOGUES

Maison DELAROCHE aîné
22, rue Bertrand, PARIS

BROYEURS & PRESSOIRS SIMON
Pour Pommes, Poires, Raisins, etc. Matériel complet pour cidreries et vinification.
SIMON FRÈRES, Constructeurs-Mécaniciens-Fondeurs à Cherbourg
MÉDAILLE D'OR, PARIS 1889
GUIDE PRATIQUE de la Production et de la Fabrication des Cidres et Poirés envoyé gratis et fo

BARATTES, MALAXEURS, LISSEUSES SIMON et MATÉRIEL complet pour la Fabrication et l'Exportation des beurres et fromages.
MANÈGES de toutes forces
Envoi franco du Catalogue

ANÉMIE CHLOROSE, FAIBLESSE **FER QUEVENNE**
Guéries par le **VRAI**
Seul approuvé p' l'Académie de Médecine, Paris, 14, r. Beaux-Arts, not. ce 14.

PRÉSERVEZ VOS ANIMAUX DOMESTIQUES
de toutes les Epizooties et Maladies contagieuses par la Désinfection des Ecuries, Etables, Porcheries
PAR LE

CRÉSYL-JEYES

Désinfectant — Antiseptique, le seul (non toxique), qui soit d'une efficacité scientifiquement démontrée. Le **CRÉSYL-JEYES** a été récompensé par la Société des Agriculteurs de France en 1891 d'une Médaille d'argent grand module. — Envoi franco sur demande du prospectus détaillé. — CRÉSYL-JEYES, 35, Rue des Francs-Bourgeois, 35, Paris.
Se méfier des nombreuses contrefaçons.

Maison MURE, à Pont-St-Esprit (Gard)
A. GAZAGNE, Gendre et Suc', Ph'" de 1'" Classe

MALADIES NERVEUSES
Epilepsie, Hystérie, Danse de Saint-Guy, Affections de la Moëlle épinière, Convulsions, Crises, Vertiges, Eblouissements, Fatigue cérébrale, Migraine, Insomnie, Spermatorrhée
Guérison fréquente, Soulagement toujours certain
par le **SIROP de HENRY MURE**
Succès consacré par 20 années d'expérimentation dans les Hôpitaux de Paris.
FLACON : 5 FR. — NOTICE GRATIS.

PATE et SIROP d'ESCARGOTS de MURE

« Depuis 50 ans que j'exerce la médecine, je n'ai pas trouvé de remède plus efficace que les escargots contre les irritations de poitrine. »
« D' CHRESTIEN, de Montpellier. »
Goût exquis, efficacité puissante contre **Rhumes, Catarrhes aigus ou chroniques, Toux spasmodique, Irritations** de la gorge et de la poitrine.
Pâte 1'; Sirop 2'. - Exiger la Pate MURE. Refuser les imitations.

Thé Diurétique de France
sollicite efficacement la sécrétion urinaire, apaise les **douleurs des Reins** et de la **Vessie**, entraîne le sable, le mucus et les concrétions, et rend aux urines leur limpidité normale. — *Néphrites, Gravelle, Catarrhe vésical, Affections* de la *Prostate* et de l'*Uréthre*. — PRIX DE LA BOITE : 3 francs.

Dépôt général de l'ALCOOLATURE D'ARNICA
de la TRAPPE DE NOTRE-DAME DES NEIGES
Remède souverain contre toutes *blessures, coupures, contusions, défaillances, accidents cholériformes.*
DANS TOUTES PHARMACIES. — 2 FR. LE FLACON.

Gr'd Méd. Or. * Exposition Universelle 1889. * Médaille d'Argent.

ALIMENTATION DU BÉTAIL
Tourteaux de Coprah ou Coco
F. TASSY, E. ROCCA ET C'°
Fabricants d'huiles (**producteurs directs de Tourteaux**)
29, RUE HAXO, MARSEILLE
Deux médailles d'or, Anvers 1894
Envoi de Prix-Courants et Échantill' as sur demande.

ENGRAIS CHIMIQUES
DES
MANUFACTURES DE SAINT-GOBAIN

12 Usines :

CHAUNY (Aisne),	SAINT-FONS, près Lyon.
AUBERVILLIERS (Paris).	L'OSERAIE, près Avignon.
MONTARGIS (Loiret).	BALARUC, près Cette.
TOURS (Indre-et-Loire).	VALENCIA (Espagne).
MONTLUÇON (Allier).	HEMIXEM } (Belgique).
MARENNES (Charente-Inférieure).	MESVIN-CIPLY }

PRODUCTION ANNUELLE : 400.000.000 DE KILOS

Dosages garantis — Emballages marqués et plombés

SUPERPHOSPHATES DE CHAUX

ENGRAIS COMPOSÉS
Suivant les convenances des acheteurs pour toutes cultures

ENGRAIS COMPLET DE SAINT-GOBAIN
Efficacité éprouvée dans tous les sols et dans toutes les cultures

ENGRAIS SPÉCIAUX POUR LA VIGNE :
Engrais pour Vigne à végétation faible.
Engrais pour Vigne à végétation normale.
Engrais pour Vigne à végétation luxuriante.

Adresser les ordres ou les demandes de renseignements à la DIRECTION COMMERCIALE DES PRODUITS CHIMIQUES de SAINT-GOBAIN, 9, rue Sainte-Cécile, Paris — *ou aux Agents de la Compagnie dans toutes les villes de France.*

17ᵉ Année. — Nº 44.   LE NUMÉRO. 10 CENTIMES.   Dimanche 1ᵉʳ Novembre 1896.

GAZETTE AGRICOLE

JOURNAL HEBDOMADAIRE, PARAISSANT LE DIMANCHE

Fondateur : M. CH. GOSSIN, Professeur d'Agriculture à l'Institut agricole de Beauvais

PRIX DE L'ABONNEMENT

UN AN, **5** fr. — SIX MOIS, **3** fr. — TROIS MOIS, **2** fr. **25**

Pour l'Étranger les abonnements ne sont reçus que pour un an, au prix de 6 francs, et ne partent que du 1ᵉʳ JANVIER ou du 1ᵉʳ JUILLET de chaque année.

Le Numéro : **10** centimes.

Adresser toute la correspondance : mandats, lettres, annonces etc., à **M. CRÉPEAUX**, Directeur de la *Gazette agricole* 10 bis, rue Piccini, Paris.

Toute demande de changement d'adresse doit être accompagnée de 50 centimes et de la dernière bande du journal.

BUREAUX

97, rue de Rennes, Paris, et à Beauvais, rue Saint-Étienne.

Les abonnements partent du 1ᵉʳ de chaque mois et sont payables d'avance Toute demande d'abonnement doit donc être accompagnée du prix de l'abonnement. (Le mode de payement plus simple est l'envoi d'un mandat-poste.)

Donner *très lisiblement*, en s'abonnant, son nom et son adresse exacte, *avec l'indication du bureau de poste*; et, s'il s'agit d'une continuation d'abonnement, joindre au renouvellement la dernière bande d'adresse du journal

Les Annonces sont reçues à la Direction du Journal, et chez MM. DUSSERIS et MATHELLON, 97, rue de Rennes Paris.

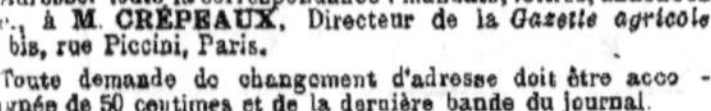

Sommaire :

BULLETIN COMMERCIAL

Paris, le 28 octobre 1896.

Le vilain temps continue dans notre rayon, mais il faut espérer qu'il ne sera plus de longue durée ; ce serait d'autant plus regrettable que les emblavures ont rarement éprouvé un tel retard et qu'une partie devrait être remise au printemps s'il survenait bientôt des gelées.

Les marchés de l'intérieur continuent d'accuser, pour la plupart, de la hausse sur le blé, avec des apports toujours faibles et très peu d'offres sur échantillons ; les autres grains restent bien tenus. La farine reste calme et sans variation.

Les sons se maintiennent bien.

BOURSE DU COMMERCE DU MERCREDI 28 OCTOBRE

	FARINES	BLÉS
Courant	42 50	20 25
Prochain	42 50	20 20
Nov.-Déc.	42 70	20 25
4 de nov.	42 80	20 40
4 premiers	43 50	21 75

Marque de Corbeil : 47 fr. le sac de 150 kil. toile à rendre.

Halle aux blés. — *Blés indigènes.* — Les offres sont de peu d'importance, la culture étant retenue aux champs ; la tendance est faible et les prix sont en légère baisse sur les cours d'il y a huit jours.

On cote : roux, 18,75 à 19,75 ; blancs, 19,50 à 20,50 les 100 kilos nets gare d'arrivée Paris.

Blés étrangers. — Toujours sans affaires.

Seigles. — Tendance calme, il y a acheteurs de 13,50 à 13,75 les 100 kilos nets gare d'arrivée Paris ; les vendeurs demandent de 14 à 14,25.

Orges. — Offres peu importantes, prix maintenus. On cote de 16 à 18 les 100 kilos nets gare d'arrivée Paris, suivant mérite et provenance.

Escourgeons. — Peu de vendeurs, cours difficiles à établir : on cote de 15,75 à 16 les 100 kil. nets, gare d'arrivée Paris.

Sucres. — Pendant la semaine écoulée la tendance de notre marché est meilleure. Aujourd'hui la demande a été générale. Les offres de la fabrique sont abondantes.

Raffinés 97,50 à 98, roux 88º 25 à 25,25.

Marché de la Chapelle. — Marché fort.

On cote : paille de blé 1ʳᵉ qté 28 à 30 fr., 2ᵉ qté 26 à 28 fr., 3ᵉ qté 23 à 26 fr. ; paille de seigle 1ʳᵉ qté 32 à 34 fr., 2ᵉ qté 29 à 31 fr., 3ᵉ qté 25 à 29 ; paille d'avoine 1ʳᵉ qté 26 à 28 fr., 2ᵉ qté 23 à 26 fr., 3ᵉ qté 21 à 23 ; foin nouveau 1ʳᵉ qté 59 à 61 fr., 2ᵉ qté 55 à 59 fr., 3ᵉ qté 51 à 55 fr. ; foin vieux 1ʳᵉ qté 59 à 61 fr., 2ᵉ qté 55 à 59 fr., 3ᵉ qté 51 à 55 fr. ; luzerne nouvelle 1ʳᵉ qté 54 à 56 fr., 2ᵉ qté 51 à 54 fr., 3ᵉ qté 45 à 51 fr. ; regain nouveau 1ʳᵉ qté 54 à 56 fr., 2ᵉ qté 49 à 54 fr., 3ᵉ qté 43 à 49 fr.

Le tout rendu dans Paris, au domicile de l'acheteur, frais de camionnage et droits d'entrée compris par 104 bottes de 5 kil., savoir : 6 fr. pour foin et fourrages secs ; 2 fr. 40 pour paille. Pourboire 1 fr. par 100 bottes.

Fourrages et pailles en gare. — Affaires calmes et prix sans variation. Les belles pailles de Brie valent de 20 à 22 fr. ; et les sortes ordinaires de toutes provenances de 18 à 20.

La paille de seigle manque : elle vaut de 20 à 26 fr.

La paille d'avoine doit être vue entre 15 et 18 fr.

On cote sur wagon, par 520 kilogr., en gare d'arrivée à Paris :

Foin nouveau	42 à 44
Luzerne première qualité	42 à 44
Paille de blé	20 à 22
— do seigle pour l'industrie	24 à 26
— ordinaire	20 à 22
— d'avoine	18 à 20

Pour les marchandises en gare, les frais de déchargement, d'octroi et de camionnage sont à la charge de l'acheteur.

FRUITS

Figues	1 à	2
Poires communes	12 à	30
Raisins d'Algérie, les 100 kilos	70 à	80
Amandes, 2ᵉ choix	45 à	75
Noisettes	60 à	80
Citrons, la caisse de 420/490	32 à	
Noix	18 à	22

POMMES DE TERRE

Hollande (100 kil.)	10 » à 11	»
Roses-Early	4 » à 5	»
Magnum-Bonum	5 » à 6	»
Rondes	6 » à 7	»

LÉGUMES

Choux, le cent	2 50 à	7 20
Choux-fleurs suivant grosseur	7 à	20
Artichauts de Paris	10 à	20
— de Bretagne	8 à	10
— d'Angers	28 à	35
Tomates	10 à	20
Haricots flageolets	10 à	16
— beurre	20 à	25
Haricots verts de Paris	30 à	30
Melons, la pièce	60 à	2 50
Cornichons moyens	40 à	55

LINS. — Les 100 kilogr. — *Marché de Lille.*

	Communs	Ordin.	Supér.
Alost	148 à 153	154 à 157	161 à 166
Bergues	150 à 158	161 à 168	173 à 182

Marché aux chevaux, 28 Octobre

Gros trait de 300 à 1.300	Boucherie de 65 à 225
Selle et tr. 200 à 1.100	Anes .... de 45 à 130
léger . de 150 à 1.150	Chèvres.. de à
H. d'âge de 150 à 380	

AMENÉS

Chevaux, 359 — Anes, 11 — Chèvres, 0
Voitures 95, de 35 à 600.

ENCHÈRES

Chevaux amenés, 12.
Vendus, 8 de 95 à 350.

Prix moyen aux 100 kilog. des CÉRÉALES dans les Départements.

Région	Ville	BLÉ	SEIGLE	ORGE	AVOINE
Rég. du Nord-Ouest	Caen	19 85	10 50	14 50	14 50
	Lannion	19 65	10 50	14 00	14 50
	Morlaix	19 70	10 50	14 00	13 50
	Rennes	19 00	11 50	14 00	13 50
	Avranches	19 85	11 25	14 00	14 00
	Laval	19 50	11 00	14 00	14 00
	Lorient	19 35	10 50	14 25	14 00
	Alençon	19 00	10 50	13 00	14 00
	Le Mans	19 60	10 25	14 00	15 50
Région du Nord	Soissons	19 35	10 75	»	15 50
	Evreux	19 50	10 50	13 50	15 25
	Chartres	19 50	11 00	14 00	15 50
	Lille	19 75	10 50	14 25	15 75
	Compiègne	19 70	10 50	15 00	15 00
	Beauvais	19 80	11 00	14 50	15 50
	Arras	19 00	11 00	14 50	14 50
	Paris	20 75	10 50	14 00	15 30
	Versailles	19 00	10 25	15 00	16 00
	Rouen	19 50	10 25	15 00	16 00
	Amiens	19 25	10 75	16 00	17 00
Rég. du N.-E.	Mézières	19 50	10 50	14 50	15 00
	Nogent-s-Seine	19 00	11 00	15 00	15 00
	Châlons-sur-Marne	19 50	10 75	15 75	15 50
	Langres	10 00	10 50	13 75	15 00
	Nancy	19 50	11 00	15 00	15 50
	Bar-le-Duc	19 00	10 50	15 50	15 00
	Neufchâteau	19 50	10 50	14 00	15 50
Région de l'Ouest	Ruffec	19 25	10 50	14 00	15 00
	Marans	19 00	10 50	14 00	14 00
	Niort	18 75	10 25	14 00	15 00
	Tours	18 25	10 25	14 00	15 00
	Nantes	18 80	11 00	14 00	15 00
	Angers	18 00	11 25	14 25	14 50
	Luçon	18 75	10 50	14 00	14 00
	Poitiers	19 50	10 25	13 50	»
	Limoges	19 50	10 50	»	15 00
Région du Centre	Moulins	19 50	10 50	14 00	14 50
	Bourges	19 00	10 75	14 75	14 00
	Aubusson	19 50	10 50	14 00	14 00
	Châteauroux	19 90	10 25	14 50	14 50
	Orléans	18 85	11 00	14 00	14 00
	Blois	19 00	10 25	14 75	16 25
	Nevers	18 70	10 50	14 25	16 00
	Clermont Ferr.	18 60	10 25	14 50	16 00
	Sens	18 50	10 50	14 00	14 00
Région de l'Est	Bourg	18 90	10 50	14 25	15 50
	Dijon	18 80	11 00	15 00	15 00
	Besançon	18 60	11 00	14 00	15 50
	Grenoble	18 70	10 50	13 50	14 25
	Dôle	19 00	10 75	14 25	15 00
	Saint-Etienne	19 25	11 00	14 00	15 50
	Lyon	19 00	10 50	14 50	15 75
	Mâcon	19 20	15 50	14 00	16 00
	Vesoul	19 10	11 25	»	14 75
	Chambéry	19 00	10 25	»	15 00
	Annecy	18 70	»	»	15 00
Région du Sud-Ouest	Pamiers	19 75	11 50	»	15 50
	Périgueux	19 00	11 25	14 00	15 00
	Toulouse	19 00	12 00	15 00	15 00
	Auch	19 00	11 50	14 50	15 50
	Bordeaux	19 25	11 50	14 25	15 00
	Dax	19 50	11 25	14 00	15 50
	Agen	19 25	12 00	15 00	15 25
	Bayonne	19 00	11 00	14 00	16 00
	Tarbes	18 50	11 00	»	»
Région du Sud	Carcassonne	19 00	11 25	14 50	15 00
	Rodez	19 00	12 00	14 00	16 00
	Mauriac	19 50	11 00	»	15 75
	Tulle	18 80	11 00	»	15 50
	Montpellier	18 95	11 25	»	15 00
	Figeac	18 50	10 50	14 00	15 00
	Mende	18 85	11 00	14 25	15 50
	Perpignan	18 85	11 00	14 50	15 25
	Albi	18 50	11 75	14 50	15 00
	Montauban	19 00	12 00	15 00	16 00
Région du Sud-Est	Gap	19 25	11 25	15 00	16 00
	Manosque	19 75	11 25	14 50	15 00
	Nice	18 50	11 25	14 00	16 00
	Privas	18 90	11 00	14 50	16 50
	Arles	18 75	11 50	14 00	15 50
	Montélimar	19 00	11 50	14 50	15 50
	Nîmes	18 50	12 00	14 00	16 00
	Le Puy	18 50	12 00	14 25	16 00
	Draguignan	18 50	12 00	14 00	16 00
	Avignon	20 25	13 00	14 25	17 00

Tourteaux. — Cours de la maison P. Marchand frères, à Dunkerque (Nord) :

TOURTEAUX A NOURRIR

	Dispon.	A livrer.
Coton de graines d'Egypte	9 50	9 50
Sésame blanc	12 50	12 50
Arachide décortiquée	16 00	15 50
Colza à nourrir	10 50	10 50
Colza du pays	11 25	11 25
Œillette du Levant	10 00	10 »
Œillette blanche de Turquie	10 00	10 50
Lin 1re qual. de Bombay g. form.	14 50	14 50
Lin 1re qual. de Bombay p. form.	14 75	15 00

TOURTEAUX-ENGRAIS

	Dispon.	A livrer.
Arachide décortiquée	15 00	15 00
Cameline	»»	»»
Colza des Indes en poudre	»» »»	»» »»
Colza ravison	8 00	8 00
Colza jaune Gutzerat	11 00	11 50
Kurrachée	»» »»	»» »»
Niger	»» »»	»» »»
Pavot	9 50	9 75
Sésame, blanc	10 25	10 25
Sésame noir	»» »»	»» »»
Coton en farine	7 50	7 50

Nos prix s'entendent pour tourteaux en planches, rendus en gare de Dunkerque.

Paiement à 30 jours ou à terme plus éloigné suivant convention expresse.

Le concassage se paie 0 fr. 25 et la mise en poudre 0 fr. 40 aux 100 kilos. Dans ce cas, les sacs sont facturés à 0 fr. 35 pièce, et repris au prix de facture, quand ils sont rendus en bon état et franco, dans les 30 jours de l'expédition.

FROMENTINE :

	100 kil.
Marque A	12 »
Marque B	13 »
Marque J	12 50
Marque L	14 »
Marque E	14 50

Les 100 kilogs sur wagon St-Quentin, sac à retourner ou à facturer.

BEURRES. - (le kilogr.).

BEURRES EN MOTTES			BEURRES EN LIVRES		
Isigny extra	4 80	5.80	Bourgogne	1.80	2.20
— demi-fin	3.60	3.80	Gâtinais	2.00	2.50
M. d'Isigny	3.10	3.4	Vendôme	1.80	2 50
du Gâtinais	1.60	2.20	Beaugency	1.80	2.50
de Bretagne	1.80	2.00	Ferme	2.20	2.80
Laitiers Jura	2 00	2.50	Tours	2.00	2.40
de Charente	2 10	2.80	Le Mans	1.80	2.20
des Alpes	2.00	3.10	Touraine fausse	2.00	2.20

ŒUFS. — (le mille).

Normandie ext.	115 à 134		Bourgogne	90 à 98	
Picardie —	120 à 134		Champagne	98 à 104	
Brie —	100 à 115		Nivernais	88 à 92	
Touraine	115 à 134		Bourbonnais	80 à 90	
Beauce	112 à 120		Bretagne	82 à 88	
Orne	95 à 104		Vendée	84 à 90	
Picardie	91 à 108		Auvergne	82 à 85	
Châtellerault	92 à 88		Midi	88 à 98	

FROMAGES.

Brie hautes marq.	85	94	Roquefort	130	210
Brie gr. m. (10)	65	75	Gruyère (100 k.)	90	175
— m. m.	35	49	Coulommiers (100)	25	46
Petits Nanteuils	25	30	Gournay (100)	20	27
Brie laitiers	15	30	Livarot (le 100)	70	110
Gérardmer (100 k.)	95	110	Bourgogne (100)	65	75
Hollande	165	175	Camembert (100)	42	65
Bondons (100)	140	150	Munster (100 k.)	120	130
Cantal	130	140	Port-Salut	160	180

VOLAILLES

Poulet Brest dit moelleux	2.00	4.50	Pigeon Macon	1.50	2.00
Poulets Nant.	2.25	4.50	Canards Nantais	2.50	3.00
Poulets Tour.	2.50	4.50	Dindes Tourr.	8.00	16.00
Poulets Houdan	5.00	5.75	Oies	5.00	7.50
Pigeons d'Italie	80	1.25	Lapins dom.	2.70	3.25
			Lapins garenne	1.50	2.00

VINS — BERCY

Rouges			Blancs		
B. Bourg. vieux	140 à 155		Bordeaux	125 à 160	
Touraine	105 à 115		B. Bourg	150 à 190	
Bord. vieux	130 à 160		Sancerre	130 à 135	
Algérie	26 à 32		Chablis	200 à 350	
Cher	110 à 135		Anjou	120 à 135	
Chinon	125 à 180		Pouilly	350 à 300	
Narbonne	82 à 88		Vouvray	155 à 195	

HOUBLONS. — Les 50 kilogr.

Alost primé	32,00 à	30,00
Bourgogne	55,00 à	40,00
Poperinghe	25,00 à	30,00
Wurtemberg	40,00 à	42,00
Altmark	75,00 à	100,00
Alsace	50,00 à	65,00

Prix des Produits Forestiers à Paris.

Bois de feu (Octroi non compris)	Falourde de pin	100 à 110	le cent.
	Bois de flot	110 à 105	le déca.
	Bois gris neuf	130 à 120	—
	Bois blanc	105 à 140	—
Bois d'œuvre (Octroi compris)	Chêne gros bois	115 à 110	le m. cube
	— moyen bois	70 à 60	—
	— petit bois	30 à 48	—
	Charme, plateaux	50 à 60	—
	Sciage de chêne. Entrevoux	175 à 210	les 208 m.
	Echantillons	230 à 220	—
	Frise	27 à 28	104 m

La suite des marchés se trouve à la *Correspondance*.

L'ANNÉE AGRICOLE ET AGRONOMIQUE
pour 1896.

Cet ouvrage dont la première édition avait été honorée de tant d'éloges vient de paraître pour la seconde fois. Nous nous sommes attachés à tenir le plus grand compte des critiques et des vœux qui nous ont été adressés. Nous croyons sincèrement que l'*Année agricole et agronomique* est maintenant conçue sur un plan définitif. C'est la revue impartiale et fidèle de tous les travaux agricoles de l'année tant en France qu'à l'étranger, qu'ils émanent des individus ou des sociétés. La classification de la table permet de trouver immédiatement les renseignements désirés sur tel ou tel objet.

Nous avons voulu doter chaque année l'agriculture nationale d'une encyclopédie aussi complète et facile à consulter que possible, si nous en croyons nos confrères, notre but est atteint, nous attendons la sanction de nos lecteurs.

Nous l'offrons en prime à nos abonnés au prix de 2 fr. 50 franco de port au lieu de 4 francs.

Ceux de nos abonnés qui désirent l'**Année agricole et agronomique de 1895** et celle de **1896** recevront les deux volumes franco dans la gare la plus voisine contre 4 fr. 50.

Adresser les demandes à M. Crépeaux, 10 *bis*, rue Piccini, Paris.

Almanach de la France rurale pour 1897.

En vente aux bureaux de la *Gazette* : 0.60 centimes l'exemplaire *Franco*. Remises pour quantités importantes.

Il est peu de maladies aussi pénibles que les gastralgies et les maladies de l'estomac en général. Il n'est donc pas sans intérêt et rappeler qu'après de nombreuses expériences, l'Académie de médecine a approuvé de recommander l'emploi du *Charbon de Belloc* contre ces maladies, « qui, au dire même du rapport, font trop souvent le désespoir des malades et des médecins ». Le charbon de Belloc, qui est aussi le remède par excellence contre la constipation, se prend en poudre ou en pastilles au moment des repas. Le plus souvent, le bien-être se fait sentir dès les premières doses. Poudre, le flacon, 2 fr. — Past., la boîte, 1 fr. 50 ; toutes pharmacies. — Fab. : Maison L. FRÈRE, à Champigny et Cie successeurs, 19, rue Jacob, Paris.

CHRONIQUE POLITIQUE

En vertu de la récente décision ministérielle, les deux Chambres ont repris leurs travaux, mardi.

Que sortira-t-il de ces deux montagnes en travail, à la suite des piteux avortements qui ont jusqu'ici constitué tous leurs états de service?

Il faut avoir une crédulité robuste pour attendre de cette session des solutions heureuses aux effroyables difficultés que la politique opportuniste accumule dans une année, avec une inconscience qui stupéfie d'étonnement tous les hommes d'état en France et à l'étranger'

Toutefois nous ne voudrions rien dire aujourd'hui de désagréable pour M. Méline et pour ses collaborateurs. Nos lecteurs seront en mesure dans peu de jours de les voir à l'œuvre, pour ce qui concerne les réclamations du monde agricole, comme pour ce qui concerne les autres grands intérêts avec lesquels l'agriculture a des liens plus ou moins étroits de solidarité.

Nous ne doutons pas que M. Méline ne s'efforce sincèrement d'écarter ou au moins de faire ajourner les douze ou quinze interpellations qui sont autant de mitrailleuses braquées contre lui pour le balayer et le remplacer par un nouveau ministère Bourgeois. Si la majorité se prête à ce jeu misérable, nous retomberions plus avant que jamais dans le gâchis d'où nous avait tirés le cabinet Méline : les réformes réclamées par le monde agricole seraient ajournées de nouveau aux calendes radicales, et les crises qui mettent en péril les fortunes privées et la fortune publique doubleront de gravité.

Si, au contraire, la majorité a le trop rare courage d'imposer silence aux interpellateurs et de donner la priorité aux lois d'affaires que nous savons, le ministre Méline aura droit à nos félicitations et à nos remercîments.

Mais, même dans ce cas, aurons-nous toutes les satisfactions réclamées par le pays en général et par le pays agricole en particulier?

Hélas, non! Avec toute la bonne volonté que nous lui reconnaissons, le cabinet Méline ne peut opérer même la moitié, le quart des réformes nécessaires au relèvement complet des affaires du pays. Avec une majorité perverse et complice des fautes et des iniquités qui ont creusé sous notre pays tant d'abîmes dans l'ordre moral, il ne peut soulever le fardeau écrasant d'un tel passé. Comme feu Caussidière, il est condamné à faire de l'ordre avec du désordre.

Beaucoup d'esprits myopes ne s'apercevront pas des causes de tant d'impuissance alliée à un bon vouloir incontestable. Les causes ne sont visibles que pour les hommes fidèles aux principes éternels du droit et du devoir social.

En tout cas, nous le répétons, si le cabinet Méline réunit une majorité suffisante, il la devra au concours des droites, concours patriotique dans le meilleur sens du mot, attendu que ce concours ne lui sera accordé qu'en vue d'épargner au pays les calamités que déchaînerait sur lui un cabinet dominé par les actions jacobines et socialistes. Par l'organe de leurs meneurs, MM. Jaurès, Millerand, Guesde, etc., nous annoncent leur prochain avènement au pouvoir, et la victoire du travail contre le capital.

Tel a été en effet le programme proclamé dimanche dernier par ces prétendus réformateurs à Albi, où ils ont fêté l'inauguration de leur verrerie ouvrière, destinée à tuer la verrerie capitaliste de Carmaux. Si leur auditoire avait été composé de gens sensés, et non d'ilotes ivres, on leur aurait représenté que leur entreprise soi-disant ouvrière et anti-capitaliste, n'a pu être créée qu'au moyen de 300.000 francs de capital qu'on leur a donnés ou prêtés. Alors qu'ils doivent leur émancipation au capital, pourquoi cette guerre à leur mère nourrice? Est-ce assez idiot?

Eh bien, oui, c'est idiot, mais certes cette utopie idiote n'en est pas moins une arme puissante et dangereuse, puisqu'elle a la puissance d'hypnotiser des centaines de mille d'ouvriers, en qui, une éducation matérialiste et les mauvais exemples d'en haut ont anéanti tout sens moral et toute notion de solidarité entre les devoirs et les droits entre hommes et entre citoyens. C'est sur ce point que la réforme sociale est à faire en France, à commencer par celle de nos maîtres.

Nous aimons à espérer que l'agression socialiste qui se prépare à la Chambre, échouera misérablement. Mais nous croyons que le danger conjuré pour aujourd'hui, renaîtra demain, parce que la majorité actuelle des Chambres est imbue des faux principes qui font la force des socialistes.

Ceux-ci nous poussent aux abîmes en train express, les maîtres actuels nous y poussent en trains mixtes.

Le jour où on voudra en finir avec les révolutions et mettre sur pied un ordre social stable et normal, il faudra en revenir au principe éternel de l'ordre social chrétien, ainsi que l'illustre Le Play l'a démontré avec un éclat incomparable dans sa *Réforme sociale*.

Nos préfets fin-de-siècle.

« Autrefois, conte un ancien préfet, nos fonctions avaient pour mobile exclusif les intérêts du département qu'on nous confiait et nous y acquérions des sympathies honorables pour nous et pour les populations. »

Les préfets actuels ne sont plus que les commis serviles des politiciens qui détiennent le pouvoir, et qui tiennent leur sort dans leurs mains. L'autorité que leur laissent ces tyranneaux, ils ne l'emploient, sous peine de disgrâce qu'au service de leurs rancunes, de leurs ambitions et de leurs appétits.

« Un employé mérite de l'avancement; point, le préfet devra le destituer, parce qu'il est suspect d'accointances réactionnaires. Un chemin vicinal a son tracé marqué d'avance par les intérêts généraux qu'il doit desservir. A ce tracé rationnel, le préfet devra substituer un tracé excentrique, illogique, pour desservir la terre d'un électeur ami, ou pour faire pièce à un conservateur. Chaque jour, ces malheureux fonctionnaires sont obligés de faire violence à leur conscience. Ceux d'entre eux qui ont l'esprit droit ne peuvent manquer d'en souffrir cruellement.

« Il faut qu'ils se plient à toutes les évolutions de la politique gouvernementale, qu'ils soient modérés avec M. Ribot, radicaux avec M. Bourgeois et de nouveau modérés avec M. Méline. Ils doivent se préoccuper de plaire non seulement au ministère d'aujourd'hui mais encore à celui de demain. De telles nécessités sont inconciliables avec la dignité de la vie publique. Les ministres se plaignent de ne pas pouvoir compter sur leurs préfets : à qui la faute si ce n'est à ces mêmes ministres, qui contraignent les préfets à d'incessantes palinodies? »

L'auteur de ces lignes ajoute comme conclusion :

« Toutefois ne blâmons pas trop fort ces malheureux. Leur servitude est l'œuvre néfaste de nos politiciens. S'il ne dépendait que d'eux, ils seraient heureux de marcher droit dans leur chemin au lieu de se casser la tête pour se ménager la faveur des opportunistes aujourd'hui, des radicaux demain. »

Plaignons ces malheureux! pardon! ce sont leurs administrés que nous plaignons d'abord! Personne n'est obligé d'être préfet tandis que le pays tout entier subit les hontes et les ruines de ce régime.

A la cour des comptes.

A la séance de rentrée de cette cour, M. Renaut, son procureur général, a prononcé une mercuriale qui a la valeur d'un acte d'accusation écrasant contre les auteurs et complices des dilapidations financières dont nous sommes victimes depuis quinze ans.

On ne croirait jamais de tels scandales possibles, si une bouche officielle n'avait eu le courage de les affirmer.

Voici un résumé des infractions, c'est-à-dire des comptes infidèles relevés par la cour des comptes.

Infractions dans les états et déclarations des comptables des deniers publics, 3.090, dépassant une somme de 73 *millions!*

Jusqu'en 1880, la cour relevait en moyenne 70 à 80 contraventions par an. En 1881, le nombre s'élevait à 269; puis la progression a continué chaque année jusqu'à ce jour où la cour constate les

3.090 infractions que nous venons de relever.

Un détail vraiment suggestif consiste dans les irrégularités provenant de dépenses d'un ministère transmises à un autre, ces irrégularités sont au nombre de 2.845.

Ainsi, pendant que nos députés de la commission du budget s'évertuaient à demander des économies de bouts de chandelle dans un budget de trois milliards, n'est-il pas édifiant d'apprendre par la cour des comptes que nous sommes volés impunément de 73 millions par les ronds de cuir de nos administrations que l'Europe, disait-on, nous envie!

Mais n'est-il pas plus édifiant encore d'apprendre que la cour des comptes n'a que ce pouvoir de signaler ces vols en bloc, et non d'en faire rendre gorge aux voleurs!

Aussi ne faut-il pas s'étonner si ceux-ci se moquent des déclarations de la cour, ainsi que des économies de bouts de chandelle, proposées par les éplucheurs financiers de la commission du budget.

Le personnel de la cour des comptes nous coûte plus de 1.500.000 francs, pour cette besogne platonique.

On se demande s'il ne vaudrait pas mieux faire l'économie de cette institution, qui ne peut faire rendre un sou sur de pareils vols.

M. Challemel-Lacour.

M. Challemel-Lacour, ancien président du Sénat, a succombé lundi dernier à la maladie qui l'avait obligé de donner sa démission l'an dernier.

La carrière politique de M. Challemel-Lacour se partage en deux parts bien tranchées. — Révolutionnaire jacobin et démagogue, sous l'empire il commença à s'assagir dans les fonctions d'ambassadeur et de ministre des affaires étrangères, et il accentua sa rupture en 1889 dans un discours célèbre où il attribua la cause du boulangisme à ce parti et aux lâches concessions que lui faisait le ministère Ferry.

Ce sanglant et courageux réquisitoire valut à M. Challemel son élection à l'Académie française. Mais l'auteur devenu infirme résigna ses fonctions et se borna à encourager ses amis intimes dans la voie de la politique de conciliation dont M. Méline tente *l'essai loyal* aujourd'hui.

M. Challemel-Lacour sera enterré civilement, son testament dit : « Toute cérémonie religieuse sera écartée de mes obsèques — sans que cette prohibition procède d'aucun préjugé antireligieux ».

Par ce dernier mot M. Challemel-Lacour tient à ce qu'on ne le range pas dans la tourbe des enterreurs civils qui font de leurs saturnales des prétextes pour insulter la religion de leur pays.

Le protectorat agricole officiel.

L'*Officiel* annonce qu'un concours aura lieu à Paris le 7 décembre pour être admis à concourir pour les emplois de professeur d'agriculture.

Seront seuls admissibles les candidats pourvus du diplôme des écoles de l'État, puis ayant fait un stage de deux ans dans une exploitation agricole, ou ayant exercé le professorat pendant deux ans, puis ayant fait leur année de service militaire.

Il va de soi que les élèves des écoles libres, quels que soient leurs talents, sont exclus de ces concours.

Le pontificat officiel ne désarmera jamais dans ce beau pays de soi-disant liberté et d'égalité. La science agricole pas plus que toute autre science ne peut échapper à sa tutelle obligatoire.

Les caisses d'épargne.

Un document qui mérite l'attention publique c'est le relevé officiel des opérations des caisses d'épargne de janvier à septembre 1896. En voici les chiffres :

Dans la seule quinzaine du 11 au 23 octobre les versements ont été de 2.230.907.086 francs, et les retraits de 9.905.032.770 francs excédant, des retraits : 6.761.134.910 francs.

Il en résulte que les retraits dépassent les versements de 92 millions de francs.

Inutile de commenter cette œuvre qui dénote avec évidence deux faits peu édifiants pour nos maîtres : 1° défiance envers leur gestion financière ; 2° progrès de la misère et diminution de l'épargne.

Double leçon bien inutile, hélas ! après cent autres de la même signification.

CHRONIQUE GÉNÉRALE

Les beurreries coopératives.

Sans doute, les cultivateurs ont raison de songer à s'associer pour fabriquer le beurre, c'est le moyen d'obtenir aux moindres frais un produit meilleur qui se vendra moins difficilement à un prix rémunérateur. Mais nous devons mettre nos amis en garde contre les conseils que leur donnent des gens bien intentionnés sans doute, mais qui n'ont étudié l'agriculture que dans les ouvrages ou dans les codes.

Ce n'est pas sans surprise que nous voyons qu'on les engage à fonder des sociétés anonymes, conformément à la loi de 1867, pour mettre leur lait en œuvre. Nous les engageons formellement à ne pas suivre ce conseil.

Pour prospérer, une Société doit être dirigée par des gens compétents, disons mieux par des praticiens. Les fabriques de beurre ne sauraient être mieux conduites que par des cultivateurs habiles. Mais pour qu'une Société anonyme puisse fonctionner il faut qu'elle compte dans son sein des hommes de loi, ayant étudié le code et notamment qui aient pu s'assimiler le fonctionnement si compliqué de la loi de 1867. La présence dans un conseil des cultivateurs et des jurisconsultes donnera lieu à des dissentiments journaliers à moins que l'un des deux groupes cède le pas à l'autre. Si le pouvoir est exercé par l'élément juridique les questions pratiques seront négligées : l'affaire ira mal. Si ce sont les agriculteurs qui dirigent, ils commettront des infractions à la loi et seront exposés aux procès et aux amendes.

En outre, la Société anonyme a de nombreux impôts à acquitter, il lui faut verser des dividendes à tous ses actionnaires qu'ils participent ou non au succès de l'entreprise, alors que les bénéfices ne devraient revenir qu'aux agriculteurs qui en sont les auteurs.

La loi de 1867, d'ailleurs, on ne saurait le nier, a été faite sous l'impulsion de la juiverie, de la spéculation, c'est la forme de l'association la plus dangereuse qui existe pour les travailleurs. Sans doute elle permet aux bailleurs de fonds de trouver de leur argent des revenus considérables alors qu'ils ne font rien, mais aussi elle leur laisse toute liberté d'exploiter ceux qui travaillent pour eux.

Agriculteurs, défiez-vous des Sociétés anonymes, vous avez d'autres moyens de vous grouper, de solidariser vos intérêts.

Quoi qu'on vous dise, les syndicats vous suffisent. Si ceux que vous avez près de vous se refusent, par exemple, à s'occuper de la fabrication du beurre, pourquoi ne pas en fonder d'autres avec ce but spécial? Vous le pouvez parfaitement et voici comment.

Vous êtes dix à faire du beurre dans une commune, réunissez-vous en syndicat spécial. Dans l'une de vos exploitations vous installerez une beurrerie avec écrémeuse, baratte, manège ou machine à vapeur, etc., etc.

Votre lait est conduit chaque jour à la beurrerie, vous prenez note de la quantité livrée. Le beurre est vendu pour le compte de la communauté, son produit est également partagé après en avoir déduit les frais de fabrication. De la sorte vous économisez : 1° l'intérêt à servir aux actionnaires ; 2° le traitement du directeur, de ses employés ; 3° les jetons de présence des administrateurs ; 4° les impôts sur les actions. Vous vous évitez enfin le contrôle de l'État.

Rien n'est plus simple, on le voit. Tandis qu'au contraire rien n'est plus dangereux que la Société anonyme.

Il ne faut pas croire que les grandes installations sont toujours moins coûteuses que les petites ; cela est tellement vrai que les petits cultivateurs sont moins éprouvés par la crise que les grands ; on trouve à louer les petites fermes tandis qu'on ne trouve plus de preneur pour les autres.

Une petite affaire se surveille toujours mieux et à moins de frais.

Toutes les sociétés anonymes ont des frais généraux énormes susceptibles d'être réduits et ce sont ceux qui concourent le moins à leur succès qui reçoivent les plus gros traitements. Puis enfin, personne n'y est responsable, toutes les erreurs peuvent s'y commettre impunément au détriment de ceux qui les alimentent.

Nous regrettons de nous trouver en contradiction flagrante avec des hommes éminemment respectables, mais notre devoir est de pousser le cri d'alarme chaque fois que nous croyons les intérêts agricoles menacés. Nous savons que quelques Sociétés anonymes font exception à la règle commune, nous en connaissons, mais cependant, celles-là même couvrent des abus regrettables. Tant il est vrai qu'une institution basée sur de faux principes ne peut donner d'excellents résultats.

S. CRÉPEAUX.

La crise sucrière.

Notre industrie sucrière et sa pourvoyeuse de matière première, la culture betteravière, traversent une crise vraiment inquiétante et périlleuse, sur laquelle il importe de ne pas se faire d'illusion.

Dans la situation actuelle, nos fabricants de sucre réclament deux expédients de salut absolument indispensables et que le parlement ne peut leur refuser : 1° une prime d'exportation égale à celle des Allemands; 2° un relèvement de l'impôt destiné à payer ces primes.

Ce remède est indispensable pour le moment. Mais il ne doit pas nous dérober le danger qui menace notre industrie sucrière d'une ruine totale dans un prochain avenir.

Le danger vient de la surproduction du sucre en France et en Europe.

D'une part, en France, l'industrie sucrière fabrique par an 700 mille tonnes sur lesquelles nous n'en consommons que 400 mille. Il faut trouver à l'étranger un débouché de 300 mille tonnes. Jusqu'à ces dernières années, on le trouvait en Angleterre, où on ne fabrique pas de sucre et on en consomme beaucoup plus que chez nous, grâce à son bon marché, exempt d'impôt. Mais depuis vingt ans la production du sucre a fait en Allemagne et en Autriche, même jusqu'en Russie des progrès énormes, par suite desquels le marché européen est encombré par des stocks de sucre dont les offres excèdent de plus en plus les demandes.

Ainsi, l'Allemagne, qui il y a vingt ans, n'exportait que 20 mille tonnes de sucre, a aujourd'hui besoin d'en exporter 900 mille tonnes (trois fois plus que la sucrerie française). L'Autriche-Hongrie, elle aussi, a un excédent à exporter de 400 mille tonnes. Les Allemands et les Autrichiens veulent à tout

prix procurer des débouchés à cet énorme stock annuel de leurs sucres, c'est pourquoi ils ont voté les primes d'exportation qui ont cours depuis trois mois; nos producteurs ont cent fois raison de se plaindre de ce qu'une mesure semblable n'ait pas été prise chez nous avant la séparation des Chambres.

Nous ne doutons pas que cette mesure de salut pour la sucrerie et pour la culture betteravière ne soit votée la semaine prochaine. Mais, il va de soi que ce remède ne peut être efficace pour longtemps. En effet, la surproduction du sucre en Europe atteint dès aujourd'hui des proportions menaçantes pour les producteurs. Le jour où les offres de sucre déborderont les demandes dans des proportions excessives — ce jour n'est pas loin — les cours baisseront fatalement jusqu'à des prix ruineux et dérisoires. C'est là une conséquence inévitable de production excédant de beaucoup les besoins auxquels elle doit répondre.

Dans cette situation redoutable la guerre *for life* entre sucriers européens sera mortelle pour le pays qui produit aux plus hauts prix de revient et malheureusement tel est le cas de notre sucrerie et de notre culture française. Pour soutenir une telle guerre, on sera forcé de surélever les primes d'exportation. A quoi nos rivaux d'outre-Rhin ne manqueront pas d'opposer de cruelles représailles. D'ailleurs la guerre des primes aggravera le danger au lieu de l'atténuer, en soutenant une surproduction qui ne peut que ruiner les producteurs.

Quelle est donc la conclusion à tirer d'une situation si manifestement périlleuse?

La conclusion, évidemment, c'est que nos producteurs doivent plutôt tendre à diminuer leur production qu'à l'augmenter, et à se soustraire aux chances dangereuses d'une lutte internationale où les gros atouts seront pour leurs rivaux allemands, autrichiens et russes.

Qu'ils se résignent à ne produire que ce que réclame notre consommation nationale, à la bonne heure, tout bon gouvernement a toujours en main les armes nécessaires pour assurer la sécurité de la production agricole et industrielle sur son propre marché. C'est là le premier principe, le principe essentiel de toute l'économie politique. C'est bien assez de subir les chances d'une lutte pénible et aléatoire sur les marchés étrangers.

Voilà les conclusions que nous devons tirer de la situation de l'industrie sucrière. Cette chère poule aux œufs d'or fait en France des fortunes qui ont excité à outrance la concurrence européenne qui est devenue pour eux un danger de ruine.

Nous doutons qu'on puisse trouver pour le conjurer d'autres moyens que ceux que nous venons de signaler.

L. H.

Les causes de la crise agricole.
(*Suite*)

« Pourquoi un système analogue ne serait-il pas adopté en France? Pourquoi ne nous rendrait-il pas les mêmes services qu'à nos voisins, sans compromettre plus que chez eux les intérêts du Trésor?

« Sans doute, il est difficile de déterminer l'importance exacte de chacune de nos récoltes; mais soit qu'on prenne les statistiques officielles du Ministre de l'Agriculture, soit qu'on accepte les chiffres beaucoup plus élevés de M. le Trésor de la Rocque, notre production, si on l'envisage dans son ensemble, non pas pour telle ou telle année prise isolément, mais pour une période de cinq ou six années consécutives, est, comme celle de l'Allemagne, inférieure aux besoins du pays. Par conséquent, les primes qui favoriseraient l'exportation dans les moments où il y a surabondance de blés, avilissement des cours, seraient largement compensées et même dépassées par les droits d'entrée, dès que l'épuisement des stocks ou l'insuffisance de la récolte indigène amènerait le relèvement des prix et provoquerait les importations nécessaires pour compléter nos approvisionnements.

« Dans l'état actuel de notre production, ces primes d'exportation ne seraient donc en réalité qu'une avance pour le Trésor. Mais quand même nous arriverions, par l'adoption de meilleurs assolements, par l'emploi d'engrais plus intensifs, de méthodes plus perfectionnées à ce magnifique résultat d'accroître les rendements de nos récoltes, sans augmenter l'étendue de nos emblavures, de façon à élever la production indigène au delà des besoins de la consommation et de rendre ainsi les importations complètement inutiles, est-ce que le fisc ne serait pas promptement dédommagé de tous les sacrifices qu'aurait pu lui imposer le payement des primes de sortie de nos blés, par l'augmentation du rendement de tous les impôts résultant nécessairement du bien-être des populations, de l'activité du travail, de l'intensité de la vie industrielle et commerciale, le jour où les centaines de millions que nous jetons chaque jour à l'étranger pour lui payer ses blés, seraient employés dans l'intérieur du pays à vivifier toutes nos industries nationales?

« Si, dans la situation actuelle de nos finances, il semble imprudent d'escompter l'avenir, est-ce qu'il n'y a pas un moyen tout indiqué de couvrir immédiatement le Trésor des avances qu'il pourrait faire pour assurer l'écoulement de nos blés?

« Depuis dix ans, grâce surtout aux tarifs de 1892, les recettes de la douane ont augmenté de plus de cent millions : de 381 millions en 1884, elles se sont élevées à 519 millions en 1894. Et plus de deux millions de tonnes de marchandises de toute espèce, la plupart agricoles, représentant une valeur de plus d'un milliard cinq cents millions viennent chaque année de l'étranger sans rien payer en France! Une taxe d'entrée modérée perçue sur ceux de ses produits qui viennent déprécier les nôtres en prenant leur place dans la consommation du pays, assurerait à la douane un accroissement de recettes de 150 millions.

« N'y a-t-il pas là une ressource qu'il est impossible de tarder davantage à utiliser, ne serait-ce que pour épargner au pays tous les impôts nouveaux dont on le menace, impôts arbitraires dont le recouvrement serait incertain ; la perception intolérable, impôts somptuaires plus nuisibles à notre élevage, plus désastreux pour la classe ouvrière qu'ils ne seraient gênants pour les riches contribuables qu'ils prétendent atteindre, impôts iniques, improductifs et impolitiques comme cette taxe sur la rente, dont on n'ose frapper les étrangers porteurs de nos titres de rente, qui rendrait toute nouvelle conversion impossible et ruinerait la confiance dans les engagements de l'Etat ?

« N'y a-t-il pas là une ressource plus que suffisante pour réaliser les dégrèvements depuis si longtemps promis à notre agriculture, tout en lui assurant, comme aux cultivateurs allemands, les primes de sortie indispensables à l'écoulement du trop-plein de ses récoltes ?

« Il serait facile, d'ailleurs, de limiter la valeur de ces primes de sortie dans la mesure exacte où elles sont nécessaires à la protection des producteurs, sans causer aucune appréhension aux consommateurs.

« Pour cela, il suffirait de donner aux certificats d'exportation une valeur variable suivant une graduation analogue à celle que nous réclamons, que la Société des Agriculteurs de France réclame depuis si longtemps pour les droits d'entrée des blés, graduation basée sur le cours moyen des marchés français.

« En effet, le cours moyen de ces marchés est la mesure la plus certaine, la plus précise de l'importance réelle des approvisionnements du pays : si le prix moyen atteint ou dépasse le chiffre de 25 francs par quintal, chiffre généralement admis comme rémunérateur pour le producteur sans être alarmant pour le consommateur, l'Etat n'a pas à intervenir pour favoriser l'exportation ; si même le prix du blé en France remontait à ces prix plus élevés que nous avons vus autrefois, que nous ne reverrons sans doute jamais, de 29 et 30 francs le quintal, il est évident que l'Etat au lieu de favoriser devrait plutôt entraver l'exportation au moyen de taxes de sortie. Mais lorsqu'au contraire, la surabondance des blés accumulés dans le pays, par suite de l'insuffisance ou de la mauvaise application des droits de douane, amène, comme en ce moment, une baisse infiniment plus dommageable pour le producteur, que profitable au consommateur, pourquoi l'Etat refuserait-il à la culture du blé une protection qu'il accorde à d'autres productions fort intéressantes assurément, comme l'industrie sucrière, mais qui n'ont point, ni pour le nombre des travailleurs qu'elles occupent, ni pour la richesse et la sécurité du pays, l'importance de celle du blé !

« Rien de plus logique, par conséquent, que la graduation basée sur le cours moyen de nos marchés, aussi bien pour les primes de sortie, que pour les droits d'entrée du blé ?

« Chez nous, cette graduation automatique n'est-elle pas aussi une nécessité ? Nous n'avons ni les institutions politiques, ni l'organisation administrative de l'Allemagne ; il n'existe en France aucun corps constitué qui puisse, comme le Conseil supérieur de l'Empire, sans exciter les suspicions, accorder ou refuser à qui bon lui semble la faculté de l'admission temporaire, maintenir, réduire ou supprimer les primes d'exportation des céréales, selon qu'il le juge utile aux intérêts généraux du pays.

« Chez nous, les droits fixes ne sont adoptés qu'après des délais, des discussions interminables. Toujours trop faibles pour être efficaces au moment où ils sont appliqués, ils sont brusquement réduits lorsqu'ils deviennent suffisants. C'est une arme vieillie, aussi impuissante contre les manœuvres de la spéculation, servie par le téléphone et par le télégraphe, que les arquebuses et les bombardes d'autrefois contre les fusils Lebel et les canons à tir rapide.

« La graduation, au contraire, la graduation automatique, proportionnelle au cours moyen de nos marchés aussi bien pour les primes de sortie que pour les taxes d'entrée, c'est l'arme moderne d'origine bien française, car elle repose sur le même principe que cette ancienne échelle mobile dont on a beaucoup médit, qui prêtait à bien des critiques, mais grâce à laquelle notre agriculture nationale a pendant près d'un demi-siècle pris un développement qu'elle n'a point égalé depuis ; c'est l'arme perfectionnée, allégée de toutes les complications, de toutes les lenteurs qui entravaient autrefois son fonctionnement ; c'est l'arme appropriée aux conditions actuelles de la lutte commerciale, l'arme de précision qui seule peut nous défendre contre ces spéculations interlopes, contre cet agiotage des marchés fictifs qu'aucune mesure répressive ne pourra atteindre, et qu'elle rendrait inoffensifs pour la culture, en égalisant les chances du joueur à la hausse, et celles du joueur à la baisse.

« Pour ma part, plus j'étudie cette question du blé qui est pour ainsi dire la clef de voûte de notre agriculture, plus je suis convaincu que sa solution est là.

« Assurément, les primes de sortie pas plus que les taxes d'entrée graduées ne sont point une panacée ; il serait insensé de prétendre qu'elles soient établies, il ne restera rien à faire. Mais sans elles toutes les réformes dont on nous parle n'aboutiraient qu'à des déceptions.

« Que peut-on espérer du crédit agricole dont périodiquement on nous annonce l'organisation comme imminente ? Qu'on attende, tant que le principal de nos produits, le blé, sera vendu à un prix inférieur à celui qu'il coûte aux cultivateurs ?

« Que peut-on espérer de la représentation officielle et élective de l'agriculture promise depuis un demi-siècle, lorsqu'aujourd'hui, la plupart de ses promoteurs proposent de constituer les chambres départementales comme s'ils voulaient étouffer sous les influences politiques, les légitimes revendications des agriculteurs ?

« Que peut-on espérer de ces dégrèvements si justifiés, tant de fois, et si solennellement promis, mais toujours ajournés, toujours remplacés par des charges de plus en plus lourdes, à mesure qu'on poursuit l'application des lois dites *intangibles*, à mesure qu'on persévère dans cette politique coûteuse que certains revendiquent comme un titre d'honneur pour les institutions républicaines, mais qui depuis vingt ans a augmenté **d'un milliard** les dépenses annuelles de l'Etat et grossi de **douze milliards** le chiffre formidable de la dette publique ?

« Ne nous laissons donc pas égarer sur ces pistes diverses où l'on cherche à nous entraîner, en nous disant que le salut de l'agriculture dépend, tantôt de la création de nouvelles écoles, tantôt du rétablissement du bi-métallisme, hier de l'assurance agricole, aujourd'hui du monopole de l'alcool !

« Défions-nous de ces grandes réformes dont les effets ne se feraient sentir que dans un lointain avenir, quand elles ne sont pas absolument chimériques ! Ne perdons pas de vue celle qui seule nous ne pouvons vivre, celle qu'il serait facile de réaliser demain, car elle n'est que l'achèvement de l'œuvre de protection douanière entreprise en 1885, continuée en 1887, en 1892, en 1894, et dont l'expérience a démontré l'efficacité, puisque toute incomplète qu'elle est encore, elle nous a permis de conserver jusqu'ici la culture du blé, d'éviter le malheur d'être réduits, comme l'Angleterre, à payer chaque année plus d'un milliard pour acheter notre pain à l'étranger, à voir nos terres à blé se transformer d'abord en herbages, puis en jachères, c'est-à-dire en solitudes où l'homme ne trouve plus à vivre !

« Surtout sachons ce que nous voulons ! Et quelles que soient les résistances intéressées des uns, l'indifférence et le scepticisme des autres, si nous restons unis, si nous nous montrons résolus, nous parviendrons à obtenir pour les producteurs de blé, la protection à laquelle ils ont droit et qu'on ne peut leur refuser, sans causer un dommage irréparable à notre cher pays.

« Le Breton,

« *Sénateur de la Mayenne.* »

Le cours du blé.

Le blé valait mercredi aux 100 kilos : 14 fr. 70 à New-York, 13 à Chicago, 2 à Berlin. Le coût du fret a haussé sensiblement ; on paye actuellement par 100 kilos de New-York à Liverpool, 2 fr. 40 ; à Londres, 2,80 ; à Anvers, 2,40. Le blé américain vaut à Anvers les 100 kilos : 18 fr. 75, si nous y ajoutons le droit d'entrée, 7 fr. et le transport, la parité s'établit à plus de 26 fr. les 100 kilos. On voit que les cultivateurs français ont beau jeu pour exiger de la hausse de la part de leurs acheteurs, puisqu'aux cours actuels il y a un écart de plus de 5 francs par 100 kilos entre le cours du blé français et le prix de revient du blé étranger.

La hausse si rapide qui a commencé à New-York, il y a trois semaines, et s'est étendue au monde entier a pour causes la faible production dans le monde en 1895 et en 1896 et la famine qui règne dans l'Inde.

Il est permis de croire aussi que cette hausse si rapide a été soutenue par les partisans de la candidature de Mac-Kinley à la présidence des Etats-Unis ; la hausse actuelle ayant pour effet d'enlever des partisans au candidat argentiste des agriculteurs, Bryan ; il est donc possible qu'après l'élection très probable de Mac-Kinley, le cours du blé à New-York baisse sensiblement, mais les cultivateurs français ne doivent pas s'en émouvoir, puisqu'il faudrait une baisse de plus de 5 francs par 100 kilos pour que le blé américain puisse entrer en France.

<hr>

La Société nationale d'horticulture.

Cette grande Société, présidée par M. Léon Say, récemment décédé, avait à lui donner un successeur dimanche dernier.

Les candidats recommandés par leur talent horticole étaient nombreux, trop nombreux peut-être. C'est pourquoi, pour éviter tout ferment de jalousie entre eux, nos braves horticulteurs ont élu M. Viger.

Jusqu'ici jamais le nom de M. Viger n'avait été prononcé dans les annales de l'horticulture, de là la stupéfaction du vrai public horticole.

Oui ! mais M. Viger a cultivé avec un succès sans précédent la carotte et surtout le poireau politico-agricole. Les succès de ces deux légumes fin de siècle dans notre joli monde expliquent sans doute le choix de l'honorable Société d'horticulture.

<hr>

Récompenses

A l'important concours général du Syndicat pomologique de France qui vient d'avoir lieu à Segré (Maine-et-Loire), la maison Simon frères, constructeurs à Cherbourg (Manche), a obtenu pour ses broyeurs et pressoirs, le Grand prix agronomique, objet d'art, offert par la section de génie rural de la Société des agriculteurs de France.

Les broyeurs Simon sont ceux qui, à travail égal ont été classés comme prenant le moins de force tout en faisant un travail irréprochable.

La maison Simon frères a également obtenu à l'exposition de Rouen un diplôme d'honneur, la plus haute récompense décernée aux broyeurs et pressoirs, à Rouen en 1896.

Nous enregistrons avec le même plaisir, le succès obtenu au même concours du Syndicat pomologique de France, Segré (Maine-et-Loire), par M. P. B. Noël, 9, rue d'Odessa, Paris, l'inventeur bien connu, qui a obtenu un diplôme d'honneur et une médaille de vermeil pour son purificateur d'air pour tonneaux, et ses bondes pour la fermentation tumultueuse des vins et cidres.

<hr>

Concours

La Société d'agriculture de la Gironde tiendra à Bordeaux, le dimanche 22 novembre, son concours d'animaux reproducteurs des races de gros et petit bétail et des races de basse-cour, sur la place du Grand-Marché, près de la gare du Midi. Primes nombreuses et importantes et spéciales pour les diverses races de la région, primes pour les vaches laitières.

La Société avait à décerner des prix institués par M. Camille Godard pour les meilleures vaches laitières de la contrée.

Après un examen sérieux des vacheries les plus importantes qui alimentent la place de Bordeaux de leurs produits, la Commission a exprimé le regret de retenir le prix d'honneur qu'elle devait décerner, à raison des critiques qu'elle a dû formuler contre les installations défectueuses des candidats.

Les rendements les plus élevés qu'ils obtiennent sont dus à la race laitière locale dite de Bordeaux, à robe pie noire, originaire de Hollande comme on le sait et qui, depuis quelques années, a été l'objet de nombreux croisements de taureaux importés de Hollande, croisements qui ont eu pour produit une sous-race nommée *queen*.

Cette race est exclusivement élevée dans les environs de Bordeaux pour l'approvisionnement de la grande cité. Dans les cantons ruraux proprement dits, les races bazadaise, garonnaise et limousine, races précieuses pour le travail et pour la boucherie, composent exclusivement le cheptel des cultivateurs.

La Société d'agriculture a donc des raisons bien justifiées d'attribuer ses encouragements à ces races ainsi réparties d'après les besoins divers de l'agriculture et de la consommation des villes.

Mais en ce qui touche l'élevage spécial des vaches laitières à la porte d'une grande ville telle que Bordeaux, on s'étonne de constater que les principales installations laissent tant à désirer, même chez les éleveurs d'élite, comme aération, comme commodité de service, comme salubrité, etc., alors que l'influence de ces défectuosités est notoirement nuisible aux animaux et aux intérêts des éleveurs.

<hr>

Les sociétés agricoles du Pas-de-Calais.

Le Pas-de-Calais possède cinq sociétés d'agriculture comparée et un personnel sérieux et compétent en agriculture. La Société d'Arras a pris l'initiative d'une proposition ayant pour but d'établir une Société parlementaire composée des représentants de ces cinq sociétés, qui conserveraient leur autonomie mais trouveraient dans la Société centrale un point d'appui important pour leurs travaux et pour leur influence sur les pouvoirs publics.

Ce projet qui est à l'étude aboutira probablement au but visé par ses promoteurs.

<hr>

Le syndicat agricole de Lunéville.

Ce n'est pas d'aujourd'hui ni d'hier que nous avons occasion de signaler ce magnifique syndicat comme un modèle de premier ordre pour les sociétés syndicales agricoles.

Aujourd'hui, à propos de la remise d'un objet d'art offert à son administrateur, M. Vigneron, le syndicat de Lunéville a constaté dans sa dernière réunion, que depuis 1886, date de sa fondation, il a réussi à acquérir deux superbes immeubles, servant, l'un, à ses bureaux et aux réunions du comice agricole, l'autre, à emmagasiner des marchandises de tout genre, et à réaliser 500.000 francs d'affaires, qui ont valu à ses adhérents une économie de 200.000 francs, sur leurs achats et des surcroîts de production énormes dans leurs récoltes. Dans cette belle réunion présidée par M. de Meixmoron, et par M. Paul Genay, un buste d'honneur a été remis à M. Vigneron, administrateur, pour reconnaître la part qui lui est due dans la prospérité exceptionnelle de ce syndicat, mais sans méconnaître la part due aussi, comme président, à M. Paul Genay et à ses vaillants collaborateurs. Les présidents des syndicats de la Haute-Marne et de Toul, invités à la fête, ont salué dans les directeurs du syndicat de Lunéville, leurs maîtres et leurs modèles.

Aujourd'hui, le syndicat de Lunéville, comme le disait son président, est maître chez lui, dans son foyer largement installé, de plus, il remplit trois offices d'une importance capitale pour les agriculteurs : 1° comme économat, pour leur approvisionnement ; 2° comme société de production, en les aidant à vendre leurs produits ; 3° comme société de crédit, en leur donnant des termes pour le paiement de leurs achats.

Enfin, au point de vue moral et social, comme l'a fort bien dit M. de Meixmoron, le syndicat est appelé à rendre les plus désirables des services que peut désirer l'agriculture, celui d'arracher les agriculteurs à l'espèce d'isolement où ils étaient jadis, — et de les initier au bienfait souverain de l'esprit d'association et de solidarité, qui est seul, nous l'avons dit cent fois, la planche de salut de la France rurale à venir.

L. H.

<hr>

On annonce la mort de M. Albin Marcy, président de la Société d'agriculture des

Alpes-Maritimes, décédé à l'âge de 60 ans. L'agriculture de cette contrée perd un des hommes qui lui ont rendu les plus grands services.

Comme viticulteur, et comme sériciculteur surtout, M. Marcy a été le zélé et heureux propagateur des procédés inventés par M. Pasteur pour combattre les maladies microbiennes qui désolaient autrefois les magnaneries.

CHRONIQUE AGRICOLE

Situation. — La saison.

Nous constatons encore une fois avec tristesse, que nous n'en avons pas encore fini tout à fait avec cette période de journées tempêtueuses et surtout pluvieuses que nous subissons depuis plus d'un mois. Pourtant, les pluies sont moins fréquentes depuis quelques jours; les accalmies plus prolongées, et, dans les terres sèches, on a pu essayer la reprise des travaux et des récoltes d'automne. Mais la situation est loin d'être améliorée sérieusement. La plupart des terres sont encore inabordables. Les inondations n'ont pas encore cessé dans les vallées sillonnées par les cours d'eau de toute importance. Les neiges couvrent les montagnes de l'Est, du Sud-Est et de la région du Rhône. La température est toujours voisine de celle des gelées d'hiver.

La pire des calamités de cette situation est la difficulté, pour ne pas dire l'impossibilité, de sauver les récoltes d'automne, les regains de prairies, les plantes racines, pommes de terre. Après les peines que donne l'arrachage, viennent celles qui sont nécessaires pour les préserver de la pourriture. Le retard des semailles est aussi un juste sujet d'anxiété, mais moins poignant toutefois que le précédent.

Pour sauver les regains, nous n'avons rien à ajouter aux indications pratiques données bien des fois dans cette chronique. Le salage et la fermentation en silos bien étanches étant des procédés d'une efficacité assurée, quand on les pratique exactement. Bornons-nous à rappeler que la quantité du sel à introduire dans un regain mouillé doit être proportionnée, cela va de soi, au degré d'humidité de cette herbe.

Pour assurer la conservation des pommes de terre, rappelons le procédé de M. Schribaux, consistant à les imbiber d'une solution d'acide sulfurique de 1 à 2 0/0 seulement. On recommande aussi de les emmagasiner dans des locaux frais et secs, en tas aussi peu épais qu'il se peut, portés sur un support laissant des vides entre le sol et les premières couches du tas. On aura soin aussi de donner de l'air de temps à autre pour évacuer la buée qui se dégage des tubercules. Enfin, on remaniera au besoin le tas et on enlèvera à la main les germes naissants sur les tubercules.

— Mais le procédé de conservation par la solution d'acide sulfurique est le plus sûr à conseiller. — Il est entendu qu'il ne s'applique qu'aux tubercules de consommation. Les tubercules destinés à la replantation se conservent sur des claies, dans un local sec et aéré. Les maisons qui vendent des tubercules à produire, comme les maisons Vilmorin, Rigaut, etc., montrent dans leurs expositions, aux concours, des modèles parfaits de ces claies couvertes de tubercules dont les germes naissants sont dans une position verticale, condition favorable à une bonne reprise.

Les fumiers et fumures. — Une calamité de la situation actuelle, c'est le triste état des fumiers dans les exploitations, où on ne leur donne pas les soins nécessaires pour les maintenir en bon état et les préserver des pluies qui en entraînent la partie la plus utile. On ne saurait trop redoubler d'activité pour recueillir les purins et pour couvrir les tas de fumier de terre bien foulée, afin d'éviter ces lessivages qui anéantissent la vertu fertilisante de cet engrais.

Par la même raison, il ne faut pas laisser le fumier étendu sur les terres pendant plus d'un jour, mieux vaut l'enfouir immédiatement au jour le jour, et ajourner au lendemain un nouvel apport. La plus élémentaire observation nous montre dans la fumée et la vapeur qu'exhale le fumier, la perte de ses principales vertus, tandis que cette vertu est mise à profit dans la terre qui l'absorbe.

Fabrication du fumier de ferme.

Le moment approche où l'on va charrier le fumier pour l'enfouir par les grands labours d'automne; la provision accumulée pendant le printemps et l'été va être épuisée, on commencera de nouveaux tas et il importe de redire une fois de plus comment il faut conduire la fabrication pour obtenir un fumier de bonne qualité.

Et tout d'abord insistons sur ce point: le fumier diffère essentiellement de tous les engrais de commerce qu'acquièrent en quantités de plus en plus fortes les cultivateurs habiles; il apporte un élément indispensable pour maintenir la fertilité, il apporte de l'humus. Il renferme sans doute d'autres matières fertilisantes d'une haute valeur: de l'azote, environ 5 kilos par tonne, de la potasse en même quantité, de l'acide phosphorique en moindre proportion puisque une tonne de fumier n'en contient guère que 3 kilos; mais ce qui lui donne une valeur toute particulière, ce qui fait qu'on ne peut le remplacer ni par du nitrate de soude, ni par des superphosphates, ni par des sels de potasse, c'est, nous le répétons, qu'une grande partie de son azote est engagée dans cette combinaison complexe désignée sous le nom d'humus.

La fabrication doit donc être conduite de façon à favoriser la transformation de la paille des litières en humus. Cette transformation est l'œuvre des ferments dont l'origine et le mode de travail sont aujourd'hui connus.

Les pailles employées comme litière ne renferment que de petites quantités de matières azotées, de sucres, de tanins; elles sont essentiellement formées de trois substances différentes : une gomme, de la cellulose souvent employée à la fabrication de papiers grossiers, et enfin une dernière substance, la vasculose : c'est elle qui, associée aux matières azotées, caractérise l'humus.

Faire du fumier, c'est détruire par fermentation la gomme de paille et la cellulose pour mettre en liberté la vasculose mélangée de matières azotées. C'est l'association de ces deux matières qui constitue le *beurre noir* des fumiers consommés.

Les déjections liquides des animaux apportent aux litières du carbonate de potasse et de l'urée, très vite transformée en carbonate d'ammoniaque; les déjections solides apportent les ferments, ils tapissent une grande partie de l'intestin des animaux et sont entraînés sur les litières.

Ces ferments apparaissent au microscope sous deux formes; ce sont de petits vers, courts, dodus, médiocrement agiles, ou encore des points brillants; la forme animée s'appelle bactérie; la forme immobile : spores; les spores ne paraissent pouvoir passer à l'état animé que sous l'influence de l'air. Ces ferments vivent dans des dissolutions très chargées de carbonate de potasse et de carbonate d'ammoniaque, et ne prospèrent que dans ces milieux alcalins; ils résistent à l'élévation de la température jusqu'à 70°, mais périssent entre 70° et 80°; c'est à 53° qu'ils présentent leur maximum d'activité.

La disposition adoptée à Grignon pour fabriquer le fumier permet de suivre aisément les transformations de la paille des litières. On a rendu imperméables aux liquides deux surfaces de dix mètres de côté; elles sont légèrement bombées au centre, pour que le purin s'écoule dans les ruisseaux pavés dont la pente se dirige vers l'orifice de la fosse à purin. Sur trois des parois, le fumier est bien dressé à la fourche de façon à présenter un mur vertical; sur le quatrième côté il est en plan incliné garni de planches sur lesquelles les garçons de cour roulent les brouettes.

Nous faisons le tour d'un tas achevé s'élevant à 3 mètres environ, nous ne percevons aucune odeur forte; à un mètre du sol, nous voyons de longues traînées noires qui, en séchant, ont recouvert les pailles d'un enduit qui a l'apparence du cirage. Pour pousser plus loin notre examen, enfonçons dans la masse, à 50 centimètres environ de la surface, une tige de fer, puis, après l'avoir retirée, plongeons, dans l'ouverture qu'elle a pratiquée, un thermomètre : la température atteint ou dépasse 60°.

Quelle est la cause de cette élévation de température? Pour le savoir, remplaçons notre thermomètre par un tube de verre, puis, à l'aide d'un écoulement d'eau, appelons les gaz confinés dans le fumier. Ils sont formés pour un tiers environ d'acide carbonique, pour les autres deux tiers d'azote; il n'y a jamais trace d'oxygène. Cette forte proportion d'azote prouve que l'air a pénétré, et puisque nous ne trouvons pas d'oxygène, mais bien de l'acide carbonique, nous sommes certains que l'oxygène de l'air a brûlé quelques-uns des éléments de la paille, et que l'élévation de la température est due à cette combustion. La partie de la paille qui disparaît partiellement pendant cette première phase de l'opération est la gomme. Notre paille commence donc à se désagréger; des trois principes essentiels qu'elle renferme, un est déjà détruit par combustion lente.

Recommençons nos sondages et nos appels de gaz, mais cette fois à 1 mètre ou 1 m. 50 au-dessus de la base; nous ne trouvons pas plus d'oxygène qu'à la partie supérieure, mais la quantité d'acide carbonique est plus faible, celle d'azote beaucoup moindre que dans les gaz pris en haut du tas. De quoi est donc formée l'atmosphère confinée? essentiellement de gaz des marais, encore nommé hydrogène carboné, *méthane* ou *formène*, comme disent les chimistes, tous ces noms différents s'appliquant à la même matière. Quand on a recueilli une cloche de gaz du fumier, qu'on a enlevé l'acide carbonique à l'aide de la potasse, on allume très aisément le gaz restant.

La combustion qui a produit en haut du tas la température de 60°, la réaction qui donne naissance au gaz des marais, sont l'œuvre des ferments; si on prélève du fumier et qu'on porte toute la masse à 100°, puis qu'on la maintienne ensuite aux températures favorables, on n'en tire plus que des traces d'acide carbonique, et pas de gaz des marais, les ferments sont tués, on n'a plus devant soi que de la paille inerte.

Quand, au contraire, les ferments sont vivants, ils travaillent même à l'abri du contact de l'air; dans ces nouvelles conditions ils s'attaquent à la cellulose; rien n'est plus facile que de le montrer.

On met dans un flacon une dissolution de carbonate de potasse et de carbonate d'ammoniaque; on y ajoute un peu de phosphate d'ammoniaque, puis on y plonge de la filasse, du coton, du papier, toutes matières formées de cellulose, enfin, on maintient à 52 degrés environ, on ensemence avec quelques gouttes de purin et si le flacon est muni d'un bouchon et d'un tube à gaz, on recueille un mélange de gaz des marais et d'acide carbonique.

Le second élément essentiel de la paille se détruit donc dans les parties du tas où l'air n'arrive plus. La vasculose restante, mélangée aux matières azotées de la paille, à celles des déjections solides, se dissout dans les carbonates alcalins et forme les stalactites noires qui découlent le long du tas.

Sans doute toute la paille ne subit pas cette décomposition complète, mais l'altération est d'autant plus profonde que les fermentations ont été plus actives.

Or, il arrive parfois qu'au lieu de favoriser ces fermentations, on les retarde ou même on les arrête en ajoutant au tas de fumier du sulfate de fer ou du plâtre. A coup sûr, on ne fait pas ces additions sans invoquer quelque raison; on dit qu'elles ont pour but d'empêcher la déperdition de l'ammoniaque. Dans le fumier, en effet, l'ammoniaque combinée à l'acide carbonique est assez volatile, et il est parfaitement vrai qu'en la métamorphosant en sulfate à l'aide du sulfate de fer ou du plâtre, elle ne l'est plus du tout.

Mais cette transformation est à la fois nuisible et inutile : nuisible, car, ainsi qu'il a été dit, les ferments qui entrent en jeu dans la fabrication du fumier ne travaillent que dans un milieu chargé de carbonates, *alcalin*. Quand on amène les carbonates à l'état de sulfates, qui sont neutres au papier de tournesol, tout s'arrête, les ferments languissent ou meurent; on retarde ou l'on empêche la fabrication qu'on avait mise en train.

Cette addition des sulfates est non seulement nuisible, elle est inutile. J'ai cherché, à bien des reprises, à caractériser le carbonate d'ammoniaque dans l'atmosphère du tas de fumier de Grignon, je n'en ai jamais trouvé. Cependant il existe des tas de fumier qui répandent des odeurs ammoniacales. A cela, une seule raison: ils sont très secs; ils ne sont pas arrosés assez fréquemment.

Notre fumier de Grignon renferme 75 centièmes d'humidité et on conçoit que, dans une masse aussi chargée d'eau le carbonate d'ammoniaque, qui est très soluble, ne puisse exister à l'état de vapeur.

Les arrosages à l'aide du purin suffisent absolument à empêcher les déperditions d'ammoniaque; ils ont encore une autre utilité très grande : ils favorisent la pénétration de l'air atmosphérique dans le fumier, ils font enfin passer les *spores* des ferments à la forme active. Quand on prend la température d'un tas de fumier avant un arrosage, puis deux ou trois jours après, on reconnaît à l'élévation qui s'est produite que les fermentations sont devenues plus énergiques. On conçoit facilement qu'il en soit ainsi. Après quelques jours l'atmosphère confinée dans le fumier ne renferme plus d'oxygène; celui qui a été introduit au moment de l'apport des nouvelles litières a été transformé en acide carbonique, et la combustion lente qui détermine l'élévation de température n'a plus lieu. Nous arrosons; l'acide carbonique qui forme une partie de l'atmosphère confinée est dissous, la pression devient dans l'intérieur plus faible qu'en dehors, de l'air pénètre et les combustions redeviennent d'autant plus actives que l'oxygène agissant sur les spores des ferments les amène à la forme où ils travaillent énergiquement.

La fabrication d'un fumier de bonne qualité ne comporte qu'une seule condition, mais elle est *nécessaire* : construction d'une fosse à purin pour que, remontant ce purin à l'aide d'une pompe, on arrose. Il vaudrait mille fois mieux par les temps secs arroser avec de l'eau si le purin fait défaut que de ne pas arroser du tout. Quand les arrosages sont copieux, on réussit son fumier; mais il faut bien se garder d'y ajouter quoi que ce soit.

P.-P. Dehérain,
Membre de l'Institut, professeur au
Muséum d'histoire naturelle et à
l'école de Grignon.

Fleurs et Fruits

AUX FÊTES FRANCO-RUSSES

Au milieu des splendeurs des fêtes franco-russes, l'horticulture française a joué un rôle important. La foule qui a découvert une floraison spontanée — en papier — des marronniers du rond-point ou les fleurs lumineuses en celluloïd de quelques places, n'a pu s'en douter.

Combien de gerbes de fleurs rares, de bouquets d'orchidées, de flots de roses, d'œillets, de lilas, de tubéreuses et de mimosas, encadrés de délicates frondes de fougères ou d'asparagus offerts à la Tzarine ou décorant ses appartements?

Et les guirlandes de lierre et de chêne à Versailles, et les festons de la gracieuse Médéola, aujourd'hui réhabilitée, ornant la galerie des Glaces au palais de Louis XIV, si heureusement transformée par notre ami Truffaut, secondé par une gracieuse meunière qui n'était ni de Marly ni de Trianon. Des fleurs partout, c'était à rendre jaloux tous les Rothschild de la terre et à mettre sur les dents tous les fleuristes de la région parisienne, si habiles dans la production de la plante, si artistes dans les compositions florales.

Mais ce que le « populo » a moins vu encore, ce sont les somptueux desserts des déjeuners ou dîners impériaux, présidentiels, militaires ou diplomatiques. A peine le menu publié par les journaux mettait-il l'eau à la bouche du lecteur, par les « chasselas de Fontainebleau » ou les « suprêmes de pêches de Montreuil », ou bien encore les « ananas de Versailles ».

Au milieu des prodiges de la confiserie, de la pâtisserie, de la glacerie et de la cuisine des « fines bouches » nos poires, nos pommes, nos pêches et nos raisins brillaient par leur beauté, leur fraîcheur et toutes les attirances de la séduction.

Les plus jolies pommes sont connues sous les noms de *Belle Joséphine* à la peau d'ivoire, de *Grand Alexandre*, espèce originaire de Russie ; l'arbre résiste à nos grands hivers : le fruit, aux proportions énormes, est fortement et joliment strié de carmin sur un fond crème.

Notre vieille pomme de *Calville blanc* si raffinée, cueillie dans les clos fertiles de Rosny, lustrait de carmin sa robe nacrée, grâce à un truc du cultivateur qui imbibe l'épiderme, en été, avec une éponge mouillée ; la goutte d'eau fait lentille et l'incarnat se développe aux feux du soleil.

Une autre petite combinaison étonnait encore les convives : l'aigle russe déployait ses ailes, en vert, sur les pommes Alexandre, en blanc sur les calvilles ; un papier découpé avec une silhouette convenue est collé sur la peau y formant écran, les rayons solaires n'y pénètrent pas et, à la récolte, enlevez le papier, il reste un dessin non colorié.

Par un procédé contraire, une feuille de papier couvrant le fruit, les échancrures ménagées ont seules supporté l'action du soleil et le dessin apparaît en rouge. Ce sont de pures fantaisies, rien de plus. Mais les Anglais, sous leurs brouillards, n'y avaient pas songé !... Et le protocole lui-même l'eût-il permis ? Songez donc à ce que pouvait provoquer un coup de ciseau mal placé ?... Un échange de notes, de courriers, un ultimatum peut-être, qui sait ?...

Des jattes de pommes d'*api* portaient ainsi gaiement les armes de Russie et de la Ville de Paris.

A leur tour, les pêches étaient illustrées en pourpre d'armoiries françaises ou russes.

Nous avons eu le plaisir d'apprendre que Montreuil et Bagnolet ont concentré leur tendresse et leur attention sur l'ancienne pêche *Bourdine* et la jeune pêche *Baltet*, d'origine troyenne. Les majordomes leur ont donné la préférence pour la table du Tzar et pour la table du Président de la République. Bravo !

Comment voulez-vous que je n'en sois pas flatté ? Cette dernière pêche et moi nous avons le même père ; mais hélas ! j'ai sept ou huit lustres plus qu'elle... Toujours est-il que les Montreuillois l'apprécient à sa juste valeur (la pêche), et peuvent alimenter le marché du 15 septembre au 15 octobre avec cette variété bien supérieure aux pêches d'arrière-saison dont la chair adhère au noyau.

Notre ami Chevalier, de Montreuil, me disait : « Quand j'arrive, en octobre, au Palais-Royal, mes corbeilles de pêches au bras, on me demande de suite : — Est-ce de la *Baltet* ?... Alors on me la paye plus cher ».

Voilà pourquoi, ajoutait-il, nous criblons, par le surgreffage, nos pêchers précoces d'une aussi précieuse ressource pour notre vente d'automne.

La pêche *Baltet*, mamelonnée comme *Téton de Vénus*, la dépasse en abondance, en tardivité, en fine qualité.

Tous les environs de Paris ont été mis à contribution.

Fontenay-sous-Bois et Montmorency fournissaient de superbes poires *Duchesse, Diel* et *Doyenné du Comice* ; celles-ci pesant jusqu'à 800 et 900 grammes, ne sont dépassées par aucune autre pour la saveur superfine de la chair.

Quant aux gourmets qui préfèrent le suc acidulé au sucre raffiné, la *Crassane* de la Brie ou de l'Eure était là pour les satisfaire.

Si les coteaux d'Argenteuil se sont trouvés épuisés de figues et d'asperges, Carpentras apporte la figue panachée et les maraîchers de Bobigny, Maisons-Alfort, Aubervilliers ont su faire l'interversion des saisons pour ajouter aux raretés : l'asperge en branche ou en tête.

Hâter ou retarder le produit de la saison, tel est le secret du spéculateur. La vigne en fournit même l'exemple.

Au raisin la place d'honneur. Il a triomphé à Cherbourg, à l'Élysée, à l'ambassade, à Versailles, à Châlons.

Si les treilles de Conflans-Sainte-Honorine, de Thomery et de la Chevrette ont laissé détacher leurs grappes de chasselas doré si appétissant, une des gloires de la viticulture française, les forceries de l'Aisne ont fait un coup de maître en exhibant sur des compotiers en bronze doré hauts de 1 mètre, le fameux raisin de la Terre promise.

Voulez-vous des chiffres ? 50 grappes de *Muscat d'Alexandrie*, aux grains allongés, perlés, transparents, pesaient 63 kilogrammes ; 50 grappes d'*Alicante* à grain noir, bleuâtre pruiné représentaient 95 kilos. Nous disons « pruiné » par anachronisme car un maître de cérémonie avait enlevé cette fleur virginale par un coup de brosse comme s'il s'agissait de faire reluire une paire de bottines.

O Brillat-Savarin, voile-toi la face !

Après tout, un chapitre de S. M. Protocole spécifie peut-être : A bas les masques !

Plus volumineux étaient les ailerons du superbe raisin *Dodrelabi*, dit *Gros Colman*, également à grains noirs, et dont la grappe pèse 3 kilos.

Entremêlés d'autres richesses fruitières, couronnés par les rarissimes ananas de Seine-et-Oise, ces magnifiques raisins, dévalant du sommet de la girandole en cascades diaprées, venaient jusque sur la nappe se fondre parmi les jonchées de fleurs. Le coup d'œil en était merveilleux.

Les forceries de l'Aisne qui se sont ainsi révélées d'une façon hors pair et indiscutable, sont jeunes encore (fondées en 1891). Tout en préparant une extension nouvelle, elles occupent aux portes de Tergnier une surface vitrée de deux hectares et demi et produisent raisins hâtifs ou retardés, pêches et brugnons, tomates, concombres, fraises et... chrysanthèmes à la grande fleur, etc.

Faut-il dire que, parmi les 14.000 pêches et brugnons de 1896, notre nectarine *Précoce de Croncels* pesant 280 grammes, a été vendue 25 francs pièce aux Halles, en avril ? Vingt-cinq francs vendues en gros, une pêche brugnon lorsqu'elle arrive sur la table du consommateur doit revenir chère la bouchée. Après tout, celui qui peut se permettre un pareil luxe, ne doit pas manquer du budget extraordinaire ou supplémentaire.

Enfin, dirait un classique : si les fêtes franco-russes ont scellé l'alliance de Minerve et de Bellone, il convient d'attribuer une grande part du succès à Flore et à Pomone.

Vive la France !

CHARLES BALTET.

Agriculture progressive.

L'ALIMENTATION ANIMALE
COMPLÉTÉE PAR LES PHOSPHATES
ALIMENTAIRES ASSIMILABLES

L'alimentation de tous les animaux préoccupe depuis longtemps déjà, et aujourd'hui plus que jamais, le monde des éleveurs. Tous les journaux agricoles en ont parlé et en parlent journellement. La *Gazette* n'y peut rester indifférente.

Qu'il nous soit permis d'avoir voix au chapitre en faisant connaître des idées neuves, il est vrai, mais qui sont les fruits de longues et patientes études, suivies d'expériences approfondies et justifiées. Si l'on est content, dans toute maison de culture, de voir naître de nombreux animaux, il arrive trop souvent malheureusement que cette joie se change vite en tristesse, parce qu'il y a trop de mortalité, vu que l'élevage est difficile à pratiquer.

C'est là effectivement un problème que la science agricole, qui marche à grands pas dans la voie du progrès, cherche à résoudre dans un but non seulement d'hygiène, mais aussi d'économie et de profits pour l'agriculture.

Ce que chacun voudrait, ce serait de trouver un élevage simplifié, rapide et assuré.

Nous croyons que cette découverte, due à M. H. Salmon, chimiste-agronome à Amiens, est maintenant faite en donnant aux animaux, quels qu'ils soient, une nourriture complète.

Comment, une nourriture complète ! va-t-on s'écrier.

Oui, et nous nous expliquons ci-après :

Vous savez que les plantes sont souvent récoltées dans des terrains pauvres en acide phosphorique. Les animaux qui s'en nourrissent n'y rencontrent donc point une quantité suffisante de phosphate assimilable et par suite ils éprouvent dans leur organisme des troubles graves sous diverses formes.

On ne peut nier les effets du phosphate dans l'alimentation.

Ne voyez-vous point les animaux eux-mêmes être poussés naturellement à rechercher les substances qui font défaut dans leur nourriture? Le porc, par exemple, recueille de la craie et la vache laitière, des corps durs; le poulain lèche les murs de son boxe, etc., en un mot, tous les animaux, petits ou gros, recherchent des aliments phosphatés, parce que, instinctivement, ils savent qu'ils sont pour eux des « fortifiants » par excellence et des « préservatifs » contre les maladies inhérentes à chaque race.

Il résulte, en conséquence, que pour remédier au défaut de ce phosphate qui joue un si grand rôle dans l'alimentation animale en constituant les substances des corps vivants, muscles, chair, os, etc. il faut en donner, dans les rations quotidiennes, à tous les animaux que nous élevons.

Mais on nous objectera ce que l'on a maintes et maintes fois objecté à d'autres : le phosphate est-il rendu assimilable? Oui, la science a dit son mot, on prépare maintenant des phosphates parfaitement assimilables ; nous dirons plus, on en rassasie l'animal, on l'en sature physiologiquement.

Les effets produits sont remarquables. De tous les animaux, grâce à l'auxiliaire précieux et indispensable qui n'est autre que le phosphate alimentaire assimilable, on en fait des sujets d'élite vigoureux et bien développés, rebelles à toutes les maladies.

*
* *

Spécialisons :

Les veaux sont exempts de diarrhées, presque toujours mortelles; ils boivent mieux, ont plus d'appétit, s'engraissent rapidement en quelques semaines et fournissent, pour la boucherie, une viande ferme, blanche et friande. Les bœufs sont durs et nerveux, ardents au travail; les taureaux sont vigoureux; les génisses ont une gestation facile ; les vaches laitières ont un lait abondant et riche. On en fait des beurres et des fromages de qualités supérieures.

Les poulains se font une ligne dorsale droite, des aplombs réguliers et comme ils ont des membres résistants, ils ne sont point sujets aux affections gommeuses ou aux dilatations synoviales. Les étalons reproducteurs ont une conformation extérieure propre à assurer la régularité et la plénitude des fonctions de la vie. On obtient de belles juments, de bons chevaux de luxe, de marche, de selle et de courses.

Les porcelets augmentent rapidement en force et en poids : ils « poussent vite » et leur viande profitable et succulente est recherchée par la charcuterie. La fécondité des mères est de longue durée avec des portées remarquables.

Les lapereaux grossissent vite, ont une chair tendre recherchée des gourmets et donnent une fourrure solide très appréciée de ceux qui achètent.

Anons, agneaux, chevreaux, chiots, ainsi que tous les petits qui sucent le lait de mères-nourrices (ânesses, brebis, chèvres, chiennes, etc.), se fortifient en peu de temps. Ne prennent-ils pas un lait saturé physiologiquement de matières phosphatées au maximum et en rapport avec les autres éléments qui entrent dans sa composition? C'est pourquoi les vaches laitières, soumises à la ration phosphatée, produisent un lait complet, celui qui ressemble le plus au lait maternel, celui qui le remplacera avantageusement si ce lait manque ou ne suffit pas pour l'allaitement de nos enfants en bas âge.

Nous disons encore que, par l'emploi du phosphate alimentaire assimilable, dans les pâtées des animaux de basse-cour, nous évitons une grande mortalité et, par suite de grandes pertes, puisque la basse-cour est une corne d'abondance. Poulets, canetons, dindonneaux, etc., deviennent remarquables comme poids et qualité.

Les œufs des poules sont plus gros, ont une coquille dure qui les rend plus facilement transportables. L'élevage des poussins, éclos dans les couveuses artificielles, est rapide et assuré.

Tous les petits des animaux tels que pigeons voyageurs, pigeons de race, faisans, pintades, paons, perdrix, tourterelles, perroquets, serins, etc., etc., et autres oiseaux de luxe ne sont plus sujets à la mort à peine nés et s'élèvent facilement à l'aide des pâtées phosphatées.

A tous les éleveurs, nous disons : vous avez un immense intérêt à servir dans les aliments de vos jeunes animaux comme des adultes, une dose de phosphate alimentaire assimilable et vous obtiendrez chez eux tous, sans exception, une croissance rapide, normale de toutes les parties du corps, en même temps que ce produit leur donnera une vigueur exceptionnelle pour les divers actes qu'ils auront à remplir dans leur vie.

*
* *

Mais, va-t-on nous demander de tous côtés, où trouvera-t-on ce phosphate alimentaire assimilable? La réponse est embarrassante, car nous n'avons point ici de réclame à faire pour n'importe qui, mais nous pouvons fournir tous les renseignements que l'on désirera à ce sujet.

Toutefois, nous dirons que ces phosphates, alimentaires et assimilables, doivent être scrupuleusement dosés et scientifiquement préparés. Méfiez-vous donc des sophistiqueurs; méfiez-vous surtout de ces gens « dépourvus de science » qui mettent immédiatement en avant un produit parce que tel ou tel journal en a parlé. Ceux-là ont saisi « le coup » et ils ont fait leur « affaire » mais les résultats sont nuls.

On a été dupé : voilà tout.

Il faut et nous ne parlons qu'après expériences faites et certifiées, que nos éleveurs n'emploient, pour avoir des résultats certains, que des phosphates spécialement préparés pour l'alimentation, en vue de leur assimilation, qui seront combinés et associés à des principes utiles pour que l'appétit de tout animal soit excité, en un mot, il faut que ce soit un condiment et un tonique qui soient donnés à doses régulières, dans les rations ou les pâtées des jeunes animaux et des adultes, suivant la race, l'âge et l'animal.

Voici les doses d'un phosphate alimentaire assimilable rationnellement composé. Par jour et chaque bête, on donne :

De 10 à 20 grammes pour les porcs et moutons suivant leur grosseur;

De 20 à 25 grammes pour les veaux et les poulains ;

De 30 à 50 grammes pour les chevaux et les bœufs;

D'une à trois cuillerées à café, additionnées aux pâtées par six têtes de volailles.

Ou autrement dit :

D'une à deux cuillerées à soupe, par repas, pour les gros animaux et d'une cuillerée à café, aussi par repas, pour les petits.

En indiquant tous ces renseignements aux lecteurs de votre excellent organe agricole, nous n'avons eu en vue que de faire connaître les services éminents que peut rendre le phosphate, dûment administré pour l'élevage et dans la nourriture de tous les animaux domestiques, évitant ainsi leur dépérissement et une grande mortalité et leur donnant au contraire une croissance rapide, en faisant des sujets de premier choix et de concours.

Que les éleveurs qui emploieront le phosphate alimentaire assimilable nous fassent part de leur succès, c'est là tout ce que nous leur demandons.

J.-B. Leriche.

Oignons à fleurs.

Le moment de planter les massifs, les plates-bandes en oignons à fleurs étant arrivé, nous sommes très heureux d'offrir, à titre de prime à nos aimables lectrices, les 3 collections ci-dessous, établies spécialement par MM. *Cayeux et Le Clerc*, successeurs de MM. *Forgeot et Cie*, 8, quai de la Mégisserie, Paris, et à des prix très modiques. Le choix des variétés ne laisse rien à désirer, non plus que la force et la dimension des bulbes ou griffes qui donneront les meilleurs résultats au point de vue de la floraison.

PREMIÈRE COLLECTION

10 jacinthes simples par noms pour culture en pots;

10 jacinthes doubles par noms pour culture en pots;

25 tulipes flamandes en mélange;

25 tulipes bizarres en mélange;

100 crocus en très beau mélange;

...uu franco à domicile pour 10 francs.

DEUXIÈME COLLECTION

12 jacinthes doubles par noms pour culture en pots;

6 jacinthes simples, bulbes très gros pour culture sur carafes;

6 carafes assorties par paire, variées de forme et de couleur, rendu franco domicile pour 12 francs.

DROIT RURAL

TRANSPORT. RETARD. — En cas de retard dans le transport d'une marchandise, la partie qui en a subi un préjudice n'a droit qu'à la réparation de ce préjudice et ne saurait laisser pour compte la marchandise au voiturier, alors qu'elle n'est pas dans un état qui la rende inutilisable. (Tribunal de commerce de la Seine, 23 mai 1896.)

OFFRES ET DEMANDES

Un ex-régisseur de grande propriété, marié, offrant certificats et références de premier ordre, connaissant la culture des céréales, l'élevage, l'engraissement, la culture des plantes industrielles, demande la régie d'un domaine herbager, ou culture intensive. Nous recommandons tout particulièrement à nos abonnés, ce régisseur qui offre toutes garanties désirables, comme honorabilité et loyauté.

S'adresser aux bureaux de la *Gazette*, 10 *bis*, rue Piccini, Paris.

Un jeune homme diplômé de l'Institut agricole demande à faire un stage dans une grande exploitation du Centre. Ecrire au bureau du Journal.

Tourteaux de coton décortiqué d'Amérique, en pains ou moulus de 12 fr. 75 à 13 fr. les 0/0 kilos sur wagon. Le Havre. — Livraison immédiate.

RED-CAP. Œufs à couver de cette excellente race de poule, réputée la plus jolie et la plus forte pondeuse, garantis race pure frais et fécondés, 5fr. la douzaine franco de port et d'emballage. S'adresser à **Calixte Dany**, Althen-les-Paluds (Vaucluse).

Important : J'invite les personnes qui veulent bien me confier leurs ordres de toujours y joindre un mandat, les remboursements n'étant bénéficiables qu'aux Compagnies.

Toujours donner le nom de la gare à laquelle il faut adresser les envois.

POMMES DE TERRE. — Nous apprenons que M. E. Boutin, directeur du *Moniteur des Intérêts agricoles*, 11, rue Taitbout, est en pourparlers avec un certain nombre de Sociétés Coopératives de consommation de Paris et de la banlieue pour leur procurer directement par la culture les pommes de terre *saucisses rouges* et de *hollande* nécessaires à leur approvisionnement d'hiver: il s'agit de quantité très importantes.

Ceux de nos abonnés que ces fournitures intéressent peuvent s'adresser directement à M. Boutin.

Il lui est également fait des demandes pour des fournitures régulières de volailles de 1 kilo. 1 k. 500 par cageots de 12 à 15 pièces.

M. POUZIN offre de jolis racinés de son plant de vigne à la seule condition pour les demandeurs de lui tenir compte d'une partie de la récolte d'une année. — Contre 0 fr.25 il expédie son *Guide* pour la culture de cette variété.

Ecrire à M. Pouzin Emile, à Saint-Paul-les-Romans, Drôme

Si vous voulez boire du bon vin de Saint-Émilion, adressez-vous à M. Duplessis-Fourraud au château des Trois-Moulins, à SAINT-EMILION (Gironde).

(Voir le prix courant.)

Ferme de l'Institut Agricole de Beauvais
A VENDRE :

1o Très bon bélier *charmois* en état de faire la lutte.

2o Œufs, poulettes et coqs des races : La Flèche, Dorkins, Leghorn, Campine et Padoue Doré, Langshan, Gournay, Coucou de Malines, Houdan, Cochinchinoise fauve, Brahmapoutra, canards de Rouen.

Ferme du château de Résenlieu près Gacé (Orne) Mme la comtesse de Nollent.

Camemberts marque Au Faucon.
Médaille d'or.
6 fromages 4 fr. 50, 9 fromages 6 francs.]
15 fromages 9 fr. 75 (franco gare).

COURS DES BESTIAUX

Marché de la Villette du 26 octobre 1896.

ESPÈCES	PRIX DE LA VIANDE NETTE		
	1re qualité	2e qualité	3e qualité
Bœufs....	1.46	1.36	1.26
Vaches...	1.44	1.34	1.24
Taureaux.	1.22	1.13	1.02
Veaux....	1 78	1.58	1.32
Moutons..	1 90	1.72	1.68
Porcs....	1.06	1.0»	0.98

ESPÈCES	AMENÉS	VENDUS	PRIX EXTRÊME	
			viande net	poids vif
Bœufs.....	3.491	2.930	1.26 à 1 46	58 à » 95
Vaches...	973	846	1.21 1.44	55 » 89
Taureaux.	197	185	1 02 1.22	48 » 78
Veaux....	1.169	834	1.32 1.78	60 1.08
Moutons..	20.025	17 275	1.62 1.90	73 1.16
Porcs	3.815	3.680	0.98 1.06	54 » 70

Vente toujours calme.

Marché de la Villette du 29 octobre 1896.

ESPÈCES	PRIX DE LA VIANDE NETTE AU KILOGR.			
	1re qualité	2e qualité	3e qualité	Prix extrême
Bœufs....	1.44	1.34	1.24	1.20 à 1.50
Vaches...	1.42	1.30	1 20	1 14 1 48
Taureaux	1.26	1.14	1.10	0 98 1.32
Veaux....	1.80	1.65	1 30	1 24 1 85
Moutons..	1.90	1.76	1.60	1.50 1.94
Porcs....	1.04	0.96	»	92 1.08

ESPÈCES	AMENÉS	VENDUS	OBSERVATIONS
Bœufs ...	2.089	»	Vente difficile sur le gros bétail, les veaux et les porcs, très mauvaise sur les moutons.
Vaches...	655	382	
Taureaux.	141	»	
Veaux....	1.446	432	
Moutons..	14.511	»	
Porcs.....	6 331	»	

Vente du bétail au marché de La Villette.

Adresser les animaux à MM. Henri Roblin et Surugue, en gare Paris-Bestiaux. Les aviser par lettre auparavant, 190, rue d'Allemagne, Paris.

CORRESPONDANCE

CHANGEMENT D'ADRESSE

Chaque demande de changement d'adresse doit être accompagnée d'une bande imprimée et de *CINQUANTE CENTIMES* en timbres-poste pour frais de réimpression.

M. J. M., au C. par M. (Allier). — Vous devez compte à la communauté de la plus-value qui a été donnée à vos immeubles par les travaux et les améliorations que vous avez faites pendant le cours de la communauté.

On ne doit pas vous faire payer la valeur des travaux ou la dépense faite; vous ne devez que la plus-value qui a été donnée à votre immeuble. La règle est la même pour les biens du mari que pour ceux de la femme par la raison que la communauté a duré 25 ans et qu'elle a profité des travaux.

M. F. S. T. (Lozère). — La déclaration de succession est régulière. Il n'y a pas de passif fictif, mais un passif réel. — Le mariage est une société ; quand l'un des sociétaires décède, il faut restituer les apports en société ou en mariage. Vous n'avez pas le droit de réclamer les intérêts tant que vous n'avez pas formé la demande en justice.

Vous n'avez pas le droit non plus d'exiger la copie sur papier libre de la liquidation; le notaire doit vous en donner une copie sur timbre aux frais de la succession.

M. V. A., à P. (Rhône). — Le Carbonyle est le meilleur conservateur du bois, il est employé avec grand succès pour la conservation des échalas tuteurs d'arbres, poteaux, palissades, piquets en terre, il protège aussi le bois contre les insectes souris, rats, etc. Les échalas enduits au Carbonyle dureront 20 ans sur la même pointe.

Veuillez vous adresser, de notre part à la Société française du Carbonyle, faubourg Saint-Denis, 188 190, Paris.

M. V., (Creuse). — La plupart du temps vous pourrez tirer parti de clichés manquant de pose ou trop rapidement développés en les renforçant de la façon suivante :

Après l'avoir bien lavé immerger le cliché dans une dissolution de bichlorure de mercure 5 grammes, eau 100 grammes. Tous les noirs du cliché blanchissent. Le temps de ce bain ne peut être déterminé, mieux ne pas trop le prolonger. Laver ensuite le cliché avec soin et le plonger dans une cuvette d'eau contenant quelques gouttes d'ammoniaque ordinaire (alcali volatil). Au bout de quelques instants, le cliché devient d'un beau noir. Laver ensuite abondamment. Les opérations peuvent se faire au grand jour et se recommencer jusqu'à complète réussite.

PRIMES A NOS ABONNÉS

PANIER DE DOUZE BOUTEILLES DE VINS FINS ASSORTIS 30 FRANCS

COMPOSITION DU PANIER

2 bouteilles vin blanc Haut-Barsac 1887;
2 — vin rouge chât. La Tour Vigean 1885;
2 — vin rouge château Margaux 1884;
2 — vin rouge château Bougnard 1884;
1 — madère vieux 1888;
1 — Lacryma Christi 1890;
1 — Rhum Martinique vrai extravieux;
1 — Grande fine Champagne 1875;

Le tout bien emballé, les bouteilles capsulées et étiquetées avec luxe.

Les expéditions sont faites par panier de douze bouteilles *franco de port et d'emballage* dans toutes les gares de France; adresser les demandes accompagnées d'un mandat à M. Crépeaux, 10 *bis*, rue Piccini, Paris. — *Le prix du panier est de* **30 francs.**

RHUM DE L'ILE BOURBON

Vieux rhum de Bourbon cinq ans. En fûts de 100 à 120 litres à 75 francs l'hectolitre (51°) origine absolument garantie — pris entrepôt Havre. — Adresser les demandes à M. Crépeaux, 10 *bis*, rue Piccini, Paris, et lui envoyer les fonds par mandat après réception de la facture.

RHUM DE L'ILE DE BOURBON EN CAISSE

12 bouteilles	38 francs.
24 —	70 —
50 —	142 —

Pris entrepôt Havre. Adresser les demandes accompagnées d'un mandat.

Eau-de-vie de canne à sucre de l'île Bourbon origine absolument garantie :

La caisse réclame de 12 bouteilles ..	40 fr.
— — de 24 — ..	75 fr.
— — de 50 — ..	150 fr.

Ces prix s'entendent pris entrepôt Havre. — Adresser les demandes accompagnées de leur montant.

Délicieux **Vin Muscat Vieux** tonique et réconfortant venant directement de la propriété, garanti authentique, offert en prime à nos abonnés à raison de 1 fr. 25 le litre logé en fûts de 25 à 35 litres. Fûts perdus.

Adresser les commandes au Bureau du Journal, 10 bis, rue Piccini, Paris.

Porte-pantalon hygiénique, breveté S. G. D. G. de P.-B. Noël. Prix de faveur pour nos lecteurs. Pour hommes, jeunes gens et enfants de dix ans franco 4 fr.; pour femmes et fillettes, 4 fr. 50

Toute commande doit être strictement accompagné d'un mandat-poste représentant la valeur de l'expédition.

BONDE le cent, 25 fr., les cinquante 13 fr. les vingt-cinq 7 fr. Au-dessous de 25 bondes 0 fr. 30. Le tout franco de port.

Indiquer le diamètre de chaque bonde.

Purificateur d'air pour tonneaux, l'un 4 50 franco gare.

Moyennant un supplément de 0 fr. 40, nous joindrons à l'envoi une mèche à percer de calibre et moyennant 0 fr. 10 en plus, une mèche soufrée.

Adresser les demandes accompagnées du montant 10 bis, rue Piccini, à Paris.

Nous rappelons que toute demande de prime est considérée comme un engagement de renouveler l'abonnement à son échéance.

Le Gérant : E. Gambart.

IMP. SPÉC. RICHE, 8, RUE CAMPAGNE-1re PARIS

Ouvrages de l'abbé Ouvray.

CURÉ DE SAINT-OUEN

par Vendôme (Loir-et-Cher).

LAURÉAT DE LA SOCIÉTÉ DES AGRICULTEURS DE FRANCE, CONFÉRENCIER AGRICOLE A L'INSTITUT CATHOLIQUE DE PARIS.

1o *Manuel d'arboriculture*, 6e édition, 2 fr. 50 franco.
2o *Maladies et hygiène des vins*, 0 fr. 55 franco,
3o *Alimentation des végétaux et emploi raisonné des engrais*, 1 fr. 50 franco.
4o *Manuel de vinification et de distillation. Les Levures. Le Vinaigre*, 1 fr. 35 franco.
5o Les *ferments de la terre* (Conférence à l'Institut catholique de Paris), 0 fr. 55 franco.

Les cinq ouvrages réunis, 5 fr. 50 franco.

Chez l'auteur à Saint-Ouen, par Vendôme (Loir-et-Cher).

Ouvrages de MM. CRÉPEAUX

En vente aux bureaux de la *Gazette*

La Culture électrique	1 50
Manuel vétérinaire pratique du cultivateur	1 »
Almanach de la France rurale pour 1896	» 60
L'Année agricole et agronomique pour 1895	3 50
La Culture du Blé, par M. Fleury-Berger	1 »

VINS DE SAINT-ÉMILION

Vins classés, de 800 à 250 francs la barrique de 225 litres. — Moitié prix pour la barrique de 112 litres.

Vins grands ordinaires, de 140, 125, 105, 100 francs la barrique — 80, 75, 70, 65, 58, 55 francs, la demi-barrique. — Rendu franco en gare et régie, sauf octroi.

Adresser commandes à M. DUPLESSIS-FOURCAUD, à **Saint-Émilion**. — Envoi de prix courants et échantillons sur demande affranchie.

Médailles d'Or, Paris, 1867 et 1889 — Moscou 1891 — Besançon, Montluçon, Royan, etc.

CHEVAUX BOITEUX

Guérison par le spécifique BORNET

Contre **Capelets, Mollettes, Vessigons, Eponges, Exostoses, Suros, Eparvins** et les **Formes** à leur début. (*Il s'applique également à toutes les tares molles et osseuses.*)

PRÉPARÉ PAR **A. BORNET**
Pharmacien de 1re classe, ex-interne et lauréat des hôpitaux.

19, rue de Bourgogne, PARIS.

Le flacon, 5 fr., à la pharmacie ; en gare par colis postal, 6 fr. contre mandat.

Le moment favorable au transport des vins étant revenu, nous rappelons à nos lecteurs que tous ceux d'entre eux qui, sur nos conseils, et depuis cinq ans, consomment les vins de M. Vincent Ardura, vigneron, domaine de la Chapelle-Frédignac, par Blaye-Bordeaux n'ont qu'à se louer de la qualité et de la conservation de ce Bordeaux absolument naturel, expédié sans intermédiaire.

Pour dégustation sérieuse, envoi gratuit est fait d'une bouteille de la récolte désignée.

L'encaissement est fait par le facteur, à 30 jours, escompte 2 0/0, ou 90 jours.

Vendanges : 1893, à 130 fr., 1892-91, à 150 fr.; 1890-89, à 175 fr., 1887, à 200 fr., 1885, à 220 fr., 1884, à 240 fr., 1882, à 250 fr., 1881, à 300 fr. — Graves blancs vieux : 130, 150, 200, 250, 300 fr., suivant âge, les 225 litres collés, soutirés, franco de port et de fût en gare d'arrivée.

SOCIÉTÉ GÉNÉRALE

Pour favoriser le développement du Commerce et de l'industrie en France.

Société anonyme fondée suivant décret du 4 mai 1861.

CAPITAL : 120 MILLIONS DE FRANCS

Siège social, 54 et 56, rue de Provence, à Paris

Toutes opérations de Banque, notamment :
Dépôts de fonds en compte ou à échéance fixe,
Escompte et Encaissement d'Effets de commerce;
Ordres de Bourse en France et à l'Etranger;
Coupons; — Avances et Opérations sur Titres
Souscriptions; — Garde de Titres;
Garantie contre le remboursemen au pair et les risques de non-vérification des tirages;
Lettres de crédit;
Envois de Fonds; — (France et Etranger)

LOCATION DE COFFRES-FORTS

offrant toute sécurité pour la garde des titres, bijoux et autres objets précieux (compartiments depuis 5 fr. par mois.

La Société a 285 agences et bureaux en France 1 agence à Londres, et des correspondants sur toutes les places de France et de l'Etranger.

Champagne Mercier

Champagne Mercier

LES BONS DE L'EXPOSITION DE 1900

Délivrés aux guichets des grands Établissements de crédit, les Bons de 20 francs de l'Exposition de 1900 participent à de nombreux tirages de lots jusqu'au mois d'octobre 1900. Les gros lots sont de **500.000** francs et **100.000** francs.

Le nombre total des Lots est de 4.313 pour

6.000.000 DE FRANCS

En outre, les Bons donnent droit :
1o *A la délivrance gratuite de 20 tickets d'entrée de 1 franc chacun;*
2o *A des réductions importantes de prix sur les chemins de fer et bateaux pour venir à Paris pendant l'Exposition, ou, au choix des porteurs, à des réductions de prix dans les spectacles qui seront concédés à l'intérieur de l'Exposition.*

Ces avantages représentent, à eux seuls, beaucoup plus que le prix à débourser pour l'achat d'un Bon.

Il importe de ne pas attendre au dernier moment pour se procurer les Bons que l'on désire ; outre que l'on se priverait ainsi des chances des tirages en cours, on s'exposerait à payer plus cher par suite de l'absorption rapide des Bons encore disponibles,

L'Exposition de 1900 doit prendre, on le sait, des proportions beaucoup plus considérables que celles des Expositions précédentes et il paraît certain que les tickets à délivrer aux porteurs de Bons trouveront leur emploi pour la totalité. On prévoit même que le nombre des entrées sera largement supérieur à celui des tickets émis.

EXCELLENT DÉSINFECTANT

POUR LES FUTS A VIN, CIDRE, BIÈRE, ETC.

Prix de faveur pour nos lecteurs

Sur notre demande, M. Molty, père, l'inventeur, a consenti à en mettre de petites quantités pour essais à la disposition de nos lecteurs.

10 litres franco gare. 10 fr.

Adresser les demandes à M. Crépeaux, rue Piccini, 10 bis, Paris.

SELS POUR L'AGRICULTURE

Nourriture du bétail et Engrais des terres

Sel neuf dénaturé, au tourteau de colza. 45 f. 1.000k.
Sel neuf dénaturé, au peroxyde de fer. 40 f. 1.000k
Sel de morue pur. .... 35 f. 1.000k.

Expéditions de Fécamp, Bordeaux et St-Malo.

S'adresser à MM A. LE BORGNE et ses Fils, négociants-armateurs, à Fécamp.

P. MARCHAND Frères
à DUNKERQUE (Nord)

FABRIQUE SPÉCIALE DE TOURTEAUX
DE COTON DE GRAINES D'ÉGYPTE
pour Nourriture et Engraissement du Bétail

GRAND PRIX A L'EXPOSITION UNIVERSELLE DE 1889

Nous appelons l'attention des nourrisseurs et des éleveurs sur les tourteaux de Coton de graines d'Egypte. C'est un produit excellent pour les vaches laitières, les bœufs à l'engrais et les moutons. — Nos tourteaux de Coton sont complètement débarrassés de la bourre qui enveloppe la graine et contiennent la même quantité de matières nutritives et grasses que les meilleurs tourteaux de lin. — Nos tourteaux de Coton forment l'aliment le meilleur et le plus avantageux en raison de leur prix excessivement bas.

S'adresser pour Renseignements et Prix à MM. P. MARCHAND Frères, à Dunkerque (Nord), ou à leurs Représentants.

VÉRITABLE PHOSPHATE ALIMENTAIRE
assimilable

Elevage et Développemement rapide de tous les Animaux domestiques

Effets remarquables obtenus par des Eleveurs émérites sur les POULAINS, VEAUX, PORCS, etc. Très appréciés pour les *Animaux de Courses et de Concours*

Prix : **11 fr. 25** les 5 kilog., et **20 fr.** les 10 kilog., sacs plombés (gare Amiens).

Phosphates spéciaux *pour* **Volailles, Chiens, Lapins, Faisans,** *etc.*
Boîte d'essai, franco 3 fr. 25 le kilo, et prix précédents pour 5 et 10 kilos.

H. SALMON, Chimiste-Agronome à AMIENS.

BAINS-BUANDERIES
Baignoires. — Chauffe-Bains. — Douches. — Appareils de lessivage,
système GASTON BOZÉRIAN.
CHAUDRONNERIE, TOLERIE, *etc.* — ENVOI FRANCO DE CATALOGUES.

DELAROCHE aîné, 22, rue Bertrand, Paris

PHOSPHATE FOSSILE DE QUIÉVY-NORD
le plus assimilable de tous les phosphates connus

GARANTI PUR DE MÉLANGE AVEC TOUT AUTRE PHOSPHATE
Ce qui, du reste, ne pourrait que diminuer son assimilabilité.

EXTRACTION DU GISEMENT ET USINE A QUIÉVY

Propriétaire-Extracteur : C. LECLERCQ
Bureaux à Viesly (Nord).

COMPOSITION MOYENNE		ASSIMILABILITÉ RELATIVE (méth. Joulie).
		Solubilité dans l'oxalate d'ammoniaque.
Acide phosphorique....	12 » à 16 » 0/0	Phosphate de **Quiévy**....... 82 29 0/0
Potasse.........	0 45 à 2 77 0/0	— de la Meuse....... 51 95 0/0
Chaux.............	19 05 à 31 » 0/0	— de Pernes........ 47 87 0/0
Magnésie..........	0 58 à 3 80 0/0	— des Ardennes...... 46 43 0/0
Matières organiques azotées .	1 80 à 3 45 0/0	— de la Somme (moy.).. 44 53 0/0
		— de Ciply......... 34 57 0/0

Titre garanti en acide phosphorique : **13 à 15 0/0.**

LIVRAISON : EN POUDRE IMPALPABLE EN SACS PLOMBÉS, MIS SUR WAGON GARE **QUIÉVY-en-CAMBRÉSIS**
Prix : **3 fr. 80** les 100 kilos, sacs perdus, 30 jours, 2 0/0 ou 90 jours net.

NOTA. — Les acheteurs qui désirent employer le **véritable Phosphate de Quiévy** pur et garanti d'origine doivent exiger que les sacs portent la Marque (**Au Poisson fossile**) et la Firme : **M. LECLERCQ,** seul exploitant à Quiévy (Nord).

FROMENTINE
Marque déposée B. S.G.D.G.

Produit pour l'alimentation économique, saine et rationnelle du bétail, provenant en grande partie des issues de la mouture de blé.

DIVERSES MARQUES

Demander celle en raison du but poursuivi

Marque A pour l'engraissement égal à celui au tourteau de lin, le remplacement de l'avoine, production d'un lait de qualité supérieure.
Marque B pour le bon entretien du bétail.
Marque J développement rapide des jeunes bêtes.
Marque L surproduction du lait.
Marque E engraissement rapide.

Ecrire à M. Armand MILLOT
Moulins Saint-Martin
Saint-Quentin (Aisne.)

Eugène de MASQUARD
PROPRIÉTAIRE-VITICULTEUR, Château de la Cascade
SAINT-CÉSAIRE-LES-NIMES (Gard)

Vins garantis naturels, rouges et blancs, depuis 75 fr. la pièce de 220 litres jusqu'à 100 francs, selon qualité, prise en gare de St-Césaire (Gard), fût perdu.
Ces vins ont été médaillés à toutes les expositions où ils ont figuré.
Récoltés sur des coteaux et des terrains secs, les vins de Saint-Césaire, l'un des meilleurs crus du Gard, se conservent parfaitement sans être plâtrés.
Envoi franco de prix courants et échantillons

Plus de Pourriture
PAR L'EMPLOI DU
CARBONYLE

qui assure au bois une durée **triple** en lui donnant une belle teinte brune; 1 kilog. remplace 10 kilog. de Goudron. — Produit de grande utilité dans l'agriculture; est recommandé et utilisé par les syndicats agricoles. — Dans votre intérêt, **demandez le prospectus** avec attestations d'expériences de **dix ans**

Société française du « CARBONYLE ».
188-190, *Faubourg Saint-Denis, Paris.*
(N. B.) Seule maison spéciale pour la fabrication et la vente de ce genre de produit.

DISTILLATION CONTINUE
ALAMBIC
Système A. ESTÈVE

F. BESNARD
PÈRE, FILS ET GENDRES

28, rue Geoffroy-Lasnier

PARIS

Envoi franco du Catalogue sur demande

L'URBAINE
Compagnie anonyme d'Assurances à primes
fixes contre l'INCENDIE
FONDÉE EN 1838

CINQUANTE-NEUVIEME ANNÉE

CAPITAL : 5 MILLIONS — GARANTIES : 70 MILLIONS
SINISTRES PAYÉS DEPUIS L'ORIGINE : 132.000.000 FRANCS

PARIS — 8 et 10, rue Le Peletier

ASPERGE GÉANTE
ROYALE DE FRANCE
(RACE D'ARGENTEUIL PERFECTIONNÉE)

Demander la *Méthode de Culture* et prix courant
(gratis et franco), à M. WILLIAM FOURCINE,
directeur des pépinières royales de Dreux (Eure-et-
Loir). Médailles et diplômes de première classe.

Etablissement Glaser
AVENUE NIEL, 9, PARIS

LOCATION DE CHEVAUX
de Selle et d'Attelage

*pour les Chasses, la Promenade,
la Campagne*

PENSION DE CHEVAUX
en Boxes et Stalles.

Insecticide-Préservateur
FERTILISANT
DESGOUTTES

La Boîte de 10 kilog., pour essais, **10 fr.**
franco toutes gares (por et emballage compris).

*Adresser les demandes, accompagnées d'un
mandat, 10 bis, rue Piccini, Paris.*

VIN PUR COTES 1re QUALITÉ
Vieux, nouveau garanti sur facture

Récolté par FELIX LAU, propriétaire-viticulteur
à Caussiniojouls (Hérault).

Nouveau, 35 fr. l'hect. logé sur gare Faugères

POUVEUSES
ÉLEVEUSES
VOLAILLES
ŒUFS à couver

VOITELLIER
à MANTES et à PARIS

4, PLACE DU THÉÂTRE FRANÇAIS
PRIX COURANT FRANCO
GRAND CATALOGUE ILLUSTRÉ, 0.60

POUDRE DELARBRE
Plus de CHEVAUX POUSSIFS
Guérison de la POUSSE,
Toux, Bronchite et Gourme
La Boîte de 20 Doses : 3 francs
G. DELARBRE, AUBUSSON (Creuse)

Maison de Vente & d'Expédition à Aubusson (Creuse) G. DELARBRE
A Paris & en province, chez tous les Droguistes & Pharmaciens

---

MACHINES AGRICOLES
A. BAJAC
à LIANCOURT (Oise)

CHARRUES-BRABANTS

MATÉRIELS pour toutes Cultures

NOUVELLE BAISSE DE PRIX
PHOSPHO-GUANO COMPANY, LIMITED
LEFEBVRE FRÈRES, Consignataires généraux
PARIS - 60, RUE DE BONDY - PARIS

PHOSPHO-GUANO
SEUL VÉRITABLE — IMPORTÉ DEPUIS 1863

Superphosphate Ornithos — Superphosphate Chilton — Superphosphate 10 degrés

Osso-Guano, Engrais complet Rhizome. Engrais Surazoté L. F.

La qualité et les dosages de tous ces engrais sont invariables et garantis.
L'acide phosphorique qu'ils renferment étant complètement **soluble
dans l'eau** a une valeur fertilisante très supérieure à celui des engrais et superphosphates dont l'acide phosphorique, soluble **seulement** dans le citrate d'ammoniaque, reste insoluble dans l'eau. Il n'y a de garanties sérieuses que celles des
dosages exprimés séparément en acide phosphorique **soluble dans l'eau** et en
acide phosphorique, **insoluble dans l'eau.**
Envoi franco sur demande de brochures indiquant les dosages garantis et les prix.
Dépôts dans tous les principaux centres agricoles.

UNION AGRICOLE DE FRANCE
Société Anonyme au Capital de 1.100.000 Francs. — Siège Social : 18, Boulevard des Capucines, Paris.
SIÈGE COMMERCIAL PRINCIPAL : 72-74, Rue Saint-Denis, PARIS

Vente à la Commission
et en toute loyauté
DE
DENRÉES AGRICOLES
de toutes sortes
et de toutes provenance.

Fourniture Directe
et livraison à domicile
AUX
ÉPICIERS, FRUITIERS
Restaurants, Hôtels, Pensionnats et
Établissements privés importants.

Renseignements détaillés sur demande au Siège Social.

MALADIES DU BÉTAIL
ET DE LA VOLAILLE
Leur traitement préventif et curatif
PAR L'ACIDE SALICYLIQUE

L'acide salicylique, employé dans la
nourriture à la dose de 1/2 à 1 gramme
par jour et par tête de bétail, est le meilleur préservatif des maladies qui procèdent par contagion : Sang de rate, Cocotte,
Maladie aphteuse, Erysipèle, Typhus,
Morve, Variole et le Rouget des porcs, etc.
DES ATTESTATIONS NOMBREUSES DE GUÉ-
RISONS obtenues pour la Cocotte et le
Rouget des porcs ont été reproduites
dans le journal *l'Agriculture.*
La désinfection des étables, des écuries, se fait instantanément au moyen
d'un arrosage d'eau salicylée à 2 gram-
mes par litre.
S'adresser à M. CERCKEL, adminis-
trateur de la *Compagnie de produits anti-
septiques*, 26, rue Bergère, Paris.
Envoi sur demande de Prospectus et
Brochures.
PRIX DU KIL., 25 fr. BOITE DE MÉNAGE, 2 fr.

ALIMENTATION DU BÉTAIL
Tourteaux de Coprah ou Coco
F. TASSY, E. ROCCA ET Cie
Fabricants d'huiles (producteurs directs
de Tourteaux)
23, RUE HAXO, MARSEILLE
Deux médailles d'or, Anvers 1894
Envoi de Prix-Courants et Échantillons sur demande.

ANEMIE CHLOROSE, FAIBLESSE **FER QUEVENNE** le VRAI
Guéries par le
Seul approuvé p^r l'Académie de Médecine, Paris, 14, r. Beaux-Arts, not.œ l^e

PRÉSERVEZ VOS ANIMAUX DOMESTIQUES
de toutes les Épizooties et Maladies contagieuses par
la Désinfection des Écuries, Étables, Porcheries
PAR LE

CRÉSYL-JEYES

Désinfectant — Antiseptique, le seul (non
toxique), qui soit d'une efficacité scientifiquement démontrée. Le CRÉSYL-JEYES a été récompensé par la Société des Agriculteurs de France
en 1891 d'une Médaille d'argent grand module.
Envoi franco sur demande du prospectus détaillé. —
CRÉSYL-JEYES, 35, Rue des Francs-Bourgeois, 35, Paris.
Se méfier des nombreuses contrefaçons.

M. RECOURAT, pharmacien à Beauvais.
Gale des moutons guérie radicalement
par *une seule application* de l'ANTIPSORIQUE.
La bouteille, 3 fr.; la 1/2 bouteille, 1 fr. 75.
Guérison du PIÉTIN par *un seul pansement*
avec le CONTRE-PIÉTIN-RECOURAT.
Le pot d'essai, 1 fr. 50; le pot, 2 fr. 50.
Joindre 0 fr. 60 pour recevoir *franco* et
indiquer gare

Machines Agricoles Françaises

MAISON ALBARET

O. ✻ . O. M. A. ✠
Breveté
S. G. D. G)

Veuve ALBARET et G. LEFÈBVRE, Succr

ATELIERS DE CONSTRUCTION ET ADMINISTRATION
A RANTIGNY-LIANCOURT (Oise)

Bureaux et Magasins :
9, Rue du Louvre, PARIS

LOCOMOBILES, MACHINES DEMI-FIXES, MOTEURS A PÉTROLE
BATTEUSES PORTATIVES ET FIXES — MANÈGES

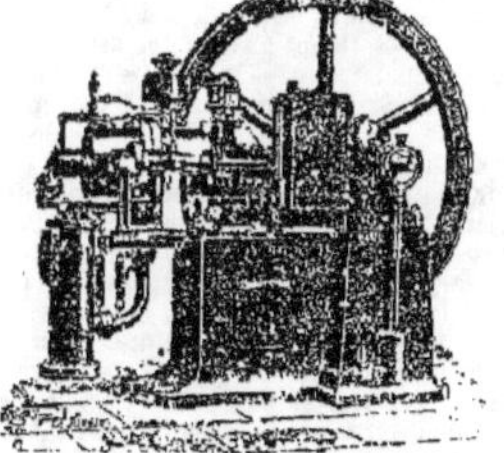

HACHE-MAÏS — HACHE-PAILLE   **PRESSES A FOURRAGES**

FAUCHEUSES, MOISSONNEUSES & LIEUSES
RATEAUX, FANEUSES
Semoirs en Lignes — Semoirs à Engrais — Concasseurs — Aplatisseurs

INSTRUMENTS D'AGRICULTURE — INSTRUMENTS DE PESAGE
Grand Prix, **Lyon 1894**. — Grand Prix, **Anvers 1894**. — Grand Prix, **Bordeaux 1895**
Beauvais 1895, Diplôme d'Honneur
Tunis 1895, Premier Prix, Médaille d'Or
49 Diplômes d'Honneur et d'Excellence — 226 Médailles d'Or — 194 Médailles d'Argent

SUCCURSALES :
Saint-Quentin, Chartres, Abbeville, Cambrai, Dax, Lyon, Alger
Envoi franco sur demande des Catalogues illustrés.

17e Année. — N° 45.   LE NUMÉRO. 10 CENTIMES.   Dimanche 8 Novembre 1896

GAZETTE AGRICOLE

JOURNAL HEBDOMADAIRE, PARAISSANT LE DIMANCHE

Fondateur : M. CH. GOSSIN, Professeur d'Agriculture à l'Institut agricole de Beauvais

PRIX DE L'ABONNEMENT

UN AN, **5** fr. — SIX MOIS, **3** fr. — TROIS MOIS, **2** fr. **25**

Pour l'Étranger les abonnements ne sont reçus que pour un an, au prix de 6 francs, et ne partent que du 1er JANVIER ou du 1er JUILLET de chaque année.

Le Numéro : **10** centimes.

Adresser toute la correspondance : mandats, lettres, annonces etc., à M. CRÉPEAUX, Directeur de la *Gazette agricole* 10 bis, rue Piccini, Paris.

Toute demande de changement d'adresse doit être accompagnée de 50 centimes et de la dernière bande du journal.

BUREAUX

97, rue de Rennes, Paris, et à **Beauvais**, rue Saint-Étienne.

Les abonnements partent du 1er de chaque mois et sont payables d'avance. Toute demande d'abonnement doit donc être accompagnée du prix de l'abonnement. (Le mode de payement plus simple est l'envoi d'un mandat-poste.)

Donner *très lisiblement*, en s'abonnant, son nom et son adresse exacte, *avec l'indication du bureau de poste*; et, s'il s'agit d'une continuation d'abonnement, joindre au renouvellement la dernière bande d'adresse du journal

Les Annonces sont reçues à la Direction du Journal, et chez MM. DUSSERIS et MATHELLON, 97, rue de Rennes Paris.

Sommaire :

BULLETIN COMMERCIAL

Paris, le 4 novembre 1896.

Les plaintes sont de plus en plus vives au sujet du retard apporté dans les semailles par le mauvais temps; et il est à peu près certain maintenant qu'une partie des travaux devra être reportée après l'hiver.

Les marchés tenus samedi dernier ont été fortement contrariés par le mauvais temps ; les affaires ont été généralement calmes et les prix ont à peine varié, mais dénotaient toutefois de la fermeté.

Le blé vaut à New-York les 100 kilos 16 francs ce qui établit le prix de revient en port français à plus de 25 francs le quintal.

BOURSE DU COMMERCE DU MERCREDI 4 NOVEMBRE

	FARINES	BLÉS
Courant	43 65	21 40
Prochain	44 25	21 50
Nov.-Déc.	» »	» »
4 de nov.	44 70	20 60
4 premiers	45 75	21 75

Marque de Corbeil : 47 fr. le sac de 150 kil. toile à rendre.

Halle aux blés. — *Blés indigènes.* — Les acheteurs sont nombreux, mais il y a moins de vendeurs qu'au marché précédent, la culture étant retenue dehors par les travaux des champs, les prix payés dénotent une hausse de 0,50 à 1 franc sur les cours d'il y a huit jours, la tendance est ferme. On cote : roux, 20,50 à 20,75; blancs, 20 à 21,75 les 100 kilos nets gare d'arrivée Paris.

Blés étrangers. — Sans affaires.

Seigles. — Toujours peu d'affaires, les offres sont un peu plus suivies, mais les cours actuels entravent les demandes pour l'exportation. On cote de 13,50 à 14 fr. les 100 kilos nets gare d'arrivée Paris.

Escourgeons. — Affaires toujours fort calmes et prix difficiles à établir; on cote de 16,50 à 17 les 100 kil. nets, gare d'arrivée Paris.

Orges. — Offres plus suivies, prix sans variation. On cote les provenances de l'Ouest de 16,25 à 16,75 et celles de la Beauce de 16,50 à 17 fr. les 100 kilos nets, gare d'arrivée Paris.

Sucres. — Le marché est lourd sur le beau temps, les offres sont suivies et les prix sont en baisse de 12 centimes.

Raffinés 98,50 à 99, roux 88° 25 à .

Marché de la Chapelle. — Marché assez bien approvisionné.

On cote : paille de blé 1re qté 31 à 33 fr., 2e qté 29 à 31 fr., 3e qté 26 à 29 fr.; paille de seigle 1re qté 32 à 34 fr., 2e qté 30 à 32 fr., 3e qté 28 à 30 ; paille d'avoine 1re qté 31 à 33 fr., 2e qté 29 à 31 fr., 3e qté 25 à 29 ; foin nouveau 1re qté 60 à 62 fr., 2e qté 57 à 60 fr., 3e qté 54 à 57 fr. ; foin vieux 1re qté 59 à 61 fr., 2e qté 55 à 59 fr.; 3e qté 51 à 55 fr.; luzerne nouvelle 1re qté, 54 à 62 fr., 2e qté 57 à 60 fr., 3e qté 51 à 57 fr. ; regain nouveau 1re qté 60 à 62 fr., 2e qté 57 à 60 fr., 3e qté 54 à 57 fr.

Le tout rendu dans Paris, au domicile de l'acheteur, frais de camionnage et droits d'entrée compris par 104 bottes de 5 kil., savoir : 6 fr. pour foin et fourrages secs; 2 fr. 40 pour paille. Pourboire 1 fr. par 100 bottes.

Fourrages et pailles en gare. — Affaires calmes et prix sans variation. Les belles pailles de Brie valent de 20 à 22 fr.; et les sortes ordinaires de toutes provenances de 18 à 19.

La paille de seigle manque : elle vaut de 18 à 20 fr.

La paille d'avoine doit être vue entre 15 et 18 fr.

On cote sur wagon, par 520 kilogr., en gare d'arrivée à Paris :

Foin nouveau	43 à 45
Luzerne première qualité	42 à 44
Paille de blé	20 à 22
— de seigle pour l'industrie	24 à 26
— — ordinaire	20 à 22
— d'avoine	18 à 20

Pour les marchandises en gare, les frais de déchargement, d'octroi et de camionnage sont à la charge de l'acheteur.

FRUITS

Figues	1 à 1 25
Poires communes	12 à 30
Raisins d'Algérie, les 100 kilos	70 à 80
Amandes, 2e choix	45 à 75
Noisettes	60 à 80
Citrons, la caisse de 420/490	30 à 32
Noix	50 à 55

POMMES DE TERRE

Hollande (100 kil.)	10 » à 11 »
Roses-Early	4 » à 5 »
Magnum-Bonum	5 » à 6 »
Rondes	6 » à 7 »

LÉGUMES

Choux, le cent	4 à 10
Choux-fleurs suivant grosseur	8 à 30
Artichauts de Paris	10 à 22
— de Bretagne	8 à 10
— d'Angers	28 à 35
Tomates	10 à 20
Haricots flageolets	10 à 16
— beurre	20 à 25
Haricots verts de Paris	30 à 30
Melons, la pièce	60 à 2 50
Cornichons moyens	40 à 55

LINS. — Les 100 kilogr. — *Marché de Lille.*

	Communs	Ordin.	Supér.
Alost.	148 à 153	154 à 157	161 à 166
Bergues.	150 à 158	161 à 168	173 à 182

Marché aux chevaux, 4 Novembre

Gros trait de 300 à 1.300	Boucherie de 65 à 225
Selle et tr. 200 à 1.100	Anes.... de 45 à 130
léger . de 150 à 1.150	Chèvres. . de à
H. d'âge de 150 à 380	

AMENÉS

Chevaux, 359 — Anes, 11 — Chèvres, 0
Voitures 95, de 35 à 600.

ENCHÈRES

Chevaux amenés, 12.
Vendus, 8 de 95 à 350.

Prix moyen aux 100 kilog. des CÉRÉALES dans les Départements.

		BLÉ	SEIGLE	ORGE	AVOINE
Rég. du Nord-Ouest	Caen	19 65	10 50	14 25	14 50
	Lannion	19 65	10 50	14 00	14 50
	Morlaix	19 80	11 00	13 50	13 00
	Rennes	19 00	10 50	13 75	13 75
	Avranches	19 75	11 50	14 00	15 00
	Laval	19 50	11 00	14 00	14 00
	Lorient	19 25	11 00	14 00	13 50
	Alençon	19 40	10 50	13 00	14 00
	Le Mans	19 60	10 20	14 25	15 75
Région du Nord	Soissons	19 25	10 75	»	14 75
	Evreux	19 50	10 75	14 00	15 00
	Chartres	19 60	11 00	14 00	16 00
	Lille	19 05	10 50	14 25	15 50
	Compiègne	19 70	11 00	15 00	15 00
	Beauvais	19 70	11 50	15 00	16 00
	Arras	19 00	10 50	14 00	15 00
	Paris	21 50	11 00	15 50	15 50
	Versailles	20 00	11 00	15 50	16 50
	Rouen	20 60	10 50	15 00	16 50
	Amiens	20 00	11 00	16 00	17 00
Rég. du N.-E.	Mézières	19 60	10 50	14 00	15 00
	Nogent-s-Seine	19 20	11 00	15 00	15 00
	Châlons-sur-Marne	19 50	10 00	14 00	15 00
	Langres	19 00	11 00	14 00	13 50
	Nancy	19 80	11 00	15 00	15 50
	Bar-le-Duc	19 00	11 50	15 75	15 00
	Neufchâteau	19 60	10 50	14 00	15 50
Région de l'Ouest	Ruffec	19 35	10 00	14 00	14 00
	Marans	19 00	10 50	14 00	14 00
	Niort	19 85	10 25	14 00	15 00
	Tours	19 85	10 25	14 00	15 00
	Nantes	19 80	11 00	14 00	15 00
	Angers	19 00	11 50	14 00	14 50
	Luçon	18 65	10 50	14 00	14 00
	Poitiers	19 50	10 50	14 00	»
	Limoges	19 00	10 50	»	15 00
Région du Centre	Moulins	19 50	11 00	14 50	14 25
	Bourges	19 00	10 75	14 75	14 00
	Aubusson	19 50	10 75	14 00	14 00
	Châteauroux	19 70	11 50	15 00	14 00
	Orléans	19 85	11 00	14 00	14 50
	Blois	19 00	10 50	15 00	15 50
	Nevers	19 70	10 50	14 50	16 00
	Clermont Ferr.	19 60	10 25	14 25	16 00
	Sens	19 50	10 25	15 00	15 00
Région de l'Est	Bourg	19 10	10 50	14 00	15 50
	Dijon	19 20	11 50	15 00	15 00
	Besançon	19 60	11 50	14 00	14 50
	Grenoble	19 70	10 50	13 50	14 25
	Dôle	19 00	11 00	14 25	15 00
	Saint-Etienne	19 25	11 00	14 00	15 50
	Lyon	19 00	10 50	14 50	16 00
	Mâcon	19 20	13 00	14 00	16 50
	Vesoul	19 10	11 00	»	14 25
	Chambéry	19 00	10 25	»	15 00
	Annecy	19 00	»	»	15 00
du Sud-Ouest	Pamiers	19 75	11 00	»	15 00
	Périgueux	19 00	11 25	14 00	15 00
	Toulouse	19 00	12 00	14 50	15 50
	Auch	19 00	11 50	14 50	15 50
	Bordeaux	19 25	11 50	14 25	15 00
	Dax	19 50	11 25	14 00	15 50
	Agen	19 25	12 00	15 00	15 00
	Bayonne	19 00	12 00	15 00	15 25
	Tarbes	19 50	11 00	»	»
Région du Sud	Carcassonne	19 00	12 00	14 00	16 00
	Rodez	19 00	12 00	14 00	16 00
	Mauriac	19 50	11 00	»	15 75
	Tulle	19 80	11 00	»	15 50
	Montpellier	19 95	11 25	»	15 00
	Figeac	19 50	10 50	14 00	15 00
	Mende	18 85	11 00	14 25	15 50
	Perpignan	19 25	11 00	14 50	15 25
	Albi	18 50	11 00	14 75	15 00
	Montauban	19 00	10 00	15 00	16 00
Région du Sud-Est	Gap	19 25	11 25	15 00	16 00
	Manosque	19 75	11 00	14 75	15 00
	Nice	19 50	11 25	14 00	16 00
	Privas	19 90	11 50	14 00	16 00
	Arles	19 75	11 50	14 50	15 50
	Montélimar	19 00	11 50	14 50	15 50
	Nîmes	19 50	12 00	14 00	17 00
	Le Puy	19 50	12 00	15 00	15 50
	Draguignan	19 50	12 00	14 00	16 00
	Avignon	20 25	13 25	14 00	17 00

Tourteaux. — Cours de la maison P. Marchand frères, à Dunkerque (Nord):

TOURTEAUX A NOURRIR

	Dispon.	A livrer.
Coton de graines d'Egypte	9 50	9 50
Sésame blanc	13 00	13 50
Arachide décortiquée	16 50	15 50
Colza à nourrir	12 00	10 50
Colza du pays	12 75	11 25
Œillette du Levant	10 50	10 »»
Œillette blanche de Turquie	11 00	11 25
Lin 1re qual. de Bombay g. form.	14 75	14 50
Lin 1re qual. de Bombay p. form.	15 00	15 25

TOURTEAUX-ENGRAIS

	Dispon.	A livrer.
Arachide décortiquée	15 00	15 00
Cameline	»» »»	»» »»
Colza des Indes en poudre	»» »»	»» »»
Colza ravison	9 00	8 00
Colza jaune Gutzerat	11 50	12 00
Kurrachée	»» »»	»» »»
Niger	»» »»	»» »»
Pavot	10 50	9 75
Sésame, blanc	10 25	10 25
Sésame noir	»» »»	»» »»
Coton en farine	9 00	9 00

Nos prix s'entendent pour tourteaux en planches, rendus en gare de Dunkerque.

Paiement à 30 jours ou à terme plus éloigné suivant convention expresse.

Le concassage se paie 0 fr. 25 et la mise en poudre 0 fr. 40 aux 100 kilos. Dans ce cas, les sacs sont facturés 0 fr. 35 pièce, et repris au prix de facture, quand ils sont rendus en bon état et franco, dans les 30 jours de l'expédition.

FROMENTINE :

	100 kil.
Marque A	12 50
Marque B	13 50
Marque J	14 »
Marque L	14 50
Marque E	15 00

Les 100 kilogs sur wagon St-Quentin, sac à retourner ou à facturer.

BEURRES. (le kilogr.).

BEURRES EN MOTTES			BEURRES EN LIVRE		
Isigny extra,	5 00	6.70	Bourgogne	1.80	2.20
— demi-fin	3.60	4.00	Gâtinais	2.00	2.50
M. d'Isigny	3 10	2.7	Vendôme	1.80	2.50
du Gâtinais	2.00	2.40	Beaugency	1.90	2.50
de Bretagne	1.80	2.00	Ferme	2.20	2.80
Laitiers Jura	2 00	2.50	Tours	2.00	2.50
de Charente	2.00	2.80	Le Mans	1.80	2.20
des Alpes	2.00	3.10	Touraine fausse	2.00	3.20

ŒUFS. — (le mille).

Normandie ext.	110 à 125	Bourgogne	95 à 105
Picardie —	115 à 145	Champagne	96 à 102
Brie —	100 à 115	Nivernais	92 à 96
Touraine	110 à 130	Bourbonnais	95 à 90
Beauce	112 à 120	Bretagne	88 à 92
Orne	93 à 110	Vendée	86 à 94
Picardie	98 à 110	Auvergne	85 à 88
Châtellerault	92 à 98	Midi	86 à 96

FROMAGES.

Brie hautes marq.	68	78	Roquefort	140 220
Brie gr. m. (10)	50	65	Gruyère (100 k.)	90 175
— m. m.	32	86	Coulommiers (100)	30 53
Petits Nanteuils	22	26	Gournay (100)	10 24
Brie laitiers	24	28	Livarot (le 100)	70 118
Gérardmer (100 k.)	95	100	Bourgogne (100)	70 80
Hollande	160	170	Camembert (10)	40 65
Bondons (100)	150	190	Munster (100)	125 140
Cantal	130	140	Port-Salut	150 180

VOLAILLES

Poulet Brest dit moelleux	2.25	4 50	Pigeon Macon	1.50 2.00
Poulets Nant.	2 25	4.75	Canars Nantais	2.50 3.00
Poulets Tour	2.50	4.50	Dindes Tourr.	8.00 16.00
Poulets Houdan	5.00	5.75	Oies	5.00 7.50
Pigeons d'Italie	80	1.25	Lapins dom.	2.70 3.25
			Lapins garenne	1.50 2.00

VINS — BERCY

Rouges		Blancs	
B. Bourg. vieux	140 à 155	Bordeaux	125 à 160
Touraine	105 à 115	B. Bourg	150 à 190
Bord. vieux	130 à 160	Sancerre	130 à 135
Algérie	26 à 32	Chablis	200 à 350
Cher	110 à 135	Anjou	120 à 135
Chinon	125 à 180	Pouilly	350 à 300
Narbonne	32 à 38	Vouvray	155 à 195

HOUBLONS. — Les 50 kilogr.

Alost primé	32,00 à	30,00
Bourgogne	55,00 à	40,00
Poperinghe	25,00 à	30,00
Wurtemberg	40,00 à	42,00
Altmark	75,00 à	100,00
Alsace	50,00 à	65,00

Prix des Produits Forestiers à Paris.

Bois de feu (Octroi non compris)	Falourde de pin	100 à 110	le cent.
	Bois de flot	105 à 110	le déca.
	Bois gris neuf	120 à 130	—
	Bois blanc	105 à 140	—
Bois d'œuvre (Octroi compris)	Chêne gros bois	105 à 110	le m. cube
	— moyen bois	60 à 70	—
	— petit bois	30 à 45	—
	Charme, plateaux	50 à 60	—
	Sciage Entrevoux	175 à 210	les 208 m.
	de Echantillons	220 à 230	—
	chêne. Frise	28 à 30	104 m

La suite des marchés se trouve à la *Correspondance.*

L'ANNÉE AGRICOLE ET AGRONOMIQUE
pour 1896.

Cet ouvrage dont la première édition avait été honorée de tant d'éloges vient de paraître pour la seconde fois. Nous nous sommes attachés à tenir le plus grand compte des critiques et des vœux qui nous ont été adressés. Nous croyons sincèrement que l'*Année agricole et agronomique* est maintenant conçue sur un plan définitif. C'est la revue impartiale et fidèle de tous les travaux agricoles de l'année tant en France qu'à l'étranger, qu'ils émanent des individus ou des sociétés. La classification de la table permet de trouver immédiatement les renseignements désirés sur tel ou tel objet.

Nous avons voulu doter chaque année l'agriculture nationale d'une encyclopédie aussi complète et facile à consulter que possible, si nous en croyons nos confrères, notre but est atteint, nous attendons la sanction de nos lecteurs.

Nous l'offrons en prime à nos abonnés au prix de 2 fr. 50 franco de port au lieu de 4 francs.

Ceux de nos abonnés qui désirent l'**Année agricole et agronomique** de **1895** et celle de **1896** recevront les deux volumes franco dans la gare la plus voisine contre 4 fr. 50.

Adresser les demandes à M. Crépeaux. 10 *bis*, rue Piccini, Paris.

Almanach de la France rurale pour 1897.

En vente aux bureaux de la *Gazette* : 0 60 centimes l'exemplaire *Franco.* Remises pour quantités importantes.

AVIS IMPORTANT. — Le *Goudron Guyot* (*capsules et liqueur*), connu depuis si longtemps pour la guérison de toutes les affections des bronches, de la poitrine et de la vessie, est trop souvent imité ou contrefait. Toutes ces imitations et contrefaçons, mal préparées, ne guérissent pas et sont quelquefois dangereuses. Aussi tout acheteur, qui ne veut pas être trompé, doit-il exiger et s'assurer par lui-même que le produit qu'on lui vend porte bien sur l'étiquette de chaque flacon l'adresse : Maison L. FRÈRE Paris, 19, rue Jacob, seule maison dans laquelle se fabrique le *véritable Goudron Guyot* (capsules et liqueur).

CHRONIQUE POLITIQUE

La semaine dernière, qui s'est ouverte par la rentrée des Chambres, n'a abouti que samedi dernier à la mise à l'ordre du jour d'une des lois qui préoccupent vivement le monde agricole, la loi sur les vins artificiels et sur les raisins secs. On a voté l'article premier qui prohibe la mise en vente des vins de raisins secs, puis l'amendement de M. Marcel Habert qui excepte de cette prohibition les ménages fabriquant les vins et boissons destinés à leur propre consommation.

Cette loi, très dure pour le public consommateur et qui lèse de graves intérêts, n'a pas dit son dernier mot à l'heure où nous enregistrons les deux premiers votes. Elle a encore quelques défilés assez ardus à franchir tant au Palais-Bourbon qu'au Luxembourg. Nous nous réservons de l'apprécier quand elle les aura franchis si toutefois elle n'échoue pas en route.

Mais il est trop aisé de voir dès aujourd'hui qu'elle est un expédient peu efficace pour l'intérêt viticole visé par ses promoteurs.

En donnant à cette loi la priorité sur les interpellations réclamées par les gauches, la majorité a voulu donner un gage de son zèle pour l'agriculture. Mais la politique n'y perd rien. Les interpellations n'attendront pas même la fin de la loi sur les raisins secs. Mais hâtons-nous de dire que toutes les interpellations qu'on nous annonce ne sont pas indignes de notre attention. A côté de ces interpellations qui ne sont que des chicanes de parti, comme celle de M. Jaurès sur son équipée de Carmaux, ou de M. Mirman sur les syndicats d'employés officiels, il y a des interpellations d'un intérêt palpitant, ce sont celles de M. Henry Ravarin sur les scandales intolérables de l'Algérie, celles qui concernent les massacres des Arméniens. Au Sénat, l'interpellation de M. Leprovost de Launay, sur les désastres de Madagascar, et sur la conduite du misérable résident Laroche, et sur les complicités des ministres qui l'ont soutenu jusqu'à la fin.

Nous ignorons quel sera le résultat de ces interpellations; mais dès aujourd'hui nous savons qu'elles mettront en lumière les impardonnables mobiles de la politique qui vaut tant de ruines, de hontes et de désastres à notre pauvre pays.

Pour ce qui concerne Madagascar, nous apprenons aujourd'hui que, dès son arrivée à Tananarive, le général Gallieni a vu clair dans les cartes de son misérable prédécesseur et de ses complices. Sans perdre une minute, il a mis la colonie en état de siège; il a fait fusiller les deux principaux amis du protestant Laroche, un ministre et un prince parent de la reine. En même temps, il a fait envoyer sur la rade de Majunga, les renforts nécessaires pour protéger nos postes chargés de garder la route, qu'avait dégarnis le résident Laroche. Les renforts, hélas! n'ont pu arriver assez tôt pour sauver tout le monde. Les Hovas avant de s'enfuir avaient eu le temps de massacrer quelques soldats et leur brave chef, le capitaine Garnier.

Ces faits et beaucoup d'autres démontrent que l'interpellation de M. Leprovost de Launay mérite l'attention du pays, de même que l'interpellation de M. Fleury-Ravarin sur les abus et les scandales de l'oligarchie opportuniste, maçonnique et judaïque en Algérie.

Il faudrait être singulièrement aveugle pour prétendre que le monde agricole peut se désintéresser des questions vitales qui se posent au pays dans ces interpellations. Comment le pays peut-il être indifférent aux effroyables gaspillages douaniers et aux sacrifices d'hommes dont il est la victime dans ces aventures coloniales qui ont commencé par le Tonkin, ont continué par le Dahomey pour aboutir à Madagascar. Alors que ces expéditions même conduites honnêtement et habilement étaient blâmables à raison de notre situation vis-à-vis de l'Allemagne et de la Triplice, comment ne pas s'indigner d'avoir vu ces prétendues colonnes confiées à des politiciens vaniteux, cupides, d'une incapacité cent fois constatée, et qui ont été soutenus jusqu'à la fin par nos maîtres, à l'encontre de nos chefs de l'armée, de la marine, qui dénonçaient en vain leur ignorance et leur gaspillage d'hommes et d'argent.

Comment qualifier l'état d'esprit de ces bons agriculteurs qui ont la naïveté de croire que l'on peut mener de front les économies financières et une politique de gaspillage à jet continu à l'intérieur et aux colonies.

Voilà l'état d'esprit que nous avons la douleur de constater dans la majorité du monde agricole depuis quinze ans, et nous nous demandons si cette fois du moins, en présence des ruines, des hontes, des scandales qui jettent un jour si accablant sur les dessous de cette politique le monde agricole finira par ouvrir les yeux et par comprendre que les dégrèvements et les économies dont il attend le salut de l'agriculture, ne sont que des fumisteries dont il est le complice involontaire en même temps que la victime.

Mais assez sur ce poignant sujet pour aujourd'hui. La parole est aux interpellateurs, aux ministres et ex-ministres interpellés.

Quant aux pauvres agriculteurs, ils peuvent être tranquilles sur ce qui résultera pour eux de ces débats entre deux coteries qui exploitent leur candide crédulité depuis quinze ans, et qui promettent toujours de la luzerne au pays en y semant de la cuscute.

A propos du Mérite agricole.

Nos protestations contre le galvaudage du Mérite agricole et de son exploitation comme monnaie électorale sont restées jusqu'ici sans écho dans la presse agricole. On se bornait à dire tout bas ce qu'on n'osait avouer au public.

Aujourd'hui, une voix agricole a donné le signal d'une courageuse protestation. Dieu veuille que l'exemple ait des imitateurs.

Sous ce titre *Une démission*, nous lisons dans la *Libre Parole*, les lignes suivantes :

« M. Manuel, adjoint au maire des Mées (Basses-Alpes), vient d'adresser à M. Méline sa démission de chevalier de l'Ordre du Mérite agricole.

« M. Manuel a été scandalisé par la publication à l'*Officiel* de mentions absolument mensongères à la suite des noms des nouveaux nommés ou promus.

« Les représentants les plus autorisés de l'agriculture dans notre arrondissement, dit-il, ont fait à diverses reprises des protestations énergiques; mais, soit qu'elles n'aient pas été entendues au ministère, soit que l'administration consultée ait fourni de faux renseignements, toutes ces plaintes sont demeurées vaines. Il ne me reste plus qu'à répudier cette décoration que j'avais reçue comme un honneur sans l'avoir sollicitée d'ailleurs; je me sentirais humilié de la conserver plus longtemps. »

Toutes nos félicitations au courageux agriculteur des Mées.

Puisse son exemple avoir de nombreux imitateurs.

Oh! nous ne nions pas que le Mérite agricole compte des titulaires qui l'aient mérité; ce qui nous afflige pour eux, c'est de servir de passeport à des centaines de confrères qui ne doivent ce ruban qu'à des services politiques dignes de mépris.

L'épuration du Mérite agricole est-elle possible? Elle ne peut l'être que par une réaction générale dont M. Manuel vient de tenter l'essai.

L'agriculture en Russie.

M. Yermoloff, ministre de l'agriculture en Russie, a assisté la semaine dernière à une séance de la société nationale d'agriculture, et a fait à cette occasion une intéressante communication sur l'état de l'agriculture russe et sur les services qui lui ont été rendus par la France dans ce pays. « De tous temps, a-t-il dit, les jeunes Russes ont fait leurs études dans les institutions agronomiques françaises; partout en Russie, le paysan est propriétaire de la terre qu'il cultive et l'agriculture forme l'occupation principale de la population, la base de sa richesse et de sa puissance. »

. Pour l'élevage des bestiaux, la Russie nous a emprunté la race charolaise, mais c'est surtout dans l'élevage des races chevalines qu'elle a eu recours à la France. Dans l'industrie laitière et dans la fromagerie elle lui a aussi beaucoup emprunté. Pour la betterave saccharine, c'est la betterave Vilmorin qui détient la première place et parmi les diverses variétés de pommes de terre cultivées, c'est l'espèce préconisée par M. Aimé Girard, la Richters' impérator. L'horticulture et la viticulture russes doivent également beaucoup à la France. A l'appui de sa thèse, M. Yermoloff a cité des faits et des exemples qui prouvent, une fois de plus, les liens qui existent entre les deux grandes nations.

Ces liens sont précieux, sans doute; mais ils ne doivent pas nous lier au point de sacrifier les intérêts de la production nationale française à ceux de la production russe dans notre régime douanier.

M. Yermoloff a insisté sur les effets de la grande réforme opérée par Alexandre II en 1861, qui libéra les serfs de leur servitude en leur allouant la propriété des terres qu'ils cultivaient, à la condition d'en rembourser le prix à leurs ex-seigneurs en un demi-siècle. Les paysans de la couronne obtenaient même des faveurs plus grandes.

Les domaines non encore en valeur et les forêts occupent dans l'empire russe, en Asie comme en Europe, des surfaces immenses dont la mise en valeur demandera un siècle peut-être, à mesure que s'y accroîtront les populations capables de les exploiter avec fruit.

L'émancipation des serfs, rappelons-le, suscita bien des critiques en 1861. On voit aujourd'hui que ce grand acte fut pour Alexandre II un titre de gloire, et le début d'une ère de progrès et de puissance incomparable pour l'empire russe.

On tire un enseignement fécond de cette réforme en comparant ses effets en Russie aux effets du régime barbare que subissent les fellahs en Egypte et les populations hindoues sous le régime de l'Angleterre, ajoutons et du régime odieux infligé par l'Angleterre aux paysans irlandais.

Nous aurons occasion de revenir sur ce grave sujet. Il en ressort dès aujourd'hui que si, au point de vue technique, l'agriculture russe est notre obligée, nous pouvons être les siens en matière d'économie sociale agricole.

L'élection présidentielle aux Etats-Unis.

M. Mac-Kinley, partisan de l'or et protectionniste à outrance, a été élu contre M. Bryan, partisan de l'argent, candidat des agriculteurs américains.

Les viandes d'animaux tuberculeux.

Un arrêté ministériel, rendu après avis des inspecteurs vétérinaires, porte que les viandes d'animaux tuberculeux pourront être livrées à la consommation lorsqu'elles proviendront d'animaux encore gras, et atteints seulement des premiers symptômes de la tuberculose, mais après avis favorable du vétérinaire inspecteur.

CHRONIQUE GÉNÉRALE

Les assurances agricoles officielles.

On prête à M. Méline le projet de demander une loi organisant les assurances agricoles au moyen de caisses départementales auxquelles on accorderait, pour seconder leur organisation, les sommes affectées par le budget, aux secours aux agriculteurs victimes des principaux fléaux : grêles, gelées, épizooties, etc.

On sait trop, en effet, que ces secours sont aussi déplorablement illusoires pour les secourus qu'onéreux pour les contribuables.

Nous avons dit cent fois que le problème des assurances agricoles devait être résolu au moyen des associations libres telles que celle de la Marne, et que le rôle de l'Etat à leur sujet devait se borner à protéger leur libre essor, et au besoin à les encourager par des subventions, à la place des prétendus secours illusoires qu'on distribue aux agriculteurs victimes des intempéries.

C'est dire que le projet de M. Méline ne nous paraîtra digne d'approbation que s'il organise les caisses d'assurances suivant ce principe et qu'au contraire, nous le combattrons, s'il vise à enrôler les agriculteurs dans des assurances officielles qui, comme tant d'autres, prennent et asservissent le monde agricole sous prétexte de le protéger.

Nous verrons bientôt si nous avons affaire à une nouvelle machine de ce genre. D'ailleurs une autre remarque que nous suggère l'annonce de ce projet, c'est que la multiplication des projets de nouvelles réformes est en raison de l'avortement des réformes projetées.

On couvre de projets nouveaux son impuissance de réaliser les réformes attendues en vain depuis des années. Depuis dix ans, c'est la tradition des soi-disant ministres de l'agriculture. Nous serions très heureux de constater que M. Méline va la réformer.

Les moutons de la Plata.

Il était temps de prescrire au service vétérinaire une plus rigoureuse surveillance des troupeaux de moutons importés de l'Amérique du Sud, et surtout de la Plata.

Cette semaine, 1.400 moutons de la Plata, débarqués à Calais, ont été sacrifiés comme atteints de la gale.

La peste bovine sévit dans de nombreuses régions de l'Afrique. La surveillance des arrivages dans nos ports est plus nécessaire que jamais.

M. Méline a pris un arrêté interdisant l'admission en France des bestiaux d'Afrique ainsi que les peaux et laine de ces animaux, sauf ceux d'Algérie et de Tunisie.

Cette mesure était très nécessaire. C'est par milliers que périssent les animaux atteint de cette maladie dans le Transvaal qui expédie de nombreux envois de bestiaux en Angleterre.

Ce n'est pas seulement au point de vue sanitaire qu'une surveillance rigoureuse est nécessaire sur les bestiaux importés en France. c'est aussi au point de vue du payement des entrées en fraude également préjudiciables aux éleveurs et aux droits du Trésor.

La crise des huiles d'olive.

Dans l'*Echo agricole*, un confrère qui signe G. F. poursuit avec énergie et conviction une ardente campagne contre les tripotages et les falsifications des huiles d'olive qui sont une cause de ruine pour la production des olives et pour l'industrie honnête, source séculaire de la prospérité de la Provence. M. G. F. s'indigne non seulement contre ces industriels véreux, mais aussi contre les autorités judiciaires accusées par lui de protéger les fraudeurs en écartant les plaintes mieux fondées de leurs victimes et les cite à l'appui de ces accusations des faits très dignes d'attention.

Dans des temps ordinaires, une plainte aussi sérieuse intéresserait dans toute la Presse; par le temps pornopolitique qui court, on n'y prend pas garde. On est plutôt tenté de dire au plaignant qu'il est un revenant de jadis. Triste temps!

Cours de pisciculture à Paris.

M. Jousset de Belleson, directeur de l'aquarium du Trocadéro, ouvrira son cours de pisciculture le 11 novembre à la mairie du Ier arrondissement et le continuera les lundi, mercredi et vendredi de chaque semaine à *cinq heures* du soir. Nous félicitons ce savant professeur de choisir une heure plus commode pour ses auditeurs que ces messieurs du Conservatoire.

Cours d'agriculture au conservatoire des arts et métiers.

Voici les trois cours intéressant le monde agricole au conservatoire des arts et métiers qui ont commencé le 3 novembre courant :

Chimie agricole, MM. Schlœsing, père et fils.

Agriculture, M. Grandeau.
Génie agricole, M. Comberousse.

Ces cours sont annoncés pour le mercredi et le vendredi à *neuf heures du soir.*

Neuf heures du soir, c'est l'heure du repos pour les vrais agriculteurs ; il paraît que c'est au contraire l'heure du travail pour nos agriculteurs de cabinet.

Comme cette heure sera commode pour les amateurs de science agricole résidant dans les quartiers éloignés du conservatoire, ou dans la banlieue!

La crise agricole. — Faux et vrais remèdes.

Tous les organes de la presse conservatrice en province sont d'accord pour constater que l'agriculture subit une crise dangereuse pour son avenir et pour l'avenir du pays. Mais ce qui est déplorable, c'est que la plupart de ces journaux n'indiquent que des remèdes illusoires ou notoirement impuissants à l'exclusion du plus capital des remèdes cent fois signalé par nous, et défendu avec une éloquence et une logique si écrasante par M. le sénateur Lebreton.

Citons pour exemple de ce déplorable illogisme, l'honorable journal *Le Moniteur du Calvados*, que nous eûmes l'honneur de rédiger de 1870 à 1872.

Le *Moniteur* commence par peindre la situation critique d'une contrée, jadis une des plus recherchée du sol français.

« Prenons pour exemple la situation actuelle de notre plaine de Caen. Il y a une trentaine d'années cette riche et fertile contrée était prospère et florissante. Une ferme devenait-elle vacante, les cultivateurs sérieux, offrant des garanties, se présentaient en grand nombre, on n'avait que l'embarras du choix. Aujourd'hui, on ne trouve plus de fermiers, les terres restent incultes ou les propriétaires qui n'ont pas les connaissances suffisantes sont obligés de les cultiver eux-mêmes. Cependant, depuis vingt ans, le prix des baux a diminué d'un tiers au moins; les meilleures terres sont aujourd'hui à vil prix et on ne trouve pas d'acquéreurs. Il n'est pas un notaire de la contrée qui ne soit chargé de vendre à des prix très modérés, des fermes plus ou moins importantes et les acquéreurs font défaut.

« Comment pourrait-il en être autrement. Il était admis autrefois que, pour qu'un fermier puisse faire ses affaires, il fallait qu'il vendit le blé 35 francs le sac de deux hectolitres. Il le vend aujourd'hui, depuis plusieurs années, 25 ou 26 francs au plus. Les autres menus grains, avoine, orge, sarrasin, etc., ont subi une diminution de même importance. De sorte que, même dans les meilleures années, le fermier ne réalise sur la culture aucun bénéfice. Il ne faut pas oublier, en effet, que si les fermages ont diminué, le prix de la main-d'œuvre a sensiblement augmenté. C'est à peine si le cultivateur peut vivre, les fermages sont arriérés et, vienne une mauvaise récolte, il est ruiné sans pouvoir se relever. »

Il y a là un danger sérieux pour l'avenir.

Voilà qui est bien dit, n'est-ce pas! Mais quel moyen l'auteur propose-t-il pour y remédier? Vous allez en juger :

« C'est un remède sérieux qu'il faut apporter sans retard. Il ne faut pas se contenter du dégrèvement insignifiant proposé par le premier projet Cochery, ce serait, qu'on me passe l'expression vulgaire, un cautère sur une jambe de bois. Il faut dégrever largement, ou c'est la ruine de l'agriculture et par suite du pays à courte échéance.

« Mais, dira-t-on, et l'équilibre du budget? Il faut l'assurer par des économies que le pays réclame à grands cris et que les députés refusent parce qu'ils veulent placer leurs créatures. C'est là que l'énergie du ministère est indispensable.

« Pas d'hésitations, supprimez toutes les sinécures, elles sont nombreuses, réduisez d'un tiers le nombre de nos fonctionnaires inutiles, décentralisez et vous réaliserez sans difficulté des centaines de millions d'économies.

NEMO.

M. Nemo est-il assez naïf pour s'imaginer que ces réformes seront réalisables, même en plusieurs années?

Non! n'est-ce pas. Alors que deviendrait l'agriculture pendant cette attente.

D'ailleurs, ces réformes ne seraient-elles pas illusoires, si elles maintenaient l'agriculture dans la situation intolérable que lui impose un régime douanier qui la condamne à produire sans bénéfice et même à perte la plupart de ses produits. Cesserait-elle pour cela d'être écrasée par la concurrence étrangère.

Or, tant que vous refuserez à l'agriculture ce remède décisif, tous les autres auront l'effet que vous signalez plus haut, l'effet d'un cautère sur une jambe de bois.

Qu'on lise le discours de M. Lebreton et on finira bien par se résoudre à réclamer un remède efficace et pratique à la place des expédients chimériques dont on berce la crédulité des naïfs ruraux dans les concours et dans les banquets?

Les vins des hospices de Beaune.

La vente annuelle des vins des hospices de Beaune et l'exposition des vins de Bourgogne auront lieu dimanche prochain, 8 novembre.

Ces deux réunions simultanées attirent toujours une nombreuse affluence de producteurs et de commerçants en vins français et étrangers.

Les réunions commerciales agricoles.

Ainsi que nous le remarquons depuis trois ans et que nous le disions naguère, les réunions commerciales agricoles qui avaient une grande importance autrefois au lendemain des moissons, ont perdu tout intérêt sérieux aujourd'hui. A Laval, à Orceaux, à Dijon, etc l'on n'a réuni que peude monde, et les affaires ont été nulles.

La cause de ce déclin, nous l'avons dit et démontré, est due à la domination du marché universel et des marchés nationaux par l'oligarchie tyrannique de l'agiotage et des marchés fictifs.

L'*Echo agricole* publie des correspondances qui constatent cette situation; quelques correspondants vont jusqu'à émettre le vœu qu'on supprime désormais ce congrès.

C'est, selon nous, ce qu'il y a de mieux à faire, tant qu'on n'aura pas supprimé la domination que nous dénonçons depuis le premier jour comme un double ennemi de l'agriculture et du commerce loyal et honnête en matière de grains et de farines.

L'agiotage, c'est l'ennemi, on le reconnaît; mais quels sont les moyens de le refouler, sinon de le détruire? Voilà la question. Nous engageons ceux qui déplorent la chute des congrès locaux, à étudier les moyens de la résoudre.

Vins et eaux-de-vie de la Haute-Garonne.

L'exposition annuelle de ces vins et eaux-de-vie aura lieu à Toulouse du 1ᵉʳ au 7 décembre prochain.

Les prix de la Société d'encouragement à l'industrie.

Parmi les prix d'encouragement que décerne cette année la Société, figurent les suivants qui intéressent spécialement l'agriculture.

1° prix de 3.000 francs pour l'étude des *ferments alcooliques*, levures, etc., levures utiles et levures nuisibles aux boissons alcooliques, vin, cidre, bière, etc.;

2° Prix de 2.000 francs pour la meilleure étude sur les maladies du *cidre* et les meilleurs moyens de les éviter ou de les guérir.

Les mémoires doivent être adressés à la Société, rue de Rennes, 44, avant le 1ᵉʳ janvier 1897.

Les échanges de parcelles.

C'est toujours en Lorraine que nous recueillons les précieux exemples de réduction et de réunion de parcelles, qui mettent fin à un dépècement déplorable des terres cultivées, et aux conflits ruineux entre voisins qui en sont les conséquences.

Tous les ans, les comices de Lunéville et de Toul récompensent les propriétaires syndiqués qui ont réussi à réaliser cette précieuse réforme dans leur commune. Cette année, le comice de Toul décernait cette récompense aux propriétaires de la commune de Velaine et à son maire, M. le comte de Bizemont, fondateur et directeur du syndicat qui a mené à bonne fin cette opération.

Les frais ont été de 21 francs par hectare, 18 francs seulement pour les intéressés, grâce à une subvention du conseil général. Outre les échanges et réunions de parcelles, on a établi des chemins de culture qui donnent un accès direct à tous les champs, et mettent fin à toutes les servitudes de passage.

La commune de Dombasle a obtenu une récompense analogue pour une opération de même nature, dirigée par M. Druon.

Nous connaissons en France beaucoup de localités où l'excès du morcellement des terres est un obstacle absolu à tout progrès cultural, et un sujet continu de querelles entre cultivateurs voisins; à ceux qui ont le louable désir de mettre fin à ces misères, nous n'avons qu'un mot à dire : consultez vos confrères de Meurthe-et-Moselle; ils vous enseigneront, avec une clarté décisive, ce que vous avez à faire pour réaliser une réforme si nécessaire et qui rend des services inappréciables aux campagnes lorraines.

<hr>

Souvenir, réforme et abus presque trentenaires.

Je les trouve, bien que formulés dans un journal d'agriculture, toujours aussi opportuns.

C'était à propos d'un concours régional. Celui d'Orléans.

Dès le début, M. Pilter, dit-il, un exposant étranger à la région, recevait une médaille pour une moissonneuse Samuelson. M. Pilter a au reste, remporté neuf médailles d'or pour divers instruments qu'il exposait comme simple importateur. Je n'ai pu m'empêcher de regretter qu'un si grand nombre de premiers prix eussent été attribués à des instruments étrangers et à un exposant qui n'a d'autres mérites que d'acheter en Angleterre ou ailleurs des machines qu'il revend ensuite en France. J'aurais souhaité, bien que je reconnaisse que les instruments primés sont excellents, voir conserver un plus grand nombre de médailles d'or pour des constructeurs, qui ont au moins le mérite d'employer leur propre fortune pour créer des machines nouvelles ou perfectionnées, et par là aider au progrès de l'agriculture française.

Ainsi, je puis citer un fait qui m'a paru étrange. M. le baron d'Ailly, qui exposait un tonneau pneumatique de M. Carbonnier-Touchet, a obtenu également avec cet instrument qu'il n'a eu que la peine d'acheter, une médaille d'or. M. Carbonnier-Touchet lui-même qui exposait son tonneau à côté, un rappel de la même récompense. Si quoique ce ne soit pas l'opinion des exposants, le rappel est égal à la médaille, il y a donc mérite égal pour l'acheteur du tonneau pneumatique et pour le constructeur. A ce compte, tout homme intelligent, possesseur d'une certaine somme d'argent, pourra acheter les meilleurs instruments de tous les constructeurs de France ou d'ailleurs, et, pour cela, il attendra que l'inventeur ait subi toutes les chances de l'examen public : il se présentera ensuite dans tous les concours pour disputer les médailles aux propres constructeurs. On voit de suite le résultat : cet homme pourra former un établissement, où, sans risquer sa fortune à faire progresser la mécanique agricole, il gagnera néanmoins plus que le constructeur inventeur. Je ne comprends pas enfin qu'un commerçant, très honorable d'ailleurs, soit admis à concourir pour obtenir des prix destinés à encourager les constructeurs dans leurs efforts. Il est enfin une autre question qui se présente tout naturellement sous ma plume : c'est celle des rappels. Evidemment pour l'exposant et aussi pour le public, le rappel est inférieur à la médaille elle-même.

Un exposant me disait : la preuve que le rappel est inférieur, c'est que les médaillés sont invités au banquet des concours, et que ceux qui ont obtenu des rappels ne le sont pas! Est-ce vrai; je ne sais pas, mais toujours est-il qu'un constructeur est mécontent en pareil cas, car le public acheteur sera bien plus disposé à traiter avec celui qui a la médaille et que l'on voit monter sur l'estrade pour l'y recevoir, qu'avec celui qui est simplement nommé, et dont la plupart du temps on n'entend même pas le nom. Je me fais en ce moment l'écho d'une réclamation que j'ai entendu formuler à tous les concours auxquels j'ai assisté, et le nombre en est grand. Sans doute les membres du jury pourraient trouver une solution à cette question, et parvenir à concilier les intérêts et les justes susceptibilités des réclamants.

E. BABLOT-MAITRE.

<hr>

CHRONIQUE AGRICOLE

Situation. — La saison.

Nous n'apprenons à personne, hélas! qu'aujourd'hui, à la suite des pluies incessantes qui ont tombé pendant deux mois, toutes les vallées sillonnées de nos grands et petits cours d'eau sont plus ou moins ravagées par des inondations, que la moitié des localités voisines sont envahies, et que les habitants sont obligés de quitter leurs maisons et de demander asile aux voisins logés plus haut. A l'heure actuelle, les crues des principaux fleuves et de leurs affluents ont atteint un niveau plus élevé que dans toutes les inondations antérieures. Nous aimons à espérer qu'en la fin de la semaine, le fléau sera sérieusement atténué.

Dès aujourd'hui, nous comptons deux journées exemptes de pluies. Plaise au Ciel de nous envoyer une période de journées semblables pendant tout le mois de novembre. Nos pauvres campagnes en ont un besoin impérieux. Partout les terres arables sont inabordables à la charrue et au semoir. Les plus perméables ne pourront être suffisamment ressuyées que dans quelques jours. Les semailles de blé, en général, subiront un retard de vingt jours au minimum. Le mal est grave, surtout dans les champs couverts de plantes-racines, de betteraves surtout, dont on n'a pu enlever les récoltes jusqu'à ce jour, et qui attendent ces récoltes pour recevoir la semence des céréales. En présence de ce fâcheux mécompte, les cultivateurs auraient tort de renoncer au système que nous leur recommandons de faire précéder la sole du blé d'une ou deux récoltes de plantes sarclées munies d'une bonne fumure de fumier, complétée par un engrais phosphaté. M. H. Desprez, le maître si autorisé en cette nature, nous a dit que ses plus hauts rendements en blé, avaient été obtenus sur deux soles successives de betteraves, sans autre engrais que celui qu'avait reçu ces soles de plantes sarclées. L'effet, très bon sur une seule, est encore meilleur sur deux. Voilà un fait que nous croyons utile de rappeler aujourd'hui aux cultivateurs. Nous n'en concluons pas qu'il faille *nécessairement* cultiver une plante sarclée pendant deux années consécutives; nous nous bornons à noter que, en cas de difficultés exceptionnelles pour la culture du blé, cette pratique peut être très avantageuse et opportune.

<hr>

Le nitrate de soude.

Les *Syndicats agricoles* sont-ils créés pour favoriser, pour seconder les manœuvres de la spéculation? On le croirait en lisant la note suivante, parue dans le *Bulletin* d'un des plus importants :

« Nous croyons que le moment est proche où les agriculteurs prévoyants pourront songer à des achats de nitrate à livrer sur le printemps prochain. Ce produit, très travaillé par la spéculation, pourra être acheté avant peu, croyons-nous, à un prix variant entre 18 fr., 18 fr. 50 et 19 fr., à *Dunkerque*, conditions de cette place.

« A ces limites auxquelles nous ne sommes pas encore, la culture peut acheter sans crainte, si elle a l'emploi du produit au printemps prochain. Nous invitons nos adhérents à nous faire connaître leurs besoins et à nous dire le dernier prix qu'ils seraient disposés à payer.

« Au *Havre* sur février-mars 1897, nous obtenons le prix de 20 fr. 50 les 100 kilos avec paiement à trente jours sans escompte et 20 fr. 75 pour quantité inférieure à 5.000 kilos. »

Si nous avions l'honneur de préside un syndicat agricole, voici de quelle façon nous conseillerions nos collègues :

« Par suite de la mauvaise saison et surtout de la mévente de tous leurs produits, les agriculteurs paraissent décidés à réduire au strict nécessaire toutes leurs dépenses. Aussi est-il bien certain que la consommation du nitrate de soude sera relativement peu importante pendant la campagne prochaine. Pour que le contraire se produisît, il faudrait que la spéculation qui monopolise ce produit, l'offrît à un bon marché très réel. Dans le cas contraire, ce n'est pas nous qui conseillerons aux malheureux agriculteurs d'acheter aux cours actuels. Mieux vaut pour eux employer les *engrais organiques* dont l'emploi est sujet à beaucoup moins de déception. »

Il est bien évident que si tous les syndicats s'entendaient pour publier des notes analogues, le nitrate baisserait. Mais celui dont nous reproduisons les conseils se préoccupe peu des intérêts de ses adhérents. Il lui faut avant tout, réaliser des bénéfices; l'argent pour lui n'a pas d'odeur!

Plantation automnale des pommes de terre.

Nos anciens lecteurs n'ont peut-être pas oublié qu'il y a près de trente ans, M. Leroy-Mabille, de Boulogne-sur-mer, mena dans la *Gazette* une campagne ardente et persistante en faveur de la plantation automnale des pommes de terre, comme le moyen le plus rationnel de les préserver de la maladie qui sévissait violemment à cette époque. M. Leroy-Mabille appuyait sa théorie sur des raisons assez spécieuses. La plus séduisante consistait à dire que, les tubercules mûrs en mai, sont plus assurés contre la maladie que les tubercules provenant de semis printanier, mûrs en septembre seulement.

La théorie, sans doute, ne reçut pas de la pratique la confirmation prédite par M. Leroy-Mabille, et la question cessa d'être un objet d'étude dans le monde agricole.

Aujourd'hui seulement, nous trouvons dans un journal du Midi, un article qui reprend la thèse de feu M. Leroy-Mabille, et affirme que les pommes de terre semées en automne, produisent des tubercules inattaquables à la maladie.

Le fait, on le voit, n'est pour nous qu'une résurrection d'une idée que nous pensions avoir épuisée, il y a trente ans.

Avis aux amateurs désireux de résoudre le problème.

Conservation des pommes de terre.

Cette conservation est nécessaire pour éviter les pertes énormes résultant d'une détérioration de ces tubercules, soit de la pourriture, soit de la germi-

nation anticipée qui détruit toute la matière alimentaire et la remplace par une matière insalubre.

Nous avons indiqué parmi les meilleurs moyens de conservation, le procédé qui consiste à imbiber les tubercules d'une légère solution d'acide sulfurique. Nous avions oublié de rappeler à ce sujet que M. Schlœsing conseille l'emploi du bisulfate de soude, moins dangereux et moins cher que l'acide sulfurique.

Mais il est nécessaire de surveiller les tas, en vue de les préserver de la pourriture. Il faut enlever immédiatement les tubercules attaqués par la maladie, amputer la partie attaquée et employer les pulpes intactes, les faire sécher ou cuire au four. Par ce moyen, on en tire tout le parti utile possible.

Enfin, nous signalons un procédé excellent employé par quelques éleveurs qui consiste à broyer les pommes de terre et à en former des tourteaux qui, séchés au four, constituent d'excellents aliments d'une conservation très facile pendant toute l'année et dont la valeur rémunère la dépense de l'opération.

Du reste, c'est un fait général acquis aujourd'hui que la cuisson double les effets des aliments farineux.

Les raisins secs.

La *Libre Parole*, dans un récent numéro, publie une information dont nous lui laissons toute la responsabilité. D'après notre confrère, il paraîtrait que M. Turrel, ministre des travaux publics, aurait tenu le langage suivant à un sénateur du Midi qui lui reprochait d'oublier les engagements pris devant ses électeurs :

« Je préfère tout vous dire. Je ne puis plus soutenir le projet de loi que j'ai déposé à cause de la question des raisins secs. En effet, à la formation du ministère, nous avons pris l'engagement de ne rien faire dans la question des boissons. *Un de nos collègues a demandé cet engagement, ou alors il refusait d'entrer dans la combinaison, et ceci, parce qu'il est personnellement engagé pour dix-sept cent mille francs dans une usine de raisins secs.* »

La tannée.

Nous avons plusieurs fois signalé les excellents effets de la tannée ou poudre d'écorce de tan, répandue en toute saison, et spécialement dans la saison actuelle dans les cultures de légumes et au pied des arbres fruitiers.

La tannée n'est pas un engrais assez riche pour l'employer en cette qualité. Par contre, elle est précieuse pour la vertu qu'elle possède, de détruire, ou plutôt de chasser les animaux nuisibles, et de maintenir la fraîcheur de la superficie du sol dans les périodes de sécheresse. Employée aussi soit seule, soit en

mélange avec un engrais en couverture, la tannée est un précieux auxiliaire pour la culture des jardins et des arbres fruitiers. C'est surtout en mélange avec les purins et avec les vidanges qu'on en tire un bon parti. Les semis récents de plantes potagères sont dans ce cas.

Sulfatage des blés de semence.

Après de longues années d'essais de divers genres en matière de préparation des blés de semence, on peut considérer comme un fait acquis, que le meilleur mode de préparation consiste à immerger le grain dans une solution de sulfate de cuivre (vitriol vert) à raison de 700 grammes par hectolitre d'eau pendant trois ou quatre heures.

Un autre procédé consiste à asperger le grain avec une même solution. Dans ce cas le grain est contenu dans un panier, perméable à l'eau, et qu'on plonge à diverses reprises mais le degré d'imbibition nécessaire est plus sûrement obtenu, ce nous semble, par l'immersion.

Quant au chaulage traditionnel avec l'eau de chaux, il ne peut plus être conseillé, comparativement avec le sulfatage.

L'immersion dans une légère solution de potasse caustique a aussi été préconisée il y a quelques années. Nous ignorons les suites qu'a eues cette innovation. C'est pourquoi nous n'en rappelons le souvenir qu'avec réserve.

Une coutume à conseiller, lorsqu'on a à semer des blés qui n'ont pas été sévèrement passés au trieur, c'est de les laisser dans l'eau avant le sulfatage pendant quelques heures, on voit alors surnager les grains les plus légers, qui sont impropres à la reproduction, qu'on exclut de la semence pour les donner aux animaux. On ajoute ensuite le sulfate pour le grain réservé à l'ensemencement.

Mais avant tout un triage sévère des semences est une règle qui devrait être observée rigoureusement par tous les cultivateurs. Nous avons cité cent exemples qui prouvent que : tel grain, telle récolte.

L'art de faire du bon vin rouge ou blanc

II PARTIE. — VINIFICATION.

Cuvaison. — *Cylindrage de la vendange.* — Produire un bon vin, tonique et bienfaisant, capable de se conserver dix et vingt années avec ses qualités originelles, voire de supporter de longs voyages, telles sont, en tout pays, les conditions essentielles d'une bonne vinification.

De belles vendanges des cépages de choix, mêlés parfois dans la proportion d'un quart ou d'un cinquième de raisins blancs, pour trois quarts ou quatre cinquièmes de raisins rouges comme à Côtes Roties, dans le Gers, la Gironde, l'Ariège, la Champagne, les Hautes et Basses-Pyrénées, etc., si elles sont suivies d'une bonne cuvaison, constituent pour le vigneron la plus précieuse garantie de succès. On me permettra d'insister ici sur ce que j'appellerai l'anarchie des cuvaisons, car c'est là surtout qu'il est vrai de dire : *Vérité au delà des monts, erreur en deçà.*

Les meilleures cuvaisons sont celles du Beaujolais, du Mâconnais, de la Côte-d'Or et du Médoc, toutes à marc flottant sur le jus, toutes tirées dans le plus bref délai possible, toutes avec libre accès de l'air.

Il est d'expérience, en effet, que les cuvaisons courtes et bien conduites donnent plus d'alcool, de couleur et plus de tanin au vin que les cuvaisons ordinaires.

L'instrument dénommé improprement *fouloir* sur les catalogues est appelé, croyons-nous, à rendre partout, en matière de cuvaison, les mêmes services qu'il rend déjà en Savoie et en Bourgogne. Il consiste en deux cylindres cannelés, en fonte, tournant parallèlement l'un contre l'autre et ajustés à la partie inférieure d'une trémie. A mesure que le raisin tombe dans la trémie, il est saisi par les cannelures, entraîné et écrasé entre les deux cylindres mis en rotation par une manivelle fixée à l'extrémité de l'un d'eux.

L'écrasement des baies du raisin active la fermentation (excepté le cas d'une vendange mal mûre, où, comme cela s'est vu cette année — 1896 — dans le bas Beaujolais, on a été condamné à faire chauffer quelques hectolitres de moût jusqu'à ébullition, que l'on jetait ensuite sur la cuve, de la sorte, *mise en humeur*), il en abrège la durée et, en réduisant la masse à presser, fait plus que compenser, par la célérité du pressurage, le léger surcroît de main-d'œuvre qu'il nécessite le jour de la vendange. On devine la possibilité, grâce au fouloir du remplissage successif d'une même cuve et la sérieuse économie que ce modeste instrument (de 50 francs et audessus, chez tous les constructeurs de machines agricoles) peut faire réaliser au propriétaire lors de l'établissement toujours fort onéreux d'une vinée ou cuverie.

S'agit-il d'écraser des raisins blancs, on établira le fouloir sur deux madriers posés de champ sur le pressoir et, le cylindrage terminé, plus des deux tiers du jus ont passé dans les fûts mis en chantier à proximité du pressoir.

S'agit-il de raisins rouges, deux travons disposés parallèlement au-dessus de la cuve en feront l'affaire.

De hautes autorités œnologiques regardent le cylindrage comme indispensable à la prompte et bonne confection des vins blancs et rouges.

Une cuve doit, autant que possible, être remplie en un jour, afin d'éviter dans la masse des raisins des fermentations successives et la vendange, cylin-

drée ou non, ne doit jamais s'élever qu'aux 5/6 de la hauteur intérieure de la cuve. Remplir les cuves à bord, comme cela ne se voit que trop souvent, c'est non seulement s'exposer à des pertes sérieuses de vin lors de la fermentation tumultueuse, mais encore provoquer l'acétification du marc, pour lequel une couche d'acide carbonique de 30 à 40 centimètres est un abri tutélaire indispensable.

La fermentation des vins rouges est excitée, ralentie ou précipitée comme celle des vins blancs par la température de l'air, la maturité des raisins et l'étendue plus ou moins considérable de la surface de la cuve qui est en contact avec l'air.

Si la température ambiante est à vingt degrés au-dessus de zéro, si la vendange est bien mûre, la fermentation commencera sans faute dans les douze premières heures. Le bruit d'abord semblable à celui de la pluie devient, au bout de quarante-huit heures, le gros bouillon; le marc soulevé par l'acide carbonique monte et ne laisse que 10 à 15 centimètres de vide; bientôt le bruit diminue et le marc baisse: c'est le moment d'enfoncer le marc dans le vin et de l'y laver pour ainsi dire afin d'y distribuer la couleur en proportion du degré de chaleur auquel s'est élevée la température inférieure du marc.

Les épreuves thermométriques établissent qu'alors que la température du liquide n'atteint guère que 20 à 25 degrés au fond de la cuve, elle s'élève facilement à 30 et 35 degrés au milieu du marc; ainsi s'établit la nécessité des foulages en vue de *rafraîchir les marcs qui s'échauffent trop et de réchauffer le moût qui resterait trop froid.*

Le tirage aura lieu vingt-quatre heures au plus après le dernier foulage.

Le vin achève sa fermentation dans les tonneaux, la bonde ouverte; les grains, les pellicules, le tartre excédant sortent pendant plusieurs jours et l'on remplit incessamment pour favoriser cette purification. C'est ainsi que se font les meilleurs vins rouges, les plus colorés, les plus brillants, les plus généreux, au rebours de la macération qui ne produit que des vins lourds; ternes et plats.

(*A suivre.*)

PIERRE BERTHELON.

L'escourgeon (orge d'hiver).

La culture de l'escourgeon (orge d'hiver) a dans le Nord une importance qui n'est dépassée que par celle du blé, encore lui est-elle égale depuis que le blé subit les cours avilis que l'on sait.

Au Syndicat d'Aire, M. Labitte, le dévoué et distingué président, décrit les meilleurs procédés de culture de l'escourgeon, après avoir remarqué qu'on en trouve en Angleterre pour la brasserie, des prix encore satisfaisants.

—Notre pays est éminemment propre à la culture de cette céréale, Mais il ne

faut pas s'en tenir aux pratiques anciennes et croire qu'il n'y a pas de soins particuliers pour obtenir une bonne récolte.

Et d'abord l'escourgeon redoute un engrais trop azoté. Un peu de tourteau lors de l'ensemencement, si la terre n'est pas forte, c'est le meilleur engrais, en tout cas jamais d'engrais chimiques : semaille hâtive dans une terre bien préparée; ne pas dépasser le 15 octobre. Mais ici comme pour le blé, il faut être très sévère dans le choix de la semence; ce n'est pas seulement la quantité qu'il faut rechercher, c'est aussi surtout la qualité. Il ne faut jamais semer de grains plus de deux fois sans changer de semence.

On a constaté l'an dernier encore que des escourgeons, semés dans une terre préparée de la même façon, ont produit l'une 2.200 kilos à l'hectare et l'autre 3.000 kilos. « Il faut, dit M. Tisserand, le directeur général de l'agriculture, abandonner les orges communes et abâtardies. Il y a nécessité pour l'agriculture moderne, non seulement de produire des quantités de plus en plus grandes, mais de s'attacher à la qualité des grains; car sur les marchés, la qualité des grains est non seulement recherchée, mais elle se paie. Ainsi le quintal d'orge de brasserie se vend facilement de 3 à 5 francs de plus que la même quantité d'orge ordinaire. »

On recommande de ne pas semer trop dru; car l'escourgeon talle beaucoup et alors la verse s'en suit et l'on obtient un grain maigre et inégal. A la volée, on doit semer 150 kilos à l'hectare : en ligne avec 126 kilos, c'est suffisant. L'écartement des lignes doit être de 15 centimètres par un temps sec.

« Les conseils que je viens de vous donner ont été extraits de l'*Agriculture rationnelle* de Bruxelles.

« Voici la conclusion de son remarquable travail :

« L'orge n'occupe pas dans nos régions l'importance culturale qu'elle devrait avoir.

« La production des orges de malterie mérite de prendre une plus grande place dans le pays.

« Mais pour réaliser les avantages qu'elle peut donner, il faut chercher à obtenir les plus hauts produits en un grain de choix.

« Dans ce but, on doit cultiver les variétés que l'expérience indique comme étant les plus appropriées, dans des terres bien uniformément préparées tant au point de vue de l'ameublissement que judicieusement pourvues d'éléments nutritifs. Eviter l'action des engrais azotés à action prompte, semer un grain choisi, de grosseur bien uniforme, enterrer bien également. Prendre toutes les précautions possibles pour le battage et la conservation du grain.

« Le malteur recherche la meilleure orge et le brasseur le meilleur malt.

la culture de répondre à ces exigences ; elle en sera bien récompensée. »

Un membre dit que les semailles d'escourgeon sont déjà commencées et qu'on éprouve bien des difficultés pour se procurer de bonnes semences.

M. le Président répond qu'on peut s'en procurer à Bourbourg, et qu'il se tient à la disposition de ceux qui voudraient en acheter.

Les eaux des crues pour boisson.

On est d'accord pour considérer les eaux courantes des rivières, comme les meilleures pour abreuver les animaux, et même les personnes. C'est avec raison qu'on engage les éleveurs à surveiller sévèrement leurs abreuvoirs et d'éviter leur contamination par toute sorte de matières étrangères en décomposition, qui rendaient ces eaux plus ou moins insalubres.

Mais si les eaux de rivière sont les meilleures dans les temps ordinaires, il n'en est pas de même aux jours de grandes crues, telles que celles qui affligent aujourd'hui nos campagnes.

Les eaux de crue qui haussent le niveau des rivières, y apportent un contingent plus ou moins considérable de matières étrangères provenant des terres qu'elles ont inondées. Ces eaux, au reste, ont une couleur jaunâtre qui indique bien cet état d'impureté et par cela même leur insalubrité. C'est pourquoi les éleveurs soigneux doivent les exclure des boissons qu'ils donnent à leurs animaux.

Mais au pis aller, en cas de nécessité absolue, on peut remédier à l'insalubrité d'une eau en la soumettant d'abord à une chaleur de 80 degrés, puis en isolant le résidu précipité.

Fabrication du cidre.

M. Arachequesne, élève diplômé de de l'école centrale, préconise un procédé fabrication et de conservation du cidre qu'il décrit ainsi dans le *Soleil* :

« Il fait fermenter le jus de pomme, aussitôt après son extraction, au moyen de levures sélectionnées : il obtient ainsi une fermentation complète et rapide, et fait disparaître la plus grande partie du sucre fermentescible, en laissant une quantité de sucre variable suivant que le cidre doit être conservé en fûts ou en bouteilles. Pendant la fermentation, si elle s'opère en cuve fermée, on recueille l'acide carbonique formé, car on va voir qu'il a une utilisation immédiate.

« Quand le cidre est fermenté, on le pasteurise d'après les procédés ordinaires, sans que l'un soit plus à recommander que l'autre, et on le met dans des récipients convenables, bouteilles, barils, foudres, etc., qu'on a préalablement stérilisés à la vapeur ou autrement. Il faut maintenant permettre au cidre de garder ses propriétés et son goût caractéristique, et pour cela empêcher l'air de venir en contact avec lui : dans ce but on le soumet à une pression d'acide carbonique, provenant de la fermentation, comme nous l'avons indiqué ; la pression peut se régler absolument à volonté, de manière que le cidre ne s'échappe point ainsi qu'il le fait parfois au débouchage dans les préparations ordinaire. »

On ne dit pas par quel procédé M. Arachequesne recueille le gaz carbonique dégagé par la fermentation et par quel procédé il le réintègre dans les fûts.

Nous attendons l'explication de cette opération qui est la plus essentielle du procédé.

Tourteaux falsifiés.

On signale dans le Pas-de-Calais des livraisons considérables de tourteaux de lin falsifiés, et dont la consommation a été nuisible à la santé des animaux qui les ont consommés.

Le Syndicat d'Arras a dû mettre ses adhérents en garde contre les vendeurs de ces tourteaux.

Comme il est probable que ces mêmes falsificateurs ont vendu leurs tourteaux falsifiés dans d'autres régions, nous croyons utile d'avertir les éleveurs et de les inviter à se tenir sur leur garde.

M. Pagnul, le sympathique directeur du Laboratoire d'Arras, invite les acheteurs de tourteaux de lin à le charger de l'analyse de ces produits. L'analyse d'un simple échantillon lui suffira pour découvrir les matières étrangères et surtout les matières insalubres et vénéneuses introduites dans les tourteaux de lin.

Les pulpes.

Les pulpes sont les résidus mous et en partie désorganisés, provenant des cellules et de l'écorce des racines, fruits et tubercules traités pour en extraire le sucre, la fécule ou l'alcool. Les plus répandues sont les pulpes de betterave et les pulpes de pommes de terre ou de topinambours.

Les pulpes de betteraves provenant des distilleries de betteraves sont plus riches en éléments nutritifs que celles qui proviennent des sucreries.

Les pulpes peuvent se conserver en silos, ou être réduites à l'état sec, comme les drêches.

La grande quantité d'eau que renferment les pulpes et les drêches non desséchées les empêchent d'être employées hors d'un périmètre assez restreint autour des usines.

Quant aux drêches ou pulpes desséchées, nous en donnons la composition alimentaire à la fin du présent rapport.

On peut formuler, relativement aux pulpes, la même observation que pour les drêches quant à leur emploi dans l'alimentation des animaux. La table de Wolff restant le guide nécessaire de cette alimentation, la pulpe sèche doit être additionnée de beaucoup d'eau car elle possède pour ce liquide un très grand pouvoir absorbant.

Le jaunissement ou casse des vins blancs.

On sait que les vins blancs subissent assez souvent une altération se manifestant à différents degrés, tantôt par une teinte jaune plus ou moins accentuée, la limpidité restant parfaite, tantôt par un brunissement accompagné d'un trouble persistant et d'une précipitation de la matière colorante. La première forme n'est réellement nuisible que pour les vins que l'on est habitué à voir complètement incolores comme le Champagne ; la deuxième forme est toujours très grave. Des filtrages au filtre Chamberland ont montré que le jaunissement n'est pas d'origine microbienne. M. *G. Gouiraud* donne, dans la *Revue de Viticulture*, le compte rendu des recherches qu'il a faites au sujet de cette maladie et qui lui ont montré que le jaunissement ou casse est dû à l'oxydation d'une substance analogue à la matière colorante des vins rouges. Cette oxydation est provoquée par une diastase spéciale secrétée dans le raisin et passé dans le vin. Le jaunissement est surtout à craindre dans les années sèches et chaudes et lorsque le raisin a été cueilli à maturité trop avancée ; une mauvaise fermentation augmente les chances d'altération. Pour s'assurer si un vin jaunira ou non en vieillissant, on en tire un verre que l'on laisse exposé pendant deux ou trois jours à l'air ou que l'on fait traverser par un courant d'air ; s'il reste intact, c'est un signe que l'altération ne se produira pas ultérieurement. Dans le cas contraire on prévient le jaunissement en chauffant le vin à 65° pendant quelques instants, ce qui oblige à ajouter ensuite des levures cultivées lorsque le vin doit être transformé en vin mousseux. Quand la maladie a commencé à se déclarer, on réussit généralement à la guérir soit par une nouvelle fermentation, soit par une forte aération suivi d'un collage énergique ou d'une bonne filtration.

Black-rot et mildiou.

Quoi qu'il semble prématuré aujourd'hui de s'occuper des moyens de combattre le mildiou et surtout le terrible black-rot, nous engageons nos lecteurs à prendre bonne note du nouveau procédé de défense inventé par M. Léon Joué, professeur à La Réole (Gironde). Ce procédé consiste à mêler la solution du sulfate de cuivre (2 kilos), dans un liquide consistant en 100 litres d'eau dans laquelle on a fait bouillir 20 kilos d'écorces de chêne et 10 kilos d'écorces de sapin des Landes, grossièrement concassées. On ajoute ensuite 50 litres d'eau. Cette solution, d'après M. Joué, a une action plus énergique que toutes celles qu'on a appliquées jusqu'à ce jour contre le mildiou.

De là à espérer son efficacité contre le black-rot, il n'y a qu'un pas. En tout cas, l'essai est à tenter, puisque presque tous les moyens tentés contre le terrible black-rot n'ont pas réussi.

Nous y reviendrons au printemps, mais, dès aujourd'hui, nous croyons utile d'avertir les viticulteurs intéressés.

La conservation des fruits.

Les marchands au détail se plaignent souvent de recevoir des fruits de fort belle apparence à l'arrivée, mais qui ne tardent pas à se tacher et se piquer. Il faut donc, dans les expériences premières, réaliser les conditions ordinaires de la vente. Voici quels ont été les résultats de ces essais :

1° Les fruits enveloppés de papier de soie se sont parfaitement conservés jusqu'à la fin de l'expérience. La maturité se poursuit régulièrement, la saveur et l'apparence des fruits étaient irréprochables.

2° Sous le nom de paille de bois, on désigne un produit nouveau, composé de minces copeaux très longs et étroits, de sapin, de peuplier, copeaux très employés aujourd'hui par les emballeurs et par les tapissiers. Dans la paille de bois, poires et pommes étaient bien conservées, inférieures cependant à celles du lot précédent.

3° Dans la paille d'orge, la couleur du fruit avait perdu sa fraîcheur, la maturité était moins avancée que dans les lots 1 et 2. Pas de taches sur le fruit ni de saveur désagréable.

4° Au bout de peu de jours d'exposition à l'air, les poires conservées dans le regain se tachaient et se pourrissaient. A la dégustation, elles laissaient un arrière-goût de foin bien prononcé. Les pommes laissaient également à désirer au point de vue de la couleur et de la saveur.

5° La sciure de bois ne donne pas de meilleurs résultats que le regain. Pommes et poires étaient flétries, piquées et sentaient le bois. Les fruits auraient été invendables.

6° Dans la menue paille de blé, les poires étaient assez bien conservées; par contre, les pommes étaient flétries; les unes et les autres avaient pris un goût de moisi.

7° Dans les feuilles sèches, les poires étaient très tachées et très flétries ; aux pommes on pouvait seulement reprocher d'être un peu flétries.

8° Les fruits enfouis dans le sable, étaient parfaits, moins avancés que tous les lots précédents. Ce serait donc une méthode précieuse lorsqu'on veut conserver des fruits pendant très longtemps.

Avant de les disposer dans le sable, il serait recommandable de les envelopper de papier de soie.

9° Les fruits qui avaient été abandonnés sur la tablette du fruitier étaient assez bien conservés. Exposés dans la chambre chauffée, ce sont eux qui sont le plus flétris.

De ces expériences, il ressort que le papier de soie et la paille de bois donnent les meilleurs résultats.

Il faut planter des arbres fruitiers

Les arbres de nos jardins et de nos vergers ne vivent pas des siècles, comme les chênes de nos forêts. Quand un arbre a fourni une carrière de cinquante à soixante ans, plus ou moins selon le terrain et les soins, il commence à se ressentir de la vieillesse et à donner de moins en moins chaque année.

C'est donc une nécessité de planter; mais il faut douze à quinze ans pour qu'un arbre à haute tige soit en plein rapport. L'homme, naturellement égoïste, trouve que c'est attendre trop longtemps. Voilà pourquoi beaucoup ne plantent pas. Ils ne réfléchissent pas qu'ils ont derrière eux des enfants et des petits enfants, et ils oublient que l'arbre fruitier est un capital. Il n'est pas, en effet, exagéré de dire qu'un arbre à haute tige, une fois élevé, rapporte, en moyenne, sa pièce de cent sous par an.

Voilà pourquoi il serait à souhaiter que l'on vît partout, à la campagne, des arbres fruitiers autour des habitations, et qu'il n'y ait pas de ferme sans son verger, comme en Amérique, avec ses pruniers, ses cerisiers, ses poiriers, ses pommiers, de toutes variétés et de toutes époques.

On ne peut qu'encourager ceux qui plantent de la vigne et reconstituent leurs vignobles, mais la vigne demande plus de soins que jamais, tandis que l'arbre fruitier, une fois planté, n'en demande que peu ou point.

Il faut donc planter, c'est plus qu'une chose utile, c'est un devoir pour ceux qui ont du terrain et une famille autour et derrière eux.

Choix des espèces. — Je n'ai pas ici la place d'énumérer les meilleures variétés à pépins et à noyaux, elles sont trop nombreuses. On les trouvera dans mon *Manuel d'arboriculture* (6ᵉ édition), p. 169 et suivantes.

Je ne veux indiquer que les pommiers à cidre, qu'on ne trouve généralement pas dans les ouvrages d'arboriculture.

Variétés précoces. — Pour la bonne terre : Néhou.

Pour la terre de qualité inférieure : Jaunet-Pointu, reine des Hâtives, Précoce-David, docteur Blanche, et Blanc-Mollet.

Variétés de deuxième saison. — Pour la bonne terre : Omont, Bramtot, Fréquin-rouge, Amère de Berthecourt.

Pour la terre de deuxième qualité : Barbarie, Gros-Fréquin, Fréquin tardif, Doux-Normandie, Godard, Rouge-bruyère, Médaille d'or et Rossignol.

Variétés tardives ou de troisième saison.

— Pour terre de deuxième et de troisième ordre : Doux-Amer gris, Argile grise, Fréquin Audièvre, Rousse, Caillouel, Binet-violet, Bédan.

Pour la bonne terre : Binet-rouge, Maréchal, reine des pommes, Moulin-à-vent, Grise-Dieppoise.

Toutes les espèces sont d'autant plus recommandables qu'elles sont indiquées par un maître en la matière, M. G. Power.

J'ai déjà eu occasion, dans des articles précédents, de dire et de répéter qu'il ne fallait pas faire d'économie dans la plantation : *Plantez bien ou ne plantez pas,* parce que l'arbre qui souffre dans son berceau, c'est-à-dire dans son trou de plantation, ne fera jamais un beau sujet : Des trous de 0 m. 80 de profondeur sur au moins 1 mètre de large, allez jusqu'à 1 m. 50, vous ne le regretterez pas. J'ajoute aujourd'hui, n'achetez que des sujets de premier ordre, des jeunes et jamais des vieux. Dans le règne végétal comme dans le règne animal, *l'avenir est à la jeunesse.*

Un jeune sujet s'arrache toujours plus facilement et sa reprise est toujours plus assurée.

Enfin, plantez de bonne heure, en novembre, décembre au plus tard, vous gagnez une année.

E. OUVRAY
Curé de St-Ouen-Vendôme (Loir-et-Cher).
Professeur d'arboriculture.

Le genêt en agriculture.

Nous avons jadis interrogé quelques agriculteurs vendéens, relativement à la coutume traditionnelle des genêts dans leur contrée. On sait, en effet, qu'en Vendée les sols en jachères, inhérents à la culture du pays, était occupé par des genêts, qui, en quatre ans, atteignaient une hauteur de 3 mètres et fournissaient du bois de chauffage, au moment de la coupe, et des herbes à paître aux bestiaux pendant la durée de leur occupation du sol.

Aujourd'hui, les genêtières sont rares en Vendée, la culture moderne a, grâce à Dieu, des moyens plus efficaces de préserver le sol de l'épuisement de fertilité. Nous n'avons nullement idée de conseiller le retour de cette culture d'autrefois. Mais une observation nous vient à l'esprit à ce sujet et nous la signalons aux agriculteurs sous toutes réserves, bien entendu.

Le genêt est une légumineuse, et, en cette qualité, n'a-t-il pas chance de posséder la gracieuse propriété découverte depuis cinq ans dans les légumineuses, d'enrichir le sol en sels d'azote et de les nitrifier? Si le genêt possède cette propriété, il est donc végétal améliorant au même titre que le trèfle, la luzerne et autres légumineuse, et les genêtières d'antan, cultivées empiriquement, réalisaient dans le sol les effets que nous attendons aujourd'hui, en vertu de la science moderne, de la culture dite sidérale!

On trouvera bon, nous l'espérons, que nous posions dans ces termes la question du genêt. Il va de soi que c'est de l'observation pratique que nous attendrons une réponse sérieuse.

Les genêts dans les bois.

Un journal belge, publié à Arlon, contient un article qui enseigne que le genêt pousse spontanément avec abondance dans les jeunes sapinières, au grand dommage des jeunes pins, et que, pour éviter la multiplication des genêts, on prend une récolte d'avoine ou de seigle sur le sol destiné à la nouvelle pinière.

A ce sujet, le *Luxembourgeois* publie les observations suivantes :

« Il est parfaitement exact que les genêts y poussent spontanément, en grand nombre, à la suite de l'essartage, tant des bois de haute futaie rasés à blanc étoc, que des taillis et des terres incultes et qu'ils y nuisent aux plantations de résineux que l'on effectue après l'essartage de ces terres.

« Les genêts lèvent ordinairement dans le seigle semé sur essartage ; la culture d'une avoine, avec engrais chimiques, a pour effet de réduire considérablement l'envahissement du sol par les genêts ; l'effet est surtout sensible à la suite d'un labour d'automne et d'une semaille tardive de l'avoine, soit fin avril, commencement de mai.

« Une observation, passée en proverbe en Ardennes, c'est que le genêt, coupé après la Saint-Jean-Baptiste (24 juin), repousse peu ou point de la souche, qui périt généralement. Il suffirait donc, pour débarrasser les plantations de cette plante qui leur nuit (tout en constituant une litière de plus grande valeur que la bruyère et les feuilles mortes), de le faire couper pendant les mois de juillet, août et septembre : la repousse sera d'autant moins importante que les genêts seront plus âgés. »

PRIMES

Nous appelons l'attention de nos lecteurs sur nos primes de rhums, eaux-de-vie de l'île Bourbon, de vins fins du Bordelais. Jamais on n'a offert des produits de qualité comparable à un prix aussi réduit.

Oignons à fleurs.

Le moment de planter les massifs, les plates-bandes en oignons à fleurs étant arrivé, nous sommes très heureux d'offrir, à titre de prime à nos aimables lectrices, les 3 collections ci-dessous, établies spécialement par *MM. Cayeux et Le Clerc,* successeurs de *MM. Forgeot et Cⁱᵉ,* 8, quai de la Mégisserie, Paris, et à des prix très modiques. Le choix des variétés ne laisse rien à désirer, non plus que la force et la dimension des bulbes ou griffes qui donneront les

meilleurs résultats au point de vue de la floraison.

PREMIÈRE COLLECTION

10 jacinthes simples par noms pour culture en pots ;

10 jacinthes doubles par noms pour culture en pots ;

25 tulipes flamandes en mélange ;

25 tulipes bizarres en mélange ;

100 crocus en très beau mélange ; rendu franco à domicile pour 10 francs.

DEUXIÈME COLLECTION

12 jacinthes doubles par noms pour culture en pots ;

6 jacinthes simples, bulbes très gros pour culture sur carafes ;

6 carafes assorties par paire, variées de forme et de couleur, rendu franco domicile pour 12 francs.

TROISIÈME COLLECTION

50 anémones double rose de Nice, 100 anémones simples de Caen en splendide mélange pour garniture de massifs.

Rendu franco à domicile pour 10 fr.

BIBLIOGRAPHIE

Le Conseiller des femmes, 60, boulevard de la Chapelle, à Paris.

Prix du Numéro : 15 centimes.

Un numéro spécimen est envoyé *franco* contre toute demande accompagnée d'un timbre de 0,15.

Sommaire du 1ᵉʳ novembre 1896 : Courrier de Paris (Les plaisirs du ménage), H. de Bursy. — Chronique de la mode, Yvonne de Chevreuse. — Les plantes d'appartements, Vilmorin-Andrieux. — Les Usages du monde (A propos de cadeaux), Baronne Saint-Clair. — L'Education maternelle (Enfants et domestiques), X. X. — La médecine à la maison, Dʳ Jean Seret. — L'Economie du ménage, Tante Caroline. — La Cuisine bourgeoise, Cordon-Bleu. — Guide des jeunes mamans, Bonne-Maman. — La Toilette de madame, Baronne de Saint-Annor. — De tout un peu, La Liseuse.

Partie Littéraire : Le Cœur de Valérie (Roman inédit, suite), Charles Solo.

Notre ami, M. de Masquard vient d'augmenter la collection si nombreuse, si originale et en même temps si intéressante de ses brochures par une **Etude de sociologie pratique.** Inutile de présenter l'auteur à nos abonnés qui déjà ont eu maintes fois l'occasion d'apprécier ses ouvrages.

Dans cette étude, M. de Masquard résume avec impartialité les récents congrès où on a étudié les questions agricoles ; on verra non sans curiosité qu'au Congrès protestant de Bordeaux, par exemple, les vœux soutenus par MM. de Masquard et Mozman furent rejetés. Les Congrès chrétiens de Reims et de Lille

fournissent à l'auteur des réflexions d'une grande justesse.

L'*Etude de sociologie pratique* est en vente au prix de 0 fr. 30, *franco* chez M. de Masquard, à Saint-Césaire-les-Nîmes (Gard).

RECETTES

La chélidoine contre la météorisation. — En racontant la communication faite par M. de Monicault, qui attribue à la racine de chélidoine la vertu de guérir subitement les animaux météorisés, nous avons omis de rappeler que la plante nommée *chélidoine* en botanique n'est autre que celle qu'on connaît partout dans nos campagnes sous le nom d'*éclaire* (de la famille des papavéracées). L'éclaire qui vient dans les terres humides et incultes a, on le sait, un suc très visqueux d'un blanc jaunâtre, très corrosif. On l'emploie à cautériser les verrues. Le même suc qui se trouve sous une autre forme dans la racine, est-il doué, suivant M. de Monicault de la propriété aussi peu connue de faire cesser le gonflement intestinal des animaux météorisés ? Si cette propriété est vraiment certaine, on ne peut penser qu'à conseiller aux éleveurs de cultiver l'*éclaire*, et d'avoir sous la main une provision de ses racines.

DROIT RURAL

INCENDIE. *Question.* — J'ai été victime d'un incendie. J'avais un ouvrier charron. Une partie des outils m'appartenait, une autre à lui. Entré en 1893, j'avais remplacé plusieurs des instruments de travail. La compagnie d'assurances, prétendant que ce n'est point à usage de ferme, n'a rien voulu payer. Dois-je en conscience lui rembourser la perte par lui subie ? Mes charrons précédents fournissent toujours, comme les ouvriers, ce qui est nécessaire à leur travail.

Réponse. — Si l'incendie n'est pas imputable au patron, celui-ci n'est pas responsable de la perte subie par l'ouvrier. Le patron n'était pas dépositaire de ces outils. Il y a là un cas de force majeure dont, en droit, chacun doit supporter la responsabilité personnelle.

OFFRES ET DEMANDES

Un ex-régisseur de grande propriété, marié, offrant certificats et références de premier ordre, connaissant la culture des céréales, l'élevage, l'engraissement, la culture des plantes industrielles, demande la régie d'un domaine herbager, ou culture intensive. Nous recommandons tout particulièrement à nos abonnés, ce régisseur qui offre toutes garanties désirables, comme honorabilité et loyauté.

S'adresser aux bureaux de la *Gazette,* 10 *bis,* rue Piccini, Paris.

Un jeune homme diplômé de l'Institut agricole demande à faire un stage dans une grande exploitation du Centre. Écrire au bureau du Journal.

Tourteaux de coton décortiqué d'Amérique, en pains ou moulus de 12 fr. 75 à 13 fr. les 0/0 kilos sur wagon. Le Havre. — Livraison immédiate.

RED-CAP. Œufs à couver de cette excellente race de poule, réputée la plus jolie et la plus forte pondeuse, garantis race pure frais et fécondés, 5 fr. la douzaine franco de port et d'emballage. S'adresser à Calixte Dany, Althen-les-Paluds (Vaucluse).

Important : J'invite les personnes qui veulent bien me confier leurs ordres de toujours y joindre un mandat, les remboursements n'étant bénéficiables qu'aux Compagnies.
Toujours donner le nom de la gare à laquelle il faut adresser les envois.

POMMES DE TERRE. — Nous apprenons que M. E. Boutin, directeur du *Moniteur des Intérêts agricoles*, 11, rue Taitbout, est en pourparlers avec un certain nombre de Sociétés Coopératives de consommation de Paris et de la banlieue pour leur procurer directement par la culture les pommes de terre *saucisses rouges* et de hollande nécessaires à leur approvisionnement d'hiver: il s'agit de quantité très importantes.
Ceux de nos abonnés que ces fournitures intéressent peuvent s'adresser directement à M. Boutin.
Il lui est également fait des demandes pour des fournitures régulières de volailles de 1 kilo, 1 k. 500 par cageots de 12 à 15 pièces.

M. POUZIN offre de jolis racines de son plant de vigne à la seule condition pour les demandeurs de lui tenir compte d'une partie de la récolte d'une année. — Contre 0 fr.25 il expédie son *Guide* pour la culture de cette variété.
Ecrire à M. Pouzin Emile, à Saint-Paul-les-Romans, Drôme

Si vous voulez boire du bon vin de Saint-Émilion, adressez-vous à M. Duplessis-Foursaud au château des Trois-Moulins, à SAINT-ÉMILION (Gironde).

(Voir le prix courant.)

Ferme de l'Institut Agricole de Beauvais À VENDRE :

1° Très bon bélier *charmois* en état de faire la lutte.

2° Œufs, poulettes et coqs des races : La Flèche, Dorkins, Leghorn, Campine et Padoue Doré, Langshan, Gournay, Coucou de Malines, Houdan, Cochinchinoise fauve, Brahmapoutra, canards de Rouen.

Ferme du château de Résenlieu près Gacé (Orne) Mme la comtesse de No/leut.

Camemberts marque Au Faucon.
Médaille d'or.
6 fromages 4 fr. 50, 9 fromages 6 francs.
15 fromages 9 fr. 75 (franco gare).

COURS DES BESTIAUX

Marché de la Villette du 2 novembre 1896.

PRIX DE LA VIANDE NETTE

	1re qualité	2e qualité	3e qualité
Bœufs...	1.46	1.36	1.16
Vaches...	1.44	1.34	1.24
Taureaux...	1.22	1.12	1.02
Veaux...	1.76	1.56	1.30
Moutons...	1.90	1.72	1.54
Porcs...	1.02	1.00	0.96

ESPÈCES	AMENÉS	VENDUS	PRIX EXTRÊME viande net	PRIX EXTRÊME poids vif
Bœufs...	2.719	2.403	1.26 à 1.46	58 à 95
Vaches...	825	691	1.21 1.44	55 » 89
Taureaux.	155	151	1.02 1.22	48 » 78
Veaux...	1.108	864	1.30 1.76	60 » 108
Moutons.	16.514	14.314	1.62 1.90	73 1.16
Porcs...	3.075	3.610	0.96 1.02	54 » 70

Vente faible.

Marché de la Villette du 5 novembre 1896.

PRIX DE LA VIANDE NETTE AU KILOGR.

	1re qualité	2e qualité	3e qualité	Prix extrême
Bœufs...	1.46	1.36	1.24	1.20 à 1.58
Vaches...	1.44	1.34	1.10	1.10 1.50
Taureaux...	1.26	1.12	1.0	0.96 1.32
Veaux...	1.50	1.40	1.20	1.10 1.86
Moutons...	1.91	1.76	1.62	1.58 2.10
Porcs...	1.04	0.96	»	92 1.08

ESPÈCES	AMENÉS	VENDUS	OBSERVATIONS
Bœufs...	2.733	»	Vente difficile sur le gros bétail, plus facile sur les moutons, très mauvaise sur les veaux et les porcs.
Vaches...	594	421	
Taureaux.	209	»	
Veaux...	1.393	452	
Moutons.	11.571	»	
Porcs...	6.303	»	

Vente du bétail au marché de La Villette.

Adresser les animaux à MM. Henri Roblin et Surmone, en gare Paris-Bestiaux. Les aviser par lettre auparavant, 190, rue d'Allemagne, Paris.

CORRESPONDANCE

M. B., à T. (Nord). — Lorsqu'un mur est mitoyen et qu'il se trouve dans une ville, chacun des co-propriétaires peut contraindre son voisin à le réparer s'il est reconnu par des hommes de l'art insuffisant pour supporter les constructions. (Art 663 du Code civil.)

M. M. S., à B. (Pyrénées-Orientales). — Dans vos terres à blé qui sont fumées avec du fumier de ferme, il est de toute urgence d'y apporter l'acide phosphorique, il faut phosphater vos fumiers, c'est-à-dire répandre 150 à 200 kil. de phosphate par semaine sur la couche de fumier.
L'acide phosphorique des phosphates donne le grain lourd et la paille forte, aux betteraves la densité et la richesse ou bien répandre avant l'hiver avant le labour 1.000 à 1.200 kilos de phosphate par hectare.

M. B. H., à D. (Jura). — Nous vous avons adressé notre almanach de la France Rurale au prix de 0 fr. 60
Pour vos bœufs de travail, la meilleure manière de donner l'avoine est de la passer dans un aplatisseur, sans être réduite en farine.
Aplatir votre avoine tous les jours ou tous les deux jours au fur et à mesure du besoin.
Lorsque l'avoine est aplatie trop longtemps à l'avance elle perd de ses qualités, et le principe excitant, c'est-à-dire l'*anis* est beaucoup diminué.

M. P., à L. par Prauthoy (Haute-Marne). — Vous ne pouvez pas obliger votre voisin à vous vendre du terrain derrière le mur de votre écurie.
Vous avez le droit d'ouvrir des jours dans ce mur à la condition qu'ils seront placés à plus de 2 m. 60 de hauteur du sol de l'écurie, et qu'ensuite ils seront à verre dormant et fer maillé dont les mailles auront un décimètre.

PRIMES A NOS ABONNÉS

Porte-pantalon hygiénique, *breveté S. G.D.G.* de *P.-B. Noël.* Prix de faveur pour nos lecteurs Pour hommes, jeunes gens et enfants de dix ans franco 4 fr.; pour femmes et fillettes, 4 fr. 50
Toute commande doit être strictement accompagné d'un mandat-poste représentant la valeur de l'expédition.

BONDE le cent, 25 fr., les cinquante 13 fr. les vingt-cinq 7 fr. Au-dessous de 25 bondes 0 fr. 30. Le tout franco de port.
Indiquer le diamètre de chaque bonde.

PANIER DE DOUZE BOUTEILLES DE VINS FINS ASSORTIS 30 FRANCS

COMPOSITION DU PANIER

2 bouteilles vin blanc Haut-Barsac 1887,
2 — vin rouge chât. La Tour Vigean 1885;
2 — vin rouge château Margaux 1884;
2 — vin rouge château Bougaard 1884;
1 — madère vieux 1888;
1 — Lacryma Christi 1890;
1 — Rhum Martinique vrai extra-vieux;
1 — Grande fine Champagne 1875;

Le tout bien emballé, les bouteilles capsulées et étiquetées avec luxe.
Les expéditions sont faites par panier de douze bouteilles *franco de port et d'emballage* dans toutes les gares de France; adresser les demandes accompagnées d'un mandat à M. Crépeaux, 10 *bis*, rue Piccini, Paris. — *Le prix du panier est de* **30 francs.**

RHUM DE L'ILE BOURBON

Vieux rhum de Bourbon cinq ans. Eu fûts de 100 à 120 litres à 75 francs l'hectolitre (51°) origine absolument garantie — pris entrepôt Havre. — Adresser les demandes à M. Crépeaux, 10 bis, rue Piccini, Paris, et lui envoyer les fonds par mandat après réception de la facture.

RHUM DE L'ILE DE BOURBON EN CAISSE

12 bouteilles	38 francs.
24 —	70 —
50 —	142 —

Pris entrepôt Havre. Adresser les demandes accompagnées d'un mandat.

Eau de-vie de canne à sucre de l'île Bourbon origine absolument garantie :

La caisse réclame de 12 bouteilles..	40 fr.
— — de 24 ..	75 fr.
— — de 50 ..	150 fr.

Ces prix s'entendent pris entrepôt Havre. — Adresser les demandes accompagnées de leur montant.

Délicieux Vin Muscat Vieux tonique et réconfortant venant dire tement de la propriété, garanti authentique, offert en prime à nos abonnés à raison de 1 fr. 25 le litre logé en fûts de 25 à 35 litres. Fûts perdus.
Adresser les commandes au Bureau du Journal, 10 *bis*, rue Piccini, à Paris.

Purificateur d'air pour tonneaux, l'un 4 50 franco gare.
Moyennant un supplément de 0 fr. 40, nous joindrons à l'envoi une mèche à percer de calibre et moyennant 0 fr. 10 en plus, une mèche soufrée.
Adresser les demandes accompagnées du montant 10 *bis*, rue Piccini, à Paris.
Nous rappelons que toute demande de prime est considérée comme un engagement de renouveler l'abonnement à son échéance.

Ouvrages de l'abbé Ouvray.

CURÉ DE SAINT-OUEN
par Vendôme (Loir-et-Cher).

LAURÉAT DE LA SOCIÉTÉ DES AGRICULTEURS DE FRANCE, CONFÉRENCIER AGRICOLE A L'INSTITUT CATHOLIQUE DE PARIS.

1° *Manuel d'arboriculture*, 6e édition, 2 fr. 50 franco.
2° *Maladies et hygiènes des vins*, 0 fr. 55 franco.
3° *Alimentation des végétaux et emploi raisonné des engrais*, 1 fr. 50 franco.
4° *Manuel de vinification et de distillation. Les Levures. Le Vinaigre*, 1 fr. 35 franco.
5° Les *ferments de la terre* (Conférence à l'Institut catholique de Paris), 0 fr. 55 franco.
Les cinq ouvrages réunis, 5 fr. 50 franco.
Chez l'auteur à Saint-Ouen, par Vendôme (Loir-et-Cher).

Le Gérant: E. GAMBART.

IMP. NOIZETTE ET Cie, 8, RUE CAMPAGNE-1re, PARIS.

Ouvrages de **MM. CRÉPEAUX**

En vente aux bureaux de la *Gazette*

La Culture électrique 1 50
Manuel vétérinaire pratique du
  cultivateur . . . . 1 »
Almanach de la France rurale
  pour 1896 . . . . » 60
L'Année agricole et agronomique
  pour 1895 . . . . 3 50
La Culture du Blé, par M. FLEURY-
  BERGER . . . . 1 »

CHEMIN DE FER DU NORD

**Services directs entre Paris
et Bruxelles.**

Trajet en 5 heures.

Départs de Paris à 8 h. 20 du matin, midi 40,
3 h. 50, 6 h. 20 et 11 h. du soir; départs de
Bruxelles à 7 h. 47 et 8 h. 57 du matin, midi 58,
6 h. 3 et 11 h. 43 du soir. — Wagon-salon et
wagon-restaurant aux trains partant de Paris
à 6 h. 20 du soir et de Bruxelles à 7 h. 47 du
matin. — Wagon-salon-restaurant aux trains
partant de Paris à 8 h. 20 du matin et de
Bruxelles à 6 h. 3 du soir.

**Services directs entre Paris
et la Hollande.**

Trajet en 10 heures.

Départs de Paris à 8 h. 20 du matin, midi 40,
et 11 heures du soir; départs d'Amsterdam à
7 h. 20 du matin, midi 30 et 6 h. 15 du soir;
départs d'Utrecht à 7 h. 58 du matin, 1 h. 8 et
6 h. 54 du soir.

**Services entre Paris,
le Danemark,
la Suède et la Norvège.**

*Deux express sur Christiania, trajet en
55 heures.* — Départs de Paris à midi 40 et
9 h. 25 du soir; départs de Christiania, à
9 h. 33 du matin et 11 h. 15 du soir.
*Deux express sur Copenhague, trajet en
30 heures.* — Départs de Paris à midi 40 et
9 h. 25 du soir; départs de Copenhague à
9 h. 40 du matin et 8 h. 10 du soir.
Deux express sur Stockholm, trajet en 47 heures
— Départs de Paris à midi 40 et 9 h. 25 du
soir; départs de Stockholm à 6 h. et 9 h. 50
du soir.

**Services directs entre Paris,
l'Allemagne et la Russie.**

Cinq express sur Cologne, trajet en 8 heures
— Départs de Paris à 8 h. 20 du matin, midi 40
9 h. 20, 9 h. 25 et 11 heures du soir; départs
de Cologne à 9 h. 3 du matin, 1 h. 45 et 11 h. 18
du soir.
Quatre express sur Berlin, trajet en 19 heures.
— Départs de Paris à 8 h. 20 du matin, midi 40,
9 h. 25 et 11 heures du soir; départs de Berlin
à 1 h. 5, 10 h. 7 et 11 h. 55 du soir.
*Quatre express sur Francfort-sur-Mein, trajet
en 12 heures.* — Départs de Paris à 12 h. 40
6 h. 20, 9 h. 25 et 11 heures du soir; départs
de Francfort à 8 h. 25 du matin, 5 h. 50 et
11 h. 5 du soir et 1 h. 3 du matin.
*Deux express sur Saint-Pétersbourg, trajet en
54 heures.* — Départs de Paris à 8 h. 20 du
matin et 9 h. 25 ou 11 heures du soir; départs
de Saint-Pétersbourg à midi et 7 heures du
soir.
Deux express sur Moscou, trajet en 62 heures.
— Départs de Paris à 8 h. 20 du matin et 9 h. 55
ou 11 heures du soir; départs de Moscou à
6 h. 30 et 10 heures du soir.

Le Journal **Le Meunier**, de Bruxelles, offre
une médaille d'or à l'inventeur du meilleur
procédé débarrassant automatiquement le blé
du charançon.

VIN DE BOURGOGNE

Ferme de l'Hospice de Beaune.
Domaine de MEURSAULT

VINS FINS GRANDS ORDINAIRES, ORDINAIRES
Rouges et Blancs

Concours Général agricole de Paris 1895

MÉDAILLE d'or pour vins rouges
MÉDAILLE d'argent pour vins blancs

Concours Général agricole de 1896

HORS CONCOURS, MEMBRE DU JURY

JOBART MUTHELET, Meursault (Côte-d'Or)

SOCIÉTÉ GÉNÉRALE

Pour favoriser le développement
du Commerce et de l'industrie en France.

Société anonyme fondée suivant décret du 4 mai 1864.

CAPITAL : 120 MILLIONS DE FRANCS

Siège social, 54 et 56, rue de Provence, à Paris

Toutes opérations de Banque, notamment :
Dépôts de fonds en compte ou à échéance fixe,
Escompte et Encaissement d'Effets de commerce;
Ordres de Bourse en France et à l'Étranger;
Coupons; — Avances et Opérations sur Titres
Souscriptions; — Garde de Tittres;
Garantie contre le remboursemen au pair
et les risques de non-vérification des tirages;
Lettres de crédit;
Envois de Fonds; — (France et Etranger)

LOCATION DE COFFRES-FORTS

offrant toute sécurité pour la garde des titres, bijoux
et autres objets précieux (compartiments depuis 5 fr.
par mois.

La Société a 235 agences et bureaux en France
1 agence à Londres, et des correspondants sur toutes les places de France et de l'Étranger.

Insecticide-Préservateur

FERTILISANT

DESGOUTTES

La Boîte de 10 kilog., pour essais, **10 fr.**
franco toutes gares (por et emballage compris).

*Adresser les demandes, accompagnées d'un
mandat, 10 bis, rue Piccini, Paris.*

ASPERGE GÉANTE

ROYALE DE FRANCE

(RACE D'ARGENTEUIL PERFECTIONNÉE)

Demander la *Méthode de Culture* et prix courant
(gratis et franco), à M. **WILLIAM FOURCINE**,
directeur des pépinières royales de Dreux (Eure-et-
Loir). Médailles et diplômes de première classe.

Champagne Mercier

Champagne Mercier

Champagne Mercier

BONS DE
L'EXPOSITION DE 1900

Les tirages de lots, qui ont lieu à des dates
rapprochées jusqu'au mois d'octobre 1900,
attribueront aux porteurs favorisés par le sort
4.313 lots dont l'importance varie de
100 fr. à 100.000 fr. et **500.000** fr. pour
un montant total de

6 MILLIONS DE FRANCS

Outre que le nombre des Bons encore disponibles décroît rapidement, il y a tout avantage pour les personnes qui se proposent d'en
acquérir de ne pas attendre la dernière heure.
Les tirages ont commencé et c'est en pure
perte que les retardataires se priveraient, en
laissant courir d'autres tirages, d'une partie
des chances qui peuvent leur échoir.

Les **vingt tickets** d'entrée de 1 franc
seront délivrés en temps utile aux porteurs,
sur présentation de leurs Bons.

Les réductions de prix sur les chemins de
fer et dans les spectacles de l'Exposition représenteront à elles seules, pour les porteurs
de Bons, plus que la somme à débourser pour
l'achat.

Les trois avantages réunis : lots, tickets,
réductions, sont tels qu'il est à prévoir que
les Bons se paieront plus cher l'année prochaine que cette année, plus cher dans deux
ans que l'année prochaine, et qu'à la veille de
l'Exposition ils auront une vogue plus grande
encore. On fait donc acte de prévoyance en
procédant à un achat immédiat.

Les Bons sont de 20 francs et ils se délivrent aux guichets du Crédit Foncier et des
principaux Établissements financiers, soit au
Siège social, soit aux guichets des succursales
de ces Établissements.

On peut aussi en faire la demande par correspondance.

SELS POUR L'AGRICULTURE

Nourriture du bétail et Engrais des terres

Sel neuf dénaturé, au tourteau de colza. 45 f. 1.000 k.
Sel neuf dénaturé, au peroxyde de fer. 40 f. 1.000 k.
Sel de morue pur . . . . 35 f. 1.000 k.

Expéditions de Fécamp, Bordeaux et St-Malo.

S'adresser à MM. A. LE BORGNE et ses Fils,
négociants-armateurs, à Fécamp.

EXCELLENT DÉSINFECTANT

POUR LES FUTS A VIN, CIDRE, BIÈRE, ETC.

Prix de faveur pour nos lecteurs

Sur notre demande, M. Moity, père, l'inventeur, a consenti à en mettre de petites quantités pour essais à la disposition de nos lecteurs.

10 litres franco gare. 10 fr.

Adresser les demandes à M. Crépeaux, rue
Piccini, 10 *bis*, Paris.

P. MARCHAND Frères
à DUNKERQUE (Nord)

FABRIQUE SPÉCIALE DE TOURTEAUX
DE COTON DE GRAINES D'ÉGYPTE
pour Nourriture et Engraissement du Bétail

GRAND PRIX A L'EXPOSITION UNIVERSELLE DE 1889

Nous appelons l'attention des nourrisseurs et des éleveurs sur les tourteaux de Coton de graines d'Egypte. C'est un produit excellent pour les vaches laitières, les bœufs à l'engrais et les moutons. — Nos tourteaux de Coton sont complètement débarrassés de la bourre qui enveloppe la graine et contiennent la même quantité de matières nutritives et grasses que les meilleurs tourteaux de lin. — Nos tourteaux de Coton forment l'aliment le meilleur et le plus avantageux en raison de leur prix excessivement bas.

adresser pour Renseignements et Prix à MM. P. MARCHAND Frères, à Dunkerque (Nord), ou à leurs Représentants.

PHOSPHATE FOSSILE DE QUIÉVY-NORD
le plus assimilable de tous les phosphates connus
GARANTI PUR DE MÉLANGE AVEC TOUT AUTRE PHOSPHATE
Ce qui, du reste, ne pourrait que diminuer son assimilabilité.

EXTRACTION DU GISEMENT ET USINE A QUIÉVY
Propriétaire-Extracteur : C. LECLERCQ
Bureaux à Viesly (Nord).

COMPOSITION MOYENNE

Acide phosphorique. . . .	12 » à 16 » 0/0
Potasse	0 45 à 2 77 0/0
Chaux.	19 05 à 31 » 0/0
Magnésie.	0 58 à 3 80 0/0
Matières organiques azotées .	1 80 à 3 45 0/0

ASSIMILABILITÉ RELATIVE (méth. Joulie).
Solubilité dans l'oxalate d'ammoniaque.

Phosphate		
Phosphate	de Quiévy.	82 29 0/0
—	de la Meuse.	51 95 0/0
—	de Pernes.	47 87 0/0
—	des Ardennes.	46 43 0/0
—	de la Somme (moy.). .	44 53 0/0
—	de Ciply.	34 57 0/0

Titre garanti en acide phosphorique : 13 à 16 0/0.

LIVRAISON: EN POUDRE IMPALPABLE EN SACS PLOMBÉS, MIS SUR WAGON GARE QUIÉVY-en-CAMBRÉSIS
Prix : 3 fr. 80 les 100 kilos, sacs perdus, 30 jours, 2 0/0 ou 90 jours net.

NOTA. — Les acheteurs qui désirent employer le **véritable Phosphate de Quiévy** pur et garanti d'origine doivent exiger que les sacs portent la Marque (Au Poisson fossile) et la Firme : M. LECLERCQ, seul exploitant à Quiévy (Nord).

GRANDS RABAIS
POUR LIVRAISONS SUR LES MOIS D'HIVER

Engrais de l'Usine municipale de la Voirie de Bondy

TOURTEAUX ORGANIQUES
MOULUS

Dosage : 1.50 à 2 °/₀ d'azote et 4 à 5 °/₀ d'acide phosphorique.

S'ADRESSER AU

Comptoir Agricole et Commercial
9, RUE NOUVELLE, 9, A PARIS

Eugène de MASQUARD
PROPRIÉTAIRE-VITICULTEUR, Château de la Cascade
SAINT-CÉSAIRE-LES-NIMES (Gard)

Vins garantis naturels, rouges et blancs, depuis **75 fr.** la pièce de 220 litres jusqu'à 100 francs, selon qualité, prise en gare de St-Césaire (Gard), fût perdu.
Ces vins ont été médaillés à toutes les expositions où ils ont figuré.

Récoltés sur des coteaux et des terrains secs, les vins de Saint-Césaire, l'un des meilleurs crus du Gard, se conservent parfaitement sans être plâtrés.

Envoi franco de prix courants et échantillons

FROMENTINE
Marque déposée B. S.G.D.G.

Produit pour l'alimentation économique, saine et rationnelle du bétail, provenant en grande partie des issues de la mouture de blé.

DIVERSES MARQUES

Demander celle en raison du but poursuivi

Marque A pour l'engraissement égal à celui ou tourteau de lin, le remplacement de l'avoine, production d'un lait de qualité supérieure.
Marque B pour le bon entretien du bétail.
Marque J développement rapide des jeunes bêtes.
Marque L surproduction du lait.
Marque E engraissement rapide.

Ecrire à M. Armand MILLOT
Moulins Saint-Martin
Saint-Quentin (Aisne.)

Plus de Pourriture
PAR L'EMPLOI DU
CARBONYLE

qui assure au bois une durée triple en lui donnant une belle teinte brune; 1 kilog. remplace 10 kilog. de Goudron. — Produit de grande utilité dans l'agriculture; est recommandé et utilisé par les syndicats agricoles. — Dans votre intérêt, demandez le prospectus avec attestations d'expériences de dix ans

Société française du « CARBONYLE »,
188-190, *Faubourg Saint-Denis, Paris.*

(N. B.) Seule maison spéciale pour la fabrication et la vente de ce genre de produit.

Le moment favorable au transport des vins
.. aut revenu, nous rappelons à nos lecteurs
que tous ceux d'entre eux qui, sur nos con
seils, et depuis cinq ans, consomment les vins
de M. Vincent Ardura, vigneron, domaine de
la Chapelle-Frédignac, par Blaye-Bordeaux
n'ont qu'à se louer de la qualité et de la conservation de ce Bordeaux absolument naturel,
expédié sans intermédiaire.

Pour dégustation sérieuse, envoi gratuit est
fait d'une bouteille de la récolte désignée.

L'encaissement est fait par le facteur, à
30 jours, escompte 2 0/0, ou 90 jours.

Vendanges : 1893, à 130 fr., 1892-91, à 150 fr.;
1890-89, à 175 fr., 1887, à 200 fr., 1885, à 220 fr.,
1884 ,à 240 fr., 1882, à 250 fr., 1881, à 300 fr. —
Graves blancs vieux : 130, 150, 200, 250, 300 fr.,
suivant âge, les 225 litres collés, soutirés,
franco de port et de fût en gare d'arrivée.

CHEVAUX BOITEUX

Guérison par le spécifique BORNET

Contre **Capelets, Mollettes, Vessigons,
Eponges, Exostoses, Suros, Eparvins** e
les **Formes** à leur début. *(Il s'applique éga-
ment à toutes les tares molles et osseuses.)*

PRÉPARÉ PAR **A. BORNET**
Pharmacien de 1re classe, ex-interne et lauréat des
hôpitaux.

19, rue de Bourgogne, PARIS.

Le flacon, 5 fr., à la pharmacie ; en gare
par colis postal, 6 fr. contre mandat.

VIN PUR COTES 1re QUALITÉ

Vieux, nouveau garanti sur facture

Récolté par FELIX LAU, propriétaire-viticulteur
à Caussiniojouls (Hérault).

Nouveau, **35** *fr. l'hect. logé sur gare Faugères*

M. Recourat, pharmacien à Beauvais.

Gale des moutons guérie radicalement
par *une seule application* de l'Antipsorique.
La bouteille, 3 fr. ; la 1/2 bouteille, 1 fr. 75.
Guérison du Piétin par *un seul pansement*
avec le Contre-Piétin-Recourat.
Le pot d'essai, 1 fr. 50 ; le pot, 2 fr. 50.
Joindre 0 fr. 60 pour recevoir *franco* et
indiquer gare

VINS

DE SAINT-ÉMILION

Vins classés, de **800** à **250** francs la barrique
de 225 litres. — Moitié prix pour la barrique de
112 litres.

Vins grands ordinaires, de **140, 125, 105,
100** francs la barrique — **80, 75, 70, 65, 58,
55** francs, la demi-barrique. — Rendu *franco* en
gare et régie, sauf octroi.

Adresser commandes à M. DUPLESSIS-
FOURCAUD, à **Saint-Émilion**. — Envoi de
prix courants et échantillons sur demande affranchie.

*Médailles d'Or, Paris, 1867 et 1889 — Moscou
1891 — Besancon, Montluçon, Royan, etc.*

Maison MURE, à Pont-St-Esprit (Gard)
A. GAZAGNE, *Gendre et Suce*, Ph^en de 1re Classe

MALADIES NERVEUSES

Epilepsie, Hystérie, Danse de Saint-Guy,
Affections de la Moëlle épinière, Convulsions,
Crises, Vertiges, Eblouissements, Fatigue
cérébrale, Migraine, Insomnie, Spermatorrhée
Guérison fréquente, Soulagement toujours certain
par le SIROP de **HENRY MURE**
succès consacré par 20 années d'expérimentation dans les Hôpitaux de Paris.
FLACON : 5 FR. — NOTICE GRATIS.

PATE et SIROP d'ESCARGOTS de MURE

« Depuis 50 ans que j'exerce la méde-
« cine, je n'ai pas trouvé de remède
« plus efficace que les escargots contre
« les irritations de poitrine. »
« Dr Chrétien, de Montpellier. »
Goût exquis, efficacité puissante
contre Rhumes, Catarrhes
aigus ou chroniques, Toux spasmodique,
Irritations de la gorge et de la poitrine.
Pâte 1f.; Sirop 2f. — *Exiger la* Pâte Mure. *Refuser les imitations.*

Thé Diurétique de France

sollicite efficacement la sécrétion urinaire, apaise les
douleurs des Reins et de la Vessie, entraîne le
sable, le mucus et les concrétions, et rend aux urines
leur limpidité normale. — Néphrites, Gravelle,
Catarrhe vésical, Affections de la Prostate
et du l'Urèthre. — PRIX DE LA BOITE : 2 FRANCS.

Dépôt général de l'ALCOOLATURE D'ARNICA
de la TRAPPE DE NOTRE-DAME DES NEIGES
Remède souverain contre toutes blessures, coupures, contusions,
défaillances, accidents cholériformes.
DANS TOUTES PHARMACIES. — 2 Fr. LE FLACON.

ALAMBIC EGROT
A BASCULE. — EAU-DE-VIE, 1er JET
sans repasse.
FRANCO CATALOGUE ILLUSTRÉ
EGROT, 19-21-23, Rue Mathis, Paris

SCHNEIDER ET Cie

PHOSPHATES MÉTALLURGIQUES

(scories de déphosphoration), des Aciéries du Creusot

ENGRAIS PHOSPHATÉ

pour Céréales, Prairies, Vignes, Betteraves, Pommes de terre, etc.

L'emploi de ces phosphates a été particulièrement recommandé dans ces derniers
temps par les agronomes les plus distingués. Il permet, en raison du bas prix de
ce produit, de faire apport au sol de doses considérables d'acide phosphorique.

Les phosphates métallurgiques du Creusot sont livrés moulus finement et tamisés.
Pour renseignements, s'adresser à MM. SCHNEIDER et Cie, au Creuzot (Saône-et-Loire).

FOURNEAUX DE CUISINE
de toutes espèces

Maisons particulières, Hôtels, Châteaux et Fermes,
Hospices, Hôpitaux, Collèges, Pensions, etc.
ENVOI FRANCO DE CATALOGUES

Maison DELAROCHE aîné
22, rue Bertrand, PARIS

COUVEUSES
ÉLEVEUSES
VOLAILLES
ŒUFS
à COUVER

VOITELLIER
à MANTES
et à
PARIS
4, PLACE DU THÉATRE FRANÇAIS
PRIX COURANT FRANCO
GRAND CATALOGUE ILLUSTRÉ. 0.50c

POUDRE DELARBRE
Plus de CHEVAUX POUSSIFS !

Guérison de la POUSSE,
Toux, Bronchite et Gourme.
La Boîte de 20 Doses : 3 francs
G. DELARBRE, AUBUSSON (Creuse)

Maison de Vente & d'Expédition à Aubusson (Creuse) G. DELARBRE
A Paris & en province, chez tous les Droguistes & Pharmaciens.

CONSTRUCTIONS ECONOMIQUES

ANÉMIE CHLOROSE, FAIBLESSE Guéries par le **VRAI FER QUEVENNE**
Seul approuvé p'Académie de Médecine, Paris, 14, r. Beaux-Arts, not. cg Cie

PRÉSERVEZ VOS ANIMAUX DOMESTIQUES
de toutes les Epizooties et Maladies contagieuses par la Désinfection des Ecuries, Etables, Porcheries
PAR LE

CRÉSYL-JEYES

Désinfectant — Antiseptique, le seul (non toxique), qui soit d'une efficacité scientifiquement démontrée. Le CRÉSYL-JEYES a été récompensé par la Société des Agriculteurs de France en 1891 d'une Médaille d'argent grand module. Envoi franco sur demande du prospectus détaillé. — CRÉSYL-JEYES, 35, Rue des Francs-Bourgeois, 35, Paris.
Se méfier des nombreuses contrefaçons.

Gr. ✶ Exposition Universelle 1889. ✶ Médaille d'Argent.

MALADIES DU BÉTAIL
ET DE LA VOLAILLE
Leur traitement préventif et curatif
PAR L'ACIDE SALICYLIQUE

L'acide salicylique, employé dans la nourriture à la dose de 1/2 à 1 gramme par jour et par tête de bétail, est le meilleur préservatif des maladies qui procèdent par contagion : Sang de rate, Cocotte, Maladie aphteuse, Erysipèle, Typhus, Morve, Variole et le Rouget des porcs, etc.

Des attestations nombreuses de guérisons obtenues pour la Cocotte et le Rouget des porcs ont été reproduites dans le journal *l'Agriculture.*

La désinfection des étables, des écuries, se fait instantanément au moyen d'un arrosage d'eau salicylée à 2 grammes par litre.

S'adresser à M. CERCKEL, administrateur de la *Compagnie de produits antiseptiques*, 26, rue Bergère, Paris.

Envoi sur demande de Prospectus et Brochures.

PRIX DU KIL., 25 fr. BOITE DE MÉNAGE, 2 fr.

ALIMENTATION DU BÉTAIL
Tourteaux de Coprah ou Coco
F. TASSY, E. ROCCA et Cie
Fabricants d'huiles (producteurs directs de Tourteaux)
23, RUE HAXO, MARSEILLE
Deux médailles d'or, Anvers 1894
Envoi de Prix-Courants et Échantillons sur demande.

ENGRAIS CHIMIQUES
DES
MANUFACTURES DE SAINT-GOBAIN

12 Usines :

CHAUNY (Aisne).	SAINT-FONS, près Lyon.
AUBERVILLIERS (Paris).	L'OSERAIE, près Avignon.
MONTARGIS (Loiret).	BALARUC, près Cette.
TOURS (Indre-et-Loire).	VALENCIA (Espagne).
MONTLUÇON (Allier).	HEMIXEM
MARENNES (Charente-Inférieure).	MESVIN-CIPLY } (Belgique).

PRODUCTION ANNUELLE : 400.000.000 DE KILOS

Dosages garantis — Emballages marqués et plombés

SUPERPHOSPHATES DE CHAUX

ENGRAIS COMPOSÉS
Suivant les convenances des acheteurs pour toutes cultures

ENGRAIS COMPLET DE SAINT-GOBAIN
Efficacité éprouvée dans tous les sols et dans toutes les cultures

ENGRAIS SPÉCIAUX POUR LA VIGNE :
Engrais pour Vigne à végétation faible.
Engrais pour Vigne à végétation normale.
Engrais pour Vigne à végétation luxuriante.

Adresser les ordres ou les demandes de renseignements à la DIRECTION COMMERCIALE [DES PRODUITS CHIMIQUES de SAINT-GOBAIN, 9, rue Sainte-Cécile, Paris. — ou aux Agents de la Compagnie dans toutes les villes de France.

17e Année. — N° 46.   LE NUMÉRO. 10 CENTIMES.   Dimanche 15 Novembre 1896.

GAZETTE AGRICOLE

JOURNAL HEBDOMADAIRE, PARAISSANT LE DIMANCHE

Fondateur : M. CH. GOSSIN, Professeur d'Agriculture à l'Institut agricole de Beauvais

PRIX DE L'ABONNEMENT

UN AN, 5 fr. — SIX MOIS, 3 fr. — TROIS MOIS, 2 fr. 25

Pour l'Étranger les abonnements ne sont reçus que pour un an, au prix de 6 francs, et ne partent que du 1er JANVIER ou du 1er JUILLET de chaque année.

Le Numéro : 10 centimes.

Adresser toute la correspondance : mandats, lettres, annonces etc., à M. CRÉPEAUX, Directeur de la *Gazette agricole* 10 bis, rue Piccini, Paris.

Toute demande de changement d'adresse doit être accompagnée de 50 centimes et de la dernière bande du journal.

BUREAUX

97, rue de Rennes, Paris, et à Beauvais, rue Saint-Etienne.

Les abonnements partent du 1er de chaque mois et sont payables d'avance. Toute demande d'abonnement doit donc être accompagnée du prix de l'abonnement. (Le mode de payement plus simple est l'envoi d'un mandat-poste.)

Donner *très lisiblement*, en s'abonnant, son nom et son a'resse exacte, avec *l'indication du bureau de poste*; et, s'il s'agit d'une continuation d'abonnement, joindre au renouvellement la dernière bande d'adresse du journal

Les Annonces sont reçues à la Direction du Journal, et chez MM. DUSSERIS et MATHELLON, 97, rue de Rennes Paris.

Sommaire :

Pronostics météorologiques. — Du 15 au 21, période troublée; perturbations atmosphériques dans l'Ouest entre le 14 et le 16; ailleurs les 17, 18 et 19 tempêtes et bourrasques — Du 21 au 23 accalmie par vent de Nord-Est.

BULLETIN COMMERCIAL

Un télégramme de Rome dit que des fortes inondations ont causé de grands dégâts dans le nord et le centre de l'Italie.

Dans les régions de l'Azoff, le temps est froid et pourrait entraver les semailles d'automne.

A Odessa, la température est relativement douce. Dans le nord et le centre de la Russie la situation est plus satisfaisante.

Les prix ont monté de 2 à 2 3/4 cents à New-York; les ventes ont atteint le chiffre de 16.3000.000 bushels :

BOURSE DU COMMERCE DU MERCREDI 11 NOVEMBRE

	FARINES	BLÉS
Courant	46 55	22 05
Prochain	46 90	22 30
Nov.-Déc	47 25	22 55
4 de nov.	46 85	22 30
4 premiers	47 35	22 80

Marque de Corbeil : 48 fr. le sac de 150 kil. toile à rendre.

Halle aux blés. — *Blés indigènes.* — Beaucoup d'acheteurs, les prix payés marquent une hausse de 0,60 à 1 franc sur les cours d'il y a huit jours, la tendance est ferme. On cote : roux, 21,50 à 21,75; blancs, 21 à 22,75 les 100 kilos nets gare d'arrivée Paris.

Blés étrangers. — Sans affaires.

Seigles. — Toujours calmes, les offres sont plus suivies. On cote de 13,50 à 14 fr. les 100 kilos nets gare d'arrivée Paris.

Escourgeons. — Affaires calmes et prix difficiles à établir; on cote de 16,75 à 17 les 100 kil. nets, gare d'arrivée Paris.

Orges. — Prix sans variation. On cote les provenances de l'Ouest de 16,25 à 16,75 et celles de la Beauce de 16,50 à 17 fr. les 100 kil. nets gare d'arrivée Paris.

Sucres. — Les sucres sont fermes en sympathie avec la tenue du dehors et la hausse de New-York; assez bon courant d'affaires, hausse de 12 centimes.

Raffinés 98,50 à 99, roux 88° 25,50 à 25,75.

Marché de la Chapelle. — Marché ordinaire.

On cote : paille de blé 1re qté 30 à 32 fr., 2e qté 28 à 30 fr., 3e qté 26 à 28 fr.; paille de seigle 1re qté 32 à 34 fr., 2e qté 30 à 32 fr., 3e qté 28 à 30; paille d'avoine 1re qté 30 à 32 fr., 2e qté 28 à 30 fr., 3e qté 25 à 29; foin nouveau 1re qté 60 à 62 fr., 2e qté 57 à 60 fr., 3e qté 54 à 57 fr.; foin vieux 1re qté 59 à 61 fr., 2e qté 55 à 59 fr.; 3e qté 51 à 55 fr.; luzerne nouvelle 1re qté, 60 à 62 fr., 2e qté 57 à 60 fr., 3e qté 51 à 57 fr. regain nouveau 1re qté 60 à 62 fr., 2e qté 57 à 60 fr., 3e qté 54 à 57.

Le tout rendu dans Paris, au domicile de l'acheteur, frais de camionnage et droits d'entrée compris par 104 bottes de 5 kil. savoir : 6 fr. pour foin et fourrages secs; 2 fr. 40 pour paille. Pourboire 1 fr. par 100 bottes.

Fourrages et pailles en gare. — Affaires calmes et prix sans variation. Les belles pailles de Brie valent de 20 à 22 fr.; et les sortes ordinaires de toutes provenances de 18 à 19.

La paille de seigle manque : elle vaut de 18 à 20 fr.

La paille d'avoine doit être vue entre 15 et 18 fr.

On cote sur wagon, par 520 kilogr., en gare d'arrivée à Paris :

Foin nouveau	43 à 45
Luzerne première qualité	42 à 44
Paille de blé	20 à 22
— de seigle pour l'industrie	24 à 26
— — ordinaire	20 à 22
— d'avoine	18 à 20

Pour les marchandises en gare, les frais de déchargement, d'octroi et de camionnage sont à la charge de l'acheteur.

FRUITS

Figues	1 à 1 25	
Poires communes	12 à 30	
Raisins d'Algérie, les 100 kilos	70 à 80	
Amandes, 2e choix	45 à 75	
Noisettes	60 à 80	
Citrons, la caisse de 420/490	30 à 32	
Noix	50 à 55	

POMMES DE TERRE

Hollande (100 kil.)	10 » à 11 »
Roses-Early	4 » à 5 »
Magnum-Bonum	5 » à 6 »
Rondes	6 » à 7 »

LÉGUMES

Choux, le cent	4 à 10
Choux-fleurs suivant grosseur	8 à 30
Tomates	10 à 25
Haricots flageolets	10 à 15
— beurre	20 à 20
Haricots verts de Paris	30 à 30
Cornichons moyens	40 à 56

GIBIER

Alouettes, la douzaine	2 » à 2 25
Bécasses	3 50 à 5 50
Cailles grasses	» 75 à 1 25
Canards sauvages de Hollande	2 50 à 3 50

LINS. — Les 100 kilogr. — *Marché de Lille.*

	Communs	Ordin.	Supér.
Alost	148 à 153	154 à 157	161 à 166
Bergues	150 à 158	161 à 168	173 à 182

Marché aux chevaux, 11 Novembre

Gros trait de 250 à 1.150   Boucherie de 70 à 180
Selle et tr. 175 à 1.100   Anes.... de 15 à 152
léger . de 150 à 1.150   Chèvres . de   à
H. d'âge de 250 à 360

AMENÉS

Chevaux, 416 — Anes, 14 — Chèvres, 0

Voitures 92, de 35 à 600.

ENCHÈRES

Chevaux amenés, 16.

Vendus, 11 de 125 à 400.

Prix moyen aux 100 kilog. des CÉRÉALES dans les Départements.

	BLÉ	SEIGLE	ORGE	AVOINE
Rég. du Nord-Ouest				
Caen	20 05	10 50	14 25	14 50
Lannion	20 65	10 50	13 50	14 00
Morlaix	20 00	11 25	13 50	13 00
Rennes	20 00	10 50	13 75	13 75
Avranches	20 75	11 50	13 75	13 75
Laval	20 50	11 00	14 00	14 00
Lorient	20 25	11 00	14 00	13 00
Alençon	20 40	10 50	14 00	15 00
Le Mans	20 60	10 50	14 50	16 00
Région du Nord				
Soissons	20 25	11 00	14 00	15 00
Evreux	20 50	11 00	14 00	15 25
Chartres	20 60	11 00	15 00	15 50
Lille	20 65	10 50	14 25	15 50
Compiègne	20 70	12 00	15 00	15 00
Beauvais	20 70	11 75	15 50	16 00
Arras	20 00	10 50	14 50	15 50
Paris	21 50	11 25	14 00	15 50
Versailles	21 00	11 50	16 00	16 00
Rouen	21 00	11 00	16 00	16 75
Amiens	21 00	11 00	16 00	17 01
Rég. du N.-E.				
Mézières	19 60	10 50	14 00	15 00
Nogent-s-Seine	20 20	11 00	15 50	15 50
Châlons-sur-Marne	19 50	11 00	14 00	15 00
Langres	20 00	11 00	14 00	15 00
Nancy	19 60	11 00	15 25	15 75
Bar-le-Duc	19 00	12 00	16 00	15 00
Neufchâteau	19 60	10 75	14 50	15 75
Région de l'Ouest				
Ruffec	19 35	10 25	14 00	15 00
Marans	19 00	10 50	14 00	13 50
Niort	19 85	10 25	14 00	15 00
Tours	19 85	10 50	14 00	15 00
Nantes	18 80	13 00	14 00	14 50
Angers	19 00	11 50	14 00	14 50
Luçon	18 65	10 50	14 00	14 00
Poitiers	19 50	10 50	14 00	
Limoges	19 00	10 50	•	15 00
Région du Centre				
Moulins	19 50	10 50	14 50	14 50
Bourges	19 00	11 00	15 00	14 25
Aubusson	19 50	10 75	14 00	14 00
Châteauroux	19 70	11 00	15 00	14 00
Orléans	19 85	11 25	14 50	14 50
Blois	19 00	10 50	15 50	15 50
Nevers	19 70	10 50	14 00	15 00
Clermont Ferr.	19 60	10 25	14 25	16 00
Sens	19 50	10 25	15 00	15 00
Région de l'Est				
Bourg	20 10	10 50	14 00	15 00
Dijon	20 20	12 00	15 50	15 00
Besançon	19 60	11 50	14 00	14 50
Grenoble	19 70	10 50	13 75	14 00
Dôle	20 00	11 50	11 50	15 00
Saint-Etienne	19 25	11 50	14 00	15 00
Lyon	21 00	13 00	14 00	15 75
Mâcon	19 20	13 00	14 00	15 00
Vesoul	19 10	11 00	»	14 25
Chambéry	19 00	10 25	»	15 00
Annecy	19 00	»	»	15 00
au Sud-Ouest				
Pamiers	19 75	11 00	»	15 00
Périgueux	19 00	11 25	14 00	15 00
Toulouse	19 00	12 00	14 50	15 50
Auch	19 00	11 50	14 50	15 50
Bordeaux	19 25	11 50	14 25	15 00
Dax	19 50	11 25	14 00	15 50
Agen	19 25	12 00	15 00	15 00
Bayonne	19 00	12 00	15 00	15 25
Tarbes	19 50	11 00	»	•
Région du Sud				
Carcassonne	19 00	12 50	14 50	1 00
Rodez	19 00	12 00	14 00	16 00
Mauriac	19 50	11 00	»	15 50
Tulle	19 80	11 25	14 25	15 00
Montpellier	19 95	11 25	»	15 00
Figeac	19 50	10 75	14 00	15 00
Mende	18 85	11 00	14 25	15 50
Perpignan	19 75	11 00	14 25	15 25
Albi	18 50	12 00	14 50	15 00
Montauban	19 00	12 00	15 50	15 00
Région du Sud-Est				
Gap	19 25	11 50	15 25	16 00
Manosque	19 75	11 25	15 00	15 25
Nice	19 50	11 25	14 25	16 25
Privas	19 90	11 50	14 00	16 00
Arles	19 75	11 50	14 50	15 50
Montélimar	19 00	11 25	14 75	15 50
Nîmes	19 50	12 00	15 00	15 50
Le Puy	19 50	12 00	15 50	15 00
Draguignan	19 50	12 00	14 00	16 00
Avignon	20 25	13 50	14 00	17 00

Prix en francs des 100 kilos du blé sur les principaux marchés du monde

	cette semaine	la semaine dernière	Droit d'entrée par 100 kilos
Berlin	21.10	20.21	4.35
Londres	15.50	15.50	Néant
Vienne	15.13	15.25	3.75
Anvers	17.50	17.50	Néant
New-York	16.73	15.70	4.90
Chicago	15.49	14.70	4.90
Paris	22.10	21.10	7.00

Tourteaux. — Cours de la maison P. Marchand frères, à Dunkerque (Nord) :

TOURTEAUX A NOURRIR

	Dispon.	A livrer.
Coton de graines d'Egypte	9 50	9 50
Sésame blanc	13 00	13 50
Arachide décortiquée	16 50	15 50
Colza à nourrir	12 00	10 50
Colza du pays	12 75	11 25
Œillette du Levant	10 50	10 »»
Œillette blanche de Turquie	11 00	11 25
Lin 1re qual. de Bombay g. form.	14 75	14 70
Lin 1re qual. de Bombay p. form.	15 00	15 25

TOURTEAUX-ENGRAIS

Arachide décortiquée	15 00	15 00
Cameline	»» »»	»» »»
Colza des Indes en poudre	»» »»	»» »»
Colza ravison	9 00	8 00
Colza jaune Gutzerat	11 50	12 00
Kurrachée	»» »»	»» »»
Niger	»» »»	»» »»
Pavot	10 50	9 75
Sésame, blanc	10 25	10 25
Sésame noir	»» »»	»» »»
Coton en farine	9 00	9 00

Nos prix s'entendent pour tourteaux en planches, rendus en gare de Dunkerque.

Paiement à 30 jours ou à terme plus éloigné suivant convention expresse.

Le concassage se paie 0 fr. 25 et la mise en poudre 0 fr. 40 aux 100 kilos. Dans ce cas, les sacs sont facturés à 0 fr. 35 pièce, et repris au prix de facture, quand ils sont rendus en bon état et franco, dans les 30 jours de l'expédition.

FROMENTINE :

	100 kil		100 kil.
Marque A	12.50	Marque L	14.50
Marque B	13.50	Marque E	15.»»
Marque J	14.»»		

Les 100 kilogs sur wagon St-Quentin, sac à retourner ou à facturer.

BEURRES. (le kilogr.)

BEURRES EN MOTTES			BEURRES EN LIVRE		
Isigny extra	5 00	8.00	Bourgogne	1.90	2.20
— demi-fin	3.80	4 00	Gâtinais	2 00	2.50
M. d'Isigny	3 30	3.60	Vendôme	2 00	2 40
du Gâtinais	1 60	2 30	Beaugency	2.00	2 40
de Bretagne	1 80	2 20	Ferme	2.20	2.90
Laitiers Jura	2 20	2.80	Tours	2.00	2.40
de Charente	2 50	3.00	Le Mans	2.40	2.20
des Alpes	2.40	3.20	Touraine fausse	2.00	3.20

ŒUFS. — (le mille).

Normandie ext.	150 à 125		Bourgogne	95 à 104
Picardie —	125 à 150		Champagne	98 à 104
Brie —	100 à 115		Nivernais	92 à 95
Touraine	115 à 140		Bourbonnais	92 à 96
Beauce	135 à 120		Bretagne	85 à 92
Orne	105 à 113		Vendée	88 à 94
Picardie	98 à 118		Auvergne	82 à 88
Châtellerault	94 à 98		Midi	92 à 100

FROMAGES.

Brie hautes marq.	60	72	Roquefort	140	220
Brie gr. m. (10)	55	58	Gruyère (100 k.)	90	175
— m. m.	32	36	Coulommiers (100)	30	52
Petits Nanteuils	10	25	Gournay (100)	10	22
Brie laitiers	20	26	Livarot (le 100)	80	120
Gérardmer (100 k.)	105	100	Bourgogne (100)	70	80
Hollande	160	170	Camembert (10)	40	68
Bondons (100)	150	200	Munster (100)	130	140
Cantal	130	145	Port-Salut	160	180

VOLAILLES

Poulet Brest dit moelleux	3.25	4 50	Pigeon Mâcon	1.50	2.00
Poulets Nant.	2 00	5.00	Canards Nantais	2.50	3.00
Poulets Tour.	2.50	4.50	Dindes Tourr.	8.00	16.00
Poulets Houdan	5.00	5.75	Oies	5.00	7.50
Pigeons d'Italie	80	1.25	Lapins dom.	2.70	3.25
			Lapins garenne	1.50	2.00

HOUBLONS. — les 50 kilogr.

Alost primé	25,00 à 27,00	Wurtemberg	40,00 à 49,00
Bourgogne	30,00 à 40,00	Altmark	75,00 à 100,00
Poperinghe	25,00 à 80,00	Alsace	35,00 à 75,00

VINS — BERCY

Rouges			Blancs		
B. Bourg. vieux	140 à 155		Bordeaux	125 à 160
Touraine	105 à 115		B. Bourg	150 à 190
Bord. vieux	130 à 180		Sancerre	130 à 135
Algérie	26 à 32		Chablis	200 à 350
Cher	110 à 135		Anjou	120 à 135
Chinon	125 à 180		Pouilly	250 à 300
Narbonne	32 à 38		Vouvray	155 à 195

Prix des Produits Forestiers à Paris.

Bois de feu (Octroi non compris)	Falourde de pin	100 à 110	le cent.
	Bois de flot	105 à 110	le déca.
	Bois gris neuf	120 à 130	—
	Bois blanc	105 à 140	—
Bois d'œuvre (Octroi compris)	Chêne gros bois	105 à 110	le m. cube
	— moyen bois	60 à 70	—
	— petit bois	30 à 45	—
	Charme, plateaux	50 à 60	—
	Sciage Entrevoux	175 à 210	les 208 m.
	de chêne. Échantillons	220 à 230	—
	Frise	28 à 90	104 m

La suite des marchés se trouve à la *Correspondance*.

L'ANNÉE AGRICOLE ET AGRONOMIQUE
pour 1896.

Cet ouvrage dont la première édition avait été honorée de tant d'éloges vient de paraître pour la seconde fois. Nous nous sommes attachés à tenir le plus grand compte des critiques et des vœux qui nous ont été adressés. Nous croyons sincèrement que l'*Année agricole et agronomique* est maintenant conçue sur un plan définitif. C'est la revue impartiale et fidèle de tous les travaux agricoles de l'année tant en France qu'à l'étranger, qu'ils émanent des individus ou des sociétés. La classification de la table permet de trouver immédiatement les renseignements désirés sur tel ou tel objet.

Nous avons voulu doter chaque année l'agriculture nationale d'une encyclopédie aussi complète et facile à consulter que possible, si nous en croyons nos confrères, notre but est atteint, nous attendons la sanction de nos lecteurs.

Nous l'offrons en prime à nos abonnés au prix de 2 fr. 50 franco de port au lieu de 4 francs.

Ceux de nos abonnés qui désirent l'**Année agricole et agronomique de 1895** et celle de **1896** recevront les deux volumes franco dans la gare la plus voisine contre 4 fr. 50.

Adresser les demandes à M. Crépeaux, 10 *bis*, rue Piccini, Paris.

Almanach de la France rurale pour 1897.

En vente aux bureaux de la *Gazette* : 0 60 centimes l'exemplaire *Franco*. Remises pour quantités importantes.

Le Vin de Quinium Labarraque, unique préparation de ce genre qui ait été approuvée par l'Académie de médecine de Paris, est un médicament énergique et doux qui convient à toutes les personnes affaiblies par l'âge, la maladie, les excès, ou surmenées par le travail.

« *Nous n'hésitons pas à affirmer que le vin de Quinium Labarraque est le plus efficace et le plus énergique des toniques connus.* »

(ANNUAIRE DE MÉDECINE PRATIQUE.)

Dans toutes les pharmacies et 19, rue Jacob, Paris.

CHRONIQUE POLITIQUE

La dernière semaine a été très laborieuse pour nos deux Chambres. On y a discuté des questions importantes, les unes pour nos grands intérêts politiques, les autres pour nos intérêts agricoles.

Dans l'ordre des intérêts politiques, nous avons à noter l'interpellation de MM. Cochin, de Mun et Jaurès sur les massacres d'Arménie. Les orateurs n'ont pas eu de peine à montrer combien est cruelle et humiliante pour la France et pour l'Europe, l'abominable politique qui les condamne à assister les bras croisés à l'extermination de 200.000 chrétiens. Jadis la France seule fut chargée de secourir et de venger les victimes. Elle est, hélas! déchue de ce glorieux office. M. Hanotaux a été obligé de l'avouer; pour nous consoler, il a déclaré qu'un accord se réalisait avec la Russie pour forcer le gouvernement turc à changer de système et à rassurer les populations arméniennes menacées de nouveaux massacres. On a voté un ordre du jour en ce sens. Mais rien ne nous dit que la Porte recevra une mise en demeure efficace. La barbarie musulmane peut s'arrêter devant des obstacles momentanés, c'est pour recommencer l'œuvre d'extermination des chrétiens qui est un article essentiel de son *Syllabus*.

Au Sénat, M. Leprovost de Launay a adressé au gouvernement une interpellation de la plus haute gravité sur l'inqualifiable conduite du résident Laroche, à Madagascar, et sur ses funestes conséquences. M. Lebon, le nouveau ministre des colonies, n'a pas contesté les griefs allégués par M. Leprovost de Launay contre son prédécesseur qui avait nommé M. Laroche, résident, il s'est excusé d'avoir attendu, pour le révoquer, des informations concluantes. Le Sénat a voté un ordre du jour d'approbation à M. Lebon; mais le sieur Laroche et le cabinet Bourgeois dont il était l'agent ne sont point mis en cause, l'impunité leur est assurée. Voilà à quoi se résume la prétendue responsabilité des hauts fonctionnaires par ce régime soi-disant républicain.

L'interpellation de M. Fleury-Ravarin sur l'état lamentable de l'Algérie a mis en pleine lumière des monstruosités qu'aucun régime antérieur au régime actuel n'aurait tolérées.

Dans la sphère des intérêts agricoles, le Sénat a discuté et voté la loi sur les boissons hygiéniques et la Chambre a discuté et voté la loi draconienne qui prohibe la fabrication et la vente des vins dits artificiels, spécialement des vins secs. Ces deux lois ont été combattues selon nous avec raison par de sérieux motifs d'ordre économique que nous avions exposés ici nous-mêmes et nous doutons fort que leur application justifie les espérances qui en ont déter-miné le vote. Nous croyons plutôt qu'elles seront aussi inutiles pour la viticulture que nuisibles au trésor et aux consommateurs. Quant à présent, nous nous bornerons à en donner une analyse dans notre numéro prochain, mais nous faisons observer dès aujourd'hui que ces lois devront subir de sérieuses modifications si le projet de concentrer dans les mains de l'Etat la ratification et la vente des alcools est adopté comme il y a lieu de le supposer. En effet, les promoteurs de cette réforme ont réussi à se rallier à l'adhésion du ministère, et le principal motif de cette adhésion n'est pas difficile à deviner : on croit y voir un Pactole de recettes qui résoudra le problème angoissant des déficits, dont on a en vain jusqu'ici cherché la solution par des expédients illusoires, tels l'impôt sur la rente, l'impôt sur les revenus, etc., etc. Le monopole de l'alcool sera-t-il plus heureux? On ne le sait, mais il a le mérite d'ouvrir un horizon plus spacieux aux imaginations, en quête de nouvelles ressources financières pour notre Trésor aux abois et on va de l'avant, sans trop s'inquiéter d'un vice qu'il a de commun avec les deux lois ci-dessus et des nombreux intérêts qui les payeront de leur ruine.

On le voit, la question qui devrait dominer toutes les autres est celle qu'on laisse de côté, la question des ré luctions de dépenses. La droite seule a essayé maintes fois de la mettre à l'ordre du jour, mais en vain. Maintes fois, son groupe, par l'organe de M. d'Allières, a démontré, par des faits et des calculs d'une précision indiscutable, comment on pourrait assurer les services publics, voire même les améliorer, avec un budget inférieur de 200 millions au budget actuel. On sait quelle a été la réponse invariable des gouvernants et de leur majorité : Vous êtes la droite, nous ne voulons rien de vous, plutôt la banqueroute avec la gauche, que le salut avec la droite.

Au point de vue politique et social, comme au point de vue financier et agricole, nous continuons de glisser sur cette pente dangereuse. M. Méline y glisse un peu moins vite que ses devanciers, soit! mais il y glisse toujours. Il faudra bien pourtant qu'au jour ou l'autre, la force des choses cesse de donner tort à la raison.

Le ministère a subi à la Chambre un échec qui fait prévoir sa chute prochaine.

L'élection présidentielle des Etats-Unis.

L'élection de M. Mac Kinley, comme successeur de M. Cleveland à la présidence des Etats-Unis, est un événement qui peut avoir des conséquences fâcheuses pour la France. M. Mac Kinley est l'organe du parti dit républicain, qui a pour objectif un régime douanier protectionniste à outrance, c'est-à-dire jusqu'à la prohibition des produits étrangers, plus, le maintien du monopole monétaire de l'or, autrement dit le monométallisme.

Ce programme, on le voit, est très menaçant pour nos intérêts, la question est de savoir s'il sera suivi jusqu'au bout; nous savons en effet qu'aux Etats-Unis, les Etats du Sud, du Centre et de l'Ouest sont loin de l'accepter.

En tout cas, si le régime rêvé par M. Mac Kinley se réalise aux Etats-Unis, nous serons forcés de lui opposer des représailles aussi énergiques que celles que nous réclamons, à l'égard de l'Allemagne et de l'Autriche, en matière de sucres et de mélasses.

Mais, quelles que soient les perspectives du monde des affaires à l'heure présente, un fait indubitable pour nous, c'est que la France est, en matière de douane, à l'état de *paix armée*, à l'égard de tous les autres Etats, et que les réformes que nous réclamons dans ce domaine sont doublement indispensables pour nos finances intérieures et pour nos relations avec les autres pays dans le monde entier.

Monseigneur d'Hulst.

La Chambre des députés et le clergé de Paris, voire même le clergé de France, viennent de subir une grande perte par la mort prématurée de Mgr d'Hulst, vicaire général de Paris, recteur de l'Institut catholique et député du Finistère.

Mgr d'Hulst était une des sommités les plus en vue du clergé de notre époque, par la noblesse du caractère, par l'autorité du talent et des vertus sacerdotales.

M. Brisson lui a rendu sur ces points un témoignage qui lui fait honneur, à raison du parti auquel il appartient.

Comme catholique, nous tenons à dire un mot sur l'œuvre magistrale que laisse cet éminent prélat : ce sont ses conférences de Notre-Dame. Comme orateur, quelques écrivains ont reproché à Mgr d'Hulst les qualités qui captivent et enchantent un auditoire. Mais, pour les lecteurs sérieux et intelligents, pour les esprits flottants entre la vérité et l'erreur, si nombreux à notre époque, les conférences de Notre-Dame sont assurément une œuvre providentielle. Ils y trouveront les solutions de toutes les objections qui hantent leur esprit, à l'heure présente.

C'est le plus complet et le plus décisif monument d'apologétique chrétienne de notre époque, et c'est à lui que tout esprit droit, en quête de vérité, devra la demander.

Mais l'œuvre capitale de Mgr d'Hulst est le développement imprimé par lui à l'Institut catholique de Paris. Pour apprécier le mérite d'une telle œuvre, il faut connaître les obstacles formidables qu'elle a traversés, les uns provenant des ennemis et les autres d'amis douteux ou égarés. L'éminent prélat y a usé sa vie prématurément. Espérons que la Providence lui suscitera des continuateurs dignes de lui. C'est là une œuvre de salut national pour qui sait raisonner et réfléchir.

———◆———

M. Fleury-Ravarin a présenté un tableau navrant et trop vrai, on le sait, des excès d'arbitraire, de corruption, de vénalité, exercés par le syndicat judéo-opportuniste dont le député Thompson et ses collègues sont les chefs depuis près de vingt ans. Les réponses de MM. Thompson et Etienne ont été réfutées avec une évidence saisissante par M. Viviani. Mais avant de donner notre appréciation sur un débat si grave, pour l'avenir de nos colons algériens, nous devons attendre les explications du gouverneur général M. Jules Cambon. On sait d'avance ce qu'il pense de l'inqualifiable syndicat de politiciens qui a réussi à substituer son pouvoir néfaste à tous les pouvoirs réguliers de la colonie, à commencer par celui du gouverneur général. Espérons que les déclarations de M. Cambon provoqueront les mesures réparatrices réclamées par les colons algériens. Si cet espoir tant de fois déçu depuis quelques années l'était encore une fois, le ministère Méline ne servirait qu'à ajouter une trahison de plus à celles de ses devanciers contre notre chère colonie africaine.

———◆———

Election législative.

Dimanche dernier M. de la Biliais, ancien député, a été élu à Nantes, en remplacement de M. de Cazenove de Pradines, décédé — 18.000 votants sur 34.000 inscrits. — suffrage de plus en plus universel.

A Bordeaux, la grève électorale a été significative — 6.000 votants sur 20.000 inscrits ! — même en présence de candidats de tous les partis, alors que tout électeur pouvait choisir le sien !

Rien n'y a fait !

N'est-ce pas le plébiscite en dégoût ! Dégoût très justifié sans doute, mais très mauvais conseiller. La place désertée par les dégoûtés, est prise par les gens qui ne le sont pas et qui nous mènent aux ruines et aux périls qui nous effraient.

Comment cela finira-t-il ?

« Suffrage universel, mensonge universel, » disait Pie IX.

———◆———

Toujours le Panama.

Le célèbre corrupteur Arton a comparu cette semaine devant la Cour d'assises de Seine-et-Oise, pour soustraction de quelques millions à la Société de dynamite. Il a été condamné à huit années de réclusion. Mais au cours des débats, la question, toujours brûlante, du Panama, est revenue incidemment sur le tapis. Arton a donné à entendre qu'il finirait par divulguer les fauteurs des scandaleux tripotages dans lesquels ont trempé de nombreux personnages politiques, et les honteux manèges qui les sauvèrent des rigueurs de la justice.

Arton n'a plus rien à perdre aujourd'hui. Les panamistes, sauvés jusqu'ici par l'enquête parlementaire et les procédures complaisantes de 1892, ne sont pas encore assurés d'une impunité définitive. Pour l'honneur de la France, il est nécessaire que la lumière et la justice aient leur jour sur cette odieuse histoire. Car, un fait évident et indéniable, c'est que plusieurs millions ont été distribués aux parlementaires, en échange d'un vote qui coûte 800 millions aux porteurs de titres. Voilà le crime, quels sont les coupables ?

———◆———

La loi sur les boissons au Sénat.

Actuellement, cette loi gigantesque qui compte 65 articles est à son 35e article. — Défi à qui que ce soit de voir clair dans ces fourrés et ces fondrières qui démontrent clairement une seule chose : la nécessité pratique de cette loi lors même qu'elle ne serait pas annulée par la loi destinée à établir le monopole de l'alcool.

———◆———

Fraudeurs électoraux condamnés.

L'impunité dont jouissent les auteurs de fraudes électorales est un des scandales les plus fréquents et les plus révoltants du règne de l'opportunisme. L'histoire des fraudes électorales de Toulouse, est un des spécimens à la suite duquel on peut citer par centaine des faits semblables.

Pour la première fois nous avons à enregistrer une condamnation infligée à des fraudeurs électoraux. C'est le tribunal correctionnel de Thiers qui donne cet édifiant exemple d'indépendance et de respect de la justice et du droit. Il a condamné à 300 francs d'amende le maire de la commune de Saint-Remy-sur-Durolle, qui est en outre conseiller général, et les conseillers municipaux scrutateurs, pour avoir falsifié les listes électorales et les recensements des votes. L'instituteur a été acquitté.

Ce jugement est une date dans l'histoire de la justice opportuniste en matière de fraudes électorales. Puisse-t-il inspirer aux citoyens témoins des fraudes le trop rare courage de les signaler à la justice.

Espérons qu'il y a encore de vrais juges en France ailleurs qu'à Thiers.

———◆———

Les phosphates d'Algérie.

La question des phosphates et des tripotages qui les ont soustraits à la France au profit des Anglais amis de M. Thompson est soumise à une commission parlementaire qui est convoquée pour vendredi. M. Cambon y sera entendu, ainsi que le fameux Bertagna, l'alter ego du faux député Thompson. Nous disons faux député, puisqu'il a dû son élection à sept cents faux électeurs, que M. Cambon a fait rayer des listes électorales.

On voit à quelles révélations on arrive en soulevant, si peu que ce soit, le voile qui nous dérobe les faits et gestes de l'oligarchie judéo-maçonnique et opportuniste dont l'Algérie est la proie depuis quinze ans.

———◆———

CHRONIQUE GÉNÉRALE

———

Orphelinats agricoles.

Au Congrès de l'Union des œuvres ouvrières catholiques tenu à Moulins, le 23 septembre 1896, M. l'abbé Santol, inspecteur général de la Société des Orphelinats agricoles de France, a présenté le rapport suivant :

« Messieurs,

« La Révolution, qui devait ramener l'âge d'or parmi les hommes, nous a fait, depuis cent ans, un état économique pétri d'égoïsme et d'un désir effréné de bien-être. Il semble qu'avec les siècles chrétiens ont sombré l'esprit de sacrifice et la foi en la Providence.

« Ce n'est pas calomnier notre système social actuel, neutre en matière de religion, que d'affirmer hautement qu'il est la cause incontestable, nécessaire du naufrage des bonnes mœurs publiques, de la dissolution de la famille et, conséquemment, de cette multiplicité effrayante d'orphelins, de créatures abandonnées, de tout âge et de tout sexe, de jeunesse oisive et criminelle, qui font le grand danger de l'avenir et la principale préoccupation des économistes et des sociologues.

« Il y a plusieurs motifs de cette marée montante d'enfance pauvre et délaissée.

C'est la grande école de la morale, le christianisme, dont on se passe, et qui ne peut plus enseigner des devoirs à une génération à qui on ne parle que de ses droits.

« C'est l'émigration des paysans dans les grandes villes ; nous avons vu, à Paris, ces infortunés provinciaux, qui, après avoir englouti leur dernière réserve, ne trouvent plus de quoi gagner deux sous de pain pour eux-mêmes, et sont contraints de livrer leurs filles et leurs fils à l'Assistance Publique qui, d'ailleurs, refuse, et pour cause, d'en prendre charge. Combien Mgr l'Evêque de Moulins avait raison de signaler, à l'ouverture de ce Congrès, la dépopulation des campagnes et l'émigration vers les centres populeux, comme la plus cruelle des calamités de l'époque.

« Un autre motif de la recrudescence du mal, c'est un fait brutal, trop peu connu, qui est une énormité, un scandale, la honte d'un régime et dont se rend coupable l'Assistance Publique, inconsciemment sans doute.

« A Paris, la fille-mère reçoit du bureau de bienfaisance 25 francs par mois, *tout le temps* qu'elle est nourrice. La mère légitime, serait-elle veuve, malade, aurait-elle plusieurs enfants en bas âge sur les bras, ne touchera jamais un centime. Aussi bien lorsqu'on visite les ménages irréguliers (il y en a tiers dans la Capitale qui sont même dépourvus du contrat civil), qu'on leur reproche un état bestial, et qu'on s'étonne de tant d'inconduite, l'homme et la femme froidement vous répondent : « Nous préfé-
« rons vivre de la sorte; cela nous
« permet de palper 25 francs par mois,
« pendant quinze mois, chaque fois que
« nous mettons un enfant au monde! »

« Mais l'Assistance Publique a reçu les châtiments de ce procédé coupable; ses agences sont pleines; ses crédits s'épuisent; elle a placé quarante-six mille enfants, issus de filles-mères, chez des nourriciers qui sont loin d'être des pères et nous savons par l'expérience de tous les jours, dans nos bureaux de Paris, qu'il est matériellement impossible aux familles véritables de faire adopter une seule créature par cette mère laïque. La situation est grave à ce point qu'une veuve infortunée, chargée de cinq enfants, étant tombée malade de la poitrine et dans la nécessité d'implorer un lit d'hôpital, se vit refuser l'adoption d'un seul enfant et, même, le secours mensuel; la formule imprimée était catégorique : la mère n'est pas morte encore!

« Voilà, où l'on en est, dans la ville que la secte appelle le cœur et le cerveau de la France.

« Aussi bien on ne bénira jamais trop les efforts de cet homme de bien, qui, il y a trente ans, fonda à Paris l'Œuvre des Orphelinats Agricoles; nous avons nommé M. le marquis de Gouvello, ancien député du Morbihan et vice-président de votre Conseil central (1).

« Ce chrétien de vieille roche comprit qu'à côté de l'assistance officielle il fallait établir une Société libre et chrétienne de sauvetage de l'enfance, qui ne ferait pas de la bureaucratie ni des formules, mais qui tendrait la main à toute infortune digne d'être immédiatement secourue.

« Il fallait réagir contre le système de nourriciers dont les résultats ont été, pour les trois quarts des cas, déplorables; il vit qu'il fallait donner une famille spéciale, calquée sur la famille naturelle, à de petits êtres à qui tout manque et qui sentent le besoin de vivre en commun. L'orphelinat agricole était fondé. Là, l'enfant isolé et sans ressources devait y rencontrer une mère dans la Sœur de charité, un père adoptif dans le Religieux et dans le prêtre, des frères dans les enfants de son âge et de sa condition, partageant le même délaissement et la même infortune.

1. L'Union des œuvres ouvrières de France.

« Aujourd'hui, 700 orphelinats de filles, 130 orphelinats de garçons, disséminés sur la terre de France, occupant la plupart de superbes domaines, fruits de la générosité des catholiques excités par l'exemple fourni par l'éminent initiateur de l'idée, donnent l'abri, le pain, le vêtement à plus de cent mille enfants orphelins ou appartenant à de pauvres familles. Hélas! que n'avons-nous point le double d'asiles, de Frères, de Sœurs, pour aider au sauvetage des autres milliers de créatures délaissées que les grandes villes de France comptent actuellement dans leur sein et dont les bras seraient si utiles, disons le mot, si nécessaires à notre agriculture nationale.

« Assurément, les asiles ne feraient pas défaut. Il semble que toutes les âmes généreuses sont aujourd'hui convaincues du besoin où l'on se trouve de recueillir les orphelins et toutes les créatures lâchées par les désordres de l'inconduite, si l'on ne veut pas que ces enfants deviennent plus tard de la semence pour les tribunaux et le plus funeste des périls pour la société elle-même. »

Concours d'essai du nitrate de soude en Vendée.

Nous avons raconté l'an dernier qu'un concours d'essais du nitrate de soude dans la culture du blé, avait été organisé entre de nombreux cultivateurs, à l'instigation de la compagnie de *Permanent nitrate Commitee*, et de son agent, M. Trapal, qui avait fait don, à cet effet, d'une certaine quantité de nitrate aux concurrents.

Nous avons constaté que ces essais de nitrate répandu en couverture au printemps avaient eu des résultats concluants: répandu à la dose de 100 à 150 kilos par hectare, il avait accru la récolte en moyenne de 800 kilos de grain et de 3 000 kilos de paille.

Cette année, un essai analogue a été pratiqué sur la culture des pommes de terre, chez les mêmes cultivateurs vendéens, et le succès a été aussi complet que sur les blés. L'accroissement de récolte a été en moyenne par hectare de 3.000 kilos de tubercules pour une moyenne de 100 à 150 kilos de nitrate.

Cette conclusion est à peu près certaine dans toutes les terres suffisamment pourvues des éléments de fertilité autres que l'azote; mais nous ne croyons pas pouvoir la garantir dans celles qui manquent de potasse de chaux ou d'acide phosphorique. Voilà une distinction nécessaire à faire pour ne pas risquer de donner à cet intéressant essai une explication erronée.

A reste notre confrère de la Vendée qui décrit ces essais et en constate le succès, ajoute que, d'après ses observations, le nitrate de soude donne aux feuilles une végétation vigoureuse qui a pour effet un essor donné à la production des tubercules. Ensuite que le nitrate de soude a, comme le sel marin, une propriété hygrophore qui atténue sensiblement les fâcheux effets de la sécheresse. Cet effet a été très remarquable cette année pendant la période de sécheresse qui a régné au mois de juin.

Ces deux essais de nitrate en couverture en Vendée, ont donc la valeur d'un enseignement pratique profitable pour tous en France, mais en tenant compte des conditions que nous venons d'exposer.

____

Institut agronomique. — M. Angot, membre du comité météorologique, est nommé professeur de physique et de météorologie, en remplacement de M. Duclaux. — M. Duclaux reste professeur du cours de *bactériologie*, dont l'importance grandit sans cesse depuis l'impulsion donnée à cette science par M. Pasteur.

Concours départemental d'Ille-et-Vilaine. — Cet important concours se tiendra à Rennes, du jeudi 19, au dimanche 22 novembre courant. Il embrassera toutes les branches de la production agricole et horticole de l'Ouest. Ecrire à M. E. Servin, secrétaire de la Société d'agriculture, galeries Méret, 11, à Rennes.

____

Le second congrès du black-rot à Bordeaux.

La Société d'agriculture de la Gironde a fixé la date du prochain congrès aux 7 et 8 décembre prochain.

Espérons que la question si laborieuse des moyens de combattre ce fléau fera quelques pas vers une solution pratique.

____

Deuxième exposition et concours alimentaire à Marseille.

L'exposition qui a eu lieu au printemps dernier ayant obtenu un succès inespéré, le comité qui l'avait organisée prépare une seconde expositions avec concours de tous les produits alimentaires ainsi échelonnée.

Du 28 au 30 novembre : Vins nouveaux, cidres, beurres, fromages.

Du 1er au 3 décembre, concours et exposition des produits alimentaires d'un emploi général et local dans la population marseillaise. Entrée gratuite pour le public et distribution des récompenses. — Pour renseignements, écrire au secrétaire du comité, rue Monteaux 105, à Marseille.

____

Quand donc la France aux Français?

Ce désir national m'est suggéré par un catalogue de pêche, que je viens de recevoir d'une maison spéciale de Reims. Voici ce que j'y lis:

Assortiments de soies de Chine, anglaises et américaines,

Hameçons irlandais ;
Racines anglaises ;
Crins de Florence.

Pas un seul nom français de fabricant... Oh ! pauvre France ! où sont donc tes produits similaires ?

Rappelons que le libre-échange sincère, réciproque, absolu entre tous les produits de la terre, serait une conquête humanitaire de premier ordre. Même le libre-échange sincère, réciproque, absolu entre deux ou trois peuples également producteurs de produits similaires ou différents, mais d'une utilité générale à peu près équivalente, serait un grand bienfait pour ces trois ou quatre peuples.

BABLOT-MAÎTRE.

La falsification des huiles de noix

J'ai lu avec beaucoup d'intérêt dans le numéro du 7 novembre de la *Gazette* l'article intitulé : La crise des huiles d'olive.

Je crois qu'il ne serait pas de trop, de dire quelques mots de la crise des huiles de noix qui sévit avec autant d'intensité que celle des huiles d'olive.

Dernièrement on a déposé au Parlement un projet de loi sur la falsification des huiles d'olive ; on aurait dû ajouter : *et des huiles de noix*, car la falsification des huiles de noix marche de pair avec celle des huiles d'olive, les mêmes huiles exotiques sont employées à cette malhonnête besogne.

Les pays oléifères voisins ont pris des mesures contre la falsification : ainsi un décret du gouvernement portugais du 1ᵉʳ septembre 1893, stipule que :

1° l'huile d'olive obtenue par le pressurage de l'olive portera seule le nom d'huile d'olive ; 2° l'huile extraite mécaniquement ou chimiquement de résidus de l'olive ou d'une autre substance végétale ou animale ne devra être expédiée et vendue que sous le nom d'huile de bagasse d'olive ou de la substance dont elle provient ; 3° tout mélange doit être vendu avec l'indication des huiles diverses qui le composent et les récipients contenant l'huile autre que celle d'olive devront indiquer l'origine de l'huile qu'ils renferment.

Les infractions sont très sévèrement punies par de fortes amendes et même par la prison.

Il faut espérer que nos législateurs s'inspireront de la législation portugaise (1).

Aujourd'hui les propriétaires du Midi découragés négligent leurs plantations d'oliviers. Les propriétaires de noyers également découragés abattent leurs noyers et n'en plantent pas d'autres. Ils s'avouent vaincus devant l'invasion :

1. J'ai une bonne nouvelle à annoncer aux nombreux amateurs d'huile de noix. Mes amis du Parlement présenteront un amendement tendant à assimiler les falsifications d'huile de noix aux falsifications d'huile d'olive et à rendre les falsificateurs d'huile de noix passibles des mêmes peines que les falsificateurs d'huile d'olive.

1° Des huiles étrangères qu'on admet avec des droits dérisoires de 6 francs les 100 kilos, qu'on offre à des prix tellement bas — que toute concurrence est impossible — qu'on aromatise avec une certaine quantité d'huile de noix et qu'on vend ensuite pour de l'huile de noix pure ; 2° Et des graines oléagineuses qui entrent sans payer de droits de douane ; qui viennent de quatre mille lieues pour 2 francs les 100 kilos, ce pays où elles ne coûtent souvent que la peine de les ramasser et où un journalier gagne six à huit sous par jour et se nourrit.

Du train où va la destruction des noyers, le dernier aura bientôt disparu. Ce bel arbre sera à l'état de souvenir. Avant sa disparition je vais lui consacrer quelques lignes.

Le noyer pousse lentement et ne vient que dans les terres cultivées, il lui faut de l'espace pour se développer. Je possède des noyers de plus de 3 mètres de circonférence qui couvrent une étendue de plus de 8 ares, les racines sont encore bien plus loin Il ne faut pas compter sur ce qu'on récolte dessous, c'est donc un terrain à peu près improductif. Son bois quoique d'un prix très élevé relativement au prix des autres bois de nos pays ne suffit pas pour payer les dommages qu'il fait, c'est son fruit qui forme la plus grande partie de la rémunération du propriétaire. J'ai des noyers qui donnent chacun jusqu'à 5 ou 6 hectolitres de noix dans les bonnes années. La disparition du noyer fera un grand vide dans nos campagnes. On le voit souvent ombrager les habitations, quelquefois même former une espèce d'enceinte autour. Pendant l'été, il abrite de sa majestueuse ramure et de son épais feuillage les instruments de la ferme contre les ardeurs du soleil. Parsemé çà et là dans les plaines il en rompt la monotonie, l'œil se repose toujours avec complaisance sur ces arbres touffus.

Hélas ! voilà encore une source de revenus qui disparaît devant l'invasion des pays étrangers.

Mais ce qu'il y a de plus fâcheux, c'est un déboisement à ajouter à tous ceux qu'on fait si inconsidérément. On détruit dans un jour ce qu'un siècle et même plus a mis a produire.

On m'accusera peut-être de partialité en faveur du noyer, mais peu m'importe, je crois remplir un devoir en signalant les dangers que font courir à cet arbre si précieux les graines oléagineuses étrangères et les huiles étrangères qu'on vend pour l'huile de noix pure après les avoir aromatisées à la dose voulue.

Je finis en disant : que les graines et les huiles oléagineuses étrangères ont tué les graines et les huiles oléagineuses françaises et qu'elles tueront sûrement les huiles de noix aussi bien que les huiles d'olive :

Si on continue à admettre les graines oléagineuses étrangères en franchise et les huiles aux droits dérisoires de 6 fr. les 100 kilos ;

Et si on laisse la falsification suivre son cours.

C. SARCE,
Ancien notaire, membre de la Société des
Agriculteurs de France,
Pontvallain (Sarthe), novembre 1896.

Sucres, mélasses, graines oléagineuses.

Les députés et sénateurs des départements de Normandie joints à ceux du Pas-de-Calais et du Nord ont eu avec M. Méline une entrevue dans laquelle ils ont réclamé un relèvement de droit sur les mélasses étrangères, et l'établissement d'un droit sur les graines oléagineuses.

Pas besoin de dire que ces messieurs demandent bien tard des réformes que nous réclamons comme de plus en plus indispensables depuis trente-cinq ans.

M. Méline a répondu qu'il appuierait leur demande de tous son pouvoir.

S'en suit-il qu'il réussira ?

S'il ne réussit pas, les ruraux sauront à quoi s'en tenir sur les députés qui repousseront cette mesure de salut, pour l'agriculture. Mais si le projet aboutit, on demandera avec raison des relèvements de droit sur beaucoup d'autres produits contre lesquels l'agriculture française ne peut soutenir la lutte à laquelle on l'a condamnée depuis trente-cinq ans.

Alors, enfin ! il faudra bien en venir à une refonte générale de nos tarifs douaniers et finir par où, suivant nous, il eût fallu commencer.

On compterait difficilement les milliards dont nos campagnes ont payé ce refus persévérant depuis 1860.

CHRONIQUE AGRICOLE

Situation. — La saison.

Nous annoncions avec joie la semaine dernière trois journées de beau temps, comme prélude d'une période de belles journées si vivement désirées pour réparer les effets désastreux, de deux mois de pluie. Nous avons subi une nouvelle déception : la pluie et les vents d'automne ont fait un retour offensif depuis samedi jusqu'au lundi 9. Depuis le 10, le beau temps est enfin revenu et le baromètre semble nous en promettre la continuation. Daigne le Ciel l'accorder à nos pauvres campagnes qui ont tant souffert de ces pluies, où les récoltes n'ont pu être rentrées partout, où celles qu'on a pu rentrer avec des peines infinies sont exposées à pourrir faute de siccité, où les betteraves à sucres, par exemple, ont perdu une notable part de leur densité.

Une autre calamité à réparer, c'est le retard des semailles de blé, qui est de près d'un mois dans toute l'étendue de la France. Les efforts qu'on tente pour réparer ces retards sont partout la grosse affaire du jour. On ne perdra pas de vue, sans doute, que l'on aurait tort d'avancer la semaille dans un sol trop mouillé et qu'il est plus sage de différer la semaille de quelques jours; la germination s'opère beaucoup mieux dans un sol sec que dans un sol humide. On n'oubliera pas non plus que la quantité de semence doit être plus forte en semant en novembre qu'en semant en octobre. De ce chef, le retard des semailles est irréparable, mais le blé semé à la Saint-Martin en bonnes conditions c'est-à-dire sur un sol bien préparé et muni des engrais nécessaires, en variété de bonne qualité convenablement sélectionnée, peut encore donner une bonne récolte, s'il n'est pas tué par les gelées rigoureuses dans le premier mois qui suit la semaille.

Malheureusement, tel est le danger que courent les blés semés en novembre. Espérons que la saison leur épargnera cette calamité.

Nous reviendrons plus tard sur les opérations réclamées par les blés en cours de végétation. Aujourd'hui, nous nous bornons à renouveler notre conseil de semer en lignes, comme moyen de les seconder et de les faciliter, et de plus comme moyen d'économiser la dépense, au moins un tiers, sinon la moitié de semences, et d'obtenir un rendement supérieur.

Ce sont là des règles de pratique d'une vérité incontestable pour tout cultivateur éclairé.

Nous aimons à espérer qu'elles seront appliquées par tous ceux qui nous honorent de leur attention. Ils savent que nous sommes les échos d'une science dont l'autorité s'impose à tous, aux praticiens comme aux théoriciens.

IV
L'art de faire du bon vin rouge ou blanc.

(Suite)

« J'ai vu tuer une magnifique cuvée de raisins noirs de Bouzy en 1856, raconte le docteur Jules Guyot : La vendange était incomparable : les grappes se présentaient toutes avec leur velouté sans un grain douteux. Cette récolte fut cylindrée et mise en cuve. Après douze heures, la fermentation était lancée, après cinq jours, elle était terminée, mais on laissa macérer ce vin dix-sept jours *pour en faire un grand vin!* Ce vin était noir et fort, lourd à l'estomac, plat au goût et à l'odorat, il était tué. Il fut pourtant vanté à cause de son origine, poussé et placé partout, servi même à l'Empereur comme le type des vins rouges de la Champagne; mais l'Empereur, après l'avoir dégusté, déclara que la Champagne produisait de bons vins blancs, mais de pauvres vins rouges. Inutile de dire que l'Empereur eût jugé tout autrement une bouteille de Bouzy rouge, prise au hasard, dans la cave d'un simple vigneron de Bouzy. »

On sait que tout corps spongieux plongé dans une solution alcoolique s'empare de l'alcool aux dépens du liquide, or, le marc du raisin s'empare de l'esprit d'un vin comme les cerises, le cassis, les prunes s'emparent de l'esprit de l'eau-de-vie dans les liqueurs ménagères. Arrière donc, les fermentations prolongées.

Les vins fins du Beaujolais se cuvent peu et la couleur, le spiritueux leur font rarement défaut. Dans la Nièvre, au contraire, où la cuvaison dure depuis deux jusqu'à quatre semaines, les vins sont généralement durs, verts et de mauvaise garde. C'est qu'on n'attend pas à vendanger que le raisin ait acquis tout son sucre et que l'on cuve beaucoup trop longtemps.

Il y a avantage, pour la qualité du vin rouge, dit M. Guillory, à décuver sitôt que le chapeau (marc flottant commence à *s'affaisser* et que le jeune vin essayé dans une éprouvette (jeune vase quelconque), ne marque plus qu'un demi degré au-dessus de zéro.

Le comte Odard, dans son *Manuel de Vigneron*, conseille judicieusement de ne pas mettre fermenter en cuve le raisin rouge frappé par la grêle à la veille de la vendange, mais de le traiter comme vin blanc, afin d'éviter le goût d'amer développé par les cicatrices de la grappe et des baies.

Mais la fermentation marchera lentement et mal si la température de la masse liquide et celle de l'atmosphère n'atteignent un minimum de dix degrés au-dessus de zéro, aussi voyons-nous, d'ordinaire, dans toute *vinée* à vin rouge précieux, un fourneau élever artificiellement la température à 20 et 23 degrés. Rassurons bien vite les vignerons qui ne peuvent jouir d'un tel luxe d'installation, par la certitude que si leur vendange est composée tout entière de raisins bien mûrs, appartenant aux plus fins cépages, le vin se fera tout seul et se fera excellent dans la cave, à la manière des vins blancs. La couleur elle-même se développera notablement au tonneau; rien n'est mieux prouvé.

Bâton fouleur. — Nous avons vu que le cylindrage de la vendange avait pour premier et excellent effet d'abréger la durée des cuvaisons; il réduit en outre les foulages à leur plus simple expression : un foulage unique, vingt-quatre heures avant de décuver, suffira la plupart du temps, sans que le vigneron ait comme autrefois, — répugnante pratique, — à entrer de sa personne dans la cuve. Il se servira avantageusement pour le foulage, au lieu de l'ancienne branche de saule munie de deux chevilles en croix à sa base, d'une branche également de bois léger de 1 m. 80 de longueur et de 10 à 12 centimètres de diamètre, au bas de laquelle il aura découpé des renflements coniques simulant une série de 5 à 6 entonnoirs abouchés. Le bâton fouleur pourra encore être formé de rondelles coniques enfilées et clouées sur le bâton central. Avec ce rudimentaire instrument, le foulage d'une cuve, rapide et complet, ne sera qu'un jeu d'enfant.

Pierre Berthelon.

(A suivre.)

HORTICULTURE

Dans le jardin de la ferme, un des travaux les plus urgents de la saison consiste dans l'enlèvement des légumes et dans les soins nécessaires à leur conservation.

La récolte des navets, carottes, betteraves, pommes de terre, devra être faite autant que possible par un beau temps pour permettre de laisser ressuyer les racines sur le sol avant de les rentrer en cave ou silo. Les carottes surtout, dont la conservation est difficile, seront soignées, stratifiées au besoin dans du sable sec. Quant aux pommes de terre si indispensables aux besoins journaliers du ménage, nous rappellerons le procédé de conservation indiqué par M. Schribaux, professeur à l'Institut national agronomique, lequel consiste dans l'immersion des tubercules et pendant quelques heures, dans une cuve remplie d'eau à laquelle on ajoute 1 0/0 d'acide sulfurique. L'acide dont s'imprègne momentanément les tubercules disparaît avec la dessiccation.

Vers la fin d'octobre, on coupe les tiges d'asperges pour procéder au débuttage de ces mêmes plantes. On butte au contraire, pour les faire blanchir, céleris et cardons; les artichauts sont œilletonnés et rechaussés pour pouvoir mieux supporter les froids de l'hiver, les œilletons sont plantés en pépinière sous châssis ou sous cloches, c'est un moyen sûr de pouvoir garantir ces plantes du froid. Les dernières saisons de haricots sont recouvertes de châssis.

Avec novembre, il y a lieu de se préparer à l'hiver. On plante l'ail qui devient plus beau; on arrache la chicorée sauvage pour la replanter en cave où elle fournira la « Barbe de Capucines », le reste des chicorées et scaroles sont sérieusement abritées ou rentrées sous châssis. Le mois de novembre, disait de La Quintinye, est le mois du grand travail pour éviter la disette qui est une compagne ordinaire de la saison morte pour ceux qui ont manqué de prévoyance.

On arrache pour les mettre en jauge, les têtes tournées au nord, les choux Milan et autres.

Les feuilles des arbres tombées sont soigneusement recueillies; elles servent à couvrir et à abriter du froid les plantes frileuses; conservées en tas, elles deviennent terreau de feuilles dont l'usage est si répandu dans les cultures jardinières. D'autrefois ces mêmes feuilles sont employées seules ou en mélange avec le fumier pour constituer des couches qui servent à faire des cultures hivernales.

Vers la fin de novembre, on sème en costière, à bonne exposition des pois Michaux.

Pendant les gelées on fait les charrois de fumier sur les carrés en culture. Les labours sont ensuite exécutés à la bêche ainsi que les défoncements s'il y a lieu; on obtient, de cette façon, un sol friable que mûrit l'hiver et des plus aptes à recevoir ensuite les plantations printanières.

Achille Magnien.

La production du lait.

La production du lait est sous la dépendance de deux facteurs : 1° la bête laitière ; 2° l'alimentation de celle-ci. Ces deux facteurs sont à examiner attentivement, car il importe, à un degré égal, d'avoir une machine animée dont la puissance transformatrice des matériaux alimentaires en lait soit au maximum, et de connaître les aliments qui, par leur transformation, donnent la plus grande quantité du meilleur lait.

CHOIX DE LA BÊTE LAITIÈRE. — Nous envisagerons particulièrement la vache laitière, mais beaucoup de considérations sont applicables également à la chèvre et à la brebis.

Quiconque veut faire choix d'une vache à lait doit s'enquérir de sa race, de son âge et de son individualité.

a) Race. — Il est des races dont les représentants sont renommés depuis longtemps pour la production du lait. Mais ici la quantité fournie n'est pas tout, il y a la qualité à considérer, la prédominance de tel ou tel élément à envisager suivant l'industrie à laquelle on se livre : vente du lait en nature, production du beurre ou fabrication du fromage.

Vend-on le lait directement au consommateur, la race Hollandaise et ses sous-races de Groningue, du Holstein et du Danemark sont à choisir, car c'est là qu'on trouve des bêtes donnant de 30 à 35 litres après le vêlage, mais ce lait n'est pas très butyreux.

Que si l'industrie beurrière a été adoptée dans la ferme, il faut s'adresser aux races de Bretagne, de Jersey et de Normandie dont le lait non seulement est riche en beurre, mais en un beurre présentant la coloration jaune d'or si recherchée des consommateurs, à tort ou à raison.

Est-ce l'industrie fromagère qui est pratiquée dans le domaine?

On a intérêt alors à s'adresser aux races de l'est de la France, à celles de la Suisse, de la Savoie et de l'Auvergne dont le lait est riche en caséine.

Les circonstances et les lieux ne permettent pas toujours de peupler entièrement et immédiatement les étables

en sujets de l'une des races qui conviendrait le mieux ; il faut alors procéder progressivement, remplacer chaque année quelques-unes des bêtes non suffisamment spécialisées ou, à l'aide d'un taureau bien choisi, faire du croisement d'absorption.

b) Age. — L'observation a montré qu'en deçà comme au delà d'un certain âge, la production d'une femelle en lait se ralentit. Pour la vache, on estime que c'est à partir de son deuxième vêlage jusqu'au sixième qu'elle est dans le maximum de sa production.

c) Individualité. — Dans chaque race, il y a, au point de vue qui nous occupe, d'excellentes, de bonnes, de médiocres et de mauvaises individualités laitières; il importe de pouvoir choisir les premières et se garer des dernières. Pour cela, il est certaines indications à suivre qui découlent de l'observation.

Celle-ci, en effet, a fait voir que telle conformation générale est préférable à telle autre et que telle particularité de conformation est à rechercher ou à repousser parce qu'elle correspond à un fort ou à un faible rendement en lait.

En thèse générale, on recherchera les vaches qui ont un cachet de féminisme bien accentué, c'est-à-dire une tête fine, une face longue, un œil doux, des cornes minces à la base et lisses, une encolure un peu décharnée, peu ou pas de fanon, un abdomen très développé et un bassin très ample.

La peau sera souple, bien détachée des tissus sous-jacents, roulant sous les doigts qui la pincent et revêtue de poils non grossiers et raides. On examinera tout particulièrement celle qui revêt le pis, le plat des cuisses et la région du périnée; jamais on ne peut la rencontrer trop fine, trop souple dans cet endroit, et jamais les poils n'en sont trop fins, trop doux, trop soyeux.

Ceux qui garnissent le périnée ont une direction opposée à ceux des fesses et des cuisses, de telle sorte qu'au point de jonction de ces poils, une bordure se dessine qui encadre une portion désignée sous le nom d'*écusson.*

On a mené grand tapage autour de cet écusson dont la forme géométrique varie passablement. On a étudié jusqu'à la puérilité ces figures géométriques auxquelles on faisait correspondre des qualités laitières et des rendements en lait.

Nous croyons qu'au lieu de se perdre dans des détails de forme, il importe, à propos de l'écusson, de se préoccuper de son étendue, de sa régularité et de la finesse de la peau et des poils qui le constituent; voilà ce qui importe avant tout. Parfois l'écusson monte peu du côté de la vulve mais, en revanche, il s'étend au plat des cuisses; inversement, il peut partir de la vulve mais ne pas occuper les cuisses. Il y a des compensations dont il faut toujours tenir compte, sans quoi on commettrait de grosses erreurs.

On terminera l'examen de la bête laitière par la mamelle et les veines mammaires.

La palpation de la mamelle est indispensable pour sentir si aucun des quartiers constituant cet organe n'est enflammé ou induré, si les mamelons laissent bien passer le lait et si la lumière du canal n'est point obstruée, s'ils ne sont le siège ni de crevasses ni de verrues. Il est utile de recueillir quelques gouttes de lait dans la main afin de voir s'il est normal et non pas cailleboté, sanguinolent, filant, etc.

Le pis ne doit pas être trop pendant, à la façon de celui de la chèvre, parce qu'en ballottant entre les jambes quand la vache prend une allure un peu vive, il peut en résulter de l'inflammation d'un ou de plusieurs quartiers. Il est bon que les trayons soient aussi parallèles que possible, et les femelles dont deux trayons sont soudés sont médiocres laitières. Au contraire, la présence de trayons supplémentaires est un excellent signe. Il n'y a pas lieu d'attacher trop d'importance à la grosseur des trayons, parce que c'est avant tout une affaire de race.

Les veines mammaires qui serpentent sous l'abdomen, à droite et à gauche, doivent être explorées. Plus on les trouvera flexueuses, variqueuses et volumineuses, mieux cela vaudra. Elles s'enfoncent dans le tronc par une ouverture dite *fontaine du lait* qui n'est jamais trop développée. Parfois, il y a dichotomisation de la veine mammaire à sa terminaison et présence de deux fontaines de lait de chaque côté; il est clair, dans ce cas, que chacune de celles-ci ne peut avoir le développement qu'elle offre quand elle est unique.

Une excellente vache laitière, pendant sa période de pleine lactation, est habituellement maigre ou simplement en état; il n'y a pas lieu de s'en préoccuper à la condition, bien entendu, que la maigreur ne soit pas sous la dépendance de quelque affection organique.

Par suite des vêlages successifs d'une part et du grand développement de l'abdomen d'autre part, la vache laitière est fréquemment ensellée; au point de vue esthétique assurément c'est défectueux, mais à ne considérer que la production laitière, cela n'a pas d'importance.

Ch. Cornevin.

La poule aux œufs d'or.

La poule aux œufs d'or n'est qu'une métaphore, sans doute; mais de cette métaphore se dégage, pour un habile éleveur, une vérité pratique en économie rurale, à savoir : l'art de gagner de l'or avec la poule en même temps que l'art d'avoir une poule au pot dans tout ménage rural, suivant le vœu légendaire du bon roi Henri IV.

Que la poule du paysan soit la moins coûteuse à élever, cela est clair, puisqu'elle se charge de pourvoir elle-même à sa nourriture. Mais il ne s'en suit pas qu'il faille s'en rapporter à elle seule de ce soin. D'autres conditions sont requises pour obtenir de la poule de riches pondaisons d'œufs et de nombreuses couvées. Nous avons exposé assez de fois les conditions d'un élevage productif pour nous dispenser d'y revenir, surtout pendant l'hiver; en y réfléchissant on reconnaîtra la justesse des observations suivantes que nous lisons dans le journal belge des *Fermes et des Châteaux* :

« Ce que rapporte une poule. — On a calculé que pendant qu'elle produit 400 œufs, une poule dépense 2 fr. 80 si on la nourrit exclusivement avec du blé noir. On sait que le grain ne suffit pas ; il faut de la verdure et une substance animalisée, des vers, des insectes qui viennent diminuer de moitié au moins la quantité de céréales à donner le soir aux volailles. Nous disons le soir, parce que la provision abondante distribuée dès le matin, rend les poules paresseuses et leur fait négliger la poursuite des vers et des insectes. Si l'on possède une variété de beaux œufs, comme les poules de Houdan et de Crèvecœur, on peut estimer les 100 œufs à 7 francs.

« C'est donc un joli revenu que procure une poule, de l'argent placé sur sa tête à gros intérêts et qui ne coûte que quelques soins quotidiens, encore bénéficiera-t-on de l'engrais, qui a sa valeur comme le guano et de sa chair, quand le temps sera venu de la mettre au pot.

« Pendant sa vie, une bonne pondeuse donne de 400 à 500 œufs, c'est une mauvaise spéculation de garder une poule pondeuse au delà de six ans. Pendant cette période sa nourriture aura coûté au plus 5 francs et elle aura produit 400 œufs. »

Résidus de la meunerie, de la boulangerie et des pâtes alimentaires.

Ces résidus sont nombreux et importants, ils comprennent :

1° Les *criblures*, c'est-à-dire le résidu du nettoyage des blés, qui oscille entre 2 et 3 0/0 de la quantité totale de blé soumise à cette opération. Quelques-unes des graines ainsi séparées sont vénéneuses, telle l'ivraie énivrante et la nielle ; on doit donc soumettre ces résidus à un nouveau nettoyage dont le résultat dit *petit blé* peut être donné à tous les animaux de la ferme ; ils sont généralement plus nutritifs que le blé pur ; la volaille en est le principal consommateur.

Les *sons* qui se divisent en *remoulages*, *recoupes* et *recoupettes* et sons proprement dits.

Les remoulages ou fleurages sont blancs ou jaunes, et forment pâte dans l'eau ; les vaches et les brebis franches de lait sont les animaux auxquels on le réserve.

Les recoupes sont des issues à grain moins fin, moins blanc, ne formant point pâte avec l'eau.

Le son est l'écorce du grain avec un peu de farine adhérente à sa face interne. Le gros son est très léger (21 à 22 k. l'hectol.), le petit son pèse au contraire 30 à 32 kilos. Le son issu des moulins à cylindre est plus riche que celui qui sort des meules.

Le son est généralement plus riche en protéine que la farine, mais elle y est moins digestible.

Quant aux sons de maïs, de riz, de seigle ou d'orge, ils ont une valeur proportionnée à leur composition.

Le son se distribue mélangé à la boisson des animaux ou mêlé comme condiment à d'autres aliments plus pauvres. On ne doit pas dépasser la dose de 0,500 à 0,800 grammes par 100 kilos de poids vif.

Il est émollient et laxatif, corrige les doses excessives d'avoine, mais son excès rend les animaux mous et paresseux et leur communique de la diarrhée.

Le son ne peut guère se conserver plus de 5 à 6 mois ; il est de plus l'objet de sophistications nombreuses dont la plus commune est l'addition de sciure de bois.

Farines. — On donne quelquefois aux animaux des farines de qualité inférieure, à l'état de barbotages ou de mélanges et spécialement aux veaux ou agneaux de sevrage ; ne pas dépasser 1 kil. par 100 k. de poids vif.

Les farines de seigle, d'orge, d'avoine, de fève, de poids et surtout de maïs sont, on le sait, très employées dans l'alimentation animale.

La farine de seigle est mucilagineuse et rafraîchi-sante, tous les animaux l'acceptent et la digèrent bien ; la farine de maïs est excellente pour les animaux à l'engrais, surtout pour la volaille ; la farine de sarrazin doit être donnée seulement après avoir été macérée dans l'eau bouillante. La farine et les brisures de riz cuits entrent surtout dans l'alimentation du porc, et aussi des ruminants au moment du sevrage.

La farine d'orge est d'un emploi fréquent, tandis que la farine d'avoine est très rarement donnée aux animaux.

Les farines de fèves sont plus riches en protéine que les précédentes et que celles de pois.

Il est inutile d'ajouter que toutes les farines sont l'objet d'innombrables falsifications.

La boulangerie donne comme résidus le pain manqué qui est un excellent aliment, le pain avarié ou moisi qui doit au contraire être proscrit.

Le biscuit, qui est vendu dans toutes les garnisons par les militaires qui en sont peu friands, est un excellent aliment qui communique aux animaux un engraissement très rapide.

Enfin, je n'aurai garde d'omettre les résidus de pâtes alimentaires, ma-

caronis, semoule, vermicelle qui, trempés dans l'eau tiède, font des pâtées remarquablement nutritives aussi bien pour les ruminants que pour les porcs.

Soins à donner aux jeunes greffes.

Le Bulletin du Syndicat agricole des Pyrénées-Orientales publie des conseils qui s'ajoutent naturellement à ceux que nous avons publiés sur ce sujet.

Les vignes nouvellement greffées doivent être encore l'objet de soins assidus de la part du viticulteur pendant toute l'année du greffage. Le premier de ces soins est de surveiller attentivement la sortie des bourgeons qui souvent se fait avec difficulté, surtout si, lors du buttage, on n'a pas pris la précaution d'entourer la partie supérieure du greffon de sable ou de terre meuble légère. Dans ce cas il faut crever la croûte et écarter les mottes qui gênent le développement des bourgeons. Cette précaution est indispensable après une pluie, alors que la surface tend à former une croûte d'autant plus difficile à percer que le terrain durcit plus facilement.

Le sol de la vigne greffée doit être tenu constamment meuble et exempt de mauvaises herbes.

Quarante ou cinquante jours après le greffage, alors que toutes les greffes réussies sont sorties de terre, il faut les visiter pour enlever les rejetons du porte-greffe et les racines du greffon. Pour bien faire ce travail qui a une grande importance sur la réussite et la beauté des greffes, l'ouvrier démolit la butte, déchausse le pied de façon à mettre la soudure à nu, puis, avec une serpette ou un couteau bien tranchants, il enlève tous les rejetons qui ont poussé sur le porte-greffe et qui se développent au détriment du greffon en s'emparant d'une partie de la sève.

En même temps il coupe les racines émises par le greffon en opérant de haut en bas sans toucher au bourrelet formé par la soudure. La suppression de ces racines empêche l'affranchissement de se produire, ce qui est très important, car si on les laissait se développer, le greffon alimenté par le porte-greffe et ses propres racines grossirait bien plus par le porte-greffe et cette disproportion pourrait faire dessouder la greffe. Si cela n'a pas lieu et que la greffe réussisse, un autre inconvénient aussi grave se produit. Le greffon jusqu'alors alimenté par deux sources se développe vigoureusement. Mais lorsque les racines françaises périssent sous les attaques du phylloxera, la greffe n'est alimentée que par les racines du porte-greffe qui n'ont pris qu'un médiocre développement et ne peuvent fournir qu'une alimentation insuffisante, d'où résulte un à-coup très préjudiciable à la végétation de la greffe, qui bien souvent reste chétive et improductive.

Ces deux opérations terminées, on refait la butte avec la terre meuble avoisinante après avoir replacé le tuteur auquel on attache le greffon pour éviter les ébranlements possibles et les effets funestes du vent.

Si on n'a pas placé de tuteur, il faut refaire la butte un peu plus volumineuse pour mieux protéger les greffes.

En faisant ce travail, on pourrait regreffer les pieds qui n'ont pas réussi. Dans le cas où le bois ne pourrait pas se greffer de nouveau, il faut laisser un des rejetons les plus beaux qui profitera de toute la sève du porte-greffe, ce qui lui permettra de se développer vigoureusement et d'être greffé l'année suivante. On favorise le développement en grosseur en pinçant l'extrémité du rejeton choisi.

Une nouvelle visite doit être faite en septembre. Dans l'intervalle, il faut travailler superficiellement les buttes, sans les démolir pour enlever les mauvaises herbes et tenir la terre meuble.

Après avoir supprimé les racines et les rejetons, il est utile de laisser la soudure à découvert pendant quelque temps pour lui permettre de mieux se lignifier et éviter l'émission de nouvelles racines.

On doit attacher de nouveau les greffes aux tuteurs après cette deuxième opération,

Il est bien entendu qu'en dehors de ces soins, les greffes doivent être l'objet des mêmes traitement que les vignes adultes pour les préserver des maladies cryptogamiques et autres. On recommande aussi de supprimer les quelques grappes qui peuvent se montrer, dans le but de ne pas épuiser la jeune souche.

A l'approche des froids il sera prudent de refaire la butte pour préserver les greffes des gelées. Cette butte sera conservée jusqu'à la sortie de l'hiver. Alors on l'enlèvera pour procéder à la taille et à la fumure du jeune plantier qui à partir de ce moment sera traité comme les plantations plus anciennes.

Un nouveau dattier en France.

Dans la séance de lundi, à l'Académie des sciences, M. Aimé Girard a annoncé qu'il existe à Nice, sur la terrasse de la villa de Cessole, un palmier-dattier inconnu jusqu'à présent, en France, et qui, depuis trois ans, porte dès le mois d'avril, de beaux régimes de dattes noires, sucrées et comestibles. L'étude de ces fruits a décelé une pulpe représentant les quatre cinquièmes de leur poids, et renfermant 50 0/0 environ d'un sucre particulier, la *lévulose*, sans mélange d'acide ni de tannin. Ces conditions donnent à cette datte une saveur douce, délicate et parfumée que ne possèdent pas les autres espèces, et qui en fera une précieuse ressource pour nos côtes de Provence.

M. Naudin, qui a fait de ce palmier une étude toute spéciale, lui a donné le nom de *Phœnix melanocarpa*.

M. Blanchard fait observer qu'il existe à Syracuse, en Sicile, des dattes ayant tous les caractères savoureux de celles qui viennent d'être signalées, mais dont la couleur est d'un vert très prononcé.

M. Aimé Girard prend note de cette observation, qui peut avoir son intérêt pour la dénomination, à donner à cet intéressant dattier.

Mais pour les propriétaires de terrain sur les côtes de Provence et des Alpes-Maritimes, et peut-être aussi pour ceux de Corse et d'Algérie, un très vif intérêt s'attache à la communication de M. Girard, et surtout à celle de M. Naudin. On comprend que la culture de ce précieux dattier peut enrichir cette belle contrée d'une source nouvelle de prospérité.

Nous signalons le fait à nos lecteurs de cette contrée.

Le béchena ou Sorgho d'Algérie.

L'an dernier on nous avait signalé cette variété de Sorgho, qui abonde en Algérie, comme pouvant être cultivée avantageusement comme plante fourragère dans la région du Midi.

Aujourd'hui, dans le *Réveil Agricole du Midi*, M. Henri Blin donne les renseignements suivants sur cette plante appelée aussi *dari* ou *Sorgho de Kabylie* et *doura* des Arabes (*holcus doura* des botanistes).

On nous a demandé quelques détails sur une variété de Sorgho, peu cultivée dans le Midi, le *Dari* ou Sorgho de Kabylie. Cette variété, que nous avons pu observer en Algérie, est le *Doura* des Arabes; elle est aussi désignée sous le nom de *Béchena*, C'est un Sorgho à épi droit (*Holcus doura* des botanistes).

Le grain moulu du béchena est la base du pain ou du couscouss des paysans Kabyles; ils ajoutent à la farine de cette graine un peu de farine de froment, pour qu'elle se lie mieux.

Dans le département d'Alger et dans certains districts de la vallée de la Bougie, nous avons vu le Sorgho de Kabylie donner une abondante production fourragère malgré les sécheresses prolongées. Cette plante offre donc un réel intérêt et nous pensons qu'il y aurait avantage à l'essayer et à en propager la culture dans le Midi de la France. Mais il semble acquis que ce Sorgho ne peut atteindre sa complète maturité en France au delà d'une zone correspondant au plateau central. Il n'en serait pas de même si l'on se bornait à le cultiver pour la production herbacée. Nos observations faites en Algérie sur divers troupeaux de moutons et sur des vaches laitières, nous ont permis de constater que ce Sorgho constitue, sous les climats chauds, une précieuse ressource. Le grain distribué entier, concassé ou moulu est mangé avec avidité; il est très nutritif et favorise l'engraissement. Cela ne veut pas dire que le Dari est supérieur aux Sorghos cultivés dans notre région méridionale, mais il leur est tout au moins comme qualité et quantité et il offre surtout l'avantage considérable de résister aux grandes sécheresses et de s'accommoder de terrains de natures très diverses. Dans les sols fertiles de la vallée de Bougie, comme dans les terrains argileux, calcaires ou siliceux des hauts plateaux, le béchena donne de bonnes récoltes même lorsqu'il est semé tardivement.

Quant au mode de culture, il ne diffère pas sensiblement de celui usité pour le Sorgho commun ou à balais, autant que nous avons pu en juger en Kabylie.

Les colons sèment en lignes espacées de 0 m. 70 à 1 mètre selon la nature du sol et son degré de fertilité. Les semis se font assez épais, à raison de 20 à 30 litres de graines par hectare et de bonne heure au printemps de mars à mai; on récolte en août et septembre. On fait sécher le béchena au soleil et on l'égrène ensuite au fléau. On ne laisse subsister, sur chaque pied, que la panicule principale qui se forme la première et pour qu'elle ne soit pas entravée dans son développement, on supprime les branches situées le long de la tige et au pied. La tige ne doit pas être trop développée, afin qu'elle ne devienne point ligneuse, dure et difficilement assimilable pour le bétail.

En 1892, un vétérinaire du Midi, M. Guittard, a expérimenté le Sorgho de Kabylie et les résultats qu'il a obtenus ont été concluants.

Avec 400 grammes de semences, M. Guittard fit récolter 2 hectolitres de graines et en fit ensemencer 1 hectolitre; malgré la sécheresse (dans certains cas, on ne peut semer qu'en juin) on récolta, en septembre, le grain arrivé en parfaite maturité. En outre, semé après blé, au commencement de juillet, le béchena atteignit, fin août, une hauteur de 0 m. 30; une première coupe fut faite et chaque pied produisit, ensuite, après une pluie, cinq à six tiges nouvelles. La seconde coupe, qui eut lieu vers les premiers jours d'octobre, atteignit 0 m. 50.

M. Guittard put nourrir pendant six mois, des volailles exclusivement avec de la graine de béchena. Il constata une augmentation de la qualité de la chair et une ponte plus active et plus prolongée.

Nous avons jugé nécessaire de mentionner les résultats satisfaisants obtenus en 1892 par M. Guittard; aussi bien les observations que nous avons pu faire en Algérie, en 1893, ont corroboré pleinement ces résultats. Nous devons faire remarquer que les expériences de M. Guittard présentaient un plus vif intérêt, en ce sens qu'elles avaient été faites en France, alors que nos propres constatations s'appliquaient à la culture du Dari en Algérie, pays où cette plante réussit bien, malgré le peu de soins que les Kabyles apportent à cette culture.

Les semailles du Sorgho de Kabylie doivent être assez drues, car la germination ne se fait pas toujours complétement sur la totalité de l'étendue ensemencée. On éclaircit ensuite, si cela est nécessaire. Il faut se méfier des oiseaux qui sont très friands des graines de ce Sorgho.

Il est assez difficile de se prononcer quant au rendement en graines du béchena.

Conclusion. — Le Sorgho de Kabylie est une plante vigoureuse et productive convenant aux contrées méridionales et pouvant rendre de grands services dans les temps de disette fourragère,

HENRI BLIN.

Le labourage à l'électricité.

Depuis de longues années déjà, le génie rural est en quête de moyens pratiques d'appliquer à la culture du sol, la prodigieuse puissance motrice de l'électricité, et on s'étonne un peu de constater que les progrès merveilleux réalisés par la science électrique n'aient pas encore abouti à doter la culture d'un progrès aussi capital.

Le labour à l'électricité est pourtant destiné à remplacer quelquefois le labourage à vapeur, qui est généralement d'un emploi difficile et onéreux. On reconnaît que la transmission de la force électrique à de longues distances, donne à cette force une supériorité décisive sur la vapeur.

Les savants compétents sont convaincus que la solution du problème est très possible, sur un point aussi intéressant pour eux, et pourtant jusqu'à ce jour la solution se fait encore attendre dans les deux mondes.

Toutefois il y a des exemples d'application dignes d'attention. Nous pourrions parler ici des essais qui se préparent à l'Institut agricole de Beauvais, dont l'éminent directeur, le Frère Paulin, a une compétence avérée en cette matière. Nous espérons pouvoir bientôt signaler des résultats encourageants.

Signalons l'essai de labours à l'électricité tenté avec succès par M. Félix Prat, à Boisguilbaud (Tarn), près Saint-Paul-Cap-de-Joux. Cet intelligent propriétaire a utilisé la chute d'eau d'un ancien moulin abandonné, en y adaptant deux turbines qui entraînent deux dynamos, l'un produisant l'éclairage, l'autre la force motrice dans les champs.

Un second exemple, plus important encore, est donné par un propriétaire de Hagen près de Tostork (Pologne allemande), au moyen d'un puissant matériel fabriqué à Nuremberg actionné aussi par une chute d'eau. L'électricité développe ici une puissance exceptionnelle. Elle active à trois kilomètres de distance, une charrue creusant quatre sillons à la fois, profonds de 30 centi-

mètres, et laboure ainsi une étendue de 4 hectares par jour.

Enfin on sait qu'aux Etats-Unis, le gouvernement se préoccupe vivement des moyens de répandre dans la pratique agricole, l'emploi de la force électrique. Si ces progrès nouveaux se réalisent, les produits agricoles américains, dont les prix de revient sont déjà si inférieurs aux nôtres, descendront à des cours rendant toute concurrence impossible.

On voit donc que le problème de l'électricité appliquée à l'agriculture, a une importance capitale pour notre pays, et qu'on ne saurait étudier avec trop de zèle les moyens de le résoudre.

Les pommes de terre galeuses. — Lundi dernier, à l'Académie des sciences, M. Chatin a signalé des faits desquels il résulte que la maladie dite gale des pommes de terre a la redoutable faculté de se communiquer à de longues distances dans le sol. C'est pourquoi il conseille, comme M. Rose qui a signalé le fait, aux cultivateurs d'enlever avec soin toutes les véhicules galeux qu'on y rencontre.

Sériciculture.

Parmi les faits intéressants à étudier dans la communication qu'a faite M. Yermoloff à la Société nationale d'agriculture, nous avons à signaler l'emploi de la feuille de scorsonère en remplacement de la feuille du murier. Si ce mode d'alimentation réussit partout dans les régions séricoles de Russie, il nous semble utile d'en tenter l'essai en France. La feuille de scorsonère ne serait pas aussi coûteuse dans une culture courante que la feuille du murier. Seulement il importe de s'assurer d'abord de l'identité de la scorsonère russe à mettre en culture.

PRIMES

Nous appelons l'attention de nos lecteurs sur nos primes de rhums, eaux-de-vie de l'île Bourbon, de vins fins du Bordelais. Jamais on n'a offert des produits de qualité comparable à un prix aussi réduit.

Oignons à fleurs.

Le moment de planter les massifs, les plates-bandes en oignons à fleurs étant arrivé, nous sommes très heureux d'offrir, à titre de prime à nos aimables lectrices, les 3 collections ci-dessous, établies spécialement par *MM. Cayeux et Leclerc*, successeurs de *MM. Forgeot et Cᵢᵉ*, 8, quai de la Mégisserie, Paris, et à des prix très modiques. Le choix des variétés ne laisse rien à désirer, non plus que la force et la dimension des bulbes ou griffes qui donneront les meilleurs résultats au point de vue de la floraison.

PREMIÈRE COLLECTION

10 jacinthes simples par noms pour culture en pots;

10 jacinthes doubles par noms pour culture en pots;

25 tulipes flamandes en mélange;

25 tulipes bizarres en mélange;

100 crocus en très beau mélange; rendu franco à domicile pour 10 francs.

DEUXIÈME COLLECTION

12 jacinthes doubles par noms pour culture en pots;

6 jacinthes simples, bulbes très gros pour culture sur carafes;

6 carafes assorties par paires, variées de forme et de couleur, rendu franco domicile pour 12 francs.

TROISIÈME COLLECTION

50 anémones doubles roses de Nice, 100 anémones simples de Caen en splendide mélange pour garniture de massifs.

Rendu franco à domicile pour 10 fr.

RECETTES

Maturation des tomates. — Nous avons signalé il y a quelques semaines un moyen pratique d'obtenir la maturation des tomates récoltées à l'état vert: ce moyen consiste à les enlever de terre avec leurs racines entourées de terre, et à les emmagasiner dans un lieu sec et frais en les entourant de paille.

Aujourd'hui, on nous signale une méthode un peu différente et qui consiste comme la précédente à enlever les tomates encore vertes avec leurs racines et la terre qui les entoure, à les envelopper dans du papier à journal et à les emballer dans une caisse qu'on dépose dans un endroit frais et sec, mais où la gelée ne puisse pénétrer. Avant de les employer on les expose pendant quelques jours à une douce chaleur et à la lumière: elles y mûrissent en quelques jours et sont d'une très bonne qualité.

BIBLIOGRAPHIE

Un de nos confrères, *Les Veillées des Chaumières*, vient d'avoir une ingénieuse idée. Il affecte à chacun de ses abonnés un numéro d'ordre, et chaque mois, il tire au sort cinq numéros. Aux abonnés dont les noms correspondent aux numéros sortis, il donne un Bon de l'Exposition. On court ainsi la chance de gagner, sans bourse délier, un des lots que le Crédit Foncier distribue chaque mois aux porteurs de ces bons, lots dont l'importance varie de 100 francs à 500.000 francs.

Ce n'est d'ailleurs pas là le seul attrait de ce charmant journal, rédigé pour plaire à tout le monde, de tous les âges. Voici d'abord deux romans auxquels vous devrez de douces larmes et de saines émotions; ce sont: *Pauvre Job*, par M. du Campfranc, avec de belles illustrations d'Émile Bayard et *La Conquête de Bengau*, par ce délicieux écrivain qui a nom B. de Buxy; puis, sous le titre général de *Pages gaies*, toute une suite d'amusantes caricatures dues au crayon de Caran d'Ache, Godefroy, Albert Guillaume, etc. Voici encore des *Recettes variées*, d'autant plus précieuses qu'elles sont communiquées, après expérience, par les lecteurs eux-mêmes. N'oublions pas les *Passe-temps récréatifs* de Magus qui vous permettront d'occuper joyeusement quelques heures de loisirs. Il faut encore mentionner, en les gardant pour la fin, d'amusants concours avec de beaux et nombreux prix; le plus prochain est tout à fait original. Il s'agit d'écrire, sur les fêtes russes, une lettre sans que la voyelle A y figure une seule fois.

Concours et romans commencent dans le numéro-spécimen des *Veillées des Chaumières* qui est distribué en ce moment un peu partout. Ne manquez pas de le réclamer à votre marchand de journaux, et si vous ne le trouvez pas, demandez-le à la Direction du journal, 55, quai des Grands-Augustins, à Paris. Quand vous l'aurez lu, vous ne résisterez pas au désir d'acheter pour un sou, les numéros suivants, le mercredi et le samedi. Vous ferez même mieux, vous vous abonnerez pour six francs aux cent quatre numéros d'une année, ce qui vous permettra de profiter de l'ingénieuse combinaison dont nous parlons plus haut.

OFFRES ET DEMANDES

Un ex-régisseur de grande propriété, marié, offrant certificats et références de premier ordre, connaissant la culture des céréales, l'élevage, l'engraissement, la culture des plantes industrielles, demande la régie d'un domaine herbager, ou culture intensive. Nous recommandons tout particulièrement à nos abonnés, ce régisseur qui offre toutes garanties désirables, comme honorabilité et loyauté.

S'adresser aux bureaux de la *Gazette*, 10 bis, rue Piccini, Paris.

Tourteaux de coton décortiqué d'Amérique, en pains ou moulus de 12 fr. 75 à 13 fr. les 0/0 kilos sur wagon. Le Havre. — Livraison immédiate.

RED-CAP. Œufs à couver de cette excellente race de poule, réputée la plus jolie et la plus forte pondeuse, garantis race pure frais et fécondés, 5 fr. la douzaine franco de port et d'emballage. S'adresser à **Calixte Dany**, Althen-les-Paluds (Vaucluse).

Important : J'invite les personnes qui veulent bien me confier leurs ordres de toujours y joindre un mandat, les remboursements n'étant bénéficiables qu'aux Compagnies.

Toujours donner le nom de la gare à laquelle il faut adresser les envois.

POMMES DE TERRE. — Nous apprenons que M. E. Boutin, directeur du *Moniteur des Intérêts agricoles*, 11, rue Taitbout, est en pourparlers avec un certain nombre de Sociétés Coopératives de consommation de Paris et de la banlieue pour leur procurer directement par la culture les pommes de terre *saucisses rouges* et de *hollande* nécessaires à leur approvisionnement d'hiver : il s'agit de quantité très importantes.

Ceux de nos abonnés que ces fournitures intéressent peuvent s'adresser directement à M. Boutin.

Il lui est également fait des demandes pour des fournitures régulières de volailles de 1 kilo. 1 k. 500 par cageots de 12 à 15 pièces.

M. POUZIN offre de jolis racinés de son plant de vigne à la seule condition pour les demandeurs de lui tenir compte d'une partie de la récolte d'une année. — Contre 0 fr. 25 il expédie son *Guide* pour la culture de cette variété.

Écrire à M. Pouzin Émile, à Saint-Paul-les-Romans, Drôme.

Si vous voulez boire du bon vin de Saint-Émilion, adressez-vous à M. **Duplessis-Foursaud** au château des Trois-Moulins, à SAINT-ÉMILION (Gironde).

(Voir le prix courant.)

Ferme du château de Résenlieu près Gacé (Orne) Mme la comtesse de Nollent.

Camemberts marque Au Faucon.
Médaille d'or.
6 fromages 4 fr. 50, 9 fromages 6 francs.
15 fromages 9 fr. 75 (franco gare).

COURS DES BESTIAUX

Marché de la Villette du 9 novembre 1896.

	PRIX DE LA VIANDE NETTE		
	1re qualité	2e qualité	3e qualité
Bœufs...	1.46	1.36	1.26
Vaches...	1.44	1.34	1.24
Taureaux.	1 20	1.10	1.08
Veaux....	1 74	1.54	1.24
Moutons..	1 98	1.72	1.62
Porcs....	1.00	0.98	0.94

ESPÈCES	AMENÉS	VENDUS	PRIX EXTRÊME	
			viande net	poids vif
Bœufs....	3.114	2.476	1.26 à 1 46	59 à » 91
Vaches...	792	677	1.21 1.44	56 » 93
Taureaux	201	183	1 02 1.22	49 » 78
Veaux....	1.051	892	1.30 1.76	65 1.08
Moutons..	15.471	12 671	1.62 1.90	76 1.20
Porcs.. ...	4 431	4 376	0.96 1.02	62 » 68

Vente médiocre.

Marché de la Villette du 12 novembre 1896.

	PRIX DE LA VIANDE NETTE AU KILOGR.			
	1re qualité	2e qualité	3e qualité	Prix extrême
Bœufs....	1.48	1.36	1.22	1.16 à 1.54
Vaches...	1.46	1.32	1 16	1 10 1 50
Taureaux	1.26	1.12	1.02	1 00 1.34
Veaux....	1.80	1.60	1.30	1 20 1 90
Moutons..	1.94	1.72	1.64	1.56 2.00
Porcs	1.08	0.96	»	92 1 12

ESPÈCES	AMENÉS	RENVOI	OBSERVATIONS
Bœufs ...	1.835	»	Vente difficile sur les
Vaches...	546	143	qualités moyennes et
Taureaux.	168	»	sur les veaux, moutons
Veaux....	1.284	333	même cours, plus facile
Moutons..	12.634	»	sur les porcs.
Porcs.....	5.438	»	

Vente du bétail au marché de La Villette.

Adresser les animaux à MM. Henri Roblin et Surugue, en gare Paris-Bestiaux. Les aviser par lettre auparavant, 190, rue d'Allemagne, Paris.

CORRESPONDANCE

CHANGEMENT D'ADRESSE

Chaque demande de changement d'adresse doit être accompagnée d'une bande imprimée et de *CINQUANTE CENTIMES* en timbres-poste pour frais de réimpression.

M. R..., à F. *(Rhône).* — *Chemin, trouble possessoire.* — Il faut appeler votre voisin devant le juge de paix, le faire assigner en réintégrande par le motif que (en supposant que le chemin ne soit pas votre propriété), il n'avait pas le droit de faire ce qu'il a fait sans votre autorisation ou celle du maire de la commune. Vous avez amélioré le chemin avec l'autorisation de la municipalité, personne ne peut vous troubler. Si les travaux que vous avez faits gênent le voisin il n'a pas le droit de se faire justice lui-même; il devait vous assigner devant le juge de paix.

M. P. B., à B., par S. (Gironde). — Le phosphate alimentaire *Salmon*, dont nous avons parlé dans notre numéro du 31 octobre dernier, est employé depuis longtemps déjà pour l'engraissement rapide et le développement de la charpente osseuse des bestiaux, et pour l'élevage des poulains, veaux, porcs, moutons, lapins, chiens, volailles, etc.

Ce phosphate est scientifiquement préparé, bien dosé et, en outre, il est combiné et associé à d'autres principes utiles nécessaires pour son assimilation.

C'est un auxiliaire précieux pour former des sujets d'élite, vigoureux et bien développés. À ce titre, nous vous engageons vivement à l'essayer et en faire usage.

Adressez-vous de notre part à M. H. Salmon, chimiste-agronome, à Amiens (Somme).

Prix 3 fr. 25 le kilo, franco pour une boîte d'essai de 1 kilo, 2 fr. 25 le kilo par sacs de 5 kilos et 2 francs, par sacs de 10 kilos. En gare Amiens (Somme).

M. Roger de la Borde, président du « *Syndicat Pomologique de France* » (section de Maine-et-Loire), nous écrit :

« Je suis très satisfait des essais faits avec l'*Insecticide Desgouttes*, pour la destruction des insectes qui ravagent les pommiers et des vers blancs qui, à cette époque, font encore beaucoup de ravages dans les jardins.

« C'est le meilleur insecticide pour détruire les larves en automne et au printemps en badigeonnant les arbres à fruits jusqu'à la souche. Je ferai tout mon possible pour recommander votre *Insecticide* »

M. V., à R. (Aisne). — Nos primes, vins fins du Bordelais, rhums de l'île Bourbon et eaux-de-vie de canne à sucre sont expédiées à nos abonnés, avec toutes bonnes garanties de lieu de production authentique, en bouteilles estampées et fûts d'origine. Jamais on n'a offert des produits de qualité comparable à un prix aussi réduit.

M. C. V., à B. (Yonne). — Le blé est une excellente nourriture pour les poussins à partir d'un mois; cuit il profite et digère mieux.

M. F., à T. (Haute-Marne). — Pour la culture des chrysanthèmes, faites des arrosages à l'engrais liquide étendu d'eau (*matière fécale ou purin*), seulement à partir du mois d'août, que l'on mélange d'abord à 9/10 d'eau en augmentant graduellement la dose jusqu'à 25 0/0.

M. P. B., à Saint-Florentin (Yonne). — Pour conserver les échalas, tuteurs, paillassons, employez le *Carbonyle* qui assure au bois une durée triple, en lui donnant une bonne teinte brune. Ce produit est très recommandable. Adressez-vous de notre part à la Société française du Carbonyle, 188 et 190, faubourg Saint-Denis, Paris.

PRIMES A NOS ABONNÉS

Porte-pantalon hygiénique, *breveté S. G. D. G.* de P.-B. Noël. Prix de faveur pour nos lecteurs Pour hommes, jeunes gens et enfants de dix ans franco 4 fr.; pour femmes et fillettes, 4 fr. 50

Toute commande doit être strictement accompagné d'un mandat-poste représentant la valeur de l'expédition.

BONDE le cent, 25 fr., les cinquante 13 fr., les vingt-cinq 7 fr. Au-dessous de 25 bondes 0 fr. 30. Le tout franco de port.
Indiquer le diamètre de chaque bonde.

PANIER DE DOUZE BOUTEILLES DE VINS FINS ASSORTIS 30 FRANCS

COMPOSITION DU PANIER

2 bouteilles vin blanc Haut-Barsac 1887,
2 — vin rouge chât. La Tour Vigean 1885;
2 — vin rouge château Margaux 1884;
2 — vin rouge château Bougnard 1884;
1 — madère vieux 1888;
1 — Lacryma Christi 1890;
1 — Rhum Martinique vrai extra-vieux;
1 — Grande fine Champagne 1875;

Le tout bien emballé, les bouteilles capsulées et étiquetées avec luxe.

Les expéditions sont faites par panier de douze bouteilles *franco de port et d'emballage* dans toutes les gares de France; adresser les demandes accompagnées d'un mandat à M. Crépeaux, 10 *bis*, rue Piccini, Paris. — *Le prix du panier est de* **30 francs**.

RHUM DE L'ILE BOURBON

Vieux rhum de Bourbon cinq ans. En fûts de 100 à 120 litres à 75 francs l'hectolitre (51°) origine absolument garantie — pris entrepôt Havre. — Adresser les demandes à M. Crépeaux, 10 bis, rue Piccini, Paris, et lui envoyer les fonds par mandat après réception de la facture.

RHUM DE L'ILE DE BOURBON EN CAISSE

12 bouteilles . . . . 38 francs.
24 — . . . . 70 —
50 — . . . . 142 —

Pris entrepôt Havre. Adresser les demandes accompagnées d'un mandat.

Eau-de-vie de canne à sucre de l'île Bourbon origine absolument garantie :

La caisse réclame de 12 bouteilles . . 40 fr.
— — de 24 — . . 75 fr.
— — de 50 — . . 150 fr.

Ces prix s'entendent pris entrepôt Havre. — Adresser les demandes accompagnées de leur montant.

Délicieux **Vin Muscat Vieux** tonique et réconfortant venant directement de la propriété, garanti authentique, offert en prime à nos abonnés à raison de 1 fr. 25 le litre logé en fûts de 25 à 35 litres. Fûts perdus.

Adresser les commandes au Bureau du Journal, 10 *bis*, rue Piccini, Paris.

Purificateur d'air pour tonneaux, l'un 4 50 franco gare.

Moyennant un supplément de 0 fr. 40, nous joindrons à l'envoi une mèche à percer de calibre et moyennant 0 fr. 10 en plus, une mèche soufrée.

Adresser les demandes accompagnées du montant 10 *bis*, rue Piccini, à Paris.

Nous rappelons que toute demande de prime est considérée comme un engagement de renouveler l'abonnement à son échéance.

Ouvrages de l'abbé Ouvray.

CURÉ DE SAINT-OUEN

par Vendôme (Loir-et-Cher).

LAURÉAT DE LA SOCIÉTÉ DES AGRICULTEURS DE FRANCE, CONFÉRENCIER AGRICOLE A L'INSTITUT CATHOLIQUE DE PARIS.

1° *Manuel d'arboriculture*, 6° édition, 2 fr. 50 franco.

2° *Maladies et hygiènes des vins*, 0 fr. 55 franco.

3° *Alimentation des végétaux et emploi raisonné des engrais*, 1 fr. 50 franco.

4° *Manuel de vinification et de distillation. Les Levures. Le Vinaigre*, 1 fr. 35 franco.

5° Les *ferments de la terre* (Conférence à l'Institut catholique de Paris), 0 fr. 55 franco.

Les cinq ouvrages réunis, 5 fr. 50 franco.

Chez l'auteur à Saint-Ouen, par Vendôme (Loir-et-Cher).

Le Gérant : E. GAMBART.

IMP. NOUVELLE ET Cie, 8, RUE CAMPAGNE-1re, PARIS.

COMPAGNIE DES CHEMINS DE FER DE L'EST

Voyages en Suisse et en Italie.

Pour faciliter les voyages en Suisse et en Italie, la Compagnie des chemins de fer de l'Est, après entente avec les Compagnies voisines, met à la disposition du public les combinaisons suivantes qui permettent aux touristes d'effectuer des excursions variées à des prix très réduits :

Au départ de Paris, on peut se procurer, du 1er mai au 15 octobre, des billets d'aller et retour, de saison pour *Bâle* (96 fr. en 1re cl.), 71 fr. en 2e cl.); pour *Lucerne* (112 fr. et 83 fr.) ; pour *Zurich* (111 fr. et 82 fr.); pour *Ragatz* (127 fr. 2 et 93 fr. 40); pour *Landquart* (128,40 et 94,20) pour *Davos-Platz*, (152,40 et 110,20); pour *Coir* (130,40 et 95,65). Durée de validité des billets 60 jours.

Des billets circulaires tracés avec des itinéraires très variés, permettent au départ de Paris (via Belfort Bâle et le Saint-Gothard), de faire des excursions dans des conditions très économiques, en Suisse, en Autriche, en Italie, en Allemagne, etc.

Les billets de 1re et 2e classes sont valables par les trains rapides au nombre de deux par jour dans chaque sens.

Des voitures directes circulent entre Paris et Milan.

On peut également, du 1er mai au 15 octobre, se procurer des billets d'aller et retour de saison au départ de Reims, Mézières-Charleville Châlons-sur-Marne, Bar-le-Duc, Nancy, Troyes et Chaumont, ainsi que des gares du réseau du Nord : Dunkerque, Calais, Boulogne, Lille, Valenciennes, Douai, Cambrai, Arras et Amiens pour Bâle, Lucerne, Zurich, Berne et Interlaken. —La durée de validité de ces billets est de 60 jours.

Le voyage jusqu'en Suisse s'effectue très rapidement grâce aux trains express circulant entre Calais et Bâle, qui sont composés de voitures de 1re et de 2e classes; les trains de nuit comprennent en outre un Sleeping-Car. — Le trajet s'effectue sans changement de voiture jusqu'à Bâle et jusqu'à Berne.

Tous les renseignements qui peuvent intéresser les voyageurs sont réunis dans le Livret des Voyages circulaires et d'Excursions que la Compagnie de l'Est envoie gratuitement aux personnes qui en font la demande.

CHEMINS DE FER DE PARIS A LYON ET A LA MEDITERRANÉE

Services directs entre Paris, l'Algérie, la Tunisie et Malte par *Marseille* (paquebots de la Compagnie Générale Transatlantique.)

BILLETS DIRECTS VALABLES 15 JOURS

Prix des billets (1) de PARIS aux ports ci-après ou vice-versâ :

Alger, Oran, Bône (par Philippeville) *Philippeville* : 1re classe, 197 fr. ; 2e classe, 135 fr. 50.

Tunis : 1re classe, 222 francs; 2e classe, 160 fr. 50.

Malte (La Volette) : 1re 287 fr; 2e classe 200 fr. 50.

1. Les prix de ces billets comprennent la nourriture à bord des paquebots de la Compagnie Générale Transatlantique.

En ce qui concerne les jours et heures de départ de Marseille, consulter les agences de la Compagnie Générale Transatlantique : à Paris, 12, Boulevard des Capucines (Grand-Hôtel), et à Marseille, 12, rue de la République.

ASPERGE GÉANTE
ROYALE DE FRANCE

(RACE D'ARGENTEUIL PERFECTIONNÉE)

Demander la *Méthode de Culture* et prix courant (gratis et franco), à M. WILLIAM FOURCINE, directeur des pépinières royales de Dreux (Eure-et-Loir). Médailles et diplômes de première classe.

Champagne Mercier

Champagne Mercier

BONS DE L'EXPOSITION DE 1900

Les tirages de lots, qui ont lieu à des dates rapprochées jusqu'au mois d'octobre 1900, attribueront aux porteurs favorisés par le sort **4.313** lots dont l'importance varie de 100 fr. à 100.000 fr. et **500.000** fr. pour un montant total de

6 MILLIONS DE FRANCS

Outre que le nombre des Bons encore disponibles décroît rapidement, il y a tout avantage pour les personnes qui se proposent d'en acquérir de ne pas attendre la dernière heure. Les tirages ont commencé et c'est en pure perte que les retardataires se priveraient, en laissant courir d'autres tirages, d'une partie des chances qui peuvent leur échoir.

Les vingt tickets d'entrée de 1 franc seront délivrés en temps utile aux porteurs, sur présentation de leurs Bons.

Les réductions de prix sur les chemins de fer et dans les spectacles de l'Exposition représenteront à elles seules, pour les porteurs de Bons, plus que la somme à débourser pour l'achat.

Les trois avantages réunis : *lots, tickets, réductions*, sont tels qu'il est à prévoir que les Bons se paieront plus cher l'année prochaine que cette année, plus cher dans deux ans que l'année prochaine, et qu'à la veille de l'Exposition ils auront une vogue plus grande encore. On fait donc acte de prévoyance en procédant à un achat immédiat.

Les Bons sont de 20 francs et ils se délivrent aux guichets du Crédit Foncier et des principaux Etablissements financiers, soit au Siège social, soit aux guichets des succursales de ces Etablissements.

On peut aussi en faire la demande par correspondance.

SELS POUR L'AGRICULTURE

Nourriture du bétail et Engrais des terres

Sel neuf dénaturé, au tourteau de colza. 45 f. 1.000 k.
Sel neuf dénaturé, au peroxyde de fer. 40 f. 1.000 k
Sel de morue pur. . . . . 35 f. 1.000 k.

Expéditions de Fécamp, Bordeaux et St-Malo.
S'adresser à MM. A. LE BORGNE et ses Fils, négociants-armateurs, à Fécamp.

EXCELLENT DÉSINFECTANT
POUR LES FUTS A VIN, CIDRE, BIÈRE, ETC.

Prix de faveur pour nos lecteurs

Sur notre demande, M. Moity, père, l'inventeur, a consenti à en mettre de petites quantités pour essais à la disposition de nos lecteurs.

10 litres franco gare. 10 fr.

Adresser les demandes à M. Crépeaux, rue Piccini, 10 *bis*, Paris.

POUDRE DELARBRE
Plus de CHEVAUX POUSSIFS !
Guérison de la POUSSE,
Toux, Bronchite et Gourme
La Boîte de 20 Doses : 3 francs
G. DELARBRE, AUBUSSON (Creuse)
Maison de Vente & d'Expédition à Aubusson (Creuse) G. DELARBRE
A Paris & en province, chez tous les Droguistes & Pharmaciens

Maison MURE, à Pont-St-Esprit (Gard)
A. GAZAGNE, Gendre et Sucr, Ph⁰⁰ de 1re Classe
MALADIES NERVEUSES
Épilepsie, Hystérie, Danse de Saint-Guy,
Affections de la Moëlle épinière, Convulsions,
Crises, Vertiges, Éblouissements, Fatigue
cérébrale, Migraine, Insomnie, Spermatorrhée
Guérison fréquente, Soulagement toujours certain
par le SIROP de HENRY MURE
succès constaté par 20 années d'expérimentation dans les Hôpitaux de Paris.
FLACON : 5 FR. — NOTICE GRATIS.

PATE et SIROP d'ESCARGOTS de MURE
« Depuis 30 ans que j'exerce la médecine, je n'ai pas trouvé de remède plus efficace que les escargots contre les irritations de poitrine.
» D' CHRESTIEN, de Montpellier. »
Goût exquis, efficacité puissante contre Rhumes, Catarrhes aigus ou chroniques, Toux spasmodique, Irritations de la gorge et de la poitrine.
Pâte 3 f, Sirop 2 f. — Exiger la Pâte Mure, Refuser les imitations.

Thé Diurétique de France
sollicite efficacement la sécrétion urinaire, apaise les douleurs des Reins et de la Vessie, entraîne le sable, le mucus et les concrétions, et rend aux urines leur limpidité normale. — Néphrites, Gravelle, Catarrhe vésical, Affections de la Prostate et de l'Urèthre. — PRIX DE LA BOITE : 2 FRANCS.

Dépôt général de l'ALCOOLATURE D'ARNICA
de la TRAPPE DE NOTRE-DAME DES NEIGES
Remède souverain contre toutes blessures, coupures, contusions, défaillances, accidents cholériformes.
DANS TOUTES PHARMACIES. — 2 FR. LE FLACON.

MACHINES AGRICOLES
A. BAJAC
à LIANCOURT (Oise)

VIN PUR COTES 1re QUALITÉ
Vieux, nouveau garanti sur facture
Récolté par FELIX LAU, propriétaire-viticulteur
à Caussiniojouls (Hérault).
Nouveau, 35 fr. l'hect logé sur gare Faugères

L'URBAINE
Compagnie anonyme d'Assurances à primes fixes contre l'INCENDIE
FONDÉE EN 1838
CINQUANTE-NEUVIÈME ANNÉE
CAPITAL : 5 MILLIONS — GARANTIES : 70 MILLIONS
SINISTRES PAYÉS DEPUIS L'ORIGINE : 132.000.000 FRANCS
PARIS — 8 et 10, rue Le Peletier

DISTILLATION CONTINUE
ALAMBIC
Système A. ESTÈVE

F. BESNARD
PÈRE, FILS ET GENDRES
28, rue Geoffroy-Lasnier
PARIS
Envoi franco du Catalogue sur demande

MALADIES DU BÉTAIL
ET DE LA VOLAILLE
Leur traitement préventif et curatif
PAR L'ACIDE SALICYLIQUE

L'acide salicylique, employé dans la nourriture à la dose de 1/2 à 1 gramme par jour et par tête de bétail, est le meilleur préservatif des maladies qui procèdent par contagion : Sang de rate, Cocotte, Maladie aphteuse, Erysipèle, Typhus, Morve, Variole et le Rouget des porcs, etc.

DES ATTESTATIONS NOMBREUSES DE GUÉRISONS obtenues pour la Cocotte et le Rouget des porcs ont été reproduites dans le journal *l'Agriculture*.

La désinfection des étables, des écuries, se fait instantanément au moyen d'un arrosage d'eau salicylée à 2 grammes par litre.

S'adresser à M. CERCKEL, administrateur de la *Compagnie de produits antiseptiques*, 26, rue Bergère, Paris.

Envoi sur demande de Prospectus et Brochures.

PRIX DU KIL., 25 fr. BOITE DE MÉNAGE, 2 fr.

VINS DE SAINT-ÉMILION

Vins classés, de 800 à 250 francs la barrique de 225 litres. — Moitié prix pour la barrique de 112 litres.

Vins grands ordinaires, de 140, 125, 105, 100 francs la barrique — 80, 75, 70, 65, 58, 55 francs, la demi-barrique. — Rendu franco en gare et régie, sauf octroi.

Adresser commandes à M. DUPLESSIS-FOURCAUD, à Saint-Émilion. — Envoi de prix courants et échantillons sur demande affranchie.

Médailles d'Or, Paris, 1867 et 1889 — Moscou 1891 — Besançon, Montluçon, Royan, etc.

CHEVAUX BOITEUX
Guérison par le spécifique BORNET
Contre Capelets, Mollettes, Vessigons, Eponges, Exostoses, Suros, Eparvins e les Formes à leur début. *(Il s'applique également à toutes les tares molles et osseuses.)*
PRÉPARÉ PAR A. BORNET
Pharmacien de 1re classe, ex-interne et lauréat des hôpitaux.
19, rue de Bourgogne, PARIS.
Le flacon, 5 fr., à la pharmacie ; en gare par colis postal, 6 fr. contre mandat.

Insecticide-Préservateur
FERTILISANT
DESGOUTTES

La Boîte de 10 kilog., pour essais, 10 fr. franco toutes gares (port et emballage compris).

Adresser les demandes, accompagnées d'un mandat, 10 bis, rue Piccini, Paris.

Le moment favorable au transport des vins étant revenu, nous rappelons à nos lecteurs que tous ceux d'entre eux qui, sur nos conseils, et depuis cinq ans, consomment les vins de M. VINCENT ARDURA, vigneron, domaine de la Chapelle-Frédignac, par Blaye-Bordeaux n'ont qu'à se louer de la qualité et de la conservation de ce Bordeaux absolument naturel, expédié sans intermédiaire.

Pour dégustation sérieuse, envoi gratuit est fait d'une bouteille de la récolte désignée.

L'encaissement est fait par le facteur, à 30 jours, escompte 2 0/0, ou 90 jours.

Vendanges : 1893, à 130 fr., 1892-91, à 150 fr.; 1890-89, à 175 fr., 1887, à 200 fr., 1885, à 220 fr., 1884, à 210 fr., 1882, à 250 fr., 1881, à 300 fr. — Graves blancs vieux : 130, 150, 200, 250, 300 fr., suivant âge, les 225 litres collés, soutirés, franco de port et de fût en gare d'arrivée.

ALIMENTATION DU BÉTAIL
Tourteaux de Coprah ou Coco
F. TASSY, E. ROCCA ET Cie
Fabricants d'huiles (producteurs directs de Tourteaux)
23, RUE HAXO, MARSEILLE
Deux médailles d'or, Anvers 1894
Envoi de Prix-Courants et Échantillons sur demande.

SOCIÉTÉ GÉNÉRALE
Pour favoriser le développement du Commerce et de l'Industrie en France.

Société anonyme fondée suivant décret du 4 mai 1864.
CAPITAL : 120 MILLIONS DE FRANCS
Siège social, 54 et 56, rue de Provence, à Paris

Toutes opérations de Banque, notamment :
Dépôts de fonds en compte ou à échéance fixe;
Escompte et Encaissement d'Effets de commerce;
Ordres de Bourse en France et à l'Etranger;
Coupons; — Avances et Opérations sur Titres
Souscriptions; — Garde de Titres;
Garantie contre le remboursement au pair et les risques de non-vérification des tirages;
Lettres de crédit;
Envois de Fonds; — (France et Etranger)

LOCATION DE COFFRES-FORTS
offrant toute sécurité pour la garde des titres, bijoux et autres objets précieux (compartiments depuis 5 fr. par mois.

La Société a 235 agences et bureaux en France 1 agence à Londres, et des correspondants sur toutes les places de France et de l'Etranger.

P. MARCHAND Frères
à DUNKERQUE (Nord)

FABRIQUE SPÉCIALE DE TOURTEAUX
DE COTON DE GRAINES D'ÉGYPTE
pour Nourriture et Engraissement du Bétail

GRAND PRIX A L'EXPOSITION UNIVERSELLE DE 1889

Nous appelons l'attention des nourrisseurs et des éleveurs sur les tourteaux de Coton de graines d'Egypte. C'est un produit excellent pour les vaches laitières, les bœufs à l'engrais et les moutons. — Nos tourteaux de Coton sont complètement débarrassés de la bourre qui enveloppe la graine et contiennent la même quantité de matières nutritives et grasses que les meilleurs tourteaux de lin. — Nos tourteaux de Coton forment l'aliment le meilleur et le plus avantageux en raison de leur prix excessivement bas.

S'adresser pour Renseignements et Prix à MM. P. MARCHAND Frères, à Dunkerque (Nord), ou à leurs Représentants.

PHOSPHATE FOSSILE DE QUIÉVY-NORD
le plus assimilable de tous les phosphates connus
GARANTI PUR DE MÉLANGE AVEC TOUT AUTRE PHOSPHATE
Ce qui, du reste, ne pourrait que diminuer son assimilabilité.

EXTRACTION DU GISEMENT ET USINE A QUIÉVY
Propriétaire-Extracteur : C. LECLERCQ
Bureaux à Viesly (Nord).

COMPOSITION MOYENNE

Acide phosphorique....	12 » à 16 » 0/0
Potasse.............	0 45 à 2 77 0/0
Chaux..............	19 05 à 31 » 0/0
Magnésie...........	0 58 à 3 80 0/0
Matières organiques azotées .	1 80 à 3 45 0/0

ASSIMILABILITÉ RELATIVE (méth. Joulie).
Solubilité dans l'oxalate d'ammoniuque.

Phosphate	de Quiévy........	82 29 0/0
—	de la Meuse.......	51 95 0/0
—	de Pernes........	47 87 0/0
—	des Ardennes......	46 43 0/0
—	de la Somme (moy.)..	44 53 0/0
—	de Ciply.........	34 57 0/0

Titre garanti en acide phosphorique : 13 à 15 0/0.

LIVRAISON : EN POUDRE IMPALPABLE EN SACS PLOMBÉS, MIS SUR WAGON GARE QUIÉVY-en-CAMBRÉSIS
Prix : 3 fr. 80 les 100 kilos, sacs perdus, 30 jours, 2 0/0 ou 90 jours net.

NOTA. — Les acheteurs qui désirent employer le véritable Phosphate de Quiévy pur et garanti d'origine doivent exiger que les sacs portent la Marque (Au Poisson fossile) et la Firme : M. LECLERCQ, seul exploitant à Quiévy (Nord).

BAINS-BUANDERIES
Baignoires. — Chauffe-Bains. — Douches. — Appareils de lessivage,
système GASTON BOZÉRIAN.
CHAUDRONNERIE, TOLERIE, etc. — ENVOI FRANCO DE CATALOGUES.

DELAROCHE aîné, 22, rue Bertrand, Paris

UNION AGRICOLE DE FRANCE
Société Anonyme au Capital de 1.100.000 Francs. — Siège Social : 18, Boulevard des Capucines, Paris.
SIÈGE COMMERCIAL PRINCIPAL : 72-74, Rue Saint-Denis, PARIS

Vente à la Commission
et en toute loyauté
DE
DENRÉES AGRICOLES
de toutes sortes
et de toutes provenances.

Fourniture Directe
et livraison à domicile
AUX
ÉPICIERS, FRUITIERS
Restaurants, Hôtels, Pensionnats et
Établissements privés importants.

Renseignements détaillés sur demande au Siège Social.

FROMENTINE
Marque déposée B. S.G.D.G.

Produit pour l'alimentation économique, saine et rationnelle du bétail, provenan- en grande partie des issues de la mouture de blé.

DIVERSES MARQUES

Demander celle en raison du but poursuivi

Marque A pour l'engraissement égal à celui du tourteau de lin, le remplacement de l'avoine, production d'un lait de qualité supérieure.
Marque B pour le bon entretien du bétail.
Marque J développement rapide des jeunes bêtes.
Marque L surproduction du lait.
Marque E engraissement rapide.

Ecrire à M. Armand MILLOT
Moulins Saint-Martin
Saint-Quentin (Aisne.)

Plus de Pourriture
PAR L'EMPLOI DU
CARBONYLE

qui assure au bois une durée triple en lui donnant une belle teinte brune; 1 kilog. remplace 10 kilog. de Goudron. — Produit de grande utilité dans l'agriculture; est recommandé et utilisé par les syndicats agricoles. — Dans votre intérêt, **demandez le prospectus** avec attestations d'expériences de dix ans

Société française du « CARBONYLE ».
188-190, Faubourg Saint-Denis, Paris.

(N. B.) Seule maison spéciale pour la fabrication et la vente de ce genre de produit.

Eugène de MASQUARD
PROPRIÉTAIRE-VITICULTEUR, Château de la Cascade
SAINT-CÉSAIRE-LES-NIMES (Gard)

Vins garantis naturels, rouges et blancs, depuis 75 fr. la pièce de 220 litres jusqu'à 100 francs, selon qualité, prise en gare de St-Césaire (Gard), fût perdu.

Ces vins ont été médaillés à toutes les expositions où ils ont figuré,

Récoltés sur des coteaux et des terrains secs, les vins de Saint-Césaire, l'un des meilleurs crus du Gard, se conservent parfaitement sans être plâtrés.

Envoi franco de prix courants et échantillons

ANÉMIE CHLOROSE, FAIBLESSE Guéries par le **VRAI FER QUEVENNE**
Seul approuvé p⁶ *Académie de Médecine*, Paris, 14 r. Beaux-Arts, not. c. 1⁶⁶

PRÉSERVEZ VOS ANIMAUX DOMESTIQUES
de toutes les Epizooties et Maladies contagieuses par
la Désinfection des Ecuries, Etables, Porcheries

PAR LE

CRÉSYL-JEYES

Désinfectant — Antiseptique, le seul (non toxique), qui soit d'une efficacité scientifiquement démontrée. Le CRÉSYL-JEYES a été récompensé par la Société des Agriculteurs de France en 1891 d'une Médaille d'argent grand module. Envoi franco sur demande du prospectus détaillé. — CRÉSYL-JEYES, 35, Rue des Francs-Bourgeois, 35, Paris.

Se méfier des nombreuses contrefaçons.

M. RECOURAT, pharmacien à Beauvais.

Gale des moutons guérie radicalement par *une seule application* de l'ANTIPSORIQUE. La bouteille, 3 fr.; la 1/2 bouteille, 1 fr. 75. Guérison du PIÉTIN par *un seul pansement* avec le CONTRE-PIÉTIN-RECOURAT. Le pot d'essai, 1 fr. 50; le pot, 2 fr. 50. Joindre 0 fr. 60 pour recevoir *franco* et indiquer gare

Machines Agricoles Françaises

MAISON ALBARET

O. ✳. O. M. A. ⚚
Breveté
S. G. D. G.

Veuve ALBARET et G. LEFEBVRE, SUCC⁶

ATELIERS DE CONSTRUCTION ET ADMINISTRATION
A RANTIGNY-LIANCOURT (Oise)

Bureaux et Magasins :
9, Rue du Louvre, PARIS

LOCOMOBILES, MACHINES DEMI-FIXES, MOTEURS A PÉTROLE
BATTEUSES PORTATIVES ET FIXES — MANÈGES

HACHE-MAIS — HACHE-PAILLE　　　PRESSES A FOURRAGES

FAUCHEUSES, MOISSONNEUSES & LIEUSES
RATEAUX, FANEUSES
Semoirs en Lignes — Semoirs à Engrais — Concasseurs — Aplatisseurs

INSTRUMENTS D'AGRICULTURE — INSTRUMENTS DE PESAGE
Grand Prix, **Lyon 1894**. — Grand Prix, **Anvers 1894**. — Grand Prix, **Bordeaux 1895**
Beauvais 1895, Diplôme d'Honneur
Tunis 1895, Premier Prix, Médaille d'Or
19 Diplômes d'Honneur et d'Excellence — 226 Médailles d'Or — 194 Médailles d'Argent

SUCCURSALES :
Saint-Quentin, Chartres, Abbeville, Cambrai, Dax, Lyon, Alger
Envoi franco sur demande des Catalogues illustrés.

17ᵉ Année. — Nº 47.   LE NUMÉRO. 10 CENTIMES.   Dimanche 22 Novembre 1896.

GAZETTE AGRICOLE

JOURNAL HEBDOMADAIRE, PARAISSANT LE DIMANCHE

Fondateur : M. CH. GOSSIN, Professeur d'Agriculture à l'Institut agricole de Beauvais

PRIX DE L'ABONNEMENT

UN AN, 5 fr. — SIX MOIS, 3 fr. — TROIS MOIS, 2 fr. 25

Pour l'Étranger les abonnements ne sont reçus que pour un an, au prix de 6 francs, et ne partent que du 1ᵉʳ JANVIER ou du 1ᵉʳ JUILLET de chaque année.

Le Numéro : 10 centimes.

Adresser toute la correspondance : mandats, lettres, annonces etc., à M. CRÉPEAUX, Directeur de la *Gazette agricole* 0 bis, rue Piccini, Paris.

Toute demande de changement d'adresse doit être accompagnée de 50 centimes et de la dernière bande du journal.

BUREAUX

97, rue de Rennes, Paris, et à Beauvais, rue Saint-Etienne.

Les abonnements partent du 1ᵉʳ de chaque mois et sont payables d'avance. Toute demande d'abonnement doit donc être accompagnée du prix de l'abonnement. (Le mode de payement plus simple est l'envoi d'un mandat-poste.)

Donner *très lisiblement*, en s'abonnant, son nom et son adresse exacte, *avec l'indication du bureau de poste* ; et, s'il s'agit d'une continuation d'abonnement, joindre au renouvellement la dernière bande d'adresse du journal

Les Annonces sont reçues à la Direction du Journal, et chez MM. DUSSERIS et MATHELLON, 97, rue de Rennes Paris.

Sommaire :

BULLETIN COMMERCIAL

Le temps est froid et couvert, le baromètre est toujours très bas.

Les travaux de semailles se poursuivent par des alternatives de beau et de mauvais temps.

La physionomie de nos marchés ne se modifie guère, les apports sont partout très faibles et les offres sur échantillons très restreintes, la vente est facile pour le blé à des prix généralement en hausse et les autres grains continuent à dénoter de la fermeté.

Hier, les marchés américains ont été faibles et les prix ont baissé de 1 à 1 cent. 1/2.

Il y a un mois nous conseillions aux cultivateurs de vendre le moins possible ; depuis cette époque le blé a monté de 2 à 3 francs ; qu'ils continuent à se montrer très exigeants et à vendre le moins possible. C'est le moyen d'accentuer et de maintenir la hausse qui est très rationnelle eu égard au prix du blé à l'étranger.

BOURSE DU COMMERCE DU MERCREDI 18 NOVEMBRE

	FARINES	BLÉS
Courant	47 85	22 10
Prochain	48 35	22 25
Nov.-Déc	48 70	22 40
4 de nov	43 75	22 55
4 premiers	49 25	23

Marque de Corbeil : 48 fr. le sac de 150 kil. toile à rendre.

Halle aux blés. — *Blés indigènes.* — A notre halle de ce jour, les affaires sont difficiles. Les acheteurs offrent de 21 à 21,50 pour les bonnes qualités. Il faut voir en somme les prix suivants : roux, 20,75 à 21,50 ; blancs, 21,25 à 21,75 les 100 kilos nets gare d'arrivée Paris.

Blés étrangers. — Il n'en est toujours pas question, les prix étant trop élevés.

Seigles. — Les offres sont ordinaires, mais il n'y a de demandes que pour la distillerie du Nord. Les prix sont sans changement sur mercredi dernier, soit de 14 à 14,50 les 100 kilos nets gare d'arrivée Paris.

Orges. — Les affaires sont peu animées et les prix sont les mêmes que ceux de mercredi dernier, soit de 16 à 17 les 100 kil. suivant qualité et provenance.

Escourgeons. — Les offres comme les demandes sont très limitées. On cote sur notre halle les escourgeons de Beauce 17 fr. les 100 kil., nets, gare d'arrivée Paris.

Sucres. — Les sucres sont faibles avec de petites affaires, baisse de 25 centimes.
Raffinés 99 à 99,50, roux 88° 25,50 à 25,75.

Marché de la Chapelle. — Marché ordinaire.
On cote : paille de blé 1ʳᵉ qté 30 à 32 fr., 2ᵉ qté 28 à 30 fr., 3ᵉ qté 26 à 28 fr. ; paille de seigle 1ʳᵉ qté 32 à 34 fr., 2ᵉ qté 30 à 32 fr., 3ᵉ qté 28 à 30 ; paille d'avoine 1ʳᵉ qté 30 à 32 fr., 2ᵉ qté 28 à 30 fr., 3ᵉ qté 25 à 29 ; foin nouveau 1ʳᵉ qté 60 à 62 fr., 2ᵉ qté 57 à 60 fr., 3ᵉ qté 54 à 57 fr ; foin vieux 1ʳᵉ qté 59 à 61 fr., 2ᵉ qté 55 à 59 fr. ; 3ᵉ qté 51 à 55 fr. ; luzerne nouvelle 1ʳᵉ qté 60 à 62 fr., 2ᵉ qté 57 à 60 fr., 3ᵉ qté 51 à 57 fr. ; regain nouveau 1ʳᵉ qté 60 à 62 fr., 2ᵉ 57 à 60 fr., 3ᵉ qté 54 à 57.

Le tout rendu dans Paris, au domicile de l'acheteur, frais de camionnage et droits d'entrée compris par 104 bottes de 5 kil., savoir : 6 fr. pour foin et fourrages secs ; 2 fr. 40 pour paille. Pourboire 1 fr. par 100 bottes.

Fourrages et pailles en gare. — Les arrivages se font assez régulièrement.

Il faut voir, par continuation, la belle paille de blé de 20 à 23 fr. pour les sortes réglées à 5 kil., et de 18 à 19 pour sortes non réglées.

La paille d'avoine doit être vue entre 18 et 21 fr.

On cote sur wagon, par 520 kilogr., en gare d'arrivée à Paris :

Foin nouveau	43 à 45
Luzerne première qualité	42 à 44
Paille de blé	20 à 22
— de seigle pour l'industrie	24 à 26
— — ordinaire	20 à 22
— d'avoine	18 à 20

Pour les marchandises en gare, les frais de déchargement, d'octroi et de camionnage sont à la charge de l'acheteur.

Fruits. — Figues fraîches, 50 à 60 ; poires Duchesses, 40 à 70 ; Beurré, 40 à 50 ; communes, 12 à 30 ; raisins Malaga d'Espagne, 80 à 90 ; raisin noir de Thomery, 1ᵉʳ choix 120 à 200 ; 2ᵉ choix 70 à 80 ; raisin blanc de Thomery, 1ᵉʳ choix 150 à 300 ; 2ᵉ choix 50 à 100 ; Noix Marbot, 50 à 55 ; pommes Canada, 25 à 35 ; communes, 12 à 16 ; oranges de Valence la caisse 28 à 30 ; citrons la caisse 24 à 32.

Légumes. — choux, le cent 6 à 14 ; choux-fleurs, 8 à 30 ; tomates du Gard, 30 à 35 ; Haricots verts d'Hyères fins, 110 à 130 ; gros, 80 à » ; d'Algérie fins, 120 150 ; gros 90 à » ; Endives de Bruxelles, 90 à 100 ; carottes les cent bottes, 10 à 20 ; navets, 10 à 20 ; poireaux, 15 à 35 ; champignons le kilo, 0 78 à 1 68 ; cresson le panier de 20 douzaines, 12 à 24 ; Oignons les 100 kilos, 20 à 25.

POMMES DE TERRE

Hollande (100 kil.)	10 »	à 11	»
Roses-Early	4 »	à 5	»
Magnum-Bonum	5 »	à 6	»
Rondes	6 »	à 7	»

LINS. — Les 100 kilogr. — *Marché de Lille.*

	Communs	Ordin.	Supér.
Alost.	148 à 153	154 à 157	161 à 166
Bergues.	150 à 158	161 à 168	173 à 182

ENGRAIS ET PRODUITS CHIMIQUES
(LES 100 KILOS A PARIS)

Sang moulu	11/13	azote	18.85
Viande desséchée	9/11	—	14.30
Cornes broyées	12/14	—	18 20
Cuir désagrégé	7/9	—	9.00
Nitrate de soude	15/16	—	20.00
Nitrate de potasse	95	de pureté	45.00
— —	90	—	42.00
Chlorure de potassium	90	—	18.05
Sulfate de potasse	90	—	21.50
Sulfate d'ammoniaque	20/21	azote	21.00
Phosphates précipités	35/40	acid. phos.	19.66
— —	40/45	—	22.25
Superphosphates min.	9/11	—	6.70
— —	15/18	—	11.34
Superphosphates d'os	15/18	—	8.44
Poudre d'os	—	—	12.25
Sulfate de cuivre	98	de pureté	44.00

Prix moyen aux 100 kilog. des CÉRÉALES dans les Départements.

		BLÉ	SEIGLE	ORGE	AVOINE
Rég. du Nord-Ouest	Caen	20 75	10 50	14 25	14 50
	Lannion	20 65	10 50	13 50	14 00
	Morlaix	20 80	11 25	13 75	13 25
	Rennes	20 60	10 50	13 00	14 25
	Avranches	20 75	10 50	13 75	13 75
	Laval	20 50	11 00	14 50	13 50
	Lorient	20 25	11 25	14 00	13 00
	Alençon	20 40	11 00	14 50	14 00
	Le Mans	20 90	11 00	15 00	16 50
Région du Nord	Soissons	21 25	11 25	14 00	15 25
	Evreux	20 50	11 00	14 00	15 25
	Chartres	20 60	11 25	15 25	15 00
	Lille	21 65	10 50	14 25	15 50
	Compiègne	21 70	12 25	15 00	16 00
	Beauvais	21 70	12 00	15 75	16 50
	Arras	21 00	10 75	14 50	15 50
	Paris	21 90	11 50	14 00	15 50
	Versailles	24 0)	12 00	16 25	15 50
	Rouen	21 50	12 00	15 00	15 50
	Amiens	21 00	12 00	16 00	17 0)
Rég. du N.-E.	Mézières	20 60	12 00	14 50	15 50
	Nogent-s-Seine	20 20	11 50	15 50	15 50
	Châlons-sur-Marne	19 50	11 00	14 00	15 00
	Langres	20 00	11 00	14 00	15 00
	Nancy	19 60	11 00	15 25	15 75
	Bar-le-Duc	20 00	12 50	16 25	15 25
	Neufchâteau	19 60	10 75	14 50	15 75
Région de l'Ouest	Ruffec	20 35	10 25	14 00	15 00
	Marans	19 00	10 50	14 50	13 25
	Niort	19 85	10 25	14 00	15 00
	Tours	20 85	11 00	14 00	14 25
	Nantes	20 80	12 50	15 00	14 50
	Angers	20 00	11 50	14 00	14 50
	Luçon	19 65	10 50	14 00	14 00
	Poitiers	19 50	10 50	14 25	»
	Limoges	19 00	10 50	»	15 00
Région du Centre	Moulins	19 80	10 50	14 50	14 50
	Bourges	19 00	11 50	15 00	14 50
	Aubusson	19 90	10 75	14 00	14 00
	Châteauroux	9 70	11 00	15 00	14 00
	Orléans	19 85	11 50	14 50	14 50
	Blois	19 50	10 50	15 50	15 50
	Nevers	19 70	10 50	15 00	15 50
	Clermont Ferr.	19 90	10 25	14 25	16 00
	Sens	19 50	11 50	15 00	15 00
Région de l'Est	Bourg	20 10	10 50	14 00	15 00
	Dijon	20 20	12 50	15 50	15 00
	Besançon	9 60	12 00	14 00	14 50
	Grenoble	19 70	10 50	13 75	14 50
	Dôle	20 00	11 75	11 75	15 00
	Saint-Étienne	19 75	11 50	14 00	14 50
	Lyon	21 00	13 00	14 25	15 50
	Mâcon	19 20	13 00	14 00	15 00
	Vesoul	19 10	11 25	»	14 25
	Chambéry	19 00	10 25	»	15 00
	Annecy	19 00	»	»	16 00
Région du Sud-Ouest	Pamiers	19 75	»	»	10 50
	Périgueux	19 50	11 25	14 00	15 00
	Toulouse	19 00	12 00	14 50	15 50
	Auch	19 30	11 00	14 50	15 50
	Bordeaux	19 25	11 50	14 25	15 00
	Dax	19 50	11 25	14 00	15 50
	Agen	19 25	12 50	15 00	15 00
	Bayonne	19 00	12 00	15 00	15 25
	Tarbes	19 50	11 00	»	»
Région du Sud	Carcassonne	19 50	13 00	15 00	16 00
	Rodez	19 00	12 00	14 00	16 00
	Mauriac	19 50	11 00	»	15 50
	Tulle	19 80	11 25	»	15 00
	Montpellier	19 05	11 50	»	15 00
	Figeac	19 50	11 00	14 25	15 25
	Mende	18 83	11 25	14 50	15 50
	Perpignan	19 85	11 00	14 00	15 00
	Albi	19 50	12 00	14 50	15 25
	Montauban	19 00	12 00	14 50	15 00
Région du Sud-Est	Gap	19 75	11 75	15 50	16 00
	Manosque	19 75	11 50	15 00	15 50
	Nice	19 50	11 25	14 50	16 00
	Privas	19 90	11 50	14 25	16 00
	Arles	19 75	11 50	14 00	15 50
	Montélimar	19 00	11 75	14 75	15 50
	Nimes	19 50	12 00	15 00	15 50
	Le Puy	19 50	12 00	15 50	15 00
	Draguignan	19 50	12 00	14 00	16 00
	Avignon	20 25	13 50	14 50	17 00

Prix en francs des 100 kilos du blé sur les principaux marchés du monde

	cotte semaine	la semaine dernière	Droit d'entrée par 100 kilos
Berlin	22.37	21.00	4.35
Londres	15.50	15.50	Néant
Vienne	15.13	15.13	3.75
Anvers	18.07	17.50	Néant
New-York	17.98	16.73	4.90
Chicago	16.19	15.49	4.90
Paris	21.10	22.10	7.»»

Tourteaux. — Cours de la maison P. Marchand frères, à Dunkerque (Nord) :

TOURTEAUX A NOURRIR

	Dispon.	A livrer.
Coton de graines d'Egypte	9 50	9 50
Sésame blanc	14 50	14 50
Arachide décortiquée	17 50	18 00
Colza à nourrir	13 00	13 50
Colza du pays	14 50	14 50
Œillette du Levant	10 50	10 »»
Œillette blanche de Turquie	11 50	12 00
Lin 1re qual. de Bombay g. form.	14 75	14 50
Lin 1re qual. de Bombay p. form.	15 50	15 75

TOURTEAUX-ENGRAIS

	Dispon.	A livrer.
Arachide décortiquée	15 00	15 00
Cameline	»» »»	»» »»
Colza des Indes en poudre	»» »»	»» »»
Colza ravison	9 25	9 25
Colza jaune Gutzerat	12 00	12 50
Kurrachée	»» »»	»» »»
Niger	»» »»	»» »»
Pavot	11 00	11 50
Sésame, blanc	10 25	10 25
Sésame noir	»» »»	»» »»
Coton en farine	9 00	9 00

Nos prix s'entendent pour tourteaux en planches, rendus en gare de Dunkerque.

Paiement à 30 jours ou à terme plus éloigné suivant convention expresse.

Le concassage se paie 0 fr. 25 et la mise en poudre 0 fr. 40 aux 100 kilos. Dans ce cas, les sacs sont facturés à 0 fr. 35 pièce, et repris au prix de facture, quand ils sont rendus en bon état et franco, dans les 30 jours de l'expédition.

FROMENTINE :

100 kil		100 kil.	
Marque A	12.50	Marque D	14.50
Marque B	13.50	Marque E	15.»»
Marque J	14.»»		

Les 100 kilogs sur wagon St-Quentin, sac à retourner ou à facturer.

BEURRES (le kilogr.)

BEURRES EN MOTTES			BEURRES EN LIVRES		
Isigny extra.	4 80	6.00	Bourgogne	2.00	2.20
— demi-fin	3.0?	3 60	Gâtinais	2.10	2.50
M. d'Isigny	2.70	3 2	Vendôme	2.00	2.40
du Gâtinais	2 10	2.40	Beaugency	2.00	2.40
de Bretagne	1.80	2.00	Ferme	2.30	2.90
Laitière Jura	2 20	2.60	Tours	2.00	2.40
de Charente	2 20	2.70	Le Mans	2.10	2.20
des Alpes	2.10	3.10	Touraine fausse	2.00	2.20

ŒUFS (le mille)

Normandie ext.	125 à 145	Bourgogne	104 à 112
Picardie —	125 à 156	Champagne	98 à 10?
Brie	100 à 115	Nivernais	98 à 105
Touraine	120 à 142	Bourbonnais	96 à 100
Beauce	122 à 128	Bretagne	88 à 95
Orne	100 à 115	Vendée	88 à 95
Picardie	100 à 120	Auvergne	94 à 96
Châtellerault	100 à 110	Midi	95 à 118

FROMAGES

Brie hautes marq.	65	79	Roquefort	160	220
Brie gr. m. (10)	45	55	Gruyère (100 k.)	9?	175
— m. m.	32	36	Coulommiers (100)	30	55
Petits Nanteuils	19	22	Gournay (100)	10	25
Brie laitiers	20	25	Livarot (le 100)	80	130
Gérardmer (100 k.)	100	105	Bourgogne (100)	70	80
Hollande	160	180	Camembert (10)	40	68
Bondons (100)	130	180	Munster (100)	130	145
Cantal	135	145	Port-Salut	160	180

VOLAILLES

Poulet Brest dit			Pigeon Mâcon	1.50	2.00
moelleux	2.85	4 50	Canards Nantais	2.50	3.00
Poulets Nant.	2 00	5.00	Dindes Tour.	8.00	16.00
Poulets Tour.	2.50	4.50	Oies	5.00	7.50
Poulets Houdan	5.00	5.75	Lapins dom.	2.70	3.25
Pigeons d'Italie	80	1.25	Lapins garenne	1.50	2.00

HOUBLONS. — les 50 kilogr.

Alost primé	25.00 à 27.00	Wurtemberg	40.00 à 42.00
Bourgogne	30.00 à 40.00	Altmark	75.00 à 100.00
Poperinghe	25.00 à 30.00	Alsace	35.00 à 75.00

VINS — BERCY

Rouges		Blancs	
B. Bourg. vieux	140 à 155	Bordeaux	125 à 160
Touraine	105 à 115	B. Bourg.	150 à 190
Bord. vieux	130 à 160	Sancerre	130 à 135
Algérie	26 à 32	Chablis	200 à 350
Cher	110 à 135	Anjou	120 à 135
Chinon	125 à 180	Pouilly	250 à 300
Narbonne	32 à 38	Vouvray	155 à 195

Prix des Produits Forestiers à Paris.

Bois de feu (Octroi non compris)	Falourde de pin	100 à 110 le cent.
	Bois de flot	105 à 110 le déca.
	Bois gris neuf	120 à 130
	Bois blanc	105 à 140
Bois d'œuvre (Octroi compris)	Chêne gros bois	105 à 110 le m. cube
	— moyen bois	60 à 70
	— petit bois	30 à 45
	Charme plateaux	50 à 60
	Sciage Entrevoux	175 à 210 les 208 m.
	de Échantillons	220 à 230
	chêne Frise	28 à 30 ... 104 m

La suite des marchés se trouve à la *Correspondance*.

L'ANNÉE AGRICOLE ET AGRONOMIQUE
pour 1896.

Cet ouvrage dont la première édition avait été honorée de tant d'éloges vient de paraître pour la seconde fois. Nous nous sommes attachés à tenir le plus grand compte des critiques et des vœux qui nous ont été adressés. Nous croyons sincèrement que l'*Année agricole et agronomique* est maintenant conçue sur un plan définitif. C'est la revue impartiale et fidèle de tous les travaux agricoles de l'année tant en France qu'à l'étranger, qu'ils émanent des individus ou des sociétés. La classification de la table permet de trouver immédiatement les renseignements désirés sur tel ou tel objet.

Nous avons voulu doter chaque année l'agriculture nationale d'une encyclopédie aussi complète et facile à consulter que possible, si nous en croyons nos confrères, notre but est atteint, nous attendons la sanction de nos lecteurs.

Nous l'offrons en prime à nos abonnés au prix de 2 fr. 50 franco de port au lieu de 4 francs.

Ceux de nos abonnés qui désirent l'Année agricole et agronomique de **1895** et celle de **1896** recevront les deux volumes franco dans la gare la plus voisine contre 4 fr. 50.

Adresser les demandes à M. Crépeaux, 10 *bis*, rue Piccini, Paris.

Almanach de la France rurale pour 1897.

En vente aux bureaux de la *Gazette* : 0 60 centimes l'exemplaire *Franco*. Remises pour quantités importantes.

Les *Pilules de Vallet* ont été approuvées et recommandées par l'Académie de médecine de Paris pour la guérison de la *chlorose*, des *pâles couleurs*, de l'*anémie*, des *pertes de sang*, et *pertes blanches* et de tous les états d'épuisement ou de faiblesse générale.

Nota. — Les pilules de Vallet (*vraies*) sont blanches et sur chacune est écrit le nom Vallet. Toutes pharmacies : le flacon 3 fr. Fabre L. Frère, 19, rue Jacob, Paris, A. Champigny et Cie, successeurs.

CHRONIQUE POLITIQUE

La dernière semaine parlementaire a été marquée dans la soirée du mardi 10, par un incident bizarre qui a failli jeter à bas le ministère Méline. Une majorité incohérente de dix-neuf voix a voté malgré lui la mise à l'ordre du jour de la loi qui réforme le système électoral du Sénat. Les journaux radicaux et socialistes ivres de joie, saluaient d'avance le retour d'un cabinet Bourgeois. Mais leur ivresse dura peu. Dès le lendemain l'interpellation Mirman sur les syndicats de professeurs et maîtres d'étude dans les lycées et collèges, provoquait une riposte courageuse des ministres et à la suite un vote de confiance de quatre-vingt-dix-neuf voix.

De ce coup le cabinet passait en vingt-quatre heures de la roche Tarpéienne au Capitole. Nous n'en sommes pas plus fiers que cela pour lui; mais cette cohue de médiocrités envieuses et basses qui s'appelle la majorité, a donné la mesure d'une bassesse et d'une incapacité qui nous inquiète plus que jamais sur les graves intérêts remis dans ses mains par un régime électoral aussi incapable qu'elle-même.

Le ministère Méline remis en selle, on a repris la discussion de la loi contre les raisins secs et contre les vins de sucres et de marcs. On les a sacrifiés impitoyablement au profit des vins de raisins frais, spécialement des vins du Midi. A grand'peine a-t-on pu obtenir pour les pauvres récoltants, la faculté de fabriquer ces breuvages populaires pour leur usage exclusivement personnel. Les petits cidres et les boissons de pommes sont également traités comme les petits vins.

C'est la proscription des breuvages de la moitié des petits ménages français. O démocratie opportuniste! Comme les ruraux devraient bien cette fois apprendre à la connaître.

Le Sénat, de son côté, votait une loi inspirée du même esprit contre les boissons alcooliques, en soixante-cinq articles, loi incohérente s'il en fut, et jugée inapplicable par le nombre même des articles qui la composent, comme nous le verrons prochainement.

Enfin, samedi dernier, 14 novembre, on a abordé l'affaire capitale du jour, le budget de 1897. M. Guillemet a ouvert le feu par son plaidoyer habituel en faveur du monopole de l'alcool dont il attend le relèvement de la détresse financière du trésor.

On attendait la continuation si nécessaire de ce débat, lorsque, grâce au vote ridicule qui avait mis à l'ordre du jour de lundi, la proposition de réforme du Sénat, cette proposition, véritable machine de guerre contre le ministère et contre le Sénat, a occupé la séance du lundi. Malgré le ministère et plusieurs députés, notamment MM. Cochin et Ch. Ferry, malgré un discours concluant de M. Barthou, il s'est trouvé une majorité de dix-huit voix pour décider la continuation d'un débat qui ne peut aboutir qu'à nous précipiter dans le gâchis et dans l'anarchie dont les socialistes et les anarchistes seuls attendent tous les profits.

Que penser des députés qui se posent en amis dévoués de l'agriculture et qui secondent de leurs votes les manœuvres révolutionnaires.

Avec une majorité aussi incurablement détraquée et incohérente, ni l'agriculture ni les autres grands intérêts du pays ne peuvent compter sur un lendemain.

Ces grotesques réformateurs prétendent réformer le Sénat, au lieu de se réformer eux-mêmes. Nous avons un beau spectacle. Interrompre les affaires les plus urgentes, le soin des grands intérêts en souffrance, pour livrer la guerre au Sénat! N'est-ce pas se moquer du pays? La parabole du fétu et de la poutre dans l'œil.

L'élection des sénateurs.

La Chambre a examiné mardi la proposition Guillemet tendant à modifier le mode d'élection des sénateurs.

Malgré le gouvernement la loi est votée par 399 voix contre 230.

A la suite de ce vote, M. Jourdan (du Var) interpelle pour savoir si le ministère demandera au Sénat d'examiner cette loi nouvelle dans le plus bref délai. M. Méline, d'un air fort mécontent, oubliant qu'il vient d'être battu, fait entendre qu'il laissera toute liberté au Sénat. Ce qui veut dire que la loi dormira bien tranquillement et en tout cas ne sera pas discutée avant les prochaines élections sénatoriales. D'ailleurs, en votant l'ordre du jour pur et simple à la suite de l'interpellation Jourdan, la Chambre a donné raison au ministère. Pourquoi donc a-t-elle voté la réforme quelques minutes auparavant? Bien malin qui l'expliquera.

La politique de Mac-Kinley.

Sur la foi de nombreux journaux, nous avons constaté que M. Mac-Kinley, président élu des Etats-Unis, était partisan résolu du monométallisme et adversaire également absolu de la monnaie d'argent.

Les partisans du président élu soutiennent que c'est une erreur. D'après ses déclarations, Mac-Kinley admet l'utilité de la monnaie d'argent, mais en vertu d'une convention internationale entre tous les Etats intéressés, convention qui fixerait pour tous au même chiffre la valeur légale des monnaies d'argent.

On soutient aussi qu'en matière douanière, M. Mac-Kinley n'entend pas pousser le système protectionniste jusqu'à la prohibition et jusqu'à provoquer des représailles funestes à la production américaine.

Il semble résulter de ces nouvelles informations, que le régime douanier des Etats-Unis ne subira pas, sous la présidence de Mac-Kinley, les modifications dont on prétendait voir la menace dans sa candidature à la présidence de l'Union américaine.

D'ailleurs, c'est un fait très ordinaire dans tous les gouvernements, tant républicains que monarchistes, de trouver dans le maître élu de la veille, des dispositions tout autres que celles du candidat de la veille.

Il est donc probable que les négociations internationales en faveur de la monnaie d'argent ne s'arrêteront pas devant l'élection de Mac-Kinley et que le président Mac-Kinley ne leur refusera pas son concours. D'ailleurs, la majeure partie des Etats-Unis est intéressée comme nous à cette réforme, elle n'a pour ennemis que les commerçants des Etats de l'Est. Les vastes Etats du Centre et surtout de l'Ouest qui occupent les trois quarts du territoire de la grande terre sont bimétallistes.

Les vrais griefs des universitaires contre leurs chefs

M. Mirman a été justement battu dans sa tentative en faveur des professeurs et des maîtres d'études des lycées et collèges de l'Etat. L'arme qu'il voulait mettre en leurs mains eût été inutile pour la défense de leur cause. La fédération projetée entre eux ne les eût point protégés contre la tyrannie qui les opprime.

Quelle est cette tyrannie, direz-vous? Mon Dieu, c'est celle des politiciens dont le joug odieux pèse sur les épaules de toutes les catégories de fonctionnaires au nombre de plus de 400.000 en France.

Dans l'université comme dans toutes les autres branches de l'administration, le sort des fonctionnaires est dans les mains des députés et des sénateurs de la majorité. Leur opinion politique est celle de leur protecteur, surtout des électeurs influents, et décide de leur sort.

Les gros chefs de services eux-mêmes MM. Liard, Rabier, Buisson, n'ont monté au sommet de l'échelle que par ces moyens inavouables d'ascension. La machine fonctionne avec un ensemble complet dans toutes les hiérarchies fonctionnelles. Les universitaires sont bien naïfs, s'ils prétendent s'en affranchir par une exception unique au joug de la servitude opportuno-maçonnique qui nous opprime sous l'étiquette menteuse de république, étiquette qui nous voue à la risée de tous les peuples civilisés.

La question algérienne.

L'interpellation sur la question algérienne n'était pas terminée le jour où nous mettions sous presse notre dernière chronique agricole. Il nous restait à entendre la parole de M. Cambon, le gouverneur général. On se demandait avec anxiété si M. Cambon aurait le courage de dire la vérité, vérité grosse de périls pour lui, ou si, à l'exemple de son triste prédécesseur, Tirman, il laisserait prévaloir les mensonges effrontés des oppresseurs de la colonie.

Grâce à Dieu, M. Cambon a eu un langage d'honnête homme. Son discours ferme au fond et très modéré de forme, a pleinement justifié les griefs nombreux de nos colons et des 4 millions d'indigènes contre la coterie judéo-maçonnique et opportuniste, dont le joug est une ruine pour l'Algérie et une honte pour la France.

M. Cambon a obtenu un juste succès qui s'est traduit par une résolution significative, la majorité réclame l'abrogation pour l'Algérie du régime dit du rattachement inventé par Jules Ferry en vertu duquel toutes les affaires importantes de l'Algérie passent pardessus la tête du gouverneur officiel, et sont traitées et résolues souverainement dans les bureaux de la place Beauveau, par les sénateurs et députés de la coterie, laquelle jouit aussi d'une impunité absolue pour son brigandage, et tient sous son joug absolu tous les fonctionnaires et la plupart des électeurs. C'est ce joug odieux qui a permis à des gredins tels que Sapor, de tyranniser pendant dix ans les populations de leur arrondissement et d'y commettre impunément les vols, les rapines, les persécutions, au mépris de l'autorité du gouverneur. C'est ce beau régime qui a encouragé les missionnaires méthodistes anglais à propager parmi les Kabyles, les idées de haine et de révolte contre la France, en leur promettant la protection de l'Angleterre. C'est ce régime qui a permis de grossir les listes électorales de plusieurs millions de faux électeurs. créatures des juifs et des francs-maçons créatures eux-mêmes des Thompson, des Etienne, des Fornoli, Bertagna et consorts. L'escroquerie des phosphates de Tebessa a été un des derniers exploits de cette horde. Son dernier effort visait à se défaire de M. Cambon et à le remplacer par un aide dévoué.

Le succès de M. Cambon sera-t-il décisif cette fois, au moins? On sait quelle en est la principale condition, c'est l'abrogation du régime dit de rattachement. Il s'agit avant tout de rendre au gouverneur général les pouvoirs effectifs qui lui incombent sur les hommes et sur les choses, et il s'agit pour lui de mettre la hache dans les abus intolérables qu'il connaît bien, et contre lesquels il avait été frappé d'une impuissance révoltante.

Le ministère Méline aura-t-il la force morale et le courage que réclame une si urgente réforme? Question poignante pour nous et pour tous les amis de la France algérienne. C'est à ceux-ci qu'il appartient de s'y associer de tous leurs efforts. Notre concours le plus dévoué leur est acquis d'avance.

<hr>

CHRONIQUE GÉNÉRALE

Orphelinats agricoles. (*Suite.*)

Nous ne voulons pour preuve de ces rassurantes dispositions, que cette efflorescence de fondations d'orphelinats, dont notre Société centrale des orphelinats agricoles est l'heureuse ordonnatrice et aussi la providence pour l'avenir.

Car, messieurs, notre cher et bienaimé président, après avoir établi son œuvre sur des bases aussi larges que solides, comprit bientôt qu'il fallait se préoccuper de la perpétuité des fondations, en un temps où la propriété est contestée non seulement par l'école des socialistes à laquelle la Révolution a donné logiquement naissance, mais par les législateurs soi-disant modérés qui voudraient introduire dans notre code des lois d'exception contre tout ce qui est religieux, ne prévoyant pas, les misérables, qu'ils forgent des armes avec lesquelles ils seront battus, c'est-à-dire expropriés eux-mêmes.

C'est alors que M. le marquis de Gouvello aperçut un réel danger dans la possession des orphelinats par les congrégations religieuses elles-mêmes. Persuadé qu'en présence d'un avenir menaçant et mystérieux, le droit commun était, pour le présent, le système préférable, il emprunta pour nos maisons hospitalières la législation des sociétés anonymes commerciales qui régissent tous les établissements de crédit et en particulier les chemins de fer, les mines, la navigation, les compagnies d'éclairage et d'industrie privée, *substratum* véritable du système social contemporain. La pensée était doublement heureuse, car, outre la garantie de la perpétuité, elle assurait aux orphelinats, par le moyen de convertir les apports en actions, le meilleur mode d'enregistrement à bon marché, chaque fois qu'un bienfaiteur mettrait un immeuble à la disposition de l'enfance pauvre.

A peine fondée, depuis cinq ans, la société anonyme des orphelinats agricoles compte à ce jour dix propriétés au soleil et six nouveaux apports sont à l'étude. Elle pourrait même se flatter de propositions d'apports plus nombreuses, si la loi de 1891 et ses propres statuts autorisaient des apports non liquides, ou frappés de dotalité.

Un point important est donc acquis et l'avenir de nos propriétés est à l'abri des volontés fluctuantes et des morts incertaines. Mais ce n'est qu'une petite victoire, à côté de celle que nous devons encore remporter, la plus difficile et la plus désirable de toutes! Nous manquons d'ouvriers, messieurs! Ce n'est pas la terre qui nous fait défaut, c'est l'homme, c'est le prêtre, c'est le frère, c'est la sœur, c'est le père et la mère de l'orphelin : *Messis quidem multa, operarii autem pauci!* Les domaines affluent sur tous les points du pays; il n'y a qu'à se baisser vers le sol pour ramasser des enfants à la pelle; l'argent même, ce nerf de la guerre, est donné par des mains discrètes, providentiellement et à point; mais ce qui ne vient pas, ce qu'il faut implorer à genoux, parce que la denrée en est rare, c'est ce que nous appelons, chez nous, *le personnel dirigeant.*

Que le Christ qui aime les Francs, que Marie qui a voulu que la France fût son royaume, nous fasse connaître et donne à notre pays, terre féconde et nation généreuse, des Dom Bosco qui viendront au plus tôt mettre la main à l'œuvre et nous préparer avec abondance les anges conducteurs de nos orphelinats!

Le terrain est préparé et l'heure favorable. Nos milliers d'orphelins et d'orphelines nous apparaissent, eux-mêmes, la pépinière où on pourra puiser comme à une source intarissable la quintessence de la piété, de l'intelligence et du travail.

Il semble même que l'orphelin, ne subissant pas l'influence intéressée de parents égoïstes, sera plus aisément disposé à recevoir les impressions bienfaisantes de la grâce, si le Seigneur place à côté de lui le jardinier délicat, chargé de préserver la pure fleur de l'atteinte des intempéries et des voisinages funestes.

La Société des orphelinats agricoles est prête à encourager efficacement l'initiative de ces apôtres de l'enfance pauvre qui, Dieu soit béni, paraissent à l'horizon. Elle les touche déjà, elle leur tend la main, elle leur crie : Commencez donc, serviteurs fidèles, installez-vous dans le domaine de votre choix; inaugurez votre cours avec un enfant, avec deux, avec quatre, et faites élection de la meilleure ferme, car il est digne et juste! Avant cinq ans, vous compterez cent étudiants, élus de Dieu, à l'école apostolique, qui deviendront les aumôniers volontaires et les frères dévoués de leurs cadets d'infortune, les orphelins de l'avenir. Oh! combien ce futur est sombre, et il est urgent de travailler à préparer des travailleurs!

Et la Société voit déjà luire le soleil de ce beau jour où elle ne sera plus contrainte de remettre à plus tard l'ouverture d'un asile salutaire, parce qu'elle ne trouve point devant elle des religieux assez nombreux pour conduire et former au labeur les enfants de l'épreuve et de la misère; ou elle ne sera plus forcée de conjurer des Sœurs de venir prendre en mains la direction d'un orphelinat agricole, renfermant 50 ou 100 hectares et un cheptel à l'avenant.

Car alors toutes choses reposeront à leur place : la Sœur dans l'asile rural, le Frère dans l'orphelinat agricole et le prêtre du Christ au-dessus de tous, trois branches du même tronc, trois rayons de la même flamme, réalisant la même pensée, concrétant le but unique : l'union dans l'action, l'unité dans la variété et comme couronnement, le dévouement sans borne à l'enfance abandonnée !

La Société, messieurs, renferme en elle-même les éléments essentiels du succès de cette œuvre immense : *l'organisation de la Congrégation triple de Notre-Dame des Orphelins* : elle peut d'abord proposer, sinon provoquer la juxtaposition et peut-être la réunion de tant de forces éparses qui s'appellent, comme attirées par un aimant invincible et qui, un jour plus rapproché peut-être qu'on ne pense, ne formeront qu'un seul corps et qu'une seule âme.

La Société peut assurer leur existence matérielle et leur avenir par le groupement des propriétés dans la Société anonyme centrale; elle a le moyen de garantir un recrutement progressif et continu, en offrant comme champ d'élection, des centaines d'orphelins pour lesquels elle paye pension aux diverses maisons hospitalières.

La Société d'ailleurs, messieurs, prend tous les jours de l'extension et de l'influence; sans faire de bruit ni d'éclat, elle est connue et aimée dans tous les quartiers de la capitale et jusqu'aux extrémités de la France. Ses bureaux sont visités à Paris par toutes les personnes charitables qui s'intéressent au sauvetage de l'orphelin. Elle place plusieurs pupilles par semaine et elle a pu réunir à ce jour plus de 2.000 dossiers d'enfants présents dans les orphelinats qu'elle possède ou qu'elle patronne.

Son conseil d'administration a eu le bonheur, cette année, de s'enrichir de personnages notables par la piété, la situation et l'intelligence :

M. l'abbé Jolivet, professeur, prêtre de zèle et d'action; M. Henri de Vilmorin, membre du bureau central de la Société des Agriculteurs de France; M. Jean-Rémy Chandon de Briailles, propriétaire à Épernay (Marne); M. l'abbé de Bouniot, curé de Saint-Denys-de-la-Chapelle, etc.

Son Altesse Royale Mᵐᵉ la Duchesse de Vendôme a daigné accepter la présidence des Dames patronnesses; la piété touchante et l'activité de la jeune Princesse annoncent déjà un accroissement assuré du prestige et des bienfaits de l'œuvre, si providentiellement servie par l'éclat d'un grand nom. Mariée au petit-fils du Duc de Nemours et sœur du futur roi des Belges, elle a tout ce qu'il faut pour favoriser les initiatives de la Société, en vue d'étendre sa sphère d'action et de devenir le ciment d'union entre tous les orphelinats de France.

Enfin, messieurs, la Société a éprouvé, cette année encore, la plus haute marque de sympathie qui puisse être souhaitée sur cette terre. Sa Sainteté, le pape Léon XIII, convaincu des services que rendent, et que rendront plus encore dans l'avenir, au peuple chrétien, les orphelinats agricoles et les œuvres d'hospitalisation de l'enfance livrée à elle-même, a daigné accueillir avec la plus bienveillante faveur, la requête de notre bien-aimé Président M. le Marquis de Gouvello et donner un précieux protecteur à notre Société centrale, dans l'éminente personne du cardinal-vicaire Parocchi. Le choix de ce personnage illustre qui est une des lumières de l'Eglise catholique à notre époque, est le témoignage palpable de l'intérêt qu'attache le Souverain Pontife au bien qui s'accomplit en France par le modeste mais inébranlable effort de notre Société.

Ce témoignage est pour M. le Président et pour tous les Membres du Conseil central, groupés autour de lui, un encouragement à mieux faire encore si c'est possible; elle est une récompense de tous les sacrifices déjà faits; elle est surtout une preuve que la Société marche dans la voie solide et qu'elle peut continuer à aller en avant, dans la même direction, sans crainte de faux pas.

L'enseignement officiel.

M. Bouge, qu'on ne peut traiter, ni de clérical, ni de réactionnaire, vient de publier sur le budget de l'instruction publique, un rapport que le *Temps* commente ainsi :

« La situation scolaire et financière à la fois est devenue encore plus mauvaise dans ces deux dernières années. Les élèves n'augmentent pas dans la même proportion que dans les établissements congréganistes et les recettes diminuent dans les caisses des lycées, ce qui amène une augmentation inévitable des subventions de l'Etat.

« La population des lycées et collèges s'est élevée en 1891, à 86.000 en chiffres rond. Celle des maisons religieuses de même ordre à 80.000. L'écart entre les deux, qui était très considérable il y a quelque temps, diminue sans cesse. Les chiffres finiront par s'égaliser, et même l'enseignement religieux prendra le pas sur celui de l'Etat, si le premier croît avec la rapidité des dernières années, tandis que le second reste stationnaire ou à peu de chose près. »

Et plus loin :

« Ce que M. Bouge signale encore, c'est la diminution des élèves internes dans les établissements de l'Etat. Cette diminution va croissant depuis une dizaine d'années. Evidemment, l'internat des lycées et collèges n'a plus la confiance des familles. »

Si on se reporte aux travaux publiés récemment par les économistes indépendants, tels que M. le comte de Luçay, on est frappé par la corrélation qui existe entre leurs critiques et celles du *Temps*.

Qu'on lise le rapport présenté au Congrès des jurisconsultes de Lyon, par M. de Luçay et intitulé « *Ni emprunts, ni impôts nouveaux* » on verra que l'enseignement officiel nous coûte plus de 200 millions par an, sans compter les dépenses faites pour son installation par les départements et les communes, lesquelles sont payées au moyen de centimes additionnels.

Cet enseignement est jugé tellement insuffisant par ses partisans, que la plupart de ceux qui l'imposent aux autres envoient leurs enfants dans les établissements libres.

Ces législateurs ont l'impudence de réduire à la mendicité les malheureux fonctionnaires qui, comme eux, ne donnent pas leur confiance aux lycées ou aux écoles de l'Etat.

Pourquoi n'imiterait-on pas la République américaine qu'on nous cite souvent comme modèle? En Amérique « les établissements d'enseignement ne sont pas comme chez nous des institutions d'Etat, mais bien des fondations libres, dues à l'initiative privée et ayant toutes un régime parfaitement autonome (1). »

C'est à ce système d'éducation que les Américains doivent leur supériorité, car il forme réellement dès citoyens de caractère. En France, précisément, sous le règne de la *Franc-Maçonnerie*, on redoute avant tout les hommes de caractère, on ne veut former que des ronds de cuir dociles, des hommes de plume que le moindre vent politique emporte dans n'importe quelle direction.

Mais hélas! les peuples ont les maîtres qu'ils méritent et on avouera qu'il faut que nous soyons passablement émasculés pour trouver bon que l'Etat s'arroge le droit de présider à l'éducation de nos enfants.

On considère presque comme un phénomène contre nature la création d'écoles dont les programmes n'aient pas la sanction de l'Etat, et celles-ci sont du reste bien rares, surtout en ce qui touche l'agriculture. En dehors de l'Institut agricole de Beauvais, combien en compte-t-on?

Les vins de Bourgogne à Beaune.

La réunion annuelle qui a eu lieu à Beaune le dimanche 8, à l'occasion de la vente des vins des hospices, a eu son importance accoutumée.

Les vins des hospices ont été adjugés à des prix élevés moins deux cuvées de vins fins, qui ont été retirées faute d'offres égales au minimum de la mise en vente.

Les autres vins exposés par la Chambre de commerce et le Syndicat viticole, ont été l'objet d'affaires importantes après dégustation. Le jury chargé de les apprécier a déclaré que, grâce à l'absence de maladies cryptogamiques, les vins étaient exempts des tares causées par ces cryptogames, que la quantité a dépassé toutes

____
1. M. O'Ferrier, *la France extérieure* du 1ᵉʳ novembre 1896.

les espérances, et que malgré les intempéries de septembre et octobre, la quantité sera généralement satisfaisante surtout chez les récoltants qui ont reculé les vendanges à la dernière époque.

On s'est entretenu ensuite du projet de loi belge qui propose de baisser les droits sur les petits vins d'un prix inférieur à 30 francs l'hectolitre, et d'augmenter les droits sur les vins supérieurs.

Ce projet a été l'objet d'attaques énergiques, bien naturelles de la part des viticulteurs de la Côte-d'Or, dont les produits de premier choix ont un débouché considérable en Belgique.

On réclame le rejet du projet de taxation *ad valorem*, ainsi que de taxation au degré alcoolique, laquelle en effet ne signifie rien pour la valeur commerciale des vins. Le député Ricard qui présidait la réunion, a promis de se vouer absolument à la défense des intérêts de la viticulture bourguignonne, à l'intérieur et à l'étranger, notamment en Russie, où tout ce qui vient de France, est aujourd'hui accueilli avec tant de faveur.

La question sucrière.
Une solution.

M. Jaluzot, député de la Nièvre, est l'auteur d'une proposition ingénieuse, comme moyen de résoudre la question sucrière soumise à la Commission des douanes.

M. Jaluzot propose de ne pas surgrever le sucre cristallisé en grains, qui sort directement des sucreries sans passer par le raffinage, et de n'imposer le surcroît d'impôt qu'aux sucres provenant des raffineries. Cette surcharge de 4 fr., produira plus que le nécessaire pour compenser les primes d'exportation attribuées à ces sucres estimées 12 millions de francs, en même temps les sucres en grains pourront être livrés à bon marché aux consommateurs, en laissant un bénéfice satisfaisant pour les sucreries, et partant pour la culture betteravière.

L'idée de M. Jaluzot nous paraît la meilleure des solutions qui aient été mises en avant jusqu'à ce jour.

Mais pour qu'elle produise ses bons effets, il faudrait que le public consommateur renonçât à un préjugé invétéré qui le porte à ne consommer que des sucres raffinés, payés 1 fr. 10 le kilo, au lieu des sucres en grain, qui leur sont égaux en pureté et en vertu sucrière, offert au prix de 90 centimes.

Souvent les réformes les plus utiles et les plus sensées ont malheureusement leurs principaux ennemis dans les ignorances et les préjugés du public qui a le plus grand intérêt à leur succès.

La crise des huiles d'olive.

L'*Echo agricole* de dimanche dernier publie l'article final de la campagne menée par M. G. F., contre les industries et les trafics frauduleux qui ont compromis la production des huiles d'olive et la culture de l'olivier.

Il constate un premier succès obtenu par lui et dû à l'administration des postes et au parquet de Nice, qui ont saisi des lettres adressées à des maisons fictives établies par les fraudeurs et les ont retournées à leurs envoyeurs pour les détromper. Cette menace proposée par la Société de défense des huiles d'olive de Nice, a produit un bon effet, dit l'auteur des articles. Mais cette mesure n'est pas suffisante, elle en appelle d'autres que le gouvernement ne peut refuser.

Ce moyen de combattre la fraude des huiles d'olive, suivant nous, pourrait être appliqué à d'autres branches de production. Citons pour exemple, les *eaux-de-vie de Cognac*. Il est notoire que sous le nom mensonger d'eaux-de-vie de Cognac, il existe un commerce actif et fructueux d'eaux-de-vie de mauvais aloi qui s'exerce par le moyen de maisons fictives comme le commerce des fausses huiles d'olive de Nice.

La poste et le parquet peuvent mettre un terme à ces fraudes par le moyen qui a réussi à Nice.

Le prochain concours agricole de Paris.

Le ministre vient de décider que le prochain concours se tiendra au Champ-de-Mars, dans la vaste galerie des machines, pendant la semaine sainte, du 5 au 14 avril 1897. — On espère que toutes les machines pourront être exposées sous la vaste toiture de cette grande galerie. — Les exposants et les visiteurs ne s'en plaindront pas.

Les sucres coloniaux étrangers.

Le projet ministériel a un article dangereux qui accorde le bénéfice de l'admission temporaire aux sucres coloniaux étrangers. — Avec raison, M. Lejosne combat ce privilège qui aura pour effet, grâce aux raffineries, de procurer aux sucres coloniaux étrangers les primes d'exportation allouées aux sucres indigènes.

Voilà un article du projet qui doit être combattu par les défenseurs de la sucrerie et de ses pourvoyeurs, les producteurs de betteraves.

P.-S. — La Commission parlementaire a rejeté la proposition Jaluzot. — Elle ne trouvera rien de bon pour la remplacer.

Recensement des chevaux pouvant être requis pour l'armée.

Le général Billot, ministre de la guerre, vient d'enjoindre aux maires d'avertir les propriétaires de chevaux de leurs communes qu'ils doivent déclarer à la mairie, avant la fin de décembre, les chevaux, mules, mulets qu'ils possèdent.

Les maires dresseront avant le 15 janvier, la liste de ceux de ces animaux susceptibles d'être requis pour un service de l'armée. Du 15 au 30 janvier, les gendarmes et les gardes champêtres seront chargés de vérifier les déclarations et au besoin de dénoncer les omissions.

Avis aux intéressés.

La vacherie syndicale d'Oyé
(Loire).

Nous avons signalé, on peut s'en souvenir, le succès mérité de la création de cette vacherie modèle, destinée à propager dans le Forez, la race charollaise pure, en offrant aux cultivateurs des reproducteurs d'élite, dans une vente annuelle à la foire d'octobre.

La vente qui a eu lieu le 23 octobre, a été marquée par divers achats effectués par des éleveurs étrangers au département, notamment de Vendée, de Champagne, du Bourbonnais, etc., qui ont déclaré que la race charollaise pure ou primitive, améliorée par sélections dans sa région natale leur donne des produits au moins égaux à ceux de sa célèbre variété nivernaise, jugée jusqu'ici supérieure à toute rivalité.

La vacherie modèle d'Oyé est une création d'initiative privée digne d'être proposée pour modèle aux sociétés et aux syndicats agricoles. C'est par des créations de ce genre que l'agriculture apprendra à faire ses affaires elle-même et sans la tutelle si onéreuse et souvent si dérisoire des mandarins de la rue de Varennes.

L'avilissement du prix des porcs

La baisse énorme du prix des porcs est, pour la plupart de nos petits cultivateurs, un désastre aussi ruineux que l'avilissement des prix des céréales. C'est pourquoi nos pouvoirs publics devraient s'en préoccuper, s'ils avaient pour les intérêts de l'agriculture les sollicitudes dont ils font tant parade dans les banquets des comices.

Mais cette sollicitude ardente des régions officielles a encore quelques rares organes dans la presse agricole indépendante.

M. Milcent, l'éminent promoteur du syndicat de la Banque de Poligny, publie sur ce sujet, dans le *Bulletin* du Syndicat, un article où, après une constatation des prix dérisoires en cours dans ce pays (25 à 30 centimes le demi-kilo), il ajoute :

« Il est facile d'en trouver la cause dans l'accroissement considérable des importations étrangères depuis le commencement de l'année 1896.

« Voici les chiffres puisés dans les documents publiés par l'administration des douanes :

« Dans les cinq premiers mois de 1896, il est entré en France, EN PLUS *que pendant la période correspondante de 1894 :*

47.443 porcs gras ;
7.488 cochons de lait ;
973.300 kil. de viande fraîche ;
1.626.700 kil. de viandes salées et jambons ;
268.100 kil. de charcuterie.

« N'est-ce pas la preuve manifeste que les droits d'entrée sont insuffisants et qu'il est urgent de les relever au plus tôt, pour mettre un terme aux pertes que subissent les cultivateurs?

« Il convient, d'ajouter, pour que le tableau soit complet, que nous avons en outre importé 7.227.000 kil. de saindoux. En même temps, nos exportations de ces mêmes denrées diminuaient.

« En présence d'une augmentation aussi considérable, n'est-il pas évident que l'avilissement du prix du porc résulte des importations étrangères?

« Si une pareille augmentation s'est produite dans les cinq premiers mois de l'année, à quels chiffres arriverions-nous aujourd'hui, après huit mois écoulés?

« Un relèvement des droits est donc indispensable. C'est aux pouvoirs publics qu'il appartient de prendre cette mesure. C'est aux représentants du pays à s'occuper de la provoquer. Mais c'est à nous, agriculteurs, qu'il convient de la réclamer avec énergie. Personne ne s'occupera de nous, si nous n'agissons pas nous-mêmes, si nous n'élevons pas la voix, si nous ne provoquons pas l'initiative de nos mandataires officiels.

« Les Syndicats qui ont signalé le mal en même temps que le remède ne resteront pas inactifs, les syndiqués peuvent en être assurés et, dès le mois prochain, nous pourrons leur faire part du résultat de nos démarches. Leurs intérêts sont en jeu et notre devoir est d'en prendre la défense. »

Avis aux syndicats actifs et vigilants.

Concours

d'instruments agricoles.

C'est une coutume générale, dans les concours d'instruments agricoles, de n'attribuer des primes qu'au industriels qui fabriquent des instruments jugés comme étant supérieurs aux autres.

Il y a mieux à faire, selon nous, dans ces cours, en vue d'activer, la propagation des bons outillages de culture, ce serait d'établir la coutume de récompenser les cultivateurs dont l'outillage est le mieux approprié à l'importance, aux exigences spéciales de leur exploitation.

La plus grande partie de nos exploitations rurales, malheureusement, sont loin d'être pourvues des instruments perfectionnés dont elles ont besoin, mais à côté des engins défectueux qu'elles emploient encore, quelques cultivateurs achètent des engins perfectionnés qui ne répondent qu'imparfaitement aux exigences de leur culture et se privent, par contre, d'instruments qui leur rendraient de bien meilleurs services. On trouve presque partout un défaut de proportion entre les engins nouveaux et la quantité de besogne qu'on en attend. A côté d'un engin à grand travail inutile trop souvent on regrette l'absence d'un engin plus modeste (petit semoir, petite batteuse, houe à cheval), qui rendrait de plus grands services à moindres frais, c'est surtout dans la moyenne et dans la petite culture que l'on relève ces défaut d'équilibre entre les engins de travail et les opérations auxquelles ils sont destinés.

C'est pourquoi une bonne pratique à adopter par les comices serait celle qui consisterait à récompenser les cultivateurs dont l'outillage s'adapterait le mieux aux exigences principales de leur culture et cumulerait le mieux les conditions principales, travail économique et bonne exécution, moyennant les moindres dépenses.

Un instrument à grand travail est souvent plus onéreux qu'utile dans une petite exploitation, surtout si elle manque de bons engins manuels d'une utilité reconnue. Par contre, l'absence de cet engin dans une grande ferme, est une erreur regrettable et un moyen pratique de la corriger consisterait comme nous venons de le dire, à encourager par des primes les cultivateurs dont l'outillage se distingue par une intelligente adaptation de tous leurs engins, à l'étendue et à la quantité de leur travail.

Cette observation qui nous a souvent hantés, en présence des concours d'instruments agricoles, nous est suggérée par le compte rendu de l'exposition des instruments agricoles de la Société d'agriculture de Meurthe-et-Moselle. Le rapport sur les instruments primés expose des considérations de ce genre sur les relations des instruments avec les conditions variées de la culture; mais sans en tirer la conclusion que nous nous permettons de proposer, elle se déduit si naturellement que nous osons espérer de la voir bien accueillie par les comices doués d'un certain esprit d'initiative.

L. H.

CHRONIQUE AGRICOLE

Situation. — La saison.

Le temps toujours variable, oscillant entre un jour de beau temps et un jour pluvieux, est loin de faciliter la culture, les travaux urgents et surtout les travaux en retard des semailles d'automne. Quoiqu'il advienne, à partir de demain, la majeure partie des blés d'automne ne pourra être ensemencée au plus tôt que dans les derniers jours de novembre à moins d'un retour inespéré de ces belles journées que jadis on qualifiait d'été de la Saint-Martin. Dans la situation actuelle, le moindre préjudice irréparable infligé par ces retards à la culture, c'est de l'obliger à mettre en terre plus de grain de semence que dans les semailles en octobre et au commencement de novembre.

Dans les régions viticoles où a sévi le black-rot, on se demande jusqu'à quel point il est nécessaire de pratiquer le conseil donné par certaines sociétés viticoles d'enlever les grappes et les feuilles contaminées et de les brûler. En revanche, on doit remarquer que d'après des exemples nombreux et encourageants, une opération excellente à faire à cette époque, c'est de tailler les vignes et d'imbiber chaque coupure d'une solution de sulfate de fer de 20 0/0 pour 100 kilos d'eau. Cette pratique convient surtout aux vignes qui craignent la chlorose. Mais il importe de remarquer que la vigueur du feuillage étant la condition essentielle d'une bonne végétation et d'une résistance aux maladies cryptogamiques, toutes les opérations visant à obtenir une vigoureuse végétation des feuilles, sont d'une importance capitale pour la viticulture. Or, c'est la saison actuelle qui réclame ces opérations. On la pratique sur les ceps et sur leurs branches en même temps que dans le sol on vivifie les racines par les engrais appropriés à la vigne.

Cette situation fâcheuse de l'agriculture n'est pas propre à la France seule; tous les autres peuples européens sont aussi éprouvés que nous, à commencer par l'Angleterre. On ajoute que la grande colonie des Indes qui jusqu'ici lui envoyait des blés, est au contraire éprouvée cette année par une disette qui l'oblige à réclamer des blés étrangers pour nourrir ses cinquante millions de sujets.

Nous sommes loin de trouver un sujet de consolation égoïste de nos misères dans les misères des peuples étrangers. Nous nous bornons à constater dans le mouvement des affaires internationales une situation qui nous engage à ne pas abandonner la tradition capitale de la culture des céréales et surtout du blé, qui est le vrai soutien, la vraie richesse primordiale de notre pays ; tout nous permet d'espérer que la hausse qui s'est dessinée depuis un mois s'accentuera. Les cultivateurs doivent se montrer de plus en plus exigeants à l'égard de leurs acheteurs, car à l'heure actuelle avec la famine des Indes et la mauvaise récolte en Russie (105 millions d'hectolitres contre 135 en 1895 et 150 en 1894), les blés étrangers reviennent en France à plus de 26 francs les 100 kilos.

L'art de faire du bon vin.

Levure. — La disparition des forêts a perverti notre climat, a dit énergiquement et véridiquement le savant Jacques Valserre. Que pourraient dire de plus fort, en matières de levures, les propriétaires viticoles de l'arrondissement de Beaune, par exemple, s'il était vrai, comme on l'a trop complaisamment insinué, que le levurage de la vendange d'un *gamay* ou d'un *tenturier* quelconque pût communiquer à son vin non seulement le degré alcoolique, mais jusqu'au bouquet et à la saveur qui caractérisent les vins parfaits de Corton, de Pommard, de Volney, de la Romanée-Conti, etc., dont un savant œnologue, Jullien, a pu dire : « Ils donnent la force du corps, la chaleur du cœur et la vivacité de l'esprit au plus haut degré ! » Il n'en est rien, heureusement, et les gloires de la couronne viticole de la France ne sont pas prêtes, tant s'en faut, de disparaître oubliées et déchues, sous les avalanches des vins de tous ordres dûment levurés.

Ce n'est point ainsi, d'ailleurs, que l'entendait l'illustre Pasteur dans la phrase fréquemment citée : « *Tout porte à croire, que si l'on soumettait un même moût de raisin à l'action de levures distinctes on en retirerait des vins de diverses natures.*

Le bon effet des levures sur les fermentations vinaires, surtout en mauvaise année, est attesté par de trop nombreux praticiens, infiniment honorables, pour que le doute soit permis désormais, et les exceptions — car il en est — ne font que confirmer la règle. Mais il ne faut attendre des levures que ce qu'elles peuvent donner, c'est-à-dire en général, une couleur un peu plus intense et un degré alcoolique sensiblement relevé. Quant à la prétention de doter subrepticement le vin levuré, de la saveur, de la finesse et du bouquet qui distingue le fin cépage d'où est sortie la levure, c'est une illusion, hélas ! évanouie, disons le mot : c'est demander des poires aux ormes. Mais les producteurs des hauts crus de la Bourgogne, de la Champagne et du haut Médoc.

… L'ont en dormant échappé belle.

M. de Vazelles, président de la Société d'agriculture de Montbrison, dit avoir été très satisfait pour ses vins rouges, des levures sélectionnées de l'Institut de la Claire (Doubs), pour lesquelles M. Georges Jacquemin a obtenu, en 1893 le prix agronomique de la Société des agriculteurs de France. « Les levures, dit M. de Vazelles, m'ont donné couramment un excédent d'un degré de force alcoolique, en même temps que la disparition d'un goût de terroir assez désagréable, deux avantages, du reste, que j'ai partagés avec plusieurs propriétaires voisins. »

M. de Chauvigny, dans la Sarthe, a obtenu avec une levure issue du raisin de la Romanée-Conti, plus de couleur, une notable atténuation de l'acidité naturelle à ses vins et près de deux degrés d'excédent de force alcoolique.

M. Anatole Sauzey, grand propriétaire à Villié-Morgon, en Beaujolais, qui, depuis cinq années, expérimente avec beaucoup de soin l'effet des levures, a bien voulu m'écrire ce qui suit :

« Monsieur,… Très à court de temps par suite des exigences d'une vendange exceptionnellement abondante, je réponds sommairement à votre lettre du 3 octobre 1896 : 1° Les levures Jacquemin, les seules que j'emploie, sont très à recommander dans les années froides et humides, à 1896 pareilles ; on obtient avec elles des fermentations parfaites, et, conséquence toute naturelle, plus de couleur et d'alcool ; 2° *Quant au bouquet je n'y crois pas…* etc., etc. »

Mode d'emploi des levures. — On projette la levure, couche par couche, aussi également que possible, à mesure que le raisin tombe dans la cuve et à raison d'un kilo de levure pour 10 hectolitres de vendange.

Une méthode plus économique est la suivante : quarante-huit heures avant la vendange, lavez 25 kilos de raisin, afin de les débarrasser de la poussière et des mauvais germes, laissez égoutter écrasez et séparez immédiatement le moût des grappes et des pellicules, à l'aide d'un crible très fin, puis, dans un fût bien abreuvé et rincé, mélangez à ce moût 1 kilo de levure et laissez fermenter librement jusqu'au moment de vous en servir. Dans ces conditions, 1 kilo de levure peut suffire pour 15 à 25 hectolitres de vendange, surtout si, pour une meilleure répartition, on se sert du pulvérisateur. Dans ce cas, on se trouvera très bien d'utiliser un tiers du levain précité pour pulvériser d'abord les bennes et compottes à leur arrivée à la vinée ; les deux tiers restants sont projetés dans la cuve.

Si l'on a affaire à des raisins blancs, on projettera de même un tiers de la levure sur les bennes, et les deux autres tiers sur le moût qui s'écoule dans la gerle pendant le cylindrage.

M. Louis Perraud, de Montmerle, s'est assuré que le sucrage du levain précité en développait l'énergie, ce qui paraît assez naturel.

Le prix actuel des levures est de 5 fr. le kilo, mais il n'est que de 3 fr. 50 par bonbonnes de 10 litres ; les petits propriétaires ont donc intérêt à s'associer pour leur acquisition économique.

Le prodigue est esclave et l'économe est roi.

(*A suivre*).

Pierre-Berthelon.

━━━━◆━━━━

Encore le genêt.

J'ai lu avec beaucoup d'intérêt dans le numéro du 7 novembre de la *Gazette* l'article intitulé : le Genêt.

Je ne connais que trop cet arbrisseau.

Depuis fort longtemps, je soutiens contre lui un combat continuel, sans pouvoir arriver à m'en débarrasser tout à fait.

Il apparaît dans une propriété à la sourdine ; on ne sait pas, la plupart du temps, d'où il vient ; il se fait petit, humble, c'est à peine si on l'aperçoit la première année de sa naissance.

Au moment où il sort de terre, ses petites feuilles, d'un vert tendre, lui donnent une certaine ressemblance avec le trèfle, mais peu à peu le naturel prend le dessus. Une petite tige nue et droite monte à 10 ou 15 centimètres du sol ; voilà toute la pousse de la première année. Rien jusque-là n'a pu faire croire qu'on se trouvait en présence d'un des plus grands ennemis de la sylviculture.

La seconde année, cette petite tige si faible, si grêle, se garnit au printemps de quelques branches latérales ; quelquefois de timides fleurs, en nombre restreint, apparaissent et souvent tombent sans fructifier ; mais, pendant l'automne, la plante se développe avec une grande rapidité ; il n'est pas rare de voir des touffes de genêts d'un mètre de diamètre.

La troisième année, l'arbrisseau est dans toute sa force ; au printemps, il étale une gerbe de belles fleurs jaunes qu'on aperçoit à de grandes distances et qui ne font pas mauvais effet sur le tapis de verdure.

Si, jusqu'alors, on n'a pas eu maille à partir avec quelque membre de sa famille, on l'admire, on le laisse fructifier. Il n'y a pas d'années stériles pour lui ; chaque fleur donne une gousse qui renferme de nombreuses graines. Cette gousse, vers la fin du mois de juin, s'ouvre et éclate avec un bruit sec et strident : les graines sont projetées au loin de tous côtés.

Le printemps suivant, c'est-à-dire la quatrième année, notre premier genêt n'est plus le solitaire d'autrefois ; à trente ou quarante mètres autour de lui, on croirait voir un semis de trèfle, mais c'est sa progéniture qui sort de terre. Les années suivantes, la multiplication ne fait que croître et embellir.

Ainsi, voilà donc un seul genêt qui, dans l'espace de cinq ou six ans, est parvenu à infester une grande étendue de terrain pour de nombreuses années.

J'ai vu plusieurs fois des terrains sans un seul genêt et qui, au bout de quelques années, étaient complètement envahis.

Le mal n'est pas à craindre pour les terres souvent remuées, mais il en est autrement pour les terres destinées à rester en friche, telles que taillis, sapinières, herbages, etc.

Aussi, dès qu'on aperçoit un genêt dans ces terrains-là, on doit l'extirper immédiatement.

La graine du genêt a cette particularité extraordinaire, c'est qu'elle ne lève pas ensemble et se conserve indéfiniment en terre.

Par la même raison, elle lève donc pour ainsi dire indéfiniment, ou, pour mieux dire, on n'en voit jamais la fin.

Je parle de cette particularité de la conservation de la graine du genêt en connaissance de cause.

J'ai mis en herbages d'anciens taillis : les genêts sont apparus immédiatement ; j'ai labouré, il en est revenu de nouveau, et cela dure depuis douze ans ; il va sans dire que je n'ai jamais laissé fructifier un seul genêt depuis le premier labour. C'est donc la vieille graine qui lève continuellement.

J'ai une autre preuve convaincante de cette particularité extraordinaire de la conservation de la graine.

J'ai fait enlever une masse de terre qui formait un talus d'au moins un mètre d'épaisseur et qui était là depuis un temps immémorial, il n'y avait pas un seul genêt dans les environs. Aussitôt que la masse de terre a été enlevée, des myriades de genêts sont apparus sur l'emplacement ; je les ai fait immédiatement arracher, je recommence tous les ans, il y a douze ans que cela dure et rien ne m'indique quand cela finira.

Lorsqu'un terrain n'est pas complètement infesté, il est facile de se défendre au printemps. Lorsque les genêts sont en fleur, on les aperçoit de très loin, il ne faut pas songer à les arracher à la main, les racines descendent souvent à plus d'un mètre de profondeur, mais avec une petite bêche, on les coupe à environ dix centimètres en terre et ils ne repoussent pas ; si on les coupait au-dessus de la terre, ils repousseraient de plus belle. Dans les herbages, les jeunes taillis et les sapinières nouvellement ensemencées, on doit exercer une surveillance active ; sans cela, on serait exposé à être envahi sans s'en apercevoir. Les genêts sont encore plus funestes aux taillis qu'aux sapinières. Ils poussent presque aussi fort que le bois. J'ai vu des genêts de trois mètres de hauteur et plus, je croyais mes taillis bien garnis, mais il n'en était rien ; au lieu d'avoir des fagots, je voyais des montagnes de bourrées de genêt pour les ouvriers, auxquels on donne ordinairement les dessous et les faux-bois.

Je viens d'énumérer les méfaits des genêts et d'indiquer les mesures préventives contre l'invasion. Il me reste à faire connaître le moyen infaillible de les détruire.

Je n'en connais qu'un seul, que j'ai découvert par hasard : l'inondation. Partout où j'ai pu mettre seulement 5 centimètres d'eau, pendant une quinzaine de jours en hiver et huit à dix jours au moment de la sève, les genêts ont disparu comme par enchantement.

Mais ce moyen infaillible n'est malheureusement pas applicable partout. Dans toutes les parties où je ne puis pas mettre l'eau, il me faut continuellement faire couper les genêts à 10 centimètres en terre. J'ai consulté toutes les sommités de la science agricole, je n'ai jamais pu obtenir le plus petit résultat avec les recettes qu'on m'a indiquées.

Je crois rendre un véritable service aux sylviculteurs en leur indiquant le moyen de destruction des genêts, et surtout en leur faisant voir les dangers auxquels ils s'exposent en ne les détruisant pas aussitôt qu'ils apparaissent. Le genêt, si dangereux pour les jeunes semis en bois, est cultivé dans certaines contrées pour les besoins de l'agriculture, peut-être aussi pour la conservation du gibier ; ainsi en Belgique, dans les Flandres, dans la province d'Anvers, et en France dans la Bretagne, j'ai vu des champs ensemencés en genêts d'une hauteur de 1 à 2 mètres.

C. SARCÉ,
ancien notaire,
Membre de la Société des Agriculteurs
de France.
Pontvallain (Sarthe), le 29 octobre 1896.

Conservation
des pommes de terre.

Une grande importance s'attache à la conservation des pommes de terre, attendu que leurs détériorations diverses, maladie, pourriture, nouvelles pousses de germes, ont pour effet de détruire leur valeur alimentaire, et de nuire sérieusement à la santé des animaux qui les consomment.

De là l'importance des soins réclamés en vue de cette conservation. Dans les caves qui contiennent des récoltes de pommes de terre, on conseille d'ouvrir fréquemment les issues, par un temps sec, pour évacuer la buée provenant de leur fermentation. Une pratique souvent utile, consiste à opérer un soufrage de ces caves. Après en avoir bouché les issues, on y fait brûler une mèche soufrée, et on ne rouvre la cave qu'après deux jours. L'acide sulfureux alors a détruit tous les microbes, tous les principes de ferments.

On attache aussi une grande importance à l'exploration des tubercules malades en voie de décomposition, dont le contact communique le mal à tous. On ne donne aux animaux que les parties saines de ces tubercules, si on les fait consommer à l'état cru.

La cuisson, suivant quelques-uns, détruit le principe de la pourriture et les rend inoffensifs, mais en ne les mêlant qu'en minime proportion à des aliments sains.

Quand des germes sortent de la pomme de terre, la pulpe déjà en voie de transformation a perdu presque toute sa fécule, et contient de la solanine, dont le goût âcre indique bien la nature.

Or, la solanine est une matière insalubre et qui occasionne des coliques et des diarrhées.

Le procédé qui consiste à empêcher la production des germes, par une solution d'acide sulfurique, est donc à conseiller cette année, où les pommes de terre ont été rentrées dans de si mauvaises conditions. Le sulfurage de la cave, conseillé par divers auteurs, spécialement par notre éminent confrère, M. Wagner, de Luxembourg, a-t-il cette propriété ? On serait tenté de le supposer en raisonnant par analogie. Cependant, en l'absence d'une preuve certaine, nous l'indiquons à titre de renseignement, comme un essai à tenter.

Dans ces circonstances, la conservation des pommes de terre est particulièrement difficile. Nous appelons l'attention des récoltants sur les avantages de leur conversion en tourteau, dont deux agriculteurs éminents, MM. Nivière et Hubert tirent un excellent parti.

Leur procédé de fabrication, ainsi que nous l'avons dit, consiste à broyer, puis à presser les pommes de terre, de façon à réduire à leur minimum leur teneur en eau qui est d'environ 70 0/0 à l'état naturel.

On peut exécuter l'opération avec un broyeur de pommes et un pressoir à vin ou à cidre.

Le huilage des graines.

On sait que certains marchands peu scrupuleux huilent leurs vieilles graines de semence, afin de leur donner bon aspect, de les rajeunir et par suite de les mieux vendre. Mais l'huilage des graines présente des inconvénients et M. le professeur Czérer à la suite d'expériences a pu donner les conclusions suivantes :

1° Les graines huilées germent en moyenne 77 heures plus tard que les graines restées intactes ;

2° Les graines faibles et les graines malades, sont tuées par ce traitement. On reconnaît les graines huilées à ce fait qu'elles rancissent et se gâtent. Voici un moyen simple de savoir si une semence a été huilée. Il suffit de placer quelques-unes des graines suspectes dans un peu d'alcool et de chauffer. Si la semence est couverte d'huile, l'alcool se troublera après refroidissement. On ne saurait trop recommander ce moyen à la portée de tous de déceler la fraude, surtout pour les graines de trèfle qui se ternissent si facilement par l'âge et perdent alors beaucoup de leurs facultés germinatives.

ARBORICULTURE
Plantation des arbres à fruits.

Les propriétaires de terres destinées à porter des arbres fruitiers ne sauraient apporter trop d'attention à deux points d'une capitale importance : 1° le choix des arbres à planter, 2° les soins à donner à la plantation.

1° *Choix des arbres*. Dans ce choix il faut d'abord se préoccuper des affinités entre telle espèce d'arbre et la nature du sol où on veut les planter.

Le passé nous montre partout en France une ignorance fâcheuse de cette règle ; des noyers en terre argileuse, des poiriers en terre sableuse. Un arboriculteur intelligent ne doit plus commettre de telles erreurs. L'arboriculture moderne enseigne exactement les terrains et les expositions les plus convenables pour chaque espèce d'arbre. Les arbres plantés sur un sol qui leur est réfractaire, ne donnent que de rares et infimes produits. Le planteur paye cher ce choix défectueux.

2° Dans le choix des arbres il faut aussi calculer les revenus qu'on tirera de leurs fruits. Autrefois la vente des fruits était peu importante en France. La plupart des vergers et des jardins fruitiers n'étaient cultivés que pour la consommation des propriétaires.

Aujourd'hui, la situation est fort différente et le sera de plus en plus à l'avenir. Aujourd'hui, les produits des arbres fruitiers sont recherchés partout par le commerce et par les industries qui en tirent leurs matières premières. Les beaux fruits surtout obtiennent sur nos marchés des prix avantageux. L'arboriculture fruitière pratiquée avec intelligence, c'est-à-dire moyennant un choix judicieux des terrains et des espèces les plus productives, est certainement la plus lucrative de toutes les branches de notre économie rurale. Il suffit pour le démontrer, de citer en France les prunes d'ente du Sud-Ouest, les cerises de l'Yonne. les cassis de la Côte-d'Or, les abricotiers de la Limagne, les marronniers des Cévennes, les pêchers du Midi et de la Gironde, les cultures fruitières des environs de Paris dans un rayon de vingt lieues. Avec les prix réduits de transport à l'ordre du jour sur les voies ferrées, les débouchés des cultures fruitières ne peuvent manquer de s'étendre indéfiniment.

Une bonne plantation fruitière est donc pour le propriétaire intelligent un bon placement de père de famille en se conformant aux conditions que nous venons de signaler.

Plantation. La seconde de ces condition, nous l'avons dit, consiste dans le choix des arbres auxquels convient le terrain dont on dispose, dans la préparation de ce terrain, puis dans le soin à donner à la plantation.

Comme l'époque actuelle est la plus convenable pour cette importante opération, nous croyons utile de signaler aux planteurs les soins particuliers qu'elle exige, et faute desquels les arbres plantés ne donnent pas les produits qu'on en attend. La perte résultant de ces fautes est énorme, si on calcule la longue durée de l'arbre.

M. Tribondeau, professeur départemental de l'Aube, successeur du distingué Marcel Dupont publie à ce sujet les conseils suivants que nous recommandons à l'attention des planteurs.

« D'abord, quand faut-il planter? En principe, on peut planter pendant tout le temps du repos de la végétation, c'est-à-dire depuis novembre jusqu'à avril, sauf, nécessairement, pendant l'époque des grands froids. Les meilleures plantations sont toujours celles qui sont effectuées de bonne heure à l'automne; en voici la raison : Il ne faut pas croire que, pendant l'hiver, les arbres sont à l'état de repos complet; au contraire, leurs racines fonctionnent, des radicelles se produisent et s'allongent, si bien qu'au printemps l'arbre a pris possession du sol et se met à pousser vigoureusement. Une plantation tardive ne procurera jamais cet avantage; il arrivera même assez souvent que, par un été sec, l'enracinement étant insuffisant, les radicelles ne pourront réparer les pertes d'eau subies par l'évaporation des feuilles, et la mort plus ou moins rapide en sera la conséquence. Cependant, en terrain froid et humide, se gorgeant d'eau à l'automne, on ne peut planter au printemps que lorsque le sol est ressuyé.

Avant d'effectuer la plantation, il est nécessaire d'avoir préalablement préparé le terrain. Celui-ci est défoncé de diverses façons, suivant les espèces à mettre en place, leur écartement, et d'après aussi la nature du sol. S'agit-il de constituer des groupes d'arbres, il faut un défoncement en plein; de planter des vignes, on opère de la même façon ou encore par tranchées, dont l'axe représente la direction des futures rangées de ceps. Mais souvent aussi, il est question de confier au sol des arbres isolés ou de constituer des vergers; c'est en s'inspirant du mode de végétation des diverses essences, que l'on prépare le terrain. Il faut toutefois bien se rappeler qu'un arbre transplanté, alors que, même par sa nature, il était essentiellement pivotant, a perdu, dans une certaine mesure, cette faculté, et qu'il produira surtout des racines traçantes. Donc le sol qu'il doit occuper sera ameubli plutôt en surface qu'en profondeur. Les trous présenteront une ouverture assez large, que l'on peut fixer, pour la plupart de nos arbres fruitiers, au diamètre de 1 m. 50 à 2 mètres. Autrement dit, ils seront circulaires; il est facile, du reste, de montrer la supériorité de ce procédé sur l'adoption des trous carrés. Dans ceux-ci, effectivement, la distance du centre à un des côtés est plus petite que celle qui existe entre ce centre et les angles; les racines seront donc susceptibles d'acquérir des longueurs et des forces variables. Mais comme aux grosses racines correspondent les grosses branches, la tête de l'arbre sera forcément irrégulière, inconvénient qu'on évitera avec le trou circulaire. Du reste, tous les jours, l'expérience confirme ce fait d'observation courante.

Quant à la profondeur du défoncement, elle sera en rapport avec la constitution physique des sols. En terres très fortes, très argileuses, à sous-sol imperméable, il est inutile de faire un trou très profond, cela présenterait même un inconvénient, car cette excavation deviendrait le réceptacle des eaux environnantes, dont les effets seraient très nuisibles. Dans ces mêmes sols, le fond du trou doit être convexe, afin d'éloigner les eaux du centre de l'arbre. En terrains légers et perméables, les inconvénients précités n'existent pas; en sols pierreux, l'approfondissement peut être une cause de dépense élevée, mieux vaut dans ce cas, augmenter les dimensions en surface. Règle générale, une profondeur de 0 m. 60 à 0 m. 75 suffit pour les exigences de nos arbres fruitiers ou d'ornement; quand les racines arrivent aux limites de la terre fouillée, elles sont vigoureuses et peuvent entamer les couches non travaillées.

Les trous doivent être creusés à l'avance, afin que leurs parois et la terre extraite subissent l'influence des agents atmosphériques, puis se désagrègent sous l'action des gelées. Si la composition du sous-sol est très différente de celle du sol, il ne faut pas mélanger les couches, mais au contraire les séparer et remplacer, quelque temps avant la plantation, le sous-sol par de la terre de bonne qualité.

La plupart du temps, le cultivateur reçoit les plants alors que son terrain n'est pas préparé; il est obligé dans ce cas de les mettre en jauge. Les arbres ou arbrisseaux, livrés par le commerce, sont réunis, au moment de la vente, par paquets plus ou moins volumineux. Il est absolument nécessaire de les délier avant de les placer dans la jauge, de bien les égaliser au centre ou contre l'une des parois, de recouvrir ensuite de terre fine, meuble, voire même de paille pour que, par les froids intenses, la terre ne puisse être soulevée.

Quelques jours avant la plantation, les trous seront à peu près comblés, en réservant la terre la plus riche pour la mettre en contact avec les racines. A noter que l'on ne doit pas planter par un temps de pluie, car on malaxerait le sol à l'état de boue et de mortier.

Avant de confier l'arbre au sol, il faut lui faire subir l'habillage, consistant dans le rafraîchissement de l'extrémité des racines, mutilées et déchirées par la déplantation. Les sections pratiquées ainsi seront faites avec un instrument bien tranchant, greffoir ou serpette, non avec le sécateur et la scie, qui mâchent et décollent l'écorce; si le volume des racines nécessite absolument leur emploi, le travail sera toujours terminé à la serpette, afin d'avoir une plaie bien nette. La section de coupe doit être, en outre, oblique ou en pied de biche; elle donne de la sorte une ligne de *cambium* ou *couche génératrice* plus développée, qui fournira un plus grand nombre de radicelles. L'habillage portera non seulement sur les racines, mais encore sur les ramifications de la tête de l'arbre : il est juste, en effet, de réduire les parties à nourrir lors que les bouches ont été diminuées.

Maintenant, à quelle profondeur faut-il planter? Presque toujours, les arbres sont trop enterrés, les racines ne peuvent alors absorber l'oxygène de l'air qui leur est nécessaire; il faut que les arbres émettent, dans ces conditions, un nouvel étage de racines, et souvent ils succombent à la peine. On ne peut fixer, mathématiquement, l'épaisseur de la couche de terre à mettre sur les racines; mais, pour chaque arbre, on peut poser en principe qu'il doit être enterré jusqu'au collet, celui-ci représentant la ligne de démarcation entre la tige et les racines. Quand on a affaire à un sujet greffé, il faut veiller à ce que le bourrelet formé par la greffe soit à 0 m. 05 au-dessus du sol, pour éviter l'affranchissement. Il est utile alors de bien se rappeler qu'au moment du remplissage des trous, la terre a foisonné, augmenté de volume du 1/7 au 1/10 suivant sa nature, et qu'après tassement, si on ne tenait pas compte de ce point de pratique, l'arbre serait trop enterré. Tout ceci bien compris, l'arbre sera placé à l'endroit voulu; ses racines parfaitement étalées seront recouvertes avec de la terre bien fine, bien meuble, que l'on insinuera partout avec la main. Le recouvrement terminé à la bêche, la surface du sol devra former une légère cuvette, propre à retenir les eaux de pluie ou d'arrosage si la terre est trop sèche. Dans presque tous les cas, l'arrosage après plantation est des plus utiles, il fait adhérer la terre aux racines, facilite l'émission de chevelu, par conséquent la reprise.

Enfin, la plantation achevée, l'arbre doit recevoir un tuteur et une armure : le premier, pour le maintenir dans la direction verticale qu'il perdrait sous l'action du vent dominant; la seconde le protégera des animaux qui viendraient s'y frotter et le briser. Les armures du commerce sont chères, le cultivateur a toujours à sa disposition l'épine noire qui produit fort bien l'effet désiré.

Pendant la première année, le planteur maintiendra le sol propre, meuble, frais, par des binages et des arrosages. Ce sont des conditions de succès qui complètent la série des soins de plantation : il est donc du plus grand intérêt de ne pas les négliger.

J. TRIBONDEAU.
Professeur départemental d'agriculture de l'Aube.

Pour le choix des arbres, on consultera plusieurs traités excellents, spécialement celui de notre distingué collaborateur M. l'abbé Ouvray, et aussi l'ouvrage de M. Ch. Baltet de Troyes, *l'Arboriculture fruitière bourgeoise et industrielle.* Pourtant un point important à ajouter à cette note, c'est la question des engrais appliqués aux arbres fruitiers. Nous en dirons un mot la semaine prochaine.

Le beurre rance.

Le beurre gâté par le goût de rance est malheureusement très commun dans la plupart des ménages ruraux et communique son mauvais goût aux potages et aux mets dans lesquels il est employé.

Le meilleur moyen d'éviter ce défaut consiste dans un délaitage complet du beurre à la sortie de la baratte. Cette opération difficile et laborieuse se fait avec la spatule ordinaire. Le malaxeur à cylindre cannelé est un outil précieux qui opère promptement et complètement le délaitage.

Le salage après le délaitage est aussi un moyen de préserver le beurre du rancissement. Mais comme le délaitage, on l'opère mieux et plus rapidement avec le malaxeur qu'avec la spatule. Le malaxeur est donc aujourd'hui un outil essentiel pour la bonne fabrication de beurre.

Lorsque malgré tous les efforts pour le conserver le beurre contracte un goût rance, on peut lui enlever ce goût en le pétrissant dans une solution de chlorure de chaux ou de carbonate de soude à raison de 20 à 30 grammes par kilo de beurre. On laisse reposer d'abord quelques heures ensuite on repétrit de nouveau avec de l'eau pure qui emporte la solution avec le goût de rance. Le beurre est rétabli, mais il est utile de le saler sans retard, pour prévenir une rechute.

Oignons à fleurs.

Le moment de planter les massifs, les plates-bandes en oignons à fleurs étant arrivé, nous sommes très heureux d'offrir, à titre de prime à nos aimables lectrices, les 3 collections ci-dessous, établies spécialement par *MM. Cayeux et Leclerc*, successeurs de *MM. Forgeot et Cie*, 8, quai de la Mégisserie, Paris, et à des prix très modiques. Le choix des variétés ne laisse rien à désirer, non plus que la force et la dimension des bulbes ou griffes qui donneront les meilleurs résultats au point de vue de la floraison.

PREMIÈRE COLLECTION

10 jacinthes simples par noms pour culture en pots;
10 jacinthes doubles par noms pour culture en pots;
25 tulipes flamandes en mélange;
25 tulipes bizarres en mélange;
100 crocus en très beau mélange; rendu franco à domicile pour 10 francs.

DEUXIÈME COLLECTION

12 jacinthes doubles par noms pour culture en pots;
6 jacinthes simples, bulbes très gros pour culture sur carafes;
6 carafes assorties par paires, variées de forme et de couleur, rendu franco domicile pour 12 francs.

TROISIÈME COLLECTION

50 anémones doubles roses de Nice, 100 anémones simples de Caen en splendide mélange pour garniture de massifs.

Rendu franco à domicile pour 10 fr.

LES ACHATS ET VENTES D'ENGRAIS

Une source fréquente de difficultés et de procès entre acheteurs et vendeurs d'engrais vient des écarts qui existent souvent dans les analyses des engrais entre le dosage de matières fertilisantes annoncé par le vendeur et les dosages accusés par l'analyse officielle.

M. Grandeau publie, sur ce sujet, dans le *Journal d'agriculture pratique*, un article où il expose les difficultés qui s'opposent à ce qu'on puisse exiger dans ces analyses une précision rigoureuse. D'abord les chimistes-analyseurs ne sont pas toujours eux-mêmes assurés d'un résultat infaillible; souvent même on découvre dans leurs analyses des écarts qui autorisent à douter de l'autorité de leur méthode.

Ensuite, la fabrication des engrais chimiques opérant sur des quantités considérables de matières premières, non épurées, et dont la composition n'est pas toujours exempte de mélanges de matières inertes, il en résulte que le fabricant peut attribuer de bonne foi à un engrais livré à la culture un dosage plus ou moins supérieur à la réalité surtout quand il s'agit de fortes livraisons.

La conséquence de ces difficultés c'est la nécessité d'admettre la tolérance d'un certain écart entre les dosages promis par le vendeur et ceux que l'analyse signale à l'acheteur. Le commerce des engrais est fatalement soumis à cette loi; pour arriver à des dosages précis il faudrait que la fabrication s'imposât des procédés d'épuration minutieuse des matières premières qui la rapprocheraient de la fabrication des drogues pharmaceutiques. Dans ce cas, les prix de revient seraient décuplés et les engrais chimiques seraient absolument inabordables à la culture.

La question juridique est donc le trouver à quel degré de tolérance doit s'arrêter dans un engrais le dosage imposé au vendeur, pour obliger l'acheteur.

M. Grandeau propose à ce sujet des chiffres que nous ne pouvons discuter. Ce qui nous incombe, c'est de réclamer un barême légal, au moyen duquel les acheteurs et les vendeurs d'engrais soient fixés sur les limites de leurs exigences réciproques. Ce barême n'existe pas. Nous en réclamons la confection au nom de tous les intéressés.

Le vin piqué.

Pour remédier à ce défaut du vin, le procédé le plus usuel consiste à introduire dans le vin de la craie finement pulvérisée puis à soutirer lorsque cette craie est précipitée au fond du tonneau. L'acide acétique du vin est, dans ce cas, absorbé par le carbonate de chaux.

Mais on nous signale aujourd'hui un nouveau procédé, plus simple et, disons, plus efficace.

Il consiste tout simplement à remplacer la bonde du tonneau par une croûte de pain à demi cuit au sortir du four. Ce pain attire, dit-on, l'acide acétique du vin, sans aucune autre opération.

Nous signalons, bien entendu, sous toutes réserves, un procédé dont nous ignorons la source.

OFFRES ET DEMANDES

Une situation de directeur d'une importante affaire agricole à Paris, est offerte à personne compétente, disposant de 25.000 fr. S'adresser au Bureau du journal.

On demande une personne qui voudrait bien s'intéresser à l'extension d'un produit en bonne voie de succès, et aussi pour l'exploitation d'un nouvel appareil d'un usage très utile en agriculture, arboriculture, viticulture et jardinage. S'adresser pour tous renseignements au bureau du Journal.

A louer, pour la Saint-Michel 1897, une ferme bien plantée à Saint-Philbert-sur-Risle, près Montfort-sur-Risle (Eure), 66 hectares, cours, bâtiments, prés et labours, à un kilomètre d'une gare. S'adresser à Mme Ariste Hébert, à Saint-Philbert-sur-Risle, près Montfort (Eure).

Un ex-régisseur de grande propriété, marié, offrant certificats et références de premier ordre, connaissant la culture des céréales, l'élevage, l'engraissement, la culture des plantes industrielles, demande la régie d'un domaine herbager, ou culture intensive. Nous recommandons tout particulièrement à nos abonnés, ce régisseur qui offre toutes garanties désirables, comme honorabilité et loyauté. S'adresser aux bureaux de la *Gazette*, 10 *bis*, rue Piccini, Paris.

Tourteaux de coton décortiqué d'Amérique, en pains ou moulus de 12 fr. 75 à 13 fr. les 0/0 kilos sur wagon. Le Havre. — Livraison immédiate.

RED-CAP. Œufs à couver de cette excellente race de poule, réputée la plus jolie et la plus forte pondeuse, garantis race pure frais et fécondés, 5 fr. la douzaine franco de port et d'emballage. S'adresser à **Calixte Dany**, Althenles-Paluds (Vaucluse).

Important : J'invite les personnes qui veulent bien me confier leurs ordres de toujours y joindre un mandat, les remboursements n'étant bénéficiables qu'aux Compagnies.

Toujours donner le nom de la gare à laquelle il faut adresser les envois.

POMMES DE TERRE. — Nous apprenons que M. E. Boutin, directeur du *Moniteur des Intérêts agricoles*, 11, rue Taitbout, est en pourparlers avec un certain nombre de Sociétés Coopératives de consommation de Paris et de la banlieue pour leur procurer directement par la culture les pommes de terre *saucisses rouges* et de *hollande* nécessaires à leur approvisionnement d'hiver : il s'agit de quantité très importantes.

Ceux de nos abonnés que ces fournitures intéressent peuvent s'adresser directement à M. Boutin.

Il lui est également fait des demandes pour des fournitures régulières de volailles de 1 kilo, 1 k. 500 par cageots de 12 à 15 pièces.

M. POUZIN offre de jolis **racinés** de son plant de vigne à la seule condition pour les demandeurs de lui tenir compte d'une partie de la récolte d'une année. — Contre 0 fr.25 il expédie son *Guide* pour la culture de cette variété.

Ecrire à M. Pouzin Emile, à Saint-Paul-lesRomans, Drôme

Si vous voulez boire du bon vin de SaintÉmilion, adressez-vous à M. Duplessis-Foursaud au château des Trois-Moulins, à SAINTÉMILION (Gironde).

(Voir le prix courant.)

Ferme du château de Résenlieu près Gacé Orne) Mme la comtesse de Nollent.

Camemberts marque Au Faucon. Médaille d'or. 6 fromages 4 fr. 50, 9 fromages 6 francs. 15 fromages 9 fr. 75 (franco gare).

COURS DES BESTIAUX

Marché de la Villette du 16 novembre 1896.

ESPÈCES	PRIX DE LA VIANDE NETTE		
	1re qualité	2e qualité	3e qualité
Bœufs. ..	1,46	1.36	1.26
Vaches...	1.44	1.34	1.24
Taureaux.	1.20	1.10	1.00
Veaux....	1 74	1.54	1.24
Moutons..	1 88	1.70	1.60
Porcs	1.02	1.00	0.96

ESPÈCES	AMENÉS	VENDUS	PRIX EXTRÊME	
			viande net	poids vif
Bœufs....	3.305	2.852	1.26 à 1 46	59 à » 91
Vaches...	797	732	1.21 1.44	55 » 90
Taureaux.	212	184	1 00 1.22	40 » 78
Veaux....	1.086	870	1.24 1.76	65 1.22
Moutons..	17.079	14 629	1.60 1.90	78 1.20
Porcs.. ...	4.219	4.134	0.96 1.02	66 » 72

Vente calme.

Marché de la Villette du 18 novembre 1896.

ESPÈCES	PRIX DE LA VIANDE NETTE AU KILOGR.			
	1re qualité	2e qualité	3e qualité	Prix extrême
Bœufs....	1.48	1.36	1.22	1.16 à 1.54
Vaches...	1.46	1.32	1.18	1 10 1 50
Taureaux	1.26	1.14	1.08	1 00 1.32
Veaux....	1.70	1.50	1.30	1 20 1.80
Moutons..	1.88	1.78	1.60	1.50 1.98
Porcs	1.04	0.96	»	92 1 06

ESPÈCES	AMENÉS	RENVOI	OBSERVATIONS
Bœufs ...	1.918	»	Même cours sur le gros bétail, mauvaise sur les veaux, los moutons et les porcs.
Vaches...	585	112	
Taureaux.	155	»	
Veaux....	1.420	327	
Moutons..	15.184	»	
Porcs.....	6 167	»	

Vente du bétail au marché de La Villette.

Adresser les animaux à MM. Henri Roblin et Surugue, en gare Paris-Bestiaux. Les aviser par lettre auparavant, 190, rue d'Allemagne, Paris.

CORRESPONDANCE

M. G., (*Charente-Inférieure*). — La racine de garance est astringente, mais nous ne voyons nulle part qu'elle boive le sang.

M.S., (*Charente*). — Quand on a soufré trop tard les vignes, le vin a un goût désagréable qu'on évite en plaçant les raisins dans un récipient percé à sa partie inférieure et en versant dessus du moût en quantité suffisante. Le liquide s'empare du soufre, celui-ci montant à la surface peut facilement s'enlever par deux ou trois décantages successifs.

Les traitements contre l'oïdium se font : 1° quand les sarments ont 0 m. 15 de long; 2° à la floraison; 3° à la véraison. Si malgré tous ces traitements l'oïdium paraissait il faut recourir à un nouveau soufrage.

M. du B., à *F.* (*Ille-et-Vilaine*). — Les phosphates naturels cèdent à la plante leur acide phosphorique tout comme les superphosphates et le phosphate précipité.

Les superphosphates rétrogradent très rapidement dans les terrains calcaires; revenus ainsi à l'état de phosphate tribasique ils ne paraissent pas plus facilement assimilables que les phosphates naturels. Les superphosphates sont d'ailleurs d'un prix plus élevés. En outre leur excès d'acidité peut être très nuisible dans les *année de sécheresse* lorsqu'ils sont employés à une saison trop avancée ou dans certains sols silicieux pauvres en calcaire et en argile comme dans ceux qui par leur nature sont déjà fortement acidés.

Pour ces motifs, on doit souvent préférer les phosphates fossiles naturels tout en faisant un choix parmi ces derniers.

M. A. M., à *Saint-B.* (*Côtes-du-Nord*). — Le prix du nitrate de soude 15 1/2 à 16 0/0 d'azote est sur les mois de consommation du printemps de 19 fr. 50 à 19 fr. 75 tandis que le cours du sulfate d'ammoniaque 20 à 21 0/0 d'azote, garanti bon gris et sans cyanures, n'est sur les mêmes mois que de 20 fr. 50 à 20 fr. 75, ce qui représente 21 fr. 50 à 21 fr. 75 franco.

Le cultivateur peut donc se procurer 5 degrés d'azote ammoniacal, moyennant une augmentation de 0 fr. 75 environ, c'est-à-dire presque pour rien.

Vous savez aussi bien que nous que l'azote du *sulfate d'ammoniaque* vaut grandement celui du *nitrate de soude* et que son action n'est pas moins énergique, aussi bien sur le blé que sur la betterave. Etant d'une assimilation plus lente, le cultivateur peut se dispenser de l'emploi du nitrate en couverture.

Nous ne saurions donc trop vous engager à profiter dès à présent de l'avantage résultant de cette différence entre les cours, car il est à supposer que tous les cultivateurs soucieux de leurs intérêts vont porter leurs préférences sur le *sulfate d'ammoniaque* ce qui amènera probablement la hausse.

En acheter dès maintenant et mettre dans un endroit sec jusqu'au moment de vos besoins, ce produit n'éprouvant pas de déperdition comme le nitrate.

PRIMES A NOS ABONNÉS

Porte-pantalon hygiénique, *breveté S. G. D. G.* de *P.-B. Noël.* Prix de faveur pour nos lecteurs Pour hommes, jeunes gens et enfants de dix ans franco 4 fr.; pour femmes et fillettes, 4 fr. 50

Toute commande doit être strictement accompagné d'un mandat-poste représentant la valeur de l'expédition.

BONDE le cent, 25 fr., les cinquante 13 fr. les vingt-cinq 7 fr. Au-dessous de 25 bondes 0 fr. 30. Le tout franco de port.

Indiquer le diamètre de chaque bonde.

PANIER DE DOUZE BOUTEILLES DE VINS FINS ASSORTIS 30 FRANCS

COMPOSITION DU PANIER

2 bouteilles	vin blanc Haut-Barsac 1887
2 —	vin rouge chât. La Tour Vigean 1885;
2 —	vin rouge château Margaux 1884;
2 —	vin rouge château Bougnard 1884;
1 —	madère vieux 1888;
1 —	Lacryma Christi 1890;
1 —	Rhum Martinique vrai extravieux;
1 —	Grande fine Champagne 1875;

Le tout bien emballé, les bouteilles capsulées et étiquetées avec luxe.

Les expéditions sont faites par panier de douze bouteilles *franco de port* et *d'emballage* dans toutes les gares de France; adresser les demandes accompagnées d'un mandat à M. Crépeaux, 10 *bis*, rue Piccini, Paris. — *Le prix du panier est de* **30 francs.**

RHUM DE L'ILE BOURBON

Vieux rhum de Bourbon cinq ans. En fûts de 100 à 120 litres à 75 francs l'hectolitre (51°) origine absolument garantie — pris entrepôt Havre. — Adresser les demandes à M. Crépeaux, 10 bis, rue Piccini, Paris, et lui envoyer les fonds par mandat après réception de la facture.

RHUM DE L'ILE DE BOURBON EN CAISSE

12 bouteilles	. . . .	38 francs.
24 —	. . . .	70 —
50 —	. . . .	142 —

Pris entrepôt Havre. Adresser les demandes accompagnées d'un mandat.

Eau-de-vie de canne à sucre de l'île Bourbon origine absolument garantie :

La caisse réclame de 12 bouteilles. . 40 fr.
—   — de 24 — . . 75 fr.
—   — de 50 — . . 150 fr.

Ces prix s'entendent pris entrepôt Havre. — Adresser les demandes accompagnées de leur montant.

Délicieux Vin Muscat Vieux tonique et réconfortant venant directement de la propriété, garanti authentique, offert en prime à nos abonnés à raison de 1 fr. 25 le litre logé en fûts de 25 à 35 litres. Fûts perdus.

Adresser les commandes au Bureau du Journal, 10 bis, rue Piccini, Paris.

Purificateur d'air pour tonneaux, l'un 4 50 franco gare.

Moyennant un supplément de 0 fr. 40, nous joindrons à l'envoi une mèche à percer de calibre et moyennant 0 fr. 10 en plus, une mèche soufrée.

Adresser les demandes accompagnées du montant 10 bis, rue Piccini, à Paris.

Nous rappelons que toute demande de prime est considérée comme un engagement de renouveler l'abonnement à son échéance.

Ouvrages de l'abbé Ouvray.

CURÉ DE SAINT-OUEN

par Vendôme (Loir-et-Cher).

LAURÉAT DE LA SOCIÉTÉ DES AGRICULTEURS DE FRANCE, CONFÉRENCIER AGRICOLE A L'INSTITUT CATHOLIQUE DE PARIS.

1° Manuel d'arboriculture, 6e édition, 2 fr. 50 franco.

2° Maladies et hygiène des vins, 0 fr. 55 franco.

3° Alimentation des végétaux et emploi raisonné des engrais, 1 fr. 50 franco.

4° Manuel de vinification et de distillation.

Les Levures. Le Vinaigre, 1 fr. 35 franco.

5° Les ferments de la terre (Conférence à l'Institut catholique de Paris), 0 fr. 55 franco.

Les cinq ouvrages réunis, 5 fr. 50 franco.

Chez l'auteur à Saint-Ouen, par Vendôme (Loir-et-Cher).

CHEMINS DE FER DE PARIS A LYON ET LA MÉDITERRANÉE

BILLETS D'ALLER ET RETOUR DE Paris A

Turin, Milan, Venise ET Gênes

par le Mont-Cenis. — DURÉE : 30 jours.

De Paris à Turin, 1re classe : 147 fr. 60 ; 2e classe : 106 fr. 10

De Paris à Milan, 1re classe : 166 fr. 35 ; 2e classe : 119 fr.

De Paris à Venise, 1re classe : 216 fr. 35 ; 2e classe : 154 fr.

De Paris à Gênes, 1re classe : 167 fr. 10 ; 2e classe : 119 fr. 15.

Ces billets sont délivrés toute l'année à la gare de Paris-Lyon et dans les bureaux succursales.

La validité des billets d'aller et retour Paris-Turin est portée gratuitement à 60 jours lorsque les voyageurs justifient avoir pris à Turin un billet de voyage circulaire intérieur italien. D'autre part, la validité des billets d'aller et retour Paris-Turin peut être prolongée d'une période unique de 15 jours moyennant le paiement d'un supplément de 14 fr. 75 en 1re classe et de 10 fr. 60 en 2e classe. Arrêts facultatifs à toutes les gares du parcours. Trajet rapide sans changements de voiture : de Paris à Turin en 16 heures, à Milan en 19 heures 1/2. Franchise de 30 kilos de bagages sur le parcours P. L. M.

CHEMINS DE FER DE L'OUEST

PARIS A LONDRES,

Quatre traversées par jour (deux en chaque sens). Tous les jours et toute l'année (dimanche compris).

Trajet de jour en 9 heures (1re et 2e cl. seulement).

Départs de Paris Saint-Lazare : 10 h. matin et 9 h. soir.

Arrivées à Londres : London-Bridge, 7 h. soir et 7 h. 40 matin. — À Victoria, 7 h. soir et 7 h. 50 matin.

Départs de Londres : à London-Bridge, 10 h. matin et 9 h. soir. — à Victoria, 10 h. matin et 8 h. 50 soir.

Arrivées à Paris Saint-Lazare, 7 h. soir et 8 h. matin.

PRIX DES BILLETS :

Billets simples, valables pendant 7 jours : 1re classe, 43 fr. 25 ; 2e classe, 32 francs ; 3e classe 23 fr. 25.

Billets d'aller et retour, valables pendant un mois : 1re classe, 72 fr. 75 ; 2e classe, 52 fr.75 ; 3e classe, 41 fr.50.

Des voitures à couloir (W. C. toilette, etc...) sont mises en service dans les trains de marée de jour entre Paris et Dieppe. Des cabines particulières sur les bateaux peuvent être réservées sur demande préalable.

Transport en grande vitesse de Messageries, Primeurs, Fruits, Légumes, Fleurs, etc... entre Paris et Londres. Trois départs par jour toute l'année.

Les expéditions remises à la gare Saint-Lazare pour les trains partant à 3 h. 40, 4 h.10 et 9 h. du soir parviennent à Londres le lendemain à 8 h. 45, à 9 h. 15, du matin ou à midi 45.

Le Gérant : E. GAMBART.

IMP. NOIZETTE ET Cie, 8, RUE CAMPAGNE-1re, PARIS.

SELS POUR L'AGRICULTURE

Nourriture du bétail et Engrais des terres

Sel neuf dénaturé, au tourteau de colza. 45 f. 1.000 k.
Sel neuf dénaturé, au peroxyde de fer. 40 f. 1.000 k
Sel de morue pur. . . . . 35 f. 1.000 k.

Expéditions de Fécamp, Bordeaux et St-Malo.

S'adresser à MM A. LE BORGNE et ses Fils, négociants-armateurs, à Fécamp.

Champagne Mercier

Champagne Mercier

BONS DE L'EXPOSITION DE 1900

Les tirages de lots, qui ont lieu à des dates rapprochées jusqu'au mois d'octobre 1900, attribueront aux porteurs favorisés par le sort **4.313 lots** dont l'importance varie de 100 fr. à 100.000 fr. et **500.000** fr. pour un montant total de

6 MILLIONS DE FRANCS

Outre que le nombre des Bons encore disponibles décroît rapidement, il y a tout avantage pour les personnes qui se proposent d'en acquérir de ne pas attendre la dernière heure. Les tirages ont commencé et c'est en pure perte que les retardataires se priveraient, en laissant courir d'autres tirages, d'une partie des chances qui peuvent leur échoir.

Les vingt tickets d'entrée de 1 franc seront délivrés en temps utile aux porteurs, sur présentation de leurs Bons.

Les réductions de prix sur les chemins de fer et dans les spectacles de l'Exposition représenteront à elles seules, pour les porteurs de Bons, plus que la somme à débourser pour l'achat.

Les trois avantages réunis : *lots, tickets, réductions,* sont tels qu'il est à prévoir que les Bons se paieront plus cher l'année prochaine que cette année, plus cher dans deux ans que l'année prochaine, et qu'à la veille de l'Exposition ils auront une vogue plus grande encore. On fait donc acte de prévoyance en procédant à un achat immédiat.

Les Bons sont de 20 francs et ils se délivrent aux guichets du Crédit Foncier et des principaux Établissements financiers, soit au Siège social, soit aux guichets des succursales de ces Établissements.

On peut aussi en faire la demande par correspondance.

MALADIES DU BÉTAIL
ET DE LA VOLAILLE
Leur traitement préventif et curatif
PAR L'ACIDE SALICYLIQUE

L'acide salicylique, employé dans la nourriture à la dose de 1/2 à 1 gramme par jour et par tête de bétail, est le meilleur préservatif des maladies qui procèdent par contagion : Sang de rate, Cocotte, Maladie aphteuse, Erysipèle, Typhus, Morve, Variole et le Rouget des porcs, etc.

DES ATTESTATIONS NOMBREUSES DE GUÉRISONS obtenues pour la Cocotte et le Rouget des porcs ont été reproduites dans le journal *l'Agriculture*.

La désinfection des étables, des écuries, se fait instantanément au moyen d'un arrosage d'eau salicylée à 2 grammes par litre.

S'adresser à M. CERCKEL, administrateur de la *Compagnie de produits antiseptiques*, 26, rue Bergère, Paris.

Envoi sur demande de Prospectus et Brochures.

PRIX DU KIL., 25 fr. BOITE DE MÉNAGE, 2 fr.

VIN DE BOURGOGNE
Ferme de l'Hospice de Beaune.
Domaine de MEURSAULT
VINS FINS GRANDS ORDINAIRES, ORDINAIRES Rouges et Blancs
Concours Général agricole de Paris 1895
MÉDAILLE d'or pour vins rouges
MÉDAILLE d'argent pour vins blancs
Concours Général agricole de 1896
HORS CONCOURS, MEMBRE DU JURY
JOBART MUTHELET, Meursault (Côte-d'Or)

P. MARCHAND Frères
à DUNKERQUE (Nord)

FABRIQUE SPÉCIALE DE TOURTEAUX
DE COTON DE GRAINES D'ÉGYPTE
pour Nourriture et Engraissement du Bétail

GRAND PRIX A L'EXPOSITION UNIVERSELLE DE 1889

Nous appelons l'attention des nourrisseurs et des éleveurs sur les tourteaux de Coton de graines d'Egypte. C'est un produit excellent pour les vaches laitières, les bœufs à l'engrais et les moutons. — Nos tourteaux de Coton sont complètement débarrassés de la bourre qui enveloppe la graine et contiennent la même quantité de matières nutritives et grasses que les meilleurs tourteaux de lin. — Nos tourteaux de Coton forment l'aliment le meilleur et le plus avantageux en raison de leur prix excessivement bas.

S'adresser pour Renseignements et Prix à MM. P. MARCHAND Frères, à Dunkerque (Nord), ou à leurs Représentants.

PHOSPHATE FOSSILE DE QUIÉVY-NORD
le plus assimilable de tous les phosphates connus
GARANTI PUR DE MÉLANGE AVEC TOUT AUTRE PHOSPHATE
Ce qui, du reste, ne pourrait que diminuer son assimilabilité.

EXTRACTION DU GISEMENT ET USINE A QUIÉVY
Propriétaire-Extracteur : C. LECLERCQ
Bureaux à Viesly (Nord).

COMPOSITION MOYENNE			ASSIMILABILITÉ RELATIVE (méth. Joulie). *Solubilité dans l'oxalate d'ammoniaque.*	
Acide phosphorique. . . .	12 » à 16 » 0/0	Phosphate	de Quiévy.	82 29 0/0
Potasse	0 45 à 2 77 0/0	—	de la Meuse	51 95 0/0
Chaux.	19 05 à 31 » 0/0	—	de Perues.	47 87 0/0
Magnésie.	0 58 à 3 80 0/0	—	des Ardennes.	46 43 0/0
Matières organiques azotées .	1 80 à 3 45 0/0	—	de la Somme (moy.). .	44 53 0/0
		—	de Ciply.	34 57 0/0

Titre garanti en acide phosphorique : 13 à 15 0/0.

LIVRAISON : EN POUDRE IMPALPABLE EN SACS PLOMBÉS, MIS SUR WAGON GARE QUIÉVY-en-CAMBRÉSIS
Prix : 3 fr. 80 les 100 kilos, sacs perdus, 30 jours, 2 0/0 ou 90 jours net.

NOTA. — Les acheteurs qui désirent employer le véritable Phosphate de Quiévy pur et garanti d'origine doivent exiger que les sacs portent la Marque (Au Poisson fossile) et la Firme : M. LECLERCQ, seul exploitant à Quiévy (Nord).

FROMENTINE
Marque déposée B. S.G.D.G.

Produit pour l'alimentation économique, saine et rationnelle du bétail, provenan- en grande partie des issues de la mou! ture de blé.

DIVERSES MARQUES

Demander celle en raison du but poursuivi

Marque A pour l'engraissement égal à celui au tourteau de lin, le remplacement de l'avoine, production d'un lait de qualité supérieure.

Marque B pour le bon entretien du bétail.

Marque J développement rapide des jeunes bêtes.

Marque L surproduction du lait.

Marque E engraissement rapide.

Ecrire à M. Armand MILLOT
Moulins Saint-Martin
Saint-Quentin (Aisne.)

Plus de Pourriture
PAR L'EMPLOI DU
CARBONYLE

qui assure au bois une durée triple en lui donnant une belle teinte brune ; 1 kilog. remplace 10 kilog. de Goudron. — Produit de grande utilité dans l'agriculture ; est recommandé et utilisé par les syndicats agricoles. — Dans votre intérêt, demandez le prospectus avec attestations d'expériences de dix ans.

Société française du « CARBONYLE ».
188-190, *Faubourg Saint-Denis, Paris.*
(N. B.) Seule maison spéciale pour la fabrication et la vente de ce genre de produit.

Eugène de MASQUARD
PROPRIÉTAIRE-VITICULTEUR, Château de la Cascade
SAINT-CÉSAIRE-LES-NIMES (Gard)

Vins garantis naturels, rouges et blancs, depuis 75 fr. la pièce de 220 litres jusqu'à 100 francs, selon qualité, prise en gare de St-Césaire (Gard), fût perdu. *Ces vins ont été médaillés à toutes les expositions où ils ont figuré.*

Récoltés sur des coteaux et des terrains secs, les vins de Saint-Césaire, l'un des meilleurs crus du Gard, se conservent parfaitement sans être plâtrés.

Envoi franco de prix courants et échantillons

SCHNEIDER ET Cⁱᵉ
PHOSPHATES METALLURGIQUES
(scories de déphosphoration), des Aciéries du Creusot
ENGRAIS PHOSPHATÉ
pour Céréales, Prairies, Vignes, Betteraves, Pommes de terre, etc.

L'emploi de ces phosphates a été particulièrement recommandé dans ces derniers temps par les agronomes les plus distingués. Il permet, en raison du bas prix de ce produit, de faire apport au sol de doses considérables d'acide phosphorique.

Les phosphates métallurgiques du Creusot sont livrés moulus finement et tamisés. Pour renseignements, s'adresser à MM. SCHNEIDER et Cⁱᵉ, au Creuzot (Saône-et-Loire).

FOURNEAUX DE CUISINE
de toutes espèces
Maisons particulières, Hôtels, Châteaux et Fermes, Hospices, Hôpitaux, Collèges, Pensions, etc.
ENVOI FRANCO DE CATALOGUES
Maison DELAROCHE aîné
22, rue Bertrand, PARIS

SOCIÉTÉ GÉNÉRALE

Pour favoriser le développement
du Commerce et de l'Industrie en France.

Société anonyme fondée suivant décret du 4 mai 1864.
CAPITAL : 120 MILLIONS DE FRANCS
Siège social, 54 et 56, rue de Provence, à Paris

Toutes opérations de Banque, notamment :
Dépôts de fonds en compte ou à échéance fixe,
Escompte et Encaissement d'Effets de commerce ;
Ordres de Bourse en France et à l'Étranger ;
Coupons ; — Avances et Opérations sur Titres
Souscriptions ; — Garde de Titres ;
Garantie contre le remboursement au pair
et les risques de non-vérification des tirages ;
Lettres de crédit ;
Envois de Fonds ; — (France et Étranger)

LOCATION DE COFFRES-FORTS

offrant toute sécurité pour la garde des titres, bijoux
et autres objets précieux (compartiments depuis 5 fr.
par mois.

La Société a 235 agences et bureaux en France
1 agence à Londres, et des correspondants sur tou
tes les places de France et de l'Étranger

Le moment favorable au transport des vins
ant revenu, nous rappelons à nos lecteurs
que tous ceux d'entre eux qui, sur nos con
seils, et depuis cinq ans, consomment les vins
de M. Vincent Ardura, vigneron, domaine de
la Chapelle-Frédignac, par Blaye-Bordeaux
n'ont qu'à se louer de la qualité et de la con
servation de ce Bordeaux absolument naturel,
expédié sans intermédiaire.
Pour dégustation sérieuse, envoi gratuit est
fait d'une bouteille de la récolte désignée.
L'encaissement est fait par le facteur, à
30 jours, escompte 2 0/0, ou 90 jours.
Vendanges : 1893, à 130 fr., 1892-91, à 150 fr.;
1890-89, à 175 fr., 1887, à 200 fr., 1885, à 220 fr.,
1884, à 240 fr., 1882, à 250 fr., 1881, à 300 fr. —
Graves blancs vieux : 130, 150, 200, 250, 300 fr.,
suivant âge, les 225 litres collés, soutirés,
franco de port et de fût en gare d'arrivée.

Insecticide-Préservateur

FERTILISANT
DESGOUTTES

La Boîte de 10 kilog., pour essais, 10 fr.
franco toutes gares (port et emballage compris).

*Adresser les demandes, accompagnées d'un
mandat, 10 bis, rue Piccini, Paris.*

EXCELLENT DÉSINFECTANT
POUR LES FUTS À VIN, CIDRE, BIÈRE, ETC.

Prix de faveur pour nos lecteurs

Sur notre demande, M. Molty, père, l'inventeur, a consenti à en mettre de petites quantités pour essais à la disposition de nos lecteurs.

10 litres franco gare. 10 fr.
Adresser les demandes à M. Crépeaux, rue
Piccini, 10 bis, Paris.

VINS
DE SAINT-ÉMILION

Vins classés, de 800 à 250 francs la barrique
de 225 litres. — Moitié prix pour la barrique de
112 litres.
Vins grands ordinaires, de 140, 125, 105,
100 francs la barrique — 80, 75, 70, 65, 58,
55 francs, la demi-barrique. — Rendu *franco* en
gare et régie, sauf octroi.
Adresser commandes à M. DUPLESSIS-
FOURCAUD, à **Saint-Émilion**. — Envoi de
prix courants et échantillons sur demande affranchie.

*Médailles d'Or, Paris, 1867 et 1889 — Moscou
1891 — Besançon, Montluçon, Royan, etc.*

COUVEUSES
ÉLEVEUSES
VOLAILLES
ŒUFS à couver
VOITELLIER
à MANTES
et à
PARIS
4, PLACE DU THÉATRE FRANÇAIS
PRIX COURANT FRANCO
GRAND CATALOGUE ILLUSTRÉ. 0.50c

Maison MURE, à Pont-St-Esprit (Gard)
A. GAZAGNE, Gendre et Sucr, Phⁿ de 1re Classe

MALADIES NERVEUSES

**Épilepsie, Hystérie, Danse de Saint-Guy,
Affections de la Moëlle épinière, Convulsions,
Crises, Vertiges, Éblouissements, Fatigue
cérébrale, Migraine, Insomnie, Spermatorrhée**
Guérison fréquente, Soulagement toujours certain
par le SIROP de HENRY MURE
succès constant par 20 années d'expérimentation dans les hôpitaux de Paris.
FLACON : 5 FR. — NOTICE GRATIS.

PATE et SIROP d'ESCARGOTS de MURE

« Depuis 30 ans que j'exerce la médecine, je n'ai pas trouvé de remède
plus efficace que les escargots contre
les irritations de poitrine. »
« Dr Christien, de Montpellier. »
Goût exquis, efficacité puissante
contre **Rhumes, Catarrhes**
aigus ou chroniques, **Toux spasmodique,**
Irritations de la gorge et de la poitrine.
Pâte 1 fr; Sirop 2 fr. — Exiger la PATE MURE. Refuser les imitations.

Thé Diurétique de France

sollicite efficacement la sécrétion urinaire, apaise les
douleurs des **Reins** et de la **Vessie,** entraine le
sable, le mucus et les concrétions, et rend aux urines
leur limpidité normale. — **Néphrites, Gravelle,**
Catarrhe vésical, Affections de la Prostate
et de l'Urèthre. — PRIX DE LA BOITE : 2 FRANCS.

Dépôt général de l'ALCOOLATURE D'ARNICA
de la TRAPPE DE NOTRE-DAME DES NEIGES
Remède souverain contre toutes blessures, coupures, contusions,
défaillances, accidents choleriformes.
DANS TOUTES PHARMACIES. — 2 FR. LE FLACON,

ALAMBIC EGROT
A BASCULE. — EAU-DE-VIE, 1er JET
sans repasse.
FRANCO CATALOGUE ILLUSTRÉ
EGROT, 19-21-23, Rue Mathis, Paris

CONSTRUCTIONS ÉCONOMIQUES
AGRICULTURE — INDUSTRIE
ENVOI DU CATALOGUE
SOCIÉTÉ MÉTALLURGIQUE
d'Amiens (Somme)
USINE à VAPEUR, FORCE MOTRICE 250 CHEVAUX
Adresser les lettres à Mr le Directeur
TOLES ONDULÉES GALVANISÉES Pour Couvertures
Prix défiant toute Concurrence

GRANDS RABAIS
POUR LIVRAISONS SUR LES MOIS D'HIVER

Engrais de l'Usine municipale de la Voirie de Bondy

TOURTEAUX ORGANIQUES
MOULUS

Dosage : 1.50 à 2 %, d'azote et 4 à 5 % d'acide phosphorique.

S'ADRESSER AU

Comptoir Agricole et Commercial
9, RUE NOUVELLE, 9, A PARIS

BROYEURS & PRESSOIRS SIMON
Pour Pommes, Poires, Raisins, etc. Matériel complet pour cidreries et vinification.
SIMON & FRÈRES, Constructeurs-Mécaniciens-Fondeurs à Cherbourg
MÉDAILLE D'OR, PARIS 1889
GUIDE PRATIQUE de la Production et de la
Fabrication des Cidres
et Poirés envoyé gratis et fⁿ
BARATTES, MALAXEURS, LISSEUSES SIMON et MATÉRIEL complet pour la Fabrication et
l'Exportation des beurres et fromages.
MANÈGES de toutes forces
Envoi franco du Catalogue

MANUFACTURE CENTRALE d'INSTRUMENTS
AGRICOLES & VITICOLES EN TOUS GENRES
EMILE-PUZENAT
CONSTRUCTEUR à BOURBON-LANCY (SAÔNE & LOIRE)
CATALOGUE FRANCO SUR DEMANDE

ANÉMIE CHLOROSE, FAIBLESSE **FER QUEVEN**
Guéries par le **VRAI**
Seul approuvé p' l'Académie de Médecine, Paris, 14, r. Beaux-Arts, notice.

PRÉSERVEZ VOS ANIMAUX DOMESTIQUES,

de toutes les Épizooties et Maladies contagieuses par
la Désinfection des Écuries, Étables, Porcheries

PAR LE

CRÉSYL-JEYES

Désinfectant — Antiseptique, le seul (non
toxique), qui soit d'une efficacité scientifiquement démontrée. Le CRÉSYL-JEYES a été récompensé par la Société des Agriculteurs de France
en 1891 d'une Médaille d'argent grand module.
Envoi franco sur demande du prospectus détaillé. —
CRÉSYL-JEYES, 35, Rue des Francs-Bourgeois, 35, Paris.

Se méfier des nombreuses contrefaçons.

M. RECOURAT, pharmacien à Beauvais.

Gale des moutons guérie radicalement
par *une seule application* de l'Antipsorique.

La bouteille, 3 fr. ; la 1/2 bout., 1 fr. 75.

Guérison du PIÉTIN par *un seul pansement* avec le Contre-Piétin-Recourat.

Le pot d'essai, 1 fr. 50 ; le pot, 2 fr. 50

Joindre 0 fr. 60 pour recevoir *franco*
et indiquer gare

ALIMENTATION DU BÉTAIL

Tourteaux de Coprah ou Coco

F. TASSY, E. ROCCA ET Cie

Fabricants d'huiles (producteurs directs
de Tourteaux)

23, RUE HAXO, MARSEILLE

Deux médailles d'or, Anvers 1894

Envoi de Prix-Courants et Échantillons sur demande

CHEVAUX BOITEUX

Guérison par le spécifique BORNET

Contre **Capelets, Mollettes, Vessigons,
Éponges, Exostoses, Suros, Éparvins** e
les **Formes** à leur début. *(Il s'applique également à toutes les tares molles et osseuses.)*

PRÉPARÉ PAR **A. BORNET**

Pharmacien de 1re classe, ex-interne et lauréat des
hôpitaux.

19, rue de Bourgogne, PARIS.

Le flacon, **5** fr., à la pharmacie ; en gare
par colis postal, **6** fr. contre mandat.

ENGRAIS CHIMIQUES

DES

MANUFACTURES DE SAINT-GOBAIN

12 Usines :

CHAUNY (Aisne).	SAINT-FONS, près Lyon.
AUBERVILLIERS (Paris).	L'OSERAIE, près Avignon.
MONTARGIS (Loiret).	BALARUC, près Cette.
TOURS (Indre-et-Loire).	VALENCIA (Espagne).
MONTLUÇON (Allier).	HEMIXEM } (Belgique).
MARENNES (Charente-Inférieure).	MESVIN-CIPLY }

PRODUCTION ANNUELLE : 400.000.000 DE KILOS

Dosages garantis — Emballages marqués et plombés

SUPERPHOSPHATES DE CHAUX

ENGRAIS COMPOSÉS

Suivant les convenances des acheteurs pour toutes cultures

ENGRAIS COMPLET DE SAINT-GOBAIN

Efficacité éprouvée dans tous les sols et dans toutes les cultures

ENGRAIS SPÉCIAUX POUR LA VIGNE :

Engrais pour Vigne à végétation faible.

Engrais pour Vigne à végétation normale.

Engrais pour Vigne à végétation luxuriante.

*Adresser les ordres ou les demandes de renseignements à la DIRECTION
COMMERCIALE DES PRODUITS CHIMIQUES de SAINT-GOBAIN, 9, rue
Sainte-Cécile, Paris. — ou aux Agents de la Compagnie dans toutes les
villes de France.*

17e Année. — No 48.　　LE NUMÉRO. 10 CENTIMES.　　No 710　　Dimanche 29 Novembre 1896.

GAZETTE AGRICOLE

JOURNAL HEBDOMADAIRE, PARAISSANT LE DIMANCHE

Fondateur : M. CH. GOSSIN, Professeur d'Agriculture à l'Institut agricole de Beauvais

PRIX DE L'ABONNEMENT

UN AN, 5 fr. — SIX MOIS, 3 fr. — TROIS MOIS, 2 fr. 25

Pour l'Étranger les abonnements ne sont reçus que pour un an, au prix de 6 francs, et ne partent que du 1er JANVIER ou du 1er JUILLET de chaque année.

Le Numéro : 10 centimes.

Adresser toute la correspondance : mandats, lettres, annonces etc., à M. CRÉPEAUX, Directeur de la *Gazette agricole* 10 bis, rue Piccini, Paris.

Toute demande de changement d'adresse doit être accompagnée de 50 centimes et de la dernière bande du journal.

BUREAUX

97, rue de Rennes, Paris, et à Beauvais, rue Saint-Etienne.

Les abonnements partent du 1er de chaque mois et sont payables d'avance. Toute demande d'abonnement doit donc être accompagnée du prix de l'abonnement. (Le mode de payement le plus simple est l'envoi d'un mandat-poste.)

Donner *très lisiblement*, en s'abonnant, son nom et son a ressé exacte, *avec l'indication du bureau de poste*; et, s'il s'agit l'une continuation d'abonnement, joindre au renouvellement la dernière bande d'adresse du journal

Les Annonces sont reçues à la Direction du Journal, et chez MM. DUSSERIS et MATHELLON, 97, rue de Rennes Paris.

Sommaire :

BULLETIN COMMERCIAL

Le temps reste beau et froid.

Les marchés de l'intérieur indiquent, les uns du calme et de la baisse, d'autres au contraire de la hausse ou de la fermeté sur le blé.

Là où les travaux des champs se trouvent terminés, les apports de la culture ont repris de leur importance, ailleurs ils sont restés faibles ou tout au plus ordinaires et l'on signale presque partout de la résistance à baisser les prix.

Les menus grains continuent à dénoter de la fermeté.

Nous constatons toujours beaucoup de calme sur la farine dont les prix tendent à fléchir en présence de la difficulté de la vente. Les issues dénotent de la lourdeur.

On câble de Buenos-Ayres que la récolte du blé est estimée comme devant être de 20 0/0 inférieure à celle de l'année dernière.

Hier, la tendance est restée très ferme sur les marchés américains et les prix ont haussé de 3/8 à 2 3/8.

BOURSE DU COMMERCE DU MERCREDI 25 NOVEMBRE

	FARINES	BLÉS
Courant	46 50	21 15
Prochain	46 60	21 35
Nov.-Déc	46 75	21 65
4 de nov.	47 00	21 95
4 premiers	47 35	22 39

Marque de Corbeil : 50 fr. le sac de 150 kil. tolle à rendre.

Halle aux blés. — *Blés indigènes.* — Les affaires sont très calmes, les offres sont sensiblement plus nombreuses que mercredi dernier et les vendeurs sont obligés de faire une légère concession pour arriver à traiter quelques affaires. On cote les blés roux de 20,50 à 21 et les blés blancs de 21,25 à 21,50 les 100 kilos nets gare d'arrivée Paris.

Blés étrangers. — Toujours sans affaires.

Seigles. — Très peu d'affaires, mais cours soutenus par suite de la modicité des offres de la culture. On cote de 14,25 à 14,75 les 100 kilos nets gare d'arrivée Paris.

Orges. — Les offres ne sont pas importantes mais les acheteurs sont toujours aussi réservés; on cote ordinaire 15,50 à 16, moyennes 16,25 à 16,50 bonnes 16,75 à 17,50 les 100 kil. nets gare d'arrivée Paris.

Escourgeons. — Affaires toujours aussi nulles, on ne note comme affaires que des lots insignifiants traités de 17 à 17,50.

Sucres. — Les sucres sont calmes, les prix à peu de chose près les mêmes qu'hier.
Raffinés 98 à 98,50, roux 88° 25,50 à 25,75.

Marché de la Chapelle. — Marché assez bien approvisionné.
On cote : paille de blé 1re qté 30 à 32 fr., 2e qté 28 à 30 fr., 3e qté 26 à 28 fr.; paille de seigle 1re qté 32 à 34 fr., 2e qté 30 à 32 fr., 3e qté 28 à 30; paille d'avoine 1re qté 30 à 32 fr., 2e qté 28 à 30 fr., 3e qté 26 à 28; foin nouveau 1re qté 60 à 62 fr., 2e qté 57 à 60 fr., 3e qté 54 à 56 fr; foin vieux 1re qté 59 à 61 fr., 2e qté 55 à 59 fr.; 3e qté 51 à 55 fr.; luzerne nouvelle 1re qté 60 à 62 fr., 2e qté 57 à 60 fr., 3e qté 51 à 57 fr.; regain nouveau 1re qté 60 à 62 fr., 2e 57 à 60 fr., 3e qté 54 à 57.

Le tout rendu dans Paris, au domicile de l'acheteur, frais de camionnage et droits d'entrée compris par 104 bottes de 5 kil., savoir : 6 fr. pour foin et fourrages secs; 2 fr. 40 pour paille. Pourboire 1 fr. par 100 bottes.

Fourrages et pailles en gare. — Les arrivages se font assez régulièrement.

Il faut voir, par continuation, la belle paille de blé de 22 fr. pour les sortes réglées à 5 kil., et de 18 à 20 pour sortes réglées.

La paille d'avoine doit être vue entre 18 et 21 fr.

On cote sur wagon, par 520 kilogr., en gare d'arrivée à Paris :

Foin nouveau	42 à 44
Luzerne première qualité	41 à 43
Paille de blé	20 à 22
— de seigle pour l'industrie	24 à 26
— — ordinaire	20 à 23
— d'avoine	18 à 20

Pour les marchandises en gare, les frais de déchargement, d'octroi et de camionnage sont à la charge de l'acheteur.

POMMES DE TERRE

Hollande (100 kil.)	10 » à 11 »
Roses-Early	4 » à 5 »
Magnum-Bonum	5 » à 6 »
Rondes	6 » à 7 »

LINS. — Les 100 kilogr. — *Marché de Lille.*

	Communs	Ordin.	Supér.
Alost	148 à 153	154 à 157	161 à 166
Bergues	150 à 158	161 à 168	173 à 182

Fruits. — Figues fraîches, 50 à 60; poires Duchesses, 40 à 70; Beurré, 40 à 70; communes, 12 à 30; raisins Malaga d'Espagne, 70 à 80; raisin noir de Thomery, 1er choix 120 à 200; 2e choix 70 à 80; raisin blanc de Thomery, 1er choix 150 à 300; 2e choix 50 à 100; Noix Marbot, 50 à 55; pommes Canada, 45 à 50; communes, 25 à 35; oranges de Valence la caisse 28 à 30; citrons la caisse 30 à 32.

Légumes. — Choux, le cent 6 à 14; choux-fleurs, 8 à 30; tomates du Gard, 40 à 80; Haricots verts d'Hyères fins, 110 à 130; gros, 80 à 90; d'Algérie fins, 120 150; gros 120 à »; Endives de Bruxelles, 90 à 100; carottes les cent bottes. 10 à 20; navets, 10 à 20; poireaux, 15 à 35; champignons le kilo, 0.78 à 1 68; cresson le panier de 20 douzaines, 7 à 24; Oignons les 100 kilos, 20 à 25.

ENGRAIS ET PRODUITS CHIMIQUES

(LES 100 KILOS A PARIS)

Sang moulu	11/13	azote	18.85
Viande desséchée	9/11	—	14.30
Cornes broyées	12/14	—	18.20
Cuir désagrégé	7/9	—	9.00
Nitrate de soude	15/16	—	18.50
Nitrate de potasse	95	de pureté	45.00
	90	—	42.00
Chlorure de potassium	90	—	18.05
Sulfate de potasse	90	—	18.00
Sulfate d'ammoniaque	20/21	azote	21.00
Phosphates précipités	35/40	acid. phos.	19.66
	40/45	—	22.25
Superphosphates min.	9/11	—	6.70
	15/18	—	11.34
Superphosphates d'os	15/18	—	8.44
Poudre d'os		—	9.50
Sulfate de cuivre	98	de pureté	44.50

Prix moyen aux 100 kilog. des CÉRÉALES dans les Départements.

Région		BLÉ	SEIGLE	ORGE	AVOINE
Rég. du Nord-Ouest	Caen	20 55	10 75	14 50	15 00
	Lannion	20 65	10 50	13 50	14 00
	Morlaix	20 60	11 00	14 00	14 00
	Rennes	20 60	«	13 50	14 25
	Avranches	20 35	11 00	14 50	14 50
	Laval	20 50	10 50	14 00	15 00
	Lorient	20 45	11 25	14 00	13 00
	Alençon	20 40	11 00	14 00	14 00
	Le Mans	20 90	11 00	15 00	16 50
Région du Nord	Soissons	21 15	11 50	14 25	15 50
	Evreux	20 50	12 25	14 25	15 50
	Chartres	20 60	11 0	15 50	14 50
	Lille	2 35	10 50	14 25	15 50
	Compiègne	21 70	12 50	15 00	16 00
	Beauvais	21 40	12 00	16 00	16 50
	Arras	21 00	10 75	14 50	15 00
	Paris	21 30	11 75	14 00	16 00
	Versailles	21 00	12 50	16 25	14 75
	Rouen	21 50	12 50	15 50	16 50
	Amiens	21 10	12 00	16 00	17 00
Rég. du N.-E.	Mézières	20 60	12 25	15 00	16 00
	Nogent-s-Seine	20 20	12 00	16 00	15 50
	Châlons-sur-Marne	19 50	11 0	14 50	15 50
	Langres	20 00	11 0	15 50	5 00
	Nancy	19 90	11 0	15 50	16 00
	Bar-le-Duc	20 00	13 00	16 25	15 50
	Neufchâteau	19 60	11 00	15 00	15 50
Région de l'Ouest	Ruffec	20 35	10 50	14 00	15 00
	Marans	19 30	10 75	14 00	14 00
	Niort	19 85	10 25	14 00	15 00
	Tours	20 80	11 00	14 00	14 25
	Nantes	20 80	13 00	14 00	15 00
	Anger	20 00	12 00	13 50	15 00
	Luçon	19 65	10 25	14 00	14 00
	Poitiers	19 50	11 00	14 50	
	Limoges	19 00			15 00
Région du Centre	Moulins	19 90	10 75	14 75	14 50
	Bourges	19 00	12 00	15 50	14 50
	Aubusson	19 90	10 75	14 00	14 00
	Châteauroux	19 70	11 50	15 00	13 50
	Orléans	19 85	11 50	15 00	14 50
	Blois	19 50	10 00	15 75	16 00
	Nevers	19 90	10 50	15 25	15 50
	Clermont Ferr.	19 00	10 50	15 00	14 00
	Sens	19 7	12 00	15 00	14 25
Région de l'Est	Bourg	20 10	10 50	14 00	15 00
	Dijon	20 20	13 00	15 75	15 00
	Besançon	19 60	12 50	14 50	14 50
	Grenoble	19 70	10 50	14 00	14 50
	Dôle	20 00	11 50	11 75	15 00
	Saint-Etienne	19 75	12 00	14 50	15 50
	Lyon	20 00	13 25	14 50	15 50
	Mâcon	19 20	13 00	14 00	14 50
	Vesoul	19 10	11 50		15 00
	Chambéry	19 00	10 50	»	15 00
	Annecy	19 00	»		
Région du Sud-Ouest	Pamiers	19 75	«		14 50
	Périgueux	19 50	11 50	14 00	15 00
	Toulouse	19 00	12 00	15 00	15 25
	Auch	19 30	11 00	14 00	16 00
	Bordeaux	19 95	11 50	14 25	15 00
	Dax	19 50	11 25	14 00	15 50
	Agen	19 25	13 00	15 00	15 00
	Bayonne	19 00	12 00	15 00	15 25
	Tarbes	19 50	11 00	»	
Région du Sud	Carcassonne	19 70	13 25	15 00	16 00
	Rodez	19 00	12 00	«	15 50
	Mauriac	19 50	11 00	»	15 50
	Tulle	19 90	11 25	»	15 00
	Montpellier	19 95	11 50	»	15 00
	Figeac	19 50	11 00	14 25	15 25
	Mende	18 85	11 25	14 50	15 50
	Perpignan	19 85	11 00	14 00	15 00
	Albi	19 50	12 50	15 50	15 50
	Montauban	19 30	12 25	14 00	15 25
Région du Sud-Est	Gap	19 75	12 00	15 75	16 00
	Manosque	19 75	11 50	15 00	15 50
	Nice	19 50	11 50	14 50	15 00
	Privas	19 40	11 50	14 50	15 50
	Ariège	19 9	11 50	14 50	15 50
	Montélimar	19 10	11 25	14 75	15 50
	Nîmes	19 50	12 00	15 00	15 50
	Le Puy	19 50	2 25	16 00	15 00
	Draguignan	19 50	12 00	14 00	16 00
	Avignon	20 35	13 50	14 50	17 00

Prix en francs des 100 kilos du blé sur les principaux marchés du monde

	cette semaine	la semaine dernière	Droit d'entrée par 100 kilos
Berlin	22.50	22.37	4.35
Londres	15.50	15.50	Néant
Vienne	15.13	15.13	3.75
Anvers	18.37	18.17	Néant
New-York	18.00	17.98	4.90
Chicago	15.49	16.19	4.90
Paris	21.20	21.10	7.»»

Tourteaux. — Cours de la maison P. Marchand frères, à Dunkerque (Nord):

TOURTEAUX A NOURRIR

	Dispon.	A livrer
Coton de graines d'Egypte	9 50	9 50
Sésame blanc	14 50	14 50
Arachide décortiquée	17 50	18 00
Colza à nourrir	13 00	13 50
Colza du pays	14 50	14 50
Œillette du Levant	10 50	10 »»
Œillette blanche de Turquie	11 50	12 00
Lin 1re qual. de Bombay g. form.	14 75	14 50
Lin 1re qual. de Bombay p. form.	15 50	15 75

TOURTEAUX-ENGRAIS

Arachide décortiquée	15 00	15 00
Cameline	»» »»	»» »»
Colza des Indes en poudre	»» »»	»» »»
Colza ravison	9 25	9 25
Colza jaune Gutzerat	12 00	12 50
Kurrachée	»» »»	»» »»
Niger	»» »»	»» »»
Pavot	11 00	11 50
Sésame, blanc	10 25	10 25
Sésame noir	»» »»	»» »»
Coton en farine	9 00	9 00

Nos prix s'entendent pour tourteaux en planches, rendus en gare de Dunkerque.

Paiement à 90 jours ou à terme plus éloigné suivant convention expresse.

Le concassage se paie 0 fr. 25 et la mise en poudre 0 fr. 40 aux 100 kilos. Dans ce cas, les sacs sont facturés à 0 fr. 35 pièce, et repris au prix de facture, quand ils sont rendus en bon état et franco, dans les 30 jours de l'expédition.

FROMENTINE :

	100 kil		100 kil.
Marque A	13.00	Marque L	15.»»
Marque B	14.00	Marque E	15.50
Marque J	14.50		

Les 100 kilogs sur wagon St-Quentin, sac à retourner ou à facturer.

BEURRES. (le kilogr.)

BEURRES EN MOTTES			BEURRES EN LIVRE		
Isigny extra	4 80	6.18	Bourgogne	1.80	2.10
— demi-fin	3.30	3 40	Gâtinais	2.00	2.40
M. d'Isigny	2.70	3 2	Vendôme	1 80	2 40
du Gâtinais	1.90	2 20	Beaugency	1.80	2.40
de Bretagne	1.80	2.00	Ferme	2.20	2.80
Laitiers Jura	1 70	2.50	Tours	2.00	2.40
de Charente	2 20	2.80	Le Mans	1.80	2.10
des Alpes	2.10	2 40	Touraine fausse	1.80	2.10

ŒUFS. — (le mille).

Normandie ext	115 à 145		Bourgogne	100 à 105	
Picardie —	145 à 156		Champagne	98 à 10»	
Brie —	125 à 115		Nivernais	95 à 100	
Touraine	115 à 142		Bourbonnais	91 à 98	
Beauce	120 à 128		Bretagne	95 à 100	
Orne	110 à 115		Vendée	95 à 98	
Picardie	103 à 120		Auvergne	92 à 96	
Châtellerault	88 à 110		Midi	93 à 116	

FROMAGES.

Brie hautes marq.	60	76	Roquefort	160	220
Brie gr. m. (10)	45	55	Gruyère (100 k.)	90	175
— m. m.	30	35	Coulommiers (100)	35	54
Petits Nanteuils	18	25	Gournay (100)	10	22
Brie laitiers	22	25	Livarot (le 100)	80	120
Gérardmer (100 k.)	95	110	Bourgogne (100)	75	85
Hollande	160	180	Camembert (10.)	40	67
Bondons (100)	100	160	Munster (100)	125	145
Cantal	130	145	Port-Salut	160	180

VOLAILLES

Poulet Brest dit moelleux	2.25	4 50	Pigeon Macon	1.50	2.00
Poulets Nant.	2 00	3.00	Canars Nantais	2.50	3.00
Poulets Tour.	2.50	4.50	Dindes Tourr.	8.00	15.00
Poulets Houdan	5.00	5.75	Oies	5.00	7.50
Pigeons d'Italie	80	1.25	Lapins dom.	2.70	3.25
			Lapins garenne	1.50	2.00

HOUBLONS. — Les 50 kilogr.

Alost primé	25.00 à 27.00		Wurtemberg	40.00 à 42.00
Bourgogne	30.00 à 40.00		Altmark	75.00 à 100.00
Poperinghe	25.00 à 30.00		Alsace	35.00 à 75.00

VINS — BERCY

Rouges			Blancs		
B. Bourg. vieux	140 à 155		Bordeaux	125 à 150	
Touraine	105 à 115		B. Bourg	150 à 190	
Bord. vieux	130 à 160		Sancerre	130 à 135	
Algérie	26 à 32		Chablis	200 à 350	
Cher	110 à 135		Anjou	120 à 135	
Chinon	125 à 180		Pouilly	350 à 300	
Narbonne	32 à 38		Vouvray	155 à 195	

Prix des Produits Forestiers à Paris.

Bois de feu (Octroi non compris)	Falourde de pin	100 à 110	le cent.
	Bois de flot	105 à 110	le déca.
	Bois gris neuf	170 à 130	—
	Bois blanc	105 à 140	—
Bois d'œuvre (Octroi compris)	Chêne gros bois	105 à 110	le m. cube
	— moyen bois	60 à 70	—
	— petit bois	30 à 45	—
	Charme, plateaux	50 à 60	—
	Sciage, Entrevaux	175 à 210	les 208 m.
	de Échantillons	220 à 230	—
	chêne. Frise	28 à 30	104 m

La suite des marchés se trouve à la Correspondance.

L'ANNÉE AGRICOLE ET AGRONOMIQUE
pour 1896.

Cet ouvrage dont la première édition avait été honorée de tant d'éloges vient de paraître pour la seconde fois. Nous nous sommes attachés à tenir le plus grand compte des critiques et des vœux qui nous ont été adressés. Nous croyons sincèrement que l'*Année agricole et agronomique* est maintenant conçue sur un plan définitif. C'est la revue impartiale et fidèle de tous les travaux agricoles de l'année tant en France qu'à l'étranger, qu'ils émanent des individus ou des sociétés. La classification de la table permet de trouver immédiatement les renseignements désirés sur tel ou tel objet.

Nous avons voulu doter chaque année l'agriculture nationale d'une encyclopédie aussi complète et facile à consulter que possible, si nous en croyons nos confrères, notre but est atteint, nous attendons la sanction de nos lecteurs.

Nous l'offrons en prime à nos abonnés au prix de 2 fr. 50 franco de port au lieu de 4 francs.

Ceux de nos abonnés qui désirent l'**Année agricole et agronomique** de **1895** et celle de **1896** recevront les deux volumes franco dans la gare la plus voisine contre 4 fr. 50.

Adresser les demandes à M. Crépeaux. 10 *bis*, rue Piccini, Paris.

Almanach de la France rurale pour 1897.

En vente aux bureaux de la *Gazette* : 0 60 centimes l'exemplaire *franco*. Remises pour quantités importantes.

Avis aux lecteurs. — La *Poudre de Rogé*, approuvée par l'Académie de médecine, est le plus agréable des purgatifs, celui qui convient le mieux aux dames, aux enfants et aux tempéraments délicats.

« La poudre de Rogé peut, dans presque tous les cas, remplacer les autres purgatifs. » (Répertoire de Pharmacie.) — Éviter les produits similaires dont le nom peut prêter à confusion. Fab.: 19, rue Jacob, Paris. Dépôt: 9, rue du Quatre-Septembre, et toutes les pharmacies.

Prix du flacon : 2 fr.

CHRONIQUE POLITIQUE

Ainsi que nous l'avions prévu, le Sénat a fait à la loi Trouillot l'accueil prédit par M. Méline. Le sénateur radical a vivement adjuré le Sénat d'emboîter le pas à ses amis du Palais-Bourbon en votant l'urgence d'une loi dirigée contre lui; 212 sénateurs ont décidé que la loi Trouillot attendrait son tour, qui viendra quand cela leur plaira. Le cabinet Méline, bien entendu, la laissera dormir en paix et ses ennemis ont été réduits à chercher d'autres sujets de querelles dans le débat sur le budget. Jusqu'à ce jour, ils n'ont rien trouvé qui vaille.

Le budget de 1897. — Le débat relatif à ce budget, qui a duré toute la semaine, n'a été, d'un bout à l'autre, jusqu'à ce jour, qu'une répétition pour ainsi dire machinale des débats sur les budgets antérieurs depuis dix ans. On commence par déclarer en principe la nécessité des économies et en pratique on continue de n'en voter aucune. On rogne quelques milliers de francs sur un chapitre pour en ajouter un peu plus sur tel ou tel autre. Dans ces réductions et augmentations ainsi proposées, un mobile seul est visible: se tailler une petite réclame électorale sur le dos des bons contribuables.

Il serait puéril d'aborder au pied levé à l'occasion du budget, des sujets de réforme qui, pour aboutir nécessiteraient de longues et mûres études préparatoires. Les improvisations puériles n'ont pas manqué dans le débat du budget de 1897. A propos du budget général, on a réclamé la réforme des abus des paperasses, la diminution de l'armée dévorante des fonctionnaires inutiles, comme si une telle réforme pouvait être réalisée du jour au lendemain lorsqu'on ne s'en occupe jamais dans le cours des sessions.

En abordant le budget des affaires étrangères, M. Millerand, au nom des socialistes, a sommé M. Hanotaux de faire connaître au pays l'état exact de nos rapports avec la Russie, prétendant que, dans une république, le peuple dit souverain, doit tout savoir et qu'on ne doit lui cacher rien sous peine de manquer de respect à sa chère souveraineté. Cette fumisterie n'a pas réussi. La majorité a compris qu'aujourd'hui comme hier et probablement comme demain, les affaires internationales ne se traitent point de cette façon et que les procédés diplomatiques nous sont encore indispensables pour défendre nos intérêts contre les intérêts opposés des puissances étrangères, plus puissantes que nous.

Dans le même budget, les jacobins, par l'organe du F∴ Hubbard, ont réédité leur cliché annuel demandant la suppression de notre ambassadeur auprès du Pape; 350 voix ont montré que ce vieux cliché perd tous les ans de son crédit.

Le budget de l'instruction publique a provoqué un débat insignifiant, à la place de débats beaucoup plus graves qu'eût dû provoquer le rapport de M. Bouge qui contient les aveux les plus écrasants sur la décadence continue des lycées parallèlement aux dépenses énormes qu'on leur consacre, et la progression constantes des écoles libres catholiques; les abus criants des *bourses* de faveur — au nombre de 18 000 — monnaie électorale des députés et sénateurs ministériels; les progrès effrayants de l'armée des déclassés qui, en retour de leurs diplômes, réclament des emplois à raison de un emploi disponible sur des milliers de postulants; des palais scolaires ruineux pour l'Etat et les communes qui restent vides partout où les catholiques peuvent ouvrir à côté une école libre. Voilà un budget où une saignée de 100 millions ferait honneur à nos maîtres, mais au contraire, ils l'ont encore grevé de 4 millions pour assurer la victoire des écoles sans Dieu sur les écoles chrétiennes.

A l'occasion des facultés, M. d'Hugues demandait la suppression du budget de la faculté protestante à l'Université de Paris, comme conséquence logique de la suppression *des* facultés catholiques. M. Rambaud a trouvé, pour maintenir cette criante anomalie, des sophismes qui ne valent pas la peine d'être relevés. La vraie raison c'est que les francs-maçons s'accommodent bien de l'alliance des protestants dans leur guerre contre le catholicisme. Voilà tout.

Sur le budget de l'agriculture en discussion à l'heure où nous écrivons ces lignes, nous n'avons rien à dire aujourd'hui, sinon qu'il donnera lieu à des débats raccourcis et que la question vitale pour la *grande victime* ne sera pas même abordée.

Au reste, personne n'est dupe des artifices par lesquels on cherche à nous leurrer sur l'issue de ce débat. Les acteurs eux-mêmes de cette comédie le disent tout haut dans les coulisses. Le budget de 1897 sera comme tous ses devanciers. Après avoir promis un budget de réforme, on aboutira à un budget d'*attente* pour ne pas dire de déception. C'est le mot consacré. La raison en est bien simple. Les mêmes causes ne peuvent cesser de produire les mêmes effets. Nos ruraux qui attendent le salut de l'agriculture d'un régime qui met en péril les intérêts vitaux à l'ordre social, ne nous reprocheront pas, au moins, de leur avoir caché la vérité. L'impuissance des bonnes intentions de M. Méline achèvera la démonstration. Après cela auront-ils le courage de tirer la conclusion aux élections de 1897? Dieu seul le sait !

Élection d'un député à Bordeaux

Dimanche dernier le scrutin de ballottage a donné les résultats suivants électoraux :

Inscrits : 21.237 ; votants : 1.241 seulement. — M. Ferret agriculteur, radical, élu par 6.080 voix, contre M. Decrais, candidat ministériel qui en a eu 5,243. 45 0/0 d'abstentions!

M. Ferret, le nouvel élu, est décédé au moment où on proclamait son élection.

Cette élection, en dehors de son issue funèbre et du nombre énorme des abstentions, a un caractère nouveau digne d'être signalé. La candidature de M. Ferret était le résultat d'un accord entre les socialistes et de nombreux électeurs chrétiens, accord par lequel les socialistes s'engageaient à revendiquer pour les élèves des écoles libres un droit égal à celui des élèves des écoles laïques aux subventions officielles pour fournitures écolières, et à appliquer le même principe d'égalité dans la distribution des secours par les bureaux de bienfaisance.

Nous ne sommes pas suspects de partialité en faveur du parti radical et socialiste. Mais la justice nous oblige à avouer que, dans cette circonstance, les socialistes bordelais ont eu le louable mérite de donner une leçon sévère et cent fois méritée aux municipalités sectaires qui, sur ces deux points importants, sacrifient cyniquement le principe sacré d'égalité pour tous les citoyens.

Malgré leur fanatisme irréligieux, et à leur instinct de despotisme et de persécution sur ce point capital au moins, les socialistes ont prouvé qu'ils étaient les vrais modérés, plus modérés en tout cas que leurs adversaires qui arborent le drapeau menteur de la modération.

L'impôt sur le revenu.

M. Doumer accompagné de M. Bourgeois promène aujourd'hui de ville en ville sa panacée financière, dite impôt sur le revenu, et s'efforce de persuader aux masses populaires que ce régime les affranchira des impôts personnels et de celui des portes et fenêtres; et que les petits cultivateurs seront exempts de l'impôt foncier pour les terres qu'ils cultivent.

La *Démocratie rurale*, sous ce titre « Voulez-vous casser les reins à l'impôt Doumer », indique à tous ses lecteurs un moyen infaillible d'y réussir.

Il suffirait au premier venu d'entre eux de se faire communiquer le tableau des contributions de sa commune et d'en déduire du montant des impôts fonciers, celui des centimes additionnels de toute nature, impôts sur les mutations, prestations en nature, etc.

M. Bozerian, député du Loir-et-Cher, a fait ce relevé pour la commune de Saint-Denis, près de Blois, et a montré par un exposé précis des faits et des chiffres que la réduction des impôts ne dépasserait pas 5 0/0 pour la masse des contribuables. M. Kergall engage tous les syndicats désireux de *casser des reins* à l'utopie Doumer, à faire un calcul

semblable sur les impôts payés par une commune quelconque. Les chiffres officiels les dispenseront de toute autre réfutation. « Partout, dit-il, où le contribuable le plus *ébloui* par ces promesses sonores et creuses de M. Doumer, a eu sous les yeux ces chiffres précis, il a été retourné comme un gant ».

L'appel de M. Kergall mérite d'être entendu. On aurait tort de croire que l'absurdité de l'utopie Doumer ne suffit qu'à la faire repousser par les masses électorales. Une expérience démontre aujourd'hui que les foules sont les dupes des charlatans qui flattent leurs ignorances et leurs convoitises, et que l'inaction des gens sensés et honnêtes est leur plus sûr moyen de succès.

Le prix du pain
au Conseil municipal de Paris.

Les agriculteurs n'apprendront pas sans quelque étonnement que le Conseil municipal de Paris a émis un vœu pour la diminution du droit de douane sur les blés étrangers.

Ce vœu, qui semble un défi au bon sens et dénote une ignorance inouïe de la situation de nos campagnes, a été motivé par le prix actuel du pain.

En effet, le prix du pain à Paris est trop élevé proportionnellement au prix des farines. A qui la faute?

La principale cause de cette cherté est due, selon nous, aux taux élevés de location des boutiques et des fournils, au taux élevé des salaires des ouvriers boulangers. Les ouvriers de Paris, on le sait, voudraient le pain à bon marché parallèlement aux surélévations de salaire qui en augmentent le prix de revient. Les conseillers municipaux cultivent la logique des choses de la même façon.

La ruine de l'agriculture leur est absolument indifférente. Lisez leurs journaux et leurs orateurs: même à la Chambre, à les entendre, la production du blé n'intéresse qu'une minorité de gros propriétaires, non la grande masse des moyens et petits agriculteurs. Cela est tout simplement idiot; mais cela est ainsi C'est ce qui explique le vœu émis par le sénat de la Ville Lumière!

Heureusement la France rurale n'est pas encore soumise à ses lois.

Les juges de paix.

Le Sénat a voté une loi qui élève à 300 francs le maximum des sommes pour lesquelles les juges de paix pourront statuer en dernier ressort, et à 600 francs, les sommes pour lesquelles ils pourront statuer, mais en premier ressort seulement.

Mais cette loi est loin de répondre aux plus pressants besoins de réformes de la loi sur les juges de paix.

La conscience publique reproche justement au régime actuel, de laisser la nomination de ces magistrats à l'arbitraire ministériel qui les choisit parmi leurs courtiers électoraux sans le moindre souci des aptitudes et des titres moraux qui devraient décider du choix de ces magistrats. La politique opportuniste a galvaudé indignement au profit de ses convoitises, au mépris de tout droit et de toute justice, cette magistrature si populaire, justement honorée, jadis, du respect public.

Pour relever à tous les points de vue les justices de paix, la loi devrait rappeler les candidats à des épreuves sérieuses d'instruction, de capacité et d'honorabilité, et leur conférer l'inamovibilité, garantie indispensable de leur indépendance vis-à-vis des coteries politiques dont la domination égoïste sacrifie toutes les lois et tous les droits à ses convoitises et à celles de ses parasites.

Voilà la réforme que réclame la conscience publique dans les justices de paix. C'est aussi au nom du véritable esprit républicain que cette réforme devrait être réclamée de nos maîtres. Mais pour eux, l'esprit républicain, l'arbitraire et la corruption sont affublés de l'étiquette *républicaine*.

CHRONIQUE GÉNÉRALE

La loi sur les boissons.

Quoique cette loi soit jugée inapplicable, nous croyons devoir en citer le texte complet :

« Article premier. — La fabrication industrielle, la circulation et la vente des vins de raisins secs ou autres vins artificiels, à l'exception des vins de liqueurs et mousseux et des vins de sucre et de marc régis par l'article 3, sont exclues du régime fiscal des vins et soumis aux droit et régime de l'alcool pour leur richesse alcoolique totale acquise ou en puissance.

« Art. 2. — Les raisins secs à boisson ne pourront circuler qu'en vertu d'acquits-à-caution garantissant le payement du droit général de consommation, à raison de 30 litres d'alcool par 100 kilos, s'ils sont à destination des fabricants, et le payement des droits de circulation à raison de 6 francs par 100 kilos, s'ils sont à destination des particuliers pour leur consommation de famille.

« Art. 3. — La fabrication et la circulation en vue de la vente des vins de marc et des vins de sucre sont interdites.

« Cette interdiction est applicable aux cidres et poirés produits autrement que par la fermentation des pommes et poires fraîches, avec ou sans sucrage.

« La détention à un titre quelconque de ces vins, cidres et poirés est interdite à tout négociant, entrepositaire ou débitant de liquides.

« Les boissons de cidre d'un degré alcoolique inférieur à trois degrés ne seront pas comprises dans cette interdiction.

« La détention visée par le paragraphe 3 du présent article n'est pas interdite lorsqu'elle n'a pas lieu en vue de la vente.

« Art. 4. — Sont punies des peines portées à l'article 1er de la loi du 28 février 1872 :

« 1° Toute infraction aux dispositions des articles 1, 2 et 3 de la présente loi;

« 2° Toute déclaration d'enlèvement de boissons faite sous un nom supposé, ou sous le nom d'un tiers, sans son consentement, et toute déclaration ayant pour but de simuler un enlèvement de boissons non effectivement réalisé.

« Art. 5. — Les dispositions de l'article 463 du Code pénal sont applicables aux infractions à la présente loi.

« Art. 6. — La présente loi est applicable en Algérie et dans les colonies.

« Elle n'entrera en vigueur que six mois après sa promulgation au *Journal Officiel*. »

Cette loi, on le voit, aura pour effet inévitable de priver la majeure partie de nos populations ouvrières et agricoles de leurs breuvages économiques traditionnels. A-t-on la naïveté d'espérer qu'elles les remplaceront par des vins de pur raisin, pour peu que ceux-ci obtiennent les hauts prix visés par les promoteurs de cette loi? L'avenir ne tardera pas à nous le dire. Heureusement les petits cidres et les petits vins ont encore un répit de six mois. Aux producteurs et aux consommateurs d'en profiter.

Concours agricole de Paris.

Nous avons annoncé d'après le *Journal Officiel* que le prochain concours général agricole se tiendra au Champ-de-Mars, du 5 au 14 avril 1897, et qu'il comprendra comme les concours précédents, outre les animaux reproducteurs et engraissés de toutes races, les produits végétaux de toute nature, vins, cidres, eaux-de-vie, etc.

Il nous reste à annoncer que les exposants doivent adresser leurs déclarations au ministère de l'agriculture, aux dates suivantes :

Pour les animaux, les instruments, les produits agricoles et horticoles, le 15 janvier au plus tard.

Pour les vins, cidres, eaux-de-vie, etc. à la même date du 15 janvier, mais à la préfecture de leur département. Les exposants trouveront au ministère et dans les préfectures, des formules imprimées de déclarations.

Comme l'an dernier, les producteurs seuls de vins, cidres, poirés, etc., seront admis à exposer. Leurs échantillons consistant en deux bouteilles, seront accompagnés d'une note indiquant le cépage, ou les variétés de pommes qu'ils cultivent, l'abondance de leurs cultures, etc. Les échantillons seront réunis et classés pour être exposés collectivement par des commissions présidées par les professeurs d'agriculture.

Les exposants de vins blancs pourront être autorisés à exposer d'autres échantillons pour être dégustés par les visiteurs, mais les dégustations payantes sont interdites.

Nous regrettons cette prohibition qui ne peut qu'entraver les débouchés, en vue desquels les producteurs s'imposent les lourdes dépenses d'une exposition.

Police de la pêche.

Un décret présidentiel rendu sur la demande de M. Méline, confie la surveillance et la police de la pêche dans tous les cours d'eau à l'administration forestière. Cette police ne reste dans les mains des ponts et chaussées, que dans les canaux soumis à sa direction.

On se plaint partout des braconniers d'eau et de l'absence de toute surveillance de la part des agents chargés de cette police. L'administration forestière réussira-t-elle mieux que celle des ponts et chaussées? Nous le désirons ardemment, en tout cas, elle ne pourrait rester au-dessous de sa devancière dans cette fonction importante.

Société d'agriculture de l'Allier. — Cette importante société tiendra à Moulins, dans les premiers jours de janvier un concours d'animaux gras de boucherie et d'animaux reproducteurs de toutes races, mais où la race charollaise-nivernaise jouera naturellement le principal rôle. Il y aura en outre des expositions d'instruments et de produits. Les concours de l'Allier rivalisent d'importance avec ceux de Nevers.

Société dite d'encouragement à l'agriculture. — Cette société que nous qualifions de découragement à l'agriculture est dirigée par un Conseil d'administration qui nous donne un échantillon instructif de son dévouement aux familles laborieuses de nos campagnes. Ce Conseil présidé par M. Graux émet le vœu que la loi sur les boissons soit votée dans sa rigueur primitive, en supprimant les exceptions qui y ont été introduites en faveur des ménages qui fabriquent eux-mêmes leurs boissons avec des marcs, des raisins, et autres résidus. Ces braves gens devront ne boire que de l'eau. Voilà l'encouragement que leur offre cette intéressante société politico-agricole présidée par M. Graux.

Exposition et concours de volailles à Londres. — Cette importante exposition aura lieu le 8 décembre à Islington Haller. Il y aura deux classes spéciales pour les races de gallines françaises.

Les éleveurs désireux de prendre part à cette exposition, peuvent s'adresser pour se renseigner à Mme Loüy de Lobel, rue Joubert, 32, à Paris, chargée de leur faciliter l'envoi et l'admission de leurs lots de volailles.

La foire aux vins dans l'Yonne.

On annonce une foire avec exposition des vins de l'arrondissement de Tonnerre, qui se tiendront dans cette ville samedi 28 novembre; et une foire analogue qui se tiendra à Auxerre le dimanche 30. Avis aux amateurs des vins de l'Yonne.

Exposition internationale d'aviculture.

Cette exposition organisée par la Société des Aviculteurs français, se tiendra du 12 au 15 décembre, au palais de l'Industrie. Il y aura deux cent cinq catégories d'animaux de toute race y compris les races de chasse. — Récompenses nombreuses et importantes. — Ecrire au secrétariat de la Société des aviculteurs français, rue de Lille, 11, et accompagner chaque demande d'un mandat de 3 francs pour chaque couple de candidats.

Ecole fromagère et beurrière de Poligny.

Cette importante école qui a réalisé des progrès sérieux dans la fabrication des fromages et des beurres du Jura, ouvre une série de cours du 18 au 30 novembre. Les leçons théoriques sont toujours accompagnées d'exercices pratiques. — Ecrire au directeur pour savoir à quelle époque on peut se présenter pour suivre les cours et expériences dans toute leur durée.

Congrès des vétérinaires.

Au congrès de vétérinaires qui s'est tenu à Paris cette semaine, sous la présidence de M. Trasbot, directeur de l'école d'Alfort, les congressistes ont discuté longuement les questions relatives à la police sanitaire à exercer, tant dans l'intérieur des fermes que sur les marchés, sur les bestiaux étrangers à leur entrée en France.

Le ministère de l'agriculture est saisi des conclusions et des vœux auxquels ont abouti les travaux de ce congrès. Nous en donnerons un aperçu prochainement, surtout en ce qui concerne les améliorations nécessaires dans le service de surveillance sanitaire qui laisse encore beaucoup à désirer en France.

Les viandes d'Amérique dans le Nord.

Les éleveurs du Nord se plaignent vivement de la concurrence que leur font les viandes congelées importées d'Amérique dont les importations s'accroissent sans cesse. Dans les sept premiers mois de cette année il en est entré près de 6 millions de kilos et les bouchers les vendent comme viandes fraiches au détriment des viandes du pays.

L'Agriculture du Nord, au nom des éleveurs du pays, demande que les bouchers soient astreints à apposer sur les viandes congelées un écriteau indiquant clairement leur qualité et leur origine.

« On ne peut pas être moins exigeant, ajoute-t-elle. Cependant nous craignons qu'il ne nous faille attendre longtemps avant de voir appliquer ce remède. »

Cela est en effet fort à craindre : on a toujours le temps d'attendre quand il s'agit des réclamations des agriculteurs!

NÉCROLOGIE

Nous apprenons avec un vif regret la mort de M. Pierre Nove-Josserand, propriétaire agriculteur à Saint-Romain de Popey, près de Tarare.

M. Nove-Josserand a été pendant trente ans un intelligent collaborateur de M. de Saint-Victor dans la direction du Comice de Tarare, dont il était archiviste; et il a une part notable des mérites de ce Comice, qui a élevé l'agriculture de son canton au premier rang dans la région lyonnaise.

Nous perdons en M. Nove-Josserand un abonné qui nous a honoré de ses sympathies pendant vingt-cinq ans. C'est dire que nous associons nos condoléances à celles de ses collègues de ce Comice qui nous honora toujours de ses sympathies : nous les adressons du fond du cœur à son fils et à toute sa famille.

Nous avons à déplorer la mort de M. Camille Decauville, propriétaire-agriculteur à Tigery (Seine-et-Oise). Il était l'un des cinq frères Decauville qui, depuis cent ans, représentent de père en fils l'agriculture, à la fois traditionnelle et progressive dans les environs de Paris. Il était l'oncle de M. Paul Decauville, sénateur, agriculteur lui aussi de père en fils à Petitbourg, en même directeur de la grande fabrique de chemins de fer portatifs.

Nous apprenons aussi avec regret la mort de M. Gaston Percheron, bien connu dans la presse agricole pour les articles où il traitait avec une compétence très appréciée les sujets d'agriculture, d'économie rurale et d'hygiène du bétail.

M. Percheron a succombé au moment où il commençait la publication d'un dictionnaire populaire d'agriculture.

Le public agricole perd en lui un écrivain qui possédait à un degré remarquable, l'art de se faire comprendre de toutes les classes de lecteurs.

CHRONIQUE AGRICOLE

Situation. — La saison.

Le temps est moins humide et pluvieux depuis le 20 novembre et la température est relativement assez douce pour la saison. Malheureusement, par cette température les terres qui ont été saturées d'eau par un mois pluvieux ne se dessèchent que très lentement ; et on ne peut songer à leur confier les semences de blé que lorsqu'elles seront dans un état plus avancé de dessiccation. C'est surtout dans les terres argileuses que cette dessiccation se fait attendre. Dans les terres légères à sous-sol perméable, on risque moins en semant à l'heure présente. Toutefois nous constatons avec un commencement de satisfaction la reprise des travaux de semailles, si fâcheusement retardés par une période pluvieuse de six semaines, — en conseillant de ne pas trop presser les opérations dans les terres trop humides.

Les autres travaux de la saison retardés aussi par les pluies, prennent une activité heureusement secondée par une douce température au moins dans la moitié du territoire. Les contrées les moins bien partagées sous ce rapport sont les contrées montagneuses du Jura des Vosges, des Cévennes, où les neiges couvrent une partie du territoire.

Dans les vallées baignées par les cours d'eau, les inondations du mois d'octobre ont causé des dégâts désastreux sur les habitations et les propriétés riveraines. Le million voté récemment pour les victimes sera d'un effet insignifiant comme toujours. Les meilleurs secours obtenus par les sinistrés ont été dus au dévouement des bateliers qui ont leur matériel dans les rivières navigables et dans les autres rivières par les courageux voisins qui ont pu mettre à leur disposition, à défaut de barques, un matériel de sauvetage quelconque. Les souvenirs de ces sauvetages sont bons à retenir pour en provoquer l'usage à venir, car les inondations d'hier ne sont probablement pas les dernières et nos descendants en subiront probablement d'autres aussi graves.

Les récoltes de betteraves.

On sait que l'arrachage des betteraves sucrières, et surtout leur enlèvement et leur mise en silos sont des opérations d'une importance majeure et très dispendieuses, même en temps ordinaire et surtout dans l'année actuelle, où un temps constamment pluvieux a maintenu les terres dans un état boueux qui les rendait inabordables aux instruments de transport.

De nombreux cultivateurs aux prises avec ces difficultés décourageantes ont eu recours pour les surmonter aux chemins de fer portatifs et aux wagons Decauville soit en location, soit en achats, mais en location pour le plus grand nombre et les essais ont donné généralement des résultats satisfaisants.

M. Brandin, agriculteur bien connu de Seine-et-Marne, renommé pour ses cultures de blés mélangés, a présenté à la Société nationale d'agriculture une étude comparative faite par lui des transports de betteraves effectués par ces attelages ordinaires de bœufs et des transports effectués par les rails et les wagonnets Decauville, dans les cultures de M. Jules Lecomte aux environs de Meaux. En tenant un compte rigoureux des dépenses respectives de matériel, de temps, de main-d'œuvre, afférents aux deux systèmes, M. Brandin a cru devoir conclure en faveur des transports par les wagons Decauville, au moins quand il s'agit d'une grande exploitation, comportant par exemple, au minimum, 40 hectares de betteraves à récolter et ensiler dans le cours de deux à trois semaines. En outre, même en cas d'égalité de frais entre les deux systèmes, l'avantage d'une rentrée plus rapide a une importance sérieuse parce qu'il permet d'abréger le retard toujours regrettable des semailles de blé qui succèdent aux betteraves. Cette dernière considération a, aux yeux de M. Brandin, une importance qui nous paraît justifier sa prédilection pour la rentrée des betteraves par les rails mobiles à voie étroite. En citant M. Decauville, comme le fabricant le plus en vue de ces précieux véhicules, nous ne devons pas oublier que plusieurs autres industriels fournissent aussi ces moyens économiques de transport aux agriculteurs, aux forestiers, aux exploitants de mines et carrières, etc., tels que M. Paupier, de Paris. En tout cas, les difficultés inouïes des rentrées de betteraves de la dernière récolte ont provoqué une étude pratique intéressante que nous devions mettre sous les yeux de nos lecteurs pour leur gouverne à l'avenir.

Travaux de reboisement dans les Alpes.

Les grands travaux de reboisement et de rectification des torrents entrepris dans les Alpes se poursuivent sans arrêt, mais avec une extrême lenteur dans certaines régions ; ils auront pour conséquence, en augmentant la richesse agricole des régions montagneuses, si peu favorisées sous tous les rapports, de retenir leur population dont la lente émigration vers les villes industrielles a toujours inquiété les économistes.

Si les travaux de reboisement sont poursuivis d'une manière relativement satisfaisante, il en est d'autres que l'on hésite à entreprendre et qui auraient cependant une importance capitale pour l'accroissement de la fortune publique : Nous voulons parler du colmatage des grèves torrentielles et de l'irrigation de vallons, plateaux, etc.

Pour des travaux de ce genre, il ne faut guère compter sur des combinaisons financières d'ordre privé, car il ne pourraient donner des bénéfices immédiats assez importants pour satisfaire aux exigences capitalistes. C'est donc à l'État, aux départements et aux communes qu'il appartient de les entreprendre, en vue d'étendre le domaine agricole du pays.

Mais la plupart des communes alpestres sont pauvres et elles ne peuvent affecter leurs maigres ressources à des entreprises qui demandent assez de temps pour produire ; et les assemblées départementales n'ont à cet égard que des pouvoirs restreints.

Quant à l'État, il préfère généralement les gaspillages, les dépenses superflues, à celles qui ont une véritable utilité et qui profiteraient aux populations les plus dépourvues.

Ce a ne veut point dire, toutefois, qu l'on ne fait absolument rien en ce sens.

Nous avons appris, non sans plaisir que des études, qui ont exigé 80.000 francs de frais, venaient être faites par des ingénieurs pour l'établissement d'un projet d'irrigation de plaines de Riez et de Valensolle, dans les Basses-Alpes, au moyen des eaux de petits torrents descendus de la forêt de la Faye. Ces eaux seraient captées pour former trois grands réservoirs qu'un canal mettrait en communication. Ce canal viendrait se ramifier dans les plaines ou plutôt sur les plateaux qui forment les territoires des cantons de Riez et de Valensolle. L'altitude moyenne de ces plateaux est d'environ 700 mètres.

Cette étendue de terrain de 55.000 hectares, à peu près inculte aujourd'hui, où vit péniblement une population de 11 à 12.000 habitants seulement, se transformerait vite sous l'action bienfaisante des eaux limoneuses.

Mais, hélas ! si les études techniques sont faites, les 3 ou 4 millions qui sont nécessaires pour réaliser ce projet ne sont pas encore votés !

La rude population de cette partie de Basses-Alpes fera bien de s'armer de patience.

G. F.

Les fruits d'arrière-saison.

On se préoccupe beaucoup dans le nord du département du Vaucluse de la production des fruits d'arrière-saison. C'est fort bien. Comme les primeurs dont l'exploitation est si bien comprise dans ces parages et mieux encore plus au sud, vers la Durance, les produits tardifs se vendent à des prix très rémunérateurs aux Halles de Paris et sur les grands marchés. Les horticulteurs de la Drôme, de l'Ardèche, de l'Isère, des Basses-Alpes feraient bien d'imiter les

Vauclusiens; ils y trouveraient, eux aussi, d'excellents profits.

La plantation des pommiers et poiriers doit être principalement préconisée dans ce but; c'est ce que conseille du reste M. Paul Montagnard, de Valréas, dont la compétence est indiscutable et qui a étudié cette question des fruits d'arrière-saison, il n'y a pas bien longtemps.

M. Paul Montagnard estime qu'il y a de nombreuses améliorations à réaliser dans la culture du pommier dans le haut Vaucluse et dans les départements limitrophes. Les espèces de pommiers qui devraient être introduites dans les vergers sont les suivantes (nous indiquons simplement la variété et l'époque de maturité):

Api rose (hiver et printemps); Belle fleur (fin automne); Belle jaune (hiver); Bon ne preuve (hiver); Calville Saint-Sauveur (automne); Calville rouge d'automne (fin automne); Calville rouge d'hiver (hiver); Court pendu plat (fin hiver); Cusset (fin hiver); Newton pippin (hiver); Reine des Reinettes (fin hiver); Rambour d'hiver (hiver); Reinette de Caux (hiver); Reinette des Carmes (fin hiver); Reinette Canada (hiver); Reinette tardive (fin hiver); Ribston pippin (hiver); Rose (fin automne); Vourisse (variété provençale forme Calville (hiver).

La tonte des chevaux.

Bien que nous ayons déjà traité ce sujet, nous croyons utile d'en dire un mot aujourd'hui, à la fin de la saison d'automne. La raison est que beaucoup d'éleveurs admettent encore l'utilité de la tonte, mais à l'entrée de la saison chaude et non point dans la saison présente. Ils invoquent le fait naturel de ce qu'un poil épais est, dans la saison d'hiver, un moyen de défense contre le froid, et que la saison chaude est mieux indiquée pour la tonte.

Mais les partisans de la tonte à l'époque actuelle ont des raisons moins spécieuses en faveur de la tonte automnale.

Nous lisons dans un journal spécial les lignes suivantes sur ce sujet:

« On sait que la tonte des chevaux avant l'hiver présente de grands avantages. Il n'y a pas de comparaison entre la vigueur d'un cheval tondu et celle d'un cheval auquel on laisse sa toison d'hiver. Cet effet est remarquable surtout sur les chevaux hongres qui ont d'ordinaire le poil plus épais que les chevaux entiers ou les jumens.

« De plus les chevaux tondus sont moins exposés aux refroidissements, ils se sèchent plus vite quand ils sont en sueur, pourvu que l'on ait soin de les couvrir une fois au repos. Du reste, la tonte des chevaux est généralement pratiquée pour tous les chevaux qui ont à courir. L'armée tond aussi ses chevaux.

« Cependant, la tonte présente un inconvénient, elle expose les chevaux à des écorchures, la peau n'est plus protégée par le poil, elle est alors plus facilement attaquée; le cheval s'écorche si le charretier n'est pas soigneux; s'il n'a pas soin de visiter les rembourrures, de les maintenir toujours souples. »

La reproduction de l'anguille.

On ne connaît pas encore les modes de reproduction et de développement de l'anguille. On se contente de la pêcher et de la manger. La *Revue scientifique* nous donne, sur ce sujet, une note très intéressante. D'après notre savant confrère, la première anguille contenant des œufs à maturité, l'anguille type et révélatrice, a été observée par Rathke en 1850. Un peu plus elle va célébrer dans le mystère ses noces d'or zoologiques. Les œufs qu'elle a bien voulu montrer sont très petits. Rathke en évalue le nombre à 5 millions pour l'anguille en pleine vigueur, à la fleur de son âge d'anguille. Les anguilles mâles s'observent beaucoup moins souvent que les femelles et elles sont de plus petites dimensions. On a longtemps cru qu'elles ne montaient jamais dans les eaux douces; c'est une erreur. On pense généralement que l'anguille ne se multiplie pas dans les eaux douces. Les jeunes arrivent de la mer dans les rivières, y grossissent et peuvent y atteindre de grandes dimensions sans que les œufs mûrissent et sans qu'il y ait multiplication. A l'automne, les adultes gagnent la mer, et c'est là qu'elles se reproduisent, dit-on, dans des circonstances que nous ignorons encore.

Le fer à cheval d'aluminium.

Un anglais nommé Kent a inventé récemment un fer à cheval en aluminium, qui est accueilli avec faveur par les éleveurs anglais.

Ce fer de forme ordinaire mais très mince, est entouré d'une lame d'acier, qui seule subit le frottement contre le sol ou les pavés et protège le fer contre l'usure.

Le fer pèse deux fois moins que les fers ordinaires les plus légers. Il a de plus cet avantage qu'on peut l'appliquer sans recourir à la forge. Les sportmen anglais prétendent qu'il facilite par sa légèreté, la vitesse des chevaux de course et par cela même celle des chevaux de services.

Nous espérons qu'un avenir prochain nous permettra d'apprécier les mérites du fer Kent.

La garantie dans la vente d'une bête bovine atteinte de tuberculose.

Consulté par le Vice-Président de « l'Union du Sud-Est des Syndicats agricoles », sur deux questions relatives à la garantie dans les ventes de bovidés tuberculeux, M. Peuch a conclu de la façon suivante:

« 1° La vente d'un bovidé tuberculeux est nulle de plein droit (art. 1er de la loi du 30 juillet 1895), par conséquent le vendeur doit restituer le prix qu'il a reçu.

« Dans le cas particulier visé ici, le boucher acquéreur doit, sous peine de forclusion, former sa demande en restitution de prix dans le délai de dix jours. (art 1er de la loi du 30 juillet 1895) et bien établir l'identité de l'animal saisi.

« 2° L'animal tuberculeux saisi à l'abattoir comme tuberculeux, a fait l'objet de ventes successives, et comme bête à fruit et comme bête de boucherie. La vente est nulle, cela va de soi, et le boucher dernier acquéreur doit former sa demande en restitution de prix dans les dix jours, à partir du jour de l'abatage. Les vendeurs successifs peuvent s'actionner les uns les autres pour arriver à toucher le vendeur originaire, mais ils ne peuvent profiter du délai de quarante-cinq jours imparti par la loi du 30 juillet 1895, l'animal n'ayant pas été séquestré après déclaration à l'autorité compétente.

« Dans ce cas, le délai de dix jours est seul applicable. »

La culture des pêchers.

Depuis quelques années la culture des pêchers a pris une grande extension dans la région lyonnaise principalement.

Avant la destruction des vignes par le phylloxéra, ces arbres étaient très nombreux, chaque propriétaire ou vigneron se faisait un devoir d'en planter quelques rangées dans ses vignes.

Pendant cette période, les pêchers n'étaient soumis à aucune culture pouvant améliorer ses fruits. Malgré cet abandon, la plupart de ces derniers étaient fort beaux; du reste, c'était toujours parmi les plus belles pêches que l'on choisissait les noyaux destinés à la reproduction. Cette méthode n'était pas mauvaise du tout, on s'en apercevait bien, lorsque la maturité des fruits était arrivée.

Beaucoup se faisaient remarquer par leur grosseur extraordinaire, leur finesse de coloris, leur enveloppe délicatement recouverte d'un léger duvet, enfin le parfum exquis se dégageant de leur chair juteuse lorsqu'on les mangeait, classaient les pêchers au premier rang parmi les autres fruits.

Cependant au point de vue du rapport pécuniaire, le rendement était petit, pour la bonne raison que tout était en abondance au moment de la cueillette qui n'arrivait guère qu'en septembre.

Les arboriculteurs de profession, cultivaient seuls des pêches greffées en espaliers contre des murs en terre, en pierre ou en paille : à la suite de pincements réguliers et d'une taille spéciale ils arrivaient à produire de beaux fruits avant ou après la maturité des pêches de vignes. Le revenu de cette sorte de culture était bien supérieur à l'autre, mais elle était aussi bien plus coûteuse.

Il y a une quinzaine d'années environ que se plantèrent autour de Lyon les premiers pêchers dits américains, parce qu'ils avaient été obtenus en Amérique.

Les quelques pieds qui furent plantés à cette époque donnèrent des pêches d'une précocité sans pareille. En plus elles étaient colorées d'un rouge très vif sur toute leur circonférence, principalement du côté du soleil, et avec cela très bonnes, fondantes : mais la *chair restait adhérente au noyau.* Malgré ce léger défaut, l'*Amsden,* c'était et c'est encore le nom de la plus précoce des pêches américaines introduites en France, conquit tous les suffrages et se répandit rapidement malgré le prix élevé que se vendaient les arbres de ce nom. Les pépiniéristes se mirent à en greffer sur franc, sur amandier et sur prunier, car cette variété, dit-on, n'a jamais pu se reproduire par le noyau.

On en planta en pleins champs comme les pêchers de vignes ; elles conservèrent leur brillante couleur et réussirent très bien à condition de les tailler très court (1) tous les printemps.

Les branches étaient couvertes de boutons a fleurs qui étaient toutes bonnes et formaient toutes des fruits qui auraient épuisé l'arbre si on les eût laissées.

Pour obtenir de beaux fruits et malgré la taille, on les éclaircit encore : en n'en laissant qu'un ou deux par branche ils deviennent énormes.

Les pêchers *Amsden* sont très précoces. En dessous de Lyon, sur les côtes du Rhône qui sont bien chaudes, les pêches de cette variété sont mûres autour du 24 juin. Pendant l'année exceptionnellement chaude et sèche de 1893, il y en eut de bonnes à manger dès le commencement de juin.

Autour de Lyon et plus haut, leur maturité commence dans le courant de juillet. A cette époque les fruits peu abondants encore se vendent bien. Les premiers détenteurs de pêches américaines les vendirent un prix fabuleux. Pendant quelques années les cours de 180 à 150 francs les 100 kilos furent couramment pratiqués sur les marchés de Lyon.

Voyant cela, des propriétaires plantèrent d'immenses vergers de pêchers (2) à la place des vignes qui périssaient ou d'autres cultures ; ce fut le petit nombre malheureusement, car de la richesse qui en résultait plusieurs profitèrent !

Malgré l'extension de la culture des pêchers américains, les produits qui en

résultent sont toujours satisfaisants ; les années dernières les pêches précoces se sont encore vendues de 50 à 100 francs les 100 kilos, suivant grosseur et qualité. Des millions de ces arbres ont cependant été plantés, un peu partout ; on aurait pu craindre, avec raison, une baisse sur le prix de vente : il n'en est rien, du moins pour les beaux fruits qu'il n'est pas donné à tous d'obtenir.

D'un autre côté, il périt chaque année des quantités de pêchers greffés, par suite de la négligence de leur entretien. Par exemple, si on leur laisse trop de fruits ou si on ne les taille pas, ils succombent bientôt sous l'excès de leur fertilité.

Enfin, l'expédition dans les grands centres et dans les villes d'eaux, qui se fait de ces fruits que l'on cueille alors huit jours avant leur maturité, tout cela fait maintenir de bons prix de vente.

Plusieurs variétés américaines achetées aussi, introduites la plupart, ne font que différer de nom. Celle qui mûrit après l'*Amsden* est la *Précoce de Hale* venant autour du 15 août, même avant. Elle est aujourd'hui bien répandue, soumise à une taille courte, à l'éclaircissage et au besoin à l'enlèvement de quelques feuilles qui ombrent trop les pêches quelques jours avant de les cueillir ; cette variété donne d'aussi bons résultats que la première.

Toutes deux demandent un sol soigneusement entretenu et fumé, surtout autour des pieds que l'on protège avec un bon paillis de fumier.

Quel que soit la qualité du terrain, si ces soins sont données on est sûr des résultats.

La culture des pêchers précoces a été et sera longtemps encore une source de gros revenus pour les agriculteurs.

J. Dufour.

Membre du Comité agricole à Ecully (Rhône).

Vins de seconde cuvée.

La fabrication de ces seconds vins exige certains soins, faute desquels ils sont généralement très défectueux, tandis qu'en les observant avec exactitude, on peut obtenir des vins de ménage de bonne qualité.

Pour y réussir, il faut observer les règles suivantes :

1° Ne pas soutirer entièrement le vin de première cuvée.

2° Remplir la cuve avec autant d'hectolitres d'eau que l'on a à sortir d'hectolitres de vin ; cette eau, chauffée à 30 degrés, contiendra en dissolution une partie du sucre nécessaire à la nouvelle cuvée.

3° Lorsque la fermentation est en pleine activité, ajouter le reste du sucre dissous dans l'eau, en ayant bien soin de le verser en plusieurs fois à six ou huit heures d'intervalle.

4° Pour obtenir un vin à 10 degrés, il

faut au moins 18 kilos de sucre par hectolitre d'eau ajoutée, mais dans les pays où le vin n'a habituellement que 7 à 8 degrés, 15 kilos sont suffisants.

Vin de marc.

Voici comment on le prépare.

Sans sortir le marc : 1° Tirer le vin de goutte et, aussitôt, le remplacer par autant d'hectolitres d'eau sucrée chauffée de 30 à 40 degrés.

2° Ecouler et pressurer comme d'habitude.

Avec marc sec ou pressuré : 1° Prendre le marc provenant de deux ou trois cuves et le mettre dans une autre, après l'avoir brûlé et égrené.

2° Verser dessus une quantité d'eau sucrée, moitié moindre que précédemment.

Ne pas dépasser les deux tiers du volume de vin de goutte obtenu avec la totalité des marcs ainsi traités.

3° Il est utile d'ajouter à chaque cuvée 60 à 100 grammes d'acide tartrique par hectolitre, et 10 à 15 grammes de tannin, ou mieux d'*œnotannin.*

G. J.

Basse-cour. — Les perchoirs.

Il en est des perchoirs dans les basses-cours comme des auges et des râteliers dans les étables, leur mauvaise installation cause aux volailles des déformations et des fatigues nuisibles à leur santé et à l'intérêt de l'éleveur.

M. Roullier Arnoul, qui a étudié ce sujet, recommande pour les volailles un perchoir fait d'une branche de bois dur écorcé et imbibée de sulfate de cuivre ou de tout autre antiseptique pour éviter les maladies des pattes. Ce bois doit être raboté à six ou huit arêtes et avoir 4, 5 à 6 centimètres de diamètre suivant le volume des volailles. L'établi à une hauteur de 45 centimètres à 1 mètre suivant le volume des races — et tous à la même hauteur distants, les uns des autres de 45 centimètres. C'est l'expérience bien connue de M. Roullier-Arnoul qui lui a révélé l'importance réelle, quoique peu soupçonnée, de ces règles pratiques.

Cela nous rappelle les règles analogues enseignées par le regretté colonel Basserie, sur les inconvénients des râteliers trop hauts sur la santé et la forme des chevaux et des bêtes bovines.

Betteraves fourragères. et sucrières.

Nous avons constaté, en ces dernières années, dans diverses occasions, que les betteraves dites sucrières étaient à tort, réputées inférieures aux betteraves, dites fourragères, comme aliment pour les bestiaux. On invoquait en faveur de ces dernières leur énorme supériorité de poids et de volume et, dans les concours agricoles,

---

1. De forme arrondie généralement, quelquefois plate.

2. La distance à observer est de 3 mètres carrés, si l'on met davantage on peut planter des fraises ou autres choses entre les rangs,

cette opinion était fortement encouragée par les primes décernées, aux producteurs pour leurs betteraves les plus volumineuses. Les variétés anglaises dites mammouth, Tankard, etc., ont eu une vogue qui bien que décroissante est encore très estimée dans la culture.

Or, aujourd'hui, l'opinion contraire est professée avec de bonnes raisons par des savants et des praticiens émérites Voici la raison :

D'abord, au point de vue des rendements, ils soutiennent que les races sucrières dont dix racines couvrent un mètre carré, donnent autant et plus que les grosses racines dont deux ou trois seulement occupent cette étendue.

Au point de vue de la qualité, ils constatent que les grosses racines contiennent des sels peu salubres même du nitrate, tandis que la pulpe des petites races est plus riche en sucre et en matières alibiles.

Aujourd'hui même en matière de betteraves destinées à la nourriture des bestiaux, l'opinion se dessine tous les jours en faveur des variétés sucrières, cultivées en rangs serrés à raison de dix plantes par mètre carré. Une bonne culture peut en élever le rendement par hectare de 50 et même 60.000 kilos d'une valeur alimentaire égale à 80.000 k. de grosses betteraves. Dans ses cultures expérimentales de Cappelle, M. F. Desprez a constaté des résultats qui militent en faveur de cette opinion.

Toutefois, comme elle peut soulever des doutes dans l'esprit de nombreux praticiens, nous prions ceux qui ont étudié la question dans leur pratique, de nous faire connaître leur opinion à ce sujet, avant la fin de la saison d'hiver, pour en tirer, s'il y a lieu, des conclusions utiles à l'époque des semis des betteraves.

Les engrais chimiques aux arbres fruitiers.

On ne peut contester en principe l'utilité toujours, la nécessité parfois des engrais chimiques appliqués aux arbres fruitiers. C'est dire que le choix de ces engrais dépend de la nature du sol où végètent ces arbres. Il s'agit ici, comme pour les autres végétaux, de munir le sol des aliments utiles dont il est dépourvu naturellement, c'est-à-dire de chaux, d'acide phosphorique, de potasse et parfois de matières azotées. Nous n'avons plus à signaler l'utilité de ces apports d'engrais, suivant les cas, mais leur mode d'application. Ordinairement, on les mêle à la couche de terre qui recouvre les racines, on compte sur les pluies pour les dissoudre et les mettre en contact avec les suçoirs des radicelles. Cela se fait en même temps que la plantation.

Mais lorsqu'on applique un engrais chimique à un arbre en cours de végétation, on commence par déchausser les racines superficielles pour mettre l'engrais à leur portée ; ce procédé offre souvent l'inconvénient de nuire à la végétation des racines. Il est préférable de creuser autour de la couche de terre qui entoure les racines, un certain nombre de petits trous profonds de 20 à 30 centimètres, suivant la profondeur du collet de l'arbre, distants entre eux de 25 à 40 centimètres, ou bien de creuser des rigoles profondes de 10 centimètres et de déposer l'engrais dans ces trous ou dans ces rigoles sans les recouvrir pour laisser à l'air et à la pluie la tâche de faire pénétrer l'engrais dans toutes les racines. Celles-ci s'en nourrissent d'autant plus complètement que leur assimilabilité n'a pas été paralysée par une exposition à l'air.

Il va de soi que les engrais ainsi appliqués doivent être assez solubles et que les sels azotés les plus convenables sont le sulfate d'ammoniaque et les sels organiques, le nitrate étant trop prompt à se dissoudre et à s'évaporer au contact de l'air.

Pour rendre farineuses les pommes de terre.

Dans les familles où ce précieux tubercule est souvent consommé sous la forme la plus économique — en *robe de chambre* — rien de plus déplorable que de le trouver amolli, aqueux, ce qui nuit, à la fois, à son bon goût et à son apparence appétissante.

Les ménagères ont à leur disposition un moyen facile de prévenir cet inconvénient. Il leur suffit, pour cela, d'avoir soin de ne mettre leurs pommes de terre dans l'eau où elles se proposent de les faire cuire que lorsque cette eau est en pleine ébullition. Cuites ainsi, les pommes de terre, même de qualité défectueuse, deviennent farineuses, fermes et sont sensiblement améliorées.

COURTIN.

Résidus d'origine animale (*Fin*).

Il me resterait pour compléter cet exposé, à passer en revue une série innombrable de produits résiduaires d'origine animale, ce sont les restes des industries laitière, fromagère ou beurrière, petit-lait, laits avariés, raclure de fromages ; les résidus de la boucherie et de la charcuterie : sang, viande d'équarrissage, débris de triperie, eaux grasses ; résidus des extraits de viande, des conserves de poisson, de l'industrie séricicole, etc.

Ces déchets sont le plus souvent, surtout dans les petites villes, fort mal utilisés, néanmoins leur examen m'entraînerait hors des limites assignées à un rapport succinct. Qu'il me soit permis de dire que bien que s'adaptant plus spécialement à l'appareil digestif des porcs ou de la basse-cour, beaucoup d'entre eux peuvent entrer avantageusement dans le régime alimentaire des herbivores. Mais le premier soin qui s'impose à celui qui les veut utiliser, c'est de se les procurer à un état de fraîcheur ou de conservation qui les rend exempts de toute apparence de putréfaction, étant bien reconnu que les parasites qui président à la décomposition des matières organiques sont vénéneux pour les espèces animales.

Les résidus de la vinification.

Enfin, j'ai gardé pour clore la présente étude, l'examen des déchets de la vinification ou marcs et l'étude d'une espèce de fourrage dont la nouveauté a vivement frappé ces derniers temps l'esprit des agriculteurs, gens peu disposés par tempérament à modifier brusquement leur ordre de bataille et à changer du jour au lendemain leur fusil d'épaule, je veux parler de la *vigne fourrage*.

Les *marcs de raisins* pressés contiennent encore environ 40 0/0 de matière liquide (eau et alcool) et 60 0/0 de matière solide composée de râfles 17/60, pellicules 29/60, pépins 14/60. Quand le raisin a été égrappé avant la fermentation, les marcs ne contiennent naturellement pas de râfles.

Quand on distille les marcs on leur enlève de la glucose, de l'alcool et des matières grasses, mais on les enrichit par cela même en protéine.

Les pépins sont les éléments des marcs de raisin les plus riches en fécule et graisse et les plus pauvres en protéine.

De même que les drèches et les pulpes, les marcs peuvent être ensilés ou desséchés à l'air ou à l'étuve.

Tous les animaux de la ferme acceptent les marcs frais, mais ils mangent plus avidement les pépins et les pellicules que les râfles.

Toutefois les marcs sont peu recommandables pour les vaches laitières, tandis qu'ils contribuent activement à l'engraissement du bœuf et surtout du mouton. Le porc les mange également ; quant à la volaille elle est particulièrement friande du pépin et délaisse le reste.

Les marcs de pomme peuvent également entrer dans les rations alimentaires, et les animaux les digèrent d'autant mieux qu'ils ont été macérés par la cuisson.

Les vinasses de distillation et les lies de vin fraîches peuvent être absorbées par les animaux, mais ce sont des aliments de valeur très inférieure.

La production du lait.

CHOIX DES ALIMENTS

L'alimentation de la vache laitière comporte quatre indications que nous formulerons comme suit :

1° L'alimentation doit être aussi abondante que possible ;

2° Elle ne doit comporter aucun à-coup, aucune alternative de pénurie et d'abondance ;

3° Les aliments aqueux sont préférables aux secs ;

4° Quand la proportion d'eau est très considérable dans les aliments, ou lorsque les animaux recevant des aliments secs, boivent beaucoup, il est utile que l'eau soit au moins tiède.

La première indication n'appelle aucun commentaire, car le lait résultant de la transformation des aliments, il est clair que si ceux-ci sont en trop petite quantité, ou ils serviront exclusivement à entretenir la machine animale et la production laitière sera nulle, ou il y aura fourniture de lait mais ce sera au détriment de la machine et l'animal maigrira.

La deuxième est le résultat de l'observation et de l'expérimentation. Si, par suite de la parcimonie des aliments, le rendement quotidien en lait est tombé très bas, il est à peu près impossible de le ramener au taux primitif, même en donnant une alimentation très convenable en quantité et en qualité. On dirait qu'il y a, de la part de la glande, accoutumance à produire une certaine somme de travail dont elle ne se départit pas aisément. La conséquence de cette deuxième indication est qu'il faut surveiller rigoureusement le personnel d'étable pour que la distribution des repas se fasse régulièrement.

La justesse de la troisième proposition se démontre par une expérience très simple. Qu'on alimente alternativement une vache laitière avec du foin et avec une quantité d'herbe fraîche correspondant exactement à la ration de foin, on verra immédiatement que la production du lait s'élèvera avec la ration d'herbe et baissera avec celle de foin. Du reste la pratique a démontré depuis longtemps le bien fondé de notre assertion par le large emploi qu'elle fait de résidus industriels très aqueux, tels que pulpes, drêches, vinasses, ou d'aliments très avides d'eau, comme le son, qu'on a soin de mouiller avant de mettre en distribution. Le régime des soupes pour bêtes laitières n'en est également qu'une application. Quiconque se livre à l'exploitation de la vache laitière doit donc, pour la saison d'hiver, s'ingénier à se procurer de ces résidus industriels aqueux au sortir de l'usine, ou secs, mais dont il est possible de faire des buvées, ou accumuler des provisions suffisantes de racines et tubercules qui continuent en quelque sorte le régime du vert pendant la mauvaise saison.

Il y a relativement peu de temps qu'on s'est aperçu que la température de l'eau a une réelle influence sur le rendement en lait. Nous en avons donné la preuve en abreuvant alternativement des vaches avec de l'eau froide et de l'eau dont la température oscillait autour de — 22°. En Allemagne, Mœker l'a fournie en se servant de vinasses très liquides qu'il a données aussi chaudes que les vaches ont voulu les prendre, puis froides. Invariablement l'avantage fut en faveur de l'eau chaude sous l'influence de laquelle la quantité de lait s'est élevée. De quelque façon qu'on comprenne les combustions animales, le calorique nécessaire pour élever l'eau ingérée à la température normale de l'organisme qui la recevait a été emprunté à celui-ci ; cet emprunt n'a pu se faire qu'au détriment des corps combustibles disponibles qui, de la sorte, ont été soustraits au travail de la mamelle, d'où rendement en lait d'autant moindre que l'eau prise en boisson est à une température plus basse. Il y a donc, pendant l'hiver, indication de dégourdir l'eau, de l'attiédir avant de la distribuer aux bêtes laitières, de même qu'il est toujours avantageux de donner les résidus ou les buvées aussi chaudes que les animaux peuvent les prendre. De ce dernier côté, on a un autre avantage, celui d'éviter les fermentations adventices qui surviennent rapidement, rendent les aliments moins appétés et peuvent, pour quelques-unes, communiquer un mauvais goût au lait et le rendre d'une vente moins facile.

Quelques personnes songeront peut-être, pour augmenter la quantité de lait produite, à l'emploi de substances réputées galactogogues. La liste de ces substances est longue, leur administration est ancienne ; étudiées avec la pleine lumière des méthodes expérimentales actuelles, elles se sont montrées si peu puissantes, si défaillantes, que le mieux pour le moment est de ne pas compter sur leur action directe : quelques-unes agissent indirectement en actionnant le tube digestif et favorisent la digestion.

Cᴴ. CORNEVIN.

La crise du porc dans l'Ouest

Dans les cinq premiers mois de l'année 1896, il est entré 53.093 têtes de porc contre 6.650 en 1891.

1° 953.000 kilos de viande fraîche abattue ;

2° Et 1.625.000 kilos de lard salé.

Devant cette avalanche à laquelle il faut ajouter celle des saindoux, et d'une charcuterie soi-disant de porc, mais pouvant aussi bien être de vieux cheval crevé, les prix de nos porcs ont nécessairement baissé dans des proportions inconnues jusqu'à ce jour. Les prix payés chez les agriculteurs oscillent aujourd'hui, entre cinq et six sous la livre poids vif, soit sept sous et demi et neuf sous viande nette (j'ai vendu des porcs de première qualité pour 28 centimes la livre soit quarante-deux centimes viande nette), attendu que le porc perd un tiers, les consommateurs n'ont guère profité de cet effondrement des cours, ils paient leur viande à peu près le même prix qu'auparavant.

L'éleveur américain dont les animaux sont engraissés à l'état presque sauvage dans des terres qui souvent ne lui coûtent rien, peut vendre avec bénéfices sur nos places son lard et son saindoux huit à neuf sous la livre, tandis que l'éleveur français se ruine à le vendre pour le même prix.

En perdant l'élevage du porc, nos laborieuses populations de l'Ouest perdent leur dernière barque de sauvetage.

Dans nos contrées, l'élevage du porc est arrivé à un haut degré de perfectionnement. Sur la place de Paris, notre belle race craonnaise de la Sarthe, de la Mayenne et de Maine-et-Loire est classée première qualité.

Dans les plus petites exploitations on fait deux levées de porcs chaque année. Je connais des exploitations de 5 à 6 hectares qui engraissent dix à douze porcs à deux fois.

Voici comment :

On achète des porcelets âgés d'environ deux mois, on les nourrit pendant quatre à cinq mois ; ils atteignent le poids de 100 à 130 kilos ; aussitôt qu'ils sont partis on en achète d'autres. Autrefois, il n'y a pas encore longtemps, je l'ai vu, on avait des coureurs, c'est-à-dire qu'on gardait les porcs pendant deux années, on ne les mettait à l'engrais que la deuxième année, mais aujourd'hui la race a été améliorée et on est arrivé à faire ce qu'on appelle de l'élevage intensif, c'est-à-dire à produire des porcs parfaits de croissance et d'engraissement à l'âge de six mois.

Telle exploitation qui engraissait à peine cinq porcs autrefois, en engraisse vingt aujourd'hui dans le même laps de temps. Notre production peut largement suffire à notre consommation sans qu'il soit besoin de recourir à l'importation étrangère qui nous ruine pour enrichir les bouchers de Chicago.

Pour obtenir une croissance rapide et une viande de première qualité, il faut une nourriture substantielle et abondante et surtout des toits bien aérés et tenus avec une certaine propreté, des repas réglés à heures à peu près fixes, trois en hiver et souvent quatre au printemps.

Voici de quelle manière les bonnes fermières de l'Ouest soignent leurs porcs :

Dans les deux mois qui suivent le sevrage : un peu de vert, choux, luzerne, trèfle, et du lait caillé, c'est-à-dire après avoir été écrémé, petit-lait, navets, betteraves, pommes de terre cuites à l'eau.

Dans les deux derniers mois qui sont ceux spécialement consacrés à l'engraissement : du lait, toujours du lait, des pommes de terre, de la farine de seigle, orge ou froment, le tout délayé ensemble, de manière à faire une bouillie épaisse qu'on donne toujours chaude.

La cuisson des aliments est peu coûteuse avec les chaudières économiques chauffées à la tourbe qu'on trouve à très bon compte.

En résumé, le lait, les pommes de terre et la farine forment la base de la nourriture du porc, laquelle ne doit point être marchandée. Le porc à l'engrais ne doit jamais crier la faim, il ne doit faire que manger et dormir.

La viande des porcs élevés et nourris dans ces conditions est assurément d'une qualité bien supérieure (je vois cela chez moi) à celle des porcs qui nous viennent de l'étranger et qui nous apportent malheureusement souvent des maladies contagieuses qui contaminent nos étables et ruinent des contrées tout entières.

Dans tous les cas elle est bien supérieure à celle des porcs américains qui nous vient souvent trichinée et occasionne chez l'homme des maladies incurables et toujours mortelles.

La trichinose, cette terrible maladie, ne se développe pas inopinément chez le porc comme le rouget, le charbon ou les autres maladies, mais elle est communiquée par les rats, dit-on ; je ne rapporte donc ici que des on-dit.

Tout le monde sait que le porc est un animal omnivore et par-dessus tout passablement carnivore, il est engraissé, à l'état presque sauvage dans certaines parties de l'Amérique, dans d'immenses champs de maïs où les rats très friands de graines de maïs, pullulent ; les porcs les dévorent à belles dents.

Voilà, dit-on, la cause de la trichinose qui fait tant de ravages dans l'espèce humaine.

Le porc pressé par la faim deviendrait même, dans certains cas, dangereux pour de grands animaux ; voici à ce sujet un fait absolument authentique, qui s'est passé il y a une trentaine d'années, au vu et au su de toute une population, dans des bâtiments dont j'ai eu la propriété pendant quelque temps.

Un paysan d'une stupidité légendaire (heureusement il en existe peu de son espèce), avait un porc qu'il nourrissait depuis sept ans, au maigre bien entendu. Dans un compartiment séparé par un mur en mauvaises pierres de tuffeau, se trouvait un veau. Un beau jour, le porc à la suite de jeûnes prolongés, fait un trou dans le mur et dévore le veau.

Je conclus en disant que l'importation des porcs vivants, des viandes fraîches ou salées et des saindoux a tué chez nos populations de l'Ouest, l'élevage du porc qui était leur dernière barque de sauvetage.

C. SARCÉ,
Ancien notaire, membre de la Société
des agriculteurs de France.

Pontvallain (Sarthe), 3 octobre 1896.

Conservation et salaison des fourrages.

Les fourrages, même rentrés dans les meilleures conditions, ne sont pas complètement exempts de la fermentation. Quelque soin que l'on prenne, le foin contient encore 17 à 18 0/0 d'eau. Cet excès doit s'évacuer, si l'on veut que le foin soit de bonne garde ; c'est pourquoi, lorsque la température le permet, les foins restent avantageusement en meulons pendant cinq à six jours après le fanage ; c'est pourquoi aussi on a soin d'interposer une couche de paille entre le mur et le tas de foin, et même quelquefois d'empiler dans le tas des fagots les uns sur les autres, pour former cheminée d'appel. Ces cheminées ou évents sont chargés d'éliminer la vapeur d'eau qui se dégage à la suite de la fermentation. Sans cette précaution, l'excès d'humidité ferait moisir le fourrage.

C'est un phénomène bien connu des agriculteurs, que les foins nouveaux empilés sans précaution *fermentent, jettent leur feu, suent* comme l'on dit vulgairement. Cette fermentation fait perdre à la masse du fourrage de 5 à 10 0/0 d'eau, selon que le foin a été plus ou moins fané.

D'autre part, le foin non entassé convenablement, donne prise à l'air, favorise la formation des moisissures et le développement d'organismes inférieurs, entre autres du *Mycor Uredo* du genre *Byssus*. A cette dernière altération, il n'est qu'un remède, le tassement énergique des fourrages, puis l'empilage par lits bien réguliers et peu épais. De la sorte, la masse totale se comprimant, l'on évite la rentrée de l'air, cause du mal.

La fermentation est surtout intense et cause des désordres sérieux dans les foins rentrés trop tôt, c'est-à-dire non entièrement fanés, de même que dans les foins qui ont été mouillés ou dans ceux provenant de prés marécageux, car ils sont toujours un peu humides lors de leur rentrée. Pour éviter dans ces fourrages une fermentation en même temps qu'un échauffement trop intense, il est bon de stratifier les couches de foin alternativement avec des couches de paille. Avec de tels foins ou avec des foins récoltés en année humide, il est bon également de les *saler*. Le sel joue ici le rôle d'antiseptique, d'agent de conservation. A la faveur de l'humidité provenant de la fermentation il se dissout et prévient l'échauffement trop fort, la pourriture ou la désorganisation par les moisissures.

On l'emploie à la dose de 1 0/0, c'est-à-dire de 1 kilog de sel par 100 kilos de foin. Il est répandu à la main ou avec un tamis en saupoudrant un lit sur deux.

Lorsque les foins sont très humides, moisis ou passablement vasés, on peut doubler la dose ci-dessus et l'on s'en trouvera bien.

Les fourrages salés conviennent à tous les animaux de la ferme qui les mangent avec avidité. Le sel stimule les fonctions digestives et excite l'appétit, c'est pourquoi, dans les fermes bien tenues, on a toujours soin d'en additionner quelque peu les fourrages. Les bêtes à cornes et les moutons s'en montrent particulièrement friands. Aux premiers, on en incorpore dans les mélanges qu'on leur distribue ou l'on arrose leur foin avec une dissolution salée, tandis que pour les seconds, on a soin de placer dans les coins de la bergerie un ou deux blocs de sel gemme, que les moutons viennent lécher de temps à autre.

DENAIFFE,
Carignan (Ardennes).

Une étable en prairie.

Un sujet sérieux d'étude en matière d'élevage du bétail, c'est de savoir quels sont les avantages et aussi les inconvénients respectifs du régime de la stabulation et du régime du pacage au dehors pendant toute l'année.

Les avantages et les inconvénients des deux régimes sont assez connus pour nous dispenser de les décrire aujourd'hui, il nous paraît plus utile de signaler un moyen ingénieux inventé par un agriculteur lorrain, pour en tirer bon parti sans les inconvénients.

M. Drappier, fermier, à Frouard, a reçu une médaille d'honneur, pour ce moyen, au dernier concours du Comice agricole de Toul. Voici son procédé décrit par le rapport :

« M. Drappier a fait construire à ses frais, dans son grand pré, situé entre la Moselle et la Meurthe, une grande écurie en bois et couvertes en tuiles, dans laquelle il mit toutes ses vaches depuis le 15 avril : on les fait pâturer matin et soir. Elles restent là tant que la pâture donne, c'est-à-dire jusqu'en septembre ou octobre.

« Dans cette écurie, bien aménagée, il y a, sous le derrière des vaches (environ un mètre), un caniveau pavé pour conduire les urines dans deux grands fûts enterrés servant de fosse, d'où on les enlève au moyen d'une pompe portative et d'un tonneau.

« Il y a là trois vachers pour faire le service, nuit et jour, l'un d'eux allant à la ferme chercher la nourriture de chaque repas. De la maison, on va chercher le lait deux fois par jour.

« C'est là une façon économique de tirer parti d'un pré placé, il est vrai, dans une situation unique : grande étendue, clos pour plus des trois quarts de son contour par deux cours d'eau, c'est-à-dire l'eau à volonté pour les bêtes en pâture. La partie non pâturée suffit encore à produire le foin et le regain nécessaire pour la nourriture à la maison de tout bétail pendant la stabulation.

« M. Drappier ne possède pas de moutons ; mais il y a à la ferme un troupeau de 322 bêtes appartenant à un commerçant. En hiver, il y en a jusqu'à 500, dont une partie à l'engraissement.

« En outre du fumier produit par tous ces animaux, M. Drappier a acheté, cette année, 1.5 mètres cubes de matières fécales (solide et liquide), 117 mètres cubes de fumier, 2.500 kil. de scories et 3.126 kilos de nitrate de soude.

Il a aussi fait construire par son propriétaire, auquel il en avait fait la réserve, une vaste fosse à purin à proximité de la place à fumier, en bas de la cour de la ferme. Cette fosse reçoit les urines de toutes les écuries.

« Tous ces engrais divers expliquent la beauté des récoltes de M. Drappier. »

La stabulation en hiver, le pacage à l'air en été avec un abri contre les pluies et les intempéries, avec une récolte complète des fumiers et purins, ont sur la production animale, chair et lait une influence des plus avantageuses.

L'étable en prairie de M. Drappier, nous paraît digne d'être indiquée comme modèle à suivre dans beaucoup de contrées, notamment dans les régions herbagères telles que la Normandie, le Nivernais, le Val de la Loire, etc.

Le vin sucré par le miel.

Nous avons cru utile de rappeler dernièrement aux viticulteurs que le miel peut remplacer avantageusement le sucre dans les vins provenant de raisins insuffisamment mûrs. Nous ajoutons aujourd'hui que nos savants œnologistes ont négligé à tort d'étudier cette pratique avec le soin et l'application qu'ils ont apportés dans leurs études sur le sucrage par le sucre.

Le miel on le sait, titre 80 0/0 de sucre, d'où la nécessité d'introduire dans le moût une plus forte dose de miel que de sucre; mais ce n'est pas tout, il faut apprécier les effets des autres éléments du miel sur le vin.

L'expérience est favorable à ce mode de sucrage; mais l'étude de ces effets éclairée par la chimie mérite l'attention des chimistes. Nous serions heureux d'apprendre les études de quelqu'un d'entre eux sur un sujet doublement intéressant pour les vignerons et pour les apiculteurs, — ajoutons et pour les consommateurs.

RECETTES

Entretien des armes. — Pendant le temps de la chasse, il n'est pas inutile de rappeler aux chasseurs quel est le bon moyen d'entretenir les armes en état.

Dans l'armée, la graisse pour les armes est préparée avec :

Huile d'amandes douces. . . 100 gr.
Graisse de mouton. . . . . 50 —

On fait fondre la graisse qu'on passe à travers un linge et on la mêle avec l'huile jusqu'à consistance de pommade.

Mais, pour les armes de chasse, l'huile fine des horlogers est encore à préférer.

Veut-on enlever une pointe de rouille sur un canon de fusil ? Frotter le point attaqué avec la brosse, ou un chiffon humecté d'huile, jusqu'à ce que la rouille ait disparu.

A propos d'huile des horlogers, en voici la préparation qui est des plus simples. On met de l'huile d'olive dans une petite bouteille avec une balle de plomb, et, au bout de quelques jours, l'huile est parfaitement clarifiée. Tel est le procédé des horlogers, serruriers et mécaniciens.

Tomates farcies. — Enlevez avec un couteau la queue des tomates, de manière à former une ouverture ; videz-les avec une cuillère sans les crever; passez la pulpe pour en séparer les pépins. Réduisez sur le feu cette pulpe en purée épaisse. Mettez dans une casserole deux cuillères d'huile d'olive, ail, échalote et persil haché, lard râpé et mie de pain trempé dans du bouillon; joignez-y la purée des tomates, avec poivre, sel, muscade et deux jaunes d'œufs. Mêlez bien et passez sur le feu deux minutes.

Cette préparation étant refroidie, farcissez les tomates, mettez-les dans une casserole plate et faites-les cuire avec feu dessus et dessous, après les avoir arrosées de beurre fondu et saupoudrées de chapelure.

DROIT RURAL

Chasse. — Le propriétaire n'est pas tenu de réserver son droit de chasse. Celui qui chasse sur le terrain d'autrui sans autorisation du propriétaire ne peut donc se prévaloir de ce que celui ci n'a jamais interdit sa chasse. (Cour de Paris, 22 Juillet 1896.)

OFFRES ET DEMANDES

Une situation de directeur d'une importante affaire agricole à Paris, est offerte à personne compétente, disposant de 25.000 fr. S'adresser au Bureau du journal.

On demande une personne qui voudrait bien s'intéresser à l'extension d'un produit en bonne voie de succès, et aussi pour l'exploitation d'un nouvel appareil d'un usage très utile en agriculture, arboriculture, viticulture et jardinage. S'adresser pour tous renseignements au bureau du Journal.

A louer, pour la Saint-Michel 1897, une ferme bien plantée à Saint-Philbert-sur-Risle, près Montfort-sur-Risle, 66 hectares, cours, bâtiments, prés et labours, à un kilomètre d'une gare. S'adresser à Mme Ariste Hébert, à Saint-Philbert-sur-Risle, près Montfort (Eure).

Un ex-régisseur de grande propriété, marié, offrant certificats et références de premier ordre, connaissant la culture des céréales, l'élevage, l'engraissement, la culture des plantes industrielles, demande la régie d'un domaine herbager, ou culture intensive. Nous recommandons tout particulièrement à nos abonnés, ce régisseur qui offre toutes garanties désirables, comme honorabilité et loyauté. S'adresser aux bureaux de la *Gazette*, 10 bis, rue Piccini, Paris.

Tourteaux de coton décortiqué d'Amérique, en pains ou moulus de 12 fr. 75 à 13 fr. les 0/0 kilos sur wagon. Le Havre. — Livraison immédiate.

RED CAP. Œufs à couver de cette excellente race de poule, réputée la plus jolie et la plus forte pondeuse, garantis race pure frais et fécondés, 5 fr. la douzaine franco de port et d'emballage. S'adresser à **Calixte Dany**, Althenles-Paluds (Vaucluse).

Important : J'invite les personnes qui veulent bien me confier leurs ordres de toujours y joindre un mandat, les remboursements n'étant bénéficiables qu'aux Compagnies.

Toujours donner le nom de la gare à laquelle il faut adresser les envois.

POMMES DE TERRE. — Nous apprenons que M. E. Boutin, directeur du *Moniteur des Intérêts agricoles*, 11, rue Taitbout, est en pourparlers avec un certain nombre de Sociétés Coopératives de consommation de Paris et de la banlieue pour leur procurer directement par la culture les pommes de terre *saucisses rouges* et de *hollande* nécessaires à leur approvisionnement d'hiver: il s'agit de quantité très importantes.

Ceux de nos abonnés que ces fournitures intéressent peuvent s'adresser directement à M. Boutin.

Il lui est également fait des demandes pour des fournitures régulières de volailles de 1 kilo. 1 k. 500 par cageots de 12 à 15 pièces.

M. POUZIN offre de jolis racinés de son plant de vigne à condition pour les demandeurs de lui tenir compte d'une partie de la récolte d'une année. — Contre 0 fr.25 il expédie son *Guide* pour la culture de cette variété.

Ecrire à M. Pouzin Emile, à Saint-Paul-les-Romans, Drôme

Si vous voulez boire du bon vin de Saint-Émilion, adressez-vous à M. Duplessis-Foursand au château des Trois-Moulins, à SAINT-EMILION (Gironde).

(Voir le prix courant.)

Ferme du château de Résenlieu près Gacé, Orne) Mme la comtesse de Nollent :

Camemberts marque Au Faucon.
Médaille d'or.
6 fromages 4 fr. 50, 9 fromages 6 francs.
15 fromages 9 fr. 75 (franco gare).

COURS DES BESTIAUX

Marché de la Villette du 23 novembre 1896.

	PRIX DE LA VIANDE NETTE		
	1re qualité	2e qualité	3e qualité
Bœufs. . .	1.48	1,38	1,28
Vaches...	1.46	1.36	1.26
Taureaux.	1 22	1,12	1.02
Veaux....	1.70	1.38	1.28
Moutons..	1 90	1.72	1.62
Porcs	1.02	1.00	0.95

ESPÈCES	AMENÉS	VENDUS	PRIX EXTRÊME	
			viande net	poids vif
Bœufs....	2.655	2.482	1.28 à 1 46	60 à » 9.
Vaches...	693	680	1.21 1.44	57 » 9.
Taureaux.	161	154	1 00 1.22	50 » 79
Veaux....	1.033	944	1.24 1.76	65 1.1.
Moutons..	13.084	12.284	1.60 1.90	75 1.19
Porcs.. ..	3.810	3.765	0.96 1.02	60 » 68

Vente meilleure.

Marché de la Villette du 26 novembre 1896.

	PRIX DE LA VIANDE NETTE AU KILOGR.			
	1re qualité	2e qualité	3e qualité	Prix extrême
Bœufs....	1.48	1.36	1.24	1.20 à 1,54
Vaches...	1.46	1.32	1.20	1 10 1 52
Taureaux	1.26	1.14	1.16	1 02 1.32
Veaux....	1.70	1.50	1.30	1 20 1 80
Moutons..	1.90	1.72	1.62	1.50 2.00
Porcs	1.06	0.96	»	92 1.10

ESPÈCES	AMENÉS	REN	OBSERVATIONS
Bœufs ...	2.868	»	Vente lente sur le gros bétail et les veaux, moyenne sur les moutons et les porcs.
Vaches...	557	322	
Taureaux.	214	»	
Veaux....	1.822	193	
Moutons..	14.479	»	
Porcs.....	6.003	»	

Vente du bétail au marché de La Villette.

Adresser les animaux à MM. Henri Roblin et Surugue, en gare Paris-Bestiaux. Les aviser par lettre auparavant, 190, rue d'Allemagne, Paris.

CORRESPONDANCE

CHANGEMENT D'ADRESSE

Chaque demande de changement d'adresse doit être accompagnée d'une bande imprimée et de *CINQUANTE CENTIMES* en timbres-poste pour frais de réimpression.

M. B., à S. Eure-et-Loir). — L'insecticide Desgouttes a été reconnu de nouveau le plus simple et le plus efficace ; il exerce une action à la fois protectrice et destructive contre tous les insectes les plus nuisibles qui ravagent les plantes des jardins, les arbres fruitiers et même la vigne. Il est infaillible contre le puceron lanigère si difficile à détruire, ainsi que contre tous les insectes destructeurs de la végétation, soit sur les plantes mêmes ou aux racines dans la terre, phylloxéra, vers blancs, courtilière, etc., etc.

C'est le meilleur procédé pour détruire les larves, en badigeonnant les arbres et arbustes jusqu'à la souche, en automne et au printemps, avant que les insectes ne soient sortis de leur refuge.

En outre, ce produit a l'avantage de ne pas se perdre dans la terre, par les pluies ou la fonte des neiges, après l'hiver, il pénètre jusqu'aux racines où non seulement il détruit les insectes, mais encore il est favorable à la végétation.

Un grand nombre de personnes qui l'ont employé s'en déclarent satisfaites et le recommandent.

M. A. G., à H. M. 13778 (Marne). — Le Syndicat dont vous me parlez ne vérifie que le chiffre de sa commission. Adressez-vous de préférence à MM. Marchand de Dunkerque (Nord) dont la loyauté est parfaitement établie, leurs tourteaux sont d'ailleurs à un prix plus avantageux que ceux de ce Syndicat.

PRIMES A NOS ABONNÉS

Nous sommes heureux d'offrir comme primes à nos abonnés, plusieurs d'entre eux en ayant déjà manifesté le désir, des huîtres fraîches d'Arcachon et de Marennes. Comme l'année dernière la maison *J. Lapierre* et *J. Goubet à Andernos (Gironde)* se charge d'en faire l'envoi aux prix réduits ci-dessous :

Caisses de 5 kilos contenant :

100 huîtres blanches		4 20
70 — plus grosses		4 80
100 — vertes		5 65
70 — — grosses		5 60

Caisses de 3 kilos contenant :

72 huîtres blanches		2 85
50 — plus grosses		2 85
72 — vertes		3 25
50 — — grosses		3 25

Franco de port et d'emballage en gare ou à domicile.

Adresser les ordres accompagnés de la bande du journal et d'un mandat-poste à MM. J. Lapierre et J. Goubet Andernos (Gironde).

Porte-pantalon hygiénique, *breveté S. G. D. G.* de *P.-B. Noël.* Prix de faveur pour nos lecteurs. Pour hommes, jeunes gens et enfants de dix ans franco 4 fr. ; pour femmes et fillettes, 4 fr. 50.

Toute commande doit être strictement accompagné d'un mandat-poste représentant la valeur de l'expédition.

BONDE le cent, 25 fr., les cinquante 13 fr. les vingt-cinq 7 fr. Au-dessous de 25 bondes 0 fr. 30. Le tout franco de port.

Indiquer le diamètre de chaque bonde.

Délicieux **Vin Muscat Vieux** tonique et réconfortant venant directement de la propriété, garanti authentique, offert en prime à nos abonnés à raison de 1 fr. 25 le litre logé en fûts de 25 à 35 litres. Fûts perdus.

Adresser les commandes au Bureau du Journal, 10 *bis*, rue Piccini, Paris.

Purificateur d'air pour tonneaux, l'un 4 50 franco gare.

Moyennant un supplément de 0 fr. 40, nous joindrons à l'envoi une mèche à percer de calibre et moyennant 0 fr. 10 en plus, une mèche soufrée.

Adresser les demandes accompagnées du montant 10 *bis*, rue Piccini, à Paris.

Nous rappelons que toute demande de prime est considérée comme un engagement de renouveler l'abonnement à son échéance.

Nous avons à la disposition de nos abonnés diverses autres primes : livres, vins, liqueurs bijoux, purificateurs d'air, bondes, etc., à des conditions exceptionnelles de prix et de qualité ; la liste de ces primes sera envoyée à tout abonné qui en fera la demande. Nous n'en donnons pas le détail ici pour ne pas encombrer le Journal.

Le Gérant : E. GAMBART.

IMP. ET CIE, 8, RUE CAMPAGNE-1re PARIS

Ouvrages de l'abbé Ouvray.
CURÉ DE SAINT-OUEN
par Vendôme (Loir-et-Cher).

LAURÉAT DE LA SOCIÉTÉ DES AGRICULTEURS DE FRANCE, CONFÉRENCIER AGRICOLE A L'INSTITUT CATHOLIQUE DE PARIS.

1o *Manuel d'arboriculture*, 6e édition, 2 fr. 50 franco.

2o *Maladies et hygiènes des vins*, 0 fr. 55 franco. 3o *Alimentation des végétaux et emploi raisonné des engrais*, 1 fr. 50 franco.

4o *Manuel de vinification et de distillation. Les Levures. Le Vinaigre*, 1 fr. 35 franco.

5o Les *ferments de la terre* (Conférence à l'Institut catholique de Paris), 0 fr. 55 franco.

Les cinq ouvrages réunis, 5 fr. 50 franco.

Chez l'auteur à Saint-Ouen, par Vendôme Loir-et-Cher).

CHEMINS DE FER DE PARIS A LYON ET A LA MÉDITERRANÉE

Services directs entre Paris, l'Algérie, la Tunisie et Malte par *Marseille* **(paquebots de la Compagnie Générale Transatlantique.)**

BILLETS DIRECTS VALABLES 15 JOURS

Prix des billets (1) de PARIS aux ports ci-après ou vice-versâ :

Alger, Oran, Bône (par Philippeville) *Philippeville* : 1re classe, 197 fr. ; 2e classe, 135 fr. 50.

Tunis : 1re classe, 222 francs ; 2e classe, 160 fr. 50.

Malte (La Volette) : 1re 287 fr ; 2e classe 200 fr. 50.

1. Les prix de ces billets comprennent la nourriture à bord des paquebots de la Compagnie Générale Transatlantique.

En ce qui concerne les jours et heures de départ de Marseille, consulter les agences de la Compagnie Générale Transatlantique : à Paris, 12, Boulevard des Capucines (Grand-Hôtel), et à Marseille, 12, rue de la République.

Le Journal **Le Meunier**, de Bruxelles, offre une médaille d'or à l'inventeur du meilleur procédé débarrassant automatiquement le blé du charançon.

Champagne Mercier

BONS DE L'EXPOSITION DE 1900

Les tirages de lots, qui ont lieu à des dates rapprochées jusqu'au mois d'octobre 1900, attribueront aux porteurs favorisés par le sort 4.313 lots dont l'importance varie de 100 fr. à 100.000 fr. et 500.000 fr. pour un montant total de

6 MILLIONS DE FRANCS

Outre que le nombre des Bons encore disponibles décroît rapidement, il y a tout avantage pour les personnes qui se proposent d'en acquérir de ne pas attendre la dernière heure. Les tirages ont commencé et c'est en pure perte que les retardataires se priveraient, en laissant courir d'autres tirages, d'une partie des chances qui peuvent leur échoir.

Les vingt tickets d'entrée de 1 franc seront délivrés en temps utile aux porteurs, sur présentation de leurs Bons.

Les réductions de prix sur les chemins de fer et dans les spectacles de l'Exposition représenteront à elles seules, pour les porteurs de Bons, plus que la somme à débourser pour l'achat.

Les trois avantages réunis : *lots, tickets, réductions*, sont tels qu'il est à prévoir que les Bons se paieront plus cher l'année prochaine que cette année, plus cher dans deux ans que l'année prochaine, et qu'à la veille de l'Exposition ils auront une vogue plus grande encore. On fait donc acte de prévoyance en procédant à un achat immédiat.

Les Bons sont de 20 francs et ils se délivrent aux guichets du Crédit Foncier et des principaux Établissements financiers, soit au Siège social, soit aux guichets des succursales de ces Établissements.

On peut aussi en faire la demande par correspondance.

P. MARCHAND Frères
à DUNKERQUE (Nord)

FABRIQUE SPÉCIALE DE TOURTEAUX
DE COTON DE GRAINES D'ÉGYPTE
pour Nourriture et Engraissement du Bétail

GRAND PRIX A L'EXPOSITION UNIVERSELLE DE 1889

Nous appelons l'attention des nourrisseurs et des éleveurs sur les tourteaux de Coton de graines d'Égypte. C'est un produit excellent pour les vaches laitières, les bœufs à l'engrais et les moutons. — Nos tourteaux de Coton sont complètement débarrassés de la bourre qui enveloppe la graine et contiennent la même quantité de matières nutritives et grasses que les meilleurs tourteaux de lin. — Nos tourteaux de Coton forment l'aliment le meilleur et le plus avantageux en raison de leur prix excessivement bas.

S'adresser pour Renseignements et Prix à MM. P. MARCHAND Frères, à Dunkerque (Nord), ou à leurs Représentants.

PHOSPHATE FOSSILE DE QUIÉVY-NORD
le plus assimilable de tous les phosphates connus
GARANTI PUR DE MÉLANGE AVEC TOUT AUTRE PHOSPHATE
Ce qui, du reste, ne pourrait que diminuer son assimilabilité.

EXTRACTION DU GISEMENT ET USINE A QUIÉVY
Propriétaire-Extracteur : C. LECLERCQ
Bureaux à Viesly (Nord).

COMPOSITION MOYENNE		ASSIMILABILITÉ RELATIVE (méth. Joulie)	
		Solubilité dans l'oxalate d'ammoniaque.	
Acide phosphorique....	12 » à 16 » 0/0	Phosphate de Quiévy......	82 29 0/0
Potasse.............	0 45 à 2 77 0/0	— de la Meuse......	51 95 0/0
Chaux.............	19 05 à 31 » 0/0	— de Pernes........	47 87 0/0
Magnésie...........	0 58 à 3 80 0/0	— des Ardennes......	46 43 0/0
Matières organiques azotées .	1 80 à 3 45 0/0	— de la Somme (moy.)..	44 53 0/0
		— de Ciply........	34 57 0/0

Titre garanti en acide phosphorique : 13 à 15 0/0.

LIVRAISON: EN POUDRE IMPALPABLE EN SACS PLOMBÉS, MIS SUR WAGON GARE QUIÉVY-en-CAMBRÉSIS
Prix : 3 fr. 50 les 100 kilos, sacs perdus, 30 jours, 2 0/0 ou 90 jours net.

NOTA. — Les acheteurs qui désirent employer le véritable Phosphate de Quiévy pur et garanti d'origine doivent exiger que les sacs portent la Marque (Au Poisson fossile) et la Firme : M. LECLERCQ, seul exploitant à Quiévy (Nord).

BAINS-BUANDERIES
Baignoires. — Chauffe-Bains. — Douches. — Appareils de lessivage,
système GASTON BOZÉRIAN.
CHAUDRONNERIE, TOLERIE, etc. — ENVOI FRANCO DE CATALOGUES.

DELAROCHE aîné, 22, rue Bertrand, Paris

UNION AGRICOLE DE FRANCE
Société Anonyme au Capital de 1.100.000 Francs. — Siège Social : 15, Boulevard des Capucines, Paris.
SIÈGE COMMERCIAL PRINCIPAL : 72-74, Rue Saint-Denis, PARIS

Vente à la Commission
et en toute loyauté
DE
DENRÉES AGRICOLES
de toutes sortes
et de toutes provenances.

Fourniture Directe
et livraison à domicile
AUX
ÉPICIERS, FRUITIERS
Restaurants, Hôtels, Pensionnats et
Établissements privés importants.

Renseignements détaillés sur demande au Siège Social.

FROMENTIN
Marque déposée S. S.G.D.G.

Produit pour l'alimentation économique, saine et rationnelle du bétail, provenant en grande partie des issues de la mouture de blé.

DIVERSES MARQUES
Demander celle en raison du but poursuivi

Marque A pour l'engraissement égal à celui au tourteau de lin, le remplacement de l'avoine, production d'un lait de qualité supérieure.
Marque B pour le bon entretien du bétail.
Marque J développement rapide des jeunes bêtes.
Marque I surproduction du lait.
Marque E engraissement rapide.

Écrire à M. Armand MILLOT
Moulins Saint-Martin
Saint-Quentin (Aisne.)

Plus de Pourriture
PAR L'EMPLOI DU
CARBONYLE
qui assure au bois une durée triple en lui donnant une belle teinte brune; 1 kilog. remplace 10 kilog. de Goudron. — Produit de grande utilité dans l'agriculture: est recommandé et utilisé par les syndicats agricoles. — Dans votre intérêt, demandez le prospectus avec attestations d'expériences de dix ans

Société française du « CARBONYLE ».
188-170, *Faubourg Saint-Denis, Paris*
(N. B.) Seule maison spéciale pour la fabrication et la vente de ce genre de produit.

Eugène de MASQUARD
PROPRIÉTAIRE-VITICULTEUR, Château de la Cascade
SAINT-CÉSAIRE-LES-NIMES (Gard)
Vins garantis naturels, rouges et blancs, depuis 75 fr. la pièce de 220 litres jusqu'à 100 francs, selon qualité, prise en gare de St-Césaire (Gard), fût perdu. Ces vins ont été médaillés à toutes les expositions où ils ont figuré.
Récoltés sur des coteaux et des terrains secs, les vins de Saint-Césaire, l'un des meilleurs crus du Gard, se conservent parfaitement sans être plâtrés.

Envoi franco de prix courants et échantillons

BON-PRIME
DE LA GAZETTE AGRICOLE
PORTRAITS au CRAYON-FUSAIN

La Société Générale des Artistes Parisiens, disposant de capitaux énormes, a résolu, dans un but de réclame faire POUR RIEN, et jusqu'à concurrence d'une somme de cinq cent mille francs, un certain nombre de Portraits artistiques vendus par elle jusqu'à ce jour 75 fr. Elle espère que cet immense sacrifice portera son fruit. Le portrait qu'elle offre, comme celui qu'elle vient d'adresser au Tsar, est au crayon-fusain, grandeur naturelle (43 cent. sur 50); il est signé de ses meilleurs artistes. — A partir de cette date et courant, et dans un délai de dix jours, tous ceux qui enverront une photographie recevront la reproduction en crayon-fusain en grandeur naturelle. L'emballage devant être particulièrement soigné, joindre 4 fr. 95 (emballage et port). — La photographie modèle est rendue intacte. — Exécution et ressemblance idéales. — Détacher ce Bon et l'envoyer au Professeur d'ALBY, administrateur de la Société Générale des Artistes Parisiens, 141, Boulevard Magenta, Paris, pour recevoir franco cette Belle Prime.

Nom et adresse :

(Gare la plus rapprochée).

VÉRITABLE PHOSPHATE ALIMENTAIRE
assimilable

Élevage et Développement rapide de tous les Animaux domestiques

Effets remarquables obtenus par des Eleveurs émérites sur les POULAINS, VEAUX, PORCS, etc.
Très appréciés pour les *Animaux de Courses et de Concours*

Prix : 11 fr. 25 les 5 kilog., et 20 fr. les 10 kilog., sacs plombés (gare Amiens).

Phosphates spéciaux pour Volailles, Chiens, Lapins, Faisans, *etc.*
Boîte d'essai, franco 3 fr. 25 le kilo, et prix précédents pour 5 et 10 kilos.

H. SALMON, Chimiste-Agronome à AMIENS.

VINS
DE SAINT-ÉMILION

Vins classés, de 800 à 250 francs la barrique de 225 litres. — Moitié prix pour la barrique de 112 litres.
Vins grands ordinaires, de 140, 125, 105, 100 francs la barrique — 80, 75, 70, 65, 58, 55 francs, la demi-barrique. — Rendu *franco* en gare et régie, sauf octroi.
Adresser commandes à M. DUPLESSIS-FOURCAUD, à Saint-Émilion. — Envoi de prix courants et échantillons sur demande affranchie.

Médailles d'Or, Paris, 1867 et 1889 — Moscou 1891 — Besançon, Montluçon, Royan, etc.

Le moment favorable au transport des vins étant revenu, nous rappelons à nos lecteurs que tous ceux d'entre eux qui, sur nos conseils, et depuis cinq ans, consomment les vins de M. VINCENT ARDURA, vigneron, domaine de la Chapelle-Frédignac, par Blaye-Bordeaux n'ont qu'à se louer de la qualité et de la conservation de ce Bordeaux absolument naturel, expédié sans intermédiaire.
Pour dégustation sérieuse, envoi gratuit est fait d'une bouteille de la récolte désignée.
L'encaissement est fait par le facteur, à 30 jours, escompte 2 0/0, ou 90 jours.
Vendanges : 1893, à 130 fr.; 1892-91, à 150 fr.; 1890-89, à 175 fr., 1887, à 200 fr., 1885, à 220 fr., 1884 , à 240 fr., 1882, à 250 fr., 1881, à 300 fr. — Graves blancs vieux : 130, 150, 200, 250, 300 fr., suivant âge, les 225 litres collés, soutirés, franco de port et de fût en gare d'arrivée.

Ouvrages de MM. CRÉPEAUX

En vente aux bureaux de la *Gazette*

La Culture électrique	1 50
Manuel vétérinaire pratique du cultivateur	1 »
Almanach de la France rurale pour 1896	» 60
L'Année agricole et agronomique pour 1895	3 50
La Culture du Blé, par M. FLEURY-BERGER	1 »

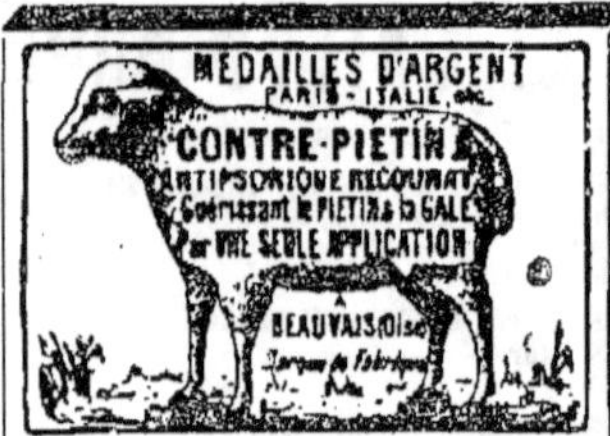

Dartres et Gale des moutons guéris radicalement par *une seule application* de l'Antipsorique.
La bout., 3 fr.; la 1/2 bout., 1 fr. 75.
Guérison du PIÉTIN par *un seul pansement* avec le Contre-Piétin-Recourat.
Le pot, 2 fr. 50.
Joindre 0 fr. 60 pour recevoir *franco* et indiquer gare
M. RECOURAT, pharmacien à Beauvais.

ASPERGE GÉANTE
ROYALE DE FRANCE
(RACE D'ARGENTEUIL PERFECTIONNÉS)

Demander la *Méthode de Culture* et prix courant (gratis et franco), à M. WILLIAM FOURCINE, directeur des pépinières royales de Dreux (Eure-et-Loir). Médailles et diplômes de première classe

---

ALIMENTATION DU BÉTAIL
Tourteaux de Coprah ou Coco
F. TASSY, E. ROCCA ET Cie
Fabricants d'huiles (producteurs directs de Tourteaux)
23, RUE HAXO, MARSEILLE
Deux médailles d'or, Anvers 1894

Envoi de Prix-Courants et Échantillons sur demande

SELS POUR L'AGRICULTURE

Nourriture du bétail et Engrais des terres

Sel neuf dénaturé, au tourteau de colza	45 f. 1.000 k.
Sel neuf dénaturé, au peroxyde de fer	40 f. 1.000 k.
Sel de morue pur	35 f. 1.000 k.

Expéditions de Fécamp, Bordeaux et St-Malo.

S'adresser à MM. A. LE BORGNE et ses Fils, négociants-armateurs, à Fécamp.

COUVEUSES
ÉLEVEUSES
VOLAILLES
ŒUFS
à couver

VOITELLIER
à MANTES et à PARIS
4, PLACE DU THÉÂTRE FRANÇAIS
PRIX COURANT FRANCO
GRAND CATALOGUE ILLUSTRÉ 0 fr.

Maison MURE, à Pont-St-Esprit (Gard)
A. GAZAGNE, *Gendre et Suer*, Phⁿ de 1re Classe

MALADIES NERVEUSES
Epilepsie, Hystérie, Danse de Saint-Guy, Affections de la Moëlle épinière, Convulsions, Crises, Vertiges, Eblouissements, Fatigue cérébrale, Migraine, Insomnie, Spermatorrhée
Guérison fréquente, Soulagement toujours certain
par le SIROP de HENRY MURE
succès consacré par 20 années d'expérimentation dans les Hôpitaux de Paris.
FLACON : 5 FR. — NOTICE GRATIS.

PATE et SIROP d'ESCARGOTS de MURE

« Depuis 50 ans que j'exerce la médecine, je n'ai pas trouvé de remède plus efficace que les escargots contre les irritations de poitrine. »
« Dr CHRESTIEN, de Montpellier. »
Goût exquis, efficacité puissante contre Rhumes, Catarrhes aigus ou chroniques, Toux spasmodique, Irritations de la gorge et de la poitrine.
Pâte 1f; Sirop 2f. — Exiger la PATE MURE. Refuser les imitations.

Thé Diurétique de France

sollicite efficacement la sécrétion urinaire, apaise les douleurs des Reins et de la Vessie, entraîne le sable, le mucus et les concrétions, et rend aux urines leur limpidité normale. — Néphrites, Gravelle, Catarrhe vésical, Affections de la Prostate et de l'Urèthre. — PRIX DE LA BOITE : 2 FRANCS.

Depôt général de l'ALCOOLATURE D'ARNICA
de la TRAPPE DE NOTRE-DAME DES NEIGES
Remède souverain contre toutes blessures, coupures, contusions, défaillances, accidents cholériformes.
DANS TOUTES PHARMACIES. — 2 FR. LE FLACON.

DISTILLATION CONTINUE
ALAMBIC
Système A. ESTÈVE

F. BESNARD
PÈRE, FILS ET GENDRES
28, rue Geoffroy-Lasnier
PARIS
Envoi franco du Catalogue sur demande

CHEVAUX BOITEUX
Guérison par le spécifique BORNET
Contre Capelets, Mollettes, Vessigons, Eponges, Exostoses, Suros, Eparvins et les Formes à leur début. (Il s'applique également à toutes les tares molles et osseuses.)
PRÉPARÉ PAR A. BORNET
Pharmacien de 1re classe, ex-interne et lauréat des hôpitaux.
19, rue de Bourgogne, PARIS.
Le flacon, 8 fr., à la pharmacie ; en gare par colis postal, 6 fr. contre mandat.

ANEMIE CHLOROSE, FAIBLESSE Guéries par le **VRAI FER QUEVENNE**
Seul approuvé p^r l'Académie de Médecine, Paris, 14, r. Beaux-Arts, notice.

PRÉSERVEZ VOS ANIMAUX DOMESTIQUES
de toutes les Épizooties et Maladies contagieuses par la Désinfection des Écuries, Étables, Porcheries

PAR LE

CRÉSYL-JEYES

Désinfectant — Antiseptique, le seul (non toxique), qui soit d'une efficacité scientifiquement démontrée. Le CRÉSYL-JEYES a été récompensé par la Société des Agriculteurs de France en 1891 d'une Médaille d'argent grand module. Envoi franco sur demande du prospectus détaillé. — CRÉSYL-JEYES, 35, Rue des Francs-Bourgeois, 35, Paris.

Se méfier des nombreuses contrefaçons.

L'URBAINE
Compagnie anonyme d'Assurances à primes fixes contre l'INCENDIE
FONDÉE EN 1838
CINQUANTE-NEUVIÈME ANNÉE
CAPITAL : 5 MILLIONS — GARANTIES : 70 MILLIONS
SINISTRES PAYÉS DEPUIS L'ORIGINE : 132.000.000 FRANCS
PARIS — 8 et 10, rue Le Peletier

EXCELLENT DÉSINFECTANT
POUR LES FUTS A VIN, CIDRE, BIÈRE, ETC.

Prix de faveur pour nos lecteurs

Sur notre demande, M. Moity, père, l'inventeur, a consenti à en mettre de petites quantités pour essais à la disposition de nos lecteurs.

10 litres franco gare. 10 fr.

Adresser les demandes à M. Crépeaux, rue Piccini, 10 bis, Paris.

Machines Agricoles Françaises

MAISON ALBARET
O. ✱. O. M. A. ⚜
Breveté
S. G. D. G

Veuve ALBARET et G. LEFEBVRE, SUCCr

ATELIERS DE CONSTRUCTION ET ADMINISTRATION
A RANTIGNY-LIANCOURT (Oise)

Bureaux et Magasins :
9, Rue du Louvre, PARIS

LOCOMOBILES, MACHINES DEMI-FIXES, MOTEURS A PÉTROLE
BATTEUSES PORTATIVES ET FIXES — MANÈGES

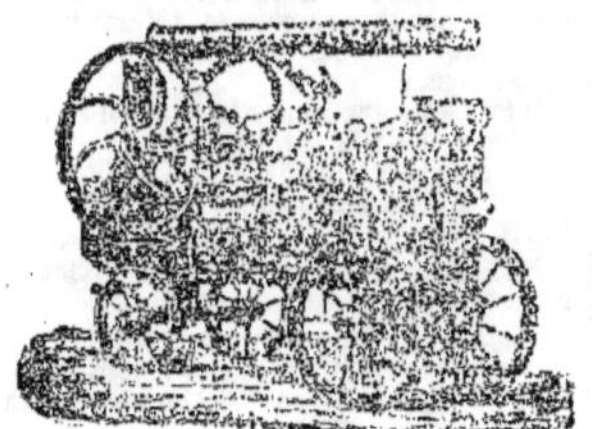

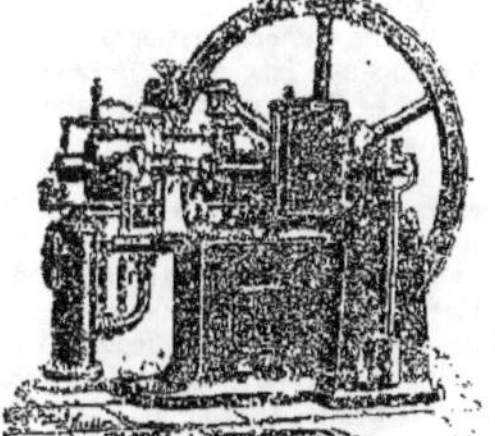

HACHE-MAIS — HACHE-PAILLE   PRESSES A FOURRAGES

FAUCHEUSES, MOISSONNEUSES & LIEUSES
RATEAUX, FANEUSES
Semoirs en Lignes — Semoirs à Engrais — Concasseurs — Aplatisseurs

INSTRUMENTS D'AGRICULTURE — INSTRUMENTS DE PESAGE
Grand Prix, Lyon 1894. — Grand Prix, Anvers 1894. — Grand Prix, Bordeaux 1895
Beauvais 1895, Diplôme d'Honneur
Tunis 1895, Premier Prix, Médaille d'Or
19 Diplômes d'Honneur et d'Excellence — 226 Médailles d'Or — 191 Médailles d'Argent

SUCCURSALES :
Saint-Quentin, Chartres, Abbeville, Cambrai, Dax, Lyon, Alger
Envoi franco sur demande des Catalogues illustrés.

17ᵉ Année. — Nᵒ 49.   LE NUMÉRO. **10** CENTIMES   DÉPÔT LÉGAL   Dimanche 6 Décembre 1896.
Seine
1896

GAZETTE AGRICOLE

JOURNAL HEBDOMADAIRE, PARAISSANT LE DIMANCHE

Fondateur : M. CH. GOSSIN, Professeur d'Agriculture à l'Institut agricole de Beauvais

PRIX DE L'ABONNEMENT

UN AN, **5 fr.** — SIX MOIS, **3 fr.** — TROIS MOIS, **2 fr. 25**

Pour l'Étranger les abonnements ne sont reçus que pour un an, au prix de 6 francs, et ne partent que du 1ᵉʳ JANVIER ou du 1ᵉʳ JUILLET de chaque année.

Le Numéro : **10** centimes.

Adresser toute la correspondance : mandats, lettres, annonces etc., à M. CRÉPEAUX, Directeur de la *Gazette agricole*, 10 bis, rue Piccini, Paris.

Toute demande de changement d'adresse doit être accompagnée de 50 centimes et de la dernière bande du journal

BUREAUX

97, rue de Rennes, Paris, et à Beauvais, rue Saint-Etienne.

Les abonnements partent du 1ᵉʳ de chaque mois et sont payables d'avance. Toute demande d'abonnement doit donc être accompagnée du prix de l'abonnement. (Le mode de payement le plus simple est l'envoi d'un mandat-poste.)

Donner *très lisiblement*, en s'abonnant, son nom et son adresse exacte, avec l'indication du bureau de poste; et, s'il s'agit d'une continuation d'abonnement, joindre au renouvellement la dernière bande d'adresse du journal

Les Annonces sont reçues à la Direction du Journal, et chez MM. DUSSERIS et MATHELLON, 97, rue de Rennes, Paris.

Sommaire :

BULLETIN COMMERCIAL

La période de sécheresse et de froid qui régnait depuis le 20 novembre vient de cesser.

Dans la région des blés d'hiver, les réserves de blés d'hiver, les réserves de grains de panification sont pour ainsi dire épuisées.

Hier les marchés américains ont été sans changement.

BOURSE DU COMMERCE DU MERCREDI 2 DÉCEMBRE

	FARINES	BLÉS
Courant	47 25	21 95
Prochain	47 50	22 20
Nov.-Déc.	47 70	22 25
4 de nov.	47 80	22 40
4 premiers	48 35	22 90

Marque de Corbeil : 51 fr. le sac de 150 kil. toile à rendre.

Halle aux blés. — *Blés indigènes.* —
Le marché est assez ferme devant le maintien de la hausse sur les différents marchés du monde et la faible étendue des blés semés en France.

Il faut voir une hausse d'environ 25 centimes sur les prix d'il y a huit jours.

On cote blés roux de 20,50 à 21,25, blés blancs de 21 à 21,50 les 100 kilos nets gare d'arrivée Paris.

Blés étrangers. — Toujours inabordables, par suite des hauts prix tenus.

Seigles. Les affaires demeurent aussi calmes que précédemment; les cours sont sans variation de 14 à 14,25 les 100 kilos nets gare d'arrivée Paris.

Escourgeons. — Plus calmes, il y a quelques offres et le Nord regorge d'arrivages de Russie et d'Afrique : on cote de 17 à 17,25 les 100 kil. nets, gare d'arrivée Paris.

Orges. — Affaires restreintes, la culture offre toujours peu. L'étranger ne demande rien, tout se borne à quelques achats pour les contrats anciens : on cote qualités ordinaires 15,50, moyennes 15,75 à 16,25 bonnes 16,50 à 17,50 les 100 kil. nets gare d'arrivée Paris.

Avoines. — Les transactions restent des plus limitées et les prix ne varient pour ainsi dire pas. On cote blanches 14,25 à 14,50, rouges 14,74 à 15, grises 15 à 15,25, noires 15,50 à 16,50. Le tout par 5.000 kilos minimum, les 100 kil. nets fure d'arrivée Paris.

Sucres. — Les sucres sont calmes, les prix sont à peu de chose près les mêmes qu'hier.
Tendance calme.
Raffinés 98 à 98,50, roux 88ᵒ 25,50 à 25,75.

Marché de la Chapelle. — Marché assez bien approvisionné.

On cote : paille de blé 1ʳᵉ qté 30 à 32 fr., 2ᵉ qté 28 à 30 fr., 3ᵉ qté 26 à 28 fr.; paille de seigle 1ʳᵉ qté 32 à 34 fr., 2ᵉ qté 30 à 32 fr., 3ᵉ qté 28 à 30; paille d'avoine 1ʳᵉ qté 30 à 32 fr., 2ᵉ qté 28 à 30 fr., 3ᵉ qté 26 à 28 ; foin nouveau 1ʳᵉ qté 60 à 62 fr., 2ᵉ qté 57 à 60 fr., 3ᵉ qté 54 à 56 fr; foin vieux 1ʳᵉ qté 59 à 61 fr., 2ᵉ qté 55 à 59 fr.; 3ᵉ qté 51 à 55 fr.; luzerne nouvelle 1ʳᵉ qté 60 à 62 fr., 2ᵉ qté 57 à 60 fr., 3ᵉ qté 51 à 57 fr.; regain nouveau 1ʳᵉ qté 60 à 62 fr., 2ᵉ 57 à 60 fr., 3ᵉ qté 54 à 57.

Le tout rendu dans Paris, au domicile de l'acheteur, frais de camionnage et droits d'entrée compris par 104 bottes de 5 kil., savoir : 6 fr. pour foin et fourrages secs; 2 fr. 40 pour paille. Pourboire 1 fr. par 100 bottes.

Fourrages et pailles en gare. — Les arrivages se font assez régulièrement.

Il faut voir, par continuation, la belle paille de blé de 22 fr. pour les sortes réglées à 5 kil., et de 18 à 20 pour sortes réglées.

La paille d'avoine doit être vue entre 18 et 21 fr.

On cote sur wagon, par 520 kilogr., en gare d'arrivée à Paris :

Foin nouveau	42 à 44
Luzerne première qualité	41 à 43
Paille de blé	20 à 22
— de seigle pour l'industrie	24 à 26
— — ordinaire	20 à 22
— d'avoine	18 à 20

Pour les marchandises en gare, les frais de déchargement, d'octroi et de camionnage sont à la charge de l'acheteur.

Fruits. — Figues fraîches, 50 à 60; poires Duchesses, 40 à 70; Beurré, 40 à 70; communes, 12 à 30; raisins Malaga d'Espagne, 70 à 80; raisin noir de Thomery, 1ᵉʳ choix 120 à 200; 2ᵉ choix 70 à 80; raisin blanc de Thomery, 1ᵉʳ choix 150 à 300; 2ᵉ choix 50 à 100; Noix Marbot, 50 à 55; pommes Canada, 45 à 50; communes, 25 à 35; oranges de Valence la caisse 28 à 30; citrons la caisse 30 à 32.

Légumes. — Choux, le cent 6 à 14; choux-fleurs, 40 à 45; tomates du Gard, 40 à 80; Haricots verts d'Hyères fins, 110 à 130, gros, 80 à 90; d'Algérie fins, 120 à 150; gros 120 à »; Endives de Bruxelles, 90 à 100; carottes les cent bottes, 10 à 20; navets, 10 à 20; poireaux, 15 à 35; champignons le kilo, 0 78 à 1 68; cresson le panier de 20 douzaines, 7 à 24; Oignons les 100 kilos, 20 à 25.

POMMES DE TERRE

Hollande (100 kil.)	10 »	à 11	»
Roses-Early	4 »	à 5	»
Magnum-Bonum	5 »	à 6	»
Rondes	6 »	à 7	»

LINS. — Les 100 kilogr. — *Marché de Lille.*

	Communs	Ordin.	Supér.
Alost.	148 à 153	154 à 157	161 à 166
Bergues.	150 à 158	161 à 168	173 à 182

ENGRAIS ET PRODUITS CHIMIQUES

(LES 100 KILOS A PARIS)

Sang moulu	11/13	azote	15.95
Viande desséchée	9/11	—	11.70
Cornes broyées	12/14	—	16 90
Cuir désagrégé	7/9	—	8.00
Nitrate de soude	15/16	—	18.50
Nitrate de potasse	95	de pureté	44.00
— —	90	—	41.00
Chlorure de potassium	90	—	18.05
Sulfate de potasse	90	—	21.00
Sulfate d'ammoniaque	20/21	azote	21 00
Phosphates précipités	35/40	acid. phos.	17.15
— —	40/45	—	19.60
Superphosphates min.	9/11	—	6.30
— —	15/18	—	10.00
Superphosphates d'os	15/18	—	7.28
Poudre d'os	—	—	9.50
Sulfate de cuivre	98	de pureté	42.50

Prix moyen aux 100 kilog. des CÉRÉALES dans les Départements.

Région	Ville	BLÉ	SEIGLE	ORGE	AVOINE
Rég. du Nord-Ouest	Caen	20 75	11 00	15 00	15 50
	Lannion	20 65	10 75	14 00	14 00
	Morlaix	21 10	11 00	14 00	14 50
	Rennes	20 60	»	14 0-	14 00
	Avranches	20 35	11 50	13 50	14 00
	Laval	20 90	10 50	14 25	15 00
	Lorient	20 45	12 00	14 00	13 00
	Alençon	20 70	11 00	15 00	13 50
	Le Mans	20 90	12 50	15 00	17 00
Région du Nord	Soissons	21 10	12 00	14 50	15 50
	Evreux	20 80	12 0	14 25	15 00
	Chartres	20 90	11 00	15 50	15 00
	Lille	2 00	11 00	14 50	15 50
	Compiègne	20 9	12 50	15 00	16 00
	Beauvais	20 90	13 00	17 00	17 00
	Arras	21 00	12 00	14 50	15 50
	Paris	21 10	12 00	14 50	15 50
	Versailles	21 0	11 00	14 00	16 00
	Rouen	21 50	14 5	16 00	17 00
	Amiens	20 90	12 00	16 00	17 00
Rég. du N.-E.	Mézières	20 90	12 25	15 00	16 00
	Nogent-s-Seine	20 20	12 00	15 50	15 75
	Châlons-sur-Marne	20 50	12 50	15 50	15 50
	Langres	21 00	11 00	14 00	5 00
	Nancy	20 80	13 0	15 50	15 50
	Bar-le-Duc	20 00	13 00	16 00	15 50
	Neufchâteau	19 70	13 0	15 50	15 00
Région de l'Ouest	Ruffec	20 35	11 00	14 25	15 00
	Marans	20 10	10 75	15 00	14 00
	Niort	20 10	10 55	14 00	15 00
	Tours	20 85	12 50	14 00	14 50
	Nantes	20 70	13 50	14 50	15 50
	Anger	20 00	12 50	15 00	15 50
	Luçon	20 15	13 00	15 00	15 50
	Poitiers	20 10	12 00	14 50	
	Limoges	08 0	10 50	»	15 50
Région du Centre	Moulins	20 90	11 00	15 00	15 00
	Bourges	20 00	12 50	15 00	14 50
	Aubusson	20 50	12 00	14 00	14 00
	Châteauroux	20 30	12 00	15 00	13 00
	Orléans	20 25	11 50	15 00	14 50
	Blois	20 50	11 25	15 50	16 00
	Nevers	20 00	11 00	15 00	15 50
	Clermont Ferr.	20 80	10 50	14 50	16 00
	Sens	20 00	12 00	14 00	14 25
Région de l'Est	Bourg	20 10	11 00	14 00	15 00
	Dijon	20 20	13 00	16 00	15 00
	Besançon	19 50	13 00	14 50	14 50
	Grenoble	19 70	11 00	14 00	14 50
	Dôle	20 00	12 00	15 00	15 50
	Saint-Etienne	19 75	12 00	14 00	16 00
	Lyon	20 00	13 50	14 50	15 50
	Mâcon	19 20	13 00	14 00	14 50
	Vesoul	19 10	»	»	15 50
	Chambéry	19 00	»	»	16 00
	Annecy	19 00	»	»	16 00
du Sud-Ouest	Pamiers	20 0	«	»	14 50
	Périgueux	20 50	12 0	14 00	15 00
	Toulouse	20 00	12 00	13 00	14 50
	Auch	20 30	11 00	14 00	16 00
	Bordeaux	20 15	12 00	15 00	15 50
	Dax	20 10	11 50	14 00	15 00
	Agen	20 15	13 00	15 00	15 50
	Bayonne	20 00	13 00	15 50	15 50
	Tarbes	20 50	11 00	»	»
Région du Sud	Carcassonne	20 10	13 25	15 00	16 00
	Rodez	19 90	12 00	«	15 50
	Mauriac	19 70	11 00	»	15 50
	Tulle	20 00	11 50	»	15 00
	Montpellier	20 05	12 00	»	15 50
	Figeac	20 10	11 00	14 00	15 50
	Mende	19 95	11 00	14 75	15 50
	Perpignan	19 75	11 50	14 50	15 50
	Albi	19 70	12 00	15 00	15 50
	Montauban	19 90	12 50	14 00	15 50
Région du Sud-Est	Gap	19 95	12 00	16 00	16 25
	Manosque	19 95	12 00	15 50	15 00
	Nice	19 80	11 50	14 50	16 00
	Privas	19 90	11 50	14 50	15 50
	Arles	19 90	11 50	14 50	15 75
	Montélimar	19 70	11 50	14 00	15 75
	Nîmes	19 50	12 00	16 00	17 00
	Le Puy	19 80	2 50	16 00	15 00
	Draguignan	19 80	12 00	14 00	16 00
	Avignon	20 85	14 00	14 50	17 00

Prix en francs des 100 kilos du blé sur les principaux marchés du monde

	cette semaine	la semaine dernière	Droit d'entrée par 100 kilos
Berlin	22.36	22.50	4.35
Londres	15.50	15.50	Néant
Vienne	15.13	15.14	3.75
Anvers	18.87	18.87	Néant
New-York	18.61	18.00	4.90
Chicago	15.63	15.49	4.90
Paris	21.10	21.20	7.00

Tourteaux. — Cours de la maison P. Marchand frères, à Dunkerque (Nord) :

TOURTEAUX A NOURRIR

	Dispon.	A livrer
Coton de graines d'Egypte	9 00	9 00
Sésame blanc	14 00	14 50
Arachide décortiquée	17 50	18 00
Colza à nourrir	12 50	13 50
Colza du pays	14 00	14 00
Œillette du Levant	11 00	11 50
Œillette blanche de Turquie	11 00	11 50
Lin 1re qual. de Bombay g. form.	14 75	14 00
Lin 1re qual. de Bombay p. form.	15 50	15 75

TOURTEAUX-ENGRAIS

	Dispon.	A livrer
Arachide décortiquée	15 00	15 00
Cameline	»» »»	»» »»
Colza des Indes en poudre	»» »»	»» »»
Colza ravison	8 75	8 75
Colza jaune Gutzerat	12 00	12 50
Kurrachée	»» »»	»» »»
Niger	»» »»	»» »»
Pavot	11 00	11 50
Sésame, blanc	10 50	10 75
Sésame noir	13 00	»» »»
Coton en farine	9 00	9 00

Ces prix s'entendent pour tourteaux en planches, rendus en gare de Dunkerque.

Paiement à 30 jours ou à terme plus éloigné suivant convention expresse.

Le concassage se paie 0 fr. 25 et la mise en poudre 0 fr. 40 aux 100 kilos. Dans ce cas, les sacs sont facturés à 0 fr. 35 pièce, et repris au prix de facture, quand ils sont rendus en bon état et franco, dans les 30 jours de l'expédition.

FROMENTINE :

	100 kil		100 kil.
Marque A	11.00	Marque L	15.75
Marque J	14.50	Marque E	16.25

Les 100 kilogs sur wagon St-Quentin, sac à retourner ou à facturer.

BEURRES. (le kilogr.).

BEURRES EN MOTTES			BEURRES EN LIVRE		
Isigny extra	4 80	6.20	Bourgogne	2.10	2.10
— demi-fin	3.90	4.00	Gâtinais	2.20	2.50
M. d'Isigny	3.40	3 8	Vendome	2.00	2.50
du Gâtinais	2 10	2 10	Beaugency	2.00	2.50
de Bretagne	2.00	2.20	Ferme	2.40	3.00
Laitiers Jura	2 20	2 80	Tours	2 10	2.50
de Charente	2 50	3.10	Le Mans	2.00	2.20
des Alpes	2.40	3.40	Touraine fausse	2.40	2.10

ŒUFS. — (le mille).

Normandie ext.	125 à 150	Bourgogne	93 à 108
Picardie —	128 à 150	Champagne	98 à 108
Brie —	125 à 144	Nivernais	88 à 104
Touraine	118 à 135	Bourbonnais	94 à 99
Beauce	115 à 125	Bretagne	88 à 95
Orne	104 à 105	Vendée	95 à 88
Picardie	105 à 120	Auvergne	97 à 94
Châtellerault	100 à 108	Midi	95 à 114

FROMAGES.

Brie hautes marq.	60	75	Roquefort	160	220
Brie gr. m. (10)	40	53	Gruyère (100 k.)	90	175
— m. m.	30	26	Coulommiers (100)	35	58
Petits Nanteuils	18	23	Gournay (100)	15	21
Brie laitiers	20	25	Livarot (le 100)	65	110
Gérardmer (100 k.)	100	110	Bourgogne (100)	75	85
Hollande	120	180	Camembert (10)	35	67
Bondons (100)	100	160	Munster (100)	125	145
Cantal	130	145	Port-Salut	160	180

VOLAILLES

Poulet Brest dit moelleux	2.00	6 00	Pigeon Macon	1.50	2.00
Poulets Nant.	2 00	4.50	Canars Nantais	2.50	3.60
Poulets Tour	2.50	4.50	Dindes Tourr.	8.00	15.00
Poulets Houdan	4.00	7.25	Oies	5.00	7.50
Pigeons d'Italie	80	1.25	Lapins dom.	2.70	3.25
			Lapins garenne	1.50	2.00

VINS — BERCY

Rouges		Blancs	
B. Bourg. vieux	140 à 190	Bordeaux	125 à 160
Touraine	105 à 115	B. Bourg	150 à 190
Bord. vieux	120 à 180	Sancerre	130 à 135
Algérie	25 à 30	Chablis	200 à 350
Chor	110 à 135	Anjou	130 à 135
Chinon	130 à 180	Pouilly	350 à 360
Narbonne	30 à 31	Vouvray	155 à 195

Prix des Produits Forestiers a Paris.

Bois de feu (Octroi non compris)	Falourde de pin.	100 à 110 le cent.
	Bois de flot	105 à 110 le déca.
	Bois gris neuf	110 à 130 —
	Bois blanc	105 à 140 —
Bois d'œuvre (Octroi compris)	Chêne gros bois	105 à 110 le m. cube
	— moyen bois	50 à 70 —
	— petit bois	30 à 45 —
	Charme, plateaux	50 à 60 —
	Sciage, Entrevaux	175 à 210 les 208 m.
de chêne.	Echantillons	220 à 230 —
	Frise	28 à 30 104 m

La suite des marchés se trouve à la *Correspondance*.

Par suite d'un accident arrivé au dernier moment, le départ de la *Gazette* est retardé de vingt-quatre heures ; nous prions nos abonnés de nous excuser ; nos dispositions sont prises pour éviter qu'un pareil fait se renouvelle.

L'ANNÉE AGRICOLE ET AGRONOMIQUE pour 1896.

Cet ouvrage dont la première édition avait été honorée de tant d'éloges vient de paraître pour la seconde fois. Nous nous sommes attachés à tenir le plus grand compte des critiques et des vœux qui nous ont été adressés. Nous croyons sincèrement que l'*Année agricole et agronomique* est maintenant conçue sur un plan définitif. C'est la revue impartiale et fidèle de tous les travaux agricoles de l'année tant en France qu'à l'étranger, qu'ils émanent des individus ou des sociétés. La classification de la table permet de trouver immédiatement les renseignements désirés sur tel ou tel objet.

Nous avons voulu doter chaque année l'agriculture nationale d'une encyclopédie aussi complète et facile à consulter que possible, si nous en croyons nos confrères, notre but est atteint, nous attendons la sanction de nos lecteurs

Nous l'offrons en prime à nos abonnés au prix de 2 fr. 50 franco de port au lieu de 4 francs.

Ceux de nos abonnés qui désirent l'Année agricole et agronomique de 1895 et celle de 1896 recevront les deux volumes franco dans la gare la plus voisine contre 4 fr. 50.

Adresser les demandes à M. Crépeaux. 10 *bis*, rue Piccini, Paris.

Il est peu de maladies aussi pénibles que les gastralgies et les maladies de l'estomac en général. Il n'est donc pas sans intérêt et rappeler qu'après de nombreuses expériences, l'Académie de médecine a approuvé de recommander l'emploi du *Charbon de Belloc* contre ces maladies, « qui, au dire même du rapport, font trop souvent le désespoir des malades et des médecins ». Le charbon de Belloc, qui est aussi le remède par excellence contre la constipation, se prend en poudre ou en pastilles au moment des repas. Le plus souvent, le bien-être se fait sentir dès les premières doses. Poudre, le flacon, 2 fr. — Past., la boîte, 4 fr. 50 ; toutes pharmacies. — Fab. : Maison L. FRÈRE, à Champigny et Cie successeurs, 19, rue Jacob, Paris.

CHRONIQUE POLITIQUE

Lundi dernier, la discussion du budget a été interrompue par un débat qui s'est engagé sur le cas du député Chauvin, arrêté à Carmaux dans la bagarre qui a eu lieu entre les champions de la nouvelle verrerie ouvrière d'Albi et celle de Carmaux. Après trois heures de discussion, la Chambre a voté la mise en liberté du député Chauvin et on a repris la discussion du budget.

Le budget de la justice a été expédié en quelques minutes, après rejet d'une allocation demandée pour les sièges suppléants. — La gratuité de leurs fonctions ne nuit point, paraît-il, au nombre toujours croissant des postulants.

Le budget des cultes a provoqué, comme les années précédentes, une attaque enragée de la gauche, dont le citoyen chapelier Faberot a été l'organe. Il a trouvé des expressions nouvelles au service des clichés imbéciles débités les années précédentes contre la religion et contre le concordat. Le ridicule était si intense qu'on a passé au vote sans répondre au citoyen Faberot. Le budget a été voté, mais avec leur mauvaise grâce habituelle, les opportunistes ont obtenu deux nouvelles rognures, l'une sur le chapitre des secours aux prêtres âgés et infirmes ; l'autre, sur les réparations aux pauvres églises de nos campagnes. C'est un parti pris chez nos maîtres de traiter le budget du culte de leur pays comme l'artichaut qu'on mange feuille à feuille. Tous les budgets sont augmentés chaque année, le budget de culte *catholique* seul est réduit tous les ans.

Un député radical a demandé la mise à l'étude d'un projet de dénonciation du Concordat. Il a été repoussé sans examen par 318 voix ! — La minorité préfère le rognage *parcellaire* de la dette de l'État envers l'Église. On a enflé de plusieurs millions le budget des écoles athées, il était logique d'écorner quelques milliers de francs de la portion congrue de nos curés de campagne. Enfin pour mener à bonne fin le vote du budget avant décembre et éviter la nécessité des douzièmes provisoires, M. Cochery a demandé et obtenu que la Chambre tienne deux séances par jour.

La besogne qu'elle fait, en vérité, mérite d'autant moins qu'on s'y arrête que le résultat en est connu d'avance. Pour boucler le budget en déficit on aura perdu le temps réclamé pour expédier des réformes urgentes que l'agriculture réclame à cor et à cri. Les mêmes causes produisent toujours les mêmes effets. L'agriculture continuera d'attendre sous l'orme.

C'est toujours la discussion du budget de 1897 qui occupe le plus l'attention du public politique, bien que l'issue finale en soit connue d'avance, et consiste, comme celle de tous les budgets anté-rieurs, en un excédent apparent de recettes déguisant à peine un nouveau déficit.

Néanmoins il y a lieu d'appeler l'attention publique sur le budget de l'instruction officielle et spécialement sur le nouveau traquenard qui a été tendu au ministère Méline à propos des laïcisations de nos écoles libres de jeunes filles.

Un député socialiste a proposé un vote ordonnant la laïcisation des écoles encore debout dans le délai de deux ans, en violation de la loi de 1886 qui a décidé que les laïcisations ne se feraient qu'après le décès ou la retraite des titulaires actuels.

Le ministre Rambaud n'a pas eu le courage de combattre nettement la proposition ; il s'est borné à demander le renvoi à la commission du budget.

Le lendemain cette Commission a déclaré que vérification faite des dépenses, cette opération, chère à nos laïciseurs, nous coûterait au bas mot la bagatelle de 68 millions !

La majorité, effrayée de ce chiffre, a repoussé la proposition qui visait évidemment à jeter à bas le cabinet Méline, en même temps qu'à achever la destruction de nos écoles chrétiennes. Mais notez que cette mesure odieuse, ruineuse pour nos finances et tyrannique pour la liberté de conscience a eu pour elle deux cent trente-sept votants.

Il n'y a pas d'illusion possible sur le but de ces gens-là. Leur but est de tuer la religion chrétienne en France, même en ruinant ses finances.

Mais où la discussion du budget l'a mis en lumière d'un bout à l'autre ; c'a été notamment dans le budget des lycées et collèges. Plus ces établissements sont en décadence, plus nos maîtres s'acharnent à augmenter les dépenses de leur entretien, en multipliant le nombre des élèves gratuits et boursiers qui sont au nombre de dix-huit mille, et le nombre des remisants, auxquels on fait remise d'une partie des dépenses nécessaires au prix principal de pension. De l'aveu du rapporteur, chacun de ces élèves coûte quatre mille francs aux contribuables.

Cette armée de parasites, tous fils ou parents et protégés des députés et des sénateurs, coûte aux contribuables plus de 40 millions, mais elle n'est pas assez nombreuse au gré de nos maîtres qui ont trouvé bon de leur allouer quelques millions de plus, et de grossir d'autant les fonds secrets alimentaires de leur clientèle électorale. Voilà comment le budget de l'instruction publique, jadis de 80 millions, s'élève aujourd'hui au chiffre monstrueux de près de 200 millions. C'est le budget de la guerre à Dieu et de la corruption électorale tout simplement.

Lorsque les législateurs qui nous imposent un pareil budget osent nous dire qu'ils sont les organes de la volonté des populations, il suffit pour faire justice de ce mensonge effronté, de leur opposer les chiffres de la statistique officielle, qui constatent la décadence des lycées et collèges officiels et l'accroissement constant des écoles libres chrétiennes, ainsi que l'a constaté M. Bouge dans son rapport.

Leur mensonge éclate non moins clairement dans ce fait général, dans les villes et surtout dans les campagnes, que partout où une école libre se fonde en face de l'école officielle sans Dieu, celle-ci est abandonnée et la plupart de ses élèves sont envoyés à l'école libre.

En tout cas les populations rurales sont édifiées aujourd'hui sur les conséquences rurales et financières du régime scolaire qui les opprime et les exploite depuis quinze ans, et sur ce qui les attend si elles n'ont pas le courage de secouer le joug des sectaires et des ambitieux qui le leur imposent sous l'étiquette menteuse de laïcisation, de neutralité — deux synonymes hypocrites du vrai mot athéisme pratique officiel.

Une réponse à M. Rambaud et aux laïciseurs.

Cette réponse vient d'un témoin peu suspect. — La semaine dernière, deux assassins âgés de 20 et 18 ans étaient défendus devant la Cour d'assises par un avocat qui invoquait leur jeunesse pour excuse !

— Allons donc ! s'est écrié l'avocat général. Depuis vingt ans les plus grands criminels sont de tout jeunes gens !

Voilà la réponse d'un organe de la *justice* aux défenseurs des lois Ferry dans le Parlement !

Madagascar.

On a de bonnes nouvelles de Madagascar. Le général Galliéni poursuit avec une énergie imperturbable l'œuvre réparatrice qu'il a entreprise. Après avoir fait fusiller les ministres qui complotaient notre ruine sous la protection du résident Laroche, il a constitué un conseil de guerre, qui continue l'œuvre d'épuration, au grand désespoir des anglais et de leurs agents méthodistes.

La chasse aux rebelles se poursuit, partout la confiance renaît chez nos colons français. On ne craint qu'une chose, c'est qu'une intrigue politique ne réussisse à arrêter le général dans sa mission réparatrice.

Ça serait un malheur irréparable pour la colonie. Malheureusement, ce ne serait pas une infamie sans précédent depuis quinze ans. Espérons que le général restera au poste qu'il remplit si bien.

La fédération politico-agricole du Pas-de-Calais.

Cette fédération, fondée en apparence pour la défense de l'agriculture, a montré, en excluant des sociétaires, qu'elle n'était qu'une nécessité de guerre contre elle.

M. Deusy vient de le démontrer d'une façon digne de lui dans la lettre suivante :

« La Pacaudière, par Villentrois (Indre).
« 27 novembre 1896.

« Monsieur le Président,

« Il ne saurait me convenir de faire partie d'une fédération qui rejette les syndicats agricoles, c'est-à-dire la vraie représentation de l'agriculture, pour n'admettre que les Sociétés subventionnées, forcément et toujours soumise à l'idée ministérielle, fût-elle indifférente ou même hostile à nos intérêts économiques comme elle l'est trop souvent. Le nom de M. Ribot, votre président d'honneur, n'a d'autre signification, pour moi, que celle-là.

« Je vous adresse, en conséquence, ma démission de membre du Cercle agricole, avec le regret de constater qu'une association libre et prospère, dont j'étais fier, autrefois, de faire partie, renie aujourd'hui, les principes qui ont présidé à sa fondation et abjure son indépendance pour obéir à l'impulsion de quelques aspirants politiciens moins soucieux des intérêts de l'agriculture qu'avides de faveurs, de pouvoir et de popularité.

« Veuillez agréer, monsieur le Président, l'expression de toute ma considération.

« E. Deusy. »

On ne saurait mieux, dit justement le *Courrier du Pas-de-Calais*, résumer, et en moins de lignes, tout ce que nous avons dit et écrit contre les idées et arrière-pensées qui ont présidé à la Fédération des Sociétés agricoles officielles. Cette Fédération ne représente plus en effet que l'aristocratie panachée et domestiquée de l'agriculture. Quant à la démocratie rurale, à la démocratie agricole, nous y demeurons fidèle dans ses syndicats et dans ses comices.

CHRONIQUE GÉNÉRALE

Les primes d'enseignement agricole aux instituteurs.

Voilà un sujet que nous étudions depuis plus de trente ans — nous l'étudions dès 1858 avec M. Louis Gossin, notre guide impeccable en cette matière, attendu que le premier, en France, il créa l'exemple de la pratique — et nous l'avons étudié depuis lors dans la 10° section des agriculteurs de France et nous avons toujours signalé les causes du peu de succès de cet enseignement malgré des flots d'encre et des flots de paroles qui ont coulé partout en sa faveur.

Nous ne voulons pas revenir en ce moment sur ce sujet tant rebattu, sinon pour constater un fait vraiment suggestif que nous lisons dans le *Bulletin* de la Société de la Gironde.

Nos lecteurs savent que les instituteurs primaires de ce grand et riche département ont la faveur unique de briguer tous les ans 2.000 francs de primes légués par M. Camille Godard pour leurs succès dans l'enseignement agricole.

Or, la Société d'agriculture chargée de leur distribuer ces belles primes, constate dans son *Bulletin* ce qui suit :

« La Commission estime que les candidats qui se sont présentés au concours ont fourni des épreuves qui ne peuvent prétendre à un prix, et s'étonne de l'absence complète d'élèves dont les réponses peuvent seules faire juger la valeur du maître et de son enseignement. »

Ils sont donc bien riches ces bons instituteurs de la Gironde pour dédaigner les libéralités exceptionnelles de feu M. Godard.

Nos instituteurs bretons trouvent moyen de réussir sans être stimulés par des primes aussi opulentes.

Cherchez si vous voulez les causes d'un tel contraste et vous trouverez des conclusions qui ne seront pas du goût de nos maîtres, mais qui n'en auront pas pour cela moins de valeur.

Les sous étrangers.

Vendredi dernier la Chambre a voté la loi qui prohibe sous des peines sévères l'importation des monnaies de billon étranger, dont l'invasion sur nos marchés du Midi et du Sud-Ouest a été une cause de perturbation et de ruine, notamment de Marseille jusqu'à Lyon. Les employés des contributions indirectes sont invités à saisir les monnaies entre les mains des porteurs et de les confisquer.

C'est bien pour l'avenir ; mais il reste à statuer sur la situation des porteurs de bonne foi qui ont reçu de ces monnaies en paiement assurément ils sont innocents de la liberté dont ont joui les exploiteurs qui ont mis impunément ces monnaies en circulation.

A Marseille par exemple, il a été constaté qu'il reste dans les caisses communales de cette ville pour plus de 330.000 francs de sous italiens.

Le ministre des finances a promis de prendre les mesures nécessaires pour rembourser les détenteurs et en même temps pour faire disparaître ces monnaies interdites du territoire français.

Enseignement agricole.

PENSIONNAT DES FRÈRES DES ÉCOLES CHRÉTIENNES DE LA MISÉRICORDE, ABBAYE DE MONTEBOURG (MANCHE).

L'agriculture traverse à notre époque une crise véritable. Les conditions économiques modernes la facilité et la promp-

titude des transports ont avili les prix de tous les produits des campagnes. Le découragement s'empare des cultivateurs qui éloignent leurs fils d'une profession si peu lucrative, et la désertion des campagnes se produit de toutes parts. Pour conjurer les conséquences funestes de cette situation, l'heure est venue de développer l'enseignement agricole, afin de permettre aux jeunes agriculteurs de pouvoir, en perfectionnant leur méthode de culture, faire produire davantage à la terre, et ainsi vivre honorablement à la campagne.

Les frères de Montebourg sont entrés dans cette voie, et ils ont créé un cours pratique d'agriculture dans leur bel établissement du Cotentin. Placés dans un pays d'élevage ils peuvent en outre donner à leurs élèves, des connaissances très étendues d'agriculture pastorale. Le soin des laiteries et la fabrication du beurre sont pratiqués chez eux depuis de longues années.

Pour les renseignements de détails, et les conditions d'admission, on peut s'adresser au frère Joseph, supérieur à l'abbaye de Montebourg (Manche).

L'exportation des pommes américaines.

D'après les renseignements que nous trouvons dans le *Journal of Horticulture* l'exportation, en Angleterre, des pommes américaines, a donné lieu cet automne à des transactions énormes. Les navires en ont déchargé plus de 600.000 barriques, dans les seuls ports de Londres, de Liverpool et de Glasgow, l'année dernière, il en a été à peine expédié 35.000 barriques aux mêmes destinations.

Toutes ces pommes provenaient des Etats du Nord et principalement du Canada. Ce journal mentionne en même temps qu'il s'agit de fruits de table et que chaque pomme était entourée d'un papier doux, comme pour l'emballage des oranges. Les variétés cultivées en Amérique en vue de l'exportation en Angleterre sont connues sous les noms de *Snow apple* (pomme de neige), *Sweet Pippin, Holland Pippin, Gravenstein, Northern Spy, Baldwin, Greening* et *King.*

Le monopole de l'alcool.

On organise dans plusieurs contrées viticoles une campagne d'opposition contre le projet de monopole de l'alcool.

Dimanche prochain les viticulteurs bourguignons ouvriront le feu par une conférence de M. Yves Guyot. Plusieurs autres conférences auront lieu ensuite dans les autres centres viticoles.

Si le monopole de l'alcool est battu, à quel expédient nos législateurs auront-ils recours pour remplacer les sommes plus ou moins aléatoires sur lesquelles on comptait pour atténuer les déficits du budget ?

Poser la question est facile; ce qui ne l'est pas, c'est de la résoudre.

Pauvre pays! pauvres financiers!

Union viticole
de Chalon-sur-Saône.

Cette Société tiendra, demain dimanche, une exposition des vins récoltés dans l'arrondissement, avec concours des vins de la côte châlonnaise.

Encore une commission agricole.

Les journaux officieux annnoncent avec leur béatitude ordinaire que M. Méline vient de nommer une grande commission extraparlementaire (et pour cause) chargée des projets de loi ayant pour but de stimuler toutes les améliorations foncières réclamées sur le territoire français pour en accroître la production: canaux d'irrigation, reboisement des montagnes stériles, défrichements et mise en valeur de six millions d'hectares qui sont encore aujourd'hui à l'état inculte: amélioration de la culture des eaux, police de la pêche, etc. Rien que cela pour commencer. Excusez du peu !

Nous ne doutons pas de l'intention de notre respectable ministre de l'agriculture, des intentions des membres de sa sa future commission. Nous nous bornons à rappeler que toutes les fois qu'on veut endormir l'agriculture sur les causes tangibles et immédiates de ses misères actuelles on lui jette à la tête l'eau bénite d'une grande commission, c'est-à-dire d'une de ces montagnes dont la gigantesque gestation n'aboutit à mettre bas qu'une souris.

Nous avons, malheureusement, cent raisons pour une de prédire le même sort à la nouvelle commission, et si les ruraux étaient de notre avis — ils sont payés pour cela ! — ils diraient à M. Méline et à sa commission le mot du coq devant la perle: Le moindre grain de mil, c'est-à-dire le moindre relèvement des tarifs de douane ferait bien mieux notre affaire. Avant de mettre en valeur les terres encore incultes, tâchez donc d'arrêter l'abandon des terres cultivées et fertiles, qui sévit partout aujond'hui. Vous savez comme nous comment la concurrence étrangère nous ruine de plus en plus, alors qu'est-il besoin d'une commission pour chercher un remède à un mal aussi certain.

Assez de commissions, trop de commissions! assez de discours et de paroles, monsieur le ministre — Ce sont des actes qu'il nous faut: *res, non verba*.

Jamais notre agriculture n'a plus souffert de la politique qui remplace les actes par des paroles. Jamais le peuple rural n'a plus souffert du vice décrit par notre immortel bonhomme:

S'agit-il de délibérer ?
La Cour en commissions foisonne;
Mais s'agit-il d'exécuter ?
On ne rencontre plus personne.

H. L.

La crise sur les porcs.

La baisse énorme du prix des porcs sur pied et de leurs viandes abattues, provoque un juste concert de réclamations dans toute la France, principalement dans les départements voisins des frontières, au Nord comme au Midi, et partout on constate que la baisse a une cause naturelle dans les importations croissantes de porcs. Le Nord les reçoit de Belgique, de Hollande, d'Allemagne. Le Midi est envahi par les porcs d'Italie, d'Espagne, de Tunisie. Les marchés de Paris et des environs sont envahis par les porcs et les viandes de porc d'Amérique.

Dans les cinq derniers mois de 1896, les importations de porcs ont excédé les nombres ordinaires pour la même période de l'an dernier, de 47.443 porcs gras, 7.448 cochons de lait, 974.000 kilos de viandes abattues fraîches, 1.626.000 k. de viandes salées, et 280.000 kilos de charcuterie.

Les causes de la crise sont donc d'une évidence incontestable et aucun doute ne peut subsister sur la nécessité d'y remédier par un relèvement des droits actuels des douanes sous peine de condamner l'élevage des porcs à la ruine.

Avis à M. Méline et à ses *Commissions*.

Loi sur le domaine congéable.

Le Sénat a voté, samedi, un projet de loi qui maintient sauf, de légères modifications, le régime traditionnel en Bretagne, dit du domaine congéable, lequel consiste en un traité entre le propriétaire du sol et le propriétaire des bâtiments d'exploitation.

Ce régime assurément n'est pas exempt de sérieux inconvénients, de graves difficultés surgissent parfois lorsqu'il s'agit de l'héritage isolé soit du fonds ou des bâtiments et c'est à raison de ces difficultés que beaucoup de gens épris des idées individualistes en faveur depuis 1789, en demandaient l'abrogation, en rendant obligatoire la licitation. M. Guyart a plaidé avec beaucoup d'éloquence la cause de ce régime encore cher aux Bretons dans trois départements et a obtenu l'adoption de la loi que nous nous réservons d'apprécier prochainement.

Le privilège
de la Banque de France.

Le projet de loi tendant à renouveler le privilège de la banque de France est soumis à une commission parlementaire, qui est disposée à l'adopter, en insérant dans le traité l'obligation pour la banque de faire bénéficier l'agriculture du bienfait du crédit, dont jouissent l'industrie et le commerce.

En tout cas, le papier agricole ne serait escomptable que muni des signatures de syndicats agricoles sérieux comme garantie nécessaire d'un remboursement immédiat au cas où les sous-

cripteurs ne seraient pas en règle. A notre avis, le crédit agricole est infiniment précieux dans les conditions modestes et pratiques où l'exercent nos petites sociétés rurales. Mais de là à le pratiquer dans les mêmes conditions qu'à l'égard de l'industrie et du commerce, il y a loin. La commission parlementaire ne peut manquer d'en faire la remarque.

Unions syndicales départementales.

Nous constatons avec satisfaction que dans plusieurs départements, les syndicats locaux se proposent de former entre eux une *union syndicale départementale*, ayant pour but de former un faisceau actif des syndicats actifs isolés et de pousser à la réalisation de leurs efforts communs.

Dans le Var, les syndicats agricoles sont en voie de former une union départementale, qui aura pour mission d'aviser aux moyens d'activer et d'accroître les débouchés des produits agricoles et horticoles dont la production hâtive, grâce au climat du Var, est pour cette belle contrée une source de prospérité susceptible de développements considérables.

Dans l'Allier, le syndicat agricole présidé par M. de Garidel est constitué, et sa première opération consiste à mettre en adjudication les engrais commerciaux destinés à l'usage de tous ses adhérents.

Concours agricole de Paris.

Tout le public agricole apprendra avec joie qu'enfin le prochain parcours de Paris se tiendra dans la galerie des machines.

Y a-t-il assez longtemps qu'on le réclamait !

Ce concours aura lieu du lundi 5 au mercredi 14 avril.

Pour être admis à exposer, on doit adresser une déclaration écrite.

Les déclarations doivent être parvenues aux dates ci-après :

Pour les animaux, les instruments, les produits agricoles et horticoles divers, au ministère de l'agriculture, le 31 janvier 1897, au plus tard ;

Pour les vins, cidres, poirés et eaux-de-vie, à la préfecture du département, le 15 janvier 1897 au plus tard.

Le programme détaillé du concours, ainsi que des formules de déclaraction sont tenus à la disposition du public au ministère de l'agriculture, rue de Varenne, 78, à Paris, et dans toutes les préfectures et sous-préfectures.

Nous regrettons qu'on veuille renouveler l'expérience qui a si mal réussi l'an dernier et qu'on n'ait pas rétabli ce concours avant les jours gras.

La boucherie parisienne a l'habitude, pendant les jours gras, d'exposer dans ses étals de superbes animaux, ce qui la forçait à acheter très cher pendant le concours.

Tandis que l'an dernier, les bouchers se sont mis à parcourir les campagnes sans dire pourquoi et ont payé bon marché les animaux destinés à parer leurs magasins. C'est à eux seuls que l'essai a profité. M. Méline est mal inspiré en cédant à leurs instances ; il oublie que si les exposants ne trouvent pas à s'indemniser de leurs frais par une vente rémunératrice, ils abandonneront les concours.

Il faut se rappeler qu'à la suite d'hivers très rigoureux, on avait demandé, les industriels surtout, ou de retarder le concours, ou de l'installer dans n *galerie des machines*. Du moment o cède à ce dernier vœu, il n'y avait pas de raison pour ne pas tenir ce concours avant les jours gras.

La baisse du porc.

La baisse des cours des porcs vivants et abattus ajoute pour nos campagnes une nouvelle calamité à la crise des blés.

La cause la plus claire de cette crise est due aux importations croissantes des viandes de porc d'Amérique, et à celle des porcs vivants de Hollande, de Belgique et d'Allemagne, dans le Nord, et d'Espagne dans le Midi.

Au nom des campagnes du Nord, M. l'abbé Lemire, leur député, doit adresser à M. Méline une réclamation sur ce juste sujet d'inquiétude pour l'avenir.

Il est évident que le tarif actuel des douanes sur les porcs est insuffisant pour protéger efficacement l'élevage de la race porcine contre la concurrence étrangère. Dès lors, il ne peut y avoir la moindre hésitation sur le moyen de prévenir un nouveau danger de ruine pour nos populations rurales, — ruine générale, celle-là — car qui ignore que l'élevage du porc est la dernière ressource de tous les ménages, petits et grands, dans nos campagnes ?

M. l'abbé Lemire se fait donc l'organe d'une cause essentiellement populaire et nationale et c'est pour M. Méline un devoir urgent de remédier au mal qui lui est signalé.

Mais, à propos de la crise du porc, on nous permettra sans doute de remarquer qu'il s'agit ici d'une crise nouvelle ajoutée à la litanie des crises qui sévissent sur la presque totalité de nos produits agricoles.

Par conséquent, ou il faut rompre avec le bon sens et la logique, ou il faut se résigner à reconnaître que la réforme générale des tarifs douaniers est le plus urgent des devoirs d'un gouvernement qui se glorifie d'avoir pour chef le ministre de l'agriculture !

La sériciculture en 1896.

L'enquête officielle relative à la production des soies et cocons en France pendant l'année 1896 aboutit aux chiffres suivants :

221.743 onces mises en incubation; elles ont produit 9.318.703 kilos de cocons (42 kilos par once en moyenne). Les éducateurs étaient au nombre de 145 310. Les chiffres ne diffèrent pas sensiblement de ceux de l'an dernier, mais l'enquête constate que les prix de vente des cocons sont en baisse depuis quatre ans, c'est dire que la prime de 50 centimes par kilo est insuffisante pour les producteurs, et en même temps très onéreuse pour les contribuables.

Dès lors, il faut de toute nécessité joindre nos réclamations à celles des sériciculteurs qui demandent le remplacement de la prime par un droit de douane sur les soies et cocons étrangers.

NÉCROLOGIE

On annonce la mort de M. Alfred Tresca, professeur de génie rural à l'Institut agronomique, décédé dans sa 56e année. — Nous nous associons aux regrets que cause la mort de cet honorable et distingué professeur. — M. Tresca avait succédé à son père, ancien professeur au Conservatoire des arts et métiers. Il a contribué par ses savantes études au perfectionnement de la mécanique agricole.

Le Sénat a perdu cette semaine, M. Emmanuel Arago, ancien ambassadeur de Suisse, décédé à l'âge de 84 ans. Fils du célèbre astronome français Arago, M. Emmanuel Arago a été membre de la plupart des assemblées parlementaires depuis cinquante ans. Le rôle secondaire qu'il y a joué n'a pas paru imposer à l'État la dépense de ses obsèques. Ces obsèques purement civiles ont contristé plusieurs membres de la famille Arago, son illustre père eût certainement été de cet avis.

CHRONIQUE AGRICOLE

Situation. — La saison.

Pendant quelques jours, les gelées ont remplacé les pluies de la période précédente. Jusqu'à ce jour, les gelées n'ont pas été très rigoureuses au moins dans le Centre et dans le Nord; le thermomètre n'est pas descendu à plus de 6° au-dessous de zéro à la fin des nuits, et la température est assez douce pendant le jour pour comporter les travaux extérieurs de la saison. On désire vivement que la température ne s'abaisse pas davantage. Les grandes gelées seraient un fléau destructeur pour la plupart des plantes semées depuis près de deux mois, qui ont germé péniblement, et ne sont pas pourvues de radicelles capables de supporter l'épreuve d'une gelée.

Dans cette situation, les principaux travaux de la saison consistent dans les opérations qui ont pour but d'améliorer la composition des terres arables des prairies; amendements, chaulages, marnages, émondages des haies, apports de purin et de phosphates dans les prairies, etc., on ne doit pas oublier que les eaux purinées répandues sur les prés en cette saison ont des résultats excellents. L'épandage, on le sait, n'est facile que pour ceux qui possèdent un tonneau spécial muni d'une pompe aspirante pour le remplir et à sa partie postéro-inférieure d'un *brise-jet* qui éparpille le liquide sur plusieurs mètres d'étendue. Rappelons à ce sujet ce que nous disons depuis longtemps : certains cultivateurs, nos anciens abonnés, opèrent cet épandage au moyen d'un tonneau hors d'usage placé sur un chariot; Ils munissent ce tonneau, à sa partie inférieure, d'une canelle et d'un brise-jet ou bien d'un canal horizontal percé de trous par lesquels le liquide se répand en quantité égale sur une largeur de deux mètres à la fois. — Tout le monde n'a pas le moyen d'acheter un tonneau d'arrosage dont le prix est de 600 francs. Nous venons de rappeler un moyen pratique de le remplacer à très bon marché. On ne peut mieux employer les primes des comices qu'en encourageant les inventions de ce genre.

Dans la situation actuelle des terres, une question qui inquiète avec raison beaucoup de cultivateurs, c'est de savoir à quelle époque ils pourront continuer leurs ensemencements de céréales. La vérité est que sur un territoire aussi varié que celui de la France, on ne peut établir de règles uniformes pour tous.

La production des vins en 1896. — D'après les chiffres officiels la récolte est évaluée à 44.656.000 hectolitres, soit 17.968.000 hectolitres de plus qu'en 1895.

La destruction du gui. — Quelques préfets ont ordonné par des arrêtés la destruction du gui dans le cours de décembre dans leurs départements, sous peine de faire exécuter cette opération aux frais des récalcitrants. On ne devrait pas avoir besoin de cette menace pour exécuter une opération aussi importante. Nous rappelons que le gui broyé est un bon aliment pour les bestiaux mais qu'il faut en écarter les *baies* dont le suc est vénéneux.

Les semailles.

Il est un peu tard pour parler de semailles au moment où elles sont presque terminées ; cependant il n'est pas trop tard car les pluies ont souvent arrêté le travail et il y a cette année bien peu de cultivateurs qui aient pu finir leurs semailles de bonne heure ; d'un autre côté quand on vient de faire un travail et que les difficultés que l'on a éprouvées sont encore toutes fraîches dans la mémoire, on est bien disposé pour écouter les observations des anciens.

Pour ne pas en avoir trop long à dire je ne m'occuperai que de la manière d'enterrer la semence.

Le mode le plus simple consiste à répandre la semence sur le terrain tel qu'il se trouve et à l'enterrer par un labour léger. C'est ce que l'on nomme semer sous raies. Ce procédé donne de bons résultats à la condition que le terrain soit propre et meuble, comme cela a lieu après une jachère travaillée ou une récolte sarclée récemment arrachée comme des pommes de terre ou des betteraves.

Il faut aussi avoir soin de ne pas donner au labour une profondeur plus grande que 10 ou 12 centimètres, autrement les grains seraient enterrés trop profondément. Tous les grains ne tombent pas jusqu'au fond de la raie, il y en a même très peu qui y tombent et lorsque l'on suit à l'œil la bande de terre que retourne le versoir de la charrue, on voit que les grains de semence se mélangent à la terre. Néanmoins plus le labour est profond, plus la semence est enterrée; et l'observation fait voir que les grains enterrés à une profondeur supérieure à 6 ou 8 centimètres sont très lents à lever, leur feuille est jaune, le plant est chétif et incapable de résister aux gelées. Cet inconvénient est d'autant plus grave que les terres sont plus fortes et la saison plus avancée.

Les polysocs à quatre ou cinq petits corps de charrue enterrent très bien la semence parce qu'ils font un labour très superficiel et à raies très étroites.

On reproche aux semailles sous raies de rassembler une trop grande quantité de semence à l'endos de la planche et de n'en pas laisser assez aux deux raies qui avoisinent la dérayure. Ce reproche est fondé lorsque l'on laboure en planches et il est d'autant plus sérieux que les planches sont plus étroites.

Au lieu de jeter toute la semence sur le terrain avant le labour, il vaut mieux ne jeter qu'une demi-semence; on répand l'autre moitié de la semence après le labour, puis on donne un coup de herse. Ce procédé m'a toujours donné de bons résultats.

Lorsque le temps est incertain, il est prudent de mener de front les deux parties de l'opération; car s'il survenait une pluie abondante ou une série de jours pluvieux après le labour et avant que la seconde demi-semence ait été répandue et enterrée, on pourrait se trouver retardé pour terminer le travail de telle sorte que la seconde moitié de la semence ne pourrait être enterrée qu'au moment où la première moitié serait déjà germée; on aurait ainsi une levée très inégale et le hersage pourrait endommager un grand nombre de germes.

Quand on sème sur un défrichement de trèfle ou sur un labour de semailles fait dix ou quinze jours d'avance pour gagner du temps; il ne peut plus être question de semer sous raies. Dans ce cas, ce que l'on a de mieux à faire, c'est de jeter une demi-semence sur la terre, telle que la charrue l'a laissée; on couvre cette demi-semence par un coup de

herse léger, puis on répand le reste de la semence et on l'enterre par un fort hersage. On obtient par ce moyen une semaille bien égale et convenablement enterrée.

Si l'on hersait d'abord le labour avant de semer, la semence ne serait pas enfouie à une profondeur suffisante surtout dans une terre très meuble. L'expérience fait voir que quand le grain de blé n'est pas recouvert par une épaisseur de terre d'environ de 2 centimètres au moins, il donne une plante peu vigoureuse, très exposée à se déchausser pendant l'hiver, d'autant plus que le labour de semailles a été fait à une plus grande profondeur.

Au contraire, si l'on sème une demi-semence sur le labour brut, c'est-à-dire non encore hersé, les grains tombent dans les creux toujours très nombreux et sont tous enterrés à une profondeur convenable. Le coup de herse qui recouvre cette demi-semence doit être très léger, juste suffisant pour boucher les plus grands trous. La seconde demi-semence est convenablement enterrée par un hersage énergique et s'il y a encore des grains enfouis profondément, ils sont relativement peu nombreux.

On pourrait aussi jeter toute la semence sur le labour brut et couvrir par un fort hersage; la semence serait peut-être mieux enterrée, mais elle serait certainement répartie moins également, ce qui est un point important. Ce procédé est un peu plus expéditif, mais les résultats en sont moins bons : j'en parle d'après ma propre expérience.

Pour faire une bonne semaille, il est très important que le labour soit bien régulier et à raies étroites, c'est-à-dire, de 20 centimètres de largeur au plus. On peut expédier plus rapidement la besogne en faisant des raies plus larges, mais le grain sur un pareil labour, est mal réparti et mal enterré. Ce n'est que dans des circonstances exceptionnelles assez rares que l'on peut se permettre de sacrifier la qualité du travail à la rapidité.

De tous les moyens d'enterrer la semence, c'est incontestablement le semoir qui est le plus parfait parce qu'il répartit la semence avec une régularité complète et l'enterre à une profondeur convenable. On ne saurait donc conseiller avec trop d'insistance l'emploi du semoir toutes les fois que l'état de la terre le permet.

A. DE VILLIERS DE L'ISLE-ADAM.

Le maïs employé comme fourrage sec.

Le *Country gentleman* rapporte qu'un cultivateur a nourri avec grand avantage pendant six hivers consécutifs avec du maïs, fourrage à l'état sec, des chevaux, des poulains et des vaches. Ces animaux se sont parfaitement trouvés

de cette nourriture. Le secret de la réussite consiste à rentrer le fourrage à l'automne dans les meilleures conditions, et à le hacher et déchirer finement avec une machine spéciale. Ce qui n'est pas consommé dans les crèches fait une litière excellente, puis un bon fumier. On le coupe d'abord en morceaux d'environ deux pouces de long; c'est après cette première opération qu'on lui fait subir la seconde qui le réduit par une espèce de hachage en une sorte de foin très fin. On le donne aux chevaux soit à l'état sec, comme du foin, soit mélangé à des grains ou à des barbotages; mais presque toujours on le donne seul. Aux vaches, chaque jour, on le donne une fois seul et l'autre fois avec des barbotages.

Hygiène et restauration des arbres fruitiers.

Je voudrais convaincre ceux qui me font l'honneur de me lire que les arbres sont *des êtres vivants*, sensibles aux bons comme aux mauvais traitements, réclamant non seulement des fumures et des façons, mais aussi des soins particuliers qu'en un mot, il y a une *hygiène végétale* comme il y a une hygiène animale.

PRATIQUE DE L'HYGIÈNE

Cinq mots résument l'hygiène en général : l'air, la lumière, la propreté, pas d'excès et de surmenage, et l'équilibre parfait en tout.

AIR ET LUMIÈRE

Nous savons que les racines respirent, en outre la science nous apprend que le sol est peuplé de milliers d'infiniment petits que Pasteur appelle des *micro-organismes*, qui travaillent et préparent aux plantes leur nourriture comme nos cuisinières préparent la nôtre. L'aération du sol s'impose donc par des binages fréquents, continuels, je dirais, afin de donner de l'air aux racines et aux bactéries du sol.

Nous savons aussi que c'est la lumière qui décompose, sur la feuille, l'acide carbonique, que sans elle il n'y a de digestion et d'assimilation, et que les boutons sont stériles. Il faut donc adopter les formes qui lui donnent le plus d'accès et proscrire tout fouillis.

Il y a deux espèces de fouillis : le premier causé par les plantes qui poussent pêle-mêle avec les arbres sur les plates-bandes; le second par les branches elles-mêmes, dans les arbres à haute tige surtout.

Il y a bien souvent deux, trois, quatre branches, quand une suffirait. Il en résulte que tous les fruits se portent sur les côtés parce que, à l'intérieur, il n'y a ni air, ni lumière. — Coupez, taillez, n'ayez pas peur, faites *des trouées*, aérez, et tout y gagnera; l'arbre en vigueur, et les fruits en beauté et en qualité.

PROPRETÉ

Les arbres abandonnés à eux-mêmes ne tardent pas à être envahis par la mousse qui d'abord vit à leurs dépens, et, ensuite, devient, avec les vieilles écorces, l'asile de tous les insectes de la création. Le premier soin du jardinier doit donc être de faire souvent *leur toilette* et de les entretenir dans le plus grand état de propreté.

Nous avons la chaux et le sulfate de fer qui, sous ce rapport, nous donnent toute satisfaction. Mettez quelques pierres de chaux dans un récipient quelconque, avec un peu d'eau d'abord, pour les faire fuser, puis davantage, selon la quantité de chaux. Pour rendre votre lait de chaux plus actif, plus corrosif, ajoutez-y du sulfate de fer et badigeonnez vos arbres, avec ce mélange, au commencement de l'hiver, en décembre, janvier. — Au printemps, les mousses brûlées ne tarderont pas à se laisser

expérience des choses agricoles, et faisant journellement de nouveaux essais, il modifie, perfectionne suivant les besoins les divers organes de manière que son outil puisse être employé économiquement par la grande, la moyenne et la petite culture, avec tous les attelages et en tous terrains.

C'est ainsi que, récemment encore, le brabant double Bajac a reçu de judicieux perfectionnements dont l'importance a été constatée dans les divers concours de cette année.

Nous signalerons d'abord le nouvel écrou bronze pour le terrage, qui donne une grande douceur de manœuvre, préserve de l'oxydation et atténue sensiblement l'usure de la vis.

Une autre innovation très intéressante consiste dans l'adaptation à l'avant-train

Le microbe de la cocotte.

M. Starcovici, inspecteur vétérinaire de Roumanie, après des recherches poursuivies pendant plusieurs années à l'institut de bactériologie du professeur Babes, a réussi à isoler des animaux malades de la fièvre aphteuse un microbe qui, inoculé aux animaux de l'espèce bovine par la voie digestive et sous-cutanée, détermine les symptômes caractéristiques de la fièvre aphteuse. Cette découverte donne grand espoir que l'on trouvera un traitement curatif et préventif de cette maladie si répandue.

L'ostéoclastie, le Pica, le Rachitisme et l'Ostéomalacie

Les os, qui constituent la charpente

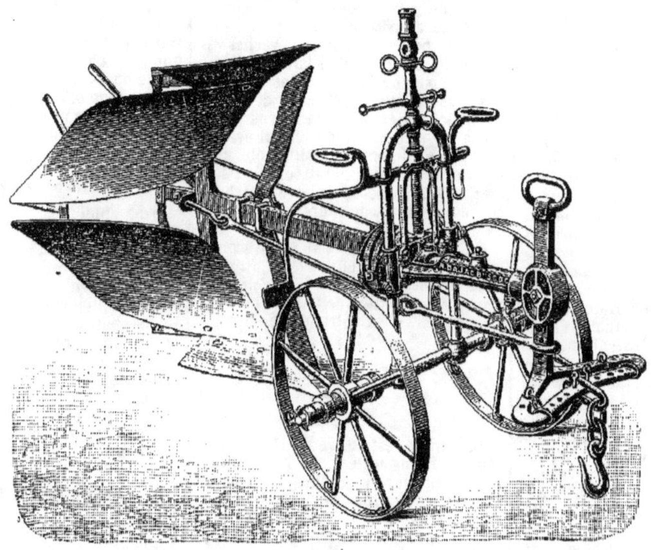

aller sous l'action de la pluie, raclez alors jusqu'au vif les vieilles écorces, car il ne faut pas perdre de vue que l'arbre respire autant par ses écorces et ses parties vertes que par ses feuilles.

(*A suivre.*)   E. OUVRAY.

Le nouveau brabant double

Nos lecteurs connaissent certainement de réputation tout au moins, la charrue brabant double, construite par les établissements A. Bajac, de Liancourt (Oise). Cet outil, qui est l'instrument de labour par excellence, est aujourd'hui en usage dans le monde entier, et son incontestable supériorité est unanimement reconnu.

Il faut dire aussi que M. Bajac ne néglige rien pour faire de son brabant une machine irréprochable sous tous les rapports. Mettant à profit sa grande

d'une écramoussure ou coussinet en acier incassable, avec système à rattrapage de jeu. Des couvercles disposés convenablement parent à l'usure des montants et, par suite d'une disposition avec vis de pression, l'intérieur du canon ne peut jamais avoir de boîtage. En outre ce nouveau coussinet permet un démontage instantané de tout l'avant-train par le simple desserrage d'une vis.

En raison de ces perfectionnements, il n'est pas téméraire de dire que le brabant double Bajac est la charrue sans rivale au monde; le sympathique constructeur a vu d'ailleurs ses efforts dignement récompensés au cours de l'année 1896, car son bel instrument a obtenu : le 1er prix, médaille d'or au concours régional officiel de Moulins (Allier) et le 1er prix également, prime en espèces au grand concours international de Thuin, près Charleroi (Belgique).

osseuse de tous les animaux domestiques. peuvent être affectés de diverses maladies, parmi lesquelles nous citerons *l'ostéoclastie, le pica, le rachitisme et l'ostéomalacie.*

L'ostéoclastie est l'altération de la solidité des os. C'est une maladie très commune sur la race bovine et qui a sévi dans plusieurs départements. La cause principale est une nutrition *incomplète* du système osseux : les os deviennent plus légers, moins compacts, et surtout cassants. On observe en même temps un amaigrissement général et un appétit maladif pour des substances impropres à l'alimentation. C'est ce qu'on appelle le *pica*.

Le *pica* est donc cet appétit dépravé qui engage les animaux à manger des ordures et des matières corrompues, qu'ils trouvent à leur disposition, etc., mais surtout à lécher les murs de leurs étables, et leurs mangeoires au point d'en user les planches en quelques jours.

Les premières phases de *l'ostéoclastie* se développent lentement; ce sont d'abord des douleurs articulaires, de la *boiterie*. Là est le commencement d'une atrophie osseuse. Puis, l'animal ne peu plus se tenir debout, il a peur de se déplacer; s'il se déplace, il est courbaturé, il a les quatre membres écartés; s'il se couche, il ne peut se relever, car ses membres semblent paralysés; ses naseaux sont dilatés, sa respiration est rapide; sa bouche est écumeuse, il bave partout et sur tout; il pousse des gémissements. Il faut alors bien le soigner, sans quoi il tomberait, s'affaisserait, se fracturerait un ou plusieurs os qui sont devenus très friables. Les fractures peuvent être nombreuses; au bassin, au col de la hanche, aux côtes et aux extrémités des os longs.

Cette maladie peut durer plusieurs semaines, quelques mois, et même amener la mort. Elle se rencontre chez les animaux de tous âges, et principalement sur les vaches reproductrices, au moment où après la gestation, elles sont sujettes à une déformation du bassin; sur les vaches laitières qui, par suite, donnent un lait aqueux, avec faible densité au pèse-lait, et fade. Il faut donc promptement y porter remède, car *la cause principale réside dans le manque de phosphate, l'assimilable dans la nourriture de l'animal, aussi bien pour nourrir le fœtus que pour la formation du lait.*

L'ostéoclastie est fréquente surtout dans les régions où les terrains ont un sous-sol mauvais, dans lequel les fourrages artificiels ne réussissent que peu ou point et sont conséquemment pauvres en acide phosphorique, Or, *quand la vache ne trouve point dans le fourrage l'acide phosphorique nécessaire pour former les os de son veau si elle est pleine, ou pour composer son lait si elle est laitière, elle prend cet acide dans ses propres os.*

Conséquemment, il faut donner à la vache productrice ou à la vache laitière, ce *complément de nourriture*, cet acide phosphorique qui manque dans sa nourriture; il faut donner du *phosphate alimentaire, assimilable* dans l'organisme de l'animal. Ce phosphate alimentaire est, sans contredit, un préservatif contre l'ostéoclastie et le pica, et il est en même temps un fortifiant pour les muscles, les os, etc. De plus, ce phosphate procure le lait complet.

Que les agriculteurs-éleveurs n'administrent point directement à leurs animaux sains ou malades, de l'acide phosphorique, du phosphate de chaux, de la poudre d'os, etc., sans être scientifiquement préparés, car ces substances ne s'assimilent point et donnent de piètres résultats. Le seul moyen de les guérir, moyen certifié par des éleveurs émérites, est de *leur donner dans chaque rationune dose de phosphate alimentaire assimilable rationnellement composé.*

Il en est de même pour *l'ostéomalacie*

qui est le rachitisme chez les animaux adultes. Cette maladie s'observe fréquemment chez les porcs, les moutons, les lapins, mais rarement chez les solipèdes et les bêtes bovines. Ses caractères sont la déformation des os qui subissent des gonflements, des courbures, des torsions, des déviations; le plus léger effort peut briser un os.

Le *rachitisme* proprement dit, ne s'observe que chez les jeunes animaux, et s'il n'y est porté remède rapidement, ils resteront petits et difformes.

Toutes ces maladies ont pour causes un défaut de bonne nutrition, ou d'une nourriture complète, et par suite arrive une mauvaise conformation du système osseux. Pour les prévenir, plutôt encore que pour les guérir, il faut que les éleveurs nous écoutent, *car nous travaillons dans l'intérêt général de l'agriculture;* il faut qu'ils fassent, sans hésiter, un emploi judicieux, rationnel du phosphate alimentaire *assimilable.* Il faut qu'ils en donnent, non seulement aux vaches reproductrices, aux vaches laitières et aux veaux, mais aussi à tous les animaux des races chevaline, porcine et ovine. Fortifier, par exemple, la charpente osseuse et les muscles du cheval avec le phosphate alimentaire assimilable, c'est améliorer la race chevaline; c'est former, selon l'espèce, de beaux et bons chevaux de luxe, de courses, de selle et de trait.

Oui, puissions-nous enfin être écouté, en vulgarisant partout l'emploi *du phosphate alimentaire assimilable dans l'élevage et la nourriture de tous les animaux domestiques!* C'est notre unique but.

J.-B. LERICHE.
Publiciste agronome.

Le hérisson.

Le hérisson est assurément un des animaux les plus utiles pour l'agriculture et surtout pour le jardinage. Sa vertu spéciale, comme destructeur de vipères, le recommande tout spécialement dans les contrées infestées par ces dangereux reptiles.

Dans les jardins, le hérisson se nourrit d'animaux nuisibles, et ne fait aucun dégât dans les cultures potagères.

On recommande avec raison aux instituteurs ruraux de propager partout la protection des oiseaux utiles. Par les mêmes raison on devrait protéger la multiplication des hérissons et punir leur destruction. En même temps il serait utile de récompenser leur multiplication par des primes.

Le blé dans le Bazadais.

La société d'agriculture de la Gironde a attribué le prix de culture à M. Courregelongue, agriculteur bien connu comme un des principaux éleveurs de la race bovine bazadaise et un des promoteurs de la création de son Herd book.

D'après le rapport qui motive cette récompense, la Société a voulu récompenser la meilleure culture générale et le meilleur élevage, en laissant en dehors la viticulture qui est l'objet de primes spéciales.

Le rapport loue les soins intelligents donnés par M. Courregelongue à ses bêtes bovines, et cela avec raison, car là est la principale sinon unique source de ses bénéfices, et en effet la culture du blé, bien que pratiquée d'après les meilleurs procédés n'aboutit qu'à des rendements moyens de 21 hectolitres à l'hectare. Cependant, chaque hectare de blé a reçu, outre une bonne fumure préparatoire, 700 kilos d'engrais chimiques, savoir : superphosphate, 400 kil.; nitrate soude, 200; chlorure de potassium, 100; soit une dépense de 875 francs outre la main-d'œuvre.

Ce fait nous a paru digne d'être relevé pour montrer une fois de plus que l'on se livre à des calculs erronés lorsqu'on soutient que la culture du blé peut donner dans nos régions du Midi des rendements aussi élevés que dans le Nord, et qu'elle n'a pas besoin d'être aussi largement protégée que celle du Nord par les droits de douane.

Betteraves gâtées.

Dans quelques localités, les betteraves fourragères ont été atteintes à leur partie supérieure par un champignon parasite qui en compromet la salubrité.

On s'explique ainsi cette moisissure. Les sécheresses du commencement de l'été ont provoqué des fentes à la partie supérieure des racines et les pluies de septembre ont provoqué dans ces fentes l'éclosion et la croissance de ces cryptogames qui paraissent être vénéneux et qui prennent dans les tas un développement dangereux provoqué par la fermentation,

M. Masseron, préparateur au laboratoire de la Mayenne, a publié dans le *Bulletin agricole de l'Ouest* une note où après avoir signalé ces accidents, il engage vivement les récoltants à ne mettre en tas leurs betteraves, qu'après s'être assurés d'une prompte dessiccation, et à supprimer dans ces betteraves qu'ils font consommer par leurs animaux, les places occupées par ces champignons vénéneux.

Pommes de terre pourries.

La même note signale aussi la nécessité de ne mettre en tas les pommes de terre qu'après complète dessiccation, pour éviter les germinations anticipées qui les rendent insalubres. Nous avons signalé les moyens pratiques de sauver les tubercules d'une détérioration si pernicieuse, même lorsque les temps pluvieux obligent de les rentrer sans pouvoir obtenir leur dessiccation par l'exposition à l'air.

La pomme de terre n'est pas envahie par un champignon, mais lorsqu'elle commence à germer, il s'y forme un suc âcre, nommé *solanine* qui n'est pas moins insalubre et en tout cas lui ôte sa propriété nutritive.

Fabrication de l'hydromel.

Plusieurs de nos correspondants m'ayant écrit pour me demander la meilleure manière de fabriquer l'hydromel, je m'empresse de leur indiquer notre *modus faciendi* pour nos besoins dans cette branche de la culture des abeilles, vu que nous obtenons un hydromel renommé, au dire des gourmets.

Ce n'est point avec des eaux de cire ni avec des miels de qualité inférieure et coûtant peu que nous fabriquons cette boisson, mais avec des miels de sainfoin, de trèfle, de luzerne, de tilleul, etc., des miels purs de calottes, ou de boîtes de surplus extraits, et non pressés, de la dernière récolte, par le mello-extracteur. Il n'y a donc point là de matières étrangères.

Voici notre recette :

Dans une bassine en cuivre ou dans une large marmite en fer-blanc (et non en fonte, car la fonte noircit) on met autant de litres d'eau que l'on veut faire de litres d'hydromel. Lorsque cette eau est chaude on y verse 500 grammes de miel par litre d'eau ; on remue le mélange avec une baguette, ordinairement en forme de T, ou avec une spatule, afin que ce mélange ne brûle point ou ne se change point en caramel. Au moment de l'ébullition l'on écume la boisson tout en ménageant le feu. — Si le feu était trop ardent, tout s'échapperait du récipient. — Cette ébullition doit durer au moins deux heures, jusqu'à réduction d'un tiers et parfois même d'un quart. — Il ne faut pas laisser bouillir plus longtemps, parce que la liqueur s'épaissirait et tournerait en sirop. Dès qu'elle se refroidit, on l'entonne dans un petit fût de la contenance voulue. On a soin de ne point bondonner le fût, on le place dans un endroit sec, à cause de la fermentation qui va s'opérer pendant quelques semaines, voire même pendant quelques mois. — Il est des usagers qui arrêtent cette fermentation par l'addition d'un peu d'acide sulfurique étendu d'eau ; je ne le conseille pas, par la raison que cet acide nuisible en tous points, fait aigrir la liqueur. Lorsque la fermentation s'est opérée dans de bonnes conditions, on peut mettre l'hydromel en bouteilles. Mieux vaut employer des bouteilles à larges goulots que des litres. L'hydromel bonifie plutôt en bouteille qu'en pièce. En vieillissant, cette liqueur ressemble à du vieux madère, plus tard, on croit que c'est du vieux cognac.

Nous conseillons aux apiculteurs soucieux de leurs intérêts comme du bien-être général, de répandre la consommation de cette liqueur, autrefois appelée le nectar des dieux, non seulement dans nos campagnes, mais dans les villes. Pour nous, c'est le *nec plus ultra* des boissons hygiéniques, et elle peut servir de liqueur de dessert, aussi bien sur la table du riche que sur celle du pauvre. C'est pourquoi j'engage tous mes collègues à en avoir un petit baril dans leur cave. Un verre d'hydromel vaut mieux qu'un verre d'eau-de-vie, et surtout de ce gin qui produit une ivresse abrutissante. L'hydromel est préférable pour beaucoup de personnes à ce qu'on appelle du dantzick, du cassis, de la crème de menthe. etc., et à tant d'autres boissons dont le succès ne dure qu'un instant, le temps de les connaître. J'ai vu effectivement baptiser une même liqueur rouge de dix noms différents, et c'était des vivats chaque fois qu'on en buvait. Le lendemain l'on n'en demandait plus. — L'hydromel, composé d'après la recette ci-dessus, doit être notre boisson ; elle est, en effet, d'une facile préparation et d'un goût aussi agréable que beaucoup de vins de Madère ou de Malaga et même de vins mousseux. Il est à souhaiter que son emploi soit plus connu et plus apprécié : ce serait pour notre miel un important débouché.

En communiquant notre recette pour la fabrication de l'hydromel nous n'avons en vue que le but de procurer à nos concitoyens une boisson saine. LA SOCIÉTÉ FRANÇAISE DE TEMPÉRANCE nous y engage, et nous dit même : « Nous ne sommes pas éloignés d'admettre qu'un industriel parisien réaliserait de beaux bénéfices en l'introduisant intelligemment sur la place de Paris. » Pourquoi n'en serait-il point de même partout ? « Impossible, disait M. Colin d'Harneville, est un mot que je ne dis jamais. » Ici, il ne s'agit que de se mettre à l'œuvre.

J.-B. LERICHE.

HORTICULTURE

Travaux du mois de décembre.

JARDIN FRUITIER

On fera des tranchées dans lesquelles on couchera les branches des figuiers bien entourées de paille qu'on recouvrira de terre pour l'hiver.

On continuera toutes les plantations en faisant, bien entendu, tous les trous à l'avance et en y amenant de nouvelles terres ou des engrais. Dans les terrains secs et légers on plantera de préférence avant l'hiver mais dans un sol préparé à l'automne.

Vers la fin du mois on commencera la taille des arbres fruitiers en s'attaquant d'abord à ceux qui sont les premiers dépouillés de leurs feuilles, mais seulement s'ils ne gèle pas.

On détachera les loques des vignes, des pêchers, de tous les arbres palissés ; on les brûlera toutes car elles abritent généralement des œufs d'insectes tous nuisibles ; on nettoiera les murs qui, eux aussi, abritent des nids d'insectes.

Les travaux en ce mois sont peu importants. Pourtant, si le temps le permet, on continuera les gros labours à la bêche, mais sans casser les mottes afin de laisser introduire le plus possible la gelée à l'intérieur de la terre, ce qui la rend féconde et l'ameublit mieux que le béchage le plus fini. On doit éviter le béchage lorsque la terre est recouverte de neige en si petite quantité que ce soit, car la neige renfermée dans la terre la refroidit pour longtemps.

JARDIN POTAGER

On arrachera tous les légumes à tubercules, carottes, panais, navets, betteraves (si ce n'est déjà fait) ; on les placera par lits avec de la terre meuble dans une cave sèche ou dans une tranchée couverte de feuilles ou de paillassons. On buttera les artichauts en coupant le haut des feuilles. On continuera de repiquer, sous cloche, les plants de salade. On plantera les choux d'York et la laitue de Passion à l'air libre, au pied d'un mur ou d'un abri quelconque. On plantera de l'oseille sous châssis afin d'en avoir pour l'hiver. Vers la fin du mois on pourra planter des pois *Michaux* au pied d'un mur ou à bonne exposition.

JARDIN D'AGRÉMENT

On peut déjà commencer la taille des arbustes et des arbrisseaux d'ornement en se reportant à nos numéros des 25 mai et 10 et 25 juin 1888.

On plantera les arbustes de toutes espèces, à feuilles caduques et à feuilles persistantes, on visitera avec soin les massifs afin d'enlever les sujets qu'on veut supprimer, apporter de nouvelles terres, etc. ; ne jamais oublier d'arroser en plantant, cela est indispensable afin de bien lier la terre aux racines.

On plantera les ognons de Jacinthes, Crocus, Tulipes, Scilles, Anémones, Renoncules, Fritillaires, Narcisses, Ixias, Triteleïa, etc., (si ce n'est déjà fait).

On mettra en place les Myosotis, les Silènes, les Giroflées, pour la floraison du printemps.

On labourera à la fourche les plates-bandes et les massifs, on enterrera les feuilles.

On plantera les rosiers, on raccourcira les grandes branches et on arrosera toujours en plantant.

On devra surveiller toutes les plantes de serre, enlever les feuilles mortes et arroser très modérément.

On ramassera toutes les feuilles mortes sur les pelouses et dans les massifs afin de les mêler aux détritus du jardin, sable, terre, pour en faire un léger engrais.

ORANGERIE CONSERVATOIRE (SERRE)

Les principaux soins consistent dans le chauffage régulier des serres tempérées et des serres chaudes. On devra ouvrir quand la température sera douce ne serait-ce que pendant quelques heures ou même quelques minutes, afin de renouveler l'air; on évitera ainsi la pourriture et les insectes qui attaquent les plantes, quand elles respirent toujours le même air.

Si la température ne permettait pas, pendant un trop grand laps de temps, de renouveler l'air, on devrait brûler dans toutes les serres quelques poignées de paille, ou des feuilles de papier pour remplacer le gaz carbonique absorbé par les plantes; un peu de fumée dans les serres de temps à autre ne peut jamais faire de mal aux fleurs.

Jean-Ernest CHAURÉ.
(*Moniteur d'Horticulture*).

Fumiers et composts.

L'azote étant le principe de la fertilité du sol, la nourriture indispensable des végétaux, et pour ainsi dire leur pain quotidien, il importe beaucoup au cultivateur de s'en procurer le plus possible et, par conséquent, d'en connaître l'habitat et la source.

La terre en contient un stock considérable.

Nous le trouvons ensuite plus ou moins abondamment, dans les fumiers et composts, dans toutes les matières végétales en decomposition, dans les tourteaux, les débris animaux : chair et sang desséchés, poils, cuirs, cornes, chiffons, déchets de laine, etc.; dans les engrais chimiques : sulfate d'ammoniaque et nitrate de soude.

L'engrais par excellence est le fumier. C'est un engrais complet qui contient les quatre principes fertilisants : l'azote, la potasse, l'acide phosphorique et la chaux.

La grande, je dirai la première préoccupation du cultivateur, doit être d'en faire *le plus possible* et *le meilleur possible*. Et ma conviction est que dans la moyenne et la petite culture on ne porte aux champs qu'un fumier sans valeur.

Un jour, je voyais dans un champ de sainfoin un ruban de verdure qui tranchait sur le reste d'une manière extraordinaire.

Je m'approchai, tout d'abord très intrigué, mais je ne fus pas longtemps à en découvrir la cause. Ce champ était en contre-bas, et en haut; à une dizaine de mètres, il y avait un fumier, séparé par le chemin; c'était le purin de ce fumier qui, à la moindre pluie, faisait ruisseau et allait en porter la quintessence chez le voisin.

Que de cultivateurs, que de petits propriétaires en sont là! *fumier lavé par les pluies et brûlé par le soleil,* — formule générale — histoire ancienne et toujours nouvelle...

Le fumier avons-nous dit, contient de l'azote, de la potasse, de l'acide phosphorique et de la chaux, mais dans des proportions très variables (1), selon

l'espèce, la nature, l'âge et la nourriture des animaux.

Le fumier de mouton est plus riche que celui du cheval. Celui de cheval plus riche que celui de bêtes à cornes et de porcs. Pourquoi? Parce que l'analyse trouve en moyenne 14 kil. d'azote dans 1.000 litres d'urine de moutons, 12 kil. d'azote dans 1.000 litres d'urine de chevaux, 7 kil. d'azote dans 1.000 litres d'urine de bêtes à cornes et 3 kil. seulement d'azote dans 1.000 litres d'urine de porcs. Les deux premiers sont dits pour cela *fumiers chauds* et les autres *fumiers froids*.

Pourquoi le fumier des vaches laitières ne vaut-il pas le fumier des autres vaches? Parce que la vache laitière abandonne dans son lait une certaine quantité d'azote, de potasse et d'acide phosphorique.

Pourquoi le fumier des jeunes bêtes ne vaut-il pas celui des animaux faits, des bêtes de travail? Parce que la jeune bête utilise une grande quantité d'acide phosphorique pour former ses os et une certaine quantité d'azote pour former sa chair.

De même la nourriture mauvaise ou insuffisante fait sentir son contre-coup, non seulement dans les produits, mais aussi dans le fumier : telle nourriture, tel fumier.

Quoi qu'il en soit, on peut affirmer, d'une manière générale, que la qualité du fumier dépend des soins qu'on apporte à sa manipulation.

RECETTES

La fabrication du fumier. — De ses études M. Dehérain a déduit les règles suivantes :

1° N'ajouter au fumier aucune matière susceptible de décomposer les carbonates alcalins, ni sulfates, ni acides, dans l'espoir de diminuer les pertes d'azote ammoniacal ; en effet, toutes les réactions qui donnent naissance à la matière noire, caractéristique du fumier ne se produisent que dans un milieu alcalin ; le neutraliser, c'est renoncer par cela même à la fabrication entreprise ;

2° Procéder à de fréquents arrosages du fumier à l'aide du purin; on empêche ainsi la déperdition d'ammoniaque, et, de plus, en dissolvant l'acide carbonique de l'atmosphère confinée dans le fumier, on détermine un appel d'air qui anime les fermentations et favorise les transformations cherchées.

Le chaulage des jardins. — Ce n'est pas seulement le champ qui demande à être chaulé: c'est aussi et surtout le jardin potager, si depuis plusieurs années vous l'avez fortement engraissé au fumier seul; son sol est riche en humus, mais cet humus est devenu acide si vous n'y avez pas enfoui de la chaux ou de la cendre de bois, et malgré sa richesse apparente il ne vous donne que de faibles pro-

duits. Chaulez votre jardin, et mettez-y aussi des cendres de bois, et vous serez surpris des rendements que vous en obtiendrez.

Procédé empêchant la flanelle de rétrécir. — Placer les flanelles dans une terrine et les couvrir de savon de Marseille coupé menu. Remplissez le vase d'eau bouillante, agitez le tout fortement, prenez ensuite les flanelles avec un petit morceau de bois et trempez-les quatre ou cinq fois dans l'eau de savon sans les frotter, rincer ensuite à l'eau froide. C'est en pétrissant la flanelle dans les mains qu'on la fait rétrécir.

DROIT RURAL

·LAPINS. DOMMAGES. — Le propriétaire d'un bois est responsable des dommages causés aux récoltes voisines par les lapins qui s'échappent de sa propriété, s'il est constaté d'une part, que ces animaux sont en nombre trop considérable, et, d'autre part, qu'il n'a rien fait pour les détruire ou en empêcher la multiplication. (Cour de cassation, 11 mai 1896).

SUPERPHOSPHATES. VENTE. — Les superphosphates ne peuvent être vendus qu'autant qu'ils sont pulvérulents et secs. A ces conditions seulement ils sont marchands. (Cour de Paris 18 mars 1896.

BESTIAUX. FIÈVRE APHTEUSE. — Celui qui vend des bestiaux atteints de la fièvre aphteuse ne commet de délit qu'autant qu'il a connu la maladie ; et s'il s'est soumis aux prescriptions légales il ne peut être poursuivi à l'occasion d'animaux chez lesquels la maladie s'est déclarée après la vente. (Cour de Paris, 6 février 1896.)

VENTES CLANDESTINES DE VACHES TUBERCULEUSES. — Un arrêt de la Cour de cassation, en date du 2 avril 1896, établit que toute vache tuberculeuse mise en surveillance par arrêté préfectoral, aussi bien que toute vache tuberculeuse non sous le coup d'un arrêté de surveillance, ne peut être vendue. C'est une application de la loi du 31 juillet 1895 et de l'article 13 de la loi du 21 juillet 1881, complétée par le décret du 28 juillet 1888.

OFFRES ET DEMANDES

Une situation de directeur d'une importante affaire agricole à Paris, est offerte à personne compétente, disposant de 25.000 fr. S'adresser au Bureau du journal.

On demande une personne qui voudrait bien s'intéresser à l'extension d'un produit en bonne voie de succès, et aussi pour l'exploitation d'un nouvel appareil d'un usage très utile en agriculture, arboriculture, viticulture et jardinage. S'adresser pour tous renseignements au bureau du Journal.

A louer, pour la Saint-Michel 1897, une ferme bien plantée à Saint-Philbert-sur-Risle, près Montfort-sur-Risle (Eure), 66 hectares, cours, bâtiments, près et labours, à un kilomètre d'une gare. S'adresser à Mme Ariste Hébert, à Saint-Philbert-sur-Risle, près Montfort (Eure).

____
1. L'azote se trouve dans les urines, les autres sels dans les déjections solides et les débris des litières.

Un ex-régisseur de grande propriété, marié, offrant certificats et références de premier ordre, connaissant la culture des céréales, l'élevage, l'engraissement, la culture des plantes industrielles, demande la régie d'un domaine herbager, ou culture intensive. Nous recommandons tout particulièrement à nos abonnés, ce régisseur qui offre toutes garanties désirables, comme honorabilité et loyauté.

S'adresser aux bureaux de la *Gazette*, 10 *bis*, rue Piccini, Paris.

Tourteaux de coton décortiqué d'Amérique, en pains ou moulus de 12 fr. 75 à 18 fr. les 0/0 kilos sur wagon. Le Havre. — Livraison immédiate.

RED-CAP. Œufs à couver de cette excellente race de poule, réputée la plus jolie et la plus forte pondeuse, garantis race pure frais et fécondés, 5 fr. la douzaine franco de port et d'emballage. S'adresser à **Calixte Dany**, Althen-les-Paluds (Vaucluse).

Important : J'invite les personne squi veulent bien me confier leurs ordres de toujours y joindre un mandat, les remboursements n'étant bénéficiables qu'aux Compagnies.

Toujours donner le nom de la gare à laquelle il faut adresser les envois.

POMMES DE TERRE. — Nous apprenons que M. E. Boutin, directeur du *Moniteur des Intérêts agricoles*, 11, rue Taitbout, est en pourparlers avec un certain nombre de Sociétés Coopératives de consommation de Paris et de la banlieue pour leur procurer directement par la culture les pommes de terre *saucisses rouges* et de *hollande* nécessaires à leur approvisionnement d'hiver : il s'agit de quantité très importantes.

Ceux de nos abonnés que ces fournitures intéressent peuvent s'adresser directement à M. Boutin.

Il lui est également fait des demandes pour des fournitures régulières de volailles de 1 kilo. 1 k. 500 par cageots de 12 à 15 pièces.

M. POUZIN offre de jolis racinés de son plant de vigne à la seule condition pour les demandeurs de lui tenir compte d'une partie de la récolte d'une année. — Contre 0 fr.25 il expédie son *Guide* pour la culture de cette variété.

Écrire à M. Pouzin Emile, à Saint-Paul-les-Romans, Drôme

Si vous voulez boire du bon vin de Saint-Émilion, adressez-vous à M. **Duplessis-Foursaud** au château desTrois-Moulins, à SAINT-ÉMILION (Gironde).

(Voir le prix courant.)

Ferme du château de Résenlieu près Gacé, Orne) Mme la comtesse de Nollent :

Camemberts marque Au Faucon.

Médaille d'or.

6 fromages 4 fr. 50, 9 fromages 6 francs.
15 fromages 9 fr. 75 (franco gare).

COURS DES BESTIAUX

Marché de la Villette du 30 novembre 1896.

PRIX DE LA VIANDE NETTE

	1re qualité	2e qualité	3e qualité
Bœufs. ..	1,48	1,38	1,28
Vaches...	1,46	1,36	1,20
Taureaux.	1 20	1,10	1,02
Veaux....	1 82	1,62	1,28
Moutons..	1 90	1,72	1,62
Porcs....	1,05	1,04	1,00

ESPÈCES	AMENÉS	VENDUS	PRIX EXTRÊME viande net	poids vif
Bœufs....	3.029	2.665	1.28 à 1 48	59 à »91
Vaches...	854	752	1.28 1.46	56 »90
Taureaux	214	229	1 00 1.20	49 »78
Veaux....	1.231	946	1.28 1.82	65 1.12
Moutons..	15.4'6	14 946	1.62 1.90	76 1.20
Porcs....	3.373	3.325	1.00 1.05	64 »72

Vente calme.

Marché de la Villette du 3 décembre 1896.

PRIX DE LA VIANDE NETTE AU KILOGR.

	1re qualité	2e qualité	3e qualité	Prix extrême
Bœufs....	1.50	1.40	1.28	1.24 à 1.56
Vaches...	1.46	1.34	1.20	1 10 1 52
Taureaux.	1.30	1.16	1.16	1 02 1.36
Veaux....	1.70	1.50	1.20	1 10 1 80
Moutons..	1.95	1.72	1.62	1.52 2.00
Porcs....	1.10	1.00	»	96 1.14

ESPÈCES	AMENÉS	RENVOI	OBSERVATIONS
Bœufs ...	1.675	»	Vente plus facile sur le gros bétail et les moutons, mauvaise sur les veaux, moyenne sur les porcs.
Vaches...	555	223	
Taureaux.	195	»	
Veaux....	1.251	418	
Moutons..	12.113	»	
Porcs....	5.925	»	

Vente du bétail au marché de La Villette.

Adresser les animaux à MM. Henri Robilo et Surugue, en gare Paris-Bestiaux. Les aviser par lettre auparavant, 190, rue d'Allemagne, Paris.

CORRESPONDANCE

M. R. (Suisse). — Nous avons conservé votre article, il paraîtra prochainement et nous vous en remercions.

Nous vous ferons observer que vous nous demandez non pas un renseignement d'ordre général mais un véritable devis qu'un ingénieur vous ferait payer au moins 50 francs. Vous trouverez donc bon que nous ne vous donnions pas à cette place tous les calculs que vous désirez.

Pour calculer la force d'une chute d'eau il faut connaître : son débit et sa hauteur, le produit de ces deux chiffres donnera le débit en kilogr. Ce total devra être diminuée de tout ce que nécessite la mise en mouvement du récepteur et aussi, si l'eau n'arrive pas directement à celui-ci, des déperditions de force produites par le parcours. Les dimensions, la forme de la roue et même le choix du récepteur (roue ou turbine) dépendent de l'installation même de la chute.

Nous vous ferons remarquer qu'un problème est complètement insoluble quand il ne contient pas quelques données connues, tel est le cas de celui que vous nous posez ; vous voulez des chiffres précis et vous n'en donnez aucun ; pas même, les dimensions de l'étang dont vous voulez utiliser les eaux.

A propos de la question des sucres, on nous écrit :

« Monsieur le Directeur,

« Dans toute leurs revendications à propos des primes de sortie sur les sucres, il faut rendre cette justice aux Sociétés agricoles, qu'elles ont toujours sauvegardé les intérêts de la raffinerie.

« Malheureusement, la réciprocité n'existe pas, à en juger par la prétention des représentants des raffineurs, prétention émise à la commission des douanes, il y a quelques jours. Ces représentants demandent qu'on prenne sur les sucres indemnes pour augmenter les primes de sortie sur les raffinés : les uns disent de 75 centimes les 100 kilos ; les autres de 1 fr. 25.

« Il est évident que pour la réduction sur les indemnes, les cultivateurs feraient les frais de d'excédent de la prime de sortie des raffinés. Eh bien ! quand on veut exporter *beaucoup* de raffiné, on ne commence pas par affaiblir les producteurs de betteraves de son pays.

« A 27 fr. 50 le sucre blanc n° 3, la tonne de betterave vaut 20 francs ; à ce prix-là, il peut y avoir disette l'an prochain, et alors où sera l'exportation. — L'écart entre le sucre blanc n° 3 et le raffiné belle sorte étant de 11 fr. 50 les 100 kilogs, la prétention des raffineurs nous paraît *exorbitante*, pour ne pas dire autre chose.

Devant cette attitude et pour le cas où le projet du gouvernement ne passerait pas, nous proposons à nos représentants de demander un relèvement de 6 francs les 100 kilos, sur l'impôt du raffiné, *sucre de luxe*, et un abaissement de 2 francs les 100 kilos sur le blanc n° 3, en grain, *sucre du pauvre*, afin de trouver les sommes nécessaires aux primes de sortie.

Donnant, donnant.

Veuillez agréer, etc.

UN GROUPE DE CULTIVATEURS.

PRIMES A NOS ABONNÉS

Nous sommes heureux d'offrir comme primes à nos abonnés, plusieurs d'entre eux en ayant déjà manifesté le désir, des huitres fraîches d'Arcachon et de Marennes. Comme l'année dernière la maison *J. Lupierre* et *J. Goubet a Andernos (Gironde)* se charge d'en faire l'envoi aux prix réduits ci-dessous :

Caisses de 5 kilos contenant :

100 huitres blanches		4 20
70 — plus grosses		4 80
100 — vertes		5 65
70 — — grosses		5 60

Caisses de 3 kilos contenant :

72 huitres blanches		2 85
50 — plus grosses		2 85
72 — vertes		3 25
50 — — grosses		3 25

Franco de port et d'emballage en gare ou à domicile.

Adresser les ordres accompagnés de la bande du journal et d'un mandat-poste à MM. J. Lapierre et J. Goubet Andernos (Gironde).

Porte-pantalon hygiénique, *breveté S. G.D.G.* de *P.-B. Noël*. Prix de faveur pour nos lecteurs Pour hommes, jeunes gens et enfants de dix ans franco 4 fr. ; pour femmes et fillettes, 4 fr. 50

Toute commande doit être strictement accompagné d'un mandat-poste représentant la valeur de l'expédition.

Délicieux **Vin Muscat Vieux** tonique et réconfortant venant directement de la propriété, garanti authentique, offert en prime à nos abonnés à raison de 1 fr. 25 le litre logé en fûts de 25 à 35 litres. Fûts perdus.

Adresser les commandes au Bureau du Journal, 10 *bis*, rue Piccini, Paris.

Nous avons à la disposition de nos abonnés diverses primes : livres, vins, liqueurs, bijoux, purificateurs d'air, bondes, etc., etc., à des conditions exceptionnelles de prix et de qualité ; la liste de ces primes sera envoyée à tout abonné qui en fera la demande. Nous n'en donnons pas le détail ici pour ne pas encombrer le Journal.

Ouvrages de l'abbé Ouvray.

CURÉ DE SAINT-OUEN

par Vendôme (Loir-et-Cher).

LAURÉAT DE LA SOCIÉTÉ DES AGRICULTEURS DE FRANCE, CONFÉRENCIER AGRICOLE A L'INSTITUT CATHOLIQUE DE PARIS.

1o *Manuel d'arboriculture*, 6e édition, 2 fr. 50 franco.
2o *Maladies et hygiènes des vins*, 0 fr. 55 franco,
3o *Alimentation des végétaux et emploi raisonné des engrais*, 1 fr.50 franco.
4o *Manuel de vinification et de distillation*.
Les Levures. Le Vinaigre, 1 fr. 35 franco.
5o *Les ferments de la terre* (Conférence à l'Institut catholique de Paris), 0 fr. 55 franco.

Les cinq ouvrages réunis, 5 fr. 50 franco.

Chez l'auteur à Saint-Ouen, par Vendôme Loir-et-Cher).

Le Gérant : E. GAMBART.

IMPRIMERIE NOIZETTE ET Cie, 8, RUE CAMPAGNE-1re, PARIS.

CHEMINS DE FER DE L'OUEST

PARIS A LONDRES,

Quatre traversé s par jour (deux en chaque sens). Tous les jours et toute l'année (dimanche compris).
Trajet de jour en 9 heures (1re et 2e cl. seulement).

Départs de Paris Saint-Lazare : 10 h. matin et 9 h. soir.
Arrivées à Londres : London-Bridge, 7 h. soir et 7 h. 40 matin. — à Victoria, 7 h. soir et 7 h.50 matin.
Départs de Londres : à London-Bridge, 10 h. matin et 9 h. soir. — à Victoria, 10 h. matin et 8 h.50 soir.
Arrivées à Paris Saint-Lazare, 7 h. soir et 8 h. matin.

PRIX DES BILLETS :

Billets simples, valables pendant 7 jours : 1re classe, 43 fr. 25 ; 2e classe, 32 francs ; 3e classe 23 fr. 25.
Billets d'aller et retour, valables pendant un mois : 1re classe, 72 fr. 75 ; 2e classe, 52 fr.75 ; 3e classe, 41 fr.50.
Des voitures à couloir (W. C. toilette, etc...) sont mises en service dans les trains de marée de jour entre Paris et Dieppe. Des cabines particulières sur les bateaux peuvent être réservées sur demande préalable
Transport en grande vitesse de Messageries, Primeurs, Fruits, Légumes, Fleurs, etc... entre Paris et Londres. Trois départs par jour toute l'année.
Les expéditions remises à la gare Saint-Lazare pour les trains partant à 3 h.40, 4 h.10 et 9 h. du soir parviennent à Londres le lendemain à 8 h.45, à 9 h. 15. du matin ou à midi 45.

Le moment favorable au transport des vins étant revenu, nous rappelons à nos lecteurs que tous ceux d'entre eux qui, sur nos conseils, et depuis cinq ans, consomment les vins de M. VINCENT ARDURA, vigneron, domaine de la Chapelle-Frédignac, par Blaye-Bordeaux n'ont qu'à se louer de la qualité et de la conservation de ce Bordeaux absolument naturel, expédié sans intermédiaire.
Pour dégustation sérieuse, envoi gratuit est fait d'une bouteille de la récolte désignée.
L'encaissement est fait par le facteur, à 30 jours, escompte 2 0/0, ou 90 jours.
Vendanges : 1893, à 130 fr., 1892-91, à 150 fr. ; 1890-89, à 175 fr., 1887, à 200 fr., 1885, à 220 fr., 1884, à 240 fr., 1882, à 250 fr., 1881, à 300 fr. — Graves blancs vieux : 130, 150, 200, 250, 300 fr., suivant âge, les 225 litres collés, soutirés, franco de port et de fût en gare d'arrivée.

Ouvrages de MM. CRÉPEAUX

En vente aux bureaux de la *Gazette*

La Culture électrique	1 50
Manuel vétérinaire pratique du cultivateur	1 »
Almanach de la France rurale pour 1896	» 60
L'Année agricole et agronomique pour 1895	3 50
La Culture du Blé, par M. FLEURY-BERGER	1 »

EXCELLENT DÉSINFECTANT
POUR LES FUTS A VIN, CIDRE, BIÈRE, ETC.

Prix de faveur pour nos lecteurs

Sur notre demande, M. Molly, père, l'inventeur, a consenti à en mettre de petites quantités pour essais à la disposition de nos lecteurs.

10 litres franco gare. 10 fr.

Adresser les demandes à M. Crépeaux, rue Piccini, 10 *bis*, Paris.

BONS DE L'EXPOSITION DE 1900

Les tirages de lots, qui ont lieu à des dates rapprochées jusqu'au mois d'octobre 1900, attribueront aux porteurs favorisés par le sort 4.313 lots dont l'importance varie de 100 fr. à 100.000 fr. et 500.000 fr. pour un montant total de

6 MILLIONS DE FRANCS

Outre que le nombre des Bons encore disponibles décroît rapidement, il y a tout avantage pour les personnes qui se proposent d'en acquérir de ne pas attendre la dernière heure. Les tirages ont commencé et c'est en pure perte que les retardataires se priveraient, en laissant courir d'autres tirages, d'une partie des chances qui peuvent leur échoir.

Les vingt tickets d'entrée de 1 franc seront délivrés en temps utile aux porteurs, sur présentation de leurs Bons.

Les réductions de prix sur les chemins de fer et dans les spectacles de l'Exposition représenteront à elles seules, pour les porteurs de Bons, plus que la somme à débourser pour l'achat.

Les trois avantages réunis : *lots, tickets, réductions*, sont tels qu'il est à prévoir que les Bons se paieront plus cher l'année prochaine que cette année, plus cher dans deux ans que l'année prochaine, et qu'à la veille de l'Exposition ils auront une vogue plus grande encore. On fait donc acte de prévoyance en procédant à un achat immédiat.
Les Bons sont de 20 francs et ils se délivrent aux guichets du Crédit Foncier et des principaux Établissements financiers, soit au Siège social, soit aux guichets des succursales de ces Établissements.
On peut aussi en faire la demande par correspondance.

Eugène de MASQUARD
PROPRIÉTAIRE-VITICULTEUR, Château de la Cascade
SAINT-CÉSAIRE-LES-NIMES (Gard)

Vins garantis naturels, rouges et blancs, depuis 75 fr. la pièce de 220 litres jusqu'à 100 francs, selon qualité, prise en gare de St-Césaire (Gard), fût perdu.
Ces vins ont été médaillés à toutes les expositions où ils ont figuré.
Récoltés sur des coteaux et des terrains secs, les vins de Saint-Césaire, l'un des meilleurs crus du Gard, se conservent parfaitement sans être plâtrés.
Envoi franco de prix courants et échantillons

Insecticide-Préservateur
FERTILISANT
DESGOUTTES

La Boîte de 10 kilog., pour essais, **10 fr.** franco toutes gares (port et emballage compris).

Adresser les demandes, accompagnées d'un mandat, 10 bis, rue Piccini, Paris.

VINS DE SAINT-ÉMILION

Vins classés, de 800 à 250 francs la barrique de 225 litres. — Moitié prix pour la barrique de 112 litres.
Vins grands ordinaires, de 140, 125, 105, 100 francs la barrique — 80, 75, 70, 65, 58, 55 francs, la demi-barrique. — Rendu *franco* en gare et régie, sauf octroi.
Adresser commandes à M. DUPLESSIS-FOURCAUD, à Saint-Émilion. — Envoi de prix courants et échantillons sur demande affranchie.

Médailles d'Or, Paris, 1867 et 1889 — Moscou 1891 — Besançon, Montluçon, Royan, etc.

Etablissement Glaser
AVENUE NIEL, 9, PARIS

LOCATION DE CHEVAUX
de Selle et d'Attelage

pour les Chasses, la Promenade, la Campagne

PENSION DE CHEVAUX
en Boxes et Stalles.

Plus de Pourriture
PAR L'EMPLOI DU
CARBONYLE

qui assure au bois une durée triple en lui donnant une belle teinte brune ; 1 kilog. remplace 10 kilog. de Goudron. — Produit de grande utilité dans l'agriculture ; est recommandé et utilisé par les syndicats agricoles. — Dans votre intérêt, **demandez le prospectus** avec attestation d'expériences de **dix ans**

Société française du « CARBONYLE »
188-190, *Faubourg Saint-Denis, Paris.*
(N. B.) Seule maison spéciale pour la fabrication et la vente de ce genre de produit.

Le Journal **Le Meunier**, de Bruxelles, offre une médaille d'or à l'inventeur du meilleur procédé débarrassant automatiquement le blé du charançon.

BON-PRIME de la *GAZETTE AGRICOLE*

A détacher et à envoyer à M. L. DUGARDIN, artiste peintre, à Paris
9, boulevard Rochechouart.

M. L. DUGARDIN, dont les œuvres ont été si souvent remarquées dans les expositions parisiennes, offre gratuitement à tous les abonnés de la *Gazette Agricole* un bon-prime qui donne droit gratuitement à un Portrait peint à l'huile sur panneau en bois. Il suffit de lui renvoyer ce Bon détaché avec une photographie bonne épreuve, de préférence forme album. La photographie étant détériorée n'est pas rendue. Joindre 1 fr. 50 pour les frais de port et d'emballage.

M ....   Couleur des Cheveux ....
Rue ....   — des Yeux ....
à ....   — du Teint ....
Département ....   — des Vêtements ....
Gare la plus rapprochée ....

M. Dugardin, désirant que le portrait que vous recevrez soit un des très bons spécimens de sa Maison, rien ne sera épargné pour qu'il en soit ainsi, car son but, en vous offrant gracieusement ce portrait, est de vulgariser ses œuvres artistiques et de s'attirer une nombreuse clientèle. — Essayez et vous serez émerveillé du résultat, qui vous fera posséder un portrait d'une valeur artistique représentant l'image vivante de personnes qui vous sont chères.

N.-B. — Les Abonnés qui ne voudraient pas couper leur couverture peuvent envoyer à M. L. DUGARDIN la copie du bon ci-dessus avec la photographie demandée, une bande de journal et un mandat-poste de 1 fr. 50.

PHOSPHATE FOSSILE DE QUIÉVY-NORD

le plus assimilable de tous les phosphates connus

GARANTI PUR DE MÉLANGE AVEC TOUT AUTRE PHOSPHATE
Ce qui, du reste, ne pourrait que diminuer son assimilabilité.

EXTRACTION DU GISEMENT ET USINE A QUIÉVY
Propriétaire-Extracteur : C. LECLERCQ
Bureaux à Viesly (Nord).

COMPOSITION MOYENNE		ASSIMILABILITÉ RELATIVE (méth. Joulie)	
		Solubilité dans l'oxalate d'ammoniaque.	
Acide phosphorique....	12 » à 16 » 0/0	Phosphate de Quiévy.	82 29 0/0
Potasse............	0 45 à 2 77 0/0	— de la Meuse.	51 95 0/0
Chaux.............	19 05 à 31 » 0/0	— de Pernes.	47 87 0/0
Magnésie...........	0 58 à 3 80 0/0	— des Ardennes.	46 43 0/0
Matières organiques azotées.	1 80 à 3 45 0/0	— de la Sômmë (moy.).	44 53 0/0
		— de Ciply.	34 57 0/0

Titre garanti en acide phosphorique : 13 à 15 0/0.

LIVRAISON : EN POUDRE IMPALPABLE EN SACS PLOMBÉS, MIS SUR WAGON GARE QUIÉVY-en-CAMBRÉSIS
Prix : 8 fr. 50 les 100 kilos, sacs perdus, 30 jours, 2 0/0 ou 90 jours net.

NOTA. — Les acheteurs qui désirent employer le véritable Phosphate de Quiévy pur et garanti d'origine doivent exiger que les sacs portent la Marque (Au Poisson fossile) et la Firme : M. LECLERCQ, seul exploitant à Quiévy (Nord).

FROMENTINE
Marque déposée B. S.G.D.G.

Produit pour l'alimentation économique, saine et rationnelle du bétail, provenan- en grande partie des issues de la mout ture de blé.

DIVERSES MARQUES

Demander celle en raison du but poursuivi

Marque A pour l'engraissement égal à celui du tourteau de lin, le remplacement de l'avoine, production d'un lait de qualité supérieure.
Marque B pour le bon entretien du bétail.
Marque J développement rapide des jeunes bêtes.
Marque L surproduction du lait.
Marque E engraissement rapide.

Ecrire à M. Armand MILLOT
Moulins Saint-Martin
Saint-Quentin (Aisne.)

P. MARCHAND Frères
à DUNKERQUE (Nord)

FABRIQUE SPÉCIALE DE TOURTEAUX
DE COTON DE GRAINES D'ÉGYPTE
pour Nourriture et Engraissement du Bétail

GRAND PRIX A L'EXPOSITION UNIVERSELLE DE 1889

Nous appelons l'attention des nourrisseurs et des éleveurs sur les tourteaux de **Coton** de graines d'Egypte. C'est un produit excellent pour les vaches laitières, les bœufs à l'engrais et les moutons. — Nos tourteaux de **Coton** sont complètement débarrassés de la bourre qui enveloppe la graine et contiennent la même quantité de matières nutritives et grasses que les meilleurs tourteaux de lin. — Nos tourteaux de **Coton** forment l'aliment le meilleur et le plus avantageux en raison de leur prix excessivement bas.

S'adresser pour Renseignements et Prix à MM. P. MARCHAND Frères, à Dunkerque (Nord), ou à leurs Représentants.

BON-PRIME DE LA GAZETTE AGRICOLE
PORTRAITS au CRAYON-FUSAIN

La Société Générale des Artistes Parisiens, disposant de capitaux énormes, a résolu, dans un but de réclame de faire **POUR RIEN**, et jusqu'à concurrence d'une somme de *cinq cent mille francs*, un certain nombre de **Portraits** artistiques vendus par elle jusqu'à ce jour 75 fr. Elle espère que cet *immense sacrifice* portera son fruit. Le portrait qu'elle offre, comme celui qu'elle vient d'adresser au **Tsar**, est au crayon-fusain, grandeur naturelle (40 cent. sur 50); il est signé de ses meilleurs artistes. — *A partir de cette date au journal, et dans un délai de dix jours, tous ceux qui enverront une photographie recevront la reproduction au crayon-fusain en grandeur naturelle.* L'emballage devant être particulièrement soigné, joindre au Bon 4 fr. 95 (emballage et port). — La photographie modèle est rendue intacte. — Exécution et ressemblance garanties. — *Détacher ce* **Bon** et l'envoyer au Professeur **d'ALBY**, administrateur de la *Société Générale des Artistes Parisiens*, **141, Boulevard Magenta, Paris**, pour recevoir franco cette *Belle Prime*.

Nom et adresse : ....

(Gare la plus rapprochée).

BROYEURS & PRESSOIRS SIMON
Pour Pommes, Poires, Raisins, etc. Matériel complet pour cidreries et vinification.

SIMON & FRÈRES, Constructeurs-Mécaniciens-Fondeurs à **Cherbourg**

MÉDAILLE D'OR, PARIS 1889

GUIDE PRATIQUE de la Production et de la Fabrication des Cidres et Poirés envoyé gratis et f⁰

BARATTES, MALAXEURS, LISSEUSES SIMON et MATÉRIEL complet pour la Fabrication et l'Exportation des beurres et fromages.

MANÈGES de toutes forces — *Envoi franco du Catalogue*

41

BAINS-BUANDERIES
Baignoires. — Chauffe-Bains. — Douches. — Appareils de lessivage, système GASTON BOZÉRIAN.

CHAUDRONNERIE, TOLERIE, etc. — ENVOI FRANCO DE CATALOGUES.

DELAROCHE aîné, 22, rue Bertrand, Paris

SCHNEIDER ET CIE
PHOSPHATES METALLURGIQUES
(scories de déphosphoration), des Aciéries du Creusot

ENGRAIS PHOSPHATÉ

pour Céréales, Prairies, Vignes, Betteraves, Pommes de terre, etc.

L'emploi de ces phosphates a été particulièrement recommandé dans ces derniers temps par les agronomes les plus distingués. Il permet, en raison du bas prix de ce produit, de faire apport au sol de doses considérables d'acide phosphorique.

Les phosphates métallurgiques du Creusot sont livrés moulus finement et tamisés. Pour renseignements, s'adresser à MM SCHNEIDER et Cie, au Creuzot (Saône-et-Loire).

GRANDS RABAIS
POUR LIVRAISONS SUR LES MOIS D'HIVER

Engrais de l'Usine municipale de la Voirie de Bondy

TOURTEAUX ORGANIQUES MOULUS

Dosage : 1.50 à 2 °/₀ d'azote et 4 à 5 °/₀ d'acide phosphorique.

S'ADRESSER AU

Comptoir Agricole et Commercial
9, RUE NOUVELLE, 9, A PARIS

COUVEUSES
ÉLEVEUSES
VOLAILLES
ŒUFS à couver

VOITELLIER
à MANTES et à **PARIS**
4, PLACE DU THÉATRE FRANÇAIS
PRIX COURANT FRANCO
GRAND CATALOGUE ILLUSTRÉ. 0.60

Maison **MURE**, à Pont-St-Esprit (Gard)
A. GAZAGNE, *Gendre et Suc^r*, Ph^{en} de 1re Classe

MALADIES NERVEUSES
Épilepsie, Hystérie, Danse de Saint-Guy, Affections de la Moëlle épinière, Convulsions, Crises, Vertiges, Eblouissements, Fatigue cérébrale, Migraine, Insomnie, Spermatorrhée

Guérison fréquente, Soulagement toujours certain par le **SIROP de HENRY MURE**
sancté constaté par 20 années d'expérimentation dans les Hôpitaux de Paris.
FLACON : 5 FR. — NOTICE GRATIS.

PATÉ et SIROP d'ESCARGOTS de MURE

« Depuis 30 ans que j'exerce la médecine, je n'ai pas trouvé de remède plus efficace que les escargots contre les irritations de poitrine. »
« Dr CHRESTIEN, de Montpellier. »

Goût exquis, efficacité puissante contre **Rhumes, Catarrhes** aigus ou chroniques, **Toux spasmodique,** *Irritations de la gorge et de la poitrine.*
Pâte 1f; Sirop 2f. — Exiger la PATE MURE. Refuser les imitations.

Thé Diurétique de France
sollicite efficacement la sécrétion urinaire, apaise les **douleurs des Reins** et de la **Vessie**, entraîne le sable, le mucus et les concrétions, et rend aux urines leur limpidité normale. — *Néphrites, Gravelle, Catarrhe vésical, Affections de la Prostate et de l'Urèthre.* — PRIX DE LA BOITE : 2 FRANCS.

Dépôt général de l'**ALCOOLATURE D'ARNICA** de la TRAPPE DE NOTRE-DAME DES NEIGES
Remède souverain contre toutes *blessures, coupures, contusions, défaillances,* accidents cholériformes.
DANS TOUTES PHARMACIES. — 2 FR. LE FLACON.

CONSTRUCTIONS ECONOMIQUES
AGRICULTURE — INDUSTRIE

SOCIÉTÉ MÉTALLURGIQUE d'Amiens (Somme)
USINE à VAPEUR, FORCE MOTRICE 250 CHEVAUX
Adresser les lettres à M^r le Directeur

ENVOI DU CATALOGUE

TOLES ONDULÉES GALVANISÉES Pour Couvertures
Prix défiant toute Concurrence

MANUFACTURE CENTRALE D'INSTRUMENTS AGRICOLES & VITICOLES EN TOUS GENRES
EMILE PUZENAT
CONSTRUCTEUR A **BOURBON-LANCY** (Saône & Loire)
CATALOGUE FRANCO SUR DEMANDE

ANEMIE CHLOROSE, FAIBLESSE Guéries par le **VRAI FER QUEVENNE**
Seul approuvé p. l'*Académie de Médecine*, Paris, 14, r. Beaux-Arts. Notice...

PRÉSERVEZ VOS ANIMAUX DOMESTIQUES
de toutes les **Epizooties** et Maladies contagieuses par la **Désinfection** des **Ecuries, Etables, Porcheries**
PAR LE

CRÉSYL-JEYES

Désinfectant — Antiseptique, le seul (**non toxique**), qui soit d'une **efficacité scientifique ment démontrée**. Le **CRÉSYL-JEYES** a été récompensé par la Société des Agriculteurs de France en 1891 d'une **Médaille d'argent grand module.** Envoi franco sur demande du prospectus détaillé. —
CRÉSYL-JEYES, 35, Rue des Francs-Bourgeois, 35, Paris.
Se méfier des nombreuses contrefaçons.

CHARRUES *MONOSOCS POLYSOCS* BRABANTS
HOUES HERSES
FABRIQUE SPÉCIALE DE MACHINES AGRICOLES
Usines à BRESLES (Oise)
BUREAU à PARIS, 20-22, Rue Richer
*** AMIOT & BARIAT ***
INGÉNIEURS-CONSTRUCTEURS
Brevetés S. G. D. G.
207 MÉDAILLES — DIPLOMES — OBJETS D'ART
DÉFONSEUSES FOUILLEUSES
ROULEAUX TONNEAUX
SCARIFICATEURS *DÉCHAUMEURS* ARRACHEURS
... Exposition Universelle 1889. * Médaille d'Argent.

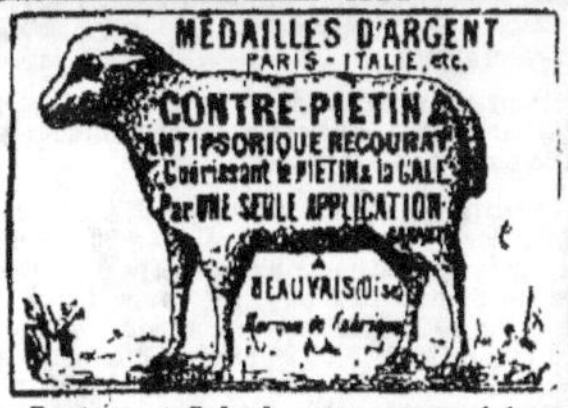

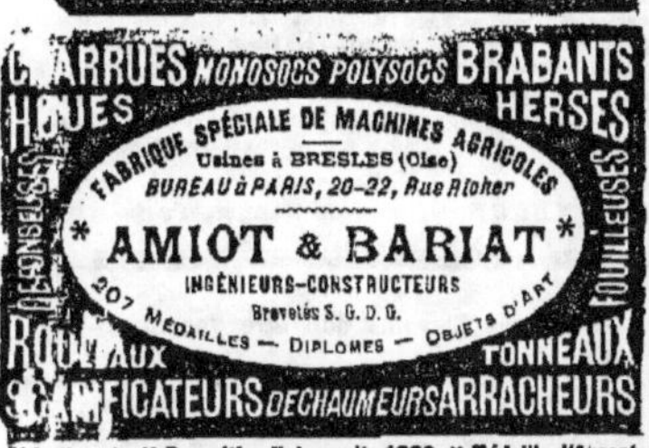

Dartres et Gale des moutons guéris radicalement par *une seule application* de l'**Antipsorique**.
La bout., 3 fr.; la 1/2 bout., 1 fr. 75.
Guérison du **PIÉTIN** par *un seul pansement* avec le **Contre-Piétin-Recourat**.
Le pot, 2 fr. 50.
Joindre 0 fr. 60 pour recevoir *franco* et indiquer gare
M. RECOURAT, pharmacien à Beauvais.

CHEVAUX BOITEUX
Guérison par le spécifique BORNET
Contre **Capelets, Mollettes, Vessigons, Eponges, Exostoses, Suros, Eparvins** et les **Formes** à leur début. *(Il s'applique également à toutes les tares molles et osseuses.)*
PRÉPARÉ PAR **A. BORNET**
Pharmacien de 1re classe, ex-interne et lauréat des hôpitaux.
19, rue de Bourgogne, PARIS.
Le flacon, **5** fr., à la pharmacie ; en gare par colis postal, **6** fr. contre mandat.

ALIMENTATION DU BÉTAIL
Tourteaux de Coprah ou Coco
F. TASSY, E. ROCCA ET Cie
Fabricants d'huiles (**producteurs directs de Tourteaux**)
23, RUE HAXO, MARSEILLE
Deux médailles d'or, Anvers 1894
Envoi de Prix-Courants et Echanti ns sur demande.

ENGRAIS CHIMIQUES
DES
MANUFACTURES DE SAINT-GOBAIN

12 Usines :

CHAUNY (Aisne).	SAINT-FONS, près Lyon.
AUBERVILLIERS (Paris).	L'OSERAIE, près Avignon.
MONTARGIS (Loiret).	BALARUC, près Cette.
TOURS (Indre-et-Loire).	VALENCIA (Espagne).
MONTLUÇON (Allier).	HEMIXEM } (Belgique).
MARENNES (Charente-Inférieure).	MESVIN-CIPLY } (Belgique).

PRODUCTION ANNUELLE : 400.000.000 DE KILOS

Dosages garantis — Emballages marqués et plombés

SUPERPHOSPHATES DE CHAUX

ENGRAIS COMPOSÉS
Suivant les convenances des acheteurs pour toutes cultures

ENGRAIS COMPLET DE SAINT-GOBAIN
Efficacité éprouvée dans tous les sols et dans toutes les cultures

ENGRAIS SPÉCIAUX POUR LA VIGNE :
Engrais pour Vigne à végétation faible.
Engrais pour Vigne à végétation normale.
Engrais pour Vigne à végétation luxuriante.

Adresser les ordres ou les demandes de renseignements à la DIRECTION COMMERCIALE DES PRODUITS CHIMIQUES de SAINT-GOBAIN, **9, rue Sainte-Cécile, Paris.** — *ou aux Agents de la Compagnie dans toutes les villes de France.*

GRAINES
GRANDES CULTURES DE GRAINES POTAGÈRES & DE FLEURS
PLANTES & ARBRES, OGNONS A FLEURS, GRAINES FOURRAGÈRES, ETC.
E. FORGEOT & Cie
CAYEUX & LE CLERC, SUCCrs
6 & 8 Quai de la Mégisserie PARIS
55 PRIX d'Honneur & Grands Prix. 280 MÉDAILLES Or, Vermeil & Argent. EXP. on UNIV. 1889 4 Médailles d'Or
GRAMINÉES & LÉGUMINEUSES POUR PRAIRIES.
Mélanges combinés avec graines rigoureusement épurées pour Prairies permanentes ou temporaires.
LUZERNES, TRÈFLES GARANTIS SANS CUSCUTE
BETTERAVES & CAROTTES FOURRAGÈRES
CHOUX-FOURRAGERS, NAVETS, RUTABAGAS &c. &c.
Catalogues envoyés franco s/ demande
Notre Maison est placée sous le contrôle de la Station d'Essais
GRAINES

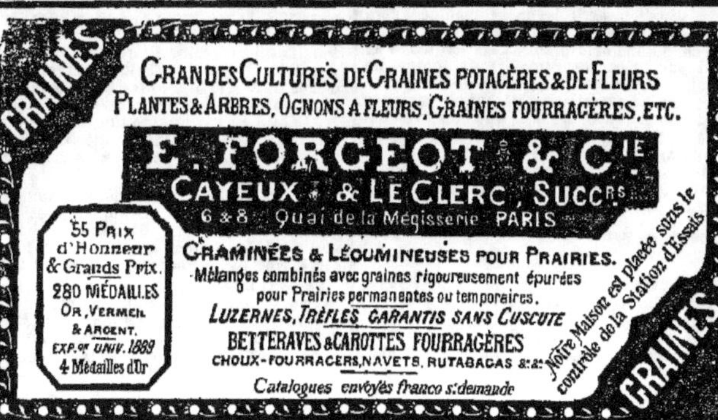

17ᵉ Année. — Nº 50.   LE NUMÉRO. 10 CENTIMES   Dimanche 13 Décembre 1896

GAZETTE AGRICOLE

JOURNAL HEBDOMADAIRE, PARAISSANT LE DIMANCHE

Fondateur : M. CH. GOSSIN, Professeur d'Agriculture à l'Institut agricole de Beauvais

PRIX DE L'ABONNEMENT

UN AN, 5 fr. — SIX MOIS, 3 fr. — TROIS MOIS, 2 fr. 25

Pour l'Étranger les abonnements ne sont reçus que pour un an, au prix de 6 francs, et ne partent que du 1ᵉʳ JANVIER ou du 1ᵉʳ JUILLET de chaque année.

Le Numéro : 10 centimes.

Adresser toute la correspondance : mandats, lettres, annonces etc., à M. CRÉPEAUX, Directeur de la *Gazette agricole* 10 bis, rue Piccini, Paris.

Toute demande de changement d'adresse doit être accompagnée de 50 centimes et de la dernière bande du journal.

BUREAUX

97, rue de Rennes, Paris, et à Beauvais, rue Saint-Etienne.

Les abonnements partent du 1ᵉʳ de chaque mois et sont payables d'avance. Toute demande d'abonnement doit donc être accompagnée du prix de l'abonnement. (Le mode de payement le plus simple est l'envoi d'un mandat-poste.)

Donner *très lisiblement*, en s'abonnant, son nom et son a ressa exacte, *avec l'indication du bureau de poste*; et, s'il s'agit d'une continuation d'abonnement, joindre au renouvellement la dernière bande d'adresse du journal

— Les Annonces sont reçues à la Direction du Journal, et chez MM. DUSSERIS et MATHELLON, 97, rue de Rennes Paris.

Sommaire :

BULLETIN COMMERCIAL

La situation agricole ne se modifie guère pour le moment, la culture, sous l'impression des conditions défavorables dans lesquelles se sont effectuées les semailles d'automne, ne paraît pas disposée à faire des concessions sur les prix ; les apports en blé sur les marchés sont loin de répondre à ce que l'on avait espéré et c'est plutôt de la fermeté que nous avons presque partout à enregistrer.

Hier les marchés américains ont débuté très faibles pour finir plus soutenus à une baisse de 1/8 à 1/2 cent.

BOURSE DU COMMERCE DU MERCREDI 8 DÉCEMBRE

	FARINES	BLÉS
Courant	46 40	21 65
Prochain	46 75	22 »
Nov.-Déc.	46 85	22 »
4 de nov.	47 »	22 20
4 premiers	47 75	22 70

Marque de Corbeil : 51 fr. le sac de 150 kil. toile à rendre.

Halle aux blés. — *Blés indigènes.* — Les affaires s'engagent difficilement, les acheteurs sont très réservés par suite de la faiblesse des blés et farines du marché de Paris. D'un autre côté, les offres sont des plus modérées, et les vendeurs cherchent à maintenir les cours d'il y a huit jours. Cependant on traite quelques affaires en baisse de 25 centimes.

On cote blés roux de 20,50 à 21,50, blés blancs de 21 à 21,75 les 100 kilos nets gare d'arrivée Paris.

Blés étrangers. — Toujours sans affaires, les prix restant trop élevés.

Seigles. — Les affaires sont pour ainsi dire nulles, et la tendance est plus faible. On cote de 14,25 à 14,50 les 100 kilos nets gare d'arrivée, Paris.

Avoines. — Les affaires restent très calmes et les prix ne varient pour ainsi dire pas. On cote blanches 14 à 14,50, rouges 14,75 à 15, grises 15 à 15,25, noires 15,50 à 16,50 les 100 kil. nets gare d'arrivée Paris.

Orges. — La demande est restreinte les offre sont de peu d'importance.

Escourgeons. — Les cours restent les mêmes pour les provenances de la Beauce et du Centre. Avec des offres toujours insignifiantes, on cote de 17 à 17,25 les 100 kil. nets, gare d'arrivée Paris.

Sucres. — Les sucres sont calmes, les prix sont à peu de chose près les mêmes qu'hier. Tendance lourde.

Raffinés 97 à 97,50, roux 88° 25 à 25,25.

Marché de la Chapelle. — Marché assez bien approvisionné.

On cote : paille de blé 1ʳᵉ qté 29 à 31 fr., 2ᵉ qté 27 à 28 fr., 3ᵉ qté 26 à 28 fr.; paille de seigle 1ʳᵉ qté 33 à 35 fr., 2ᵉ qté 31 à 32 fr., 3ᵉ fr; 29 à 31; paille d'avoine 1ʳᵉ qté 29 à 31 fr., 2ᵉ qté 26 à 29 fr., 3ᵉ qté 27 à 29; foin nouveau 1ʳᵉ qté 61 à 63 fr., 2ᵉ qté 57 à 60 fr., 3ᵉ qté 55 à 58 qté; foin vieux 1ʳᵉ qté 59 a 61 fr., 2ᵉ qté 55 à 59 fr., 3ᵉ qté 51 à 55 fr.; luzerne nouvelle 1ʳᵉ qté 61 à 63 fr., 2ᵉ qté 57 à 60 fr., 3ᵉ qté 55 à 58 fr.; regain nouveau 1ʳᵉ qté 59 à 61 fr., 2ᵉ 57 à 60 fr., 3ᵉ qté 55 à 58.

Le tout rendu dans Paris, au domicile de l'acheteur, frais de camionnage et droits d'entrée compris par 104 bottes de 5 kil. savoir : 6 fr. pour foin et fourrages secs; 2 fr. 40 pour paille. Pourboire 1 fr. par 100 bottes.

Fourrages et pailles en gare. — Les arrivages se font assez régulièrement.

Il faut voir, par continuation, la belle paille de blé de 22 fr. pour les sortes réglées à 5 kil., et de 18 à 20 pour sortes réglées.

La paille d'avoine doit être vue entre 18 et 21 fr.

On cote sur wagon, par 520 kilogr., en gare d'arrivée à Paris :

Foin nouveau	42 à 44
Luzerne première qualité	41 à 43
Paille de blé	20 à 22
— de seigle pour l'industrie	24 à 26
— — ordinaire	20 à 22
— d'avoine	18 à 20

Pour les marchandises en gare, les frais de déchargement, d'octroi et de camionnage sont à la charge de l'acheteur.

Fruits. — Figues fraiches, 50 à 60; poires Duchesses, 40 à 70; Beurré, 40 à 70; communes, 12 à 30; raisins Malaga d'Espagne, 70 à 80; raisin noir de Thomery, 1ᵉʳ choix 150 à 300; 2ᵉ choix 50 à 100; raisin blanc de Thomery, 1ᵉʳ choix 150 à 300; 2ᵉ choix 50 à 100; Noix Marbot, 50 à 55; pommes Canada, 45 à 50; communes, 25 à 35; oranges de Valence la caisse 24 à 26; citrons la caisse 30 à 32.

Légumes. — Choux, le cent 6 à 14; choux-fleurs, 25 à 45; tomates du Gard, 40 à 80; Haricots verts d'Hyères fins, 110 à 130; gros, 80 à 90; d'Algérie fins, 120 à 150; gros 120 à »; Endives de Bruxelles, 90 à 100; carottes les cent bottes, 10 à 20; navets, 10 à 20; poireaux, 15 à 35; champignons le kilo, 0 78 à 1 68; cresson le panier de 20 douzaines, 7 à 24; Oignons les 100 kilos, 20 à 25.

POMMES DE TERRE

Hollande (100 kil.)	10 »	à 11 »
Roses-Early	4 »	à 5 »
Magnum-Bonum	5 »	à 6 »
Rondes	6 »	à 7 »

LINS. — Les 100 kilogr. — *Marché de Lille.*

	Communs	Ordin.	Super.
Alost.	148 à 153	154 à 157	161 à 166
Bergues.	150 à 158	161 à 168	173 à 182

ENGRAIS ET PRODUITS CHIMIQUES
(LES 100 KILOS A PARIS)

Sang moulu	11/13	azote	15.95
Viande desséchée	9/11	—	11.70
Cornes broyées	12/14	—	16.90
Cuir désagrégé	7/9	—	2.00
Nitrate de soude	15/16	—	18.50
Nitrate de potasse	95	de pureté	44.00
— —	90	—	41.00
Chlorure de potassium	90	—	18.05
Sulfate de potasse	90	—	21.00
Sulfate d'ammoniaque	20/21	azote	21.10
Phosphates précipités	35/40	acid. phos.	17.15
— —	40/45	—	19.60
Superphosphates min.	9/11	—	6.30
— —	15/18	—	10.00
Superphosphates d'os	15/18	—	7.28
Poudre d'os	—	—	9.50
Sulfate de cuivre	98	de pureté	42.50

Prix moyen aux 100 kilog. des CÉRÉALES dans les Départements.

Région		BLÉ	SEIGLE	ORGE	AVOINE
Rég. du Nord-Ouest	Caen	20 85	11 00	15 00	16 00
	Lannion	20 75	11 00	14 00	14 00
	Morlaix	21 00	12 00	14 00	15 50
	Rennes	20 00	»	14 25	14 00
	Avranches	20 95	11 25	13 50	14 00
	Laval	20 90	10 75	14 50	15 00
	Lorient	21 00	12 00	14 00	13 00
	Alençon	20 70	11 00	15 00	13 50
	Le Mans	20 90	12 50	15 00	17 00
Région du Nord	Soissons	20 90	12 00	14 00	15 50
	Évreux	20 80	12 00	14 00	15 00
	Chartres	20 90	12 50	15 50	15 00
	Lille	21 00	11 00	14 75	15 75
	Compiègne	20 90	13 00	15 25	16 00
	Beauvais	20 90	13 00	17 00	17 00
	Arras	21 00	12 00	14 00	15 50
	Paris	21 10	12 25	14 50	15 50
	Versailles	21 20	11 50	14 00	16 00
	Rouen	21 30	13 50	16 00	17 00
	Amiens	20 90	12 00	16 00	17 00
Rég. du N.-E.	Mézières	20 90	12 50	15 25	16 00
	Nogent-s-Seine	20 70	13 00	16 00	15 50
	Châlons-sur-Marne	20 50	12 50	15 00	15 50
	Langres	20 60	11 00	14 00	15 00
	Nancy	20 80	13 00	15 75	15 75
	Bar-le-Duc	20 00	13 50	16 00	16 00
	Neufchâteau	20 20	13 00	15 50	15 00
Région de l'Ouest	Ruffec	20 35	11 00	14 50	15 25
	Marans	20 10	11 00	15 00	14 00
	Niort	20 10	10 50	14 00	15 00
	Tours	20 85	12 00	14 00	15 00
	Nantes	20 50	14 00	16 50	15 50
	Angers	20 00	12 50	15 50	
	Lugon	20 35	13 00	15 00	15 50
	Poitiers	20 10	12 00	14 75	
	Limoges	20 10	11 50	»	15 00
Région du Centre	Moulins	20 90	12 00	15 00	15 00
	Bourges	20 10	12 50	15 00	14 50
	Aubusson	20 50	11 50	15 00	14 00
	Châteauroux	20 30	12 00	16 00	13 00
	Orléans	20 25	12 00	15 00	14 75
	Blois	20 50	11 00	15 00	16 00
	Nevers	20 00	11 00	15 50	16 00
	Clermont Ferr.	20 30	11 00	14 50	15 75
	Sens	20 00	12 00	14 25	14 50
Région de l'Est	Bourg	20 10	11 00	14 00	15 00
	Dijon	20 20	13 50	16 00	14 50
	Besançon	19 90	13 00	14 50	14 50
	Grenoble	19 90	11 00	14 00	15 50
	Dôle	20 00	12 50	15 00	15 50
	Saint-Étienne	19 75	13 25	14 50	15 25
	Lyon	20 00	13 75	14 50	15 50
	Mâcon	20 20	»	14 00	14 50
	Vesoul	20 10	»	»	15 00
	Chambéry	20 00	»	»	16 00
	Annecy	20 00	»	»	16 00
Région du Sud-Ouest	Pamiers	20 0	»	»	14 50
	Périgueux	20 50	12 00	14 00	15 25
	Toulouse	20 00	12 25	13 25	14 75
	Auch	20 30	12 00	15 00	15 50
	Bordeaux	20 15	12 00	15 00	15 50
	Dax	20 10	11 50	14 00	15 00
	Agen	20 15	13 00	15 00	15 00
	Bayonne	20 00	13 00	15 75	15 50
	Tarbes	20 50	11 25	»	*
Région du Sud	Carcassonne	20 10	13 50	15 00	16 00
	Rodez	20 90	12 00	«	15 75
	Mauriac	20 70	11 25	»	15 75
	Tulle	20 00	11 50	»	15 25
	Montpellier	20 05	12 00	»	15 00
	Figeac	20 10	11 25	14 24	15 75
	Mende	20 05	11 00	14 75	15 50
	Perpignan	20 15	11 50	14 50	15 50
	Albi	20 00	13 50	15 00	15 50
	Montauban	19 90	12 50	14 00	15 50
Région du Sud-Est	Gap	19 95	12 50	16 00	16 50
	Manosque	19 95	12 25	15 25	15 25
	Nice	19 90	11 50	15 00	15 75
	Privas	19 90	11 00	14 00	16 00
	Arles	19 95	11 75	14 7	16 00
	Montélimar	19 70	11 50	14 50	15 50
	Nîmes	19 90	12 00	16 00	15 50
	Le Puy	19 80	13 00	16 00	15 50
	Draguignan	19 90	12 00	14 00	16 00
	Avignon	20 90	14 00	14 50	17 00

Prix en francs des 100 kilos du blé sur les principaux marchés du monde

	cote semaine	la semaine dernière	Droit d'entrée par 100 kilos
Berlin	23.18	22.35	4.35
Londres	15.50	15.50	Néant
Vienne	15.13	15.13	3.75
Anvers	18.37	18.37	Néant
New-York	18.83	18.61	4.90
Chicago	15.93	15.63	4.95
Paris	21.20	21.10	7.00

Tourteaux. — Cours de la maison P. Marchand frères, à Dunkerque (Nord) :

TOURTEAUX A NOURRIR

	Dispon.	A livrer.
Coton de graines d'Egypte	9 50	9 50
Sésame blanc	15 00	14 50
Arachide décortiquée	18 50	18 00
Colza à nourrir	13 50	13 50
Colza du pays	14 50	14 50
Œillette du Levant	12 00	12 00
Œillette blanche de Turquie	12 00	12 00
Lin 1re qual. de Bombay g. form.	14 75	14 50
Lin 1re qual. de Bombay p. form.	16 50	16 75

TOURTEAUX-ENGRAIS

Arachide décortiquée	15 00	15 00
Cameline	»» »»	»» »»
Colza des Indes en poudre	»» »»	»» »»
Colza ravison	9 25	9 25
Colza jaune Gutzerat	12 50	13 00
Kurrachée	»» »»	»» »»
Niger	»» »»	»» »»
Pavot	11 50	11 50
Sésame, blanc	10 50	10 75
Sésame noir	14 50	»» »»
Coton en farine	9 00	9 00

Ces prix s'entendent pour tourteaux en planches, rendus en gare de Dunkerque.

Paiement à 30 jours ou à terme plus éloigné suivant convention expresse.

Le concassage se paie 0 fr. 25 et la mise en poudre 0 fr. 40 aux 100 kilos. Dans ce cas, les sacs sont facturés à 0 fr. 35 pièce, et repris au prix de facture, quand ils sont rendus en bon état et franco, dans les 30 jours de l'expédition.

FROMENTINE :

	100 kil		100 kil.
Marque A	14.00	Marque L	15.75
Marque J	14.50	Marque E	16.25

Les 100 kilogs sur wagon St-Quentin, sac à retourner ou à facturer.

BEURRES. (le kilogr.).

BEURRES EN MOTTES			BEURRES EN LIVRE		
Isigny extra.	5,00	6.60	Bourgogne	2.10	2.40
— demi-fin	3.50	3 60	Gâtinais	2.20	2.60
M. d'Isigny	3.10	3 35	Vendôme	2.10	2 6
du Gâtinais	2.00	2.60	Beaugency	2.10	2.60
de Bretagne	1.60	2.10	Ferme	2.30	3.00
Laitière Jura.	2 20	2 70	Tours	2.20	2.60
de Charente	2.30	3.9	Le Mans	2.10	2.40
des Alpes	2.40	3.30	Touraine fausse	2.20	2.40

ŒUFS. — (le mille).

Normandie ext.	125 à 150		Bourgogne	93 à 108	
Picardie —	128 à 152		Champagne	98 à 104	
Brie —	130 à 150		Nivernais	98 à 100	
Touraine	125 à 147		Bourbonnais	95 à 102	
Beauce	110 à 115		Bretagne	88 à 95	
Orne	110 à 125		Vendée	96 à 100	
Picardie	105 à 115		Auvergne	92 à 96	
Châtellerault	90 à 104		Midi	96 à 119	

FROMAGES.

Brie hautes marq.	60	90	Roquefort	150	220
Brie gr. m. (10)	40	50	Gruyère (100 k.)	90	180
— m. m.	28	30	Coulommiers (100)	30	55
Petits Nanteuils	18	23	Gournay (100)	18	22
Brie laitière	15	25	Livarot (le 100)	60	115
Gérardmer (100 k.)	95	110	Bourgogne (100)	70	85
Hollande	160	180	Camembert (10)	35	58
Bondons (100)	150	190	Munster (100)	120	145
Cantal	130	140	Port-Salut	160	180

VOLAILLES

Poulet Bress dit moelleux	2.00	6.00	Pigeon Mâcon	1.50	2.00
Poulets Nant.	2.00	4.50	Canaris Nantais	2.50	3.00
Poulets Tour.	2.50	4.50	Dindes Tourr.	8.00	16.00
Poulets Houdan	4.00	7.25	Oies	5.00	7.50
Pigeons d'Italie	80	1.25	Lapins dom.	2.70	3.25
			Lapins garenne	1.50	2.00

HOUBLONS. — Les 50 kilogr.

Alost primé	23,00 à 24,00		Wurtemberg	40,00 à 42,00
Bourgogne	30,00 à 40,00		Altmark	75,00 à 100,00
Poperinghe	25,00 à 30,00		Alsace	35,00 à 75,00

CHANVRES

Les 50 kil.	1re qualité.	3e qualité
Le Mans	33,00 à 35,50	29,00 à 30,00
Saumur (b.)	40,00 à 42,25	37,00 à 38,00

VINS — BERCY

Rouges			Blancs		
B. Bourg. vieux	140 à 190		Bordeaux	125 à 160	
Touraine	105 à 115		B. Bourg	150 à 190	
Bord. vieux	120 à 160		Sancerre	130 à 175	
Algérie	25 à 30		Chablis	200 à 350	
Cher	110 à 135		Anjou	120 à 135	
Chinon	130 à 180		Pouilly	350 à 500	
Narbonne	30 à 34		Vouvray	155 à 195	

Prix des Produits Forestiers à Paris.

Bois de feu (Octroi non compris)	Falourde de pin	100 à 110	le cent.
	Bois de flot	105 à 110	le déca.
	Bois gris neuf	120 à 130	—
	Bois blanc	105 à 140	—
Bois d'œuvre (Octroi compris)	Chêne gros bois	105 à 110	le m. cube
	— moyen bois	60 à 70	—
	— petit bois	30 à 45	—
	Charme, plateaux	50 à 60	—
Sciage de chêne	Entrevoux	175 à 210	les 205 m.
	Échantillons	220 à 230	—
	Frise	28 à 30	104 m

La suite des marchés se trouve à la *Correspondance*.

Abonnements à prix réduits.

Toute personne qui, en sus de la *Gazette* voudra recevoir régulièrement trois au moins des journaux ci-après, bénéficiera d'une remise de 16 0/0 sur le prix total de ces abonnements.

Le Peuple français, organe quotidien de nationale. Directeur, M. l'abbé Garnier, 20 fr. par an au lieu de 24 francs.

La Justice sociale, organe hebdomadaire. Directeur, M. l'abbé Naudet, 5 francs par an au lieu de 6 francs.

La Corporation, organe hebdomadaire de l'œuvre des cercles catholiques, 6 fr. 25 par an au lieu de 8 francs.

Bulletin mensuel, organe de l'Union des Caisses rurales. Directeur, M. Durand. Prix : 1 fr. 70 par an au lieu de 2 francs.

La Démocratie chrétienne, revue sociale mensuelle, 5 francs par an au lieu de 6 fr.

L'Echo des œuvres sociales de saint Antoine de Padoue, revue mensuelle sous la direction de M. l'abbé Fontan, 1 fr. 70 par an, au lieu de 2 francs.

Adresser les demandes accompagnées d'un mandat et d'une bande de la *Gazette* à M. Crépeaux, 10 bis, rue Piccini, Paris.

Almanach de la France rurale pour 1897.

En vente aux bureaux de la *Gazette* : 0 60 centimes l'exemplaire *Franco*. Remises pour quantités importantes.

AVIS IMPORTANT. — Le *Goudron Guyot* (capsules et liqueur), connu depuis si longtemps pour la guérison de toutes les affections des bronches, de la poitrine et de la vessie, est trop souvent imité ou contrefait. Toutes ces imitations et contrefaçons, mal préparées, ne guérissent pas et sont quelquefois dangereuses. Aussi tout acheteur, qui ne veut pas être trompé, doit-il *exiger et s'assurer par lui-même que le produit qu'on lui vend porte bien sur l'étiquette de chaque flacon l'adresse* : Maison L. FRÈRE Paris, 19, rue Jacob, seule maison dans laquelle se fabrique le *véritable Goudron Guyot* (capsules et liqueur).

CHRONIQUE POLITIQUE

Il était facile de constater que, pendant cette semaine encore, aucun des grands intérêts publics en souffrance n'avanceront d'un pas vers les solutions qu'en attend le pays, avec une patience qui n'a de comparable que l'habitude de nos maîtres consistant à ajourner sans cesse, pendant des années, les mesures de défense et de protection indiquées impérieusement par le bon sens le plus élémentaire.

Aujourd'hui, à la veille de la fin de session, nos deux Chambres sont acculées une fois de plus dans l'impasse des douzièmes provisoires, après avoir discuté un budget, condamné d'avance à se solder en déficits comme tous ses devanciers, et après avoir laissé sur le chantier les réformes urgentes dont la France agricole attend la fin d'une crise ruineuse pour elle et pour les finances du pays. A toutes les réclamations du monde agricole on a répondu que vous aviez raison ; comptez sur nous et surtout patientez.

Ah! oui, candides ruraux, ils ont eu raison de compter sur votre inépuisable patience. Après une année de prétendus travaux parlementaires, aucune des mesures de défense que vous réclamez n'est réalisée. La crise des porcs, la crise des sucres, la crise des vins, celles des graines oléagineuses, celle des suifs et abats, etc. Toutes les crises seront au même point que le premier jour à la fin de la session et le parti qui traite ainsi nos affaires se vante de recueillir votre approbation aux prochaines élections sénatoriales. Au fait, pourquoi se gêner avec des clientèles électorales si faciles à contenter ?

> Vous leur fîtes, seigneur,
> En les ruinant beaucoup d'honneur.

Lundi dernier, la discussion du budget des colonies a été interrompue par une interpellation de M. Michelin sur nos désastres de Madagascar. Dans ce débat, la conduite de M. l'ex-résident Laroche n'a trouvé qu'un unique défenseur, l'ex-ministre Guyesse, sectaire protestant comme lui, qui a osé de plus critiquer les actes du général Gallieni. MM. de Mahy, Le Myre de Villers, ont fait complète justice de ces attaques, et remis les choses à leur point. Le ministre Lebon a émis un avis semblable qui lui a valu un ordre du jour pur et simple voté par 400 voix. Ce débat prouve que les pires ennemis de la France à Madagascar sont les Anglais ayant pour agents les missionnaires méthodistes. Le général Gallieni est en butte à leurs attaques acharnées. La guerre contre la France n'a pas dit son dernier mot dans nos colonies.

Le débat sur le budget des colonies met de nouveau en lumière les vices du système des colonies de fonctionnaires qui obèrent nos finances et sont plus nuisibles qu'utiles au recrutement des colons producteurs.

M. Lebon est-il de taille à réformer un si triste régime ? Voilà la question.

Les gaspillages coloniaux.

La politique qui a démesurément agrandi nos colonies est certainement une des fautes les plus graves et les plus inexcusables du parti qui nous gouverne depuis dix-huit ans. Alors que notre situation nous imposait le suprême devoir de fortifier notre armée et notre marine, et surtout de relever nos finances, nos maîtres, Jules Ferry en tête, ouvrirent cette série indéfinie d'expéditions qui, en dix-huit ans, nous ont coûté la perte de plus de cent mille hommes et ont creusé un gouffre financier de plus de deux milliards, en nous laissant des colonies nouvelles incapables de se développer sans de nouveaux sacrifices et de se défendre au cas d'une guerre contre l'Angleterre et l'Allemagne.

M. Leroy-Beaulieu vient de publier, dans les *Débats*, un bilan cruellement suggestif de ce que nous rapporte et de ce que nous coûte cette *grande* politique coloniale.

« En 1887, dit-il, nos dépenses coloniales, recettes déduites, montaient à 38 millions, en 1897, elles sont de 76 millions : augmentation de près de moitié en dix ans.

« Madagascar est inscrit pour 12 millions, le Tonkin pour 25 millions, le Congo pour 2.500.000, le Soudan pour 7 millions. Voilà pour les nouvelles colonies.

« Les anciennes cessent-elles d'être onéreuses? Allons donc ! La Martinique nous coûte 2.200.000 francs. La Réunion, 4.140.000 francs, le Sénégal, 6 millions, la Nouvelle-Calédonie, 3 millions (sans le service pénitencier), la Guyane 4.200.000 francs. Tout cela, disons-nous, à la suite d'expéditions qui ont dévoré cent mille hommes et plus d'un milliard. »

M. Leroy-Beaulieu démontre que cette politique mérite le nom qu'il lui applique de gaspillage méthodiquement organisé.

Organisé par qui? au profit de qui? se demande-t-on. — Hélas! la réponse est éclatante comme le soleil en plein midi. Les colonies telles que les ont faites nos maîtres sont destinées au placement de l'armée de fonctionnaires, inutiles, parasites, véreux souvent, qui semblent avoir pour tâche de ruiner et de décourager les colons sérieux, cultivateurs et industriels.

Le ministère dit des colonies n'est donc guère, dans de telles conditions, que le ministère du chancre colonial, et la majorité qui lui a voté le budget signalé par M. Leroy-Beaulieu, a-t-elle le sentiment de sa responsabilité envers notre pauvre pays?

M. Leroy-Beaulieu ne parle pas de l'Algérie, victime du même régime.

Le budget de la marine.

M. Lockroy, ancien ministre de la marine, a déclaré — pièces en main — qu'après dix-huit ans pendant lesquels on a dépensé cinq milliards pour notre puissance maritime, cette puissance n'existe pas, et qu'il faudrait encore dépenser 200 millions pour la mettre sur pied. Chose lamentable, le rapport de M. de Kerjegu avoue cet état de choses et ses causes.

Comme c'est le parti de M. Lockroy qui nous a ainsi leurrés et rançonnés jusqu'à ce jour, qui nous dit qu'en passant par leurs mains ces deux cents millions seraient mieux employés que les cinq milliards gaspillés jusqu'à ce jour.

O bons électeurs ruraux, quand ouvrirez-vous les yeux sur les maîtres que vous vous laissez imposer depuis quinze ans!

Congrès de Lyon.

Le congrès qui s'est tenu à Lyon, la semaine dernière, est un événement éminemment digne d'attirer l'attention du pays tout entier et spécialement du public rural. — C'est la première réunion de notre triste époque où des hommes de bonne volonté, des citoyens courageux et vraiment patriotes, appartenant aux opinions les plus diverses, en religion, en politique, se soient rendus pour s'entendre sur les moyens de relever le pays de la fondrière dans laquelle s'enlisent aujourd'hui toutes les réformes morales, sociales et matérielles, sous la tyrannie opportuno-maçonnique s'affublant hypocritement de l'étiquette de République.

Pour la première fois, en effet, on a vu des hommes d'une valeur éprouvée, se dire les uns aux autres. Nous avons tous non le même paradis mais le même enfer — le régime actuel. Avant tout il faut tirer le pays de cette ruine par des efforts communs. Voyons ce que chacun de nous peut faire.

D'une part les chrétiens, par l'organe de MM. Harmel, Delahaye, de Poncheville, les abbés Garnier, Lemire, Naudet, ont avoué que beaucoup de catholiques manquaient aux devoirs que leur imposent les mœurs de notre temps, mais que c'est en les rappelant à ces devoirs qu'il travaillera au relèvement social et à l'établissement du règne de la justice, objet de tous les vrais réformateurs.

D'autre part des athées, libres-penseurs comme MM. Pons et Ferraudin, ont répondu : « Votre religion, nous n'en voulons point, non plus que d'aucune autre. Mais s'il était vrai qu'elle nous donne la justice sociale que nous revendiquons, nous serions les premiers à lui payer notre dette de gratitude. »

D'autre part enfin, M. Guérin (Jules), socialiste révolutionnaire, ajoutait : « Nous reconnaissons pour alliés naturels, les catholiques qui, comme nous se révoltent contre le joug tyrannique de la Juiverie, de la Maçonnerie. Nous, libres-penseurs, nous voulons pour eux, comme pour nous, la liberté religieuse, qui est la sœur naturelle de la libération économique et sociale — deux sœurs inséparables. Nous voulons que libres penseurs et catholiques marchent ensemble la main dans la main, mais par les voies qui leur sont propres, en ayant sincèrement pour but, le bien et la justice .»

Voilà assurément un fait nouveau dans les congrès de ce temps et cette attitude de bonne foi réciproque entre tous les esprits droits et indépendants partant des points les plus opposés en matière religieuse, sociale et politique, s'est soutenue avec un admirable entrain jusqu'à la fin. Ajoutons qu'elle a été merveilleusement fomentée par des discours marqués au coin d'une véritable éloquence notamment ceux de MM. Drumont, Magallon, Delahaye, les abbés Lemire, Naudet, Guyraud, Cetty, curé de Mulhouse, Harmel, etc. « On n'y voyait point comme dans les congrès de politiciens, dit M. Delahaye, de ces figures à reflets d'en bas, pas de politiciens, ni de pêcheurs en eau trouble, rien que des braves gens, prêtres, laïques, agriculteurs, ouvriers qui avaient abandonné leurs labeurs pour venir consacrer quelques jours au labeur de l'idée ; là point d'ambition, point d'exploiteurs des misères ou des passions populaires, rien que des Français de cerveau et de cœur, chrétiens conscients et inconscients avides de revivre avec leurs frères sur les fonds communs d'idées et de sentiments qui ont fait à travers les siècles la France actuelle.

Les intérêts ruraux agricoles, hâtons-nous de l'ajouter, ont été dignement représentés dans cette belle réunion, à côté des intérêts des ouvriers de l'industrie. Notre vaillant ami, M. Milcent, en a parlé avec la compétence supérieure dont il a fait preuve dans le syndicat du Jura. M. Louis Durand a montré comment il faut s'y prendre pour mettre sur pied en sept ans, 500 caisses rurales de crédit sans quémander un sou ni à l'Etat, ni aux politiciens qui exploitent la crédulité des agriculteurs en se posant comme leurs patrons. M. l'abbé Lemire a exposé les voies et moyens à suivre pour mettre sur pied un régime permettant à tous les petits agriculteurs de posséder leur habitation avec des dépendances et de les léguer à leurs enfants. On rougit en pensant au régime actuel qui les dépouille judiciairement, sous prétexte de les protéger.

Nous reviendrons certainement sur ce congrès de Lyon, parce qu'il marque un mouvement de réveil du bon sens et du patriotisme dans le peuple français ; un appel sérieux à tous les honnêtes gens qui ont conscience des hontes, des ruines, des dangers de l'état de choses qui déshonore le nom de République. C'est surtout le monde agricole qu'il

importe d'associer à ce réveil général du sens moral dans notre pays. Rien de plus misérable que le sophisme des faux amis qui lui promettent le relèvement de l'agriculture, par un pareil régime. L'agriculture ne se relèvera qu'avec le relèvement de tout ce qui fait la grandeur et la prospérité du pays. La prospérité agricole dans la pourriture politique est un rêve ignoble, très commun aujourd'hui. Il est temps de secouer les endormis et d'en finir avec ces endormeurs. Les réunions telles que le congrès de Lyon sont de précieux instruments de cette œuvre de salut public. Nous engageons tous nos amis à s'y associer avec toute leur énergie.

CHRONIQUE GÉNÉRALE

On annonce la mort à Stuttgard (Wurtemberg), du Dr Wolff, justement célèbre en Allemagne et en France par ses études sur l'alimentation et sur la valeur nutritive des aliments de toute nature. La table des équivalents nutritifs créée par le Dr Wolff est élastique en France comme partout, et la mort du Dr Wolff est d'autant plus regrettable qu'il a été d'enlevé à d'importants travaux, dont la science agricole attendait de nouveaux remparts.

Nous apprenons que M. Julien de Felcourt, le vaillant président du Comice de Vitry (Marne), vient de faire don à la Société des agriculteurs de France, d'un capital de 6.000 francs, dont la rente servira à encourager les propagateurs de l'enseignement agricole dans les écoles primaires.

La section d'enseignement agricole, présidée par M. de Salvandy, a adressé de chaleureux remerciements au généreux donateur. M. de Felcourt est un propagateur doublement modèle de l'instruction agricole, il l'encourage depuis plus de vingt ans par sa pratique personnelle qui est le plus efficace des enseignements. En y ajoutant le don généreux dont il s'agit, il montre à nos propriétaires chrétiens un double exemple dont les amis de l'agriculture ne sauraient le remercier trop chaleureusement.

Les obstacles à la diffusion et surtout au succès de cet enseignement ont été assez signalés ici pour nous dispenser d'y revenir, nous avons noté, par exemple, la semaine dernière, l'effet nul dans la Gironde de la prime annuelle de 2.000 francs, léguée par M. Godard, aux instituteurs de ce département.

Il est donc évident que la question d'argent n'est pas le seul obstacle aux progrès de cet enseignement. Pour le voir là où il est il faut s'adresser à la haute direction universitaire de la rue de Grenelle. Avis à ceux qui ont à cœur la solution vainement cherchée jusqu'ici

d'un problème qu'on agite toujours depuis vingt ans sans le faire avancer.

Adjudication d'engrais.

L'adjudication de la fourniture des engrais chimiques à faire pendant le premier semestre 1897 au Syndicat formé entre les membres de la Société départementale d'agriculture de la Nièvre, aura lieu le samedi, 26 décembre 1896, à 2 heures du soir, à Nevers, dans une des salles de ladite Société.

Le Syndicat professionnel agricole des Deux-Sèvres, procédera le 23 courant, à l'adjudication à l'amiable des engrais à fournir à ses membres pendant le premier semestre 1897.

École d'horticulture de Versailles

L'école nationale d'horticulture vient d'admettre 48 nouveaux élèves sur 78 candidats. — Elle compte aujourd'hui 119 élèves répartis en trois années d'études ; elle a reçu 852 élèves depuis sa création en 1873.

La catastrophe de Bouzey.

On annonce que, décidément, le ministère autorise les poursuites en responsabilité réclamées en vain jusqu'à ce jour, contre les ingénieurs officiels auxquels l'opinion attribue la terrible catastrophe de Bouzey.

La responsabilité des fonctionnaires est un fait si rare en France qu'on a peine à espérer d'en voir une application — si nécessaire pourtant — dans cette catastrophe où une impardonnable série de fautes et une incurie aussi coupable des inspecteurs ont causé la mort de vingt personnes et la ruine de tout un canton français !

Jusqu'à ce jour malheureusement le doute est trop justifié par le passé, pour prédire une juste appréciation du principe de la responsabilité.

Encore une commission.

Après la grrrande commission dite des améliorations agricoles, mise sur pied par M. Méline, MM. Barthou et Daran ne pouvaient manquer de mettre sur pied, eux aussi, une commission quelconque. Ils ont inventé une commission chargée d'étudier les modifications à apporter à la loi protectrice des animaux (loi dite de Grammont) pour la rendre plus efficace, c'est-à-dire pour que les auteurs des mauvais traitements infligés aux animaux soient punis avec une sévérité suffisante.

C'est une commission de plus à l'ouvrage, plus il y a de commission moins il y a de solutions. Plus on délibère moins on agit. Le sommeil de l'agriculture est si doux sous le mancenillier des commissions et au bruit de leurs sempiternels rapports!

Caillettes sélectionnées à l'école de fromagerie de Poligny.

L'école de fromagerie de Poligny a été dotée par le conseil général d'un dépôt spécial de *caillettes* sélectionnées qui sont offertes aux fabricants de fromage du Jura comme un moyen précieux d'obtenir des produits de bonne qualité.

L'expérience, en effet, constate que de la qualité de la présure dépend celle du fromage et que la bonne présure dépend de soins spéciaux généralement peu connus appliqués à sa préparation. Les présures préparées par l'école de Poligny sont donc un précieux moyen de perfectionnement des fromages de gruyère jurassiens. On expédie ces *caillettes* par colis de 3 kilos au prix de 23 francs.

Cet exemple est à recommander dans les écoles de fromagerie.

Nous aurons à revenir sur les soins réclamés pour la préparation d'une bonne présure.

Le prix des vins.

Notre devoir est de mettre les viticulteurs en garde contre le bas prix qu'on leur offre de leurs récoltes.

Si lorsqu'on achète, on a souvent intérêt à agir isolément, il n'en est pas de même pour la vente. Aussi conseillons-nous aux viticulteurs de demander des renseignements à leurs syndicats et d'en tenir compte, de même aussi les associations doivent-elles s'entendre pour empêcher l'avilissement des prix. Mais si on veut lutter contre le commerce on ne saurait oublier que le cultivateur de vignes a souvent escompté le produit de sa récolte et se trouve avoir à payer des traites. Ce qui l'oblige à vendre à n'importe quel prix, à moins que son syndicat ne lui fasse les avances nécessaires. Ce qui est vrai pour les vins, l'est aussi pour les autres produits. C'est pourquoi la vente avantageuse est liée au crédit agricole ou aux entrepôts.

Mais tant qu'on n'aura pas adopté l'une ou l'autre de ces solutions, on ne peut blâmer un viticulteur pressé d'acquitter un engagement de vendre au prix qu'il trouve. On ne peut lui conseiller de se défaire lentement de sa récolte et en résistant de son mieux.

Si les syndicats viticoles le voulaient, ou plutôt, car ils le désirent, s'ils étaient aidés par les intéressés, il y a longtemps que le commerce des vins s'exercerait sur des bases meilleures aussi bien pour la production que pour la consommation. Mais, hélas! la politique, cette détestable chose, s'est infiltrée partout et c'est elle qui empêche les agriculteurs de demander à l'association tout ce qu'elle peut et doit donner. Sans doute on ne fait pas de politique dans la majorité des syndicats, mais cependant chacun ne réunit que les hommes qui ont les mêmes opinions, d'où un trop grand nombre de syndicats qui se jalousent et se gênent.

Nous aurons d'ailleurs l'occasion de revenir sur cet intéressant sujet.

La question des sucres.

Après de nombreux tâtonnements en sens divers, la commission des sucres a fini, dit-on, par admettre, de concert avec le ministère, un projet de loi contenant les dispositions suivantes :

Adoption des primes d'exportation fixées précédemment : surtaxe de 2fr.50 sur les raffinés, candis et bruts destinés au sucrage des vins et cidres, — taxe de 0 fr.50 sur les glucoses, — taxe de 1 fr. 75 sur les raffinés et candis titrant 98 0/0, — taxe de 1 franc sur les sucres bruts livrés directement à la consommation. Cette disposition vise à propager la consommation des sucres bruts blancs qui n'a lieu que dans les contrées sucrières et dont l'abstention partout ailleurs ne profite qu'aux raffineurs.

La suppression des zones.

M. Méline est en butte aux démarches pressantes des spéculateurs sur les blés qui cherchent à obtenir la suppression des zones. Nous craignons fort que le Chef du Gouvernement cède à l'insistance des accapareurs plus ou moins juifs qui l'obsèdent, car sa force de résistance n'est, hélas! pas considérable et d'autre part notre ministre de l'agriculture tient trop à ne pas mécontenter les gros capitalistes qui concourent si souvent à l'élection de ses amis politiques.

La suppression des zones serait la mesure qui favoriserait le plus l'agiotage, l'accaparement, et qui achèverait de rendre inefficace le droit de douane sur les blés.

M. Méline a déjà fait un premier pas très funeste en étendant la limite de ces zones, on voit déjà les résultats de cette mesure anti-agricole.

En effet, cette extension date du 28 juillet 1896, depuis le droit qui influait jusque-là de 4 fr., sur le blé n'a plus joué que pour 2 fr.

Et cependant, la Société nationale d'agriculture, « celle qui nie que les agriculteurs sont malheureux » a demandé la suppression des zones.

On nous annonce et nous l'espérons qu'un député doit interpeller à cet effet et demanderait

1° Qu'une enquête immédiate soit faite chez les gros importateurs pour s'assurer si l'équivalent des blés qu'ils ont introduits sous le bénéfice de l'admission temporaire, existe bien dans leurs usines et magasins.

Et dans le cas à peu près certain où l'on constaterait chez eux des manquants, que le triple droit leur soit appliqué d'office, conformément à la loi, et que le privilège de l'admission temporaire leur soit retiré pour l'avenir.

2° Que l'usinier des ports, qui seul peut jouir du privilège de l'admission temporaire, soit obligé de sortir uniformément 70 kilos de farine, que l'extraction en ait été faite à 50, 60 ou 70 0/0, et que le type à 80 0/0 soit supprimé.

3° Que le délai d'apurement des acquits soit réduit à un mois.

Quelle triste et décevante chose que la politique! On sait dans quelles circonstances le cabinet Méline a succédé au précédent. Pourquoi les amis de ce dernier qui étaient par conséquent les adversaires de M. Méline se réjouissent-ils aujourd'hui à l'exemple du célèbre échangiste Yves Guyot? Qui paie les frais de cette alliance de ces irréconciliables? Nous croyons très fort que c'est l'agriculture à laquelle on promet beaucoup; mais qu'on maltraite le plus possible.

Députés et sénateurs ruraux, remuez-vous, interpellez, c'est votre devoir le plus urgent si vous voulez préserver l'agriculture des dangers nouveaux qui la menacent!

Pour oser résister aux importateurs, aux spéculateurs et aux tripoteurs. M. Méline a besoin d'être encouragé et stimulé, ne l'oubliez pas!

L'agriculture au Parlement.

Jeudi dernier, à la Chambre des députés, M. Dussaussoy a posé au ministre des travaux publics une série de questions qui intéressent les cultivateurs de betteraves.

Il demande au Gouvernement pourquoi il laisse des compagnies de chemins de fer refuser aux cultivateurs des wagons destinés au transport des betteraves et il établit qu'en agissant ainsi, les compagnies obéissent aux injonctions des fabricants de sucre. Ces procédés sont des plus contraires aux intérêts des cultivateurs, car ils permettent aux fabricants d'éluder leurs traités avec la culture. En effet, plus la livraison de la betterave est retardée, plus elle perd en poids, moins le fabricant de sucre aura à payer à la culture. Sans parler des rigueurs de la saison, excès de froid ou humidité, qui rendent la betterave difficile à conserver, et même quelquefois impropre à la sucrerie.

M. Dussaussoy critique également les tarifs des Compagnies, qui trop souvent favorisent le spéculateur ou le gros industriel au détriment du producteur. A ce propos, dit-il, « le Gouvernement n'ignore pas que la crise qui étreint l'industrie sucrière provient surtout du fait de la grande raffinerie qui tient entre ses mains le marché des sucres. Ils sont un petit nombre qui ont depuis longtemps monopolisé cette industrie à leur profit... Bientôt, la grande raffinerie sera maîtresse du marché des betteraves comme elle est maîtresse du marché des sucres. Ce sera l'expropriation des petits fabricants par les gros capitalistes. »

Pour justifier cette opinion qui n'est, hélas, que trop fondée, M. Dussaussoy entre dans des détails intéressants, il cite de nombreux faits.

M. Coache intervient pour appuyer les

réclamations ci-dessus et apporter un nouveau contingent de plaintes et demande au Gouvernement quelle mesure il compte prendre pour obliger les Compagnies à mieux servir les intérêts agricoles.

M. de Grandmaison se plaint qu'on n'ait pas apporté dans les tarifs de transports d'engrais les modifications qui avaient été promises par le Gouvernement.

A toutes ces questions précises, M. Turel, Ministre des Travaux publics, répond qu'en ce qui concerne les engrais, il va paraître un nouveau tarif plus avantageux et qu'il se préoccupe d'améliorer les conditions de transport de tous les produits agricoles. En ce qui a trait plus spécialement à la betterave à sucre, le ministre fait observer que les Compagnies ont été gênées cette année par les inondations et qu'elles sont obligées d'obéir aux injonctions du destinataire seraient elles contraires aux intérêts de l'expéditeur. Toutefois, il leur a adressé des observations à cet égard.

Telles sont les réponses très vagues du ministre aux critiques modérées et parfaitement établies, réponses qui sont loin de satisfaire les cultivateurs et qui feront la joie des fabricants et des raffineurs.

A notre avis, il importe que les sociétés agricoles ne se lassent pas de protester contre tout ce qui met une entrave à la culture betteravière pour le plus grand profit des spéculateurs.

Le vendredi 4 décembre, le Sénat, malgré l'intervention de M. Bérenger qui demande, à «ce que nul ne puisse être nommé juge de paix s'il n'est licencié en droit où s'il n'a été pendant cinq ans au moins avoué, notaire ou greffier auprès d'une juridiction civile, » vote le projet de loi augmentant et définissant à nouveau la compétence des juges de paix. Ce projet devra être discuté devant la Chambre des députés, quand? il y a cinquante ans que celle-ci étudie la question !

A la Chambre, le même jour on a voté le rattachement bien naturel du service de la pisciculture au budget de l'agriculture. Puis on continue le vote des chapitres du budget du Ministère des Travaux publics; toutefois, MM. Pourquery de Boisserin et Ducos demandent en vain qu'on augmente quelque peu les fonds nécessaires à l'entretien des routes rurales et aussi de certaines vignes dont l'état est inquiétant. A l'appui de leur thèse, les deux députés ont donné les arguments les plus persuasifs. Mais la Chambre, suivant l'expression de M. le comte de Pontbriand, maintient le système d'après lequel « les communes pauvres sont destinées à voir les ponts de routes nationales tomber entièrement en ruine. C'est la prime à la richesse sous un gouvernement démocratique. »

A la séance de samedi, la Chambre a voté une résolution présentée par MM. Lévecque. Jaurès et Mirman visant la répression des irrégularités commises sur les transports par voies ferrées.

Le lundi 7 décembre, discussion à la Chambre de l'interpellation Michelin sur les concessions de chemins de fer à Madagascar. Après avoir dénoncé l'incurie avec laquelle cette expédition a été conduite, signalé l'incapacité notoire du gouverneur Laroche, l'orateur arrive aux traités passés par celui-ci avec M. de Coriolis, sujet anglais, pour la création de voies ferrées et il demande le vote de la résolution suivante :

«La Chambre invite le Gouvernement :

« 1° A ne traiter pour la construction et l'exploitation des chemins de fer à Madagascar qu'avec une Société française; 2° à n'accorder qu'à un Français le soin de constituer la société définitive; 3° à n'accorder à celle-ci ni subventions, ni concession territoriale et à ne pas engager les finances de l'Etat. »

M. Lebon, ministre des colonies, répond de telle façon que M. Michelin se déclarant satisfait retire sa motion.

M. de Mahy intervient pour dénoncer les agissements anti français des prédicateur, protestants. M. Guieysse, l'ancien ministre répond en essayant de se justifier, et surtout de dégager la responsabilité de M. Laroche.

De cette discussion qui s'est terminée par le vote de l'ordre du jour, il résulte que le Gouvernement paraît décidé à laisser au général Gallieni, le résident général actuel, la plus grande liberté d'action.

Le vote des chapitres du budget des colonies a donné lieu à de nombreuses interventions qui prouvent, hélas ! combien il y a de lacunes graves dans la direction des colonies, dont la conquête a été arrosée de tant de sang, et dont l'administration coûte si cher aux contribuables.

Mardi, la Chambre a commencé la discussion du budget de l'agriculture. Nous remettons à la semaine prochaine le compte rendu de ces intéressants débats.

La récolte des vins de 1896.

Le gouvernement vient de publier le relevé officiel de la récente récolte des vins en France, d'après les documents émanant des contributions indirectes.

La récolte totale est évaluée à 44.650.000 hectolitres dépassant de 14 millions d'hectolitres toutes les récoltes antérieures depuis dix ans. A ce chiffre inespéré il faut ajouter 500.000 hectolitres de vin récoltés dans la Corse et 4 millions d'hectolitres récoltés en Algérie et en Tunisie. Ce qui porterait la récolte totale à près de 50 millions d'hectolitres. Ces chiffres paraîtront surprenants à la suite d'une campagne pendant laquelle les fléaux qui ravagent nos vignes, notamment le blackrot, ne les ont pas épargnées, mais, d'autre part, beaucoup de jeunes vignes ont commencé à produire, en outre les vignes ont échappé aux gelées blanches; la floraison s'est effectuée à la faveur du beau temps, la coulure a été nulle, la chlorose rare, ainsi s'explique cette abondance, qui n'est pas encore suffisante pour récompenser les sacrifices imposés à ladite culture par la lutte qu'elle soutient depuis trente ans contre tant d'ennemis.

Malheureusement, la grande quantité n'a pas pour alliée une qualité supérieure. Les basses températures d septembre n'ont pas permis aux raisin d'obtenir la pleine maturité, agent essentiel des bonnes qualités. D'après le analyses des laboratoires vinicoles, le vins titrant 4 degrés et plus d'alcool son au nombre de 3 millions d'hectolitre seulement, et les vins d'un titre inférieur s'élèvent à près de 42 million d'hectolitres. Mais ce relevé ne nou édifie que très imparfaitement sur l valeur marchande de ces vins; d'abord les vins titrant 10, 9 et même 8 degré alcooliques peuvent devenir de bon vins s'ils ont les autres mérites de leu nature et de leur cru. La valeur de vins, au reste, ne s'accuse, sérieusement à notre avis, qu'à six mois, après les premiers soutirages. C'est pourquoi nou proposons aux syndicats viticoles d tenir un second marché aux vins ver le mois d'avril ou de mai; en tout cas les évaluations suggérées par le chiffr officiel ci-dessus portent la valeur des vins de 1896 à 1.174 millions de francs en ne comptant que pour 80 millions les vins dits *fins* ou supérieurs qui se payent dès les premiers jours plus de 50 francs l'hectolitre pris sur place et sans les droits.

La récolte de 1896 est donc d'une abondance exceptionnelle, et la plupart de ses produits sont de qualité médiocre. Il s'ensuit, naturellement, que les récoltants ne pourront demander des prix élevés de leurs produits.

Toutefois, il faut remarquer que l'abondance des vins coïncidera cette année avec une très faible récolte des cidres et poirés, contrairement à celle de l'an dernier dont l'abondance fit une sérieuse concurrence aux vins. Evidemment beaucoup de familles qui consommaient du cidre l'an dernier boiront du vin en 1897. Quoiqu'il en advienne, nos vœux sont pour que la viticulture tire de ses produits les ressources nécessaires pour se défendre et achever ses replantations.

La crise du porc.

L'Union des Syndicats agricoles du Sud-Est a pris l'initiative d'une importante réunion qui a eu lieu à Lyon il y a quelques jours et qui avait pour objet de rechercher les causes de l'avilissement des cours du porc en France. Il serait tout d'abord injuste de ne pas féliciter les vaillants promoteurs de ce véritable congrès, qu'il nous suffise de constater une fois de plus qu'on les trouve toujours sur la brèche quand il s'agit de défendre les intérêts agricoles. On pourrait très certainement engager les Unions parisiennes à imiter leurs dignes émules de provinces, mais on perdrait son temps.

La réunion de Lyon a eu en effet une importance sans égale; parmi les politiciens qui y assistaient citons MM. Fleury-Ravarin, Masson, Gillot, Guilleminot d'Estournelle, députés; Saint-Romme. sénateur, docteur Cazeneuve, Caquet, conseillers généraux; Chardiny, Joannard, Fraurase, conseillers d'arrondissement, Platon, Chapiron, Garnier, conseillers municipaux de Lyon.

Mais les agriculteurs étaient encore en grande majorité et cependant les députés et sénateurs voyagent gratuitement! En effet étaient présents ou représentés, les cent vingt syndicats agricoles composant l'Union du Sud-Est, de nombreux syndicats de charcuterie, du commerce des salaisons.

D'après la *France libre* de Lyon, M. Fleury-Ravarin se serait emparé de la présidence qui, selon nous, appartenait à tous égards au si dévoué et si compétent Président de l'Union des Syndicats du Sud-Est, M. Duport. Mais cela n'a pas empêché l'assemblée de prendre d'importantes résolutions, on va le voir.

Du discours de M. Fleury-Ravarin nous ne dirons rien, tellement il est incolore. M. Saint-Romme, sénateur de l'Isère, parle en bon praticien sachant se placer sur le terrain le plus avantageux. Pour lui, on oublie trop le consommateur. Il constate que si les inspecteurs sanitaires sont d'une sévérité exagérée pour les viandes de porc français, ceux qui opèrent à la frontière sont d'une coupable indulgence à l'égard des importateurs étrangers qui expédient des produits conservés à l'aide de substances dangereuses. Il raille spirituellement M. Fleury-Ravarin de croire aux affirmations provenant du ministère de l'agriculture. Où, en effet, le Directeur de l'agriculture a-t-il trouvé qu'on obtenait de bons porcs avec des pommes de terre pourries? M. Saint-Romme, estime avec raison que l'une des causes de l'avilissement du prix des porcs est bien la mauvaise qualité ou le prix élevé de la nourriture de ces animaux. Et il termine par ce mot qui, sorti de la bouche d'un sénateur a une grande portée : « On fait trop d'agriculture en chambre au Ministère. » M. Milcent, l'ardent lutteur, le praticien éclairé qui, dans le Jura a participé d'une façon si active à la création de la caisse de crédit dont le type se répand partout, a prononcé un excellent et substantiel discours dont nous donnerons le résumé la semaine prochaine ainsi que l'analyse du discours de M. Cuez, président du Syndicat des salaisons.

Voici, on en conviendra, la question bien mise au point après avoir été traitée par des hommes en apparence séparés d'intérêts. Tous nos compliments aux Lyonnais! on ne pourra pas objecter à la Chambre et au Sénat qu'il convient de ne pas froisser le commerce de la charcuterie.

Un devoir reste à accomplir : celui de rechercher les sources auxquelles M. Méline, président du Conseil, ministre de l'agriculture, a pris ses renseignements. Singulier représentant que cet homme

qui vient nier l'influence des importations sur les cours du marché français !

Agriculteurs! vous qui élevez des porcs, répandez dans votre entourage le compte rendu de cette réunion. vous devez tenir à ce que tous vos confrères puissent le lire, le méditer, afin d'agir auprès de tous les politiciens !

L'ordre du jour suivant a été voté :

Les mesures à prendre pour arrêter la baisse du prix des porcs sont de trois sortes :

1° L'application stricte du tarif actuel des douanes aux importations : a) par une meilleure surveillance sanitaire à la frontière des importations de porcs, ainsi que par un contrôle sérieux de leur véritable origine; b) par l'application aux viandes salées étrangères importées en Algérie, ou tout au moins par l'extension d'avantages correspondants aux expéditions de la métropole; c) par l'application intégrale du droit d'entrée aux graisses mélangées et cessation immédiate de la tolérance actuelle qui les assimile aux saindoux, ce qui en fait une prime à la falsification ;

2° L'élévation du tarif des douanes sur les produits fabriqués du porc qui, par suite de leur valeur, jouissent en fait d'un véritable privilège : a) par application d'un droit plus élevé, 100 francs par exemple, aux saucissons, mortadelles et similaires, ce qui, vu leur valeur, serait à peine l'équivalent du droit de 25 francs appliqué aux lards; b) par l'application aux importations des saindoux du même droit qu'aux lards, soit 25 francs au lieu de 14 fr. 50, attendu que leur valeur est toujours au moins égale ;

3° L'application de la loi sur la nature des marchandises vendues, par l'obligation imposée en France et en Algérie à tous les vendeurs de saindoux et graisses alimentaires mélangés de faire connaître aux acheteurs la nature et la proportion des produits qui les composent.

Les marchands de biens.

De tous côtés on signale les agissements des marchands de biens, pour la plupart juifs, ils exercent leur triste métier surtout dans les départements de l'Est. Ils ne savent à quels trucs recourir pour déprécier la propriété afin de l'acheter à vil prix.

Ils ont souvent pour auxiliaires plus ou moins conscients les notaires auxquels ils inspirent généralement de la frayeur.

La lutte contre ces vampires n'est pas facile, nous le reconnaissons, mais ce serait lâcheté que de ne pas l'entreprendre.

L'un des moyens de se mettre à l'abri de leurs menées, c'est évidemment de ne pas leur prêter sur hypothèques et aussi dans les ventes à l'amiable de refuser de traiter avec eux.

Quand un de ces détrousseurs a pris un pied dans une propriété, il finit par

l'envahir complètement, car il connaît toutes les finesses du Code et il a l'oreille des tribunaux.

Vétérinaires et empiriques.

M. Angot, vétérinaire militaire en retraite à Orléans, vient d'adresser à M. Cochery, ministre des Finances, une lettre dans laquelle il proteste contre la facilité accordée aux empiriques de prendre le titre de vétérinaires et demande énergiquement que les patentes de vétérinaires ne soient accordées qu'aux vétérinaires diplômés.

Nous nous associons avec plaisir aux revendications de M. Angot qui démontre avec preuves à l'appui de quelle légère façon on procède dans le département du Loiret, celui qui a envoyé M. Cochery à la Chambre. Nous savons que ce qui se passe dans cette région se reproduit dans toute la France. Les députés facilitent ces fausses inscriptions qui leur permettent de compter sur le dévouement électoral de ceux qui en bénéficient. Qu'on permette à tout le monde de soigner le bétail, soit, la chose est admissible en République, sous un gouvernement qui se dit libéral. Mais on ne doit donner le titre *de vétérinaire* qu'à l'élève sorti avec le diplôme d'une école spéciale. Les vétérinaires, autant, sinon plus que les médecins, ont le droit d'exiger que le public sache à qui il a à faire.

Grâce au régime de l'internat auquel ils sont soumis pendant leurs études, les vétérinaires travaillent plus que les médecins et ils sont d'une force moyenne supérieure, c'est une injustice flagrante que de ne pas les traiter sur le même pied.

En qualifiant les députés de sous-vétérinaires, Gambetta faisait probablement allusion à des faits analogues à ceux que M. Angot reproche à M. Cochery.

Les réunions commerciales.

Quelques-uns de nos confrères, le *Bulletin des Halles* en tête, se demandent si l'on doit maintenir ou supprimer les réunions commerciales qui déclinent depuis quelques années.

Nous insérerons volontiers les lettres que nous adresseront les agriculteurs à ce sujet.

Nous pensons que, depuis assez longtemps ces réunions se sont faites beaucoup plus dans l'intérêt de la spéculation que de l'agriculture et qu'à cause de cela leur suppression ne saurait être contraire aux cultivateurs. En effet, c'est fréquemment dans ces réunions que les agents des accapareurs ont fait prendre des décisions qui ont eu de l'influence sur le retrait ou la réduction des droits de douane sur certains produits agricoles étrangers.

Quoi qu'il en soit, nous sommes prêts

à reconnaître notre erreur si elle nous est démontrée.

La crise monétaire en Amérique.

Si nous en croyons M. Edmond Théry, dans un article publié par le *Matin*, nous aurions été dans le vrai lorsque nous disions que le parti Mac Kinley n'est pas résolument monométalliste, comme on le croit généralement. La seule différence entre lui et le parti Bryan, c'est que ce dernier réclame la *frappe libre* et illimitée de la monnaie d'argent : le parti Mac Kinley, au contraire, veut que cette réforme s'accomplisse par un accord entre les gouvernements, et que la valeur légale des monnaies nouvelles soit fixée par un accord international.

Dans cette situation, M. Théry remarque justement que le bimétallisme tel que l'admet le parti Mac Kinley, n'a qu'un ennemi, mais c'est un ennemi d'une puissance redoutable, le groupe des financiers anglais qui, étant créanciers de 12 milliards de valeurs sur le monde maritime, commercial et industriel, subirait une perte notable par la diminution de l'agio sur l'or, donc c'est l'ennemi, le seul ennemi, car le commerce, l'industrie, l'agriculture en Angleterre comme ailleurs, même aux Etats-Unis, sont les victimes du régime de l'or. M. Théry en conclut très probablement que le gouvernement américain présidé par M. Mac Kinley, travaillera à la réforme bimétallique, et secondera tous les efforts des partisans de cette réforme dans les deux hémisphères.

On ne saurait s'y associer avec trop d'empressement.

Les droits de douane sur le bétail étranger.

Un arrêté du président du Conseil, ministre de l'agriculture, en date du 20 novembre, inséré au *Journal officiel* du 21 novembre 1896, a interdit, pour cause de fièvre aphteuse, l'importation en France des animaux des espèces bovine, ovine, caprine et porcine provenant des Pays-Bas.

Cet arrêté est d'un grand intérêt pour toute la région de l'Ouest où l'élevage du bétail et plus spécialement du porc, est très développé. En effet, la Hollande à elle seule, ne nous a pas expédié moins de 48.758 porcs vivants pendant les dix premiers mois de cette année, sans compter de grandes quantités de viandes fraîches, lards salés et saindoux. Il est à remarquer d'ailleurs que les importations de porcs vivants, en France, suivent une progression croissante. Les statistiques publiées par l'administration des douanes, nous montrent que, pendant les dix premiers mois de 1896, 63.230 porcs ont été introduits de l'étranger. Pendant les dix premiers mois de 1895, il n'en était entré que 40.850 et, pendant les dix premiers mois de 1894, 29.080. L'augmentation est, comme on le voit, énorme.

Ces arrivages, absolument hors de proportion avec nos besoins, devaient nécessairement encombrer le marché et avilir les cours. C'est bien ce qui est arrivé. Les prix sont tombés si bas que nos éleveurs commencent à perdre courage. On a vu, sur le marché de Craon (Mayenne), des porcelets vendus pour le prix de 75 centimes pièce ! D'autres, qui n'ont pas trouvé acheteurs, ont été laissés sur place !

Maintenant, il est permis de demander pourquoi on attend qu'il se produise un fait extraordinaire, par exemple une maladie contagieuse, pour songer à prendre des mesures contre des importations qui auraient pour résultat d'amener à bref délai la ruine et la disparition de notre élevage ? N'est-il pas regrettable que nous en soyons réduits à bénir la fièvre aphteuse qui va arrêter l'invasion des porcs hollandais en France ? Et d'ailleurs, s'il ne nous vient plus de porcs de Hollande, il nous en viendra encore des pays qui nous en envoient déjà et qui n'ont pas la fièvre aphteuse. Il est même à prévoir que ces pays vont augmenter leurs expéditions.

Dès lors, pourquoi ne pas agir franchement et sans détour, pourquoi ne pas user du moyen le meilleur et le plus simple; pourquoi ne pas élever les droits de douane sur le bétail et principalement sur les porcs étrangers ? C'est ce que tous les syndicats agricoles, tous les comices, toutes les associations agricoles ne cessent de demander. Puisque les droits actuels n'arrêtent pas les importations exagérées signalées par les statistiques de la douane, c'est apparemment que ces droits sont trop faibles. Donc il faut les relever.

Si nous consultons nos tarifs douaniers, tels qu'ils ont été établis par la loi du 11 janvier 1892, nous voyons que les porcs vivants ne paient à l'entrée en France, que 8 francs par 100 kilos, tandis que les veaux paient 12 francs, et les moutons 15 fr. 50. Les poulets n'acquittent qu'un droit dérisoire de 1 fr. 50 par tête. De même, la viande fraîche de porc paie seulement 12 francs par 100 kilos, tandis que la viande de bœuf paie 25 fr., et celle de mouton 32 francs. On ne voit pas quelles bonnes raisons pourraient être invoquées pour protéger moins efficacement l'élevage du porc que toute autre branche de notre élevage.

Il y a du reste, en cette matière, une vérité fondamentale qu'on ne devrait jamais perdre de vue : C'est qu'en laissant les produits étrangers, quels qu'ils soient, envahir le pays, on tarit les sources de la production nationale; tandis qu'en arrêtant ces produits à la frontière, on développe immédiatement la production à l'intérieur. Cela est vrai partout, mais surtout en France, pays riche, pays favorisé entre tous par son climat et par les ressources variées de sa culture. Notre agriculture a prouvé déjà, pour le blé, qu'elle pouvait accroître ses rendements et qu'elle serait capable de suffire aux besoins de la consommation. Que l'on veuille bien réserver à nos produits notre marché français et on verra bientôt l'élevage se développer à son tour, de telle sorte que nous n'aurons pas besoin de recourir aux importations de l'étranger.

J. DAVOST,

Vice-président du syndicat
des agriculteurs de la Loire-Inférieure.

CHRONIQUE AGRICOLE

Situation. — La saison.

La température générale a été modérément froide et pluvieuse dans toutes les régions du territoire dans le cours de cette semaine. Les campagnes voisines de la mer en Normandie et en Bretagne et jusqu'en Saintonge ont été rudement éprouvées par de nouveaux ouragans de mer. Les populations adonnées à la pêche maritime ont encore subi des sinistres qui ont fait des vides terribles dans les familles laborieuses et vaillantes si dignes des sympathies de toute la France.

On comprend sans peine que, pendant une telle semaine, les travaux extérieurs de la culture n'ont pu être poursuivis activement; ils ont même été suspendus entièrement presque partout, surtout les travaux des semailles de céréales. Dans ces conditions si défavorables aux semailles tardives, les cultivateurs intelligents ont compris que le meilleur parti à suivre, c'est d'ajourner les ensemencements à la fin de l'hiver.

On a constaté, en effet, que les semailles de blé d'automne à la fin de novembre sont rarement suivies de récoltes satisfaisantes et que, au contraire, en semant vers la fin de l'hiver des variétés *sélectionnées* des blés hâtifs et connus comme blés d'hiver et blés de printemps, tels que les blés de Bordeaux, de Noé, etc., on obtient souvent des récoltes égales à celles que donnent les mêmes blés semés en automne.

Dans ces circonstances, on peut donc, ajourner, sans hésiter, les semailles de blé en retard et se contenter de tenir en bon état de fertilité les terres destinées à les recevoir.

Au reste, les travaux autres que les semailles ne manquent pas à l'heure actuelle dans nos campagnes au dedans comme au dehors. Au dehors surtout, il y a les émondages des arbres, les réparations de chemin et de fosses, les travaux d'immersion, de marnage, de drainage, les rigoles d'écoulement dans les terres emblavées, où se trouvent des plaques d'eau stagnante, etc. Pour ces travaux si utiles, on ne saurait profiter trop activement d'une période de douce température qui, d'un jour à l'autre, peut être remplacée par de vives gelées, en obligeant les gens et leurs animaux à rester dans leurs logis respectifs.

En résumé, si la situation générale n'est pas brillante, elle n'est pas non plus désolante, ou du moins elle ne le serait pas si les cours de trop nombreux produits n'étaient pas aussi bas. Mais c'est aux pouvoirs publics que la culture doit s'adresser pour mettre fin à cette calamité.

L'alimentation des animaux.

Nous voici à l'époque où les animaux vont rentrer à l'étable. Beaucoup, déjà, y ont pris leurs quartiers d'hiver par suite des pluies abondantes que nous venons d'avoir et qui ont inondé les prés et perdu les regains. L'alimentation hivernale est commencée.

La nourriture du bétail à l'étable est coûteuse. Il faut faire subir aux divers aliments des préparations pour pouvoir les conserver, les apprêter à être conservés, etc. Tout cela se traduit par des dépenses qu'il faut chercher à réduire au minimum pour les rendre profitables au plus haut degré.

Notre intention est de décrire ici les diverses préparations que l'on peut pratiquer en vue d'augmenter l'assimilabilité des aliments et de donner sur ceux que livrent le commerce et l'industrie quelques indications qui, nous le pensons, seront utiles à nos lecteurs agricoles.

Voyons d'abord quelles sont les opérations que l'on peut faire subir aux aliments pour en augmenter les propriétés alimentaires.

En voici l'énumération :

Le nettoyage, le hachage, le concassage, l'aplatissage, la mouture, la cuisson, la fermentation, la germination, la panification.

Le nettoyage des aliments qui a pour but de les priver des poussières et des corps étrangers qu'ils renferment est d'une utilité incontestable.

Les menues pailles, par exemple, renferment de nombreuses poussières nuisibles, que l'on retire facilement au moyen d'un cylindre cribleur. Ces poussières chargent l'estomac et l'intestin, et irritent ce dernier.

Les légumes sont salis par la terre, dans les années humides surtout, aussi convient-il de les laver avant de les livrer au coupe-racines.

On a imaginé pour cela des laveurs qui rendent de très grands services.

Le hachage a pour but d'aider à la mastication et de permettre le mélange de fourrages grossiers ou de médiocre qualité.

Le concassage et l'aplatissage ont aussi pour but de diviser les grains, de briser leurs enveloppes et de favoriser ainsi l'action des sucs digestifs.

Pour les chevaux, nous préférons l'aplatissage, qui, ne produisant que très peu de farine, n'a pas l'inconvénient de leur empâter la bouche.

Pour les vaches et les porcs, le concassage est préférable, car pour ces animaux les aliments en grains sont toujours donnés humides.

La mouture, qui a pour but de produire de la farine, rend de réels services lorsqu'il s'agit de l'alimentation des vaches et des porcs. Grâce à elle, il est possible de faire pour les vaches des buvées tièdes, dont nous reparlerons plus loin, buvées qui ont pour résultat de favoriser la production du lait.

La cuisson est employée dans nombre de cas, elle crève les grains de fécule des pommes de terre et favorise aussi leur digestion. Elle permet par un mélange habile, de faire manger certains produits, qui, présentés au naturel, seraient dédaignés et perdus.

La fermentation procure dans les grandes exploitations une partie des avantages attachés à la cuisson. C'est ainsi que, par exemple, elle humecte les aliments grossiers, les parfume. Sous l'action du ferment, le sucre, que contiennent certains légumes, les betteraves, les topinambours, etc., se transforment en alcool. Cette modification dans l'état du sucre se fait avec production de chaleur, par suite de la vapeur d'eau, qui pénètre les fourrages.

L'alcool extrêmement dilué, subit vite la fermentation acétique. Le mélange prend un léger goût aigre, acide, qui le fait rechercher du bétail. C'est à ce moment, qu'il y a lieu de le faire consommer.

Plus tard le vinaigre lui-même s'altère, il se produit des acides nauséabonds et vénéneux, qu'il faut prévenir en faisant consommer le mélange à temps.

Les légumes à fermenter, doivent être coupés en tranches minces ou en lanières, il y a aujourd'hui d'excellents coupe-racines qui remplissent parfaitement ce but. Les betteraves ainsi coupées sont mêlés à la menue paille et aux fourrages hachés par moitié et on les laisse fermenter trois ou quatre jours, selon la température ambiante. Lorsqu'il fait très froid on active la fermentation en les arrosant d'un peu d'eau chaude.

La germination est peu employée et cependant elle prépare, d'une façon avantageuse, la digestion des grains.

Quant à la panification, elle ne peut être d'un emploi courant que dans des cas spéciaux, animaux malades ou convalescents, etc...

Prochainement, nous examinerons les divers aliments employés dans l'alimentation des animaux bovins et nous verrons les meilleures préparations a leur faire subir pour en retirer le plus de profits possibles.

Courtin.

Un nouveau système de bouturage.

Je crois mon système de bouturage, que le comice de Reims a reconnu plus avantageux que tout ce qui a été fait jusqu'à ce jour, appelé à rendre de grands services à tous ceux qui voudront s'en servir.

Comme une bonne plantation et une prompte mise en fructification sont choses essentielles, j'ai dû chercher longtemps pour arriver à ce résultat.

Je l'avoue franchement, comme tous ceux qui cherchent, j'ai eu parfois bien des déboires au lieu d'une réussite attendue, mais avec la persévérance dans les recherches, je suis arrivé à pouvoir préconiser un système de bouturage qui donne toute satisfaction.

Pour lutter contre la vieille routine et les maladies qui attaquent la vigne, il faut s'appliquer à trouver et à propager les meilleurs moyens de reconstitution de notre vignoble par les procédés les plus rapides et les moins onéreux. C'est pour ces motifs que je présente une manière de faire le bouturage et la plantation mieux appropriés aux besoins actuels.

Après ce court préambule, j'entre dans mon sujet.

1° *Bouturage.* — Pas de défoncement, je suis en opposition complète avec la vieille routine, et j'appelle votre attention sur la différence de mon système avec l'ancien.

Il ne faut pas dans notre vignoble champenois, où le sol est peu profond, défoncer du tout ce sol. Une bêche de 0 m. 25 suffit grandement, puisque je ne plante pas à plus de 0 m. 20 de profondeur ; le défoncement profond produit le contraire de ce que l'on attend, car si le sol supérieur n'est jamais trop riche, le sous-sol, pour plusieurs raisons, manque souvent de potasse, d'acide phosphorique, et surtout d'azote ; de sorte que si vous défoncez votre terrain, vous mettez dans le fond de la jauge le sol supérieur qui contient les engrais qui doivent faire leur effet immédiatement, et qui restent inertes jusqu'à ce que le jeune chevelu pénètre dans les profondeurs du sol : ces radicelles ayant pris naissance dans la terre du sous-sol que vous avez ramenée par le défoncement à la place du sol, se trouveront brûlées lorsqu'elles arriveront à se nourrir dans la terre généreuse que vous aurez enfouie, à tort, trop profondément, et vos plants qui auront promis beaucoup la première année pourront vous donner un grand désappointement la seconde, en vous donnant les pousses chlorosées dès le début et mourant pour ainsi dire ensuite si vous ne les rachetez pas immédiatement par une forte fumure.

On commence donc à labourer à la bêche le terrain qui doit être planté en vigne, en plaçant les plants à la distance voulue et au fur et à mesure que se fera le nivellement du sol et que se continuera le labourage.

2° *Planter à demeure.* — Tous ceux qui se sont occupés de viticulture ont reconnu que la vigne plantée à demeure, et non transplantée, aura beaucoup plus de résistance, non seulement comme force et vitalité, mais aussi pour pouvoir résister plus avantageusement, contre toutes les maladies qui s'attaquent à elle, donc il faut planter les boutures dans le terrain où elles doivent vivre; il y a là une grande différence entre mon système et celui de faire des pépinières trop serrées, et dans des terrains humides, propres à la reprise, mais qui donneront déjà des plants malades avant d'être transplantés : la grande humidité du sol favorise la reprise des boutures, mais donne des plants chlorosés, souvent atteints par la gelée, et par conséquent, malades, ce qui nuit énormément à la reprise.

Je plante donc à demeure le terrain choisi pour faire une vigne, et en conservant la distance que l'on a l'habitude de mettre pour des plants racinés; mais au lieu de mettre un plant tous les 0 m. 30, je mets une bouture tous les 0 m. 10, de sorte que si un tiers seulement vient à pousser, il en reste suffisamment pour que la vigne soit assez serrée.

3° Décortication et arrosage. — Depuis que j'ai appliqué la décortication à mon système de bouturage (il y a de cela dix-huit ans), c'est-à-dire qu'il suffit d'enlever au bas de chaque bouture un peu d'écorce, et que, par des années trop sèches, j'ai arrosé mes plantations, je réussis à obtenir au moins 80 0/0 de plants racinés, plus vigoureux que ceux obtenus jusqu'alors par les meilleurs pépiniéristes, et donnant une garantie parfaite à la reprise.

La décortication a aussi l'avantage de faire connaître les plants qui ne sont pas parfaitement sains et biens verts, on rejettera donc au moment de planter, ceux qui sont déjà malades, et qui pousseraient peu ou pas du tout; car je crois que bien des ceps chabotés ont été plantés avec le germe de cette maladie qui doit être héréditaire, on peut constater un dépérissement d'un côté seulement sur toute la longueur de la racine des ceps chabotés, l'autre côté restant plus ou moins vert.

4° Economie. — Comme j'enlève les boutures en trop, le produit de leur vente me couvre de tous les frais que j'ai fait pour planter ma vigne; leur vigueur les feront toujours rechercher par ceux qui ne voudront pas suivre cette méthode, il y en aura toujours.

5° Ne pas rogner. — Je recommande de ne pas rogner pendant l'été, la taille du printemps suffit; cependant, il faut ébourgeonner pour ne laisser qu'un bois, deux au plus, si le plant est fort.

Le rognage d'été ne doit se faire que lorsque le bois étant assez fort, peut donner du raisin; à ce moment seulement, je me rallie à l'ancien système, car, remarquez que plus vos plants seront hauts et forts, plus leurs racines seront profondes et fortes, et assureront la stabilité des récoltes futures, parce que le pivot étant enfoncé profondément en terre, facilitera la résistance à tous les ennemis de la vigne : sécheresse, insectes, cryptogames, etc., etc. J'ai

toujours obtenu par ce travail, des vignes en plein rapport au bout de trois ans de culture, ce qui n'a jamais été obtenu qu'en des cas extraordinaires par les autres systèmes de plantation et dans des terrains neufs se prêtant alors à une réussite parfaite, et avec des plants racinés de deux ans; c'est donc deux ans de gagnés certainement.

Par ce court exposé, si j'ai pu être utile à quelques-uns et contribuer un peu à la prospérité d'une partie du vignoble champenois. je m'estimerai bien heureux.

En résumé, mon système se compose de ceci :

1° Pas de défoncement :

2° Planter à demeure;

3° Décortication du plant,

4° Economie par la vente des plants et du temps gagné, récoltant à 3 ans au lieu de 5 ans.

5° Ne pas rogner l'été lors même que les pousses atteindraient 2 m. 50 à 3 mètres; l'année suivante la vigne sera assez forte pour donner une récolte abondante.

A. LALLEMENT.

Les semailles en décembre.

A la suite des pluies qui ont ajourné jusqu'au 26 novembre les semailles habituelles d'octobre, de nombreux cultivateurs se demandent avec anxiété quel est le meilleur parti à prendre aujourd'hui, en cette matière, dans les terres qui sont en voie de dessiccation, et se posent cette question : Y a-t-il avantage à semer en décembre; n'est-il pas préférable d'ajourner au mois de février, même de mars.

La question est intéressante, et aussi très complexe à en juger par le débat dont elle a été le sujet mercredi dernier à la Société nationale d'agriculture entre agronomes d'une compétence supérieure indiscutable.

D'abord M. de Vilmorin a préparé le terrain en rendant compte des expériences qu'il pratique dans son domaine de Verrières sur les semis échelonnés de blé — échelonnés depuis octobre jusqu'à mars et avril. Les résultats, naturellement, varient suivant les évolutions atmosphériques et les températures diverses de la saison qui suit les ensemencements. Les semis tardifs donnent plus lorsque le printemps est sec. Les semis de novembre ont presque toujours été moins bons que ceux de décembre. Le blé dit d'Altkirch, ou d'Alsace, préconisé par le regretté M. Cordier de l'école de Saint-Remy, et par M. Paul Genay, a réussi à Verrières comme blé d'hiver. Mais dans l'état actuel des terres, M. de Vilmorin me conseille de ne pas semer en ce moment et d'ajourner les semailles au mois de février ou de janvier, dès que la terre sera bien nettoyée et surtout réchauffée (à tout prix il faut éviter de semer dans de l'eau de neige); mais alors on sèmera des blés hâtifs, les blés

de Bordeaux, de Noé, de Saumur, le blé rouge de Saint-Laud, le blé Japhet, le blé dur du poldern du Mont Saint-Michel. On aura de meilleurs rendements que si on semait aujourd'hui. Les blés semés aujourd'hui, d'ailleurs, risqueraient de ne pas lever.

M. Tétard, l'éminent agriculteur de Gonesse, partage entièrement cette opinion. Il ajourne les ensemencements en retard sur son vaste domaine.

M. Muret, néanmoins, demande si les blés semés en février peuvent atteindre les rendements des blés semés en automne.

M. de Vilmorin répond que les blés semés en novembre 1890 ne rendirent presque rien en 1891, tandis que les blés semés en janvier rendirent beaucoup. Cet exemple est très suggestif. Fin janvier ou février, il faut semer des blés d'automne hâtifs (indiqués plus haut), non les variétés de printemps.

Telle a été la conclusion de cet entretien entre praticiens émérites.

Evidemment la marche de la saison d'hiver est dans ces cas un facteur principal avec lequel il faut toujours compter. Mais en consultant les expériences de nos maîtres praticiens tels que M. de Vilmorin et Tétard, tout cultivateur intelligent sait qu'il se ménage les meilleures chances de réussite en matière d'ensemencement tardif de ses blés.

SÉRICICULTURE

Nourriture des vers par la feuille de maclure.

Les journaux ont signalé, il y a quelques mois, les tentatives d'un sériciculteur étranger de nourrir les vers à soie avec des feuilles de *maclure* (châtaigne d'eau) en remplacement de la feuille de mûrier.

M. Lambert, directeur de la station séricicole à l'école de Montpellier, a étudié cette question, en compagnie de M. Salmartian, ancien élève de cette école. M. Salmartian a soumis les vers à soie à ce régime, concurremment avec la nourriture au moyen des feuilles de mûrier.

Les essais ont abouti aux conclusions suivantes, l'alimentation exclusive avec les maclures a l'inconvénient de produire des vers débiles et dénués de vigueur. Il s'ensuit que, sans exclure la maclure, on peut l'employer avec la feuille de mûrier, mais avec prédominance de celle-là. La maclure d'ailleurs, expose plus les vers aux maladies que la feuille de mûrier, surtout en arrivant à la quatrième mue. A cette période de l'élevage, il est nécessaire de recourir à la feuille de mûrier. A noter que la *maclura* employée à ce régime est la variété nommée M. *auraniraca inermis.*

Au reste, on nous annonce d'autres essais de ce genre, mais il est probable qu'ils n'aboutiront qu'à la même conclusion.

Les champignons des forêts.

Une intéressante discussion s'est élevée à l'une des dernières séance de la Société nationale d'agriculture. M. Bouquet de la Grye a expliqué que la température de la fin de l'été 1896 a agi d'une façon surprenante sur le développement des cryptogames dans les forêts, dont plusieurs espèces se sont développées bien au delà de leur limite ordinaire. Ne conviendrait-il pas de signaler par un tableau bien exécuté les champignons nuisibles ? Telle est la question qu'a posé à la docte assemblée, M. Bouquet de la Grye.

L'éminent agronome a ensuite proposé que ce tableau, qui devrait être d'un prix modéré, fût mis au concours.

L'exécution d'un pareil travail est difficile, en ce sens que l'on n'est pas exactement fixé sur les champignons vénéneux et comestibles poussant dans les forêts. MM. de Vilmorin, Milne-Edwards et Chatin n'ont pas eu de peine à le faire ressortir. Ils ont combattu la proposition de leur collègue par les raisons suivantes : les couleurs ne peuvent donner une indication précise sur les espèces nuisibles ; elles sont changeantes ; s'il fallait exécuter autant de tableaux qu'il y a de régions différentes pour les champignons, il en faudrait un trop grand nombre : le nombre des cryptogames forestiers réellement vénéneux n'est pas très élevé ; enfin, les tableaux sont trompeurs, car les couleurs y sont souvent mal représentées.

Ces arguments ont paru suffisants à la Société nationale pour écarter purement et simplement la proposition de M. Bouquet de la Grye.

Hygiène et restauration des arbres fruitiers.

PAS D'EXCÈS DE PRODUCTION ET DE L'ÉQUILIBRE DANS LES BRANCHES

Il est reconnu que les années d'abondance sont pour les arbres de mauvaises années : les fruits sont moins beaux, moins bons, et les arbres s'en ressentent toujours. Dépresser est une chose difficile, presque impossible dans le verger ; mais dans le jardinet où les fruits sont à la portée de la main ou d'une échelle double, il ne faut pas hésiter à le faire, de bonne heure d'abord, et puis ensuite en juin, s'il en reste encore trop.

Du reste, la question de santé, mise de côté, il est toujours bon de dépresser poires, pommes, abricots, pêches, c'est le seul moyen d'avoir des fruits de premier choix.

L'équilibre dans les branches a beaucoup plus d'importance qu'on ne le pense. Dès qu'il est rompu, c'est toujours au détriment de la santé et de la fructification, sans parler de la question de coup d'œil.

Dans le verger, rabattez toute branche qui s'emporte et accapare la sève à son profit ; dans le jardin fruitier, efforcez-vous de maintenir l'harmonie des formes, par une taille et une direction intelligente.

RESTAURATION DES VIEUX ARBRES

J'estime qu'avec des soins et une hygiène bien comprise, on peut conserver les arbres très longtemps en rapport et en bonne santé. Mais enfin, avec l'âge, la vie s'épuise et la production diminue. Faut-il arracher les vieux arbres ? Ce n'est pas mon avis. Je pense que, quand la vieillesse se fait sentir, on peut leur redonner un regain de vie et de fructification.

Avant donc de les condamner, il faut tenter de les rajeunir ; mais comment ? Après leur avoir donné tous les soins de propreté que réclament ordinairement leurs écorces envahies par la mousse ; après avoir rétabli l'équilibre et mis partout, dans les branches, l'air et la lumière, par un temps doux, découvrez les racines sur un large pourtour, enlevez le plus de vieille terre que vous pourrez, et remplacez-la par de la terre neuve, prise dans les carrés, mêlez-y du fumier consommé, des composts avec quelques poignées de nitrate de soude, de superphosphate et de chlorure de potassium et soyez sûrs que vos vieux arbres, ainsi traités répondront à vos soins et vous donneront toute satisfaction. Or voilà le moment de faire toutes ces choses au repos de la sève ; à l'œuvre donc, vous qui avez de vieux arbres et désirez les conserver longtemps encore.

E. OUVRAY.
Lauréat de la Société des agriculteurs de France, conférencier agricole à l'Institut catholique de Paris. Curé de Saint-Ouen.
Vendôme (Loir-et-Cher).

BIBLIOGRAPHIE

Je signale d'une façon toute spéciale à l'attention de nos lecteurs le nouvel ouvrage de mon éminent ami, M. l'abbé Frémont : *Démonstration scientifique du dogme de l'existence de Dieu.*

Dans cette œuvre, l'éloquent prédicateur répond dans un langage aussi clair qu'attachant aux objections les plus répandues contre l'existence de Dieu, sa providence et l'immortalité de l'âme humaine.

Voici, d'ailleurs, en quels termes, M. l'abbé Frémont présente lui-même sa publication au public :

« Quand les fleuves débordent il est du devoir des plus modestes riverains de courir aux digues pour les reconstruire, ou de se dévouer, corps et âme, au sauvetage des inondés. Quand la Patrie est violée par un envahisseur ambitieux et jaloux, il est du devoir du plus obscur soldat d'armer son fusil et de le décharger avec vaillance.

« Je suis ce modeste riverain, je suis cet obscur soldat. Je vois, de mes yeux épouvantés, le fleuve de l'athéisme et du matérialisme qui de toutes parts franchit ses digues impuissantes. Je vois l'armée du scepticisme et de l'anarchie se multiplier sans cesse. Et je voudrais apporter ma pierre aux digues à rebâtir, je voudrais tirer mon coup de feu sur toutes ces doctrines malsaines, également funestes à l'Église et à l'État, à la civilisation chrétienne et à la République française. Une démocratie, en vertu même des droits qu'elle accorde à tout esprit, sage ou insensé, docte ou ignorant, de publier à l'aise tout ce qu'il pense, se trouve exposée aux plus redoutables périls, si d'aventure les esprits téméraires et passionnés l'emportent dans son sein sur les esprits judicieux et magnanimes ».

C'est de tous ceux que je souhaite à ce livre le succès qu'il mérite de la part du public, et qu'il a déjà obtenu auprès des nombreux évêques qui ont envoyé à l'auteur les lettres les plus élogieuses, entre autre, le cardinal Boyer, Mme Pelgé, l'évêque de Nîmes, etc.

S. C

Ce livre est en vente à la librairie Oudin, 10, rue de Mézières, Paris. Un fort volume in-12, 4 francs.

La tuberculose bovine. — Ses ravages. La contagion. Moyens de la combattre, par M. A. *Angot*, vétérinaire militaire en retraite. Prix : 1 franc. Librairie du Loiret à Orléans. Nous signalons bien volontiers cette brochure rédigée avec la plus grande clarté par un praticien indépendant. Tous ceux que préoccupe à juste titre la tuberculose y trouveront indiqués les meilleurs moyens de combattre cette redoutable maladie.

RECETTES

Conservation du céleri pendant l'hiver. — On doit faire trois parts de la récolte.

La première, liée par un beau temps, est soulevée à la bêche, la racine sera nettoyée et habillée et mise dans un carré près de la maison. On creuse une tranchée de 10 centimètres plus profonde que la hauteur des plantes sur 70 à 80 centimètres de largeur. On y place les céleris en lignes et enterrés au pied seulement. Le tout recouvert de paillassons pendant les gelées. La seconde partie est liée également, et chaque pied arraché avec sa motte est descendu à la cave ou mieux au cellier. On le place debout dans un coin et on le garnit en hauteur de 0 m. 20 de sable. Les pieds seront espacés de façon, qu'après la mise en place, ils ne se toucheront qu'à peine. Pour le reste, on choisit trois planches dégarnies de légumes. Celle du milieu sera bêchée à 35 centimètres de profondeur ; les deux autres, de chaque côté, seront bêchées, mais en chargeant celle du milieu de 45 centimètres environ de terre meuble. La céleri lié en deux endroits, on l'arrache et chaque pied est complètement débarrassé de sa terre et des petites racines. Avec un pieu, on fait un trou de la profondeur égale à la longueur du céleri, on y introduit le plant ; placé côte à côte, mais dans un trou spécial, aligné en tous sens. La partie supérieure des feuilles jouit d'une aération qui assure la bonne conservation. Pendant les gelées, on recouvre de feuilles mortes ou de paille. Ce céleri sera bon à consommer au printemps jusqu'à la fin de mai.

Futailles à dérougir. — Trop souvent on a des peines infinies pour enlever sur les parois d'une futaille la matière colorante du vin rouge qui y était logé.

Voici le moyen d'enlever cette croûte colorante.

Faire dissoudre 3 kilos de soude dans 20 litres d'eau bouillante, verser dans ce fût, bonder, agiter, rouler en tous sens, de façon que le liquide pénètre partout dans le bois. Renouveler cette opération plusieurs fois dans la journée puis vider le fût. Ensuite y introduire de l'eau fraîche et rincer, jusqu'à ce que l'eau sorte à l'état incolore.

OFFRES ET DEMANDES

ON OFFRE : **Pêchers américains greffés.** Beaux fruits rouges de juillet à septembre, 10 francs les 10 (gare départ), contre mandat. S'adresser à M. Joseph *Dufour*, propriétaire viticulteur à Écully (Rhône).

On demande un homme célibataire ou veuf, sérieux, catholique pratiquant, pour diriger la culture d'un orphelinat agricole.

On prendrait également un instituteur libre pour donner aux enfants l'enseignement primaire. S'adresser à M. l'abbé de Surprat, fondateur et directeur de l'orphelinat de Mélay, par Montaigu, Vendée.

On offre à 25 lieues de Paris, à jeune homme désirant faire valoir, très belle ferme de 140 hectares avec matériel, animaux, récoltes, culture intensive, blé et betterave, bail à la volonté du preneur. — Conditions très avantageuses. S'adresser au journal.

Une situation de directeur d'une importante **affaire agricole à Paris**, est offerte à personne compétente, disposant de 25.000 fr. S'adresser au Bureau du journal.

On demande une personne qui voudrait bien s'intéresser à l'extension d'un produit en bonne voie de succès, et aussi pour l'exploitation d'un nouvel appareil d'un usage très utile en agriculture, arboriculture, viticulture et jardinage. S'adresser pour tous renseignements au bureau du Journal.

A louer, pour la Saint-Michel 1897, une ferme bien plantée à Saint-Philbert-sur-Risle, près Montfort-sur-Risle (Eure), 66 hectares, cours, bâtiments, prés et labours, à un kilomètre d'une gare. S'adresser à Mme Ariste Hébert, à Saint-Philbert-sur-Risle, près Montfort (Eure).

Un ex-régisseur de grande propriété, marié, offrant certificats et références de premier ordre, connaissant la culture des céréales, l'élevage, l'engraissement, la culture des plantes industrielles, demande la régie d'un domaine herbager, ou culture intensive. Nous recommandons tout particulièrement à nos abonnés, ce régisseur qui offre toutes garanties désirables, comme honorabilité et loyauté. S'adresser aux bureaux de la *Gazette*, 10 bis, rue Piccini, Paris.

Tourteaux de coton décortiqué d'Amérique, en pains ou moulus de 12 fr. 75 à 13 fr. les 0/0 kilos sur wagon. Le Havre. — Livraison immédiate.

RED-CAP. Œufs à couver de cette excellente race de poule, réputée la plus jolie et la plus forte pondeuse, garantis race pure frais et fécondés, 5 fr. la douzaine franco de port et d'emballage. S'adresser à **Calixte Dany**, Althen-les-Paluds (Vaucluse).

Important : J'invite les personnes qui veulent bien me confier leurs ordres de toujours y joindre un mandat, les remboursements n'étant bénéficiables qu'aux Compagnies.

Toujours donner le nom de la gare à laquelle il faut adresser les envois.

POMMES DE TERRE. — Nous apprenons que M. E. Boutin, directeur du *Moniteur des Intérêts agricoles*, 11, rue Taitbout, est en pourparlers avec un certain nombre de Sociétés Coopératives de consommation de Paris et de la banlieue pour leur procurer directement par la culture les pommes de terre *saucisses rouges* et de *hollande* nécessaires à leur approvisionnement d'hiver : il s'agit de quantité très importantes.

Ceux de nos abonnés que ces fournitures intéressent peuvent s'adresser directement à M. Boutin.

Il lui est également fait des demandes pour des fournitures régulières de volailles de 1 kilo, 1 k. 500 par cageots de 12 à 15 pièces.

M. POUZIN offre de jolis **racinés** de son plant de vigne à la seule condition pour les demandeurs de lui tenir compte d'une partie de la récolte d'une année. — Contre 0 fr. 25 il expédie son *Guide* pour la culture de cette variété.

Écrire à M. Pouzin Émile, à Saint-Paul-les-Romans, Drôme

Si vous voulez boire du bon vin de Saint-Émilion, adressez-vous à M. Duplessis-Foursaud au château des Trois-Moulins, à SAINT-ÉMILION (Gironde).

(Voir le prix courant.)

Ferme du château de Résenlieu près Gacé (Orne) Mme la comtesse de Nollent :

Camemberts marque Au Faucon. Médaille d'or. 6 fromages 4 fr. 50, 9 fromages 6 francs. 15 fromages 9 fr. 75 (franco gare).

COURS DES BESTIAUX

Marché de la Villette du 7 décembre 1896.

	PRIX DE LA VIANDE NETTE		
	1re qualité	2e qualité	3e qualité
Bœufs....	1.48	1.38	1.28
Vaches...	1.46	1.36	1.26
Taureaux.	1.20	1.10	0.98
Veaux....	1.74	1.52	1.18
Moutons..	1 88	1.70	1.60
Porcs	1.02	2.00	0.96

ESPÈCES	AMENÉS	VENDUS	PRIX EXTRÊME	
			viande net	poids vif
Bœufs....	2.743	2.476	1.28 à 1 48	59 à » 91
Vaches...	776	691	1.26 1.46	56 » 90
Taureaux.	241	204	0.98 1.20	49 » 78
Veaux....	964	826	1.18 1.74	65 1.12
Moutons..	13.772	12 522	1.60 1.88	71 1.14
Porcs.....	5.017	4.890	0.96 1.02	64 » 70

Vente meilleure.

Marché de la Villette du 10 décembre 1896.

	PRIX DE LA VIANDE NETTE AU KILOGR.			
	1re qualité	2e qualité	3e qualité	Prix extrême
Bœufs....	1.50	1.40	1.28	1.24 à 1.56
Vaches...	1.46	1.34	1.20	1 10 1 52
Taureaux	1.30	1.16	1.06	1 02 1.36
Veaux....	1.70	1.50	1.20	1.10 1.80
Moutons..	1.90	1.72	1.62	1.52 2.00
Porcs	1.10	1.00	»	96 1.14

Vente du bétail au marché de La Villette.

Adresser les animaux à MM. Henri Roblin et Surugue, en gare Paris-Bestiaux. Les aviser par lettre auparavant, 190, rue d'Allemagne, Paris.

CORRESPONDANCE

CHANGEMENT D'ADRESSE

Chaque demande de changement d'adresse doit être accompagnée d'une bande imprimée et de *CINQUANTE CENTIMES* en timbres-poste pour frais de réimpression.

M. C. R., à D. (Loire-Inférieure). — La fatigue, chez les jeunes chevaux, amène fatalement l'engorgement des boulets, surtout si le jeune sujet est long jointé. Un travail modéré, des frictions excitantes à l'alcool camphré, au vinaigre chaud ; des douches froides ou des bains froids à la rentrée du travail luttent contre les engorgements des rayons articulaires inférieurs ; l'application de bandes de flanelle autour des boulets, lorsque le cheval est à l'écurie est également efficace, si elle est bien faite. On enlève ces bandes avant le départ, on lave les jambes au retour, on les essuie, on les sèche, et on remet les flanelles. Si vous ne craignez point de tarer votre cheval et si vous le destinez exclusivement à votre service, vous pourriez faire mettre le feu en pointes préventivement sur les boulets, feu en pointes fines, légères, peu profondes, afin d'amener simplement un épaississement de la peau, qui servirait pour ainsi dire de bandage naturel autour des articulations trop faibles, et les maintiendrait comme le fait la bande de flanelle. Les frictions sèches, le massage des articulations engorgées, à l'aide des doigts agissant de haut en bas et de bas en haut, peuvent rendre également des services, lorsqu'on a pour objectif de faire disparaître l'engorgement du boulet, sans tarer le cheval destiné à la vente. Pour un service pénible comme le vôtre, je n'hésiterais point à faire appliquer le feu préventif aux quatre boulets.

M. S., à M. (Marne). — La baisse de *ponte* que vous remarquez cette année peut tenir comme vous le soupçonnez, à l'absence de coqs. La présence du coq n'est pas indispensable pour la production des œufs ; mais elle la favorise et l'augmente. Pour ce qui est des *Poudres à faire pondre*, nous ne pouvons vous en garantir aucune. Vous les jugerez vous-même en les essayant comparativement.

PRIMES A NOS ABONNÉS

Nous sommes heureux d'offrir comme primes à nos abonnés, plusieurs d'entre eux en ayant déjà manifesté le désir, des **huîtres fraîches d'Arcachon et de Marennes.** Comme l'année dernière la maison *J. Lapierre et J. Goubel à Andernos (Gironde)* se charge d'en faire l'envoi aux prix réduits ci-dessous :

Caisses de 5 kilos contenant :

100 huîtres	blanches		4 20
70 —	plus grosses		4 80
100 —	vertes		5 65
70 —	grosses		5 60

Caisses de 3 kilos contenant :

72 huîtres	blanches		2 85
50 —	plus grosses		2 85
72 —	vertes		3 25
50 —	grosses		3 25

Franco de port et d'emballage en gare ou à domicile.

Adresser les ordres accompagnés de la bande du journal et d'un mandat-poste à MM. J. Lapierre et J. Goubet Andernos (Gironde).

Nous avons à la disposition de nos abonnés diverses primes : livres, vins, liqueurs, bijoux, purificateurs d'air, bondes, etc., etc., à des conditions exceptionnelles de prix et de qualité ; la liste de ces primes sera envoyée à tout abonné qui en fera la demande. Nous n'en donnons pas le détail ici pour ne pas encombrer le Journal.

CHEMINS DE FER D'ORLÉANS
Voyages dans les Pyrénées.

La Compagnie d'Orléans délivre toute l'année des billets d'excursion comprenant les trois itinéraires ci-après, permettant de visiter le centre de la France, les stations thermales et hivernales des Pyrénées et du golfe de Gascogne.

1er Itinéraire : Paris, Bordeaux, Arcachon, Mont-de-Marsan, Tarbes, Bagnères-de-Bigorre, Montréjeau, Bagnères-de-Luchon, Pierrefite-Nestalas, Pau, Bayonne, Bordeaux, Paris.

2e Itinéraire : Paris, Bordeaux, Arcachon, Mont-de-Marsan, Tarbes, Pierrefite-Nestalas, Bagnères-de-Bigorre, Bagnères-de-Luchon, Toulouse, Paris (vià Montauban-Cahors-Limoges ou vià Figeac-Limoges).

3e Itinéraire : Paris, Bordeaux, Arcachon, Dax, Bayonne, Pau, Pierrefite-Nestalas, Bagnères-de-Bigorre, Bagnères-de-Luchon, Toulouse, Paris (vià Montauban-Cahors-Limoges ou vià Figeac-Limoges).

Durée de validité : 30 jours.

Prix des billets : 1re classe, 163 fr. 50. — 2e classe, 122 fr. 50.

La durée de ces différents billets peu être prolongée d'une, deux ou trois périodes de 10 jours, moyennant paiement, pour chaque période, d'un supplément de 10 0/0 du prix du billet.

Il est délivré, de toute gare des Compagnies d'Orléans et du Midi, des billets Aller et Retour de 1re et 2e classe à prix réduits, pour aller rejoindre les itinéraires ci-dessus, ainsi que de tout point de ces itinéraires pour s'en écarter.

AVIS. — Ces billets doivent être demandés au moins 3 jours à l'avance.

Le Gérant : E. Gambart.

Imprimerie Noizette et Cie, 8, rue Campagne-1re, Paris.

CRIPPLE CREEK

LA MINE « GLOBE HILL »

L'attention se porte en ce moment sur les mines de l'État du Colorado. Dans cet État, le district de Cripple Creek se distingue, entre toutes les régions, par la richesse de ses gisements, de découverte récente et déjà fameux dans le monde entier. La production des quatre premières années dépasse, à Cripple, celle du Transvaal pour ainsi ne dire le.

Voici le tableau comparé de la production en onces des trois principaux pays producteurs d'or pendant les quatre premières années de leur exploitation :

TRANSVAAL (Witwatersrand)		AUSTRALIE Occidentale		CRIPPLE CREEK —	
Ann.	onces	Ann.	onces	Ann.	onces
1886	10.032	1887	4.873	1892	30.000
1887	25.149	1888	4.493	1893	125.000
1888	208.121	1889	15.492	1894	200.000
1889	369.557	1890	22.806	1895	400.000

On voit, par ce tableau, que la progression de Cripple Creek est plus rapide encore que celle du Transwaal, qui surprenait tout le monde.

Non seulement le minéral existe en abondance dans cette région, mais il est aussi extrêmement élevé en teneur. La teneur, au Transvaal, s'élève à 12 dwt, environ 55 fr. à la tonne. M. Boyer Millar, un ingénieur du pays, qui fait autorité, nous apprend, dans un de ses rapports, que la teneur moyenne en or, à Cripple Creek, est de 45 dollars ou 225 fr. à la tonne.

En France, l'attention commence à s'éveiller au sujet des gisements aurifères récemment mis à jour à Cripple Creek. Les personnes initiées disent que les bénéfices à réaliser là, par l'achat de bonnes valeurs, dépasseront notablement ceux obtenus, dans les premiers temps au Transvaal.

On nous signale l'action GLOBE HILL comme une valeur de grand avenir. Les propriétés de la Compagnie « Globe Hill » sont situées au centre même des plus riches, aurifères de Cripple Creek. L'affaire est présentée sans majoration, ce qui est tout à l'avantage des personnes qui s'y intéresseront dès le début.

Les bons à lots de l'exposition de 1900

Voici quelques nouveaux exemples des réductions accordées par les Compagnies de chemins de de fer aux porteurs des bons qui se rendront à Paris pendant l'Exposition.

La Compagnie Paris-Lyon délivrera à ces porteurs des billets d'aller et retour spéciaux portant réduction sur les billets d'aller et retour ordinaires, de :

Localités.	1re classe.	2e classe.	3e classe.
Lyon	10.35	9.55	6.70
Marseille	17.40	16.15	11.30
Saint-Étienne	20.20	18.70	13.10
Nice	21.95	20.35	14.35
Toulon	18.75	17.40	12.20
Nîmes	14.60	13.50	9.50
Montpellier	15.55	14.40	10.15
Dijon	12.70	11.70	8.40
Grenoble	12.75	11.80	8.30
Avignon	14.95	14.85	9.75

Et cela, avec un prolongement de la durée de validité qui sera de, jours, 9, pour les départs de Lyon ; 8 pour Marseille : 5 pour Saint-Étienne ; 7 pour Nice ; 7 pour Toulon ; 8 pour Nîmes ; 8 pour Montpellier ; 6 pour Dijon ; 9 pour Grenoble ; 8 pour Avignon.

Par rapport au prix de deux billets simples, l'économie à provenir de l'usage des billets spéciaux d'aller et retour sera la suivante :

Localités.	1re classe.	2e classe.	3e classe.
Lyon	38.25	25.80	16.85
Marseille	64.45	43.50	28.35
Saint-Étienne	74.70	50.40	32.90
Nice	81.25	54.85	35.75
Toulon	69.45	46.85	30.55
Nîmes	54.05	36.50	23.80
Montpellier	57.75	38.95	25.40
Dijon	47.10	31.70	20.70
Grenoble	47.25	31.90	20.80
Avignon	55.40	37.40	24.35

On voit que, dans la généralité des cas, les seules réductions consenties par les chemins de fer rembourseront plus que le prix du Bon.

On aurait donc, par-dessus le marché, vingt tickets d'entrée et encore vingt-cinq billets de loterie donnant droit à 3.671 lots pour plus de 5 millions.

On sait que ces Bons sont délivrés au prix de 18 francs aux guichets des grandes sociétés de Crédit.

ASPERGE GÉANTE
ROYALE DE FRANCE

(RACE D'ARGENTEUIL PERFECTIONNÉE)

Demander la Méthode de Culture et prix courant gratis et franco, à M. WILLIAM FOURCINE, directeur des pépinières royales de Dreux (Eure-et-Loir), Médailles et diplômes de première classe.

Le moment favorable au transport des vins étant revenu, nous rappelons à nos lecteurs que tous ceux d'entre eux qui, sur nos conseils, et depuis cinq ans, consomment les vins de M. Vincent Ardura, vigneron, domaine de la Chapelle-Frédignac, par Blaye-Bordeaux n'ont qu'à se louer de la qualité et de la conservation de ce Bordeaux absolument naturel, expédié sans intermédiaire.

Pour dégustation sérieuse, envoi gratuit est fait d'une bouteille de la récolte désignée.

L'encaissement est fait par le facteur, à 30 jours, escompte 2 0/0, ou 90 jours.

Vendanges : 1893, à 130 fr., 1892-91, à 150 fr., 1890-89, à 175 fr., 1887, à 200 fr., 1885, à 220 fr., 1884, à 240 fr., 1882, à 250 fr., 1881, à 300 fr. — Graves blancs vieux : 130, 150, 200, 250, 300 fr., suivant âge, les 225 litres collés, soutirés, franco de port et de fût en gare d'arrivée.

Ouvrages de MM. CRÉPEAUX

En vente aux bureaux de la Gazette

La Culture électrique	1 50
Manuel vétérinaire pratique du cultivateur	1 »
Almanach de la France rurale pour 1896	» 60
L'Année agricole et agronomique pour 1895	3 50
La Culture du Blé, par M. Fleury-Berger	1 »

BONS DE L'EXPOSITION DE 1900

Les tirages de lots, qui ont lieu à des dates rapprochées jusqu'au mois d'octobre 1900, attribueront aux porteurs favorisés par le sort 4.313 lots dont l'importance varie de 100 fr. à 100.000 fr. et 500.000 fr. pour un montant total de

6 MILLIONS DE FRANCS

Outre que le nombre des Bons encore disponibles décroît rapidement, il y a tout avantage pour les personnes qui se proposent d'en acquérir de ne pas attendre la dernière heure. Les tirages ont commencé et c'est en pure perte que les retardataires se priveraient, en laissant courir d'autres tirages, d'une partie des chances qui peuvent leur échoir.

Les vingt tickets d'entrée de 1 franc seront délivrés en temps utile aux porteurs, sur présentation de leurs Bons.

Les réductions de prix sur les chemins de fer et dans les spectacles de l'Exposition représenteront à elles seules, pour les porteurs de Bons, plus que la somme à débourser pour l'achat.

Les trois avantages réunis : lots, tickets, réductions, sont tels qu'il est à prévoir que les Bons se paieront plus cher l'année prochaine que cette année, plus cher dans deux ans que l'année prochaine, et qu'à la veille de l'Exposition ils auront une vogue plus grande encore. On fait donc acte de prévoyance en procédant à un achat immédiat.

Les Bons sont de 20 francs et ils se délivrent aux guichets du Crédit Foncier et des principaux Établissements financiers, soit au Siège social, soit aux guichets des succursales de ces Établissements.

On peut aussi en faire la demande par correspondance.

SELS POUR L'AGRICULTURE

Nourriture du bétail et Engrais des terres

Sel neuf dénaturé, au tourteau de colza. 45 f. 1.000 k.
Sel neuf dénaturé, au peroxyde de fer. 40 f. 1.000 k.
Sel de morue pur. 35 f. 1.000 k.

Expéditions de Fécamp, Bordeaux et St-Malo.

S'adresser à MM. A. LE BORGNE et ses Fils, négociants-armateurs, à Fécamp.

P. MARCHAND Frères
à DUNKERQUE (Nord)

FABRIQUE SPÉCIALE DE TOURTEAUX
DE COTON DE GRAINES D'ÉGYPTE
pour Nourriture et Engraissement du Bétail

GRAND PRIX A L'EXPOSITION UNIVERSELLE DE 1889

Nous appelons l'attention des nourrisseurs et des éleveurs sur les tourteaux de **Coton** de graines d'Egypte. C'est un produit excellent pour les vaches laitières, les bœufs à l'engrais et les moutons. — Nos tourteaux de **Coton** sont complètement débarrassés de la bourre qui enveloppe la graine et contiennent la même quantité de matières nutritives et grasses que les meilleurs tourteaux de lin. — Nos tourteaux de **Coton** forment l'aliment le meilleur et le plus avantageux en raison de leur prix excessivement bas.

S'adresser pour Renseignements et Prix à MM. P. MARCHAND Frères, à Dunkerque (Nord), ou à leurs Représentants

PHOSPHATE FOSSILE DE QUIÉVY-NORD
le plus assimilable de tous les phosphates connus
GARANTI PUR DE MÉLANGE AVEC TOUT AUTRE PHOSPHATE
Ce qui, du reste, ne pourrait que diminuer son assimilabilité.

EXTRACTION DU GISEMENT ET USINE A QUIÉVY
Propriétaire-Extracteur : C. LECLERCQ
Bureaux à Viesly (Nord).

COMPOSITION MOYENNE		ASSIMILABILITÉ RELATIVE (méth. Joulie) *Solubilité dans l'oxalate d'ammoniaque.*	
Acide phosphorique....	12 » à 16 » 0/0	Phosphate de Quiévy......	82 29 0/0
Potasse..............	0 45 à 2 77 0/0	— de la Meuse........	51 95 0/0
Chaux...............	19 05 à 31 » 0/0	— de Pernes.........	47 87 0/0
Magnésie.............	0 58 à 3 80 0/0	— des Ardennes......	46 43 0/0
Matières organiques azotées.	1 80 à 3 45 0/0	— de la Somme (moy.)..	44 53 0/0
		— de Ciply.........	34 57 0/0

Titre garanti en acide phosphorique : 18 à 15 0/0.

LIVRAISON : EN POUDRE IMPALPABLE EN SACS PLOMBÉS, MIS SUR WAGON GARE QUIÉVY-en-CAMBRÉSIS

Prix : **3 fr. 50** les 100 kilos, sacs perdus, 30 jours, 2 0/0 ou 90 jours net.

NOTA. — Les acheteurs qui désirent employer le **véritable Phosphate de Quiévy** pur et garanti d'origine doivent exiger que les sacs portent la Marque (Au Poisson fossile) et la Firme : **M. LECLERCQ,** seul exploitant à Quiévy (Nord).

FOURNEAUX DE CUISINE
de toutes espèces

Maisons particulières, Hôtels, Châteaux et Fermes, Hospices, Hôpitaux, Collèges, Pensions, etc.

ENVOI FRANCO DE CATALOGUES

Maison DELAROCHE aîné
22, rue Bertrand, PARIS

UNION AGRICOLE DE FRANCE
Société Anonyme au Capital de 1.100.000 Francs. — Siège Social : 15, Boulevard des Capucines, Paris.
SIÈGE COMMERCIAL PRINCIPAL : 72-74, Rue Saint-Denis, PARIS

Vente à la Commission
et en toute loyauté
DE
DENRÉES AGRICOLES
de toutes sortes
et de toutes provenances.

Fourniture Directe
et livraison à domicile
AUX
ÉPICIERS, FRUITIERS
Restaurants, Hôtels, Pensionnats et
Établissements privés importants.

Renseignements detaillés sur demande au **Siège Social.**

FROMENTINE
Marque déposée B. S.G.D.G.

Produit pour l'alimentation économique, saine et rationnelle du bétail, provenant en grande partie des issues de la mouture de blé.

DIVERSES MARQUES
Demander celle en raison du but poursuivi

Marque A pour l'engraissement égal à celui au tourteau de lin, le remplacement de l'avoine, production d'un lait de qualité supérieure.

Marque B pour le bon entretien du bétail.

Marque J développement rapide des jeunes bêtes.

Marque L surproduction du lait.

Marque E engraissement rapide.

Ecrire à M. Armand MILLOT
Moulins Saint-Martin

Saint-Quentin (Aisne.)

Plus de Pourriture
PAR L'EMPLOI DU
CARBONYLE

qui assure au bois une durée triple en lui donnant une belle teinte brune; 1 kilog. remplace 10 kilog. de Goudron. — Produit de grande utilité dans l'agriculture; est recommandé et utilisé par les syndicats agricoles. — Dans votre intérêt, demandez le **prospectus** avec attestations d'expériences de **dix ans**

Société française du « CARBONYLE »,
188-190, *Faubourg Saint-Denis*, Paris.

(N. B.) Seule maison spéciale pour la fabrication et la vente de ce genre de produit.

Eugène de MASQUARD
PROPRIÉTAIRE-VITICULTEUR, Château de la Cascade
SAINT-CÉSAIRE-LES-NIMES (Gard)

Vins garantis naturels, rouges et blancs, depuis 75 fr. la pièce de 220 litres jusqu'à 100 francs, selon qualité, prise en gare de St-Césaire (Gard), fût perdu. *Ces vins ont été médaillés à toutes les expositions où ils ont figuré.*

Récoltés sur des coteaux et des terrains secs, les vins de Saint-Césaire, l'un des meilleurs crus du Gard, se conservent parfaitement sans être plâtrés.

Envoi franco de prix courants et échantillons

BON-PRIME DE LA GAZETTE AGRICOLE
PORTRAITS AU CRAYON-FUSAIN

La Société Générale des Artistes Parisiens, disposant de capitaux énormes, a résolu, dans un but de réclame de faire POUR RIEN, et jusqu'à concurrence d'une somme de cinq cent mille francs, un certain nombre de Portraits artistiques vendus par elle jusqu'à ce jour 75 fr. Elle espère que cet immense sacrifice portera son fruit. Le portrait qu'elle offre, comme celui qu'elle vient d'adresser au Tsar, est au crayon-fusain, grandeur naturelle (60 cent. sur 50); il est signé de ses meilleurs artistes. — A partir de cette date du journal, et dans un délai de dix jours, tous ceux qui enverront une photographie recevront la reproduction au crayon-fusain en grandeur naturelle. L'emballage devant être particulièrement soigné, joindre au Bon 4 fr. 95 (emballage et port). — La photographie modèle est rendue intacte. — Exécution et ressemblance garanties. — Détacher ce Bon et l'envoyer au Professeur d'ALBY, administrateur de la Société Générale des Artistes Parisiens, 141, Boulevard Magenta, Paris, pour recevoir franco cette Belle Prime.

Nom et adresse : ....

(Gare la plus rapprochée).

CHEVAUX BOITEUX
Guérison par le spécifique BORNET

Contre Capelets, Mollettes, Vessigons, Eponges, Exostoses, Suros, Eparvins e les Formes à leur début. (Il s'applique également à toutes les tares molles et osseuses.)

PRÉPARÉ PAR A. BORNET

Pharmacien de 1re classe, ex-interne et lauréat des hôpitaux.

19, rue de Bourgogne, PARIS.

Le flacon, 5 fr., à la pharmacie ; en gare par colis postal, 6 fr. contre mandat.

Dartres et Gale des moutons guéris radicalement par une seule application de l'Antipsorique.

La bout., 3 fr. ; la 1/2 bout., 1 fr. 75.

Guérison du PIÉTIN par un seul pansement avec le Contre-Piétin-Recourat.

Le pot, 2 fr. 50.

Joindre 0 fr. 60 pour recevoir franco et indiquer gare

M. RECOURAT, pharmacien à Beauvais

ALIMENTATION DU BÉTAIL

Tourteaux de Coprah ou Coco

F. TASSY, E. ROCCA ET Cie

Fabricants d'huiles (producteurs directs de Tourteaux)

23, RUE HAXO, MARSEILLE

Deux médailles d'or, Anvers 1894

Envoi de Prix-Courants et Échantillons sur demande

MACHINES AGRICOLES
A. BAJAC
à LIANCOURT (Oise)

SOCIETE GENERALE

Pour favoriser le développement du Commerce et de l'industrie en France.

Société anonyme fondée suivant décret du 4 mai 1864.

CAPITAL : 120 MILLIONS DE FRANCS

Siège social, 54 et 56, rue de Provence, à Paris

Toutes opérations de Banque, notamment :
Dépôts de fonds en compte ou à échéance fixe,
Escompte et Encaissement d'Effets de commerce;
Ordres de Bourse en France et à l'Etranger;
Coupons; — Avances et Opérations sur Titres
Souscriptions; — Garde de Titres;
Garantie contre le remboursemen au pair
et les risques de non-vérification des tirages;
Lettres de crédit;
Envois de Fonds; — (France et Etranger)

LOCATION DE COFFRES-FORTS

offrant toute sécurité pour la garde des titres, bijoux et autres objets précieux (compartiments depuis 5 fr. par mois.

La Société a 237 agences et bureaux en France 1 agence à Londres, et des correspondants sur toutes les places de France et de l'Etranger

---

VINS
DE SAINT-ÉMILION

Vins classés, de 800 à 250 francs la barrique de 225 litres. — Moitié prix pour la barrique de 112 litres.

Vins grands ordinaires, de 140, 125, 105, 100 francs la barrique — 80, 75, 70, 65, 58, 55 francs, la demi-barrique. — Rendu franco en gare et régie, sauf octroi.

Adresser commandes à M. DUPLESSIS-FOURCAUD, à Saint-Émilion. — Envoi de prix courants et échantillons sur demande affranchie.

Médailles d'Or, Paris, 1867 et 1889 — Moscou 1891 — Besançon, Montluçon, Royan, etc.

EXCELLENT DÉSINFECTANT
POUR LES FUTS A VIN, CIDRE, BIÈRE, ETC.

Prix de faveur pour nos lecteurs

Sur notre demande, M. Moïty, père, l'inventeur, a consenti à en mettre de petites quantités pour essais à la disposition de nos lecteurs.

10 litres franco gare. 10 fr.

Adresser les demandes à M. Crépeaux, rue Piccini, 10 bis, Paris.

Insecticide-Préservateur
FERTILISANT
DESGOUTTES

La Boîte de 10 kilog., pour essais, 10 fr. franco toutes gares (port et emballage compris).

Adresser les demandes, accompagnées d'un mandat, 10 bis, rue Piccini, Paris.

COUVEUSES
ÉLEVEUSES
VOLAILLES
ŒUFS
à couver
VOITELLIER
à MANTES
et à
PARIS
4, PLACE DU THÉÂTRE FRANÇAIS
PRIX COURANT FRANCO
GRAND CATALOGUE ILLUSTRÉ 0.90

Maison MURE, à Pont-St-Esprit (Gard)
A. GAZAGNE, Gendre et Suer, Phien de 1re Classe

MALADIES NERVEUSES

Epilepsie, Hystérie, Danse de Saint-Guy, Affections de la Moëlle épinière, Convulsions, Crises, Vertiges, Eblouissements, Fatigue cérébrale, Migraine, Insomnie, Spermatorrhée

Guérison fréquente, Soulagement toujours certain **par le SIROP de HENRY MURE** ainsi constaté par 20 années d'expérimentation dans les Hôpitaux de Paris.

FLACON : 5 FR. — NOTICE GRATIS.

PATE et SIROP d'ESCARGOTS de MURE

« Depuis 50 ans que j'exerce la médecine, je n'ai pas trouvé de remède plus efficace que les escargots contre les irritations de poitrine. »
Dr Chabrin, de Montpellier.

Goût exquis, efficacité puissante contre Rhumes, Catarrhes aigus ou chroniques, Toux spasmodique, Irritations de la gorge et de la poitrine.

Pâte 1f.; Sirop 2f. — Exiger la Pate Mure. Refuser les imitations.

Thé Diurétique de France

sollicite efficacement la sécrétion urinaire, apaise les douleurs des Reins et de la Vessie, entraîne le sable, le mucus et les concrétions, et rend aux urines leur limpidité normale. — Néphrites, Gravelle, Catarrhe vésical, Affections de la Prostate et de l'Urèthre. — PRIX DE LA BOITE : 2 FRANCS.

Dépôt général de l'ALCOOLATURE D'ARNICA

de la TRAPPE DE NOTRE-DAME DES NEIGES

Remède souverain contre toutes blessures, coupures, contusions, défaillances, accidents cholériformes.

DANS TOUTES PHARMACIES. — 2 FR. LE FLACON.

DISTILLATION CONTINUE
ALAMBIC
Système A. ESTÉVE

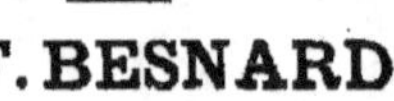

F. BESNARD
PÈRE, FILS ET GENDRES

28, rue Geoffroy-Lasnier

PARIS

Envoi franco du Catalogue

L'URBAINE
Compagnie anonyme d'Assurances à primes fixes contre l'INCENDIE

FONDÉE EN 1838

CINQUANTE-NEUVIÈME ANNÉE

CAPITAL : 5 MILLIONS — GARANTIES : 70 MILLIONS
SINISTRES PAYÉS DEPUIS L'ORIGINE : 132.000.000 FRANCS

PARIS — 8 et 10, rue Le Peletier

ANÉMIE CHLOROSE, FAIBLESSE Guéries par le **VRAI FER QUEVENNE**
seul approuvé p' Académie de Médecine, Paris, 14, r. Beaux-Arts, notice f¹

PRÉSERVEZ VOS ANIMAUX DOMESTIQUES
de toutes les Epizooties et Maladies contagieuses par
la Désinfection des Ecuries, Etables, Porcheries
PAR LE

CRÉSYL-JEYES

Désinfectant — Antiseptique, le seul (non toxique), qui soit d'une efficacité scientifiquement démontrée. Le CRÉSYL-JEYES a été récompensé par la Société des Agriculteurs de France en 1891 d'une Médaille d'argent grand module. Envoi franco sur demande du prospectus détaillé. — CRÉSYL-JEYES, 35, Rue des Francs-Bourgeois, 35, Paris, *Se méfier des nombreuses contrefaçons.*

Champagne Mercier

Champagne Mercier

Machines Agricoles Françaises

MAISON ALBARET
O. ✱. O. M. A. ✠. Breveté S. G. D. G

Veuve ALBARET et G. LEFEBVRE, SUCCʳ

ATELIERS DE CONSTRUCTION ET ADMINISTRATION
A RANTIGNY-LIANCOURT (Oise)

Bureaux et Magasins :
9, Rue du Louvre, PARIS

LOCOMOBILES, MACHINES DEMI-FIXES, MOTEURS A PÉTROLE
BATTEUSES PORTATIVES ET FIXES — MANÈGES

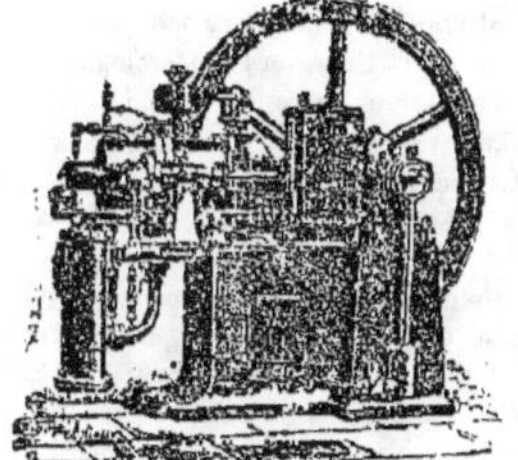

HACHE-MAÏS -- HACHE-PAILLE

PRESSES A FOURRAGES

FAUCHEUSES, MOISSONNEUSES & LIEUSES
RATEAUX, FANEUSES
Semoirs en Lignes — Semoirs à Engrais — Concasseurs — Aplatisseurs

INSTRUMENTS D'AGRICULTURE — INSTRUMENTS DE PESAGE
Grand Prix, Lyon 1894. — Grand Prix, Anvers 1894. — Grand Prix, Bordeaux 1895
Beauvais 1895, Diplôme d'Honneur
Tunis 1895, Premier Prix, Médaille d'Or
19 Diplômes d'Honneur et d'Excellence — 226 Médailles d'Or — 191 Médailles d'Argent

SUCCURSALES :
Saint-Quentin, Chartres, Abbeville, Cambrai, Dax, Lyon, Alger
Envoi franco sur dem.ⁿᵈᵉ des Catalogues illustrés.

17ᵉ Année. — N° 51.   LE NUMÉRO. **10** CENTIMES.   Dimanche 20 Décembre 1896.

GAZETTE AGRICOLE

JOURNAL HEBDOMADAIRE, PARAISSANT LE DIMANCHE

Fondateur : M. CH. GOSSIN, Professeur d'Agriculture à l'Institut agricole de Beauvais

PRIX DE L'ABONNEMENT

UN AN, 5 fr. — SIX MOIS, 3 fr. — TROIS MOIS, 2 fr. 25

Pour l'Étranger les abonnements ne sont reçus que pour un an, au prix de 6 francs, et ne partent que du 1ᵉʳ JANVIER ou du 1ᵉʳ JUILLET de chaque année.

Le Numéro : **10** centimes.

Adresser toute la correspondance : mandats, lettres, annonces etc., à M. CRÉPEAUX, Directeur de la *Gazette agricole* 10 bis, rue Piccini, Paris.

Toute demande de changement d'adresse doit être accompagnée de 50 centimes et de la dernière bande du journal.

BUREAUX

97, rue de Rennes, Paris, et à Beauvais, rue Saint-Étienne.

Les abonnements partent du 1ᵉʳ de chaque mois et sont payables d'avance. Toute demande d'abonnement doit donc être accompagnée du prix de l'abonnement. (Le mode de payement le plus simple est l'envoi d'un mandat-poste.)

Donner *très lisiblement*, en s'abonnant, son nom et son adresse exacte, *avec l'indication du bureau de poste*; et, s'il s'agit d'une continuation d'abonnement, joindre au renouvellement la dernière bande d'adresse du journal.

Les Annonces sont reçues à la Direction du Journal, et chez MM. DUSSERIS et MATHELLON, 97, rue de Rennes Paris.

Sommaire :

MM.

P. BERTHELON. — L'art de faire du bon vin.

J. CAPRÉ. — Pronostics météorologiques pour fin décembre et janvier.

CHRONIQUE POLITIQUE. — Élections législatives. La fédération politico-agricole du Pas-de-Calais. La conférence de M. Yves Guyot, à Dijon. La catastrophe de Bouzey (*suite*).

CHRONIQUE GÉNÉRALE. — Union syndicale du Sud-Est. Concours de Nevers et de Moulins. Un effet de l'admission temporaire. Le budget de l'agriculture à la Chambre des députés. Le congrès du black-rot. La hausse du blé. Les primes à la culture du lin et du chanvre.

CHRONIQUE AGRICOLE. — Situation, la saison. Les prochaines semailles. Les avoines d'hiver. Entretien des pâturages. Gare la pomme de terre d'Amérique! Les haies et clôtures. Médecine vétérinaire.

RECETTES.

PETITE CORRESPONDANCE.

BULLETIN COMMERCIAL

BOURSE DU COMMERCE DU MERCREDI 16 DÉCEMBRE

	FARINES	BLÉS
Courant	45 85	21 40
Prochain	46 10	21 50
Nov.-Déc.	46 25	21 60
4 de nov	47 »	22 25
4 premiers	47 75	22 45

Marque de Corbeil : 51 fr. le sac de 150 kil. toile à rendre.

Halle aux blés. — *Blés indigènes.* — Les acheteurs sont très réservés et demandent une baisse de 50 centimes sur mercredi dernier, mais les vendeurs refusent de céder au dessous des cours d'il y a huit jours : on cote avec quelques petites affaires, blés roux de 20,50 à 21,25; blés blancs de 21 fr. à 21,50 les 100 kilos nets gare d'arrivée Paris.

Blés étrangers. — Toujours sans affaires, par suite des hauts prix tenus.

Seigles. — La tendance est beaucoup plus calme pour cette céréale et, à l'étranger, l'on est meilleur marché que chez nous, le seigle russe étant obtenable dans les ports de mer européens, de 11 fr. à 11,50; par suite, les affaires sont difficiles et l'on ne trouve acheteurs que de 13,50 à 14 les 100 kilos nets gare ou bateau, suivant provenance et qualité. Le Nord, qui, jusqu'à présent, était le principal acheteur, fait moins de demandes.

Avoines. — Les affaires restent au grand calme, et les prix sont sans changement sur mercredi dernier. On cote avoines blanches 14 à 14,50, grises 15, rouges 14,75 à 15, noires 15,25 à 16 les 100 kil. nets gare d'arrivée Paris.

Escourgeons. — Cet article n'offre aucun intérêt; on en voit un peu plus, mais les cours demandés étant trop élevés, on cote nominalement de 17 à 17,25 les 100 kil. nets, gare d'arrivée, Paris.

Graines fourrrgères. — On cote : trèfles vieux de 80 à 95, nouveaux de 100 à 120, luzernes du Poitou, de la Vendée et du Languedoc de 70 à 100, d'Italie et de Provence de 110 à 140, minette de 40 à 6, trèfles blancs de 160 à 180, hybrides de 140 à 160, sainfoin simple de 32 à 34, sainfoin double de 40 à 42, vesces 20, maïs dont le cheval nominal ray grass anglais de 25 à 28, d'Italie 18 à 30, petit blé 13, jarras 17,50, graine de lin 26, chènevis de Russie 22, de Bretagne 22, millet Vendée blanc 24, alpistes 21 à 23, vesces de Kœnigsberg 20 à 22, de Bretagne 22, sarrasin 17 à 17,50.

Sucres. — Les sucres sont changement.

Raffinés 97 à 97,50, roux 88° 25 à 25,25.

Marché de la Chapelle. — Marché assez bien approvisionné.

On cote : paille de blé 1ʳᵉ qté 28 à 30 fr., 2ᵉ qté 26 à 28 fr., 3ᵉ qté 24 à 26 fr.; paille de seigle 1ʳᵉ qté 30 à 32 fr., 2ᵉ qté 28 à 30 fr., 3ᵉ qté 26 à 28; paille d'avoine 1ʳᵉ qté 28 à 30 fr., 2ᵉ qté 26 à 28 fr., 3ᵉ qté 24 à 26; foin nouveau 1ʳᵉ qté 60 à 61 fr., 2ᵉ qté 57 à 60 fr., 3ᵉ qté 54 à 58 fr.; foin vieux 1ʳᵉ qté 59 à 61 fr., 2ᵉ qté 55 à 59 fr.; 3ᵉ qté 51 à 55 fr.; luzerne nouvelle 1ʳᵉ qté 59 à 61 fr., 2ᵉ qté 57 à 59 fr., 3ᵉ qté 54 à 57 fr.; regain nouveau 1ʳᵉ qté 59 à 61 fr., 2ᵉ 57 à 59 fr., 3ᵉ qté 54 à 57.

Le tout rendu dans Paris, au domicile de l'acheteur, frais de camionnage et droits d'entrée compris par 104 bottes de 5 kil., savoir : 6 fr. pour foin et fourrages secs; 2 fr. 40 pour paille. Pourboire 1 fr. par 100 bottes.

Fourrages et pailles en gare. — Les arrivages se font assez régulièrement.

Il faut voir, par continuation, la belle paille de blé de 22 fr. pour les sortes réglées à 5 kil., et de 18 à 20 pour sortes réglées.

La paille d'avoine doit être vue entre 18 et 20 fr.

On cote sur wagon, par 520 kilogr., en gare d'arrivée à Paris :

Foin nouveau . . . . 41 à 43
Luzerne première qualité. . . . . . . 41 à 43
Paille de blé . . . . 20 à 22
— de seigle pour l'industrie. . . . 23 à 25
—   ordinaire . . . . 21 à 23
— d'avoine . . . . 20 à 22

Pour les marchandises en gare, les frais de déchargement, d'octroi et de camionnage sont à la charge de l'acheteur.

Fruits. — Figues fraîches, 50 à 60; poires Duchesses, 35 à 70; Beurré, 40 à 70; communes, 12 à 30; raisins Malaga d'Espagne, 70 à 80; raisin noir de Thomery, 1ᵉʳ choix 150 à 300; 2ᵉ choix 50 à 100; raisin blanc de Thomery, 1ᵉʳ choix 150 à 300; 2ᵉ choix 50 à 100; Noix Marbot, 50 à 55; pommes Canada, 25 à 35; communes, 25 à 35; oranges de Valence la caisse 24 à 26; citrons la caisse 30 à 32.

Légumes. — Choux, le cent 5 à 12; choux-fleurs, 25 à 45; tomates du Gard, 40 à 80; Haricots verts d'Hyères fins, 110 à 130; gros, 80 à 90; d'Algérie fins, 120   150; gros 120 à   »; Endives de Bruxelles, 70 à 80; carottes les cent bottes. 10 à 20; navets, 10 à 20; poireaux, 15 à 35; champigons le kilo, 0 78 à 1 68; cresson le panier de 20 douzaines, 7 à 24; Oignons les 100 kilos, 20 à 25.

POMMES DE TERRE

Hollande (100 kil.)	12 » à 14 »
Roses-Early	8 » à 9 »
Rouges	8 » à 9 »
Guardonnes	6 » à 7 »

LINS. — Les 100 kilogr. — *Marché de Lille.*

	Communs	Ordin.	Supér.
Alost	148 à 153	154 à 157	161 à 166
Bergues	150 à 158	161 à 168	173 à 182

ENGRAIS ET PRODUITS CHIMIQUES

(LES 100 KILOS A PARIS)

Sang moulu	11/13	azote	15.95
Viande desséchée	9/11	—	11.70
Corpes broyées	13/14	—	16 90
Cuir désagrégé	8/9	—	8.00
Nitrate de soude	15/16	—	18.50
Nitrate de potasse	95	de pureté	44.00
—	90	—	41.00
Chlorure de potassium	90	—	18.05
Sulfate de potasse	90	—	21.00
Sulfate d'ammoniaque	20/21	azote	21.00
Phosphates précipités	35/40	acid. phos.	17.15
—	40/45	—	19.60
Superphosphates min.	10/00	—	6.30
—	16/18	—	10.00
Superphosphates d'os	16/18	—	7.28
Poudre d'os	—	—	9.50
Sulfate de cuivre	98	de pureté	42.50

Prix moyen aux 100 kilog. des CÉRÉALES dans les Départements.

Région	Ville	BLÉ	SEIGLE	ORGE	AVOINE
Rég. du Nord-Ouest	Caen	20 75	11 00	15 00	16 00
	Lannion	20 65	11 00	14 40	15 00
	Morlaix	21 10	12 00	14 00	15 50
	Rennes	20 70	«	14 00	14 50
	Avranches	20 95	11 50	14 00	15 00
	Laval	20 80	11 00	14 00	15 00
	Lorient	21 00	12 50	14 00	14 00
	Alençon	20 90	11 00	15 00	13 50
	Le Mans	20 70	12 00	15 00	17 00
Région du Nord	Soissons	20 00	12 00	14 00	15 50
	Evreux	20 80	12 00	14 00	15 25
	Chartres	20 60	11 50	15 50	15 00
	Lille	21 00	11 00	15 00	16 00
	Compiègne	20 90	13 50	15 00	16 00
	Beauvais	21 00	13 00	17 25	17 00
	Arras	21 00	12 00	14 00	15 50
	Paris	21 00	12 25	14 50	15 50
	Versailles	21 10	12 00	16 00	17 25
	Rouen	21 10	12 00	15 00	17 50
	Amiens	20 90	12 00	16 00	17 00
Rég. du N.-E.	Mézières	20 90	12 00	15 50	16 00
	Nogent-s-Seine	20 80	13 00	16 00	15 50
	Châlons-sur-Marne	20 50	12 70	15 00	15 50
	Langres	20 70	11 00	15 00	15 00
	Nancy	20 80	13 00	16 00	15 00
	Bar-le-Duc	20 60	13 50	16 00	16 00
	Neufchâteau	20 20	13 00	15 50	15 00
Région de l'Ouest	Ruffec	20 35	11 00	14 50	15 50
	Marans	20 10	11 50	15 00	14 00
	Niort	20 70	11 00	14 00	15 00
	Tours	20 85	12 00	14 00	15 50
	Nantes	20 50	14 00	16 50	15 25
	Angers	20 10	13 00	15 00	15 75
	Luçon	20 35	13 00	15 50	15 00
	Poitiers	20 00	12 00	14 75	
	Limoges	20 10	11 50		15 00
Région du Centre	Moulins	21 00	12 00	15 00	15 00
	Bourges	20 10	12 00	15 50	14 50
	Aubusson	20 70	11 50	15 00	14 00
	Châteauroux	20 30	12 00	15 50	13 25
	Orléans	20 25	12 00	15 00	14 75
	Blois	20 60	11 00	15 50	16 00
	Nevers	20 10	11 00	15 50	16 10
	Clermont Ferr.	20 30	11 00	14 50	15 75
	Sens	20 20	12 00	15 00	14 00
Région de l'Est	Bourg	20 10	13 00	14 00	15 50
	Dijon	20 20	14 00	16 00	15 50
	Besançon	20 30	13 00	14 00	15 00
	Grenoble	19 95	11 00	14 00	15 50
	Dôle	20 00	13 00	15 00	14 00
	Saint-Etienne	20 05	13 50	14 50	15 50
	Lyon	20 00	13 75	14 50	15 25
	Mâcon	20 20	12 00	14 00	14 50
	Vesoul	20 20	»	»	15 50
	Chambéry	20 10	»	»	16 00
	Annecy	20 30	»	»	16 50
du Sud-Ouest	Pamiers	20 20	»	»	15 00
	Périgueux	20 50	12 00	14 00	15 50
	Toulouse	20 10	12 25	15 00	15 00
	Auch	20 30	12 00	14 00	14 50
	Bordeaux	20 65	12 00	15 00	15 50
	Dax	20 10	11 50	14 50	15 50
	Agen	20 15	13 50	14 50	15 00
	Bayonne	20 30	13 00	15 50	15 00
	Tarbes	20 50	11 25	»	»
Région du Sud	Carcassonne	20 20	13 75	15 00	16 00
	Rodez	20 90	12 25	«	16 00
	Mauriac	20 80	12 00	»	15 75
	Tulle	20 00	12 00	»	15 50
	Montpellier	20 65	12 25	»	15 50
	Figeac	20 70	11 50	14 50	16 00
	Mende	20 05	11 00	14 50	15 50
	Perpignan	20 65	11 50	14 50	15 75
	Albi	20 00	13 50	15 50	15 50
	Montauban	20 00	12 50	14 50	15 00
Région du Sud-Est	Gap	20 05	12 75	16 00	16 50
	Manosque	20 15	12 00	15 00	15 50
	Nice	20 10	12 00	15 00	16 00
	Privas	20 00	12 50	15 00	16 00
	Arles	20 00	12 00	15 00	16 00
	Montélimar	20 00	11 75	14 50	15 00
	Nîmes	20 00	12 00	16 00	17 00
	Le Puy	20 00	13 00	16 00	15 00
	Draguignan	25 10	12 00	14 00	16 00
	Avignon	20 10	14 50	15 00	17 00

Prix en francs des 100 kilos du blé sur les principaux marchés du monde

	cette semaine	la semaine dernière	Droit d'entrée par 100 kilos
Berlin	22.75	23.18	4.35
Londres	15.50	15.50	Néant
Vienne	15.13	15.13	3.75
Anvers	18.37	18.37	Néant
New-York	18.80	18.83	4.90
Chicago	15.42	15.93	4.90
Paris	21.10	21.20	7.»»

Tourteaux. — Cours de la maison P. Marchand frères, à Dunkerque (Nord) :

TOURTEAUX A NOURRIR

	Dispon.	A livrer.
Coton de graines d'Egypte	9 50	9 50
Sésame blanc	15 00	14 50
Arachide décortiquée	18 50	18 00
Colza à nourrir	13 50	13 50
Colza du pays	14 50	14 50
Œillette du Levant	12 00	12 00
Œillette blanche de Turquie	12 00	12 00
Lin 1re qual. de Bombay g. form.	14 75	14 50
Lin 1re qual. de Bombay p. form.	16 50	16 75

TOURTEAUX-ENGRAIS

	Dispon.	A livrer.
Arachide décortiquée	15 00	15 00
Cameline	»» »»	»» »»
Colza des Indes en poudre	»» »»	»» »»
Colza ravison	9 25	9 25
Colza jaune Guizerat	12 50	13 00
Kurrachée	»» »»	»» »»
Niger	»» »»	»» »»
Pavot	11 50	11 50
Sésama, blanc	10 50	10 75
Sésame noir	14 50	»» »»
Coton en farine	9 00	9 00

Ces prix s'entendent pour tourteaux en planches, rendus en gare de Dunkerque.

Paiement à 30 jours ou à terme plus éloigné suivant convention expresse.

Le concassage se paie 0 fr. 25 et la mise en poudre 0 fr. 40 aux 100 kilos. Dans ce cas, les sacs sont facturés à 0 fr. 35 pièce, et repris au prix de facture, quand ils sont rendus en bon état et franco, dans les 30 jours de l'expédition.

FROMENTINE :

	100 kil		100 kil.
Marque A	11.00	Marque L	15.75
Marque J	14.50	Marque E	16.25

Les 100 kilogs sur wagon St-Quentin, sac à retourner ou à facturer.

BEURRES. - (le kilogr.).

BEURRES EN MOTTES			BEURRES EN LIVRE		
Isigny extra.	5r40	6.30	Bourgogne	2.10	2.30
— demi-fin	4.50	4.40	Gâtinais	2.20	2.60
M. d'Isigny	3.30	3.80	Vendôme	2.60	2 60
du Gâtinais	2 20	2 60	Beaugency	2.00	2.60
de Bretagne	1.60	2.80	Ferme	2.40	3.00
Laitiers Jura	2.60	3 10	Tours	2.10	2.50
de Charente	2.30	3.90	Le Mans	2.00	2.40
des Alpes	2.80	3.30	Touraine fausse	2.30	2.50

ŒUFS. — (le mille).

Normandie ext.	115 à 145	Bourgogne	95 à 102
Picardie —	128 à 142	Champagne	95 à 102
Brie —	115 à 135	Nivernais	96 à 103
Touraine	114 à 132	Bourbonnais	94 à 98
Beauce	110 à 115	Bretagne	90 à 95
Orne	100 à 115	Vendée	92 à 96
Picardie	108 à 125	Auvergne	88 à 92
Châtellerault	90 à 108	Midi	95 à 116

FROMAGES.

Brie hautes marq.	65	85	Roquefort	160	220
Brie gr. m. (10)	30	52	Gruyère (100 k.)	100	175
— m. m.	25	30	Coulommiers (100)	30	50
Petits Nanteuils	15	26	Gournay (100)	15	20
Brie laitiers	8	20	Livarot (le 100)	85	124
Gérardmer (100 k.)	90	100	Bourgogne (100)	70	80
Hollande	170	180	Camembert (10.)	30	50
Bondons (100)	141	160	Munster (100)	120	135
Cantal	110	131	Port-Salut	150	170

VOLAILLES

Poulet Brest dit moelleux	2.00	45 0	Pigeon Macon	1.50	2.00
Poulets Nant.	2.00	4.75	Canards Nantais	4.00	6.00
Poulets Tour.	2.50	4.50	Dindes Tourr.	9.50	13.00
Poulets Houdan	4.50	7.25	Oies	8.00	7.50
Pigeons d'Italie	80	1.25	Lapins dom.	3.00	4.50
			Lapins garenne	1.00	1.50

HOUBLONS. — Les 50 kilogr.

Alost primé	21,00 à 29,00	Wurtemberg	40,00 à 42,00
Bourgogne	25,00 à 38,00	Altmark	75,00 à 100,00
Poperinghe	25,00 à 30,00	Alsace	35,00 à 75,00

CHANVRES

Les 50 kil.	1re qualité.	3e qualité
Le Mans	33,00 à 35,50	30,00 à 29,00
Saumur (b.)	40,00 à 42,25	37,00 à 38,00

VINS — BERCY

Rouges			Blancs		
B. Bourg. vieux	140 à 190	Bordeaux	125 à 160
Touraine	105 à 115	B. Bourg	150 à 190
Bord. vieux	120 à 160	Sancerre	130 à 135
Algérie	25 à 30	Chablis	200 à 350
Cher	110 à 135	Anjou	120 à 135
Chinon	130 à 180	Pouilly	350 à 300
Narbonne	30 à 31	Vouvray	155 à 195

Prix des Produits Forestiers à Paris.

Bois de feu (Octroi non compris)	Falourde de pin	100 à 110	le cent.
	Bois de flot	105 à 110	le déca.
	Bois gris neuf	120 à 130	—
	Bois blanc	105 à 140	—
Bois d'œuvre (Octroi compris) de chêne	Chêne gros bois	105 à 110	le m. cube
	— moyen bois	60 à 70	—
	— petit bois	30 à 45	—
	Charme, plateaux	50 à 60	—
	Sciage Entrevoux	175 à 210	les 208 m.
	Echantillons	220 à 230	—
	Frise	28 à 30	104 m

La suite des marchés se trouve à la *Correspondance.*

◆

Abonnements à prix réduits.

Toute personne qui, en sus de la *Gazette* voudra recevoir régulièrement trois au moins des journaux ci-après, bénéficiera d'une remise de 16 0/0 sur le prix total de ces abonnements.

Le Peuple français, organe quotidien de nationale. Directeur, M. l'abbé Garnier, 20 fr. par an au lieu de 24 francs.

La Justice sociale, organe hebdomadaire. Directeur, M. l'abbé Naudet, 5 francs par an au lieu de 6 francs.

La Corporation, organe hebdomadaire de l'œuvre des cercles catholiques, 6 fr. 25 par an au lieu de 8 francs.

Bulletin mensuel, organe de l'Union des Caisses rurales. Directeur, M. Durand. Prix : 1 fr. 70 par an au lieu de 2 francs.

La Démocratie chrétienne, revue sociale mensuelle, 5 francs par an au lieu de 6 fr.

L'Echo des œuvres sociales de saint Antoine de Padoue, revue mensuelle sous la direction de M. l'abbé Fontan, 1 fr. 70 par an, au lieu de 2 francs.

Adresser les demandes accompagnées d'un mandat et d'une bande de la *Gazette* à M. Crépeaux, 10 bis, rue Piccini, Paris.

Almanach de la France rurale pour 1897.

En vente aux bureaux de la *Gazette* : 0 60 centimes l'exemplaire *Franco.* Remises pour quantités importantes.

◆

Le Vin de Quinium Labarraque, unique préparation de ce genre qui ait été approuvée par l'Académie de médecine de Paris, est un médicament énergique et doux qui convient à toutes les personnes affaiblies par l'âge, la maladie, les excès, ou surmenées par le travail.

« Nous n'hésitons pas à affirmer que le vin *de Quinium Labarraque est le plus efficace et le plus énergique des toniques connus.* »

(ANNUAIRE DE MÉDECINE PRATIQUE.)

Dans toutes les pharmacies et 19, rue Jacob Paris.

CHRONIQUE POLITIQUE

La Chambre des députés a consacré presque toute sa semaine à la discussion du budget dit improprement de l'agriculture, attendu qu'il n'est que le budget du ministère de l'agriculture, ce qui est fort différent.

Le budget du ministère de l'agriculture comprend les 42 millions que le pays en général, et l'agriculture en particulier lui versent pour ses diverses services, c'est-à-dire en échange de services qu'elle en reçoit, qu'elle en attend. Le ministère lui en donne-t-il pour son argent? Voilà une question qu'on est en droit de se poser à la suite des cinq séances qui ont abouti au vote final des 42 millions. Pendant ces séances, en effet, on a effleuré, à propos du budget, plus de vingt sujets de plaintes contre l'insuffisance ou l'emploi défectueux des dépenses affectées à ces services. Certes, on a déployé beaucoup de zèle pour l'agriculture dans ce tournoi: on a plus fait pour elle en cinq jours que dans tout le reste de l'année, pour aboutir à ce que nous venons de dire. Dans cette explosion momentanée de zèle pour l'agriculture beaucoup de ruraux ne verront que des réclames électorales pour les prochaines élections, en quoi ils ne risqueront pas de se tromper de beaucoup. A ces députés qui demandent des surcroîts de crédit pour le ministère de l'agriculture, la Commission du budget répond avec raison : et l'argent, où le prendrez-vous?

La réponse est topique. Ceux qui demandent cet argent, voudraient-ils nous faire oublier par hasard que c'est à eux, à leur politique, depuis quinze ans que nous devons les budgets sans cesse en déficit, qu'à eux seuls incombe la responsabilité de la détresse où se débat aujourd'hui l'agriculture ainsi que la fortune du pays.

Donc, pas d'illusion possible sur le budget de l'agriculture. M. Méline l'a défendu tel qu'il est imposé par la misérable situation du jour. Mais à tous ces projets de réforme qu'on lui réclamait, il avait deux réponses au moins dilatoires. La première : Nous n'avons pas l'argent. La seconde : Nous n'avons pas le temps. En effet, au train dont marchent les affaires, en matière agricole, et lorsque les réformes urgentes réclamées par l'agriculture, réformes qui ne réclament qu'un trait de plume, traînent pendant des années, dans les cartons ministériels et parlementaires, vingt années ne suffiraient pas à mettre sur pied les réformes qui ont été réclamées à la tribune pendant ces cinq séances.

D'où cette conclusion, trop naturelle, qu'il n'y a là que des réclames électorales comme dans la plupart des actes de cette Chambre.

D'ailleurs, puisqu'il est avéré que l'argent manque pour les services du ministère de l'agriculture comme, d'autre part,

l'agriculture est en voie de ruine par la concurrence étrangère, la question capitale qui s'imposait à nos maîtres, c'était le relèvement des tarifs douaniers sur tous les produits en général. S'il y a un fait clair et indéniable au monde, c'est que cette réforme est la plus urgente de toutes, et que sans elle, toutes les autres sont de détestables fumisteries.

M. Méline, nous lui devons cette justice, a confessé cette insuffisance des tarifs douaniers; son seul tort a été de n'en pas réclamer le relèvement comme la plus urgente des réformes, comme le premier devoir d'une Chambre qui affiche son prétendu dévouement à l'agriculture.

M. Méline a sans doute été dans le vrai en imputant au monométallisme la cause de l'avilissement des cours des blés et des bestiaux. Mais en attendant le concours nécessaire des autres Etats au rétablissement des monnaies d'argent, il eût pu songer aux moyens indiqués récemment par M. le sénateur Paul Lebreton. Quelle que soit la cause de l'avilissement des cours, le relèvement général des tarifs douaniers n'en était que plus urgent et plus nécessaire. En attendant, tous ces apôtres improvisés de réformes agricoles, rappellent le cas de feu Émile de Girardin, alors qu'il se vantait d'avoir une idée par jour. A quoi Louis Veuillot répondait à part : « Tous les jours un nouveau pont : Il lui manque un sou pour le passer. »

Quand les ruraux cesseront-ils de couper dans ces ponts-là? Nous le demandons depuis longtemps, nous le demandons encore.

La discussion du budget de l'Algérie a mis de nouveau en lumière les abus intolérables et les gaspillages qui entravent la colonisation. M. Cambon a fait comprendre la nécessité d'en finir avec le régime dit du rattachement, pour mettre un terme à ces abus.

Lundi, la Chambre a abordé le budget de la marine. Le débat sera long, car longue est la liste des abus et ses gaspillages, dans la direction de notre marine. M. Pelletan a ouvert le feu par un discours qui a duré 4 heures et qui provoquera plusieurs discours aussi étendus. M. Delcassé, lui aussi, a présenté un tableau cruellement inquiétant de notre marine.

La question, hélas ! est de savoir si nous y verrons plus clair ensuite et si on en tirera quelque utile réforme. Nous savons trop que les discours passent et que les abus restent.

Élections législatives.

Trois élections ont eu lieu dimanche dernier, à Dunkerque. M. Guilain a été élu en remplacement de M. le général Iung.

A Neuilly, l'élection n'a pas abouti : il y a ballottage entre le candidat socialiste et le candidat radical, Il s'agit de la succession de M. Sautumier.

A Saint-Denis, douze candidats socialistes se disputent la succession du citoyen Prudent-Dervillers. Dam ! une timbale de 9.000 francs est une proie tentante pour un ouvrier ou pour un petit journaliste socialiste. On ne s'étonne pas de voir tant d'amateurs monter au mât.

La Chambre des députés a perdu, cette semaine, M. Cuissard, député de l'Aisne. Cet honorable député n'était connu probablement que de ses électeurs.

M. Rousseau, sénateur, gouverneur de l'Indo-Chine, a succombé la semaine dernière. Cette mort est très regrettée dans la colonie. M. Rousseau travaillait avec succès à réparer les déplorables errements de ses prédécesseurs, notamment de M. de Lanessan. Le gouvernement trouvera difficilement un successeur capable de continuer sa tâche réparatrice.

M. l'abbé Lemire a plaidé avec une grande éloquence la cause du peuple des campagnes en réclamant des mesures de protection pour l'élevage du porc, qui est sa ressource principale. C'est là une vérité trop familière à nos lecteurs pour prendre la peine de la leur démontrer.

Or, quel accueil la motion si utile du digne abbé a-t-elle reçu des journaux soi-disant républicains de Paris?

Dans leur ignorance orgueilleuse des choses et des hommes de leur pays, ils ont essayé de tourner en ridicule la proposition, de persuader les ouvriers citadins, leurs incurables dupes, que la motion n'intéresse que leur bête noire, la grande propriété, et que les petits ménages ruraux n'y ont aucun intérêt !

La presse radicale et socialiste a donné là un spécimen très curieux de son ignorance et de son infatuation pour ne pas le signaler aux campagnards dont ce parti convoite la clientèle.

La fédération politico-agricole du Pas-de-Calais.

Notre confrère le *Progrès agricole* d'Amiens proteste, comme nous, contre le parti pris par les chefs de cette fédération d'en exclure les sociétés agricoles libres, et non subventionnées par l'Etat et les départements.

« Nous avons trop souvent fait ici appel à l'esprit d'union des cultivateurs pour ne pas avoir applaudi des premiers à l'idée de cette fédération, tout en regrettant cependant que ses auteurs aient cru devoir la limiter aux Sociétés agricoles du Pas-de-Calais.

« Nous estimons, en effet, que tous les départements de notre région ont des intérêts communs, et nous croyons que pour arriver à de bons résultats, il faudrait créer une fédération de toutes les Sociétés agricoles de la région du Nord, *indistinctement*.

« C'est en procédant ainsi que les

agriculteurs du Midi obtiennent des pouvoirs publics tout ce qu'ils demandent.

« Mais nous nous étions dit qu'il fallait commencer par quelque chose et, en attendant mieux, nous suivions avec sympathie l'œuvre entreprise dans le Pas-de-Calais.

« Nous constatons malheureusement que la fédération des Sociétés agricoles du Pas-de-Calais risque de manquer son but, en faisant preuve d'un esprit d'intolérance incompatible avec l'œuvre d'union dont on nous avait tracé le programme dès le début.

Il a été établi en principe, que nulle Société ne pourrait faire partie de la fédération si elle ne recevait une subvention officielle.

« C'est, à notre avis, une lourde faute qu'ont commise là les promoteurs de la fédération, et nous craignons qu'un avenir prochain en fasse la trop éloquente démonstration.

« Une fois de plus, on a semé la discorde en prêchant la concorde.

« Les nombreuses protestations que nous avons reçues, sont là pour en faire foi.

« Si notre avis pouvait être de quelque poids dans la balance, nous demanderions au bureau de la fédération de réparer la faute commise en revenant sur les exclusions prononcées contre les Sociétés non subventionnées et les Syndicats agricoles. »

Une conclusion à tirer de ces faits selon nous, c'est d'engager les Sociétés libres, surtout les Syndicats, à protester contre l'acte d'ostracisme consacré par la fédération du Pas-de-Calais.

Mais voici une autre conclusion pour ce qui nous concerne personnellement.

Quelques-uns nous reprochent de mêler la politique aux affaires agricoles. Ceux-là oseraient-ils prétendre que les politiciens qui dominent la fédération du Pas-de-Calais nous donnent l'exemple de l'abstention qu'ils voudraient nous imposer ?

L'abstention est une pure hypocrisie. Ceux qui la prêchent ont consacré le monopole de la domination de l'agriculture par leur politique. On voit où cette politique a mené l'agriculture en quinze ans !

La conférence de M. Yves Guyot, à Dijon.

M. Y. Guyot a fait à Dijon, vendredi dernier, la conférence que nous avions annoncée sur la grave question du monopole de l'alcool. Mais la *Bourgogne agricole* nous avertit que, contrairement à ce que nous avions dit, la conférence n'avait été provoquée et organisée non par les viticulteurs, mais par des commerçants et débitants de spiritueux.

« En effet, une conférence sur le monopole de l'alcool a lieu à Dijon au moment même où nous mettons sous presse. Le conférencier est M. Yves Guyot, an-

cien ministre ; mais où notre excellent confrère se trompe c'est quand il dit que cette conférence est organisée par les viticulteurs de la région.

« Ce sont les syndicats patronaux et notamment le syndicat des vins et spiritueux et celui des hôteliers qui ont organisé la réunion et nous avons entendu émettre par bien des personnes le regret que la conférence ne soit pas contradictoire.

« Bien des gens, de très bonne foi, n'ayant aucun parti pris, soit pour ou contre le monopole de l'alcool, auraient été désireux d'entendre les arguments donnés en faveur de cette innovation, qui doit être féconde en bons résultats, disent les uns, et désastreuse, disent les autres.

« Le meilleur moyen de faire la lumière aurait été, peut-être, de laisser se produire en toute liberté, les arguments pour ou contre le monopole de l'alcool. On ne l'a pas pensé ainsi : nous le regrettons, et déjà nous entendons parler d'une nouvelle réunion organisée, celle-ci, par les partisans du monopole.

« J. D ».

Admettons volontiers, nous aussi, cette conférence, mais à la condition qu'elle soit contradictoire et que les deux opinions aient pour organes des orateurs ayant fait leurs preuves par une étude sérieuse d'une question où sont engagés de graves intérêts sociaux, financiers, économiques.

A première vue, et d'après tout ce qui a été publié sur cette question, nous persistons dans notre défiance contre cette réforme ; mais nous ne nous croyons pas assez complètement éclairés pour conclure nettement à une solution de tout point négative. Nous demandons un surcroît nécessaire de lumière à ceux qui se croient en mesure de la donner, surtout à ceux qui l'ont étudiée pour elle-même et uniquement en vue des grands intérêts qui y sont engagés.

P. S. Nous apprenons que lundi dernier, M. Y. Guyot a fait une seconde conférence, cette fois en présence de nombreux délégués des syndicats agricoles.

La catastrophe de Bouzey.

(Suite.)

Nous apprenons que, d'après les réquisitions du parquet d'Epinal, un procès est intenté contre les ingénieurs auxquels on peut imputer la responsabilité de la terrible catastrophe du 18 avril 1894.

Aux rapports des experts qui accusent leur incurie et leurs fautes de toute nature, ils ont opposé des rapports tendant à les disculper, mais les magistrats persistent à les traduire devant le tribunal correctionnel d'Epinal, sous la prévention d'homicide par imprudence.

En même temps, les malheureux habi-

tants, victimes de la catastrophe, pourront se porter parties civiles et réclamer des dommages intérêts, même après avoir reçu des indemnités du Gouvernement.

Le combat sera chaud entre les experts qui accusent et ceux qui prétendent absoudre. Les premiers attaquent comme principaux griefs un défaut impardonnable de surveillance pendant les deux années antérieures à la catastrophe, alors que les vices de construction étaient de plus en plus visibles.

Les accusés sont : MM. Denis, ex-ingénieur en chef du département ; MM. Henri et Holtz, ingénieurs surveillants pendant les trois dernières années. Leurs devanciers, quoique très attaquables sur les mêmes chefs, seraient sauvegardés par la prescription.

Le principe de la prescription paraît bien critiquable en pareil cas.

Mais n'importe, au point de vue des responsabilités et des devoirs des ingénieurs de l'Etat, le procès de Bouzey a un droit tout spécial à l'attention du public rural. — Nous en suivrons toutes les péripéties avec l'intérêt qui s'y attache.

CHRONIQUE GÉNÉRALE

Le Mont Saint-Michel et ses grèves,

Par Constant Crépeaux.

Nous nous permettons de signaler à nos lecteurs ce nouvel ouvrage qui constitue un superbe cadeau d'étrennes non seulement par le luxe de l'édition, grand in-4°, la richesse de la reliure, l'abondance et la beauté des gravures, mais aussi par la variété et l'intérêt des questions traitées relativement à ce curieux coin de France : religion, art, histoire, science, chasse, pêche, légendes, etc… Ajoutons que ce beau livre, qui fait parfaitement connaître tout ce qui a trait au Mont Saint-Michel et à ses curieuses grèves, conquises en partie à l'agriculture, a été écrit pour intéresser le grand public à la cause artistique du Mont Saint-Michel que M. Crépeaux a déjà plaidée dans l'*Illustration*, la *Nature*, etc. Nous avons obtenu de l'éditeur Pedone, 13, rue Soufflot, Paris, le prix de faveur pour nos abonnés de 8 francs, franco gare, au lieu de 12 francs. — Lui écrire, en joignant la bande du journal.

Union syndicale du Sud-Est.

Cette grande Union, la première en date et la plus importante par le nombre de syndicats adhérents (122), a tenu à Lyon, le 2 décembre, une réunion importante, où elle a traité les sujets suivants :

Sur la question des admissions temporaires, l'Union a émis le vœu suivant :

« Regrettant que le ministre ait conservé les nombreux types de farine, qu'il en ait même ajouté un de plus, repousse le système allemand des bons d'importation, réclame que les acquits-à-caution soient nominatifs avec un seul endossement et que la sortie puisse avoir lieu par tous les bureaux de douane. »

L'assemblée examine la question des assurances mutuelles contre la mortalité du bétail dont elle a reconnu l'utilité en signalant les moyens de les organiser.

La Coopérative du Sud-Est.

M. Guinand a annoncé dans son rapport qu'elle a fait pour 900.000 francs d'affaires dans son dernier exercice. Les affaires de la Coopérative, grâce au concours des syndicats sont en voie de progrès continus.

L'Assemblée a terminé en émettant le vœu que l'agriculture soit enfin dotée de la représentation active qu'elle réclame en vain depuis 1851. On ne doit pas oublier, en effet, qu'en 1851, cette représentation lui a été donnée par la loi sur les comices, que cette loi fut abrogée après le 2 décembre et que depuis ce jour l'agriculture a été assujettie à la tutelle ministérielle, qu'elle subit encore aujourd'hui, après avoir vu mettre sur le chantier vingt projets de représentation qui n'aboutissent jamais. On attendra encore, le rôle de l'agriculture étant d'attendre toujours !

Concours de Nevers et de Moulins.

Les deux Sociétés d'horticulture de la Nièvre et de l'Allier annoncent que leurs prochains concours annuels qui se tenaient pendant la semaine qui précède le concours de Paris, se tiendront cette année aux dates suivantes : à Moulins, du 11 au 15 février ; à Nevers, du 18 au 21 février. Soit six semaines avant le concours de Paris.

Cette double décision est motivée par les raisons suivantes :

1° La nourriture des animaux à l'engrais est trop dispendieuse depuis la fin de février jusqu'à la fin de mars.

2 En ce qui concerne les animaux reproducteurs, l'époque favorable à leur vente est en février, non en avril.

Ces raisons sont trop sérieuses pour ne pas attirer l'attention des autres sociétés dans les régions où l'élevage des races bovines est la branche principale de l'agriculture.

Un effet de l'admission temporaire.

Avec le système actuel d'admission temporaire, le Trésor finira par ne plus encaisser un centime à l'entrée des blés qui tous seront reçus à l'admission temporaire. En ce moment, à Marseille, les acquits-à-caution valent 1 fr. 75 par 100 kilos, c'est-à-dire que le meunier qui ne peut faire dédouaner lui-même son acquit-à-caution, le revend à un meunier exportateur, et n'a à lui donner que 5 fr. 25 par 100 kilos au lieu de 7 francs qu'il donnerait à la douane ; au Havre, les acquits valent couramment 2 francs à 2 fr. 25 c'est, sans contredit, *une prime équivalente que les blés étrangers reçoivent en entrant chez nous.*

Il faudrait faire payer des droits à l'entrée des céréales et les rembourser à leur sortie, sous la forme qu'elles ont acquise dans notre industrie. En Allemagne, où le droit de douane sur les blés est inférieur à 2 fr. 25 au nôtre, le prix du blé est plus élevé qu'en France, grâce au régime des bons d'importation qui font produire au droit de douane tout son effet.

Le budget de l'agriculture à la Chambre des Députés.

La discussion générale du budget de l'agriculture s'est ouverte le 8 décembre par un discours de M. Armand Porteu. L'orateur est loin de partager l'optimisme du rapporteur M. Lavertujon, il trouve avec raison que le langage de celui-ci « étonnerait singulièrement bon nombre de cultivateurs qui ignorent absolument la situation brillante dont il parle... Il ne faut pas que le gouvernement s'imagine qu'il suffit de bâtir des écoles pratiques ou de répandre à profusion, en l'attachant à toutes les boutonnières amies (*qui ne sont pas toujours celles des meilleurs praticiens*) la croix du Mérite agricole, pour enrichir l'étable et transformer les greniers en greniers d'abondance. »

M. Porteu parle ensuite de la mévente des porcs, demande au gouvernement de faire voter par le Sénat la loi contre la fraude des beurres et résume tout ce que nous avons dit sur la hausse actuelle du blé, en faisant remarquer qu'elle est moins accentuée en France qu'ailleurs. « Ce fait tient-il à l'excès de notre production, ainsi que le prétendent un certain nombre de publicistes, sans pouvoir le prouver d'ailleurs? Autrefois, ces mêmes publicistes reprochaient à notre agriculture leur ignorance; c'était leur faute, si le blé leur revenait trop cher, ils n'en produisaient pas assez; aujourd'hui, c'est encore leur faute, si le blé est à bas prix, c'est qu'ils en produisent trop... Que conclure de tout cela, si ce n'est que le droit fixe de 7 francs a été complètement insuffisant et que, lorsqu'il y a abondance, ce droit ne sert plus à rien? » M. Porteu estime qu'il est nécessaire de recourir au droit gradué fonctionnant automatiquement. Il critique aussi le décret du 29 juillet 1896 sur les admissions temporaires, disant qu'il faut faire payer à tous les blés étrangers le droit de douane intégral, en le remboursant à la sortie des farines réellement exportées.

M. Rose proteste également contre l'optimisme du rapporteur; en présence de la situation lamentable de l'agriculture, les législateurs, dit-il, ont le devoir impérieux de rechercher pourquoi les efforts du cultivateur restent stériles. « Nous sommes en présence, non seulement d'un péril économique, mais d'un véritable danger social; je ne contredis pas à l'augmentation de la production qui peut être une bonne chose, mais à une condition, c'est qu'en même temps que vous pousserez à la surproduction, vous chercherez et vous trouverez des débouchés pour tous les produits agricoles. Il ne suffit pas de produire beaucoup; l'essentiel c'est de réaliser un bénéfice et il est malheureusement trop certain que, dans la plupart des cas, l'agriculture produit à perte.

« Pour cela, il faut d'abord développer notre marché intérieur; il faut le protéger efficacement contre la concurrence étrangère et, toutes les fois que cela est nécessaire, faire les sacrifices indispensables pour favoriser nos exploitations.

« Il faut bien reconnaître que nous n'avons absolument rien fait pour atteindre ce but; toutes les entraves à la libre circulation des produits, toutes les barrières intérieures, tous les droits d'entrée, toutes les taxes d'octroi subsistent absolument comme par le passé. » Comment en pourrait-il être autrement, ajouterons-nous, quand on accroît chaque année les dépenses de l'Etat, des départements, des villes et des communes, quand on augmente les sinécures, quand on gaspille l'argent de tous les côtés et de toutes les façons? Aux dépenses nouvelles, on ne peut faire face qu'au moyen de charges nouvelles. »

M. Rose trouve avec raison que le régime douanier de 1892 est insuffisant et que la Chambre est mal inspirée quand elle refuse de le perfectionner; il estime que, pour le blé, il faut adopter le droit gradué. En ce qui concerne les sucres, il rappelle que les raffinés sont protégés par un droit de 12 francs tandis que les bruts ne sont assujettis qu'à un droit de douane de 10 fr. 50. « Ce droit de douane s'applique à tous les raffinés sans distinction, tandis qu'il ne s'applique qu'aux sucres bruts de provenance européenne, en sorte que les sucres bruts extra-européens entrent en franchise en France, ce qui revient à dire que les sucres raffinés sont protégés, que les autres ne le sont pas, en sorte que tous les avantages de cette protection restent aux mains des raffineurs. »

L'orateur demande donc qu'on étende le droit de douane à tous les sucres bruts, quelle que soit leur provenance.

Il conjure la Chambre de discuter son projet de loi contre le jeu et la spéculation. Il en démontre la nécessité en signalant les fluctuations des cours des sucres au mois d'août dernier, des cours des farines en septembre. « A l'heure actuelle, dit-il, huiles, sucres, cafés, grains, blés, farines, tout est prétexte à spéculation et à jeu... Ils sont insatiables, dites-vous, ces paysans? Mais alors que penserez-vous de ceux qui, non contents d'avoir monopolisé la raffinerie, de prélever chaque année un nombre considérable de millions sur la détresse de nos agriculteurs, veulent encore, à l'heure actuelle, accaparer la sucrerie, pour mieux écraser les producteurs, pour ajouter de nouveaux millions chaque année à ces bénéfices déjà vraiment abusifs et scandaleux? Non, nos cultivateurs ne sont pas insatiables. Est-ce donc notre faute à nous, si entre le producteur de sucre et le consommateur se dresse l'Etat qui prélève 300 millions, le raffineur qui prélève 40 à 50 millions et d'autres intermédiaires qui prélèvent à leur tour une large rétribution. »

Ce courageux discours a été vigoureusement applaudi sur tous les bancs, c'est à peine s'il a donné lieu à quelques interruptions peu adroites d'ailleurs de M. Jaurès.

M. Tailliandier insiste pour que le bétail étranger soit soumis à la frontière à une inspection sanitaire aussi rigoureuse que celle qui fonctionne sur nos marchés pour nos animaux. Il trouve que le bétail étranger est traité avec une faveur fort dangereuse. A propos des viandes abattues et notamment de celles qui sont frigorifiées, il demande que le consommateur puisse savoir quelle est leur nature, il signale d'ailleurs qu'on n'exécute pas toujours les prescriptions actuelles.

M. Jules Dansette demande qu'on permette aux distilleries de fournir à l'industrie l'alcool qui, comme en Allemagne, pourra dès lors servir à l'éclairage domestique et public.

M. Joseph Jourdan ne pense pas que le change eût une influence considérable sur les cours des produits agricoles, il prend la défense, assez timide d'ailleurs, des spéculateurs, sous le prétexte qu'ils font quelquefois la hausse, des raffineurs qui offrent un débouché aux sucres français dont l'exportation n'est pas facile. Mais il a raison quand il se déclare partisan de la division des droits de douane en deux catégories : les uns ayant un but purement fiscal, frappant les marchandises qui ne sont pas indispensables à l'alimentation, les autres, protégeant l'agriculture et l'industrie françaises dont le montant intégral serait restitué sous forme de primes d'exportation.

M. Jourdan démontre que le système des primes ne réussit pas aux éleveurs de vers à soie et qu'il est urgent de les protéger par des droits de douane, avis qui est d'ailleurs partagé par quelques industriels lyonnais. Il demande enfin que les bénéfices résultant du renouvellement du privilège de la Banque de France soient réservés à l'agriculture et n'entrent pas dans « le gouffre du budget ».

Séance du 9 décembre. — M. Bascou pense que le concours de la Banque de France ne peut avoir d'efficacité sur l'organisation du Crédit agricole. La première chose à faire est d'organiser la base de ce crédit, c'est-à-dire un gage mobilier. Il fait observer que les agriculteurs aisés obtiennent toujours le crédit, tandis que les autres, ceux dont le bien est hypothéqué se trouvent dans une situation fâcheuse qu'il faut améliorer. Or, on ne peut constituer de gage mobilier sans l'assurance. Aussi l'orateur demande-t-il qu'on discute au plus tôt, et avant le renouvellement du privilège de la Banque de France, la question du Crédit agricole.

M. Papelier plaide la cause des cultivateurs de céréales dont on sacrifie souvent les intérêts aux viticulteurs, aux producteurs de betteraves, de plantes textiles. Il trouve que les céréales ne sont pas assez défendues par le régime douanier, il prouve, par exemple, que les céréales sont soumises, de la part des Compagnies de chemins de fer à des tarifs plus élevés que d'autres produits comme les vins; puis il parle des surtaxes d'entrepôt des zones. Il voudrait qu'on imite l'Allemagne en créant pour les céréales des primes d'exportation. En terminant, M. Papelier demande qu'on mette un frein aux manœuvres de la spéculation.

M. Méline répond à tous les orateurs: on doit reconnaître qu'il n'en oublie aucun, mais qu'il le fait avec une prudence qu'un député de l'extrême gauche a eu raison de qualifier « de programme d'ajournement ». Après avoir reconnu les progrès réalisés par les cultivateurs, M. Méline reconnaît que si les droits protecteurs ont ralenti la crise ils ne l'empêchent pas de s'aggraver chaque jour. Il prétend que la baisse sur les marchés étrangers à un contre-coup inévitable en France, c'est vrai, mais pourquoi la hausse ne se fait-elle pas sentir de la même façon, M. Méline ne le dit pas. Il démontre ensuite l'importance de la question monétaire qui, malgré tout, ne nous paraît pas très claire et qui certainement est fort complexe. Naturellement, M. Méline tient à établir que son gouvernement a plus fait pour l'agriculture que tous les autres, il le constate tout simplement en comparant le chiffre actuel des dépenses du ministère de l'agriculture avec celui d'il y a quinze ans! Mais il oublie de dire que, depuis, on a accru sans interruption tous les impôts et nous trouvons que ce n'est pas parce qu'il y a des fonctionnaires de plus que l'agriculteur doit être heureux. Il est faux donc de dire « que jamais on n'a tant fait pour l'agriculture que depuis quinze ans ». M. Méline cite entre autres la loi sur les syndicats. Nous lui rappellerons que c'est par erreur et au Sénat qu'on a ajouté le mot « agricole » qui avait été omis à dessein par les promoteurs de la loi.

La loi sur le crédit agricole! ! Mais M. Méline va dire tout à l'heure que le crédit agricole ne peut être créé sans l'assurance. Il existe sans doute des caisses de crédit agricole, mais la plupart, pour ne pas dire toutes, ont évité avec le plus grand soin de se placer sous la loi du crédit agricole, et pour cause.

En ce qui concerne la spéculation, le ministre dit qu'il faut distinguer entre la bonne et la mauvaise, en atteignant celle-ci il ne faut pas supprimer les marchés à terme. En d'autres termes, pas de mesure utile à prendre, cependant cette « question est de celles qui méritent un examen sérieux. »

Pour développer l'exportation, on conseille les primes, mais M. Méline craint qu'elle ne constituent une charge lourde pour le budget et un encouragement puissant à l'importation. Il n'est donc pas certain que « les primes donnent de bons résultats. »

Les système des admissions temporaires qui fonctionne actuellement a été récemment amélioré (c'est M. Méline qui le croit). Toutefois, il a raison, et nous l'en félicitons, de déclarer qu'il ne supprimera les zones qu'à la condition de prendre des précautions destinées à empêcher le trafic des acquits-à-caution.

M. Méline a toujours songé à organiser les assurances agricoles, il espère qu'on discutera prochainement cette grave question.

Enfin, il affirme qu'il faut donner une orientation nouvelle au système financier afin d'égaliser les charges de la propriété foncière et de la propriété mobilière.

M. le comte de Pontbriand insiste pour qu'on discute au plus tôt la loi du cadenas, la représentation légale de l'agriculture.

M. d'Estournelles voudrait qu'on n'oublie pas la suppression des octrois et la réforme des tarifs de transport des produits agricoles.

M. l'abbé Lemire entretient la Chambre de la crise qui sévit sur les porcs. Il fait valoir les vœux qui ont été émis ces jours derniers à Lyon et les soutient avec une véritable compétence. M. Méline lui promet d'étudier la question, mais toutefois en lui faisant comprendre qu'il ne peut s'engager à satisfaire tous ses désirs.

M. Thoulouse insiste pour la suppression du principal de l'impôt foncier (quelques francs par hectare), pour le vote de la loi du cadenas et la réglementation des entrepôts réels et fictifs.

Au nom du parti socialiste M. Gérault-Richard fait la critique assez juste, il faut le reconnaître, du discours de M. Méline et reproche à tort à ce ministre d'avoir repoussé l'impôt sur le revenu qui aurait achevé d'écraser le cultivateur.

La clôture de la discussion générale est votée et on passe au vote des divers chapitres du budget de l'agriculture.

Chapitre premier. — Traitement du ministre et personnel de l'administration centrale 768.400 francs. (Adopté.)

Chapitre 2. — Matériel et dépenses diverses de l'administration centrale 100.000 francs. (Adopté.)

Chapitre 3. — Impressions, abonnements, autographes, etc., 206.818 francs. (Adopté.)

Chapitre 4. — Mérite agricole et médaille agricoles, 17.000 francs. (Adopté, malgré MM. Cochin et Vacher qui demandaient une augmentation sur les médailles pour les ouvriers et les métayers.)

Chapitre 5. — Inspection de l'agriculture, 85.750 francs. (Adopté malgré M. Vacher qui demandait l'augmentation du nombre des inspecteurs généraux, laquelle, a fait observer M. Méline, exigerait un fort crédit supplémentaire.)

Chapitre 6. — Personnel de l'enseignement agricole et des établissements d'élevage, 1.200.490 francs. (Adopté.) Ce chiffre est en augmentation de 60.000 fr. sur celui de la commission par suite du vote de l'amendement de M. Ricard et afin d'accroître le nombre des chaires spéciales d'agriculture.

Chapitre 7. — Matériel de l'enseignement et des établissements d'élevage, 657.876 francs. (Adopté.)

Chapitre 8. — Subventions à diverses institutions agricoles, 1.877.300 francs. (Adopté.)

MM. Dulau et le baron Demarçay ont fait voter deux amendements qui ont accru de 137.300 fr. le chiffre de la commission, afin de procéder à la création de quatre nouvelles écoles pratiques et d'assurer le paiement des primes aux premiers élèves sortant des fermes-écoles.

Chapitre 9. — Encouragements à l'agriculture et au drainage. Délégués à l'étranger et bourses de voyage, 2.041.096 francs. (Adopté).

Le chiffre qui n'était que 1.986.096 francs s'est trouvé ainsi porté par suite de l'adoption de divers amendements : celui de M. Codet, 50.000 francs pour élever le crédit consacré aux concours régionaux et de Paris; celui de M. Antoine Perrier, 5.000 francs pour frais d'études sur les maladies des noyers et châtaigniers.

M. Castelin demande qu'on vote à titre d'indication un crédit de 5.000 fr. pour mettre à la disposition des communes les outils agricoles qui pourraient être utilisés en commun par les agriculteurs. Cette proposition est combattue par M. de Montfort qui la trouve bonne en théorie, irréalisable en pratique.

M. Marcel Habert insiste et fait observer que si ce sont les syndicats qui touchent les encouragements de l'Etat le résultat cherché est sûrement atteint, c'est-à-dire de permettre aux petits cultivateurs de recourir aux instruments les plus perfectionnés. M. Méline

refuse le crédit de 5.000 francs qu'on lui propose et il est repoussé par la Chambre.

Chapitre 10. — Primes à la sériciculture, 4.500.000 francs. (Adopté.)

Chapitre 11. — Primes à la culture du lin et du chanvre, 2.500.000. (Adopté)

Chapitre 12. — Allocations, dépenses administratives et subventions pour le traitement et la reconstitution des vignobles de France, 563.919 fr. (Adopté.)

Le chiffre de la commission n'était que de 513.919. (A suivre).

Le congrès du black-rot

Ce congrès qui s'est tenu la semaine dernière et auquel ont pris part les notabilités viticoles du Sud-Ouest, ainsi que les notabilités de l'enseignement viticole, n'a malheureusement abouti qu'à des résultats bien insuffisants pour atteindre son but essentiel.

En premier lieu, on a voté des remerciements immédiats, adressés par dépêche, toute affaire cessante, à M. Méline, pour le concours qu'il a donné aux travaux du congrès. Comme si M. Méline avait eu un effort héroïque à faire pour une des besognes courantes de sa fonction de ministre de l'agriculture !

Après cet acte d'obséquiosité puérile et honnête, le Congrès a voté les conclusions proposées par son rapporteur savoir :

« En dehors des conditions exceptionnelles de vignes affaiblies par l'âge, les maladies parasitaires antérieures ou par une inculture prolongée, la défense contre le black-rot est économiquement possible dans une année où les conditions climatériques sont analogues à celles de 1896 et pour les vignobles dont le produit en argent est assez élevé.

« Jusqu'à nouvel ordre, les préparations cupriques et parmi elles, la bouillie bordelaise et la bouillie bourguignonne Leverdel, sont les plus efficaces.

« Conjointement avec les recherches de laboratoire, des observations scientifiques et pratiques doivent être poursuivies avec une scrupuleuse attention dans les centres mêmes de black-rot.

« Le Congrès émet le vœu que l'administration supérieure contribue aux frais nécessités par ses observations.

« M. Piou, président, fait l'éloge de tous les savants et praticiens qui se sont employés à conserver au pays une des principales sources de la richesse publique, puis il prononce la clôture du Congrès. »

On le voit, la science moderne, si fière de ses prétentions, à l'empire de toute la nature, n'a pas encore l'antidote du black-rot.

Il faut, en attendant, lutter contre le fléau avec les moyens signalés plus haut et se résigner aux demi-succès même intermittents qu'on peut en obtenir. Espérons que l'année prochaine nous serons un peu plus avancés.

La hausse du blé

Nous maintenons de plus en plus le conseil que nous avons donné aux cultivateurs de vendre le moins possible. Tout permet d'espérer que la hausse qui s'est produite depuis deux mois se maintiendra et s'augmentera même; nous espérons que le cours de 24 francs sera atteint et maintenu; la famine prévue dans l'Inde commence à sévir et des troubles graves à ce sujet viennent d'éclater dans le district de Bassein. Dans la République Argentine par suite de l'amélioration considérable des finances, la prime de l'or a baissé considérablement, en sorte que les exportateurs argentins sont obligés de vendre cette année leur blé 5 francs de plus les 100 kilos pour toucher en monnaie argentine la même somme que l'année dernière. Bref, les blés étrangers ne peuvent concurrencer les nôtres protégés par le droit de douane de 7 fr. et les cultivateurs français sont absolument maîtres du marché. Ils doivent vendre le moins possible et les propriétaires intelligents n'hésiteront pas à donner du temps à leurs fermiers pour leur permettre de réaliser à de plus hauts cours leurs blés.

Les primes à la culture du lin et du chanvre.

Le règlement officiel des primes à allouer aux producteurs de chanvre et de lins a paru à l'*Officiel*. La prime est fixée, pour l'année 1896, à 72 francs par hectare.

Pas n'est besoin de répéter ce que nous avons dit tant de fois. Mieux vaudrait faire l'économie de ces primes qui coûtent près de 3 millions aux contribuables — y compris les producteurs eux-mêmes — et en réclamer l'équivalent aux lins et aux chanvres étrangers.

Mais inutile d'anticiper sur des solutions que le temps rendra absolument inévitables. Le système des primes est jugé. Alors il faudra bien en revenir à un régime douanier rationnel qui devient de plus en plus indispensable à mesure de l'inefficacité des efforts désespérés qu'on tente pour le remplacer.

CHRONIQUE AGRICOLE

Situation. — La saison.

Nous n'avons malheureusement que des informations affligeantes à reproduire aujourd'hui touchant l'état général des récoltes et des terres en culture dans presque toutes les régions du territoire.

La persistance prolongée d'une saison pluvieuse qui dure depuis près de trois mois est une calamité pour les récoltes d'automne comme pour les semailles. Dans de nombreuses contrées les betteraves qu'on rentre ordinairement en octobre n'ont pu être récoltées ; les bœufs ayant de la boue jusqu'au genou dans les terres.

Dans les contrées sucrières, les betteraves récoltées dans de si tristes conditions ont à peine une densité de 6 à 7 degrés. La sucrerie et la culture betteravière font une campagne lamentable. La distillerie a subit la même misère.

Les blés qu'on a semés en novembre dans de mauvaises conditions, ont une levée très lente et défectueuse. Quelques-uns se demandent si une légère addition de nitrate de soude ne serait pas utile pour activer leur végétation. N s nous conseillerons ce remède qu'au cas où la température serait assez élevée pour provoquer une reprise, mais à la veille de gelées probables, on comprendra que la tentative est d'un effet très aléatoire.

Une des calamités de la situation c'est la difficulté de conserver intactes les plantes-racines et les pommes de terre qui ont été récoltées si péniblement et en si triste état dans cette période pluvieuse qui n'a pas encore dit son dernier mot. Les moyens connus ne seront suffisants que si on les emploie avec des soins considérables. L'aération des silos, leur fermeture hermétique, la salaison, la fermentation, la *cuisson* surtout, sont à l'ordre du jour partout où on tient à sauver les provisions alimentaires des bestiaux. La pourriture doit être évitée à tout prix et à aucun prix il ne faut faire consommer aux bêtes des aliments en voie de putréfaction, en si minime proportion qu'ils se trouvent mêlés aux aliments sains.

Le cuisson est le moyen le plus sûr de conserver les aliments des animaux — elle est aussi la plus coûteuse, dit-on, — pas autant qu'on le pense généralement, puisqu'il est démontré qu'un aliment quelconque étant cuit profite beaucoup plus à l'animal qu'à l'état cru. La question est de trouver le mode de cuisson le moins dispendieux. Or, dans une exploitation de moyenne importance, l'acquisition d'un cuiseur à vapeur est une opération vraiment avantageuse, surtout dans les circonstances actuelles où il s'agit de préserver de la pourrriture une grande partie des récoltes. Dans les petites exploitations, la dessiccation des racines et des pommes de terre au four est recommander, surtout dans les régions bocagères, tel que le bocage vendéen, où les haies vives fournissent d'abondantes provisions de bois à brûler peu coûteux.

Nous venons de résumer les calamités dominantes de la situation. Espérons que cette période pluvieuse cessera prochainement, et que le ressuyage des terres permettra de reprendre le cours des travaux de semailles interrompu partout depuis un grand mois.

Le Bélier de Meurthe-et-Moselle décrit ainsi la situation des récoltes dans sa région :

« L'hiver qui s'annonce semble devoir être propice aux coryzas et à la grippe. A peine une éclaircie survient-elle, que le brouillard cherche à dominer. Nous ne savons trop si l'on doit s'en plaindre ou s'en féliciter. Il est certain qu'au point de vue des emblavures, la température actuelle leur est beaucoup plus propice que les gelées qui ont duré pendant un quartier de lune.

« Les derniers blés semés, avec une bonne couche de fumier, ont encore l'espoir de lever avant la Noël, ou du moins avant les premières neiges, que l'on nous annonce devoir être très abondantes.

« Les cultivateurs feront bien, prévenus par cette prédiction, de profiter de quelques beaux jours qui nous restent encore pour creuser les rigoles d'écoulement. La fonte des neiges dans les terrains en pente est toujours plus funeste au sol, qu'elle ravine, que le plus violent des orages.

« De même, dans les terrains plats ou à sol imperméable et argileux, il est bon de ne pas laisser séjourner cette eau glacée qui refroidit par trop le sol.

« Les seigles et les vesces ne font point trop mauvaise figure. S'il ne survient pas d'intempestives gelées, on peut espérer que le fourrage vert sera abondant au printemps prochain. La culture n'aura qu'à s'en applaudir, car elle ne s'effraye pas sans raison du prix, toujours croissant, des fourrages.

« Beaucoup de cultivateurs rationnent avec juste raison leurs chevaux et économisent leurs fourrages pour l'époque des travaux.

« Les détritus de paille, quelques betteraves et de la paille hachée, mélangée au son et à une poignée d'avoine, suffisent à les entretenir en bonne santé pendant qu'ils sont à l'écurie.

« Disons, en terminant, que la santé du bétail est bonne et ne laisse rien à désirer. »

Pronostics météorologiques pour fin décembre et janvier.

Le mois de décembre 1896 et le commencement de janvier 1897 présentent, dans leur ensemble, toutes les apparences d'une période absolument mauvaise.

Une suite de dépressions, presque ininterrompue, se succédera aux Iles Britanniques, oscillant sur la Scandinavie et le golfe de Gascogne d'une part, et sur le nord de l'Italie, l'Adriatique d'autre part, pendant toute cette fin d'année, amenant avec elle du temps couvert, venteux, sombre, brumeux et la prédominance des vents froids d'est à nord-est et du nord-est à nord-ouest sur le centre européen pendant la première partie de cette période.

Mais c'est surtout la fin de décembre et le commencement de janvier qui menacent d'être sérieusement mauvais.

En l'état où sont actuellement nos recherches sur la formation des dépressions, et si les mêmes causes qui ont produit les profondes dépressions de décembre 1895 sur la Baltique, de mai 1896 aux Etats-Unis, de septembre dernier sur la Scandinavie et le Danemark, si, dis-je, ces causes produisent les mêmes effets en décembre, la période du 19 au 23 sera particulièrement mauvaise.

Quoi qu'il en soit, la température de décembre paraît devoir suivre la marche suivante et cela avec 9 chances sur 11.

Du 16 au 18 et 19. — Période intermédiaire. Hautes pressions sur le centre européen. Temps couvert avec éclaircies partielles. Continuation des vents du nord-est par suite des dépressions se formant sur le golfe de Gênes, l'Adriatique et l'Italie centrale. Beau temps sur les Alpes.

Du 19 décembre au 7 janvier. — Périodes dangereuses. Perturbations et troubles atmosphériques sur l'Europe. Les dépressions du Nord gagnent en intensité sur celles du Sud. Prédominance des vents d'ouest à sud-ouest sur le continent. Fœhn sur les Alpes. Temps doux, pluvieux, couvert, nuageux, *pourri*. Jours mauvais, du 20 au 31. Dates critiques, les 20, 21, 25, 26 et 27. Neige vers les 29, 30 et 31. Fortes dépressions sur le centre, Angleterre, mer du Nord et Danemark, les 20, 21 25 et 26.

Sur le versant méridional des Alpes, suite de fortes dépressions sur le golfe de Gênes, la Sardaigne et l'Adriatique. Très gros temps sur la mer Noire et la Méditerranée orientale. Tout le bassin de la Méditerranée sera mauvais pendant cette période et les vents y souffleront en tempête, spécialement du 20 au 28 décembre.

La période des mauvais temps prendra fin vers le 7 janvier et du 7 au 25 le régime des hautes pressions dominera sur l'Europe centrale avec beau temps froid et sec.

JULES CAPRÉ.

L'art de faire du bon vin.

Hivernage des vignes. Façonnements annuel. — La vigne est tellement puissante de végétation, qu'en tout climat elle lance ses rameaux à des distances prodigieuses, depuis la treille gigantesque d'Hamptoncourt, près de Londres produisant mille grappes de raisins par an, jusqu'aux ceps qui traversent les fleuves en Afrique, partout on peut voir la vigne couvrir d'une seule tige des espaces considérables et vivre des siècles. Sur les rochers, sur les arbres, contre les murs, libre ou torturée, la vigne vit partout et résiste à tout, pourvu qu'elle ait la part de sol, de nourriture, d'air et de soleil qui lui est indispensable.

La chaleur, notamment, lui est tellement nécessaire, que les années de grands vins furent toujours, chez nous, les années les plus chaudes et les plus sèches, telle 1811, où une affreuse sécheresse, avait sévi sur l'Europe entière au point d'y ruiner partout la récolte des céréales. En France, le prix de l'hectolitre de blé s'éleva jusqu'à 70 francs, ce qui n'empêcha pas la vigne de donner en assez grande abondance ce vin excellent connu sous le nom de *vin de la Comète*, qui lui est resté.

On conçoit, après cela, qu'une propreté absolue et permanente, depuis les premiers mouvements de la sève jusqu'à la récolte, soit la première condition de la santé et de la fertilité de la vigne, en même temps que de la bonne maturation du raisin.

Une vigne plantée sur un gazon, fut-il tondu tous les jours ne rendra jamais rien. Or, on n'obtiendra cette netteté si désirable que par des façons réitérées, de labour, piochage, binage et raclage, se souvenant qu'un hectare de vigne d'une culture soignée donnera un *produit net* plus élevé que trois hectares négligés, et que le *chevelu, cette vie du raisin*, se développera d'autant plus librement que le sol sera plus meuble, c'est-à-dire plus fréquemment remué et fouillé.

— *Premier labour.* On le donnera un peu après la vendange, conformément au précepte du maître : *Labourez la vigne à l'arrière-saison et chaussez chaque pied, crainte d'un hiver rigoureux* (1). C'est l'*hivernage* des bords de la Saône (*ruellage* dans quelques départements du Centre). Il aère et assainit le sol, provoque la décomposition des herbes et des feuilles de la vigne, facilite la désagrégation par les gelées des sols compacts, en même temps que le prompt écoulement des eaux à la surface. Son importance est donc capitale et point assez appréciée.

Partout où on le peut, ce premier labour s'expédie à la charrue vigneronne. On en profitera, de trois années l'une, pour enfouir le fumier, d'un effet d'autant plus grand, comme chacun sait, qu'il est mis en terre *pendant le sommeil de la végétation*.

Dans les vignobles où les interlignes n'excèdent pas *un mètre*, un simple passage d'une araire à cheval avec régalage à la pelle, en fera l'affaire, ou bien l'on creusera à la pelle courbe une rase large de 35 centimètres, et profonde de dix, en rejetant au pied des ceps la majeure du déblai.

Deuxième labour (*semardage, mise en darbons, dérulleage, sombrage*). Dès la mi-mars, si le temps le permet et que la taille soit achevée, on fera circuler la charrue vigneronne munie de ses *gardes* (pour éviter les heurts douloureux), en sens inverse de la façon de novembre-décembre.

(A suivre).   P. BERTHOLLON.

Les prochaines semailles

Dans la déplorable situation des terres que la pluvieuse saison qui dure encore, n'a pas permis d'ensemencer, les cultivateurs généralement se demandent avec anxiété quel parti ils devront prendre dans le choix des céréales à semer lorsque leurs terres inabordables aujourd'hui, seront suffisamment ressuyées pour recevoir une semence quelconque et aussi lorsque les rigueurs de l'hiver ne seront plus à redouter.

Sur le double problème qui, pour eux est le plus grave en ce moment, il n'est pas facile de proposer des solutions générales. Dans un pays tel que la France, où les conditions de sol, de climat sont si multiples même dans une région sans communication, le plus sage parti est de conseiller avant tout l'expérience et l'autorité acquises par les cultivateurs qui s'éclairent à la fois de cette expérience et des lumières de la science agricole contemporaine. Lumières précieuses assurément, mais dont on ne profite complètement qu'en les appliquant avec prudence et en tenant compte dans une mesure convenable des enseignements du passé.

Dans la situation actuelle, les cultivateurs dont les terres n'ont pas reçu les semences d'automne, hésitent pour leurs semences de printemps entre les blés de mars et les avoines. Nous avons vu la semaine dernière, comment cette question des blés de mars avait été traitée à la Société nationale d'agriculture par des maîtres tels que MM. Vilmorin et Tétard. Ces messieurs ont indiqué avec précision les moyens de tirer des blés de mars des rendements quelquefois égaux au moins en grain, à ceux des blés d'automne. Mais il va de soi que ces résultats ne sont assurés que dans les terres de bonne nature et suffisamment préparées et pourvues des engrais appropriés.

Il s'ensuit que dans d'autres conditions surtout, si la saison n'est pas propice, les ensemencements d'avoine peuvent avoir droit à la préférence. Tous les cultivateurs le comprennent bien ; mais tous ne comprennent pas qu'une condition essentielle du succès, vient du choix des semences et surtout de graines de semence de première qualité dont le principal signe est dans le poids des graines. Nous avons cité des expériences nombreuses qui démontrent que les hauts rendements des avoines ont en cela leur principal facteur et que, pour s'en assurer, on n'avait rien de mieux à faire que de plonger ces graines dans l'eau et d'éliminer toutes celles qui ne tombent pas au fond du récipient.

Nous ne pouvons nous en tenir sur ce sujet qu'aux données générales ci-dessus, en nous réservant de consulter les circonstances locales qui, dans chaque région, devront être consultées pour le choix à faire entre les céréales à semer depuis la fin de février jusqu'à la fin de mars. Nous suivrons sur ce point les indications publiées par les praticiens émérites des régions si diverses à tous égards, qui vont des Pyrénées aux Ardennes, et de la Bretagne à la Lorraine. On comprend qu'il serait insensé de conseiller les mêmes pratiques à toutes les régions. Pour nous en tenir aux bonnes références locales, nous débuterons par ce qui concerne une région importante.

Voici ce que dit M. Delimoges dans la *Bourgogne agricole* :

« Beaucoup de terres qui auraient porté du blé sont restées sans être semées ; que vont en faire les cultivateurs ?

« En général ces terres seront semées en avoine, l'habitude de faire du blé de mars n'existant pas, pour ainsi dire, dans la Côte-d'Or.

« Nos cultivateurs sont imbus de cette idée que les blés de mars ne sauraient réussir dans notre pays : la seule raison qu'ils pourraient donner à l'appui de leur opinion serait peut-être que ce n'est pas l'usage.

« Nous n'entreprendrons pas de les détromper car, à cette tâche, nous perdrions probablement notre temps, cependant nous leur demanderons à titre d'essai, de bien vouloir réserver une parcelle, une toute petite parcelle dans laquelle au lieu de semer de l'avoine ils mettront du blé.

« C'est un essai que je ne crains pas de leur recommander parce que je suis sans crainte sur le résultat : j'ai semé à plusieurs reprises des blés de mars et j'ai, je ne dirai pas toujours, mais presque toujours réussi.

« La paille est peut-être un peu moins abondante, le grain un peu moins nourri, mais la différence est peu sensible et quand l'année ne présente pas d'intempéries extraordinaires elle est à peine appréciable.

« En tout cas, un blé de printemps semé en de bonnes conditions sera toujours meilleur qu'un blé d'automne semé trop tard ou dans de mauvaises conditions de culture.

« Nous engageons donc vivement nos lecteurs à faire des essais de blés de printemps ; l'année prête à cette expérience, et nous croyons ne pas leur donner un mauvais conseil, d'autant plus que l'avoine par suite de la grande quantité qui sera semée en 1877 pourra bien être bon marché.

« Mais, nous dira-t-on, pour semer des blés de printemps, il faut en avoir et ils sont rares dans notre pays.

« Les vrais blés de mars, barbus ou sans barbe, sont en effet assez rares, mais nous avons certains blés qui se prêtent très bien à la semaille de printemps ; ainsi sans parler du blé mouton ou de pays, le blé rouge de Bordeaux, et mieux encore le blé de Noé se sèment fort bien comme Blés de Mars.

« Bien que rien ne soit absolu en agriculture nous nous permettrons de donner à nos lecteurs quelques indications dont ils pourront tirer profit.

« Voici, indépendamment de ces trois espèces de blé que nous recommandons plus spécialement, le nom des autres blés qui peuvent se semer fin février :

« Rouge de Saint-Laud. — Hérisson. — Blé-Seigle. — Blé Rousselin.

<hr>

1. Victor Pulliat. Le docteur Barretto, de Santo-Paulo (Brésil) en envoyant sa souscription (100 fr.) pour l'érection d'une statue à M. Pulliat, a rendu au premier de nos ampélographes un hommage digne de lui : « L'Europe tout entière, dit-il, a grandement raison de regretter la mort de M. Pulliat. Mais le Brésil a des motifs tout spéciaux de pleurer la perte d'un de ses meilleurs amis.. Sans ses paternels conseils, notre viticulture n'aurait jamais existé. »

« En mars on sème :

« Chiddam blanc. — Saumur de mars. — Mars rouge barbu. — Mars rouge sans barbe. — Victoria de mars.

Le Chiddam blanc (variété très recommandable) le Saumur de mars, le blé Rousselin conviennent mieux aux terres argileuses et froides.

« En terres d'alluvion on sèmera en février le blé bleu, le Moutot ou Mouton, le Blé-Seigle, le Rousselin ; en mars le Chiddam blanc et le Saumur.

« Dans les terres argilo-calcaires les blés qu'il convient de semer en février sont le Blé Bleu, le Rouge de Saint-Laud, le Blé Seigle, le Blé Rousselin ; en mars le Blé Bleu et le Chiddam blanc.

« Dans les terres maigres, on fera mieux de ne pas semer de blés de mars : si on était tenté de le faire il conviendrait de choisir le Victoria, le Saumur ou encore le blé Hérisson.

« Nous le répétons, ce ne sont là que de simples indications.

« Nous nous montrerons toutefois plus affirmatif en ce qui concerne les terres d'alluvion : nous avons fait dans ces sortes de terres des essais pendant plusieurs années qui nous permettent cette assurance.

« Nous serions donc, nous ne craignons pas de le dire, heureux de voir notre conseil suivi et des essais tentés : nous ne demandons pas à ceux qui n'ont pas encore fait des semailles de printemps d'emblaver de grandes étendues, nous les engageons seulement à essayer sur des surfaces plus ou moins grandes, suivant l'importance de leur culture.

« Occupons-nous maintenant un peu de la semaille d'avoine ; il est certain que de grandes surfaces de cette céréale seront emblavées au mois de février : nos lecteurs nous permettront-ils de leur donner encore un conseil ?

« L'avoine ne sera pas rare en 1897, mais la bonne marchandise a toujours sa valeur et fera toujours prime.

« On sèmera au printemps un peu tout ce que l'on trouvera, ne pourrait-on faire mieux et sélectionner un peu les semences que l'on confiera à la terre.

« Sélectionner de l'avoine ? cela semble au premier abord un peu difficile ; il existe cependant un procédé extrêmement facile à employer et qui donne d'excellents résultats, le voici dans toute sa simplicité :

« On jette l'avoine dans une cuve d'eau : les meilleurs grains, les grains lourds vont au fond, les mauvais grains restent au-dessus. On les enlève et on met de côté les premiers pour être semés.

« Il n'est pas rare d'obtenir par ce moyen une récolte de 150 à 200 kilos en plus au journal que si on avait semé de l'avoine toute venante.

« C'est là un procédé facile et à la portée de tout le monde.

« J. Delimoges. »

Nous sommes heureux de trouver une confirmation si décisive des conseils qu'on a lus dans nos derniers numéros.

Voilà pour la région de l'Est, nous aurons à interroger dans les autres régions les maîtres les plus autorisés de la pratique qui, comme l'honoré directeur de la *Bourgogne agricole*, donnent de si judicieux conseils à leurs confrères.

Les avoines d'hiver.

La fâcheuse prolongation des pluies d'automne a pour effet inévitable des retards difficiles à réparer dans les ensemencements des blés. Dans beaucoup d'exploitations occupées par des terres froides et mouillantes, le retard ne sera pas réparable pour cette céréale, dont la semence exige un sol bien ressuyé. En revanche, là où elle sera retardé indéfiniment, on pourra la remplacer par l'avoine d'hiver, qui ne craint pas les terres humides, pourvu qu'elles soient suffisamment munies d'engrais.

L'avoine d'hiver, convenablement cultivée donne des récoltes plus abondantes que l'avoine de printemps, et une bonne récolte d'avoine d'hiver est lucrative, là où une médiocre récolte de blé est onéreuse.

On nous objecte sans doute que l'avoine d'hiver peut être détruite par les grandes gelées. C'est hélas, le risque que courent les blés aussi, lorsqu'ils sont semés tardivement.

On a remarqué que l'avoine nouvelle est plus sensible au froid que l'avoine de l'année précédente. Nous rappelons que les graines les plus lourdes seules doivent être confiées à la terre, et que le meilleur moyen de trier les graines pleines des graines maigres et stériles, consiste à les laisser immerger dans l'eau, puis à n'employer, comme semence, que les graines qui tombent au fond.

Pour semer l'avoine dans un sol humide, il faut tout d'abord défoncer ce sol par un labour profond ; car si l'humidité du sol est favorable à l'avoine dans la seconde phase de la végétation, elle leur est nuisible dans la période de germination.

Si on craint pour la semence les ravages des rongeurs et des oiseaux, on y obvie ainsi que nous l'avons dit, en imbibant la semence d'huile de camomille, à raison d'un litre seulement par hectolitre de grains de semence.

Ajoutons que ce moyen de préservation est applicable à toutes les graines de semence, en agriculture comme dans le jardinage. L'avis est opportun à renouveler en présence de nombreuses correspondances où on se plaint des animaux ravageurs.

Entretien des pâturages.

Comme les champs, les pâtures exigent des soins continus, même et surtout en hiver.

C'est pendant la saison des pluies qu'on se rend le mieux compte du régime des eaux et que, par conséquent, on peut le modifier avec succès. Pour opérer dans cette saison, inutile de recourir aux opérations faciles, mais encore assez délicates du nivellement. Il suffit de remarquer les parties les plus humides, celles sur lesquelles il se forme des mares. Soit en approfondissant, en nettoyant les rigoles, soit en changeant leur direction, soit enfin par des apports de terre, on assurera l'écoulement normal des eaux. A moins de se trouver dans certains cas spéciaux, on a toujours intérêt à ne pas laisser l'eau séjourner sur les prés. Une trop grande humidité fait disparaître les meilleures plantes et développe les joncs, les carex, les prêles, les renoncules et autres végétaux nuisibles.

Après avoir pourvu à la bonne direction des eaux on procédera à l'enlèvement des mauvaises herbes, soit par l'arrachage à la main, soit quand il s'agit de la mousse, par la herse spéciale. Quand l'état du sol le permettra, on devra en profiter pour répandre des engrais, des composts.

Pour le cultivateur, il n'est pas de morte-saison ; c'est pendant que la végétation sommeille qu'il se livre à des travaux auxquels il ne peut plus songer quand la température réveille la sève.

On ne saurait trop recommander aussi de profiter de l'hiver pour débarrasser les arbres fruitiers de tous leurs parasites : gui, lichens, mousse, etc. Si on le pouvait, il y aurait grand intérêt à frotter les troncs et les branches au gant de fer, afin d'exposer les œufs des insectes aux atteintes du froid. On ne se doute pas du supplément de récolte qu'on obtient ainsi. De même, nous recommandons de remuer dans cette saison le sol au pied des arbres plantés dans les prairies. Les racines ont besoin d'air pour bien nourrir le sujet. Après avoir pioché avec soin de façon à ne pas blesser les organes souterrains, on placera un petit monceau de cailloux qui empêchera pendant toute la saison suivante la terre de se tasser et qui permettra à l'air d'exercer sa salutaire action sur la décomposition des éléments naturels. Au pied des arbres chlorotiques on répandra un peu de sulfate de fer et d'engrais.

On n'a rien sans peine, les prairies et les arbres qu'elles portent ne se maintiendront en bon état de production qu'à la condition de recevoir des soins intelligents et continus.

Gare les pommes de terre d'Amérique !

On va voir que nous jetons à propos ce cri d'alarme !

Après nous avoir envoyé le phylloxera, le mildiou et le black-rot, voici que l'Amérique est en situation de nous envoyer *trois* maladies infectieuses qui, à l'heure présente, dévorent les immenses cultures de pommes de terre. C'est avec raison que la Société nationale d'acclimatation réclame la prohibition des importations de pommes de terre d'Amérique. C'est dans les plantations de pommes de terre d'origine irlandaise, que sévit ce triple fléau.

Les trois plus redoutables de ces maladies sont le *potato blight*, ou peste des pommes de terre, le *potato scale*, ou gale des pommes de terre, et enfin le *macrosporium*. Ces affections causent des millions de dégâts sur le territoire de l'Union. Le *potato blight* pourrit en un jour les feuilles des plantations les plus verdoyantes, comme si le feu y avait passé, puis les tubercules se couvrent de taches, de pustules. Le *scale* est plus mystérieux dans son action : les plantes ont toujours bonne apparence extérieure, on espère une belle récolte, on arrache et l'on ne trouve que des tubercules dévorés par la gale. Avec le *macrosporium*, c'est encore mieux : il ne laisse même pas pousser les tubercules. Il couvre les feuilles de taches brunâtres : elles se sèchent, se brisent, et la plante, privée de ses organes végétatifs, ne donne aucune récolte.

Les Américains se sont mis immédiatement à chercher des remèdes contre ces maladies. Pour combattre le *blight* et le *macrosporium*, il n'y a que la bouillie bordelaise, le sulfate de cuivre, qui réussisse ; et encore faut-il un arrosage abondant, ce qui cause des frais considérables. Quant au *scale*, on doit le prévenir en traitant les tubercules de semence au sublimé corrosif avant plantation : à plusieurs reprises on les arrose avec ce sel mercuriel, ou bien on les fait baigner dans cette solution.

Pas besoin de noter que ces traitements si coûteux ne réussissent pas toujours, et combien il est important de songer aux moyens de soustraire notre pays à l'invasion de tels fléaux qui nous coûteraient plus cher encore que nous ont coûté les fléaux de nos vignes.

Pour apprécier les calamités pouvant résulter d'une telle invasion, pour la France et pour l'étranger, il suffit de constater d'après les statistiques, que la production des pommes de terre s'élève annuellement en Europe à 66 milliards de kilogrammes. La France en récolte 31 milliards ; l'Allemagne, 37 milliard l'Angleterre, 7 milliards ; la Belgique, 2 à 3 milliards.

On voit que notre cri d'alarme ne manque pas d'opportunité, et le ministère de l'agriculture doit s'inquiéter de ce nouveau fléau aussi activement que des maladies importées par les bestiaux étrangers.

Les haies et clôtures.

L'hiver est la saison propice à tous les travaux d'entretien, le cultivateur doit en profiter pour passer toute son exploitation en revue. C'est, par exemple, le moment de visiter les haies et les clôtures. Par une taille bien faite, on facilitera l'éclosion de jeunes bourgeons dont les pousses viendront combler les vides. De même on redressera la pente du fossé qui les sépare de la pâture, on redressera le talus sur lequel elles sont plantées, de façon à les préserver contre les déprédations du bétail.

C'est un système très recommandable que celui qui consiste à planter les haies sur une levée de terre bordée d'un fossé. Autrement les animaux arrivent rapidement à faire des trouées, sinon même à détruire la haie.

Faute de recourir à ce moyen qui est excellent, il convient de préserver les haies par de la ronce artificielle qu'on vérifiera, pendant l'hiver. Pour empêcher les animaux de manger les feuilles des haies, on se trouvera très satisfait d'asperger celles-ci avec un balai trempé dans de la bouse de vache additionnée d'eau.

Ce traitement donné trois fois par an suffit parfaitement pour préserver les jeunes pousses de la dent du bétail. On opère au début du printemps, à la Saint-Jean, et au commencement de septembre.

Dans ces derniers temps on a beaucoup conseillé de préférer à cause de leur prix les clôtures au fil de fer, aux clôtures arbustives.

Celles-ci ont cependant des mérites spéciaux qu'il est bon de rappeler.

Dans les pays où les animaux passent toute l'année dehors, on ne peut renoncer aux haies qui les protègent contre les coups de vent et près desquelles ils viennent s'abriter de la pluie ou du soleil. Bien conduites, les haies demandent peu d'entretien et donnent une certaine quantité de bois de chauffage.

MÉDECINE VÉTÉRINAIRE

Abcès. — Collection de pus dans une cavité naturelle ou une cavité qui résulte accidentellement de la formation de ce liquide dans un tissu. 1° Abcès chaud ou abcès aigus (fréquents chez les poulains) ; au début favoriser la maturation et calmer la douleur en appliquant souvent des cataplasmes tièdes de farine de lin que l'on peut additionner dans les cas particulièrement douloureux d'opium. Quand les cataplasmes sont impossibles à appliquer, on fera matin et soir avec la main nue ou enveloppée d'un linge des applications d'onguent populéum ; quand l'abcès devient mou au centre, on doit l'ouvrir par un coup de bistouri plongé droit directement dans la tumeur, sauf quand il se trouve auprès d'organes délicats ; dans ce cas recourir au vétérinaire ; 2° Abcès froids ou chroniques (chevaux et surtout bœufs, ils n'existent guère que sous cette forme chez ces derniers) ; pour activer la suppuration, on applique un mélange par parties égales d'onguent vésicatoire et pommade mercurielle ; appeler ensuite le vétérinaire pour le traitement subséquent qui est délicat.

Le forçage des asperges en Autriche. — La *Belgique horticole* a indiqué deux procédés employés en Autriche pour obtenir des asperges énormes. Le premier consiste, aussitôt que la tête de l'asperge commence à sortir de terre, à la couvrir d'une sorte d'étui en bois, qui est fixé en terre au moyen de pattes. Dans ce tube qui est percé de trous à son tiers supérieur, pour que l'air puisse circuler, l'asperge devient plus grosse, plus tendre, plus savoureuse, et cela sur une grande longueur. Le deuxième procédé, assez bizarre, consiste à introduire l'asperge déjà sortie de terre dans le goulot d'une bouteille, qui est ainsi maintenue le fond en l'air. L'asperge monte jusqu'au sommet de la bouteille, se replie en rencontrant le fond et finit par remplir la cavité ; on la coupe alors du pied et l'on casse la bouteille. Une asperge ainsi traitée est, paraît-il, exquise, tendre, parfaitement délicate et constitue un plat déjà assez important.

Les vaches à l'étable. — Les vaches à l'étable doivent être nourries régulièrement à des intervalles suffisamment rapprochés. Elles doivent y être nourries un peu comme les animaux à l'engrais, mais avec cette différence qu'il faut viser au lait et non à la graisse. Il faut donc leur donner une nourriture plus azotée. Parmi les aliments qui favorisent la production du lait et sa richesse il faut nommer les tourteaux de coton décortiqué, les pois, les fèves, l'avoine, les tourteaux de lin et les germes de malt. L'orge et le blé échauffent trop les animaux. On admet généralement que l'orge diminue la sécrétion du lait. Les drèches de brasseries, de distilleries et l'ensilage augmentent la quantité, mais non la qualité du lait. Tenez scrupuleusement propres les auges et tous les ustensiles qui servent à préparer les aliments des animaux.

ON OFFRE : **Pêchers américains greffés.** Beaux fruits rouges de juillet à septembre, 10 francs les 10 (gare départ), contre mandat. S'adresser à M. Joseph *Dufour*, propriétaire viticulteur à Ecully (Rhône).

On demande un homme célibataire ou veuf, sérieux, catholique pratiquant, pour diriger la culture d'un orphelinat agricole On prendrait également un instituteur libre pour donner aux enfants l'enseignement primaire. S'adresser à M. l'abbé de Surprat, fondateur et directeur de l'orphelinat de Mélay, par Montaigu, Vendée.

On offre à 25 lieues de Paris, à jeune homme désirant faire valoir, très belle ferme de 140 hectares avec matériel, animaux, récoltes, culture intensive, blé et betterave, bail à la volonté du preneur. — Conditions très avantageuses. S'adresser au journal.

Une situation de directeur d'une importante affaire agricole à Paris, est offerte à personne compétente, disposant de 25.000 fr. S'adresser au Bureau du journal.

On demande une personne qui voudrait bien s'intéresser à l'extension d'un produit en bonne voie de succès, et aussi pour l'exploitation d'un nouvel appareil d'un usage très utile en agriculture, arboriculture, viticulture et jardinage. S'adresser pour tous renseignements au bureau du Journal.

A louer, pour la Saint-Michel 1897, une ferme bien plantée à Saint-Philbert-sur-Risle, près Montfort-sur-Risle (Eure), 66 hectares, cours, bâtiments, prés et labours, à un kilomètre d'une gare. S'adresser à Mme Ariste Hébert, à Saint-Philbert-sur-Risle, près Montfort (Eure).

Un ex-régisseur de grande propriété, marié, offrant certificats et références de premier ordre, connaissant la culture des céréales, l'élevage, l'engraissement, la culture des plantes industrielles, demande la régie d'un dos maine herbager, ou culture intensive. Nous recommandons tout particulièrement à nos abonnés, ce régisseur qui offre toutes garanties désirables, comme honorabilité et loyauté.

S'adresser aux bureaux de la *Gazette*, 10 bis, rue Piccini, Paris.

Tourteaux de coton décortiqué d'Amérique, en pains ou moulus de 13 fr. 75 à 14 fr. les 0/0 kilos sur wagon. Le Havre. — Livraison immédiate.

RED-CAP. Œufs à couver de cette excellente race de poule, réputée la plus jolie et la plus forte pondeuse, garantis race pure frais et fécondés, 5 fr. la douzaine franco de port et d'emballage. S'adresser à **Calixte Dany**, Althen-les-Paluds (Vaucluse).

Important : J'invite les personne squi veulent bien me confier leurs ordres de toujours y joindre un mandat, les remboursements n'étant bénéficiables qu'aux Compagnies.

Toujours donner le nom de la garée laquelle il faut adresser les envois.

M. POUZIN offre de jolis racinés de son plant de vigne à la seule condition pour les demandeurs de lui tenir compte d'une partie de la récolte d'une année. — Contre 0 fr. 25 il expédie son *Guide* pour la culture de cette variété.

Écrire à M. Pouzin Emile, à Saint-Paul-les-Romans, Drôme.

SI vous voulez boire du bon vin de Saint-Émilion, adressez-vous à M. **Duplessis-Foursaud** au château des Trois-Moulins, à SAINT-ÉMILION (Gironde).

(Voir le prix courant.)

Ferme du château de Résenlieu près Gacé Orne) Mme la comtesse de Nollant :

Camemberts marque Au Faucon.
Médaille d'or.
6 fromages 4 fr. 50, 9 fromages 6 francs. 15 fromages 9 fr. 75 (franco garé).

COURS DES BESTIAUX

Marché de la Villette du 14 décembre 1896.

	PRIX DE LA VIANDE NETTE		
	1re qualité	2e qualité	3e qualité
Bœufs. ..	1.50	1.40	1.30
Vaches...	1.48	1.38	1.28
Taureaux.	1.20	1.10	0.98
Veaux....	1.84	1.60	1.26
Moutons..	1.88	1.70	1.60
Porcs....	1.10	1.50	1.02

ESPÈCES	AMENÉS	VENDUS	PRIX EXTRÈME	
			viande net	poids vif
Bœufs....	2.777	2.527	1.30 à 1 50	60 à » 92
Vaches...	704	689	1.28 1.48	57 » 91
Taureaux.	258	240	0.96 1.20	50 » 79
Veaux....	1.259	1.076	1.26 1.84	55 1.13
Moutons..	14.285	13.435	1.60 1.88	74 1.18
Porcs....	3.408	3.386	1.02 1.10	68 » 76

Vente meilleure.

Marché de la Villette du 17 décembre 1896.

	PRIX DE LA VIANDE NETTE AU KILOGR.			
	1re qualité	2e qualité	3e qualité	Prix extrême
Bœufs....	1.50	1.38	1.26	1.20 à 1.54
Vaches...	1.46	1.34	1.20	1 10 1 50
Taureaux	1.30	1.20	1.10	1 08 1.36
Veaux....	1.90	1.70	1.40	1.30 2 00
Moutons..	1.94	1.72	1.62	1.50 2.00
Porcs....	1.10	1.00	»	96 1.14

Vente du bétail au marché de La Villette.

Adresser les animaux à MM. Henri Roblin et Surugue, en gare Paris-Bestiaux. Les aviser par lettre auparavant, 190, rue d'Allemagne, Paris.

CORRESPONDANCE

CHANGEMENT D'ADRESSE

Chaque demande de changement d'adresse doit être accompagnée d'une bande imprimée et de *CINQUANTE CENTIMES* en timbres-poste pour frais de réimpression.

M. P., à S. (Nièvre). — Certainement l'emploi du phosphate Salmon, vous donnera toute satisfaction. Il est *très assimilable*, et un veau dont le lait aura été additionné, pendant trois mois, de quatre cuillerées à bouche par jour de ce produit atteindra un poids moyen de 200 kilog. (poids vif). Ce phosphate alimentaire supprime la diarrhée, est la viande est de qualité supérieure. Je vous engage à utiliser cet excellent produit que vous trouverez chez M. Salmon, ingénieur-chimiste, à Amiens (Somme).

M. B., à L. (Marne). — Le Crésil-Jeyes est sans rival pour l'assainissement et la désinfection des habitations, appartements, chambres de malades, cabinets d'aisance, ateliers, écuries, étables, chenils, poulaillers, wagons à bestiaux, etc., etc.

C'est le plus sûr préservatif contre les épidémies et les épizooties (fièvre aphteuse, cocotte), rouget, charbon, etc. Plus efficace que l'acide phénique, il le remplace avec avantage et *sans danger* dans le pansement des plaies, ulcères, morsures, etc.

N'étant toxique à aucun degré, il peut être employé pour le pansage des chevaux, le lavage des chiens, moutons, bœufs et autres animaux qu'il débarrasse complètement de tous les parasites et qu'il met à l'abri des piqûres de mouches, taons, etc.

Adressez-vous de notre part à la Société française des produits sanitaires et antiseptiques, 35, rue des Francs-Bourgeois, Paris.

M. D., à P. (Ille-et-Vilaine). — Les phosphates de Quiévy sont très recommandables, ils possèdent 83 0/0 d'assimilabilité, ils s'emploient directement en culture et n'ont pas l'inconvénient des superphosphates qui, par leur acidité sont nuisibles à vos terres sableuses.

Un grand nombre de nos abonnés les emploient avec succès Pour une prairie naturelle ou artificielle on en met 1.000 kilog. environ à l'hectare, c'est l'instant maintenant de faire l'épandage et au plus tard le 15 février.

Pour obtenir une bonne récolte de betteraves appliquer 1.000 kil. de Phosphate de Quiévy par hectare avec fumier de ferme, enfouir le tout la charrue, vous êtes certain de la parfaite assimilabilité de votre phosphate, de cette façon, vous obtenez un engrais complet dans de bonnes conditions, et lorsque vous confierez vos semences à votre terre ainsi préparée ; vous pouvez être convaincu par avance de votre succès

M. L., à C. (Sarthe). — Merci de votre propagande, nous vous conseillons le *Traité de greffage* de M. J. Dufour, 1 fr. 25, chez l'auteur, à Ecully (Rhône).

M. P., à E. — Service irrégulier. Le journal part régulièrement, les retards sont dus à la poste ; veuillez réclamer auprès de votre bureau.

M. V., à B. (Aisne). — Pour qu'une femme veuve sans enfants soit dans l'impossibilité de disposer de sa fortune par testament ou autrement, il faut qu'elle ait été reconnue incapable par le tribunal. Puisque tel n'est pas le cas, cette veuve peut aliéner la fortune qui lui appartient en propre d'après le testament de son mari. Les neveux n'ont aucun droit de s'immiscer dans ses affaires et leurs actes sont nuls.

M. C. J., à K. (Finistère). — Pour vous procurer l'ouvrage vétérinaire que vous demandez, adressez-vous de votre part, à la librairie Michelet, 25, quai des Grands-Augustins, Paris.

M. P... B... à... — Recrutement. — Pour que le frère aîné qui est sous les drapeaux, procure la dispense à son frère cadet qui ne fera qu'un an de service militaire, il faut qu'il y ait moins de trois ans d'âge entre les deux frères au jour du conseil de revision. S'il y a trois ans et un jour de différence d'âge entre les deux frères, en se plaçant au jour du conseil de révision, le frère cadet n'est plus dispensé, et doit faire trois ans.

PRIMES À NOS ABONNÉS

Nous sommes heureux d'offrir comme primes à nos abonnés, plusieurs d'entre eux en ayant déjà manifesté le désir, des huîtres fraîches d'Arcachon et de Marennes. Comme l'année dernière la maison *J. Lapierre et J. Goubet à Andernos (Gironde)* se charge d'en faire l'envoi aux prix réduits ci-dessous :

Caisses de 5 kilos contenant :

100 huîtres blanches............	4 20
70 — plus grosses............	4 80
100 — vertes.............	5 65
70 — grosses.........	5 60

Caisses de 3 kilos contenant :

72 huîtres blanches............	2 85
50 — plus grosses............	2 85
72 — vertes............	3 25
50 — grosses.........	3 25

Franco de port et d'emballage en gare ou à domicile.

Adresser les ordres accompagnés de la bande du journal et d'un mandat-poste à MM. J. Lapierre et J. Goubet Andernos (Gironde).

A l'occasion du nouvel an, nous offrons à nos abonnés de jolis coffrets en satin duchesse, ornée de peintures à la main et de rubans de soie, renfermant une livre de bonbons fondants fourrés et de chocolats divers (pralinés, crème, etc.) de toute première qualité.

Ces boîtes parfaitement emballées coûteront : franco gare 7 fr. ; franco domicile 7 fr. 25.

Sur demande on peut joindre la carte de l'expéditeur et ce, afin de permettre à nos abonnés de faire des cadeaux à leurs parents et amis.

Adresser les commandes accompagnées de leur montant au Directeur du Journal.

Comme les années précédentes, nous sommes heureux d'offrir à nos abonnés des marrons glacés excellents de provenance directe et aux conditions suivantes :

1° Le kilog. de marrons glacés, 6 fr. 50, emballage compris, colis postal domicile.

2° Deux kilog. de marrons glacés, 12 fr. 15, emballage compris, colis postal domicile.

Nous avons à la disposition de nos abonnés diverses primes : livres, vins, liqueurs, bijoux, purificateurs d'air, bondes, etc., etc., à des conditions exceptionnelles de prix et de qualité ; la liste de ces primes sera envoyée à tout abonné qui en fera la demande. Nous n'en donnons pas le détail ici pour ne pas encombrer le Journal.

Le Gérant : E. GAMBART.

IMPRIMERIE NOIZETTE ET Cie, 8, RUE CAMPAGNE-1re, PARIS.

Globe Hill consolidated gold mining Company Limited.

CRIPPLE CREEK

La production d'or du district de Cripple Creek est estimée, pour 1896, à 15 millions de dollars, soit 75 millions de francs, plus du double de l'année 1895.

La richesse du minerai est extraordinaire, et nombre de mines ont pu distribuer des dividendes dès la première année d'exploitation.

La mine « Globe Hill » qui se trouve au centre d'un groupe d'entreprises minières toutes en activité, est en bonne voie. D'après des renseignements précis, on croit avoir recoupé, à une profondeur de 80 pieds, les fameux filons abe-lincoln-arcadia.

On attend la confirmation de cette nouvelle qui donnera une plus-value sensible aux actions de la « Globe Hill Consolidated ».

Les bons de l'Exposition de 1900.

L'Exposition de 1900 sera une véritable apothéose : si l'on songe à ce qu'était l'éclairage électrique il y a vingt ans et si l'on mesure les progrès accomplis depuis, on peut admettre que l'industrie électrique aura, d'ici à 1900, entièrement accompli son évolution et qu'elle nous réserve, pour cette époque, des merveilles encore insoupçonnées.

Nous assisterons donc au triomphe de l'électricité.

Les nombreuses fêtes de nuit qui se succéderont pendant six mois attireront un public d'autant plus nombreux que le périmètre de l'Exposition englobera, cette fois, les Champs-Elysées, à partir de la Concorde.

On n'y aura accès que par la remise de plusieurs tickets.

Les porteurs de Bons trouveront donc largement l'emploi de leurs billets d'entrée ; les tickets qui viendraient à être créés ultérieurement, en dehors de ceux qui seront délivrés aux porteurs de Bons, et en cas d'insuffisance de ces derniers, ne s'obtiendront qu'au prix de 1 franc.

L'achat d'un bon au prix actuel de 18 francs remet le prix du ticket à 90 *centimes* et l'on a, en plus, les *chances de lots* et les *réductions en chemin de fer*.

CHEMINS DE FER DE PARIS A LYON ET A LA MÉDITERRANÉE

Services directs entre Paris, l'Algérie, la Tunisie et Malte par *Marseille* (paquebots de la Compagnie Générale Transatlantique.)

BILLETS DIRECTS VALABLES 15 JOURS

Prix des billets (1) de PARIS aux ports ci-après ou vice-versa :

Alger, Oran, Bône (par Philippeville) *Philippeville* : 1re classe, 197 fr. ; 2e classe, 135 fr. 50.

Tunis : 1re classe, 222 francs ; 2e classe, 160 fr. 50.

Malte (La Valette) : 1re 287 fr ; 2e classe 200 fr. 50.

1. Les prix de ces billets comprennent la nourriture à bord des paquebots de la Compagnie Générale Transatlantique.

En ce qui concerne les jours et heures de départ de Marseille, consulter les agences de la Compagnie Générale Transatlantique : à Paris, 12, Boulevard des Capucines (Grand-Hôtel), et à Marseille, 12, rue de la République.

Le moment favorable au transport des vins étant revenu, nous rappelons à nos lecteurs que tous ceux d'entre eux qui, sur nos conseils, et depuis cinq ans, consomment les vins de M. VINCENT ARDURA, vigneron, domaine de la Chapelle-Frédignac, par Blaye-Bordeaux n'ont qu'à se louer de la qualité et de la conservation de ce Bordeaux absolument naturel, expédié sans intermédiaire.

Pour dégustation sérieuse, envoi gratuit est fait d'une bouteille de la récolte désignée.

L'encaissement se fait par le facteur, à 30 jours, escompte 2 0/0, ou 90 jours.

Vendanges : 1893, à 130 fr., 1892-91, à 150 fr., 1890-89, à 175 fr., 1887, à 200 fr., 1885, à 220 fr. ; 1884, à 240 fr., 1882, à 250 fr., 1881, à 300 fr. — Graves blanes vieux : 130, 150, 200, 250, 300 fr. suivant âge, les 225 litres collés, soutirés, franco de port et de fût en gare d'arrivée.

Insecticide-Préservateur
FERTILISANT
DESGOUTTES

La Boîte de 10 kilog., pour essais, 10 fr. franco toutes gares (port et emballage compris).

Adresser les demandes, accompagnées d'un mandat, 10 bis, rue Piccini, Paris.

Ouvrages de MM. CRÉPEAUX

En vente aux bureaux de la *Gazette*

La Culture électrique	1 50
Manuel vétérinaire pratique du cultivateur	1 »
Almanach de la France rurale pour 1896	» 60
L'Année agricole et agronomique pour 1895	3 50
La Culture du Blé, par M. FLEURY-BERGER	1 »

Champagne Mercier

Champagne Mercier

VINS DE SAINT-ÉMILION

Vins classés, de 300 à 250 francs la barrique de 225 litres. — Moitié prix pour la barrique de 112 litres.

Vins grands ordinaires, de 140, 125, 105, 100 francs la barrique — 80, 75, 70, 65, 58, 55 francs, la demi-barrique. — Rendu *franco* en gare et régie, sauf octroi.

Adresser commandes à M. DUPLESSIS FOURCAUD, à Saint-Émilion. — Envoi de prix courants et échantillons sur demande affranchie.

Médailles d'Or, Paris, 1867 et 1889 — Moscou 1891 — Besançon, Montluçon, Royan, etc.

BONS DE L'EXPOSITION DE 1900

Les tirages de lots, qui ont lieu à des dates rapprochées jusqu'au mois d'octobre 1900, attribueront aux porteurs favorisés par le sort 4.313 lots dont l'importance varie de 100 fr. à 100.000 fr. et 500.000 fr. pour un montant total de

6 MILLIONS DE FRANCS

Outre que le nombre des Bons encore disponibles décroît rapidement, il y a tout avantage pour les personnes qui se proposent d'en acquérir de ne pas attendre la dernière heure. Les tirages ont commencé et c'est en pure perte que les retardataires se priveraient, en laissant courir d'autres tirages, d'une partie des chances qui peuvent leur échoir.

Les vingt tickets d'entrée de 1 franc seront délivrés en temps utile aux porteurs, sur présentation de leurs Bons.

Les réductions de prix sur les chemins de fer et dans les spectacles de l'Exposition représenteront à elles seules, pour les porteurs de Bons, plus que la somme à débourser pour l'achat.

Les trois avantages réunis : *lots, tickets, réductions*, sont tels qu'il est à prévoir que les Bons se paieront plus cher l'année prochaine que cette année, plus cher dans deux ans que l'année prochaine, et qu'à la veille de l'Exposition ils auront une vogue plus grande encore. On fait donc acte de prévoyance en procédant à un achat immédiat.

Les Bons sont de 20 francs et ils se délivrent aux guichets du Crédit Foncier et des principaux Etablissements financiers, soit au Siège social, soit aux guichets des succursales de ces Etablissements.

On peut aussi en faire la demande par correspondance.

ASPERGE GÉANTE
ROYALE DE FRANCE
(RACE D'ARGENTEUIL PERFECTIONNÉE)

Demander la *Méthode de Culture* et prix courant gratis et franco), à M. WILLIAM FOURCINE, irecteur des pépinières royales de Dreux (Eure-et-Lir). Médailles et diplômes de première classe.

MACHINES AGRICOLES

BON-PRIME pour nos Lecteurs

LE MONT St-MICHEL ET SES GRÈVES

Par CONSTANT CRÉPEAUX

Magnifique ouvrage grand in-4°, superbement illustré, reliure de luxe, tranches dorées.
Ce superbe volume, la grande Nouveauté pour les Etrennes 1897, sera expédié franco en gare, contre mandat de 8 francs (au lieu de 12 francs prix de librairie).
Détacher ce bon et l'envoyer avec mandat de 8 fr. à la *Librairie PEDONE, 13, rue Soufflot, Paris.*

A LA MÊME LIBRAIRIE :

Code de la chasse et de la louveterie, par M. LEBLOND, 2 vol. franco	7 fr.
L'Année agricole et agronomique pour 1896, par S. et C. CRÉPEAUX, franco.	3 50
— 1895, par S. et C. CRÉPEAUX.	3 50
La Culture électrique, par C. CRÉPEAUX.	1 50
Code du garde particulier et du garde-chasse, par M. DOMMANGET.	2 50
Code des cours d'eau non navigables ni flottables, par M. BOULÉ.	4 »
La Chasse en plaine, au bol, au marais, par NOBOT.	1 »

BAINS-BUANDERIES

Baignoires. — Chauffe-Bains. — Douches. — Appareils de lessivage,
système GASTON BOZÉRIAN.

CHAUDRONNERIE, TOLERIE, *etc.* — ENVOI FRANCO DE CATALOGUES.

DELAROCHE aîné, 22, rue Bertrand, Paris

PHOSPHATE FOSSILE DE QUIÉVY-NORD

le plus assimilable de tous les phosphates connus
GARANTI PUR DE MÉLANGE AVEC TOUT AUTRE PHOSPHATE
Ce qui, du reste, ne pourrait que diminuer son assimilabilité.

EXTRACTION DU GISEMENT ET USINE A QUIÉVY
Propriétaire-Extracteur : C. LECLERCQ
Bureaux à Viesly (Nord).

COMPOSITION MOYENNE		ASSIMILABILITÉ RELATIVE (méth. Joulie)
		Solubilité dans l'oxalate d'ammoniaque.
Acide phosphorique. . . .	12 » à 16 » 0/0	Phosphate de Quiévy. 82 29 0/0
Potasse	0 45 à 2 77 0/0	— de la Meuse 51 95 0/0
Chaux.	19 05 à 31 » 0/0	— de Pernes. 47 87 0/0
Magnésie.	0 58 à 3 80 0/0	— des Ardennes. 46 43 0/0
Matières organiques azotées .	1 80 à 3 45 0/0	— de la Somme (moy.). . 44 53 0/0
		— de Ciply. 34 57 0/0

Titre garanti en acide phosphorique: 13 à 15 0/0.
LIVRAISON : EN POUDRE IMPALPABLE EN SACS PLOMBÉS, MIS SUR WAGON GARE QUIÉVY-en-CAMBRÉSIS
Prix : 3 fr. 50 les 100 kilos, sacs perdus, 30 jours, 2 0/0 ou 90 jours net.

NOTA. — Les acheteurs qui désirent employer le **véritable Phosphate de Quiévy** pur et garanti d'origine doivent exiger que les sacs portent la Marque (Au Poisson fossile) et la Firme : M. LECLERCQ, seul exploitant à Quiévy (Nord).

P. MARCHAND Frères
à DUNKERQUE (Nord)

FABRIQUE SPÉCIALE DE TOURTEAUX
DE COTON DE GRAINES D'ÉGYPTE
pour Nourriture et Engraissement du Bétail

GRAND PRIX A L'EXPOSITION UNIVERSELLE DE 1889

Nous appelons l'attention des nourrisseurs et des éleveurs sur les tourteaux de **Coton** de graines d'Egypte. C'est un produit excellent pour les vaches laitières, les bœufs à l'engrais et les moutons. — Nos tourteaux de **Coton** sont complètement débarrassés de la bourre qui enveloppe la graine et contiennent la même quantité de matières nutritives et grasses que les meilleurs tourteaux de lin. — Nos tourteaux de Coton forment l'aliment le meilleur et le plus avantageux en raison de leur prix excessivement bas.

S'adresser pour Renseignements et Prix à MM. P. MARCHAND Frères, à Dunkerque (Nord), ou à leurs Représentants.

FROMENTINE
Marque déposée B. S.G.D.G.

Produit pour l'alimentation économique, saine et rationnelle du bétail, provenant en grande partie des issues de la mouture de blé.

DIVERSES MARQUES

Demander celle en raison du but poursuivi

Marque A pour l'engraissement égal à celui du tourteau de lin, le remplacement de l'avoine, production d'un lait de qualité supérieure.
Marque B pour le bon entretien du bétail.
Marque J développement rapide des jeunes bêtes.
Marque L surproduction du lait.
Marque E engraissement rapide.

Ecrire à M. Armand MILLOT
Moulins Saint-Martin
Saint-Quentin (Aisne.)

Eugène de MASQUARD
PROPRIÉTAIRE-VITICULTEUR, Château de la Cascade
SAINT-CÉSAIRE-LES-NIMES (Gard)

Vins garantis naturels, rouges et blancs, depuis 75 fr. la pièce de 220 litres jusqu'à 100 francs, selon qualité, prise en gare de St-Césaire (Gard), fût perdu. *Ces vins ont été médaillés à toutes les expositions où ils ont figuré.*

Récoltés sur des coteaux et des terrains secs, les vins de Saint-Césaire, l'un des meilleurs crus du Gard, se conservent parfaitement sans être plâtrés.

Envoi franco de prix courants et échantillons

Plus de Pourriture
PAR L'EMPLOI DU

CARBONYLE

qui assure au bois une durée triple en lui donnant une belle teinte brune; 1 kilog. remplace 10 kilog. de Goudron. — Produit de grande utilité dans l'agriculture; est recommandé et utilisé par les syndicats agricoles. — Dans votre intérêt, demandez le prospectus avec attestations d'expériences de **dix ans**

Société française du « CARBONYLE »,
188-190, *Faubourg Saint-Denis, Paris.*
(N. B.) Seule maison spéciale pour la fabrication et la vente de ce genre de produit.

BON-PRIME DE LA GAZETTE AGRICOLE
PORTRAITS AU CRAYON-FUSAIN

La Société Générale des Artistes Parisiens, disposant de capitaux énormes, a résolu, dans un but de réclame de faire **POUR RIEN**, et jusqu'à concurrence d'une somme de *cinq cent mille francs*, un certain nombre de **Portraits** artistiques vendus par elle jusqu'à ce jour 75 fr. Elle espère que cet *immense sacrifice* portera son fruit. Le portrait qu'elle offre, comme celui qu'elle vient d'adresser au **Tsar**, est au crayon-fusain, grandeur naturelle (40 cent. sur 50); il est signé de ses meilleurs artistes. — *A partir de cette date au journal, et dans un délai de dix jours, tous ceux qui enverront une photographie recevront la reproduction au crayon-fusain en grandeur naturelle.* L'emballage devant être particulièrement soigné, joindre au Bon 4 fr. **95** (emballage et port). — La photographie modèle est rendue intacte. — Exécution et ressemblance garanties. — *Détacher ce Bon* et l'envoyer au Professeur d'**ALBY**, administrateur de la *Société Générale des Artistes Parisiens*, **141**, Boulevard Magenta, Paris, pour recevoir franco cette *Belle Prime*.

Nom et adresse : ....

(Gare la plus rapprochée).

BARATTES, MALAXEURS, LISSEUSES SIMON
pr Laiteries, Beurreries, etc. Matériel complet pr fabretn et exportatn des Beurres et Fromages

SIMON FRÈRES, Constructeurs-Mécaniciens-Fondeurs à **Cherbourg**

MÉDAILLE D'OR, PARIS 1889

GUIDE PRATIQUE de la Production et de la Fabrication des Cidres et Poires envoyé gratis et franco

BROYEURS et PRESSOIRS SIMON Pour Pommes, Poires, Raisins, etc. Matériel complet pour cidreries et vinification

MANÉGES de toutes forces | Envoi franco du Catalogue

SCHNEIDER ET Cie
PHOSPHATES MÉTALLURGIQUES
(scories de déphosphoration), des Aciéries du Creusot
ENGRAIS PHOSPHATÉ
pour *Céréales, Prairies, Vignes, Betteraves, Pommes de terre,* etc.

L'emploi de ces phosphates a été particulièrement recommandé dans ces derniers temps par les agronomes les plus distingués. Il permet, en raison du bas prix de ce produit, de faire apport au sol de doses considérables d'acide phosphorique.

Les phosphates métallurgiques du Creusot sont livrés moulus finement et tamisés. Pour renseignements, s'adresser à MM. SCHNEIDER et Cie, au Creuzot (Saône-et-Loire).

SELS POUR L'AGRICULTURE
Nourriture du bétail et Engrais des terres

Sel neuf dénaturé, au tourteau de colza. 45 f. 1.000 k.
Sel neuf dénaturé, au peroxyde de fer. 40 f. 1.000 k
Sel de morue pur . . . . 35 f. 1.000 k.

Expéditions de Fécamp, Bordeaux et St-Malo.

S'adresser à MM A. LE BORGNE et ses Fils négociants-armateurs, à Fécamp.

EXCELLENT DÉSINFECTANT
POUR LES FUTS A VIN, CIDRE, BIÈRE, ETC

Prix de faveur pour nos lecteurs

Sur notre demande, M. Motty, père, l'inventeur, a consenti à en mettre de petites quantités pour essais à la disposition de nos lecteurs.

10 litres franco gare. 10 fr.

Adresser les demandes à M. Crépeaux, rue Piccini, 10 bis, Paris.

GRANDS RABAIS
POUR LIVRAISONS SUR LES MOIS D'HIVER

Engrais de l'Usine municipale de la Voirie de Bondy

TOURTEAUX ORGANIQUES
MOULUS

Dosage : 1.50 à 2 % d'azote et 4 à 5 % d'acide phosphorique.

S'ADRESSER AU

Comptoir Agricole et Commercial
9, RUE NOUVELLE, 9, A PARIS

Maison **MURE**, à Pont-St-Esprit (Gard)
A. **GAZAGNE**, Gendre et Sucr, Phien de 1re Classe

MALADIES NERVEUSES
Epilepsie, Hystérie, Danse de Saint-Guy, Affections de la Moëlle épinière, Convulsions, Crises, Vertiges, Eblouissements, Fatigue cérébrale, Migraine, Insomnie, Spermatorrhée
Guérison fréquente, Soulagement toujours certain
par le SIROP de HENRY MURE
succès consacré par 20 années d'expérimentation dans les Hôpitaux de Paris.
FLACON : 5 FR. — NOTICE GRATIS.

PATE et SIROP d'ESCARGOTS de MURE

« Depuis 50 ans que j'exerce la médecine, je n'ai pas trouvé de remède plus efficace que les escargots contre les irritations de poitrine.
» Dr CHRISTIEN, de Montpellier. »
Goût exquis, efficacité puissante contre *Rhumes, Catarrhes aigus* ou *chroniques, Toux spasmodique, Irritations* de la *gorge* et de la *poitrine.*
Pâte 1 f. Sirop 2 f. — Exiger la PATE MURE, Refuser les imitations.

Thé Diurétique de France
sollicite efficacement la sécrétion urinaire, apaise les *douleurs des Reins* et de la *Vessie*, entraîne le sable, le mucus et les concrétions, et rend aux urines leur limpidité normale. — *Néphrites, Gravelle, Catarrhe vésical, Affections* de la *Prostate* et de l'*Uréthre.* — PRIX DE LA BOITE : **2** FRANCS.

Dépôt général de l'ALCOOLATURE D'ARNICA de la TRAPPE DE NOTRE-DAME DES NEIGES
Remède souverain contre toutes *blessures, coupures, contusions, défaillances, accidents choleriformes.*
DANS TOUTES PHARMACIES. — 2 FR. LE FLACON.

CONSTRUCTIONS ÉCONOMIQUES
AGRICULTURE — INDUSTRIE

ENVOI FCO DU CATALOGUE

SOCIÉTÉ MÉTALLURGIQUE
d'Amiens (Somme)
USINE à VAPEUR, FORCE MOTRICE 250 CHEVAUX
Adresser les lettres à Mr le Directeur

ENVOI FCO DU CATALOGUE

TOLES ONDULÉES GALVANISÉES Pour Couvertures
Prix défiant toute Concurrence

MANUFACTURE CENTRALE d'INSTRUMENTS AGRICOLES & VITICOLES EN TOUS GENRES
EMILE-PUZENAT
CONSTRUCTEUR A BOURBON-LANCY (SAÔNE & LOIRE)
CATALOGUE FRANCO SUR DEMANDE

ALAMBIC EGROT
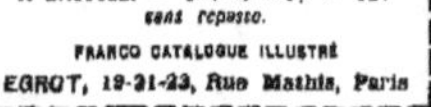
A BASCULE. — EAU-DE-VIE, 1er JET
sans repasse.
FRANCO CATALOGUE ILLUSTRÉ
EGROT, 19-21-23, Rue Mathis, Paris

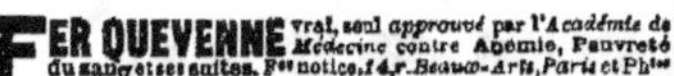
FER QUEVENNE vrai, seul *approuvé par l'Académie de Médecine contre Anémie, Pauvreté du sang et ses suites.* F^{on} notice, 14, r. Beaux-Arts, Paris et Ph^{ies}

PRÉSERVEZ VOS ANIMAUX DOMESTIQUES
de toutes les **Epizooties** et Maladies contagieuses par la Désinfection des Ecuries, Etables, Porcheries

PAR LE

CRÉSYL-JEYES

Désinfectant — Antiseptique, le seul (non toxique), qui soit d'une efficacité scientifiquement démontrée. Le CRÉSYL-JEYES a été récompensé par la Société des Agriculteurs de France en 1891 d'une Médaille d'argent grand module. Envoi franco sur demande du prospectus détaillé. — CRÉSYL-JEYES, 35, Rue des Francs-Bourgeois, 35, Paris.

Se méfier des nombreuses contrefaçons.

CHARRUES MONOSOCS POLYSOCS BRABANTS
BUTTEUSES HERSES

FABRIQUE SPÉCIALE DE MACHINES AGRICOLES
Usines à BRESLES (Oise)
BUREAU à PARIS, 20-22, Rue Richer

*** AMIOT & BARIAT ***
INGÉNIEURS-CONSTRUCTEURS
Brevetés S. G. D. G.
207 MÉDAILLES — DIPLOMES — OBJETS D'ART

ROULEAUX FOUILLEUSES
TONNEAUX
SCARIFICATEURS DECHAUMEURS ARRACHEURS

Hr. * Exposition Universelle 1889. * Médaille d'Argent.

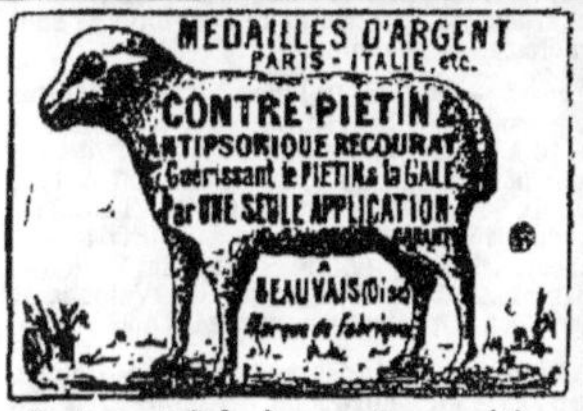

Dartres et Gale des moutons guéris radicalement par *une seule application* de l'Antipsorique.

La bout., 3 fr. ; la 1/2 bout., 1 fr. 75.

Guérison du **PIÉTIN** par *un seul pansement* avec le **Contre-Piétin-Recourat**. Le pot, 2 fr. 50.

Joindre 0 fr. 60 pour recevoir *franco* et indiquer gare

M. RECOURAT, pharmacien à Beauvais.

CHEVAUX BOITEUX

Guérison par le spécifique BORNET

Contre **Capelets, Mollettes, Vessigons, Eponges, Exostoses, Suros, Eparvins** e les **Formes** à leur début. *(Il s'applique également à toutes les tares molles et osseuses.)*

PRÉPARÉ PAR **A. BORNET**
Pharmacien de 1re classe, ex-interne et lauréat des hôpitaux.

19, rue de Bourgogne, PARIS.

Le flacon, **5 fr.**, à la pharmacie ; en gare par colis postal, **6 fr.** contre mandat.

ALIMENTATION DU BÉTAIL
Tourteaux de Coprah ou Coco

F. TASSY, E. ROCCA ET Cie
Fabricants d'huiles **(producteurs directs de Tourteaux)**

23, RUE HAXO, MARSEILLE

Deux médailles d'or, Anvers 1894

Envoi de Prix-Courants et Echantillons sur demande.

ENGRAIS CHIMIQUES
DES
MANUFACTURES DE SAINT-GOBAIN

12 Usines :

CHAUNY (Aisne).	SAINT-FONS, près Lyon.
AUBERVILLIERS (Paris).	L'OSERAIE, près Avignon.
MONTARGIS (Loiret).	BALARUC, près Cette.
TOURS (Indre-et-Loire).	VALENCIA (Espagne).
MONTLUÇON (Allier).	HEMIXEM } (Belgique).
MARENNES (Charente-Inférieure).	MESVIN-CIPLY }

PRODUCTION ANNUELLE : 400.000.000 DE KILOS

Dosages garantis — Emballages marqués et plombés

SUPERPHOSPHATES DE CHAUX

ENGRAIS COMPOSÉS
Suivant les convenances des acheteurs pour toutes cultures

ENGRAIS COMPLET DE SAINT-GOBAIN
Efficacité éprouvée dans tous les sols et dans toutes les cultures

ENGRAIS SPÉCIAUX POUR LA VIGNE :
Engrais pour Vigne à végétation faible.
Engrais pour Vigne à végétation normale.
Engrais pour Vigne à végétation luxuriante.

Adresser les ordres ou les demandes de renseignements à la DIRECTION COMMERCIALE DES PRODUITS CHIMIQUES de SAINT-GOBAIN, **9, rue Sainte-Cécile, Paris**; *— ou aux Agents de la Compagnie dans toutes les villes de France.*

17ᵉ Année. — Nᵒ 52. LE NUMÉRO. 10 CENTIMES. Dimanche 27 Décembre 1896.

GAZETTE AGRICOLE

JOURNAL HEBDOMADAIRE, PARAISSANT LE DIMANCHE

Fondateur : M. CH. GOSSIN, Professeur d'Agriculture à l'Institut agricole de Beauvais

PRIX DE L'ABONNEMENT

UN AN, 5 fr. — SIX MOIS, 3 fr. — TROIS MOIS, 2 fr. 25

Pour l'Étranger les abonnements ne sont reçus que pour un an, au prix de 6 francs, et ne partent que du 1ᵉʳ JANVIER ou du 1ᵉʳ JUILLET de chaque année.

Le Numéro : **10** centimes.

Adresser toute la correspondance : mandats, lettres, annonces etc., à **M. CRÉPEAUX**, Directeur de la *Gazette agricole* 10 bis, rue Piccini, Paris.

Toute demande de changement d'adresse doit être accompagnée de 50 centimes et de la dernière bande du journal.

BUREAUX

97, rue de Rennes, Paris, et à Beauvais, rue Saint-Etienne.

Les abonnements partent du 1ᵉʳ de chaque mois et sont payables d'avance. Toute demande d'abonnement doit donc être accompagnée du prix de l'abonnement. (Le mode de payement le plus simple est l'envoi d'un mandat-poste.)

Donner *très lisiblement*, en s'abonnant, son nom et son adresse exacte, *avec l'indication du bureau de poste*; et, s'il s'agit d'une continuation d'abonnement, joindre au renouvellement la dernière bande d'adresse du journal

Les Annonces sont reçues à la Direction du Journal, et chez MM. DUSSERIS et MATHELLON, 97, rue de Rennes Paris.

Sommaire :

BULLETIN COMMERCIAL

Les avis concernant la situation des blés d'hiver varient suivant les régions : ils sont pourtant, dans l'ensemble, plus satisfaisants qu'il y a un mois; mais il y a encore bien des plaintes au sujet des dommages qui peuvent résulter du retard considérable apporté cette année dans les semailles.

Hier, les marchés américains ont été fermes et les prix ont haussé de 3/8 centimes à 1 centime 1/8.

BOURSE DU COMMERCE DU MERCREDI 23 DÉCEMBRE

	FARINES	BLÉS
Courant	46 30	21 50
Prochain	46 35	21 60
Nov.-Déc.	46 60	21 75
4 de nov.	46 85	22 00
4 premiers	47 50	22 60

Marque de Corbeil : 50 fr. le sac de 150 kil. toile à rendre.

Halle aux blés. — *Blés indigènes.* —

Notre marché se ressent de l'approche de l'hiver; les transactions sont très calmes et les cours restent les mêmes que ceux d'il y a huit jours.

Blés étrangers. — Toujours sans affaires, par suite des hauts prix tenus.

Seigles. — Les affaires sont toujours peu actives et les prix ne subissent pas de changement notable.

Avoines. — La demande est plutôt meilleure et les cours sont soutenus aux environs de ceux de mercredi dernier.

On cote : avoines blanches de 14,25 à 14,50, rouges 14,50 à 15, grises 15 à 15,25, noires 15,50 à 16,50 les 100 kil. nets gare d'arrivée Paris.

Escourgeons. — Transactions toujours à peu près nulles.

Il y a un peu plus d'offres, mais les prix sont trop élevés pour trouver des acheteurs. Le Nord continue à s'alimenter à Dunkerque. Il n'y a pas mal d'arrivages de Vendée et de Bretagne.

Orges. — La tendance est à la baisse par suite de la mévente pour l'exportation; nos cours étant trop élevés eu égard à ceux pratiqués à l'étranger.

Sucres. — Les sucres sont calmes avec quelques petites affaires aux prix de la veille.

Raffinés 96,50 à 97, roux 88° 24,75 à 25.

Marché de la Chapelle. — Marché assez bien approvisionné.

On cote : paille de blé 1ʳᵉ qté 27 à 29 fr., 2ᵉ qté 25 à 27 fr., 3ᵉ qté 23 à 24 fr.; paille de seigle 1ʳᵉ qté 31 à 33 fr., 2ᵉ qté 28 à 30 fr., 3ᵉ qté 27 à 29; paille d'avoine 1ʳᵉ qté 28 à 30 fr., 2ᵉ qté 26 à 28 fr., 3ᵉ qté 23 à 24; foin nouveau 1ʳᵉ qté 60 à 61 fr., 2ᵉ qté 57 à 59 fr., 3ᵉ qté 52 à 55 fr.; foin vieux 1ʳᵉ qté 59 à 61 fr., 2ᵉ qté 55 à 59 fr.; 3ᵉ qté 54 à 55 fr.; luzerne nouvelle 1ʳᵉ qté 59 à 61 fr., 2ᵉ qté 57 à 59 fr., 3ᵉ qté 52 à 55 fr.; regain nouveau 1ʳᵉ qté 59 à 61 fr., 2ᵉ 56 à 59 fr., 3ᵉ qté 53 à 56.

Le tout rendu dans Paris, au domicile de l'achoteur, frais de camionnage et droits d'entrée compris par 104 bottes de 5 kil., savoir : 6 fr. pour foin et fourrages secs; 2 fr. 40 pour paille. Pourboire 1 fr. par 100 bottes.

Fourrages et pailles en gare. — Les arrivages se font assez régulièrement.

Il faut voir, par continuation, la belle paille de blé à 22 fr. pour les sortes réglées à 5 kil., et de 18 à 20 pour sortes réglées.

La paille d'avoine doit être vue entre 18 et 20 fr.

On cote sur wagon, par 520 kilogr., en gare d'arrivée à Paris :

Foin nouveau	40 à 42
Luzerne première qualité	40 à 42
Paille de blé	20 à 22
— de seigle pour l'industrie	23 à 25
— — ordinaire	21 à 23
— d'avoine	19 à 21

Pour les marchandises en gare, les frais de déchargement, d'octroi et de camionnage sont à la charge de l'acheteur.

Fruits. — Figues fraîches, 50 à 60; poires Duchesses, 35 à 70; Beurré, 40 à 70; communes, 12 à 30; raisins Malaga d'Espagne, 70 à 80; raisin noir de Thomery, 1ᵉʳ choix 150 à 300; 2ᵉ choix 50 à 100; raisin blanc de Thomery, 1ᵉʳ choix 150 à 300; 2ᵉ choix 50 à 100; Noix Marbot, 50 à 55; pommes Canada, 25 à 35; communes, 25 à 35; oranges de Valence la caisse 24 à 26; citrons la caisse 30 à 32.

Légumes. — Choux, le cent 5,50 à 12,50; choux-fleurs, 25 à 45; Endives de Bruxelles 70 à 80; Haricots verts d'Hyères, 110 à 130; gros, 80 à 90; d'Algérie fins, 120 à 150; gros 120 à »; carottes les cent bottes. 10 à 20; navets, 10 à 20; poireaux, 15 à 30; ail 12 à 20; Échalotes 20 à 50; champignons le kilo, 0 78 à 1 68; cresson le panier de 20 douzaines, 7 à 27; Oignons les 100 kilos, 20 à 25.

POMMES DE TERRE

Hollande (100 kil.)	12 »	à 14 »
Roses-Early	8 »	à 9 »
Rouges	8 »	à 9 »
Chardonnes	6 »	à 7 »

LINS. — Les 100 kilogr. — *Marché de Lille.*

	Communs	Ordin.	Supér.
Alost	148 à 153	154 à 157	161 à 166
Bergues	150 à 158	161 à 168	173 à 182

ENGRAIS ET PRODUITS CHIMIQUES

(LES 100 KILOS A PARIS)

Sang moulu	11/13	azote	15,95
Viande desséchée	9/11	—	11.70
Cornes broyées	13/14	—	16 90
Cuir désagrégé	8/9	—	8.00
Nitrate de soude	15/16	—	18.50
Nitrate de potasse	05	de pureté	44.00
	90	—	41.00
Chlorure de potassium	90	—	18.00
Sulfate de potasse	90	—	21.60
Sulfate d'ammoniaque	20/21	azote	21.60
Phosphates précipités	35/40	acid. phos.	17.15
	40/45	—	19.60
Superphosphates min.	10/00	—	6.30
	14/18	—	10.00
Superphosphates d'os	16/18	—	7.28
Poudre d'os	—	—	9.50
Sulfate de cuivre	98	de pureté	42.50

Prix moyen aux 100 kilog. des CÉRÉALES dans les Départements.

Région	Ville	BLÉ	SEIGLE	ORGE	AVOINE
Rég. du Nord-Ouest	Caen	20 75	11 50	15 00	16 00
	Lannion	20 65	11 00	14 00	15 00
	Morlaix	21 10	12 00	14 00	15 50
	Rennes	20 70	«	14 00	14 50
	Avranches	20 95	«	14 00	14 00
	Laval	20 80	11 00	14 00	15 00
	Lorient	21 00	12 50	14 00	14 50
	Alençon	20 90	11 25	15 00	14 00
	Le Mans	20 70	12 50	15 50	17 00
Région du Nord	Soissons	20 60	12 00	14 00	15 50
	Evreux	20 80	12 00	14 00	15 25
	Chartres	20 60	11 50	15 50	14 50
	Lille	21 00	11 00	15 00	16 00
	Compiègne	20 90	13 00	15 00	16 00
	Beauvais	21 00	13 00	17 00	17 00
	Arras	21 00	12 00	14 00	15 00
	Paris	21 00	12 00	15 00	16 00
	Versailles	21 10	13 50	16 00	17 50
	Rouen	21 10	13 50	16 75	17 50
	Amiens	20 90	12 00	16 00	17 00
Région du N.-E.	Mézières	20 90	12 00	15 50	16 00
	Nogent-s-Seine	20 80	12 00	16 00	15 50
	Reims	20 50	12 00	15 00	16 00
	Langres	20 70	11 00	14 00	15 00
	Nancy	20 80	13 00	16 00	16 00
	Bar-le-Duc	20 60	14 00	16 00	16 00
	Neufchâteau	20 20	13 00	15 50	15 00
Région de l'Ouest	Ruffec	20 35	11 00	14 50	15 75
	Marans	20 10	11 00	14 00	14 00
	Niort	20 70	11 00	14 00	15 25
	Tours	20 85	12 00	14 00	15 50
	Nantes	20 50	14 00	16 50	15 50
	Angers	20 10	13 00	15 50	16 00
	Luçon	20 35	13 00	15 50	15 00
	Poitiers	20 60	12 00	15 00	
	Limoges	20 10	11 50	»	15 00
Région du Centre	Moulins	20 60	12 50	15 00	15 75
	Bourges	20 10	13 00	10 00	14 50
	Aubusson	20 70	11 50	15 00	14 00
	Châteauroux	20 30	12 50	15 50	13 50
	Orléans	20 25	12 50	15 50	14 75
	Blois	20 60	11 00	15 00	16 00
	Nevers	20 10	11 00	15 50	16 00
	Clermont Ferr.	20 30	11 00	14 00	16 00
	Sens	20 25	12 00	15 00	14 10
Région de l'Est	Bourg	20 10	13 00	14 00	15 50
	Dijon	20 20	14 00	16 00	15 50
	Besançon	20 30	13 00	14 00	14 50
	Grenoble	19 95	12 00	14 00	15 50
	Dôle	20 00	13 00	15 00	14 00
	Saint-Etienne	20 05	13 50	14 75	15 50
	Lyon	20 00	13 75	14 50	15 50
	Mâcon	20 20	12 50	14 00	15 50
	Vesoul	20 20	»		15 50
	Chambéry	20 10	»	»	16 00
	Annecy	20 30	»	»	16 50
Région du Sud-Ouest	Pamiers	20 20	»	»	15 00
	Périgueux	20 50	12 00	14 00	15 50
	Toulouse	20 10	12 25	14 00	15 00
	Auch	20 30	12 00	14 00	15 50
	Bordeaux	20 65	12 00	15 00	15 50
	Dax	20 10	13 75	15 25	16 00
	Agen	20 15	13 00	15 00	15 00
	Bayonne	20 30	13 25	15 50	15 25
	Tarbes	20 50	11 25	»	»
Région du Sud	Carcassonne	20 20	13 75	15 00	16 00
	Rodez	20 90	12 25	«	15 75
	Mauriac	20 80	12 00	»	16 00
	Tulle	20 00	12 00	»	15 50
	Montpellier	20 65	12 50	»	15 50
	Figeac	20 70	11 50	14 50	16 00
	Mende	20 05	11 00	14 50	16 00
	Perpignan	20 65	11 50	14 50	16 00
	Albi	20 00	13 25	15 08	16 00
	Montauban	20 00	13 00	14 50	16 00
Région du Sud-Est	Gap	20 05	13 00	16 00	16 50
	Manosque	20 15	12 25	16 00	16 50
	Nice	20 10	12 00	15 00	16 50
	Privas	20 00	12 50	14 00	16 00
	Arles	20 00	12 00	15 00	16 00
	Montélimar	20 00	12 00	14 00	16 00
	Nîmes	20 00	12 00	16 00	17 00
	Le Puy	20 00	13 00	16 00	15 00
	Draguignan	25 10	12 00	14 00	16 00
	Avignon	20 10	14 50	15 50	17 00

Prix en francs des 100 kilos du blé sur les principaux marchés du monde

	cette semaine	la semaine dernière	Droit d'entrée par 100 kilos
Berlin	22.65	22.75	4.35
Londres	15.50	15.50	Néant
Vienne	15.13	15.13	3.75
Anvers	18.37	18.37	Néant
New-York	18.85	18.80	4.90
Chicago	15.42	15.42	4.90
Paris	21.20	21.10	7.»»

Tourteaux. — Cours de la maison P. Marchand frères, à Dunkerque (Nord) :

TOURTEAUX A NOURRIR

	Dispon.	A livrer
Coton de graines d'Egypte	9 50	9 50
Sésame blanc	15 50	»» »»
Sésame gris	15 00	»» »»
Arachide décortiquée	»» »»	»» »»
Colza à nourrir	13 50	»» »»
Colza du pays	»» »»	»» »»
OEillette du Levant	12 50	13 00
OEillette blanche de Turquie	12 50	13 00
Lin 1re qual. de Bombay g. form.	14 75	14 50
Lin 1re qual. de Bombay p. form.	16 50	16 75

TOURTEAUX-ENGRAIS

Arachide décortiquée	»» »»	»» »»
Colza ravison	9 25	9 25
Colza jaune Gutzerat	13 00	13 50
Pavot	11 50	12 00
Colza jaune	12 00	12 25
Colza des Indes	11 25	11 50
Sésame noir	14 50	»» »»

Ces prix s'entendent pour tourteaux en planches, rendus en gare de Dunkerque.

Paiement à 30 jours ou à terme plus éloigné suivant convention expresse.

Le concassage se paie 0 fr. 25 et la mise en poudre 0 fr. 40 aux 100 kilos. Dans ce cas, les sacs sont facturés à 0 fr. 35 pièce, et repris au prix de facture, quand ils sont rendus en bon état et franco, dans les 30 jours de l'expédition.

FROMENTINE :

	100 kil		100 kil.
Marque A	11.00	Marque L	16.00
Marque J	14.50	Marque E	16.50

Les 100 kilogs sur wagon St-Quentin, sac à retourner ou à facturer.

BEURRES. · (le kilogr.).

BEURRES EN MOTTES			BEURRES EN LIVRE		
Isigny extra	6.40	7.00	Bourgogne	2.00	2.40
— demi-fin	4.00	4.40	Gâtinais	2.10	2.60
M. d'Isigny	3.40	3.80	Vendôme	2.00	2.60
du Gâtinais	2.00	2.50	Beaugency	2.00	2.60
de Bretagne	2.10	2.30	Ferme	2.30	3.00
Laitiers Jura	2.80	3.10	Tours	2.30	2.70
de Charente	2.70	3.15	Le Mans	2.00	2.40
des Alpes	2.60	3.60	Touraine fausse	2.20	2.50

ŒUFS. — (le mille).

Normandie ext.	115 à 135		Bourgogne :	98 à 104	
Picardie —	120 à 152		Champagne	98 à 105	
Brie —	110 à 143		Nivernais	94 à 98	
Touraine	115 à 134		Bourbonnais	95 à 98	
Beauce	108 à 115		Bretagne	86 à 98	
Orne	96 à 110		Vendée	92 à 96	
Picardie	95 à 125		Auvergne	90 à 98	
Châtellerault	95 à 100		Midi	95 à 116	

FROMAGES.

Brie hautes marq.	50	85	Roquefort	150	220
Brie gr. m. (10)	30	52	Gruyère (100 k.)	90	175
— m. m.	20	30	Coulommiers (100)	38	45
Petits Nanteuils	10	26	Gournay (100)	18	22
Brie laitiers	10	20	Livarot (le 100)	110	120
Gérardmer (100 k.)	95	100	Bourgogne (100)	65	70
Hollande	160	180	Camembert (100)	25	50
Bondons (100)	14	17 40	Munster (100)	120	140
Cantal	120	130	Port-Salut	150	180

VOLAILLES

Poulet Brest dit moelleux	2.50	5 50	Faisans	4.00	6.00
Poulets Nant.	2.50	4.50	Canards Nantais	2.50	3.25
Poulets Tour	2.50	4.50	Dindes Tourr.	9.50	13.00
Poulets Houdan	4.50	7.25	Oies	4.00	10.00
Pigeons d'Italie	80	1.25	Lapins dom.	3.00	4.50
			Lapins garenne	1.00	1.50

HOUBLONS. — Les 50 kilogr.

Alost primé	21,00 à 22,00	Wurtemberg	40,00 à 42,00
Bourgogne	25,00 à 38,00	Altmark	75,00 à 100.00
Poperinghe	25,00 à 30,00	Alsace	35,00 à 75.00

CHANVRES

Les 50 kil.	1re qualité	3e qualité
Le Mans	33,00 à 35,50	30,00 à 29,00
Saumur (b.)	40,00 à 42,25	37,00 à 38,00

VINS — BERCY

Rouges			Blancs		
B. Bourg. vieux	140 à 190		Bordeaux	125 à 160	
Touraine	105 à 115		B. Bourg	150 à 190	
Bord. vieux	120 à 160		Sancerre	130 à 135	
Algérie	25 à 30		Chablis	200 à 350	
Cher	110 à 135		Anjou	120 à 135	
Chinon	130 à 180		Pouilly	350 à 300	
Narbonne	30 à 34		Vouvray	155 à 195	

Prix des Produits Forestiers à Paris.

Bois de feu (Octroi non compris)	Falourde de pin	100 à 110	le cent.
	Bois de flot	105 à 110	le déca.
	Bois gris neuf	120 à 130	—
	Bois blanc	105 à 140	—
Bois d'œuvre (Octroi compris)	Chêne gros bois	105 à 110	le m. cube
	— moyen bois	60 à 70	—
	— petit bois	30 à 45	—
	Charme, plateaux	50 à 60	—
	Sciage de chêne (Entrevoux)	175 à 210	les 208 m.
	Echantillons	220 à 280	—
	Frise	28 à 30	104 m

La suite des marchés se trouve à la *Correspondance*.

Abonnements à prix réduits.

Toute personne qui, en sus de la *Gazette* voudra recevoir régulièrement trois au moins des journaux ci-après, bénéficiera d'une remise de 10 0/0 sur le prix total de ces abonnements.

Le Peuple français, organe quotidien de nationale. Directeur, M. l'abbé Garnier, 20 fr. par an au lieu de 24 francs.

La Justice sociale, organe hebdomadaire. Directeur, M. l'abbé Naudet, 5 francs par an au lieu de 6 francs.

La Corporation, organe hebdomadaire de l'œuvre des cercles catholiques, 6 fr. 25 par an au lieu de 8 francs.

Bulletin mensuel, organe de l'Union des Caisses rurales. Directeur, M. Durand. Prix : 1 fr. 70 par an au lieu de 2 francs.

La Démocratie chrétienne, revue sociale mensuelle, 5 francs par an au lieu de 6 fr.

L'Echo des œuvres sociales de saint Antoine de Padoue, revue mensuelle sous la direction de M. l'abbé Fontan, 1 fr. 70 par an, au lieu de 2 francs.

Adresser les demandes accompagnées d'un mandat et d'une bande de la *Gazette* à M. Crépeaux, 10 bis, rue Piccini, Paris.

Almanach de la France rurale pour 1897.

En vente aux bureaux de la *Gazette* : 0 60 centimes l'exemplaire *Franco*. Remises pour quantités importantes.

Les *Pilules de Vallet* ont été approuvées et recommandées par l'Académie de médecine de Paris pour la guérison de la *chlorose*, des *pâles couleurs*, de l'*anémie*, des *pertes de sang*, et *pertes blanches* et de tous les états d'épuisement ou de faiblesse générale.

Nota. — Les pilules de Vallet (*vraies*) sont blanches et sur chacune est écrit le nom Vallet. Toutes pharmacies : le flacon 3 fr. Fabron L. Frère, 19, rue Jacob, Paris, 4. Champigny et Cie, successeurs.

CHRONIQUE POLITIQUE

Comme on s'y attendait, la session complémentaire des deux Chambres s'est terminée samedi dernier en laissant en souffrance plus de vingt projets de réformes urgentes pour tous les intérêts publics, et spécialement pour l'agriculture. Une fois de plus l'année parlementaire a fini sans voter le budget de recettes, il a fallu recourir au déplorable expédient d'un douzième provisoire, encore est-il douteux que l'on ne soit pas obligé d'y ajouter un second dans le courant de janvier.

En effet, la confection du budget des recettes sera pour nos Chambres une besogne autrement ardue que celle du budget des dépenses. Ce budget, présenté par M. Cochery avec une apparence d'équilibre entre les recettes et les dépenses, s'est accru pendant la discussion d'une multitude d'augmentations de dépenses, qui imposent un surcroît correspondant des charges déjà écrasantes des impôts actuels. Nous savons d'avance combien sont précaires et aléatoires les projets de nouveaux impôts qui sont à l'étude en ce moment dans les commissions parlementaires.

Nous avions prévu cette fin déplorable de la session. Nous avions prévu que les Chambres gaspilleraient leur temps en discussions oiseuses pour les intérêts les plus urgents du pays, et qui n'intéressent que les ambitions des partis politiques. Dans ces tournois de paroles, les radicaux essayaient de renverser le ministère Méline pour nous soumettre de nouveau à un cabinet Bourgeois, l'appui de la gauche socialiste. Plus d'une fois ces tentatives eussent pu réussir, si les droites n'avaient protégé le ministère Méline, appui bien désintéressé sans doute, au profit d'un ministère qui afficha la prétention de s'en passer et souvent ménagea ses sympathies au parti qui le trahit parfois au profit de la gauche radicale. Il est vrai que la droite ne visait qu'à subir le moins mauvais entre deux maux.

Cet état incohérent des partis a frappé de stérilité les discours où ont été mis en lumière les abus les plus intolérables de nos administrations, les gaspillages, les dilapidations, qui par une multitude incroyable de fissures, nous font payer plus de 200 millions, dont un gouvernement honnête et solide nous procurerait l'économie. C'est surtout dans le budget de la marine, des colonies, des travaux publics, de l'instruction publique, que ces fissures onéreuses et démoralisantes ont été mises dans un jour complet. Mais à quoi bon ? On savait d'avance que ces révélations ne serviraient à rien. Les abus qui ruinent les contribuables sont la manne électorale du parti qui nous exploite depuis quinze ans. Les réformes continueront de servir de réclame électorale avant les élections. Le lendemain, les abus auront un nouveau bail de quatre ans.

Cet état de choses pourtant, peut-il se prolonger pendant quatre ans ? Question bien grave assurément, et bien actuelle, pourtant. Le régime a sur son chemin des pierres d'achoppement qui échappent encore aux esprits vulgaires mais qui ne leur échapperont pas toujours, et nos pauvres ruraux finiront bien par apprendre eux-mêmes que la crise agricole a des causes profondes dans les abus et les méfaits impardonnables d'un régime qu'ils ont soutenu de leurs votes inconscients depuis quinze ans. Un fait indéniable, c'est que le peuple français n'est plus assez riche pour continuer à se faire exploiter par de tels maîtres.

Les agriculteurs et les fabricants de sucre se sont plaints de ce que la session ait fini sans rien leur donner pour pouvoir soutenir la concurrence des sucres étrangers, et surtout des sucres allemands. M. Méline leur a répondu qu'il avait vainement attendu lui-même qu'ils se missent d'accord sur cette loi. Le Gouvernement rappelle celle que fit voter M. Viger, il y a cinq ans, au sujet d'un relèvement du droit sur les blés, qui fit perdre 40 millions au Trésor et aux agriculteurs. Ces retards incessants en matière de réformes agricoles ont toujours les mêmes conséquences pour le Trésor et pour les agriculteurs.

Les ministres qui se déchargent de leur propre besogne sur des commissions aussi irresponsables qu'eux-mêmes acculent l'agriculture dans une impasse dont M. Méline devrait comprendre qu'il est temps de sortir.

Les prochaines élections sénatoriales. — Les élections sénatoriales se préparent malheureusement dans des conditions aussi détestables pour l'agriculture que les élections antérieures depuis quinze ans. Partout la lutte entre radicaux et opportunistes met en œuvre les influences néfastes des intérêts personnels; d'un côté, les candidats ministériels appuyés par les fonctionnaires et tous les meneurs électoraux; de l'autre, les radicaux impatients de ressaisir l'assiette au beurre et exploitant les passions et les misères des classes ouvrières.

Le monde agricole pris entre ces deux branches de cet étau néfaste, n'a point les chefs et les guides nécessaires pour le délivrer de ce double joug et le mener au scrutin avec le programme d'ordre, de liberté, d'honnêteté, d'économie, qui seul pourrait sauver le pays de la banqueroute morale et matérielle qui l'attend.

Les socialistes profitent de ce désarroi des campagnes pour adresser aux ouvriers et aux petits cultivateurs un manifeste captieux et habile que nous signalons à l'attention de nos syndicats et de toutes les sociétés agricoles libres.

On annonce que M. Grenier est musulman — musulman convaincu et pratiquant. Ses électeurs ont cru plaisant d'introduire un musulman dans notre carnaval parlementaire. Il faut se hâter d'en rire. La débâcle ne sera pas gaie.

Le socialisme rural

Les députés socialistes prennent l'initiative d'un grand débat agricole qui aura lieu à la Chambre après le budget. Ils demandent aux cultivateurs de leur adresser leurs doléances.

Nous n'avons pas la moindre confiance dans les représentants actuels de ce parti. Mais n'empêche que ce débat sera fort curieux. Ce ne sera pas un spectacle banal que de voir tous les anciens communards convertis aujourd'hui à l'opportunisme se trouver aux prises, à cause de l'agriculture, avec ceux qui rêvent de recourir à la Révolution pour posséder à leur tour l'assiette au beurre. Parions que M. Méline et ses amis tiendront plus de compte des observations des socialistes que de celles de la droite.

Ce débat aura, qu'on le veuille ou non, une grande importance car il permettra de connaître la valeur exacte de l'intérêt porté aux agriculteurs par tous les politiciens ; les socialistes, dans leurs journaux et dans leurs réunions, ne manqueront pas d'en tirer parti. Qu'on y prenne garde ! Jusqu'ici les ruraux n'ont pas attaché grand prix aux théories socialistes qui ne s'étaient pas encore affirmées sur le terrain agricole. Puissent les représentants, hélas si peu nombreux, des grands principes sociaux être bien inspirés dans leur intervention et ne pas fournir d'arguments aux fauteurs de désordre !

La fédération politico-agricole du Pas-de-Calais

En apprenant la création de cette fédération, nous nous réservions de l'annoncer avant de savoir si les ruraux artésiens auraient le courage de repousser ce projet formé par MM. Ribot, Graux et Jonnart, d'exclure les sociétés libres de la fédération et de n'admettre dans celle-ci que les comices subventionnés.

La lettre de M. Deusy, au cercle agricole du Pas-de-Calais, dont il avait été un des principaux fondateurs, nous a édifiés sur ce point, en nous montrant que l'abjecte servilité qui déshonore nos mœurs politiques sévit dans les comices agricoles. Cela prouve, comme le dit si bien M. Deusy, que les syndicats libres sont désormais le dernier rempart de l'agriculture indépendante, et que les libéralités officielles sont pour le monde agricole le prix de sa servilité envers les maîtres du jour.

La soi-disant fédération agricole du Pas-de-Calais, a élu *président d'honneur*, M. Graux ; président, M. Jonnart. — C'était la récompense de leur zèle pour exclure les sociétés libres de leur fédération.

Pour caractériser l'abdication du cercle agricole, il suffit de rappeler qu'il avait été fondé en 1869, précisément en vue de doter l'agriculture d'institutions libres et indépendantes de l'Etat. On voyait dès lors, avec inquiétude la main de l'Etat, c'est-à-dire de la politique officielle, appesantir de plus en plus son joug sur le monde agricole, en retour des encouragements qu'il lui allouait avec l'argent tiré de ses poches. Comme aujourd'hui, la Société des agriculteurs de France, fondée dans le même but, applaudit à sa formation.

On voit comment les nouvelles couches du cercle agricole ont renié la tradition libérale des fondateurs et comment une école de liberté est devenue une école de politique.

Que les syndicats libres créent donc, eux aussi, des fédérations dont ils excluront les sociétés domestiques.

L'agriculture ne peut que gagner de toute façon à cette réaction de la liberté contre la servitude.

Le syndicat agricole d'Aire, présidé par M. Labitte, a exprimé dans sa dernière séance, une protestation contre l'exclusion dont il est l'objet, ainsi que les autres sociétés libres, de la fédération opportuno-agricole de son département.

M. Labitte, le sympathique président, s'est exprimé ainsi :

« Je dois vous entretenir d'une question qui est personnelle aux syndicats agricoles de notre région, mais qu'il est impossible de passer sous silence. Les sociétés agricoles du département ont cru utile de former une fédération pour s'occuper en commun des intérêts généraux de l'agriculture. Il y avait lieu de penser que toutes les sociétés ayant une existence légale auraient été appelées à prêter leur concours à la fédération. Il n'en a rien été; on a exclu toutes les sociétés non subventionnées par le gouvernement; on n'a fait d'exception que pour le Cercle agricole d'Arras, dont les sentiments républicains ont été affirmés solennellement dans la réunion où les statuts ont été élaborés.

« On ne peut donc se faire aucun doute sur le but poursuivi : on s'occupera sans doute d'agriculture dans la fédération ; mais la politique n'en sera pas exclue ; dès lors l'exclusion des syndicats agricoles était toute naturelle. Nous n'avons jamais voulu faire ici même la moindre allusion à la politique, nous persévérerons dans notre attitude et nous continuerons à défendre de notre mieux les intérêts agricoles, en laissant à la fédération les grands discours, les belles promesses et ne nous inquiétant pas du dédain avec lequel on a traité les syndicats agricoles. »

Ainsi, voilà qui est entendu. Le scandale est plus grand que nous ne l'avions supposé. Le Cercle agricole, quoique société non subventionnée, est admis dans la fédération à titre exceptionnel, à raison de ses opinions politiques !

Voilà comment on nous enseigne la neutralité politique en agriculture.

Le crédit agricole en Beauce.

La Société de Crédit mutuel agricole, fondée par le Syndicat agricole de l'arrondissement de Chartres, a tenu, le 29 novembre, une réunion dans laquelle M. Egasse, président de la nouvelle Société de crédit mutuel, a rendu un compte intéressant de ses débuts.

Il en résulte qu'en quatre mois la nouvelle Société a recueilli 140 souscripteurs, pour une part de 20 francs et qu'elle a réalisé pour 40.000 francs d'avances pour achats de semences d'engrais, d'instruments, de bestiaux. L'intérêt est de 75 centimes pour 100 fr. pour trois mois, ce qui l'élève à 3 pour 100 seulement pour l'année.

Ces débuts de la Société de crédit mutuel ont montré de nouveau que le crédit agricole, tel que le pratiquent nos modestes sociétés locales, est non point, comme le disent quelques-uns, la planche unique de salut de l'agriculture, mais un précieux auxiliaire de son relèvement et de sa prospérité sous un régime qui la protégerait contre l'invasion des produits étrangers.

Nous trouvons aussi dans ces faits la preuve que le crédit agricole vraiment pratique, consiste dans ces modestes banques locales, grâce à ce que le prêteur et l'emprunteur se connaissent et que le premier sait à quoi s'en tenir sur la solvabilité du second.

Par contre, nous nous défions des projets de grandes banques centrales dont nos grands leaders politiques essayent de nous entretenir dans certains journaux. Ces blocs enfarinés heureusement restent à l'état de réclames électorales. C'est déjà beaucoup trop pour nos campagnes. Les ruraux feront sagement de s'en tenir à l'écart, et de porter leur activité et leur zèle dans les modestes banques locales comme celles de Chartres et comme les 500 caisses rurales aujourd'hui en exercice en France.

Une loi belge contre l'agiotage.

Après l'Allemagne, notre voisine la Belgique essaie d'entrer en campagne contre la horde cosmopolite des spéculateurs qui rançonnent depuis quelques années, la production et la consommation en France et en Europe.

Les chambres de Belgique ont voté cette semaine une loi, dont l'article premier déclare obligatoirement exécutables, les marchés à terme sur toute marchandise et sur valeurs financières. L'article 2 considère comme dette de jeu tout marché portant sur des marchandises ou des valeurs que le vendeur ne peut livrer et dont l'acheteur ne puisse se livrer, en un mot, tout marché portant sur le jeu de la hausse et de la baisse.

Nous demandons qu'on suive en France les exemples de la Belgique et de l'Allemagne. Mais nous le demandons en vain. L'agiotage a des amis puissants dans une presse qu'il sait mettre à son service.

Elections législatives.

Dimanche dernier, M. Cornet, candidat radical, a été élu député de l'Yonne, en remplacement de M. Bézine élu sénateur.

A Pontarlier (Doubs) M. Grenier a été élu député au second tour, par 5.078 voix contre 4.107 données à M. Grillon. — 9.429 votants sur 13.420 inscrits. — M. Grenier remplace M. Dyonis Ordinaire, décédé.

M. Paris, M. Jolibois.

Cette semaine, nous avons appris la mort de deux membres importants de nos anciennes assemblées parlementaires.

M. Paris, ancien député du Pas-de-Calais, qui fut ministre des Travaux publics, sous la présidence du maréchal Mac-Mahon, est mort à Arras, dans sa 75e année, laissant le souvenir d'un homme de talent et de bon sens et supérieur de tous points à ceux qui l'ont supplanté depuis sa retraite.

M. Jolibois, ancien député, qui vient de mourir, a été un des serviteurs les plus dévoués et les plus distingués du parti impérialiste, auquel il a été fidèle jusqu'à la fin. En 1892, étant membre de la Commission d'enquête sur les corrupteurs du Panama, il protesta courageusement contre les procédés qu'employa la majorité de la commission pour aboutir à étouffer la lumière. M. Jolibois n'admettait pas l'excuse formulée par M. Brisson: « Cela eût compromis la République ! » Pauvre République ! qui a besoin d'un salut de cette espèce !

CHRONIQUE GÉNÉRALE

Le budget de l'agriculture à la Chambre des Députés.

Séance du 10 décembre. — Chapitre 13. — Vérification des beurres et des engrais, 10.000 francs. (Adopté.)

Chapitre 14. — Primes pour la destruction des loups, 10.000 francs.

Chapitre 15. — Statistique agricole décennale de 1892, 49.000 [francs]. (Adopté.)

Le chiffre demandé était de 39.000 fr. il a été augmenté de 10.000 francs sur l'intervention de M. Rameau qui démontre les nécessités d'achever un travail si utile. M. Méline et le rapporteur font observer que le retard provient non pas de l'administration, mais des préfets et des commissions départementales.

Chapitre 16. — Personnel des écoles vétérinaires, 467.950 francs. Ce chiffre est adopté malgré M. Alfred Faure qui demandait de l'augmenter afin de créer trois chaires d'anatomie pathologique. M. Méline ne nie pas l'intérêt et l'utilité de cette proposition, le gouvernement est prêt à l'examiner, mais il ne peut proposer à la Chambre d'émettre un vœu formel. C'est par économie qu'on ne l'a pas fait.

Chapitre 17. — Matériel des écoles vétérinaires, 489.390 francs. (Adopté.)

Chapitre 17 bis. — Service des hôpitaux et de la clinique dans les écoles vétérinaires 64.610 francs. (Adopté.)

Chapitre 18. — Services des épizooties 265.000 francs. (Adopté.) On ne demandait que 225.000 francs, c'est M. Linard qui a obtenu l'augmentation de 40.000 fr. M. Linard fait observer, qu'en cas de maladies épidémiques, les arrêtés préfectoraux ne sont presque jamais respectés. Ces contraventions proviennent de la mauvaise organisation du service sanitaire. Les vétérinaires et les maires ont des intérêts pécuniaires et politiques à ménager.

« C'est ainsi qu'en 1892, la fièvre aphteuse a pu se répandre en moins d'un mois dans un grand nombre de département de l'Est et du Nord et causer à l'agriculture des pertes s'élevant à plus de 10 millions de francs. »

M. Linard examine le fonctionnement du sanatorium de la Villette, il critique le mode défectueux de désinfection des wagons ayant servi au transport du bétail venant de l'étranger et dans lesquels on charge ensuite les animaux français. Il demande que ce sanatorium soit transporté à la frontière et cite à l'appui de cette opinion ce qui se passe en Angleterre. Cette nation, en effet, n'admet le bétail étranger que sous forme de viande abattue et a une armée d'inspecteurs merveilleusement organisée. M. Linard pense qu'il faudrait créer un service central qui aurait l'autorité nécessaire pour veiller à l'exécution des arrêtés.

M. Bourgeois (Vendée) appuie ces considérations et demande qu'on discute enfin la loi sur la médecine vétérinaire, il constate que cette loi qui a été étudiée dans une commission spéciale est ajournée indéfiniment.

M. Méline regrette que cette loi « ait toujours vu son tour pris par d'autres moins importantes ». (Mais à qui la faute, M. le Président du Conseil?) Il rappelle qu'il a cependant insisté sur son urgence. Il reconnaît d'ailleurs la justesse des observations de M. Linard, mais « chaque fois qu'on a voulu transporter le sanatorium à la Villette on s'est toujours heurté à la résistance de tous les intérêts groupés autour du marché de La Villette. Ces résistances

ont été tellement puissantes qu'elles sont arrivées à faire reculer tous les gouvernements. Je ne me refuse pas (mots chers à M. Méline) de remettre la question à l'étude... M. Linard a raison de demander l'organisation d'un service central, je demande néanmoins à la Chambre de ne pas voter son amendement. »

M. Clovis Hugues défend ses électeurs et demande qu'on étudie, c'est-à-dire qu'on ajourne la question.

M. Faure Alfred insiste pour qu'on prenne une décision et pense que le ministre de l'agriculture pourrait au moins s'engager à nommer un inspecteur spécial chaque fois qu'une épizootie se déclarerait.

M. Méline refuse de prendre un engagement ferme, il ne peut que promettre d'étudier la question.

M. Faberot combat la suppression du sanatorium de la Villette ainsi d'ailleurs que M. Vaillant, mais celui-ci votera l'amendement, étant bien entendu que les crédits supplémentaires serviront à l'envoi d'inspecteurs spéciaux dans la région menacée.

Chapitre 19. — Établissements agricoles 75.900 francs. (Adopté.)

Chapitre 20. — Indemnités pour abatage d'animaux, 180.000 francs. (Adopté.) Ce chiffre a été maintenu malgré un amendement défendu par M. Clédou et tendant à porter ce chiffre à 210.000 fr.

M. Clédou estime qu'on a eu tort de classer en 1881 la tuberculose bovine parmi les maladies contagieuses, on a porté ainsi un préjudice considérable à l'élevage français. Il fait observer que cette affection n'est pas épidémique, qu'elle cause une mortalité relativement faible et qu'elle ne se reconnaît pas à des signes extérieurs certains. Il cite des faits qui prouvent les inconvénients et le caractère arbitraire de cette loi. Au moins, faut-il que le gouvernement puisse indemniser suffisamment les cultivateurs qui en supportent les conséquences en attendant qu'on modifie cette législation.

M. Méline trouve la proposition très grave et que cependant la Chambre n'a pas besoin de la voter. Devant ce raisonnement M. Clédou retire son amendement.

Chapitre 21. — Traitement du personnel des haras, 374.600 fr. (Adopté.)

M. Laurent Bougère constate l'insuffisance de la remonte des haras dans les circonscriptions du dépôt d'étalons d'Angers.

M. Denécheau estime qu'en cas de mobilisation, la réquisition des chevaux donnerait des résultats déplorables alors que ces résultats seraient satisfaisants chez les nations voisines.

M. le vicomte de Montfort dit qu'il nous manque 100.000 chevaux de selle.

M. Denécheau rend responsable de ce fait les éleveurs et la direction des haras.

Les premiers ont le tort de considé-

rer l'étalon comme le facteur principal, la jument ne comptant que comme monte. Aussi obtient-on des chevaux qui manquent de race et de type. En Allemagne l'éleveur n'a pas la faculté de choisir l'étalon, celui-ci lui est imposé par le directeur des haras. M. Denécheau ne veut pas qu'on aille jusque-là et il a raison, car ce serait encore la disparition d'une liberté, mais il voudrait qu'on multipliât les conférences destinées à guider le choix des éleveurs.

M. Méline dit que ces conférences existent, et qu'il est prêt à étudier de plus près la question, qu'il ne faut pas oublier que la remonte ne prend qu'un dixième des chevaux produits en France. (Où prend-elle les neuf autres dixièmes, est-ce favoriser l'élevage français que de les demander à l'étranger?) C'est pour l'élevage du cheval de guerre que tout a été fait, c'est pour ses éleveurs que les haras achètent des étalons qui coûtent si cher, c'est pour eux que le prix de la saillie est moins élevé en France qu'à l'étranger. C'est encore dans leur intérêt qu'elle a réduit au-dessus du taux fixé par la loi le nombre des étalons de trait existant dans les haras.

Nous demanderons pourquoi la Chambre tolère que le gouvernement viole la loi; si celle-ci est mauvaise qu'il en demande la modification, mais il doit la faire exécuter, il n'a pas d'autre mission.

M. Méline conteste qu'en cas de mobilisation, il manquerait 100.000 chevaux, il estime qu'il n'en faudrait que 20.000 ou 30.000. « Toutefois, je crois pouvoir dire, ajoute-t-il, que personne n'en sait rien. » Nous approuvons M. Méline quand il estime que « nous ne pouvons pas faire de l'élevage uniquement pour l'armée, qu'il faut aussi considérer les intérêts du commerce et de l'industrie... que c'est l'élevage des chevaux de trait et des chevaux un peu lourds qui soutient l'élevage nécessaire à l'armée ».

M. Lechevallier demande qu'on s'en tienne simplement à donner satisfaction aux vœux émis par les sociétés d'agriculture, et il ne voit pas les raisons qui incitent l'administration des haras à obliger nos éleveurs à faire du cheval fin.

Or, de tous côtés on réclame l'augmentation des étalons de trait, et l'administration n'en possède que 400 sur un total de 2.809 étalons. Il serait utile aussi que les primes fussent distribuées moins parcimonieusement aux chevaux autres que ceux de pur sang.

M. le comte de Tréveneuc trouve au contraire que l'administration des haras se trouve, pour ainsi dire, accaparée par l'élevage du cheval de commerce qui n'a cependant pas besoin d'être protégé. (Soit, mais il ne faudrait pas l'entraver!) Il estime qu'il convient de doter l'armée du cheval galopeur qui lui est nécessaire. Il pense que, même pour l'artillerie, il est nécessaire que les chevaux aient du galop.

M. le vicomte de Montfort appuie ces considérations. La réquisition ne procurera pas en quantité suffisante le type qui convient à l'armée.

Dans la cavalerie allemande on a adopté la vitesse de 560 mètres tandis que la nôtre n'est que de 440 mètres. Cela tient à ce que l'élevage du cheval de selle tend à disparaître en France.

En tout cas, il faut reconnaître que nos chevaux ne sont jamais soumis qu'à l'épreuve du trot; ce sont ceux-là que les haras paient très cher sans savoir s'ils pourront fournir un bon service au galop.

« A l'heure actuelle, la remonte trouve difficilement à acheter les 12.000 à 14.000 chevaux qui lui sont nécessaires chaque année. Il n'y en a pas plus de 15.000 inscrits sur les contrôles de la production annuelle. Si même, on doublait ou triplait ce chiffre, en achetant tout, sans condition d'âge et de conservation, comme il nous faut près de 130.000 chevaux dans les premiers jours de la mobilisation, vous voyez que l'écart est considérable. » M. de Montfort constate que nous sommes souvent obligés d'acheter des chevaux à l'étranger, ce qui n'arriverait pas si la remonte encourageait l'élevage national en payant plus cher. Si l'étalon de demi-sang est encouragé, primé et acheté d'après ses qualités de galop il n'est pas douteux qu'il améliorera rapidement notre cavalerie. Il faut en d'autres termes que la production du cheval d'arme soit rémunératrice pour tous ceux qui la tentent. Certainement, il sera nécessaire de mettre à la disposition de l'administration de la guerre des sommes nouvelles; on peut le faire sans créer de charges supplémentaires en prenant de l'argent sur le pari aux courses.

Chapitre 22. — Frais de tournées du personnel des haras, 144.000 francs. (Adopté.)

Chapitre 23. — Gages des sous-agents des haras, 1.133.600 francs. (Adopté.)

Chapitre 24. — Secours et gratifications de monte. Médicaments aux hommes, 89.330 francs. (Adopté.)

Chapitre 25. — Habillement des gagistes des haras, 131.500. (Adopté.)

Chapitre 26. — Bâtiments, constructions, réparations, etc., dépenses diverses des haras, 208.000 fr. (Adopté.)

Chapitre 27. — Frais de conduite, de monte, salaires, 296.400 francs. (Adopté.)

Chapitre 28. — Ferrure, soins aux chevaux, sellerie, carrosserie, etc., 205.270 francs. (Adopté.)

Chapitre 29. — Nourriture des chevaux, des juments et de leurs produits 2.901.850 francs. (Adopté.)

Chapitre 30. — Consommation en nature dans les établissements des haras, 35.000 francs. (Adopté.)

Chapitre 31. — Remonte des haras, 1.250.000 francs. (Adopté.)

Chapitre 32. — Encouragements à l'industrie chevaline en France, 1.549.166 francs. (Adopté.)

MM. Montaut et de Montfort ont proposé une résolution invitant le gouvernement à présenter prochainement un projet de loi réglementant à nouveau les paris afin de créer des ressources nouvelles affectées à accroître les primes données aux chevaux achetés par la remonte; à établir des épreuves au galop et enfin à permettre à la remonte de payer ses chevaux plus chers.

M. Montaut développe les motifs de cette résolution qui est la conclusion pratique des précédents discours.

Il rappelle que depuis la loi du 29 mai 1894 on n'a presque rien fait. Tout le monde, cependant, était d'accord à cette époque pour produire en quantité suffisante « le cheval d'armes dont l'état avait besoin. » « Si la Chambre prenait aujourd'hui une décision pour ordonner enfin que l'orientation de cette loi de 1874 soit respectée, il nous faudrait au moins une dizaine d'années pour nous procurer les chevaux nécessaires non seulement à la remonte annuelle de notre cavalerie qui exige 10 à 12.000 chevaux, mais aussi à la constitution d'une réserve, comme le disaient avec tant de raison MM. de Montfort et de Tréveneuc. Or, cette réserve n'existe pas. »

Sans doute, observe l'orateur, le cheval de trait est intéressant, mais on a dépassé le nombre fixé par la loi, tandis qu'il nous faut créer pour ainsi dire de toutes pièces la production du cheval de guerre. Il est urgent de doter nos cavaliers de chevaux robustes et galopeurs.

Mais M. Montaut reconnaît que pour atteindre ce but il est nécessaire de s'assurer des ressources qu'on peut facilement demander au pari mutuel. Après avoir développé l'économie de son projet, il se plaint que le ministre de l'agriculture ait pris un décret qui a paru la veille du jour de l'ouverture de la discussion du budget de l'agriculture, en sorte que la question n'est plus entière.

M. Montaut ne comprend pas qu'on craigne de retirer aux joueurs un peu de leurs bénéfices au profit de la défense nationale. Il est tout près à voter l'abrogation de la loi sur les paris, mais puisqu'elle existe, il demande au gouvernement d'avoir le courage d'en tirer des avantages au profit du pays.

Le rapporteur combat la motion de M. Montaut. M. le comte de Saint-Quentin (ce qui est quelque peu surprenant) insiste aussi pour le rejet de cette proposition « qui est à son sens contraire aux intérêts de l'élevage et dont la discussion entraînerait trop loin ».

M. Montaut consent à ne pas demander une solution immédiate à la condition qu'on nomme une commission pour examiner son projet.

Au moyen d'une interprétation quelque peu jésuitique des usages parlementaires, le Président se refuse à provoquer la nomination de cette commission. M. Marcel Habert combat l'opinion du président et insiste pour qu'on donne satisfaction à M. Montaut. Toutefois, il reprend pour son compte la résolution que ce dernier déclare retirer.

Le rapporteur pour essayer de tout concilier propose que désormais l'argent remis par l'Etat aux concours de pouliches ne doive plus être obligatoirement dépensé dans l'année et qu'il puisse être reporté sur les années suivantes. D'après ce système on ne remettrait au lauréat qu'une partie de la prime: pour toucher la totalité, il serait obligé de représenter sa pouliche l'année suivante.

Cette disposition étant adoptée par le Ministre de l'agriculture la discussion est close.

Chapitre 33. — Personnel de l'hydraulique agricole, 372.000 francs. (Adopté.)

M. le comte de Bernis demande à M. Méline ce qu'il compte faire au sujet des canaux du Rhône toujours promis et si longtemps différés.

Le Ministre de l'agriculture trouve l'opération colossale au point de vue matériel aussi bien que financier qui demanderait 240 millions et qui ne rapporterait qu'un 1/2 pour cent.

Le gouvernement ne peut se charger seul d'une telle œuvre, il lui faut le concours de concessionnaires de l'industrie privée. M. Maurice Faure demande qu'on vote d'abord le projet de loi. M. Méline prétend qu'avant de saisir la Chambre, il a fait appel à l'industrie privée dont il a reçu deux propositions qui, d'ailleurs, laissent à l'Etat toutes les charges. On ne peut rien faire tant qu'on ne sera pas certain de trouver un concours utile et pratique dans l'industrie.

Avec raison, M. de Bernis n'est pas satisfait du vague de ces déclarations et il insiste à nouveau pour qu'on entre dans l'étude pratique de cette grave question.

Chapitre 34. — Police et surveillance de l'aménagement des eaux, 260.000 fr. (Adopté.)

Chapitre 35. — Etudes et travaux exécutés par l'Etat, 639.350 fr. (Adopté.)

M. le comte d'Hugues demande si oui ou non, on veut faire quelque chose pour la région des Alpes, qu'il appelle l'Irlande de la France, et qui attend aussi qu'on termine le canal de Ventavon. M. d'Hugues fait un très intéressant historique de la question qui remonte à 1881. Il montre les représentants de cette région faisant des promesses successives qu'ils ne tiennent jamais et se vanter dans leurs journaux de ce qu'ils ont l'air d'obtenir du gouvernement. En voulant contredire, MM. Laurençon, Viger et Euzière confirment l'exactitude des renseignements fournis par M. d'Hugues.

M. Méline reconnaît que cette affaire est très malheureuse : elle a mal débuté, il est difficile de la terminer, les opérations ont été mal faites, mal conçues par les ingénieurs. « On a dépensé 1.700.000 francs et on ne peut continuer car on s'est complètement mépris sur le chiffre de la dépense totale. D'ici peu, je déposerai un projet de loi. »

(A suivre.)

Société des agriculteurs de France.

Session de 1897.

Le conseil central de la Société a fixé la date de la prochaine session du 5 au 13 avril 1897. Comme les années précédentes, la session coïncidera avec le concours agricole de Paris, qui se tiendra au Champ-de-Mars, dans la galerie que machines.

Concours de Moulins.

Nous avons vu que les éleveurs de l'Allier avaient pris la résolution de ne pas attendre, comme dans les années précédentes, la date du concours de Paris, pour tenir leur concours annuel d'animaux gras et de reproducteurs. En alléguant deux motifs décisifs : 1 les dépenses onéreuses de l'alimentation dans les deux mois de février à avril ; 2° l'époque d'achat et de vente des reproducteurs en février.

Par ces motifs, le concours annuel de la Société de la Nièvre et de l'Allier tiendra son concours à Moulins, du jeudi 11 au dimanche 14 février. — Il y sera distribué pour 12.000 francs de primes pour les éleveurs et les engraisseurs, pas besoin d'ajouter que les achats et ventes de reproducteurs auront une importance décuple de celle des primes. Les expositions annexes d'instruments et de produits auront une importance au moins égale à celle des années précédentes.

Pour être admis à exposer, il faut s'adresser à M. de Garidel, président de la Société, à Beaumont, par Saint-Mercoux, avant le 15 janvier, ou à M. Signoret, secrétaire, à Izeure (Allier), qui enverra le programme à ceux qui en feront la demande.

L'Union syndicale du Sud-Ouest.

Cette union syndicale comprenant les syndicats de cinq départements a tenu une importante réunion à Toulouse, le 5 décembre, sous la présidence de M. Capèle.

La réunion a émis un vœu demandant la réforme des tarifs de pénétration, en faveur, pour les vins étrangers et au détriment des vins français ; on demande pour ceux-ci, des tarifs à base kilométrique décroissante, pour favoriser les débouchés des vins du Midi, dans le nord de la France. L'union réclame aussi des réductions de tarifs pour les engrais et pour les houilles.

Elle réclame l'adoption définitive de la loi sur les boissons, tout en regrettant la faculté donnée aux négociants en vins, d'avoir des vins de sucre pour leur usage personnel.

Elle demande un relèvement du droit sur les vins.

Elle demande que le régime de l'admission temporaire des blés soit remplacé par le système des droits à la sortie.

L'union demande les mesures propres à développer le crédit agricole, notamment l'escompte du papier agricole par la Banque de France. Puis, l'union réclame une surveillance sérieuse au point de vue sanitaire, des bestiaux étrangers à leur entrée en France. Enfin, l'union réclame un dégrèvement de l'impôt sur le sucre.

Voilà un programme passablement chargé. Les ruraux du Sud-Ouest se demandent-ils combien de temps demanderont les dix réformes qu'ils réclament, alors que pas une seule n'a pu être opérée dans le cours de l'année, alors que plus on demande de réformes, moins on en réalise !

Syndicat de la vallée de Germiny (Cher).

Ce syndicat composé des principaux éleveurs de cette contrée justement renommée, a tenu à Sancoins, la semaine dernière, un concours d'animaux reproducteurs bovins et ovins, qui a eu un succès des plus remarquables. Les lauréats ont récolté outre leurs primes, les offres avantageuses de nombreux éleveurs de la région pour leurs jeunes taureaux charolais et durham charolais et pour leurs poulains de race de trait.

Ce concours montre une fois de plus que l'initiative des syndicats agricoles peut remplacer les concours officiels.

L'étalon anglo-normand dans l'Isère.

Au nom des éleveurs de chevaux les comices agricoles de deux cantons de Roussillon et de Vienne viennent d'adresser à M. Méline une pétition par laquelle ils demandent que la direction des haras cesse de leur envoyer des étalons anglo-normands qui n'ont donné dans cette région que des produits très défectueux. Ils réclament l'envoi d'étalons percherons. Leur pétition s'appuie sur une expérience malheureusement très concluante. La direction des haras ne peut recevoir de M. Méline que l'ordre de donner satisfaction aux éleveurs dauphinois...

NÉCROLOGIE

L'agriculture des environs de Paris a perdu cette semaine un de ses représentants les plus estimés, M. Victor Gilbert, ancien propriétaire, cultivateur à la ferme de Wideville, près de Trappes (Seine-et-Oise).

Successeur de son père et de son aïeul, dans cette ferme de 1839, M. Gilbert en éleva la culture au premier rang et remporta la prime d'honneur au concours régional et ses succès comme éleveur de la race mérinos, puis du dishley-mérinos lui valurent de nombreuses récompenses dans les expositions internationales. M. Victor Gilbert a légué à son fils la continuation d'une tâche vraiment glorieuse. Il est rare en effet, par le temps qui court, de voir une exploitation agricole tenue par quatre générations de la même famille. S'il y avait une noblesse agricole, ce serait à ces familles qu'il faudrait la conférer.

On annonce aussi la mort de M. Carette, ancien agriculture dans l'Aisne, qui avait remporté de nombreuses récompenses dans les concours régionaux de ce département.

CHRONIQUE AGRICOLE

Situation. — La saison.

Depuis huit jours, le temps est devenu sec et modérément froid pour la saison. Les neiges ne commencent à couvrir le sol que dans quelques contrées montagneuses. Sur la presque totalité du territoire, les terres en friche peuvent être labourées, les prairies peuvent recevoir des engrais et les amendements nécessaires, en un mot, les travaux que comporte la saison sont praticables en bien des localités où ils étaient impossibles depuis deux mois.

Dans quelques contrées, dans le Nord surtout, on risque des ensemencements de blé et d'avoines d'hiver. Ce sont des opérations quelque peu hasardeuses à cette époque. Après ce que nous avons dit des moyens d'obtenir de bonnes récoltes de blés semés à la fin de l'hiver, nous croyons que ce parti est plus sage que le premier.

Quant aux blés semés jusqu'à ce jour, les nouvelles qui les concernent sont encore très incertaines. Leur levée très lente, et entravée par les pluies et les froids depuis un mois, laisse toujours à désirer.

Mais on a encore l'espoir d'une amélioration. En deux mots, sur l'ensemble des récoltes, il y a lieu à des craintes et à des espérances ; mais la situation ne promet pas ce quelle promettait l'an dernier.

En tout cas on aura recours aux nitrates vers la fin de janvier et en février, pour terminer la végétation souffreteuse des blés. De nombreuses expériences sont projetées dans ce but.

L'enquête sur la baisse du porc.

Nous avons vu que M. Méline, en réponse aux réclamations qui lui viennent de toutes parts contre la baisse ruineuse du prix des porcs et de leurs produits, a pris le moyen habituel et toujours illusoire de nommer une commission chargée de lui dicter les remèdes au mal. Pendant ce temps, le mal continuera. A quoi d'ailleurs aboutira l'enquête? A déclarer que la surproduction est la cause principale de la crise et que le gouvernement n'y peut rien! Voilà nos éleveurs bien avancés!

Or, il n'est pas besoin d'une enquête pour savoir que la cause principale de la crise vient des énormes importations de porcs vivants et de viandes de porc, de salaisons, etc., qui inondent nos grands centres, Paris, Lyon, etc. — Les chiffres officiels de ces importations sont connus de M. Méline comme de tout le pays. Alors, il n'y a qu'un moyen de couper court au mal; c'est un relèvement des droits de douane sur les porcs et leurs produits.

En présence d'un mal aussi évident et de causes aussi évidentes, ajourner l'emploi du remède, c'est manquer au premier devoir d'un ministre envers l'agriculture!

Une observation utile à ce sujet, c'est que le droit de douane sur les porcs n'est que de 8 francs, alors que le porc rend 85 0/0 de produit net, tandis que le droit sur l'espèce bovine qui ne rend que 50 à 55 0/0 est de 10 francs. La logique voudrait que le droit sur le porc fût élevé à 15 0/0. Cette mesure serait certainement efficace.

Graines de betteraves à sucre.

La lutte engagée depuis douze ans entre les graines de betteraves sucrières améliorées d'Allemagne et françaises a suscité dans le Nord de nombreuses cultures expérimentales parmi lesquelles nous avons signalé celles de M. Desprez d'abord puis celles de MM. Castret, Legrand, Rulleau, etc.

La Société des Agriculteurs du Nord a entendu dans sa dernière séance un compte-rendu intéressant des expériences comparatives exécutées par MM. Coquelle et Ducloux sur un champ de deux hectares dans les environs de Valenciennes. — Leur analyse des betteraves a démontré que les variétés françaises avaient sur les variétés allemandes les supériorités suivantes. Les allemandes n'arriveraient qu'au 2ᵉ et au 5ᵉ rang comme densité, 5ᵉ et 7ᵉ comme poids; 7ᵉ comme produit en argent.

La Société a félicité les expérimentateurs, et a décidé de propager dans le Nord la culture des meilleures graines françaises. Dans de telles conditions, à notre avis, les tarifs douaniers sur les graines allemandes n'ont plus besoin d'être réduits en faveur des vendeurs. Il est bien plus rationel de stimuler la production et la propagation des graines françaises dont la supériorité est surabondamment établie.

Nitrates. Sulfate d'ammoniaque.

Après la question des phosphates, M. Labitte a abordé avec non moins de justesse celle des nitrates.

Et puisque nous sommes sur la question des engrais chimiques, il n'est pas possible de passer sous silence les agissements du syndicat des nitratiers qui sont coalisés pour faire enchérir le nitrate.

L'engouement pour cet engrais est bien vivace chez beaucoup de cultivateurs. Au bout de quelques semaines qu'il a été répandu on voit une végétation luxuriante sur les récoltes et on se dit que le nitrate est un bien bon engrais. Il ne faut pas contester ses qualités; mais ce en quoi il excelle, c'est à faire pousser de l'herbe, des feuilles ou même des racines et des tubercules. Pour du grain, il n'y faut pas compter.

Dans le nitrate, il y a 15 à 16 pour cent d'azote. Si on le paie 20 fr. comme on veut le vendre à livrer en mars, c'est de l'azote à 1 fr. 35 le degré. Il est certain que le sulfate d'ammoniaque vaut autant comme azote que le nitrate; au prix actuel, on le paie 1 fr. 10 au degré. Pourquoi ne pas en user au lieu de nitrate?

Mais il y a surtout les engrais organiques, sang desséché, tourteaux et même poussières de laine où l'azote revient à 1 fr. 10 le degré et qui sont bien supérieures aux engrais minéraux. Pourquoi les délaisser? Sans doute l'effet n'est pas aussi prompt, mais il est bien durable. La terre n'est pas coulée comme avec le nitrate et elle reçoit sa nourriture au fur et à mesure de ses besoins.

Ne faisons pas fi du nitrate, mais persuadons-nous bien qu'il peut être avantageusement remplacé par d'autres engrais.

Les agriculteurs sont unanimes à reconnaître qu'il faut réagir contre le syndicat des nitratiers qui veulent faire la hausse sur ce produit et sont disposés à employer des engrais organiques.

Les conclusions à tirer de ces observations ont été indiquées ici bien des fois. Nous avons toujours, en effet, conseillé les engrais azotés organiques au début des soles et les nitrates dans le cas où il s'agit d'un effet immédiat et à courte échéance, enfin le sulfate d'ammoniaque dans les cas intermédiaires, c'est-à-dire en vue d'une récolte dans un délai de plusieurs mois; en outre, on a remarqué que la manipulation des sulfates d'ammoniaque était toujours assurée par le contact de l'acide carbonique et du calcaire. Ces indications seront toujours bonnes à consulter dans le choix des engrais auxiliaires.

Phosphates, scories, superphosphates.

Le rôle important que joue l'acide phosphorique dans la végétation, appelle l'attention des cultivateurs sur les modes divers de son application, c'est-à-dire sur les matières fertilisantes qui l'introduisent dans le sol et sur la distinction à observer entre ces matières la nature du sol où on les emploie.

M. Labitte, président du Syndicat d'Aire, a présenté à ses collègues sur ce sujet, les observations suivantes qui peuvent être d'une heureuse utilité pour un grand nombre de cultivateurs.

Un certain nombre de cultivateurs font depuis quelques années des dépenses importantes pour l'achat des phosphates. On passerait pour un rétrograde et un ignorant si on venait contester que les phosphates donnent des qualités aux céréales, de la densité aux betteraves et la fécule aux pommes de terre.

J'ai bien des fois ici soutenu une thèse sinon opposée, au moins différente des idées généralement admises et je viens de trouver un publiciste professeur d'agriculture qui soutient presque la même théorie.

Il n'est plus contesté aujourd'hui que le calcaire est indispensable à toutes les terres pour assurer de fortes productions, attendu que les engrais azotés ne peuvent s'assimiler complètement, si le calcaire fait défaut. Comme beaucoup de terres n'en ont pas en quantité suffisante, les phosphates qui contiennent de 40 à 50 pour cent de chaux, agissent surtout par le calcaire qu'ils procurent et il n'est pas probablement exagéré de dire que si toutes nos terres argileuses étaient bien marnées, le bon fumier de ferme que nous leur donnons suffirait à les pourvoir suffisamment d'acide phosphorique.

Il ne faut cependant pas être exclusif et il peut se faire que certaines terres aient réellement besoin de phosphates. Ainsi les terrains tourbeux et particulièrement les pâtures basses qui sont souvent acides ont besoin ou de phosphates naturels ou des scories de déphosphoration; mais ce serait un vrai contresens d'y employer des superphosphates. Ce sont encore des phosphates naturels qu'il faut employer dans les terres argileuses et non des superphosphates, car ces derniers étant traités par l'acide sulfurique apporteraient de l'acide à des terres qui en sont déjà trop pourvues. Les superphosphates ne doivent donc être employés que dans les terrains calcaires ou dans ceux qui sont abondamment pourvus de marne ou de chaux. Encore y a-t-il lieu de craindre qu'ils rétrogradent dans les terrains très calcaires et alors ils ne sont pas plus assimilables que les phosphates naturels. Il n'est pas rare d'entendre des cultivateurs à qui on demande combien ils ont employé d'engrais pour une récolte de betteraves vous répondre qu'ils ont employé tant de nitrate et tant de superphosphate. Jamais vous n'entendrez dire : J'ai mis du phosphate naturel ou des scories de déphosphoration. Bien souvent cependant ce sont les seuls engrais qu'on aurait dû employer.

Par ce temps de disette agricole, il est si malheureux de voir employer son argent à acheter ce qui ne convient pas, qu'on ne saurait trop insister pour choisir les engrais appropriés à sa culture. »

Les cultures expérimentales des céréales.

Nous avons, à plusieurs reprises, parlé des cultures expérimentales pratiquées dans le département d'Eure-et-Loir, par plusieurs cultivateurs, sous la direction de M. Garola, professeur d'agriculture. Le savant et zélé professeur a donné à ces expériences une direction méthodique qui a permis de déterminer, dans une certaine mesure, les conditions de sol, d'engrais surtout, réclamées par les diverses céréales ainsi que par le sarrasin, le millet et les plantes fourragères.

Une observation tirée par M. Garola et ses auxiliaires, des dernières expériences, constate que la végétation des racines est toujours le principal facteur de la production des épis et des graines, et en conclut que les engrais les plus propres à développer les racines doivent être confiés au sol avant les engrais qui alimentent spécialement les tiges, les fleurs et les grains.

Si nous comprenons bien la pensée de M. Garola, les engrais produisant de bonnes racines sont les fumures enrichies de phosphate précédant de plusieurs mois la semaille et les engrais nourriciers des tiges et des épis sont les nitrates répandus en couverture au printemps.

Si notre explication de l'idée de M. Garola ne paraît pas suffisante, nous demandons une explication plus complète à ceux qui sont en mesure de nous la donner.

Les orges de printemps.

Quoique l'orge ne se sème qu'au printemps, il est temps de savoir dès maintenant sur quels champs on l'ensemence. En effet, pour obtenir une bonne récolte, il est très utile de mettre la terre en état par des façons préparatoires et par des engrais appropriés, travaux qui se font à la fin de l'automne et au commencement de l'hiver.

L'orge réussit après un blé qui a végété sur une terre largement pourvue d'engrais, mais elle ne donne souvent qu'une récolte ordinaire lorsqu'elle est semée sur défriche de trèfle ou de luzerne.

Les engrais pour l'orge sont les mêmes que pour le blé, toutefois ils peuvent être moins riches en azote.

L'orge de printemps se plaît dans une terre de consistance moyenne. Elle redoute le sable et l'argile, demande beaucoup d'engrais; elle réussit généralement après deux labours à la suite d'une céréale, mais, dans ce cas, elle doit terminer la rotation de l'assolement car elle est très épuisante.

Il serait imprudent de semer l'orge avant le mois d'avril à cause des gelées tardives qu'elle craint beaucoup. Si la semaille se trouvait retardée, jusque dans le courant de mai, il faudrait semer l'escourgeon de printemps qui est de toutes les orges celle dont la végétation s'effectue le plus rapidement.

En saison normale, l'orge Chevalier est la variété la plus estimée aussi bien pour le grain qui est recherché par la brasserie que pour la paille qui est très haute.

La production sucrière.

La crise sucrière qui sévit chez nous a une de ses principales causes, dans une progression continue de production, tant en France qu'à l'étranger, qui dépasse de beaucoup les besoins de la consommation générale.

Or, dans cette situation, il est plus que difficile pour les gouvernements de mettre un terme aux baisses extrêmes des cours, sur l'ensemble des marchés. La force des choses, en pareil cas, finit par avoir raison de tous les expédients de la politique fiscale et tôt ou tard les producteurs finiront par se voir obligés de réduire notablement leur production supérieure de plus de deux millions de tonnes aux besoins de la consommation.

Les chiffres suivants démontrent clairement la situation critique de cette grande industrie.

En France, l'an dernier, la sucrerie a produit 650.000 tonnes de sucre raffiné. La récolte de 1896 nous promet un rendement de plus de 740.000 tonnes dépassant notre consommation de plus de 300.000. Une enquête internationale vient de démontrer que la surproduction est aussi considérable dans les autres États : Belgique, Hollande, Allemagne, Autriche-Hongrie, Russie, etc.

Le relevé de la production de ces États s'élève à 4.700.000 tonnes en chiffres ronds excédant de 400.000 tonnes la production de l'année précédente. La progression a été encore plus forte chez nos voisins qu'en France.

Il n'est donc pas étonnant de voir les États grands producteurs, l'Allemagne surtout et l'Autriche, s'imposer des sacrifices pour procurer à leurs sucres des débouchés à l'étranger. Mais la lutte entre ces États *surproducteurs* ne peut qu'aboutir à de dures déceptions pour tous. Avis à nos producteurs français.

Sans doute un remède plus désirable à cette crise ce serait un accroissement de la consommation intérieure. Pour l'obtenir il faudrait supprimer l'impôt qui augmente du double le prix du sucre. Mais où trouver les moyens de remplacer les 100 millions provenant de cet impôt?

Toutes les questions viennent se heurter chez nous à cette terrible pierre d'achoppement : et l'argent? Quoi qu'il en soit, le côté le plus menaçant de la crise sucrière est dans cette progression continue d'une production internationale qu'il est temps, pour les producteurs, de songer à la réduire non plus à l'augmenter.

Pommes de terre cuites par l'ensilage.

Dans la dernière séance de la Société nationale d'agriculture, M. Aimé Girard a présenté aux membres de la Société des pommes de terre qui ont été cuites, dans un silo de trèfle par la seule fermentation de cette plante.

On a trouvé la cuisson très suffisante pour assurer la conservation des pommes de terre à l'air libre, et pour assurer leur base nutritive. C'est à l'école d'agriculture de Petré (Vendée) que cette expérience a été faite avec succès.

Nous croyons donc utile de signaler ce procédé de cuisson des pommes de terre par leur seul séjour dans un silo de plantes légumineuses en fermentation.

Nous disons plantes légumineuses parce que ce sont celles qui ayant le plus de sucre produisent le plus de chaleur en fermentant.

Les silos de maïs également, et par la même raison, peuvent être l'objet d'opérations semblables.

La lutte contre le black-rot.

La semaine dernière, nous avons rendu compte de la grande réunion de l'école, qui a eu lieu à Bordeaux (c'est par erreur que le nom de Bordeaux a été omis en tête), pour étudier les moyens de lutter avec succès contre ce redoutable parasite et c'est avec peine que nous avons enregistré des conclusions qui laissent encore trop à désirer, pour ne pas poursuivre les recherches de moyens plus efficaces.

En attendant, nous croyons utile de rappeler les conseils suivants adressés aux viticulteurs. Nous les résumons ainsi :

Les vignes vieilles, affaiblies par l'âge, ne sont pas très difficiles à défendre contre le black-rot; de même les vignes qui n'ont pas été cultivées avec les soins et pourvues des engrais nécessaires et qui n'ont pas été défendues contre les autres parasites.

Les autres vignes ne peuvent être défendues qu'à la condition de les pourvoir largement d'engrais et de les défendre énergiquement contre tous les parasites connus par les bouillies cupriques, spécialement par la bouillie bourguignonne Leverdel et dosant 2 à 3 0/0 de sulfate de cuivre, avec une base de chaux suffisante pour obtenir un liquide neutre ou très peu acide. Au traitement liquide, ajouter le traitement par les poudres cupriques à base de chaux. Maintien du sol très propre, vignes bien aérées par des supports en fil de fer. Application complète des liquides, sur la totalité des feuilles et des grappes. Renouveler jusqu'à cinq fois, s'il est nécessaire, les traitements depuis le moment où les pousses ont 5 centimètres de long; 2° traitement vingt jours plus tard; 3° à la fin de la floraison ; 4° quinze à vingt jours après; 5° quinze jours avant la floraison; 6° enfin, dans les années humides, à la veille de la maturation.

Enlever les feuilles tachées dès leur apparition, enlever tout organe desséché de l'année précédente. Enfin, invitation aux savants à poursuivre sur place leurs études sur le black-rot.

On le voit, la situation est grave et le salut des vignes attaquées n'est pas réalisable à bon marché. Il faudra de riches vendanges pour payer les dépenses de cinq traitements, sinon des autres soins de culture prescrits par la commission du black-rot sans compter que, dans ces conditions, le succès n'est pas même assuré.

Espérons que les recherches des savants nous offriront des remèdes plus décisifs à l'avenir.

Conduite du rucher en décembre.

Lorsque ces lignes paraîtront, le sol sera peut-être recouvert d'une nappe blanche et glacée; tout, dans la nature endormie, semblera immobilisé sous le froid suaire; et seul, l'âpre vent du nord rompra la monotonie du spectacle en agitant sur leur base les arbres, dont les bras nus et desséchés s'entrechoqueront plaintivement. La campagne, alors, sera nettoyée aux endroits unis; la neige, soulevée par rafales, se déplacera, emplissant les chemins creux et tous les vides qu'elle rencontrera. Vous devez, dès ce moment, faire de temps à autre une visite au rucher, afin de pouvoir, le cas échéant, dégager les trous de vol des ruches de la neige qui s'y serait accumulée.

Si vous avez à opérer, dans le rucher même, quelque déplacement de colonies, choisissez pour cela la veille d'un jour de sortie présumé. Contrairement à ce qui doit se faire dans la marche régulière des choses, n'enlevez pas en pareil cas, dans le but d'exciter les abeilles à sortir, — la planchette qui masque le trou de vol; il est au contraire de toute nécessité qu'elles rencontrent à leur sortie de la ruche, un obstacle qui les oblige à s'orienter, afin qu'au retour, elles puissent reconnaître leur nouvel emplacement.

Au rucher même, là se bornent les travaux de décembre. Mais c'est précisément parce que vous avez peu de chose à faire au dehors qu'il faut beaucoup vous occuper chez vous.

Quand aurez-vous plus de loisirs pour tresser le panier avec lequel, en juin, vous recueillerez les essaims? pour fabriquer les cadres et les garnir de fil de fer; pour gaufrer votre cire et en placer les feuilles dans des cadres et pour faire les nombreux petits travaux qu'au moment de la récolte vous serez très heureux de n'avoir pas à vous occuper, que

pendant les longues soirées de l'hiver ?

C'est aussi, pour le débutant surtout, le vrai moment d'étudier la théorie et pour les anciens de revoir les notes qu'ils ont prises au cours des conférences. Ne négligez donc pas de lire les ouvrages apicoles.

A ce propos, nous nous permettrons de vous demander (comme le fit feu Kamet pour son calendrier) si on établit une bibliothèque communale dans votre village, que vous fassiez quelque effort pour que le *Guide pratique de l'Apiculture* y trouve une petite place.

Notre tâche est finie. Si nos renseignements ont pu intéresser les lecteurs nous nous considérons comme payé et nous les remercions d'avoir bien voulu nous lire.

Léon Tombu.

COURS DES BESTIAUX

Marché de la Villette du 21 décembre 1896.

ESPÈCES	PRIX DE LA VIANDE NETTE		
	1re qualité	2e qualité	3e qualité
Bœufs. ..	1.48	1.38	1.28
Vaches...	1,46	1.36	1.26
Taureaux.	1.20	1.10	0.98
Veaux....	1 94	1.70	1.34
Moutons..	1 88	1.70	1.60
Porcs	1.02	0.98	0.94

ESPÈCES	AMENÉS	VENDUS	PRIX EXTRÊME	
			viande net	poids vif
Bœufs....	2.993	2.608	1.28 à 1 48	59 à » 91
Vaches...	795	710	1.26 1.46	56 » 90
Taureaux.	275	260	0 98 1.20	49 » 77
Veaux....	957	946	1.34 1.94	70 1.15
Moutons..	16.259	14 259	1.60 1.88	73 1.16
Porcs.. ...	5.528	5.478	0.94 1.02	68 » 76

Vente active.

Marché de la Villette du 24 décembre 1896.

ESPÈCES	PRIX DE LA VIANDE NETTE AU KILOGR.			
	1re qualité	2e qualité	3e qualité	Prix extrême
Bœufs....	1.50	1.36	1.26	1.20 à 1.54
Vaches...	1.46	1.32	1.10	1.10 1 5°
Taureaux	1.24	1.14	1.06	1.00 1.28
Veaux....	2.20	1.70	1.30	1.20 2 25
Moutons..	1.90	1.75	1.60	1.54 2.00
Porcs	1.06	96		90 1.10

ESPÈCES	AMENÉS	RENVOI	OBSERVATIONS
Bœufs ...	1.785	»	Vente lente sur le gros bétail et les moutons, plus facile sur les veaux, mauvaise sur les porcs.
Vaches...	486	»	
Taureaux.	222	»	
Veaux....	1.242	»	
Moutons..	10.299	»	
Porcs.....	6.112	»	

Vente du bétail au marché de La Villette.

Adresser les animaux à MM. Henri Roblin et Surugue, en gare Paris-Bestiaux. Les aviser par lettre auparavant, 190, rue d'Allemagne, Paris.

CORRESPONDANCE

M. A., à V. (Marne). — Pour vous procurer le *Viticulteur pratique*, adressez-vous de notre part chez l'auteur, M. l'abbé Vigneron, à Roville par Bayon (Meurthe-et-Moselle).

M. de L., à S. (Maine-et-Loire). — Nous ne sommes pas surpris du résultat que vous donne le phosphate alimentaire « Salmon »;

vous pouvez sans crainte augmenter la dose.

Le Crésyl Jeyès n'est pas seulement un produit vétérinaire, c'est aussi un puissant antiseptique et désinfectant qui a donné les meilleurs résultats pour l'entretien des étables, chenils, poulaillers, porcheries. A la ferme il rend des services signalés.

M. B., à H (Yonne). — Votre maréchal qui est peut-être très fort en ce qui concerne le montage ou le boitage d'une paire de roues, ne connaît absolument rien à la médecine vétérinaire, et je ne m'étonne nullement que vous vous fassiez voler par un marchand d'engrais ou d'une mixture quelconque. Adressez-vous aux gens honorables qui font métier de soigner les animaux ou de vendre des engrais.

M. M L., à B. (Nord). — *Engraissement du bétail. Marche à suivre.* — Au début de l'engraissement, il est toujours préférable de modérer la ration la plus riche en tourteaux et farineux, et de donner des aliments moins nutritifs en plus grande quantité. On fait la manœuvre opposée vers la fin de l'engraissement, lorsque les animaux déjà remplis par la graisse mangent peu et moins bien. Vous auriez dû vous inspirer de cette pratique, recommandée par tous les praticiens de l'engraissement ; elle est rationnelle, et en même temps plus économique que votre façon de procéder.

M. V., D., à B. (Aisne) — *Mortalité des veaux. Causes.* — La pneumo-entérite des veaux à caractères septiques est toujours possible avec des aliments humides, dont la conservation imparfaite laisse à désirer. Dans l'ensilage du maïs et des autres fourrages verts, vous obtenez selon le mode employé, de l'ensilage doux, à odeur agréable, ou de l'ensilage à odeur putride. Dans ces conditions, il serait bon d'adopter la conduite des éleveurs de Flandre, c'est-à-dire de supprimer au moins un mois avant et un mois après la mise bas, le maïs ensilé, et de ne le donner aux bêtes pleines, qu'à doses modérées et mitigées par deux rations de fourrages secs, pour une de maïs ensilé. Le mélange, betteraves hachées, foin haché du maïs ensilé, en proportions égales, doit atténuer les mauvais effets du maïs. Le sel marin, ou sel dénaturé au moment de la confection des silos, à la dose de 3 à 4 kil. pour 1.000 kil. de maïs, vous donnera très certainement de bons résultats.

M. R., à S. (Loire) — Pour vous procurer les arbres fruitiers, et forestiers dont vous avez besoin adressez-vous de notre part à MM. Bérand Massard et Ch. Adenot, pépiniéristes à Montceau-les-Mines (Saône-et-Loire). Maison de toute confiance, étiquetage garanti.

M. B., à L. (Aisne). — Quelles que soient les emblavures ultérieures qu'on ait en vue, on a toujours intérêt à enfouir les phosphates fossiles avant l'hiver. Quand les phosphates ont été soumis pendant plusieurs mois aux attaques des acides du sol, l'acide phosphorique que les plantes trouvent au printemps dans la terre, peut être immédiatement assimilé par elles. L'avance d'argent n'est rien en comparaison de l'augmentation de l'effet produit.

L'emploi des bons phosphates fossiles de « Quiévy » a été particulièrement recommandé dans ces derniers temps par les agronomes les plus distingués. Il permet en raison du bas prix de ce produit, de faire apport au sol de doses considérables d'acide phosphorique, et de phosphates de chaux.

M. C. à R. (Aube). — D'après M. Dehérain, la paille d'avoine contient pour 500 kil. : azote 2 kil, acide phosphorique 2 kil. 750, potasse 2 kil. 100, chaux 0 kil. 500. La paille de blé contient pour 500 kil. azote : 2 kil. 400 acide phosphorique 1 kil. 100, potasse 2 kil. 5 0, chaux 1 kil. 300.

DEMANDEZ

A M. *l'Administrateur de la* Justice Sociale, 149, rue de Rennes.

Mes Souvenirs, par l'abbé Naudet. Franco, 3,50. — **Vers l'avenir,** par le même. Franco, 3,50. — **Une âme de prêtre,** par le même. Franco, 2,50.

TABLE DES MATIÈRES

PRIMES A NOS ABONNÉS

A l'occasion du nouvel an, nous offrons à nos abonnés de jolis coffrets en satin duchesse, ornée de peintures à la main et de rubans de soie, renfermant une livre de bonbons fondants fourrés et de chocolats divers (pralinés, crème, etc.) de toute première qualité.

Ces boîtes parfaitement emballées coûteront : franco gare 7 fr. ; franco domicile 7 fr. 25.

Sur demande on peut joindre la carte de l'expéditeur et ce, afin de permettre à nos abonnés de faire des cadeaux à leurs parents et amis.

Adresser les commandes accompagnées de leur montant au Directeur du Journal.

Nous sommes heureux d'offrir comme primes à nos abonnés, plusieurs d'entre eux en ayant déjà manifesté le désir, des **huitres fraiches d'Arcachon et de Marennes**. Comme l'année dernière la maison *J. Lapierre* et *J. Goubel à Andernos* (*Gironde*) se charge d'en faire l'envoi aux prix réduits ci-dessous :

Caisses de 5 kilos contenant :

100 huitres blanches		4 20
70 — plus grosses		4 80
100 — vertes		5 65
70 — — grosses		5 60

Caisses de 3 kilos contenant :

72 huitres blanches		2 85
50 — plus grosses		2 85
72 — vertes		3 25
50 — — grosses		3 25

Franco de port et d'emballage en gare ou à domicile.

Adresser les ordres accompagnés de la bande du journal et d'un mandat-poste à MM. J. Lapierre et J. Goubet Andernos (Gironde).

Comme les années précédentes, nous sommes heureux d'offrir à nos abonnés des marrons glacés excellents de provenance directe et aux conditions suivantes :

1° Le kilog. de marrons glacés, 6 fr. 50, emballage compris, colis postal domicile.

2° Deux kilog. de marrons glacés, 12 fr. 15, emballage compris, colis postal domicile.

Nous avons à la disposition de nos abonnés diverses primes : livres, vins, liqueurs, bijoux, purificateurs d'air, bondes, etc., etc., à des conditions exceptionnelles de prix et de qualité ; la liste de ces primes sera envoyée à tout abonné qui en fera la demande. Nous n'en donnons pas le détail ici pour ne pas encombrer le Journal.

OFFRES ET DEMANDES

ON OFFRE : Pêchers américains greffés. Beaux fruits rouges de juillet à septembre, 10 francs les 10 (gare départ), contre mandat. S'adresser à M. Joseph *Dufour*, propriétaire viticulteur à Écully (Rhône).

On demande un homme célibataire ou veuf, sérieux, catholique pratiquant, pour diriger la culture d'un orphelinat agricole
On prendrait également un instituteur libre pour donner aux enfants l'enseignement primaire. S'adresser à M. l'abbé de Surprat, fondateur et directeur de l'orphelinat de Mélay, par Montaigu, Vendée.

On offre à 25 lieues de Paris, à jeune homme désirant faire valoir, très belle ferme de 140 hectares avec matériel, animaux, récoltes, culture intensive, blé et betterave, bail à la volonté du preneur. — Conditions très avantageuses. S'adresser au journal.

On demande une personne qui voudrait bien s'intéresser à l'extension d'un produit en bonne voie de succès, et aussi pour l'exploitation d'un nouvel appareil d'un usage très utile en agriculture, arboriculture, viticulture et jardinage. S'adresser pour tous renseignements au bureau du Journal.

Un ex-régisseur de grande propriété, marié, offrant certificats et références de premier ordre, connaissant la culture des céréales, l'élevage, l'engraissement, la culture des plantes industrielles, demande la régie d'un domaine herbager, ou culture intensive. Nous recommandons tout particulièrement à nos abonnés, ce régisseur qui offre toutes garanties désirables, comme honorabilité et loyauté.
S'adresser aux bureaux de la *Gazette*, 10 bis, rue Piccini, Paris.

Tourteaux de coton décortiqué d'Amérique, en pains ou moulus de 13 fr. 75 à 14 fr. les 0/0 kilos sur wagon. Le Havre. — Livraison immédiate.

RED-CAP. Œufs à couver de cette excellente race de poule, réputée la plus jolie et la plus forte pondeuse, garantis race pure frais et fécondés, 5 fr. la douzaine franco de port et d'emballage. S'adresser à Calixte Dany, Althen-les-Paluds (Vaucluse).

Important : J'invite les personnes qui veulent bien me confier leurs ordres de toujours y joindre un mandat, les remboursements n'étant bénéficiables qu'aux Compagnies.
Toujours donner le nom de la gare à laquelle il faut adresser les envois.

M. POUZIN offre de jolis racinés de son plant de vigne à la seule condition pour les demandeurs de lui tenir compte d'une partie de la récolte d'une année. — Contre 0 fr. 25 il expédie son *Guide* pour la culture de cette variété.
Écrire à M. Pouzin Émile, à Saint-Paul-les-Romans, Drôme

Si vous voulez boire du bon vin de Saint-Émilion, adressez-vous à M. **Duplessis-Fouraud** au château desTrois-Moulins, à SAINT-ÉMILION (Gironde).
(Voir le prix courant.)

Ferme du château de Résenlieu près Gacé Orne) Mme la comtesse de Nollent :
Camemberts marque Au Faucon.
Médaille d'or.
6 fromages 4 fr. 50, 9 fromages 6 francs.
15 fromages 9 fr. 75 (franco gare).

Le Gérant : E. GAMBART.

IMPRIMERIE NOIZETTE ET Cie, 8, RUE CAMPAGNE-1re, PARIS.

Étude de Me Guyot-Sionnest, avoué à Paris, rue Vivienne, n° 12.

VENTE SUR BAISSE DE MISE A PRIX
AU PLUS OFFRANT ET DERNIER ENCHÉRISSEUR

En l'audience des criées du Tribunal civil de première instance de la Seine, séant au Palais de Justice à Paris, salle ordinaire desdites criées en un seul lot d'une

MAISON
Sise à Neuilly-sur-Seine, rue Montrosier, n° 17.

L'adjudication aura lieu le samedi 16 janvier 1897, à deux heures de relevée.

DÉSIGNATION :

Maison sise à Neuilly-sur-Seine, rue Montrosier n° 17.

Cette maison est élevée sur caves d'un rez-de-chaussée, de trois étages carrés et d'un quatrième étage mansardé.

Les premier, deuxième et troisième étages sont éclairés sur la rue Montrosier des six croisées et sur la place Parmentier par sept croisées, et comprennent quatre logements chacun.

Le quatrième étage est composé de plusieurs chambres.

CHARGES ET CONDITIONS

L'adjudicataire entrera en jouissance, pour la perception des loyers, à partir du 1er avril 1897.

Il supportera les contributions et charges de toute nature dont les biens sont ou seront grevés à partir du même jour. Ces charges sont actuellement de 1.300 francs environ.

Il paiera les intérêts de son prix à raison de 5 pour cent l'an à partir de la même époque.

Mise à prix : 60.000 fr.
Revenu brut : 9.885 fr. environ.

S'adresser pour les renseignements :

1° A Me Guyot-Sionnest, avoué poursuivant, dépositaire d'une copie du cahier des charges, demeurant à Paris, rue Vivienne, n° 12 ;

2° A Me Allain, avoué co-licitant, demeurant à Paris, rue Godot-de-Mauroy, n° 12 ;

3° A Me Dufour, notaire, demeurant à Paris, boulevard Poissonnière, n° 15 ;

4° A M. Mouchelet, architecte, demeurant à Paris, rue Ampère, n° 3, les lundi, mercredi et vendredi, de 1 heure à 2 h. ;

5° Et sur les lieux pour visiter,

Le moment favorable au transport des vins étant revenu, nous rappelons à nos lecteurs que tous ceux d'entre eux qui, sur nos conseils, et depuis cinq ans, consomment les vins de M. Vincent Ardura, vigneron, domaine de la Chapelle-Frédignac, par Blaye-Bordeaux n'ont qu'à se louer de la qualité et de la conservation de ce Bordeaux absolument naturel, expédié sans intermédiaire.
Pour dégustation sérieuse, envoi gratuit est fait d'une bouteille de la récolte désignée.
L'encaissement est fait par le facteur, à 30 jours, escompte 2 0/0, ou 90 jours.
Vendanges : 1893, à 130 fr., 1892-91, à 150 fr., 1890-89, à 175 fr., 1887, à 200 fr., 1885, à 220 fr., 1884, à 240 fr., 1882, à 250 fr., 1881, à 300 fr. — Graves blancs vieux : 130, 150, 200, 250, 300 fr. suivant âge, les 225 litres collés, soutirés, franco de port et de fût en gare d'arrivée.

Champagne Mercier

Champagne Mercier

Insecticide-Préservateur
FERTILISANT
DESGOUTTES

Là Boîte de 10 kilog., pour essais, 10 fr. franco toutes gares (por et emballage compris).

Adresser les demandes, accompagnées d'un mandat, 10 bis, rue Piccini, Paris.

PÉPINIÈRES
de Beraud-Massard et Ch. Adenot

à Montceau-les-Mines (Saone-et-Loire)

Lauréats de la prime d'honneur de l'arboriculture

ARBRES FRUITIERS ET FORESTIERS
ARBRES ET ARBUSTES D'ORNEMENT

Spécialité de Plants pour reboisement et Clôtures

OFFRE SPECIALE

Acacias 2 ans semis ou repiquage de 8f. à 10f. le mil
Chataigniers 1-2 et 3 ans de semis . 8f. à 10f. —
Aulnes 2 et 3 ans de repiquage . . . 8f. à 12f. —
Remise de 80/0 aux abonnés du Journal

EXCELLENT DÉSINFECTANT
POUR LES FÛTS A VIN, CIDRE, BIÈRE, ETC.

Prix de faveur pour nos lecteurs

Sur notre demande, M. Molty, père, l'inventeur, a consenti à en mettre de petites quantités pour essais à la disposition de nos lecteurs.

10 litres franco gare. 10 fr.
Adresser les demandes à M. Crépeaux, rue Piccini, 10 bis, Paris.

Ouvrages de MM. CRÉPEAUX

En vente aux bureaux de la *Gazette*

La Culture électrique 1 50
Manuel vétérinaire pratique du cultivateur . . . . 1 »
Almanach de la France rurale pour 1896 . . . . » 60
L'Année agricole et agronomique pour 1895 . . . . 3 50
La Culture du Blé, par M. Fleury-Berger . . . . 1 »

PHOSPHATE FOSSILE DE QUIÉVY-NORD

le plus assimilable de tous les phosphates connus

GARANTI PUR DE MÉLANGE AVEC TOUT AUTRE PHOSPHATE

Ce qui, du reste, ne pourrait que diminuer son assimilabilité.

EXTRACTION DU GISEMENT ET USINE A QUIÉVY
Propriétaire-Extracteur : C. LECLERCQ

Bureaux à Viesly (Nord).

COMPOSITION MOYENNE		ASSIMILABILITÉ RELATIVE (méth. Joulie).
		Solubilité dans l'oxalate d'ammoniaque.
Acide phosphorique. . . .	12 » à 16 » 0/0	Phosphate de Quiévy. 82 29 0/0
Potasse	0 45 à 2 77 0/0	— de la Meuse 51 95 0/0
Chaux.	19 05 à 31 » 0/0	— de Pernes. 47 87 0/0
Magnésie.	0 58 à 3 80 0/0	— des Ardennes. 46 43 0/0
Matières organiques azotées .	1 80 à 3 45 0/0	— de la Somme (moy.). . 44 53 0/0
		— de Ciply. 34 57 0/0

Titre garanti en acide phosphorique: **13 à 15 0/0.**

LIVRAISON : EN POUDRE IMPALPABLE EN SACS PLOMBÉS, MIS SUR WAGON GARE QUIÉVY-en-CAMBRÉSIS
Prix : **3 fr. 50** les 100 kilos, sacs perdus, 30 jours, 2 0/0 ou 90 jours net.

NOTA. — Les acheteurs qui désirent employer le **véritable Phosphate de Quiévy** pur et garanti d'origine doivent exiger que les sacs portent la Marque (**Au Poisson fossile**) et la Firme : **M. LECLERCQ, seul exploitant à Quiévy (Nord).**

FOURNEAUX DE CUISINE
de toutes espèces

Maisons particulières, Hôtels, Châteaux et Fermes, Hospices, Hôpitaux, Collèges, Pensions, etc.

ENVOI FRANCO DE CATALOGUES

Maison DELAROCHE aîné
22, rue Bertrand, PARIS

BON-PRIME pour nos Lecteurs

LE MONT St-MICHEL ET SES GRÈVES

Par CONSTANT CRÉPEAUX

Magnifique ouvrage grand in-4°, superbement illustré, reliure de luxe, tranches dorées.

Ce superbe volume, la grande Nouveauté pour les Etrennes 1897, sera expédié franco en gare, contre mandat de 8 francs (au lieu de 12 francs prix de librairie).

Détacher ce bon et l'envoyer avec mandat de 8 fr. à la *Librairie PEDONE, 13, rue Soufflot, Paris.*

A LA MÊME LIBRAIRIE :

Code de la chasse et de la louveterie, par M. LEBLOND, 2 vol. franco	7 fr.
L'Année agricole et agronomique pour 1896, par S. et C. CRÉPEAUX, franco.	3 50
— 1895, par S. et C. CRÉPEAUX. —	3 50
La Culture électrique, par C. CRÉPEAUX. —	1 50
Code du garde particulier et du garde-chasse, par M. DOMMANGET. . . . —	2 50
Code des cours d'eau non navigables ni flottables, par M. BOULÉ. . . . . —	4 »
La Chasse en plaine, au boi , au marais, par NODOT. . . . . —	1 »

FROMENTINE

Marque déposée B. S.G.D.G.

Produit pour l'alimentation économique, saine et rationnelle du bétail, provenan- en grande partie des issues de la mouture de blé.

DIVERSES MARQUES

Demander celle en raison du but poursuivi

Marque A pour l'engraissement égal à celui au tourteau de lin, le remplacement de l'avoine, production d'un lait de qualité supérieure.

Marque B pour le bon entretien du bétail.

Marque J développement rapide des jeunes bêtes.

Marque L surproduction du lait.

Marque E engraissement rapide.

Ecrire à M. Armand MILLOT
Moulins Saint-Martin

Saint-Quentin (Aisne.)

Plus de Pourriture

PAR L'EMPLOI DU

CARBONYLE

qui assure au bois une durée triple en lui donnant une belle teinte brune; 1 kilog. remplace 10 kilog. de Goudron. — Produit de grande utilité dans l'agriculture; est recommandé et utilisé par les syndicats agricoles. — Dans votre intérêt, demandez le prospectus avec attestations d'expériences de dix ans

Société française du « CARBONYLE »,

188-190, *Faubourg Saint-Denis, Paris.*

(N. B.) Seule maison spéciale pour la fabrication et la vente de ce genre de produit.

Eugène de MASQUARD

PROPRIÉTAIRE-VITICULTEUR, Château de la Cascade

SAINT-CÉSAIRE-LES-NIMES (Gard)

Vins garantis naturels, rouges et blancs, depuis 75 fr. la pièce de 220 litres jusqu'à 100 francs, selon qualité, prise en gare de St-Césaire (Gard), fût perdu. *Ces vins ont été médaillés à toutes les expositions où ils ont figuré.*

Récoltés sur des coteaux et des terrains secs, les vins de Saint-Césaire, l'un des meilleurs crus du Gard, se conservent parfaitement sans être plâtrés.

Envoi franco de prix courants et échantillons

P. MARCHAND Frères
à DUNKERQUE (Nord)

FABRIQUE SPÉCIALE DE TOURTEAUX
DE COTON DE GRAINES D'ÉGYPTE
pour Nourriture et Engraissement du Bétail

GRAND PRIX A L'EXPOSITION UNIVERSELLE DE 1889

Nous appelons l'attention des nourrisseurs et des éleveurs sur les tourteaux de Coton de graines d'Egypte. C'est un produit excellent pour les vaches laitières, les bœufs à l'engrais et les moutons. — Nos tourteaux de Coton sont complètement débarrassés de la bourre qui enveloppe la graine et contiennent la même quantité de matières nutritives et grasses que les meilleurs tourteaux de lin. — Nos tourteaux de Coton forment l'aliment le meilleur et le plus avantageux en raison de leur prix excessivement bas.

S'adresser pour Renseignements et Prix à MM. P. MARCHAND Frères, à Dunkerque (Nord), ou à leurs Représentants.

BON-PRIME DE LA GAZETTE AGRICOLE
PORTRAITS au CRAYON-FUSAIN

La Société Générale des Artistes Parisiens, disposant de capitaux énormes, a résolu, dans un but de réclame de faire **POUR RIEN**, et jusqu'à concurrence d'une somme de *cinq cent mille francs*, un certain nombre de **Portraits** artistiques vendus par elle jusqu'à ce jour 75 fr. Elle espère que cet *immense sacrifice* portera son fruit. Le portrait qu'elle offre, comme celui qu'elle vient d'adresser au **Tsar**, est au crayon-fusain, grandeur naturelle (40 cent. sur 50); il est signé de ses meilleurs artistes. — *A partir de cette date du journal, et dans un délai de dix jours, tous ceux qui enverront une photographie recevront la reproduction au crayon-fusain en grandeur naturelle.* L'emballage devant être particulièrement soigné, joindre au Bon 4 fr. 95 (emballage et port). — La photographie modèle est rendue intacte. — Exécution et ressemblance garanties. — *Détacher ce Bon* et l'envoyer au Professeur **d'ALBY**, administrateur de la *Société Générale des Artistes Parisiens*, 141, **Boulevard Magenta, Paris**, pour recevoir franco cette *Belle Prime*.

Nom et adresse :

(Gare la plus rapprochée).

VÉRITABLE PHOSPHATE ALIMENTAIRE
assimilable

Élevage et Développement rapide de tous les Animaux domestiques

Effets remarquables obtenus par des Eleveurs émérites sur les POULAINS, VEAUX, PORCS, etc'
Très appréciés pour les *Animaux de Courses* et de *Concours*

Prix : **11 fr. 25** les 5 kilog., et **20 fr.** les 10 kilog., sacs plombés (gare Amiens).

Phosphates spéciaux *pour* Volailles, Chiens, Lapins, Faisans, *etc.*
Boîte d'essai, franco 3 fr. 25 le kilo, et prix précédents pour 5 et 10 kilos.

H. SALMON, Chimiste-Agronome à AMIENS.

DISTILLATION CONTINUE

ALAMBIC
Système A. ESTÈVE

F. BESNARD
PÈRE, FILS ET GENDRES

28, rue *Geoffroy-Lasnier*

PARIS

Envoi franco du Catalogue sur demande.

VINS
DE SAINT-ÉMILION

Vins classés, de **800** à **250** francs la barrique de 225 litres. — Moitié prix pour la barrique de 112 litres.
Vins grands ordinaires, de **140, 125, 105, 100** francs la barrique — **80, 75, 70, 65, 58, 55** francs, la demi-barrique. — Rendu *franco* en gare et régie, sauf octroi.
Adresser commandes à M. DUPLESSIS FOURCAUD, à **Saint-Émilion**. — Envoi de prix courants et échantillons sur demande affranchie.

Médailles d'Or, Paris, 1867 et 1889 — Moscou, 1891 — Besançon, Montluçon, Royan, etc.

SELS POUR L'AGRICULTURE

Nourriture du bétail et Engrais des terres

Sel neuf dénaturé, au tourteau de colza. 45 f. 1.000 k.
Sel neuf dénaturé, au peroxyde de fer. 40 f. 1.000 k.
Sel de morue pur. . . . . 35 f. 1.000 k.

Expéditions de Fécamp, Bordeaux et St-Malo.

S'adresser à MM. A. LE BORGNE et ses Fils négociants-armateurs, à Fécamp.

Dartres et Gale des moutons guéris radicalement par *une seule application* de l'Antipsorique.
La bout., 3 fr.; la 1/2 bout., 1 fr. 75.
Guérison du PIÉTIN par *un seul pansement* avec le Contre-Piétin-Recourat.
Le pot, 2 fr. 50.
Joindre 0 fr. 60 pour recevoir *franco* et indiquer gare
M. RECOURAT, pharmacien à Beauvais

COUVEUSES
ÉLEVEUSES
VOLAILLES
ŒUFS à couver

VOITELLIER
à MANTES et à

PARIS
4, PLACE DU THÉATRE FRANÇAIS
PRIX COURANT FRANCO
GRAND CATALOGUE ILLUSTRÉ. 0.50

Maison MURE, à Pont-St-Esprit (Gard)
A. GAZAGNE, Gendre et Sucr, Phⁿ de 1re Classe

MALADIES NERVEUSES
Epilepsie, Hystérie, Danse de Saint-Guy, Affections de la Moëlle épinière, Convulsions, Crises, Vertiges, Eblouissements, Fatigue cérébrale, Migraine, Insomnie, Spermatorrhée
Guérison fréquente, Soulagement toujours certain
par le SIROP de HENRY MURE
succès consacré par 20 années d'expérimentation dans les Hôpitaux de Paris.
FLACON : 5 FR. — NOTICE GRATIS.

PATE et SIROP d'ESCARGOTS de MURE

« Depuis 50 ans que j'exerce la médecine, je n'ai pas trouvé de remède plus efficace que les escargots contre les irritations de poitrine. »
« Dr CHRESTIEN, de Montpellier. »
Goût exquis, efficacité puissante contre **Rhumes, Catarrhes** aigus ou *chroniques*, Toux *spasmodique*, Irritations de la *gorge* et de la *poitrine*.
Pâte 1f; Sirop 2f. — *Exiger la* PATE MURE. *Refuser les imitations.*

Thé Diurétique de France
sollicite efficacement la sécrétion urinaire, apaise les **douleurs** des **Reins** et de la **Vessie**, entraîne le sable, le mucus et les concrétions, et rend aux urines leur limpidité normale. — **Néphrites, Gravelle, Catarrhe vésical, Affections** de la *Prostate* et de l'*Urèthre*. — PRIX DE LA BOITE : 3 FRANCS.

Dépôt général de l'ALCOOLATURE D'ARNICA de la TRAPPE DE NOTRE-DAME DES NEIGES
Remède souverain contre toutes *blessures, coupures, contusions, défaillances, accidents cholériformes.*
DANS TOUTES PHARMACIES. — 2 FR. LE FLACON.

MACHINES AGRICOLES
A. BAJAC
à LIANCOURT (Oise)

CHEVAUX BOITEUX
Guérison par le spécifique BORNET
Contre Capelets, Mollettes, Vessigons, Eponges, Exostoses, Suros, Eparvins e les **Formes** à leur début. (*Il s'applique également à toutes les tares molles et osseuses.*)
PRÉPARÉ PAR **A. BORNET**
Pharmacien de 1re classe, ex-interne et lauréat des hôpitaux.
19, rue de Bourgogne, PARIS.
Le flacon, 3 fr., à la pharmacie ; en gare par colis postal, 6 fr. contre mandat.

UNION AGRICOLE DE FRANCE
Société Anonyme au Capital de 1.100.000 Francs. — Siège Social : 18, Boulevard des Capucines, Paris.
SIÈGE COMMERCIAL PRINCIPAL : 72-74, Rue Saint-Denis, PARIS

Vente à la Commission
et en toute loyauté
DE
DENRÉES AGRICOLES
de toutes sortes
et de toutes provenances.

Fourniture Directe
et livraison à domicile
AUX
ÉPICIERS, FRUITIERS
Restaurants, Hôtels, Pensionnats et Établissements privés importants.

Renseignements détaillés sur demande au Siège Social.

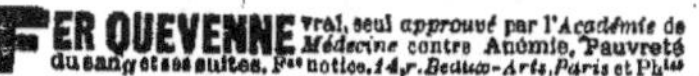

FER QUEVENNE vrai, seul approuvé par l'*Académie de Médecine* contre Anémie, Pauvreté du sang et ses suites. F⁰ⁿ notice, 14, r. Beaux-Arts, Paris et Pʰⁱᵉˢ

PRÉSERVEZ VOS ANIMAUX DOMESTIQUES

de toutes les **Epizooties** et Maladies contagieuses par la **Désinfection** des Ecuries, Etables, Porcheries

PAR LE

CRÉSYL-JEYES

Désinfectant — Antiseptique, le seul (non toxique), qui soit d'une efficacité scientifiquement démontrée. Le **CRÉSYL-JEYES** a été récompensé par la Société des Agriculteurs de France en 1891 d'une Médaille d'argent grand module. Envoi franco sur demande du prospectus détaillé. — CRÉSYL-JEYES, 35, Rue des Francs-Bourgeois, 35, Paris.

Se méfier des nombreuses contrefaçons.

L'URBAINE

Compagnie anonyme d'Assurances à primes fixes contre l'INCENDIE

FONDÉE EN 1838

CINQUANTE-NEUVIEME ANNÉE

CAPITAL : 5 MILLIONS — GARANTIES : 70 MILLIONS
SINISTRES PAYÉS DEPUIS L'ORIGINE : 132.000.000 FRANCS

PARIS — 8 et 10, rue Le Peletier

ALIMENTATION DU BÉTAIL

Tourteaux de Coprah ou Coco

F. TASSY, E. ROCCA ET Cⁱᵉ

Fabricants d'huiles (**producteurs directs de Tourteaux**)

23, RUE HAXO, MARSEILLE

Deux médailles d'or, Anvers 1894

Envoi de Prix-Courants et Echantillons sur demande.

Machines Agricoles Françaises

MAISON ALBARET

O. ✻. O. M. A. ✠
Breveté
S. G. D. G

Veuve ALBARET et G. LEFEBVRE, SUCCᴿ

ATELIERS DE CONSTRUCTION ET ADMINISTRATION

A RANTIGNY-LIANCOURT (Oise)

Bureaux et Magasins :
9, Rue du Louvre, PARIS

LOCOMOBILES, MACHINES DEMI-FIXES, MOTEURS A PÉTROLE
BATTEUSES PORTATIVES ET FIXES — MANÈGES

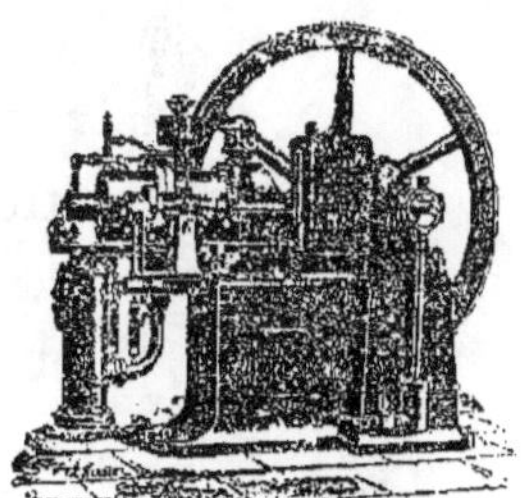

HACHE-MAIS — HACHE-PAILLE   **PRESSES A FOURRAGES**

FAUCHEUSES, MOISSONNEUSES & LIEUSES
RATEAUX, FANEUSES

Semoirs en Lignes — Semoirs à Engrais — Concasseurs — Aplatisseurs

INSTRUMENTS D'AGRICULTURE — INSTRUMENTS DE PESAGE

Grand Prix, Lyon 1894. — Grand Prix, Anvers 1894. — Grand Prix, Bordeaux 1895
Beauvais 1895, Diplôme d'Honneur
Tunis 1895, Premier Prix, Médaille d'Or
19 Diplômes d'Honneur et d'Excellence — 226 Médailles d'Or — 191 Médailles d'Argent

SUCCURSALES :

Saint-Quentin, Chartres, Abbeville, Cambrai, Dax, Lyon, Alger

Envoi franco sur demande des Catalogues illustrés.

La récolte des Vins de 1895 étant excellente et très réduite dans toute la France, la hausse des prix est générale. Dans ces conditions, les consommateurs pourront doublement apprécier la modicité de nos prix.

M. Henri BIJON se fait un plaisir, sur demande, d'adresser **gratis et franco** (gare ou domicile) une grande bouteille ou quatre petites de différentes qualités de ses **VRAIS VINS DE BORDEAUX.**

C'est le seul moyen pratique de choisir un Vin à son goût; de s'assurer, *avant d'acheter*, qu'on ne pourrait trouver ailleurs de telles qualités à prix si réduits.

Les garanties matérielles rigoureuses données aux acheteurs et indiquées ci-contre, mettent ceux-ci à l'abri de toute désillusion, de toute tromperie et, en retour d'une confiance respectueusement sollicitée, ils sont assurés de rapports d'affaires empreints de courtoisie et de la plus scrupuleuse loyauté.

Écrire à **M. Henri BIJON** (✠ O.), propriétaire
Membre de l'Union Fraternelle et des Propriétaires Chrétiens
43, rue de St-Genès. — BORDEAUX

Tous ces vins ont été collés, soutirés et sont prêts
pour la mise en Bouteilles et
la consommation immédiate

PRIX-COURANT
(*Vins recommandés*)

CHAIS :
255 et 257, Route de Bayonne
et Rue Marcelin, 13 à 19

VINS ROUGES	1887	1890	1892	1893	1894
Palus ordinaire	»	»	115^{fr}	115^{fr}	110^{fr}
Palus sup^r (D^e du Fric).	»	130^{fr}	125	120	115 »
Côtes supérieures....	»	160 »	145 »	140 »	135 »
Générac-Blaye	170^{fr}	»	»	150 »	140 »
Fronsac extra	210 »	200 »	180 »	175 »	160 »
St-Julien-Daru (m^e p^e)..	250 »	225 »	190 »	180 »	170 »

VINS BLANCS	1887	1890	1892	1893	1894
Graves Arbanats.....	»	160 »	140 »	125 »	»
Graves de Sauternes..	215 »	190 »	175 »	170 »	»
Haut-Sauternes......	300 »	»	»	250 »	»

(*Le Haut-Sauternes 1893 est d'une réussite exceptionnelle*)

La Barrique de 228 litres, fût compris **FRANCO GARE DESTINATAIRE** — La demi-barrique de 114 litres coûte la moitié du prix de la barrique, plus 5 fr. de différence de logement. — Deux demi-barriques vides coûtant 10 fr. de plus qu'une barrique vide.

VINS ROUGES VIEUX en Bouteilles

Ch^{au} Pressac St-Emilion	21 fr. la caisse de	—	12 b^{les}
	40 »	—	25 b^{les}
Margaux Bijon (m^e p^e)..	25 »	—	12 b^{les}
	50 »	—	25 b^{les}

Rendu franco de tous frais **GARE DESTI-NATAIRE**

GARANTIES RIGOUREUSES DONNÉES AUX ACHETEURS

1° Tous nos vins sont garantis **NATURELS ET PURS**, et j'accepte par écrit de ne pas être payé de nos envois si l'**ANALYSE** prouvait le contraire.

2° Nous prenons la responsabilité des accidents ou incidents qui peuvent se produire en cours de transport de notre marchandise et nous reprenons à nos frais celle, même rendue à domicile, qui ne conviendrait pas.

3° *Les paiements sont laissés à l'absolue convenance des acheteurs* qui ont la faculté de les effectuer en une ou plusieurs fois, dans les délais qu'ils désirent et la forme qu'ils préfèrent.

N.-B. — Le titre d'abonné à ce journal étant pour nous une certitude d'honorabilité, je prie les personnes qui nous écrivent pour la première fois, de vouloir bien joindre la bande-adresse, ou, si elles ne sont pas abonnées, de nous indiquer sous les auspices de qui elles s'adressent à nous.

HENRI BIJON, Propriétaire,
43, rue St-Genès, BORDEAUX.

EXPLOITATION des GISEMENTS de PYRITE de LIVA

VAL D'AOSTE (Italie)

Association en Participation régie par la loi française

SIÈGE SOCIAL : 169, BOULEVARD SAINT-GERMAIN — PARIS

Revenu net : 110 0/0

PARTICIPATION

POUR

L'EXPLOITATION DE 10 MILLIONS DE TONNES DE PYRITE

ENTIÈREMENT PURE

CONTENUES DANS UN VASTE GISEMENT

RÉCEMMENT DÉCOUVERT DANS LE MONTE GRÉGORIO (Italie)

Ces 10 millions de tonnes représentent une valeur minimum de

200 MILLIONS DE FRANCS

Le capital de la participation est représenté par 200 parts

En vue de mettre ces titres à la portée de toutes les bourses

100 Parts ont été subdivisées en 500 coupures d'un cinquième

BÉNÉFICES ANNUELS ÉVALUÉS A 690 FR. PAR PART

Les Parts sont vendues **650** *francs.* — *Les cinquièmes de Parts sont vendus* **130** *francs*

Les parts et les cinquièmes sont respectivement libérés aux prix ci-dessus

EN CONSÉQUENCE : Aucun appel de fonds ultérieur ne pourra être fait ni aux porteurs de parts entières, ni aux porteurs de cinquièmes.

NOTICE

Un ingénieur, très compétent en matière de mines, a découvert récemment, près du torrent de Liva (val d'Aoste), un gîte **extraordinairement puissant** de pyrite. Le gisement était inconnu des gens du pays, et il n'a été découvert que grâce à l'éboulement récent d'une portion du flanc de la montagne, éboulement qui a mis le gîte à nu sur une longueur verticale de 40 mètres environ.

La direction et l'inclinaison furent établies et le filon jalonné jusqu'à la plaine. Une galerie ouverte à environ 640 mètres d'altitude a démontré la même puissance minérale qu'à 600 mètres plus haut.

Le gîte se prolonge sur **plusieurs kilomètres** d'étendue, avec une puissance de **3 mètres d'épaisseur de pyrite massive et entièrement pure.**

Il part de la plaine, passe à droite de la chapelle Saint-Bernard, longe le torrent de Liva, se dirige vers *Feipian* où on le retrouve; de là, il monte vers le sommet de la *Pian del Gallo*, pour redescendre sur l'autre versant. Il coupe, en quelque sorte, la montagne en deux parties.

Abattrait-on **300 tonnes** par jour qu'il faudrait plus de **100 ans** pour épuiser le gisement.

Le minerai peut-être abattu à la pioche sans le secours des explosifs.

Des entrepreneurs offrent de prendre l'abatage à forfait, à raison de 2 francs par tonne, alors que, pour tous les minerais en général, cet abatage coûte de 12 à 15 francs la tonne.

La descente jusqu'à la gare s'effectue au moyen d'un câble de 1,350 mètres de longueur et coûte (amortissement du matériel compris), 1 franc par tonne.

Le prix de revient de la pyrite s'établit ainsi qu'il suit :

Abatage.............................fr.	2 »
Sortie hors galerie....................	0 50
Descente.............................	1 »
Manutention..........................	0 50
Frais d'administration et divers.......	1 »
Total.............................fr.	5 »

On peut aisément abattre **100 tonnes** par jour. Déjà des contrats sont passés pour la fourniture à une usine de Milan de 25 tonnes par jour au prix de 20 fr. la tonne *franco* Milan (Le cours réel en Italie est de 21 fr. 50 à 22 francs.

Le transport de la gare expéditrice jusqu'à Milan, coûte...fr.	5 50 par tonne
Le prix de revient (nous l'avons vu) est de.................	5 »
Total..fr.	10 50

Il reste donc sur ce contrat un bénéfice net de 9 fr. 50 par tonne, soit pour 25 tonnes : **237 fr. 50 de bénéfice net par jour** ou **71.250 fr.** par année.

Ce bénéfice considérable pourrait être encore augmenté par la conclusion d'autres contrats avec les maisons italiennes.

Mais il entre dans notre pensée de faire profiter de cette découverte la France jusqu'ici tributaire d'un puissant syndicat, quitte pour nous à restreindre nos bénéfices et des pourparlers ont été entamés avec des fabriques françaises d'acide sulfurique.

Pour une livraison quotidienne de 50 tonnes, quantité qui peut être facilement portée à 75 tonnes, les calculs s'établissent ainsi :

Recettes	: Prix de vente franco, arrivée........		30 fr. »	Chiffres établis pour vente à Paris
Dépenses	{ Prix de revient sur wagon, départ...	5 fr. »		
	{ Transport.......................	20 fr. 50	25 fr. 50	
	Bénéfice.....................		4 fr. 50 p. tonne.	

Soit pour 50 tonnes : **225 francs de bénéfices nets par jour**, ou par an : **67,500 francs** sans tenir compte des bénéfices du change qui sera de 1 franc environ par tonne.

RÉSUMÉ

En tablant uniquement sur un tonnage quotidien de 75 tonnes et sur les contrats actuellement
passés ou en voie de conclusion, le gisement de pyrite de Liva doit rapporter en bénéfices nets :

Vente en Italie	71.250 fr.
Vente en France	67.500 fr.
Total	138.750 fr.

Ce bénéfice pourrait encore être augmenté par la réduction de la vente en France et l'accroissement de la vente en Italie, mais, considérant le revenu ci-dessus comme déjà considérable, nous désirons écouler en France le plus possible de pyrites, persuadés que nous servirons ainsi l'intérêt général, en empêchant le Syndicat qui détient actuellement en France le marché des pyrites, d'imposer une surélévation des cours très préjudiciable aux intérêts des agriculteurs.

L'exploitation des pyrites de Liva ne présente aucun aléa de fabrication : les chiffres que nous avons indiqués ne sont le résultat ni d'évaluation approximative, ni d'espérances basées sur des analyses, ils représentent des faits aisément vérifiables.

En conséquence, cette affaire sera, en même temps qu'un utile contre-poids aux brutalités de hausse de l'acide sulfurique en France, une merveilleuse source de revenu pour les personnes qui s'y intéresseront. En effet, les bénéfices nets étant, pour un rendement de 75 tonnes par jour facile à augmenter, évalués à **138,750 francs par an**, chacune des parts émises à 650 francs doit toucher annuellement un **dividende de 690 francs**.

Soit plus de 100 o/o du capital.

BULLETIN DE SOUSCRIPTION

Je soussigné (nom et prénoms) ....

demeurant à .... *département de* ....

déclare participer pour (I) .... *Parts ou cinquièmes de Parts à* ....

l'exploitation des **Gisements de Pyrite de Liva**, *et verse à l'appui de ma souscription*

la somme de ░░░░░░░░░░░░░░░ *représentant le montant de cette souscription.*

Date : ....

SIGNATURE :

Adresser le présent Bulletin avec les fonds à M. l'Administrateur de la Société des Pyrites de Liva,
169, boulevard Saint-Germain, à Paris.

(1) Rayer les mots : *cinquièmes de parts*, si ce sont des parts entières que l'on souscrit, ou *vice versa*.

Paris. — Imprimerie de la *Petite Cote*, 24, rue Feydeau.

Vue de l'usine de Doullens.

SOCIÉTÉ GÉNÉRALE
DES

PHOSPHATES DE LA SOMME

SOCIÉTÉ ANONYME
AU CAPITAL DE 650,000 FRANCS, LIBÉRÉ DE MOITIÉ
Porté à **1,200,000** francs par décision du Conseil d'Administration.
Conformément aux statuts et représenté par **12,000** actions de **100** francs

SIÈGE SOCIAL : 40 *bis*, Rue de Rivoli, à **PARIS**, *où les statuts et toutes les pièces justificatives sont à la disposition des souscripteurs*

ADMINISTRATION

MM. Alfred DELMOTTE, administrateur délégué et président du Conseil, administrateur de la Société française des Phosphates de Tébessa (Algérie) ; 8 *bis*, chaussée de la Muette, à Paris-Passy ;

Vicomte Gaston de LA GUÉRÉ, ancien directeur d'Usines à phosphates, 16, rue Alphonse-de-Neuville, à Paris ;

Emile HARMANT, ingénieur des Mines, ancien directeur de charbonnages, administrateur de Sociétés industrielles, chevalier de l'ordre de Léopold et d'Isabelle la Catholique, décoré de la médaille civique, de la croix *Pro Ecclesia*, etc., à Wasmes (Belgique).

SOUSCRIPTION PUBLIQUE
DE

2500 ACTIONS DE 100 FRANCS CHACUNE
Sur les **5,500** représentant l'augmentation du capital.
Il ne sera appelé à l'émission que **Cinquante francs par titre**, payables en souscrivant.

La Souscription est divisée en 3 séries dont deux de 1.000 et une de 500 actions

La Souscription sera ouverte à partir du 6 Juillet 1896

A PARIS : au Siège Social, 40 *bis*, rue de Rivoli ;
A DOULLENS : dans les bureaux de la Société, à l'usine près de la gare ;
A ÉCLUSIER-VAUX, arrondissement de Péronne (Somme): dans les bureaux de la Société ;
A L'ORGIBET, près Péronne, au bureau de l'usine ;
A MONTARGIS : 1, boulevard Victor Hugo, bureau de la Société.

On peut souscrire dès à présent par correspondance, en joignant au bulletin de souscription le montant de 50 francs par titre.

Si les demandes dépassent le nombre des titres mis en souscription, il y aura lieu à répartition proportionnelle. Toutefois les souscriptions de dix actions et moins seront servies les premières et autant que possible intégralement.

Les actionnaires agriculteurs obtiendront des conditions spéciales pour leurs achats de phosphates, superphosphates ou autres produits fabriqués par la Société.

Les formalités seront remplies pour obtenir la cote officielle à la Bourse de Paris

NOTICE

Situation et avenir de la Société générale des Phosphates de la Somme

La Société générale des Phosphates de la Somme, qui a repris la suite des affaires de l'importante maison Alf. Delmotte, de Doullens, possède plusieurs usines, dont l'une en pleine activité depuis longtemps, à Doullens, et des gisements nombreux de phosphates à proximité de ces usines.

Elle forme déjà, par elle-même, un ensemble complet.

Mais elle s'est assurée, de plus, des moyens d'extension permettant de donner des résultats si brillants, qu'il importe d'en tirer immédiatement parti.

C'est à quoi doit servir la présente émission.

*
* *

L'usine de Doullens est complètement installée et en marche régulière depuis longtemps, comme nous venons de le dire.

Sa situation à la gare de Doullens lui permet de recevoir économiquement les minerais phosphatés provenant de ses exploitations ou d'extracteurs divers, et de fournir ses produits à la consommation au plus bas prix possible.

Elle fournit cinq espèces différentes de produits phosphatés, absolument comme s'il y avait cinq usines différentes, savoir :

1° Fabrication des phosphates titrant 60° minimum ;

2° Lavage des phosphates titrant moins de 60° ;

3° Fabrication des résidus, dits Phosphates agricoles, destinés à l'emploi direct ;

4° Enrichissement et lavage des craies phosphatées ;

5° Fabrication des superphosphates de tous titres ;

L'installation est telle qu'elle peut fournir journellement à la consommation 150.000 kilos, tant en phosphates de titres divers qu'en superphosphates.

Les résultats actuels et *les marchés faits jusque fin 1897* à des maisons de premier ordre, sont tels que l'on peut compter sur un bénéfice net annuel de 60.000 francs, avec une production de 15 à 18.000 tonnes seulement par année.

*
* *

Les gisements d'Eclusier-Vaux sont au bord même et en contre-haut du canal de la Somme.

Entre ce gisement, renfermé dans la montagne et le canal, l'on a déjà installé, le long du chemin de halage, une usine pour le séchage et l'expédition des matières phosphatées brutes.

Il s'agit maintenant d'installer, à côté de celle-ci, une seconde usine pour le traitement et l'enrichissement des craies phosphatées.

Les conditions de production de cette nouvelle installation seront uniques en France.

En effet, les craies phosphatées arriveront directement à pied d'œuvre, par une galerie située au bas de la montagne renfermant le gisement, galerie qui débouchera dans l'usine même. *Il n'y aura donc pas de frais de transport entre la mine et l'usine.*

De plus, par suite de la situation même de l'usine, au bord du canal, les produits fabriqués seront mis directement à bateau par des appareils mécaniques. *Donc, pas de frais de transport ni de manutention, intermédiaires entre l'usine et le bateau, pour les expéditions.*

Enfin, l'usine d'Eclusier est peu distante des ports de Saint-Valéry et d'Abbeville, vers lesquels cette usine pourra expédier ses produits par bateau avec de bas prix de transport et de là, desservir toute la consommation des côtes ouest de France dans d'excellentes conditions.

Dans ces conditions l'on peut fixer avec certitude à 5 francs par tonne, le bénéfice minimum à réaliser. Et, avec une production de 15 à 20.000 tonnes annuellement, — ce qui est aussi un minimum, — le bénéfice net sera de fr. 80.000 par an.

*
* *

Montargis est un lieu géographique exceptionnellement situé au point de vue des expéditions de phosphates, superphosphates, engrais, etc., etc., vers le centre, l'est et le midi de la France.

Cette ville, en effet, est à cheval sur le canal de Briare et sur deux grandes lignes de chemin de fer, celle de la Compagnie d'Orléans et celle du P.-L.-M. L'on a déjà construit des docks pour entreposer des marchandises.

La Société générale des Phosphates de la Somme, qui a compris l'importance commerciale de cet emplacement, s'est assuré des terrains contigus aux lignes de chemin de fer, au canal et aux docks.

Il y aura lieu d'établir, sur ces emplacements, une Usine à superphosphates, cette variété de produits étant celle que l'on consomme surtout dans les régions auxquelles les lignes de chemin de fer et le canal permettent d'arriver économiquement.

Les phosphates venant des usines de Doullens et d'Eclusier arriveront à Montargis par eau ou par fer. Dans l'éventualité où l'usine à surperphosphates fabriquerait elle-même l'acide sulfurique nécessaire à ses opérations, l'Administration s'est déjà assurée tous ses marchés de pyrites à des conditions telles que l'acide serait produit entre fr. 2.00 et fr. 2.50 les 0/0 kil.

Il résulte de tout ceci que les superphosphates fabriqués par la Société à Montargis pourront être livrés sur wagon ou sur bateau à Montargis, de fr. 1.55 à fr. 1.58 par 0/0 kil. *de moins* que les produits de mêmes titres fabriqués à Paris et également rendus à Montargis.

Cette différence restera encore de fr. 1.20 minimum par 0/0 kil. en notre faveur pour toutes les livraisons qui seront faites franco gare (comme c'est l'usage), dans le rayon de vente de Montargis.

Dans ces conditions la future usine gagnera encore de fr. 10.00 à fr. 12.00 par tonne de superphosphates, *alors que les fabricants de Paris livreront à leurs prix de revient.*

Si l'on suppose, en marche normale, une production annuelle de 8 à 10.000 tonnes, le bénéfice minimum de l'usine de Montargis sera de fr. 80 à 100.000. Nous le comptons seulement pour fr. 50,000.

Ce bénéfice sera plus que doublé, quand l'on aura doublé les moyens de production, chose qui aura été prévue dans l'installation générale et qui sera nécessairement réalisée dans la suite.

*
* *

Si nous récapitulons les résultats des trois usines que possèdera la Société Générale des Phosphates de la Somme, quand elle disposera de tous ses moyens de production, et ce, sans parler des bénéfices que donnera une quatrième usine, dite *de l'Orgibet*, près Péronne, et dont une convention spéciale assure dès maintenant la jouissance à la Société, l'on arrive au total suivant de bénéfices nets minimum :

BULLETIN DE SOUSCRIPTION

Je, soussigné, _______________________________________

demeurant à ____

déclare souscrire pour ________________ *actions de* CENT FRANCS *chacune, de la*

Société générale des Phosphates de la Somme, *dont le Siège est à Paris,*

40 bis, *rue de Rivoli.*

Je joins à ma souscription la somme de ___________________________

soit cinquante francs par action.

Fait à ________________, *le* ________________ *1896.*

SIGNATURE :

Adresse bien lisible.

Usine de Doullens	fr.	60.000
— d'Eclusier	»	80.000
— de Montargis	»	50.000
Total	fr.	190.000

lesquels permettront de répartir un dividende annuel estimé entre 22 et 30 0/0 du capital versé. Il est inutile d'ajouter que de pareils titres sont appelés à une plus-value considérable, et ce, à bref délai.

.*.

Il résulte de ce rapide exposé que la Société générale des Phosphates de la Somme possède des éléments de succès incontestables. Et, si l'on tient compte de ce fait que les chiffres que nous avons produits sont établis, non sur des données théoriques, mais d'après les résultats déjà obtenus à l'usine de Doullens, l'on reconnaîtra que cette affaire se présente dans des conditions exceptionnelles, tant au point de vue de la sécurité, que de la rénumération élevée des capitaux engagés.

Aussi, ne craignons-nous pas d'appeler l'attention des capitalistes sur cette entreprise, déjà brillante maintenant et qui est appelée à prendre dans la suite un grand développement.

En présence de la diminution constante des valeurs ou, du moins, de leur revenu, l'épargne française ne peut que s'intéresser aux affaires industrielles, qui se présentent dans des conditions telles que celles de la Société générale des Phosphates de la Somme. Elle saura surtout apprécier les avantages d'un contrôle facile, que ne nous permettent pas toujours les affaires qui nous viennent de l'Etranger.

En souscrivant à l'émission, les capitalistes auront fait un placement avantageux, contribué puissamment à assurer le relèvement et la prospérité de l'agriculture et aidé au développement d'une industrie éminemment française.

Le Président du Conseil d'Administration :

ALFRED DELMOTTE.

Paris. — Imp. J. BOLBACH. 25, rue de Lille.

www.ingramcontent.com/pod-product-compliance
Lightning Source LLC
LaVergne TN
LVHW011939170726
843503LV00001B/3